Thomas E. French
Charles J. Vierck

DESENHO TÉCNICO E TECNOLOGIA GRÁFICA

Thomas E. French
Ex-Professor de Desenho de Engenharia
Universidade Estadual de Ohio

Charles J. Vierck
Professor Visitante na Divisão de Expressão Gráfica
do Departamento de Engenharia Mecânica
Universidade da Flórida

9ª reimpressão

EDITORA GLOBO

Título da edição norte-americana:
Engeneering Drawing and Graphic Techenology

Tradução: Eny Ribeiro Esteves, Lais Knijnik, Maria Clarissa Juchen, Maria Teresa Chaves Custódio e Marli Merker Moreira
Revisão técnica: Gladys Cabral de Mello Borges e Luiz Carlos Petry

Direitos exclusivos de edição em língua portuguesa, para o Brasil, adquiridos por
EDITORA GLOBO S.A.
Av. Jaguaré, 1485
CEP 05346-902 – São Paulo – SP
www.globolivros.com.br

Impressão e acabamento: Imprensa da Fé

8ª edição, 2005
9ª reimpressão, 2014

CIP-Brasil. Catalogação-na-fonte – Câmara Brasileira do Livro, SP

French, Thomas Ewing, 1871-1944
Desenho técnico e tecnologia gráfica / Thomas E. French, Charles J. Vierck ; tradução Eny Ribeiro Esteves, Lais Knijnik, Maria Clarissa Juchen, Maria Teresa Chaves Custódio, Marli Merker Moreira. - 8.ed. – São Paulo : Globo, 2005.

Bibliografia
ISBN 85-250-0733-1

1. Desenho técnico 2. Gráficos em engenharia I. Vierk, Charles J. II. Título.

89-1498 CDD-604.24
-604.2

Índices para catálogo sistemático
1. Desenho técnico 604.2
2. Desenho técnico : Normas 604.24
3. Gráficos : Engenharia 604.2
4. Normas : Desenho técnico 604.24

DESENHO TÉCNICO E TECNOLOGIA GRÁFICA

Este livro é dedicado
a Elizabeth Amadon Vierck.

PREFÁCIO

De acordo com qualquer método conhecido de avaliação, fica evidente que as últimas sete ou oito décadas produziram mais mudanças, principalmente no terreno científico, do que qualquer outro período da história. Considerem-se, por exemplo, o desenvolvimento do automóvel, do avião, do rádio (AM e FM), da televisão, os progressos realizados na óptica e na química, o telefone, o equipamento e técnicas de áudio, a excelência do filme tanto em preto e branco quanto a cores, novos métodos de reprodução e cópia, o computador, a calculadora portátil manual, a balística de foguetes e a ciência espacial, inclusive a viagem do Homem à Lua e a instalação recente de instrumentos científicos para a avaliação dos fenômenos físicos em Marte, bem como os novos métodos utilizados no campo das ciências humanas, da ecologia, da preservação da natureza, e em muitas outras áreas.

O desenho de engenharia e a tecnologia gráfica constituem o principal método de comunicação em engenharia e em ciência e, como tal, interessa-se de um modo vital por todos os novos progressos.

A expressão gráfica do projeto de engenharia e construção pode muito bem ser o mais importante curso de todos os realizados para a formação de engenheiros ou de técnicos profissionais. A razão inquestionável por que a expressão gráfica é tão extremamente importante é que ela é a *linguagem do projetista, do técnico e do engenheiro*, utilizada para se comunicar projetos e pormenores de construção a outras pessoas. Um engenheiro, não importa o nível de seus conhecimentos no que diz respeito aos aspectos técnicos e científicos altamente complexos da profissão, seria completamente ineficaz sem um domínio da expressão gráfica, simplesmente porque todos os esforços para transmitir projetos a outras pessoas fracassariam miseravelmente. Todo o pessoal técnico que trabalha sob a direção de um engenheiro deve também ter o mesmo domínio da linguagem. A linguagem da expressão gráfica apresenta-se sob a forma de desenhos que descrevem a forma, o tamanho e as especificações de objetos sólidos. A linguagem é lida interpretando-se os desenhos de modo que objetos materiais possam ser traçados exatamente como foram originalmente concebidos pelo projetista.

Recentemente apareceram dois fatores que são de notável interesse para a comunicação no projeto e na construção, (1) a possível adoção do sistema métrico nos Estados Unidos e (2) o aperfeiçoamento de computadores e calculadoras para facilitar a solução de problemas. O sistema métrico, em virtude de sua estrutura decimal fundamental, facilita muito o trabalho de computação. Assim sendo, a importância e o alcance do texto que ora apresentamos ao público passou por uma adaptação. Fornecemos uma discussão acerca do sistema métrico no Capítulo 1. Muitos problemas foram dimensionados no sistema métrico. Fornecemos, também, descrições e uma discussão de métodos baseados em computação em um capítulo novo. Descrevemos calculadoras manuais no Apêndice.

Com a adoção do sistema métrico, padrões e especificações devem, naturalmente, ser modificados. Essas modificações estão sendo atualmente estudadas, e algumas se acham no processo de adoção. Contudo, isso leverá algum tempo até que padrões completos estejam disponíveis.

Este livro didático representa muitos anos de estudo despendidos não apenas no ensino, na experiência de engenharia e na produção de textos, como também na esmerada atenção para com o projeto, os postulados básicos e a utilização do livro. Servimo-nos de um plano cuidadosamente elaborado para tornar este livro mais legível e capaz de ser utilizado sem grande esforço.

Um livro desse alcance e abrangência requer a cooperação entre o autor e todas as demais pessoas que se acham empenhadas em levar a obra à sua consecução. A discussão franca, honesta e por vezes ampla com colegas é altamente apreciada, juntamente com a colaboração do Professor Richard I. Hang e Elizabeth A. Vierck.

Charles J. Vierck

SUMÁRIO

1

INTRODUÇÃO

Linguagem gráfica na teoria e na prática.

Linguagem gráfica: teoria e prática • Elementos essenciais: linhas e marcação com letras • Métodos de expressão • Métodos de forma • Descrição: ortográfica e perspectiva • Auxiliares, seções, interseções, desenvolvimentos • Métodos de dimensionamento • Medida e avaliação • Sistema métrico e inglês • Diagramas e gráficos • Elementos fundamentais de projeto • Elementos básicos de máquina: parafusos, ajustadores, chavetas, molas • Soldas e rebites • Gabaritos, montagens, engrenagens, canos • Canalizações • Desenhos de sistemas elétricos, estruturas, mapas e topografia • Desenhos para projetos e construção em engenharia.

1. A linguagem gráfica: teoria e prática

Ao iniciar o estudo da expressão gráfica, você está empreendendo uma experiência educacional gratificante que terá real valor em sua futura profissão. Quando você tiver se tornado perito nesse estudo, terá a seu dispor um método de comunicação usado em todas as áreas da indústira técnica, uma linguagem sem igual para a descrição acurada de objetos sólidos.

A importância desta linguagem gráfica pode ser observada ao compará-la com as linguagens verbais. Todos os que freqüentam escolas de primeiro e segundo grau estudam a língua de seu país e aprendem ler, escrever e falar essa língua com certo grau de habilidade. No segundo grau e na faculdade, a maioria dos alunos estuda uma língua estrangeira. Essas linguagens verbais são sistemas altamente desenvolvidos de comunicação. Contudo, qualquer dessas linguagens é inadequada para descrever o tamanho, a forma e a relação de objetos sólidos. Observe a fotografia na Fig. 1.1 e tente descrevê-la verbalmente de modo que alguém que não a tenha visto possa formar uma imagem mental completa e precisa. É quase impossível fazer isso. Além disso, ao tentar descrever a foto, você talvez queira usar lápis e papel para fazer um esboço total ou de parte dela, procurando tornar a descrição verbal mais completa, significativa e acurada, ou haja uma tendência a empregar gestos como recursos para explicar forma e relação. Podemos ver, partindo daí, que uma linguagem verbal não dispõe, muitas vezes, de meios para comunicação rápida e precisa de forma, tamanho e relações de componentes.

Sendo a engenharia uma ciência aplicada, a comunicação de fatos físicos *deve* ser completa e precisa. Relações quantitativas são expressas matematicamente. A palavra escrita completa muitas descrições, mas, sempre que máquinas e estruturas são projetadas e construídas, a representação gráfica é necessária. Embora

Fig. 1.1 – Tente descrever com palavras a forma, o tamanho relativo e a posição dos objetos nesta figura.

as pinturas de artistas (ou fotografia e outros métodos de reprodução) ofereçam representação em perspectiva, não podem servir como descrições para engenharia. Traçados em perspectiva, sombreados e fotografias são usados para determinados fins, mas a grande maioria dos desenhos de engenharia é feita apenas com linhas, com vistas diferentes dispostas em um sistema lógico de projeção. A estas vistas, dimensões e lembretes especiais dando direções e outras instruções são acrescentados. Esta é a linguagem da expressão gráfica a qual pode ser definida como a *representação gráfica de objetos sólidos e suas relações.*

Atinge-se isto pela descrição de *forma* e *tamanho.*

A expressão gráfica em engenharia é um dos mais importantes ramos de estudo em uma escola técnica porque é a base de todos os projetos e subseqüente fabricação. Todo estudante de engenharia deve saber fazer e ler desenhos. O desenho é essencial em todos os tipos de engenharia prática, e deve ser compreendido por aqueles relacionados com, ou interessados na indústria técnica. Todos os projetos e instruções para fabricação são preparados por desenhistas, escritores profissionais da linguagem, mas mesmo alguém que nunca tenha feito projetos deve ser capaz de lê-los e entendê-los, ou será, profissionalmente, um leigo. Um treinamento completo em expressão gráfica na engenharia é especialmente importante para o engenheiro, pois ele é responsável pelos projetos e especificações requeridos no seu trabalho e, por isso, deve ser capaz de interpretar cada detalhe pela exatidão e perfeição.

A nossa finalidade é estudar a linguagem da expressão gráfica, de tal maneira que se possa escrevê-la, de uma maneira clara, a alguém que, familiarizado com este assunto, possa lê-la prontamente quando escrita por outrem. Para tanto, é preciso conhecer sua teoria e composição básica e ficar a par das abreviaturas e convenções adotadas.

Por serem seus princípios fundamentalmente os mesmos em todo o mundo, alguém treinado nestas práticas em uma nação pode prontamente adaptar-se às de uma outra nação qualquer.

Esta linguagem é completamente gráfica e escrita, e é interpretada pela aquisição de um conhecimento visual do objeto representado. O êxito de um aluno nesta matéria será indicado não somente pela sua habilidade na execução, mas também pela sua capacidade de interpretar linhas e símbolos e visualizá-los claramente no espaço.

No restante deste capítulo serão apresentados, sucintamente, os vários aspectos da expressão gráfica que serão discutidos detalhadamente mais adiante. Espera-se que esta apresentação antecipada sirva como uma perspectiva ampla sob a qual o aluno verá cada tópico, à medida que é estudado, em relação ao todo. Por ser esta matéria a linguagem gráfica, as ilustrações são úteis até para apresentar este material introdutório; as figuras são usadas tanto para esclarecer o texto como para continuar a apresentação.

2. Elementos essenciais: linhas e letreiros

Desenhos são feitos de linhas que representam superfícies, bordas e os contornos dos objetos. Símbolos, dimensões e palavras são acrescentadas a estas linhas, fazendo no conjunto uma descrição completa.

Habilidade nos métodos de traçar linhas retas, circunferências e curvas, à mão livre ou com instrumentos, e capacidade de inscrever palavras são condições básicas para escrever a linguagem gráfica. Além disso as linhas são relacionadas de acordo com a geometria do objeto representado, tornando-se necessário conhecer a geometria das figuras planas e sólidas e saber como combinar circunferências, linhas retas e curvas para representar vistas separadas de muitas combinações geométricas.

3. Métodos de expressão

Existem dois métodos fundamentais de escrever a linguagem gráfica: à mão livre ou com instrumentos.

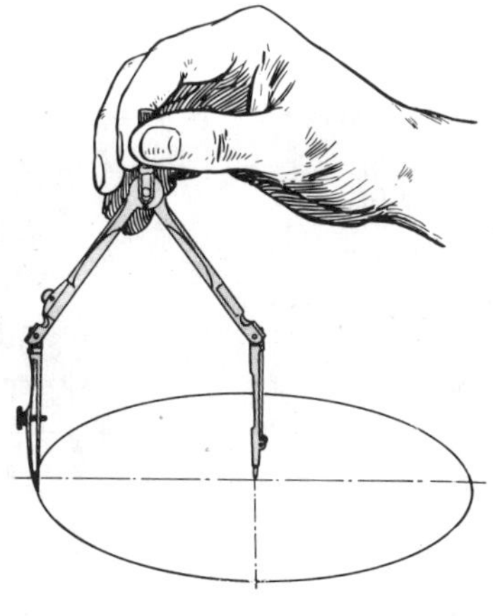

Fig. 1.2 – O uso de instrumentos gráficos. A habilidade no manejo dos instrumentos contribui para a rapidez e precisão.

O desenho à mão livre é feito esboçando-se as linhas sem instrumentos, utilizando-se somente lápis e borracha. É um excelente método durante o processo de

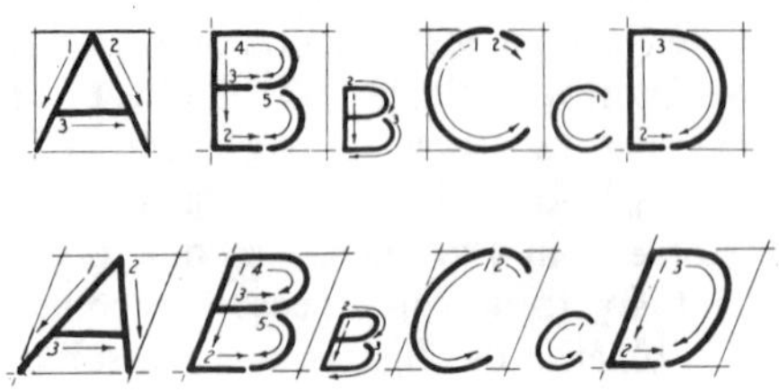

Marcação com letras. A marcação com letras padrão para desenhos de engenharia é o "gótico comercial". São empregados tanto o estilo vertical como o inclinado.

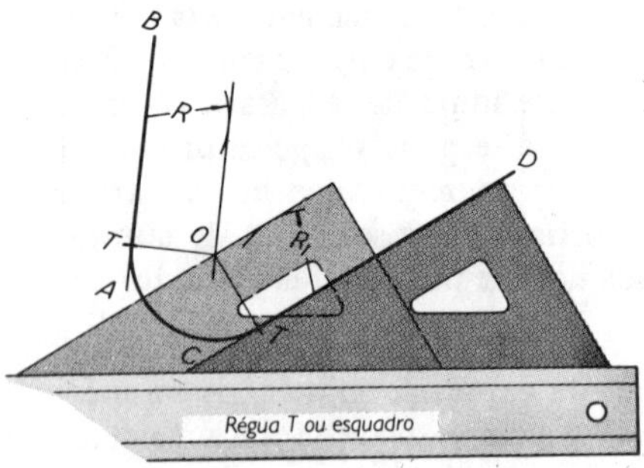

Geometria gráfica. Conhecimento de linhas e figuras geométricas e habilidade na sua construção desenvolvem a eficiência.

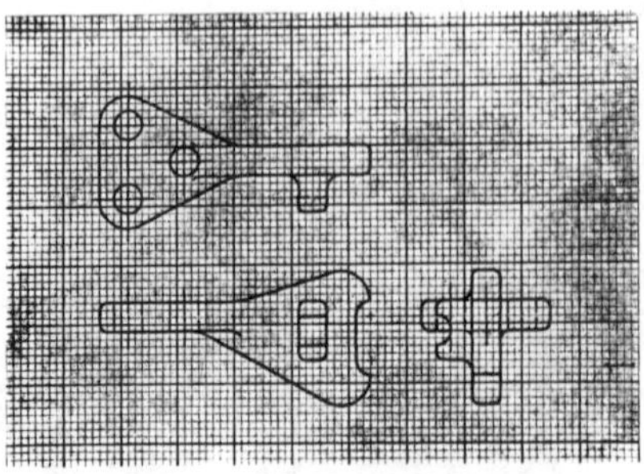

Desenhos à mão livre. O método de desenho à mão livre é ótimo para o estudo inicial porque oferece treinamento em técnica, forma e proporção. É usado comercialmente por economia.

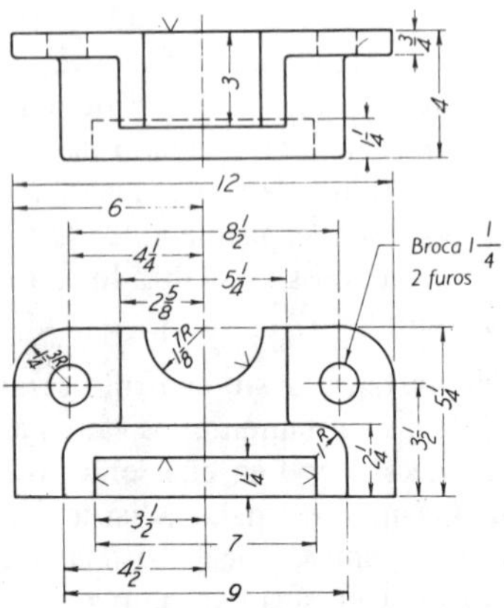

Desenhos com instrumento. Devido à necessidade de desenhar "em escala", muitos desenhos são feitos com instrumentos.

aprendizagem devido a sua rapidez porque, neste estágio, o estudo da projeção é mais importante do que a exatidão do traçado. Os desenhos à mão livre são muito usados comercialmente para projetos preliminares e para alguns trabalhos definitivos. O desenho com instrumento é o método padronizado de expressão. Muitos desenhos são feitos "em escala", concisa e acuradamente, com instrumentos utilizados para traçar linhas retas, circunferências e curvas. Todo engenheiro deve exercitar-se tanto no desenho à mão livre como no desenho com instrumentos para desenvolver não só a precisão e a destreza manual como também a capacidade de julgamento dos trabalhos feitos sob sua direção.

4. Métodos de descrição de forma

O delineamento da *forma* de uma peça, montagem ou estrutura é o elemento básico da comunicação gráfica. Os desenhos são feitos com os mais variados objetivos, por isso o engenheiro deve selecionar, dentre os diferentes métodos de descrever uma forma, o que melhor se adapte à situação que enfrenta. Uma forma pode ser descrita através de projeção, isto é, pelo processo de fazer com que uma imagem seja formada de raios visuais tomados em uma determinada direção de um objeto sobre o plano da figura.

De acordo com a teoria projetiva, dois métodos de *representação* podem ser usados: vistas ortográficas e perspectiva.

Para a maior parte dos trabalhos de engenharia, o sistema ortográfico é o mais usado e, com suas variações, símbolos e abreviaturas, constitui uma importante parte deste livro. No sistema, projeções distintas dispostas de acordo com a teoria projetiva são feitas para mostrar claramente todos os detalhes do objeto representado. As figuras adiante ilustram os tipos fundamentais de desenhos e projeções ortográficas.

A "representação em perspectiva" designa os métodos que resultam em uma única projeção, mostrando o objeto aproximadamente como seria visto pelo olho.

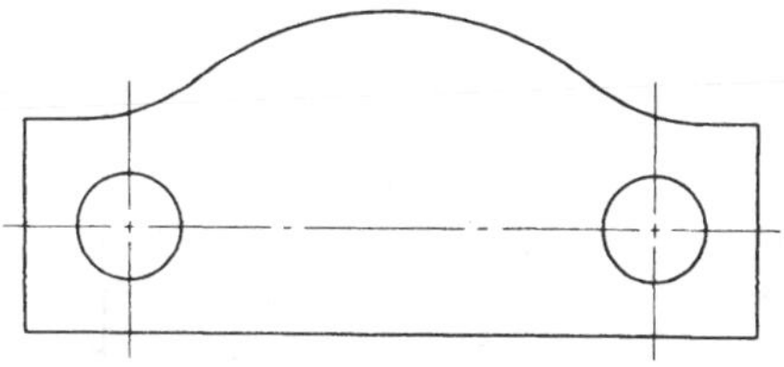

Desenhos de uma vista. São usados sempre que vistas em outras direções são desnecessárias: por exemplo, peças feitas de material fino.

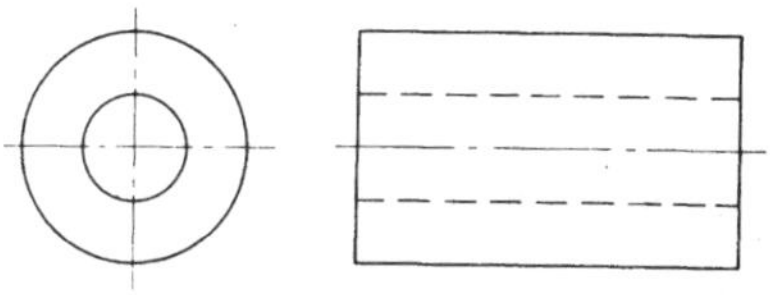

Desenhos com duas vistas. Peças como cilindros requerem somente duas vistas. Se usadas outras, duplicariam as duas já traçadas.

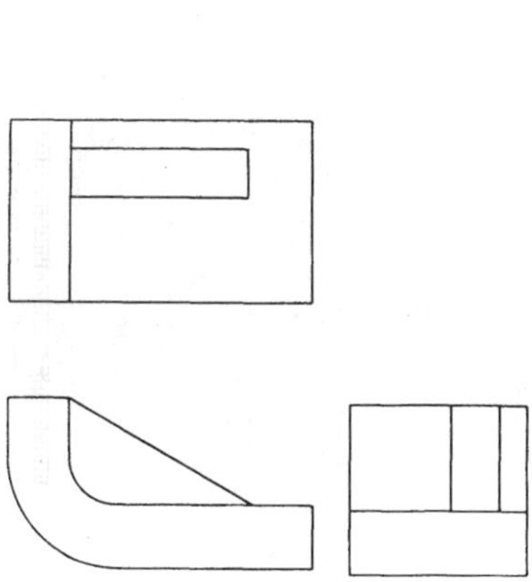

Desenhos com três vistas. Muitos objetos são feitos da combinação de sólidos geométricos. Três vistas são necessárias para representar sua forma.

A representação em perspectiva geralmente é usada para desenhos de apresentação, ilustrações de texto, operações e livros de manutenção e em alguns desenhos de trabalho.

Na representação em perspectiva existem três divisões principais: axonométrica, oblíqua e cônica. Teoricamente, projeção axonométrica é aquela em que somente um plano é usado, sendo o objeto colocado de modo a mostrar três faces. As principais posições axonométricas são isométrica, dimétrica e trimétrica.

Projeção oblíqua é um método perspectivo usado, principalmente para objetos com características circulares ou curvas em uma face ou em faces paralelas; para tais objetos, a perspectiva oblíqua é fácil de traçar e dimensionar. De uma projeção cônica obtém-se o mesmo resultado registrado pelo olho humano ou por uma máquina fotográfica de uma única lente.

5. Métodos especiais

Estes métodos são usados para simplificar e dar esclarecimentos adicionais.

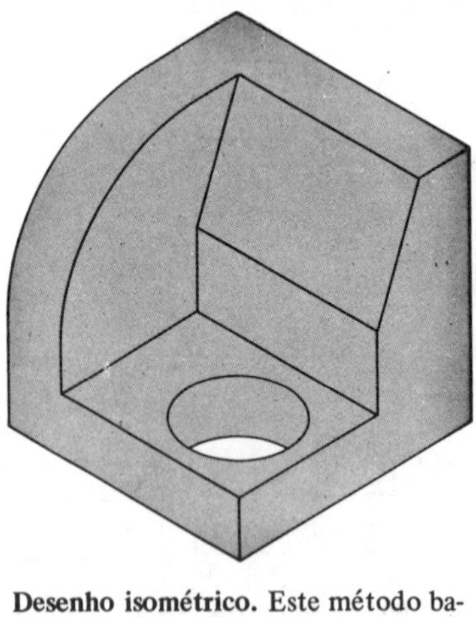

Desenho isométrico. Este método baseia-se em colocar o objeto de tal modo que, três bordas mutuamente perpendiculares sejam igualmente postas em perspectiva.

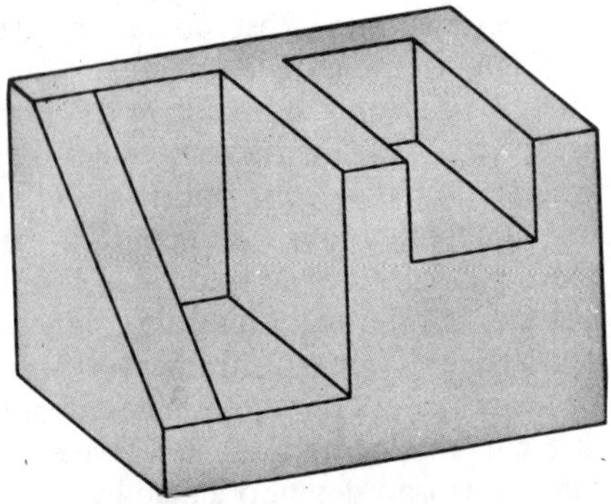

Desenho dimétrico. Este método baseia-se em colocar o objeto de tal modo que duas bordas mutuamente perpendiculares sejam igualmente postas em perspectiva.

Desenho trimétrico. Este método baseia-se em colocar o objeto de tal modo que, três bordas mutuamente perpendiculares sejam todas desigualmente postas em perspectiva.

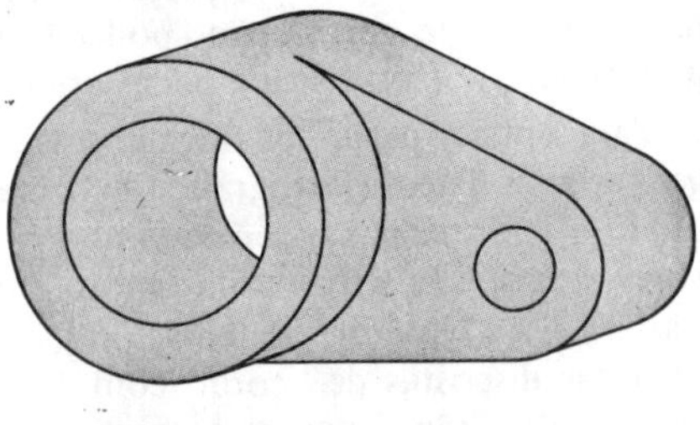

Desenho oblíquo. Este método perspectivo é útil para retratar peças cilíndricas. As projetantes são oblíquas em relação ao plano da figura. Perspectivas cavaleira e de gabinete são formas específicas.

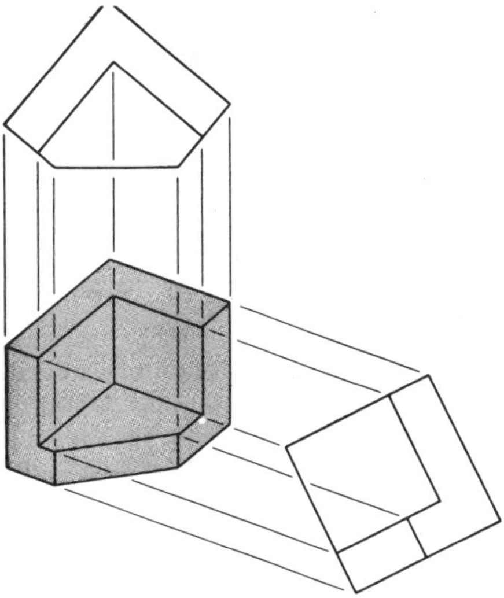

Projeção axonométrica a partir de projeções ortográficas. Elementos em perspectiva – isométricos, dimétricos e trimétricos – podem ser obtidos a partir de projeções ortográficas. As vistas são localizadas por método geométrico.

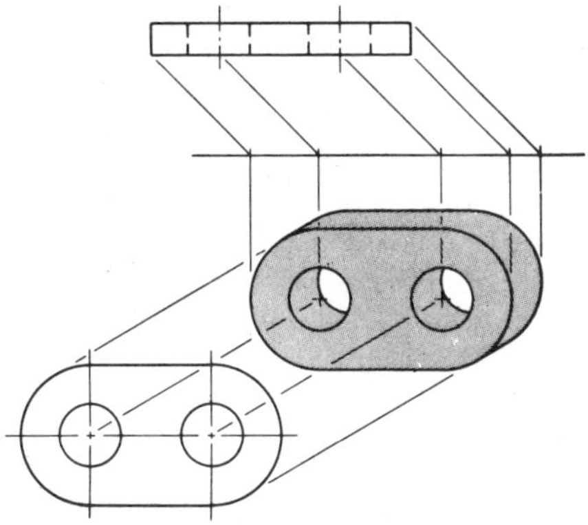

Projeção oblíqua a partir de projeções ortográficas. Neste método perspectivo as vistas estão dispostas de tal modo que, por projeção, resultará um desenho oblíquo.

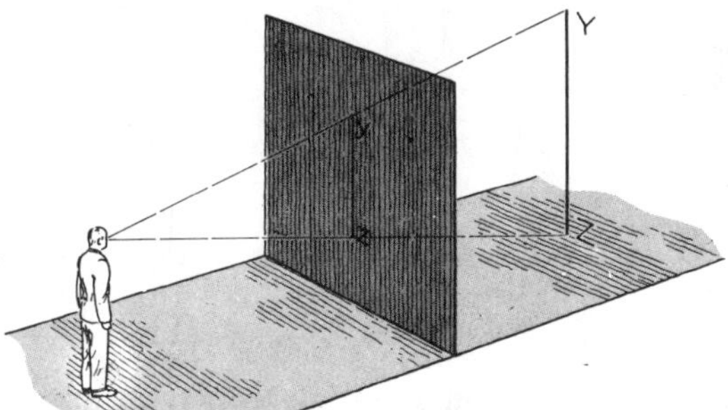

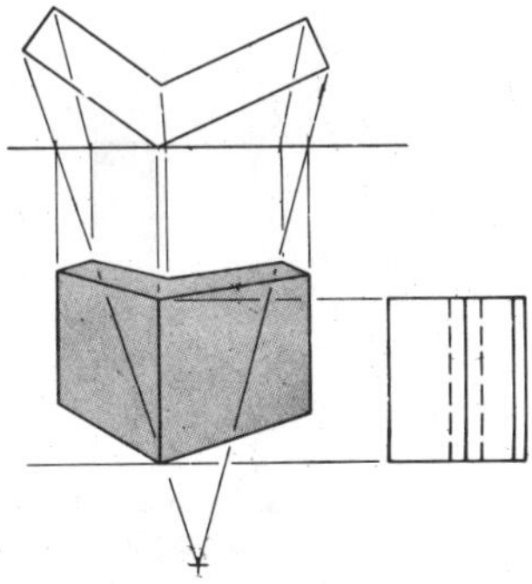

Cônica. Neste método perspectivo, projeção angular e formas paralelas são amplamente usadas.

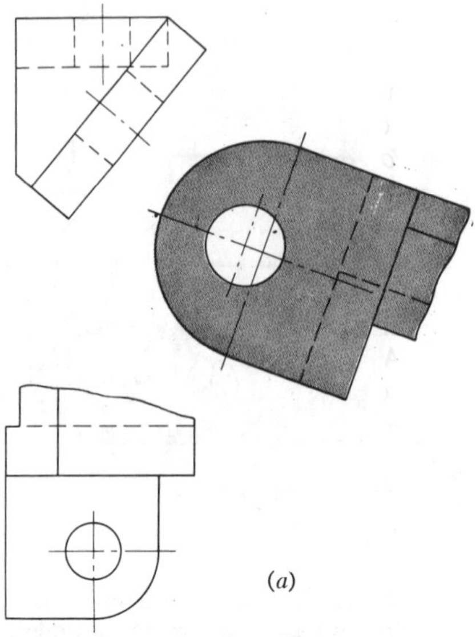

(*a*)

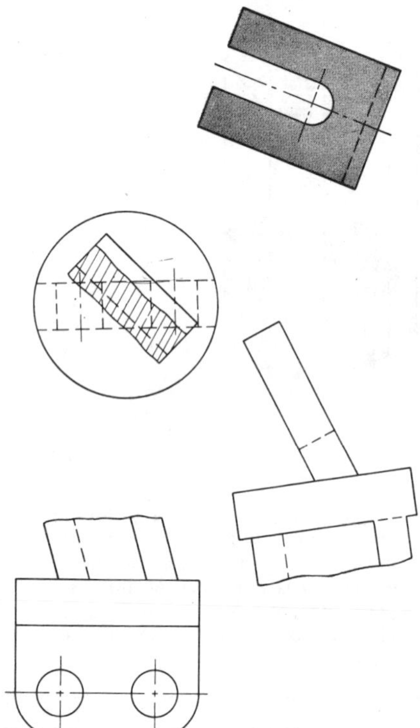

(*b*)

Auxiliares: vistas normais e acumuladas. As auxiliares são usadas para mostrar a vista normal (verdadeira dimensão e forma) de (*a*) uma superfície inclinada (a um ângulo ou dois dos planos de projeção) ou (*b*) de uma superfície oblíqua (inclinada aos três planos da projeção).

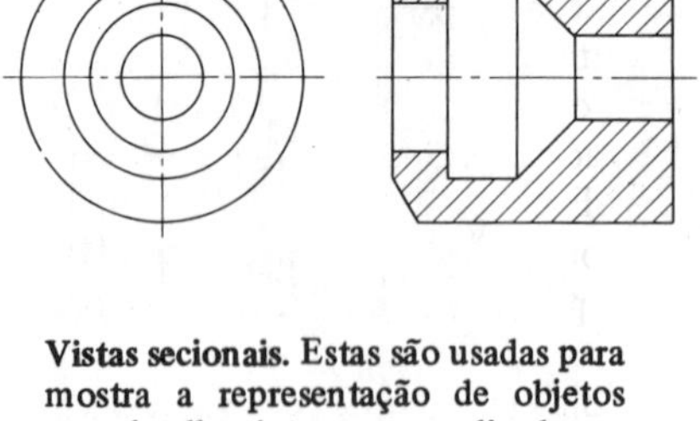

Vistas secionais. Estas são usadas para mostra a representação de objetos com detalhes internos complicados.

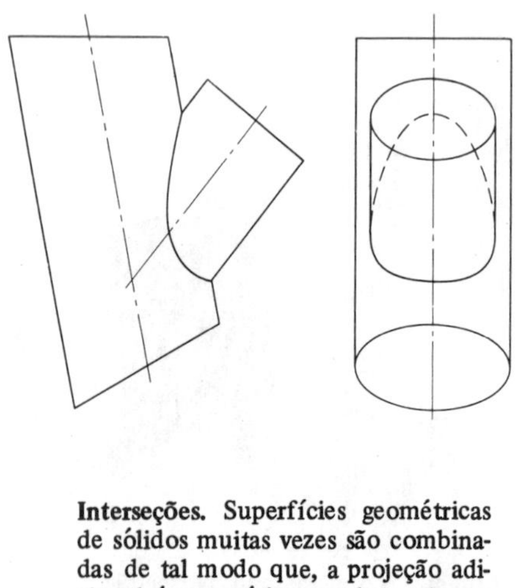

Interseções. Superfícies geométricas de sólidos muitas vezes são combinadas de tal modo que, a projeção adicional é necessária para determinar a linha de interseção entre as peças.

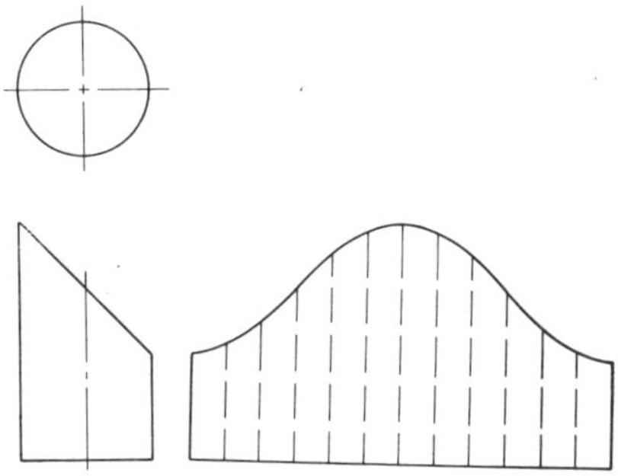

Desenvolvimentos. Estas são as projeções de superfícies geométricas em um modelo horizontal.

6. Métodos de fabricação

Para esboçar apropriadamente um desenho e dar descrição acurada do tamanho e especificações para sua fabricação, é essencial o conhecimento dos métodos de processamento.

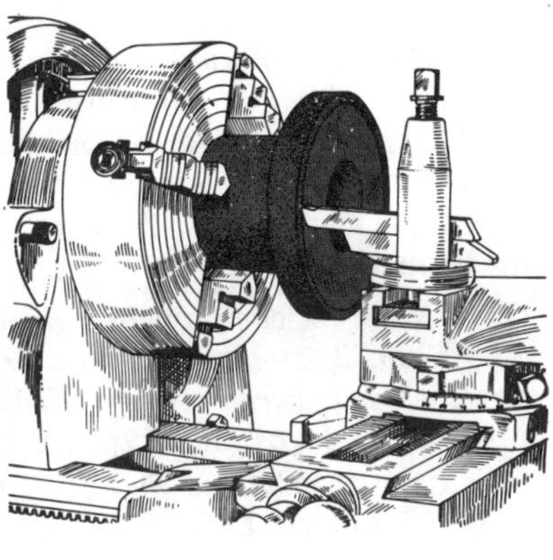

7. Métodos de descrição de tamanho

Depois do delineado da forma, *tamanho* é o segundo elemento da comunicação gráfica, que completa a representação do objeto. O tamanho é mostrado através de "dimensões" que indicam distâncias lineares, diâmetros, raios e outras magnitudes necessárias.

As dimensões colocadas no desenho *não são necessariamente*, as empregadas ao fazer o desenho, mas as requeridas para o adequado funcionamento das peças após a montagem, selecionadas de tal modo que sejam prontamente usadas pelos trabalhadores que deverão fazer a peça. Antes de dimensionar o desenho, a pessoa deve estudar a máquina e entender seus requisitos funcionais; então, deve-se colocar no lugar do modelador, matrizeiro, operador de máquina, etc., e mentalmente construir o objeto para descobrir que dimensões melhor dariam esta informação.

8. Métodos de medida e avaliação

Além da descrição do tamanho feita através de padrões e regras para colocação de dimensões nos desenhos, existem muitos outros fatores importantes.

Primeiramente, o sistema de medida e avaliação precisa ser conhecido e compreendido. A história registra muitos sistemas diferentes de avaliação, conhecidos e documentados. Surgindo de todos os métodos registrados, dois sistemas resistiram ao teste de tempo: o sistema inglês (que é o utilizado nos Estados Unidos) e o sistema métrico. Este último, tem sido adotado e usado por quase todos os países, exceto os Estados Unidos, mas recentemente, muita pressão tem sido feita sobre o governo desse país para que também adote o sistema métrico como padrão. Esta preferência pelo sistema métrico aconteceu devido à economia e, também, porque este é muito superior do ponto de vista da precisão e da facilidade de uso. Além disso, por ser baseado em múltiplos de dez, o sistema métrico presta-se facilmente para computador (Cap. 20), operações em calculadoras (Apêndice

A), além de eliminar difíceis computações equivalentes.

O sistema métrico é realmente muito mais fácil de aprender e usar, mas depois de usar o sistema americano comum por um longo período de tempo, novos valores e concepções precisam ser aprendidos.

O sistema métrico é conhecido como *Sistema SI* e é aprovado pelo *National Bureau of Standards.*

As aprovações e definições dadas pelo *National Bureau of Standards* (*NBS Special Publication* 330, edição de 1972) são as seguintes:

I. UNIDADES SI

I.1 As três classes de unidades SI

As unidades SI são divididas em três classes:

unidades básicas
unidades derivadas
unidades suplementares.

Do ponto de vista científico a divisão em três classes das unidades SI é, até certo ponto, arbitrária porque não é essencial às propriedades físicas do assunto.

Entretanto, a Conferência Geral,[1] considerando as vantagens de um sistema único, prático e universal para as relações internacionais, ensino e trabalho científicos, decidiu basear o Sistema Internacional em sete unidades bem definidas, as quais, por convenção, são tidas como dimencionalmente independentes: o metro, o quilograma, o segundo, o ampère, o kelvin, o mol e a candela (ver II.1). Estas unidades do SI são chamadas *unidades básicas.*

A segunda classe de unidades SI contém *unidades derivadas,* isto é, unidades que podem ser formadas combinando unidades básicas, conforme as relações algébricas, unindo as quantidades correspondentes. Várias destas expressões algébricas, em termos de unidades básicas, podem ser substituídas por nomes e símbolos especiais os quais, por si só, podem ser usados para formar outras unidades derivadas (ver II.2).

Embora talvez se pense que unidades SI possam ser apenas unidades básicas ou derivadas, a décima-primeira CGPM (1960) admitiu uma terceira classe de unidades SI, chamadas de *suplementares,* a respeito das quais recusou-se a afirmar se eram unidades de base ou derivadas (ver II.3).

As unidades SI destas três classes formam um conjunto coerente no sentido normalmente atribuído à expressão "sistema coerente de unidades".

Os múltiplos e submúltiplos decimais de unidades SI formados por meio de prefixos de SI devem receber seu nome completo de *múltiplos e submúltiplos de unidades SI,* quando se deseja fazer uma distinção entre eles e o conjunto coerente de unidades SI.

I.2 Unidades básicas

1. Definições

a) *Unidade de comprimento.* – A décima-primeira CGPM (1960) substituiu a definição de metro baseada no protótipo internacional de platina-irídio, em uso desde 1889 e ampliada em 1927, pela seguinte definição:

> *O metro é o comprimento igual a* 1 650 763,73 *comprimentos de onda no vácuo da radiação correspondente à transição entre os níveis* $2p_{10}$ *e* $5d_5$ *do átomo de criptônio 86* (XI CGPM [1960], Resolução 6).

O antigo protótipo internacional do metro, legalizado pela primeira CGPM em 1889, é ainda mantido no Bureau Internacional de Pesos e Medidas sob as condições especificadas naquele ano.

b) *Unidade de massa.* – A primeira CGPM (1889) legalizou o protótipo internacional do quilograma e declarou:

---

[1] Conferência Geral de Pesos e Medidas, chamada daqui em diante de CGPM.

este protótipo deverá ser de hoje em diante considerado como a unidade de massa.

Com a finalidade de eliminar a ambigüidade que ainda ocorria no emprego comum da palavra "peso", a terceira CGPM (1901) declarou: *o quilograma é a unidade de massa* [e não de peso ou força]; *é igual à massa do protótipo internacional do quilograma.*

Este protótipo internacional feito de platina-irídio é mantido no BIPM[2] sob condições especificadas pela primeira CGPM em 1889.

c) *Unidade de tempo.* – Originalmente a unidade de tempo, o segundo, foi definida como a fração 1/86 400 do dia solar médio. A definição exata de "dia solar médio" foi deixada aos astrônomos, mas suas medidas mostraram que, devido a irregularidades na rotação da Terra, o dia solar médio não garante a desejada precisão. A fim de definir a unidade de tempo com maior precisão, a décima-primeira CGPM (1960) adotou uma definição dada pela União Astronômica Internacional, a qual se baseava no ano tropical. No entanto, o trabalho empírico já havia mostrado que um padrão atômico de intervalo de tempo, baseado numa transição entre dois níveis de energia de um átomo ou molécula, poderia ser realizado e reproduzido com muito mais precisão. Considerando que uma definição muito acurada da unidade de tempo do Sistema Internacional, o segundo, é indispensável para as necessidades da metrologia avançada, a décima-terceira CGPM (1967) decidiu substituir a definição de segundo pela seguinte:

O segundo é a duração de 9 192 631 770 *períodos de radiação correspondentes à transição entre os dois níveis hiperfinos do estado terrestre do átomo de césio-*133. (XIII CGPM [1967], Resolução 1)

d) *Unidade de corrente elétrica.* – Unidades elétricas, chamadas "internacionais", para corrente e resistência, foram introduzidas pelo Congresso Internacional de Eletricidade, reunido em Chicago em 1893, e as definições de ampère "internacional" e de ohm "internacional" foram confirmadas pela Conferência Internacional de Londres em 1908.

Embora já fosse óbvio por ocasião da oitava CGPM (1933) que havia um desejo unânime de substituir aquelas unidades "internacionais" pelas assim chamadas unidades "absolutas", a decisão oficial de aboli-las foi somente tomada pela nona CGPM (1948), que adotou para a unidade de corrente elétrica, o ampère, a seguinte definição:

O ampère é aquela corrente constante que, se mantida em dois condutores paralelos de comprimento infinito, de área de seção transversal insignificante, e situados no vácuo a um metro de distância um do outro, produz entre esses condutores uma força igual a 2×10^{-7} *newtons por metro de comprimento.* (CIPM [1946], Resolução 2 aprovada pela IX CGPM, 1948)

A expressão "unidade de força MKS" que aparece no texto original foi substituída por "newton", adotada pela nona CGPM (1948, Resolução 7).

e) *Unidade de temperatura termodinâmica.* – A definição de unidade de temperatura termodinâmica foi dada em essência pela décima CGPM (1954, Resolução 3) a qual selecionava o ponto triplo da água como ponto fundamental fixo e atribuía a ele a temperatura de 273, 16°K por definição. A décima-terceira CGPM (1967, Resolução 3) adotou o nome *kelvin* (símbolo K) ao invés de "grau Kelvin" (símbolo °K) e, em sua Resolução 4, definiu a unidade de termodinâmica como segue:

O kelvin, unidade de temperatura termodinâmica, é a fração 1/273,16 *da temperatura termodinâmica do ponto triplo da água.* (XIII CGPM [1967], Resolução 4)

---

[2] Bureau Internacional de Pesos e Medidas.

A décima-terceira CGPM (1967, Resolução 3) também decidiu que a unidade kelvin e seu símbolo K deveriam ser usados para expressar um intervalo ou uma diferença de temperatura.

Nota. – Além da temperatura termodinâmica (símbolo T), expressa em kelvins, tem-se usado também a temperatura Celsius (símbolo t) definida pela equação

$$t = T - T_0$$

onde $T_0 = 273{,}15$ K por definição. A temperatura Celsius é geralmente expressa em graus Celsius (símbolo °C). A unidade "grau Celsius" é assim igual à unidade "Kelvin". Um intervalo ou uma diferença de temperatura Celsius pode também ser expresso em graus Celsius.

f) *Unidade de quantidade de substância.* – Desde a descoberta das leis fundamentais da Química, unidades de quantidade de substância chamadas, por exemplo, "átomo-grama" e "molécula-grama" têm sido usadas para especificar quantidades de elementos ou compostos químicos. Essas unidades tinham uma conexão direta com "pesos atômicos" e "pesos moleculares", os quais eram, na realidade, massas relativas. "Pesos atômicos" referiam-se originalmente ao peso atômico do oxigênio (tido por concordância geral como igual a 16). Mas, enquanto físicos separavam isótopos de oxigênio no espectrógrafo de massas e atribuíam o valor 16 a um dos isótopos de oxigênio, químicos atribuíam o mesmo valor à combinação (levemente variável) de isótopos 16, 17 e 18, que para eles era o elemento oxigênio que ocorria naturalmente. Finalmente, um acordo entre a *International Union of Pure and Applied Physics* (IUPAP) e a *International Union of Pure and Applied Chemistry* (IUPAC) terminou com esta dualidade em 1959/60. Físicos e químicos concordaram desde então em atribuir o valor 12 ao isótopo 12 de carbono. A escala unificada assim obtida dá valores de "massa atômica relativa".

Restou definir a unidade de quantidade de substância para fixar a massa correspondente de carbono 12; por acordo internacional, esta massa tem sido fixada em 0,012 kg, e a unidade de quantidade, "quantidade de substância", recebeu o nome de *mol* (símbolo mol).

Segundo propostas do IUPAP, IUPAC e ISO, o CIPM deu, em 1967, e confirmou em 1969, a seguinte definição de mol, adotada pela décima-quarta CGPM (1971, Resolução 3):

O mol é a quantidade de substância de um sistema que contém tantas entidades elementares quantos átomos existem em 0,012 *kg de carbono* 12.

Nota – *Quando o mol é usado, as entidades elementares devem ser especificadas e podem ser átomos, moléculas, íons, elétrons, outras partículas, ou grupos específicos de tais partículas.*

Observe-se que esta definição especifica, ao mesmo tempo, a natureza da quantidade cuja unidade é o mol.[3]

g) *Unidade de intensidade da luz.* – As unidades de intensidade da luz baseadas na chama ou filamentos incandescentes, padrões em uso em vários países, foram substituídas, em 1948, pela "nova vela". Esta decisão fora preparada pela Comissão Internacional de Iluminação (CIE) e pela CIPM antes de 1937, e foi promulgada pela CIPM em sua reunião de 1946, em virtude dos poderes outorgados em 1933 pela oitava CGPM. A nona CGPM (1948) ratificou a decisão do CIPM e

---

[3] O nome da quantidade, adotado pelo IUPAP, IUPAC e ISO é, em francês, *quantité de matière* e, em inglês, *amount of substance* (as traduções alemãs e russas são *Stoffmenge* e *Kornyectbo Bemectba*). O nome francês lembra *quantitas materiae*, por que, no passado, a quantidade hoje chamada massa costumava ser conhecida; é preciso esquecer este antigo significado, pois massa e quantidade de substância são quantidades inteiramente diferentes.

deu um novo nome internacional, *candela* (símbolo cd), à unidade de intensidade luminosa. O texto da definição da candela, retificado em 1967, é o seguinte:

A candela é a intensidade luminosa, na direção perpendicular, de uma superfície de 1/600 000 *metros quadrados de um corpo negro na temperatura de solidificação da platina, sob uma pressão de* 101 325 *newtons por metro quadrado.* (XIII CGPM [1967], Resolução 5)

2. Símbolos

As unidades básicas do Sistema Internacional estão reunidas na tabela 1 com seus nomes e símbolos (X CGPM [1954], Resolução 6; XI CGPM [1960], Resolução 12; XIII CGPM [1967], Resolução 3; XIV CGPM [1971], Resolução 3).

O princípio geral que orienta a escrita de símbolos das unidades já fora adotado pela nona CGPM (1958), Resolução 7, de acordo com o qual:

Tipo romano [vertical], *geralmente minúsculo, é empregado para símbolos de unidades; se, entretanto, os símbolos são derivados de nomes próprios, o tipo romano maiúsculo é usado* [para a primeira letra]. *Estes símbolos não são seguidos* de um ponto final [no período].

Símbolos de unidade não se modificam no plural.

I.3 Unidades derivadas

1. Expressões

As unidades derivadas são expressas algebricamente em termos de unidades básicas por meio dos símbolos matemáticos de multiplicação e divisão. Várias unidades derivadas receberam nomes e símbolos especiais que podem, por si só, ser usados para expressar outras unidades derivadas de um modo mais simples do que em termos de unidades básicas.

As unidades derivadas podem, por isso, ser classificadas sob três títulos. Alguns deles são dados nas tabelas 2, 3 e 4.

Nota a – Os valores de certas quantidades chamadas de imensuráveis, como, por exemplo, índice refrativo, permeabilidade relativa ou constante dielétrica são expressos simplesmente por números. Neste caso, a unidade SI correspondente é a razão das mesmas duas unidades SI e pode ser expressa pelo número 1.

Nota b – Embora uma unidade derivada possa ser expressa de diversas maneiras equivalentes, usando nomes de unidades básicas e nomes especiais de unidades derivadas, o CIPM não põe objeção ao uso preferencial de certas combinações ou de certos nomes especiais a fim

Tabela 1. Unidades básicas SI

Quantidade	Nome	Símbolo
comprimento	metro	m
massa	quilograma	kg
tempo	segundo	s
corrente elétrica	ampère	A
temperatura termodinâmica*	kelvin	K
quantidade de substância	mol	mol
intensidade luminosa	candela	cd

* A temperatura Celsius é geralmente expressa em graus Celsius (símbolo °C) (ver Nota, p. 25).

Tabela 2. Exemplos de unidades SI derivadas expressas em termos de unidades básicas

Quantidade	Unidade SI	
	Nome	Símbolo
área	metro quadrado	m^2
volume	metro cúbico	m^3
velocidade, velocidade escalar	metro por segundo	m/s
aceleração	metro por segundo a cada segundo	m/s^2
número de onda	1 por metro	m^{-1}
densidade, densidade de massa	quilograma por metro cúbico	kg/m^3
concentração (de quantidade de substância)	mol por metro cúbico	mol/m^3
atividade (radioativa)	1 por segundo	s^{-1}
volume específico	metro cúbico por quilograma	m^3/kg
luminância	candela por metro quadrado	cd/m^2

Tabela 3. Unidades derivadas SI com nomes especiais

Quantidade	Unidade SI			
	Nome	Símbolo	Expressão em termos de outras unidades	Expressão em termos de unidades básicas SI
freqüência	hertz	Hz		s^{-1}
força	newton	N		$m \cdot kg \cdot s^{-2}$
pressão	pascal	Pa	N/m^2	$m^{-1} \cdot kg \cdot s^{-2}$
energia, trabalho, quantidade de calor	joule	J	N . m	$m^2 \cdot kg \cdot s^{-2}$
potência, fluxo radiante	watt	W	J/s	$m^2 \cdot kg \cdot s^{-3}$
quantidade de eletricidade, carga elétrica	coulomb	C	A . s	s . A
potencial elétrico, diferença de potencial, força eletromotriz	volt	V	W/A	$m^2 \cdot kg \cdot s^{-3} \cdot A^{-1}$
capacitância	farad	F	C/V	$m^{-2} \cdot kg^{-1} \cdot s^4 \cdot A^2$
resistência elétrica	ohm	Ω	V/A	$m^2 \cdot kg \cdot s^{-3} \cdot A^{-2}$
condutância	siemens	S	A/V	$m^{-3} \cdot kg^{-1} \cdot s^3 \cdot A^2$
fluxo magnético	weber	Wb	V . s	$m^2 \cdot kg \cdot s^{-2} \cdot A^{-1}$
densidade do fluxo magnético	tesla	T	Wb/m^2	$kg \cdot s^{-2} \cdot A^{-1}$
indutância	henry	H	Wb/A	$m^2 \cdot kg \cdot s^{-2} \cdot A^{-2}$
fluxo luminoso	lúmen	lm		cd . sr (a)
luminância	lux	lx		m^{-2} . cd . sr(a)

(a) Nesta expressão o estereorradiano (sr) é tratado como uma unidade básica.

Tabela 4. Exemplos de unidades SI derivadas expressas através de nomes especiais

Quantidade	Unidade SI		
	Nome	Símbolo	Expressão em termos de unidades básicas SI
viscosidade dinâmica	pascal segundo	Pa . s	$m^{-1} . kg . s^{-1}$
momento de força	metro newton	N . m	$m^2 . kg . s^{-2}$
tensão superficial	newton por metro	N/m	$kg . s^{-2}$
densidade do fluxo térmico, radiação	watt por metro quadrado	W/m^2	$kg . s^{-2}$
capacidade térmica, entropia	joule por kelvin	J/K	$m^2 . kg . s^{-2} . K^{-1}$
capacidade térmica específica, entropia específica	joule por quilograma kelvin	J/(kg . K)	$m^2 . s^{-2} . K^{-1}$
energia específica	joule por quilograma	J/kg	$m^2 . s^{-2}$
condutividade térmica	watt por kelvin metro	W/(m . K)	$m . kg . s^{-3} . K^{-1}$
densidade de energia	joule por metro cúbico	J/m^3	$m^{-1} . kg . s^{-2}$
intensidade do campo elétrico	volt por metro	V/m	$m . kg . s^{-3} . A^{-1}$
densidade de carga elétrica	coulomb por metro cúbico	C/m^3	$m^{-3} . s. A$
densidade do fluxo elétrico	coulomb por metro quadrado	C/m^2	$m^{-2} . s . A$
constante dielétrica	farad por metro	F/m	$m^{-3} . kg^{-1} . s^4 . A^2$
densidade de corrente	ampère por metro quadrado	A/m^2	
intensidade do campo magnético	ampère por metro	A/m	
permeabilidade	henry por metro	H/m	$m. kg . s^{-2} . A^{-2}$
energia molar	joule por mol	J/mol	$m^2 . kg . s^{-2} . mol^{-1}$
entropia molar, capacidade térmica molar	joule por kelvin mol	J/(mol . K)	$m^2 . kg . s^{-2} . k^{-1} . mol^{-1}$

de distinguir, mais facilmente, entre quantidades de mesma dimensão; por exemplo, o hertz é seguidamente usado, de preferência ao segundo recíproco para a freqüência de um fenômeno periódico, e o metro-newton em lugar do joule para o momento de uma força, embora, rigorosamente, $1\ Hz = 1 s^{-1}$, e $1\ N \cdot m = 1\ J$.

2. Recomendações

A *International Organization for Standardization* (ISO) emitiu recomendações adicionais com o objetivo de assegurar uniformidade no uso das unidades, especialmente aquelas do Sistema Internacional (ver séries de Recomendações R 31 e Recomendação R 1 000 do ISO/TC 12 "Quantidades, unidades, símbolos, fatores de conversão e tabelas de conversão").

Conforme estas recomendações:

a) O produto de duas ou mais unidades é, preferencialmente, indicado por um ponto. O ponto pode ser dispensado quando não houver risco de confusão com outro símbolo de unidade.

Por exemplo: N • m ou N m *mas não*: mN

b) Uma barra (traço oblíquo,/), uma linha horizontal ou potências negativas podem ser empregadas para expressar uma unidade derivada formada por divisão de outras duas.

Por exemplo: m/s, $\frac{m}{s}$ ou $m \cdot s^{-1}$

c) A barra não deve ser repetida na mesma linha, salvo se a ambigüidade for evitada pelo uso de parênteses. Em casos complicados devem ser usados potências negativas ou parênteses.

Por exemplo:
m/s^2 ou $m \cdot s^{-2}$ *mas não*: m/s/s
$m \,.\, kg/(s^3 \,.\, A)$ ou $m \,.\, kg \,.\, s^{-3} \,.\, A^{-1}$ mas não: $m \,.\, kg/s^3/A$

I.4 Unidades suplementares

A Conferência Geral ainda não classificou certas unidades do Sistema Internacional e, quer como unidades básicas, quer como unidades derivadas. Estas unidades SI são destinadas a uma terceira classe chamada "unidades suplementares" e podem ser vistas como unidades básicas como derivadas.

Por enquanto esta classe contém apenas duas unidades, puramente geométricas: a unidade SI de ângulo plano, o *radiano*, e a unidade SI de ângulo sólido, o *estereorradiano* (XI CGPM [1960], Resolução 12).

O radiano é o ângulo plano entre dois raios de um círculo que subtende um arco cujo comprimento é igual a um raio.

Tabela 5. Unidades suplementares SI

Quantidade	Unidade SI	
	Nome	Símbolo
ângulo plano	radiano	rad
ângulo sólido	estereorradiano	sr

O estereorradiano é o ângulo sólido que, tendo seu vértice no centro de uma esfera, intercepta uma área da superfície da esfera igual à de um quadrado com os lados de comprimento igual ao raio da esfera.

II. MÚLTIPLOS E SUBMÚLTIPLOS DECIMAIS DE UNIDADES SI

II.1 Prefixos SI

A décima-primeira CGPM (1960, Resolução 12) adotou uma primeira série de nomes e símbolos de prefixos para formar múltiplos e submúltiplos decimais de unidades SI. Prefixos para 10^{-15} e 10^{-18} foram acrescentados pela décima-segunda CGPM (1964, Resolução 8).

II.2 Recomendações

ISO recomenda as seguintes regras para emprego de prefixos SI:

a) símbolos de prefixo são impressos em tipo romano (vertical) sem dar espaço

Tabela 6. Exemplos de unidades derivadas SI formadas pelo uso de unidades suplementares

Quantidade	Unidade SI	
	Nome	Símbolo
velocidade angular	radiano por segundo	rad/s
aceleração angular	radiano por segundo ao quadrado	rad/s^2
intensidade radiante	watt por estereorradiano	W/sr
radiância	watt por metro quadrado por estereorradiano	$W \cdot m^{-2} \cdot sr^{-1}$

Tabela 7. Prefixos SI

Fator	Prefixo	Símbolo	Fator	Prefixo	Símbolo
10^{12}	tera	T	10^{-1}	deci	d
10^{9}	giga	G	10^{-2}	centi	c
10^{6}	mega	M	10^{-3}	mili	m
10^{3}	quilo	k	10^{-6}	micro	μ
10^{2}	hecto	h	10^{-9}	nano	n
10^{1}	deca	da	10^{-12}	pico	p
			10^{-15}	femto	f
			10^{-18}	ato	a

entre o símbolo do prefixo e o símbolo da unidade.

b) Um expoente junto a um símbolo contendo um prefixo indica que o múltiplo ou submúltiplo da unidade está elevado à potência expressa pelo expoente.

Por exemplo: $1\ cm^3 = 10^{-6}\ m^3$
$1\ cm^{-1} = 10^2\ m^{-1}$

c) Prefixos compostos, formados pela justaposição de dois ou mais prefixos SI, não devem ser usados.

Por exemplo: 1nm *mas não*: 1 mμm

II.3 O quilograma

Entre as unidades básicas do Sistema Internacional, a unidade de massa é a única cujo nome, por razões históricas, contém um prefixo. Nomes de múltiplos e submúltiplos decimais da unidade de massa são formados, juntando prefixos à palavra "grama" (CIPM [1967], Recomendação 2).

III. UNIDADES FORA DO SISTEMA INTERNACIONAL

III.I Unidades usadas com o Sistema Internacional

A CIPM (1969) reconheceu que usuários do SI gostariam de empregar com este, certas unidades que não são parte dele, mas que são importantes e largamente usadas. Essas unidades são dadas na tabela 8. A combinação de unidades dessa tabela com unidades SI para for-

Tabela 8. Unidades em uso com o Sistema Internacional

Nome	Símbolo	Valores em unidades SI
minuto	min	1 min = 60 s
hora(a)	h	1 h = 60 min = 3 600 s
dia	d	1 d = 24 h = 86 400 s
grau	o	$1^{o} = (\pi/180)$ rad
minuto	'	1' = $(1/60)^{o}$ = $(\pi/10\ 800)$ rad
segundo	"	1" = (1/60)' = $(\pi/648\ 000)$ rad
litro(a)	l	$1\ l = 1\ dm^3 = 10^{-3}\ m^3$
tonelada(a)	t	$1\ t = 10^3$ kg

(a) O símbolo desta unidade está incluído na Resolução 7 da nona CGPM (1948). O litro é definido na Resolução 6 da décima-segunda CGPM (1964).

mar unidades compostas deve, entretanto, ser permitida apenas em casos limitados; por exemplo, o kilowatt-hora deveria ser finalmente abandonado.

Comparações visuais dos sistemas inglês e métrico são fornecidas nas figuras de comparação *gráfica* nas páginas 32 e 33. Comparações de valores matemáticos são fornecidas no apêndice.

9. Cartas, gráficos e diagramas

Estes são planos gráficos para análise de dados na engenharia ou para apresentação estatística. Padrões especiais designam construção, linhas, símbolos e marcações de letras utilizados.

Cartas, gráficos e diagramas são grosseiramente divididos em duas categorias: (1) os usados para finalidades puramente técnicas e (2) os usados em publicidade ou apresentação de informações de tal modo que apresentem facilidade de visualização e compreensão ao leigo. O engenheiro está preocupado principalmente com aqueles da primeira categoria, mas deve estar familiarizado com a preparação dos da segunda e entender sua influência potencial. O objetivo aqui é fornecer informações rudimentares sobre os tipos de cartas, gráficos e diagramas com os quais

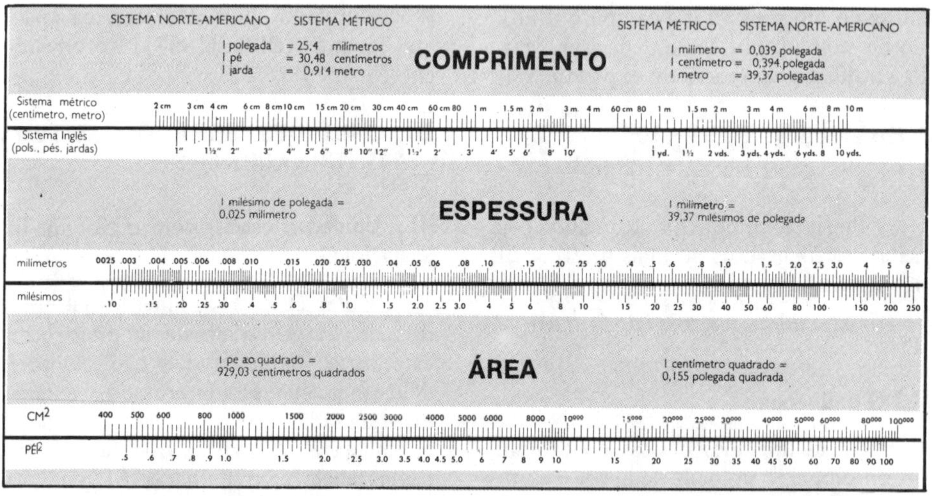

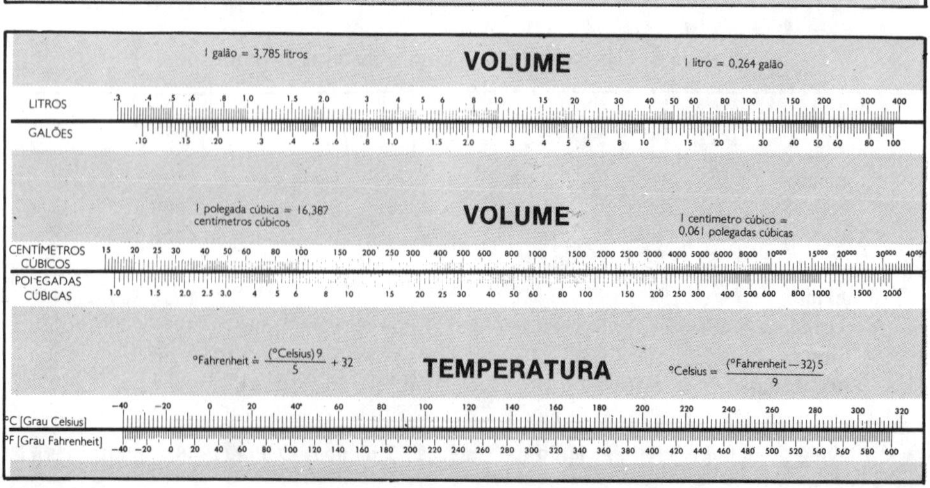

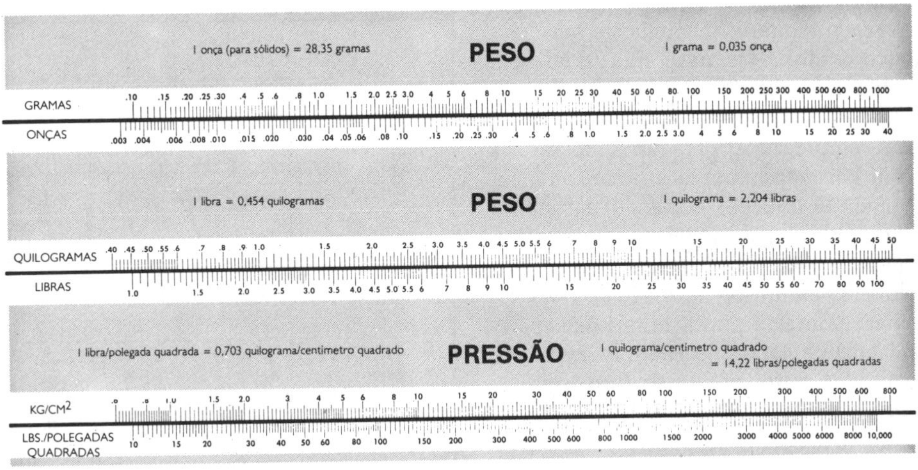

engenheiros e pessoas em profissões similares devem estar familiarizados.

10. Os elementos fundamentais dos projetos

O capítulo sobre projetos discute materiais, procedimentos e aspectos de um bom projeto mecânico, e explica ainda como um bom projetista pensa e trabalha.

A palavra "projetar" tem muitos significados. Eis uma síntese de várias definições encontradas em dicionários: planejar, conceber, inventar e mostrar de tal modo que um plano seja transmitido a outros. *Projeto* tem muitas conotações puramente artísticas. Por exemplo, o projeto de tecidos, vestuário, móveis, etc. Em engenharia, projeto veio a significar a grande categoria de invenção que leva à produção de dispositivos úteis.

Projeto (em inglês *design*, originário do latim *designare*, "planejar") é o processo de desenvolver planos, esquemas, instruções e especificações para algo novo. Assim, está dentro do contexto falar dos projetos de Hitler para a conquista do mundo; do projeto (concepção) de um livro, peça teatral ou filme; ou do projeto de tecido, móveis, vestuário, aparelhos eletrodomésticos, ou outros objetos completamente sólidos. Projeto distingue-se de produção e artesanato; projeto é o plano criativo original, e produção e artesanato são uma parte da execução do plano.

Projeto significa criação no sentido mais puro. Especificamente, projeto não é só criação, logicamente, segue-se a execução do projeto, isto é, a realização do plano através da apresentação, ação, produção, fabricação, artesanato e uso, essas etapas não são o projeto, mas, simples e positivamente, os produtos deste. É também adequado, quando se examina um trabalho pronto, falar de seu *projeto*, e por este termo de referência entende-se o plano original ou o esquema e não o próprio produto.

11. Componentes básicos de uma máquina

Muitos elementos de máquina são encontrados repetidamente em todos os tipos de trabalho de engenharia. A familiaridade com estes elementos é necessária para que o dimensionamento e as especificações do desenho sejam corretos: A figura que segue, apresenta os elementos básicos de uma máquina e operações de oficina, ilustrando os princípios de expressão gráfica apresentados nas seções anteriores.

Os mais antigos registros do parafuso são encontrados nos escritos de Arquimedes (278 a 212 a.C.), embora os exemplares de antigos parafusos gregos e romanos sejam tão raros que indicam que eram pouco usados. Mas, havia muitos ao final da Idade Média. E, é sabido que nesse período tornos e matrizes primitivos já eram empregados para abrir roscas. A maior parte dos parafusos era feita à mão, forjando a cabeça, cortando a ranhura com uma serra e modelando o parafuso com uma lima. Na América, nos tempos coloniais, parafusos de madeira eram cegos nas pontas; a ponta de verruma apareceu somente depois de 1846. Parafusos de ferro eram feitos para cada furo roscado. Não havia intercâmbio de peças e as porcas só serviam para seus próprios parafusos. Na Inglaterra, em 1841, Sir Joseph Whitworth fez a primeira tentativa de estabelecer um padrão uniforme.

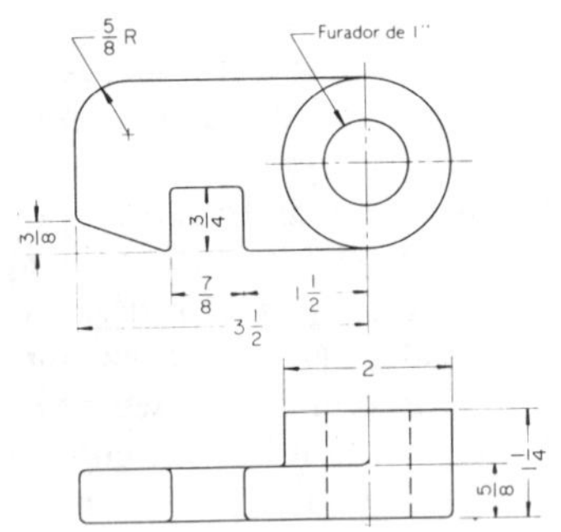

Dimensionando desenhos ortográficos. As dimensões mostrando a grandeza e posição relativa de cada porção do objeto são colocadas na vista onde cada dimensão seja mais significativa.

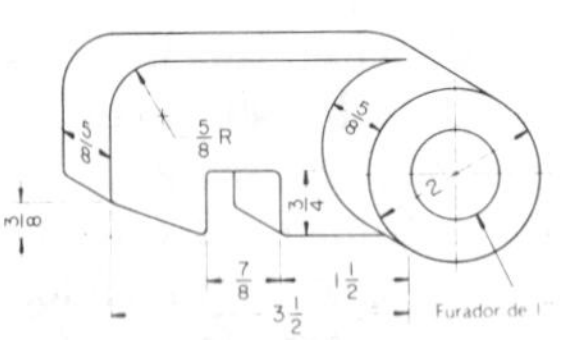

Dimensionando desenhos em perspectiva. As descrições de grandezas e posições são mostradas na perspectiva pelas dimensões colocadas de tal modo que possam ser facilmente lidas.

OUTPUT DE FORÇA DE AMPLIFICADOR NECESSÁRIO PARA COBRIR VÁRIAS DISTÂNCIAS EM COMPARAÇÃO COM O NÍVEL DE BARULHO CIRCUNDANTE

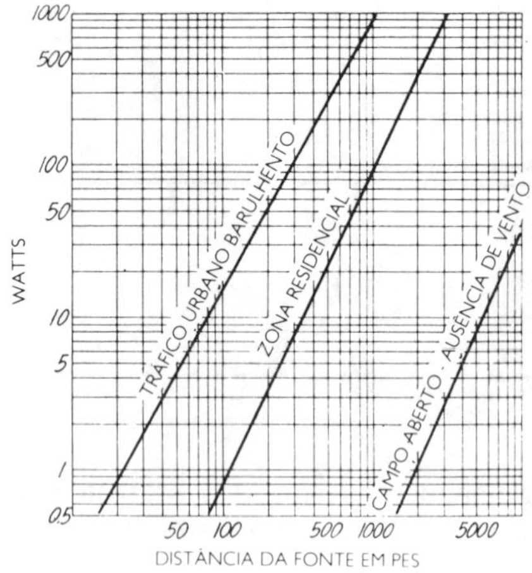

12. Áreas e processos especiais

Os métodos de projeção, a escolha do tipo de representação (descrição da forma), acompanhando a descrição do tamanho são mais ou menos uniformes em todas as áreas porque estes são os elementos dos quais todos os desenhos se compõem. Entretanto, para áreas mais especiais, certos símbolos, anotações e processos de dimensionamento têm sido padronizados e um conhecimento destes é necessário para que aqueles desenhos sejam pronta e eficientemente compreendidos.

Os processos especiais ou áreas abordadas neste livro incluem: vários itens sobre mecanismos e sistemas; soldagem; desenho de eletricidade; processos estruturais e topográficos e processos comerciais e econômicos.

Um desenho de "produção" ou de "execução" é qualquer desenho usado para informar sobre a fabricação ou construção de uma máquina ou montagem de uma estrutura. O conhecimento completo para a produção de uma máquina ou

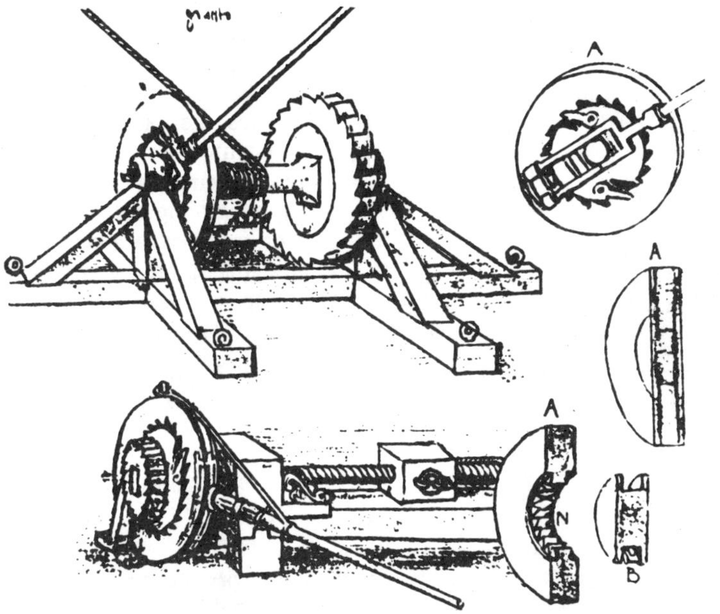

Desenho de projeto. Feito por Leonardo da Vinci em 1500 aproximadamente.

estrutura é dado por um *conjunto* de desenhos de execução transmitindo todos os fatos, completa e explicitamente, de tal modo que não sejam necessárias outras instruções.

13. Desenhos para projeto de engenharia e construção

Há muitos tipos de desenhos usados em uma ampla diversidade de áreas. São típicos os desenhos feitos para apresentação, proposta e projeto; desenhos para fabricação, construção e montagem; desenhos dando informações especializadas para um determinado campo, e muitos outros.

Quando uma nova máquina ou estrutura é projetada, os primeiros desenhos são geralmente sob a forma de esboços, à mão livre, nos quais as idéias originais são esquematizadas e a criação é elaborada. Estes desenhos são acompanhados de cálculos para provar a adequação do projeto. Trabalhando a partir de cálculos e esboços, o departamento de projetos produz um desenho do *projeto*. Este é um desenho preliminar a lápis no qual maiores detalhes do projeto são elaborados. É precisamente feito com instrumentos, ta-

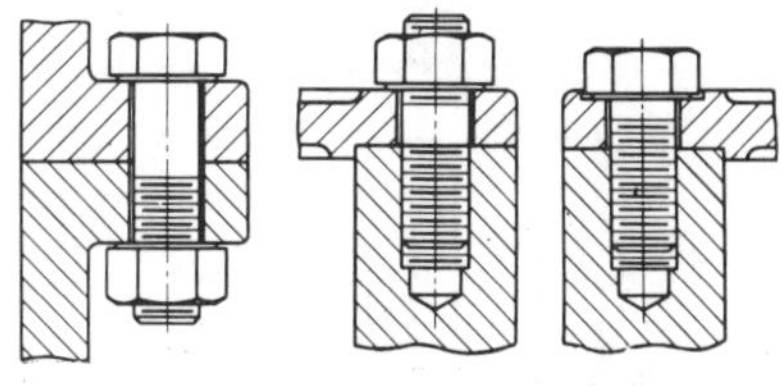

Elementos de fixação. Parafusos comuns e parafusos com cabeça e porca são usados em uma enorme variedade de formas para fixações. Familiaridade com os tamanhos padronizados disponíveis e seu desenho e especificação é fundamental.

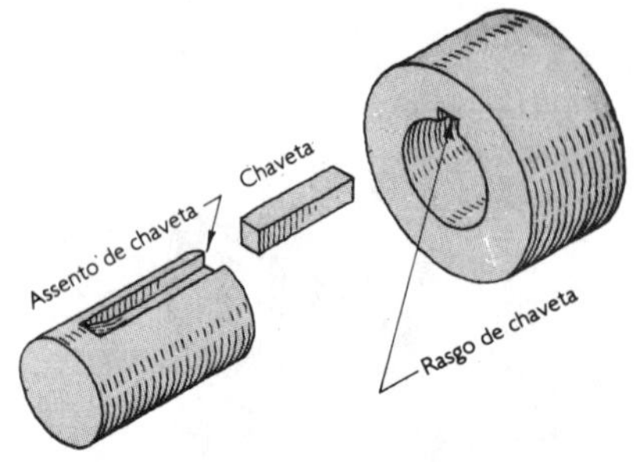

Chavetas. São usadas para evitar a rotação de elementos cilíndricos tais como engrenagens e polias em seus eixos.

manho real, se possível, e mostra a forma e posição das várias peças. Pouco esforço é feito para mostrar todos os detalhes complicados, somente as dimensões essenciais, tais como tamanhos básicos calculados, são dadas. No desenho, ou separadamente como um conjunto de notas escritas, estarão as especificações gerais do projetista referentes a materiais, tratamentos térmicos, acabamentos, folgas ou interferências, etc., e qualquer outra informação necessária ao desenhista para completar os desenhos individuais das diferentes peças.

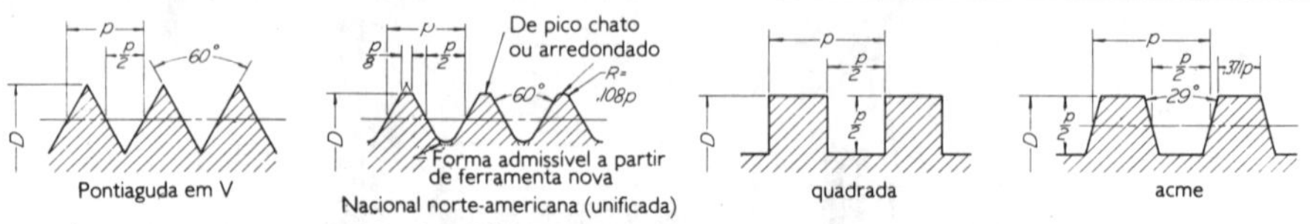

Roscas de parafuso. São usadas em dispositivos para fazer ajustagens ou para transmissão de potência e movimento. A rosca de parafuso é o componente de máquina mais largamente usado.

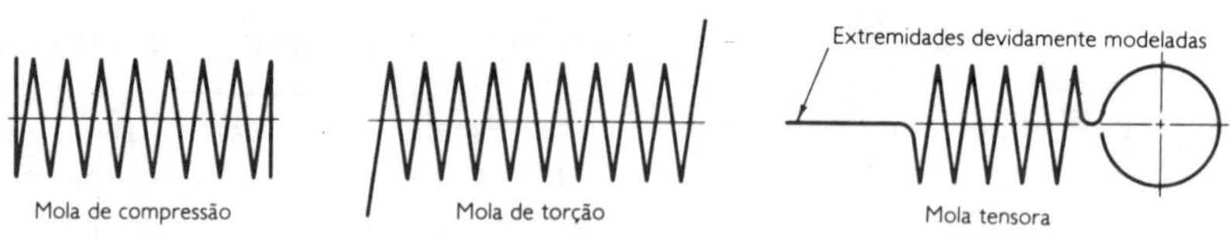

Molas. A mola é um corpo elástico que armazena energia quando é deflexionado. As formas básicas estão ilustradas.

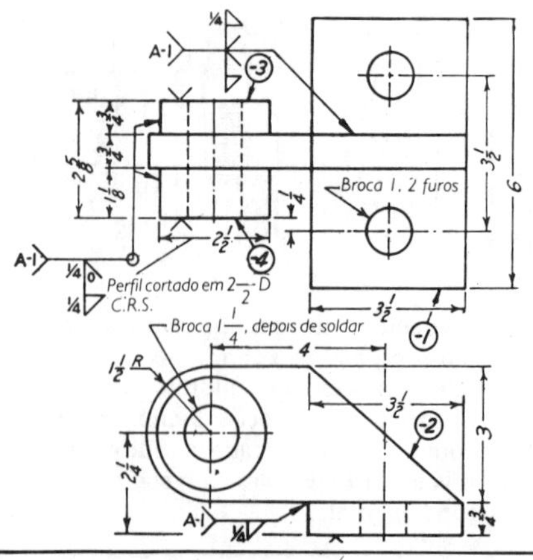

Representação de soldas. As soldas são representadas por símbolos padronizados pela *American Welding Society* (AWS) e a *American Standards Association* (ASA).

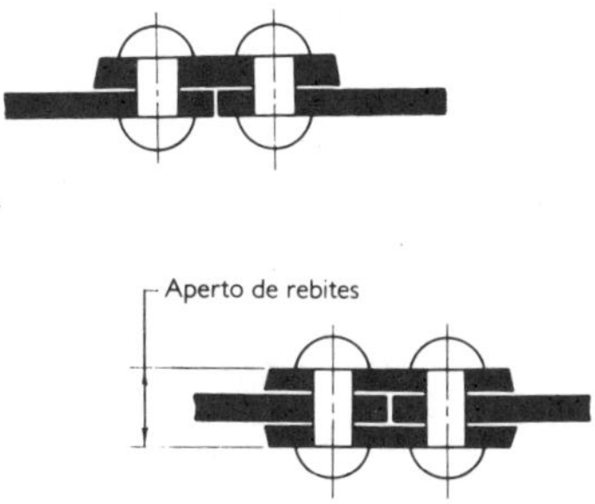

Rebites. São ligações permanentes. São cilindros de metal com uma cabeça numa das extremidades. Quando colocados em posição, a cabeça oposta é formada por impacto.

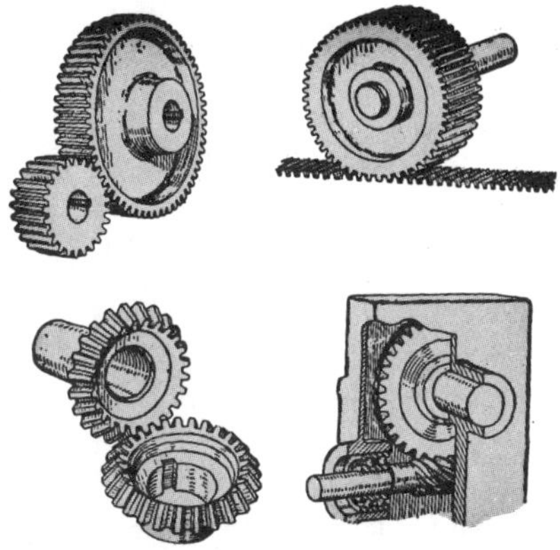

Engrenagens. Práticas especiais incluem o cálculo de tamanhos detalhados e sua tabulação em desenhos.

Gabaritos e montagens. Na moderna produção em massa estes dispositivos são destinados a segurar as peças durante o processo de fabricação. Os desenhos são feitos conforme os padrões da engenharia de instrumentos.

14. Terminologia

Durante qualquer curso sobre expressão gráfica o aluno deve tornar-se completamente familiarizado com a terminologia de projeto e construção. O glossário de termos técnicos, estruturais, arquitetônicos e de soldagem no Apêndice deve ser consultado quando necessário. Crie-se o hábito de nunca deixar passar uma palavra sem entender completamente o seu significado.

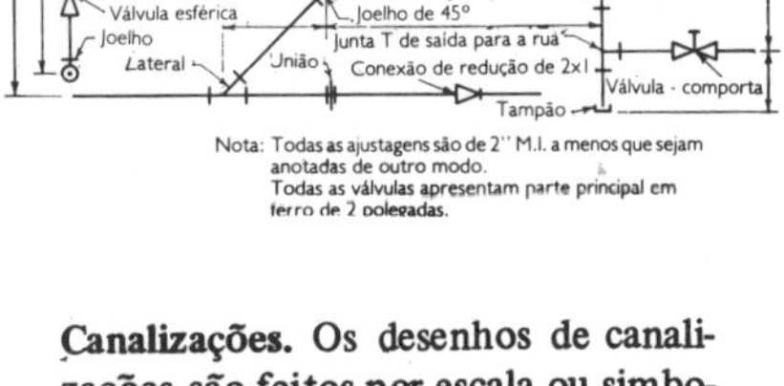

Nota: Todas as ajustagens são de 2'' M.I. a menos que sejam anotadas de outro modo.
Todas as válvulas apresentam parte principal em ferro de 2 polegadas.

Canalizações. Os desenhos de canalizações são feitos por escala ou simbolicamente. Os símbolos para canos, válvulas, ajustagens e outros detalhes são padronizados pelo ANSI.

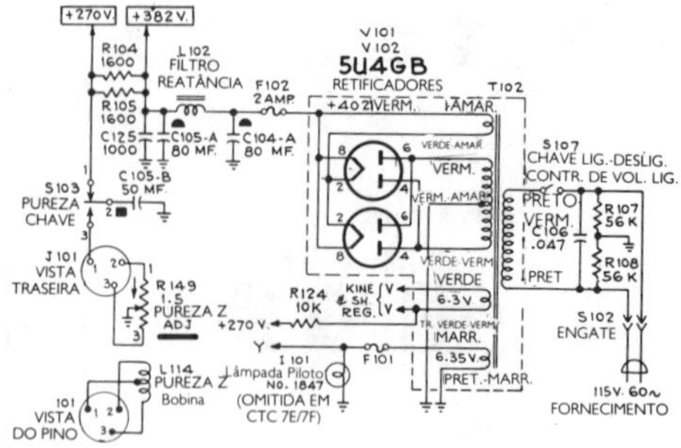

Desenhos de sistemas elétricos. A maioria dos desenhos de eletricidade são feitos simbolicamente, usando padrões do ANSI.

15. Tabelas do Apêndice

Muitos detalhes da linguagem gráfica dependem de especificações para brocas, porcas e parafusos, ajustes, limites, tamanhos de canos, símbolos e outros padrões. É importante estar bem familiarizado com este material que é dado no Apêndice.

16. Expressão gráfica de computador

Esta é a classificação dada à ciência de obter uma leitura de um ou outro tipo e usá-la *matematicamente* para representar graficamente uma informação ou *diretamente* para descrever uma relação, controlar uma máquina ou peça dela. Essas leituras são usadas também para controle numérico (ver Cap. 20).

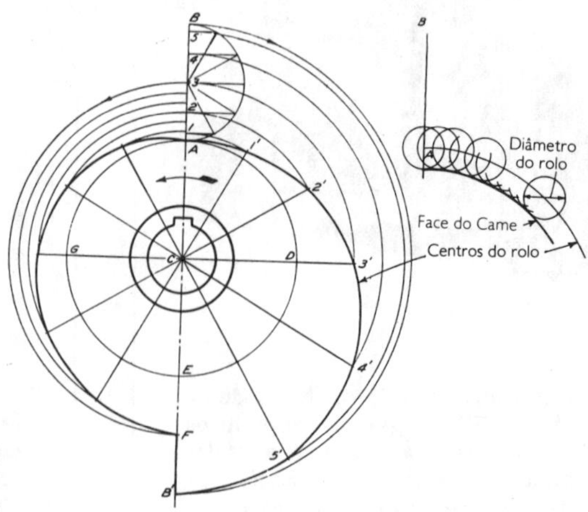

Cames. Práticas especiais incluem um plano em tamanho normal e também cálculo e dimensionamento de pontos em superfícies de cames.

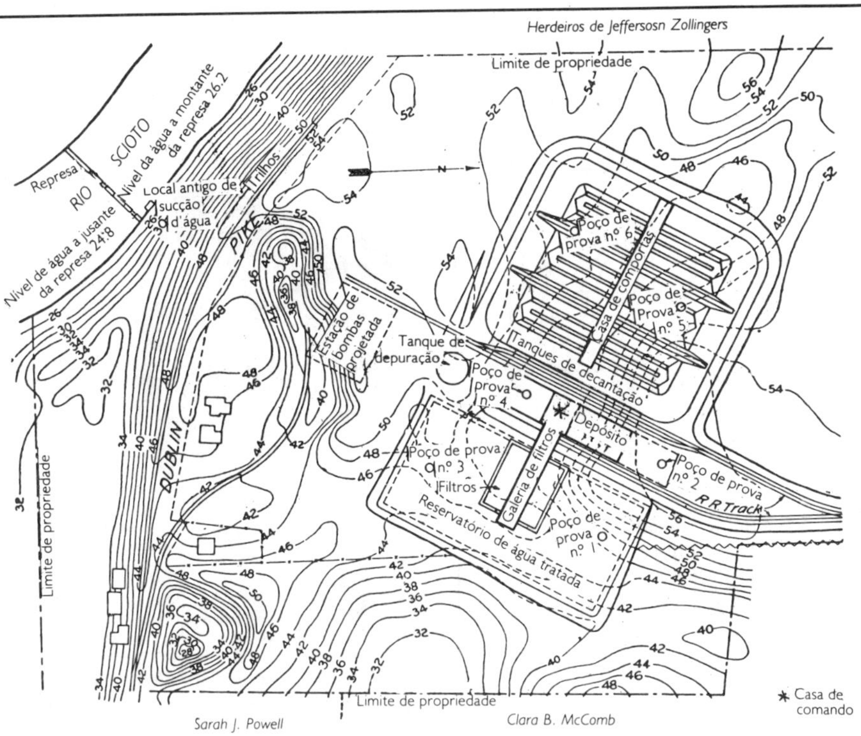

Mapas e topografia. Esses tipos de desenhos são feitos principalmente de símbolos.

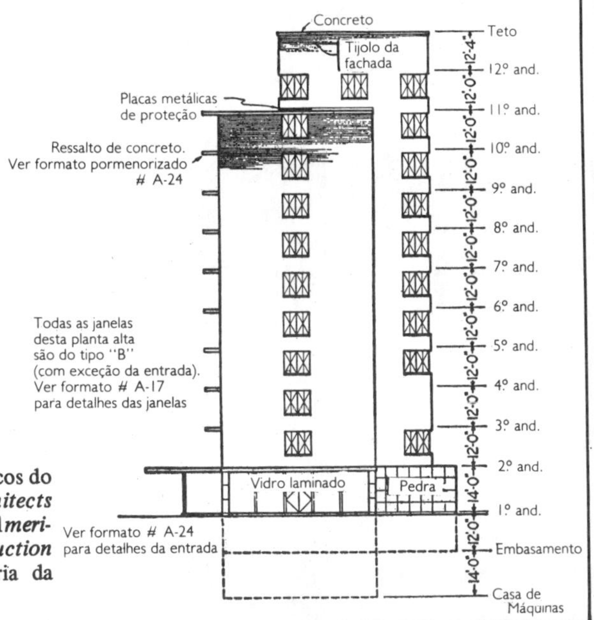

Estruturas. **Padrões arquitetônicos do *American Institute of Architects* (AIA) e padrões estruturais do *American Institute of Steel Construction* (AISC) prevalecem na indústria da construção.**

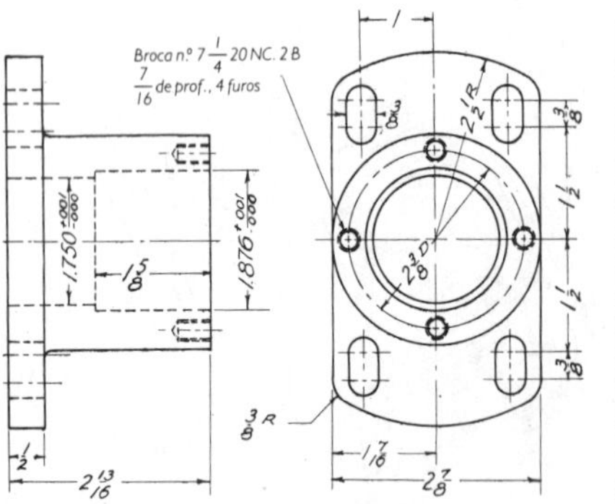

Um desenho de detalhe. Este é um desenho típico empregado na fabricação de uma peça única.

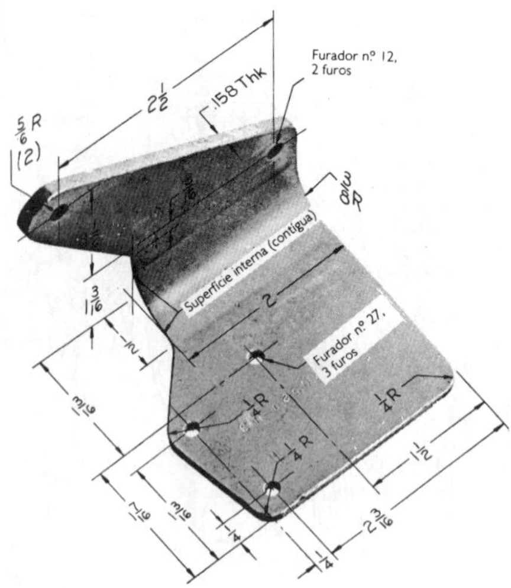

Processos especializados. Estes incluem processos de desenhos simplificados, usos especiais de processos de reprodução, fotografia e execução de um modelo. A figura ao lado é o desenho de uma foto.

A representação precisa da forma, relação e tamanho é obtida através do uso de instrumentos.

Seleção de instrumentos • Prancheta, papéis, fita adesiva, percevejos • Lápis, borrachas, canetas, tinta • Régua T, esquadros, escalas, curvas • Estojo de desenho • O uso da régua T, esquadros, escalas, compassos, tira-linhas, curvas, borrachas • O alfabeto das linhas • Tangentes • Problemas.

2

INSTRUMENTOS GRÁFICOS E SEU USO

1. Instrumentos gráficos: por que são necessários

Para registrar uma informação no papel (ou noutra superfície), são necessários instrumentos e equipamento. Mesmo para desenhos feitos à mão livre, lápis, borrachas e, algumas vezes, papel milimetrado e outros artigos especiais são empregados.

As linhas executadas nos desenhos são *retas* ou *curvas* (incluindo círculos e arcos). Para traçá-las de maneira precisa e eficiente são utilizados instrumentos de desenho, e para posicioná-las, um dispositivo de medição, que é a escala.

Os vários instrumentos serão descritos detalhadamente mais tarde, e o início deste capítulo servirá como uma introdução. Para o traçado a lápis de linhas retas, são empregados a régua T, com sua lâmina reta e cabeça perpendicular, ou esquadros. Para traçar círculos e espaçar distâncias, o desenhista precisa de compasso de pontas fixas e outro de mola para desenhar pequenos círculos. Para traçar linhas curvas quaisquer, requer-se uma curva francesa. Uma escala é usada para tomar medidas. Para desenhos à tinta, o desenhista necessita de penas especiais e um vidro de tinta com porta-tinteiro.

2. Seleção de instrumentos

Ao selecionar instrumentos e materiais para desenho, deve-se adquirir o melhor dentro das possibilidades de cada um. Para alguém que espera executar trabalhos profissionais, é um grande erro comprar material de qualidade inferior. Algumas vezes um principiante é tentado a adquirir instrumentos baratos para o aprendizado, esperando comprar outros melhores mais tarde. Com cuidados razoáveis, um conjunto de bons instrumentos durará a vida inteira, enquanto que os de baixa qualidade causarão aborrecimentos desde o começo e não terão mais serventia após pouco tempo de uso. Já que instrumentos de baixa qualidade podem ser difíceis de distinguir dos bons, é aconselhável procurar uma orientação de confiança antes de comprar. Os instrumentos têm sido grandemente aperfeiçoados nos últimos anos.

3. Pranchetas

A superfície sobre a qual vai se desenhar pode ser a própria prancheta de mesa ou então uma prancha qualquer. Em ambos os casos, a superfície de trabalho deve ser feita de pinho branco claro ou tília amadurecidos e prensados para evitar o empenamento. A aresta de trabalho deve ser reta e testada com uma régua de aço. Algumas pranchas e pranchetas de mesa são providas de uma borda de madeira de lei ou uma peça de aço na aresta de trabalho, assegurando, assim, uma melhor superfície friccionante. A Fig. 2.1 ilustra uma prancheta que, devido ao seu projeto e aos materiais de que é feita, é rija, forte e leve.

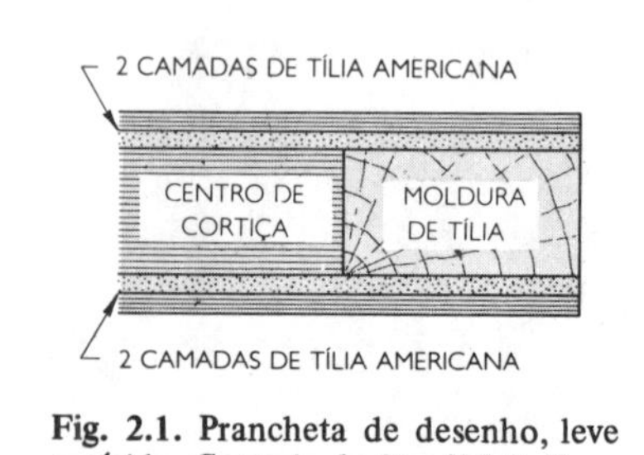

Fig. 2.1. Prancheta de desenho, leve e rígida. *Cortesia de Keuffel & Esser Co.*

4. Papel de desenho

O papel de desenho é feito em uma gama de qualidades e pode ser obtido em folhas ou rolos. Papéis de desenho brancos, que não amarelecem com o tempo ou exposição ao sol, são usados para desenhos finais, mapas, cartas e desenhos para reprodução fotográfica. Para projetos a lápis e desenhos de rascunho, o papel creme ou amarelado é o mais usado pois é mais agradável à vista e não mancha tão rapidamente como os papéis brancos. Em geral, o papel deve ter granulação suficiente para fixar o lápis, ser agradável aos olhos, ter uma superfície dura, não sendo facilmente marcada pela grafite, e apresentar facilidade ao apagar. Antigamente, os papéis importados eram considerados os melhores, mas hoje as fábricas americanas* estão produzindo todo o papel usado no país. Deve ser evitado o uso de papel-jornal barato.

5. Papel vegetal

O papel vegetal é um papel fino, *natural* ou *transparente*, sobre o qual os desenhos são traçados, a lápis ou tinta, e dos quais cópias heliográficas ou cópias por contato semelhantes podem ser feitas. Na maioria dos escritórios de desenho os originais são traçados a lápis sobre esses papéis, e cópias heliográficas são feitas diretamente destes, uma prática cada vez mais bem-sucedida, devido ao aprimoramento tanto no fabrico do papel como nos métodos de impressão. Os papéis vegetais variam amplamente em cor, espessura, superfície, etc., e o tipo de lápis e a técnica devem ser ajustados para se adequar ao papel; mas com a devida combinação, boas impressões podem ser obtidas de tais desenhos.

6. Papel-tela

É constituído por um tecido de algodão finíssimo, revestido com um preparado de amido ou plástico. O papel-tela padrão, é usado para desenhos à tinta, havendo uma tela especialmente feita para desenhos a lápis. A tela é mais permanente do que o papel, pois resiste mais ao manuseio. Os processos de traçado e duplicação com papel-tela serão descritos mais tarde.

7. Fita adesiva

O papel a ser usado está geralmente preso à prancheta por fita adesiva transparente *scotch*, Fig. 2.3.f, com um pequeno pedaço afixado em cada canto ou com uma fita ao longo de toda a borda do papel. Fita adesiva não é o mesmo que fita crepe (fabricada pela mesma companhia); esta tem uma camada mais grossa de adesivo e não se desprende do papel de desenho tão facilmente como aquela.

8. Percevejos

Os melhores percevejos são feitos com cabeças finas e pontas de aço aparafusadas nelas Fig. 2.3.g. Os mais baratos são feitos por estampagem. Deve-se usar tachas com pinos pontiagudos de pequeno diâmetro e evitar os pinos de mapa (muitas vezes coloridos) com cabeça achatada, pois, esta é demasiadamente grossa e a haste meio comprida.

9. Lápis

O instrumento básico para o desenho é o lápis de grafite, feito em durezas diferentes. Cada fabricante tem seus métodos especiais de processamento, destinados a fazer com que a grafite seja forte e, ainda assim, dê um traçado claro e macio. A Fig. 2.2 mostra cinco variedades de lápis. À esquerda, estão dois lápis comuns, com a grafite engastada em madeira. *(a)* é americano e *(b)* estrangeiro. Ambos são bons mas têm a desvantagem de que, com o uso, a madeira deve ser constantemente cortada para expor a grafite (uma tarefa que despende tempo), e o lápis vai se tor-

* O original é americano e, assim, os autores referem-se ao papel nos Estados Unidos.

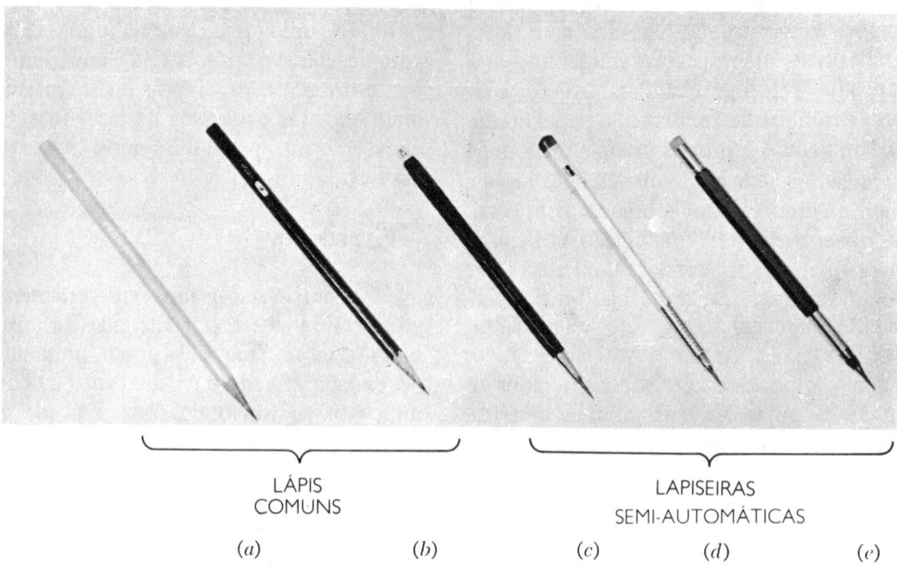

Fig. 2.2. Lápis de desenho. As lapiseiras são mais convenientes de usar.

nando menor até que o último pedaço deve ser jogado fora. As lapiseiras, (*c*), (*d*) e (*e*), com placas tensas por uma mola para prender e segurar a grafite, são mais convenientes. O tipo (*c*) tem uma pegadeira de plástico e ponta substituível (para indicar o tipo de grafite), a (*d*) tem uma pegadeira de alumínio e uma ponta com um índex para indicação do número, a (*e*) é uma elegante lapiseira marca Alteneder com pegadeira de pau-rosa, placa de aço temperado e borracha. Os lápis de desenho são numerados por algarismos e letras desde o 6B, muito macio e preto, passando por 5B, 4B, 3B, 2B, B e HB até F, os de graus médios; depois H, 2H, 3H, 4H, 5H, 6H, 7H, 8H e 9H, os mais duros. Os tipos macios (B) são usados principalmente para desenhos de esboços e reproduções, e os tipos duros (H) para desenhos com instrumentos.

10. Apontador de lápis

Depois que a madeira do lápis comum é cortada com um canivete ou um apontador mecânico, a grafite precisa tomar a forma de uma ponta cônica longa. Uma lima de aço, Fig. 2.3a, de mais ou menos 150 mm de comprimento, é ótima para esta finalidade. Alguns preferem a lixa fina de carborundo para apontar lápis, Fig. 2.3b.

11. Borrachas

A borracha para lápis Ruby, Fig. 2.3c, tamanho grande com extremidades chanfradas é utilizada como padrão. Esta borracha, não somente remove, eficazmente, linhas feitas a lápis como também as feitas à tinta. É melhor do que, as assim chamadas, borrachas à tinta, já que remove a tinta sem danificar seriamente a superfície do papel ou tela. Uma boa grelha protetora de metal ou plástico, Fig. 2.3.d, ajuda a obter um apagado limpo.

Uma borracha macia, Fig. 2.3e, é útil para limpar o papel e a tela das manchas dos dedos ou borrões que estragam a aparência de um desenho já terminado.

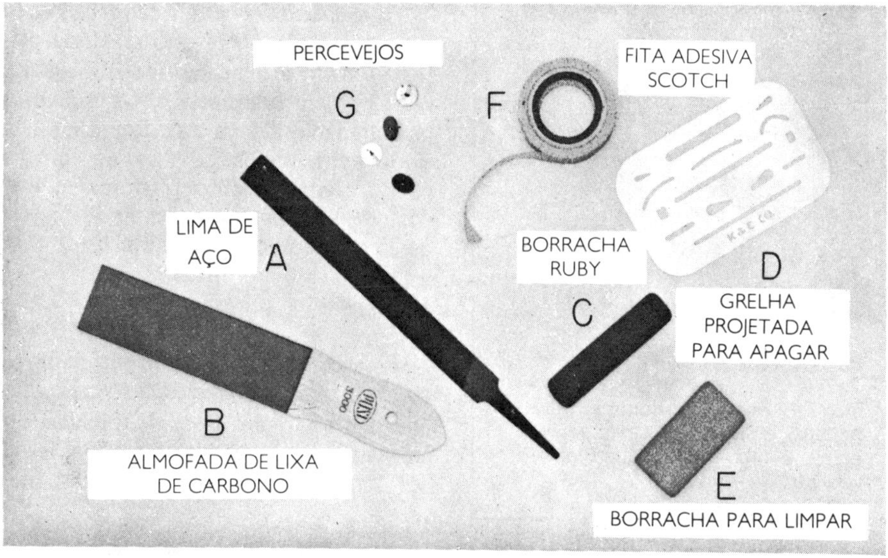

Fig. 2.3. Acessórios. Estes são usados para prender papel, apontar lápis e apagar.

12. Porta-penas e penas

O porta-penas deve ter uma espessura de tamanho médio, suficientemente pequena para entrar facilmente na boca de um vidro de tinta de desenho mas, não tão pequena, que dê cãibra nos dedos ao usá-lo. Um tamanho um pouco maior do que o diâmetro de um lápis é bom.

Uma variedade de penas para letreiros, indo da grossa à fina, pode ser escolhida dentre as arroladas no Cap. 4.

Um pedaço de pano sem fiapos ou uma camurça fina deve estar sempre à mão, tanto para limpar as penas de letreiros como o tira-linhas.

13. Tinta de desenho

A tinta de desenho é um pó fino de carvão em suspensão, ao qual é adicionada uma substância resinosa sintética ou natural para torná-la à prova d'água. A tinta não permeável à água flui mais facilmente, mas borra com facilidade. A tinta de desenho diluída em água destilada ou tinta nanquim em bastão friccionada em uma pedra de ardósia, é usada para executar aguadas e trabalhos de linhas finíssimas.

Os porta-tinteiros evitam que o frasco vire e estrague a mesa de desenho ou o assoalho. São fabricados nos mais variados modelos; um deles está ilustrado na Fig. 24. Como sucedâneo temporário, pode-se usar a metade inferior do invólucro de papelão no qual o frasco é vendido, fixada à mesa com um percevejo, ou então uma tira de papel ou de pano que passe sobre o tinteiro, deixando o gargalo livre através de um orifício adequado, presa com tachas sobre a prancheta. Várias empresas estão agora oferecendo tintas em pequenos frascos ou tubos de plástico, Fig. 2.4, os quais são apertados para fornecer tinta, gota a gota. Estes recipientes evitam derramamentos e protegem a tinta da deterioração por evaporação ou contaminação.

Fig. 2.4. Frasco de tinta em porta-tinteiro; tubo para carregar pena Leroy. O tubo de tinta é muito conveniente.

14. A régua T

A régua T de cabeça fixa, Fig. 2.5, é usada para qualquer desenho comum. Deve ser de madeira de lei, e a lâmina perfeitamente reta e de preferência de borda transparente. Um desenhista deve ter várias réguas T de cabeça fixa, de diferentes comprimentos, e uma de cabeça móvel para uso eventual.

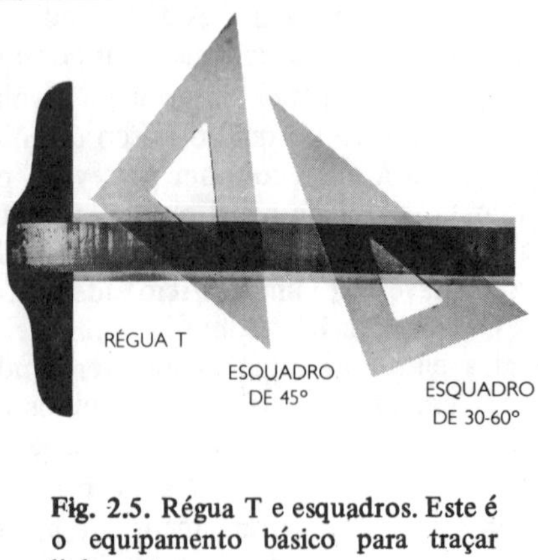

Fig. 2.5. Régua T e esquadros. Este é o equipamento básico para traçar linhas retas.

15. Esquadros

Os esquadros, Fig. 2.5, são feitos de celulóide transparente ou outro material plástico. Devido à dilatação interna algumas vezes perdem sua precisão. Os esquadros, quando não estão em uso, devem ser mantidos imprensados para evitar empenamento. Para desenhos comuns, um de 45°, de 15 a 20 cm, e um de 30° a 60°, de 25 cm, são bons tamanhos.

16. Escalas*

Escalas, Figs. 2.6 a 2.9, são feitas em uma variedade de graduações para se adequar aos diferentes tipos de trabalho. Por conveniência, as escalas são classificadas de acordo com seus empregos mais comuns.

Escalas de engenheiro mecânico. Estas são divididas e numeradas de tal modo que frações de polegadas representam as polegadas. As graduações mais comuns são $^1/_8$, $^1/_4$, $^1/_2$ e 1 *polegada*. Estas escalas são conhecidas como escalas de *tamanho* porque a redução designada também representa a razão do tamanho, como, por exemplo, tamanho *um oitavo.* A escala de unidades e meias unidades está ilustrada na Fig. 2.6. As escalas de engenheiro mecânico são quase sempre "completamente divididas", isto é, as divisões menores cobrem o comprimento total. São geralmente graduadas com divisões marcadas, numeradas da direita para esquerda, bem como da esquerda para a direita, como mostrado na Fig. 2.6. As escalas de engenheiro mecânico são usadas principalmente em desenhos de peças de máquina e pequenas estruturas onde o tamanho do desenho nunca é menor do

---

* No parágrafo sobre escalas foram mantidas as medidas inglesas mencionadas no texto, porque, embora aqui no Brasil seja usado o sistema métrico decimal, é importante o conhecimento das unidades complexas, pé e polegada, uma vez que a maior parte das máquinas, instrumentos e catálogos são importados.

que um oitavo do tamanho do objeto real.

Escalas de engenheiro civil. Estas são divididas em decimais com 10, 20, 30, 40, 50, 60 e 80 divisões de polegada (Fig. 2.7). Tal escala é completamente dividida e algumas vezes numerada tanto da esquerda para a direita como da direita para a esquerda. As escalas de engenheiro civil são usadas principalmente para representação gráfica e desenho de mapas, embora sejam convenientes para qualquer trabalho onde divisões de décimos de polegada forem necessárias.

Escalas de arquiteto. Divididas em pés e polegadas proporcionais, estas escalas têm divisões indicando $^1/_8$, $^1/_4$, $^3/_8$, $^1/_2$, $^3/_4$, $1\,^1/_2$ e 3 polegadas até o *pé* (Fig. 2.8). São geralmente "divididas em aberto", isto é, as unidades são mostradas ao longo de todo o comprimento, mas apenas as unidades extremas são subdivididas em polegadas e frações. Estas escalas são muito usadas por todos os engenheiros – mecânicos, industriais, químicos, etc. – tanto para desenhos de máquinas como para os desenhos estruturais e são algumas vezes chamadas de escalas de *engenheiro mecânico*.

Escalas métricas. Encontradas em todos os tipos, tamanhos e materiais das outras escalas, são completamente divididas e numeradas em metros, centímetros ou milímetros dependendo da redução no tamanho. Reduções típicas de tamanho são: 1:1, 1:2, 1:5, 1:10, 1:20, 1:25, 1:33,3, 1:50, 1:75, 1:80, 1:100, 1:150. Existem as *escalas métricas equivalentes* para conversão direta das escalas inglesas. Estas são: medida métrica para inglesa, medida inglesa para métrica e escalas *duplas* oferecendo valores métricos e ingleses. As melhores escalas são feitas à máquina. Ver Fig. 2.9.

As escalas são feitas com várias seções transversais, como mostra a Fig. 2.10. A

Fig. 2.6. Uma escala natural e 1:2 de engenheiro mecânico. As divisões são desde polegadas até dezesseis avos de polegada. (A escala 1:2 está nas costas da escala natural.)

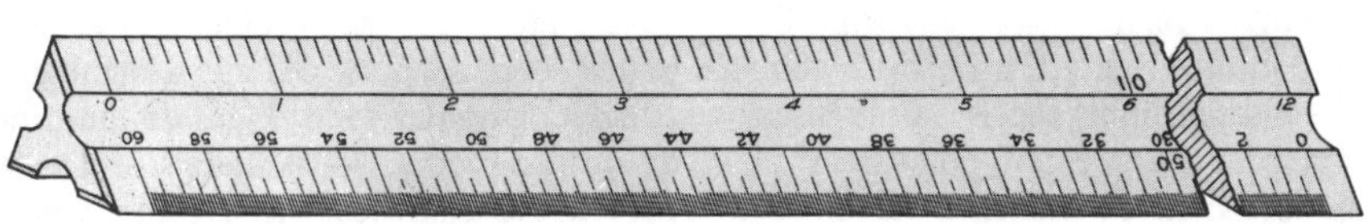

Fig. 2.7. Uma escala de engenheiro civil. As divisões são de 10, 20, 30, 40, 50 e 60 partes até a polegada.

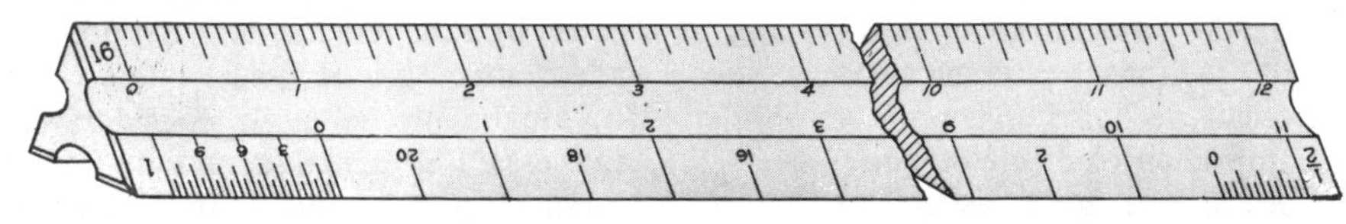

Fig. 2.8. Uma escala de arquiteto (ou de engenheiro mecânico). Redução de tamanho baseada na proporção de um pé.

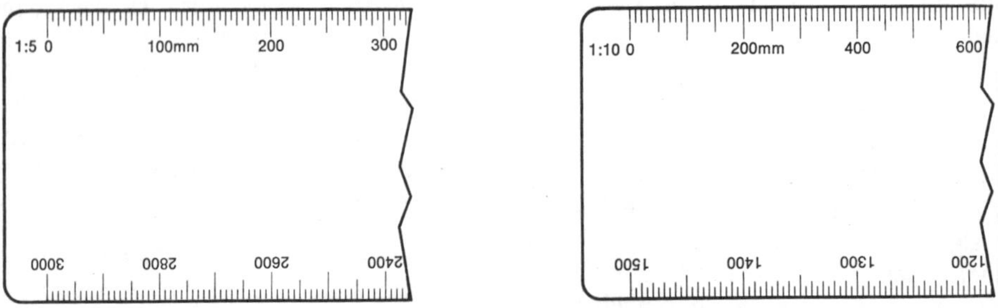

Fig. 2.9. Exemplos de escalas métricas.

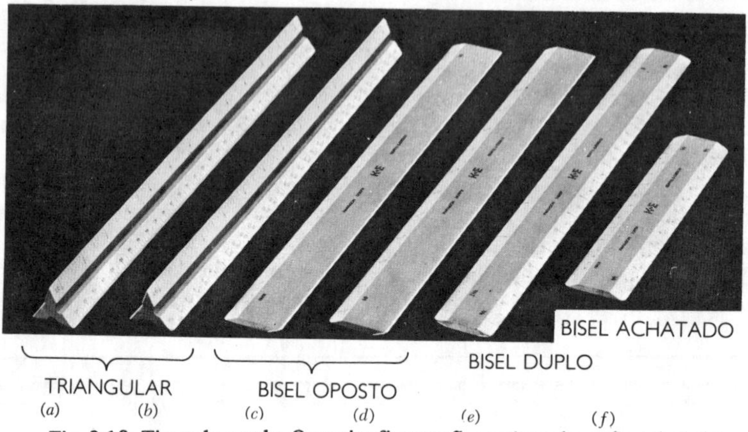

Fig. 2.10. Tipos de escala. Os mais eficazes são os tipos de seção achatada.

forma triangular, (*a*) e (*b*), é a mais comum, porque apresenta seis escalas sobre uma única régua e é bastante rija. Entretanto, muitos preferem os tipos achatados por serem mais fáceis de manusear em uma prancheta e por possuírem determinada escala de trabalho facilmente disponível. A escala de "biséis opostos", (*c*) e (*d*), é mais fácil de ser manuseada do que a de "bisel achatado", (*f*); além disso, mostra apenas uma graduação de cada vez. A escala de "bisel duplo", (*e*), em comprimentos menores, é conveniente como uma escala de bolso, mas pode ser obtida em comprimentos de até 60 cm.

Praticamente todas as escalas de desenho de boa qualidade, antigamente, era eram feitas de madeira simples ou com bordas brancas de celulóide. Embora as escalas de metal tenham estado no mercado há mais de trinta anos, raramente eram usadas até 1935, quando tecnígrafos equipados com escalas de metal ganharam razoável popularidade. Ligas de alumínio de dureza média são os metais preferidos para a sua confecção. A Segunda Guerra Mundial trouxe um período de considerável testagem com vários tipos de plásticos de todas as espécies para escalas de desenho. Ainda nos dias atuais, a escala com bordas brancas tem mantido sua popularidade. Outro tipo de escala que está tendo, atualmente, atenção considerável é uma escala de metal com uma camada branca de plástico que contém as graduações e tanto o magnésio como o alumínio têm sido usados com sucesso. Estas escalas têm todas as vantagens de leitura das de madeira com bordas brancas, além da estabilidade oferecida pelo metal.

17. Curvas

Réguas curvas, chamadas de "curvas irregulares" ou "curvas francesas", são empregadas para linhas curvas que não sejam arcos de circunferência. Estas curvas são constituídas de uma combinação variada de partes de elipses, espirais e outras curvas matemáticas. Para o aluno, será suficiente uma curva de elipse do tipo mostrado na Fig. 2.11*a* ou de um espiral, que pode ser logarítmica, (*b*), ou uma semelhante à empregada na Fig. 2.61. Ou ainda a indicada na Fig. 2.11*c*, que é uma curva pequena e útil.

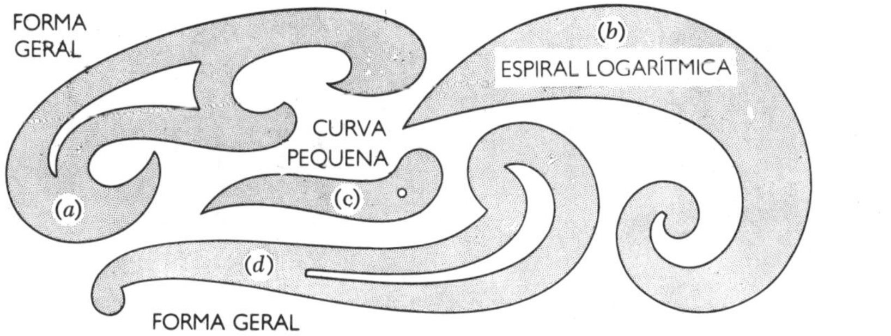

Fig. 2.11. Curvas irregulares. Estas são usadas para traçar curvas onde o raio da curvatura não é constante.

18. Os estojos de desenho

Tem-se considerado até agora, com exceção das curvas, somente instrumentos (e materiais) necessários para o traçado de linhas retas. Grande parte de um desenho será provavelmente de circunferências ou arcos de circunferência e os estojos de desenho são utilizados para estes fins. Os instrumentos básicos estão apresentados na Fig. 2.12. À esquerda está o compasso de pontas secas do tipo articulado (com parafuso para um ajustamento perfeito), empregado para transporte ou transferência de medidas. Ao lado está o compasso grande com ampliador e o tira-linhas como acessório. Os três compassos de mola são para trabalhos menores que são quase sempre feitos sem o conversor (de lápis para tira-linhas). O tira-linhas, na extrema direita, é usado para o traçado à tinta de linhas retas. Um conjunto de instrumentos do tipo apresentado na Fig. 2.12 é conhecido como conjunto de três compassos de mola.

Até recentemente, o conjunto de três compassos de mola era considerado como padrão, em feitio e número de peças, para todo trabalho comum de desenho. Entretanto, a tendência agora é para construção mais rígida e menor número de peças. O compasso de 150 mm na Fig. 2.13 abrange praticamente um conjunto completo em um único instrumento. Empregado como se mostra adiante, o instrumento é um compasso com lápis; quando o lápis é substituído por um tira-linhas, é usado para traçar circunferências à tinta; com uma ponta de aço, torna-se um compasso de pontas secas; e há um pequeno recipiente de metal para as pontas de aço e grafite. Instrumentos semelhantes de outras fábricas são mostrados nas Figs. 2.14 e 2.15. O instrumento mostrado à direita, em cima, na Fig. 2.15, é um modelo de "troca rápida" (com ajuste vernier), de grande conveniência quando se

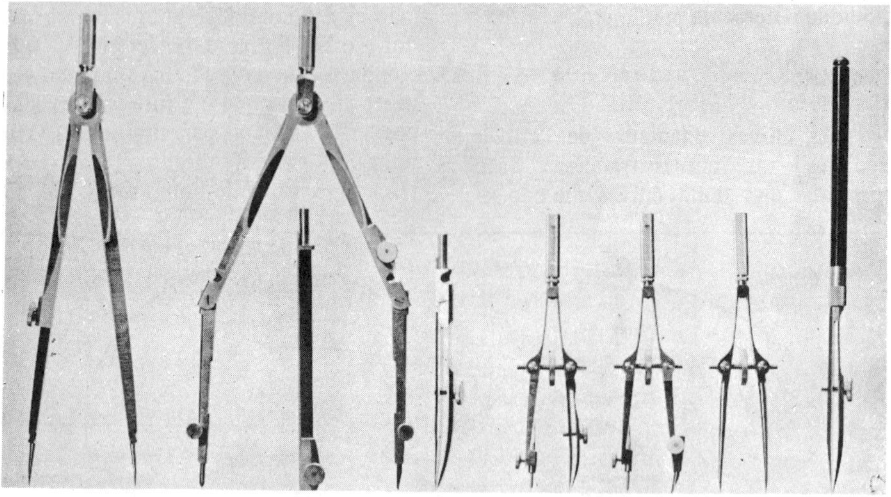

Fig. 2.12. O conjunto básico de três compassos de mola. Compasso grande e os de pontas secas; compasso com lápis, tira-linhas e pontas secas; tira-linhas.

troca um acessório pequeno por um grande.

A Fig. 2.14*b* mostra um compasso de mola de ação rápida, usando porcas especiais de náilon, nas quais o parafuso central opera. O modelo permite que as hastes sejam articuladas para dentro ou para fora ao mudar o engaste, depois disso, o parafuso central é usado para um perfeito ajustamento.

Embora seja possível encontrar um instrumento que sirva praticamente a todas as finalidades, é conveniente possuir vários deles, poupando, assim, o tempo necessário para converter uma haste para lápis em uma para tinta, ou em pontas secas. Por esta razão, os mais novos instrumentos, mais rígidos, são também feitos como partes separadas em diferentes tamanhos. A Fig. 2.16 mostra os compassos de pontas secas de 150 mm e um compasso grande de mola também com 150 mm; três compassos de mola de 75 mm, dois com haste para lápis e um com uma para tinta, os quais, podem também ser usados como compassos de pontas secas, trocando-se os acessórios; e tira-linhas que são usados no compasso de 150 mm ou em um suporte (não mostrado).

O compasso padrão de 150 mm terá uma abertura aproximada de 130 mm. O compasso com ampliador apresentado na Fig. 2.12 é do tipo mais antigo e pode estender seu raio cerca de 200 mm. Os mais modernos instrumentos de mola com ampliadores são do tipo cintel. O instrumento mostrado na Fig. 2.17 tem um ponto central no cintel, empregando, assim, o lápis e o tira-linhas do próprio instrumento, enquanto que o compasso mostrado na Fig. 2.18 utiliza o ponto central do instrumento e um tira-linhas e acessórios de lápis à parte. Um cintel padrão de metal para desenhar circunferências de até 400 mm de raio é mostrado na Fig. 2.19.

Vários tipos de tira-linhas são mostrados na Fig. 2.20. Os de (*a*) e (*e*) são modelos-padrão. Observe que (*d*) usa a

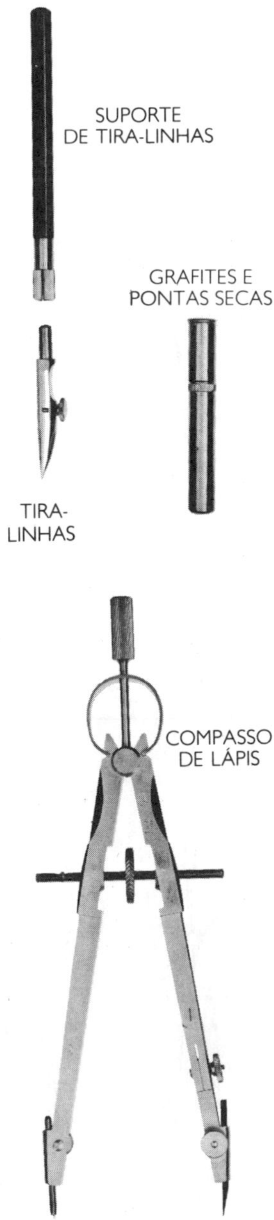

Fig. 2.13. Compassos grandes de mola. Desempenham triplo serviço como compassos de pontas secas, tira-linhas e lápis. A haste com o suporte torna-se um tira-linhas.

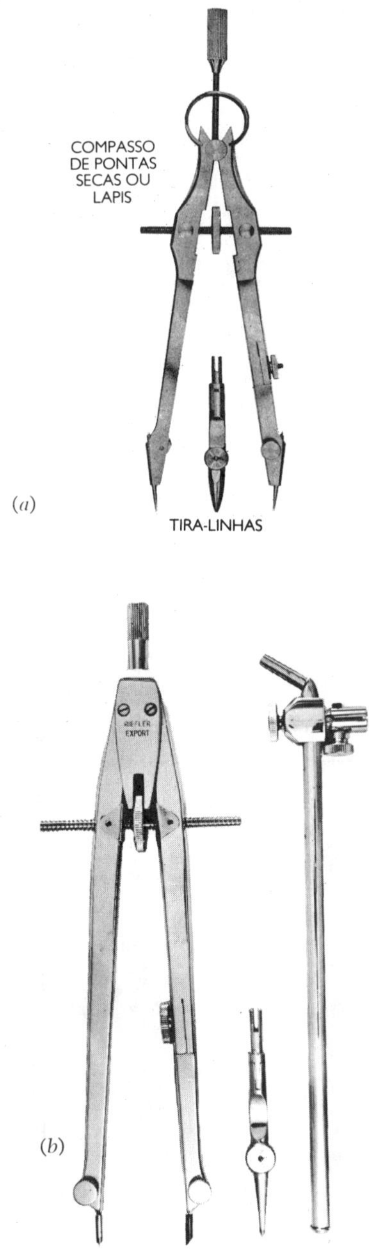

Fig. 2.14 (*a*) um compasso bastante forte. Serve como compasso de pontas secas, tira-linhas ou lápis. (*b*) Um compasso de mola de ação rápida, com hastes para lápis, tira-linhas e ampliador.

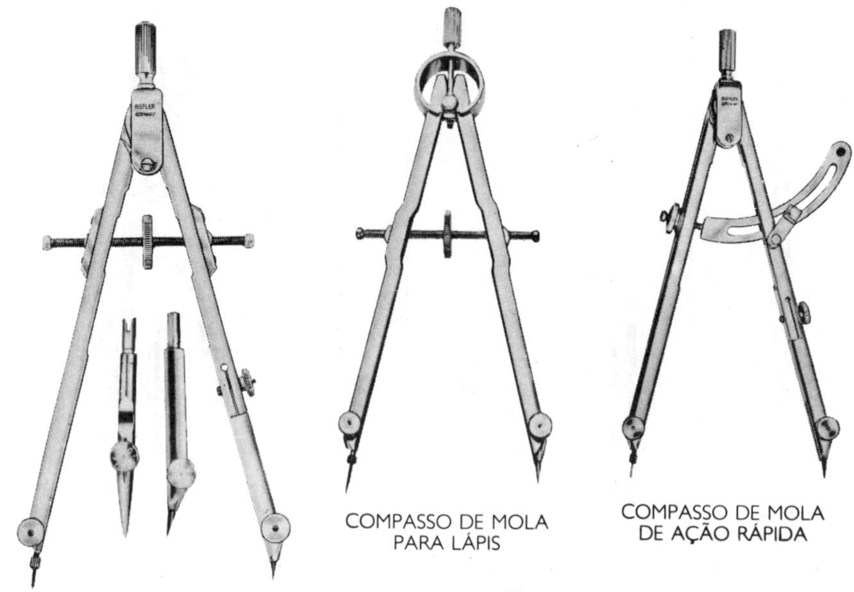

Fig. 2.15. Três diferentes modelos de compassos grandes de mola. Todos são rígidos e eficientes.

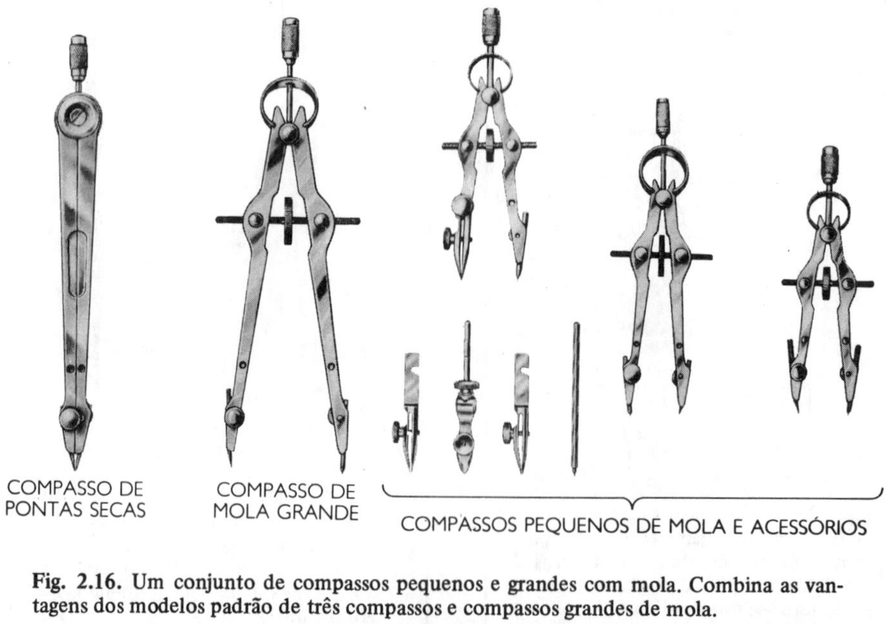

Fig. 2.16. Um conjunto de compassos pequenos e grandes com mola. Combina as vantagens dos modelos padrão de três compassos e compassos grandes de mola.

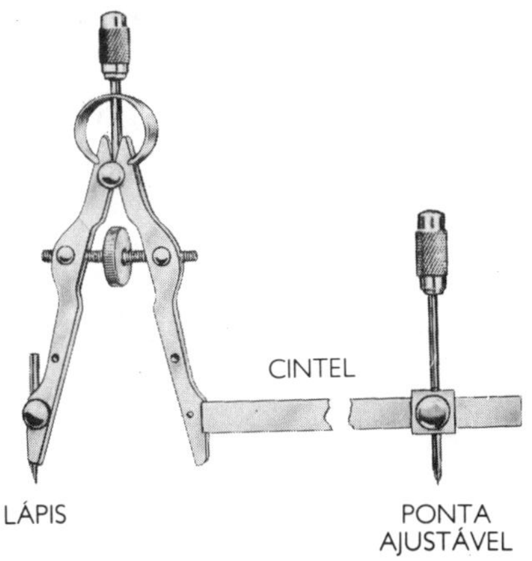

Fig. 2.17. Ampliador para um compasso grande de mola. Este tipo amplia a extensão de seu ponto central, com tira-linhas ou lápis no compasso.

haste para tinta do compasso. (*f*) é um tira-linhas curvo, próprio para contorno. (*g*) é um tira-linhas marginador; é empregado no traçado de linhas cheias muito grossas. (*h*) e (*i*) são tira-linhas duplos; destinam-se ao traçado de linhas duplas. (*j*) e (*k*) são tira-linhas marginadores com grande capacidade de tinta.

Todos os fabricantes oferecem os instrumentos em conjuntos em um estojo de couro, metal ou plástico. A Fig. 2.21 mostra uma combinação padrão de três compassos de mola. A Fig. 2.22 apresenta um conjunto de grandes compassos de mola com um cintel.

19. Aparelhos para traçar letras

O esquadro Braddock-Rowe e o instrumento para o traçado de letras Ames são

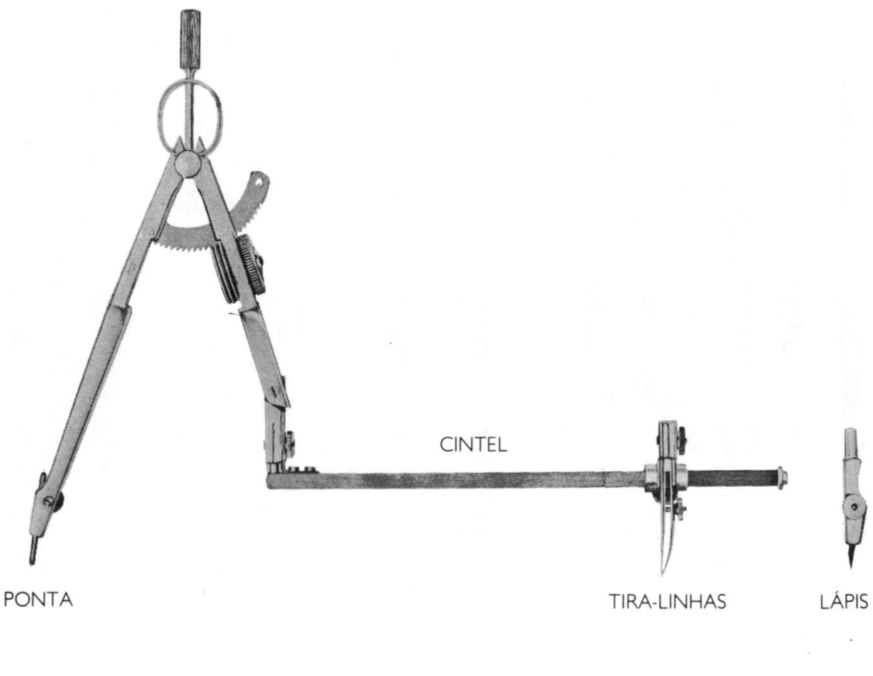

Fig. 2.18. Ampliador para compasso grande de mola. Este tipo usa o ponto central do compasso e tem seus próprios acessórios de lápis e tira-linhas.

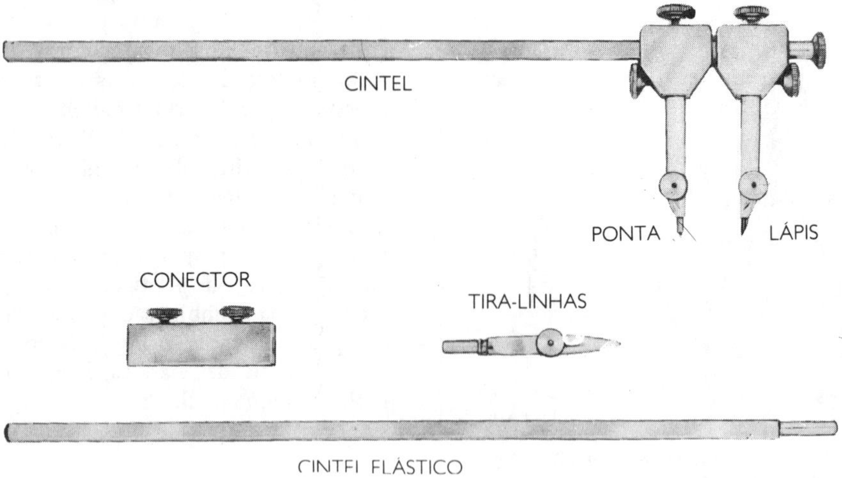

Fig. 2.19. Um cintel ou compasso de vara. Este compasso é ajustável para raios de 25 mm a 400 mm.

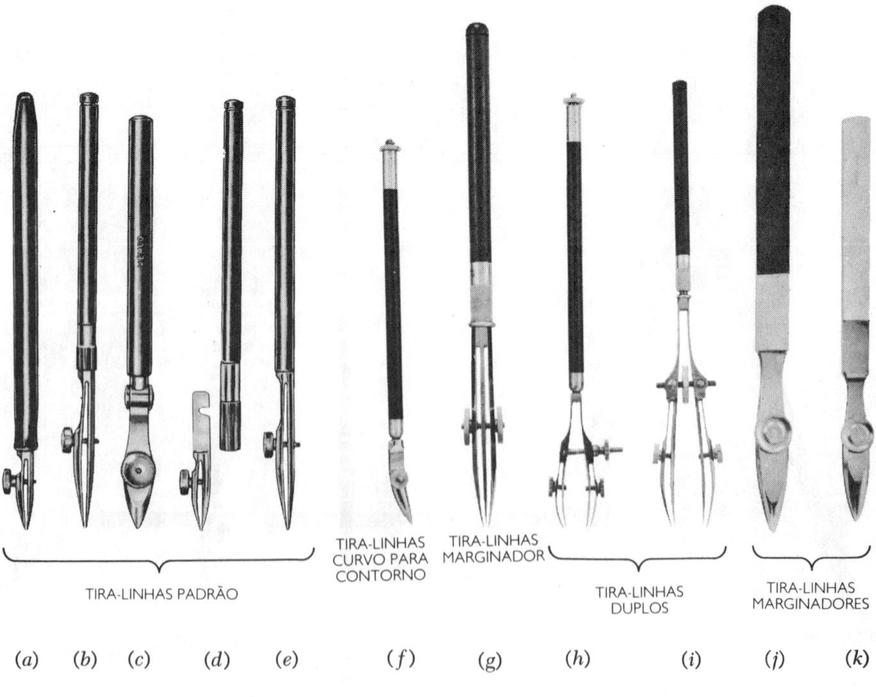

Fig. 2.20. Vários tipos de tira-linhas. Tira-linhas padrão para instrumentos de todas as finalidades. Tira-linhas especiais (*f*) a (*k*) são convenientes para contornos, linhas duplas e linhas grossas.

aparelhos utéis, usados para traçar pautas para letreiros.

20. Lista de instrumentos e materiais

Um estojo de desenho contendo: um compasso de 150 mm com haste fixa em ponta de agulha, hastes para lápis e tira-linhas removíveis e ampliador; um compasso de pontas secas de 150 mm com parafuso de regulação; outro de mola de 75 mm para lápis, tira-linhas e pontas secas; dois tira-linhas e uma caixa de grafites. Ou um outro estojo contendo um compasso de mola de 165 mm; compasso de mola de 115 mm; compassos de 165 mm de pontas secas de fricção com acessório tira-linhas; tira-linhas de 140 mm; compasso de vara com cintel elástico; caixa para grafites e pontas extras.
Prancheta
Régua T
Esquadros de 45° e 30-60°
Três escalas de engenheiro mecânico, de seção achatada ou a escala triangular equivalente
Instrumento ou esquadro para letreiros
Curvas francesas
Lápis de desenho 6H, 4H, 2H, H e F
Canivete ou apontador de lápis
Afiador de lápis (lima ou lixa)
Borracha para lápis (Ruby)
Artgum ou borracha para limpar
Porta-penas, penas para letreiros e limpador de penas
Frasco de tinta para desenho e porta-tinteiro
Fita adesiva transparente ou percevejos
Papel de desenho adequado
Papel vegetal [ou de decalque] e papel-tela
Pano para pó ou escova

A estes se podem acrescentar:

Escala de engenheiro civil
Transferidor
Grelha protetora para apagar traços defeituosos
Régua de cálculo
Fita de aço de 2m

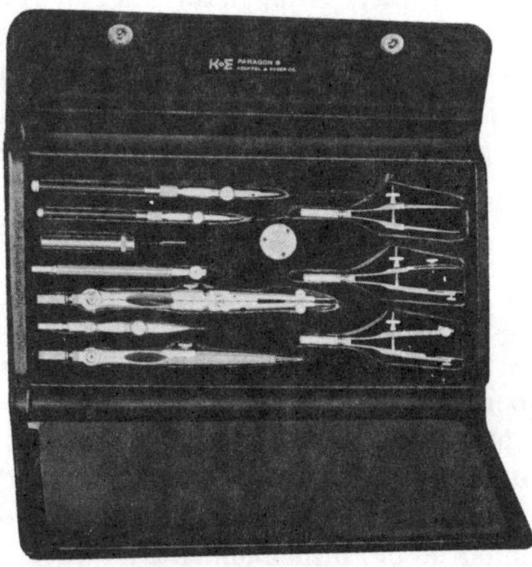

Fig. 2.21. Estojo com três compassos de mola. Contém compassos de pontas secas, compassos grandes com barras de extensão e acessório para desenho à tinta, dois tira-linhas, compasso de mola de lápis.

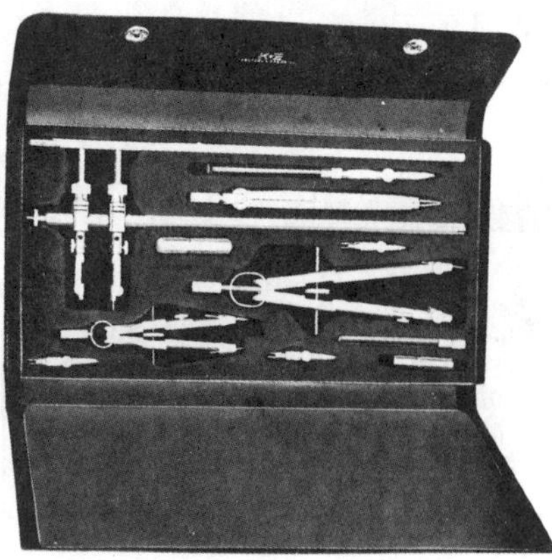

Fig. 2.22. Um estojo de compassos grandes de mola. Contém compassos de mola grandes e pequenos com acessórios, pontas secas, tira-linhas e cintel.

Prancha para prender papéis ou caderno de rascunho
Pedra de Arkansas lubrificada a óleo
Pedaço de pedra-sabão
Almofada para limpeza

O estudante deve marcar claramente todos os seus instrumentos e materiais com suas iniciais ou nome, tão logo tenham sido comprados e aprovados.

21. Instrumentos adicionais

Os instrumentos e materiais descritos neste capítulo são todos os necessários para prática comum e, excetuando objetos como papel, lápis, tinta e borrachas, o que se espera, via de regra, que um desenhista leve consigo para uma sala de desenho.

Há muitos outros instrumentos e aparelhos especiais, que não são necessários para trabalhos comuns, mas com os quais o desenhista deve estar familiarizado, já que podem ser úteis em casos especiais e são muitas vezes encontrados como parte do equipamento de uma sala de desenho. Consulte catálogos de fabricantes. Um exemplo é apresentado na Fig. 2.23.

Fig. 2.23. Uma "caneta técnica". Estas são vendidas sozinhas ou em conjuntos. Um conjunto de doze penas dá espessuras de linhas de aproximadamente 0,15 mm até 2,55 mm.

22. O emprego dos instrumentos

Quando se começa a usar instrumentos de desenho, é importante aprender a manejá-los corretamente. Deve-se ler cuidadosamente as instruções dadas e observar fielmente todos os detalhes técnicos.

A habilidade virá com a prática contínua, mas é fundamental que desde o começo se trabalhe de forma adequada. A maneira incorreta de desenhar pode ser atribuível em qualquer exemplo, à criação de maus hábitos nos estágios iniciais da aprendizagem. Uma vez criados, esses hábitos são difíceis de superar.

É aconselhável fazer alguns desenhos exclusivamente para se familiarizar com o manejo e o toque dos instrumentos de tal modo que, mais tarde, ao ser executado um trabalho, não se perca tempo devido a um manejo defeituoso. Desenhar a lápis com precisão deve ser sua primeira preocupação; não tente desenhar à tinta até que execute eficientemente o desenho a lápis. Com a prática, o uso correto e hábil dos instrumentos de desenho tornar-se-á um hábito subconsciente.

Precisão e *rapidez* são dois requisitos essenciais para um desenhista e nos trabalhos comerciais nenhuma dessas qualidades tem valor isoladamente. É bom saber, como principiante, que um *bom* trabalho pode ser feito com a mesma rapidez de um *mau*. O uso da borracha é caro e, na maioria dos casos, pode ser evitado. O desenhista, naturalmente, apaga de vez em quando e um aluno deve aprender a fazer correções, mas ao começar a usar instrumentos, também deve se esforçar por folhas sem imperfeições ou erros.

23. Condições em que se deve desenhar

A mesa de desenho deve ser colocada de tal modo que a luz a ilumine pela esquerda, e deve ser ajustada a uma altura conveniente, isto é, de 90 cm a 1 m, para se usar, sentado em um banco padrão para desenho ou de pé. Há mais liberdade ao desenhar de pé, principalmente ao trabalhar com desenhos grandes. A prancheta, para uso nesta posição, deve ter, aproximadamente, uma inclinação de 1 por 8. Sendo mais cansativo trabalhar de pé, muitas salas de desenho modernas usam mesas feitas de tal maneira, que possam ser utilizadas em uma posição quase vertical, e sejam levantadas ou abaixadas para quando o desenhista queira usar um banco giratório com recosto, trabalhando, assim, com conforto e liberdade ainda maior do que quando é empregada uma prancheta quase horizontal.

Os instrumentos devem ser colocados ao alcance da mão, na mesa ou em bandeja especial ou estante localizada ao lado da mesa. Mesa, prancheta e instrumentos devem ser limpos com um pano antes de começar o desenho.

24. O lápis e seu uso

O número do lápis precisa ser selecionado cuidadosamente de acordo com a natureza da superfície do papel, bem como com o tipo de linha desejado. Usa-se um lápis duro 5H ou 6H ao fazer esboço em papel opaco; para desenhos definitivos a lápis, sobre o mesmo papel, o lápis 2H, 3H ou 4H dão a desejada linha mais escura. Para desenhos definitivos, ou traçados sobre papel velino, os lápis mais macios, de H a 3H, são empregados para obter linhas que possam ser impressas. O lápis F é o mais conveniente para o esboço técnico e o H é popularmente, usado para o traçado de letras. Em todos os casos, o lápis precisa ser suficientemente duro para não borrar ou manchar o papel, mas não demasiadamente a ponto de produzir ranhuras sob pressão normal.

Para apontar o lápis, corta-se a madeira na extremidade sem letras com um canivete ou apontador mecânico, como mostra a Fig. 2.24*a*, e afia-se a grafite para formar uma ponta cônica longa (*b*), girando o lápis à medida que a grafite é esfregada contra a lixa ou lima com toques iguais ou colocada em um apontador especial.

Uma ponta achatada ou em bisel não se desgastará tão rapidamente como uma cônica e, por isso, é preferida para trabalhos de linhas retas. A ponta longa em forma de bisel, ilustrada em (*c*), é feita aparando o lápis, primeiramente, como em (*a*), fazendo depois dois entalhes longos e opostos, como mostra a figura, e afiando a grafite com uma lixa ou lima e terminando a operação atritando os dois cantos da ponta para torná-la mais estreita do que o diâmetro da grafite.

Deve-se ter a lixa sempre ao alcance da mão e *manter os lápis apontados.* Alguns

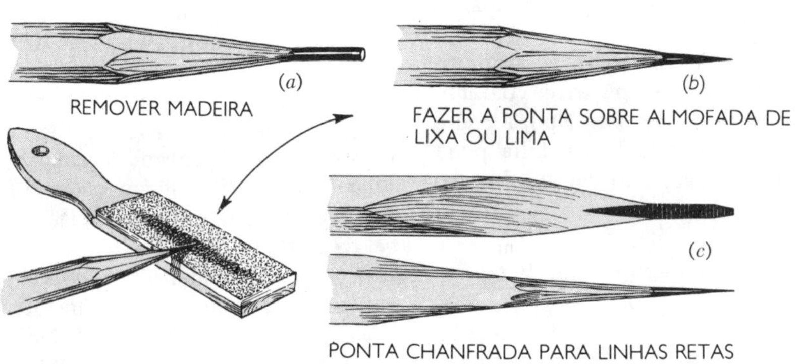

Fig. 2.24. Processo de afiar o lápis. A madeira é removida em primeiro lugar, depois a ponta é feita com lixa ou lima ou afiador especial de grafite. Para lapiseiras, ajustar a grafite até o tamanho adequado e fazer a ponta com lixa ou lima.

penduram a lixa ou lima em um cordão preso à mesa de desenho. O desenhista profissional aponta seu lápis a todo instante. Depois de afiar a grafite, deve-se retirar excesso de pó antes de usar o lápis. Deve-se habituar a apontar a grafite tantas vezes quantas molhar a pena no tinteiro. A maioria das salas de desenho comerciais e de faculdades são equipadas com apontadores de lápis Dexter ou outros para economizar tempo.

Nos desenhos a lápis e nas cópias em papel transparente destinadas a reprodução heliográfica, o trabalho deve estar obrigatoriamente limpo e ser constituído de traços finos; todas as linhas da mesma natureza devem ser representadas por traços uniformes, firmes e opacos. Isto significa uma escolha cuidadosa dos lápis e o seu uso adequado. À tentativa de fazer uma linha escura com um lápis duro demais, o papel ficará sulcado pela pressão da ponta. Segure o lápis firmemente, porém com tanta naturalidade e liberdade quanto possível.

Mantenha uma pressão constante sobre o lápis e quando estiver usando um lápis com a ponta cônica, gire-o à medida que a linha for desenhada, de maneira a manter a linha e o lápis afiados. Utilize uma escova de desenhista ou um pano macio de quando em quando, para limpar o excesso de grafite do desenho.

Nunca será demais enfatizar a importância de desenhos a lápis feitos com limpeza, cuidado e precisão. Nunca pense que um desenho a lápis mal feito pode ser corrigido ao copiá-lo em papel transparente.

25. Colocação do papel na prancheta

Já que a aresta da régua T é mais rígida perto da cabeça do que na extremidade externa, o papel, se for muito menor do que o tamanho da prancheta, deve ser colocado junto da borda esquerda da prancheta (3 cm aproximadamente), e sua face inferior a vários centímetros da parte baixa da prancheta. Com a régua T contra a borda esquerda da prancheta, enquadrar a parte superior do papel; segurá-lo nesta posição, deslizando a régua T para baixo e colocar um percevejo em cada um dos cantos superiores, fazendo pressão sobre eles até a cabeça apertar o papel. Depois, deslizar mais a régua T para baixo a fim de desfazer possíveis rugas, e aplicar percevejos nos outros dois cantos inferiores. A fita adesiva pode ser usada ao invés de percevejos.

26. Uso da régua T

A régua T e os esquadros têm bordas retas e são usados para traçar linhas retas. As linhas horizontais são feitas com a régua T, a qual é utilizada com sua cabeça contra a borda esquerda da prancheta e manuseada como é explicado a seguir: segurando-a pela cabeça, conforme mostra a Fig. 2.25*a*, deslizá-la ao longo da borda da prancheta até uma posição muito próxima à desejada. Depois, para um ajuste mais preciso, mudar a maneira de segurá-la para a mostrada em (*b*), onde o dedo polegar se apóia sobre a cabeça da régua T e os outros dedos fazem pressão por baixo da prancheta, ou como é mais habitual, para aquela apresentada em (*c*), onde os dedos permanecem sobre a régua T e o polegar se apóia sobre a prancheta.

A Fig. 2.26 mostra a posição da mão e do lápis para desenhar linhas horizontais. Observar que o lápis está inclinado na direção em que é traçada a linha, isto é, para a direita e, também, levemente afastado do corpo de tal modo que a ponta do lápis esteja tão próxima quanto possível da aresta da régua T.

No traçado de linhas, deve-se ter grande cuidado para mantê-las precisamente paralelas à aresta guia da régua T. O lápis deve ser segurado levemente, mas mantido junto a essa face, e o ângulo não deve variar sua inclinação durante o traçado da linha. Linhas horizontais devem ser traçadas sempre da esquerda para a direita. Para verificar se a aresta da régua T é perfeitamente retilínea traça-se uma linha

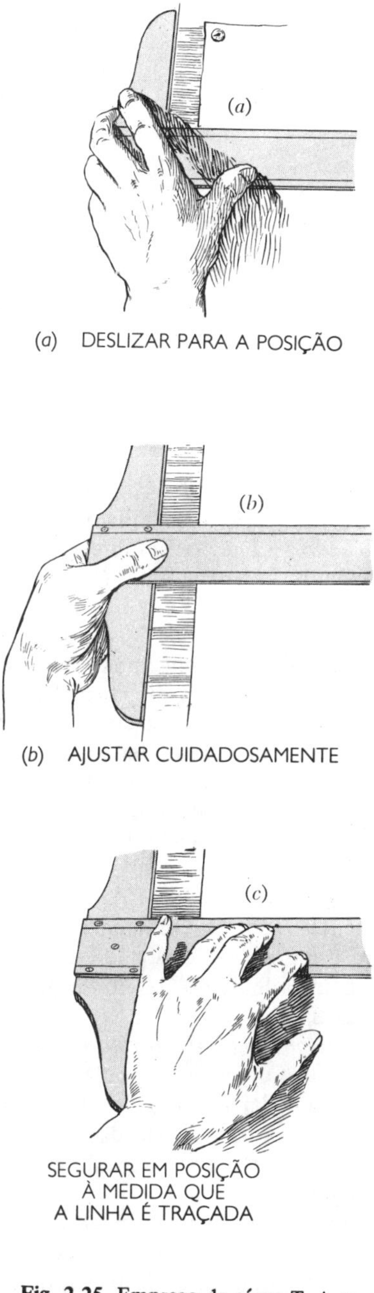

Fig. 2.25. Emprego da régua T. A cabeça deve estar firme contra a borda esquerda reta da prancheta.

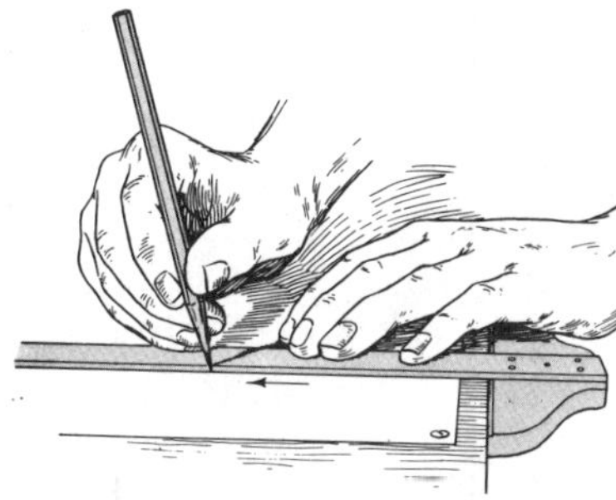

Fig. 2.26. Traçado de uma linha horizontal. Segurar a régua T com a mão esquerda e traçar a linha da esquerda para a direita inclinando o lápis na direção do traço, de tal modo que o lápis "deslize" sobre o papel.

fina ligando dois pontos; depois, invertendo a posição da régua, com a mesma aresta traça-se outra linha que passe pelos mesmos pontos, como mostra a Fig. 2.27.

27. Uso dos esquadros

As linhas verticais são traçadas com o esquadro, que é apoiado na régua T com a borda perpendicular mais perto da cabeça da régua e assim em direção à luz (Fig. 2.28). Estas linhas são sempre traçadas para cima, da parte inferior para a superior.

Ao traçar linhas verticais, a régua T é mantida em posição contra a borda esquerda da prancheta pelo polegar e mínimo da mão esquerda, enquanto que os outros dedos ajustam e seguram o esquadro. Verifica-se que a régua T está em contato com a prancheta ao ouvir-se o duplo estalido quando as duas se juntam, e uma pressão leve do polegar e do mínimo em direção à direita manterá a posição. À medida que a linha é traçada, a pressão de todos os dedos contra a prancheta segurará a régua T e o esquadro firmemente na posição.

Como no uso da régua T, deve-se tomar o máximo cuidado para manter a

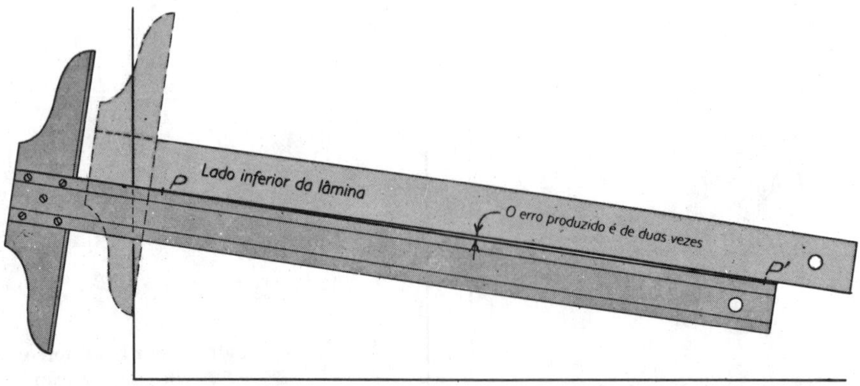

Fig. 2.27. Para testar uma régua T. Virar a régua T de cima para baixo e traçar uma linha entre dois pontos, virar a régua T com a parte certa para cima e alinhá-la com a linha original; traçar uma segunda linha e compará-la com a primeira.

linha precisamente paralela à aresta guia. Observar a posição do lápis na Fig. 2.28.

Tanto no desenho a lápis como à tinta, os esquadros deslizam sobre uma aresta guia retilínea. Para uma maior precisão, nunca empregar a parte final do vértice

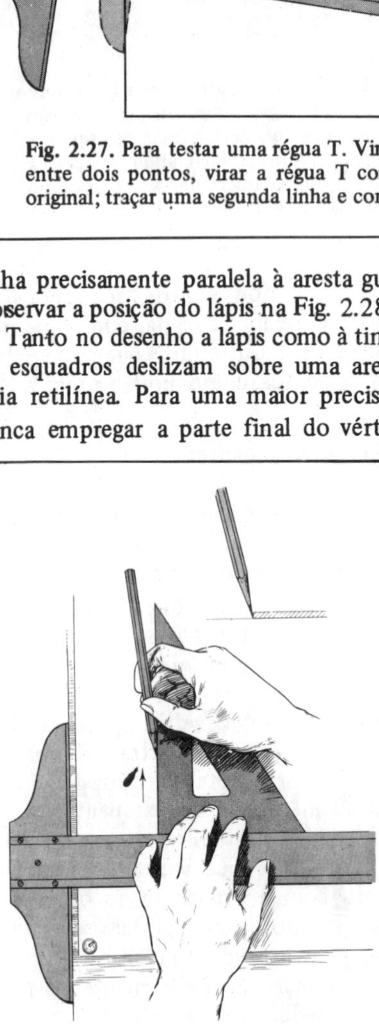

Fig. 2.28. Traçado de uma linha vertical. Com a régua T e o esquadro em posição, traçar uma linha de baixo para cima – sempre longe do corpo.

do esquadro; e a fim de evitar isso, conservar a régua T abaixo da linha base.

Apoiando-se a régua T sobre a borda da prancheta, linhas de 45° são traçadas com o esquadro padrão e linhas de 30° e 60°, com o esquadro de 30-60°, como mostra a Fig. 2.29. Com linhas verticais e horizontais, as linhas diferenciadas de 45° são traçadas com o esquadro de 45° como em (*b*) e as linhas diferenciadas de 30°, com o esquadro de 30-60°, como em (*a*). Os dois esquadros são usados em combinação para o traçado de ângulos de 15, 75, 105°, etc. (Fig. 2.30). Deste modo, qualquer múltiplo de 15° é traçado diretamente; e uma circunferência é dividida em 8 partes com o esquadro de 45°, em 12 com o de 30-60°, e em 24 partes com os dois.

Para traçar uma linha paralela à outra (Fig. 2.31). Coloca-se em coincidência com a linha dada, um dos lados do esquadro apoiado contra a aresta da régua T, fixa-se a régua guia e se desloca o esquadro até a posição desejada.

Para traçar uma perpendicular a qualquer linha dada (Fig. 2.33). Colocar um esquadro com uma aresta apoiada na régua T (ou outro esquadro), e movimentar os dois até que a hipotenusa do esquadro seja coincidente com a linha,

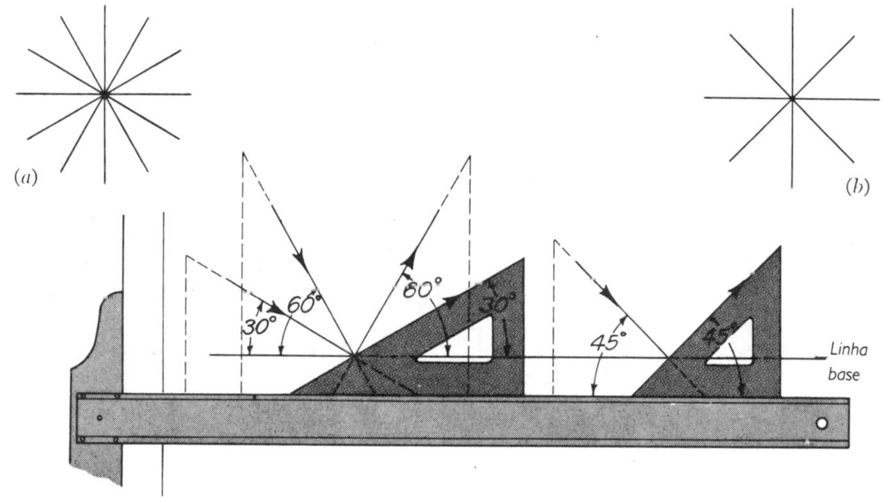

Fig. 2.29. Para traçar ângulos de 30°, 45°, 60°. Múltiplos de 30° são traçados com o esquadro de 30°-60°, múltiplos de 45° com o esquadro de 45°.

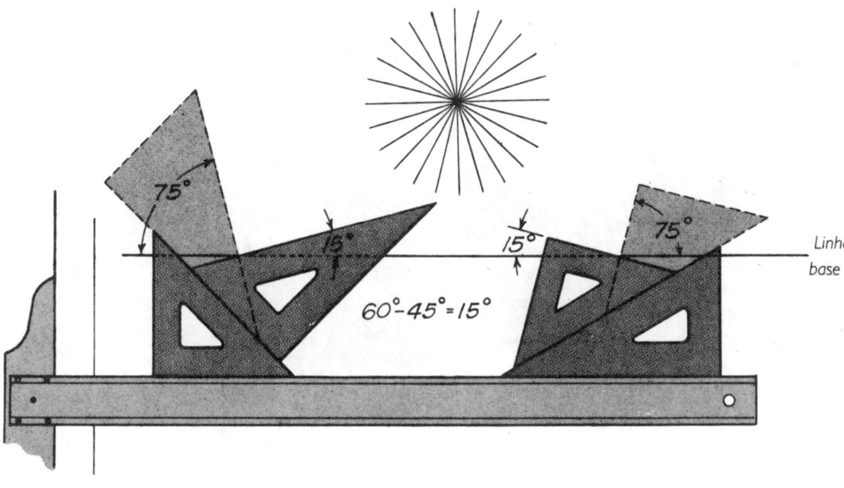

Fig. 2.30. Para traçar ângulos de 15° e 75°. Ângulos múltiplos de 15° são obtidos com os dois esquadros em combinação.

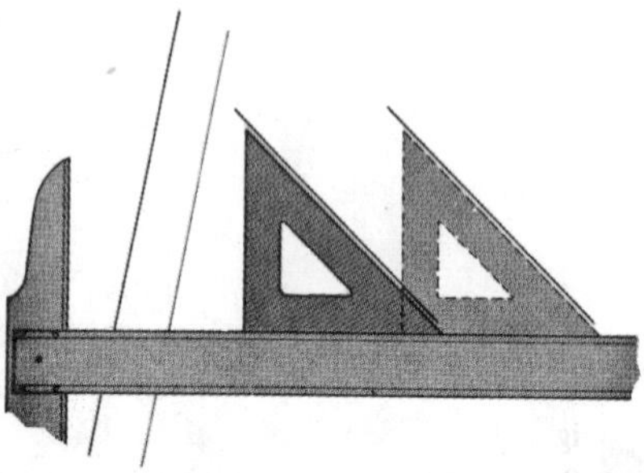

Fig. 2.31. Para traçar linhas paralelas. Com a régua T como base, o esquadro é alinhado e depois colocado na posição desejada.

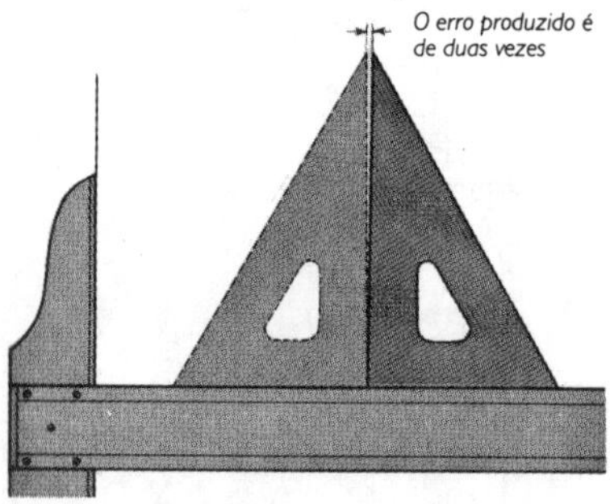

Fig. 2.32. Para testar a precisão de um esquadro, traçar uma linha com o esquadro em cada posição; o erro produzido é de 2 vezes.

como na posição *a;* manter a régua T em posição e virar o esquadro, como está ilustrado, até que seu outro lado esteja contra a régua T; a hipotenusa estará, então, perpendicular à linha original. Mover o esquadro até a posição desejada. Um processo mais rápido é colocar o esquadro com sua hipotenusa sobre uma aresta guia, ajustar um dos catetos à linha, deslocar o esquadro até o ponto conveniente e traçar a perpendicular, como se vê na posição *b.*

Nunca tente traçar uma perpendicular a uma linha, com apenas um esquadro, colocando um dos catetos do esquadro em coincidência com a linha.

Devido a tensões internas, algumas vezes os esquadros perdem sua precisão.

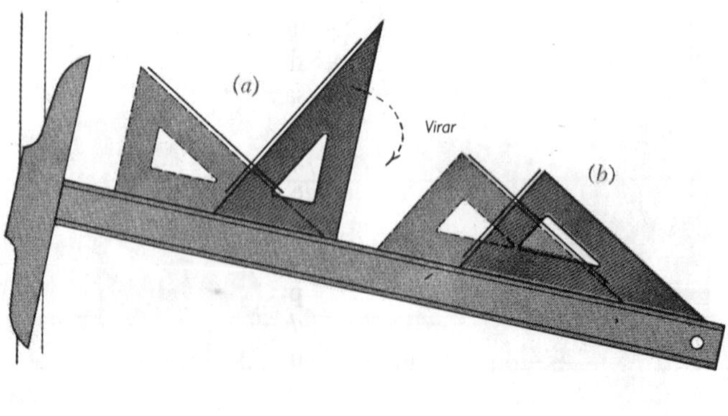

Fig. 2.33. Para traçar linhas perpendiculares. Com a régua T como base, e um esquadro na posição *a*, o esquadro é alinhado, depois girado e colocado em posição perpendicular; para a posição *b*, somente se move o esquadro.

Eles podem ser testados traçando uma perpendicular e, então, invertendo o esquadro, como mostra a Fig. 2.32, traçar outra linha.

28. O desenhista canhoto

Se a pessoa for canhota, deve inverter a régua T e os esquadros da esquerda para a direita, em comparação com a posição comum para destros. Convém usar a cabeça da régua T ao longo da borda direita da prancheta e traçar as linhas horizontais da direita para a esquerda; colocar o esquadro com sua aresta vertical para a direita e traçar as linhas verticais de baixo para cima. A mesa de desenho deve ser colocada com a luz vindo pela direita.

29. Uso da escala

A técnica de uso da escala é determinada grandemente pelas exigências de precisão e rapidez. Antes que uma linha possa ser traçada, sua posição relativa deve ser encontrada usando a escala, e a rapidez com que a medição da escala pode ser feita afetará grandemente, o tempo total de desenho.

Projetos e desenvolvimentos feitos com escala para o uso de operários, exigem uma maior precisão e devem ser traçados corretamente, à expensas da rapidez. Inversamente, desenhos com dimensões representadas na ilustração, não necessitam ser tão cuidadosamente traçados com escala e uma maior rapidez será alcançada.

Para fazer uma medição, colocar a escala no desenho sobre a distância que deve ser determinada, alinhar a escala na direção da medida e traçar *levemente* um pequeno traço com um lápis bem apontado na marca de graduação apropriada (Fig. 2.34). Em trabalhos onde a extrema precisão é necessária, uma punção ou um conjunto de pontas aguçadas em cabos de madeira pode substituir o lápis e com este objeto faz-se um *pequeno* furo no papel, em lugar da marca a lápis. É

Fig. 2.34. Fazendo uma medição. Colocar a escala em posição; a distância é marcada sobre o papel com *traços* curtos e leves.

preferível começar com o "zero" da escala ao estabelecer comprimentos ou medir distâncias. Ao usar uma escala com divisões abertas, aparecem polegadas (ou frações) em uma direção, a partir da graduação zero, enquanto que, pés (ou unidades) são registrados na direção oposta.

O compasso de pontas secas não deve ser utilizado para tomar medidas na escala e transportar para o desenho, pois este método consome muito tempo e não é mais preciso do que os comuns.

Para evitar erros cumulativos, as medições sucessivas de uma mesma linha devem, se possível, ser feitas sem mudar a posição da escala. Ao representar objetos cuja tamanho não permite que sejam desenhados em sua verdadeira grandeza, é necessário reduzir suas dimensões seguindo uma proporção definida; para tanto, são empregadas escalas padronizadas de engenheiro mecânico, civil ou de arquiteto. As escalas-padrão são apresentadas na Fig. 2.35.

A primeira redução é para *metade do tamanho*, ou para a escala de 6" = 1' – 0"*. Em outras palavras, $^1/_2$ polegada no desenho representa uma distância de 1 pole-

* Um *pé* equivale a 12 polegadas. A unidade de comprimento *pé* é representada por um pequeno traço inclinado colocado à direita e acima do número, enquanto a polegada é representada por dois traços nas mesmas condições.

gada no objeto. Ou seja, empregando os termos usados nas escalas de arquiteto, uma distância de 6 polegadas no desenho representa 1 pé no objeto. Esta escala é utilizada mesmo quando as dimensões do objeto são apenas um pouco maiores do que o papel de desenho. Se com esta redução o desenho ainda for maior do que o papel, o desenho poderá ser feito em *um quarto do tamanho*, ou na escala de 3" = 1' – 0", onde, 3 polegadas equivalem a um pé. Se a escala de um quarto do tamanho for grande demais, a próxima redução será de *um oitavo de tamanho*, ou $1^1/_2$" = 1' – 0", que é a menor proporção, geralmente, fornecida por escalas padronizadas de engenheiros mecânicos; as escalas de arquiteto são usadas reduções de até $^3/_{32}$" = 1' – 0", como mostram as listagens na Fig. 2.35.

Ao estabelecer a escala proporcional usada num desenho, a informação deve ser dada de acordo com o tipo de escala que foi empregada ao fazer o desenho. Se uma escala-padrão de engenheiro mecânico for utilizada, poder-se-á ler que a escala é (1) *tamanho normal,* (2) *metade do tamanho,* (3) *um quarto do tamanho,* ou (4) *um oitavo do tamanho.* Estas escalas podem também ser apresentadas como (1) 1" = 1", (2) $^1/_2$" = 1", (3) $^1/_4$" = 1", ou (4) $^1/_8$"= 1". Se uma escala-padrão de arquiteto é usada, a formulação é dada em termos de polegadas e pés. Exemplos são (1) 3" = 1' – 0", (2) $1^1/_2$" = 1' – 0", ou (3) 1" = 1' – 0". Ao estabelecer uma escala, o primeiro algarismo sempre se refere à dimensão do desenho e o segundo, à correspondente no objeto. Assim,

ESCALAS

ENGENHEIRO MECÂNICO

1" = 1" (tamanho real)	$^1/_2$" = 1" ($^1/_2$ do tamanho)
$^1/_4$" = 1" ($^1/_4$ do tamanho)	$^1/_8$" = 1" ($^1/_8$ do tamanho)

ARQUITETO OU ENGENHEIRO MECÂNICO

12" = 1'-0" (tamanho real)	1" = 1'-0" ($^1/_{12}$ do tamanho)	$^1/_4$" = 1'-0" ($^1/_{48}$ do tamanho)
6" = 1'-0" ($^1/_2$ do tamanho)	$^3/_4$" = 1'-0" ($^1/_{16}$ do tamanho)	$^3/_{16}$" = 1'-0" ($^1/_{64}$ do tamanho)
3" = 1'-0" ($^1/_4$ do tamanho)	$^1/_2$" = 1'-0" ($^1/_{24}$ do tamanho)	$^1/_8$" = 1'-0" ($^1/_{96}$ do tamanho)
$1^1/_2$" = 1'-0" ($^1/_8$ do tamanho)	$^3/_8$" = 1'-0" ($^1/_{32}$ do tamanho)	$^3/_{32}$" = 1'-0" ($^1/_{128}$ do tamanho)

ENGENHEIRO CIVIL

10, 20, 30, 40, 50, 60 ou 80 divisões da polegada, representando 10 pés, 100 pés, rodas (medida equivalente a 16 pés e meio), milhas ou qualquer outra unidade necessária.

MÉTRICA

Reduções de:
1:1, 1:2, 1:5, 1:10, 1:20, 1:25, 1:33.3, 1:50, 1:75, 1:80, 1:100, 1:150

Fig. 2.35. Escalas-padrão. Escalas especiais estão à disposição. Ver catálogos dos fabricantes.

3" = 1' – 0" significa que 3 polegadas no *desenho* correspondem a um pé no *objeto.*

Desenhos em proporções singulares, como 9" = 1' – 0", 4" = 1' – 0", 5" = 1' – 0", são usados apenas em casos raros quando os desenhos são feitos para redução e as condições das dimensões exigem uma escala especial.

Os termos "escala" e "tamanho" têm significados diferentes. A escala $^1/_4$" = 1' – 0 é a mais utilizada no desenho de plantas de casas comuns e é muitas vezes chamada de "escala de quarto". Este termo não deve ser confundido com "quarto de tamanho", pois o primeiro significa $^1/_4$ de polegada para 1 pé e o segundo, $^1/_4$ de polegada para 1 polegada.

O tamanho de um círculo é determinado pelo seu diâmetro, enquanto que para traçá-lo é necessário o raio. Duas escalas, são, geralmente, fornecidas no mesmo corpo; por exemplo, metade e um quarto do tamanho. Ao desenhar na escala 1:2, é, muitas vezes, conveniente transportar a dimensão do diâmetro na escala de 1:4 de tamanho para se ter imediatamente o raio.

Peças pequenas são, às vezes, feitas em "tamanho duplo"; mecanismos diminutos tais como, peças de relógio, são desenhados em tamanhos muito ampliados: 10 para 1, 20 para 1, 40 para 1 e 50 para 1, usando escalas ampliadoras especiais.

No desenho de diagramas de mapas, usam-se as escalas de engenheiro civil com a polegada subdividida em 10, 20, 30, 40, 50, 60 e 80 divisões. Estas escalas são utilizadas em determinados desenhos para aviação, mas nunca nos desenhos de máquinas e estruturas.

Ao desenhar em escala é importante pensar e falar de cada dimensão em seu tamanho natural e não no reduzido (ou ampliado) utilizado no papel. Esta prática evita confusão entre o tamanho *real* e o *representado.*

30. Leitura de escala

Ler as escalas-padrão de engenheiro mecânico é razoavelmente simples, porque estas são claramente marcadas em polegadas, e as graduações menores são facilmente reconhecidas como as divisões regulares da polegada em $^1/_2$, $^1/_4$, $^1/_8$ e $^1/_{16}$. Assim, as escalas para metade, um quarto e um oitavo do tamanho são empregadas exatamente do mesmo modo como em uma escala de tamanho natural.

As escalas de arquiteto, sendo escalas abertas e conforme reduções estabelecidas, tal como 3" = 1' – 0", podem requerer algum estudo por parte do iniciante a fim de evitar confusão e erros. Por exemplo, considere a escala de 3" = 1' – 0". Esta é a primeira escala de redução que se encontra na escala triangular comum, onde a distância de 3 polegadas está dividida em doze partes iguais, e cada uma dessas é subdividida em oito. Cada uma dessas divisões de 3 polegadas deve ser considerada como um pé dividido em polegadas e estas em oitavos de polegada. Observe-se que as divisões iniciam com o *zero* na parte interna, e que as subdivisões do pé em polegadas são feitas do zero para a *esquerda.* Do zero para a *direita,* na escala simplificada, as divisões são feitas em pés, de tal modo que as dimensões dadas em pés e polegadas possam ser lidas diretamente, como 1' – 0 $^1/_2$" (Fig. 2.36). Na outra extremidade da régua será encontrada a escala de 1 $^1/_2$" = 1'0", ou oitavo de tamanho, com a distância de 1 $^1/_2$ polegada dividida, à direita do zero, em 12 partes; cada uma dessas partes é subdividida em quartos de polegada, estando as divisões em pés, à esquerda do zero, coincidindo com os traços da escala de 3 polegadas. Observe-se novamente que ao ler uma distância em pés e polegadas (por exemplo, a distância de 2' – 7$^1/_8$" na Fig. 2.36), os pés são determinados à esquerda do zero e as polegadas à direita dele. As outras escalas, tais como $^3/_4$" = 1' – 0" e $^1/_4$" = 1' – 0", são divididas de modo semelhante, sendo a única diferença o valor das graduações menores. A escala $^3/_{32}$" = 1' – 0", por exemplo, pode ser lida apenas até as 2 polegadas mais próximas.

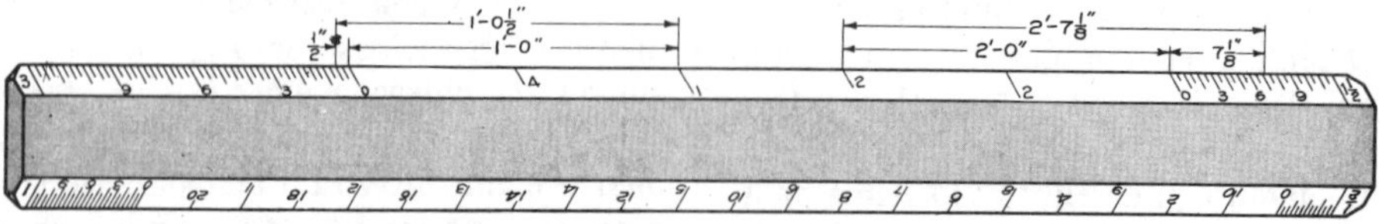

Fig. 2.36. Leitura de uma escala simplificada. Pés são dados sobre um lado do zero, polegadas e frações no outro.

31. Dimensionamento da folha

O papel é geralmente cortado um pouco maior do que o tamanho do desenho e só é recortado nas dimensões definitivas depois do trabalho pronto. Suponhamos que o tamanho do desenho seja 279 mm x 420 mm, incluindo uma margem interna de 12 mm. Coloca-se a escala próxima à face inferior do papel e medem-se 420 mm, marcando a distância a lápis; ao mesmo tempo, marcam-se 12 mm na parte interna de cada extremidade desta linha. Usar um traço pequeno no prolongamento da divisão correspondente da escala para marcar uma dimensão. Não fazer furos com o lápis. Perto da face esquerda do papel marcam-se 297 mm e as duas margens de 10 mm. Através destas quatro marcas na face esquerda, traçam-se as linhas horizontais com a régua T; e através dos pontos na face inferior, levantam-se as linhas verticais, usando o esquadro apoiado na régua T.

32. Uso dos compassos de pontas secas

Compassos de pontas secas são usados como transportadores de medidas e para dividir linhas em determinado número de partes iguais. O controle rápido e absoluto de sua manipulação precisa ser obtido, e a habilidade no seu manejo é fundamental. O instrumento deve ser aberto com uma das mãos segurando uma das hastes entre o polegar e o anular e a outra entre o médio e o indicador, ficando o polegar e o indicador pelo lado de fora, e o anular e o médio no seu interior, com a articulação das hastes logo acima da segunda junta do dedo indicador (Fig. 2.37). Ele fica, assim, sob perfeito controle, com o polegar e o dedo indicador para fechá-lo e os outros dois para abri-lo. Praticar este movimento até que adquira a habilidade de abrir ou fechar o compasso em frações de segundos. Ao chegar às divisões pequenas, o anular e o médio devem ir gradualmente, escorregando entre as hastes à medida que estas são fechadas sobre eles. Observar que o dedo mínimo não é usado no manejo dos compassos de pontas secas.

33. Dividindo uma linha por tentativa

Ao dividir ao meio uma linha, o compasso de pontas secas é aberto, por estimativa, em aproximadamente à metade do seu comprimento. Esta distância é transportada para a linha, segurando-se o compasso pela cabeça ci-

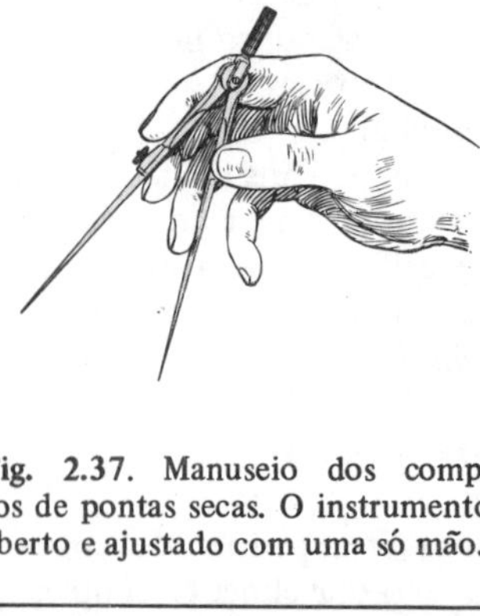

Fig. 2.37. Manuseio dos compassos de pontas secas. O instrumento é aberto e ajustado com uma só mão.

líndrica entre o polegar e o indicador. Se a divisão for pequena, a haste deve ser afastada de metade do comprimento restante (estimada a olho), sem remover a outra haste do papel, repetindo-se a experiência com esta nova colocação (Fig. 2.38). Se o resultado não for exato, a operação pode ser repetida. Com um pouco de experiência, uma linha pode ser dividida rapidamente desta maneira. Do mesmo modo, uma linha, reta ou curva, pode ser dividida em qualquer número de partes iguais; se for, por exemplo, cinco, estima-se a primeira divisão, e dando ao compasso esta abertura faça-o caminhar ao longo da linha, segurado verticalmente pela cabeça cilíndrica, girando o instrumento primeiramente em uma direção e depois na outra. Se a última divisão não alcançar a extremidade da linha, a abertura do compasso, mantendo uma das pontas sobre o papel, deve ser aumentada de um quinto do comprimento restante. Se a última divisão ultrapassar a extremidade da linha, um quinto do excesso

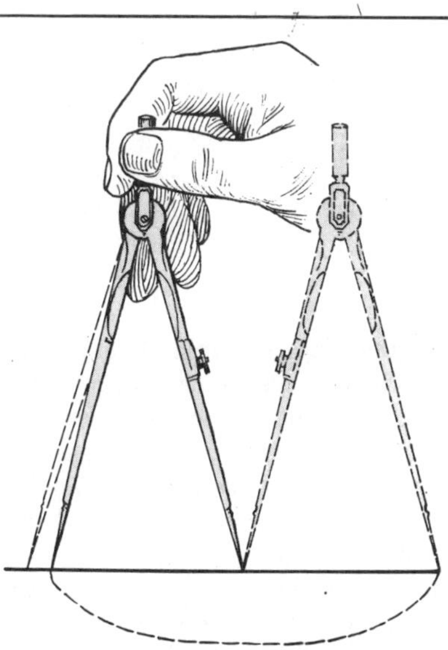

Fig. 2.38. Divisão de uma linha ao meio. Calcula-se por estimativa a metade; os compassos são, então, reajustados estimando metade do erro original.

deve ser diminuído e a linha novamente espaçada. Se for difícil fazer estes pequenos ajustes corretamente com os dedos, o parafuso de regulação pode ser usado. Os compassos de mola são mais convenientes do que os de pontas secas para divisões pequenas ou numerosas. Deve-se evitar perfurações desagradáveis no papel. A posição de um pequeno furo pode ser preservada, se necessário, traçando pequenas circunferências ao seu redor com o lápis.

34. Uso de compassos

Os compassos comuns têm em geral a mesma forma dos de ponta seca e são manejados de modo semelhante. Primeiramente, a ponta deve ser definitivamente ajustada, deixando-a ligeiramente mais comprida que a outra ponta. Ao inserir o tira-linhas no lugar da ponta do lápis, virar a agulha com a ponta rebaixada para fora e colocá-la um pouco mais comprida do que o tira-linhas, como na Fig. 2.39; substituir então pelo porta-lápis, apontar a grafite em bisel longo, como na Fig. 2.40, e ajustá-lo à agulha. Tudo isto é feito de tal modo que a ponta seca esteja em posição perfeita para usar o tira-linhas. O lápis, que precisa ser apontado freqüentemente, pode ser ajustado sempre para combinar o comprimento com a ponta da agulha.

Para traçar uma circunferência. Colocar o compasso na escala, como mostra a Fig. 2.41, e ajustá-lo ao raio necessário; colocar então a ponta seca sobre o centro do desenho, dirigindo-a com o auxílio da mão esquerda (Fig. 2.42); segurá-lo pela cabeça cilíndrica, traçar a circunferência de uma só vez, girando a cabeça cilíndrica entre o polegar e o indicador inclinando o compasso levemente, na direção da linha (Fig. 2.43).

A posição dos dedos depois da rotação é mostrada na Fig. 2.44. O traço do lápis pode ser reforçado, se necessário, fazendo voltas adicionais. Circunferências de até oito centímetros de diâmetro podem ser traçadas sem dobrar as hastes

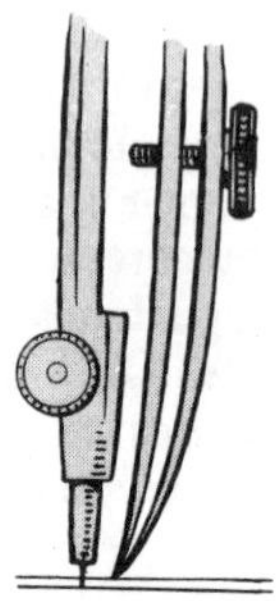

Fig. 2.39. Ajuste da ponta seca de um compasso comum. A ponta é ajustada ao tira-linhas, e este é, então, substituído pelo porta-lápis e o lápis é ajustado à ponta.

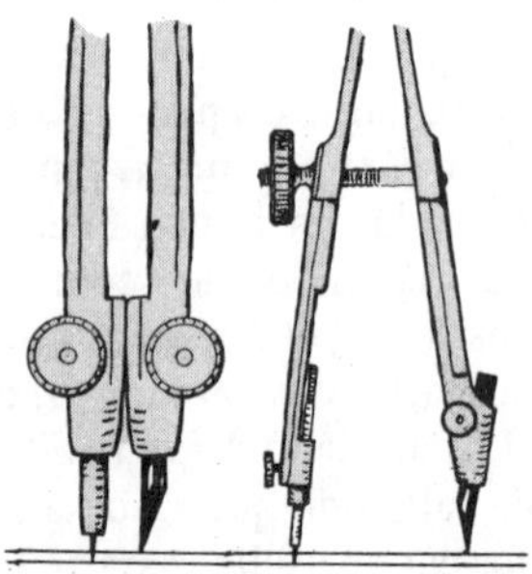

Fig. 2.40. Ajuste da grafite. O comprimento é ajustado de tal modo que o instrumento seja centrado verticalmente.

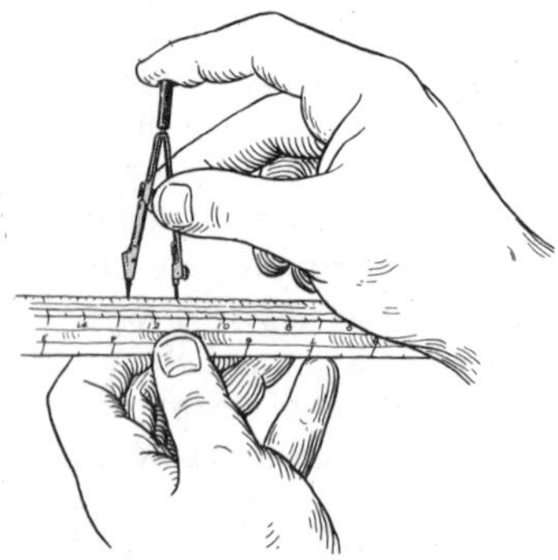

Fig. 2.41. Ajuste do compasso ao tamanho do raio. Rapidez e precisão são obtidas pela ajustagem direta sobre a escala.

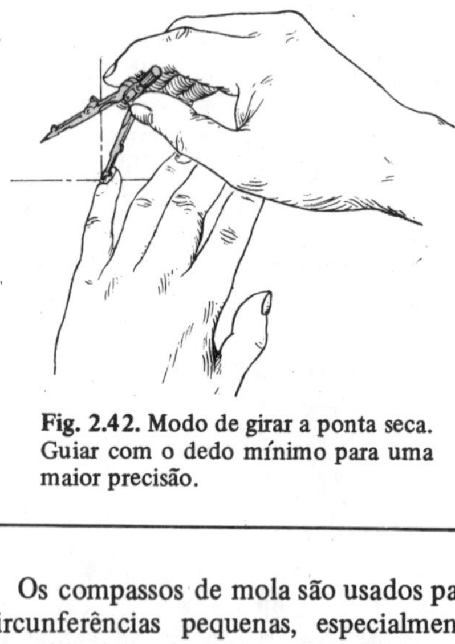

Fig. 2.42. Modo de girar a ponta seca. Guiar com o dedo mínimo para uma maior precisão.

do compasso; mas para tamanhos maiores, tanto a haste da ponta seca como a do porta-lápis e do tira-linhas devem ser dobradas nas juntas articuladas, de modo a ficarem perpendiculares ao papel (Fig. 2.45). O compasso de 15 centímetros pode ser usado deste modo para circunferências de até 25 centímetros de diâmetro, outras maiores são feitas usando o ampliador, como está ilustrado na Fig. 2.46, ou o cintel (Fig. 2.19). Ao traçar circunferências concêntricas, *as menores* devem sempre ser traçadas em primeiro lugar, antes que o orifício central fique desgastado.

Os compassos de mola são usados para circunferências pequenas, especialmente quando várias devem ser traçadas com o mesmo diâmetro. Para evitar desgaste (em instrumentos de roscas laterais), a pressão da mola contra a porca deve ser aliviada, segurando as pontas com a mão esquerda e torcendo ou destorcendo a porca com o dedo, na ocasião de modificar a abertura do compasso. Pequenos ajustes devem ser feitos com uma mão segurando a ponta seca fixa sobre o papel (Fig. 2.47).

Quando várias circunferências concêntricas são traçadas, economiza-se tempo marcando os diversos raios no papel com

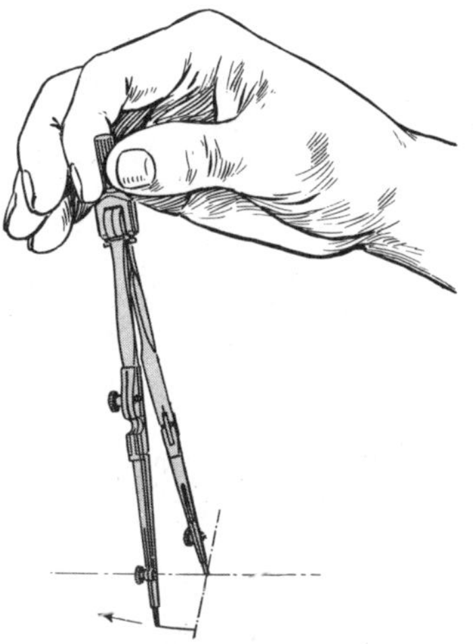

Fig. 2.43. Modo de iniciar o traçado de uma circunferência. O compasso é inclinado na direção do traço.

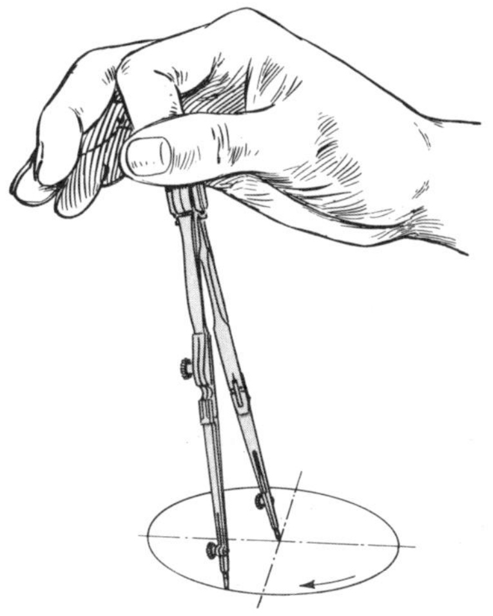

Fig. 2.44. Modo de completar o traçado de uma circunferência. O traço é completado girando a cabeça recartilhada com os dedos.

a escala e, então, colocando o compasso em cada marca à medida que as circunferências forem traçadas. Em alguns casos, pode ser vantajoso medir e marcar o raio no papel ao invés de colocar o compasso diretamente na escala. Este método é empregado sempre que o raio for maior que o comprimento da escala.

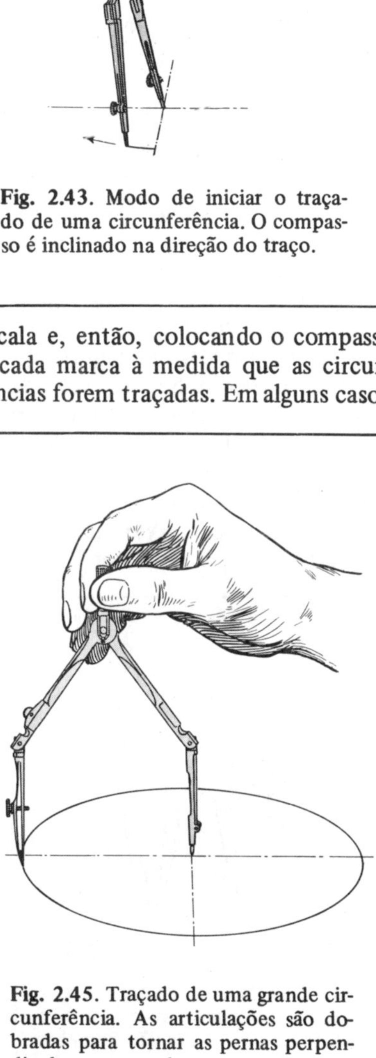

Fig. 2.45. Traçado de uma grande circunferência. As articulações são dobradas para tornar as pernas perpendiculares ao papel.

Quando se requer *extrema precisão,* o compasso é posicionado, um leve círculo é traçado no papel e o diâmetro é conferido com a escala; se o tamanho não for satisfatório, o compasso é ajustado e a operação é repetida até ser obtida a dimensão necessária.

35. O tira-linhas

O tira-linhas é usado para traçar à tinta linhas retas e curvas não-circulares. A Fig. 2.20 mostra os diversos tipos. A sua característica mais importante é a forma das lâminas; entre suas pontas arredondadas (forma elíptica) deve haver um espaço adequado para a tinta, como na Fig. 2.48. Se as lâminas fossem pontudas, como na Fig. 2.49, a tinta ficaria arqueada, como se mostra, e seria incrivelmente difícil começar uma linha. Se fossem arredon-

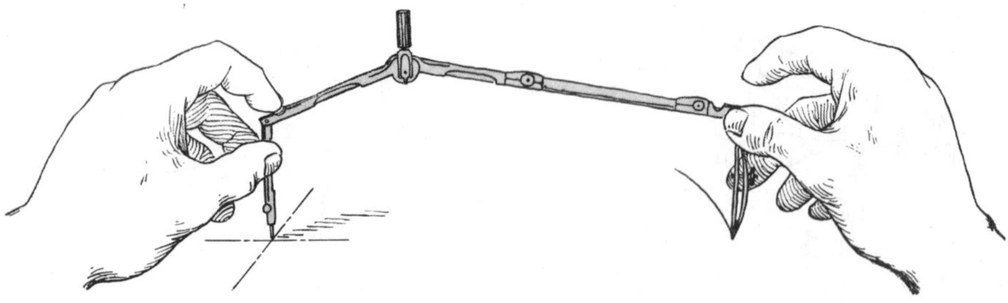

Fig. 2.46. Uso do ampliador. As juntas devem ser dobradas para tornar as pernas perpendiculares. Geralmente são usadas as duas mãos porque a cabeça cilíndrica está fora do centro.

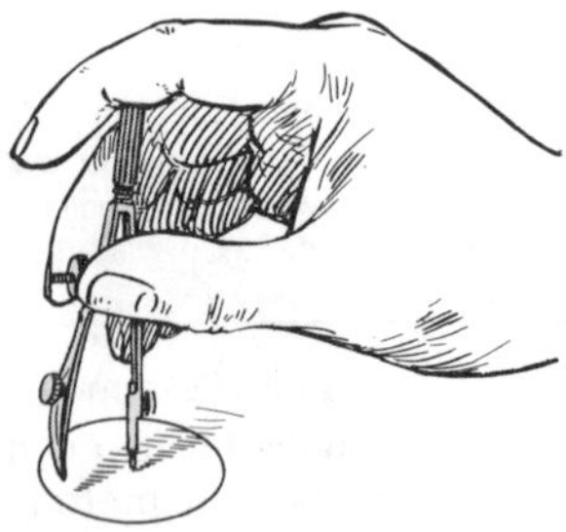

Fig. 2.47. Ajuste de um compasso de mola. Apenas uma mão é necessária. As molas das roscas do centro são presas da mesma forma.

dadas de ponta cega, como na Fig. 2.50, a tinta fluiria livre demais, formando borrões, e haveria escorrimento de tinta nas extremidades das linhas. Os tira-linhas em uso constante gastam-se e ficam cegos, como ilustra a Fig. 2.51. É fácil reconhecer quando um tira-linhas está cego olhando para o reflexo da luz que se desloca do lado para a ponta, enquanto este é girado entre os dedos. Se o reflexo pode ser visto em todo o trajeto é porque a ponta está muito rombuda. Um tira-linhas em más condições é intolerável, mas um bem apontado é muito agradável de usar. Todo desenhista deve conservar tira-linhas em ótimo estado.

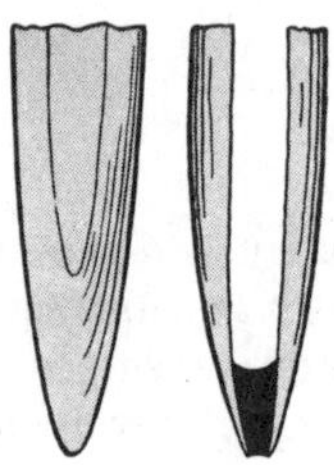

Fig. 2.48. Forma correta das pontas do tira-linhas. Uma forma elíptica minuciosamente uniforme é a melhor.

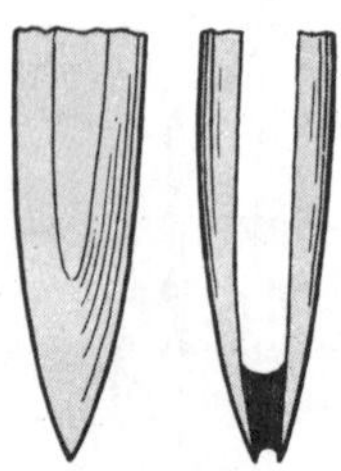

Fig. 2.49. Forma incorreta das pontas do tira-linhas. Esta ponta está muito afiada. A tinta não fluirá bem.

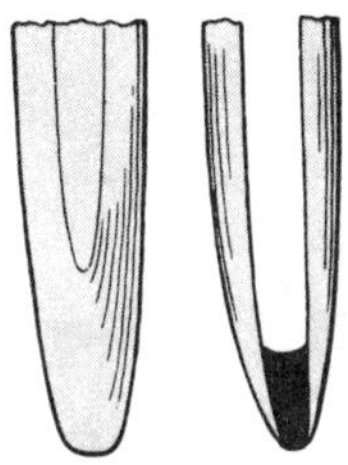

Fig. 2.50. Forma incorreta das pontas do tira-linhas. Esta ponta é achada demais. A tinta escorrerá no começo e no fim da linha.

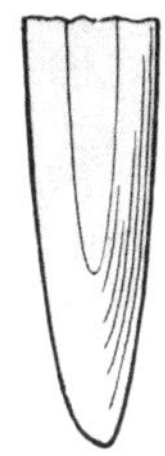

Fig. 2.51. Forma de bicos de pena desgastados. Esta ponta precisa ser afiada até a forma da Fig. 2.48.

Tira-linhas de boa qualidade vêm da fábrica bem apontados. Os de menor preço, muitas vezes, precisam ser apontados antes de serem usados.

36. Para afiar o tira-linhas

A que melhor se presta para esta finalidade é uma pedra dura para afiar facas – pedra Arkansas. Para melhores resultados é bom embeber a pedra nova em óleo por vários dias antes de usar. A pedra comum de afiar, usada pelos carpinteiros, é muito grossa para instrumentos de desenho.

As pontas da lâmina precisam primeiramente ser postas na forma correta, como na Fig. 2.48. Para isso elas serão aparafusadas até que se toquem e, depois, segurando-se o tira-linhas como se fosse traçar-se uma linha, esfregá-lo sobre a pedra para frente e para trás num movimento de vaivém, começando o movimento com o cabo inclinado em um ângulo de menos de 30° com a pedra e levantando-a progressivamente, à medida que se desloca o tira-linhas sobre a mesma. Isto deixará as pontas com exatamente, o mesmo comprimento e forma, tornando-as, entretanto, bastante cegas. Abre-se então as pontas muito levemente, e afia-se uma lâmina de cada vez, somente do lado de fora, até que o reflexo brilhante na extremidade tenha desaparecido. Segura-se o tira-linhas como na Fig. 2.52, fazendo um pequeno ângulo com a pedra e fricciona-se para frente e para trás com uma leve oscilação ou em movimento de balanço a fim de conformar a lâmina. Tomando-se na mão esquerda, entre o polegar e os outros dedos, uma pedra de 7 a 10 centímetros de comprimento, tem-se um controle melhor desta, do que quando é colocada sobre a mesa. Um pano ou uma lixa de carboneto de silício pode substituir a pedra. Para melhor acabamento, pode-se usar pano ou tela com peróxido de ferro. Uma lente de bolso facilitará a observação das pontas. As lâminas não devem ser afiadas a ponto de cortarem o papel quando testadas, traçando uma linha através dele sem tinta seca. Se estiverem muito afiadas, as lâminas deverão ser novamente fechadas até se toca-

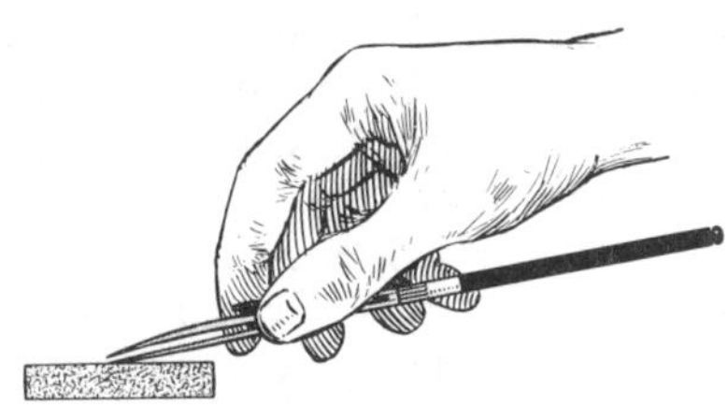

Fig. 2.52. Modo de afiar o tira-linhas. Depois de deixar as pontas como na Fig. 2.48, esfregar as lâminas com um movimento para frente e para trás até que as pontas estejam com o mesmo comprimento e forma.

rem; em seguida, o tira-linhas deve ser passado levemente na pedra como na primeira operação. Quando testado com tinta, o tira-linhas deve ser capaz de traçar linhas firmes e nítidas até da espessura dos mais finos fios de cabelo. Se estas linhas mais finas estiverem desiguais ou interrompidas, a pena não está afiada perfeitamente. Não será necessário tocar na face interna das lâminas, a menos que tenha se formado uma rebarba, a qual pode ocorrer quando o metal é muito macio, a pedra muito grossa ou a pressão muito grande. Para remover essa rebarba, introduzir um pedaço de papel de desenho entre as pontas ou separar bem as lâminas, apoiando-se a superfície interna de cada lâmina, horizontalmente sobre a pedra, movendo esta com um toque muito leve.

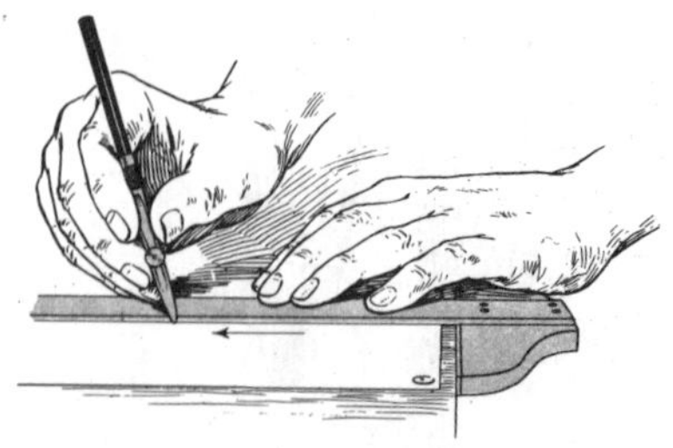

Fig. 2.53. Posição correta do tira-linhas. A pena é inclinada na direção do traço, mas segurada perpendicularmente ao papel, como na Fig. 2.54.

37. Uso do tira-linhas

O tira-linhas é sempre usado em contato com a face da régua T, esquadro ou curva. A régua T e o esquadro devem ser segurados na mesma posição do desenho a lápis.

Para encher o tira-linhas com tinta, retira-se do tinteiro o enchedor de pena e toque-o entre as suas pontas. Deve-se tomar cuidado para não pôr tinta na parte externa das lâminas. Se forem usados os modernos frascos plásticos de apertar, colocar o bico do frasco contra as partes laterais das pontas e cuidadosamente espremer uma gota de tinta *entre* as pontas. A quantidade de tinta colocada não deve exceder 5 a 6 milímetros; do contrário, o peso da tinta fará com que esta caia e forme um borrão. Segura-se o tira-linhas nas pontas dos dedos, como ilustra a Fig. 2.53, com o polegar e o anular numa posição que permita torcer o parafuso de regulagem, e com o cabo apoiado sobre o indicador. Deve-se observar esta posição cuidadosamente, em virtude da tendência de dobrar o dedo anular, tomando este a posição usada ao segurar um lápis ou uma caneta para escrever. A posição ilustrada ajuda a manter o tira-linhas no ângulo adequado e as pontas alinhadas com a face guia.

O tira-linhas deve ser segurado de modo que suas lâminas se conservem paralelas à face guia da régua, contra a qual se apoiará, tendo o parafuso na parte externa e o cabo levemente inclinado, mantendo-o em um plano determinado pela linha a traçar e pela perpendicular ao papel. O tira-linhas é, assim, dirigido pela parte superior da régua, como está ilustrado em tamanho real na Fig. 2.54. Se a ponta do tira-linhas for afastada da perpendicular, deslizará sobre uma lâmina e resultará um traço desigual em um dos lados. Se a inclinação for para o interior da perpendicular, a tinta provavel-

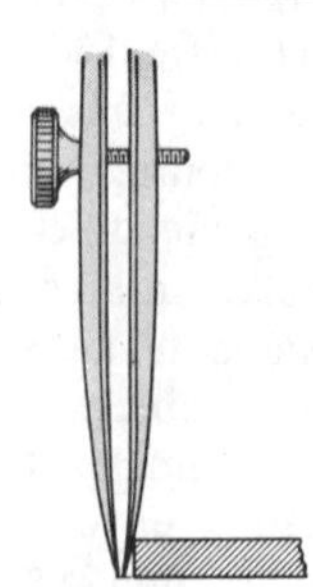

Fig. 2.54. Posição correta da pena. Embora a pena esteja inclinada na direção do traço, as duas pontas devem tocar igualmente o papel.

mente escorrerá pela borda inferior da régua causando um borrão.

Uma linha é traçada com um movimento firme e igual de todo o braço, tendo as pontas do anular e mínimo apoiadas e deslizando sobre a régua, a fim de manter constante o ângulo de inclinação. Antes de atingir a extremidade da linha, os dois dedos guias pararão e o movimento do tira-linhas continuará até a linha estar terminada. Linhas curtas são traçadas simplesmente com este movimento de dedos. A atingir a extremidade da linha, o tira-linhas é erguido rapidamente e a régua é afastada da linha. A pressão sobre o papel deve ser leve mas, firme o suficiente para dar um traço bem nítido e definido e variará de acordo com o papel e o estado da ponta do tira-linhas. A pressão contra a régua T, entretanto, deve ser bastante apenas para orientar a direção.

Quando a tinta não flui, pode ser que tenha secado na extremidade do tira-linhas. Se o leve apertar das lâminas ou o tocar do tira-linhas sobre o dedo não a fizer fluir, este deve ser limpo imediatamente e carregado com tinta nova. Os tira-linhas precisam ser limpos e secos após o uso.

No desenho a nanquim, em papel ou papel-tela, as linhas serão mais grossas do que as feitas a lápis. Deve-se cuidar para que o centro da linha à tinta cubra a do lápis, como ilustrado na Fig. 2.55.

As instruções sobre o tira-linhas servem também para o compasso. O compasso deve estar levemente inclinado na direção da linha e as duas pontas do tira-linhas devem ser mantidas sobre o papel,

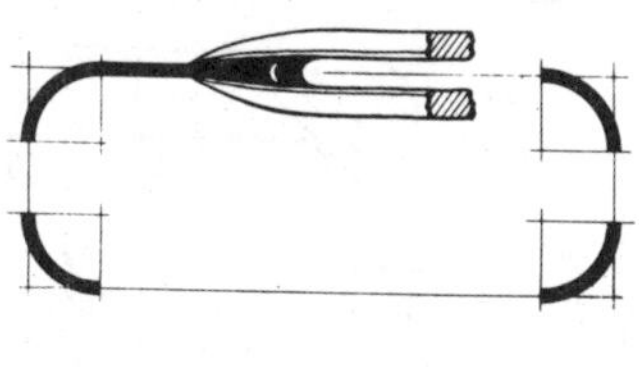

Fig. 2.55. Modo de traçar à tinta sobre a linha a lápis. *Centrar* a linha sobre a linha original do plano.

dobrando as articulações das hastes, se necessário, para conseguir isto.

É regra universal que no desenho à tinta, *as circunferências e os arcos de circunferência devem ser traçados em primeiro lugar.* É muito mais fácil ligar uma linha reta a uma curva do que uma curva a uma linha reta.

38. Tangentes

Duas linhas são tangentes entre si quando os seus eixos são tangentes e não, simplesmente, quando as linhas se tocam; assim, no ponto de tangência, a grossura do traço será igual à grossura de uma linha única (Fig. 2.56). Antes de traçar à tinta linhas tangentes, os pontos de tangência devem ser marcados a lápis. Num arco tangente a uma linha reta, o ponto de tangência estará sobre o raio do arco perpendicular à linha dada, e para dois arcos de circunferência o ponto de tangência estará sobre a linha que une seus centros, como está descrito nas seções 5 a 16, Cap. 3.

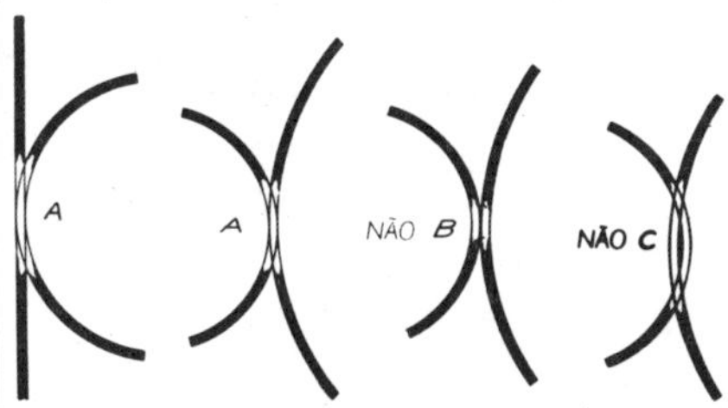

Fig. 2.56. Tangentes corretas e incorretas. As linhas devem ter a grossura de *uma* linha no ponto de tangência.

39. O alfabeto das linhas

Sendo a linha o elemento básico do desenho, um conjunto de símbolos convencionais, abrangendo todas as linhas necessárias para diferentes finalidades pode ser adequadamente chamado de um alfabeto das linhas. As Figs. 2.57 e 2.58 mostram o

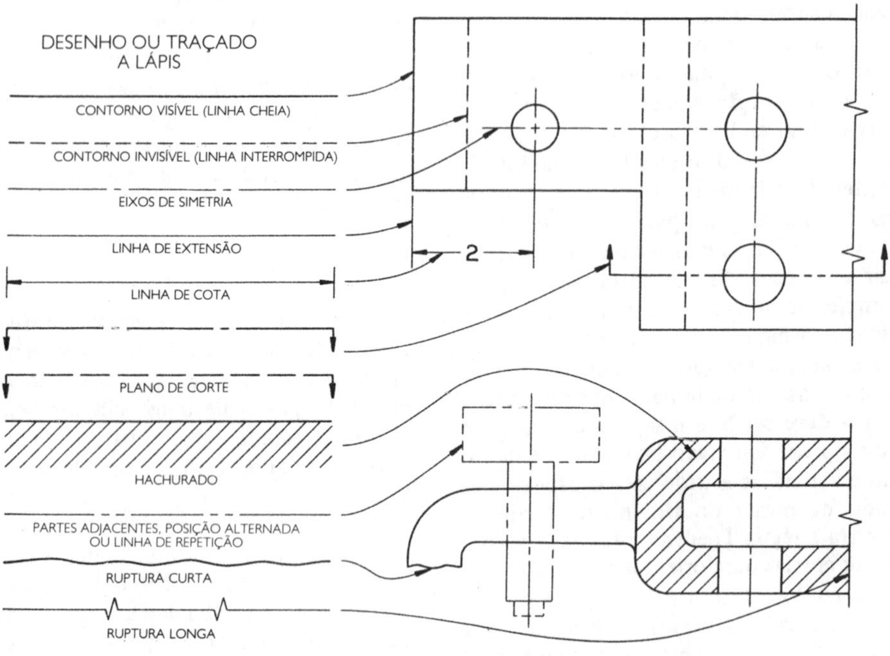

Fig. 2.57. O alfabeto das linhas para traçados a lápis.

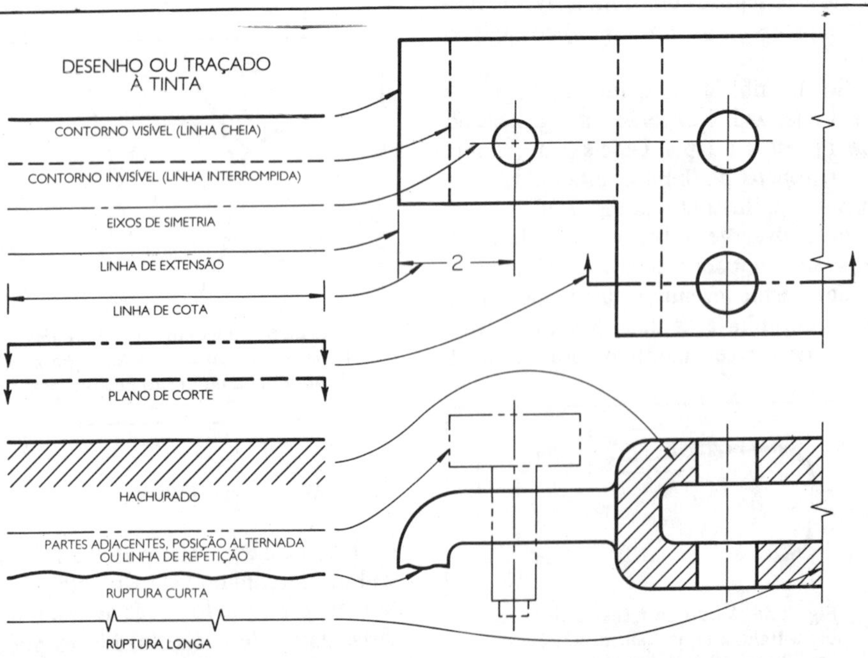

Fig. 2.58. O alfabeto de linhas para desenhos à tinta.

alfabeto das linhas adotado pela ANSI, que será empregado nos seguintes casos:

1. No traçado de desenhos feitos a lápis sobre papel vegetal ou papel-tela, dos quais serão feitas cópias heliográficas ou outras reproduções (Fig. 2.57).

2. Traçados à tinta sobre papel-tela ou vegetal e desenhos à tinta sobre papel branco para fins de exibição ou reprodução fotográfica (Fig. 2.58).

A ANSI recomenda três espessuras de linhas para desenhos definitivos: *grossa* para contornos visíveis, plano de corte e para linhas de ruptura curta; *média* para contornos invisíveis; e *fina* para linhas de seção, eixos, extensão, cota, ruptura longa, parte adjacente, posição alternada e linhas de repetição. Em desenhos comuns, as espessuras das linhas devem ser aproximadamente, como das Figs. 2.57 e 2.58. Uma tabela conveniente de padrões de linha é dada na Fig. 2.59. Se aplicada à Fig. 2.58, esta tabela mostraria que as linhas grossas à tinta têm entre 0,846 mm e 0,635 mm, as médias 0,423 mm e as linhas finas 0,254 mm de espessura. Para usar a tabela das linhas, traça-se uma linha de aproximadamente 50 mm de comprimento, a lápis ou à tinta, em um pedaço do papel de desenho e coloca-se este ao lado da tabela. Por este método pode-se fazer uma boa comparação. Observe que as linhas padrão para os desenhos a lápis são um pouco mais finas do que as feitas à tinta, sendo a linha grossa de, mais ou menos, 0,425 mm, a média de, aproximadamente, 0,317 mm e a fina, entre 0,254 e 0,380 mm. Observe as Figs. 2.57 e 2.58 cuidadosamente e tente fazer desenhos de acordo com estas linhas padronizadas. A aparência profissional depende muito da espessura das linhas empregadas. As espessuras de linhas para desenhos são sempre *finas* porque aqui, a palavra chave é precisão. Os desenhos de planta são, muitas vezes, traçados a lápis ou à tinta conforme as espessuras dadas nas Figs. 2.57 e 2.58 e são então considerados desenhos *definitivos*.

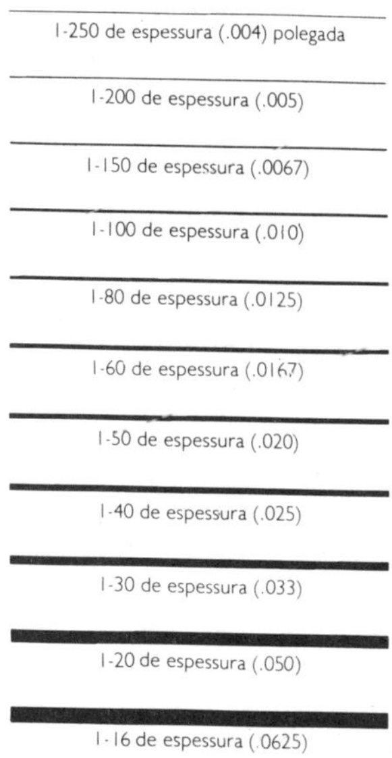

Fig. 2.59. Tabela de linhas. Traçar uma linha no papel a ser usado e aplicá-la na tabela para determinar a espessura.

40. Prática do traçado de linhas

Depois de ler as seções precedentes, pegue uma folha de papel em branco e treine fazendo linhas retas e circunferências em todas as formas – cheias, tracejadas, etc. – mostradas nas Figs. 2.57 e 2.58. Aprenda a começar e parar o traçado de linhas, dando atenção especial a tangentes e ângulos.

No desenho a lápis, tente obter uniformidade na espessura e cor para cada tipo. Arcos de circunferência e linhas retas devem se encontrar perfeitamente nos pontos de tangência.

No desenho à tinta, proceda como na prática do desenho a lápis, prestando atenção especial à espessura das linhas e ao espaçamento das linhas tracejadas e eixos [linhas centrais].

Se as linhas à tinta parecerem imperfeitas em qualquer aspecto, deve-se descobrir imediatamente a razão. Pode ser uma falha do tira-linhas, da tinta, do papel ou do desenhista; as probabilidades são grandes em favor desta última possibilidade se as falhas se parecerem com as da Fig. 2.60 que ilustra a aparência característica de linhas defeituosas. A correção em cada caso será evidente por si mesma.

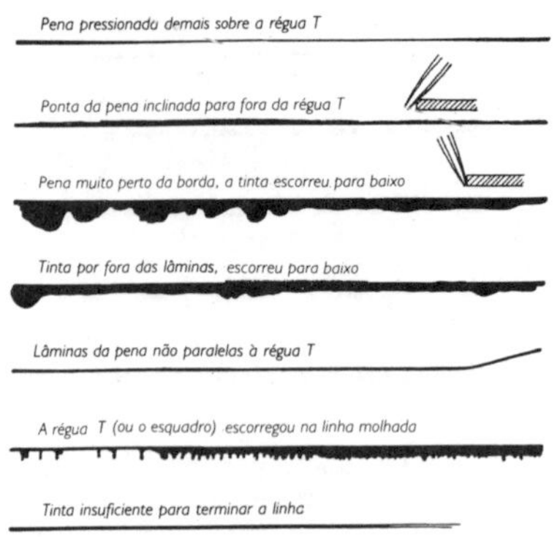

Fig. 2.60. Linhas à tinta com defeitos. A dificuldade está indicada em cada caso.

41. Uso da curva francesa

A curva francesa é uma face guia para curvas não-circulares. Quando já foram determinados pontos suficientes é mais conveniente esboçar levemente a lápis, à mão livre e sem perder os pontos, até que a linha esteja nítida, contínua e agradável à vista. Aplica-se então a curva, escolhendo-se a parte que melhor se adaptar à porção da linha considerada, de tal modo que a direção de crescimento de sua curvatura seja a mesma em que cresce a curvatura da linha (Fig. 2.61). Ao traçar o segmento ajustado à curva, deve-se *sempre* interromper um pouco antes da distância na qual a curva e a linha deixam de coincidir. Depois de traçar esta porção, desloca-se a curva para encontrar outro ponto que coincidirá com a continuação da linha. Ao deslocar a curva deve-se tomar cuidado para preservar a nitidez e continuidade e evitar desencontros e saliências, o que se consegue se a curva em suas posições sucessivas for sempre ajustada de tal modo que coincida em uma curta distância com a parte já traçada da linha. Assim, em cada junção as tangentes coincidirão.

Se a curva for simétrica em relação a um eixo, este será marcado sobre a curva depois desta ter sido ajustada precisamente em um dos lados, após o que a curva é invertida. Em tal caso, deve-se ter cuidado excepcional para evitar uma "protuberância" na junção.

Muitas vezes, é melhor interromper uma linha perto do eixo de ambos os lados e fechar em seguida esta abertura com uma outra posição da curva.

Ao usar a curva para traçado à tinta, o tira-linhas deve ser segurado perpendicularmente e as lâminas devem ser mantidas paralelas à borda. O traçado à tinta de curvas é uma prática excelente.

Algumas vezes, especialmente nas curvas agudas, pode-se usar uma combinação de arcos de circunferência com as da curva francesa: por exemplo, ao traçar à tinta uma elipse alongada, as curvas fechadas podem ser traçadas selecionando um centro no diâmetro maior através de tentativas, descrevendo-se tantos arcos de circunferência quantos sejam necessários para coincidirem com as extremidades da elipse que será então terminada com a curva francesa. O desenhista experiente, algumas vezes, traçará à tinta uma curva que não se ajuste precisamente, variando a distância da ponta do tira-linhas à face guia, à medida que a linha progride.

42. Modo de empregar a borracha

Apagar linhas a lápis ou à tinta é uma técnica que se deve aprender. Ao mudar algum detalhe, o projetista, trabalhando livremente, mas usando traços leves, usa uma borracha de lápis macia para não estragar o acabamento do papel. Linhas

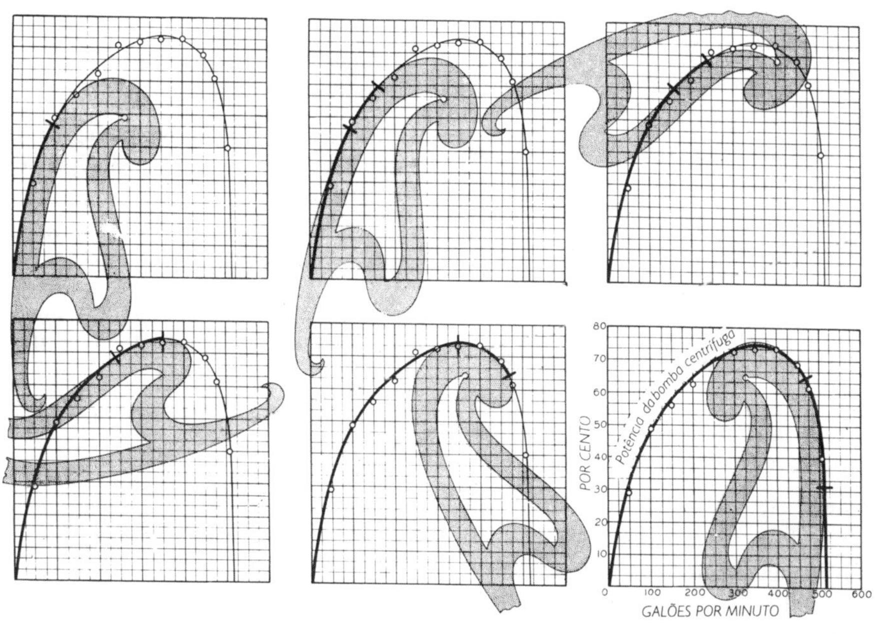

Fig. 2.61. Uso da curva francesa. A mudança da curvatura da linha e da curva devem combinar.

mais grossas são melhor removidas com uma borracha para lápis Ruby. Se o papel foi arranhado pela linha, pode ser esfregado com um polidor ou com as costas da unha do polegar. Ao apagar uma linha à tinta, segura-se o papel firmemente e, passa-se de leve e com paciência uma borracha para lápis Ruby, primeiramente, ao longo da linha e depois perpendicularmente a ela até que a tinta seja removida. Um esquadro colocado sob o papel ou tela oferece uma boa superfície de apoio.

Ao apagar-se próximo de outras linhas deve-se escolher uma abertura conveniente na grelha protetora de apagar (Fig. 2.3*d*) e trabalhar através dela, segurando-a firmemente, cuidando, primeiramente que os dois lados da mesma estejam limpos. Retira-se os fragmentos de borracha do papel com um pano de pó ou com uma escova. Não se deve nunca raspar uma linha ou borrão com uma faca ou lâmina de barbear e, as assim chamadas, borrachas para tinta devem ser usadas com parcimônia. Um desenhista hábil usa uma lâmina afiada para raspar um borrão grosso ou a extremidade escorrida de uma linha.

Usando excessivamente a borracha, é vantajoso possuir uma máquina elétrica de apagar. Há, no mercado, vários tipos já consagrados.

43. Precauções ao usar os instrumentos

Para completar esta discussão sobre instrumentos, vale a pena notar alguns pontos:

Nunca usar a escala como régua para traçar linhas.

Nunca traçar linhas horizontais com a borda inferior da régua T.

Nunca usar a borda inferior da régua T como uma base horizontal para o esquadro.

Nunca cortar papel com uma faca nem usar a borda da régua T como guia.

Nunca usar a régua T como martelo.

Nunca colocar nenhuma das extremidades de um lápis na boca.

Nunca trabalhar com um lápis de ponta rombuda.

Nunca apontar um lápis sobre a prancheta.

Nunca espetar o compasso de pontas secas na prancheta.

Nunca azeitar as articulações dos compassos.

Nunca usar os compassos de pontas secas como alargadores, pinças ou palitos.

Nunca usar mata-borrão sobre linhas à tinta.

Nunca apertar o parafuso de ajuste do tira-linhas além do ponto de contato das pontas.

Nunca deixar sem tampa o tinteiro.

Nunca segurar o tira-linhas sobre o desenho ao enchê-lo de tinta.

Nunca colocar no frasco de tinta de desenho, uma pena que tenha sido usada com tinta de escrever comum.

Nunca tentar usar os mesmos furos dos percevejos tanto no papel como na prancheta ao colocar o papel pela segunda vez.

Nunca passar a borracha por todo o desenho depois de acabado. Isto tira o brilho das linhas.

Nunca começar um trabalho sem limpar a mesa e os instrumentos.

Nunca guardar os instrumentos sem limpá-los. Isto se aplica principalmente aos tira-linhas.

Nunca guardar compassos de mola sem abri-los para descansar as molas.

Nunca trabalhar em uma mesa cheia de instrumentos e equipamentos desnecessários.

Nunca dobrar um desenho ou esboço.

44. Exercícios sobre o uso de instrumentos

Os problemas seguintes podem ser usados como exercícios progressivos, tendo em vista a prática do uso de instrumentos. Devem ser feitos em desenhos a lápis ou em plantas feitas a lápis para serem recobertas à tinta. Na execução das linhas deve-se observar o que foi dito no alfabeto das linhas (Figs. 2.57 e 2.58).

Os problemas no Cap. 3 oferecem excelente prática adicional no traçado preciso a lápis.

PROBLEMAS

Grupo 1. Linhas retas

1. Um exercício para régua T, esquadro e escala. Pelo ponto central do papel, traçar uma linha horizontal e uma vertical. Medindo sobre as mesmas, a partir do ponto de encontro, para todos os lados, um comprimento de 5 cm, traçar um quadrado. Ao longo do lado inferior e metade superior do lado esquerdo, marcar com a escala distâncias de 1 cm. Traçar todas as linhas horizontais com a régua T e todas as verticais com o esquadro e a régua T.

2. Entrelaçamento. Emprego da régua T, esquadro e compasso de pontas secas. Traçar um quadrado de 10 centímetros. Dividir os lados esquerdo e inferior em sete partes iguais com o compasso de pontas secas. Traçar linhas horizontais e verticais por estes pontos através do quadrado. Apagar as partes não necessárias.

3. Uma interseção de mosaico. Para esquadro de 45° e escala. Um exercício traçado de linhas curtas. Desenhar um quadrado de 10 centímetros de lado. Traçar diagonais com o esquadro de 45°. Com a escala, traçar sobre estas espaços de 1 cm ao longo das diagonais a partir de sua interseção. Com o esquadro de 45°, completar a figura, fazendo de cada vez um quadrante.

4. Um modelo quadrado. Para esquadro de 45°, compasso de pontas secas e escala. Traçar um quadrado de 10 cm de lado e dividir seus lados em três partes iguais com o compasso de pontas secas. Com o esquadro de 45° traçar linhas diagonais ligando estes pontos. Medir 1,2 cm sobre cada uma destas linhas e completar o modelo como mostra o desenho ao pé da página.

5. Um modelo acústico. Para esquadro de 45°, régua T e escala. Traçar duas diagonais de 10 cm de comprimento que se cortam para formar uma área. Com a escala, traçar espaços de 1 cm a partir de sua interseção. Acrescentar uma margem estreita de 0,4 cm de largura e uma segunda margem de 1 cm de largura. O comprimento dos blocos da margem é projetado a partir dos cantos dos blocos de área.

6. Cinco cartões. Emprego de linhas visíveis e invisíveis. Cinco cartões de 4,5 cm x 7,5 cm são dispostos de maneira que o cartão de baixo fique no centro, e os outros quatro se sobreponham um ao outro, sendo colocados de tal modo que suas bordas externas formem um quadrado de 10 cm. Linhas invisíveis indicam as bordas cobertas.

7. Cruz de Malta. Para régua T, compasso de mola e esquadros de 45° e 30-60°. Traçar um quadrado de 10 cm e um de 3,5 cm. A partir dos vértices do quadrado interno, traçar linhas que formem ângulo de 15° e 75°, com os dois esquadros em combinação. Marcar pontos, com o compasso de mola, de 0,6 cm dentro de cada linha desta cruz externa e completar a figura com esquadros em combinação.

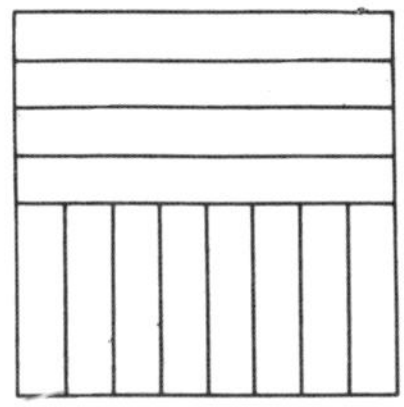

Prob. 1

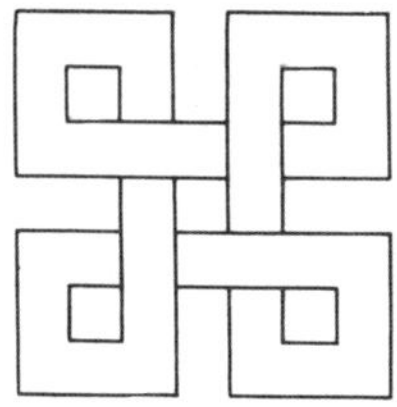

Prob. 2

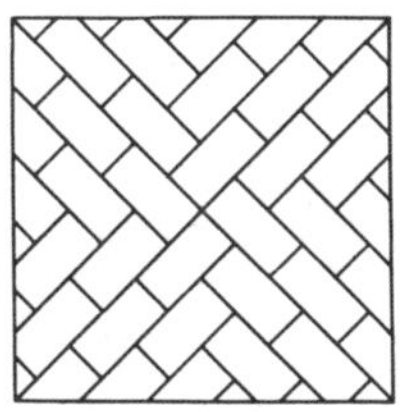

Prob. 3

Prob. 4

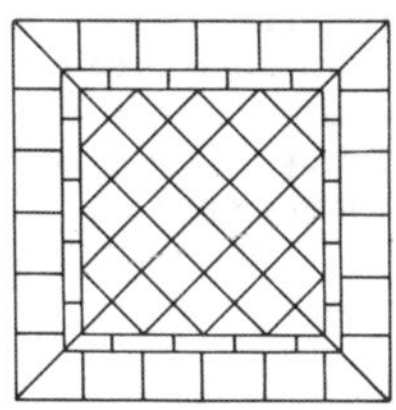

Prob 5

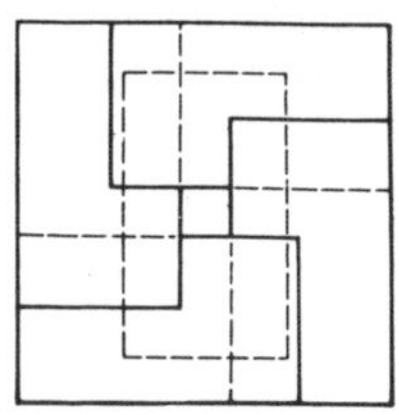

Prob. 6

Prob. 7

Grupo 2. Linhas retas e círculos

8. Insígnia. Para régua T, esquadros, escala e compassos. Traçar diagonais de 45° e os eixos verticais e horizontais de um quadrado de 100 mm. Com o compasso, traçar uma circunferência de 20 mm de diâmetro, uma circunferência de 70 mm e uma de 80 mm. Completar a figura acrescentando um quadrado e uma estrela de pontas como mostra a ilustração.

9. Uma estrela de seis pontas. Para compasso e esquadro de 30-60°. Traçar uma circunferência de 100 mm de diâmetro e nela inscrever uma estrela de seis pontas usando a régua T e o esquadro de 30-60°. Completar o desenho com 4 mudanças sucessivas de posição do esquadro.

10. Uma estampagem. Para régua T, esquadro de 30-60° e compassos. Em uma circunferência de 100 mm, traçar seis diâmetros a 30°. Traçar uma circunferência de 75 mm para localizar os centros de arcos de circunferência de 8 mm de raio. Completar a estampagem com perpendiculares aos seis diâmetros como mostra a ilustração.

11. Insígnia. A figura mostrada é uma estrela branca com um centro vermelho sobre um fundo azul. Traçar duas circunferências, uma de 100 mm e uma de 80 mm. Dividir a circunferência maior em cinco partes iguais com o compasso de pontas secas e construir a estrela ligando pontos alternativos como ilustra a figura. A cor vermelha é indicada por linhas verticais e a azul por horizontais. Espaçar as linhas em 2 mm, estimados a olho.

12. Uma estrela de 24 pontas. Para régua T e combinação de esquadros. Em uma circunferência de 100 mm de diâmetro, traçar 12 diâmetros formando ângulos centrais de 15°, usando a régua T e os esquadros sozinhos ou em combinação. Com as mesmas combinações, terminar a figura como está mostrada.

Prob. 8

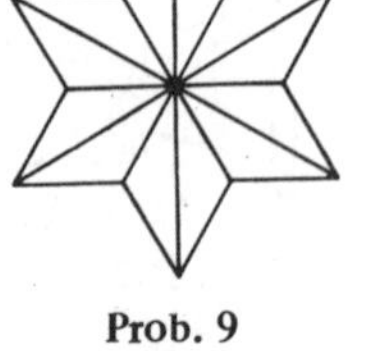

Prob. 9

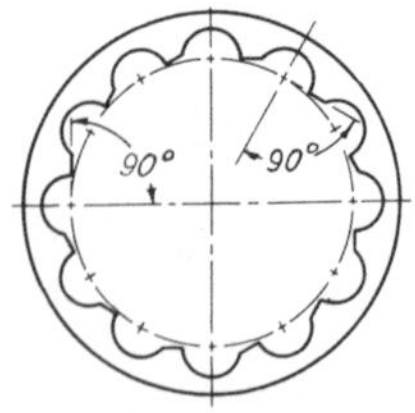

Prob. 10

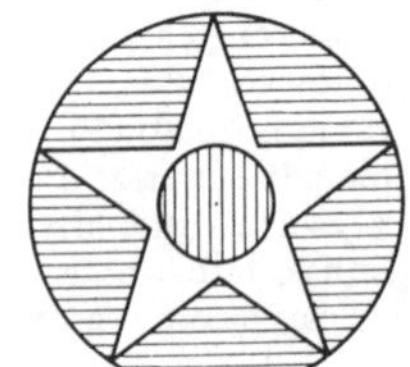

Prob. 11

Prob. 12

Grupo 3. Circunferências e tangentes

13. Circunferências concêntricas. Para compassos de traçado e escala. Traçar uma linha horizontal no centro do espaço destinado ao desenho. Sobre ela marcar oito raios para oito circunferências concêntricas, afastadas de 6 mm. Ao traçar as circunferências concêntricas, traçar sempre em primeiro lugar as menores.

14. Uma espiral de quatro centros. Exercício sobre tangentes de precisão. Traçar um quadrado de 3 mm de lado e prolongar seus lados como mostra a ilustração. Com centro no vértice superior direito, traçar dois arcos de 3 e 6 mm de raio; mudando sucessivamente o centro para os vértices seguintes, descrever arcos de raios crescentes até completar as quatro voltas da espiral.

15. Um ornato em laço. Para compassos de mola. Traçar um quadrado de aproximadamente 56 mm de lado no centro do espaço. Dividir *AE* com a escala em quatro espaços de 7 mm. Com centro em *A, B, C* e *D*, traçar quatro semicircunferências com raio de 7 mm, e assim por diante. Completar o desenho, traçando as tangentes horizontais e verticais como mostra a figura.

16. Um gráfico retilíneo. Para curva francesa. Traçar um quadrado de 100 mm com divisões coordenadas de 12,5 mm. Marcar pontos nas interseções mostradas, e através delas esboçar a lápis uma curva suave e uniforme. Para ter-

minar, marcar cada ponto com uma circunferência de 1,5 mm de diâmetro e traçar uma linha uniforme com a curva francesa.

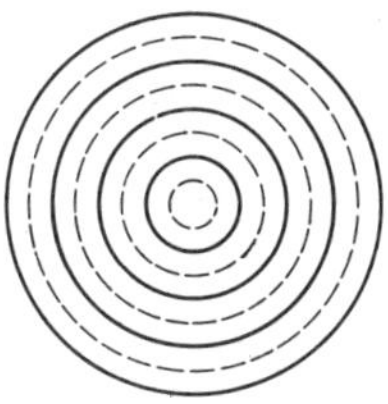

Prob. 13

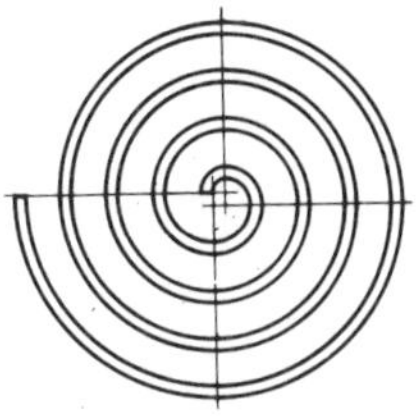

Prob. 14

Prob. 15

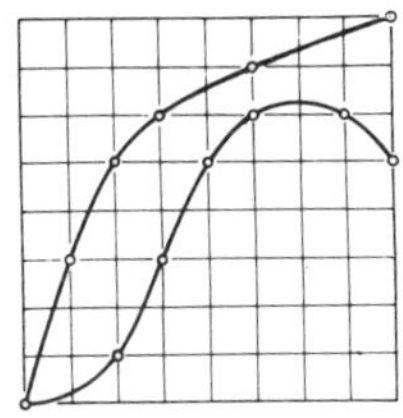

Prob. 16

Grupo 4. Escalas

17. Prática de escala
(*a*) Medir as linhas de *A* a *G* nas seguintes escalas: *A*, escala natural; *B*, redução de 1/2; *C*, na escala, de 3" = 1' – 0"; *D*, na escala de 1" = 1' – 0"; *E*, na escala de 3/4" = 1' – 0"; *F*, na escala de 1/4" = 1' – 0"; *G*, na escala de 3/16" = 1' – 0". (*b*) Transportar sobre as linhas de *H* a *N* as seguintes distâncias: *H*, 3 3/16", tamanho natural; *I*, 7", 1/2 do tamanho; *J*, 2'–6", 1 1/2" = 1'–0"; *K*, 7'–5 1/2", 1/2" = 1'–0"; *L*, 10'–11", 3/8" = 1'–0"; *M*, 28'–4", 1/8" = 1'–0"; *N*, 40'–10", 3/32" = 1'–0". (*c*) Empregando a escala de engenheiro, marcar nas linhas de *H* a *N* as seguintes distâncias: *H*, 3.2", tamanho natural; *I*, 27' – 0", 1" = 10' – 0"; *J*, 66' – 0", 1" = 20' – 0"; *K*, 105' – 0", 1" = 30' – 0"; *L*, 156' – 0", 1" = 40' – 0"; *M*, 183' – 0", 1" = 50' – 0"; *N*, 214' – 0", 1" = 60' – 0".

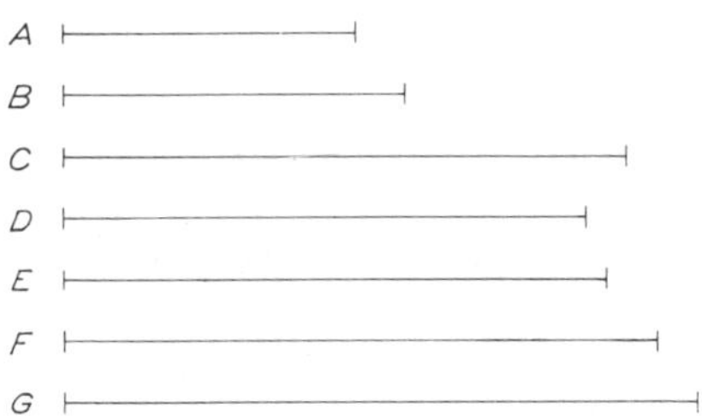

Grupo 5. Combinações

18. Disco de telefone. Desenhá-lo em duas vezes o tamanho.

19. Uma estampagem de carretel de filme. Desenhar conforme escala 6" = 1' –0".

20. Tampa de caixa. Desenho de uma vista para estampagem da tampa retangular de 75 por 100 mm, cantos arredondados com raio de 13 mm, tendo em cada um dos quatro cantos um furo de 5 mm de diâmetro, 75 e 50 mm de centro a centro. Uma abertura retangular no centro, de 10 por 25 mm, com o lado de 25 mm paralelo ao lado de 100 mm. Dois rasgos de 6 mm de largura, 50 mm de comprimento com extremidades semicirculares, situados a meia distância entre o centro e o lado externo maior, sendo ambos paralelos a este, em sua maior direção, e centrados em relação aos lados de 75 mm.

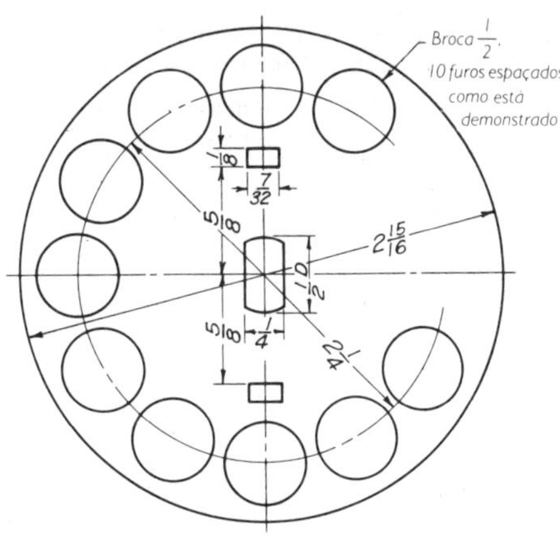

Prob. 18. Placa de dial de telefone.

21. Espaçador. Executar o desenho de uma vista para uma peça circular estampada de 100 mm. DE (diâmetro externo) de 50 mm. DI (diâmetro interno) com seis furos de 6 mm de diâmetro espaçados igualmente sobre uma circunferência de 75 mm de diâmetro, ficando dois furos sobre o eixo vertical da figura. Dois entalhes semicirculares afastados de 180° com um raio de 9 mm estão situados nas interseções do eixo horizontal com a circunferência externa DE de 100 mm.

22. Roda estampada. Fazer um desenho de uma vista para estampagem de uma peça circular com DE de 125 mm e um furo central de 12 mm de diâmetro; oito raios de 9 mm ligando a parte central do diâmetro de 38 mm com o anel de 12 mm de largura. Oito furos com 6 mm de diâmetro com centros na interseção do eixo dos raios com uma circunferência de 115 mm de diâmetro; filetes de 3 mm por toda parte para quebrar os cantos vivos.

23. Placa de cobertura. Executar o desenho de uma vista de uma peça retangular estampada de 75 por 100 mm, com cantos chanfrados de 13 mm em cada lado. Quatro furos de 7 mm de diâmetro, um em cada canto, 75 e 50 mm de centro a centro. Furo retangular no centro, 12,5 por 25 mm, tendo o lado de 25 mm paralelo ao lado maior. Dois furos de 18 mm de diâmetro, localizados a meio caminho entre a ranhura e o lado menor do retângulo sobre a linha de centro pela ranhura.

24. Desenho da base de um gabarito. Tamanho natural. O tamanho das brocas indica o diâmetro (ver Glossário).

25. Desenho de placa de calibre. Escala: duas vezes o tamanho. O tamanho das brocas especifica o diâmetro (ver Glossário).

26. Desenho de placa de gabarito de fresagem. Escala, duas vezes o tamanho. O tamanho das brocas especifica o diâmetro (ver Glossário).

27. Desenho do eixo do disco. Usar escala decimal ampliando dez vezes o tamanho.

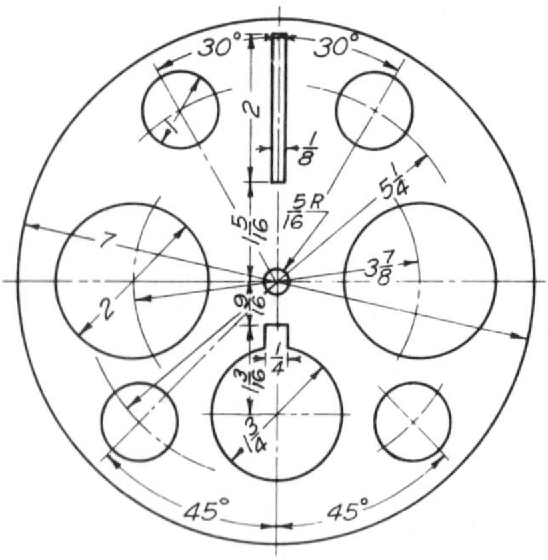

Prob. 19. Estampagem de carretel de filme.

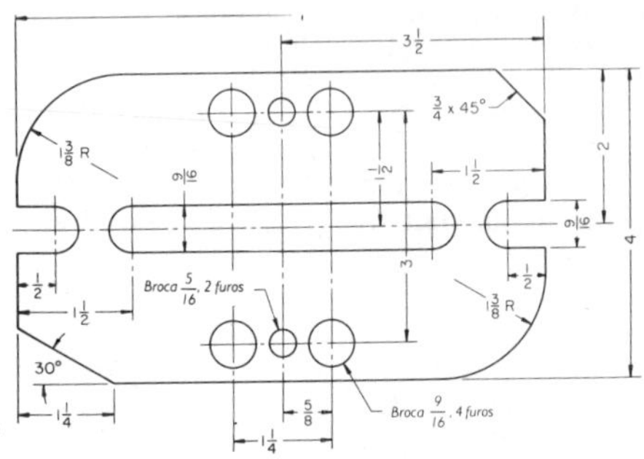

Prob. 24. Base de gabarito.

28. Desenho de pino interno para controle de temperatura. Usar escala decimal ampliando dez vezes o tamanho.

29. Desenho de uma superfície de montagem – O controle. Escala: duas vezes o tamanho.

30. Desenho de escora de montagem – O controle. Escala: tamanho natural.

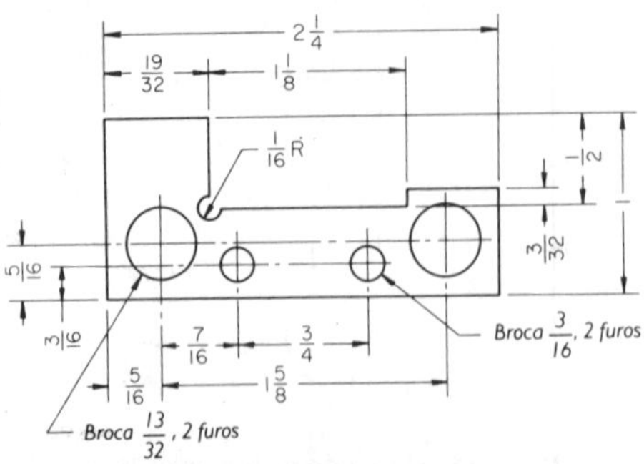

Prob. 25. Placa de calibre.

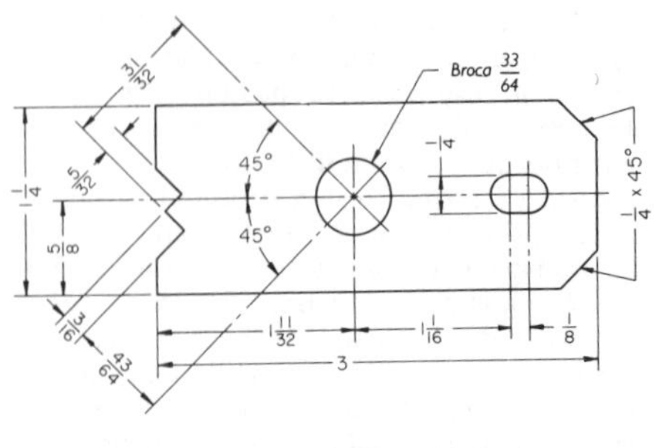

Prob. 26. Placa de gabarito de fresagem.

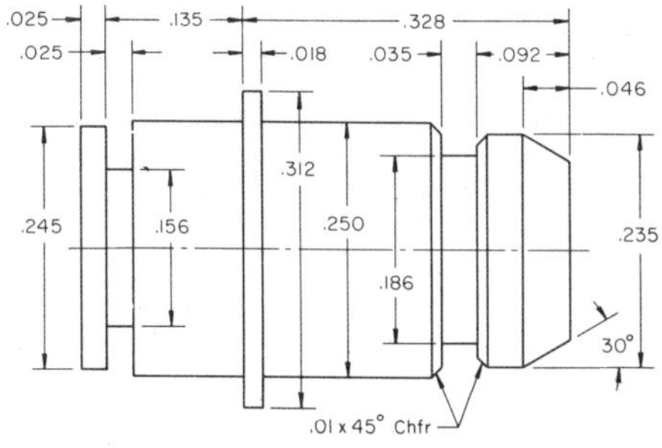

Prob. 27. Eixo do dial.

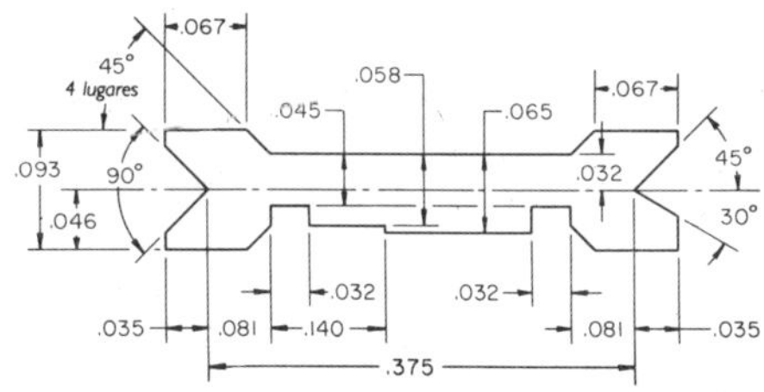

Prob. 28. Pino interno para controle de temperatura.

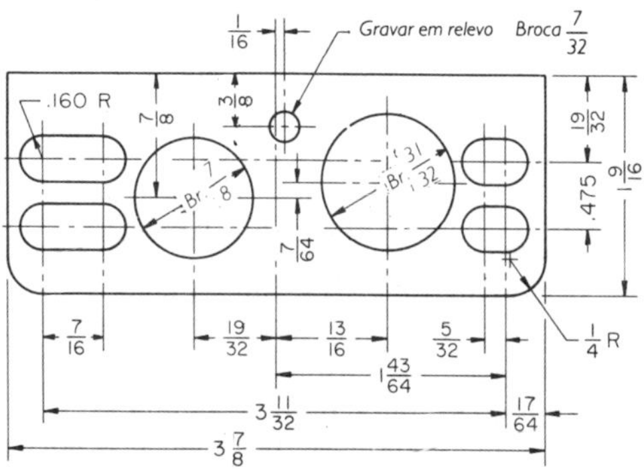

Prob. 29. Superfície de montagem: controle O.

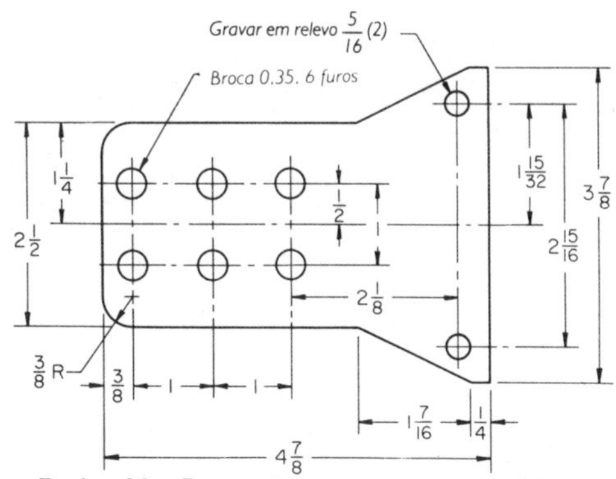

Prob. 30. Perna de montagem: controle O.

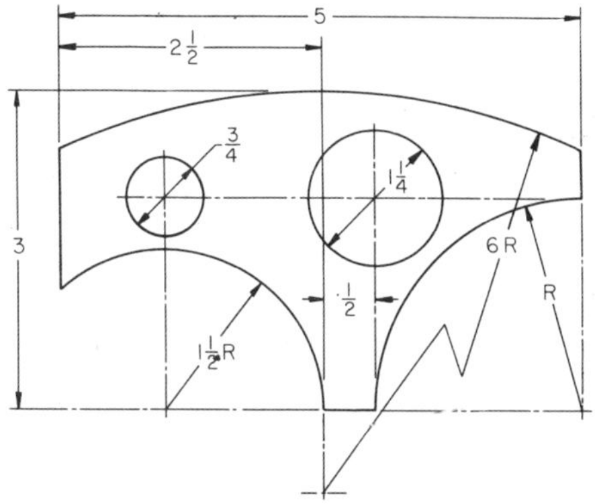

Prob. 31. Aleta de resfriamento e suporte do tubo.

31. Desenho de aleta de resfriamento e suporte de tubo. Tamanho natural.

32. Desenho de combinações de cone, esfera e cilindro. Escala: reduzir para a metade do tamanho.

33. Desenho de esfera de cone e esfera. Escala: quatro vezes o tamanho.

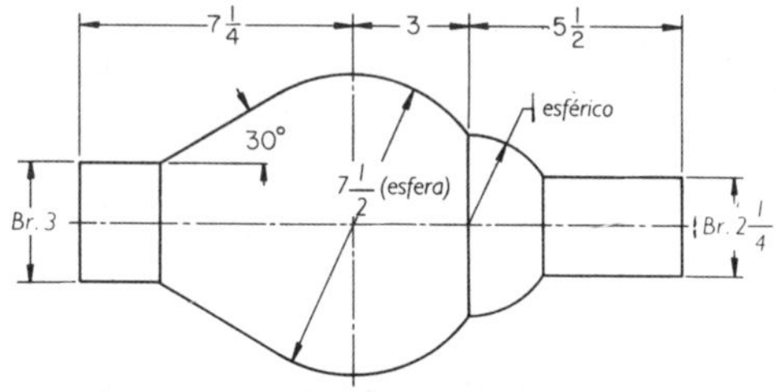

Prob. 32. Combinação de cone, esfera e cilindro.

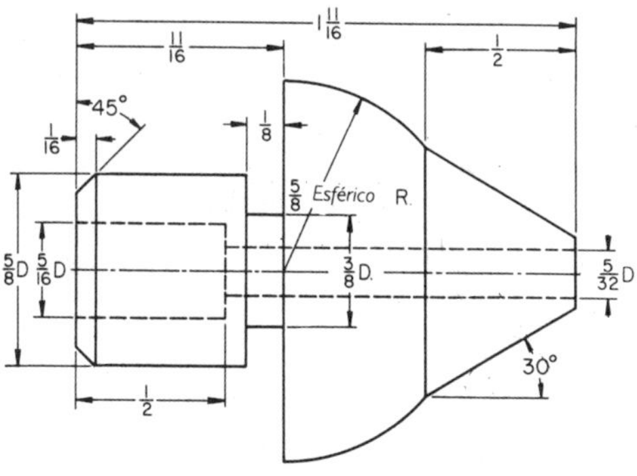

Prob. 33. Esfera de cone e esfera.

34. Desenho de cotovelo. Aço estampado. Escala: tamanho natural.

35. Desenho de placa de controle (sistema hidráulico de aviões). Alumínio estampado. Escala: tamanho natural.

36. Desenho de um disco de torque (freio de avião). Aço estampado. Escala: metade do tamanho.

37. Desenho de sapata de freio. Aço estampado com superfície de desgaste de composição moldada de asbestos. Escala: tamanho natural.

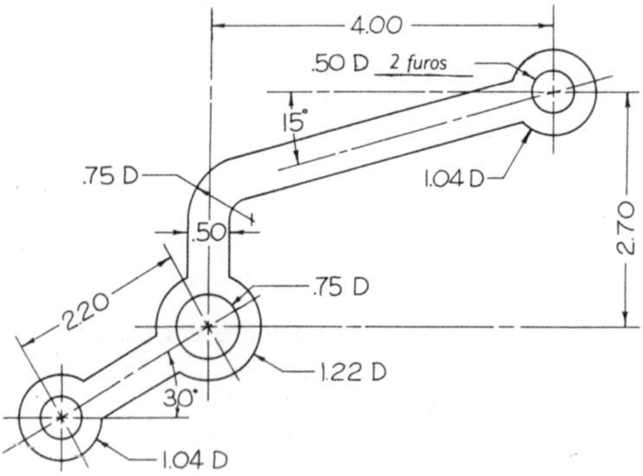

Prob. 34. Cotovelo mecânico.

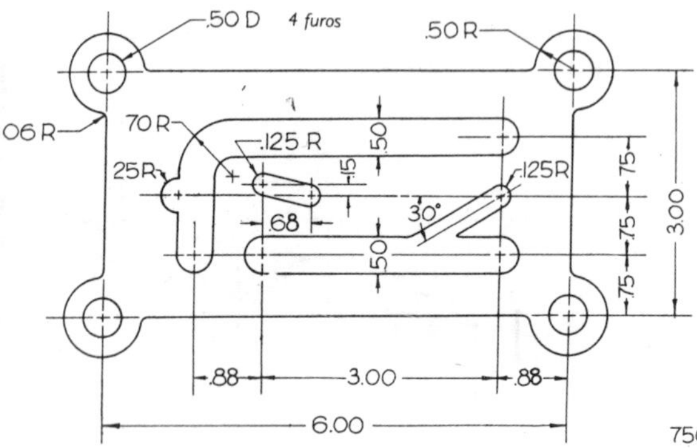

Prob. 35. Placa de controle.

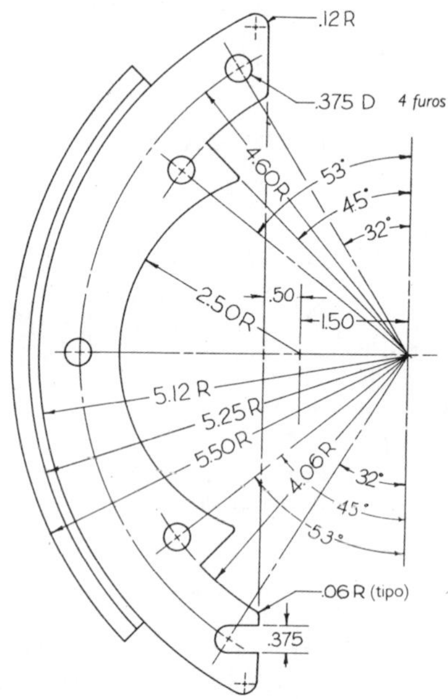

Prob. 36. Disco de torque.

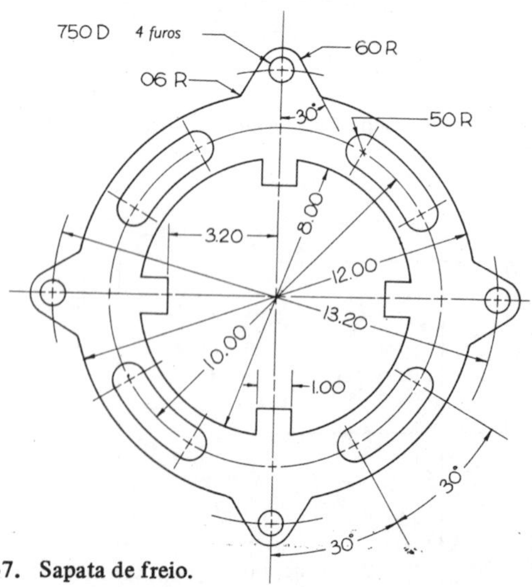

Prob. 37. Sapata de freio.

A representação exata, precisa, necessita de um conhecimento de construções geométricas.

Linhas retas, paralelas, perpendiculares • Tangentes, pontos de tangência • Linhas tangentes, círculos, curvas • Bisseções, trisseções, divisões • Ângulos • Formas geométricas • A elipse • Curvas não-circulares • A parábola • A hipérbole • Ciclóides, evolventes, espirais • Hélices • Tangentes a curvas • Problemas.

3 GEOMETRIA GRÁFICA

1. Geometria gráfica: comparação e classificação

A interpretação rigorosa da geometria estrutural permite apenas o uso de compasso e um instrumento para traçar linhas retas, e, com estes, o geômetra, seguindo a teoria matemática, alcança suas soluções. Em expressão gráfica, os princípios da Geometria são empregados constantemente, mas os instrumentos não estão limitados aos dois básicos, já que a régua T, os esquadros, as escalas, as curvas, etc., são usados para fazer construções com maior rapidez e precisão. Como existe uma contínua aplicação dos princípios geométricos, os métodos fornecidos neste capítulo devem ser dominados completamente. Supõe-se que os estudantes que usarem este livro estejam familiarizados com os elementos da geometria plana e sejam capazes de aplicar seu conhecimento.

As construções fornecidas aqui oferecem uma prática excelente no uso dos instrumentos. Deve-se lembrar que os resultados a serem obtidos serão tão precisos quanto a habilidade com que forem feitos. Deve-se tomar cuidado ao medir e ao traçar para que o desenho seja preciso e profissional na aparência.

Ao final deste capítulo, na Fig. 3.101, é apresentado um quadro geral das figuras geométricas.

Este capítulo está dividido, por conveniência e disposição lógica, em quatro partes: relações e conexões de linhas, que representam a maior parte da geometria utilizada no trabalho comum; geometria das figuras de linha reta; geometria das linhas curvas e construções gráficas especiais.

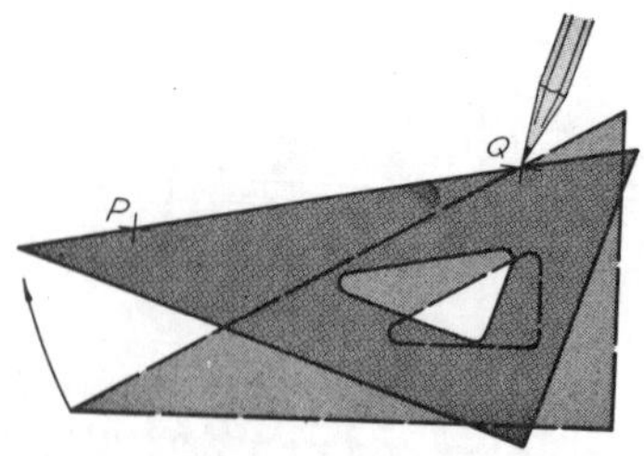

Fig. 3.1. Para traçar uma linha reta entre dois pontos. Usar o lápis como ponto de apoio e alinhar o esquadro ou régua T com o segundo ponto.

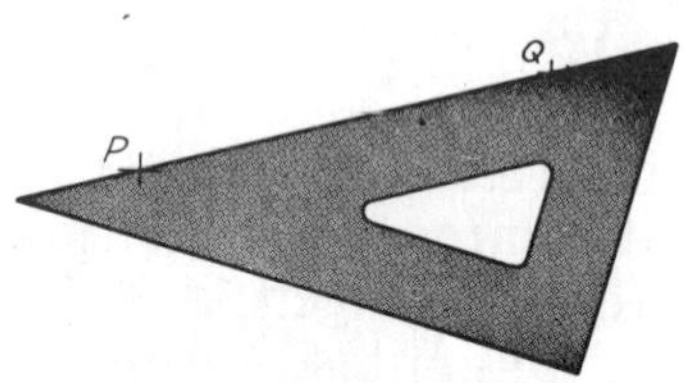

Fig. 3.2. Para traçar uma linha reta entre dois pontos (*método alternativo*). Alinhar cuidadosamente o esquadro ou régua T com os pontos e traçar a linha desejada.

RELAÇÕES E CONEXÕES DE LINHA

2. Para traçar linhas retas (Figs. 3.1 e 3.2)

Linhas retas são traçadas, usando-se a borda reta da régua T ou um dos esquadros. Para linhas menores, um esquadro é mais conveniente. Observar as instruções para a técnica nas seções 2, 3 e 4.

Para traçar uma linha reta através de dois pontos (Fig. 3.1), coloca-se a ponta do lápis em *Q* e se traz o esquadro (ou a régua T) junto à ponta do lápis. Então, usando-se este ponto como de apoio, move-se o esquadro até que sua borda esteja nivelada com o ponto *P*, e traça-se a linha.

Para traçar uma linha reta, através de dois pontos, *método alternado* (Fig. 3.2), alinha-se o esquadro ou a régua T com os pontos *P* e *Q*, e traça-se a linha.

3. Para traçar linhas paralelas (Figs. 3.3 e 3.4)

As linhas paralelas podem ser traçadas em qualquer posição. Horizontais ou ver-

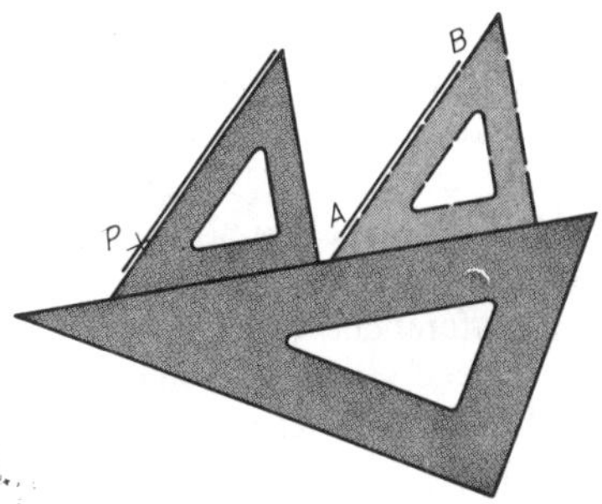

Fig 3.3. Para traçar uma linha paralela a outra. Alinhar o esquadro com a linha dada *AB* usando uma base como mostra a figura; movê-lo em posição, através do ponto dado *P* e traçar a linha desejada.

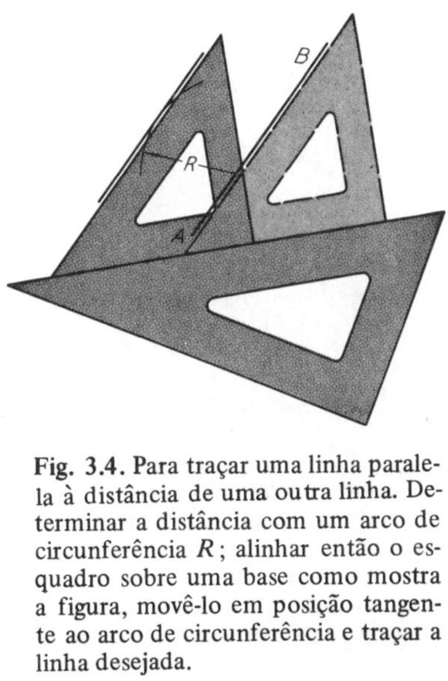

Fig. 3.4. Para traçar uma linha paralela à distância de uma outra linha. Determinar a distância com um arco de circunferência *R*; alinhar então o esquadro sobre uma base como mostra a figura, movê-lo em posição tangente ao arco de circunferência e traçar a linha desejada.

ticais paralelas são muito comuns. As horizontais são traçadas somente com a régua T, as verticais com a régua T e o esquadro. Os casos gerais (ângulos quaisquer) estão mostrados nas Figs. 3.3 e 3.4.

Para traçar uma linha reta através de um ponto, paralela a outra linha (Fig. 3.3), ajusta-se o esquadro à linha dada *AB*, tendo um segundo esquadro como base. Desloca-se o esquadro alinhado para sua posição no ponto *P* e traça-se a linha desejada.

Para traçar uma linha reta à determinada distância, e paralela a outra linha (Fig. 3.4), traça-se um arco de circunferência com a distância *R* como raio e em algum ponto da linha *AB* como centro. Então, ajusta-se um esquadro à linha *AB*, tendo um outro esquadro como base. Dirige-se o esquadro alinhado para uma posição tangente ao arco do círculo e traça-se a linha desejada.

4. Para traçar linhas perpendiculares (Figs. 3.5 e 3.6)

As perpendiculares ocorrem freqüentemente, principalmente em relação a uma linha horizontal ou vertical (Fig. 3.5), mas podem ocorrer em outras posições

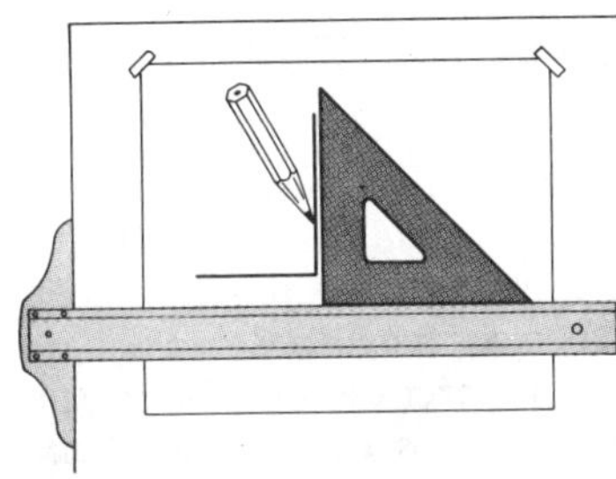

Fig. 3.5. Para traçar uma linha perpendicular a uma outra (quando *esta é horizontal*). Colocar o esquadro sobre a régua T e traçar a linha desejada.

Fig. 3.6. Para traçar uma linha perpendicular a uma outra (posição geral). Alinhar o esquadro com a reta dada como mostra a figura; deslizá-lo (tendo outro esquadro como base) até a posição correta perpendicular e traçar a linha desejada.

(Fig. 3.6). O ângulo de 90° de um esquadro é utilizado na construção de uma perpendicular.

Para construir uma perpendicular a uma determinada reta (*quando esta for horizontal*, Fig. 3.5), coloca-se um esquadro na régua T, como está mostrado na figura, e traça-se a perpendicular desejada.

Para construir uma perpendicular a uma reta dada (*posição genérica*, Fig. 3.6), coloca-se o esquadro com sua hipotenusa contra uma borda guia e ajusta-se um lado à linha. Então movimenta-se o esquadro de tal forma, que o segundo lado esteja na posição da perpendicular e traça-se a linha desejada.

5. Tangentes (Figs. 3.7 a 3.20)

Tangente a uma curva é uma linha, reta ou curva, que passa através de dois pontos infinitamente próximos da curva. Uma das mais freqüentes operações geométricas, ao fazer esboços, é o traçado de tangentes a arcos circulares e o traçado de arcos circulares tangentes a linhas retas ou outras circunferências. Estes devem ser construídos precisamente e, em desenhos feitos a lápis que são posteriormente feitos à tinta, os pontos de tangência devem ser localizados por pequenos traços transversais para mostrar os pontos de interrupção das linhas à tinta. O método para encontrar estes pontos está indicado nas construções seguintes. Observe-se em todas as construções tangentes que se seguem, que a localização dos pontos tangentes se baseia em um destes fatos geométricos: (1) o ponto tangente de uma linha reta e um círculo situar-se-á na interseção de uma perpendicular à linha reta que passa pelo centro da circunferência, (2) o ponto tangente de dois círculos situar-se-á nas circunferências de ambos os círculos e, em uma linha reta que liga os centros dos dois círculos. Observar Fig. 3.7.

6. Pontos de tangência (Fig. 3.7)

Para encontrar o ponto de tangência da linha *AB* a uma circunferência com centro *D*, traça-se *DC* perpendicular à linha *AB*. O ponto *C* é o ponto tangente.

Para encontrar o ponto tangente de duas circunferências (Fig. 3.7) com centros em *D* e *E*, traça-se o segmento *DE*, juntando os centros. O ponto *P* é o ponto tangente.

7. Para traçar uma circunferência de tamanho dado, tangente a uma linha e passando através de um ponto (Fig. 3.8)

Riscar uma linha *AB*, paralela à linha dada, a uma distância igual ao raio. Usando o ponto *S* como centro, cortar a linha *AB* em *O* com o raio dado. *O* é o centro

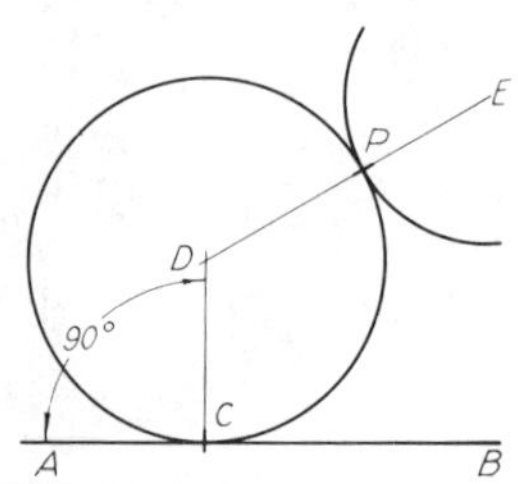

Fig. 3.7. Pontos tangentes. O ponto tangente de uma linha reta com uma circunferência situa-se sobre a perpendicular que parte do centro da circunferência. O ponto tangente de duas circunferências está sobre uma linha que liga seus centros.

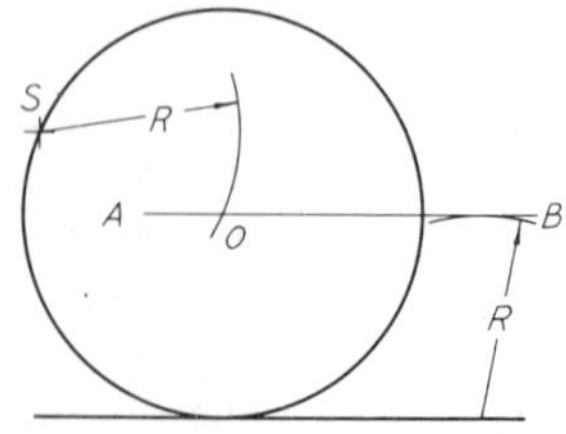

Fig. 3.8. Uma circunferência tangente a uma linha reta e passando por um ponto. O centro da circunferência deve ser eqüidistante da linha e do ponto.

da circunferência. Observe-se que há duas posições possíveis para a circunferência.

8. Para traçar uma circunferência tangente a uma linha em um ponto e passando através de um segundo ponto (Fig. 3.9)

Ligar os dois pontos *P* e *S* e traçar a bissetriz perpendicular [mediatriz] *AB* (ver seção 38). Traçar uma perpendicular à linha em *P*. O ponto onde a perpendicular interseciona a linha *AB* é o centro *O* da circunferência.

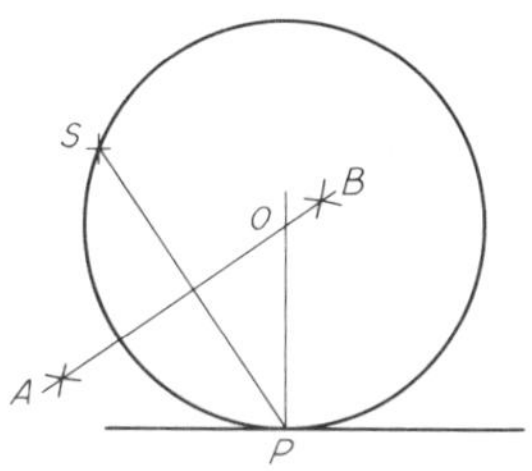

Fig. 3.9. Circunferência tangente a uma linha em um ponto e passando por um segundo ponto. O centro da circunferência situa-se na interseção de bissetriz da corda que une os pontos dados e a perpendicular levantada do ponto sobre a linha tangente.

9. Por um ponto dado sobre uma circunferência, para traçar uma tangente a esta circunferência (Fig. 3.10)

Dado o arco *ABC*, traçar uma tangente no ponto *C*. Coloca-se o esquadro em combinação com a régua T (ou outro esquadro) de tal forma que sua hipotenusa passe através do centro *O* e ponto *C*. Fixando a régua T firmemente no lugar, mude a posição do esquadro de modo que o outro cateto se apóie na haste da régua T; desloque até que a hipotenusa passe pelo ponto *C*. A tangente desejada é a linha que se confunde com a hipotenusa.

10. Para traçar uma tangente a uma circunferência de um ponto exterior (Fig. 3.11)

Dado o arco *ACB* e o ponto *P*, colocar o esquadro em combinação com outro esquadro (ou régua T) de tal forma que um cateto passe através do ponto *P* e seja tangente ao arco de circunferência. Deslocar então o esquadro até que o cateto do ângulo reto passe através do centro da circunferência marcando o ponto de tangência *C*. Trazer o esquadro à sua posição original e traçar a linha tangente.

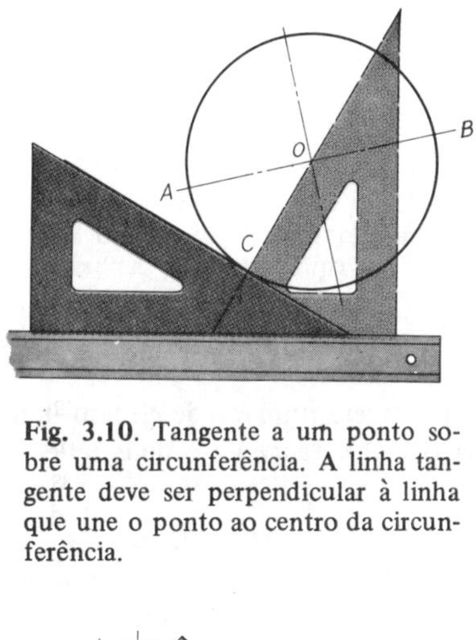

Fig. 3.10. Tangente a um ponto sobre uma circunferência. A linha tangente deve ser perpendicular à linha que une o ponto ao centro da circunferência.

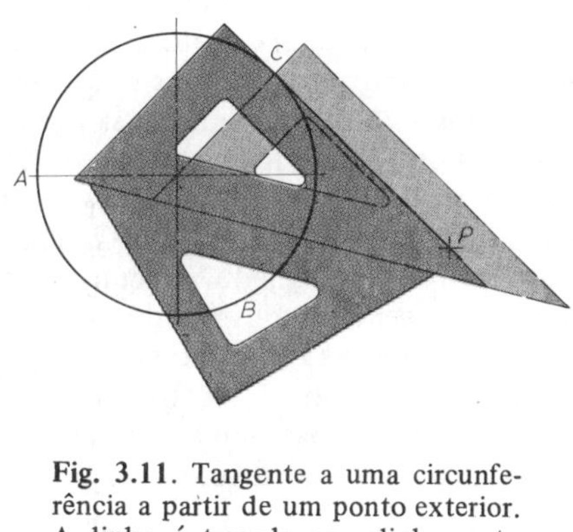

Fig. 3.11. Tangente a uma circunferência a partir de um ponto exterior. A linha é traçada por alinhamento através do ponto e tangente à circunferência; o ponto tangente está então localizado sobre a perpendicular que passa pelo centro da circunferência.

11. Para traçar um arco de circunferência de raio dado, tangente a duas linhas em ângulo reto uma a outra (Fig. 3.12)

Traçar um arco de raio *R*, com centro no canto *A*, cortando as linhas *AB* e *AC* em *T* e T_1. Utilizando *T* e T_1 como centros e com o mesmo raio *R*, traçar arcos que vão se interceptar em *O*, que é o centro do arco desejado.

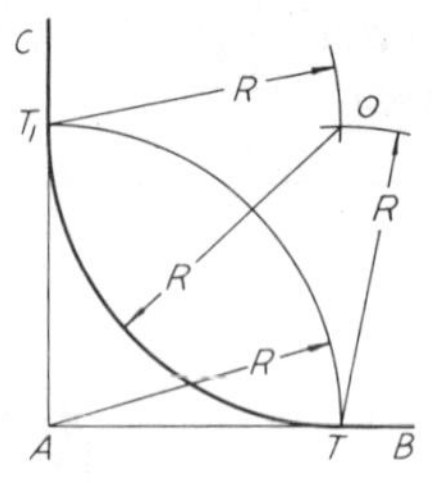

Fig. 3.12. Arco tangente a 2 linhas em ângulo reto. O centro do arco deve ser eqüidistante de ambas as linhas.

12. Para traçar um arco de circunferência, de raio dado, tangente a duas retas (Fig. 3.13)

Dadas as retas *AB* e *CD*, ajustar o compasso com raio *R* e, em qualquer ponto arbitrário nas linhas determinadas, traçar os arcos *R* e R_1. Com o método utilizado na Fig. 3.4, traçar paralelas às retas pelos limites dos arcos. Essas paralelas são os lugares dos centros de todas as circunferências de raio *R* tangentes às linhas *AB* e *CD*, e sua interseção no ponto *O* será o centro do arco desejado. Encontrar os pontos tangentes construindo perpendiculares, como na Fig. 3.11, às linhas dadas através do centro *O*. A figura de cima mostra o método para um ângulo obtuso, e a de baixo, para um ângulo agudo.

13. Para traçar uma tangente a duas circunferências (Fig. 3.14, correia aberta)

Colocar o esquadro em combinação com uma régua T ou outro esquadro de tal forma que um dos catetos esteja tangente às duas circunferências. Mover para as posições 2 e 3, quando o outro cateto passar pelos centros, respectivamente, das duas circunferências, marcar levemente os pontos tangentes T_1 e T_2. Voltar à posição original e traçar a linha tangente. Repetir para o outro lado.

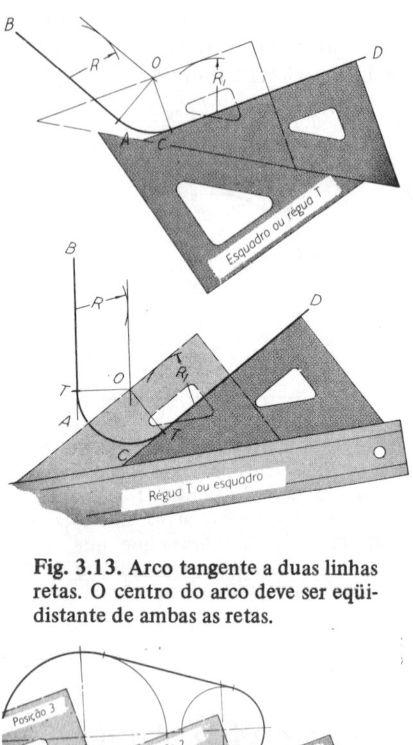

Fig. 3.13. Arco tangente a duas linhas retas. O centro do arco deve ser eqüidistante de ambas as retas.

Fig. 3.14. Tangentes a duas circunferências (correia aberta). As linhas tangentes são traçadas por alinhamento com ambas as circunferências. Os pontos tangentes situam-se em linhas perpendiculares a partir dos centros das circunferências.

14. Para traçar uma tangente a duas circunferências (Fig. 3.15, correia cruzada)

Colocar um esquadro em combinação com uma régua T ou outro esquadro para que um esteja na posição tangente. Mover para as posições 2 e 3, marcando levemente os pontos tangentes T_1 e T_2. Voltar à posição original e traçar a linha tangente. Repetir para o outro lado.

15. Para traçar uma circunferência de raio R, **tangente a uma reta e uma circunferência dadas** (Fig. 3.16)

Seja *AB* a reta e R_1 o raio da circunferência dada. Traçar uma linha *CD* paralela à *AB* a uma distância *R* da mesma. Com centro em *O* e raio $R + R_1$, traçar um arco intersecionando *CD* em *X*, que é o centro desejado. O ponto tangente para *AB* estará em uma perpendicular baixada de *X* sobre a mesma; o ponto tangente para as duas circunferências estará sobre a linha que une os seus centros *X* e *O*.

16. Para traçar uma circunferência de raio R **tangente a duas circunferências dadas.**

Primeiro caso (Fig. 3.17, em cima). Os centros das circunferências dadas estão do lado de fora da circunferência desejada. Sejam R_1 e R_2 os raios e *O* e *P* os centros respectivos das circunferências dadas. Com o centro em *O* e raio $R + R_1$, descrever um arco. Com o centro em *P* e raio $R + R_2$, traçar um outro arco que intercepte o primeiro em *Q*, que é o centro procurado. Marcar os pontos tangentes por meio das linhas *OQ* e *QP*.

Segundo caso (Fig. 3.17, embaixo). Os centros das circunferências dadas estão dentro da circunferência desejada. Fazendo centros em *O* e *P* e com raios $R - R_1$ e $R - R_2$, descrever arcos que se intersecionarão no centro desejado.

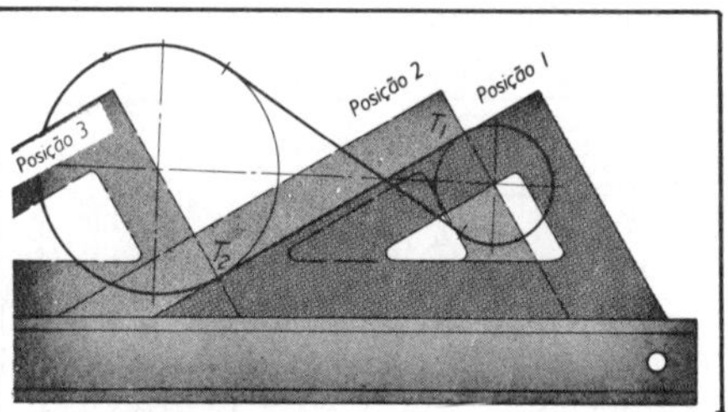

Fig. 3.15. Tangentes a duas circunferências (correia cruzada). As linhas tangentes são traçadas por alinhamento com ambas as circunferências. Os pontos tangentes situam-se em linhas perpendiculares a partir de centros de circunferência.

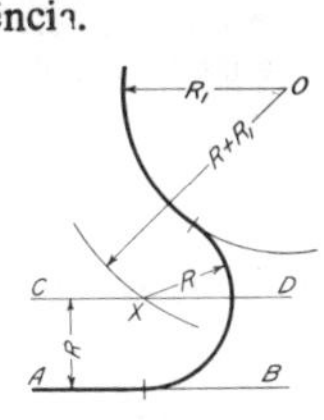

Fig. 3.16. Arco tangente a uma linha reta e uma circunferência. O centro do arco deve ser eqüidistante da linha e da circunferência.

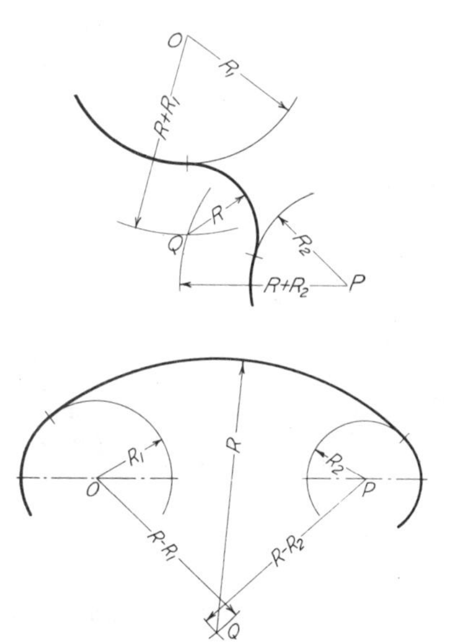

Fig. 3.17. Arco tangente a duas circunferências. O centro do arco deve ser eqüidistante de ambas as circunferências.

17. Para traçar uma curva reversa, ou curva em S (Fig. 3.18)

Dadas duas linhas paralelas *AB* e *CD*, unir *B* e *C* por uma linha reta. Levantar linhas perpendiculares em *B* e *C*. Qualquer arco tangente às linhas *AB* ou *DC* em *B* e *C* deve ter seu centro nestas perpendiculares. Seja *E* um ponto arbitrário sobre a linha *BC*, ponto através do qual se deseja que passe a curva. Dividir ao meio *BE* e *EC* por meio de perpendiculares. Qualquer arco que passe através de *B* e *E* deve ter seu centro em qualquer ponto da perpendicular que passa pelo ponto médio. A interseção, portanto, destas duas perpendiculares com as duas primeiras perpendiculares servirá de centro dos arcos *BE* e *EC*. Esta linha poderá ser o eixo de uma estrada curva ou canalização curva. A construção pode ser verificada pelo traçado da linha dos centros que *necessariamente* deverá passar através de *E*. A Fig. 3.19 ilustra o princípio de construção da curva reversa em várias combinações.

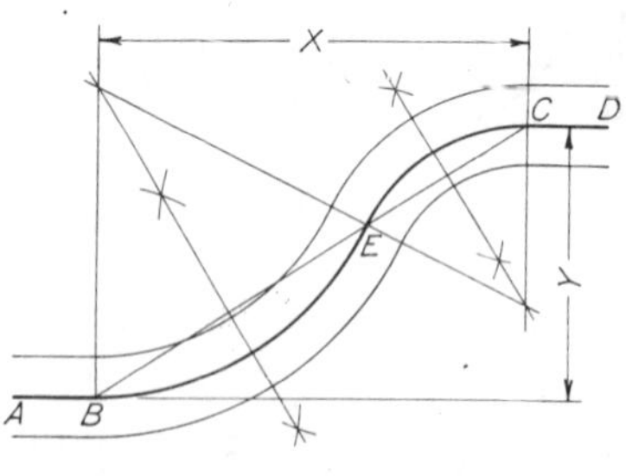

Fig. 3.18. Curva reversa. É feita de arcos de circunferências, tangentes um ao outro e às linhas retas.

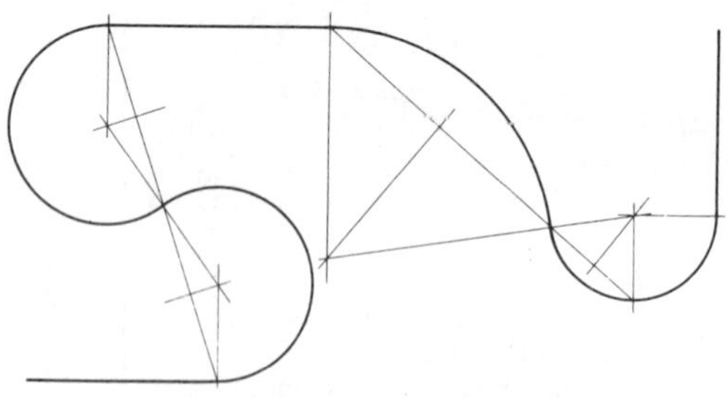

Fig. 3.19. Aplicações da curva reversa. Observar que os arcos de circunferências são tangentes sobre uma linha que liga os centros.

18. Para traçar uma curva reversa tangente a duas linhas e a uma secante em um ponto dado (Fig. 3.20)

Dadas duas linhas *AB* e *CD* cortadas pela linha *EF* nos pontos *E* e *F*, traçar uma perpendicular *JH* a *EF* através de um ponto dado *P* sobre *EF*. Fazendo centro em *E* e raio *EP*, intersecionar *CD* em *G*. Traçar uma perpendicular a partir de *G*, intersecionando *JH* em *H*. Com centro em *F* e raio *FP*, intersecionar *AB* em *K*. Traçar uma perpendicular a *AB* a partir de *K*, intersecionando *JH* em *J*. Os pontos *H* e *J* serão os centros dos arcos tangentes às três linhas.

GEOMETRIA DE FIGURAS DE LINHA RETA

19. Divisão de uma reta em duas partes iguais (Fig. 3.21) – **Traçado da bissetriz**

Com o compasso. Com o centro do compasso nas duas extremidades da reta, fazer dois arcos de mesmo raio, maiores do que a metade da extensão da linha e traçar uma reta através das interseções dos arcos. Essa reta divide a linha dada em duas partes iguais e é chamada bissetriz perpendicular [ou mediatriz]. Muitos problemas geométricos dependem desta construção.

Traçado da bissetriz utilizando régua T e esquadros (Fig. 3.22) Em dois pontos, *A* e *B*, sobre uma linha, traçar linhas *AC* e *BC* que formem ângulos iguais com *AB*. Por *C*, traçar a reta *CD*, perpendicular a

AB. O ponto *C* é o ponto médio e *CD* é a mediatriz da reta *AB.*

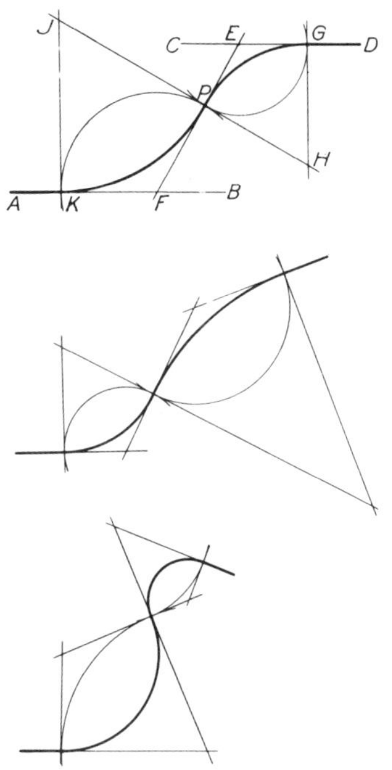

Fig. 3.20. Curva reversa tangente a três linhas. Observar que os centros de arco devem se situar sobre uma linha perpendicular à linha tangente no ponto de tangência.

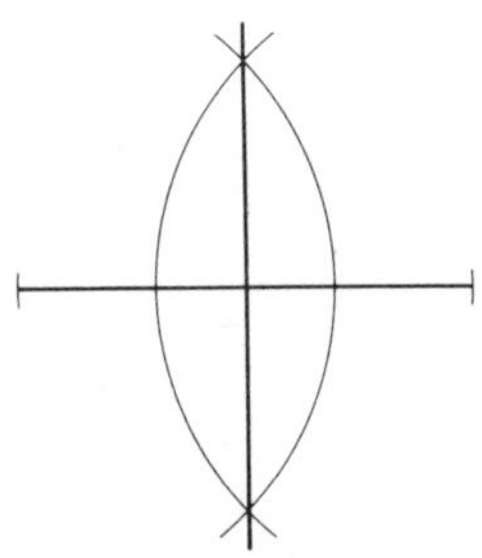

Fig. 3.21. Divisão de uma linha em duas partes iguais (com o compasso). As interseções de arcos iguais situam dois pontos sobre a bissetriz perpendicular [ou mediatriz].

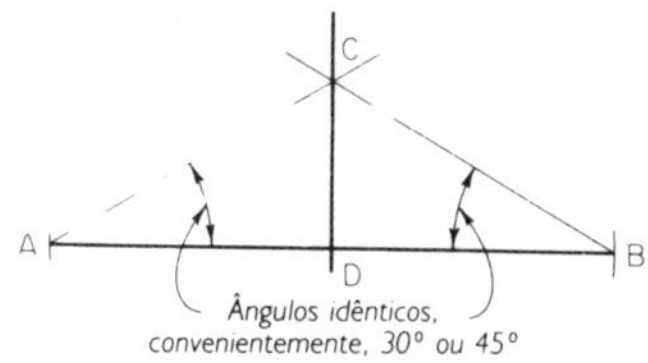

Fig. 3.22. Divisão em duas partes iguais de uma linha (com régua T e esquadro). Ângulos iguais situam um ponto sobre a bissetriz perpendicular.

20. Divisão de uma reta em três partes iguais (tripartição de uma linha)

A trisseção de uma linha não é tão utilizada como a bisseção, mas poderá algumas vezes ser necessária.

Traçado com utilização de compasso e régua (Fig. 3.23). AB é a reta dada. Com centro nas extremidades *A* e *B* e raio igual *AB,* traçar dois arcos de circunferência, um pouco maiores do que um quarto de circunferência. Esses arcos se intersecionarão em *C.* Usando o mesmo raio *AB* e centro em *C,* cortar os primeiros arcos em *D* e *E.* Traçar, então, *DA* e *EB* que se intersecionam em *O.* Utilizando *OA* (ou *OB*) como raio e *A* e *B* como centros, cortar *AD* e *BE* em *R* e *S,* alongando estes arcos para intersecionar em *T.* Traçar então

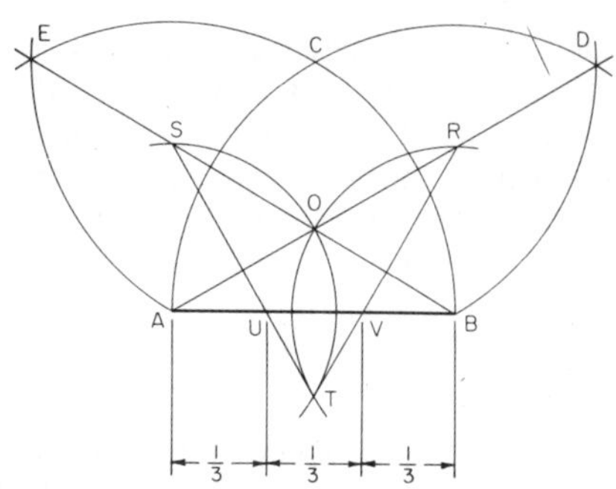

Fig. 3.23. Divisão em três partes iguais de uma linha (com o compasso). A construção está baseada na geometria de um triângulo eqüilátero.

RT e *ST*, que intersecionarão *AB* em terceiros pontos *U* e *V*. Analisando, reconhecer-se-á que esta construção está baseada na geometria de um triângulo eqüilátero inscrito em uma circunferência, onde o diâmetro da mesma é igual a um lado do triângulo.

Com a régua T e esquadros (Fig. 3.24). A construção acima pode ser realizada com menos trabalho, usando-se um esquadro de 30°-60° para se obter os ângulos necessários. A partir de *A* e *B*, traçar duas linhas fazendo ângulos de 30° com *AB* que vão se intersecionar em *C*. Então, a partir de *C*, com ângulo de 60° a *AB*, traçar linhas que vão cortar *AB* em *U* e *V*, que são os terceiros pontos.

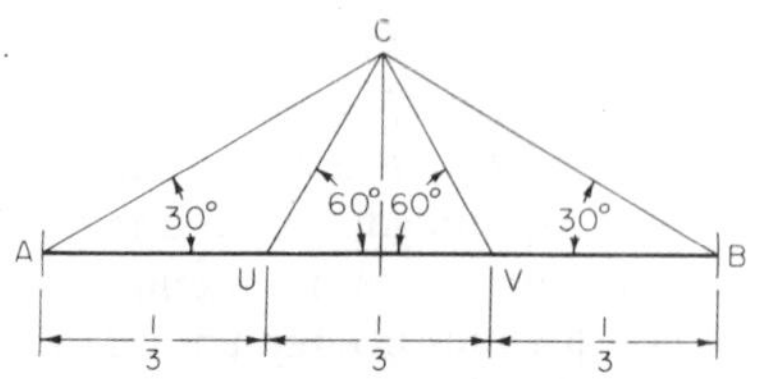

Fig. 3.24. Divisão de uma linha em três partes iguais (com régua T e esquadro). Terceiros pontos são encontrados por ângulos de 30° e 60°.

21. Divisão de uma linha em 2, 3, 4, 6, 8, 9, 12 ou 16 partes (Figs. 3.25 e 3.26)

Divisões em metades sucessivas, 2, 4, 8, etc., são as mais comuns. O princípio da Fig. 3.22 pode ser facilmente aplicado para conseguir este tipo de divisão. Como foi mostrado na Fig. 3.25, ângulos iguais de *A* e *B* situam *C* e a perpendicular de *C* para *AB* fornece então o ponto central. Operações sucessivas darão 4, 8, 16, etc., partes.

Os princípios da bisseção (Fig. 3.22) e trisseção (Fig. 3.24) podem ser combinados para se obter 6, 9 ou 12 partes. Como indicado na Fig. 3.26, linhas a 30° de *AB*, partindo de *A* e *B*, localizam *C*, e linhas a 60° de *AB*, a partir de *C*, situam *D* e *E*, os terceiros pontos. Então linhas de 30° de *A* e *D* dividirão *AD* em *F*, dando divisões em sextos; ou, trissecionando pelo princípio da Fig. 3.24, a partir de *D* e *E*, dando *G* e *H*, produzir-se-ão pontos em nonos; ou, como a partir de *E* e *B*, o ponto central em *J*, e, novamente, as metades de *EJ* e *BJ* localizadas em *K* e *L*, produzir-se-ão divisões em doze avos de *AB*.

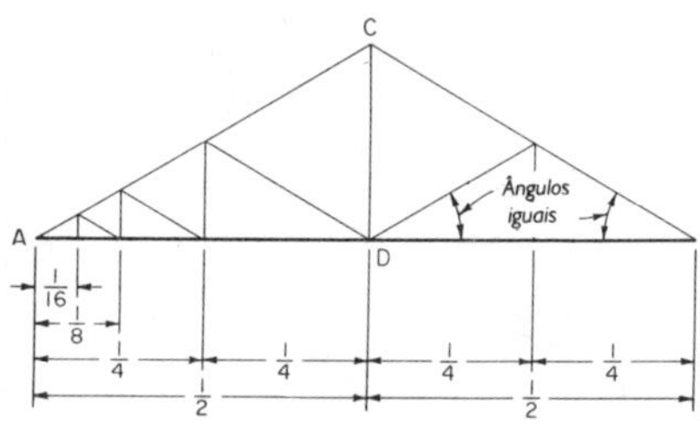

Fig. 3.25. Divisão de uma linha em 2, 4, 8 ou 16 partes. Ângulos iguais localizam um ponto para bisseção.

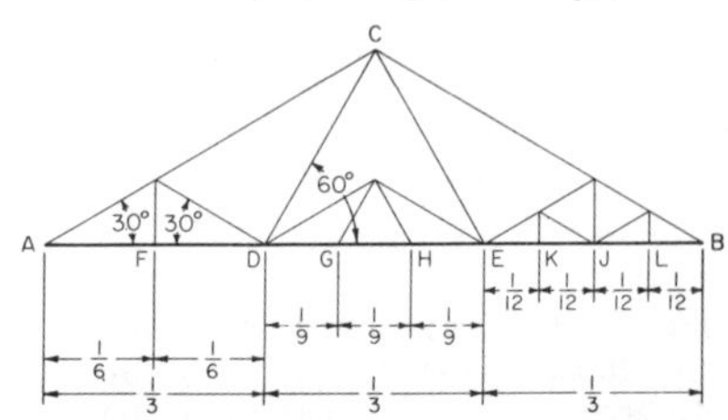

Fig. 3.26. Divisão de uma linha em 3, 6, 9 ou 12 partes. O esquadro de 30-60° é empregado para obter terceiros pontos.

22. Divisão de uma linha em qualquer número de partes

Primeiro método (Fig. 3.27). Para dividir uma linha *AB* em, por exemplo, cinco partes iguais, traçar uma linha qualquer *BC* de comprimento indefinido. Sobre esta medir ou escalonar cinco divisões de comprimento conveniente. Ligar o último ponto com *A*, e usando dois esquadros, como mostra a Fig. 3.3, traçar pelos pontos marcados paralelas a *CA*, que interceptem *AB*.

Segundo método (Figs. 3.28 e 3.29). Traçar por uma das extremidades uma perpendicular *AC* a partir de *A*. Colocar, então, uma escala, de tal forma que as cinco divisões iguais estejam compreendidas entre *B* e a perpendicular, como na Fig. 3.28. Com um esquadro e uma régua T, traçar perpendiculares que passem pelos pontos marcados, e que dividam a reta *AB* como se deseja. A Fig. 3.29 ilustra uma aplicação onde se determinam os degraus de uma escada. Este método pode ser usado para dividir uma reta em qualquer número de partes proporcionais.

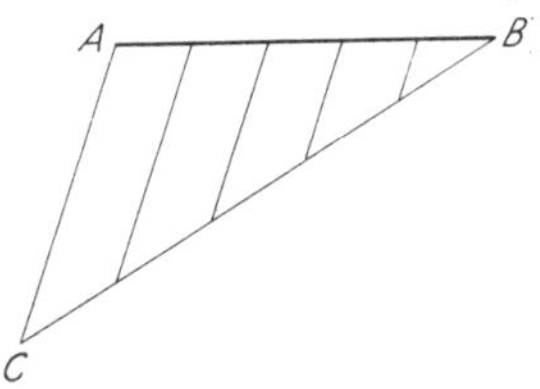

Fig. 3.27. Divisão de uma linha. Divisões iguais sobre uma linha qualquer *BC* são transferidas para *AB* através de paralelas a *AC*.

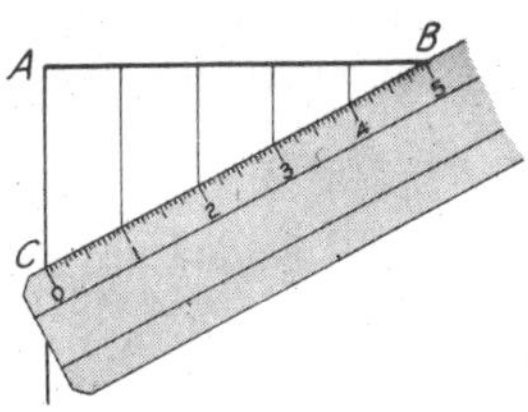

Fig. 3.28. Divisões da escala são transferidas para a linha dada *AB*.

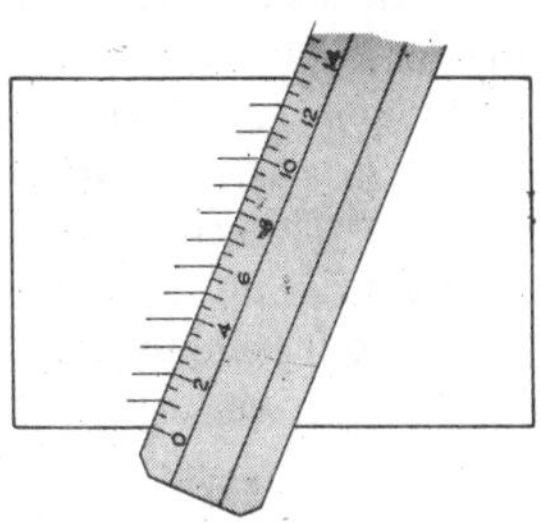

Fig. 3.29. Divisões de escala dividem (neste caso) o espaço vertical.

23. Para traçar um ângulo dado

Método de tangente (Fig. 3.30). A tangente trigonométrica do ângulo de um triângulo é a relação entre o comprimento do lado oposto ao ângulo dividido pelo comprimento do lado adjacente. Então, tang. $A = Y/X$, ou X tang.$A = Y$. Para traçar um ângulo dado, deve-se obter o valor da tangência em uma tabela de tangentes naturais (ver Apêndice), imaginar uma distância qualquer *X* conveniente e multiplicar *X* pela tangente, para se obter a distância *Y*. Observar que o ângulo entre os lados *X* e *Y* deve ser reto.

24. Para traçar um ângulo dado

Método das cordas (Fig. 3.31). Se o comprimento de uma corda é conhecido através de um ´arco de raio dado e de um ângulo, o ângulo pode ser traçado com exatidão. Dando-se um ângulo em graus, para traçar o mesmo, deve-se obter o com-

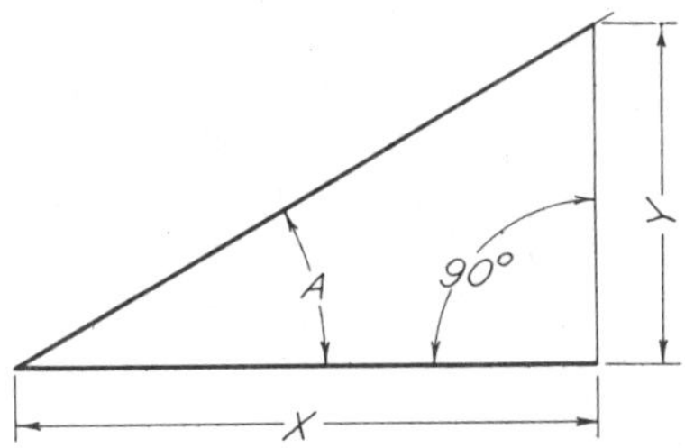

Fig. 3.30. Ângulo pela tangente. A proporção de *Y* para *X* é obtida de uma tabela de tangentes naturais.

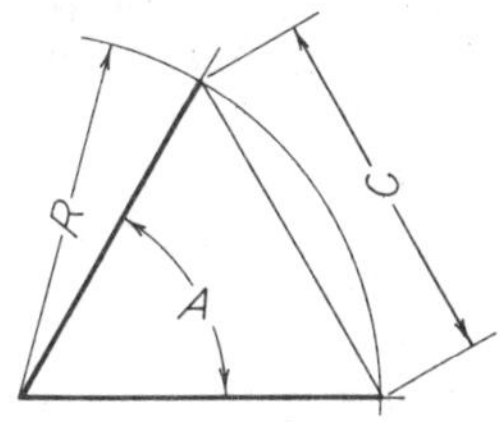

Fig. 3.31. Ângulo por corda. A proporção de *C* para *R* é obtida de uma tabela de cordas.

primento da corda para um arco de circunferência de uma polegada (25,4 mm), da tabela no Apêndice. Escolher qualquer comprimento conveniente de arco *R* e multiplicar o comprimento da corda para um arco de uma polegada (25,4 mm) por esta distância, obtendo, assim, o comprimento da corda *C* para a distância do raio escolhido. Traçar o comprimento da corda sobre o arco com um compasso comum ou um de pontas secas e completar os lados do ângulo.

O comprimento da corda para um ângulo pode ser obtido através de uma tábua de senos, tomando o seno da metade do ângulo dado e multiplicando por dois.

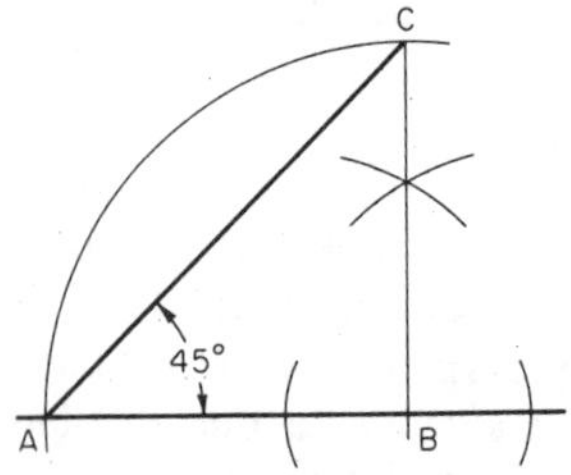

Fig. 3.32. Um ângulo de 45°. Os dois lados *AB* e *BC* são iguais e perpendiculares.

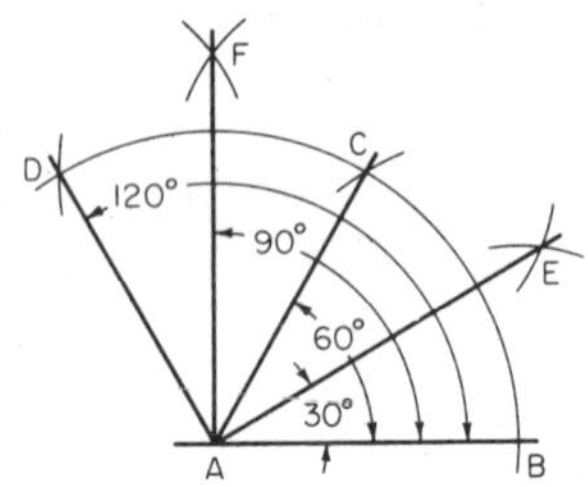

Fig. 3.33. Ângulos em múltiplos de 30°. Cordas iguais ao raio dividirão uma circunferência em seis partes iguais.

25. Para traçar um ângulo de 45° (Fig. 3.32)

Ângulos de 45° ocorrem freqüentemente e são normalmente traçados com o esquadro de 45°. Contudo, para construções maiores ou quando é necessária grande exatidão, o método dos lados iguais é de grande valia (tangente 45°= 1.0). Com qualquer distância *AB* sobre uma linha dada, com centro *B* e raio *AB*, traçar mais do que um quarto de círculo. Levantar por *B* uma perpendicular a *AB* que intersecione o arco no ponto *C*. Então *CA* faz um ângulo de 45° com *AB*.

26. Para traçar ângulos de 30°, 60°, 90°, 120°, etc. (Fig. 3.33)

Como os ângulos de 45°, os ângulos múltiplos de 30° podem ser também necessários para grandes construções ou quando é exigida grande precisão. Em uma linha dada, com um raio qualquer arbitrário *AB*, desenhar um arco tendo *A* como centro. Com o mesmo raio e *B* como centro, cortar o arco original em *C*. O ângulo *CAB* é de 60° e, através de bisseção (arcos iguais de *C* e *B* para localizar *E*), um ângulo de 30° é obtido em *CAE* e *EAB*. Para 120°, um arco igual a *AB* é traçado novamente de *C* para *D* resultando *DAB* com 120° e, dividindo em dois o ângulo *DAC*, obter-se-á um ângulo de 90° em *FAB*.

27. Divisão de um ângulo em duas partes iguais (Fig. 3.34)

Dado o ângulo *SOR*, usando qualquer raio arbitrário menor que *OR* ou *OS*, traçar um arco tendo centro em *O*, localizando os pontos *A* e *B*. Então, com o mesmo raio ou outro maior do que a metade da distância de *A* até *B*, tendo *A* e *B* como centros, traçar dois arcos determinando o ponto *C*. A reta que une *O* com *C* é a bissetriz. Com bisseções repetidas, o ângulo pode ser dividido em 4, 8, 16, 32, 64, etc., partes.

28. Divisão de um ângulo (Fig. 3.35)

Às vezes um ângulo deve ser dividido em um certo número de partes, como por exemplo 3, 5, 6, 7 ou 9, que não pode ser obtido por bisseção. É possível tripartir um ângulo empregando uma escala móvel, mas este método, além de ser mais complicado, não é tão preciso como o da divisão de um arco com um compasso de pontas secas e também não é aplicável para a obtenção da divisão especial em 5 e 7 partes.

Para dividir um ângulo em, por exemplo, 5 partes, traçar um arco qualquer pelo mesmo, como está mostrado na Fig. 3.35, e usar os compassos de mola para dividir o arco em partes iguais. As linhas que partem destes pontos até o vértice dão as divisões desejadas.

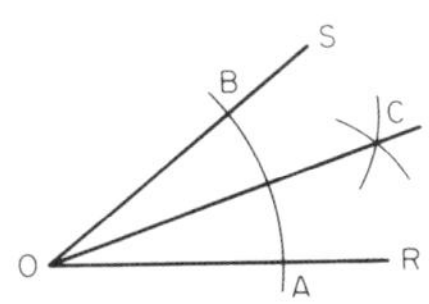

Fig. 3.34. Divisão em duas partes iguais de um ângulo. Arcos iguais a partir de *A* e *B* localizam *C* sobre a bissetriz.

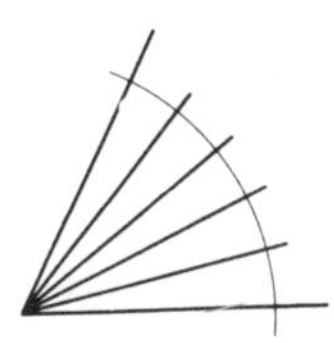

Fig. 3.35. Divisão de um ângulo em partes iguais. Divisões iguais (cordas) são marcadas sobre um arco do ângulo.

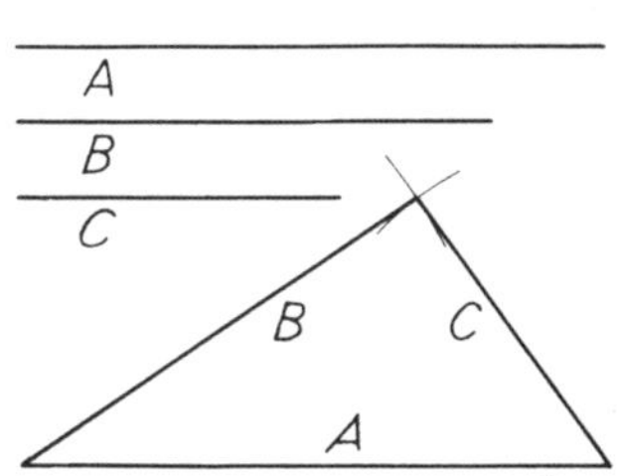

Fig. 3.36. Construção de um triângulo. Os lados são marcados com um compasso.

29. Construção de um triângulo sendo dados os três lados (Fig. 3.36)

Dados os comprimentos *A, B* e *C*, traçar o lado *A* na posição desejada. Tendo suas extremidades como centros e raios *B* e *C*, traçar dois arcos que se intersecionarão como é mostrado. Esta construção é muito utilizada em desenvolvimento por triangulação.

30. Localização do centro geométrico de um triângulo eqüilátero (Fig. 3.37)

Com centro em *A* e *B* e raio *AB*, traçar dois arcos que se intersecionarão em *C*, que é o terceiro vértice. Com centro em *C* e raio *AB*, cortar os arcos originais em *D* e *E*. Ligando *AD* e *BE*, estas duas linhas vão se interceptar em *O*, que é o centro geométrico.

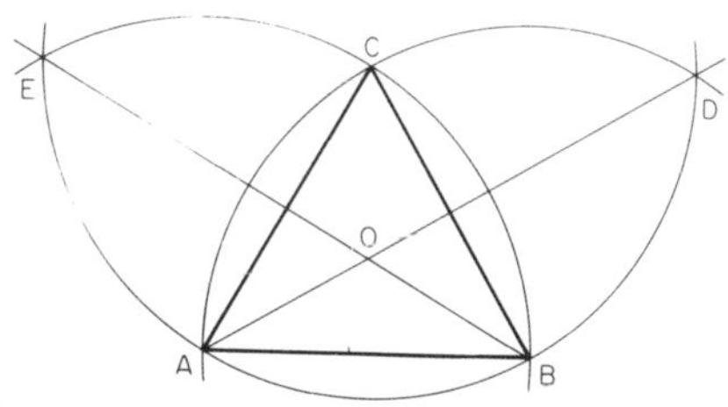

Fig. 3.37. Localização do centro geométrico de um triângulo eqüilátero. Bissetrizes perpendiculares aos lados intersecionam-se no centro.

31. Transferência de um polígono para uma nova base

Por triangulação (Fig. 3.38). Dado o polígono *ABCDEF* e uma nova posição da base *A'B'*, considerar cada ponto como o vértice de um triângulo cuja base é *AB*. Com centros *A'* e *B'* e raios *AC* e *BC*, descrever com os raios *AC* e *BC*, respectivamente, dois círculos, que se intersecionam localizando o ponto *C'*. Do mesmo modo, com *AD* e *BD* como raios, determina-se *D.* Ligar *B'C'* e *C'D'* e continuar a operação usando sempre *A* e *B* como centros.

Processo do retângulo ou de equivalência (Fig. 3.39). Inscrever o polígono em um retângulo. Construir o retângulo sobre uma nova base e localizar sobre ele os pontos *ABCEF.* Ajustar então o ponto *D* através de coordenadas ortogonais, conforme se vê na figura.

32. Usos da diagonal

A diagonal é usada de várias maneiras em um desenho, seja para simplificar a construção, seja para economizar tempo. A Fig. 3.40 mostra a diagonal usada (*a*) para localizar o centro de um retângulo, (*b*) para aumentar ou reduzir uma figura geométrica, (*c*) para produzir figuras semelhantes com a mesma base e (*d*) para traçar figuras inscritas e circunscritas.

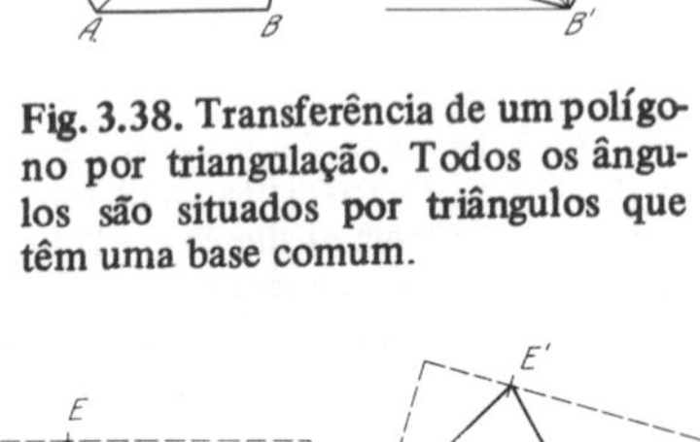

Fig. 3.38. Transferência de um polígono por triangulação. Todos os ângulos são situados por triângulos que têm uma base comum.

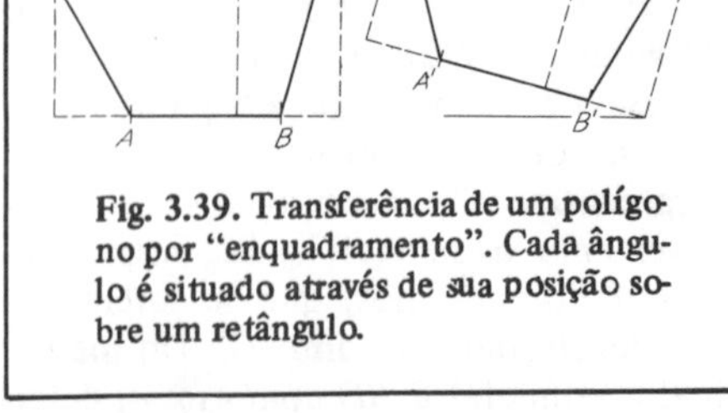

Fig. 3.39. Transferência de um polígono por "enquadramento". Cada ângulo é situado através de sua posição sobre um retângulo.

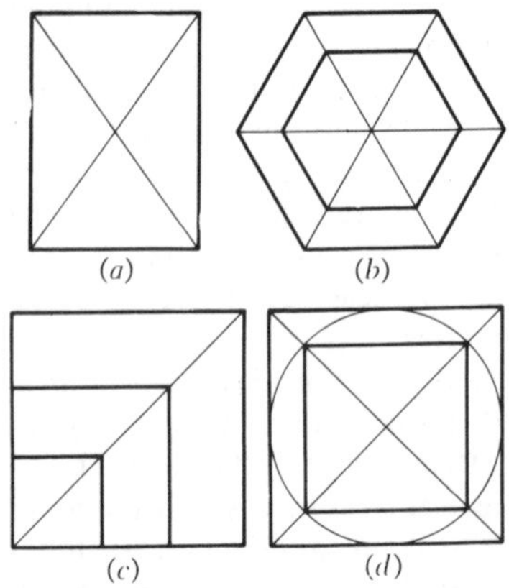

Fig. 3.40. Usos da diagonal. As diagonais situarão o centro de cada forma geométrica regular ou simétrica que tenha um número igual de lados.

33. Construção de um hexágono regular, sendo dada a distância entre dois vértices opostos

Primeiro método (Fig. 3.41). Traçar uma circunferência tendo *AB* como diâmetro. Com o mesmo raio e com centro em *A* e *B,* traçar arcos que interceptem a circunferência e ligar os pontos de interseção.

Segundo método (sem o compasso). Traçar linhas com o esquadro de 30°-60° na ordem indicada na Fig. 3.42.

Dada a distância entre dois lados opostos.

Esta distância é o diâmetro da circunferência inscrita. Desenhar uma circunferência e, com o esquadro de 30°-60°, traçar tangentes ao círculo como na Fig. 3.43.

34. Para inscrever um pentágono regular em uma circunferência (Fig. 3.44)

Traçar o diâmetro *AB* e o raio *OC* que lhe é perpendicular. Secionar *OB* ao meio. Com este ponto *D* como centro e raio *DC,* descrever o arco *CE.* Com centro em *C* e raio *CE,* traçar o arco *EF. CE* é um

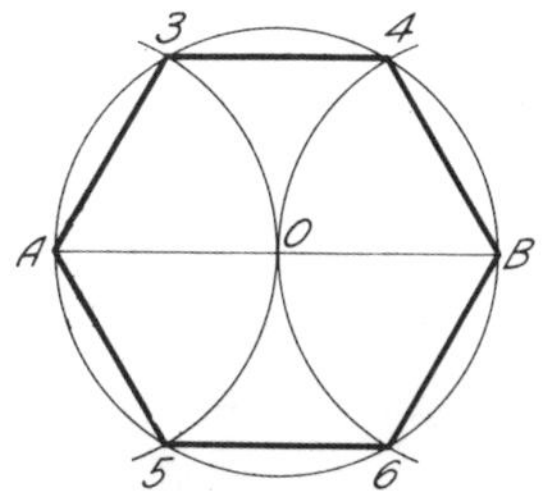

Fig. 3.41. Hexágono. Arcos iguais ao raio situam todos os pontos. (A distância dos vértices *AB* é conhecida).

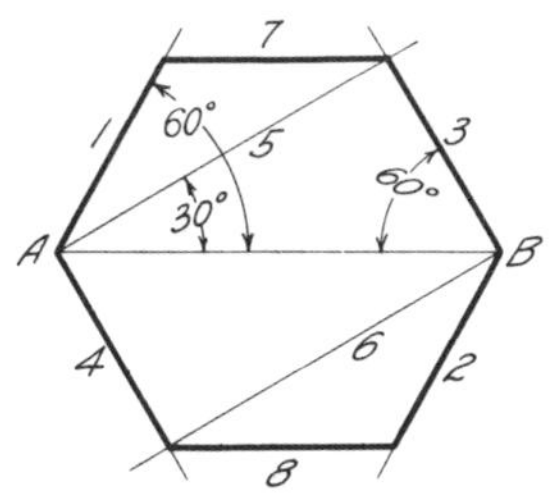

Fig. 3.42. Hexágono. O esquadro de 30°-60° dá a construção para todos os pontos. (A distância dos vértices *AB* é conhecida.)

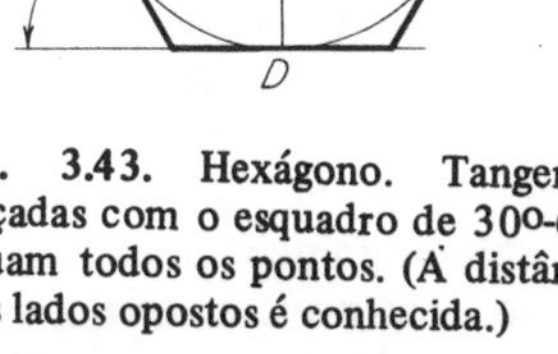

Fig. 3.43. Hexágono. Tangentes traçadas com o esquadro de 30°-60° situam todos os pontos. (A distância dos lados opostos é conhecida.)

lado do pentágono. Transportar esta distância ao redor do círculo com um compasso de pontas secas.

35. Para inscrever um octógono regular em um quadrado (Fig. 3.45)

Traçar as diagonais do quadrado. Fazendo centro nos quatro vértices do qua-

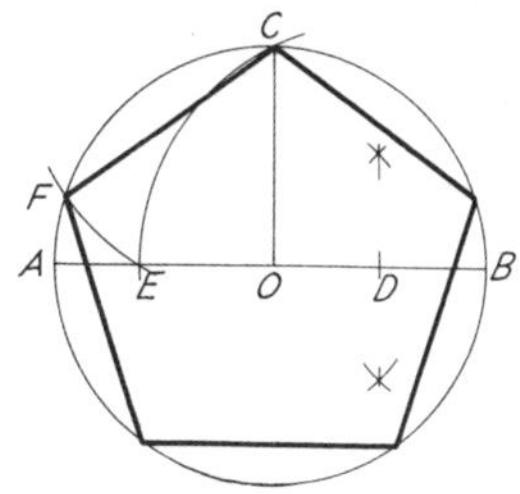

Fig. 3.44. Um pentágono regular em uma circunferência. A construção do arco localiza um lado; os outros são medidos com o compasso.

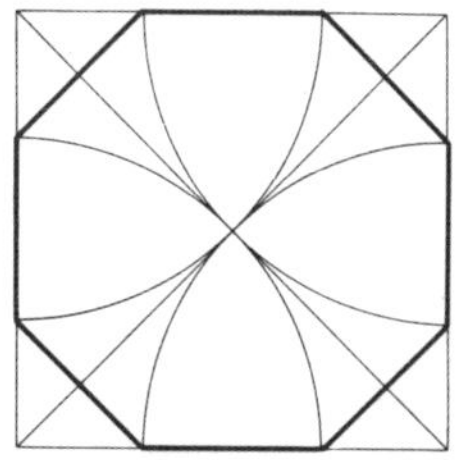

Fig. 3.45. Um octógono regular em um quadrado. Arcos que partem dos vértices do quadrado circunscrito situam todos os pontos.

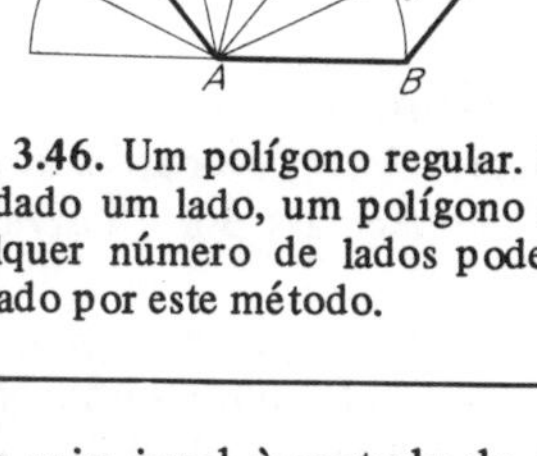

Fig. 3.46. Um polígono regular. Sendo dado um lado, um polígono com qualquer número de lados pode ser traçado por este método.

drado e raio igual à metade da diagonal, descrever arcos de circunferência que intersecionam os lados do quadrado e unir estes pontos.

36. Construção de um polígono regular, sendo dado um lado (Fig. 3.46)

Suponhamos que o polígono tenha sete lados. Tomando o lado *AB* como raio e com centro em *A*, traçar uma semicircunferência e dividi-la em sete partes iguais com compasso de pontas secas. Pela segunda divisão à esquerda, traçar a linha radial *A-2*. Pelos pontos *3, 4, 5,* e *6,* alongar a linha radial, como se vê na figura. Com *AB* como raio e centro em *B,* cortar a linha *A-6* em *C.* Com *C* como centro e mesmo raio, cortar *A-5* em *D,* e assim por diante em *E* e *F.* Unir os pontos *ou,* depois de *A-2* ser encontrado, traçar a circunferência circunscrita. Outro método é fazer uma estimativa de *CF* e dividir a circunferência por tentativas; este é mais comum do que o método geométrico porque as interseções dos arcos são algumas vezes difíceis.

GEOMETRIA DAS LINHAS CURVAS

37. Definições

Uma *linha curva* é gerada pelo movimento de um ponto deslocando-se em uma direção constantemente variável, de acordo com alguma lei matemática ou gráfica. As linhas curvas são classificadas como curvas simples ou duplas.

Uma *linha curva simples* é uma linha que tem todos os seus pontos em um plano. As linhas curvas simples são muitas vezes denominadas "curvas planas".

Uma *linha curva dupla* é aquela que não tem quatro pontos consecutivos no mesmo plano. As linhas curvas duplas são também conhecidas por "curvas espaciais".

Definiu-se (Seç. 5) uma *tangente* a uma curva como sendo uma linha, reta ou curva, que passa através de dois pontos da curva infinitamente próximos. Observe-se que esta definição de tangência coloca a tangente no plano da curva para linhas curvas simples e em plano instantâneo da curva para linhas curvas duplas.

Uma *normal* é uma linha (ou plano) perpendicular à tangente de uma curva no ponto de tangência. Uma normal para uma linha simples, será uma linha do plano da curva e perpendicular a uma reta, unindo dois pontos consecutivos da curva.

Aplicação de circunferências e arcos.

38. Centros de arco e circunferência (Figs. 3.47 a 3.50)

O centro de qualquer arco deve se situar na bissetriz, perpendicular a qualquer uma e a todas as cordas do arco. Assim, na Fig. 3.47, através dos dois pontos *O* e *P,* um número infinito de arcos podem ser traçados, mas todos terão centros como *R* e *S* que se situam na bissetriz perpendicular *AB* à corda *OP.* Esta construção é usada na Fig. 3.9, onde a circunferência deve passar pelos pontos *S* e *P.*

Usando o princípio acima, somente uma circunferência pode ser traçada através de três pontos, como está ilustrado na Fig. 3.48. O centro deve ficar nas bissetrizes, perpendiculares a ambas as cordas *AB* e *BC.* Note-se que o centro também situar-se-á na bissetriz perpendicular à corda *AC.* Esta construção pode ser usada como um controle de precisão.

Qualquer diâmetro de uma circunferência e um terceiro ponto sobre essa circunferência, ligados para formar um triângulo, produzirão duas cordas da cir-

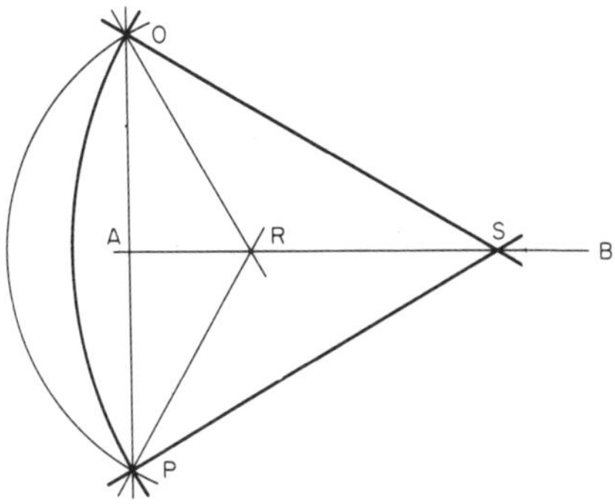

Fig. 3.47. Centros de arco. O centro de qualquer arco situa-se sobre a bissetriz perpendicular a qualquer corda do arco.

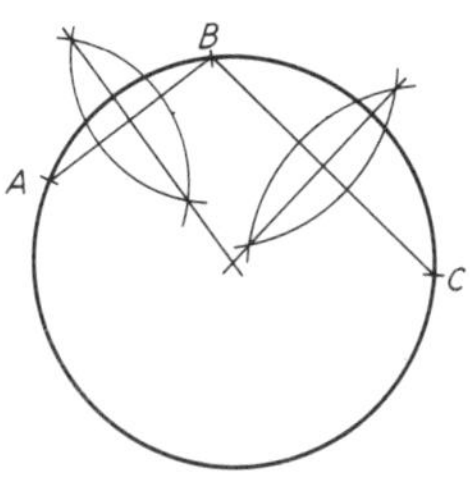

Fig. 3.48. Circunferência através de três pontos. Bissetrizes perpendiculares às cordas situam o centro.

cunferência que serão perpendiculares uma à outra. Portanto, o centro de uma circunferência pode ser encontrado, como se vê na Fig. 3.49, escolhendo-se dois pontos quaisquer *A* e *B*, traçando as cordas perpendiculares *AC* e *BD* e os dois diâmetros *CB* e *DA*, que se cruzam no centro *O*. Observe-se na Fig. 3.50 que todas as cordas que ligam o diâmetro *AB* – *AD* e *DB*, *AC* e *CB*, *AE* e *EB*, *AF* e *FB* – formam um ângulo reto entre si.

39. Para inscrever uma circunferência em um triângulo eqüilátero (Fig. 3.51)

Com centro em *A* e raio *AB*, traçar um arco como mostra a figura. Com centro em *B* e *C* e raio *AB*, traçar dois arcos de circunferência que intersecionarão o pri-

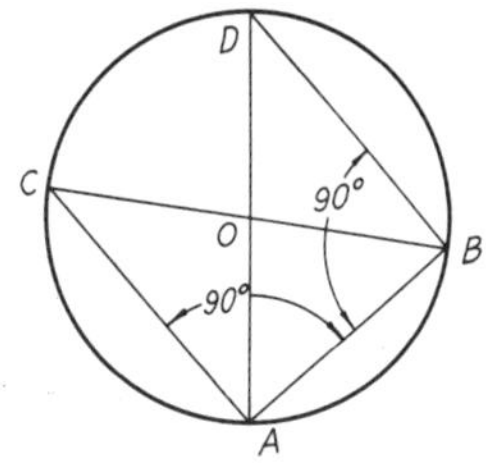

Fig. 3.49. Localização do centro de uma circunferência. Cordas perpendiculares à corda *AB* originam os diâmetros *BC* e *AD*.

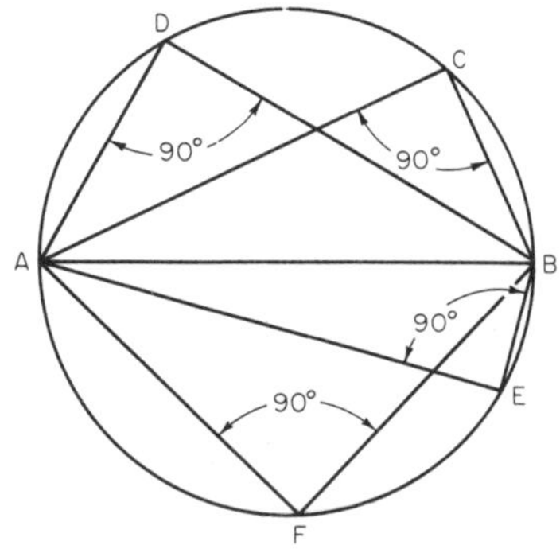

Fig. 3.50. Todas as cordas que ligam um diâmetro, formam um ângulo reto entre si.

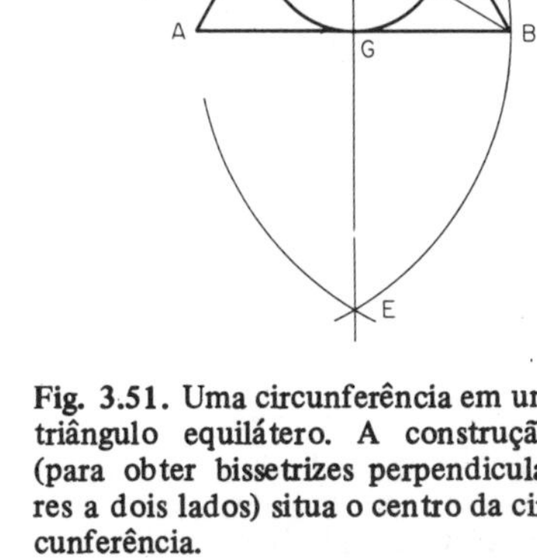

Fig. 3.51. Uma circunferência em um triângulo equilátero. A construção (para obter bissetrizes perpendiculares a dois lados) situa o centro da circunferência.

meiro nos pontos *D* e *E*. Ligando *D* com *B* e *C* com *E*, estas se intersecionarão em *O*, que é o centro geométrico. O raio do círculo inscrito é *OG* e/ou *OF*.

40. Para inscrever um triângulo eqüilátero em uma circunferência (Fig. 3.52)

Usando o raio da circunferência e iniciando em *A*, um ponto arbitrário para orientação, marcar as distâncias *AB*, *BC*, *CD* e *DE*. O triângulo eqüilátero é *ACE*. Observe-se que, seis cordas iguais em comprimento ao raio darão seis pontos, igualmente, espaçados sobre a circunferência.

41. Para inscrever uma circunferência em um quadrado (Fig. 3.53)

Sendo dado o quadrado *ABCD*, traçar diagonais *AC* e *BD*, que vão se interceptar no ponto *O*, o centro. *OP* é o raio da circunferência.

42. Para inscrever um quadrado em uma circunferência (Fig. 3.54)

A partir de *A*, ponto de orientação conhecido, traçar o diâmetro *AC*, a mediatriz *BD* e uma bissetriz perpendicular a *AC*. O quadrado é *ABCD*.

43. Traçado de uma circunferência inscrita ou circunscrita num polígono regular (Fig. 3.55)

Traçar bissetrizes perpendiculares a dois lados quaisquer, por exemplo *PO* e SO, mediatrizes respectivamente de *AB* e *CD*, resultando o centro *O*. O raio da

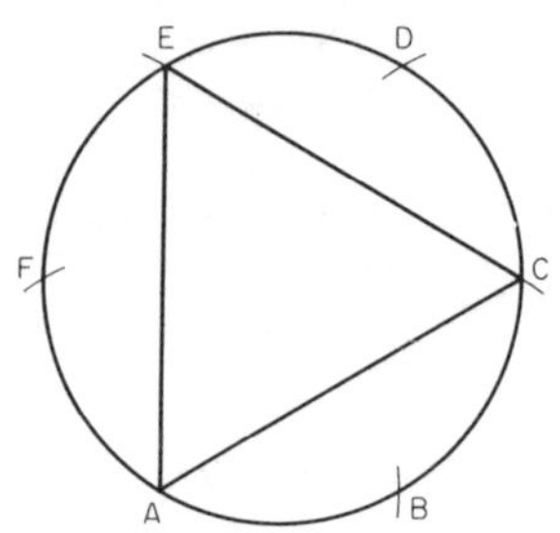

Fig. 3.52. Um triângulo eqüilátero em uma circunferência. Marcando duas vezes o raio, os vértices são localizados. Comparar com a Fig. 3.41.

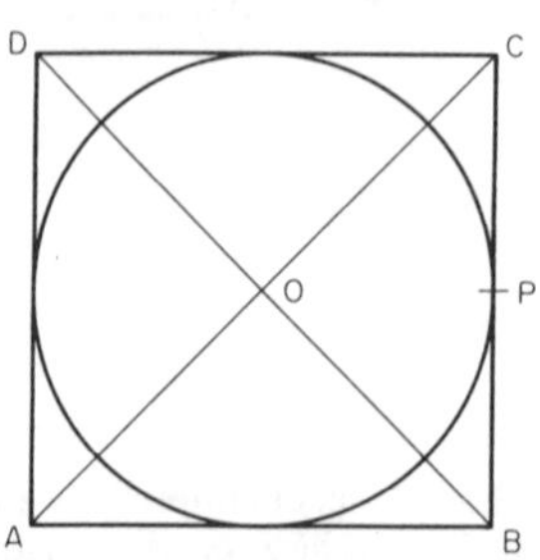

Fig. 3.53. Uma circunferência em um quadrado. As diagonais localizam o centro da circunferência.

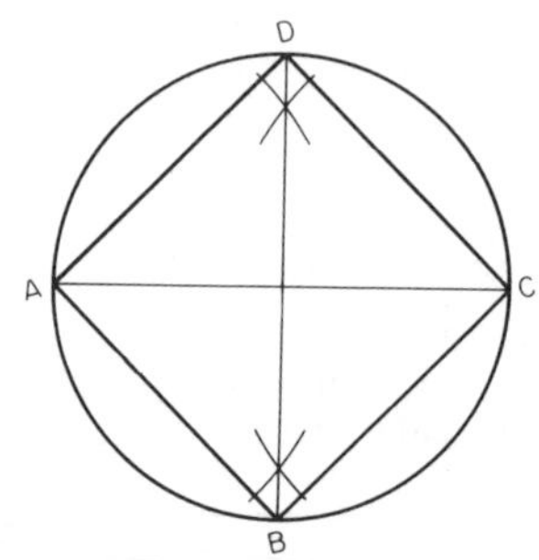

Fig. 3.54. Um quadrado em uma circunferência. A bissetriz perpendicular ao diâmetro localiza os dois vértices a serem encontrados.

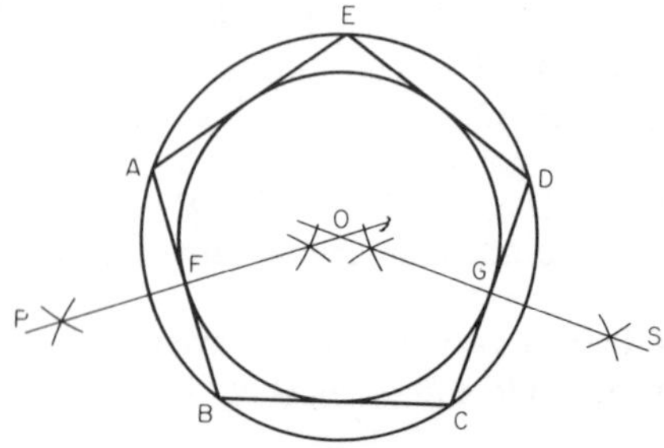

Fig. 3.55. Uma circunferência em um polígono regular. Bissetrizes perpendiculares aos dois lados localizam o centro.

circunferência interna é *OF* ou *OG* e o raio da circunferência é externa *OA, OB,* etc.

44. Para traçar sobre uma linha reta o comprimento aproximado de um arco de circunferência (Fig. 3.56)

AB é o arco dado. Pelo ponto *A,* traçar a tangente *AD* e a corda *BA*. No prolongamento desta, traçar *AC* igual à metade da corda *AB.* Com centro *C* e raio *CB,* traçar um arco que corte a tangente em *D*; o segmento *AD* é com grande aproximação igual ao comprimento do arco *AB.*[1] Se o arco dado estiver entre 45° e 90°, resultará uma aproximação maior se se fizer *AC* igual à corda da metade do arco ao invés de metade da corda do arco.

O modo usual de retificar um arco é, ajustar o compasso de pontas secas a um espaço pequeno o bastante para ser praticamente, igual em comprimento à parte correspondente do arco. A partir de *B,* mover ao longo do arco até o ponto mais próximo de *A* e, sem levantar o compasso, medir o mesmo número de espaços sobre a tangente, como está mostrado na Fig. 3.57.

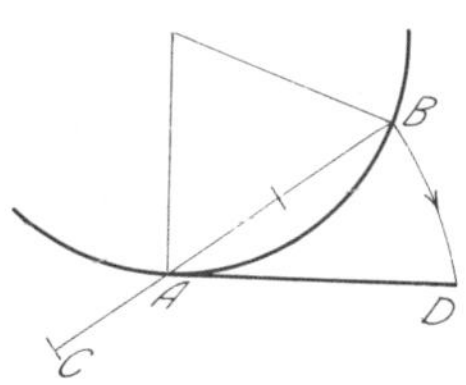

Fig. 3.56. Para determinar o comprimento aproximado de um arco. Ver nota de rodapé 1 para precisão.

---

[1] Nesta solução, (do Prof. Rankins) o erro varia como a quarta potência do ângulo subtendido. Para 60° a linha será $^1/_{900}$ pequenas partes, enquanto que a 30° será apenas de $^1/_{14400}$.

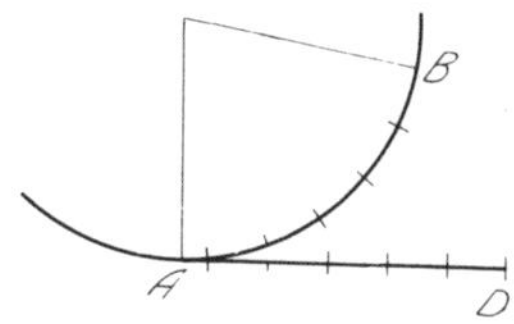

Fig. 3.57. Comprimento aproximado de um arco. A soma das cordas pequenas aproxima-se muito do comprimento do arco.

45. Para traçar sobre um círculo dado um comprimento aproximado de uma linha reta (Fig. 3.58)

Seja *AB* a linha dada tangente à circunferência no ponto *A*. Traçar *AC* igual a $^1/_4$ parte de *AB.* Com centro em *C* e raio *CB,* traçar um arco que vai intersecionar a circunferência *D.* O arco *AD* é com grande aproximação igual em comprimento a *AB.* Se o arco *AD* for maior do que 60°, resolva-se por metade de *AB*.

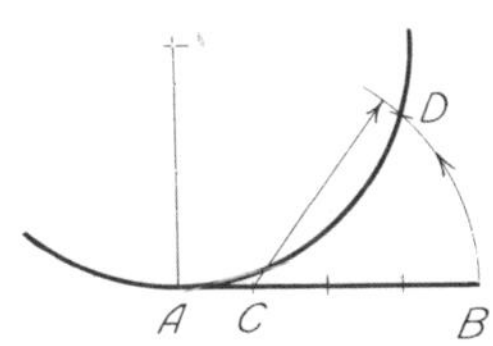

Fig. 3.58. Ao traçar, em um arco, uma distância especificada. Ver nota de rodapé 1 para precisão.

46. Curvas planas: seções cônicas

Pela interseção de um cone circular reto (um cone de revolução) por planos com inclinações diferentes, obtemos quatro curvas conhecidas como "seções cônicas" (Fig. 3.59). Estas são: o *círculo,* cortado por um plano perpendicular ao eixo; a *elipse*, quando o plano faz com o eixo um ângulo maior que o da geratriz com o eixo; a *parábola,* quando o ângulo do eixo com o plano é igual ao do eixo com a geratriz; a *hipérbole*, quando o plano faz com o eixo um ângulo menor que o da geratriz com o eixo.

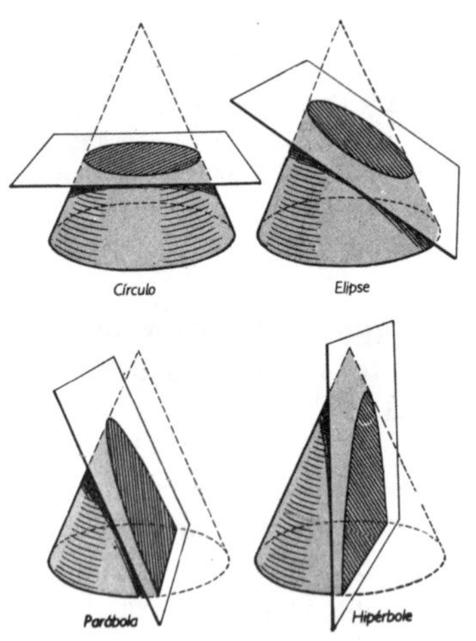

Fig. 3.59. As seções do cone. Quatro curvas planas são produzidas "cortando" um cone.

47. A elipse: diâmetros maiores e menores (Fig. 3.60)

Uma elipse é uma curva plana gerada por um ponto que se move de tal forma que a soma de suas distancias, a dois pontos fixos (F_1 e F_2), denominados focos, é constante e igual ao comprimento do eixo maior,[2] ou *diâmetro maior, AB.*

O eixo menor, ou *diâmetro menor, DE,* é a linha que passa pelo centro e que é perpendicular ao diâmetro maior. Os focos podem ser determinados cortando-se o diâmetro maior por um arco de circunferência que tenha seu centro em uma extremidade do diâmetro menor e um raio igual à metade do diâmetro maior.

A elipse, assim como o círculo, é encontrada na prática muito mais seguidamente do que qualquer uma das outras figuras cônicas; assim, é importante poder traçá-la rapidamente. Vários métodos são ensinados para sua confecção, seja como uma elipse verdadeira, seja como uma curva aproximada feita por arcos de circunferência. Na grande maioria dos casos que se apresentam, seu diâmetro maior e menor são conhecidos.

A equação matemática de uma elipse tendo a origem das coordenadas retilíneas no centro da elipse é $x^2/a^2 + y^2/b^2 = 1$, onde a é a intercepção sobre o eixo x e b é a intercepção sobre o eixo y.

48. Elipse: diâmetros conjugados (Fig. 3.61)

Qualquer reta que passe pelo centro de uma elipse pode ser considerada como diâmetro de um par de diâmetros conjugados. Cada um dos pares de diâmetros conjugados é sempre paralelo às tangentes à curva nas extremidades do outro. Por exemplo, *AB* e *CD* são um par de diâmetros conjugados. *AB* é paralelo às tangentes *MN* e *PQ*; e *CD* é paralelo às tangentes *MP* e *NQ*. Também, cada um dos pares de diâmetros conjugados divide ao meio todas as cordas paralelas ao outro. Uma dada elipse pode ter um número ilimitado de pares de diâmetros conjugados.

Dada uma elipse e um par de diâmetros conjugados, é possível determinar os diâmetros maiores e menores.

Primeiro método: (Fig. 3.62). Os diâmetros conjugados são *CN* e *JG*. Com centro em *O* e raio *OJ*, traçar uma semicircunferência que intercepte a elipse em *P*. Os diâmetros maior e menor serão paralelos às cordas *GP* e *JP*, respectivamente.

Segundo método: Quando a curva não é dada (Fig. 3.63). Os diâmetros conjugados *CN* e *JG* são dados. Com centro em *O*

[2] "Eixo maior" e "eixo menor" são os termos tradicionalmente empregados. Em virtude, porém, da confusão entre estes e os eixos matemáticos *X* e *Y* e o eixo central (eixo de rotação), os termos "diâmetro maior" e "diâmetro menor" serão usados nesta discussão.

Aplicação de elipse (interseção)

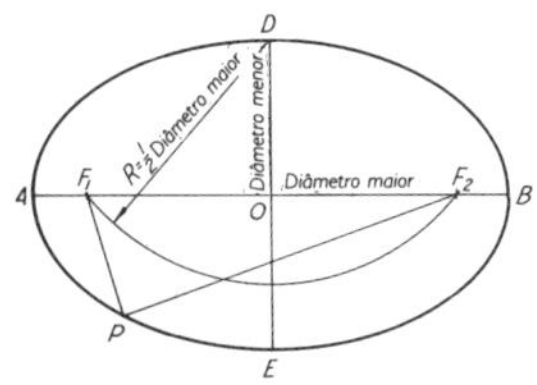

Fig. 3.60. Maior e menor diâmetro. Ambos são perpendiculares um ao outro.

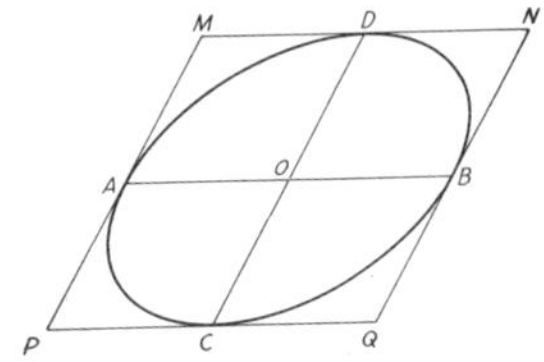

Fig. 3.61 – Elipse: diâmetros conjugados. Cada um é paralelo à tangente na extremidade do outro.

e raio *OJ*, descrever uma circunferência e traçar o diâmetro *QR* perpendicular a *JG*. Traçar a bissetriz do *QCR*. O diâmetro maior será paralelo a essa bissetriz e igual em comprimento a *CR* + *CQ*; o comprimento do diâmetro menor será *CR* – *CQ*.

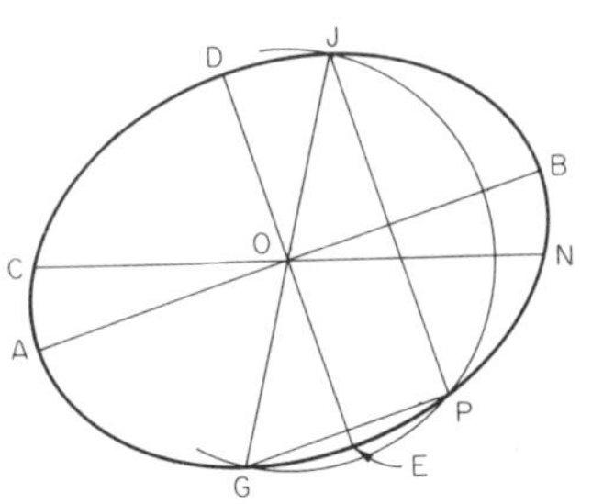

Fig. 3.62. Dada a curva, determinação de diâmetros maiores e menores, a partir de diâmetros conjugados.

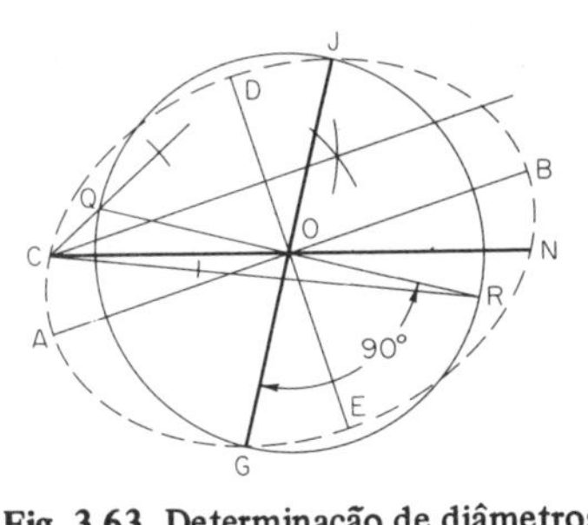

Fig. 3.63. Determinação de diâmetros maiores e menores a partir de diâmetros conjugados. A curva não é dada.

49. Construção de elipse: método do alfinete e barbante

Este método bem conhecido, algumas vezes denominado de "elipse do jardineiro", é muito usado para grandes traçados e está baseado na própria definição da elipse. Colocar um alfinete nos pontos *D*, F_1 e F_2 (Fig. 3.60) e amarre um fio ou barbante não-elástico firmemente ao redor dos três alfinetes. Substituindo-se o alfinete *D* por uma ponta traçante móvel e mantendo-se o fio distendido, ela descreverá uma elipse verdadeira.

50. Construção de elipse: método da tira de papel interceptando os diâmetros maior e menor

Primeiro método (Fig. 3.64). Na borda de uma tira de papel, cartolina ou celulóide, marcar a distância "ao" igual à metade do diâmetro maior e "do" igual à metade do diâmetro menor. Se a tira for deslocada, conservando "a" sobre o diâmetro menor e "d" sobre o diâmetro maior, "o" descreverá a elipse. Este método é muito conveniente, pois não requer nenhuma construção; no entanto, para resultados precisos, deve-se tomar muito cuidado para manter os pontos "a" e "d" exatamente sobre os diâmetros maior e menor.

Segundo método (Fig. 3.65). Em uma tira de papel – como a usada no primeiro método – marcar a distância "do" igual à metade do diâmetro menor e "oa" igual à metade do diâmetro maior. Se essa tira for deslocada, mantendo "a" sobre o diâmetro menor e "d" sobre o diâmetro maior, "o" fornecerá pontos sobre a elipse. Este arranjo é preferível quando o raio entre o diâmetro menor e maior é pequeno.

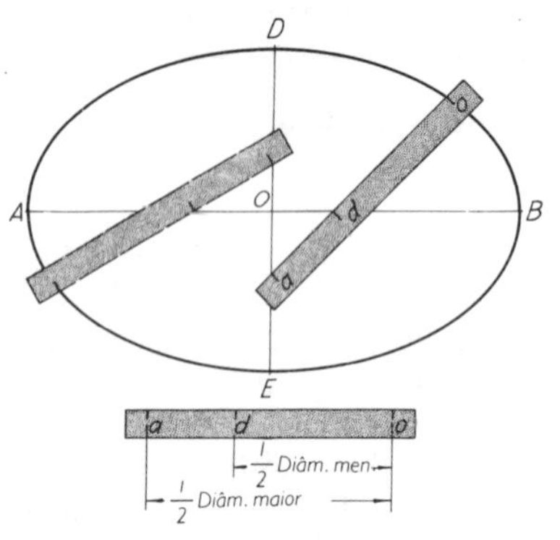

Fig. 3.64. Elipse feita pelo instrumento de traçar elipses (primeiro método). São marcados os pontos na curva.

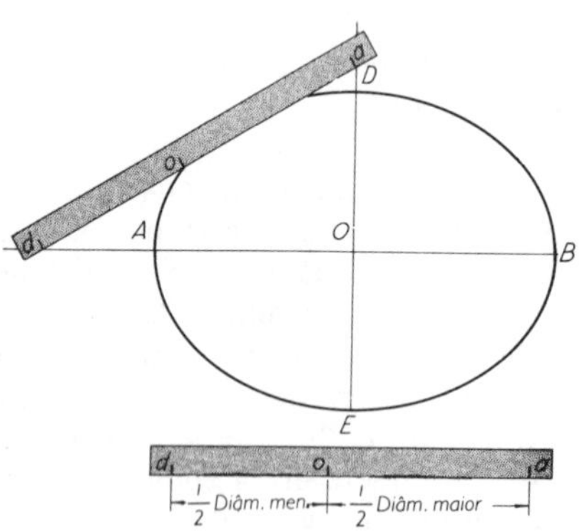

Fig. 3.65. Elipse feita por instrumento para traçar elipses (segundo método). São marcados os pontos na curva.

51. Construção de elipse: método do triângulo interceptando diâmetros conjugados (Fig. 3.66)

Os diâmetros conjugados *AB* e *DE* são dados. Traçar *AC* perpendicular ao diâmetro *ED* e marcar a distância de *AC* a partir de *E* localizando o ponto *G*. Traçar *EF* perpendicular ao diâmetro *AB*. Transferir para um pedaço de papel, cartolina ou celulóide e recortar o triângulo *EFG*. Se esse triângulo for movido, mantendo "f" sobre *AB* e "g" sobre *ED*, "e" dará os pontos sobre a elipse. Extremo cuidado deve ser tomado para manter os pontos "f" e "g" sobre os diâmetros conjugados.

52. Construção de elipse: método da circunferência concêntrica para diâmetros maiores e menores (Fig. 3.67)

Este é talvez o método mais preciso para determinar pontos na curva. Sobre os dois diâmetros principais da elipse, que se cortam em *O*, descrever circunferências. A partir de um certo número de pontos sobre a circunferência externa, como *P* e *Q*, traçar raios *OP*, *OQ*, etc., intersecionando a circunferência interna em *P'*, *Q'*, etc. Por *P* e *Q*, traçar linhas paralelas

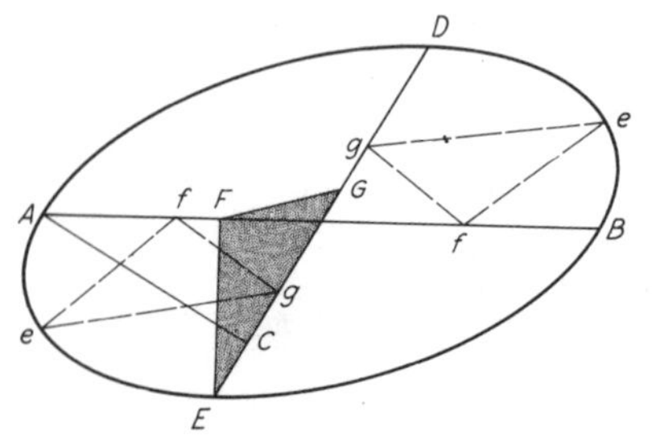

Fig. 3.66. Elipse feita pelo método do triângulo (diâmetros conjugados). São marcados pontos no vértice do triângulo.

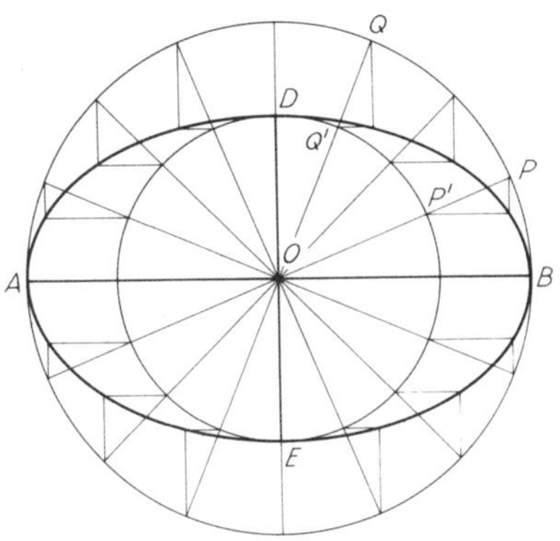

Fig. 3.67. Elipse feita pelo método das circunferências concêntricas. As circunferências e a construção do diâmetro maior e menor determinam os pontos sobre a curva.

a *OD*, e pelos pontos *P'* e *Q'* traçar linhas paralelas a *OB*. A interseção das linhas traçadas por *P* e *P'* determina um ponto na elipse, a interseção das linhas que passam por *Q* e *Q'* outro ponto, e assim por diante. Para maior precisão, os pontos devem ser mais próximos à medida que se aproximam do diâmetro maior. O processo pode ser repetido em cada um dos quatro quadrantes e a curva esboçada levemente à mão livre; ou então constrói-se somente em um dos quadrantes e repete-se nos três restantes, traçados com a curva francesa.

53. Construção de elipse: método da circunferência para diâmetros conjugados (Fig. 3.68)

Os diâmetros conjugados *AB* e *DE* são dados. Sobre o diâmetro conjugado *AB*, descrever uma circunferência; então, a partir de um certo número de pontos, como *P*, *Q* e *S*, traçar perpendiculares ao diâmetro *AB*, como *PP'*, *QO* e *SS'*. Ligar os pontos *D* e *Q*. Partindo de *S* e *P*, etc., traçar linhas paralelas a *QD*, e de *S'* e *P'* traçar paralelas a *OD*. A interseção das linhas através de *P* e *P'* dá um ponto na elipse, a interseção das linhas através de *S* e *S'* outro ponto, e assim por diante.

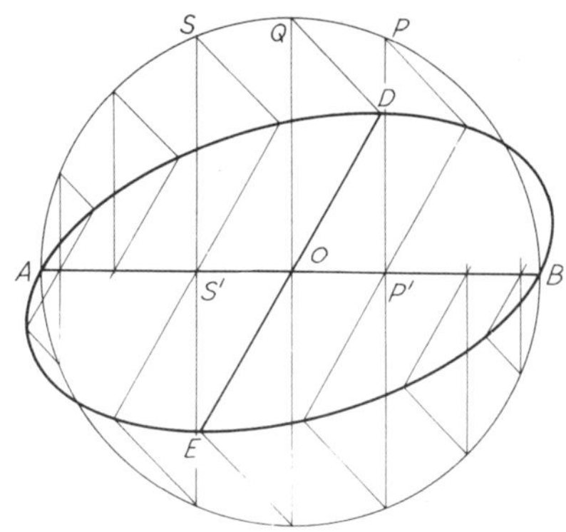

Fig. 3.68. Elipse feita pelo método da circunferência (diâmetros conjugados). Depois da primeira construção, as paralelas determinam pontos sobre a curva.

54. Construção de elipse: método do paralelogramo (Figs. 3.69 e 3.70)

Este método tanto pode ser usado quando são dados os diâmetros maior e menor, como quando são dados dois diâmetros conjugados. Sobre os diâmetros da elipse, construir um paralelogramo. Dividir *AO* em um número qualquer de partes iguais e *AG* no mesmo número de partes iguais, numerando essas divisões a partir de *A*. Passando por essas divisões, traçar linhas retas a partir de *D* e *E*, como

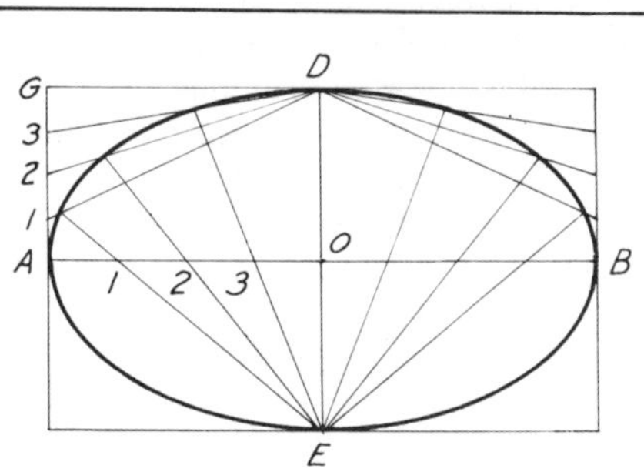

Fig. 3.69. Elipse feita pelo método do paralelogramo (diâmetro maior e menor). Os pontos são marcados por construção através de divisões iguais de *AO* e *AG*.

se vê nas duas figuras. Suas interseções serão os pontos na curva.

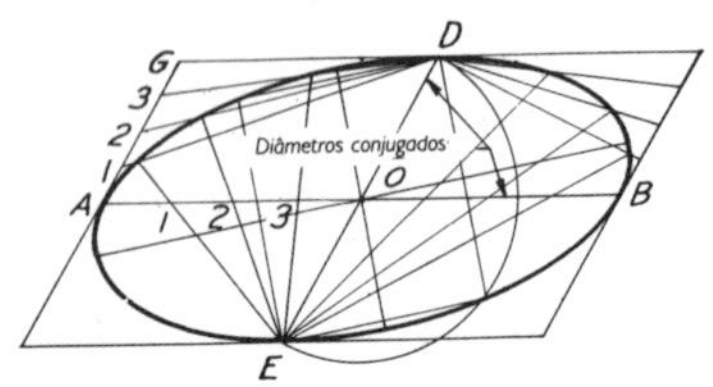

Fig. 3.70. Elipse feita pelo método do paralelogramo. É o mesmo método utilizado na construção da Fig. 3.69, mas aqui aplicado a diâmetros conjugados.

55. Para traçar uma tangente a uma elipse

Por um ponto P *da curva (Fig. 3.71).* Traçar linhas ligando o ponto *P* aos focos. A bissetriz do ângulo externo desses raios focais será a tangente desejada.

Paralela a uma linha dada (Fig. 3.71). Traçar F_1E perpendicular à linha dada *GH.* Com centro em F_2 e raio *AB,* traçar um arco que corta F_1E em *K.* A linha F_1K corta a elipse no ponto de tangência desejado *T,* e a tangente pedida passa por *T* e é paralela a *GH.*

Por um ponto exterior (Fig. 3.72). Determinar os focos F_1 e F_2. Fazendo centro no ponto dado *P* e com raio PF_2, traçar o arco RF_2Q. Com centro em F_1 e raio *AB,* descrever um arco que corte este em *Q* e *R.* Ligar *Q* e *R* a F_1. As interseções destas linhas com a elipse em T_1 e T_2 serão os pontos tangentes de linhas tangentes à elipse que partem de *P.*

Método da circunferência concêntrica (Fig. 3.73). Quando a elipse for construída pelo método das circunferências concêntricas (Fig. 3.67), pode-se traçar uma tangente em qualquer ponto *H* levantando uma perpendicular a *AB,* a partir do ponto até encontrar a circunferência externa em *K,* e traçando a tangente auxiliar *KL* à circunferência. Essa circunferência corta o diâmetro maior em *L.* Pelo ponto *L,* traçar a tangente *LH* pedida.

56. Para traçar uma normal a um elipse (Fig. 3.73)

Por um ponto *P* sobre a curva, desenhar uma paralela ao diâmetro menor até intersecionar a circunferência do diâmetro maior em *Q.* Ligar os pontos *O* e *Q* e prolongar até intersecionar (em *N*) um arco com centro em *O* e raio *AO* + *OE. NP* é a normal desejada.

Normais podem ser traçadas perpendicularmente às tangentes nas Figs. 3.71 e 3.72.

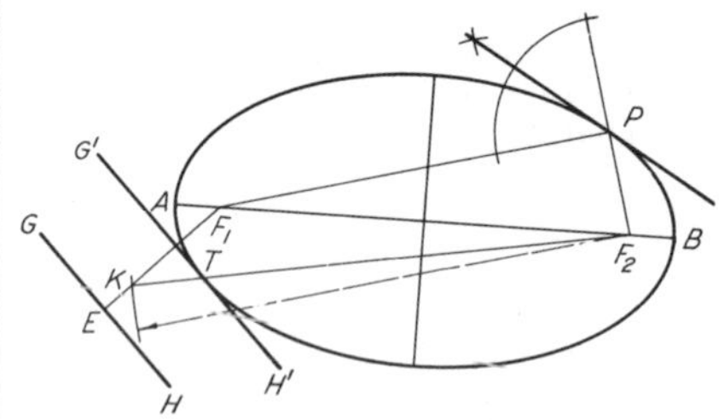

Fig. 3.71. Tangentes a uma elipse em um ponto e paralela a uma reta dada. São utilizados os focos de elipse na construção.

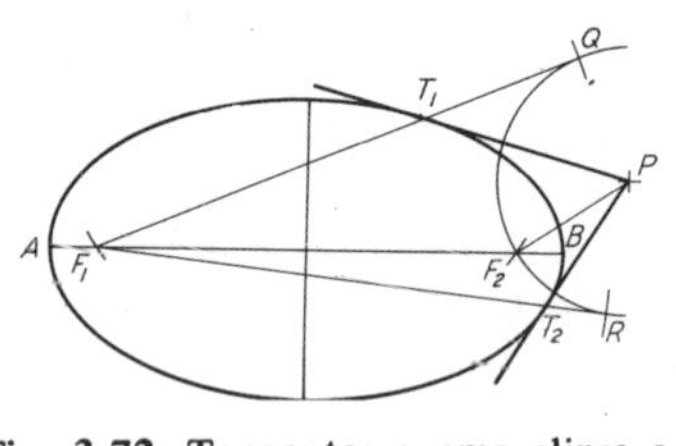

Fig. 3.72. Tangentes a uma elipse a partir de um ponto exterior. Pontos tangentes T_1 e T_2 são localizados com precisão.

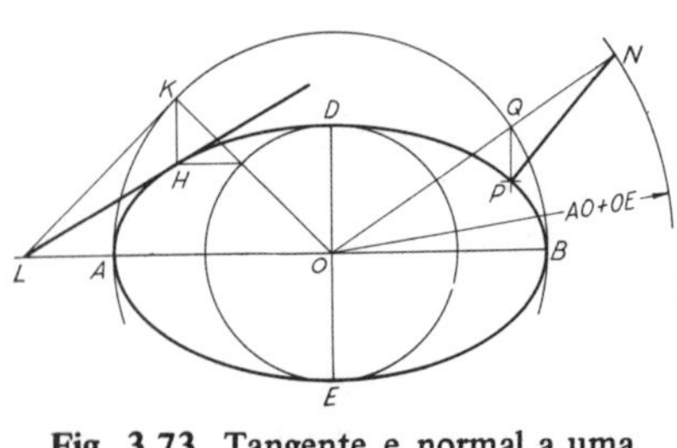

Fig. 3.73. Tangente e normal a uma elipse. É usado o método das circunferências concêntricas.

57. Traçado aproximado da elipse com quatro centros (Fig. 3.74)

Ligar os pontos *A* e *D*. Marcar *DF* igual a *AO-DO*. Isto é feito graficamente, como está indicado na figura, deslocando *A* até *A'*, com centro em *O* e raio *OA*. Com centro em *D* e raio *DA'*, descrever um arco até atingir a diagonal *AD* localizando o ponto *F*. Dividir ao meio *AF* por uma perpendicular cruzando *AO* em *G* e intersecionando o prolongamento de *DE* em *H*. Desenhar *OG'* igual a *OG* e *OH'* igual a *OH*. Então *G*, *G'*, *H* e *H'* serão os centros dos quatro arcos de circunferência tangentes, formando uma curva com a forma *semelhante* à de uma elipse.

Outro método é mostrado na Fig. 3.75. Este deverá ser usado somente quando o diâmetro menor for, no mínimo, dois terços do comprimento do diâmetro maior.

58. Traçado aproximado da elipse com oito centros (Fig. 3.76)

Quando se deseja uma maior aproximação, constrói-se uma elipse de oito centros, cuja metade superior é conhecida em construções de alvenaria como o "arco de cinco centros". Traçar o retângulo *AFDO* e sua diagonal *AD*. Pelo ponto *F* baixa-se uma perpendicular a ela, que intercepte o prolongamento do diâmetro menor em *H*. Fazer *OK* igual a *OD* e, com *AK* como diâmetro, traçar uma semicircunferência que corte o prolongamento do diâmetro menor em *L*. Fazer *OM* igual a *LD*. Com centro *H* e raio *HM*, traçar o arco *MN*. A partir de *A*, ao longo de *AB*, marcar *AQ* igual a *OL*. Com centro em *P* e raio *PQ*, traçar um arco intersecionando *MN* em *N*; então *P*, *N* e *H* serão os centros da quarta parte da elipse aproximada de oito centros.

Deve-se observar que uma elipse está mudando em cada ponto sucessivo seu raio de curvatura e que estas aproximações não são, portanto, elipses, mas simplesmente curvas da mesma forma semelhante e, por isso, de aspecto menos agradável.

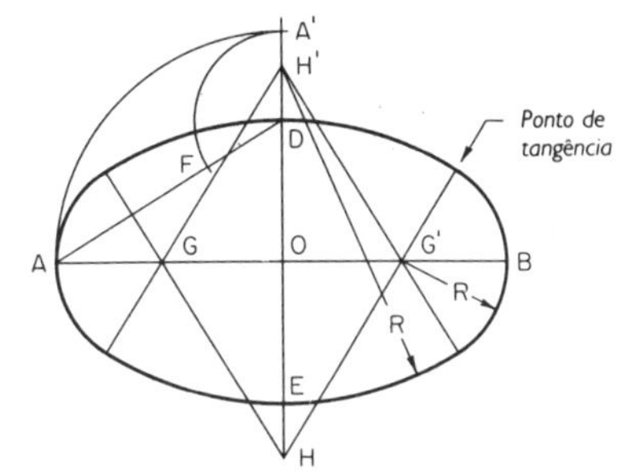

Fig. 3.74. Traçado aproximado de uma elipse de quatro centros. Quatro arcos de circunferências tangentes dão a forma elíptica.

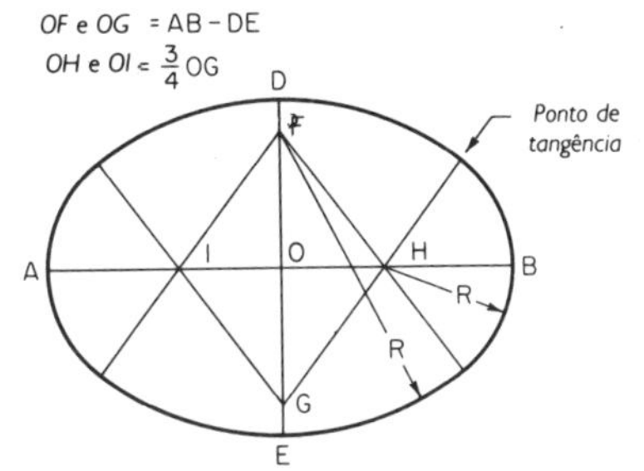

Fig. 3.75. Traçado aproximado de uma elipse de quatro centros. Este método dá melhor resultado quando os diâmetros maior e menor são quase iguais.

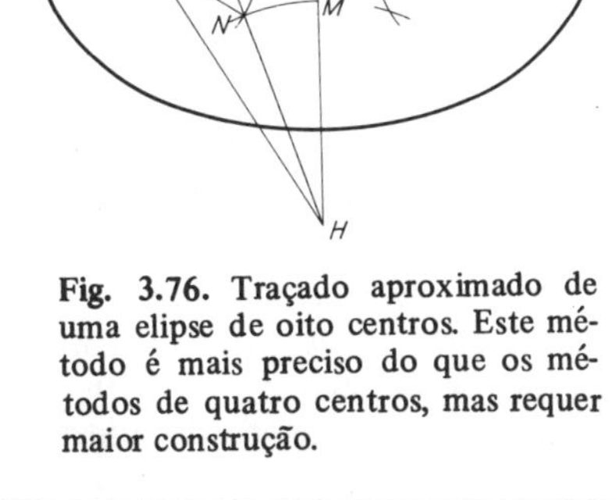

Fig. 3.76. Traçado aproximado de uma elipse de oito centros. Este método é mais preciso do que os métodos de quatro centros, mas requer maior construção.

59. Traçado de curvas não-circulares (Fig. 3.77)

Qualquer curva não-circular pode ser traçada com certa aproximação, por meio de circunferências tangentes. Através de tentativas, escolher convenientemente um centro, traçar a parte de um arco que coincida com a curva em questão, e, então, mudando o centro e o raio, traçar o arco seguinte, lembrando sempre que *se arcos forem tangentes, seus centros deverão estar sobre a normal comum que passa pelo ponto de tangência.*

Algumas vezes, os desenhistas preferem recorrer a este processo no traçado à tinta em lugar do uso de curvas irregulares.

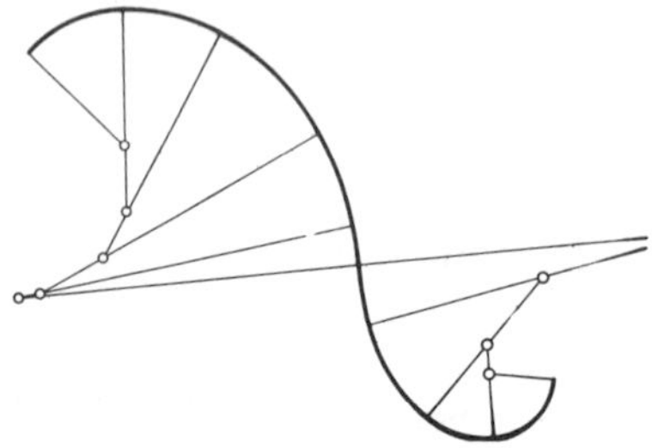

Fig. 3.77. Uma curva construída com arcos de circunferência. Observar que as linhas através dos pares de centros situam os pontos de tangência dos arcos.

60. A parábola

A parábola é uma curva plana gerada por um ponto movendo-se de tal forma que sua distância de um ponto fixo, chamado "foco", é sempre igual a sua distância de uma linha reta, também fixa, chamada "diretriz". Entre suas aplicações práticas estão holofotes, refletores parabólicos, alguns tipos de alto-falantes, perfis de estradas e certos arcos de ponte.

A equação matemática de uma parábola, em coordenadas retilíneas com origem na interseção da curva com o eixo X e o foco sobre eixo é $y^2 = 2px$, onde p é duas vezes a distância da origem ao foco.

Para traçar uma parábola quando são dados o foco F e a diretriz AB (Fig. 3.78), traçar o eixo através de F perpendicular a AB. Por um ponto qualquer D sobre o eixo, traçar uma linha paralela a AB. Com a distância DO como raio e F como centro, traçar um arco que intercepte a linha paralela, localizando assim um ponto P da curva. Repetir a operação tantas vezes quantas forem necessárias.

Para traçar uma tangente em qualquer ponto P. Traçar PQ paralela ao eixo e dividir em dois o ângulo FPQ.

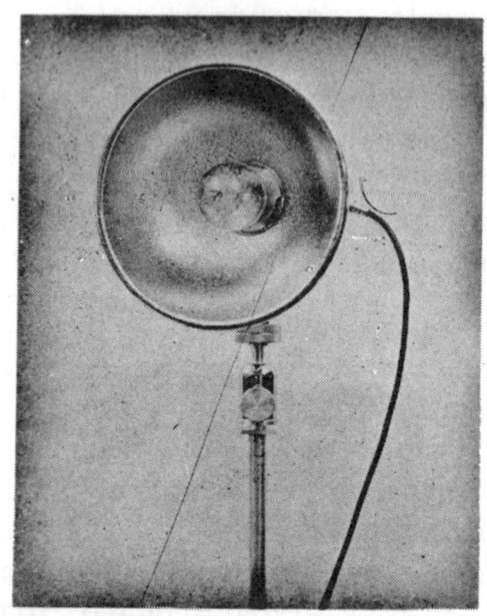

Aplicação de parábola.

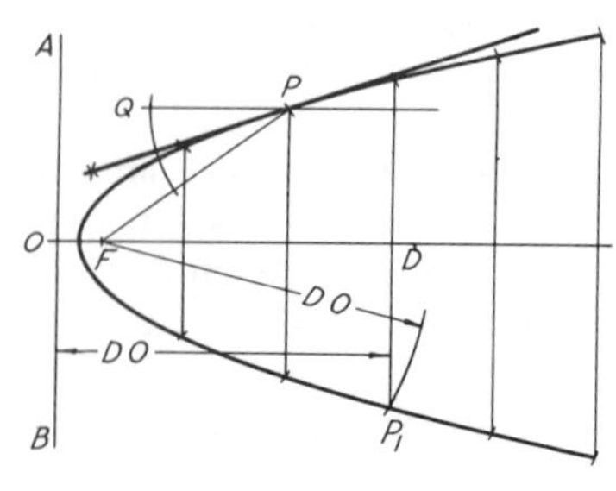

Fig. 3.78. Parábola. Pontos sobre a curva são eqüidistantes do foco F e da diretriz AB.

61. Construção da parábola: método do paralelogramo

Geralmente quando se desenha uma parábola, as dimensões do retângulo que a contém, isto é, a largura e profundidade da parábola (ou vão e altura) são dadas, como na Fig. 3.79. Dividir *OA* e *AB* no mesmo número de partes iguais. A partir das divisões sobre *AB*, traçar linhas convergentes em *O*. A partir das divisões sobre *OA*, traçar linhas paralelas ao eixo. As interseções dessas paralelas com as linhas das divisões correspondentes de *AB* serão os pontos na curva.

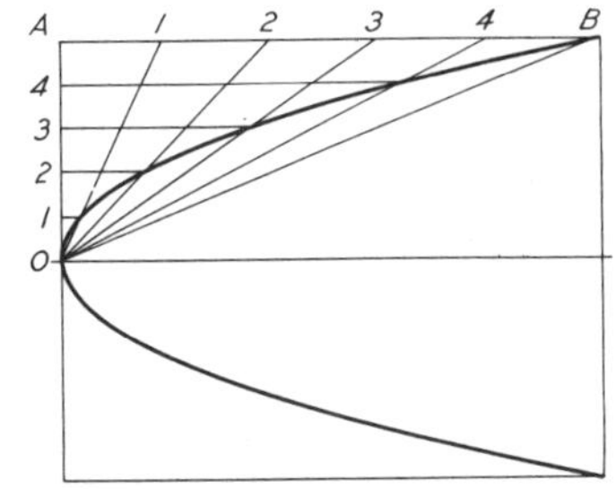

Fig. 3.79. Parábola constituída pelo método do paralelogramo. Pontos são determinados pela interseção de linhas obtidos das divisões igualmente numeradas de *OA* e *AB*.

62. Construção da parábola: método das coordenadas (Fig. 3.80)

Sendo dado o retângulo que a contém, a parábola pode ser determinada calculando as abscissas a partir da linha *OA*. Os comprimentos dessas abscissas variam em extensão como o quadrado de suas coordenadas. Assim, se *OA* for dividido em quatro partes, *DD'* será $1/16$ de *AA'*; *CC'*, que é duas vezes tão distante de *O* quanto *DD'*, será $4/16$ de *AA'*; e *BB'*, $9/16$. Se *OA* tivesse sido dividido em cinco partes, as relações seriam $1/25$, $4/25$, $9/25$ e $16/25$, sendo o denominador, em cada caso, o quadrado do número de divisões. Este método é o geralmente usado por engenheiros civis no traçado de arcos parabólicos.

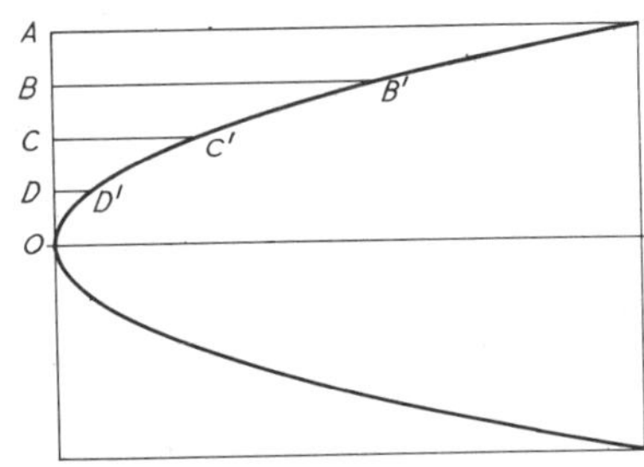

Fig. 3.80. Parábola construída pelo método das coordenadas. As coordenadas são proporcionais aos quadrados das divisões de *OA*.

63. Construção da parábola: perfil parabólico (Fig. 3.81)

Este é um método para traçar uma curva bem feita e, muitas vezes, empregado em projetos de máquina. Dividir *OA* e *OB* no mesmo número de partes iguais. Numerar as divisões a partir de *O* e de *B*, ligando os números correspondentes. A curva tangente será parte de uma parábola – mas uma parábola cujo eixo não é paralelo a qualquer coordenada.

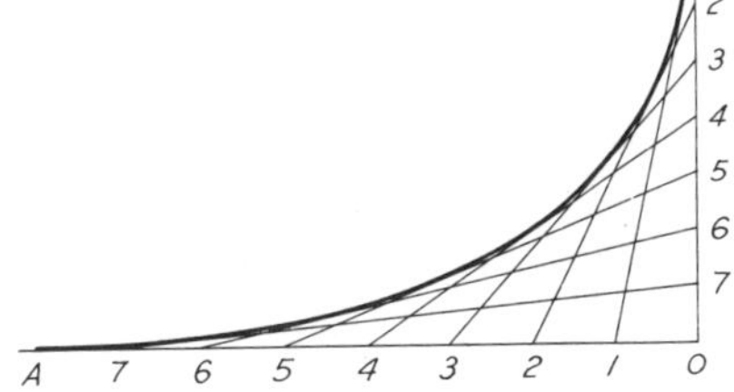

Fig. 3.81. Parábola construída pelo método do perfil parabólico. A curva é traçada tangente à construção das linhas retas.

64. A hipérbole

A hipérbole é uma curva plana gerada por um ponto que se move de tal forma, a conservar constante, a diferença das distâncias desse ponto a dois pontos fixos, chamados "focos". (Comparar essa definição com a da elipse.)

A equação matemática da hipérbole com o centro na origem de coordenadas retilíneas e os focos sobre o eixo X é $x^2/a^2 - y^2/b^2 = 1$, sendo a: a distância do centro até a intercepção X e b: o valor Y correspondente as assíntotas, linhas tangentes à curva no infinito.

Para traçar uma hipérbole quando são dados os focos F_1 e F_2 e o eixo transversal AB (diferença constante) (Fig. 3.82). Com centro em F_1 e F_2 e um raio qualquer maior que F_1B, como F_1P, traçar arcos. Com os mesmos centros e qualquer raio $F_1P - AB$, fazer arcos intersecionando esses arcos, resultando daí os pontos sobre a curva.

Para traçar uma tangente em qualquer ponto P. Determinar a bissetriz do ângulo F_1PF_2.

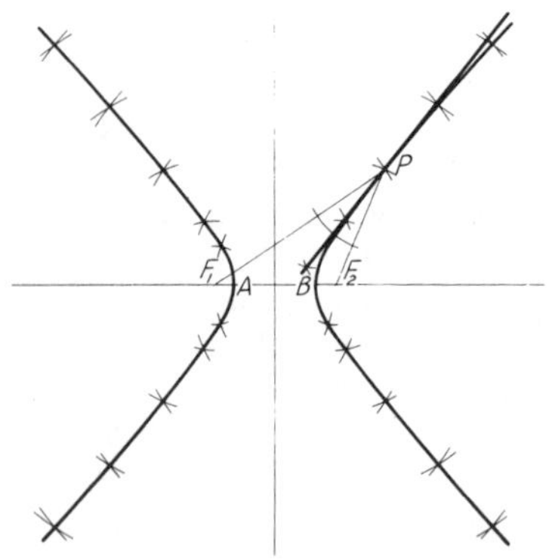

Fig. 3.82. Hipérbole. De qualquer ponto a diferença em distância aos focos é uma constante.

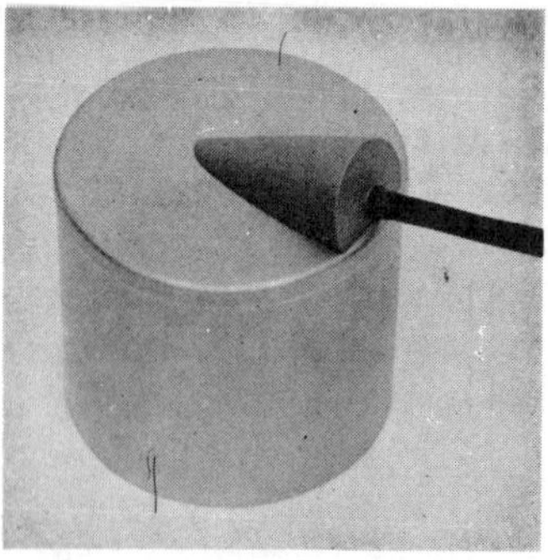

Aplicação de hipérbole (interseção).

65. Hipérbole eqüilateral

O caso de maior interesse prático para o engenheiro é o da hipérbole eqüilateral ou retangular. Com ela, a lei $PV = c$, relacionando a pressão variável e o volume de uma porção de vapor ou gás, pode ser representada graficamente.

Traçado de uma hipérbole eqüilateral (Fig. 3.83). Sejam OA e OB as assíntotas da curva e P um ponto qualquer sobre ela (esse ponto poderia ser o ponto do diagrama do aparelho indicador). Traçar PC e PD. Marcar pontos quaisquer 1, 2, 3, etc., sobre PC e, por esses pontos, traçar um sistema de linhas paralelas a OA e um feixe de linhas convergindo em O.

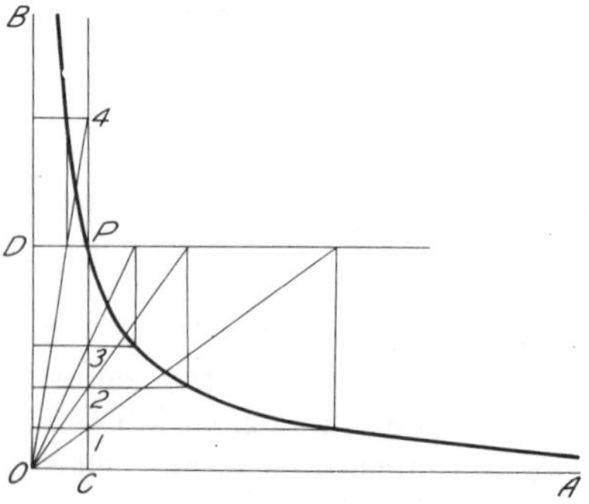

Fig. 3.83. Hipérbole eqüilateral. As assíntotas são perpendiculares uma a outra.

Pelas interseções dessas convergentes com o prolongamento de *PD*, traçar perpendiculares a *OA*. As interseções dessas perpendiculares com as linhas paralelas traçadas determinam os pontos da curva.

66. Curvas ciclóides

Uma ciclóide é a curva gerada pelo movimento de um ponto da circunferência de um círculo que rola sem escorregar sobre uma linha reta. Se o círculo rolar sobre a parte exterior de outro círculo, a curva gerada será chamada "epiciclóide"; se rolar em seu interior, teremos a "hipociclóide". Essas curvas são usadas em desenhos do sistema ciclóide de dentes de engrenagem.

A equação matemática para uma ciclóide (forma paramétrica) é $x = r\phi - r$ seno ϕ, $y = r - r$ co-seno ϕ, sendo r o raio de um ponto móvel e ϕ o ângulo descrito, em radianos, à altura do centro a partir da posição zero.

Traçado de uma ciclóide (Fig. 3.84). Dividir a circunferência móvel em um número conveniente de partes (por exemplo, oito) e, transportando sobre a tangente *AB* o comprimento da circunferência retificada, assinalar as divisões. Traçar pelo ponto *C* a linha dos centros *CD* e projetar aquelas divisões sobre essa linha levantando perpendiculares a *AB*. Usando esses pontos como centros, traçar circunferências representando as sucessivas posições do círculo móvel. Pelos pontos de divisão da circunferência original tiram-se paralelas a *AB* que cortem as respectivas

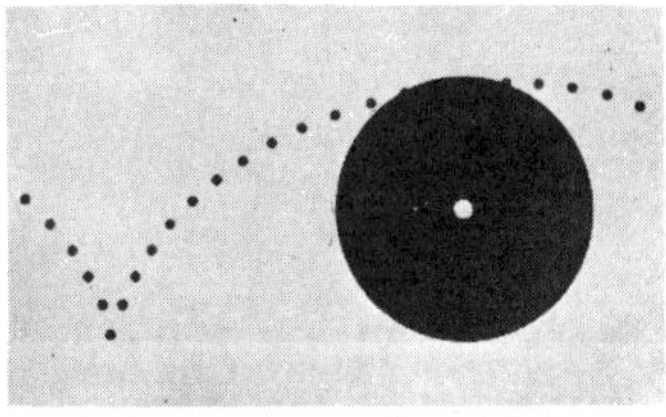

Formação de uma ciclóide.

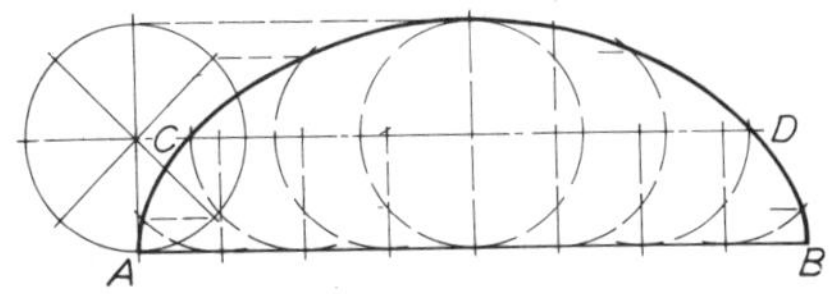

Fig. 3.84. Ciclóide. Um ponto na circunferência de uma roda que rola, descreve esta curva.

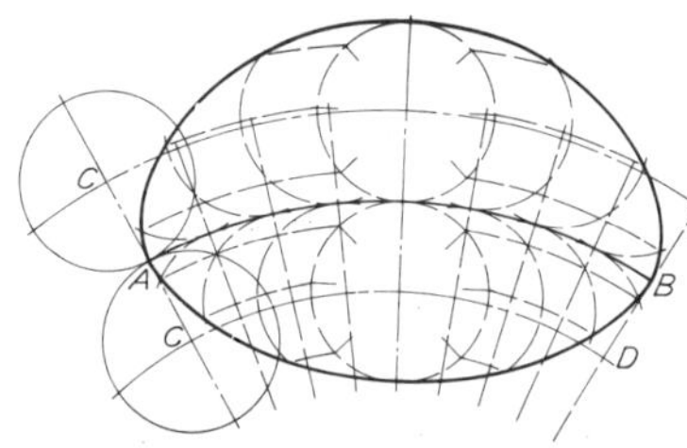

Fig. 3.85. Epiciclóide e hipociclóide. Ambas são geradas por um círculo que rola sobre outro círculo.

circunferências. As interseções assim determinadas serão os pontos da curva. A epiciclóide e a hipociclóide são traçadas de forma semelhante, como ilustra a Fig. 3.85.

67. A curva evolvente

Uma curva evolvente é a curva espiral gerada por um ponto em um fio inextensível, não-elástico, que se desenrola em volta de um polígono ou circunferência. Assim, a curva evolvente de qualquer polígono pode ser traçada pelo prolongamento de seus lados, como na Fig. 3.86, e, com os vértices do polígono como centros sucessivos, traçando arcos de circunferência que terminam no prolongamento desses lados.

A equação da curva evolvente de um círculo (forma paramétrica) é $x = r$ (seno $\phi - \phi$ co-seno ϕ), $y = r$ (co-seno $\phi + \phi$ seno ϕ), onde r é o raio do círculo e ϕ o ângulo descrito para o ponto tangente.

Para desenhar uma espiral aplicada em projetos, como por exemplo, no desenho de ferros curvos, é conveniente o emprego da evolvente de um quadrado.

Uma circunferência pode ser concebida como um polígono com um número infinito de lados. Assim, para se traçar a curva evolvente de uma circunferência (Fig. 3.87), deve-se dividi-la em um número conveniente de partes iguais; traçar tangentes a esses pontos, medir nestas, os comprimentos dos arcos retificados entre o ponto de tangência e o ponto de partida e ligar esses pontos por uma curva contínua. A curva evolvente da circunferência é a base para o sistema de curvas evolventes de dentes de engrenagem.

Aplicação da curva evolvente.

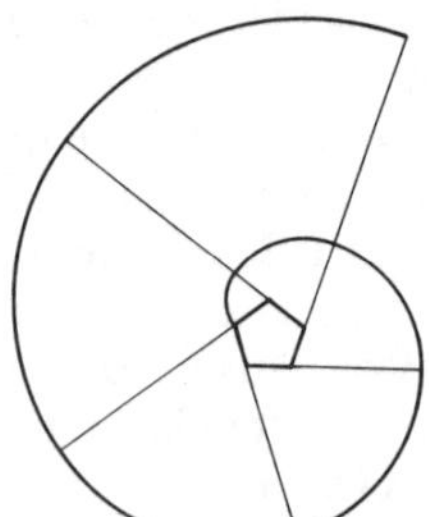

Fig. 3.86. Curva evolvente de um pentágono. Um ponto em uma corda do pentágono que se desenrola, descreve esta circunferência.

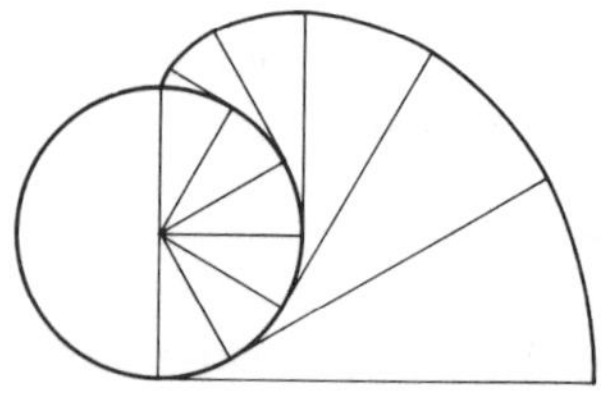

Fig. 3.87. Curva evolvente de uma circunferência. À medida que uma corda retesada é desenrolada a partir dessa, forma uma série de tangentes à circunferência.

68. A espiral de Arquimedes

A espiral de Arquimedes é uma curva plana gerada por um ponto que se move uniformemente, sobre uma linha reta, enquanto esta gira em torno de um ponto fixo com velocidade angular uniforme.

Para traçar uma espiral de Arquimedes que faz uma volta em uma circunferência dada (Fig. 3.88). Dividir a circunferência em um certo número de partes iguais, tra-

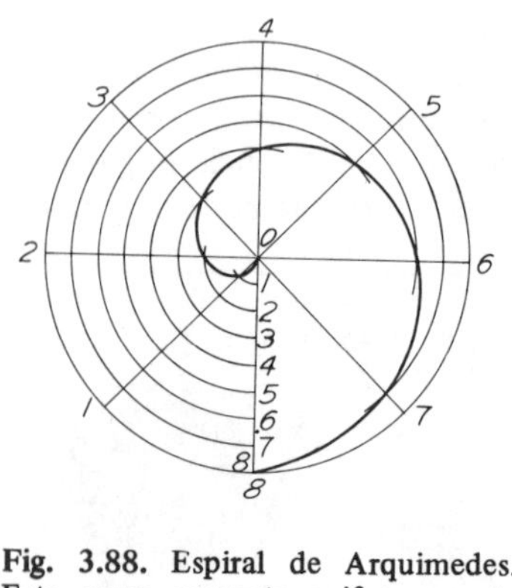

Fig. 3.88. Espiral de Arquimedes. Esta curva aumenta uniformemente em distância a partir do centro, já que a rotação (velocidade angular) é constante.

çando e numerando os raios. Dividir o raio O-8 no mesmo número de partes iguais, numerando-as a partir do centro para a periferia. Com centro em O, traçar arcos concêntricos que cortem os raios de números correspondentes e traçar uma curva contínua que passe pelos pontos de interseção. A espiral de Arquimedes tem sua aplicação no caso do excêntrico cordiforme, usado para converter o movimento circular uniforme, em movimento retilíneo alternado e uniforme.

A equação matemática é $p = a\phi$ (forma polar).

69. Outras curvas planas

As seções que seguem tratam de curvas planas comuns que ocorrem freqüentemente no trabalho científico. Outras curvas, quando necessárias, podem ser encontradas em qualquer bom manual sobre geometria analítica e cálculo. Curvas típicas que podem ser encontradas são a catenária, a cardióide, a curva de seno, a curva de co-seno, a espiral logarítmica, a espiral alternada (hiperbólica), a espiral parabólica, a curva logarítmica, a curva exponencial e as curvas de velocidade e aceleração.

70. Linhas curvas duplas

O número de linhas curvas duplas geométricas, em comparação com as numerosas linhas curvas simples, é surpreendente. Há somente duas linhas curvas duplas, que são a hélice cilíndrica e a hélice cônica, muito usadas em engenharia. Linhas curvas duplas ocorrerão, contudo, como linhas de interseção entre sólidos ou superfícies curvas. Essas linhas não são geométricas, mas são linhas curvas duplas de forma geral.

71. A hélice

A hélice é uma curva espacial gerada por um ponto que se move, uniformemente, ao longo de uma reta que tem um movimento de rotação uniforme em torno de outra reta como eixo. Se a linha móvel for paralela ao eixo, ela gerará um cilindro, e o ponto móvel descreverá uma hélice cilíndrica. Se a reta móvel intersecionar o eixo segundo um ângulo qualquer menor do que 90°, ela gerará um cone, e seu ponto móvel descreverá uma "hélice cônica". A distância tomada paralelamente, ao eixo correspondente ao avanço do ponto móvel em uma revolução completa é chamada passo da hélice.* Quando o ângulo é de 90°, a hélice degenera-se em uma espiral de Arquimedes.

Aplicação da hélice.

72. Traçado de uma hélice cilíndrica (Fig. 3.89)

Traçar duas vistas do cilindro (ver Cap. 5) marcando-se o passo sobre uma das geratrizes do contorno. Dividir o

* A parte da hélice correspondente a uma volta completa chama-se espira.

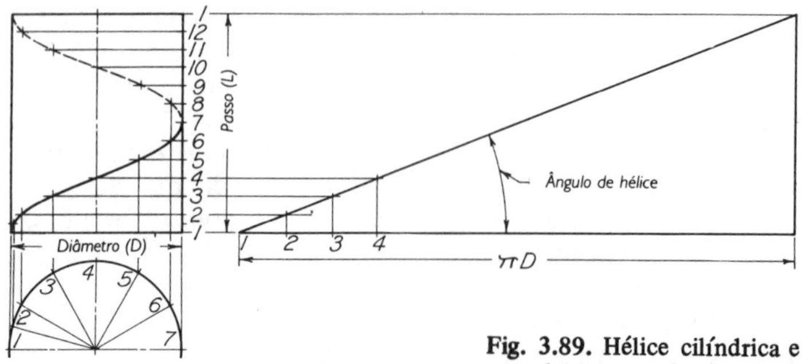

Fig. 3.89. **Hélice cilíndrica e seu desenvolvimento. Qualquer ponto se move a uma razão constante tanto ao redor como ao longo do eixo.**

passo em um número de partes iguais (por exemplo, 12) fazendo-se o mesmo com a circunferência da vista de frente. Numerar as divisões na vista superior e de frente a partir do ponto 1 de modo que as projeções de um mesmo ponto se correspondam. Quando o ponto gerador tiver girado $^1/_{12}$ da espira, ele também terá se deslocado $^1/_{12}$ do passo; quando estiver na metade da espira, ele também terá avançado metade do passo. Assim, pontos da hélice podem ser determinados na vista superior, levantando-se perpendiculares pelos pontos da hélice na vista da frente, até interceptarem as linhas traçadas pelas divisões correspondentes do passo. Se o cilindro for desenvolvido, a hélice aparecerá no desenvolvimento como uma linha reta inclinada sobre a base, formando com esta um ângulo chamado de "ângulo da hélice", cuja tangente é $L/\pi D$, onde L é o passo e D o diâmetro.

73. **Traçado de uma hélice cônica** (Fig. 3.90)

Primeiramente, traçar as duas vistas do cone reto circular (ver Cap. 5) sobre o qual a hélice será gerada. Desenhar divisões angulares uniformes, incluindo a representação do eixo (na Fig. 3.90, a vista superior) e dividir o passo no mesmo número de partes. Os pontos podem ser agora determinados na curva. Cada ponto marcado ficará sobre uma circunferência cujo raio é obtido, através do corte do cone por

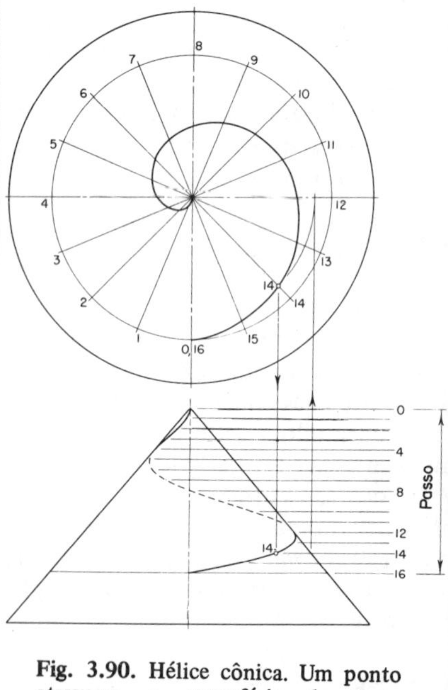

Fig. 3.90. Hélice cônica. Um ponto atravessa a superfície do cone enquanto se move a uma razão constante tanto ao redor como ao longo do eixo.

um plano que passa pelas divisões do passo. Essa circunferência cortará também a linha de divisão angular. Assim, por exemplo, para determinar o ponto 14, traça-se o diâmetro da circunferência obtido na vista de frente, como está mostrado na vista superior. O ponto 14 na vista superior fica então, situado na interseção dessa circunferência e a linha de divisão radial 14. Determinar, então, na vista de frente por projeção da vista superior no plano 14, a projeção do ponto.

CONSTRUÇÕES GRÁFICAS ESPECIAIS

74. Há casos em que os instrumentos comuns de desenho não podem ser utilizados, seja pelas limitações de tamanho, seja pela necessidade de uma extrema precisão. Os métodos geométricos para casos comuns de paralelismo, perpendicularidade e tangência são dados nas seções seguintes.

75. Por um ponto dado para traçar uma paralela a uma reta dada (Fig. 3.91)

Com centro em *P* e raio de comprimento adequado, traçar um arco *CE*, interceptando a linha dada *AB* em *C*. Com centro em *C* e o mesmo raio, traçar o arco *PD*. Com centro em *C* e o raio *DP*, traçar um arco, intersecionando *CE* em *E*. Então *EP* é a linha desejada.

76. Para traçar uma linha paralela a outra a uma distância dada

Para linhas retas (Fig. 3.92). Com a distância dada como raio e dois pontos sobre a linha dada como centros (quanto mais distanciados forem, melhor será), traçar dois arcos. Uma linha tangente a esses dois arcos será a linha desejada.

Para linhas curvas (Fig. 3.93). Traçar uma série de arcos tomando como centros

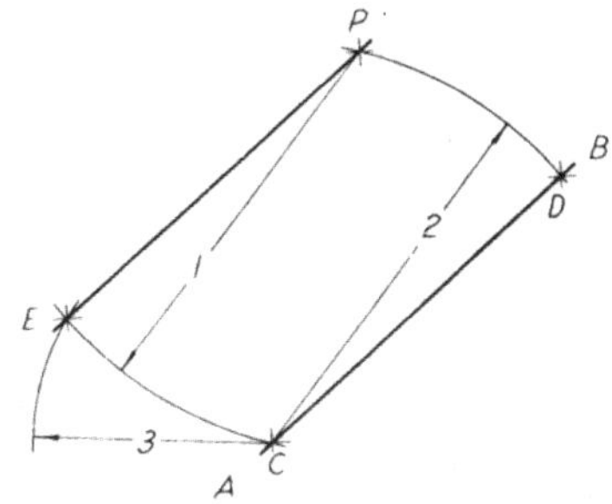

Fig. 3.91. Linhas paralelas. Dois pontos determinam a paralela.

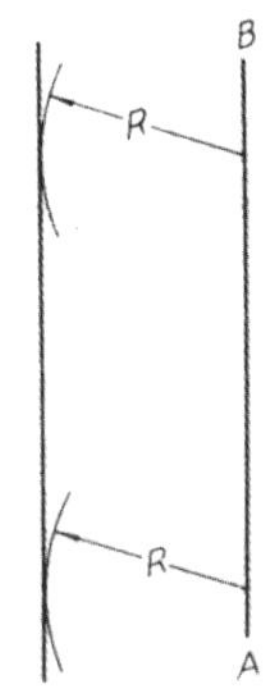

Fig. 3.92. Linhas paralelas. A paralela é traçada tangente a um par de arcos.

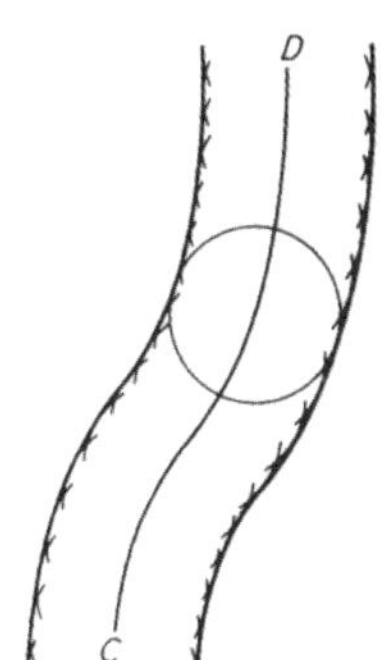

Fig. 3.93. Linhas paralelas curvas. As curvas são traçadas tangentes a arcos de circunferência.

vários pontos sobre a linha. Traçar tangentes a esses arcos com uma curva francesa (ver Fig. 2.60).

77. Para traçar por um ponto uma perpendicular a uma reta dada (Fig. 3.94)

Com centro em P e raio R_1 arbitrário, traçar um arco de circunferência que intersecione a linha dada em A e B. Com qualquer raio R_2 arbitrário e com centros em A e B, traçar arcos que se cortam em Q. A perpendicular desejada é PQ, sendo S o ponto de interseção da perpendicular e da linha dada.

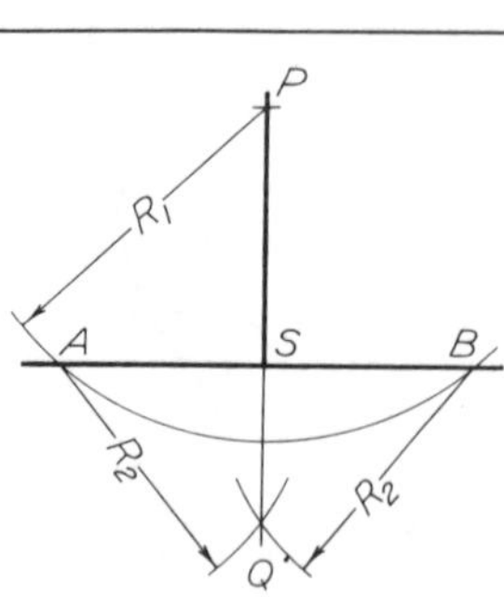

Fig. 3.94. Perpendicular que parte de um ponto exterior. Raios iguais determinam a perpendicular.

78. Para levantar pelo ponto de uma reta dada uma perpendicular à mesma

Primeiro método (Fig. 3.95). Com centro no ponto P e um raio R_1 arbitrário, traçar arcos de circunferência, localizando sobre a reta dada os pontos A e B eqüidistante de P. Com um raio R_2 arbitrário, maior do que R_1, e com centros em A e B, traçar arcos que vão se cortar em Q. PQ é a perpendicular desejada.

Segundo método (Fig. 3.96). Com um centro C arbitrário e raio CP, traçar um arco pouco maior do que um semicírculo que vai cortar a linha dada em A. Ligar os pontos A e C e prolongar até encontrar o arco de circunferência em Q. PQ é a perpendicular desejada.

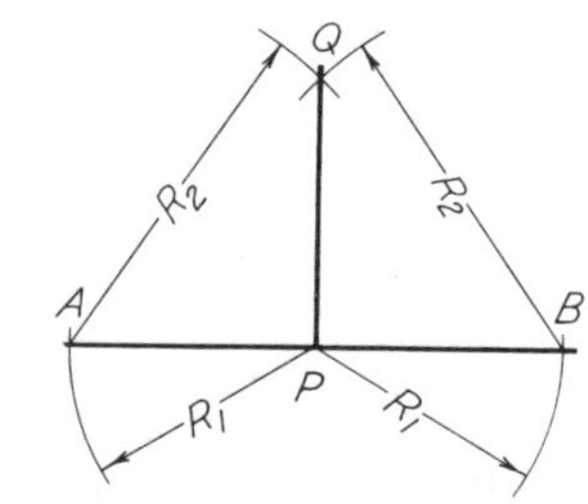

Fig. 3.95. (à esquerda) . Perpendicular que parte de um ponto sobre uma linha. Raios iguais determinam um ponto sobre a perpendicular.

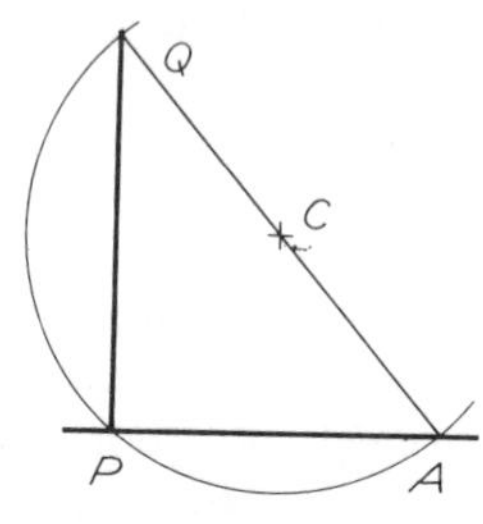

Fig. 3.96. Perpendicular que parte de um ponto sobre uma linha. Geometricamente, cordas perpendiculares a uma circunferência determinam esta solução.

79. Para traçar uma tangente a uma circunferência em um ponto sobre a circunferência (Fig. 3.97)

Sendo dado o arco ABC para traçar uma tangente no ponto C, determinar o diâmetro prolongado CD e localizar o ponto M. Então, com um raio qualquer R_1 arbitrário, localizar o ponto P eqüidistante de C e M. Com centro em P e o mesmo raio R_1, traçar um arco um pouco

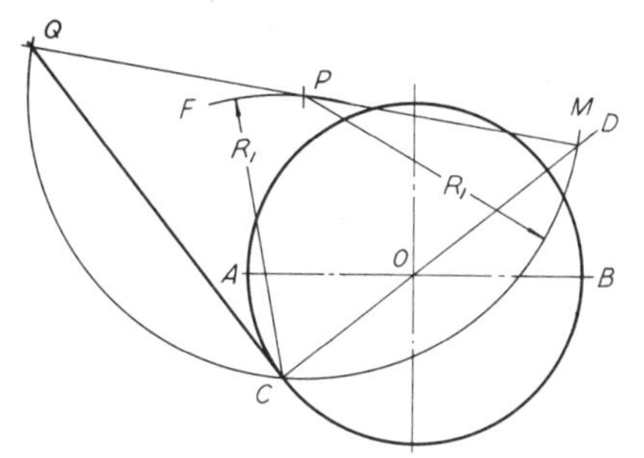

Fig. 3.97. Traçado de uma tangente a um ponto sobre uma circunferência. Esta solução determina duas cordas em ângulo reto de uma circunferência. Uma corda passa pelo centro da curva dada.

maior do que um semicírculo determinando a linha *MPQ*. A linha *QC* é uma tangente à circunferência no ponto *C*.

80. Para traçar uma tangente a uma circunferência a partir de um ponto exterior (Fig. 3.98)

Ligar o ponto *P* com o centro da circunferência *O*. Traçar a bissetriz perpendicular de *OP* e que vai interceptar esta em *D*. Com centro em *D*, traçar um semicírculo. Sua interseção com a circunferência dada é o ponto de tangência. Traçar a linha tangente a partir de *P*.

81. Para traçar uma tangente a duas circunferências

Primeiro caso: correia aberta (Fig. 3.99). Com centro em *O*, traçar uma circunferência com raio $R_1 - R_2$. A partir de *P*, traçar uma tangente a essa circunferência pelo método da Fig. 3.98. Alongar *OT* até T_1 e traçar PT_2 paralela a OT_1. Ligar T_1 e T_2, que é a tangente pedida.

Segundo caso: correia cruzada (Fig. 3.100). Desenhar *OA* e O_1B perpendicular a OO_1. A partir de *P*, onde *AB* cruza OO_1, localizar as tangentes como na Fig. 3.98.

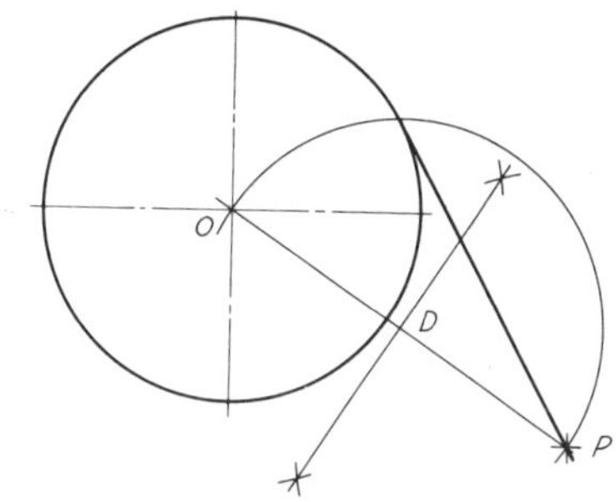

Fig. 3.98. Traçado de uma tangente que parte de um ponto exterior. Aqui, como na Fig. 3.97, cordas perpendiculares determinam a solução.

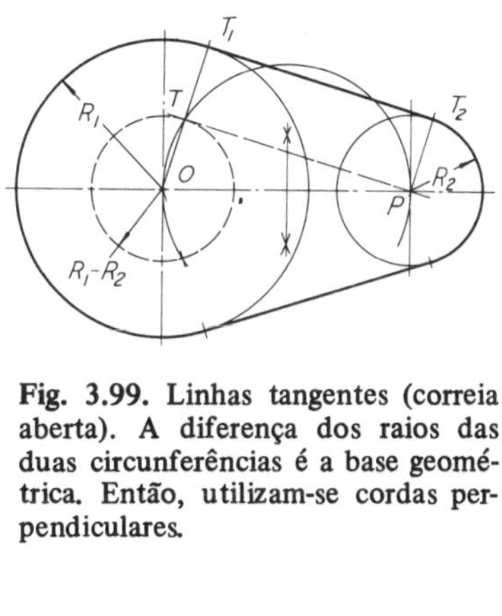

Fig. 3.99. Linhas tangentes (correia aberta). A diferença dos raios das duas circunferências é a base geométrica. Então, utilizam-se cordas perpendiculares.

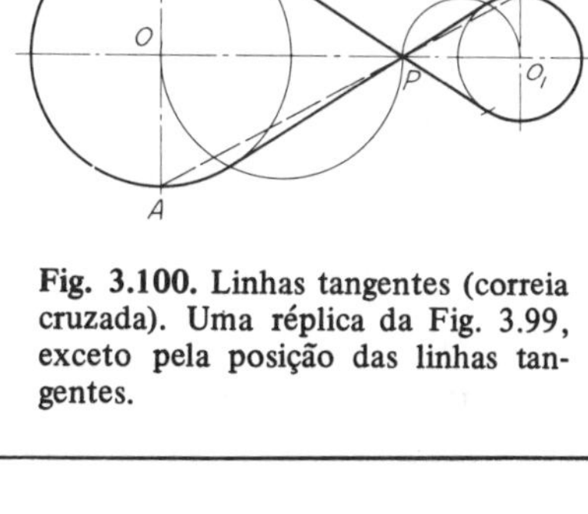

Fig. 3.100. Linhas tangentes (correia cruzada). Uma réplica da Fig. 3.99, exceto pela posição das linhas tangentes.

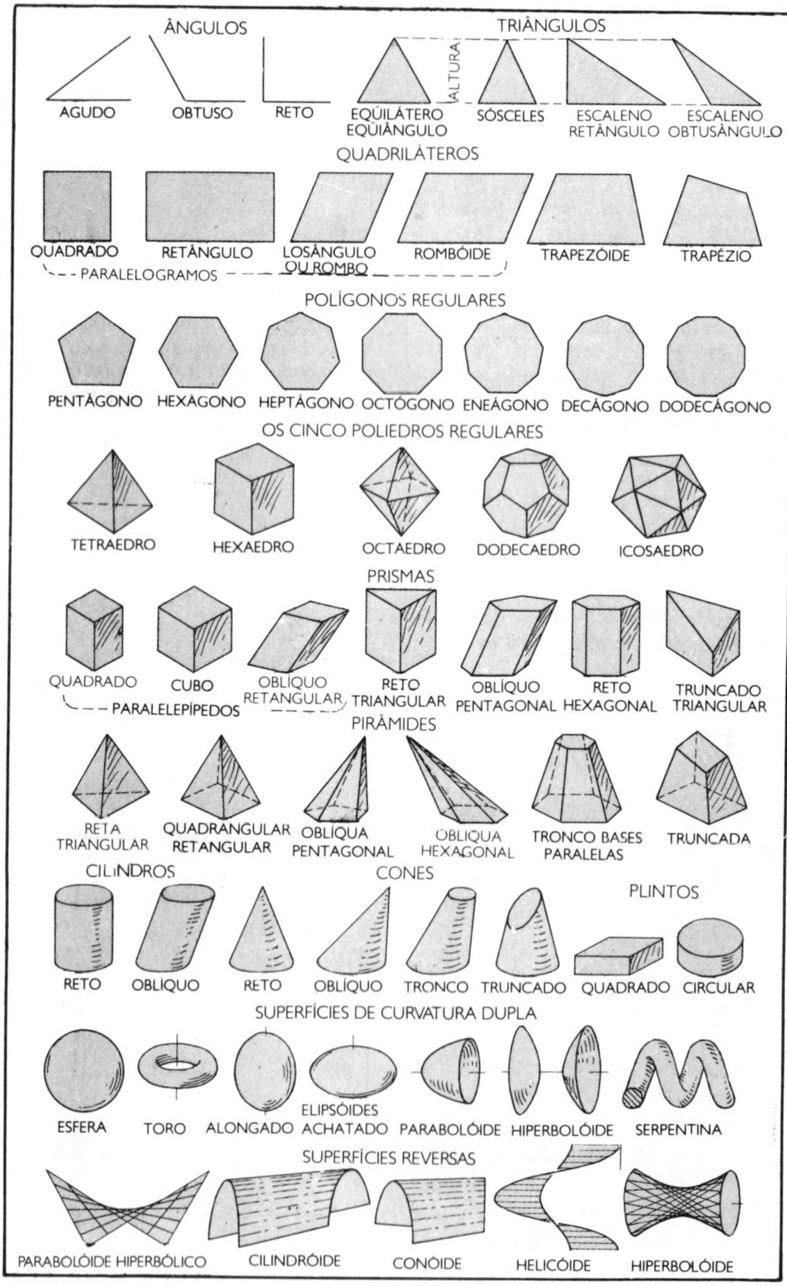

Fig. 3.101. Formas geométircas. Estas figuras planas, sólidos e superfícies devem ser estudadas e lembradas.

PROBLEMAS

É necessário que tanto nos exercícios de desenho como nas soluções que os problemas de geometria sejam traçados com a máxima precisão. Deve-se manter o lápis bem apontado e usar traços razoavelmente finos.

Grupo 1. Linhas e figuras planas.

1. Traçar uma horizontal de 115 mm de comprimento no centro da folha e dividi-la em sete partes iguais pelo método da Fig. 3.27.

2. A uma distância de 25 mm da margem esquerda da folha, traçar uma linha vertical com 92 mm de comprimento. Dividi-la em partes proporcionais a 1, 3, 5 e 7.

3. Construir um polígono como está mostrado na ilustração do problema, traçando uma linha horizontal *AK* (de comprimento indefinido) 15 mm acima da margem inferior da folha. A partir de *A*, traçar e medir *AB*. Proceder da mesma maneira para os outros lados. Todos os ângulos podem ser obtidos através das combinações adequadas de dois esquadros (ver Figs. 2.28 e 2.29).

4. Traçar uma reta *AK* formando um ângulo de 15° com a horizontal. Com esta linha como base, copiar o polígono do Problema 3.

5. Traçar um hexágono regular de modo que a distância entre os vértices opostos seja de 100 mm.

6. Traçar um hexágono regular cujo diâmetro da circunferência inscrita seja de 80 mm.

7. Traçar um dodecágono regular cuja distância dos lados opostos seja de 80 mm.

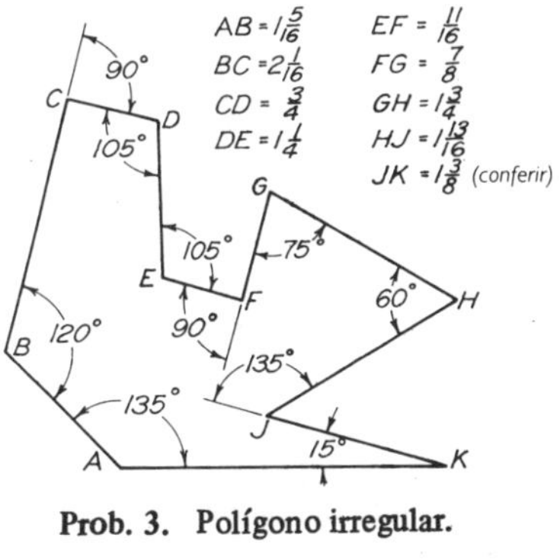

Prob. 3. Polígono irregular.

Grupo 2. Problemas sobre tangentes.

8. Desenhar a placa de cavilha em ressalto.

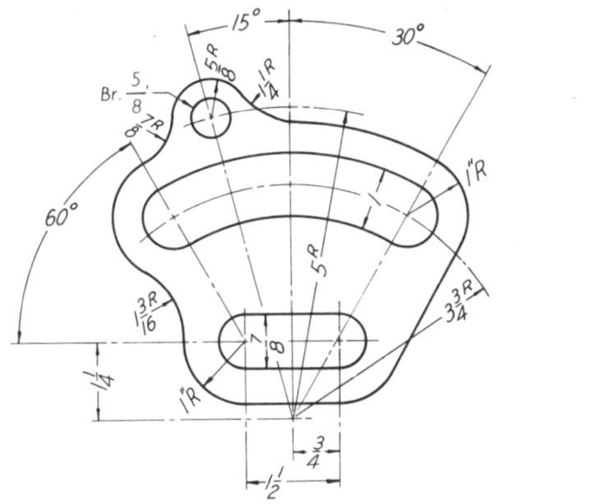

Prob. 8. Placa de cavilha em ressalto.

9. Traçar duas linhas *AB* e *AC* formando entre si um ângulo de 30°. Situar o ponto *P*, 100 mm, a partir de *A* e 50 mm a partir da linha *AB*. Traçar dois arcos de circunferência com centro em *P*, um tangente à linha *AB* e outro à linha *AC*. Traçar, então, linhas tangentes aos lados opostos dos arcos passando através do ponto *A*. Localizar todos os pontos tangentes graficamente.

10. Construir uma curva reversa unindo duas retas paralelas *AB* e *CD* como na Fig. 3.18, fazendo X = 100 mm, Y = 65 mm e BE = 75 mm. Considerar esta, como o eixo de um vergalhão de 30 mm de diâmetro, e desenhar o vergalhão.

11. Desenhar o perfil de um suporte. Na parte superior reversa, os raios R_1 e R_2 são iguais. Na inferior, R_3 é duas vezes maior do que R_4.

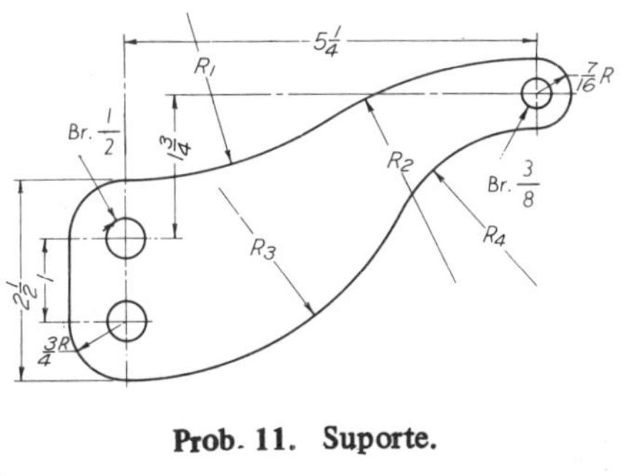

Prob. 11. Suporte.

12. Traçar um arco de uma circunferência com raio de 85 mm, com seu centro a 15 mm da margem superior e a 30 mm da margem esquerda. Determinar graficamente o comprimento do arco que corresponde ao ângulo de 60°; determinar o comprimento aritmeticamente e verificar o resultado.

13. Vista de frente de uma arruela. Desenhar em metade do tamanho.

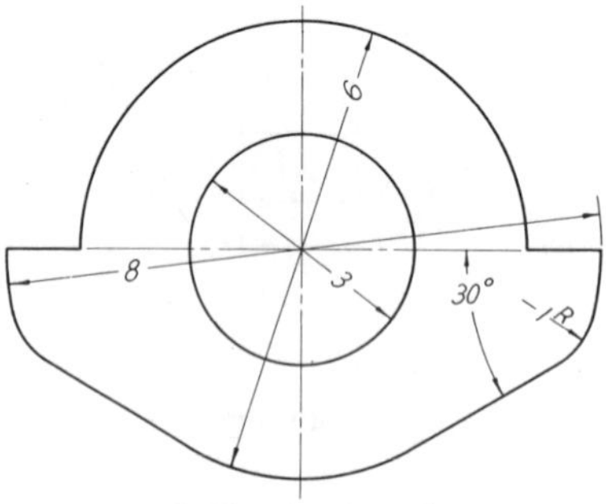

Prob. 13. Arruela.

14. Vista de frente de um calço. Desenhar em tamanho natural.

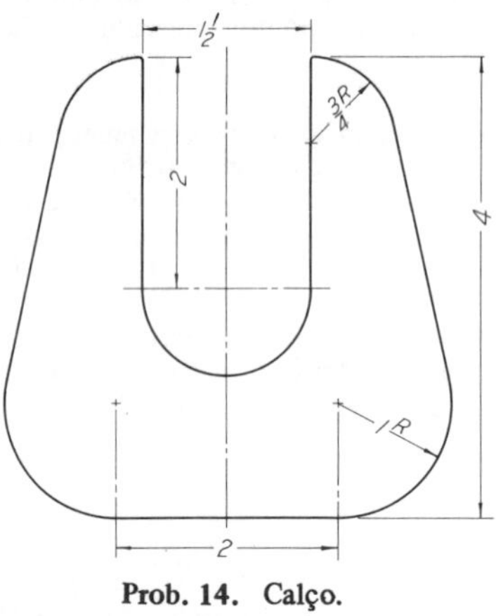

Prob. 14. Calço.

15. Vista de frente de uma guia de plaina. Desenhar em tamanho natural.

16. Vista de frente de um manípulo em estrela. Raio da circunferência circunscrita: 60 mm. Diâmetro do corpo: 63 mm. Diâmetro do furo: 19 mm. Raio das pontas: 95 mm. Raio dos filetes: 9,5 mm. Marcar a lápis os pontos de tangência.

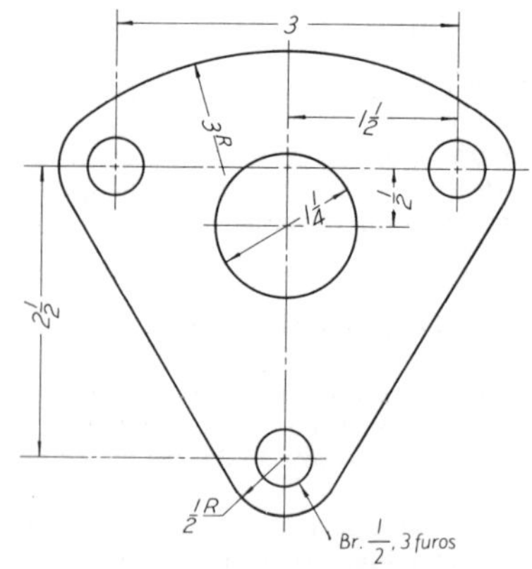

Prob. 15. Guia de plaina.

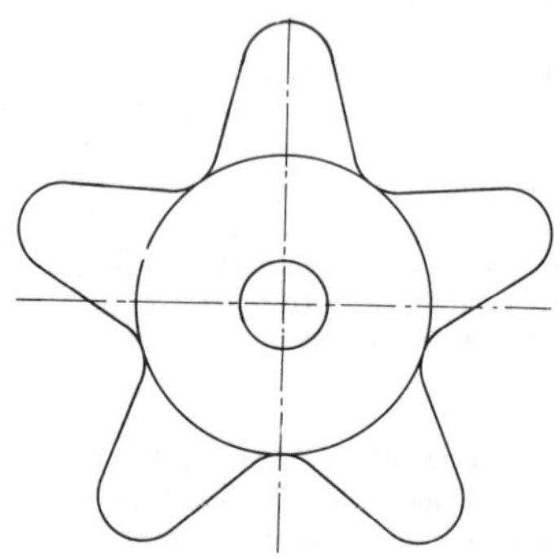

Prob. 16. Manípulo em estrela.

17. Vista de frente da roda dentada. Diâmetro exterior: 120,5 mm. Diâmetro da circunferência primitiva: 101,5 mm. Diâmetro da circunferência interior: 82,5 mm. Furo central: 32 mm. Espessura do dente na circunferência primitiva: 14 mm. Ranhuras do furo central: 63 mm de

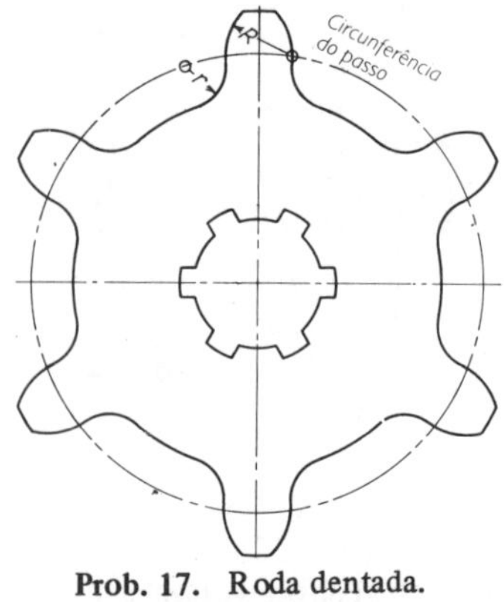

Prob. 17. Roda dentada.

largura por 32 mm de profundidade. Marcar a lápis os pontos de tangência. Ver glossário para os termos.

18. Vista de frente de um ventilador. Desenhar em tamanho natural.

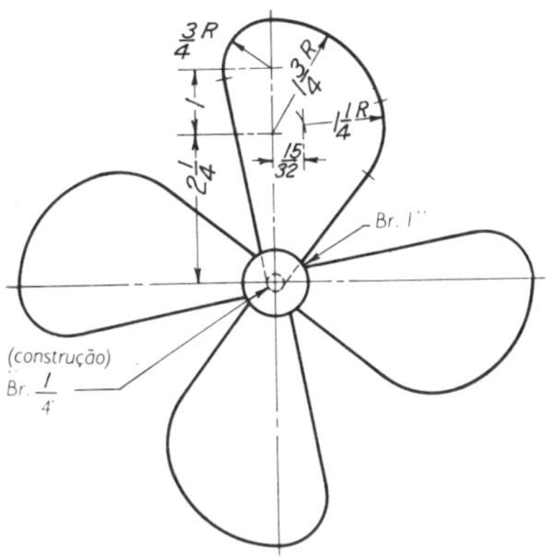

Prob. 18. Ventilador.

19. Vista de frente de uma placa de nível. Desenhar em tamanho natural.

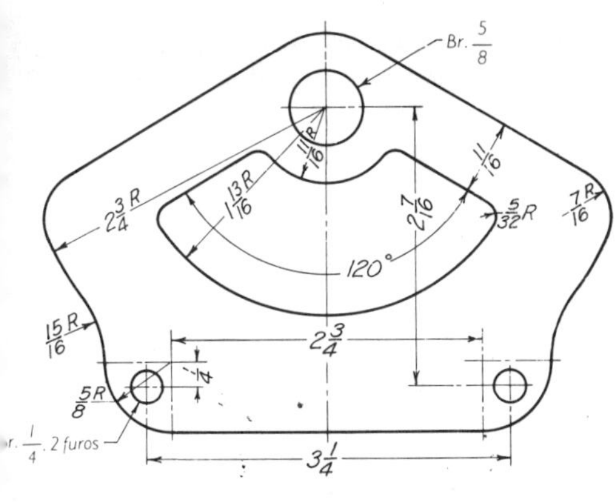

Prob. 19. Placa de nível.

20. Vista de frente de um olhal. Desenhar em tamanho natural.

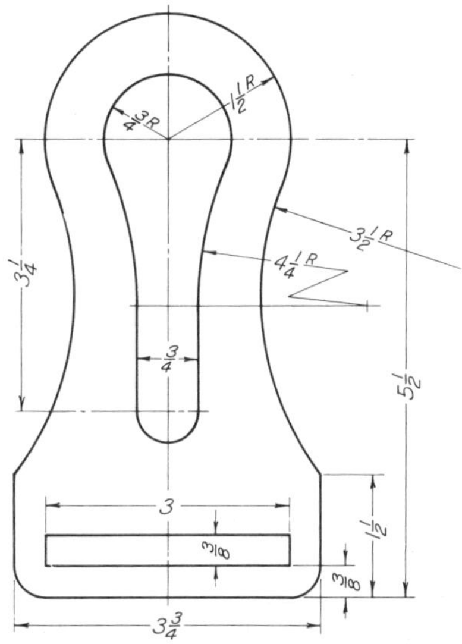

Prob. 20. Olhal.

21. Vista de frente de uma peça estampada. Desenhar em tamanho natural.

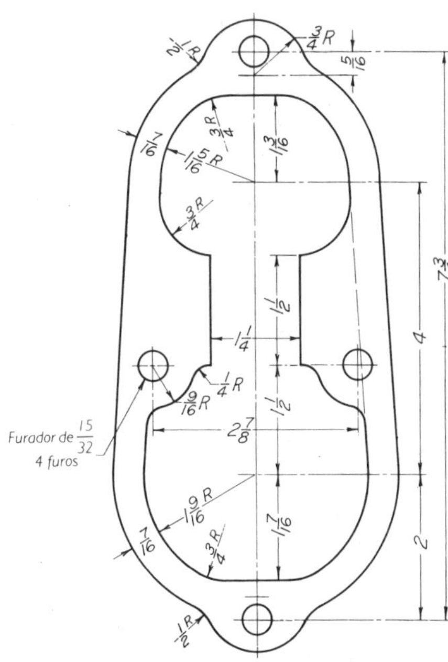

Prob. 21. Peça estampada.

22. Vista de frente de uma fechadura com ranhura. Desenhar em tamanho natural.

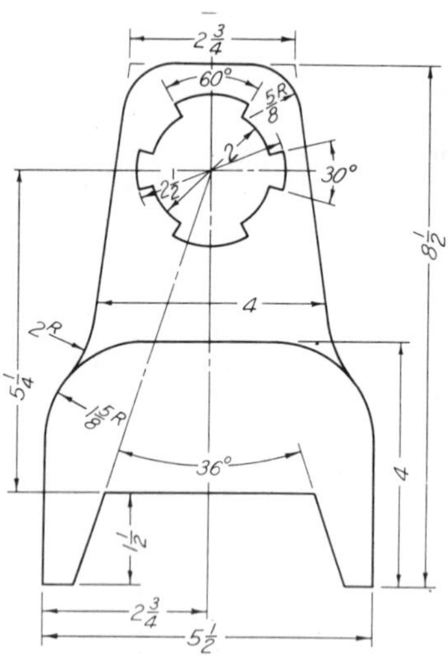

Prob. 22. Fechadura com ranhura.

23. Vista de frente de uma placa de calibre. Desenhar em tamanho natural.

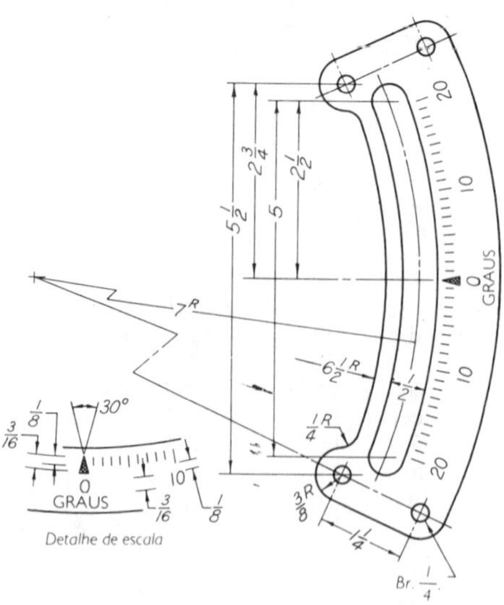

Prob. 23. Placa de calibre.

24. Desenho de um tubo calefator. Desenhar em duas vezes o tamanho.

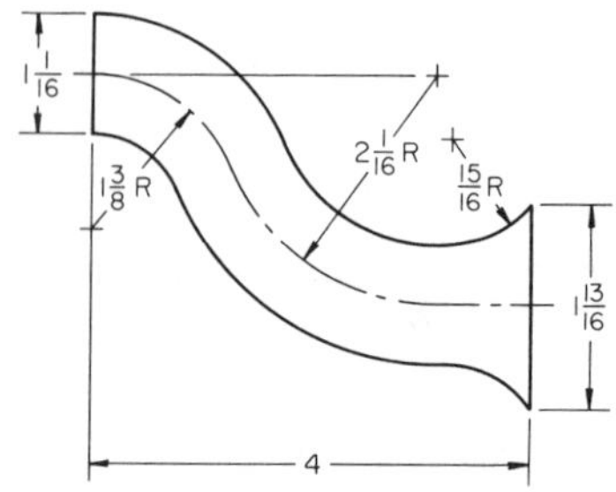

Prob. 24. Tubo calefator.

25. Desenho de um contorno de orifício de exaustão. Desenhar em duas vezes o tamanho.

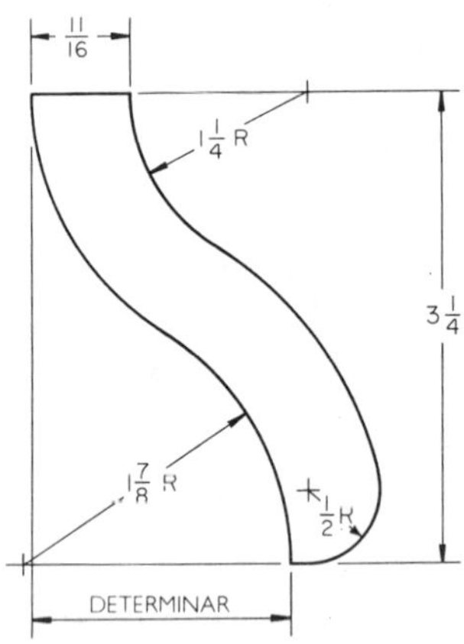

Prob. 25. Contorno de orifício de exaustão.

26. Desenho de uma mola para chave automática. Usar a escala decimal e desenhar em 20 vezes o tamanho.

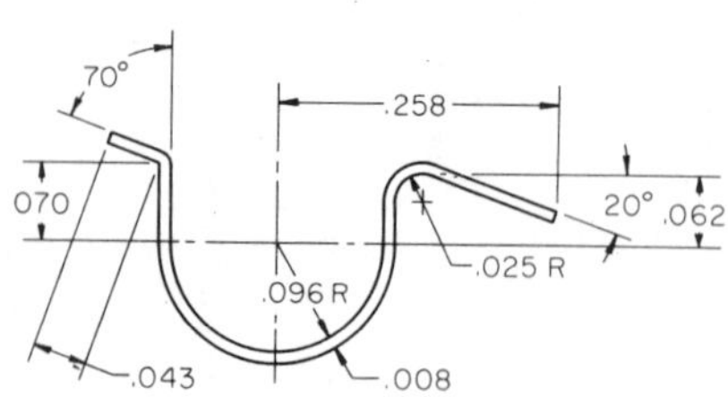

Prob. 26. Mola para chave automática.

27. Desenho de uma polia de mancal. Desenhar em tamanho natural.

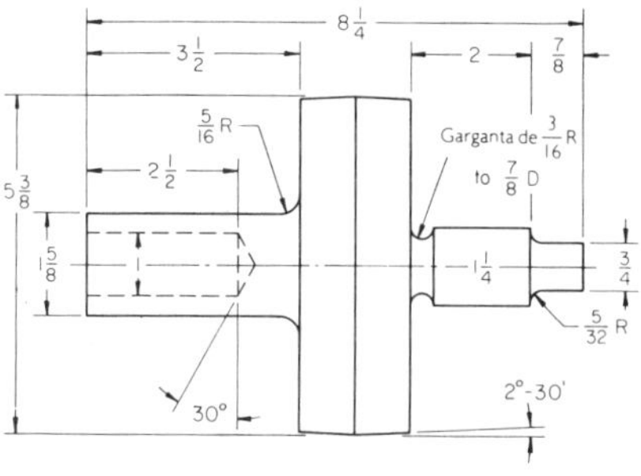

Prob. 27. Polia de mancal.

28. Desenho de um came para controle do tipo A. Marcar o contorno do came a partir das coordenadas polares dadas. Usar a escala decimal e desenhar em cinco vezes o tamanho.

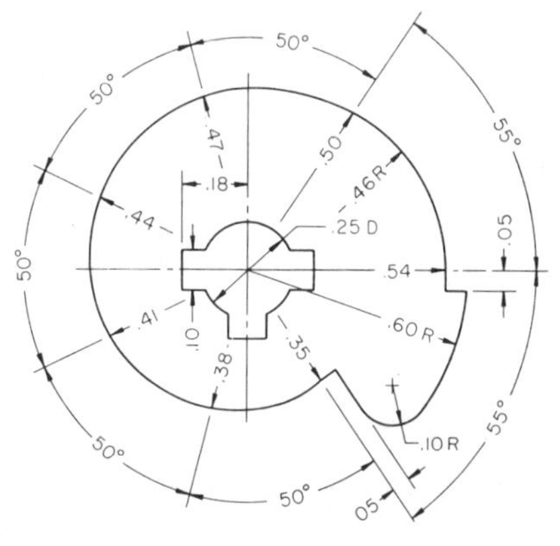

Prob. 28. Came para controle do tipo A.

Grupo 3. Curvas planas.

29. Os diâmetros conjugados de uma determinada elipse medem 65 mm e 100 mm, e fazem entre si um ângulo de 60º. Construir os diâme-

30. Usando o método do alfinete e barbante, desenhar uma elipse tendo um diâmetro maior de 150 mm e um diâmetro menor de 110 mm.

31. Usando o método do instrumento de traçar elipses, desenhar uma elipse tendo um diâmetro maior de 115 mm e um diâmetro menor de 75 mm.

32. Usando o processo de tira de papel, traçar uma elipse tendo um diâmetro maior de 110 mm e um menor de 100 mm.

33. Usando o método da circunferência concêntrica, traçar uma elipse tendo um diâmetro maior de 115 mm e um menor de 40 mm.

34. Traçar uma elipse com o diâmetro maior de 100 mm. Um ponto na elipse está a 40 mm à esquerda do diâmetro menor e 20 mm acima do diâmetro maior.

35. Traçar uma elipse tendo o diâmetro menor de 550 mm e uma distância de 800 mm entre os focos. Traçar uma tangente em um ponto a 350 mm à direita do diâmetro menor.

36. Traçar uma elipse cujo diâmetro maior seja de 100 mm. Traçar uma tangente à elipse que intersecionará o diâmetro menor a 45 mm do centro, em um ângulo de 60º.

37. Traçar um arco de cinco centros com um vão de 130 mm e uma flecha de 50 mm.

38. Traçar uma elipse tendo diâmetros conjugados de 120 mm e 75 mm e que formem entre si um ângulo de 75º. Determinar os diâmetros maior e menor.

39. Traçar os diâmetros maior e menor de uma elipse cujos diâmetros conjugados formem entre si um ângulo de 60º, sendo um horizontal de 160 mm de comprimento e o outro de 80 mm de comprimento.

40. Usando o método das circunferências, traçar uma elipse que tenha diâmetros conjugados, formando um deles um ângulo de 15º com o horizontal e tendo 150 mm de comprimento, e o outro formando um ângulo de 60º com o primeiro diâmetro e com 65 mm de comprimento.

41. Usando o processo do triângulo, traçar uma elipse cujos diâmetros conjugados formem entre si um ângulo de 60º, o horizontal com 150 mm de comprimento e o outro com 100 mm de comprimento.

42. Usando o método do triângulo, traçar uma elipse que tenha os diâmetros conjugados fazendo um ângulo de 45º, um deles formando um ângulo de 15º com o horizontal e com 150 mm de comprimento, e o outro com 75 mm de comprimento.

43. Traçar uma parábola, de eixo vertical, em um retângulo de 100 mm por 50 mm.

44. Traçar um arco parabólico, com um vão de 150 mm e uma flecha de 65 mm, usando o método das coordenadas, dividindo a metade do vão em oito partes iguais.

45. Traçar uma hipérbole eqüilateral passando por um ponto *P*, que diste 12 mm de *OB* e 65 mm de *OA*. (As letras de referência correspondem à Fig. 3.83).

46. Traçar duas voltas de uma espiral de 5 centros cuja circunferência circunscrita tenha 12,5 mm de diâmetro.

47. Traçar uma meia-volta da curva evolvente de um círculo de 82 mm de diâmetro cujo centro está a 25 mm da margem esquerda. Calcular o comprimento da última tangente e comparar com o comprimento desenhado.

48. Traçar uma espiral de Arquimedes fazendo uma volta, em uma circunferência de 100 mm de diâmetro.

49. Traçar uma ciclóide cujo círculo móvel tenha 50 mm de diâmetro. Usar 12 divisões.

50. Traçar uma epiciclóide cujo círculo móvel tenha 50 mm de diâmetro rolando sobre uma circunferência com 380 mm de diâmetro.

51. Traçar a hipociclóide cujo círculo móvel 50 mm de diâmetro role dentro de uma circunferência com 380 mm de diâmetro. Usar 12 divisões.

52. Vista de frente de um came. Desenhar em tamanho natural.

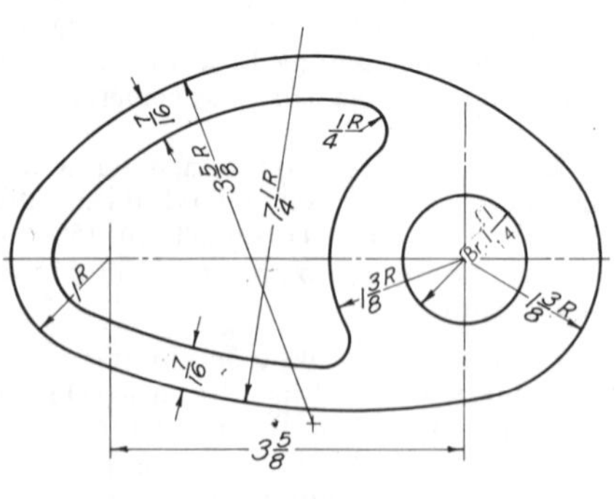

Prob. 52. Vista de frente de um came.

53. Vista de frente de um suporte de ventilador. Desenhar em tamanho natural.

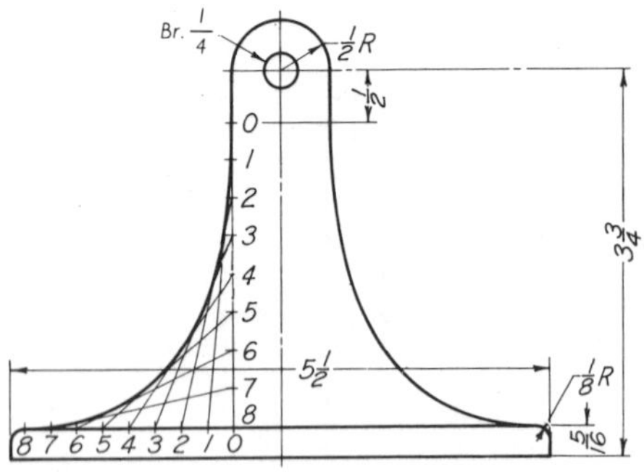

Prob. 53. Suporte de ventilador.

54. Vista de frente de uma alavanca de desengate. Desenhar em metade do tamanho. (ilust. pág. seguinte).

Grupo 4. Problemas para calculadora e tabelas matemáticas.

55. Encontrar a altura de um triângulo eqüilátero cujos lados medem cada um 100 mm.

56. Encontrar o valor correspondente a uma terça parte do ângulo de 231º 4'2".

57. Um tanque tem 780 mm de diâmetro e 520 mm de comprimento. Encontrar a capacidade em litros.

58. Uma barra de aço laminada a frio tem 960 mm de comprimento. Qual o seu peso em libras? Em gramas?

59. Uma circunferência de 320 mm de diâmetro que é usada como alvo para aparelhos óticos deve ser comparada em área com uma lente de 80 mm de diâmetro. Qual a percentagem da área da lente para a área do alvo?

60. Um míssil guiado é lançado, atinge seu alvo a 841 milhas de distância, e durante o vôo alcança uma altitude de 91 milhas. Calcular essas distâncias em quilômetros.

61. Encontrar um lado de um quadrado cuja área equivalente é uma circunferência de 6 3/8 polegadas de diâmetro. Dar a resposta em centímetros.

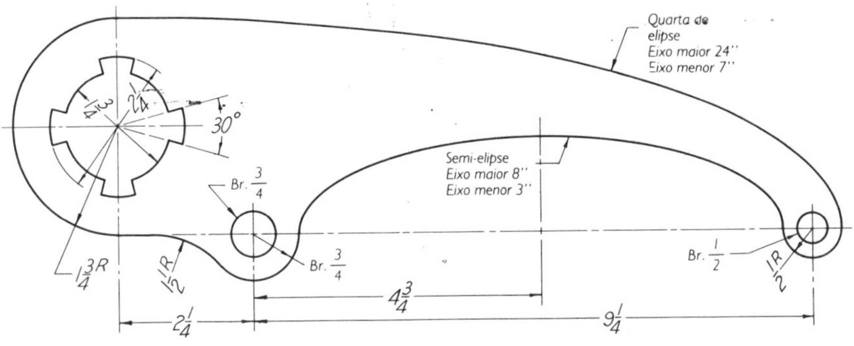

Prob. 54. Alavanca de desengate.

62. Uma elipse tem um eixo maior de 14 polegadas e um menor de 8 ½ polegadas. A que distância do centro geométrico estão os focos? Qual a distância equivalente em centímetros?

63. Uma determinada pressão é registrada por uma coluna de água de 2 pés e 4 ½ polegadas de altura. Qual a pressão equivalente em polegadas de mercúrio?

64. Encontrar a área de um pedaço de terra, representado por um transversal que é um triângulo eqüilátero com cada lado, medindo 228 pés e 4 polegadas de comprimento. Responder em milhas quadradas. Calcular também a área em quilômetros.

65. Um quadrado está inscrito em um círculo de 100 mm de diâmetro. Qual a área do quadrado?

66. Um triângulo eqüilátero está inscrito em um círculo de 230 mm. Qual é a soma dos lados do triângulo? Qual a circunferência do círculo? Qual a área do triângulo e do círculo?

67. Uma barra de cobre cilíndrica com 50 mm de diâmetro e 1320 mm de comprimento deve ser equilibrada em peso por um cubo de alumínio. Qual o tamanho do cubo?

68. Se uma barra cilíndrica de aço com 50 mm de diâmetro e 675 mm de comprimento tivesse que ser substituída por uma barra de baquelite, qual seria a diferença em peso?

69. Uma abertura circular de 6 polegadas de diâmetro deve ser substituída por aberturas com 70 cm de diâmetro. Quantas aberturas teriam que ser usadas para dar uma área equivalente?

70. Um cubo de alumínio de $3^1/_8$ polegadas deve ser substituído por um de aço. Qual a diferença percentual em peso?

71. Um tanque vertical de água de 4 pés quadrados tem capacidade de 980 galões. Qual a pressão, por polegada quadrada, no fundo do tanque de água?

4

LETRAS E ALGARISMOS

A representação e a especificação gráficas por inteiro demandam uma complementação em palavras.

Letras de traço simples • Proporções • Pautas • Letras traçadas a lápis • Letras maiúsculas verticais • Seqüência dos traços • Letras minúsculas verticais • Letras inclinadas • Composição • Legendas • Letras traçadas a lápis e a tinta • Outros estilos de letras • Problemas.

1. Letras e algarismos: complementação dos desenhos com palavras

A representação gráfica da forma de uma peça, máquina ou estrutura constitui um aspecto das informações necessárias para a sua construção. A fim de completar a descrição, devem-se acrescentar as dimensões cotadas, dados pertinentes ao material e ao acabamento e uma legenda descritiva — tudo em letreiros traçados à mão livre, num estilo perfeitamente legível, uniforme e de rápida execução. No que se refere à apresentação visual de um desenho, os letreiros são a parte mais importante. Mas, a utilidade de um desenho também pode ser destruída por um letreiro feito sem inteligência ou cuidado, pois números ilegíveis podem levar a erros na execução do projeto.

Num sentido mais amplo, a execução de letras e algarismos é um ramo do desenho. As pessoas interessadas em seu estudo dividem-se em duas classes gerais: aquelas que usam letras e palavras para transmitir informações relativas aos desenhos e as que utilizam letreiros no desenho artístico; por exemplo, os estudantes de belas-artes, os artistas e os artífices. Os primeiros preocupam-se principalmente com a clareza e a rapidez, os últimos com a beleza da forma e a composição. Em nosso estudo do desenho técnico preocupamo-nos apenas com os problemas do primeiro grupo. O estudante de engenharia aprende o desenho de letras, como uma primeira tarefa de sua atividade na área da expressão gráfica e continua a praticá-lo ao longo do curso, crescendo sempre mais em habilidade e eficiência.

2. Letras de traço simples

É indiscutível que a maior parte dos letreiros vistos em desenhos é feita com letras rápidas de traços simples, quer verticais, quer inclinados e todo engenheiro deve ter domínio absoluto sobre esses estilos. A capacidade para fazer bons letreiros só pode ser adquirida pela prática contínua e cuidadosa; pode ser obtida, entretanto, por qualquer pessoa que tenha um controle normal dos músculos dos dedos e que pratique com perseverança e inteligência, dando-se ao trabalho de observar minuciosamente, ao traçá-las, a forma das letras, a seqüência de traços e as regras de sua composição. Não é esta uma questão de talento artístico ou mesmo de destreza manual. Inúmeras pessoas cuja grafia é má, desenham bem letras e algarismos.

As expressões "traço simples" ou "traço único" não significa que a letra inteira seja feita sem levantar o lápis ou a pena, mas que a espessura do traço do lápis ou da pena é igual a espessura dos traços da letra.

3. Proporções gerais

As proporções das letras não são padronizadas, mas há certas regras básicas quanto ao seu traçado e certas características, próprias de cada letra, que devem ser aprendidas mediante estudo e observação, antes de se tentar fazer uma composição com palavras e frases. Não apenas a largura das letras varia dentro do mesmo alfabeto, desde o *I*, a mais estreita, até o *W*, a mais larga, mas também os diferentes alfabetos, como um todo, variam. Os estilos considerados apertados quanto à proporção da largura em relação à altura são chamados tipo ou ultra compressed e são usados quando o espaço é limitado. Os estilos mais amplos que o normal são conhecidos por estilos tipo mais largo.

A proporção da espessura do traço para a altura varia bastante, abrangendo de $^1/_3$ a $^1/_{20}$. As letras de traço encorpado chamam-se bold, as de traços finos chamam-se tipo light.

4. A regra de estabilidade

No traçado das letras, levar-se-á em consideração a conhecida ilusão de ótica, segundo a qual uma linha horizontal situada no meio de um retângulo aparenta estar mais abaixo. Para darem uma impressão de equilíbrio, certas letras como *B, E, K, S, X* e *Z* e os algarismos *3* e *8* devem ser desenhados com a parte superior menor que a inferior. Para experimentar o efeito dessa ilusão, inverta-se uma página impressa e observe-se as letras mencionadas.

5. Pautas

As pautas da base e da parte superior das letras sempre devem ser traçadas levemente, com um lápis afiado. A Fig. 4.1 ilustra um método para executar um certo número de pautas igualmente espaçadas. Traça-se a primeira pauta de base; ajusta-se então, o compasso de pontas secas à distância que se deseja entre as pautas de base e, a seguir, marcam-se tantos pontos quantas forem essas pautas. Marca-se acima da última letra, a altura desejada para as letras. Com a mesma abertura de compasso e partindo do ponto superior que assinala a altura das letras, executa-se novas marcações de cima para baixo, obtendo-se, assim, os

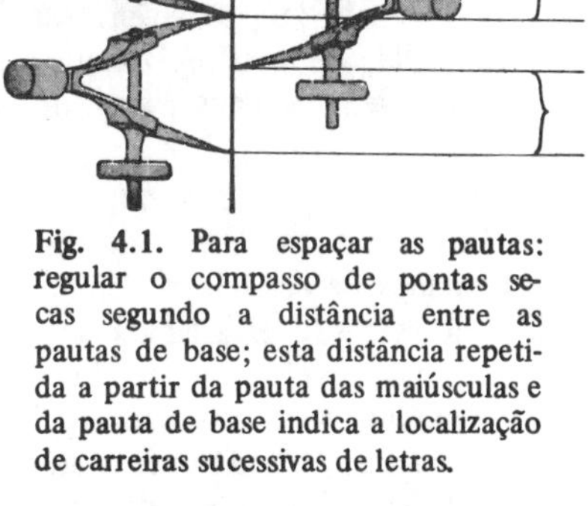

Fig. 4.1. Para espaçar as pautas: regular o compasso de pontas secas segundo a distância entre as pautas de base; esta distância repetida a partir da pauta das maiúsculas e da pauta de base indica a localização de carreiras sucessivas de letras.

pontos da pauta superior de cada carreira de letras.

O esquadro Braddock-Rowe (Fig. 4.2*a*) e o instrumento Ames para o traçado de letras (Fig. 4.2*b*) são instrumentos adequados para o espaçamento de pautas. Ao empregar esses instrumentos insere-se a ponta afiada de um lápis na fileira correta de furos escareados e o instrumento, guiado por uma régua T, é levado pelo lápis, num movimento de vaivém, conforme indica a Fig. 4.3. Os orifícios são agrupados para maiúsculas e minúsculas e os números indicam a altura das maiúsculas em $^{1}/_{32}$”. Assim, o espaço nº 6 do instrumento indica que as maiúsculas terão uma altura de $^{6}/_{32}$’ ou $^{3}/_{16}$’.

6. Letreiros a lápis

Uma técnica segura é tão essencial para a execução de letreiros quanto para o desenho. A qualidade do traçado de letras e algarismos é importante, quer apareça num desenho definitivo para reprodução por um dos processos de impressão usuais, quer em desenho a lápis a ser recoberto com nanquim. No primeiro caso, o traço a lápis deve ser nítido, limpo e opaco; no segundo, poderá ser mais leve. O lápis para traçar letras e algarismos deve ser escolhido com cuidado, depois de experimentado sobre o papel.

Em alguns casos, pode-se escolher o mesmo lápis usado no desenho; noutros, serão preferidos os de um grau ou dois mais macios. Aponta-se o lápis cortando a ponta em forma de um cone alongado e arredondando-se depois a mina de grafite levemente, na extremidade, de modo que não fique tão aguda como a que é usada para desenhar.

O primeiro requisito para o traçado de letreiros é a maneira correta de segurar o lápis ou caneta. A Fig. 4.4 ilustra o modo mais confortável de segurá-lo, com o polegar, o indicador e o médio apoiando-se sobre as faces alternadas do lápis e o anular e o mínimo, sobre o papel. Os traços

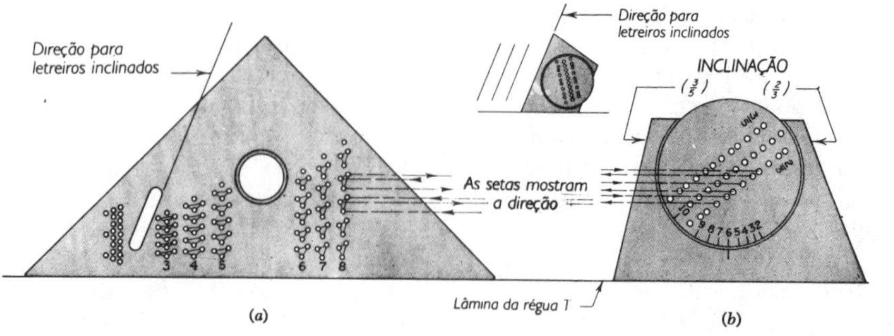

Fig. 4.2. (*a*) Esquadro Braddock-Rowe. Os grupos numerados de furos localizam a pauta das maiúsculas, das minúsculas (ver Fig. 4.18) e da base de carreiras sucessivas de letras. (*b*) Instrumento Ames para o traçado de letras. Um disco central, ajustado ao número correspondente à altura da letra, indica espaços iguais ou uma pauta de minúsculas de proporções 2:3 e 3:5 para carreiras sucessivas de letras.

verticais, os inclinados e os curvos são feitos com um movimento regular e uniforme dos *dedos*; os traços horizontais executa-se de modo semelhante, mas com

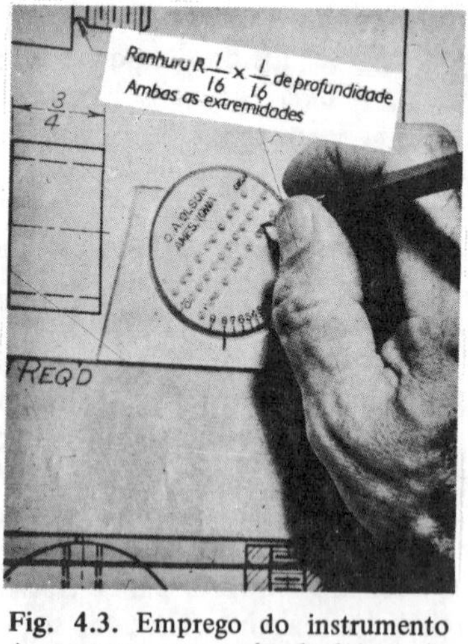

Fig. 4.3. Emprego do instrumento Ames para o traçado de letras. As linhas são traçadas à medida que o lápis desloca o instrumento ao longo da régua T (ou esquadro).

um movimento da mão girando sobre o pulso (Fig. 4.5). Faz-se uma pressão firme e uniforme sobre o lápis, mas sem calcá-lo a fim de não produzir sulcos sobre o papel. Para conservar a simetria da ponta, convém acostumar-se a girar o lápis após um certo número de traços.

7. Maiúsculas verticais de traço simples

A letra vertical de traço único, ou letra gótica comercial, constitui a letra padrão empregada em legendas, letras de referência, etc. A regra geral de proporcionalidade entre a altura e a largura das letras estabelece que, quanto menores forem as letras, tanto mais largas devem ser. A letra baixa e larga é mais legível que a estreita e alta, além de causar melhor impressão.

Para ser competente na execução de letreiros, é essencial conhecer a forma e as particularidades de cada letra. Embora o desenho de letras e algarismos deva se basear na cuidadosa observação de suas formas fundamentais, isto não significa dizer que os letreiros terão uma aparência despersonalizada. A marca individual no

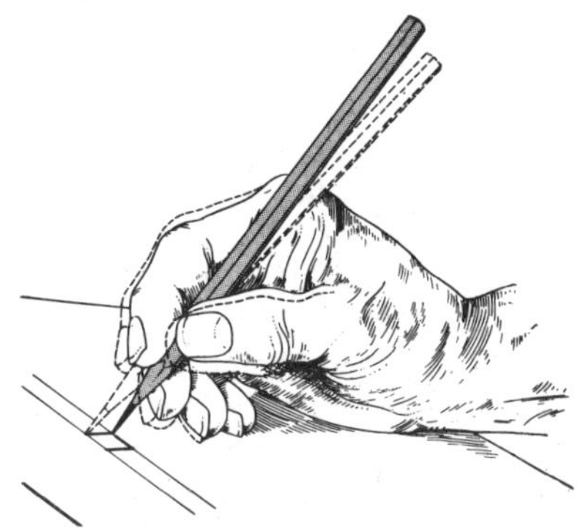

Fig. 4.4. Traços verticais. Executados inteiramente por um movimento dos dedos.

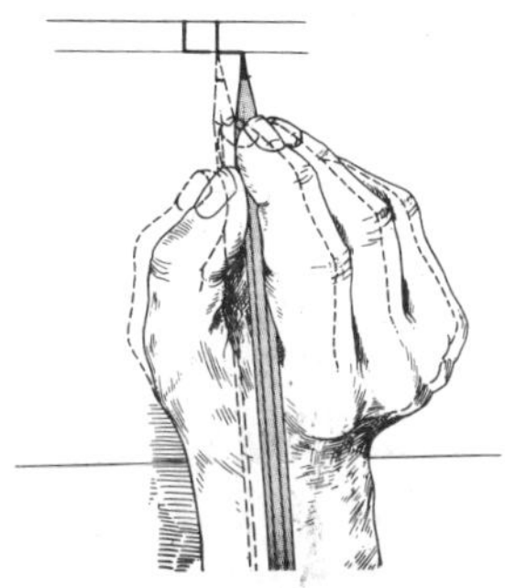

Fig. 4.5. Traços horizontais. Executados com um movimento giratório de toda a mão à altura do pulso; um discreto movimento dos dedos mantém o traço perfeitamente horizontal.

traçado de letras é, amiúde, quase tão acentuada como a que se revela na escrita normal.

8. Ordem dos traços

Nas ilustrações seguintes estão agrupadas em famílias as maiúsculas verticais ligeiramente alargadas, de um alfabeto. Deve-se estudar a forma de cada letra e a ordem e direção de seus traços constituintes, repetindo-a tantas vezes, quantas forem necessárias, para que sua forma e construção se tornem perfeitamente familiares. A prática inicial consistirá em traçar a lápis letras de grandes dimensões, talvez até 1 cm, a seguir menores e por último, em fazê-las diretamente à tinta.

Para evidenciar as proporções entre largura e altura e revelar as sutilezas da forma, as letras são apresentadas sobre um fundo quadrado dividido em quadrículas de lado igual a $^1/_{16}$ do lado maior. Diversas letras desse alfabeto, como *A* e *T*, enchem o quadrado; isto é, têm largura e altura iguais, enquanto outras, como *H* e *D*, têm aproximadamente 5 espaços de largura, ou seja, sua largura equivale a $^5/_6$ de sua altura. *Estas proporções devem ser aprendidas visualmente* para que as letras de alturas diferentes possam ser traçadas, sem hesitação, em sua proporção justa.

O grupo I–H–T (Fig. 4.6). A letra *I* é o traço fundamental. Pode-se encontrar dificuldade em manter as hastes verticais. Se for assim, traçar pautas leves, em sentido vertical, afastadas cerca de 2,5 cm, como orientação. O *H* é quase quadrado ($^5/_6$ de largura), e pela regra de estabilidade terá um traço horizontal imediatamente acima do centro. A horizontal do *T* é traçada em primeiro lugar, cobrindo toda a largura do quadrado, e a vertical começa exatamente no seu ponto médio.

O grupo L–E–F (Fig. 4.7). O *L* é feito em dois traços. Os dois primeiros traços do *E* são os mesmos do *L*. O terceiro ou superior é pouco mais curto que o inferior; o último tem $^2/_3$ do comprimento do inferior e está ligeiramente acima do centro. O *F* tem as mesmas proporções do *E*.

O grupo N–Z–X–Y (Fig. 4.8). Em geral, traça-se primeiro os lados paralelos do *N*, mas há quem prefira fazê-lo em traços consecutivos. O *Z* e o *X* são iniciados na parte superior do quadrado, onde são mais estreitos, atingindo embaixo toda a largura do quadrado. Isto faz com que o cruzamento do *X* se dê um

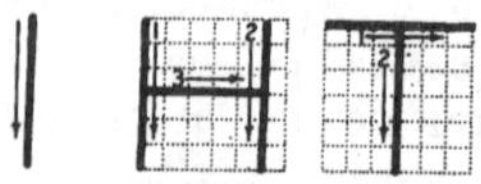

Fig. 4.6. Grupo *I-H-T*. Observar a direção dos traços horizontais e verticais básicos.

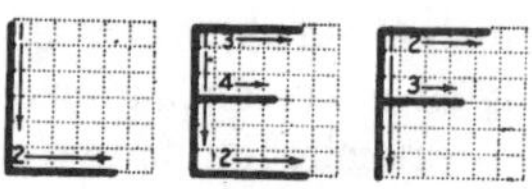

Fig. 4.7. Grupo *L-E-F*. Observar a ordem sucessiva dos traços.

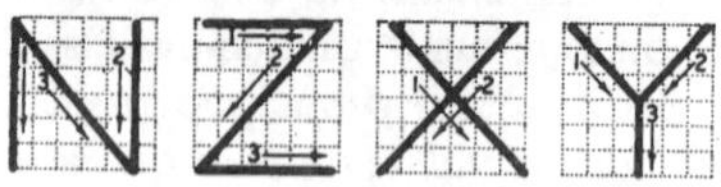

Fig. 4.8. Grupo *N-Z-X-Y*. Observar que o *Z* e o *X* são mais estreitos na parte superior do que na base, de acordo com a lei da estabilidade.

Fig. 4.9. Grupo *V-A-K*. A horizontal do *A* está 1/3 acima da base; o segundo e terceiro traços do *K* são perpendiculares um ao outro.

pouco acima do centro. O encontro dos traços do *Y* dá-se no centro.

O grupo V–A–K (Fig. 4.9). O *V* tem largura igual à do *A*, ou seja, toda a largura do quadrado. O traço horizontal do *A* é feito $^1/_3$ acima da base. O segundo traço do *K* atinge o traço vertical $^1/_3$ acima da base; o terceiro traço começa no segundo, e desce numa direção como se partisse da parte superior do traço vertical.

O grupo M–W (Fig. 4.10). São estas as letras mais largas. O *M* pode ser feito com traços consecutivos ou fazendo-se primeiro as duas verticais, como no *N*. O *W* é constituído de dois *VV* estreitos, tendo cada um $^2/_3$ da largura do quadrado. Note-se que em todas as letras pontiagudas a espessura da ponta é igual à do traço.

O grupo O–Q–C–G (Fig. 4.11). Neste grupo de letras largas, as letras da família do *O* são traçadas como as circunferências. A letra *O* é feita em duas partes, sendo o lado esquerdo um arco mais longo que o direito, por ser este mais difícil de traçar. A barra do *Q* deve ser reta ou quase reta. O *C* e o *G* de tamanho grande podem ser feitos com mais precisão com um traço adicional na parte superior, enquanto que nos pequenos se faz a curva de uma só vez (Fig. 4.19). Observe-se que a horizontal do *G* fica na metade da altura e não ultrapassa a vertical que passa pelo centro do quadrado.

O grupo D–U–J (Fig. 4.12). A linha superior e a inferior do *D* devem ser horizontais, regra comumente não observada pelos principiantes. A letra *U* de dimensões grandes se faz com dois traços paralelos, aos quais se junta a parte curva; nas

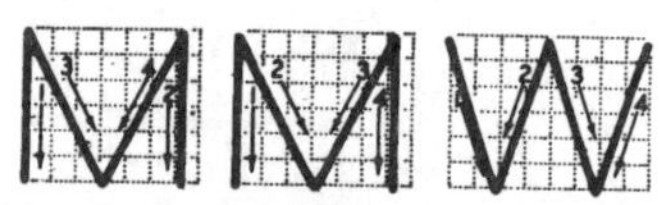

Fig. 4.10. Grupo *M-W*. A barra horizontal do *M* ultrapassa em 1/12 sua altura; a largura do *W* ultrapassa em 1/3 sua altura.

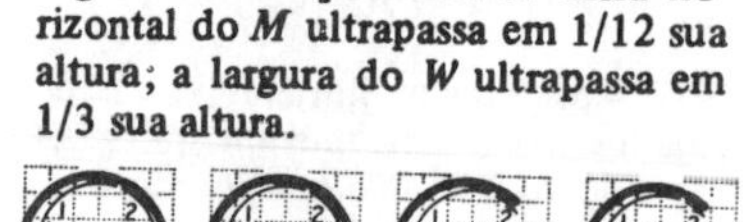

Fig. 4.11. Grupo *O-Q-C-G*. Todas as letras têm por base a circunferência.

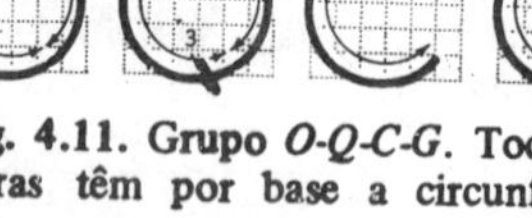

Fig. 4.12. Grupo *D-U-J*. Letras compostas por combinações de retas e curvas.

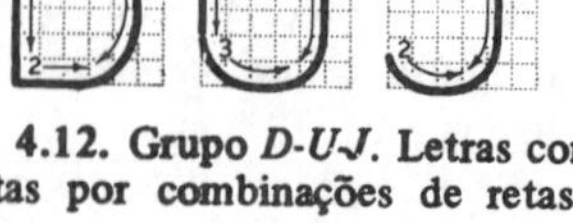

Fig. 4.13. Grupo *P-R-B*. Observar a regra de estabilidade aplicada ao *R* e ao *B*.

letras pequenas, o *U* pode ser feito com dois traços curvos que se encontram na parte inferior. O *J* se faz como o *U*, omitindo-se o primeiro traço.

O grupo P–R–B (Fig. 4.13). No caso das letras *P*, *R* e *B*, o número de traços depende do tamanho da letra. Nas letras grandes, traçam-se primeiro os traços horizontais e depois se juntam os curvos, mas nas pequenas os lobos são feitos de uma só vez. As linhas médias do *P* e do *R* estão sobre a linha central e a do *B* segue a regra da estabilidade.

O grupo S–8–3 (Fig. 4.14). O *S*, o *8* e o *3* são muito semelhantes na forma; deve observar-se com atenção a regra de estabilidade. A letra *S* de tamanho grande é feita em três traços enquanto que as menores, em dois; para as muito pequenas basta um traço. O *8* se faz, ou baseado na construção do *S* em três traços, ou decompondo as partes superior e inferior em quatro partes. De um *3* perfeito pode fazer-se um *8*.

O grupo 0–6–9 (Fig. 4.15). O algarismo *0* é uma elipse com $^5/_6$ da largura da letra *O*. O lado esquerdo do *6* e o direito do *9* têm a mesma curvatura do zero e os lobos têm pouco menos de $^2/_3$ da altura do número.

O grupo 2–5–7–& (Fig. 4.16). O segredo da construção do *2* consiste em se fazer a curva reversa cruzar pelo centro do quadrado. A base do *2* e o traço superior do *5* e do *7* devem ser retas horizontais. A perna do *7* termina, abaixo, exatamente na vertical que passa pelo meio do traço superior. Curva-se levemente a sua extremidade inferior, a fim de atenuar seu aspecto rígido. O símbolo *&*, quando grande, é feito em três partes e quando pequeno em duas, devendo ser muito bem proporcionado.

Grupo das frações (Fig. 4.17). As frações ordinárias são sempre representadas com uma barra horizontal. Os números inteiros têm altura igual à das maiúsculas. É aconselhável que a altura total da fração corresponda ao dobro da altura do número inteiro. O numerador e o denominador terão cerca de $^3/_4$ da altura do número inteiro. Deve-se ter o cuidado de deixar um espaço claro acima e abaixo da barra horizontal. É fácil traçar pautas para frações com os instrumentos usados na execução de letreiros. Utiliza-se o conjunto de orifícios igualmente espaçados ou desenha-se o número inteiro acima e abaixo do traço da fração.

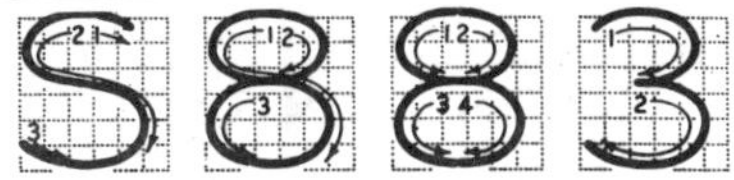

Fig. 4.14. Grupo *S-8-3*. De um *S* e um *3* perfeitos pode-se fazer um *8* perfeito.

Fig. 4.15. Grupos *0-6-9*. A largura é igual a 5/6 da altura.

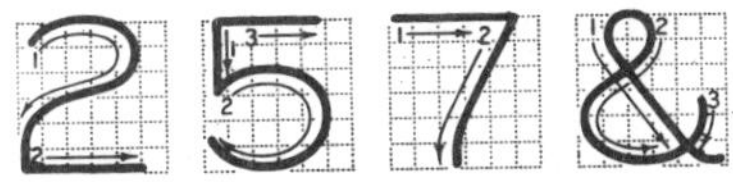

Fig. 4.16. Grupo *2-5-7-&* Observar a aplicação da regra de estabilidade. A largura é igual a 5/6 da altura.

9. Minúsculas verticais

As letras minúsculas verticais de traço simples não são, comumente, empregadas nos desenhos de máquinas, mas têm amplo emprego no desenho de mapas. Consti-

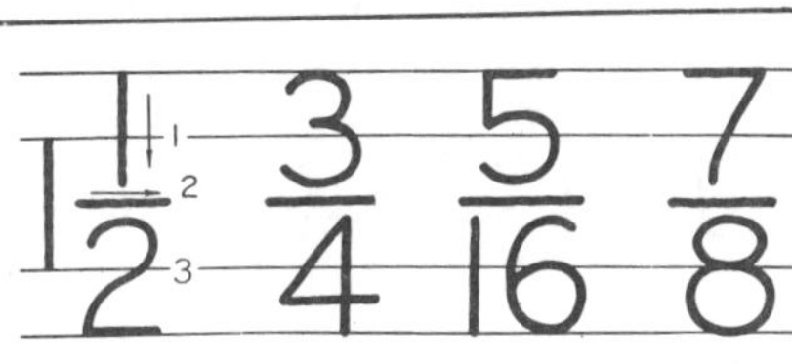

Fig. 4.17. Frações. A altura total de uma fração equivale ao dobro da altura do número inteiro.

Fig. 4.18. Formas básicas das letras minúsculas. Nas letras padronizadas, a altura da pauta das minúsculas é igual a 2/3 da altura da pauta das maiúsculas; portanto, a pauta das maiúsculas e a pauta inferior estão respectivamente, 1/3 acima e 1/3 abaixo do corpo das letras.

tuem a letra padrão usada na representação do relevo das cartas topográficas oficiais. O corpo das minúsculas corresponde a $^2/_3$ da altura das maiúsculas. Os traços ascendentes atingem a altura das maiúsculas e os descendentes prolongam-se para baixo, num comprimento igual ao dos ascendentes. A forma básica da letra é a combinação de um círculo com uma reta (Fig. 4.18). A Fig. 4.19 mostra as letras maiúsculas e minúsculas em ordem alfabética, apresentando algumas com dois tipos de traçado.

10. Maiúsculas inclinadas de traço simples

Muitos desenhistas usam letras inclinadas, de preferência às verticais. A ordem e direção dos traços são as mesmas empregadas nas formas verticais.

Uma vez traçadas as pautas, executam-se linhas auxiliares oblíquas à área dos letreiros, para ajudar a vista a manter uni-

Fig. **4.19.** Maiúsculas e minúsculas verticais de traço simples. Observar os traços alternativos para as maiúsculas pequenas e as formas alternativas para as minúsculas *a, g.*

forme a inclinação das letras. Essas linhas são feitas com um esquadro especial para letras, com cerca de $67^1/_2{}^{\circ}$, ou então, traçando-se sobre o papel a inclinação de 2 para 5 (marcar duas unidades sobre a linha horizontal e cinco sobre a vertical) e com o auxílio de um esquadro e da régua T, como mostra a Fig. 4.20. Tanto o esquadro Braddock-Rowe como o instrumento Ames (Fig. 4.2*a* e *b*) possibilitam o traçado de linhas inclinadas. A forma assumida pelas letras redondas, quando inclinadas, é ilustrada na Fig. 4.21, onde se vê que as curvas são agudas na parte superior direita e inferior esquerda e achatadas nos outros quadrantes. Deve-se dispensar atenção especial às letras de lados inclinados, como o *A*, o *V* e o *W*. Estes devem ser desenhados de modo a parecerem equilibrados em relação a uma linha auxiliar inclinada que passe por cada um de seus vértices, como se vê na Fig. 4.22. A Fig. 4.23 ilustra o alfabeto de estilo inclinado. Estude-se a forma de cada letra com muita atenção.

A qualidade profissional de um letreiro vincula-se a três fatores: (1) uniformidade na inclinação, (2) letras bem conformadas e acabadas e (3) espacejamento correto. O principiante invariavelmente estreita as letras isoladas e afasta-as demasiado uma da outra.

Fig. 4.21. Forma das maiúsculas inclinadas de traço curvo. A forma básica é elíptica.

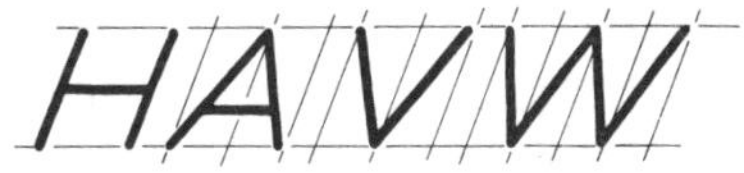

Fig. 4.22. Forma das maiúsculas inclinadas de traço reto. A "linha de centro" deve ser inclinada.

Fig. 4.20. Pautas inclinadas. O ângulo padronizado de inclinação de $67^1/_2{}^{\circ}$ (ver Fig. 2*a* e *b*) pode ser aproximado para uma inclinação de 2 para 5.

11. Minúsculas inclinadas de traço simples

As letras minúsculas inclinadas (Fig. 4.23) têm o corpo igual a $^2/_3$ da altura das maiúsculas, com os traços ascendentes atingindo a pauta das maiúsculas e os descendentes, a pauta de base. Entre os engenheiros mais antigos, em especial os da construção civil, estas letras são geralmente conhecidas como letras "Reinhardt", em homenagem a Charles W. Reinhardt, que foi quem primeiro sistematizou sua construção. É um estilo legível e de efeito que, depois de conhecido em suas particularidades, permite a rápida execução das letras. As minúsculas se prestam para notas e dados pertinentes aos desenhos; pois, uma vez que lemos as palavras pela forma, as minúsculas são lidas mais facilmente que as maiúsculas e podem ser traçadas com mais rapidez.

Todas as letras do alfabeto Reinhardt baseiam-se em dois elementos, a reta e a elipse – e não possuem laços ou apêndices desnecessários. Podem ser divididas em quatro grupos, como o ilustram as

Fig. 4.23. Maiúsculas e minúsculas inclinadas de traço simples. Observar os traçados alternativos para as maiúsculas pequenas e as formas alternativas para as minúsculas *a*, *g* e *y*.

Figs. 4.24 a 4.27. Os pontos do *i* e do *j* e a barra do *t* ficam na "linha do *t*", ou seja, à meia distância entre a pauta das maiúsculas e a pauta das minúsculas. As letras com traços em forma de olhal são feitas com uma elipse (cujo eixo maior tem uma inclinação em torno de 45°) combinada com uma reta. Se desenhada com muita rapidez, esta elipse tende a se transformar numa oval, o que deve ser evitado.

O traço do *c*, do *e* e do *o* baseia-se numa elipse de formato igual à das minúsculas, mas menos inclinada que a elipse das minúsculas em forma de olhal. Nos traçados pequenos e rápidos, a letra *o* é feita de uma só vez como também as letras *e*, *v* e *w*. O *s* é feito semelhante ao maiúsculo, e, salvo em letras de mais de 3 mm de altura é feito em um só traço. Nas letras da Fig. 4.27, observe-se particularmente a forma do "gancho" da parte curva.

As letras de traço simples podem, se necessário, ser bastante estreitas e ainda permanecerem claras e legíveis (Fig. 4.28). Às vezes, também são usadas em forma alargada.

12. Seção específica para canhotos

A ordem e a direção dos traços nos alfabetos precedentes foram estabelecidas para as pessoas que escrevem com a mão direita. A principal razão de os canhotos às vezes, encontrarem dificuldade no desenho de letras liga-se ao fato de, na pessoa que utiliza a mão direita, a escrita avança afastando-se do corpo, ao passo que no canhoto avança aproximando-se. Em conseqüência, o trabalho do canhoto

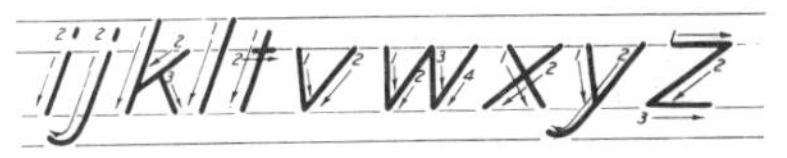

Fig. 4.24. Letras minúsculas inclinadas retilíneas. Observar que as linhas centrais das letras seguem o ângulo de inclinação.

Fig. 4.25. Letras em forma de olhal. Observar a graciosa combinação do corpo elíptico e das hastes ascendentes e descendentes.

Fig. 4.26. Letras em forma de elipse. Sua disposição é basicamente elíptica.

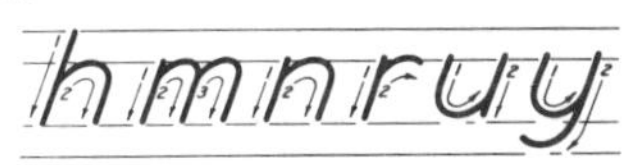

Fig. 4.27. Letras com traços em forma de gancho. Resultam da combinação de elipses e linhas retas.

ficará parcialmente coberto pela mão ou pelo lápis, o que dificulta o encontro dos traços e a conservação da uniformidade. Além disso, no caso das letras inclinadas, a linha oblíqua, em vez de se aproximar em direção ao olho, se afasta para a esquerda, o que torna este estilo assaz penoso para o canhoto, razão por que se lhe recomenda o *uso exclusivo das letras verticais.*

O canhoto comum, cuja maneira de escrever é idêntica à do que utiliza a mão direita, exceto pela posição, que é invertida, evitará em parte a dificuldade causada pela interferência com a linha de visão modificando a seqüência dos traços de algumas letras. A Fig. 4.29 apresenta um alfabeto detalhado sugerindo alternativas para o desenho de algumas letras. Na letra *E* o traço superior é feito antes do inferior e o *M* é traçado da esquerda para a direita, a fim de evitar que o lápis ou a caneta ocultem algum traço. As partes horizontais das curvas fazem-se mais facilmente da direita para a esquerda, por isso o ponto de partida para o *O,* o *Q,* o *C,* o *G* e o *U* difere dos padrões de traçado para a mão direita. O *S* é a letra ideal para os canhotos e a melhor forma de fazê-lo

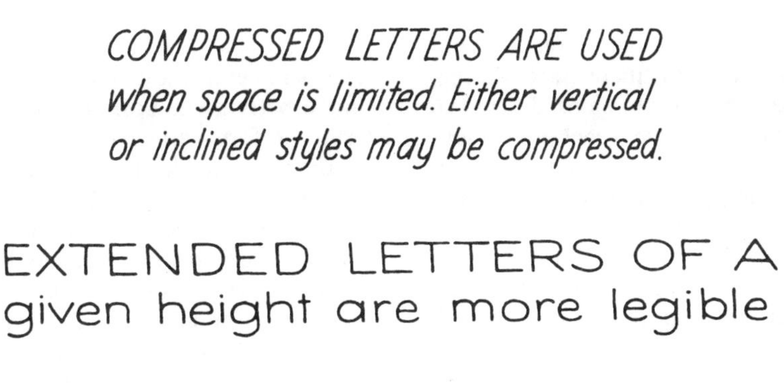

Fig. 4.28. Letras estreitas e alargadas. No estilo de largura normal, a largura e a altura da letra *O* são idênticas e nas demais letras são mutuamente proporcionais. No estilo alargado, a letra O é mais larga do que alta e no estilo estreito apresenta-se de modo inverso.

Fig. 4.29. Traçados para canhotos. Observar as diversas opções apresentadas. O desenhista escolherá a forma que lhe trouxer melhores resultados.

é mediante um único traço harmônico. Os algarismos *6* e *9* são trabalhosos e requerem uma prática especial. Nas minúsculas *a, d, g* e *q* é preferível traçar a parte reta antes da curva, embora isto torne um pouco mais difícil o espacejamento das letras.

O canhoto que escreve com o punho retorcido, e que executa os traços de cima para baixo, encontra maior dificuldade nas letras verticais que o canhoto comum. No alfabeto da Fig. 4.29, onde se encontram duas maneiras de traçar algumas letras, aquele que escreve contraindo o punho terá provavelmente, maior facilidade em utilizar a segunda maneira. Alguns preferirão inverter o sentido de *todos* os traços, fazendo os verticais de baixo para cima e os horizontais, da direita para a esquerda.

Pode-se dizer, à guisa de estímulo, que muitos canhotos são peritos no traçado de letras bonitas.

13. Composição

Tratando-se de letras e algarismos, a composição está vinculada à seleção, disposição e espacejamento das letras, de acordo com o estilo e tamanho das mesmas. Nos desenhos técnicos, a escolha do estilo limita-se praticamente às letras de traço simples verticais ou inclinadas. Assim, a palavra composição aqui significa dispor de forma atraente e legível. Aprendidas a forma e o traçado de cada letra, todo o treinamento será dedicado exclusivamente à composição em palavras e frases, pois o espacejamento adequado das letras é mais decisivo para a aparência do conjunto do que a forma peculiar a cada uma. As letras não são dispostas em uma distância uniforme dentro de cada palavra, mas de tal maneira que as áreas de espaço em branco (o fundo irregular visto entre as letras) sejam aproximadamente iguais, o que faz os espaços *parecerem* quase uni-

Fig. 4.30. Áreas dos intervalos. Áreas iguais entre as letras produzem um espacejamento visualmente uniforme.

formes. A Fig. 4.30 ilustra isso. O intervalo entre as letras é determinado pela forma da letra que o precede e daquela que o segue. As letras contíguas de lados retos são, por isso, mais afastadas que as de lado curvo. Em alguns casos, certas combinações como *LT* ou *AV* podem até se sobrepor. Estabelecer regras definidas para a separação de letras não dá bons resultados; esta é uma questão que depende dos critérios e senso artístico do desenhista. A Fig. 4.31 ilustra uma composição com palavras. O tamanho de letra apropriado para cada caso particular pode ser melhor determinado a partir de um esboço leve do que se for baseado somente nas pautas. Uma carreira concluída de letras sempre parece maior que o tamanho indicado pela pauta. Evite-se o uso de pena grossa para letras pequenas e de pena de traço fino para as grandes. Quando se empregam maiúsculas grandes e pequenas, a altura das últimas deve corresponder a cerca de $^{4}/_{5}$ da altura das primeiras.

Um bom método para espacejar letras consiste em deixar entre elas o intervalo que ocuparia um suposto *I* que ligasse as duas palavras numa única, como na Fig. 4.32. Esse intervalo jamais deve exceder a altura das letras.

O espaço em branco entre as linhas pode variar de $^{1}/_{2}$ a $1^{1}/_{2}$ vezes a altura da letra, sem contudo atingir a mesma altura, tendo em vista a boa aparência. Os instrumentos das Figs. 4.2 e 4.3 dão um espacejamento igual a $^{2}/_{3}$ da altura da letra. Os parágrafos devem sempre iniciar alguns espaços para a direita.

14. Legendas

O problema principal encontrado na composição de palavras e frases é o da execução das legendas. Todo desenho tem uma legenda descritiva feita inteiramente à mão ou impressa. Essa legenda contém dados necessários relativos ao desenho, os quais irão variar de acordo com os diferentes tipos de desenhos.

A forma comumente empregada é a *legenda simétrica*, composta em torno de um eixo vertical e traçada de modo a apresentar um contorno de formato elíptico ou oval. Algumas vezes é preciso dar à disposição das palavras a forma de uma pirâmide reta ou invertida. A Fig. 4.33 ilustra diversas maneiras de compor

Fig. 4.31. Composição de letreiros. É importante espacejar cuidadosamente as letras e palavras e dar ênfase adequada às dimensões e à espessura do traço.

WORDSISPACEDIBYISKETCHINGIANIIIBETWEEN
WORDS SPACED BY SKETCHING AN I BETWEEN

Fig. 4.32. Espacejamento de palavras. Este deve facilitar sua leitura, evitando-se a acumulação de letras (demasiado próximas) ou que estas dêem a impressão de unidades isoladas (demasiado afastadas).

as legendas. Por tradição e para facilitar o arquivamento, o ângulo inferior direito da folha é geralmente destinado à legenda. Suas dimensões são fixadas em harmonia com o tamanho e a finalidade do desenho. Num desenho de 279 mm por 432 mm, a legenda pode ter um comprimento aproximado de 76 mm.

15. Modo de executar uma legenda

Após se determinar a disposição das palavras, rascunha-se esse esquema sobre uma folha separada de papel, como na Fig. 4.34 (melhor fazê-lo à máquina). Contam-se as letras, assim como os espaços entre as palavras, e assinala-se a letra ou espaço central de cada linha. As linhas devem ser postas em destaque segundo sua importância relativa, julgadas segundo o ponto de vista de quem irá utilizar o desenho. As legendas costumam ser feitas inteiramente em maiúsculas. Traça-se a pauta de base da linha mais importante da legenda e marca-se, sobre ela, o comprimento aproximado desejável. Para obter a altura das letras, divide-se esse comprimento pelo número de letras da linha e traça-se a pauta superior. Inicia-se pela linha central e se esboça metade da linha,

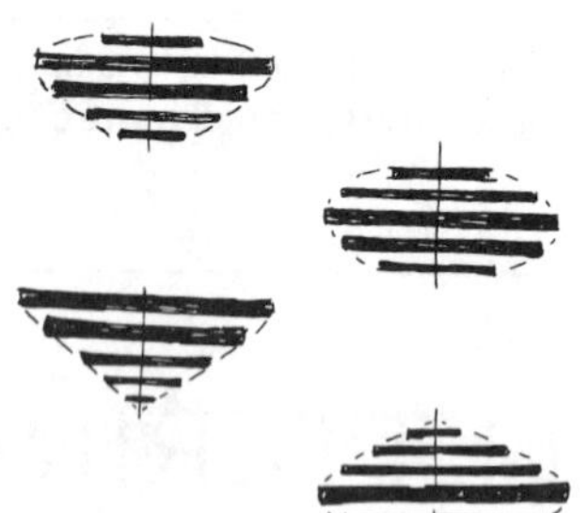

Fig. 4.33. Formas de composição simétrica. Sua construção deve ter em vista a clareza e a expressividade.

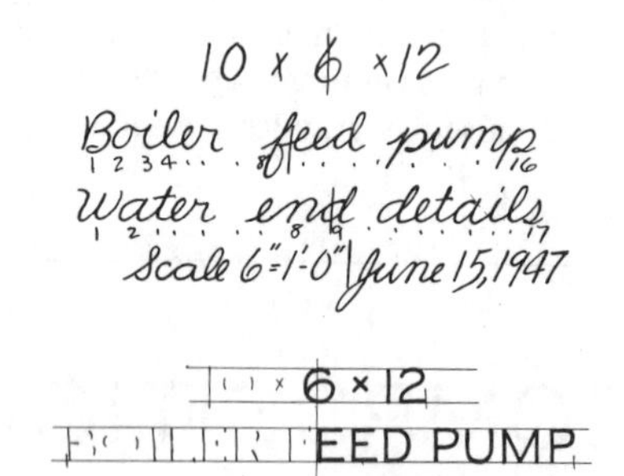

Fig. 4.34. Composição da legenda. Esboçar levemente e completar depois de serem satisfeitas as exigências.

desenhando as letras apenas o bastante para indicar o espaço que cada uma irá ocupar. Transporta-se então o comprimento da metade direita para o lado oposto, e esboça-se essa metade, trabalhando para trás ou para diante. Quando esta linha satisfizer as exigências de tamanho e espaçamento, fazem-se do mesmo modo as restantes. Observar o efeito, modificar letras ou linhas se necessário e completar a lápis. Usar sinais de pontuação somente nas abreviações.

Métodos do papel de rascunho. Esboçar cada linha da legenda, separadamente, sobre papel de rascunho, usando pautas auxiliares de determinada altura. Encontrar o ponto médio de cada uma dessas pautas, dobrar o papel ao longo da pauta de base das letras, colocar o ponto médio sobre a linha central do desenho e executar as letras definitivas diretamente abaixo das correspondentes do esboço. As letras podem ser igualmente desenhadas ao longo da borda do papel de rascunho, usando-se a borda superior ou inferior como uma das pautas auxiliares. Ou ainda, executando-se a legenda completa sobre o papel de rascunho, recortando-a e adaptando-a até que esteja satisfatória, para então copiá-la por decalque.

16. Anotações e legendas para serem preenchidas

Inegavelmente, o uso principal de letreiros nos desenhos técnicos ocorre nos desenhos para execução, onde as cotas, as notas explicativas, o registro de modificações nos desenhos e a legenda complementam a descrição gráfica do objeto.

Os estilos variam, mas a tendência é empregar exclusivamente maiúsculas. A maioria dos desenhistas de projetos são capazes de traçar maiúsculas de grande legibilidade e com menor número de erros do que ao escreverem em minúsculas. Contudo, para alguns desenhos de estruturas e outros que exijam muito espaço empregam-se minúsculas.

Em qualquer tipo de desenho para execução, a precisão das informações dadas é um ponto crucial. Daí a importância de se traçar a forma das letras com perfeita correção, sem espirais, traços decorativos ou excentricidades. Por exemplo, um *3* mal construído pode ser tomado por um *8* ou vice-versa. Um *5* traçado sem nitidez pode parecer um *6*. Deve-se fazer um esforço para que a apresentação seja uniforme, de nível profissional, e, sobretudo, perfeitamente legível. Os exercícios do grupo 5 no final deste capítulo

Fig. 4.35. Traços de pena, tamanho natural. Usados principalmente nos letreiros de dimensões médias dos desenhos de fabricação.

destinam-se ao treinamento de letras e algarismos para anotações.

17. Penas para o traçado de letras

Há muitas penas de aço que são adaptáveis ao ou feitas especialmente para o traçado de letras. Na Fig. 4.35 observa-se a espessura de traço das penas mais comuns, em tamanho natural. Diversos tipos especiais de penas são fabricados em conjuntos de tamanho progressivo, destinados às letras de traço simples, como se vê na Fig. 4.36. Estas são particularmente úteis para os trabalhos de grandes dimensões. O depósito de tinta da pena-tanque tipo Henry (Fig. 4.37) permite manter a uniformidade da espessura da linha. Obtém-se um dispositivo semelhante, curvando e inserindo na caneta uma lâmina metálica feita com um prendedor de latão para papéis, ou parte da mola espiralada de um relógio de pulso, ou – talvez melhor – um pedaço de latão, de tal forma que a extremidade curva toque levemente o bico da pena, como mostra a Fig. 4.38.

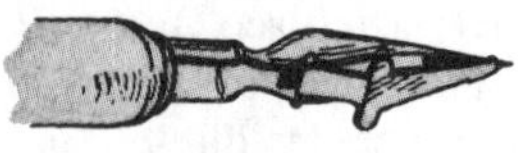

Fig. 4.37. Pena-tanque Henry. O depósito de tinta destina-se a evitar que as pontas da pena se abram.

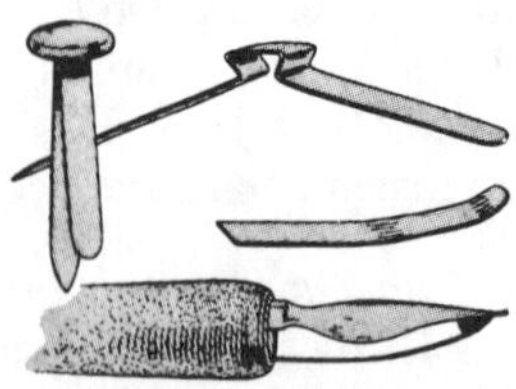

Fig. 4.38. Dispositivo regulador da tinta. Ajuda a evitar um fluxo excessivo quando a pena está cheia de tinta.

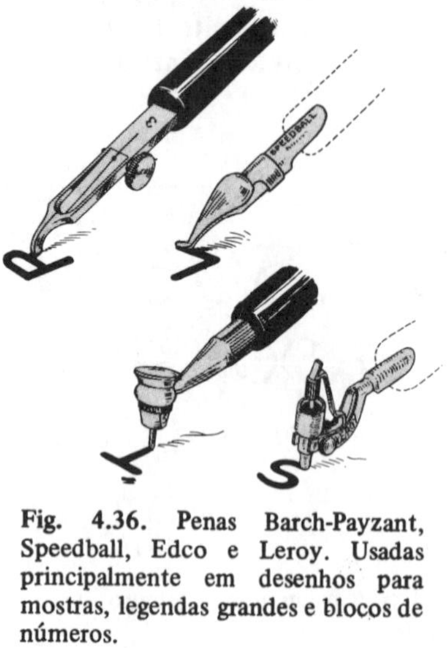

Fig. 4.36. Penas Barch-Payzant, Speedball, Edco e Leroy. Usadas principalmente em desenhos para mostras, legendas grandes e blocos de números.

A fim de remover a película oleosa, convém sempre molhar e enxugar bem uma pena nova, antes de usá-la. Uma pena bem ajustada pelo uso é melhor que uma nova e por isso deve ser conservada com cuidado e jamais emprestada. Uma vez mergulhada em tinta de escrever, não serve mais para trabalhos a nanquim. Quando em uso, é preciso limpá-la freqüentemente com um tecido apropriado.

18. Uso da pena

Escolhe-se uma caneta de tamanho pequeno com segurador de cortiça e nela se introduz firmemente a pena. Para enchê-la de tinta, muitos preferem utilizar a haste apropriada em contato com a parte inferior do bico da pena, em vez de mergulhá-la no tinteiro. Se a pena for mergulhada, deve-se devolver o excesso de tinta, quer sacudindo a pena no tinteiro quer encostando-a no gargalo do frasco, ao retirá-la. Traçar letras com demasiada tinta na pena acarreta os resultados ilustrados na Fig. 4.39.

Na execução de letreiros, a caneta é segurada com dedos firmes porém não contraídos, na posição da Fig. 4.40. Os traços das letras são feitos com um movimento igual e contínuo e uma pressão leve e uniforme sobre o papel, de modo a não abrir o bico da pena.

Fig. 4.39. Tinta em excesso. A pena deve ser mergulhada no tinteiro levemente e com freqüência.

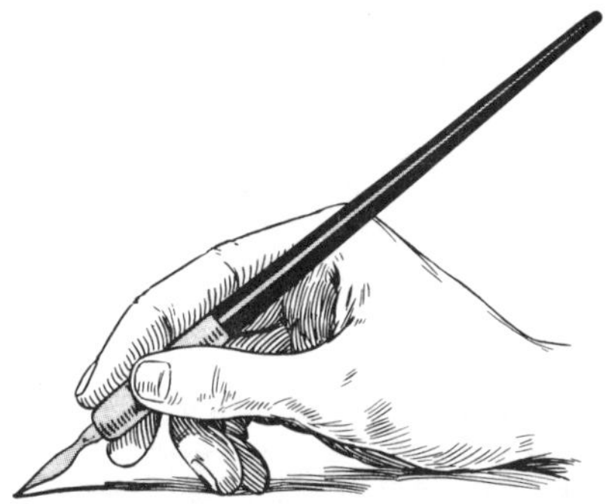

Fig. 4.40. Como segurar a caneta. Observar que o polegar, o indicador e o médio sustentam a caneta em três pontos.

19. Outros estilos para o traçado de letras

O presente capítulo foi inteiramente dedicado às letras do estilo comercial gótico por ser este o estilo predominante em todos os tipos de desenho de caráter comercial. Todavia, outros estilos de letras têm amplo emprego em desenho arquitetônico, em mapas, em projetos e desenhos para exposições, assim como em etiquetas decorativas para produtos comerciais. O Apêndice traz alguns exemplos de estilos tradicionais de letras e seu emprego.

PROBLEMAS

Grupo 1. Maiúsculas verticais de traço simples

1. Traçar letras grandes a lápis, estudando minuciosamente a forma individual de cada letra. Deixando uma margem de 14 mm na parte superior do papel, traçar pautas para cinco carreiras de letras de 10 mm. Traçar quatro vezes, somente a lápis, cada uma das seguintes letras retilíneas: I, H, T, L, E, F, N, Z, Y, V, A, M, W e X, estudando, cuidadosamente, as figs. 4.6 e 4.10. A ilustração reproduz um trecho deste exercício no tamanho desejado.

2. O mesmo exercício para as letras curvas *O, Q, C, G, D, U, J, B, P, R* e *S*. Estudar as Figs. 4.11 a 4.14.

3. O mesmo exercício para os números *3, 8, 6, 9, 2, 5,* $^1/_2$, $^3/_4$, $^5/_8$, $^7/_{16}$ *e* $^9/_{32}$. Estudar as Figs. 4.14 a 4.17.

4. Composição. A mesma disposição do problema nº 1. Ler a Seç. 13 sobre composição e depois executar a lápis as cinco linhas seguintes: (*a*) COMPOSIÇÃO DE PALAVRAS, (*b*) LEVANTAMENTO TOPOGRÁFICO, (*c*) INSTRUMENTOS E MATERIAIS, (*d*) BUCHA DE BRONZE, (*e*) DETALHE DE UM MACACO.

5. Desenhar a lápis e a nanquim letras verticais de 7 mm. Começando a 7 mm do alto da folha, traçar pautas para nove carreiras de letras de 7 mm. Obedecendo à ordem dada, desenhar cada letra quatro vezes a lápis e depois quatro vezes diretamente a nanquim, como na ilustração.

6. Composição. Desenhar em três linhas a citação de Benjamin Lamme, gravada nas medalhas Lamme: "O ENGENHEIRO VÊ COM ESPERANÇA AS CONQUISTAS FUTURAS".

7. Letras verticais de 3,5 mm. Começando a 7 mm do alto da folha, traçar pautas para 18 linhas de letras de 3,5 mm. Executar cada letra e número oito vezes diretamente a nanquim. Completar as linhas restantes com partes da Sec. 13 sobre composição.

8. Composição. Executar em letreiros a seguinte definição: "A engenharia é a arte e a ciência de dirigir e controlar as forças da natureza e de utilizar seus materiais em benefício do homem. Ela abrange a organização do esforço humano para alcançar esses objetivos. Implica também uma avaliação das vantagens sociais e econômicas resultantes dessa atividade".

Prob. 1.

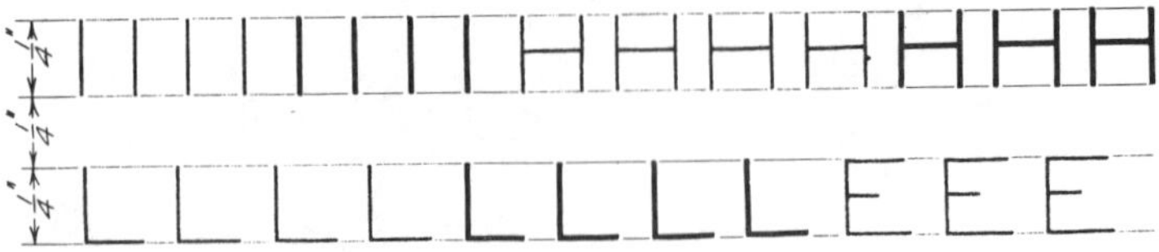

Prob. 5.

Grupo 2. Maiúsculas inclinadas de traço simples

9 a 16. Mesmo espacejamento e especificações dos problemas 1 a 8, aplicados agora às letras inclinadas. Estudar a Seç. 10 e as Figs. 4.20 a 4.23.

Grupo 3. Minúsculas inclinadas de traço simples

17. Executar a lápis letras grandes correspondentes às maiúsculas de 10 mm. O corpo das letras com 7 mm e as hastes ascendentes e descendentes com 3,5 mm. Começando a 10 mm do alto da folha, traçar pautas para 7 carreiras de letras. Isto pode ser feito com rapidez, traçando-se linhas distanciadas uniformemente de 3,5 mm e assinalando-se com uma chave a pauta das minúsculas e da base de cada carreira. Estudar Figs. 4.23 a 4.27.

18. Minúsculas usadas com as maiúsculas de 4,8 mm. A partir de 12 mm do alto da folha, traçar as pautas das maiúsculas, das minúsculas e da base para 13 carreiras de letras (esquadro de Braddock ou instrumento Ames, espaço nº6). Fazer cada letra seis vezes a lápis e depois, seis vezes a nanquim.

19. Composição. Pautas à mesma distância do problema nº 8. Copiar em letreiros o parágrafo inicial do presente capítulo.
20. Copiar em letreiros a Seç. 4

Grupo 4. Legendas

21. Desenhar uma legenda para o desenho do conjunto de um eixo traseiro, na escala de 1:2, como faz a Chevrolet Motor Co., Detroit. O número do desenho é C82746. Espaço permitido: 80 mm por 120 mm.

22. Desenhar uma legenda para a vista da fachada de uma usina geradora, realizada na escala de 1:50, pelo arquiteto Burton Grant, para a *Citizens Power and Light Company* de Punxsutawney, Pensilvânia.

Grupo 5. Notas

23 a 25. Maiúsculas verticais. Copiar cada nota utilizando o espaço nº 6 (Ames ou Braddock); a seguir, copiar com o espaço nº 4.

26 a 28. Maiúsculas inclinadas. Copiar com os espaços nº 5 ou nº 4.

29 a 31. Minúsculas verticais. Copiar com o espaço nº 5.

32 a 34. Minúsculas inclinadas. Copiar com o espaço nº 4.

35. Como prática adicional, selecionar qualquer um dos problemas de números 23 a 34 e executá-lo, segundo estilo e dimensões à escolha.

PAINT WITH METALLIC
SEALER AND TWO COATS
LACQUER AS PER CLIENT
COLOR ORDER.

Prob. 23.

THIS PRINT IS AMERICAN
THIRD-ANGLE PROJECTION

Prob. 24.

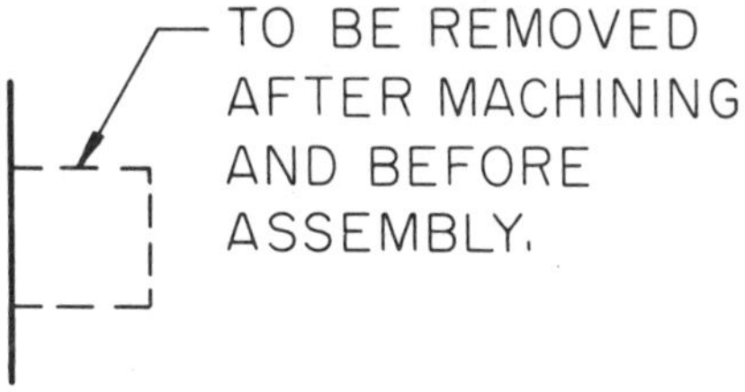

Prob. 25.

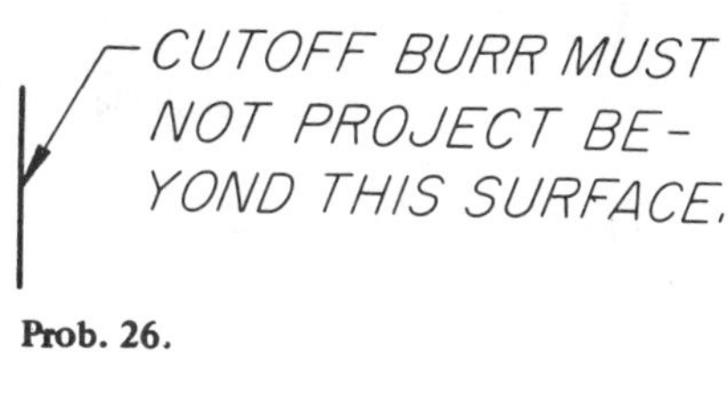

Prob. 26.

ALTERNATE MATERIAL:
1ST. RED BRASS 85 % CU.
2ND. COMM. BRASS 90 % CU.
3RD. COMM. BRASS 95 % CU.

Prob. 27.

THIS HOLE IN
PIECE NO. 821
ONLY. REMOVE
BURR ON UPPER
SIDE.

Prob. 28.

Flatten ear on this
side to make piece No.
51367. See detail.

Prob. 29.

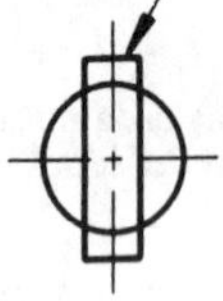

Deburring slot must
be centered on
0.625 hole within
±0.001.

Prob. 30.

Pivot point for high
pressure bellows.

Prob. 31.

Material: #19 Ga (0.024)
C R Steel. Temper to Rock-
well B-40 to 65.

Prob. 32.

This length varies from
0.245 to 0.627.
See table Ⓐ below.

Prob. 33.

Extrude to 0.082
± .002 Dia.
3-56 Class 2 tap.

Prob. 34.

5

DESENHOS E ESBOÇOS ORTOGRÁFICOS

O desenho e o esboço ortográficos constituem a forma básica de representação gráfica dos projetos para execução.

Teorias • Vistas ortográficas • As seis vistas principais • Combinações de vistas • "Disposição alternativa" das vistas • As três dimensões espaciais • Relação dos planos, direções de observação e dimensões espaciais • Classificação das superfícies e linhas • Representação das linhas • Partes invisíveis • Linhas de centro • Primazia das linhas • Exercícios de projeção • Seleção das vistas • Projeção das vistas • Etapas da execução de um desenho • Desenho à mão livre • Técnica de desenho à mão livre • Leitura de desenhos ortográficos • Leitura de linhas e de áreas • Como aprender a ler por meio de esboços e modelos • Exercícios • Problemas.

TEORIA

1. Métodos de projeção: classificação

Os capítulos precedentes constituíram uma introdução ao assunto propriamente dito da expressão gráfica vista como uma linguagem. É tarefa dos engenheiros projetar e desenvolver máquinas e estruturas e dirigir sua construção. Além disso, para desenhar e depois *transmitir* cada detalhe aos fabricantes, devem ser preparadas descrições que mostrem todos os aspectos da *forma* e das *dimensões* de cada peça e da máquina ou estrutura completas. Em virtude dessa exigência, a expressão gráfica é o método fundamental de comunicação. A linguagem verbal é utilizada apenas como um complemento, sob a forma de anotações e especificações.

Neste capítulo e no Cap. 8 nos ocupamos com os métodos de representação da forma. No Cap. 10 será discutida a descrição das dimensões.

A forma é descrita pelas projeções, isto é, pelo processo de formação de uma imagem mediante raios de visão levados numa direção particular, desde o objeto até o plano da imagem.[1] Os métodos projetivos variam de acordo com a direção em que os raios visuais são levados ao plano. Quando os raios são perpendiculares ao plano, o método de projeção é chamado *ortográfico*. Se os raios formam ângulo com o plano, o método projetivo é chamado *oblíquo*. Os raios levados a um ponto particular estacionário resultam na *projeção em perspectiva*. O método da perspectiva representa os objetos tal e qual apareceriam ao olho humano.

A teoria projetiva é o fundamento das informações básicas necessárias para a representação da forma. Na expressão gráfica usam-se dois métodos fundamentais de *representação da forma*:

(1). *Vistas ortográficas*, que consistem em um conjunto de duas ou mais vistas separadas, de um objeto, tomadas de diferentes posições, geralmente em ângulo reto entre si e dispostas em relação umas com as outras, de um modo definido. Cada vista mostra a forma do objeto desde uma direção particular e o conjunto das vistas descreve o objeto em sua totalidade. Usa-se *somente* a projeção ortográfica.

(2). *Perspectivas*, onde o objeto é representado no sentido da profundidade e projetado sobre um único plano. Usam-se tanto a projeção ortográfica quanto a projeção oblíqua e a projeção em perspectiva.

Por constituírem um meio de descrever a *forma exata* de qualquer objeto, as vistas ortográficas são empregadas na maioria dos trabalhos de engenharia.

2. Teoria da projeção ortográfica

Suponhamos que um plano transparente tenha sido colocado entre um objeto e o ponto em que se acha o olho do observador (Fig. 5.1). A interseção desse plano com os raios visuais que vão do observador a todos os pontos do objeto daria origem a uma imagem que, a bem dizer, é a mesma formada no olho do observador. Isto constitui a projeção em perspectiva.

Se o observador se afastasse, então, do ponto estacionário, até atingir uma distância teoricamente *infinita*, os raios visuais formados pelas linhas de visão que vão do seu olho até o objeto cresceriam sempre mais e, finalmente, tornar-se-iam infinitos em comprimento, paralelos entre si e perpendiculares ao plano. A imagem assim formada no plano é o que se designa por "projeção ortográfica". Ver Fig. 5.2.

---

[1] Somente na *geometria projetiva*, disciplina gráfica altamente teórica, são usadas outras superfícies, além do plano.

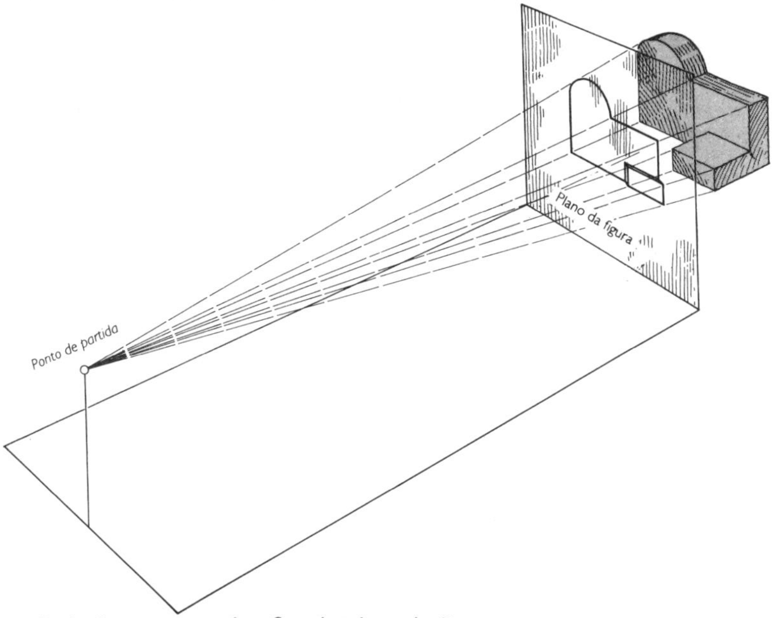

Fig. 5.1. Projeção em perspectiva. Os raios de projeção convergem para um ponto estacionário a partir do qual se observa o objeto. Os raios interseccionam um plano da figura e produzem uma projeção do objeto.

3. Definição

Basicamente, a projeção ortográfica[2] pode ser definida como qualquer projeção isolada feita pelo abaixamento de perpendiculares sobre um plano. Todavia, o consenso advindo de longo uso, considera-a como a combinação de duas ou mais vistas, daí a definição seguinte: *A projeção ortográfica é o método de representar a forma exata de um objeto por meio de duas ou mais projeções do objeto sobre planos que, em geral, estão em ângulo reto entre si baixando-se perpendiculares do objeto ao plano. O conjunto das vistas sobre esses planos descreve totalmente o objeto.* (Para designar esse sistema, usa-se, por vezes, o termo "ortogonal").[3]

[2] Literalmente falando, "escrita correta".

[3] Com o significado de "estar em ângulo reto".

4. Vistas ortográficas

Os raios que vão do plano da figura ao infinito podem ser eliminados, e a figura,

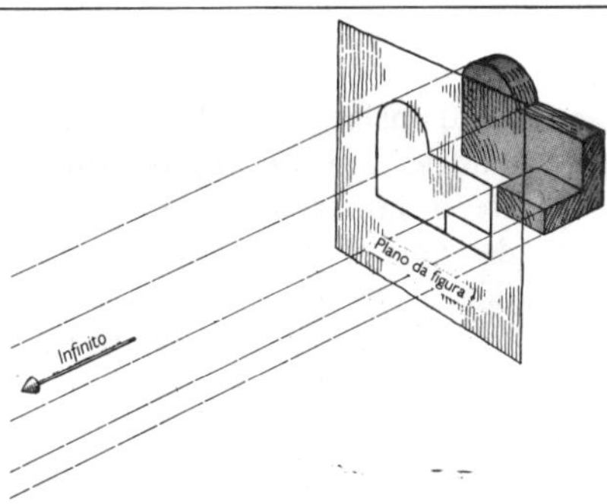

Fig. 5.2. Projeção ortográfica. O ponto estacionário está no infinito, tornando os raios visuais paralelos um ao outro. Os raios são perpendiculares ao quadro.

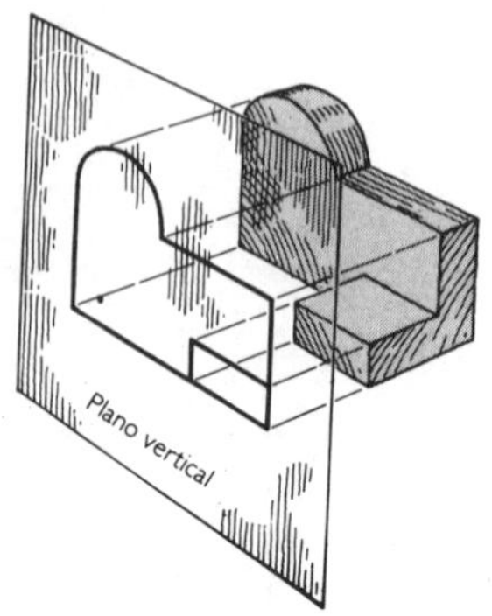

Fig. 5.3. Plano vertical de projeção. Produz a vista de frente do objeto.

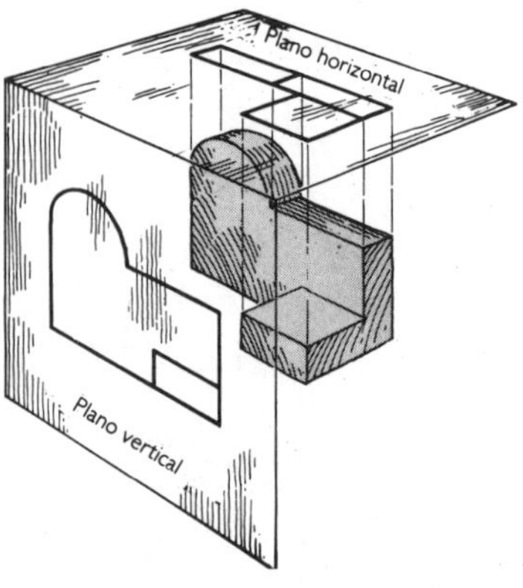

Fig. 5.4. Planos vertical e horizontal de projeção. A projeção sobre o plano horizontal produz a vista superior do objeto. Os planos vertical e horizontal são perpendiculares um ao outro.

ou "vista", pode ser considerada como o resultado da interseção de perpendiculares levadas de todos os pontos do objeto sobre o plano, como na Fig. 5.3. Essa figura ou projeção sobre um plano vertical, mostra a forma do objeto quando visto de frente, com sua largura e altura, mas não revela sua profundidade, sendo portanto, necessária mais de uma projeção para descrever o objeto.

Além do plano vertical, pode-se imaginar outro plano transparente colocado horizontalmente acima do objeto, como na Fig. 5.4. A projeção sobre esse plano, obtida pelas perpendiculares baixadas do objeto sobre o mesmo, mostrar-nos-á este último como se visto diretamente de cima e revelará a largura e a profundidade. Se esse plano for girado até coincidir com o plano vertical, como se vê na Fig. 5.5, as duas vistas do objeto ficarão no mesmo plano, como numa folha de papel. Imaginemos agora um terceiro plano, perpendicular aos dois primeiros (Fig. 5.6). Esse plano é chamado "plano de perfil", podendo-se projetar uma terceira vista sobre ele. Essa vista revelará a forma do objeto quando observado de lado, bem assim como a grandeza

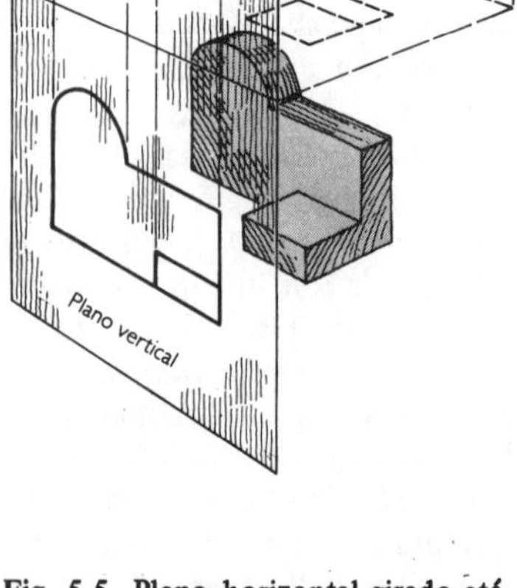

Fig. 5.5. Plano horizontal girado até coincidir com o plano vertical. Isto torna possível desenhar duas vistas do objeto sobre um mesmo plano, o plano do papel de desenho.

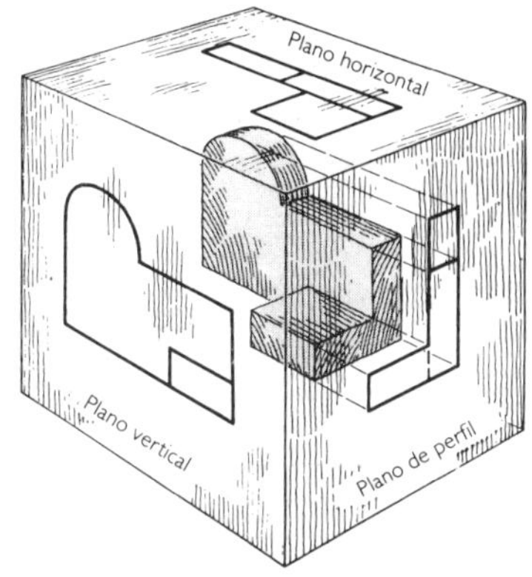

Fig. 5.6. Os três planos de projeção: vertical, horizontal e de perfil. Cada um é perpendicular aos outros dois.

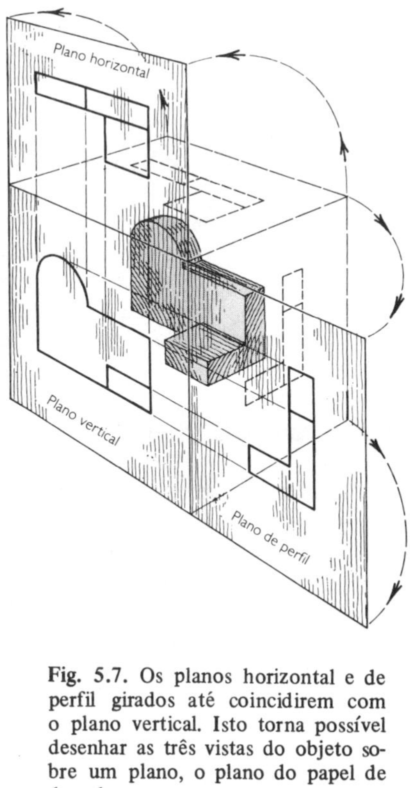

Fig. 5.7. Os planos horizontal e de perfil girados até coincidirem com o plano vertical. Isto torna possível desenhar as três vistas do objeto sobre um plano, o plano do papel de desenho.

real da altura e profundidade do objeto. Os planos horizontal e de perfil aparecem rebatidos sobre o mesmo plano vertical (imaginado novamente como sendo o plano do papel de desenho), na Fig. 5.7. Assim dispostos em relação a um mesmo plano, revelam com exatidão a forma tridimensional do objeto.

Na projeção ortográfica, os planos sobre os quais se projetam as figuras denominam-se "planos de projeção" e as perpendiculares, "linhas de projeção" ou "projetantes".

Ao olharmos para essas projeções ou vistas teóricas, não devemos considerá-las como figuras achatadas, desenhadas sobre planos transparentes, mas como se estivesse sendo observado, através do plano transparente, o próprio objeto.

5. As seis vistas principais

Aprofundando um pouco mais a questão, verifica-se que o objeto pode ser inteiramente cercado por um conjunto de seis planos, cada um em ângulo reto com os quatro planos que lhe são adjacentes, como na Fig. 5.8. Sobre esses planos podem-se obter vistas do objeto, segundo for observado de cima, de frente, da direita, da esquerda, de baixo e de trás.

Imaginemos agora que esses seis lados ou planos da caixa girem em torno de suas arestas, como na Fig. 5.9, sobre um só plano, o do papel. A face anterior já está sobre o plano do papel, e os demais lados estão como que presos por dobradiças e rebatidos na posição ilustrada. A projeção sobre o plano vertical chamar-se-á *vista de frente, projeção vertical* ou *elevação*; a projeção sobre o plano horizontal, *vista superior, projeção horizontal* ou *planta*; e aquelas sobre as faces laterais, ou "plano de perfil", *vista lateral, projeção de perfil, elevação lateral* ou, às vezes, *vista de perfil* ou *elevação de perfil.* Invertendo-se a direção de observação, obtém-se uma *vista inferior* em lugar da *vista superior*, ou uma *vista posterior* em

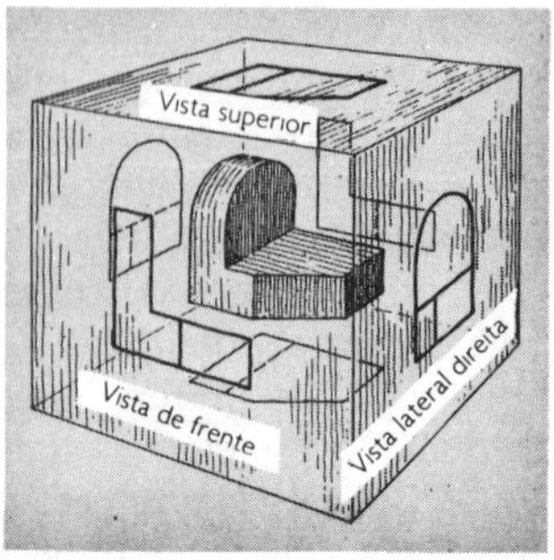

Fig. 5.8. A "caixa transparente". Esta envolve o objeto com outro plano vertical ao fundo, outro plano horizontal abaixo e outro plano de perfil à esquerda do objeto.

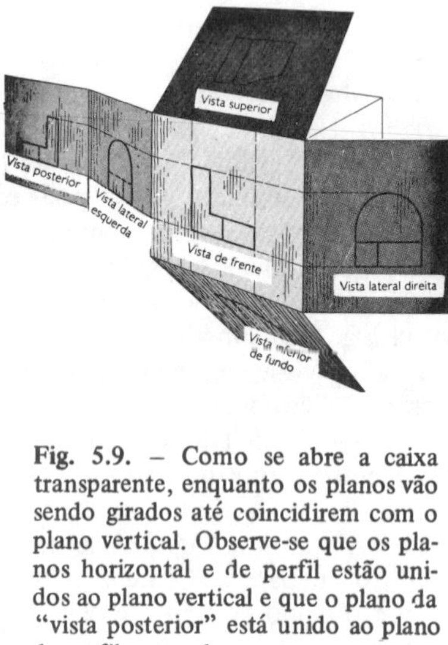

Fig. 5.9. – Como se abre a caixa transparente, enquanto os planos vão sendo girados até coincidirem com o plano vertical. Observe-se que os planos horizontal e de perfil estão unidos ao plano vertical e que o plano da "vista posterior" está unido ao plano de perfil esquerdo.

lugar de uma *vista de frente.* Em casos raros pode ser necessária uma vista inferior ou posterior ou ambas, para mostrar algum detalhe da forma ou da construção. A Fig. 5.10 ilustra a posição relativa das seis vistas conforme estabelece a ANSI. Na prática, é muito raro o emprego das seis vistas principais num desenho, mas qualquer que seja o número delas suas posições relativas são apresentadas na Fig. 5.10 (exceto o que é indicado na Seç. 7). Todas essas projeções são vistas principais. Cada uma delas mostra duas das três dimensões (altura, largura e profundidade).

6. Combinação de vistas

A combinação das vistas *superior, de frente* e *lateral direita* é a mais empregada e foi escolhida, dentre as seis como a que melhor representa a forma do objeto considerado (Fig. 5.11). Algumas vezes, a vista lateral esquerda descreve o objeto com maior exatidão do que a vista lateral direita. A Fig. 5.12 mostra a disposição das vistas *superior, de frente* e *lateral esquerda* do mesmo objeto. Neste caso, seria preferível a vista lateral direita, visto não apresentar arestas ocultas (Seç. 12 referente a partes ocultas). Observe-se de novo que *a face anterior do objeto na vista lateral fica adjacente à vista de frente* e que as projeções de qualquer ponto do objeto tomadas na vista lateral e na planta estarão a igual distância da linha que, nestas vistas, representa a frente do objeto. A Fig. 5.13 mostra a posição relativa das vistas *de frente, lateral direita* e *inferior,* e a Fig. 5.14, a das vistas de *frente, superior, lateral esquerda* e *posterior.*

7. "Posição alternada" das vistas

Pode-se também imaginar que as dobradiças da caixa transparente, em vez de estarem na face da frente, estejam na de cima como mostra a Fig. 5.15, ficando desse modo os lados alinhados com a vista superior e o fundo acima desta última, como na Fig. 5.16. Essa alternativa é empregada às vezes com o intuito de economizar espaço no papel, ao se desenhar um objeto largo e achatado (Fig. 5.17). Admite-se o uso deste recurso no caso da vista posterior, se esta disposição facilitar a leitura do desenho (Fig. 5.18).

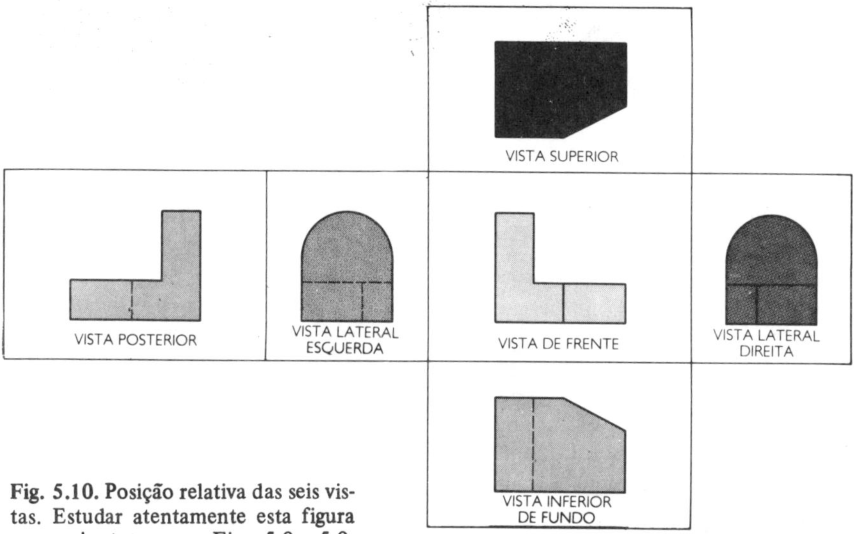

Fig. 5.10. Posição relativa das seis vistas. Estudar atentamente esta figura em conjunto com as Figs. 5.8 e 5.9, a fim de fixar todas as relações. (As linhas tracejadas são explicadas na Seç. 12.)

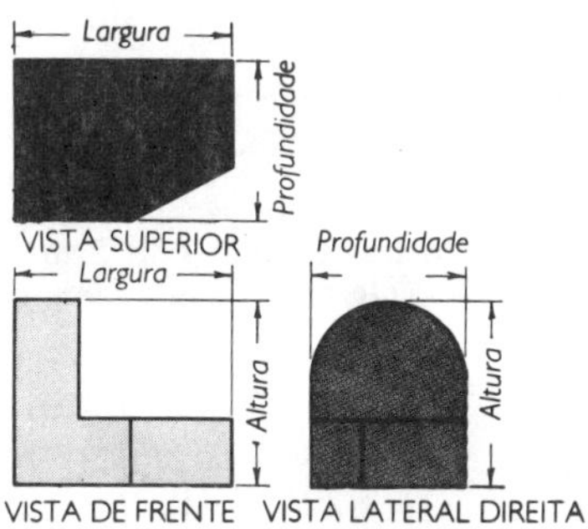

Fig. 5.11. As vistas superior, de frente e lateral direita constituem a combinação mais comum. Observe-se que a vista superior está diretamente acima e em alinhamento com a vista de frente; e que a vista lateral direita está à direita e em projeção com a vista de frente. Observe-se também que, em cada vista, estão representadas *duas* (lembre-se quais as *duas*) dimensões espaciais (altura, largura e profundidade).

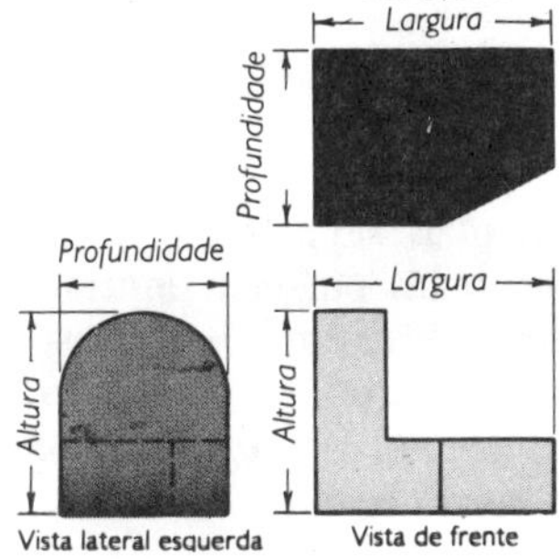

Fig. 5.12. Vistas superior, de frente e lateral esquerda. Notar que a vista lateral esquerda está traçada à esquerda e em projeção com a vista de frente. Dá-se preferência à vista lateral esquerda somente quando, devido à forma do objeto, esta vista tornar a representação mais clara do que a vista lateral direita.

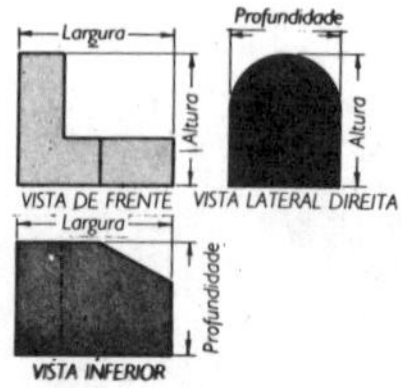

Fig. 5.13. Vistas de frente, inferior e lateral direita. Usa-se a vista inferior em lugar da vista superior somente quando seu emprego ensejar uma representação mais clara.

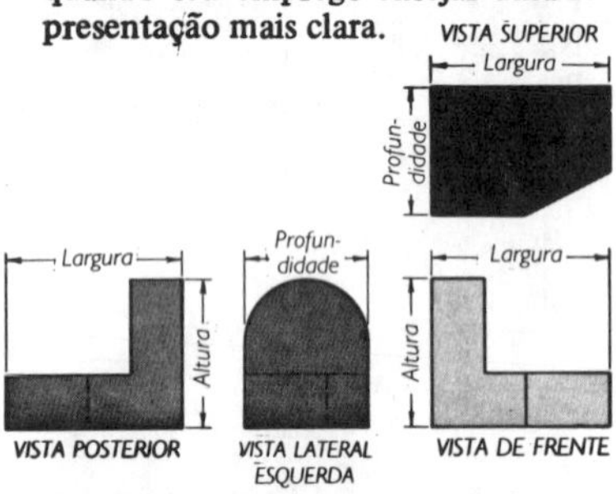

Fig. 5.14. Vistas superior, de frente, lateral esquerda e posterior. Acrescenta-se a vista posterior *somente* quando houver detalhes importantes na parte posterior do objeto e quando seu emprego puder melhorar a apresentação.

8. As três dimensões espaciais

Uma vez que todos os objetos, desde as peças mais simples até as estruturas mais complexas, possuem limites distintos e são mensuráveis em três dimensões espaciais,[4] é desejável, na execução de desenhos técnicos, definir essas dimensões e fixar a sua direção.

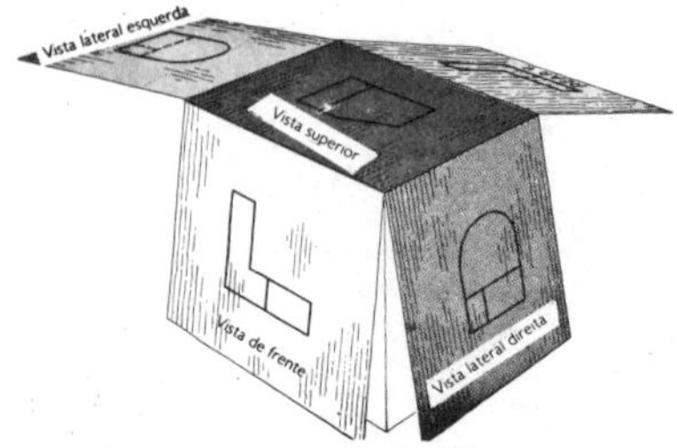

Fig. 5.15. A caixa transparente abrindo-se para mostrar um modo alternativo de disposição das vistas. Observar que os planos vertical [frontal] e de perfil estão unidos ao plano horizontal.

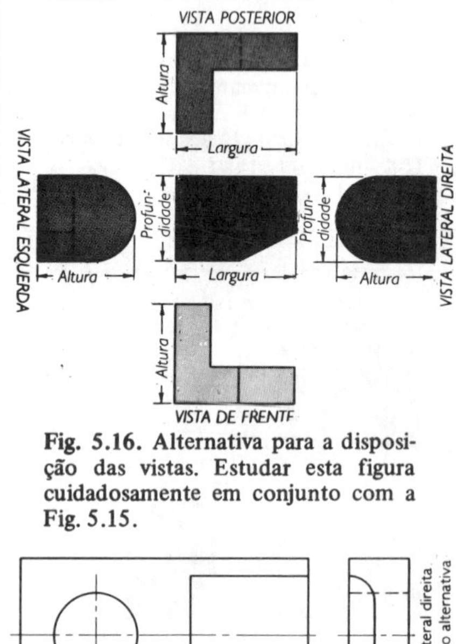

Fig. 5.16. Alternativa para a disposição das vistas. Estudar esta figura cuidadosamente em conjunto com a Fig. 5.15.

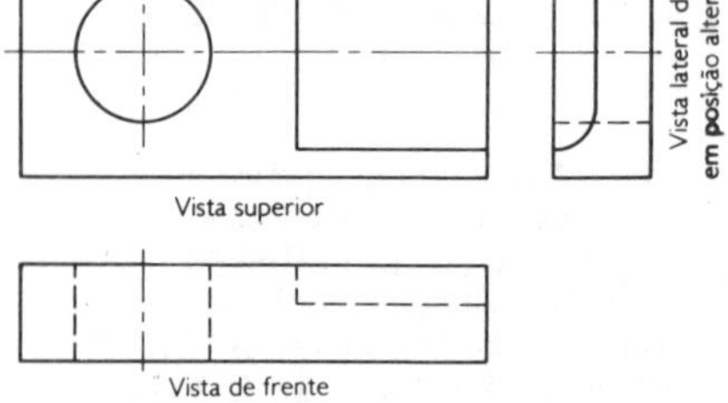

Fig. 5.17. Vista lateral direita em posição alternativa. Observar a economia em área de papel (comparada à exigida pela posição habitual), obtida na representação desse objeto largo e achatado. Comparar com a Fig. 5.11.

---

4 As *dimensões espaciais* e as *dimensões do objeto* não devem ser confundidas. A função básica da projeção ortográfica é revelar a forma do objeto. As dimensões não são estabelecidas até que as dimensões cotadas e/ou a régua tiverem sido colocadas no desenho. As dimensões espaciais constituem *apenas* a medida do espaço tridimensional.

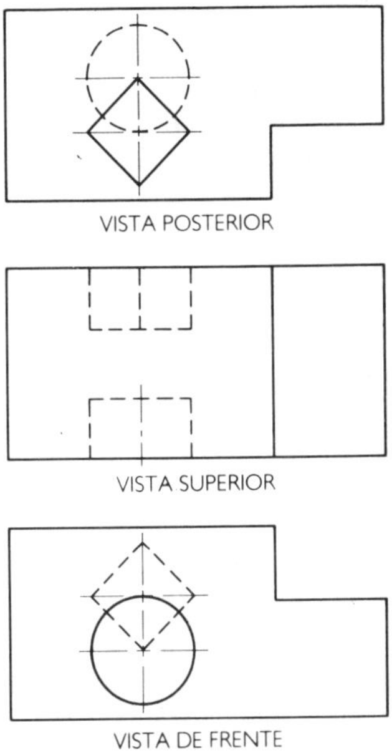

Fig. 5.18. Vista posterior em posição alternativa. Dá-se preferência a este método quando não houver necessidade da vista lateral esquerda. Comparar com a Fig. 5.14.

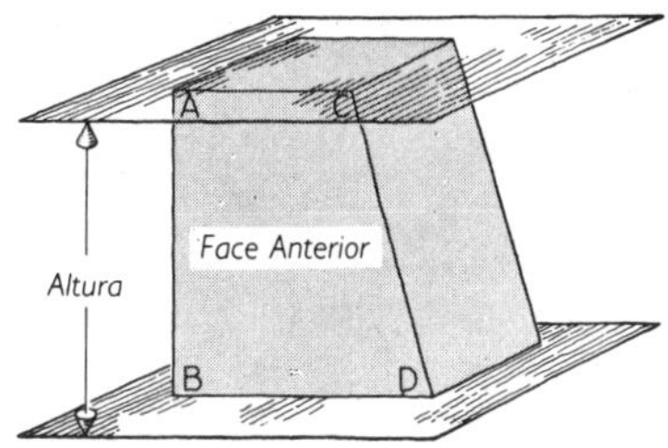

Fig. 5.19. Definição de altura: é a diferença, em elevação, entre dois pontos.

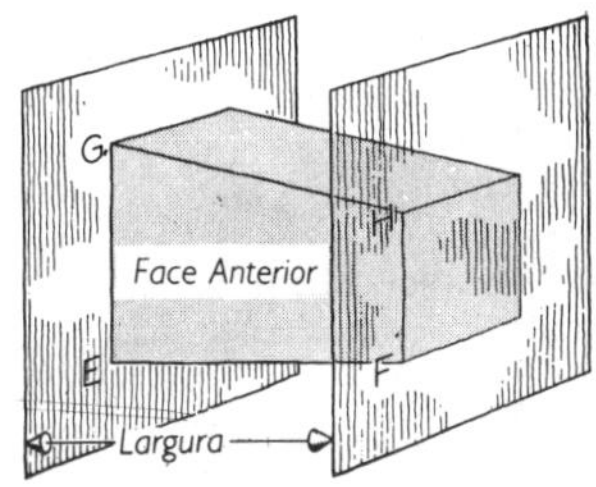

Fig. 5.20. Definição de largura: é a diferença da esquerda para a direita entre dois pontos.

A *altura* é a diferença em elevação entre dois pontos quaisquer, medida sobre a perpendicular existente entre um par de planos horizontais que contêm os pontos, como se vê na Fig. 5.19. As arestas do objeto podem ou não corresponder às dimensões da altura. A aresta *AB* corresponde à altura, ao contrário da aresta *CD*, mas as alturas espaciais de *A* e *C* são as mesmas, assim como as de *B* e *D*. A altura sempre é medida sobre uma direção vertical e não tem qualquer relação com a forma do objeto.

A *largura* é a distância entre dois pontos quaisquer, situados sobre a perpendicular existente entre dois planos de perfil contendo os pontos. Na Fig. 5.20, a distância relativa entre os pontos *E* e *G* situados à esquerda e *H* e *F*, à direita de um objeto, é indicada na dimensão assinalada por "largura". A aresta *EF* do objeto é paralela à direção da largura e corresponde à dimensão desta, ao passo que a aresta *GH* desce de *G* para *H*. Logo, esta aresta do objeto, na realidade, é maior do que a largura que separa os pontos *G* e *H*.

A *profundidade*[5] é a distância da frente ao fundo entre dois pontos quaisquer, medida sobre a perpendicular entre dois planos contendo os pontos. A Fig. 5.21 mostra dois planos frontais, um na face anterior do objeto, contendo os pontos *J* e *L*, o outro na face posterior, conten-

[5] Este termo é empregado neste sentido em engenharia civil.

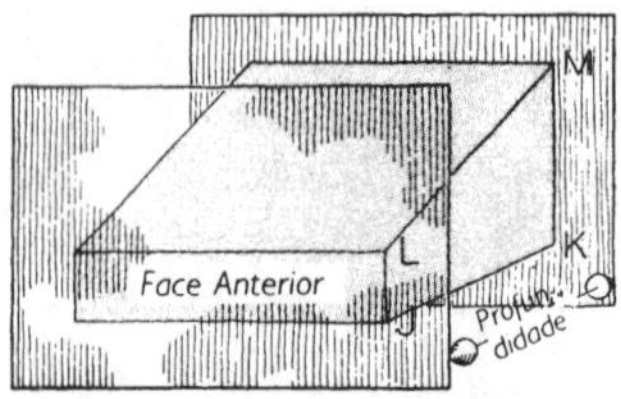

Fig. 5.21. Definição de profundidade: é a diferença da parte anterior para a parte posterior entre dois pontos

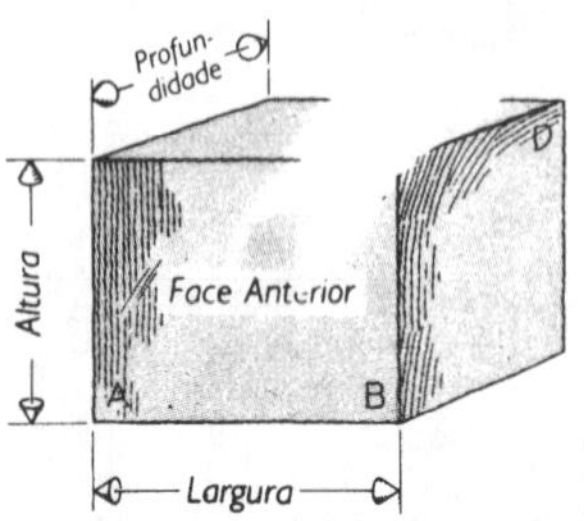

Fig. 5.22. Localização de pontos no espaço. A altura, a largura e a profundidade devem ser indicadas.

do os pontos *K* e *M*. A profundidade relativa que separa as faces anterior e posterior do objeto corresponde à distância perpendicular entre os planos, de acordo com a ilustração.

Pode-se determinar qualquer ponto no espaço se forem dadas sua altura, largura e profundidade, relativas a algum outro ponto conhecido. A Fig. 5.22 mostra um cubo com quatro cantos identificados, *A, B, C* e *D*. Admitindo-se que o plano que contém os pontos *A* e *B* seja a face anterior do objeto, a altura, a largura e a profundidade seriam as indicadas na figura. Admitindo-se também que o ponto *A* está fixo no espaço, dada a medida da largura poder-se-ia deduzir o ponto *B* a partir de *A*, ainda que não se conhecessem as dimensões da altura e da profundidade. Dadas a altura e a largura e desconhecendo-se a profundidade, o ponto *C* poderia ser deduzido a partir de *A*. Conhecidas a largura, a altura e a profundidade, poder-se-ia deduzir *D* através de *A*.

9. Relação entre planos, direções de vista e dimensões espaciais

De acordo com o que foi exposto nas Seçs. 4 e 5, o objeto a desenhar deve ser imaginado dentro de uma caixa de planos transparentes sobre os quais se projetam as vistas. As três dimensões espaciais – altura, largura e profundidade – e os planos de projeção estão orientados e ligados entre si e às direções de vista de maneira inalterável (Fig. 5.23). Cada um dos planos de projeção é perpendicular à direção de sua respectiva vista. Assim, o plano frontal é perpendicular à direção da vista anterior, o horizontal é perpendicular à direção da vista superior e o de perfil é

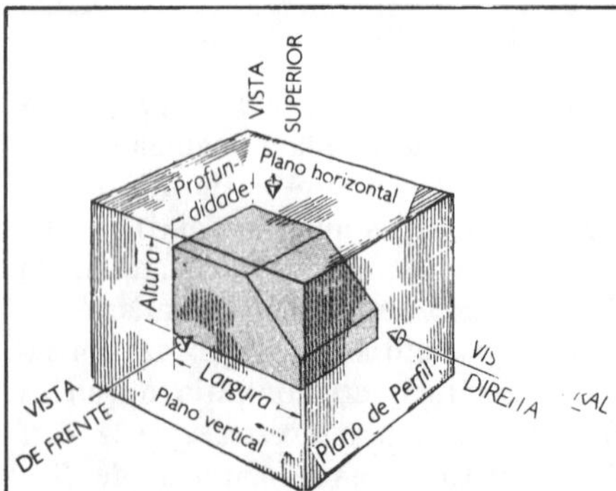

Fig. 5.23. Relação entre as direções espaciais e os planos de projeção. A direção de cada vista é perpendicular ao respectivo plano de projeção. A altura é paralela aos planos frontal e de perfil, a largura é paralela aos planos frontal e horizontal e a profundidade é paralela aos planos horizontal e de perfil.

perpendicular à direção da vista lateral. As duas medidas espaciais de uma vista são paralelas ao plano daquela vista e perpendiculares à direção de vista. Portanto, a altura e a largura são paralelas ao plano frontal e perpendiculares à direção da vista de frente; a largura e a profundidade são paralelas ao plano horizontal e perpendiculares à direção da vista superior; a altura e a profundidade são paralelas ao plano de perfil e perpendiculares à direção da vista lateral. Observe-se que os três planos de projeção são *mutuamente* perpendiculares, como também o são as três dimensões espaciais e as três direções de vista. Examinar cuidadosamente as três vistas das Figs. 5.11 a 5.17 e observar as dimensões espaciais assinaladas em cada figura.

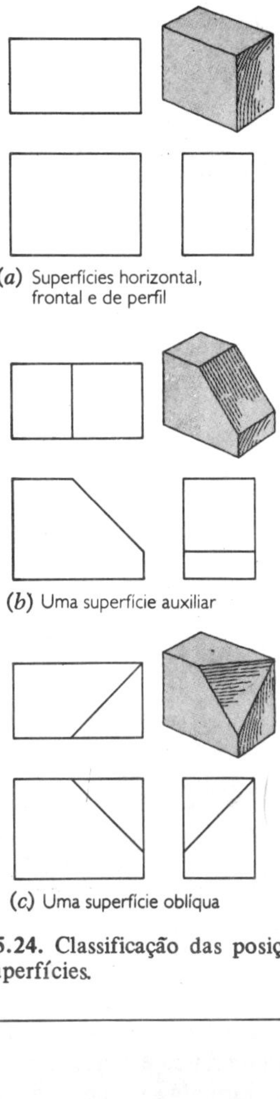

(*a*) Superfícies horizontal, frontal e de perfil

(*b*) Uma superfície auxiliar

(*c*) Uma superfície oblíqua

Fig. 5.24. Classificação das posições das superfícies.

10. Classificação de superfícies e linhas

Qualquer objeto, dependendo de sua forma e posição no espaço, pode ou não apresentar faces paralelas ou perpendiculares aos planos de projeção.

As faces são classificadas segundo sua relação espacial com os planos de projeção (Fig. 5.24). Em (*a*) vêem-se as faces *horizontal, frontal* e *de perfil*. Quando uma superfície é inclinada em relação a dois dos planos de projeção (mas perpendicular ao terceiro), como em (*b*), diz-se que ela é *auxiliar* ou uma face de projeção *acumulada*. Se a superfície forma ângulos com todos os três planos, como em (*c*), diz-se que ela é *oblíqua*.

Devido à forma ou à posição do objeto, as arestas (representadas por linhas) que limitam uma superfície podem também assumir uma posição simples ou inclinada em relação aos planos de projeção. Uma linha sobre um plano ou paralela a um plano de projeção recebe o nome desse plano. Assim, uma *linha horizontal* é uma linha situada sobre um plano horizontal; uma *linha frontal* é uma linha situada sobre um plano frontal e uma *linha de perfil* é uma linha situada sobre um plano de perfil. Quando uma linha é paralela a dois planos, toma o nome dos dois planos; por exemplo, *frontal-horizontal, de perfil-horizontal* ou *de perfil-frontal*. A linha não paralela a nenhum plano de projeção é chamada *linha oblíqua*. A Fig. 5.25 mostra as posições de várias retas.

Uma aresta aparece em seu verdadeiro comprimento quando é paralela ao plano de projeção; projeta-se como um ponto, quando é perpendicular ao plano, e projeta-se menor que seu verdadeiro com-

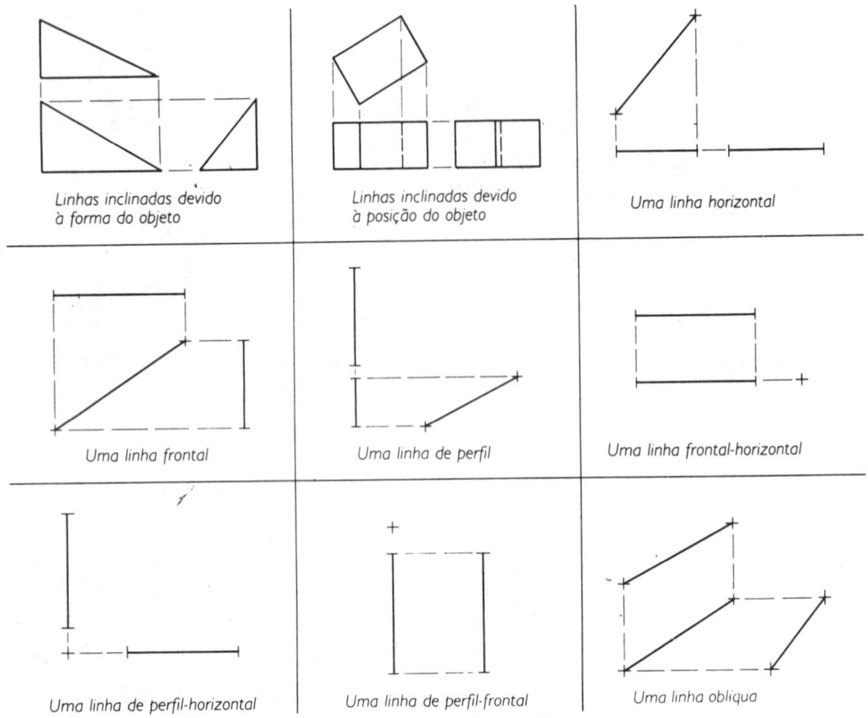

Fig. 5.25. Classificação das posições das linhas.

primento quando é inclinada em relação ao plano. De modo semelhante, quando uma superfície é paralela ao plano de projeção, projeta-se em sua verdadeira forma; quando é perpendicular a um plano projeta-se segundo uma linha, e quando é inclinada em relação ao plano projeta-se em tamanho reduzido. Exemplificando: a Fig. 5.24*a* mostra um objeto de faces paralelas aos planos de projeção; as faces superior, anterior e lateral direita se projetam em sua verdadeira grandeza e as arestas do objeto se projetam como em seu verdadeiro comprimento ou como pontos acumulados. A face inclinada do objeto em (*b*) não se projeta em sua verdadeira grandeza em nenhuma das vistas, mas se projeta como uma aresta na vista de frente. As arestas anterior e posterior da superfície inclinada aparecem com seu verdadeiro comprimento na vista de frente e em tamanho reduzido nas vistas superior e lateral. As arestas superior e inferior da superfície inclinada mostram sua verdadeira grandeza nas vistas superior e lateral e como pontos acumulados na vista de frente. A superfície oblíqua do objeto em (*c*) não se projeta em sua verdadeira grandeza em nenhuma das vistas, mas cada uma das arestas que a limitam se projetam em seu verdadeiro comprimento em uma das vistas e aparecem em projeção reduzida nas outras duas.

11. Representação de linhas

Conquanto uniformes em aparência, as linhas de um desenho podem indicar três tipos distintos de mudança de direção presentes num objeto. Uma vista *acumulada* é representada por uma linha que mostra a aresta de uma superfície acumulada, perpendicular a um plano de projeção. Uma *interseção* é uma linha formada pelo encontro de duas superfícies das quais uma é paralela e a outra está em ângulo ou ambas estão em ângulo com o plano de projeção. O *limite de superfície* é uma linha que indica a inversão de direção de uma superfície curva (ou a série de pontos de inversão de uma superfície encurvada). A Fig. 5.26 ilustra o significado das diferentes linhas, questão a ser explicada mais adiante, na Seç. 45.

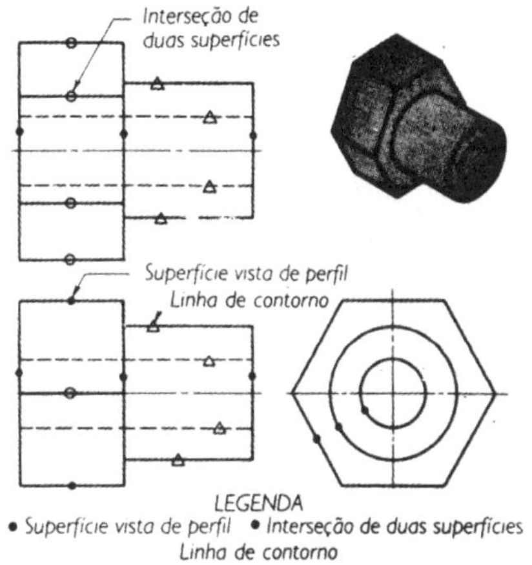

Fig. 5.26. O que uma linha indica.

12. Partes invisíveis

Para se caracterizar completamente um objeto, o desenho deve conter todas as linhas que representam os contornos e arestas do objeto. *Em toda projeção existem certas partes do objeto que não podem ser vistas da posição ocupada pelo observador, por estarem ocultas pelas partes mais próximas do olho do observador.* As arestas, interseções e contornos das partes ocultas são indicadas por uma linha descontínua denominada *linha tracejada.*[6] Veja-se o alfabeto de linhas (Figs. 5.56 e 5.57). Na Fig. 5.27, o furo de broca[7] visível na face lateral direita não é visto nem de cima nem de frente, daí estar indicado, nessas vistas, por uma linha tracejada que mostra o furo e a forma do fundo deixada pela ponta da broca. A ranhura fresada (ver Glossário) é visível de frente e de lado mas não aparece, quando olhada de cima.

O principiante deve ter cuidado especial na execução dessas linhas tracejadas. Feitas com negligência, prejudicam a aparência do desenho e dificultam sua interpretação. As linhas tracejadas são executadas com menor pressão do lápis do que as linhas cheias, e são constituídas de pequenos traços de comprimento uniforme, deixando-se entre eles um pequeno espaço, igual a cerca de um quarto do comprimento do traço. É importante que a linha tracejada seja começada e terminada corretamente. Essa linha sempre principia por um traço, exceto quando ela é a continuação de uma linha cheia, caso em que deve ser deixado um espaço, como se vê na Fig. 5.27. Os traços interrompidos sempre se encontram nos cantos. Um arco deve começar por um traço no ponto de tangência, exceto quando o

---

[6] A linha indicativa de partes ocultas é tradicionalmente conhecida por linha "pontilhada". Entretanto, neste livro será usado o termo linha "tracejada" por descrever com exatidão a aparência da linha. O termo linha "oculta", que por vezes também é empregado, é inteiramente incorreto, porquanto não existem *linhas* sobre o objeto e a linha indicativa de partes invisíveis *é* visível no desenho.

[7] Ver Glossário e Índice Remissivo.

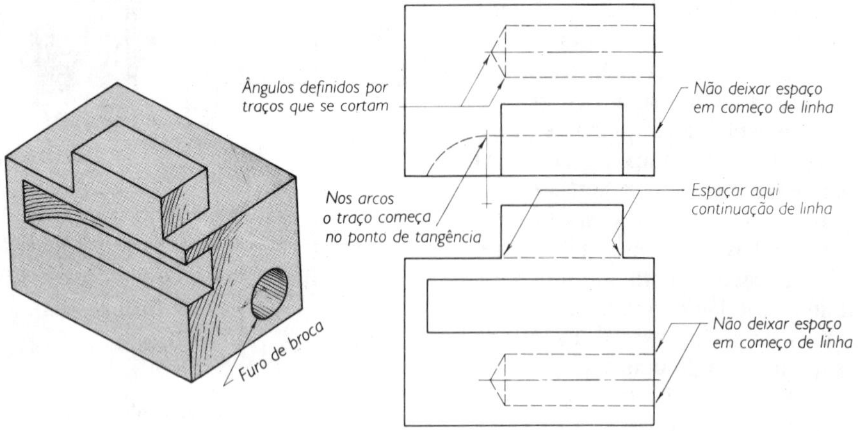

Fig. 5.27. Técnica das linhas tracejadas. Observe-se especialmente que uma linha tracejada *inicia com um espaço quando continuar, na mesma direção, como uma linha cheia.*

traço for a continuação de uma linha cheia reta ou curva. O número de traços usados numa curva deve ser cuidadosamente avaliado, a fim de ser mantida uma aparência uniforme (Fig. 5.28). Estudar com atenção todas as linhas tracejadas nas Figs. 5.27 e 5.29.

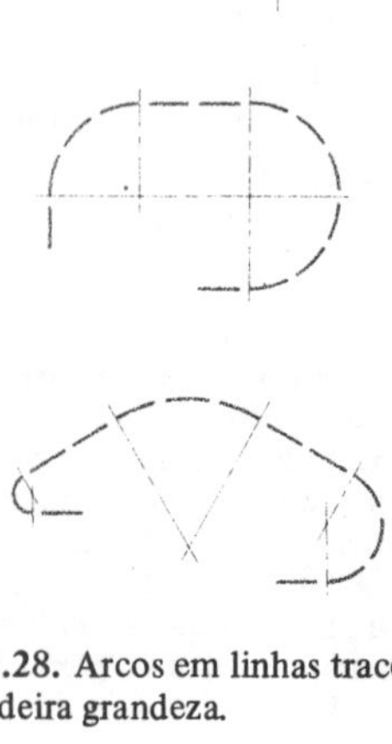

Fig. 5.28. Arcos em linhas tracejadas, verdadeira grandeza.

13. Linhas de centro

Em geral, as primeiras linhas traçadas na execução de um desenho técnico são as linhas de centro, que são os eixos de simetria de todas as vistas ou partes de vistas simétricas: (1) No desenho de qualquer objeto que apresente um eixo, como um cilindro ou um cone, o eixo será a primeira linha a ser traçada. (2) Todo círculo terá seu centro na interseção de duas linhas de centro mutuamente perpendiculares.

O símbolo padrão para representar as linhas de centro nos desenhos definitivos

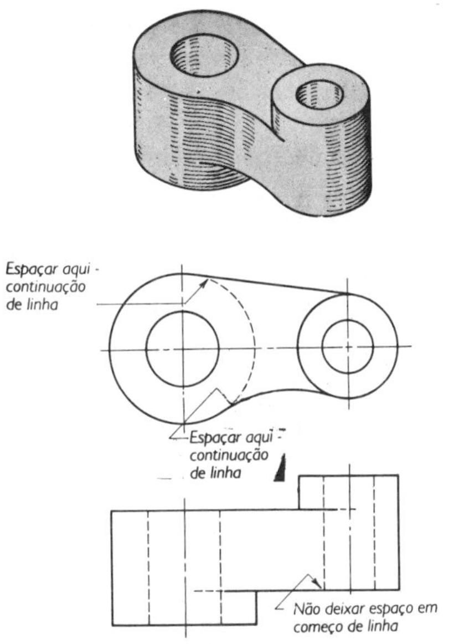

Fig. 5.29. Linhas e arcos tracejados. Estudar esta figura em combinação com as Figs. 5.27 e 5.28.

é uma linha fina de traços longos e curtos alternados, como se vê no alfabeto das linhas (Figs. 5.56 e 5.57). As linhas de centro sempre ultrapassam ligeiramente o contorno da vista ou da porção da vista a que se aplicam. Elas formam o esqueleto do traçado de um desenho; as medidas e dimensões importantes são tomadas e fornecidas a partir dessas linhas. Estudar as linhas de centro nos problemas de número 90 a 110.

14. Primazia das linhas

Em qualquer projeção podem existir linhas coincidentes. As partes invisíveis de um objeto podem projetar-se de modo a coincidir com as partes visíveis. As linhas de centro podem ocorrer onde haja um contorno, visível ou não, de alguma parte do objeto.

Uma vez que as características físicas do objeto devem ser representadas, as linhas cheias e as tracejadas têm primazia sobre todas as demais. Em razão de o contorno visível ser mais importante, graças à sua posição no espaço, a linha cheia tem primazia sobre a linha tracejada. Uma linha cheia pode cobrir uma linha tracejada, mas esta última não pode cobrir aquela. É evidente, também, que uma linha tracejada não pode definir os limites exteriores de uma vista.

Quando um eixo e o traço de um plano de corte (explicado no Cap. 7) coincidem, aquele que for mais importante para a legibilidade do desenho tem primazia sobre o outro.

As linhas de ruptura (explicadas no Cap. 7) devem ser situadas de modo a não prejudicarem a legibilidade do total da vista.

As linhas de cota e as de prolongamento não devem jamais coincidir com as restantes linhas do desenho.

A lista seguinte apresenta a ordem de primazia das linhas:

1. Linha cheia
2. Linha tracejada
3. Linha de centro ou traço de plano de corte
4. Linhas de ruptura
5. Linhas de cota e de prolongamento
6. Linhas hachuradas

Observar as linhas coincidentes na Fig. 5.30.

15. Exercícios de projeção

A tarefa principal no aprendizado da projeção ortográfica consiste em familiarizar-se inteiramente com a teoria e depois aplicar essa teoria traduzindo a imagem do objeto em projeções ortográficas. Nas Figs. 5.31 e 5.32 vêem-se objetos distintos representados por um esboço em perspectiva e traduzidos para projeções ortográficas. Estudar os objetos e observar (1) como o objeto está situado no espaço, (2) o que motivou a escolha das

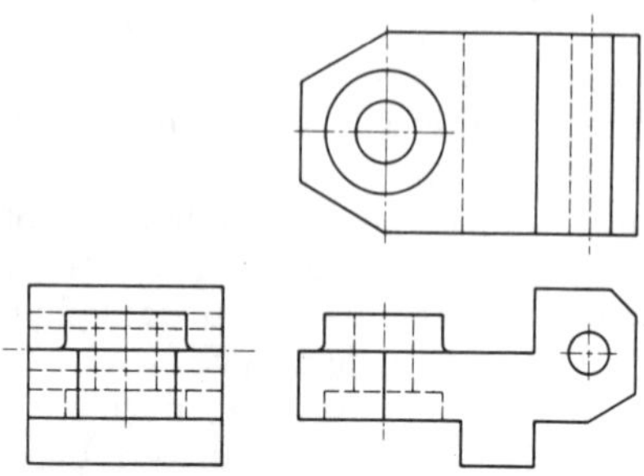

Fig. 5.30. Estudo de linhas coincidentes. As linhas coincidentes devem-se à existência de aspectos característicos ou partes de tamanho ou posição idênticos, situadas uma atrás da outra.

vistas apresentadas, (3) a projeção das partes visíveis, (4) a projeção das partes invisíveis e (5) as linhas de centro.

COMO ESCREVER A LINGUAGEM GRÁFICA

16. Objetivos

O objetivo principal de quem estuda a linguagem gráfica é aprender o desenho ortográfico. Além de um entendimento da teoria da projeção ortográfica, aspectos diversos do desenho são pré-requisitos necessários ao seu estudo. Esses foram discutidos nos capítulos precedentes e incluem destreza e facilidade no uso de instrumentos (Cap. 2), conhecimento de geometria aplicada (Cap. 3) e fluência no desenho de letreiros (Cap. 4). Ao se descrever a linguagem gráfica, assunto que discutiremos agora, sempre deve-se dar atenção especial à exatidão e à clareza.

17. Orientação do objeto

Um objeto pode, sem dúvida, ser desenhado em qualquer das diferentes posições possíveis. *Deve-se empregar a posição mais simples entre todas,* colocando-se o objeto de maneira que as faces principais fiquem perpendiculares às direções de observação das vistas e paralelas aos planos de projeção, como se vê na Fig. 5.33. Qualquer outra posição em que as faces do objeto formem algum ângulo com os planos de projeção virá complicar o desenho, mostrará as faces do objeto em tamanho reduzido e dificultará o traçado e a leitura do desenho.

18. Escolha das vistas

Na prática, é importante escolher o número e a disposição das vistas que melhor representem a forma do objeto. Com freqüência, apenas duas vistas são necessárias. Por exemplo, uma forma cilíndrica sobre um eixo vertical requer apenas uma vista de frente e uma superior; se repousar sobre um eixo horizontal, bastam as vistas de frente e a lateral. Os cones e as pirâmides representam-se também somente com duas vistas. A Fig. 5.34 ilustra desenhos de duas vistas. Algumas formas necessitam mais de três vistas para sua representação adequada.

Os objetos podem ser considerados como constituídos pela combinação de sólidos geométricos simples, principalmente de cilindros e prismas retangulares. As vistas necessárias para representar qualquer objeto são determinadas pelas direções segundo as quais são vistos os contornos que caracterizam a forma de suas diferentes partes. A Fig. 5.35, por exemplo, é composta por vários prismas e cilindros. Se cada uma dessas formas simples for descrita e representada indicando-se ao mesmo tempo sua relação com as demais formas, o objeto estará completamente definido. Na maioria dos casos, as três vistas comuns – superior, de frente e lateral – são suficientes para isso.

Às vezes duas vistas são suficientes para descrever o objeto, na suposição de que a terceira direção de observação apre-

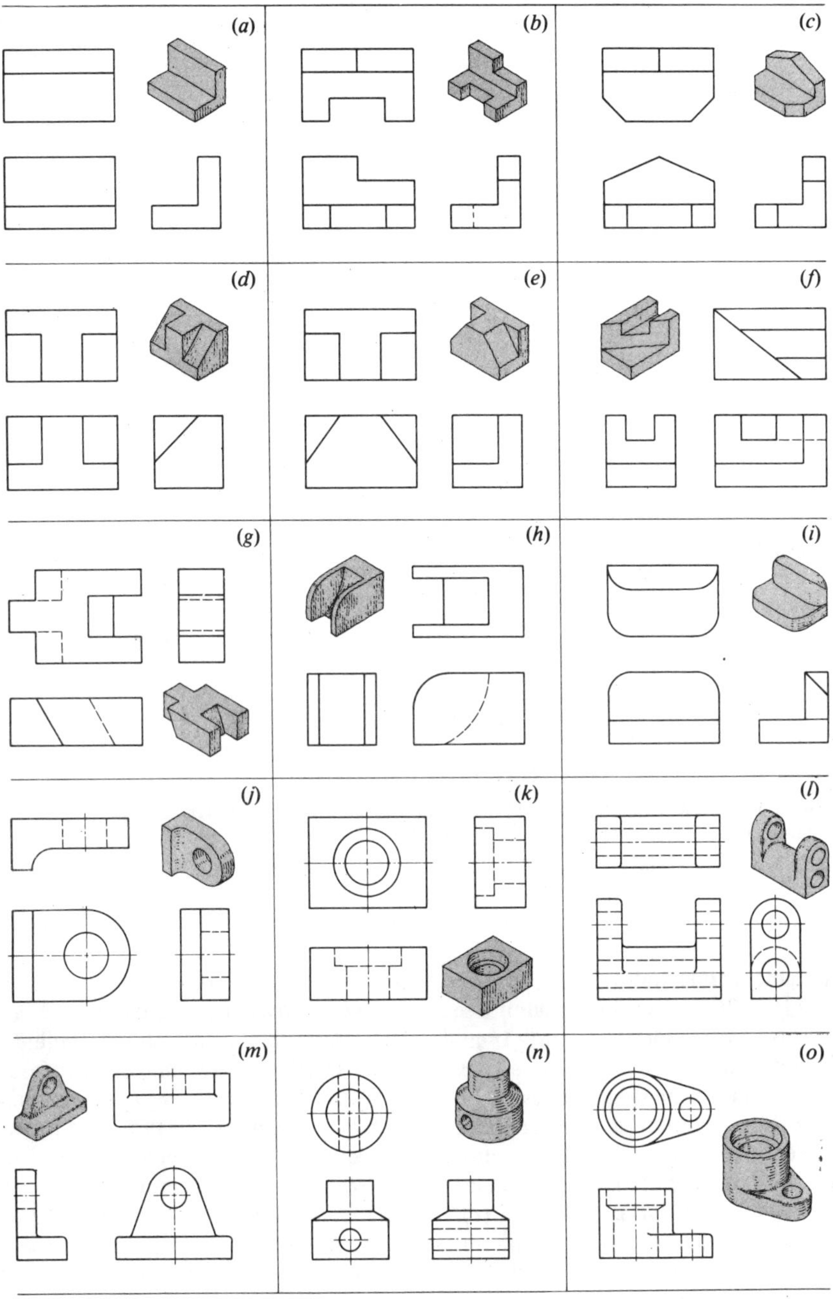

Fig. 5.31. Estudos de projeção. Estudar cada imagem e as vistas ortográficas que a acompanham e observar a projeção de todos os aspectos característicos.

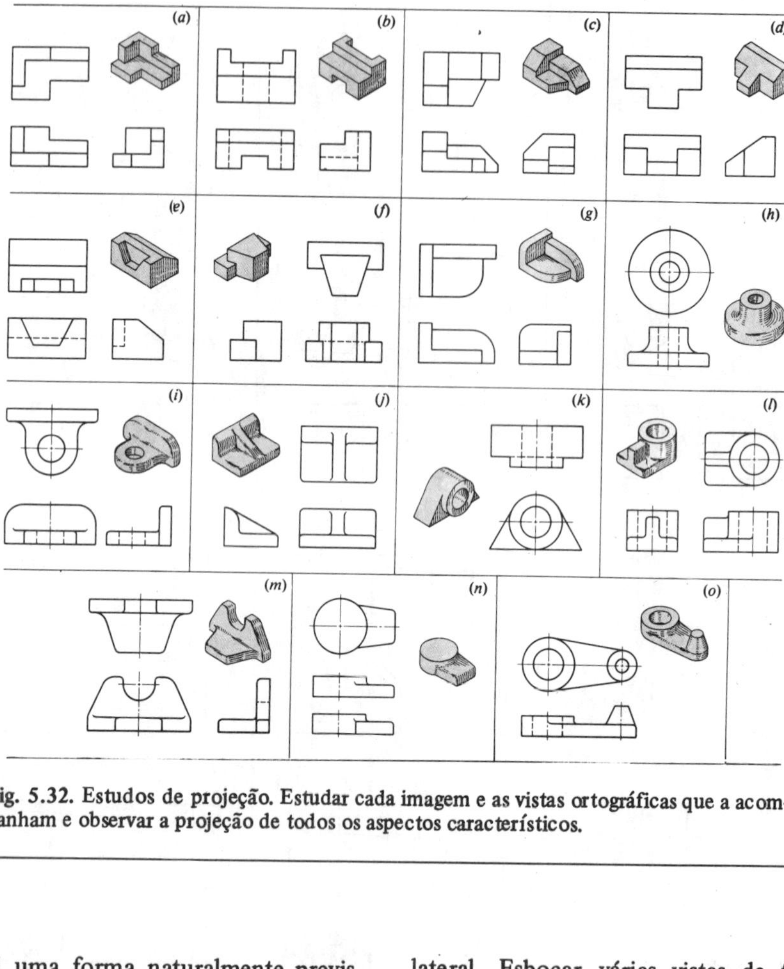

Fig. 5.32. Estudos de projeção. Estudar cada imagem e as vistas ortográficas que a acompanham e observar a projeção de todos os aspectos característicos.

sentará uma forma naturalmente prevista. Na Fig. 5.36, por exemplo, admite-se que a figura em (*a*) tenha um corte transversal uniforme e seja um prisma quadrangular. Não obstante, as duas vistas *poderiam* corresponder à vista superior e à de frente de uma cunha, como o ilustram as três vistas em (*b*). As duas vistas de um objeto, desenhadas como em (*c*), não o caracterizam de modo nenhum. Pode-se supor que a seção do objeto em (*a*) seja quadrada, mas poderia igualmente ser circular, triangular, um quarto de circunferência, ou outra forma qualquer que deveria ter sido indicada por uma vista lateral. Esboçar várias vistas de frente para cada vista superior da Fig. 5.37*a* a *c*.

Com o objeto colocado de preferência em sua posição de funcionamento e de maneira que *suas faces principais fiquem paralelas aos planos de projeção*, procurar visualizá-lo, imaginando cada vista ortográfica separadamente, a fim de escolher o melhor grupo de vistas. Na Fig. 5.38, as setas mostram as direções segundo as quais são observadas as seis vistas principais de uma peça e indicam o raciocínio seguido pela pessoa que faz a seleção. Ela observa que a vista de frente mostra os dois orifícios horizontais, bem

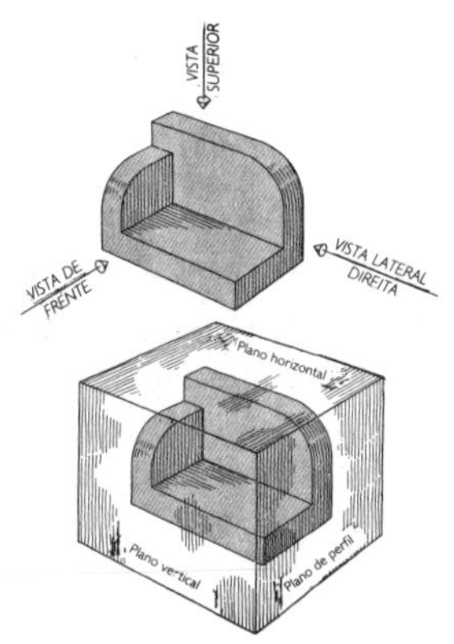

Fig. 5.33. Orientação do objeto. Escolher a posição mais simples entre todas. Esta oferecerá a mais clara representação possível e será a mais fácil de ser desenhada.

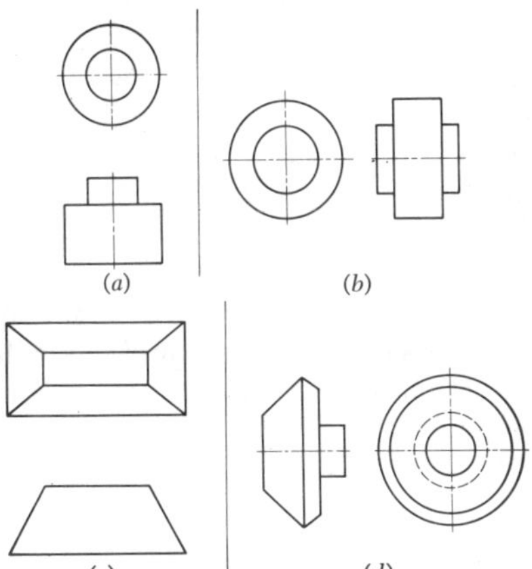

Fig. 5.34. Desenhos com duas vistas. Estas são suficientes para qualquer objeto que tenha uma terceira vista idêntica ou similar a uma das duas vistas dadas.

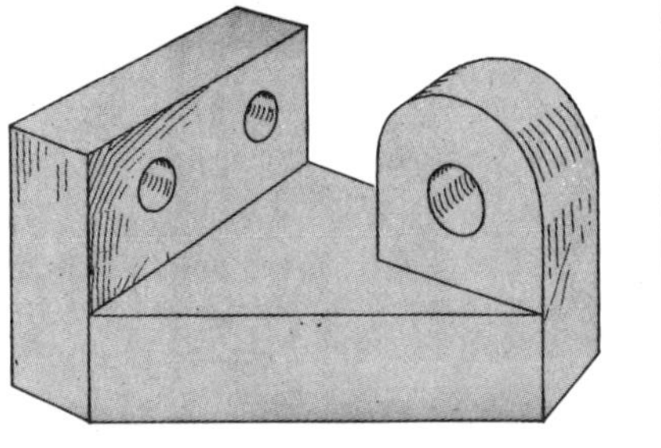

Fig. 5.35. Formas geométricas combinadas. Até mesmo os objetos mais complicados podem ser analisados como uma combinação de formas geométricas.

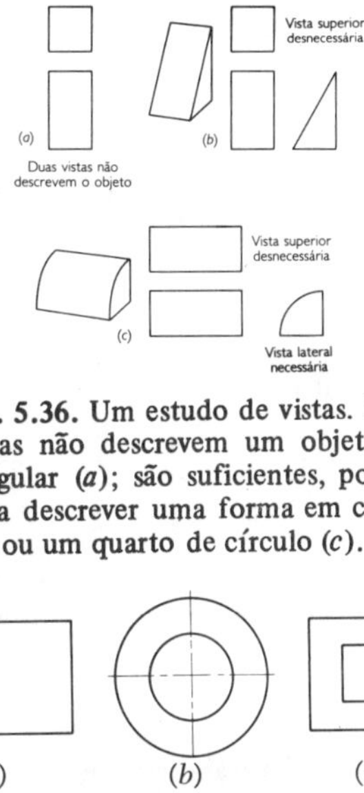

Fig. 5.36. Um estudo de vistas. Duas vistas não descrevem um objeto retangular (*a*); são suficientes, porém, para descrever uma forma em cunha (*b*) ou um quarto de círculo (*c*).

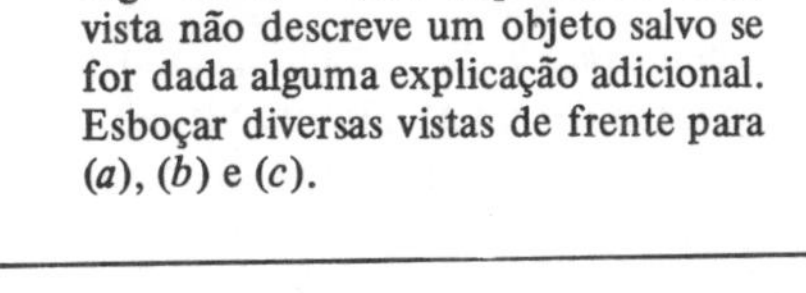

Fig. 5.37. Vistas superiores. Uma vista não descreve um objeto salvo se for dada alguma explicação adicional. Esboçar diversas vistas de frente para (*a*), (*b*) e (*c*).

como a largura e a altura da peça; que a vista superior é necessária para revelar o contorno do cilindro vertical e que o canto cortado requer uma vista lateral que expresse sua forma. Nota ainda que a vista lateral direita revela esse corte em linhas cheias, enquanto que a lateral esquerda o mostra em linhas tracejadas. Ao mesmo tempo conclui que tanto a vista inferior quanto a posterior não têm nenhuma utilidade na representação desta peça. Assim, chega a escolha correta da

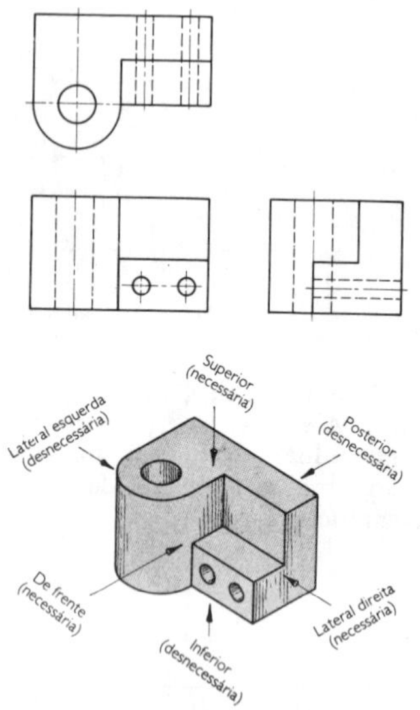

Fig. 5.38. Escolha de vistas. Deve ser desenhada uma vista em cada direção (superior, de frente, lateral) necessária à caracterização convincente de cada parte do objeto. As vistas desnecessárias, porém, *não* devem ser desenhadas.

combinação de projeções que melhor descrevem a peça: vista de frente, superior e lateral direita. Via de regra, preferir-se-á a vista lateral que contiver menor número de linhas tracejadas. Em igualdade de condições, a vista lateral direita é a preferida, na prática corrente.

Na elaboração de projetos, toda peça simples deve ser mentalmente visualizada, escolhendo-se as vistas sem recorrer ao esboço em perspectiva. Em trabalhos mais complicados, o esboço da peça, quer em perspectiva, quer ortográfico, pode ser vantajoso, mas não será nunca necessário esboçar todas as vistas possíveis a fim de se fazer uma seleção.

Estudar os desenhos da Fig. 5.39 para determinar por que foi escolhida cada uma das vistas.

19. Dimensão dos desenhos

Os desenhos são executados sobre folhas de papel de tamanhos padronizados, especificados pela ANSI. Os formatos norte-americanos têm por base os múltiplos de $8^1/_2$” x 11” e de 9” x 12”. O capítulo final contém referências aos tamanhos específicos de papel e tela para desenho, com indicações que estabelecem as margens e dimensões adequadas para as legendas.

20. Espaçamento das vistas

As vistas devem ser colocadas de modo a se distribuírem equilibradamente dentro do espaço que lhes foi reservado. Para isso, é necessário tirar algumas medidas preliminares, antes de traçar as linhas básicas das diferentes projeções. O exemplo seguinte descreve como proceder: suponha-se que a peça da Fig. 5.40 deva ser desenhada em tamanho natural sobre uma folha de 279 mm por 432 mm. Descontadas as margens, o espaço útil será de 267 mm por 384 mm. A vista de frente exigirá 196 mm e a lateral 57 mm, o que deixará uma sobra de 131 mm, a ser distribuída entre as vistas e as margens laterais.

Não é necessário fazer esse estudo preliminar com as dimensões exatas. Ou seja, para acelerar o estudo, as frações de pequeno valor como 5,9 mm ou 24,6 mm podem ser ajustadas para 6 mm e 25 mm, respectivamente. No caso em exame, a dimensão de 196 mm pode ser ajustada para 195 mm.

Determinam-se graficamente as projeções com rapidez, tomando-se as medidas, com a escala, ao longo da linha inferior do enquadramento. Começa pelo canto inferior direito, marcando primeiro 57 mm e depois 196 mm. A distância entre as vistas pode agora ser determinada. É escolhida a olho, de modo a separar as vistas sem amontoá-las, colocando-as no entanto suficientemente próximas

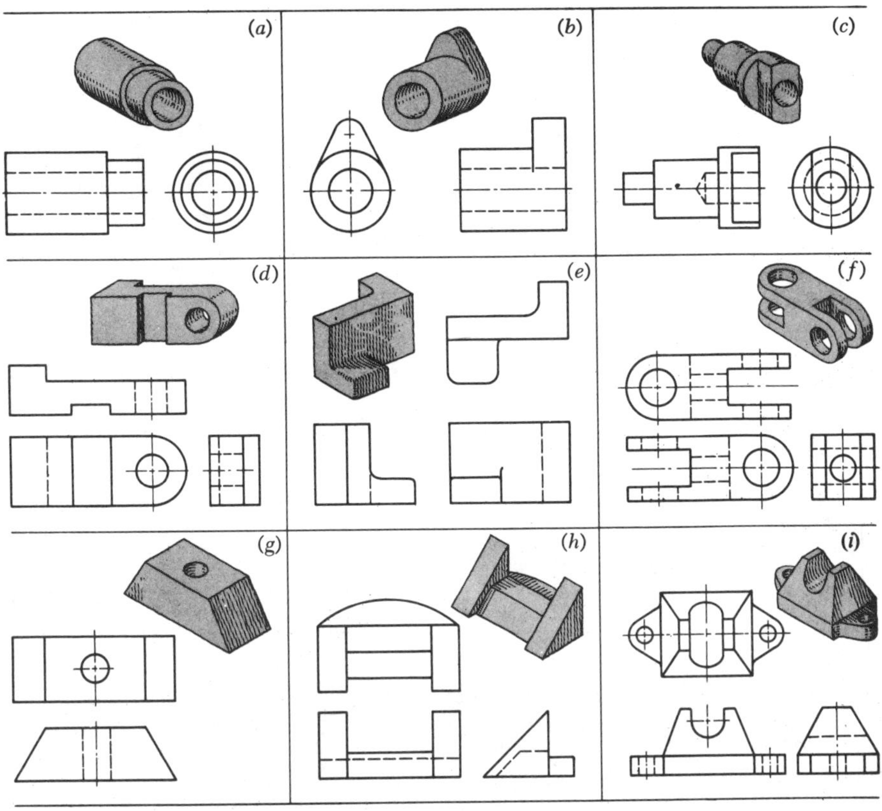

Fig. 5.39. Estudo de seleção de vistas. Determinar em cada caso (*a* e *k*) por que as vistas apresentadas constituem a melhor escolha.

para facilitar a leitura do desenho (neste caso, a distância será de 43 mm). A metade da sobra, tomada a partir do canto esquerdo, será o ponto de partida para o traçado da vista de frente. Quanto à localização no sentido da altura da folha: a vista de frente tem 102 mm de altura e a vista superior 57 mm de profundidade. Começando pelo canto superior esquerdo, marcam-se primeiro 57 mm e depois 102 mm; avalia-se e marca-se a distância entre as vistas (no caso, 25 mm). Tomando-se, então, menos da metade da sobra, obter-se-á a localização da vista de frente, deixando-se embaixo uma margem maior que no alto, para proporcionar uma aparência mais equilibrada ao conjunto.

A seguir, delineiam-se levemente os espaços destinados às vistas e se estuda a disposição global, pois é fácil fazer alterações nessa fase. Satisfeitas as exigências, escolhem-se linhas de referência em cada vista, a partir das quais suas respectivas dimensões espaciais – altura, largura e profundidade – possam ser medidas. A linha de referência pode ser uma aresta ou

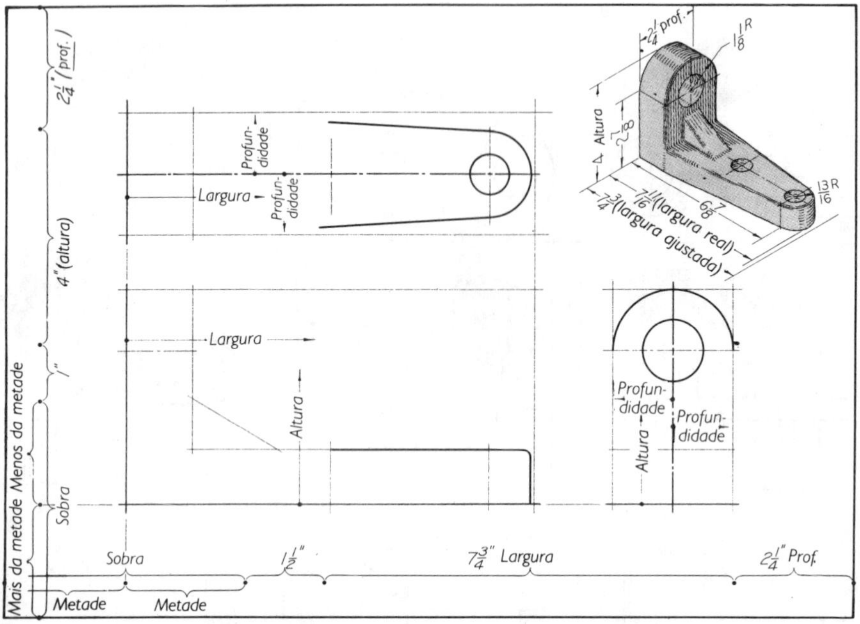

Fig. 5.40. Espaçamento das vistas sobre o papel. Faz-se isto graficamente. Estudar o texto, referindo-se a esta figura, com atenção e passar pelas etapas, esboçando o objeto dado sobre uma folha de papel padronizada de 279 x 432 mm.

linha de centro que passe por uma parte característica predominante, como na Fig. 5.40 que indica as linhas de centro das vistas superior e lateral e as linhas de traço médio em todas as vistas. Indica-se também a direção das medidas da altura, largura e profundidade das vistas.

21. Projeção das vistas

Após a localização e o traçado das vistas, desenham-se os vários aspectos característicos do objeto. Ao fazê-lo, *não* se deve tentar completar uma vista antes de começar outra, isto é, as vistas são executadas *simultaneamente*. Desenha-se primeiro o aspecto mais característico de uma vista, projetando-o e traçando-o nas outras vistas, antes de se passar a um segundo aspecto peculiar. Exemplificando: o furo vertical da Fig. 5.41 deve ser primeiro desenhado na vista superior para depois desenhar-se nas vistas de frente e lateral as linhas tracejadas e os elementos ou porções limítrofes.

Em alguns casos, não é possível completar uma vista antes de determinar e desenhar um aspecto característico em outra vista. Estudar o desenho em perspectiva da Fig. 5.41, e pelo exame das projeções ortográficas observar que o furo horizontal deve ser desenhado na vista de frente, antes da aresta *AB* da superfície inclinada poder ser colocada na vista superior.

As projeções (horizontais) entre as vistas de frente e laterais são feitas utilizando-se a régua T para traçar a linha horizontal exigida (ou para situar um ponto necessário), como se vê na Fig. 5.42.

As projeções (verticais) entre as vistas de frente e superior são feitas com auxílio da régua T e do esquadro, segundo mostra a Fig. 5.43.

As projeções entre as vistas superior e lateral não podem ser projetadas diretamente mas devem ser medidas e transportadas, ou encontradas através de traçados geométricos especiais. Na execução simultânea das vistas superior e lateral, é comum transportarem-se as medidas correspondentes às profundidades, de uma para outra vista, com auxílio do compasso de pontas secas, como mostra a Fig. 5.44*a*, ou com uma régua graduada, como em (*b*). Um outro método, usado em figuras irregulares, ilustrado na Fig. 5.45, consiste em unir os pontos em ângulo, usando-se uma linha oblíqua de 45° traçada pelo ponto de interseção do prolongamento das vistas superior e lateral da face anterior. Todavia, este método não é recomendável, pois exige mais tempo e atenção do que os métodos ilustrados na Fig. 5.44.

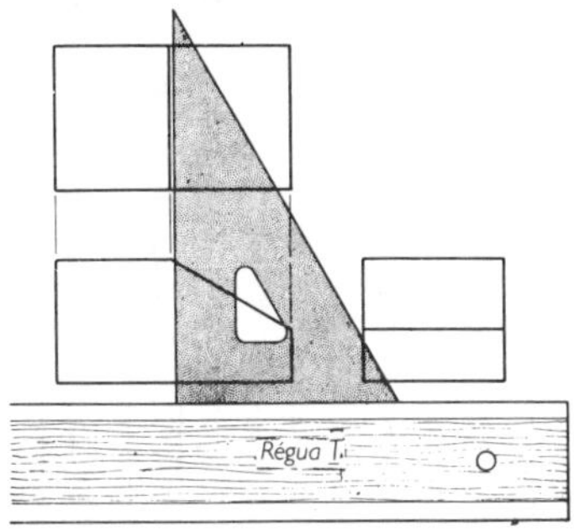

Fig. 5.43. Traçado de uma projeção vertical. O esquadro com ângulo de 90° com um dos catetos apoiado sobre a régua T na horizontal produz a linha vertical.

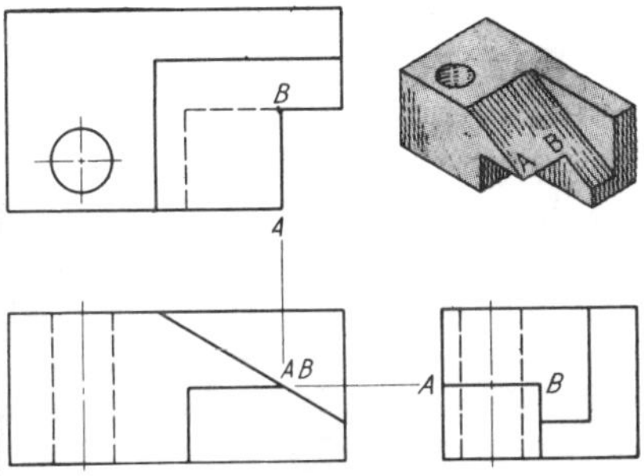

Fig. 5.41. Projeção de linhas. Trabalhar simultaneamente em todas as vistas. O maior erro possível é tentar completar uma vista antes de iniciar outra.

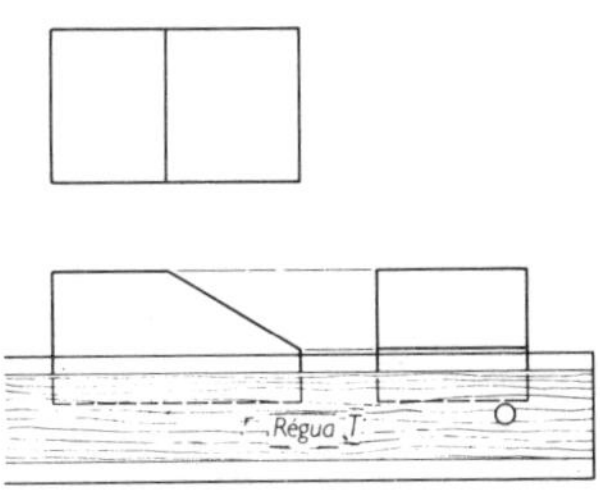

Fig. 5.42. Traçado de uma projeção horizontal, a mais simples operação de desenho. *Todas* as linhas horizontais podem ser traçadas com a régua T.

22. Projeções de superfícies limitadas por arestas lineares

Na projeção de superfícies inclinadas, podem se utilizar, em alguns casos, os cantos das arestas limítrofes, ao passo que em outros as próprias arestas limítrofes podem ser projetadas. Exemplificando esses processos, a Fig. 5.46*a* mostra um orifício hexagonal vertical, traçado de acordo com as especificações fornecidas na vista superior. Desenha-se a vista de frente, projetando-a a partir dos seis cantos do hexágono e traçam-se as quatro linhas tracejadas que a completam. A

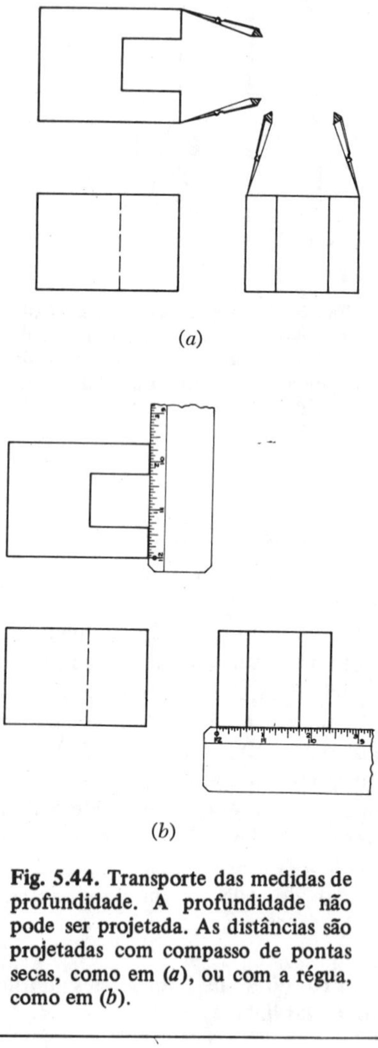

Fig. 5.44. Transporte das medidas de profundidade. A profundidade não pode ser projetada. As distâncias são projetadas com compasso de pontas secas, como em (*a*), ou com a régua, como em (*b*).

vista lateral é obtida fazendo-se a projeção horizontal de cada canto da vista de frente na vista lateral, determinando assim a altura dos pontos necessários na vista lateral. As medidas D_1, D_2 e D_3 tomadas da vista superior e transportadas para a vista lateral determinam então todos os seis cantos nesta vista. Completa-se a vista unindo estes cantos e desenhando as três linhas tracejadas verti-

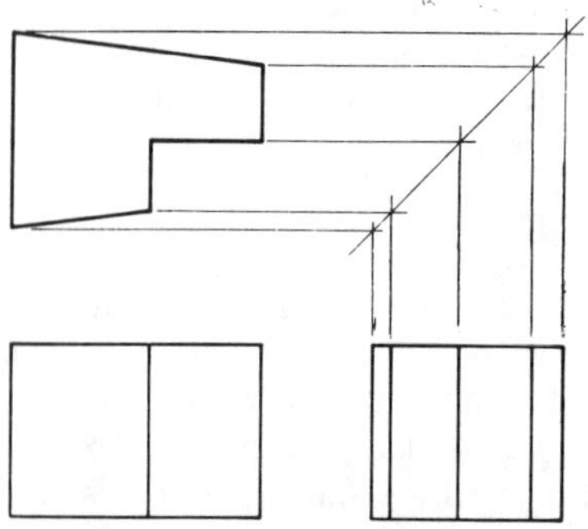

Fig. 5.45. Projeção das medidas de profundidade. Por meio de uma "linha cônica" em um ângulo de 45º e de linhas de chamada horizontais e verticais, transporta-se a profundidade da vista superior para a vista lateral (ou vice-versa).

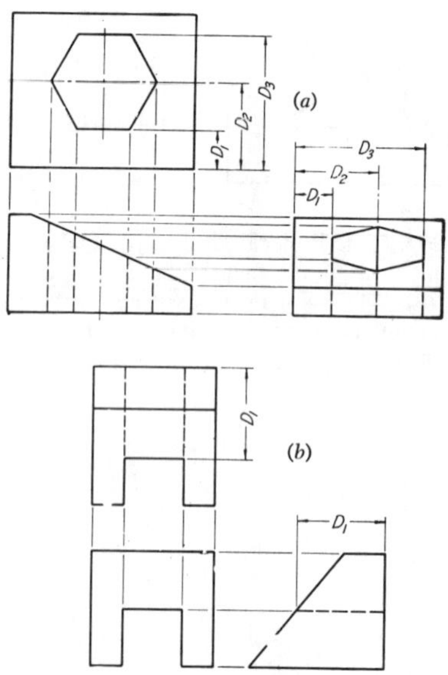

Fig. 5.46. Projeções de superfícies limitadas por arestas lineares. As dimensões correspondentes às profundidades não podem ser projetadas diretamente com a régua T ou o esquadro. Devem ser transportadas.

cais. O objeto da Fig. 5.46*b* apresenta um entalhe horizontal sobre uma superfície inclinada. Na vista de frente, a largura e altura reais desse entalhe são estabelecidas com base nas especificações. A projeção na vista lateral é uma simples projeção horizontal da linha tracejada, indicando a face superior do entalhe. Para se obter a vista superior, projeta-se a largura a partir da vista de frente e depois mede-se a posição da linha longitudinal do entalhe (distância D_1), transportando-a para a vista superior.

Em resumo, pode se concluir que, se uma linha forma algum ângulo numa vista, suas duas extremidades devem ser projetadas; se uma linha é paralela à direção de sua projeção, pode ser inteiramente projetada.

23. Projeções de uma linha limítrofe elíptica

A interseção de um furo cilíndrico (ou cilindro) com uma superfície em declive (inclinada ou oblíqua), como na Fig. 5.47, será uma elipse e algumas das projeções desse contorno elíptico aparecerão como outra elipse. A projeção pode ser feita como na Fig. 5.47*a*, marcando-se certo número de pontos na vista circular e projetando-os na vista de aresta (vista de frente) e logo após, na vista adjacente (vista lateral). Dessa maneira, os pontos 1 a 4 são estabelecidos na vista superior e projetados na vista de frente, levando-se então as linhas de chamada até a vista lateral. As medidas de profundidade tomadas na vista superior (como D_1) determinarão os pontos na vista lateral. Utilizando a curva francesa, traça-se uma curva uniforme unindo os pontos.

Para traçar uma elipse sobre uma superfície inclinada, também pode se fazer a projeção mediante o estabelecimento dos diâmetros maior e menor da elipse, segundo mostra a Fig. 5.47*b*. Dois diâmetros situados de forma a indicarem as extensões maior e menor da curva fornecerão os diâmetros maior e menor necessários. Assim, *AB* projetar-se-á na vista lateral como $A_S B_S$, ou seja, como o diâmetro menor, e *CD* projetar-se-á como $C_S D_S$, ou seja, como o diâmetro maior. A elipse pode então ser traçada por um dos métodos descritos nas Seçs. 50, 52 e 54 do Cap. 3.

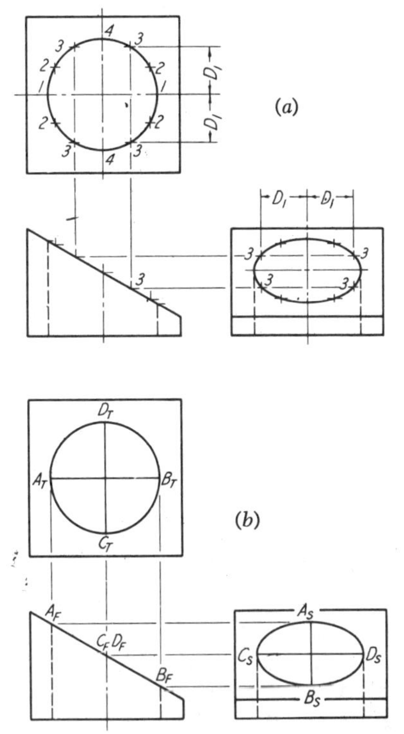

Fig. 5.47. Projeção de uma linha limítrofe elíptica. A curva é determinada pela projeção de pontos sobre a mesma (*a*) ou pelo traçado dos diâmetros maior e menor (*b*).

Se a superfície cortada pelo cilindro é oblíqua, como mostra a Fig. 5.48, os dois diâmetros perpendiculares situados na vista circular dar-nos-ão diâmetros conjugados, que servem para traçar a elipse, conforme é explicado nas Seçs. 51, 53 e 54 do Cap. 3.

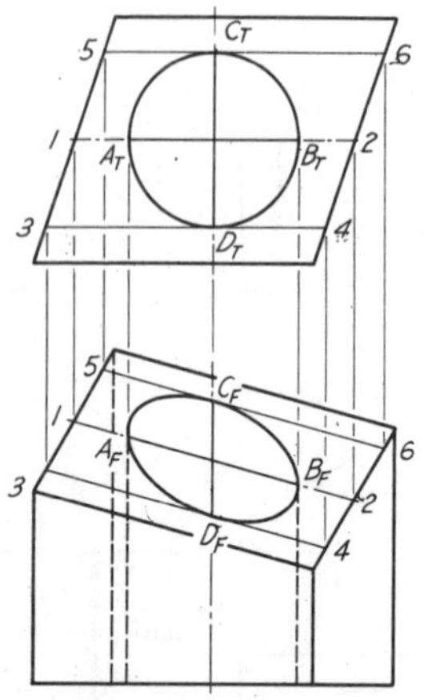

Fig. 5.48. Projeção de uma linha limítrofe elíptica pelo emprego de diâmetros conjugados. Remeter a Seç. 53 e Fig. 68, ambas no Cap. 3.

Ao projetar os eixos, pode-se prolongá-los até as arestas que delimitam a superfície oblíqua. Assim, a linha 1-2 da vista de frente, cortada pela projeção de A_tB_t da vista superior, fornece os pontos A_fB_f. De modo análogo as linhas 3-4 e 5-6 nas extremidades do eixo *CD* fornecem os pontos C_fD_f.

24. Projeções de uma linha limítrofe curva

Qualquer curva não-geométrica (ou uma curva geométrica sem eixos estabelecidos) deve ser projetada a partir de pontos determinados sobre a curva. Se a superfície for inclinada, como na Fig. 5.49*a*, pode-se supor alguns pontos sobre a curva, determinados a partir de dados (neste caso, estão indicados na vista superior), projetando-se primeiro os pontos, na vista de aresta (vista de frente) e depois numa vista adjacente (vista lateral). As medidas, como 1, 2, etc, da vista superior, transportadas para a vista lateral, completam a projeção. Traça-se, então, uma curva uniforme unindo os pontos.

Se a superfície é oblíqua, como na Fig. 5.49*b*, a determinação de elementos como 1'-1, 2'-2, etc., numa vista adjacente (o que se consegue traçando-se direções

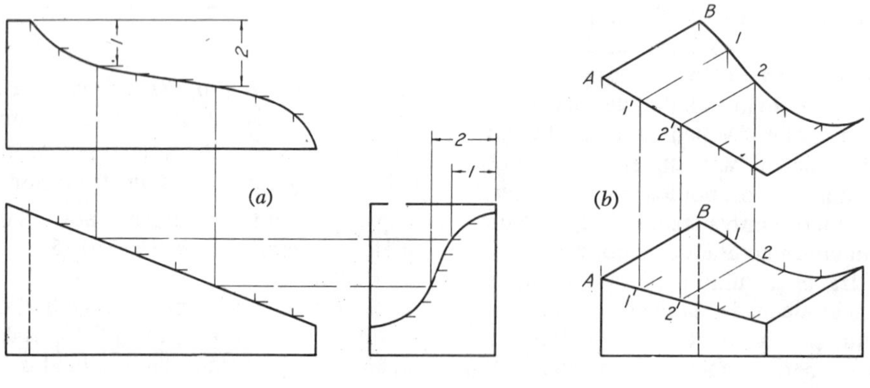

Fig. 5.49. Projeção de uma linha limítrofe curva. Marcam-se os pontos e traça-se uma curva uniforme unindo-os.

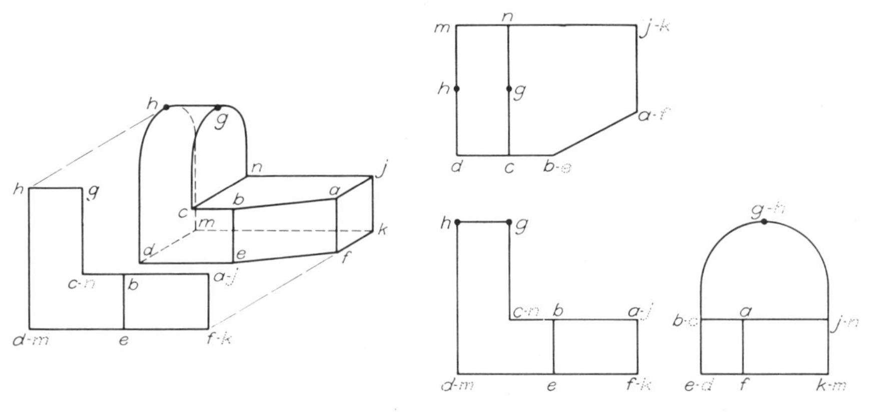

Fig. 5.50. Identificação dos principais vértices do objeto. Cada vértice é assinalado com uma letra (ou número) para facilitar a execução de projeções.

paralelas a linhas conhecidas da superfície oblíqua, como *AB*), possibilita a projeção de pontos da curva 1, 2, etc., na vista adjacente, conforme se vê na ilustração.

25. Identificação dos pontos principais do objeto

Na identificação das vistas ortográficas com o objeto ou sua perspectiva, é útil, em alguns casos, colocar letras (ou números) nos vértices do objeto e nos pontos correspondentes de cada projeção, como mostra a Fig. 5.50. Os pontos invisíveis situados diretamente atrás dos pontos visíveis são assinalados com letras colocadas à direita da letra do ponto visível. Nessa ilustração, os mesmos foram ainda mais diferenciados pelo emprego de letras "fantasmas" ou letras pontilhadas. Estudar a Fig. 5.51 e assinalar os cantos das três vistas com números ou letras correspondentes aos do desenho em perspectiva.

26. Etapas do traçado do desenho

A ordem em que se trabalha é importante, pois a rapidez e a exatidão dependem muito dos processos utilizados no traçado das linhas. Deve-se evitar a duplicação das mesmas medidas e reduzir ao mínimo a mudança de um instrumento

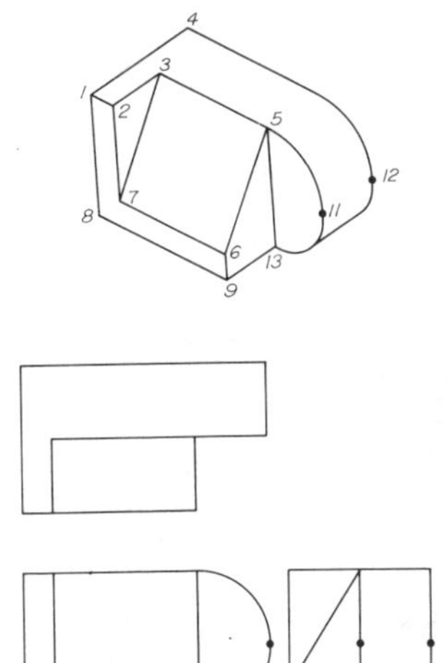

Fig. 5.51. Estudo de projeção. Numerar os vértices das vistas ortográficas de maneira a corresponderem aos números da figura.

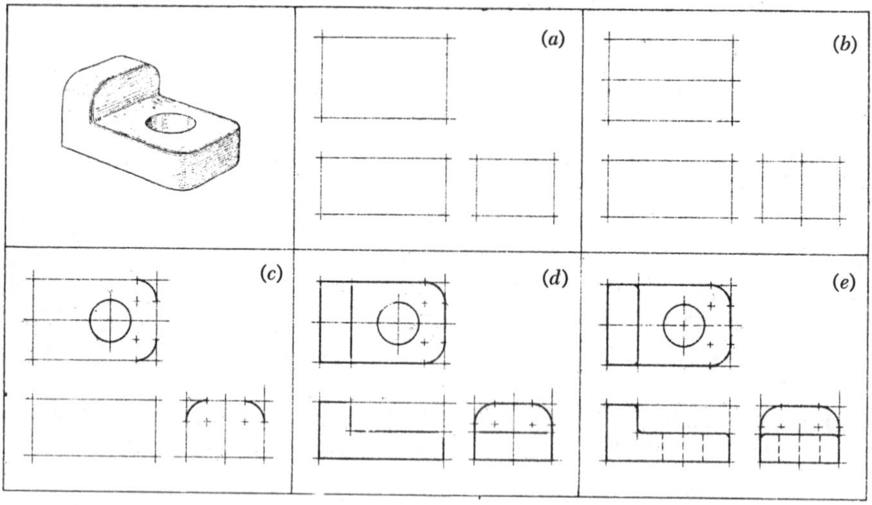

Fig. 5.52. Etapas do traçado a lápis. (*a*) esboçar ligeiramente as vistas; (*b*) estabelecer as linhas de centro; (*c*) iniciar o desenho dos detalhes, traçando primeiramente os arcos; (*d*) desenhar os detalhes de maior destaque; (*e*) concluir. Ver as explicações no texto.

para outro. Naturalmente, é impossível tomar *todas* as medidas com a régua de uma só vez, ou traçar *todas* as circunferências e arcos sem largar o compasso. Contudo, deve-se adiantar tanto quanto possível o trabalho com um instrumento, antes de passar a outro. A colocação ordenada dos instrumentos sobre a prancheta facilitará sua troca com economia de tempo. A seqüência habitual do trabalho é ilustrada na Fig. 5.52.

1. Escolher a combinação de vistas que melhor descreve o objeto. Um esboço à mão livre facilitará a escolha das vistas e o planejamento de sua distribuição geral sobre o papel.

2. Selecionar uma escala, e por meio de cálculos e medições escolher uma folha padronizada de dimensões convenientes; ou usar papel de desenho de tamanho padronizado e procurar uma escala adequada.

3. Espaçar as vistas sobre o papel, segundo descreve a Seç. 20.

4. Marcar as dimensões principais delineando as vistas, e traçando os contornos e linhas de centro com traços leves, finos e precisos. Desenhar as linhas de centro, isto é, os eixos de todas as vistas ou partes de vistas simétricas. Todo elemento cilíndrico terá uma linha de centro – a projeção do eixo da peça. Todo círculo terá duas linhas de centro cortando-se no centro.

5. Desenhar os detalhes da peça, iniciando com a forma característica de maior destaque e indo até os detalhes menos importantes, como concordâncias internas e externas. Executar as diferentes vistas simultaneamente, projetando as formas características de uma vista para outra, em lugar de concluir uma vista antes de iniciar a outra. Usar um mínimo de traçado geométrico e, se possível, traçar as linhas na espessura definitiva, à medida que as vistas vão sendo executadas. *Não fazer o desenho com traços leves para reforçá-los posteriormente.*

6. Esquematizar e traçar os letreiros da legenda.

7. Conferir o desenho cuidadosamente.

27. Etapas do traçado a nanquim

Se o desenho tiver de ser traçado a nanquim, seja como treinamento no uso dos instrumentos, seja como desenho ortográfico definitivo sem cotas, a ordem de trabalho é a seguinte:

1. Colocar o desenho a lápis a ser copiado sobre a prancheta, alinhando-o cuidadosamente com a régua T e prendendo os dois cantos superiores com tachas. Colocar o papel para a cópia ou o papel-tela (lado liso para cima) sobre o desenho. Mantendo o papel-tela na posição, desprender as tachas, uma de cada vez, e tornar a colocá-las de forma a prender juntas ambas as folhas. A seguir, fixar os dois cantos inferiores.

2. A fim de remover qualquer película oleosa, preparar a superfície do papel-tela ou do papel transparente pulverizando-a de leve com talco especial ou giz branco em pó. *A seguir, e estando a superfície perfeitamente limpa, retirar o excesso com um tecido macio.*

3. Regular cuidadosamente a ponta do compasso na espessura de linha desejada e traçar todas as circunferências e arcos de circunferência de linhas cheias, começando pelas menores. A espessura correta das linhas é dada na Fig. 2.57.

4. Traçar as circunferências e arcos de linhas tracejadas na mesma ordem indicada acima.

5. Regular o tira-linhas com atenção, numa espessura exatamente igual à da linha cheia das circunferências. A melhor maneira de obter espessura idêntica entre as linhas retas e curvas consiste em testar o compasso e o tira-linhas sobre a parte exterior à margem da folha ou em outra folha do mesmo tipo de papel, ajustando-os até a espessura desejada.

6. Traçar as linhas curvas irregulares.

7. Traçar as retas de linha cheia nesta ordem: horizontais (iniciando no topo da folha), verticais (da esquerda para a direita) e inclinadas (a partir das superiores).

8. Traçar as retas tracejadas, na mesma ordem. Cuidar especialmente para que essa linha tenha espessura idêntica à da linha das circunferências tracejadas.

9. Traçar as linhas de centro.

10. Hachurar todas as áreas que representam cortes de superfície.

11. Traçar pautas a lápis e executar os letreiros da legenda.

12. Recobrir a margem com nanquim.

13. Verificar se há erros e omissões no desenho.

28. Desenho ortográfico à mão livre

A facilidade de executar desenhos ortográficos à mão livre é parte indispensável da bagagem intelectual de todo engenheiro. E uma vez que essa capacidade pressupõe domínio de outras técnicas, como foi visto nos Caps. 1 a 4, a prática deve ser iniciada cedo. Embora a proficiência em traçados à mão livre seja sinônimo de domínio da linguagem gráfica, atingido somente pela aquisição de conhecimento e destreza no desenho com instrumentos, o esboço à mão livre é um método excelente para aprender os fundamentos da projeção ortográfica, podendo ser utilizado pelos principiantes mesmo que ainda não tenham adquirido muita habilidade no uso de instrumentos. Na fase de treinamento, assim como na atividade de caráter profissional, pode-se economizar tempo trabalhando à mão livre em vez de usar instrumentos, pois aquele método permite resolver um maior número de problemas dentro de um período de tempo dado.

Não obstante alguns professores experientes recomendarem a execução de esboços à mão livre antes de se iniciar a prática com instrumentos, é de grande valia adquirir algum conhecimento dessa última área e, em especial, conhecimentos de geometria aplicada, porquanto os elementos essenciais, como tangentes, conexões e interseções de linhas, e também a geometria básica de uma peça, devem estar bem definidos num traçado à mão livre. O desenho à mão livre constitui, sem dúvida, um exercício excelente para desenvolver a capacidade de observação. A Fig. 5.53 mostra um bom exemplo de esboço à mão livre.

29. Tipos de linhas utilizadas em desenhos à mão livre

Os desenhos traçados à mão livre são realizados sobre uma variedade muito grande de tipos de papel, desde o bloco ou caderno escolar comum até os papéis especiais para desenho e cópia, mais caros, inclusive o papel-tela para lápis. A textura da superfície – lisa, média ou áspera – combinada à dureza do lápis e à pressão exercida sobre o papel refletir-se-ão no resultado final. Se o esboço de um esquema ou de uma idéia tiver de apresentar um efeito de expressão tosco e arrojado, deve-se empregar um lápis macio e, se possível, papel de textura áspera. Num esboço para execução ou para a representação de um objeto com numerosos detalhes pequenos ou intrincados, o uso de um lápis mais duro e de papel acetinado facilitará a obtenção da necessária qualidade de linha.

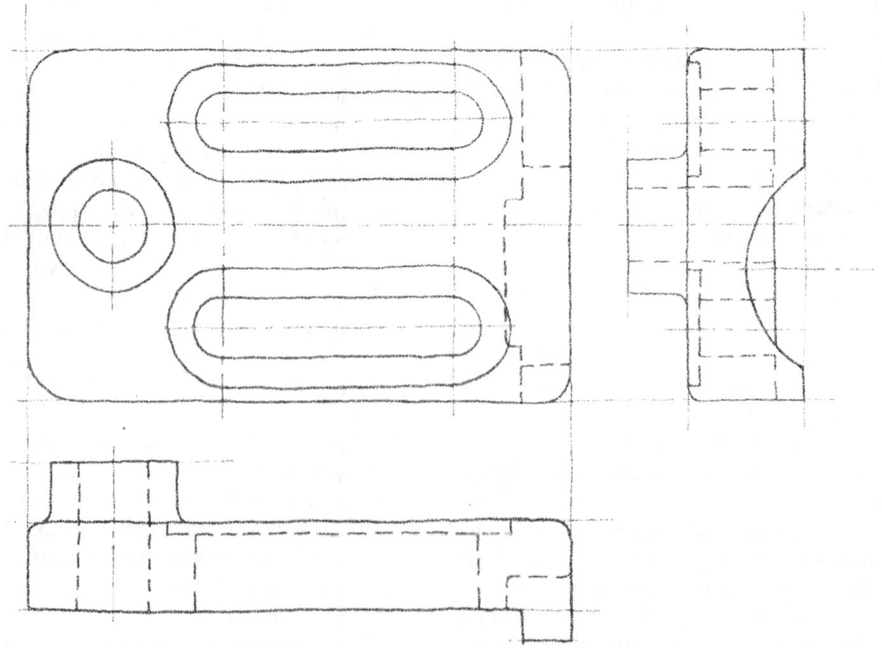

Fig. 5.53. Desenho à mão livre. Observar o aspecto irregular das linhas em comparação com o de trabalhos feitos com instrumentos. Entretanto, todas as particularidades se apresentam de maneira concisa e legível.

Na Fig. 5.54 vê-se a fotografia (reproduzida com cerca de metade da dimensão real) de linhas traçadas com lápis de distintos graus de dureza e com pressão média sobre papel de textura média. Observe-se que o lápis 6B produz uma linha bastante espessa e de aparência tosca. Como o grau de dureza aumenta de 5B para 4B, etc., até 2H, a linha torna-se gradativamente mais delgada e clara quanto à tonalidade. Isso não quer dizer que é impossível traçar uma linha espessa com um lápis medianamente duro, mas por necessitarem ser apontados com maior freqüência, e por sofrerem uma pressão uniforme, os lápis de menor dureza gastam-se mais depressa do que os mais duros. A menos que lápis moles, como os de números 6B, 5B ou 4B, sejam apontados após cada pequeno traço, é impossível obter-se linhas finas. Além disso, os lápis de maior dureza, como F, H e 2H, uma vez apontados manterão sua ponta por algum tempo, produzindo linhas razoavelmente finas sem necessidade de grande preocupação com a ponta. Utilizados de maneira normal e com uma pressão regular, os lápis de grafite macia produzem linhas irregulares e vigorosas e os mais duros, linhas leves e uniformes.

30. Escala dos graus de dureza de um lápis

O lápis 6B é, entre todos, o mais macio e produz linhas pretas e desiguais. Usado com pressão normal, pode-se facilmente apagar uma linha, embora isso possa deixar uma leve mancha sobre o papel. Os lápis 6B, 5B e 4B devem ser usados quando se deseja uma linha de textura um pouco mais áspera; por exemplo, em esboços de esquemas ou de projetos, representação de elementos arquitetônicos e ilustrações. Nos esboços técnicos executados sobre papel de textura média, geralmente empregam-se lápis da dureza de 3B a HB, inclusive. Por exemplo, uma peça de máquina com uma quantidade normal de pequenos detalhes pode ser esboçada, com bons resultados, usando-se um lápis 2B ou B. A regularidade do traço e a rápida adaptação a diferentes pressões fazem com que estes lápis sejam os preferidos para uma extensa gama de trabalhos. Contudo, em desenhos mais complexos, onde haja muitos detalhes, e também naqueles em que a eliminação dos traços de lápis macios pode deixar manchas indesejáveis, usam-se os lápis F a 2H. Para um esboço sobre papel medianamente acetinado, os graus F e H são plenamente satisfatórios. Os de dureza superior a 2H quase nunca são empregados em trabalhos à mão livre. A propósito, um bom lápis para a escrita comum é o 2B.

31. Como apontar o lápis

Um lápis deve ser apontado em forma de cone alongado, conforme a explicação da Seç. 24, Cap. 2. Todavia, em traçados à mão livre, uma ponta não tão aguçada quanto a que se emprega em desenhos com instrumentos, usada sem demasiada pressão, produzirá a linha de espessura desejada. Se, apontado o lápis, a ponta parecer demasiado fina, pode-se arredondá-la levemente com lixa de papel, antes de usá-la sobre o desenho.

32. Pressão do lápis e textura do papel

Tanto o grau de dureza e a pressão do lápis como a textura do papel se refletem no resultado final de um desenho. A Fig. 5.54 mostra vários graus de dureza obtidos com pressão média sobre papel de textura média. Para ressaltar os vários tipos de linhas, resultantes do aumento de pressão sobre o lápis, a Fig. 5.55 mostra o mesmo papel, desta vez fazendo-se pressão sobre o lápis com mais firmeza. Observe-se que as linhas da Fig. 5.55 são bem mais enegrecidas que as da Fig. 5.54. O tipo de linha apresentado na Fig. 5.55

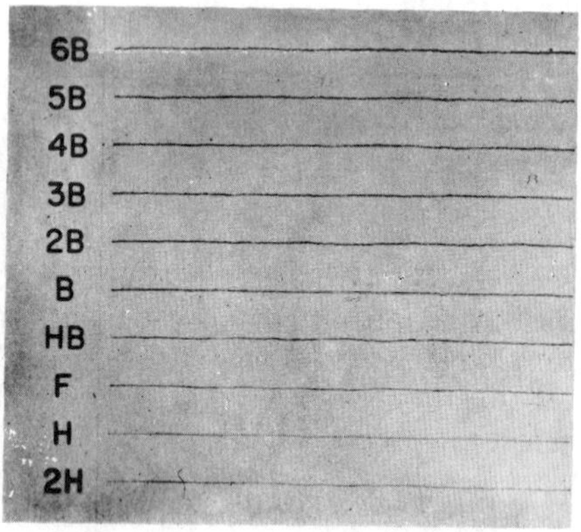

Fig. 5.54. Traços feitos com lápis de diferentes graus de dureza. Pressão média sobre papel de textura média.

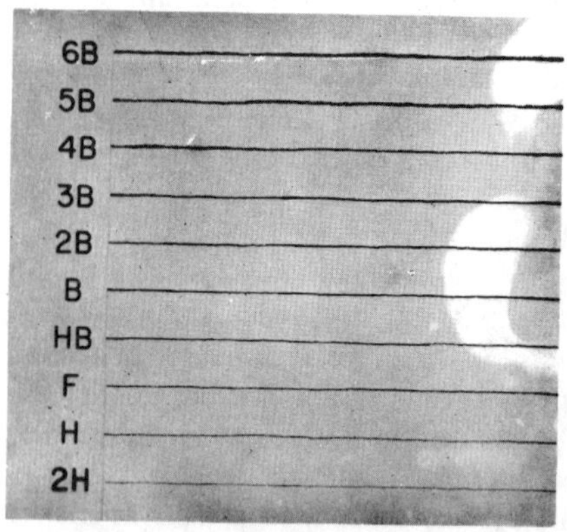

Fig. 5.55. Traços feitos com lápis de diferentes graus de dureza. Pressão firme sobre papel de textura média.

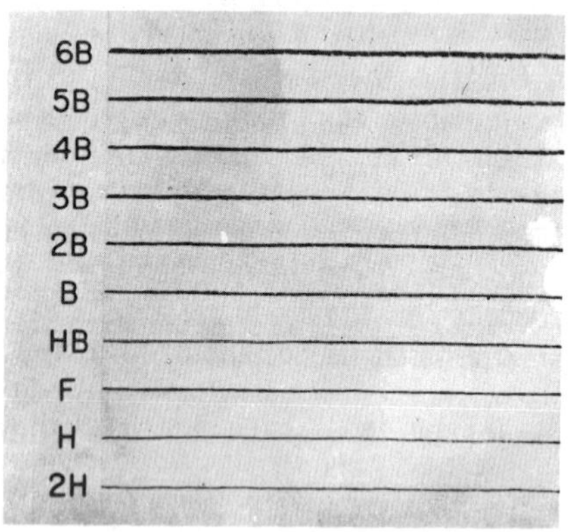

Fig. 5.56. Traços feitos com lápis de diferentes graus de dureza. Pressão firme sobre papel acetinado.

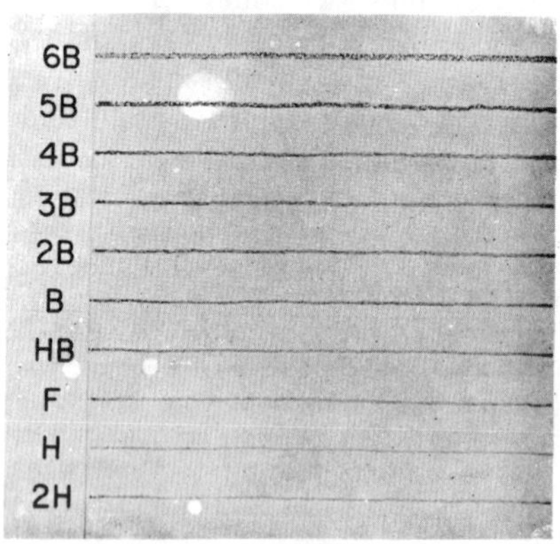

Fig. 5.57. Traços feitos com lápis de diferentes graus de dureza. Pressão firme sobre papel áspero.

presta-se para a maioria dos esboços técnicos. As linhas da Fig. 5.54, deve-se preferir que sejam firmes e opacas, especialmente se o esboço tiver de ser reproduzido, quer em fotografias, quer em papel transparente.

Para evidenciar a diferença na qualidade da linha, determinada pela textura do papel, a Fig. 5.56 dá exemplos da mesma pressão firme utilizada na Fig. 5.55, agora, porém, sobre papel acetinado. Na Fig. 5.57 usou-se idêntica pressão sobre papel áspero. A Fig. 5.58 facilita a comparação dos efeitos da pressão e da textura. À esquerda, vê-se o efeito da pressão média sobre um papel de textura média; em (*a*), (*b*) e (*c*) usou-se pressão firme mas sobre papel de textura média (*a*), papel acetinado (*b*) e em (*c*), sobre papel de textura áspera.

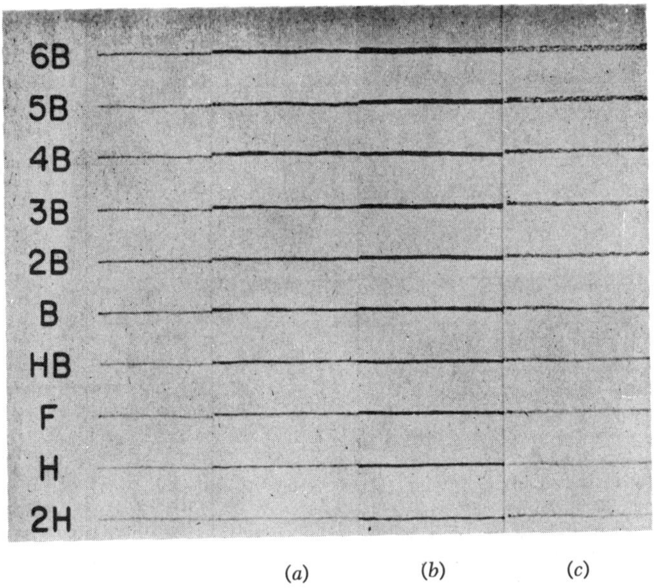

Fig. 5.58. Comparação entre diferentes pressões de lápis e superfícies de papel. Pressão média sobre papel de textura média – coluna à esquerda. Pressão firme sobre papel de textura média em (*a*), sobre papel acetinado (*b*) e sobre papel áspero em (*c*).

33. Tipos de papel

Papel liso e quadriculado. Os esboços são feitos para as mais diversas finalidades e sob circunstâncias variadas; por isso numerosos tipos de papel e texturas diferentes são utilizadas. Quando envia informações ao escritório central, um engenheiro de campo pode fazê-lo através de um esboço executado em um bloco de anotações ou em papel timbrado comum. Por outro lado, um esboço feito no escritório de casa pode ser tão importante quanto um desenho realizado com instrumentos; por isso, pode ser copiado em papel de desenho de boa qualidade ou em papel transparente para ser arquivado junto a outros desenhos. Na Fig. 5.59 vê-se o exemplo de um esboço feito sobre papel comum, que poderia ser o papel timbrado do engenheiro de campo ou um pedaço de papel para desenho ou cópia. A principal dificuldade no emprego de papel liso reside no fato de as proporções e projeções terem que ser estimadas a olho. Um bom esboço em papel liso requer destreza e experiência acima da média. O uso de alguns tipos de papel quadriculado é um grande auxílio para a obtenção de bons resultados. Há inúmeros tipos de papel e de subdivisões em quadrículas, desde o acetinado ao de textura média, com subdivisões quadriculadas de 3 mm ou 3,5 mm a 13 mm, impressas sobre papel transparente ou em papel para desenho, de diferentes pesos. Via de

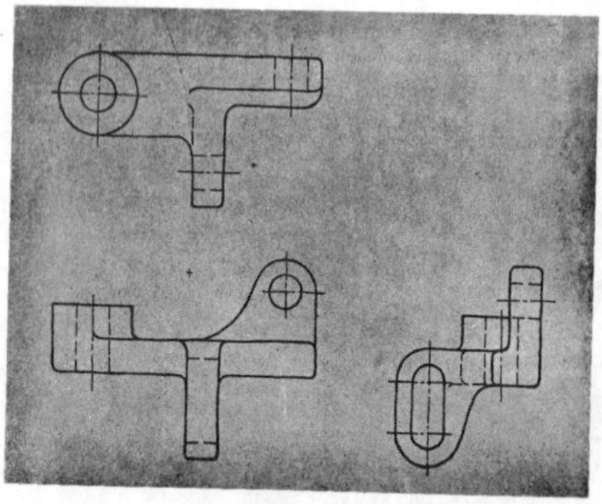

Fig. 5.59. Desenho à mão livre sobre papel liso, realizado por um perito com longa experiência. As linhas "desiguais" ou "ondeadas" são mais admissíveis em desenho à mão livre do que no desenho com instrumentos, devendo-se ter cuidado, todavia, em representar todos os detalhes de maneira concisa e legível.

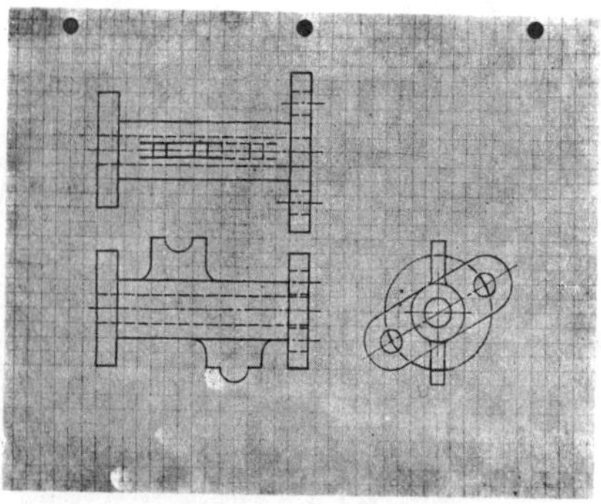

Fig. 5.61. Desenho à mão livre sobre bloco de papel quadriculado. A distância entre as pautas é de 6 mm.

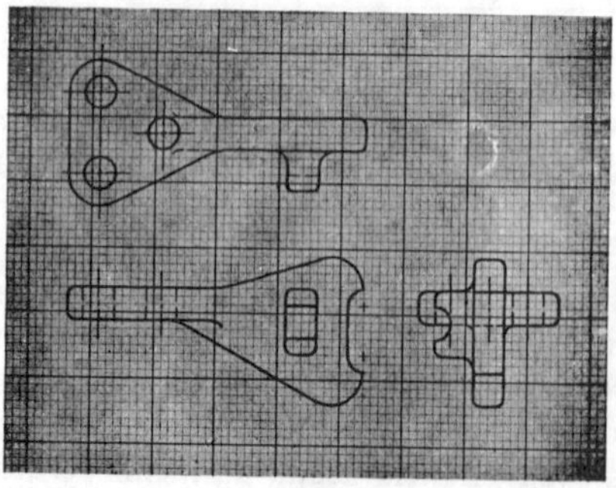

Fig. 5.60. Desenho à mão livre sobre papel vegetal quadriculado. O quadriculado impresso no verso do papel é de grande valia na execução de projeções, na manutenção de proporções corretas e no traçado de linhas retas e exatas.

regra, um tamanho de quadrículas em papel para cópia e outro (ou o mesmo) em papel para desenho preencherá as necessidades de um escritório de engenharia. A Fig. 5.60 mostra um esboço em papel com quadrículas de 3 mm. As da Fig. 5.61 medem 6 mm. A Fig. 5.62 é um esboço em tamanho natural, feito em papel quadriculado com subdivisões de 6 mm de lado.

O tipo do papel, seja vegetal ou liso, é outro fator que deve ser considerado. A reprodução por qualquer um dos métodos de cópia em papel vegetal requer o uso de papel vegetal. Quando se usa papel quadriculado, pode ocorrer o caso de desejarmos cópias onde as quadrículas não sejam visíveis. A Fig. 5.60 mostra um esboço feito em papel vegetal, com quadrículas impressas em tinta azul-violácea, no verso do papel. Esse sistema permite fazer correções sem apagar as quadrículas. Normalmente, estas não são reproduzidas nas cópias, as quais dão a impressão de um esboço feito sobre papel liso. O esboço da Fig. 5.61 foi realizado sobre papel comum de caderno de três furos, com subdivisões de 6 mm, impressas em tinta azul-claro.

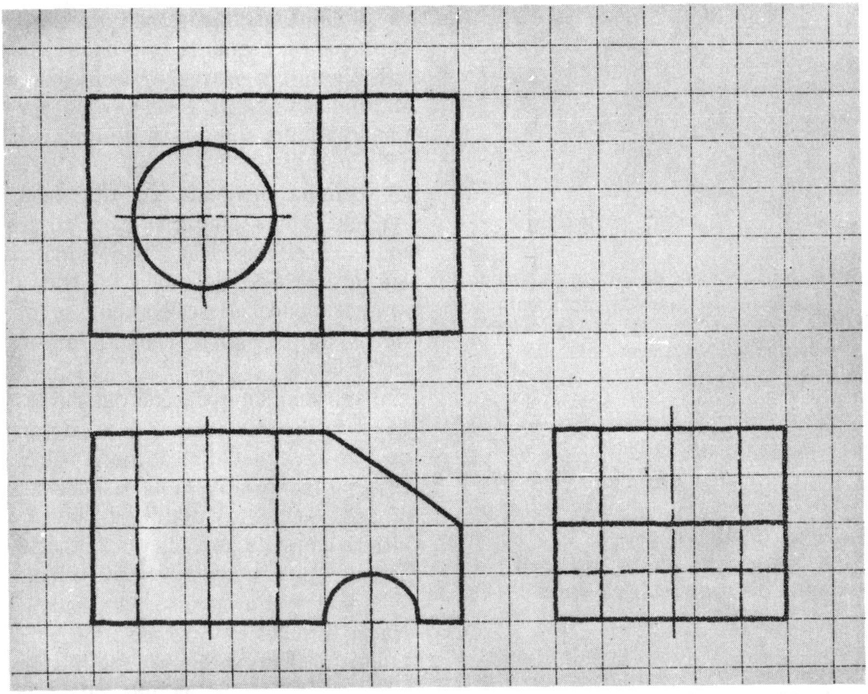

Fig. 5.62. Desenho à mão livre sobre papel quadriculado (tamanho natural). Observar a técnica de traçado arrojada e, no entanto, concisa.

O uso de papel quadriculado é de grande valia no desenho à mão livre, pois abrevia consideravelmente o trabalho. É muito mais fácil traçar projeções sobre esse tipo de papel do que sobre papel liso, pois, pode-se contar as subdivisões quando as distâncias são transportadas da vista superior para a lateral.

34. Técnicas de traçado

Segura-se o lápis comodamente e não muito próximo da ponta. As linhas verticais são traçadas com um movimento dos dedos de cima para baixo, numa série sucessiva de traços, mantendo-se a mão numa posição aproximada à da Fig. 5.63. As linhas horizontais são traçadas com a mão, numa posição semelhante à da Fig. 5.64, por meio de um movimento do pulso para as linhas curtas e do antebraço para as mais longas. Ao traçar uma reta entre dois pontos, *deve-se manter os olhos no ponto terminal da linha, em vez de acompanhar a ponta do lápis.* Não convém tentar traçar o comprimento total da linha com um único traço. Pode ser útil traçar primeiro uma linha muito fina,

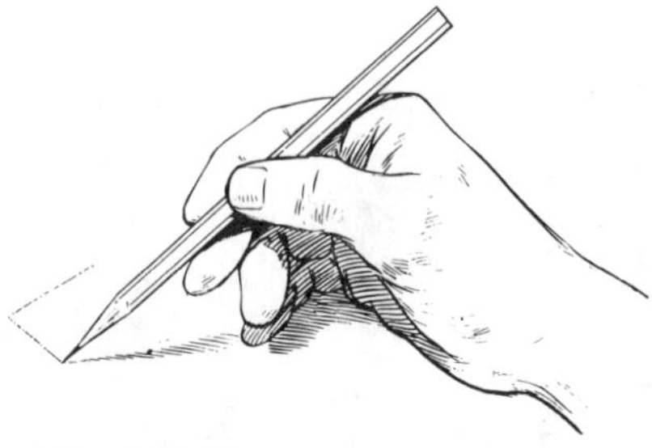

Fig. 5.63. Técnica do esboço de uma linha vertical. Traçar com movimento dos dedos em direção descendente, superpondo os traços nas linhas longas.

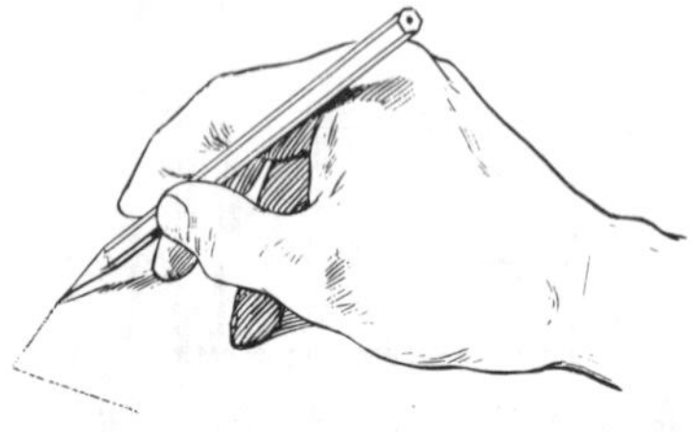

Fig. 5.64. Técnica do esboço de uma linha horizontal. Traçar da esquerda para a direita com movimento giratório do pulso nas linhas curtas e movimento do antebraço nas linhas longas. Se necessário, superpor os traços.

como na Fig. 5.65*a*, para depois traçá-la definitivamente, corrigindo a direção da primeira e dando-lhe a espessura e tonalidade finais mediante, traços de tamanho apropriado, como em (*b*). A linha definitiva aparece em (*c*). Alguma ondulação de traço, devido a instabilidade nervosa, não deve ser causa de preocupação. Mais importante que a regularidade da linha é a exatidão de direção.

35. Linhas retas

As linhas horizontais são traçadas da esquerda para a direita como na Fig. 5.66, as verticais de cima para baixo, como na Fig. 5.67.

As linhas inclinadas que descem da direita para a esquerda (Fig. 5.68) são traçadas com um movimento semelhante ao das linhas verticais, girando o papel e traçando a linha como se fosse uma vertical (Fig. 5.69).

As linhas inclinadas que descem da esquerda para a direita (Fig. 5.70) são as mais difíceis de traçar, devido a mão estar em posição algo incômoda. Por isso, deve-se girar o papel e traçá-las como se fossem linhas horizontais, segundo mostra a Fig. 5.71.

Para auxiliar o traçado das linhas, pode-se facilmente virar o papel dos esboços em qualquer direção, pois não é necessário fixá-lo no alto da prancheta. Sem dúvida, querendo, pode-se fixá-lo a esta última com fita gomada ou à prancha de desenho, por meio de dispositivo fixador.

No desenho à mão livre admite-se traçar verticais e horizontais longas, utilizando o dedo mínimo como guia ao longo do bloco de desenho ou da aresta de trabalho. Quando se desenha uma

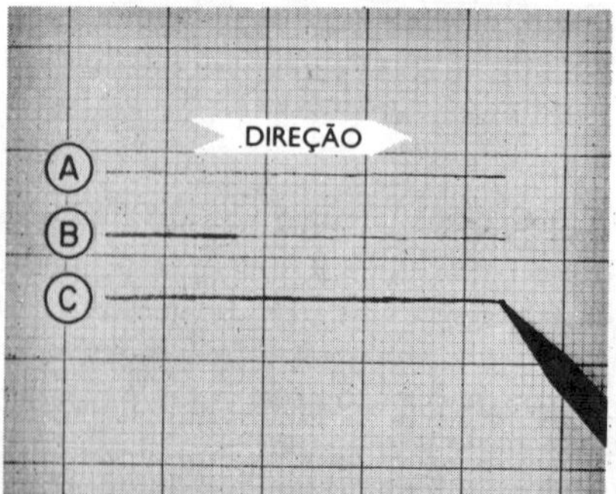

Fig. 5.65. Técnica do esboço de linhas. (*a*) estabelecer a direção com uma linha de construção *tênue*; (*b*) traçar primeiro; (*c*) completar a linha com uma série de traços superpostos.

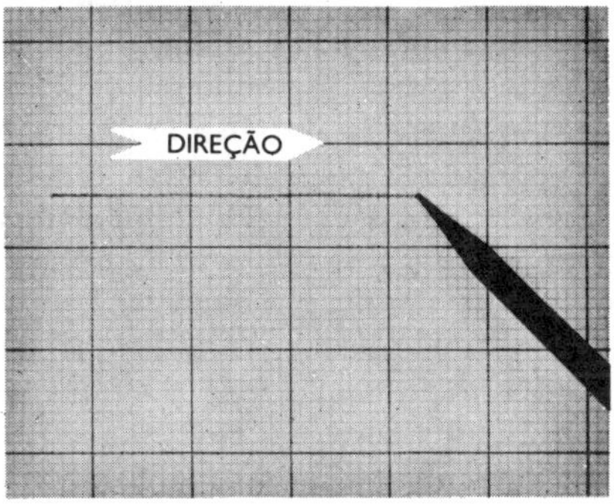

Fig. 5.66. Esboço de uma linha horizontal. Traçar da esquerda para a direita.

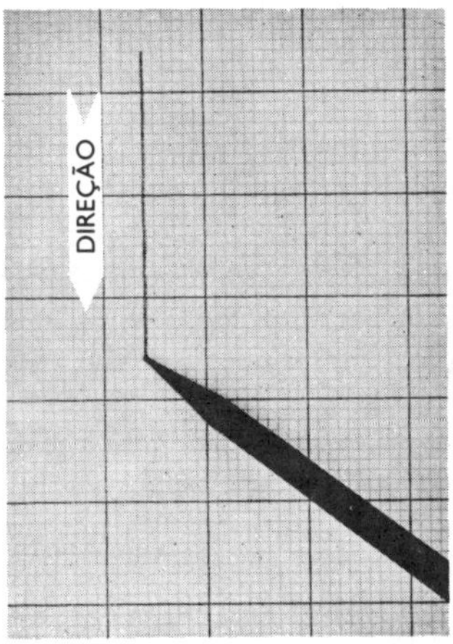

Fig. 5.67. Esboço de uma linha vertical. Traçar de cima para baixo.

linha reta três fatores importantes devem ser considerados: (1) ser essencialmente reta, (2) ter o comprimento exato e (3) estar na direção correta.

36. Circunferências

Um dos processos de traçar circunferências a mão livre consiste em assinalar o raio sobre cada lado das linhas de centro.

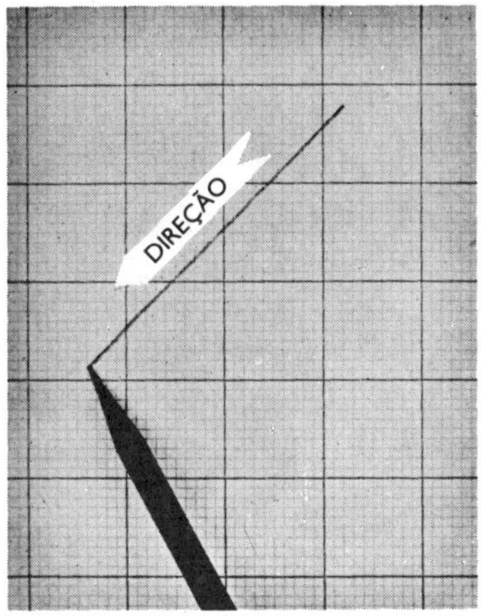

Fig. 5.68. Esboço de uma linha inclinada descendo da direita em direção à esquerda. Esta linha pode ser traçada em qualquer direção, de acordo com o que pessoalmente for mais conveniente.

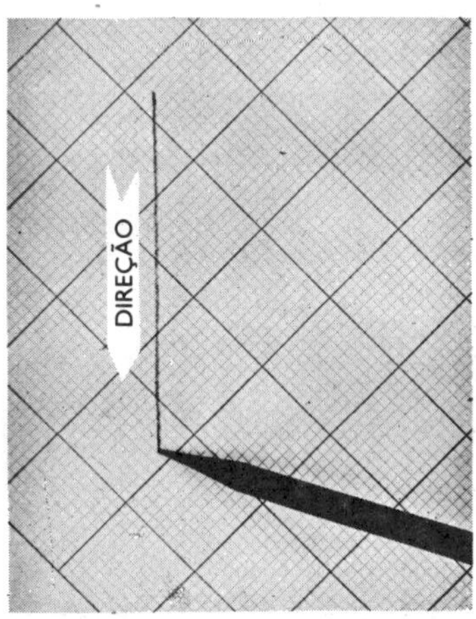

Fig. 5.69. Fazendo-se girar o papel pode-se esboçar uma linha inclinada como se fosse uma vertical. Isto é com freqüência muito útil, devido à posição incômoda da linha inclinada. Uma forma alternativa de girar o papel está ilustrada na Fig. 5.71.

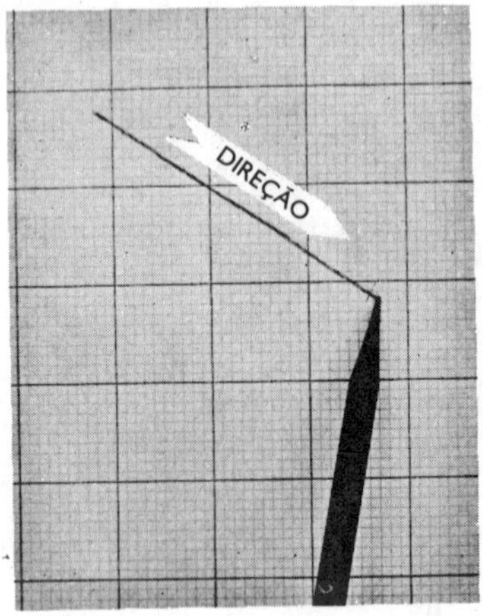

Fig. 5.70. Esboço de uma linha inclinada descendo da esquerda para a direita. Esta é a posição mais incômoda de traçado entre todas as linhas. Para obter uma linha precisa e uniforme, deve-se girar o papel como indica a Fig. 5.71.

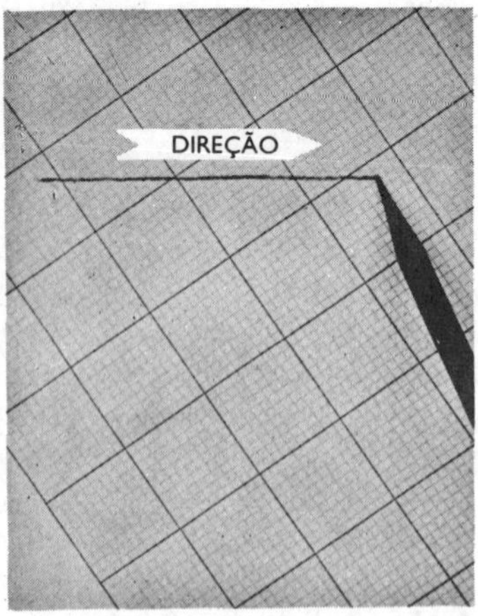

Fig. 5.71. Papel girado para esboçar uma linha inclinada como se fosse uma linha horizontal. Deve-se proceder assim especialmente quando se tratar do tipo de linha ilustrado na Fig. 5.70.

Outro método mais preciso consiste em traçar, além das linhas de centro, duas diagonais marcando-se sobre os oito raios, pontos equidistantes do centro; sobre esses pontos traçam-se pequenos arcos perpendiculares aos raios, completando-se depois a circunferência como na Fig. 5.72. Pode-se também usar um pedaço de papel à guisa de compasso elíptico. Após um pouco de exercício, é possível traçar circunferências grandes bastante regulares, usando-se o dedo médio ou o anular como pivô e fazendo o papel girar embaixo dele, enquanto se mantém o lápis imóvel; ou ainda, empregando-se dois lápis, dos quais um funciona como pivô em torno do qual se gira o papel. Outra maneira de traçar uma circunferência é inscrevê-la dentro do quadrado.

37. Projeção ortográfica

Na realização de um esboço ortográfico devem ser lembrados e aplicados os princípios de projeção e da geometria aplicada. Os esboços *não* são feitos com régua, antes destinam-se a mostrar as proporções corretas dos objetos esboçados.

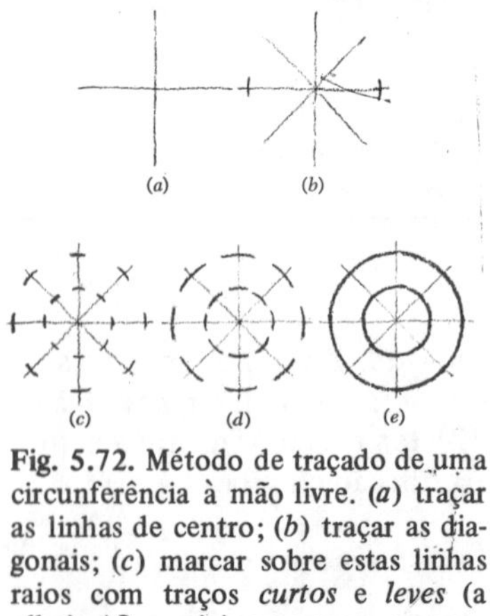

Fig. 5.72. Método de traçado de uma circunferência à mão livre. (*a*) traçar as linhas de centro; (*b*) traçar as diagonais; (*c*) marcar sobre estas linhas raios com traços *curtos* e *leves* (a olho); (*d*) corrigir e começar a preencher os intervalos entre essas linhas; (*e*) concluir.

Todavia, ao se usar papel quadriculado, não há objeção a que se contem os espaços ou pautas como recurso para o proporcionamento das vistas e para facilitar o traçado das projeções. Deve-se ter cuidado especial em projetar corretamente os vários detalhes, de uma vista para outra. É um erro imperdoável esboçar o detalhe de uma vista, em tamanho diferente daquele que foi atribuído em outra vista.

Quando se trabalha sobre papel liso, é fácil traçar as projeções entre as vistas superior e de frente ou entre as vistas de frente e lateral simplesmente avaliando-as a olho ou utilizando linhas de construção geométrica *extremamente* finas, como na Fig. 5.73. Para traçar as projeções entre as vistas superior e lateral, pode estimar-se a distância a olho, medi-la colocando o dedo na distância correta a partir da ponta do lápis e transportá-la para a vista ou, ainda, marcar a distância num pequeno pedaço de papel e transportá-la para a vista. Observe-se que na Fig. 5.73, as distâncias *A*, *B* e as restantes podem ser transportadas da vista superior para a lateral pelos processos mencionados.

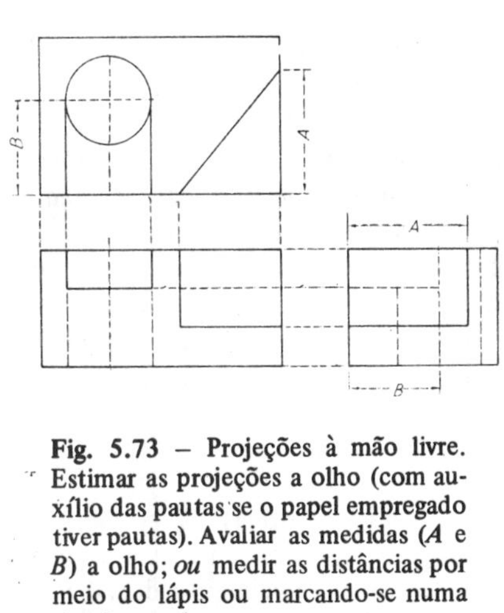

Fig. 5.73 – Projeções à mão livre. Estimar as projeções a olho (com auxílio das pautas se o papel empregado tiver pautas). Avaliar as medidas (*A* e *B*) a olho; *ou* medir as distâncias por meio do lápis ou marcando-se numa tira de papel.

Ainda que as linhas traçadas à mão livre sejam algo "ondulantes" e sua posição menos exata que a das linhas feitas com régua, um bom desenho à mão livre deve apresentar a mesma aparência esmerada de um bom desenho executado com instrumentos.

38. Método

A prática do desenho à mão livre deve ser iniciada pelo traçado das três vistas de um certo número de peças simples, tendo-se como objetivo o desenvolvimento da técnica e da capacidade de "escrever" a linguagem ortográfica, ao mesmo tempo em que é exercitada a aptidão de imaginar as formas no espaço mediante a observação das três projeções. Deve-se obedecer à seguinte ordem de trabalho:

1. Estudar o esboço em perspectiva e determinar qual a combinação de vistas que melhor descreve a forma da peça.
2. Esboçar o contorno das vistas, como ilustra a Fig. 5.74*a*, em traços muito leves e com um lápis macio (2B, B, HB ou F). Espaçá-las de modo a dar ao desenho uma aparência bem equilibrada.
3. Executar os detalhes de cada projeção, trabalhando nas três vistas simultaneamente, como em (*b*).
4. Reforçar o contorno de cada projeção com traços nítidos, como em (*c*).
5. Reforçar os detalhes com traço idêntico ao do contorno, completando, desse modo, as linhas cheias do esboço, como em (*d*).
6. Desenhar todas as linhas ocultas, usando um traço médio, isto é, mais fino que o das linhas cheias, como em (*e*), completando assim a descrição da forma do objeto.
7. Examinar cuidadosamente o desenho. Cobrir o esboço feito em perspectiva, e depois procurar visualizar o objeto, a partir das três projeções.

Após desenhar à mão livre um certo número de peças simples, tentar resolver problemas mais complexos como os do

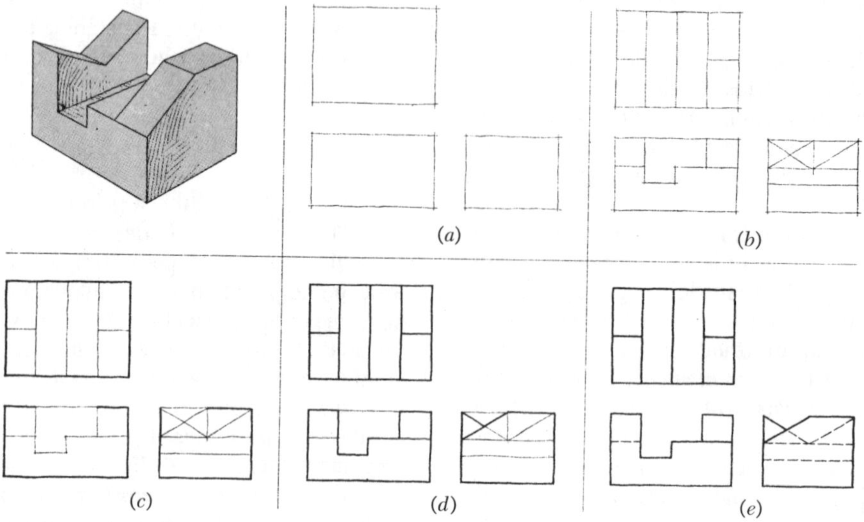

Fig. 5.74. Etapas da execução de um desenho ortográfico à mão livre. (*a*) delinear os espaços das vistas; (*b*) situar os aspectos essenciais com linhas bem finas; (*c*), (*d*) e (*e*), recobrir os traços gradativamente até chegar à espessura definitiva, passando dos detalhes mais importantes aos secundários.

número 27 a 55. Se desejar, poderá usar papel quadriculado com linhas leves (exemplo da Fig. 5.60).

39. Processos de fabricação

Os processos de fabricação constituem, na verdade, uma parte que se relaciona com o dimensionamento e as especificações nos desenhos para execução, assunto que, nesta obra, é apresentado no Cap. 9, precedendo a parte que trata de cotas e tolerâncias, roscas de parafusos, dispositivos de fixação e desenhos para execução. Contudo, para ler os desenhos em perspectiva (problemas) que devem ser traçados em projeção ortográfica, é necessário algum conhecimento dos princípios básicos dos processos industriais de fabricação. Portanto, deve-se estudar o Cap. 9, "Métodos Usados na Fabricação", especialmente para conhecer o processamento de furos (perfuração, escareamento, etc.) assim como se familiarizar com concordâncias internas e externas, superfícies acabadas e métodos de fabricação de peças. Ao deparar com termos não familiares, consultar o Glossário.

40. Sistemas de cotagem

Por razões idênticas às apresentadas no parágrafo anterior, é necessário, a esta altura, algum conhecimento dos sistemas de cotagem. Basicamente, empregam-se dois métodos: o fracionário e o decimal, os quais são explicados na Seç. 12, Cap. 10. Observar particularmente que uma peça cujas cotas são dadas segundo o sistema decimal é desenhada com uma régua graduada segundo esse sistema.

LEITURA DA LINGUAGEM GRÁFICA

41. Leitura ortográfica

O engenheiro deve ser capaz de *ler* e *executar* a linguagem ortográfica. A necessidade de aprender a ler é muito importante, porque toda pessoa vinculada à indústria técnica deve ser capaz de ler um desenho sem hesitação ou considerar-se leiga, do ponto de vista técnico..

Ler a linguagem ortográfica é realizar um processo mental, pois não se lê um desenho em voz alta. Descrever, até mesmo um simples objeto, por meio de palavras, é quase impossível. O domínio da técnica de leitura desenvolve-se com a experiência, pois tão amiúde ocorrem condições e formas semelhantes que a pessoa dedicada a essa área gradualmente adquire uma soma de conhecimentos que a capacitam para a fácil visualização das formas apresentadas. As pessoas com longa prática na leitura de desenhos lêem com rapidez porque podem se valer de seus conhecimentos e identificar formas e combinações familiares sem hesitação. Ainda assim, a leitura de um desenho deve sempre ser feita com calma e cuidado; pois, à semelhança de uma página impressa, o conjunto das vistas de um desenho não pode ser lido de relance.

42. Pré-requisitos e definição

Antes de tentar ler um desenho devemos familiarizar-nos com os princípios da projeção ortográfica, explicados nas Seçs. 1 a 4. Deve-se ter sempre presente a disposição das vistas e sua projeção, as dimensões espaciais como altura, largura e profundidade, o que representa cada linha, etc.

A *visualização* é o meio através do qual as informações pertinentes à forma, apresentadas num desenho, são traduzidas, para que o leitor forme uma idéia clara do objeto representado. A *capacidade de visualizar* é considerada com freqüência um dom que certas pessoas têm. No entanto, isto não é verdade. Qualquer pessoa de mediana inteligência possui memória visual, como o comprova sua capacidade para recordar e descrever cenas domésticas, ações de eventos esportivos, e até minúcias da representação e expressão facial vistas numa peça teatral ou no cinema.

A capacidade de visualizar uma forma representada por um desenho é quase que inteiramente determinada pelo conhecimento que se possui dos princípios da projeção ortográfica. O conhecido ditado "a melhor maneira de aprender a ler um desenho é aprender a executar um desenho" é absolutamente correto, pois ao aprender a desenhar somos forçados a estudar e aplicar os princípios da projeção ortográfica.

A leitura de um desenho pode ser definida como *o processo de identificação e aplicação dos princípios da projeção ortográfica na interpretação da forma de um objeto a partir das vistas ortográficas.*

43. Método de leitura

Faz-se a leitura de um desenho visualizando, um de cada vez, os componentes ou detalhes representados na projeção ortográfica, mentalmente situando e combinando esses detalhes para, finalmente, interpretar o objeto em sua totalidade. Entretanto, a forma captada nessa visualização pode não ser a mesma para todos os leitores ou para todos os desenhos. Ler constitui antes de tudo um processo inverso ao de desenhar; e assim como os desenhos costumam ser primeiro executados a partir da imagem de um objeto, ao percorrer o processo inverso o principiante acaba se aproximando demasiado do modelo em perspectiva. Disso resulta que as vistas ortográficas de um objeto como o da Fig. 5.75 são traduzidas em termos da imagem que as acompanha, imaginando-se o objeto como situado no espaço ou colocado sobre uma mesa ou superfície semelhante. Uma outra pessoa precisará apenas identificar no desenho a forma geométrica do sólido, que, no caso da Fig. 5.75, é um prisma retangular de determinada altura, largura e profundidade, com um furo vertical que o atravessa no centro. Essa pessoa terá lido as vistas de forma tão completa quanto a primeira, mas com muito menor esforço mental.

Para a maioria das pessoas é mentalmente impossível (e certamente desnecessária) a transposição de um conjunto de vistas ortográficas – salvo o mais elementar dos conjuntos – para uma forma completa em perspectiva que possa ser retratada integralmente. Na verdade, o leitor percorre uma seqüência rotineira de procedimentos (descritos na sec. 44) que muitas vezes é realizada de maneira inconsciente. No objeto da Fig. 5.76, por exemplo, há uma circunferência visível, na vista superior. A experiência adquirida no traçado de projeções lhe diz que a circunferência deve corresponder a um

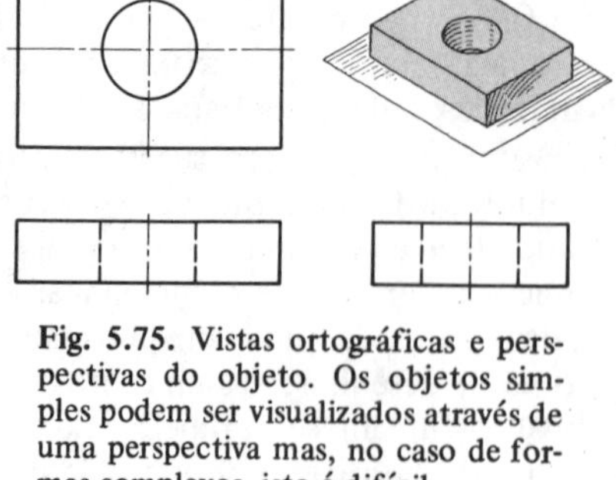

Fig. 5.75. Vistas ortográficas e perspectivas do objeto. Os objetos simples podem ser visualizados através de uma perspectiva mas, no caso de formas complexas, isto é difícil.

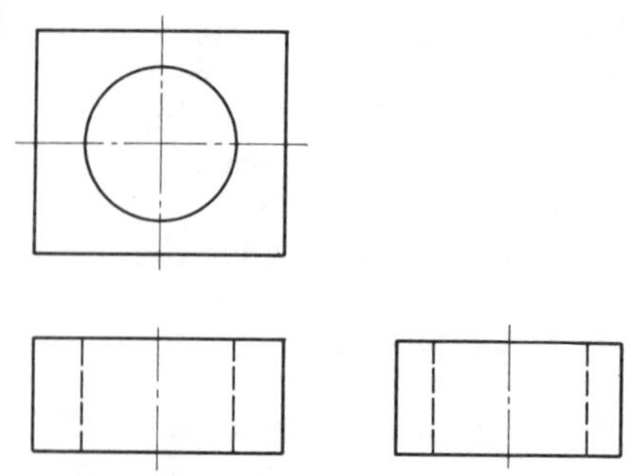

Fig. 5.76. Leitura de vistas. Comparar este desenho com a Fig. 5.77.

furo ou à base de um cilindro. O olho realiza um rápido movimento de vaivém, da vista superior à de frente, alinhando aspectos que tenham as mesmas dimensões ("em projeção"), a mente pressupondo as diversas possibilidades, para finalmente aceitar o fato de que, devido às linhas tracejadas e ao seu prolongamento na vista de frente, a circunferência representa um furo que atravessa o prisma. Seguindo um modelo similar de análise, o leitor verificará que a Fig. 5.77 representa um prisma retangular encimado por um cilindro. Essa percepção mental ocorre tão rapidamente que o leitor mal se dá conta das etapas e processos percorridos.

O que acabamos de expor constitui o método usual de leitura; todavia, como desenvolver no principiante essa capacidade?

Primeiro, conforme o que foi enunciado na Seç. 42, ele deve possuir um razoável conhecimento dos princípios da projeção ortográfica.

Segundo, de acordo com o descrito nas Seçs. 45 e 46, o conhecimento deve abranger todos os princípios que determinam o significado das linhas, áreas, etc., e dos processos mentais implicados na interpre-

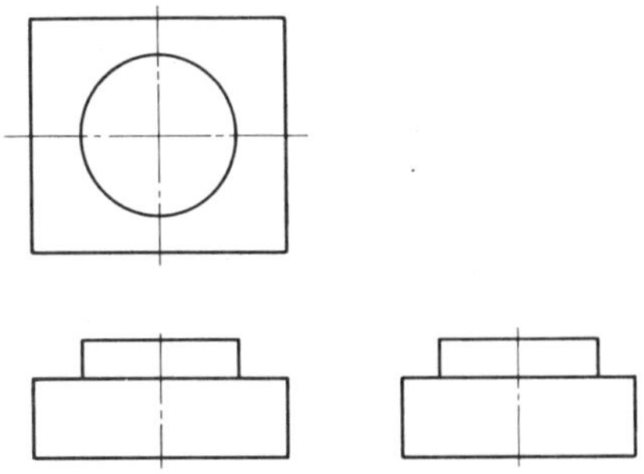

Fig. 5.77. Leitura de vistas. Comparar este desenho com a Fig. 5.76.

tação desses elementos, porquanto na leitura faz-se aplicação daqueles princípios.

Além disto, muito pouco é necessário aprender. O estudo cuidadoso de todos esses aspectos, aliado à prática, irá desenvolver a destreza e segurança necessárias.

44. Etapas no procedimento de uma leitura

Em virtude da grande variedade de modelos existentes, os passos percorridos não são sempre idênticos. Apesar disso, à guisa de orientação, o roteiro seguinte sugere os procedimentos básicos:

Primeiro, orientar-se, atentando para a posição das vistas dadas.

Segundo, formar uma idéia geral da forma global do objeto. Considerar cada projeção como o próprio objeto, imaginando-se diante dele, acima e ao lado, como acontece quando são traçadas as vistas. Estudar as características de maior destaque e sua inter-relação.

Terceiro, iniciar a leitura a partir dos aspectos isolados mais simples, começando pelo mais significativo e prosseguindo até o mais secundário. Procurar formas ou situações conhecidas, identificadas através de experiências anteriores. Ler todas as vistas desses aspectos familiares, observando a extensão dos furos, a espessura das nervuras e orelhas, etc.

Quarto, identificar as características não-familiares ou complicadas. Lembrar que todo ponto, linha, superfície e sólido geométrico aparece em cada uma das vistas e que, para aprender a forma, deve ser encontrada a projeção de cada detalhe nas vistas dadas.

Quinto, à medida que se prossegue na leitura, observar a relação entre as várias partes ou elementos do objeto. Aspectos como o número e espaçamento dos furos, posição das nervuras salientes, tangência das superfícies e as proporções dos centros, etc., devem ser observados e memorizados.

Sexto, reexaminar qualquer detalhe ou relação não elucidada na primeira leitura.

45. O significado das linhas

De acordo com o explicado na Seç.11, uma linha em um desenho pode indicar (1) a *aresta de uma superfície,* (2) uma *interseção de duas superfícies,* ou (3) o *limite de uma superfície.* Em virtude de uma linha vista numa projeção poder significar qualquer uma dessas três situações, deve-se consultar em outra projeção, a parte que está sendo estudada, a fim de se determinar o significado. Por exemplo, o significado da linha *AB* na vista de frente da Fig. 5.78 não pode ser determinado antes de consulta à vista lateral. Constata-se, então, que esta linha é vista de aresta da face horizontal do canto recortado. Analogamente, a linha *CD* da vista superior não pode ser inteiramente compreendida sem consulta à vista lateral, onde é identificada como sendo vista acumulada da face vertical do canto recortado. As linhas *EF* da vista superior e *GH* da vista de frente são aparentemente idênticos. No entanto, a vista lateral mostra que a linha *EF* representa a vista de aresta da face posterior do bloco triangular e que a linha *GH* é a interseção das

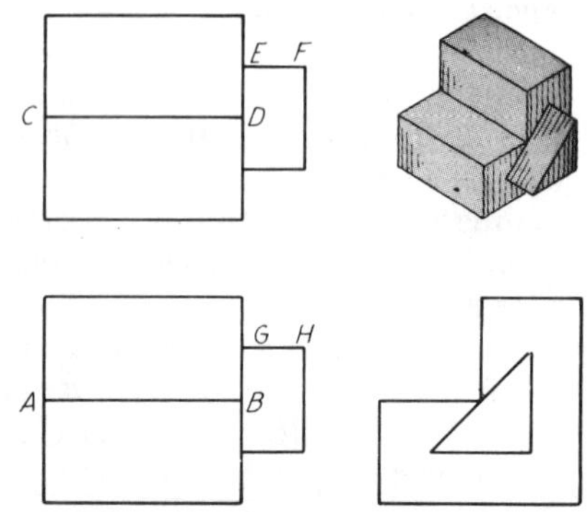

Fig. 5.78. O significado das linhas. *AB*, *CD* e *EF* representam superfícies de projeção acumuladas. *GH* representa uma aresta. Estudar com atenção, lendo *todas* as vistas.

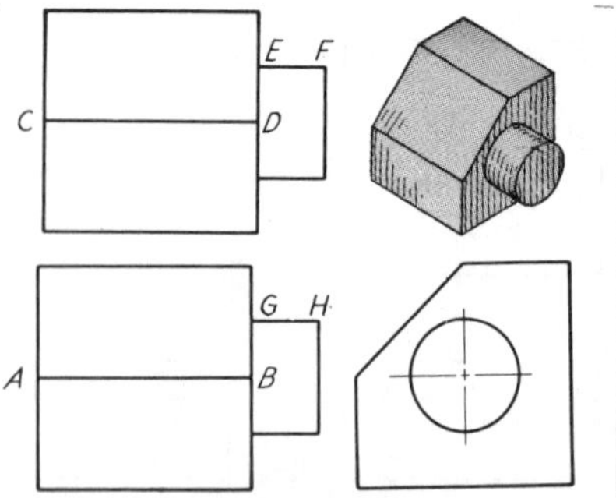

Fig. 5.79. Significado das linhas. As linhas *AB* e *CD* representam a interseção de duas superfícies. As linhas *EF* e *GH* representam a linha de contorno de uma superfície curva. Comparar cuidadosamente este desenho com a Fig. 5.78.

faces anterior e posterior do mesmo bloco.

As vistas superior e de frente dos objetos das Figs. 5.78 e 5.79 são idênticas. Apesar disso, a linha *CD* da Fig. 5.79 não tem o mesmo significado de *AB* da Fig. 5.78, pois na Fig. 5.79 representa a interseção de duas superfícies. Igualmente, as linhas *EF* e *GH* da Fig. 5.79 parecem idênticas às da Fig. 5.78, mas na Fig. 5.79 representam os limites de superfície do ressalto circular.

Das Figs. 5.78 e 5.79 facilmente se conclui que é impossível ler um desenho pela simples observação de uma única projeção. Da mesma forma, duas projeções nem sempre são suficientes para a descrição completa de um objeto, e quando são dadas três ou mais projeções, todas devem ser consultadas para se estar seguro de que foi feita uma leitura correta. Para exemplificar, na Fig. 5.80 as vistas superior e de frente mostram o que parece ser a projeção de um retângulo na face anterior do objeto, mas a vista lateral mostra que essa projeção corresponde a um quarto do círculo. Analogamente, nas vistas de frente e lateral, a face posterior do objeto parece ser um prisma retangular. A vista superior, porém, revela que as duas arestas verticais posteriores são arredondadas.

A forma de um objeto não pode ser presumida tendo como base uma ou duas vistas – *todas as vistas devem ser lidas cuidadosamente.*

As diversas *linhas* que representam aspecto característico devem ser lidas em todas as vistas. À guisa de exercício para a leitura de um desenho ortográfico, identificar *todas* as linhas que representam o furo, o prisma retangular, o entalhe e o canto desbastado da Fig. 5.81.

46. O significado das áreas

O termo "área", tal como é empregado aqui, significa os limites do contorno de uma superfície ou combinação de superfícies tangentes, vistas nas diferentes projeções ortográficas. Por exemplo, a área de uma vista como a ilustrada na Fig. 5.82 pode representar (1) uma superfície em sua verdadeira grandeza como em *A*, (2)

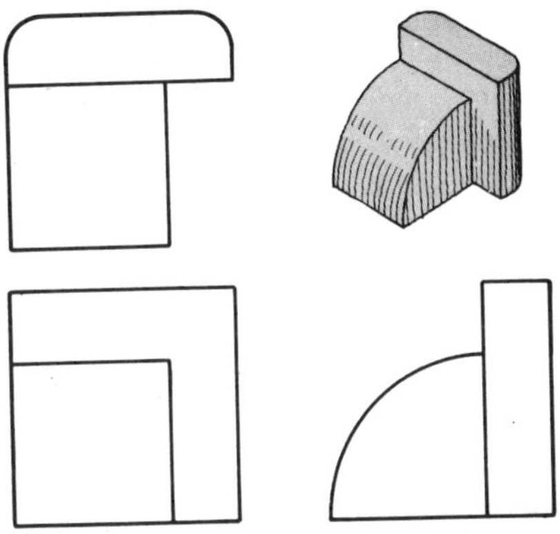

Fig. 5.80. Ler todas as vistas. Ler cada aspecto mediante a observação de todas as três vistas; exercitar-se, então, para reter na memória todos os aspectos.

uma superfície reduzida como em *B*, (3) uma superfície curva como em *C* ou (4) uma combinação de superfícies tangentes como em *D*.

Quando uma superfície está em posição oblíqua, como a superfície *E* da Fig. 5.83, projetar-se-á como uma área em todas as vistas principais do objeto. Estudando as superfícies das Figs. 5.82, 5.83 e outras pode-se estabelecer como regra, que *uma superfície plana, esteja ela em posição horizontal, frontal ou de perfil ou ainda inclinada ou oblíqua, aparecerá sempre, numa vista ortográfica principal, como uma linha ou uma área.* As vistas principais de uma superfície oblíqua projetada como uma área em mais de uma vista serão mostradas sempre com uma forma semelhante. Por exemplo, a superfície *A* da Fig. 5.84 aparece como uma área triangular em todas as vistas principais; o comprimento das arestas e a abertura dos ângulos entre estas podem mudar, mas todas as vistas mostram a área com igual número de lados. Deve-se observar que uma superfície

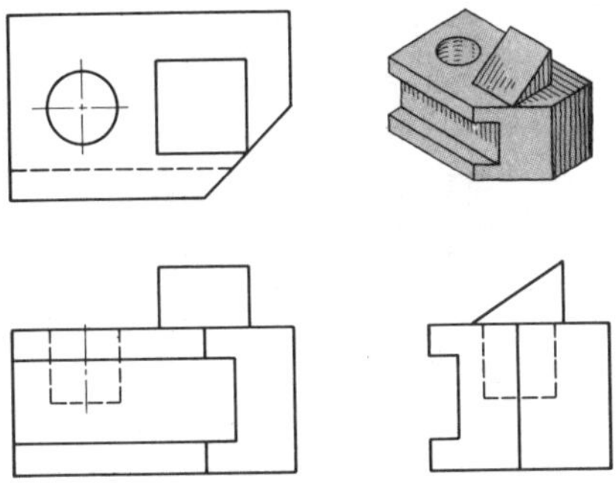

Fig. 5.81. Ler todas as vistas, aspectos peculiares e linhas. Este desenho é mais complexo que o da Fig. 5.80. Pela leitura de todas as linhas, ler todos os aspectos característicos em todas as vistas. Exercitar-se, então, para memorizá-los.

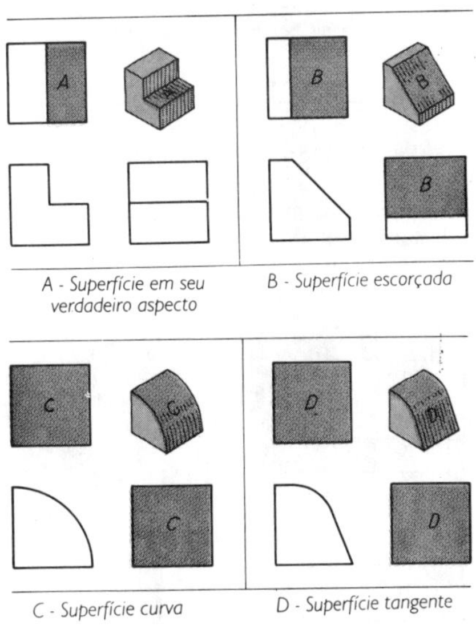

Fig. 5.82. Significado das áreas. Para determinar o significado de uma área é necessário fazer a leitura de duas vistas. Comparar *A* com *B* e *C* com *D*.

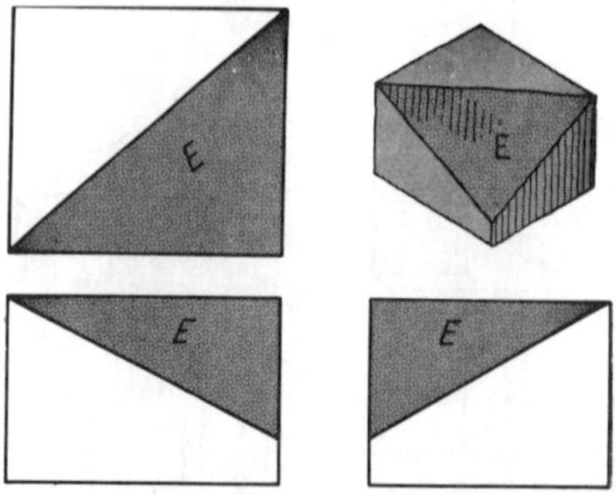

Fig. 5.83. Superfície oblíqua. Esta projetar-se-á como uma área em todas as três vistas principais.

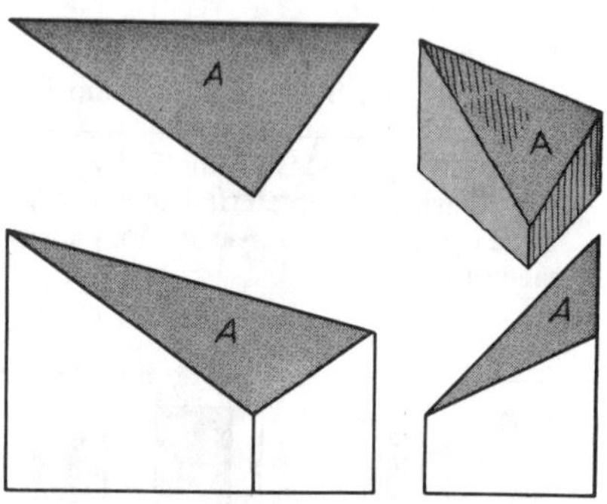

Fig. 5.84. Superfície oblíqua. Observar que a área *A*, que representa esta superfície, projeta-se em todas as vistas como uma área de forma similar constituída por linhas em conexão segundo uma mesma ordem.

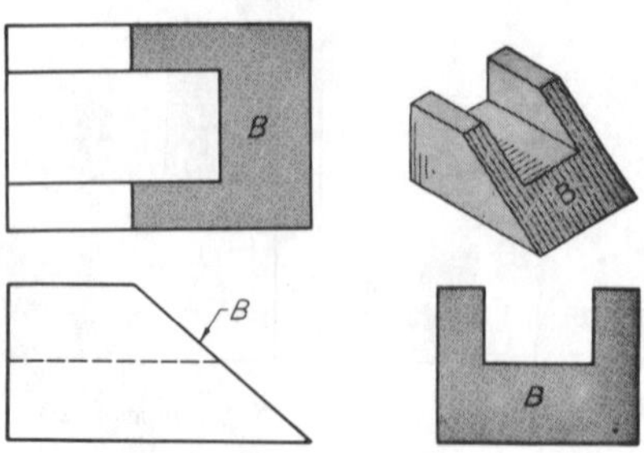

Fig. 5.85. Superfície auxiliar (inclinada). Observar que a superfície se projeta como uma aresta na vista de frente e como uma área de forma similar nas vistas superior e lateral.

plana delimitada por um certo número de lados nunca pode parecer ter maior ou menor número de lados, salvo quando projetar-se como uma aresta. Mas, em qualquer vista, a conexão entre os lados obedecerá sempre à mesma seqüência. Por exemplo, a vista de frente da Fig. 5.85 mostra a superfície *B* como uma aresta; as vistas superior e lateral apresentam-na como uma área de forma similar, com o mesmo número de lados e cantos dispostos na mesma seqüência.

47. Áreas adjacentes

Duas áreas adjacentes jamais podem estar sobre um mesmo plano. É questão de simples lógica: se duas áreas adjacentes *de fato* estivessem sobre o mesmo plano, não haveria delimitação entre elas e por conseguinte, do ponto de vista ortográfico, as duas áreas adjacentes não existiriam. À guisa de ilustração, observar que na Fig. 5.86 as vistas de frente e lateral mostram que as áreas *A, B, C* e *D* estão em planos diferentes.

Estes princípios são comprovados na Fig. 5.87, onde se vêem duas vistas superiores. Pelo exame da projeção entre as vistas superior e de frente, vê-se que as áreas *G* e *H* das vistas superiores devem estar situadas sobre os planos *G* e *H*, respectivamente, da vista de frente. De modo análogo, através de projeção, vê-se que a área *J* da vista superior *A* deve estar localizada sobre o plano *H* e que a área *K* deve estar sobre o plano *G*. Em razão de as áreas *H* e *J* estarem sobre o plano *H* e as áreas *G* e *K* estarem localizadas sobre o plano *G*, a vista superior correta, portanto, é a *B*.

Às vezes, a leitura das *áreas não visíveis* é difícil, porque estas podem sobrepor-se ou mesmo coincidir umas com as outras. As áreas *A, B* e *C* da Fig. 5.88, por exemplo, não constituem áreas separadas, pois são formadas pelo entalhe existente na face posterior do objeto. A aparente separação em áreas isoladas resulta das

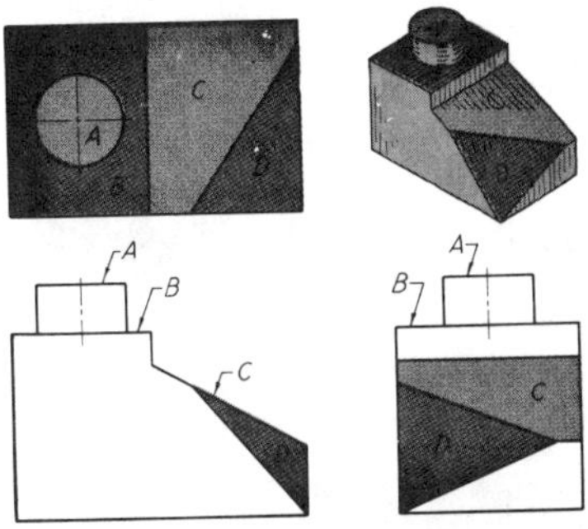

Fig. 5.86. Áreas adjacentes. As áreas *A, B, C* e *D* encontram-se todas em planos diferentes.

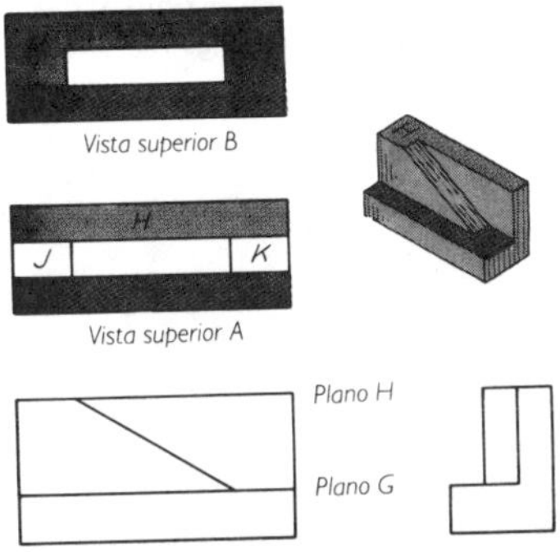

Fig. 5.87. Áreas adjacentes. Ler todas as áreas e observar que *B* é a vista superior correta.

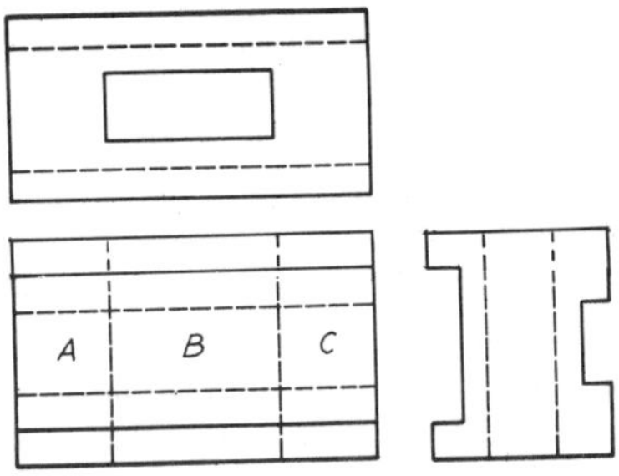

Fig. 5.88. Leitura de áreas invisíveis. Ler todas as vistas e reparar que as áreas *A, B* e *C* não representam três superfícies diferentes.

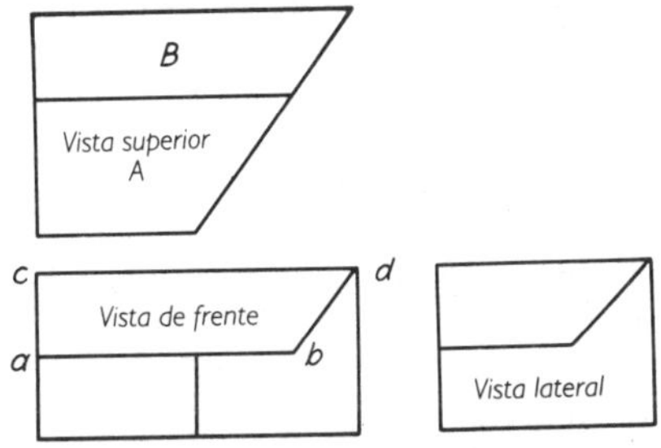

Fig. 5.89. Leitura de linhas e áreas. Ler este desenho para determinar de que maneira as áreas *A* e *B* da vista superior estão representadas nas vistas de frente e lateral.

linhas tracejadas relativas ao furo retangular, o qual não tem qualquer conexão com o entalhe.

48. Leitura de linhas e áreas

Os princípios antes mencionados a respeito do significado das linhas e áreas devem ser utilizados quando se trata de analisar qualquer conjunto de vistas, correlacionando uma superfície que se projete numa vista como uma linha ou uma área com a sua representação em outras vistas, onde ela possa, também projetar-se como uma linha ou uma área. Estude-se, por exemplo, a Fig. 5.89, atentando para a posição das vistas dadas. De sua disposição infere-se que as vistas são, evidentemente, a superior, a de frente e a lateral direita. Um exame geral das vistas não revela uma forma geométrica familiar, tal como um furo ou uma saliência; portanto, é necessária uma análise das superfícies. Iniciando pela área trapezoidal *A* na vista superior e passando depois à vista de frente, observe-se a ausência de uma área de forma similar e da mesma largura; logo, a vista de frente da área *A* deve projetar-se como uma aresta, a linha *ab*. A seguir, considere-se a área *B* na vista superior. A mesma aparece como uma área trapezoidal (quatro lados), ocupando toda a largura da vista. Novamente, examinando-se a vista de frente em busca de uma área ou linha correspondente, verifica-se que a área *abcd* tem forma semelhante e número de lados igual ao dos cantos em projeção. A área *abcd*, por conseguinte, satisfaz as exigências da projeção ortográfica e é a vista de frente da área *B*. Para comprovar a correlação da vista lateral, deve a mesma ser confrontada com as demais. Procede-se desse modo com as áreas restantes, correlacionando-as umas com as outras e visualizando a forma do objeto completo.

A memória e a experiência facilitam substancialmente a leitura de um determinado desenho. Não obstante, todo novo conjunto de vistas deve ser estudado com a mente desimpedida, eis que, às vezes, por julgar estar percebendo uma forma semelhante a outra anteriormente encontrada, o observador deixa de fazer a interpretação correta. Por exemplo, a área *E* da Fig. 5.90 está em posição vertical. A vista de frente da Fig. 5.91 é idêntica à vista de frente da Fig. 5.90; todavia, na Fig. 5.91 a superfície *F* inclina-se para a face posterior e não é vertical.

49. A leitura de vértices e arestas

Os vértices e arestas podem ser assinalados com números ou letras que os identifiquem quando da execução de vistas adicionais ou como um auxílio para a leitura de formas complicadas. Não havendo coincidência de condições, os vértices e arestas são facilmente designados pela sua projeção; ou seja, a vista superior está diretamente acima da vista de frente e a vista lateral está situada sobre linhas de chamada levadas até a vista de frente. Em presença de coincidências, pode ser preciso coordenar um ponto com outro ponto adjacente, como se vê na Fig. 5.92. O canto *c* da vista de frente (c_f) pode estar em projeção com c_t em qualquer uma das três posições indicadas por 1, 2, 3. Ainda assim, o ponto *c* corresponde a

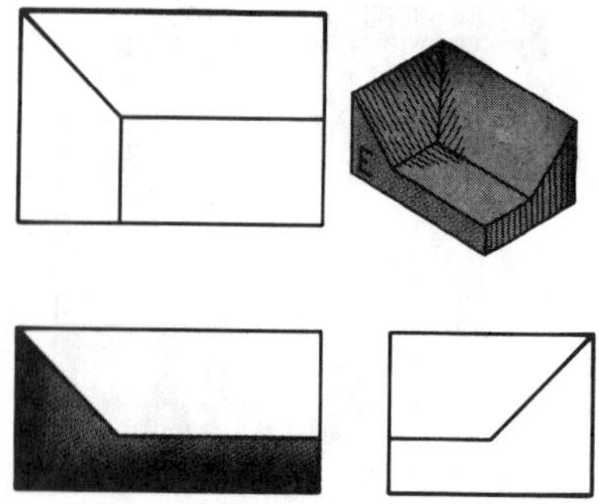

Fig. 5.90. Áreas idênticas podem ter significados diferentes. Comparar a área *E* com a área *F* da Fig. 5.91.

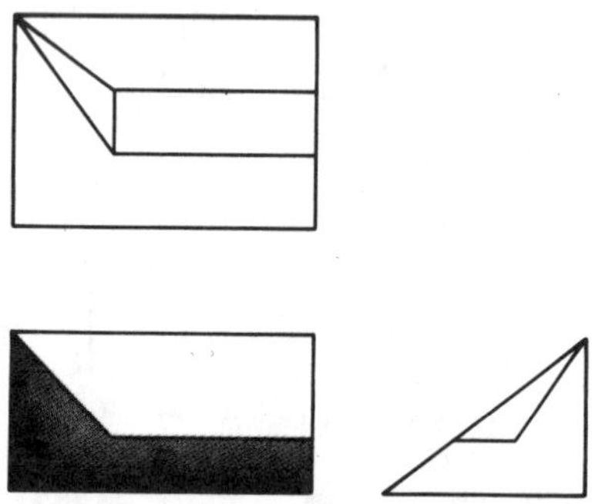

Fig. 5.91. Áreas idênticas podem ter significados diferentes. Comparar a área *F* com a área *E* da Fig. 5.90.

uma extremidade de uma aresta *dc* e a vista de frente de *c* deve, portanto, estar na posição 2. Um leitor experiente é provavelmente capaz de fazer as constatações acima sem marcar os pontos; mas para um principiante, em muitos casos, é de grande utilidade assinalar os vértices e arestas, especialmente se o objeto em estudo apresentar uma combinação invulgar de superfícies.

50. Leitura por meio de esboços

Interpreta-se um desenho visualizando mentalmente a forma do objeto represen-

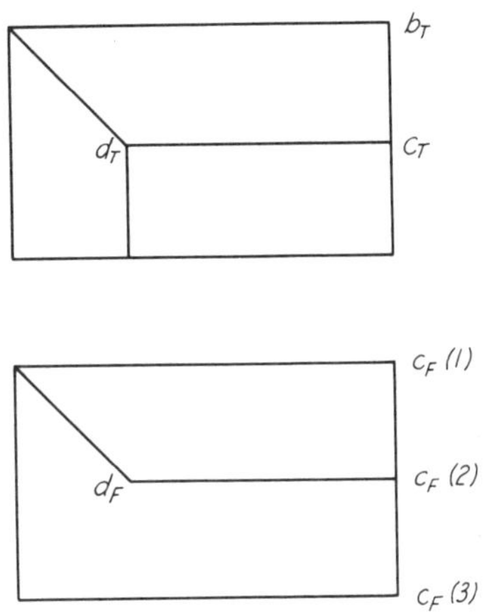

Fig. 5.92. Identificação de vértices. Este expediente ajuda a determinar as linhas e áreas correspondentes nas vistas.

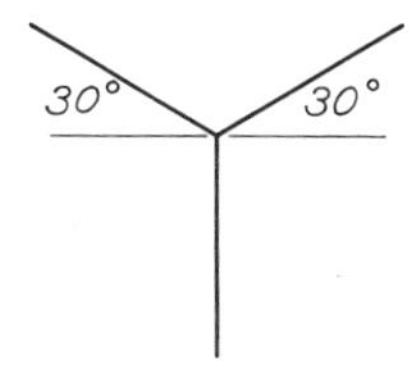

Fig. 5.93. Sistema de eixos (isométricos). Este é o "esqueleto" para esboços em perspectiva isométrica. Ver Fig. 5.94.

tado. É possível comprovar se um desenho foi lido e compreendido, reproduzindo-se o objeto em madeira ou metal, modelando-o em argila ou, ainda, executando-se um esboço em perspectiva. Este último método é o mais usado. Mas antes de tentar realizar um esboço em perspectiva, faz-se um estudo preliminar da técnica de execução. O traçado de esboços em perspectiva tem por base um sistema de três eixos de referência, dos quais um é vertical e os outros dois fazem um ângulo de 30°,[8] com a horizontal. Representam três linhas do espaço, perpendiculares entre si (Fig. 5.93). Sobre esses eixos marcam-se as dimensões proporcionais e a largura, a profundidade e a altura de qualquer objeto retangular. As circunferências são traçadas com o auxílio de quadrados circunscritos.

[8] Posição isométrica. Pode-se usar também o método da perspectiva oblíqua e outros métodos de perspectiva. Ver Cap. 6 sobre esse assunto.

Estudar as vistas dadas na Fig. 5.94, seguindo os processos descritos na Seç. 44. Utilizando um lápis macio (F) e um bloco de notas, executar em perspectiva um esboço preliminar, com traços *muito leves*, estimando a altura, a largura e a profundidade do objeto e marcando essas dimensões sobre os eixos, como em (*a*); esboçar a caixa retangular que conteria a peça, ou melhor, o bloco de onde ela poderia ser tirada (*b*). Sobre a face superior dessa caixa rascunhar levemente as linhas da vista superior do desenho ortográfico (*c*). Observar que algumas das linhas da vista superior podem não estar no plano superior. A seguir, esboçar com traços leves as linhas da vista de frente sobre a face anterior da caixa ou bloco e, se for dado também uma vista lateral, delineá-la de modo análogo (*d*). Começa-se, agora, a ressaltar as linhas que compõem o objeto, reforçando-se o traçado das arestas visíveis e acrescentando as linhas de interseção onde as faces do objeto se encontram (*e*). Omitir as arestas invisíveis quando não necessárias à descrição da peça. Terminar o esboço, comparando-o com as três vistas do desenho. Não é necessário apagar as linhas de construção, a menos que tornem o esboço confuso.

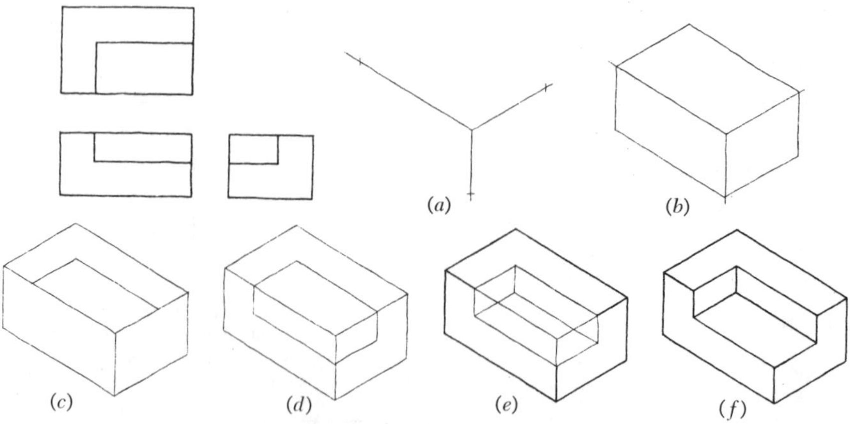

Fig. 5.94. Etapas da execução de um esboço em perspectiva. (*a*) traçar os eixos; (*b*) delinear sumariamente o contorno externo; (*c*) e (*d*) traçar o contorno do detalhe nas faces anterior, superior e lateral; (*e*) e (*f*) concluir completando as superfícies representadas no desenho ortográfico.

51. Esboço e desenho em perspectiva

O estudo precedente sobre o esboço em perspectiva deve bastar como orientação para a execução de esboços rápidos, destinados a facilitar a leitura de um desenho. Não obstante, muitos professores experientes gostam de correlacionar o esboço, o desenho e a leitura ortográficas com o esboço em perspectiva (assunto a ser tratado no Cap. 8). Esta última técnica constitui um exercício valioso, não apenas por facilitar o entendimento de todos os métodos de expressão gráfica mas também porque a execução de um esboço em perspectiva a partir de um desenho ortográfico força o estudante a ler o desenho ortográfico.

52. Leitura mediante construção de modelos

A construção de um modelo do objeto, em argila ou cera, é outro recurso interessante e eficaz para o aprendizado da leitura de um desenho. Procede-se de maneira muito semelhante à indicada para a leitura por meio da execução de um esboço em perspectiva. Algumas formas prestam-se melhor para a modelagem tirando-as do bloco que as envolve, outras são construídas mais facilmente pela justaposição dos sólidos geométricos que as compõem.

Partindo de um bloco retangular de argila medindo talvez 25 mm x 50 mm x 50 mm, proceder à leitura da Fig. 5.95, recortando-a do sólido. Com a ponta do canivete ou de um riscador de aço, traçar levemente as linhas das três vistas sobre as três faces correspondentes do bloco (Fig. 5.96*a*). O primeiro corte será o demonstrado em (*b*) e o segundo o demonstrado em (*c*). Os cortes sucessivos são indicados em (*d*) e (*e*); o modelo terminal aparece em (*f*).

A Fig. 5.97 ilustra o tipo de modelo que pode ser feito pela combinação das formas geométricas que compõem o objeto.

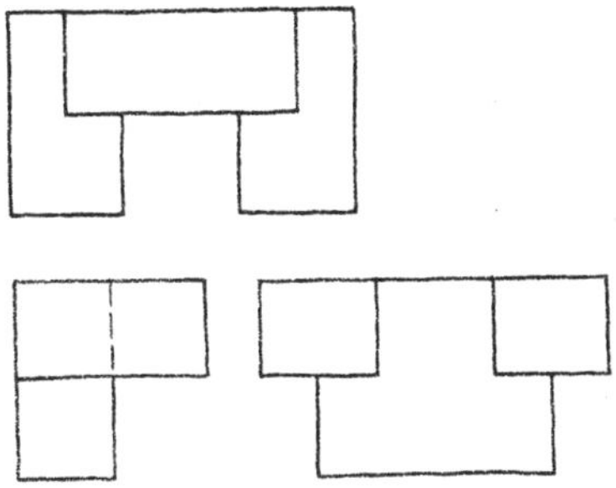

Fig. 5.95. Ler este desenho que representa o objeto modelado na Fig. 5.96.

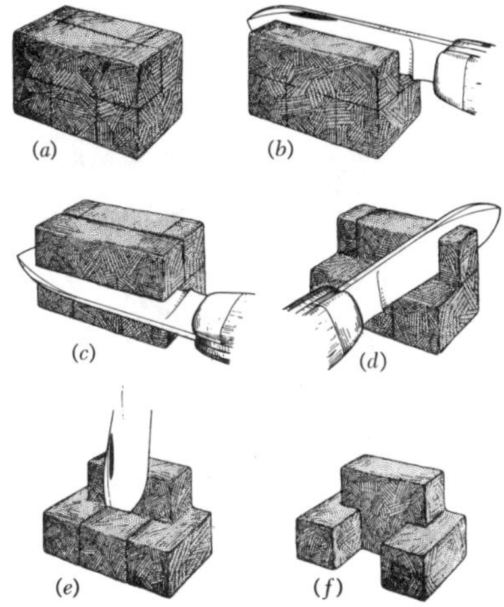

Fig. 5.96. Etapas da modelagem. (*a*) riscar os detalhes nas faces superior, de frente e lateral; executar, então, os cortes ilustrados em (*b*), (*c*), (*d*) e (*e*) para concluir como em (*f*).

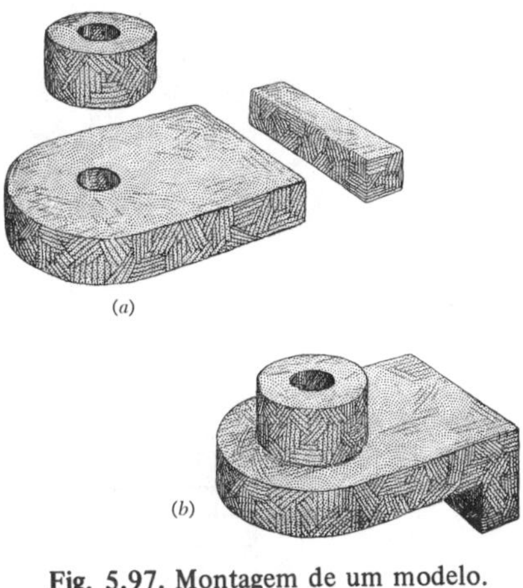

Fig. 5.97. Montagem de um modelo. As peças separadas (*a*) são justapostas para construir o modelo acabado (*b*).

53. Cálculo do volume como um auxílio para a leitura

Para calcular o volume de um objeto, deve-se decompô-lo em seus elementos geométricos simples e a forma de cada elemento terá de ser cuidadosamente analisada, antes de se iniciar o cálculo. Assim, o cálculo do volume é antes de mais nada um exercício de leitura de desenho. Em geral, o objeto terá sido visualizado antes de se completarem os cálculos, mas o registro matemático do volume de cada parte e do volume e peso totais corretos são uma comprovação de que o desenho foi lido e compreendido.

A maneira de proceder segue de perto as etapas habituais de leitura de um desenho. O método aparece ilustrado na Fig. 5.98.

1. Estudar o desenho ortográfico e selecionar as formas principais (*A*, *B* e *C*, na decomposição e no desenho em perspectiva). De início, não se preocupar com furos, elementos esféricos, etc., mas estudar cada forma componente principal e sua relação com as demais formas do objeto. Registrar as dimensões de cada uma dessas partes principais e indicar o volume excedente pela colocação de um sinal na coluna respectiva.

2. Examinar cada forma principal e identificar as secundárias (*D* e *E*) que devem ser adicionadas às ou subtraídas das partes principais. As protuberâncias, orelhas, etc., devem ser adicionadas; as partes desbastadas, os furos, etc., subtraídas. Registrar as dimensões dessas formas secun-

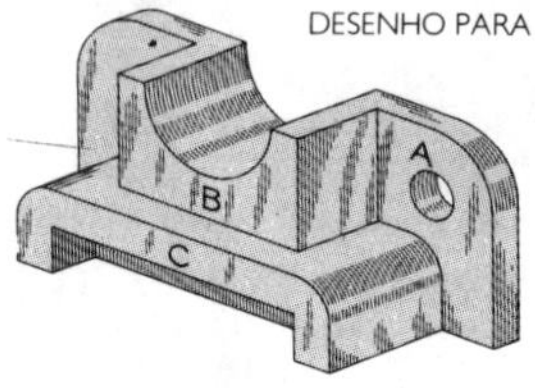

DESENHO PARA EXECUÇÃO

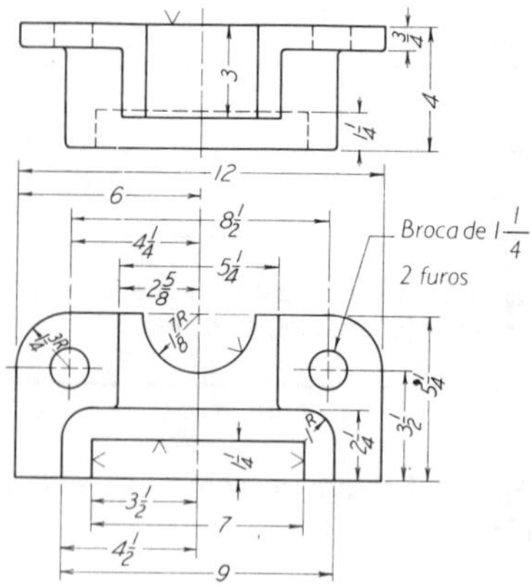

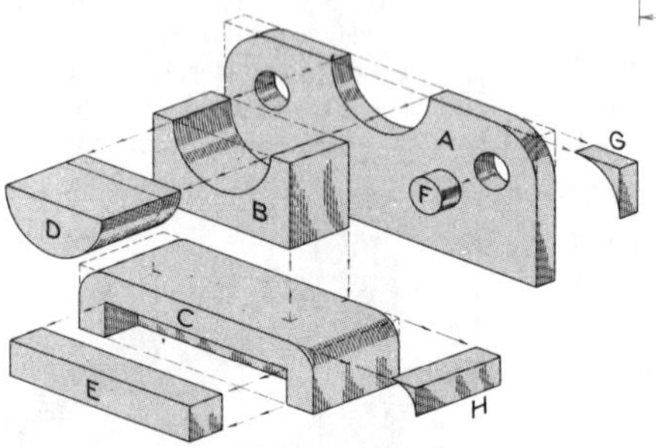

DESDOBRAMENTO

EQUIVALENTES DECIMAIS			
1/2	0.5	1/16	0.0625
1/4	0.25	3/16	0.1875
3/4	0.75	5/16	0.3125
		7/16	0.4375
1/8	0.125	9/16	0.5625
3/8	0.375	11/16	0.6875
5/8	0.625	13/16	0.8125
7/8	0.875	15/16	0.9375

SUPORTE DE MANCAL	MATERIAL	PESO · LIBRAS POR POLEG. CUB.	
PARTE	DIMENSÕES	VOLUME POSITIVO	VOLUME NEGATIVO
A			
B			
C			
D			
E			
F			
G			
H			
	TOTAIS		
PESO POR POLEGADA CUBICA FERRO FUNDIDO GRAY 0.260 LB BRONZE TOBIN 0.304 LB AÇO FUNDIDO 0.282 LB	VOLUME LIQUIDO TOTAL EM POLEGADAS CUBICAS		
	PESO EM LIBRAS		

Fig. 5.98. Decomposição da forma para calcular o volume e o peso. Cada aspecto essencial do objeto é analisado individualmente.

dárias, tendo o cuidado de indicar os volumes excedentes e negativos.

3. A seguir, restringir o objeto à sua forma efetiva pela colocação dos detalhes menores, como furos, concordâncias internas e externas, etc. (partes *F, G* e *H*). Registrar as dimensões dessas partes.

4. Computar o valor de cada parte. Isso pode ser feito mediante cálculos comuns de multiplicação ou (o que é mais cômodo) com uma calculadora. Anotar cada volume, excedente ou negativo, na coluna própria. Quando todas as unidades de volume estiverem anotadas, calcular o volume líquido subtraindo o volume negativo do volume excedente total.

5. Para calcular o peso total multiplica-se o volume líquido pelo peso da polegada cúbica de metal.

É possível simplificar os cálculos pela conversão de todas as dimensões representadas por frações para o sistema decimal. Se for empregada uma calculadora, as frações *devem* ser convertidas em números decimais, seja por cálculos, seja por consulta a tabelas de conversão. A Fig. 5.98 inclui uma tabela parcial de conversão e o Apêndice apresenta outra mais completa.

O cálculo do volume e peso completos constitui um meio, não só de exercitar a identificação dos componentes geométricos fundamentais de um objeto como de aprender métodos de trabalho simples e rápidos para o estabelecimento de dados para a engenharia.

54. Exercícios de leitura

As Figs. 5.99 e 5.100 contêm vários desenhos com três vistas, de peças diferentes, destinados a exercitar a leitura de projeções ortográficas e sua correspondente transposição para esboços ou modelos em perspectiva. Proceder de acordo com o que foi descrito nos parágrafos anteriores, executando esboços cuja dimensão maior não seja inferior a 4". Verificar cada esboço para certificar-se de ter indicado todas as interseções e de que as três vistas do desenho original podem ser inferidas do esboço. Em cada um dos desenhos da Fig. 5.101 foram intencionalmente omitidas algumas linhas. Ler os desenhos e acrescentar as linhas que faltam.

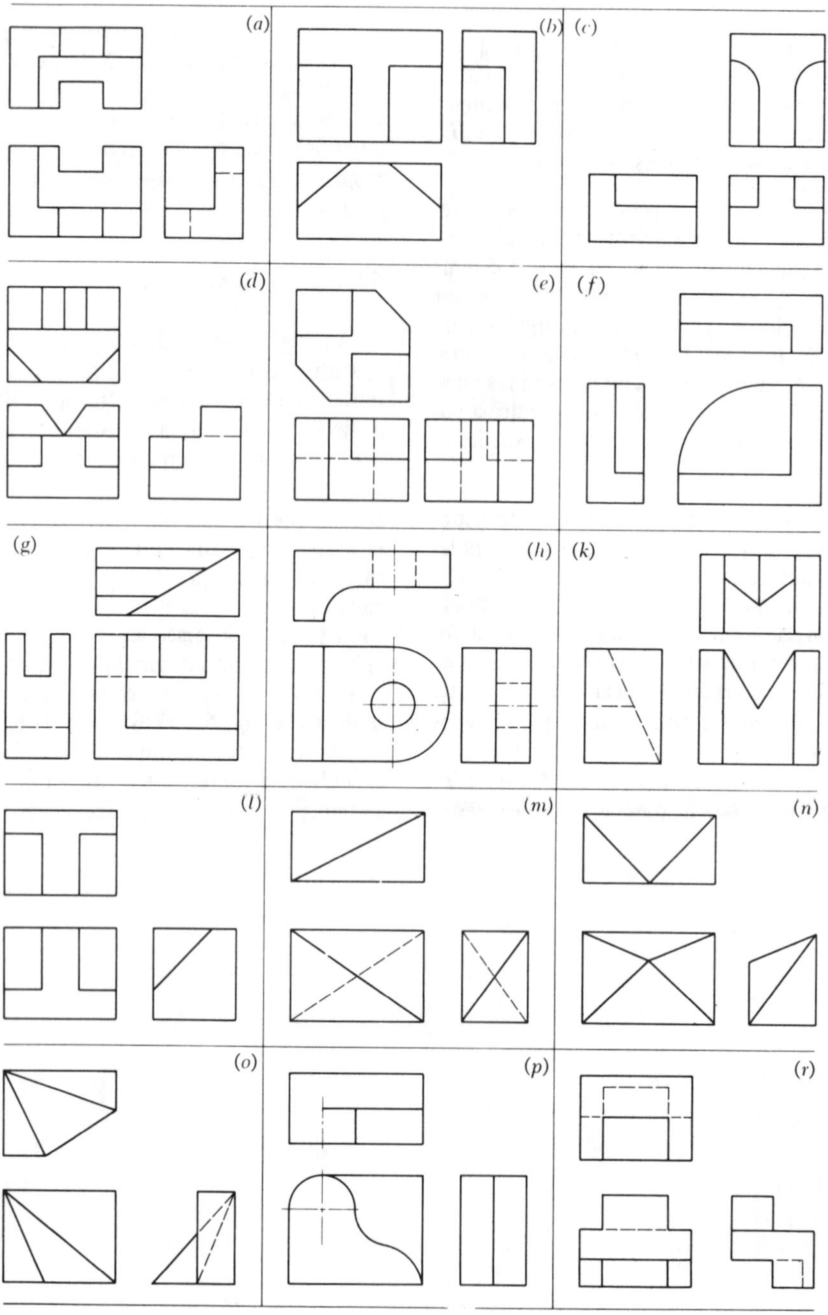

Fig. 5.99. Exercícios de leitura. Ler cada desenho, de *(a)* a *(o)*. Se for necessário para compreendê-los, fazer esboços ou modelos em perspectiva.

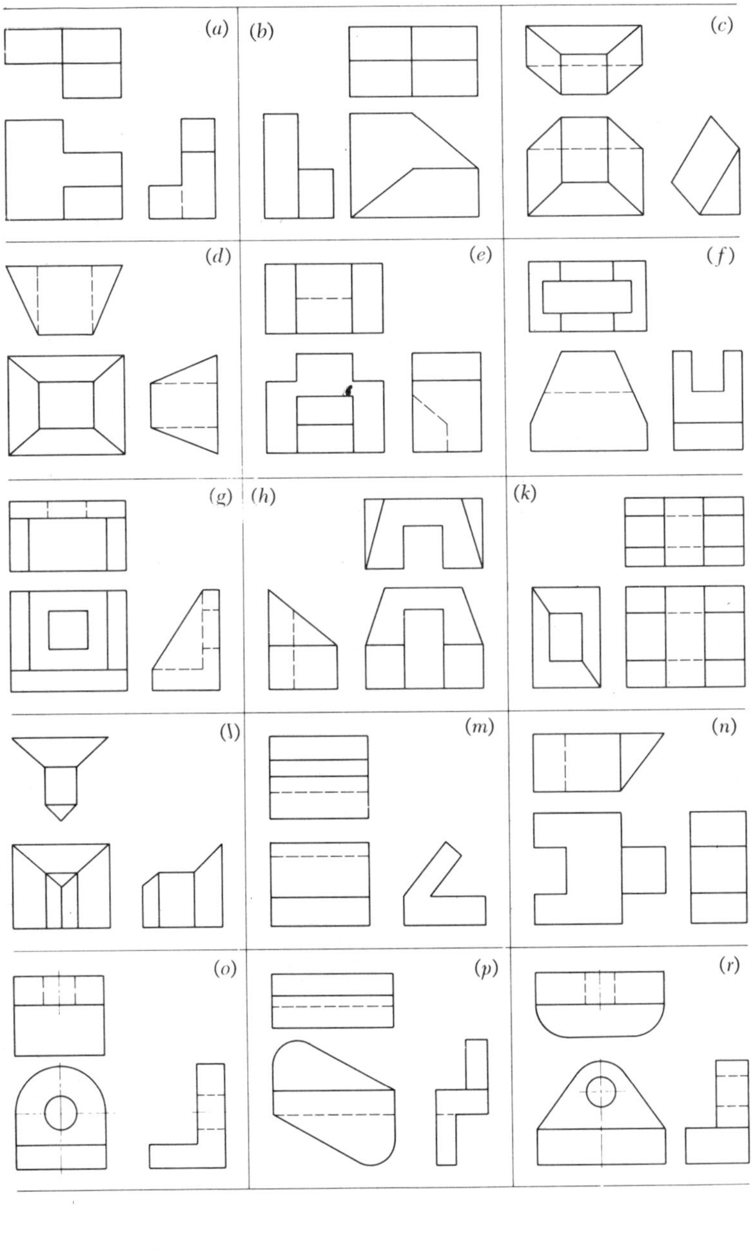

Fig. 5.100. Exercícios de leitura. Ler cada desenho de (*a*) a (*o*). Se for necessário para a melhor compreensão, fazer esboços ou modelos em perspectiva.

Fig. 5.101. Exercícios com linhas omitidas. Ler cada desenho, de (*a*) a (*o*), e traçar as linhas omitidas nas respectivas vistas. Conferir cuidadosamente. Utilizar um modelo ou esboço, se necessário, para facilitar a localização de todas as linhas.

PROBLEMAS

Selecionar problemas do grupo abaixo tendo em vista exercitar o desenho ortográfico à mão livre.

Grupo 1. Projeções à mão livre a partir de vistas em perspectiva.

As figuras dos problemas 1 a 16 contêm vários esboços em perspectiva de peças de formas distintas, esboços que devem ser transformados em desenhos ortográficos com três vistas, executados à mão livre. Realizar os desenhos em tamanho razoavelmente grande, dando à vista de frente um comprimento de, digamos, entre 50 e 52 mm, e estimando as proporções das diferentes partes a olho ou baseando-se em sinais indicativos das mesmas, sem, no entanto, medi-las. A seleção dos problemas a executar dar-se-á em ordem de dificuldade crescente, segundo a capacidade e experiência.

O problema 16 apresenta uma série que poderá ser utilizada em trabalhos de desenho à mão livre mais complexos ou que, posteriormente, pelo acréscimo das cotas, poderá servir como estudos de cotagem ou como exercícios de desenho para execução, feitos à mão livre.

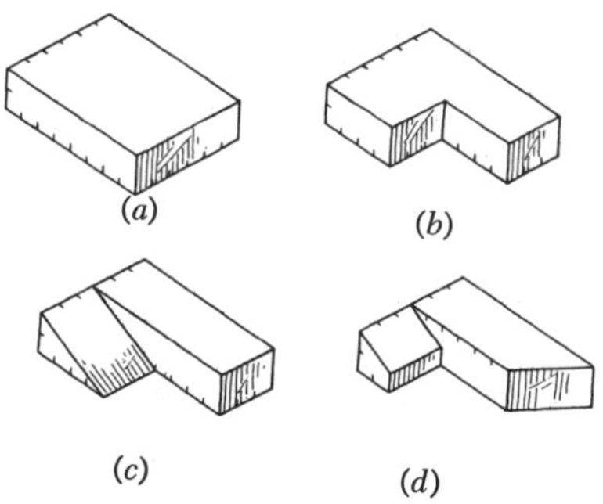

Prob. 1.

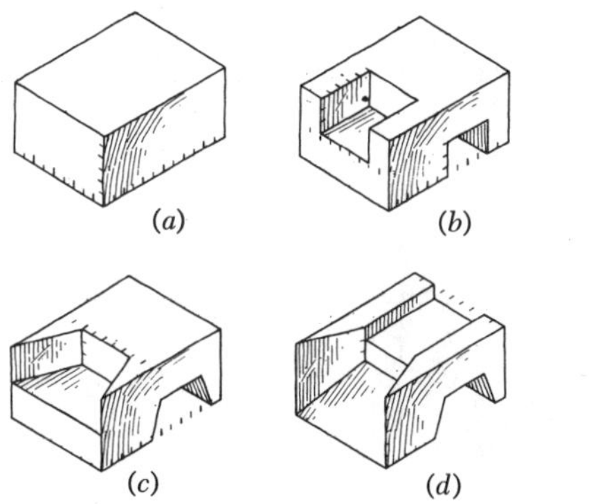

Prob. 2.

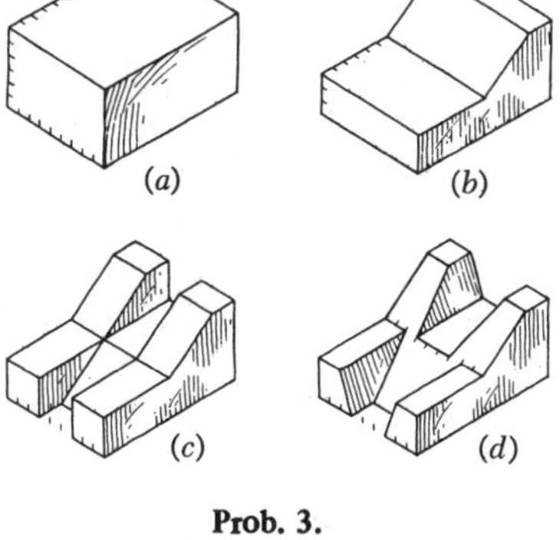

Prob. 3.

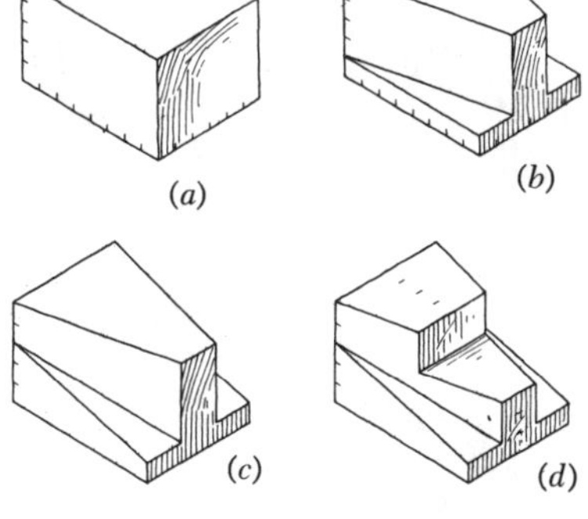

Prob. 4.

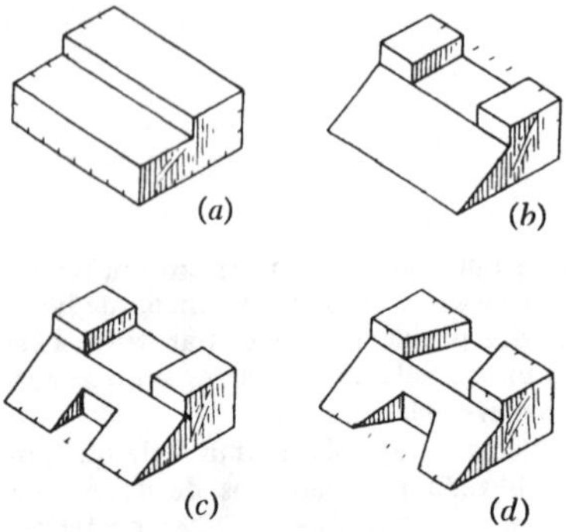

Prob. 5.

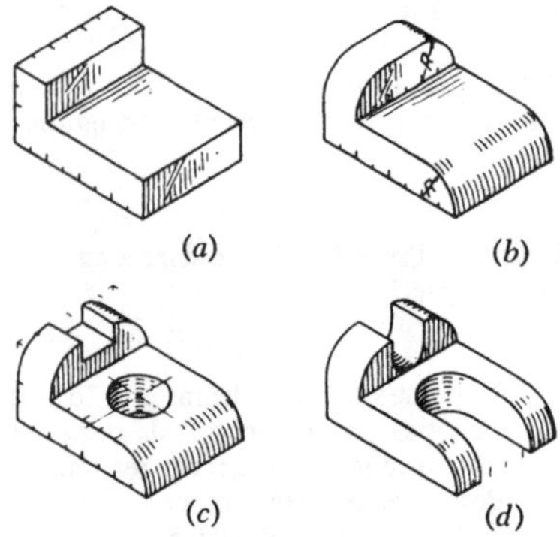

Prob. 6.

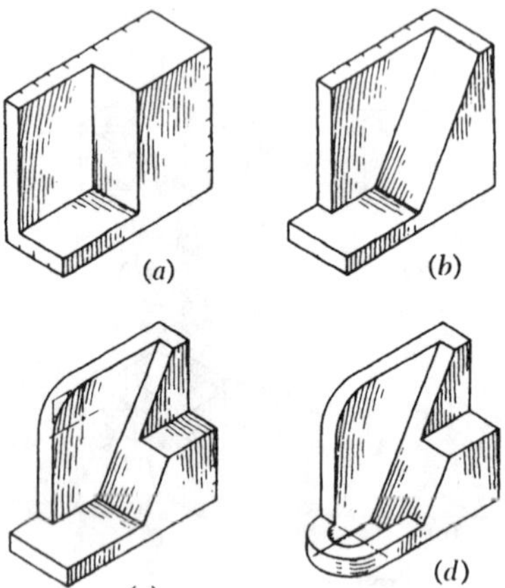

Prob. 7.

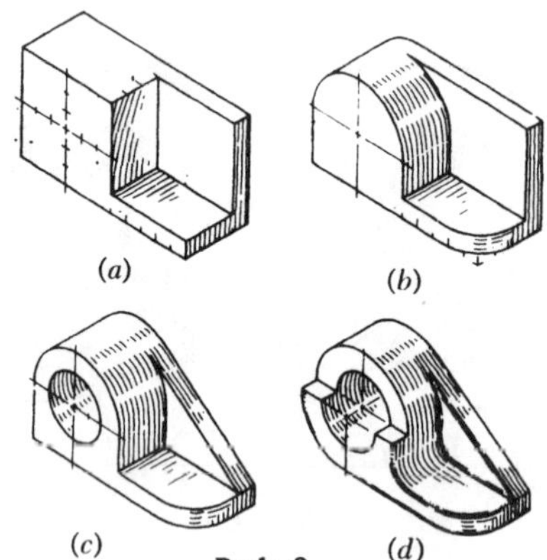

Prob. 8.

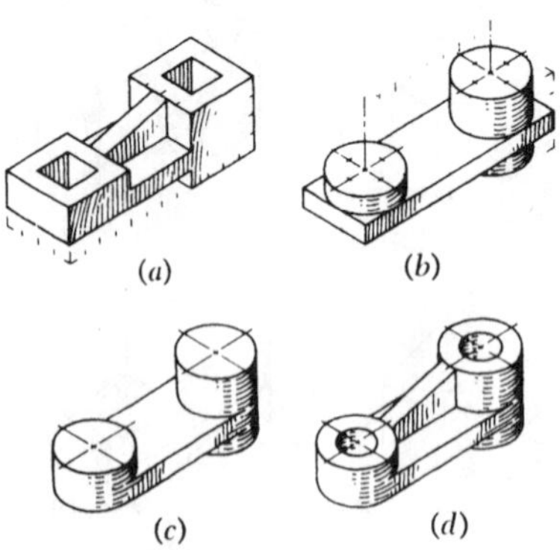

Prob. 9.

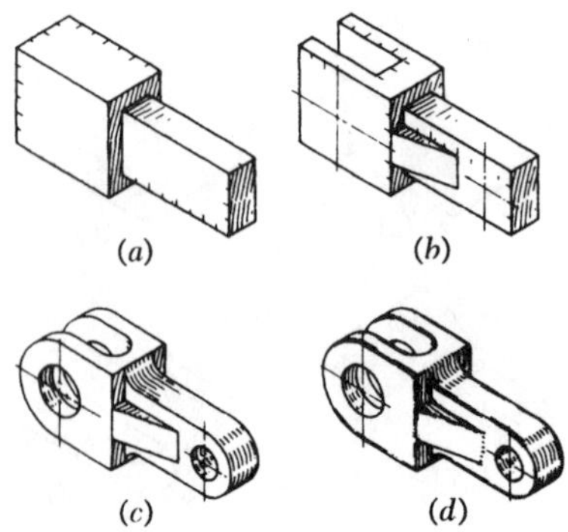

Prob. 10.

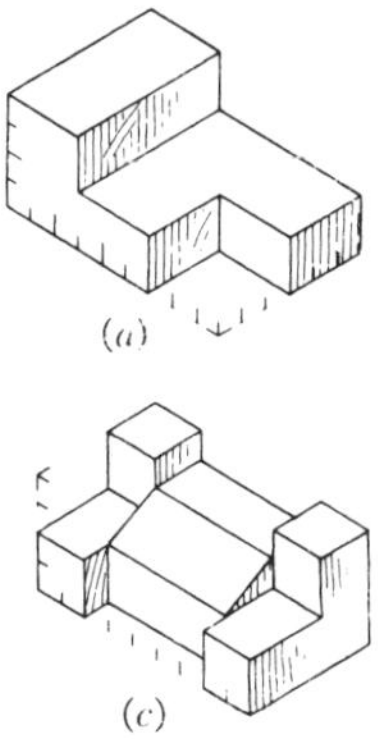

Prob. 11.

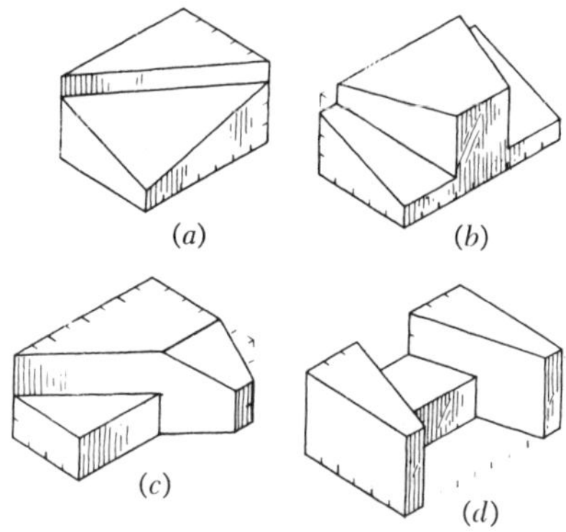

Prob. 12.

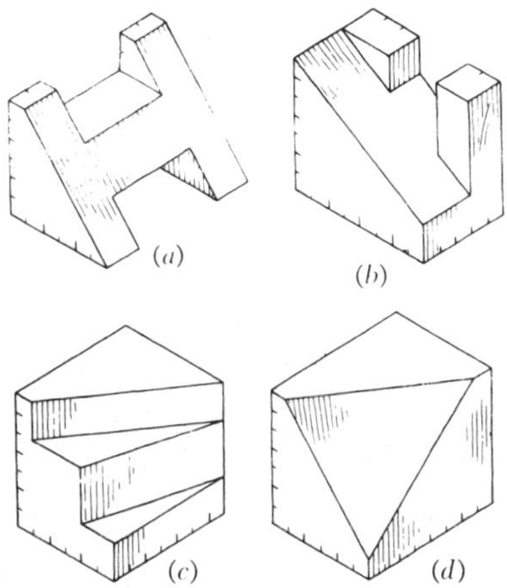

Prob. 13.

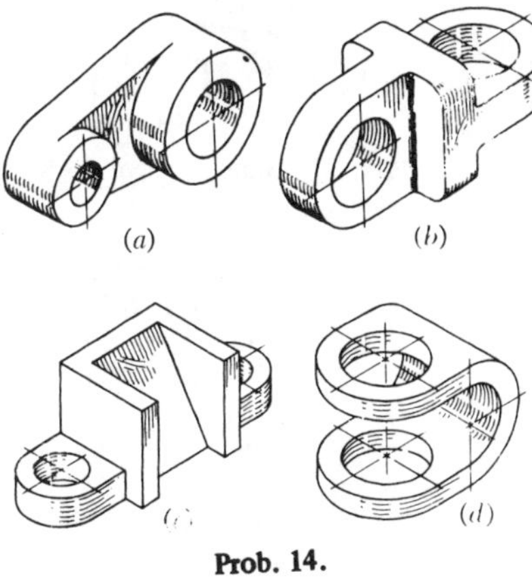

Prob. 14.

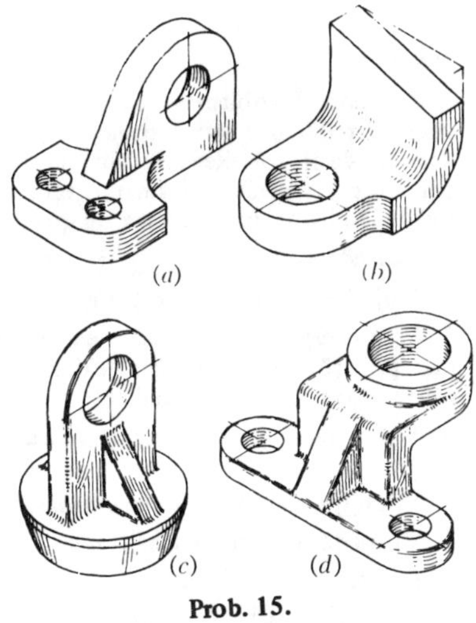

Prob. 15.

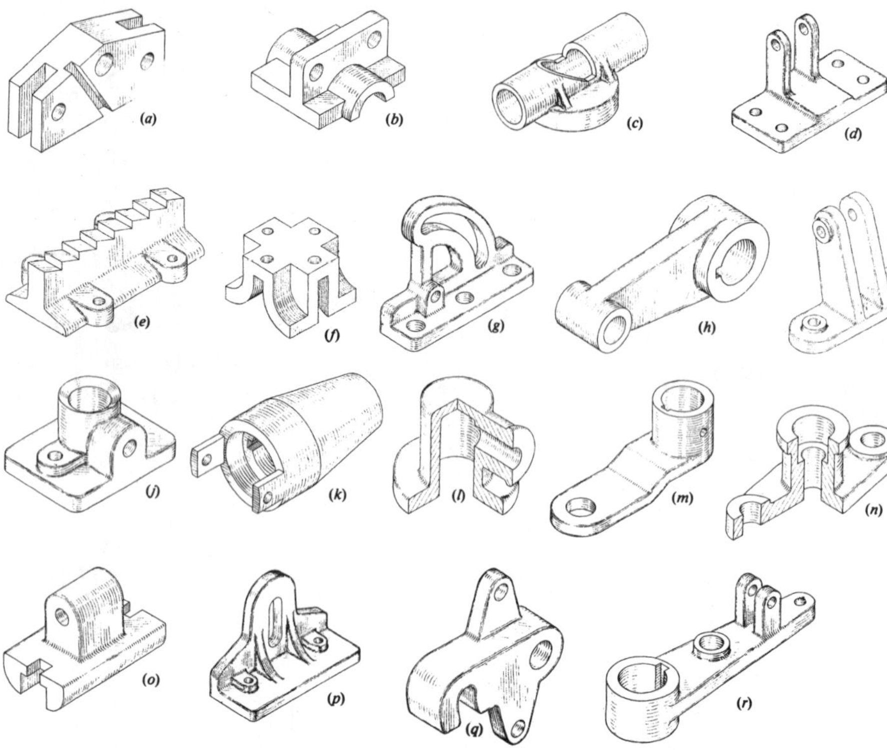

Prob. 16. Peças a serem desenhadas a mão livre em projeção ortográfica.

17. Desenhar à mão livre o suporte angular ilustrado.

18. Desenhar à mão livre o guia de onda de radar.

Selecionar problemas dos grupos seguintes para exercitar o desenho projetivo. A maioria deles se destina à execução com instrumentos mas proporcionarão treinamento valioso se feitos à mão livre, em papel liso ou quadriculado.

São estes os grupos:

2. Projeções a partir de vistas em perspectiva.

3. Escalas especiais, dimensões em escala decimal, projeções de fotografias de desenhos, referências ao material do Apêndice.

4. Vistas que devem ser acrescentadas (à mão livre).

5. Vistas que devem ser acrescentadas.

6. Vistas que devem ser substituídas.

7. Desenho de memória.

8. Cálculos do peso e volume de uma peça com régua de cálculo.

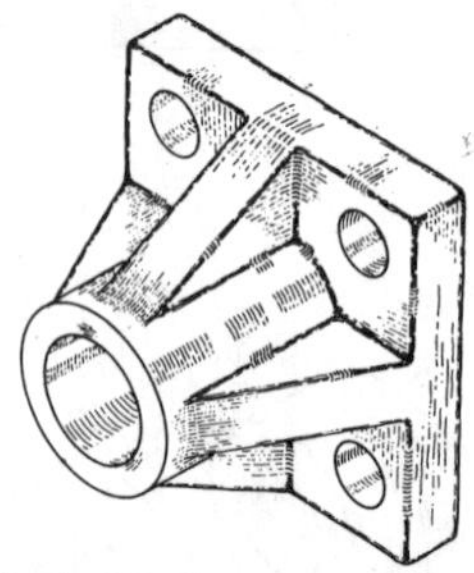

Prob. 17 Suporte angular.

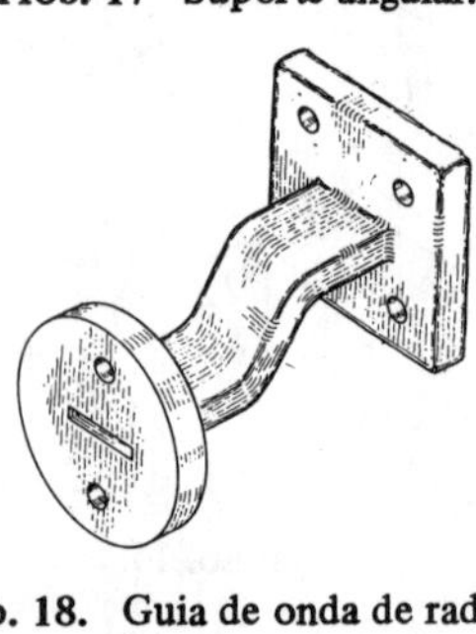

Prob. 18. Guia de onda de radar.

Grupo 2. Projeções de vistas em perspectivas

19. Desenhar as vistas superior, de frente e lateral direita do suporte de viga.
20. Desenhar as vistas superior, de frente e lateral direita do supor em V.
21. Desenhar as três vistas do suporte de sela.
22. Desenhar as três vistas do bloco em cunha.
23. Desenhar as três vistas da cunha chanfrada.
24. Desenhar as três vistas do bloco em pivô.
25. Desenhar as três vistas do apoio inclinado.
26. Desenhar as três vistas do batente em ângulo.
27. Desenhar as três vistas do suporte do interruptor.
28. Desenhar as três vistas do suporte ajustável.
29. Desenhar as três vistas da base guia.
30. Desenhar as três vistas do mancal.
31. Desenhar as três vistas da junta articulada.
32. Desenhar as três vistas do mancal reforçado.
33. Desenhar as três vistas do retentor do pino corrediço.
34. Desenhar duas vistas do terminal de cabo.
35. Desenhar as três vistas do retentor.
36. Desenhar as três vistas do retentor ajustável.
37. Desenhar duas vistas da forquilha de mudança.
38. Desenhar as três vistas do suporte de montagem.
39. Desenhar as três vistas do mancal articulado.
40. Desenhar duas vistas do braço de fixação.
41. Desenhar as três vistas do batente da placa de apoio.
42. Desenhar as vistas superior, de frente e lateral parcial do suporte de deslizamento.
43. Desenhar as três vistas do retentor de deslizamento.

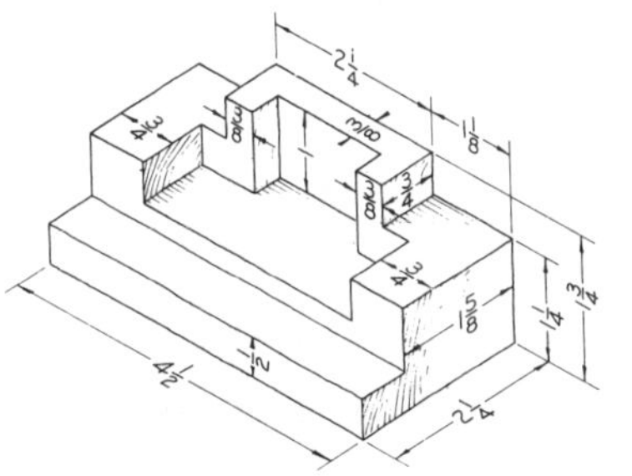

Prob. 19. Suporte de viga.

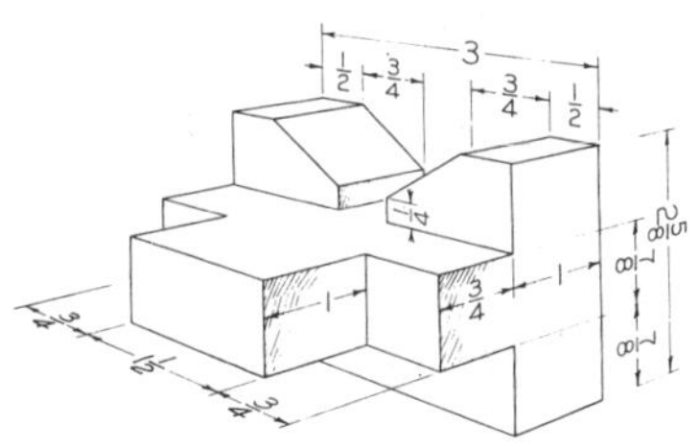

Prob. 20. Suporte em V.

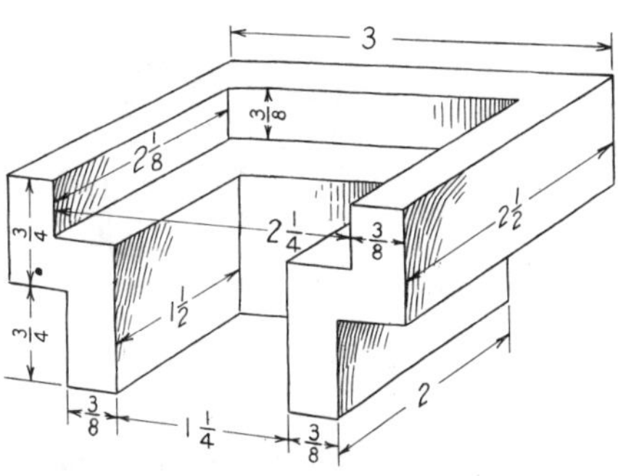

Prob. 21. Suporte de sela.

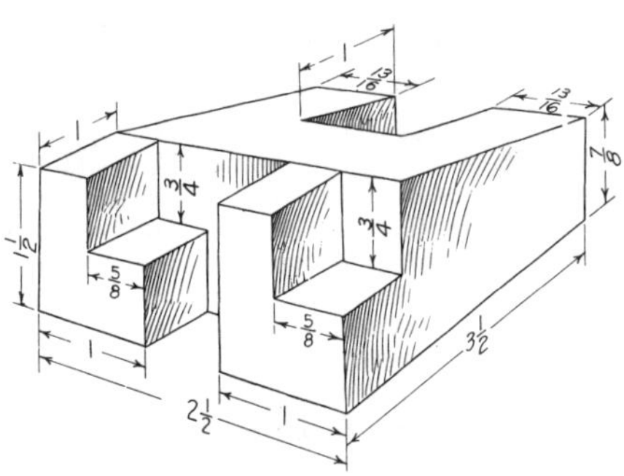

Prob. 22. Bloco em cunha

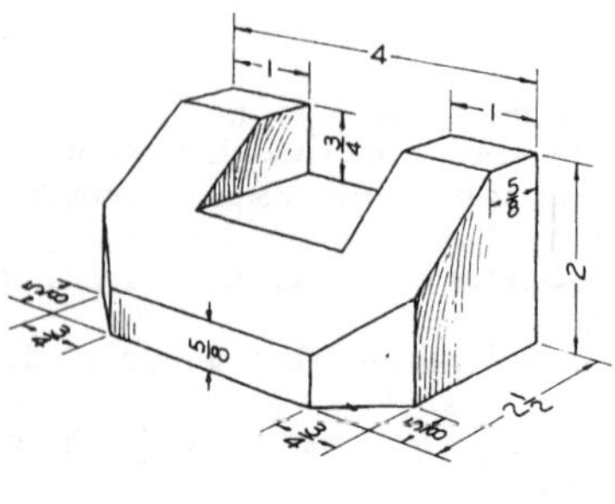

Prob. 23. Cunha chanfrada.

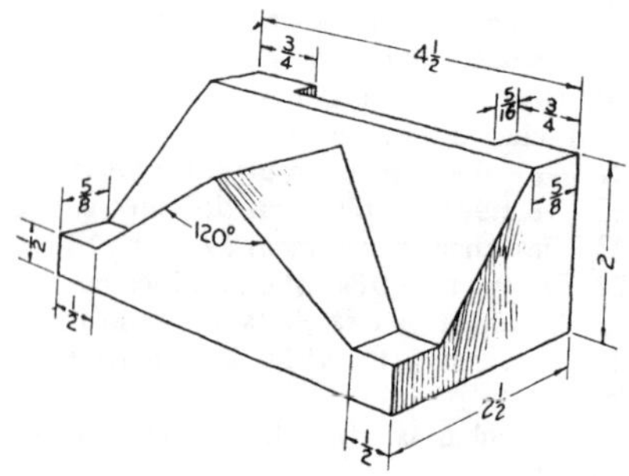

Prob. 24. Bloco em pivô

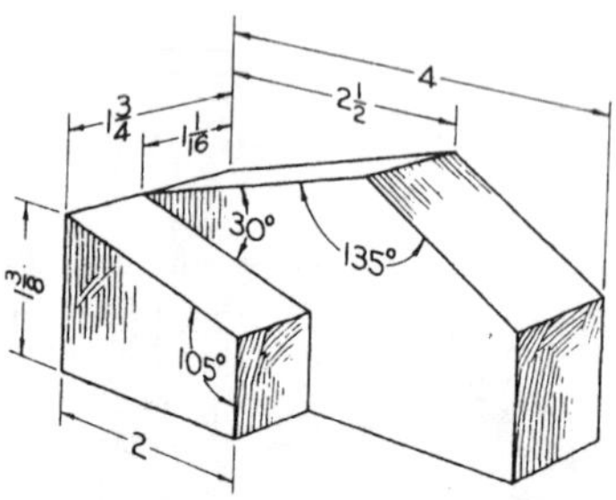

Prob. 25. Apoio inclinado.

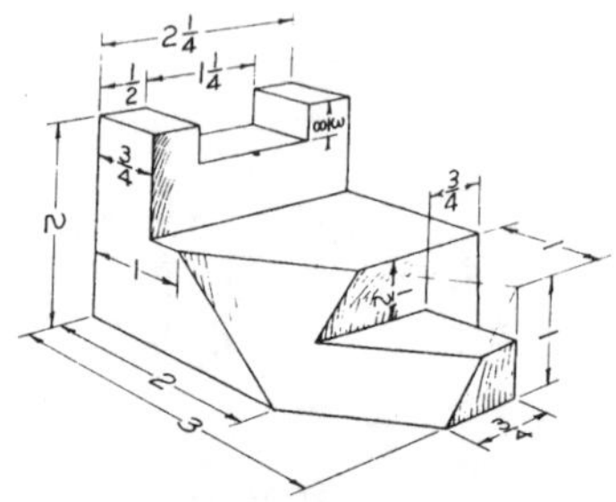

Prob. 26. Batente em ângulo.

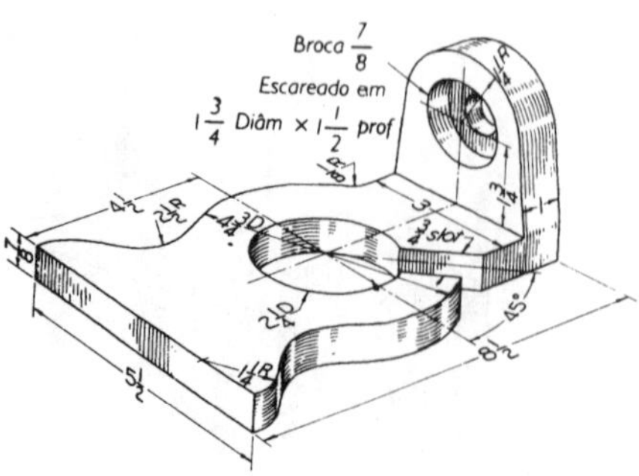

Prob. 27. Suporte de interruptor.

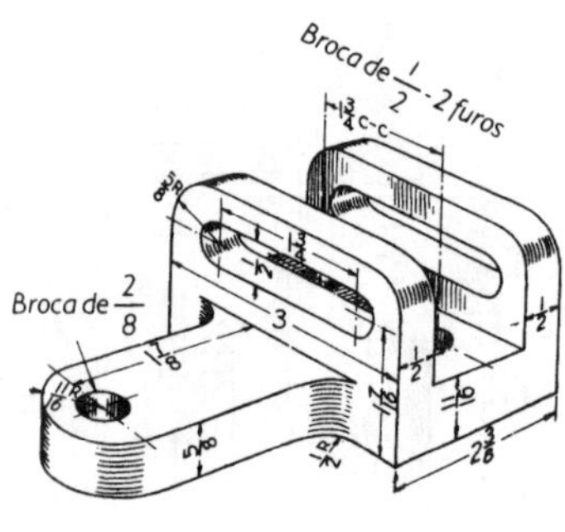

Prob. 28. Suporte ajustável.

44. Desenhar as três vistas do suporte de fixação.
45. Desenhar as três vistas do suporte de tubo.
46. Desenhar as três vistas do fixador de medidor.
47. Desenhar as três vistas da guia do eixo.
48. Desenhar as três vistas do bloco de fixação.
49. Desenhar as três vistas da guia excêntrica.
50. Desenhar as três vistas do conector angular.
51. Desenhar as três vistas do grampo macho de retenção.
52. Desenhar as três vistas da base de travação.

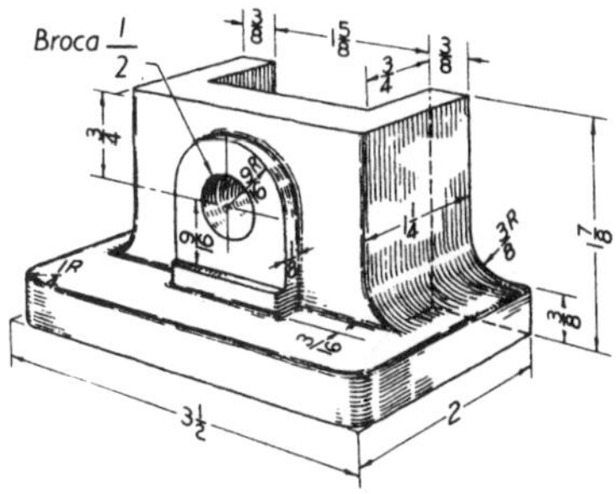

Prob. 29. Guia da base.

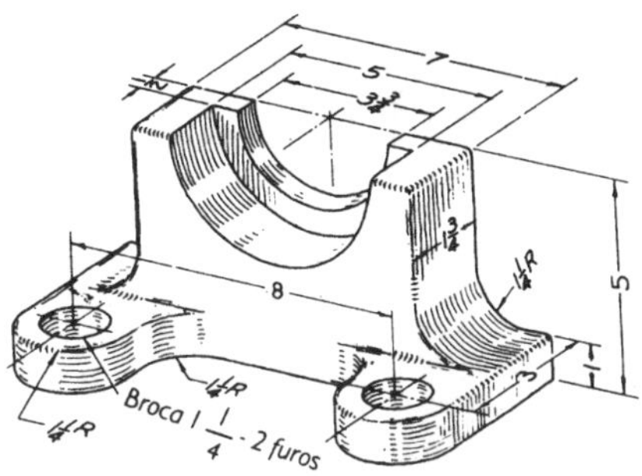

Prob. 30. Mancal.

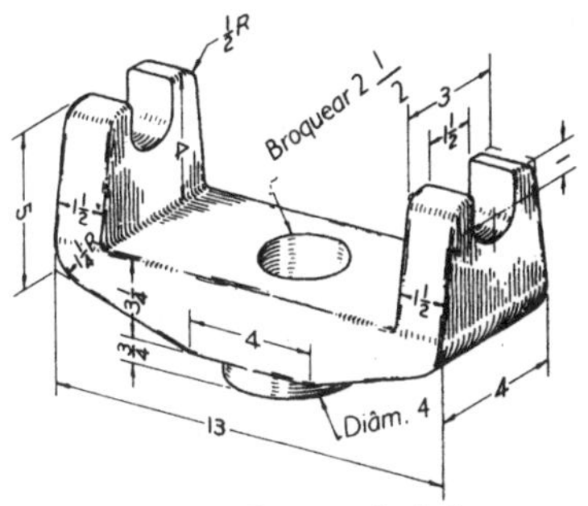

Prob. 31. Junta articulada.

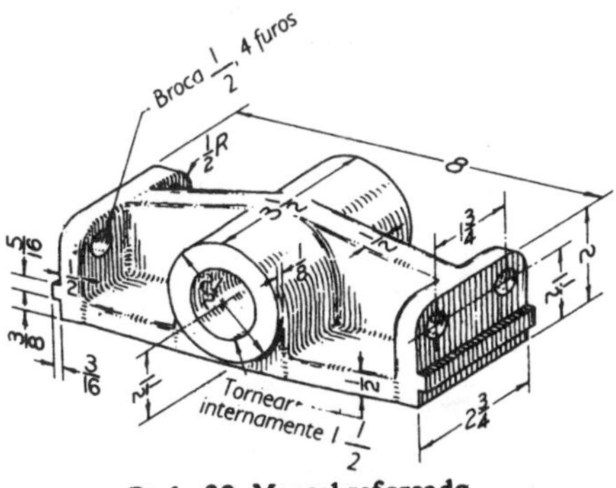

Prob. 32. Mancal reforçado.

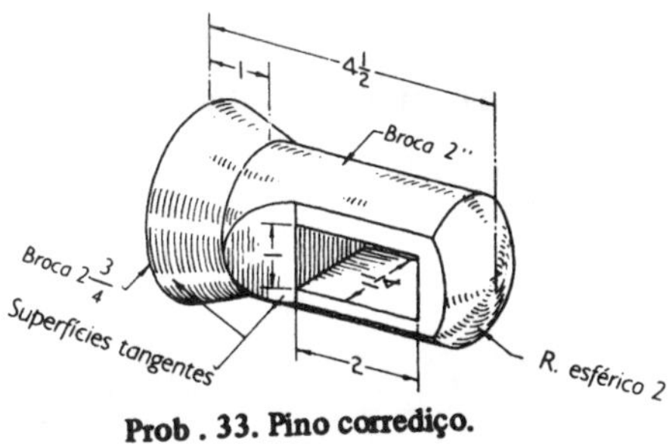

Prob . 33. Pino corrediço.

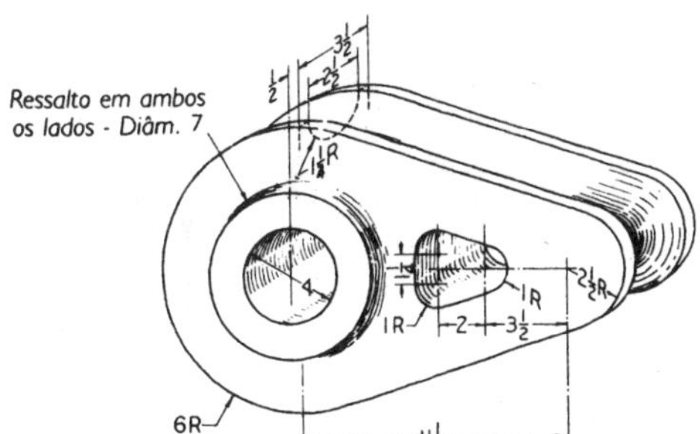

Prob. 34. Terminal de cabo.

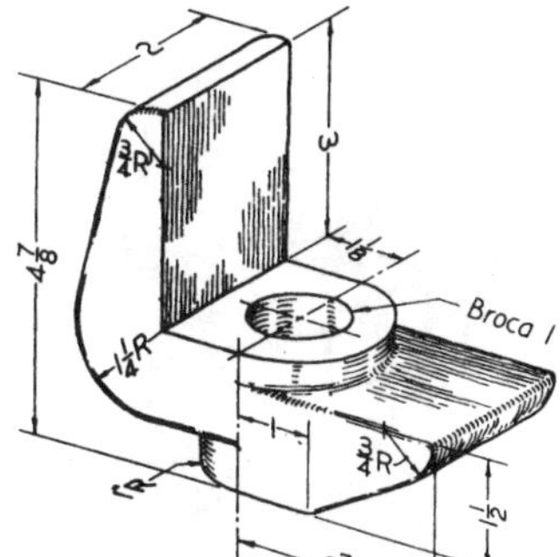

Prob. 35. Retentor.

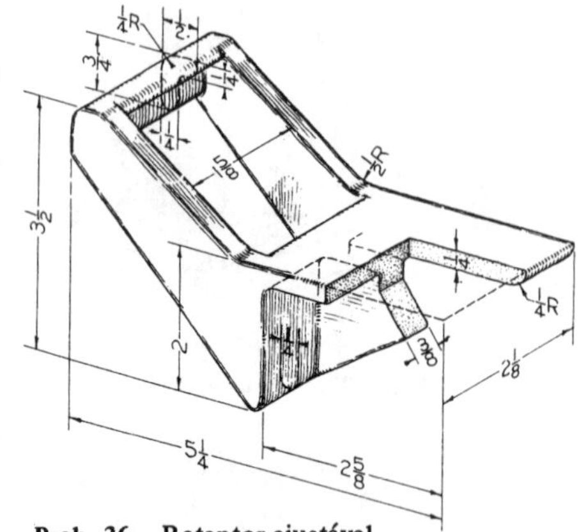

Prob. 36. Retentor ajustável.

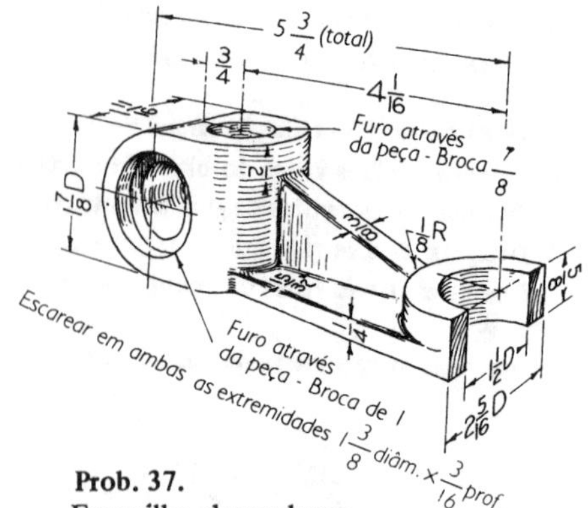

Prob. 37.
Forquilha de mudança.

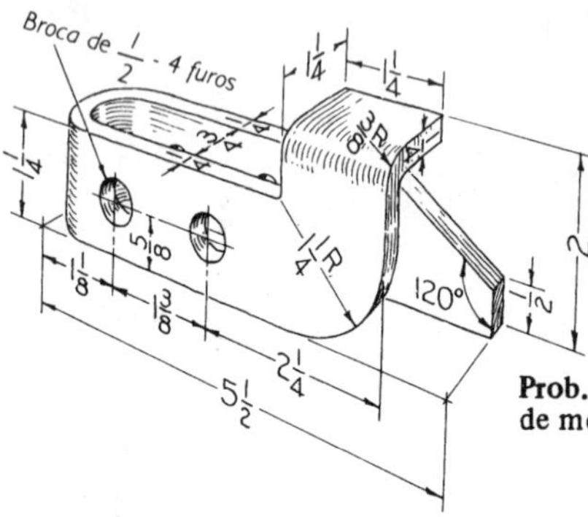

Prob. 38. Suporte de montagem.

Prob. 39. Mancal articulado.

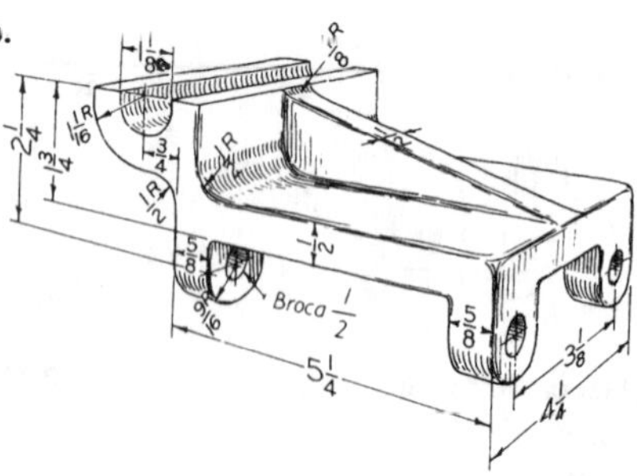

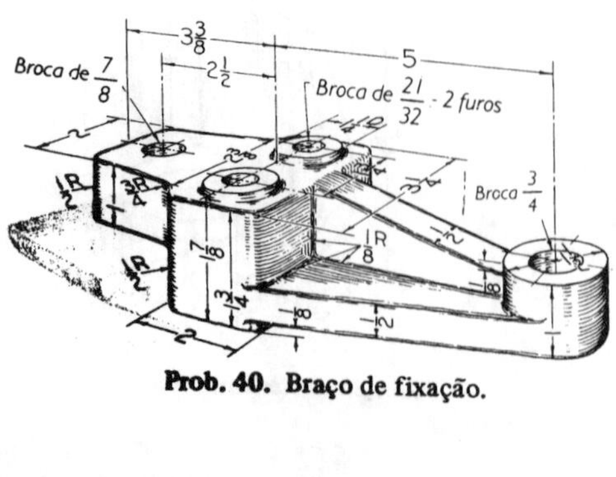

Prob. 40. Braço de fixação.

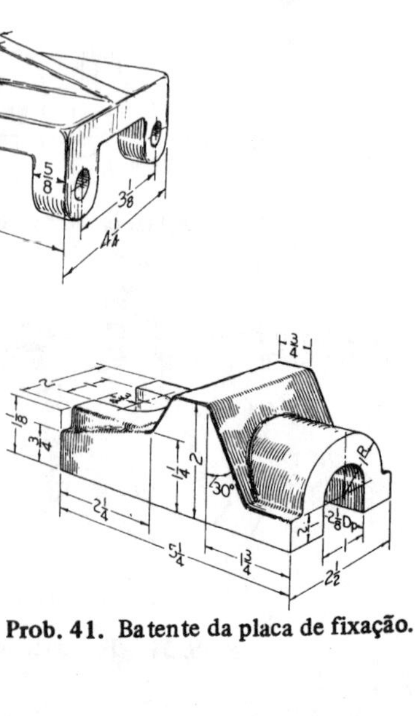

Prob. 41. Batente da placa de fixação.

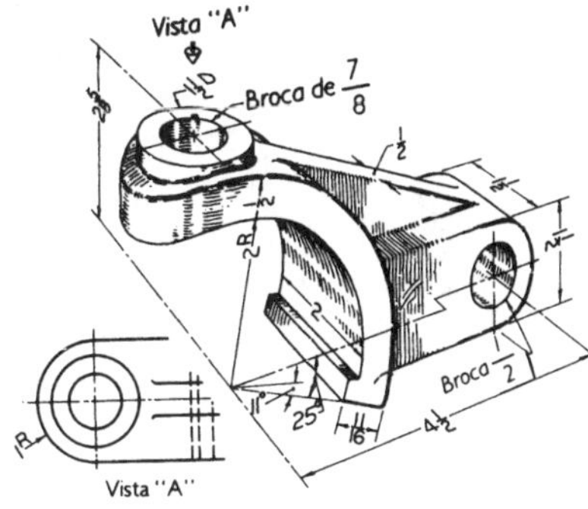

Prob. 42. Suporte de deslizamento.

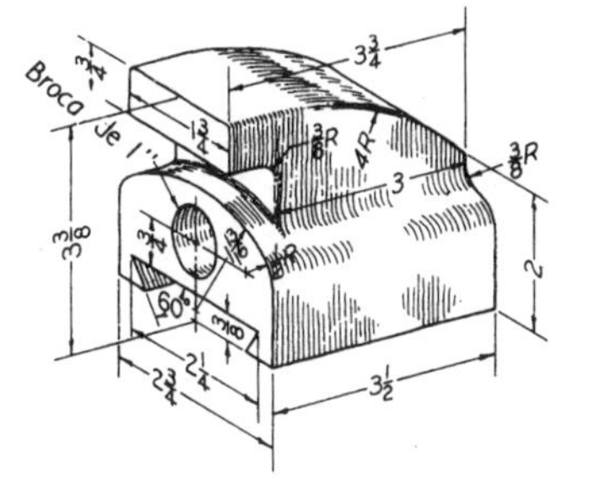

Prob. 43. Retentor de deslizamento.

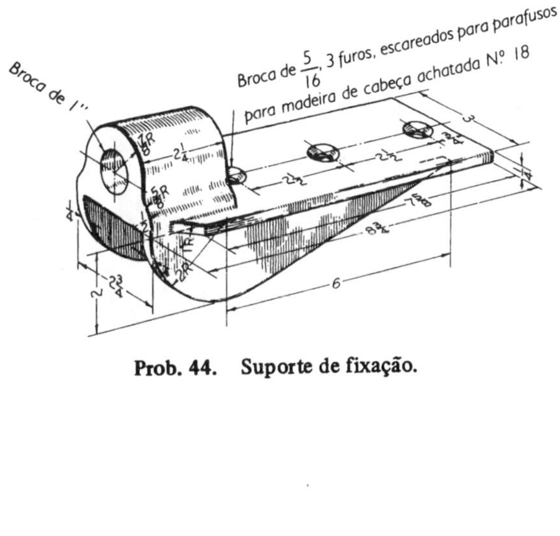

Prob. 44. Suporte de fixação.

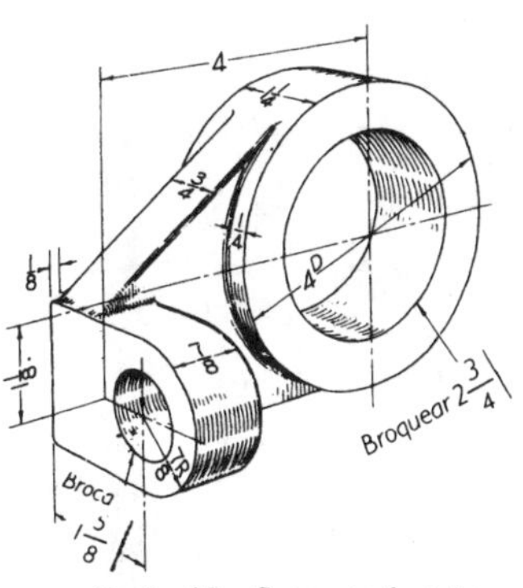

Prob. 45. Suporte de tubo.

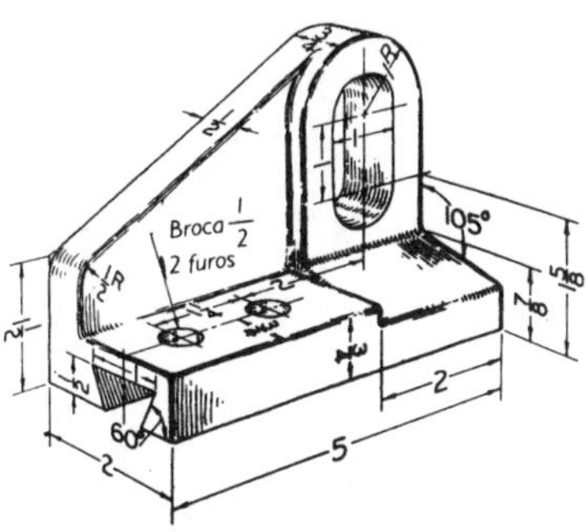

Prob. 46. Fixador de medidor.

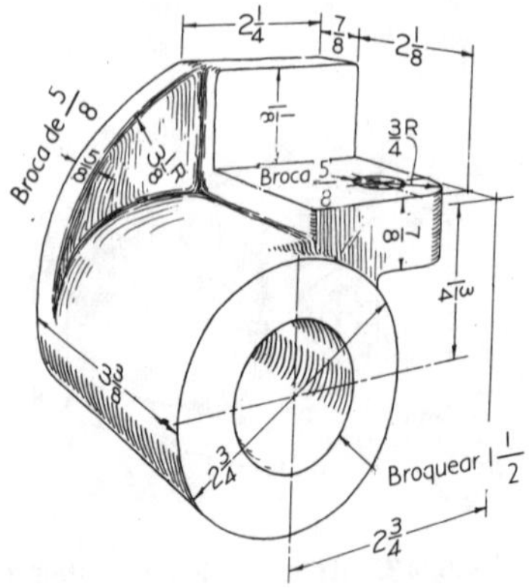

Prob. 47. Guia do eixo.

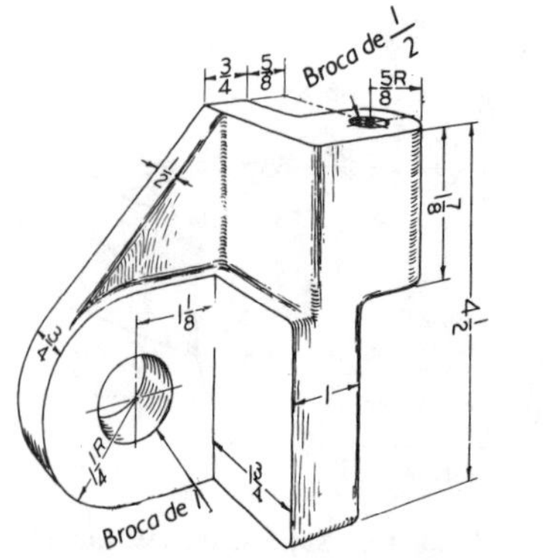

Prob. 48. Bloco de fixação.

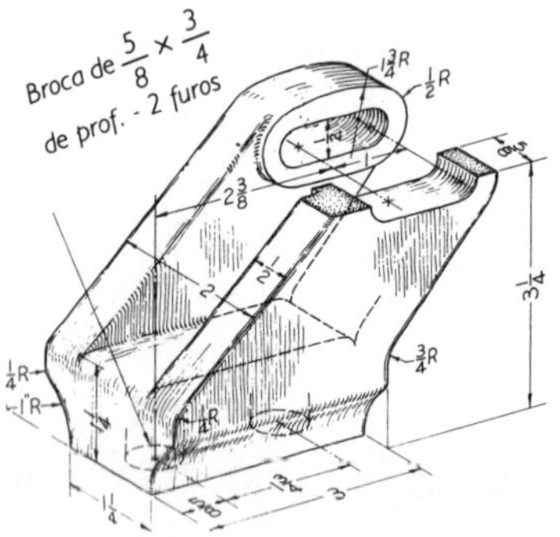

Prob. 49. Guia excêntrica.

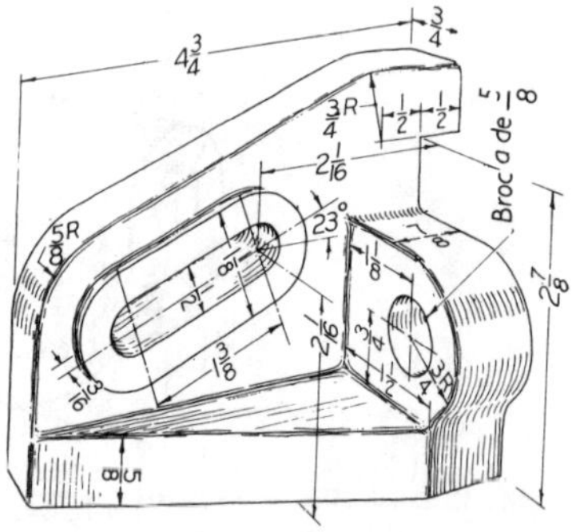

Prob. 50. Conector angular.

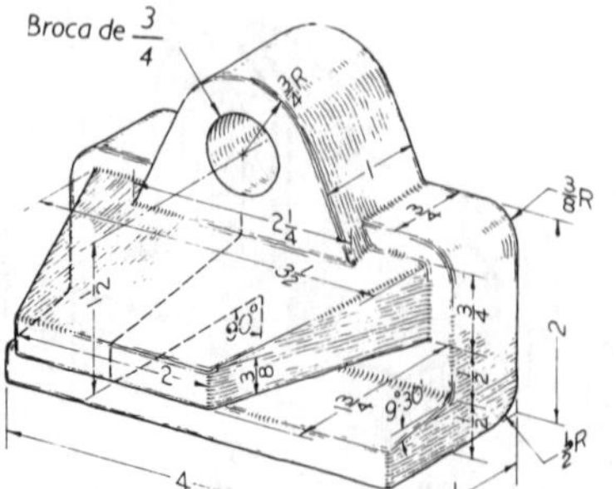

Prob. 51. Grampo macho de retenção.

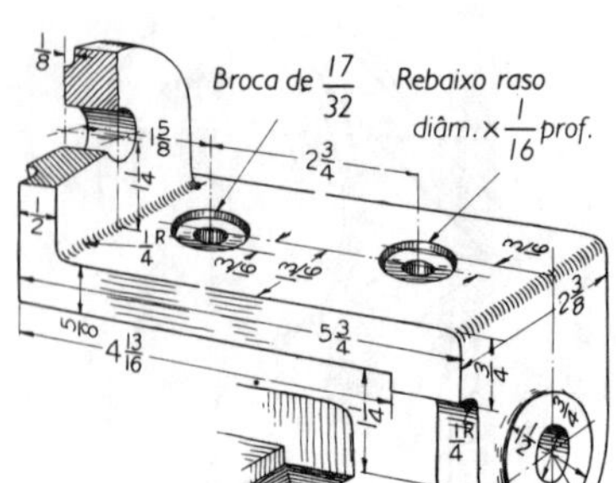

Prob. 52. Base de travação.

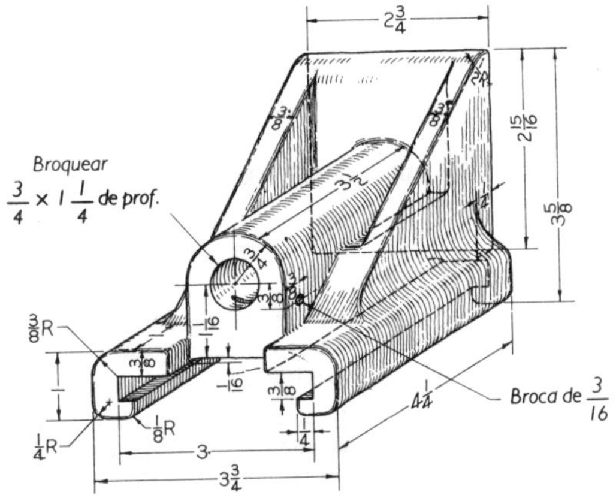

Prob. 53. Apoio de deslizamento.

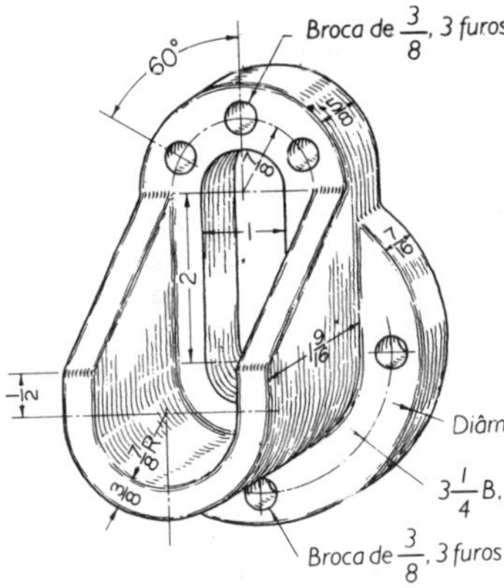

Prob. 54. Placa terminal.

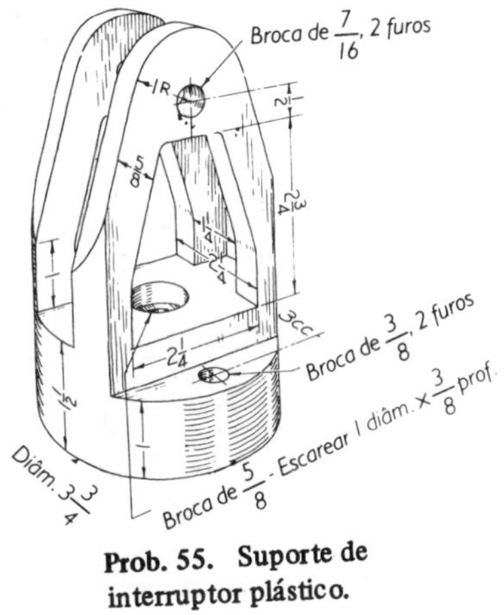

Prob. 55. Suporte de interruptor plástico.

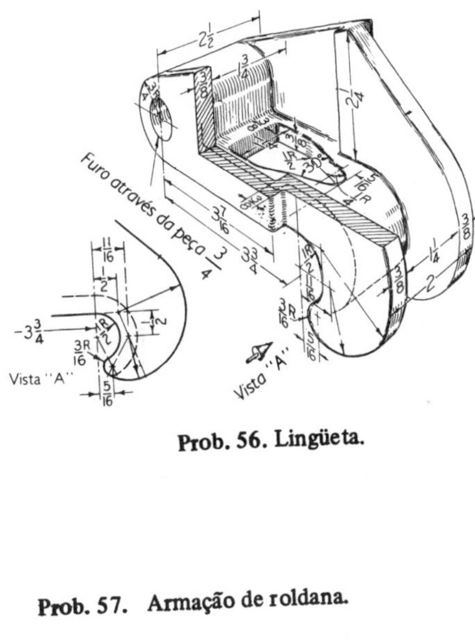

Prob. 56. Lingüeta.

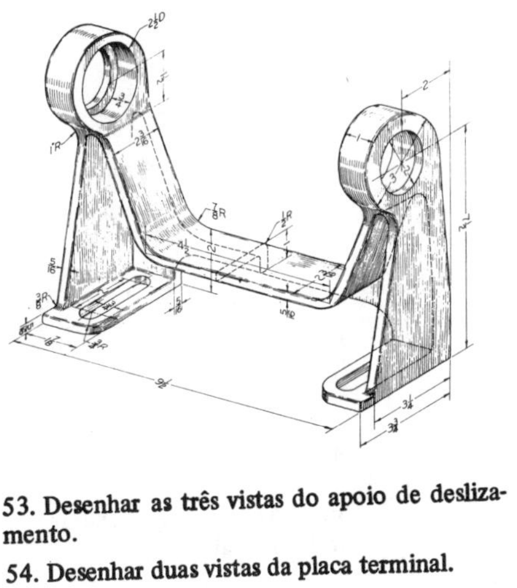

Prob. 57. Armação de roldana.

53. Desenhar as três vistas do apoio de deslizamento.

54. Desenhar duas vistas da placa terminal.

55. Desenhar as três vistas do suporte de interruptor plástico.

56. Desenhar duas vistas da lingüeta.

57. Desenhar as três vistas da armação de roldana.

Grupo 3. Réguas especiais, dimensões em escala decimal, projeções de desenhos de fotografias, referências ao material do Apêndice.

Os problemas deste grupo (58 a 73) proporcionarão treinamento no uso da régua graduada pelo sistema decimal no traçado de desenhos. As projeções dos desenhos de fotografias do capítulo final são dadas aqui, não apenas como material de exercícios, mas como um meio de familiarizar o estudante com esta forma de representação em perspectiva. No capítulo final também se encontram detalhes sobre os métodos de desenho baseado em fotografias. Os tamanhos dos parafusos e pinos são dados no Apêndice.

58. Desenhar as vistas superior, de frente e lateral direita.

59. Desenhar as vistas superior, de frente e lateral direita.

60. Desenhar as vistas superior, de frente e lateral direita.

61. Desenhar as vistas superior, de frente e lateral esquerda.

62. Desenhar as vistas superior, de frente e lateral direita. Os raios e reentrâncias encurvados medem 0,10 de polegada.

63. Desenhar as vistas superior, de frente e lateral direita. O tamanho dos parafusos e pinos é dado no Apêndice. É necessário indicar a folga para os pinos e os diâmetros dos parafusos na cotagem, porém não ao se desenhar as vistas.

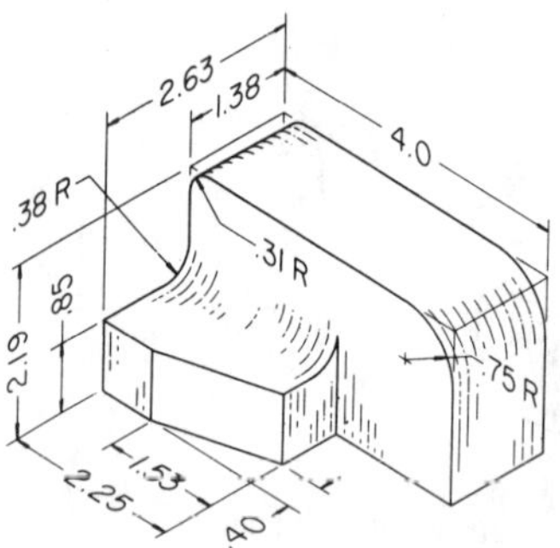

Prob. 58. Suporte de motor.

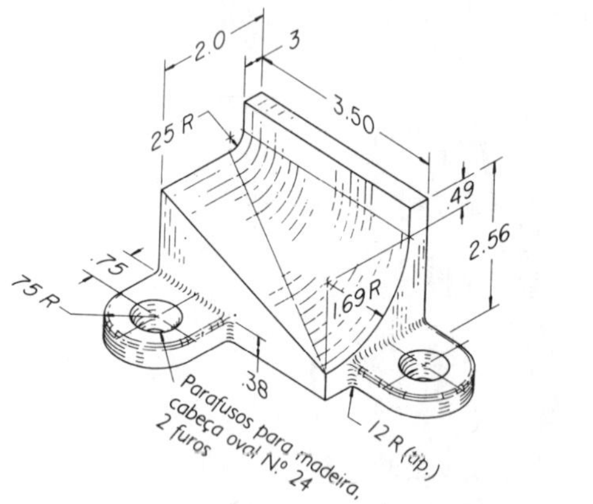

Prob. 59. Base para montagem de gabaritos.

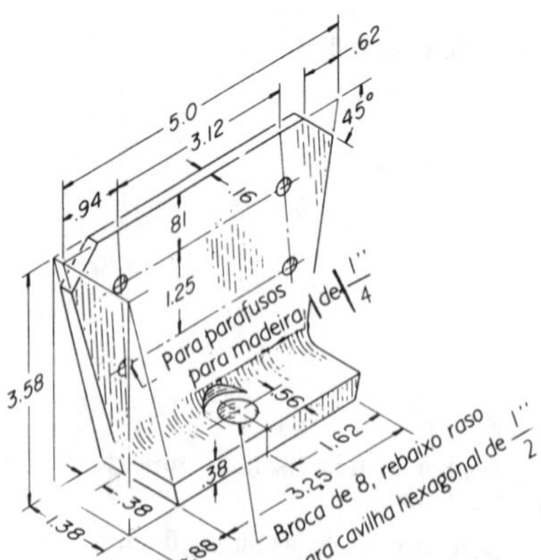

Prob. 60. Suporte de guindaste de carga.

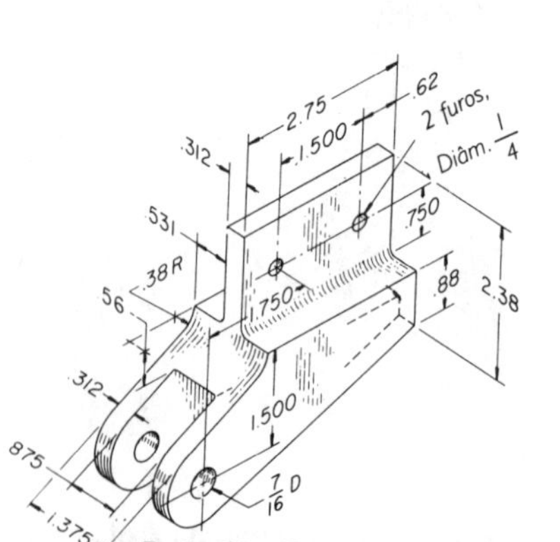

Prob. 61. Encaixe auxiliar de aleta de aileron.

64. Desenhar as vistas superior, de frente, laterais direita e esquerda. Mostrar *somente* os detalhes invisíveis *necessários*. O furo *D* de 0,44 de diâmetro atravessa a peça. Os furos com limites cotados $(0{,}75 \frac{+0{,}005}{-0{,}002}$ e $\frac{0{,}86}{0{,}89})$ aparecem aqui como uma introdução a métodos mais precisos que serão tratados em detalhe, mais adiante. Sem levar em conta a exatidão da cotagem, as particularidades foram desenhadas de acordo com o tamanho básico, com uma precisão de escala não maior do que a empregada em desenhos menos exatos.

65. Desenhar as vistas superior e de frente. Ver no problema 64 o comentário relativo aos furos com limites cotados.

66. Desenhar as vistas superior, de frente e lateral esquerda. Os pinos devem ter folga. Os raios sem cota têm 1/4 de raio (1/4R).

67. Desenhar as vistas superior e de frente. Ver no problema 64, o comentário relativo aos fu-com limites cotados.

68. Desenhar duas vistas do elo transportador, nº 71, último capítulo.

69. Desenhar as vistas necessárias da articulação do apoio de suspensão, nº 73, capítulo final.

70. Desenhar as vistas necessárias do suporte do cilindro hidráulico (lados direito e esquerdo), problema 72, capítulo final.

71. Desenhar as vistas necessárias do tubo de ajuste, problema 74, Cap. 24.

72. Desenhar as vistas necessárias do terceiro terminal, problema 76, último capítulo.

73. Selecionar uma peça da montagem do elo transportador, problema 77, último capítulo, e fazer um desenho ortográfico.

74. Fazer um desenho ortográfico do suporte de motor a jato.

75. Fazer um desenho ortográfico do suporte giroscópico de projétil.

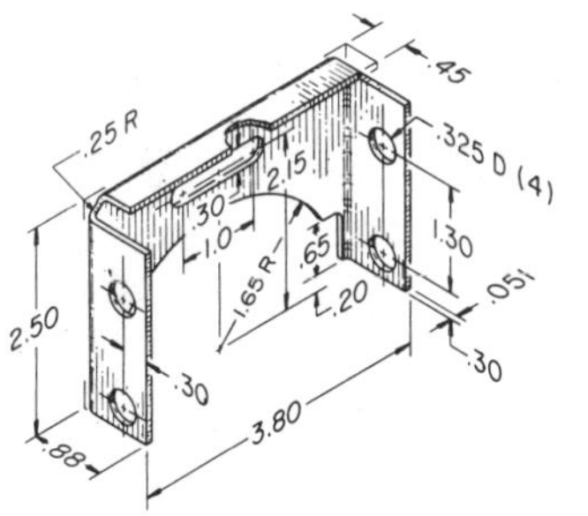

Prob. 62. **Suporte de tampa.**

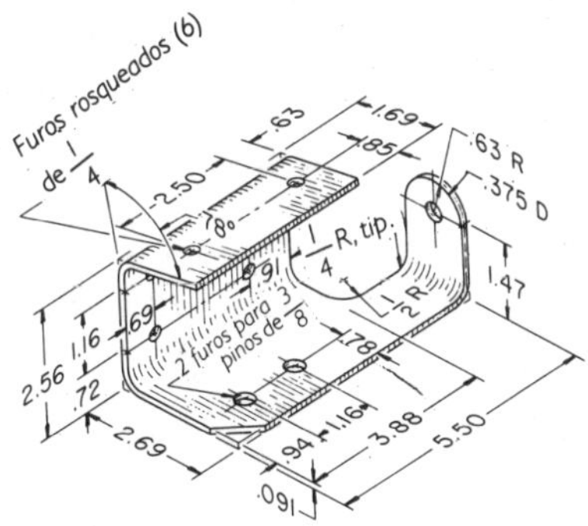

Prob. 63. **Base do suporte da lingüeta.**

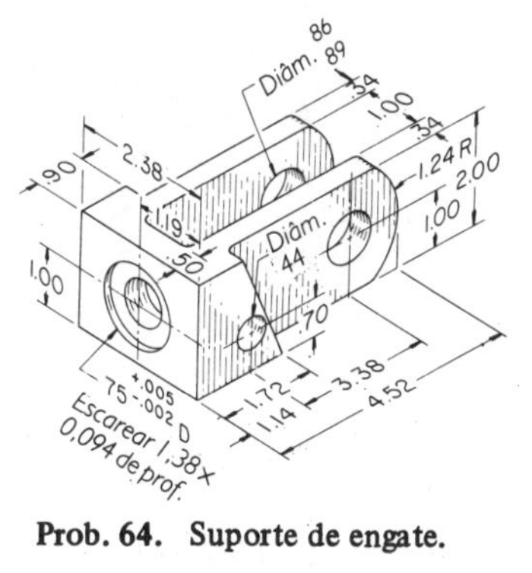

Prob. 64. **Suporte de engate.**

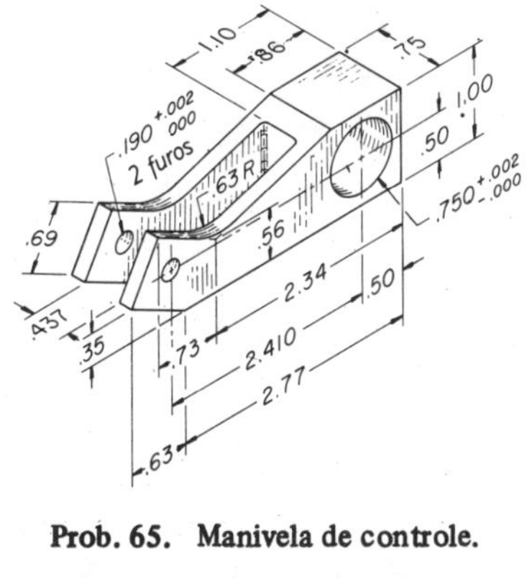

Prob. 65. **Manivela de controle.**

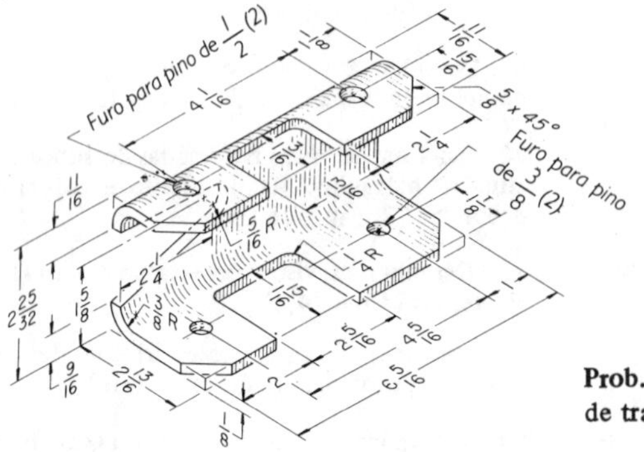

Prob. 66. Montagem de transformador.

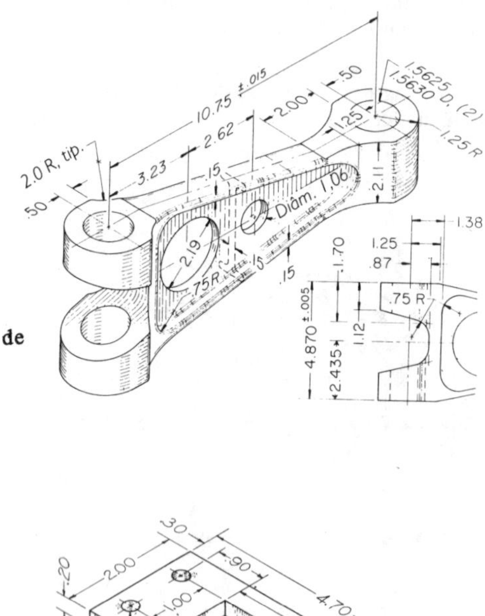

Prob. 67. Elo de estabilização.

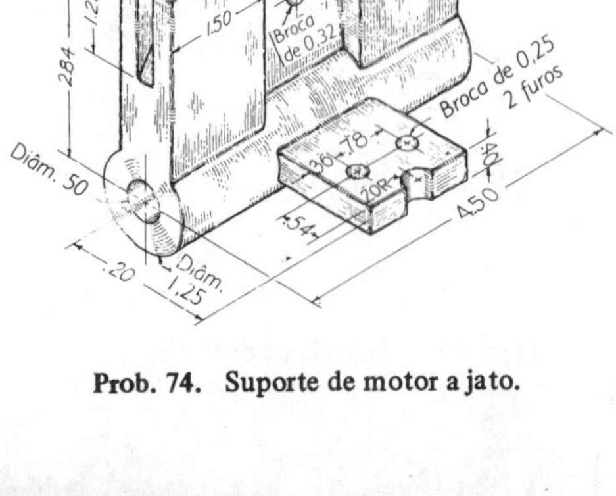

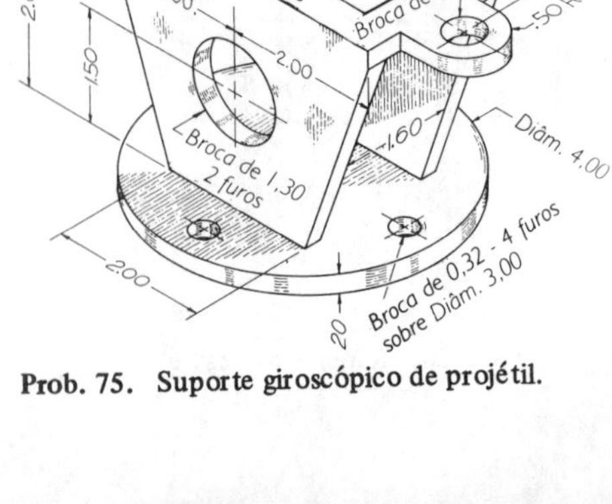

Prob. 74. Suporte de motor a jato.

Prob. 75. Suporte giroscópico de projétil.

76. Fazer um desenho ortográfico do disco de catraca de assento reclinado.

77. Fazer um desenho ortográfico da guia de tensionamento.

78. Fazer um desenho ortográfico do suporte de porta.

79. Fazer um desenho ortográfico da lingüeta de ejeção de projétil.

80. Fazer um desenho ortográfico do suporte do apoio interno de motor a jato.

81. Fazer um desenho ortográfico do garfo de transmissão.

82. Fazer um desenho ortográfico da forquilha de inversão.

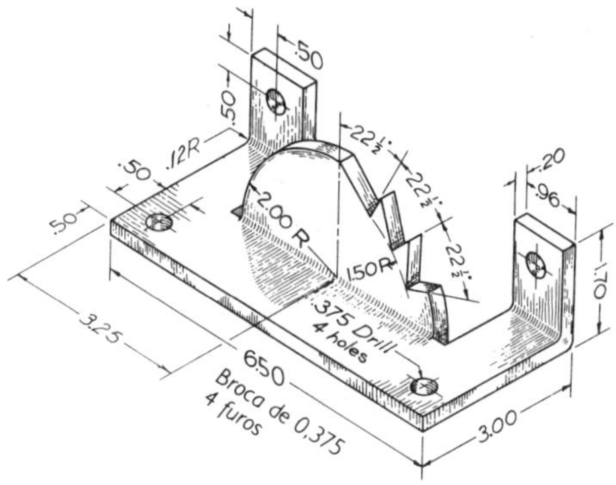

Prob. 76. Disco de catraca de assento reclinado.

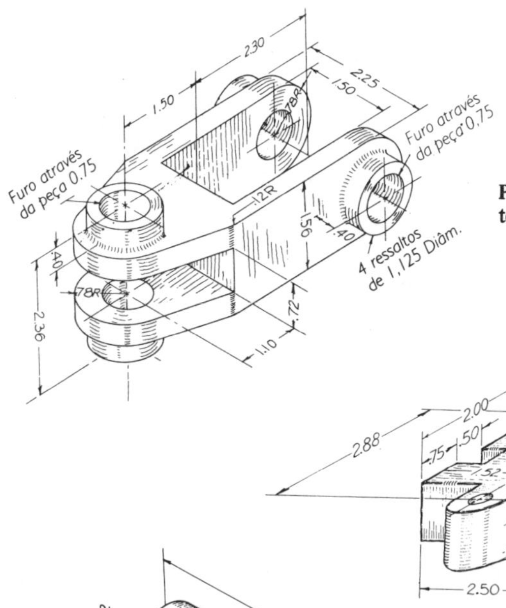

Prob. 77. Guia de tensionamento.

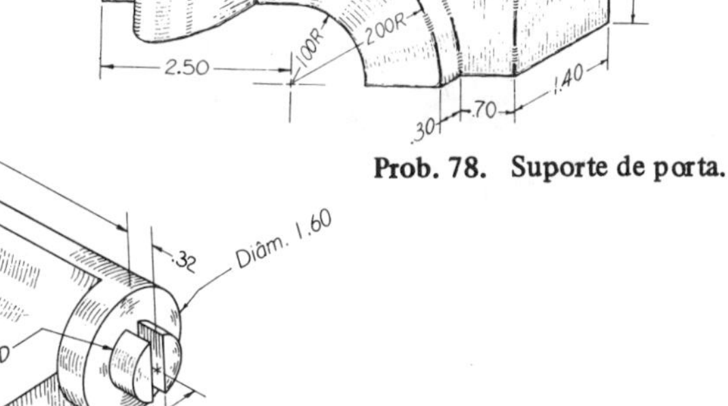

Prob. 78. Suporte de porta.

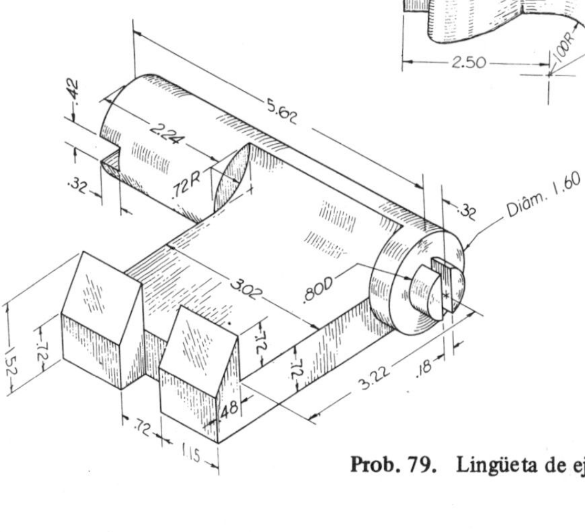

Prob. 79. Lingüeta de ejeção de projétil.

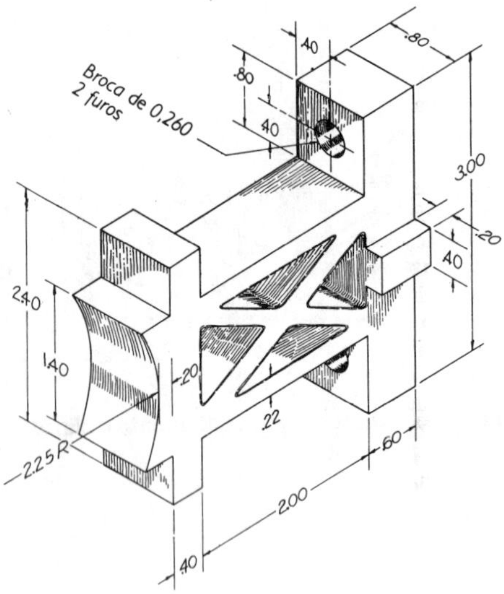

Prob. 80. Suporte do apoio interno de avião a jato.

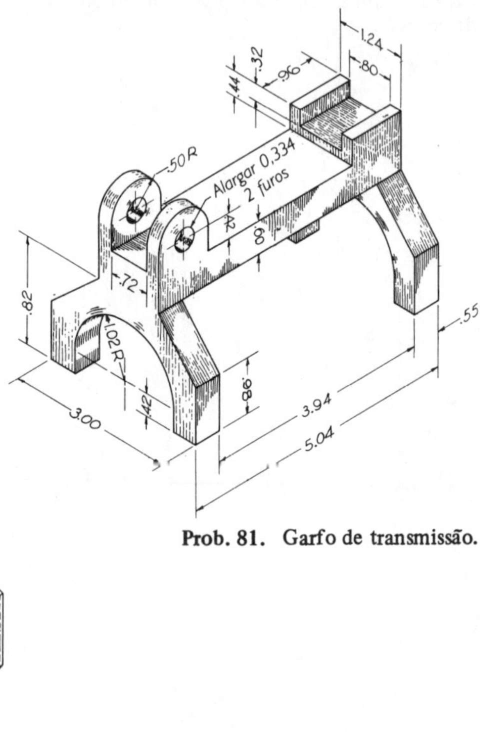

Prob. 81. Garfo de transmissão.

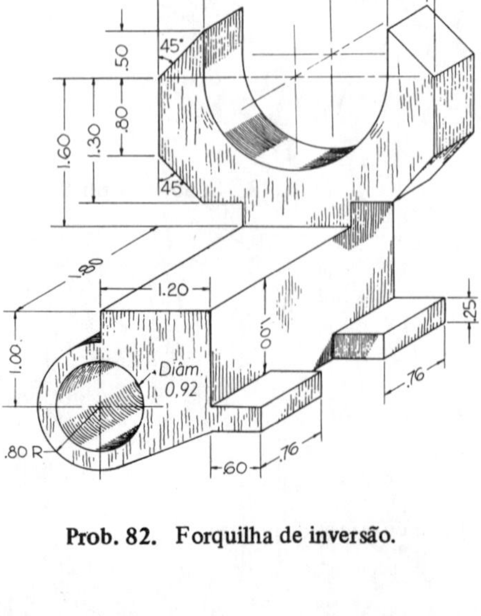

Prob. 82. Forquilha de inversão.

Grupo 4. Vistas que devem ser acrescentadas (à mão livre)

Estes problemas (83 a 85) proporcionarão valioso treinamento para a leitura de vistas ortográficas, assim como a prática adicional da aplicação dos princípios da projeção ortográfica.

Estudar o significado das linhas, áreas e áreas adjacentes. Para facilitar a leitura ou, posteriormente, a projeção, os vértices ou as arestas do objeto podem ser marcados com letras ou números.

Se for conveniente, pode-se usar um esboço em perspectiva como um auxílio para a leitura das vistas. Esse esboço pode ser feito antes de se executar e concluir as vistas ou em qualquer momento da execução do desenho. No caso de alguns objetos mais simples, pode ser útil fazer um modelo em argila.

Após ler e desenhar as vistas dadas, projetar uma terceira vista ou completá-las de acordo com o especificado em cada caso.

Não esquecer que toda linha que representar uma vista de aresta de uma superfície, uma interseção de duas superfícies ou um limite de superfície terá uma projeção correspondente nas outras vistas. Cuidar para que todas as partes invisíveis sejam representadas e prestar atenção à ordem de precedência das linhas.

As ilustrações deste grupo contêm vários objetos com duas vistas desenhadas e uma terceira que deve ser acrescentada. Além de auxiliar o desenvolvimento da capacidade de desenhar à mão livre, este exercício constituirá um valioso treinamento para a leitura. Estes problemas podem ser trabalhados diretamente no livro ou sobre papel liso ou quadriculado.

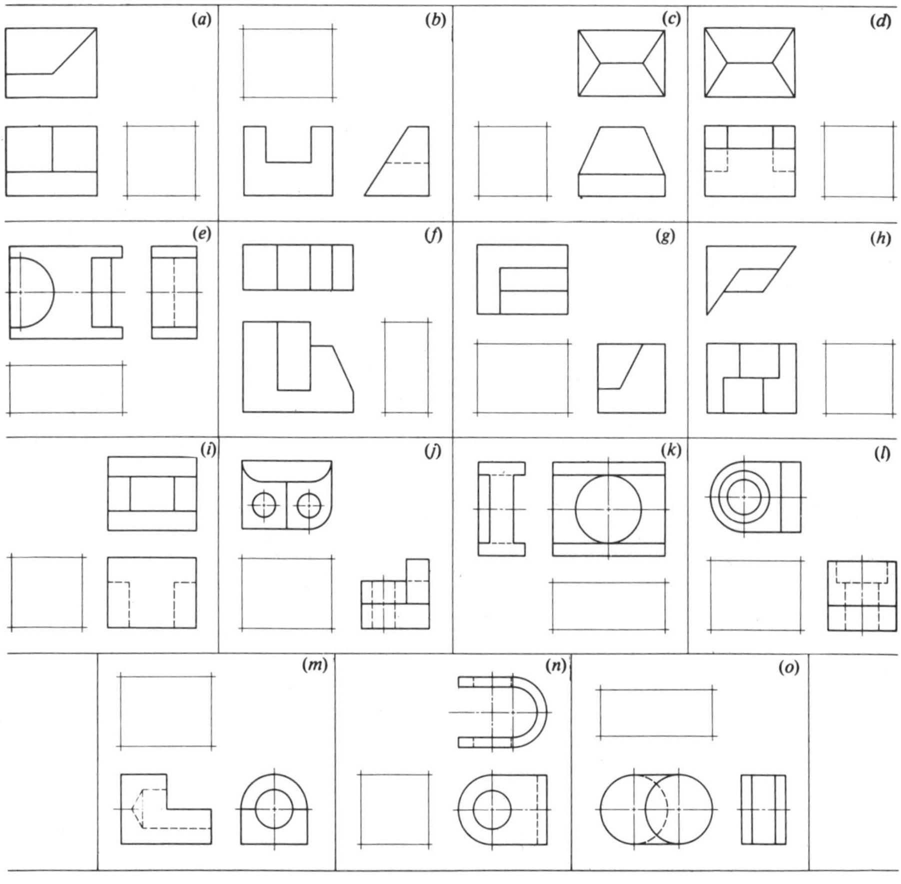

Prob. 83. Vistas que devem ser acrescentadas à mão livre.

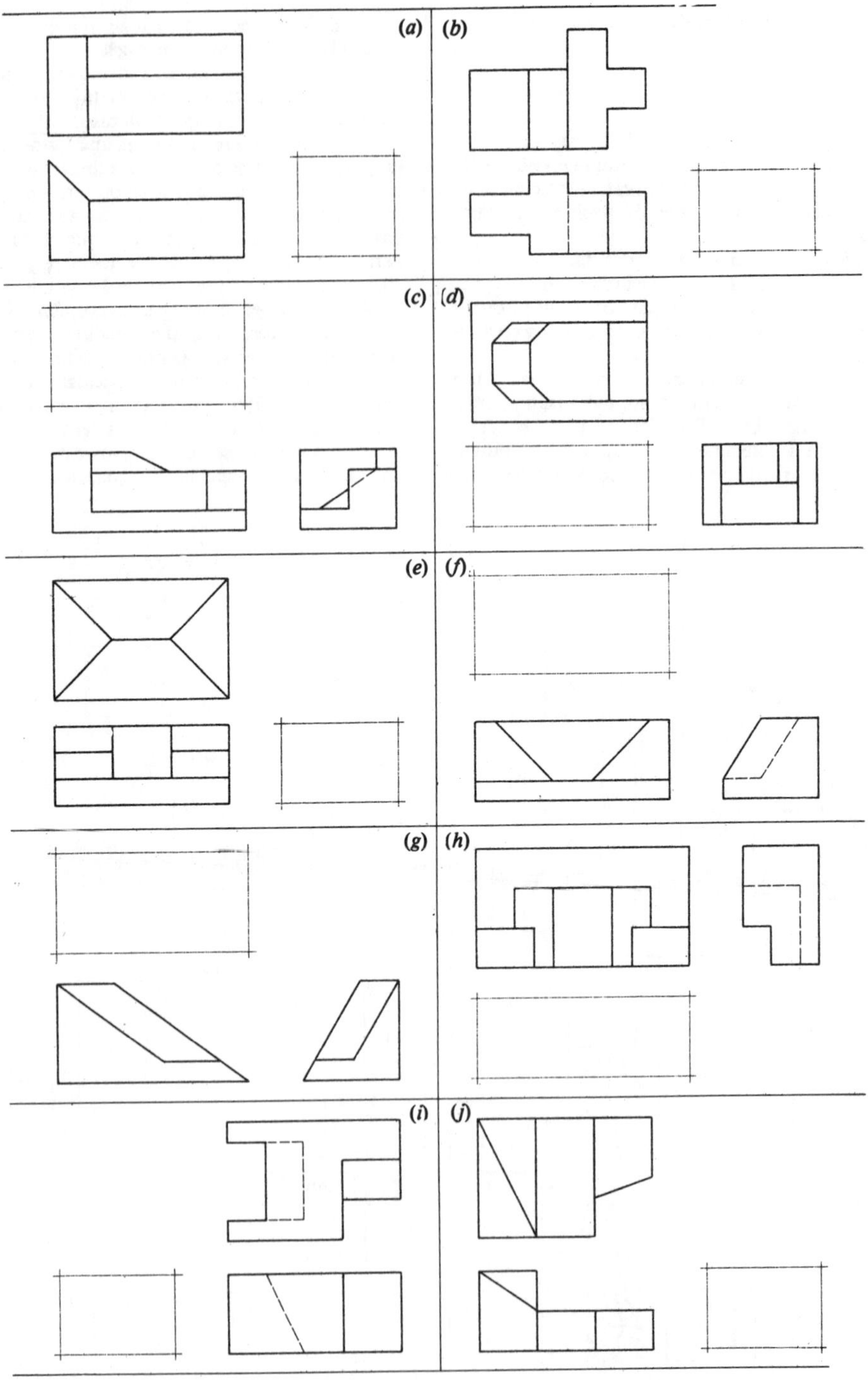

Prob. 84. Vistas que devem ser acrescentadas à mão livre.

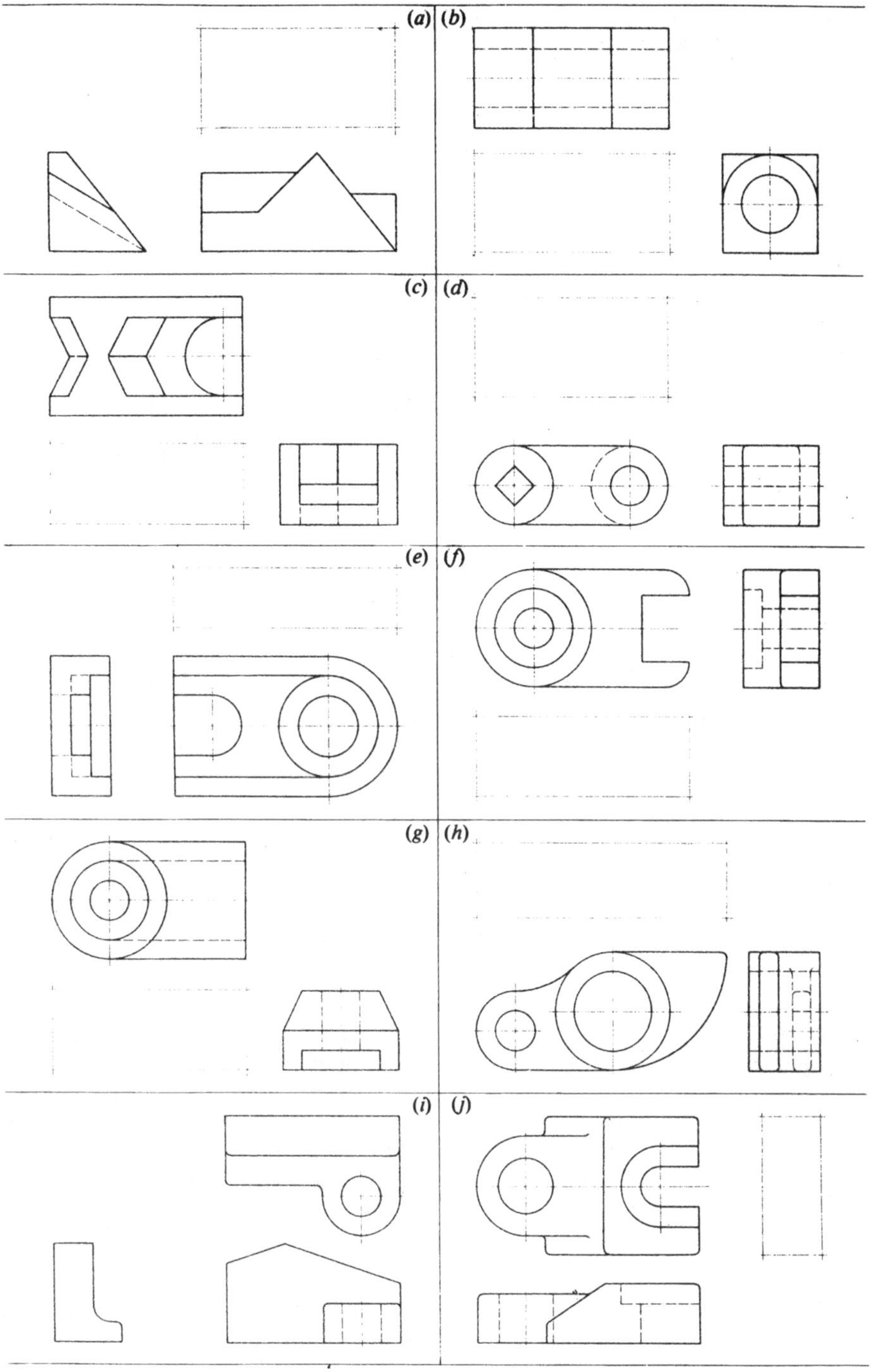

Prob. 85. Vistas que devem ser acrescentadas à mão livre.

86. Dadas as vistas superior e de frente, acrescentar a vista lateral. Encontrar no mínimo três soluções. Usar papel vegetal para a segunda e terceira soluções.

87. Dadas as vistas de frente e lateral, acrescentar a vista superior. Encontrar no mínimo três soluções. Empregar papel vegetal para a segunda e terceira soluções.

88. Dadas as vistas superior e de frente, acrescentar a vista lateral. Encontrar duas soluções. Usar papel vegetal para a segunda solução.

89. Dadas as vistas superior e de frente, acrescentar a vista lateral. Encontrar no mínimo três soluções. Usar papel vegetal para a segunda e terceira soluções.

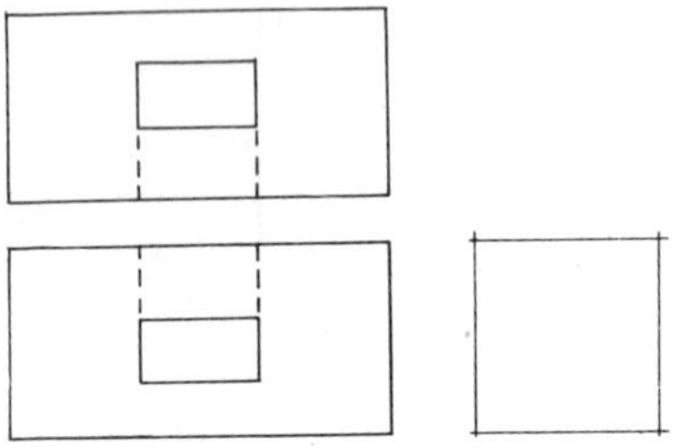

Prob. 86

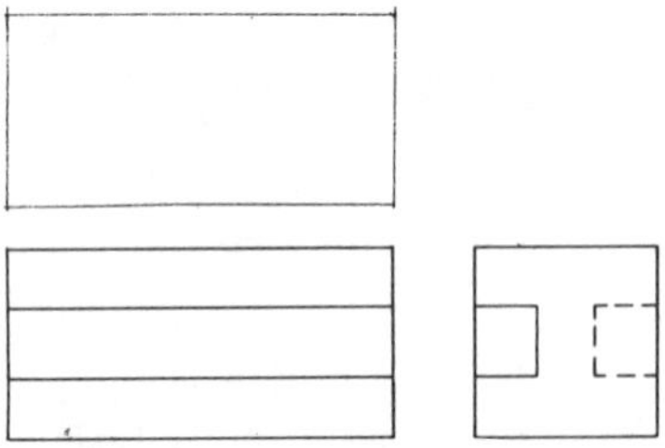

Prob. 87.

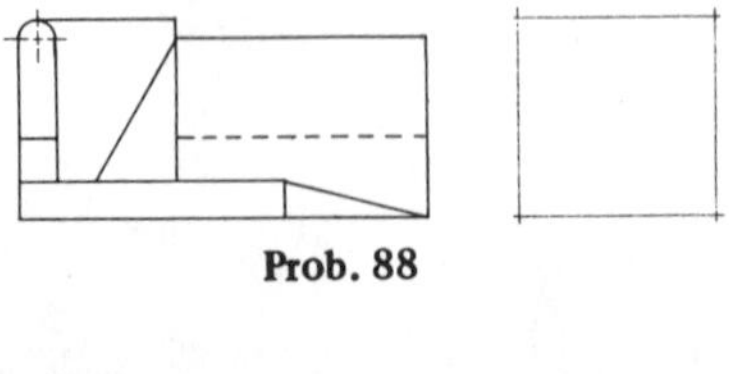

Prob. 88

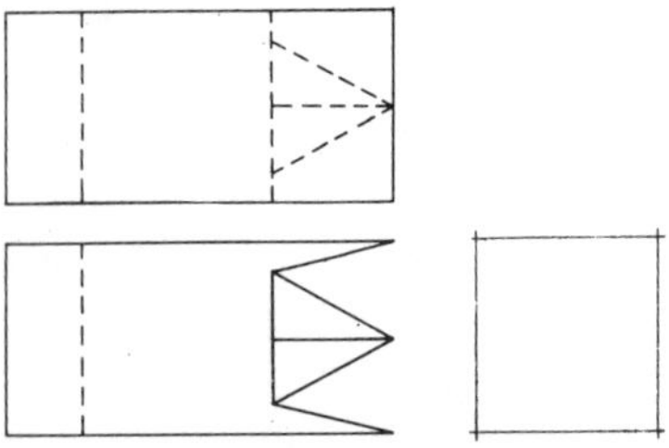

Prob. 89.

Grupo 5. Vistas que devem ser acrescentadas

90. Desenhar as vistas dadas, completando a vista superior de acordo com as informações dadas nas vistas de frente e lateral. Executar as vistas simultaneamente.

91. Dadas as vistas superior e de frente do bloco, acrescentar a vista lateral. Cuidar para que as linhas tracejadas comecem e acabem corretamente.

92. Dadas as vistas de frente e lateral direita, acrescentar a vista superior.

93. Dadas as vistas de frente e lateral direita, acrescentar a vista superior.

94. Dadas as vistas de frente e superior, acrescentar a vista lateral direita.

95. Dadas as vistas superior e de frente, acrescentar a vista lateral direita.

96. Completar as três vistas dadas.

97. Dadas as vistas de frente e lateral esquerda, acrescentar a vista superior.

98. Dadas as vistas de frente e lateral direita, acrescentar a vista superior.

99. Dadas as vistas de frente e superior, acrescentar a vista lateral direita.

100. Admitindo que a peça está localizada mostrando o lado direito, desenhar as três vistas da peça do lado esquerdo.

101. Dadas as vistas de frente e superior, acrescentar a vista lateral.

102. Dadas as vistas de frente e superior, acrescentar a vista lateral.

103. Dadas as vistas superior e de frente, acrescentar a vista lateral esquerda.

104. Dadas as vistas de frente e superior, acrescentar a vista lateral.

105. Dadas as vistas de frente e superior, acrescentar a vista lateral.

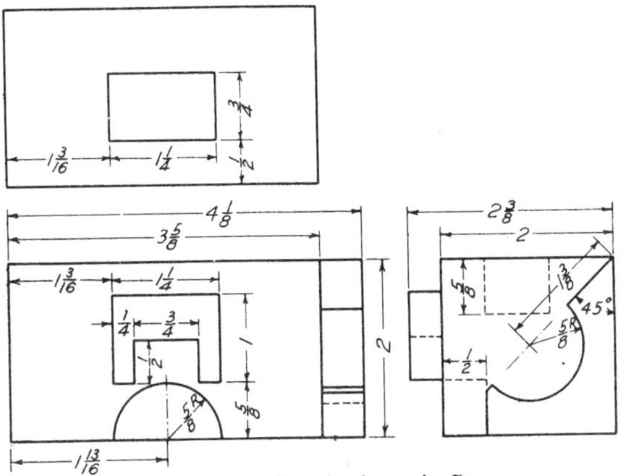

Prob. 90. Estudo de projeção.

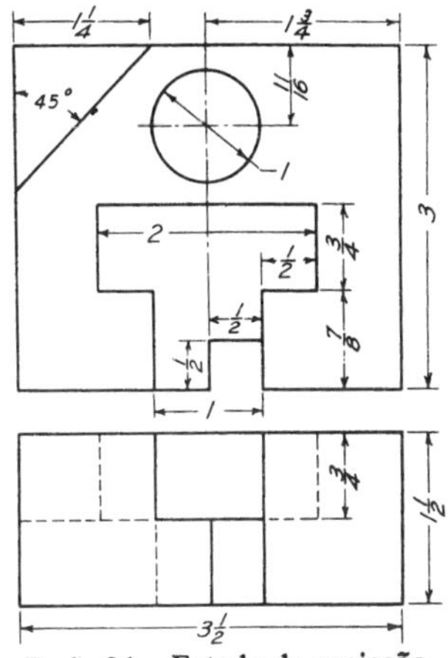

Prob. 91. Estudo de projeção.

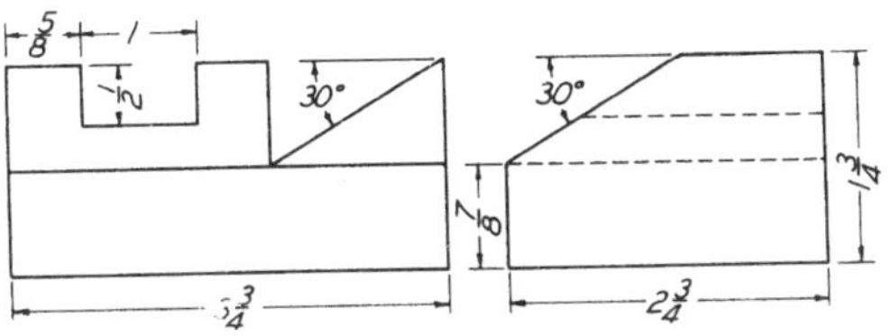

Prob. 92. Estudo de projeção.

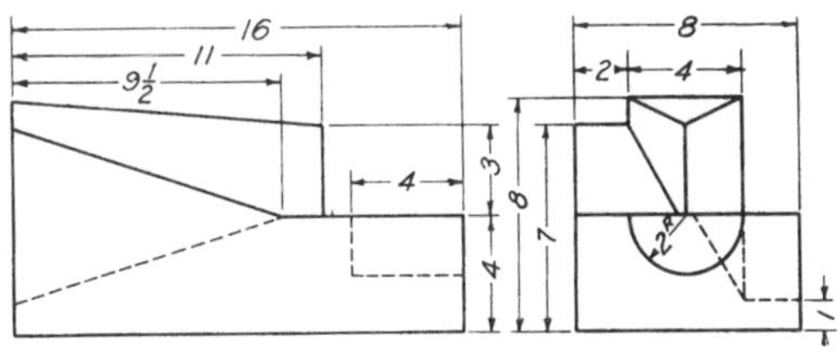

Prob. 93. Matriz de ferramenta de perfuração.

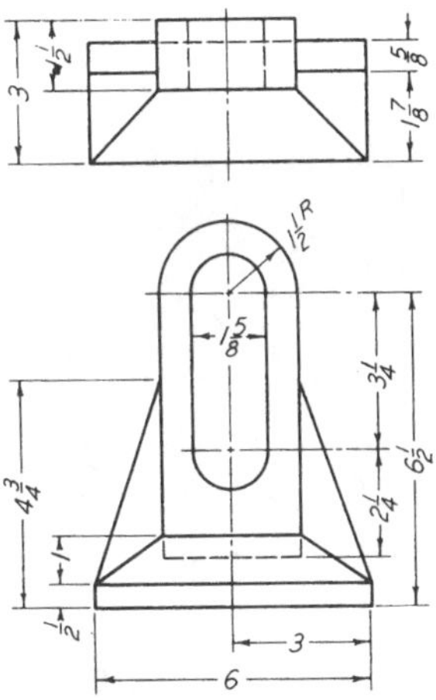

Prob. 94. Guia de junteira.

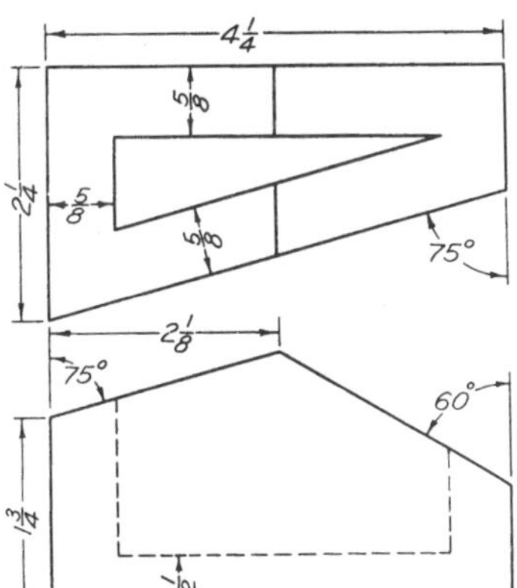

Prob. 95. Bloco em cunha.

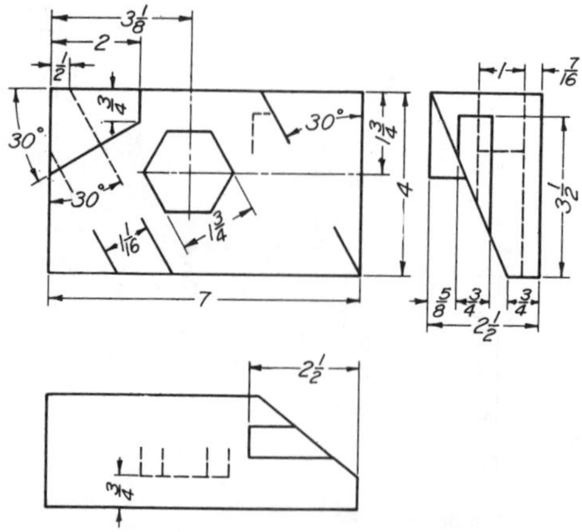

Prob. 96. Estudo de projeção.

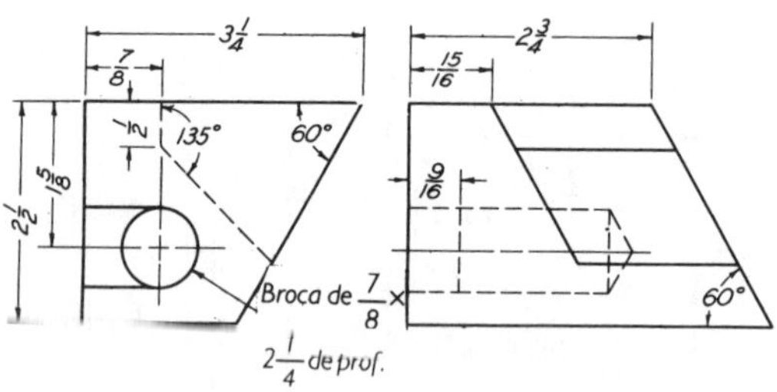

Prob. 97. Chave do suporte do queimador.

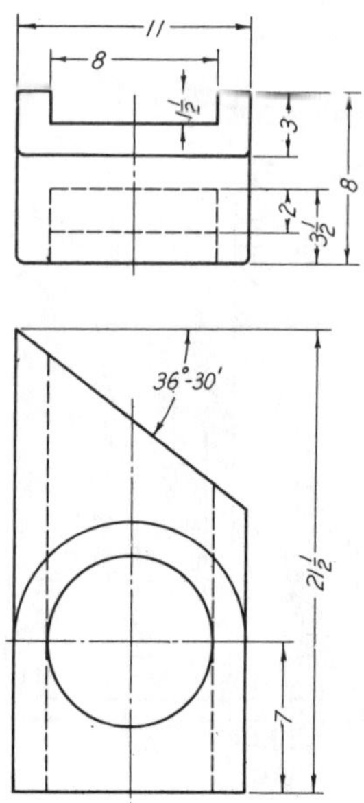

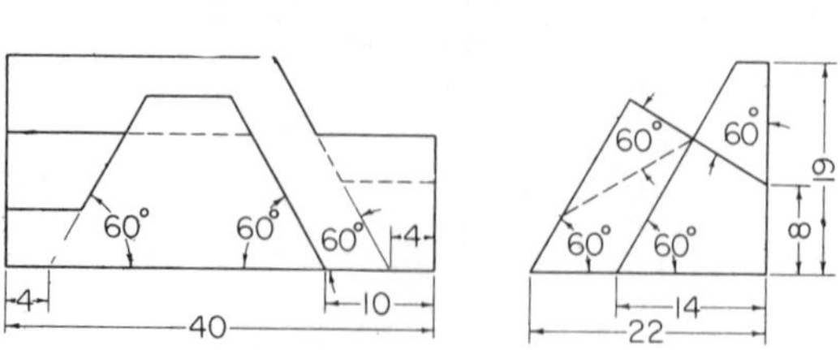

Prob. 98. Sapata de pilar.

Prob. 99. Entrada deslizante.

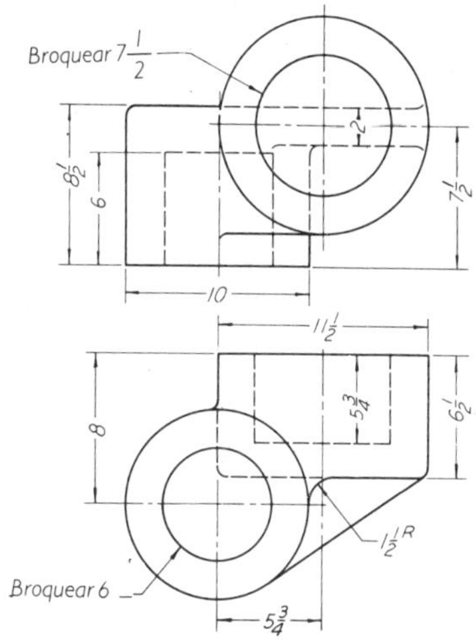

Prob. 100. Tampa e suporte de amortecedor.

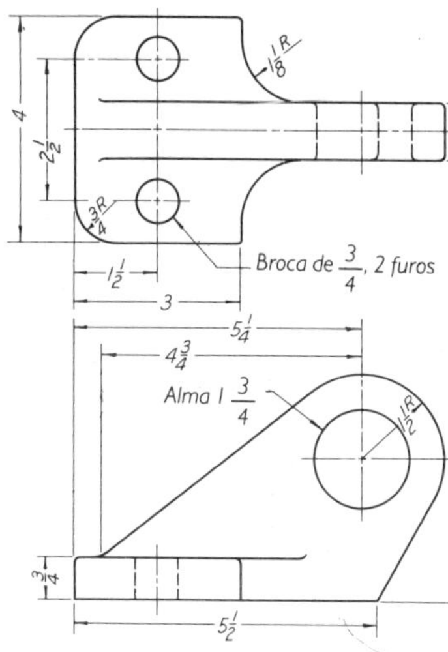

Prob. 101. Suporte de ancoragem.

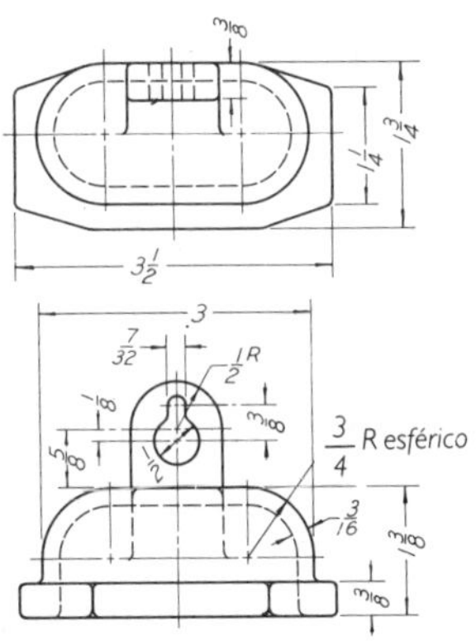

Prob. 102. Entrada da cabeça.

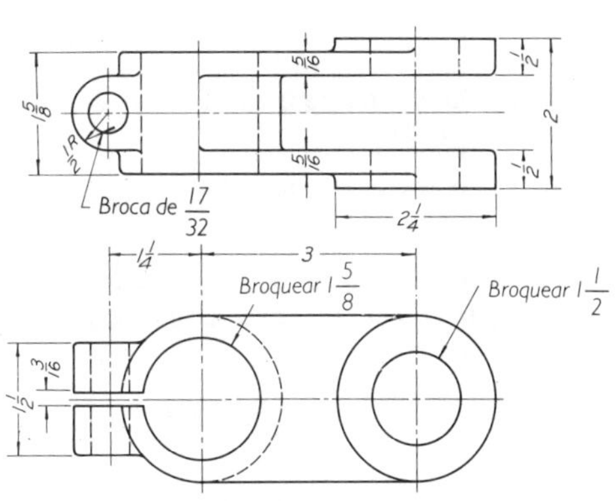

Prob. 103. Biela guia.

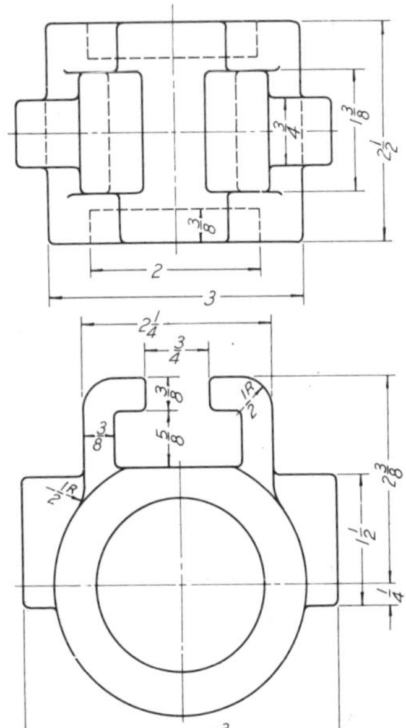

Prob. 104. Molde para fundição.

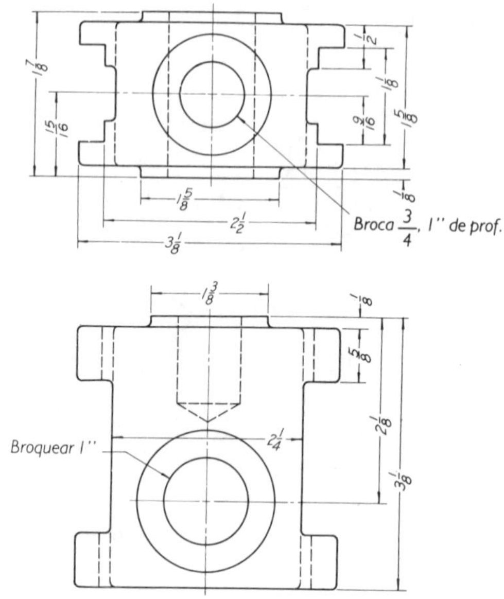

Prob. 105. Cruzeta.

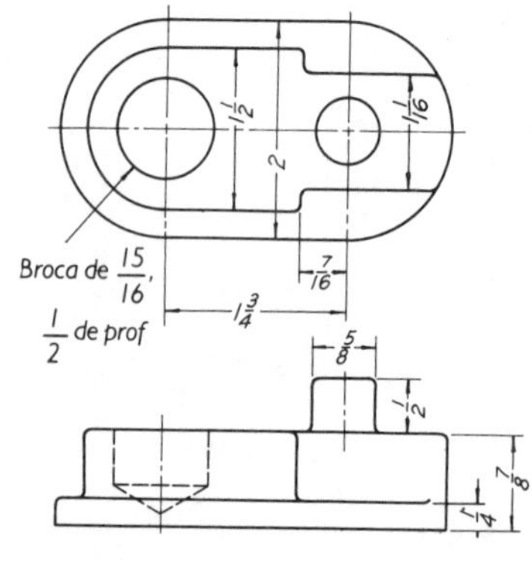

Prob. 107. Chapa de fixação.

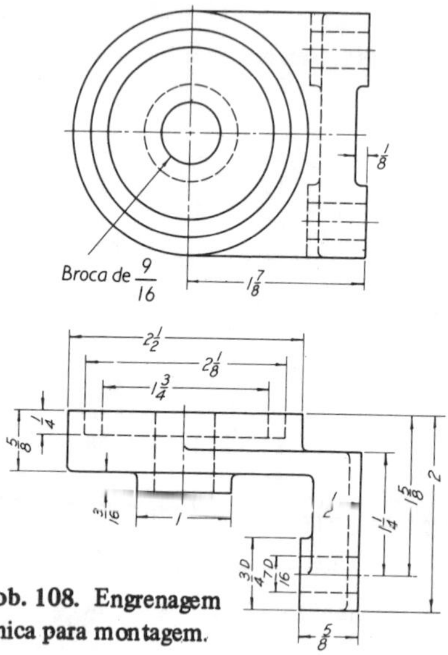

Prob. 108. Engrenagem cônica para montagem.

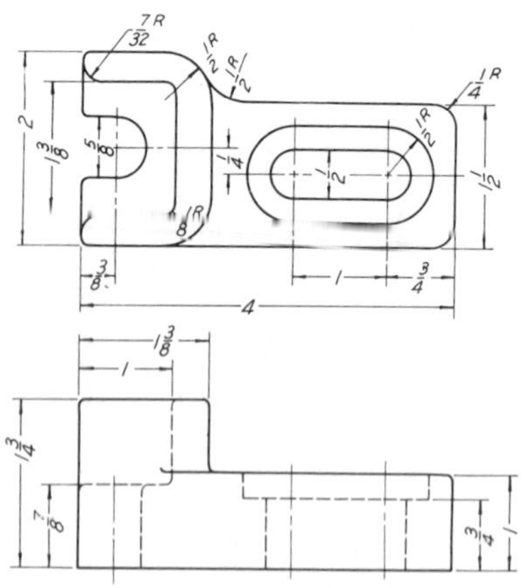

Prob. 106. Suporte de ferramenta.

106. Dadas as vistas superior e de frente, acrescentar a vista lateral.

107. Dadas as vistas superior e de frente, acrescentar a vista lateral.

108. Dadas as vistas superior e de frente, acrescentar a vista lateral esquerda.

109. Dadas as vistas de frente e superior, acrescentar a vista lateral.

110. Dadas as vistas de frente e superior, acrescentar a vista lateral.

111. Dadas as vistas de frente e lateral direita do suporte do motor elétrico, acrescentar a vista superior.

112. Dadas as vistas de frente e lateral esquerda do cilindro do freio, acrescentar a vista superior.

113. Dadas as vistas de frente e lateral direita do chassi do motor de arranque, acrescentar a vista superior.

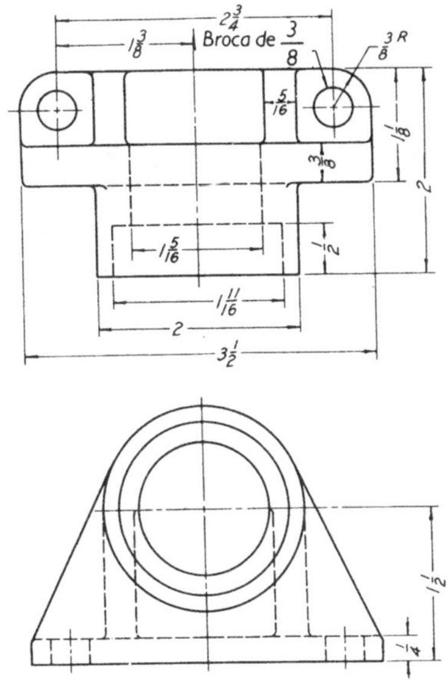

Prob. 109. Suporte de cilindro.

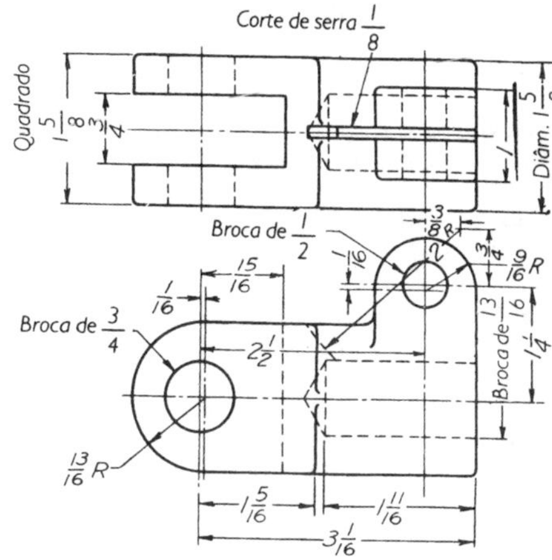

Prob. 110. Forquilha de haste.

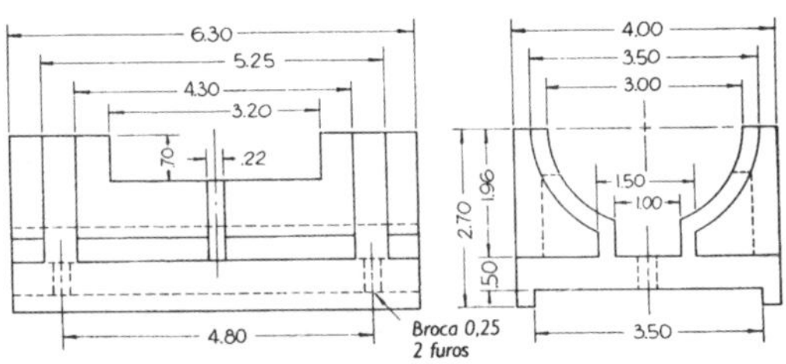

Prob. 111. Suporte de motor elétrico.

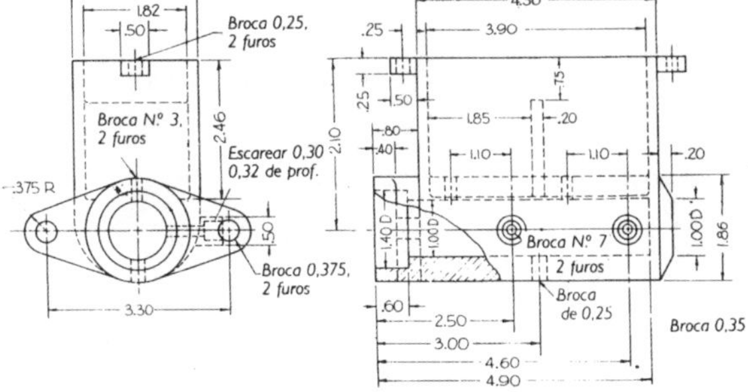

Prob. 112. Cilindro-mestre de freio.

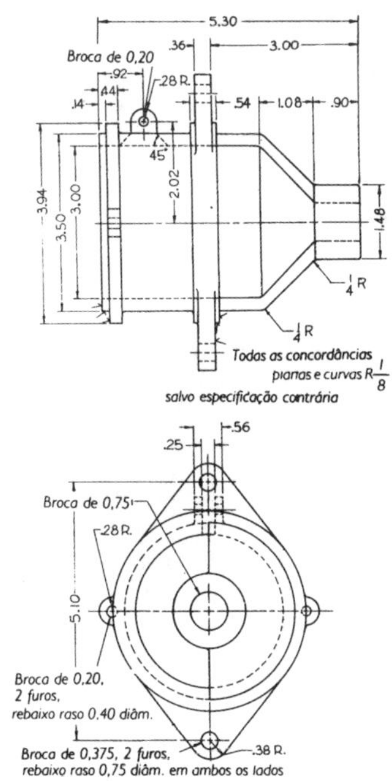

Prob. 113. Chassi do motor de arranque.

Grupo 6. Vistas que devem ser substituídas

Estes problemas (114 a 120) destinam-se a desenvolver a capacidade de visualizar a peça em questão, como se apresenta no espaço, e de, baseando-se nessa imagem mental, desenhar as vistas solicitadas na forma com que se apresentariam, se o objeto fosse visto a partir das direções especificadas.

Além de propiciarem o treinamento da leitura de vistas ortográficas e do método de projeção ortográfico, estes problemas são exercícios de grande valia para o desenvolvimento da técnica de expressão gráfica. Observe-se que todos os problemas dados têm por base peças de metal fundido, apresentando as características habitualmente encontradas em tais peças, como concordâncias internas, externas, terminais, etc., sobre superfícies não-acabadas. Repare-se também que os cantos vivos são formados pela interseção de uma superfície não-acabada com uma superfície acabada ou por duas superfícies acabadas. Após terminar um destes problemas, conferir o desenho com cuidado, para se certificar de ter representado corretamente todos os detalhes da construção.

114. Dadas as vistas de frente e superior, traçar novas vistas de frente, superior e lateral, girando o bloco de modo que o fundo passe a ser a frente e o topo passe a ser a base. O contorno da nervura é reto.

115. Dadas as vistas de frente, lateral esquerda e inferior, desenhar as vistas de frente superior e lateral direita.

116. Dadas as vistas de frente, lateral direita e inferior, desenhar as vistas de frente, superior e lateral esquerda.

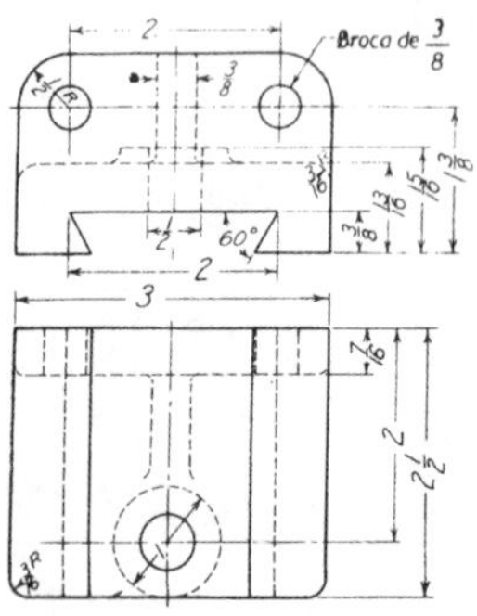

Prob. 114. Cursor.

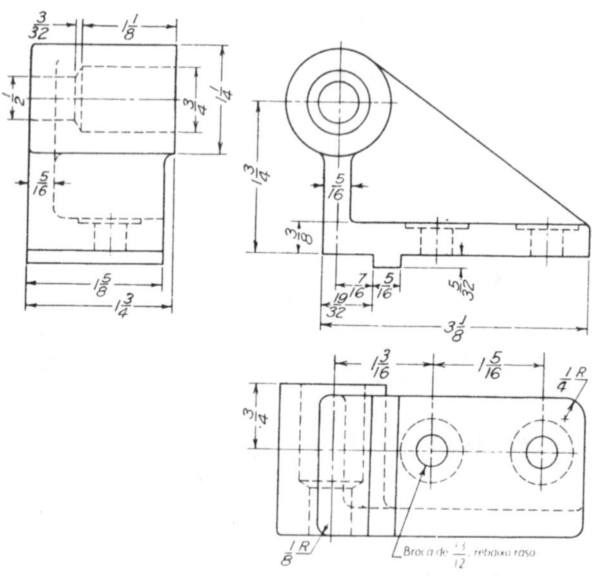

Prob. 115. Suporte.

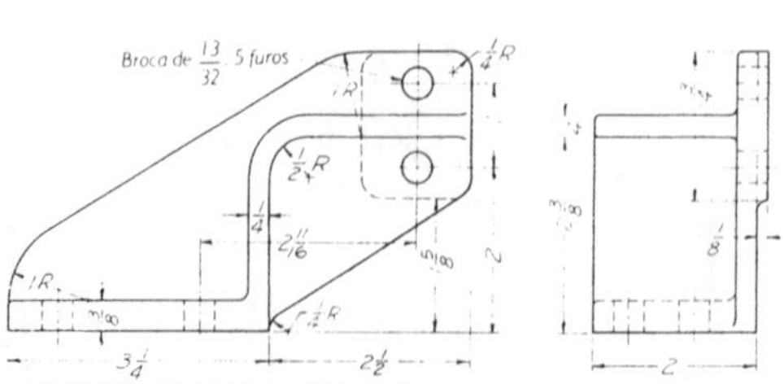
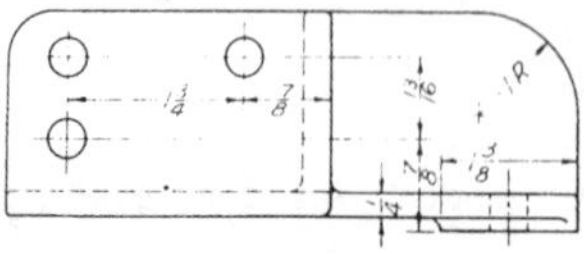

Prob. 116.
Suporte em ângulo.

117. Dadas as vistas de frente, lateral direita e inferior, desenhar novas vistas de frente, superior e lateral direita, girando o suporte de modo que a parte posterior passe a ser a anterior.

118. Dadas as vistas de frente e lateral esquerda da peça à esquerda, desenhar a vista lateral direita.

119. Dadas as vistas de frente e lateral esquerda e inferior da peça, desenhar as vistas de frente, superior e lateral direita.

120. Dadas as vistas superior e de frente da placa do motor a jato, desenhar as vistas laterais direita e esquerda.

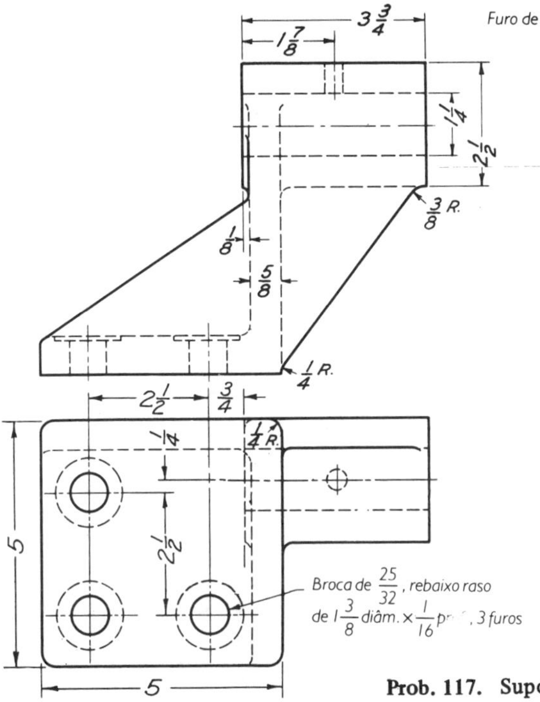

Prob. 117. Suporte de eixo de alavanca.

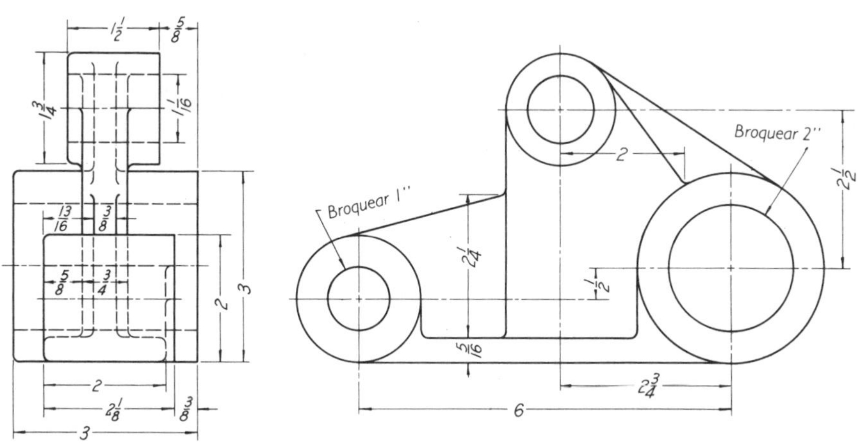

Prob. 118. Biela composta.

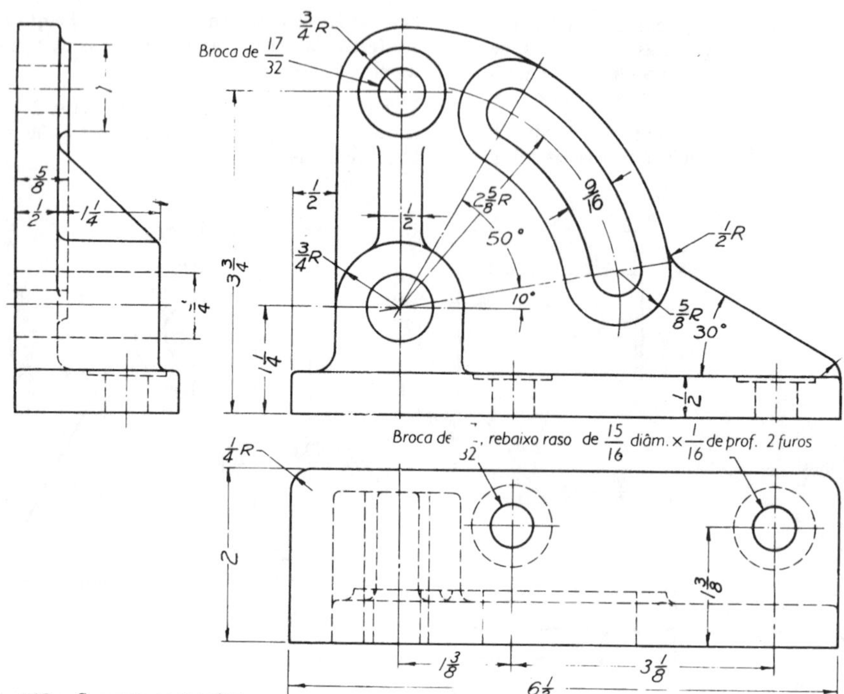

Prob. 119. Suporte com setor.

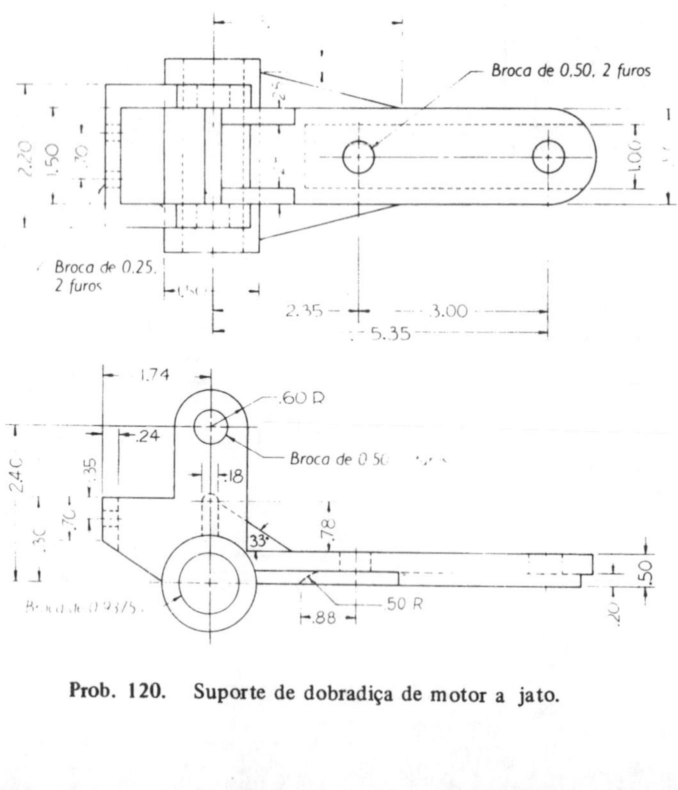

Prob. 120. Suporte de dobradiça de motor a jato.

Grupo 7. Desenho de memória

É de grande vantagem para o engenheiro exercitar a memória na fixação das formas e proporção dos objetos. Os exercícios sistemáticos de desenho de memória podem desenvolver uma memória gráfica de exatidão e vigor surpreendentes. Recomenda-se iniciar este treinamento tão logo se adquira algum conhecimento da projeção ortográfica.

Escolher um objeto que não tenha sido utilizado anteriormente; observá-lo com atenção durante um certo tempo (de 5 segundos a meio minuto ou mais), fechar o livro e fazer um esboço ortográfico acurado. Confrontar com o original e corrigir quaisquer erros ou omissões. Seguir o mesmo procedimento com várias figuras diferentes. No dia seguinte, observar um dos objetos por dois segundos e repetir as vistas ortográficas do dia anterior.

Grupo 8. Cálculo do volume e peso com calculadora manual

Quando o peso de uma peça é calculado a partir de um desenho, decompõe-se o objeto nos sólidos geométricos (prismas, cilindros, pirâmides ou cones) que o compõem. Para encontrar o volume total, calcula-se o volume de cada uma dessas formas e adicionam-se ou subtraem-se os volumes individuais. O volume total multiplicado pelo peso do material, por unidade de volume, indicará o peso do objeto.

O Apêndice contém uma tabela do peso dos materiais.

121. Determinar o peso do suporte de ancoragem de ferro fundido – problema 101.

122. Determinar o peso do suporte de ferro fundido – problema 104.

123. Determinar o peso do porta-ferramentas de ferro forjado – problema 106.

124. Determinar o peso do suporte de cilindro de aço fundido – problema 109.

125. Determinar o peso do bloco corrediço (galé) de ferro maleável – problema 114.

6 VISTAS AUXILIARES

As vistas auxiliares são projeções especiais utilizadas para elucidar e completar as descrições ortográficas da forma.

1. Vistas auxiliares: conceitos básicos.

Uma superfície plana somente se apresenta com sua forma real quando a direção de observação é perpendicular a ela; por exemplo, os objetos retangulares podem ser colocados com suas faces paralelas aos planos principais de projeção de modo a serem completamente descritos pelas vistas principais. Na Fig. 6.1, as vistas superior, de frente e lateral direita mostram a verdadeira grandeza, respectivamente, das faces superior, anterior e lateral direita do objeto. Observe-se, em especial, que os planos de projeção são *paralelos* às faces superior, anterior e lateral direita do objeto e que as direções de observação são *perpendiculares* às faces do objeto e aos planos de projeção. A Fig. 6.2 é uma representação em perspectiva da Fig. 6.1. mostrada aqui para que se possa visualizar mais facilmente a relação entre as faces do objeto, os planos de projeção e as direções das vistas.

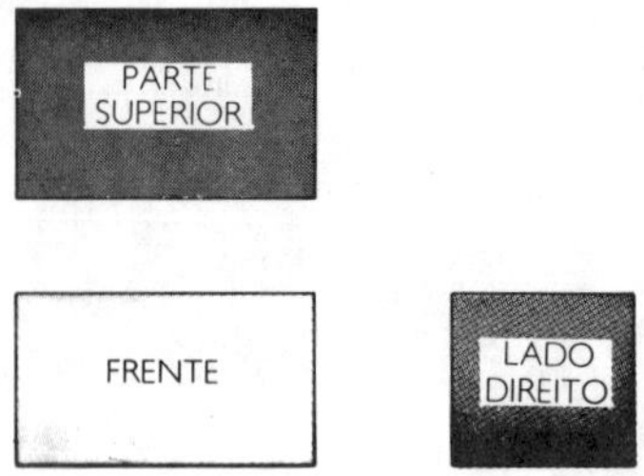

Fig. 6.1. As faces do objeto apresentam-se paralelas aos planos de projeção principais. As vistas superior, de frente e lateral são as vistas normais, respectivamente, das faces superior, frontal e lateral do objeto.

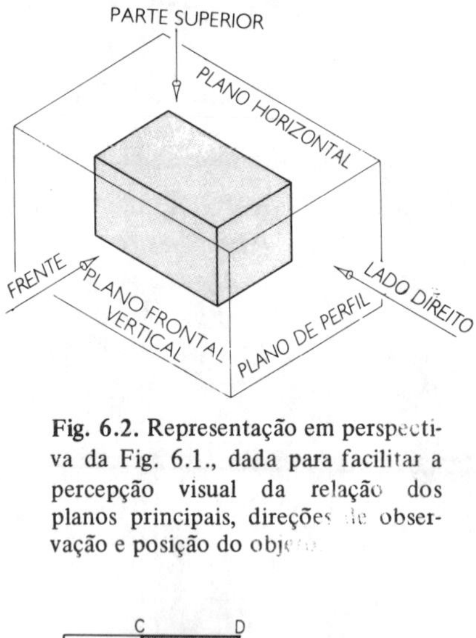

Fig. 6.2. Representação em perspectiva da Fig. 6.1., dada para facilitar a percepção visual da relação dos planos principais, direções de observação e posição do objeto.

Observe-se que nas Figs. 6.1 e 6.2, em cada vista também superfícies do objeto são representadas através de uma *aresta*. Assim, a vista de frente mostra a aresta que representa suas faces superior, inferior e lateral. Para que uma superfície apareça segundo uma aresta, ela deve ser perpendicular a um plano de projeção.

Em alguns casos, o objeto terá uma ou mais superfícies *inclinadas*, cuja forma verdadeira é necessário mostrar, principalmente se esta tiver um contorno irregular. A Fig. 6.3 apresenta um objeto com uma face inclinada, *ABDC*. Essa face é inclinada em relação aos planos horizontal e de perfil e perpendicular ao plano vertical de projeção da vista. Portanto, a face *ABDC* projeta-se como uma aresta na vista de frente, mas nenhuma das vistas principais mostra o tamanho e a verdadeira grandeza da superfície. Para tanto, é necessária uma vista cuja direção de observação seja perpendicular à superfície *ABDC* e que seja projetada sobre

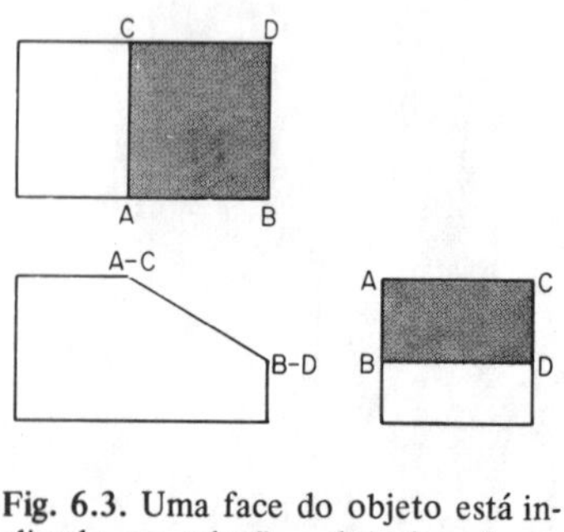

Fig. 6.3. Uma face do objeto está inclinada em relação a dois dos planos principais. A face inclinada não aparece em sua verdadeira grandeza, em nenhuma das vistas.

um plano paralelo a *ABDC*, como se vê na Fig. 6.4. Tal vista é conhecida por vista *normal*. As vistas superior, de frente e lateral da Fig. 6.1 são vistas normais das faces superior, anterior e lateral do objeto, porquanto *todas* elas mostram a verdadeira grandeza e forma de uma superfície, visto sua direção de observação estar em ângulo reto com a superfície. O dicionário define *normal*, em linguagem geométrica, como "qualquer perpendicular". No campo da expressão gráfica, tal definição, além de uma direção de observação, envolve também um plano de projeção. Por conseguinte: a *vista normal é aquela cuja direção de observação é perpendicular à face do objeto e é construída sobre um plano paralelo à face do objeto*.

A Fig. 6.5 mostra a representação ortográfica da Fig. 6.4. Para se obter a vista normal da superfície *ABDC*, faz-se uma projeção perpendicular a *ABDC*. Essa projeção é construída *a partir da* vista em que a superfície se apresenta como uma aresta; neste caso, a vista de frente, e assim a natureza perpendicular da superfície é vista em sua relação real. As vistas complementares, como a vista normal da Fig. 6.5, são designadas por *vistas auxiliares*, para distingui-las das vistas principais (superior, de frente, lateral, etc.). Contudo, uma vez que se projeta uma vista auxiliar com a finalidade de revelar a verdadeira configuração de uma superfície, as expressões *vista normal* ou *vista de aresta* enunciam, positivamente, aquilo que a vista é e o que mostra.

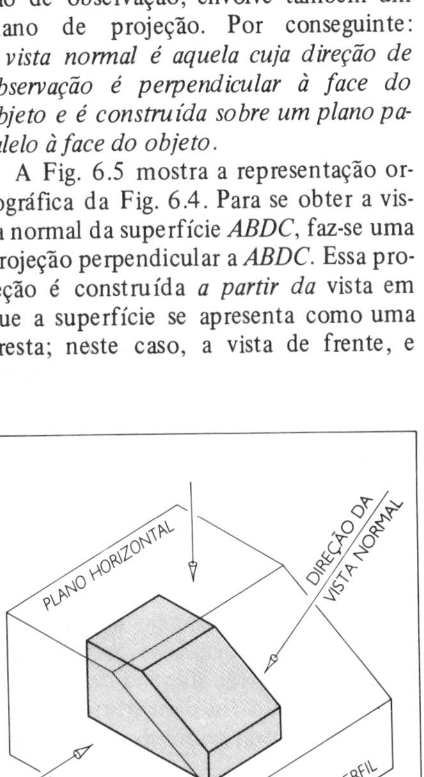

Fig. 6.4. Perspectiva da Fig. 6.3. Uma vista projetada perpendicularmente à face inclinada revelará a dimensão e as proporções reais da face inclinada.

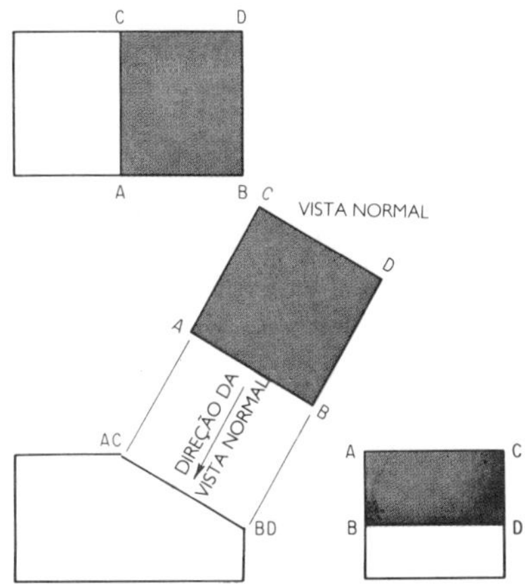

Fig. 6.5. Projeção ortográfica do objeto das Figs. 6.3 e 6.4. A vista normal revela a verdadeira grandeza e proporções da face inclinada.

As seções seguintes contêm instruções detalhadas sobre a construção de uma vista auxiliar normal *em qualquer posição possível*. As vistas de arestas são discutidas na Seç. 9.

2. Classificação das superfícies

As superfícies podem assumir qualquer uma das posições apresentadas na Fig. 6.6. Em (*a*), todas as superfícies são paralelas aos planos principais de projeção, e por isso cada uma das vistas principais é uma vista normal. Em (*b*), a super-

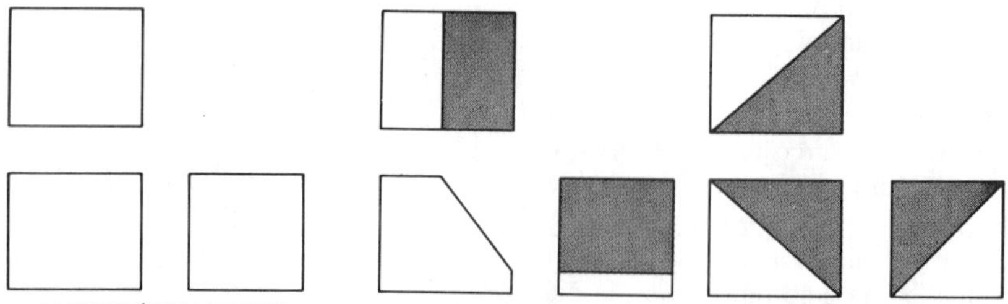

(*a*) SUPERFÍCIES NORMAIS (*b*) SUPERFÍCIE INCLINADA (*c*) SUPERFÍCIE OBLÍQUA

Fig. 6.6. Classificação das superfícies.

fície sombreada está inclinada em relação a *dois* dos planos principais mas é perpendicular a um plano e é chamada superfície *inclinada*. Em (*c*), a superfície sombreada forma ângulo com *os três* planos principais de projeção, sendo conhecida por superfície *oblíqua* (ou seja, uma superfície de direção oblíqua).

3. Direções das superfícies inclinadas

Podem ocorrer superfícies inclinadas em qualquer parte de um objeto; como outros aspectos característicos do objeto também devem ser representados, a superfície inclinada pode encontrar-se em qualquer uma das doze posições ilustradas na Fig. 6.7. A primeira coluna, (*b*) a (*e*), mostra superfícies inclinadas em direção às faces frontal e lateral, de modo que a superfície pode apresentar-se nas posições (*b*) anterior direita, (*c*) anterior esquerda, (*d*) posterior esquerda ou (*e*) posterior direita. A segunda coluna, (*f*) a (*i*), mostra superfícies inclinadas em relação às faces superior e lateral, de modo que a superfície pode assumir as posições (*f*) superior direita, (*g*) inferior direita, (*h*) inferior esquerda ou (*i*) superior esquerda. A terceira coluna, (*j*) a (*m*), mostra superfícies inclinadas em direção às faces superior e frontal, podendo a superfície apresentar-se nas posições (*j*) frontal superior, (*k*) posterior superior, (*l*) posterior inferior ou (*l*) frontal inferior.

As superfícies inclinadas podem aparecer com *ângulos* de inclinação diferentes daqueles ilustrados na Fig. 6.7. Todavia, no que se refere à posição geral, não são possíveis outras posições além das mencionadas.

4. Vista auxiliar normal de uma superfície inclinada

Não importa qual seja a posição de uma superfície inclinada; os princípios básicos da projeção da vista auxiliar normal de uma superfície mantêm-se os mesmos, como será demonstrado nas Figs. 6.8 a 6.21.

A Fig. 6.8 mostra o desenho ortográfico do objeto na posição (*b*) da Fig. 6.7. A superfície inclinada, identificada pela letra *A*, está na face anterior direita do objeto e se projeta, na Fig. 6.8, segundo uma *aresta* na vista superior. Em virtude de a superfície *A* aparecer como uma aresta na vista superior, a direção de observação da vista normal é estabelecida

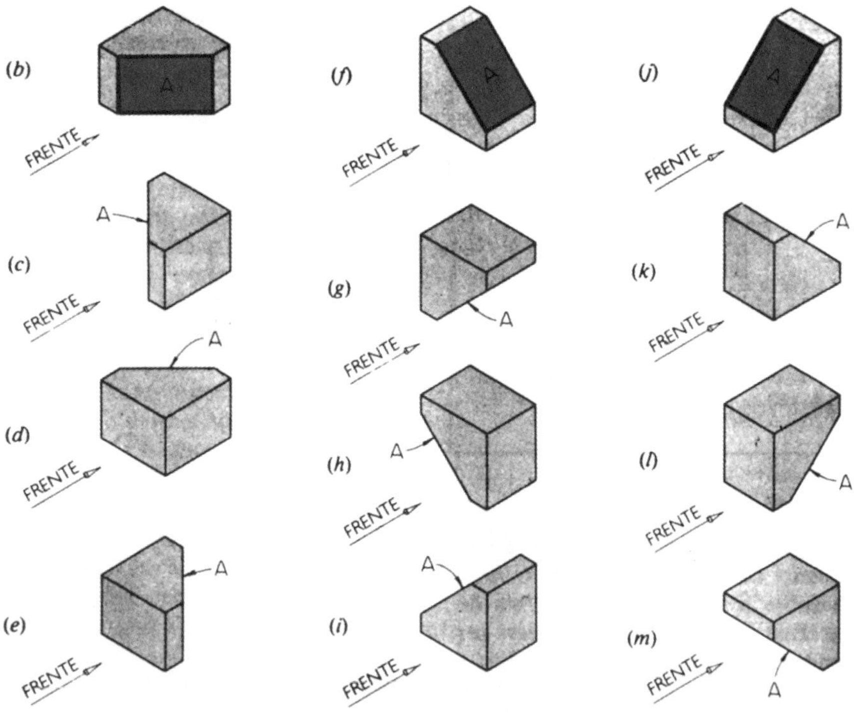

Fig. 6.7. Posições das superfícies inclinadas. As superfícies de (*b*) a (*e*) inclinam-se para a frente e para o lado; as de (*f*) a (*i*) inclinam-se para cima e para o lado; as de (*j*) a (*m*), para a frente e para cima.

perpendicularmente à vista de aresta, conforme a ilustração. O observador está olhando, neste caso, segundo uma direção horizontal, *diretamente para* a superfície *A*. As linhas de chamada que são paralelas à direção de vista (também perpendiculares à superfície *A*) estabelecem uma dimensão da superfície necessária para a determinação da vista normal. Essa dimensão é a distância *horizontal* compreendida entre a aresta vertical anterior esquerda e a aresta vertical posterior direita da superfície *A*. A Fig. 6.9*a* mostra que a distância *entre* as linhas de chamada (dimensão *P*) é igual à dimensão *P* sobre o objeto.

Todas as vistas ortográficas possuem duas dimensões e, para completar a vista auxiliar normal da superfície *A*, necessitamos agora encontrar sua segunda dimensão. No caso presente, essa dimensão é igual à distância vertical *Q*, ilustrada em (*b*), a qual corresponde à altura, no sentido vertical, da superfície *A* e que aparece em sua verdadeira grandeza *na vista de frente* (Fig. 6.8). Essa distância não pode ser projetada mas deve ser transportada da vista de frente para a vista normal, de acordo com a Fig. 6.8. A fim de facilitar o transporte da distância (isso aplicar-se-á, particularmente, a problemas posteriores onde a superfície

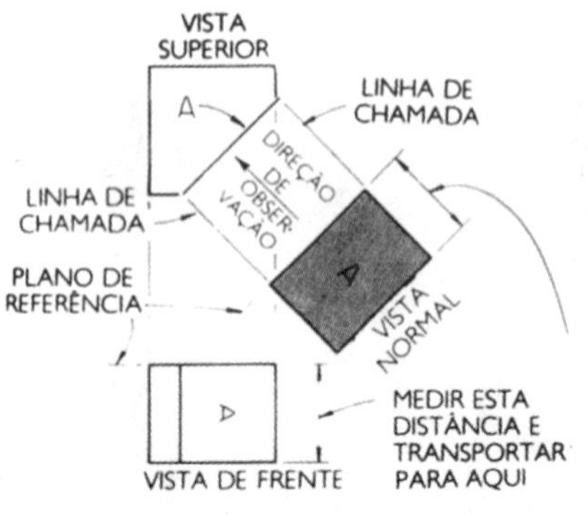

Fig. 6.8. Vista normal de uma superfície inclinada. O objeto está na posição (*b*) da Fig. 6.7.

pode não ser retangular), estabelece-se um *plano de referência* (Figs. 6.9*b* e 6.10) sobre a vista normal e a vista de frente. Esse plano de referência *deve* ser perpendicular à distância a ser medida e transportada; portanto, é perpendicular às linhas de chamada, traçadas entre as vistas superior e de frente *e na vista de frente*; é também perpendicular às linhas de chamada, traçadas da vista superior à vista normal, *e na* vista normal, como mostra a Fig. 6.8. O plano de referência, aqui, encontra-se na *aresta superior* da superfície *A*, em ambas as vistas. Isto pode ser visualizado na vista normal, se imaginarmos o plano de referência como uma dobradiça capaz de fazer a vista girar 90° para baixo até sua posição original ficar coincidente com a vista superior. Para melhor visualizar esta relação, a Fig. 6.10 ilustra essa operação em perspectiva. Deve-se ter presente que a vista normal, projetada diretamente a partir de sua coincidência inicial com o objeto, aparece na primeira posição apresentada na Fig. 6.8. Para levá-la a coincidir com o plano do papel, gira-se a vista até a posição mostrada na Fig. 6.10. Estude-se cuidadosa- ... as Figs. 6.8 e 6.10 e releia-se o texto para fixar com clareza todas as relações.

O que foi dito até agora constitui todo o conhecimento de geometria e projeção necessário para traçar *qualquer* vista auxi-

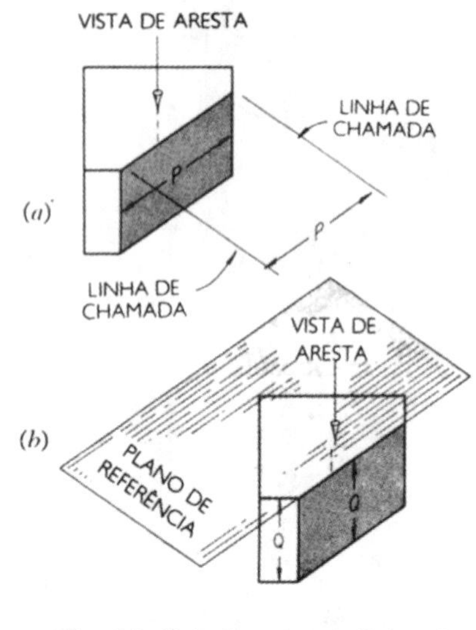

Fig. 6.9. Relação entre as linhas de chamada, plano de referência e dimensões das superfícies.

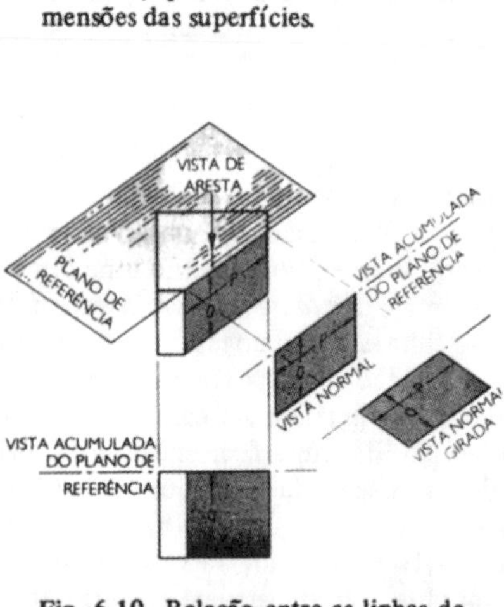

Fig. 6.10. Relação entre as linhas de chamada, plano de referência, dimensões das superfícies, vista normal e rotação da vista normal.

liar normal de uma superfície inclinada. Em certos casos, a projeção será feita a partir de uma vista diferente e as dimensões a transportar serão a largura ou a profundidade, ao invés da altura, mas as relações fundamentais das vistas *serão as mesmas em todos os casos.*

Consideremos as outras posições do objeto, de (*c*) a (*e*), Fig. 6.7. Em todos os casos, a superfície inclinada está orientada no espaço de modo semelhante ao da Fig. 6.8, voltada, porém, para uma posição diferente. A Fig. 6.11 – posição (*c*) da Fig. 6.7 – mostra a superfície inclinada em direção à face frontal esquerda do objeto. Como no primeiro caso, a direção de obervação deve ser perpendicular à face inclinada, e se apresenta em sua verdadeira grandeza na vista superior, onde a superfície *A* se projeta como uma aresta. As linhas de chamada para a vista normal são paralelas à direção de observação e, é claro, perpendiculares à superfície *A*. Na vista normal o plano de referência é perpendicular às linhas de chamada da vista normal e, na vista de frente, é perpendicular às linhas de chamada traçadas entre as vistas superior e de frente. A medida da altura, transportada da vista de frente para a vista normal, completa esta vista.

Deve-se notar que o plano de referência *sempre* aparecerá nas duas vistas que estão em projeção *com* aquela vista em que a superfície inclinada se projeta segundo uma aresta e, também, que o plano de referência é sempre perpendicular às linhas de chamada traçadas entre aqueles pares de vistas.

A' Fig. 6.12 mostra a posição (*d*) da Fig. 6.7. Desta vez, a superfície inclinada está na face posterior esquerda do objeto. A Fig. 6.13 ilustra a posição (*e*) da Fig. 6.7. Ao estudar essas duas figuras (6.12 e 6.13), leia-se as explicações relativas às Figs. 6.8, 6.9 e 6.10 e observe-se que as instruções dadas para as Figs. 6.8 e 6.10 aplicam-se, igualmente bem às Figs. 6.12 e 6.13. Tal fato de-

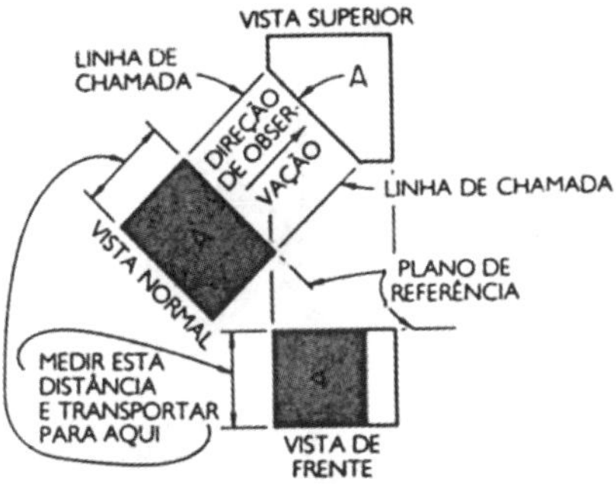

Fig. 6.11. Vista normal de uma superfície inclinada. O objeto está na posição (*c*) da Fig. 6.7.

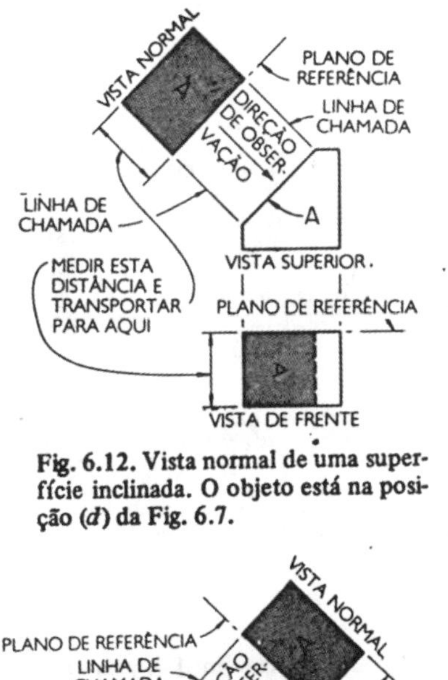

Fig. 6.12. Vista normal de uma superfície inclinada. O objeto está na posição (*d*) da Fig. 6.7.

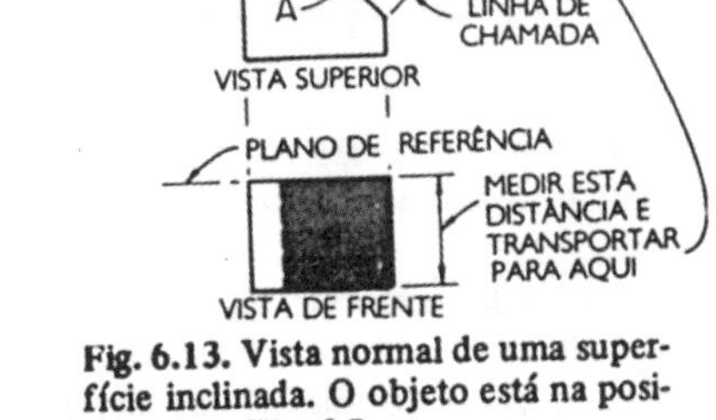

Fig. 6.13. Vista normal de uma superfície inclinada. O objeto está na posição (*e*) da Fig. 6.7.

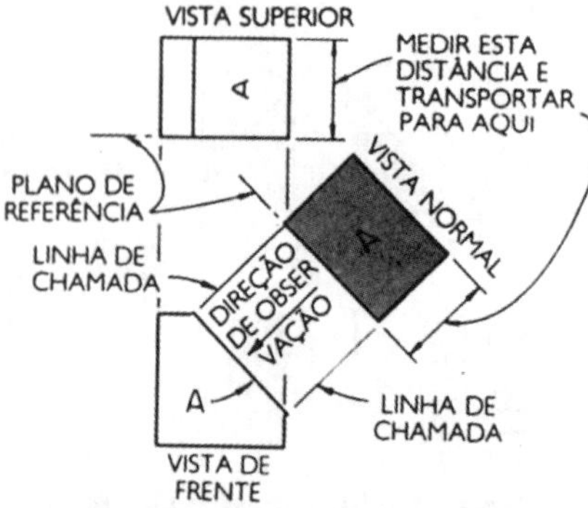

Fig. 6.14. Vista normal de uma superfície inclinada. O objeto está na posição (*f*) da Fig. 6.7.

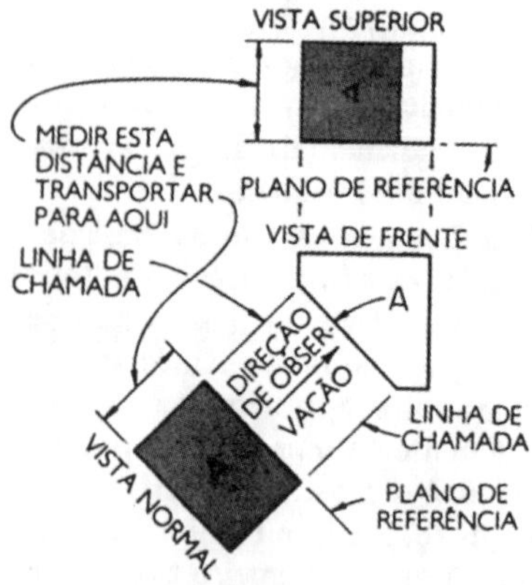

Fig. 6.16. Vista normal de uma superfície inclinada. O objeto está na posição (*h*) da Fig. 6.7.

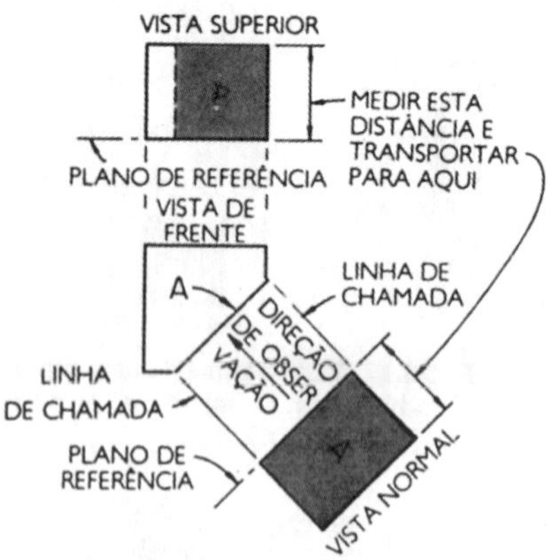

Fig. 6.15. Vista normal de uma superfície inclinada. O objeto está na posição (*g*) da Fig. 6.7.

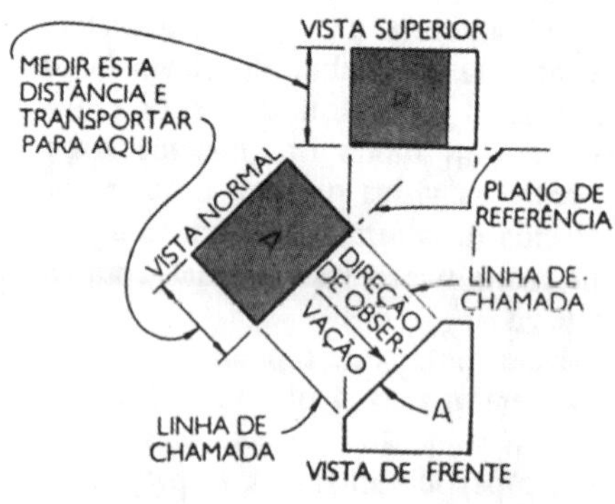

Fig. 6.17. Vista normal de uma superfície inclinada. O objeto está na posição (*i*) da Fig. 6.7.

monstra que a posição, ora assumida pela superfície inclinada é simplesmente uma variação.

Retomando agora à segunda coluna de posições (*f*) a (*i*) da Fig. 6.7, repare-se mais uma vez, que todas elas mostram a superfície inclinada fazendo ângulo com a face superior e com a face lateral. A seguir, olhando para as Figs. 6.14 a 6.17 inclusive (estas são todas semelhantes porque, em todos os casos, a superfície inclinada se projeta na vista de frente segundo uma aresta), observe-se que a Fig. 6.14 corresponde à posição (*f*), a Fig. 6.15 à posição (*g*), a Fig. 6.16 à posição (*h*) e a Fig. 6.17 à posição (*i*).

Nas Figs. 6.14 a 6.17, a projeção da vista normal não revela alteração geométrica nem projetiva, quando comparada à das Figs. 6.8 a 6.13. A *única* diferença é que, desta vez, as linhas de chamada para a vista normal partem da vista de frente, onde a superfície inclinada aparece como uma aresta. Ao se estudar as Figs. 6.14 a 6.17, considere-se novamente, os princípios de projeção implicados e os procedimentos seguidos: (1) A direção de observação da vista auxiliar normal é perpendicular à superfície inclinada e, sobre o desenho, é perpendicular à projeção da vista de aresta da superfície. (2) As linhas de chamada para o traçado da vista normal são paralelas à direção de vista, perpendiculares à superfície inclinada e, sobre o desenho, perpendiculares à vista de aresta da superfície. (3) As linhas de chamada (ou o espaço entre elas) determinam a dimensão da vista normal. (4) Agora é preciso encontrar a segunda dimensão da vista normal. (5) O plano de referência para tomar a medida necessária irá aparecer perpendicularmente às linhas de chamada entre a vista de aresta e a vista auxiliar, e na vista principal (em projeção com a vista de aresta) será perpendicular às linhas de chamada entre a vista de aresta e a vista principal. (6) A medida perpendicular ao plano de referência na vista principal é então transportada para a vista normal, perpendicular ao plano de referência, completando-se assim o traçado da vista auxiliar normal.

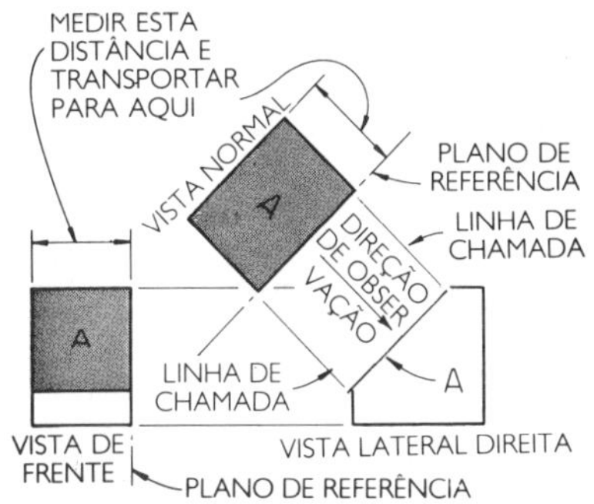

Fig. 6.18. Vista normal de uma superfície inclinada. O objeto está na posição (*j*) da Fig. 6.7.

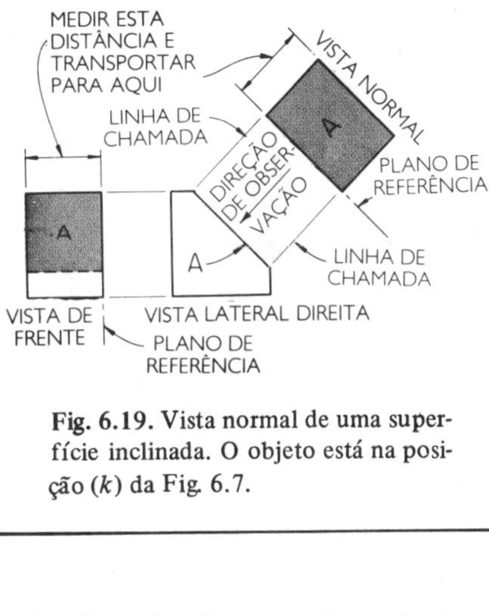

Fig. 6.19. Vista normal de uma superfície inclinada. O objeto está na posição (*k*) da Fig. 6.7.

As Figs. 6.18 a 6.21 mostram as posições das superfícies inclinadas da terceira coluna da Fig. 6.7 (*j*) a (*m*), na mesma ordem. Observe-se que o sistema projetivo é o mesmo de antes. A única diferença, agora, é que a vista de aresta da superfície inclinada aparece na vista *lateral* e, pelo fato de se *poder* construir *qualquer uma* das vistas laterais, as linhas de chamada entre a vista normal e a vista de aresta terão de ser traçadas a partir da vista lateral, direita ou esquerda, que for empregada. Visando ilustrar esta variação, as Figs. 6.18 e 6.19 foram traçadas com a vista lateral direita e as Figs. 6.20 e 6.21 com a vista lateral esquerda. Vale observar que, em casos como estes, o plano de referência, acompanhado das medidas tomadas a partir dele, estará na vista normal e na vista de frente, uma vez que esta é a vista em projeção *direta* com a vista de aresta da superfície inclinada.

Examine-se atentamente as Figs. 6.7 a 6.21, observando a recorrência de certos princípios de projeção e estudando as

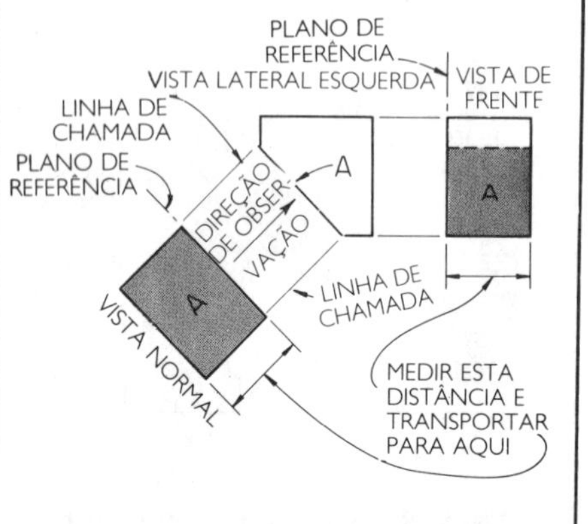

Fig. 6.20. Vista normal de uma superfície inclinada. O objeto está na posição (*l*) da Fig. 6.7.

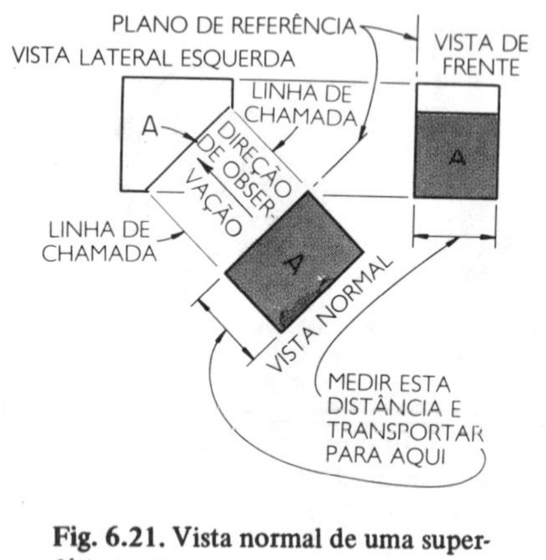

Fig. 6.21. Vista normal de uma superfície inclinada. O objeto está na posição (*m*) da Fig. 6.7.

relações entre as vistas, linhas de chamada, direções e medidas.

5. Vistas normais de superfícies inclinadas em objetos

Até agora foram apresentados somente os princípios de projeção e as etapas pertinentes ao traçado de uma vista normal, usando-se como ilustração um objeto retangular. Naturalmente, os objetos são constituídos de formas retangulares, cônicas, cilíndricas e outras, o que, por vezes, os principiantes consideram um fator de complicação. Todavia, este não é o caso; muitas vezes é mais fácil desenhar uma peça de máquina do que uma forma puramente geométrica, pois aquela é visualizada com maior rapidez.

A Fig. 6.22 mostra uma peça com uma superfície inclinada em relação às faces anterior e lateral, em uma posição aproximada à da superfície inclinada da Fig. 6.8. Em (*a*) vê-se o objeto em perspectiva, cercado pelos planos de projeção, e em (*b*) os planos de projeção estão rebatidos sobre o plano do papel. Observe-se que, neste caso, o plano de referência passa pela *base* do objeto, pois esta é uma superfície natural de referência. Assim, em (*c*) o plano de referência foi traçado na base das vistas de frente e normal, e as medidas (dimensões *H* e *H'*) são tomadas *no sentido vertical*. Deve-se notar que a vista superior é a vista normal do plano de referência, que se projeta segundo uma aresta nas vistas de frente e normal.

A Fig. 6.23 ilustra as etapas para o traçado da vista normal de uma superfície inclinada, numa peça de máquina. São estas as etapas:

1. Traçar as vistas parciais superior e de frente, como em (*b*), e determinar a direção de observação, traçando linhas de chamada perpendiculares à vista de aresta da superfície inclinada, conforme a ilustração.
2. Estabelecer o plano de referência (*PR*) na vista de frente. O plano de referência pode ser traçado acima, abaixo ou pela vista, segundo o que for mais conveniente para a tomada de medidas. Aqui, foi traçado pela linha de centro natural da vista de frente. Na vista normal, o plano de referência será perpendicular as linhas de chamada já traçadas e colocado a uma distância conveniente da vista superior, como se observa em (*c*).

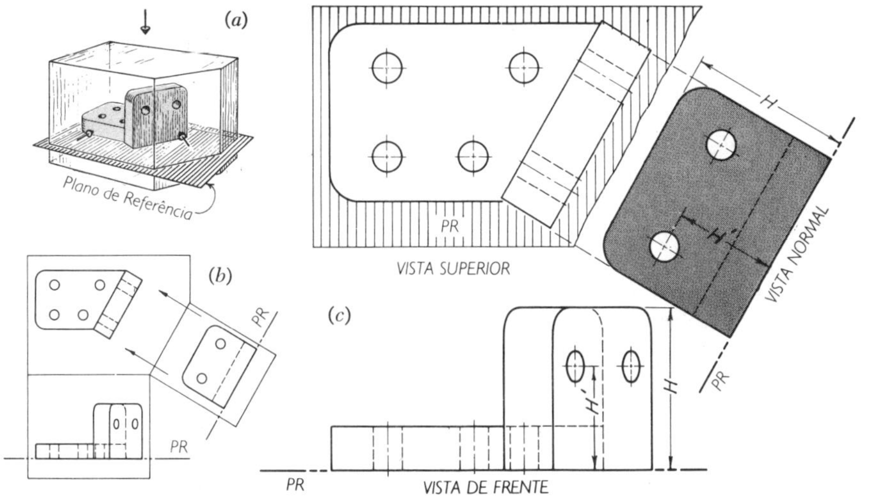

Fig. 6.22. Peça de máquina com superfície inclinada em relação às faces frontal e lateral. (*a*) planos de projeção; (*b*) planos rebatidos; (*c*) vistas de frente, superior e normal da superfície inclinada.

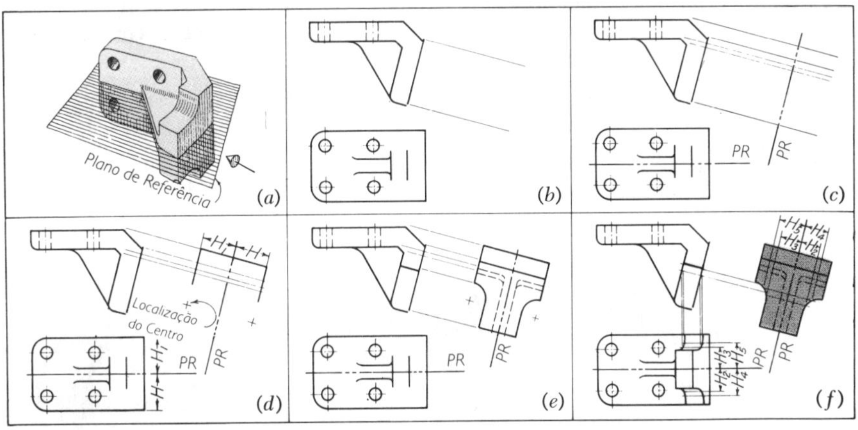

Fig. 6.23. Etapas do desenho de uma peça de máquina com uma superfície inclinada em relação às faces frontal e lateral.

3. De acordo com a ilustração em (*d*), medir as distâncias (alturas), a partir do plano de referência, até os pontos desejados, como H e H_1, por exemplo. Com o compasso de pontas secas ou a régua, transportar estas medidas para a vista normal, tomando-as em relação ao plano de referência da vista normal.

4. Completar a vista obedecendo às especificações relativas às concordâncias externas, etc., como se vê em (*e*). Observar que qualquer medida da vista de frente, tomada na *direção* da vista superior, é transportada para a *vista normal, no sentido daquela direção*. Observar também que a vista de frente não pôde ser completada sem usar a vista normal.

5. Para se obter na vista de frente as partes arredondadas, cuja forma real se apresenta como arcos de circunferências na vista normal, selecionar pontos da vista normal e por estes traçar linhas de chamada até a vista superior e depois até a vista de frente. Sobre essas linhas de chamada transportar as alturas H_2 e H_3 da vista normal para encontrar os pontos correspondentes na vista de frente. As alturas H_4, H_5 e outras completarão a curva na vista de frente, como foi feito em (*f*). Observar que este procedimento é exatamente o inverso ao da medição feita na vista de frente para determinar uma distância na vista normal.

Na Fig. 6.24 vê-se um objeto com *duas* superfícies inclinadas. Observe-se que as vistas normais são apenas vistas parciais, pois a base do objeto está plenamente descrita nas vistas superior e de frente. O plano de referência é traçado pelo centro, visto o objeto ser simétrico.

A Fig. 6.25 apresenta as etapas do desenho da vista normal de uma superfície inclinada em direção às faces superior e lateral:

1. Desenhar parcialmente as vistas superior e de frente, como em (*b*), e determinar a direção de observação traçando linhas de chamada perpendiculares à superfície inclinada, conforme a ilustração.

2. Estabelecer o plano de referência na vista superior. Este pode ser traçado à frente, pelo meio ou atrás da vista. Aqui, porém, foi colocado na face posterior do objeto para facilitar a medição. O plano de referência na vista normal será perpendicular às linhas de chamada já traçadas, e colocado a uma distância adequada da vista de frente, como se vê em (*c*).

3. De acordo com as indicações em (*d*), medir as distâncias (profundidades)

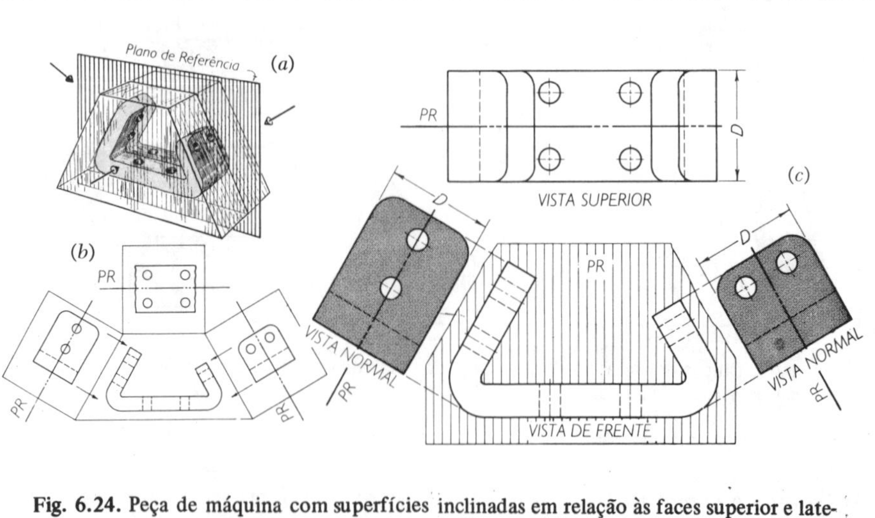

Fig. 6.24. Peça de máquina com superfícies inclinadas em relação às faces superior e lateral. (*a*) planos de projeção; (*b*) os planos rebatidos; (*c*) vistas de frente, superior e normal das superfícies inclinadas.

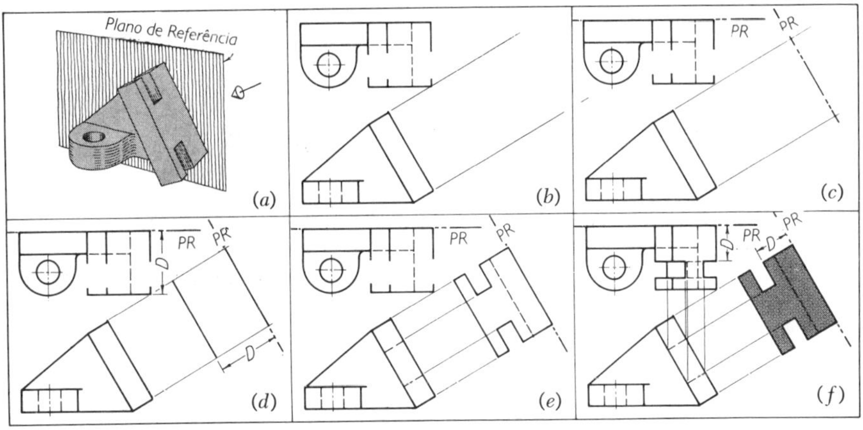

Fig. 6.25. Etapas do desenho de uma peça de máquina com uma superfície inclinada em relação às faces superior e lateral.

dos vários pontos necessários, a partir do plano de referência. Transportar estas medidas, com o compasso ou a régua, para a vista normal, tomando-as no respectivo plano de referência. Reparar que os pontos estão à frente do plano de referência na vista de frente e, portanto, serão transportados na direção da face anterior na vista normal.

4. Completar a vista auxiliar normal segundo as especificações indicadas em (*e*).

5. Completar o desenho, de acordo com (*f*). Neste caso, a vista superior poderia ter sido concluída antes de se traçar a vista normal. Entretanto, considera-se prática recomendável traçar a vista normal antes de completar a vista que irá mostrar a face reduzida.

A peça a desenhar também pode apresentar uma face inclinada nas faces anterior ou posterior superior ou inferior. A Fig. 6.26 exemplifica uma orientação desse tipo, onde a face inclinada aparece na face anterior superior. Os passos a percorrer no desenho de um objeto com tais características estão ilustrados na Fig. 6.27, nesta ordem:

1. Desenhar as vistas parciais de frente, superior e lateral direita, como em (*b*), e estabelecer a direção de observação da vista normal mediante o traçado de linhas de chamada perpendiculares à superfície inclinada, de acordo com a ilustração.

2. Estabelecer o plano de referência na vista de frente. Este é traçado à esquerda do objeto, porque tanto a parte vertical quanto a inclinada apresentam, à esquerda, uma superfície sobre o mesmo plano de perfil. Na vista normal, o plano de referência é perpendicular às linhas de chamada já traçadas, e está colocado a uma distância conveniente da vista lateral direita, como se pode ver em (*c*).

3. Conforme está ilustrado em (*d*), medir as distâncias (larguras) dos vários pontos necessários, a partir do plano de referência, e transportar estas medidas, com o compasso de pontas secas ou a régua, para a vista auxiliar (normal), marcando-as no plano de referência da vista normal. Observar que os pontos à direita do plano de referência, na vista de frente, serão medidos numa direção *voltada para* a vista lateral direita na vista normal.

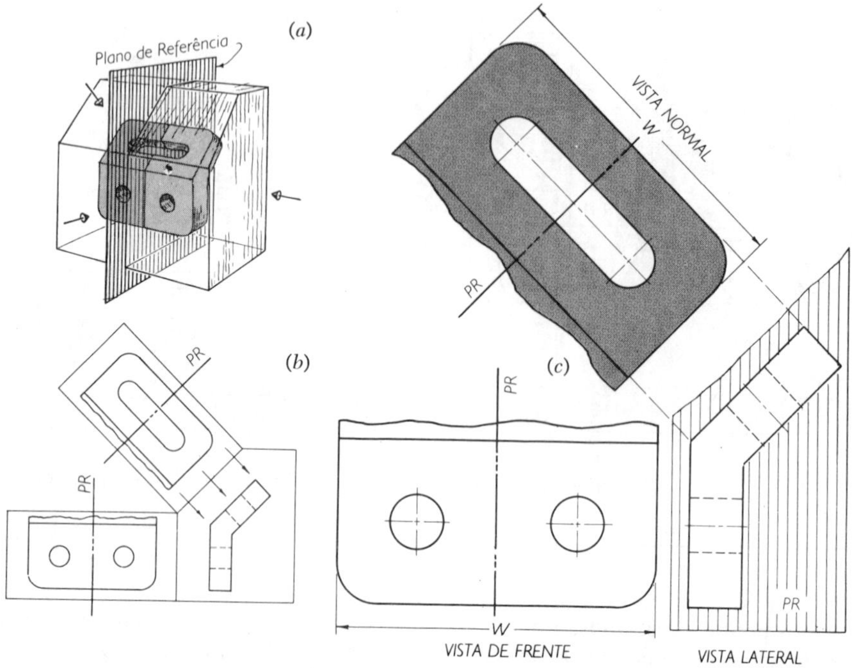

Fig. 6.26. Peça de máquina com uma superfície inclinada em relação às faces frontal e superior. (*a*) planos de projeção; (*b*) os planos rebatidos; (*c*) vista de frente, lateral e normal da superfície inclinada.

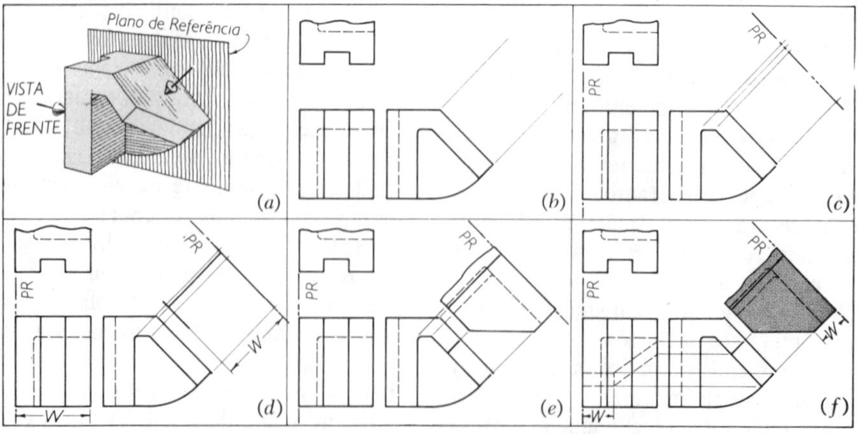

Fig. 6.27. Etapas do desenho de uma peça de máquina com uma superfície inclinada em relação às faces superior e lateral.

4. Completar a vista normal (*e*) obedecendo às especificações dadas pelo contorno da superfície.

5. Completar as vistas lateral direita e de frente projetando e medindo a partir da vista normal. Por exemplo, uma interseção do canto recortado é projetada na vista lateral direita e daí, para a vista de frente; a outra interseção é medida (distância *W*) na vista normal e então marcada na vista de frente.

6. Finalidades das vistas auxiliares normais

Na prática, a razão principal para o emprego de uma vista auxiliar normal é mostrar a verdadeira grandeza de uma superfície inclinada.

Numa vista normal, a superfície inclinada projetar-se-á em sua forma real, mas as demais faces do objeto representadas na vista aparecerão reduzidas. Na execução de trabalhos práticos, essas partes reduzidas costumam ser omitidas, como na Fig. 6.28. Às vistas traçadas desse modo chamamos de *vistas parciais*. Não obstante, o hábito de desenhar a vista completa pode auxiliar o estudante a melhor compreender o assunto.

Outra grande utilidade da vista normal comprova-se quando uma vista principal apresenta uma de suas partes numa posição em que aparece em tamanho reduzido. É impossível desenhar essa parte sem antes construir uma vista normal que a revele em sua verdadeira grandeza, a partir da qual aquela parte poderá ser projetada na vista principal. A Fig. 6.29 ilustra esse procedimento.

Repare-se nessa figura que a direção de observação é estabelecida no sentido longitudinal do sulco semi-hexagonal e perpendicular à face que está em ângulo reto com o sulco. Tomando por base a vista normal que revela a verdadeira grandeza semi-hexagonal, pode-se completar a vista lateral e depois, a vista de frente.

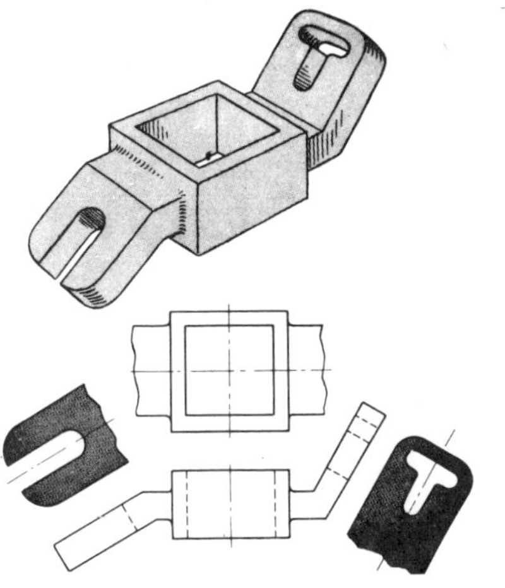

Fig. 6.28. Emprego de vistas parciais.

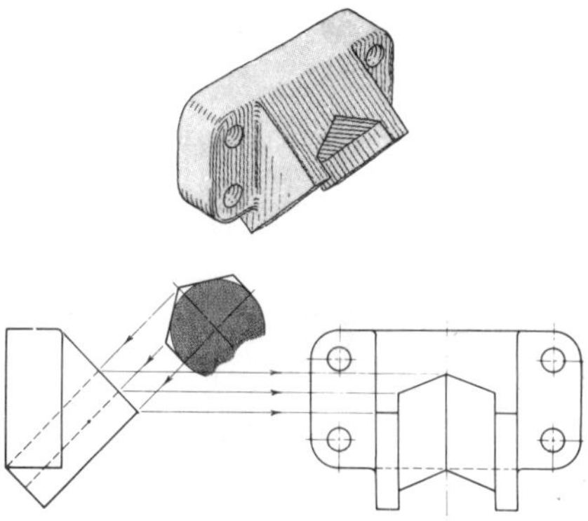

Fig. 6.29. Emprego da vista normal para construção de outras vistas.

Em grande parte dos casos, a vista normal não pode ser deduzida das vistas principais, mas *deve ser traçada com base na especificação das dimensões da forma da superfície*.

Outro exemplo corrente é o do joelho de 45° com flanges da Fig. 6.30, uma peça fundida mostrando uma face inclinada irregular, que não apenas é impossível de ser representada em sua forma real em qualquer das vistas principais, como também é difícil de ser traçada em sua posição reduzida. Na Fig. 6.31 vê-se uma seleção mais cômoda e mais fácil de vistas desta peça; aí as vistas normais, construídas perpendicularmente às faces inclinadas, mostram a forma real das superfícies e contribuem para simplificar o desenho. Deve-se isto ao fato de cada vista poder ser traçada independentemente de especificações, não havendo nem mesmo necessidade de um plano de referência, medidas, etc.

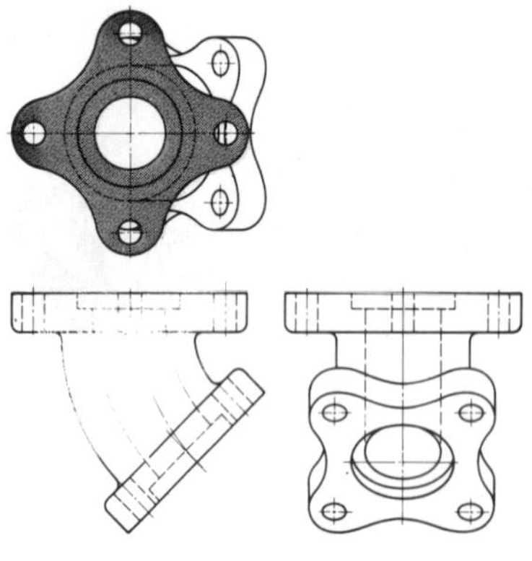

Fig. 6.30. Vistas superior, de frente e lateral direita de uma peça irregular.

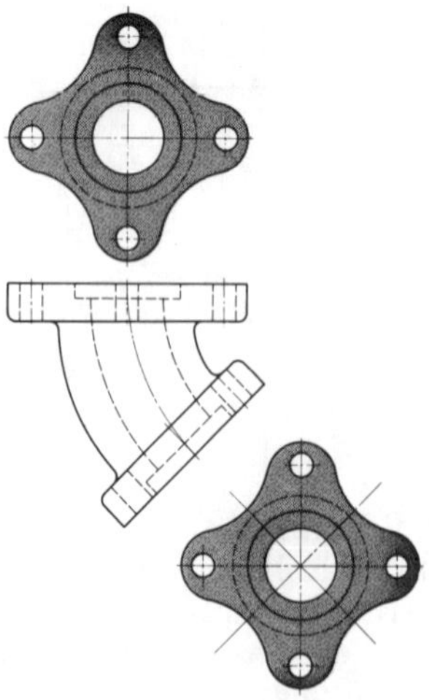

Fig. 6.31. Vistas de frente e duas vistas normais de uma peça irregular.

7. Vista normal de uma linha

A vista normal de uma superfície mostra a verdadeira grandeza de *todas* as linhas de uma superfície. Para comprová-lo, retornemos à Fig. 6.8 e visualizemos *qualquer* linha situada sobre a superfície *A* da ilustração. Verificaremos que a linha aparece em sua verdadeira grandeza na vista normal. Todavia, com freqüência, e especialmente na resolução de problemas de geometria espacial, uma linha não é parte de uma superfície mas é, antes, uma linha isolada, colocada no espaço através de duas vistas ortográficas. Qualquer linha paralela a um dos planos de projeção terá uma vista principal que será a vista normal. Assim, na Fig. 6.32, onde as linhas são (*a*) horizontal, (*b*) frontal e (*c*), de perfil, as vistas normais das linhas estão na vista superior (*a*), na vista de frente (*b*) e na vista lateral (*c*).

Amiúde encontra-se uma linha oblíqua a *todos* os planos de projeção, sendo então necessária uma vista complementar para se obter a vista normal. Para encontrar a vista normal de uma superfície, a direção de observação deve ser *perpendicular* à superfície; a mesma direção de observação é necessária para se encontrar a vista normal de uma linha – a direção de observação *deve* ser perpendicular à reta. Assim, em (*d*), traçam-se linhas de chamada na vista superior, *perpendiculares* à vista superior da linha. A direção de vista é agora estabelecida em posição perpendicular à linha, pois esta pode estar sobre uma superfície, a vista superior sendo a vista de aresta da superfície pressuposta. A seguir, o plano de referência

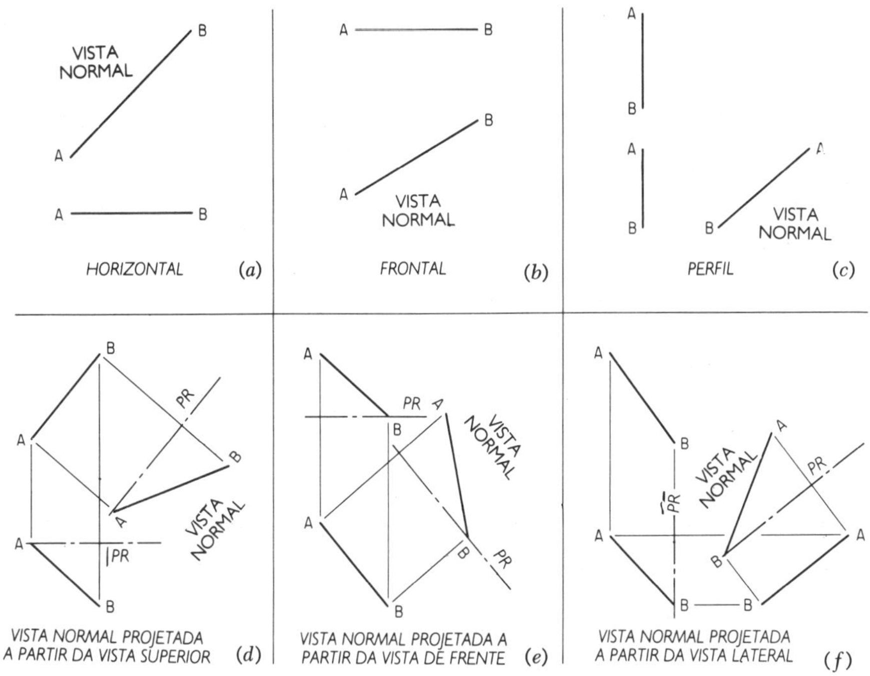

Fig. 6.32. Vistas normais de retas.

aparecerá em posição perpendicular às linhas de chamada recém-estabelecidas para a vista normal e aparecerá novamente na vista de frente, perpendicular às linhas de chamada entre as vistas superior e de frente. Finalmente, o ponto *A* está *sobre* o plano de referência e sobre a linha de chamada que parte da vista superior e é assim determinado na vista normal. O ponto *B*, medido então a partir do plano de referência da vista de frente, transportado para a vista normal e marcado, com base no plano de referência, *sobre* a linha de chamada para o ponto *B*, completa a vista normal. Pode-se projetar uma vista normal semelhante, deduzindo-a da vista de frente como em *E*, ou da vista lateral como em *F*. Em ambos os casos, tenha-se presente que as linhas de chamada para o traçado da vista normal *devem* ser perpendiculares à reta da vista a partir da qual é projetada a vista normal.

8. Superfícies oblíquas

Na Seç. 2, no que se refere à classificação das superfícies, descreveu-se e ilustrou-se a superfície oblíqua. Para facilitar, a Fig. 6.33 mostra mais uma vez esse tipo de superfície reduzida, tanto em perspectiva como ortograficamente. Deve-se lembrar que uma superfície oblíqua é aquela que forma ângulo com *todos* os planos principais de projeção.

A vista normal de uma superfície oblíqua não pode (salvo, quando se empregam métodos projetivos especiais) ser projetada diretamente a partir das vistas principais, mas deve sê-lo a partir de uma vista

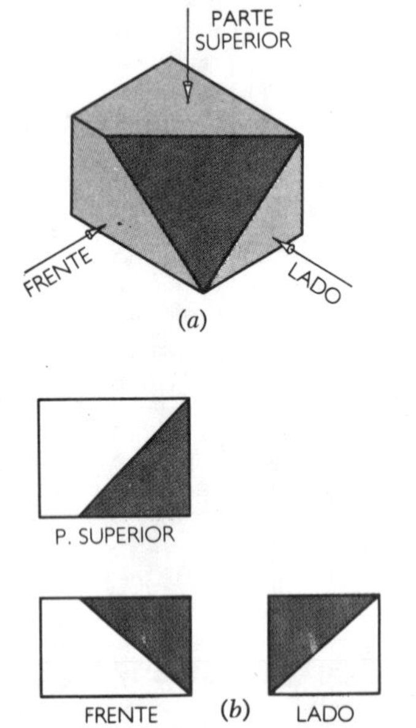

Fig. 6.33. Uma superfície oblíqua. (*a*) relação com as vistas principais; (*b*) vistas ortográficas.

de aresta da superfície. Além disso, a vista de aresta é quase sempre necessária para mostrar outros aspectos característicos, tais como o ângulo formado por uma superfície e sua base. Logo, são necessárias *duas* vistas, devendo-se primeiro aprender o modo de encontrar a vista de aresta.

9. Vistas de aresta de superfícies oblíquas

A técnica para determinação da direção de observação necessária para se obter a vista de aresta de uma superfície é o estabelecimento de uma direção que forneça *a projeção acumulada de uma reta* da superfície. Isto será feito facilmente se, na superfície estiver contida uma reta horizontal, frontal ou de perfil. Na Fig. 6.34*a*, a reta é horizontal e, uma vista traçada na direção horizontal e que esteja *alinhada com a reta* fornecerá a projeção acumulada da reta. Observe-se que na Fig. 6.34*a*, ambos os pontos *A* e *B* (as duas extremidades da linha) estão sobre a mesma linha de chamada e sobre o plano de referência, o que origina a coincidência das

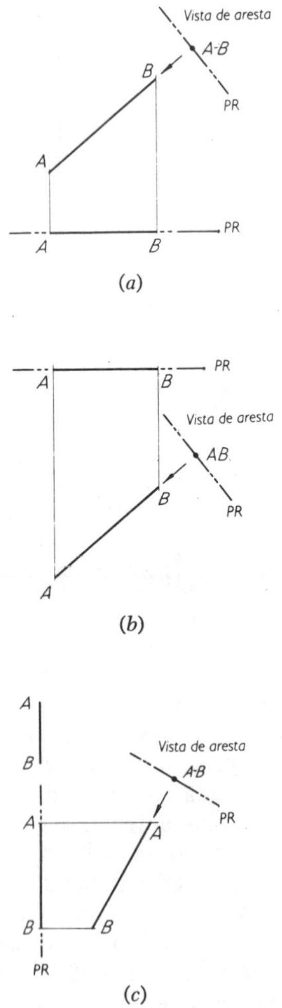

Fig. 6.34. Vista acumulada de uma reta. (*a*) reta horizontal; (*b*) reta frontal; (*c*) reta de perfil.

duas extremidades da linha na projeção acumulada. Repare-se também que a vista acumulada deve ser projetada a partir da vista normal da reta, neste caso a vista superior. Em (*b*) vê-se a projeção acumulada de uma reta frontal; a mesma é projetada a partir da vista de frente (normal). Em (*c*), vê-se a projeção acumulada de uma reta de perfil; a mesma é projetada a partir da vista lateral (normal).

Como foi dito anteriormente, traça-se a vista de aresta de uma superfície depois de se obter a projeção acumulada de qualquer reta da superfície. Na Fig. 6.35 a superfície *ABDC* é uma superfície oblíqua (em ângulo com *todos* os planos principais). Todavia, as linhas *AB* e *DC* representam linhas horizontais da superfície. Tomando-se *DC* como linha chave, traça-se uma linha de chamada no prolongamento de *DC* e outra linha de chamada (paralela) no prolongamento de *AB*. Dessa maneira, fica estabelecida a direção de observação da projeção acumulada das linhas *DC* e *AB*. O plano de referência para a vista de aresta aparecerá como uma aresta perpendicular àquelas linhas de chamada, aparecendo novamente como

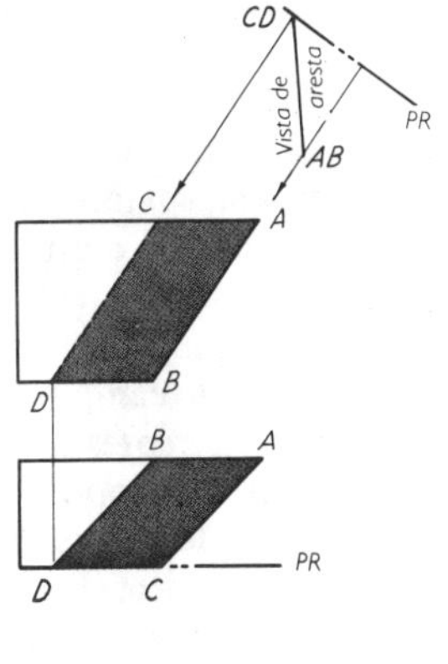

Fig. 6.35. Vista de aresta de uma superfície oblíqua. A projeção está na direção da linha horizontal *DC*.

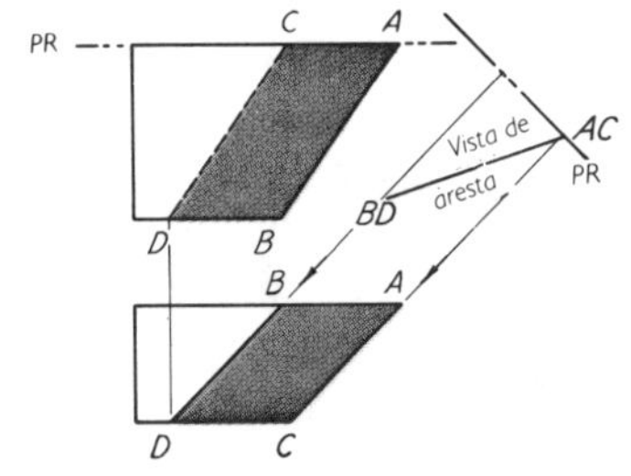

Fig. 6.36. Vista de aresta de uma superfície oblíqua. A projeção está na direção da linha frontal *AC*.

uma aresta, na vista de frente perpendicular às linhas de chamada entre as vistas superior e de frente. Por conveniência, o plano de referência é traçado pelos pontos *D* e *C*. Em seguida, ambos os pontos *D* e *C* são projetados na vista de aresta sobre a mesma linha de chamada e se encontram ambos sobre o plano de referência, determinando *DC* na vista de aresta. Os dois pontos *A* e *C* são projetados na vista de aresta sobre a mesma linha de chamada. A distância entre o plano de referência na vista de frente e os pontos *A* e *C* é medida e transportada para a vista de aresta, determinando, desse modo, *AC* nesta última vista. A linha de conexão entre *DC* e *AB* é a aresta da superfície *ABDC*.

A Fig. 6.36 mostra uma superfície *ABDC* idêntica à da Fig. 6.35, mas desta vez, a vista de aresta foi obtida, olhando-se ao longo das duas linhas frontais *AC* e *BD*. A vista de aresta é projetada na direção de *AC* e *BD*, na vista de frente, porque nesta, *AC* e *BD* são perpendiculares. O plano de referência determinado, a seguir, na vista de aresta e na vista superior e *AC* e *BD* determinados com referência àquele plano, completam a vista de aresta.

Na Fig. 6.37 a superfície *ACD* não contém nenhuma reta horizontal, frontal ou de perfil; sendo assim, para se obter a

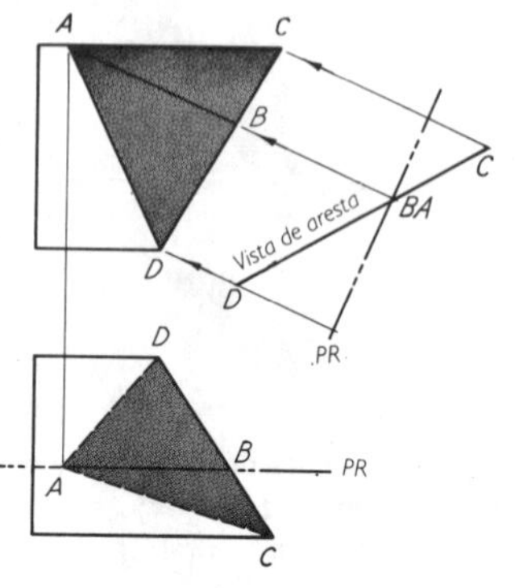

Fig. 6.37. Vista de aresta de uma superfície oblíqua. A direção da vista de aresta é determinada pela linha horizontal *AB*.

projeção acumulada de uma linha da superfície, deve-se traçar uma reta horizontal, frontal ou de perfil sobre a superfície. Escolheu-se uma reta horizontal traçada em *AB*, na vista de frente, e a seguir projetada na vista superior. Esta linha (*AB*) aparece, então, como normal na vista superior e as linhas de chamada, paralelas a ela, traçadas desde *A, B, C* e *D* estabelecerão a direção para a vista de aresta de *ACD*. O plano de referência está convenientemente traçado por *AB* na vista de frente e na vista de aresta; depois *D* e *C* são medidos a partir do plano de referência na vista de frente e transportados para a vista de aresta. Observe-se que *D* está situado *acima* do plano de referência e *C*, *abaixo*, e que ambos são transportados para a vista de aresta em conformidade com estas posições. Para evitar a inversão de uma vista normal ou da vista de aresta, deve-se fixar esta simples regra: se, ao ser construída uma vista normal ou uma vista de aresta, houver um ponto sobre o lado do plano de referência, voltado em *direção* à vista projetada a partir deste plano (neste caso, a vista superior), este ponto será transportado na direção daquela mesma vista. Como exemplo da regra, observe-se que, na Fig. 6.37, *D* está sobre o lado do plano de referência *voltado para* a vista superior em ambas as vistas de frente e de aresta, ao passo que *C* está sobre o lado mais *distante* do plano de referência.

10. Vistas normais de superfícies oblíquas

Uma superfície oblíqua é aquela que forma ângulo com os planos principais, como na Fig. 6.38, ou com um objeto onde uma das faces esteja em ângulo com as três faces do objeto, como nas Figs. 6.39 e 6.40. A Fig. 6.38 é mais fácil de visualizar, por isso vamos discuti-la em primeiro lugar.

A superfície *BCDE* da Fig. 6.38 é uma superfície oblíqua. *CB* e *DE* são retas horizontais da superfície. Obtém-se a vista de aresta olhando na direção de *CB* e *DE*, como mostra a Fig. 6.38 e é descrito na Seç. 9.

A vista normal é construída segundo uma direção de observação perpendicular à vista de aresta. Para desenhar a vista normal, traçam-se primeiro linhas de chamada perpendiculares à vista de aresta (Fig. 6.38), estabelecendo a direção da vista normal. Como em todos os exemplos anteriores, o plano de referência da vista normal (*PR* nº 2 da Fig. 6.38) é perpendicular às linhas de chamada. O plano de referência aparece como uma perpendicular na vista de aresta e aparece novamente segundo uma aresta em *qualquer* outra vista em projeção direta com a vista de aresta. Neste caso, portanto, o plano de referência é representado como uma aresta na vista superior, e é perpendicular às linhas de chamada entre as vistas superior e de aresta. Para comprovar esta relação, observe-se que a vista superior, a vista de aresta e a vista normal têm uma relação exatamente igual à das vistas de frente, superior e normal da Fig. 6.8. Finalmente, transporta-se a dis-

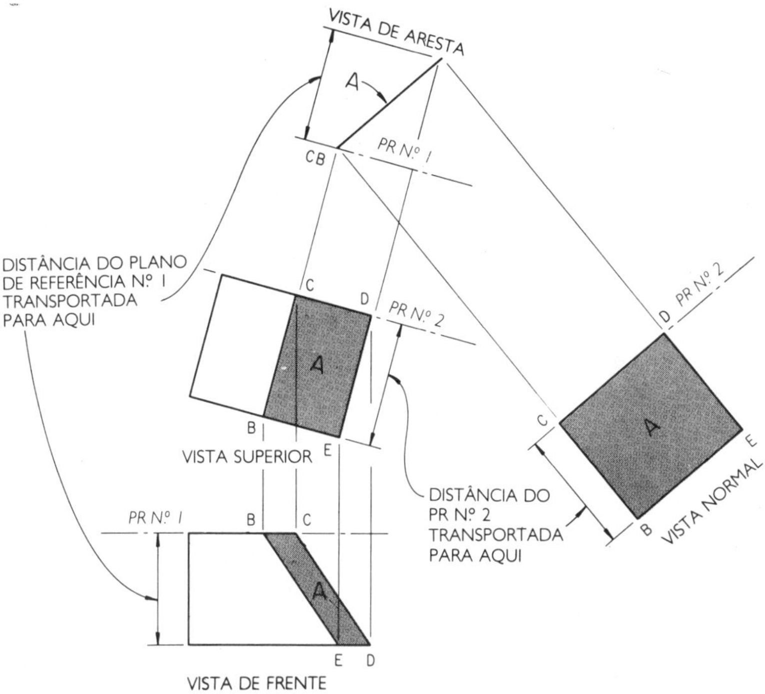

Fig. 6.38. Vista normal de uma superfície oblíqua. *BCDE* é uma superfície oblíqua, devido à posição do objeto.

tância de *B* a *C* medida no plano de referência (nº 2) na vista superior para a vista normal, conforme a ilustração.

A Fig. 6.39 é semelhante à Fig. 6.38, com exceção das faces do objeto, que são paralelas aos planos principais, e da superfície *BCD*, que é oblíqua às faces do objeto e aos planos principais. Novamente, uma reta (*BC*) da superfície oblíqua é horizontal e fornece a direção para a vista de aresta. Nesta última, *B* e *C* estão sobre o plano de referência. O ponto *D*, medido no plano de referência nº 1 na vista de frente, é transportado para a vista de aresta, como está indicado na ilustração. As linhas de chamada perpendiculares à vista de aresta determinam, então, a direção da vista normal, e o plano de referência nº 2 é traçado nas vistas normal e superior, perpendicularmente às linhas de chamada que ligam cada uma delas à vista de aresta. Finalmente, transportam-se as distâncias de *B* e *D* do plano de referência nº 2 para a vista normal.

O objeto da Fig. 6.40 é semelhante ao da Fig. 6.39, mas na Fig. 6.40 a reta frontal (*BD*) da face *BCD* foi utilizada para indicar a direção da vista de aresta. Logo, esta é projetada a partir da vista de frente. Todas as demais linhas de construção são as mesmas de antes, o que pode se comprovar examinando a figura.

11. Vistas normais de superfícies oblíquas em objetos

Na Fig. 6.41, vêem-se as etapas sucessivas da construção de uma vista normal.

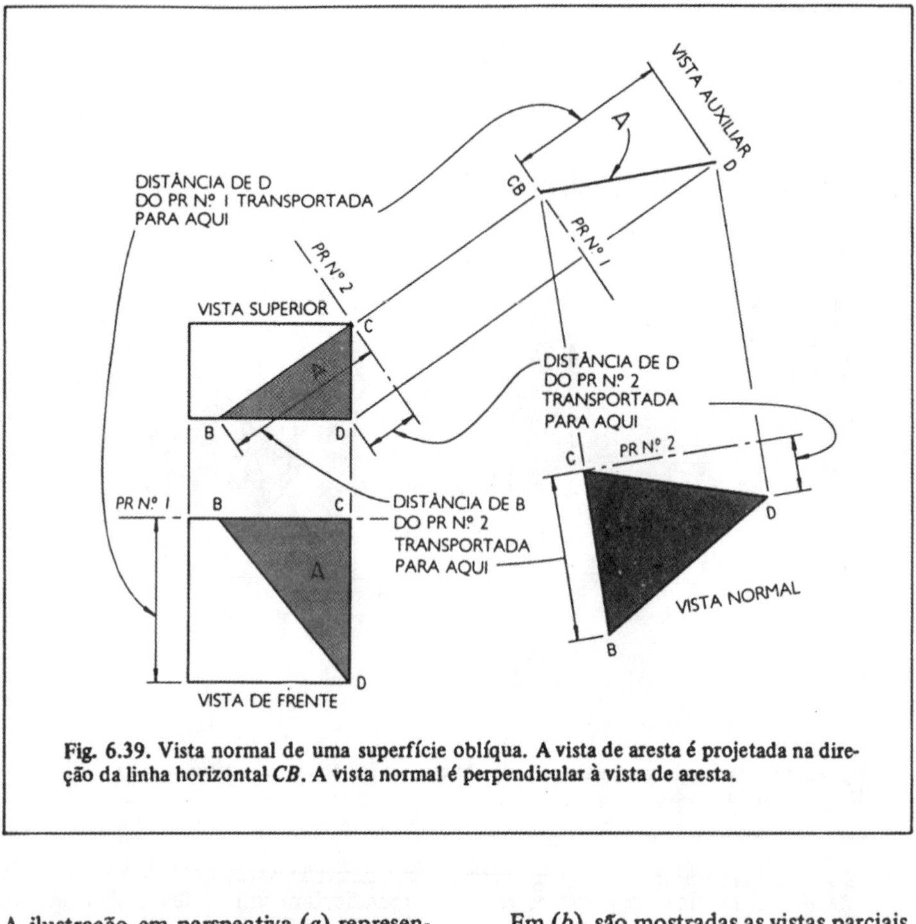

Fig. 6.39. Vista normal de uma superfície oblíqua. A vista de aresta é projetada na direção da linha horizontal *CB*. A vista normal é perpendicular à vista de aresta.

A ilustração em perspectiva (*a*) representa um objeto com uma superfície oblíqua. A reta de interseção entre a parte oblíqua e a base horizontal é a linha *AB*. A fim de se obter a vista de aresta da superfície oblíqua, pode traçar-se uma vista, olhando-se na direção da linha *AB*, o que nos dará uma vista de perfil de *AB*. Por ser *AB* uma reta da superfície oblíqua, resultará uma vista de aresta. O plano de referência (*PR* nº 1) para esta vista será horizontal. A direção de observação da vista normal será perpendicular à face oblíqua. O plano de referência (*PR* nº 2) da vista normal será perpendicular à direção da vista de aresta e, assim, perpendicular à aresta *AB*, como se vê em (*a*).

Em (*b*), são mostradas as vistas parciais superior e de frente. Vêem-se também as linhas de chamada e o plano de referência para a vista de aresta solicitada.

Em (*c*) foi traçada a vista de aresta. Observar que nessa vista a linha *AB* aparece como um ponto. O ângulo que a face oblíqua forma com a base é traçado, nessa vista, de acordo com as especificações.

Em (*d*), é acrescentada a vista normal. As linhas de chamada desta vista são perpendiculares à vista de aresta. O plano de referência é perpendicular às linhas de chamada da vista normal e é traçado a uma distância conveniente da vista de aresta. O plano de referência na vista superior é traçado a meio caminho entre os pontos

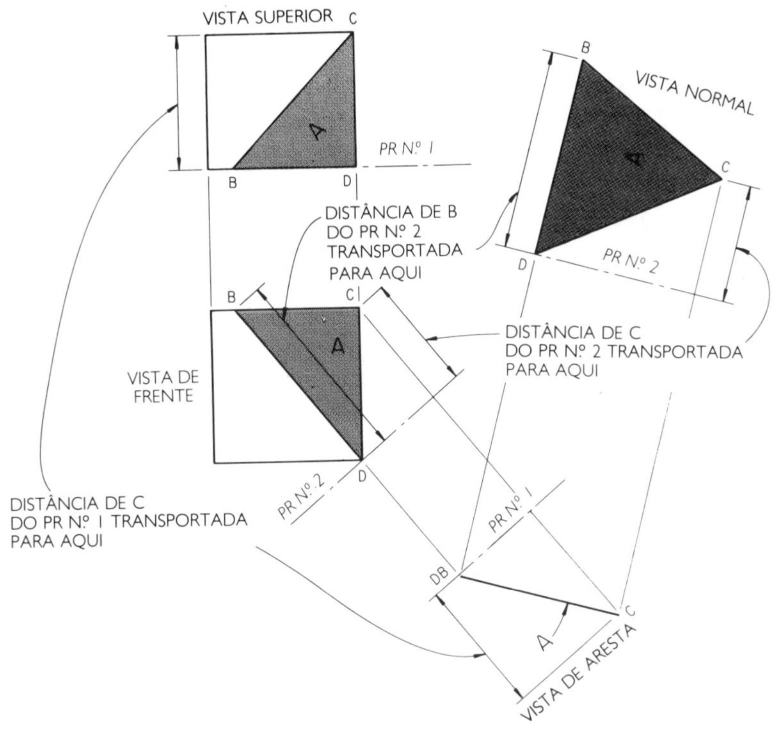

Fig. 6.40. Vista normal de uma superfície oblíqua. A vista de aresta é projetada na direção da linha frontal *DB*. A vista normal é perpendicular à vista de aresta.

A e *B* na vista superior, pelo fato da face oblíqua ser simétrica em relação àquele ponto. A vista normal é traçada segundo as especificações da forma. A seguir, poderá ser projetada na vista de aresta.

As vistas, assim concluídas em (*d*), descrevem o objeto, mas à guisa de ilustração, ou de exercícios de projeção, pode-se completar as vistas superior e de frente. O método é ilustrado em (*e*) e (*f*). Qualquer ponto, digamos *P*, pode ser escolhido e depois projetado na vista de aresta. A partir desta vista, leva-se uma linha de chamada até a vista superior. A seguir, transporta-se a distância *S* da vista normal para o plano de referência na vista superior. Um certo número de pontos assim determinados completarão a vista superior da parte circular, podendo a parte reta ser projetada de maneira semelhante. Encontra-se a vista de frente, traçando linhas de chamada para os pontos necessários, até a vista de frente, medindo as alturas a partir do plano de referência na vista de aresta e transportando-as para a vista de frente. Observar que este procedimento que completa as vistas superior e de frente é o mesmo inicialmente empregado para desenhar as vistas, salvo a ordem, que é inversa.

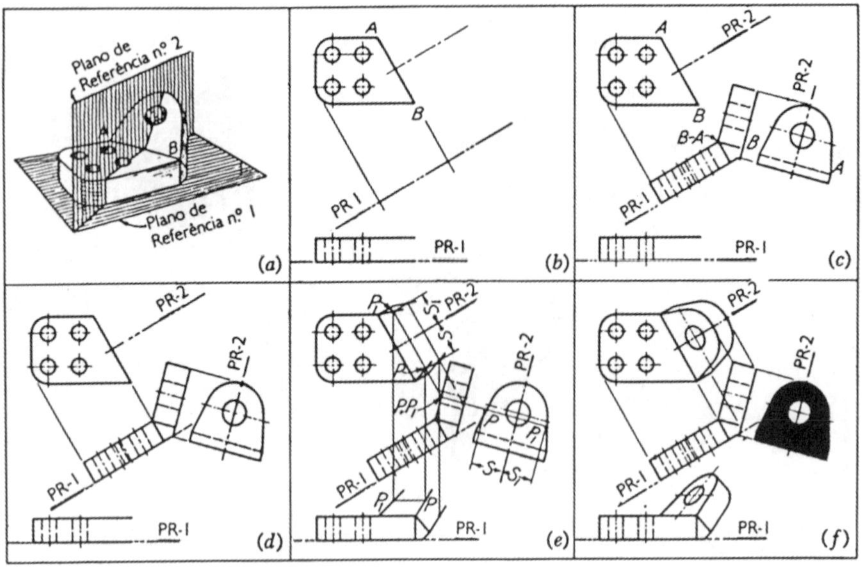

Fig. 6.41. Etapas do desenho de uma peça de máquina com uma superfície oblíqua.

12. Termos de referência para as vistas auxiliares

Neste capítulo deu-se ênfase à *finalidade* da construção de vistas auxiliares, isto é, explicar a vista de aresta ou a vista normal de uma superfície. Este processo é fundamental para a representação de objetos e, em essência, uma vista auxiliar empregada para descrever uma superfície não necessita outra identificação além do termo *vista de aresta* ou *vista normal*. Não obstante, as vistas auxiliares são designadas de várias maneiras em outros livros que tratam do desenho técnico e da expressão gráfica, e por essa razão apresentam-se aqui os seguintes termos de referência:

Grupo de referência 1

Auxiliar de elevação ou *elevação auxiliar.* Qualquer vista tomada em uma direção de observação horizontal, mas que se apresenta inclinada para os planos frontal e de perfil. Estas são as vistas ilustradas na Fig. 6.7 *b* a *e*.

Auxiliar direita. Qualquer vista tomada olhando-se pelo lado direito seguindo uma direção frontal, mas que se apresenta inclinada para os planos horizontal e de perfil. Ver Fig. 6.7 *f* e *g*.

Auxiliar esquerda. Qualquer vista tomada pelo lado esquerdo seguindo uma direção frontal, mas que se apresenta inclinada para os planos horizontal e de perfil. Ver Fig. 6.7 *h* e *i*.

Auxiliar anterior. Qualquer vista tomada de frente na direção de um plano de perfil, mas que se apresenta inclinada para os planos horizontal e frontal. Ver Fig. 6.7 *k* e *l*.

Auxiliar posterior. Qualquer vista tomada desde o fundo na direção de um plano de perfil, mas que se apresenta inclinada para os planos horizontal e frontal. Ver Fig. 6.7 *l* e *m*.

Grupo de referência 2

Auxiliar adjacente-superior. Qualquer vista auxiliar projetada a partir da vista superior. Estas vistas auxiliares equivalem às auxiliares de elevação (grupo 1). Ver Fig. 6.7 *b* a *e*.

Auxiliar adjacente-anterior. Qualquer vista auxiliar projetada a partir da vista de frente. Estas vistas auxiliares equivalem às auxiliares direita e esquerda. Ver Fig. 6.7 *f* a *i*.

Auxiliar adjacente-lateral. Qualquer vista auxiliar projetada a partir de uma vista lateral. Estas auxiliares equivalem às auxiliares anterior e posterior. Ver Fig. 6.7 *j* a *m*.

Grupo de referência 3

Vista oblíqua. Vista normal de uma superfície oblíqua, projetada a partir de uma vista de aresta. Ver Figs. 6.38 a 6.40.

Grupo de referência 4

Vista auxiliar adjacente-auxiliar. Vista normal de uma superfície oblíqua, projetada a partir de uma vista de aresta. Ver Figs. 6.38 a 6.40.

Estes termos de referência são empregados em livros de geometria descritiva. Entretanto, uma vez que o livro de geometria descritiva usado pelo leitor junto com este texto pode apresentar outros termos, reservou-se o espaço abaixo para uma lista dos mesmos.

PROBLEMAS

Grupo 1. Vistas normais de superfícies inclinadas

1 a 7. Desenhar as vistas ilustradas e acrescentar as vistas normais da superfície inclinada, usando o plano de referência indicado.

8. Desenhar a vista de frente, a vista parcial superior e a vista normal (auxiliar) da superfície inclinada.

9. Desenhar a vista parcial de frente, a vista lateral direita, a vista parcial superior e a vista normal da superfície inclinada.

10. Desenhar a vista de frente, a vista parcial superior e a vista normal das superfícies inclinadas.

11. Desenhar a vista superior, a vista parcial de frente e a vista normal das superfícies inclinadas.

12. Desenhar a vista de frente, a vista parcial superior e a vista normal da superfície inclinada.

13. Desenhar a vista de frente, a vista parcial lateral direita e a vista normal da superfície inclinada. Desenhar a vista normal, antes de completar a vista de frente.

14. Desenhar a vista de frente, a vista parcial superior e a vista normal da superfície inclinada.

15. Desenhar a vista de frente, a vista parcial superior e a vista normal da superfície inclinada.

16. Desenhar a vista de frente, as vistas parcial superior e lateral direita e a vista normal da superfície inclinada.

17. Desenhar a vista de frente, as vistas parcial superior e lateral esquerda e a vista normal da superfície inclinada.

18 e 19. Determinar quais as vistas completas e parciais que melhor descrevám a peça. Esboçar

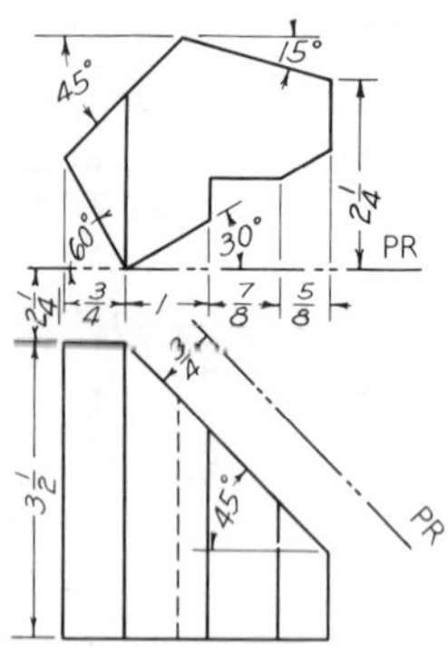

Prob. 1. Cunha de travamento.

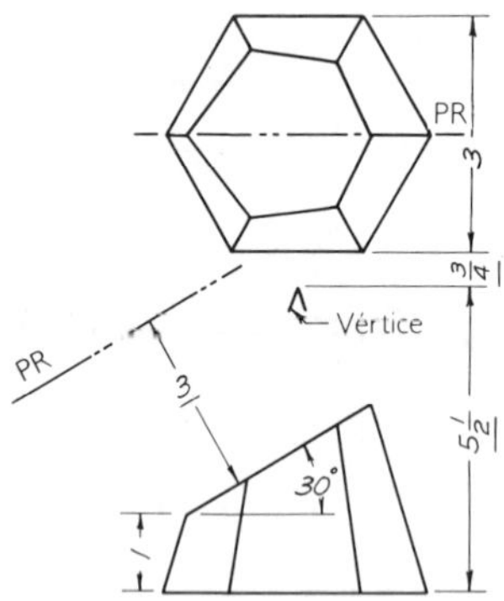

Prob. 2. Base de estátua.

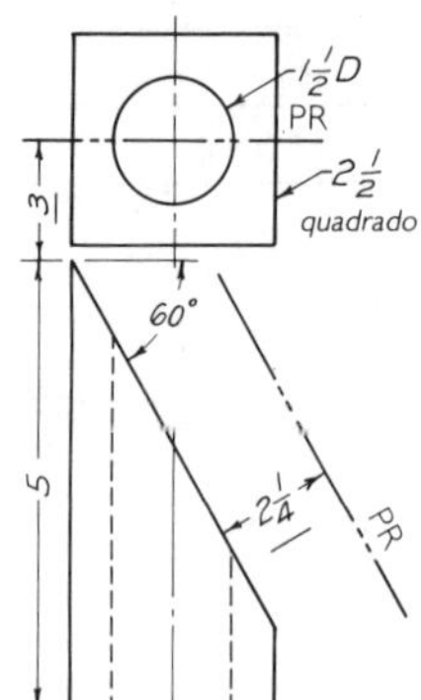

Prob. 3. Tirante do cursor.

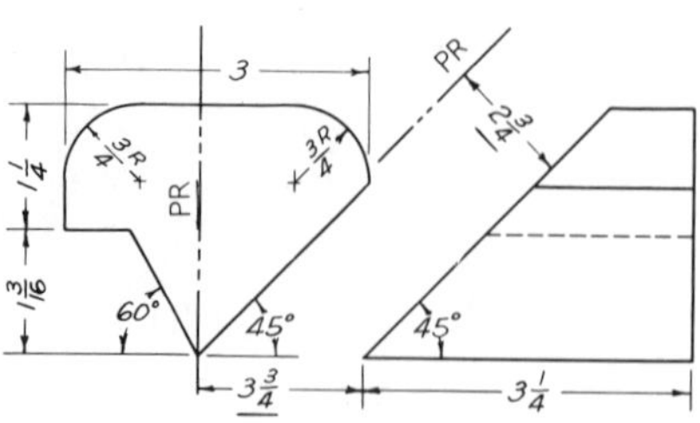

Prob. 4. Fulcro.

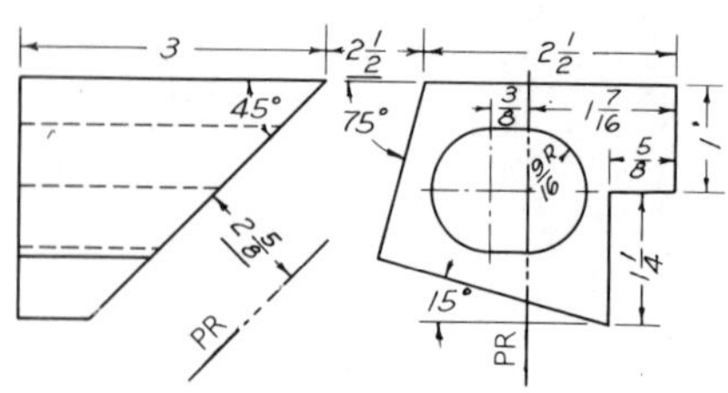

Prob. 5. Lingüeta ajustável.

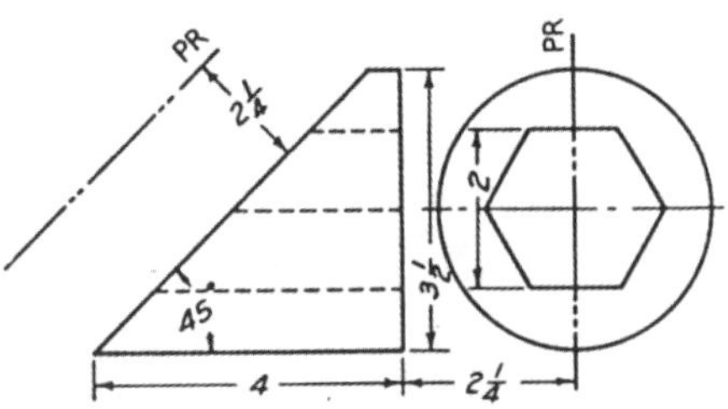

Prob. 6. Fecho de eixo hexagonal.

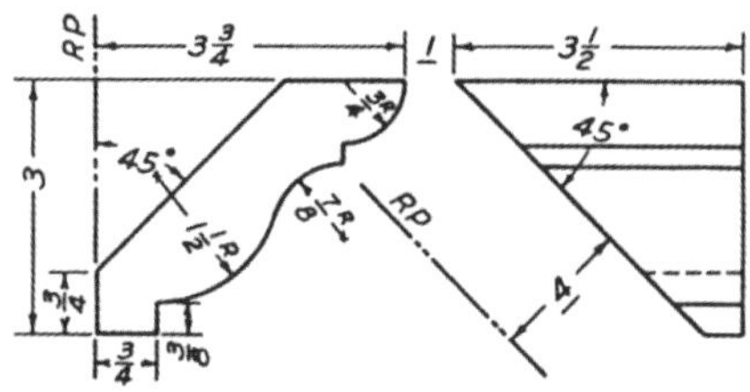

Prob. 7. Moldagem

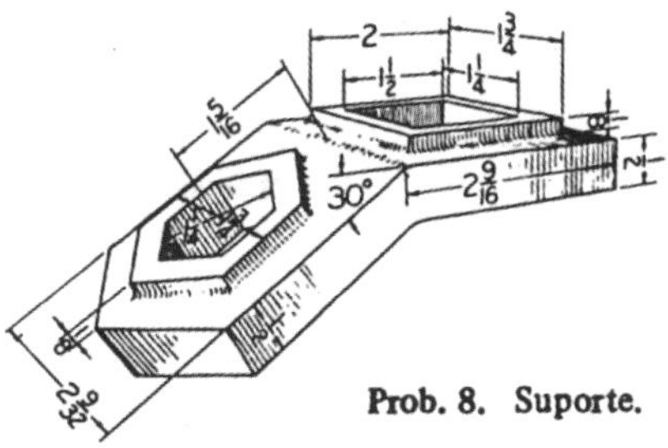

Prob. 8. Suporte.

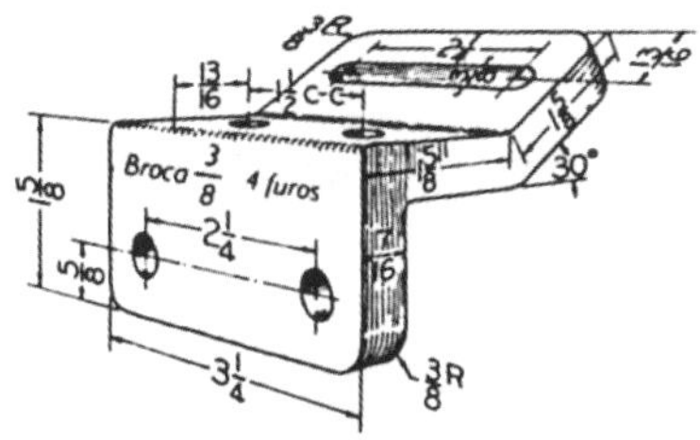

Prob. 9. Escora ranhurada.

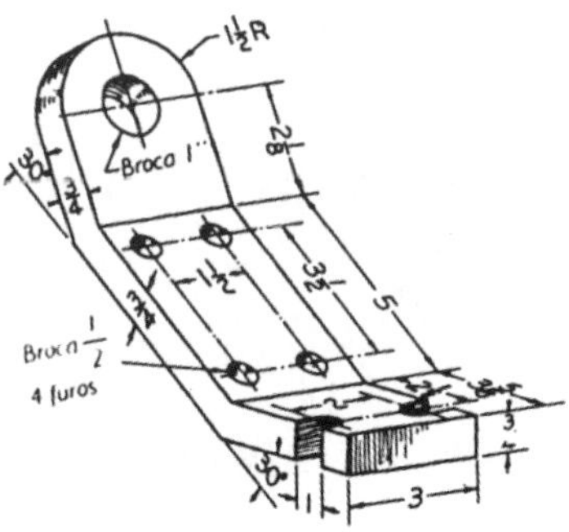

Prob. 10. Chapa de conexão.

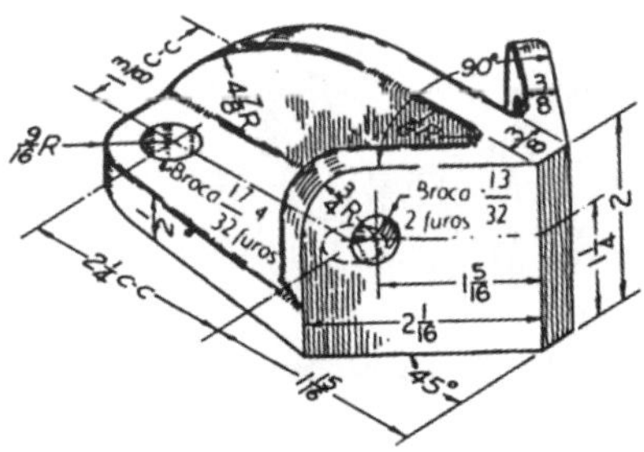

Prob. 11. Placa de impulsão.

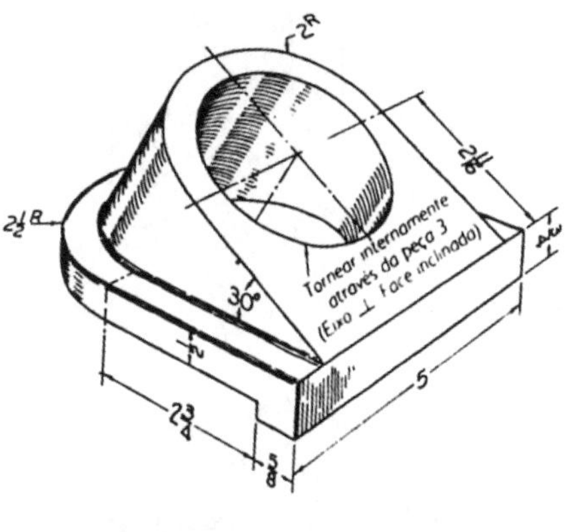

Prob. 12. Arruela com chanfro.

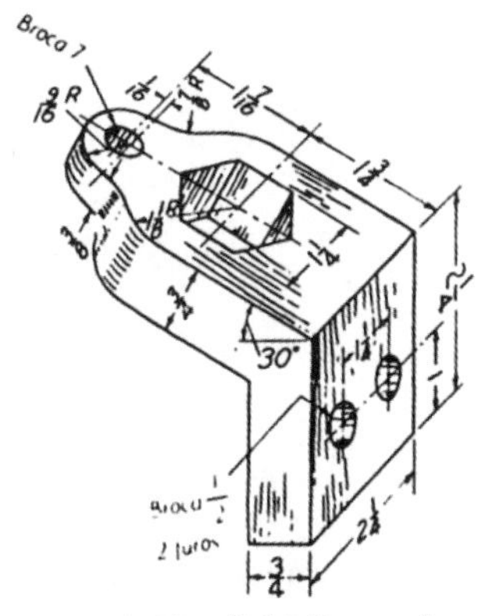

Prob. 13. Gabarito angular.

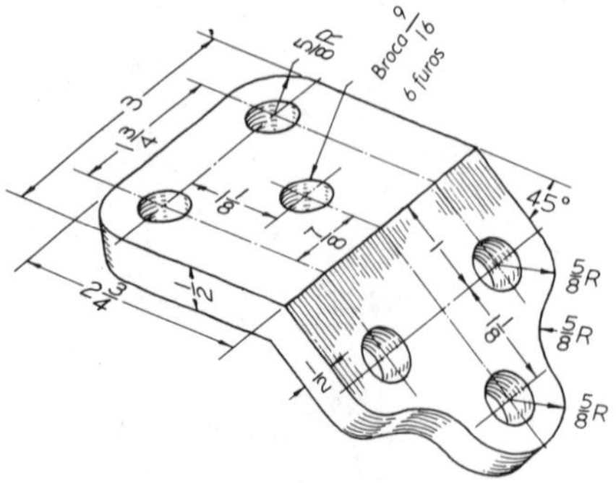

Prob. 14. Presilha angular.

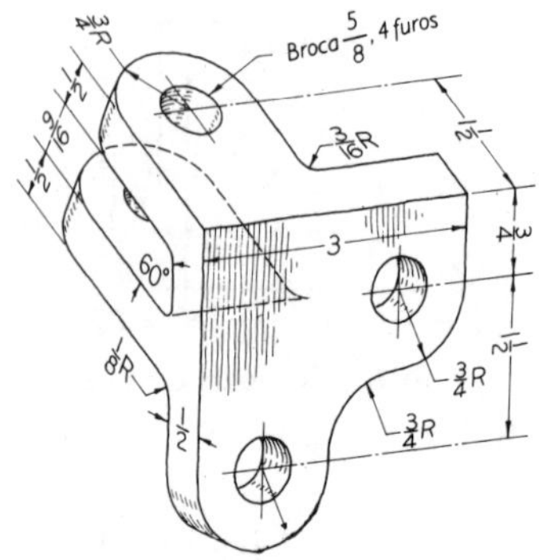

Prob. 15. Junta articulada.

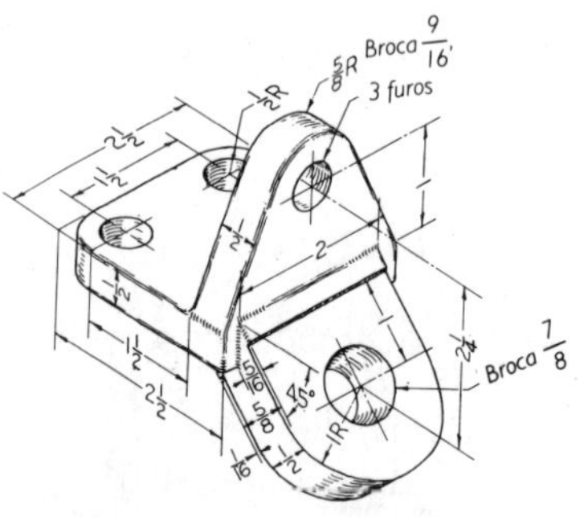

Prob. 16. Ligação terminal.

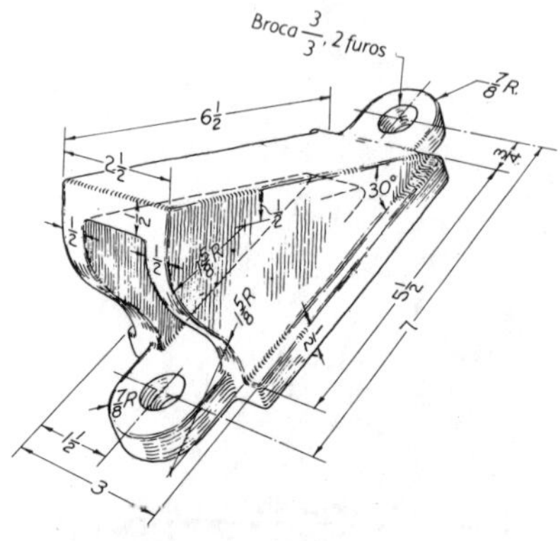

Prob. 17. Suporte angular.

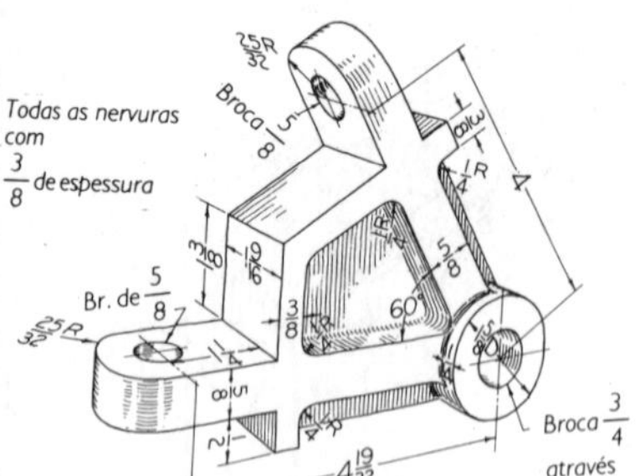

Prob. 18. Bloco radial giratório.

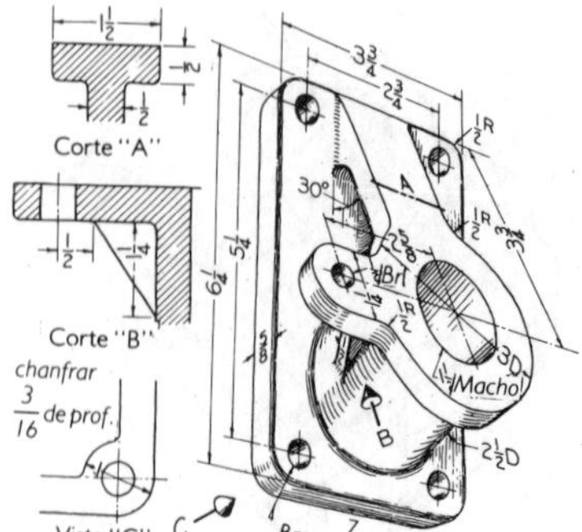

Prob. 19. Base do eixo angular.

as vistas propostas, antes de executar o desenho com instrumentos.

20. Desenhar a vista de frente, a vista parcial inferior e a vista normal da superfície inclinada.

21. Desenhar a vista de frente, as vistas parciais lateral direita e inferior e a vista normal da superfície inclinada.

22 e 23. Determinar as vistas completas e parciais que melhor descrevam a peça.

24. Desenhar a vista de frente dada e acrescentar as vistas necessárias para descrever a peça.

25. Desenhar a vista de frente, a vista parcial lateral esquerda e a vista normal da superfície inclinada.

26 e 27. Este par de objetos similares apresenta a orelha superior em duas posições diferentes. Os diagramas foram traçados sobre folhas de papel de 279 mm x 420 mm. Desenhar as vistas completas e as parciais de acordo com o indicado nos diagramas.

28. Desenhar a vista de frente, a vista parcial superior, as laterais direita e esquerda e a vista normal da superfície inclinada. Usar a escala decimal para o traçado.

29. Desenhar as vistas completas e parciais que melhor descrevam a peça.

30. Desenhar as vistas superior e de frente e uma vista normal da face inclinada. A vista auxiliar da face inclinada mostrará o verdadeiro corte transversal do furo quadrado?

31. Desenhar as vistas de frente, superior, lateral e as vistas normais das superfícies inclinadas.

32. As vistas de frente e lateral direita da cunha de fixação do eixo são apresentadas aqui num diagrama sobre folha de 279 x 420 mm. Acrescentar a vista normal das superfícies inclinadas na posição da linha de centro ilustrada.

Grupo 2. Vistas normais de superfícies oblíquas

33. Desenhar as vistas de frente e superior parciais, a vista de aresta que mostre o contorno do rasgo e a vista normal da superfície oblíqua.

34. Desenhar as vistas de frente e superior parciais e as vistas de aresta e normal da superfície inclinada. Traçar a vista normal antes de completar a vista de aresta.

35. Desenhar as vistas de frente e superior parciais e as vistas de aresta e normal da superfície oblíqua.

36. Desenhar as vistas dadas, omitindo as orelhas na vista superior. Acrescentar as vistas normais para descrever as orelhas.

37. Desenhar as vistas dadas, empregando as vistas de aresta e normal para obter a forma de orelhas.

38. Desenhar as vistas superior, de frente e lateral parciais. Acrescentar as vistas de aresta e normal para descrever as orelhas.

39. Desenhar as vistas superior e de frente e utilizar as vistas de aresta e normal para descrever os rasgos e as superfícies oblíquas. A peça é simétrica em relação ao eixo principal.

40. Desenhar o "clipe" longarina utilizando o diagrama traçado em folha de 279 x 420 mm. Observar que são pedidas uma vista de aresta e duas vistas normais.

41. Desenhar as vistas dadas, usando as vistas de aresta e normal para descrever as orelhas.

42. Desenhar as vistas superior e de frente e as vistas auxiliares que descreverão a superfície oblíqua.

43. No diagrama de 279 x 420 mm vêem-se as vistas de frente e lateral direita parciais e as vistas auxiliares parciais que descrevem a posição e a forma da superfície oblíqua. Completar as vistas de frente, lateral direita e as primeiras vistas auxiliares.

44. No diagrama de 279 x 420 mm vêem-se as vistas parciais superior, de frente e auxiliares que descrevem a posição e a forma da parte da peça em que está a garra. Completar as vistas superior e de frente.

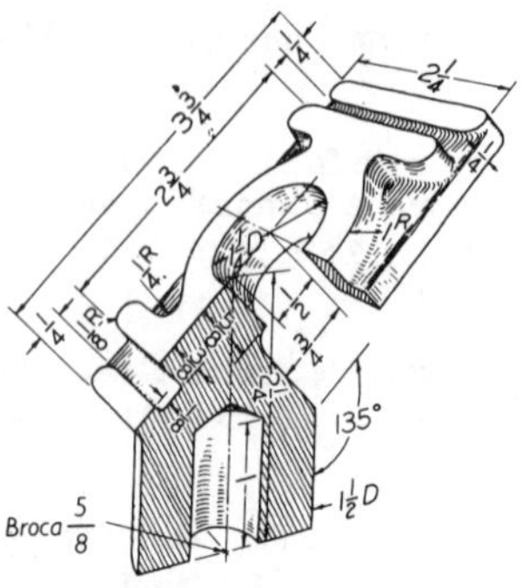

Prob. 20. Gancho de catenária.

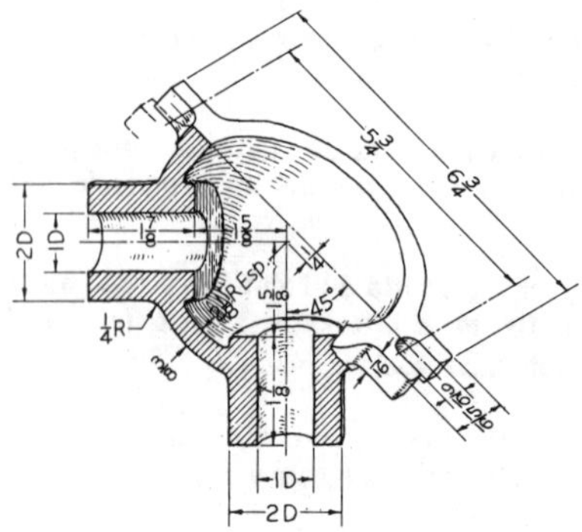

Prob. 21. Carcaça de engrenagem cônica.

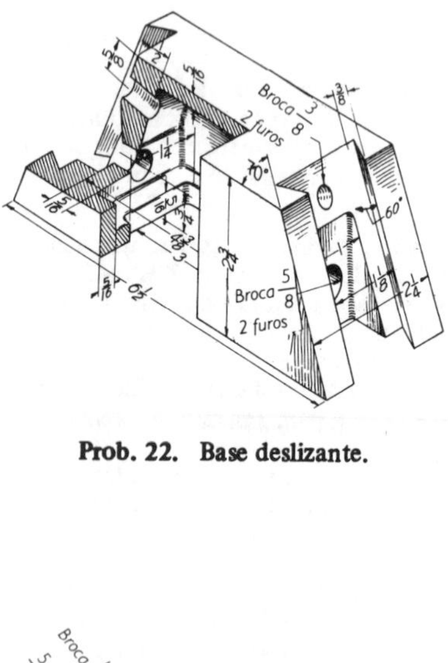

Prob. 22. Base deslizante.

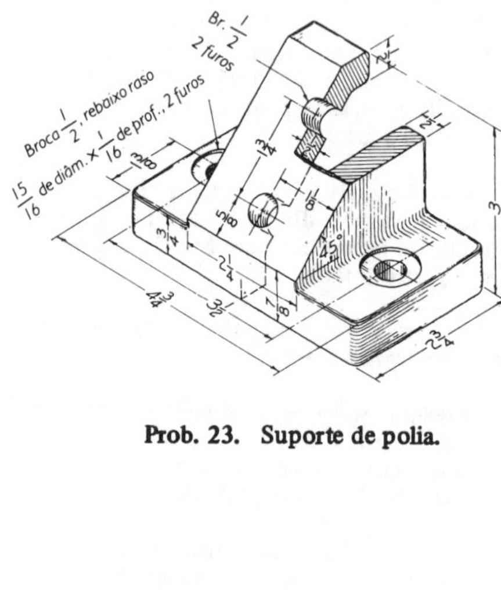

Prob. 23. Suporte de polia.

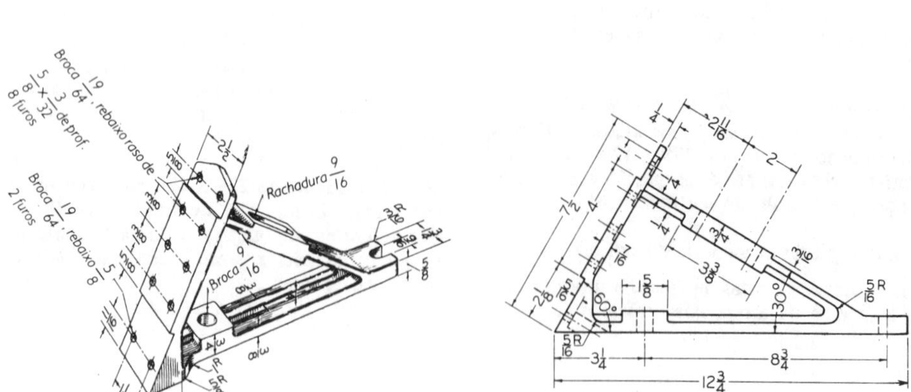

Prob. 24. Escora de canto.

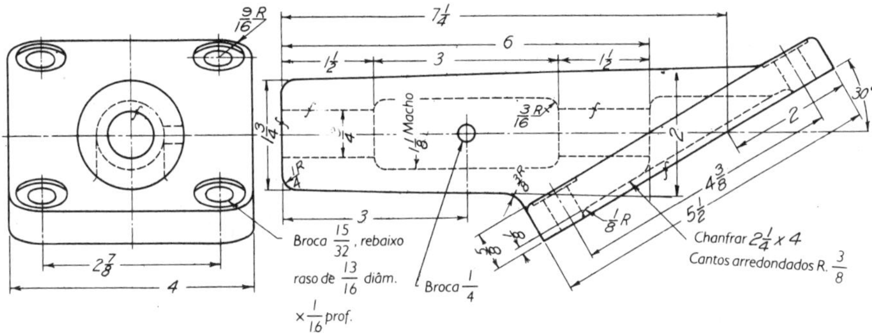

Prob. 25. Suporte de carretel.

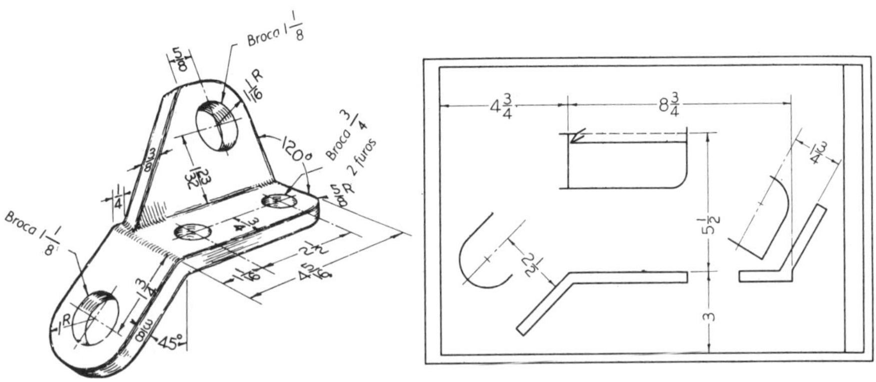

Prob. 26. Presilha tipo longarina, 90º

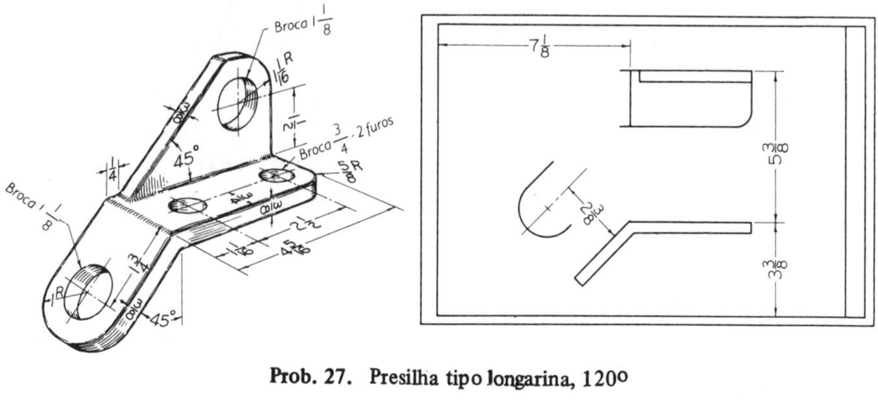

Prob. 27. Presilha tipo longarina, 120º

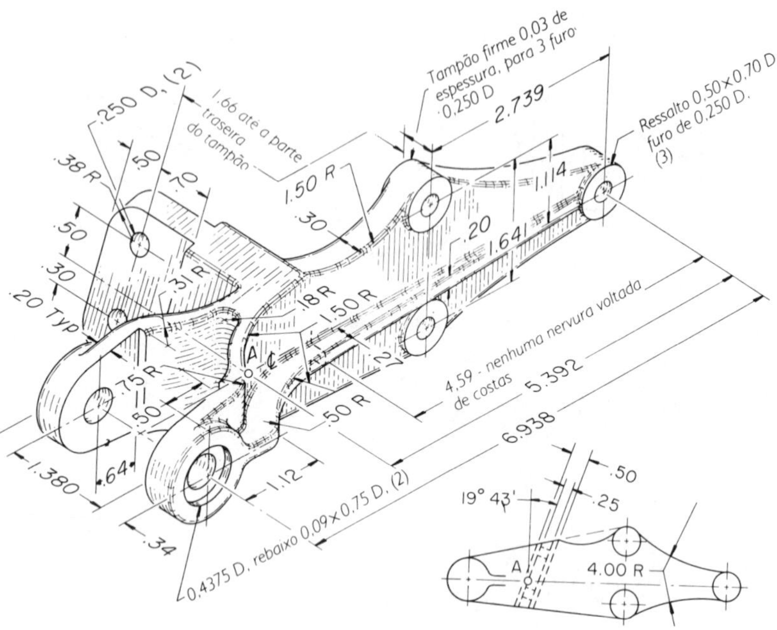

Prob. 28. Dispositivo livrador de assento.

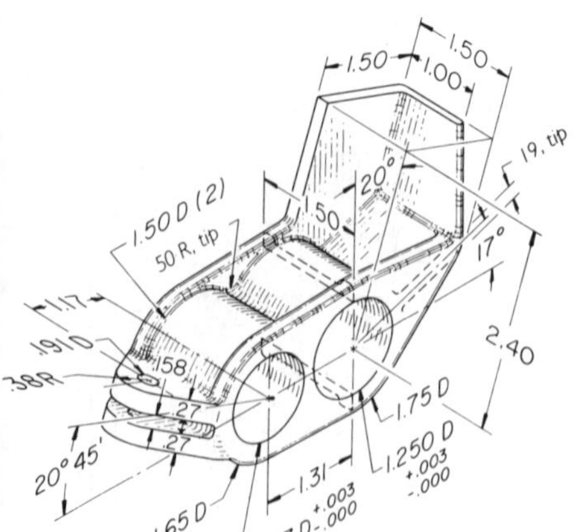

Prob. 29. Braço intermediário.

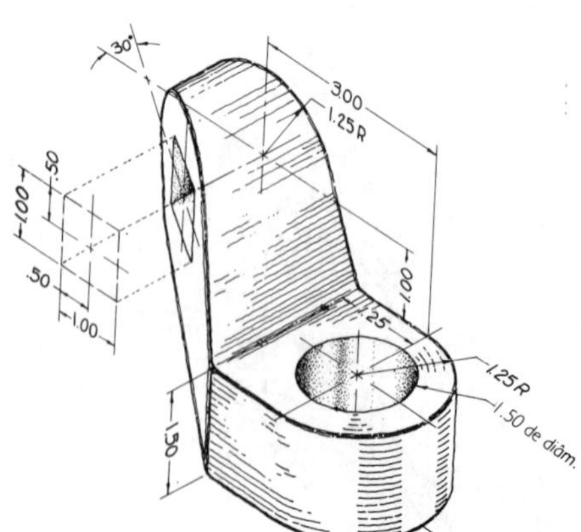

Prob. 30. Suporte de atuador.

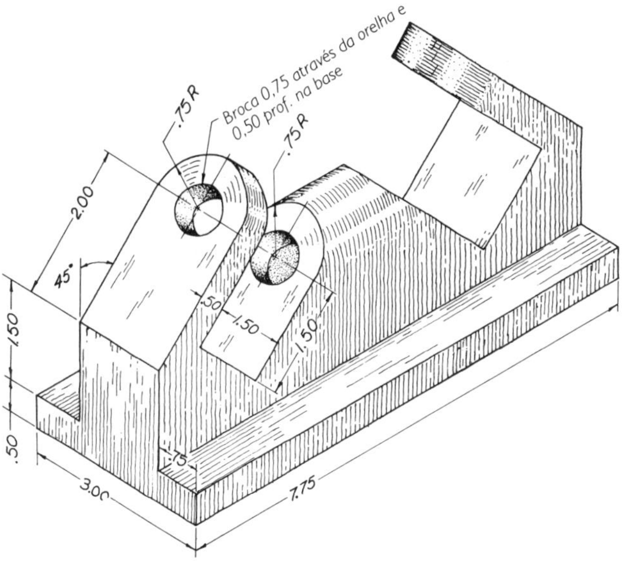

Prob. 31. Base para montagem de gabarito.

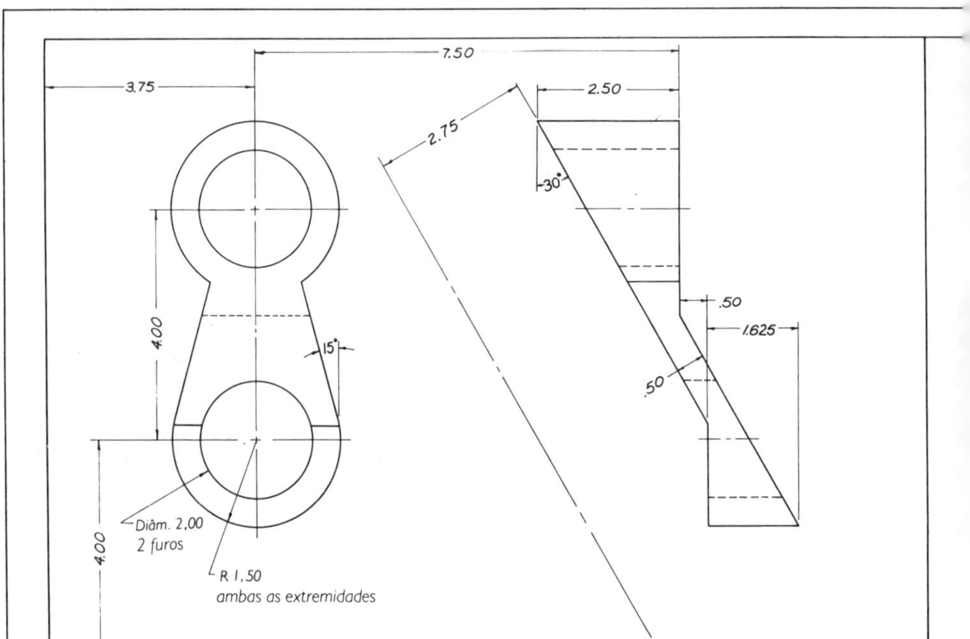

Prob. 32. Cunha de fixação do eixo.

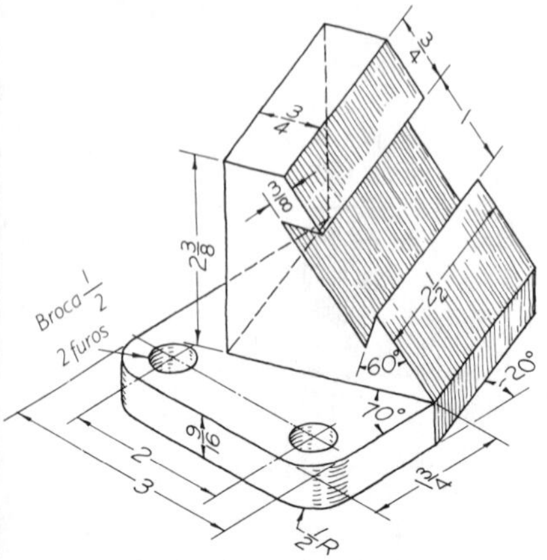

Prob. 33. Gancho prismático.

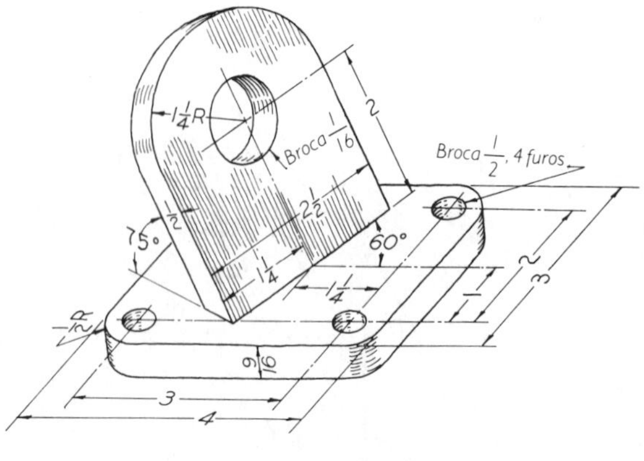

Prob. 34. Base de ancoragem.

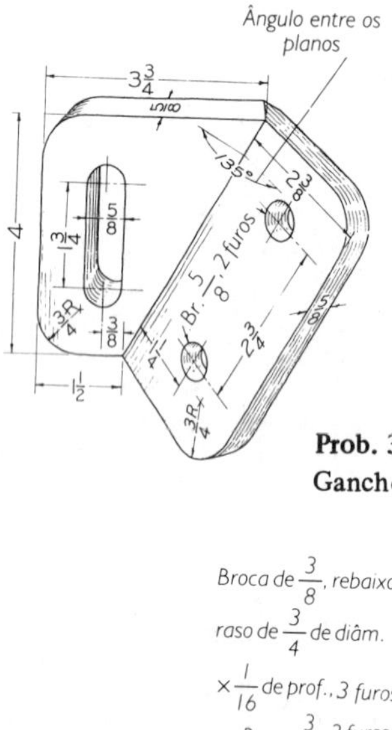

Prob. 35.
Gancho de ajuste.

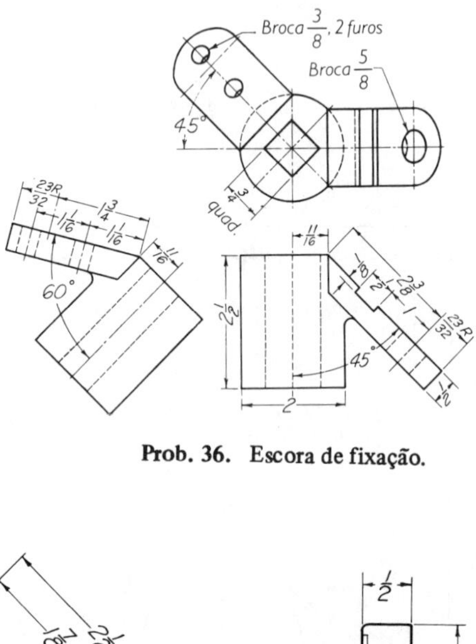

Prob. 36. Escora de fixação.

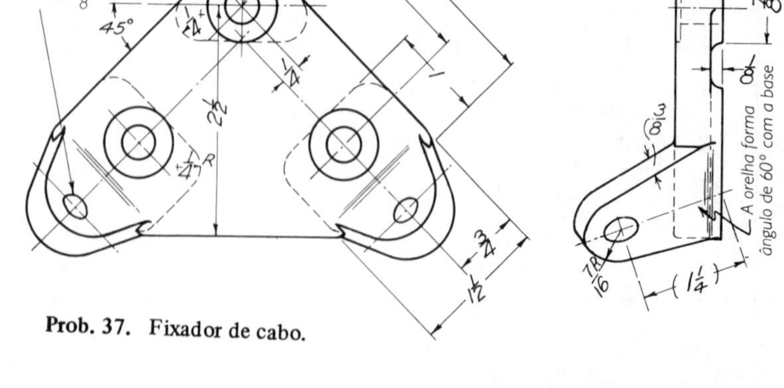

Prob. 37. Fixador de cabo.

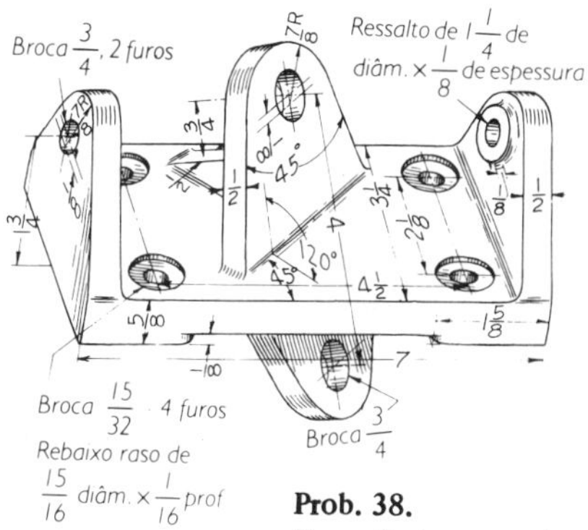

Prob. 38. Conexão transversal.

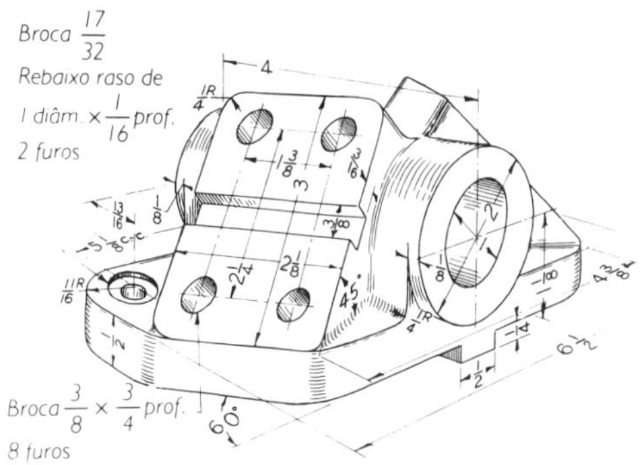

Prob. 39. Base de ferramenta com chanfro.

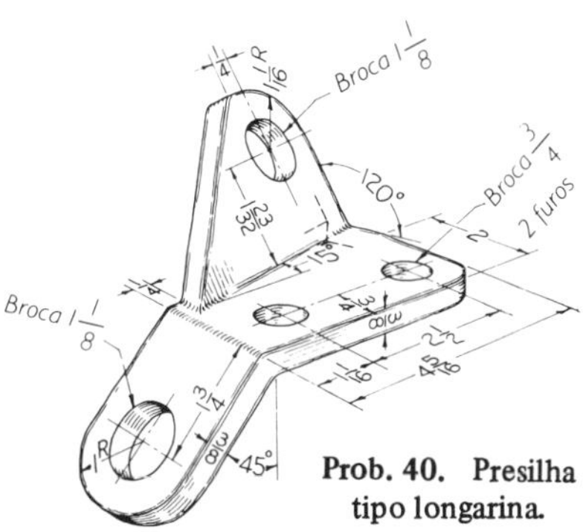

Prob. 40. Presilha tipo longarina.

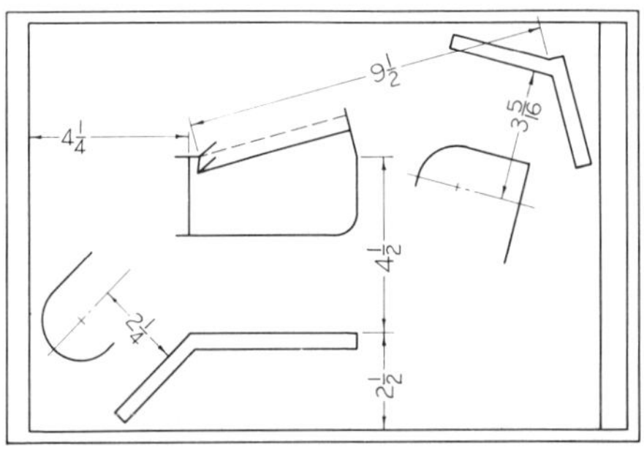

Prob. 41. Gola e chapéu da cabeça do mastro de um guindaste.

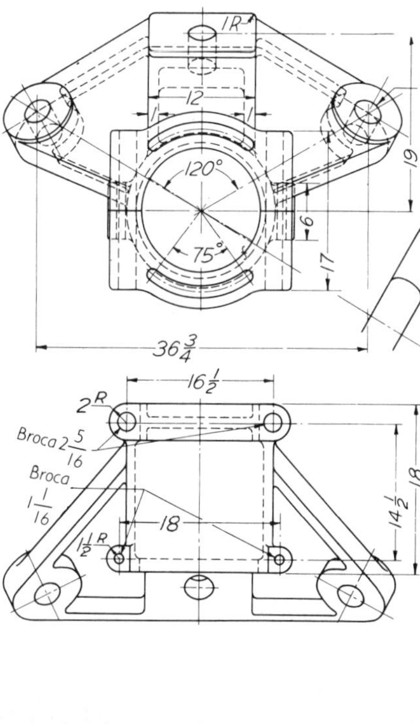

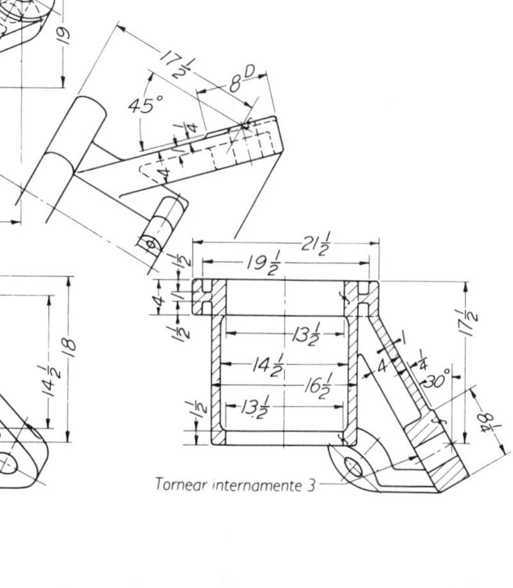

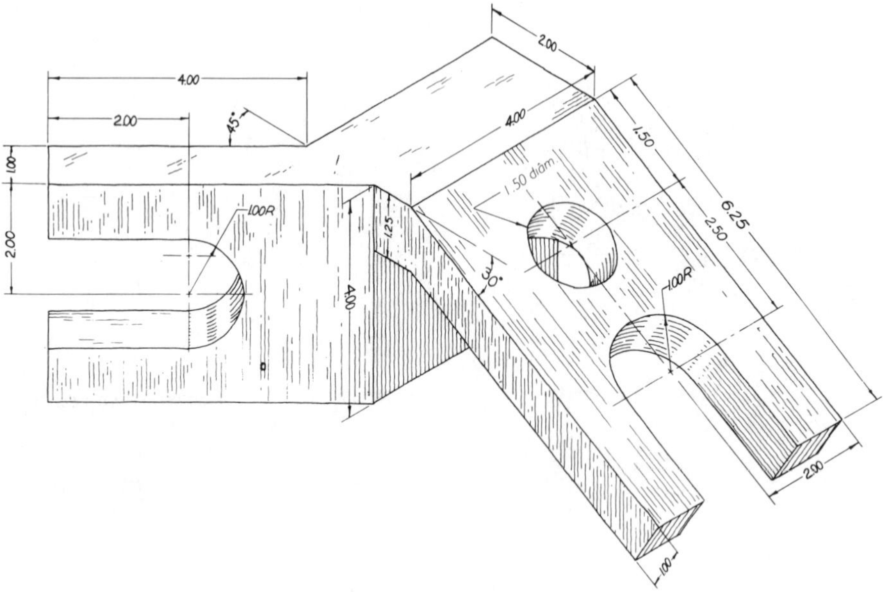

Prob. 42. Conector de barra coletora.

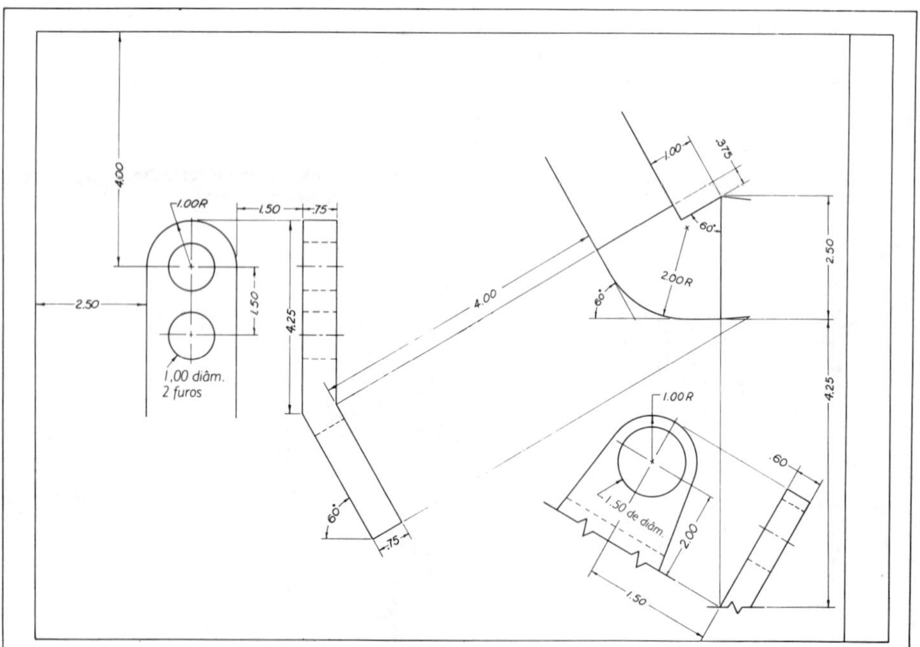

Prob. 43. Suporte de válvula do eixo de controle.

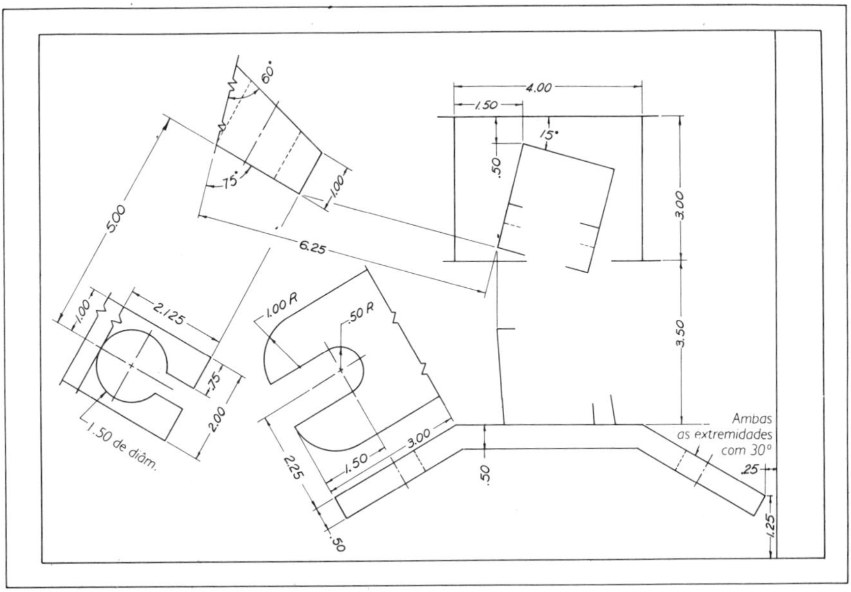

Prob. 44. Garra bípede do eixo.

7 VISTAS SECIONAIS E CONVENÇÕES

Estas vistas e métodos especiais são os auxílios adequados para uma representação ortográfica completa e precisa.

Definição, classificação • Cortes completos, meios-cortes, cortes parciais, rebatidos e removidos • Cortes auxiliares • Cortes de montagens • Processos de desenho • Seções mostrando braços, nervuras, orelhas • Hachurado • Seções alinhadas • Métodos convencionais • Cortes e símbolos convencionais • Problemas.

1. Definição de vistas secionais

Muitas vezes, quando a parte interna de um objeto é complexa ou os componentes de uma máquina são desenhados já montados, a tentativa de mostrar porções ocultas através das linhas tracejadas, geralmente utilizadas em vistas ortográficas comuns, resulta em uma rede confusa de linhas, que dificulta o traçado e torna quase impossível a leitura com clareza, como pode ser observado na Fig. 7.1 em (*a*).

Em tais casos, para auxiliar a descrição do objeto, desenham-se uma ou mais vistas que mostram esse objeto como se uma porção tivesse sido retirada, revelando sua parte interna, como em (*b*). Também no caso de algum detalhe da forma do objeto não estar claro, fazendo-se um corte, através desta parte para depois invertê-la ou inverter e remover, como em (*c*), descrever-se-á a forma de maneira concisa e freqüentemente, eliminar-se-á a necessidade de outra vista completa.

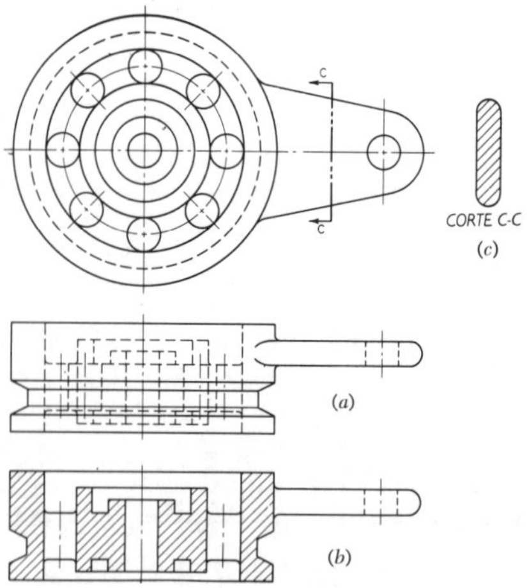

Fig. 7.1. Vantagens das vistas secionais. (*a*) vista ortográfica com arestas ocultas indicadas por linhas tracejadas; (*b*) a mesma vista mas, em corte deixando a forma mais clara; (*c*) vista da seção transversal de orelha mostrada, através de uma seção removida.

Qualquer uma destas convenções é denominada *corte* ou *seção**, que é definida como um corte imaginário de um objeto para expor seu interior ou revelar a forma de uma de suas partes. Denomina-se *vista secional* quando toda ou uma parte substancial da vista foi secionada.

Freqüentemente, é preferível o uso de vistas secionais para alguns objetos simples nos quais vistas ortográficas, *não-secionais*, podem ser lidas com facilidade, porque apresentam as linhas claramente e, enfatizam as partes sólidas, os vazios e a forma.

2. Apresentação dos cortes

O lugar a partir do qual o corte foi tomado deve ser identificável no desenho, as partes sólidas e os vazios devem ser representados na vista secional. Esse lugar é óbvio em muitos casos, como na vista secional (*b*) da Fig. 7.1; o corte foi efetuado de forma bastante evidente a partir do centro (na linha central da vista superior). Em tais casos, não é necessária uma descrição adicional. Se o local a partir do qual um corte foi tomado não é óbvio como em (*c*), são utilizados um *plano de corte*, setas direcionais e letras de identificação para seu reconhecimento. Sempre que houver qualquer dúvida

---

* Nos Estados Unidos usa-se indistintamente o termo corte ou seção. No Brasil, as Normas Brasileiras determinam o seguinte:
Vistas ortográficas secionais são as obtidas quando se supõe o objeto cortado por plano secante (plano de corte), convenientemente escolhido, e removida a parte interposta entre o plano secante e o observador.
As vistas secionais classificam-se em *corte* e *seção*.
Corte: registra tanto a interseção do plano secante com o objeto como a projeção da parte deste situada além daquele plano.
Seção: registra tão-somente a interseção do plano secante com o objeto.
(N. da ed. bras.)

sobre a posição em que o corte foi efetuado, deve-se indicar o plano de corte (ver alfabeto das linhas, Seç. 39, Cap. 2). Um plano de corte é um plano secante imaginário, utilizado para mostar a trajetória percorrida para cortar um objeto, quando se realiza um corte. Os planos secantes para cada tipo de corte serão discutidos nas seções seguintes.

Uma vista secional deve mostrar quais as partes do objeto que são de material sólido e quais os vazios. Isto é feito pelo uso de linhas paralelas chamadas, algumas vezes, de "hachuradas", como pode-se observar em (*b*) e (*c*). O método de utilização do hachurado é examinado na Seç. 11, onde também são discutidas as convenções para representação de cada material.

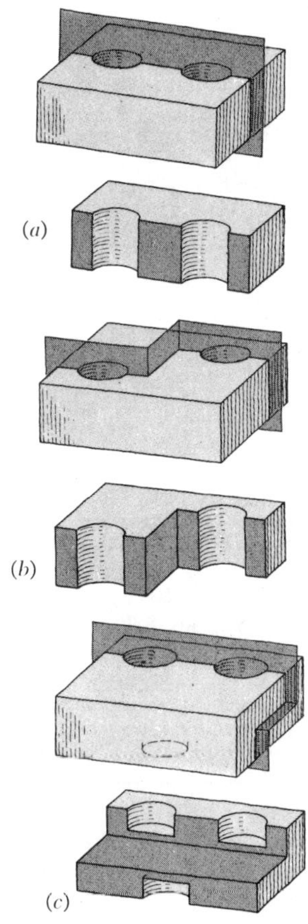

Fig. 7.2. Planos de corte num corte total. O plano de corte pode atravessar diretamente (*a*) ou mudar de direção (*b* e *c*) para que possa atravessar partes essenciais a serem mostradas.

3. Tipos de corte

Apesar das diferentes denominações dos cortes e vistas secionais para identificação e especificação do tipo de vista adequado a um desenho, esses nomes não são apresentados no desenho pela mesma razão pela qual uma vista superior, de frente ou lateral não é rotulada – as vistas são facilmente interpretadas e um operário não necessita do nome para ler o desenho. Os nomes são determinados pelo caráter do corte ou pela parcela da *vista* desenhada em corte e *não* pela parcela do objeto que foi removida.

4. Corte total

Um corte total é aquele em que o plano de corte atravessa totalmente o objeto, como na Fig. 7.2, de forma tal que mostra a projeção completa "em corte". O plano de corte pode passar em linha reta como em (*a*) ou pode haver deslocamento, modificando a direção para a frente ou para trás, para atravessar partes essenciais que de outra forma não teriam sido desenhadas, como em (*b*) e (*c*). Algumas vezes são desenhadas duas vistas em corte ocasionadas por dois planos de corte, como em (*a*) na Fig. 7.3. Em tais casos, cada uma das vistas é considerada em separado, sem referência àquilo que foi removido para outra vista. Desta forma, em (*b*) é apresentada a parte restante e a superfície de corte de uma vista secional e, em (*c*) a outra vista secional. A Fig. 7.4 é o desenho ortográfico de um objeto com indicações para o

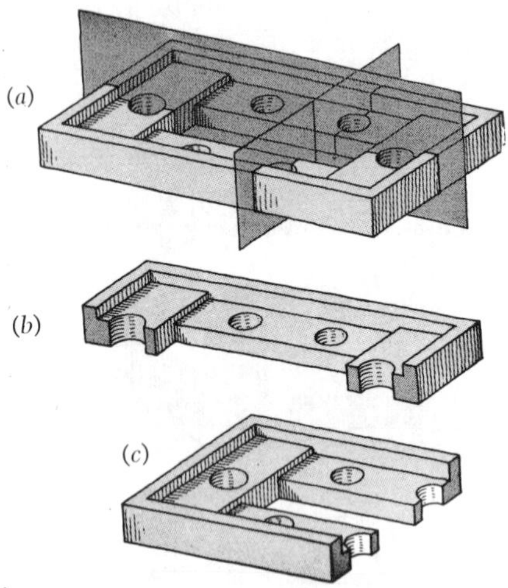

Fig. 7.3. Dois planos de corte. Os dois planos em (*a*) produzirão os cortes (*b*) e (*c*). Cada corte é considerado em separado, sem referência ao que foi removido na outra vista.

secionamento, como é apresentado na Fig. 7.3. Tanto as vistas laterais como as de frente são vistas secionais completas.

A Fig. 7.5 apresenta um corte total feito por um plano de corte com deslocamento. Observar que a *mudança de direção do plano não* é apresentada na vista secional já que o corte é completamente imaginário e, nesta posição, não há *nenhuma borda* presente no objeto.

5. Meio-corte

É uma vista utilizada, às vezes, no desenho de objetos simétricos nos quais uma metade é desenhada em corte e a outra em vista convencional. Imagina-se que o plano de corte vá somente até o centro e então, para a frente, como na Fig. 7.6. Um meio-corte tem a vantagem de indicar em uma só vista, tanto a parte interna como a externa do objeto sem usar linhas tracejadas como em (*a*) na Fig. 7.7. No entanto, um meio-corte feito desta maneira é difícil de dimensionar sem ambigüidade e assim, se houver necessidade de

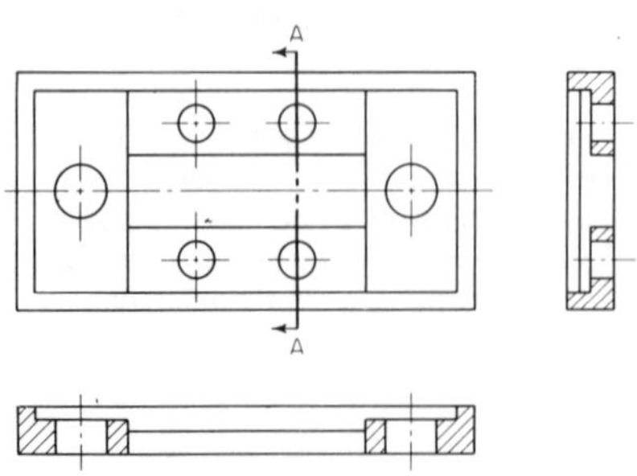

Fig. 7.4. Corte total. Este é o desenho ortográfico do objeto da Fig. 7.3. A posição do plano de corte para o corte da vista de frente está óbvia e não foi marcada na vista superior. A seção *A-A* (vista lateral) tem seu plano de corte identificado, porque a seção poderia ter sido feita em qualquer outro lugar.

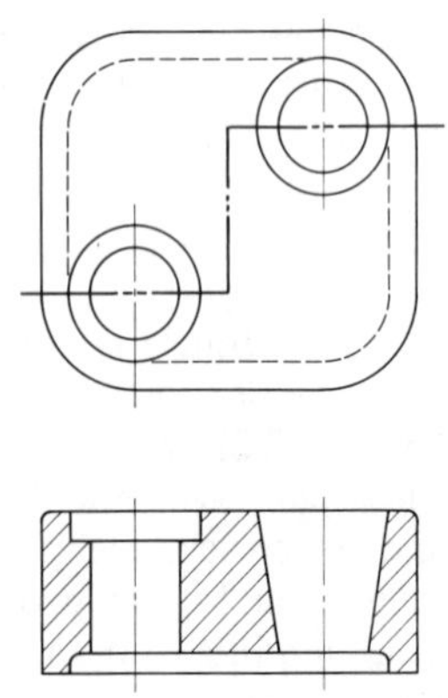

Fig. 7.5. Um corte total. O plano de corte é deslocado para atravessar as duas partes principais do objeto.

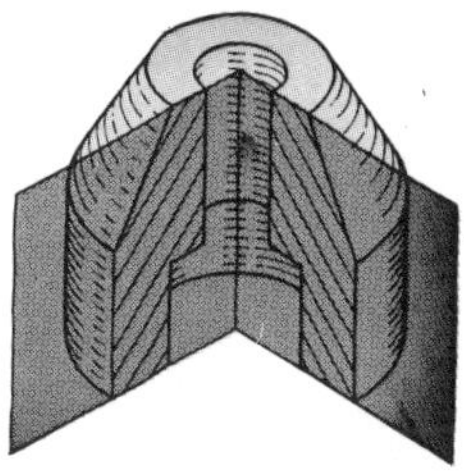

Fig. 7.6. O plano de corte para um meio-corte. A metade da vista secional resultante estará em corte e a outra metade em vista externa.

maior clareza, podem ser adicionadas linhas tracejadas, como em (*b*).

Observar especialmente que uma *linha central* separa as partes interna e externa da vista secional. É esta a mesma razão por que na Fig. 7.5, a mudança na direção do deslocamento do plano de corte não é apresentada – não há arestas *no objeto*, no centro.

6. Corte parcial

Freqüentemente, é necessário mostrar uma parte interna do objeto, mas não há possibilidade de usar um corte completo ou meio-corte porque o plano de corte retiraria alguma das partes essenciais à compreensão do desenho. Por esse motivo, o plano de corte se estende somente até onde for necessário, como ilustra a Fig. 7.8*a* e *b*, sendo então concebido como "parcial". A Fig. 7.9 é um exemplo. Observar a linha de corte irregular que delimita a extensão do corte.

7. Seção rebatida [corte rebatido]

Como está indicado na Sec. 1, uma seção pode ser uma fatia de espessura desprezível, utilizada para mostrar uma forma que, de outra maneira, seria difícil de ver e descrever. O plano de corte para tal seção é apresentado na Fig. 7.10. Se a seção resultante for rebatida de 90° *sobre* a vista, como na Fig. 7.11, é denominada seção rebatida. Sempre que o contorno da vista interfere com a seção, a vista é interrompida, como na Fig. 7.12.

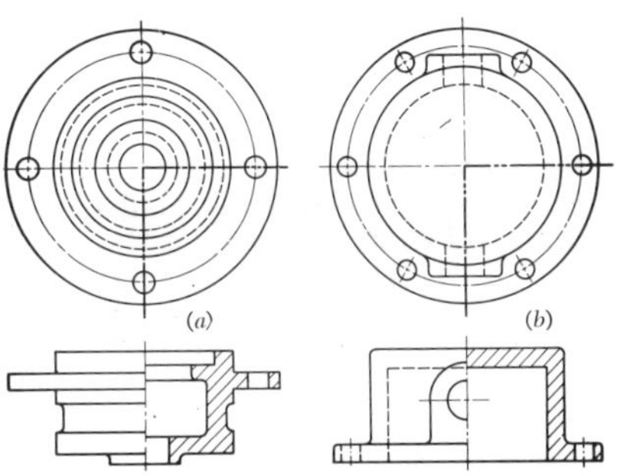

Fig. 7.7. Meios-cortes. Raramente, são utilizadas linhas tracejadas (*a*), mas podem ser usadas se forem necessárias para maior clareza e para auxiliar no dimensionamento (*b*).

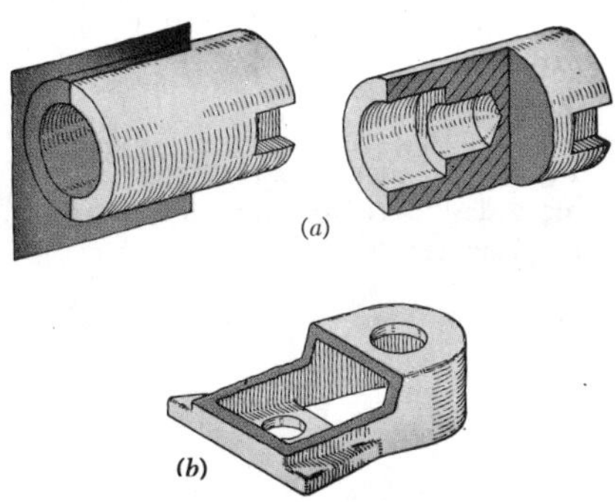

Fig. 7.8. Planos de corte para cortes parciais. O plano de corte se estende somente um pouco além das partes essenciais a serem apresentadas em corte.

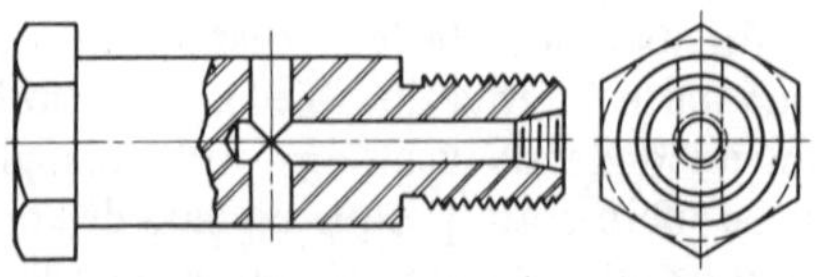

Fig. 7.9. Um corte parcial. Observar que uma linha padrão de corte delimita a parte em corte.

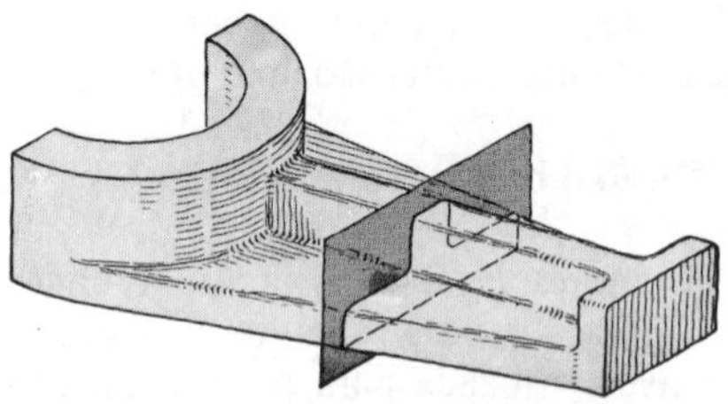

Fig. 7.10. O plano de corte para uma seção rebatida ou removida. É retirada uma fatia de espessura desprezível.

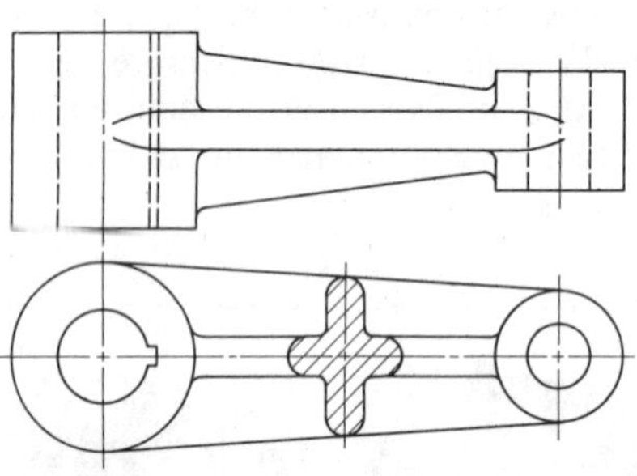

Fig. 7.11. Uma seção rebatida. A seção desloca-se 90° para se colocar no plano da vista.

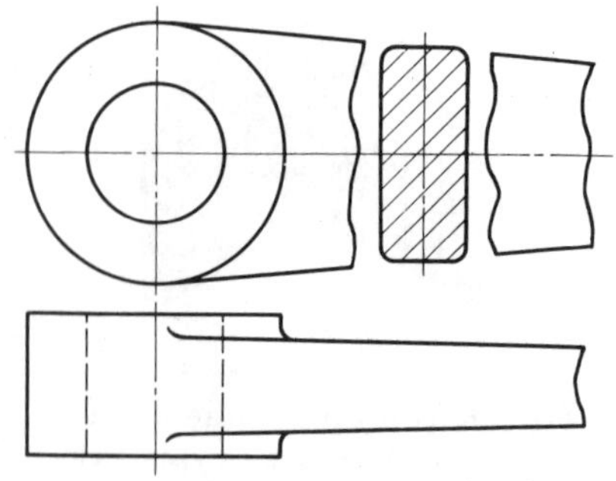

Fig. 7.12. Uma seção rebatida com vista interrompida. A vista é interrompida dessa maneira sempre que seu contorno interfere com a seção.

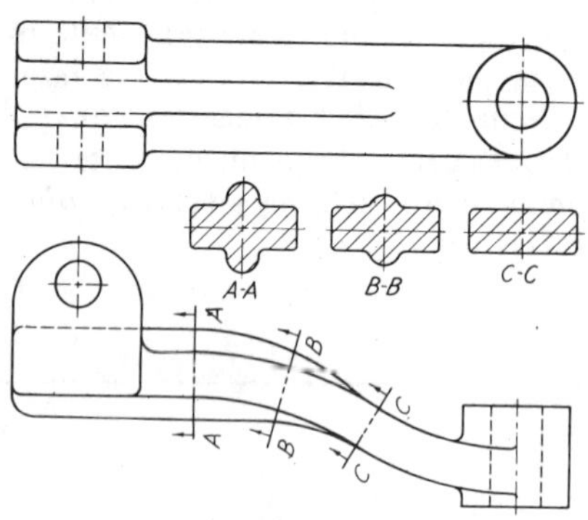

Fig. 7.13. Seções removidas. Os planos de corte e as seções combinadas devem ser identificadas.

8. Seções removidas

São usadas com o mesmo objetivo das seções rebatidas mas, ao invés de serem desenhadas *sobre* a vista, são, desta, destacadas para um lugar adjacente no papel, como na Fig. 7.13.

O plano de corte com letras de referência deve sempre estar indicado, a não ser que seja óbvio o lugar de onde a seção foi retirada. Os cortes removidos são utilizados sempre que houver restrição de espaço para a seção ou que, o seu dimensionamento impedir o uso de uma seção rebatida. Quando a forma de uma parte gradualmente se modifica ou não é uniforme, pode haver a necessidade de várias seções (Fig. 7.14). Freqüentemente, há vantagens em desenhar as seções em uma escala maior do que aquela do desenho principal, com o objetivo de apresentar as dimensões com maior clareza. Algumas vezes, os cortes são removidos para uma folha de desenho separada. Quando se fizer isto, o corte deverá ser cuidadosamente indicado no desenho principal com plano de corte e letras de identificação. Freqüentemente tais letreiros tomam a forma de uma fração num círculo, sendo o numerador as letras que identificam a seção e o denominador um número que identifica a folha. Então, a vista secional é marcada com as mesmas letras e números. O ANSI recomenda que, quando possível, um corte removido deve ser desenhado na sua posição natural de projeção. Observar que na Fig. 7.14, esta recomendação é obedecida.

9. Cortes auxiliares

São as vistas secionais que se ajustam a todos os princípios expostos no Cap. 6 sobre vistas auxiliares (normais e de arestas). A Fig. 7.15 mostra um corte *auxiliar*, ocasionado por um plano de corte com inclinação para mostrar o interior da peça. A vista de aresta de qualquer das faces perpendiculares também pode ser visualizada na vista normal, como na Fig. 7.15. Todos os tipos de cortes – totais, meios-cortes, parciais, seções rebatidas e removidas – são utilizados nos cortes auxiliares. A Fig. 7.16 apresenta cortes parciais e auxiliares que também são adequadamente denominados, seções removidas em posição auxiliar. Observar na Fig. 7.16, que as duas seções são vistas auxiliares de seus planos de corte.

10. Cortes de montagens

Como indica o nome, um corte de montagem é constituído de uma combinação de partes. Todos os tipos de cortes mencionados anteriormente podem ser usados para aumentar a clareza e a capacidade de leitura de desenhos de montagem. Freqüentemente, o plano de corte para um corte de montagem é deslocado, como na Fig. 7.17, revelando as diferentes partes de uma máquina ou estrutura.

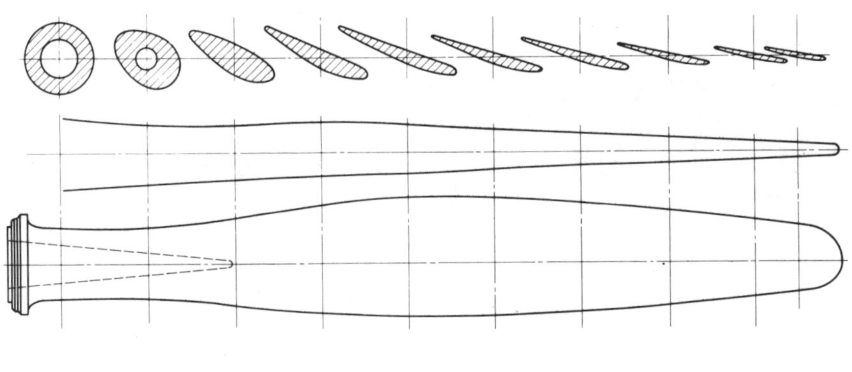

Fig. 7.14. Seções removidas em projeção. Não são necessárias identificações dos planos de corte e seções combinadas.

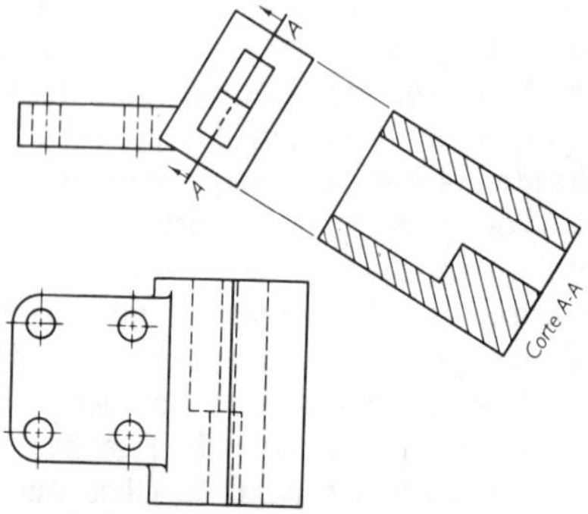

Fig. 7.15. Corte auxiliar. O corte é uma vista normal do plano de corte.

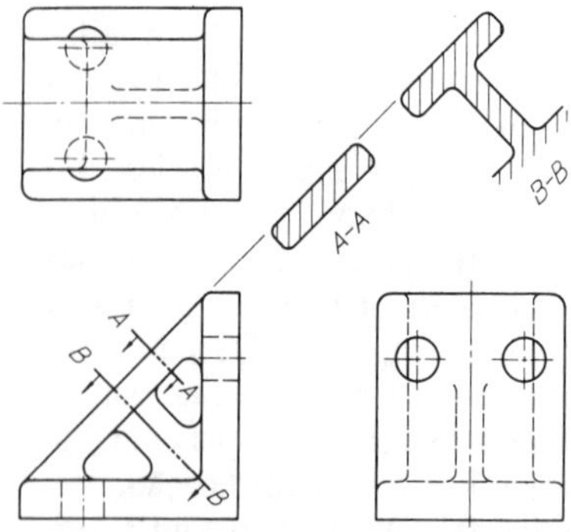

Fig. 7.16. Cortes auxiliares (parciais). São necessárias identificações dos planos de corte e seções combinadas.

O objetivo de um corte de montagem é revelar a parte interna de uma máquina ou estrutura de forma que diferentes partes possam ser vistas e identificadas claramente, não sendo necessário descrevê-las completamente. Desta forma, são apresentados somente aqueles detalhes ocultos necessários à identificação e ao dimensionamento de partes. Além disso, não é preciso mostrar a pequena folga entre partes encaixadas ou móveis, pois esta teria de ser muito exagerada, tornando o desenho confuso. Mesmo a folga entre um pino e seu orifício, que pode ser de até $^1/_{16}$ pol., raramente é mostrada. A Fig. 7.18 é um exemplo de um corte de montagem de forma tabular. O elemento é semelhante àquele da Fig. 7.17. Observar na Fig. 7.18 que em ambas as vistas é utilizado um meio-corte.

A técnica do hachurado usado nos cortes de montagens é explicada na Seç. 11.

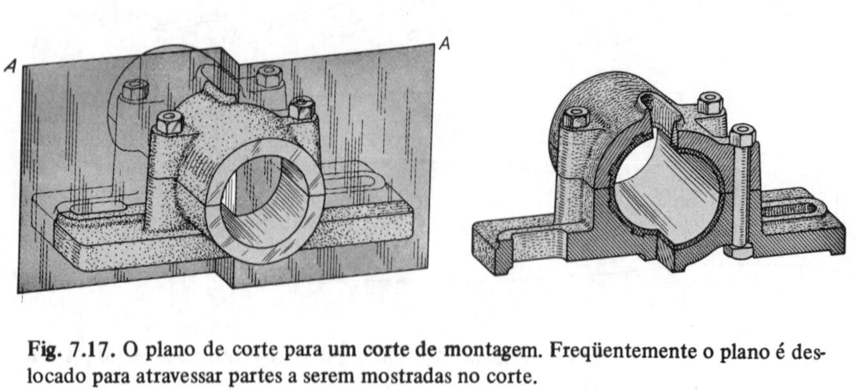

Fig. 7.17. O plano de corte para um corte de montagem. Freqüentemente o plano é deslocado para atravessar partes a serem mostradas no corte.

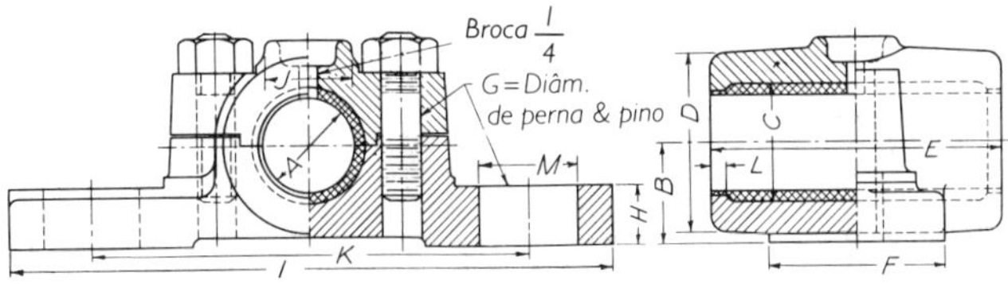

A	B	C	D	E	F	G	H	I	J	K	L	M
$1\frac{3}{16}$	$1\frac{1}{4}$	$1\frac{1}{2}$	$2\frac{1}{4}$	$3\frac{3}{4}$	$2\frac{1}{4}$	$\frac{1}{2}$	$\frac{3}{4}$	$7\frac{3}{4}$	$1\frac{1}{8}$	$5\frac{5}{8}$	$\frac{3}{16}$	$1\frac{1}{4}$
$1\frac{7}{16}$	$1\frac{7}{16}$	$1\frac{3}{4}$	$2\frac{5}{8}$	$4\frac{1}{2}$	$2\frac{5}{8}$	$\frac{1}{2}$	$\frac{13}{16}$	8	$1\frac{1}{4}$	$5\frac{7}{8}$	$\frac{3}{16}$	$1\frac{1}{4}$
$1\frac{11}{16}$	$1\frac{5}{8}$	$2\frac{1}{16}$	3	$5\frac{1}{4}$	3	$\frac{1}{2}$	$\frac{7}{8}$	$8\frac{1}{2}$	$1\frac{1}{4}$	$6\frac{3}{8}$	$\frac{3}{16}$	$1\frac{1}{4}$

Fig. 7.18. Um desenho secional da montagem. As vistas secionais dão ênfase à construção e às partes isoladas.

11. Técnica para o traçado de vistas secionais

Em geral, são obedecidas as regras de projeção no desenho de vistas secionais. A Fig. 7.19 apresenta o desenho de uma peça fundida atravessada por um plano de corte, mostrando que a peça foi secionada pelo plano *A-A* e a parte anterior removida, expondo o interior. A Fig. 7.20 apresenta o desenho de uma peça fundida com a vista de frente em corte. O traço do plano de corte está indicado na vista superior por uma linha, com letras e setas de referência para mostrar a direção segundo o qual o corte foi realizado. É preciso que se entenda que para realizar a vista secional, removendo a porção do objeto mais próxima do observador, na determinação de outras vistas, não se omite a porção que foi removida. Desta forma, as vistas do objeto localizadas na parte superior e lateral direita na Fig. 7.20, estão inteiras e completas e somente na

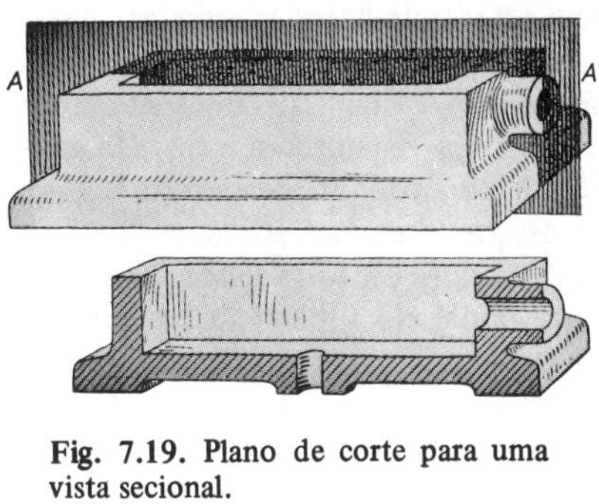

Fig. 7.19. Plano de corte para uma vista secional.

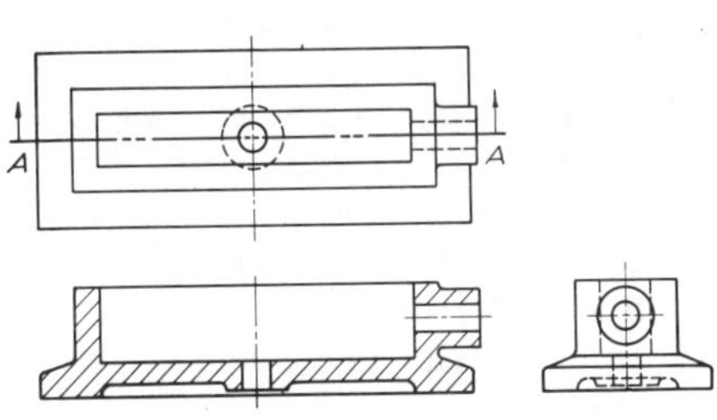

Fig. 7.20. Desenho com uma vista secional. Este é o mesmo objeto apresentado na Fig. 7.19.

vista de frente uma parte do objeto foi representada, como se a outra tivesse sido removida.

A simbologia recomendada pela ANSI para o traço do plano de corte, arestas visíveis e ocultas e para o hachurado é a seguinte:

Símbolo do plano de corte. É representado na vista ortográfica onde o plano de corte aparece segundo uma linha é melhor identificado através de letras de referência e setas para indicar em que direção a vista foi obtida. O traço do plano de corte é apresentado no alfabeto das linhas, Figs. 2.56 e 2.57. As Figs. 7.1 e 7.20 ilustram o uso deste símbolo. Freqüentemente, quando a posição da seção é evidente, omite-se o traço do plano de corte (Fig. 7.21). Nem sempre se deseja mostrar o traço do plano de corte em toda a sua extensão; assim, em tais casos, são indicados o ponto inicial e o ponto final do plano, como nas seções *A-A* e *B-B* do problema 47, apresentado no final do capítulo. Nos cortes removidos geralmente, é necessário que o símbolo do plano de corte venha acompanhado de setas e letras para mostrar a direção e denominação da vista secional resultante (Fig. 7.16).

Detalhes ocultos desnecessários. As arestas e faces ocultas não são mostradas a não ser quando necessárias para a descrição do objeto. Pode haver muita confusão se forem desenhados todos os detalhes localizados atrás do plano de corte. Na Fig. 7.21, o desenho (*a*) mostra uma vista secional com todas as arestas e faces ocultas representadas por linhas tracejadas. Essas linhas complicam a vista e não acrescentam nenhuma informação. Prefere-se a vista (*b*) porque é mais simples, consome menos tempo de desenho e é mais fácil de ler do que a vista (*a*). Os furos se encontram numa linha central circular; quando há detalhes iguais que se repetem, todos são considerados como semelhantes.

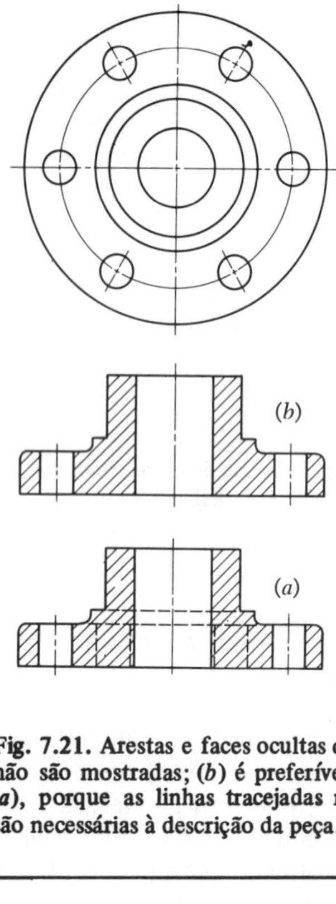

Fig. 7.21. Arestas e faces ocultas que não são mostradas; (*b*) é preferível a (*a*), porque as linhas tracejadas não são necessárias à descrição da peça.

Detalhes ocultos necessários. As arestas e faces ocultas são apresentadas quando forem necessárias para a descrição do objeto. Na Fig. 7.22, a vista (*a*) é inadequada, pois não mostra a espessura das orelhas. O tratamento correto é apresentado na vista (*b*), onde mostram-se as orelhas através de linhas tracejadas.

Detalhes visíveis mostrados em vistas secionais. A Fig. 7.23 apresenta em perspectiva um objeto com a metade anterior removida, expondo, desta forma, arestas e faces que se encontram atrás do plano de corte. Em (*a*), mostra-se somente uma vista secional da superfície de corte, com omissão dos elementos visíveis. Esta representação *nunca* deve ser usada. A vista deve ser desenhada como em (*b*), com as arestas e faces localizadas atrás do plano de corte incluídos na vista secional.

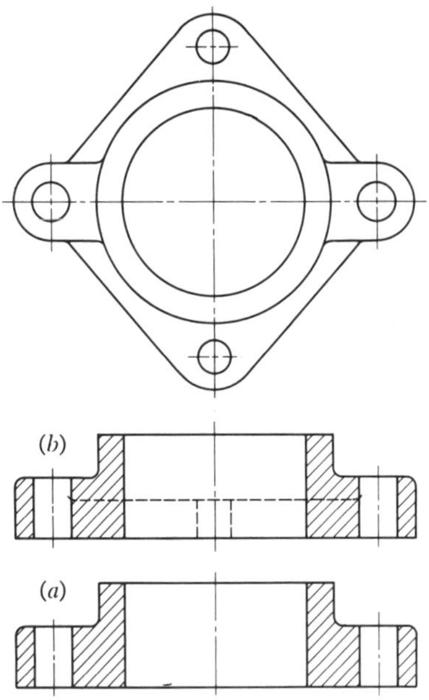

Fig. 7.22. Arestas e faces ocultas que são mostradas. *Deve-se* usar (*b*) ao invés de (*a*) porque as linhas tracejadas são necessárias para a descrição da peça.

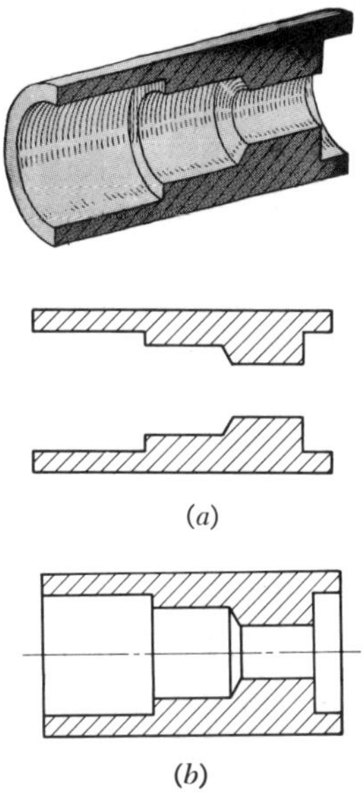

Fig. 7.23. Arestas visíveis que são mostradas. São as arestas vistas atrás do plano da seção e devem ser mostradas como em (*b*).

Detalhes visíveis que não são mostrados em vistas secionais. Algumas vezes, pode haver confusão se todos os detalhes visíveis atrás do plano de corte forem desenhados; eles podem ser omitidos se não auxiliam na legibilidade do trabalho. A omissão de detalhes deve ser cuidadosamente considerada e pode ser justificada em termos de tempo economizado no desenho. Isto se aplica principalmente a desenhos de montagens, utilizados antes para demonstrar como as peças se ajustam umas às outras do que para fornecer informações completas sobre a sua manufatura (ver Fig. 7.24).

Hachurado. Sempre que um material for cortado pelo plano de seção, indicar-se-á a superfície cortada através do hachuramento feito com linhas finas, geralmente a 45° em relação às linhas principais da vista e regulamente espaçadas de forma a dar um sombreado uniforme. Estas linhas são inteiramente espaçadas a olho, exceto quando for utilizado algum hachurador mecânico. O espaço ou a distância entre as linhas é orientado pelo tamanho da superfície. Em desenhos comuns, não será menor do que 1,5 mm, e raramente maior do que 3 mm. Peças *muito* pequenas podem requerer espaçamento menor do que 1,5 mm. Cuidar, ao estabelecer o espaço das primeiras duas ou três linhas e observá-las freqüentemente, para que este gradualmente não aumente ou diminua. Nada prejudica mais a aparência de um desenho do que um hachurado mal feito.

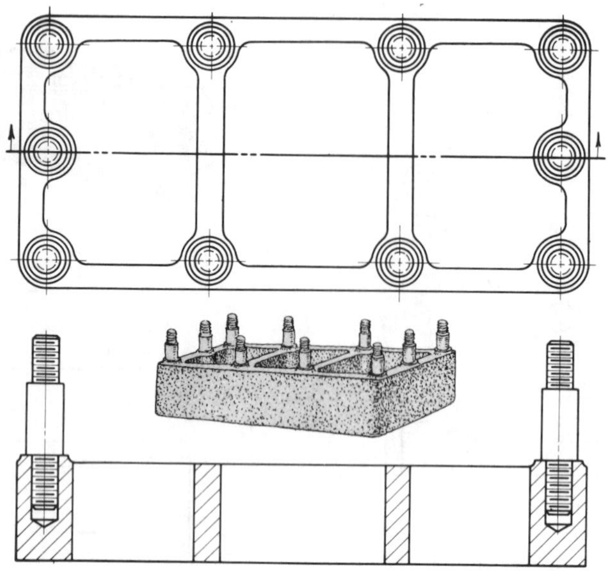

Fig. 7.24. Omissão de detalhes. Os detalhes localizados atrás do plano da seção podem ser omitidos quando não auxiliam na legibilidade ou quando podem causar ambigüidade.

O alfabeto das linhas, Figs. 2.56 e 2.57, mostra a espessura das linhas de hachurado.

Duas peças adjacentes de um desenho de montagem são hachuradas em direções opostas. Se três peças foram contíguas, uma delas pode ser hachurada em ângulo diferente de 45° (geralmente 30° ou 60°, Fig. 7.25) ou todas podem ser hachuradas a 45°, usando espaçamentos diferentes em cada peça. Se uma parte tiver uma forma tal, que a seção a 45° corra paralela ou quase paralela aos seus contornos principais, deve-se escolher outra direção (Fig. 7.26).

As grandes superfícies são, algumas vezes, hachuradas somente ao redor da aresta como ilustra a Fig. 7.27.

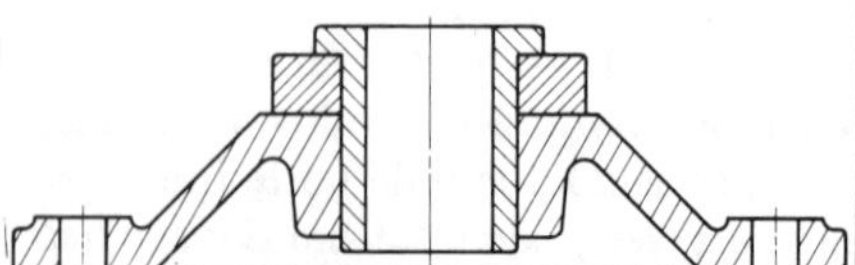

Fig. 7.25. Hachurado de peças adjacentes. Com o objetivo de dar ênfase, as peças adjacentes são hachuradas em direções opostas e/ou espaçamentos diferentes. A mesma parte, em diferentes vistas ou em peças diferentes de uma mesma vista, deve ser hachurada com espaçamento e direção idênticos (os auxiliares são uma possível exceção).

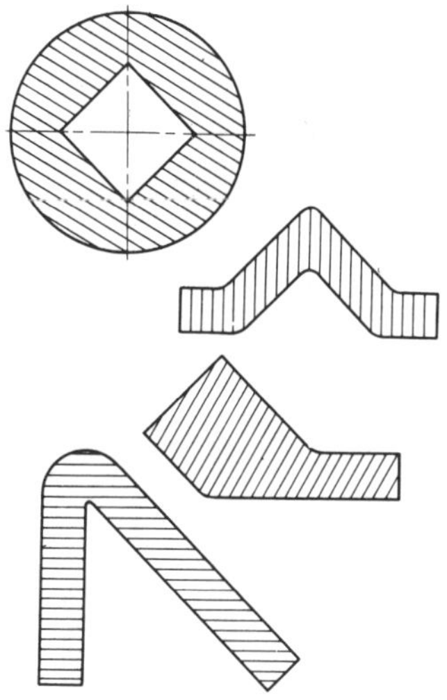

Fig. 7.26. Direções do hachurado em formas incomuns. Evitar direções paralelas aos contornos das vistas.

Seções muito finas, como em gaxetas, juntas ou perfis de estruturas metálicas quando em escala reduzida, podem ser representadas em preto, com filetes brancos entre as partes contíguas (Fig. 7.28).

O hachurado conservar-se-á com o mesmo espaçamento e direção[1] sempre que indicar a mesma peça, em diferentes vistas, ou as diferentes partes de uma peça, na mesma projeção (Figs. 7.18 e 7.24).

Peças adjacentes são hachuradas em direções diferentes; freqüentemente, para maior clareza, empregam-se hachurados com afastamentos diversos, utilizando espaçamento menor para as peças menores (Figs. 7.25 e 7.29).

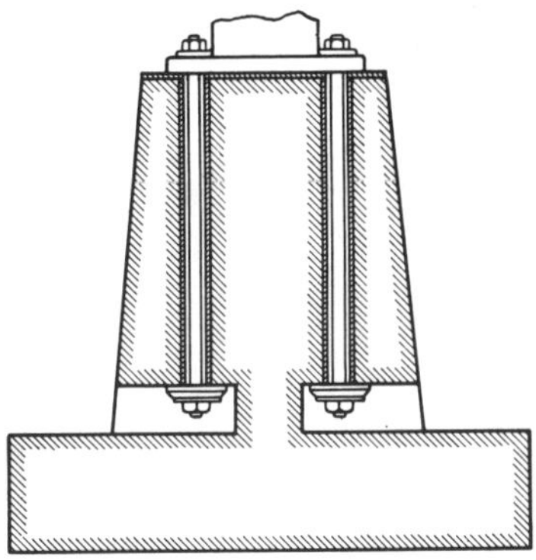

Fig. 7.27. Hachurado no contorno. Economiza tempo de desenho em grandes vistas ou grandes desenhos.

Representação gráfica dos materiais. Raramente utiliza-se o hachurado simbólico em desenhos comuns mas, num corte de montagem, ele é, algumas vezes, útil para fazer uma distinção entre materiais e é obviamente vantajosa a existência de um código padrão reconhecido. No Apêndice deste livro, encontram-se os

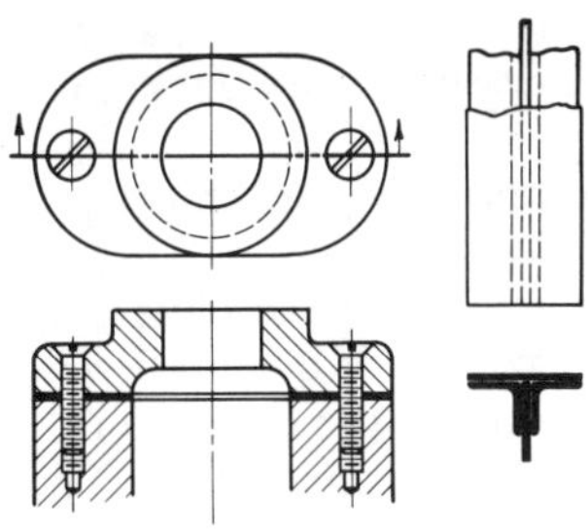

Fig. 7.28. Materiais de pequena espessura em corte. São desenhados como se fossem sólidos, porque não há espaço suficiente para hachurado.

[1] Faz-se uma exceção a esta regra ao hachurar vistas auxiliares, a fim de evitar linhas que sejam total ou parcialmente paralelas ou perpendiculares aos contornos da vista.

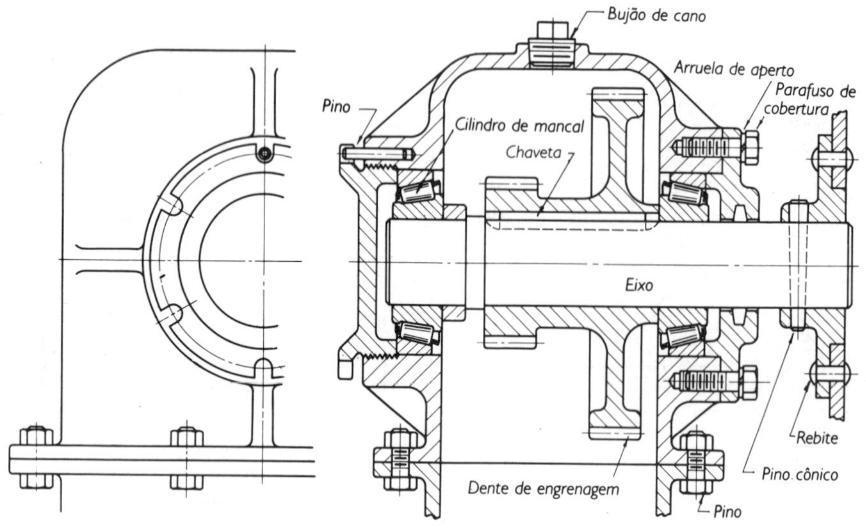

Fig. 7.29. Parte de uma *montagem* em seção. Eixos, pinos, porcas, hastes, rebites, chavetas e outros, cujos eixos estão no plano de seção permanecem em vista completa (não são secionados).

símbolos adotados pela ANSI para indicar os diferentes materiais. O código de hachurado é utilizado somente como um auxiliar na leitura de um desenho e não deve ser considerado como uma especificação definitiva dos materiais. As especificações exatas sobre o material a empregar em cada peça são sempre fornecidas no desenho de detalhes.

12. Convenções usadas na prática

As vistas secionais são obtidas através de cortes imaginários que obedecem fielmente a teoria da projeção. No entanto, as regras rígidas da projeção exata podem ser desprezadas se, assim procedendo, pode-se desenhar um tipo de vista que represente a forma do objeto com maior clareza. É impossível ilustrar todas as situações que podem ocorrer mas, a discussão que vem a seguir, apresenta os princípios que são reconhecidos como boa prática, já que a sua observância aumentará a clareza e legibilidade do desenho.

13. Partes não-secionadas

Muitos componentes de uma máquina, tais como cavilhas, pinos e eixos, não possuem construção interna e, além disso, são reconhecidos mais facilmente pelas suas vistas externas. Freqüentemente, esses componentes se encontram na trajetória de um plano de corte mas se forem secionados (e hachurados) se tornarão mais difíceis de ler já que suas características típicas de identificação (cabeças de pinos e de rebites, chanfros de eixos, etc.) serão removidas. Desta forma, características desse tipo devem ser deixadas em vista completa e *não devem ser secionadas*. Para justificar esse procedimento, considera-se a montagem como tendo sido secionada em um determinado plano onde as partes não-secionadas são colocadas nos meios-furos que restam após a realização do corte. A Fig. 7.17 mostra um corte total ocasionado por um plano de corte deslocado que atravessa um pino, que aparece em vista completa. A Fig. 7.29 mostra vários componentes, que não foram secionados; é evidente que se o eixo, os pinos, as porcas de parafuso, os rebites, etc., fossem secionados, o desenho se tornaria confuso e difícil de ler.

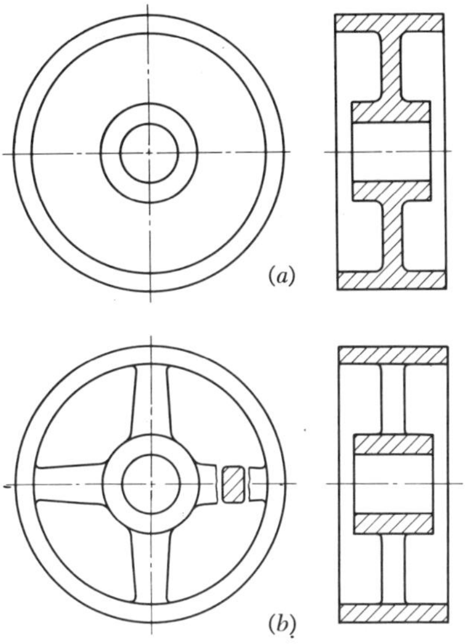

Fig. 7.30. Raios em corte. A roda com raios (*b*) é tratada como se o plano de corte estivesse na frente dos raios, evitando que a seção seja lida como uma linha de braço sólida (*a*).

14. Raios e braços em corte

Um princípio básico para o secionamento de partes circulares é que qualquer elemento que não seja contínuo (não seja sólido), localizado ao redor do eixo da peça deve ser desenhado sem hachurado para evitar um efeito enganador. Por exemplo, comparem-se as duas polias da Fig. 7.30. A polia (*a*) possui uma placa sólida que interliga o cubo e a coroa. A polia (*b*) possui quatro raios. Mesmo que o plano de corte atravesse dois dos raios, a vista secional de (*b*) deve ser realizada sem hachurar esses raios, a fim de evitar a aparência de um braço sólido, como na polia (*a*).

Outros componentes de máquinas tratados desta forma são os dentes de rodas dentadas, de correntes, pás de hélice, nervuras de apoio de partes cilíndricas, orelhas separadas por espaços iguais e peças semelhantes.

15. Nervuras em corte

Por razões idênticas àquelas apresentadas na Seç. 14, quando o plano de corte atravessa longitudinalmente o centro de uma nervura ou outro elemento semelhante, como na Fig. 7.31, elimina-se o hachurado das nervuras e imagina-se que o plano de corte passe exatamente por sua frente ou que tenham sido temporariamente removidas e recolocadas após a seção ter sido realizada. Uma vista secional verdadeira com as nervuras hachuradas tem um efeito pesado, enganador, sugerindo uma forma cônica, como é mostrado em (*b*). O mesmo princípio pode ser aplicado a nervuras cortadas longitudinalmente em peças retangulares (Fig. 7.32). Quando o plano de corte seciona transversalmente uma nervura, isto é, em ângulos retos em relação a seu comprimento ou à direção do eixo (a direção que mostra sua espessura), ela é sempre hachurada (Fig. 7.24).

16. Orelhas em corte

Pelas mesmas razões apresentadas nas Seç. 14 e 15, geralmente as orelhas ou a

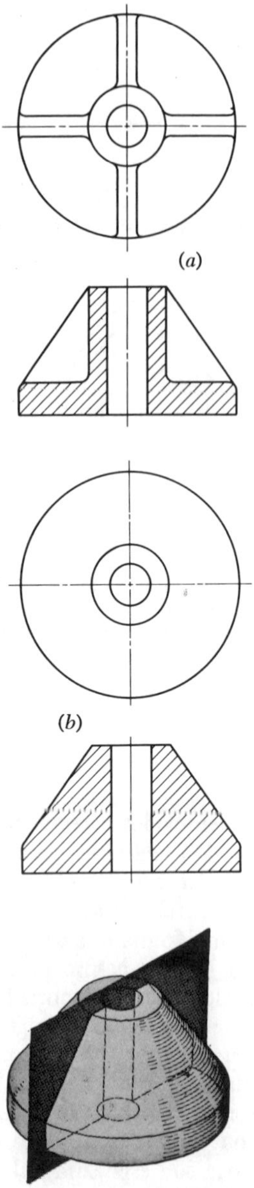

Fig. 7.31. Nervuras em corte. As nervuras em (*a*) são tratadas como se o plano de corte estivesse à sua frente, evitando que a seção seja lida como um sólido (*b*).

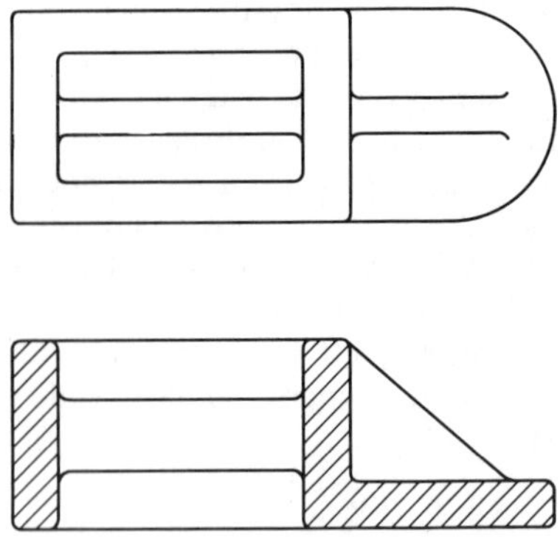

Fig. 7.32. Nervuras em corte. São tratadas como se o plano de corte estivesse à sua frente.

projeção das orelhas (Fig. 33*a*) de um corte transversal *retangular* não são hachuradas; observar que o hachurado de qualquer das orelhas sugeriria uma flange circular. No entanto, na situação relativamente semelhante apresentada em (*b*) deve haver hachurado das orelhas como está na figura, já que elas *são* a base do elemento.

17. Hachurado alternado

Em alguns casos, a omissão do hachurado em nervuras e peças semelhantes resulta em um tratamento inadequado e algumas vezes ambíguo. Para ilustrar isto, a Fig. 7.34*a* mostra um corte completo de uma polia louca. Em (*b*) foram adicionadas quatro nervuras. Observar que as superfícies superiores das nervuras foram niveladas à parte superior da polia. Sem hachurado, o corte (*b*) fica idêntico a (*a*) e as nervuras de (*b*) absolutamente não são identificadas na vista secional. Um tratamento melhor neste caso é usar hachurado alternado para as nervuras, como em (*c*), onde a metade das linhas do ha-

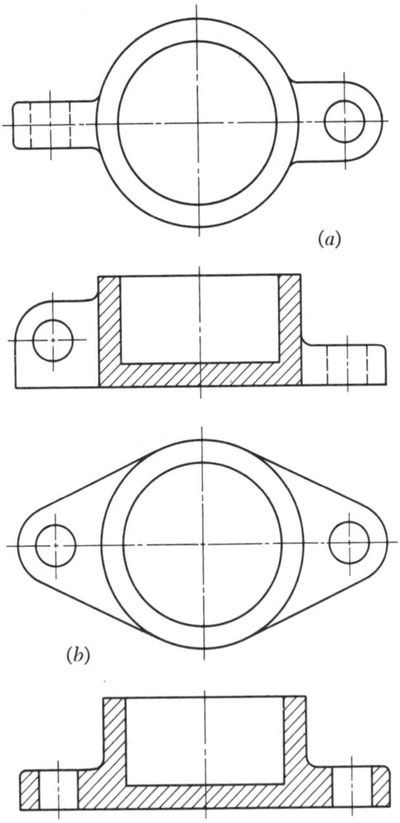

Fig. 7.33. Orelhas em corte. As orelhas pequenas (*a*) são tratadas como se fossem raios (Fig. 7.30) e nervuras (Figs. 7.31 e 7.32). As orelhas maiores (*b*) são consideradas como a base sólida do elemento.

churado (alternadamente) atravessa as nervuras. Observar que a linha de demarcação entre as porções sólidas e da nervura é uma linha *tracejada*.

18. Raios e braços alinhados

Qualquer peça com um número ímpar de nervuras ou braços (3, 5, 7, etc.) dará uma seção assimétrica e enganadora se forem rigorosamente obedecidos os princí-

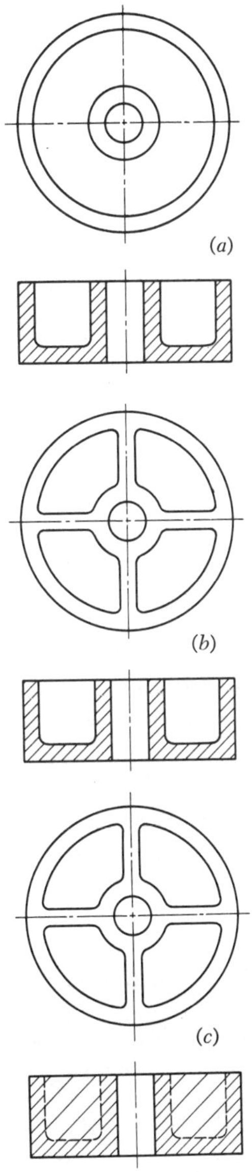

Fig. 7.34. Hachurado alternado. A seção (*b*), com muitas nervuras na parte superior, se assemelha à seção (*a*), que não possui nervuras. O hachuramento alternado (*c*) identifica as nervuras.

pios da representação exata, como está ilustrado no desenho de um volante na Fig. 7.35. A projeção preferida é apresentada na segunda vista secional, onde um braço é desenhado como se estivesse alinhado ou, em outras palavras, o braço é rebatido em relação à trajetória do plano de corte vertical e então, projetado na vista lateral. Observar que nenhum dos braços deveria ser secionado, pelas razões apresentadas na Seç. 14.

Este processo de alinhamento tem boa justificativa lógica porque um elemento com número ímpar de componentes igualmente espaçados, é tão simétrico quanto um elemento com número par e, desta forma, deve ser mostrado numa vista simétrica. Além disso, a vista simétrica mostra a *relação* real entre os elementos, enquanto que a representação exata não a apresenta.

19. Nervuras, orelhas e furos alinhados

Freqüentemente, as nervuras, as orelhas e os furos ocorrem em número ímpar e, se forem obedecidos os princípios apresentados na Seç. 18, devem ser alinhados para que se mostre a relação real entre os elementos. A Fig. 7.36 apresenta vários exemplos de como o plano de corte pode atravessar um objeto simétrico, permitindo o deslocamento de uma parte desse objeto para melhor descrever sua forma. Observar como os planos de corte podem mudar de direção de tal forma que atravessem os furos. Na Fig. 7.37, a representação exata das nervuras mostraria o par da direita em tamanho reduzido como em (*a*), sugerindo que na vista secional estas não se estenderiam até a borda mais externa da base. Novamente, neste caso, o alinhamento apresentado em (*b*) fornece uma seção simétrica de um elemento simétrico e mostra as nervuras em sua relação real com o elemento básico. Para melhor ilustrar isto, em (*c*) e (*d*) alinharam-se as nervuras e os furos, mostrando, assim, os furos em sua verdadeira distância radial do eixo e, incidentalmente, eliminando algumas projeções difíceis.

Em todos os casos de alinhamento, pode-se considerar o elemento como

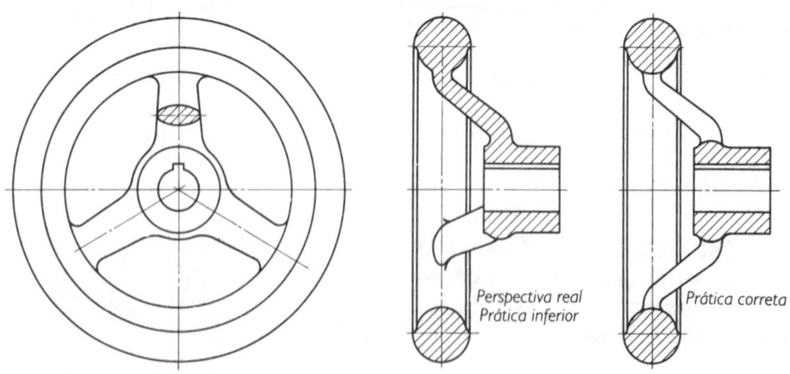

Fig. 7.35. Cortes simplificados. A representação exata não fica clara e é difícil de desenhar. O alinhamento produz uma seção simétrica para uma peça simétrica.

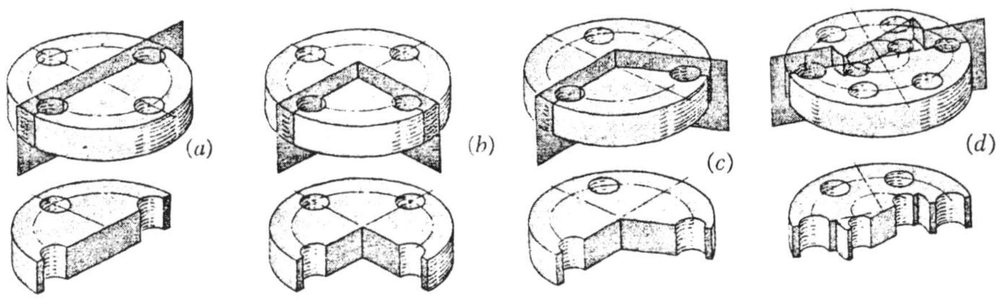

Fig. 7.36. Planos de corte para o alinhamento de furos.

tendo sido rebatido a um plano de corte comum e então, projetado à vista secional. Observar em (*c*) que, por estar-se usando um plano de corte deslocado, cada furo é posicionado separadamente num plano de seção comum antes da representação na vista secional. O plano de corte usado neste caso é semelhante àquele apresentado em (*d*), na Fig. 7.36.

20. Alinhamento de elementos em vistas completas

Em vistas completas, assim como em vistas secionais, certas violações das regras da representação exata são reconhecidas como uma boa prática porque auxiliam a clareza do desenho. Por exemplo, se uma vista de frente mostra a cabeça

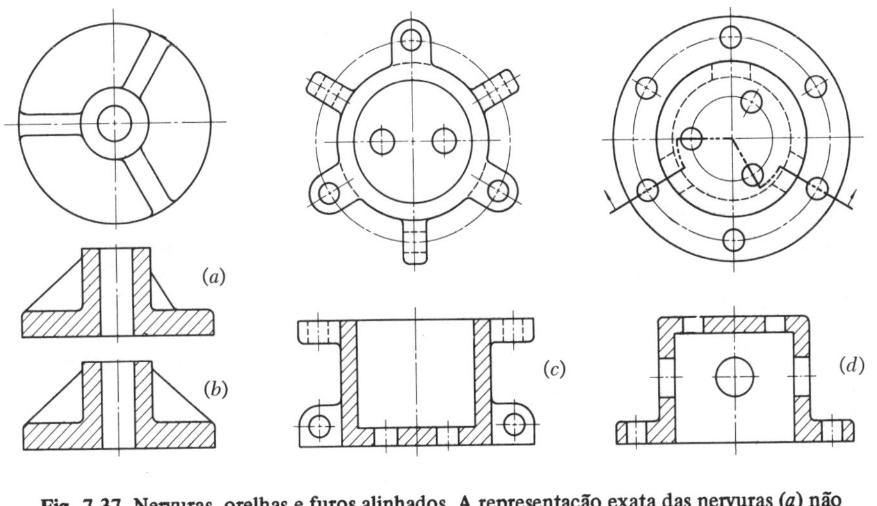

Fig. 7.37. Nervuras, orelhas e furos alinhados. A representação exata das nervuras (*a*) não fica clara. O alinhamento (*b*) produz uma seção simétrica para uma parte simétrica. O mesmo se aplica às orelhas (*c*) e furos (*d*).

hexagonal de um parafuso, tomada de uma direção "perpendicular às duas faces", a projeção exata da vista lateral seria tomada de uma direção paralela às "duas faces opostas", mas toda vez que elas aparecem em um desenho são traçadas em ambas as vistas como se fossem observadas de uma direção perpendicular, às duas faces opostas para mostrar melhor a forma e o espaço necessários. Outro exemplo: as ranhuras de cabeças de parafusos são sempre desenhadas num ângulo de 45° em todas as vistas, de tal forma que as linhas com pouco espaçamento não se confundam com linhas centrais horizontais e verticais.

Orelhas ou elementos fundidos com função de união que devam ser usinados são representados com linhas de "peças adjacentes" (Figs. 2.56 e 2.57). Se tais elementos estiverem em seção, as linhas desta serão tracejadas. Linhas de "posição alternada" (Figs. 2.56 e 2.57) são usadas para indicar as posições limítrofes das partes móveis e para mostrar partes adjacentes que auxiliam na localização da posição ou uso de uma peça. Observar nas Figs. 2.56 e 2.57 que o símbolo de um traço longo e dois traços curtos, alternados, é utilizado para indicar elementos adjacentes, posições alternadas e também características repetidas.

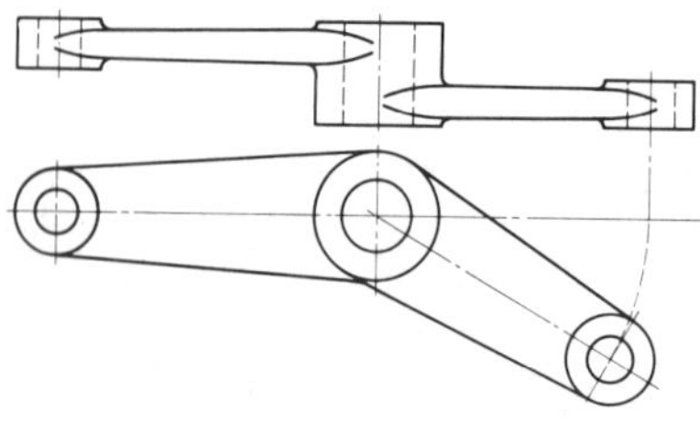

Fig. 7.38. Vista alinhada. Realizada para evitar o desenho em posição de perspectiva.

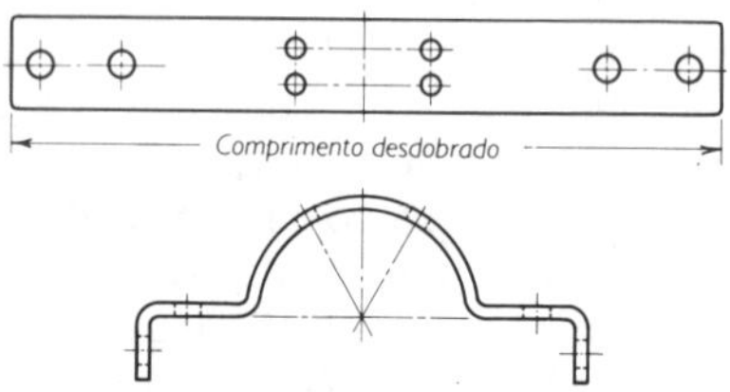

Fig. 7.39. Vista desdobrada. Esta peça está desenhada como se tivesse sido horizontalizada em um plano.

21. Vistas alinhadas e desenvolvidas

Em uma vista, as peças que têm partes que formam um ângulo entre si, como a alavanca da Fig. 7.18, podem ser mostradas horizontalizadas ou alinhadas. Da mesma forma, no caso de peças encurvadas do tipo da apresentada na Fig. 7.39, pode-se fazer uma vista da peça metálica desenvolvida pronta para ser perfurada e dobrada. Deve-se deixar metal suficiente para as dobras.

22. Meias-vistas

Quando há limitação de espaço, pode-se representar a vista superior ou lateral de uma parte simétrica pela metade. Se a vista de frente for externa, deverá ser usada a metade *anterior* da vista superior ou lateral, como na Fig. 7.40; mas se a vista de frente for uma vista secional, deverá ser usada a metade *posterior*, como na Fig. 7.41. A Fig. 7.42 indica uma outra forma de economia de espaço mediante a combinação de uma meia-vista com um meio-corte. Exemplos de meias-vistas aparecem nos problemas 44 a 46, Cap. 24.

23. Representações convencionais

Pode-se fazer a seguinte afirmação que vale como regra: *Se alguma coisa puder ser feita para aumentar a clareza de um*

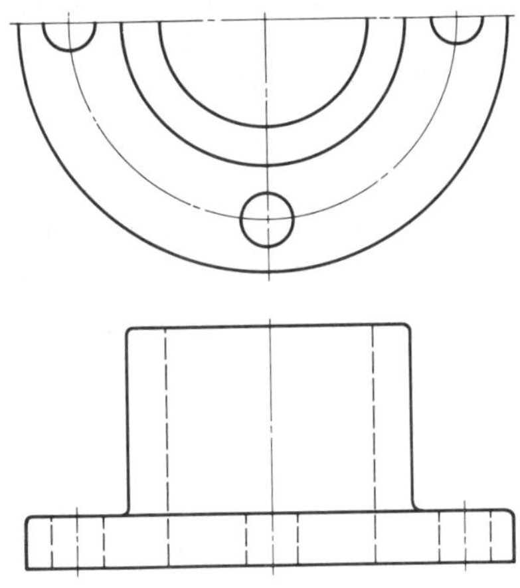

Fig. 7.40. Meia-vista. A metade anterior é desenhada quando a vista combinada é extrema.

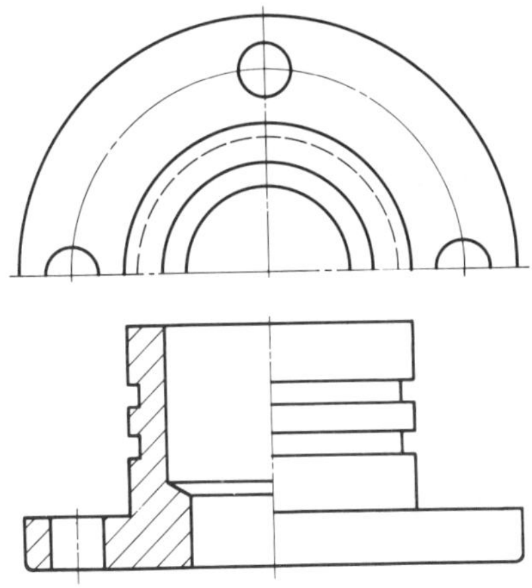

Fig. 7.42. Meia-vista. A metade posterior é desenhada quando a vista combinada é um meio-corte.

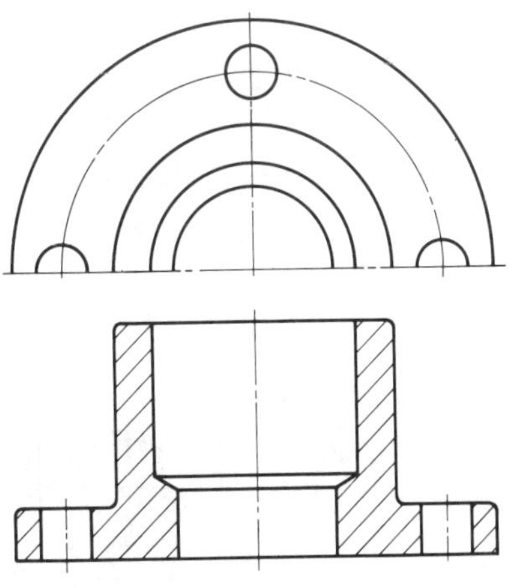

Fig. 7.41. Meia-vista. A metade posterior é desenhada quando a vista combinada é um corte total.

desenho, violando um princípio de projeção, que este seja violado. Isto se aplica tanto às vistas completas quanto às secionais. Nem sempre as violações permitidas são facilmente identificadas pelo leitor já que, quando ocorrem, as situações reais são descritas de uma forma melhor e geralmente mais simples do que se fossem apresentadas em representação exata.

No entanto, deve-se ter algum cuidado e julgamento na aplicação de tratamentos convencionais. As pessoas com treinamento no seu uso geralmente entendem seu significado, mas os operários freqüentemente não o entendem. Algumas convenções incomuns podem ser mais confusas do que úteis e trazerem como conseqüência uma maior ambigüidade do que se a representação exata fosse usada.

Há ocasiões em que as linhas reais de interseção não têm valor como auxiliares para a leitura do desenho e devem ser ignoradas. Alguns exemplos típicos são apresentados na Fig. 7.43. No entanto, deve-se observar que a linha de interseção deve ser mostrada em certos casos semelhantes mas, onde há uma diferença importante na posição das linhas, quando a representação real fornecida é comparada com o tratamento convencional.

Comparar o tratamento de objetos semelhantes nas Figs. 7.43 e 7.44. Não seria considerada boa prática tornar convencionais as interseções dos objetos da Fig. 7.44, pois a diferença entre a representação exata e a convencional é muito grande. Para desenvolver a capacidade de julgamento sobre o uso de interseções convencionais, estudar cuidadosamente as Figs. 7.43 e 7.44 e observar a diferença entre a representação exata e o tratamento convencional em cada caso.

24. Concordâncias curvas e planas

Ao projetar uma peça para fundição, nunca se deve deixar ângulos internos agudos devido à possibilidade de fratura

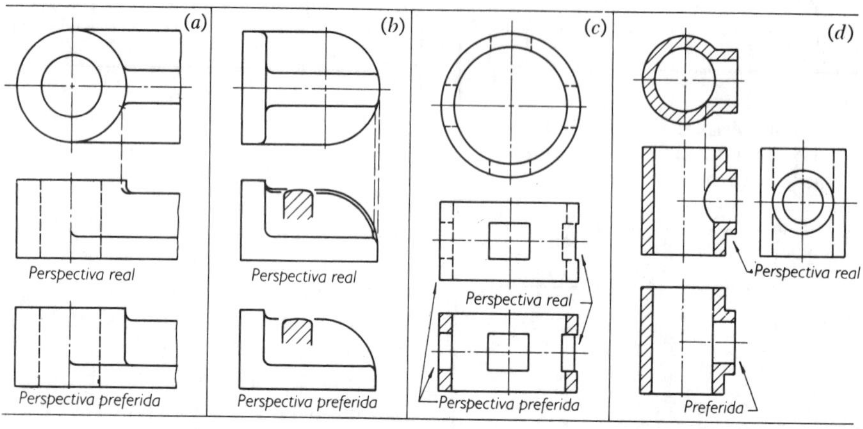

Fig. 7.43. Interseções convencionais. São usadas quando há uma pequena diferença em comparação com a projeção exata.

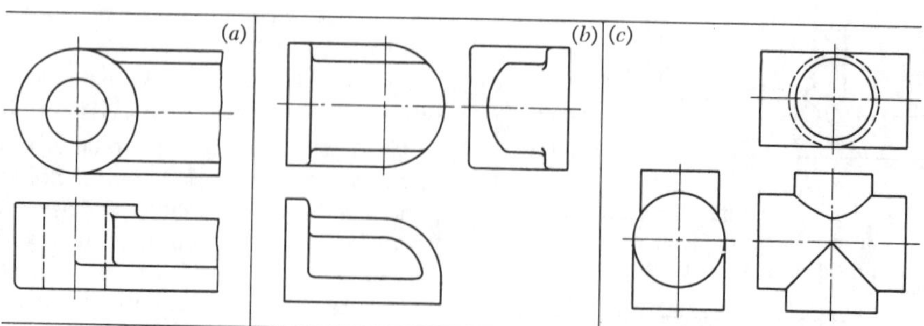

Fig. 7.44. Interseções exatas. São usadas quando há uma diferença importante em comparação com o tratamento convencional.

nesses pontos. O raio de uma concordância plana depende da espessura do metal e de outras variáveis do projeto. Quando não estiver dimensionado, é o moldador quem decide. Os ângulos externos podem ser arredondados para melhor aparência e comodidade, simplesmente variando os raios o suficiente para diminuir as bordas agudas até uma espessura quase igual à da peça. A aresta viva de uma peça fundida resultante da interseção de duas superfícies sem usinagem, deve sempre ser "atenuada" por meio de uma pequena concordância curva. Em um desenho, a presença de um vértice agudo indica que uma ou ambas as superfícies em interseção serão trabalhadas posteriormente. Essas pequenas concordâncias planas são melhor executadas à mão, tanto nos desenhos a lápis como nos à tinta. Terminais *runouts* ou *dieouts*, como são chamados algumas vezes, são indicações convencionais de interseções atenuadas por curvas onde, teoricamente, não existe nenhuma linha pois, não há mudança repentina de direção. A Fig. 7.45 apre-

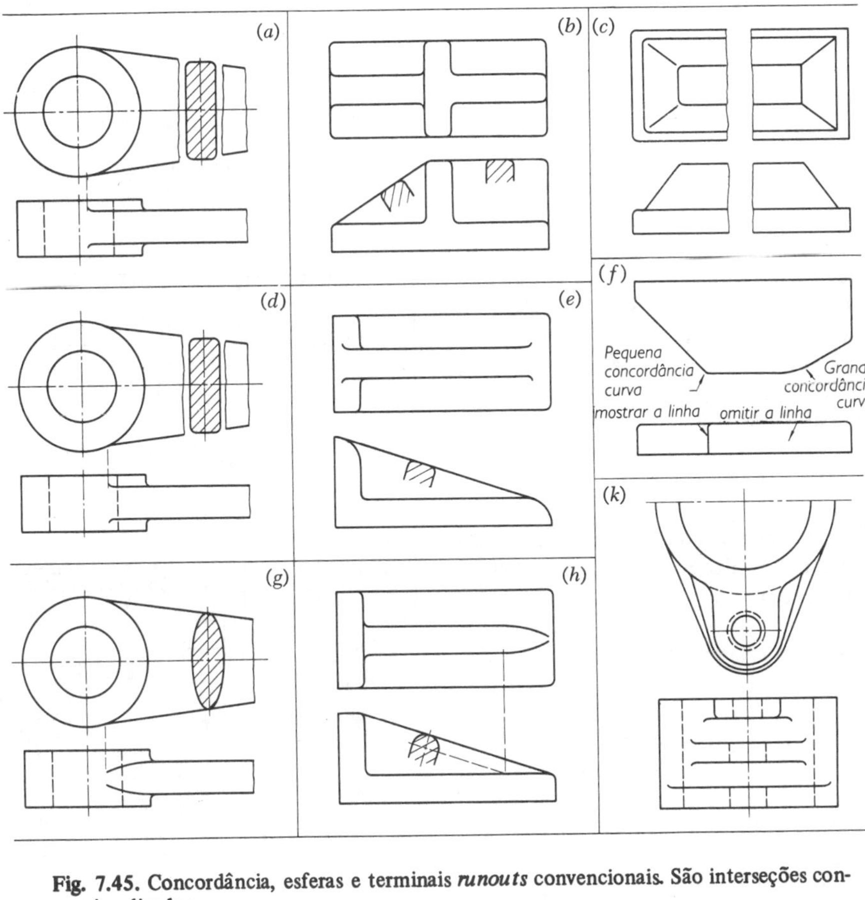

Fig. 7.45. Concordância, esferas e terminais *runouts* convencionais. São interseções convencionalizadas.

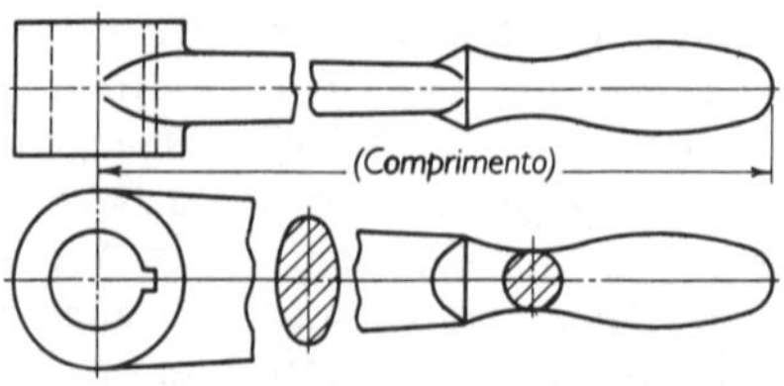

Fig. 7.46. Vista interrompida com cortes rebatidos. Uma vista interrompida é econômica na medida em que não se necessita desenhar o comprimento total da peça.

senta algumas representações convencionais de concordâncias terminais de braços e nervuras que cortam outras estruturas.

25. Linhas de interrupção convencionais

Ao executar-se o detalhe de uma peça ou elemento longo com uma seção perpendicular uniforme, raramente é necessário desenhar seu comprimento total. Pode-se desenhá-lo em escala maior; para isso, quebra-se a peça e remove-se a parte quebrada, aproximando as extremidades partidas e fornecendo o comprimento real através de uma cota, como na Fig. 7.46. A forma da seção da peça é indicada por um corte rebatido ou mais freqüentemente, por uma linha de interrupção em perspectiva, como na Fig. 7.47.

26. Símbolos convencionais

Engenheiros e desenhistas utilizam a representação convencional para indicar muitos detalhes, tais como roscas, molas, uniões de canos e instrumentos elétricos. Esta representação foi padronizada pela ANSI, cujo código para materiais em seção já foi mencionado na Seç. 11.

O símbolo de duas diagonais cruzadas é empregado com dois objetivos distintos:

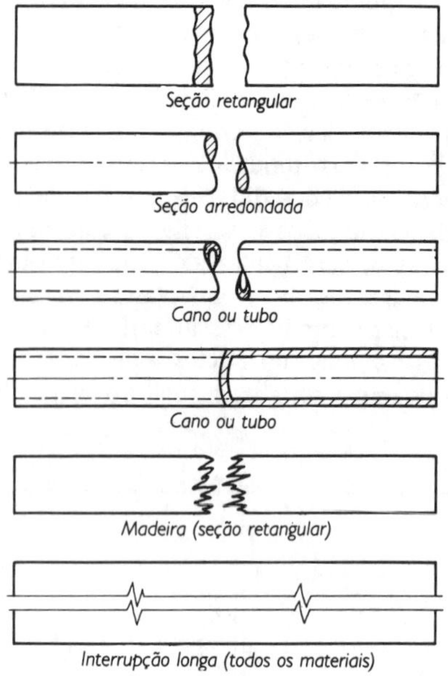

Fig. 7.47. Interrupções convencionais.

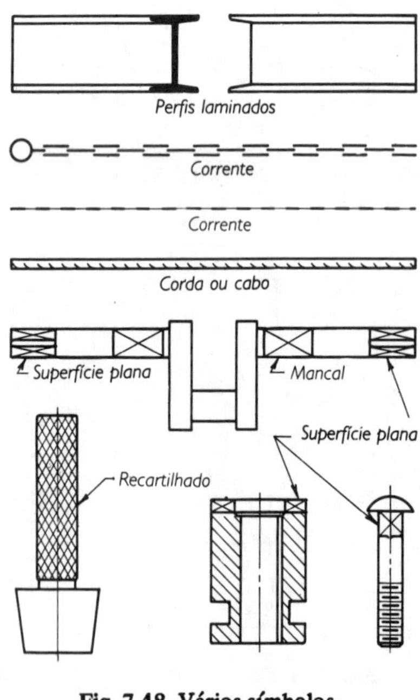

Fig. 7.48. Vários símbolos.

(1) indicar sobre um eixo a parte que deve ser trabalhada para se ajustar a um mancal e (2) indicar que uma determinada superfície (geralmente, paralela ao plano da figura) é plana. Estes dois usos não devem ser confundidos (Fig. 7.48).

Em virtude de a representação de roscas ser de uso freqüente, sua designação é um dos itens mais importantes dos símbolos convencionais. Até o momento da padronização oficial pela ANSI, estava em uso uma dúzia de diferentes símbolos para roscas. Atualmente, um símbolo comum e um simplificado foram adotados em desenhos americanos e ambos são conhecidos internacionalmente. Os símbolos para indicar filetes, roscas e furos roscados são encontrados num capítulo posterior.

Os símbolos convencionais mencionados são usados principalmente em desenhos de máquinas. O desenho arquitetônico, em razão de empregar escalas pequenas, utiliza muitos símbolos convencionais e o desenho topográfico é constituído quase inteiramente de símbolos. Os *diagramas* elétricos são completamente simbólicos.

PROBLEMAS

Grupo 1. Peças isoladas

Os problemas que se seguem podem ser usados, seja para representar somente a descrição da forma, seja para servir de base ao traçado de desenhos destinados à execução com acréscimo de cotas.

1. Desenhar a vista superior e transformar as vistas de frente e lateral em secionais como está indicado.

2. Desenhar a vista superior e traçar as vistas de frente e laterais em corte segundo os planos de corte indicados. Usar uma escala conveniente.

3 a 5. Dada a vista lateral, desenhar vistas completas de frente e laterais em corte. Usar uma escala conveniente.

6 e 7. Transformar a vista lateral direita em um corte completo [total].

8 e 9. Transformar a vista lateral direita em um corte completo.

10. Transformar a vista lateral direita em um corte completo.

11. Transformar a vista lateral direita em uma vista secional, como está indicado.

12 e 13. Transformar a vista de frente em um corte completo.

14 e 15. Transformar a vista de frente em um corte completo.

16 e 17. Selecionar vistas que melhor descrevam a peça.

18. Desenhar a vista superior como é mostrado na ilustração e a vista de frente como um corte completo.

19. Desenhar a vista superior como está ilustrado e a vista de frente em meio-corte, seguindo *A-A*.

20. Desenhar a vista superior como é mostrado e transformar as vistas de frente e laterais em cortes, como está indicado.

21. Desenhar a vista superior e uma ou mais vistas secionais para uma melhor descrição do objeto.

22. Desenhar a vista superior e de frente em seção.

23. Girar o objeto 90° e desenhar a vista de frente dada como a nova vista superior; então, fazer a nova vista de frente como corte *B-B* e corte auxiliar *A-A*. Voltar à Sec. 9 para instruções de como fazer cortes auxiliares. Ver também o Cap. 7 para encontrar o método de projeção de cortes auxiliares. Observar neste caso,

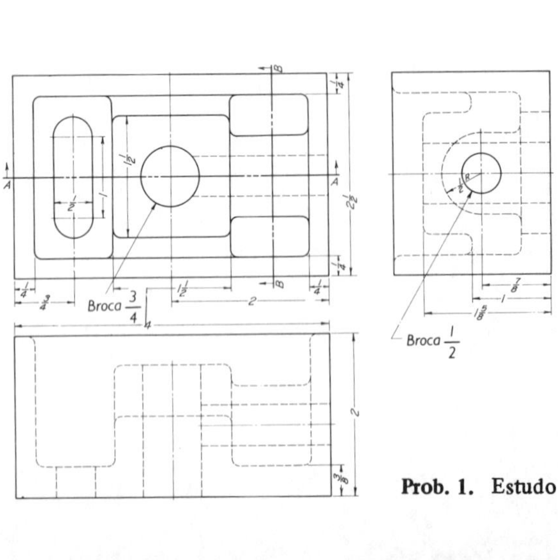

Prob. 1. Estudo de corte.

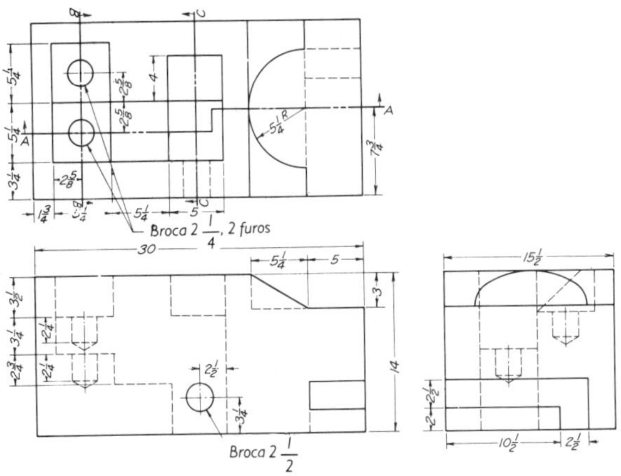

Prob. 2. Estudo de corte.

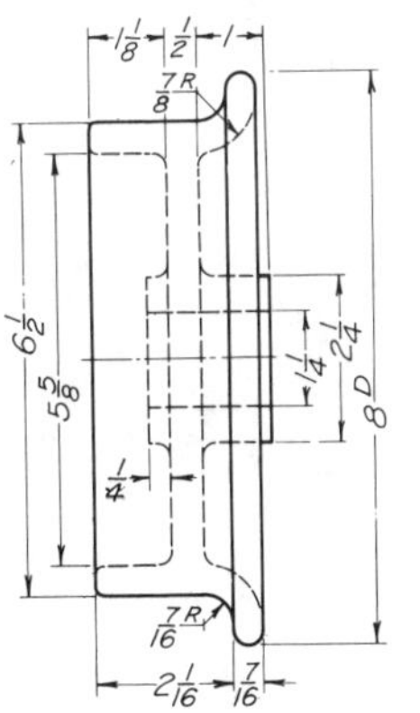

Prob. 3. Roda com flanges.

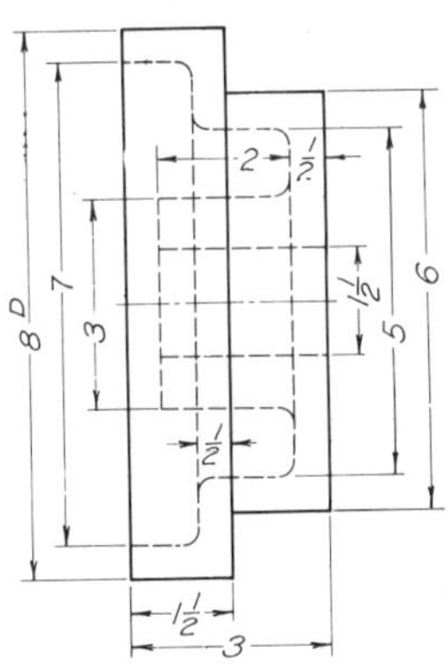

Prob. 4. Polia escalonada.

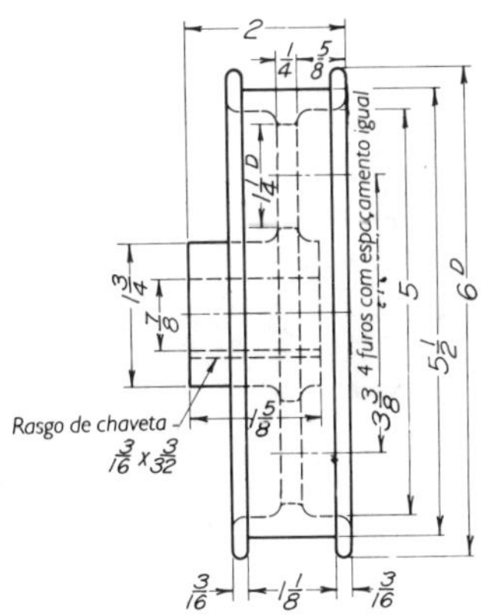

Prob. 5. Roda com flanges duplas.

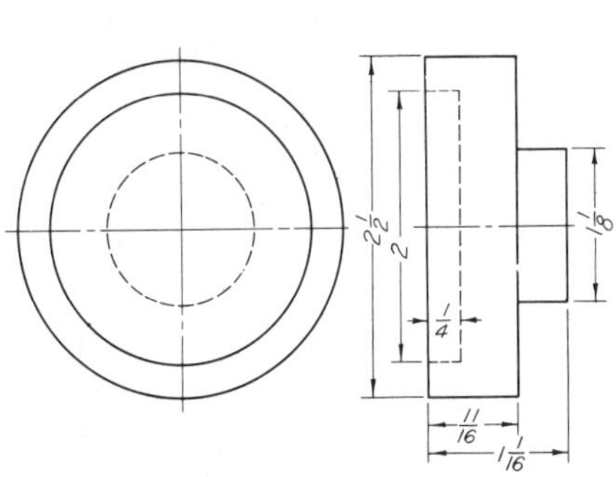

Prob. 6. Tampa.

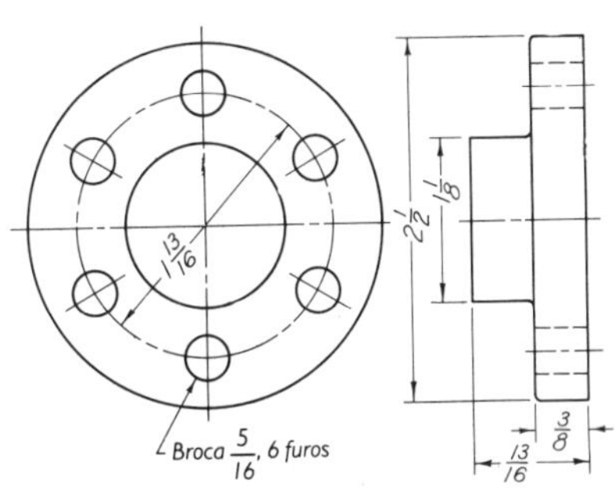

Prob. 7. Tampa com flanges.

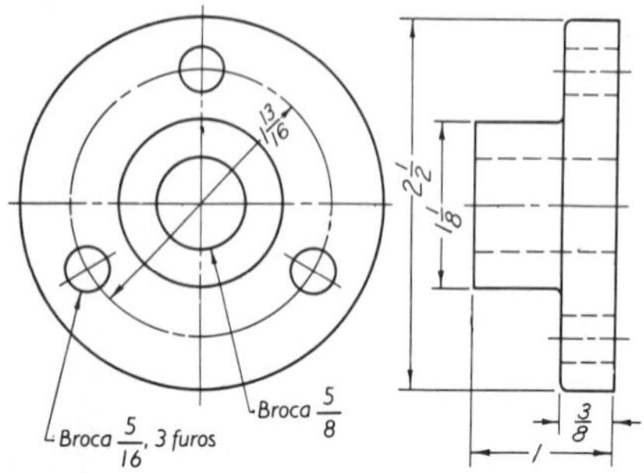

Prob. 8. Guia de haste-bomba.

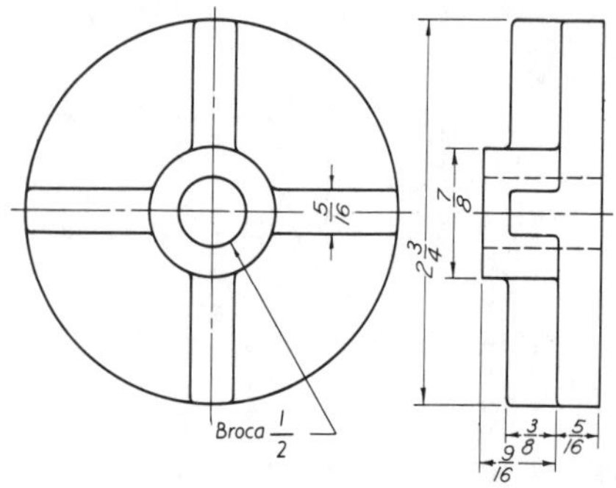

Prob. 9. Placa.

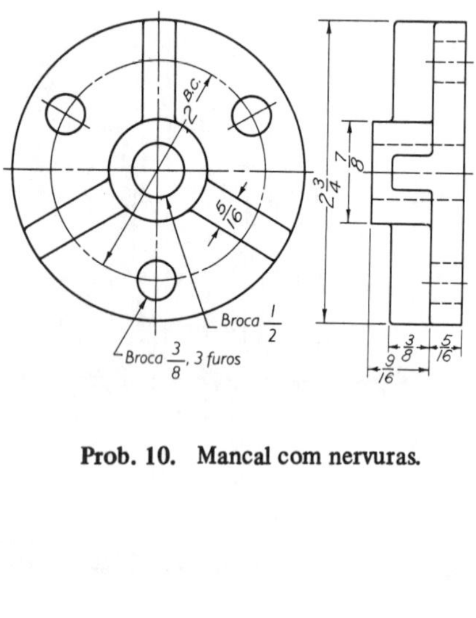

Prob. 10. Mancal com nervuras.

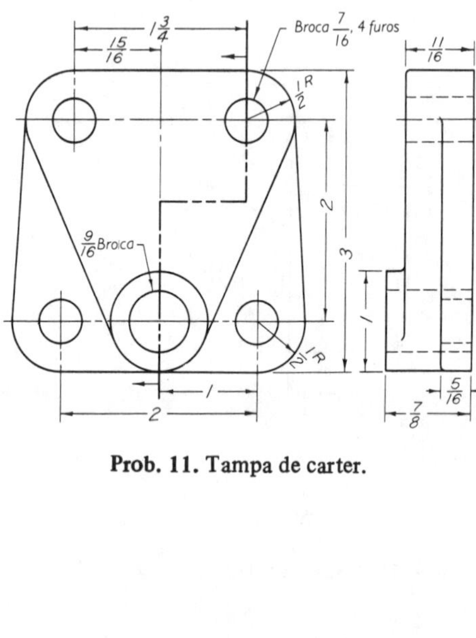

Prob. 11. Tampa de carter.

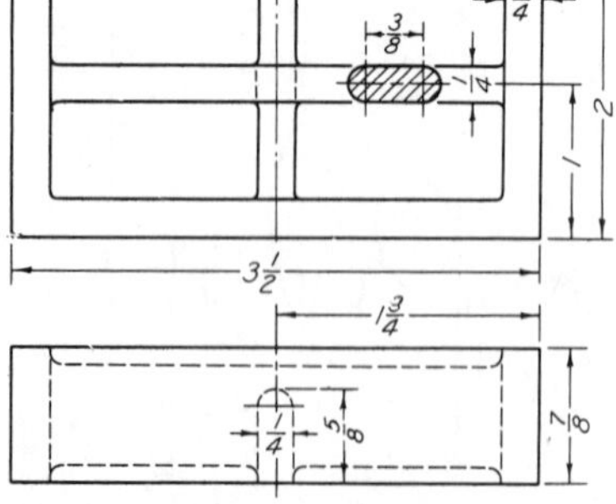

Prob. 12. Bloco de enchimento.

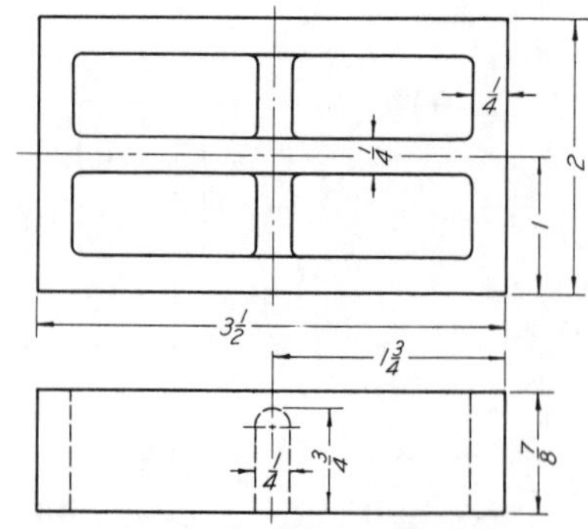

Prob. 13. Bloco de enchimento.

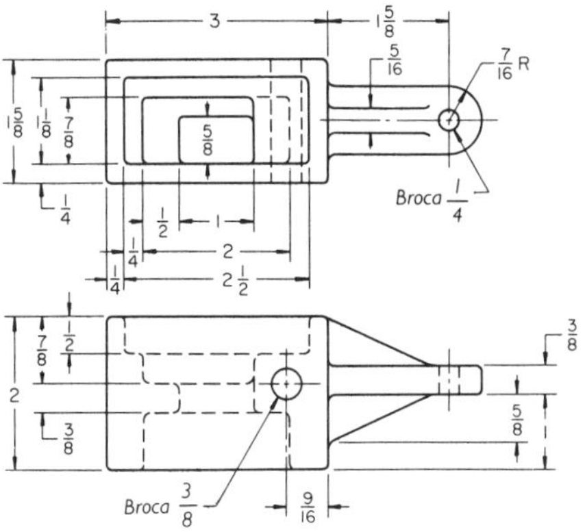

Prob. 14. Corpo de amortecedor.

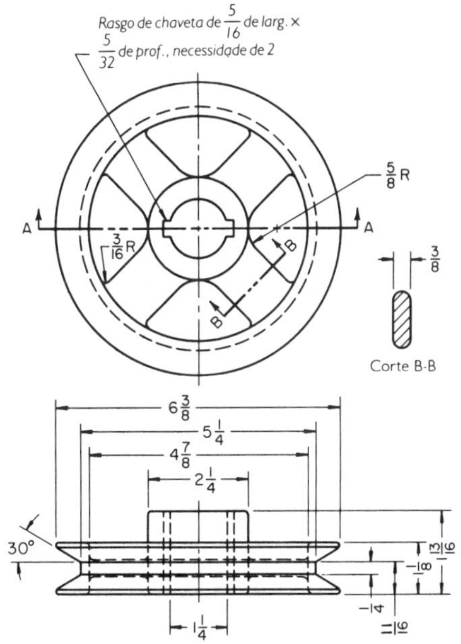

Prob. 15. Polia acionada a correia em V.

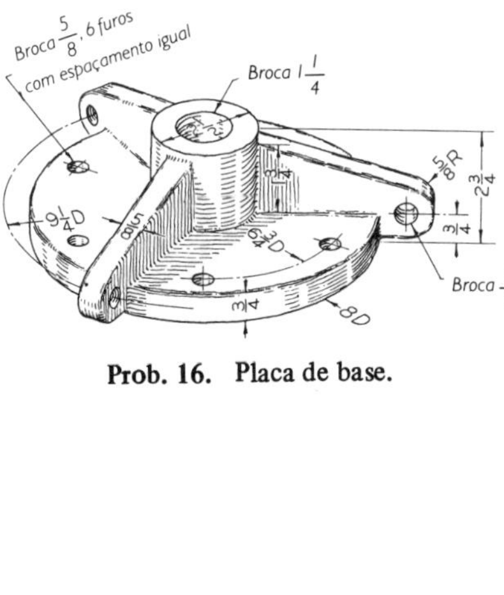

Prob. 16. Placa de base.

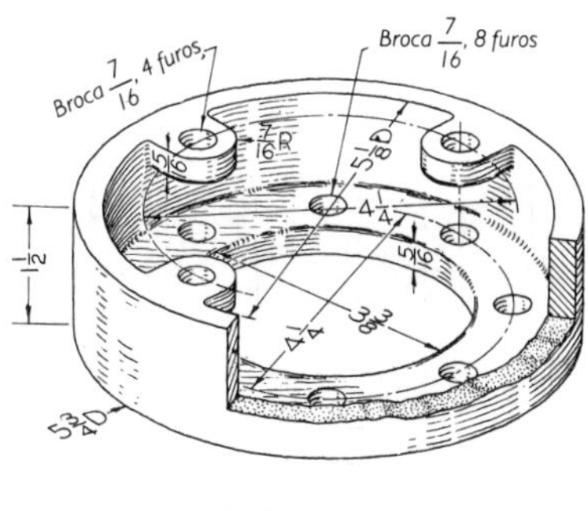

Prob. 17. Tampa de pistão.

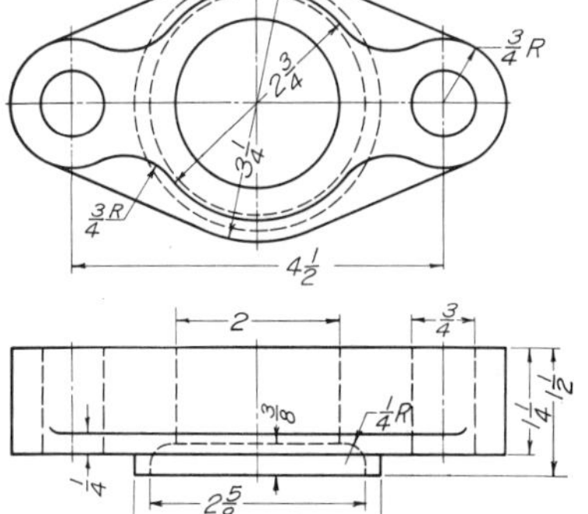

Prob. 18. Flange de bomba.

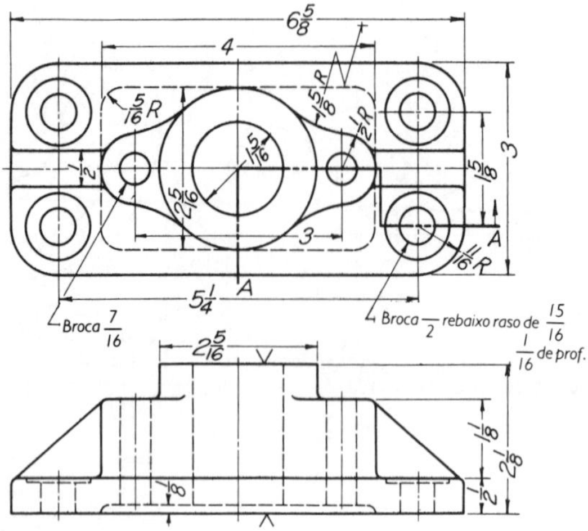

Prob. 19. Base tirante do freio.

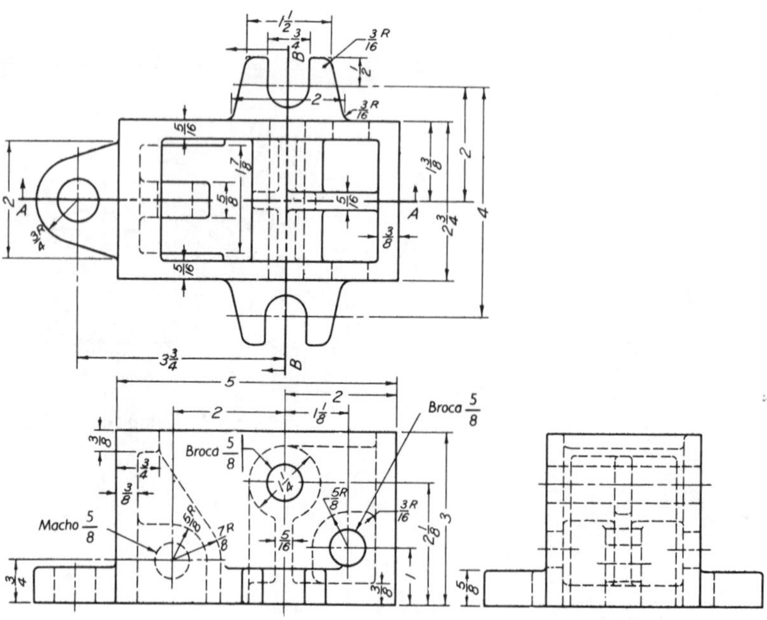

Prob. 20. Bloco de ancoragem.

que a nova vista superior, corte da vista de frente *B-B* e corte auxiliar *A-A* descreverá completamente o objeto. Porém, se for desejado, também se pode desenhar a vista lateral como é mostrado ou como uma vista alinhada (descrita na Sec. 21).

23*A*. Como uma alternativa do problema 23, desenhar as seguintes vistas: com o objeto na posição apresentada, desenhar a vista de frente como é mostrado, desenhar a vista lateral esquerda como corte *B-B* e desenhar a nova vista superior como uma vista alinhada.

24 e 25. Desenhar as vistas e acrescentar as vistas secionais indicadas.

26 e 27. Desenhar uma vista e uma vista secional que melhor descrevam a peça.

28. Desenhar a vista superior e uma ou mais vistas secionais necessárias para uma melhor descrição do objeto.

29. Desenhar três vistas, fazendo a vista lateral como um corte em *B-B*.

29*A*. Desenhar três vistas, fazendo a vista superior como um meio-corte em *A-A*.

30. Selecionar vistas para uma melhor descrição da peça.

31. Vista superior e vista de frente em seção da guia de tensionamento, problema 77, Cap. 5.

32. Três vistas com a vista de frente em seção do suporte de míssil, problema 75, Cap. 5.

33. Três vistas com a vista de frente em seção da moldura da extremidade de um motor de arranque, problema 113, Cap. 5.

34. Três vistas com a vista de frente em seção, de um cilindro-mestre de freio, problema 112, Cap. 5.

Grupo 2. Montagens

35. Escolher vistas e vistas secionais que melhor descrevam o suporte de motor elétrico, problema 111, Cap. 5.

36. Escolher vistas e vistas secionais que melhor descrevam a placa do motor a jato, problema 120, Cap. 5.

37. Duas vistas com tratamento secional que melhor descrevam a contraplaca, problema 64, Cap. 7.

38. Desenhar uma meia-vista de extremidade e uma vista longitudinal como corte completo.

39. Desenhar a vista superior como é mostrado na figura e a nova vista de frente em seção. Mostrar a forma (seção à direita) do anel, através de corte removido ou rebatido. A montagem compreende um anel em aço fundido, duas buchas em bronze, dois pinos em aço com ação de joelho, aro em ferro, pino cônico em aço e parte da orelha de apoio em aço fundido.

40. Desenhar a vista de frente e seção longitudinal. A montagem compreende uma base em ferro fundido, uma bucha e um disco em bronze e dois pinos de encaixe em aço.

41. Desenhar duas meias-vistas de extremidade e uma seção longitudinal. A montagem consiste em um corpo em aço fundido, duas buchas em bronze, eixo em aço, polia em ferro fundido e pino de encaixe em aço.

42. Fazer o desenho de uma montagem em seção. O suporte é feito de ferro fundido, a roda em aço fundido, a bucha em bronze e o pino e pino cônico em aço. Escala: tamanho natural.

42*A*. Fazer o desenho do suporte com uma vista em seção. O material é ferro fundido. Escala: tamanho natural.

42*B*. Fazer o desenho da roda com uma vista em seção. O material é aço fundido. Escala: tamanho natural.

43. Fazer um desenho de montagem em seção. A montagem compreende dois suportes em ferro fundido, duas buchas em bronze, eixo em ferro, cilindro em aço fundido e base em ferro fundido. As buchas são prensadas no cilindro e o eixo é perfurado para lubrificação. Escala: tamanho natural.

44. Fazer um desenho da montagem do cilindro e bucha que ofereça uma vista em seção. Ver o problema 43 para materiais. Escala: tamanho natural.

45. Montagem secional de unidade selada de eixo, problema 34 do Cap. 24.

46. Montagem secional de gancho de guindaste, problema 35 do Cap. 24.

47. Montagem secional de roldana, problema 36 do Cap. 24.

48. Montagem secional de suporte antivibração, problema 53 do Cap. 24.

49. Montagem secional de válvula de bomba, problema 55 do Cap. 24.

50. Montagem secional de suporte de barra de broquear, problema 58 do Cap. 24.

51. Montagem secional da unidade do elo, problema 77 do Cap. 24.

52. Montagem secional da unidade do elo transportador, problema 77 do Cap. 24.

52. Montagem secional do êmbolo do tanque de pressão, problema 62 do Cap. 24.

53. Montagem secional de porca de eixo e parafuso ajustável, problema 63 do Cap. 24.

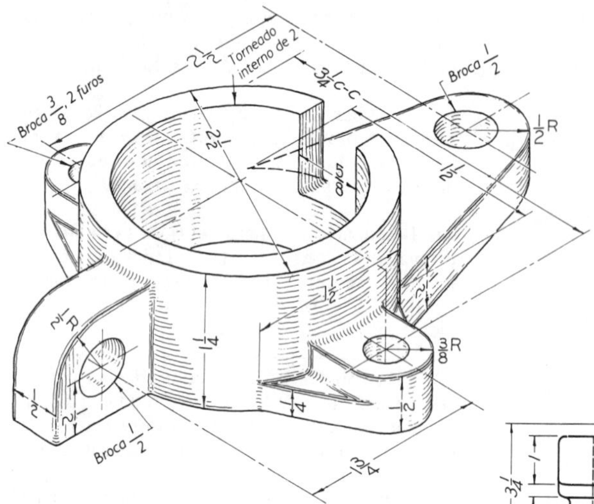

Prob. 21. Aro de coluna.

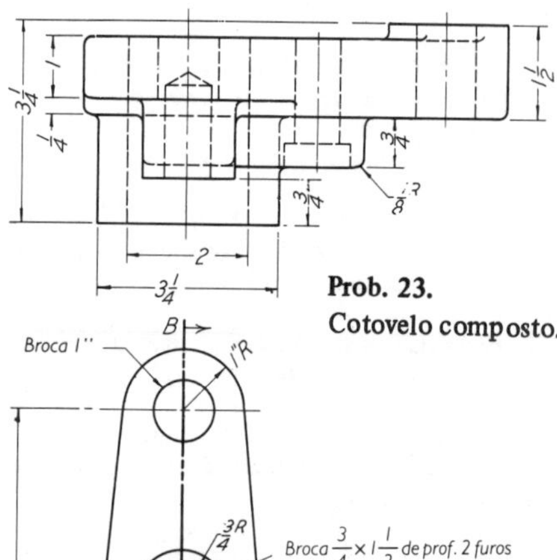

Prob. 23.
Cotovelo composto.

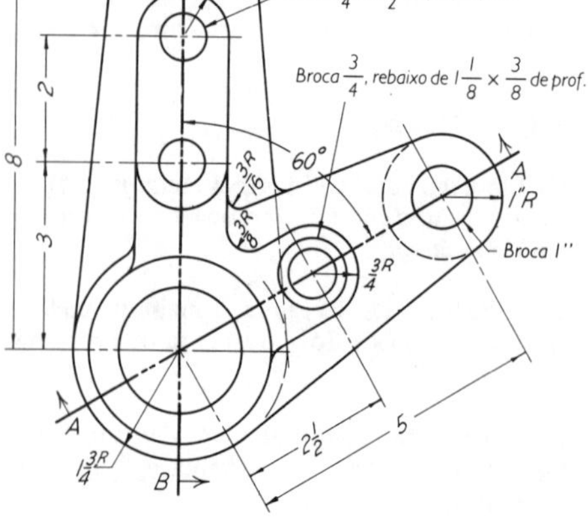

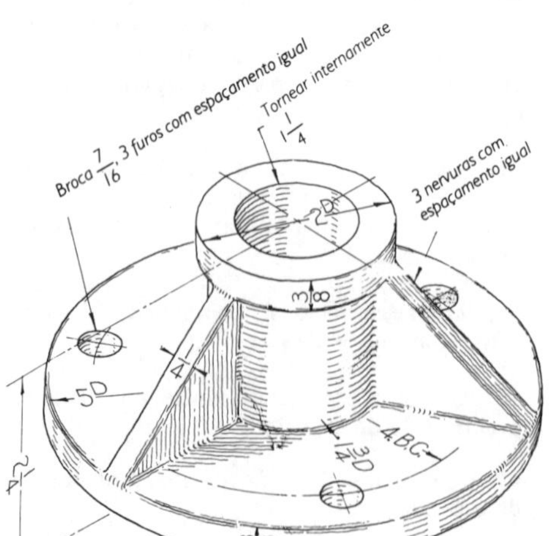

Prob. 22. Suporte de haste.

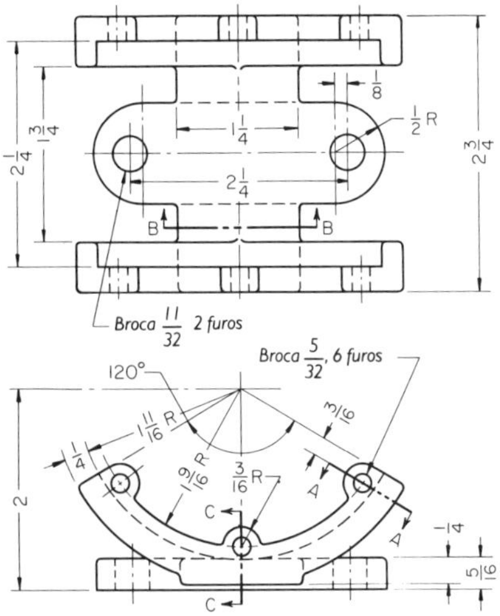

Prob. 24 – Base de bobina.

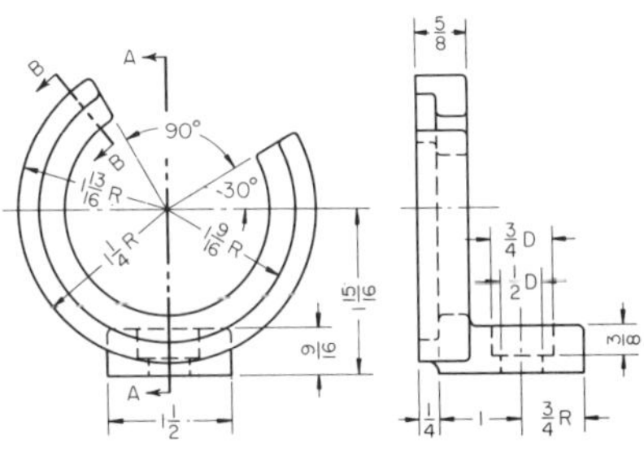

Prob. 25 – Aro côncavo.

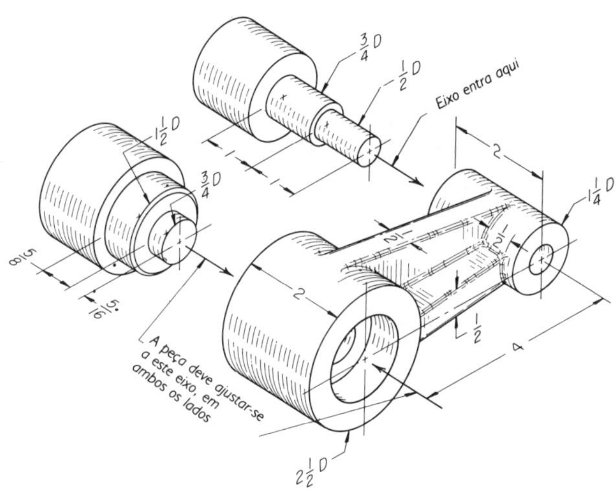

Prob. 26 – Biela atuante.

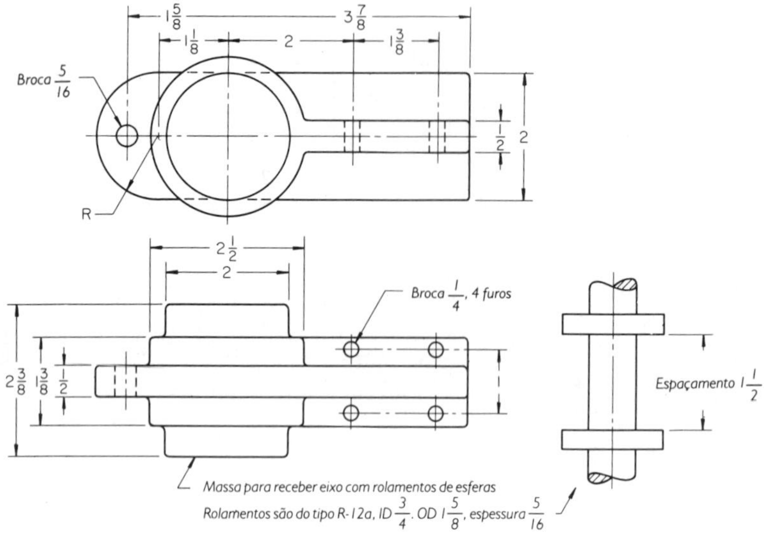

Prob. 27 – Suporte do mancal acionador de um vibrador.

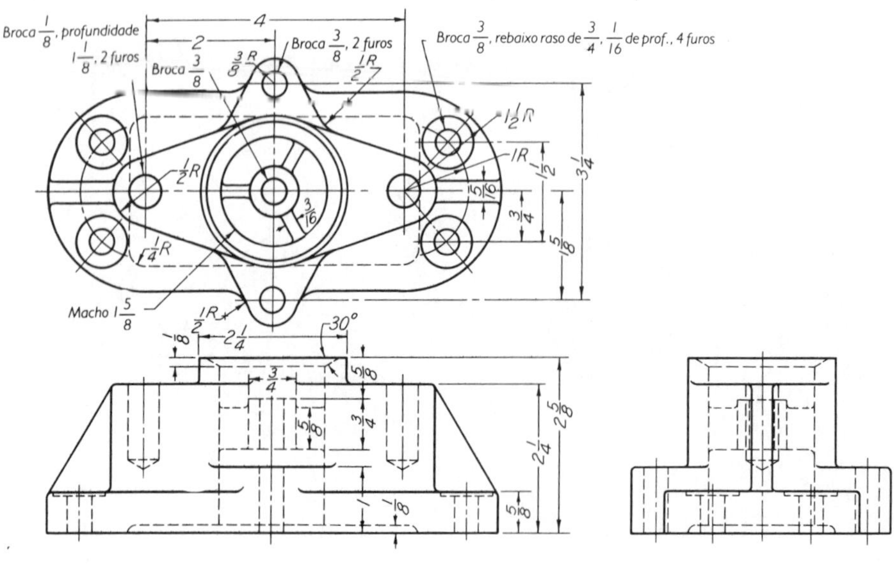

Prob. 28 – Corpo de válvula.

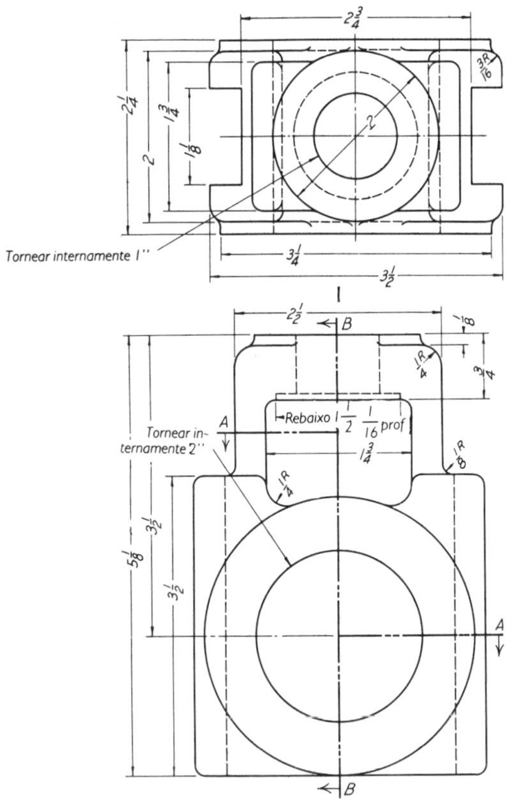

Prob. 29. Cruzeta.

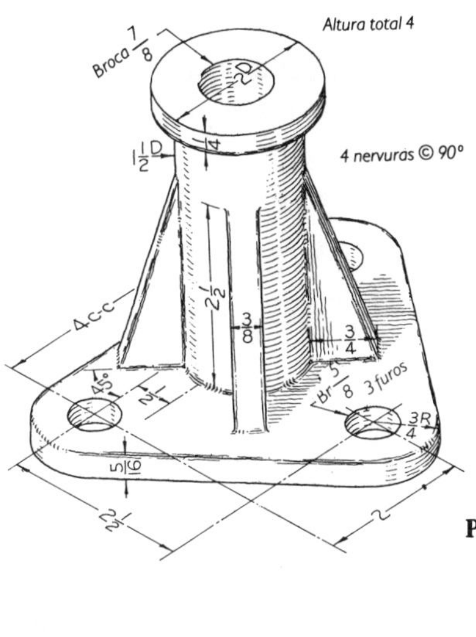

Prob. 30. Suporte de fuso.

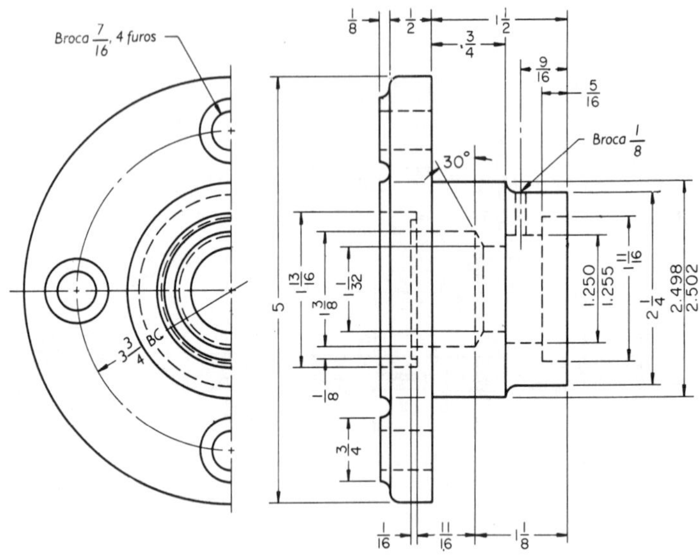

Prob. 38. Tampa de haste e corpo de vedação.

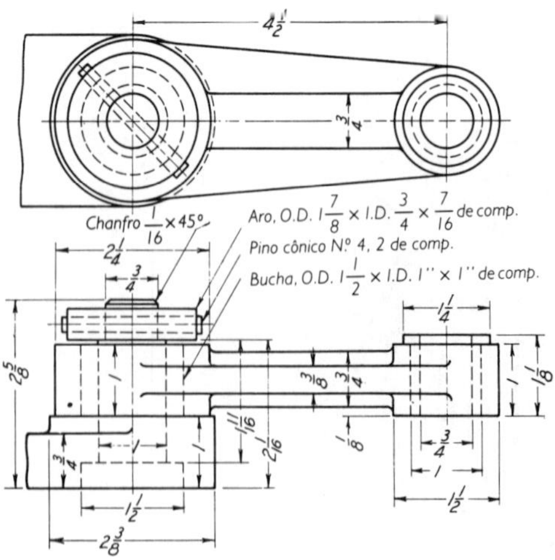

Prob. 39. Montagem de anéis.

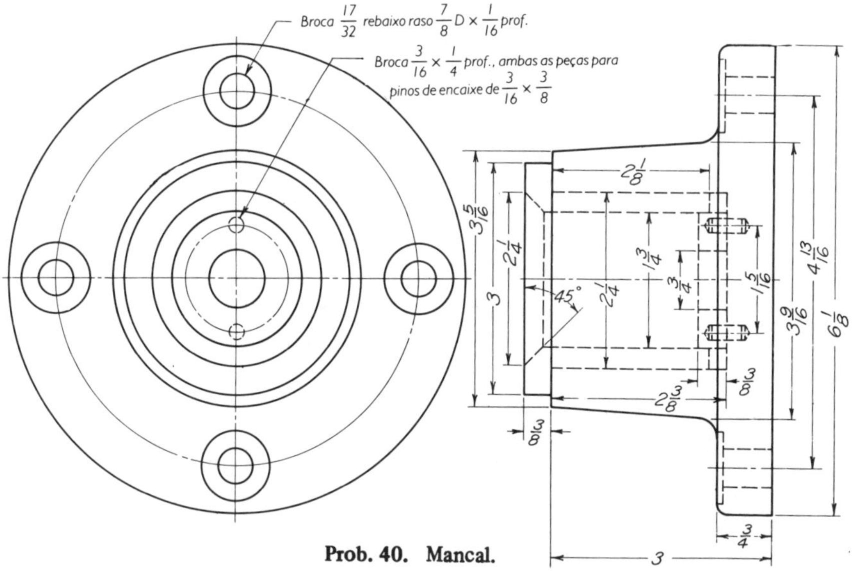

Prob. 40. Mancal.

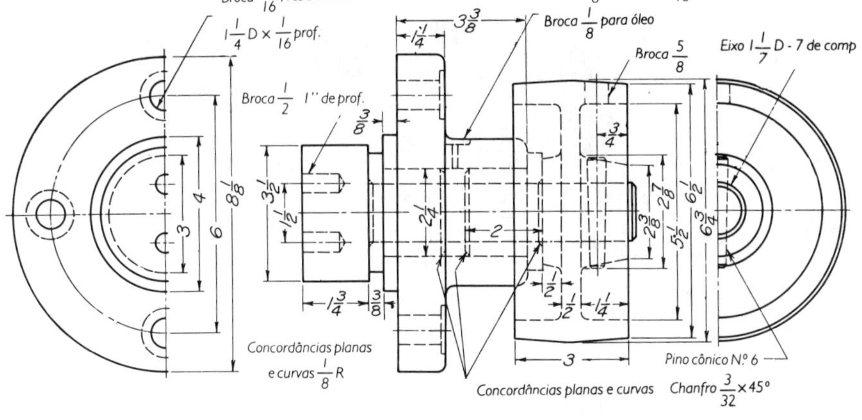

Prob. 41. Montagem de suporte de polias.

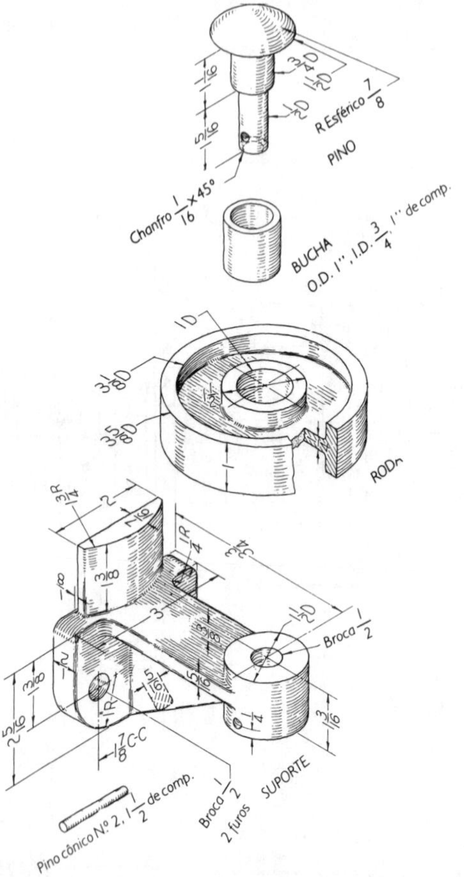

Prob. 42. Guia de porta deslizante.

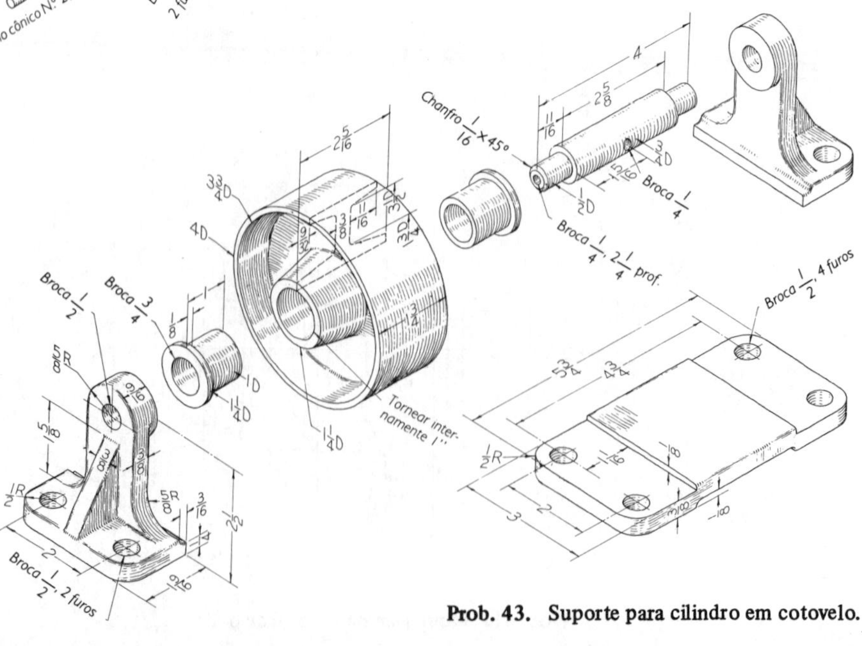

Prob. 43. Suporte para cilindro em cotovelo.

8

DESENHO E ESBOÇO EM PERSPECTIVA

Os métodos perspectivos são utilizados como uma maneira básica de descrição da forma ou como um complemento da representação ortográfica.

Classificação dos métodos perspectivos • Perspectiva e esboço isométrico, dimétrico e trimétrico • Traçado de circunferências, arcos e curvas • Orientação de objetos • Planos de referência e planos de projeção • Projeção a partir de vistas ortográficas • Gradeamento • Esboço em perspectiva • Etapas para a realização de esboços • Luz e sombra • Sombreado • Problemas.

1. Método perspectivo: comparação com o ortográfico

Ao discutir a teoria das projeções no Cap. 5, observou-se que na projeção em perspectiva o objeto é representado como aparece aos nossos olhos. No entanto, suas linhas não podem ser diretamente medidas para que haja uma descrição exata do objeto; e na projeção ortográfica mostra-se, em duas ou mais vistas, como é realmente o objeto quanto à forma e dimensões, mas a interpretação requer experiência de visualização dos objetos a partir dessas vistas. Visando à elaboração de um sistema de desenho que representasse o objeto em perspectiva, de tal forma que suas linhas principais pudessem ser diretamente medidas, foram imaginados vários métodos diferentes, projetivos ou convencionais, de desenho em um plano, nos quais a terceira dimensão é demonstrada pelo deslocamento do objeto de maneira a mostrar suas três dimensões ou pelo emprego da projeção oblíqua. O conhecimento desses métodos de desenho e da projeção em perspectiva é extremamente conveniente, uma vez que seu uso é muito vantajoso.

Detalhes mecânicos ou estruturais que não ficam claros em vistas ortográficas podem ser desenhados em perspectiva ou ilustrados com vistas perspectivas suplementares. As vistas em perspectiva podem ser convenientemente utilizadas em ilustrações técnicas, desenhos para registro de patentes, esboços, projetos hidráulicos, e assim por diante. Os métodos perspectivos também são úteis para a realização de esboços à mão livre, e esta é uma das razões mais importantes para aprendê-los.

2. Métodos perspectivos

Na prática há três tipos de desenho perspectivo: (1) axonométrico, subdividido em trimétrico, dimétrico e isométrico; (2) oblíquo, com diversas variações; e (3) perspectiva exata. Estes métodos estão ilustrados na Fig. 8.1.

A forma trimétrica dá um efeito mais agradável aos olhos do que os outros métodos axonométricos e o oblíquo, e permite liberdade quase ilimitada na orientação do objeto, mas é difícil de desenhar. Com o método dimétrico, o resultado é menos agradável e há menos liberdade de orientação do objeto, mas a execução é mais fácil do que com o método trimétrico. O método isométrico dá um resultado menos agradável que os dois primeiros mas é mais fácil de desenhar e tem a nítida vantagem de ser mais fácil de cotar. O método oblíquo é utilizado principalmente para objetos com características circulares ou curvas, apenas em uma das faces ou em faces paralelas; com objetos desse tipo, a forma oblíqua é fácil de desenhar e cotar. O desenho em perspectiva dá um re-

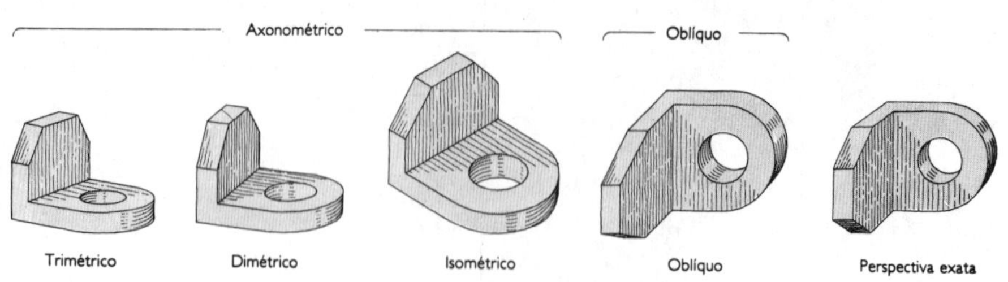

Fig. 8.1 – Métodos perspectivos.

sultado mais agradável aos olhos mas sua utilidade é limitada porque muitas linhas são postas em perspectiva de forma diferente; as formas isométrica e oblíqua são as mais comumente utilizadas.

3. Perspectiva axonométrica

Teoricamente, a perspectiva axonométrica é uma projeção ortográfica na qual se utiliza somente um plano, sendo o objeto colocado de modo a mostrar três faces. Imagine-se um plano vertical transparente, tendo atrás de si um cubo com uma de suas faces paralela ao plano. A projeção sobre o plano, isto é, a vista de frente do cubo será um quadrado (Fig. 8.2). Gire-se o cubo em torno de um eixo vertical em um ângulo qualquer menor que 90°; a vista de frente mostrará agora duas faces, ambas de tamanho reduzido (Fig. 8.3).

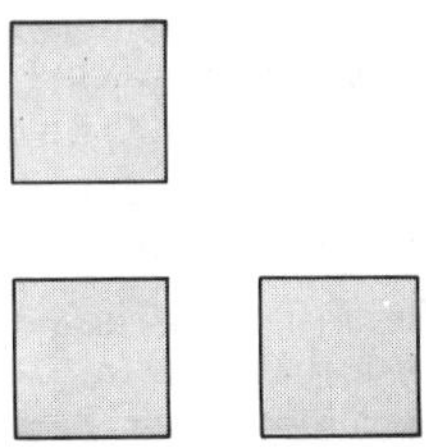

Fig. 8.2 – A face do objeto está paralela ao plano da figura. Na vista de frente, vê-se somente uma face.

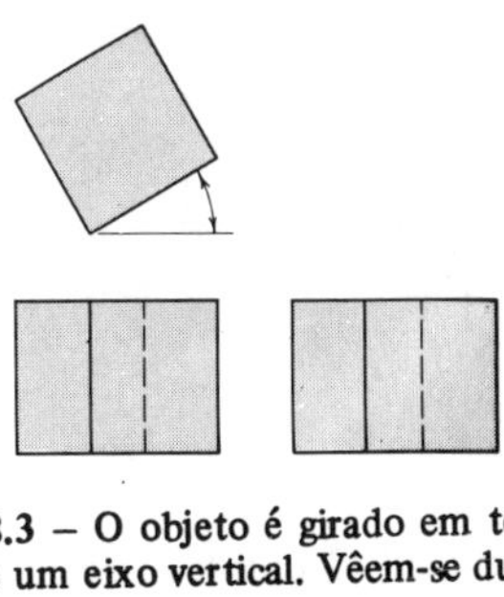

Fig. 8.3 – O objeto é girado em torno de um eixo vertical. Vêem-se duas faces.

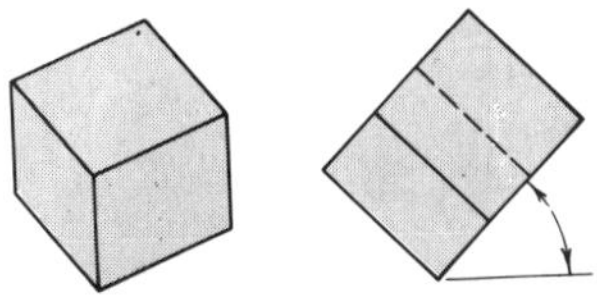

Fig. 8.4 – O objeto é girado em torno de um eixo vertical e de um eixo de perfil. Vêem-se três faces.

Partindo desta posição, incline-se o cubo para a frente (eixo de rotação perpendicular ao perfil) em ângulo menor que 90°. Três faces estarão visíveis na vista de frente (Fig. 8.4). Pode haver um número infinito de posições axonométricas, dependendo dos ângulos nos quais o cubo é girado. Somente algumas destas posições são usadas para desenho. A posição mais simples é a isométrica (medida igual), na qual as três faces sofrem igual redução.

4. Perspectiva isométrica

Se o cubo da Fig. 8.5 sofrer uma rotação de 45° em torno de um eixo vertical, como é mostrado em (*b*), e depois for inclinado para a frente, como em (*c*), até que a redução da aresta *RU* for igual à das arestas *RS* e *RT*, a vista de frente do cubo nesta posição será denominada "perspectiva isométrica" (o cubo foi inclinado para a frente até que sua diagonal que passa por *R* ficasse perpendicular ao plano vertical. Isto faz com que a face superior se incline aproximadamente 35° 16')[1]. As

---

[1] A única diferença entre a rotação e a projeção auxiliar é que na primeira move-se o objeto e na última move-se o plano ou considera-se que o observador mudou sua posição de visão. Assim, uma vista auxiliar feita sobre um plano perpendicular à diagonal do cubo na posição (*b*) seria uma perspectiva isométrica, como mostra o desenho com traço pontilhado.

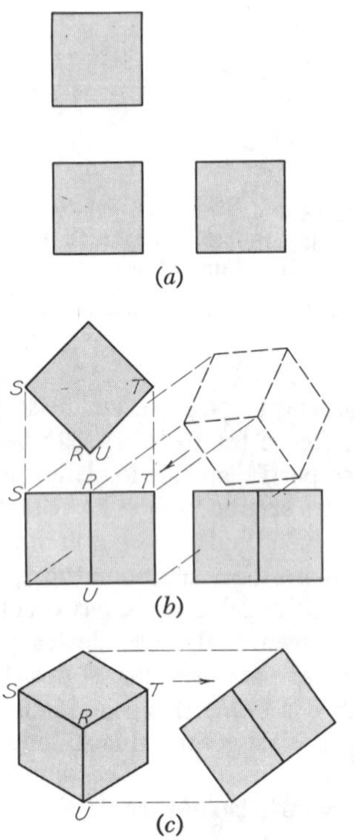

Fig. 8.5 – Perspectiva isométrica do cubo. Ao girar da posição (a) para (b) e então para (c), as três arestas perpendiculares estão agora igualmente reduzidas.

Os eixos isométricos *RS*, *RT* e *RU* sofrem todos igual redução porque fazem um mesmo ângulo com o plano da figura.

5. Perspectiva isométrica simplificada

Em quase todos os usos práticos do sistema isométrico não se considera a redução que sofrem as linhas, marcando-se *sobre os eixos seus comprimentos reais*, como é explicado na Seç. 6. Assim, teremos uma figura com uma forma exatamente igual, mas um pouco maior, na proporção de 1 para 1,23, linear, e seu volume de 1,00m^3 para 1,23m^3 (Fig. 8.6). O efeito do aumento de volume geralmente não traz inconvenientes, exceto quando se desenha ao lado a mesma peça em projeção ortográfica; já que a medição direta das linhas oferece vantagem, a perspectiva isométrica simplificada tem utilização quase que exclusiva, bem mais do que a projeção isométrica.

Na perspectiva isométrica exata, as linhas isométricas sofrem uma redução de aproximadamente 81/100 do seu comprimento real. Pode-se representar graficamente uma escala isométrica desta proporção, como mostra a Fig. 8.7, se houver necessidade de executar a perspectiva de acordo com as dimensões teóricas.

projeções das três arestas, *RS*, *RT* e *RU*, perpendiculares entre si, que se encontram no vértice frontal *R*, formam entre si ângulos iguais de 120°, e são chamadas "eixos isométricos". Uma vez que as projeções de linhas paralelas são paralelas, as projeções das outras arestas do cubo serão respectivamente paralelas a esses eixos. Qualquer linha paralela a uma aresta do cubo, e cuja projeção é assim paralela a um eixo isométrico, é denominada "linha isométrica". Os planos das faces do cubo e todos os planos paralelos a eles são denominados "planos isométricos"

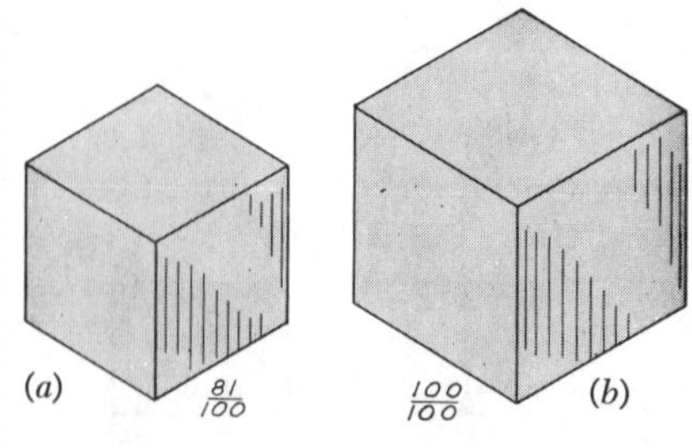

Fig. 8.6 – Perspectiva isométrica exata; perspectiva isométrica simplificada.

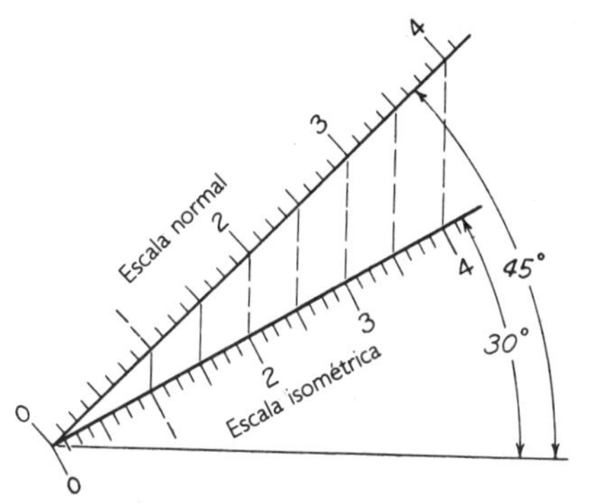

Fig. 8.7 – Traçado de uma escala isométrica.

6. Traçado da perspectiva isométrica simplificada

Se o objeto for retangular (Fig. 8.8), iniciar por um ponto que represente um vértice frontal, mostrado em (*a*) com linhas fortes, e desenhar a partir dele os três eixos isométricos que formem entre si ângulos de 120°, sendo um vertical (*b*), e os outros dois oblíquos fazendo ângulos de 30° com a horizontal e traçados com o auxílio do esquadro de 30°. Nestas três linhas, medir a altura, largura e profundidade do objeto, como indicado em (*c*); ligar os pontos assim determinados com linhas paralelas aos eixos, completando desta forma a figura. Quando se desenhar pelo método isométrico, lembrar a direção dos três planos isométricos básicos. As linhas invisíveis são sempre omitidas, exceto quando forem necessárias para a descrição da peça.

Muitas vezes é conveniente construir uma perspectiva isométrica simplificada a partir do vértice frontal inferior, como ilustrado na Fig. 8.9, iniciando a partir dos eixos daquela posição que pode ser denominada "segunda posição". A localização do vértice inicial também é indicada por linhas fortes em (*a*), (*b*) e (*c*).

7. Linhas não-isométricas

As arestas cujas projeções não são paralelas a um dos eixos isométricos são denominadas "linhas não-isométricas". A única regra importante a observar é que *as medidas somente podem ser feitas quando se tratar de linhas isométricas*; inversamente, as medidas *não podem* ser feitas em linhas *não-isométricas*. Por exemplo, as diagonais da face de um cubo são linhas não-isométricas; apesar de terem igual comprimento, suas perspectivas isométricas não teriam comprimento igual na perspectiva isométrica do cubo. Compare-se o comprimento das diagonais do cubo da Fig. 8.6. Uma vez que uma linha não-isométrica não aparece no desenho com seu

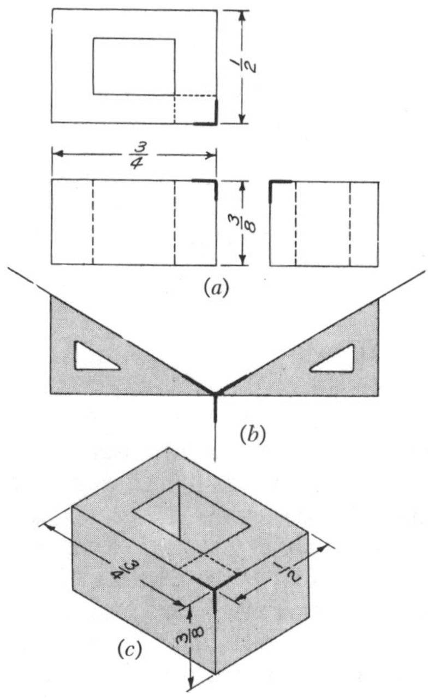

Fig. 8.8 – Eixos isométricos, primeira posição. O ponto inicial é o vértice frontal superior.

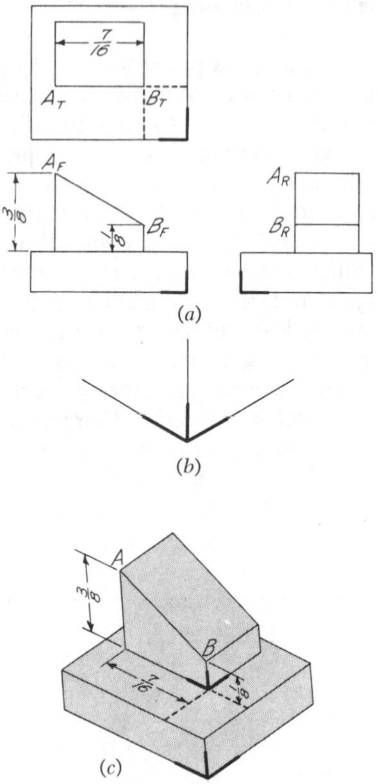

Fig. 8.9 – **Eixos isométricos, segunda posição. O ponto inicial é o vértice frontal inferior.**

comprimento real, a vista isométrica de cada extremidade da linha deve ser localizada e deve-se obter a perspectiva isométrica dessa linha pela ligação destes dois pontos. Na Fig. 8.9*a* e *c*, a linha *AB* é uma aresta não-isométrica cujo comprimento real não pode ser medido na perspectiva isométrica. No entanto, as distâncias verticais acima da base até os pontos *A* e *B* são paralelas ao eixo isométrico vertical. Estas linhas podem, assim, ser indicadas como se mostra em (*c*), dando a vista isométrica da linha *AB*.

8. Linhas não-isométricas: método do paralelepípedo evolvente

Quando um objeto contém muitas linhas não-isométricas, é desenhado pelo "processo de paralelepípedo evolvente" ou "processo das coordenadas". Quando se utiliza o método do paralelepípedo envolvente, o objeto é encerrado em um paralelepípedo retangular que é desenhado em sua volta, em projeção ortográfica. Desenha-se então o paralelepípedo pelo método isométrico e nele localiza-se o objeto por seus pontos de contato, como nas Figs. 8.10 e 8.12. Deve-se observar que em perspectiva isométrica todas as linhas paralelas no objeto são também paralelas no desenho. Este conhecimento pode ser freqüentemente utilizado para economizar um grande número de linhas

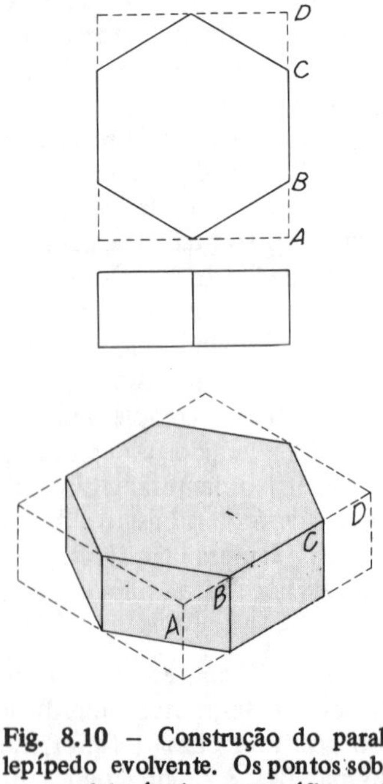

Fig. 8.10 – **Construção do paralelepípedo evolvente. Os pontos sobre o paralelepípedo ortográfico são transferidos à perspectiva isométrica. Deve-se utilizar escala idêntica.**

construtivas, assim como para testar a exatidão. A Fig. 8.10 pode ser desenhada traçando-se a face superior em perspectiva isométrica e desenhando-se linhas verticais de cima para baixo, a partir de cada vértice, de comprimento igual ao das arestas. Nem sempre é necessário encerrar todo o objeto num "paralelepípedo" retangular. A pirâmide (Fig. 8.11) teria a sua base inscrita em um retângulo e o vértice é definido pelo levantamento de um eixo vertical a partir do centro.

O objeto mostrado na Fig. 8.12 se compõe quase completamente de linhas não-isométricas. Em tais casos, não se pode traçar a perspectiva isométrica simplificada sem realizar, em primeiro lugar, as vistas ortográficas necessárias do paralelepípedo envolvente. Em geral, o método do paralelepípedo envolvente se adapta a objetos que possuem linhas não-isométricas situados em planos isométricos.

9. Linhas não-isométricas: processo das coordenadas

Quando um objeto é constituído de planos que fazem entre si ângulos diferen-

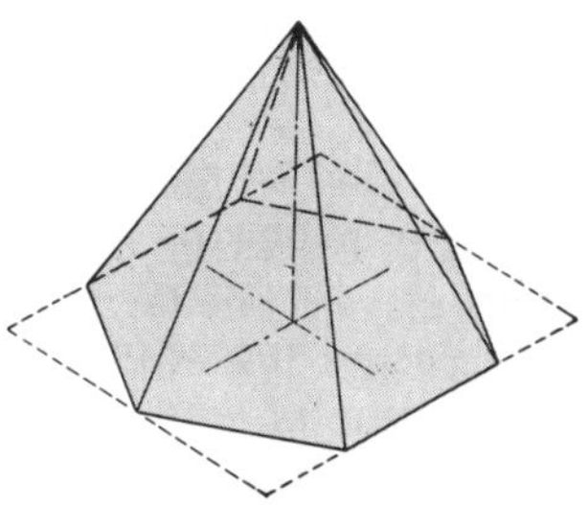

Fig. 8.11 – Construção com o auxílio de um retângulo. Os pontos sobre a base são transferidos para a perspectiva. Localiza-se a altura através de uma linha vertical tirada pelo centro da base. Deve-se usar escala idêntica.

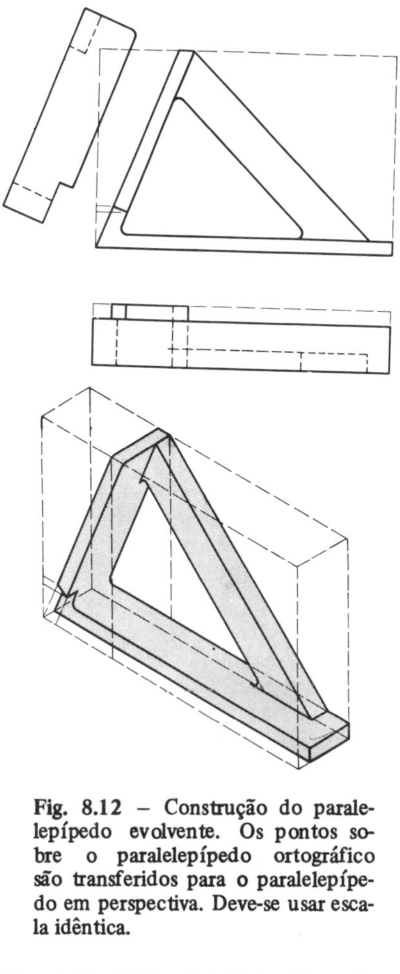

Fig. 8.12 – Construção do paralelepípedo evolvente. Os pontos sobre o paralelepípedo ortográfico são transferidos para o paralelepípedo em perspectiva. Deve-se usar escala idêntica.

tes, é melhor que se localizem as extremidades das arestas pelo processo das coordenadas, ao invés de usar o processo do paralelepípedo. Quando o processo das coordenadas é utilizado, baixam-se perpendiculares a partir de cada ponto sobre um plano isométrico de referência. Essas perpendiculares, que são linhas isométricas, são localizadas no desenho através de coordenadas isométricas, sendo que as dimensões são retiradas das vistas ortográfi-

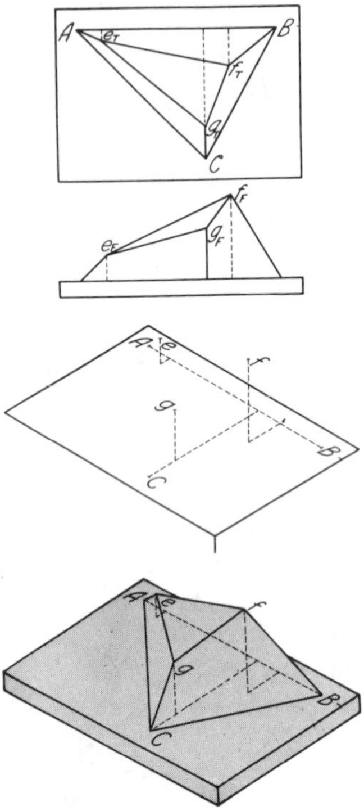

Fig. 8.13 – Processo das coordenadas. Considera-se uma base (*AB*); então, a partir dessa base, localizam-se todos os pontos.

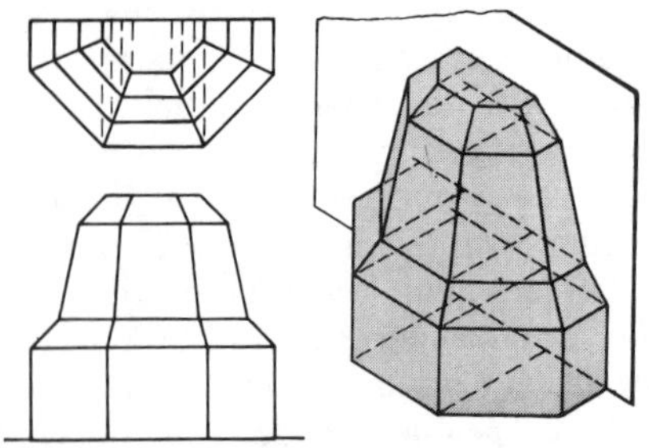

Fig. 8.14 – Construção pelo processo das coordenadas. Localizam-se todos os pontos sobre um plano ou através de coordenadas a partir desse plano. Deve-se utilizar escala idêntica.

cas. Na Fig. 8.13, utiliza-se a linha *AB* como linha de referência e fazem-se as medidas a partir dessa linha, como está mostrado; em primeiro lugar, localizam-se pontos na base, depois são traçadas verticais a partir desses pontos e são localizados *e*, *f* e *g*. A Fig. 8.14 é outro exemplo de construção através de coordenadas. Neste caso, é usado como plano de referência, um plano vertical. Observe-se que, como na Fig. 8.13, as coordenadas da base são localizadas em primeiro lugar e depois medem-se as outras distâncias.

10. Ângulos em perspectiva isométrica

Os três eixos isométricos relacionados anteriormente ao cubo isométrico são perpendiculares entre si, mas, numa perspectiva isométrica, aparecem distanciados de 120° uns dos outros. Por esta razão, ângulos especificados em graus não aparecem em um desenho isométrico no seu tamanho real e devem ser indicados através de coordenadas que sejam paralelas aos eixos isométricos. Desta forma, se um desenho ortográfico tem arestas especificadas através de dimensões angulares, como na Fig. 8.15*A*, deve-se fazer *uma vista na mesma escala do desenho isométrico*, como em (*B*); a partir dessa vista, as dimensões das coordenadas *a*, *b* e *c* são transportadas para a perspectiva isométrica com compassos ou com escalas.

11. Traçados de curvas na perspectiva isométrica

Pelas razões apresentadas nas Seç. 7 e 10, uma circunferência ou qualquer linha curva não aparecerão em sua forma real quando desenhadas em perspectiva isométrica. Num plano isométrico, uma circunferência será uma elipse e uma linha curva

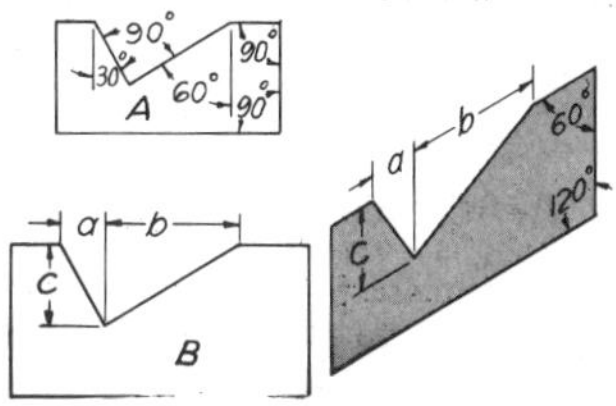

Fig. 8.15 – Ângulos em perspectiva isométrica. Devem ser marcados por meio de coordenadas a partir de uma vista ortográfica, respeitando a mesma escala.

será mostrada como a perspectiva isométrica da curva real.

Pode-se desenhar qualquer curva através da representação sobre esta dos pontos das linhas isométricas de referência (coordenadas) que são paralelas aos eixos isométricos, como mostra a Fig. 8.16. A Fig. 8.17 mostra uma circunferência representada dessa forma. Observe-se que nessas duas figuras as coordenadas *a* e *b* são paralelas aos eixos isométricos e a distância das coordenadas deve ser obtida a partir de uma vista ortográfica desenhada na mesma escala que a isométrica.

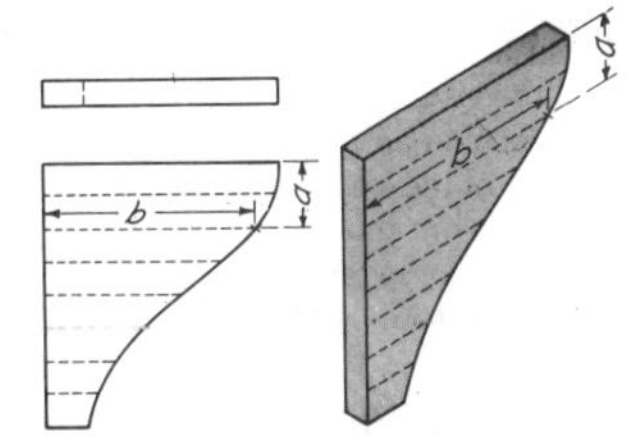

Fig. 8.16 – Curvas em perspectiva isométrica. Transferem-se os pontos a partir da vista ortográfica para a perspectiva por meio de coordenadas. Deve-se utilizar escala idêntica.

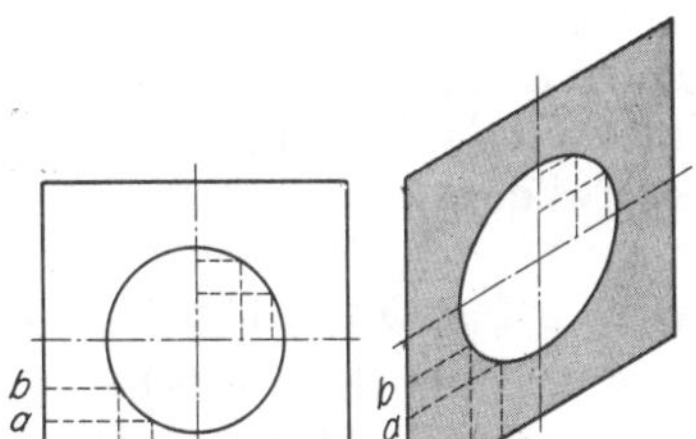

Fig. 8.17 – Perspectiva isométrica de circunferência, obtida por meio de pontos. Transferem-se os pontos da vista ortográfica para a perspectiva por meio de coordenadas. Deve-se utilizar a mesma escala.

12. Circunferências isométricas

As circunferências ocorrem com tanta freqüência que são geralmente representadas com uma aproximação pela chamada elipse de 4 centros, cujo traçado é suficientemente exato para os trabalhos comuns. Geometricamente, o centro de qualquer arco tangente a uma linha reta situa-se numa *perpendicular a esta reta pelo ponto de tangência* (Fig. 8.18). Pelo processo isométrico, se forem traçadas perpendiculares pelo ponto médio de cada lado do quadrado circunscrito, as interseções dessas perpendiculares serão os centros de arcos tangentes aos dois lados (*b*). Evidentemente, duas dessas interseções cairão nos vértices *A* e *C* do quadrado isométrico, uma vez que as perpendiculares são alturas de triângulos eqüiláteros. Assim, a construção de (*b*) a (*d*) pode ser realizada simplesmente pelo traçado de linhas de 60° (horizontais também em *C* e *D*) a partir dos vértices *A* e *C* e depois desenhando arcos com raios *R* e R_1, como é mostrado.

A Fig. 8.19 mostra o método de localizar e desenhar um furo pelo método isométrico, a partir de vistas ortográficas conhecidas. Em primeiro lugar, se localizam e traçam as linhas centrais para o furo marcando as distâncias *X* e *Y*, como é mostrado. Nessas linhas, constrói-se um quadrado isométrico de lados iguais ao diâmetro do furo, sendo o raio *R* traçado em todas as direções a partir da interseção das linhas de centro. Então, usa-se o método dos quatro centros, como mostra a

Fig. 8.18. Se a peça for suficientemente fina, será visível uma parte da porção posterior do furo. Para determinar esta, lança-se novamente a espessura T numa linha isométrica e gira-se o raio grande R_1 da circunferência isométrica, tendo este ponto como centro. Se o arco assim desenhado estiver dentro dos limites da circunferência isométrica, aquela porção posterior será visível. Em peças muito finas, partes dos pequenos arcos R_2 podem estar visíveis. Isso seria determinado da mesma forma.

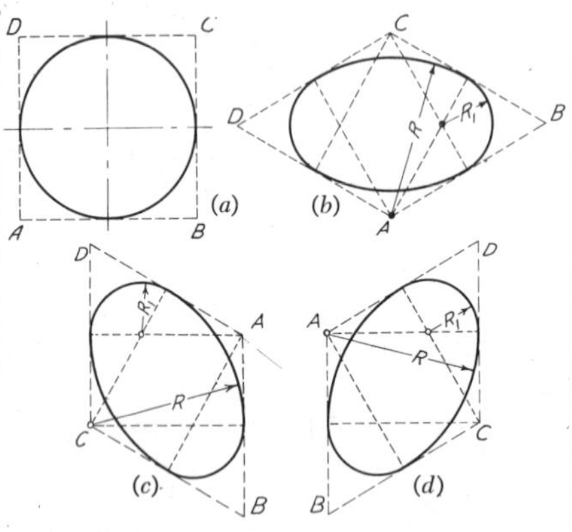

Fig. 8.18 – Perspectiva isométrica de circunferências, processo dos quatro centros. Elipse aproximada é obtida por meio de arcos de circunferência.

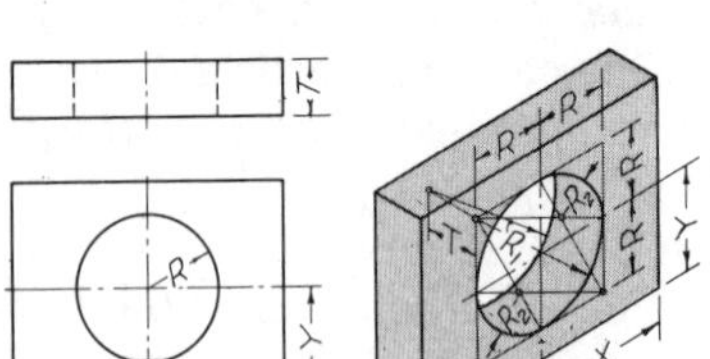

Fig. 8.19 – Localização e representação de um furo em perspectiva isométrica. Localizar o centro, desenhar a perspectiva isométrica do quadrado circunscrito e então desenhar a circunferência pelo método utilizado na construção da Fig. 8.18.

Se uma elipse verdadeira for representada, pelo processo da Seç. 11, no mesmo quadrado, será um pouco mais longa e estreita e de uma forma muito mais agradável do que esta aproximação dos quatro centros, mas, na maior parte dos desenhos, a diferença não é suficiente para justificar a perda adicional de tempo necessária para a execução.

A perspectiva isométrica de uma *esfera* é uma circunferência com diâmetro igual ao eixo maior da elipse que está inscrita na perspectiva isométrica do quadrado correspondente a um círculo máximo da esfera. Assim, seria igual a 1,23/1,00 do diâmetro verdadeiro (a *perspectiva* isométrica exata de uma esfera é uma circunferência de diâmetro igual ao da esfera).

13. Perspectiva isométrica de arcos de circunferência

Ao desenhar qualquer arco de circunferência, deve-se fazer a perspectiva isométrica do quadrado circunscrito correspondente sobre o plano de sua face, utilizando para a construção tantas linhas quantas forem necessárias para encontrar os centros para o arco desejado, como ilustra a Fig. 8.20. O arco que ocorre com maior freqüência é o quadrante. Observe-se que nas ilustrações (*d*) e (*e*) são necessárias somente duas linhas de construção para obter, em um plano isométrico, o centro de um quadrante. Deve-se medir o raio verdadeiro R da circunferência a partir do vértice das duas linhas isométricas, como é mostrado, e traçar perpendiculares *reais* a elas a partir destes pontos. Sua interseção será o centro necessário para o raio R_1 ou R_2 do quadrante em perspectiva. (*f*) ilustra a construção dos dois planos isométricos verticais.

14. Perspectiva isométrica em posição invertida

Freqüentemente se deseja mostrar a face inferior de um objeto inclinando-o *pa-*

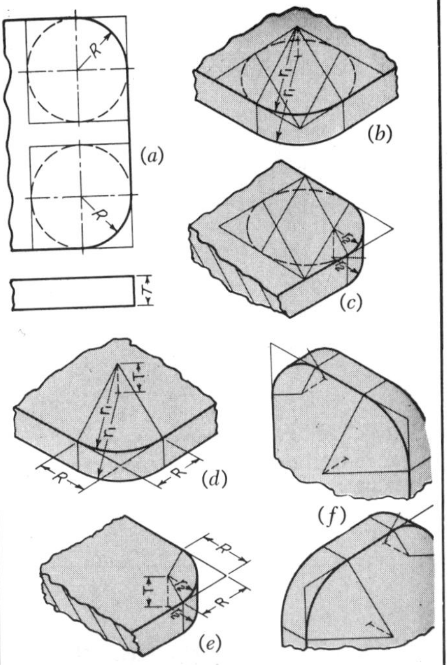

Fig. 8.20 – Perspectiva isométrica do quadrante da circunferência. O centro radial está sobre perpendiculares aos pontos tangentes que são a distância radial do vértice.

ra trás em vez de fazê-lo *para a frente*, invertendo, desta forma, a posição usual para mostrar sua face inferior. A construção é semelhante àquela utilizada quando se mostra a parte superior, mas deve-se ter bem presente a direção dos planos isométricos básicos. A Fig. 8.21 mostra o cubo de referência e a posição dos eixos, assim como a aplicação da construção pelo método isométrico em posição invertida dos arcos de circunferência. Um uso prático desta construção consiste na representação de detalhes arquitetônicos que são naturalmente vistos de baixo. A Fig. 8.22 é um exemplo deste uso.

Algumas vezes, uma peça fica melhor representada colocando-se o eixo principal na posição horizontal, como na Fig. 8.23.

15. Cortes em perspectiva isométrica

Devido à sua natureza perspectiva, os desenhos feitos em perspectiva isométrica

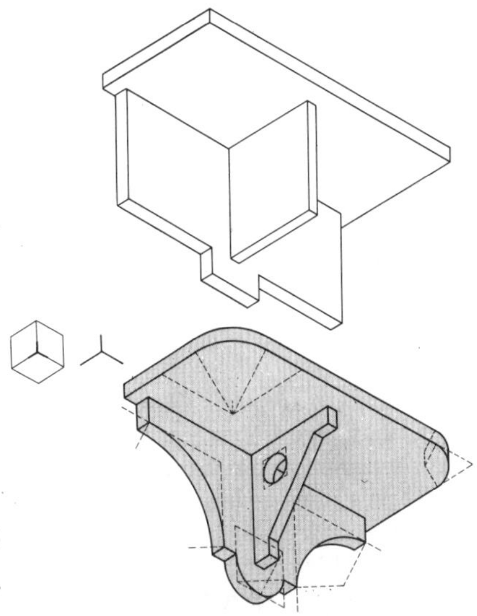

Fig. 8.21 – Desenho isométrico com os eixos invertidos. Mostra-se a parte inferior e dois dos lados. Usam-se os mesmos métodos de construção utilizados para a posição normal.

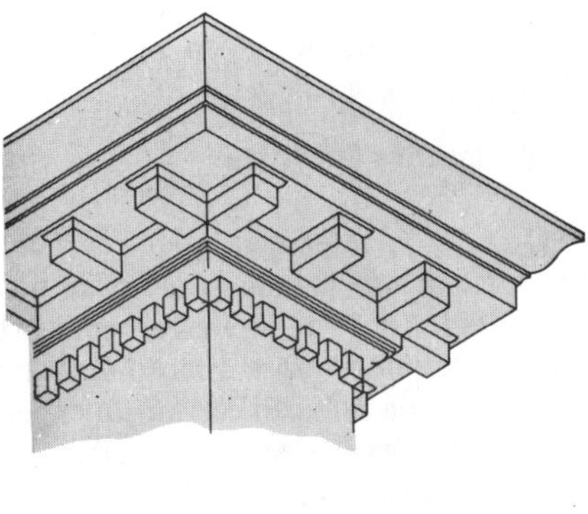

Fig. 8.22 – Detalhe arquitetônico feito sobre eixos em posição invertida.

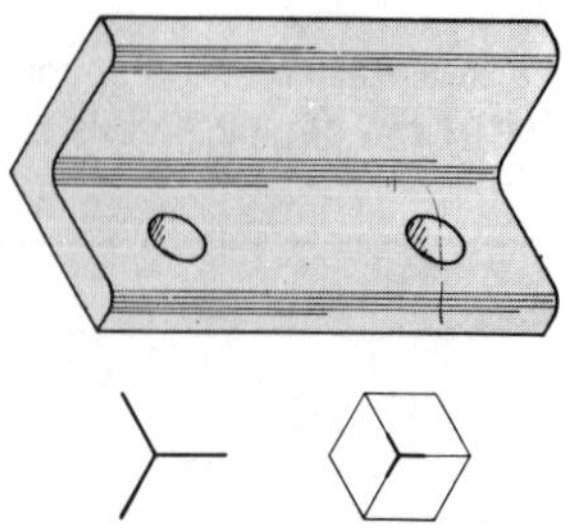

Fig. 8.23 – Perspectiva isométrica com o eixo principal do objeto na posição horizontal. É utilizada quando o objeto parece mais natural nessa posição.

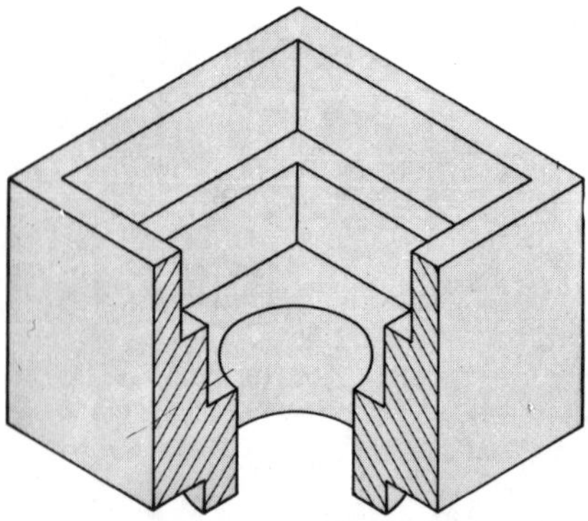

Fig. 8.24 – Meio-corte em perspectiva isométrica. Removeu-se uma quarta parte do objeto para revelar a construção interna.

são geralmente apresentados em vistas externas, mas algumas vezes pode-se usar, com vantagem, uma vista secional (ver Cap. 7) para mostrar um detalhe da forma ou da construção interna. Os planos de corte são escolhidos entre os planos isométricos e o hachurado é feito na direção que produzir melhor efeito; esta é, em quase todos os casos, a direção da diagonal de um quadrado desenhado na superfície. Como regra geral, faz-se um meio-corte esboçando-se a figura completa e depois retirando o quadrante frontal, como na Fig. 8.24; para um corte completo, desenha-se primeiro a face secionada e depois acrescenta-se a parte posterior do objeto (Fig. 8.25).

16. Perspectiva dimétrica

O cubo de referência pode ser girado para ocupar um grande número de posições desde que duas arestas apareçam igualmente reduzidas; a direção dos eixos e as escalas da redução em qualquer uma destas posições podem ser representadas como as bases para um sistema de perspectiva dimétrica. Considera-se perspectiva dimétrica simples aquela cujas razões são de 1 para 1 para $^1/_2$. Nesta posição, as tangentes dos ângulos são $^1/_8$ e $^7/_8$, e os ângulos são de aproximadamente 7° e 41°. A Fig. 8.26 mostra um desenho realizado neste sistema. O método dimétrico é raramente usado devido à dificuldade de desenhar circunferências através desta perspectiva.

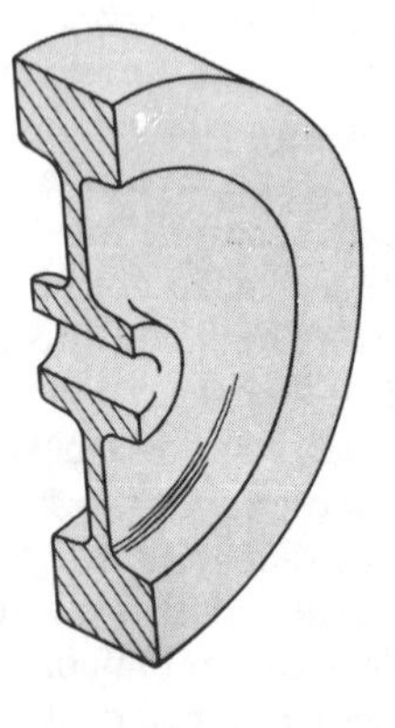

Fig. 8.25 – Corte em perspectiva isométrica. Removeu-se metade do objeto para revelar sua forma.

Fig. 8.26 – Perspectiva dimétrica. É utilizada principalmente para objetos retangulares.

17. Perspectiva trimétrica

Denomina-se perspectiva "trimétrica" qualquer posição do cubo de referência na qual todos os três eixos apresentam reduções desiguais. Em comparação com as perspectivas isométrica e dimétrica, na perspectiva trimétrica a distorção fica reduzida, e mesmo este efeito pode ser diminuído em algumas posições. No entanto, por ser sua execução mais lenta do que as outras duas formas, é raramente usada, exceto quando feita por projeção. A perspectiva axonométrica a partir de vistas ortográficas é apresentada na Seç. 26.

18. Projeção oblíqua

Quando as projetantes [linhas de chamada] fazem um ângulo diferente de 90° com o plano da figura, a projeção resultante é denominada perspectiva "oblíqua". Dá-se o nome de "perspectiva cavaleira" ao tipo particular e mais usado de projeção oblíqua na qual as projetantes fazem um ângulo de 45° com o plano de projeção. A perspectiva cavaleira é freqüentemente chamada pelo nome geral de "projeção oblíqua" ou "perspectiva oblíqua". Seu princípio é o seguinte: imagine-se um plano vertical tendo atrás de si um bloco retangular, cujas arestas maiores são paralelas ao plano. Admita-se um sistema de projetantes paralelas que se projetem em qualquer direção fazendo um ângulo de 45° com o plano da figura (elas poderiam ser paralelas a qualquer uma das geratrizes de um cone de 45° cuja base estivesse no plano da figura). Então projeta-se em verdadeira grandeza aquela face do bloco que é paralela ao plano, e as arestas perpendiculares ao mesmo. A Fig. 8.27 ilustra este princípio. O primeiro painel mostra a projeção ortográfica comum de um bloco retangular com sua face frontal sobre o plano vertical. Uma projetante oblíqua traçada pelo vértice posterior B é a hipotenusa de um triângulo retângulo de 45° no qual AB é um cateto e o outro cateto é a projeção de AB sobre o plano. Quando este triângulo for horizontal, a projeção sobre o plano será AC Se o triângulo sofrer uma rotação em torno de AB de qualquer ângulo β, C girará até C' e $A_F C_F'$ *será a* projeção oblíqua de AB.

19. Traçado da perspectiva oblíqua

A perspectiva oblíqua é semelhante à perspectiva isométrica no sentido de que possui três eixos que representam três arestas perpendiculares entre si e sobre as quais as medidas podem ser tomadas. Dois dos eixos são sempre perpendiculares entre si, já que estão num plano paralelo ao plano da figura. O terceiro eixo, ou profundidade, pode estar em qualquer ângulo em relação à horizontal, sendo geralmente usados 30° ou 45° (Fig. 8.28). Desta forma, a perspectiva oblíqua é mais flexível que a perspectiva isométrica. Para representar um objeto retangular (Fig. 8.29), deve-se iniciar por um ponto que represente um vértice frontal (A) e a partir dele desenhar os três eixos oblíquos, um vertical, um horizontal e um fazendo

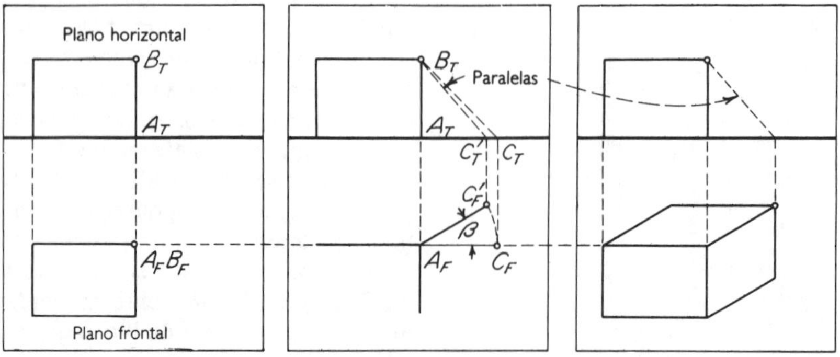

Fig. 8.27 – Perspectiva oblíqua. As projetantes estão em ângulo oblíquo em relação ao plano da figura.

um ângulo qualquer. Nestes três eixos medem-se a altura, a largura e a profundidade do objeto. Neste exemplo, a largura é constituída de uma distância de 64 mm e o raio de 33 mm. Localiza-se o centro do arco e desenha-se como é mostrado. Na figura, o centro do arco correspondente ao furo e ao arco externo estará no mesmo ponto sobre a face frontal. O centro do arco localizado na parte posterior do furo terá uma profundidade de 28 mm, medida sobre uma linha paralela ao eixo de profundidade traçado pelo centro da face frontal.

20. Orientação do objeto no método da perspectiva oblíqua

Qualquer face paralela a um plano de projeção evidentemente será projetada sem deformação. Neste caso, a projeção oblíqua leva uma vantagem sobre a isométrica, vantagem esta que tem um valor especial na representação de objetos com contornos circulares ou irregulares.

A *primeira regra* da perspectiva oblíqua é *colocar o objeto que possui contorno ou perfil irregular paralelo ao plano de projeção*. Observe-se na Fig. 8.30 a deformação maior em (*b*) e (*c*) do que em (*a*).

Uma das maiores desvantagens do uso da perspectiva isométrica ou oblíqua é o efeito de deformação produzido pela falta de convergência das linhas mais ajustadas do plano vertical – uma violação da perspectiva. Em alguns casos, especialmente nos de grandes objetos, isto se torna tão desagradável que praticamente desaconselha o uso desses métodos. Talvez este fato seja mais observado na perspectiva oblíqua do que na isométrica e obviamente aumenta em proporção direta ao comprimento da dimensão de profundidade.

Daí resulta a *segunda regra: a maior dimensão deve estar preferentemente paralela ao plano de projeção*. Na Fig. 8.31, o desenho em (*a*) é preferível ao de (*b*).

No caso de conflito entre estas duas regras, *a primeira sempre tem precedência*, uma vez que a vantagem de ter uma face irregular sem deformação é maior do que aquela conseguida através da segunda regra, como ilustra a Fig. 8.32. A primeira regra deverá ter precedência mesmo em relação a formas que não sejam irregulares se, no julgamento do desenhista, a deformação puder ser

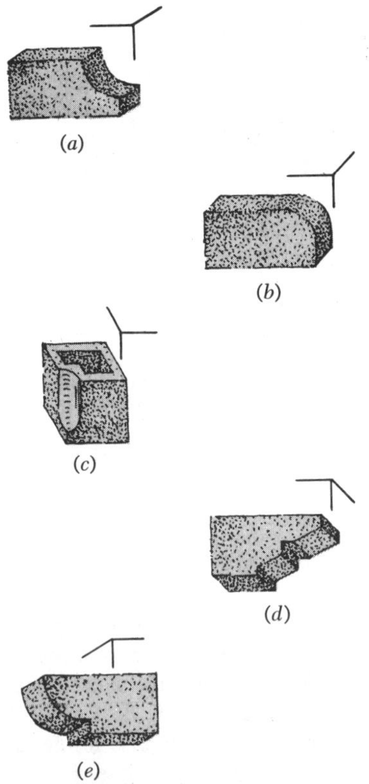

Fig. 8.28 – **Várias posições do eixo inclinado: (*a*) para cima, 30° à direita; (*b*) para cima, 45° à direita; (*c*) para cima, 45° à esquerda; (*d*) para baixo, 30° à direita; (*e*) para baixo, 30° à esquerda.**

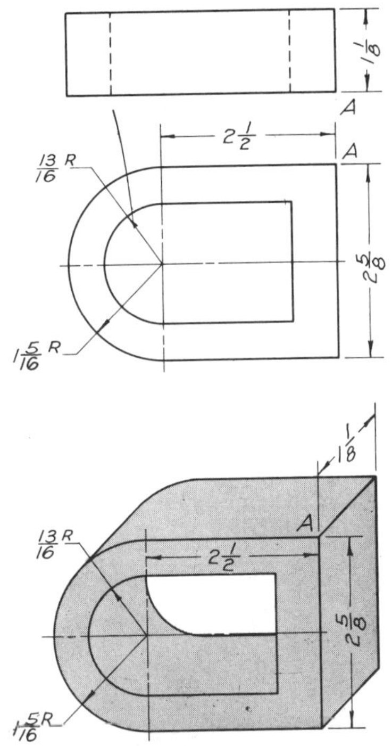

Fig. 8.29 – **Perspectiva oblíqua. A face frontal, paralela ao plano da figura, é igual à vista ortográfica.**

diminuída, como na Fig. 8.33, onde talvez (*b*) seja preferível a (*a*).

21. Plano de referência

Observe-se que quando a parte da frente do objeto estiver num plano paralelo ao plano de projeção, a face frontal em perspectiva oblíqua será *exatamente a mesma que na vista ortográfica de frente.* Quando a parte da frente for constituída de mais de um plano, deve-se cuidar para preservar a relação entre os planos, através da seleção de um deles como plano de referência e trabalhar a partir deste. Numa peça como o braço de alavanca da Fig. 8.34, podem-se imaginar as saliências cilíndricas frontais como cortadas no plano *A-A* e a vista de frente, isto é, o corte segundo *A-A*, desenhada como se fosse a frente da perspectiva oblíqua. Então, desenham-se eixos de profundidade através dos centros *C* e *D*, por exemplo, com as distâncias *CE* atrás e *CF* na frente do plano *A-A*.

Quando um objeto não tem faces perpendiculares à sua base, pode ser desenha-

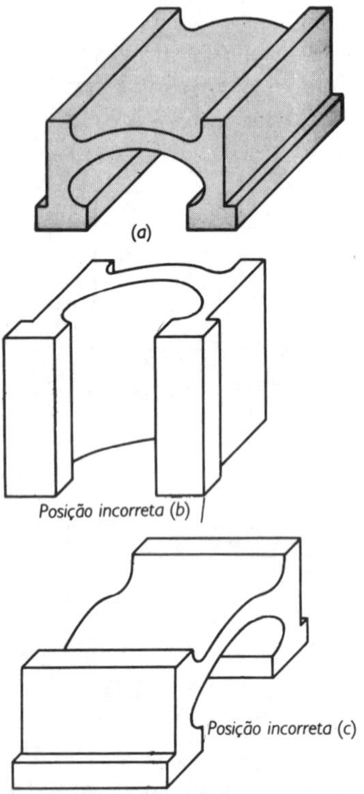

Fig. 8.30 – Ilustração da primeira regra. Observar a deformação de (*b*) e (*c*) em relação à de (*a*).

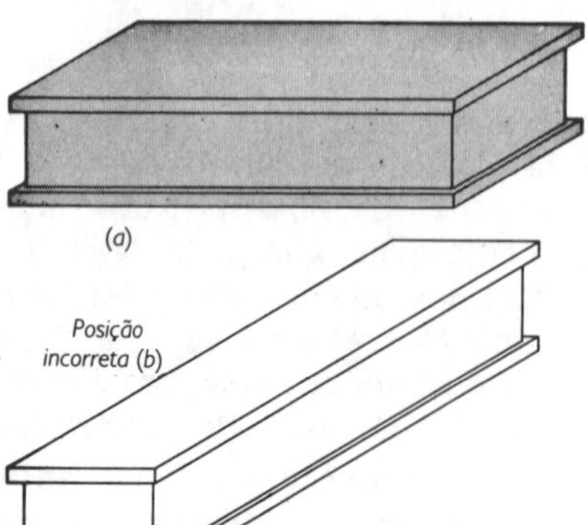

Fig. 8.31 – Ilustração da segunda regra. Observar a profundidade exagerada em (*b*).

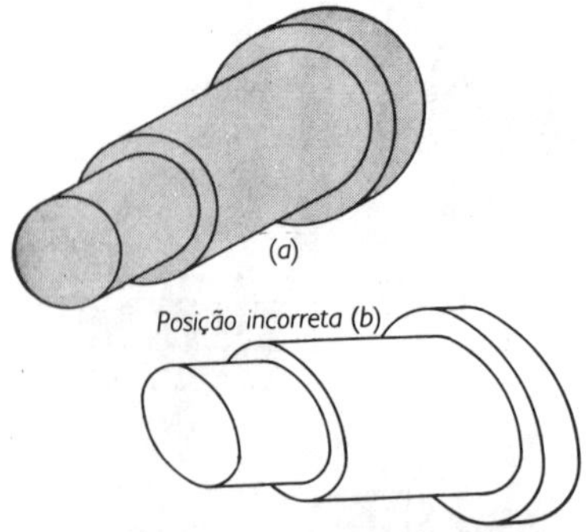

Fig. 8.32 – Precedência da primeira regra, (*a*), Obedecendo à regra, é mais fácil de desenhar e também apresentar menor deformação do que (*b*).

do de forma semelhante tomando-se como plano de referência uma seção reta e medindo as coordenadas a partir dessa seção, como na Fig. 8.35. Este processo de coordenadas, ilustrado anteriormente nas perspectivas isométricas das Figs. 8.13, 8.14 e 8.16, é uma forma rápida e conveniente de desenhar quase todas as figuras, e deve ser cuidadosamente estudado.

22. Traçado de circunferências pelo método da perspectiva oblíqua

Quando houver necessidade de desenhar circunferências que se acham em faces oblíquas, elas podem ser traçadas com o compasso como arcos de circunferência, segundo as mesmas regras da aproximação em perspectiva isométrica dos quatro centros apresentada na Fig. 8.18. Na perspectiva isométrica, *duas interseções das quatro perpendiculares traçadas pelos pontos médios* do quadrado circunscrito caem nos vértices do quadrado, o que é uma vantagem. Na perspectiva oblíqua, a posição dos pontos correspondentes depende do ângulo do eixo de profun-

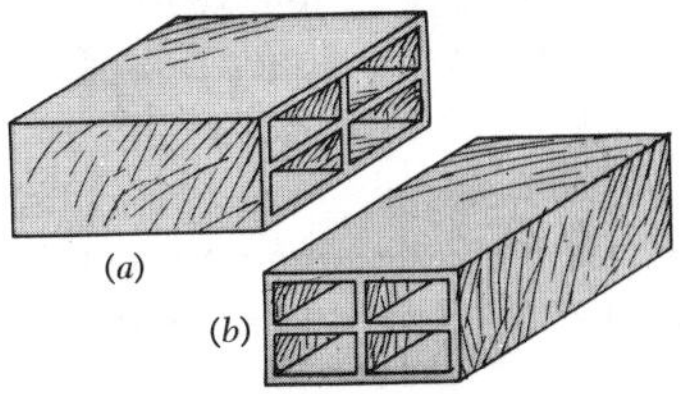

Fig. 8.33 – Escolha de posição. (*b*) é preferível a (*a*).

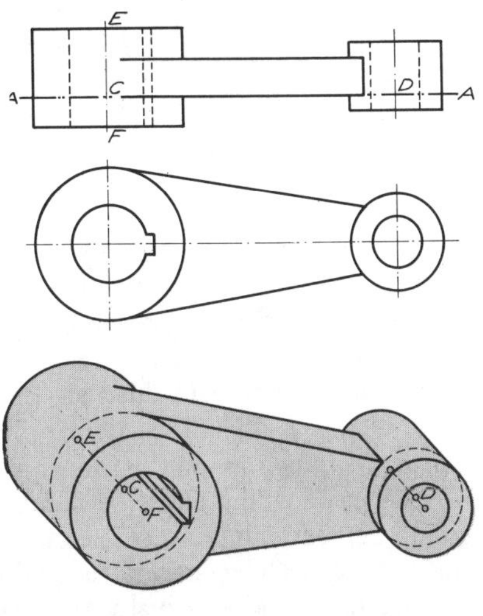

Fig. 8.34 – Coordenadas em relação ao plano de referência. Medem-se as distâncias para frente ou para trás a partir do plano frontal.

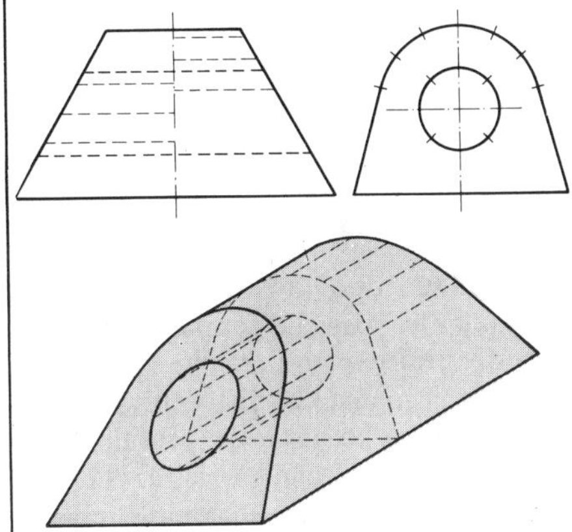

Fig. 8.35 – Coordenadas em relação a uma seção reta. As medidas para frente e para trás são realizadas a partir do plano frontal.

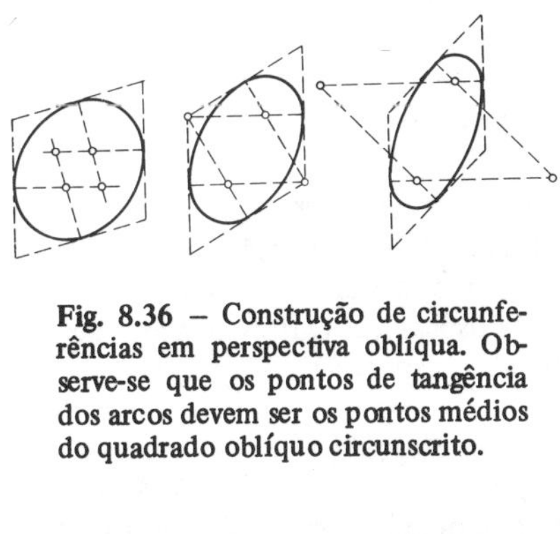

Fig. 8.36 – Construção de circunferências em perspectiva oblíqua. Observe-se que os pontos de tangência dos arcos devem ser os pontos médios do quadrado oblíquo circunscrito.

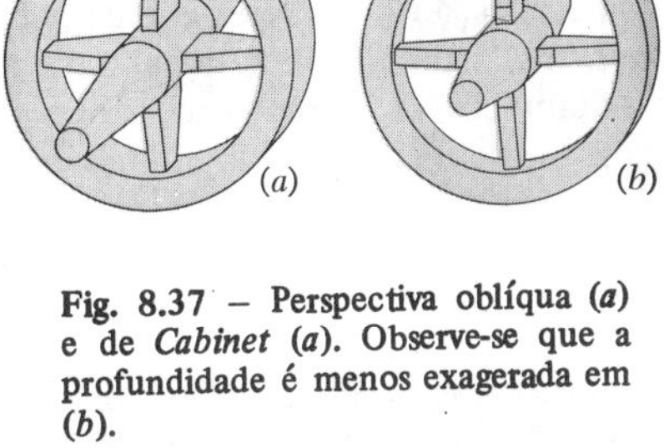

Fig. 8.37 – Perspectiva oblíqua (*a*) e de *Cabinet* (*a*). Observe-se que a profundidade é menos exagerada em (*b*).

didade. A Fig. 8.36 mostra três quadrados em perspectivas oblíquas em ângulos diferentes e a construção de suas circunferências inscritas. O ponto importante a ser lembrado é que os arcos de circunferência *devem* tangenciar os pontos médios dos lados do quadrado oblíquo.

23. Arcos de circunferência em perspectiva oblíqua

Desenham-se arcos de circunferência que representam cantos arredondados, etc., em perspectiva oblíqua pelo mesmo método utilizado para o traçado de arcos em perspectiva isométrica na seç. 13. A única diferença é que o ângulo formado pelos lados tangentes ao arco varia de acordo com o ângulo do eixo de profundidade escolhido.

24. Perspectiva *cabinet**

Este é um tipo de perspectiva no qual as projetantes paralelas formam com o ângulo de projeção um ângulo tal que reduzem-se à metade as distâncias medidas paralelamente ao eixo de profundidade em relação à projeção cavaleira. Na perspectiva *cabinet*, supera-se completamente a aparência de excesso de espessura que é tão desagradável na projeção cavaleira. O eixo de profundidade pode ser traçado fazendo qualquer ângulo com a horizontal, mas geralmente adota-se 30° ou 45°. A aparência da perspectiva cavaleira e da perspectiva *cabinet* é mostrada na Fig. 8.37.

25. Outras formas

A perspectiva *cabinet* é popular pela facilidade de proporção, apesar de freqüentemente dar a impressão de muito pouca espessura. Outras relações de redução na perspectiva oblíqua, tais como 2 por 3 ou 3 por 4, podem ser utilizadas com efeito agradável.

26. Perspectiva axonométrica a partir de vistas ortográficas

Na realização da perspectiva de peças complexas, especialmente quando se representam curvas, a projeção axonométrica a partir de vistas ortográficas pode ser vantajosa, em termos de velocidade e facilidade de desenho, em relação à projeção axonométrica, feita diretamente a partir do objeto. Qualquer posição – isométrica, dimétrica ou trimétrica – pode ser utilizada.

Os três eixos de uma perspectiva axonométrica são *três arestas perpendiculares entre si* no espaço. Se o ângulo de rotação e o ângulo de inclinação do objeto forem conhecidos ou escolhidos, os três eixos para a perspectiva e a localização das vistas ortográficas para o desenho de perspectiva podem ser facilmente encontrados. A Fig. 8.38 ilustra o procedimento. As três vistas ortográficas de um cubo são mostradas em (*g*). As três arestas perpendiculares entre si *OA, OB* e *OC* sofrerão reduções diferentes quando o cubo for girado no espaço até alguma posição axonométrica, mas as extremidades dos eixos *A, B* e *C* estarão sempre sobre a superfície da esfera cujo raio é *OA = OB = OC*, como está ilustrado em (*G'*) Em qualquer ângulo particular de inclinação do cubo, as pontas de eixos *A* e *B* descreverão uma elipse se o cubo for girado ao redor do eixo *OC*, como é mostrado. O eixo *OC* aparecerá reduzido em *oc'*. Desta forma, em qualquer posição particular do cubo no espaço, representando a posição axonométrica desejada, podem-se localizar os eixos e obter suas porções relativas de redução.

Além disso, se uma face do cubo for girada ao redor de um *eixo frontal perpendicular ao eixo que está em ângulos retos com a face*, o resultado será uma vista ortográfica da face, em projeção com a vista axonométrica. Desta forma, as vistas superior e lateral direita poderão ser localizadas como em (*j*) e projetadas como em (*k*) para que constituam a perspectiva axonométrica.

Os desenhos em (*h*), (*j*) e (*k*) ilustram o uso prático da teoria de rotação acima descrita. A verdadeira grandeza da esfera não é importante já que somente é usada para estabelecer a direção dos eixos. Em

---

* Este tipo de perspectiva oblíqua é conhecido nos Estados Unidos sob a denominação de *cabinet projection*. (N. da ed. bras.)

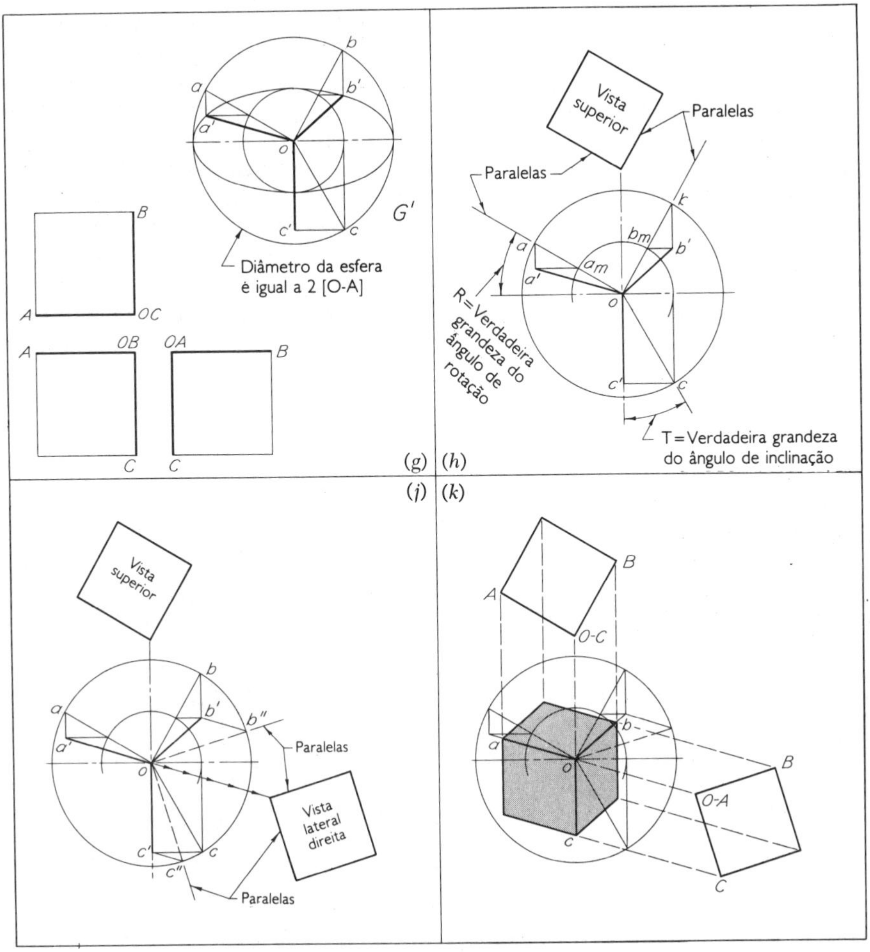

Fig. 8.38 – Perspectiva axonométrica a partir de vistas ortográficas. (*g*) Construção para localização de eixos; (*h*) localização da vista superior; (*j*) localização da vista lateral; (*k*) projeção.

primeiro lugar, arbitram-se e representam-se o ângulo de rotação *R* e o ângulo de inclinação *T* desejados, como em (*h*). Obtém-se o diâmetro menor da elipse na qual *A* e *B* se encontram pela projeção vertical de *c* e pelo desenho da circunferência como é mostrado. *A* e *B* na circunferência de maior diâmetro da elipse estão em *a* e *b;* na circunferência de diâmetro menor, estão em a_m e b_m; e são obtidos em perspectiva axonométrica como no método da elipse de circunferência concêntrica, pela projeção em *a'* e *b'*. A posição reduzida de *C* é obtida projetando-se horizontalmente de *c* até *c'*.

A vista ortográfica superior do cubo (ou objeto) será paralela a *oa* e *ob* e a projeção da vista ortográfica para a axonométrica será vertical (paralela a *aa'* e *bb'*).

A projeção de uma vista ortográfica lateral direita está mostrada em (*j*). O lado direito do cubo, contendo os eixos *OC* e *OB*, é obtido pela projeção a partir de *b'* e *c'*, paralelos a *oa'*, para localizar *b"* e *c"* na circunferência que representa a esfera. Os lados do cubo (ou objeto) são paralelos a *ob"* e *oc"*, como é mostrado em (*j*). A projeção da vista lateral direita para a vista axonométrica está na direção de *oa'*, como está indicado.

Mostra-se a perspectiva axonométrica projetada em (*k*). As linhas tracejadas indicam as projetantes reais e as retas e circunferências em linhas fracas contínuas descrevem a construção acima.

Uma vantagem deste método é que se pode arbitrar o ângulo de rotação e inclinação de forma que o objeto seja apresentado em sua melhor posição. A Fig. 8.39 é um exemplo de desenho axonométrico feito por projeção a partir de vistas orto-

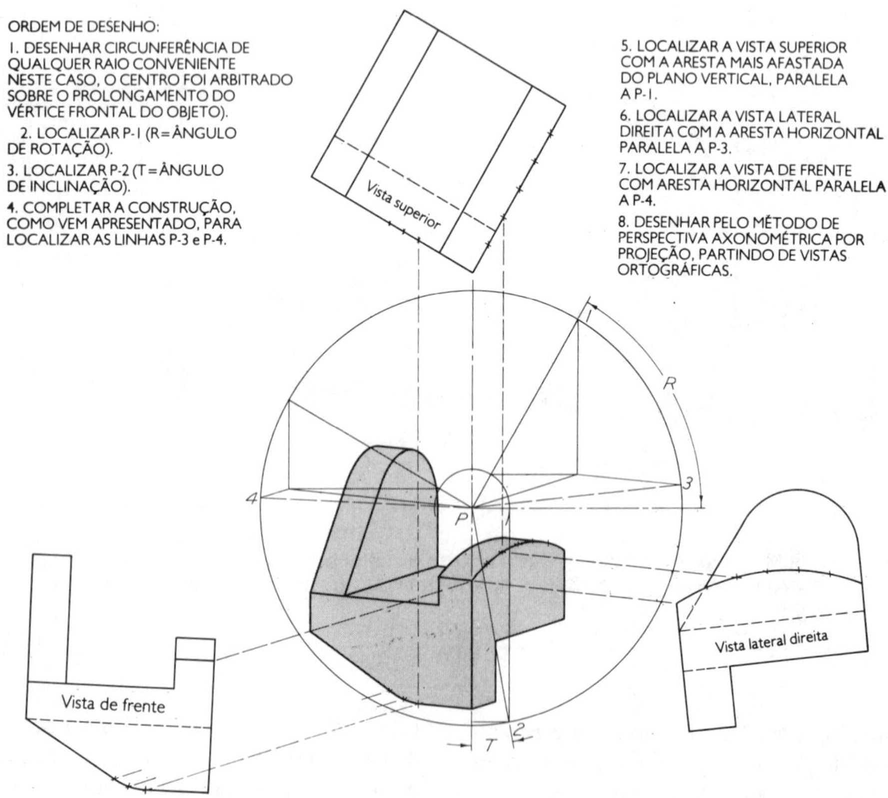

Fig. 8.39 – Uma perspectiva axonométrica obtida por projeção a partir de vistas ortográficas. Observa-se a ordem de desenho e consultar a Fig. 8.38 para obter detalhes de construção.

gráficas. As faces curvas são representadas graficamente por projeção de pontos, como é mostrado.

27. Perspectiva isométrica a partir de vistas ortográficas

A perspectiva isométrica é, naturalmente, um caso particular de perspectiva axonométrica, no qual todos os três eixos são igualmente reduzidos. O trabalho de obter os eixos para a projeção isométrica a partir de vistas ortográficas fica reduzido se as vistas forem localizadas por angulação, como ilustra a Fig. 8.40.

28. Perspectiva oblíqua de vistas ortográficas

Na perspectiva oblíqua, as projetantes formam um ângulo oblíquo em relação ao plano de projeção. Deve-se observar que o ângulo real das projetantes (com planos horizontais e frontais) não é definido, de forma que pode ser usada uma grande variedade de ângulos. A realização de uma perspectiva oblíqua por projeção a partir de vistas ortográficas é simples, como ilustra a Fig. 8.41. Localiza-se o plano de projeção e faz-se coincidir uma face do objeto com esse plano. A vista de frente é localizada em lugar conveniente do papel. Arbitra-se o ângulo das projetantes na vista superior (neste caso, 45°) e fazem-se projeções no plano de projeção, como é mostrado. Pode-se então arbitrar o ângulo das projetantes na vista de frente (neste caso, 30°). A projeção a partir da vista de frente no ângulo arbitrado e verticalmente a partir do plano de projeção, como é mostrado, localizará as linhas e pontos necessários para a vista oblíqua.

Eixos invertidos podem ser obtidos projetando-se para baixo a partir da vista de frente. Pode-se localizar um eixo à esquerda mudando a direção das projetantes na vista superior. Pode-se localizar qualquer eixo oblíquo desejado alterando os ângulos (superior e de frente) das projetantes.

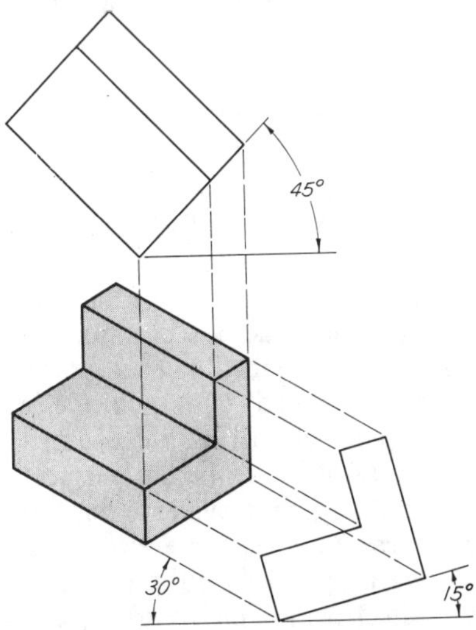

Fig. 8.40 – Perspectiva isométrica por projeção. A vista superior girada de 45° e a vista lateral girada de 15° localizam as vistas para projeção pelo método da perspectiva isométrica.

29. Perspectiva exata

A perspectiva exata representa um objeto tal como aparece a um observador localizado em um ponto determinado. O objeto é visto como a figura resultante da interseção dos raios visuais que vão do observador ao objeto, e são cortados por um plano da figura [quadro]. Há uma diferença entre a perspectiva utilizada pelo artista e a perspectiva exata. O artista freqüentemente desconsidera a perspectiva real uma vez que desenha o objeto como o vê através de sua imaginação criadora, enquanto que a perspectiva exata é projetada instrumentalmente num plano a partir de vistas ou medidas do objeto representado. O desenho da perspectiva exa-

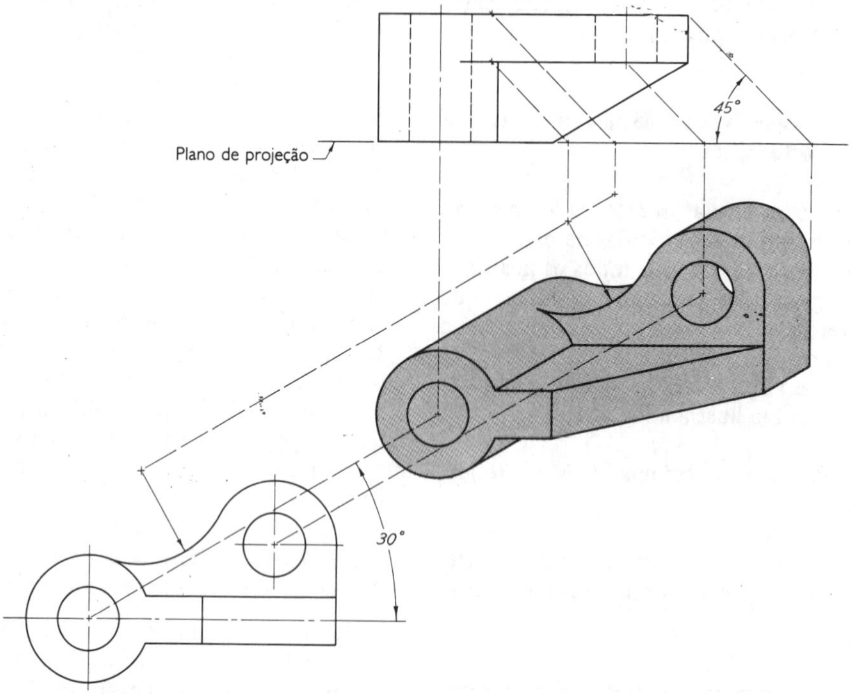

Fig. 8.41 – Perspectiva oblíqua por projeção. Obtém-se a vista oblíqua pela projeção angular da vista superior para o plano de projeção e diretamente da vista lateral.

ta, teoricamente, é muito semelhante ao sistema óptico em fotografia.

Do ponto de vista técnico, a perspectiva exata é mais utilizada na arquitetura do que em outros campos, mas é vantajoso também para os engenheiros o conhecimento dos seus princípios.

30. Conceitos fundamentais

Imagine-se um observador de pé na calçada de uma rua da cidade, como na Fig. 8.42, tendo um plano perpendicular transparente colocado entre ele e a cena que aparece à sua frente. Os raios visuais que vão do observador até as extremidades do poste *A* compreendem uma distância *aa'* sobre o quadro. Da mesma forma, raios partindo do poste *B* compreendem *bb'*, uma distância menor que *aa'*. É evidente que a redução no tamanho de objetos semelhantes à medida que aumenta a distância deles ao olho coincide com nossa experiência diária, e é o princípio fundamental do desenho em perspectiva. Partindo da figura, é evidente que, considerando-se sucessivamente os diferentes postes, a projeção de cada um deles sobre o quadro será mais curta que a do precedente e que um poste no infinito se apresentará apenas como um ponto *o* no nível do olho do observador.

Na Fig. 8.43, o plano do papel é o plano da figura e as interceptações *aa'*, *bb'*, etc. mostram em perspectiva as altu-

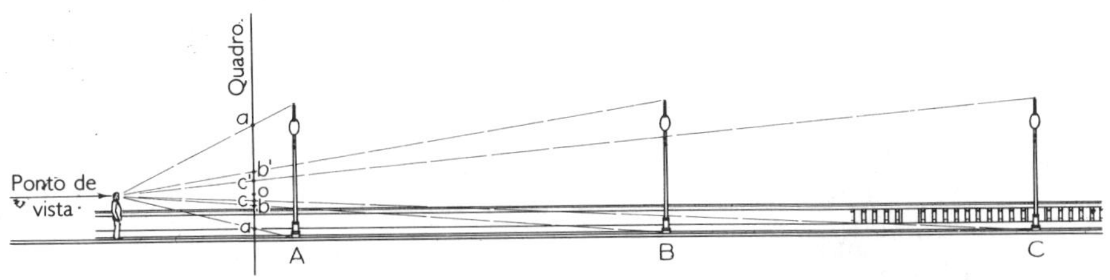

Fig. 8.42 – Ilustração da teoria da perspectiva. Os raios partindo dos objetos até o olho do observador intersectam o quadro.

Fig. 8.43 – O desenho em perspectiva. Esta é a imagem que se forma no quadro, da Fig. 8.42.

ras dos respectivos postes que diminuem de tamanho à medida que diminui seu tamanho projetado e finalmente desaparecem em um ponto no horizonte. Da mesma forma, os meios-fios e a balaustrada parecem convergir para o mesmo ponto *O*. Assim, um sistema de linhas horizontais paralelas desaparecerão num único ponto no horizonte e todos os planos horizontais desaparecerão no horizonte. Verticais tais como os postes e as arestas dos prédios, sendo paralelas ao quadro, perfuram-no a uma distância infinita; por isso não convergem mas apresentam-se como linhas verticais no quadro.

31. Definições e nomenclatura

A Fig. 8.44 ilustra a teoria da perspectiva e dá nome aos pontos, linhas e planos utilizados. Ao visualizar um objeto, um observador seleciona seu *ponto de vista* e assim determina seu *plano do horizonte,* como o plano horizontal que está ao nível do olho. Este plano do horizonte está normalmente acima da *linha de terra* ou geometral sobre o qual se presume que o objeto se apóia. O quadro está normalmente localizado entre o ponto de vista e o objeto que está sendo visualizado e é

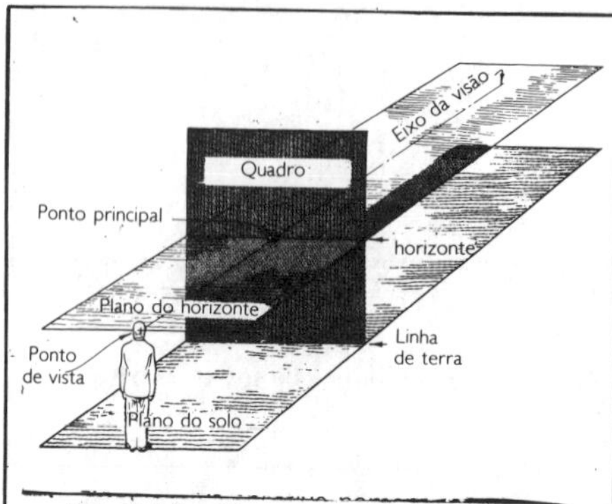

Fig. 8.44 – Nomenclatura perspectiva.

normalmente um plano vertical perpendicular à projeção horizontal da linha de visão até o centro de interesse do objeto. A *linha do horizonte* é a interseção do plano de horizonte e do quadro [plano da figura] e a *linha de terra* é a interseção do plano de solo com o quadro. O *eixo de visão* é a linha que passa pelo ponto de vista e é perpendicular ao quadro. O ponto de interseção do eixo de visão com o quadro é o *ponto principal.* *

32. Seleção do ponto de vista

Ao iniciar um desenho em perspectiva, deve-se ter cuidado com a seleção do ponto de vista, uma vez que uma escolha indiscriminada pode resultar em um desenho distorcido. Se o ponto de vista for colocado num lado do desenho, obtém-se o mesmo efeito de quando se vê uma tela de cinema muito de perto e muito de lado: vêem-se bem as alturas mas não as distâncias horizontais. Desta forma, *o ponto principal deve estar em algum lugar próximo ao centro de interesse da figura.*

Ângulos de visão amplos resultam em convergência violenta de linhas horizontais devendo, por isto, ser evitados. O ângulo de visão é o ângulo θ compreendido entre os raios visuais mais amplos (Fig. 8.45). A Fig. 8.46 mostra a diferença na redução da perspectiva para diferentes ângulos limites de visão. Em geral, um ângulo de cerca de 20° proporciona a figura mais natural.

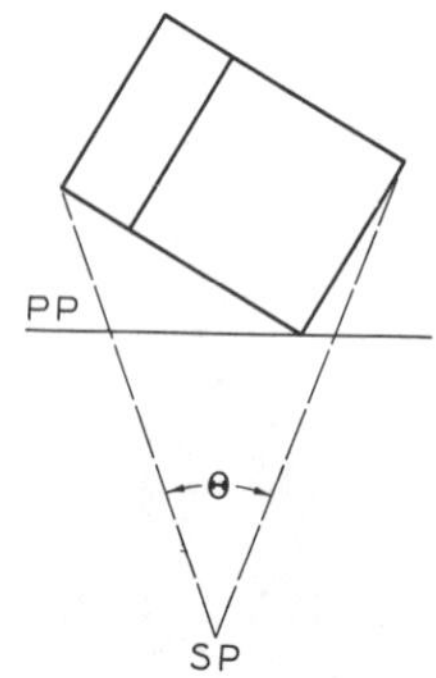

Fig. 8.45 – Ângulo limite de visão.

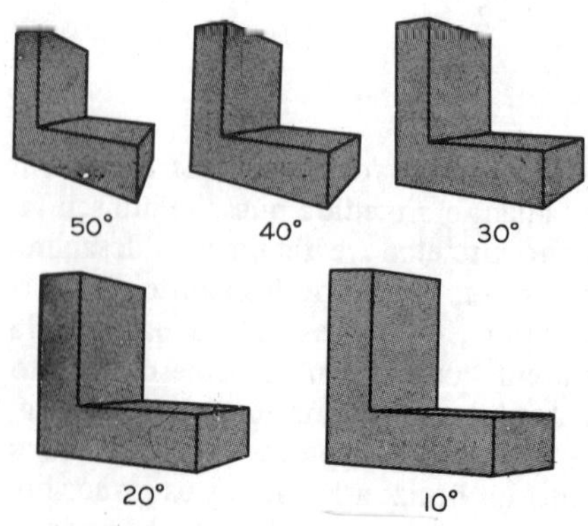

Fig. 8.46 – Comparação de ângulos laterais da vista. Ângulos maiores do que 30° fornecem uma perspectiva desagradável.

---

* Ponto principal é a projeção vertical do ponto de vista. (N. da ed. bras.)

O ponto de vista deve estar localizado no lugar de onde se tem uma melhor visão do objeto. Por esta razão, em relação a grandes objetos, como prédios, o ponto de vista é geralmente estabelecido a uma altura normal de cerca de 1,50 m acima do plano do solo; em relação a objetos pequenos, uma melhor representação exige que a superfície superior, bem como as laterais, seja visualizada; conseqüentemente, o ponto de vista deve ser elevado. A Fig. 8.47 mostra o ângulo de elevação Ω entre o plano do horizonte e o raio visual extremo. Ilustrando vários ângulos diferentes de elevação (Ω), a Fig. 8.48 mostra o efeito da elevação do ponto de vista. Em geral, o melhor desenho é obtido num ângulo de cerca de 20° a 30°.

Conseqüentemente, *os raios visuais até o objeto devem ser mantidos dentro de um cone circular-reto cujos elementos formem um ângulo de até 15° com o eixo do cone* (ângulo total incluído de 30°).

Na escolha do ponto de vista, deve-se cuidar para que sua posição esteja sempre deslocada para um lado e também verticalmente em relação à metade exata do objeto, ou ter-se-á como resultado uma perspectiva bastante rígida e deselegante. Da mesma forma, ao localizar o objeto em relação ao quadro, evite-se que as faces formem ângulos idênticos com o quadro, ou aparecerá a mesma rigidez.

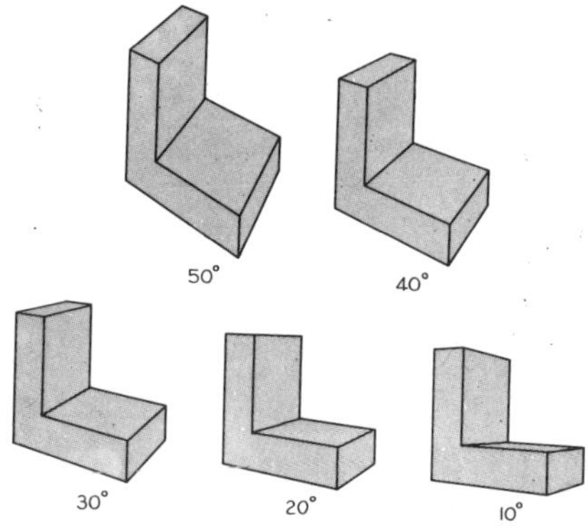

Fig. 8.48 – Comparação de diversos ângulos de elevação. Ângulos maiores do que 30° produzem uma perspectiva desagradável.

33. Desenho de uma perspectiva exata

A projeção em perspectiva se baseia na teoria de que os raios visuais que partem do objeto até o olho perfuram o quadro e formam, no plano, uma imagem do objeto. Assim, na Fig. 8.49, a imagem da linha YZ é formada pelos pontos de interseção y e z, dos raios. Podem ser usados vários métodos projetivos. O mais simples, mas também o mais trabalhoso de desenhar, é ilustrado na Fig. 8.50, e é o método pura-

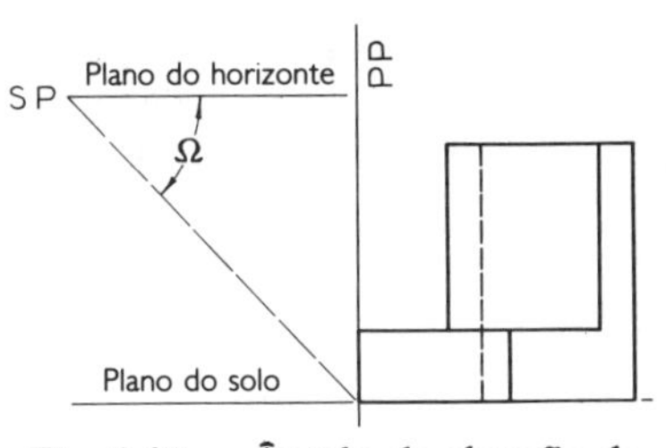

Fig. 8.47 – Ângulo de elevação da vista. (Ω)

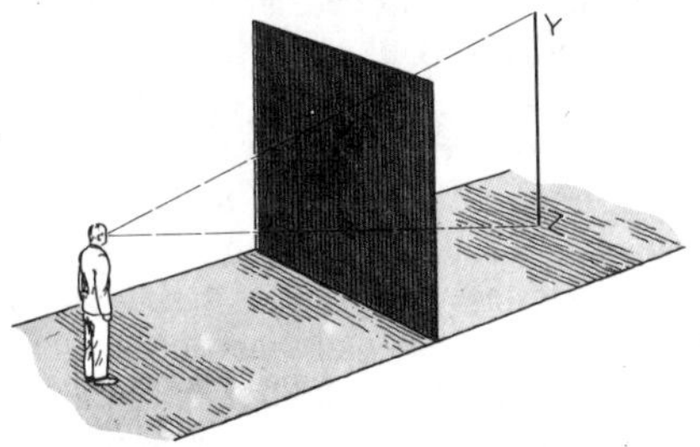

Fig. 8.49 – Perspectiva de uma linha.

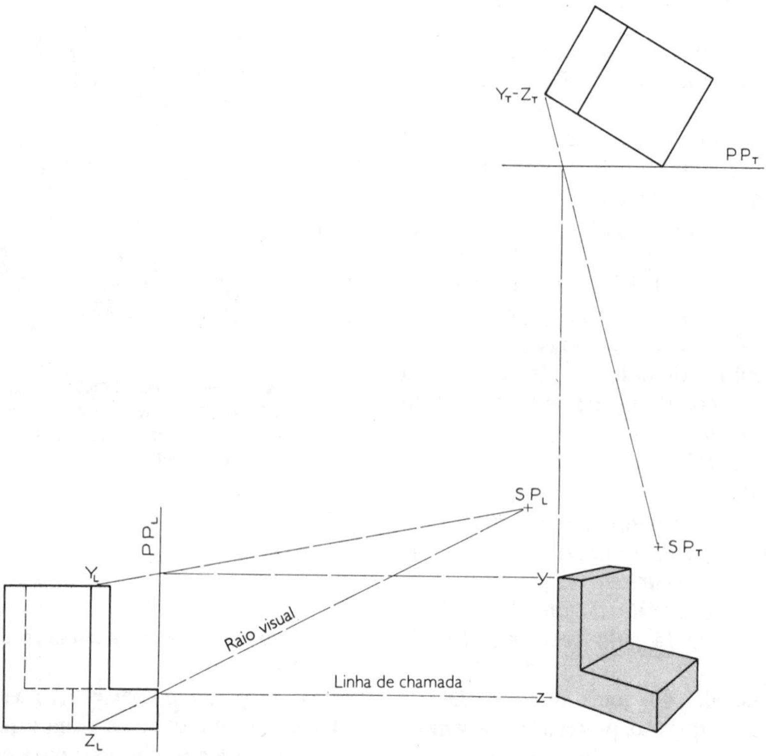

Fig. 8.50 – Desenho em perspectiva (método ortográfico). Representam-se os pontos a partir da interseção de raios com o quadro.

mente ortográfico; na Fig. 8.50, as vistas superior e lateral são desenhadas através desse método. Localizam-se o quadro (vista de aresta) e o ponto de vista em todas as vistas. Tomando-se a linha *YZ* da Fig. 8.49 como uma aresta do bloco em forma de L da Fig. 8.50, os raios visuais *Y* e *Z* interceptarão o quadro na vista superior localizando assim lateralmente a perspectiva dos pontos. Da mesma forma, as interseções dos raios da vista lateral fornecem as alturas em perspectiva de *Y* e *Z*. A projeção das vistas superior e lateral do quadro dá a perspectiva de *YZ*, e uma repetição do processo com as outras linhas completará o desenho. Observe-se que *qualquer ponto* tal como *Y* ou *Z* pode ser localizado na perspectiva e, desta forma, esta é realmente representada ponto por ponto através de projeção.

34. O uso de pontos de fuga e linhas de medição

A sua utilização facilita as projeções. Suponhamos que seja necessário fazer uma perspectiva do bloco de deslizamento da Fig. 8.51. A vista de aresta do qua-

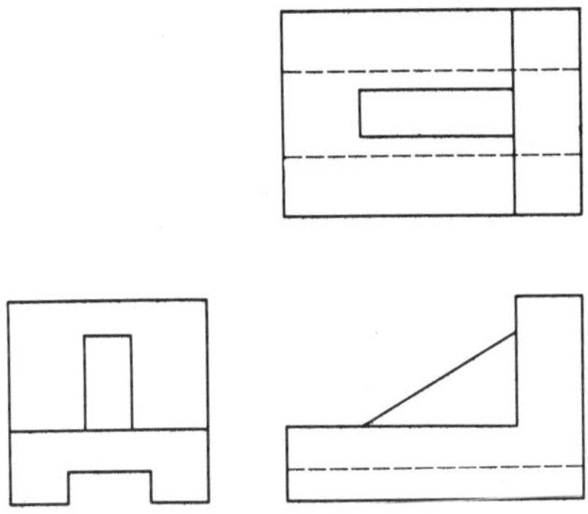

Fig. 8.51 – Bloco de deslizamento. Este objeto está desenhado em perspectiva na Fig. 8.52.

dro (vista do plano) é desenhada (Fig. 8.52) e, atrás dela, localiza-se e desenha-se a vista superior do objeto. Neste caso, um lado do objeto está orientado a 30° em relação ao quadro para enfatizar mais a forma em L do que a extremidade do bloco deslizante. O ponto de vista é localizado um pouco para a esquerda em relação ao centro e à frente do quadro, mas suficientemente longe para se obter um bom ângulo de visão. Desenha-se então a linha de terra e sobre ela coloca-se a vista de frente do bloco da Fig. 8.51. Decide-se, então, a altura do ponto de vista – neste caso, bem acima do bloco para que as superfícies superiores possam ser vistas – e desenha-se a linha do horizonte na altura do ponto de vista.

Para evitar o trabalho de redesenhar as vistas superior e de frente nas posições acima descritas, estas podem ser cortadas do desenho ortográfico, postas em posição e fixadas com tachas ou fita adesiva.

O *ponto de fuga* de qualquer linha horizontal pode ser obtido desenhando um raio visual a partir do ponto de vista, *paralelo* à linha horizontal. A interseção desse raio visual com o quadro nos dará o ponto de fuga. Desta forma, na Fig. 8.52, a linha que vai de *PV* a *R* é paralela à aresta *AB* do objeto e *R* é o ponto de interseção. Projeta-se então o ponto *R* na linha do horizonte, localizando *FR*, que é o ponto de fuga para *AB* e todas as arestas paralelas a *AB*. Da mesma maneira, obtém-se o ponto de fuga *FC* para as arestas paralelas a *AC*, como é mostrado.

Ao visualizar a localização de um ponto de fuga, deve-se imaginar que a aresta, por exemplo *AB*, é movida para a direita ao longo do solo, fazendo ainda o mesmo ângulo com o quadro: a interseção de *AB* se tornará cada vez menor até zero, quando *A* coincide com *R*. Então, *R* deve ser a vista superior do ponto de fuga para todas as linhas paralelas a *AB*.

O ponto *A* se apóia tanto no quadro como no plano do solo e assim será mostrado na perspectiva em *a*, na linha de terra e em projeção direta com a vista superior. Determina-se a perspectiva de *AB* desenhando uma linha de *a* até *FR* (a *direção* da perspectiva de *AB*) e então projetando a intercepção *Z* (dos raios visuais *PV* até *B*), localizando assim *b*.

Todas as linhas que se acham atrás do quadro são reduzidas e somente as linhas que se apóiam naquele plano aparecem em sua verdadeira grandeza. Por esta razão, *todas as medidas devem ser realizadas no quadro*. Uma vez que *AD* está no quadro, apresentar-se-á na sua verdadeira altura como *ad*.

Serão necessárias então *linhas de medida* para verticais tais como *BF* que não fiquem no quadro. Se uma vertical for trazida para a frente do quadro ao longo de alguma linha preestabelecida, poder-se-á medir a altura real no quadro. Se na Fig. 8.52 imaginar-se que *BF* é movida para a frente ao longo de *ab* até que *b* coincida com *a*, a altura real poderá ser medida verticalmente a partir de *a*. Então, essa linha vertical em *a* será a linha de medida para todas as alturas no plano vertical que contenham *a* e *b*. A altura de *f* é medida a partir de *a*, e deste pon-

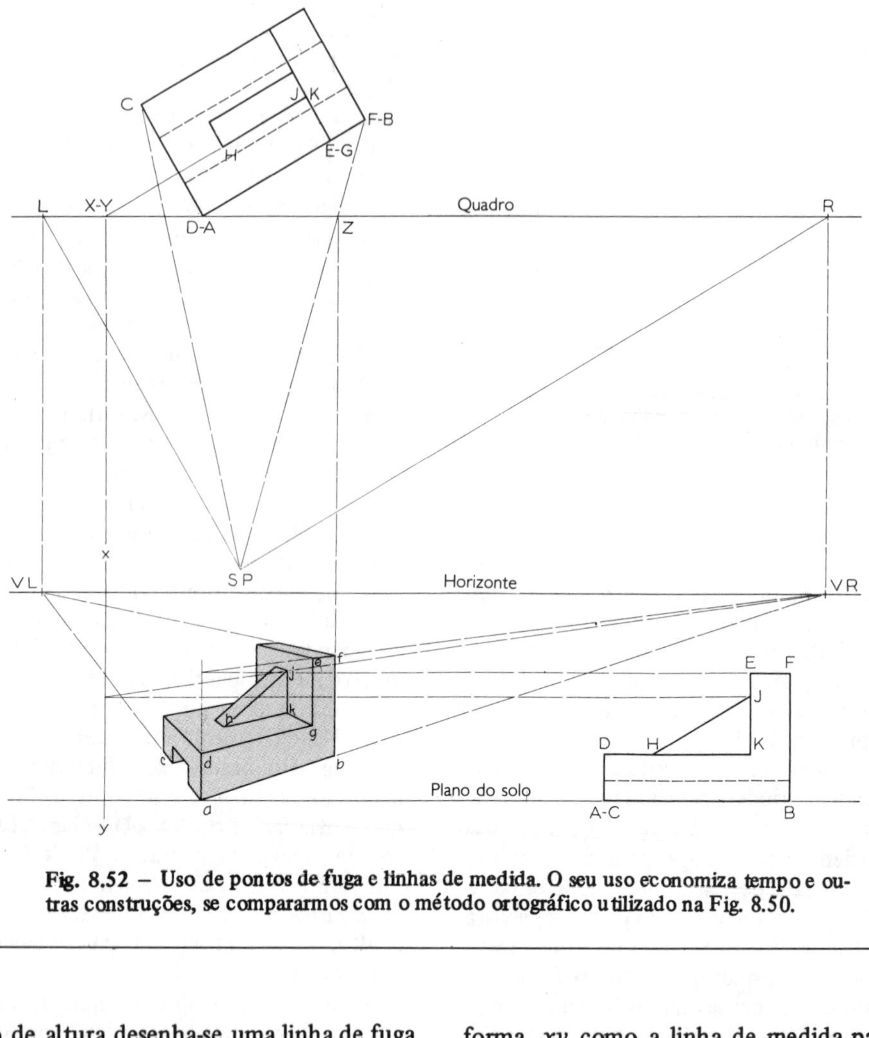

Fig. 8.52 – Uso de pontos de fuga e linhas de medida. O seu uso economiza tempo e outras construções, se compararmos com o método ortográfico utilizado na Fig. 8.50.

to de altura desenha-se uma linha de fuga até *FR*; então, a partir de *Z* (o ponto de interseção no quadro do raio visual até *F*) pode-se projetar *f* na perspectiva.

Também pode-se pensar na linha de medida como a interseção do quadro com um plano vertical que contenha a distância a ser obtida. Assim, *ad*, ampliada, é a linha de medida de todas as alturas da superfície *ABFEGD*. A nervura triangular da Fig. 8.52 é localizada pela superfície contínua *HJK* até que intercepte o quadro em *XY* estabelecendo, desta forma, *xy* como a linha de medida para todas as alturas em *HJK*. Na figura, mede-se a altura de *J* na linha de medida *xy* e obtém-se *j* da mesma maneira descrita para *f*.

Observe-se que as alturas podem ser medidas através de uma escala sobre a linha de medida ou podem ser projetadas a partir da vista de frente, como indicado na Fig. 8.52.

Para fazer um desenho em perspectiva:

1. Desenhar a vista superior (aresta do quadro).

2. Orientar o objeto em relação ao quadro da forma que apareça melhor, e desenhar a vista superior do objeto.

3. Selecionar um ponto de vista que melhor mostre a forma do objeto.

4. Desenhar as linhas do horizonte e de terra.

5. Obter a vista superior dos pontos de fuga para as arestas horizontais principais desenhando linhas paralelas às arestas, através do ponto de vista, e ao plano da figura.

6. Projetar partindo das vistas superiores dos pontos de fuga até a linha do horizonte, localizando assim os pontos de fuga para a perspectiva.

7. Desenhar na vista superior os raios visuais, do ponto de vista até os vértices do objeto, localizando o ponto de interseção de cada raio com o quadro.

8. Iniciar a figura, construindo de baixo para cima e do vértice mais próximo aos mais afastados.

35. Planos paralelos ao plano do quadro

Objetos com circunferências ou outras curvas em um plano vertical podem ser orientados por suas faces curvas paralelas ao quadro. Então, as curvas aparecem na sua forma real. Este método, freqüentemente denominado de "perspectiva paralela", também é adequado para a perspectiva de interiores e para vistas de rua ou cenas semelhantes, onde se deve representar uma profundidade considerável.

O objeto da Fig. 8.53 foi colocado de tal forma que os planos que contêm os contornos circulares são paralelos ao quadro. As arestas horizontais paralelas ao quadro aparecem horizontais e não têm ponto de fuga. Linhas horizontais perpendiculares ao quadro são paralelas ao eixo de visão e fogem no centro de visão *CV*. Exceto no caso de interiores arquitetônicos, o ponto de vista geralmente se localiza acima do objeto e para um dos lados, direito ou esquerdo, mas não muito longe a ponto de produzir uma distorção desagradável. Por conveniência uma face do objeto é geralmente colocada no quadro e, assim, não é reduzida de tamanho na perspectiva.

Na Fig. 8.53, a parte final do eixo está no quadro; assim, o centro *o* é projetado na vista superior a partir de *o* e as circunferências e arcos de circunferência são desenhados em sua verdadeira grandeza. A linha de centro *ox* tem sua fuga de *o* até *CV*. Para obter a perspectiva da linha de centro *MN*, passa-se um plano vertical através de *MN*, interceptando o quadro na linha de medida *gh*. Uma linha horizontal a partir de *o* intercepta *gh*, localizando *m*, determinando-se assim a fuga de *m* até *CV*.

Simplifica-se a construção restante utilizando as duas linhas de centro a partir de *o* e *m* como referência. Um raio a partir do ponto de vista até *B* perfura o quadro em *J* que, projetado em *mn*, localiza *b*. A linha horizontal *bz* é a linha de centro da face anterior do braço mais próximo e a intercepção *IJ* fornece o raio *ab* da perspectiva. O furo circular que tem um raio *CB* possui uma interseção *PJ*, que dá *cb* como raio em perspectiva. O arco *qy* tem seu centro sobre *ox* em *z*. Ao desenhar as tangentes *lq* e *ky*, completa-se a face "*F*".

A construção restante dos braços é exatamente a mesma utilizada para "*F*". Retornam-se os centros para as linhas de centro e obtêm-se os raios a partir de suas interseções correspondentes no quadro.

36. Circunferências em perspectiva

A perspectiva de uma circunferência será uma circunferência somente quando seu plano for paralelo ao quadro; a circunferência aparece como uma linha reta quando seu plano está mais afastado do ponto de vista. Em todas as outras posições, a circunferência se projeta segundo uma elipse cujos diâmetros maior e menor só podem ser encontrados por meio de uma construção geométrica laboriosa. O

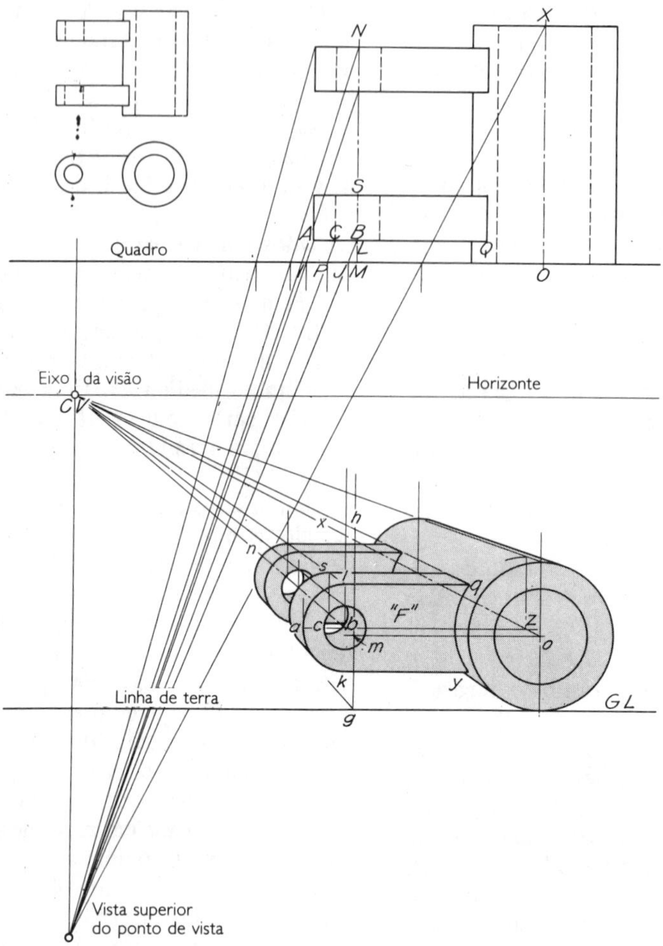

Fig. 8.53 – Planos paralelos ao plano da figura. Comparar a posição deste objeto com o da Fig. 8.52.

diâmetro maior da elipse fará um ângulo qualquer, exceto quando a circunferência vertical tiver seu centro sobre o plano do horizonte; nesse caso, o diâmetro maior será vertical. Além disso, quando uma circunferência horizontal tem seu centro diretamente acima, abaixo ou sobre o ponto principal, o diâmetro maior será horizontal. Deve-se observar que, em todos os casos, o centro da circunferência não coincide com o centro da elipse que a representa, e que circunferências concêntricas não são representadas por elipses concêntricas. Os diâmetros menor e maior das elipses representativas de circunferências concêntricas não são nem mesmo paralelos, exceto em casos especiais.

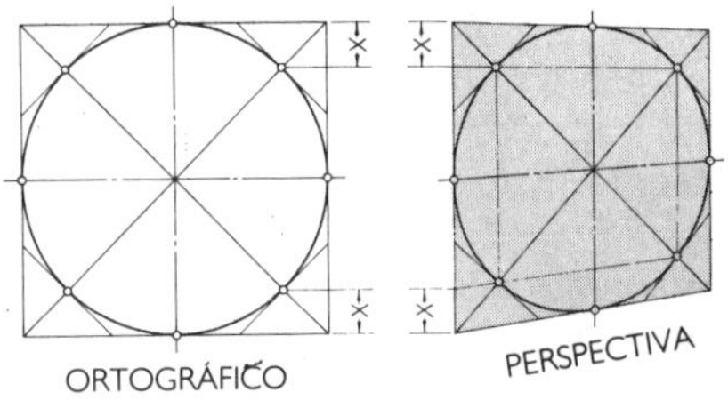

Fig. 8.54 – Perspectiva de uma circunferência. Representam-se pontos.

A perspectiva de uma circunferência pode ser representada ponto por ponto, mas a solução mais rápida é obtida inscrevendo a circunferência em um quadrado, como é mostrado na Fig. 8.54, e representando pontos, nos pontos de tangência e nas interseções das diagonais. Os oito pontos assim determinados geralmente são suficientes para a realização de uma curva exata. Desenha-se na perspectiva, em primeiro lugar, o quadrado circunscrito com suas diagonais. Estabelecem-se as linhas de centro vertical e horizontal da circunferência a partir da interseção dessas diagonais; do cruzamento das diagonais com os lados do quadrado resultam quatro pontos na curva. Na vista ortográfica, é determinada a medida X e esta é colocada no quadro e desenhada em relação ao ponto de fuga, cruzando-se as diagonais em quatro outros pontos.

Observe-se que a curva tangencia as linhas que a circunscrevem e que se estabelece a *direção* da curva através dessas linhas tangenciais; se as linhas que completam o octógono circunscrito forem projetadas e desenhadas, a direção da curva será estabelecida por oito pontos.

37. Gradeamento

Podem-se desenhar as perspectivas de curvas irregulares projetando um número suficiente de pontos para estabelecer a curva, mas se a curva for complexa será vantajoso utilizar-se o método do gradeamento. Cobre-se a vista ortográfica com uma grade quadrada, como mostra a Fig. 8.55; então, desenha-se a grade em perspectiva e transferem-se os contornos da curva usando a vista ortográfica.

38. Pontos de medida

Foi mostrado que todas as linhas que estão sobre o quadro serão suas próprias perspectivas e podem ser representadas em escala diretamente sobre o desenho

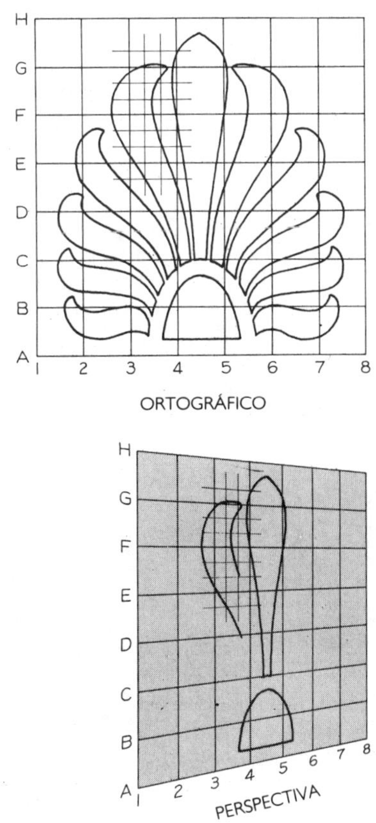

Fig. 8.55 – Gradeamento. Representação de pontos.

em perspectiva. A adaptação deste princípio tem a vantagem de indicar uma série de medidas, como no caso de uma fileira de pilastras, uma vez que evita uma confusão de interseções no quadro e imprecisões devidas a linhas de projeção longas.

No método que usa os pontos de medida, rebate-se uma superfície sobre o quadro, como a parede entre *A* e *B* da Fig. 8.56, com o objetivo de realizar medições, como se mostra em *AB'*. No quadro, pode-se representar diretamente toda a superfície na mesma escala, como no caso da vista superior; da mesma forma, *ab'* e outras dimensões horizontais da superfície são estabelecidas ao longo da linha de terra, como é mostrado. O alçamento da parede à sua posição real no edifício e as projeções necessárias na perspectiva são baseadas no princípio de que o rebatimento foi realizado ao redor de um eixo vertical e que algum ponto deslocou-se em um plano horizontal. Obtém-se o ponto de fuga auxiliar *MR* traçando uma linha paralela a *BB'* do ponto de vista até o quadro e então projetando até o horizonte. Este ponto de fuga é denominado um *ponto de medida* e pode ser definido como um ponto de fuga para as linhas que unem pontos correspondentes de posições reais e rebatidas da face considerada. Assim, as divisões sobre *ab'* se dirigem até *MR*; onde esta construção corta *ab* (a perspectiva de *AB*), determina a posição lateral das pilastras, na perspectiva. As alturas são representadas em escala sobre a aresta vertical através de *a*, já que esta aresta fica no quadro. Completa-se a perspectiva da parede entre *A* e *B* utilizando os métodos comuns descritos anteriormente. Para desenhar a extremidade do edifício, rebate-se a parede da extremidade, como está indicado, obtém-

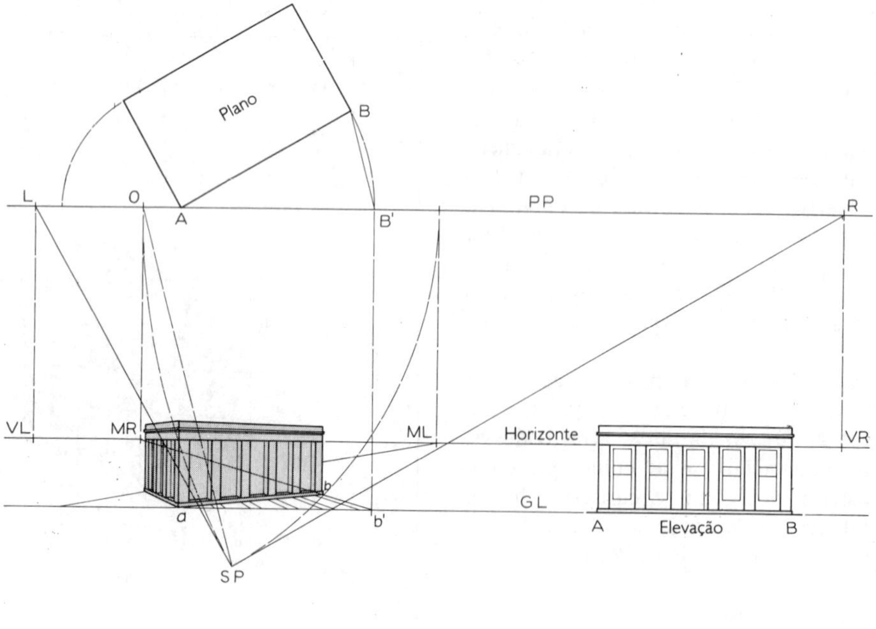

Fig. 8.56 – Uso de pontos de medida. Rebate-se uma aresta do objeto sobre o quadro.

se o ponto de medida *ML* e continuam-se as projeções, como foi descrito para a parede da frente.

Os pontos de medida poderão ser localizados mais rapidamente se o desenhista reconhecer que os triângulos *ABB'* e *ROPV* são semelhantes. Assim, um ponto de medida está tão distante de seu ponto de fuga correspondente quanto o ponto de vista está do quadro, medindo-se o último paralelamente à face em questão. *MR* pode ser determinado medindo a distância entre o ponto de vista e *R* e representando *RO* igual à medida, ou girando um arco, que tem *R* como centro, do ponto de vista até *o*, como é apresentado. Projeta-se então o ponto de medida *MR* a partir de *O*.

39. Linhas inclinadas

Qualquer linha que não seja paralela ou perpendicular ao plano do quadro ou ao plano do horizonte é denominada linha inclinada. Uma linha pode estar contida em um plano vertical e, se for obtida a linha de fuga do plano, qualquer linha desse plano fugirá para algum ponto sobre a linha de fuga desse mesmo plano. Planos verticais fogem sobre linhas verticais, assim como planos horizontais fogem sobre uma linha horizontal, o horizonte. Na Fig. 8.57, os pontos *a* a *e* foram obtidos usando os métodos descritos anteriormente. O ponto de fuga da horizontal *ab* é *VR*. A linha vertical através de *FV* é a linha de fuga do plano de *abc* e todos os planos são *paralelos a abc*. Esta linha de fuga é interceptada pela extensão de *de* em *UR*, determinando, desta forma, o ponto de fuga para *de* e todas as arestas *paralelas* a *de*.

O ponto de fuga para linhas inclinadas também pode ser localizado baseando-se na teoria de que o ponto de fuga de qual-

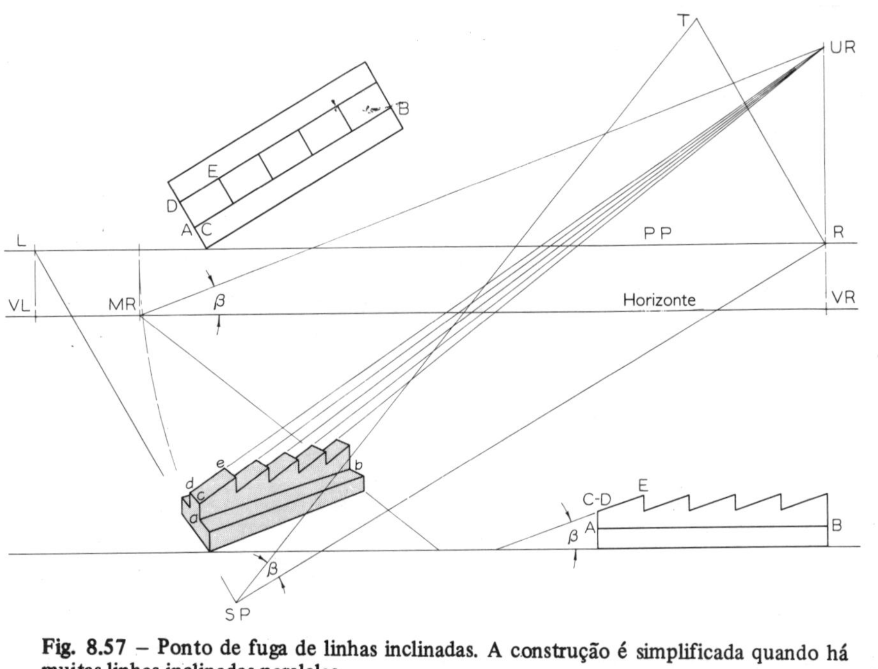

Fig. 8.57 – Ponto de fuga de linhas inclinadas. A construção é simplificada quando há muitas linhas inclinadas paralelas.

quer linha pode ser localizado movendo-se essa linha até que apareça como um ponto, conquanto ainda conserve seu ângulo original em relação ao plano da figura. Assim, pode-se localizar o ponto de fuga de *de* desenhando uma linha através do ponto de vista, paralela a *DE*, e obtendo o ponto de interseção com o plano da figura. Isto é realizado pela representação de *PV T* em um ângulo β até *PV R* e traçando *RT* perpendicular a *PV R*. Então, *RT* é a altura do ponto de fuga *UR* acima de *FR*.

Se os pontos de medida forem usados para o trabalho inicial da perspectiva, será vantajoso reconhecer qual desses pontos foi utilizado para determinar medidas horizontais nos planos verticais paralelos que contêm linhas inclinadas; neste ponto de medida, representa-se o ângulo β, acima ou abaixo do horizonte dependendo do fato das linhas se inclinarem para baixo à medida que se distanciam. Localiza-se o ponto de fuga onde esta construção interceptar a linha de fuga para os planos verticais que contêm as linhas inclinadas.

40. Planos inclinados

Um plano inclinado é qualquer plano que não seja paralelo ou perpendicular ao quadro ou ao plano do horizonte. A linha de fuga para um plano inclinado pode ser obtida pela localização dos pontos de fuga para dois sistemas quaisquer de linhas paralelas no plano inclinado. Para determinar a linha de fuga do plano *ABCD* da Fig. 8.58, o primeiro ponto obtido é o ponto de fuga *FL* das arestas horizontais *AD* e *BC* e o segundo é obtido a partir do ponto de fuga *UR* para as arestas inclinadas *AB* e *DC*, sobre a linha de fuga *VL UR* para o plano *ABCD*.

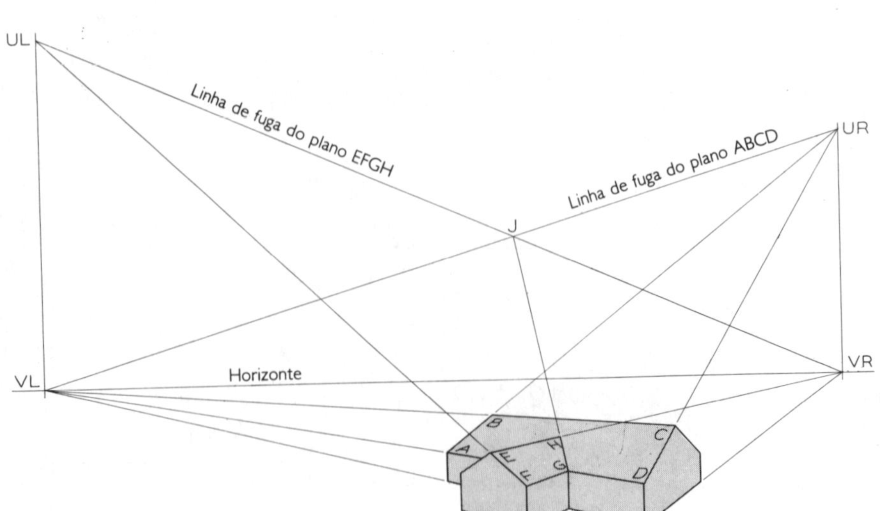

Fig. 8.58 – Linhas de fuga para planos inclinados e ponto de fuga para a linha de interseção de dois planos inclinados.

Freqüentemente é necessário desenhar a linha de interseção de dois planos inclinados. A interseção desaparecerá no ponto de interseção das linhas de fuga de ambos os planos. A interseção *J* das duas linhas de fuga dos planos do telhado na Fig. 8.58 é o ponto de fuga da linha de interseção dos dois planos.

41. Esboço em perspectiva

A necessidade do engenheiro receber treinamento no esboço à mão livre foi enfatizada no Cap. 5, onde a discussão referiu-se particularmente ao esboço de projeção ortográfica. Antes que se possa dizer que ele está capacitado para o emprego de linguagem gráfica, seu treinamento em desenho à mão livre deve também incluir a aquisição da capacidade de esboçar *em perspectiva* com habilidade e facilidade.

Quando se projeta e inventa, as primeiras idéias vêm à mente em forma perspectiva e esboços feitos desta forma registram as idéias como forma visualizada. A partir desse registro, fazem-se os esboços ortográficos preliminares do projeto. O esboço em perspectiva de um objeto ou de algum detalhe de construção pode ser freqüentemente usado para explicá-lo a um cliente ou operário que não saiba ler bem uma projeção ortográfica. Uma das melhores formas de ler um desenho para execução que seja difícil de entender é iniciar fazendo um esboço em perspectiva. Geralmente, antes desse esboço estar pronto o desenho ortográfico torna-se perfeitamente claro. Muitas vezes, um esboço em perspectiva pode ser feito mais rapidamente e servir como um registro melhor de uma mesma peça do que vistas ortográficas. Um engenheiro recém-formado não deve se intimidar imaginando que lhe falta "capacidade artística". O esboço em engenharia é um registro de informações e não uma obra de arte. *A boa proporção* constitui a única exigência.

42. Métodos

Apesar desta não ser uma classificação completa, pode-se dizer que há três métodos de se fazer um esboço em perspectiva: axonométrico, oblíquo e exato. A construção mecânica dos dois primeiros já foi explicada detalhadamente.

43. Pré-requisitos

Deve ficar claro, no início deste estudo, que o esboço em perspectiva refere-se à execução de uma perspectiva *à mão livre*. Usar-se-á no esboço a mesma construção usada para a localização de pontos e linhas utilizada para desenhar circunferências e arcos com instrumentos. Partindo desta premissa, é necessário o conhecimento das construções já apresentadas, antes de tentar o esboço em perspectiva. Observar nas Figs. 8.69 e 8.75 que antes de serem desenhadas, as elipses que representam furos e contornos arredondados foram enquadradas por linhas de construção que representam o quadrado circunscrito de uma maneira exatamente igual àquela utilizada em um desenho com instrumentos.

44. Materiais e técnicas

No esboço em perspectiva, empregam-se os mesmos materiais, números de lápis, etc., utilizados em desenhos ortográficos à mão livre, descritos no Cap. 5. As orientações ali fornecidas para o desenho de linhas retas, circunferências e arcos também se aplicam aqui.

45. Esboço em perspectiva: escolha do tipo e direção da vista

Após uma visualização clara do objeto, o primeiro passo é selecionar o tipo de perspectiva – axonométrica, oblíqua ou exata – a ser utilizada.

A perspectiva axonométrica mais simples é a isométrica e serve admiravelmente para a representação da maioria dos objetos. Apesar das perspectivas dimétrica e trimétrica serem muito vantajosas para objetos que possuam características pouco claras ou enganadoras na perspectiva isométrica, é melhor tentar em primeiro lugar a perspectiva isométrica, especialmente se for importante mostrar alguma forma na face superior do objeto. Isto ocorre principalmente porque as proporções são mais fáceis de avaliar na perspectiva isométrica.

As perspectivas oblíquas (cavaleira ou *cabinet*) podem ser utilizadas com vantagem para os objetos cilíndricos ou que possuam uma série de características circulares em planos paralelos. Entretanto, uma circunferência representando uma característica circular paralela ao plano da figura pelo método da perspectiva oblíqua é muito mais difícil de desenhar do que uma elipse que representa a mesma característica pelo método isométrico, uma vez que o menor desvio numa circunferência torna-se visível, enquanto que o mesmo desvio numa elipse passa despercebido. Além disso, há uma distorção inerente maior nas formas oblíquas do que nas axonométricas. Assim, uma forma axonométrica é mais vantajosa, especialmente em termos de aparência profissional.

A perspectiva exata é a melhor forma de esboço, porque é livre de qualquer deformação. A perspectiva exata não é muito mais difícil de desenhar do que uma perspectiva axonométrica ou uma oblíqua, mas deve-se prestar atenção à convergência das linhas e à manutenção de uma boa proporção. No entanto, não se deve deixar de levar em consideração as formas axonométrica e oblíqua. Como será visto nas Seçs. 46 e 47, estas formas podem ser manejadas com resultados tão bons quanto os da perspectiva exata, se houver uma adequada horizontalização dos eixos e convergência de linhas.

Deve-se escolher cuidadosamente a *direção* na qual o objeto será visto. Há muitas possibilidades. O objeto pode ser girado de forma que qualquer face lateral no lado direito ou esquerdo seja representada no esboço perspectivo. Orientar o objeto de tal forma que as duas faces *principais* sejam melhor apresentadas. Se necessário, utilizar um eixo invertido. Realizar isto mentalmente, visualizando e girando o objeto em todas as posições possíveis a fim de encontrar a melhor representação de todas as características. É preciso estar alerta para observar se alguma característica importante não foi oculta por alguma parte à sua frente. A escolha adequada da direção é um fator importante no esboço perspectivo.

A Fig. 8.59 ilustra estes pontos. Em (*a*) fez-se o esboço de um objeto em perspectiva isométrica; todas as características estão claramente representadas e objeto parece natural nesta forma. Em (*b*), foi usada a trimétrica para que a ranhura da parte inferior não fosse escondida pela parte horizontal média. Em (*c*), escolheu-se outra posição da perspectiva trimétrica para apresentar a orelha semicircular como a face frontal definida do objeto. Para ilustração posterior das possibilidades, estudar os desenhos em perspectiva do Cap. 5.

46. O esboço dos eixos

Após terem sido escolhidos o tipo de esboço perspectivo e a posição do objeto, o primeiro passo na realização do esboço é desenhar os eixos.

Na forma isométrica, os três eixos devem ser localizados tão perto de 120° uns em relação aos outros quanto possível (um vertical e dois a 30° em relação ao horizontal). Uma vez que não se utilizam esquadros para realizar esboços, os ângulos devem ser localizados segundo o julgamento do desenhista. A Fig. 8.60*a* mostra um método satisfatório de escolher a posição das linhas. Em primeiro lugar, desenham-se uma linha horizontal e uma vertical bem fracas e divide-se cada

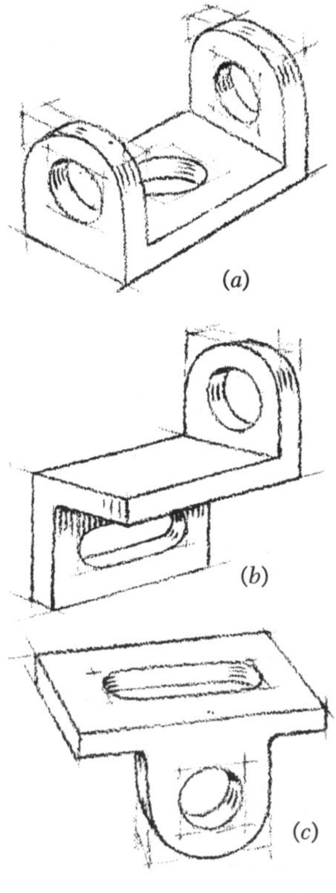

Fig. 8.59 – Escolha dos eixos e posição do objeto.

um dos dois quadrantes superiores em três partes iguais. Então, as duas linhas inferiores são os dois eixos a 30° em relação à horizontal e o terceiro eixo é a vertical. Este método é simples e exato, porque é fácil estimar terços iguais de um quadrante.

Na forma dimétrica, os ângulos padrões são 7° e 41°. Para desenhar o eixo de 7°, novamente referindo-se à Fig. 8.60*a*, traçar a bissetriz do eixo de 30° para a forma isométrica, obtendo 15°, e então dividir novamente em duas partes, obtendo 7 $^1/_2$, o que é bastante satisfatório e pode ser realizado com boa exatidão. Para o eixo de 41°, tomar a linha média da segunda seção de 30°, que é de 45°, e movê-la um pouco para que se aproxime de 41°.

Na forma trimétrica, são possíveis quase todas as combinações representando três linhas perpendiculares entre si. No entanto, haverá uma deformação pronunciada se os dois eixos transversos estiverem a mais de 30° em relação à horizontal. Ler as advertências da Seç. 47.

Na forma oblíqua, os ângulos comuns são de 30° e 45°, apesar de que, teoricamente, qualquer ângulo seja possível. Nunca se deve fazer o eixo de profundidade maior do que 45° evitando assim deformações violentas. Para localizar um eixo de 45°, esboçar uma linha vertical e uma horizontal como na Fig. 60*b* e então traçar a bissetriz do quadrante (ver posições oblíquas), onde o eixo for necessário. Para obter um eixo de 30°, proceder como foi feito para a perspectiva isométrica, na Fig. 60 *a*.

Para a perspectiva exata, como se explica na Seç. 32, deve-se ter cuidado para que haja um razoável ângulo de visão; de outra forma, haverá uma convergência violenta. Para evitar dificuldades, localizam-se em primeiro lugar os dois pontos de fuga, tão separados quanto o papel permitir, como na Fig. 8.61 (se necessário prender outro papel com fita adesiva). Então, esboçam-se as arestas *inferiores* do objeto (as linhas mais fortes na Fig. 8.61) e sobre estas esboça-se uma forma retangular, como é mostrado. Imediatamente tornar-se-á evidente que o arranjo é satisfatório ou que os pontos de fuga devem ser movidos *ou* que as linhas de base devem ser alteradas. Convém lembrar que os dois pontos de fuga *devem* estar no mesmo nível, no horizonte.

47. Esboço das linhas principais

Quase sem exceção, as primeiras linhas desenhadas à mão livre devem ser aquelas que enquadram todo o objeto, ou pelo

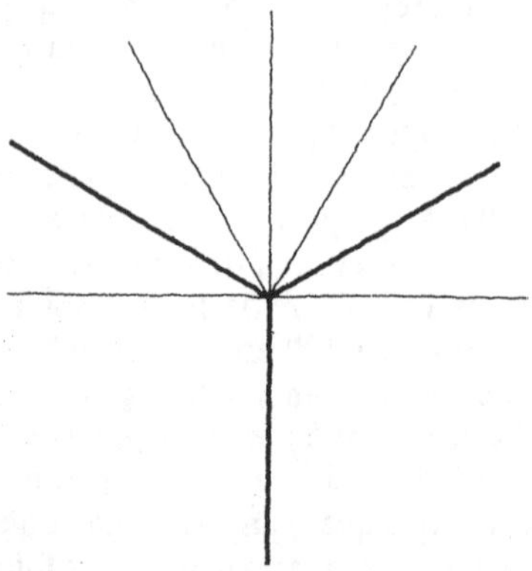

(a)

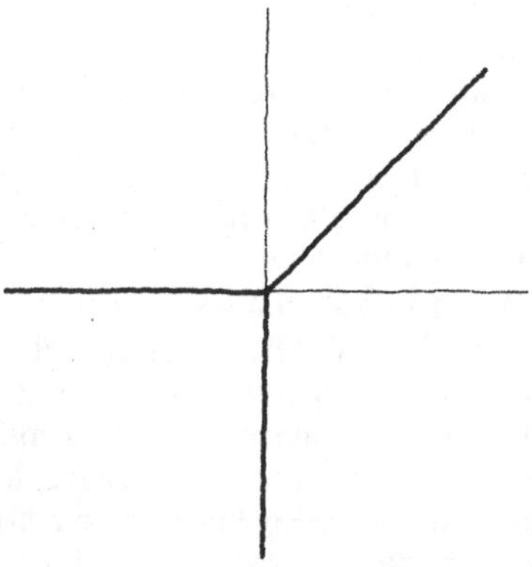

(b)

Fig. 8.60 – Localização dos eixos. (*a*) Perspectiva isométrica; (*b*) Perspectiva oblíqua a 45º.

menos sua porção principal. Essas primeiras linhas são muito importantes para o sucesso do esboço, uma vez que os erros iniciais são difíceis de corrigir posteriormente. Observar cuidadosamente os três pontos que se seguem:

1. *As linhas verticais devem ser paralelas ao eixo vertical.* Na Fig. 8.62, o cubo foi desenhado corretamente em (*a*). Em (*b*) e (*c*), foi feito o esboço do mesmo cubo, mas em (*c*) as verticais convergem para baixo e em (*c*), para cima. É evidente que (*b*) e (*c*) não parecem formas cúbicas, mas troncos de pirâmides. Isto prova que as verticais *devem ser mantidas exatamente verticais*. Deve-se ter muito cuidado em relação às verticais durante toda a construção. Verticais exatas dão uma estabilidade e leveza que não podem ser obtidas de nenhuma outra forma.

2. *Linhas transversais devem ser paralelas ou convergentes.* Na Fig. 8.63, em (*a*), fez-se o esboço de um cubo com linhas transversais (inclinando as arestas direita e esquerda) que são exatamente paralelas. Em (*b*), faz-se a convergência destas linhas à medida que inclinam. Observe-se que (*b*) parece mais natural que (*a*) devido ao efeito de perspectiva. A monstruosidade apresentada em (*c*) é resultado da separação das linhas de inclinação à medida que se dirigem para a parte de trás. Ao tentar tornar as linhas paralelas, freqüentemente o aprendiz incorre em erro semelhante ao apresentado em (*c*). Deve-se convergir deliberadamente as linhas como em (*b*), evitando os resultados de (*c*)!

3. *Os eixos devem ser mantidos em seus ângulos usuais para evitar deformações.* Na Fig. 8.64, em (*a*), mostra-se um esboço em perspectiva isométrica. Em (*b*), os eixos foram horizontalizados a um ângulo menor de 30º em relação à horizontal. Provavelmente (*b*) parece mais natural que (*a*). No entanto, em (*c*), os eixos estão com ângulo um pouco maior que 30º em relação à horizontal. Observe-se a distinta deformação e a aparência desagradável de (*c*). Assim, especialmente na forma isométrica mas também nas outras devem-se conservar os eixos em seu ângulo usual.

Os três pontos precedentes não devem ser esquecidos ao se esboçar uma perspectiva. Recomenda-se levantar o esboço e com o braço estendido, segurá-lo a pequena distância, várias vezes, durante o trabalho, para que se possa verificar os erros

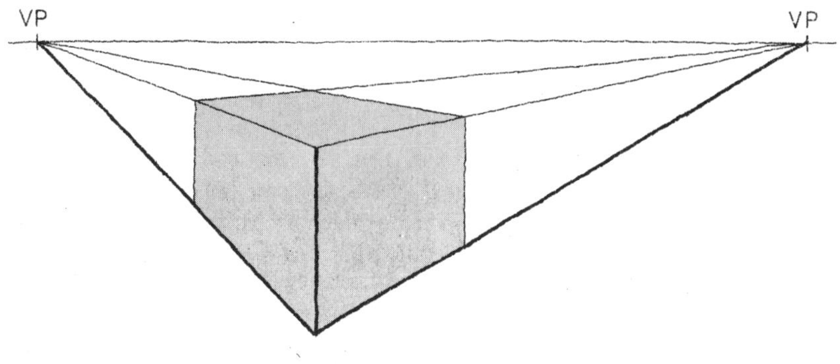

Fig. 8.61 – Esboço em perspectiva com pontos de fuga.

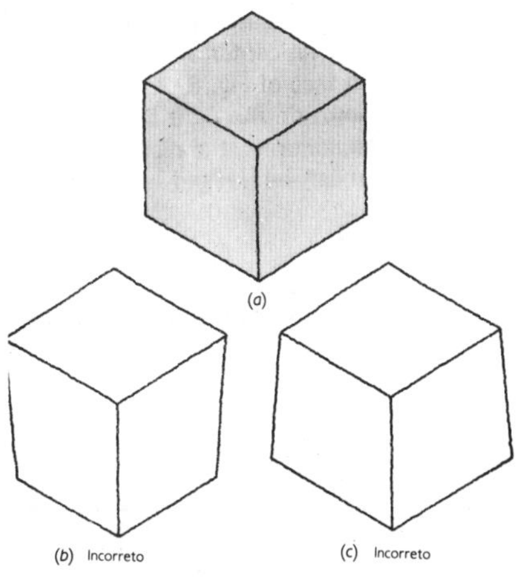

Fig. 8.62 – **Esboço de linhas verticais. Devem ser exatamente verticais para definir a forma do objeto.**

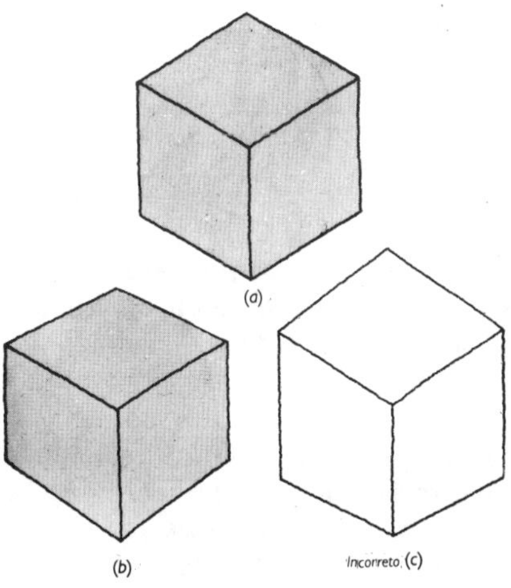

Fig. 8.63 – **Esboço das arestas inclinadas. Devem ser paralelas (*a*); ou convergentes (*b*); *nunca* divergentes (*c*).**

que não sejam bastante evidentes na posição normal de trabalho. É preciso ser um crítico do próprio trabalho; rapidamente desenvolver-se-ão a confiança e um bom senso de direção.

48. Divisões por simetria

Durante o traçado de esboços, continuamente devem-se localizar centros e fazer determinadas divisões, tais como em

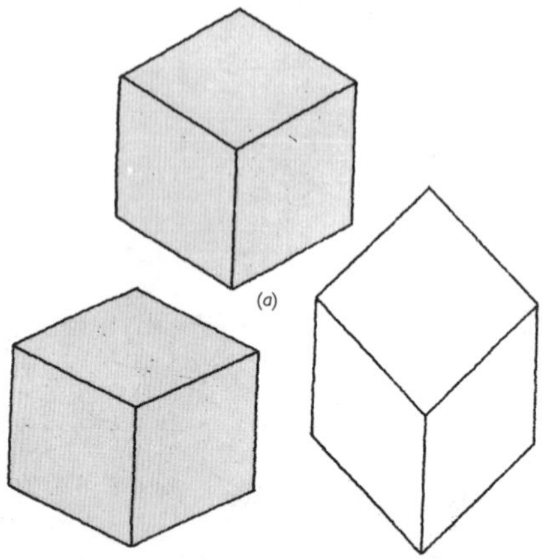

Fig. 8.64 – Ângulo dos eixos. Perspectiva isométrica (*a*) ou horizontalizada (*b*) dá uma aparência natural. A deformação é inerente a eixos excessivamente inclinados como em (*c*).

terços, quartos, quintos, etc. A divisão em metades para localizar uma linha de centro é a mais simples e comum e pode ser facilmente efetuada pela escolha do ponto médio ao longo de um dos lados, como aparece indicado na face superior da forma retangular da Fig. 8.65. Também são mostradas nessa face superior divisões adicionais em quartos e oitavos. Pratiquem-se algumas vezes esses exercícios para desenvolver a percepção de espaços iguais. Isto é realmente bastante fácil de fazer.

A divisão em terços é um pouco mais difícil, mas é realizada rapidamente com um pouco de prática. A face esquerda da Fig. 8.65 mostra divisões em terços e um desses espaços dividido ao meio fornece um sexto. A face direita da Fig. 8.65 mostra a divisão em quintos.

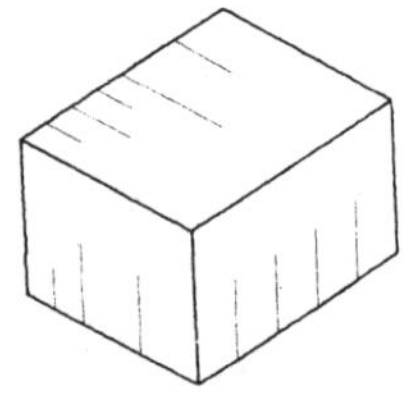

Fig. 8.65 – Arbitrando espaços iguais. Isto pode ser satisfatoriamente feito a olho.

Pratique dividindo linhas ou espaços em várias unidades iguais. A experiência será valiosa em trabalhos posteriores.

49. Usos da diagonal

As duas diagonais de um quadrado ou de um retângulo localizarão seu centro geométrico, como está indicado na face esquerda da Fig. 8.66. O centro também é facilmente localizado desenhando-se duas linhas de centro, calculando a metade do espaço, como é mostrado nas faces superior e direita.

As diagonais de uma face retangular também podem ser usadas para aumentar ou diminuir simetricamente esse retângulo em relação ao mesmo centro e em pro-

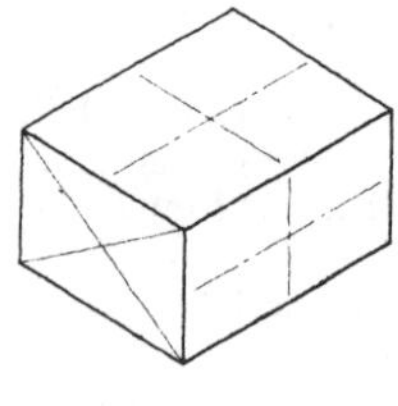

Fig. 8.66 – Localização de centros. Usar diagonais ou arbitrar pela posição de linhas de centro.

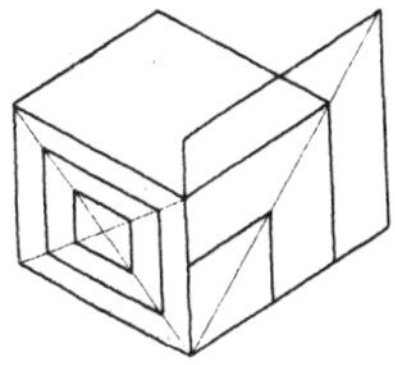

Fig. 8.67 – Uso de diagonais para ampliar ou reduzir formas retangulares.

porção, como mostra a face esquerda da Fig. 8.67, ou com dois lados coincidentes como mostra a face direita. Para aumentar ou diminuir em unidades iguais, deve-se julgar a distância (ou espaço) entre as linhas, como explica a Seç. 48.

50. Realização de esboços com características circulares

Uma circunferência em perspectiva é representada por uma elipse cujo eixo maior é sempre perpendicular ao *eixo de rotação* da circunferência. Assim, seu diâmetro menor coincide no desenho com o eixo de rotação (Fig. 8.68). Pode-se tirar partido desse fato quando se desenha um objeto constituído principalmente de cilindros sobre um mesmo eixo. Do que foi dito acima, notar especialmente que *todas* as circunferências sobre planos horizontais são desenhadas como elipses *cujos diâmetros maiores são horizontais*, como mostra a Fig. 8.69.

No entanto, a maioria dos objetos é constituída de combinações de características retangulares e circulares e por este motivo é melhor que se desenhe o quadrado em perspectiva circunscrito em todas as circunferências. A Fig. 8.70 mostra circunferências em todos os três pontos axonométricos. Observe-se especialmente que as elipses devem tangenciar os lados do

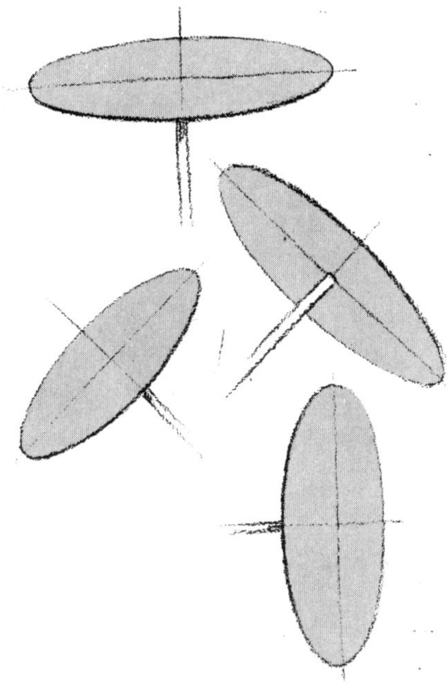

Fig. 8.68 – Circunferências em perspectiva. O diâmetro maior da elipse é perpendicular ao eixo de rotação.

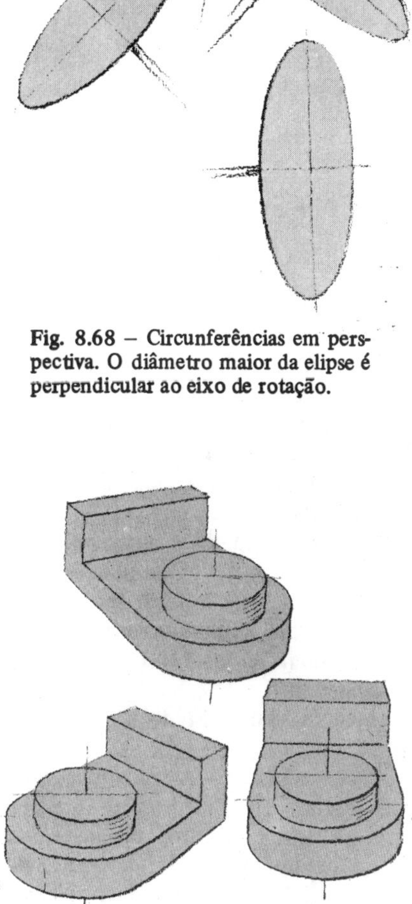

Fig. 8.69 – Perspectiva de circunferências horizontais. O diâmetro maior da elipse é horizontal.

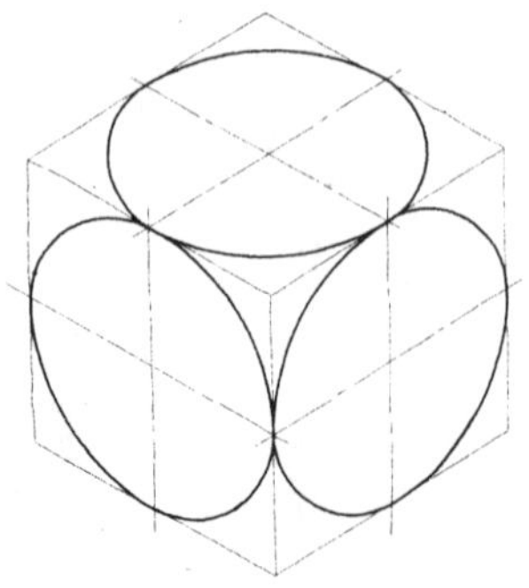

Fig. 8.70 – Circunferências em perspectiva isométrica. As elipses são tangentes aos quadrados isométricos circunscritos nos pontos médios dos lados.

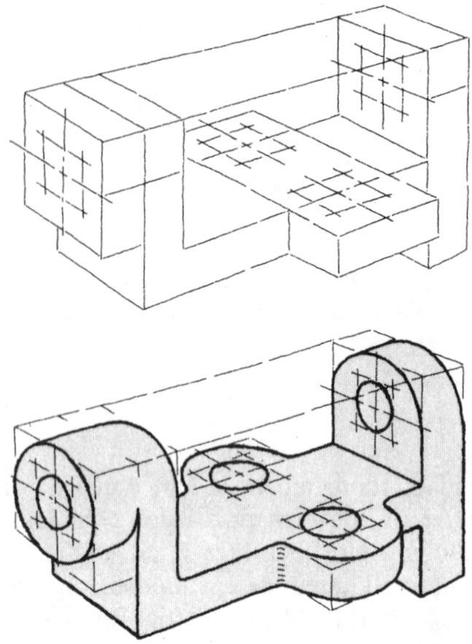

Fig. 8.71 – Construção de enquadramento para peças de características circulares. Isto é necessário para assegurar a forma e a proporção corretas.

quadrado em perspectiva nos seus pontos médios; da mesma forma, é sempre melhor desenhar linhas de centro, como é mostrado. Desenha-se sempre o quadrado em perspectiva circunscrito em *todas* as formas circulares, uma vez que, através desse método, pode-se julgar facilmente o tamanho da elipse e a espessura da porção cilíndrica. A Fig. 8.71 ilustra o enquadramento de partes circulares. Esse objeto seria difícil de esboçar sem uma primeira etapa de enquadramento das porções circulares.

51. Proporção das distâncias

A capacidade de fazer divisões em unidades iguais, discutida na Seç. 48, é necessária à distribuição proporcional das distâncias em um esboço. Um objeto comum não possui distâncias que sejam facilmente divisíveis em partes iguais de *polegadas*, *meias-polegadas*, etc., mas como os esboços *não* são feitos em escala, somente em proporções adequadas, não se necessita grande exatidão. Além disso, na maioria dos objetos é difícil calcular se uma distância é $^1/_2$, $^1/_3$, $^1/_4$, etc., de outra, uma vez que são invariavelmente dimensionadas por meio de distâncias representadas por números quaisquer. No entanto, a divisão proporcional pode ser fácil e rapidamente realizada pelo método que passaremos a discutir.

A Fig. 8.72 mostra um objeto retangular simples, cujas distâncias não são múltiplos de qualquer unidade simples. A melhor forma de tornar este objeto (e outros) proporcional é registrar sobre *um* eixo uma distância que represente um lado do objeto. Isto *estabelece a dimensão* do esboço. Então, divide-se este primeiro lado em alguma unidade que possa ser facilmente determinada para tornar as outras distâncias proporcionais. Em (*a*), o lado *esquerdo* foi representado e dividido em três partes. Cada uma dessas partes

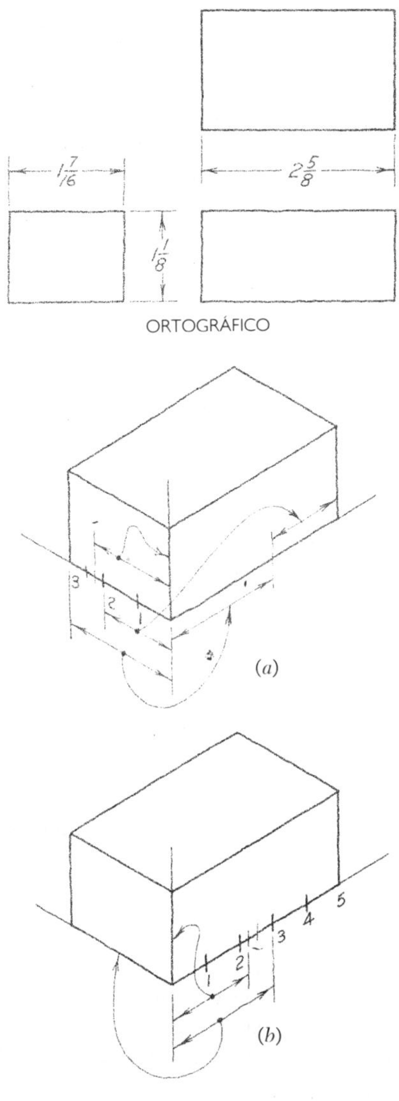

Fig. 8.72 – A proporcionalidade das distâncias. Dividindo um lado em unidades, tornam-se proporcionais todas as outras distâncias.

representa *aproximadamente* 12,5 mm. Para obter a distância do eixo vertical, o último terço foi dividido ao meio, e novamente ao meio, de forma que a dimensão apresentada tem aproximadamente 28 mm. Transporta-se esta distância para o eixo vertical (1) a olho, (2) medindo com o dedo no lápis, ou (3) marcando a distância sobre um pedaço de papel de rascunho. O método a ser usado será escolhido de acordo com a precisão relativa necessária. A distância do eixo à direita é obtida da mesma forma, transferindo-se primeiro a distância esquerda total (representando aproximadamente 37,5 mm) e então acrescentando dois terços da distância esquerda (aproximadamente 25 mm), o que dá um total de 62,5 mm, valor suficientemente próximo à dimensão de 65 mm do objeto. Pode-se escolher qualquer lado para iniciar o esboço. Em (*b*), o lado direito foi representado e dividido, desta vez em cinco partes, de forma que novamente cada unidade é de aproximadamente 12,5 mm. O procedimento é então semelhante ao descrito para (*a*).

Lembrar que não se necessita grande exatidão. Não se deve tornar a proporcionalidade um fardo. Ela é simplesmente um método de fazer com que as distâncias se aproximem razoavelmente das distâncias reais e de eliminar a necessidade de adivinhações cegas ou de outras construções no esboço.

A Fig. 8.73 mostra o método aplicado a um objeto mais complexo. Divide-se o eixo esquerdo em quatro partes. Neste caso, os detalhes superiores foram localizados a partir das divisões do eixo esquerdo, projetando as divisões para cima. Este método é utilizado com freqüência. Observe-se o enquadramento de partes circulares, descrito na Seç. 50. Estudar esta figura cuidadosamente, dando especial atenção à proporção e construção.

52. Passos para a realização de um esboço em perspectiva

Devido à grande variedade de objetos que são desenhados à mão livre, a ordem de procedimento nem sempre será a mes-

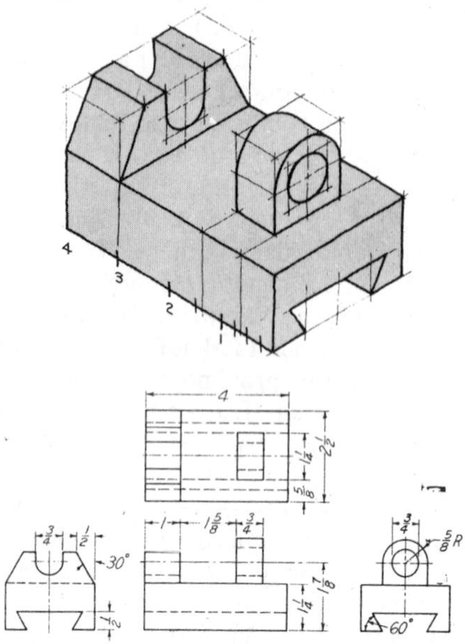

Fig. 8.73 – A proporcionalidade das distâncias. Depois de um lado ter sido dividido em unidades, projetam-se ou transferem-se as distâncias.

ma, mas a que é apresentada a seguir serve como guia:

A. Visualizar a forma e as proporções do objeto a partir de vistas ortográficas, de um modelo ou de qualquer outra fonte.
B. Imaginar o objeto no espaço e decidir qual a posição em perspectiva que melhor descreve sua forma.
C. Decidir o tipo de perspectiva a ser usado – axonométrico, oblíquo ou perspectiva exata.
D. Escolher um tamanho adequado de papel.
E. Então, proceder como está ilustrado na Fig. 8.74.

Os números que seguem se referem à figura: 1 a 6 mostram a construção com linhas fracas; 7, 8 e 9, a conclusão com a intensidade final.

1. Esboçar os eixos.
2. Registrar as proporções de uma caixa retangular circunscrita para todo o objeto ou parte importante desse objeto.
3. Desenhar a caixa circunscrita.
4. Dividir os eixos para tornar as distâncias proporcionais e desenhar os detalhes mais preponderantes do objeto.
5. Estabelecer a proporção dos detalhes menores referindo-os ao eixo dividido e esboçar os planos circunscritos, as linhas de centro e os contornos.
6. Completar os planos para as partes circulares. Certificar-se de que todas elas estão proporcionais e de que não há erros na representação (ver Seç. 47). Trabalhando somente com linhas fracas, as correções são feitas facilmente.
7. Iniciar o esboço com a largura final das linhas. Começar pela característica dominante.
8. Esboçar os detalhes menores.
9. Remover as linhas de construção.

53. Esboço em perspectiva axonométrica

Os métodos apresentados até agora focalizaram a realização de esboços axonométricos, porque são o tipo mais usado. No entanto, os métodos dados podem ser aplicados ao esboço oblíquo e na perspectiva exata, para os quais são fornecidas explicações adicionais nas duas seções a seguir.

54. Esboço em perspectiva oblíqua

A vantagem da perspectiva oblíqua não deformar uma das faces é particularmente valiosa na realização de esboços, como ilustra a Fig. 8.75. O efeito desagradável da deformação na perspectiva oblíqua feita com instrumentos pode ser muito diminuído ao se realizar um esboço,

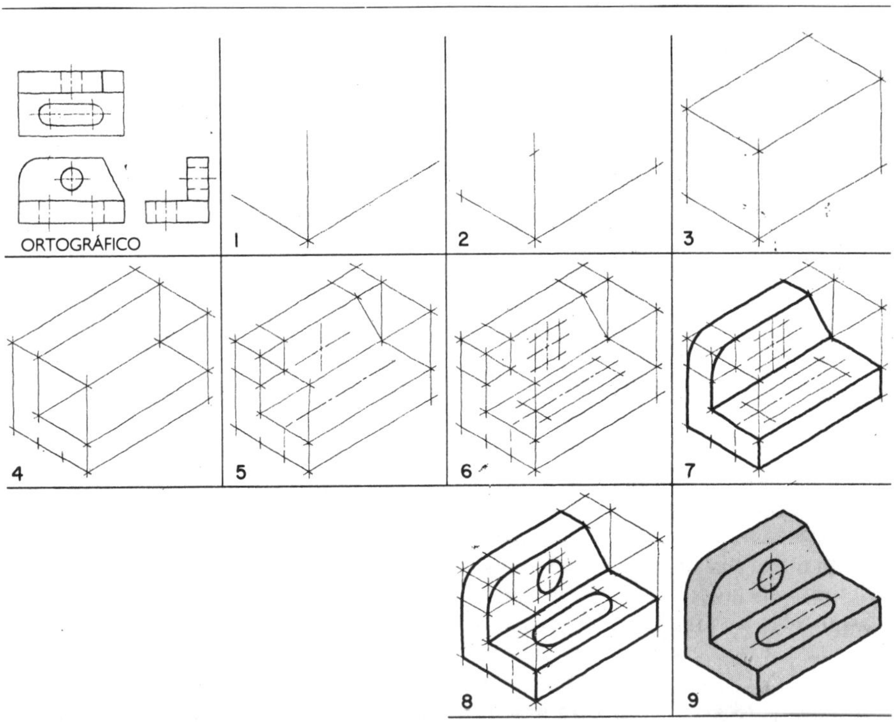

Fig. 8.74 – Etapas para o traçado de um esboço em perspectiva. Traçado progressivo, 1 a 6; acabamento, 7 a 9.

reduzindo o eixo de profundidade até dar ao esboço uma aparência agradável. O efeito da perspectiva é obtido pela convergência das linhas paralelas ao eixo de profundidade. Esta convergência na perspectiva axonométrica ou oblíqua é algumas vezes chamada de "falsa perspectiva".

55. Esboço em perspectiva exata

Obtém-se um aspecto mais agradável com esboços em perspectiva exata do que com esboços em perspectiva axonométrica ou oblíqua. Para a construção de um desenho em perspectiva exata de uma determinada estrurtura, a partir de plantas e elevações, necessita-se de um conhecimento dos princípios deste tipo de perspectiva. Mas pode-se ser bem sucedido ao

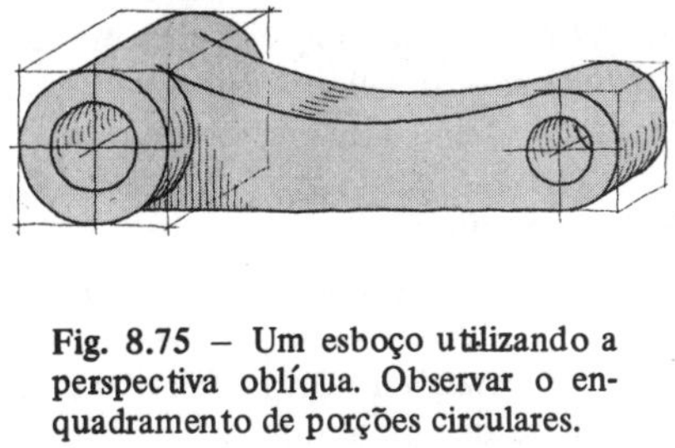

Fig. 8.75 – Um esboço utilizando a perspectiva oblíqua. Observar o enquadramento de porções circulares.

realizar um esboço em perspectiva exata a partir do objeto lembrando os fenômenos comuns da perspectiva, os quais afetam tudo o que vemos: o fato que consiste na diminuição aparente dos objetos à medida que sua distância ao observador aumenta, o de que linhas paralelas parecem convergir à medida que se afastam e o de que linhas e planos horizontais parecem "desaparecer" no horizonte.

Ao fazer um esboço em perspectiva partindo de um modelo, faz-se o desenho por simples observação, estimando as direções e tomando o comprimento das linhas proporcionais; olha-se e mede-se com o lápis, com o braço estendido, e usa-se o conhecimento dos fenômenos da perspectiva para verificação. Com a mesa de desenho ou bloco de esboços colocado em posição confortável para o traçado, isto é, perpendicular ao raio de visão que vai do olho do observador ao objeto, testa-se a direção de uma linha, segurando o lápis com o braço estendido em posição paralela à prancheta, girando o braço até que o lápis pareça coincidir com a linha no modelo, e trazendo-se então de volta à mesa, paralelo a esta posição. Os comprimentos manifestos das linhas são avaliados desta mesma forma: segurando o lápis em um plano perpendicular ao raio visual, marca-se com o polegar o comprimento do lápis que cobre a linha do modelo, gira-se o braço, com o polegar na mesma posição, até que o lápis coincida com outra linha, e então estima-se o comprimento desta medida em relação à segunda linha (Fig. 8.76).

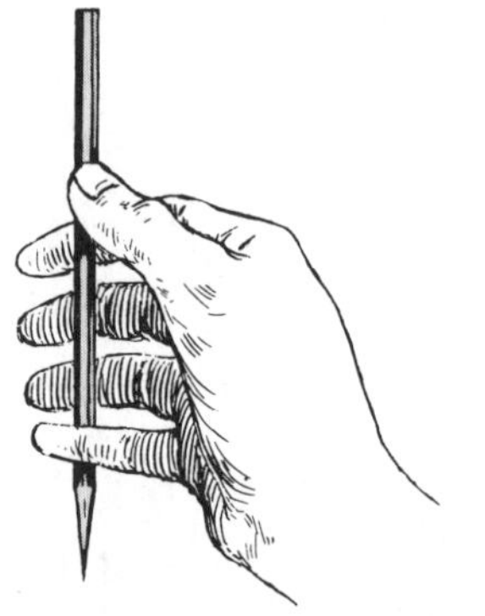

Fig. 8.76 – Modo de estimar distâncias e proporções.

Faz-se o esboço com linhas leves, à mão livre, e sem apagar nenhuma das linhas até que o esboço tenha sido completamente delineado. *Não se deve incorrer no erro de fazer o esboço demasiadamente pequeno.*

Ao iniciar o esboço de um objeto, coloca-se o mesmo numa posição que forneça a vista mais vantajosa e faz-se o esboço começando pela direção das linhas principais, prolongando-as além dos limites da figura, em direção dos seus pontos de fuga. Inscrevem-se todas as circunferências e arcos de circunferência em quadrados e prossegue-se, desenhando, em primeiro lugar, os contornos principais e acrescentando detalhes posteriormente; então, destaca-se o desenho com linhas mais fortes.

O desenho da Fig. 8.77 mostra a aparência geral de um esboço em perspectiva com um ponto de fuga, antes das linhas

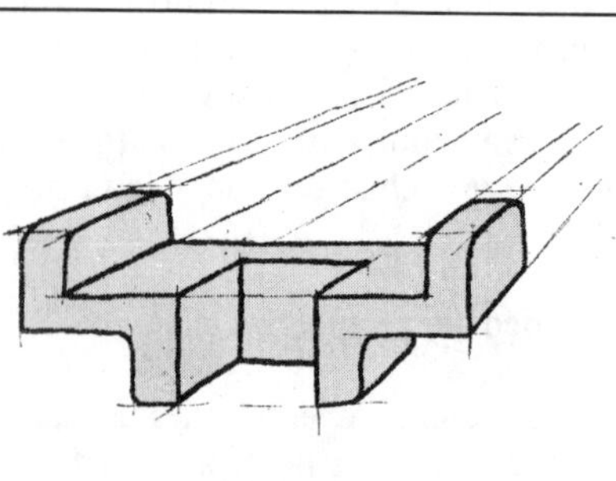

Fig. 8.77 – Esboço em perspectiva. A face frontal do objeto é paralela ao quadro.

de construção terem sido apagadas. A Fig. 8.78 é um exemplo que mostra o objeto em perspectiva girado em ângulo em relação ao quadro.

56. Ilustração em perspectiva

A ilustração em perspectiva é uma combinação de qualquer um dos métodos perspectivos comuns com algum método de sombreado ou "pintura". Ao considerar um determinado problema, deve-se decidir quanto à forma da perspectiva – axonométrica, oblíqua ou perspectiva exata – e escolher então um método de sombreado que se adapte ao método de reprodução e ao efeito geral desejado.

57. Luz e sombra

A posição convencional da luz em um desenho de luz-e-sombra é a mesma utilizada para o sombreado ortográfico de linhas, isto é, uma posição à esquerda, em frente e acima do objeto. Qualquer superfície ou parte de uma superfície perpendicular à direção da luz e por ela diretamente iluminada recebe uma quantidade maior de luz e tem a tonalidade mais clara no desenho; qualquer face que não seja iluminada pela luz está "na sombra" e é mais escura no desenho. Outras superfícies, que recebem menor quantidade de luz do que a luz direta, mas maior quantidade do que uma parte sombreada, têm um tom intermediário.

Ao iniciar este trabalho, necessita-se compreender o método simples de iluminação por uma única luz, bem como é necessário algum senso artístico para a iluminação das várias superfícies de um objeto. A Fig. 8.79 mostra uma esfera, um cilindro, um cone e um cubo iluminados como foi descrito, e sombreados de acordo. Estudar os valores dos tons nessa ilustração.

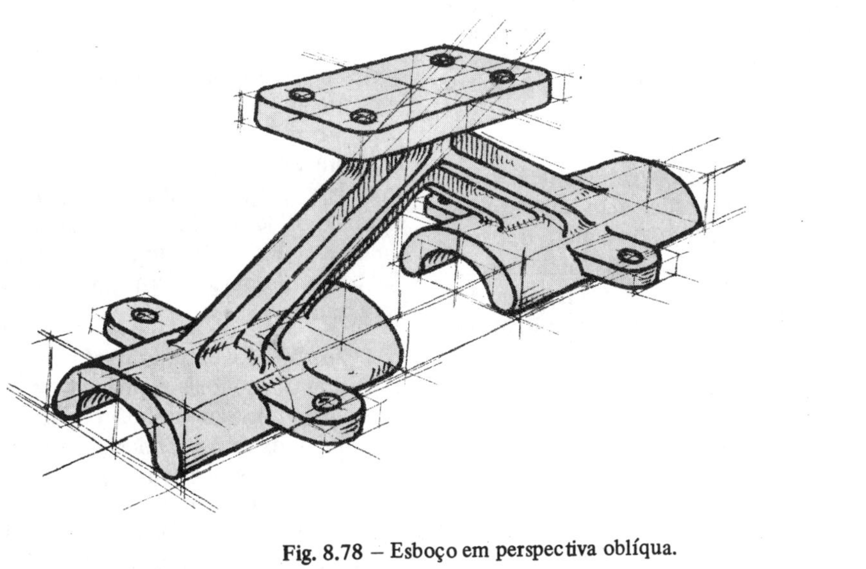

Fig. 8.78 – Esboço em perspectiva oblíqua.

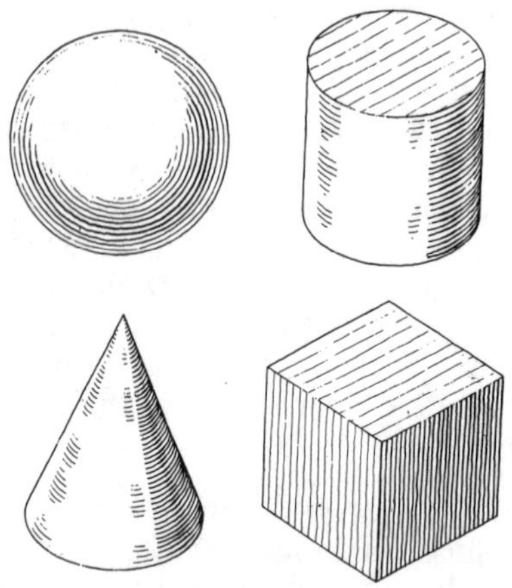

Fig. 8.79 – Luz e sombra. A fonte luminosa está na parte anterior superior esquerda.

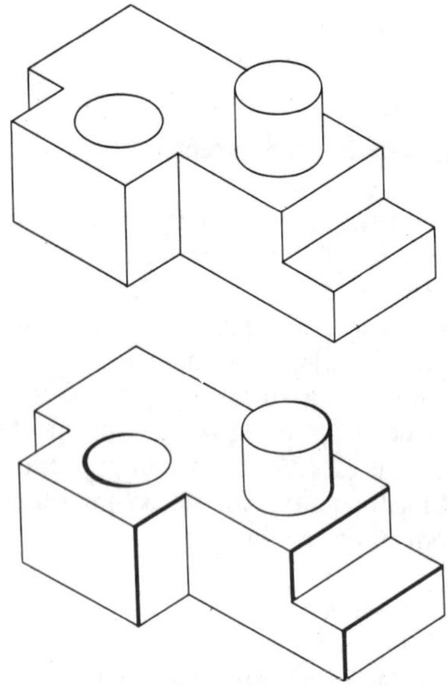

Fig. 8.80 – Linhas de contorno e de sombra. O lado que está mais distante da fonte luminosa é desenhado com linhas mais fortes.

58. Linhas de sombreado

As linhas de sombreado, devido ao seu contraste com outras linhas, acrescentam efeitos de luz e sombra ao desenho. Essas linhas, utilizadas isoladamente, fornecem o mais simples dos métodos de sombreado. Geralmente, o melhor efeito é obtido pelo uso de linhas fortes somente para as arestas vertical esquerda e horizontal superior das faces escuras (Fig. 8.80). Furos e outras características circulares são desenhadas com linhas fortes no lado sombreado. As linhas de sombreado devem ser usadas parcimoniosamente, uma vez que a inclusão de um excesso de linhas fortes simplesmente acrescenta peso ao desenho e não dá o melhor efeito.

59. Sombreado a lápis

Há dois métodos gerais de sombrear a lápis – o tom contínuo e o tom obtido através de linhas. O sombreado com tom contínuo é realizado com um lápis relativamente macio, de ponta achatada. Um papel de aspereza média é o mais adequado para esta técnica. Inicia-se com um tom leve, total, e então, gradualmente, criam-se os tons médios e as partes sombreadas. A Fig. 8.81 é um exemplo disto. As partes iluminadas são clareadas com uma borracha.

O sombreado obtido através de linhas exige um pouco mais de habilidade, uma vez que os tons são produzidos pelo espaçamento e peso das linhas. Linhas leves com grande espaçamento produzem o tom mais claro; com linhas fortes de pequeno espaçamento obtém-se a tonalidade mais escura. Manter as partes iluminadas perfeitamente brancas. O preto

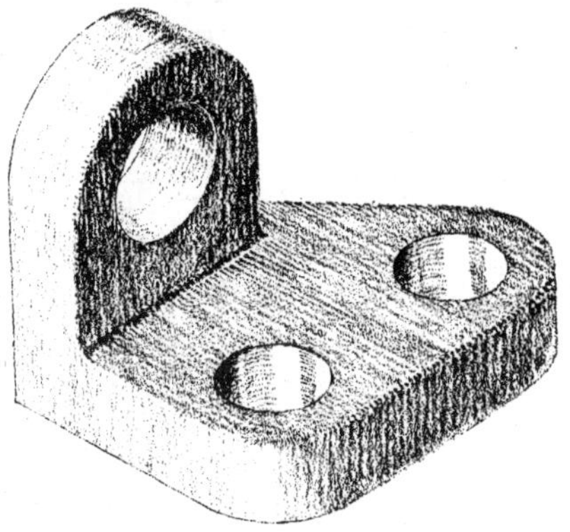

Fig. 8.81 – Sombreado com tom contínuo.

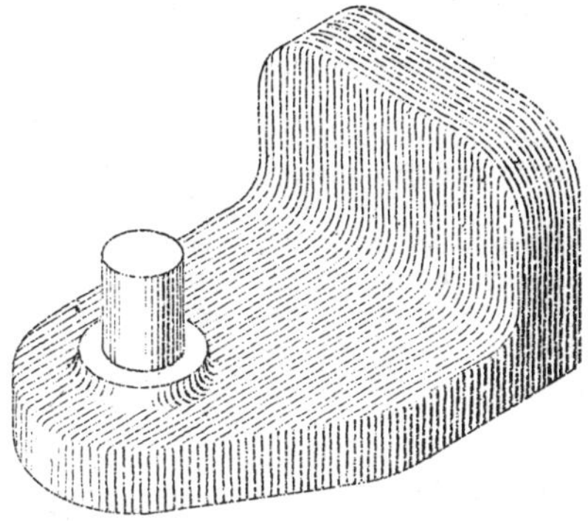

Fig. 8.82 – Sombreado com linhas.

puro pode ser utilizado parcimoniosamente para tonalidade ou sombra profunda. A Fig. 8.82 exemplifica isto, tendo sido desenhada somente com um contorno leve.

O sombreado total, completo, é relativamente pesado e geralmente deseja-se um tratamento mais leve, mais aberto. Para conseguir isto, deixam-se as partes claras do objeto com pouco ou nenhum sombreado e desenham-se os tons médios e as sombras parcimoniosamente. As poucas linhas utilizadas sugerem muito bem a luz, a sombra e o acabamento de superfície (Fig. 8.83). Há muitas variações que podem ser feitas neste tipo de sombreado.

60. Sombreado com tinta e caneta

Os métodos do sombreado com tinta e caneta seguem o mesmo padrão geral do trabalho a lápis, com a exceção de que não se consegue um tom contínuo. No entanto, há algumas variações que não são muito utilizadas em trabalhos a lápis. A Fig. 8.84 apresenta técnicas do uso de linhas. Como no trabalho a lápis, o método mais comum e geralmente o mais agradável é o sistema de traçado delineado, parcialmente sombreado.

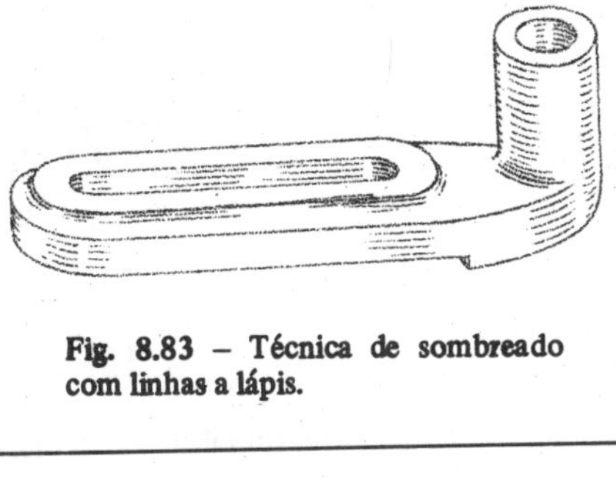

Fig. 8.83 – Técnica de sombreado com linhas a lápis.

Fig. 8.84 – Técnica de sombreado com linhas à tinta.

PROBLEMAS

Os problemas a seguir visam fornecer prática (1) nos vários métodos de representação em perspectiva e (2) na leitura e interpretação de projeções ortográficas.

Ao ler um desenho, lembre-se de que, em qualquer vista, uma linha sempre representa uma aresta ou uma mudança de direção da superfície do objeto e que sempre se deve olhar outra vista para interpretar o significado da linha.

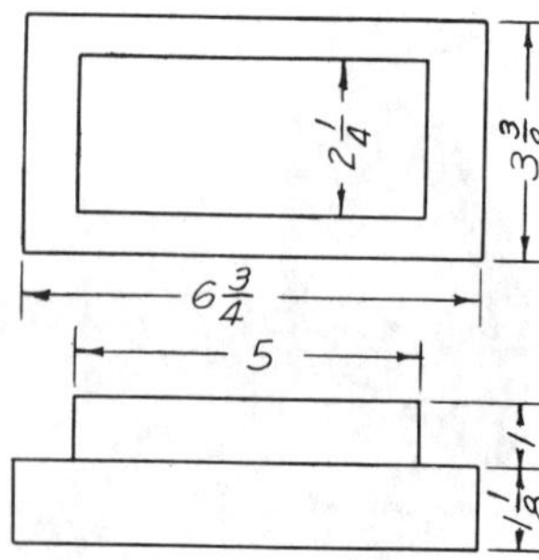

Prob. 1. Bloco-gabarito.

Grupo I. Perspectivas isométricas importantes.

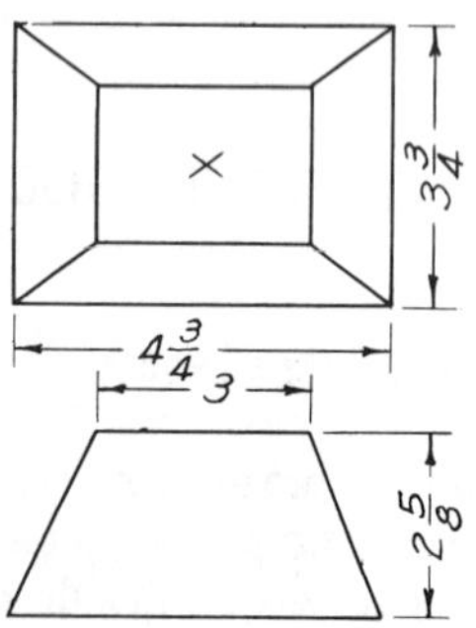

Prob. 2. Tronco de pirâmide.

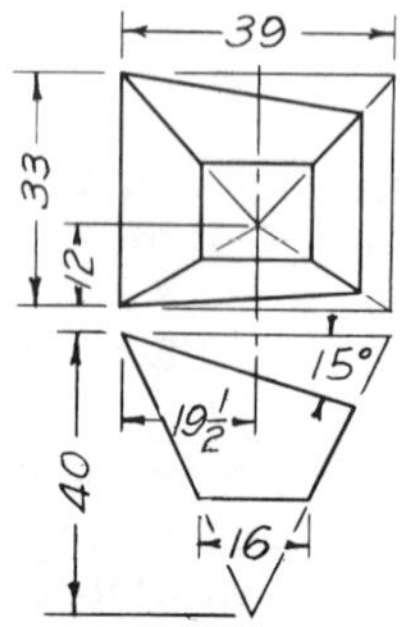

Prob. 3. Funil de carga.

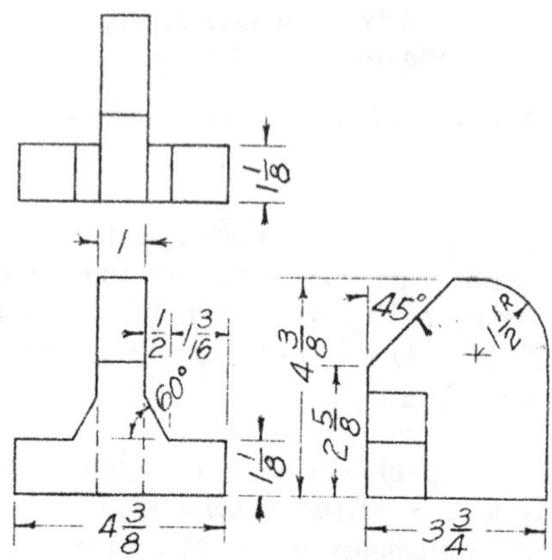

Prob. 4. Batente.

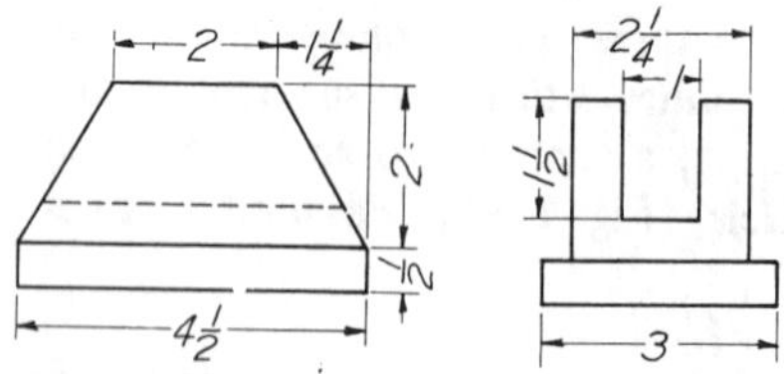

Prob. 6. Bloco-guia.

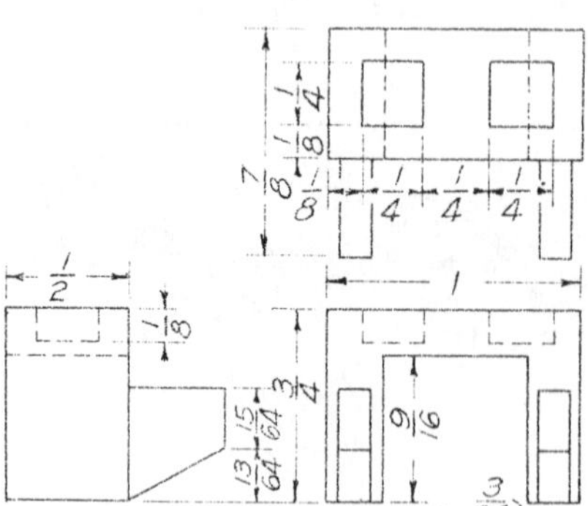

Prob. 5. Suporte deslizante.

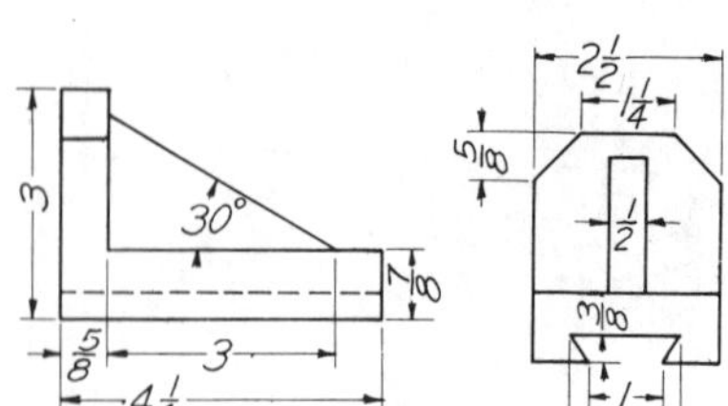

Prob. 7.
Suporte com ressalto em rabo-de-andorinha.

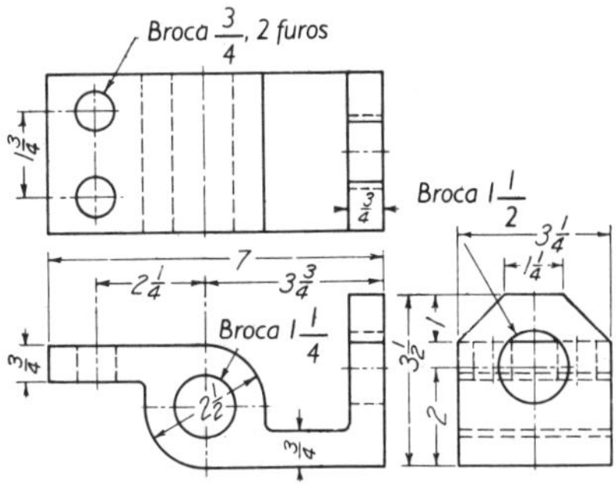

Prob. 8. Suporte.

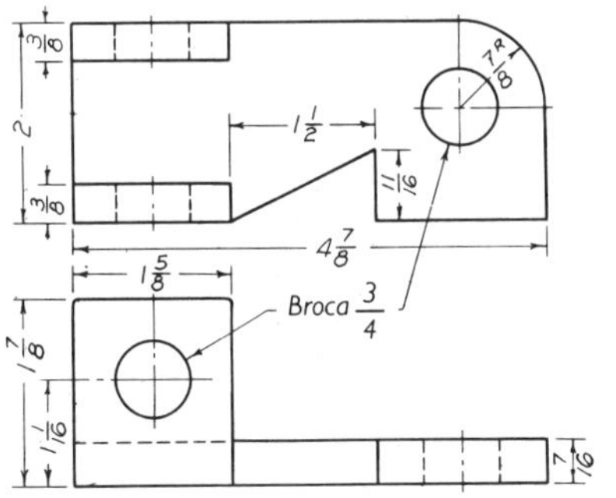

Prob. 9. Espera de dobradiça.

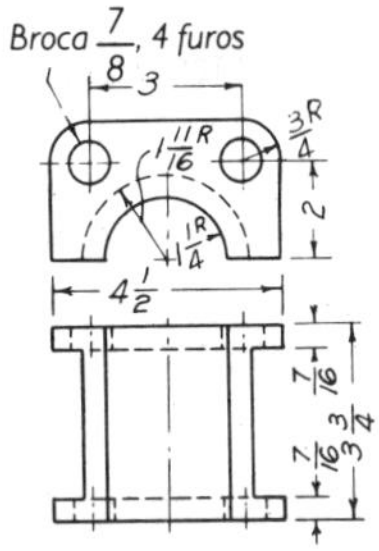

Prob. 10. Mancal.

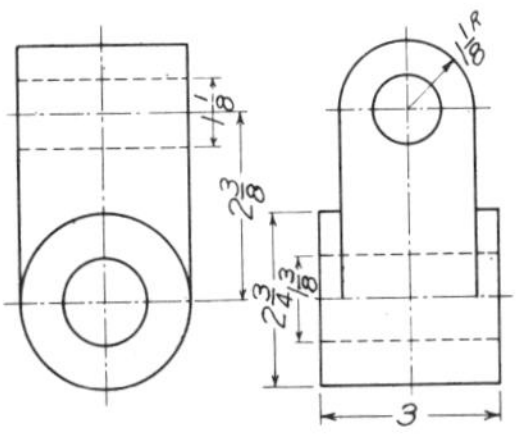

Prob. 11. Articulação em cruz.

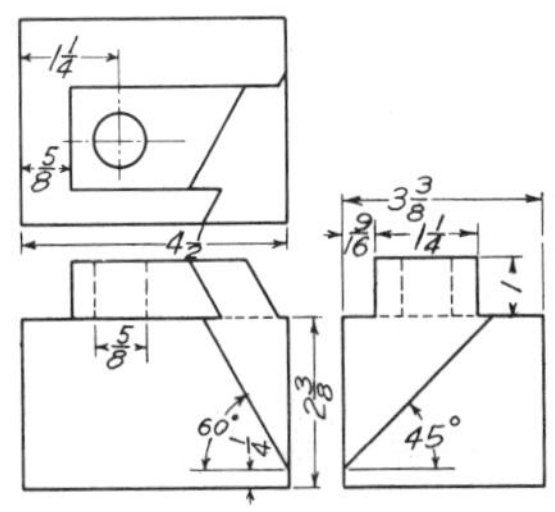

Prob. 12. Bloco em cunha.

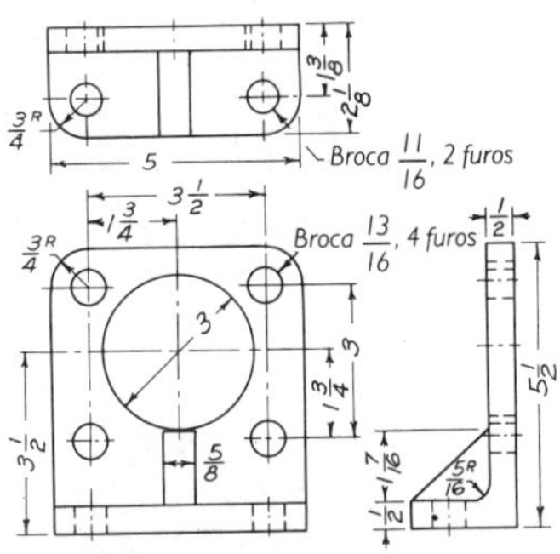

Prob. 13. Ligação de topo.

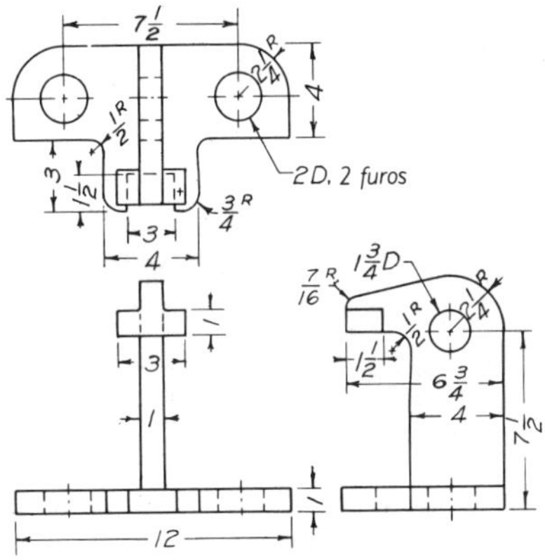

Prob. 14. Retentor de deslizamento.

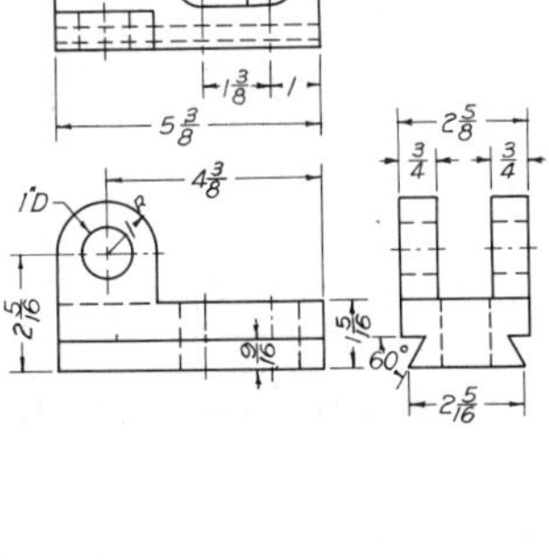

Prob. 15. Suporte com ressalto em rabo-de-andorinha.

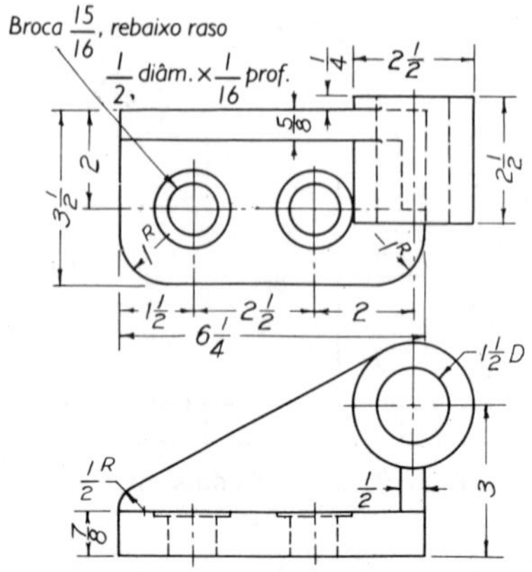

Prob. 16. Suporte em ângulo.

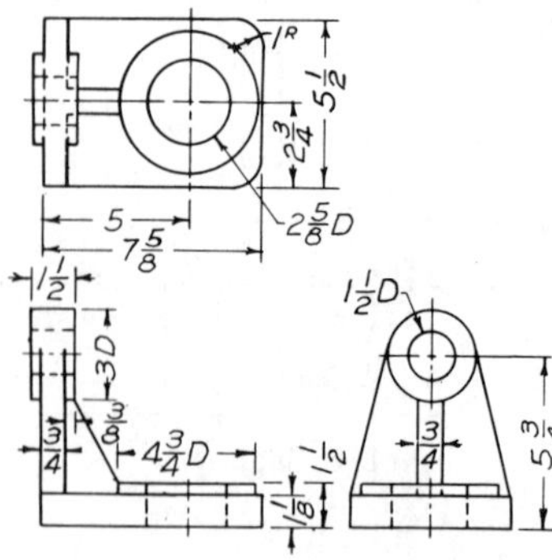

Prob. 17. Suporte de braçadeira.

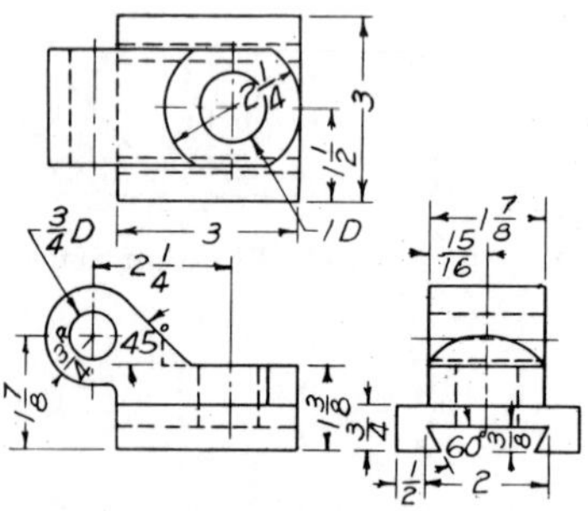

Prob. 18. Dobradiça em cauda-de-andorinha.

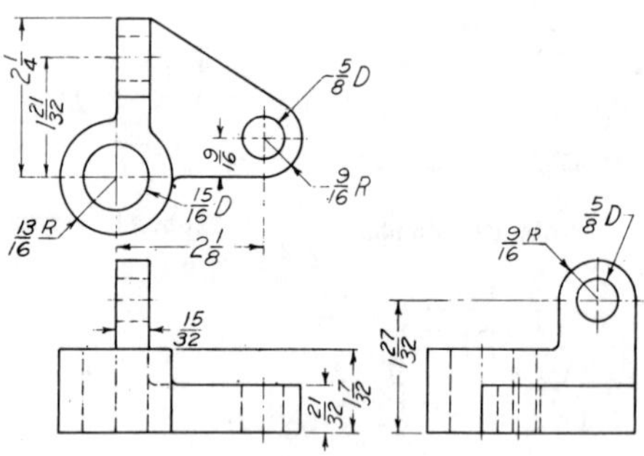

Prob. 19. Prendedor do cabo.

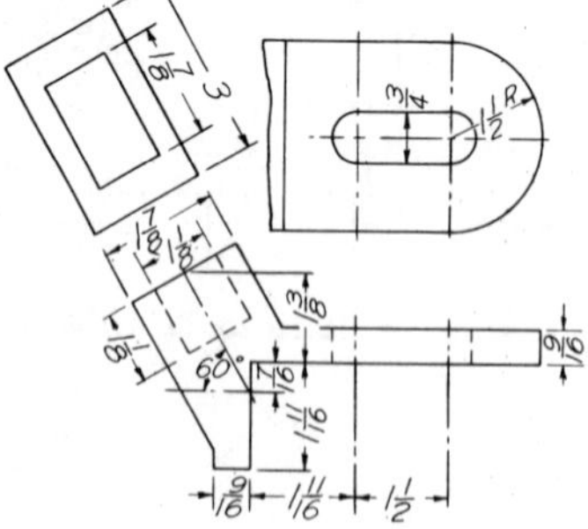

Prob. 20. Espera de escora.

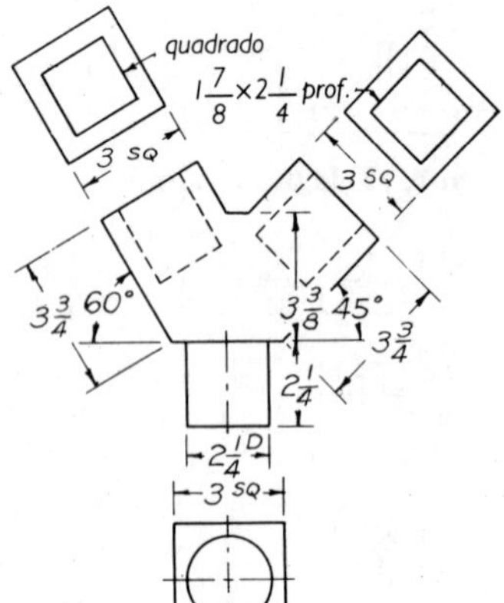

Prob. 21. Apoio articulado.

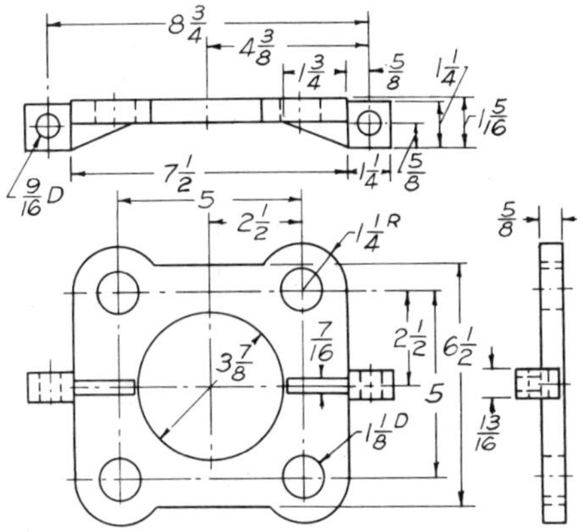

Prob. 22. Chapa de ancoragem.

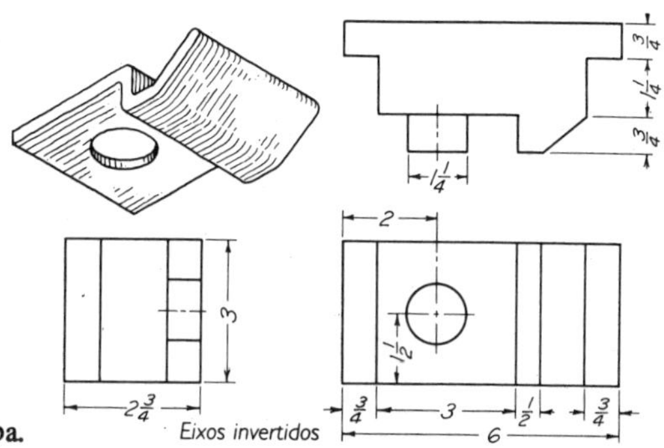

Prob. 23. Estampa.

Grupo 2. Cortes em perspectiva isométrica.

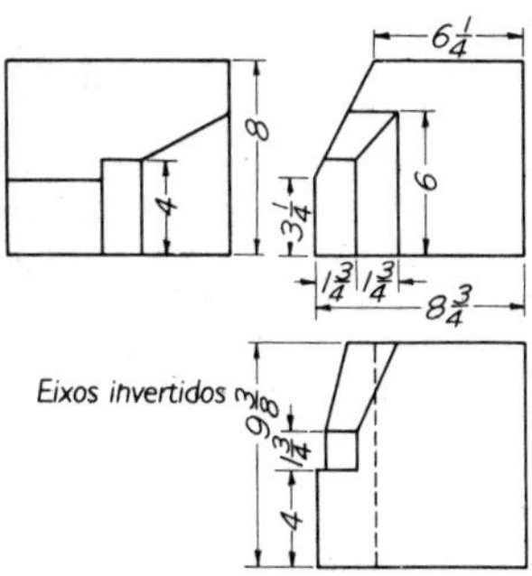

Prob. 24. Pedra aparelhada.

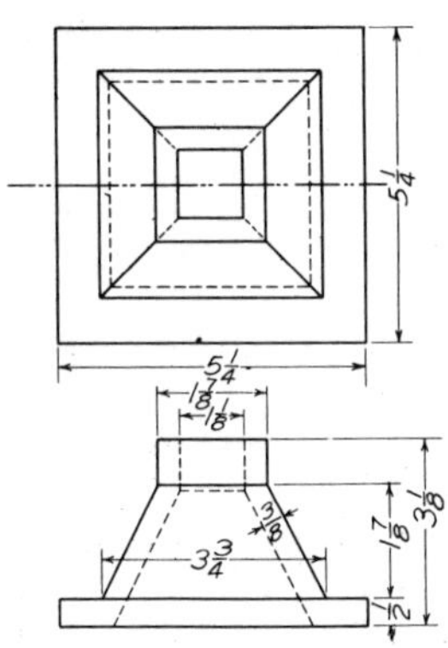

Prob. 25. Base de coluna.

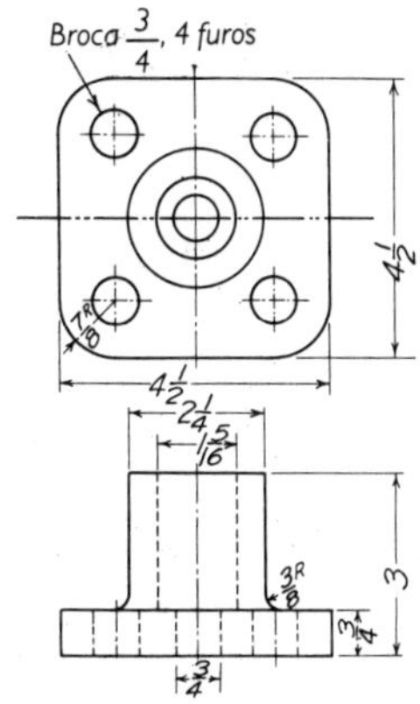

Prob. 26. Placa de base.

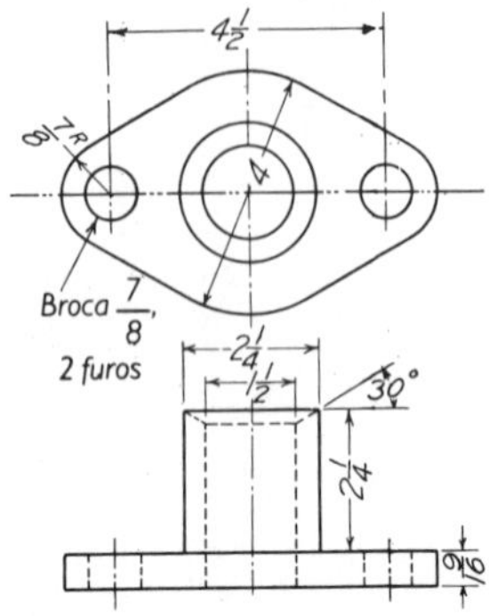

Prob. 27. Gaxeta de vedação.

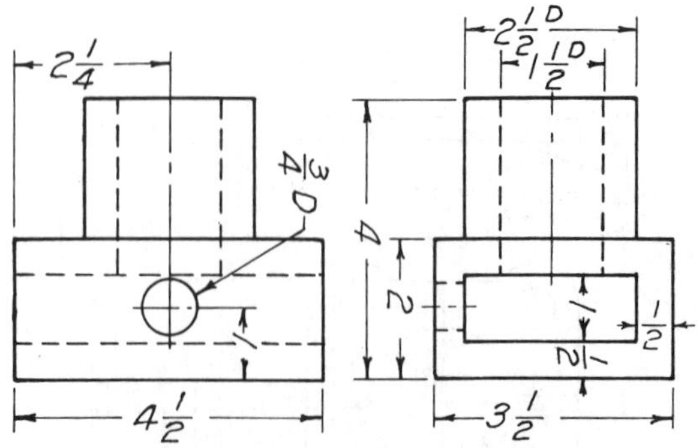

Prob. 28. Encaixe quadrado.

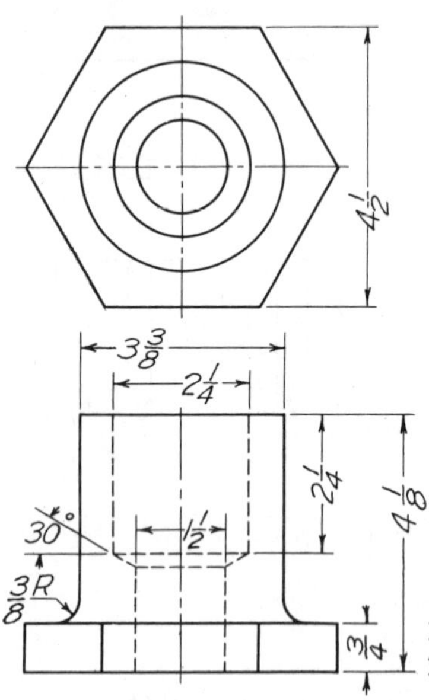

Prob. 29. Molde para sobreposta.

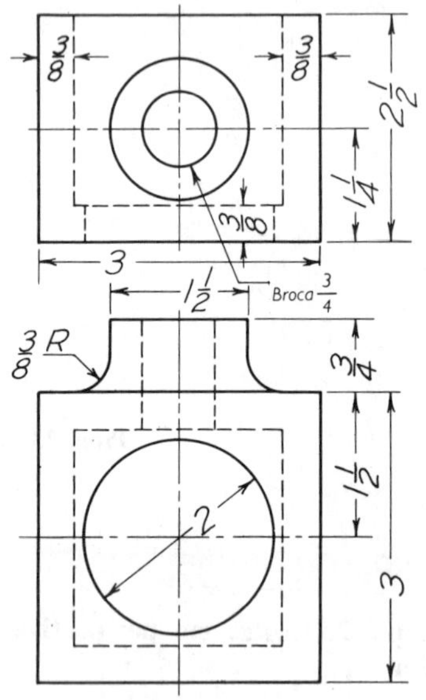

Prob. 30. Tampa corrediça.

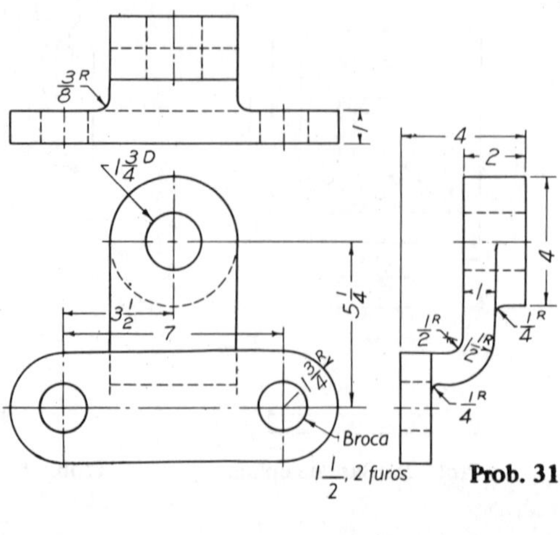

Prob. 31. Suporte de haste.

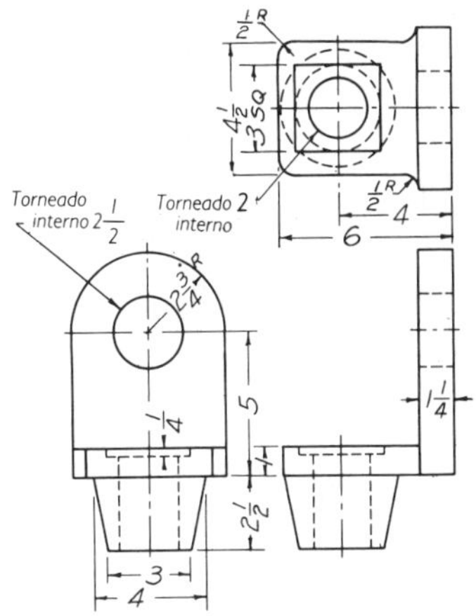

Prob. 32. Suporte de viga lateral.

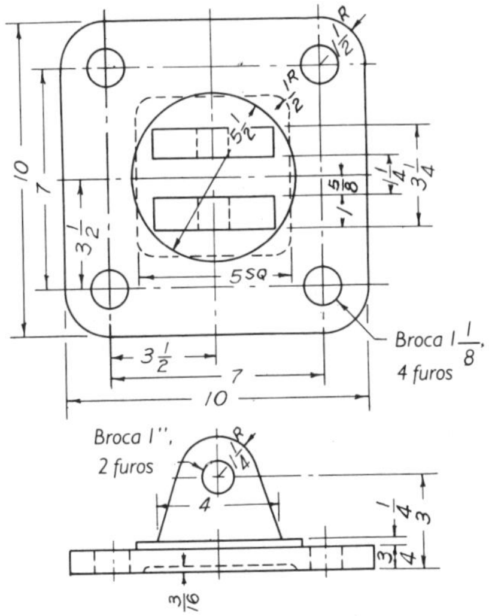

Prob. 33. Suporte de cruzeta.

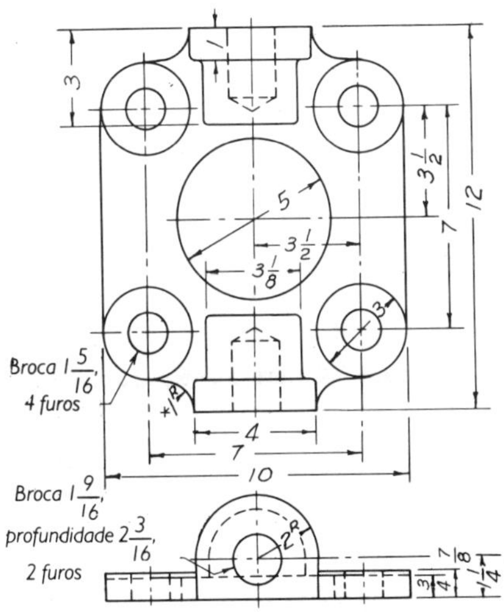

Prob. 34. Placa de munhão.

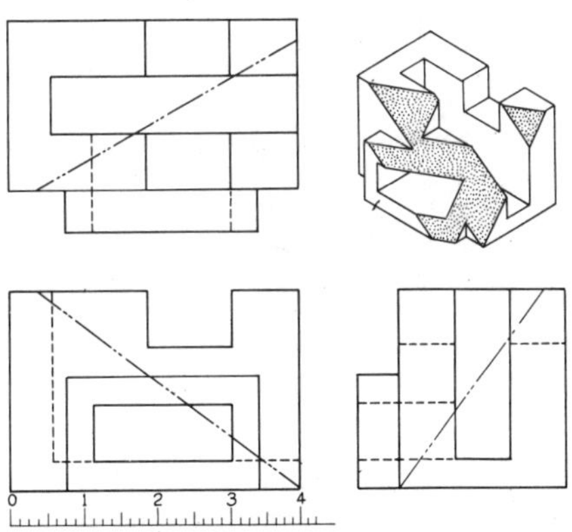

Prob. 35. Estudo de corte.

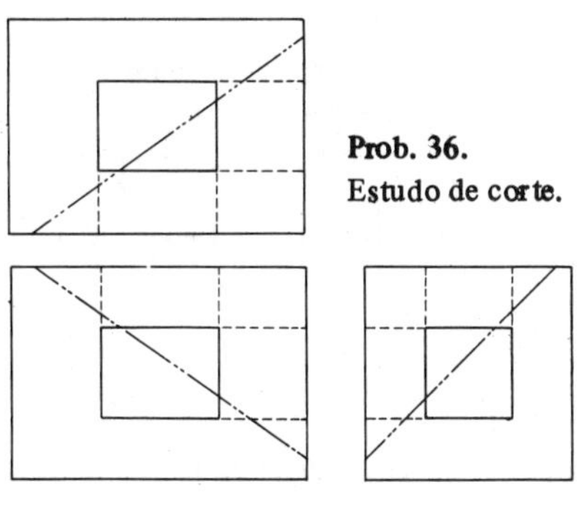

Prob. 36. Estudo de corte.

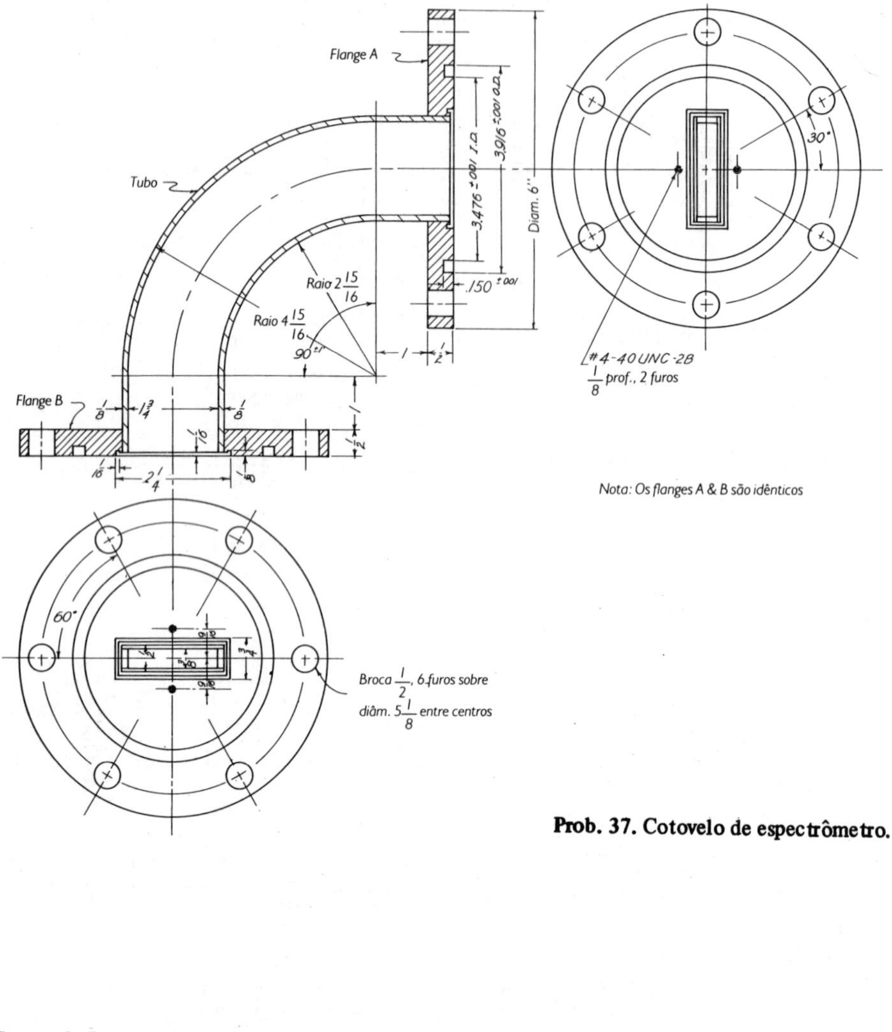

Prob. 37. Cotovelo de espectrômetro.

Grupo 3. Perspectiva oblíqua.

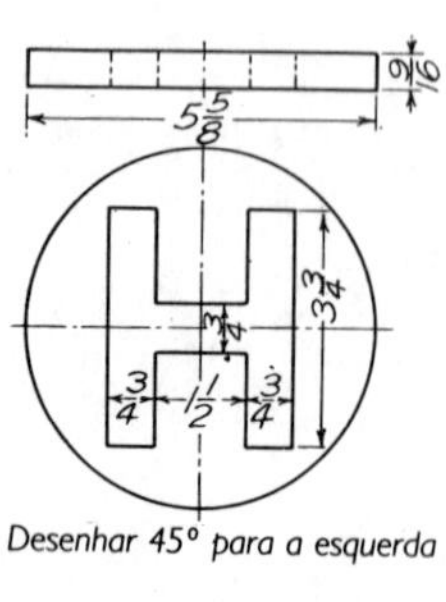

Prob. 38. Matriz de letra.

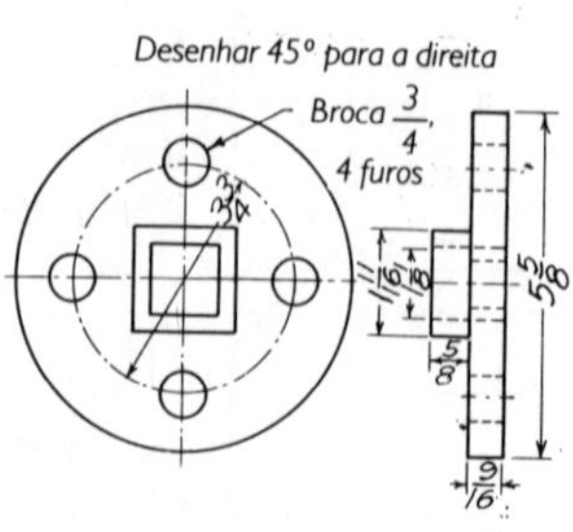

Prob. 39. Placa de guia.

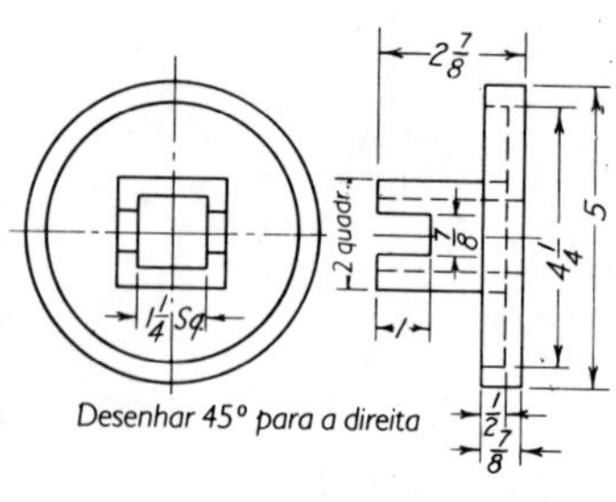

Prob. 40. Base de braçadeira.

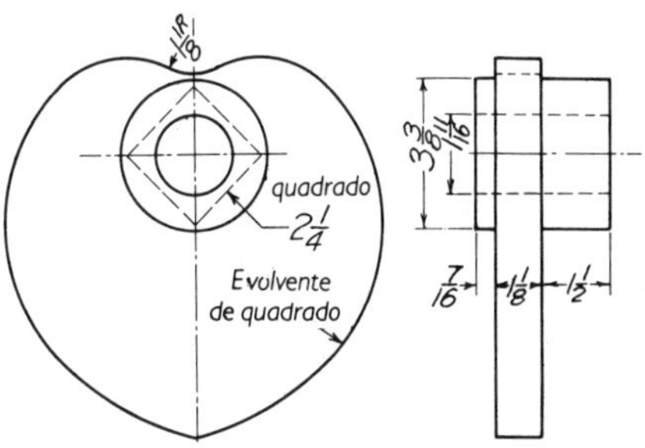

Desenhar pela metade e 30° para a direita

Prob. 41. Cone em forma de coração.

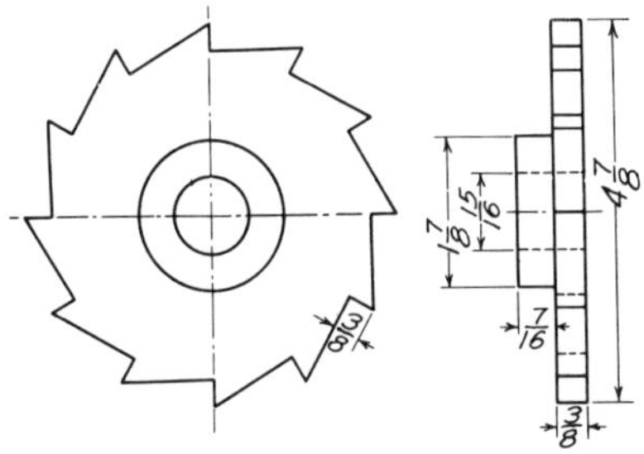

Desenhar 45° para a esquerda

Prob. 42. Roda de catraca.

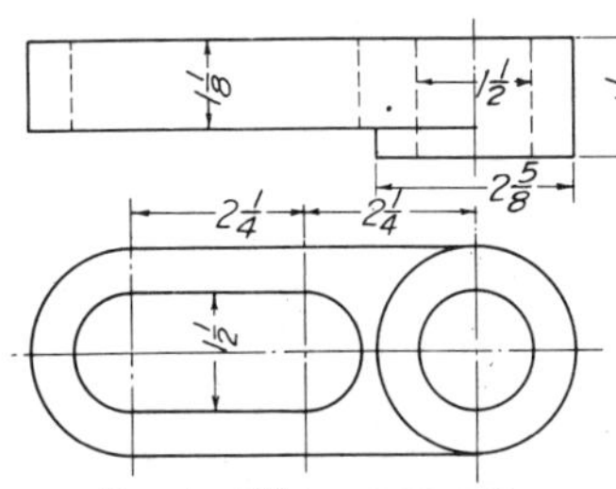

Desenhar 30° para a esquerda

Prob. 43. Articulação ranhurada.

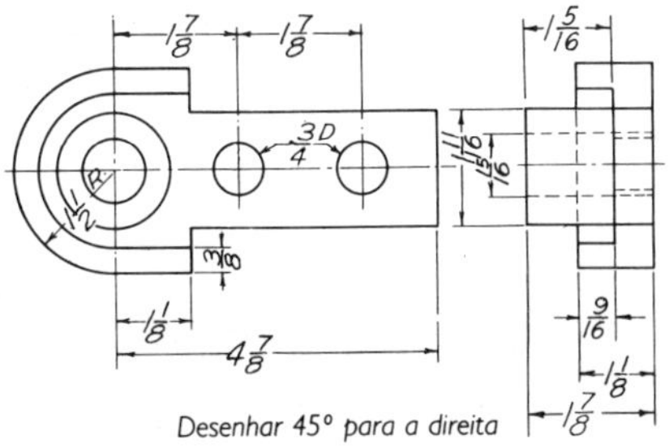

Desenhar 45° para a direita

Prob. 44. Placa oscilante.

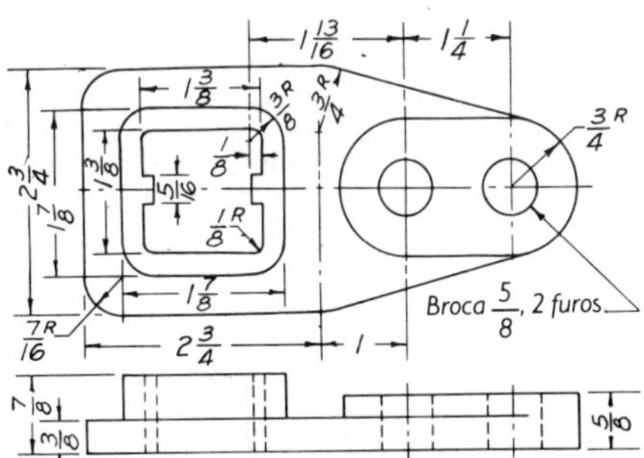

Desenhar 45° para a direita.

Prob. 45. Suporte deslizante.

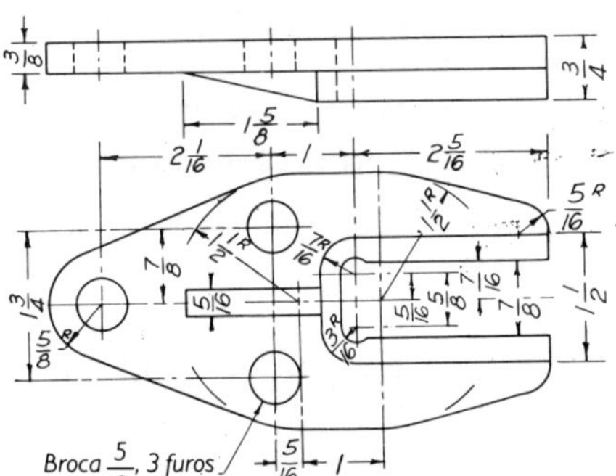

Desenhar 45° para a direita

Prob. 46. Suporte retentor.

Desenhar 45° para a esquerda

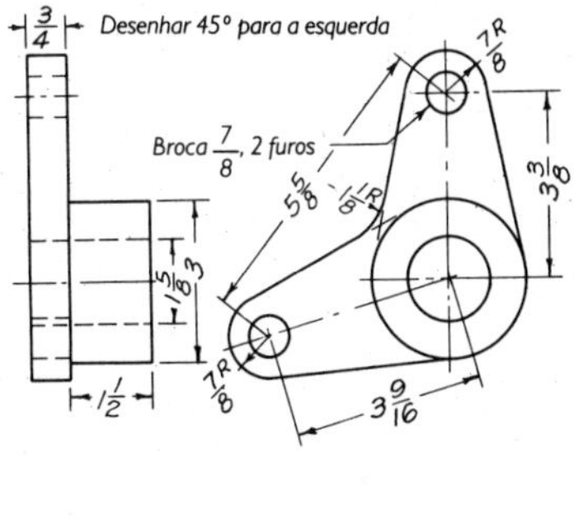

Prob. 47. Manivela em cotovelo.

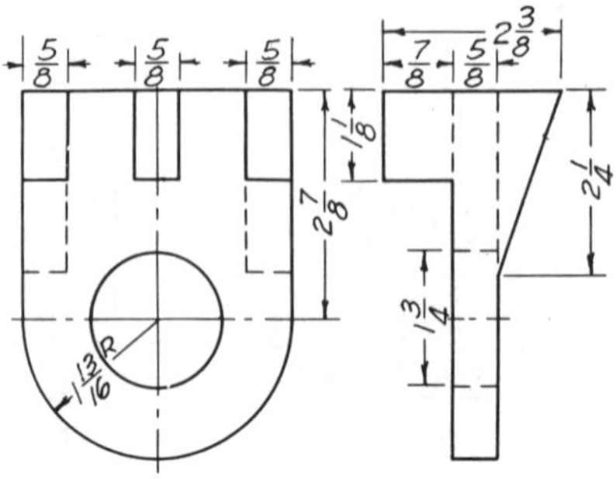

Desenhar 30° para a direita

Prob. 48. Placa de espera.

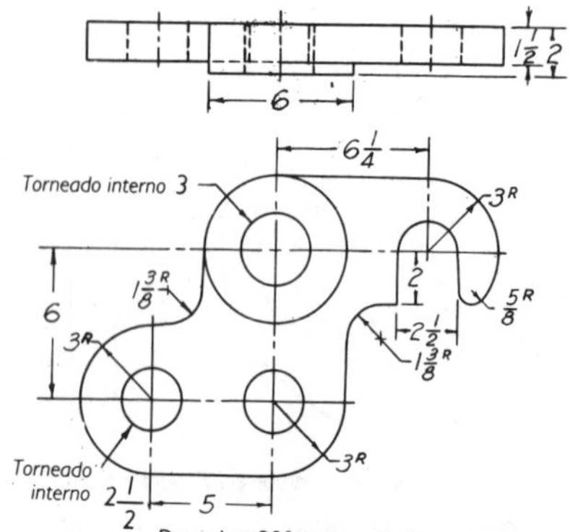

Desenhar 30° para a direita

Prob. 49. Braçadeira em gancho.

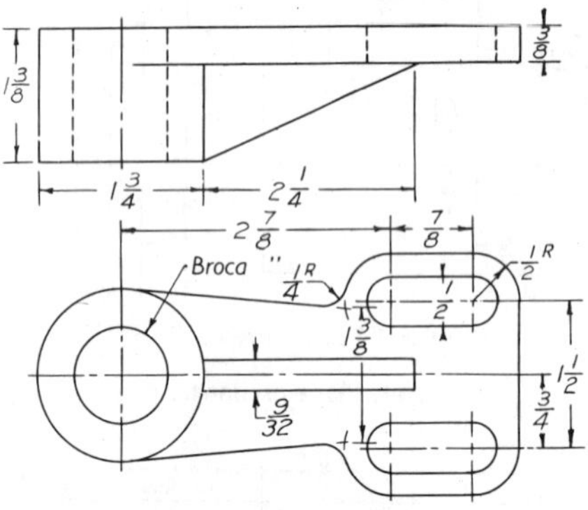

Desenhar 30° para a direita

Prob. 50. Suporte de haste ajustável.

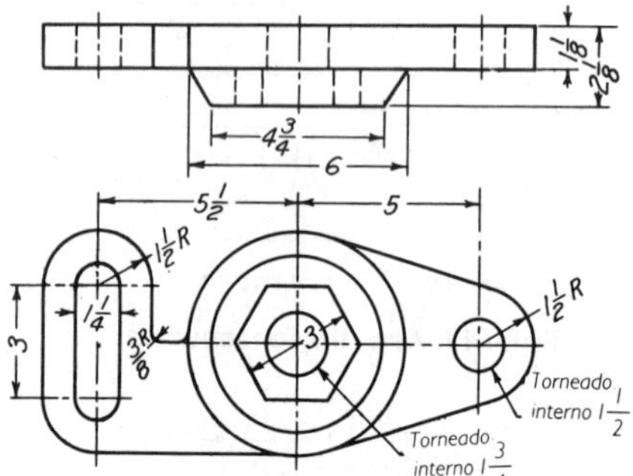

Desenhar 45° para a esquerda

Prob. 51. Anel.

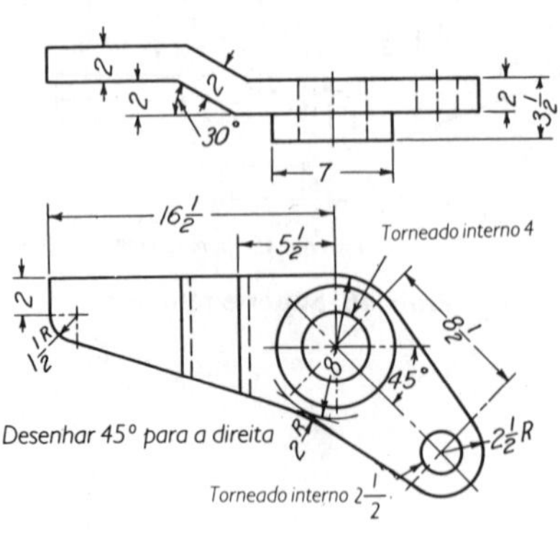

Prob. 52. Garra.

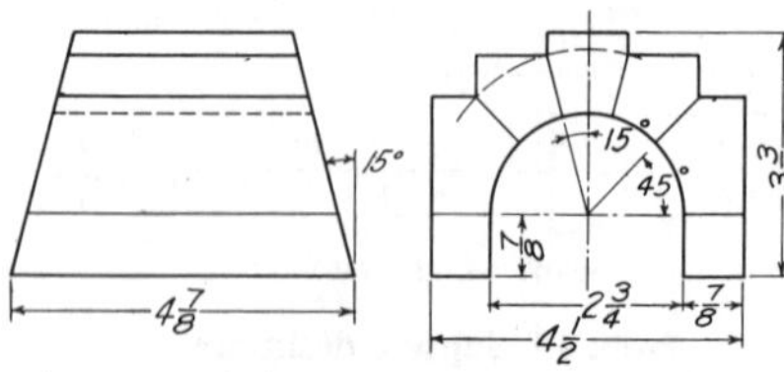

Deslocamentos do corte à direita, 30° para a direita

Prob. 53. Modelo de galeria.

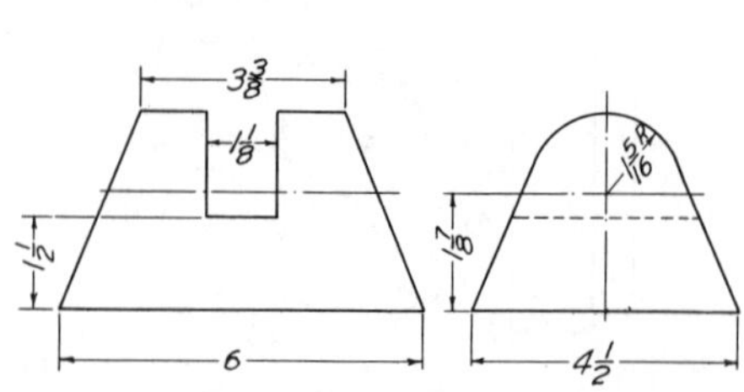

Prob. 54. Guia de fenda. Deslocamentos do corte à direita, 30° para a direita

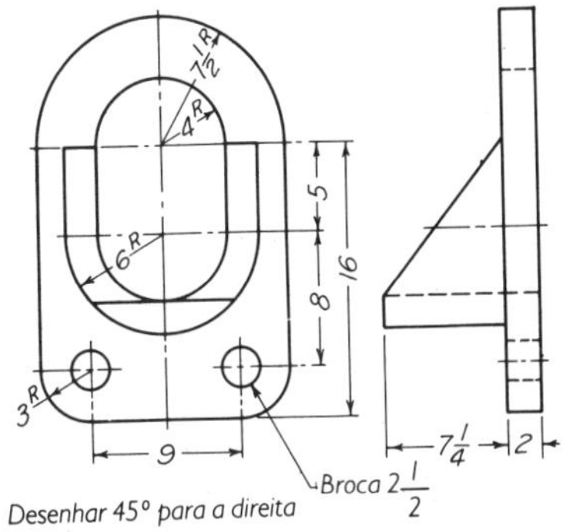

Prob. 55. Suporte.

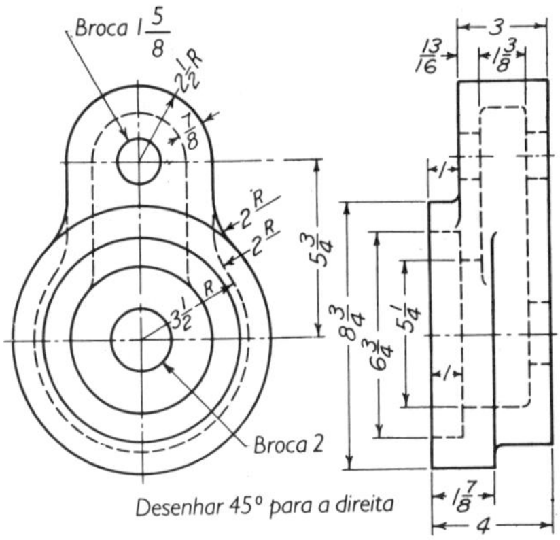

Prob. 56. Tampa de orifício

Grupo 4. Cortes em oblíquos.

57. Corte completo oblíquo de um cone deslizante.

57*A*. Meio-corte oblíquo de um cone deslizante.

58. Corte completo oblíquo da extremidade de um transportador de calha.

58*A*. Meio-corte oblíquo da extremidade de um transportador de calha.

59. Corte completo oblíquo de uma flange de topo.

59*A*. Meio-corte oblíquo de uma flange de topo.

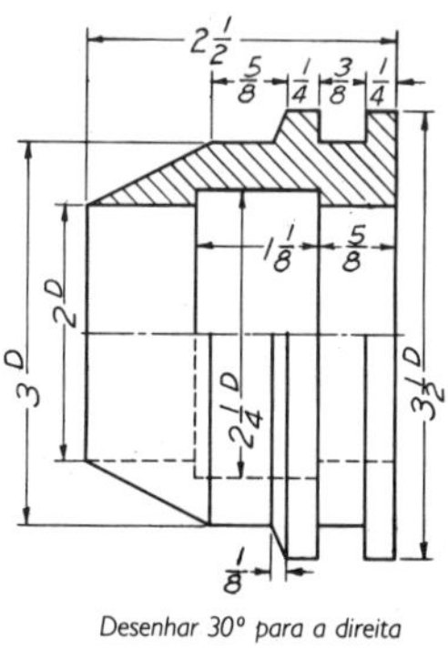

Prob. 57. Cone deslizante.

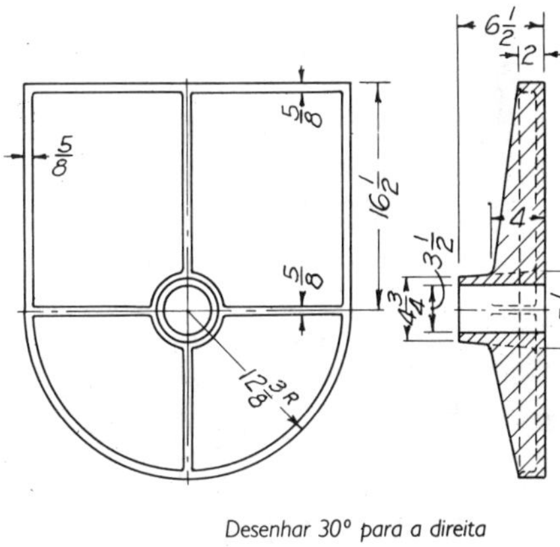

Prob. 58. Extremidade de transportador de calha.

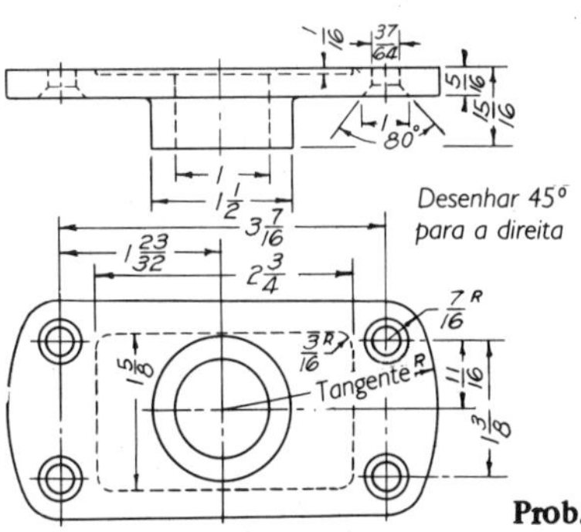

Prob. 59. Flange de topo.

60. Corte completo oblíquo de uma flange de suspensão.

60*A*. Meio-corte oblíquo de uma flange de suspensão.

61. Meio-corte oblíquo da placa da base do problema 26.

62. Meio-corte oblíquo da gaxeta de vedação do problema 27.

64. Corte completo oblíquo da placa de ancoragem.

65. Desenho oblíquo de um guia de eixo. Usar os cortes necessários para descrever a peça.

66. Meio-corte oblíquo de um suporte de haste. Podem-se também usar cortes parciais e linhas-fantasmas para descrever a peça.

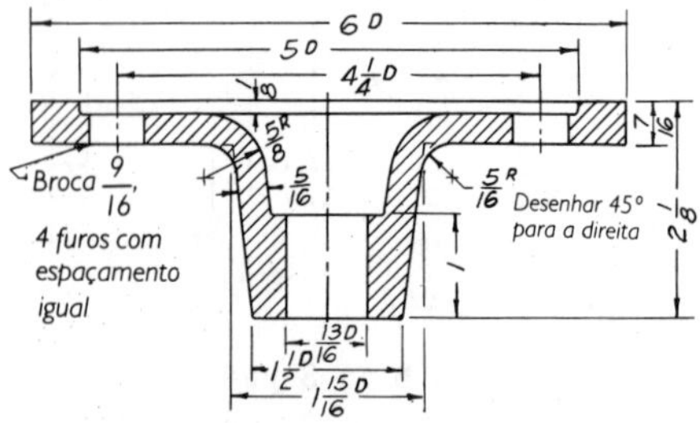

Prob. 60. Flange de suspensão.

Prob. 63. Nível de regulador.

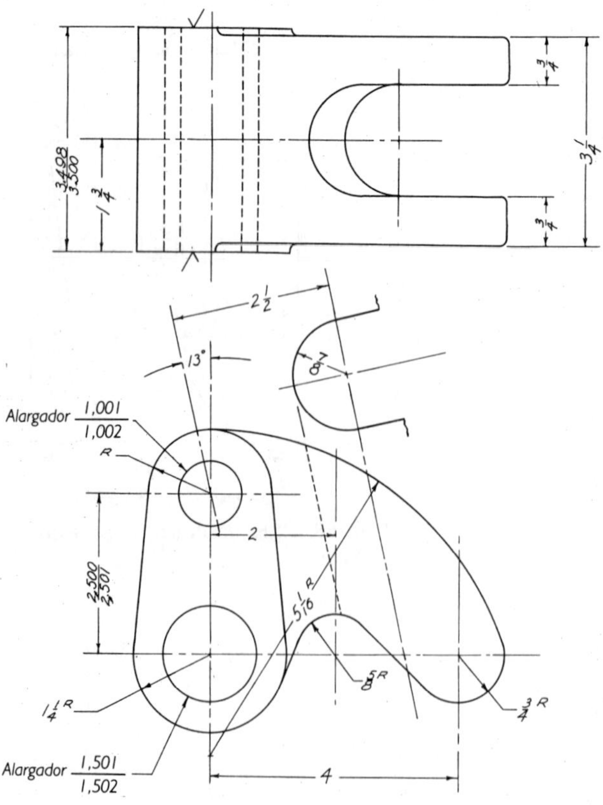

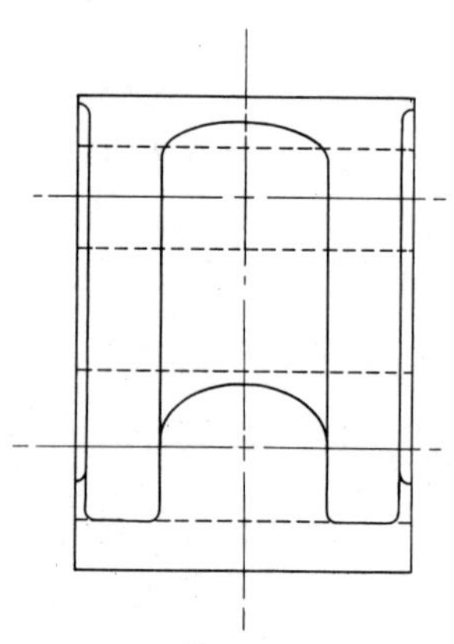

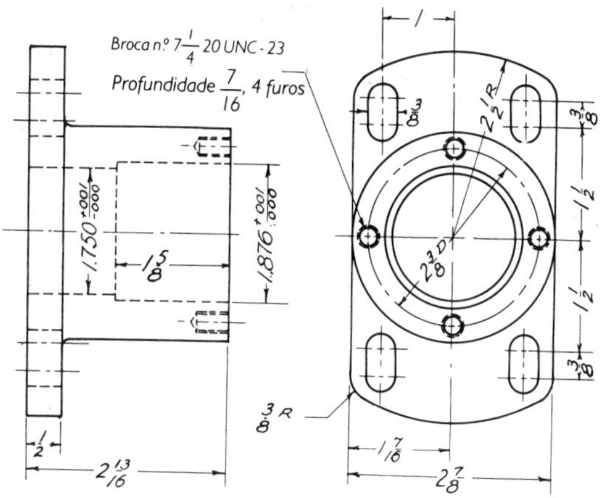

Prob. 64. Placa de ancoragem.

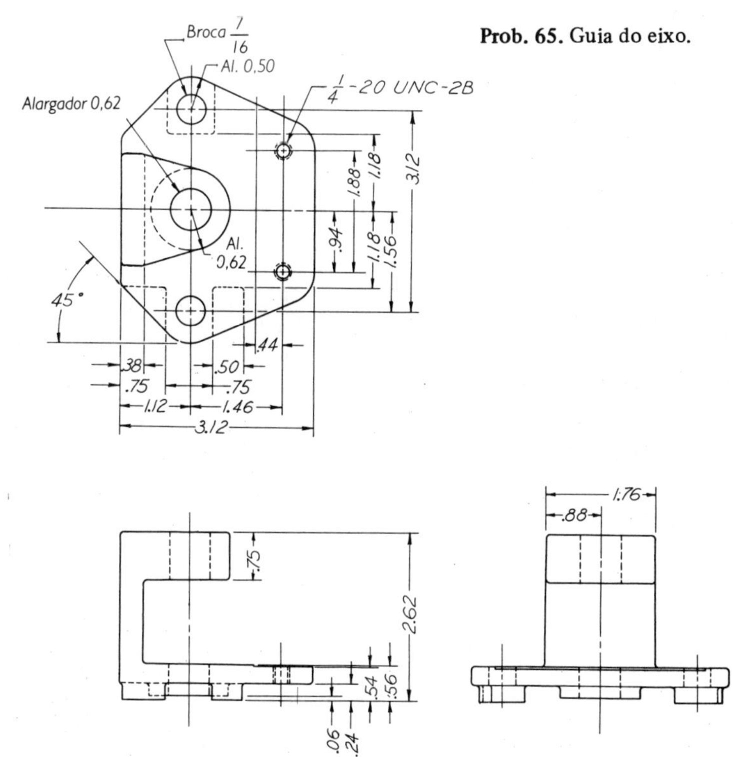

Prob. 65. Guia do eixo.

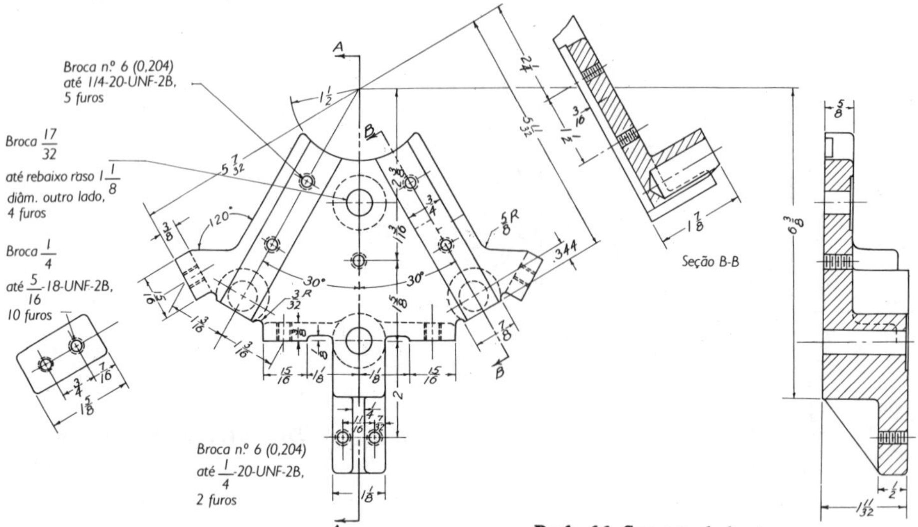

Prob. 66. Suporte de haste.

Grupo 5. Perspectiva dimétrica e perspectiva *cabinet.*

67. Fazer uma perspectiva dimétrica do bloco-gabarito, problema 1.

68. Fazer uma perspectiva dimétrica do bloco-guia, problema 6.

69. Fazer uma perspectiva *cabinet* da gaxeta de vedação, problema 27.

70. Fazer uma perspectiva *cabinet* da flange de topo, como é mostrada no problema 59.

Grupo 6. Perspectiva exata

Os problemas a seguir se referem a uma variedade de diferentes objetos a serem desenhados em perspectiva exata. Pode-se também fazer uma seleção dos desenhos ortográficos de outros capítulos.

71. Bloco com dupla cunha.

72. Suporte com entalhe.

73. Manivela.

74. Orelha angular.

75. Casa.

76. Igreja.

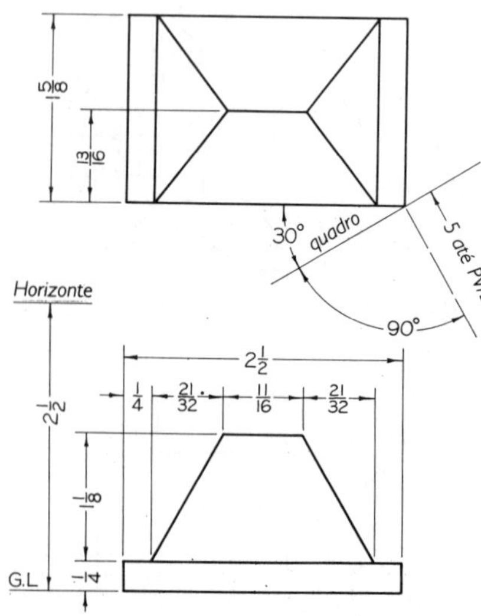

Prob. 71. Bloco com dupla cunha.

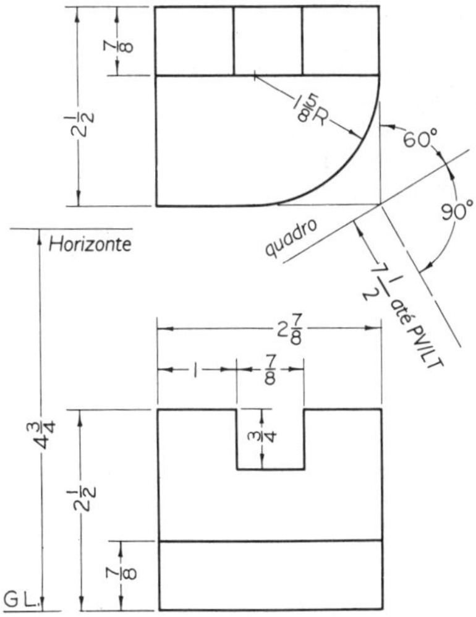

Prob. 72. Suporte com entalhe.

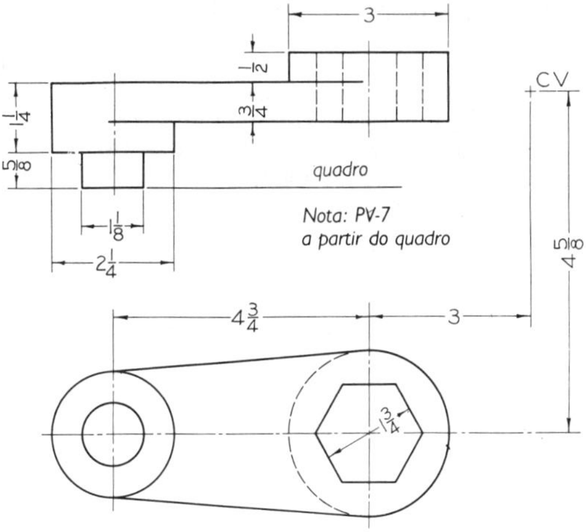

Prob. 73. Manivela.

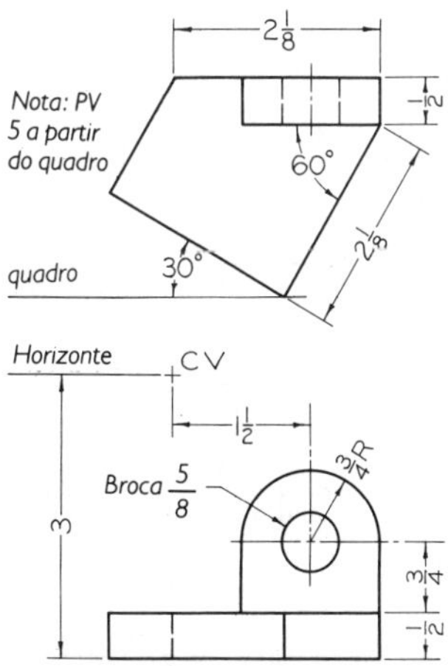

Prob. 74. Orelha angular.

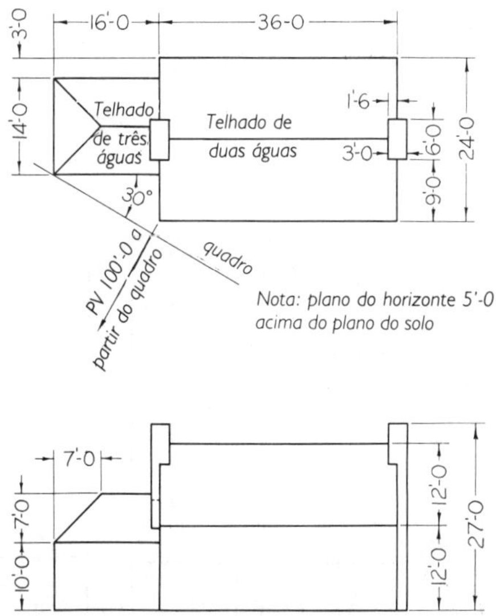

Prob. 75. Casa.

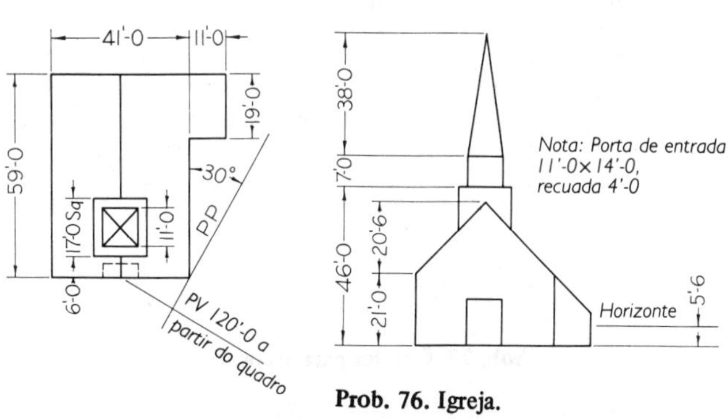

Prob. 76. Igreja.

Grupo 7. Esboço em perspectiva

Os problemas a seguir foram planejados para desenvolver habilidade, não só na realização de esboços, como também na leitura de desenhos ortográficos. Fazer os esboços em papel de 210 mm por 297 mm, escolhendo a forma mais apropriada de representação – axonométrica, oblíqua ou em perspectiva exata – com cortes parciais, totais ou meios-cortes, quando necessários. As pequenas concordâncias curvas e planas podem ser ignoradas nesses problemas e apresentadas como cantos vivos.

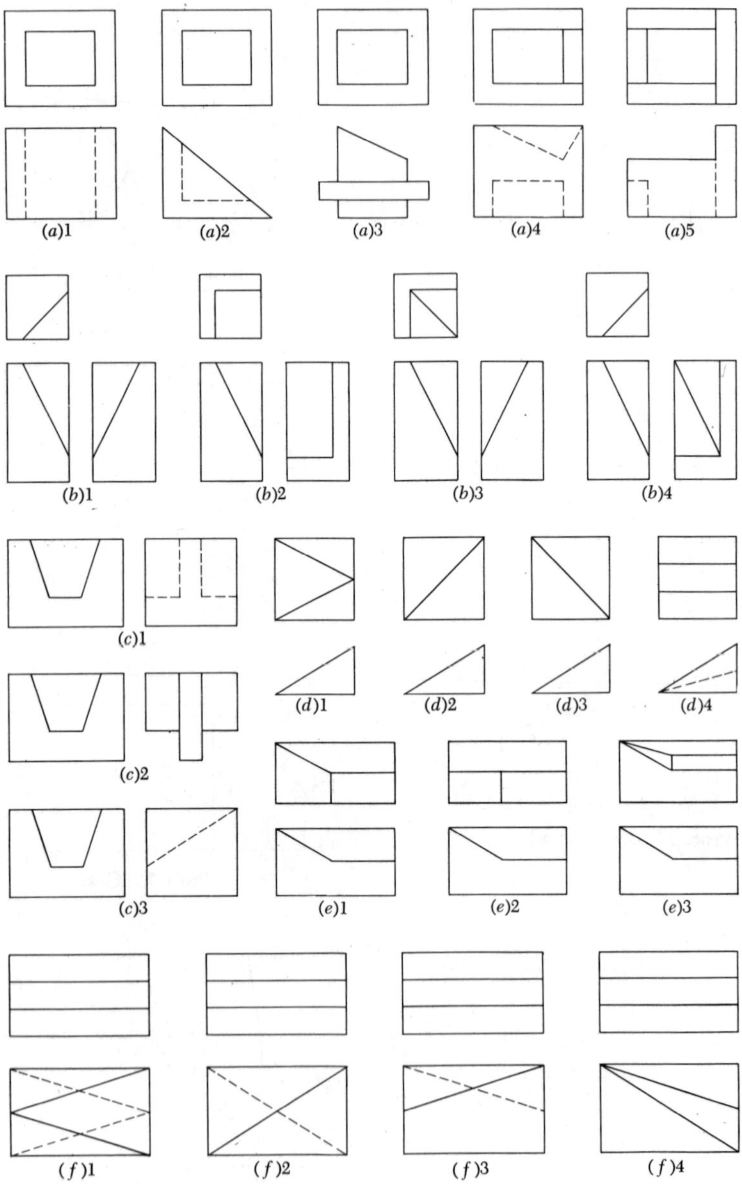

Prob. 77. Objetos para esboçar.

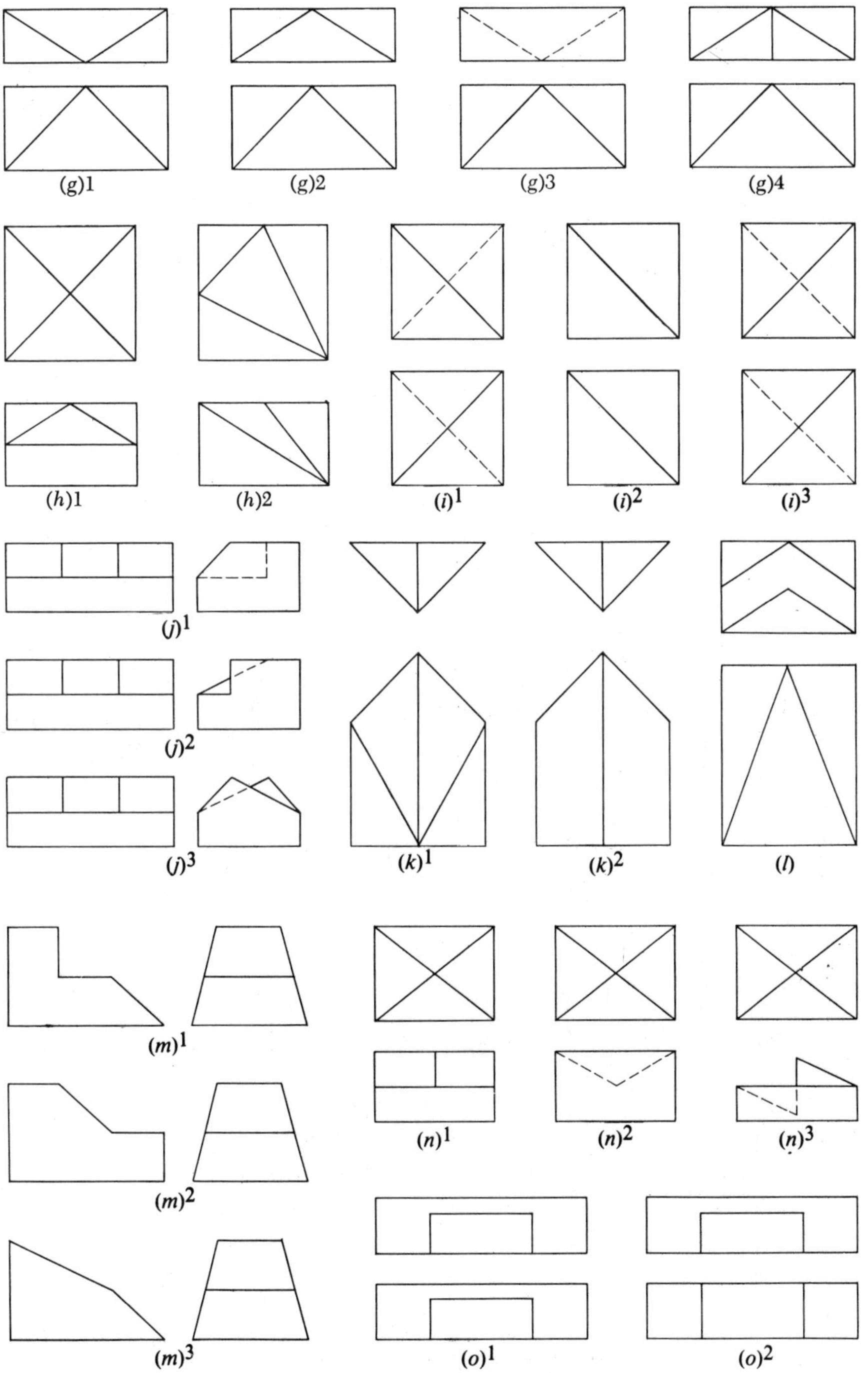

Prob. 78. Objetos para esboçar.

Prob. 79. Objetos para esboçar.

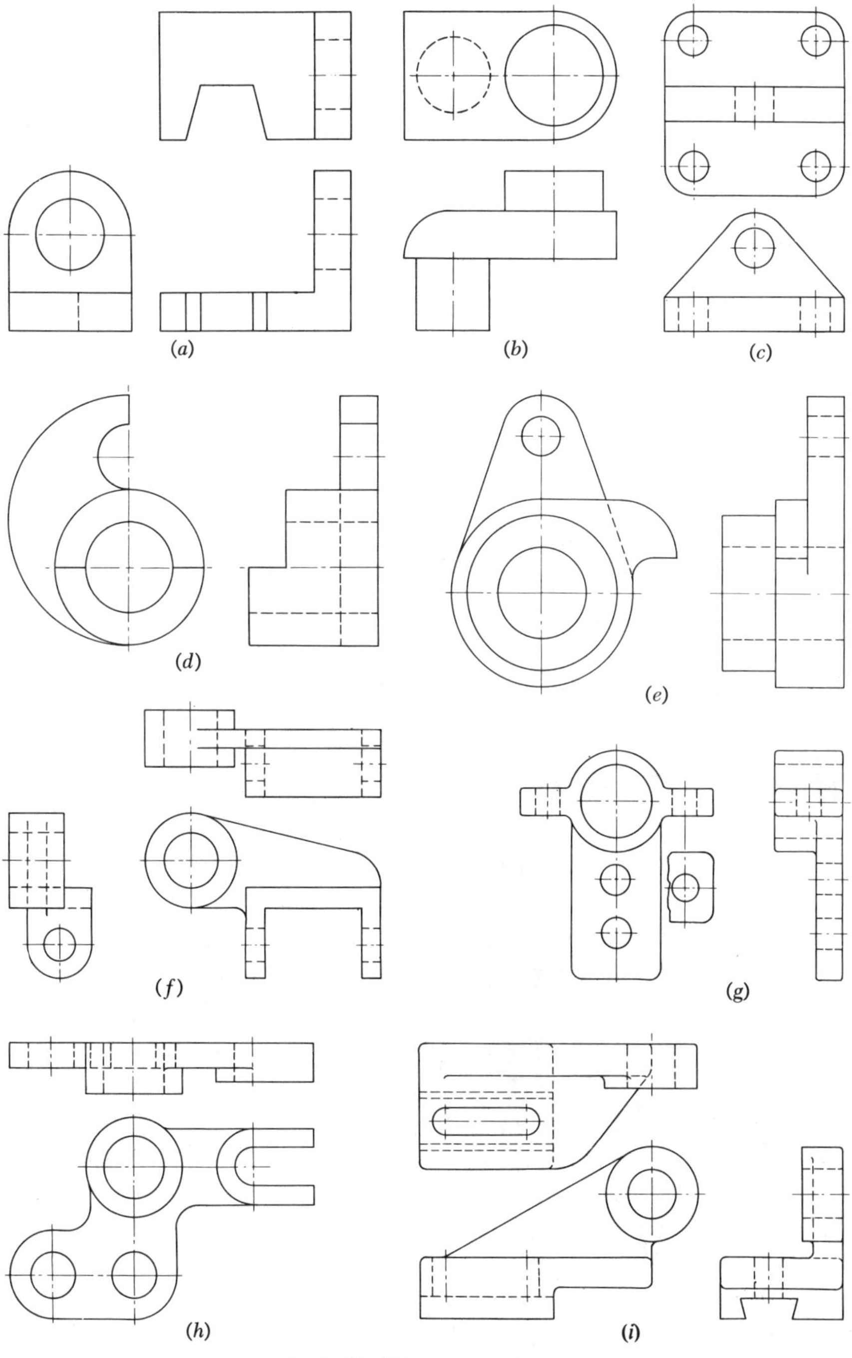

Prob. 80. Objetos para esboçar.

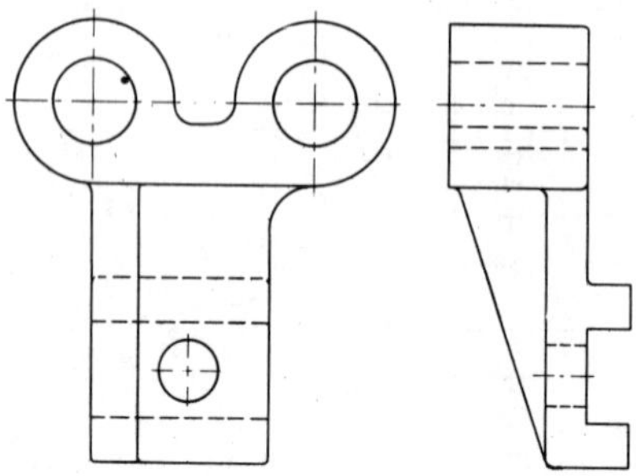

(*j*)

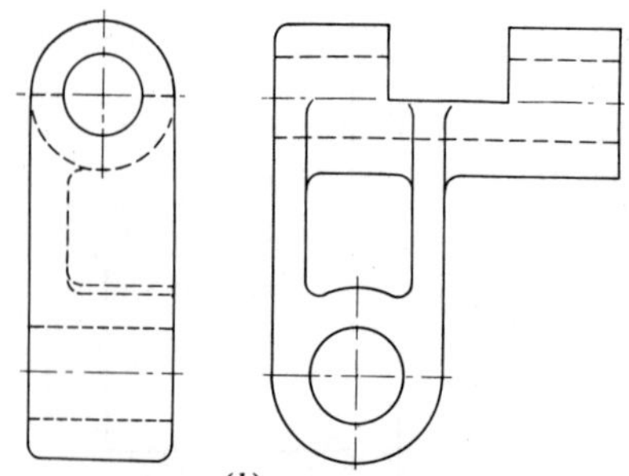

(*k*)

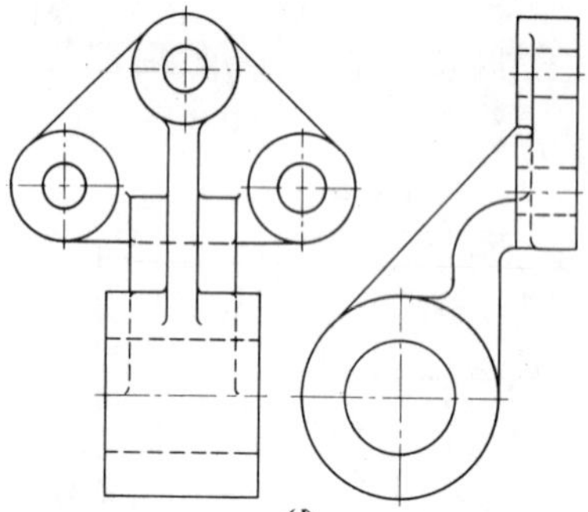

(*l*)

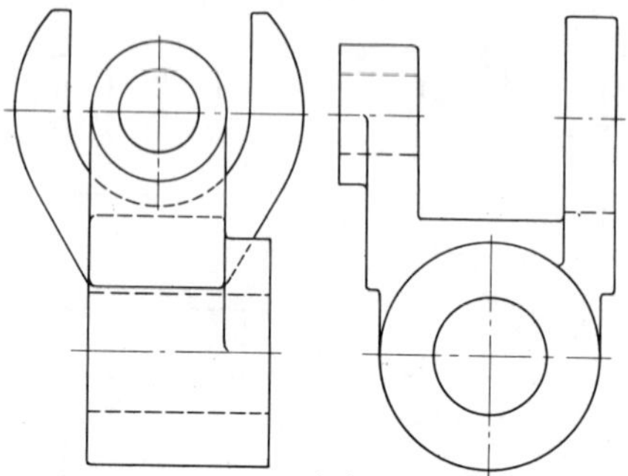

(*m*)

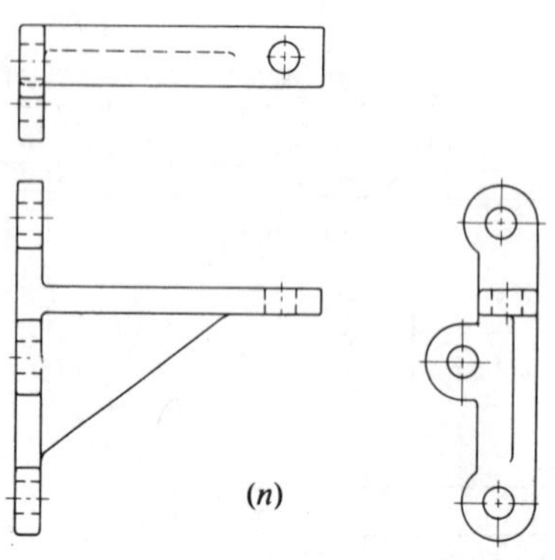

(*n*)

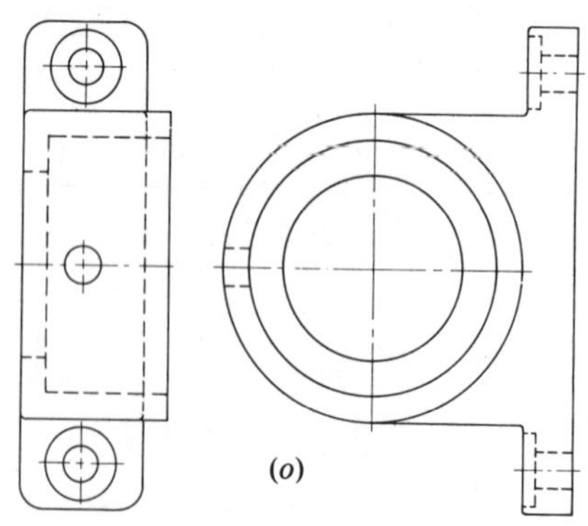

(*o*)

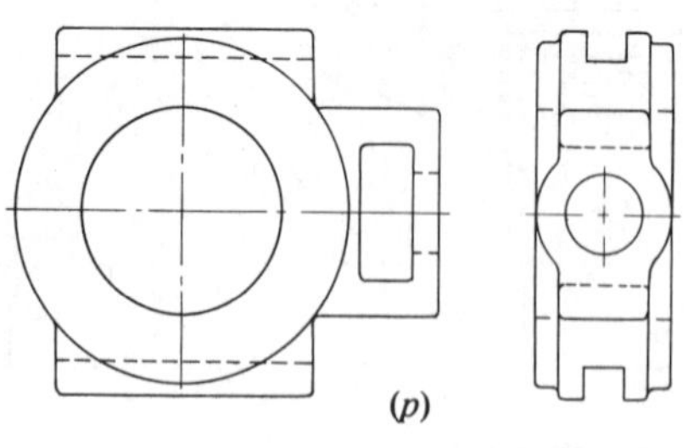

(*p*)

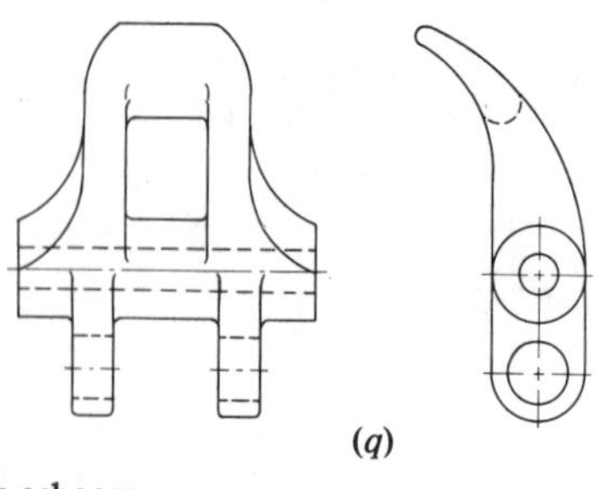

(*q*)

Prob. 81. Objetos para esboçar.

Grupo 8. Esboço oblíquo

Selecionar um objeto do Grupo 3 que não tenha sido anteriormente desenhado com instrumentos e fazer um esboço oblíquo.

Grupo 9. Esboço em perspectiva exata

Selecionar um objeto que não tenha sido anteriormente desenhado com instrumentos e fazer um esboço em perspectiva exata.

Grupo 10. Projeção oblíqua e axonométrica a partir de vistas ortográficas

Qualquer um dos problemas apresentados neste capítulo pode ser utilizado para a realização de projeções axonométricas ou oblíquas a partir de vistas ortográficas, desenhando, em primeiro lugar, as vistas ortográficas em escala adequada e depois empregando essas vistas, como está descrito nas Seçs. 26 a 28, para obter a projeção perspectiva.

Grupo 11. Desenhos em perspectiva de peças mecânicas

As peças mecânicas, forjadas ou fundidas, com ou sem acabamento, oferecem prática valiosa na realização de desenhos em perspectiva. Devem-se escolher peças que favoreçam a prática da perspectiva isométrica e oblíqua. Utilizar a forma mais adequada de representação e empregar os tratamentos de corte e meio-corte, quando forem necessários, para fornecer uma descrição mais clara.

Grupo 12. Desenhos em perspectiva para execução

Qualquer um dos problemas deste capítulo favorece a prática de desenhos pictóricos completos para execução. Obedecer aos princípios de cotagem do Cap. 11. A forma e localização dos valores das cotas são encontradas na Seç. 37, Cap. 9.

82. Desenho em perspectiva para execução de um suporte com ressalto em rabo-de-andorinha, problema 7.
83. Desenho em perspectiva para execução de uma Espera de dobradiça, problema 9.

84. Desenho em perspectiva para execução de uma chapa de ancoragem, problema 22.

85. Desenho em perspectiva para execução de um suporte de cruzeta, problema 33.

86. Desenho em perspectiva para execução de suporte retentor, problema 46.

87. Desenho em perspectiva para execução de suporte de haste ajustável, problema 50.

88. Desenho em perspectiva para execução de uma portinhola, problema 56.

89. Desenho em perspectiva para execução de flange de topo, problema 59.

90. Fazer um desenho em perspectiva para execução do bloco de extensão. Usar qualquer técnica adequada, como a explosão* da peça (com nota explicativa), cortes parciais, outras vistas ou linhas-fantasmas para uma completa descrição da peça.

91. Fazer um desenho em perspectiva para execução do grampo de luva dupla. Mostrar as duas metades como uma montagem por explosão.*

---

* *Exploding*, no original. Trata-se do desenho de um conjunto mecânico, no qual as peças estão afastadas umas das outras, como que em início de explosão, para melhor ser possível apreciar detalhes. (N. da ed. bras.)

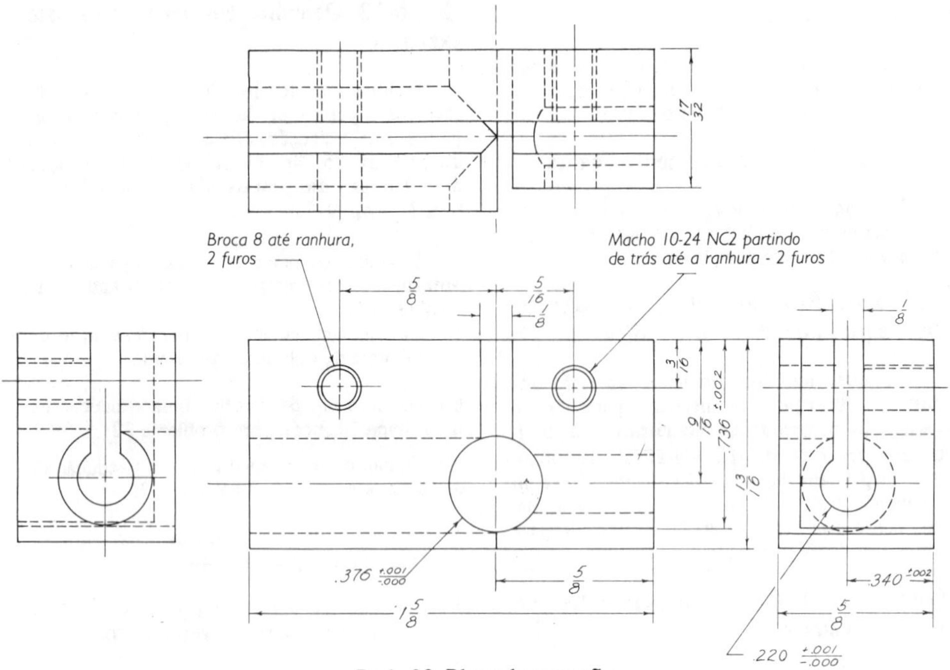

Prob. 90. Bloco de extensão.

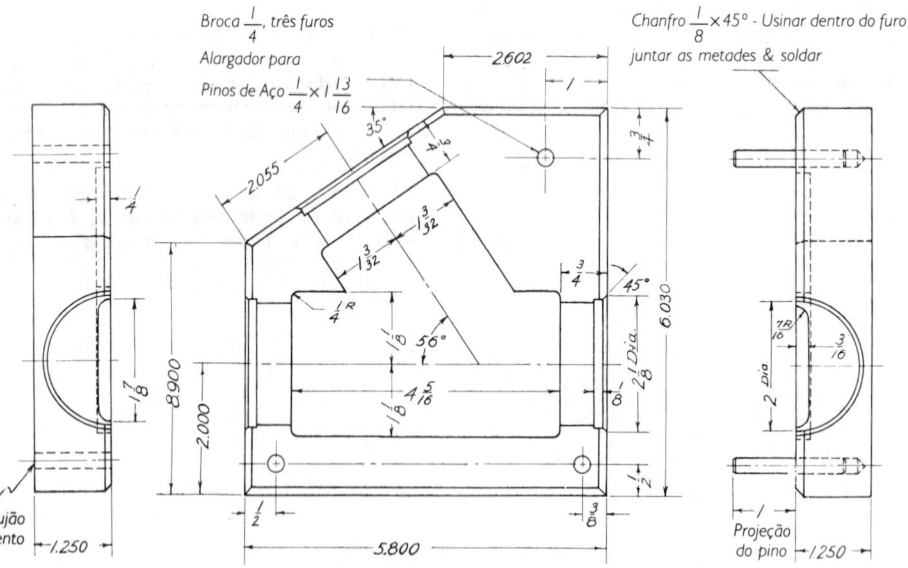

Prob. 91. Luva dupla.

9

MÉTODOS UTILIZADOS NA INDÚSTRIA

A especificação concisa e completa do tamanho requer conhecimento dos procedimentos industriais.

O efeito do método industrial básico no desenho • Desenhos de peças fundidas em areia, oficina de moldes, fundição • Peças forjadas, desenhos de peças forjadas • Princípios fundamentais de usinagem • O torno mecânico, a máquina de furar, a plaina limadora, a máquina de aplainar • Peças usinadas a partir de matéria-prima padronizada • O torno-revólver, a fresadora e a retificadora • Polimento, brunidura e superacabamento • Retificação com mandris, ferramentas pequenas, peças soldadas, peças feitas a partir de matéria-prima em chapa, plásticos • Tratamento pelo calor, ferramentas para produção em massa, gabaritos e guias, inspeção, montagem.

1. Desenhos: sua relação com a indústria

Um teste para verificar a legibilidade, perfeição e exatidão de um desenho é a fabricação do objeto ou sua montagem pela oficina, sem outras informações além daquelas oferecidas pelo desenho. O conhecimento das diferentes operações mecânicas em uso nas oficinas aumentará em grande parte a eficiência e a perfeição do desenho. Deve-se estudar o glossário de termos de oficina para familiarizar-se com eles e também com as especificações através de anotações. Este capítulo pretende ser uma introdução aos capítulos que tratam de cotagem (Cap. 10) e desenhos para execução (último capítulo).

A relação dos desenhos e das cópias feitas a partir deles com as operações necessárias à produção está ilustrada no gráfico anexo (Fig. 9.1). Este gráfico mostra esquematicamente as diferentes etapas no desenvolvimento de desenhos e sua distribuição e emprego, junto com as operações de oficina a partir do momento em que a ordem é recebida na fábrica até o momento em que a máquina pronta é levada ao setor de expedição.

2. Efeito do método básico de industrialização no desenho

No desenho de qualquer peça mecânica, deve-se considerar em primeiro lugar o processo industrial a ser utilizado, já que disto depende a representação das características detalhadas da peça e, até certo ponto, a escolha das dimensões. Podem-se usar ocasionalmente métodos especiais ou incomuns, mas a maior parte

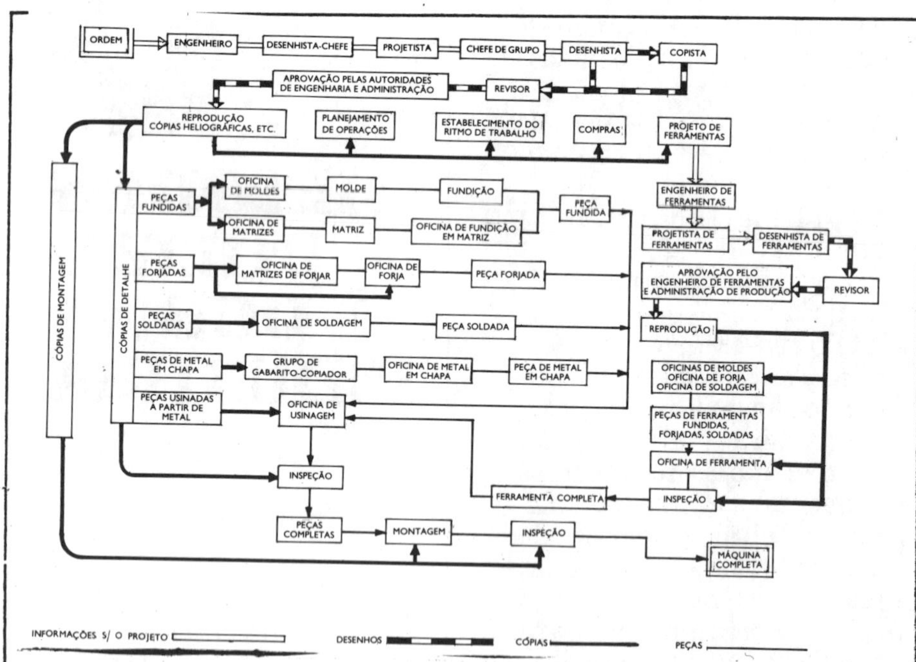

Fig. 9.1 – Desenvolvimento e distribuição de desenhos. O quadro mostra o caminho percorrido por desenhos, cópias e peças através de todas as unidades de projeto e fabricação.

das peças mecânicas são produzidas por (1) fundição, (2) forja, (3) usinagem a partir de matéria-prima padronizada, (4) soldagem, (5) moldagem a partir de matéria-prima em chapa.

Cada um dos diferentes métodos produz uma forma e aparência detalhada particular das peças, e essas características devem ser mostradas no desenho. A Fig. 9.2 ilustra e enumera características típicas de cada método e indica as diferenças na prática do desenho.

3. Os desenhos

Para a produção de qualquer peça é necessário um desenho detalhado para execução, completo, com a descrição da forma e tamanho, e que forneça, quando necessário, as operações a serem realizadas pela oficina. Devem-se indicar claramente as superfícies usinadas, escolhendo e colocando as cotas para que possam ser úteis às várias oficinas, sem que haja necessidade de acrescentar ou subtrair cotas, ou de representar o desenho em escala.

Geralmente utilizam-se dois métodos: (1) o sistema do "desenho único", no qual é feito somente um desenho, mostrando a peça acabada, desenho este que será usado por todas as oficinas envolvidas na produção da peça; e (2) o sistema do "desenho múltiplo", no qual se preparam diferentes desenhos, um para cada

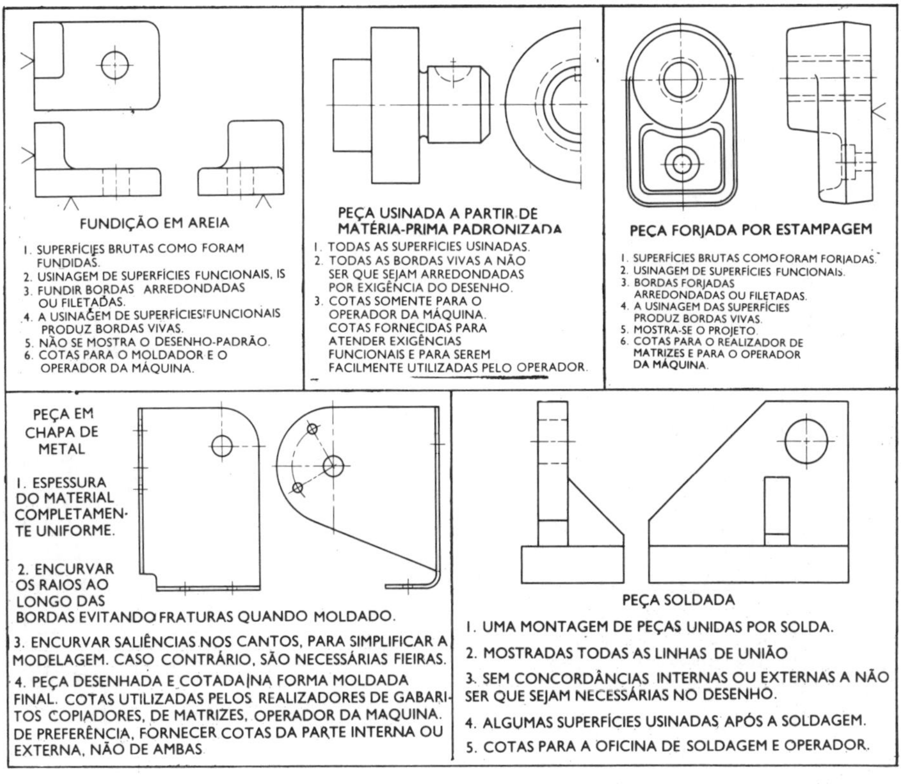

Fig. 9.2 – As necessidades de desenho nos diferentes métodos de industrialização.

oficina, fornecendo somente informações exigidas por aquela à qual o desenho se destina.

Recomenda-se o uso do segundo método, uma vez que os desenhos são mais fáceis de cotar sem ambigüidade, um pouco mais simples e diretos e, por isso, mais fáceis de serem usados pela oficina. A Fig. 9.3 é um desenho único a ser utilizado tanto pela oficina de moldagem como pela de usinagem. As Figs. 12.107 e 12.108, são desenhos múltiplos, sendo a Fig. 12.107 para o moldador e a Fig. 12.108 para a oficina de usinagem.

4. Peças fundidas em moldes de areia

A Fig. 9.3 mostra (no título do desenho) que o material a ser usado é o ferro fundido (*FoFo*), indicando que a peça será moldada derramando-se ferro derretido em um molde (neste caso, um "molde de areia"), resultando uma peça obtida para fundição.

Depois da fundição, as operações subseqüentes produzem a peça acabada. A Fig. 9.4 ilustra a interpretação feita na oficina do desenho da peça fundida apresentada na Fig. 9.3 e indica a ordem das operações a serem realizadas.

5. A oficina de modelos

Em primeiro lugar, o desenho é utilizado pelo modelador, que executa o molde ou "modelo" da peça em madeira. A partir desse modelo, se for necessária uma grande quantidade de peças fundidas, faz-

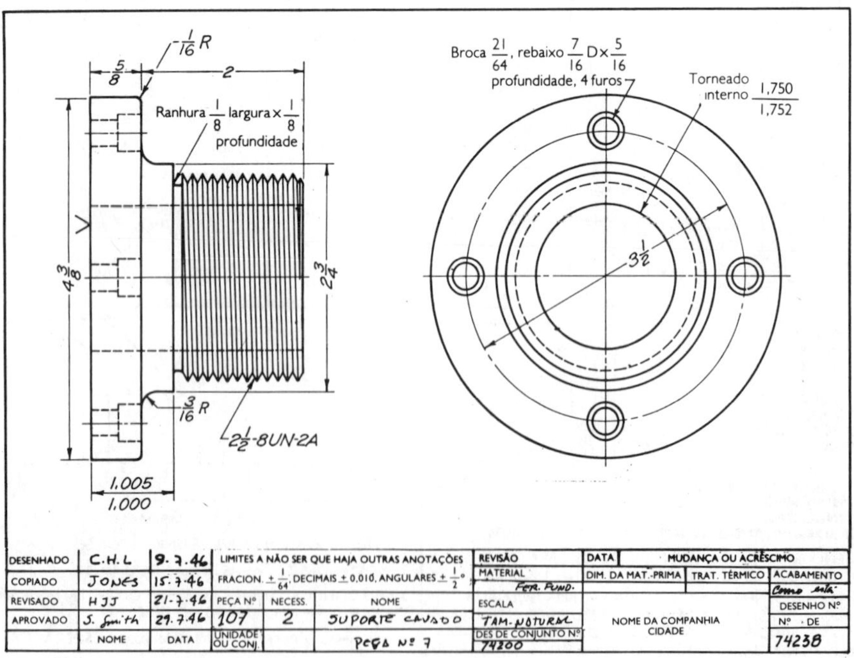

Fig. 9.3 – Um desenho para execução de uma peça fundida. Fornecem-se informações completas para todas as oficinas e todas as operações.

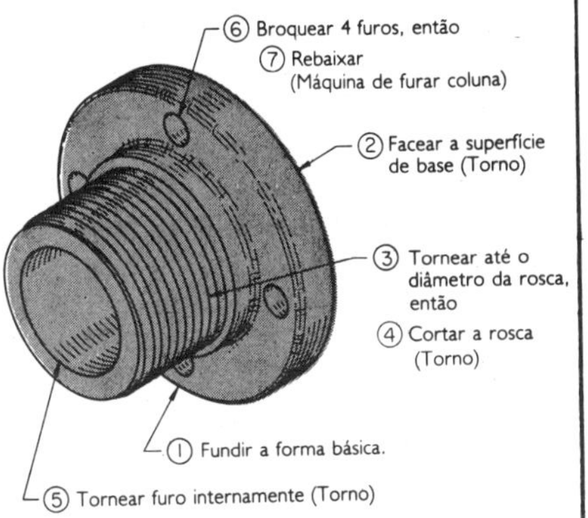

Fig. 9.4 – Interpretação do desenho da peça fundida da Fig. 9.3. Estas são as operações que devem ser realizadas para a produção da peça.

se um molde em metal, freqüentemente de alumínio. O modelador compensa a contração da peça fundida fazendo o molde em tamanho maior, utilizando para isso a "regra do encolhimento" em suas medidas. Ele também prevê metal adicional (tolerância para usinagem) para as superfícies usinadas, indicadas no desenho por (1) marcas de acabamento, (2) dimensões indicando um grau de precisão obtido somente por usinagem ou (3) anotações fornecendo operações de usinagem. O moldador também prevê no "projeto" uma leve conicidade, que não é mostrada no desenho, para que o molde possa ser facilmente retirado da areia. Na oficina de moldagem também é feita uma "caixa de machos" para a execução de machos em areia para as partes ocas da peça fundida. O conhecimento dos processos de confecção de moldes é muito útil para cotar um desenho, já que quase todas as cotas são utilizadas pelo modelador, enquanto que somente um número reduzido delas é empregado nas operações mecânicas da oficina.

6. Desenhos de peças fundidas

Geralmente faz-se um desenho único da peça fundida e usinada, com cotas tanto para o modelador como para o maquinista (Fig. 9.3). Se forem observadas as regras do desenho múltiplo, realiza-se um desenho da peça fundida não-usinada para o modelador, com previsão de tolerâncias e sem marcas de acabamento ou cotas; então, em um segundo desenho para o maquinista, mostra-se a forma acabada e fornecem-se as cotas de usinagem.

Para peças fundidas complexas ou difíceis, pode-se fazer um "desenho especial do molde" (Fig. 9.5), mostrando todos os detalhes deste, inclusive os esboços, a emenda, "moldes dos machos" e o material de que o molde é feito. Podem-se também realizar para as caixas de machos alguns desenhos de detalhamento semelhantes.

7. As peças fundidas

Os modelos e a caixa ou caixas de machos são enviados à oficina de fundição a fim de serem feitos os moldes de areia para que o metal derretido possa ser neles derramado e posto a esfriar, formando a peça fundida bruta completa. A Fig. 9.6 é o corte transversal de um molde de duas partes, mostrando o macho e o espaço vazio deixado pelo modelo. Só ocasionalmente o fundidor necessita consultar o desenho, já que seu trabalho é simplesmente reproduzir o molde em metal.

As *formas permanentes*, feitas de ferro fundido revestido nas superfícies de moldagem por um material refratário, são vantajosas porque podem ser usadas muitas vezes, economizando, desta maneira, o tempo despendido para a confecção de formas de areia para cada peça fundida. Este método geralmente é limitado a pequenas peças fundidas.

Peças fundidas em matrizes são feitas derramando o metal sob pressão em uma matriz de aço montada por uma máquina

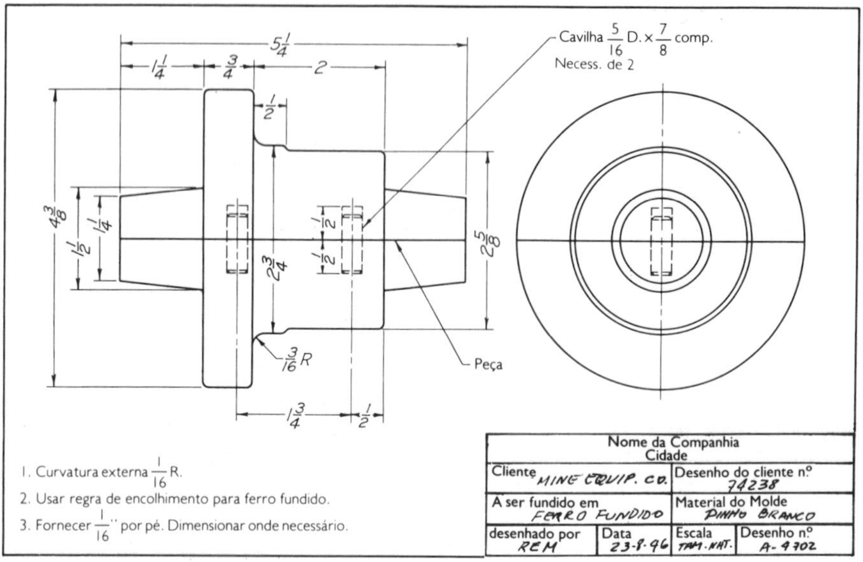

Fig. 9.5 – **Desenho de um molde. Este é o desenho do molde para a peça fundida da Fig. 9.3.**

especial de fundição em matriz. Utilizam-se ligas com baixo ponto de fusão para evitar danos à matriz. Devido ao fato de ser possível grande exatidão na realização de uma matriz, podem-se obter um fino acabamento e as dimensões exatas da peça; e assim, ser desnecessária a usinagem.

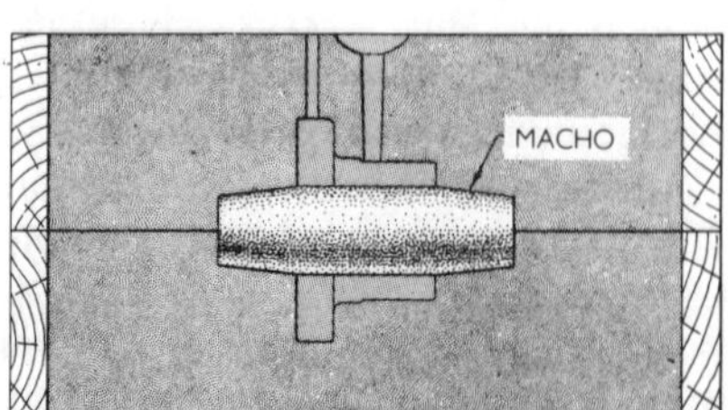

Fig. 9.6 – **Corte transversal de um molde de duas partes. Mostra-se a cavidade produzida pelo molde da Fig. 9.5.**

8. Peças forjadas

Fazem-se peças forjadas pelo aquecimento do metal, tornando-o plástico, e levando-o então à moldagem em um martelo mecânico com ou sem a ajuda de matrizes especiais em aço. Peças grandes são freqüentemente marteladas com matrizes que possuem uma única forma para todos os fins. Peças menores produzidas em grande quantidade podem justificar a despesa da realização de matrizes especiais. Algumas peças forjadas pequenas são feitas com o metal frio.

As *peças forjadas por estampagem* são as mais comuns e são feitas em matrizes do tipo apresentado na Fig. 9.7. A matriz inferior apóia-se na base do martelo mecânico e a matriz superior é levantada

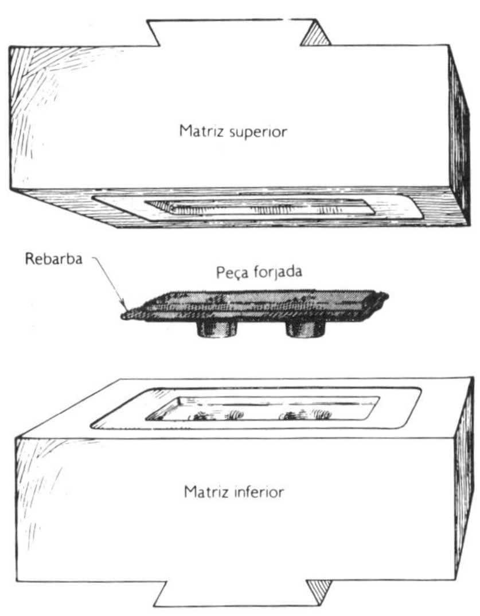

Fig. 9.7 – Matrizes de forja por estampagem da peça forjada. Estas são as matrizes para a peça mostrada na Fig. 9.8.

pelo seu mecanismo. O metal quente é colocado entre as matrizes e faz-se a matriz superior cair várias vezes, fazendo com que o metal escorra para dentro da cavidade das matrizes. O excesso de material formará uma película delgada ou "rebarba" em volta da peça forjada no plano da emenda das matrizes (Fig. 9.7). Essa rebarba é então removida em uma matriz de "aparar" feita para este propósito. Deve-se deixar folga considerável para que a peça forjada possa ser liberada das matrizes.

9. Desenhos de peças forjadas

Os desenhos de peças forjadas são preparados de acordo com o sistema de desenho múltiplo, sendo um desenho para o confeccionador de matrizes e um para o maquinista (Fig. 10.110); ou de acordo com o sistema de desenho único, havendo um desenho para ambos (Fig. 9.8). Em qualquer um dos casos, deve-se indicar a emenda e a folga e especificar a dimensão da folga. No desenho único (Fig. 9.8), apresenta-se a forma da peça forjada acabada completamente delineada e indica-se com linhas de "posição alternada" a tolerância de usinagem, completando, desta maneira, a forma da peça forjada bruta. Esse desenho único combina dois desenhos em um, com cotas completas tanto para o confeccionador de matrizes como para o mecânico.

A Fig. 9.9 ilustra a interpretação, feita pela oficina, do desenho da peça forjada da Fig. 9.8 e indica a ordem das operações a serem realizadas.

10. A oficina mecânica

As peças brutas, fundidas ou forjadas vão para a oficina mecânica, a fim de passarem pelas operações de acabamento. As superfícies cilíndricas ou cônicas são usinadas em um torno mecânico. Superfícies planas ou aplainadas são usinadas em uma plaina mecânica, plaina limadora, fresadora, retificadora e, em alguns casos (faceamento), em um torno mecânico. Os furos são broqueados, alargados, rebaixados ou escareados numa máquina de furar ou torno mecânico; os furos são torneados internamente em uma fresadora ou em torno. Para um trabalho exato, utilizam-se retificadoras com rebolo de material abrasivo. A retificadora está sendo cada vez mais usada em operações que anteriormente eram realizadas com ferramentas de corte. Na produção em série utilizam-se várias máquinas operatrizes e máquinas automáticas especiais. As ferramentas especiais, tais como gabaritos e guias feitos para as peças mecânicas são conservadas na sala de ferramentas, prontas para serem utilizadas pela oficina mecânica.

11. Princípios fundamentais de usinagem

Todas as operações mecânicas têm por base a remoção do metal, para tornar uma

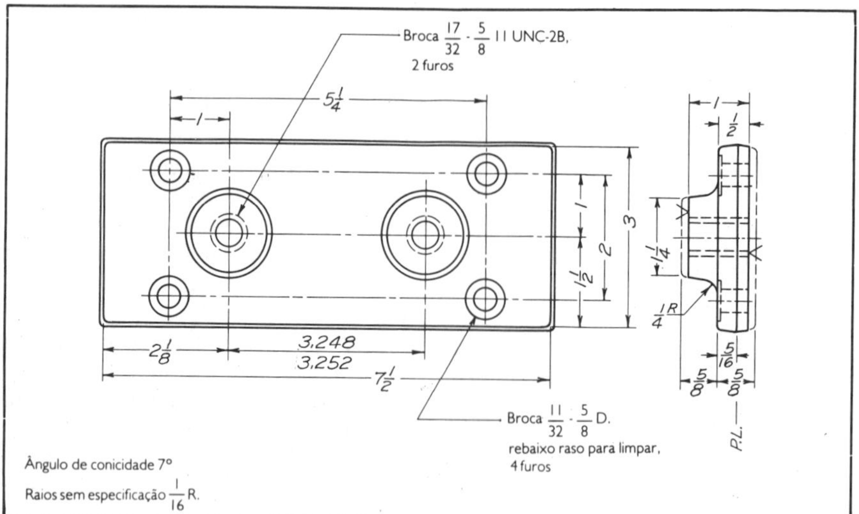

DESENHADO	H. Robins	7-1-46	LIMITES, A NÃO SER QUE HAJA OUTRAS ANOTAÇÕES FRACION $\pm\frac{1}{64}$, DECIMAIS $\pm$ 0,010, ANGULARES $\pm\frac{1}{2}$°			REVISÃO	DATA	MUDANÇA OU ACRÉSCIMO	
COPIADO	Roberts	15-1-46				MATERIAL	DIM. DA MAT.-PRIMA	TRAT. TERM.	ACABAMENTO
REVISADO	C.K.S.	16-1-46	PEÇA Nº	NECESS.	NOME	1040	PEÇA FORJADA	Nº 7-B	Como [illegible]
APROVADO	R.M.S.	16-1-46	63	1	BASE DE MOTOR	ESCALA: TAM. NATURAL	NOME DA COMPANHIA		DESENHO Nº: Nº 63 DE 74
	NOME	DATA	UNIDADE OU CONJ.	MODELO 3 MAQ. DE FURAR		DES. DE CONJUNTO Nº: N 11000	CIDADE		N 11 063

Fig. 9.8 – Desenho para execução de uma peça forjada. Observar a indicação da emenda e material adicional para usinagem.

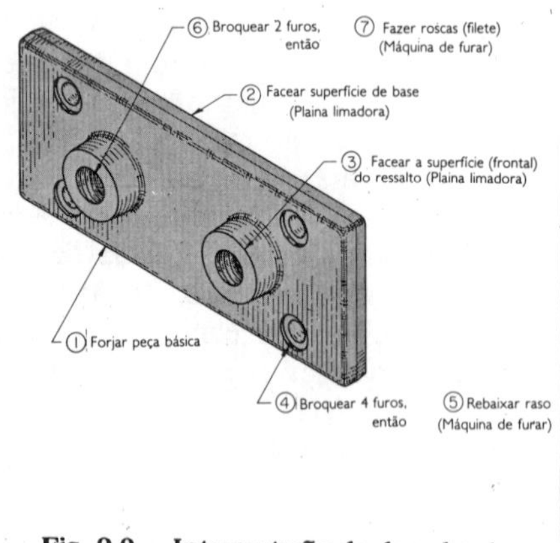

Fig. 9.9 – Interpretação do desenho da peça forjada da figura 9.8. Estas são as diferentes etapas de fabricação.

superfície mais lisa e exata, através de operações de aplainamento, faceamento, fresagem, etc., ou para produzir uma nova superfície que anteriormente não existia, como por perfuração, punção, etc. Em todos os casos o metal é removido pelo corte de uma ferramenta feita em aço temperado, carboneto ou diamante (usinagem) ou por um rebolo de material abrasivo (retificação); nessas operações, tanto a peça a trabalhar, como as ferramentas e os rebolos são mantidos e dirigidos pela máquina. Quando se utilizam ferramentas de corte comum, a peça não deve ser endurecida até que toda a usinagem tenha sido realizada. Se forem usadas ferramentas com ponta de diamante ou rebolos de retificação, o produto deve ser temperado ou submetido a um tratamento térmico conveniente antes do acabamento.

Todas as operações de usinagem são classificadas de acordo com o princípio operacional da máquina que realiza o trabalho:

1. A superfície pode ser *gerada* pelo movimento da peça em relação à ferramenta de corte ou vice-versa, obedecendo às leis geométricas para a geração da superfície.

2. A superfície pode ser *conformada* com um instrumento de corte de forma especial, movendo-se indiferentemente a peça ou ferramenta enquanto a outra permanece estacionária.

O método de conformação é, em geral, menos exato do que o método de geração, uma vez que qualquer irregularidade no instrumento de cortar é reproduzida no trabalho. Em alguns casos, utiliza-se uma combinação dos dois métodos.

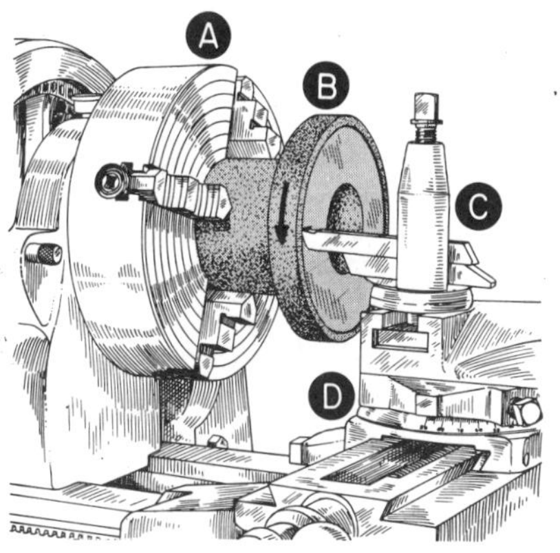

Fig. 9.10 – Faceamento. A placa (*A*) fixa a peça (*B*) e gira-a na direção indicada. A ferramenta do porta-ferramentas (*C*) é levada contra a superfície de trabalho pelo carro do torno e a movimentação da ferramenta ao longo da face é controlada pelo deslizador transversal (*D*).

12. O torno mecânico

O torno mecânico é chamado de "rei das máquinas operatrizes", e se diz que ele é capaz de produzir todas as outras máquinas-ferramentas. Sua função principal é executar superfícies cilíndricas, cônicas e outras superfícies de revolução, mas com dispositivos especiais pode executar uma grande variedade de operações. A Fig. 9.10 mostra a peça fundida feita a partir do desenho da Fig. 9.3 presa à placa do torno. À medida que a peça gira, a ferramenta de corte se desloca perpendicularmente ao eixo de revolução, removendo o metal da base e produzindo uma superfície plana por geração. Essa operação é denominada *faceamento*. Depois de ser faceada, a peça é virada de modo que a parte faceada se ajuste à da placa do torno, para que sua extremidade cilíndrica possa ser *torneada* até o diâmetro indicado no desenho pela anotação relativa às roscas. A ranhura mostrada na interseção da base com o corpo da peça é torneada em primeiro lugar; a ferramenta penetra na peça fundida em uma profundidade um pouco maior do que a da rosca. Então, a superfície cilíndrica é torneada (gerada) pelo deslocamento da ferramenta paralelamente ao eixo de rotação (Fig. 9.11). A Fig. 9.12 mostra a rosca sendo cortada no cilindro terminado. A ferramenta é conformada em relação ao perfil do filete da rosca, cuidadosamente ajustada para a abertura da rosca. É impelida pelo fuso de avanço do torno, movendo-se paralelamente ao eixo de rotação. Esta operação é uma combinação dos processos fundamentais, sendo o perfil do filete moldado ao mesmo tempo em que a hélice é gerada.

O furo através da peça fundida, deixado pelo macho por ocasião da fundição, é então acabado por *torneamento interno*, como é denominada a operação de corte de uma superfície interna (Fig. 9.13). A ferramenta é presa a um supor-

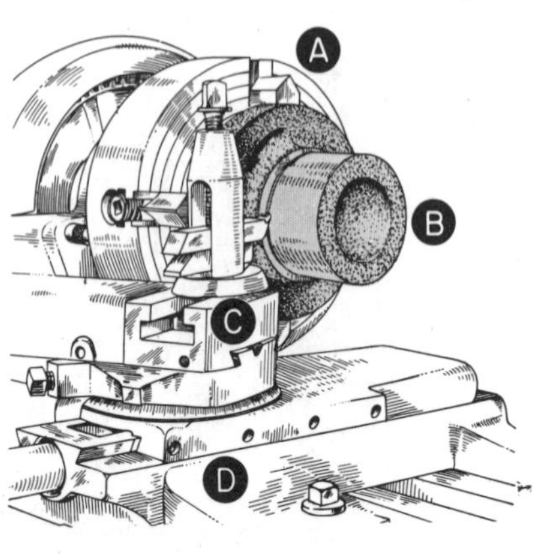

Fig. 9.11 – Torneamento. A placa (*A*) fixa a peça (*B*) e gira-a na direção indicada. A ferramenta do porta-ferramentas (*C*) é levada contra a superfície de trabalho pelo deslizador transversal e o movimento da ferramenta é controlado pelo carro do torno (*D*).

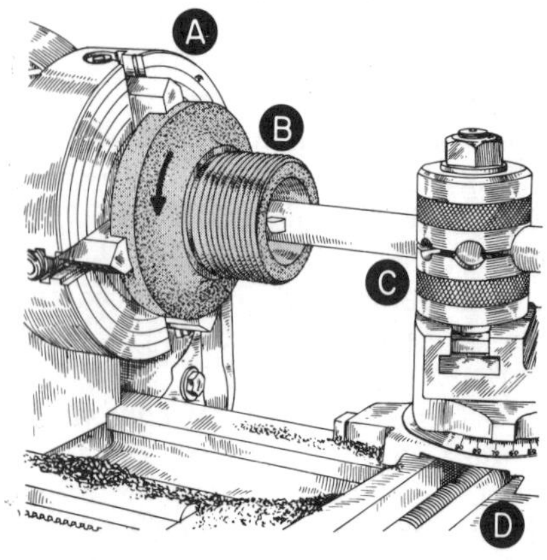

Fig. 9.13 – Torneamento interno. A placa (*A*) mantém a peça (*B*) e gira-a na direção indicada. A barra de broquear com a ferramenta no porta-ferramentas (*C*) é levada contra a superfície de trabalho pelo deslizador transversal e o avanço é controlado pelo carro do torno (*D*).

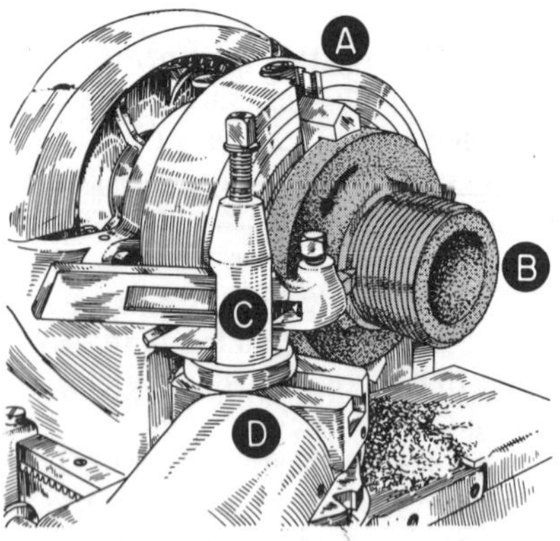

Fig. 9.12 – Rosqueamento. A placa (*A*) fixa a peça (*B*) e gira-a na direção indicada. A ferramenta do porta-ferramentas (*C*), conduzida até o perfil do filete das roscas, é introduzida na superfície de trabalho pelo deslizador transversal em ângulo (*D*) e a velocidade de avanço é controlada pela engrenagem e por um parafuso de avanço que movimenta o carro do torno.

te e se move paralelamente ao eixo de rotação, gerando, desta forma, um cilindro interno.

Observe-se que nestas operações as cotas utilizadas pelo operador foram (1) a altura e a marca de acabamento da base, (2) os dados relativos à rosca e seu diâmetro externo, (3) as dimensões da ranhura, (4) a distância da base até o rebaixo e (5) o diâmetro do furo central torneado.

Peças cilíndricas longas que devem ser torneadas no torno mecânico são mantidas por centros cônicos, um em cada extremidade. A Fig. 9.22 ilustra o princípio.

13. A máquina de furar

A peça parcialmente acabada da Fig. 9.3 é levada à máquina de furar, onde são feitos e rebaixados os furos da base de acordo com as cotas apresentadas no desenho. Essas cotas dão o diâmetro da broca, a profundidade do rebaixo e a localização dos furos. A peça fundida é fixada à mesa da máquina de furar (Fig. 9.14) e a broca rotativa é acionada por uma alavanca que comanda uma cremalheira e uma roda dentada na parte superior da máquina. Realiza-se a perfuração através de dois gumes cortantes colocados na extremidade da broca (Fig. 9.24). O processo de broquear também pode ser realizado num torno mecânico, girando a peça enquanto a broca é fixada e movimentada pelo cabeçote móvel. Na Fig. 9.15, substituiu-se a broca por uma ferramenta de rebaixo (Fig. 9.24), cujo diâmetro é o especificado no desenho e que tem na extremidade um guia para ajustar-se ao furo brocado, e mantê-lo, desta forma, centrado. A ferramenta avança até a profundidade indicada no desenho.

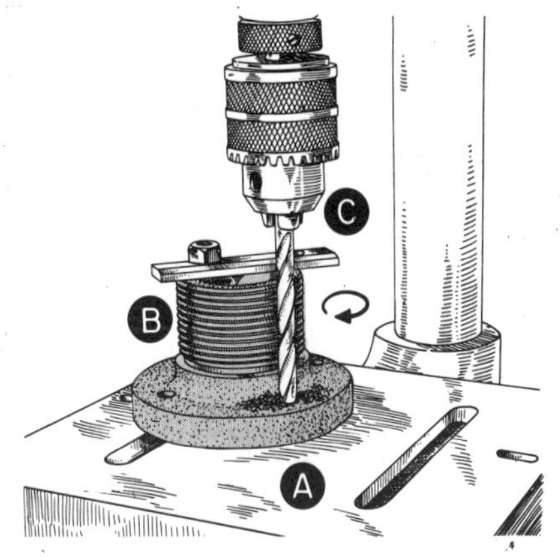

Fig. 9.15 – Rebaixamento. A mesa (*A*) apóia a peça (*B*), algumas vezes fixada como é mostrado. O escareador com guia na extremidade para ajustar o furo previamente broqueado é mantido na placa do torno (*C*) e gira na direção indicada. A roda e a cremalheira do cabeçote da máquina de furar fazem com que a ferramenta penetre no trabalho.

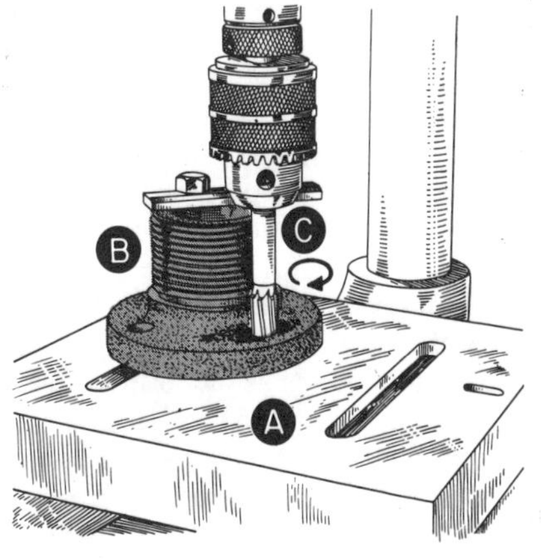

Fig. 9.14 – Perfuração. A mesa (*A*) apóia a peça (*B*), que algumas vezes é fixada como está mostrado. Para fazer o furo, a broca da placa do torno (*C*) gira na direção indicada e é forçada para baixo por uma cremalheira no cabeçote da máquina de furar.

Estude-se o desenho da Fig. 9.3 com as ilustrações das diferentes operações e verifique-se em primeiro lugar quais as cotas que seriam utilizadas pelo modelador e, em segundo lugar, aquelas necessárias ao maquinista.

14. A plaina limadora e a máquina de aplainar

A peça forjada por estampagem da Fig. 9.8 requer usinagem na base e nas superfícies de ressalto.

Superfícies planas deste tipo podem ser trabalhadas em uma plaina limadora ou em uma máquina de aplainar. Neste caso (Fig. 9.16), utiliza-se a plaina limadora devido ao tamanho relativamente pequeno da peça. A ferramenta é mantida presa ao cabeçote que se movimenta para a frente e para trás longitudinalmente através da peça, fazendo um corte em

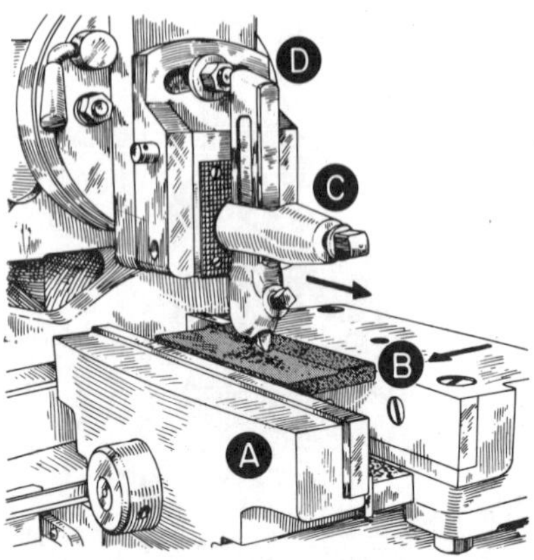

Fig. 9.16 – Operação de aplainar. O torno (*A*) fixa a peça (*B*). A ferramenta no porta-ferramentas (*C*) é forçada transversalmente em relação à superfície de trabalho pelo cabeçote (*D*) em golpes para a frente na direção indicada. A ferramenta eleva-se no golpe de retorno através do cabeçote. Para a realização de cortes sucessivos, a mesa que mantém (*A*) e (*B*) se movimenta na direção indicada.

cada avanço. Entre dois cortes consecutivos, a mesa se movimenta lateralmente de modo que os cortes se conservem paralelos entre si, com pequeno espaçamento, até que a superfície tenha sido completamente trabalhada.

A máquina de aplainar difere da plaina limadora pelo fato de sua base, que suporta a peça, ser dotada de movimento de vaivém, enquanto a ferramenta permanece estacionária. Geralmente é utilizada para o trabalho de peças maiores e mais pesadas do que aquelas feitas em uma plaina limadora.

15. Peças trabalhadas a partir de matéria-prima padronizada

Freqüentemente, a forma de uma peça se presta a que a peça seja trabalhada diretamente a partir de matéria-prima padronizada; assim são barras, varas, tubulações, placas e blocos, ou a partir de extrusões e perfis laminados. Os aços laminados a quente ou a frio são materiais de uso comum.

As peças produzidas a partir de matéria-prima padronizada geralmente possuem acabamento em todas as superfícies, e a anotação geral "Acabamento completo" no desenho elimina o uso de marcas de acabamento. A Fig. 9.17 mostra o desenho de uma peça a ser feita a partir de matéria-prima padronizada em barra. Observem-se no título a especificação do material, tamanho da matéria-prima, etc.

A Fig. 9.18 ilustra a interpretação que a oficina realizou a partir da Fig. 9.17 e indica a ordem das operações de usinagem a serem realizadas.

16. O torno-revólver

A Fig. 9.17 mostra o desenho detalhado de uma *cremalheira cilíndrica*, produzida em série, que pode ser feita em um torno-revólver, com exceção dos dentes da cremalheira e retificação do diâmetro externo. O tubo de aço laminado é fixado na pinça do torno-revólver. A extremidade é faceada em primeiro lugar e depois torneia-se a superfície cilíndrica. A peça estará então pronta para receber o furo que será alargado. O torno-revólver segura as várias ferramentas e as faz girar até a posição necessária. Uma broca para marcar centros inicia um pequeno furo para guiar a broca maior, e depois, sucessivamente, a peça é furada e alargada. A broca produz um furo ligeiramente menor que o definitivo, e então o alargador, cortando com seus lados estriados, aumenta esse furo até a dimensão especificada e lhe dá um acabamento liso e exato. A Fig. 9.19 mostra o torno-revólver com a broca fora do orifício e o alargador em posição de iniciar o trabalho. À direita, vê-se a ferramenta de corte pronta para cortar a peça no comprimento mostrado no desenho.

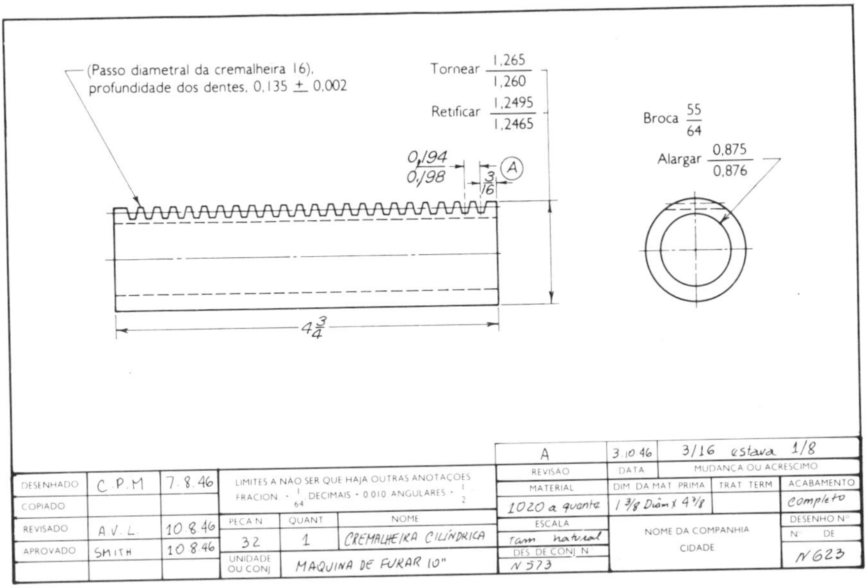

Fig. 9.17 – Desenho para execução de uma peça trabalhada a partir de matéria-prima padronizada. Observar no título do desenho a especificação de material e a dimensão da matéria-prima.

17. A fresadora

A cotagem dos dentes da cremalheira (Fig. 9.17) fornece a profundidade e o espaçamento dos cortes, e as especificações sobre a fresa que deve ser utilizada. Este tipo de trabalho pode ser feito numa fresadora. A peça é fixada em um torno de bancada e se move vagarosamente em relação à fresa giratória, cujo perfil tem a forma do espaço existente entre os dentes da cremalheira a executar (Fig. 9.20). Os cortes são espaçados pelo movimento da mesa da máquina até corresponder à distância apresentada no desenho. Observe-se que esta operação é um processo de formação, uma vez que a forma depende do perfil da fresa. Com a montagem conjunta de várias fresas (fresagem conjugada), pode-se cortar uma série de dentes ao mesmo tempo.

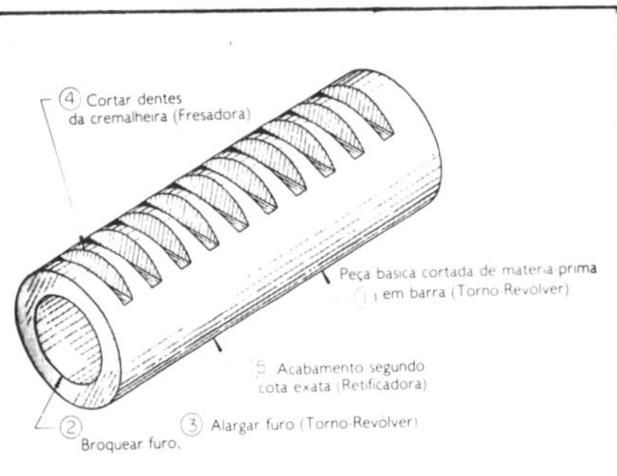

Fig. 9.18 – Interpretação do desenho na Fig. 9.17. Este desenho enumera as operações de usinagem.

Há muitos tipos de fresas, para execução de superfícies planas, curvas ou de formas especiais. Umas possuem o corte na periferia, outras na extremidade.

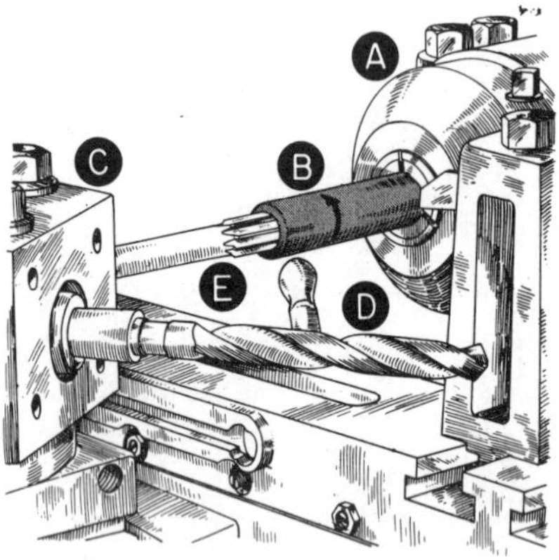

Fig. 9.19 – Operações do Torno-Revólver (perfuração e alargamento). A placa (*A*) fixa, posiciona e gira a peça (*B*) na direção indicada. O torno-revólver (*C*) gira, posicionando sucessivamente a broca (*D*) e o alargador (*E*).

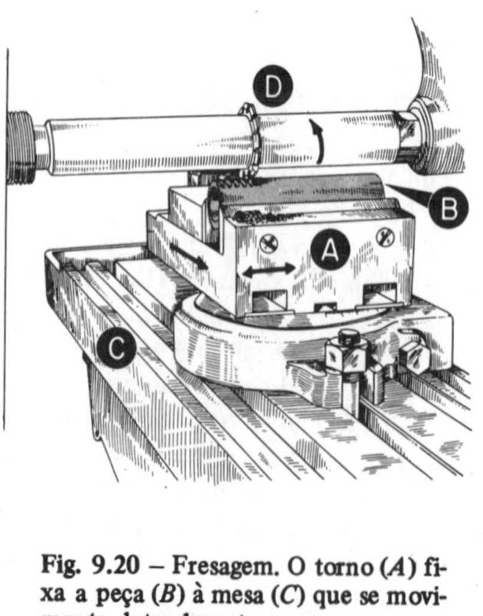

Fig. 9.20 – Fresagem. O torno (*A*) fixa a peça (*B*) à mesa (*C*) que se movimenta lateralmente para marcar os cortes e longitudinalmente para executá-los na direção indicada. A fresa (*D*) gira na direção indicada.

A Fig. 9.21 apresenta três fresas diferentes.

18. A retificadora

O objetivo geral de retificar é fazer uma superfície mais lisa e exata do que aquela que seria obtida por torneamento, aplainamento, fresagem, etc. Em muitos casos, peças que foram endurecidas por meio de tratamento térmico empenam um pouco. Como as operações mecânicas comuns são impraticáveis nos materiais já endurecidos, tais peças sofrem acabamento por retificação após o endurecimento.

A cotagem-limite para o diâmetro externo da cremalheira cilíndrica (Fig. 9.17) indica a operação de retificação numa retificadora cilíndrica (Fig. 9.22). O rebolo de material abrasivo gira em alta velocidade, enquanto a peça, montada num mandril entre centros cônicos, gira lentamente numa direção oposta. A roda geralmente se movimenta lateralmente para cobrir a superfície da peça. Esta é calibrada com todo o cuidado durante a operação para dar ao

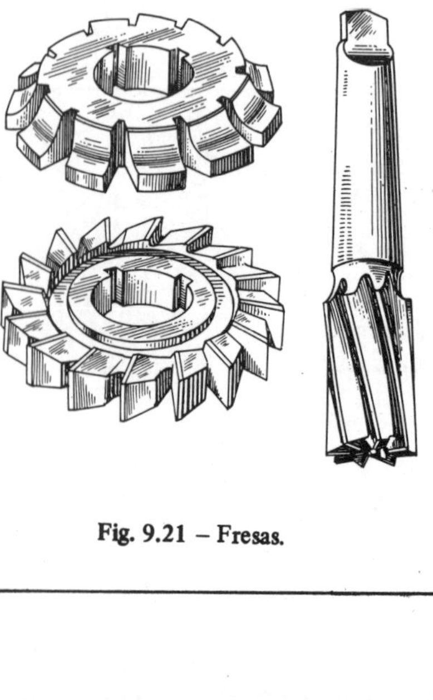

Fig. 9.21 – Fresas.

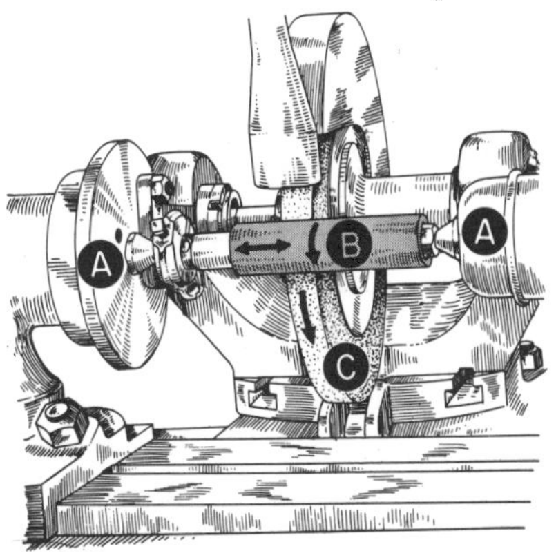

Fig. 9.22 – Retificação. Os centros cônicos (*A*) fixam o mandril que se coloca sobre a peça (*B*) e gira-a na direção indicada. A roda (*C*) se move lateralmente e para atravessar toda a superfície de (*B*).

acabamento final o tamanho exato da cotagem-limite mostrada no desenho e para verificar se a superfície cilíndrica está perfeita, sem qualquer conicidade. A máquina para acabamento de superfícies planas, denominada "retificadora de superfície", mantém a peça numa mesa plana que se movimenta para a frente e para trás sob aquele rebolo. A mesa "gira" lateralmente após cada passagem por baixo da peça.

19. Polimento, brunidura e superacabamento

São métodos de produzir, após a retificação, superfícies lisas, exatas, semelhantes a um espelho. Todos os três métodos utilizam abrasivos finos (1) pulverizados e dispersos em óleo sobre uma peça moldada em metal macio (polimento), ou (2) na forma de pedras compactas de granulação fina (brunidura e superacabamento) para friccionar contra a superfície a ser acabada e reduzir arranhões e ondulações.

20. Máquina de mandrilar

O mandril é uma barra longa, cônica, com uma série de bordas de corte (dentes), cada uma das quais retira sucessivamente uma pequena porção de material até que a última borda forme o contorno desejado. Para a obtenção de uma superfície externa, plana ou irregular, o mandril e a peça são fixadas na máquina, onde o mandril passa pela superfície da peça. Para superfícies internas, o mandril é puxado ou empurrado através de um furo, até que se obtenha o tamanho e a forma acabadas.

Algumas formas usinadas podem ser produzidas mais economicamente por mandrilagem do que por qualquer outro método. A Fig. 9.23 mostra vários tipos de mandris e as formas que eles produzem.

21. As pequenas ferramentas

A oficina utiliza uma variedade de pequenas ferramentas, movidas à máquina ou à mão. A Fig. 9.24 mostra uma *broca helicoidal*, encontrada em vários tamanhos, designada por número, letras, frações e unidades métricas para a produção de furos em quase todos os materiais; um *alargador*, utilizado para aumentar e alisar um furo preexistente e dar maior exatidão do que seria possível somente com a broca; um *rebaixador* e um *escareador*, ambos utilizados para aumentar e modificar a extremidade de um furo (geralmente para cabeças de parafuso). A *ferramenta de rebaixo raso* é semelhante ao rebaixador. A figura mostra também diferentes tipos de *machos: cônicos, de encaixe*, e de abrir rosca até o fundo do furo, para abertura de roscas internas, e uma *tarraxa* para abertura de roscas externas em hastes ou eixos.

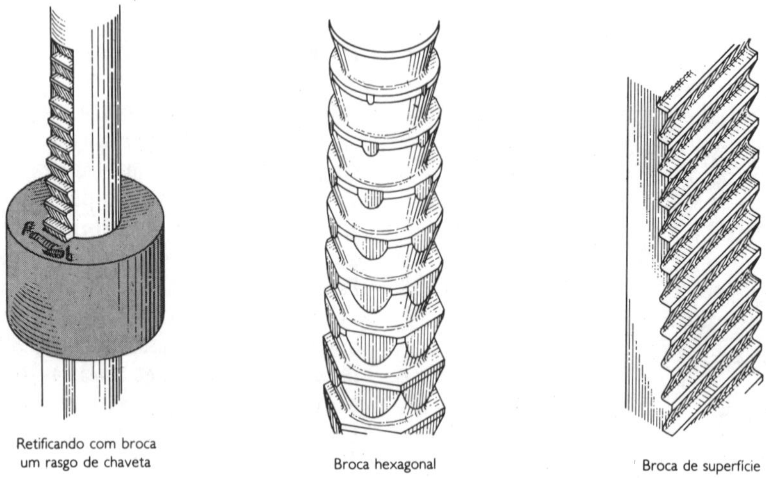

Fig. 9.23 – Brocas. Cada dente faz um pequeno corte à medida que a broca é empurrada ou puxada através da peça.

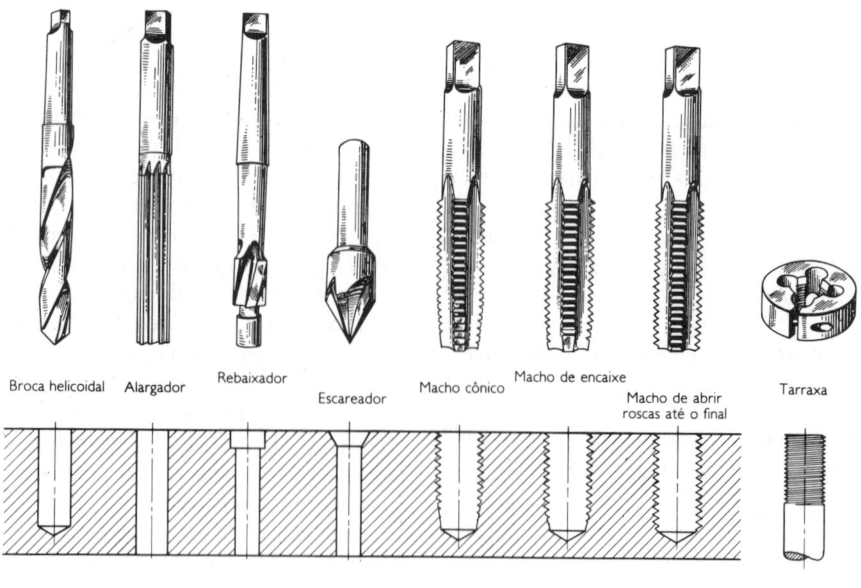

Fig. 9.24 – Ferramentas pequenas.

22. Peças soldadas

Podem-se combinar através de soldagem formas simples cortadas de matéria-prima padronizada, como varas, barras ou placas para moldar uma peça acabada. Freqüentemente, é necessária, após a soldagem, a usinagem da peça.

23. Peças obtidas a partir de chapas padronizadas

Uma chapa relativamente fina ou uma tira de espessura padronizada podem ser primeiro cortadas no tamanho desejado "no plano" e depois encurvadas, moldadas, furadas, etc., para formar a peça final desejada. O desenho deve ser feito de maneira a fornecer informações necessárias à confecção de gabarito-copiador e aquelas relativas à curvatura e moldagem da chapa. Algumas vezes, o desenvolvimento é feito separadamente (Cap. 10). Especifica-se a espessura da chapa-padrão, fornecendo (1) a bitola (ver quadro, Apêndice) e a espessura equivalente em décimos de polegada, ou (2) somente a espessura decimal (o método seguido na especificação de chapas de alumínio). A Fig. 10.111, mostra um desenho para execução de uma peça feita de chapa metálica.

24. Plásticos

Os plásticos podem ser obtidos em varas, barras, tubulações, chapas, etc., padronizadas, a partir das quais podem ser feitas peças por usinagem; ou em forma granular, a ser usada em "moldagem", um processo semelhante à fundição em matrizes, no qual o material é aquecido a um estado plástico e comprimido por uma matriz (moldagem por compressão) ou injetado sob pressão em uma matriz (moldagem por injeção). Algumas vezes, podem-se fundir na peça inserções de metal para roscas, buchas resistentes do desgaste, etc. Devem ser fornecidas informações ao matrizeiro, quando se dimensionar o desenho.

25. Tratamentos térmicos

Essa é uma expressão geral aplicada ao processamento de metais através do calor e agentes químicos para modificar as propriedades físicas do material.

O glossário de termos de oficina dos processos de tratamento térmico traz definições tais como recozimento, carburação, cementação, têmpera, normalização e revenido.

A especificação do tratamento térmico pode ser fornecida no desenho de várias maneiras: (1) por uma anotação geral que enumere as etapas, temperaturas e banhos a serem utilizados, (2) por um número padronizado do tratamento térmico (SAE ou padrão da companhia) no espaço existente no título do desenho, (3) mencionando o índice de dureza Brinell ou Rockwell a ser obtido, ou (4) mencionando a resistência à tração em libras por polegada quadrada, a ser obtida através do tratamento térmico.

As Figs. 9.8, 12.67, 12.106 e 12.110 ilustram esses métodos.

26. Ferramentas para produção em massa

Muitas máquinas operatrizes especiais, tanto semi-automáticas quanto inteiramente automáticas, são utilizadas em fábricas modernas. Essas máquinas são basicamente as mesmas que os tornos, retificadoras, etc. comuns, mas contêm mecanismos para controlar os movimentos de ferramentas de corte e produzir peças idênticas, exigindo pouca atenção de parte do operador, uma vez que a máquina tenha sido equipada com as ferramentas. São exemplos disto as máquinas automáticas de parafusos e os retificadores excêntricos.

27. Gabaritos e guias

Os gabaritos e guias são dispositivos destinados a segurar as peças a trabalhar e guiar as ferramentas nas operações mecânicas executadas de acordo com o processo de produção em massa.

28. Inspeção

A inspeção cuidadosa é uma característica importante da produção moderna. A boa prática exige inspeção após cada operação. Para a produção em série geralmente empregam-se bitolas especiais, mas, na produção em pequena quantidade, utilizam-se os instrumentos comuns de medida, calibradores e escala, micrômetro, medidores com mostrador, etc. Para maior precisão de aferição, freqüentemente empregam-se medidores elétricos, pneumáticos ou ópticos.

29. Montagem

As peças depois de acabadas são levadas ao setor de montagem para serem montadas de acordo com os desenhos de conjunto. Algumas vezes é desejável ou mesmo necessário realizar algumas pequenas operações mecânicas durante a montagem, como no caso de abertura de furos, alargamento ou acabamento à mão. Em tais casos, o desenho de conjunto deve possuir uma anotação, explicando as operações necessárias, e fornecer cotas para a localização das peças. Se algumas peças devem ser combinadas antes da montagem final, um desenho de submontagem ou desenhos de detalhe de cada peça fornecerão as informações necessárias; uma forma típica de anotação para uma operação de usinagem na montagem "é furo de broca $^1/_8$ na montagem com a peça nº 107".

10
COTAS, ANOTAÇÕES, LIMITES E PRECISÃO

Os elementos utilizados para descrever o tamanho que, junto com a descrição da forma, constituem a representação gráfica completa.

Linhas e símbolos • Seleção de distâncias • Colocação de cotas • A cotagem de características padronizadas • Precisão e tolerância • Métodos de produção • Cotagem pelo sistema métrico • Problemas.

1. Descrição do tamanho: primeiras considerações

Após ter-se descrito a forma de um objeto por meio de vistas ortográficas (ou perspectivas), o valor do desenho para a construção desse objeto fica condicionado à especificação das medidas e anotações que descrevem o *tamanho*. Em geral, a descrição conjunta de forma e tamanho oferece informações completas para a produção do objeto representado.

As cotas indicadas no desenho *não são necessariamente* aquelas utilizadas pelo desenhista, mas aquelas selecionadas para o funcionamento adequado da peça após a montagem, necessárias para utilização pelos operários que devem fazer a peça. Antes de cotar o desenho, deve-se estudar a máquina e compreender as suas exigências funcionais; então, o desenhista deve se colocar no lugar do moldador, matrizeiro, maquinista, etc., e construir mentalmente o objeto, descobrindo que cotas oferecem melhor estas informações.

2. Método

Os fatores básicos para o método de cotagem são:

1. *Linhas e símbolos.* O primeiro requisito para a cotagem é o conhecimento completo dos elementos utilizados em cotas e anotações, espessura e espaçamento das linhas do desenho. Estas linhas, símbolos e técnicas são as "ferramentas" para uma representação clara e concisa do tamanho.

2. *Seleçao de distâncias.* A seleção das distâncias a serem fornecidas é a consideração mais importante para a execução final de uma máquina e o funcionamento adequado das diferentes peças. Esta seleção baseia-se em exigências funcionais, o "desdobramento" da peça em seus elementos geométricos e os requisitos da oficina para produção.

3. *Colocação de cotas.* Após a seleção das distâncias a serem fornecidas, o próximo passo é a própria colocação das cotas mostrando essas distâncias no desenho. As cotas devem ser dispostas ordenadamente para que sejam fáceis de ler e em posições em que possam ser prontamente encontradas.

4. *Cotagem de elementos padronizados.* Incluem ângulo, chanfros, anotações padronizadas, especificações de furos, formas esféricas, formas de extremidades arredondadas, cônicas e outras para as quais houve padronização do método de cotagem após longa utilização e estudo.

5. *Exatidão e tolerância.* O funcionamento final de qualquer instrumento depende da inter-relação adequada de suas peças para que funcionem como planejado. Na produção em série, cada peça deve obedecer a padrões de tamanho e posição para assegurar a montagem e o funcionamento adequado. Os limites de tamanho são controlados pela cotagem das diferentes peças.

6. *Métodos de produção.* O método de industrialização (forjamento, fundição, etc.) afeta as informações detalhadas dadas no próprio desenho e em anotações e especificações. Deve-se conhecer as operações das várias oficinas para oferecer informações concisas.

LINHAS E SÍMBOLOS

3. Formas de cotagem

Utilizam-se dois métodos básicos para dimensionar um desenho: uma *cota* (Fig. 10.1) ou uma *anotação* (Fig. 10.2).

Usam-se cotas para fornecer a distância entre dois pontos, linhas ou planos ou entre alguma combinação desses elementos. O valor numérico dá a distância real, a linha de cota indica a direção à qual o valor se aplica e as setas indicam os pontos entre os quais o valor se aplica. As linhas de extensão relacionam a cota à vis-

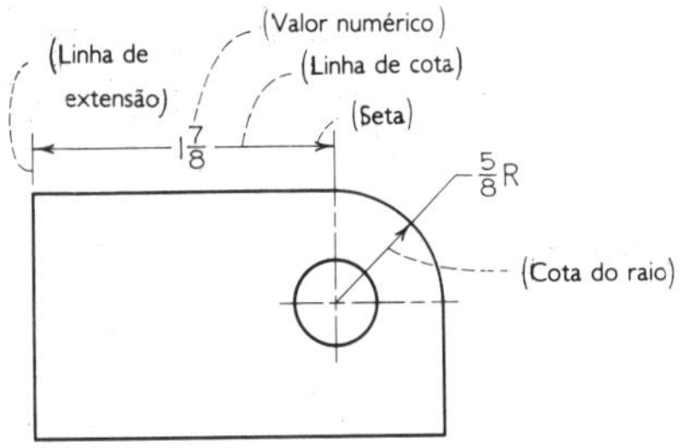

Fig. 10.1. Cotas.

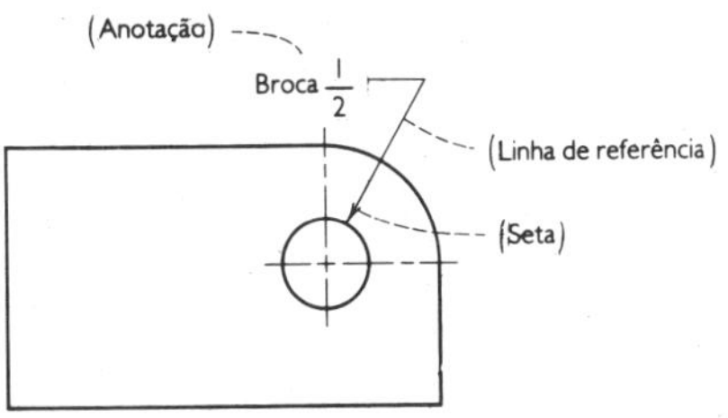

Fig. 10.2. Uma anotação.

ta quando for colocada fora desta mesma vista.

A anotação fornece um meio de dar informações explicativas junto com uma dimensão. O indicador e a seta relacionam as palavras da anotação ao local adequado no desenho. As anotações que se aplicam a todo o objeto são colocadas em um indicador em local conveniente no desenho.

A indicação completa das medidas compreende linhas de cota com as respectivas setas, linhas de extensão, indicadores, valores numéricos, anotações, marcas de acabamento, etc.

4. Espessura das linhas

As linhas de cota, de extensão e indicadores são representados com linhas cheias finas, da mesma largura que as linhas de centro, para contrastar com os traços mais fortes dos contornos do desenho. Observar a largura das linhas apresentadas no alfabeto das linhas, Figs. 2.56 e 2.57.

5. Setas

São cuidadosamente desenhadas à mão livre. As setas são feitas de uma só vez, ou em dois traços a partir da ponta, como mostra em forma ampliada a Fig. 10.3. São mais utilizadas as setas de cabeça cheia, como na Fig. 10.4. A seta de cabeça cheia é geralmente mais estreita e um pouco maior do que a de ponta aberta e praticamente não tem curvatura para os lados. É executada com um único traço e

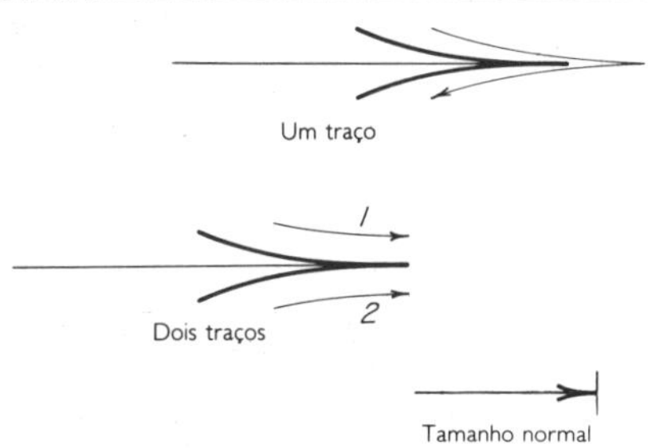

Fig. 10.3. Seta por traços em estilo aberto.

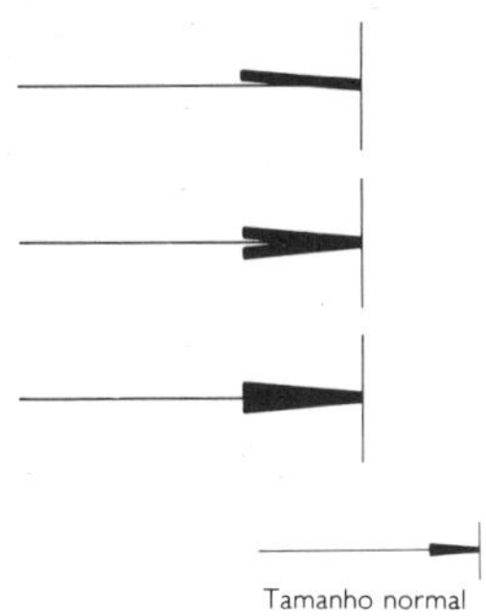

Fig. 10.4. Traçado de setas de cabeça cheia.

depois preenchida, se for necessário, sem levantar a pena ou o lápis. Para o desenho deste tipo de seta utiliza-se um lápis ou uma pena relativamente rombuda. A largura da base da seta não deve ser maior do que um terço dc comprimento. Todas as setas de um mesmo desenho devem ser do mesmo tipo, abertas ou cheias, e do mesmo tamanho, exceto em espaços reduzidos. O comprimento das setas é variável, dependendo do tamanho do desenho. Mas 3 mm é, em geral, um bom comprimento para desenhos pequenos e 4 mm para desenhos maiores.

Setas malfeitas estragam a aparência de um desenho que tenha sido cuidadosamente elaborado. Deve-se evitar as formas e colocações incorretas apresentadas na Fig. 10.5.

6. Linhas de extensão

São linhas que se prolongam para fora da vista, a fim de mostrar a distância medida. Não devem tocar o contorno da vista, por isso são iniciadas cerca de 1,5 mm deste, estendem-se até 3 mm além da última linha de cota (Fig. 10.6*a*). Esse exemplo foi impresso com cerca de metade do seu tamanho real.

As cotas também podem terminar nas *linhas de centro* ou nos *contornos visíveis da vista*. Quando se deve apresentar uma medida entre centros, como em (*b*), continuam-se as linhas de centro para que sirvam de linhas de extensão, prolongando-se até cerca de 3 mm além da última linha de cota. Geralmente, quando uma cota deve ser colocada dentro da vista, o contorno dessa vista se torna o ponto terminal das setas, como em (*c*). Isto pode ocorrer em virtude do espaço limitado, ou quando as linhas de extensão longas tornam difícil a leitura da cota ou provocam confusão por cruzarem partes da vista.

As linhas de extensão para uma cota angular são apresentadas na Fig. 10.7 que também mostra a utilização de uma das linhas de extensão para uma cota linear, uma ocorrência comum.

Não se devem interromper as linhas de extensão quando se cruzam ou cruzam o contorno de uma vista, como é apresentado nas Figs. 10.6*a* e 10.7*a*. No entanto, quando há restrição de espaço e as linhas de extensão se aproximam das setas, as linhas de extensão podem ser interrompidas visando maior clareza, como na Fig. 10.7*b*.

Quando um ponto for localizado somente por linhas de extensão, estas devem ultrapassar o ponto, como em (*c*).

7. Indicadores

São linhas *retas* (não curvas) que vão de um valor de uma dimensão ou anotação explicativa até a característica do desenho à qual a anotação se aplica (Fig. 10.8). Utiliza-se na extremidade do indicador uma seta que aponta para o desenho, mas nunca na extremidade da anotação. A extremidade do indicador próxima à anotação deve terminar com uma barra horizontal curta na altura média do letreiro e deve estar no início ou no fim da anotação, nunca na sua metade.

Fig. 10.5. Setas incorretas. Os dois primeiros exemplos mostram erros de colocação. Os três últimos ilustram formas extremamente mal feitas.

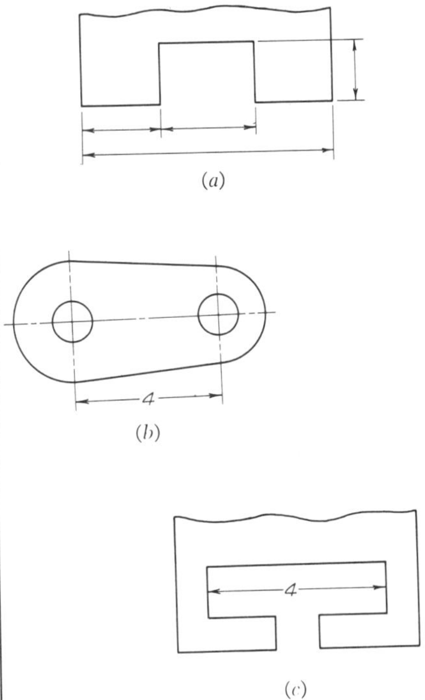

Fig. 10.6. Terminais de cota.

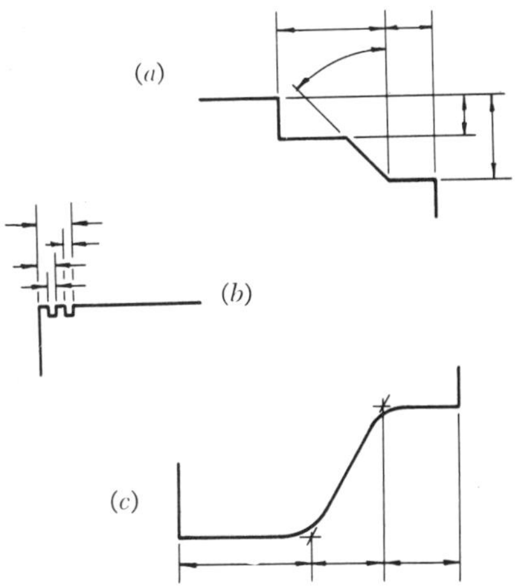

Fig. 10.7. Técnica do traçado de linhas de extensão.

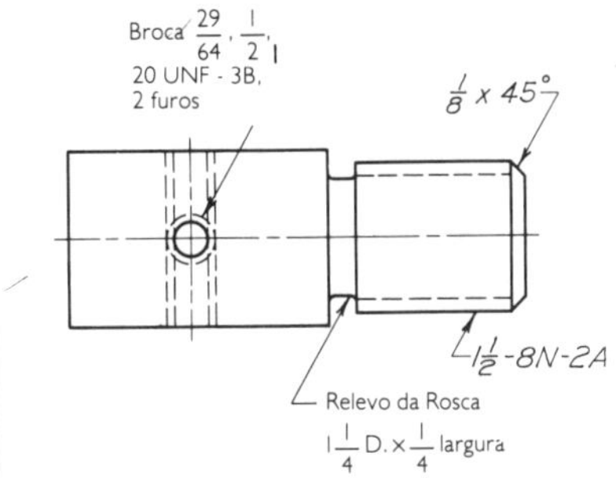

Fig. 10.8. Indicadores para anotações. Observar que o indicador inicia no *começo* ou no *final* das informações escritas.

Devem-se desenhar os indicadores em um ângulo que contraste com as linhas principais do desenho, que são principalmente horizontais e verticais. Assim geralmente desenham-se indicadores a 30°, 45° ou 60° em relação à horizontal; fazendo-se a 60°, o desenho tem uma configuração melhor. Quando são utilizados vários indicadores, melhora-se a aparência do desenho se eles podem ser mantidos paralelos.

O ANSI permite o uso de um "ponto" para o término de um indicador, como na Fig. 10.9*a*, no caso deste parecer uma re-

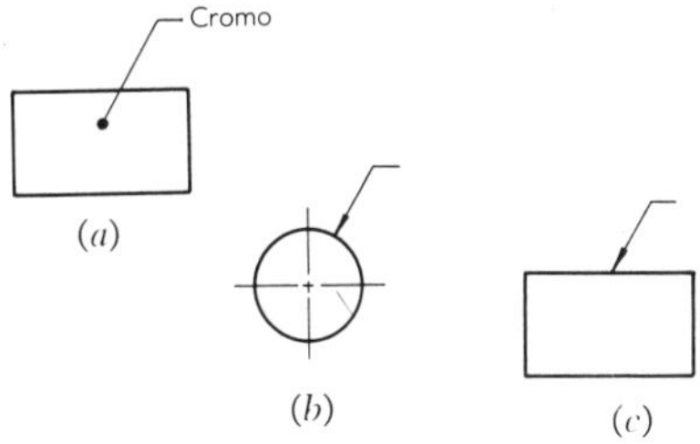

Fig. 10.9. Indicadores. (*a*) terminal especial; (*b*) e (*c*) ângulo adequado.

presentação mais clara do que a seta. O ponto deve estar dentro dos contornos do objeto.

Ao dimensionar uma característica circular através de uma anotação, o indicador deve ser *radial* como é mostrado em (*b*). Um indicador dirigido para uma superfície plana deve tocar essa superfície em um ângulo de *pelo menos* 30°; mas é melhor a utilização de um ângulo de 45° ou 60°, como em (*c*).

Se for possível, deve-se *evitar* o cruzamento de indicadores; *evitar* indicadores longos; *evitar* indicadores paralelos à linhas de cota adjacentes, linhas de extensão ou hachurado; e *evitar* ângulos pequenos entre os indicadores e as linhas nas quais terminam.

8. Números

Os números que representam as cotas devem ser cuidadosamente desenhados em estilo vertical ou inclinado. Num esforço para realizar um trabalho bem feito, freqüentemente o aprendiz os desenha muito pequenos. Uma boa altura é de 3 mm em desenhos pequenos e 4 mm em desenhos maiores.

Geralmente deixa-se um espaço na linha de cota, para o valor de cota (Fig. 10.10). A colocação do valor acima da linha de cota contínua é universal em desenho estrutural e comum no desenho arquitetônico (Fig. 10.10).

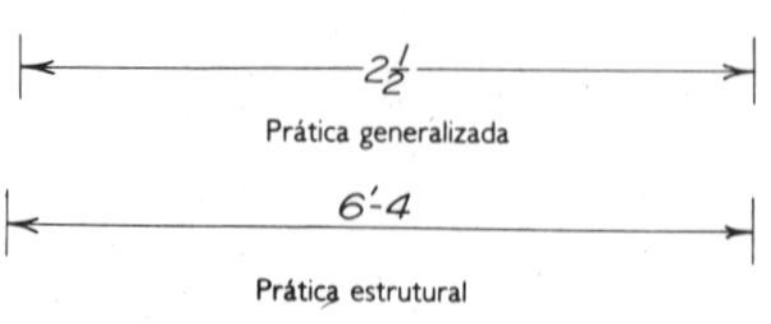

Fig. 10.10. Colocação de valores de cota.

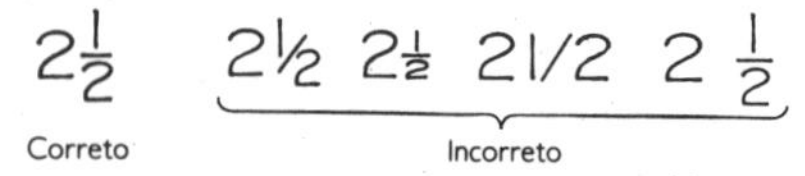

Fig. 10.11. Técnica para valores descritos em frações ordinárias.

9. Frações ordinárias

Devem ser representadas ficando o traço de fração em linha com os algarismos de cota. O numerador e o denominador serão um pouco menores do que a altura do número inteiro, de forma que a altura *total* da fração seja o dobro do tamanho do número inteiro (Fig. 10.11). Evitar as formas incorretas apresentadas. Os números não devem tocar a barra da fração.

10. Pés e polegadas

Devem ser indicados desta forma: 9'-6". Quando não há polegadas, isto deve ser indicado, como 9'-0", 9'-0 1/2". Se todas as medidas forem dadas em polegadas, seu símbolo designativo será omitido em todas as cotas e anotações, a não ser que haja alguma possibilidade de compreensão errônea; se for o caso, para maior clareza, "calibre 1", por exemplo, deve ser indicado como "calibre 1" ".

Em algumas indústrias mecânicas, todas as cotas são dadas em polegadas. Em outras, são utilizados pés e polegadas, o ANSI recomenda que nesse caso, cotas de até 72 polegadas sejam dadas em polegadas e para comprimentos maiores em pés e polegadas.

No desenho estrutural, as cotas de comprimento devem ser dadas em pés e polegadas. Largura de placas, tamanho de vigas, etc., são dados em polegadas. Omitem-se as marcas de polegadas mesmo que a cota seja em pés e polegadas (Fig. 10.10).

Nos Estados Unidos, se não aparecerem no desenho símbolos de pés ou polegadas, os valores de cota indicarão polegadas, a não ser que haja indicação de uma unidade diferente de medida em uma anotação geral. Desenhos realizados em outros países que empregam o sistema métrico são geralmente cotados em milímetros.

11. Direção da leitura dos números

É executada de acordo com o sistema alinhado ou o sistema unidirecional.

O *sistema alinhado* é o mais antigo dos dois métodos. Os números são orientados para serem lidos de uma posição *perpendicular* à linha de cota; assim, as linhas-guias para os números serão paralelas à linha de cota e o traço de fração alinhado com a linha de cota (Fig. 10.12). Os números devem ser dispostos de forma que possam ser lidos a partir do *lado inferior* ou do *lado direito* do desenho. Evitar a colocação de cotas nas direções incluídas na área sombreada da Fig. 10.12; se isto não puder ser evitado, devem ser lidas abaixo da linha.

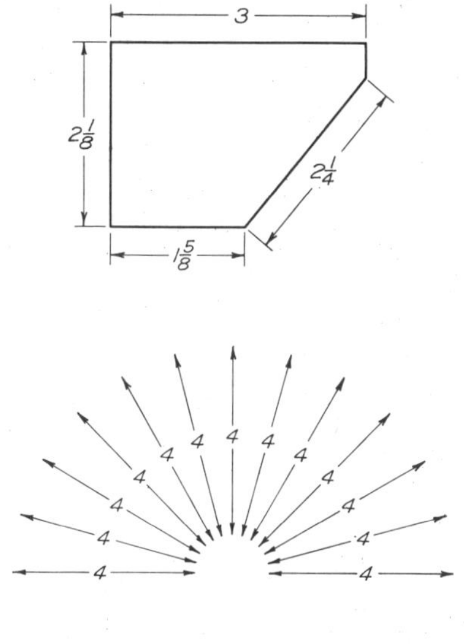

Fig. 10.13. Direção da leitura de valores (sistema unidirecional). O desenho é lido de baixo para cima.

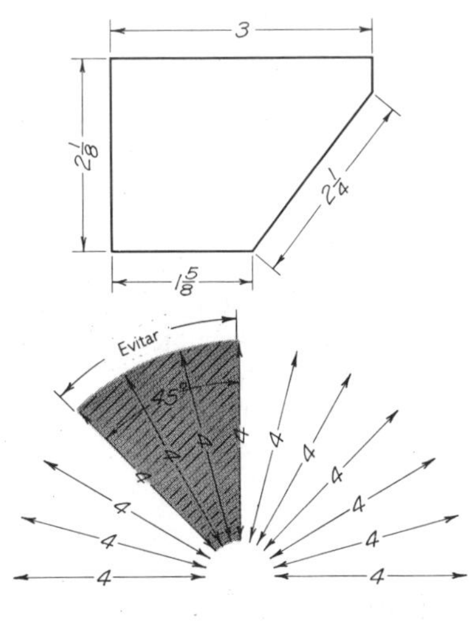

Fig. 10.12. Direção da leitura de valores (sistema alinhado): O desenho é lido de baixo para cima e da esquerda para a direita.

O *sistema unidirecional* é proveniente das indústrias automobilística e aeronáutica e é também denominado de "sistema horizontal". Todos os números são colocados de modo que sejam lidos a partir da parte inferior do desenho. Assim, as linhas-guias e os traços de fração são horizontais independente da direção da cota (Fig. 10.13). A zona "a evitar" da Fig. 10.12 não tem significado quando se utiliza este sistema.

Em ambos os sistemas, as anotações devem ser escritas horizontalmente e lidas a partir da parte inferior do desenho.

12. Sistemas para escrever valores de cota

Os valores de cota podem ser representados através de frações ordinárias, $^{1}/_{4}$, $^{3}/_{8}$, etc., ou em frações decimais, 0,25, 0,375, etc. e, a partir disto, três sistemas podem ser desenvolvidos.

O *sistema das frações ordinárias*, muito utilizado no desenho arquitetônico e estrutural, tem todos os valores de cota escritos em unidades e frações ordinárias, tais como $3^{1}/_{2}$, $1^{1}/_{4}$, $^{3}/_{8}$, $^{1}/_{16}$, $^{3}/_{32}$, $^{1}/_{64}$. Valores escritos desta forma podem ser dispostos com uma fita ou escala de aço graduada em sessenta e quatro avos de uma polegada.

O *sistema das frações ordinárias e frações decimais*, é utilizado principalmente em desenho mecânico quando o grau de precisão necessária requer frações de polegada menores do que aquelas fornecidas pela escala de aço comum. Considera-se impraticável o uso de frações ordinárias abaixo de $^{1}/_{64}$, como por exemplo, $^{1}/_{128}$ ou $^{1}/_{256}$. É utilizado o método de atribuir valores: (1) em unidades e frações ordinárias para distâncias que não requeiram uma exatidão maior do que $^{1}/_{64}$ pol., e (2) em unidades e frações decimais, como 2,375, 1,250, 0,1875, etc., para distâncias que requeiram maior precisão. As frações decimais são dadas com tantas casas quanto as necessárias para o grau de precisão exigido.

O *sistema decimal completo* utiliza exclusivamente as frações decimais para todos os valores de cota. Este sistema tem as vantagens do sistema métrico mas utiliza a polegada como base, tornando possível, desta forma, o uso do equipamento atual de medida.

O sistema decimal completo do ANSI utiliza uma decimal de duas casas para todos os valores quando comumente usar-se-iam as frações ordinárias. De preferência, escrevem-se os algarismos após a vírgula em cinqüenta avos pares, 0,02, 0,10, 0,36, etc. para que, quando repartidos à metade, como no caso de

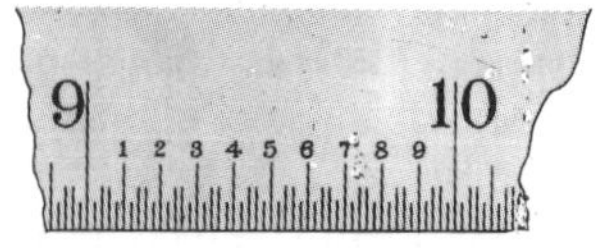

Fig. 10.14. Escala decimal. Graduações em cinqüenta avos.

raios, etc., obtenham-se decimais de duas casas. A escrita de valores em cinqüenta avos pares permite o uso de escalas divididas em cinqüenta avos (Fig. 10.14) que são muito mais fáceis de ler do que as escalas divididas em centésimos.

Os valores das dimensões que exigem maior precisão são expressos por números decimais com duas, três, quatro ou mais casas decimais, na medida de precisão exigida.

A Fig. 10.15 é o desenho de detalhamento cotado de acordo com o sistema decimal do ANSI. É óbvia a vantagem deste sistema, não somente para cálculos, adição e revisão, mas também para abolição de todas as tabelas de conversão, e diminuição das possibilidades de erro.

Projetistas e desenhistas que trabalham no sistema decimal completo acham necessário que se pense em termos de décimos e centésimos de polegadas, e não de frações ordinárias. Os projetos atuais devem ser dimensionados em tamanhos decimais, sem fazer referência aos tamanhos das frações ordinárias. No entanto, até que materiais, ferramentas e peças comerciais sejam padronizadas e possam ser encontrados em tamanhos decimais, algumas cotas terão que ser fornecidas na forma do equivalente decimal de uma fração ordinária. Asssim, por exemplo, uma rosca padronizada $^{3}/_{8}$ – 16 UNC-2A será dada como 0,375-16UNC-2A.

Os *equivalentes decimais* de algumas frações ordinárias se transformam num

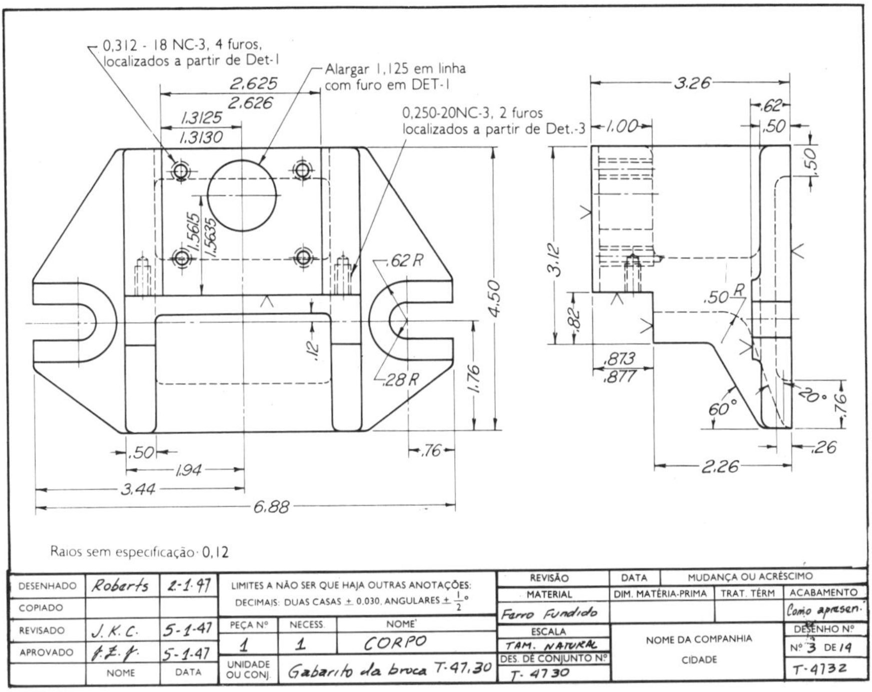

Fig. 10.15. Desenho cotado pelo sistema decimal.

número com mais casas decimais (algarismos significativos) do que as necessárias ou desejáveis para utilização da cota; em tais casos, o número decimal deve ser ajustado ou "arredondado" um número menor de casas decimais. Recomenda-se o seguinte procedimento da SAE – *Aerospace-Automative Drafting Standard:*

Quando o último número a ser mantido é seguido por um número menor que 5, este não deve ser mudado. Exemplo: 3,46325, se arredondado para três casas, deve ser 3,463.

Quando o último número a ser mantido é seguido de um número maior que 5, este deve ser acrescido em 1. Exemplo: 8,37652, se arredondado para três casas, deve ser 8,377.

Quando o número além da última casa a ser retida é exatamente 5, tendo depois somente zeros, o número precedente, se for par, não é mudado; se for ímpar, deve ser acrescido em 1. Exemplo: 4,365 se torna 4,36 quando arredondado para duas casas. 4,355 torna-se 4,36 quando arredondado para duas casas.

13. Marcas de acabamento

São utilizadas para indicar que certas superfícies de peças metálicas devem ser usinadas e que para isso deve-se prever uma margem para o acabamento. Não são necessárias nas peças feitas com material laminado, ou nas superfícies trabalhadas à máquina, como os rebaixos, os furos feitos com broca, os torneados internamente e os escareados, exceto quando se especifica a operação de usinagem por meio de uma anotação. Além disso, quando são dadas as cotas-limites, define-se a exatidão requerida, sendo desnecessária uma marca de acabamento na superfície.

A marca-padrão de acabamento recomendada pelo ANSI é um V com abertura de 60°, com seu vértice tocando a linha que representa o perfil da superfície a ser usinada. O V é colocado no "lado livre" da superfície. A Fig. 10.16 mostra o tamanho comum do V e sua posição sobre linhas em várias direções como se faz em um desenho.

As marcas de acabamento devem ser colocadas em todas as vistas em que a superfície a ser usinada for representada, mesmo quando aparece como uma linha, inclusive linhas tracejadas. Se a peça deve ser usinada em todas as superfícies, usa-se a anotação "Acabamento completo" ou "Acabamento em todas as faces" e omite-se o símbolo V

Além de utilizar a marca de acabamento para indicar uma superfície usinada, pode ser necessário, em alguns casos, indicar o grau de aspereza da superfície. O ANSI fornece um conjunto de símbolos para indicar o grau de aspereza de uma superfície ou as várias condições de *qualidade da superfície*. Estes símbolos são explicados e ilustrados na Seç. 79.

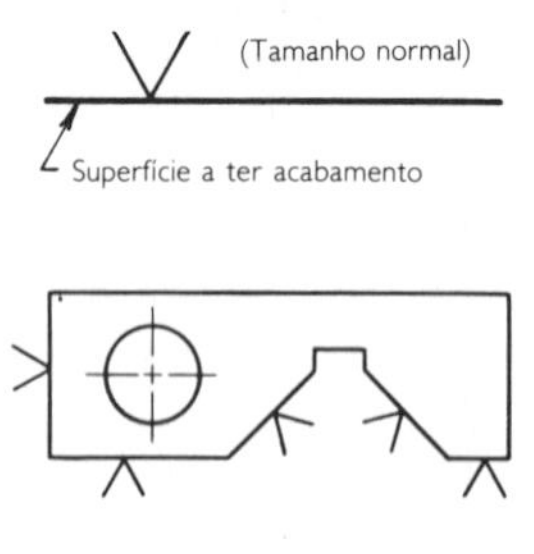

Fig. 10.16. A marca de acabamento do ANSI. Ela indica a remoção de material para produzir a superfície desejada.

14. Escala do desenho

Mesmo que nunca se espere que um operário aplique uma escala a uma dimensão em um desenho para obter um valor de cota, deve-se sempre escrever no título do desenho a escala na qual este foi feito. Escalas padronizadas são enumeradas na Fig. 2.34.

15. Revisão de cotas

À medida que um projeto está sendo desenvolvido, podem ocorrer mudanças no projeto, ou nos métodos, etc., tornando necessária a mudança de alguns desenhos, antes ou depois de terem sido liberados para a oficina. Se a mudança for importante, pode-se ter que refazer o desenho. Mas, em muitos casos, deve-se simplesmente modificar os valores de cota e não a descrição da forma. No caso de mudanças nas cotas, deve-se indicar aquelas que estão fora de escala por um dos métodos da Fig. 10.17. Mudanças no desenho devem ser listadas em forma tabular, junto com o título do desenho, ou no canto superior direito com letras de referência e a data, como é explicado na Sec. 19.

16. Abreviações

Muitas abreviações são usadas nos desenhos para economia de tempo e espaço. As comuns como DIA, THD, MAX, MIN, ID e OD são compreendidas universalmente. Abreviações incomuns tais como PH BRZ (Bronze Fosforoso) devem ser utilizadas com cuidado devido às possibilidades de interpretação errônea. As abreviações devem seguir o SAE – *Aerospace-Automotive Drafting Standard.*

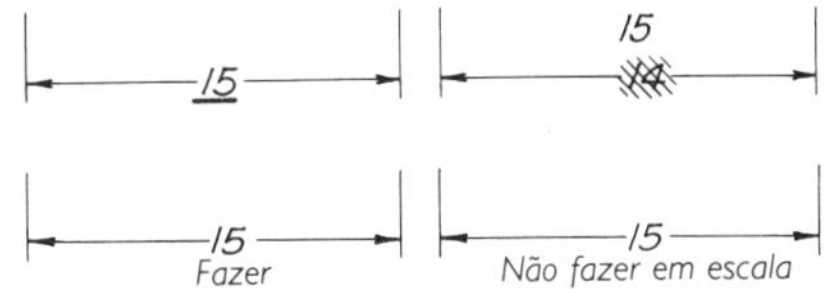

Fig. 10.17. Cotas fora de escala.

17. Vírgulas decimais

Devem ser feitas com clareza, em espaço completo de letra, e alinhadas com as bordas inferiores de algarismos e letras.

18. Travessões

São utilizados em muitas expressões padronizadas, tais como $^1/_2 - 20$ e devem ser desenhados com clareza, com comprimento igual a um espaço de letra, à meia altura das letras e algarismos e paralelos à direção da expressão.

SELEÇÃO DE DISTÂNCIAS

19. Teoria da cotagem

Qualquer objeto pode ser decomposto num conjunto de formas geométricas simples, principalmente prismas e cilindros. No entanto, ocasionalmente haverá porções de pirâmides e cones, de vez em quando com superfícies de revolução, e raramente, exceto em superfícies de roscas de parafusos, uma superfície reversa. Qualquer uma das formas básicas pode ser positiva ou negativa, no sentido de que um furo é um cilindro negativo.

Se a grandeza de cada uma destas formas elementares for indicada, sua posição relativa, medindo de centro a centro, a partir de linhas de base ou de superfícies, pode-se fazer sistematicamente a cotagem de qualquer peça. As medidas podem estão ser classificadas em dois grupos, as cotas relativas ao *tamanho* e as cotas de *posição*.

20. Cotas relativas ao tamanho

Como todos os sólidos têm três dimensões, cada uma das formas geométricas que compõem o objeto deve ter indicada na cotagem a altura, a largura e a profundidade.

A forma mais freqüentemente encontrada é o *prisma*, que se apresenta geralmente com altura reduzida, sob a forma de um plinto, e exige três cotas para os tipos base, retangular ou triangular (Fig. 10.18*a*). Para os tipos de base hexagonal ou octogonal, geralmente são fornecidas somente duas cotas, ou a distância "entre ângulos" e o comprimento, ou a distância "entre dois vértices" e o comprimento.

O *cilindro*, encontrado em quase todas as peças mecânicas sob a forma de eixos, ressaltos ou furos, é a segunda forma mais comum. Obviamente, um cilindro requer somente duas medidas, diâmetro e altura (*b*). Cilindros parciais, tais como concordâncias internas e externas, são cotados pelo raio e não pelo diâmetro. Uma regra satisfatória é cotar círculos completos com o diâmetro e arcos de círculo (círculos parciais) com o raio.

Os *cones retos* podem ser cotados pela altura e diâmetro da base. No entanto, geralmente aparecem sob a forma de troncos de cone e requerem o diâmetro das extremidades e o comprimento (*c*). Algumas vezes, é melhor que os troncos de cone sejam cotados pela sua conicidade, ou com uma cota angular, como descreve a Seç. 41.

As *pirâmides retas* são cotadas fornecendo as cotas da base e da altura. Freqüentemente, as pirâmides retas são troncos de pirâmides, e exigem cotas em ambas as bases (*d*).

Os *cones e as pirâmides oblíquas* são cotados da mesma forma que os cones e pirâmides retas, mas com uma cota adi-

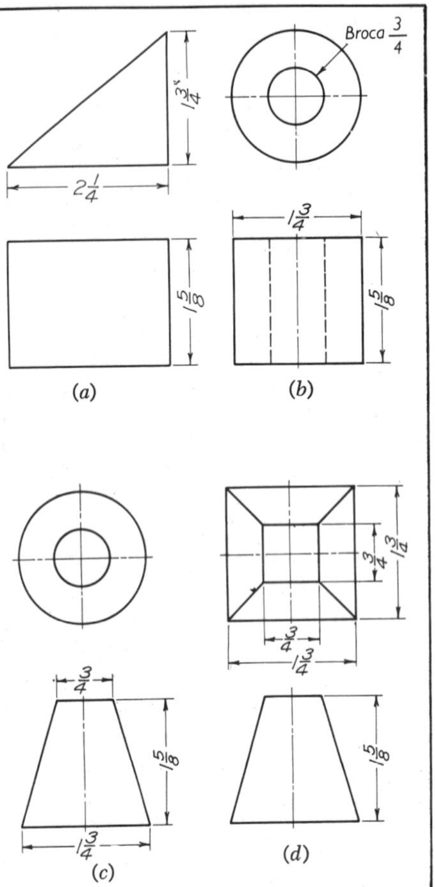

Fig. 10.18. Cotas de tamanho. (*a*) prisma; (*b*) cilindro; (*c*) cone; (*d*) pirâmide.

cional paralela à base para fornecer o deslocamento do vértice.

As *esferas* são cotadas por meio do diâmetro e as outras superfícies de revolução pela cotagem da curva geradora.

Cotam-se as *superfícies reversas* de acordo com o seu método de geração; e como sua representação requer numerosos cortes, cada um desses cortes deve ser completamente cotado por cotas completas.

21. Cotas de posição

Depois de cotar as formas geométricas básicas, deve-se fornecer a posição de cada uma em relação às outras. *Deve-se estabelecer a posição nas direções da altura, largura e profundidade.* As formas retangulares são posicionadas em relação às suas faces; as formas cilíndricas e cônicas, em relação as suas linhas de centro e as suas extremidades.

Uma forma básica freqüentemente coincide ou se alinha com outra em uma ou mais de uma de suas faces. Em tais casos, o alinhamento serve parcialmente para a localização das peças e elimina a necessidade de uma cota de posição em uma direção perpendicular à linha de coincidência. Assim, na Fig. 10.19, o prisma *A* requer somente uma cota para o posicionamento completo em relação ao prisma *B*, uma vez que duas superfícies estão alinhadas e duas em contato.

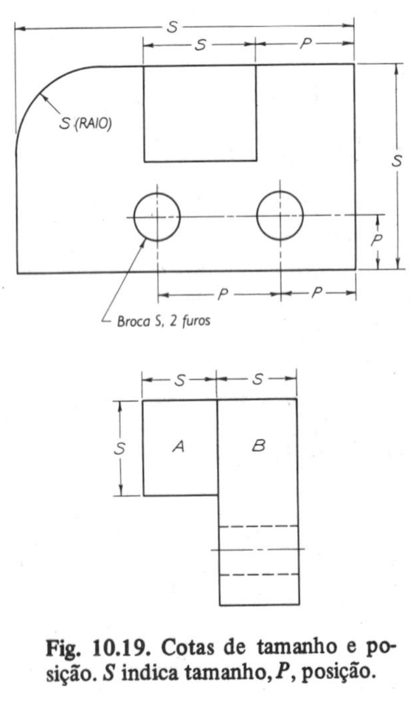

Fig. 10.19. Cotas de tamanho e posição. *S* indica tamanho, *P*, posição.

Freqüentemente, linhas de centro coincidentes eliminam a necessidade de cotas de posição. No cilindro da Fig. 10.18*b*, as linhas de centro do furo e do cilindro coincidem e não se precisa de cotas de posição. Os dois furos da Fig. 10.19 estão sobre a mesma linha de centro e a cota perpendicular à linha de centro comum posiciona ambos os furos naquela direção.

22. Seleção de cotas

Geralmente, as cotas obtidas reduzindo a peça a suas formas geométricas básicas preenchem os requisitos da cotagem prática. No entanto, algumas vezes, necessita-se de outras cotas para assegurar o funcionamento satisfatório da peça e fornecer as informações mais necessárias para a produção.

Desta maneira, o desenhista deve correlacionar as cotas de desenhos de peças que se acoplam, assegurando o funcionamento satisfatório e, ao mesmo tempo, selecionar as cotas adequadas para serem usadas pelo operário.

Neste ponto, o estudo da expressão gráfica como linguagem deve ser suplementado por um conhecimento dos processos utilizados em uma oficina. Para realizar bem seu trabalho, o desenhista mecânico deve ter um bom conhecimento da realização de moldes, métodos de fundição, forja e processos de oficina mecânica, assim como, em alguns casos, de trabalho em metal, em chapa, fundição em matrizes de metal ou plástico, solda e fabricação em aço estrutural.

O estudante que ainda não possui esses conhecimentos não deve depender somente de seu professor, mas deve procurar aprender por meio da observação do trabalho realizado nas oficinas e da leitura de livros e revistas sobre os métodos utilizados na produção moderna.

Geralmente, *a seleção de cotas de tamanho* obtida pelo desdobramento da forma preencherá os requisitos da oficina, uma vez que as formas básicas resultam das operações fundamentais de oficina. No entanto, muitas vezes uma oficina prefere receber as cotas de tamanho em forma de anotação e não como cotas comuns quando há envolvimento de processos tais como perfuração, alargamento, rebaixo e punção.

A *seleção e distribuição das cotas de posição* exige maior cuidado do que a seleção das cotas de tamanho, uma vez que há várias maneiras de fornecer uma posição. Em geral, cotas de posição são dadas entre superfícies acabadas, linhas de centro ou uma combinação das duas (Fig. 10.22). Lembrar que peças brutas fundidas ou forjadas variam de tamanho; assim, não se fornece a posição de superfícies usinadas a partir de superfícies sem acabamento — exceto em uma situação: quando a cota *inicial* ou *de partida* fornece a posição da primeira superfície a ser usinada — esta indicará o posicionamento sucessivo das outras superfícies. *Linhas de centro coincidentes de superfícies acabadas e sem acabamento muitas vezes ocupam o lugar de uma cota inicial.*

Prefere-se posicionar um ponto ou centro por meio de coordenadas a partir de duas linhas ou superfícies centrais (Fig. 10.20) a fazê-lo por medidas angulares (Fig. 10.21), a não ser que a cota angular seja mais prática em termos de construção.

23. Correlação de cotas

Deve-se correlacionar as cotas de peças que se acoplam de forma que as duas peças se ajustem e funcionem como é desejado. A Fig. 10.22 ilustra esse princípio. Observar que a saliência do suporte terá que se adaptar aos mancais e que os furos broqueados de ambas as peças deverão estar alinhados. Deve-se estudar a cotagem das duas peças e observar que as cotas de posição (P) estão correlacionadas para que se consiga com as peças o alinhamento e o ajustamento pretendidos.

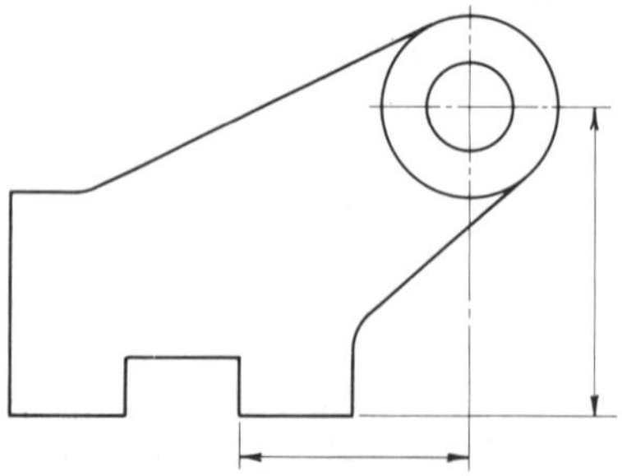

Fig. 10.20. Localização por meio de coordenadas.

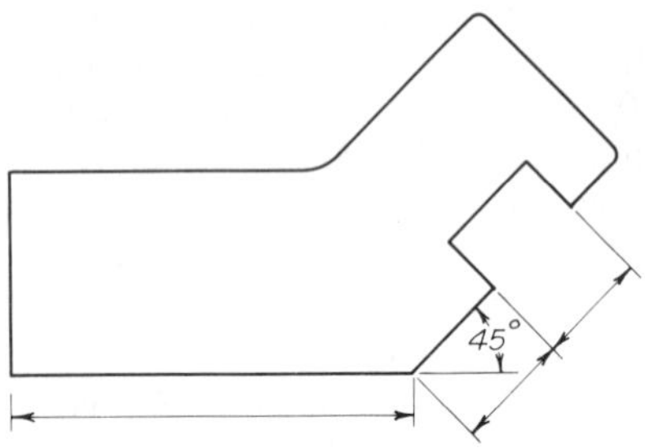

Fig. 10.21. Localização por meio de medidas angulares.

As cotas das duas peças que devem ser acopladas serão correlacionadas, devendo atender a certos requisitos de exatidão à qual as distâncias obtidas ou ainda as peças podem não se ajustar e não funcionar adequadamente. Geralmente, as cotas de locação são referidas ou a uma superfície completamente acabada ou a uma linha média. Na Fig. 10.23, observar que as cotas de posição entre as linhas de centro ou superfícies completamente acabadas são fornecidas através de números decimais de três casas, como a cota *A*. As cotas de posição de características sem acabamento são fornecidas em frações ordinárias, como a cota *B*. As cotas em números decimais exigem maior exatidão na industrialização do que aquelas em frações ordinárias. Neste caso, a cota *B* é utilizada pelo modulador para posicionar o cilindro *C* da extremidade direita da peça. O mecânico localiza em primeiro lugar o furo desse cilindro, tornando-o concêntrico; então, todas as outras superfícies usinadas serão posicionadas a partir desse furo. Por exemplo, a posição

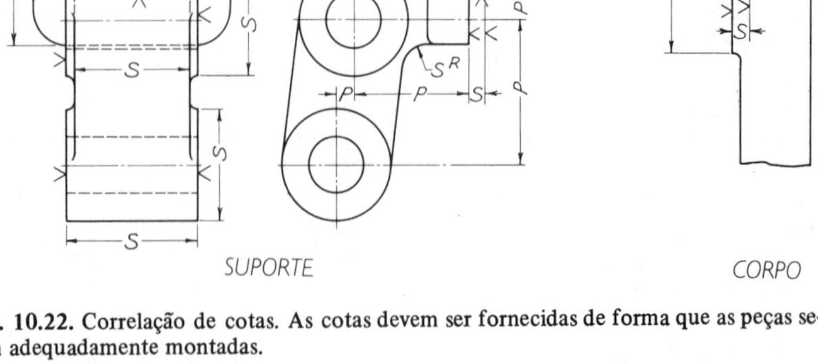

Fig. 10.22. Correlação de cotas. As cotas devem ser fornecidas de forma que as peças sejam adequadamente montadas.

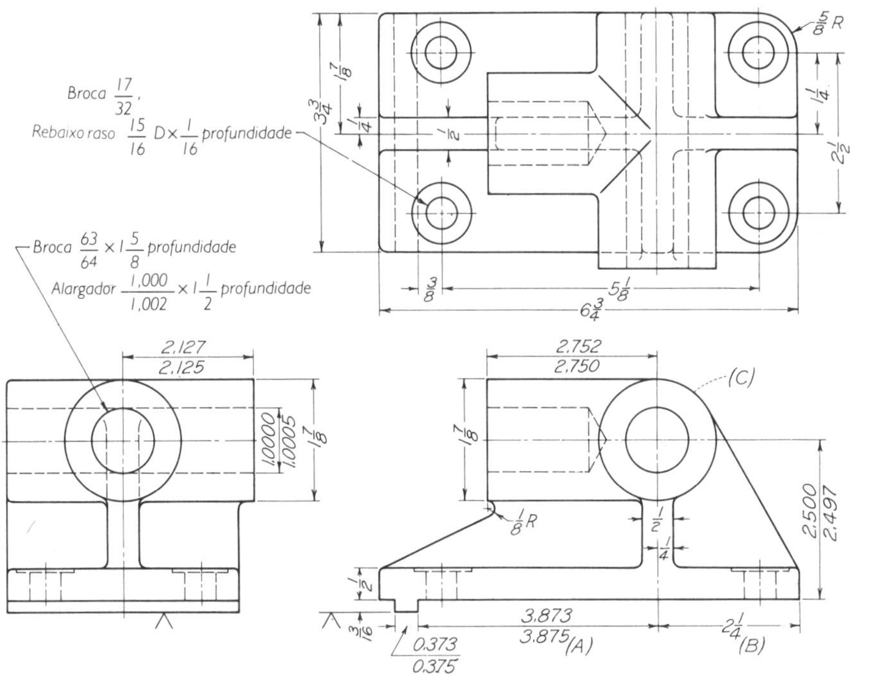

Fig. 10.23. Um exemplo de cotagem. Ler o texto para obter informações mais detalhadas.

da chaveta dada pela cota *A*. Os quatro furos com rebaixo são posicionados uns em relação aos outros através de cotas fracionárias, pois os furos são maiores do que os fixadores utilizados, permitindo suficiente mobilidade destes nos furos, não havendo necessidade de grande exatidão na localização. A peça que se acopla, com furos para receber os parafusos, é cotada da mesma maneira.

Estudar a Fig. 10.23 e observar a classificação, tamanho e posição de cada cota.

24. Cotas supérfluas

Deve-se evitar cotas *repetidas* ou *desnecessárias*, porque causam confusão e demora. Quando se modifica ou se revisa um desenho, uma cota repetida pode não ser observada e modificada junto com sua correlata; assim, uma mesma distância pode ter dois valores diferentes, sendo um deles incorreto. Diferentemente da cota repetida, a cota desnecessária não é essencial para a produção de uma peça. Devido à variação permitida ao fabricante em cada dimensão (ver Seç. 54), encontrar-se-ão dificuldades se houver cotas desnecessárias quando as peças foram intercambiáveis. Na realidade, se forem selecionadas cotas adequadas, será possível estabelecer um ponto sobre o objeto em qualquer direção dada, com uma única cota. As cotas desnecessárias sempre ocorrem quando dimensões individuais são dadas em adição à cota total (Fig. 10.24). Deve-se omitir uma das cotas de uma série se

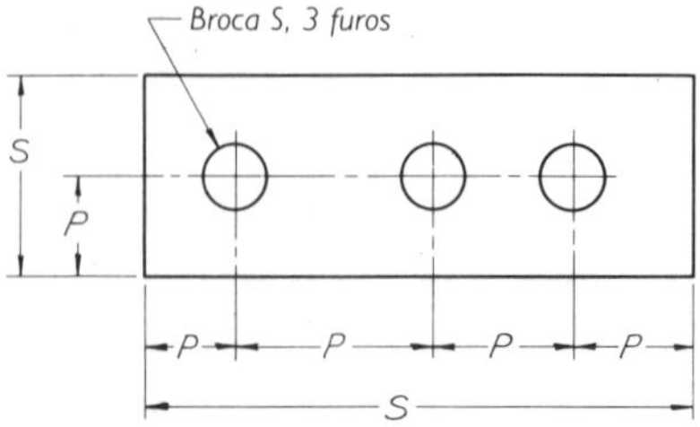

Fig. 10.24. Uma cota desnecessária.

for usada a cota total, permitindo, desta forma, um único posicionamento a partir de cada cota (Fig. 10.25).

No trabalho arquitetônico ou estrutural, onde a permutabilidade das peças não é usual, as cotas desnecessárias não trazem nenhum inconveniente; portanto, todas elas podem ser usadas.

Apesar de ser importante não "cotar excessivamente" uma peça, também é importante fornecer todas as cotas necessárias à localização de cada ponto, linha ou superfície do objeto. Todas as cotas que o operário necessita para fazer uma peça devem ser fornecidas.

Não é preciso repetir cotas de características semelhantes, como a espessura de várias nervuras, que são obviamente do mesmo tamanho (Fig. 10.26). Detalhes tais como o tamanho de concordâncias planas e curvas podem ser fornecidas

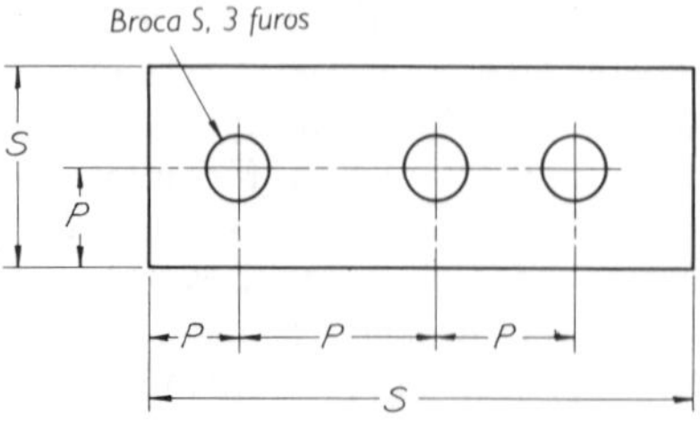

Fig. 10.25. Cota desnecessária omitida.

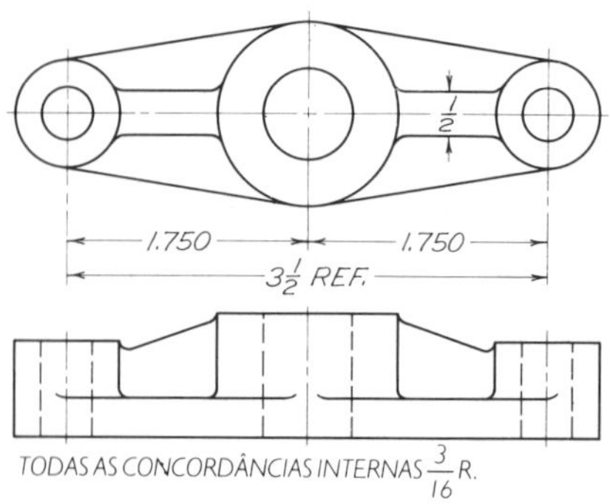

Fig. 10.26. Uma cota de referência.

através de uma anotação geral. Pode-se descobrir facilmente quaisquer cotas supérfluas ou omitidas percorrendo mentalmente o processo de industrialização ou mesmo o desenho da peça, verificando cada cota à medida que isto seja necessário.

25. Cotas de referência

Ocasionalmente, é útil, para fins de referência e verificação, fornecer todas as cotas de uma série, bem como a cota total. Em tais casos, marca-se uma cota com a abreviação "REF", como é mostrado na Fig. 10.26. De acordo com a definição do *American Standard*, cota de referência é aquela "sem tolerância, utilizada somente com objetivo informativo, sem se referir às operações de usinagem ou de inspeção".

26. Cotas a partir de referenciais

Pontos, linhas e arestas referenciais das faces de uma peça são características consideradas exatas para fins de computação ou referência e *a partir* das quais estabelece-se a posição de outras características. Na Fig. 10.27*a*, as superfícies lateral esquerda e inferior da peça são superfícies de referência e em (*b*) as linhas de centro

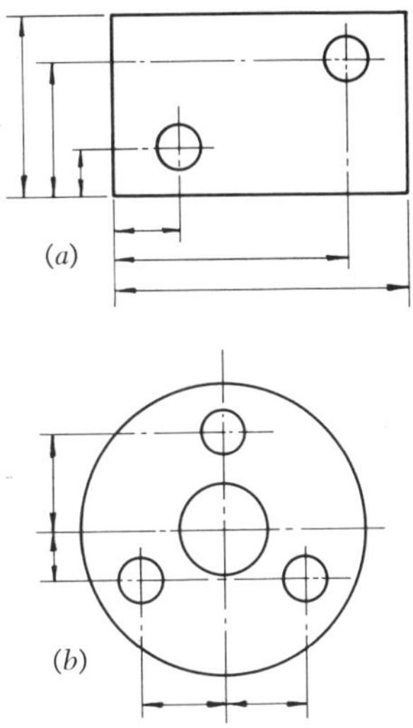

Fig. 10.27. Cotas referenciais. (*a*) superfícies referenciais; (*b*) centro referencial.

do furo central da peça também são linhas referenciais. Quando as posições são especificadas por cotas a partir de um referencial, características diferentes serão sempre posicionadas a partir desse referencial e *não* por uma em relação à outra.

27. Seleção de um referencial

Uma característica selecionada para servir de referencial deve ser claramente identificada e prontamente reconhecível. Observar na Fig. 10.27 que as linhas e arestas referenciais são óbvias. Em uma peça real, as características referenciais devem ser acessíveis durante a industrialização, para que não haja dificuldade de obtenção das medidas. Além disso, deve-se empregar características *correspondentes* das peças que se acoplam como características referenciais para assegurar a montagem e o funcionamento adequado.

Uma superfície referencial (de uma peça sólida) deve possuir maior exatidão do que a variação permitida em qualquer cota de posição referida ao referencial. Desta maneira, às vezes é necessária a especificação da correção de superfícies referenciais quanto a serem planas, retas, redondas, etc. Ver Seçs. 77 e 78.

28. Cotas básicas

Em um desenho, qualquer cota especificada como BÁSICA é um valor *teórico* utilizado para descrever a forma ou a posição exata de uma característica. É utilizada como a referência a partir da qual estabelecem-se as variações permissíveis.

29. Cotas máximas e mínimas

Em alguns casos, uma cota máxima ou mínima representa um limite além do qual não se pode permitir qualquer variação de tamanho, apesar de não haver dificuldade na direção *oposta*. Para ilustrar isto, a Fig. 10.28*a* apresenta uma montagem de eixo e cubo. Se a mudança no diâmetro do eixo (redondo) for muito grande ou a aresta do cubo (chanfro) muito pequena, o cubo não se assentará no ressalto do eixo; mas se o raio do eixo for um pouco menor ou a aresta do cubo um pouco maior, não haverá dificuldade. Desta forma, na cotagem de ambos, em (*b*) e (*c*), aplica-se MAX e MIN às cotas. Muitas vezes, utiliza-se este método em conexão com a profundidade de furos, comprimento de roscas, chanfros e raios.

LOCALIZAÇÃO DE COTAS

30. Localização de cotas

Depois de selecionar as distâncias, é possível decidir (1) a *vista* na qual se indicará a distância, (2) a *localização* dessa vista e (3) a *forma* de cotá-la. Pode-se

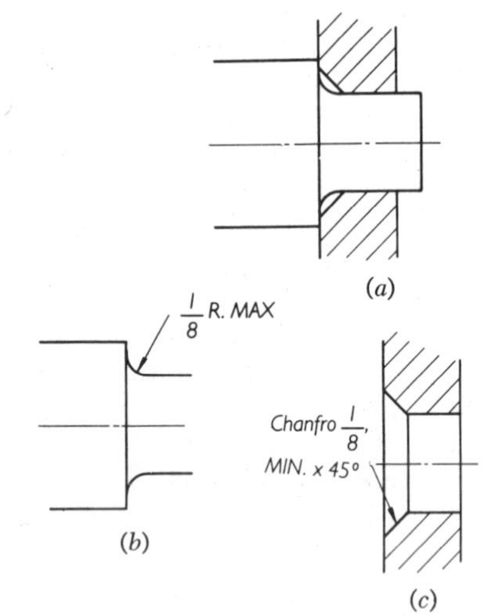

Fig. 10.28. Tamanho máximo e mínimo. Arestas que se acoplam em (*a*) são cotadas como em (*b*) e (*c*) para que não haja interferência na montagem.

enumerar vários princípios, alguns com força de regra, mas, em todos os casos, a *clareza* é o fator mais importante.

31. Vistas

Regra do contorno. Geralmente uma das vistas de um objeto descreve melhor a forma de um determinado detalhe desse objeto do que alguma outra vista ou vistas; esse detalhe é chamado de "característico" daquela vista em especial. Sendo um desenho, é natural que se procurem as dimensões de um determinado detalhe sempre que este pareça ser mais característico e certamente haverá vantagem quanto à clareza e facilidade de leitura se a cota for ali colocada. Na Fig. 10.29, o canto arredondado, o furo broqueado e o canto inferior entalhado são característicos da vista de frente e nela deverão ser cotados. A forma que aparece na frente do objeto é mais característica na vista superior e é nela cotada.

Os prismas devem ser cotados de forma que duas das três cotas estejam na vista que mostra a forma do contorno característico e a terceira em uma das outras vistas (Figs. 10.18 e 10.29).

Geralmente, *as cotas dos cilindros*, o diâmetro e o comprimento ficam melhor colocados na vista que não é circular (Fig. 10.30*a*). Este método mantém as dimensões em uma única vista, o que é conveniente para o operário. Ocasionalmente, um furo cilíndrico é cotado na vista circular, com o diâmetro em ângulo, como apresentado em (*b*). Este método não deve ser usado a não ser que haja um bom espaço para colocação do valor da cota. No entanto, em alguns casos, o valor pode ser levado para fora da vista, como em (*c*). Quando um furo redondo é especificado por uma anotação, como em (*d*), o indicador deve apontar, se possível, para a vista circular. A anotação tem a

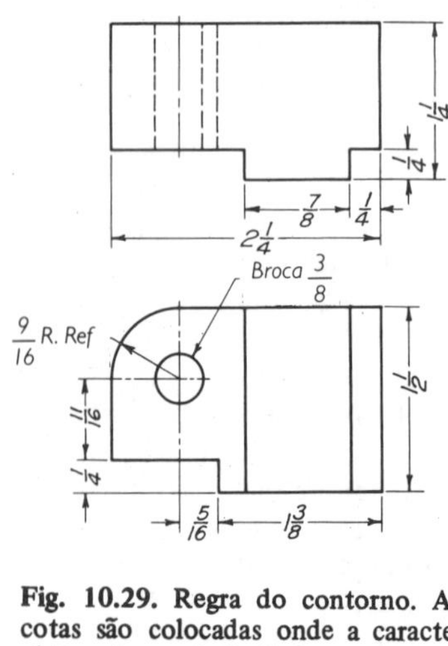

Fig. 10.29. Regra do contorno. As cotas são colocadas onde a característica for mais facilmente reconhecida

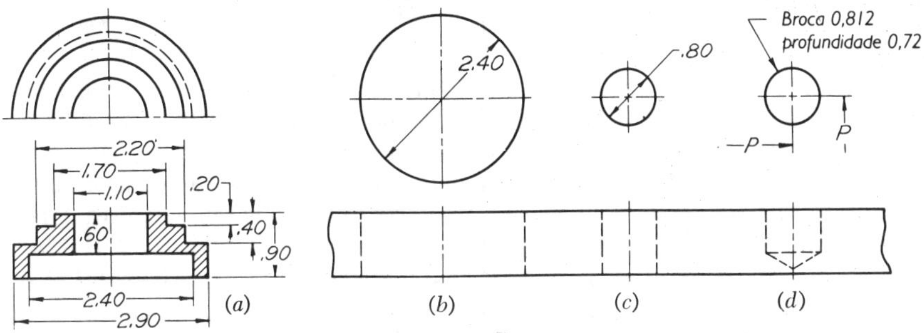

Fig. 10.30. Cotas em cilindros. (*a*) mostra o método usual de cotagem de peças cilíndricas; (*b*), (*c*) e (*d*) cotagem de furos.

vantagem de fornecer ao mesmo tempo o diâmetro, a operação a ser feita e a profundidade. Cotar o diâmetro na vista circular como em (*b*), (*c*) ou (*d*) pode facilitar a leitura, uma vez que as cotas de posição provavelmente também serão ali fornecidas, como indicado em (*d*). Quando não está claro no desenho, pode-se indicar uma cota, por exemplo um diâmetro, dando o valor seguido da letra *D*, como mostra a Fig. 10.31.

Regras para a colocação de cotas:

1. A indicação de cotas na parte externa da vista é sempre mais conveniente, a não ser que a colocação destas no interior da vista traga maior clareza, simplicidade e facilidade de leitura. Para uma melhor apresentação, as cotas devem ser

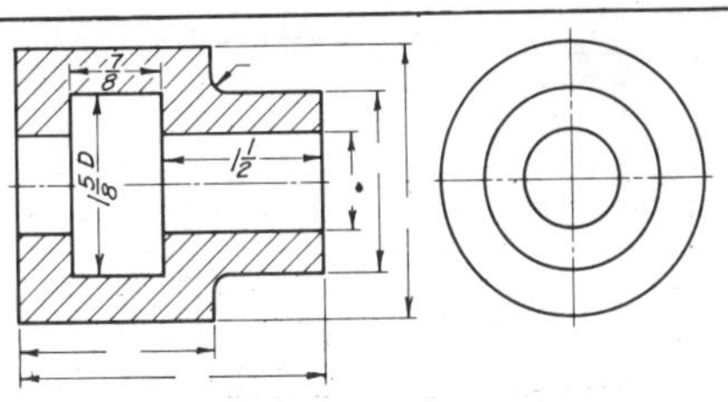

Fig. 10.31. Colocação de cotas dentro da vista.

mantidas fora das superfícies tracejadas. Quando não se puder fazer isto, o hachurado é omitido ao redor dos números, como mostrado na Fig. 10.31 (ver Seç. 35).

2. Prefere-se colocar as cotas entre as vistas, a não ser que existam razões para pô-las em outro lugar, como na Fig. 10.29, onde as cotas de base do suporte angular do eixo devem estar na parte inferior da vista de frente.

3. As cotas devem ser colocadas em uma única vista, isto é, se houver cotas entre vistas as linhas de extensão devem ser desenhadas em uma só vista não em ambas (Fig. 10.32).

4. As cotas devem ser colocadas na vista que mostra a distância em sua verdadeira grandeza (Fig. 10.33).

5. As linhas de cota devem estar separadas geralmente 13 mm dos contornos da vista. Isto se aplica a uma única cota ou à primeira cota de uma série.

6. Linhas de cota paralelas devem ser espaçadas uniformemente, com pelo menos 10 mm entre si.

7. Os números devem ser colocados no meio de cada linha de cota, entre as setas, exceto quando há interferência com uma linha de centro (Fig. 10.34) ou quando os

valores de várias cotas paralelas são escalonados (Fig. 10.35).

8. Podem ser usadas linhas de cota contínuas ou escalonadas, dependendo da adequação e legibilidade. Preferem-se as linhas de cota contínuas quando forem possíveis (Figs. 10.36 e 10.37).

9. Colocar sempre externamente a linha de cota mais longa em relação a uma mais curta, evitando assim, o seu cruzamento com as linhas de extensão de outras cotas.

10. As cotas nunca devem estar muito juntas. Se o espaço for muito pequeno, obedecer a um dos métodos descritos na Seç. 32.

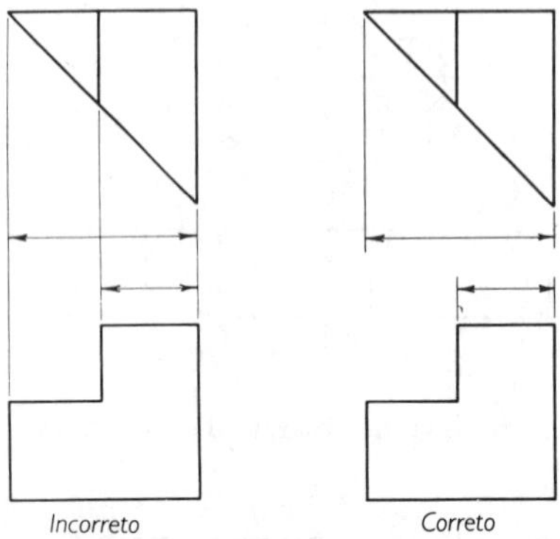

Fig. 10.32. Cotas aplicadas a somente uma vista.

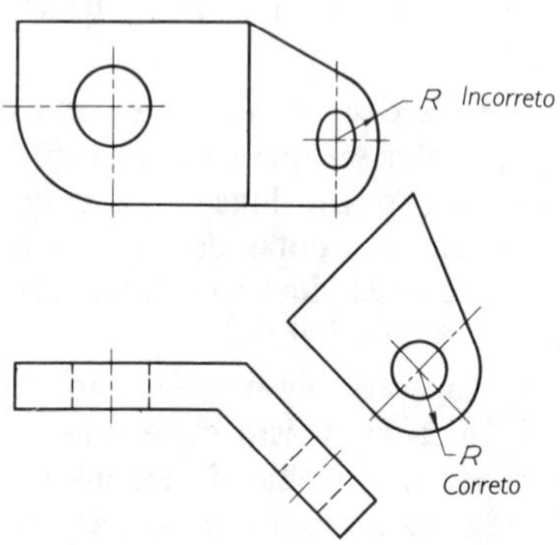

Fig. 10.33. Distância cotada fornecida na vista normal.

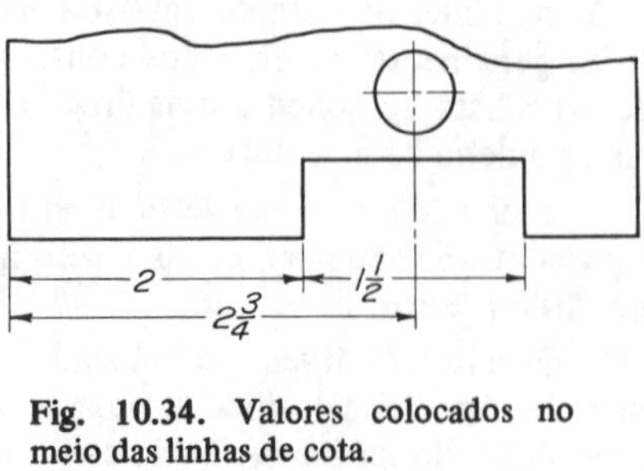

Fig. 10.34. Valores colocados no meio das linhas de cota.

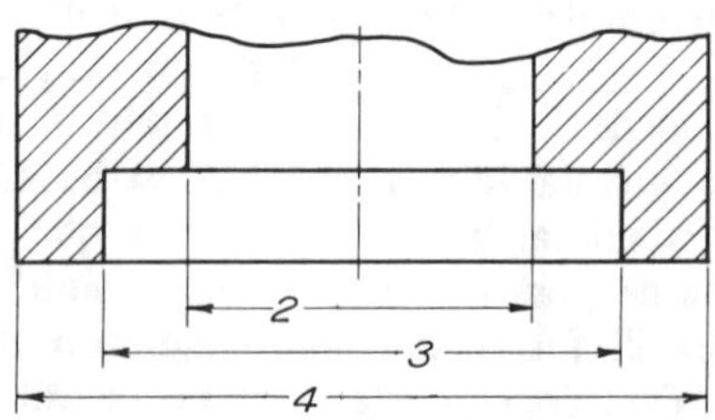

Fig. 10.35. Valores alternados para maior clareza.

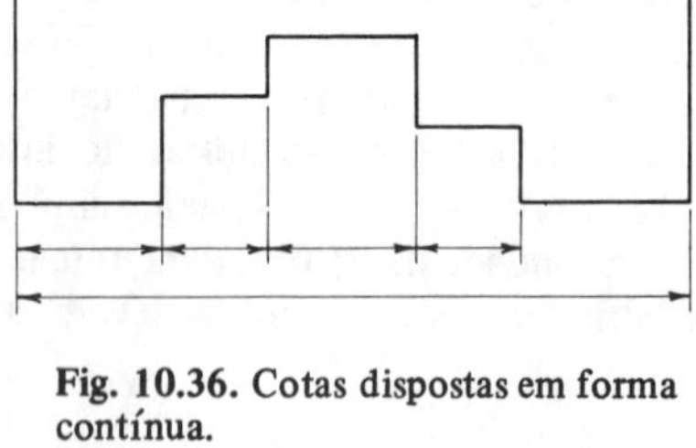

Fig. 10.36. Cotas dispostas em forma contínua.

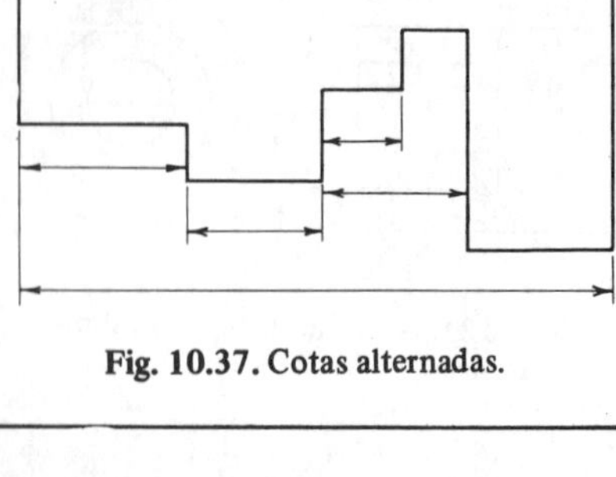

Fig. 10.37. Cotas alternadas.

11. As linhas de centro são utilizadas para indicar a simetria de formas e freqüentemente eliminam a necessidade de uma cota de posicionamento. Elas devem ser consideradas como parte da cotagem, e desenhadas na forma acabada no momento da cotagem. Devem se prolongar cerca de 13 mm além da forma para a qual indicam simetria, a não ser que sejam prolongadas para servirem de linhas de extensão. As linhas de centro não devem avançar sobre as vistas.

12. Todas as anotações devem ser lidas na horizontal (em relação à parte inferior do desenho).

Advertências:

1. Nunca usar uma linha de centro, linhas do desenho ou de extensão como linha de cota.
2. Nunca colocar uma linha de cota sobre uma linha de centro ou linha de cota onde seria adequado colocar uma linha de centro.
3. Cuidar para que uma linha de qualquer tipo nunca atravesse um número de cota.
4. Cuidar para que duas linhas de cota ou uma linha de extensão e uma linha de cota nunca se cruzem.
5. Se possível, evitar cotar uma linha oculta.

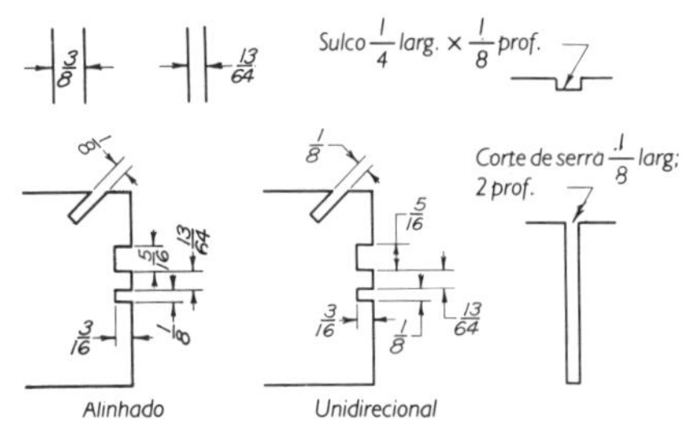

Fig. 10.38. Cotas em espaço limitado.

32. Cotagem em espaço limitado

As cotas nunca devem estar aglomeradas. Quando o espaço é muito pequeno para contê-las, podem ser utilizados os processos indicados na Fig. 10.38. Algumas vezes, é melhor o uso de uma anotação. Se o espaço for demasiadamente pequeno, pode-se utilizar um corte ampliado e destacado ou uma vista parcial ampliada (Fig. 10.39).

33. Ordem de cotagem

A adoção de uma seqüência sistemática de operações é de grande ajuda para a colocação de cotas. A Fig. 10.40 ilustra este procedimento. Em primeiro lugar, completar a descrição da forma (*a*). Colocar as linhas auxiliares de cota e prolongar as linhas de centro, onde for necessário (*b*) planejando assim a localização tanto das cotas de tamanho como das de posição; estudar a colocação de cada cota e fazer modificações desejáveis ou necessárias. Acrescentar as linhas de cota (*c*). Desenhar setas e indicadores para anotações (*d*). Finalmente, acrescentar os algarismos das cotas e os letreiros das anotações (*e* e *f*).

É recomendável acrescentar as anotações *depois* das cotas terem sido coloca-

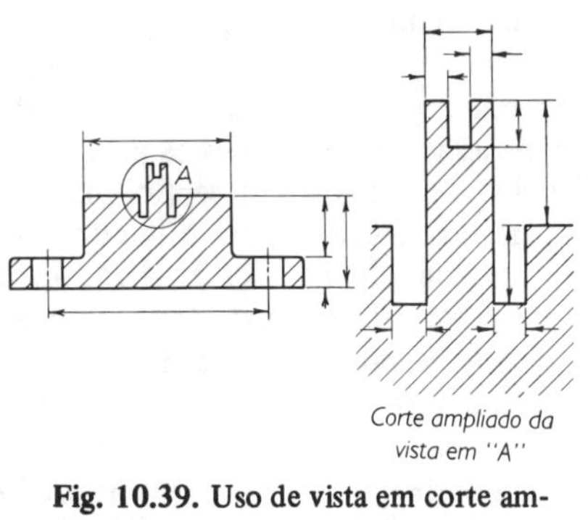

Fig. 10.39. Uso de vista em corte ampliado para esclarecer as cotas.

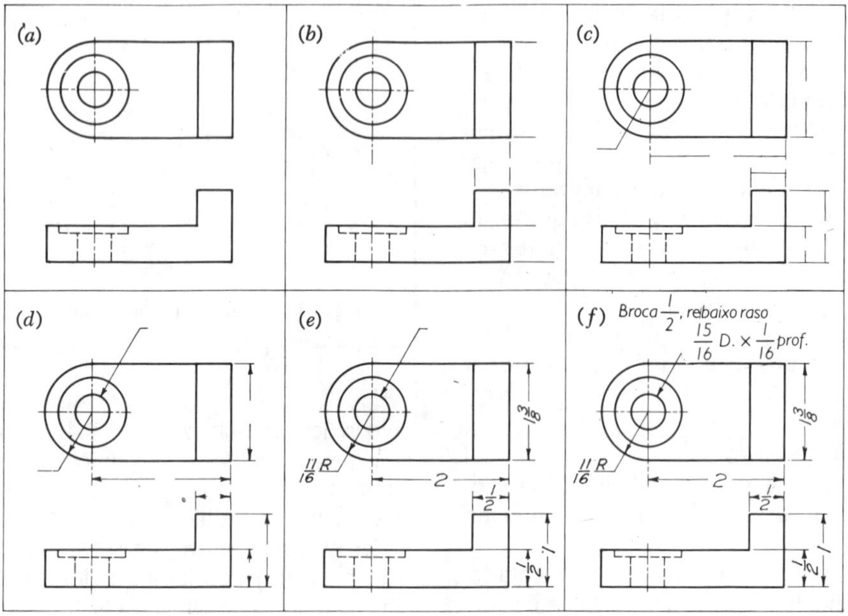

Fig. 10.40. Ordem a seguir no dimensionamento de um desenho. Ver o texto para encontrar detalhes.

das. Se as anotações forem colocadas antes, podem ocupar um espaço necessário para uma cota. Devido à liberdade permitida no uso de indicadores, as anotações podem se localizar em quase que qualquer espaço disponível.

34. Cotagem de vistas auxiliares

Na colocação de cotas em uma vista auxiliar, aplicam-se os mesmos princípios utilizados em qualquer desenho, mas deve-se prestar atenção ao princípio do contorno apresentado na Seç. 31. Uma vista auxiliar é feita com o propósito de mostrar a vista normal (verdadeira grandeza) de alguma face inclinada ou oblíqua e, por esta razão, a cotagem da face deve ser colocada onde é mais fácil de ser lida, isto é, na *vista normal*. Observar na Fig. 10.41 que tanto o espaçamento e o tamanho dos furos como o tamanho da face inclinada são cotados na vista auxiliar. Observar ainda que o ângulo e a cota de posição que une a face inclinada ao resto do objeto não podem ser colocados na vista auxiliar.

35. Cotagem de vistas secionais

As cotas que devem ser colocadas em vistas secionais geralmente são colocadas fora da vista para não ficarem aglomeradas nas áreas hachuradas. No entanto, algumas vezes, uma cota *deve* ser colocada em uma área hachurada. Quando este for o caso, retira-se o hachurado ao redor dos números da cota, como ilustra a Fig. 10.31. Os problemas 36, 37 e 49 do último capítulo são exemplos que mostram o processo de cotagem de vistas secionais.

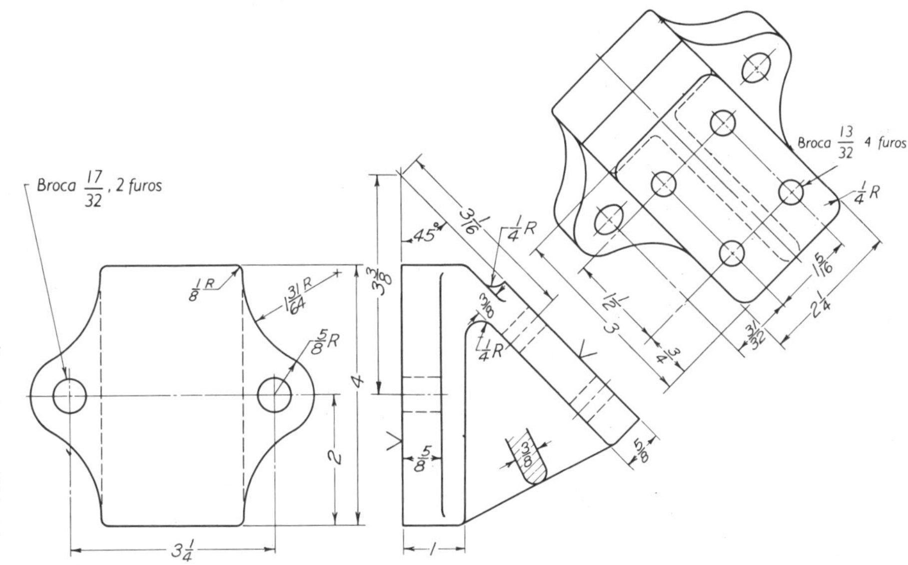

Fig. 10.41. Cotas em uma vista auxiliar (normal).

36. Cotagem de um meio-corte

Geralmente é difícil cotar com clareza um meio-corte sem que haja a possibilidade de informações amontoadas, confusas ou ambíguas. O uso abundante de anotações e a colocação cuidadosa das linhas de cota, das linhas de referência e dos números auxiliarão na clareza da cotagem, mas se o meio-corte não puder ser cotado com clareza deve-se acrescentar uma vista adicional completa ou parcial, na qual se farão anotações relativas ao tamanho.

Os diâmetros internos nominais ou com os limites indicados devem ser seguidos pela letra *D*, e a linha de cota será traçada além do eixo de simetria, como na Fig. 10.42, evitando, dessa forma, a possibilidade da cota ser lida como um raio. Algumas vezes, tanto a vista como a cotagem podem ser tornadas mais claras pela apresentação das linhas tracejadas de uma parte não-secionada. As cotas de partes internas, se forem colocadas no interior da vista, evitarão a confusão entre as linhas de extensão e o contorno das porções externas.

37. Modo de cotar desenhos em perspectiva

Geralmente os desenhos em perspectiva são mais difíceis de cotar do que os desenhos ortográficos, uma vez que, nos primeiros, há uma única vista, ao invés de várias, e as cotas podem ficar aglomeradas, a não ser que a colocação seja cuidadosamente planejada. Tomando como base os princípios deste capítulo, sempre que possível observar as seguintes regras:

1. As linhas de cota e de extensão devem ser colocadas de forma que fiquem dentro da *face* à qual a cota se refere ou *perpendicular* a ela. Ver os problemas 4 e 5, Cap. 24.

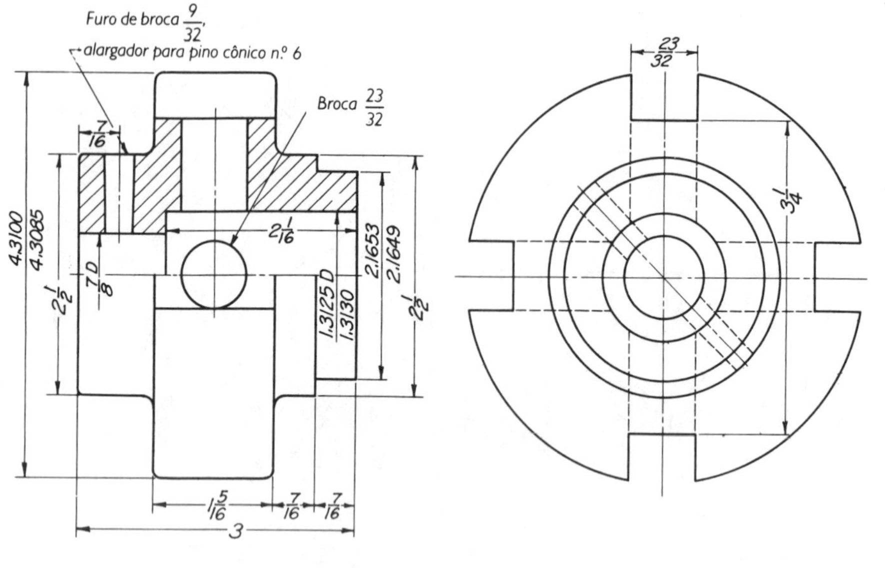

Fig. 10.42. Cotas de um meio-corte.

2. Os algarismos das cotas devem ser colocados de forma que fiquem no plano no qual estão as linhas de cota e de extensão. Ver os problemas 8 e 14, último capítulo.

3. Os indicadores para anotações devem ser colocados de forma que fiquem num plano paralelo ou perpendicular à face à qual a anotação se refere. Ver problemas 18 e 59 do Cap. 24.

4. O acabamento pode ser indicado pelo símbolo padronizado para acabamento (V). O símbolo é aplicado *perpendicularmente* à face com seu ponto tocando uma linha curta que fica na superfície. O símbolo e a linha devem ser paralelos a um dos eixos principais. Se o símbolo não puder ser colocado desta forma, deve ser ligado a um indicador que aponte para a face. Ver problemas 5 e 18 do Cap. 24.

5. Os letreiros dos valores de cota e das anotações devem ser feitos de tal forma que pareçam estar dentro ou paralelos a uma das faces principais do desenho em perspectiva. Para isto, é preciso que os letreiros *sejam desenhados em perspectiva e representem letras do tipo vertical.* Observar a colocação e o letreiro dos valores de cota e das anotações nos problemas 54 e 56, Cap. 24.

O *American Standard* permite o letreiro de desenhos de perspectiva de acordo com o sistema unidirecional, com letreiros verticais ou inclinados. Faz-se isto principalmente para possibilitar o uso de instrumentos mecânicos para a realização de letreiros. Se o sistema unidirecional for empregado,

1. Os valores de cota serão desenhados para que sejam lidos a partir da parte inferior da folha.

2. As anotações serão desenhadas para que fiquem *no plano da figura*, sendo lidas a partir da parte inferior do papel. Se for possível, as anotações devem ser mantidas fora da vista.

COTAGEM DE CARACTERÍSTICAS PADRONIZADAS

38. Anotações

São expressões por meio de palavras que fornecem informações que não podem ser obtidas a partir das vistas ou cotas. Quase sempre, elas especificam forma, natureza do acabamento ou material padronizado e são classificadas como *gerais* ou *específicas*. Uma anotação geral se aplica a toda a peça e uma específica a uma determinada característica. Ocasionalmente, uma anotação economizará a realização de uma vista adicional ou mesmo de um desenho completo indicando, por exemplo, peças à direita ou à esquerda.

Não se deve ter receio de colocar anotações em desenhos. Deve-se suplementar a linguagem gráfica das linhas com a linguagem escrita sempre que através disso se puder transmitir informações adicionais, cuidando para que na redação da anotação sejam empregadas palavras precisas que não deixem dúvidas quanto ao seu significado.

Anotações gerais não requerem o uso de um indicador e devem ser agrupadas acima do título do desenho. São exemplos "Acabamento completo", "Concordância plana $^1/_4$ R, curva $^1/_8$ R, a não ser que haja outras especificações", "Todos os ângulos traçados a 7°", "Remover rebarbas".

A maior parte das informações fornecidas no título de um desenho mecânico é um agrupamento de anotações gerais. Por exemplo, quantidade de matéria-prima, material, tratamento térmico, etc., são anotações gerais no título do desenho da Fig. 10.106.

As *anotações específicas* quase sempre exigem um indicador e, desta maneira, devem ser colocadas bastante próximas da característica à qual se referem. São muito comuns as anotações que informam uma operação com um tamanho determinado, como "Broca $^1/_2$, 4 furos".

Apresenta-se na Fig. 10.43 a redação recomendada para anotações que ocorram com maior ou menor freqüência.

Quando são utilizados letreiros em caixa baixa, o uso de letras maiúsculas nas anotações depende muito do sistema empregado pela companhia. É comum usar letras maiúsculas em todas as palavras importantes. No entanto, em anotações longas, como nos desenhos de engenharia civil ou arquitetura, devem prevalecer as regras gramaticais para o uso de letras maiúsculas.

39. Ângulos

A linha de cota de um ângulo é um arco de circunferência com seu centro na interseção dos lados do ângulo (Fig. 10.44). O valor da cota é colocado de tal forma que seja lido horizontalmente, com exceção dos ângulos muito grandes, que podem ser cotados segundo a curvatura do arco. Os valores angulares devem ser escritos da seguinte forma: 35° 7', sem travessão entre os graus e os minutos.

40. Chanfros

Os chanfros podem ser cotados através de uma anotação, como na Fig. 10.45*a*, se o ângulo for de 45°. Entende-se como tamanho linear o lado menor do triângulo do chanfro; a cotagem sem anotação desse lado e o respectivo ângulo são apresentados em (*b*). Se o ângulo do chanfro for diferente de 45°, será cotado como em (*c*).

41. Conicidade

O termo "conicidade", como é utilizado em trabalho mecânico, geralmente significa a superfície de um tronco de cone. A cotagem dependerá do método de industrialização e da exatidão exigida. Se for usada conicidade padronizada (ver Apêndice), a especificação deve ser acompanhada por um dos diâmetros e pelo

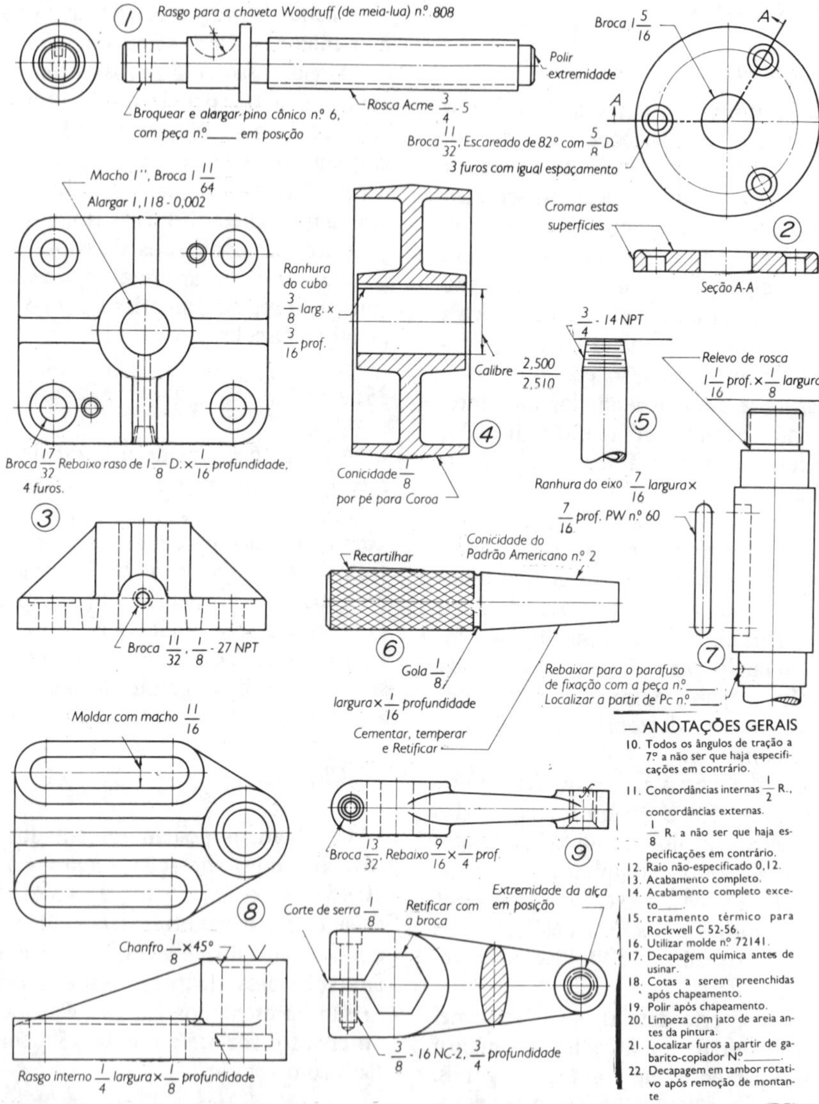

— ANOTAÇÕES GERAIS

10. Todos os ângulos de tração a 7º a não ser que haja especificações em contrário.
11. Concordâncias internas $\frac{1}{2}$ R., concordâncias externas. $\frac{1}{8}$ R. a não ser que haja especificações em contrário.
12. Raio não-especificado 0,12.
13. Acabamento completo.
14. Acabamento completo exceto____.
15. tratamento térmico para Rockwell C 52-56.
16. Utilizar molde n.º 72141.
17. Decapagem química antes de usinar.
18. Cotas a serem preenchidas após chapeamento.
19. Polir após chapeamento.
20. Limpeza com jato de areia antes da pintura.
21. Localizar furos a partir de gabarito-copiador N.º______.
22. Decapagem em tambor rotativo após remoção de montante

Anotação (aparece em) PC N.º	Anotação (aparece em) PC N.º	Anotação (aparece em) PC N.º	Anotação (aparece em) PC N.º
Tornear internamente	Concordância interna	Encalcar	Corte seção
Retificar c/broca	Sinal de trab. 8 (n) 9 (v.) 13, 14	Decapagem química	Rebaixo
Chanfrar	Esmerilhar (retificar)	Chapeamento	Rebaixo raso
Moldar com macho	Tratamento térmico	Polir	Roscar com machos
Rebaixar	Ranhura de chaveta	Alargar	Conicidade
Escarear	Ranhura do cubo	Relevo (rosca)	Gabarito-copiador
Bolear	Recartilhar	Concordâncias externas	Rosca
Broquear	Gola (ranhura)	Limpeza com jato de areia	Decapagem em tambor rotativo
Traçar	Molde	Corte de serra	Rasgo interno

Fig. 10.43. Palavras recomendadas nas notas dos desenhos.

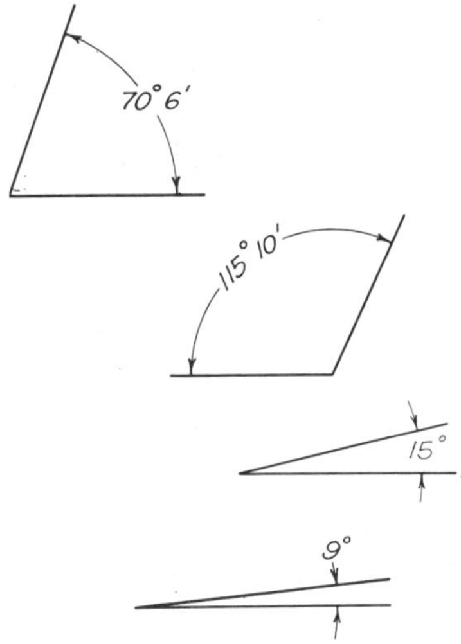

Fig. 10.44. Cotas para ângulos.

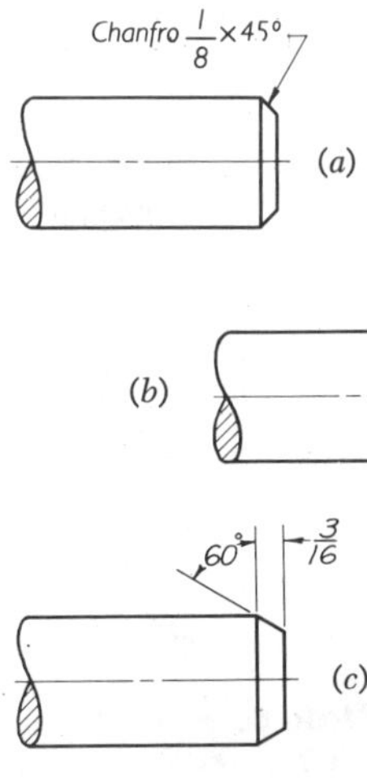

Fig. 10.45. Cotas para chanfros.

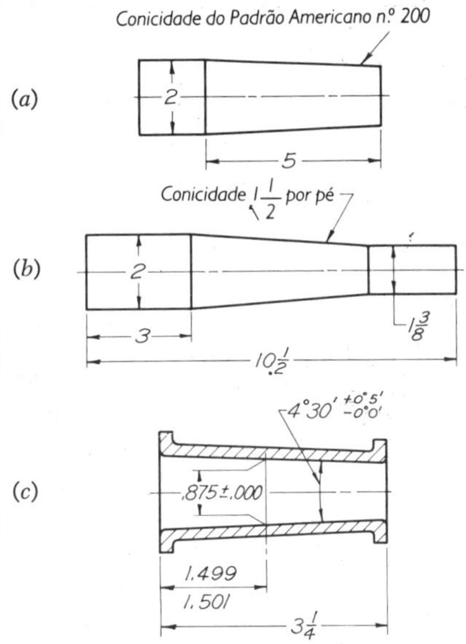

Fig. 10.46. Cotas de conicidade.

comprimento, como indicado em (*a*) na Fig. 10.46. Na mesma figura é ilustrado em (*b*) o método geral de fornecer os diâmetros de ambas as extremidades e a conicidade por pé. Um método alternativo é fornecer um diâmetro, o comprimento e a conicidade por pé. Define-se conicidade por pé como a diferença de diâmetro em polegadas por um pé de comprimento. Em (*c*) é apresentado o método de cotar em trabalho de precisão, quando se exige um bom ajustamento entre as peças, assim como um controle da distância de entrada. Devido à inexatidão resultante da medida de uma das extremidades, estabelece-se uma linha de aferição, onde o diâmetro deve ser medido. A distância de entrada é controlada através da variação permitida na localização da linha de aferição, e o ajustamento da conicidade é controlado pela exatidão exigida na especificação do ângulo.

42. Taludes, declives e declividade

Talude é um desvio da vertical, como o que se encontra nos lados de um muro de arrimo, de um pilar, etc. e *declive* e um desvio da horizontal. Ambos são expressos por uma razão na qual um fator

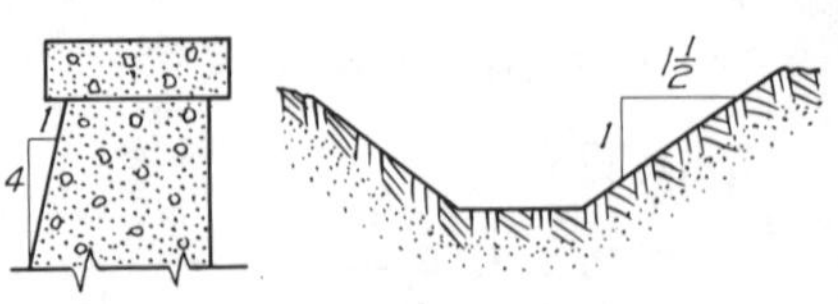

Fig. 10.47. Cotagem de *talude* e declive.

é igual à unidade, como ilustra a Fig. 10.47. A *declividade* é idêntica ao declive mas é expressa em percentagem, sendo a inclinação dada em pés por cento. No trabalho estrutural, as medidas angulares são indicadas por meio da razão de subida até a queda com o lado mais comprido de 12 pols.

43. Arcos

Os arcos devem ser cotados através do raio na vista em que a curva se apresenta em sua verdadeira grandeza. A linha de cota para um raio deve sempre ser desenhada como uma linha radial em ângulo (Fig. 10.48), nunca horizontal ou vertical; e utiliza-se somente uma seta. Não se colocam setas no centro do arco. O valor numérico deve ser seguido da letra *R*. Dependendo do tamanho do raio e do espaço disponível para colocação do valor, a linha de cota e o valor estarão ambos dentro do arco, ou a linha estará dentro e o valor fora ou, em arcos muito pequenos, ambos estarão fora, como é mostrado na ilustração.

Quando o centro de um arco fica fora dos limites do desenho, ele é movido ao longo da linha de centro do arco até ficar mais próximo, e a linha de cota é deslocada para que encontre o novo centro (Fig. 10.49). A parte da linha de cota adjacente ao arco é uma linha radial do centro real.

Uma linha curva constituída por arcos de circunferência é cotada através de raios com os centros localizados, como na Fig. 10.50.

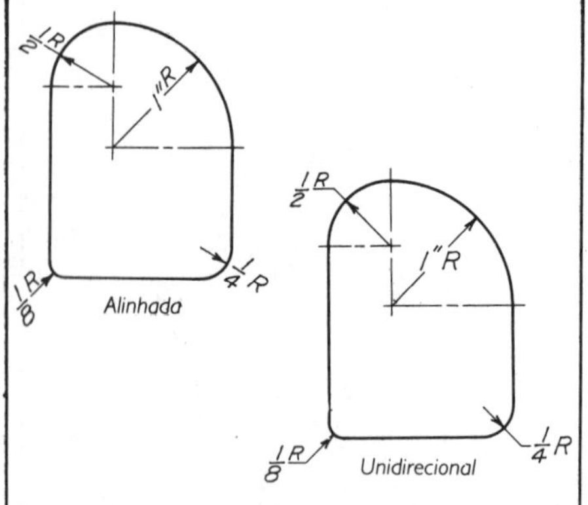

Fig. 10.48. Cotagem de raios.

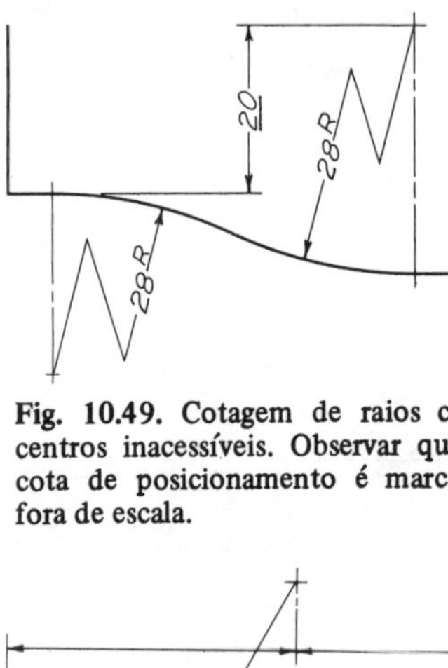

Fig. 10.49. Cotagem de raios com centros inacessíveis. Observar que a cota de posicionamento é marcada fora de escala.

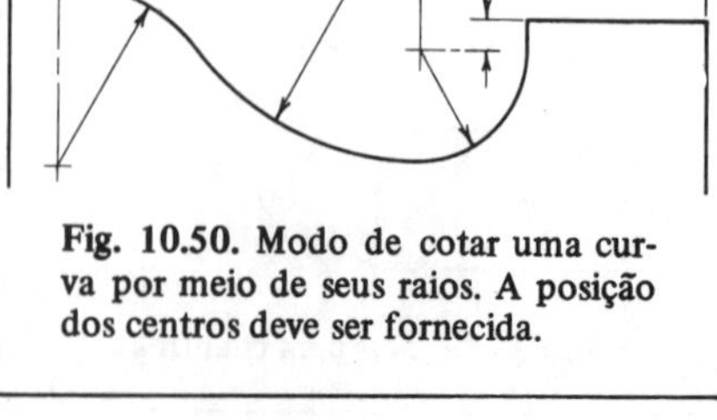

Fig. 10.50. Modo de cotar uma curva por meio de seus raios. A posição dos centros deve ser fornecida.

44. Curvas

As curvas que não necessitam de grande exatidão são cotadas por meio de

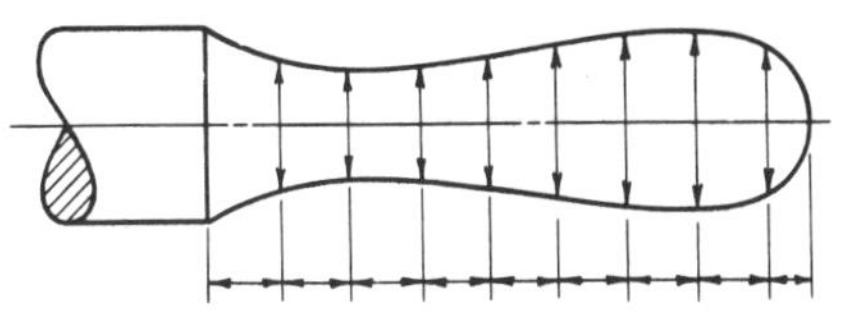

Fig. 10.51. Modo de cotar uma curva por meio de coordenadas.

coordenadas, como na Fig. 10.51. Quando é exigida maior exatidão, recomendam-se cotas através de pontos referenciais, como é mostrado na Fig. 10.52. Observar nessa figura que *qualquer* par de cotas (indicadas por x) posiciona com exatidão um ponto.

45. Formas com extremidades arredondadas

Formas com extremidades arredondadas devem ser cotadas de acordo com seu modo de fabricação. A Fig. 10.53 apresenta vários contornos semelhantes cotados diferentemente. Para a representação da conexão (*a*), a ser cortada em material fino, são dados os raios das extremidades e a distância entre centros. Em (*b*), mostra-se uma base fundida cotada como em

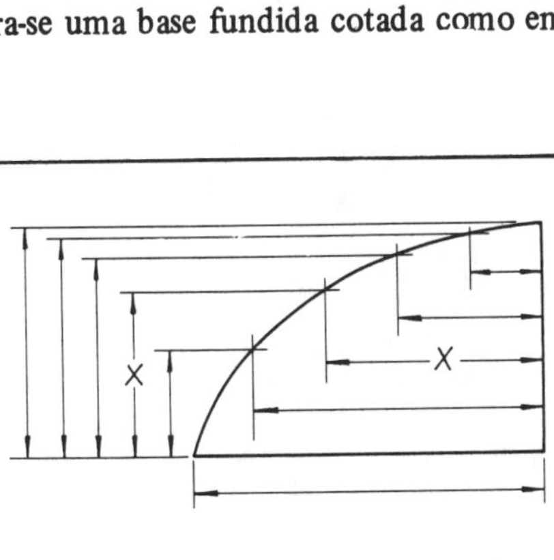

Fig. 10.52. Uma curva cotada a partir de pontos referenciais.

(*a*) com as cotas mais necessárias ao modelador. O desenho em (*c*) representa um rasgo feito num sólido com máquina de fresar. As cotas dadas indicam o diâmetro da fresa, bem como o avanço da mesa da fresadora. Em (*d*) vê-se o contorno do encaixe de uma chaveta, semelhante àquele mostrado em (*c*), mas cotado para produção em série, quando, ao invés do avanço da mesa, necessita-se do comprimento total para o estabelecimento de bitolas. Chavetas Pratt e Whitney e assentos de chaveta são cotados pelo método indicado em (*d*).

46. Cotas e especificações para furos

Furos broqueados, alargados, torneados internamente, puncionados ou moldados com machos são geralmente especificados por anotações que fornecem o diâmetro, a operação e a profundidade quando necessárias. Se houver mais de um furo do mesmo tipo, o indicador deverá apontar para apenas um furo e o número de furos é determinado na anotação (Fig. 10.54). Pode-se agrupar várias operações que envolvam um único furo em uma anotação comum. As Figs. 10.54 a 10.57 mostram o método típico de cotagem para furos broqueados e alargados, rebaixados, escareados e com rebaixo raso.

O ANSI especifica que tamanhos padronizados de brocas sejam dados em frações decimais do tipo 0,250, 0,375, 0,750, 1,500. Se o tamanho for dado em frações ordinárias, o decimal equivalente deverá ser acrescentado.

O indicador de um furo deve apontar, se possível, para a vista *circular*. A seta é dirigida para o centro (Fig. 10.9*b*). Em circunferências concêntricas, a seta deve tocar a circunferência interna (geralmente a primeira operação) a não ser que uma circunferência externa ultrapasse a ponta da seta. Neste caso, ela deve ser desenhada para tocar a circunferência externa.

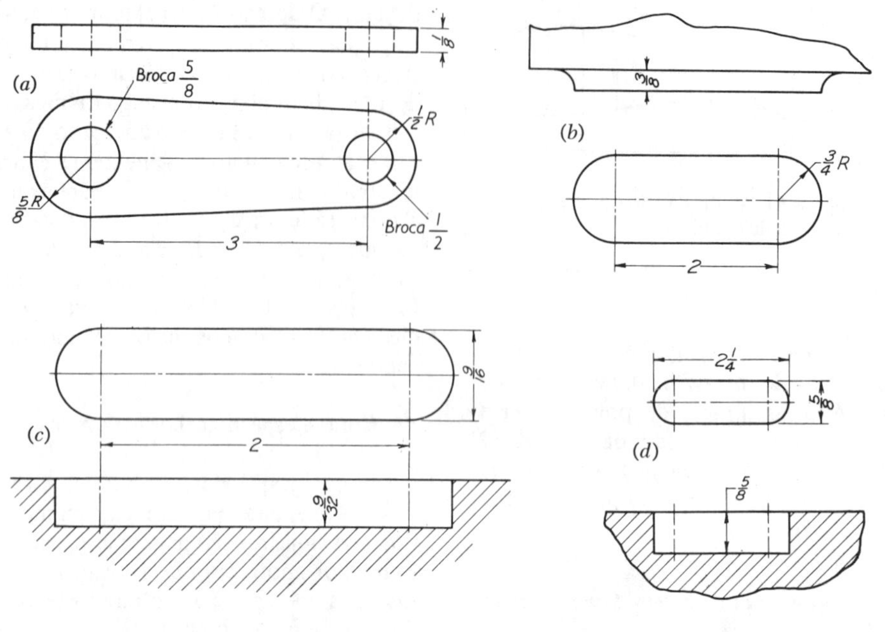

Fig. 10.53. Modo de cotar formas com extremidades arredondadas.

Os furos constituídos de vários diâmetros e envolvendo vários estágios de acabamento podem ser cotados como é mostrado na Fig. 10.58. Este método de cotagem combina anotações e cotas comuns.

47. Posicionamento de furos

Peças que se acoplam por meio de pinos, parafusos, rebites, etc., devem ter furos posicionados a partir de superfícies e linhas de referência comuns para asse-

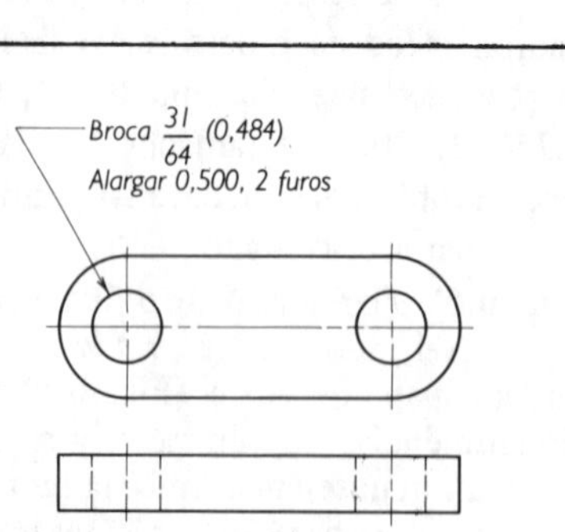

Fig. 10.54. Cotagem de furos brocados e alargados.

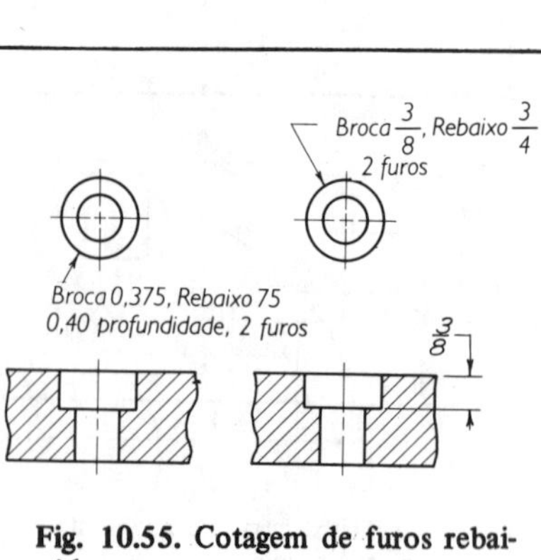

Fig. 10.55. Cotagem de furos rebaixádos.

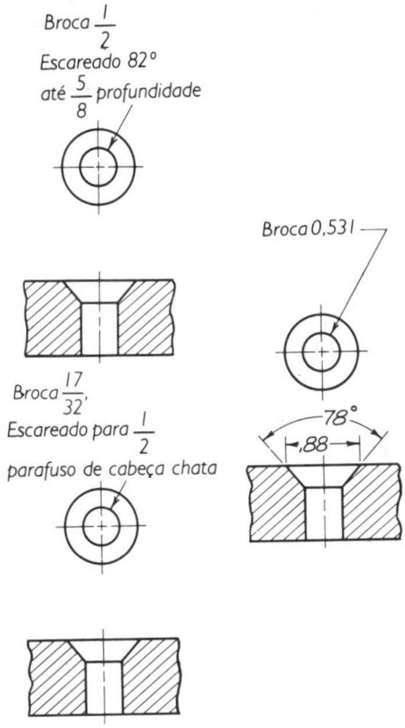

Fig. 10.56. Cotagem de furos escareados.

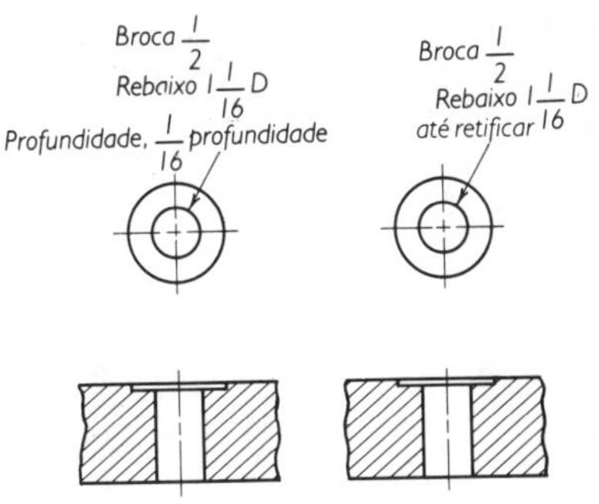

Fig. 10.57. Cotagem de furos com rebaixo raso.

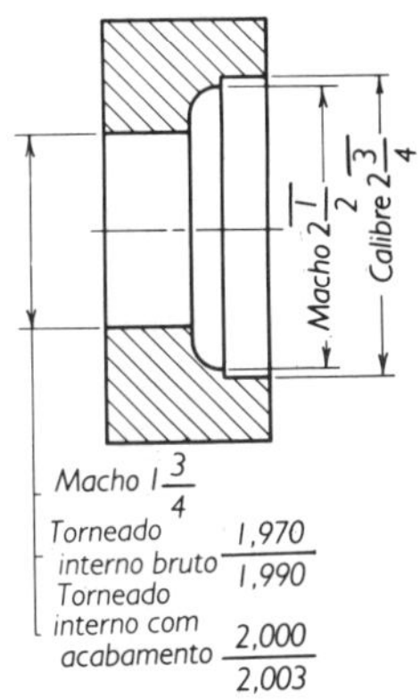

Fig. 10.58. Método de especificar várias operações em um furo.

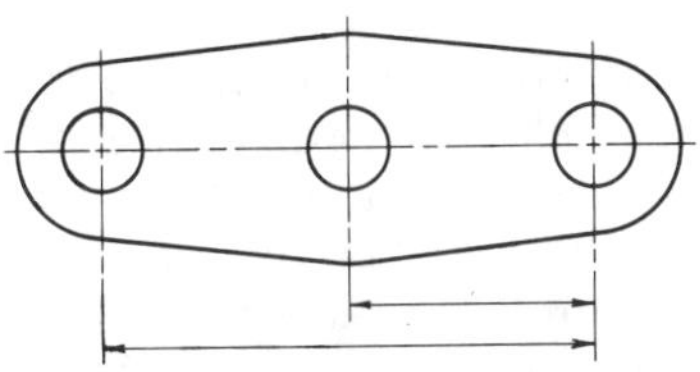

Fig. 10.59. Cotas de posição para furos.

gurar o ajustamento dos furos. Quando houver dois ou mais furos numa determinada linha de centro, os furos necessitarão de somente uma cota de posição em uma direção (Fig. 10.59). Se os furos não estiverem sobre uma mesma linha de centro, necessitarão posicionamento em duas direções, como na Fig. 10.60. Prefere-se utilizar o método mostrado em (*b*) quando for importante obter as posições de ambos os furos, determinadas a partir de características referenciais (lados esquerdo e inferior da peça).

Prefere-se o método de posicionamento de furos através de coordenadas (Fig. 10.61*a*) nos trabalhos de precisão. Muitas vezes, pode-se utilizar uma circunferência como referencial, onde serão colocados os furos, como na figura. O diâmetro do círculo de um furo é sempre dado na vista circular. As linhas referenciais, neste caso, são as linhas de centro da peça.

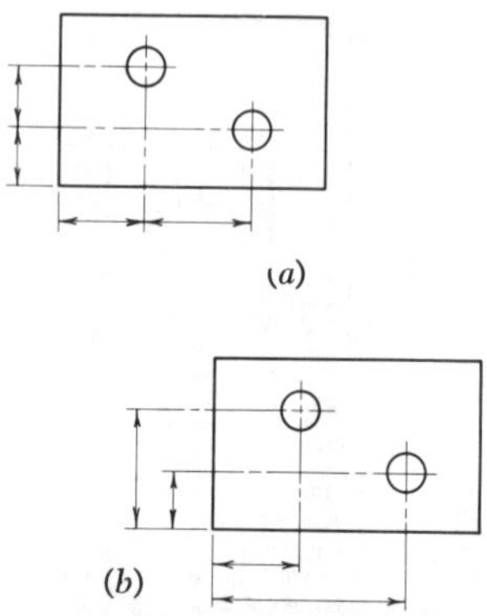

Fig. 10.60. Cotas de posição para furos.

As circunferências de localização dos furos são linhas de centro circulares, freqüentemente denominadas "circunferências de pino", nas quais os centros de uma série de furos são localizados.

Um processo também utilizado é fornecer o diâmetro da circunferência de localização dos furos e uma anotação especificando o tamanho, o número necessário e o espaçamento desses furos, como na Fig. 10.61*b*. Se um ou mais furos não estiverem em posição regular de igual espaçamento, pode-se dar sua localização através de uma cota deslocada, como se mostra em (*c*).

A Fig. 10.62 mostra furos localizados por coordenadas polares. Este método deve ser usado somente quando se tiver à disposição um equipamento de oficina moderno e exato para a localização de furos através de um ângulo.

48. Superfícies cilíndricas

As superfícies cilíndricas de um desenho que tenham uma vista de perfil poderão ser dimensionadas como na Fig. 10.63*a*; se não há vista de perfil, deve-se colocar a abreviatura "DIÂM." (diâmetro) após cada valor, como na Fig. 10.63*b*.

49. Superfícies esféricas

As superfícies esféricas devem ser cotadas como na Fig. 10.64, isto é, colocando a abreviação "ESF." (esfera) após o valor de cota.

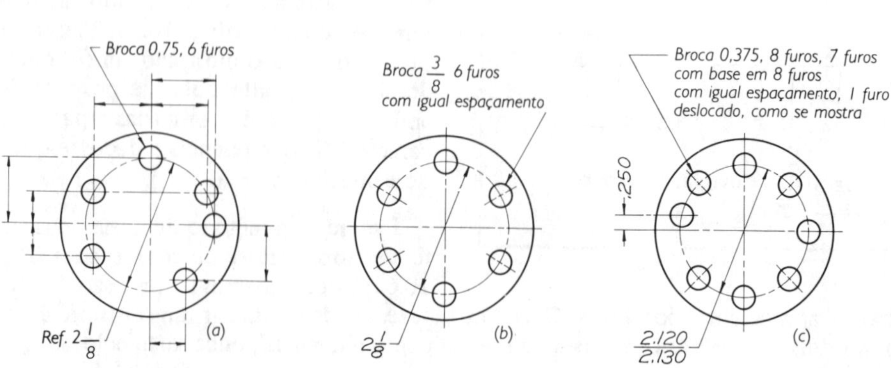

Fig. 10.61. Posicionamento de furos em "circunferência de localização". (*a*) a partir de linhas referenciais; (*b*) com espaçamento igual; (*c*) com deslocamento de um furo.

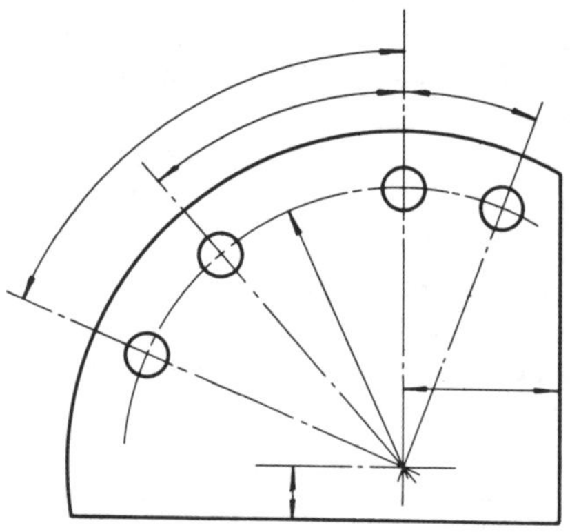

Fig. 10.62. Furos posicionados através de um ângulo a partir de linhas referenciais.

50. Superfícies curvas

A posição de uma peça curva pode ser mal construída, a não ser que haja uma especificação que mostre a *superfície* da peça à qual a cota se refere, como na Fig. 10.65.

51. Roscas, fixadores, rasgos e assentos de chaveta

A cotagem desses elementos será fornecida numa seção posterior.

52. O sistema métrico

O conhecimento do sistema métrico é indispensável, pois além de ser o sistema padrão na maioria dos países civilizados está sendo usado com freqüência cada vez maior, em desenhos executados nos Estados Unidos. O primeiro exemplo de padronização internacional de um instrumento mecânico é o dos rolamentos de esferas que já foram padronizados pelo sistema métrico.

No sistema métrico, os desenhos em escala não são feitos em escalas inglesas ou americanas, mas se baseiam em divisões de 10 como tamanho completo e então 1 ou por 2, 1 por 2 $^1/_2$, 1 por 5, 1 por 10, 1 por 20, 1 por 50 e 1 por 100. A unidade de comprimento é o milímetro (mm) e se convencionou que todos os números sejam expressos em milímetros, sem qualquer símbolo indicativo. A Fig. 10.66 é um exemplo de cotagem pelo sistema métrico. Uma tabela de conversão das unidades de comprimento inglesas em unidades métricas é fornecida no Apêndice.

53. Dimensões, peças e ferramentas padronizadas

Ao cotar qualquer peça mecânica, freqüentemente é necessário especificar algu-

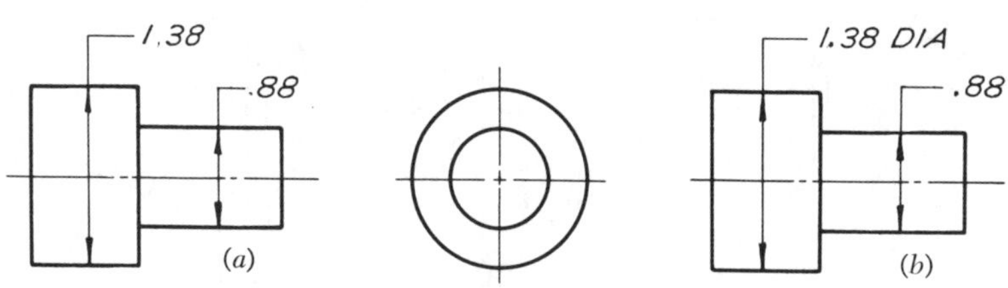

Fig. 10.63. Cotagem de cilindros. (*a*) mostrando a vista de perfil; (*b*) sem mostrar a vista de perfil.

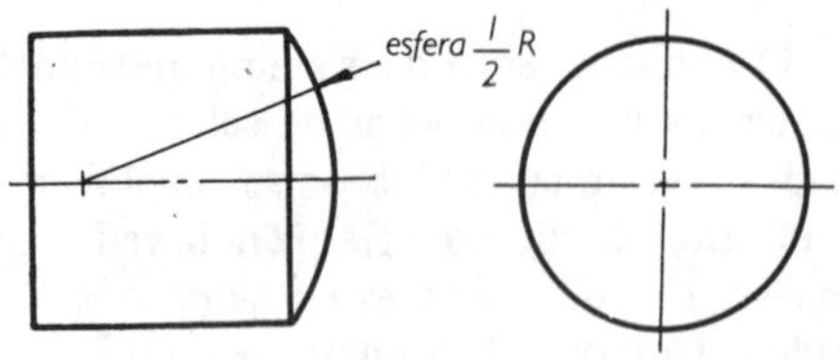

Fig. 10.64. Cotagem de uma superfície esférica.

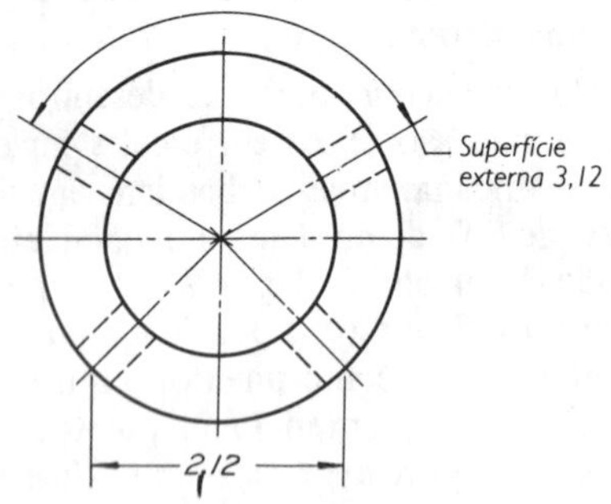

Fig. 10.65. Modo de cotar sobre uma superfície curva.

ma espessura ou diâmetro padronizado ou a dimensão produzida por uma ferramenta padronizada. O American Standard, que prevalece sobre os padrões de companhia, ou a padronização do fabricante devem ser consultados para assegurar o fornecimento de informações corretas.

As *bitolas de arame ou de metal em chapa* são dadas por números e são seguidas pela espessura ou diâmetro equivalente em forma decimal.

Pinos e parafusos são fornecidos em tamanhos fracionários e numerados.

Chavetas são oferecidas em tamanhos numerados pelo fabricante ou, no caso de chavetas quadradas ou em cunha, em tamanhos fracionários.

Rebites, dependendo do tipo, são fornecidos em tamanhos fracionários ou numerados.

Brocas são oferecidas em tamanhos numerados, por letras, frações e pelo sistema métrico.

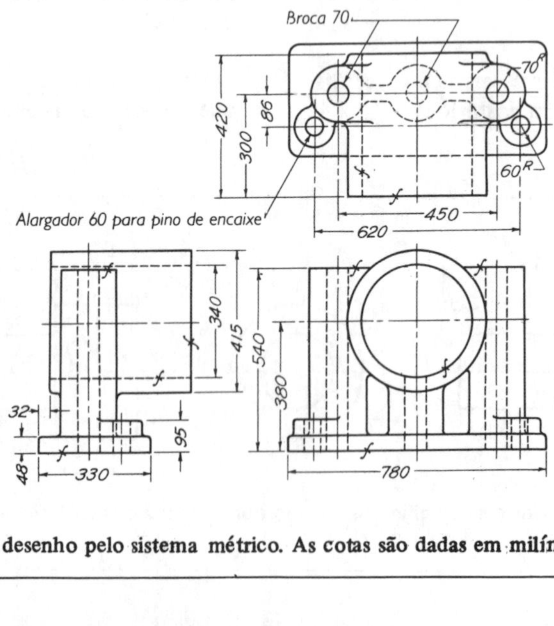

Fig. 10.66. Um desenho pelo sistema métrico. As cotas são dadas em milímetros.

Alargadores, fresas e outras ferramentas padronizadas são encontrados numa variedade de tamanhos padronizados.

O Apêndice fornece tabelas de bitolas de arame e metal, tamanhos de pinos e parafusos, tamanhos de chavetas, etc. Os padrões do ANSI ou dos fabricantes fornecerão as informações adicionais necessárias.

PRECISÃO E TOLERÂNCIA

54. Precisão e tolerância

Na fabricação de qualquer máquina ou estrutura, a consideração primordial é a qualidade. O cuidado de industrialização dedicado ao produto determina no mercado sua qualidade em relação a produtos competidores e, em parte, seu custo relativo e preço de venda.

Precisão é o grau de exatidão necessária para assegurar o funcionamento adequado de uma peça. Por exemplo, peças fundidas geralmente possuem dois tipos de superfícies: as que se acoplam e as que não se acoplam. As superfícies que se acoplam são usinadas com o acabamento adequado e na distância correta umas das outras. As superfícies que não se acoplam, expostas ao ar e sem relação importante com as outras peças ou superfícies, são deixadas na sua forma original de fundição bruta. Assim, as superfícies que se acoplam geralmente exigem uma precisão de fabricação muito maior do que as superfícies que não se acoplam. As cotas de um desenho devem indicar quais as superfícies que sofrerão acabamento e o grau de precisão que este deve apresentar. No entanto, uma vez que é impossível produzir qualquer distância em tamanho absoluto, é permitida alguma variação na industrialização.

Tolerância é a amplitude máxima de variação permitida para um determinado tamanho e fornece uma forma prática de alcançar a precisão necessária. A tolerância de uma determinada cota varia com o grau de precisão necessário para aquela superfície em particular. Em superfícies que não se acoplam, a tolerância pode variar de 0,01 pol., em peças pequenas, até 1 pol. em peças muito grandes. Em superfícies que se acoplam, necessitam-se algumas vezes tolerâncias tão pequenas como milionésimos de polegada (em superfícies de ajustamento extremamente próximo), mas geralmente as superfícies são acabadas com uma precisão de 0,001 a 0,010, dependendo da função da peça. A Fig. 10.67 mostra cotas de tolerâncias variadas em um desenho mecânico. Os métodos para expressar tolerâncias são fornecidos na Seç. 61.

Em alguns casos, especialmente em trabalho estrutural e arquitetônico, as tolerâncias não são colocadas no desenho mas num conjunto de especificações, ou são entendidas como sendo de um tipo padronizado para a indústria.

55. Ajuste de peças que se acoplam

As peças de uma máquina têm uma relação definida com aquelas às quais se acoplam para realizar uma determinada função, tal como rotação, movimento longitudinal, ação de grampeamento, posição fixa permanente, etc. Para assegurar uma relação adequada, o método tradicional era marcar o desenho de ambas as peças com a mesma cota fracionária e acrescentar uma anotação tal como "ajuste de funcionamento" ou "ajuste de movimento", deixando a diferença de tamanho exigida (a tolerância) a cargo da experiência e bom-senso do operador da máquina.

Tomando como exemplo o eixo da Fig. 10.68: ele deve deslizar longitudinalmente no furo. Se este for usinado em primeiro lugar e medir 1,499 pol., e o mecânico, baseado em sua experiência, usinar cuidadosamente o eixo com 1,495 pol., prevendo uma tolerância de 0,004 pol., as peças se ajustarão e funcionarão perfeitamente. Na realização de

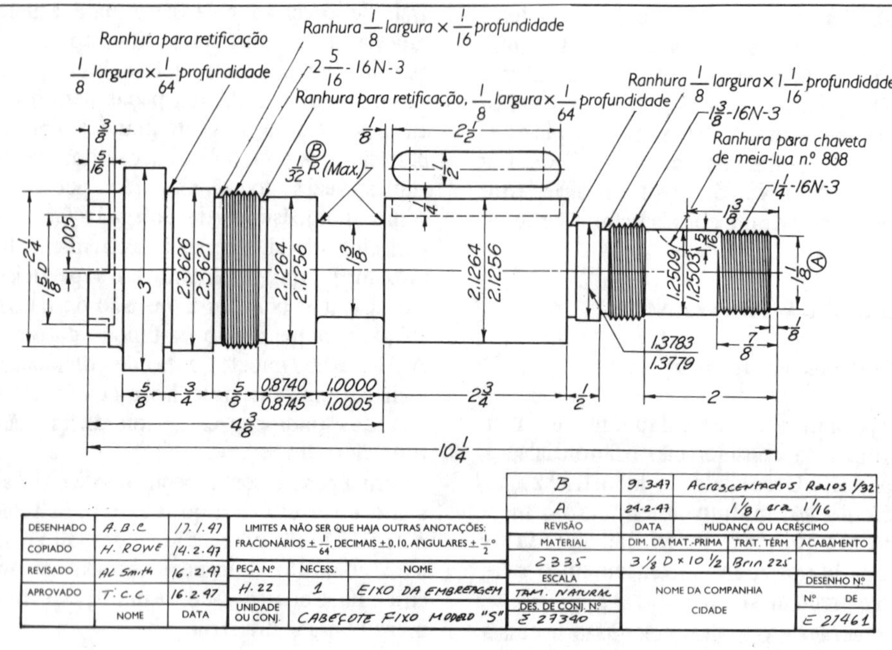

Fig. 10.67. Cotas com tolerância. O título do desenho dá tolerância para cotas fracionárias, decimais e angulares. Todas as outras tolerâncias são diretamente especificadas como limites.

uma segunda usinagem, se o furo medir, por exemplo, 1,504 pol. após a usinagem, o eixo terá que ser feito com 1,500 pol.

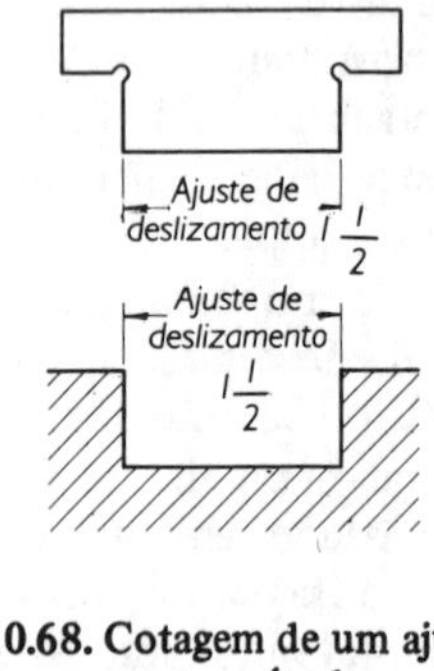

Fig. 10.68. Cotagem de um ajuste. De acordo com este método, o mecânico ajusta uma peça à outra.

para obter-se um ajuste semelhante; mas se as peças fossem permutadas o eixo da primeira usinagem ficaria muito frouxo no furo da segunda e o eixo da segunda não entraria no furo da primeira. Desta forma, as peças não seriam permutáveis.

Uma vez que é impossível trabalhar com tamanhos absolutos, é necessário, quando se exige montagem permutável, que se forneçam cotas de peças que se acoplam com "limites", isto é, devem ser fornecidos os tamanhos máximo e mínimo entre os quais devem estar as medidas reais para que a peça seja aceita. As cotas de cada peça são fornecidas em números decimais de três ou quatro casas, sendo que o departamento de engenharia se responsabilizará pela correção do ajuste exigido.

A Fig. 10.69 mostra o mesmo eixo e furo da Fig. 10.68, mas desta vez cotados

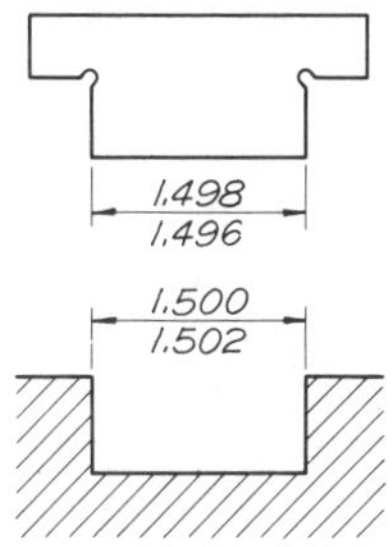

Fig. 10.69. Cotagem de um ajuste com limites. Tolerância no eixo, 0,002 pol.; tolerância no furo, 0,002 pol.; margem, 0,002 pol.

de maneira que seja possível a permutabilidade das peças. Neste caso, para um funcionamento satisfatório, foi decidido que o eixo deve ser pelo menos 0,002 pol. menor que o furo, mas não menor que 0,006 pol. Isto fornece um ajuste médio semelhante àquele que foi utilizado no exemplo anterior. São então encontrados os tamanhos máximo e mínimo aceitáveis para cada peça.

O valor 1,500 pol. foi determinado como o tamanho máximo possível do furo. Este valor menos a folga mínima, 0,002 pol., fornece um tamanho máximo de 1,498 para o eixo. Sendo a folga máxima permitida, 0,006 e 0,002 a folga mínima permitida, obtemos 0,004, que é a tolerância total de fabricação para ambas as peças. Dividindo este valor por dois, é referido como 0,002 para o furo e 0,002 para o eixo. Assim, o tamanho máximo do furo será o seu tamanho mínimo *mais* a tolerância, ou 1,500 + 0,002 = 1,502. O tamanho mínimo do eixo será o seu tamanho máximo *menos* sua tolerância, ou 1,498 – 0,002 = 1,496.

Um estudo da Fig. 10.69 mostra que, realizadas em série, as duas peças permitirão montagem permutável e que qualquer par se ajustará aproximadamente como qualquer outro, como foi planejado. Este sistema é essencial na indústria moderna de produção em série. Os métodos de produção em série e de produção unitária são discutidos na Seç. 80.

56. Nomenclatura

Os termos utilizados na cotagem de limites são tão interligados que deve-se entender claramente seu significado antes de se tentar um estudo detalhado do método.

Os seguintes termos foram adaptados a partir de definições do ANSI:

Dimensão. A dimensão é a designação utilizada com o propósito de identificação geral.

Cota. Uma cota é uma característica geométrica como diâmetro, comprimento, ângulo ou distância de centro.

Tamanho. Tamanho é uma designação de magnitude. Quando se dá um valor a uma cota, estamos nos referindo ao tamanho daquela cota.

Margem. A margem é a diferença exigida entre dimensões correlatas de peças que se acoplam (ver definição de "Ajuste"). É uma folga mínima (margem positiva) ou interferência máxima (margem negativa) entre as peças.

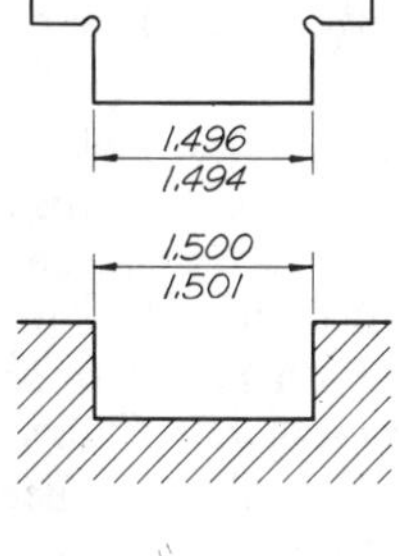

Fig. 10.70. Um exemplo de cotagem de limites. Tolerância no eixo, 0,002 pol.; tolerância no furo, 0,001 pol.; margem, 0,004 pol.

Tolerância. A tolerância de uma dimensão é a sua variação total permissível dada pela diferença entre o limite máximo e o limite mínimo.

Dimensão básica. A dimensão básica é aquela dimensão que serve de origem para os limites pela aplicação das margens e tolerâncias.

Dimensão de projeto. A dimensão de projeto é o valor dimensional do qual provêm os limites das peças pela aplicação das tolerâncias. Quando a margem é nula, a dimensão de projeto é igual à dimensão básica.

Tamanho efetivo. O tamanho efetivo é um tamanho medido.

Limites. Os limites são as dimensões extremas entre as quais pode variar a dimensão efetiva.

Limite máximo de material. Limite máximo de material é o limite máximo permissível a uma dimensão externa ou o limite mínimo permissível a uma dimensão interna.

Limite mínimo de material. Limite mínimo permissível a uma dimensão externa ou o limite máximo permissível a uma dimensão interna.

Limite de tolerância. Limite de tolerância é a variação, positiva ou negativa, permitida para que um tamanho se afaste da dimensão de projeto.

Tolerância unilateral. Tolerância unilateral é uma tolerância em que as variações dimensionais são permitidas apenas em uma direção a partir da dimensão do projeto.

Tolerância bilateral. Tolerância bilateral é aquela em que as variações dimensionais são permitidas em ambas as direções a partir da dimensão de projeto.

Sistema de tolerância unilateral. Um sistema de projeto que utiliza somente a tolerância unilateral é conhecido como Sistema de Tolerância Unilateral.

Sistema de tolerância bilateral. Um sistema de projeto que utiliza somente tolerâncias bilaterais é conhecido como Sistema de Tolerância Bilateral.

Ajuste. Ajuste é a relação entre dois elementos acoplados, referente à folga ou à interferência que resulta entre eles.

Ajuste efetivo. Ajuste efetivo é a correlação existente entre peças que se acoplam quando se toma em consideração a quantidade de folga ou interferência efetivamente verificada.

Ajuste com folga. Ajuste em que as dimensões das peças são prescritas de tal forma que nos acoplamentos delas resulta sempre uma folga.

Ajuste com interferência. Ajuste em que as dimensões das peças são prescritas de tal forma que nos acoplamentos delas resulta sempre uma interferência.

Ajuste incerto. Um ajuste incerto é aquele em que as dimensões das peças são prescritas de tal modo que no acoplamento delas pode resultar uma folga ou uma interferência.

Sistema de furo-base. No sistema de furo-base a linha zero* constitui o limite inferior da tolerância do furo.

Sistema de eixo-base. Um sistema de eixo-base é um sistema de ajustes onde a linha zero constitui o limite superior da tolerância do furo.

Para ilustração de alguns desses termos um par de peças que se acoplam foi cotado na Fig. 10.70. Nesse exemplo, a *dimensão* é $1\,^1/_2$ pol. A *dimensão básica* é 1,500. A *margem* é 0,004. A *tolerância* do eixo é 0,002 e do furo é 0,001. Os *limites* são, para o eixo, 1,496 (máximo) e 1,494 (mínimo) e, para o furo, 1,501 (máximo) e 1,500 (mínimo).

57. Classes gerais de ajuste

Os ajustes estabelecidos em peças mecânicas são classificados da seguinte maneira:

Um *ajuste com folga* é aquele em que o afastamento superior do eixo é menor

* Linha zero é a linha que nos desenhos fixa a dimensão nominal e serve de origem aos afastamentos (N. da ed. bras.)

ou igual ao afastamento inferior do furo, como se ilustra pela cotagem da Fig. 10.71. Nesse caso, o eixo é de 1,495 pol. e o furo de 1,500 pol., deixando uma folga de 0,005 para o ajuste com uma exatidão aceitável.

Um *ajuste com interferência* é o oposto do ajuste com folga. É aquele em que o afastamento superior do furo é menor ou igual ao afastamento inferior do eixo. Nesse caso, as peças devem ser montadas por pressão ou por expansão térmica do elemento externo. A Fig. 10.72 ilustra esse fato. O eixo é 0,001 pol. maior que o furo para o ajuste mais frouxo. A margem, nesse caso, é uma interferência de 0,003 pol.

Um *ajuste incerto* é aquele em que se pode ter um ajuste com folga ou com interferência. A Fig. 10.73 é exemplo de um ajuste incerto; o eixo menor no furo maior resulta em uma folga de 0,0003 pol. e o eixo maior no furo menor resulta em uma interferência de 0,0007 pol.

58. Montagem seletiva

Algumas vezes, o ajuste desejado pode estar tão próximo e as tolerâncias serem tão pequenas que o custo da produção de peças permutáveis torna-se proibitivo. Em tais casos, podem ser estabelecidas tolerâncias tão pequenas quanto possíveis em termos práticos; então, calibram-se e graduam-se as peças em *pequenas, médias* e *grandes*. Um eixo pequeno em um furo pequeno, um médio em um médio ou um grande em um grande produzirão aproximadamente a mesma margem de ajuste. Os ajustes incertos e com interferência freqüentemente requerem uma seleção de peças para que seja alcançada a quantidade desejada de folga ou interferência. Rolamentos antifricção são geralmente montados seletivamente.

59. Sistemas furo-base e eixo-base

A economia de produção depende até certo ponto de qual peça a ser acoplada

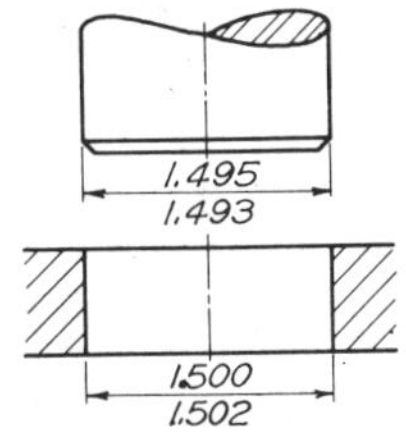

Fig. 10.71. Um ajuste de folga. O ajuste mais apertado tem 0,005 pol. de folga; o mais frouxo, 0,009 pol. de folga.

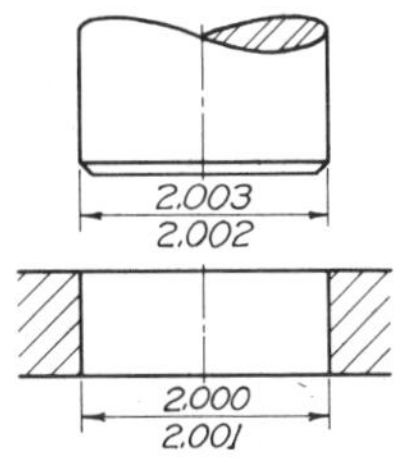

Fig. 10.72. Um ajuste de interferência. O ajuste mais frouxo tem interferência de 0,001 pol.; o mais apertado tem 0,003 pol. de interferência.

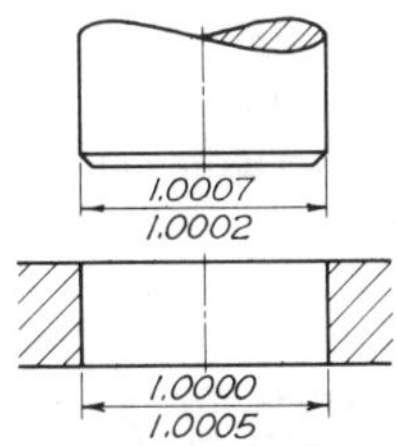

Fig. 10.73. Ajuste incerto. O ajuste mais frouxo tem 0,0003 pol. de folga; o mais apertado, 0,0007 pol. de interferência.

é tomada como padrão. No *sistema de furo-base*, o tamanho mínimo do furo é tomado como base a partir da qual são feitas todas as variações; freqüentemente, o furo pode ser feito com uma ferramenta padronizada.

Emprega-se o *sistema de eixo-base*, no qual o tamanho máximo de eixo é tomado como o tamanho básico, quando se necessita, em um eixo, de uma série de ajustes diferentes da mesma dimensão como, por exemplo, quando se ajustam rolamentos a eixos de transmissão.

Fig. 10.74. Tolerâncias expressas em limites.

(*a*) (*b*)

Fig. 10.75. Tolerâncias para mais e para menos.

60. Tolerâncias unilaterais e bilaterais

Uma tolerância unilateral é aquela na qual a variação total da margem está em *uma* direção, para mais ou para menos (e não em ambas), do valor básico. Uma tolerância bilateral é aquela em que a tolerância é dividida, com maior parte para mais e o restante para menos em relação ao valor básico.

61. Métodos de expressar tolerâncias

As tolerâncias podem ser *específicas*, fornecidas com o valor de cota; ou *gerais*, fornecidas como uma anotação no título do desenho. As tolerâncias gerais se aplicam a todas as cotas e não compreendem uma tolerância específica. Deve-se aplicar a tolerância geral sempre que possível, usando as tolerâncias específicas somente quando necessário. Se as tolerâncias não estiverem especificadas, o valor geralmente aceito para cotas fracionárias é $\pm\ ^1/_{64}$ pol.; para cotas angulares, $\pm\ ^1/_2{}^{\circ}$; e para cotas decimais, mais ou menos o número imediatamente significativo como, por exemplo, ± 0,01 pol. para um decimal de duas casas e ± 0,001 pol. para um decimal de três casas.

Há vários métodos de expressar tolerâncias. O método preferido em trabalho de produção em série, quando os calibres são largamente empregados, é escrever os dois limites que representam as dimensões máxima e mínima aceitáveis, como na Fig. 10.74. Uma cota interna tem o tamanho *mínimo* acima da linha e uma cota externa tem o tamanho *máximo* acima da linha. Esta disposição é conveniente para a usinagem.

Outro método é dar o tamanho básico seguido pela tolerância, mais ou menos (com o mais acima do menos), como na Fig. 10.75. Se for dado somente um valor de tolerância, como em (*b*), o outro valor é considerado como sendo zero.

Tolerâncias *unilaterais* são expressas pelos dois limites, como na Fig. 10.74, ou por um tamanho-limite e a tolerância, como 2,750 + 0,005 ou $2{,}705\begin{smallmatrix}+0{,}005\\-0{,}000\end{smallmatrix}$; para cotas fracionárias, $^1/_2 - {}^1/_{32}$ ou $^1/_2\begin{smallmatrix}+0\\-{}^1/_{32}\end{smallmatrix}$; para cotas angulares, 64°15'30" + 0°45'0" ou $64^{\circ}15'30''\begin{smallmatrix}+0^{\circ}45'0''\\-0^{\circ}0'0''\end{smallmatrix}$

As tolerâncias *bilaterais* são divididas de forma que metade delas fique acima e metade abaixo da dimensão básica (geralmente iguais em quantidade), como $1{,}500\begin{smallmatrix}+0{,}002\\-0{,}002\end{smallmatrix}$ ou 1,500 ± 0,002; para cotas fracionárias, $1^1/_2\begin{smallmatrix}+{}^1/_{64}\\-{}^1/_{64}\end{smallmatrix}$ ou $1^1/_2\begin{smallmatrix}\pm{}^1/_{64}\\-{}^1/_{64}\end{smallmatrix}$; para cotas angulares $30^{\circ}0'\begin{smallmatrix}+0^{\circ}10'\\-0^{\circ}10'\end{smallmatrix}$ ou 30°0' ± 0°10 .

62. Casas decimais

Um valor de cota deve ser levado ao mesmo número de casas decimais que a tolerância. Por exemplo, com uma tolerância de 0,0005 em uma cota nominal de $1\ ^1/_2$ pol., o valor básico deve ser escrito 1,5000. Tolerâncias para valores em frações ordinárias devem ser dadas como tais, como $^7/_8 \pm {}^1/_{64}$. As tolerâncias para valores decimais devem ser dadas como frações decimais, como 0,750 ± 0,010.

63. Aspectos fundamentais para a seleção de tolerâncias

Antes que o engenheiro possa decidir sobre a precisão necessária em uma determinada peça e especificar os ajustes e tolerâncias adequados, deve ter experiência no processo de industrialização utilizado e compreender o mecanismo envolvido. A seguinte citação retirada do ANSI Standard é aplicável: "Muitos fatores, tais como o comprimento da engrenagem, resistência do mancal, velocidade, lubrificação, temperatura, umidade e materiais, devem ser levados em consideração na seleção de ajustes para uma determinada aplicação."

A tabela do ANSI para ajustes cilíndricos (Apêndice), explicada na Sec. 67, pode ser tomada como guia para o trabalho comum.

Em muitos casos, a experiência prática é necessária para a determinação das condições de ajuste que garantam um desempenho adequado. É muito difícil determinar o tamanho preciso no qual o desempenho torna-se inadequado e, algumas vezes, as tolerâncias críticas são determinadas através de testagem exaustiva de modelos experimentais.

É essencial o conhecimento da precisão alcançada através das várias ferramentas mecânicas e dos processos de usinagem. Por exemplo, furos que devem ser produzidos por brocas não devem ser especificados com uma tolerância menor do que possa ser obtida por essa operação. A precisão obtida na industrialização é discutida na Seç. 64. É necessário um conhecimento de formas e tipos de equipamento para assegurar a obtenção das tolerâncias especificadas.

64. Precisão na industrialização

Cada processo de industrialização possibilita um determinado grau mínimo de exatidão, dependendo do tamanho do trabalho, da condição do equipamento e, até certo ponto, da habilidade do operário. As seguintes tolerâncias *mínimas* são oferecidas como guia e são baseadas na suposição de que o trabalho deve ser feito à base de produção em série, com um equipamento em boas condições. Uma maior precisão pode ser obtida por operários altamente habilidosos, em um regime de produção unitária.

São recomendadas as seguintes tolerâncias para cotas que *não tenham efeito sobre a função da peça*: para tamanhos de 0 a 6 pol., $\pm {}^1/_{64}$; 6 a 18 pol., $\pm {}^1/_{32}$; 18 ou mais polegadas, $\pm {}^1/_{16}$ (ou mais).

Peças fundidas em moldes de areia. Para superfícies não-usinadas, recomenda-se uma tolerância de $\pm {}^1/_{32}$ para peças pequenas e de $\pm {}^1/_{16}$ para peças de tamanho médio. Em peças maiores, a tolerância deve ser aumentada para se adequar ao tamanho. Raramente, as peças de tamanho pequeno e médio estão abaixo da dimensão uma vez que o molde é mais facilmente retirado da areia através de "batidas" e isto tende a aumentar o tamanho.

Peça fundida em matriz e moldagem plástica. Pode-se manter uma tolerância de $\pm {}^1/_{64}$ ou menos com peças pequenas e de tamanho médio; para peças grandes, a tolerância deve ser um pouco maior. As distâncias furo-centro podem ser mantidas dentro de 0,005 a 0,010, dependendo da distância de separação. Certas ligas podem ser fundidas em matriz até uma tolerância de 0,001 ou menos.

Peças forjadas. As superfícies ásperas de peças forjadas por estampagem pesando 1 lb ou menos podem ser mantidas a $\pm {}^1/_{32}$; para pesos até 10 lb, $\pm {}^1/_{16}$; pesos acima de 60 lb, $\pm {}^1/_8$. Devido ao desgaste das matrizes, as peças forjadas por estampagem tendem a aumentar de tamanho à medida que aumenta a produção com a mesma matriz.

Broqueamento. Para brocas do nº 60 ao nº 30, deve-se permitir uma tolerância de + 0,002 – 0,000; do nº 29 ao nº 1, + 0,0004 – 0,000; de 1/4 a 1/2 pol., + 0,005 – 0,000; de 1/2 a 3/4 pol., + 0,008 – 0,000; de 3/4 pol. a 1 pol., + 0,010 – 0,000; de 1 a 2 pol., uma tolerância de + 0,015 – 0,000.

Alargamento. Em geral, pode-se manter uma tolerância de + 0,0005 – 0,0000 com diâmetros até 1/2 pol. Para diâmetros de 1/2 a 1 pol., + 0,001 – 0,000; de uma pol. e maiores, + 0,0015 – 0,0000.

Torneamento mecânico: trabalho bruto. Para diâmetros de 1/4 a 1/2 pol., permitir uma tolerância total de 0,005; para diâmetros de 1/2 a 1 pol., 0,007; para diâmetros de 1 a 2 pol., 0,010; para diâmetros de 2 pol. e maiores, 0,015.

Torneamento de acabamento. Para diâmetros de 1/4 a 1/2 pol., permitir uma tolerância total de 0,002; para diâmetros de 1/2 a 1 pol., 0,003; para diâmetros de 1 a 2 pol., 0,005; para diâmetros de 2 pol. e maiores, 0,007.

Fresagem. Quando tiver que se fresar somente uma superfície, mantém-se tolerâncias de 0,002 a 0,003. Quando tiver que se fresar duas ou mais superfícies, a mais importante tem uma tolerância de 0,002 e as restantes, 0,005. Geralmente 0,005 é um bom valor a ser usado na maior parte dos trabalhos de fresagem.

Aplainamento e moldagem. Não é comum o uso destas operações em peças pequenas na produção em série. Com peças maiores, podem-se manter tolerâncias de 0,005 a 0,010.

Retificação com brocha. Diâmetros até uma pol. podem ser mantidos dentro da tolerância de 0,001; diâmetros de 1 a 2 pol., 0,002; diâmetros de 2 a 4 pol., 0,003. Superfícies com separação de até uma pol. podem ser mantidas dentro de 0,002; 1 a 4 pol. de separação, 0,003; separação de 4 pol. e acima. 0,004.

Roscas. O ANSI determina as tolerâncias para as roscas, no diâmetro do passo, através da classe de rosca fornecida na especificação. Para uma determinada classe, as tolerâncias aumentam à medida que aumenta o tamanho da rosca.

Retificação. Para a retificação tanto cilíndrica quanto de superfície, pode-se manter uma tolerância de 0,0005.

65. Seleção de tolerâncias

Um método comum de determinar e aplicar tolerâncias é estabelecer de início qual a folga ou interferência que pode haver entre as peças que se acoplam *para que haja um funcionamento adequado*. A diferença entre o ajuste mínimo e o ajuste máximo será a *soma* das tolerâncias de ambas as peças. Para obter tolerâncias para as peças em separado, tomar a metade desse valor; ou então, se for aconselhável na usinagem de uma peça simples, utilizar uma tolerância um pouco menor, e uma tolerância proporcionalmente maior para a peça mais difícil de usinar. O exemplo que se segue ilustrará o procedimento.

Suponhamos que se deva determinar um ajuste de funcionamento entre um mancal e um eixo de 2 polegadas. Foi determinado que, para fornecer a folga para uma película de óleo, as partes não podem se ajustar com aproximação maior do que 0,002 pol., e para prevenir o alargamento excessivo e o movimento radial do eixo, as peças não devem estar mais frouxas do que 0,007 pol. Assim, podemos efetuar os seguintes cálculos:

Ajuste máximo	= 0,007 (folga máxima)
Ajuste mínimo	= 0,002 (folga mínima – margem)
Diferença	= 0,005 (soma de tolerâncias)
1/2 da diferença	= 0,0025 (valor possível de cada tolerância)

Supondo que o eixo será retificado e o mancal alargado, pode-se usar 0,002

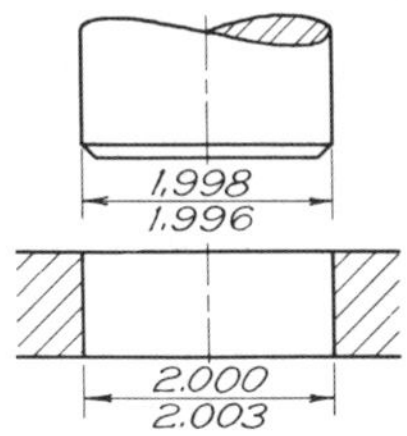

Fig. 10.76. Limites calculados a partir de folgas máximas e mínimas. Ver o texto para detalhes.

para a tolerância do eixo e 0,003 pol. para a tolerância do mancal, uma vez que esses valores estão mais de acordo com a precisão obtida com estes métodos de produção.

A Fig. 10.76 ilustra as cotas completas. Observar que a dimensão básica do furo é de 2,000 e a tolerância para o eixo girar no mancal é de 0,003. Assim, o tamanho maior do eixo será o tamanho básico menos o valor do ajuste mínimo (a margem); então, a tolerância do eixo subtraída da sua dimensão máxima fornece o tamanho mínimo do eixo. A partir da figura, o rolamento de 2,003 menos o eixo de 1,996 dá 0,007, o ajuste máximo; o rolamento de 2,000 menos o eixo de 1,998 dá 0,002, o ajuste mínimo.

66. Os limites e ajustes adotados pelo ANSI para peças cilíndricas

Esta padronização está de acordo com as recomendações feitas por conferências entre americanos, britânicos e canadenses. Houve concordância quanto aos diâmetros até 20 pol.; os diâmetros maiores estão ainda em estudo.

67. Designação de ajustes do ANSI

Os ajustes padronizados pelo ANSI são designados por símbolos que facilitam a referência com objetivos educacionais. Esses símbolos não devem aparecer nos desenhos do fabricante; ao invés disto, os tamanhos é que devem ser especificados. As letras-símbolos utilizadas são as seguintes:

RC – ajuste de funcionamento ou deslizamento posicional (*running or sliding fit*)
LC – ajuste de folga (*locational clearance fit*)
LT – ajuste incerto (*transition fit*)
LN – ajuste posicional de interferência (*locational interference fit*)
FN – ajuste de força ou contração (*force or shrink fit*)

Essas letras-símbolos são usadas em combinação com números para o fornecimento de classe de ajuste; assim, FN4 representa um ajuste de força classe 4. Cada símbolo (duas letras e um número) representa um ajuste completo, para o qual a folga ou interferência máxima e mínima e os limites para as peças que se acoplam são fornecidas no Apêndice.

68. Descrição de ajustes

A seguir é dada uma descrição de cada classe, fazendo referência às tabelas do Apêndice em cada caso.

Ajuste de funcionamento e de deslizamento (Quadro 1) – Esses ajustes fornecem um desempenho semelhante de funcionamento, com margem de lubrificação adequada, em toda a gama de dimensões. As folgas para as duas primeiras classes, usadas principalmente como ajuste de deslizamento, aumentam mais devagar do que para as outras classes, isto acontece para que se mantenha uma localização exata, mesmo quando isto é feito às expensas de um movimento relativamente livre.

RC1 – *ajustes de deslizamento próximo* – localizam com exatidão peças que devem ser montadas sem jogo perceptível.

RC2 – *ajustes de deslizamento* – servem para a localização exata, mas com uma folga máxima maior que em RC1. As peças se movimentam e giram com facilidade mas não funcionam livremente e quando em tamanhos maiores podem empenar com pequenas mudanças de temperatura.

RC3 – *ajustes com funcionamento de precisão* – são os ajustes mais próximos que devem funcionar livremente e servem para o trabalho de precisão, velocidades baixas e pressões leves de mancal. Não são adequados para utilização sob diferenças mensuráveis de temperatura.

RC4 – *ajuste de funcionamento próximo* – servem principalmente para os ajustamentos de funcionamento de maquinaria exata com velocidade de superfícies e pressões de mancal moderadas, onde se deseje localização adequada e jogo mínimo.

RC5 e RC6 – *ajustes de funcionamento médio* – servem para velocidades de funcionamento altas, pressões altas de mancal ou para ambas.

RC7 – *ajustes de funcionamento livre* – são usados quando não há necessidade de exatidão, quando há probabilidades de grandes variações de temperatura ou sob ambas as condições.

RC8 e RC9 – *ajustes de funcionamento frouxo* – servem para materiais tais como eixos e tubos laminados a frio, feitos com tolerâncias comerciais.

Ajustes posicionais (Quadros 2, 3 e 4). Estes ajustes determinam somente a localização das peças que se acoplam e podem fornecer localização rígida ou exata – como nos ajustes de interferência – ou alguma liberdade de localização – como nos ajustes de folga. Pertencem a três grupos:

LC – *ajustes posicionais de folga* – servem para peças normalmente fixas, que podem ser montadas e desmontadas com liberdade. Vão desde ajustes apertados de peças que requerem localização exata, e ajustamentos médios de folga de peças como machos de torneiras, até ajustes de ligação mais frouxa, onde a liberdade de montagem é de fundamental importância.

LT – *ajustes de posição incerta* – encontram-se entre os ajustes de folga e interferência. Devem ser utilizados quando for importante o posicionamento exato mas também permitida uma pequena folga ou interferência.

LN – *ajustes posicionais de interferência* – são usados quando o posicionamento exato é de fundamental importância e para peças que necessitam de rigidez e alinhamento, sem exigências especiais de pressão no torneamento interno. Tais ajustes não servem para peças que transmitam cargas friccionais umas às outras em virtude do aperto do ajuste; essas situações são enfrentadas pelos ajustes de força.

Ajustes de força (Quadro 5). Um ajuste de força é um tipo especial de ajuste de interferência normalmente caracterizado pela manutenção de pressões de torneamento interno constantes através da escala de dimensões. Assim, a interferência varia quase que diretamente com o diâmetro e para manter as pressões resultantes dentro de limites razoáveis a diferença entre o seu valor mínimo e máximo deve ser pequena.

FN1 – *ajustes livres de avanço* – requerem pressões leves de montagem e produzem montagens mais ou menos permanentes. São adequadas para seções finais, ajustes longos e elementos externos em ferro fundido.

FN2 – *ajustes médios de avanço* – servem para peças comuns em aço ou para ajustamento de redução em seções leves. São aproximadamente os ajustes mais apertados que podem ser usados com elementos externos em ferro fundido de alto grau.

FN3 – *ajustes pesados de avanço* – são adequados para peças em aço mais ou menos pesado ou para ajustes de redução em seções médias.

FN4 e FN5 – *ajustes de força* – servem para peças que podem ser altamente tensionadas ou para ajustes de redução quando não for prática a utilização de grandes forças de pressão.

69. Exemplos de cotagem de ajustes padronizados pelo ANSI

Suponha-se que um eixo de 1 pol. deva trabalhar com velocidade moderada mas com uma pressão relativamente grande de mancal. A classe de ajuste escolhida é RC6. A partir do Quadro 1 (Apêndice) os limites dados são:

Furo:	+ 1,2
	– 0
Eixo:	– 1,6
	– 2,8

Estes valores são milésimos de polegada. A dimensão básica é 1,0000. Assim, para o furo, 1,0000 + 0,0012 dá 1,0012 como limite máximo, e 1,0000 + 0,0000 dá 1,0000 como limite mínimo. Para o eixo, 1,0000 – 0,0016 dá 0,9984 como limite máximo e 1,0000 – 0,0028 dá 0,9972 como limite mínimo. A cotagem é apresentada na Fig. 10.77. Para analisar o ajuste, a situação de maior aperto (eixo maior no furo menor) é 1,0000 – 0,9984 ou 0,0016 de folga. Esta é a *margem*. A condição mais frouxa (eixo menor no furo maior) é 1,0012 – 0,9972, ou 0,0040 de folga. Os valores destes dois limites são dados na Tabela sob o título "limites de folga".

Para ilustrar melhor, suponhamos que um eixo e um cubo de 2 polegadas devam ser unidos permanentemente por meio de um ajuste de avanço. O cubo é de aço de boa qualidade.

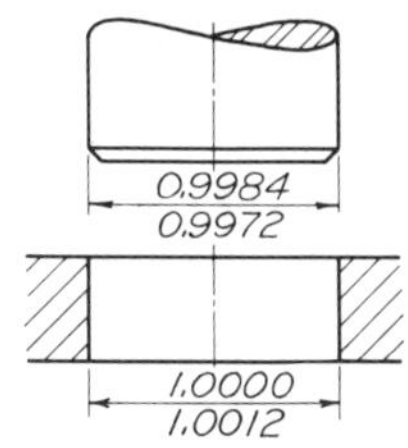

Fig. 10.77. Um ajuste de folga do ANSI. Este pertence à classe RC6. Tolerância no eixo, 0,0012 pol.; tolerância no furo, 0,0012 pol.; margem, 0,0016 pol. de folga.

Foi escolhido o ajuste FN4. O Quadro 5 fornece os limites:

Furo:	+ 1,2
	– 0
Eixo:	+ 4,2
	+ 3,5

Estes valores são milésimos de polegada. O tamanho básico é 2,0000. Assim, para o furo, 2,0000 + 0,0012 dá 2,0012 como limite máximo e 2,0000 – 0,0000 dá 2,0000 como limite mínimo. Para o eixo, 2,0000 + 0,0042 dá 2,0042 como limite máximo e 2,0000 + 0,0035 dá 2,0035 como limite mínimo. Os limites de ajuste são a interferência mínima de 0,0023 e a interferência máxima de 0,0042. A margem é de 0,0042. A cotagem deste ajuste é mostrada na Fig. 10.78.

Observar que na cotagem de ambos os casos acima, o limite máximo do furo e o limite mínimo do eixo são colocados abaixo da linha de cota. Isto é conveniente para a leitura do desenho e para auxiliar na prevenção de erros por parte do mecânico.

Os ajustes do ANSI são baseados em práticas padronizadas de furos. Observar nos quadros (1 a 5) que o tamanho mínimo do furo é sempre o tamanho básico.

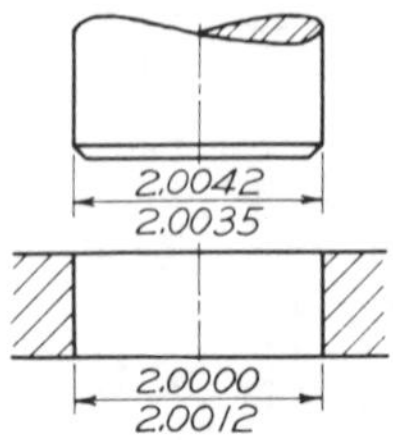

Fig. 10.78. Um ajuste de interferência do ANSI. Este pertence à classe FN4. Tolerância no eixo, 0,0007 pol.; tolerância no furo, 0,0012 pol.; margem, 0,0042 pol. de interferência.

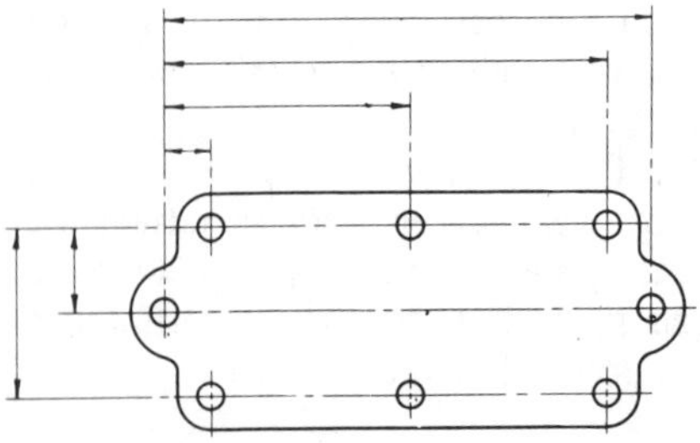

Fig. 10.80. Cotagem a partir de referenciais. A posição a partir de referenciais está sujeita a somente uma tolerância, mas a distância do centro entre os dois furos posicionados a partir de referenciais está sujeita à variação de duas tolerâncias.

70. Tolerâncias cumulativas

Diz-se que as tolerâncias são cumulativas quando uma posição em uma determinada direção é controlada por mais de uma tolerância. Na Fig. 10.79, os furos são posicionados uns a partir dos outros. Desta forma, a distância entre dois furos separados por duas, três ou quatro cotas variará de posição pela soma das tolerâncias de todas as cotas. Esta dificuldade pode ser eliminada pela cotagem a partir de *uma* posição, que é usada como referência para todas as cotas, como é mostrado na Fig. 10.80. Este sistema é geralmente denominado cotagem de linha-base.

A Fig. 10.81 é outro exemplo do efeito de tolerâncias cumulativas. A posição da superfície *Y* em relação à superfície *W* é controlada pelas tolerâncias cumulativas sobre as cotas *A* e *B*. Se for importante em termos de funcionamento manter a superfície *Y* em relação à superfície *X*, a cotagem utilizada é satisfatória. Se, no entanto, for mais importante manter a superfície *Y* em relação à superfície *W*, pode-se evitar o efeito prejudicial de tolerâncias cumulativas cotando como

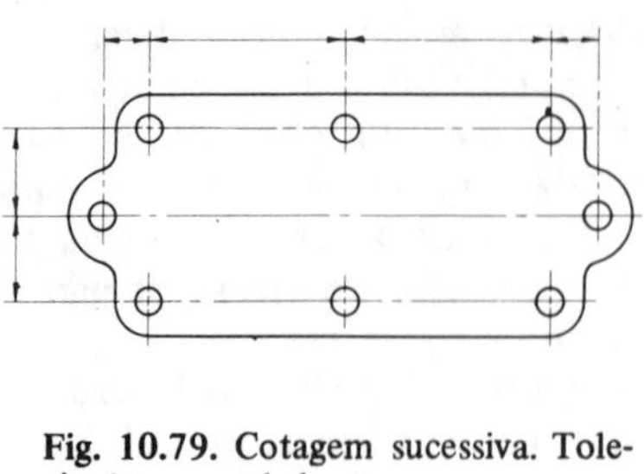

Fig. 10.79. Cotagem sucessiva. Tolerâncias acumuladas.

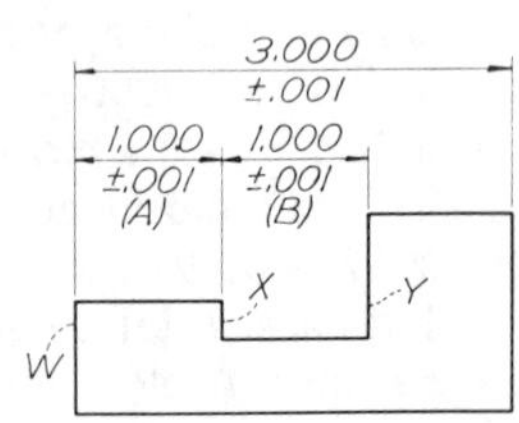

Fig. 10.81. Controle de posições de superfícies através de cotas com tolerâncias diferentes. Neste caso, somente uma cota é sucessiva.

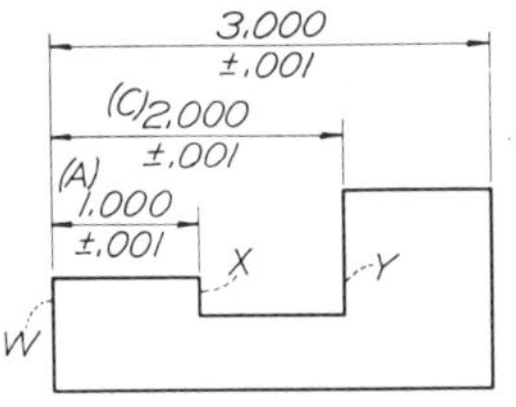

Fig. 10.82. Controle de posições de superfícies através de cotas com tolerâncias diferentes. Todas as cotas partem de referenciais.

na Fig. 10.82. No entanto a tolerância cumulativa está quase sempre presente; na Fig. 10.82, a posição da superfície *Y* em relação à superfície *X* está sujeita, agora, às tolerâncias cumulativas das cotas *A* e *C*.

No desenho mecânico, a cotagem excessiva de um desenho pode causar confusão na oficina devido às tolerâncias cumulativas. Isto é ilustrado na Fig. 10.83, onde uma das superfícies está posicionada por duas cotas que por sua vez são sujeitas a uma tolerância. Desta forma, a superfície *Z* pode ser posicionada em relação à superfície *W* por meio das cotas *A, B* e *D* e está dentro dos limites de ± 0,003 polegadas de posição básica; esta variação é incoerente com a tolerância da cota *E*. A situação pode ser esclarecida pela determinação de tolerâncias menores às cotas *A, B* e *D* de maneira que, cumulativamente, serão iguais a ± 0,001 ou menos. No entanto, este não é um procedimento satisfatório, uma vez que provavelmente isto aumentará o custo de produção. Outra solução é aumentar a tolerância da cota *E* para ± 0,003 se a função da peça assim o permitir. No entanto, a melhor solução é eliminar uma das quatro cotas, já que uma delas é supérflua. Se forem formadas todas as quatro cotas, deve-se marcar uma com "REF"; assim sua tolerância é eliminada.

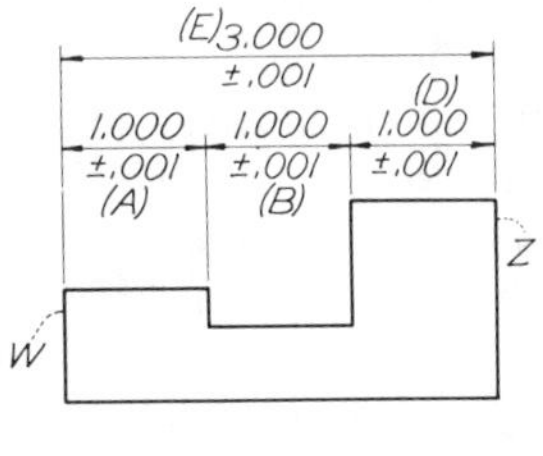

Fig. 10.83. Controle de posições de superfícies através de cotas com tolerâncias diferentes. Este desenho está com excesso de cotas.

71. Tolerância entre centros

Em todos os casos em que os furos forem dispostos para permitir ligações intermutáveis, a tolerância dos eixos, pinos, etc., e a tolerância de mancais ou furos das peças a ajustar afetarão a determinação da tolerância possível para distância entre os centros. Na Fig. 10.84, observar

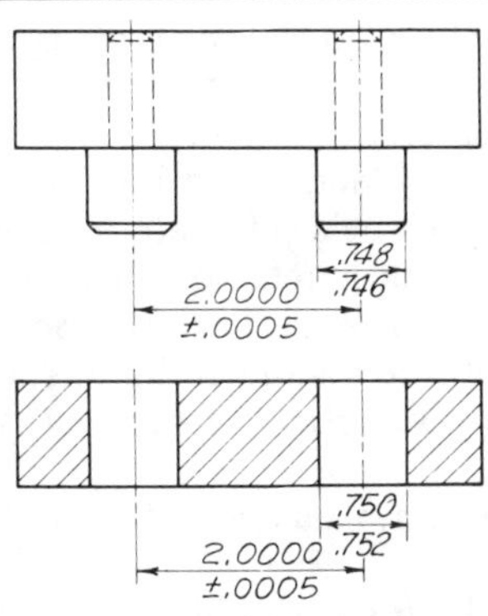

Fig. 10.84. Tolerâncias relacionadas a distâncias entre furos. As peças não se acoplarão a não ser que todas as características estejam dentro dos limites apresentados.

que as tolerâncias menores dos furos necessitariam de uma tolerância menor nas distâncias entre o eixo dos furos. Uma folga menor para o ajuste dos pinos produzirá um acoplamento mais apertado e reduzirá as tolerâncias admitidas para a distância de centro a centro. É preciso, por isso, estudar cuidadosamente as dimensões das duas peças a ajustar.

72. Tolerância para elementos concêntricos

A tolerância para elementos concêntricos é um caso especial de tolerância na qual há uma coincidência de centros ou eixos. Na maioria dos casos, na indústria, cilindros concêntricos, cones, etc., gerados ao redor de eixos comuns, serão concêntricos com um grau de precisão maior do que o exigido pelas necessidades funcionais e não é necessário anotações no desenho quanto à variação permitida. No entanto, a ajustagem de duas (ou mais) superfícies cilíndricas usinadas e precisas num acoplamento, exige que os eixos das diversas partes não ultrapassem uma certa excentricidade-limite para que possam ser adaptadas; assim, algumas vezes é necessário desviar a concentricidade até onde for permitido. Quando, em um desenho, linhas de centro de cilindros adjacentes coincidirem, não se pode fornecer a tolerância na forma de uma cota. Um método de indicá-la é marcar os diâmetros com letras de referência e fornecer a tolerância em forma de anotação, como na Fig. 10.85*a*. As letras de referência podem ser dispensadas se a anotação for diretamente aplicada às superfícies, como em (*b*).

73. Tolerância para dimensões angulares

Quando for necessário dar os limites de uma dimensão angular, geralmente a tolerância será bilateral, como $32 \pm {}^{1}/_{2}{}^{\circ}$. Quando a tolerância for dada em minutos, será escrita ± 0°10', e quando for dada em segundos, será escrita ± 0'30" Quando a localização de um furo ou de outra característica depende de uma dimensão angular, o comprimento ao longo do lado do ângulo condiciona a tolerância angular permitida. Uma tolerância de ± 1° dá uma variação de 0,035 pol. para um comprimento de 1 pol. e pode ser utilizada como base para calcular a tolerância em qualquer problema dado.

Como exemplo, suponhamos uma variação permitida de 0,007 pol.; então, (0,007/0,035) x 1° = $^{1}/_{5}{}^{\circ}$, que é a tolerância angular para 1 pol. Supondo que o comprimento seja de 2 pol., a tolerância será a metade da tolerância calculada para 1 pol. ou $^{1}/_{5}{}^{\circ} \times {}^{1}/_{2} = {}^{1}/_{10}{}^{\circ}$ ou 0°6'.

74. A coincidência de linhas de centro e de cotas

Em muitos casos, as linhas de centro de dois detalhes diferentes de uma peça coincidem. Freqüentemente, uma linha de centro é de um detalhe sem acabamento e a outra (e coincidente) linha de centro, de um detalhe com acabamento. A Fig. 10.86*a* mostra o desenho de um anel cotado para o moldador. Se os furos desse anel devem ser usinados, o desenho deve ser como em (*b*); o moldador não usa as cotas entre os centros, como é mostrado, mas supõe que a dimensão nominal de $1^{1}/_{2}$ pol. tenha a tolerância usual do molde que é de $\pm {}^{1}/_{32}$ pol. Neste caso a cotagem mais clara é aquela apresentada em (*c*).

Em qualquer situação em que haja coincidência de centros, pode ser difícil indicar os limites entre os quais a coincidência deve ser mantida. Em (*c*), na realidade, há duas linhas de centro horizontais, uma para o anel fundido e outra para os centros dos furos. Um método de controlar o desvio da coincidência é oferecer a espessura da parede como o mínimo, que se aceita como aplicável a todas as direções radiais.

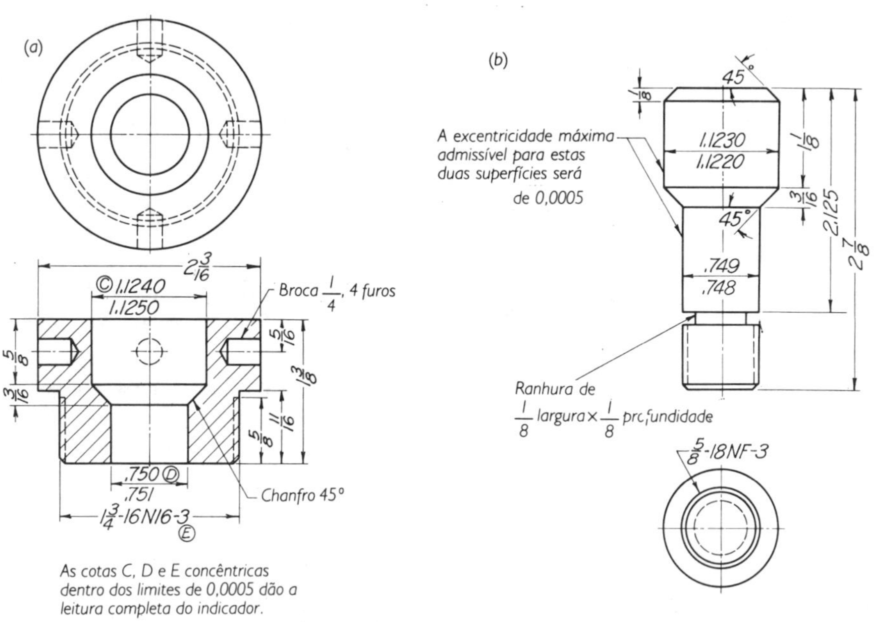

Fig. 10.85. Tolerância para elementos concêntricos. (*a*) apresentada por anotação geral; (*b*) apresentada por anotação com indicadores até as superfícies.

Nos casos em que as linhas de centro coincidentes refiram-se a características com acabamento, com tolerâncias diferentes, pode haver uma séria ambigüidade nos desenhos a não ser que a cotagem tenha uma disposição especial. A Fig. 10.87*a* mostra a ranhura fresada com dimensões nominais e, sobre as linhas de centro coincidentes, dois furos exatos com uma distância do centro de pequena tolerância. A não ser que a cotagem seja esclarecida por duas cotas separadas, como é mostrado, o operador não saberá a diferença de tolerância. Um caso mais difícil é mostrado em (*b*) onde os furos emparelhados são diagonalmente opostos. A não ser que todos os furos tenham a mesma tolerância quanto a sua distância do centro, a cotagem deve ser esclarecida por meio de anotações, como é mostrado.

75. Tolerâncias posicionais

As Figs. 10.61 e 10.62 mostram furos posicionados por coordenadas retangulares ou polares. Este método de posicionamento através de tolerância em duas dimensões produz uma zona quadrada de tolerância para o caso comum onde as cotas de posicionamento estão em ângulo reto entre si. Freqüentemente o propósito técnico pode ser especificado com maior exatidão com o fornecimento de informações que determinem a *posição real*, com tolerâncias que indiquem qual a variação que pode ocorrer entre a posição efetiva da peça e a posição real. A posição real se refere à posição básica ou teoricamente exata de uma característica. Este método resulta em uma zona circular de tolerância onde esta se aplica em todas as direções a partir da posição real.

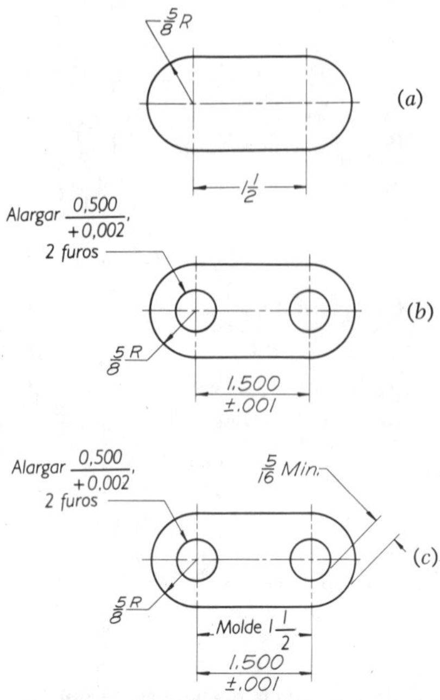

Fig. 10.86. Linhas de centro coincidentes e cotas. As cotas tornam-se mais claras se forem fornecidas separadamente para cada operação.

Pode-se permitir que características tais como furos variem em qualquer direção a partir da posição real especificada. Como também as ranhuras podem variar a partir da posição real especificada para qualquer lado do plano da posição real. Assim, há dois métodos de aplicar tolerâncias de posição real. Ambos os métodos são apresentados na Fig. 10.88.

Quando for permitido que uma característica varie em qualquer direção, deve-se usar uma anotação com uma das seguintes formas:

(*a*) 6 furos localizados em posição real 0,010 no diâmetro.

(*b*) 6 furos localizados em 0,005R da posição real.

Quando for permitido que as características variem de uma posição real no plano, deve ser usada uma anotação de uma das seguintes formas:

(*a*) 6 ranhuras localizadas na posição real 0,010 na largura da zona.

(*b*) 6 ranhuras localizadas a 0,005 de qualquer um dos lados da posição real.

Quando for permitido que uma característica varie em qualquer direção a

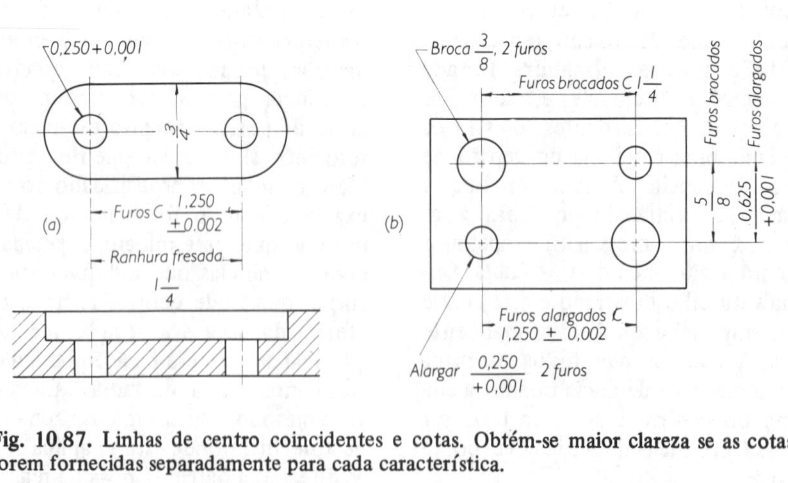

Fig. 10.87. Linhas de centro coincidentes e cotas. Obtém-se maior clareza se as cotas forem fornecidas separadamente para cada característica.

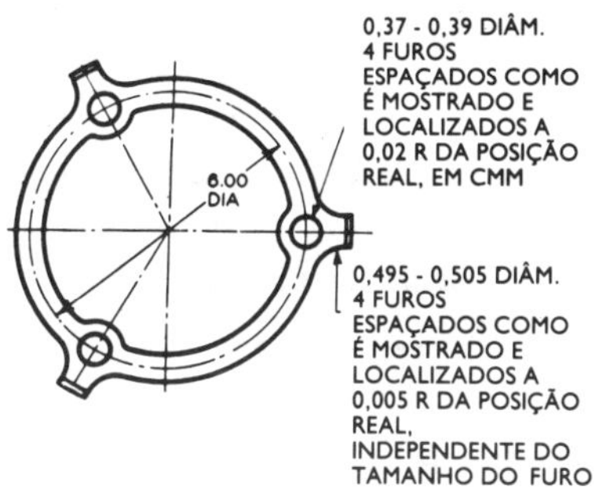

Fig. 10.88. Cotagem da posição real (ANSI).

partir da posição real, a posição da característica é obtida por cotas sobre tolerância, como é mostrado nas Figs. 10.88 e 10.89. O fato de não haver variação permissível nas cotas de posicionamento deve ser indicado no desenho, no título ou especificado em separado, com a seguinte anotação – "Cotas que localizam a posição real são básicas". Se isto não for feito, a palavra "básico" deve acompanhar qualquer cota sujeita à tolerância de posição real.

76. Condição máxima de material

Uma vez que todas as características de uma peça têm variações permissíveis de tamanho, a condição de montagem menos favorável ocorre quando as peças que *se acoplam* estão em sua condição de material máxima. Isto significa que um furo está em seu tamanho mínimo e um eixo em seu máximo. Em termos de superfície cilíndrica de um furo, significa que nenhum ponto da superfície estará dentro de um cilindro que tenha diâmetro igual ao diâmetro *verdadeiro* do furo, menos a tolerância da posição real (diâmetro ou duas vezes o raio da circunferência de tolerância), estando o eixo do cilindro na sua posição real.

Quando se aplica a condição máxima de material, esta informação é dada acrescentando-se "condição máxima de material" à anotação de posição real ou utilizando a abreviação CMM, como mostra a Fig. 10.89. Pode-se também declarar CMM em uma anotação geral ou em uma especificação.

Em alguns casos pode ser necessário declarar uma tolerância posicional sem referência à CMM. Isto é realizado pela referência "independente do tamanho da característica" (abreviada ITC), como se mostra na Fig. 10.89, ou por meio de uma anotação geral ou especificação.

Na maioria dos casos, a referência para a posição real fica óbvia a partir da própria cotagem; para evitar que possam ocorrer dúvidas, a anotação posicional de tolerância deve conter "XX furos localizados a X, XXX R da posição real em relação à referência *A*". É óbvio que a referência *A* deve estar claramente marcada no desenho.

Para uma discussão completa do processo de fornecer tolerâncias de posição real e detalhes relacionados, ver ANSI Y 14.5 (provisório) ou qualquer das revisões subseqüentes.

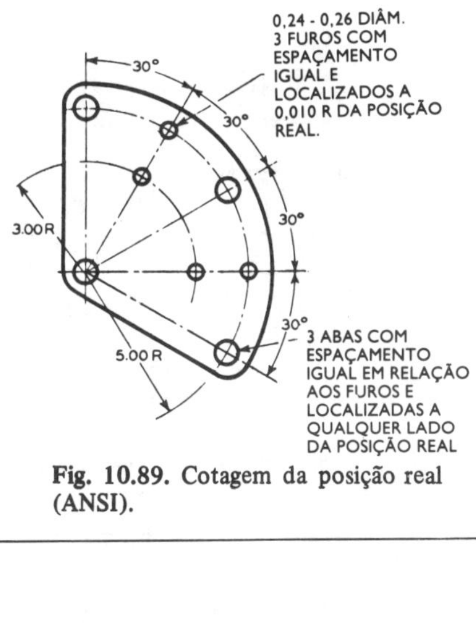

Fig. 10.89. Cotagem da posição real (ANSI).

77. Tolerâncias de zona

Uma tolerância de zona pode ser especificada quando se permite uma variação uniforme ao longo de um contorno, como na Fig. 10.90. Para um estudo completo, ver ANSI Y 14.5 ou quaisquer das revisões subseqüentes.

78. Tolerâncias de forma

As tolerâncias de forma indicam quanto as superfícies verdadeiras podem variar a partir da geometria perfeita que o desenho implica. Os métodos de indicar retas, planos e paralelas são mostrados na Fig. 10.91; quadrados, na Fig. 10.92; angularidade, simetria, concentricidade e redondeza na Fig. 10.93, e paralelismo com uma superfície e com um furo na Fig. 10.94. Para obter detalhes completos sobre tolerâncias de forma, ver ANSI Y 14.5 (provisório).

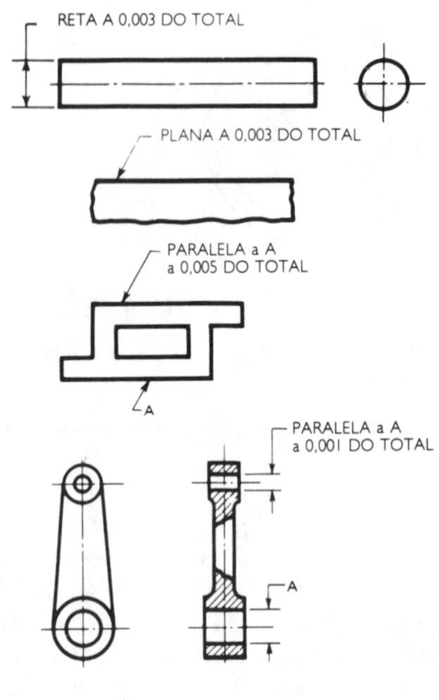

Fig. 10.91. Tolerâncias de forma. Retas, planos e paralelas (ANSI).

79. Qualidade de superfície

O funcionamento adequado e o tempo de desgaste de uma peça dependem da qualidade de uniformidade de suas superfícies. O ANSI B46.1 define os fatores da qualidade de superfície e descreve o significado e uso de símbolos em desenhos. Qualquer superfície, apesar de sua aparente uniformidade, possui picos e vales minúsculos, cuja altura é denominada "aspereza de superfície" e que pode ou não ser superposta por uma *ondulação* mais geral. A direção mais proeminente das marcas de ferramentas e arranhões minúsculos é denominada "estria".

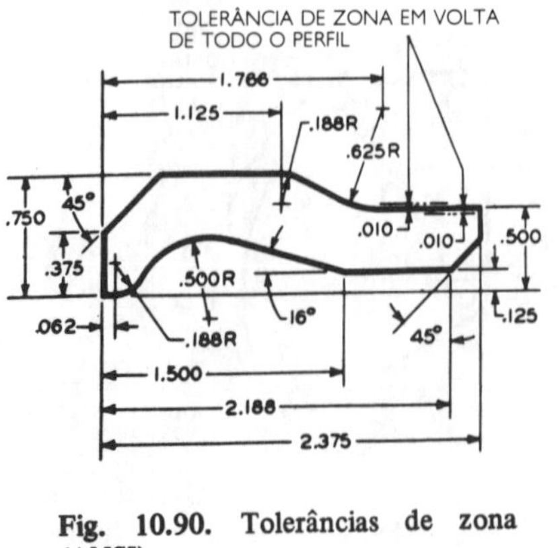

Fig. 10.90. Tolerâncias de zona (ANSI).

A *aspereza*, causada principalmente por arestas de corte e avanços da ferramenta, é expressa pela média aritmética em micropolegadas (Fig. 10.95).

A *largura da aspereza* é expressa em polegadas representando o espaçamento máximo permitido entre unidades repetitivas do padrão de superfície (Fig. 10.95).

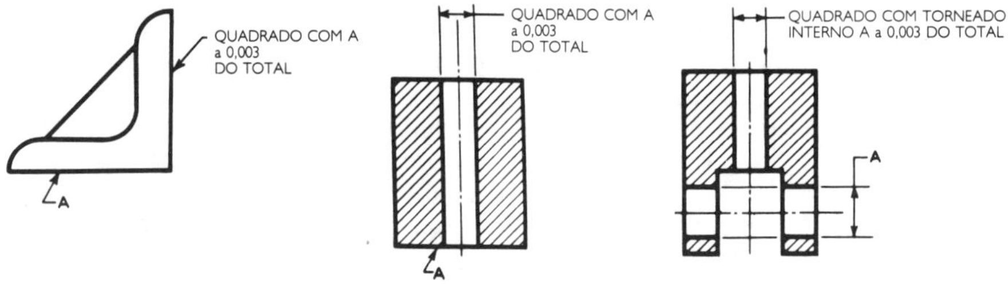

Fig. 10.92. Tolerâncias de forma. Quadratura (ANSI).

O *corte da largura de aspereza* é a largura máxima em polegadas das irregularidades de superfície a serem incluídas na medida da altura da aspereza (Fig. 10.95).

A *ondulação* designa irregularidades de maior espaçamento do que a aspereza, resultando de fatores tais como deslocamento e vibração (Fig. 10.95). A altura é medida em polegadas tendo como base a altura pico-vale. A largura é medida em polegadas na base do espaço neutro de ondas adjacentes.

Largura é a direção do padrão predominante de superfície, produzida por marcas de ferramenta ou granulações da superfície, comumente determinadas pelo método de produção utilizado (Fig. 10.95).

Apesar de outros instrumentos serem utilizados, o método comum de medir a aspereza de uma superfície é o que

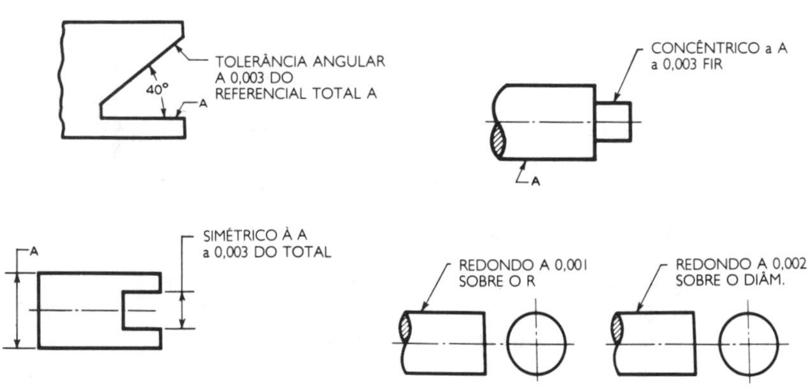

Fig. 10.93. Tolerâncias de forma. Angularidade, simetria, concentricidade e redondeza (ANSI).

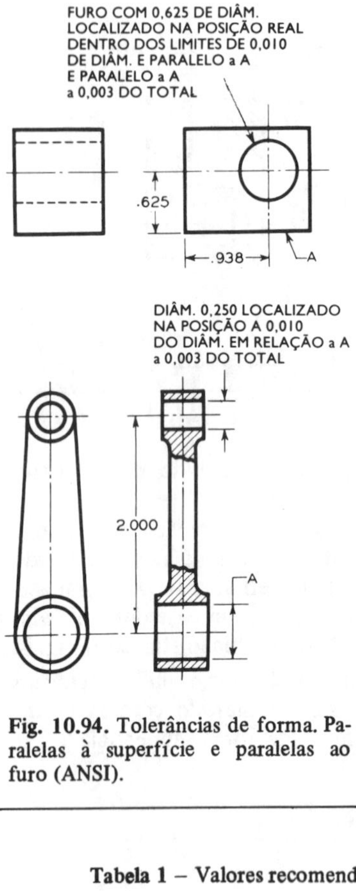

Fig. 10.94. Tolerâncias de forma. Paralelas à superfície e paralelas ao furo (ANSI).

emprega a amplificação do movimento de um ponteiro sobre essa superfície.

O *símbolo* para a identificação de irregularidades de superfície é o "sinal de raiz" com o prolongamento horizontal como mostram as Figs. 10.96 a 10.103. Os símbolos para largura e a aplicação dos símbolos em um desenho são mostrados na Fig. 10.104. A legenda explica cada um dos casos.

Na Tabela 1 são mostrados *valores* para altura de aspereza, altura de ondulação e corte de largura de aspereza.

A Fig. 10.105 é um gráfico adaptado de várias fontes que fornece uma escala de asperezas de superfície por vários métodos.

MÉTODOS DE PRODUÇÃO

80. Métodos de produção e prática de cotagem

Os métodos de produção podem ser classificados em (1) *produção por unidade*, quando devem-se construir somente um ou alguns poucos elementos ou estruturas e (2) *produção em série* ou *em massa*, quando deve-se fazer um grande número de máquinas ou elementos pra-

Tabela 1 – Valores recomendados de aspereza – altura (micropolegadas)

0,25	5	20	80	320
0,5	6	25	100	400
1,0	8	32	125	500
2,0	10	40	160	600
3,0	13	50	200	800
4,0	16	63	250	1 000

Valores recomendados de altura de ondulação (polegadas)

0,00002	0,00008	0,0003	0,001	0,005	0,015
0,00003	0,0001	0,0005	0,002	0,008	0,020
0,00005	0,0002	0,0008	0,003	0,010	

Valores recomendados de largura de aspereza – corte (polegadas)

0,003	0,010	0,030	0,100	0,300	1,0000

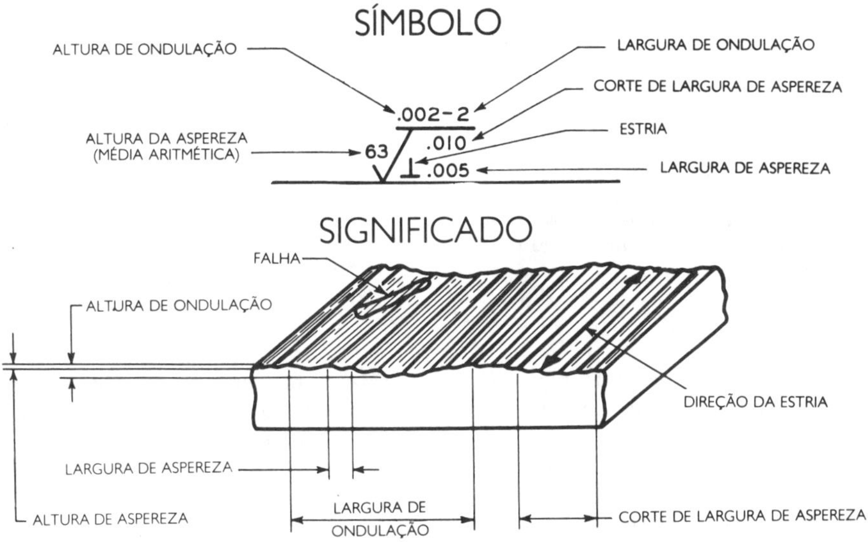

Fig. 10.95. Aspereza de superfícies (ANSI).

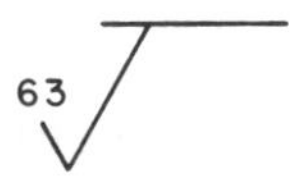

Fig. 10.96. Símbolo. A avaliação da altura da aspereza é colocada à esquerda do braço mais longo.

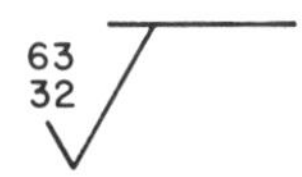

Fig. 10.97. Símbolo. A especificação da altura máxima e mínima da aspereza indica a amplitude permitida.

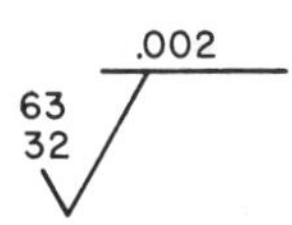

Fig. 10.98. Símbolo. A avaliação da altura máxima de ondulação é colocada acima do prolongamento horizontal.

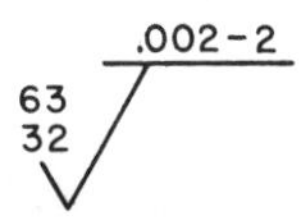

Fig. 10.99. Símbolo. A avaliação da largura máxima de ondulação é colocada à direita da avaliação da altura da ondulação.

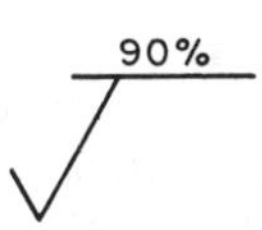

Fig. 10.100. Símbolo. Para especificar a área de contato, quando necessário, colocar o valor da percentagem acima da linha de prolongamento.

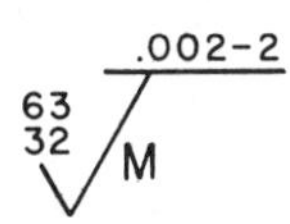

Fig. 10.101. Símbolo. A designação da estria é fornecida pela sua colocação à direita – do braço longo.

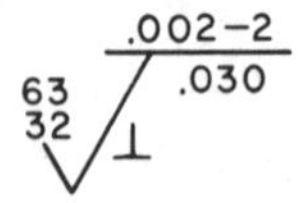

Fig. 10.102. Símbolo. A avaliação do corte da largura de aspereza é colocada abaixo do prolongamento horizontal.

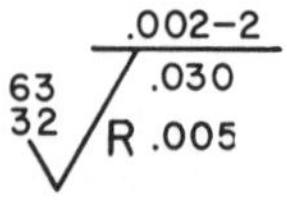

Fig. 10.103. Símbolo. Quando for necessário, a avaliação da largura máxima de aspereza será colocada à direita do símbolo da estria.

ticamente idênticos sendo as partes permutáveis de uma máquina para outra.

Os métodos para *produção por unidade* quase sempre se aplicam a grandes máquinas e estruturas, especialmente se forem feitos por encomenda. De certa forma o tamanho avantajado elimina a necessidade de grande exatidão. Cada peça é individualmente produzida para que se ajuste ou é ajustada a peças adjacentes por operários experientes de acordo com cotas de frações ordinárias e instruções fornecidas nos desenhos. Já que não há permutabilidade de peças, geralmente não se usam tolerâncias.

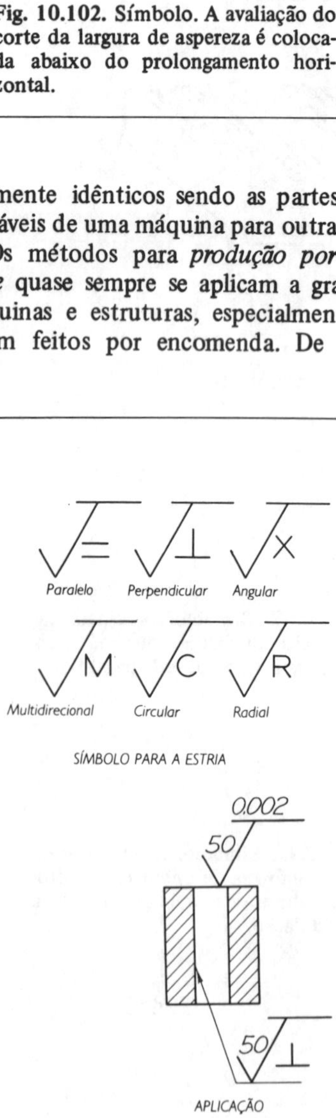

Fig. 10.104. Símbolos de estrias e aplicação de símbolos de qualidade de superfícies – no desenho.

Métodos semelhantes são empregados na produção individualizada de máquinas pequenas e instrumentos mecânicos. Os desenhos podem ter exclusivamente cotas de frações decimais, na suposição de que as peças serão individualmente ajustadas na oficina. Se este método for seguido, o grupo de produção assumirá a responsabilidade do funcionamento adequado da máquina e mesmo, em alguns casos, do projeto de algumas das peças. Deve-se utilizar neste trabalho operários habilidosos. Geralmente uma máquina é terminada antes de outra ser iniciada e as peças não são permutáveis.

Os métodos de *produção em série* são utilizados sempre que forem feitos muitos produtos idênticos. Depois do detalhamento de uma peça, o grupo de operações-planejamento do departamento de engenharia planeja cada etapa das operações de oficina. Então, ferramentas especiais são projetadas pelo grupo de projeto de ferramentas para que durante a produção operários semiqualificados possam realizar operações que de outra forma exigiriam operários qualificados. Essas ferra-

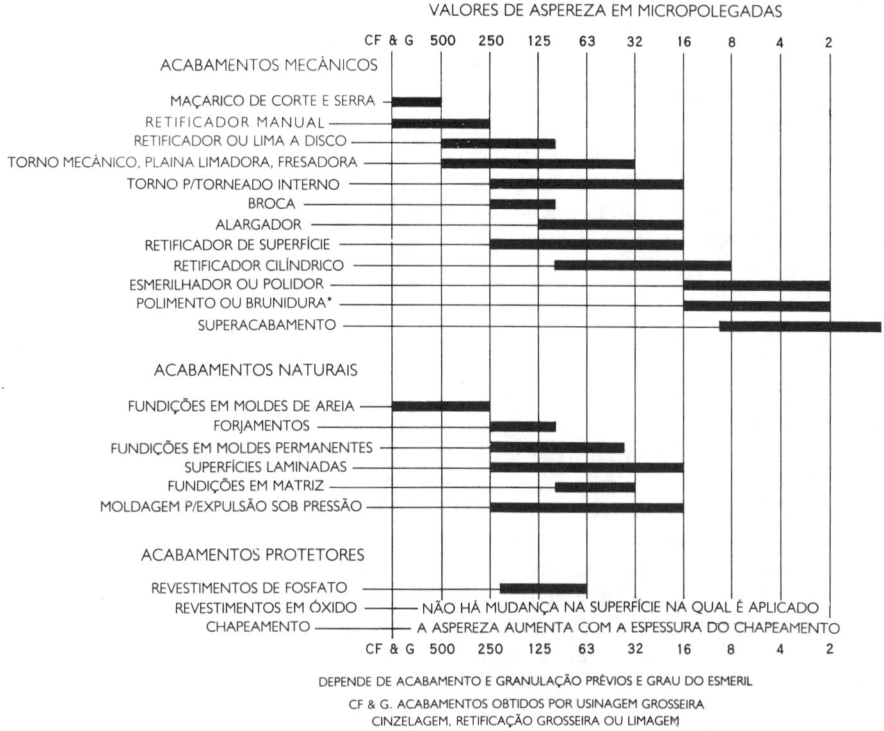

Fig. 10.105. Valores de aspereza de superfície em micropolegadas.

mentas, construídas por um ferramenteiro altamente capacitado, simplificam e aumentam em muito a taxa de produção.

Um operário realiza uma única operação em cada peça; então esta passa a um segundo operário, que realiza outra operação; e assim por diante, até que a peça esteja completa. Ferramentas e equipamentos especialmente projetados tornam possível a produção de peças econômicas, que tenham exatidão dimensional que satisfaça os requisitos de permutabilidade. Também a montagem pode ser realizada por operários semiqualificados utilizando gabaritos e ferramentas de montagem.

Com este sistema, nada pode ser deixado ao julgamento do operário. Ao preparar desenhos para produção em série, o departamento de engenharia deve assumir a responsabilidade total do sucesso da máquina, realizando os desenhos tão exatos e completos que, se forem seguidos à risca, as peças resultantes não poderão deixar de ser satisfatórias. Apenas o departamento de engenharia está na posição de correlacionar cotas correspondentes de peças que se acoplam, estabelecer tolerâncias de cotas e fornecer instruções completas para todo o trabalho de fabricação.

Algumas vezes é vantajoso utilizar os métodos do sistema de produção em série, eliminando as preocupações do trabalho de produção individual ou em pequena quantidade. A vantagem obtida é a permutabilidade de peças que podem ser produzidas sem referência ou ajustamento de peças que se acoplem.

81. Princípios para a seleção de cotas

A seleção sistemática de cotas exige consideração quanto ao *uso* ou *função* da peça e o processo de *industrialização* a ser utilizado na sua produção.

O *princípio funcional* reconhece que é essencial a cotagem entre pontos ou superfícies associadas através de relação funcional com pontos ou superfícies de peças que se acoplam. Isto é realizado pela correlação das cotas de um desenho da peça que se acopla e pela disposição das tolerâncias dessas cotas de forma que assegurem a permutabilidade e o funcionamento adequado.

O *princípio do processo*, ou "regra do operário", como é algumas vezes chamado, reconhece que o trabalho de industrialização pode se tornar mais fácil com o fornecimento direto de cotas à oficina, que achará as mais convenientes de serem trabalhadas ao produzir a peça. Neste momento, é necessário um conhecimento de processos e procedimentos de industrialização, como é explicado no Cap. 9.

Em alguns casos, pode haver um conflito entre estes dois princípios. Sempre que isto acontecer, o princípio funcional deve ter precedência, uma vez que qualquer tentativa de satisfazer ambos os princípios resultará em cotagem excessiva, como é descrito na Seç. 24, confundindo os operários e possivelmente acarretando um mau funcionamento da peça. No entanto, com raras exceções, pode-se escolher cotas que satisfaçam a ambos os princípios.

82. Procedimento para a seleção de cotas

Obviamente é desejável que haja um procedimento sistemático para a seleção de cotas. As seguintes etapas podem servir como guia:

1. Estudar cuidadosamente não só a peça, como também a peça (ou peças) com a qual se acopla particularmente. Prestar particular atenção às superfícies de acoplamento e controle. Planejar cotas que preencham as exigências funcionais, antes de colocar quaisquer cotas no desenho, para que possa ser feita a correlação das cotas de peças que se acoplam.
2. Estudar a peça para determinar se os processos de industrialização podem ser ou não simplificados por uma alteração em qualquer das cotas funcionais. Não realizar mudanças se o funcionamento da peça for de alguma forma prejudicado.
3. Selecionar as cotas não-funcionais, seguindo o princípio do processo, para que as cotas sejam prontamente utilizadas pelos operários. Evitar a cotagem excessiva e a duplicação.

Geralmente as cotas de superfície que se acoplam são dirigidas pelos princípios funcional e do processo, e as cotas de superfície não-acopladas são dirigidas somente pelo princípio do processo.

Ocasionalmente, o processo de industrialização não será conhecido no momento da cotagem. Isto poderá acontecer quando houver métodos opcionais de industrialização, todos igualmente satisfatórios, ou quando não se conhecerem detalhes do equipamento de uma firma a ser contratada. Quando este for o caso, as cotas devem ser selecionadas e as tolerâncias estabelecidas de maneira lógica para que a peça, independente do método pelo qual será produzida, não deixe de ser satisfatória. As cotas de tamanho e localização encontradas pelo sistema de desmembramento da forma descrita no Seç. 22 são aplicadas nesse caso em grande escala, uma vez que essas cotas preenchem a maioria dos requisitos de produção. Freqüentemente as firmas contratadas refazem os desenhos de peças recebidos, cotando-os para uma produção mais econômica com seu próprio equipamento de oficina.

83. Métodos para a produção de peças

Ao seguir o princípio do processo deve-se conhecer os métodos básicos para a produção de peças – fundição, forja, etc. –, descritos no Cap. 9. Os procedimentos de industrialização adotados, juntamente com o tipo específico de peça a ser produzida, são levados em consideração na seleção das cotas. O maquinista é o único operário a ser considerado na cotagem de uma peça cortada a partir de matéria-prima sólida. No caso de peças produzidas por fundição, os trabalhadores a serem considerados são o modelador (para peças fundidas em moldes de areia) ou o matrizeiro (para peças fundidas em matriz) e, para o acabamento, o maquinista. Peças forjadas sujeitas à produção em série são cotadas para o matrizeiro e o maquinista. Deve-se considerar o realizador do gabarito copiador, o matrizeiro e o maquinista na produção de peças a partir de matéria-prima em chapa; as informações para a confecção do gabarito copiador e para a moldagem da lâmina são obtidas a partir de um desenho de detalhamento mostrando a peça na sua forma acabada. Em todos os casos, um desenho, adequadamente cotado, deve mostrar a peça acabada.

As seções que se seguem fornecem exemplos da cotagem de peças mecanizadas para produção em série.

84. A cotagem de uma peça usinada a partir de matéria-prima

A Fig. 10.106 é um desenho de detalhamento de um parafuso prisioneiro para um gancho de transporte para trilho aéreo do problema 51 do capítulo final. Estudar o desenho para determinar a função do parafuso prisioneiro. Esse parafuso é produzido por usinagem em um torno. Utiliza-se a matéria-prima em aço laminado a frio, $1^1/_{14}$ pol. de diâmetro. O diâmetro da matéria-prima é igual à extremidade maior do parafuso, eliminando assim uma operação de usinagem.

O desdobramento da forma da peça resulta em uma série de cilindros, cada um com duas cotas – diâmetro e comprimento. As cotas funcionais importantes foram marcadas (na Fig. 10.106) com as letras *A, B, C* e *D*. Fornece-se o diâmetro *A* para correlacionar com o torneado interno dos rolamentos; um limite decimal com quatro casas fornece o ajuste desejado. A cota *B* é um limite decimal com 3 casas para correlacionar com uma cota semelhante no furo do gancho. A cota *C* é feita 0,03 pol. mais larga do que a largura combinada dos dois rolamentos, para permitir o "deslizamento" dos seus canais internos. A cota *C*, um número decimal de duas casas, pode variar mais ou menos 0,030 pol., mas a folga para os rolamentos é assegurada sob quaisquer condições. A cota *D* é feita aproximadamente 0,05 pol. menor do que o comprimento do furo do gancho, para assegurar que a porca se apóie nele e não no rebaixo do parafuso prisioneiro.

As cotas funcionais nem sempre precisam ser extremamente exatas. Observar que as dimensões *C* e *D*, com uma tolerância relativamente ampla de números decimais de duas casas, permitem que a peça funcione como se deseja.

A especificação da rosca pode ser considerada como uma cota funcional, com tolerância fornecida pela sua classe.

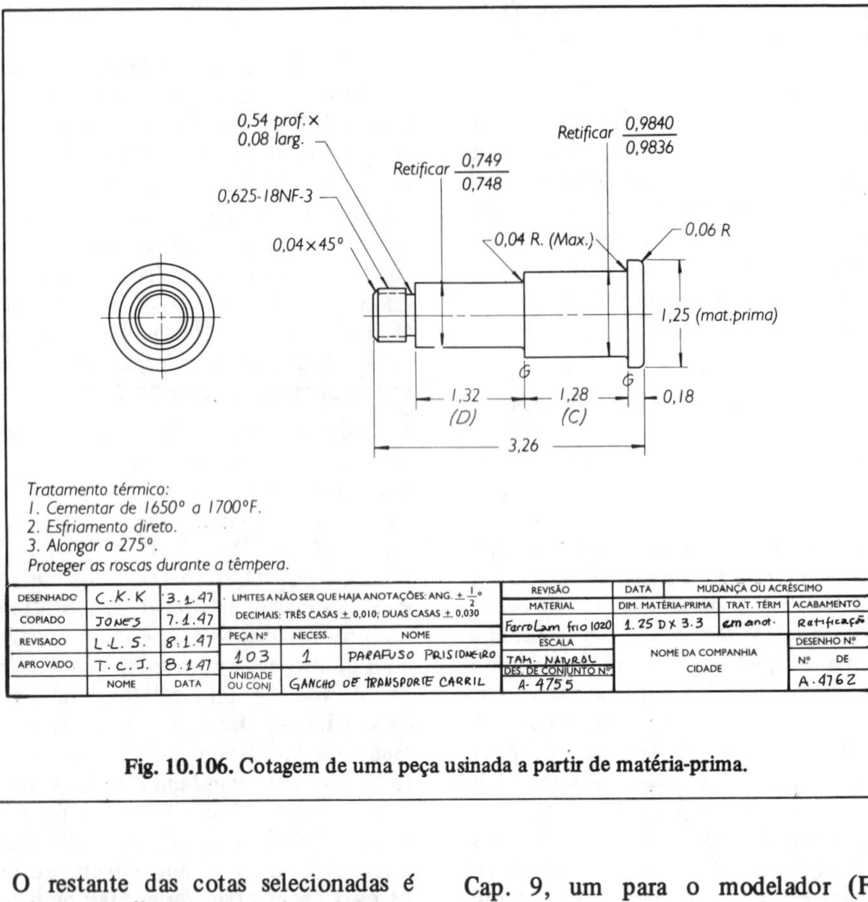

Fig. 10.106. Cotagem de uma peça usinada a partir de matéria-prima.

O restante das cotas selecionadas é aquele que melhor se ajusta às exigências da oficina. Observar que o comprimento da rosca e a cota total não podem ser fornecidos pois, se isto fosse feito, a peça ficaria excessivamente cotada.

85. A cotagem de uma peça fundida

As cotas necessárias para peças fundidas podem ser classificadas como aquelas que são utilizadas pelo modelador e aquelas que usadas pelo maquinista. Uma vez que uma peça fundida passa por duas fases distintas em sua produção, discutiremos em primeiro lugar um caso específico, com os desenhos realizados de acordo com o sistema múltiplo explicado no Cap. 9, um para o modelador (Fig. 10.107) e outro para o maquinista (Fig. 10.108).

O *desenho de uma peça fundida* dá a forma de uma peça sem usinagem e fornece cotas somente para o modelador. O desdobramento da forma mostra que cada forma geométrica teve seu tamanho definido através de uma cota e então posicionado, fornecendo-se, assim, cotas facilmente utilizáveis pelo operário. Algumas das cotas podem ser alteradas, dependendo de como o molde foi feito; deve ser fornecida a combinação mais lógica e facilmente utilizável. Observar que a principal forma central foi cotada como se tivesse sido representada num quadro. Observar também que várias das cotas fo-

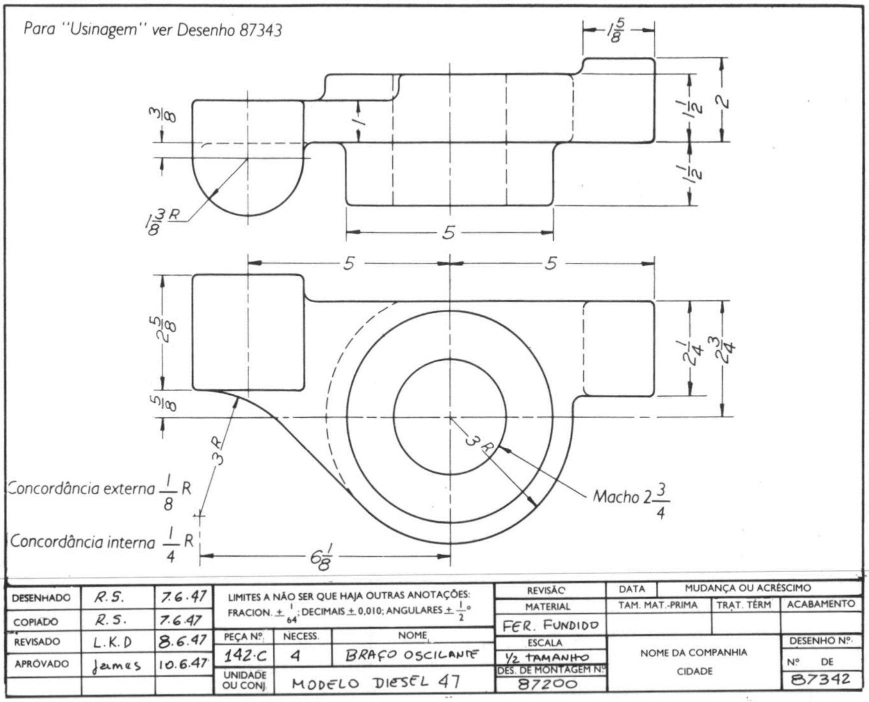

Fig. 10.107. Cotagem de uma peça fundida sem usinagem.

ram selecionadas de maneira que concordem com as cotas funcionais necessárias à peça usinada, apesar das cotas empregadas serem selecionadas para que possam ser diretamente utilizadas pelo modelador; elas também atingem o *objetivo principal*, que é indicar *as dimensões que a peça fundida sem usinagem deve preencher ao ser produzida.*

O *desenho de usinagem* mostra somente as cotas necessárias ao maquinista. São quase sempre cotas funcionais, e selecionadas para a correlação de peças que se acoplam. É importante observar que deve-se estabelecer um ponto inicial em cada uma das três direções principais para a usinagem de peças fundidas. Neste caso, um ponto inicial é fornecido (1) pela coincidência das linhas de centro do furo e cilindro grande (posicionamento em duas direções) e (2) pela cota *A*, para posicionar atrás a superfície usinada e, assim, o furo broqueado. A cota *A* é uma fração ordinária que tem uma ampla tolerância de ± $^{1}/_{64}$ pol., uma vez que não há razão funcional para trabalhar com maior precisão.

A Fig. 10.109 é um desenho da mesma peça utilizada para as Figs. 10.107 e 10.108, mas foi retirado o desenho de fundição e acrescentadas as cotas para o modelador no desenho da peça acabada.

Na combinação dos dois desenhos, algumas cotas foram eliminadas, uma vez que a inclusão de todas as cotas de ambos os desenhos levaria a um excesso de cota-

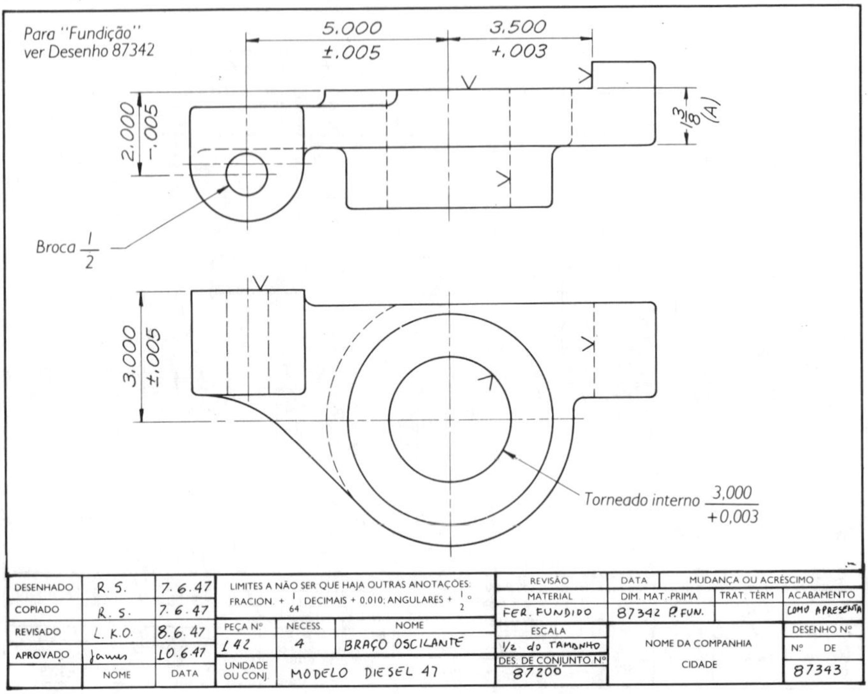

Fig. 10.108. Cotas para a usinagem de uma peça fundida.

gem; desta forma, o modelador no seu trabalho deve fazer uso de certas cotas de usinagem. Ao trabalhar com o desenho da Fig. 10.109, o modelador prevê margem de usinagem, sendo guiado pelas marcas de acabamento. No desenho da Fig. 10.107, o departamento de engenharia prevê a margem de usinagem mostrando e cotando a peça bruta maior quando isto for necessário para a usinagem; nesse caso, não se utilizam marcas de acabamento.

86. Cotagem de uma peça por forjamento em estampa

A Fig. 10.110 é um desenho de peça para forjamento em estampa, mostrando à esquerda uma peça sem usinagem e, à direita, uma peça usinada. O desenho de uma peça forjada sem usinagem possui as cotas que devem ser alcançadas quando ela for produzida; essas cotas foram selecionadas por serem as mais úteis ao matrizeiro quando as matrizes do forjamento forem produzidas. Uma vez que a tração é considerável quando se produz uma peça por forjamento em estampa, esta é indicada no desenho e (geralmente) cotada por meio de uma anotação. Se houver variação da tração em diferentes porções da peça, os ângulos deverão ser fornecidos nas vistas. As cotas paralelas às superfícies horizontais da matriz são geralmente fornecidas de forma que especifiquem o tamanho no *fundo da cavidade*

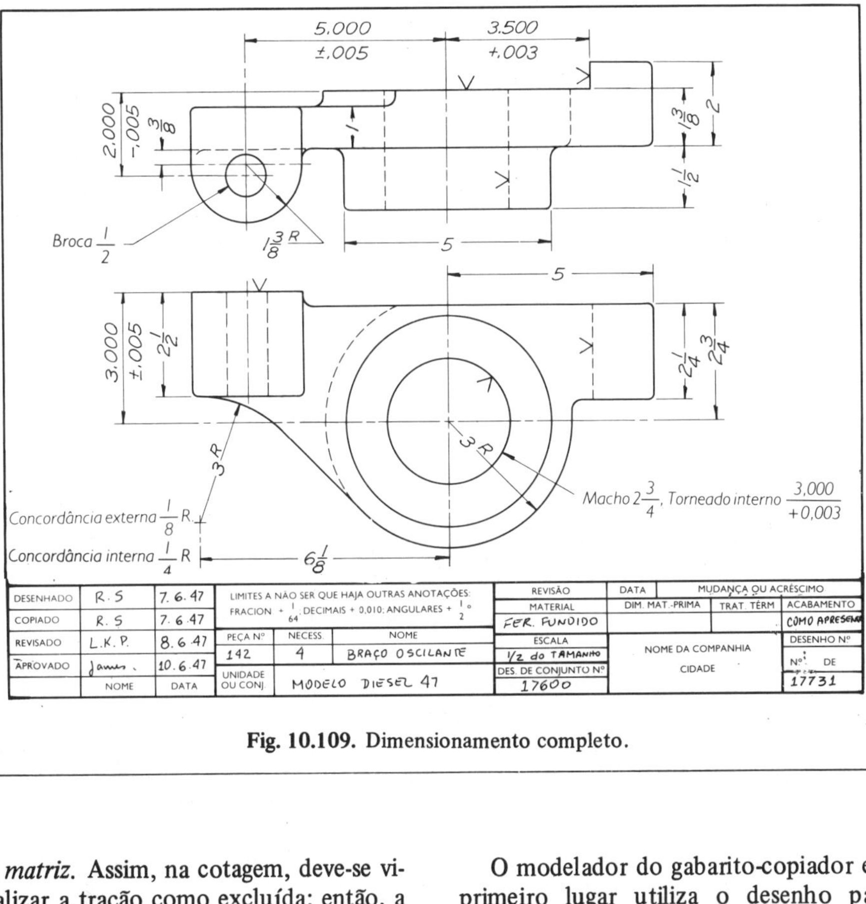

Fig. 10.109. Dimensionamento completo.

da matriz. Assim, na cotagem, deve-se visualizar a tração como excluída; então, a sua aparente complicação não será mais uma dificuldade.

O desenho de usinagem mostra as cotas para acabamento. Estas são todas funcionais, selecionadas a partir do ponto de vista da função requerida para a peça. Estudar cuidadosamente a ilustração.

87. A cotagem de uma peça de metal em chapa

Geralmente as peças a serem feitas a partir de materiais finos são desenhadas na sua forma acabada, como na Fig. 10.111.

O modelador do gabarito-copiador em primeiro lugar utiliza o desenho para fazer um molde plano da peça. Se são necessárias somente algumas peças, esse gabarito-copiador servirá como molde para o corte das lâminas. Então, a peça será moldada e completada à mão. Se um grande número de peças for produzido, o matrizeiro utilizará o gabarito-copiador e o desenho na realização das matrizes necessárias para a laminação, punção e moldagem. Tanto o trabalho do modelador do gabarito-copiador como o do matrizeiro são simplificados pelo fornecimento de cotas em um mesmo lado do material, interno ou externo, isto é, o que seja mais importante em termos funcionais, como é mostrado na Fig. 10.111. As

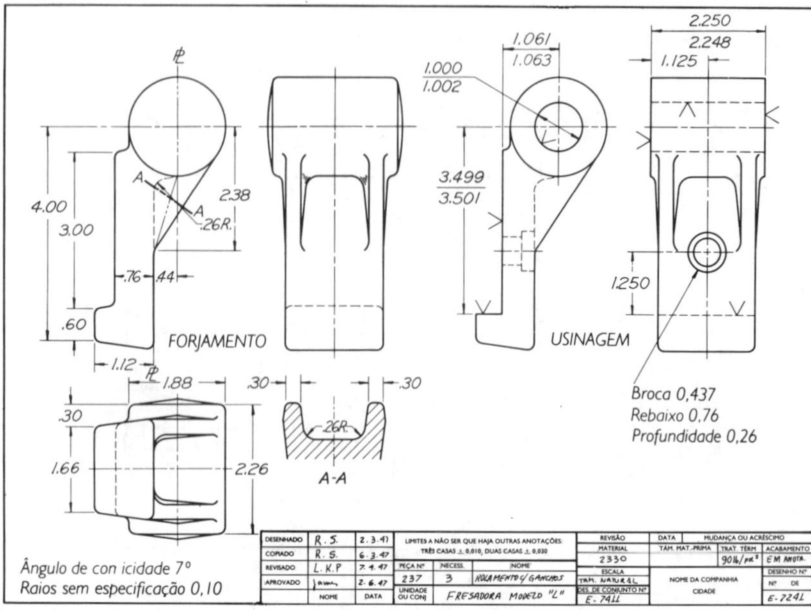

Fig. 10.110. Cotagem de uma peça por forjamento em estampa.

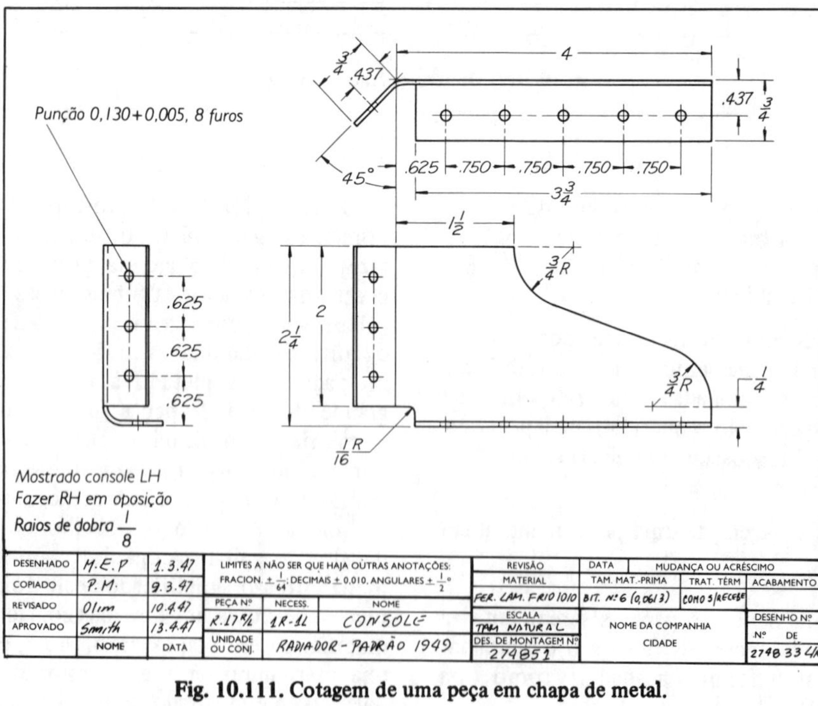

Fig. 10.111. Cotagem de uma peça em chapa de metal.

cotas de arestas arredondadas (dobras) são fornecidas às arestas vivas teóricas denominadas *linhas de forma*. A espessura do material é fornecida na seção ("matéria-prima") do título do desenho. Observar na figura que os furos são dispostos em grupos (devido às necessidades funcionais) e que as cotas funcionais mais importantes são os números decimais com três casas.

88. Cotagem pelo sistema métrico

Não há diferenças significativas (exceto nos detalhes) entre os métodos da cotagem (1) pelo sistema métrico e (2) pelo sistema que usa polegadas. O único aspecto importante a especificar são as *unidades* nas quais as cotas são fornecidas. Assim uma anotação importante do desenho deve indicar: todas as cotas em (fornecer a unidade) a não ser que haja especificações adicionais. As unidades podem ser *milímetros, centímetros* ou *metros*.

A seguinte exposição, adaptada das normas ANSI sobre cotagem (ANSI Y 14,5 – 1973), fornece instruções quanto à cotagem métrica e, *especificamente*, sobre a cotagem *dupla* (tanto em *polegadas* quanto pelo *sistema métrico*).

COTAGEM DUPLA[1]

Geral

A cotagem dupla é um procedimento utilizado quando mostram-se no mesmo desenho técnico as unidades habituais dos EUA (polegada) e as unidades do SI (Sistema Métrico). Este procedimento permite o uso de certas recomendações da ISO (*International Organization for Standardization*) relacionadas às práticas de desenho juntamente com as unidades do SI. O *International System of Units* (SI) é descrito na NBS (*National Bureau of Standards*) *Special Publication* 330 e na ISO/R 1000.

Permutabilidade

Em um desenho, tanto as cotas habituais dos EUA como as do SI devem alcançar o grau exigido de permutabilidade de peças. A permutabilidade é determinada no momento da conversão de cotas através do número de casas decimais retidas quando se arredonda uma cota assim como até que ponto permite-se que os limites de tolerância da conversão violam os limites da cota original. As fontes sugeridas para o estudo dos princípios da conversão e determinação de tabelas de conversão são:

1. Regras para Conversão e Arredondamento – *American National Standard* Z210.1-1973, *Standard Metric Practice Guide*.
2. Conversão de Dimensões Lineares com Tolerância – *Society of Automotive Engineers* J390, *Dual Dimensioning Standard*.
3. *National Bureau of Standards Miscellaneous Publication* 286, *Units of Weights and Measure, International (Metric) and U.S. Customary*.

Identificação de unidades

Todos os desenhos devem identificar que unidades são pelo sistema habitual dos EUA e quais são pelo SI. Ilustram-se dois métodos, da posição ou do colchete (símbolo), para a distinção do uso destas duas unidades.

Os exemplos apresentados demonstram somente métodos de colocação e apresentação e não apresentam exemplos de conversão.

Método da posição. As unidades podem ser dispostas em uma das seguintes formas:

(a) Mostrar a cota em milímetros acima da cota em polegadas, separadas por uma linha horizontal ou à esquerda da cota em polegadas, separada por uma vírgula (barra).
Exemplos:

31,318 ± 0,076
1,233 ± 0,003

31,394
31,242
1,236
1,230

31,318 ± 0,076/1,233 ± 0,003

(b) O mesmo que em (a) só que a cota em polegadas é colocada acima ou à esquerda da cota em milímetros.

[1] Advertência: Aplica-se esta forma de cotagem quando peças permutáveis devem ser produzidas, tanto nas unidades de medida utilizadas costumeiramente nos EUA (polegada), como do SI (Sistema Métrico). Não se recomenda o seu uso para a implantação da transição de polegadas para as unidades do sistema métrico.

Método do colchete. As unidades podem ser colocadas de uma das seguintes formas:

(a) Mostrar a cota em milímetros entre colchetes (símbolo [ ]). A localização da cota em milímetros é opcional mas deve ser uniforme em um desenho; isto é, acima ou abaixo, à direita ou à esquerda da cota em polegadas.
Exemplos:

[31.318 ± 0,0076]
|←— 1,233 ± 0,003 —→|

[31,394 / 31,242]
|← 1,236 / 1,230 →|

ou

|←— 1,233 ± 0,003 —→|
[31,318 ± 0,076]

ou

|← 1,236 / 1,230 →|
[31,394 / 31,242]

ou

ou

|←— 1,233 ± 0,003 [31,318 ± 0,076] —→|

|← 1,236 / 1,230 [31,394 / 31,242] →|

ou

ou

|←— [31,318 ± 0,076] 1,233 ± 0,003 —→|

|← [31,394 / 31,242] 1,236 / 1,230 →|

(b) O mesmo que em (a), só que a cota em polegadas é colocada entre colchetes, em vez da cota em milímetros.

Desenhos preparados pelo computador podem exigir o uso de parênteses ao invés de colchetes, devido às limitações características dos computadores. Em tais casos, os parênteses não devem ser usados para a identificação de cotas de referência.

Somente um dos métodos, posição (a) ou (b), ou colchetes, (a) ou (b), deve ser utilizado para a identificação das cotas em milímetros ou polegadas em um determinado desenho. Cada desenho deve ilustrar ou conter anotações de como as cotas em polegadas ou milímetros podem ser identificadas. Pode-se aplicar o método de posição ou de colchetes em uma ilustração como:

MILÍMETRO;
POLEGADA

MILÍMETRO/POLEGADA

ou

[MILÍMETRO]
POLEGADA

[MILÍMETRO] POLEGADA

Pode-se utilizar a forma de anotações para o método de colchetes, como por exemplo:

COTAS EM [ ] SÃO MILÍMETROS

ou

COTAS EM [ ] SÃO POLEGADAS

Outras unidades. As unidades que não sejam cotas lineares e todas as unidades em forma de anotações ou de texto de um desenho são mostradas da mesma maneira que as cotas, com a diferença de que é especificado o símbolo adequado da unidade de medida.

Exemplo:

DENSIDADE [32 kg/m^3] 2 LB/FT^3

Unidades comuns. A representação de algumas quantidades em unidades pode satisfazer ambos os sistemas de medida, isto é, 0,006 polegadas por polegada de conicidade e 0,006 milímetros por milímetro têm a mesma taxa e podem ser expressas como uma razão, 0,006:1. Uma anotação pode dizer CONICIDADE 0,006:1.

Ângulos. Os ângulos definidos em graus, minutos e segundos ou em graus e frações decimais de grau são comuns tanto ao sistema de medida em polegadas como ao métrico.

Designações nominais. Não se convertem designações tais como os tamanhos nominais de roscas, de canos e tamanhos transversais de madeira. Nestes casos, a origem dos desenhos indica que sistema de medida é a base de tais designações.

Práticas que se aplicam aos valores do SI

Em geral, os valores numéricos SI aparecem em desenhos técnicos da forma prescrita por autoridades internacionais em desenho. Os parágrafos seguintes apontam a forma na qual utilizam-se zeros. Mostram-se dois outros detalhes que se aplicam tanto aos valores em polegadas quanto aos do SI.

Uso de zeros. Um zero precede uma vírgula num valor SI menor que a unidade.

Exemplo: 0,13

Os zeros não seguem um dígito significativo de um valor à direita da vírgula. Quando são usadas tolerâncias iguais para mais ou para menos, a cota em milímetros e a sua tolerância podem não ter o mesmo número de casas decimais. Além disso, se a cota em milímetros é um número inteiro, não se mostra nem uma vírgula nem um zero.

Quando utilizam-se tolerâncias unilaterais e se as tolerâncias para mais e para menos forem nulas, mostra-se somente um zero sem um sinal de mais ou menos.

Exemplo: $32\,^{0}_{-0{,}02}$ ou $32\,^{+0{,}02}_{0}$

Quando utilizam-se tolerâncias bilaterais, tanto a tolerância para mais quanto para menos têm o mesmo número de casas decimais, utilizando-se zeros quando necessário:

Exemplo: $32\,^{+0{,}25}_{-0{,}10}$ e não $32\,^{+0{,}25}_{-0{,}1}$

Quando utilizam-se cotas limites, tanto o valor máximo como o valor mínimo têm dígitos seguindo a vírgula, acrescentam-se zeros ao outro valor, para uniformidade.

Exemplo: $\begin{matrix}25{,}45\\25{,}00\end{matrix}$ e não $\begin{matrix}25{,}45\\25\end{matrix}$

Vírgulas: As vírgulas não serão usadas para indicar milhares com valores habituais dos EUA ou do SI porque em muitos países a vírgula é utilizada como o sinal do ponto decimal. Outro método é deixar um espaço onde utilizar-se-ia uma vírgula para indicar milhares. Em desenhos técnicos, um espaço pode ser interpretado como um lugar onde falta uma vírgula, especialmente quando for realizada a reprodução do desenho. Assim, não se permitem espaços ou vírgulas em expressões numéricas. Ver o exemplo seguinte.

Exemplo: 32541 e não 32,541 nem 32 541

Aplicação

Alguns procedimentos relacionados à prática de desenho pelo sistema métrico e de desenhos de determinadas companhias podem trazer dificuldades à execução de um desenho com cotagem dupla. Os parágrafos que se seguem indicam um procedimento uniforme que elimina um problema de desenho ou de tradução de linguagem e esclarece alguns dos pontos que parecem ser freqüentemente questionados.

Vírgula no sistema decimal. Utiliza-se uma vírgula como sinal no sistema decimal tanto nas unidades de medida habituais nos EUA como do SI. (A vírgula, utilizada como sinal no sistema decimal em muitos países que usam o sistema métrico ou o SI, pode ser usada com unidades do SI sem prejuízo dos princípios aqui estabelecidos.)

Diedros. Muitos países que usam o sistema métrico ou o SI utilizam as projeções no primeiro diedro, enquanto que a prática comum nos EUA é o uso da projeção no terceiro diedro. Para evitar confusões, os desenhos com cotagem dupla devem especificar o diedro de projeção. Ver *American National Standard for Projection*, Y 14.3.

Desenhos novos. A cotagem dupla de desenhos novos fica facilitada se todas as cotas forem apresentadas em números decimais, exceto quando as frações indicam normalmente dimensões.

Desenhos já existentes com cotas fracionárias. Desenhos já existentes com cotas em frações podem ser dimensionados por cotagem dupla pelo acréscimo da conversão em milímetros junto à cota em fração de polegadas. As frações são consideradas com a mesma grandeza que cotas decimais de duas casas em polegadas, quando for determinado o número de casas a permanecer após a conversão em milímetros.

Exemplos:

[61,91 ± 0,4]　　[61,91 ± 0,4]

$\vdash 2\,^{7}/_{16} \pm {}^{1}/_{64} \dashv$　　$\vdash 2\,^{7}/_{16} \pm {}^{1}/_{64} \dashv$

Tolerâncias gerais. As tolerâncias gerais expressas como parte do título do desenho, ou através de uma anotação geral, devem ter identificação dupla.

PROBLEMAS

Os problemas seguintes são fornecidos como estudos de cotagem nos quais devem-se aplicar os princípios apresentados neste capítulo. Prestar atenção aos métodos de industrialização. Dar uma função à peça para definir a posição das superfícies acabadas e limitar as possibilidades de seleção das cotas.

Grupo 1. Desenhos cotados a partir de modelos

Um excelente exercício de distribuição de cotas é fazer desenhos de detalhamento a partir de um molde, peça forjada ou fundida ou a partir de um modelo feito com tal finalidade. Freqüentemente moldes antigos ou inúteis podem ser obtidos em companhias que fabricam uma variedade de peças pequenas, e podem-se conseguir peças forjadas ou fundidas sem utilidade que seriam "jogadas fora". Ao fazer um levantamento de medidas a partir de um molde, deve-se usar uma escala de contração; devem-se indicar as tolerâncias para superfícies que sofram acabamento.

Grupo 2. Peças a serem desenhadas e cotadas

As ilustrações são impressas em escala, como está indicado em cada problema. Transportar as distâncias com compassos ou com escalas e desenhar o objeto na escala conveniente, em papel de dimensões apropriadas. Para a colocação adequada das cotas, deve-se prever um espaço maior entre as vistas do que aquele que é mostrado nas ilustrações.

Utilizar o sistema de cotagem alinhada ou horizontal quando se desejar ilust. 12. Sugere-se que alguns desenhos sejam cotados pelo método decimal completo.

13. Giro do parafuso-prisioneiro, mostrado na metade do tamanho. Usinado a partir de matéria-prima em barra de aço.

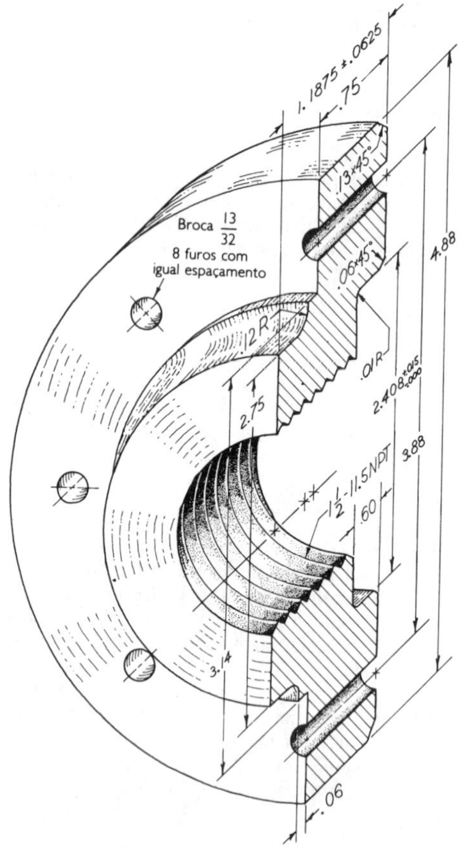

Prob. 12. Cápsula (Cortesia da Westinghouse Air Blake Co.

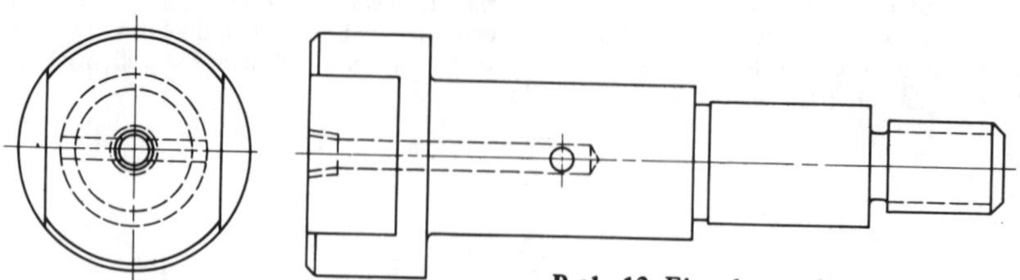

Prob. 13. Eixo do parafuso-prisioneiro.

14. Suporte de eixo, mostrado na metade do tamanho, em ferro maleável. O furo na base é feito em broca e rebaixado para um parafuso de cabeça de encaixe. O assento do rasgo e a extremidade da frente do eixo sofrem acabamento. O furo no eixo é torneado internamente e alargado. A função desta peça é apoiar um eixo a uma distância fixa na base de uma máquina, como está indicado na pequena vista em perspectiva.

15. Suporte deslizante, mostrado na metade do tamanho, feito em ferro fundido. O furo é torneado internamente e alargado. A ranhura é fresada.

15A. Ver problema 15. Desenhar e cotar a peça do lado direito.

16. Flange de filtração, mostrada na metade do tamanho, em alumínio fundido. Os furos pequenos são brocados. Acrescentar rebaixos rasos.

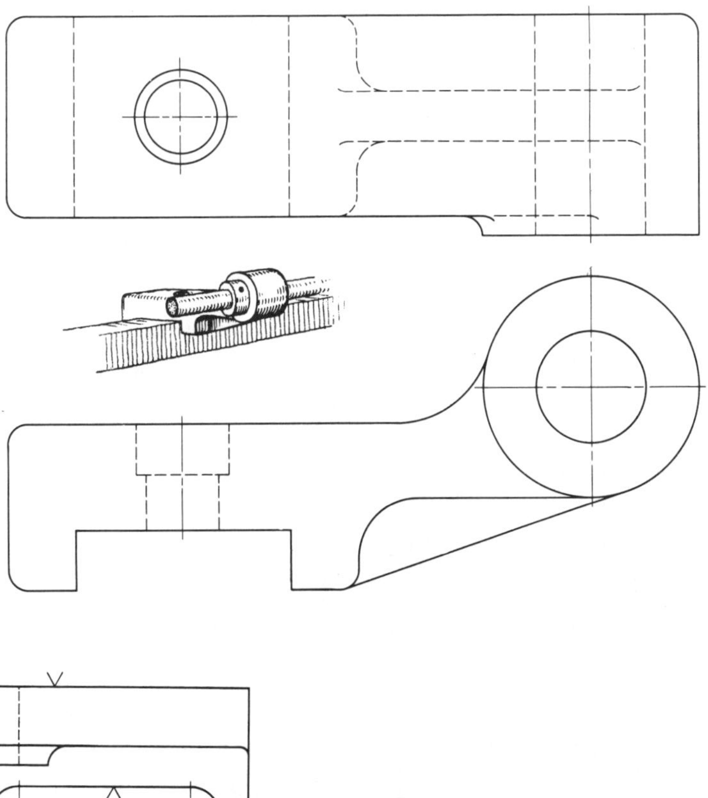

Prob. 14. Suporte de eixo.

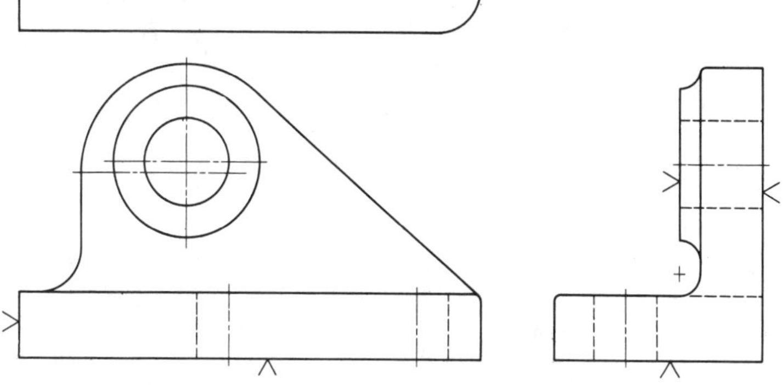

Prob. 15. Suporte deslizante esquerdo.

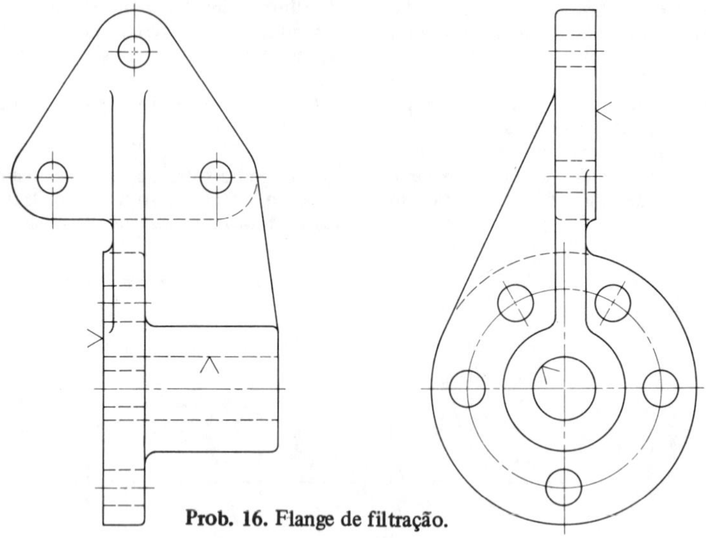

Prob. 16. Flange de filtração.

17. Apoio de pino de barragem. Peça estampada em aço. Mostrada na metade do tamanho. Desenhar na metade do tamanho ou em tamanho natural. Acrescentar a vista superior, se desejado. Mostrar a margem de usinagem com linhas de posição alternadas. Todos os ângulos de tração com 7º. Os furos são brocados e os entalhes de canto, fresados.

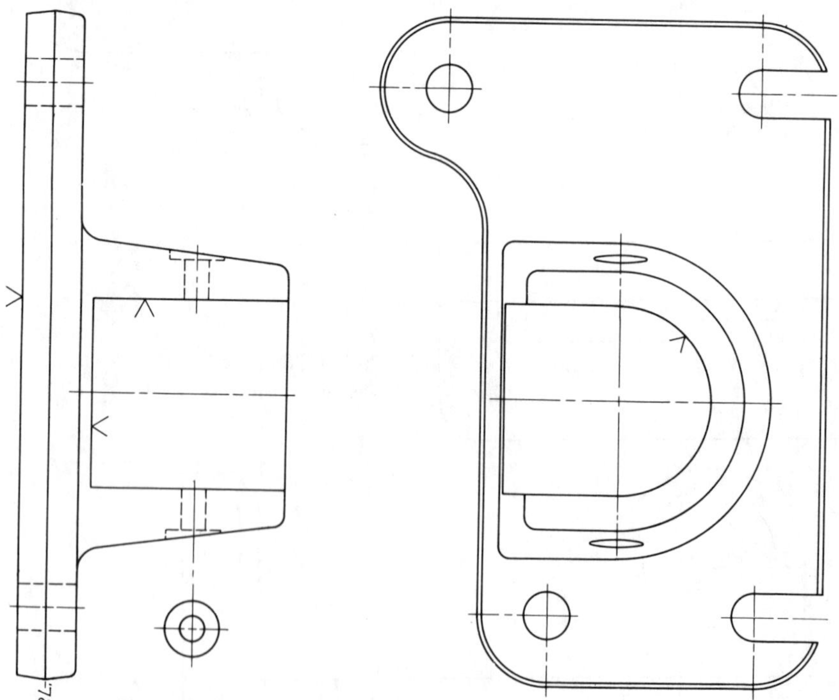

Prob. 17. Apoio de pino de barragem.

17A. Igual ao problema 17, mas fazer dois desenhos; (*a*) a peça forjada sem usinagem cotada para o matrizeiro e (*b*) a peça forjada usinada cotada para o maquinista. Referência: Fig. 10.110.

18. Alavanca da embreagem. Peça por forjamento em estampa em alumínio. Mostrada na metade do tamanho; desenhar em tamanho natural ou em duas vezes o tamanho. Acrescentar a vista superior, se desejado. Os furos são feitos com broca e alargados; as extremidades do eixo têm acabamento; a orelha da extremidade esquerda passa por fresagem dupla, a ranhura da orelha inferior é fresada. Mostrar a margem de usinagem com linhas de posição alternadas e cotar como na Fig. 9.8. Ângulos de tração de 7°.

18A. Igual ao problema 18, mas fazer dois desenhos: (*a*) a peça forjada sem acabamento, cotada para o matrizeiro e (*b*) a peça forjada usinada cotada para o maquinista. Referência: Fig. 10.110.

19. Presilha de montagem de radiador, chapa de metal LH nº 16 (0,0625). Mostrada na metade do tamanho. Os furos e a ranhura são puncionados. Referência: Fig. 10.111.

20. Suporte de polia. Mostrado na metade do tamanho. Chapa de alumínio 24-ST, espessura 0,032 pol.

21. Utilizando a escala apresentada, desenhar e cotar o corpo da válvula de retenção.

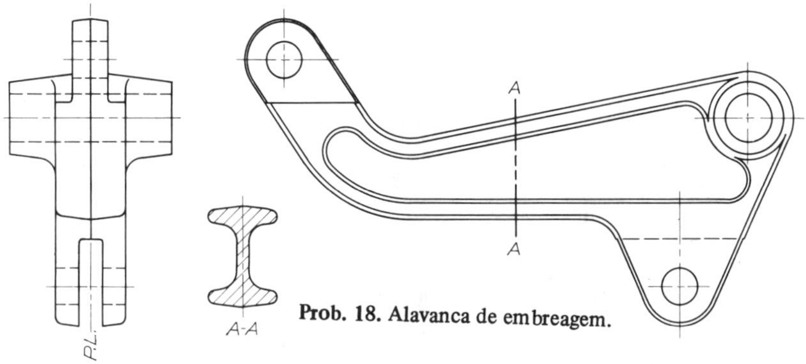

Prob. 18. Alavanca de embreagem.

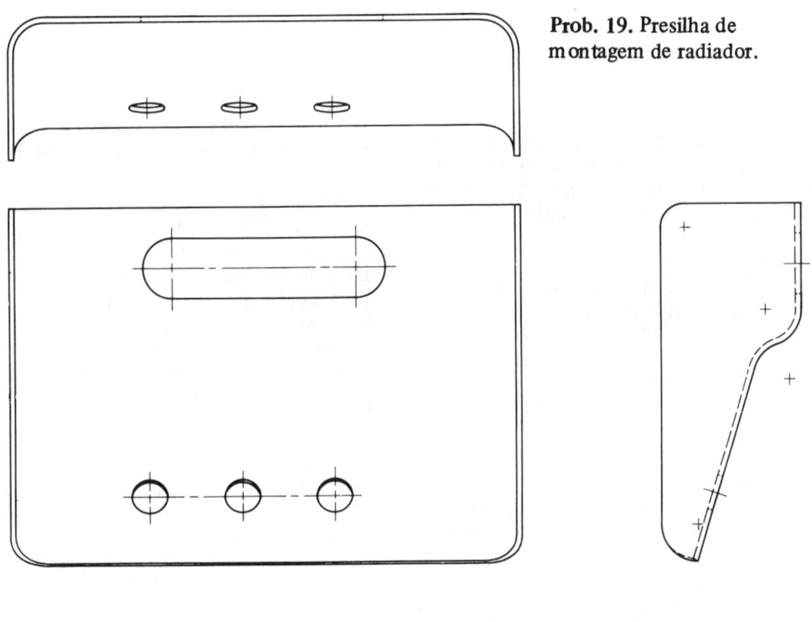

Prob. 19. Presilha de montagem de radiador.

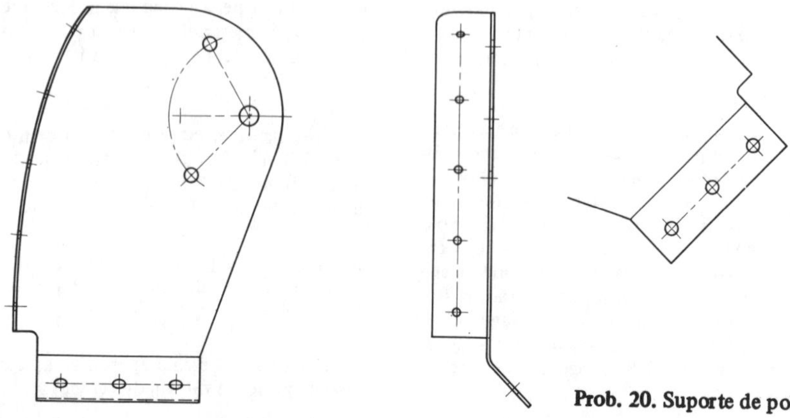

Prob. 20. Suporte de polia.

Prob. 21. Corpo de válvula de retenção.

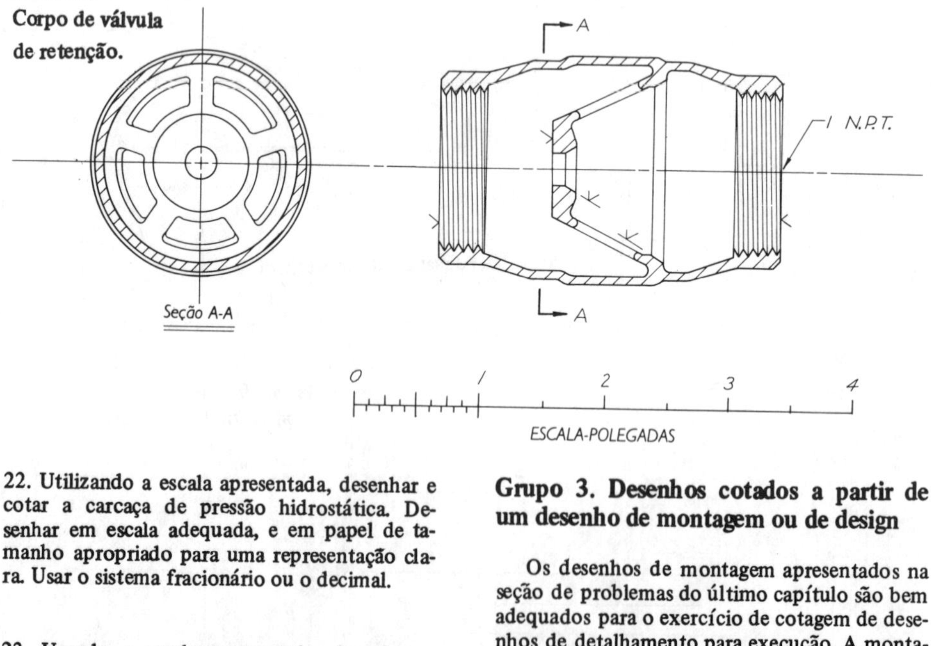

22. Utilizando a escala apresentada, desenhar e cotar a carcaça de pressão hidrostática. Desenhar em escala adequada, e em papel de tamanho apropriado para uma representação clara. Usar o sistema fracionário ou o decimal.

23. Usando a escala apresentada, desenhar e cotar a carcaça da junta universal. Usar escala e papel de dimensão adequados para uma representação clara. Pode ser usado o sistema fracionário, métrico ou decimal.

24. Usando compasso de ponta seca na escala apresentada, desenhar e cotar a junta universal. Observar que as partes da haste flexionada são helicoidais. Utilizar o sistema fracionário ou decimal.

Grupo 3. Desenhos cotados a partir de um desenho de montagem ou de design

Os desenhos de montagem apresentados na seção de problemas do último capítulo são bem adequados para o exercício de cotagem de desenhos de detalhamento para execução. A montagem mostra a posição de cada peça e a função pode ser compreendida através de um estudo de movimento, relações, etc. das diferentes peças. Observar especialmente as superfícies que se acoplam e as superfícies de referência, lógicas para o estabelecimento de cotas de posição. Uma vez que a cotagem de um desenho de montagem está aglomerada e provavelmente nem tem as mesmas vistas que o desenho de detalhamento de uma das peças, não se deve considerar a posição e a seleção das cotas de montagem e sim utilizá-las somente para obter dimensões.

**Prob. 22. Carcaça de pressão hidrostática.
(Cortesia de Westinghouse Air Brake Co.)**

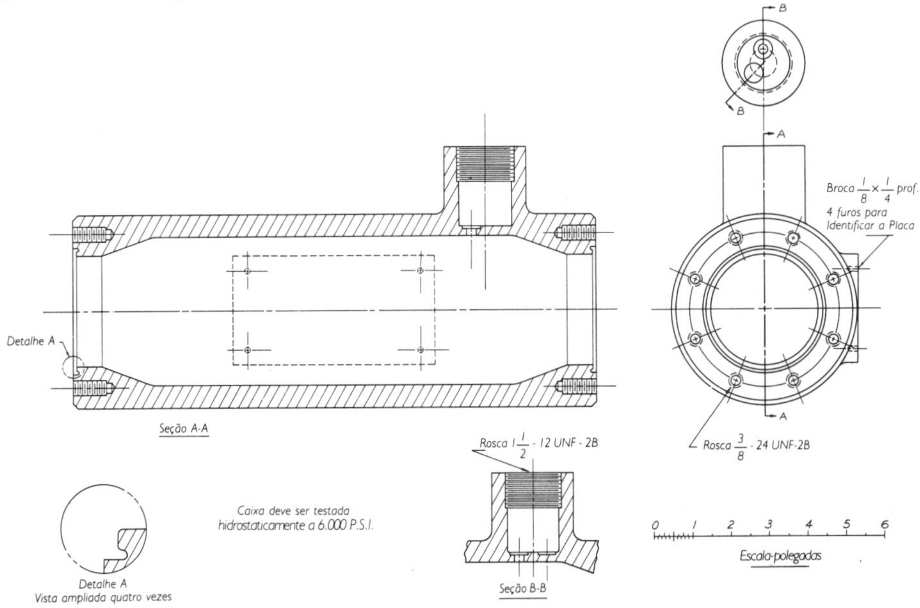

Prob. 23. Carroça de junta universal.

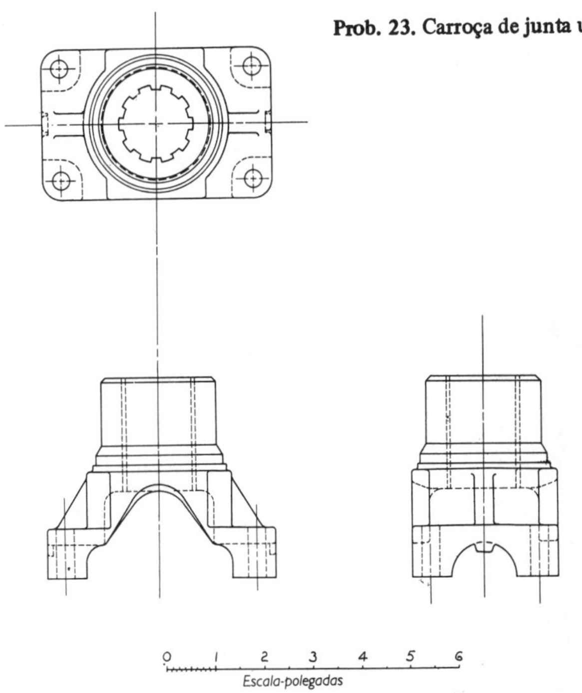

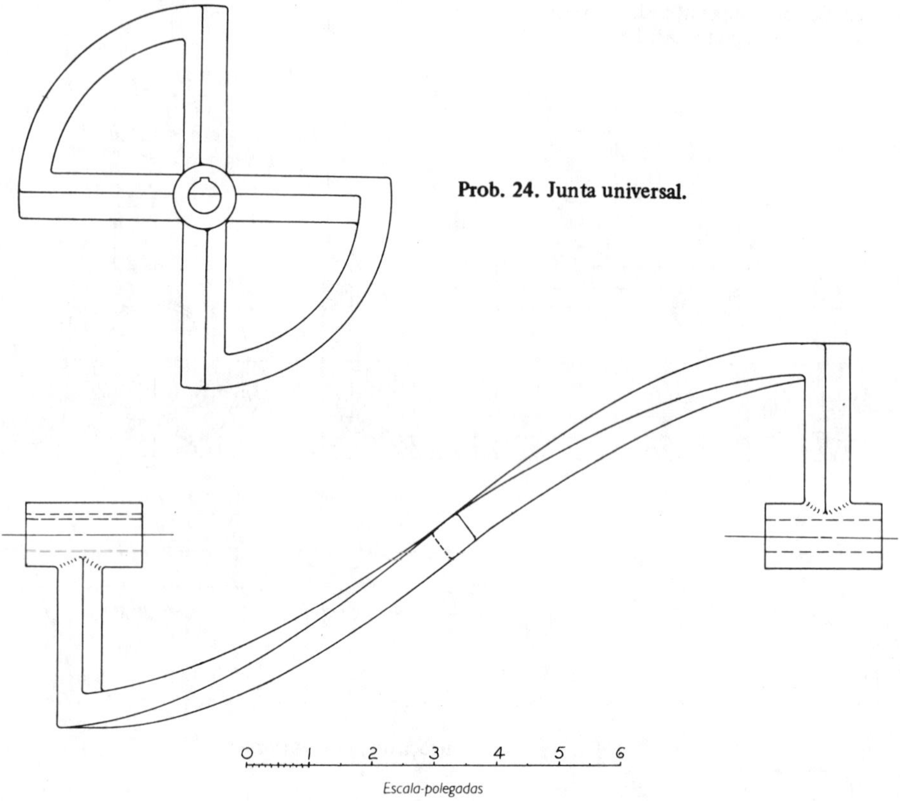

Prob. 24. Junta universal.

Representações gráficas de dados são fundamentais para o trabalho de todos os cientistas e engenheiros.

Representação de dados • Gráficos retilíneos • O desenho de curvas • Títulos e anotações. Como desenhar um gráfico • Padrões • Gráficos logarítmicos, semilogarítmicos, polares e trilineares • Dados empíricos e gráficos • Gráficos populares, de faixas, de setores, de camadas, em volume e pictóricos • O uso da cor nos gráficos • Problemas.

11

MAPAS, GRÁFICOS E DIAGRAMAS

1. Apresentação gráfica: sua importância

Este capítulo serve de introdução ao uso de métodos gráficos para a representação de dados empregados na análise de dados numéricos, para a solução de problemas e a apresentação de fatos. Será discutido o valor deste uso da expressão gráfica na engenharia, assim como serão sugeridas formas de melhor estudar o assunto.

O gráfico é um excelente processo de apresentar sugestivamente uma série de fatos quantitativos. Quando adequadamente construídos, mapas, gráficos e diagramas constituem uma poderosa ferramenta para a computação e análise de dados de engenharia, bem como para apresentação de dados estatísticos para comparação ou previsão.

2. Classificação

Mapas, gráficos e diagramas dividem-se basicamente em duas categorias: (1) aqueles usados para fins exclusivamente técnicos e (2) aqueles usados em propaganda ou para apresentar informações de forma agradável ao público. O engenheiro trabalha principalmente com a primeira categoria mas deve estar também familiarizado com a preparação da segunda e compreender sua influência potencial. Pretende-se aqui apresentar um breve estudo dos tipos de mapas, diagramas e gráficos com os quais os engenheiros e os profissionais afins devem ter conhecimento.

Presume-se que os alunos estejam a par do uso de coordenadas retangulares e que termos tais como "eixos", "ordenadas", "abscissas", "coordenadas" e "variáveis" sejam entendidos.

3. Representação de dados: gráficos retilíneos

Visto que os trabalhos gráficos preliminares da engenharia experimental são feitos em papel quadriculado, os alunos devem aprender esta forma de gráfico no início do curso. Um gráfico retilíneo é feito em uma folha pautada com linhas horizontais eqüidistantes que se cruzam com linhas verticais eqüidistantes. O espaçamento é opcional. Um papel quadriculado comercial é dividido em quadrados de um milímetro; a cada cinco linhas o traço é mais forte para auxiliar na representação e na leitura. Existem folhas com várias outras pautas, tais como 5 mm, 10 mm, 15 mm, 20 mm, etc.

O quadrante superior direito é universalmente adotado para representar curvas com dados experimentais, fazendo do vértice inferior esquerdo a origem. Quando é necessário representar tanto valores positivos quando negativos de uma função, como ocorre com muitas curvas matemáticas, a origem deve ser localizada de maneira a incluir todos os valores desejados.

A Fig. 11.1 mostra uma forma comum de gráfico retilíneo, tal como poderia ser feito para ser incluído em um relatório.

4. Desenho de curva

Ao se desenhar gráficos a partir de dados experimentais, freqüentemente é um problema decidir se a curva deveria passar por todos os pontos representados ou tirar uma média entre eles. Em geral, pode-se mostrar dados observados cuja lei matemática nos seja conhecida, através de linhas retas nos pontos representados, como na Fig. 11.2*a*. Adota-se uma relação empírica entre curva e pontos representados, como em (*b*), quando, na opinião do engenheiro, a curva deve seguir exatamente alguns pontos e passar ao lado de outros. Observações mais acuradas são indicadas em (*c*), onde a curva segue de perto uma verdadeira curva teórica.

5. Títulos e anotações

O título é uma parte importante de um gráfico e seu enunciado deve ser claro

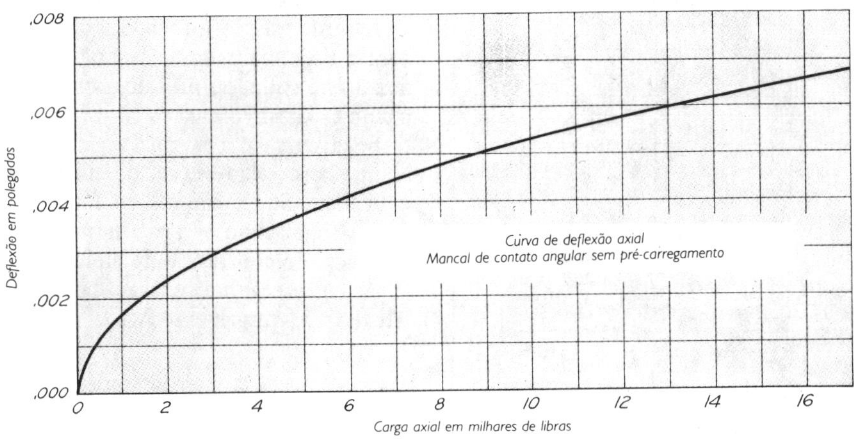

Fig. 11.1. Um gráfico retilíneo. Este tipo de gráfico mostra como uma variável muda em relação a outra. Pode-se determinar valores correspondentes.

e conciso. Sempre deve conter uma descrição suficiente para dizer o que é o gráfico, a fonte ou a autoria, o nome do observador e a data. O método aceito é colocar o título no alto da folha, disposto em unidades significativas, simetricamente, em torno de uma linha central. Se for colocado dentro do espaço pautado, uma linha ou um quadro deve separá-lo da lâmina. Cada lâmina de curvas deve ter um título e quando mais do que uma curva é apresentada em uma lâmina, as diferentes curvas devem ser desenhadas de maneira que possam ser facilmente distinguidas. Pode-se fazê-lo variando o tipo de linha, usando linha cheia, tracejada ou pontilhada, com uma chave tubular para identificação, ou colocando-se os nomes das curvas diretamente ao longo das mesmas. Quando os gráficos não se destinam à reprodução, tintas de cores diferentes podem ser usadas.

6. Para desenhar um gráfico

Ao se desenhar um gráfico de coordenadas a ordem geral é: (1) computar e reunir todos os dados; (2) determinar qual o tamanho e o tipo de gráfico que melhor se adaptam ao caso e se deve ser usado papel pautado ou liso; (3) determinar, a partir dos limites dos dados, as escalas para abscissas e ordenadas a fim de obter melhor efeito na curva resultante; (4) dispor a variável independente (freqüentemente *tempo*) no eixo horizontal ou do x, e a variável dependente no eixo vertical ou do y; (5) representar os pontos a partir dos dados e traçar a curva a lápis; (6) traçar a curva à tinta; (7) compor e escrever o título e as coordenadas.

A elaboração de mapas requer uma boa capacidade de redigir, especialmente para os letreiros, mas em engenharia e em trabalhos científicos atenção primordial é dada à capacidade de selecionar coordenadas adequadas, à precisão ao representar os pontos e desenhar o gráfico e à compreensão das funções e limitações do gráfico resultante.

Quando o gráfico é desenhado em um papel pautado, para serem tiradas cópias heliográficas, a curva pode ser desenhada

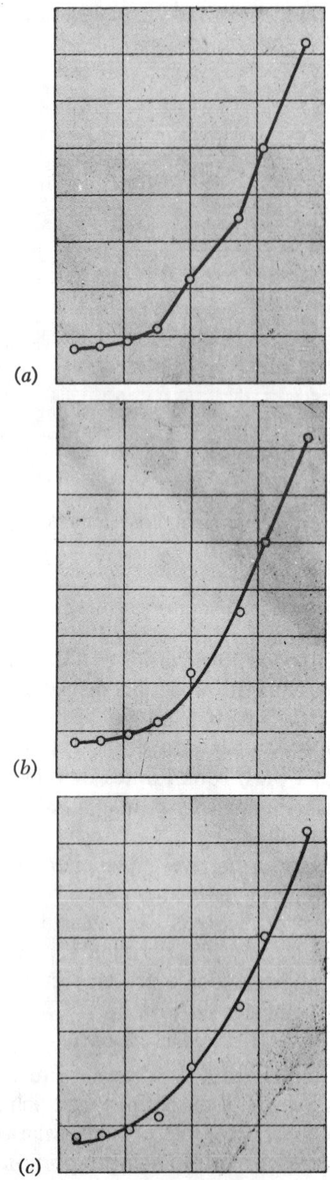

Fig. 11.2. Métodos de desenhar curvas. (*a*) "Curva" para dados ainda não sustentados por uma teoria e que, portanto, não produzem necessariamente uma curva suave; (*b*) e (*c*) curvas suaves produzidas a partir de dados conhecidos.

no verso do papel, permitindo que as rasuras sejam feitas sem danificar a superfície pautada.

O verde está se tornando a cor padrão para o papel pautado. O azul não é reproduzido na cópia ou na fotografia e o vermelho é cansativo para os olhos.

Se a curva é desenhada para fins de computação, ela deve ser desenhada com uma linha fina e precisa; se for para demonstração, ela deve ser bem mais forte, por causa do contraste e do efeito.

As regras seguintes foram adaptadas do ANSI Y15 (antigamente Z15):

Normas para a apresentação de gráficos

1. Um gráfico não deve conter linhas e letreiros que não sejam essenciais para o leitor compreender claramente sua mensagem.
2. Todos os letreiros e algarismos de um gráfico devem ser colocados de maneira que sejam facilmente legíveis de baixo para cima e do lado direito, e não do lado esquerdo.
3. Abreviaturas-padrão devem ser usadas quando o espaço for limitado, como, por exemplo, ao indicar a unidade de medida em representação de escalas.
4. A amplitude da escala deve ser determinada de forma a assegurar o uso efetivo e eficiente da área de coordenadas, para que o objetivo do gráfico seja atingido.
5. A linha do zero deve ser incluída, se for desejável uma comparação visual das grandezas registradas.
6. Quando se deseja mostrar se a taxa de alteração da variável dependente é crescente, constante ou decrescente, deve ser usada uma escala logarítmica vertical, juntamente com uma escala aritmética horizontal.
7. Os valores da escala horizontal (variável independente) devem geralmente aumentar da esquerda para a direita e os valores da escala vertical (variável dependente) de baixo para cima.

8. Os valores e as representações das escalas devem ser colocados fora da área quadriculada, geralmente embaixo, na escala horizontal, e do lado esquerdo na escala vertical. Em gráficos com muita largura pode ser aconselhável repetir a escala vertical do lado direito.

9. Em escalas aritméticas os números da escala mostrados no gráfico e no espaço entre as linhas das coordenadas devem preferivelmente corresponder a 1, 2 ou 5 unidades de medida, multiplicadas ou divididas por 1, 10, 100, etc.

10. Deve-se evitar o uso de muitos algarismos na numeração de uma escala.

11. A representação da escala deve indicar a variável medida, assim como a unidade de medida. Por exemplo: TEMPO DE EXPOSIÇÃO EM DIAS.

12. As linhas das coordenadas devem ter número limitado àquelas necessárias para guiar o olho ao fazer o grau de aproximação desejado na leitura. Linhas de coordenadas pouco espaçadas são adequadas para gráficos de computação, mas não para gráficos cujo objetivo principal é mostrar relações.

13. As curvas devem, de preferência, ser representadas por linhas cheias.

14. Quando mais do que uma curva for apresentada em um gráfico, a ênfase relativa ou a diferenciação das curvas pode ser assegurada se usarmos diferentes tipos de linhas, isto é, cheia, tracejada, pontilhada, etc. ou linhas de diferentes larguras. Recomenda-se uma linha cheia para a curva mais importante.

15. Os pontos observados devem preferivelmente ser designados por círculos.

16. Devem ser usados círculos, quadrados e triângulos ao invés de cruzes ou símbolos preenchidos para diferençar pontos observados das diversas curvas de um gráfico.

17. As curvas devem, se possível, ser designadas por pequenos rótulos colocados junto a elas (horizontalmente ou ao longo da curva) ao invés de se usarem letras, números ou quaisquer outros métodos que requeiram uma convenção.

18. Se for usada uma convenção, esta deve ser colocada de preferência dentro do quadriculado, em uma posição isolada, separada por uma linha de demarcação – podendo ser as linhas do próprio quadriculado, se for conveniente.

19. O título deve ser tão claro e conciso quanto possível. Material explicativo, se necessário para assegurar maior clareza, deve ser acrescentado como subtítulo.

20. As representações da escala, designações, curvas e espaços em branco devem ser, tanto quanto possível, dispostos de maneira a dar um sentido de equilíbrio em volta dos eixos vertical e horizontal.

21. A aparência e a eficácia de um gráfico dependem em larga escala das espessuras relativas das linhas usadas nas partes que o compõem. A linha mais larga deve ser usada para a curva principal. Se várias curvas forem apresentadas no mesmo gráfico, a espessura das linhas usadas para as curvas deve ser menor do que a usada quando uma única curva é apresentada.

22. Em geral deve ser usado um estilo simples de letreiro, tal como o gótico com sua espessura de linhas uniforme e sem ornamentos.

7. Escalas logarítmicas

Um tipo importante de gráfico é aquele em que as divisões são feitas proporcionalmente aos logaritmos dos números, ao invés de proporcionais aos próprios números; conseqüentemente as divisões não ficam espaçadas de maneira regular. Quando alinhado logaritmicamente em uma direção, com espaçamento igual em ângulos retos, chama-se espaçamento "semilogarítmico".

O espaçamento logarítmico pode ser feito diretamente a partir das graduações de uma das escalas de uma régua de cálculo. O papel logarítmico é vendido em várias combinações de linhas. Encontra-se com um, dois, três ou mais ciclos, em múltiplos de 10; e também sob a forma de ciclo parcial e de ciclo subdividido. Ao usar papel logarítmico, as interpolações devem ser feitas logaritmicamente e não aritmeticamente; interpolações aritméticas com divisões imprecisas podem levar a erros consideráveis.

8. Gráficos semilogarítmicos

Nesses gráficos um dos eixos, usualmente o eixo do *X*, é dividido em segmentos iguais, e outro eixo em segmentos logarítmicos. Graças a uma propriedade nesse tipo de gráfico, em virtude da qual a inclinação da curva em um ponto qualquer é uma medida exata da taxa de crescimento ou de decréscimo dos dados que estão sendo registrados. O gráfico semilogarítmico é freqüentemente chamado de "gráfico de proporção" ou ainda chamado de "gráfico de variações em progressão geométrica" para distingui-lo do gráfico retilíneo ou "gráfico de variações em progressão aritmética". Ele é extremamente útil em trabalhos de estatística, pois mostra num relance modo de alteração de uma variável. Através do uso deste gráfico é possível prever tendências, tais como as do crescimento futuro de um negócio, as do aumento da população, etc.

Ao escolher entre gráficos retilíneos e semilogarítmicos, o ponto importante a considerar é se o gráfico deve representar crescimento ou decréscimo do tipo *numérico* ou *percentual*. Em muitos casos deseja-se enfatizar a percentagem ou taxa de mudança e não a mudança numérica; nestes casos, deveria ser usado um gráfico semilogarítmico.

Um exemplo de gráfico semilogarítmico é dado na Fig. 11.3. A curva foi desenhada a partir de dados compilados para o *Almanaque Mundial*. A linha tracejada mostra a produção real, por ano, e a linha cheia é a curva de tendência, cuja extensão prevê a produção futura

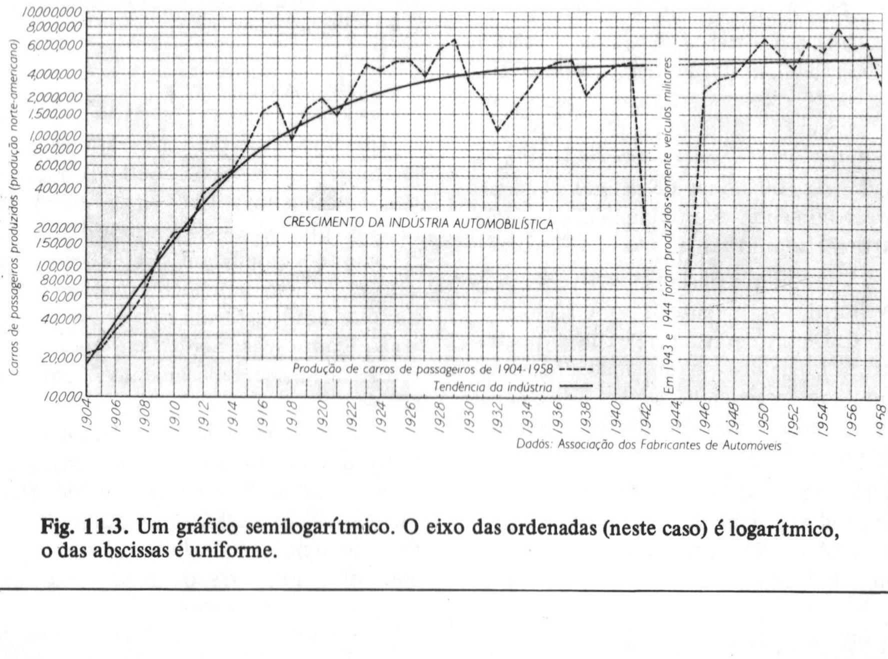

Fig. 11.3. Um gráfico semilogarítmico. O eixo das ordenadas (neste caso) é logarítmico, o das abscissas é uniforme.

Equações exponenciais da fórmula $y = ae^{bx}$ são registradas nas coordenadas semilogarítmicas como uma linha reta. Esta representa o tipo de relação na qual uma quantidade aumenta ou diminui a uma taxa proporcional àquela presente em qualquer momento. Por exemplo, a passagem de luz através de uma substância translúcida varia (em intensidade) exponencialmente com a espessura do material.

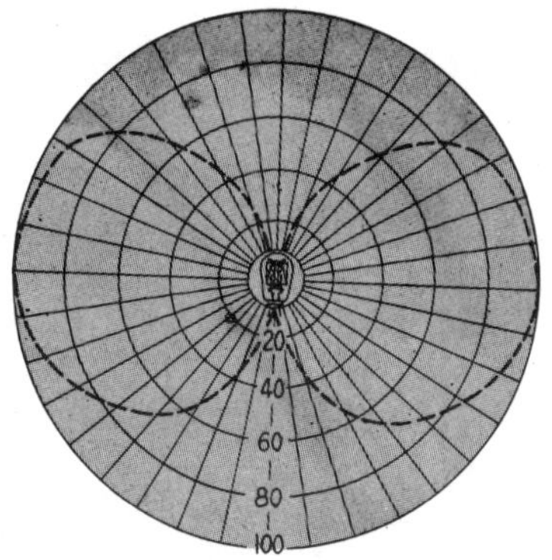

Fig. 11.5. Um gráfico polar. Este tipo de gráfico é usado quando é necessário mostrar uma direção a partir de um ponto (pólo).

9. Gráficos logarítmicos

São gráficos em que tanto as abscissas quanto as ordenadas são espaçadas logaritmicamente. Qualquer equação da fórmula $y = ax^b$, na qual uma quantidade varia diretamente como potência da outra, será registrada como uma linha reta nas coordenadas logarítmicas. Portanto, a multiplicação, a divisão, as potências e as raízes servem de exemplos. A Fig. 11.4 mostra uma representação logarítmica da intensidade de um som (e a energia necessária para produzi-lo) que varia como uma potência da distância a partir do ponto de origem. Outros exemplos são a relação distância-tempo de um corpo que cai e o período de um pêndulo simples.

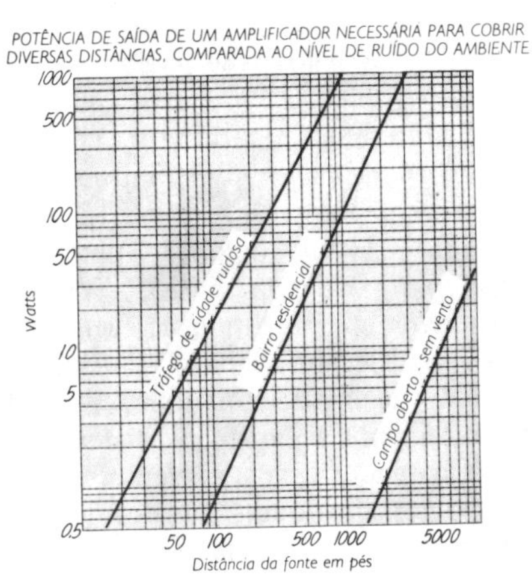

Fig. 11.4. Um gráfico logarítmico. Tanto as ordenadas quanto as abscissas estão divididas logaritmicamente.

10. Gráficos polares

É comum o uso de papel com reticulado de coordenadas polares para representar intensidade de iluminação, de calor, formas polares de curvas, etc. A Fig. 11.5 mostra a curva de potência iluminante em velas, de uma lâmpada Mazda B comum e a Fig. 11.6 a curva de um certo tipo de refletor. O poder de iluminação em qualquer direção é determinado marcando-se a distância da origem até a curva. O uso de curvas de forma polar permite a determinação da intensidade iluminante em qualquer ponto.

11. Gráficos triangulares

O gráfico triangular, ou "diagrama triaxial", como é chamado algumas vezes, fornece um meio valioso de se estudarem

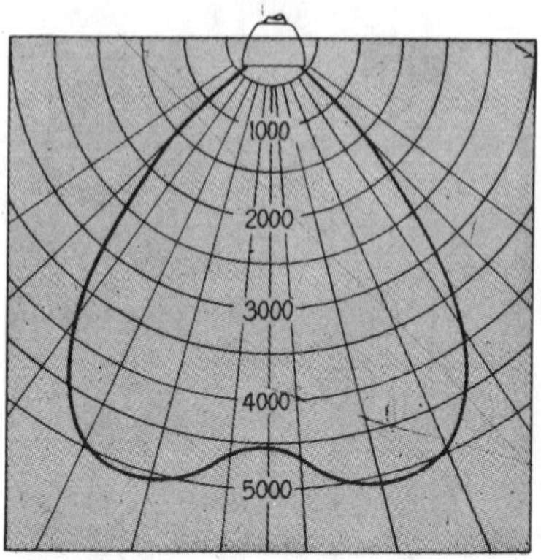

Fig. 11.6. Um gráfico polar. Este gráfico mostra a área de iluminação de um refletor.

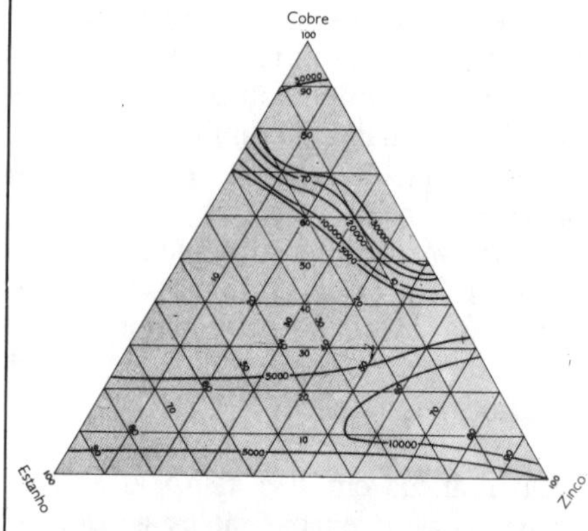

Fig. 11.7. Um gráfico triangular. Este tipo de gráfico é usado para representar as propriedades de três elementos combinados.

as propriedades de compostos químicos de três elementos, ligas de três metais ou compostos e misturas que contenham três variáveis. O gráfico tem a forma de um triângulo eqüilátero, cuja altura representa cem por cento de cada um dos três constituintes. A Fig. 11.7, mostrando a força de tração máxima da liga cobre-estanho-zinco, é um exemplo típico de sua aplicação. A utilidade de tais diagramas repousa no princípio geométrico de que a soma das distâncias correspondentes às perpendiculares baixadas de um ponto qualquer de um triângulo eqüilátero é igual à altura.

12. Escolha do tipo e apresentação

A função de um gráfico é revelar fatos. Ele pode ser inteiramente enganador se forem escolhidos reticulados e coordenadas errados. O crescimento de um negócio, representado em um gráfico retilíneo, poderia, por exemplo, enganar inteiramente o empresário que analisasse a tendência de seus negócios; ao passo que se fosse registrado em gráfico semilogarítmico poderia dar um retrato verdadeiro das condições. Gráficos intencionalmente enganadores têm sido usados freqüentemente em publicidade, sendo a forma mais comum o gráfico com uma escala vertical muito exagerada. Em trabalhos de engenharia é fundamental apresentar os fatos honestamente e com precisão científica.

13. Análise de dados experimentais

Até o presente discutiu-se apenas a representação de dados. Em muitos casos, apenas a representação em coordenadas adequadas dá uma descrição precisa – pois, a partir da representação, pode-se determinar o *valor* de uma variável em relação a uma segunda variável. Entretanto, a equação de uma relação pode ser obtida freqüentemente a partir dos dados. Para fazê-lo, os dados devem ser representados em coordenadas que "transformem" a curva em uma linha reta. A equação de uma linha reta em qualquer sistema de coordenadas é facilmente determinada. As equações resolvidas assim são conhecidas como equações *empíricas*.

O procedimento padrão é representar em primeiro lugar os dados em coordenadas retangulares. Se o resultado for uma linha reta, sabe-se que a equação é do primeiro grau (linear). Se da representação resultar uma curva, a equação é de forma superior e devem-se experimentar coordenadas semilogarítmicas ou logarítmicas; se os dados resultarem em uma linha reta em qualquer sistema, a equação pode ser determinada.

14. Representações retangulares: equações lineares

Se a representação de dados resultar em uma linha reta sobre coordenadas retilíneas, a equação é do primeiro grau. A Fig. 11.8 mostra uma representação linear de coordenadas retilíneas. Para determinar a equação da linha, selecionar dois pontos, tais como y_1 x_1 e y_2 x_2 mostrados na Fig. 11.8. Então, por proporção

simples, $\dfrac{y - y_1}{x - x_1} = \dfrac{y_2 - y_1}{x_2 - x_1}$

e da Fig. 11.8,

$y_1 = 13{,}8; y_2 = 43{,}5; x_1 = 8; x_2 = 35{,}0$

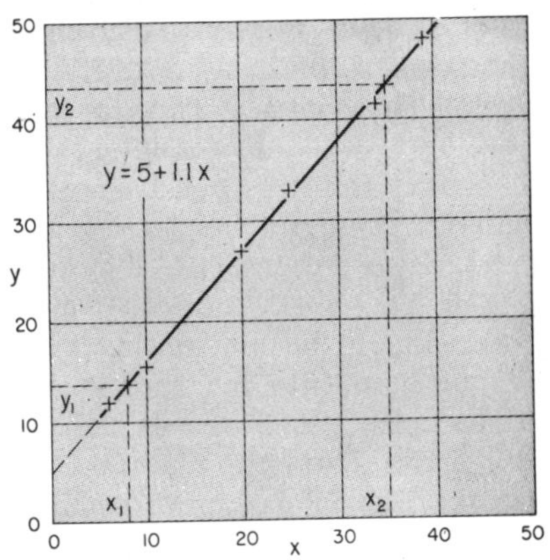

Fig. 11.8. Uma representação em linha reta sobre coordenadas retilíneas. A equação da linha é linear, $y = a + bx$.

substituindo,

$$\frac{y - 13{,}8}{x - 8{,}0} = \frac{43{,}5 - 13{,}8}{35{,}0 - 8{,}0}$$

donde,

$$\frac{y - 13{,}8}{x - 8{,}0} = 1{,}1$$

e

$$y = 5{,}0 + 1{,}1x.$$

Portanto, esta equação é de uma linha reta, $y = a + bx$, onde $a = 5{,}0$ e $b = 1{,}1$.

O coeficiente 1,1 é a inclinação da linha e a constante 5,0 é a interseção do eixo das ordenadas.

15. Representações logarítmicas: equações de potência

Se os dados transformam-se em uma linha reta sobre coordenadas logarítmicas, a equação é uma relação de potência de fórmula $y = ax^b$. A Fig. 11.9 mostra uma representação que se transforma em uma linha reta sobre coordenadas logarítmicas. Dois pontos selecionados resultam em:

$x_1 = 2{,}5$ $\quad y_1 = 3{,}8$

$x_2 = 55{,}0$ $\quad y_2 = 26{,}5$

Posto que a representação é logarítmica,

$$\frac{\log y - \log 3{,}8}{\log x - \log 2{,}5} = \frac{\log 26{,}5 - \log 3{,}8}{\log 55{,}0 - \log 2{,}5}$$

donde,

$$\log y = 0{,}330 + 0{,}628 \log x$$

e

$$y = 2{,}14x^{0{,}628}$$

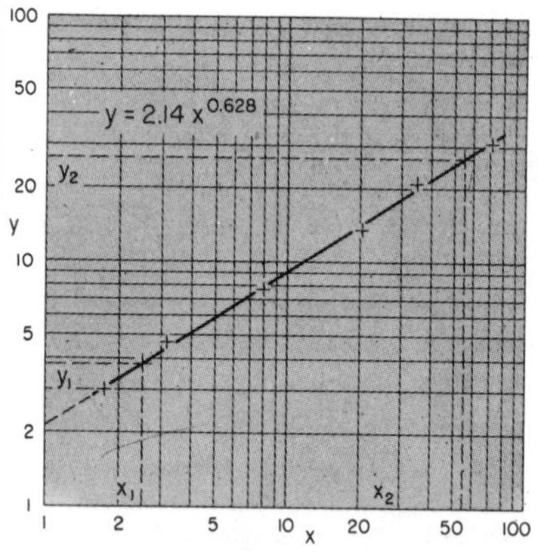

Fig. 11.9. Uma representação em linha reta sobre coordenadas logarítmicas. A equação da linha é uma fórmula de potência $y = ax^b$.

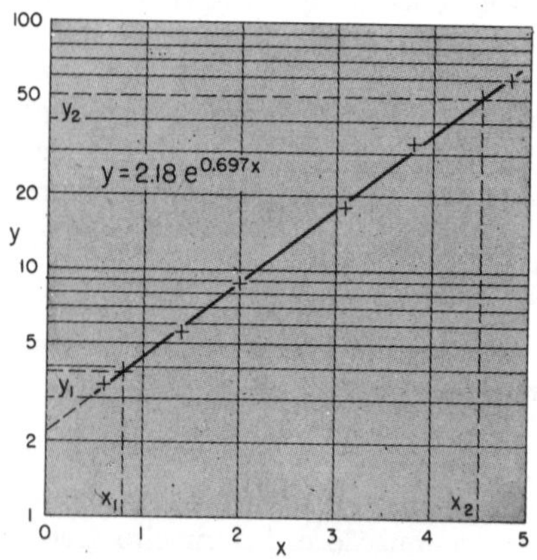

Fig. 11.10. Uma representação em linha reta sobre coordenadas semilogarítmicas. A equação da linha é uma fórmula exponencial $y = ae^{bx}$.

16. Representações semilogarítmicas: equações exponenciais

Se os dados representados transformam-se em uma linha reta sobre coordenadas semilogarítmicas, a equação é uma fórmula exponencial, $y = ae^{bx}$ ou $y = 10^{bx}$ (para logaritmos de base 10). A Fig. 11.10 mostra uma representação típica. Dois pontos selecionados resultam em:

$$x_1 = 0{,}8 \qquad y_1 = 3{,}8$$
$$x_2 = 4{,}5 \qquad y_2 = 50{,}0$$

Escrevendo-se a equação da linha reta;

$$\frac{\ln y - \ln 3{,}8}{x - 0{,}8} = \frac{\ln 50{,}0 - \ln 3{,}8}{4{,}5 - 0{,}8}$$

donde,

$$\ln y = 0{,}777 + 0{,}697x$$

e

$$y = 2{,}18e^{0{,}697x}$$

17. Nomografia

Depois que a equação de uma relação foi determinada, os valores específicos das variáveis podem ser encontrados pela substituição na equação. Para facilitar tais cálculos, pode-se fazer um gráfico chamado nomograma, no qual as variáveis são representadas por escalas dispostas de forma que uma régua colocada entre as escalas dará os valores correspondentes das variáveis. Um exemplo simples de nomograma (gráfico de conversão) é mostrado na Fig. 11.11.

A construção de um nomograma requer o conhecimento de graduação de escalas, de tipos de gráficos e de matemática necessária. Portanto, a nomografia é um campo especial da expressão gráfica e está além do âmbito deste livro. Para aprofundar-se no assunto veja *Graphic Science and Design*, de Thomas E. French e Charles J. Vierck.[1]

---

[1] McGraw-Hill, New York, 3a. ed., 1970.

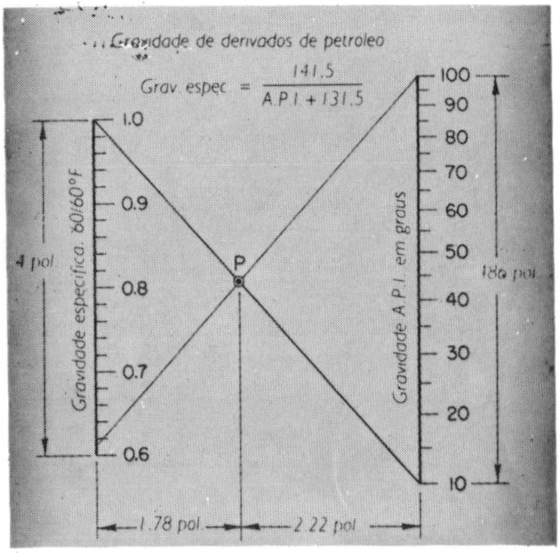

Fig. 11.11. Um nomograma. Este é um gráfico de conversão de gravidade específica para graus A.P.I.

18. Cálculo gráfico

Visto sob o mesmo prisma da nomografia, este é um campo especial da construção de gráficos em que as taxas de mudanças das variáveis são determinadas graficamente. Este assunto também está fora do âmbito deste livro. Veja, a respeito de cálculo gráfico, a obra *Graphic Science and Design*, de Thomas E. French e Charles J. Vierck.

19. Organogramas, gráficos de desenvolvimento e fluxogramas

Os fins a que podem servir estas três classes de gráficos são muito diversos, mas seus princípios básicos são semelhantes; portanto, por conveniência, elas foram agrupadas.

Um *organograma*, ilustrado na Fig. 11.12, visa mostrar as subdivisões de um todo e a inter-relação entre suas partes. Tal gráfico freqüentemente substitui um esquema escrito, pois fornece uma visualização dos fatos melhor do que a obtida somente com palavras. Comumente é usado como gráfico de organização de uma corporação ou empresa. Costuma-se colocar os nomes das divisões dentro de retângulos, embora círculos ou outras formas também possam ser usadas. O retângulo tem a vantagem de ser mais conveniente para a execução dos letreiros, enquanto que o círculo pode ser desenhado mais rapidamente e possui maior aceitação do público. Com freqüência usa-se uma combinação das duas formas.

O *gráfico de desenvolvimento* é usado principalmente com o objetivo de mostrar as várias etapas tanto de um processo industrial quanto de outras atividades. O *fluxograma* ilustrado na fig. 11.13 é um exemplo de gráfico de desenvolvimento aplicado a um processo químico. Gráficos desse tipo mostram de forma dinâmica fatos que poderiam requerer estudos consideráveis para serem entendidos a partir de uma descrição escrita. A Fig. 9.1, mostrando o percurso de um desenho através das oficinas, ilustra uma forma diferente de gráfico de desenvolvimento.

20. Gráficos populares

Engenheiros e desenhistas são freqüentemente procurados para preparar gráficos e diagramas que deverão ser entendidos por leitores leigos. Para tais gráficos muitas vezes não é aconselhável apresentar os fatos através de curvas sobre papel quadriculado mas sim de uma forma que seja lida mais facilmente, mesmo que a representação possa ser um pouco menos precisa. Gráficos para uso popular devem ser feitos de maneira que a impressão que eles produzem seja rápida e precisa. Raramente são analisados sob o ponto de vista crítico mas são considerados de relance; portanto, o método de apresentação exige um julgamento cuidadoso e a aplicação de certa psicologia.

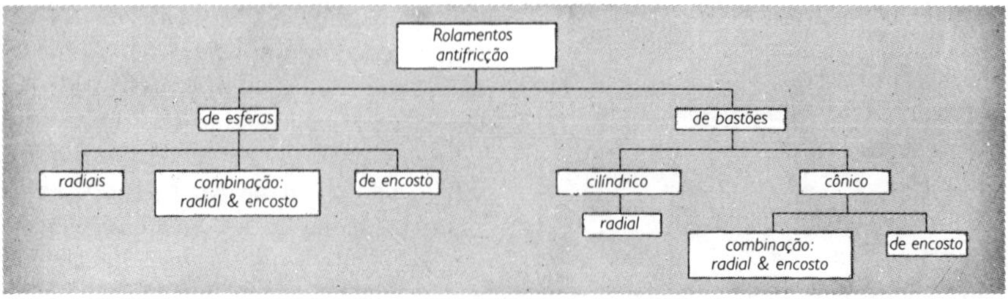

Fig. 11.12. Um organograma. Este tipo de gráfico mostra as partes de um todo.

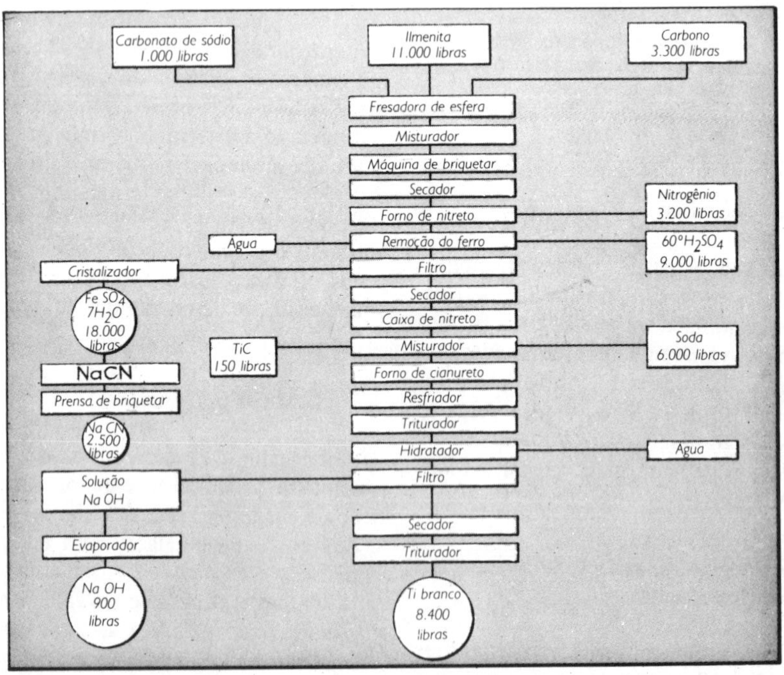

Fig. 11.13. Um fluxograma. Esta é uma maneira eficaz de mostrar os pontos essenciais de um processo ou método.

21. Gráficos de faixas

O gráfico de faixas é um tipo de gráfico facilmente compreendido por leitores leigos. Uma de suas formas mais simples é a *faixa única* destinada a mostrar as relações das partes constituintes de um total dado. A Fig. 11.14 é um exemplo. Os di-

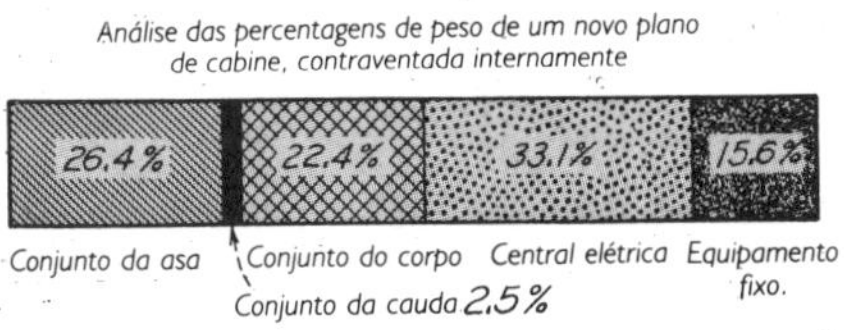

Fig. 11.14. Um gráfico de faixa única. Este é um método simples e eficiente de mostrar as percentagens de um todo.

ferentes segmentos devem ser hachurados, sombreados ou diferençados de qualquer outra forma eficaz; a percentagem representada deve ser colocada na respectiva porção do diagrama ou diretamente abaixo, e o significado de cada segmento deve ser claramente formulado. As faixas podem se colocadas vertical ou horizontalmente; a posição vertical é conveniente para a colocação de letreiros e a horizontal para a legibilidade já que a vista humana julga as distâncias horizontais com rapidez.

A Fig. 11.15 é um exemplo de *gráfico de faixas múltiplas*, no qual o comprimento de cada faixa é proporcional à grandeza da quantidade representada. Deve-se fornecer meios para que os valores numéricos representados em cada faixa possam ser lidos. Se for necessário colocar o valor exato representado por cada uma das faixas, os valores não deverão ser escritos nas extremidades das faixas pois isso aumentará seu comprimento aparente. Este tipo de gráfico pode ser feito horizontalmente, com a descrição na base, ou verticalmente. A forma vertical algumas vezes é chamada de "gráfico de órgão de tubos". Quando as faixas verticais são desenhadas bem junto uma da outra e os lados se tocam, o diagrama é chamado de "gráfico de escada". Este gráfico é mais freqüentemente feito como uma "curva de escada", ou seja, registra-se em papel quadriculado uma linha representando o perfil formado pelas extremidades superiores das faixas.

Um *gráfico de faixas compostas* é feito quando se deseja mostrar dois ou mais elementos em cada faixa. Na verdade é um conjunto de faixas indicando comprimentos diferentes, colocadas juntas em forma de órgão de tubos ou horizontalmente.

22. Diagramas de setores

O diagrama de setores ou em percentagens de área do círculo (Fig. 11.16) é muito inferior ao gráfico de faixas, mas é constantemente usado, porque agrada ao público. É uma forma simples de gráfico

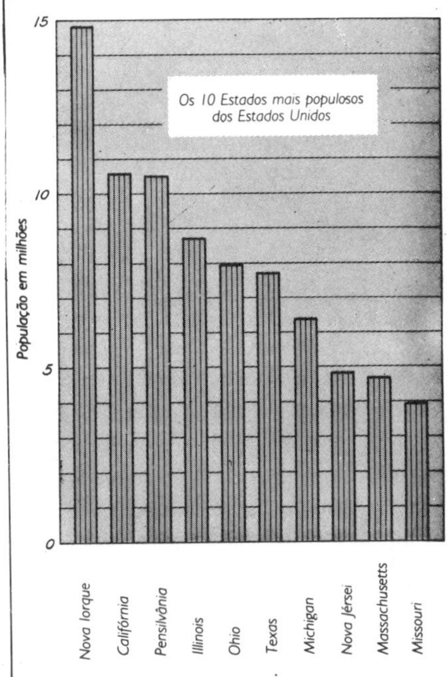

Fig. 11.15. Um gráfico de faixas múltiplas. Cada faixa fornece (graficamente) a magnitude do tópico representado.

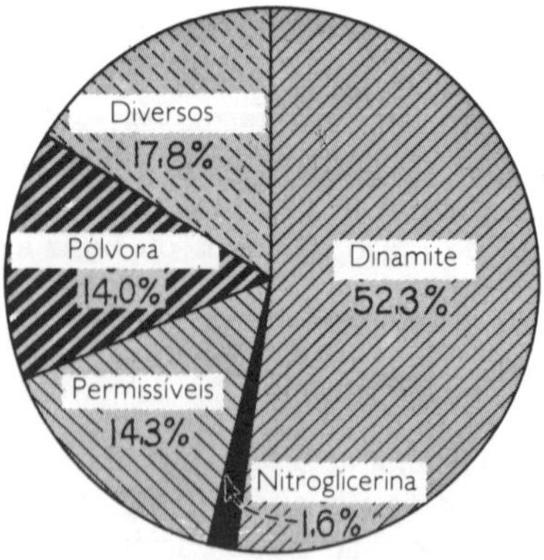

Fig. 11.16. Um diagrama de setores. Este gráfico mostra percentagens de um todo. Compará-lo com o gráfico de faixa única.

e, com exceção dos letreiros, é facilmente construído. Pode ser considerado como um gráfico retangular de percentagens curvado até formar um círculo. A circunferência do círculo é dividida em 100 partes e setores são usados para representar percentagens do total.

Para ser eficaz, este diagrama deve ter os letreiros cuidadosamente desenhados e as percentagens marcadas nos setores ou na parte da circunferência que corresponde a cada setor. Para contrastar é melhor hachurar ou sombrear cada setor. Se o desenho original destinar-se a exposição os setores podem ser coloridos e o diagrama deve ser acompanhado de uma convenção que mostre o significado de cada cor. A anotação da percentagem deve sempre ser colocada onde possa ser lida sem que se afaste os olhos do diagrama.

23. Diagramas de camadas e de volumes

Os diagramas de camadas e de volume têm sido bastante usados, embora normalmente sejam o método gráfico de representação mais enganador. A Fig. 11.17 é um gráfico de camadas que mostra uma mudança de quantidade durante um certo período de tempo. A área entre as curvas é sombreada para destacar cada variável representada. Entretanto, ao ler, devemos lembrar que as áreas *entre* as curvas não têm significado.

24. Gráficos figurativos

Antigamente os gráficos figurativos eram muito usados para comparações, por exemplo de custos, populações, capital fixo, gado e vários produtos. Era costume representar os dados através de figuras humanas ou outras, cujas alturas eram proporcionais aos valores numéricos, ou ainda através da silhueta dos animais ou produtos em questão, cujas alturas ou às vezes as áreas eram proporcionais. Tendo

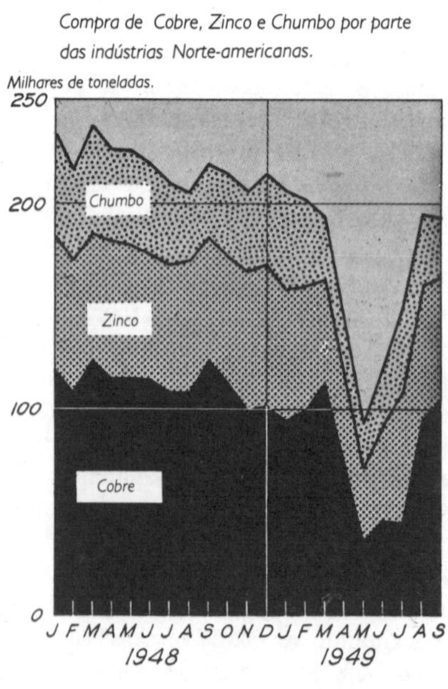

Fig. 11.17. Um diagrama de camadas. Os gráficos isolados são superpostos.

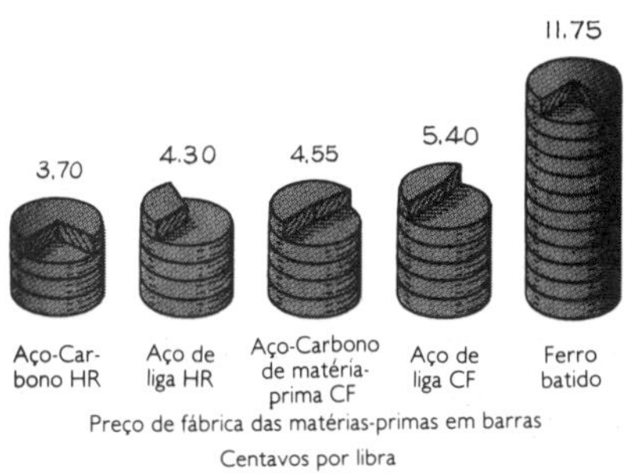

Fig. 11.18. Um gráfico figurativo. O tipo de desenho do gráfico figurativo aumenta o interesse popular mas a representação fica menos precisa.

em vista que os volumes variam segundo os cubos das dimensões lineares, tais gráficos são flagrantemente enganadores. Gráficos de faixas ou gráficos como o mostrado na Fig. 11.18, onde o diâmetro da coluna é constante, deveriam ser usados para o tipo de comparações que são mostradas em gráficos figurativos.

25. Gráficos para reprodução

Gráficos para reprodução através do processo de clichês de zinco devem ser cuidadosamente desenhados a lápis, aproximadamente no dobro do tamanho da gravação desejada. Deve-se observar a seguinte ordem ao desenhar à tinta: 1º desenhar os círculos ao redor dos pontos representados; 2º traçar as curvas à tinta com linhas fortes. Um tira-linhas Graphos é útil para o traçado de linhas cheias e uma caneta Leroy (com dispositivo especial para este fim) pode ser usada com vantagem, especialmente para as linhas tracejadas; 3º cobrir com tinta o quadro do título e todos os letreiros; 4º cobrir com tinta as coordenadas usando linhas finas e pretas, colocando apenas as que sejam necessárias para uma leitura fácil e interrompendo-as sempre que interfiram no título ou nos letreiros ou onde cruzarem os pontos representados.

26. Gráficos para exposição

Algumas vezes, gráficos para fins de demonstração são necessários. Eles podem ser desenhados em folhas de 550 mm por 700 mm ou de 700 mm por 1,10 m, conhecidas como "impressão em branco". A forma mais rápida de fazê-los é com tintas para cartazes e pincéis. Grandes gráficos de faixas podem ser feitos com tiras de papel adesivo preto. Os letreiros podem ser feitos com letras gomadas ou com o pincel.

27. Normas

Existem muitas normas para a apresentação gráfica de dados. São de particular interesse as normas ANSI para símbolos gráficos (Y32), símbolos das letras (Y10), gráficos de tempo-série (Y15.2 – 1960) e ANSI Y15.1 *Guia Para Preparar Ilustrações Técnicas Para Publicações e Projetos.*

28. A vantagem da cor

Embora cartazes, gráficos e diagramas em "preto e branco" sejam satisfatórios para fins estatísticos e científicos, o uso da cor contribui muito para a leitura, compreensão e ênfase. Em preto e branco é necessário codificar as linhas (traços, etc.) e as áreas só podem ser enfatizadas através de hachuras. A cores, as linhas se destacam distintamente e as áreas são facilmente distinguidas. Especialmente para gráficos populares o uso da cor é quase obrigatório. Atualmente, muitos dos gráficos dos bons periódicos, de relatórios de empresas, gráficos promocionais e muitos outros estão sendo feitos a cores. O uso da cor está aumentando rapidamente. Observar o uso das técnicas de cor em todas as ilustrações deste capítulo, especialmente Figs. 11.12, 11.13, 11.15,

11.19 a 11.23.[2] Comparar também a Fig. 11.19 com a Fig. 11.20.

29. Princípios para o uso da cor

O uso da cor sempre requer uma certa dose de senso artístico, conseqüentemente é difícil estabelecer regras definitivas. Não obstante, os seguintes princípios servirão como guia:

Fundo. Para um gráfico, um fundo branco não é realmente tão eficaz quanto um fundo feito em uma cor de tom claro. Este fato se deve a que um fundo branco tem o mesmo valor que a página em si, mesmo quando o gráfico for emoldurado. Um fundo feito de um tom claro aumenta a coesão e o vigor dos gráficos. Observar o uso de fundos matizados em todos os gráficos deste capítulo.

Linhas e áreas brancas. Só podem ser usadas se for empregado um fundo colorido. Isto aumenta o número de cores de qualquer série empregada e é bastante eficaz. Observar a área branca na Fig. 11.23 e a linha branca na Fig. 11.22.

Valores dos matizes. Os matizes de uma cor são feitos diluindo-se essa cor com branco ou, na impressão, usando-se retículas que reduzem a intensidade da cor. Na impressão, as retículas são classificadas por percentagem, o que significa que uma retícula de 75% imprimirá (sobre áreas reais minúsculas) 75% da cor e 25% de branco (área vazia). Portanto, um filtro de 30% imprimirá 30% da cor e 70% como área vazia. Para diluir uma cor com branco, quando se aplica a cor à mão, é interessante considerar o *valor* da cor também em percentagem, pois assim é fácil decidira intensidade da cor, como por exemplo, aproximadamente $^3/_4$ da intensidade da cor pura. A diluição real *não será* a mesma que o valor da intensidade; a diluição deve ser feita adicionando-se o branco cuidadosamente, decidindo então a intensidade. Observar as várias intensidades de cores usadas nas ilustraçõs deste capítulo.

Contraste. O contraste pode ser definido como o grau de dissimilaridade. Portanto, o alto contraste é obtido quando uma cor de forte intensidade é colocada adjacente a uma cor de intensidade muito fraca. O baixo contraste é obtido quando duas cores de intensidade mais ou menos igual são colocadas juntas. O alto contraste acentuará as áreas e o baixo contraste diminuirá o impacto das áreas. Observar as mudanças graduais (baixo contraste), tanto em cor quanto em intensidade, das áreas da Fig. 11.19 e também o alto contraste e o destaque entre as áreas mais escuras e brancas da Fig. 11.20. Se for necessário dar ênfase, usa-se alto contraste. Se uma mudança sutil for desejada, usa-se baixo contraste.

Áreas adjacentes. As áreas adjacentes são bem definidas e facilmente lidas se forem feitas em cores diferentes. Observar na Fig. 11.21 que as áreas adjacentes têm cores diferentes, além de terem sido usadas intensidades diferentes de uma mesma cor. A separação máxima das áreas ocorre quando uma cor e uma tonalidade fortes são colocadas ao lado de uma cor e de uma tonalidade fracas. Em alguns casos, é necessária uma separação máxima, em outros é preferível uma mudança mais gradual. Por exemplo, na Fig. 11.20 as cores fortes foram usadas na parte inferior das faixas e as cores mas fracas na parte superior. Isto é feito não apenas para dar estabilidade às faixas mais também porque, se as áreas adjacentes das faixas forem feitas como áreas de alto contraste, estas adquirem uma aparência "manchada" e perdem a tonalidade de uma faixa contínua.

[2] As Figs. 11.19 a 11.23 foram fornecidas por gentileza do Sr. W. Anthony Dowell, do escritório em Palm Beach da firma Merrill, Lynch, Pierce, Fenner e Smith e foram adaptadas do *U. S. industrial outlook*, 1965, pelo Departamento de Comércio dos Estados Unidos.

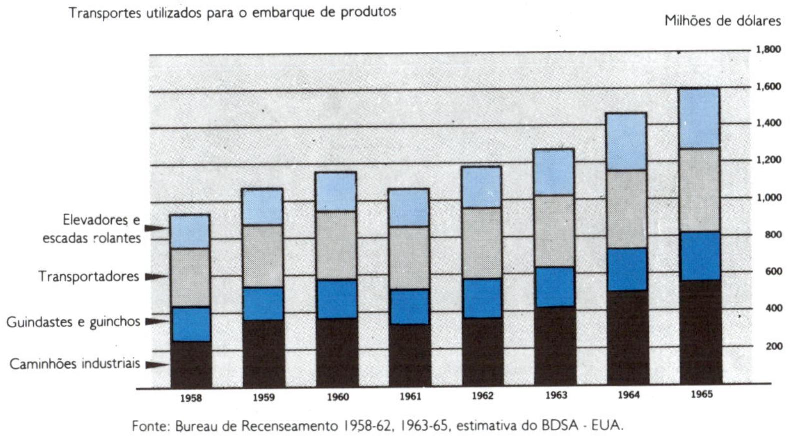

Fig. 11.19. Um gráfico de faixas múltiplas a cores. São usadas duas cores básicas em diferentes tonalidades como a Fig. 11.20.

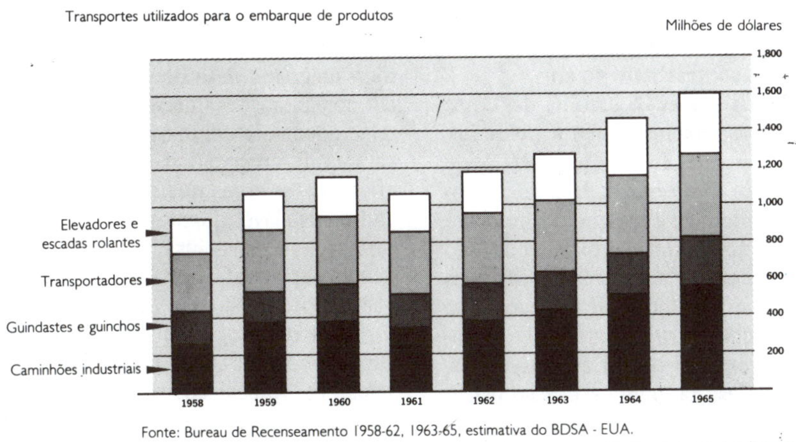

Fig. 11.20. O mesmo gráfico da Fig. 11.19 apresentado em "tons" de preto e branco. Comparar com a Fig. 11.19.

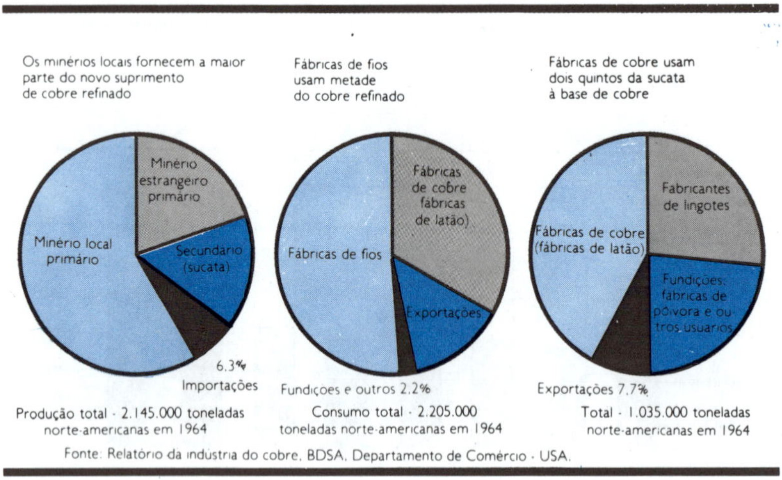

Fig. 11.21. Uma série de gráficos de setores a cores. A legibilidade e a eficácia são maiores do que as que se obtêm com o uso de uma única cor.

Linhas adjacentes. A melhor separação de linhas ocorre quando as linhas adjacentes são contrastantes em cor, tonalidade ou ambos. Observar o uso de linhas alternadas marrom e verde na Fig. 11.22 e a linha branca contrastante no alto.

Escolha das cores. A escolha das cores depende quase exclusivamente do senso artístico, mas este, freqüentemente, pode ser influenciado por outros fatores. As cores da extremidade superior do espectro (no sentido do comprimento de onda) são conhecidas como cores "frias". As cores da extremidade inferior do espectro são conhecidas como cores "quentes". As cores da natureza são o azul do céu; os verdes das árvores, da grama e dos arbustos; e os marrons dos troncos das árvores, do solo e das rochas. Note-se que essas cores incluem uma cor fria, uma cor média e uma cor quente. No entanto, embora as cores da natureza sejam vistas por nós diariamente sem que nos perturbemos, tais cores comumente não são reunidas em um gráfico. Por outro lado, por mais estranho que pareça a um leigo, um estudo das cores do espectro e outros aspectos científicos da transmissão e reflexão da cor pouco ajudará na escolha das cores a serem usadas num gráfico, num mapa ou num diagrama. Isto ocorre porque as *únicas* considerações importantes são aquelas relacionadas às combinações, contrastes e valores de cores agradáveis e visualmente eficazes. As cores que não produzem um efeito agradável quando reunidas, não deveriam ser usadas juntas, a menos que se queira dar um efeito surpreendente ou espalhafatoso. O roxo, o púrpura e o amarelo, por exemplo, quase nunca são usados em gráficos. As cores mais usadas são os azuis, os verdes, os vermelhos, os marrons, o branco e o preto. As cores-símbolo de uma companhia ou organização também podem fazer parte da escolha, como, por exemplo, o azul e branco da Pure Oil Company ou o vermelho, branco e azul da The Standard Oil Company. É interessante notar que o azul tem predominado nos relatórios anuais de muitas

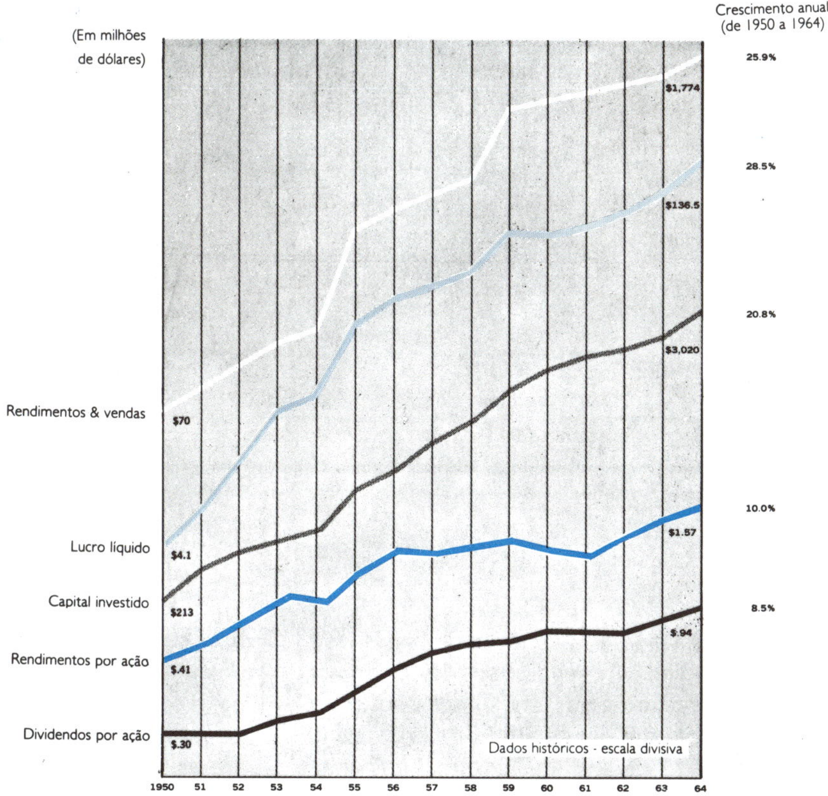

Fig. 11.22. Um gráfico a cores. Observar que se pode utilizar a linha branca como mais uma das linhas de dados, quando se usa um fundo sombreado.

companhias grandes. Por outro lado, muitos dos mapas e gráficos de revistas tais como *Scientific American* têm sido impressos em preto, tons de preto (cinza), vermelho, azul e em verde acompanhado de vez em quando de um amarelo; mas o preto, o cinza e o vermelho predominam.

O melhor método é traçar o gráfico e depois experimentar cores diferentes colocando folhas ou tiras coloridas sobre o mesmo para finalmente escolher a combinação mais agradável e eficaz.

30. Cor para os gráficos primários

A expressão "gráficos primários" designa o gráfico que é feito à mão para ser usado diretamente. Isto exclui a reprodução. A cor pode ser aplicada sob a forma de tintas coloridas, aquarelas ou têmpera. Todas essas tintas podem ser usadas em um tira-linhas para traçar linhas ou aplicadas com um pincel para as áreas. A fita colorida de fibra de acetato Chart-Pak (Chart-Pak Inc., River Road,

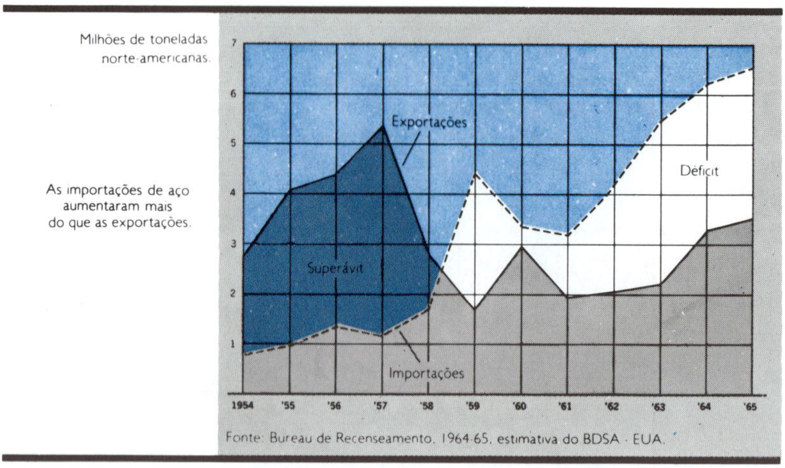

Fig. 11.23. Um diagrama de camadas a cores. Observar que a camada colorida sobreposta permite a feitura fácil da área de superávit e a separação da camada enfatiza a área de déficit.

Leeds, Mass.) existente em muitas cores e larguras é um método conveniente de colorir gráficos lineares de faixas. Pode se usar papel colorido para o fundo, desenhando-se o gráfico *sobre* o mesmo.

31. Cor para gráficos reproduzidos

Quando um gráfico é feito exclusivamente para reprodução, o original é esboçado e desenhado à nanquim, como se fosse em preto e branco, mas as áreas não são escurecidas. Então, superpõe-se uma folha de papel-vegetal ou uma película como a Mylar sobre o gráfico e prende-se com fita adesiva invisível (ou transparente). Sobre essa folha superposta são escritas as instruções determinando as cores a serem usadas para as linhas e áreas. O impressor, seguindo essas instruções, fará então os clichês para imprimir cada cor. Ao dar instruções sobre a cor e sua tonalidade deve-se fornecer uma tonalidade aproximada, tal como *azul-claro*, ou determinar uma tonalidade exata, tal como 30% azul.

PROBLEMAS

Estes problemas visam exercitar a preparação de vários tipos de mapas, gráficos e diagramas para uso técnico ou popular.

1. Os dados abaixo foram obtidos em um teste de tensão de uma barra de aço usinado. Representar os dados em coordenadas retangulares usando o alongamento como a variável independente e a carga aplicada como a variável dependente.

Carga aplicada, libra por polegada quadrada	Alongamento por polegada de comprimento
0	0
3.000	0,00011
5.000	0,00018
10.000	0,00033
15.000	0,00051
20.000	0,00067
25.000	0,00083
30.000	0,00099
35.000	0,00115
40.000	0,00134
42.000	0,00142

2. Um teste do efeito corrosivo de 5% de ácido sulfúrico, tanto livre de ar quanto saturado de ar, sobre uma liga de 70% de níquel e 30% de liga de cobre (Monel) sob uma variação de temperatura de 20 a 120°C resultou nos dados tabulados abaixo. Representar estes dados em coordenadas retangulares usando a taxa de corrosão como ordenada e a temperatura como abscissa.

	Percentagem de corrosão, MDD (mg por dm quadrado por dia)	
Temp., °C	Ácido saturado com ar	Ácido livre de ar, saturado de N_2
20	195	35
30	240	45
40	315	50
50	425	63
60	565	70
70	670	74
80	725	72
83	715	70
85	700	68
92	580	57
95	470	42
101	60	12

3. Ao testar o desempenho de um pequeno transformador de 1 kw para diversas cargas, foram obtidos os seguintes dados: Watts entregues: 948, 728, 458, 252, 000. Perdas: 73, 62, 53, 49, 47.

Representar as curvas em papel de coordenadas retangulares mostrando a relação entre a percentagem de carga e o desempenho usando os watts apresentados como a variável independente e lembrando que eficiência = potência de saída ÷ (potência de saída + perdas).

4. Os dados seguintes foram obtidos em um teste com um motor de automóvel:

Comprimento do percurso,		Combustível por percurso,	
Rpm	min	lb.	Bhp
1.006	11,08	1,0	5,5
1.001	4,25	0,5	8,5
997	7,53	1,0	13,0
1.000	5,77	1,0	16,3
1.002	2,38	0,5	21,1

Em papel de coordenadas retangulares representar curvas demonstrando a relação entre a percentagem de carga e o desempenho, usando os watts apresentados como a variável independente entre o desempenho térmico e a potência desenvolvida ao freio, supondo que o valor do calor da gasolina seja 19.000 Btu por libra.

5. Durante o ano de 1950 o consumo de polpa de madeira em diversos graus, nos Estados Unidos, foi o que mostra o quadro abaixo. Demonstrar estes fatos através de uma faixa única, de um gráfico de setores e de um gráfico de faixas múltiplas.

Grau da polpa	Consumo em papel e fabricação de papelão, toneladas.
Sulfato	8.380.864
Sulfito	3.331.668
Madeira da terra	2.483.980
Desfibrada, explodida, etc.	971.912
Soda	564.355
Todas as outras	754.331
Total (todos os graus)	16.487.110

6. Colocar os dados fornecidos na Fig. 11.16 sob a forma de um gráfico de faixa única.

7. Colocar os dados fornecidos na Fig. 11.14 sob a forma de um diagrama de setores.

8. Um teste para medir a resistência de ligas de aço submetidas ao vapor de alta temperatura resultou nos dados tabulados abaixo. Representar graficamente os resultados do testes através de um gráfico de faixas múltiplas.

Corrosão das barras de aço em contato com vapor a 1.100°F por 2.000 Hr

Aço	Penetração média, polegadas
SAE 1010	0,001700
1,25 Cr-Mo	0,001169
4,6 Cr-Mo	0,000956
9 Cr 1,22 Mo	0,000694
12 Cr	0,000045
18-8-Cb	0,000012

9. A partir dos dados abaixo, representar curvas mostrando a "distância de atividade mental" (pensar) e a "distância de atividade motora" (frear). A partir dessas curvas representar uma curva-soma correspondendo à "distância total". Intitular "Distâncias mínimas para parar um automóvel em movimento – motorista médio".

Mph	Pés por segundo	Distância de atividade mental, pés	Distância de atividade motora, pés
20	29	22	18
30	44	33	40
40	59	44	71
50	74	55	111
60	88	66	160
70	103	77	218

10. Fazer um gráfico semilogarítmico mostrando a percentagem comparativa de crescimento entre as cinco maiores cidades americanas de 1880 a 1950. Os dados para este gráfico estão no quadro abaixo, nesta página.

Angulo, °	(1) Lâmpada Mazda e refletor de porcelana esmaltada, potência em candelas	(2) Lâmpada solar tipo S-1, potência em candelas
0	600	1.000
5	655	925
10	695	790
15	725	640
20	760	460
25	800	350
30	815	260
35	825	205
40	830	170
45	815	150
50	785	130
55	740	120
60	640	0
65	485	
70	330	
75	200	
80	90	
85	25	
90	0	

11. Representar em coordenadas polares uma curva em linha cheia (Fig. 11.6) para o primeiro conjunto de dados fornecidos acima e

População

Cidade	1880	1890	1900	1910
Nova Iorque	1.911.698	2.507.414	3.437.202	4.766.883
Chicago	503.185	1.099.850	1.698.757	2.185.283
Filadélfia	847.170	1.046.964	1.293.697	1.549.008
Los Angeles	11.181	50.395	102.479	319.198
Detroit	116.340	205.876	285.704	465.766
Cidade	**1920**	**1930**	**1940**	**1950**
Nova Iorque	5.620.048	6.930.446	7.454.995	7.835.099
Chicago	2.701.705	3.376.348	3.396.808	3.606.436
Filadélfia	1.823.779	1.950.961	1.931.334	2.064.794
Los Angeles	576.673	1.238.048	1.504.277	1.957.692
Detroit	993.678	1.568.662	1.623.452	1.838.517

uma curva em linha interrompida (Fig. 11.5) para o segundo conjunto. A extremidade inferior da linha central vertical deve ser considerada como a linha do zero grau. As curvas serão simétricas ao redor dessa linha, sendo marcados dois pontos para cada ângulo, um para a esquerda e outro para a direita. Marcar também as candelas ao longo dessa linha central.

12. Representar em coordenadas triangulares os dados fornecidos abaixo. Completar o gráfico identificando as curvas e colocando a legenda abaixo das linhas das coordenadas (Fig. 11.7).

Pontos de congelamento de soluções de glicerol e metanol em água

Peso, por cento			Pontos de congelamento, °F
Água	Metanol	Glicerol	
86	14	0	+14
82	8	10	+14
78	6	16	+14
76	24	...	-4
74	2	24	+14
71	17	12	-4
70	0	30	+14
68	32	0	-22
65	10	25	-4
62	23	15	-22
60	40	0	-40
58	5	37	-4
57	17	26	-22
55	0	45	-4
54	28	18	-40
53	47	0	-58
52	10	38	-22
50	20	30	-40
47	31	22	-58
45	0	55	-22
42	7	51	-40
39	12	49	-58
37	0	63	-40
36	8	56	-58
33	0	67	-58

13. A condutividade térmica de um material isolante de fibras de asbestos aglutinadas submetido a várias temperaturas médias está tabulada a seguir:

Temperatura média	**Condutividade térmica K**
100	0,365
200	0,415
320	0,470
400	0,520
460	0,563
600	0,628
730	0,688
900	0,780

Representar os dados em coordenadas retangulares uniformes usando a condutividade térmica como ordenada e a temperatura média como abscissa. Calcular as constantes a e b na equação linear $K = a + bT$, relacionando as variáveis.

14. Testes de corrosão em amostras de magnésio puro resultaram nos valores de aumento de peso em oxigênio puro a uma temperatura de 525 °C tabulados abaixo:

Aumento de peso T	**Tempo decorrido W**
0	0,
2,0	0,17
4,0	0,36
8,2	0,65
11,5	1,00
20,0	1,68
24,1	2,09
30,0	2,57

Representar os dados em coordenadas retangulares uniformes usando o aumento de peso como ordenada e o tempo decorrido como abscissa. Calcular a constante a na equação linear $W = aT$ relacionando as variáveis.

15. As percentagens aproximadas de vazão da água sob vários topos de quedas através de um cano de 1.000 pés de comprimento por 4 polegadas de largura que tenha um número médio de cotovelos e encaixes estão tabuladas a seguir:

Topos de queda H, pés	Vazão Q, galões por minuto
1	35,8
2	50,6
4	71,6
6	87,7
9	107,5
12	123,7
16	142,9
20	159,7
25	178,9
30	195,8
40	225,8
50	252,2
75	309,8
100	357,9

Representar os dados em coordenadas logarítmicas usando a vazão como ordenada e o topo como abscissa. Calcular as constantes a e b na equação potencial $Q = aH^b$, relacionando as variáveis.

16. Testes de deformação-força de um aço ferrítico (23 a 27%) de alto teor de cromo usado em serviço de alta temperatura resultaram nos valores de fadiga tabulados abaixo, para produzir uma deformação de 1% em 10.000 horas sob várias temperaturas.

Temperatura T, °F	Fadiga S, libra por polegada quadrada
1.000	6.450
1.110	2.700
1.200	1.250
1.300	570
1.400	270

Registrando os dados em coordenadas semilogarítmicas usando a fadiga como ordenada em uma escala logarítmica e a temperatura como abscissa em uma escala uniforme, calcular as constantes a e b na equação exponencial $S = a10^{bT}$ relacionando as variáveis.

17. GRÁFICOS COLORIDOS. Selecionar qualquer dos problemas de 1 a 16 e desenhá-los a cores, seguindo as sugestões dadas na Sec. 30.

Os componentes geométricos de um objeto de uma montagem cruzam-se em interseções que devem ser mostradas a fim de completar uma descrição gráfica.

Definições e classificações • Interseções de retas e planos • Interseções de prismas • Interseções de superfícies curvas • Interseções de cilindros e cones com retas e planos • Interseções de cilindros e cones • Problemas.

12

INTERSEÇÕES DE SUPERFÍCIES

1. Definição e classificações

Ao se fazerem as projeções ortográficas de uma grande variedade de objetos freqüentemente se necessita representar as *linhas de interseção* entre as várias superfícies [faces]. Quase todas as linhas que aparecem em um desenho são linhas de interseção; geralmente, estas linhas são a interseção de dois planos, resultando em uma linha reta, ou de um cilindro e de um plano, resultando em uma circunferência ou uma elipse. Entretanto, a expressão "interseção de superfícies" refere-se às linhas mais complexas que ocorrem quando se cruzam (intersecam) superfícies geométricas, tais como planos, cilindros e cones. Essas linhas de interseção devem ser mostradas através de um de dois métodos básicos: (1) *interseções convencionais*, comumente usadas para representar uma concordância plana, uma concordância curva (externa) ou um terminal, como foi explicado na Seç. 23 do Cap. 7 e mostrado na Fig. 7.43; ou (2) *interseções traçadas*, usadas quando uma interseção deve ser localizada com exatidão para fins de cotagem ou para desenvolvimento das superfícies. Nas combinações de chapas de metal a interseção *deve* ser determinada antes que se possa desenvolver a peça. Neste capítulo serão abordados apenas os métodos de projetar interseções traçadas.

Classificação das superfícies. Pode-se considerar que uma superfície é gerada pelo movimento de uma linha: a geratriz. Portanto, as superfícies estão divididas em duas classes gerais: (1) aquelas que podem ser geradas por uma linha *reta* em movimento e (2) aquelas que podem ser geradas por uma linha *curva* em movimento. As primeiras são chamadas de *superfícies retilíneas* ou *regradas*, e as segundas de *superfícies de curvatura dupla*. Qualquer posição da geratriz é chamada de *elemento* da superfície.

As *superfícies retilíneas* ou *regradas* estão divididas em (*a*) *o plano*, (*b*) *superfícies de curvatura única* e (*c*) *superfícies reversas.*

O plano é gerado pelo movimento de uma linha reta que toca duas ou outras retas concorrentes ou paralelas, ou ainda uma curva do plano.

As *superfícies de curvatura única* têm seus elementos paralelos ou cruzandose. Nesta classe estão o cilindro, o cone e também uma terceira superfície que aqui não será abordada, conhecida como "convoluta", na qual apenas os elementos contíguos se cruzam.

As *superfícies reversas* não têm dois elementos contíguos que sejam paralelos ou que se cruzam. Existe uma grande variedade de superfícies reversas. As superfícies da rosca de um parafuso e da asa de um avião são dois exemplos.

As *superfícies de curvatura dupla* são geradas por uma linha curva que se move de acordo com uma determinada lei. As formas mais comuns são as *superfícies de revolução*, obtidas girando-se uma curva ao redor de um eixo em um mesmo plano. Essas formas são a esfera, o toro ou anel, o elipsóide, o parabolóide e o hiperbolóide. Ilustrações das diferentes superfícies podem ser encontradas na Fig. 3.101.

Definições e detalhes de superfícies comuns. Um *prisma* é um poliedro cujas bases ou extremidades são polígonos paralelos iguais e cujas faces laterais são paralelogramos. Um prisma reto é aquele cujas arestas laterais são perpendiculares aos planos das bases; todos os outros são chamados de prismas oblíquos. O eixo de um prisma é uma linha reta que liga os centros das bases. Um prisma truncado é a porção de um prisma que fica entre uma de suas bases e um plano que corta todas as suas arestas laterais.

Uma *pirâmide* é um poliedro cuja base é um plano poligonal e cujas outras superfícies são planos triangulares que se encontram em um ponto chamado "vértice". O eixo é uma linha que passa no vértice e no ponto médio da base. A altura é uma perpendicular tirada do vértice até a base. Uma pirâmide será *reta* se a altura coincidir com o eixo; será *oblíqua* se as duas linhas não coincidirem. Uma pirâmide truncada é a porção de uma pirâmide que fica entre a base e um plano de corte que corta todas as suas arestas laterais. O tronco de uma pirâmide é a porção que fica entre a base e um plano de corte, paralelo à base, que corta todas as arestas laterais.

Um *cilindro* é uma superfície de curvatura única gerada pelo movimento de uma geratriz reta que permanece paralela a si mesma e cruza constantemente uma diretriz curva. As diversas posições da geratriz são elementos da superfície. Será um cilindro *reto* quando as geratrizes forem perpendiculares às bases; será *oblíquo* quando não forem perpendiculares. Um cilindro truncado é a porção de um cilindro que fica entre uma de suas bases e um plano de corte que corta todos os elementos. O eixo é a linha que liga os centros das bases.

Um *cone* é uma superfície de curvatura única gerada pelo movimento de uma geratriz reta que passa por um ponto fixo e por uma diretriz curva. A diretriz é a base e o ponto fixo é o vértice do cone. Cada posição da geratriz é um elemento da superfície. O eixo é a linha que liga o vértice ao centro da base. A altura é uma perpendicular que liga o vértice à base. Um cone será *reto* se o eixo e a altura coincidirem; será *oblíquo* quando não coincidirem. Um cone truncado é a porção de um cone que está entre a base e um plano de corte que corta todas as geratrizes. O tronco de um cone é a porção de um cone que fica entre a base e um plano de corte paralelo à base que corta todos os elementos.

2. Interseções de superfícies planas

A interseção de uma linha com um plano é um *ponto* comum a ambos. A interseção de dois planos é uma *linha* comum a ambos. Depois de dominar os métodos gráficos para localizar inteseções (Seçs. 3 a 10) aplica-se o princípio aprendido para encontrar a linha de interseção entre objetos constituídos de superfícies planas (prismas e pirâmides, Seçs. 11 a 13). O método para encontrar a interseção de outros poliedros pode ser logicamente deduzido dos exemplos dados.

3. Interseção de uma reta e de um plano, quando ambos ocupam posições básicas

As posições básicas dos planos são horizontal, frontal ou de perfil. As posições básicas das linhas ocorrem quando essas *não* são inclinadas em relação a qualquer plano básico; portanto, a linha é (1) horizontal-frontal, (2) horizontal-de-perfil (topo) ou (3) frontal-de-perfil (vertical). Conseqüentemente se a linha é paralela ao plano básico ou está contido nele, nenhum ponto de interseção é possível; mas em outras posições esse ponto existe, quando a linha é inclinada ao plano. Para ilustrar, a Fig. 12.1 mostra um objeto retangular constituído dos planos horizontal, frontal e de perfil, interceptado por uma reta de topo (horizontal-de-per-

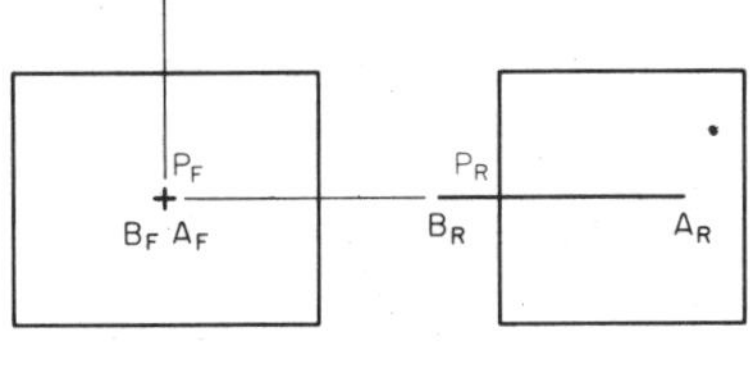

Fig. 12.1. Interseção de uma reta e um plano. A reta é perpendicular ao plano.

fil) AB. Visto que a linha é paralela aos planos horizontal e de perfil, essa linha e esses planos não se cruzam senão no infinito. Entretanto, a linha é perpendicular aos planos frontais existindo um único ponto de interseção que pode ser observado na vista superior em P_T na vista lateral em P_R, na qual a frente do objeto aparece como uma aresta. A vista de frente da interseção coincide com A_FB_F em P_F porque esta é a vista acumulada da reta AB.

Portanto, fica estabelecido que *a interseção de uma reta e de um plano é um ponto situado na reta que coincide com a vista acumulada do plano.* O ponto de interseção de uma reta e de um plano é freqüentemente chamado de "ponto de penetração".

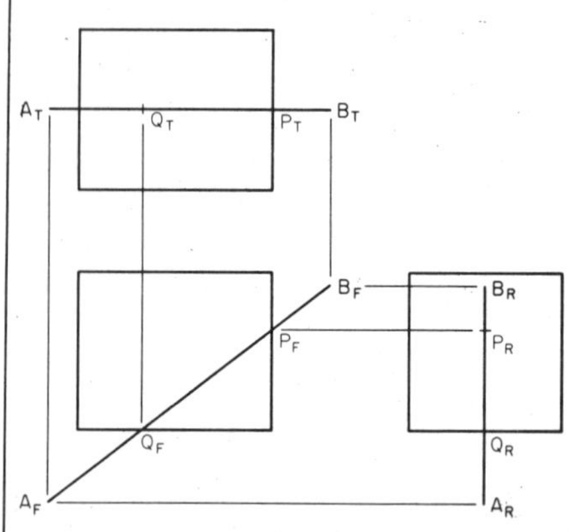

Fig. 12.2. Interseção de uma reta inclinada em relação aos planos. Neste caso a linha intercepta as faces horizontal e de perfil de um objeto.

4. Interseção de uma reta inclinada com planos em posições básicas

É possível que ocorram dois pontos de interseção, um com cada plano ao qual a reta não seja paralela. Por exemplo, a Fig. 12.2 mostra uma reta frontal AB e um objeto constituído de planos horizontal, frontal e de perfil. A reta não cruzará nenhum plano frontal (a não ser no infinito). A interseção com a vista lateral direita (de perfil) é a vista em P_T e em P_F, onde o plano aparece como uma aresta e é então facilmente projetado para P_R. A interseção com a parte inferior horizontal é observada em Q_F e em Q_R, onde o plano aparece como uma aresta e se projeta de Q_T para Q_F.

Observar que a linha AB não cruza a parte superior nem o lado esquerdo do *objeto*, mas se os planos superior e lateral do objeto fossem prolongados existiria um ponto de interseção.

5. Interseção de uma reta oblíqua com planos em posições básicas

Teoricamente, uma reta oblíqua (uma reta inclinada em relação a *todos* os planos básicos) cruzará os três planos básicos. No entanto, em um *objeto retangular*, dependendo do comprimento e da posição da linha, existem apenas uma ou duas interseções. A Fig. 12.3 ilustra todas as possibilidades. Em (*a*) a reta oblíqua que parte do ponto A dentro do objeto dirige-se para cima, para trás e para a direita e obviamente cruza a face superior (horizontal) do objeto em P. Essa interseção foi observada primeiro em P_F e P_R, onde a face superior aparece segundo uma aresta, e depois é projetada para P_T. A reta AB não cruza nenhuma outra face do objeto.

Em (*b*) vê-se que a reta AB cruza duas faces do objeto, o lado direito em Q e a parte anterior em P. Observar que em cada um dos casos os pontos foram determinados primeiro onde a face aparece como uma aresta, em Q_T e Q_F para o ponto Q e P_T e P_R para o ponto P.

Em (*c*) a face superior do objeto foi prolongada de forma a permitir as três interseções. Isto ocorre fisicamente em um

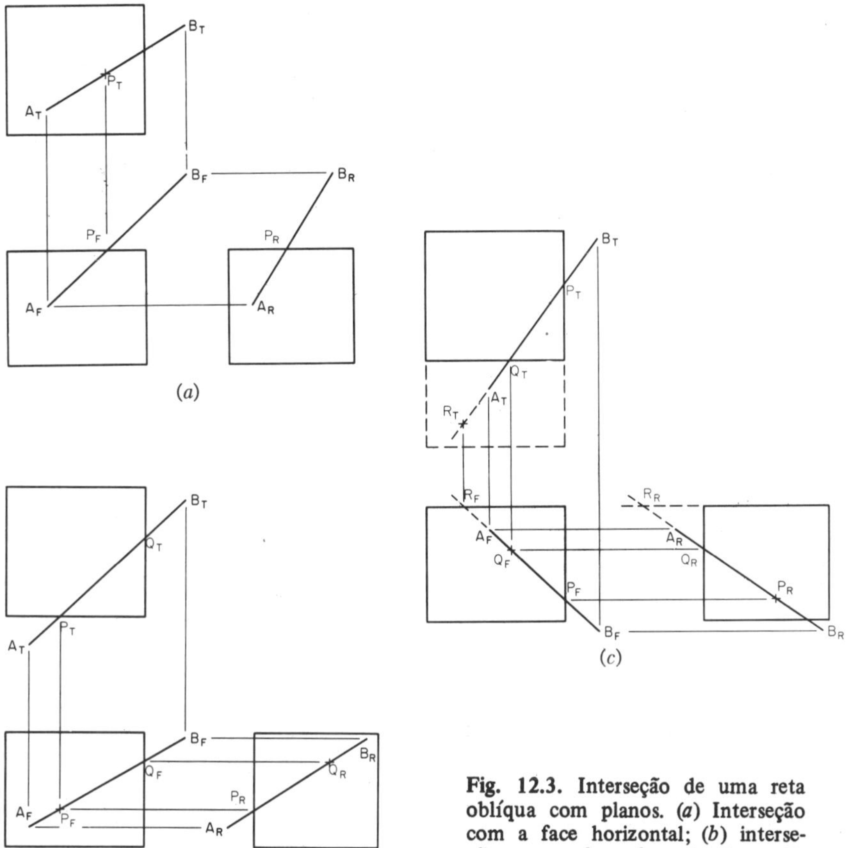

Fig. 12.3. Interseção de uma reta oblíqua com planos. (*a*) Interseção com a face horizontal; (*b*) interseção com as faces frontal e de perfil; (*c*) interseção com as faces horizontal, frontal e de perfil.

objeto quando duas formas retangulares são deslocadas ou quando se prolonga uma base ou orelha. A reta *AB* cruza o lado direito em *P* e a parte anterior em *Q*. A face superior e a reta apresentam uma interseção em *R*, cujo prolongamento na figura é mostrado com linhas tracejadas.

Observar em cada caso da Fig. 12.3, (*a*), (*b*) e (*c*), que a interseção é obtida naquele lugar onde a reta cruza a face *na projeção acumulada* da mesma. Para faces horizontais, frontais e de perfil, duas vistas sempre mostram a face como uma aresta. Portanto, vê-se facilmente que, por exemplo, em (*b*) a reta atravessa a projeção *acumulada da face direita* do objeto na vista superior em Q_T, e na vista de frente em Q_F, e devido ao fato do ponto *Q* cair *dentro dos limites* da superfície foi obtido um ponto de interseção real. Observar também que em (*a*) a linha *AB aparentemente* atravessa a projeção acumulada da face direita do objeto *na vista superior.* Não obstante ao se observar a vista de frente vê-se que a linha *AB* não atinge o lado direito e portanto não há interseção de *AB* com o lado direito. Para ilustrar melhor, a reta *AB* da Fig. 12.4*a* aparentemente cruza a projeção acumulada da face superior, como foi observado na vista de frente. Projetando-se Q_F na vista superior em Q_T sobre *AB*, vê-se que Q_T cai dentro dos limites da face superior sendo portanto uma interseção. No entanto, em (*b*) ao se projetar Q_F na vista superior, Q_T fica fora dos limites da face superior, não existindo interseção. Conclui-se então que, para determinar um ponto de interseção real: (1) *duas vistas devem ser analisadas* e (2) *o ponto de interseção aparente em uma vista deve ser projetado dentro dos limites da superfície da outra vista.*

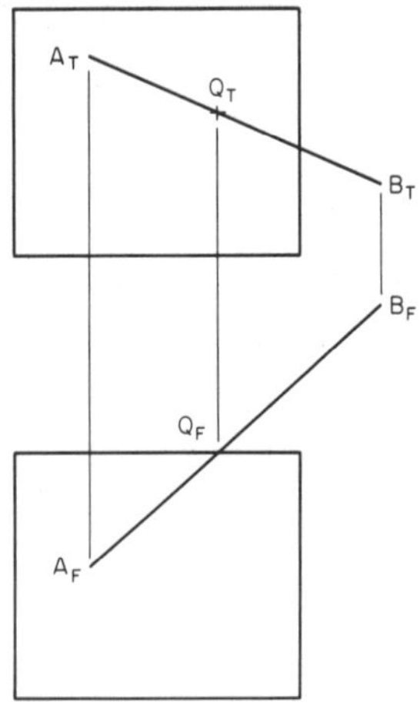

(*a*) interseção com a superfície superior

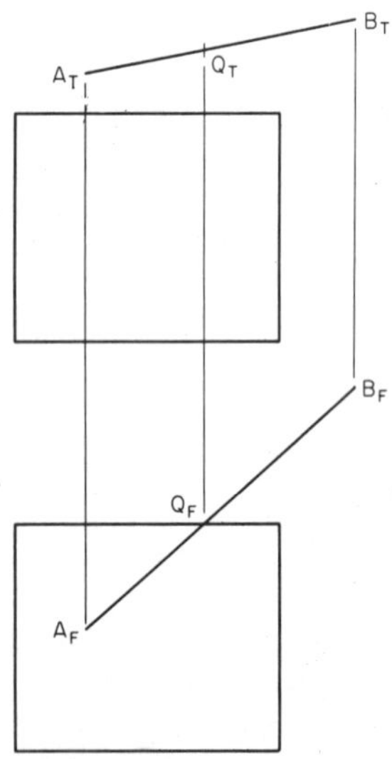

(*b*) sem interseção com a superfície superior

Fig. 12.4. Determinação de uma interseção. A interseção (ponto de penetração) deve cair dentro da área de superfície em duas (ou mais) vistas.

6. Interseção de uma reta oblíqua com planos inclinados*

Um plano inclinado em uma das projeções aparece como uma aresta; devido a esse fato, a sua interseção com qualquer reta é facilmente obtida. Na Fig. 12.5*a* a face inclinada aparece na vista de frente segundo uma aresta. A interseção aparente P_T é projetada para P_F sobre A_TB_F, onde pode-se observar que P_T cai dentro dos limites da face inclinada sendo portanto um ponto de interseção real. A Fig. 12.5 mostra em (*b*) o princípio aplicado a uma face inclinada para a frente e para o lado e em (*c*) os princípios aplicados a uma face inclinada para cima e para a frente. Observar que em (*b*) a interseção será localizada primeiro na vista superior e que em (*c*) esta será obtida primeiro na vista lateral.

---

* Planos inclinados são aqueles onde uma das projeções é perpendicular a um dos planos básicos e as outras duas são oblíquas. (N. da ed. bras.)

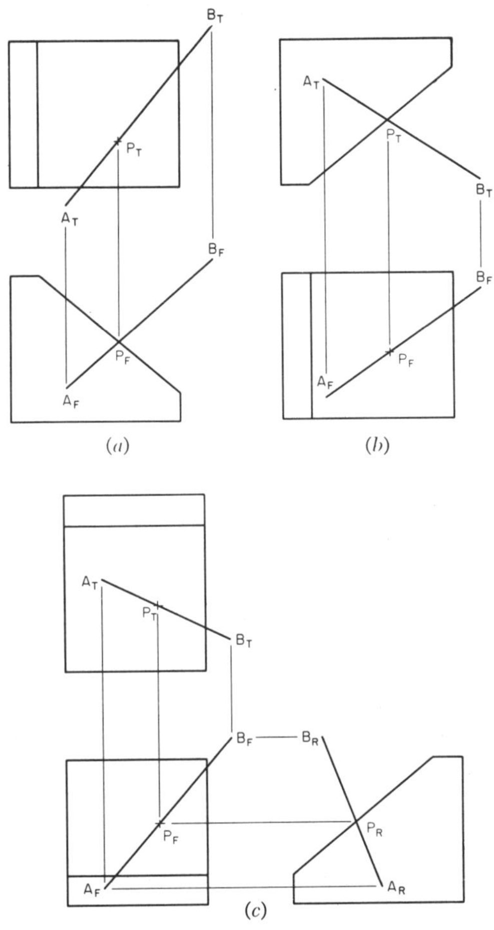

Fig. 12.5. Interseção de uma reta oblíqua e de um plano inclinado. A vista em projeção acumulada do plano determina a interseção.

7. Interseção de uma reta oblíqua com uma face oblíqua

Uma face oblíqua não aparece como aresta em nenhuma das vistas básicas; assim, se forem usados os métodos das Seçs. 3 a 6, será necessário determinar uma vista de projeção acumulada. Este caso é ilustrado na Fig. 12.6 onde a vista em projeção acumulada foi feita olhando-se na direção de *SR*, uma linha horizontal da face oblíqua. A linha *AB* é então projetada na vista de projeção acumulada e a interseção *P* é determinada e projetada novamente nas vistas superior, de frente e lateral.

No entanto não é necessário empregar uma vista auxiliar (acumulada). A Fig. 12.7 mostra em perspectiva uma reta e um plano oblíquo. Se qualquer plano au-

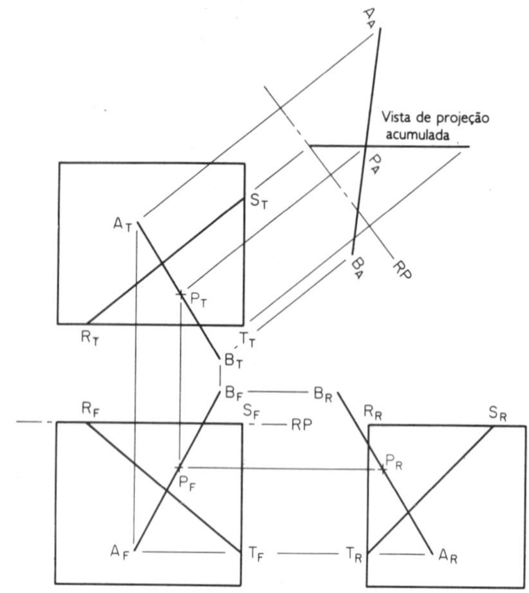

Fig. 12.6. Interseção de uma reta oblíqua e de um plano oblíquo. Uma vista auxiliar (vista em projeção acumulada) determina a interseção.

xiliar acumulado cruzar a linha, a interseção desse plano com o plano oblíquo conterá o ponto de interseção entre a reta e o plano inclinado. A interseção do plano de projeção acumulada e do plano oblíquo é facilmente determinada como

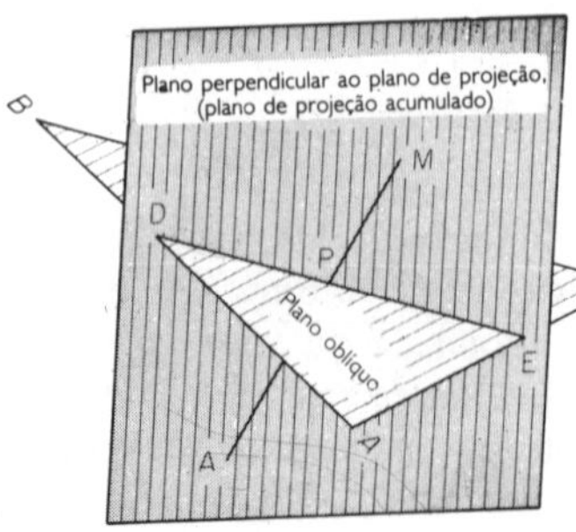

Fig. 12.7. Um plano recuado passado através de uma linha.

mostra a Fig. 12.8, onde *AB* é uma reta e *RST* é um plano oblíquo. Se um plano auxiliar que *se projeta segundo uma aresta na vista superior* for passado através de *AB* ele irá cruzar *RS* em Z_T e *RT* em X_T, esses pontos, projetados na vista de frente em Z_F e X_T, estabelecem *ZX* como a linha de interseção entre o plano auxiliar acumulado e o plano oblíquo *RST*. A vista de frente mostra a interseção de *AB* com *ZX* em P_F, que é o ponto comum à reta, ao plano oblíquo e ao plano de projeção acumulada. Para completar, *P* é projetado para a vista superior em P_T.

Ocorre freqüentemente que uma das arestas de uma face oblíqua é uma reta de perfil, como *ST* nas Figs. 12.8 e 12.9; e quando a reta, nesse caso *AB*, se apresenta numa posição como a da Fig. 12.9, a interseção (com o plano oblíquo) de um plano de projeção acumulada através da reta não é facilmente determinada. Um

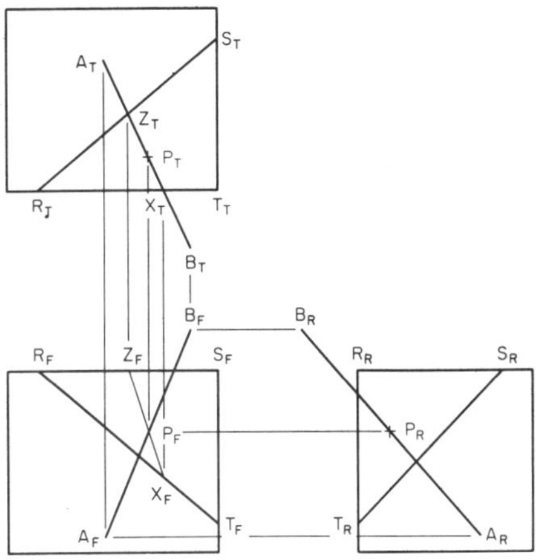

Fig. 12.8. Interseção de uma reta oblíqua e de um plano oblíquo. A interseção é determinada por um plano auxiliar (plano de projeção acumulada na vista superior) passado através da linha *AB*.

método aceito para resolver tais casos é *prolongar* o plano oblíquo de forma a eliminar a aresta do perfil. Na Fig. 12.9, *RS* foi prolongada até *U*, resultando na face oblíqua *RUT*, a *mesma* face, só que maior. Um plano de projeção acumulada (na vista superior) passado como no caso anterior dá *ZX* com sua linha de interseção com *RUT*. O ponto *P*, ponto comum ao plano de projeção acumulada, ao plano oblíquo e à linha, é localizado então, primeiro na vista de frente em P_F e depois projetado para as vistas superior e lateral.

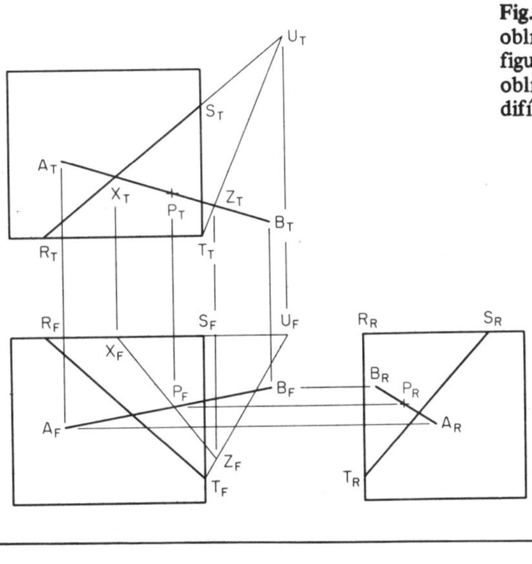

Fig. 12.9. Interseção de uma reta oblíqua com um plano oblíquo. Esta figura ilustra a ampliação do plano oblíquo para eliminar uma projeção difícil.

8. Interseção de um plano com um outro plano em posição básica

Qualquer reta de um plano dado cruzará um outro plano segundo uma *linha de interseção* entre esses dois planos. Portanto, para determinar a reta de interseção entre dois planos, a interseção de uma das retas de um plano com outro plano (ou uma reta de cada plano com o oposto) determinará dois pontos na reta de interseção dos planos. O caso mais simples é quando um dos planos está em uma posição básica, como na face superior do objeto da Fig. 12.10. As linhas *A-A'* e *B-B'* são arestas de um plano oblíquo que, ao serem prolongadas, cruzam a face superior do objeto retangular em *P* e *Q*, como foi explicado na Seç. 5.

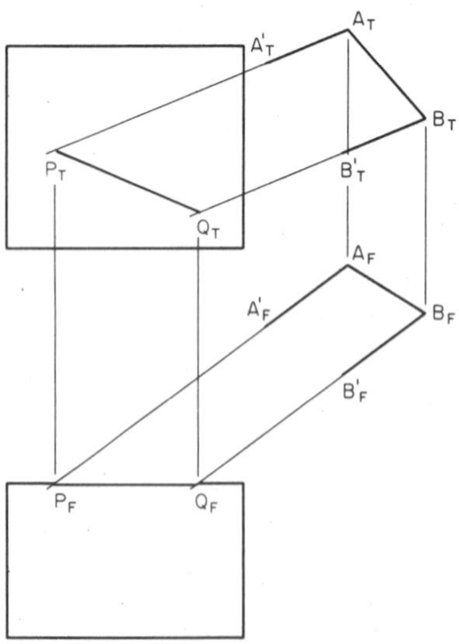

Fig. 12.10. Interseção de um plano oblíquo com um plano em posição básica. A projeção acumulada do plano principal determina a interseção.

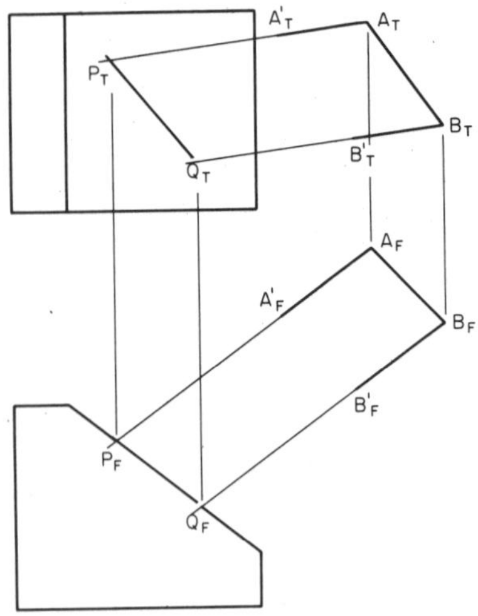

Fig. 12.11. Interseção de um plano oblíquo com um plano inclinado. A projeção acumulada do plano inclinado determina a interseção.

9. Interseção de um plano com um plano inclinado

A Fig. 12.11 é semelhante à Fig. 12.10 mas neste caso a interseção é com a face inclinada do objeto: novamente a interseção é obtida prolongando-se *A-A'* e *B-B'* até a projeção acumulada da face inclinada. Consultar a Seç. 6.

10. Interseção de dois planos oblíquos

No caso anterior, os pontos de interseção de duas retas determinam a interseção dos planos. Na Fig. 12.12, dois planos de projeção acumulada (na vista de frente) foram passados no prolongamento de *A-A'* e de *B-B'*. Os planos de projeção acumulada, então, cruzam o plano oblíquo *RSTU* nas linhas *WX* e *YZ*. Na vista superior são obtidos P_T e Q_T, que os pontos de interseções do prolongamento

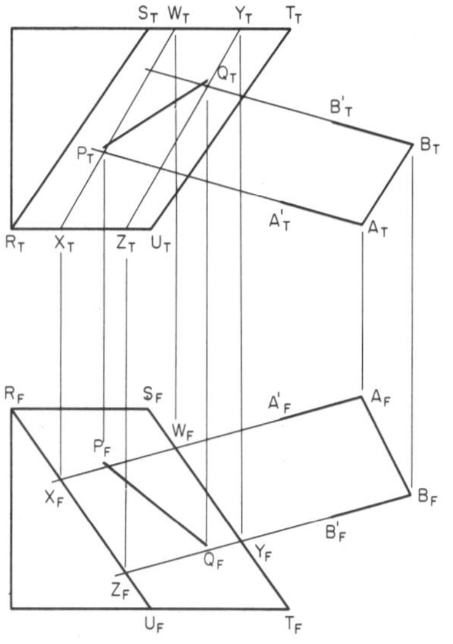

Fig. 12.12. Interseção de dois planos oblíquos. Planos auxiliares passados através de duas retas de um dos planos determinam a interseção.

de A-A' e de B-B' com WX e YZ, determinando a vista superior da reta de interseção, a qual, projetada na vista de frente em P_F e Q_F, completa a solução. Comparar a Fig. 12.12 (usa-se o plano de projeção acumulada na vista de frente) com a Fig. 12.8 (usa-se o plano de projeção acumulada com a vista superior). Um plano de projeção acumulada também pode ser passado em uma vista lateral, sempre que for conveniente fazê-lo.

11. Determinação da interseção de dois prismas (Fig. 12.13)

Em geral, procura-se a linha de interseção de uma das faces de um prisma com todas as faces do outro prisma. Depois, toma-se a face adjacente à primeira e determina-se sua interseção com as do outro prisma. Continua-se dessa maneira até que seja determinada a linha de interseção completa dos prismas.

O processo de localizar pontos extremos da linha de interseção de duas faces depende da posição dessas, como segue:

Ambas as faces são perpendiculares ao plano de projeção (projeções acumuladas). A interseção dessas faces aparece como um ponto na vista feita sobre esse plano. Determina-se a projeção correspondente da interseção na vista adjacente, localizando as duas extremidades da interseção nas arestas de uma ou de ambas as faces que se cruzam de forma que elas se localizem dentro dos limites da outra face. A interseção 4-5 das faces $QRST$ e EF-3 foi obtida dessa forma.

Uma face é perpendicular ao plano de projeção, a outra é oblíqua. Numa vista

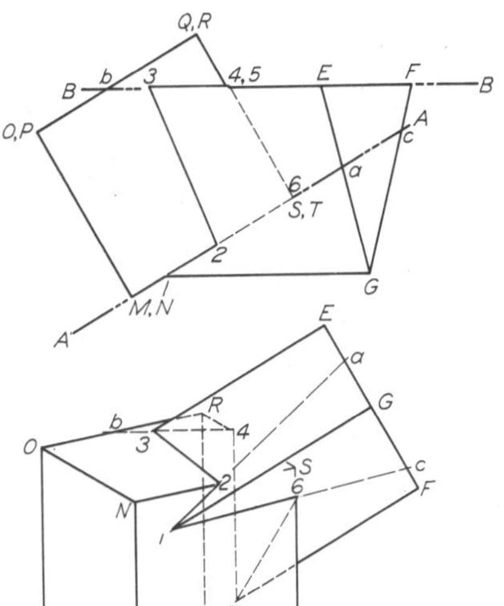

Fig. 12.13. Interseção de dois prismas. As arestas de um, interceptando as faces do outro, determinam a "linha" completa de interseção.

em que tais condições existam, uma das arestas da face oblíqua pode aparecer atingindo a face perpendicular. Se, na vista adjacente, o ponto de penetração está localizado sobre a aresta da face oblíqua e dentro dos limites da outra face, ele é um ponto extremo da interseção das superfícies. O ponto 5, localizado na aresta *F*-5 da face oblíqua *FG*-1-5 e da face *QRST*, foi localizada dessa maneira na vista superior. O ponto 1 foi determinado da mesma maneira. O ponto 6, localizado sobre a aresta *ST*, é obtido passando-se um plano vertical *AA* pela aresta *ST*. O plano *AA* corta a linha 1-c do plano *GF*-5-1, produzindo o ponto 6 onde a linha 1-*c* atravessa *ST*.

Ambas as faces são oblíquas em relação aos planos de projeção. Determina-se o ponto de encontro da aresta de duas faces da seguinte forma: passa-se um plano perpendicular pela aresta de uma face e determina-se a linha de interseção do plano perpendicular com a outra face, como foi explicado acima. O ponto de encontro da aresta com a superfície da face localiza-se onde a linha de interseção, recém-obtida, e a aresta se cruzam. Repetir essa operação para estabelecer a outra extremidade da linha de interseção das faces. O ponto 3, sobre a linha de interseção 2-3 das faces oblíquas *NORS* e *EG*-1-3, foi encontrado dessa forma, passando-se o plano perpendicular *BB* pela aresta *E*-3, encontrando-se a interseção *b*-4 das superfícies e localizando-se então o ponto 3 na interseção de *b*-4 e *E*-3.

12. Determinação da interseção de duas pirâmides

Em geral, obtém-se o ponto de interseção onde uma aresta de uma das pirâmides penetra a face da outra pirâmide. Depois, obtém-se o lugar onde uma segunda aresta penetra e assim por diante. Para completar a linha de interseção, provavelmente será necessário localizar também os pontos de penetração das arestas da segunda pirâmide com as faces da primeira. A Fig. 12.14 ilustra o processo. Localizar o ponto onde a aresta *AD* penetra o plano *EHG* imaginando um plano de corte vertical através da aresta *AD*. Esse plano corta a linha 1-2 do plano *EHG* e o ponto dé penetração é o ponto *P*, localizado primeiro na vista de frente e depois projetado para a vista superior. A seguir, obtém-se o ponto em que *AD* penetra o plano *EFG* usando um plano de corte vertical através de *AD*. Esse plano corta a linha 3-4 do plano *EFG* e o ponto de penetração é o ponto *Q*.

Após encontrar o ponto *P* no plano *EHG* e o ponto *Q* no plano *EFG*, localizar o ponto de penetração da aresta *EG* com o plano *ABD* para desenhar as linhas de interseção. Um plano vertical através de *EG* corta a linha 5-6 do plano *ABD*, e

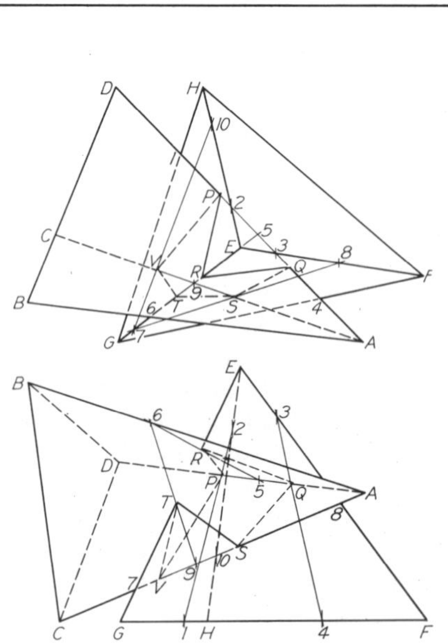

Fig. 12.14. Interseção de duas pirâmides. As arestas de uma, interceptando as faces da outra, determinam a interseção.

a interseção é o ponto *R* na aresta *EG*. Assim as arestas da "primeira" pirâmide penetram as faces da "segunda" e as arestas da segunda penetram as faces da primeira. Continua-se dessa forma até que a linha de interseção completa *PRQSTV* seja obtida.

O uso de um plano de corte vertical para se obter os pontos de penetração é talvez o método mais simples e o mais fácil de se visualizar. Entretanto, deve-se notar que um plano perpendicular aos planos frontal e de perfil também poderia ser usado. Como exemplo do uso de um plano perpendicular ao frontal considere-se que tal plano foi passado através da linha *CA* na vista de frente. Esse plano corta a linha 7-8 do plano *EFG* e o ponto de interseção é *S* sobre a linha *CA*. O uso de um plano perpendicular ao plano de perfil seria basicamente o mesmo mas exigiria uma vista lateral.

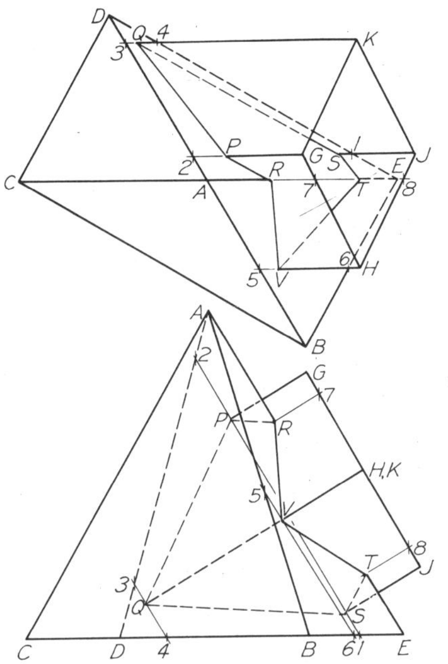

Fig. 12.15. Interseção de um prisma e de uma pirâmide. As arestas de uma, interceptando as faces da outra, determinam a interseção.

13. Para obter a reta de interseção entre um prisma e uma pirâmide (Fig. 12.15)

O processo é basicamente o mesmo do que o empregado para duas pirâmides. Portanto, um plano vertical que passa pela aresta *G* corta a linha 1-2 da face *AED* e um plano vertical que passa pela aresta *K* corta a linha 3-4 da face *AED*, dando os dois pontos de penetração *P* e *Q* na face *AED*. Um plano vertical que passa pela aresta *AE* corta os elementos 7 e 8 do prisma e dá os pontos de penetração *R* e *T*. Continuar dessa forma até que a linha de interseção completa *PQSTVR* seja obtida.

14. Interseções de superfícies curvas

As interseções de superfícies de curvatura única ou dupla com retas e planos, e de uma com a outra, especialmente quando uma ou ambas as superfícies estão em posição oblíqua, fazem parte do estudo específico da geometria utilizada em engenharia, e por isso não são incluídas aqui. Entretanto, as interseções de cilindros e cones em posições simples ocorrem mais ou menos freqüentemente em peças mecânicas e serão, portanto, discutidas nos parágrafos que seguem.

15. Interseção de um cilindro e uma reta

O caso comum ocorre quando o cilindro está com uma vista em uma posição simples, ou seja, uma das faces em *projeção acumulada*, como na Fig. 12.16, e a outra vista mostrando a vista normal de todas as geratrizes. Vê-se, portanto, que qualquer linha, como *AX*, cruza o cilindro no lugar em que a face aparece como uma aresta; neste caso, na vista superior em Y_T e Z_T. Estes dois pontos

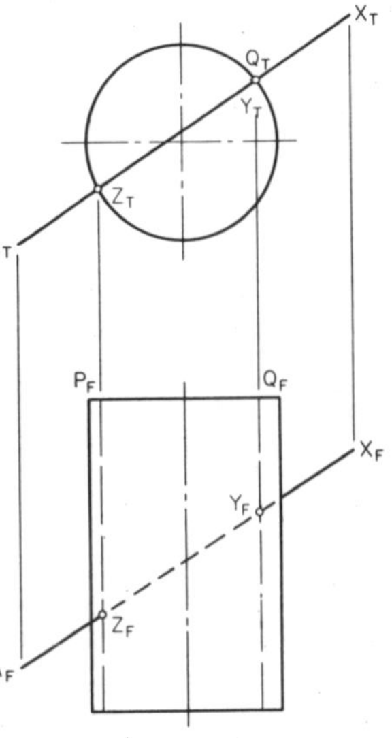

Fig. 12.16. Interseção de uma reta com um cilindro. A vista acumulada do cilindro determina os dois pontos de penetração.

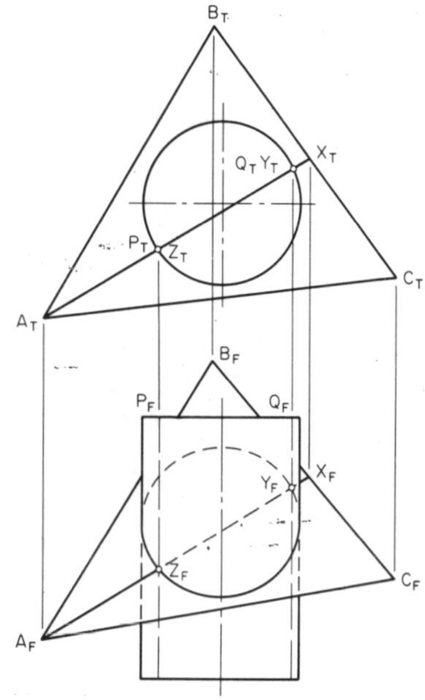

Fig. 12.17. Interseção de um plano e de um cilindro. É usado um certo número de linhas sobre o plano.

estão sobre geratrizes do cilindro *P* e *Q* que são projetadas para a vista de frente, localizando assim Y_F e Z_F.

16. Interseção de um cilindro e de um plano

Teoricamente os planos contêm um número infinito de retas; assim, segundo o processo da Seç. 15, a interseção de uma série de *retas* de um plano determinará a interseção de um plano com um cilindro. Na Fig. 12.17 deve-se localizar a interseção de *ABC* com o cilindro. Desenha-se uma linha qualquer *AX* sobre o plano e obtêm-se as interseções *Z* e *Y*, resultando em dois pontos sobre a reta de interseção curva. Se repetirmos o processo com uma série de linhas semelhantes à *AX* serão obtidos pontos que completarão a curva.

17. Interseção de um cone e de uma reta

A Fig. 12.18*a* ilustra em perspectiva o problema da obtenção dos pontos de interseção quando uma reta penetra num cone. Tomar um plano de corte, *VXY*, contendo a linha dada *AB* e passando pelo vértice *V*, do cone. Um plano que passe pelo vértice do cone cruzará esse cone segundo linhas retas. As linhas comuns ao plano de corte e ao cone são as linhas *V*-1 e *V*-2. Essas linhas são determinadas quando se obtém a reta *RS* de interseção entre o plano de corte e o plano da base do cone. Essa reta determina os pontos 1 e 2 onde a reta corta a curva da base. A linha *AB* cruza ambas as linhas *V*-1 e *V*-2, determinando os pontos *P* e *P'* no lugar onde a reta *AB* penetra no cone.

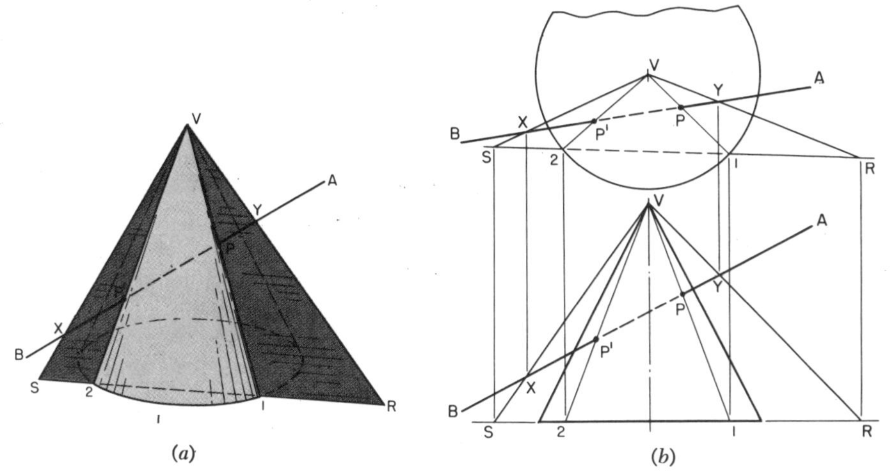

Fig. 12.18. Interseção de uma reta com um cone. Um plano passado sobre a reta e simultaneamente através do vértice do cone é a base para a determinação da interseção.

A solução ortográfica é ilustrada em (*b*). São selecionados os pontos convenientes *X* e *Y* sobre a linha *AB* de forma que ao prolongar o plano *VXY* (um plano que contém o vértice do cone e a linha *AB*) esse cruzará o plano de base do cone na reta *RS*. Na vista superior, *RS* corta a curva da base em 1 e 2 localizando assim os elementos *V*-1 e *V*-2 *dentro* do plano de corte e *sobre* a face do cone. *V*-1 e *V*-2 então cruzam *BA* e *P* e *P'* que são os pontos de penetração da linha *AB* no cone.

18. Interseção de um cone e de um plano

A Fig. 12.19*a* ilustra em perspectiva a determinação da linha de interseção entre um cone e um plano. As geratrizes do cone, tais como *V*-1, *V*-2, etc. cruzarão o plano em *a, b*, etc. respectivamente. Se a projeção acumulada do plano aparece em uma das vistas, como em (*b*), a solução é bastante simples. As geratrizes selecionadas do cone *V*-1, *V*-2, etc., são desenhadas em ambas as vistas. Vê-se que esses elementos cruzam o plano na vista de frente em *a, b*, etc. A projeção desses pontos para a vista superior resulta em pontos através dos quais se desenha uma curva suave para completar a solução. A projeção acumulada do plano (dentro dos limites do cone) é obviamente a interseção na vista de frente.

Se o plano que cruza o cone for oblíquo, como o da Fig. 12.20, será preferível usar o processo do plano de corte pela simplicidade da solução. Qualquer plano que passe pelo vértice do cone cortará as geratrizes do mesmo. Portanto, como é mostrado em (*a*), se forem usados planos de corte verticais, todos passando pelo vértice *V*, esses planos cortarão as geratrizes do cone, tais como *V*-2 e *V*-8. Ao mesmo tempo, um plano de corte vertical cortará *XZ* do plano. *XZ* então irá cruzar *V*-2 em *b* e *V*-8 em

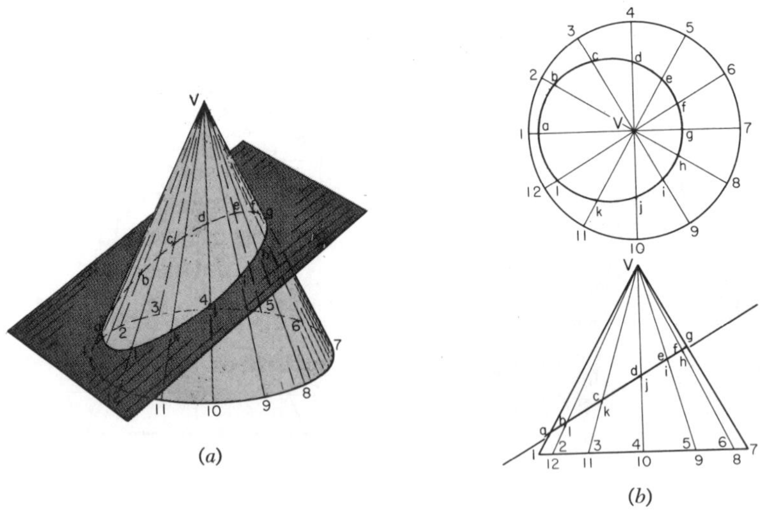

Fig. 12.19. Interseção de um plano de um cone. A projeção acumulada do plano determina a interseção.

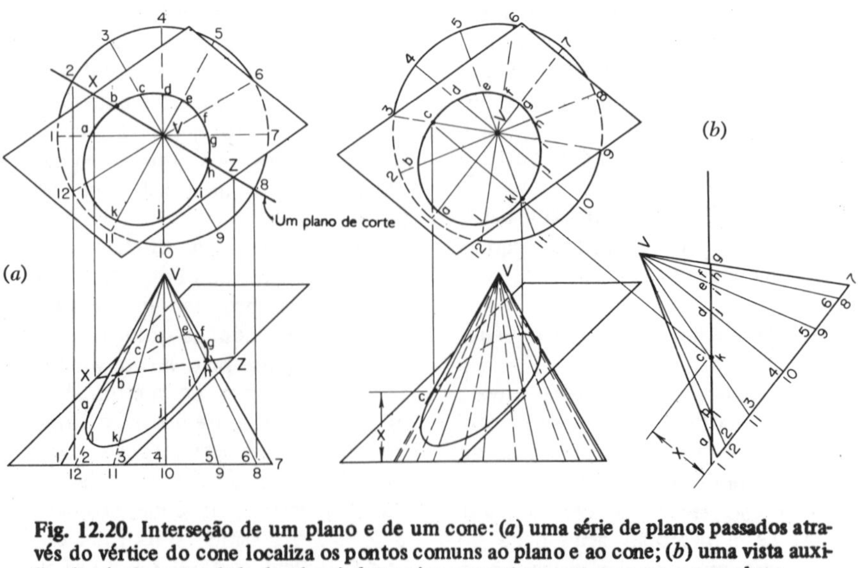

Fig. 12.20. Interseção de um plano e de um cone: (*a*) uma série de planos passados através do vértice do cone localiza os pontos comuns ao plano e ao cone; (*b*) uma vista auxiliar (projeção acumulada do plano) determina os pontos comuns ao cone e ao plano.

h, resultando dois pontos sobre a reta de interseção. Uma série de planos traçados dessa maneira com os pontos obtidos completará a solução.

Embora o processo dos planos acima mencionado seja simples e exija apenas as vistas dadas para a solução, *poderia* ser vantajoso desenhar uma vista extra (auxiliar) como em (*b*) onde, projetando-se paralelamente à linha horizontal do plano, *este aparece acumulado como uma aresta.* Neste caso, vê-se que as geratrizes selecionadas do cone cruzam o plano na vista auxiliar (onde o plano aparece como uma aresta) e a solução torna-se praticamente a mesma da Fig. 12.19*b*. Além disso, os pontos que foram localizados primeiro na vista auxiliar e depois na vista superior terão que ser também obtidos na vista de frente através de projeção da vista superior e pela medida da vista auxiliar, indicada pela distância *X* na figura.

19. Interseção de dois cilindros (Fig. 12.21)

Planos de corte paralelos ao eixo de um cilindro cortarão as geratrizes do cilindro em linha reta. Os planos de corte frontais *A, B, C* e *D, paralelos ao eixo de cada cilindro*, cortam as geratrizes de cada destes, cujas interseções são pontos na curva. O desenho em perspectiva mostra uma seção do objeto correspondente ao plano de corte, sendo que o objeto foi considerado como um sólido para ilustrar o método mais facilmente.

Quando os eixos dos cilindros não se cruzam, como na Fig. 12.22, o mesmo processo é usado. Alguns "planos especiais" dão os limites e os pontos característicos da curva. Esses planos devem ser sempre tomados através das geratrizes do contorno. Na posição indicada na figura, os planos *A* e *D* dão a extensão máxi-

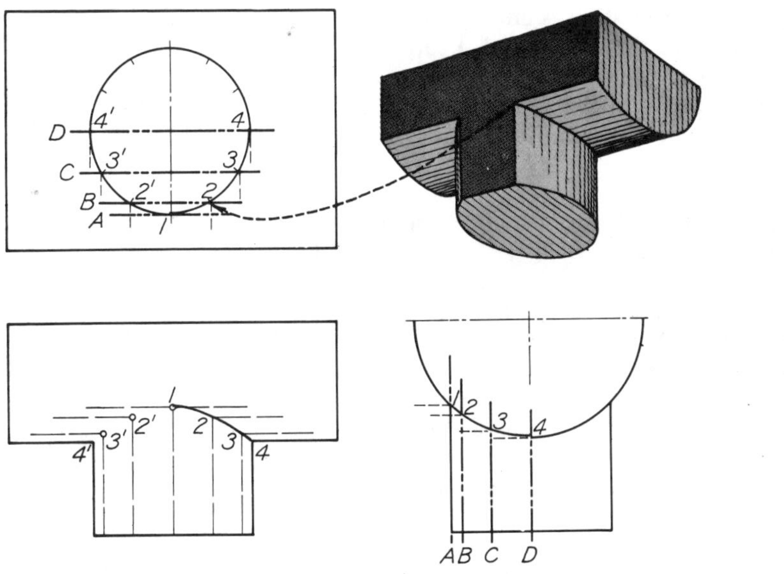

Fig. 12.21. Interseção de dois cilindros. Os planos cortam em linha reta as geratrizes de ambos.

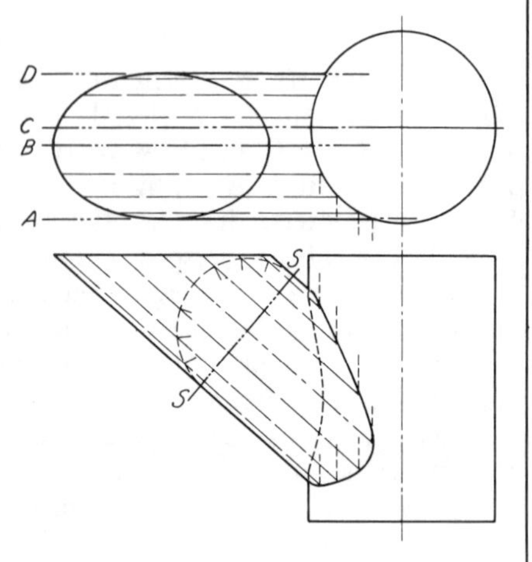

Fig. 12.22. Interseção de dois cilindros cujos eixos não se interceptam. Os planos paralelos a cada um dos eixos cortam em linha reta as geratrizes de ambas as superfícies.

ma da curva, o plano *B* a altura máxima e o plano *C* os pontos de tangência ou os pontos característicos sobre a geratriz do contorno do cilindro vertical. Depois de determinar os pontos característicos usam-se outros planos de corte em número suficiente para que se obtenha uma curva exata.

20. Interseção de um cilindro e de um cone (Fig. 12.23)

Podem ser escolhidos planos de corte como em (*a*), de forma a passar pelo vértice do cone e ao mesmo tempo serem paralelos ao eixo do cilindro, cortando assim ambos os sólidos segundo as geratrizes; ou, como em (*b*), no caso de um cone reto circular, quando o eixo do cilindro é paralelo ou perpendicular ao eixo do cone, o plano de corte pode ser tomado paralelamente à base de maneira a determinar no cone seções circulares. Ambos os sistemas de planos estão ilustrados na figura. Os esboços em perspectiva mostram as seções dos objetos correspondentes aos dois tipos de planos, sendo que esses foram considerados como sólidos para ilustrar mais facilmente o processo. Um pouco de senso crítico é necessário na seleção tanto da direção quanto do número de planos de corte. Precisa-se

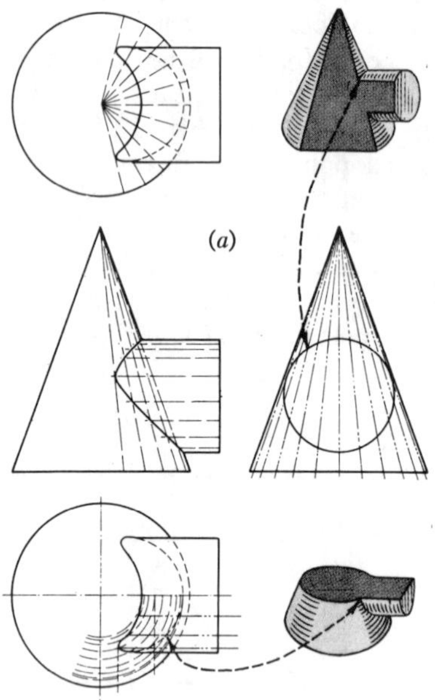

Fig. 12.23. Interseção de um cilindro e de um cone: (*a*) observa-se que os elementos do cone interceptam o cilindro na vista lateral (vista de projeção acumulada do cilindro); ou (*b*) planos horizontais cortam círculos em ambas as superfícies e localizam pontos comuns aos dois objetos.

obter um maior número de pontos nos lugares onde haja curvatura ou mudança brusca de direção das projeções da linha de interseções

Na Fig. 12.23*a* os planos de corte aparecem como arestas na vista lateral direita, onde a superfície do cilindro também aparece como uma aresta. Para completar a solução as interseções observadas na vista lateral são então projetadas para os elementos do cone formados pelos planos de corte nas vistas superior e de frente.

Em (*b*) os planos de corte horizontais cortam círculos do cone e os elementos em linha reta do cilindro. Então, a vista superior revela interseções de círculos de cone e elementos do cilindro. A projeção para a vista superior completará a solução.

PROBLEMAS

Pode-se escolher alguns dos problemas seguintes e construir as figuras com precisão mas a lápis, sem usar a tinta. Qualquer problema prático pode ser resolvido usando-se alguma combinação dos "sólidos fundamentais"; os exercícios dados ilustram os processos empregados nas várias combinações.

Os problemas a seguir podem ser desenhados em folhas de 210 x 275 mm ou de 275 x 420 mm. Deve-se supor que os objetos sejam feitos de metal fino, abertos nas extremidades, a menos que haja especificação em contrário.

Grupo 1. Interseções de ductos prismáticos

1 a 3. Determinar a linha de interseção considerando os prismas como condutores que desembocam um no outro. Indicar com cuidado as partes visíveis e invisíveis da linha de interseção.

4 a 6. Determinar a linha de interseção, indicando as partes visíveis e invisíveis e considerando os prismas como condutores que desembocam um no outro.

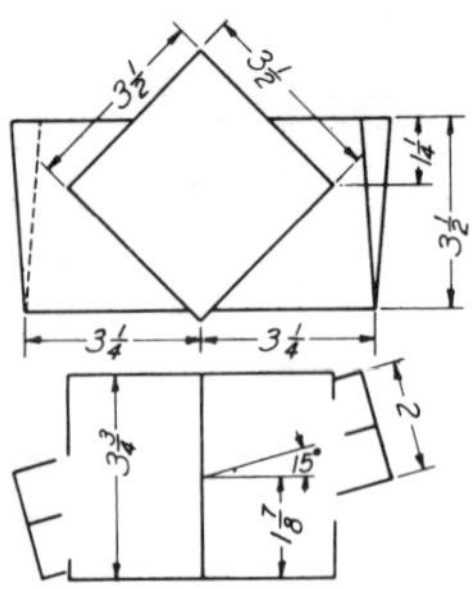

Prob. 1.

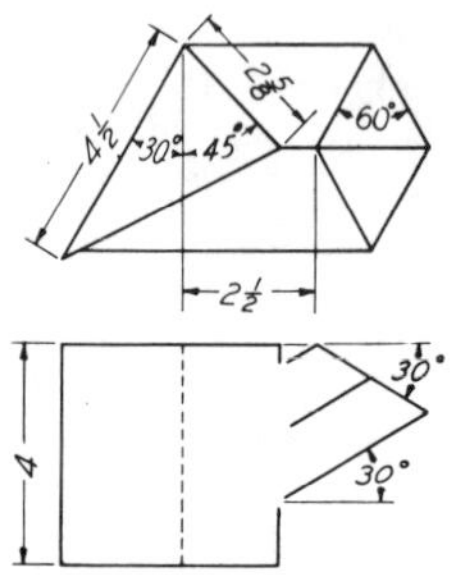

Prob. 2.

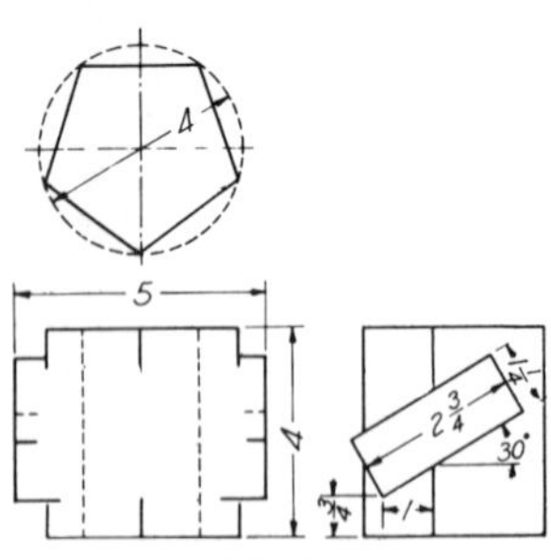

Prob. 3.

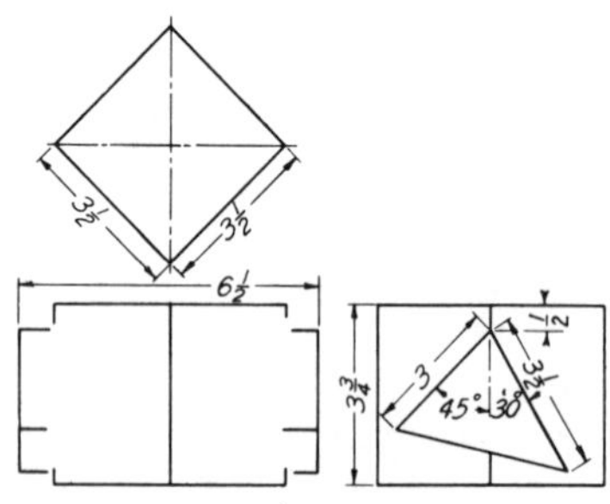

Prob. 4.

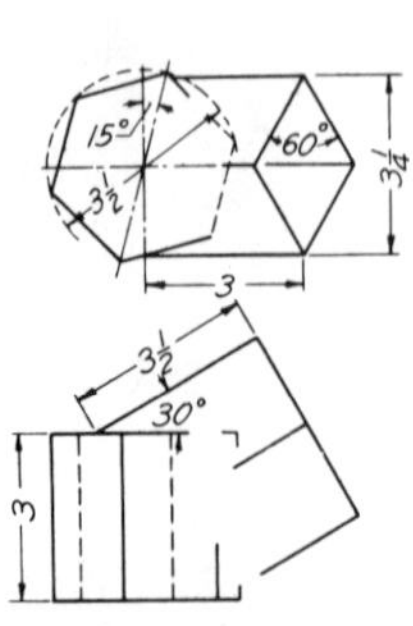

Prob. 5.

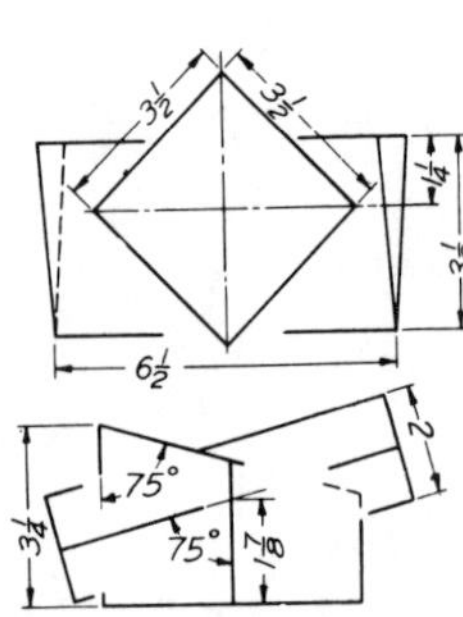

Prob. 6.

7. Obter a interseção entre os dois ductos prismáticos.

8. A ilustração mostra uma torre e as galerias para correias transportadoras propostas. Obter a interseção entre a torre e a galeria de abastecimento principal.

8-*A*. O mesmo desenho do problema 8. Depois de resolvê-lo obter a interseção entre as duas galerias.

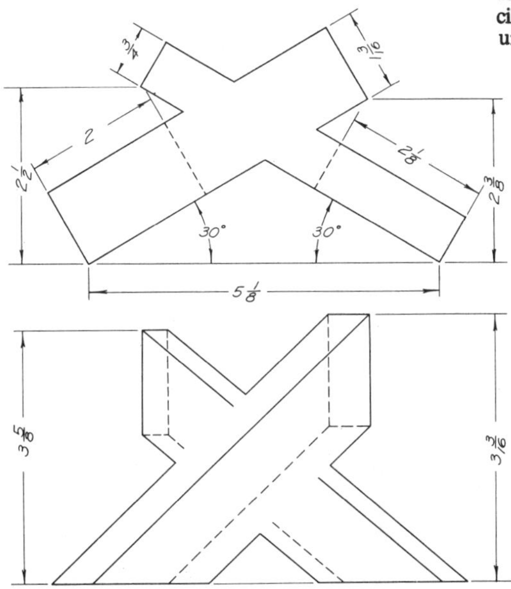

Prob. 7. Ductos prismáticos.

Grupo 2. Interseções de objetos piramidais

9 a 13. Obter as linhas de interseção.

14. Obter a linha de interseção entre o ducto prismático e o funil de carga.

Grupo 3. Interseções de ductos cilíndricos

15 a 17. Obter a linha de interseção, indicando as partes visíveis e invisíveis, considerando os cilindros como condutores que desembocam um no outro.

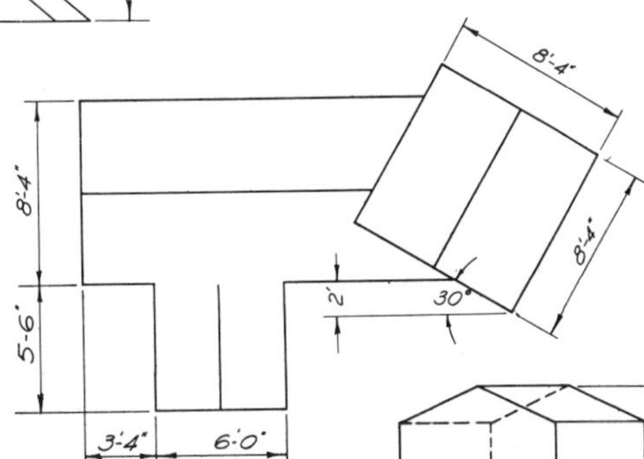

Prob. 8. Torre e Correias transportadas para galerias.

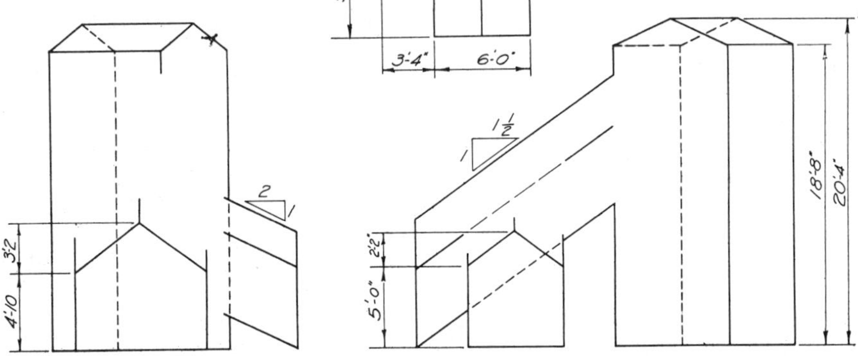

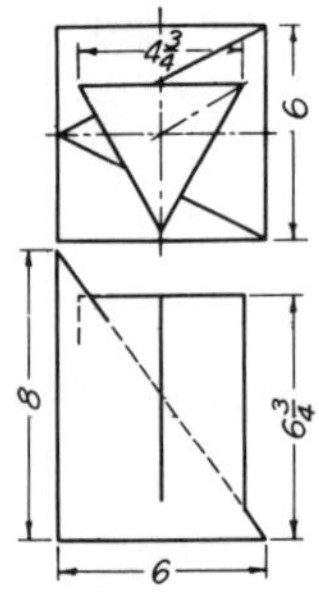

Prob. 9.

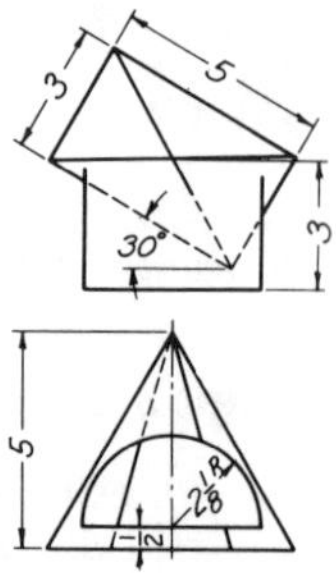

Prob. 10.

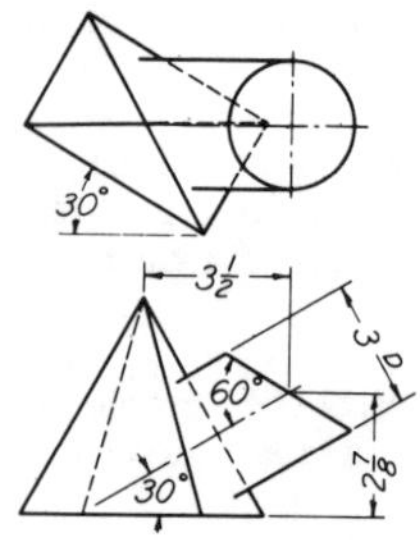

Prob. 11.

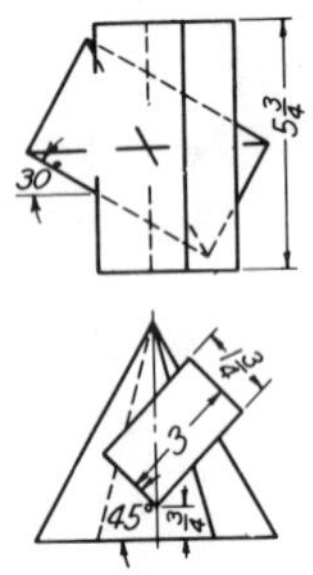

Prob. 12.

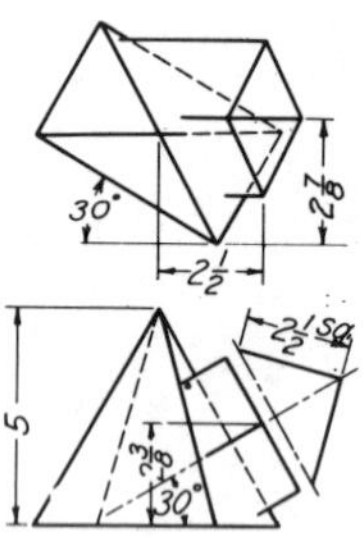

Prob. 13.

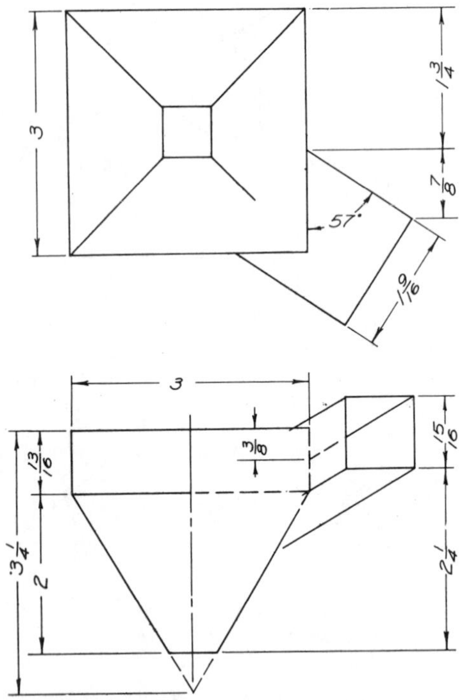

Prob. 14. Ducto prismático e funil de carga.

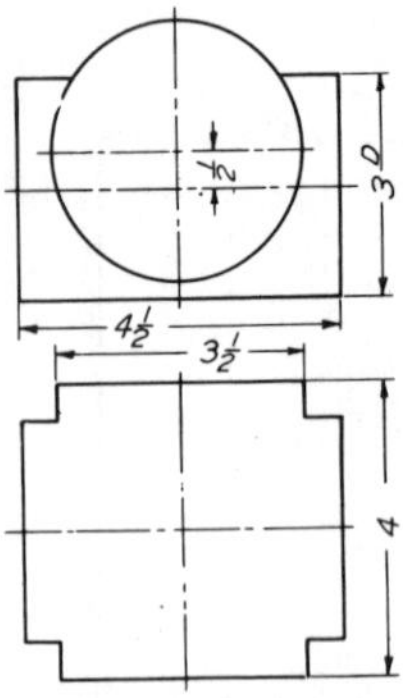

Prob. 15.

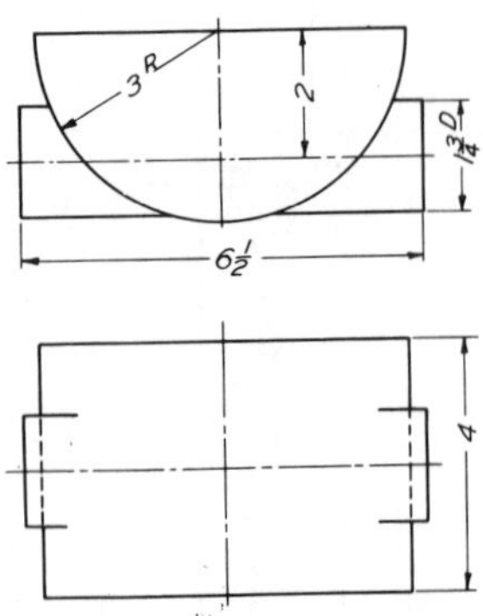

Prob. 16.

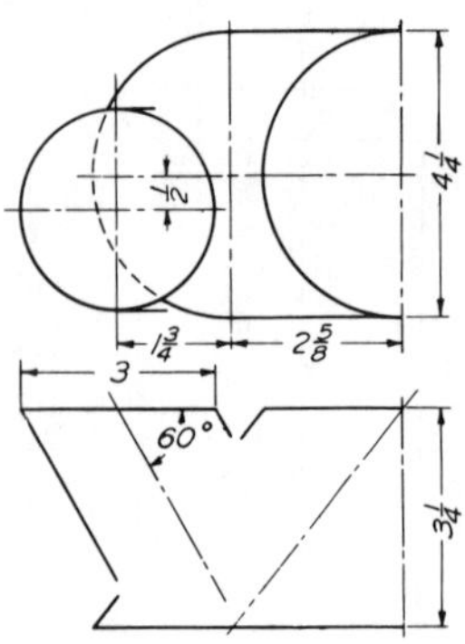

Prob. 17.

18. O desenho mostra uma carcaça de bomba composta de um cilindro e de um cotovelo. Obter a interseção entre o cilindro e o cotovelo.

19. O desenho mostra uma parte de um sistema de bombeamento de oxigênio líquido que consiste nos canos *A, B, C* e *D*. Obter a interseção dos canos.

20. O desenho mostra um cano oblíquo que se une a uma entrada cilíndrica no sistema de encanamento de uma usina. Obter a interseção entre a entrada e o cano.

Grupo 4. Interseções de objetos cônicos e ductos

21. a 31. Obter a linha de interseção.

32. O desenho mostra uma vista da planta de um tubo de distribuição de entrada que consiste em um conector cônico cruzado por dois canos cilíndricos. Obter a interseção do cano que entra pelo lado do conector cônico. Os eixos das duas formas se curzam. Resolver o problema usando apenas a vista da planta.

33. O desenho mostra o cano de descarga cilíndrico e o cano de entrada cônico de um "sís-

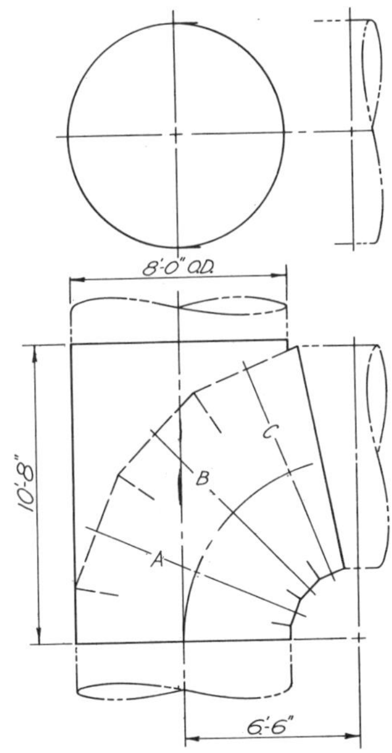

Prob. 18. Carcaça de bomba.

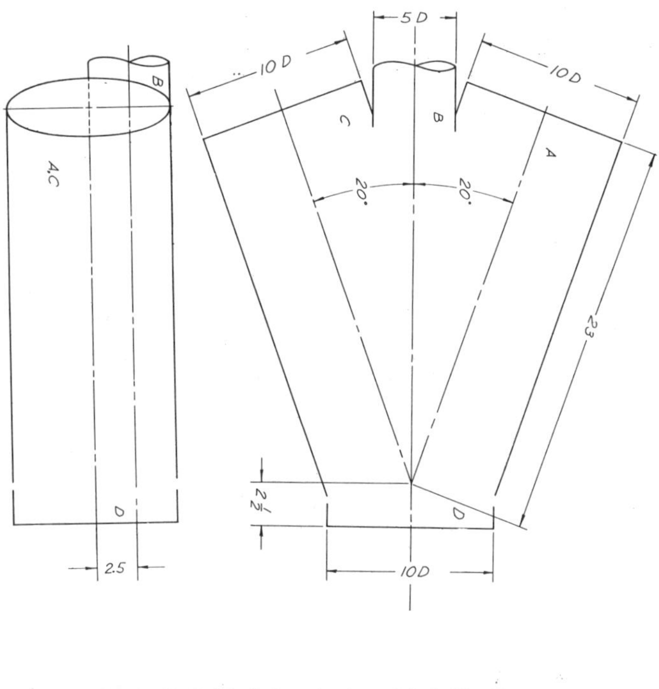

Prob. 19. Saída de bomba de oxigênio líquido.

tema Kaplan" de escoamento. Obter a interseção das duas formas usando o processo da esfera de corte.

34. O desenho mostra um cilindro reto circular e um cone de base elíptica. Obter a interseção das duas superfícies.

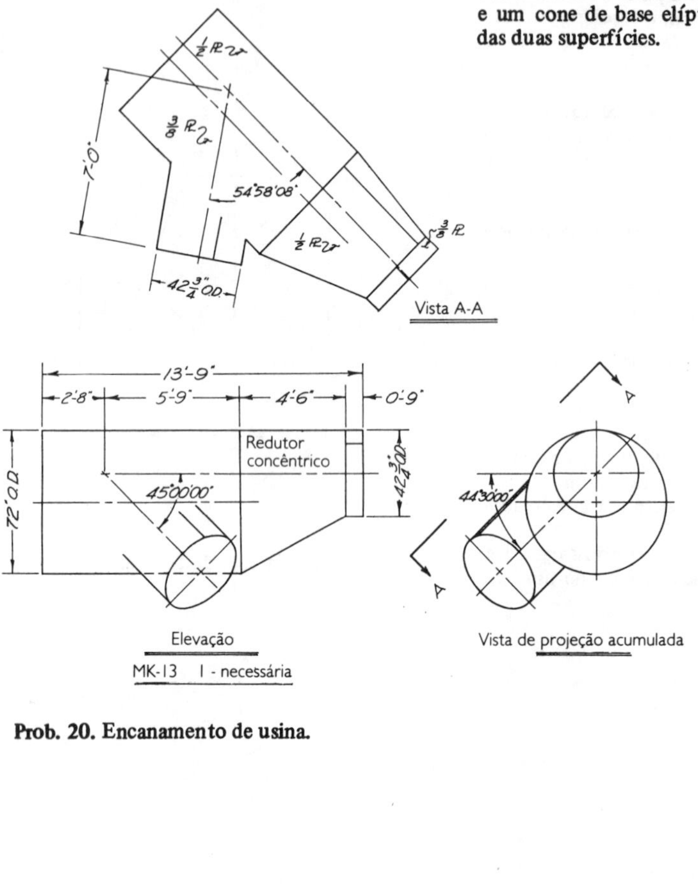

Prob. 20. Encanamento de usina.

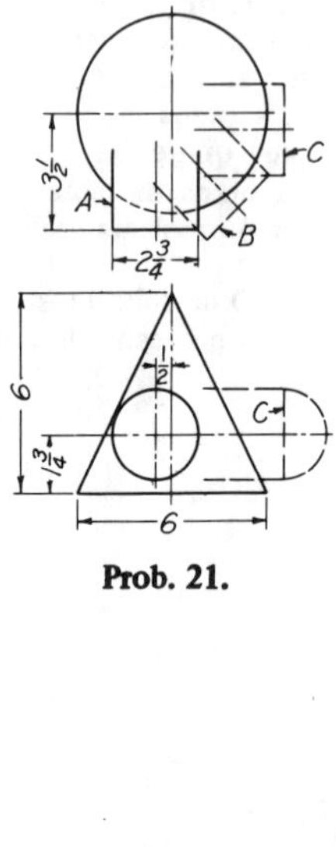

Prob. 21.

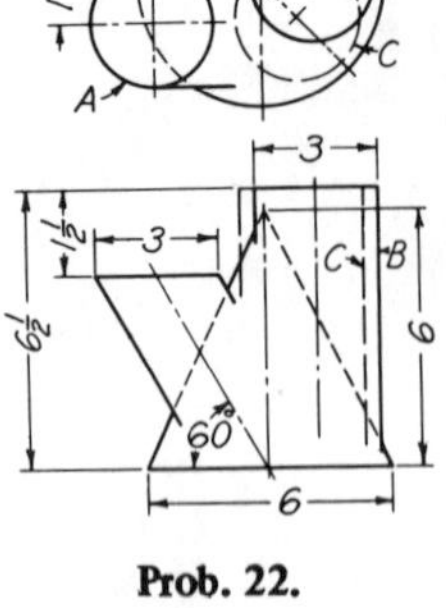

Prob. 22.

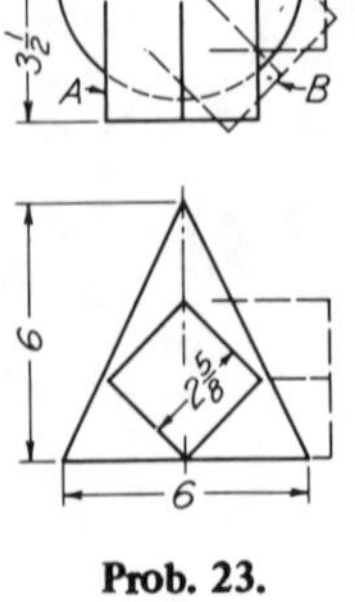

Prob. 23.

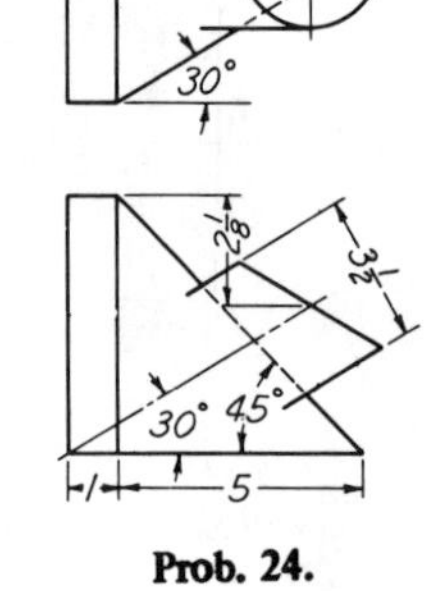

Prob. 24.

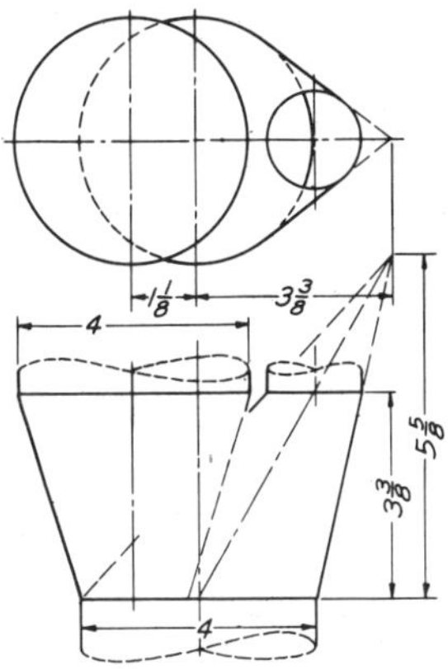

Prob. 25.

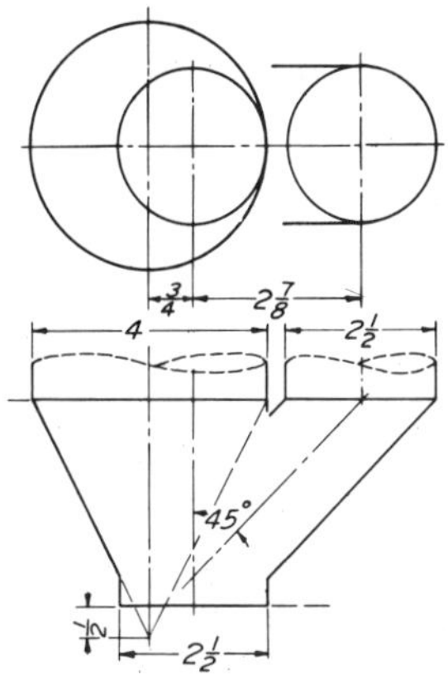

Prob. 26.

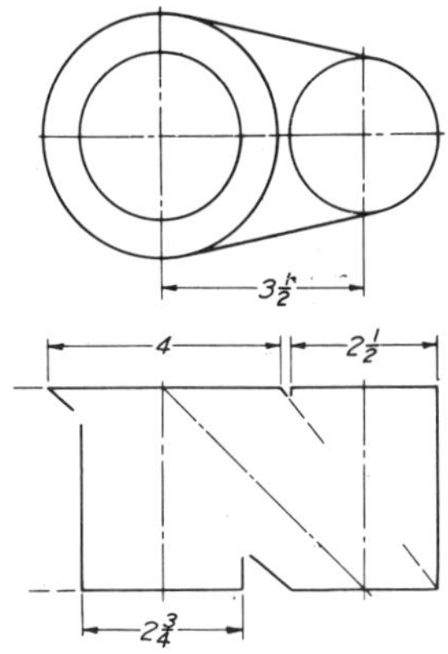

Prob. 27.

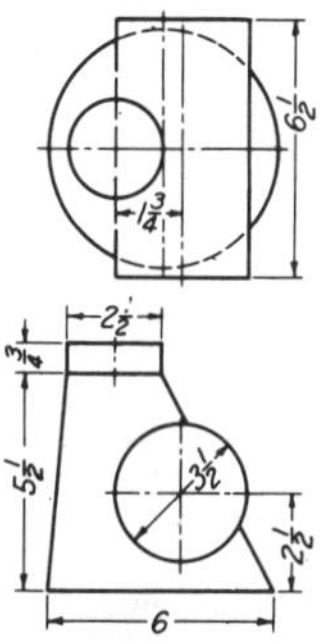

Prob. 28.

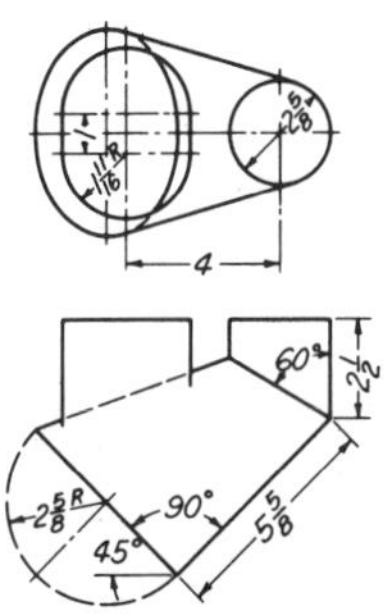

Prob. 29.

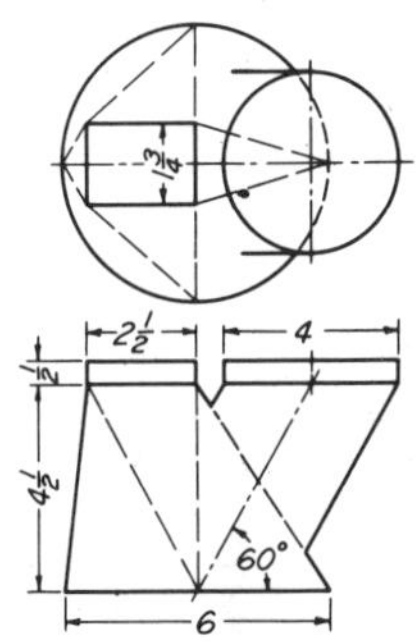

Prob. 30.

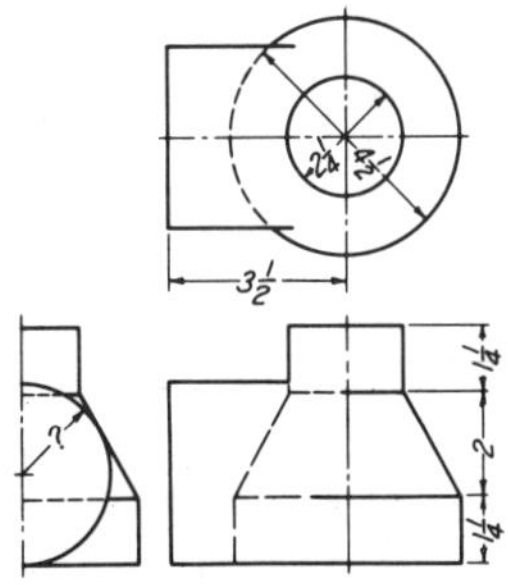

Prob. 31.

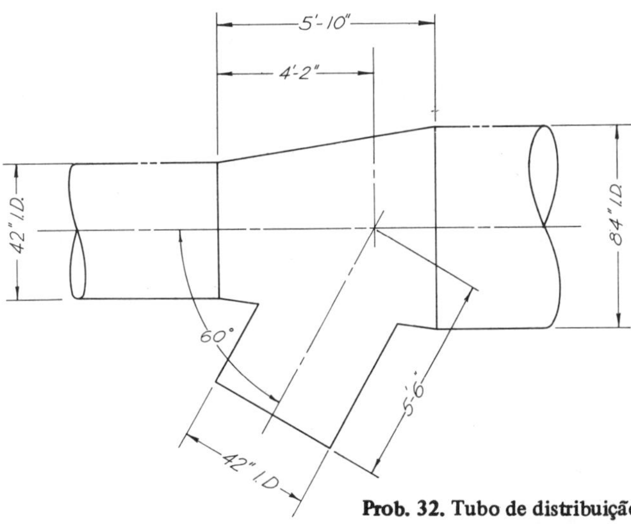

Prob. 32. Tubo de distribuição de descarga.

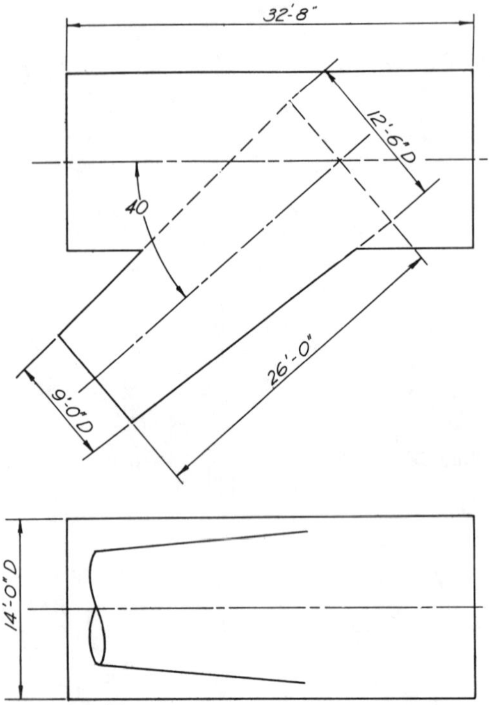

Prob. 33. "Sistema Kaplan" de escoamento.

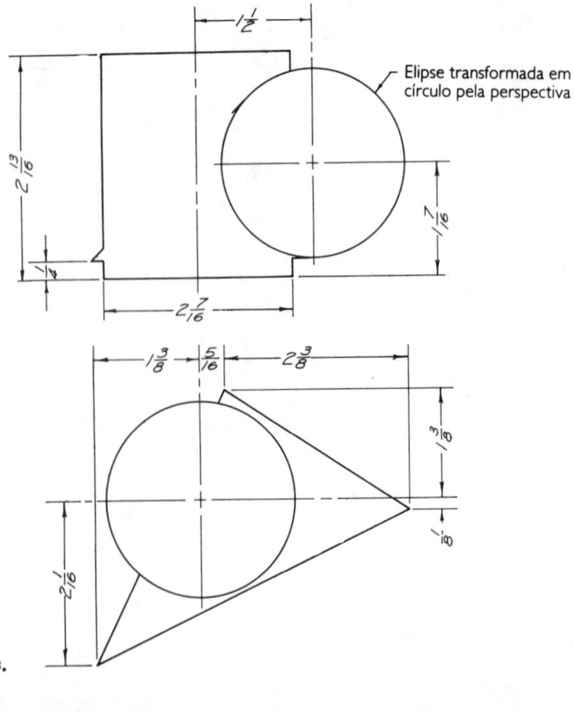

Prob. 34. Cilindro e cone.

13 VISTAS DESENVOLVIDAS

As vistas desenvolvidas mostram a representação da forma e do tamanho de materiais finos utilizados para fazer objetos dobrados, enrolados ou moldados.

Definição e classificação de desenvolvimentos • Considerações básicas • Desenvolvimento de prismas e pirâmides • Triangulação • Desenvolvimento de conectores e peças de transição • Desenvolvimento de uma esfera • Juntas, conectores e arremates • Problemas.

1. Desenvolvimentos e definição

Em muitos tipos de construção são necessários modelos em tamanho natural de algumas ou de todas as faces do objeto, como, por exemplo, nos trabalhos de cantaria, onde se precisa de um gabarito ou molde para dar a forma de uma face irregular; ou nos trabalhos com folhas metálicas, onde é indispensável cortá-las por um molde para que depois de laminadas, dobradas ou modeladas reproduzam a forma do objeto.

A superfície completamente aberta sobre um plano chama-se "desenvolvimento" da superfície.

As superfícies possíveis de envolver em uma folha fina de material flexível (tal como papel ou estanho) sem que apareçam rugas são chamadas de superfícies desenvolvíveis e se encontram apenas nos objetos constituídos de planos ou superfícies de curvatura única. Superfícies reversas ou de curvatura dupla não podem ser desenvolvidas e quando se necessita de moldes para sua construção estes só podem ser feitos através de formas aproximadas; mas esses moldes adquirem a forma desejada devido à maleabilidade e à flexibilidade do material. Assim, embora não se possa enrolar sem dobras a superfície de uma bola, um molde de duas partes desenvolvido por aproximação, cortado em couro, pode ser estirado e costurado sobre a mesma sem rugas; da mesma maneira um disco plano de metal pode ser estampado, modelado ou torneado de forma hemisférica ou outra qualquer.

2. Considerações básicas

Já foi apresentado o método para encontrar a verdadeira grandeza de uma superfície plana através da projeção sobre um plano auxiliar. Se a verdadeira grandeza de todas as faces planas de um objeto for encontrada e estas forem ligadas, ordenadamente, através de suas arestas comuns, de maneira que todas as faces fiquem em um mesmo plano, o resultado será a superfície desenvolvida. Em geral isso pode ser feito facilmente determinando-se a verdadeira grandeza das arestas.

O desenvolvimento da superfície lateral de um cilindro reto é evidentemente um retângulo cuja largura é a altura do cilindro e o comprimento é igual à circunferência retificada (Fig. 13.1). O desenvolvimento da superfície lateral de um cone de revolução é um setor circular cujo raio é igual à geratriz do cone e cujo arco é igual ao comprimento da circunferência de base (Fig. 13.1).

Conforme é mostrado na Fig. 13.1, os desenvolvimentos são desenhados com a face de dentro para cima. Este é o motivo principal de se trabalhar com as dimensões internas de um ducto, ao invés das externas. Este procedimento também facilita o emprego das linhas de dobramento, identificadas por marcas de punção em cada extremidade, ao longo das quais o metal é dobrado ao se modelar o objeto.

Ao desenhar um projeto para ser executado em folha metálica é preciso dar margem para as ligações e superposições e, nas chapas grossas, para a espessura e aglomeração do metal. Devem-se ainda levar em consideração as dimensões comerciais do material, bem como a questão da economia ao cortar. Por tudo isso é necessário algum conhecimento prático de oficina do trabalho. A Fig. 13.17 e a Seç. 14 indicam o uso de algumas das juntas mais comuns, embora os desenvolvimentos dados neste capítulo restrinjam-se aos princípios gerais.

3. Desenvolvimento de um prisma hexagonal truncado (Fig. 13.2)

Desenhar primeiro as duas projeções do prisma: (1) uma vista tomada de uma direção perpendicular a uma seção reta (uma seção ou corte feito por um plano

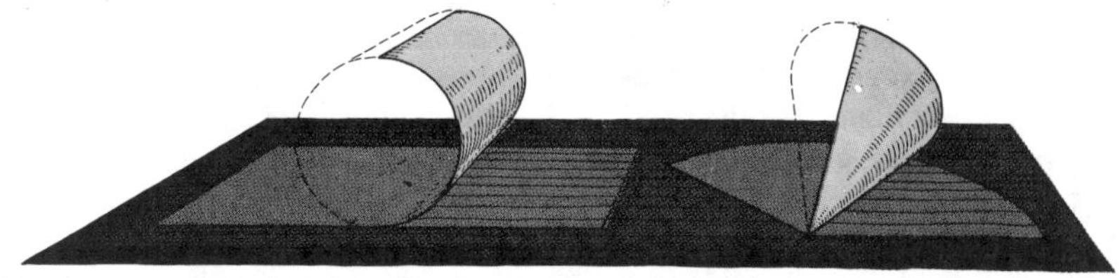

Fig. 13.1. Teoria do desenvolvimento. A superfície é composta em um plano por desdobramento.

perpendicular ao eixo do prisma) e (2) uma vista tomada de uma direção perpendicular às arestas laterais. A base *ABCDEF* é uma seção reta que aparece em sua verdadeira grandeza na vista inferior. Marcar sobre a linha *AA* o desenvolvimento do perímetro de base. Esta linha é chamada pelos chapeadores de "linha de referência do desenvolvimento". Pelos pontos *A, B, C,* etc. levantam-se perpendiculares chamadas "linhas de medição" ou "linhas de dobramento", que representam as arestas laterais do prisma ao longo das quais o molde é dobrado para formar o prisma. É marcado sobre cada uma delas seu comprimento *A*-1, *B*-2, *C*-3, etc. dados na vista de frente. Os pontos 1, 2, 3, etc. são ligados sucessivamente para completar o desenvolvimento das superfícies laterais. Observe-se que a parte interna das faces laterais do molde está virada para o observador. Para que o desenvolvimento da superfície total do prisma constitua uma única peça, ligam-se à su-

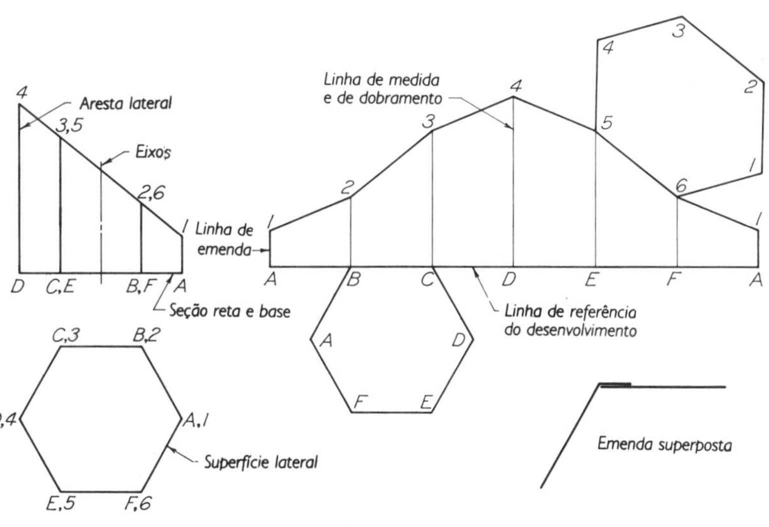

Fig. 13.2. Desenvolvimento de um prisma. A verdadeira grandeza de cada lado é desenhada em ordem sucessiva.

perfície lateral a base e a face superior em sua verdadeira grandeza, como mostra a figura; a determinação da verdadeira grandeza da face superior pode ser feita através de uma vista auxiliar, como se descreveu na Seç. 4 do Cap. 6. Por economia de solda, de rebites e de tempo costuma-se fazer a costura na aresta mais curta da superfície. Ao se emendarem superfícies cuja interseção se faz num ângulo diferente de 90°, como é o caso, a costura superposta presta-se melhor a uma montagem adequada. O arremate plano de encaixe é empregado quando a costura é feita numa das faces laterais.

4. Desenvolvimento de uma pirâmide reta truncada (Fig. 13.3)

Desenha-se as projeções da pirâmide que mostrem (1) uma vista tomada de uma direção normal à base ou seção reta e (2) uma vista tomada de uma direção normal ao eixo. Desenhar o desenvolvimento da pirâmide e depois superpor o molde da parte truncada.

Visto que esta é uma porção de uma pirâmide regular reta, as arestas laterais são todas de comprimento igual. As arestas laterais OA e OD são paralelas ao plano frontal e conseqüentemente aparecem em seu comprimento real na vista de frente. Com o centro O_1, tomado em qualquer lugar adequado, e com um raio $O_F A_F$, desenhar um arco que é o desenvolvimento da circunferência circunscrita à base. Marcam-se nele as extremidades dos seis lados iguais da base hexagonal, obtidos na vista superior, e ligam-se esses pontos sucessivamente entre si e com o vértice O_1, formando assim o molde da pirâmide.

A interseção do plano de corte e das superfícies laterais é desenvolvida desenhando-se o comprimento real de cada aresta lateral intersectada sobre a linha correspondente do desenvolvimento. O

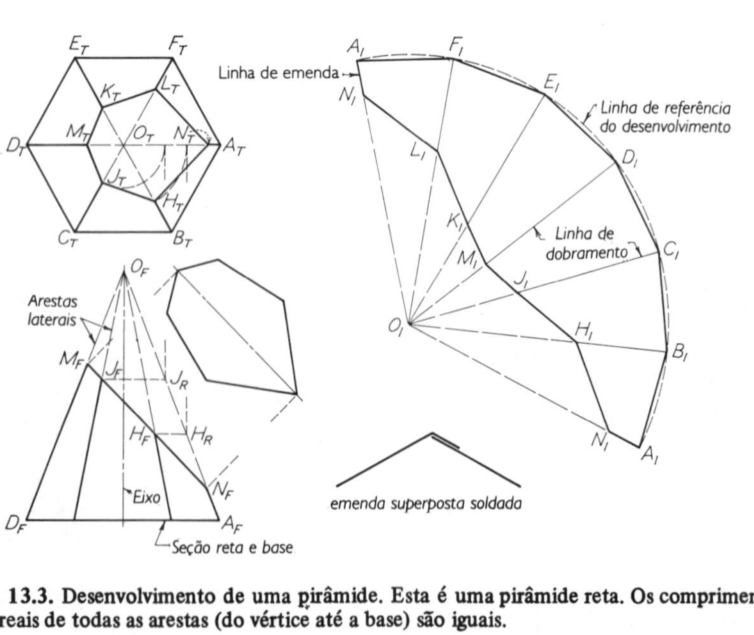

Fig. 13.3. Desenvolvimento de uma pirâmide. Esta é uma pirâmide reta. Os comprimentos reais de todas as arestas (do vértice até a base) são iguais.

comprimento real de cada um desses segmentos, tais como OH e OJ, é encontrado fazendo-os girar em torno do eixo da pirâmide até que coincidam com $O_F A_F$. A trajetória de um ponto qualquer, como H, será projetada na vista de frente como uma linha horizontal. Para obter-se o desenvolvimento de toda a superfície da pirâmide truncada deve-se acrescentar a base e a face correspondente ao plano secante, de modo que se ajustem segundo uma linha comum, determinando preliminarmente a verdadeira grandeza desta.

A costura superposta é aqui recomendada também por se prestar melhor para uma montagem adequada.

A pirâmide reta retangular, Fig. 13.4, é desenvolvida de maneira semelhante mas como a aresta OA não é paralela ao plano de projeção, ela precisa ser girada até $O_F A_R$ para que se obtenha a sua verdadeira grandeza.

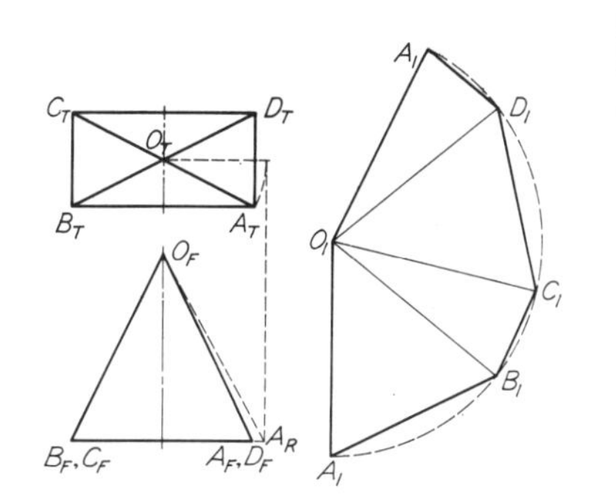

Fig. 13.4. Desenvolvimento de uma pirâmide. A verdadeira grandeza do vértice à base é obtida girando-se uma aresta até que se torne frontal.

5. Desenvolvimento de uma pirâmide oblíqua (Fig. 13.5)

Tendo em vista que as arestas laterais são de comprimentos diferentes, o comprimento real de cada uma delas deve ser encontrado separadamente, através da rotação das mesmas até que se tornem paralelas ao plano frontal. Tomando O_1 em qualquer ponto adequado, marca-se a linha de costura O_1A_1 igual a O_FA_R Fazendo centro em A_1, e o raio A_1B_1 sendo igual ao comprimento real de AB, descreve-se um arco. Tomando O_1 como centro, e o raio O_1B_1 sendo igual a O_FB_R, descreve-se um segundo arco que cruza o primeiro no vértice B_1. Ligar os vértices O_1, A_1 e B_1 completando assim o molde da superfície lateral OAB. Da mesma maneira desenham-se os moldes das outras três faces laterais, unindo-as por suas arestas comuns. O desenvolvimento do perímetro de base é igual à soma das arestas da base. Se for necessário um desenvolvimento completo liga-se a base por uma aresta comum à superfície lateral desenvolvida. A costura superposta é recomendada por ser a que mais se adapta às condições dadas.

6. Desenvolvimento de um cilindro reto truncado (Fig. 13.6)

O desenvolvimento de um cilindro é semelhante ao desenvolvimento do prisma. Desenhar as duas projeções do cilindro: (1) uma vista tomada de uma direção perpendicular à seção reta e (2) uma vista tomada de uma direção perpendicular às geratrizes. Ao se desenvolver um cilindro sobre um plano tangente, a circunferência de base, que é uma seção reta, por ser perpendicular ao eixo, desenvolver-se-á segundo uma linha reta. Por ser mais conveniente para desenhar, divide-se a base, aqui representada pela vista inferior, em um número de partes iguais através de pontos que representam as geratrizes. Essas divisões devem ser espaçadas de maneira que suas cordas se confundam aproximadamente com o arco, o suficiente para tornar o desenvolvimento praticamente igual ao perímetro da base ou seção reta. Projeta-se essas geratrizes,

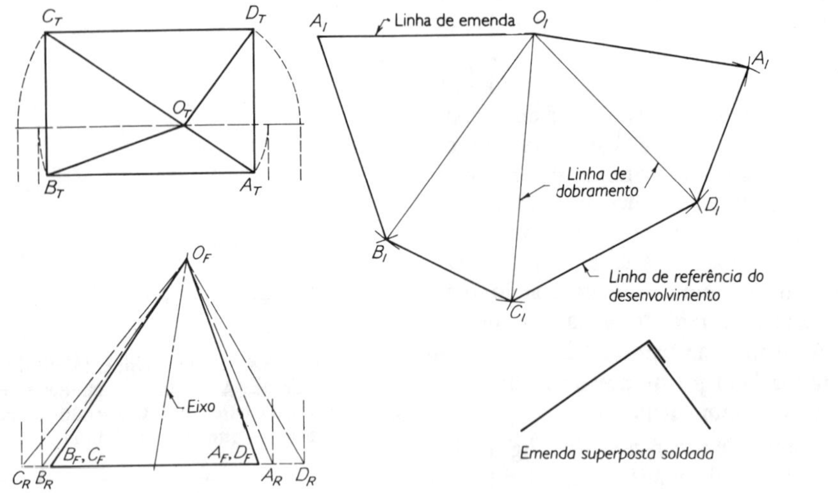

Fig. 13.5. Desenvolvimento de uma pirâmide oblíqua. Cada aresta lateral tem um comprimento diferente. É necessário determinar a verdadeira grandeza de cada uma delas.

que passam pelos pontos de divisão, na vista de frente. Desenha-se o desenvolvimento e as linhas de medição como na Fig. 13.2, considerando-se o cilindro como um prisma de muitos lados. Transfere-se, em ordem, os comprimentos das

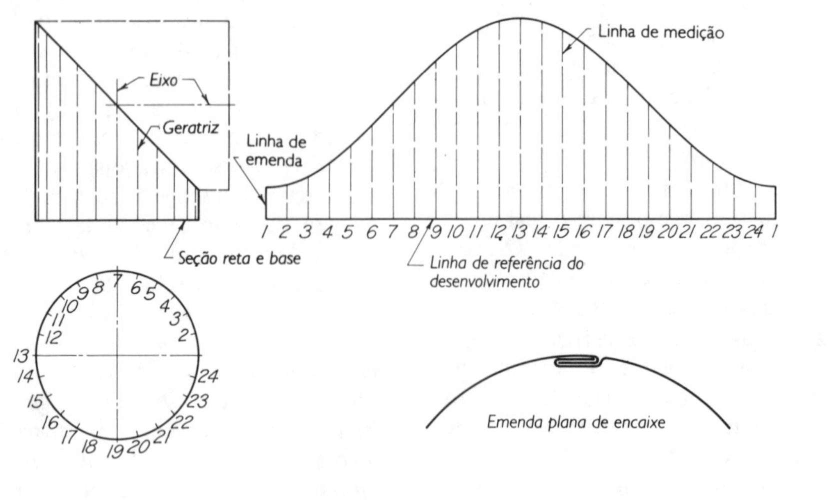

Fig. 13.6. Desenvolvimento de um cilindro. O cilindro é tratado como se fosse um prisma de muitos lados.

geratrizes através de linhas de chamada ou de um compasso de pontas secas; junta-se os pontos assim obtidos com uma curva suave, desenhando-a muito de leve, primeiro à mão livre, para depois empregar-se a curva francesa. Este desenvolvimento poderia ser molde da metade de um cotovelo de duas partes. Cotovelos de três, quatro ou cinco partes podem ser desenhados da mesma maneira, como é mostrado na Fig. 13.7. Como o cotovelo é simétrico, em relação a um plano, desenha-se apenas a metade. Nesses casos, as partes intermediárias, como *B*, *C* e *D*, são desenvolvidas sobre uma linha de referência cujo comprimento é igual ao perímetro de uma seção reta. Se a seção reta for feita no meio da peça, a linha de referência passará a ser a linha de centro do desenvolvimento.

Evidentemente qualquer cotovelo poderia ser cortado em uma única folha sem desperdício se as costuras fossem feitas alternadamente sobre os lados longos e curtos. A costura plana de encaixe é recomendada para os casos das Figs. 6 e 7, embora outros tipos possam ser usados.

A cúpula octogonal (Fig. 13.8) ilustra uma aplicação do desenvolvimento de cilindros. Cada parte é uma porção de um cilindro onde as geratrizes são paralelas à base da cúpula e são representadas em verdadeira grandeza na vista superior. A verdadeira grandeza da linha de referência do desenvolvimento das seções *A* e *A'* aparece na vista de frente em $O_F H_F$. Considerando-se $O_T H_T$ como a seção obtida por um plano perpendicular que corta uma seção reta, o problema é idêntico ao anterior.

Da mesma maneira, as linhas de referência do desenvolvimento para as seções *B*, *B'*, *D* e *D'* aparecem em seu comprimento real de $O_F K_R$ na vista de frente e para as seções *C* e *C'* em $O_S M_S$ na vista lateral.

A verdadeira grandeza do vigamento correspondente ao espigão de um telhado *ON* é encontrada girando-o até que esteja paralelo ao plano frontal, como em $O_F N_R$, da mesma maneira que se usa para encontrar o comprimento real de qualquer linha. Deve-se tomar um número de pontos suficiente para produzir uma curva suave.

7. Desenvolvimento de um cone circular reto truncado (Fig. 13.9)

Desenha-se as projeções do cone que mostrarão (1) uma vista tomada perpen-

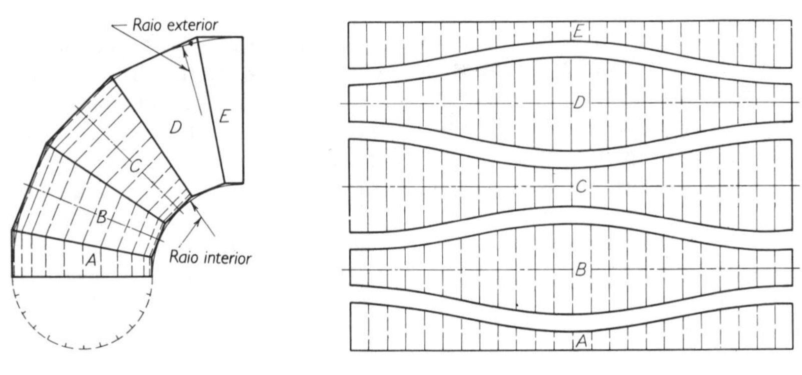

Fig. 13.7. Desenvolvimento de um cotovelo (cilindros). Observar a igualdade de *A*, *E*, *B* e *D*.

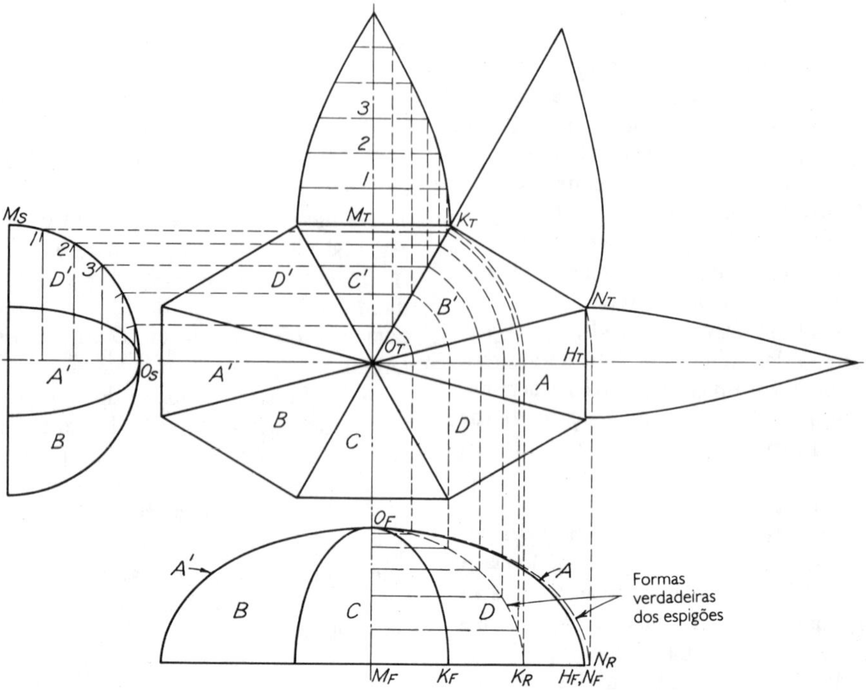

Fig. 13.8. Desenvolvimento de uma cúpula (cilindros). Cada porção cilíndrica é desenvolvida separadamente.

dicularmente à base ou seção reta e (2) uma outra vista perpendicularmente ao eixo. Desenvolve-se primeiro a superfície do cone completo e depois superpõe-se o molde da parte truncada.

Divide-se a circunferência da base representada na vista superior em um número suficiente de partes iguais de forma que a soma das distâncias das cordas resultantes aproxime-se bastante do perímetro da base. Projeta-se esses pontos na vista de frente e traça-se aí as geratrizes que passam por eles. Com o centro em A_1 e raio igual a A_F-1_F, que é a verdadeira grandeza de todas as geratrizes, descreve-se um arco, que é o desenvolvimento do perímetro de base, e sobre o mesmo marcam-se as divisões correspondentes às cordas da base, obtidas a partir da vista superior. Liga-se esses pontos 1, 2, 3, etc. com A-1 formando assim o molde para o cone. Determina-se o comprimento real de cada geratriz, entre o vértice e o plano de corte, pela sua rotação, até que coincida com a geratriz A-1 do contorno e marca-se essa distância sobre a linha correspondente do desenvolvimento. Desenha-se uma curva suave passando por esses pontos. Recomenda-se a costura plana de encaixe ao longo do elemento S-1, embora outros tipos possam ser empregados. O molde da superfície corresponde ao plano secante obtido a partir da vista auxiliar (normal).

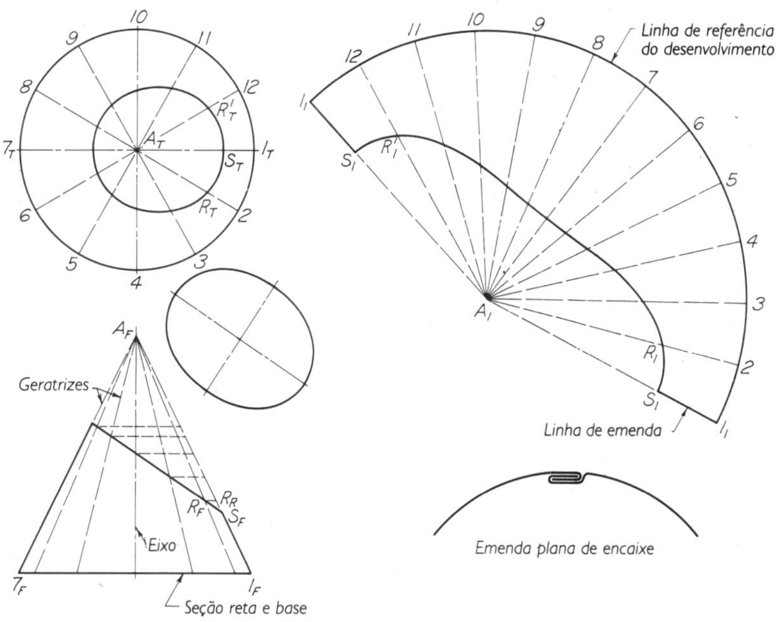

Fig. 13.9. Desenvolvimento de um cone. Este é um cone reto. Todas as geratrizes do vértice até a base têm o mesmo comprimento.

8. Triangulação

As superfícies que não podem ser desenvolvidas são passíveis de uma planificação aproximada se considerarmos que elas sejam constituídas de seções estreitas de superfícies que possam ser desenvolvidas. O melhor processo e geralmente empregado no desenvolvimento aproximado é o da triangulação, ou seja, supõe-se que a superfície seja feita de um grande número de faixas triangulares ou de triângulos planos com bases muito pequenas. Este método é usado para todas as superfícies reversas e também para as superfícies laterais de cones oblíquos. Os cones oblíquos são superfícies de curvatura única e, portanto, teoricamente passíveis de um desenvolvimento exato, mas podem ser desenvolvidos com maior facilidade e exatidão através da triangulação. Este é um método simples que consiste apenas em dividir a superfície em triângulos, determinando os comprimentos reais de cada um dos lados e construindo um triângulo de cada vez, unindo-os por seus lados comuns.

9. Desenvolvimento de um cone oblíquo (Fig. 13.10)

Um cone oblíquo difere de um cone reto no sentido de que todas as suas geratrizes têm comprimentos diferentes. O de-

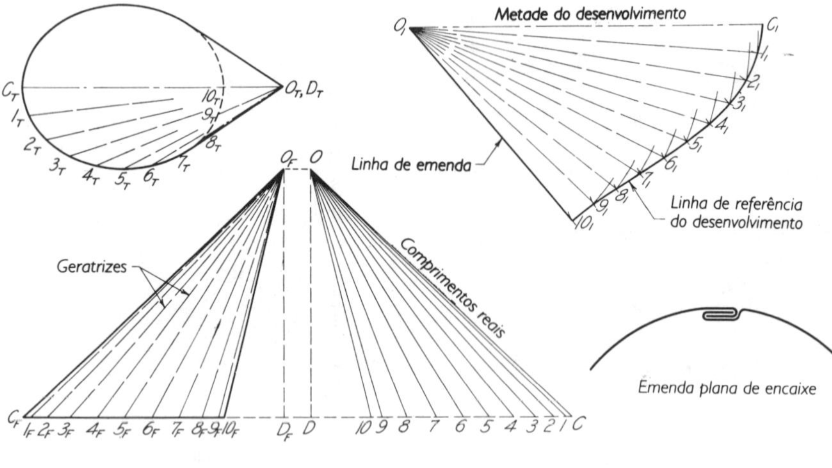

Fig. 13.10. Desenvolvimento de um cone oblíquo. Um diagrama de comprimento real é usado para obter o comprimento das geratrizes.

senvolvimento de um cone circular reto é na prática constituído de um certo número de triângulos iguais que se encontram no vértice e cujos lados são geratrizes, sendo as bases os pequenos arcos da base do cone. No cone oblíquo cada triângulo deve ser obtido separadamente.

Desenhar duas vistas do cone que mostrem (1) uma vista de uma direção perpendicular à base e (2) uma vista de direção perpendicular à altura. Dividir a verdadeira grandeza da base, aqui mostrada na vista superior, em um número suficiente de partes iguais, para que a soma das cordas seja aproximadamente igual à das áreas correspondentes. Projetar esses pontos para a vista de frente da base. Por esses pontos e pelo vértice, desenhar em cada vista as geratrizes do cone. Visto que esse cone é simétrico, em relação a um plano frontal que passa pelo vértice, os elementos são mostrados apenas na sua metade anterior. Desenha-se também apenas a metade do desenvolvimento. Com a costura no elemento mais curto, a geratriz OC será a linha de centro do desenvolvimento e pode ser desenhada diretamente em O_1C_1 visto que seu comprimento real é dado em O_FC_F. Determina-se o comprimento real das geratrizes girando-as até se tornarem paralelas ao plano frontal ou através da construção de um "diagrama de comprimentos reais". A verdadeira grandeza de qualquer geratriz seria a hipotenusa de um triângulo retângulo em que um cateto é a projeção da geratriz na vista superior e o outro cateto a altura do cone. Assim, para fazer o diagrama desenha-se o cateto OD coincidindo ou paralelo a O_FD_F. Em D, e perpendicularmente a OD, desenha-se o outro cateto sobre o qual se marcam os comprimentos D-1, D-2, etc., iguais a D_T-1_T, D_T-2_T, etc., respectivamente. As distâncias de O até os pontos na base do diagrama são os comprimentos reais das geratrizes.

Constrói-se o molde da metade anterior do cone como segue: com centro em O_1 e raio O-1 descreve-se um arco. Com C_1 como centro e raio C_T-1_T, traça-se um segundo arco que cruza o primeiro em 1_1; então, O_1-1_1 será a posição desenvolvida da geratriz O-1. Com centro em 1_1 e raio 1_T-2_T, descreve-se um arco que cruza o segundo, como O_1 como centro e raio O-2, localizando assim 2_1. Continuar esse procedimento até que todas as geratrizes tenham sido transferidas para o desenvolvimento. Para completar o desenvolvimento, ligar os pontos C_1, 1_1, 2_1, etc. com uma curva suave. Recomenda-se a emenda plana de encaixe para unir as extremidades do molde e formar o cone.

10. Conexão cônica entre dois canos cilíndricos paralelos de diâmetros diferentes

É o caso mostrado na Fig. 13.11. O método usado no desenho do molde é uma aplicação do desenvolvimento de um cone oblíquo. A metade da base elíptica está representada em sua verdadeira grandeza na vista auxiliar, aqui ligada à vista de frente. Determina-se a verdadeira grandeza da elipse da base pelo conhecimento do seu diâmetro maior e menor; divide-se esta em um número de partes iguais de forma que a soma das cordas aproxime-se bastante do perímetro da curva, e projeta-se esses pontos para as vistas de frente e superior. Traça-se as geratrizes que passam por esses pontos em cada vista e determina-se o vértice O prolongando as geratrizes do contorno até que elas se cruzem. O comprimento real de cada geratriz é obtido usando-se a distância vertical entre as suas extremidades, como o cateto vertical do diagrama, e sua projeção horizontal, para o segundo cateto. À medida que se determina cada comprimento real, do vértice até a base, projeta-se horizontalmente, da vista de frente para o diagrama, as extremidades das geratrizes correspondentes à base menor,

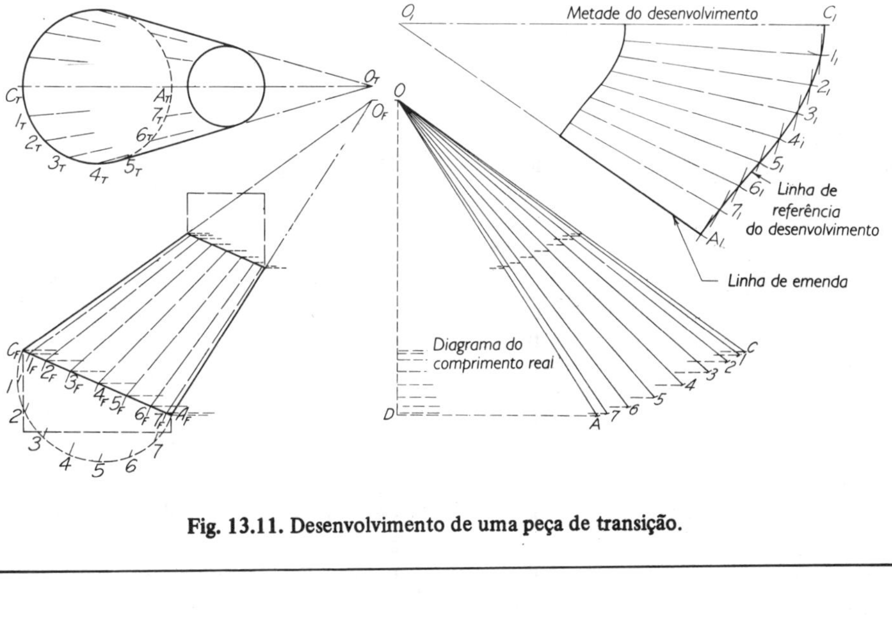

Fig. 13.11. Desenvolvimento de uma peça de transição.

a fim de encontrar o comprimento real da intercepção. O desenvolvimento é desenhado traçando-se um triângulo de cada vez, do vértice até a base, como na Sec. 9, começando pela linha central O_1C_1 e depois marcando sobre cada geratriz o comprimento correspondente. Desenhar entre esses pontos uma curva suave para completar o molde. Unem-se as extremidades do desenvolvimento com uma emenda plana de encaixe.

11. Peças de transição

São usadas para ligar canos ou aberturas de diferentes formas de cortes transversais. A Fig. 12.12, mostrando uma peça de transição para ligar um cano redondo a um retangular, é um exemplo típico. Peças de transição são sempre desenvolvidas por triangulação. A peça mostrada na Fig. 13.12 é constituída de quatro triângulos planos, cujas bases são os lados do retângulo, e por quatro cones oblíquos parciais, cujas bases comuns são arcos de circunferência, e cujos vértices estão nos cantos do retângulo. Para desenvolvê-la fazer um diagrama de comprimentos reais, como na Fig. 13.10. Quando o comprimento real de O-1 for obtido, todos os lados do triângulo A serão conhecidos. Acrescenta-se o desenvolvimento das superfícies laterais B e B', depois o desenvolvimento dos triângulos C e C' e assim por diante.

A Fig. 13.13 é outra peça de transição que tem por fim unir um cano retangular a um circular cujos eixos não são paralelos. Traçando-se uma vista lateral direita parcial da abertura circular, pode-se obter as divisões das bases dos cones oblíquos (como o objeto é simétrico, basta dividir a metade da projeção do orifício). As verdadeiras grandezas das geratrizes são obtidas como na Fig. 13.11.

Nas Figs. 13.12 e 13.13, sendo a linha de centro da face E a linha de emenda, recomenda-se a emenda plana de encaixe

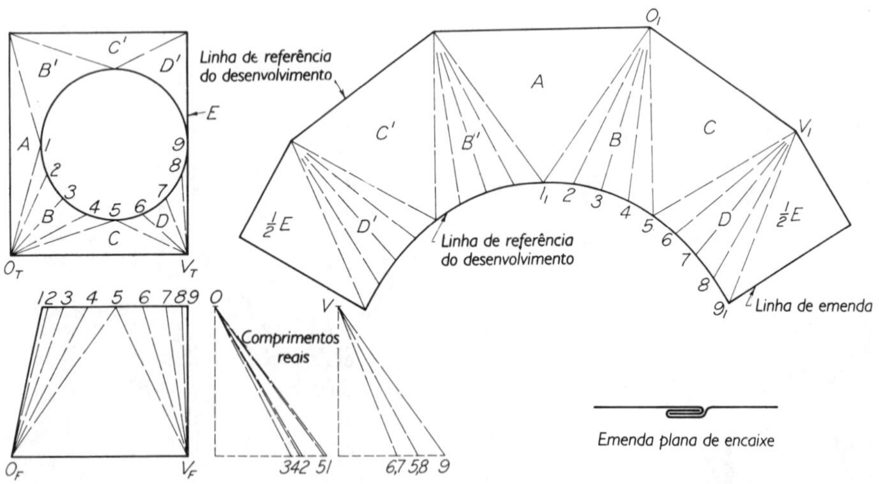

Fig. 13.12. Desenvolvimento de uma reta de transição. Esta transição liga um cano cilíndrico com um retangular. A superfície é constituída de planos e porções de cones oblíquos.

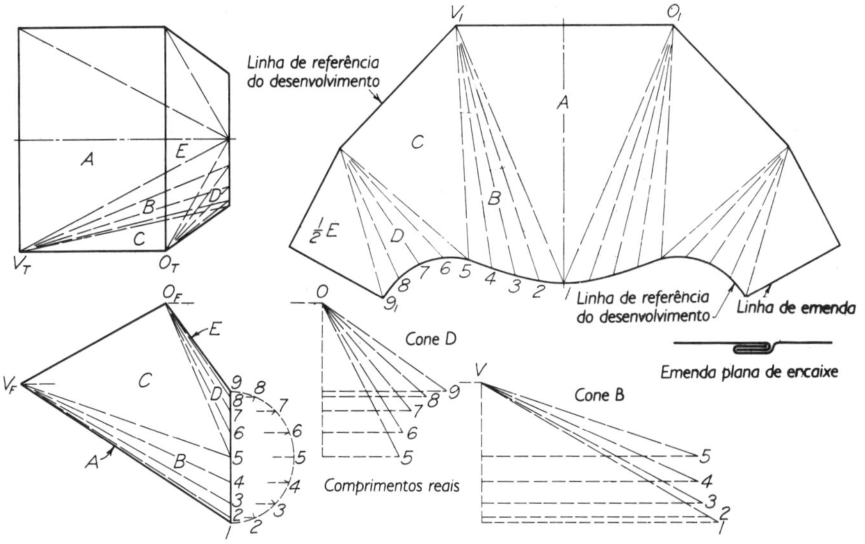

Fig. 13.13. Desenvolvimento de uma peça de transição. Esta transição liga canos cilíndricos e retangulares com eixos não-paralelos. A superfície é constituída de planos e porções de cones oblíquos.

para unir as extremidades do desenvolvimento.

12. Triangulação de superfícies reversas

Faz-se o desenvolvimento aproximado de uma superfície reversa dividindo-a em um determinado número de pequenos quadriláteros, e depois dividindo cada um desses quadriláteros em dois triângulos por meio de uma diagonal que se supõe ser uma linha reta, embora na verdade seja uma curva. A Fig. 13.14 mostra uma peça de transição de superfície reversa para ligar um cano elíptico com um cano cilíndrico circular reto. Obter a verdadeira grandeza de metade da base elíptica girando-a ao redor de um eixo que passa por 1, até que fique horizontal, quando então a sua verdadeira forma aparece na vista superior. O diâmetro maior é $1\text{-}7_R$ e o diâmetro menor que passa por 4_R é igual ao diâmetro do cano inferior. Dividir a semi-elipse em um número suficiente de partes iguais e projetá-las nas vistas superior e de frente. Dividir na parte superior a semicircunferência superior no mesmo número de partes iguais e ligar os pontos correspondentes de cada extremidade, subdividindo assim a superfície em figuras que podem ser consideradas quadriláteros aproximados. Divide-se cada um desses em dois triângulos por meio de uma diagonal. Por meio de diagramas de comprimento real obter o comprimento das geratrizes e das diagonais e desenhar o desenvolvimento construindo a verdadeira grandeza dos triângulos na ordem indicada. A emenda plana de encaixe é recomendada para unir as extremidades do desenvolvimento.

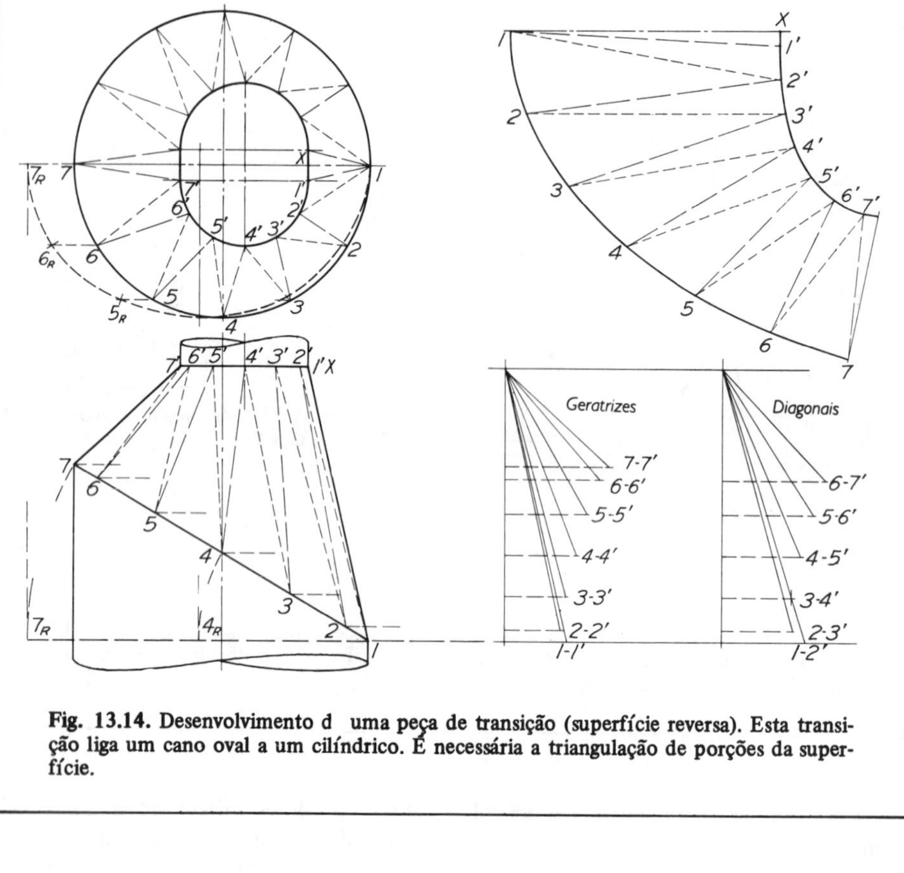

Fig. 13.14. Desenvolvimento d uma peça de transição (superfície reversa). Esta transição liga um cano oval a um cilíndrico. É necessária a triangulação de porções da superfície.

13. Desenvolvimento de uma esfera

A esfera pode ser considerada como o caso típico de superfícies de curvatura dupla que só podem ser desenvolvidas por aproximação. Ela pode ser cortada em um número de seções meridionais iguais ou fusos, como na Fig. 13.15, e estas podem ser consideradas partes de superfícies cilíndricas. Uma dessas seções, desenvolvida como o cilindro na Fig. 13.15, dará o molde para as outras.

Outro método consiste em secionar a esfera em seções horizontais ou zonas por planos horizontais, cada uma das quais pode ser considerada como o tronco de um cone cujo vértice está na interseção das cordas prolongadas (Fig. 13.16).

14. Emendas, juntas e arremates

Existe uma variedade muito grande de emendas usadas para os trabalhos feitos em folhas metálicas ou para unir um condutor a outro. A Fig. 13.17 ilustra alguns dos tipos mais comuns que podem ser modelados à mão sobre uma bigorna ou por máquinas especiais de costurar. Não foi feita até aqui nenhuma tentativa de cotar as várias emendas e conexões devido a variedade de dimensões existentes das bitolas dos diferentes metais e diversidade de máquinas industriais de emendar.

Os arremates são usados para dar acabamento às extremidades brutas de um condutor. Quando se usa arame para

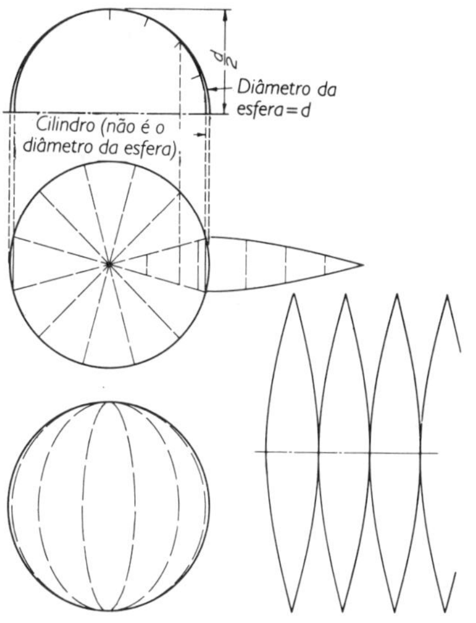

Fig. 13.15. Desenvolvimento de uma esfera (método dos fusos). Esta é uma superfície de curvatura dupla e o desenvolvimento é apenas aproximado.

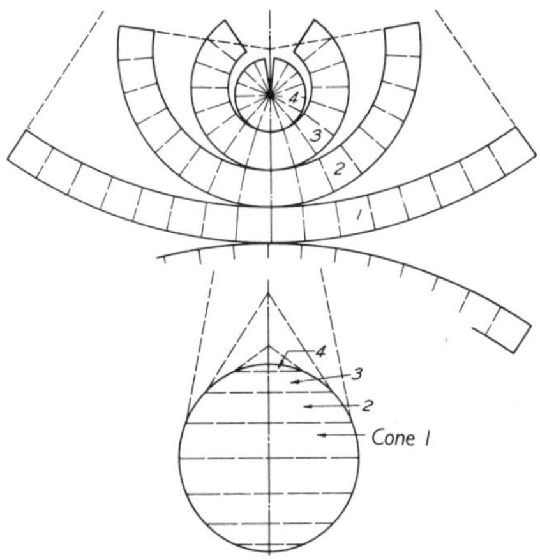

Fig. 13.16. Desenvolvimento de uma esfera (método das zonas). Esta é uma superfície de curvatura dupla e o desenvolvimento é apenas aproximado.

arrematar, deixa-se um excesso de metal, de aproximadamente $2^1/_2$ vezes o diâmetro do arame, para que este possa ser enrolado. Nos arremates planos a extremidade do condutor é dobrada uma ou duas vezes para atenuar a borda afiada do metal.

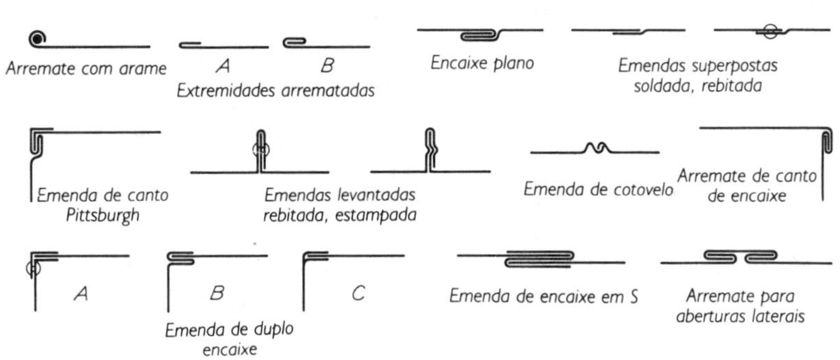

Fig. 13.17. Juntas e arremates. São usados na construção de peças de metal em chapa.

PROBLEMAS

Deve-se escolher alguns dos seguintes problemas e desenhá-los a lápis, com exatidão, sem usar tinta. Qualquer problema prático pode ser reduzido a alguma combinação dos "sólidos fundamentais" e os exercícios dados ilustram os princípios empregados nas várias combinações.

Pode-se aumentar o interesse pelos exercícios de desenvolvimento fazendo-os em papel adequado, dando os acréscimos para as emendas e depois recortando-os. Recomenda-se que pelo menos um ou dois modelos sejam construídos desse modo.

Aqueles que trabalham com chapas metálicas em geral esboçam os problemas de desenvolvimento diretamente sobre o metal, a não ser que estes sejam muito complicados.

Os problemas seguintes podem ser executados em folhas de 210 x 297 mm ou de 297 x 420 mm. Supor que os objetos sejam feitos de metal fino, abertos nas extremidades, a menos que haja especificação em contrário.

Grupo 1. Desenvolvimento de prismas

1 a 6. Desenvolver as superfícies laterais dos prismas.

Grupo 2. Desenvolvimento de pirâmides

7 a 9. Desenvolver as superfícies laterais dos funis de carga.

10 e 11. Desenvolver as superfícies laterais das pirâmides.

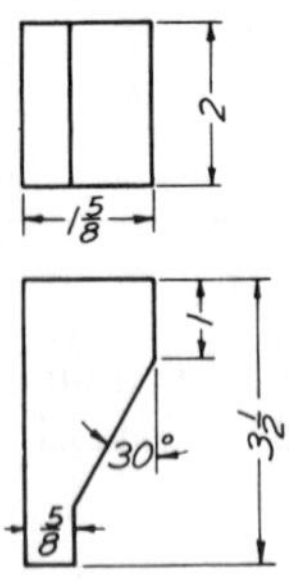

Prob. 1.

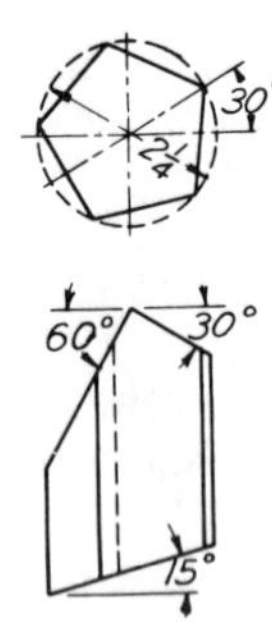

Prob. 2.

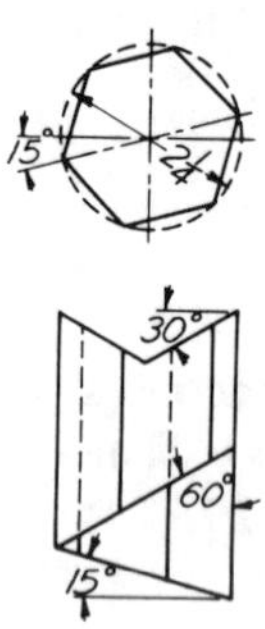

Prob. 3.

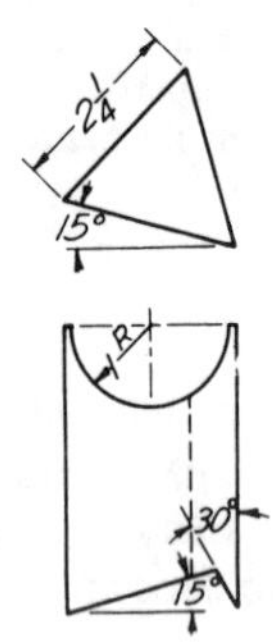

Prob. 4.

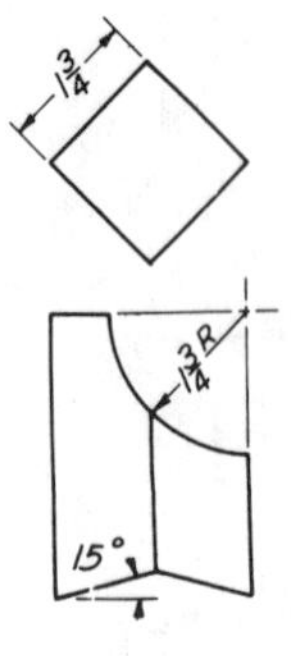

Prob. 5.

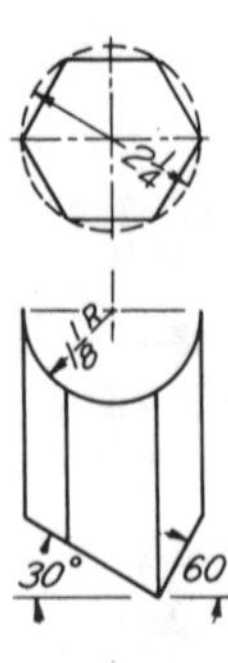

Prob. 6.

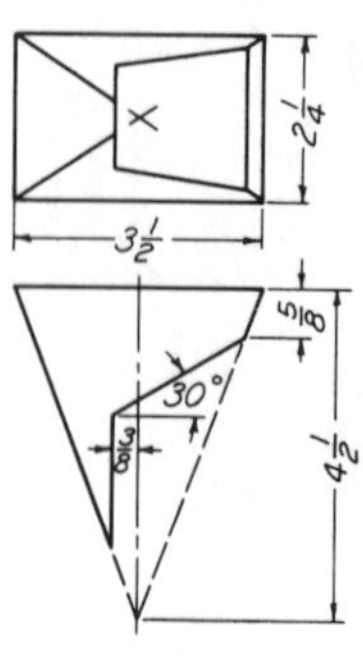

Prob. 7.

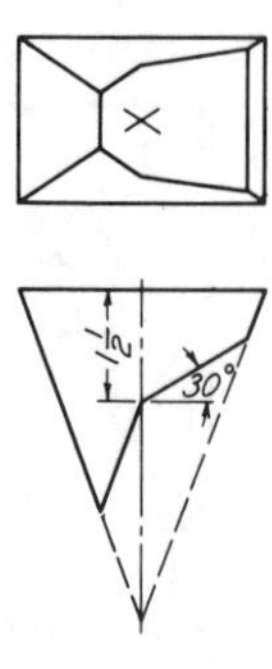

Prob. 8.

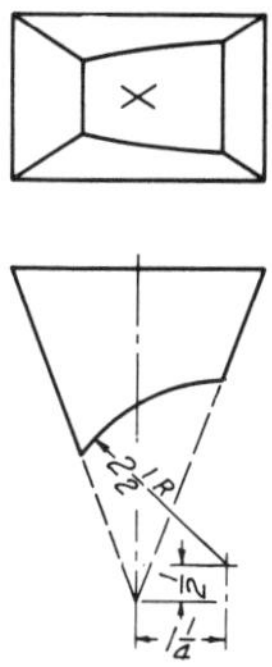

Prob. 9.

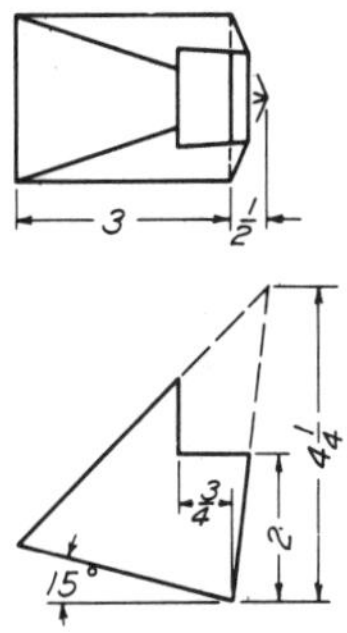

Prob. 10.

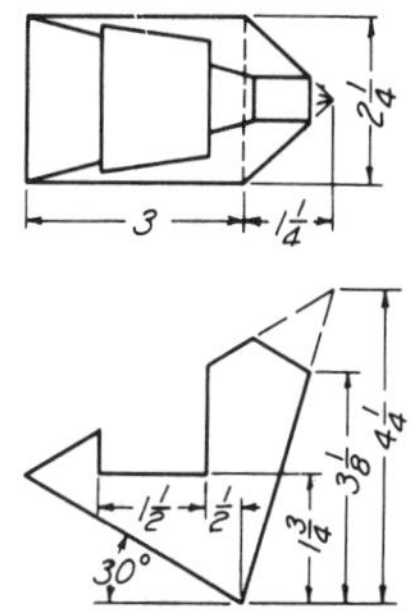

Prob. 11.

Grupo 3. Desenvolvimento de cilindros

12 a 18. Desenvolver as superfícies laterais dos cilindros.

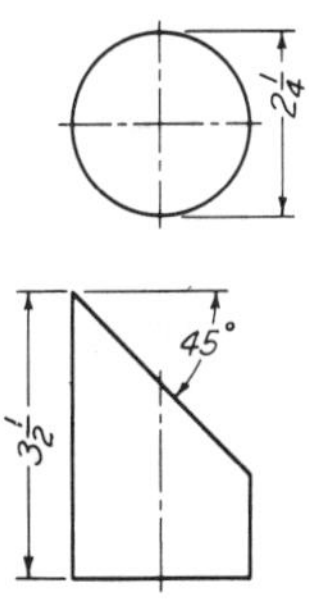

Prob. 12.

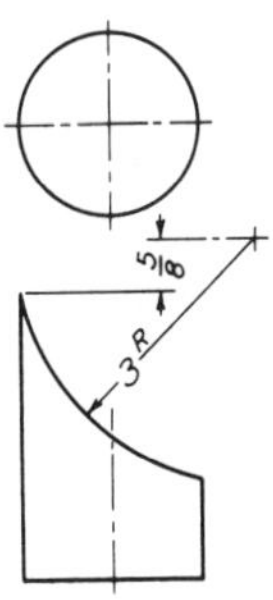

Prob. 13.

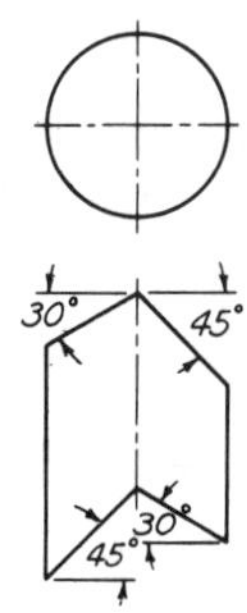

Prob. 14.

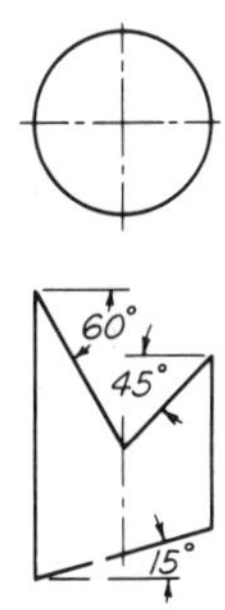

Prob. 15.

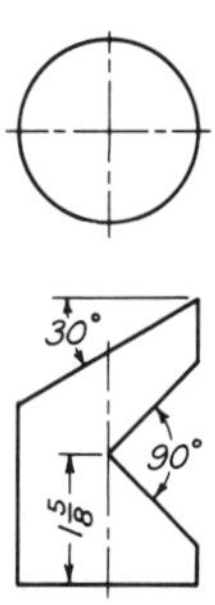

Prob. 16.

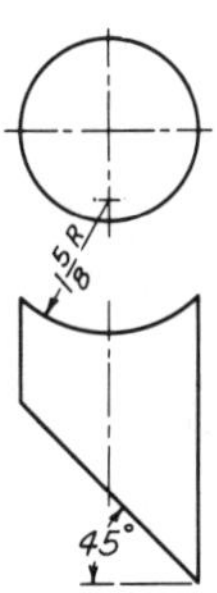

Prob. 17.

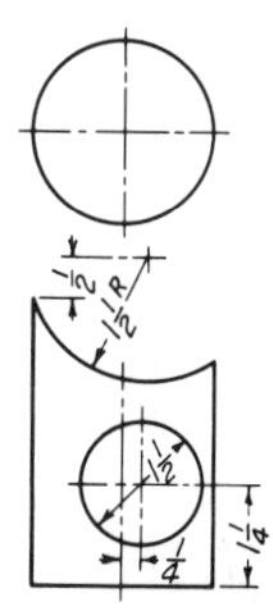

Prob. 18.

19. Desenvolver a seção do cano oblíquo do encanamento da usina do problema 20 do Cap. 12. Desenvolver também a entrada cilíndrica, mostrando a abertura a ser feita com o cano oblíquo.

Grupo 4. Desenvolvimento de combinações de prismas e cilindros

20 a 22. Desenvolver as superfícies laterais.

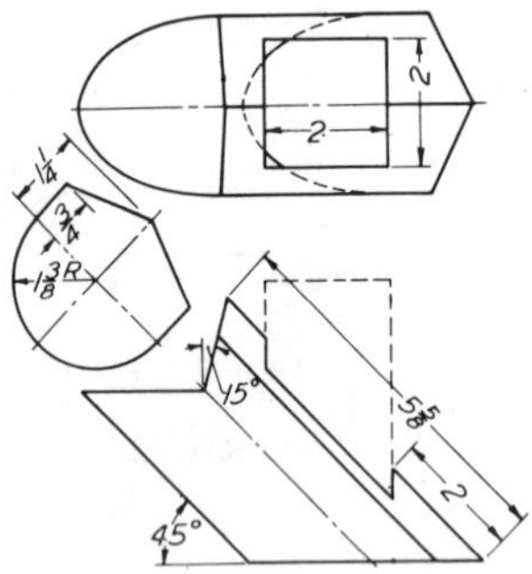

Prob. 20.

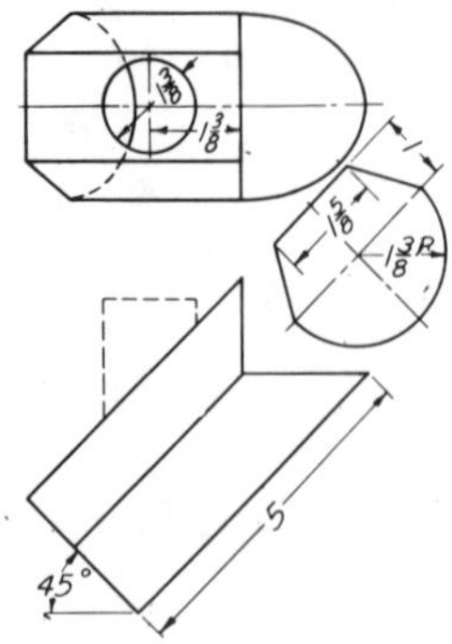

Prob. 21.

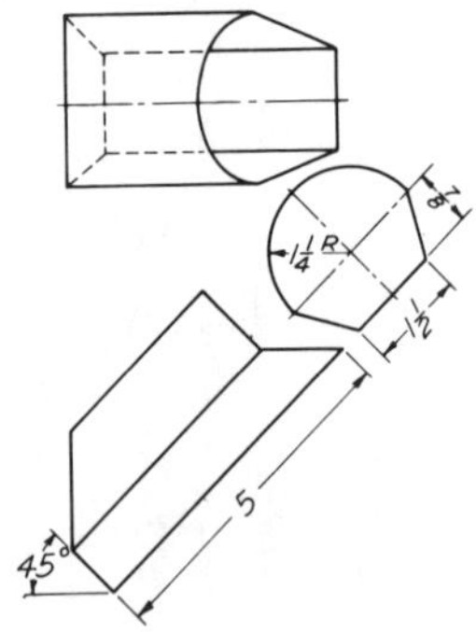

Prob. 22.

Grupo 5. Desenvolvimento de cones

23 a 27. Desenvolver as superfícies laterais.

28. Desenvolver o redutor concêntrico do encanamento da usina do problema 20, Cap. 12.

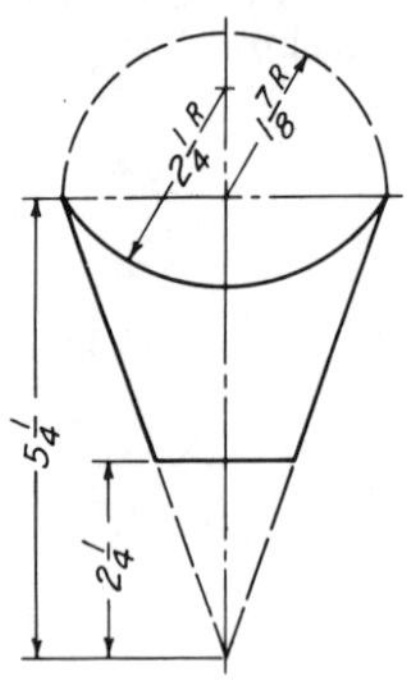

Prob. 23.

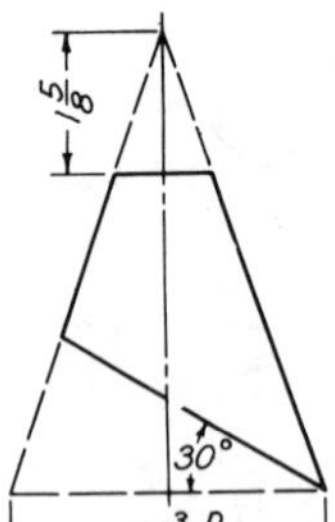

Prob. 24.

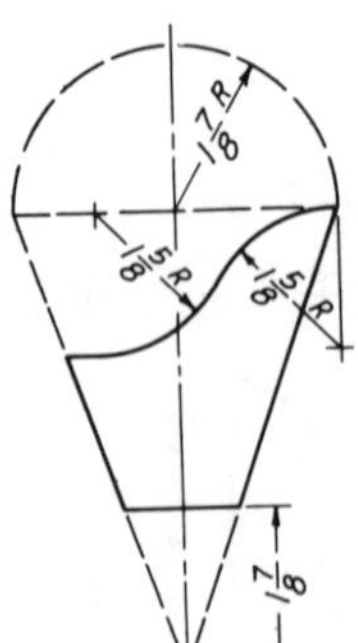

Prob. 25.

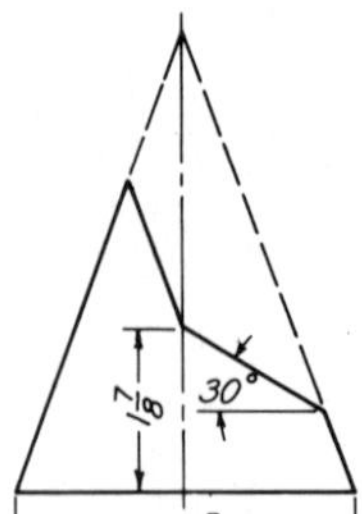

Prob. 26.

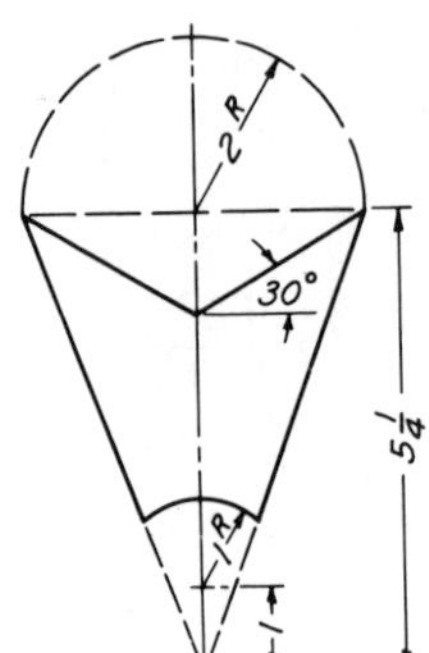

Prob. 27.

Grupo 6. Desenvolvimento de combinações de superfícies

29 a 32. Desenvolver as superfícies laterais dos objetos.

33. Desenvolver o cano cilíndrico da carcaça de bomba do problema 18, Cap. 12.

34. Desenvolver as seções *A, B* e *C* do cotovelo da carcaça de bomba do problema 18, Cap. 12.

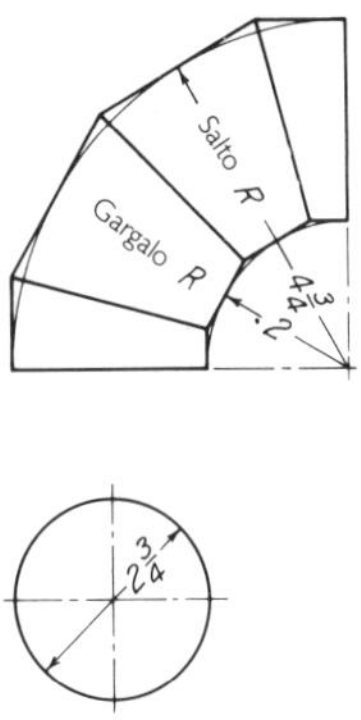

Prob. 29.

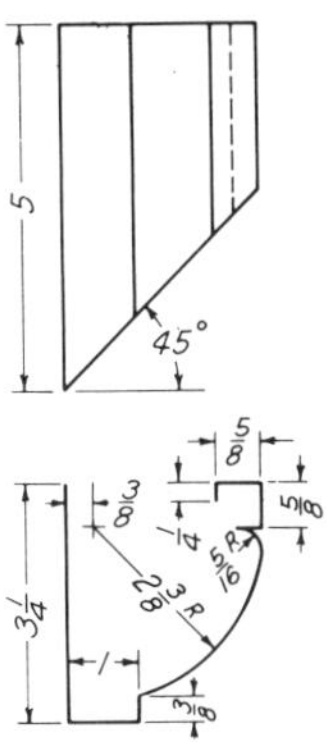

Prob. 30.

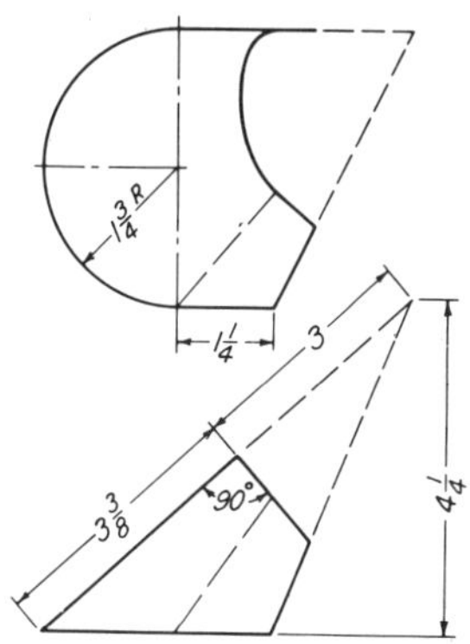

Prob. 31.

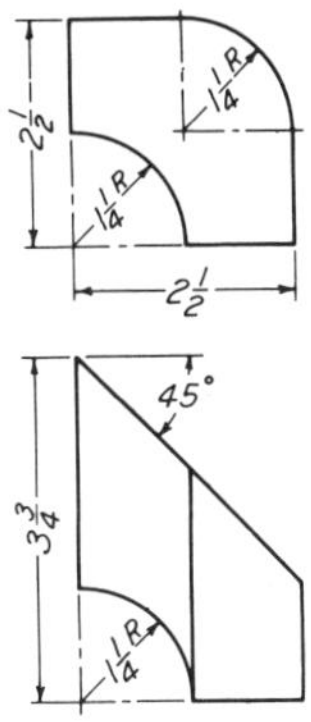

Prob. 32.

Grupo 7. Desenvolvimentos de cones e peças de transição

35 a 42. Desenvolver as superfícies laterais dos objetos (a metade nos problemas 35, 36, 38, 39 e 41).

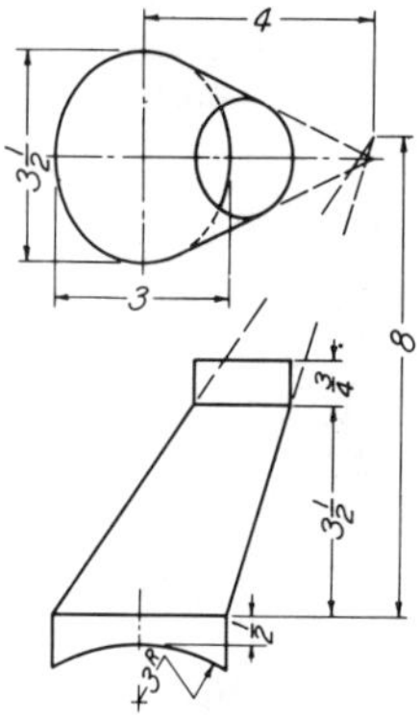

Prob. 35.

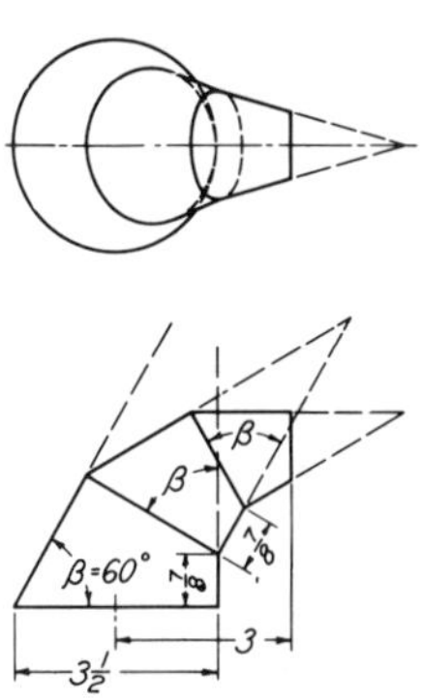

Prob. 36.

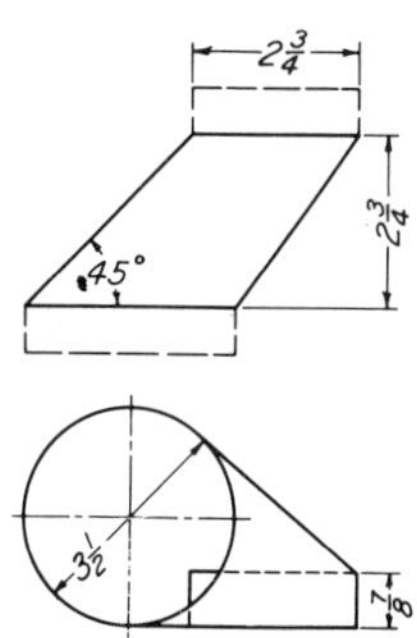

Prob. 37.

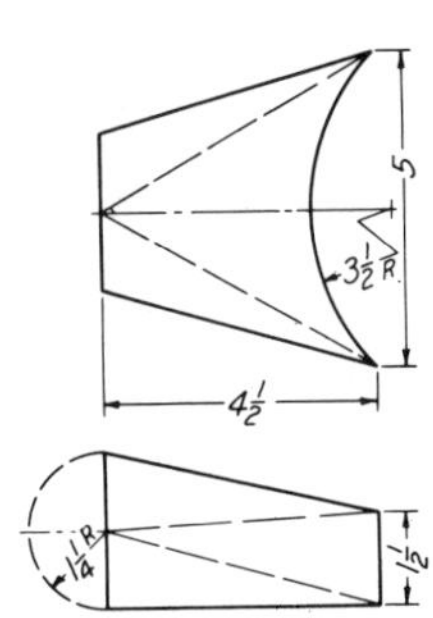

Prob. 38.

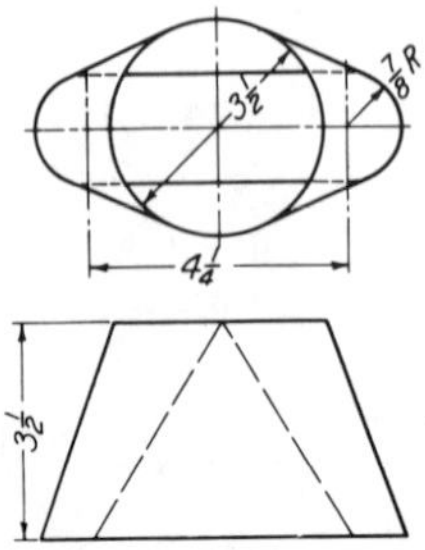

Prob. 39.

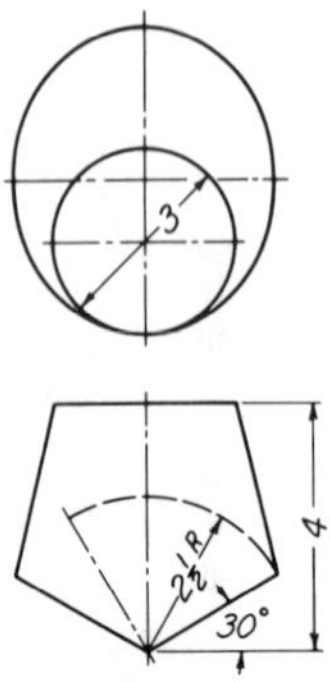

Prob. 40.

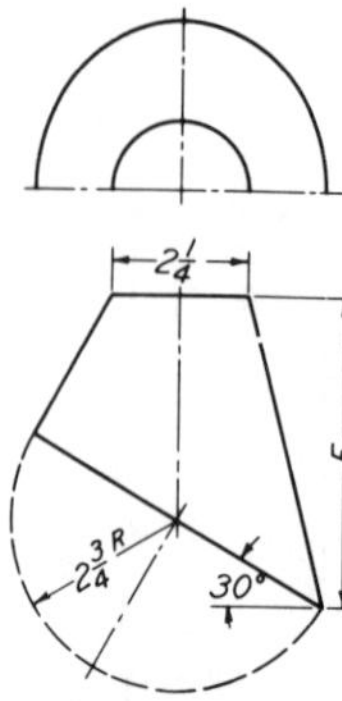

Prob. 41.

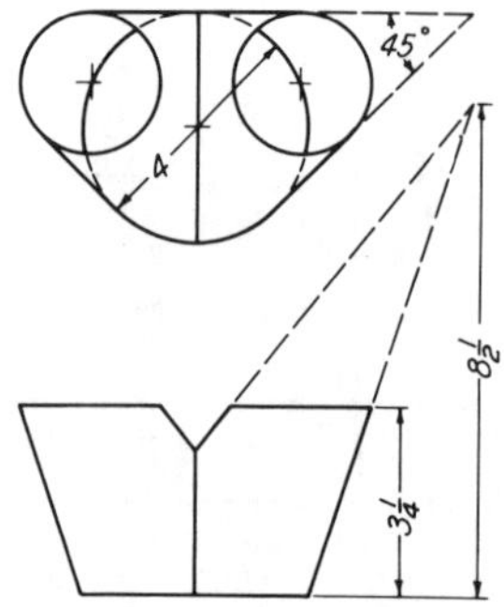

Prob. 42.

Grupo 8. Desenvolvimentos de encaixes para chaminés.

43 a 50. Desenvolver as superfícies e fazer modelos em papel.

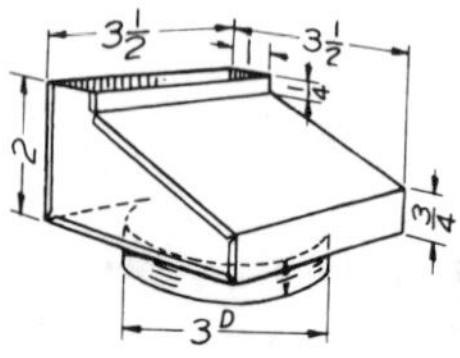

Prob. 43.

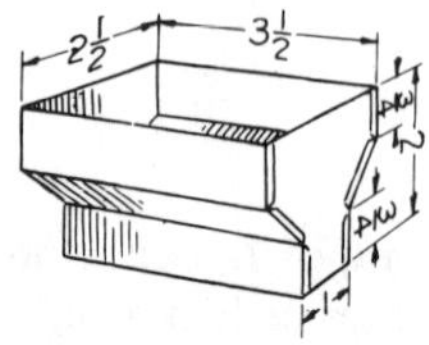

Prob. 44.

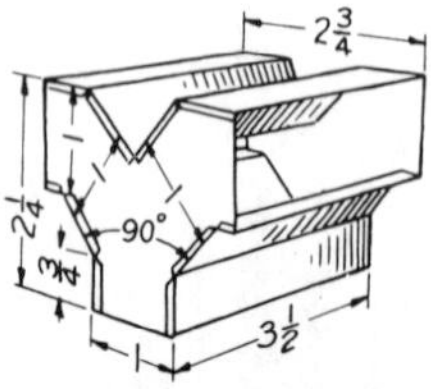

Prob. 45.

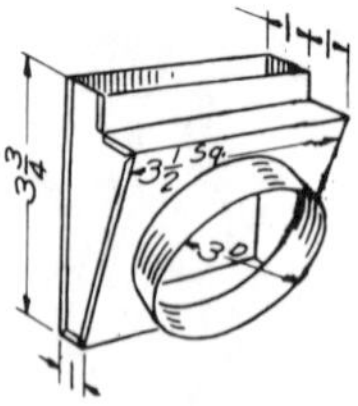

Prob. 46.

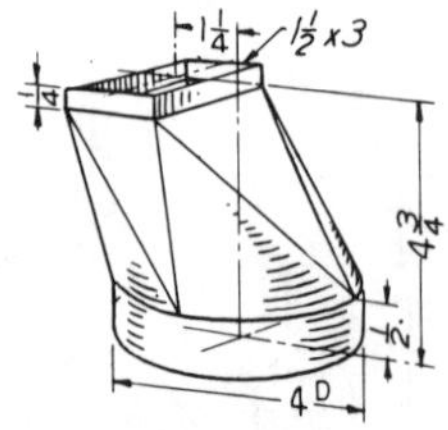

Prob. 47.

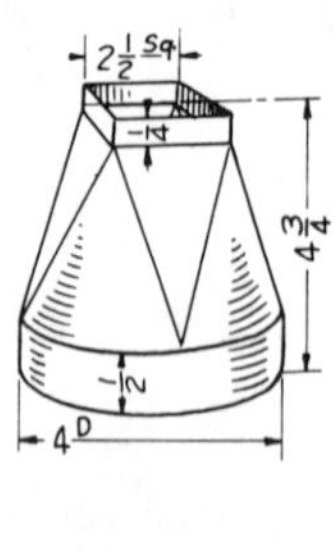

Prob. 48.

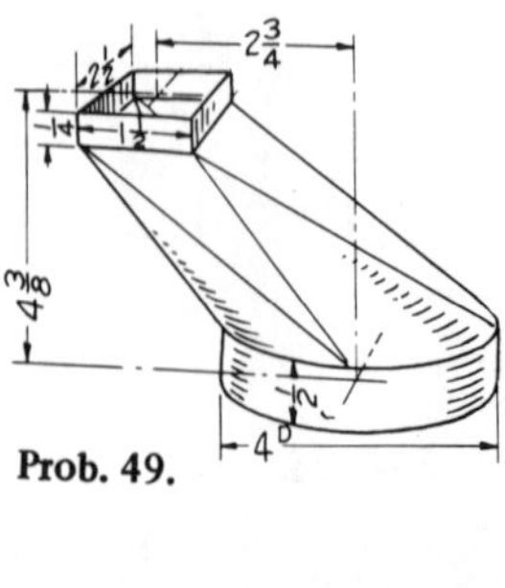

Prob. 49.

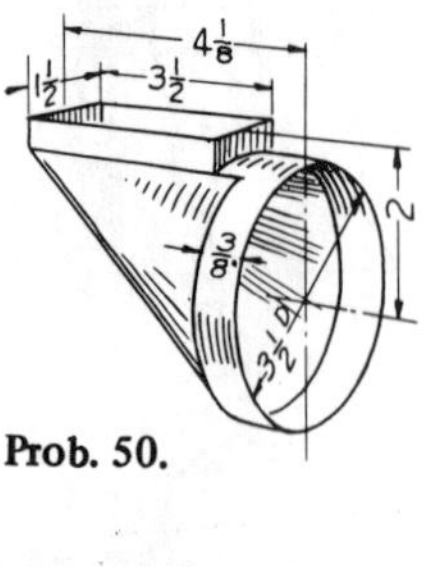

Prob. 50.

Grupo 9. Peculiaridades

Existem inúmeras combinações de formas geométricas e, às vezes, nos trabalhos de engenharia modernos, usam-se formas não-geométricas que são fundamentalmente problemas de desenho e de interseção e portanto de desenvolvimento ou representação. Os três problemas seguintes são exemplos típicos.

51. O sistema de condutor desviador de um jato VTOL consiste basicamente em um cotovelo moldado e em um cilindro. Um desenho típico é mostrado no problema 51. Obter a interseção entre o cilindro e o cotovelo. Desenhar o cilindro e fazer um desenho representativo preciso do cotovelo.

52. O evaporador mostrado no desenho consiste em uma esfera e um cone de combustão. Ligados a esta combinação estão uma saída de vapor *A* e um cano de descarga *B*. Obter todas as interseções e depois desenvolver as partes que possam ser desenvolvidas.

53. A antena refletora de microondas, em forma de chifre, consiste basicamente em três superfícies: um cone, um cilindro e um parabolóide de revolução, os quais, se escolhidos corretamente, deveriam intersecar um ao outro na mesma curva. Para verificar esta construção desenhar a antena completa de acordo com as dimensões mostradas na ilustração. Depois encontrar a interseção entre o cone e o cilindro e entre o cilindro e o parabolóide, finalmente desenvolver todas as partes que possam ser desenvolvidas.

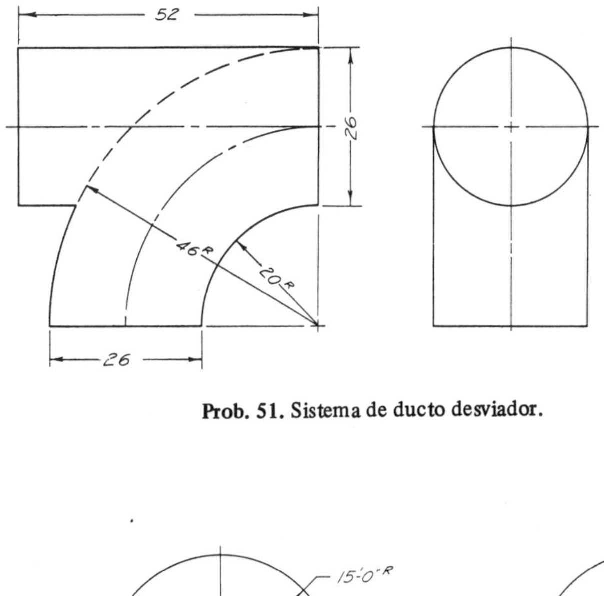

Prob. 51. Sistema de ducto desviador.

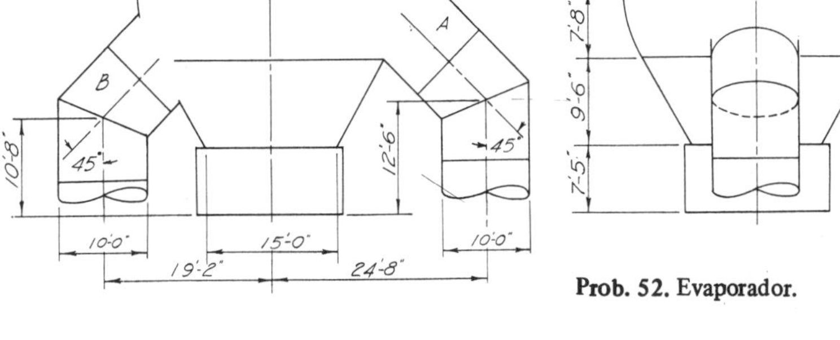

Prob. 52. Evaporador.

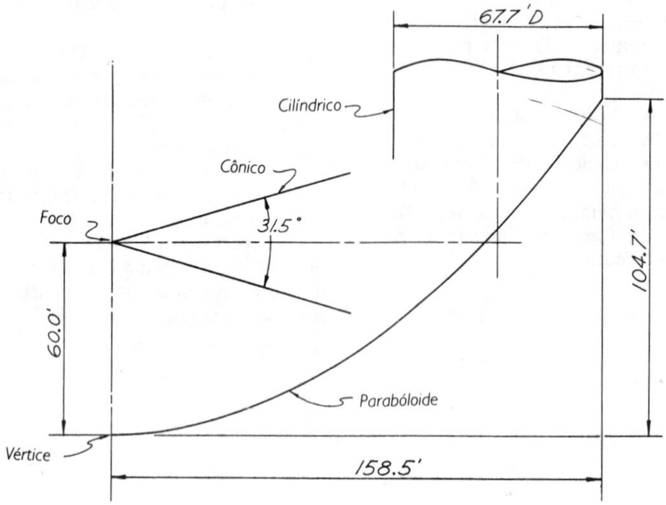

Prob. 53. Antena refletora.

14 FUNDAMENTOS DO PROJETO

O projeto é o prefácio de todo o estudo de engenharia. Somente depois do projeto é que a fabricação, a produção, a construção, etc. podem ser abordadas.

Preliminares, definições, classificações • Embasamento e conhecimento necessários • Procedimento: como um projetista pensa e trabalha • Desenho de projeto • Modelos de projeto • As proporções em um bom projeto • Montagem • Estética • Sumário • Problemas.

1. Preliminares: categorias do projeto

A palavra projeto tem muitos significados. Uma síntese das definições de muitos dicionários é: planejar, conceber, inventar e especificar de forma a transmitir um plano a outros. A palavra *projeto* tem também muitas conotações puramente artísticas. Por exemplo, o projeto de tecidos, vestuário, móveis, etc. Na engenharia industrial projeto passou a significar aquela ampla categoria de invenções que levam à produção de objetos úteis.

Projeto, em inglês *design,* do latim *designare* (planejar), é o processo de desenvolver planos, esquemas, indicações e especificações para algo novo. Assim, está dentro do contexto falar dos projetos de Hitler para conquistar o mundo; do projeto (concepção) de um livro, de uma peça ou de um filme; ou do projeto do tecido, do vestuário da mobília, de aparelhos ou de outros objetos totalmente concretos. O projeto é diferente da produção, seja industrial, seja artesanal: o projeto é o plano criador original, a produção e a manufatura são uma parte da execução do plano.

Projeto significa criação no sentido mais puro. Especificamente, ele não vai além da criação, sendo conseqüência lógica que a sua execução, ou seja, a realização de um plano através de representação, ação, produção, industrialização, manufatura e uso não é, de forma alguma, o projeto, mas é simples e positivamente o seu produto. Também ao examinar um produto pronto é adequado falar do seu *projeto*, referindo-se ao plano ou projeto original e não ao produto em si.

Um projeto pode ser apresentado por meio de desenhos, modelos, moldes, especificações ou outros métodos de comunicação semelhantes. Seja qual for o método de apresentação do projeto, é importante que cada detalhe para a realização deste seja fornecido. Isto inclui itens tais como materiais e suas capacidades, os métodos de adaptar os materiais aos seus objetivos ou funções, as relações das partes dentro do todo e o efeito do produto final sobre aqueles que vão vê-lo, usá-lo ou envolver-se com ele.

Projeto é uma palavra usada amplamente em todas as artes referindo-se à composição, estilo, decoração ou qualquer relação de uma entidade completa. Em algumas áreas, notadamente na arquitetura e no desenho de produtos, a arte e a técnica estão tão interligadas que, com freqüência, a liberdade total fica um pouco restringida. Geralmente pintores, poetas, músicos e outros artistas do gênero conseguem criar com grande liberdade.

Logicamente, aquele que faz o projeto é chamado de projetista. Os projetistas devem ter experiência e terem sido treinados e orientados formalmente. Em outras palavras, o projetista precisa saber muito sobre aquilo que ele está tentando projetar; do contrário, falhará. Como exemplo, imagine-se uma pessoa que nunca pescou e nada sabe a respeito desta atividade, tentando inventar uma carretilha. Por ignorar aspectos como peso, equilíbrio, capacidade da linha, características do puxão e *performance* geral, tal pessoa é completamente incapaz de produzir um bom projeto. Não obstante, a maioria dos bons projetistas técnicos são capazes de projetar uma ampla variedade de objetos, por seu conhecimento dos materiais, processos, métodos de produção e outros aspectos afins. Os projetistas podem ser comparados aos executivos das grandes companhias, especialmente aos editores e diretores. O executivo decide a política e os métodos de negociar a serem adotados e depois transmite suas idéias aos seus subordinados que executam as suas ordens. Um projetista concebe o seu projeto e depois transmite seus planos a outros que fabricam o produto. Isso não significa, entretanto, que um projetista nunca se envolva com a produção. Especialmente nas belas-artes, o projetista pode, na verdade, executar o produto ele mesmo.

O projeto, num sentido amplo, é freqüentemente classificado de acordo com sua relação com a praticabilidade. Assim, o *projeto abstrato* não tem nenhum tipo de relação com objetos úteis ou físicos e pretende apenas criar um interesse ou impacto visual. Grande parte da chamada "arte moderna" é projeto abstrato. *Projeto estético* é um tipo de projeto aplicado a um objeto útil. Esse projeto visa unicamente objetivos estáticos e não tem absolutamente nada a ver com a utilidade do objeto. A Fig. 14.1 mostra o projeto de uma mantilha de renda, uma forma tradicional das mulheres de certas regiões cobrirem a cabeça. Outros exemplos de projeto estético são encontrados no mobiliário, na arquitetura, nos automóveis, nos aparelhos eletrodomésticos, tapetes e outros objetos úteis nos quais o projeto não tem outra função senão a de decorar ou criar um impacto estético. Projeto *estético funcional* é aquela categoria de projeto em que os aspectos estéticos e funcionais estão intimamente ligados. Na Fig. 14.2 é mostrado um exemplo. Este é um órgão Baldwin de teatro, um instrumento musical de qualidade, um projeto notável, estético e tradicional. Para verificar como a função afeta a estética, observar que a base do banco deve ser suficientemente larga para cobrir a largura do quadro de pedais de 32 notas. Portanto, o desenho estético

Fig. 14.1. Projeto estético. O projeto não tem outra função além de decorar.

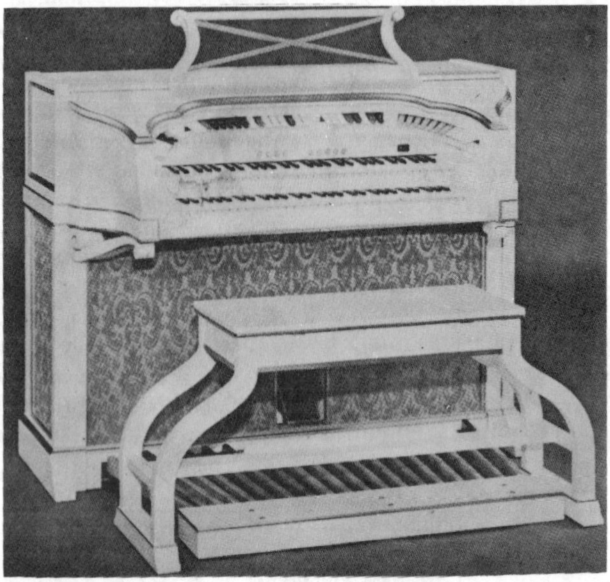

Fig. 14.2. Projeto estético funcional. Os aspectos estéticos e funcionais influenciam-se mutuamente.

do banco teve que ser ajustado às necessidades funcionais. O console curvo não é apenas tradicional e esteticamente interessante, mas também tem a função de tornar as lingüetas que controlam a afinação dos dois teclados mais acessíveis ao organista. É interessante observar que o órgão Baldwin de teatro contém geradores de tom e amplificadores completamente transistorizados e o mais moderno sistema de alto-falantes; portanto, o gabinete em si precisa ser dimensionado e desenhado de forma a ser acústico e acomodar as peças fundamentais do instrumento. Um projeto *puramente funcional* é qualquer projeto em que a função seja completamente predominante e a estética não seja considerada. Na Fig. 14.3 é mostrado um exemplo, a figura de um condensador 3 KVAR de 250 volts de fase única e 60 ciclos usado em linhas de transmissão elétrica. Esta peça de equipamento é totalmente funcional e a estética não tem nenhum papel no seu projeto. Outros exemplos são máquinas tais como tornos, máquinas de tornear, motores, ferramentas elétricas, esteiras transportadoras, equipamento de transporte de material e a maior parte do equipamento de industrialização e produção.

Embora preocupações estéticas possam estar presentes no projeto técnico, a ênfase na presente apresentação deve necessariamente restringir-se a um bom projeto que seja tecnicamente funcional. Entretanto, não se deve considerar que a função pura e simples prevaleça sempre como o fator determinante. Como exemplo, no projeto dos primeiros automóveis projetou-se primeiro a máquina propriamente dita e depois uma carroceria para cobrir o motor. O atual projeto de automóveis mostra que, devido à forma da carroceria, muitos componentes foram reprojetados

Fig. 14.3. Projeto puramente funcional. A estética não desempenha nenhuma função nem é considerada importante.

e tiveram suas posições primitivas alteradas para que se adaptassem ao projeto da carroceria.

Alguns dos melhores exemplos de projeto, em todos os aspectos, são encontrados nos projetos de automóveis e de aviação comercial. Características puramente estéticas são ressaltadas nas cores usadas; a elegância do tecido, do plástico ou do couro nos estofados; no acabamento e na aparência dos acessórios; nas linhas da carroceria e no feitio artístico. As características estético-funcionais são óbvias em aspectos tais como os controles, diais, instrumentos, áreas de vidro, conforto dos bancos e dispositivos de segurança engenhosos e funcionais. O projeto puramente funcional está claramente manifesto ao se examinar o fornecimento de energia e todos os seus auxiliares e componentes.

Existem muitas categorias de projeto técnico, tais como projeto mecânico e estrutural. Paralelamente o projetista que trabalha num determinado campo é designado por este campo ou pela subclassificação deste: por exemplo, projetista de máquinas, projetista de aparelhos, projetista de estruturas, projetista de peças de automóveis, etc. Embora o campo do projeto seja amplo, todos os projetistas pensam e produzem de maneira bastante semelhante. Colocando de maneira simples, o projetista utiliza sua bagagem de conhecimentos e de experiência ao produzir uma nova entidade. Portanto, todos os projetistas devem ter (1) conhecimento do seu campo, (2) experiência, (3) habilidade criativa, (4) conhecimento de materiais e processos e (5) a habilidade de representar (desenhar) bem como de transmitir suas idéias aos outros.

Tudo isso não é tão difícil quanto se poderia imaginar. A chave verdadeira está principalmente na habilidade de *desenhar*, tanto à mão livre quanto com instrumentos; a criação é desenvolvida posteriormente. Neste ponto todo o conhecimento, a experiência e a habilidade do projetista se realizarão. Conforme pensa em maneiras de solucionar o problema – considerando métodos, materiais, combinações e disposição dos componentes – ele registra, desenhando seus pensamentos e desenvolve seu projeto. Em virtude do aspecto criativo, o projeto é muito interessante e gratificante em termos pessoais.

O objetivo deste capítulo é descrever os processos de criação e de desenvolvimento, além de dar o parecer de autoridades sobre o que se considera um bom projeto.

2. O embasamento necessário de conhecimentos e experiência

As pessoas que não estão familiarizadas com o problema e com os métodos possíveis de solução, estão impossibilitadas de executar um projeto. Assim, em primeiro lugar um projetista deve ter um conhecimento profundo de todos os elementos envolvidos. Isso significa também que para cada "frente de pesquisa" específica, o embasamento necessário será determinado pelo assunto da mesma. Entretanto, hoje em dia nenhum campo de conhecimento é realmente "puro". Por exemplo, na engenharia mecânica certamente haverá muitos casos em que um recurso elétrico é uma parte importante do aparelho mecânico e vice-versa. Portanto, um embasamento diversificado é uma vantagem indiscutível. Além disso, o embasamento necessário variará consideravelmente de acordo com a extensão do conhecimento científico e do treinamento necessários. Por exemplo, um projetista que trabalha em um dos campos da aeronáutica deve ter estudado física, química, matemática, etc., profundamente, enquanto que outro, que trabalha para uma companhia que fabrica pequenos aparelhos eletrodomésticos, provavelmente não necessitará nada além dos cursos básicos. E mais ainda, deve-se observar que ao consultar muitos dos mais proeminentes executivos e projetistas da aeronáutica, bem como dos campos altamente especializados da eletrônica, concluiu-se que um certo número de pessoas, que tinham um treinamento técnico de apenas dois anos, tornaram-se valiosas para a companhia como projetistas de máquinas bastante complexas. O autor acredita, entretanto, que a extensão do treinamento técnico determina a extensão em que um projetista pode esperar trabalhar em equipamento altamente especializado. Deve-se acrescentar também que experiência num determinado campo pode substituir, até certo ponto, a falta de educação formal.

Todos os projetistas, independentemente do campo ou do produto, *devem* ter um treinamento completo em expressão gráfica. Do contrário, o projetista falharia completamente visto que, conforme a concepção do projeto avança, o pensamento do próprio projetista precisa ser registrado sob a forma de esboços e desenhos. Além disso, conforme o projeto é desenvolvido ele precisa ser discutido e aprovado por pessoas tais como o projetista-chefe, o engenheiro-chefe e os executivos da administração. Isto significa que é necessária uma comunicação clara e concisa, a qual deveria ser obtida através dos esboços e desenhos feitos pelo projetista. Freqüentemente os desenhos do projeto serão ampliados e sustentados por dados matemáticos e diagramas, incluindo algumas vezes dados de computador, mas os esboços e desenhos do projetista e a sua discussão e explicação são os aspectos mais significativos da comunicação. Como freqüentemente tem sido dito, embora seja praticamente impossível descrever, mesmo um elemento simples, através de palavras, a comunicação é obtida simples e diretamente com um desenho.

A Fig. 14.4 é um exemplo do desenho de um projeto bastante antigo de autoria de Leonardo da Vinci (data de aproximadamente 1500). Por sua grande habilidade de representar graficamente, da Vinci era capaz de transmitir um projeto, com grande clareza, em um único desenho.

Além da capacidade de expressar-se graficamente, o projetista deve não só ter um conhecimento completo dos processos de produção, dos materiais, dos métodos de fixação e de montagem, dos tipos de acabamento e dos métodos econômicos de produção, mas também um conhecimento dos valores estéticos.

As seções seguintes fornecem informações sobre a maneira do projetista de-

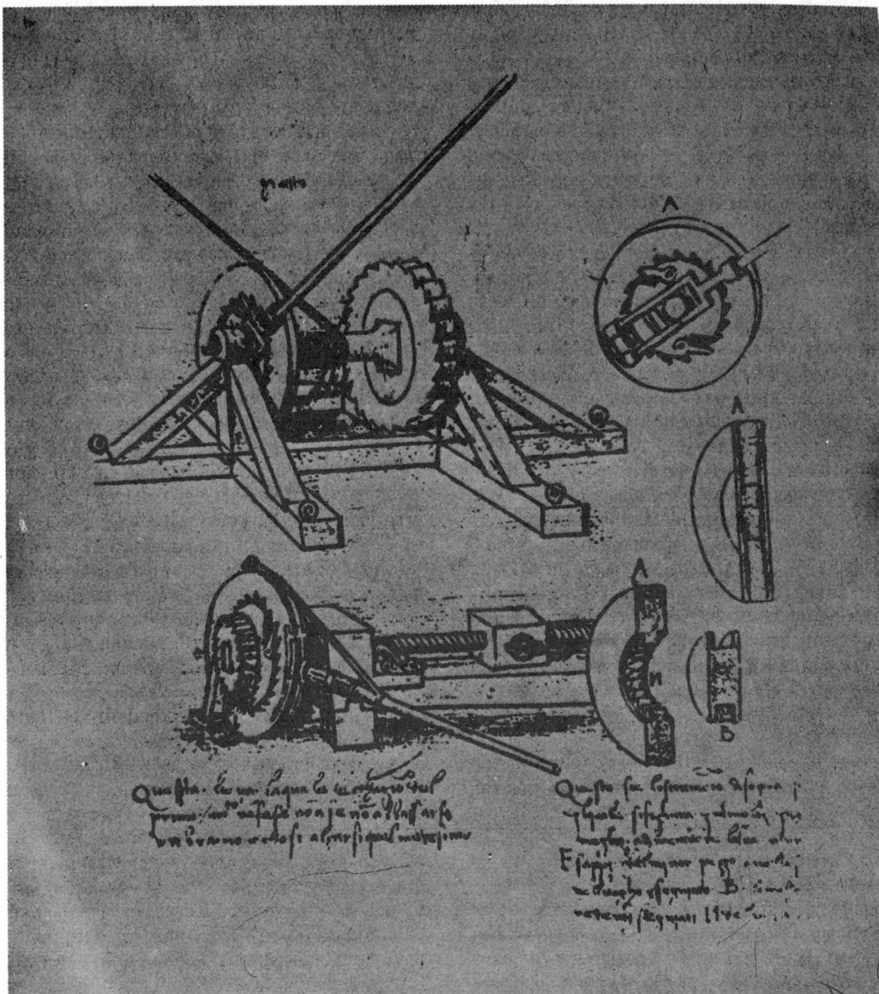

Fig. 14.4. Desenho histórico de um projeto. Leonardo da Vinci (por volta de 1500 D.C.).

sempenhar seu trabalho para produzir um bom projeto de uma entidade completa feita com bons elementos e a atenção que ele deve dar aos desenhos, aos materiais, aos processos, à fixação, à montagem, ao acabamento, aos aspectos econômicos e estéticos.

3. Método – como um projetista pensa

Em primeiro lugar, ao iniciar um projeto novo, o projetista deve reconhecer e compreender profundamente cada fase do problema. Isto inclui todas as informações necessárias para indicar aquilo que o invento deverá realizar, além dos dados pertinentes, tais como velocidades, pressões, temperaturas e condições de funcionamento. Geralmente são incluídas também especificações a respeito do tamanho e da aparência.

Em segundo lugar, inicia-se a busca de soluções e é aqui que aparece a verdadeira capacidade de criar. De início ocorrerão as soluções convencionais, e pode haver muitas delas. Depois, conforme a investigação prossegue, podem aparecer respostas mais novas, mais modernas e das quais nunca antes se ouviu falar. Neste estágio o projetista deverá permitir que sua imaginação realmente "corra solta". Deverão ser cuidadosamente estudadas todas as aplicações físicas, químicas e elétricas incomuns, assim como usos do material, combinação de elementos e suas relações. Provavelmente surgirá um certo número de soluções possíveis. Sensibilidade ao problema, habilidade e desejo de criar, juntamente com a originalidade e a capacidade do trabalhador para analisar e sintetizar, caracterizam este estágio do trabalho. A perseverança e a persistência oferecem a chave do sucesso neste caso.

Enquanto as soluções estão sendo compostas, o projetista deve fazer esboços para seu próprio uso. Na verdade, esses esboços podem ser bastante "rudimentares" e podem não conter informações detalhadas mas provavelmente incluirão muitas anotações escritas fornecendo informações para uso posterior. Este é o ponto em que a verdadeira habilidade e facilidade no uso da linguagem gráfica desempenha um papel muito importante. Uma mente ativa e fluência ao registrar no papel os processos mentais originais se combinam para produzir soluções de êxito.

Em terceiro lugar, todas as soluções devem ser avaliadas. Esta análise deve incluir exeqüibilidade do projeto de todos os pontos de vista – desde cada detalhe técnico até os aspectos econômicos e estéticos. Isto precisa ser feito cuidadosa e honestamente pois isto é, principalmente, uma auto-avaliação. Idiossincrasias e preferências pessoas deveriam estar subordinadas a uma mentalidade completamente "aberta".

Em quarto lugar, decide-se qual a melhor solução ou se a pesquisa deve continuar em busca de uma solução ainda melhor.

Em quinto lugar obtém-se aprovação do projeto. Aqui, o método varia de acordo com o tamanho da organização. Prevalece a prática adotada pela companhia.

Em sexto lugar, aperfeiçoa-se e corrige-se o projeto original e fazem-se esboços mais completos que servirão como guia, antes de se iniciar o desenho formal do projeto. Algumas alterações podem ser resultado da entrevista de aprovação do projeto.

Em sétimo lugar, faz-se um desenho formal do projeto. Esse desenho deve mostrar todas as informações que serão necessárias aos detalhadores que farão os desenhos de cada peça, submontagens e montagens.

Em oitavo lugar, obtém-se aprovação final do projeto.

4. Desenhos

Os desenhos de projeto não são como outros desenhos (desenhos de conjunto e de detalhe) discutidos anteriormente neste texto. A diferença é que os desenhos de projeto fornecem as informações *a partir das quais* serão feitos os desenhos de conjunto e de detalhe. Os desenhos de projeto podem ser divididos em duas classes: *preliminares* e *finais*.

Os desenhos preliminares de projeto, na sua maioria são esboços, embora alguns possam ser desenhos instrumentais (geralmente nas últimas etapas do projeto). As Figs. 14.5 a 14.8 mostram desenhos preliminares de projeto. Esse tipo de desenho é feito à mão livre. Enquanto trabalha nos esboços, o projetista está profundamente atento à solução do pro-

MÉTODO DE PROJETO

FASE UM — O PROJETO

A. Discussão com a administração, com os engenheiros, com o cliente.
B. Exposição e especificação do problema do projeto.
C. Coleta de todas as informações pertinentes.

FASE DOIS — FORMULAÇÃO

A. Reconhecimento das necessidades.
B. Definição das necessidades.
C. Estudo de projetos anteriores.
D. Montagem de todos os dados originais necessários — matemáticos, gráficos, mecânicos, elétricos, etc.

FASE TRÊS — CONCEITOS

A. Esboços preliminares do projeto.
B. Dados preliminares do projeto que forneçam materiais, métodos, detalhes de construção e características planejadas.

FASE QUATRO — ANÁLISE

A. Análise crítica de todos os conceitos do projeto.
B. Seleção do projeto ou dos projetos mais promissores.

FASE CINCO — ENTREVISTA SOBRE O PROJETO

A. Discussão dos projetos preliminares com os engenheiros, a administração e o cliente.
B. Aprovação do projeto ou dos projetos.

FASE SEIS — APERFEIÇOAMENTO

A. Desenhos mais completos e especificações do projeto ou dos projetos selecionados.
B. Dados mais completos que sustentem o projeto planejado.

FASE SETE — ENTREVISTA SOBRE O PROJETO

A. Discussão do projeto ou dos projetos aperfeiçoados.
B. Aprovação do projeto mais promissor.

FASE OITO — SÍNTESE

A. Um projeto planejado baseado em dados matemáticos, gráficos e dados fornecidos por computador e por sistemas combinados.
B. Investigação de todos os aspectos físicos e comprovação da correção do projeto.

FASE NOVE — MODELOS

A. Componentes.
B. Maquetes.
C. Modelos dos aspectos críticos.

FASE DEZ — TESTAGEM

A. Comprovação das características de operação dos componentes.
B. Comprovação do bom funcionamento de todo o conjunto.

FASE ONZE — ENTREVISTA

A. Discussão final com a organização que fez o pedido.
B. Aprovação do projeto definitivo.

FASE DOZE — PREPARAÇÃO FINAL

A. Desenhos definitivos do projeto.
B. Especificações definitivas.

FASE TREZE — TRANSMISSÃO

A. Transmissão dos desenhos do projeto e das especificações definitivos à organização que fez o pedido.

NOTA: No esquema acima são determinadas três (Fases 6, 7 e 11) com a organização que fez o pedido, os engenheiros e a administração. Isso é comum, mas não significa que essas são as únicas entrevistas que ocorrerão durante o desenvolvimento do projeto. O projetista freqüentemente discute com colegas e com engenheiros, fornecedores de peças, especialistas em materiais, etc., para obter informações e confirmar certos aspectos do projeto.

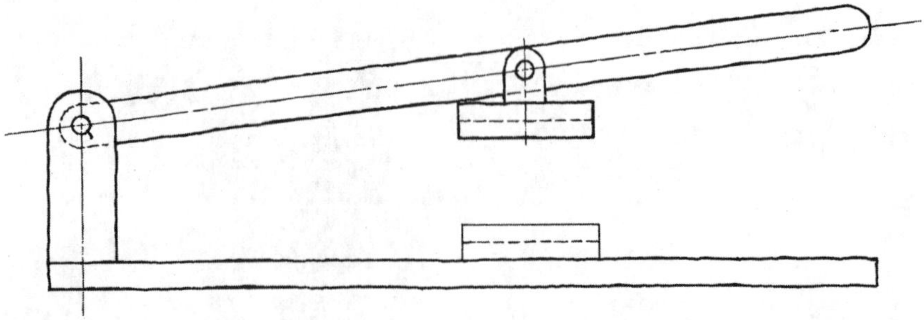

Fig. 14.5. Esboço do projeto de um quebra-nozes. Este é o primeiro de uma série.

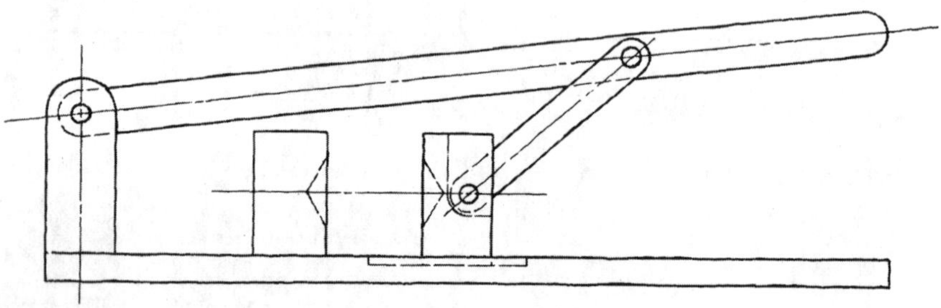

Fig. 14.6. Esboço do projeto de um quebra-nozes. Este é um aperfeiçoamento do primeiro esboço. (Fig. 14.5).

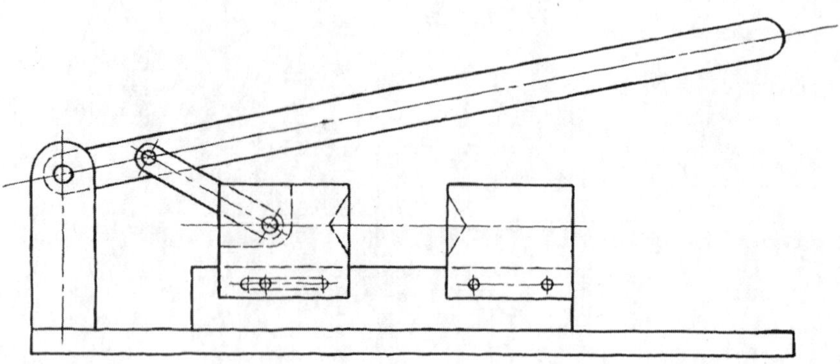

Fig. 14.7. Esboço do projeto de um quebra-nozes. Este é o terceiro de uma série, um aperfeiçoamento do segundo (Fig. 14.6).

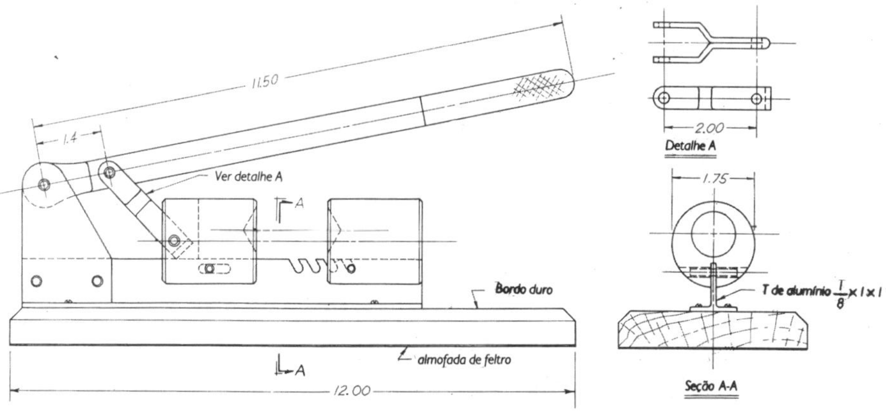

Fig. 14.8. Desenho do projeto de um quebra-nozes. Este representa o projeto definitivo que é o ponto máximo de um raciocínio progressivo e dos aperfeiçoamentos em busca da solução do problema.

blema, como foi descrito na Seç. 3. Conforme se desenvolve o processo criativo, cada aspecto do projeto final deve ser considerado e registrado.

Um exemplo de como a criação de um projeto e os desenhos preliminares são apresentados juntos está nas Figs. 14.5 a 14.8, que mostram uma série de desenhos do projeto de um quebra-nozes. O primeiro desenho, Fig. 14.5, mostra que o projetista imaginou uma alavanca e uma base com apoios fixos e articulados entre os quais a noz seria colocada. Imediatamente torna-se óbvio que quando a casca quebra, a liberação da força em sentido contrário fará com que a alavanca desça de golpe e esmague a polpa da noz. O segundo desenho, Fig. 14.6, é um aperfeiçoamento da primeira idéia, com a ligação posta de tal forma que quando a alavanca atuadora desce até seu ponto máximo os apoios de fixação manterão uma separação mínima evitando que se unam completamente. Um aperfeiçoamento maior é mostrado na Fig. 14.7 onde a ligação é invertida para que a alavanca de operação seja colocada longe da posição da mão. Finalmente, na Fig. 14.8, a disposição básica da Fig. 14.7 é aperfeiçoada de forma a permitir uma distância ajustável entre os apoios de fixação. Desta vez é feito também um desenho mais exato e completo e são acrescentadas algumas cotas e detalhes básicos incluindo tipos de material.

A seguir é descrito um exemplo muito mais sofisticado e complexo da maneira de pensar de um projetista. Os desenhos correspondentes são mostrados nas Figs. 14.9 a 14.14. O desenho final do projeto, preparado para a apresentação em uma entrevista do engenheiro com a administração, é mostrado na Fig. 14.15. Para demonstrar autenticidade, a seguir reproduzimos trechos do arquivo de notas e comentários de um projetista a respeito de certo projeto através de todos os estágios de desenvolvimento.

Problema

Projetar um aparelho para coletar amostras de água do mar a qualquer profundidade desejada. Esse aparelho, em

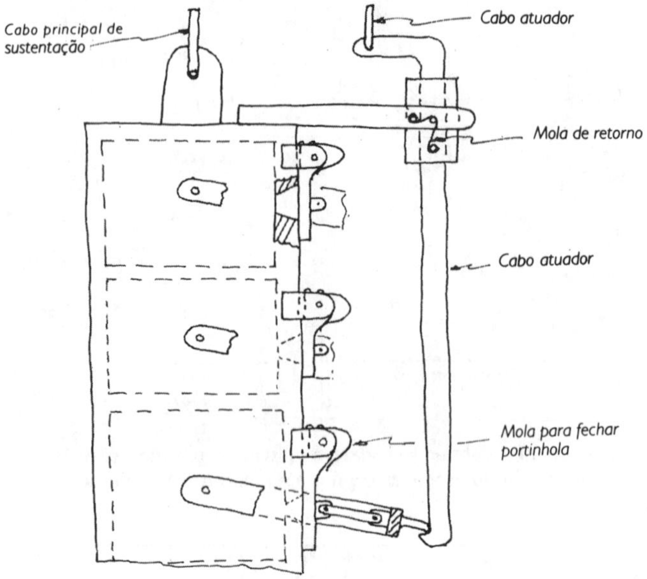

Fig. 14.9. Esboço preliminar do projeto 1 do coletor de amostras de água.

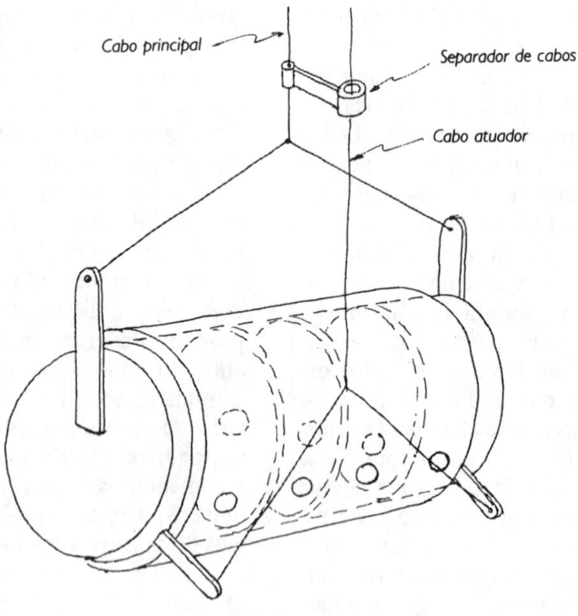

Fig. 14.10. Esboço preliminar do projeto 2 do coletor de amostras de água.

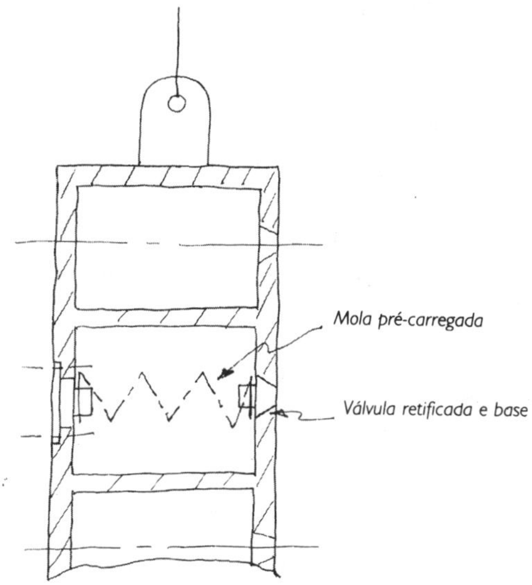

Fig. 14.11. Esboço preliminar do projeto 3 do coletor de amostras de água.

uma viagem de ida e volta ao fundo do mar, deve coletar pelo menos seis amostras e, se possível, duas ou três vezes esse número.

Condições de operação

Água salgada, profundidade de aproximadamente sete milhas, pressão máxima

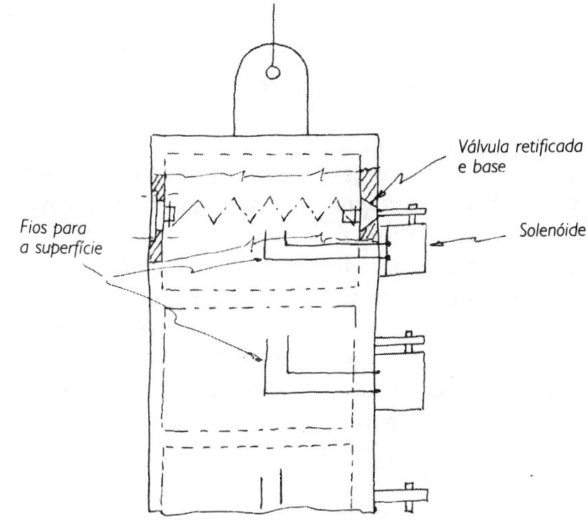

Fig. 14.12. Esboço preliminar do projeto 4 do coletor de amostras de água.

ao redor de seis toneladas por polegada quadrada. Água sensivelmente compressível sob essa pressão.

Soluções e comentários preliminares (ver esboços, Figs. 14.9 a 14.14)

Projeto 1 (Fig. 14.9). Um puxão no cabo atuador balançará o braço para dentro e para cima, disparando a alavanca e abrindo a portinhola. O afrouxamento do cabo permite que a mola de retorno mova novamente o braço para fora. O próximo puxão abrirá a câmara seguinte acima, etc. Será necessária uma mola para fechar cada portinhola depois que sua câmara estiver cheia.

Desvantagens: muito complicado: os cabos vão se enrolar e emaranhar. O sistema de alavancas é bom mas pode não ser suficiente para abrir as portinholas sob altas pressões. A operação será sempre incerta.

Projeto 2 (Fig. 14.10). Um puxão no cabo atuador girará o cilindro externo em relação ao interno que contém as câmaras de coleta. Cada volta alinhará um par de furos entre os dois cilindros, permitindo que se encha uma câmara por vez.

Desvantagens: será difícil selar as câmaras. A tensão e o emaranhado do cabo farão com que os giros sejam imprecisos e incertos. Os cilindros podem se conservar unidos tornando os giros incertos.

Projeto 3 (Fig. 14.11). Cada câmara contém uma mola pré-carregada que pressiona uma válvula esmerilhada para que esta fique em sua posição. Cada mola é carregada cuidadosamente para permitir que a válvula abra sob uma determinada pressão.

Desvantagens: a calibragem das molas mudará com a corrosão e o uso. As variações de temperatura e salinidade impedirão que a pressão varie como uma função linear da profundidade, isto é, a profundidade na qual cada câmara vai abrir será incerta.

Nota: poderia-se projetar contatos elétricos para enviar sinais para a superfície indicando quando a câmara abrisse. Um cabo de suspensão pré-medido indicaria então a profundidade.

Projeto 4 (Fig. 14.12). Este projeto é basicamente o mesmo do número 3. Um êmbolo de solenóide engata uma extensão na válvula, de maneira que esta ficará fechada até que um impulso elétrico vindo da superfície retrai o êmbolo. A mola para cada profundidade exercerá menos força do que as molas correspondentes do Projeto 3.

Desvantagens: Fios em demasia a serem levados até a superfície. O ar retido na câmara pode não permitir que os cilindros encham totalmente. O ar retido na câmara e a leve expansão da água retirada de grande profundidade produzirão, na superfície, uma alta pressão interna no cilindro. A alta pressão, tanto externa quanto interna (em momentos diferentes), torna difícil o projeto do cilindro. A remoção das amostras de água será um problema.

Projeto 5 (Fig. 14.13). As câmaras usadas para coletar as amostras são cortadas em forma de pistões bem ajustados e forrados de teflon. A água flui continuamente através das câmaras até que os solenóides as retraiam para dentro da carcaça. As amostras são coletadas de baixo para cima. Conforme a pressão interna se desenvolve haverá uma tendência de vazar ao redor do pistão. A água que está fora não contaminará a amostra desde que alguma pressão positiva permaneça na câmara.

Desvantagens: Solenóides e fios em demasia. Todos os sistemas elétricos terão que ser projetados especialmente para resistir à pressão. O solenóide terá que permanecer ligado para manter a amostra no lugar. Pode ser impossível conseguir um solenóide de tamanho razoável que dê um golpe que seja suficientemente longo.

Projeto 6 (Fig. 14.14). Cada câmara permanece aberta na água, como no projeto 5, até que esta seja empurrada para dentro da carcaça. Um único solenóide,

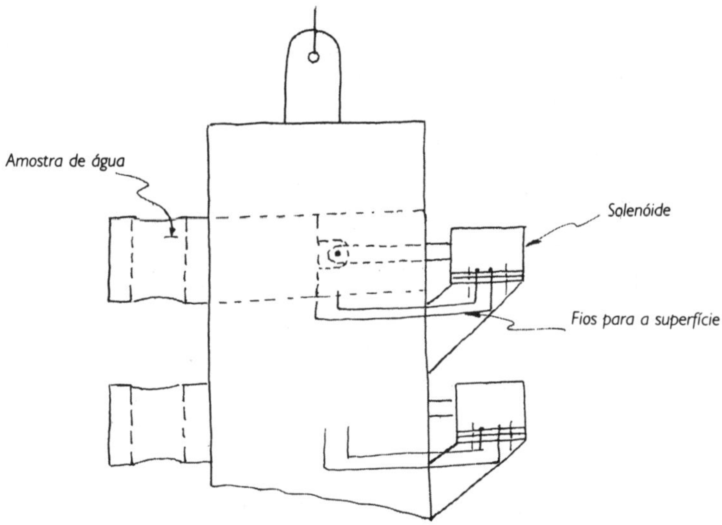

Fig. 14.13. Esboço preliminar do projeto 5 do coletor de amostras de água.

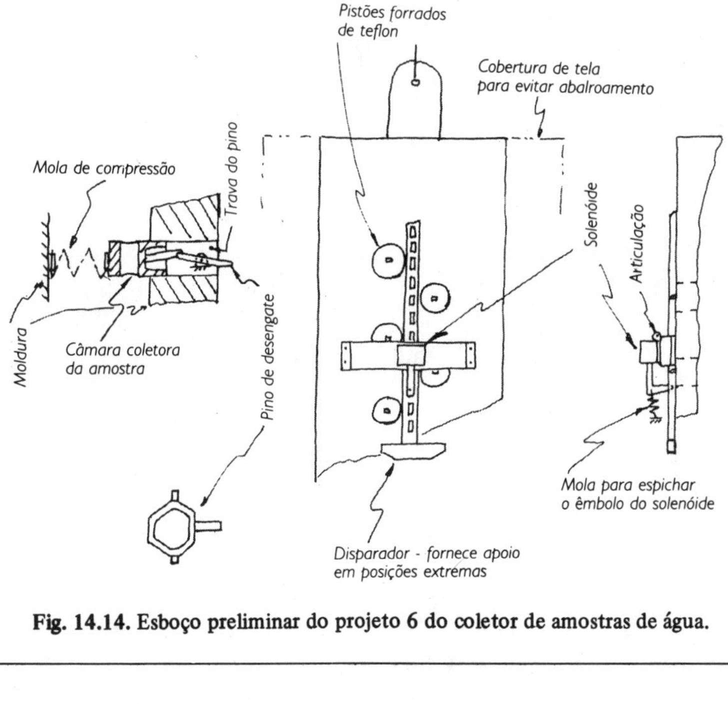

Fig. 14.14. Esboço preliminar do projeto 6 do coletor de amostras de água.

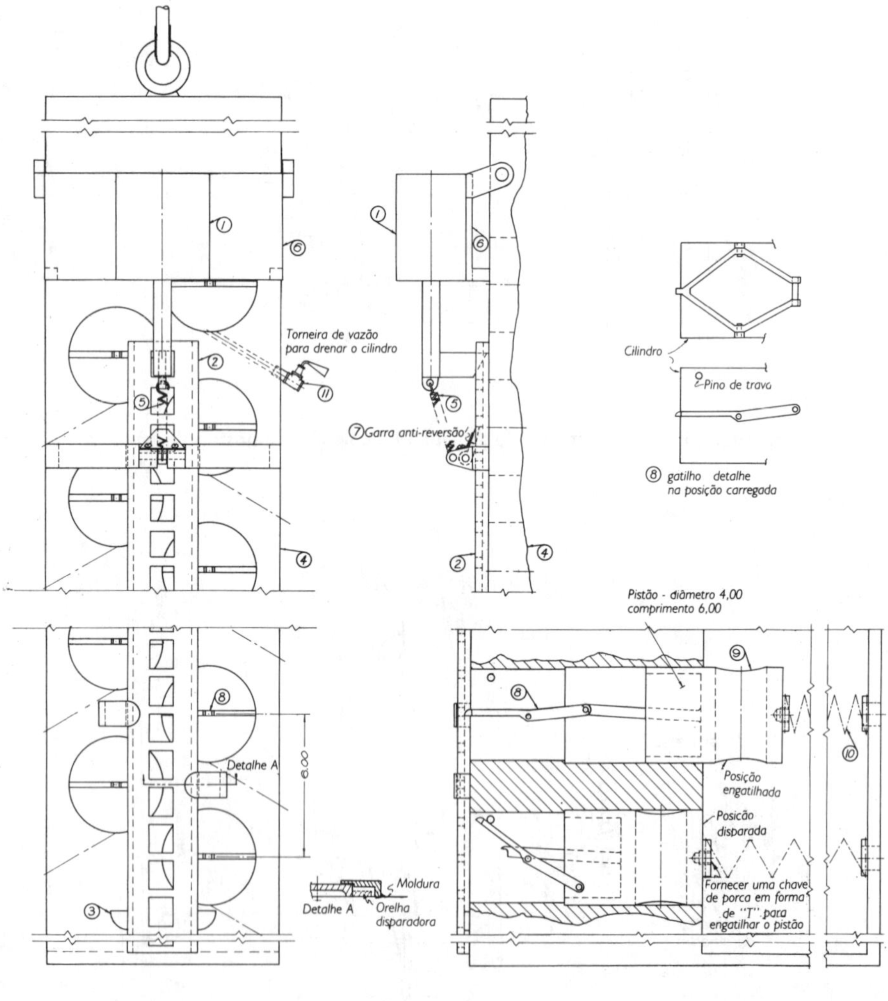

Fig. 14.15. Desenho do projeto do coletor de amostras de água.

operado repetidas vezes, gira o disparador verticalmente para a parte superior da carcaça. Depois que o solenóide gira o número de vezes necessário, o disparador engata o pino de engate prendendo um dos cilindros no lugar. Conforme o pino de engate é levantado, a mola de compressão empurra o cilindro para dentro da carcaça, colhendo a amostra. O solenóide continua girando verticalmente o disparador, engatando um cilindro de cada vez a cada impulso de corrente vindo da superfície.

Desvantagens: Complicado. Os componentes elétricos devem ser desenhados especialmente.

Notas: Isso parece bom o suficiente para que se faça um *layout* do projeto e se entre em contato com os fabricantes de solenóides para discutir o projeto elétrico.

A corrente elétrica pode ser monitorizada na superfície com um osciloscópio que indique se o solenóide girou corretamente com cada impulso elétrico que foi enviado.

A seguinte explicação acompanha o desenho do projeto, Fig. 14.15:

O solenóide (1) é ligado movimentando assim o braço disparador (2) com as orelhas disparadoras (3) até a carcaça (4). Quando o solenóide é desligado, a mola de retorno (5) puxa o braço do solenóide para fora, por cima do braço disparador, e coloca o braço do solenóide na ranhura seguinte do braço disparador. Esse movimento é possível devido à articulação da placa de suporte do solenóide (6). O braço disparador não é empurrado para baixo por este movimento devido à garra anti-reversão provida de mola (7), que trava uma ranhura do braço disparador. Conforme o braço disparador se move para cima, as orelhas disparadoras disparam o mecanismo do gatilho (8) construído dentro do cilindro.

O pistão (9) é então forçado para dentro da carcaça pela força da mola de carga (10). Continua-se essa operação, engatilhando os cilindros nas profundidades desejadas. Os cilindros são construídos na parte inferior da carcaça, com a parte superior não furada, mas sim usada como peso adicional e como suporte para o braço disparador durante o seu movimento para cima.

Quando este aparelho é trazido para a superfície as amostras de água são retiradas de cada cilindro abrindo-se a torneira de vazão individual (11) de um cilindro de cada vez.

Para recarregar este aparelho passa-se uma chave de porca roscada, em forma de "T", no furo da carcaça do suporte da mola de carga e aparafusa-se no pistão. Então recolhe-se o pistão e o mecanismo do gatilho é reajustado manualmente.

Todo o aparelho deve ser colocado dentro de uma gaiola para evitar abalroamento.

Desenhos definitivos do projeto. A Fig. 14.15 é um exemplo típico de desenho definitivo de um projeto. Ele representa o ponto máximo dos esboços anteriores do projeto. É um desenho completo, exato e vem acompanhado de todos os dados e especificações necessários. A partir deste desenho serão feitos os desenhos de detalhe e de conjunto. Ver também Fig. 24.1.

5. Modelos usados como um instrumento do projeto

Modelos tridimensionais auxiliam determinados objetivos do projeto que não podem ser normalmente atingidos com desenhos bidimensionais. Enquanto qualquer pessoa pode olhar para um modelo durante um curto espaço de tempo e compreender o propósito de um projeto, apenas as pessoas treinadas na leitura e na interpretação de desenhos serão capazes de visualizar aquilo que está representado nas plantas, elevações e detalhes representados em desenhos.

Os modelos são usados:

1. Como instrumentos de estudo para engenheiros e projetistas.

2. Como um método de apresentação e revisão.

3. Para comunicar as idéias do projetista às forças de construção, reduzindo assim o número de desenhos necessários para algumas das fases da construção.

6. Um bom projeto e a proporção das peças

Existem princípios de projeto que regem a forma e a proporção das peças mecânicas. Esses princípios foram estabelecidos pela geometria, pela experiência nos métodos de produção de peças, pelos cálculos de resistência e por métodos de testagem. Deve-se estudar cuidadosamente as descrições e as ilustrações que as acompanham, lembrar todos os detalhes possíveis e voltar ao texto quando necessário.

Cantos. Cantos vivos são perigosos. Em peças fundidas podem ocorrer rachaduras nos cantos vivos devido aos choques do resfriamento. Em outras peças (forjadas, moldadas, etc.) fissuras causadas por esforço excessivo sempre começarão num canto vivo. Um canto como o mostrado na Fig. 14.16 é um projeto mal feito. Projetar um canto arredondado sempre que possível, como mostra a Fig. 14.17. O raio interno mínimo em geral é de aproximadamente a metade da espessura do metal, fazendo com que o raio externo mínimo seja de uma vez e meia a espessura do metal.

Seções "T". Pelas mesmas razões apresentadas para os cantos externos, os cantos vivos nunca deverão ser usados nas seções "T". A Fig. 14.18 representa uma condição perigosa, além de ser um projeto mal feito. Os cantos internos arredondados da Fig. 14.19 mostram um projeto bem feito. O raio normalmente é de, no mínimo, metade da espessura do metal.

Diferenças na espessura do metal. Quando a espessura do metal de seções interligadas varia muito, especialmente em peças fundidas e forjadas, os choques

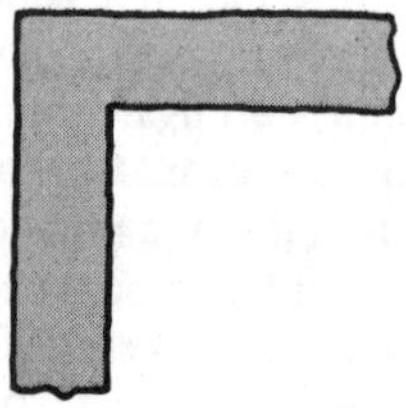

Fig. 14.16. Canto vivo. Projeto mal feito.

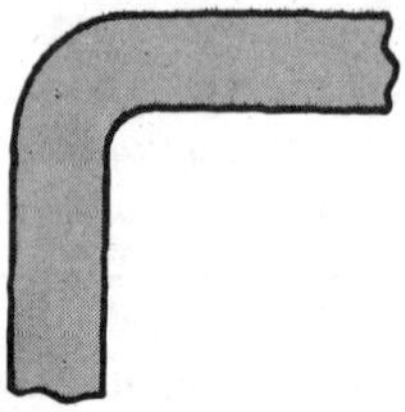

Fig. 14.17. Canto arredondado. Projeto bem feito.

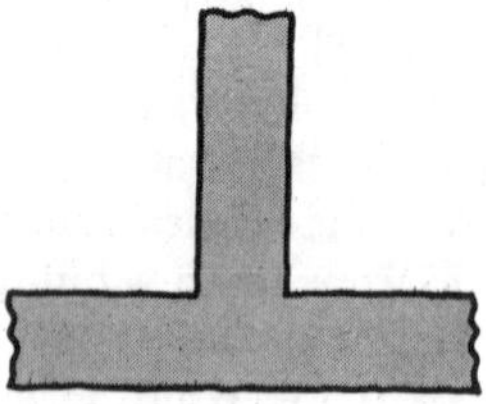

Fig. 14.18. Cantos internos vivos. Projeto mal feito.

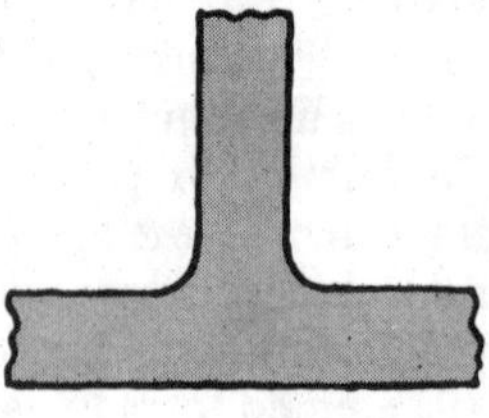

Fig. 14.19. Cantos internos arredondados. Projeto bem feito.

do resfriamento podem produzir rachaduras e empenamento. A Fig. 14.20 é um projeto mal feito devido à grande diferença na espessura do metal e também devido aos cantos vivos. Deve-se manter as seções interligadas tão uniformes quanto possível e evitar cantos vivos como na Fig. 14.21.

Nervuras. Nervuras pequenas podem ser desenhadas como se fossem sólidas, como na Fig. 14.22. Entretanto, nas nervuras grandes é melhor que se abra o seu interior, como na Fig. 14.23. O projeto com o interior aberto é especialmente adequado para peças de pouco peso porque, estruturalmente, a porção interna da nervura aumenta muito pouco a resistência.

Nervuras de reforço ou suportes. O reforço interno deve ser projetado segundo princípios geométricos. As nervuras da Fig. 14.24 dão pouca rigidez à peça porque geometricamente ela é baseada no quadrado, que é uma forma instável. Nervuras de reforço baseadas no triângulo, que é uma forma estável, deveriam se possível ser empregadas, como é mostrado nas Figs. 14.25 e 14.26. Estes projetos são empregados apenas para resistir à torção e não são aplicados para enrijecer vigas.

Tamanho dos raios do canto. Viu-se que, por uma série de razões, os cantos devem ser arredondados. Entretanto, se o raio do canto das peças que se interceptam for muito grande, como na Fig. 14.27, fica muito material na interseção e o projeto fica mal feito devido às grandes diferenças na espessura do metal. Manter o raio em um valor razoável (mínimo) de aproximadamente metade da espessura do metal, como na Fig. 14.28.

Quando várias peças (cinco ou mais) se interceptam como na Fig. 14.29, mesmo um raio pequeno não resolverá o problema e a diferença na espessura do metal se torna crítica. A solução do problema é aliviar o centro da peça com um furo,

Fig. 14.20. Grandes diferenças na espessura do metal. Projeto mal feito.

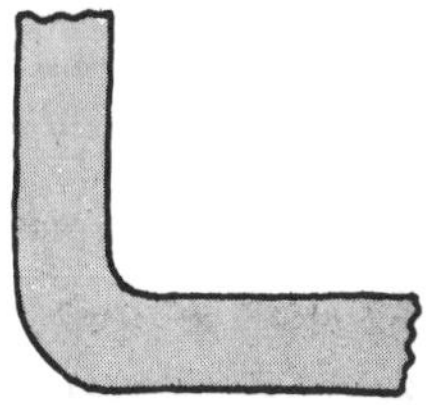

Fig. 14.21. Seção uniforme. Projeto bem feito.

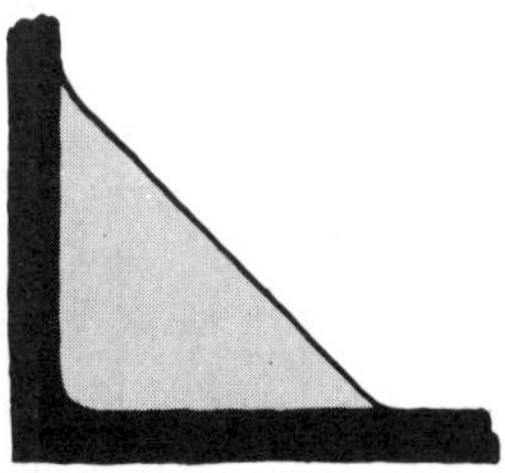

Fig. 14.22. Projeto de nervuras pequenas.

Fig. 14.23. Projeto de nervuras grandes.

Fig. 14.24. Nervuras de reforço. Projeto mal feito devido à instabilidade da forma geométrica.

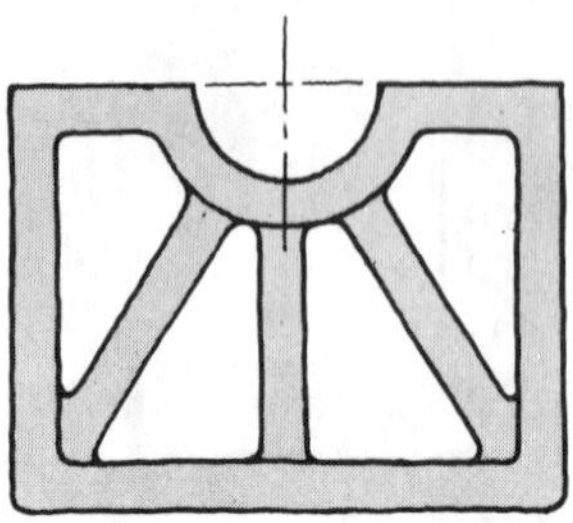

Fig. 14.25. Nervuras de reforço. Projeto bem feito devido à estabilidade das formas geométricas.

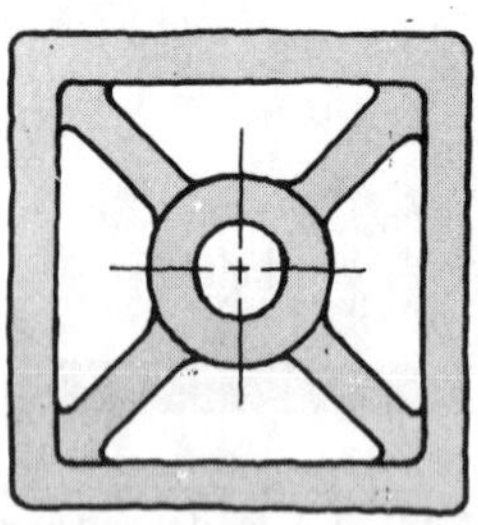

Fig. 14.26. Nervuras de reforço. Projeto bem feito devido à forma geométrica estável.

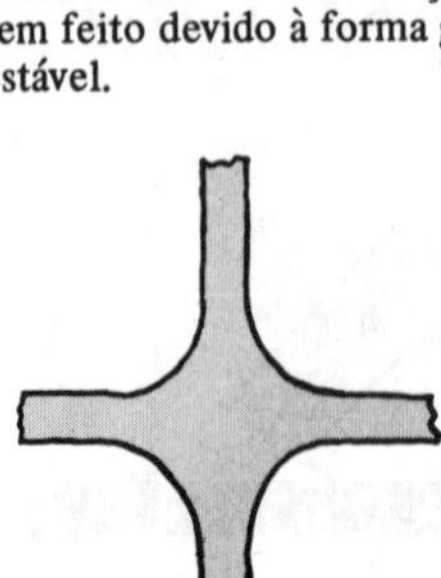

Fig. 14.27. Raios dos cantos muito grandes. Projeto mal feito.

Fig. 14.28. Raios dos cantos dimensionados adequadamente. Projeto bem feito.

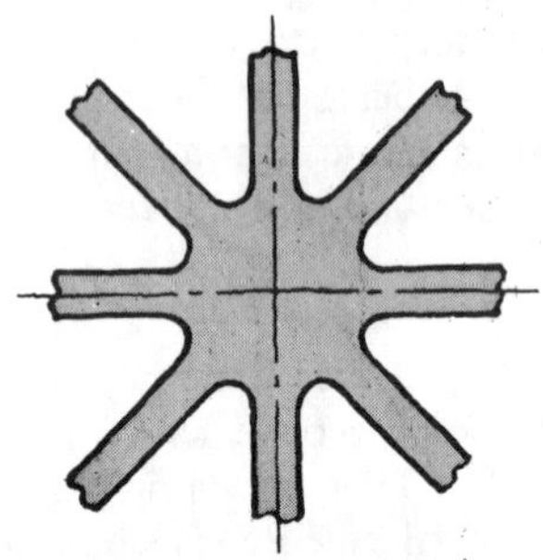

Fig. 14.29. Vários componentes que se interceptam produzem uma grande diferença na espessura do metal. Projeto mal feito.

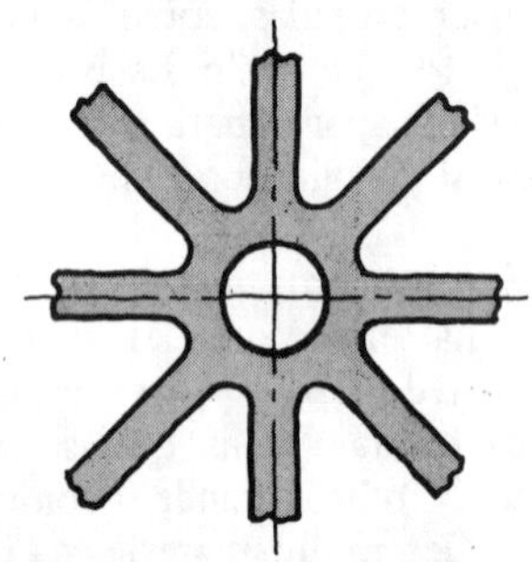

Fig. 14.30. A grande diferença na espessura do metal é minorada com um furo. Projeto bem feito. Comparar com a Fig. 14.29.

como na Fig. 14.30, não importando se o furo tem alguma função na peça ou não.

Proporções adequadas. Muitas combinações de furos, nervuras, seções de cantos, flanges e outros elementos ocorrem em peças mecânicas. É impossível descrever todas as combinações mas os exemplos a seguir cobrirão a maior parte dos elementos normalmente combinados. Observar que os valores dados para os raios dos cantos são valores *máximos*. Notar que o estabelecimento da proporção é baseado na teoria de que as diferenças na espessura do metal devem ser combinadas uma com a outra. Assim se produz a melhor garantia contra a distorção e rachaduras durante o resfriamento e se dá a capacidade máxima de resistência à peça.

A Fig. 14.31 mostra uma boa proporção para uma nervura de canto.

A Fig. 14.32 mostra uma boa proporção para um furo centralizado.

A Fig. 14.33 mostra boas proporções para um furo alargado em apenas um lado da seção.

A Fig. 14.34 mostra boas proporções para uma nervura de suporte. Observar que a seção afilada da nervura produz uma boa combinação com a espessura do metal da seção do corpo.

A Fig. 14.35 mostra boas proporções para uma seção "T" nervurada.

A Fig. 14.36 mostra boas proporções para uma nervura de suporte que tenha duas espessuras diferentes. Observar que a

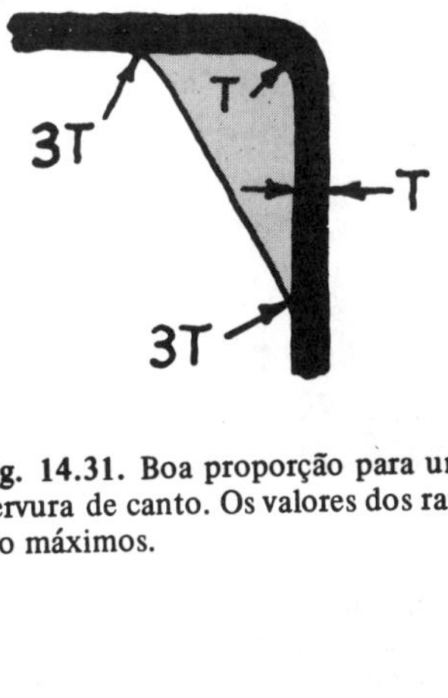

Fig. 14.31. Boa proporção para uma nervura de canto. Os valores dos raios são máximos.

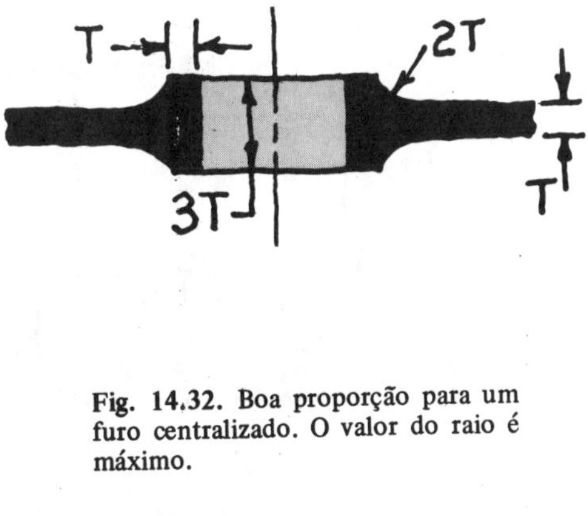

Fig. 14.32. Boa proporção para um furo centralizado. O valor do raio é máximo.

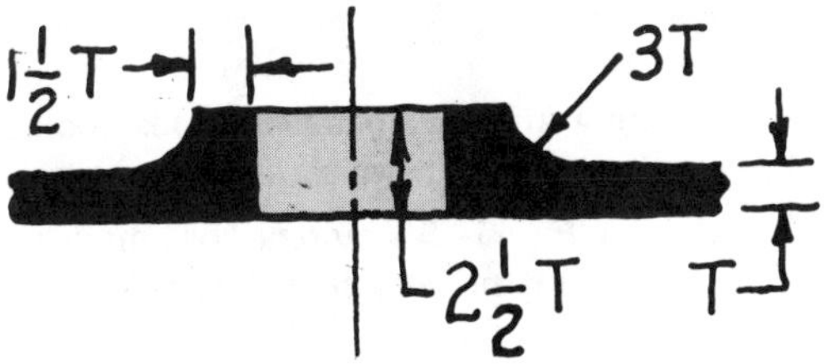

Fig. 14.33. Boa proporção para um furo alargado. O valor do raio é máximo.

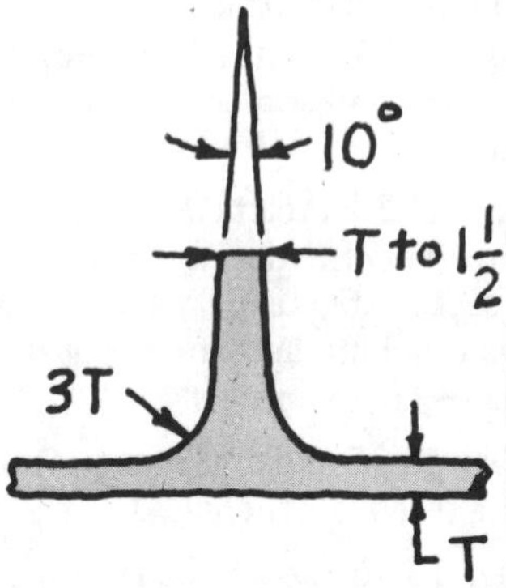

Fig. 14.34. Boa proporção para uma nervura de suporte. O valor do raio é máximo.

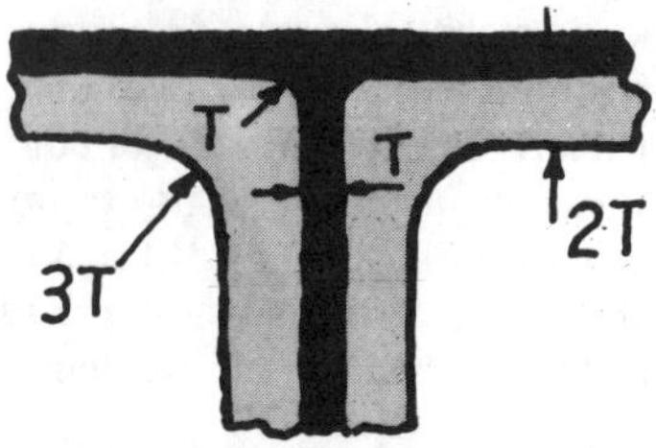

Fig. 14.35. Boa proporção para uma seção em "T" nervurada. Os valores dos raios são máximos.

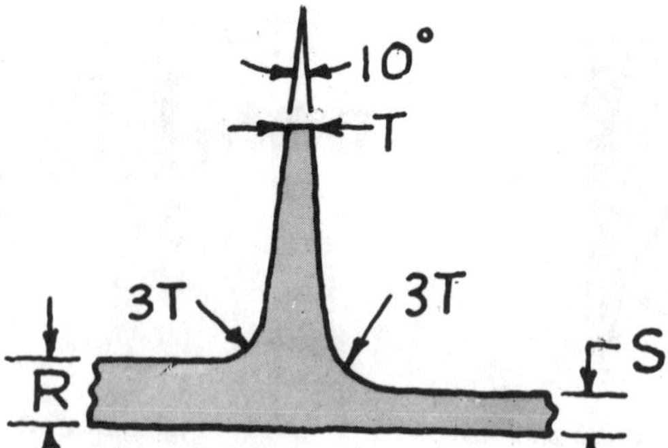

Fig. 14.36. Boa proporção para uma nervura de suporte para seções desiguais do corpo. Os valores dos raios são máximos.

seção mais fina (S) é um pouco menos espessa do que $R = 3T$ e que os valores do raio de $3T$ são valores máximos. A nervura afilada é considerada uma boa combinação entre a nervura e a seção do corpo.

A Fig. 14.37 mostra boas proporções para uma nervura de extremidade. A forma afilada produz uma boa combinação entre a nervura e a seção do corpo.

A Fig. 14.38 mostra boas proporções para uma nervura com flange. A seção do flange produz resistência extra.

A Fig. 14.39 mostra boas proporções para um flange na extremidade de um tubo.

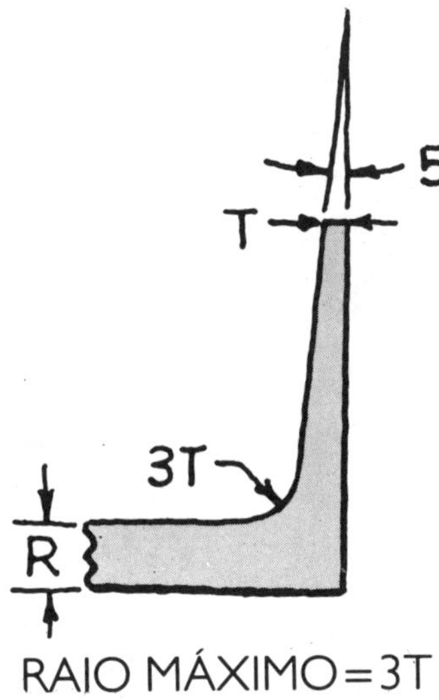

Fig. 14.37. Boa proporção para uma nervura de extremidade. O valor do raio é máximo.

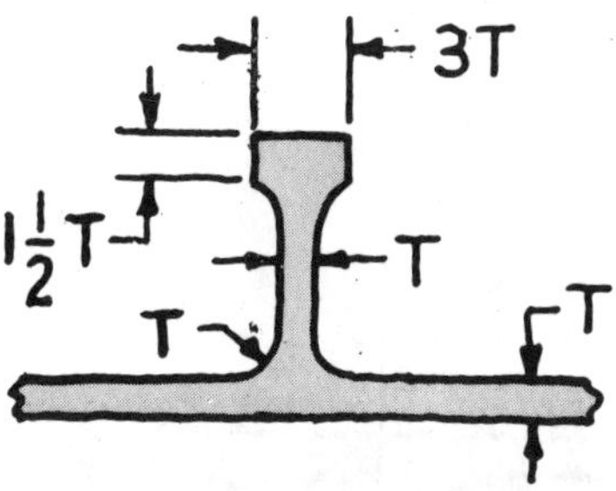

Fig. 14.38. Boa proporção para uma nervura com flange. O valor do raio é máximo.

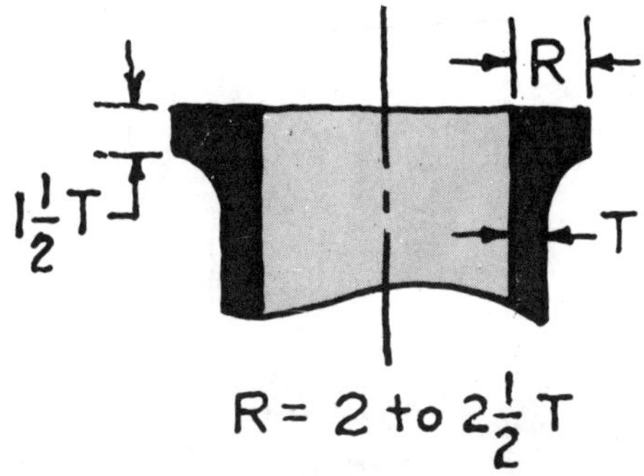

Fig. 14.39. Boa proporção para um flange na extremidade de um tubo.

A Fig. 14.40 mostra boas proporções para o material extra necessário para um furo roscado em uma seção de uma parede fina.

A Fig. 14.41 mostra boas proporções para um furo. Os tamanhos dados são baseados no diâmetro do furo necessário.

A Fig. 14.42 mostra proporções ideais para uma seção simétrica ampliada necessária para produzir um furo igual ou maior do que a seção de uma parede.

A Fig. 14.43 mostra uma seção ampliada semelhante à da Fig. 14.42 mas para uma seção assimétrica.

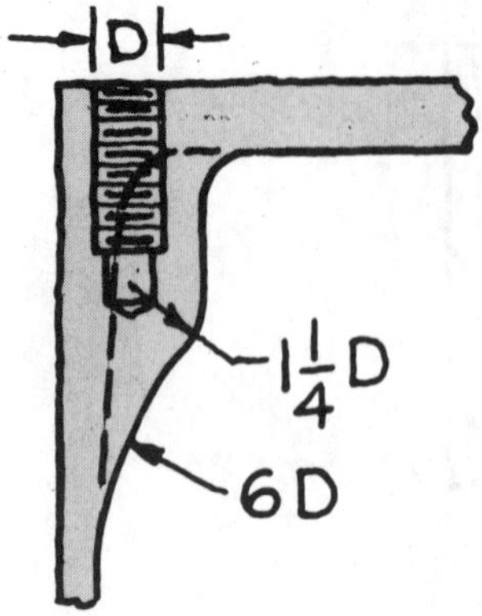

Fig. 14.40. Boa proporção para o material extra necessário para um furo roscado em uma parede fina.

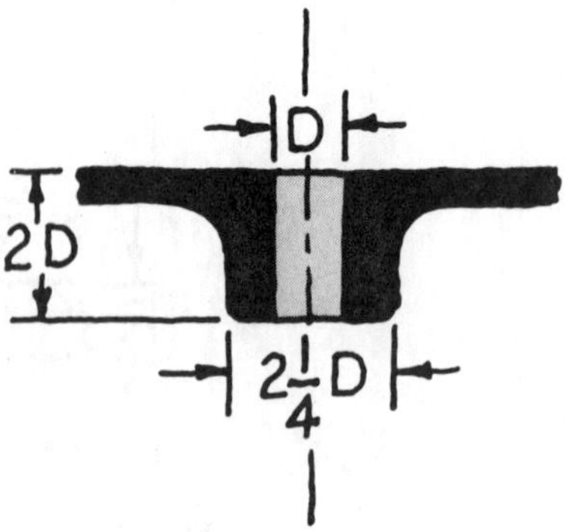

Fig. 14.41. Boa proporção baseada no diâmetro do furo necessário.

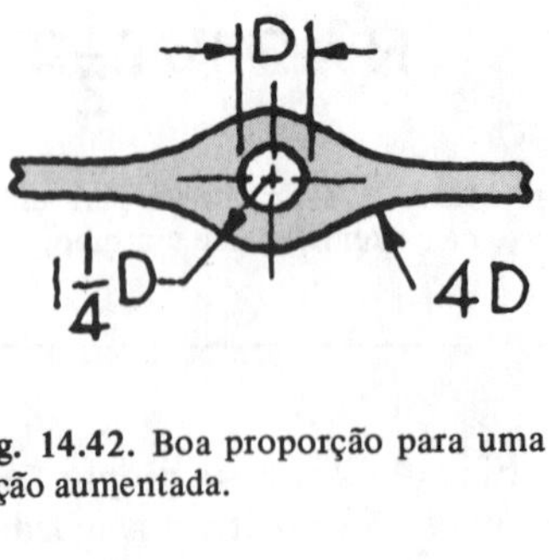

Fig. 14.42. Boa proporção para uma seção aumentada.

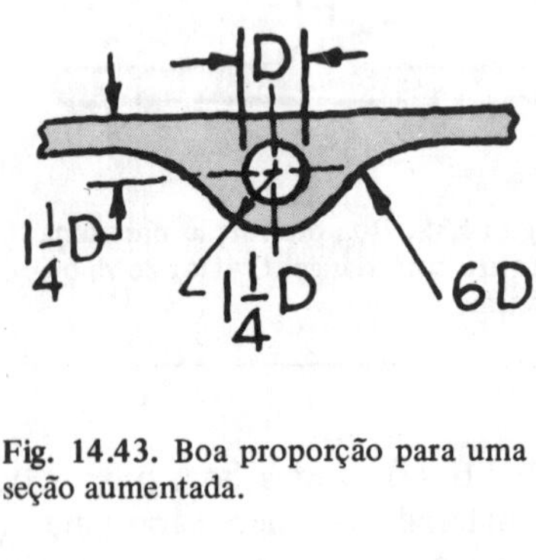

Fig. 14.43. Boa proporção para uma seção aumentada.

A Fig. 14.44 mostra uma peça cilíndrica simples usinada a partir de matéria-prima sólida em barra. As arestas vivas enfraquecem a peça e, mesmo que esta não seja submetida a um esforço muito grande, elas podem causar dificuldades na montagem e mau funcionamento depois. Um projeto melhor é apresentado na Fig. 14.45, no qual as arestas são chanfradas. Um projeto mais aperfeiçoado ainda é mostrado na Fig. 14.46, onde as arestas são arredondadas.

A Fig. 14.47 mostra uma ranhura do eixo projetada de tal forma que sua superfície inferior corresponda ao diâmetro menor do eixo. Este é um projeto mal feito porque a usinagem da ranhura do eixo provavelmente vai arranhar o eixo. A peça deve ser projetada com folga entre o fundo da ranhura e o eixo, como na Fig. 14.48.

É possível cortar um canto completamente vivo na mudança de diâmetro de um eixo com cabeça, parafuso, porca ou peça semelhante, mas é uma operação difícil e cara e não se pode confiar nessa peça. Quando tal peça precisa ser acoplada a outra, pode-se diminuir a interferência, que na certa ocorrerá, devido a um canto vivo imperfeito, fazendo-se um pescoço no eixo como na Fig. 14.49. Porém, o pescoço exige mais uma operação de usinagem, além de enfraquecer o eixo. Um método melhor, especialmente para peças submetidas a grandes tensões e para peças roscadas, é arredondar a interseção da cabeça e do corpo e chanfrar a peça que será acoplada, como na Fig. 14.50. O raio da concordância interna deve ser menor do que os lados em ângulo reto do chanfro.

As peças podem ser enfraquecidas pela escolha errada da localização das ranhuras do eixo, entalhes e outros elementos semelhantes. Notar na Fig. 14.51 que a ranhura do eixo enfraquece a parte arredondada da extremidade da peça. Este problema é facilmente eliminado colo-

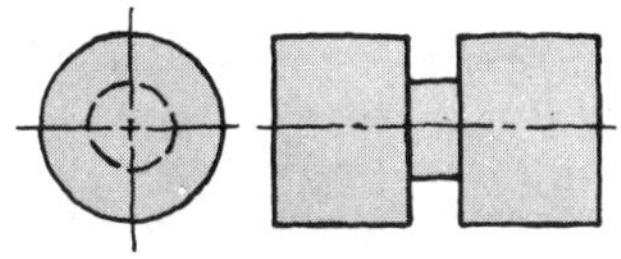

Fig. 14.44. Uma peça usinada com bordas vivas. Projeto mal feito.

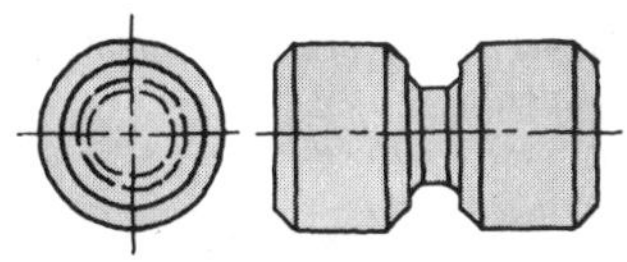

Fig. 14.45. Uma peça usinada com bordas chanfradas. Projeto bem feito.

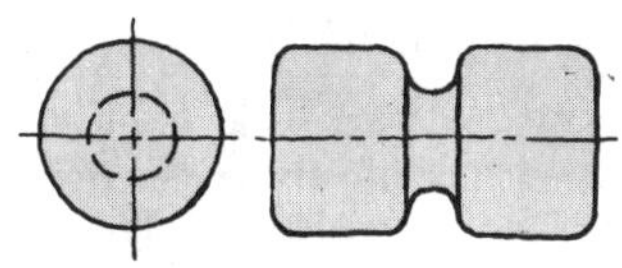

Fig. 14.46. Uma peça usinada com bordas arredondadas. Projeto bem feito.

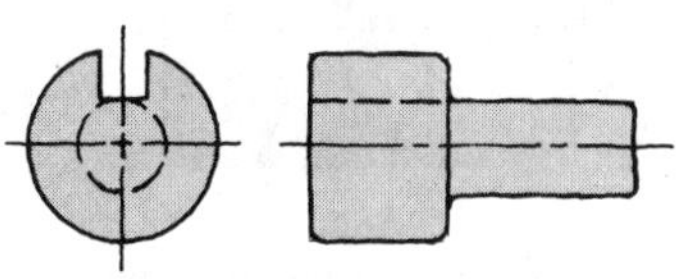

Fig. 14.47. A superfície inferior da ranhura do eixo corresponde ao tamanho do eixo. Projeto mal feito.

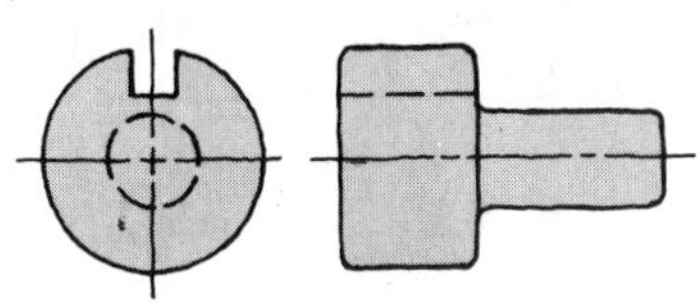

Fig. 14.48. Folga entre o fundo da ranhura do eixo e o eixo. Projeto bem feito.

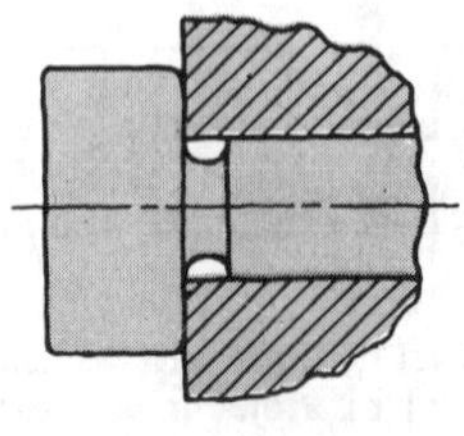

Fig. 14.49. Para eliminar a interferência é colocado um pescoço. Projeto admissível para peças que sofram pouca tensão.

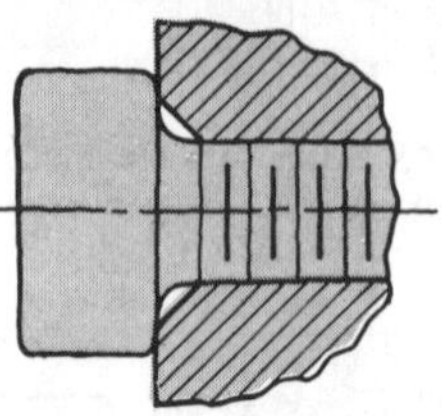

Fig. 14.50. Para eliminar a interferência é arredondado o eixo e chanfrada a peça que será acoplada. Projeto bem feito.

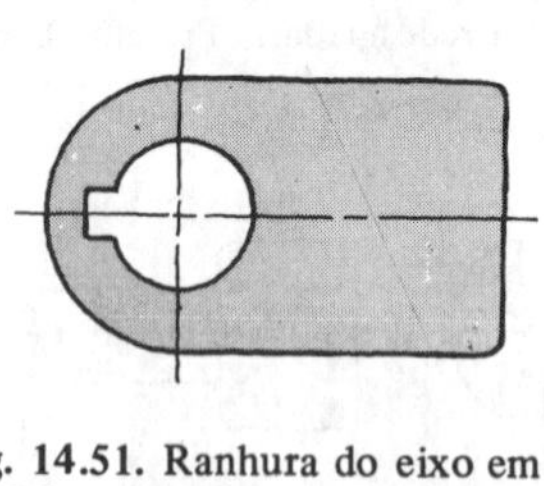

Fig. 14.51. Ranhura do eixo em uma posição que enfraquece muito a peça. Projeto mal feito.

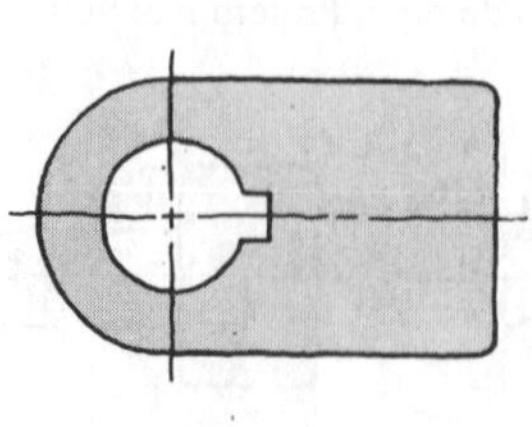

Fig. 14.52. Ranhura do eixo em uma posição que não enfraquece a peça. Projeto bem feito.

cando-se a ranhura do eixo como é mostrado na Fig. 14.52.

Em peças arredondadas, como furos e anéis, não existe posição em que a ranhura do eixo não enfraqueça a peça. Um exemplo é mostrado na Fig. 14.53. Uma solução para o problema é acrescentar material extra alargando o furo como na Fig. 14.54. Normalmente desenha-se a parte alargada com as porções do raio e da tangente reta ligadas ao diâmetro externo do furo.

Quando a usinagem é bem feita, sempre são produzidas bases de superfície acabada para os fixadores. Uma superfície simples sem acabamento como a mostrada na Fig. 14.55 é um projeto mal feito. As superfícies são acabadas acrescentando-se um ressalto de superfície usinada como na Fig. 14.56, ou fazendo um rebaixo raso na superfície, como na Fig. 14.57.

Não é necessário acabar toda a superfície da base de um furo ou de uma peça similar, a menos que, por alguma razão funcional, seja necessária uma superfície totalmente plana. A Fig. 14.58 mostra uma peça com toda a superfície da base usinada. Quando não for necessária toda a superfície plana, a porção central pode ser retirada, como na Fig. 14.59. Isto poupa tempo de usinagem e produz uma boa superfície de assentamento.

Nunca se deve projetar peças em que seja necessário fazer um furo em ângulo com a superfície, como na Fig. 14.60. Mesmo que seja usado um gabarito de brocagem, o projeto causará a quebra da broca, imprecisão, e enorme desgaste da bucha da broca. Deve-se prever uma superfície normal para o furo, construindo-se a peça como na Fig. 14.61.

Sempre que possível, dois métodos devem ser evitados para peças moldadas em metal em chapa. Em primeiro lugar, dobras completas de 90° farão com que a matriz cause um estiramento indevido do material e pode ser difícil retirar a peça

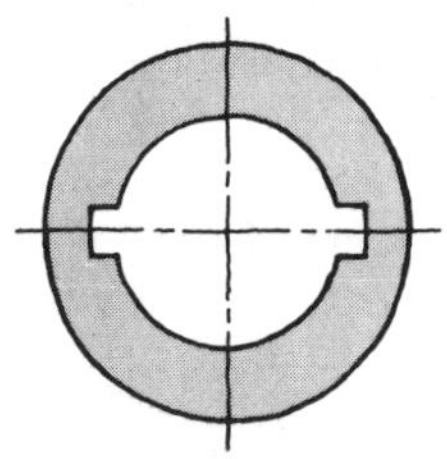

Fig. 14.53. O furo é enfraquecido pelas ranhuras. Projeto mal feito.

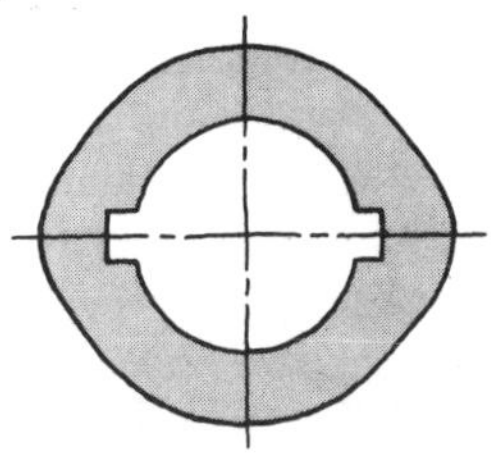

Fig. 14.54. Material extra é acrescentado ao furo de forma que as ranhuras do furo não enfraquecerão a peça. Projeto bem feito.

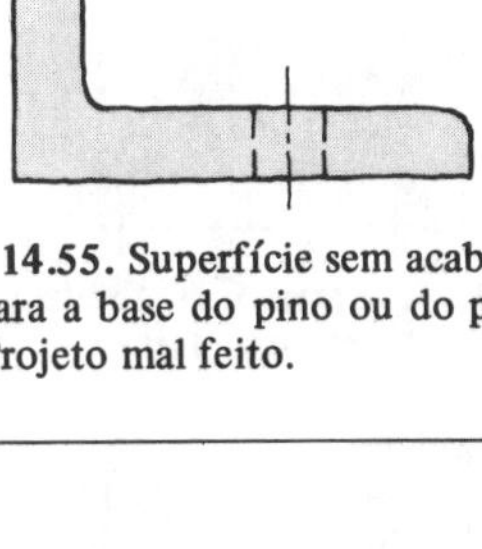

Fig. 14.55. Superfície sem acabamento para a base do pino ou do parafuso. Projeto mal feito.

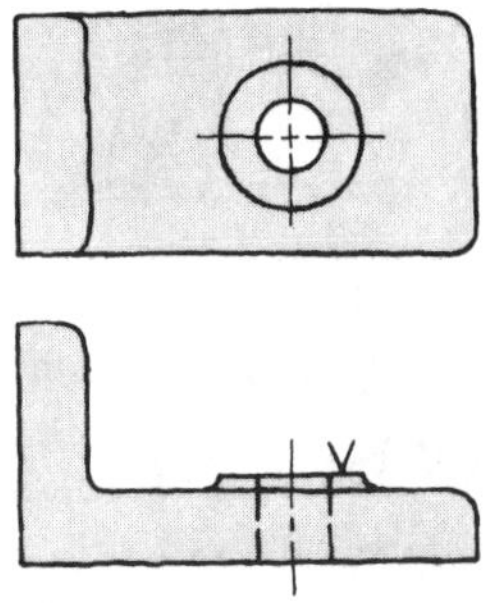

Fig. 14.56. Base para pino ou parafuso produzido por ressalto com acabamento. Projeto bem feito.

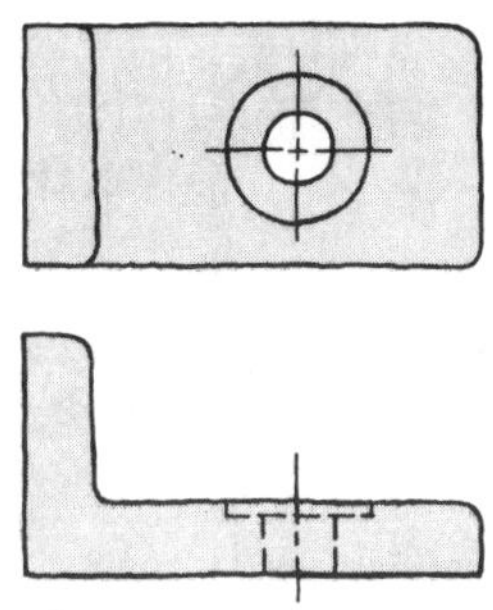

Fig. 14.57. Base para pino ou parafuso produzido por rebaixo raso. Projeto bem feito.

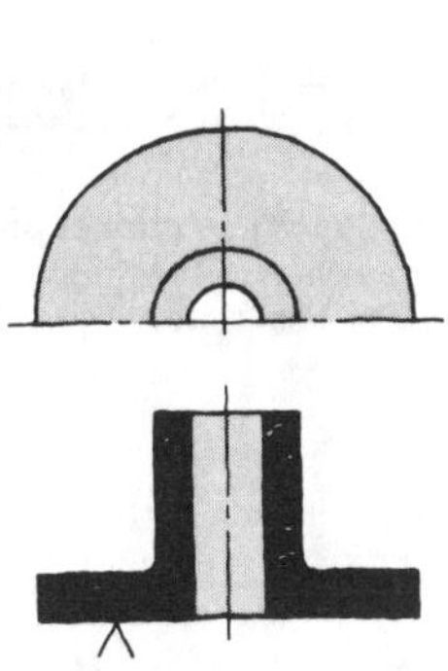

Fig. 14.58. Superfície totalmente acabada na fase do furo. Projeto apropriado quando necessita-se de uma superfície completamente plana.

da mesma. Em segundo lugar, um raio pequeno, menor do que a espessura (interna) do metal, pode rachar o material ao dobrá-lo. Uma peça mal projetada é mostrada na Fig. 14.62. A menos que as dobras completas de 90° sejam necessárias por alguma razão funcional, um método muito melhor é usar dobras de menos de 90° e raios iguais à espessura (interna) do metal, ou maiores, como mostrado na Fig. 14.63.

Devem ser evitados entalhes pontiagudos em peças de metal, porque as fissuras devidas à tensão iniciarão sempre nesse ponto. Por esta razão a Fig. 14.64 é um projeto mal feito. Não custa mais, e é muito mais seguro, produzir um fundo arredondado para o entalhe, como na Fig. 14.65, ou, melhor ainda, produzir concordâncias externas nas extremidades superiores do entalhe, como na Fig. 14.66.

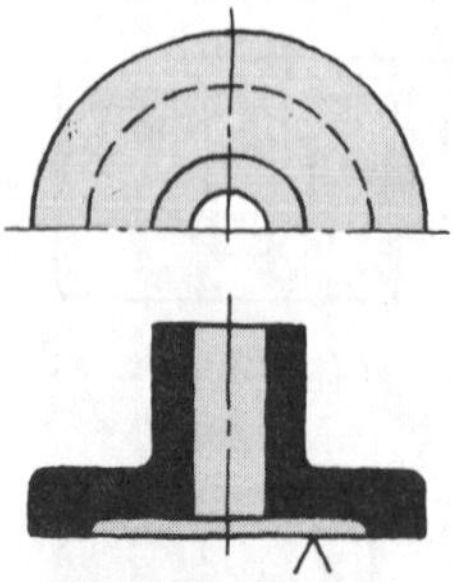

Fig. 14.59. Retira-se a porção central da base do furo para economizar usinagem. Projeto bem feito.

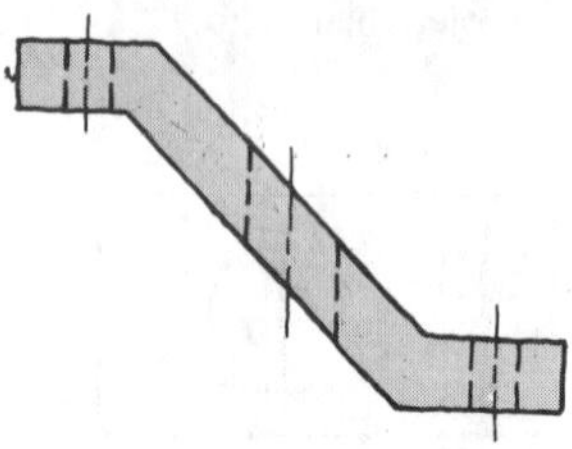

Fig. 14.60. Furo feito com broca em ângulo com a superfície da peça. Projeto mal feito.

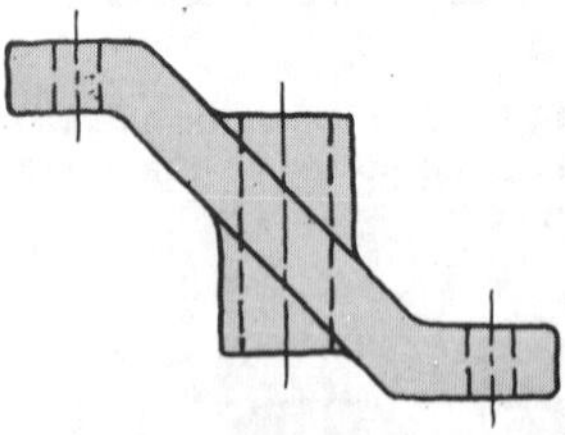

Fig. 14.61. Superfície normal produzida para receber o furo feito com broca. Projeto bem feito.

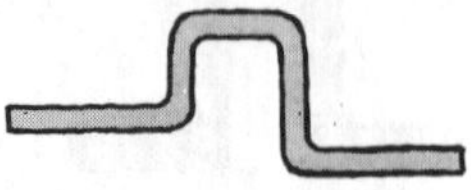

Fig. 14.62. Peça em chapa de metal moldada com dobras de 90° e raios pequenos nas dobras. Projeto mal feito.

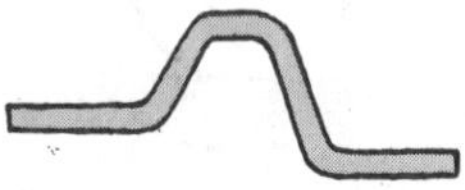

Fig. 14.63. Peça em chapa de metal moldada com dobras menores do que 90° e os raios das dobras (internos) maiores do que a espessura do metal. Projeto bem feito.

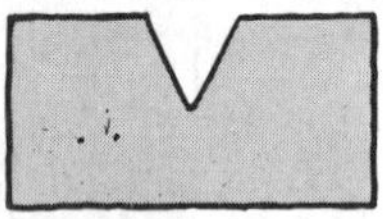

Fig. 14.64. Entalhe pontiagudo. Projeto mal feito.

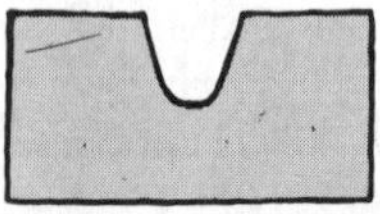

Fig. 14.65. Entalhe de fundo arredondado. Projeto bem feito.

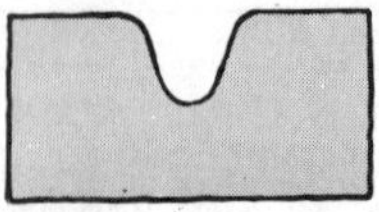

Fig. 14.66. Todos os cantos do entalhe são arredondados. Projeto bem feito.

Quando for necessário usar orelhas dobradas em uma peça de metal em chapa, para fins de fixação ou outros objetivos semelhantes, deve-se colocar os entalhes nos lados da orelha. Na Fig. 14.67 os entalhes não foram colocados, e devido ao raio de dobradura necessário ocorrerá estiramento e distorção indevidos nos lados da orelha. Entalhes laterais, tais como os mostrados na Fig. 14.68, eliminarão esta dificuldade. Observar também na Fig. 14.68 que a superfície externa pode ser nivelada com a superfície lateral da peça propriamente dita.

Flanges de reforço dobrados em cantos arredondados de peças de metal em chapa precisam ser projetados com muito cuidado para não ocorrer o acúmulo ou o enrugamento do metal, como é mostrado na Fig. 14.69. A Fig. 14.70 mostra um projeto com entalhes para evitar o acúmulo de material, assim resolvendo o problema.

Flanges modelados nos cantos arredondados externos de peças de metal em chapa são quase impossíveis de fazer sem que haja estiramento indevido, enfraquecimento e rachadura do material, como indicado na Fig. 14.71. A solução do problema é produzir entalhes, como na Fig. 14.72.

Peças moldadas de forma esférica ou semelhante não devem ser feitas, como se vê na Fig. 14.73, sem um flange de re-

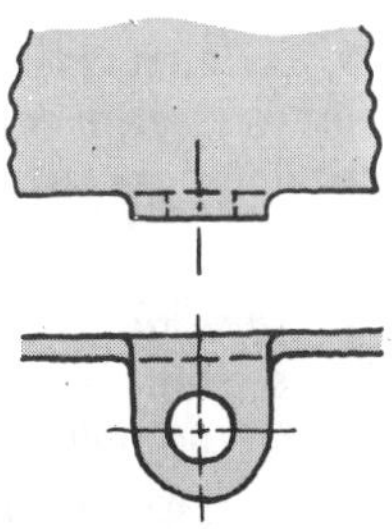

Fig. 14.67. Faltam entalhes nos cantos da dobra. Projeto mal feito.

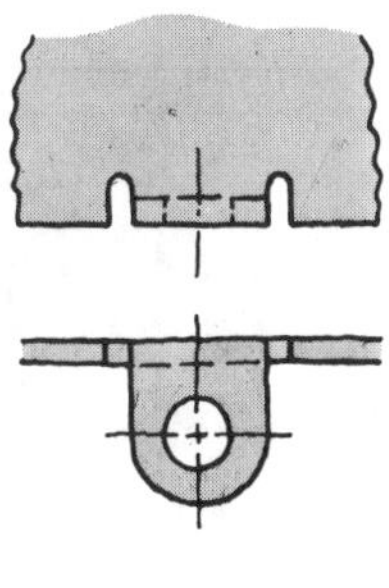

Fig. 14.68. Foram feitos entalhes para a dobra. Projeto bem feito.

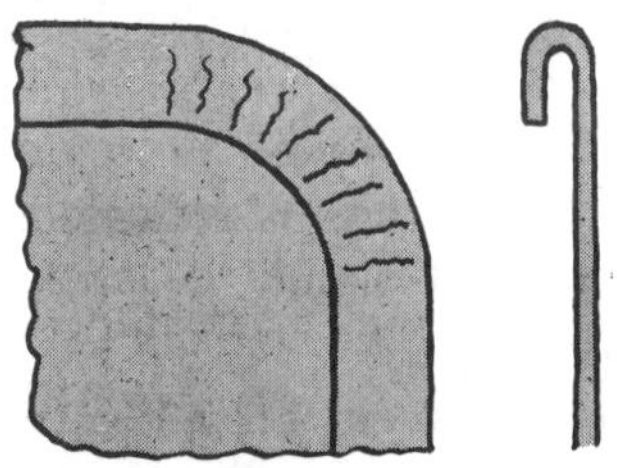

Fig. 14.69. Flange dobrado num canto arredondado ocasiona o acúmulo de metal. Projeto mal feito.

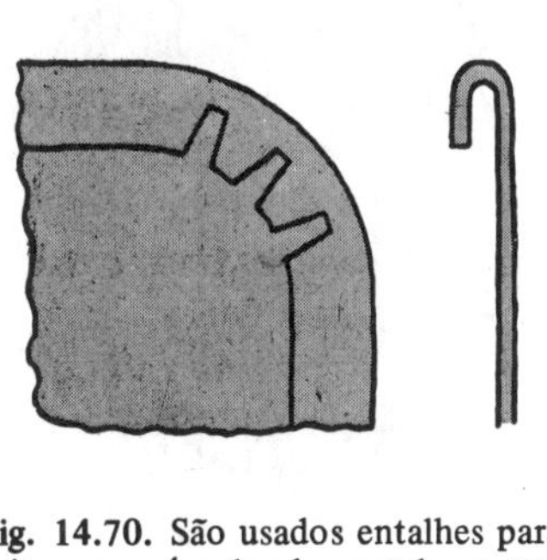

Fig. 14.70. São usados entalhes para evitar o acúmulo de metal em um flange dobrado num canto arredondado. Projeto bem feito.

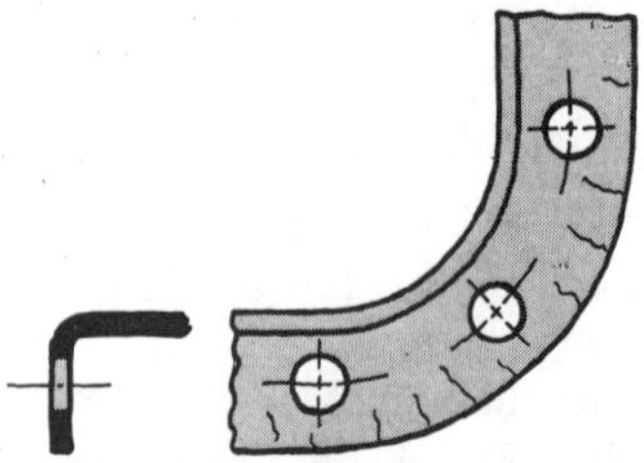

Fig. 14.71. Um flange externo moldado em um canto arredondado produz quebra no material. Projeto mal feito.

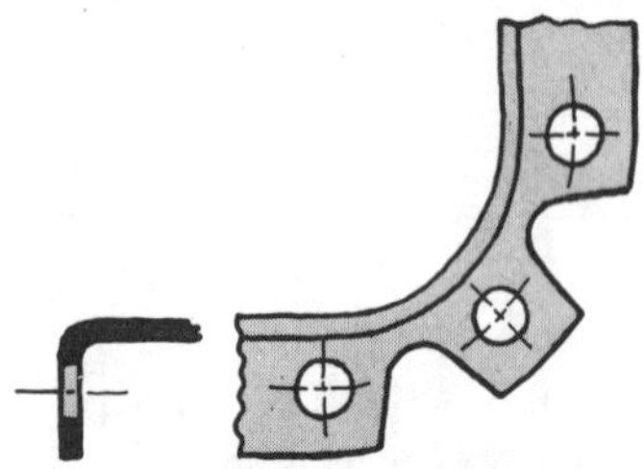

Fig. 14.72. Entalhes no flange externo moldado em um canto arredondado evitam o estiramento e a quebra do material. Projeto bem feito.

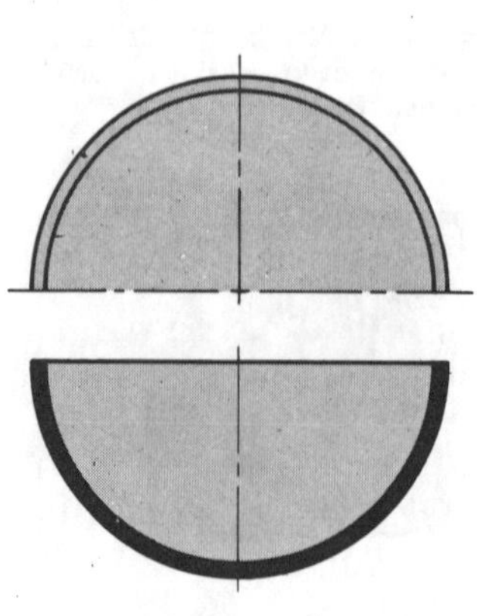

Fig. 14.73. Peça esférica sem flange. Projeto mal feito.

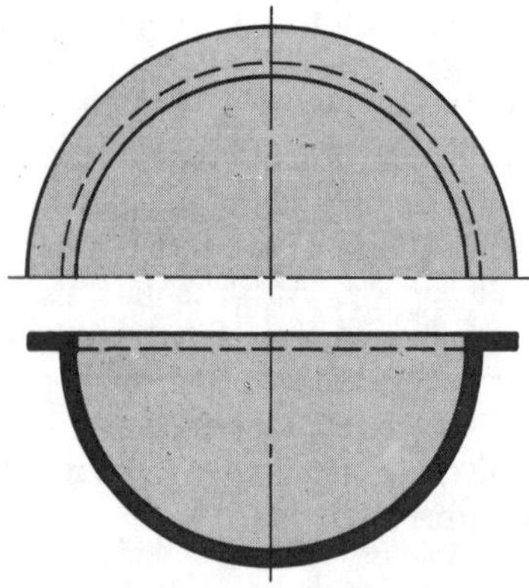

Fig. 14.74. Peça esférica com flange. Projeto bem feito.

forço. Um flange, tal como é mostrado na Fig. 14.74, faz com que a peça seja muito mais estável, além de produzir uma superfície de apoio, freqüentemente necessária.

Quando parte de uma peça em chapa de metal precisa ser feita por cisalhamento, ou por corte e dobradura, como na Fig. 14.75, a quebra, causada por esforço e fadiga, iniciará na extremidade cisalhada ou cortada da superfície. A linha cortada ou cisalhada deve ser arrematada por um furo (feito com broca ou punção),

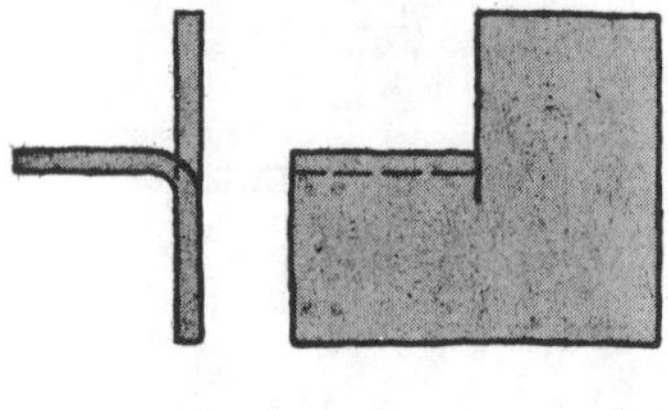

Fig. 14.75. Porção dobrada de peça moldada por cisalhamento e dobra. Projeto mal feito.

como na Fig. 14.76. O contorno do furo distribuirá as tensões e evitará a quebra.

Furos feitos em chapa de metal com punção ou broca são satisfatórios quando se necessita de uma superfície completamente plana, como na Fig. 14.77. Entretanto, um furo mais forte pode ser feito puncionando, ou brocando e moldando, como na Fig. 14.78. Outra vantagem de um furo feito dessa maneira é que ele pode ser roscado para receber um parafuso.

Furos puncionados próximos demais da borda de uma peça numa chapa de metal podem causar distorção e quebra do material, como é indicado na Fig. 14.79. O furo deve ser localizado a uma distância mínima da borda, como é mostrado na Fig. 14.80.

Se o canto de uma peça feita em chapa de metal não necessita ser fechado por motivos funcionais, pode-se fazer uma peça econômica retirando o canto, como é mostrado na Fig. 14.81.

Se possível, as peças feitas em chapa de metal devem ser projetadas de forma que se possa usar ao máximo a matéria-prima, sem deixar muita sucata, como indicado na Fig. 14.82.

As peças feitas em chapas de metal devem ser projetadas de forma a simplificar a forma da lâmina, a menos que exista alguma razão funcional para não fazê-lo. O projeto da peça mostrada na Fig. 14.83 produz uma lâmina irregular e com excesso de sucata na operação de estampagem.

Um projeto mais econômico é mostrado na Fig. 14.84., no qual a lâmina tem os lados retos. Por outro lado, na operação de estampagem elimina-se o excesso de sucata e obtém-se o aproveitamento máximo da matéria-prima.

7. Montagem – fixação e junção de peças

Existem muitos processos para unir peças. O projetista deve estar familiarizado

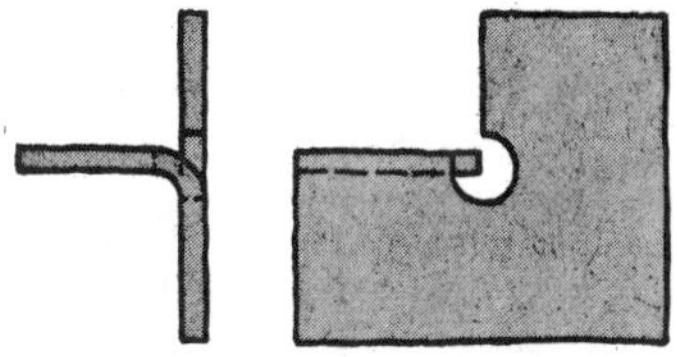

Fig. 14.76. Porção dobrada de peça moldada por cisalhamento até um furo terminal e dobra. Projeto bem feito.

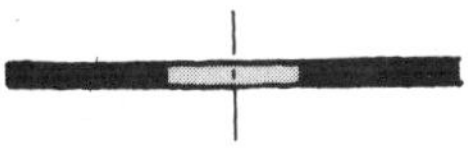

Fig. 14.77. Furo brocado em chapa de metal.

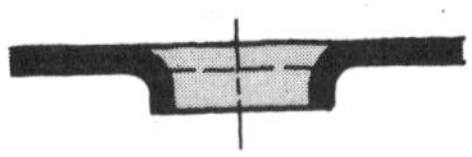

Fig. 14.78. Furo em chapa de metal feito por punção (ou broca) e moldado.

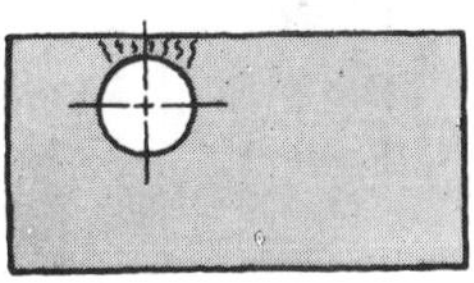

Fig. 14.79. Um furo muito próximo da borda causa distorção e possível quebra. Projeto mal feito.

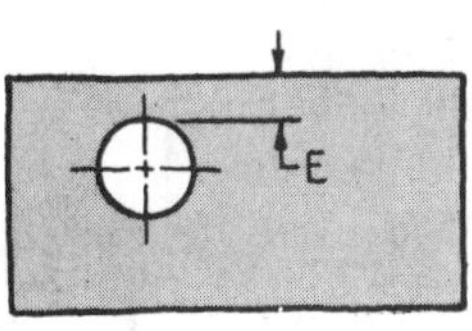

E = ESPESSURA DO METAL (MÍN.) DE $1\frac{1}{2}$

Fig. 14.80. Distância apropriada para um furo feito por punção em chapa de metal. Projeto bem feito.

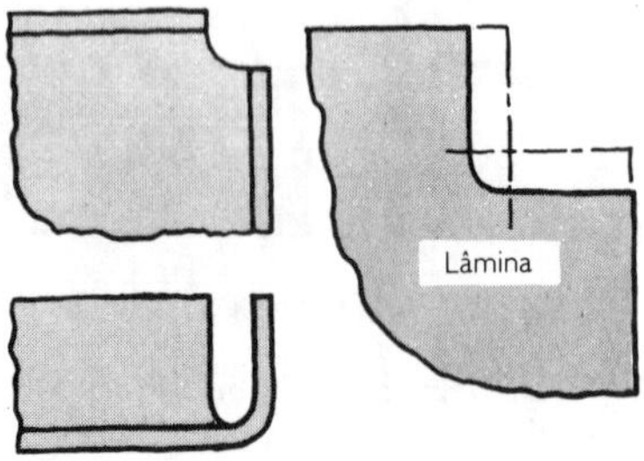

Fig. 14.81. Canto de uma peça moldada em chapa de metal. Projeto econômico.

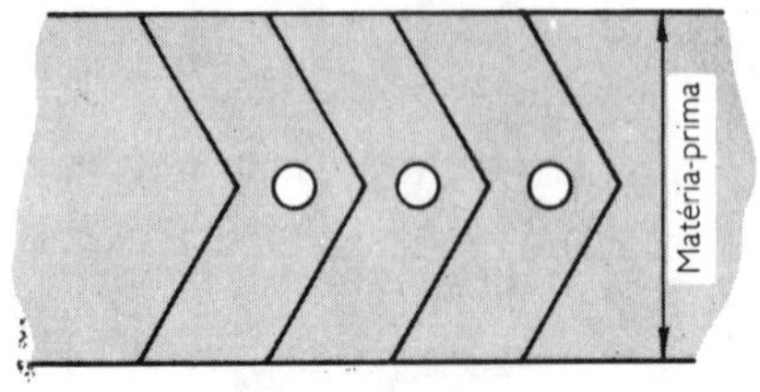

Fig. 14.82. Uso máximo da matéria-prima. Projeto bem feito.

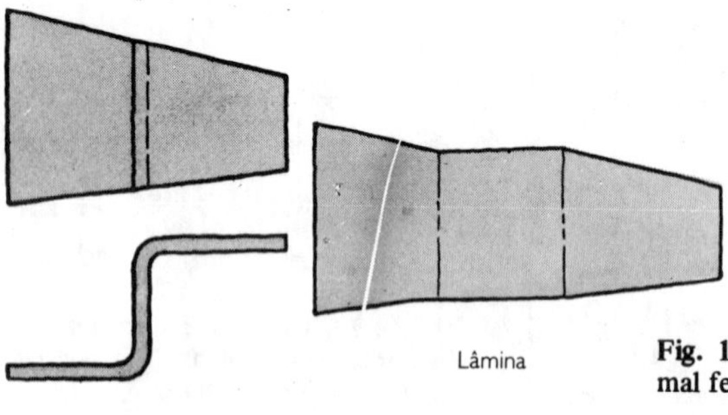

Fig. 14.83. Lâmina irregular. Projeto mal feito.

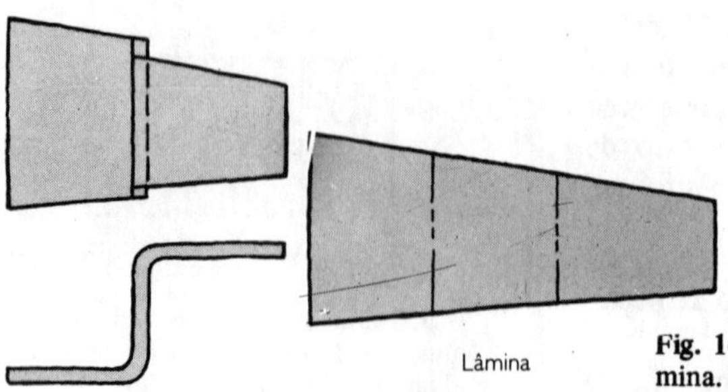

Fig. 14.84. Forma simplificada da lâmina. Projeto bem feito.

com todos os processos possíveis e deve escolher aquele (em qualquer caso particular) que possa prender satisfatoriamente as duas peças e que seja econômico dos pontos de vista de custo, reparo, substituição de peças e manutenção geral. Em qualquer máquina podem ser usados diferentes processos, dependendo em certa medida se a fixação deve ser permanente ou removível. A lista seguinte descreve os métodos mais comuns.

Fixadores mecânicos. Nesta categoria estão incluídos parafusos, rebites, molas especiais, anéis de pressão, anéis-O e chavetas. Para maiores detalhes ver Cap. 15.

Adesivos. Os adesivos são classificados pelo *tipo de colagem* (calor, pressão, tempo, catalisador, vulcanização); pela *forma* (líquido, pasta, pó, mástique); pela *fluidez* (fluido e não-fluido); *veículo* (dispersão de solvente, emulsão aquosa ou sólidos completos); ou composição química, que é o fator mais importante.

Adesivos naturais de caseína, albumina sangüínea, couro, osso, peixe, amido, resina, goma-laca, asfalto, silicato de sódio ou litangírio de glicerina são usados para madeira, papel, cortiça, embalagens, tecidos, alguns metais e plásticos.

Adesivos termoplásticos de acetato de polivinil, de álcool de polivinil, de acrílico, de celulose, de nitrato e de asfalto são usados praticamente para todos os materiais, mas principalmente para os não-metálicos, tais como madeira, couro e cortiça.

Adesivos de termocura de fenólico, de resorcinol, de fenol-resorcinol, de epoxi, de uréia, de melamina e de resinas ácido-alcoólicas são usados para muitos metais e não-metais. Especificamente, o epoxi é usado para juntar materiais diferentes, metais e plásticos; o fenólico é usado para metal, vidro e madeira; as uréias e melaminas são usadas para madeira; as resinas ácido-alcoólicas para laminações de metal.

Adesivos elastoméricos de borracha natural, de estireno-butadieno, de neopreno e de silicone são usados para madeira, borracha, tecido, papel metálico, papel, couro, película plástica e fitas adesivas.

Quase todos os adesivos são muito resistentes ao cisalhamento, um pouco mais fracos em relação à tensão e mais fracos ainda em relação à resistência superficial. Portanto ao projetar uma junta, é importante considerar a resistência.

Uma junta como a mostrada na Fig. 14.85 é fraca, em termos de tensão, porque o metal sofre distorção e é separado do adesivo quando as peças unidas são forçadas.

Uma junta de topo simples como a mostrada na Fig. 14.86 não é resistente à tensão devido à pequena resistência da própria cola e também porque na maioria das juntas deste tipo a área real de junção é limitada.

Pode-se fazer uma junta melhor sobrepondo as peças como na Fig. 14.87. Esta

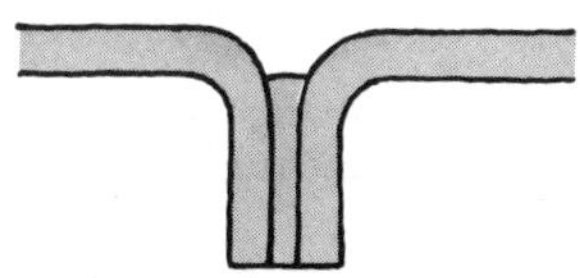

Fig. 14.85. Junta de ligação adesiva. Pouco resistente à tensão devido ao deslocamento.

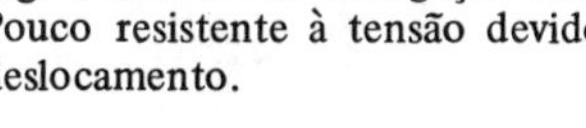

Fig. 14.86. Ligação adesiva de junta de topo. Pouco resistente à tensão devido à resistência e à falta de área de ligação.

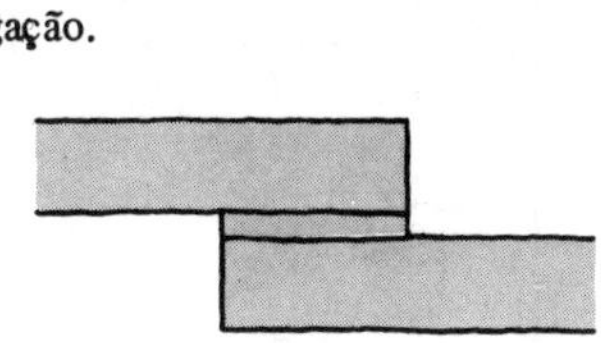

Fig. 14.87. Junta adesiva sobreposta. Mais resistente à tensão do que as juntas das Figs. 14.85 e 14.86.

superposição torna a ligação suscetível de cisalhamento, mas como as peças são tensionadas ocorre distorção, devido ao deslocamento, e o adesivo pode separar-se.

Provavelmente a junta mais resistente à tensão é aquela mostrada na Fig. 14.88, na qual a tensão sobre a junta não provoca a distorção dos elementos e o adesivo permanece em cisalhamento.

Quando uma ligação adesiva é usada em uma peça em ângulo reto, como na Fig. 14.89, esta deve ser alargada, como é mostrado, para que se consiga uma área de ligação maior.

Quando uma junta é projetada como na Fig. 14.90, com um canto em ângulo reto, a ligação adesiva é fraca e poderá descascar. A junta deve ser projetada como na Fig. 14.91.

Juntas adesivas de ligação não são usadas para peças que sofram muita tensão devido à resistência relativamente baixa dos adesivos. Entretanto, conexões adesivas podem ser bastante satisfatórias e econômicas para peças que sofram pouca tensão e para prender coberturas, emblemas, placas indicadoras e peças semelhantes que não sofrem tensão.

Soldas. Muitas combinações de metais de solda são encontradas no comércio. Soldas de *estanho-chumbo* são usadas para aplicações de uso geral sobre metais ferrosos e não-ferrosos para juntar e revestir. Soldas de *estanho-chumbo* e *antimônio* são usadas para soldagem à máquina e maçarico e para revestir metais, exceto ferro galvanizado. Soldas de *estanho-antimônio* são usadas para juntas sobre cobre em aplicações elétricas, hidráulicas e térmicas. Soldas de *estanho-prata* são usadas principalmente para trabalhar instrumentos de precisão. Soldas de *estanho-zinco* são usadas para juntar alumínio. Soldas de *chumbo-prata* são usadas em cobre, latão e metais semelhantes (com maçarico). Soldas de *cádmio-zinco* são usadas para soldar alumínio. Soldas de *cádmio-prata* são usadas para juntar alumínio

Fig. 14.88. Junta adesiva ligada. Mais resistente à tensão do que as juntas das Figs. 14.85, 14.86 e 14.87.

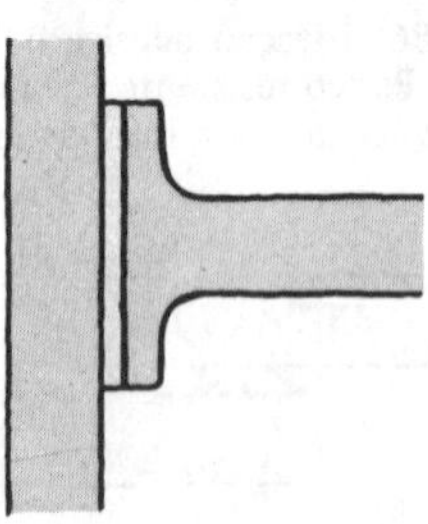

Fig. 14.89. Elemento alargado em ângulo reto para aumentar a área da junta ligada.

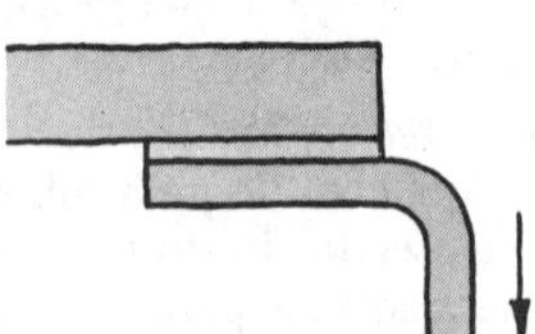

Fig. 14.90. Junta adesiva para ângulo reto. Projeto mal feito.

Fig. 14.91. Junta adesiva para ângulo reto. Projeto bem feito.

com alumínio e com outros metais. Soldas de *zinco-alumínio* são usadas para juntas de alumínio altamente resistentes.

Soldadura forte. A soldadura forte é a operação de juntar dois metais semelhantes ou diferentes através da fusão parcial com um metal ou uma liga aplicada sob uma temperatura muito alta. As ligas para soldadura forte incluem alumínio-silicone, cobre-fósforo, prata, ouro, cobre, cobre-zinco, magnésio e níquel.

Soldagem. Soldagem é a operação de juntar dois metais semelhantes com uma junta fundida do mesmo metal ou de um metal muito semelhante. Aço, ferro fundido, cobre e ligas de cobre, ligas de níquel e alumínio podem ser soldados. Ver o Cap. 16 para os métodos e símbolos de soldagem.

8. Estética

A estética de qualquer criação completamente nova e original em geral pode ser livremente projetada, pois não existe nenhuma outra entidade semelhante com a qual possa competir ou ser comparada. A escolha do feitio, das cores, dos contrastes, dos materiais e outros fatores semelhantes oferece ampla oportunidade de experimentação. O projetista pode experimentar diversas combinações, construir modelos e então escolher o mais atraente.

A estética ou "estilo" de produtos construídos anteriormente, mas que são projetados novamente para o lançamento de novos modelos, é afetada de uma certa forma pelo modelo anterior e também por aquilo que a maioria das indústrias chama de tendências de estilo. Como exemplos, observar as tendências nos modelos do ano de automóveis, refrigeradores, rádios, receptores de televisão e outros produtos bem conhecidos. Anualmente são encontradas novas maneiras de combinar acabamentos coloridos, arremates cromados ou de outros metais, plásticos, couro, madeira e muitos outros materiais. Os feitios são aperfeiçoados. Elementos de operação tais como botões e alavancas são alterados para dar uma aparência interessante e agradável.

A estética de qualquer produto, novo ou reprojetado, não é um problema simples. O projeto exige habilidade artística, um agudo senso de cor, senso crítico dos feitios e combinações e um instinto para produzir os fatores que agradam intensamente à maioria dos compradores e usuários. Isto pode parecer difícil para aquelas pessoas que pensam que não possuem habilidade artística. Entretanto pode-se conseguir algum êxito através do estudo, da observação e do trabalho perseverante e interessado.

Observar a seguintes lista de fatores.

Feitio. A "forma geral" de qualquer produto produz o primeiro impacto, que é o mais importante. Por exemplo, os automóveis são feitos em muitas cores ou combinações de cores, mas um determinado modelo é logo reconhecido pela forma que o distingue. Ao projetar o feitio de um produto deve-se encontrar uma forma combinada que seja reconhecível, diferente e funcionalmente razoável. As tentativas de encobrir uma função com uma forma que não tenha relação com a mesma geralmente falham. Experimentar todas as possíveis combinações de forma, de curvas e de superfícies. Se o produto está sendo reprojetado (modelo novo), deve-se tentar descobrir as diversas formas que seguem as tendências de estilo.

Cores. Depois do feitio, a cor provavelmente produz o impacto mais importante. Escolher cores ou combinações que sejam tradicionalmente aceitas, mas experimentar também nuanças, tons e combinações novas.

Contrastes. Os contrastes podem ser obtidos de muitas maneiras. São exemplos: a combinação de uma cor escura com uma cor clara, de uma textura áspera com uma lisa, de materiais considerados definitivamente diferentes (couro e ouro, madeira e metal, tecido e madeira ou metal, etc.) ou a combinação de materiais com brilhos diferentes (acabamento brilhante e opaco); combinações de cor, material, textura e brilho.

Detalhes. Pequenos detalhes não devem ser descuidados. Muito freqüentemente o sucesso de um projeto repousa na atenção dada a peças aparentemente insignificantes. A cor, o material, a textura ou o brilho relativo de uma pequena peça podem produzir uma diferença decisiva no produto. Os pequenos detalhes a serem considerados são itens tais como botões, cabos, luzes e acessórios de iluminação, indicadores, medidores, mostradores e outros acessórios semelhantes.

Adereços. Os adereços são as características menores, mas muito importantes, do projeto estético, ilustrados por uma linha decorativa de cor, textura ou material contrastante sobre uma superfície que de outra forma seria lisa; um emblema ou uma placa indicativa colocados de maneira que melhorem a composição geral; qualquer pequeno detalhe que distinga um feitio que de outra forma seria desinteressante.

Modelos. A melhor maneira de estudar a estética de um produto é fazer vários modelos do projeto e então usar um certo número de diferentes combinações de cores, texturas e materiais para posteriormente julgar o impacto geral.

Avaliação. Em uma empresa de porte a avaliação do estilo geralmente é feita por um grupo. Este é um método muito lógico, porque a avaliação representará o pensamento conjugado de diversas pessoas. Entretanto, se o julgamento deve ser feito apenas por uma ou duas pessoas a regra básica é fazer todos os esforços para ser o mais objetivo possível.

9. Sumário dos métodos de projeto

O seguinte diagrama esquemático foi montado a partir dos registros dos métodos padronizados em algumas grandes empresas de engenharia, e discussões com alguns projetistas que são amigos pessoais. Portanto, este esquema representa um verdadeiro corte transversal dos métodos comumente usados nos EUA.

PROJETOS

Nas páginas seguintes é apresentada uma série de projetos. Eles foram projetados de forma a avaliar a criatividade do estudante sem exigir qualquer conhecimento especial de engenharia mecânica ou de matemática superior.

Cada projeto é acompanhado por uma sugestão de solução. Essas soluções foram deixadas deliberadamente sem cotas e incompletas, de tal forma que a exigência mínima que se faz ao estudante é completar o projeto e fazer um conjunto de desenhos para execução. Elas não representam necessariamente a melhor solução possível para o projeto. O estudante deve considerar tantas outras idéias quanto possível, pesando todos os fatores tais como custo e segurança antes de fazer uma seleção definitiva.

Procurou-se incrementar o uso de peças comerciais padronizadas, como pinos cilíndricos, anéis de retentores, parafusos, etc.

1. Projetar um instrumento para ser usado em uma furadeira de coluna para cortar gaxetas circulares de chapas de cortiça, de borracha, etc. O instrumento deve cortar gaxetas de tamanhos variados, até 4 polegadas de diâmetro externo, com o diâmetro do furo interno ajustando-se até ficar tão pequeno quanto possível.

O projeto apresentado usa um pino centralizador armado à mola para evitar que o material deslize durante o corte. A força deve ser transmitida do tubo da mola à barra de corte por algum instrumento de fixação que não é mostrado. Se esse projeto for usado, o meio que for acrescentado para fazer esta conexão deve permitir que as peças sejam desmontadas para substituição da mola e para afiar o pino central.

2. Uma zorra industrial feita de aço em ângulo deve ser refeita para carregar instrumentos eletrônicos delicados. A zorra é equipada com quatro roldanas semelhantes àquelas mostradas no problema 36 do Cap. 24.

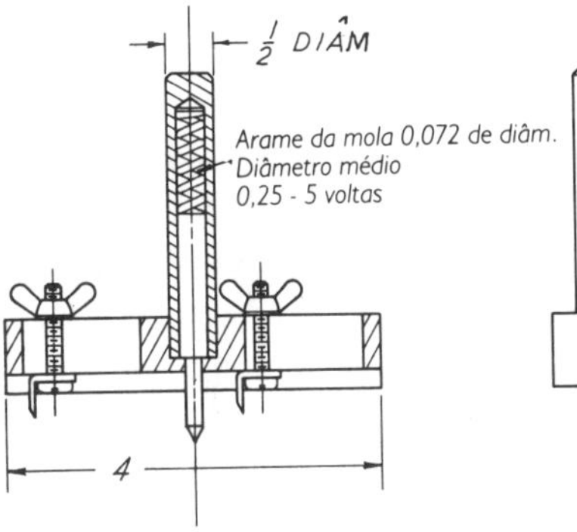

PROJETO 1

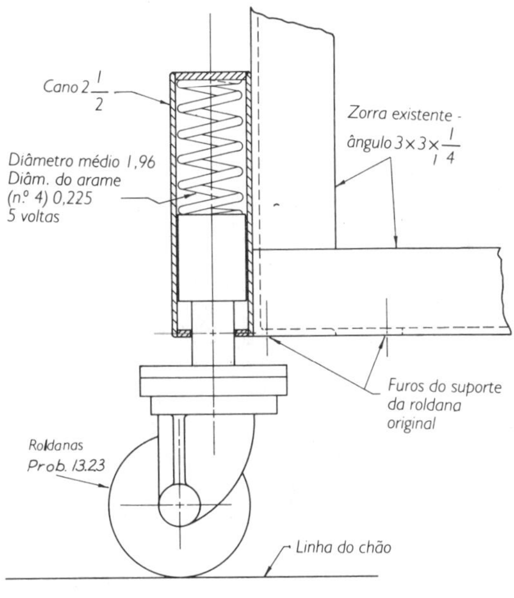

PROJETO 2

Projetar um novo suporte para roldana que absorva os choques provocados quando a zorra é usada em pisos irregulares. Deverá ser transportada uma carga prevista de aproximadamente 100 libras por roldana (incluindo a zorra).

O projeto sugerido usa uma mola de compressão que tem uma constante de 100 libras por polegada quadrada, com uma deflexão total de 2 polegadas.

3. Projetar um suporte portátil, resistente à ferrugem, que sirva para sustentar bandejas, fogões de *camping*, cestas de roupa, etc. Este suporte deverá ser dobrável até que forme um volume tão pequeno e regular quanto possível.

A solução sugerida usa cantoneiras e barras de alumínio plano. Os fixadores são pinos sem rosca fixados por porcas de pressão (ver Apêndice).

4. Projetar um fogão solar portátil para grupos de levantamento e campistas, para ser usado em climas relativamente ensolarados. Ele deve ser leve e desmontável, para caber em uma caixa pequena. Deve ser usado um refletor parabólico

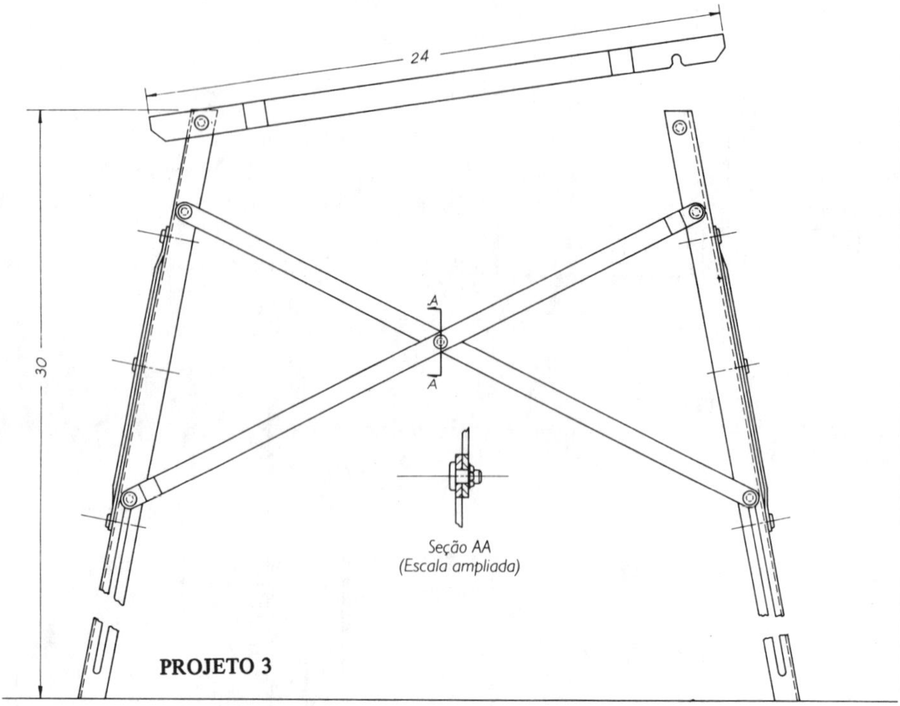

PROJETO 3

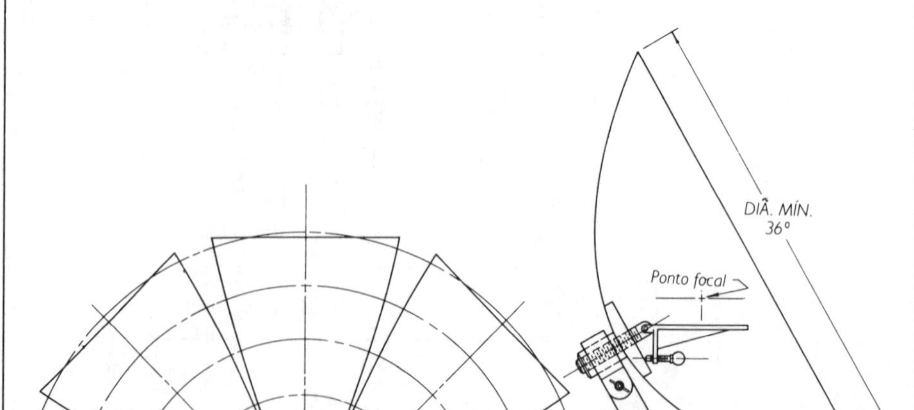

Desenvolvimento de três segmentos do refletor de oito segmentos - fixadores adequados puxarão as peças planas até que estas formem uma curva parabólica.

PROJETO 4

de pelo menos 30 pés de diâmetro; seu ponto focal não deve ser muito preciso, caso contrário haverá uma tendência a furar um recipiente pequeno. O refletor deve estar sobre um suporte ajustável de forma que possa ser dirigido para o sol em diferentes horas do dia e do ano e em latitudes diferentes.

A solução sugerida consiste em um refletor feito de oito segmentos devidamente desenvolvidos de metal sólido em chapa. Esses segmentos mantêm-se planos quando não estão em uso e são mantidos na forma adequada por fixadores que unem as suas bordas.

5. Um pequeno invólucro de latão é alimentado por um funil inserido em um tubo de alimentação existente que por sua vez alimenta uma prensa que continua o processamento da peça. Todas as peças devem ter a extremidade fechada voltada para baixo.

Projetar um instrumento que vire as peças que tenham a extremidade aberta para baixo. O funil alimenta as peças a uma tal velocidade que elas não se tocam.

Uma possível solução é mostrada; usa-se um pino que penetre na extremidade aberta das peças que necessitam ser viradas. Então, pela ação da gravidade as peças giram rapidamente, como indicado. As extremidades fechadas das outras peças baterão no pino e cairão sem virar.

O projeto deve ser montado na coluna de seção I de seis polegadas já existente, como é mostrado.

6. O ar quente de um processo de secagem industrial é conduzido através de um condutor cilíndrico de 8 polegadas de diâmetro. Deve-se instalar no condutor um orifício de diâmetro variável para controlar o fluxo de ar. Para auxiliar na manutenção de um fluxo laminar deve-se manter a abertura dentro do condutor aproximadamente redonda e concêntrica. Deve-se poder reduzir o diâmetro até aproximadamente metade do diâmetro original.

Projetar um instrumento adequado para este fim.

A solução indicada é baseada na idéia de seis lâminas curvas articuladas externamente na periferia do condutor e que se movem para dentro e para fora do fluxo de ar por meio de um anel de controle que é concêntrico em relação ao condutor.

7. Muitos instrumentos mecânicos são lubrificados definitivamente na hora da montagem.

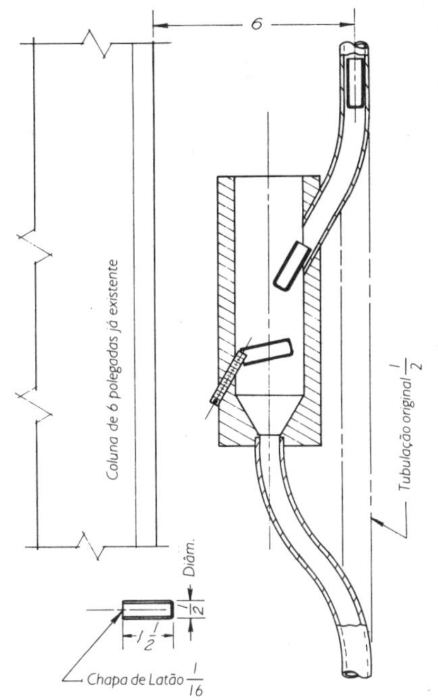

DETALHE DO INVÓLUCRO DE LATÃO

PROJETO 5

Isto exige que uma determinada quantidade de óleo seja colocada na máquina.

Projetar um instrumento que meça duas onças fluidas de óleo com um único movimento de "empurrar-puxar" por parte do operador (1 onça fluida americana = 1,805 polegadas cúbicas).

É necessário um certo ajustamento, de forma que seja possível um controle preciso. O óleo não deve correr quando o instrumento não estiver em uso.

A solução parcial indicada usa dois pistões, montados em um único bastão, que deslizam para a frente e para trás em um cilindro cuidadosamente acabado.

O ar preso no cilindro pode impedir o movimento tanto do óleo quanto do pistão. A válvula plástica de flutuação indicada permitirá que o ar entre e saia do cilindro, e prenderá o óleo.

8. Uma fábrica de latas para alimentos em conserva está fornecendo as latas diretamente a

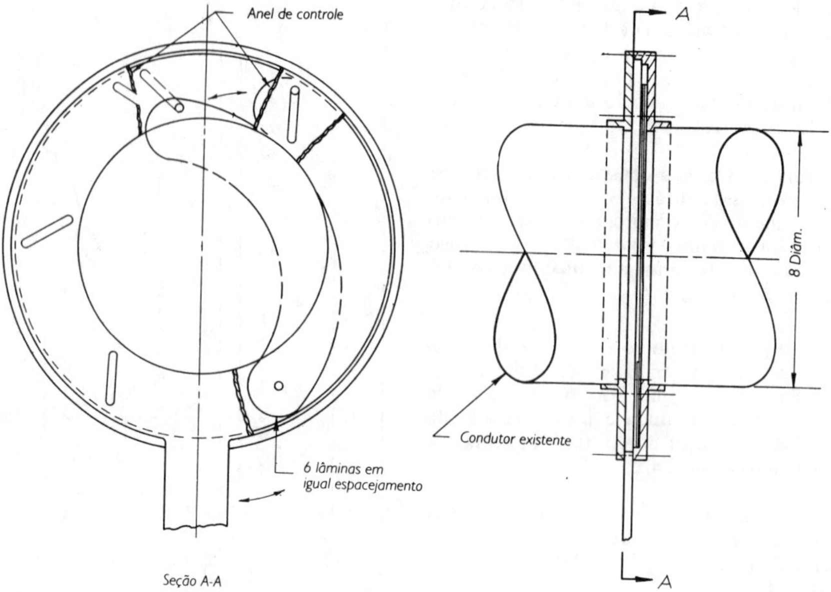

PROJETO 6

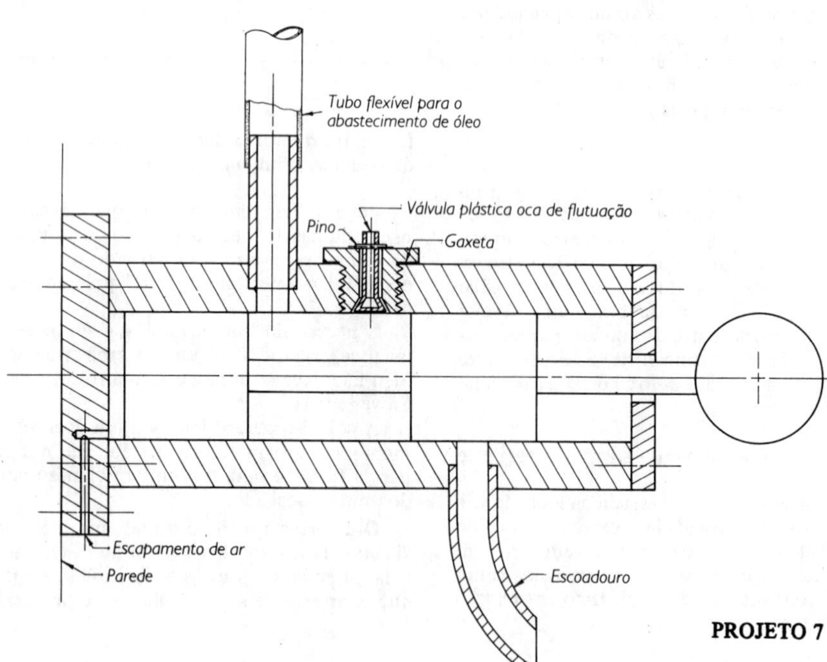

PROJETO 7

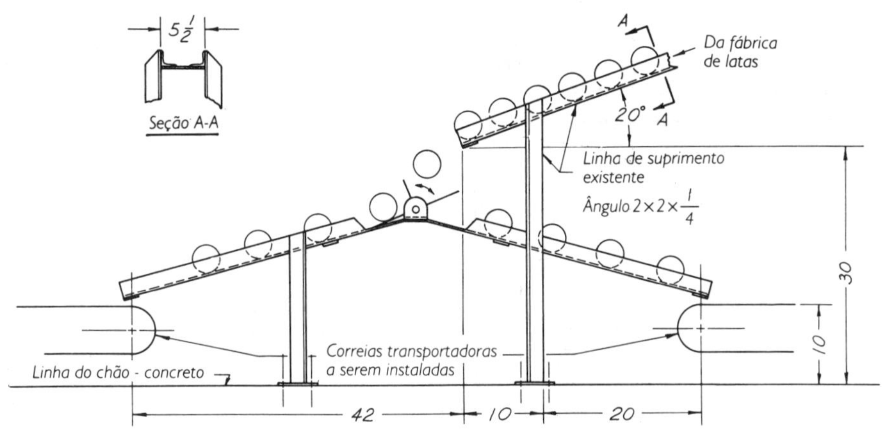

PROJETO 8

um processador de produtos alimentícios. O fluxo das latas deve ser dividido igualmente e conduzido às duas correias transportadoras que serão instaladas, como é mostrado. Projetar um instrumento para este fim e fazer os desenhos de montagem, de execução e de instalação necessários.

A solução indicada consiste em usar um elemento em forma de "T" articulado, como é mostrado. Cada lata girará esse elemento em uma ou outra direção, dividindo o fluxo igualmente.

As latas têm 4 polegadas de diâmetro e $4^3/4$ polegadas de altura. As latas chegam separadas, de tal forma que não se tocam.

9. Projetar um instrumento para verificar o tipo de mola espiral de compressão especificada abaixo para o seguinte:

Capacidade da mola (libras para deslocar a mola de 1 polegada)

Comprimento livre máximo

Comprimento máximo quando comprimida

Especificação da mola: diâmetro médio 1 polegada, arame de 0,0625 polegada de diâmetro, cinco voltas, extremidades quadradas retificadas, comprimento máximo livre 2 polegadas, comprimento máximo 0,44 polegada e capacidade da mola 4,4 libras por polegada quadrada. Uma carga de 4,4 libras deve deslocar a mola de 0,9 a 1,1 polegadas.

O instrumento indicado é uma solução possível. Um came acionado à mão desloca a mola mestra uma polegada (ele é cuidadosamente colocado para dar uma polegada de deslocamento para 4,4 libras de força). Se as duas sapatas estiverem eqüidistantes da articulação central, a mola que está sendo testada carregará uma carga de 4,4 libras. Se a mola estiver dentro dos limites de tolerância, aparecerão então as linhas traçadas na base. As outras linhas traçadas na base aparecerão se a mola atingir as especificações de tolerância de comprimento.

10. Um fabricante de material elétrico faz núcleos de transformadores empilhando lâminas finas de aço e unindo-as através de solda ou rebites. Devido à variação de espessura das lâminas, causada pela tolerância de laminação (tanto devido à variação da espessura total quanto à variação entre os lados da mesma folha), nem o número de lâminas por pilha nem a altura da pilha são medidas adequadas para determinar a pilha ideal. Como as propriedades elétricas são diretamente proporcionais à massa do aço existente no núcleo, a bitola do núcleo deve ser determinada através do peso.

A lâmina mostrada é estampada de uma folha de aço de bitola 22 e deverá ser usada em um núcleo que pese 1,4 libras, com uma variação tão pequena quanto possível.

O objetivo final é uma máquina automática que receba as lâminas diretamente da prensa de puncionar, selecione a matéria-prima e a coloque em um soldador automático. Entretanto, devido à complexidade do problema, deve-se projetar e testar primeiro uma máquina experimental ligada, carregada e descarregada à mão.

Uma solução parcial é mostrada. Complete esse projeto ou prepare um projeto alternativo que solucione o problema.

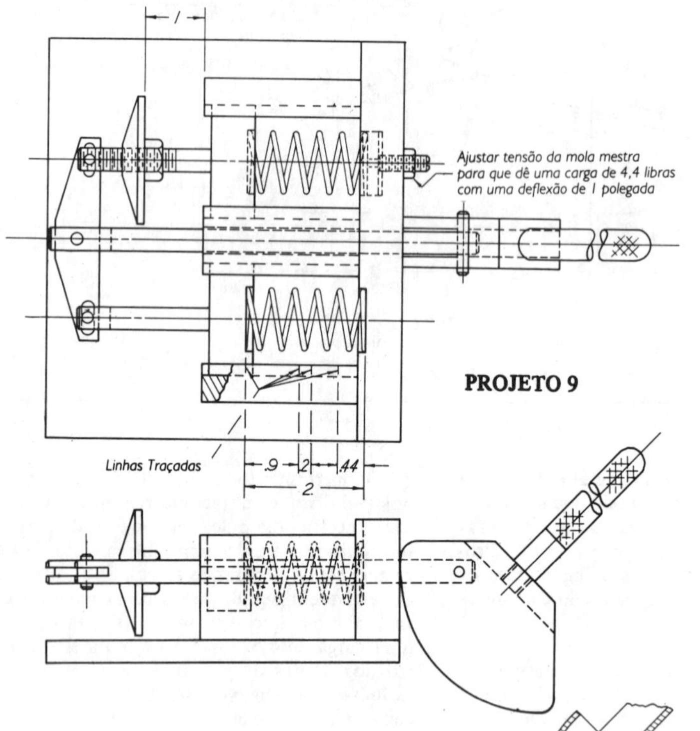

PROJETO 9

PROJETO 10

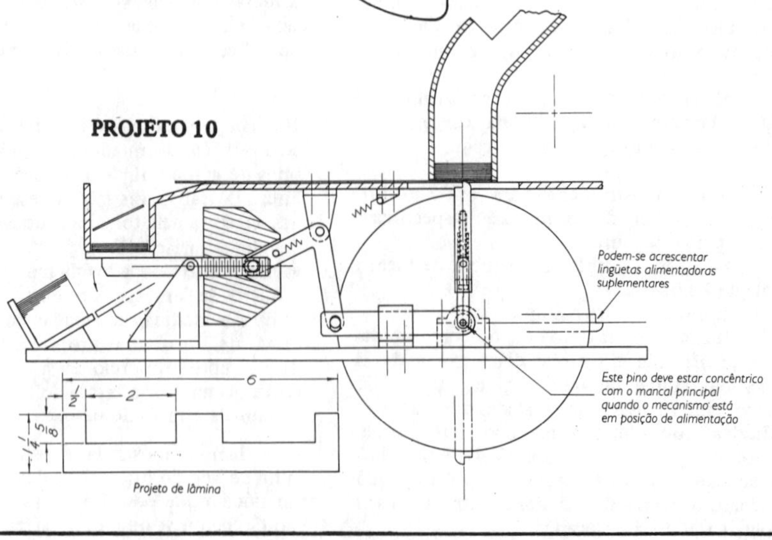

Para cumprir sua função, praticamente todos os projetos de instrumentos, máquinas, estruturas, etc. necessitam de fixadores e elementos afins.

História • Padronização • Terminologia • Formas de roscas • Representação • Símbolos • Padrões de roscas • Roscas especiais • Parafusos • Representação de parafusos • Chavetas • Molas • Produtos especiais • Problemas.

15

PARAFUSOS, FIXADORES, CHAVETAS E MOLAS

1. Rosca: sua importância

A rosca é o elemento funcional usado em pinos, porcas, parafusos de cabeça, parafusos para madeira e outros, assim como em eixos e peças semelhantes, empregadas para transmitir energia ou para ajustamento. As roscas ocorrem de uma forma ou de outra praticamente em todos os produtos de engenharia. Conseqüentemente, ao se fazer desenhos para execução repetidas vezes aparece a necessidade de *representar* e de *especificar* as roscas.

2. História

As referências mais antigas aos parafusos são encontradas nos escritos de Arquimedes (278 a 212 a.C.). Entretanto, exemplares das antigas roscas gregas e romanas são tão raros que isto pode ser um indício de que elas pouco eram usadas. Existem muitas do fim da Idade Média e sabe-se que tornos e tarraxas toscos eram usados para abrir roscas neste último período. A maioria das roscas antigas era feita à mão, forjando-se a cabeça do parafuso; a fenda era feita com uma serra e a rosca era modelada com uma lima. Na América, nos tempos coloniais, os parafusos para madeira tinham a ponta cega, pois a verruma de ponta surgiu apenas em 1846. Os parafusos de ferro eram feitos para cada furo roscado. Não havia intercâmbio de peças e as porcas só serviam no seu próprio parafuso. Na Inglaterra, Sir Joseph Whitworth fez a primeira tentativa de estabelecer um padrão uniforme em 1841. O seu sistema foi adotado na Inglaterra, mas não nos Estados Unidos.

3. Padronização

A primeira tentativa de padronizar as roscas de parafuso nos EUA surgiu em 1864, com a adoção de um relatório preparado por uma comissão indicada pelo Instituto Franklin. O sistema, projetado por William Sellers, passou a ser de uso geral e era conhecido como a "Rosca do Instituto Franklin", "Rosca Sellers" ou "Rosca Americana". Na época, ela preencheu a necessidade existente de uma rosca de uso geral; mas com o advento do automóvel, do avião e de outros equipamentos modernos, tornou-se inadequada. Através dos esforços das várias sociedades de engenharia, do *Bureau of Standards* e de outros, a *National Screw Thread Commission* foi autorizada por ato do Congresso em 1918 e estabeleceu os padrões atuais. O ANSI e o *Interdepartmental Screw Thread Committee of the U.S. Departments of Defense* (Exército, Marinha e Força Aérea) *and Commerce* deram prosseguimento ao trabalho. Mais tarde, estas organizações, trabalhando em conjunto com representantes dos governos e das associações de padronização da Grã-Bretanha e do Canadá, firmaram um acordo a respeito de uma rosca de uso geral que preenche as necessidades básicas de permutabilidade dos produtos roscados produzidos nesses três países. A *Declaration of Accord* estabelecendo a Rosca de Parafuso Unificada foi assinada em Washington, D.C., no dia 18 de novembro de 1948.

As características essenciais da rosca unificada e de outras roscas são dadas neste capítulo, enquanto que os padrões relativos às mesmas estão listados no Apêndice.

4. Terminologia da rosca de parafuso

Rosca de parafuso (rosca). É uma superfície composta gerada por um ou mais perfis quando seus pontos descrevem uma hélice na superfície externa ou interna de um cilindro ou de um cone.

Rosca cilindrada. É uma rosca desenvolvida sobre um cilindro (Fig. 15.1).

Rosca cônica. É uma rosca desenvolvida em um cone.

Rosca externa (parafuso). Rosca cujos filetes são gerados sobre a superfície externa de um cilindro ou cone (Fig. 15.1).

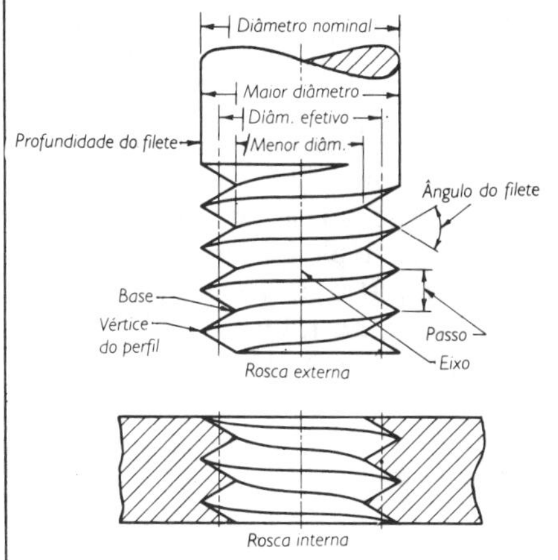

Fig. 15.1 – Rosca alinhada. Nomenclatura das roscas. Ver Seç. 4 para saber os detalhes.

Rosca interna (porca). Rosca cujos filetes são gerados sobre a superfície interna de um cilindro ou cone (Fig. 15.1).

Rosca direita. Rosca que, vista axialmente, gira na direção dos ponteiros do relógio, afastando-se do observador. As roscas são sempre direitas, salvo especificação em contrário.

Rosca esquerda. Rosca que, vista axialmente, gira na direção contrária aos ponteiros do relógio, e se afasta do observador. Todas as roscas esquerdas são designadas como "RE".

Forma. É o perfil (corte transversal) da rosca. A Fig. 15.3 mostra várias formas.

Vértice do perfil. É a aresta ou superfície de encontro de dois flancos do filete. É o ponto mais afastado do cilindro ou cone do qual a rosca se projeta (Fig. 15.1).

Base. Aresta ou superfície que une os lados de dois filetes adjacentes e coincide com o cilindro ou cone do qual a rosca se projeta (Fig. 15.1).

Passo. É a distância, medida paralelamente ao eixo, entre pontos correspondentes de dois perfis adjacentes, no mesmo plano axial e do mesmo lado do eixo (Fig. 15.1).

Filete da rosca. Distância em que uma peça roscada se move axialmente em uma volta completa em relação à peça fixa à qual está sendo acoplada. Ver rosca múltipla e a Fig. 15.2

Roscas por polegada. É a recíproca do passo e é o valor determinado para dirigir o tamanho da forma de rosca.

Diâmetro externo. É o diâmetro máximo da rosca (Fig. 15.1).

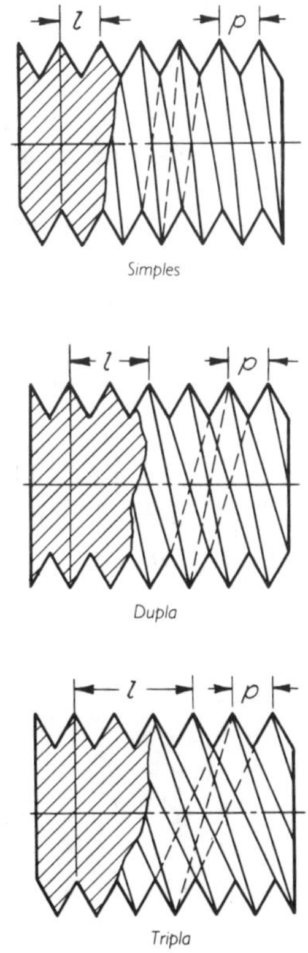

Fig. 15.2 – Roscas múltiplas. Observar que em uma rosca simples o filete e o passo têm valores idênticos; em uma rosca dupla o filete é duas vezes o passo e em uma rosca tripla o filete é três vezes o passo.

Diâmetro interno. É o diâmetro máximo da rosca (Fig. 15.1).

Diâmetro efetivo. Nas roscas cilíndricas, é o diâmetro de um cilindro coaxial imaginário cuja superfície intercepta os perfis em uma posição tal que a largura do filete e a largura do sulco são iguais (Fig. 15.1). A folga entre duas roscas que se acoplam é controlada em grande parte por um mínimo de tolerância nos diâmetros efetivos.

Profundidade do filete. Distância entre o vértice e o fundo, medida perpendicularmente ao eixo (Fig. 15.1).

Rosca simples ou rosca de uma entrada. Rosca que é gerada por um só perfil (Fig. 15.2). Ver rosca múltipla (abaixo). Em uma rosca simples o filete e o passo são equivalentes. As roscas são sempre simples, a menos que haja especificações em contrário.

Rosca múltipla ou rosca de várias entradas. É uma combinação de roscas, que têm a mesma forma, gerada por dois ou mais perfis iguais e adjacentes (Fig. 15.2). Em uma rosca múltipla, o filete é um múltiplo integral do passo, isto é, em uma *rosca dupla* o filete é o dobro do passo, em uma *rosca tripla*, o triplo do passo, etc. Uma rosca múltipla permite um avanço mais rápido sem uma forma de rosca mais grosseira (maior). Observar que as hélices de uma rosca dupla iniciam com uma separação de 180°; as de rosca tripla, com uma separação de 120° e as de rosca quádrupla com 90° de separação.

5. Tipos de rosca

As roscas são usadas para unir ou ajustar peças entre si e para a transmissão de energia e movimento. Para estes diversos fins é usada uma série de diferentes formas de roscas (Fig. 15.3). As dimensões na figura são as das formas básicas de rosca. Na prática, deve-se deixar uma folga entre a rosca externa e a interna.

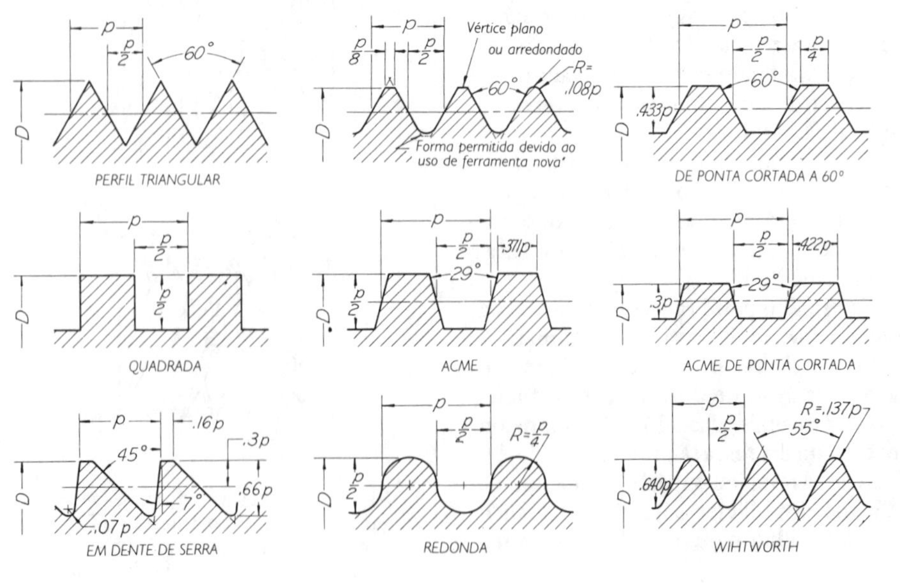

Fig. 15.3 – Perfis de rosca. Ver Seç. 5 para a explicação de cada tipo.

O *perfil triangular,* antes usado em escala limitada, raramente é empregado agora, pois é difícil manter bases pontiagudas na produção em massa. Entretanto, é uma forma básica para roscas do tipo em V, mais práticas; além disso, por sua simplicidade ela é usada nos desenhos como uma representação convencional de outras roscas (tipo em V).

Roscas triangulares são empregadas principalmente em parafusos, porcas de fixação e para fazer ajustamentos. A forma padronizada de rosca, para estes fins, nos Estados Unidos é a *Rosca Americana.* Esta forma é também a base da rosca de parafuso unificada, padronizada nos EUA, Canadá e Grã-Bretanha, sendo por isso conhecida como rosca *unificada.* Como é ilustrado na Fig. 15.3, a forma é dada pelo ponto máximo da rosca externa. Observar que enquanto o vértice pode ser plano ou arredondado, a base é arredondada.por designação ou devido ao desgaste das ferramentas. A Rosca Americana é sem dúvida o tipo mais usado naquele país.

A rosca de *ponta cortada* a 60° é preferida quando ao invés de roscas múltiplas a forma da rosca Nacional simples é mais profunda.

O padrão britânico anterior era a *Whitworth,* a 55°, com os vértices e as bases arredondadas. A rosca da *British Association Standard*, com ângulo de 47 $^1/_2$°, medido no sistema métrico, é empregada em pequenos parafusos. O *Sistema Francês* e a *International Metric Standards* têm a mesma forma da Rosca Americana, mas são dimensionadas pelo sistema métrico decimal.

As formas em V não são aconselháveis para a transmissão de energia, tendo em vista que o esforço de compressão tende a quebrar as porcas. Isto não acontece quando é usada uma *rosca quadrada,* pois esta transmite todas as forças quase paralelamente ao eixo do parafuso. A rosca quadrada pode ter, evidentemente apenas a metade do número de filetes da rosca triangular de passo igual, no mesmo espaço axial; portanto, a sua resistência ao esforço cortante é somente a metade da que se calcula para a rosca em V. Devido a dificuldades de fabricação, a forma da rosca quadrada algumas vezes é modificada, tornando-a levemente (5°) cônica para os lados.

Na prática, a rosca *Acme* (trapezoidal) geralmente substitui a quadrada. Ela é mais resistente, mais fácil de ser executada e permite o uso de uma força de desengatar ou partida que não pode ser usada com a rosca quadrada.

A rosca *Acme de ponta cortada* é uma rosca resistente, adequada às aplicações de energia em que a limitação de espaço a torne indicada.

A rosca *em dente de serra,* que serve para transmitir esforço em uma única direção, tem a eficiência da rosca quadrada e a resistência da rosca triangular. Anteriormente ela era feita com um flanco (face) de pressão perpendicular; com a nova inclinação a 7° é manufaturada mais facilmente. Algumas vezes chamada de "rosca em dente de serra", ou rosca de culatra, é usada no fechamento da culatra de canhões.

A *rosca redonda* é adequada para trabalhos grosseiros, quando as roscas devem ser moldadas ou laminadas em metal em chapa. Ela é utilizada em potes de vidro, em forma rasa e na base das lâmpadas incandescentes comuns.

As roscas internas de parafuso são feitas por corte, enquanto que as externas são feitas por corte ou rolamento. Os testes demonstram que as roscas obtidas por rolamento são consideravelmente mais resistentes do que as cortadas. Comprimindo as fibras do metal a frio, o rolamento aumenta a tenacidade e a resistência da porção roscada.

6. Roscas e parafusos métricos

O *American National Standards Committee* desenvolveu um documento sobre roscas métricas para fornecer uma listagem oficial das roscas e parafusos métricos aceitos pela ISO (*International Organization for Standards*). Atualmente existem quatro recomendações, que são: (1) ISO/R68 – ISO perfil básico para roscas triangulares; (2) ISO/R261 – roscas métricas da ISO; (3) roscas métricas para parafusos, pinos e porcas da ISO, 6 a 39 mm; (4) roscas métricas de uso geral da ISO – princípios de tolerância e dados básicos. Este documento interpretativo não foi submetido à aprovação do *American National Standards Institute* para ser adotado como um *American National Standard* e, portanto, não deve ser considerado como um padrão do ANSI, mas pode se chamá-lo de uma recomendação da ISO. À medida que os comitês de padronização completam novos trabalhos, é provável que os padrões do ANSI sejam desenvolvidos e aprovados.

É lamentável que até hoje não existam padrões definitivos. No entanto, conforme a padronização seja estabelecida, este texto será atualizado para acompanhá-la. Os padrões métricos (ANSI) existentes no momento são: (1) roscas métricas de parafuso da ISO e (2) método americano para determinar a bitola de roscas métricas de parafuso.

Recomenda-se o trecho do ANSI Bl.1 que segue, para ser usado até que exista uma padronização mais definitiva.

ROSCAS UNIFICADAS EM POLEGADAS – TRANSFORMAÇÃO MÉTRICA

Fundamentos

Esta seção apresenta uma transformação das roscas unificadas, em polegadas, para as unidades métricas de medida. É muito importante deixar claro que esta transformação não representa as roscas métricas da ISO. Os quadros de cotas limitantes de roscas padrão, e das séries UNS/UNRS e o quadro dos dados sobre formas de roscas que são apresentados nesta seção, transformados de polegadas em milímetros, cumprem a decisão do comitê B1 de que deve haver transformações oficiais das roscas em polegadas para milímetros, para melhor preencher as necessidades de comunicação no intercâmbio internacional de dados técnicos. Essa decisão originou-se na reunião do *Standard Committee* do dia 4 de maio de 1964 e foi aprovada em 2 de novembro de 1966.

Cotagem

Todas as cotas neste suplemento são dadas em milímetros, salvo especificação em contrário. Os valores métricos nos quadros de cotas limitantes são transformações dos valores em polegadas tabulados em USAS Bl.1.

Em todos os casos os valores métricos foram arredondados na parte interna da zona de tolerância, isto é, os limites máximos foram arredondados para menos e os limites mínimos para mais. Este método de arredondar os valores transformados foi escolhido para permitir o uso das bitolas existentes. Para evitar que os fabricantes sejam demasiadamente sacrificados, as bitolas devem ser baseadas nos valores em polegadas ao invés das transformações métricas.

Designações

A designação das roscas unificadas, em polegadas, expressa em cotas no sistema métrico deve ser a seguinte:

Nos desenhos ou documentos em que se utiliza o sistema métrico a nomenclatura deve especificar, em seqüência: a dimensão (expressa em polegadas decimais), o número de voltas por polegada, os símbolos da série e da classe da rosca. Todas as cotas suplementares devem ser apresentadas em unidades métricas, como é mostrado. As cotas equivalentes, em polegadas, podem ser incluídas, se assim se quiser, indicando-as entre parênteses.

Exemplo: (em desenho ou documento que utiliza o sistema métrico)

0,250-28 UNF-2A
PD 5,735-5,652
(0,2258-0,2225 pol.) (opcional)

Em desenhos ou documentos que utilizam polegadas, a nomenclatura e as cotas suplementares expressas em polegadas podem ser melhor complementadas com a inclusão das cotas equivalentes no sistema métrico, também indicadas dentro de parênteses.

Exemplo:

0,250-28 UNF-2A
PD 0,2258-0,2225
(5,735-5,652 mm) (opcional)

DESIGNAÇÕES DE ROSCAS

Designações básicas

As roscas métricas são designadas pela letra "M" seguida da dimensão (diâmetro básico maior em milímetros) e do tamanho do passo, também em milímetros, separados pelo sinal "X". Para roscas de série grossa deve-se omitir a indicação do passo.

Exemplos:

Roscas de série grossa:	M6
Outras roscas:	M8 x 1

Designações completas

Para uma rosca métrica da ISO uma designação completa compreende, além da designação básica, uma identificação da classe de tolerância. Esta é separada da designação básica por um travessão e inclui o símbolo da tolerância do diâmetro do passo seguido imediatamente do símbolo da tolerância do diâmetro do vértice. Cada um desses símbolos por sua vez deve consistir de um numeral que indique o grau de tolerância seguido de uma letra que indique a posição da tolerância (um letra maiúscula para roscas internas e uma letra minúscula para as externas).

Exemplos:

Designação da rosca métrica
Dimensão
Passo
Designação da classe de tolerância

M6 x 0,75 – 5 g 6 g

Posição da tolerância / Grau da tolerância } Símbolo da tolerância do diâmetro do vértice

Posição da tolerância / Grau da tolerância } Símbolo da tolerância do diâmetro do passo

Quando os símbolos da tolerância do passo e do vértice forem iguais, ele deve ser dado apenas uma vez e não repetido.

Exemplo:

Símbolo da tolerância do passo e do vértice (tolerância igual) } Designação da classe de tolerância

M20 x 2 – 6H

Designação do comprimento de penetração

Quando for considerado necessário, pode-se acrescentar o símbolo do grupo do comprimento de penetração à designação da classe de tolerância.

Exemplo:

Símbolo do grupo do comprimento de penetração

M6 – 7 g 6 g L

Designações para o ajuste das roscas

O ajuste desejado entre roscas que se acoplam é indicado pela designação da classe de tolerância da rosca interna seguida pela da classe de tolerância da rosca externa, separadas por uma barra.

Exemplos:

M6 – 6H/6 g
M20x2 – 6H/5 g 6 g

Designações para roscas de base arredondada

Quando se especificam roscas externas de base arredondada, deve-se acrescentar à designação da classe de tolerância o valor mínimo do raio da base.

Exemplo:

Raio mínimo da base

M6 – 5 g 6 g 0,100 R

Designações para roscas revestidas

Nas roscas revestidas (ou chapeadas) a designação da parte roscada deve indicar se as classes de tolerância da rosca especificadas são aplicáveis antes ou depois do revestimento ou da chapeação.

Exemplos:

M6 – 5 g 6 g ANTES DA CHAPEAÇÃO
(Revestimentos normais)
M6 – 5 e 6 e ANTES DA CHAPEAÇÃO
(Revestimentos fortes)
M6 – 5 h 6 h DEPOIS DA CHAPEAÇÃO

ROSCAS DE SÉRIES PADRONIZADAS PARA PARAFUSOS, PARAFUSOS DE CABEÇA E PORCAS COMERCIAIS

Produção de parafusos

As roscas de séries métricas padronizadas da ISO a serem utilizadas na produção de parafusos, parafusos de cabeça e porcas comerciais estão listadas no quadro a seguir:

Roscas métricas para parafusos, parafusos de cabeça e porcas comerciais

Dimensão Diâmetro (mm)		Passo P (mm)	
Coluna		Rosca grossa	Rosca fina
1	2		
		0.075	
0.25		0.08	
0.3	0.35	0.09	
		0.1	
0.4	0.45	0.1	
		0.125	
0.5	0.55	0.125	
		0.15	
0.6	0.7	0.175	
		0.2	
0.8			
	0.9	0.225	
		0.25	
1	1.1	0.25	
		0.25	
1.2	1.4	0.3	
		0.35	
1.6	1.8	0.35	
		0.4	
2	2.2	0.45	
		0.45	
2.5			
		0.5	
3	3.5	0.6	
		0.7	
4	4.5	0.75	
		0.8	
5			
		1	
6	7	1	
		1.25	1
8		1.5	1.25
10		1.75	1.25
12			
	14	2	1.5
		2	1.5
16	18	2.5	1.5
		2.5	1.5
20	22	2.5	1.5
		3	2
24	27	3	2
		3.5	2
30	33	3.5	2
		4	3
36	39	4	3

7. Representação de uma rosca

A verdadeira representação de uma rosca quase nunca é usada ao se fazer desenhos para execução. Na representação real as linhas do vértice e do fundo (Fig. 15.4) aparecem como projeções de hélices (ver Hélice, Seç. 71, Cap. 3), que são extremamente trabalhosas para se desenhar. Para os casos em que se deseje a verdadeira representação, isto é, em anúncios ou desenhos de exposição elaborados, etc., pode-se fazer gabaritos de papelão ou de celulóide para auxiliar no desenho das hélices.

Na prática, usa-se uma representação semiconvencional ou simbólica das roscas nos desenhos para execução, o que resulta em uma imagem das roscas adequadas à fabricação. Os métodos de representar roscas são discutidos nos parágrafos a seguir.

8. Representação simbólica

O desenho da rosca é simplificado principalmente porque se convencionou que a hélice se projetaria por uma linha reta. Certas formas de rosca permitem simplificações ainda maiores. Por exemplo, os ângulos a 29° das roscas Acme e de ponta cortada são desenhados a 30° e o filete americano é representado pelo perfil trian-

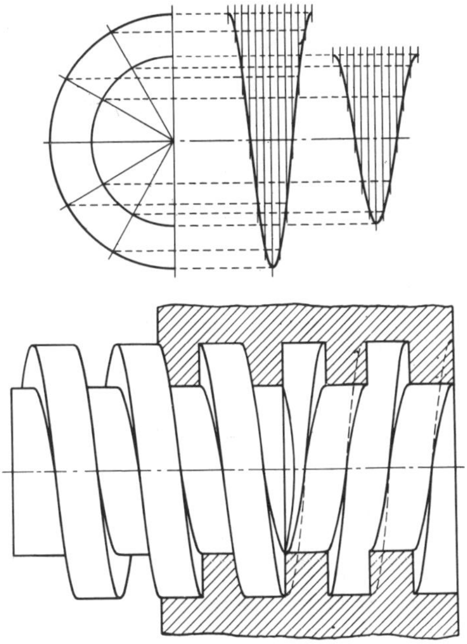

Fig. 15.4 – Representação de uma rosca quadrada externa e interna.

gular. Em geral, deve-se mostrar o passo verdadeiro, embora seja permitido um pequeno acréscimo ou decréscimo a fim de se obterem unidades pares de medida ao fazer o desenho. Assim, sete voltas por polegada podem ser aumentadas para oito, ou quatro voltas e meia podem ser diminuídas para quatro. Lembrar que isto é apenas para simplificar o desenho – o número verdadeiro de voltas deve ser especificado na cotagem.

Para desenhar simbolicamente uma rosca é necessário saber se ela é externa ou interna, a forma, o diâmetro maior, o passo, a multiplicidade e se ela é direita ou esquerda. A Fig. 15.5 ilustra as etapas

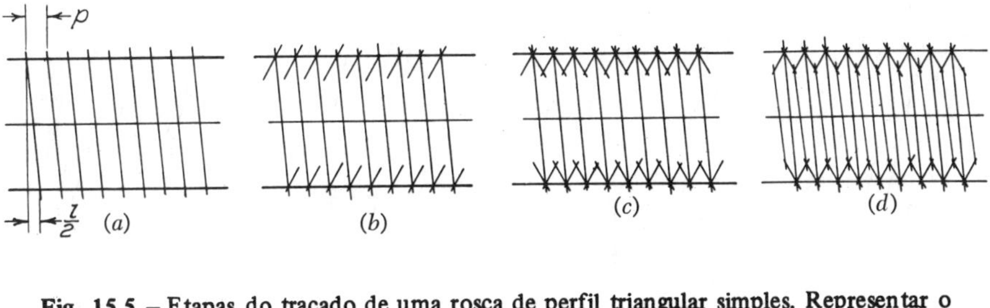

Fig. 15.5 – Etapas do traçado de uma rosca de perfil triangular simples. Representar o passo e metade do filete da rosca e desenhar as linhas do vértice (*a*), iniciar o contorno da rosca (*b*), completar o contorno (*c*) e desenhar as linhas da base (*d*).

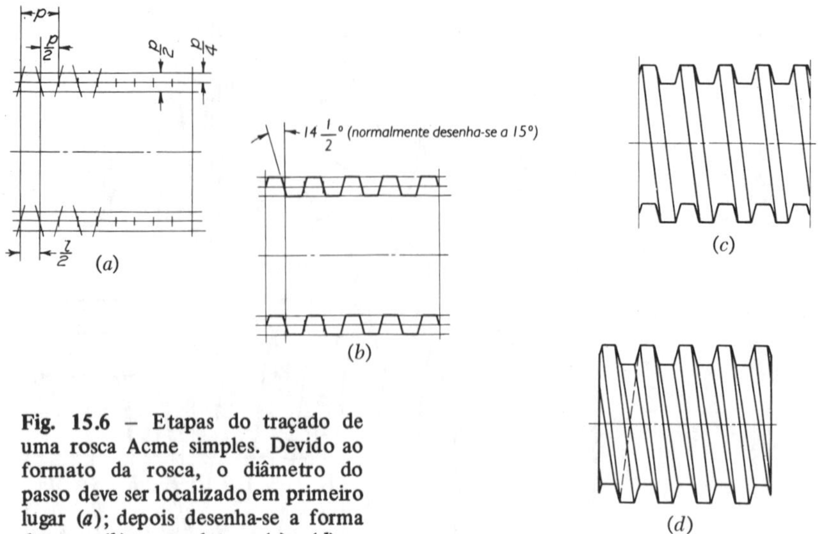

Fig. 15.6 – Etapas do traçado de uma rosca Acme simples. Devido ao formato da rosca, o diâmetro do passo deve ser localizado em primeiro lugar (*a*); depois desenha-se a forma da rosca (*b*) e completa-se (*c*) e (*d*).

do desenho do filete americano ou perfil triangular; a Fig. 15.6 da Acme e a Fig. 15.7 de uma rosca quadrada. A Fig. 15.5, mostrando o perfil triangular, ilustra o método de desenhar uma rosca simbolicamente. Em (*a*) representa-se o diâmetro e sobre ele mede-se o passo na linha superior. Esta é uma rosca simples, portanto, o passo é igual ao filete da rosca e a hélice irá avançar $p/2 = l/2$ em 180°. Esta distância é marcada na linha inferior do diâmetro, e desenha-se as linhas do vértice do perfil. Um lado do perfil triangular é desenhado em (*b*) e é completado em (*c*). Em (*d*) acrescentam-se as linhas da base. Como pode ser constatado nas Figs. 15.5 a 15.7, as etapas para desenhar simbolicamente qualquer rosca são semelhantes; a diferença principal está na forma da rosca. A rosca quadrada da Fig. 15.7 é dupla, enquanto que a da Fig. 15.8 é simples e esquerda.

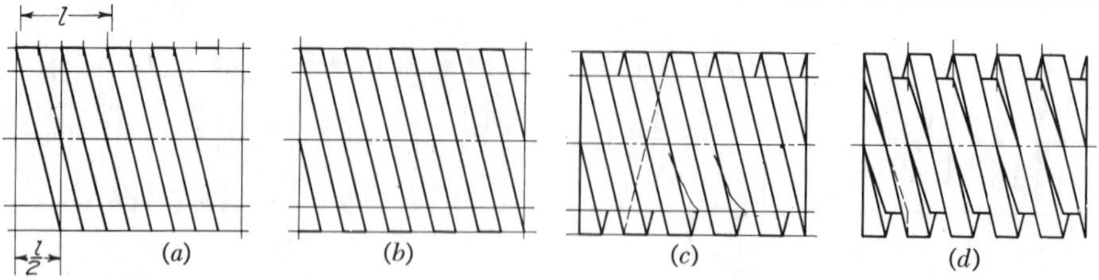

Fig. 15.7 – Etapas do traçado de uma rosca quadrada dupla. O filete é duas vezes o passo. Observar que depois de espaçar o filete e o passo (*a*) são desenhadas as linhas do vértice e da base (*b*) e (*c*); então é acrescentada a linha base da rosca (*d*).

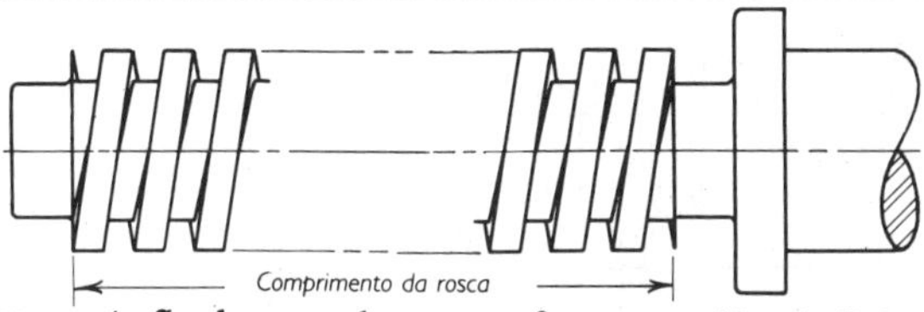

Fig. 15.8 – Representação da rosca de um parafuso comprido. As linhas convencionais de "repatição" economizam tempo de desenho.

Observar na Fig. 15.8 que não é necessário desenhar as roscas ao longo de todo o comprimento do parafuso. Se a rosca for esquerda, as linhas do vértice e da base serão inclinadas na direção oposta àquela mostrada nas Figs. 15.5 a 15.7, como é ilustrado pela rosca quadrada esquerda da Fig. 15.8. A Fig. 15.9 ilustra o tratamento simbólico de roscas de perfil triangular, tanto externas quanto internas. Observar que as linhas do vértice e da base são omitidas nas roscas internas.

Em geral, as roscas devem ser representadas simbolicamente, exceto as de tamanhos menores, que comumente são desenhadas por meio dos símbolos para roscas do ANSI. Sugere-se que as roscas cujo diâmetro tenha largura igual ou superior a uma polegada no desenho sejam representadas simbolicamente.

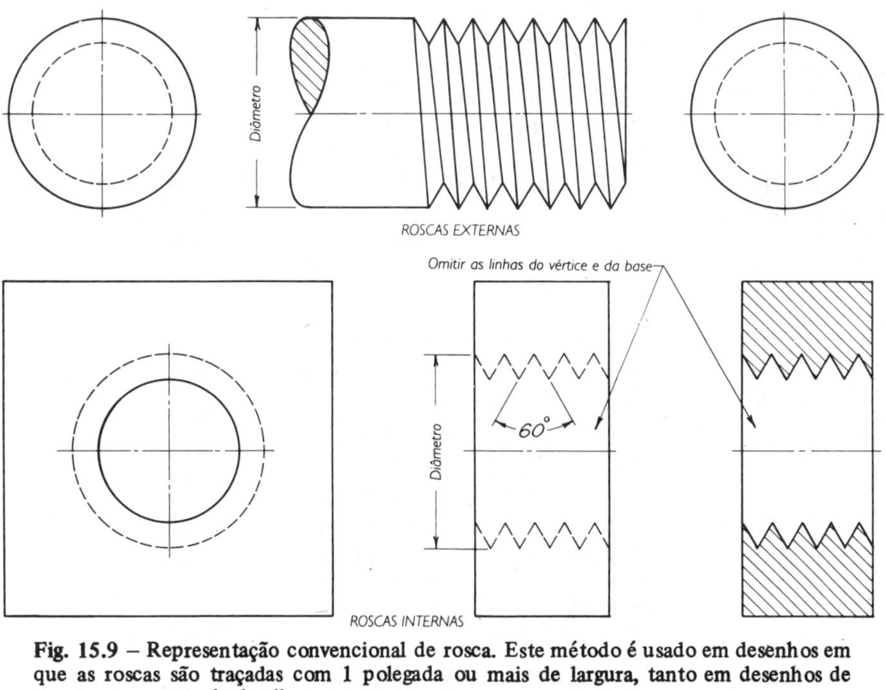

Fig. 15.9 – Representação convencional de rosca. Este método é usado em desenhos em que as roscas são traçadas com 1 polegada ou mais de largura, tanto em desenhos de montagem quanto de detalhamento.

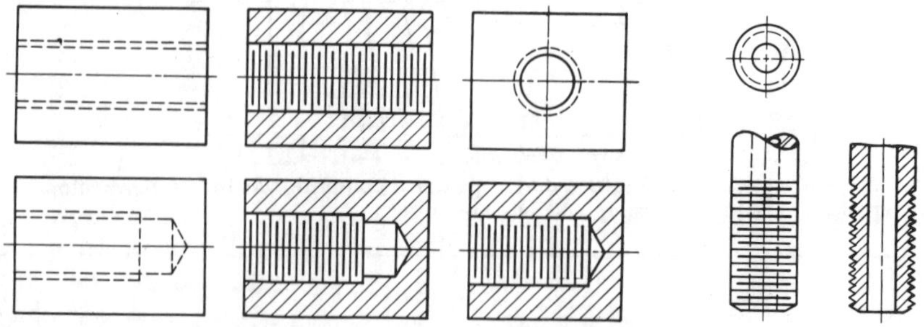

Fig. 15.10 – Convenções comuns do ANSI para roscas. São usadas em roscas desenhadas com largura menor que 1 polegada, em desenhos de montagem.

9. Convenções de roscas

O ANSI estabelece dois tipos de convenções para roscas: "comum" e "simplificado". Recomenda-se que as convenções do ANSI sejam usadas para indicar as roscas menores, aquelas desenhadas com dimensões inferiores a uma polegada, e onde a convenção comum é usada em desenhos de conjunto, e a simplificada em desenhos de detalhamento. Os parágrafos seguintes descrevem pormenorizadamente estas convenções.

10. Convenção comum do ANSI para roscas (Fig. 15.10)

Essa convenção omite o perfil triangular e indica os vértices e as bases do filete através de linhas perpendiculares ao eixo. Entretanto são feitas exceções para roscas internas que não sejam desenhadas em seção e para roscas externas desenhadas em seção como é mostrado na figura.

11. Convenções simplificadas do ANSI para roscas (Fig. 15.11)

A convenção simplificada omite tanto as linhas do perfil quanto do vértice e indica a porção roscada através de linhas tracejadas paralelas ao eixo e correspondendo aproximadamente à profundidade da rosca. A convenção simplificada é menos descritiva do que a comum mas é mais rápida de desenhar e por essa razão é preferida em desenhos de detalhe.

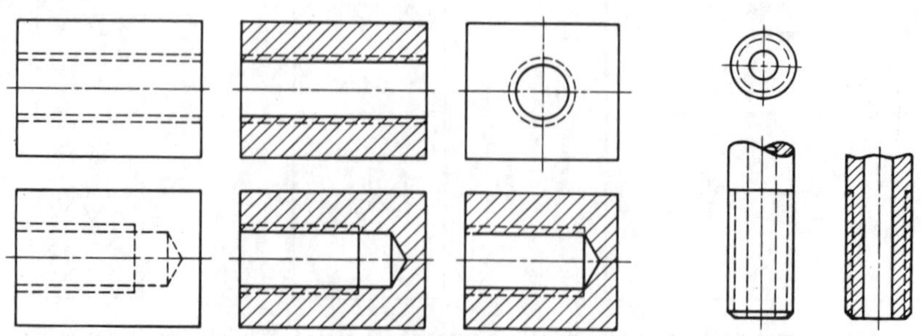

Fig. 15.11 – Símbolos simplificados do ANSI para roscas. São usados para roscas desenhadas com largura menor que 1 polegada em desenhos de detalhamento.

12. Desenho das convenções do ANSI

Os dois tipos de convenções devem ser estudados e comparados cuidadosamente. Observar que os símbolos comuns e simplificados são idênticos para roscas não-visíveis. Observar também que a vista de perfil de uma rosca externa difere da de uma interna, mas as convenções normais e simplificadas da mesma são idênticas.

Não é necessário tentar mostrar o passo verdadeiro ou a profundidade das roscas através do espaçamento das linhas convencionais. Convenções idênticas podem ser usadas para várias roscas de mesmo diâmetro mas de passo diferente. Somente quando usadas em tamanhos maiores as convenções podem mostrar os tamanhos reais do passo e da profundidade da rosca sem causar uma confusão de linhas que anularia o objetivo da convenção. Portanto, estas devem ser desenhadas de forma que sejam lidas claramente e que apareçam bem no desenho, sem outras considerações.

Para *desenhar* qualquer rosca precisa-se saber apenas o diâmetro maior e o comprimento dela; para um furo roscado sem saída é também necessário saber a profundidade da tarraxa.

A *convenção comum ou simplificada de um furo roscado* é desenhada em etapas, como mostrado na Fig. 15.12. As linhas que representam a profundidade da rosca são desenhadas em escala real, mas são espaçadas de forma que apareçam bem no desenho e evitem aglomeração.

A *convenção comum de um furo roscado em seção* é desenhada nas etapas mostradas na Fig. 15.13. As linhas que representam os vértices do perfil são espaçadas a olho ou em escala para que apareçam bem e não precisem corresponder ao passo real da rosca. As linhas representando as bases da rosca são igualmente espaçadas a olho entre as linhas do vértice e usualmente são desenhadas mais fortes. O seu comprimento não precisa indicar a profundidade verdadeira da rosca mas deve ser mantido uniforme através do uso de pautas leves.

A *convenção simplificada de uma rosca externa* é desenhada em etapas, como é mostrado na Fig. 15.14. O chanfro de 45° estende-se até a linha da base da rosca. Observar que a linha do chanfro aparece na vista de frente.

O *traçado da convenção normal de roscas externas* é desenhado nas etapas mostradas na Fig. 15.15. O chanfro é de 45° e vai até a profundidade da rosca. As linhas do vértice são espaçadas a olho ou em escala. As linhas da base são espaçadas a olho, normalmente são desenhadas mais fortes e não necessitam corresponder à profundidade real da rosca.

Espaçamento de linhas. O quadro 1 sugere valores de "passo" e de "profundidade da rosca", a fim de que se possa desenhar as convenções do ANSI. A Fig.

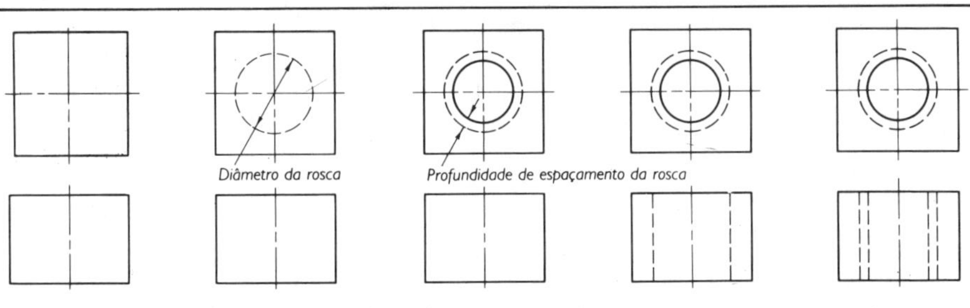

Fig. 15.12 – Etapas do desenho dos símbolos de uma rosca interna em vistas externas. Neste caso, os símbolos comuns e simplificados são idênticos. Ver o Quadro 1 para a profundidade sugerida de espaçamento da rosca.

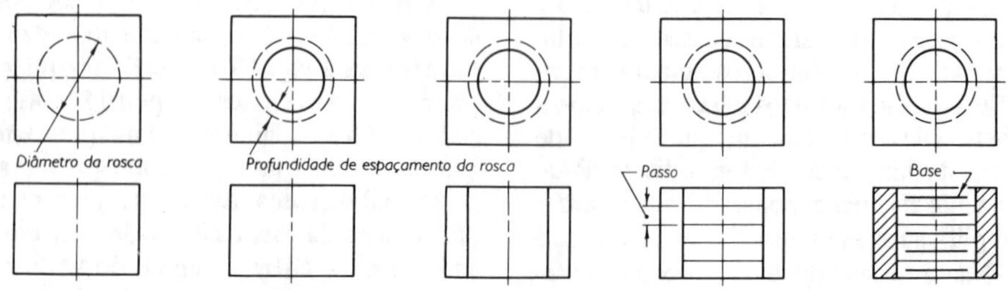

Fig. 15.13 – Etapas do traçado da convenção comum de uma rosca interna em vistas secionais. Ver o quadro 1 para a profundidade sugerida da rosca e de espaçamento do passo.

Quadro 1. Valores sugeridos para desenhar convenções de roscas.

Diâmetro maior de rosca D	Passo p para fins de desenho	Profundidade da rosca $p/2$ para fins de desenho
$^1/_8$ e $^3/_{16}$	$^1/_{16}$ escasso	$^1/_{32}$ escasso
$^1/_4$ e $^3/_8$	$^1/_{16}$	$^1/_{32}$
$^1/_2$ e $^5/_8$	$^1/_8$	$^1/_{16}$
$^3/_4$ e $^7/_8$	$^3/_{16}$	$^3/_{32}$

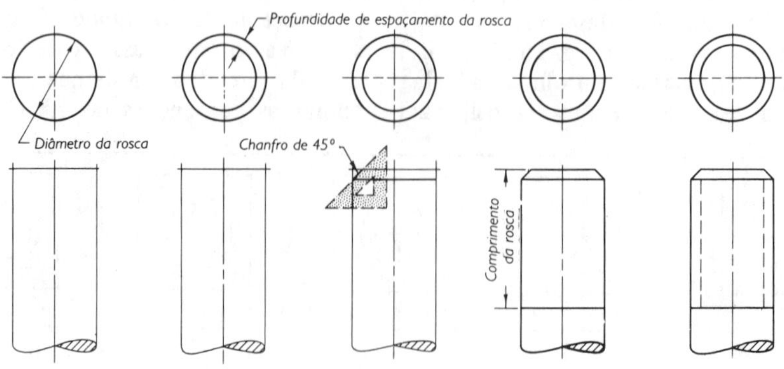

Fig. 15.14 – Etapas do traçado dos símbolos simplificados de uma rosca externa. Ver o quadro 1 para a profundidade sugerida de espaçamento da rosca.

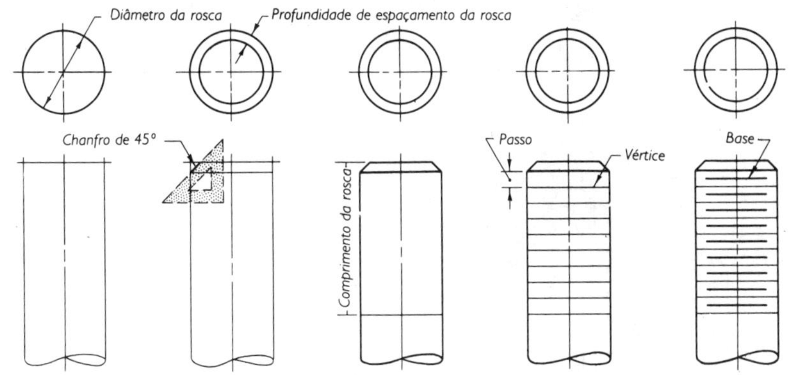

Fig. 15.15 – Etapas do traçado das convenções comuns de uma rosca externa. Ver o quadro 1 para a profundidade sugerida da rosca e de espaçamento do passo.

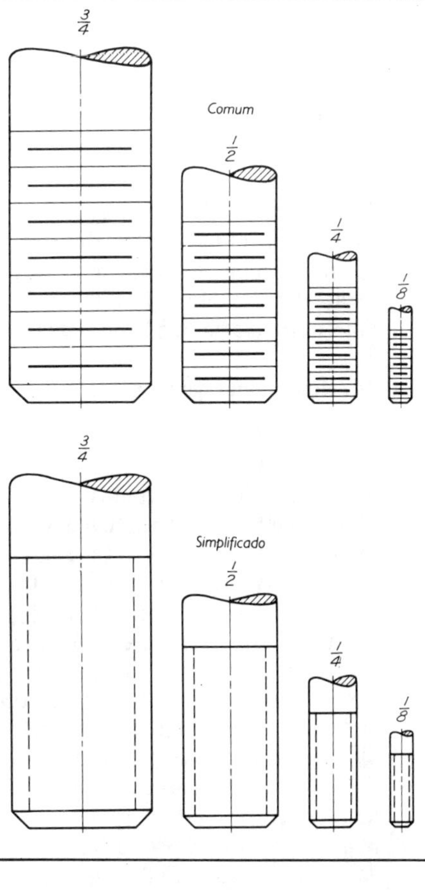

Fig. 15.16 – Símbolos de roscas, tamanho real do desenho.

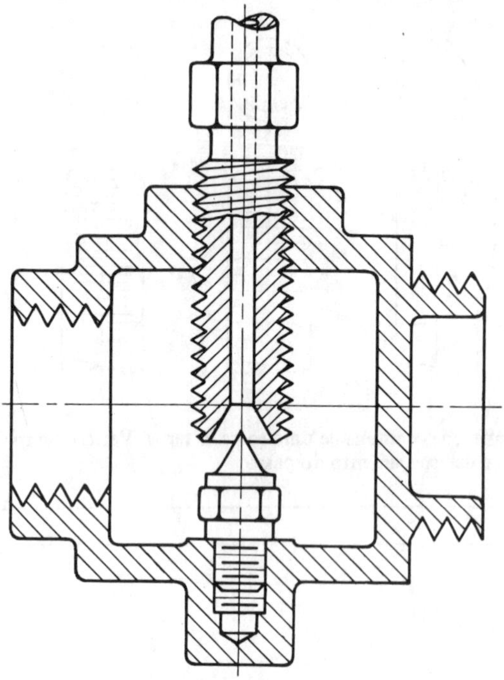

Fig. 15.17 – Roscas em corte, tamanho real do desenho.

15.16 mostra tanto os símbolos comuns quanto os simplificados, em tamanho natural, desenhados segundo os valores fornecidos no quadro 1. Nenhuma distinção entre roscas grossas e finas foi feita nos símbolos.

13. Roscas em corte

A Fig. 15.4 mostra a forma exata do corte de uma rosca interna quadrada. Observar que o lado visível da rosca interna é o posterior, e que as linhas da base e do vértice se inclinam na direção contrária à das linhas da rosca externa. A Fig. 15.9 mostra a maneira de traçar roscas triangulares cuja medida no desenho seja uma polegada ou mais de diâmetro. Observar que as linhas do vértice e da base são omitidas. Os símbolos comuns e simplificados para roscas em corte são mostrados nas Figs. 15.10 e 15.11. Quando duas peças aparafusadas são mostradas em corte, deve-se desenhar a forma da rosca para auxiliar a leitura (Fig. 15.17). É aconselhável diminuir o número de filetes por polegada nos diâmetros pequenos, eliminando assim detalhes monótonos e melhorando em muito a legibilidade do desenho.

14. Rosca americana unificada

Os padrões normalizados adotados pelos Estados Unidos, Canadá e Grã-Bretanha para a maior parte dos produtos roscados constituem basicamente o *American Standard Unified and American Screw Threads* (ANSI B1.1-1960). A forma da rosca empregada foi descrita na Seç. 5 e é essencialmente a mesma do Padrão Americano anterior (1935). As roscas produzidas de acordo com os Padrões Americanos antigo e atual são intercambiáveis. As diferenças importantes entre os dois padrões são a liberalização das tolerâncias de fabricação, a estipulação das folgas para a maioria das classes de roscas e as mudanças na designação das mesmas. O novo

Padrão Americano contém, além das combinações de diâmetro-passo e classes de roscas unificadas (adotadas em comum pelos três países), combinações de diâmetro-passo adicionais e duas classes de roscas mantidas do padrão de 1935.

15. Séries de roscas

As roscas são classificadas em "séries" de acordo com o número de fios por polegada usados com um diâmetro específico. Por exemplo, uma rosca americana (unificada) que tenha 20 voltas por polegada aplicada a um diâmetro de $^1/_4$ de polegada resulta em uma rosca pertencente à série das roscas grossas, enquanto que uma com 28 voltas por polegada no mesmo diâmetro dá uma rosca que pertence à série das roscas finas.

Nos Estados Unidos as formas de roscas que foram submetidas à padronização em série pelo ANSI incluem a unificada ou rosca americana, a Acme, a Acme de ponta cortada, roscas de canos, a trapezoidal e a rosca redonda, que é usada em soquetes elétricos e bases de lâmpadas. Exceto para a unificada, ou rosca americana, foi produzida apenas uma série para cada uma das formas de rosca assim padronizadas (ver Apêndice para as roscas Acme, Acme de ponta cortada e para as roscas de canos).

O *American Standard Unified and American (National) Screw Threads* cobre seis séries de roscas e ainda algumas outras combinações especiais de diâmetro-passo preferidas. Nas descrições a seguir, as letras "U" e "N" usadas na designação das séries representam respectivamente as palavras "Unificada" e "Nacional (forma)".

A *série das roscas grossas,* designada "UNC" ou "NC", é recomendada para uso geral quando as condições não exijam uma rosca fina.

A *série das roscas finas,* designada "UNF" ou "NF", é recomendada para uso geral em trabalhos da indústria automobilística e aeronáutica e quando condições especiais exijam uma rosca fina.

A *série das roscas extrafinas* "UNEF" ou "NEF" é usada especialmente em trabalhos da aviação em que seja exigida uma rosca extremamente rasa ou um número máximo de voltas dentro de um comprimento dado.

A *série das roscas de 8 fios,* designada "8N", é uma série de passo uniforme que usa oito voltas por polegada para todos os diâmetros empregados. Parafusos para flanges das tubulações de alta pressão, parafusos prisioneiros empregados nas cabeças de cilindros, e ligações semelhantes que trabalhem sob pressão exigem que uma tensão inicial seja estabelecida por uma deformação elástica dos elementos de ligação, e que os componentes sejam mantidos juntos de forma que a junta não se abra quando submetida à ação do vapor ou outra pressão. Para assegurar uma tensão inicial adequada não é possível aumentar o passo conforme o diâmetro da rosca, pois o momento de torção necessário para executar a ligação seria excessivo. Conseqüentemente, para tais fins, a rosca de 8 fios passou a ser de uso geral em muitos tipos de trabalhos de engenharia e como substituta da série de rosca grossa.

A *série das roscas de 12 fios,* designada "12UN" ou "12N", é uma série de passo uniforme que usa 12 fios por polegada para todos os diâmetros empregados. Nessas roscas os diâmetros de $^1/_2$ a $1\ ^3/_4$ de polegada são usados em reparação de caldeiras, o que exige que os furos gastos dos parafusos prisioneiros sejam roscados novamente, empregando-se um parafuso de tamanho imediatamente superior. A série de 12 voltas também é amplamente usada na construção de máquinas para porcas delgadas sobre eixos e tubos e se constitui numa continuação da série das roscas finas para diâmetros maiores do que $1\ ^1/_2$ polegadas.

A *série das roscas de 16 fios,* designada "16UN" ou "16N", é uma série de passo uniforme que usa 16 fios por polegada para todos os diâmetros empregados. Essa série é adequada para aplicações que exijam uma rosca muito fina, tais como golas de ajustagem e porcas de retenção de mancais. Ela também se constitui numa continuação da série das roscas extrafinas para diâmetros maiores do que 2 polegadas.

As *roscas especiais,* designadas "UN", "UNS" ou "NS", são uma série que inclui combinações não-padronizadas ou especiais de diâmetro, passo e comprimento de penetração.

As combinações de diâmetro-passo, das séries acima especificadas, encontramse no Apêndice onde as combinações unificadas (combinações comuns aos padrões dos EUA, Canadá e Grã-Bretanha) estão impressas em negrito.

16. Classes da rosca unificada e americana

A classe de uma rosca é dada através das especificações de tolerância e folga das roscas que a compõem; portanto é uma forma de controlar a ajustagem entre parafusos e porcas que se acoplam. As roscas unificadas, americana (nacional) e Acme são, no momento, as únicas roscas padronizadas que podem fornecer algumas classes para controle de ajustagem.

As classes fornecidas pelo *American Standard Unified and American Standard Screw Threads* são as 1A, 2A e 3A, aplicadas *somente às roscas externas;* as classes 1B, 2B e 3B aplicadas *apenas às roscas internas* e as classes 2 e 3, aplicadas *tanto a roscas externas quanto internas.* Essas classes são obtidas através das dimensões fornecidas nos padrões para a tolerância das roscas.

As classes 1A e 1B destinam-se a material bélico e outros usos especiais quando a montagem rápida e a produção fácil sejam importantes. As tolerâncias e a folga são maiores nesta classe.

As classes 2A e 2B são recomendadas para a maior parte dos parafusos e porcas produzidas e se adaptam a uma ampla variedade de usos. Uma margem moderada produz uma folga mínima entre roscas que se acoplam a fim de minimizar a fricção e o emperramento.

As classes 3A e 3B constituem uma classe em que a exatidão e a aproximação do ajuste são importantes. Não é admitida margem.

As classes 2 e 3 são aplicadas igualmente a roscas externas e internas e foram mantidas do antigo Padrão Americano (1935). Não se fornece *margem* em nenhuma das duas classes e as tolerâncias geralmente são menores do que as das classes novas correspondentes.

17. Roscas unificadas

Nem todas as combinações de diâmetro-passo listadas no *American Standard Unified and American Standard Screw Threads* aparecem nas formas canadenses e britânicas. As combinações utilizadas em comum pelos três países são chamadas de roscas unificadas e são identificadas pela letra U em negrito no quadro do Apêndice. As roscas unificadas empregam apenas as classes 1A e 1B, 2A e 2B e 3A e 3B. Quando uma dessas classes é usada e a letra U não aparece na designação, a rosca segue os princípios nos quais as roscas unificadas se baseiam.

A tabela das roscas de parafuso unificada e americana (Apêndice) indica as classes para as quais cada série tem dados tabulados normalizados. As roscas com combinações-padrão de diâmetro-passo, mas de uma classe que não tenha dados tabulados normalizados, são designadas UNS se forem uma combinação unificada e caso contrário NS.

18. Roscas Acme e Acme de ponta cortada

As roscas Acme e Acme de ponta cortada foram padronizadas pelo ANSI em uma série de combinações de diâmetro-passo (ver Apêndice). Além disso, a norma prevê duas aplicações gerais das roscas Acme: usos gerais e de centralização. As três classes de roscas 2G, 3G e 4G, padronizadas para aplicações de uso geral, têm folgas para a movimentação fácil em todos os diâmetros. As roscas Acme de centralização têm um ajuste próximo do diâmetro maior para manter o alinhamento do parafuso e da porca e estão padronizadas em cinco classes, 2C, 3C, 4C, 5C e 6C. A rosca Acme de ponta cortada tem apenas uma classe para uso geral.

19. Roscas em dente de serra

As roscas em dente de serra foram padronizadas de forma diferente dos outros tipos. A forma da rosca e a classe do ajuste estão totalmente definidas. A série da rosca não está definida mas é fornecido um quadro dos diâmetros recomendados e dos respectivos passos. Tendo em vista que o número de passos de rosca associados variam de três a onze (dependendo do diâmetro da rosca), a designação de uma série somente traria maior complicação. Foram padronizadas três classes de ajuste. classe 1 (livre), classe 2 (médio) e classe 3 (próximo).

20. Especificação da rosca

As vistas ortográficas de uma rosca são necessárias a fim de que se possa localizar dimensionalmente a posição da rosca na peça. Além disso, as vistas descrevem se uma rosca é externa ou interna. Todas as outras informações, chamadas "especificações", são normalmente transmitidas por meio de uma anotação ou de cotas e anotações. Além de aparecer nos desenhos, a especificação pode ser necessária na correspondência, na matéria-prima, em listas de peças, etc.

As características de uma rosca sobre as quais é essencial fornecer informações para a fabricação são forma, diâmetro nominal (maior), número de filetes por polegada, classe da rosca e tipo de ajustagem. Se a rosca tem filetes à esquerda deve-se incluir a abreviação *esq*. na especificação; se a rosca não for simples será preciso indicar a sua multiplicidade.

Em geral, as roscas que não sejam a unificada e a americana, como a Acme, a Acme de ponta cortada e a trapezoidal, exigem cotas com tolerância para controlar o ajuste (Fig. 15.18).

As *roscas unificada e americana* são totalmente especificadas através de anotações. A forma da especificação segue sempre a mesma ordem: em primeiro lugar o diâmetro, depois o número de filetes por polegada e a designação da série (UNC, NC, etc.) e por fim a classe da rosca (Fig. 15.18 *a* até *c*). Se a rosca for esquerda a abreviação *esq*. acompanha a classe (Fig. 15.18 *a*).

Exemplos:

$^1/_4$-20UNC-3A	$^1/_4$-20NC-2
1-12UNF-2B-esq.	1-20NEF-3
2-8N-2	2-12UN-2A
2-16UN-2B	2-6NS-2A

Observar que quando são empregadas as classes da rosca unificada as letras A e B indicam se a rosca é externa ou interna.

As *roscas Acme e Acme de ponta cortada* também são especificadas por anotações. A forma da especificação segue a mesma da unificada (Fig. 15.18 *d*).

Exemplos:

1 $^3/_4$-4 Acme-2G (Acme para uso geral, Classe 2; diâmetro maior de 1 $^3/_4$ de polegada, passo 0,25 polegada; simples, direita).

1-5 Acme-4C-esq. (Acme de centralização, Classe 4; diâmetro maior de 1 polegada, passo 0,2 polegada; simples, esquerda).

2 $^1/_2$-0,333p-0,666L-Acme-3G (Acme para uso geral, Classe 3; diâmetro maior 2 $^1/_2$ polegadas, passo 0,333 polegada, fio 0,666 polegada, dupla, direita).

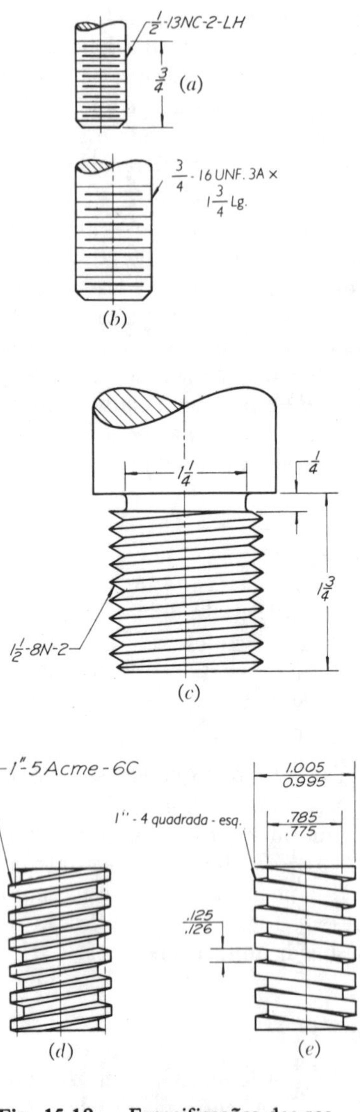

Fig. 15.18 – Especificações das roscas externas. (*a*) americana; (*b*) unificada; (*c*) americana; (*d*) Acme; (*e*) quadrada.

$^{3}/_{4}$ Acme de ponta cortada (Acme de ponta cortada; diâmetro maior $^{3}/_{4}$ de polegada, passo 0,1667, direita).

As roscas em dente de serra podem ser totalmente especificadas através do diâmetro, do número de filetes/por polegada, do tipo de rosca e da classe do ajuste, também a direção da pressão exercida pelo elemento interno (parafuso). Para este fim são recomendados os seguintes símbolos:

← (parafuso *empurrando* para esquerda (o flanco de pressão do parafuso voltado para esquerda).

→ (parafuso puxando para a direita (o flanco de pressão do parafuso voltado para a direita).

Observar que a seta aponta para a esquerda mas a marca do parênteses indica a direção do flanco de pressão. Quando a rosca com filete em dente de serra for múltipla, deve-se dar a distância do passo e do filete ao invés do número do filete por polegada. Exemplos:

$^{5}/_{8}$-20 (← N. Dente de serra – 1
4-8 ← (N. Dente de serra – 2LH
10-0,1 p-0,2 L (← N. Dente de serra – 1

21. Especificações de furo roscado

Especificar sempre. Através de anotações, dando o diâmetro da broca, e a profundidade do furo seguidos da especificação e comprimento da rosca (Fig. 15.19). Ver o Apêndice para os tamanhos das brocas. O método comercial generalizado é usar 75% da profundidade teórica da rosca dos furos roscados.

Isto resulta em aproximadamente 95% da resistência de uma rosca completa e é muito mais fácil de cortar.

22. Profundidade dos furos roscados e comprimento de penetração

Nas barras roscadas, parafusos prisioneiros, parafusos de cabeça, parafusos de fenda e em outros dispositivos de ligação semelhantes, pode-se encontrar a profundidade dos furos roscados e o comprimento de penetração usando-se uma fórmula

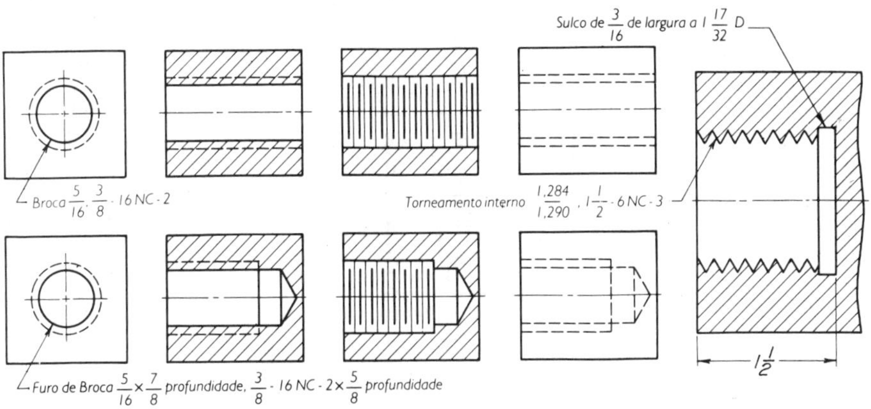

Fig. 15.19 – Especificações para roscas internas. Todas as que aparecem aqui são do tipo americano.

empírica baseada no diâmetro do elemento de ligação e do material a ser roscado. Ver a Fig. 15.20 e o Quadro 2.

23. Parafusos roscados

Todos os produtos, estruturas, etc. da engenharia são compostos de peças separadas que precisam ser mantidas juntas por alguma forma de fixação. Comparando-se com métodos de fixação permanentes tais como solda e rebites, os parafusos roscados são vantajosos pois podem ser removidos, permitindo, assim, a desmontagem das peças. O que diferencia um parafuso roscado de outros métodos de fixação tais como pinos, rebites e chavetas é que ele é um cilindro de metal com uma rosca em uma das extremidades e, geralmente, uma cabeça na outra.

A quantidade de parafusos roscados usada a cada ano é imensa. Pode-se obter muitas variedades, algumas padronizadas, outras especiais. A padronização de produtos tão amplamente usados resulta em peças uniformes e permutáveis que podem ser obtidas sem especificações complicadas e detalhadas e a baixo custo. Os parafusos padronizados devem ser empregados sempre que possível.

A maioria dos parafusos tem nomes descritivos, como o "parafuso de fixação", que mantém uma peça numa posição determinada ou fixa. A denominação do parafuso comum deriva de um antigo hábito inglês; ele era empregado como um fixador ou parafuso para trancar portas. Cinco tipos representam a maior parte dos parafusos roscados – parafuso comum ou de corpo liso, parafuso prisioneiro, parafuso de cabeça, parafuso de máquinas e parafuso de fixação.

24. Norma americana para parafusos comuns ou parafusos de corpo liso e porcas

O *parafuso comum ou parafuso de corpo liso* (Fig. 15.21 *a*) tem uma cabeça, que é uma de suas partes integrantes, numa extremidade e uma rosca na outra, e é empregado para unir duas peças entre si, as quais atravessa por um furo sem rosca, e fixa-as através de uma porca atarraxada na extremidade roscada.

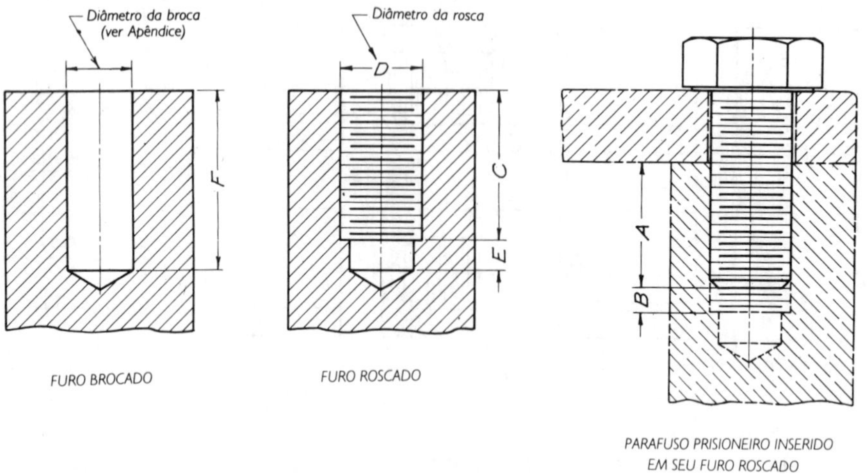

Fig. 15.20 – Dimensões dos furos roscados. Ver o Quadro 2 para os valores de *A* até *F*.

Foram padronizados dois grupos principais de parafusos de corpo liso: parafusos de cabeça redonda e parafusos de cabeça de chave (algumas vezes chamados de "parafusos de máquinas").

Os *parafusos comuns de cabeça redonda* são usados com uma porca, usualmente quadrada. Onze tipos de cabeça de parafusos comuns têm proporções padronizadas e incluem parafusos para carrocerias,

Quadro 2. Profundidades detalhadas para brocar e roscar furos em materiais comuns.

Material	Comprimento de penetração para parafusos de cabeça, etc. *A*	Espaço vazio da rosca no fundo do furo *B*	Comprimento da rosca *C*	Porção não roscada no fundo do furo *E*	Profundidade do furo broqueado *F*
Alumínio	$2D$	$4/n$	$2D + 4/n$	$4/n$	$C + E$
Ferro fundido	$1½D$	$4/n$	$1½D + 4/n$	$4/n$	$C + E$
Latão	$1½D$	$4/n$	$1½D + 4/n$	$4/n$	$C + E$
Bronze	$1½D$	$4/n$	$7½D + 4/n$	$4/n$	$C + E$
Aço	D	$4/n$	$D + 4/n$	$4/n$	$C + E$

A = comprimento de penetração do parafuso.
B = folga da rosca no fundo do furo.
C = profundidade total da rosca.
D = diâmetro da rosca.
E = comprimento da parte não roscada fundo do furo.
F = profundidade do furo a broquear.
n = nº de filetes por polegada.

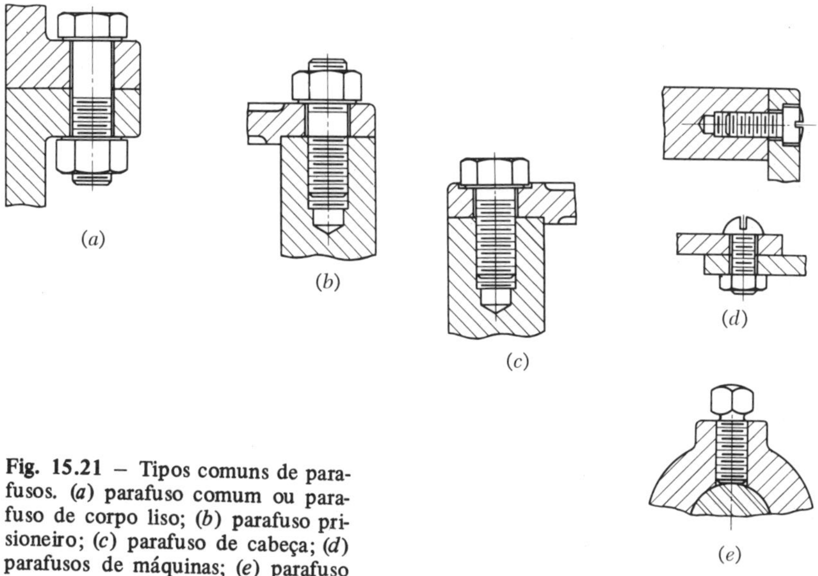

Fig. 15.21 – Tipos comuns de parafusos. (*a*) parafuso comum ou parafuso de corpo liso; (*b*) parafuso prisioneiro; (*c*) parafuso de cabeça; (*d*) parafusos de máquinas; (*e*) parafuso de fixação.

parafusos escalonados, parafusos elevadores e parafusos acanalados.

Alguns tipos de cabeça destinam-se a construções de madeira e têm seções, nervuras e saliências quadradas sob a cabeça para evitar que os parafusos girem. Esses parafusos são moldados a quente ou a frio, sem outra usinagem além do roscamento, apresentando, portanto, uma aparência um pouco grosseira e irregular. Um quadro do Apêndice mostra as várias formas de cabeça e dá dimensões nominais adequadas ao desenho.

Os *parafusos de cabeça de chave (de máquinas)* têm duas formas de cabeça padronizadas: quadrada e hexagonal. Embora os parafusos de máquinas destinam-se a serem usados como parafusos com uma porca, eles algumas vezes são usados como parafusos de cabeça. Existem porcas que se ajustam à forma e ao tipo da cabeça do parafuso mas qualquer porca que tenha uma rosca adequada adaptar-se-à a um parafuso. Os tipos de parafusos de máquina variam desde produtos de acabamento grosseiro, semelhantes a parafusos de cabeça redonda, até produtos bem-acabados, que se parecem com parafusos de cabeça hexagonal [sextavada]. As cotas para fins de desenho são dadas no Apêndice.

25. Parafusos prisioneiros

Parafusos prisioneiros (Fig. 15.21 *b*) são parafusos roscados nas duas extremidades. Como é usado normalmente, o parafuso passa através de um furo liso em uma das peças e é aparafusado permanentemente a um furo roscado da outra peça. Uma porca une as duas peças. Usa-se o parafuso prisioneiro (Fig. 15.22) quando os parafusos comuns não são adequados para peças que necessitem ser removidas freqüentemente, tais como tampas de cilin-

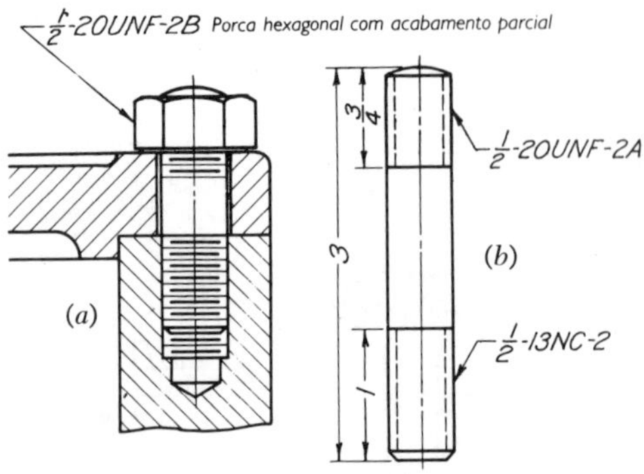

Fig. 15.22 – Parafuso prisioneiro e porca. (*a*) desenho de montagem; (*b*) desenho de detalhamento do prisioneiro.

dros e de caixas de distribuição. Uma extremidade é aparafusada firmemente a um furo roscado e a outra serve para facilitar a colocação da peça móvel à sua posição. A extremidade a ser atarraxada permanentemente na devida posição chama-se "extremidade do prisioneiro"; a extremidade oposta chama-se "extremidade da porca". Algumas vezes pode-se identificar a extremidade da porca por ser arredondada ao invés de chanfrada. Os parafusos prisioneiros não foram padronizados pelo ANSI. O comprimento da rosca na extremidade do prisioneiro é determinado pelo material a ser roscado, como é indicado na Seç.20. As roscas devem ser comprimidas na extremidade do furo para evitar que o prisioneiro se desenrosque quando a porca é removida. O ajuste da rosca entre o pino e o furo roscado deve ser apertado. O comprimento da rosca no lado da porca deve ser tal que não haja o perigo da porca emperrar antes das peças serem unidas. O nome "pino prisioneiro" é freqüentemente usado para uma haste redonda que atravessa duas peças a unir com uma porca em cada extremidade. O parafuso prisioneiro, que é uma peça não padronizada, é normalmente descrito em desenho de detalhamento (Fig. 15.22 *b*). A porca, sendo padronizada, é descrita através de anotação no desenho de montagem (Fig. 15.22*a*) ou na lista de peças.

26. Parafusos de cabeça

Um *parafuso de cabeça* (Fig. 15.21 *c*) passa por um furo liso em uma das peças e é aparafusado em um furo roscado da outra. A cabeça, que é parte integrante do parafuso, aproxima e junta as peças conforme o parafuso entra no furo roscado. Os parafusos de cabeça são empregados em ferramentas mecânicas e outros produtos que exijam dimensões precisas e aparência bem-acabada. Eles são produtos com um bom acabamento; por exemplo, as cabeças dos parafusos de cabeça fendilhada e de cabeça de encaixe são usinadas e todos têm pontas chanfradas. Os cinco tipos de cabeça mostrados na Fig. 15.23 são padronizados. Os detalhes das suas cotas e proporções são dados no Apêndice.

27. Parafusos de máquinas

Um *parafuso de máquina* (Fig. 15.21 *d*) é um parafuso pequeno usado com uma porca para funcionar como um pino; ou

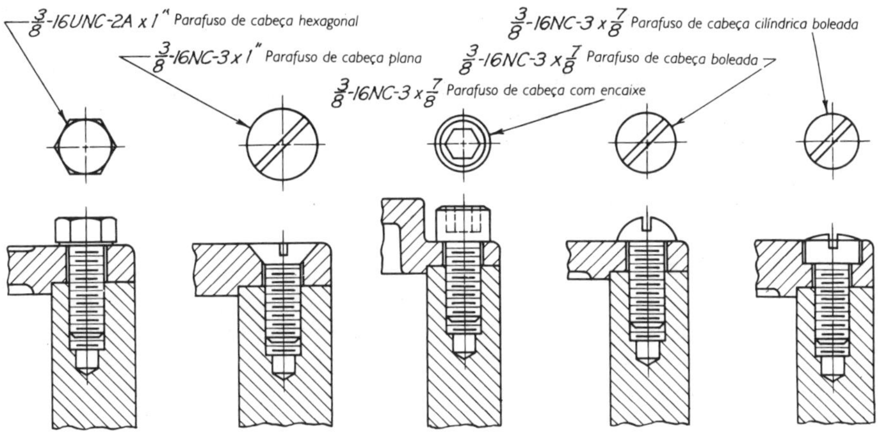

Fig. 15.23 – Parafusos de cabeça da norma americana. Observar que o tipo de cabeça é dado na especificação.

sem a porca, para funcionar como um parafuso de cabeça. Os parafusos de máquinas são parafusos pequenos usados principalmente em tamanhos numerados segundo o diâmetro. O acabamento normal é brilhante e o material usado comumente é aço ou latão. As nove formas padronizadas de cabeça (Fig. 15.24), exceto a hexagonal, têm na cabeça uma fenda comum, como é mostrado, ou possuem reentrâncias cruzadas (Fig. 15.25). O tamanho da reentrância varia com o tamanho do parafuso. Existem dois tipos de reentrâncias: ranhuras que se cruzam com os lados paralelos convergindo em um vértice acentuado no fundo da reentrância (a mesma

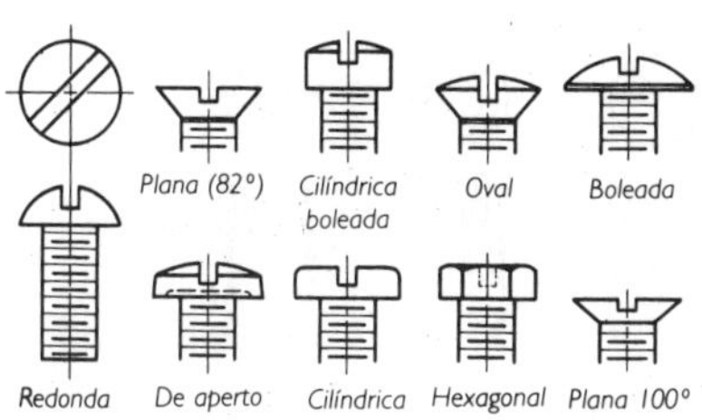

Fig. 15.24 – Cabeças de parafusos de máquinas da norma americana.

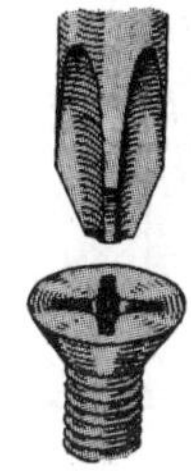

Fig. 15.25 – Cabeça entalhada e chave de fenda tipo Phillips.

chave é usada para todos os tamanhos de reentrâncias) ou com uma abertura central grande, borboletas roscadas e um fundo rombudo (são necessários cinco tamanhos de chave).

O parafuso de máquina hexagonal não é feito com reentrância cruzada mas pode ser sulcado opcionalmente. As cotas para desenhar cabeças de parafusos de máquinas encontram-se no Apêndice.

28. Parafusos de fixação

Um *parafuso de fixação* (Fig. 15.21 *e*) é aparafusado em uma peça externa, geralmente em um cubo ou ferro roscado, e mantém-se com a ponta contra uma peça interna, usualmente um eixo. Os parafusos de fixação são feitos de aço temperado e mantém duas peças em posição relativa sendo a ponta colocada contra a peça interna. Os parafusos de cabeça quadrada e outros sem cabeça da norma americana são mostrados na Fig. 15.26. Os diversos tipos de pontas são mostrados na Fig. 15.27. Os parafusos de fixação sem cabeça são fabricados de acordo com o código de segurança das leis de fiscalização das fábricas, que são rígidas em relação ao emprego de parafusos salientes nas peças móveis. As proporções da cabeça dos parafusos de fixação de cabeça quadrada seguem as especificações da Fig. 15.26 e podem ser desenhados usando-se os raios ali sugeridos. Pode-se usar pescoço ou um raio sob a cabeça e as pontas têm as mesmas dimensões dos parafusos sem cabeça. As dimensões para os parafusos de fixação sem cabeça são dadas no Apêndice.

29. Norma americana para porcas

Existem dois tipos de porcas para dois tipos de chave: quadrada e hexagonal. Além da forma simples que geralmente é usada com pinos, existem alguns tipos para fins especiais. As porcas de aperto, com sulco hexagonal e de castelo hexagonal, são mostradas na Fig. 15.28. As porcas de parafusos de máquinas e as de arestas são feitas apenas em tamanhos pequenos.

30. Parafusos padronizados

As normas ANSI fornecem cotas e proporções uniformes para todos os parafusos (exceto parafusos prisioneiros) relacionados nos parágrafos anteriores. Com exceção dos pinos de máquinas, as únicas opções para qualquer um dos parafusos anteriormente referidos são o tipo da ca-

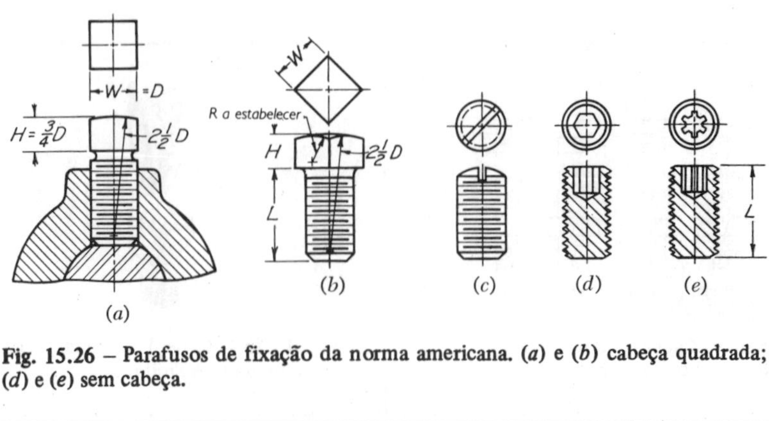

Fig. 15.26 – Parafusos de fixação da norma americana. (*a*) e (*b*) cabeça quadrada; (*c*) e (*d*) e (*e*) sem cabeça.

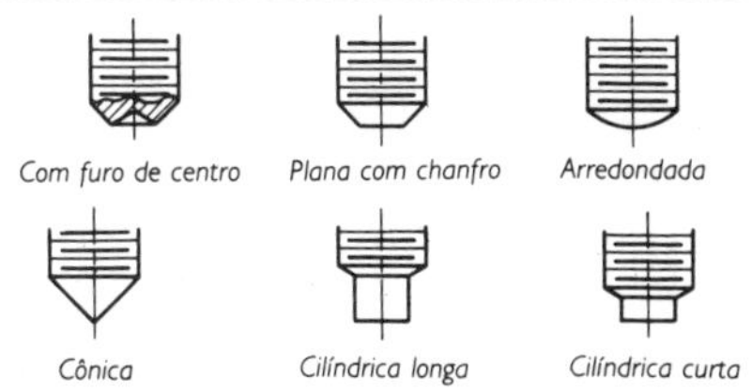

Fig. 15.27 – Extremidade inferior dos parafusos de fixação da norma americana.

beça e a série da rosca. Os pinos de cabeça de chave são produzidos com dois tipos de cabeça, dois pesos de cabeça, três acabamentos e três séries de rosca. O Quadro 3 mostra as opções padronizadas existentes e a Seç. 30 descreve as diferenças.

31. Termos dos parafusos

Diâmetro nominal. O diâmetro básico maior da rosca.

Largura da base – W. A distância que separa os lados paralelos de uma cabeça ou porca hexagonal, correspondente ao tamanho nominal da chave. Ver quadro para a cota *W* no Apêndice.

Faces superiores das cabeças de parafusos e de porcas. As faces superiores das cabeças de parafusos e de porcas são planas com um chanfrado para remover os cantos vivos. O ângulo do chanfro com a face superior é de 25° para a cabeça quadrada e de 30° para a hexagonal; ambas são desenhadas a 30°. O diâmetro do círculo superior é igual à largura do círculo inscrito.

Arruela. A arruela é um ressalto circular torneado ou moldado na superfície de apoio da cabeça de um parafuso ou de uma porca para produzir uma superfície lisa. O diâmetro é igual à distância entre os lados opostos. A espessura é de $^1/_{64}$ de polegada para todos os parafusos. Em uma porca, pode-se obter uma superfície de apoio circular chanfrando os cantos. O ângulo do chanfro com a superfície de apoio é de 30°; o diâmetro do círculo é igual à largura do círculo inscrito.

Comprimento do parafuso. O comprimento nominal é a distância desde a parte inferior da cabeça até a extremidade oposta; para os parafusos de cabeça plana e para os parafusos de fixação sem cabeça é o comprimento total.

Séries normais. As cabeças dos parafusos e porcas normais são para uso geral.

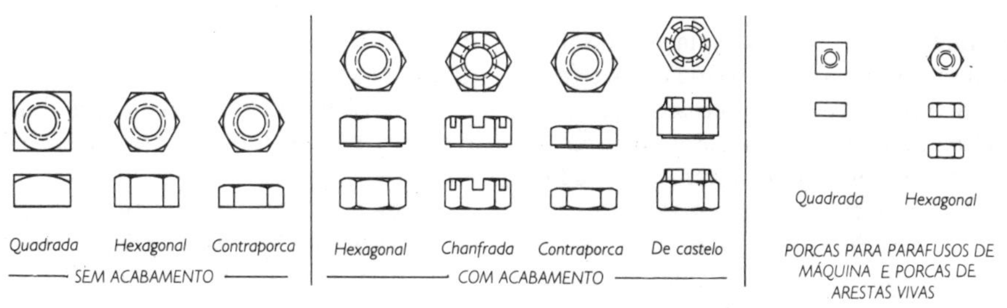

Fig. 15.28 – Diversas porcas da norma americana.

Quadro 3. Tipos e detalhes da rosca dos parafusos padronizados existentes

Grupo do parafuso	Tipos de cabeça	Série da rosca	Classe da rosca
Pinos de cabeça redonda	Todas	UNC	2A
Parafusos de cabeça	Hexagonal	UNC, UNF, 8UN	2A
	Chanfrada		2A
	De encaixe		3A
Parafusos de máquina	Todas		2
Parafusos de fixação	De encaixe	NC, NF	3A
	Quadrada	UNC, UNF, 8UN, UNC, UNF	2A
	Chanfrada		2A

Parafusos de máquina

Classe do acabamento	Quadrada		Hexagonal		Rosca	
	Normal	Pesada	Normal	Pesada	Série	Classe
Sem acabamento	X	...	X	X	UNC	2A
Acabamento parcial	...	...	X	X	UNC	2A
Acabamento total	...	...	X	X	UNC, UNF 8UN	2A

Norma americana para porcas

Classe do acabamento	Quadrada		Hexagonal			Hexagonal chanfrada		
	Normal	Pesada	Normal	Pesada	Alta	Normal	Pesada	Alta
Sem acabamento	X	X	X	X				
Acabamento parcial	...	...	X	X	...		X	
Acabamento total	...	...	X	...	X	X	...	X

As dimensões e a resistência resultantes são baseadas na análise teórica dos esforços e no resultado de numerosos testes.

Séries pesadas. As cabeças de parafusos e as porcas desta série devem ser usadas quando for necessária uma maior superfície de apoio. Portanto, para o mesmo tamanho nominal elas têm dimensões totais maiores do que as cabeças e porcas normais. São usadas onde for considerada essencial uma grande folga entre o parafuso e o furo ou necessária uma superfície maior de apoio para a chave ferramenta.

Porcas altas. Elas têm as mesmas dimensões das porcas normais, porém são mais altas.

Classe do acabamento. Parafusos e porcas brutos ou sem acabamento não sofrem usinagem em nenhuma superfície, exceto nas roscas. A superfície de apoio é lisa. As tolerâncias de dimensões são tão grandes quanto possível.

Cabeças de parafusos e porcas com acabamento parcial. Têm a superfície de rolamento lisa usinada ou moldada em ângulos retos em relação ao eixo (ver Fig. 15.29). Para as cabeças de parafusos, esta superfície é uma arruela e para as porcas poderá ser uma arruela ou uma superfície plana e chanfrada. Por outro lado, as tolerâncias de dimensão do parafuso são as mesmas do grupo sem acabamento.

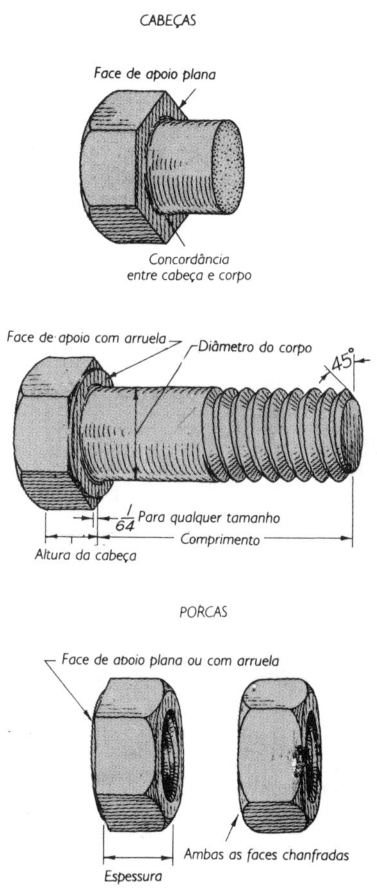

Fig. 15.29 – Detalhes da forma de parafusos e porcas hexagonais.

Parafusos e porcas acabados. Diferem dos com acabamento parcial de duas maneiras: a superfície de apoio é produzida por uma arruela ou por duplo chanfro (ver Fig. 15.29) e as tolerâncias de dimensão são menores do que as de acabamento parcial. Os parafusos hexagonais com acabamento total têm tolerâncias de dimensão e de fabricação semelhantes às dos parafusos de cabeças hexagonais.

32. Especificações do parafuso padronizado

Todos os parafusos padronizados podem ser especificados nos desenhos ou listas de peças através de anotações. Os seguintes itens podem ser incluídos na especificação de um parafuso, na ordem indicada. Obviamente, muitos itens não se aplicam a alguns tipos de parafusos.

1. Especificação da rosca (sem comprimento)
2. Comprimento do parafuso
3. Série do parafuso (apenas parafusos comuns)
4. Classe do acabamento (apenas parafusos comuns)
5. Material (se não for aço)
6. Forma ou tipo da cabeça
7. Tipo da ponta (parafusos de fixação apenas)
8. Nome do grupo do parafuso

A seguir, um exemplo das especificações. Observar cuidadosamente as anotações dos parafusos de máquinas.

$^{1}/_{2}$-13UNC-2A X 3
Parafuso normal quadrado
$^{1}/_{4}$-20UNC-2A X 4
Parafuso hexagonal normal acabamento parcial
$^{3}/_{8}$-16UNC-2A X 3 $^{1}/_{2}$
Parafuso hexagonal pesado acabamento parcial
$^{3}/_{4}$-16UNF-2A X 2 $^{1}/_{2}$
Parafuso hexagonal acabamento total (omitir normal)

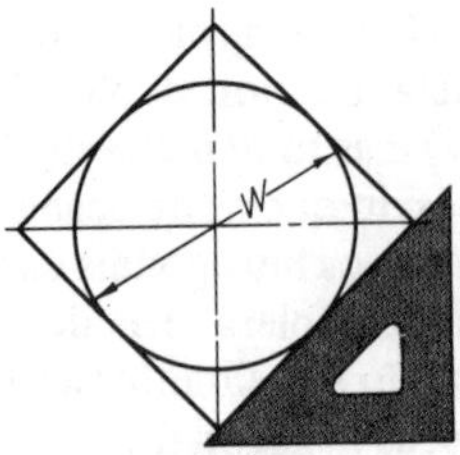

Vista superior de um parafuso de cabeça quadrada.

Desenhar uma circunferência de diâmetro W e depois desenhar o quadrado com régua T e um esquadro de 45°.

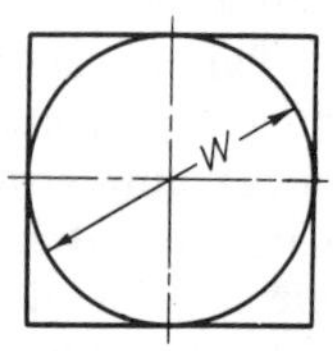

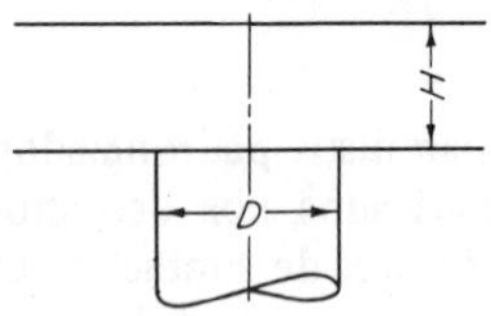

Vista da face de um parafuso de cabeça quadrada.

1. Determinação do diâmetro e da altura da cabeça.

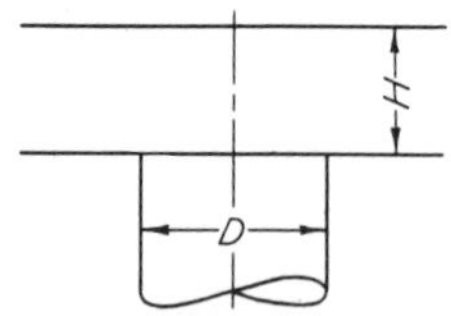

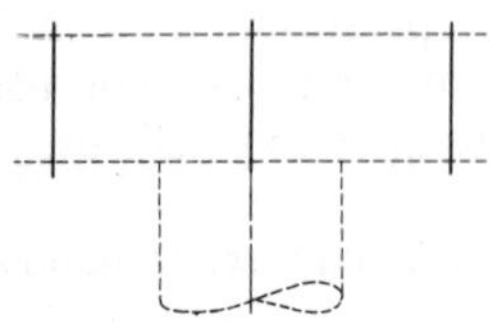

2. Desenhar, levemente, as arestas verticais das faces, projetando a partir da vista superior.

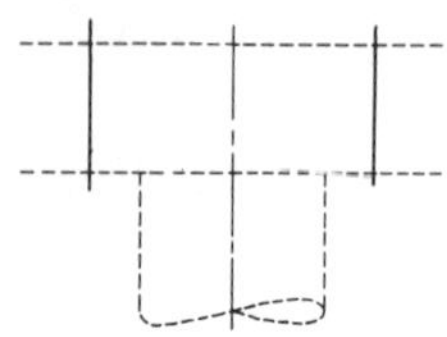

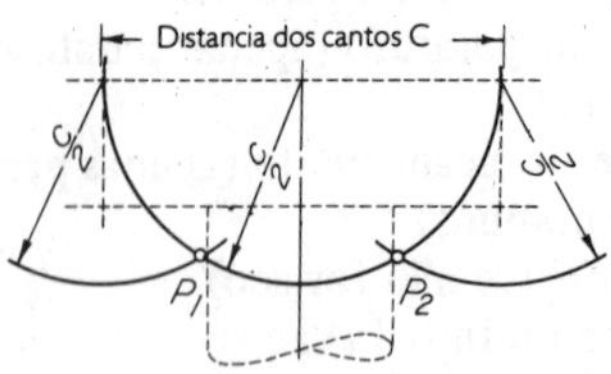

3. Com raio C/2 e centro sobre o eixo desenhar um arco de circunferência localizando os centros P_1 e P_2.

3. Com centro no eixo e raio W, desenhar o arco de circunferência localizando o centro P.

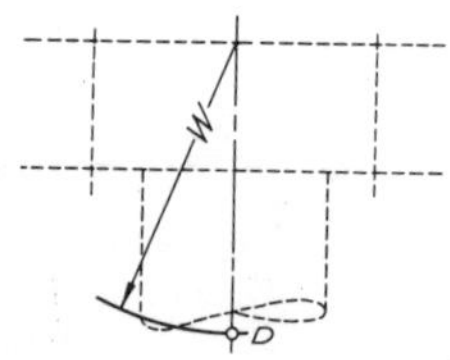

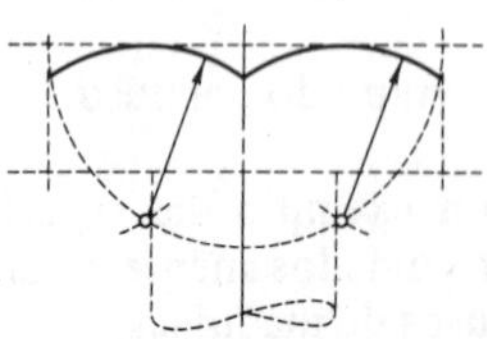

4. Desenhar as curvas dos chanfros, usando os raios e os centros mostrados.

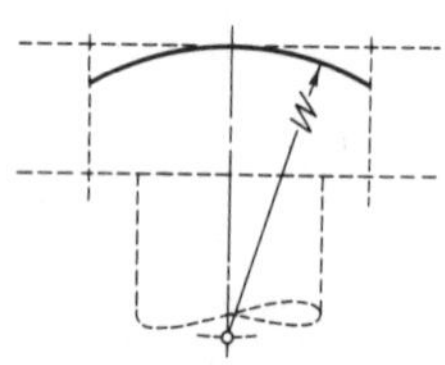

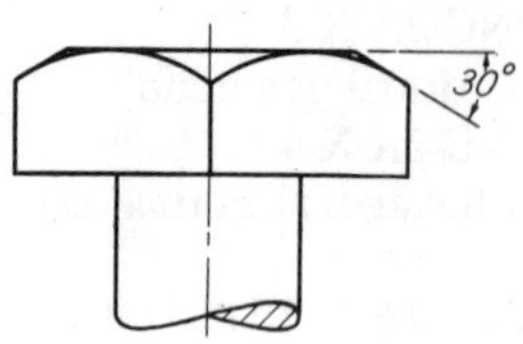

5. Completar as vistas. Mostrar os chanfros de 30° na vista segundo a diagonal.

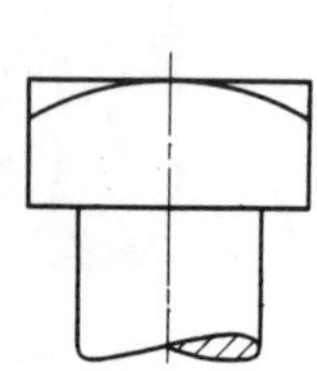

Fig. 15.30 – Etapas do traçado de uma cabeça quadrada.

$^5/_8$-11UNC-2A X 4 $^1/_4$
Parafuso hexagonal pesado acabamento total
10-24NC-2 X 2
Parafuso de máquina de cabeça plana sulcada, de latão
6-32NC-2 X $^1/_2$
Parafuso de máquina de cabeça cilíndrica com reentrâncias
$^1/_4$-20UNC-2A X $^3/_4$
Parafuso de fixação de cabeça quadrada e ponta cônica
$^1/_2$-13UNC-3A X 2
Parafuso de fixação de encaixe, ponta plana

Ver a Fig. 15.23 para as anotações dos parafusos de cabeça.

33. O desenho dos parafusos

Antes de desenhar um parafuso é preciso saber o seu *tipo*, o *diâmetro nominal* e o *comprimento* se for um parafuso de cabeça ou um parafuso comum. Sabendo-se o tipo e o diâmetro, as outras dimensões podem ser encontradas em tabelas (ver Apêndice).

34. Para desenhar parafusos de forma quadrada e hexagonal

As cabeças e porcas quadradas e hexagonais são desenhadas segundo a diagonal mostrando as faces em todas as vistas a menos que exista uma razão especial para desenhá-las segundo os lados. A Fig 15.30 mostra as diversas fases para o traçado de cabeças quadradas tanto segundo a diagonal quanto os lados e a Fig. 15.31 faz o mesmo para as cabeças hexagonais. Esses princípios aplicam-se igualmente ao desenho de porcas. É necessário saber as seguintes informações: (1) tipo de cabeça ou porca, (2) se é normal ou pesada, (3) se é sem acabamento ou com acabamento parcial, (4) o diâmetro nominal. Usando essas informações obtêm-se nas tabelas os dados adicionais sobre *W* (largura segundo os lados), *H* (altura de cabeça) e *T* (espessura da porca) (ver Apêndice).

A Fig. 15.32 mostra um parafuso e uma porca hexagonal normais com acabamento parcial desenhados pelo método da Fig. 15.31, mostrando a cabeça desenhada segundo os lados e a porca segundo a diagonal. O comprimento é selecionado nos quadros de comprimento de parafusos comuns e o comprimento da rosca é determinado pela nota de rodapé no quadro dos parafusos comuns (ver Apêndice). Observar que a arruela mostrada na Fig. 15.31 ocorrerá apenas nos parafusos hexagonais com acabamento parcial e algumas vezes ela é omitida no desenho. Outras vistas de parafusos e porcas são mostradas nas Figs. 15.33 a 15.36.

O desenho pode exigir um tempo considerável quando, por exemplo, as condições da folga necessitem de um parafuso desenhado com exatidão, que use as cotas exatas dos quadros. Freqüentemente, entretanto, a representação dos parafusos pode ser aproximada ou mesmo simbólica porque elas invariavelmente são acompanhadas e especificadas exatamente pelas especificações das anotações. Se não é essencial um desenho exato do parafuso, as cotas *W*, *H* e *T* das cabeças e porcas quadradas e hexagonais podem ser obtidas do diâmetro nominal e das fórmulas a seguir. Os valores resultantes serão bastante próximo das cotas reais. Para série normal: $W = 1\ ^1/_2\ D$, $H = {}^2/_3\ D$ e $T = {}^7/_8\ D$, para série pesada; $W = 1\ ^1/_2\ D + {}^1/_8$ de polegada, $H = {}^3/_4\ D$ e $T = D$.

Existe uma ampla variedade de gabaritos para facilitar o desenho de parafusos.

35. Parafusos especiais

Existem muitos parafusos especiais sendo que um certo número deles foi desenvolvido pelas companhias que produzem uma variedade de formas. Os tipos mais comuns serão discutidos nas seções seguintes.

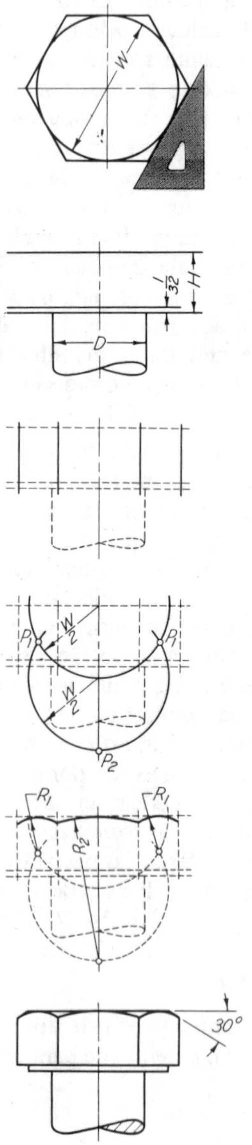

Vista superior de uma cabeça de parafuso hexagonal.

Desenhar uma circunferência de diâmetro W e depois desenhar o hexágono com régua T e esquadro de 30 - 60°.

Vista da face de uma cabeça de parafuso hexagonal.

1. Estabelecer o diâmetro, a altura da cabeça e a espessura da arruela. A espessura real da arruela de todos os parafusos é de 1/64 de polegada mas pode ser aumentada até 1/32 de polegada para o desenho.

2. Desenhar, levemente, as arestas verticais das faces, projetando a partir da vista superior.

3. Com o raio W/2 desenhar os arcos de circunferência localizando os centros P_1 e P_2.

4. Desenhar as curvas dos chanfros usando os raios e os centros mostrados.

5. Completar as vistas. O diâmetro da arruela é igual a W. Para a vista segundo a diagonal, mostrar o chanfro de 30°.

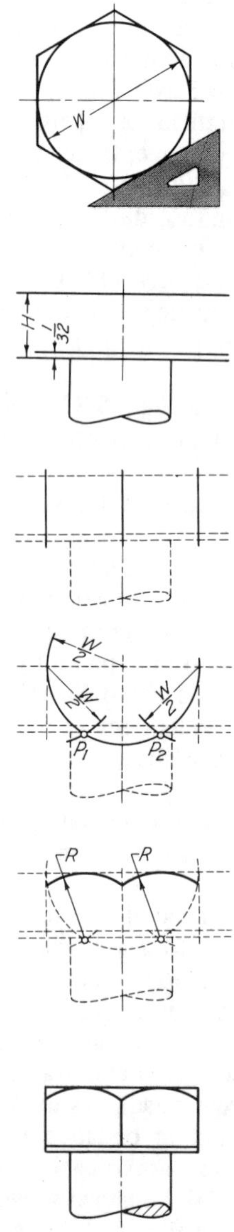

Fig. 15.31 – Etapas do desenho de uma cabeça hexagonal.

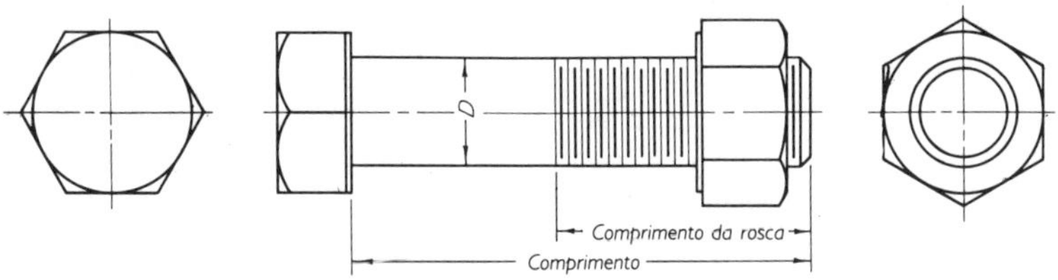

Fig. 15.32 – Parafuso e porca hexagonais normais, com acabamento parcial da norma americana. Ver o Apêndice para os tamanhos detalhados.

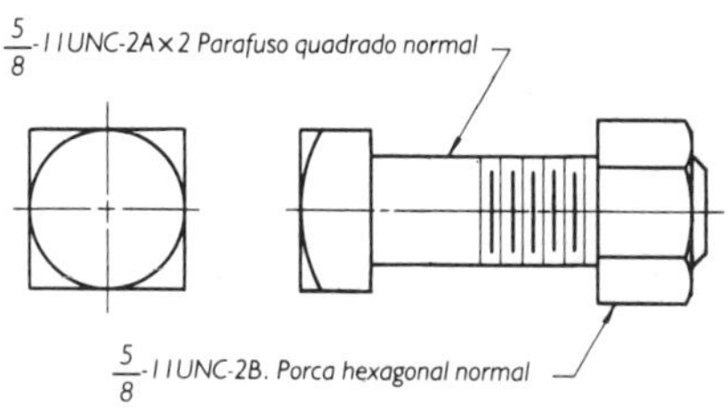

Fig. 15.33 – Parafuso de corpo liso quadrado da série normal e porca hexagonal sem acabamento do ANSI. Ver o Apêndice para os tamanhos detalhados.

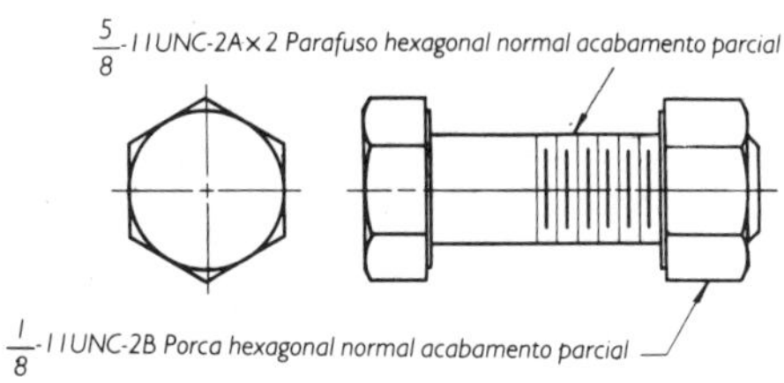

Fig. 15.34 – Parafuso do corpo liso hexagonal pesado, acabamento parcial e porca hexagonal da série normal, acabamento parcial do ANSI. Ver o Apêndice para os tamanhos detalhados.

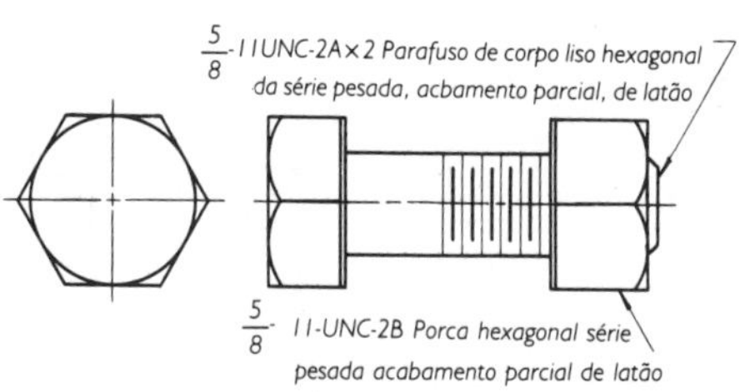

Fig. 15.35 – Parafuso de corpo liso hexagonal pesado, acabamento parcial e porca hexagonal, da série pesada, acabamento parcial do ANSI. Ver o Apêndice para os tamanhos detalhados.

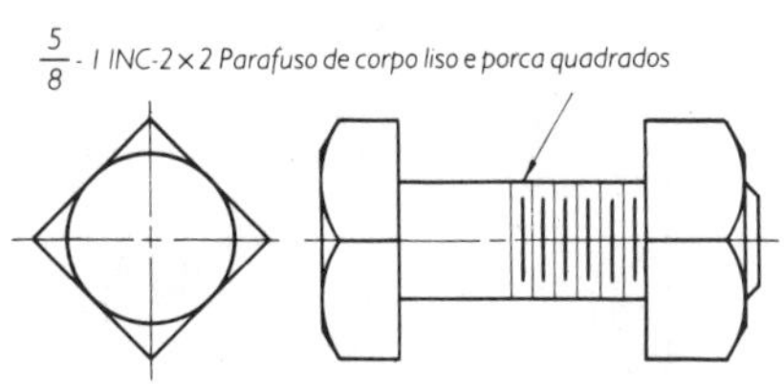

Fig. 15.36 – Parafuso de corpo liso e porca quadrada da série normal, sem acabamento do ANSI. Ver o Apêndice para os tamanhos detalhados.

36. Parafusos com espiga roscada (Fig. 15.37)

São amplamente usados para unir peças de máquinas e produzir articulações com cames, ligações, etc. Também são usados nos trabalhos de forjamento para fixar placas extratoras à punção e são então comumente chamados de "parafusos extratores". As roscas são de série grossa, classe 3. As cotas dos detalhes são dadas no Apêndice.

37. Parafusos de arado (Fig. 15.38)

São usadas principalmente em equipamentos agrícolas. As cabeças de nº 3 e 7 são recomendadas para a maioria dos trabalhos modernos. As roscas são de série grossa, classe 2A. Para as particularidades e proporções, ver ANSI B18.9 – 1958.

38. Parafusos de atarraxar da norma americana

Os parafusos de atarraxar são parafusos endurecidos que formam, eles mesmos, a rosca interna com a qual vão se combinar, quando introduzidos em um furo do tamanho adequado. Para determinadas condições e materiais, estes parafusos dão uma combinação de rapidez e baixo custo de produção que os tornam preferidos. Existem vários tipos especiais. O ANSI padronizou os tipos de cabeça segundo todos os tipos de cabeça dos parafusos de máquinas, exceto a de aperto e a plana 100°. Para fins de desenho pode-se usar as cotas das cabeças de parafuso de máquina. As dimensões, em geral, seguem as dos parafusos de máquina. O ANSI fornece três tipos de combinações de rosca e ponta (Fig. 15.39). As roscas são de 60° com vértice e base achatados; os tipos *A* e *B* são roscas interrompidas e todos os parafusos são roscados até a cabeça. Detalhes completos são dados no ANSI B18.6.1 – 1961.

39. Parafusos para madeira

Existem muitas formas de parafusos roscados para serem usados em madeira. Alguns estão ilustrados na Fig. 15.40. As roscas são interrompidas, a forma é 60°, com uma ponta de pua. O ANSI padroni-

Fig. 15.37 – Parafuso com espiga roscada da norma americana. O corpo tem acabamento total com exatidão. Ver Apêndice.

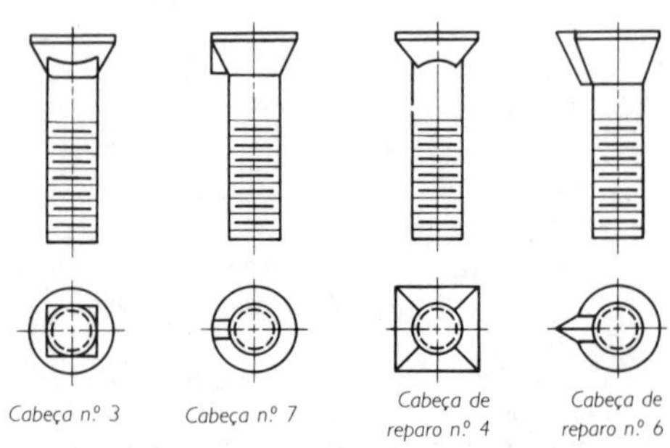

Fig. 15.38 – Parafusos de arado da norma americana.

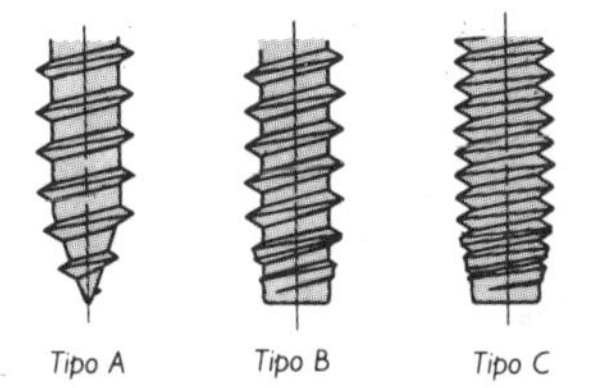

Fig. 15.39 – Pontas dos parafusos de atarraxar da norma americana. Eles são temperados e feitos para formar sua própria rosca em um furo brocado ou puncionado.

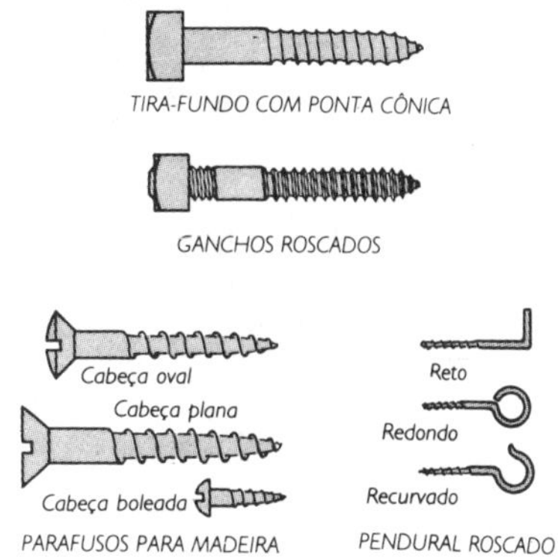

Fig. 15.40 – Parafusos utilizados para madeira.

zou os tira-fundos com pontas cônicas e cabeças quadradas e também parafusos para madeira com cabeças chatas, boleadas e ovais. As cabeças do tira-fundo com ponta cônica seguem as mesmas cotas e, em geral, as mesmas dimensões dos parafusos de corpo liso quadrados série normal. Para informações específicas, ver ANSI B18.10 – 1963. Os parafusos para madeira seguem as mesmas cotas de cabeça e, em geral, as mesmas dimensões dos parafusos de máquinas de cabeça chata boleada e oval, correspondentes. Entretanto, as dimensões são levadas a números mais altos. Ver tabela no Apêndice. Como os parafusos de máquina, as cabeças dos parafusos para madeira podem ter uma fenda comum ou um entalhe de forma especial de reentrâncias cruzadas. Existem diversos tipos diferentes de acabamento, por exemplo, aço brilhante, cromado ou niquelado. O material geralmente é aço ou latão.

40. Outros tipos de parafusos roscados

Muitas outras formas de parafusos roscados, a maioria das quais não foi padronizada, estão em pleno uso. A Fig. 15.41 ilustra algumas delas.

41. Dispositivos e porcas de fixação (Fig. (Fig. 15.42)

Muitos tipos de dispositivos são usados para evitar que as porcas se afrouxem. A rosca de um parafuso segura-o firmemente a menos que as peças estejam sujeitas a choques ou vibrações como em uma junta dos trilhos de estrada de ferro ou no motor de um automóvel. Dentre estes dispositivos o mais comum é a contraporca mostrada em (A). As *porcas de fenda* (*L*) e a *porca de castelo* (*M*), presas com um contrapino ou arame, são usadas comumente em automóveis e peças afins. Para informações adicionais sobre as contraporcas de fenda e de castelo ver a Seç. 28.

Em (*B*) é mostrada uma porca *redonda* presa por um parafuso de fixação. Coloca-se uma bucha de latão sob o parafuso de fixação para evitar que a rosca seja danificada. Este é um tipo comum de porca de ajustagem usada nas máquinas-ferramentas mecânicas.

(*C*) é uma *porca de fixação,* na qual as roscas são deformadas depois de cortadas.

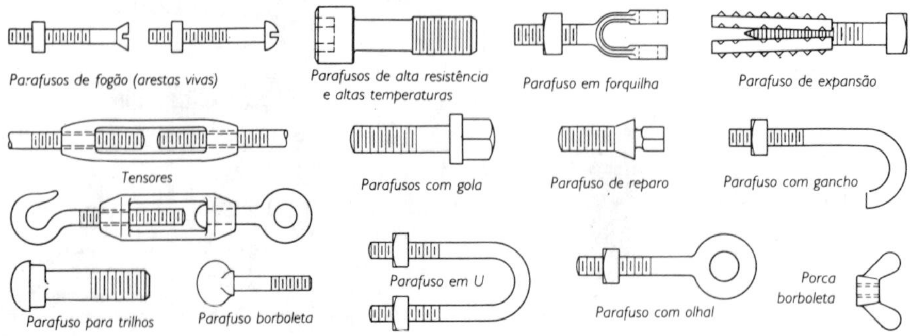

Fig. 15.41 – Diversos tipos de parafusos. Existem muitos parafusos para usos especiais.

As *arruelas de pressão* patenteadas, tais como as mostradas em (*D*), (*E*) e (*F*) são de uso freqüente. Porcas patenteadas especiais com embuchamentos plásticos ou de fibras ou com roscas distorcidas são usadas comumente como dispositivos. As possibilidades de funcionamento que (*J*), (*K*), (*N*) e (*O*) têm, torna evidente.

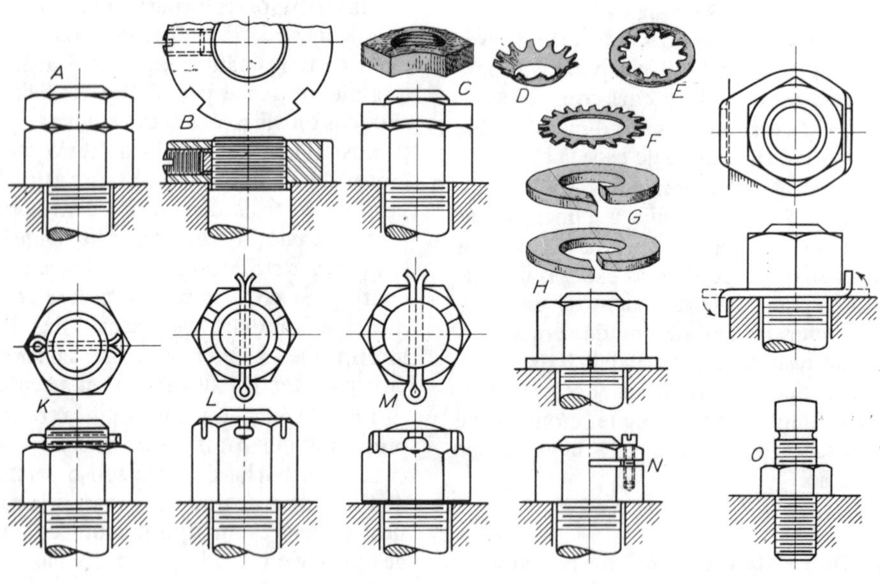

Fig. 15.42 – Dispositivos de fixação. Ver Seç. 40.

42. Arruelas simples e de pressão padronizadas pelo ANSI

Existem quatro tipos de arruelas de pressão padronizadas pelo ANSI: leve, média, pesada e extrapesada. Elas são mostradas na Fig. 15.42 *G* e *H* e são especificadas dando-se o diâmetro nominal e a série, por exemplo:

$^1/_2$ arruela de pressão pesada

As arruelas simples do ANSI também são padronizadas em quatro séries – leve, média, pesada e extrapesada – e são especificadas dando-se o diâmetro nominal e a série, por exemplo:

$^7/_{16}$ arruela simples leve

As cotas das arruelas simples e de pressão do ANSI são fornecidas no Apêndice.

43. Chavetas

Nos desenhos de máquinas freqüentemente há ocasiões em que se representam ligações feitas com chavetas, usadas para evitar a rotação de rodas, engrenagem, etc. sobre seus eixos. Chaveta é uma peça de metal (Fig. 15.43) colocada de forma que parte da mesma fique dentro de um sulco, chamado "ranhura do eixo", cortado em um eixo. A chaveta então se prolonga um pouco acima do eixo e encaixa na "ranhura do cubo", cortada em um cubo. Portanto, depois da montagem, parte da chaveta fica dentro do eixo e parte dentro do cubo, prendendo os dois de forma que um não pode girar sem o outro.

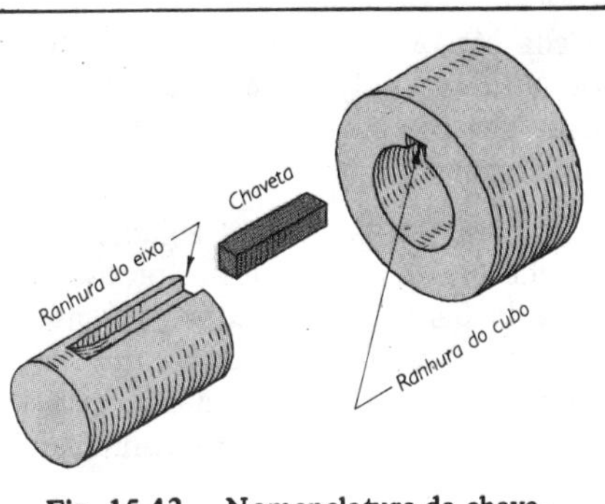

Fig. 15.43 – Nomenclatura da chaveta.

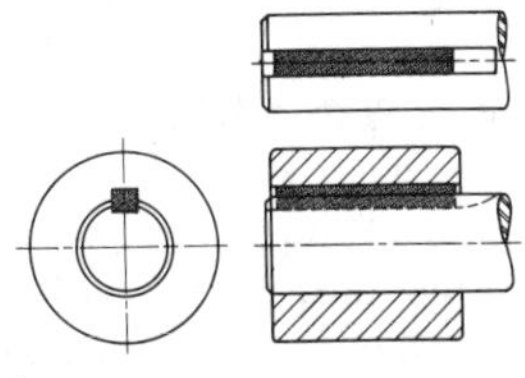

Fig. 15.44 – Chaveta quadrada (ou de cavalete). Metade da chaveta está dentro da ranhura do eixo e metade dentro da ranhura do cubo.

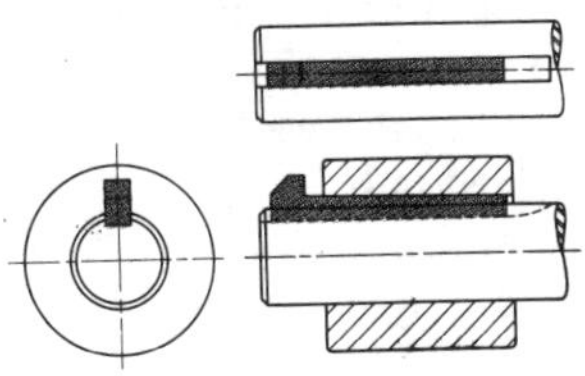

Fig. 15.45 – Chaveta inclinada de cabeça. A forma da cabeça propicia a remoção.

44. Tipos de chaveta

A chaveta mais simples, geometricamente, é a quadrada, colocada *metade* no eixo e *metade* no cubo (Fig. 15.44). Uma chaveta de cavalete é retangular em seção transversal e é usada da mesma maneira que a chaveta quadrada. A chaveta inclinada de cabeça (Fig. 15.45) é afilada na sua superfície superior e é empurrada para dentro da ranhura para que produza uma fixação muito segura. Tanto as chavetas quadradas quanto as de cavalete (matéria-prima paralela e cônica) foram padronizadas pelo ANSI. As tabelas dos tamanhos padronizados são dadas no Apêndice.

A chaveta Pratt e Whitney (Fig. 15.46) é uma variação da quadrada. Sua seção transversal é retangular e tem extremidades arredondadas. Ela é colocada com dois terços no eixo e um terço no cubo de forma que a ranhura do eixo é quadrada e a ranhura do cubo tem como profundidade a metade de sua largura. Os tamanhos são dados no Apêndice.

Talvez a chaveta mais comum seja a Woodruff (Fig. 15.47). Esta chaveta é um meio disco chato com fundo chanfrado (*A*) ou arredondado (*B*). A ranhura do eixo é semicilíndrica e cortada a uma tal profundidade que *metade* da *largura* da chaveta prolonga-se acima do eixo e dentro do cubo. Os tamanhos padronizados são dados no Apêndice. Uma boa regra básica para dimensionar uma chaveta Woodruff em função de um eixo é ter como largura da chaveta um quarto do diâmetro do eixo e um raio igual ao do eixo, selecionando então a chaveta padronizada que mais se aproxime dessas medidas. Ao desenhar chavetas Woodruff deve-se ter o cuidado de colocar o centro do arco acima da parte superior da chaveta a uma distância igual à metade da espessura da serra usada para fazer a fenda na barra. Esta medida é fornecida na coluna *E* da tabela do Apêndice.

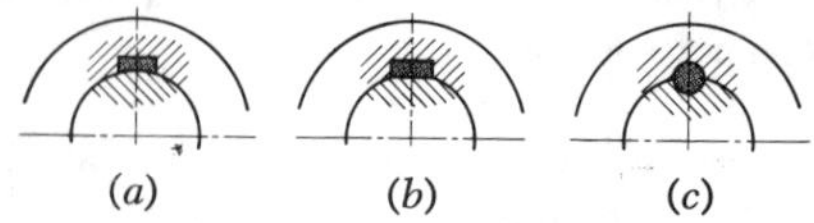

Fig. 15.48 – Chavetas para pequenos esforços. (*a*) de atrito; (*b*) de cavalete; (*c*) Nordberg.

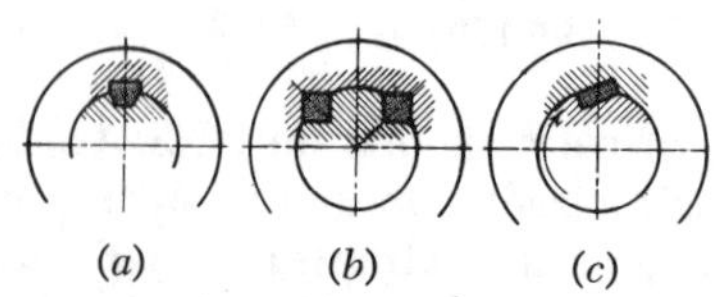

Fig. 15.49 – Chavetas para grandes esforços. (*a*) Barth; (*b*) Kennedy; (*c*) Lexis.

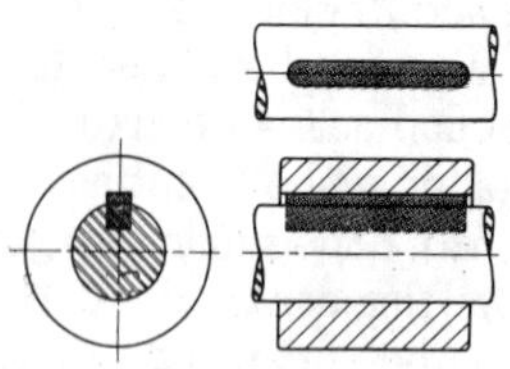

Fig. 15.46 – Chaveta Pratt e Whitney. As extremidades são arredondadas.

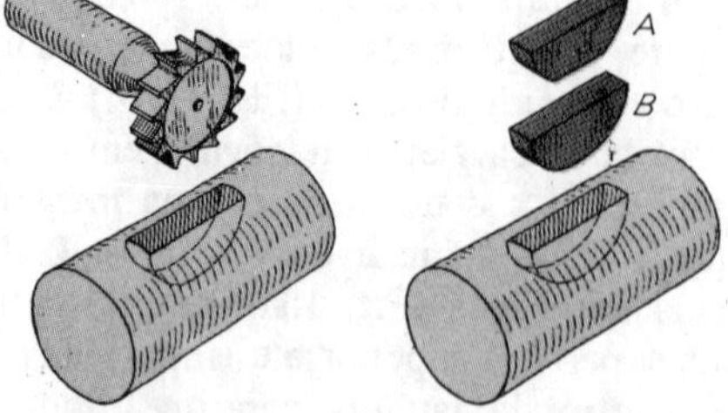

Fig. 15.47 – Chavetas Woodruff, fresa e ranhura do eixo. Esta é a mais amplamente usada.

A Fig. 15.48 mostra três chavetas para pequenos esforços: a chaveta de atrito (*a*), a chaveta plana (*b*) e a chaveta redonda ou Nordberg (*c*), que é usada na extremidade de um eixo para, por exemplo, fixar um volante.

A Fig. 15.49 mostra algumas formas de chavetas para grandes esforços. (*a*) é a chaveta Barth, (*b*) é a chaveta Kennedy e (*c*) é a chaveta Lewis que só provoca movimentos em um único sentido. Nas duas últimas, o esforço de cisalhamento é segundo a diagonal.

Para esforços muito grandes as chavetas não são suficientemente fortes e cortam-se canaletas (sulcos) tanto no eixo quanto no cubo, de maneira que elas se ajustem uma dentro da outra (Fig. 15.50). (*a*) e (*b*) são duas formas de eixos dentados amplamente usados em lugar de eixos enchavetados; (*b*), em forma de involuta, é o eixo dentado mais novo do ANSI (B5.15 – 1960).

45. Especificação de chavetas

As chavetas são especificadas por anotações ou por número, dependendo do tipo.

As chavetas quadrada e de cavalete são especificadas por uma anotação que forneça largura, a altura e o comprimento, por exemplo,

$^1/_2$ chaveta quadrada comprimento 2 $^1/_2$
$^1/_2$ X $^3/_8$ chaveta de cavalete comprimento 2 $^1/_2$.

As chavetas simples cônicas são especificadas dando-se a largura, a altura na extremidade maior e o comprimento. A altura da extremidade maior é medida na distância *W* (largura) a partir dessa extremidade. A conicidade é 1 para 96 (ver Apêndice). Por exemplo,

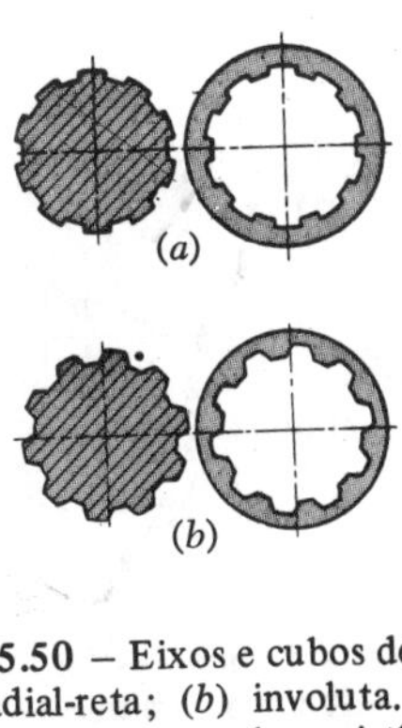

Fig. 15.50 – Eixos e cubos dentados. (*a*) radial-reta; (*b*) involuta. Ambas proporcionam grande resistência às forças de torção.

Chaveta cônica quadrada simples $^3/_8$ X $^3/_8$ X 1 $^1/_2$
Chaveta cônica de cavalete simples $^1/_2$ X $^3/_8$ X 1 $^1/_4$

As chavetas de atrito cônicas são especificadas dando-se, exceto o nome, as mesmas informações das chavetas cônicas quadradas ou de cavalete (ver Apêndice). Por exemplo,

Chaveta quadrada de atrito cônica $^3/_4$ X $^3/_4$ X 2 $^1/_4$
Chaveta de cavalete de atrito cônica $^7/_8$ X $^5/_8$ X 2 $^1/_2$

As chavetas Pratt e Whitney são especificadas por número ou letra (ver Apêndice). Por exemplo,

Chaveta Pratt e Whitney nº 6

As chavetas Woodruff são especificadas por número (ver Apêndice).

A cotagem e especificações de outros tipos de chavetas podem ser encontradas em manuais ou catálogos de fabricantes.

46. Cotagem das ranhuras do eixo e do cubo

A cotagem das ranhuras *do eixo* e *do cubo* para chavetas depende do objetivo a que o desenho se destina. Para a produção unitária, quando se espera que as chavetas sejam colocadas pelo maquinista, pode-se dar as dimensões nominais como na Fig. 15.51. Para produção em massa, deve-se dar os limites de largura (e profundidade, se necessário) como na Fig. 15.52. As ranhuras do eixo e do cubo das chavetas Pratt e Whitney são cotadas como na Fig. 15.53. Observar que o *comprimento* da ranhura do eixo é dado de forma a corresponder à especificação da chaveta. Se a permutabilidade for importante e quando é necessária uma calibragem cuidadosa, as cotas devem

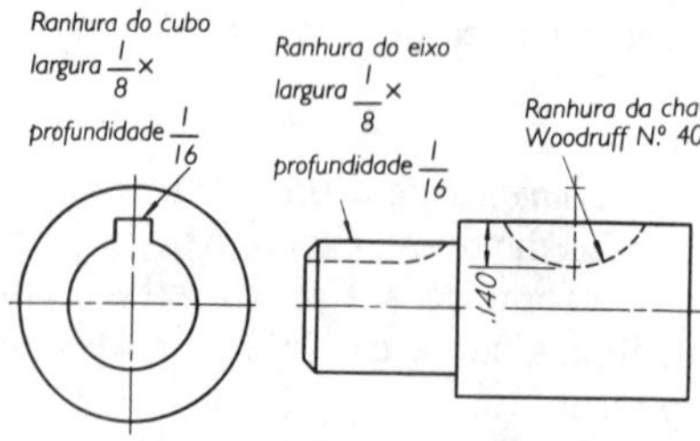

Fig. 51.1 – Dimensões nominais das ranhuras do eixo e do cubo (quadrada Woodruff). Ver Seç. 45.

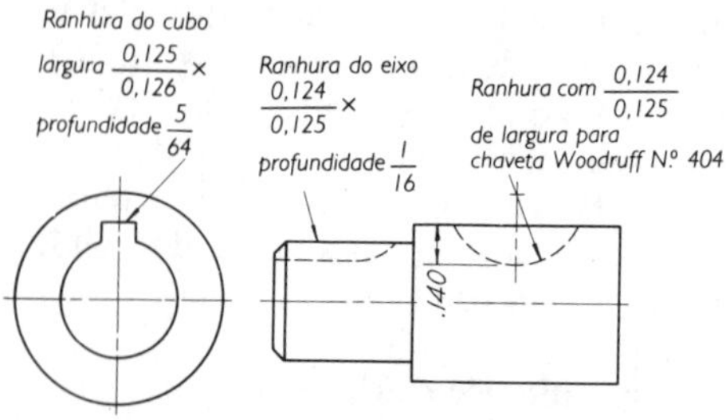

Fig. 15.52 – Dimensionamento de ranhuras de eixo e de cubo (quadrada e Woodruff). Ver Seç. 45.

ser dadas como na Fig. 15.54 e os valores expressos com limites.

47. Molas

Uma mola pode ser definida como um corpo elástico com o fim de armazenar energia quando comprimida. As molas são classificadas de acordo com a sua forma geométrica: helicoidal ou plana.

48. Molas helicoidais

Essas são ainda classificadas como (1) de compressão, (2) de tração ou (3) de torção, segundo a atuação visada. Em desenhos para execução, as molas helicoidais são desenhadas convencionalmente com uma única linha reta, como na Fig. 15.55; ou, semiconvencionalmente, como nas Figs. 15.56 a 15.58, esboçando-se o diâmetro (*D*) e o passo (*P*) das voltas e depois desenhando-se uma circunferência de construção nas posições limites para o tamanho do arame e convencionando o desenho da hélice com linhas retas. As molas helicoidais podem ser de arame de seção circular, quadrada ou especial.

As molas de compressão são enroladas com as espiras separadas de forma que possam ser comprimidas; as extremidades

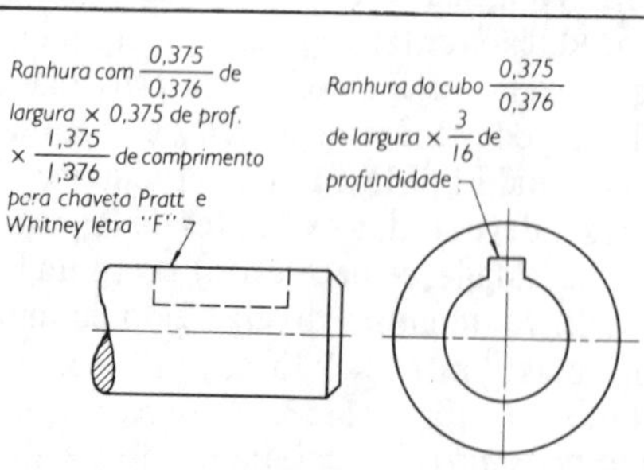

Fig. 15.53 – Dimensionamento de ranhuras do eixo e do cubo de uma chaveta Pratt e Whitney.

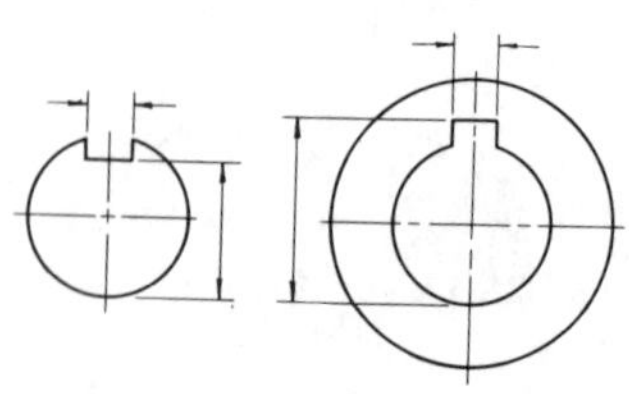

Fig. 15.54 – Dimensões das ranhuras do eixo e do cubo para montagem intercambiável. Estas correspondem aos tamanhos das bitolas usadas.

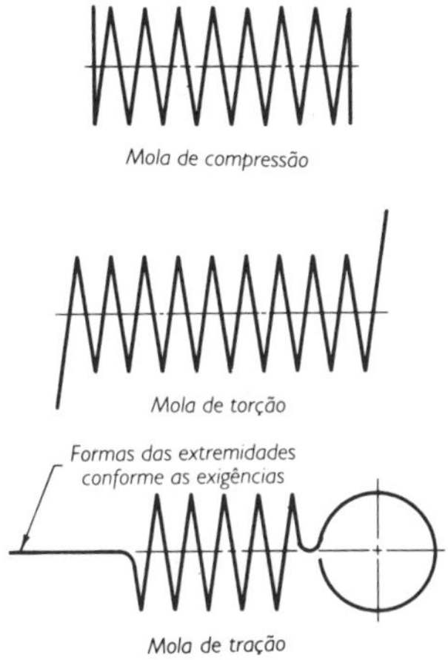

Fig. 15.55 – Representação convencional de molas. O método de usar uma única linha economiza tempo de desenho.

podem ser abertas ou fechadas e pode-se deixá-las simples ou retificadas, como mostra a Fig. 15.56. As especificações que precisam ser fornecidas para uma mola de compressão são as seguintes:

1. Diâmetro de controle: (*a*) externo, (*b*) interno, (*c*) opera dentro de um tubo ou (*d*) opera sobre uma haste.
2. Tamanho do arame ou da barra.
3. Material (tipo e grau).
4. Espiras: (*a*) número total e (*b*) direita ou esquerda.
5. Tipo das extremidades.
6. Carga no comprimento defletido de
7. Capacidade de carga entre – polegadas e – polegadas.
8. Altura máxima.
9. Altura mínima de compressão quando em uso.

As molas de tração são enroladas com as espiras em contato uma com a outra de forma que podem ser estendidas e as extremidades normalmente são como uma laçada, como é mostrado na Fig. 15.57. Extremidades especiais algumas vezes são necessárias e são descritas pelo ANSI. As informações que devem ser dadas para uma mola de tração são as seguintes:

1. Comprimento livre: (*a*) total, (*b*) sobre a espira ou (*c*) dentro dos ganchos.
2. Diâmetro de controle: (*a*) diâmetro externo, (*b*) diâmetro interno ou (*c*) opera dentro de um tubo.
3. Tamanho do arame.
4. Material (tipo e grau).
5. Espiras: (*a*) número total e (*b*) direita ou esquerda.
6. Tipo das extremidades.
7. Carga nos ganchos internos.
8. Capacidade de carga, libras por 1 polegada de deflexão.
9. Comprimento máximo estendido.

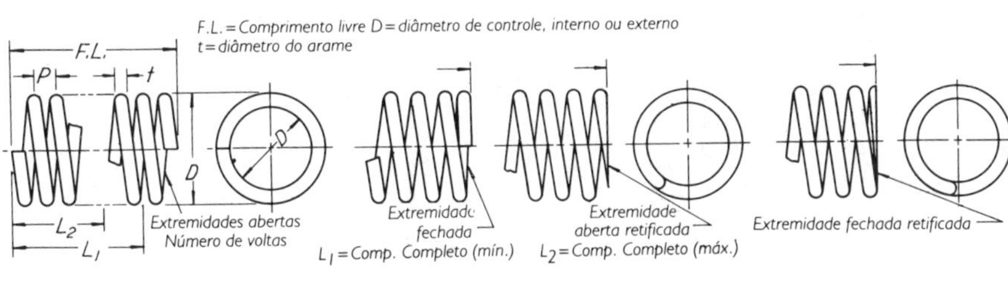

Fig. 15.56 – Representação e dimensionamento das molas de compressão.

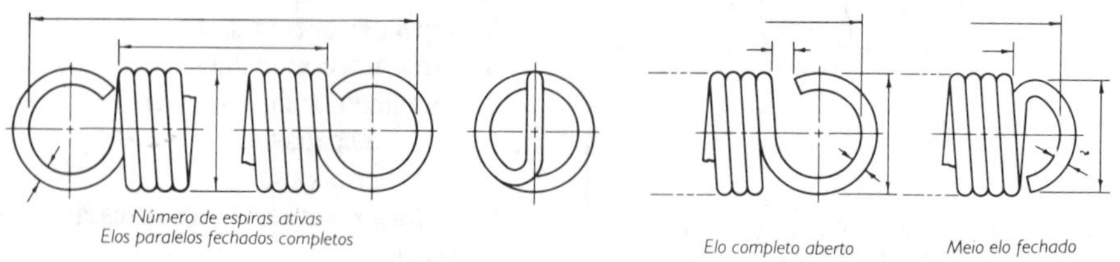

Fig. 15.57 – Representação e dimensionamento das molas de torção.

As molas de torção são enroladas com espiras fechadas ou abertas e a carga é aplicada torcionalmente (em ângulo reto com o eixo da mola). A forma das extremidades pode ser como ganchos ou braços de torção retos, como indicado na Fig. 15.58. As informações que devem ser dadas para uma mola de torção são as seguintes:

1. Comprimento livre (cota *A*, Fig. 15.58).
2. Diâmetro de controle: (*a*) diâmetro externo, (*b*) diâmetro interno, (*c*) opera dentro de um furo ou (*d*) opera sobre uma haste.
3. Tamanho do arame.
4. Material (tipo e grau).
5. Espiras: (*a*) número total e (*b*) direita ou esquerda.
6. Torque, libras por – graus de deflexão.
7. Deflexão máxima (graus a partir da posição livre).
8. Tipo das extremidades.

49. Molas planas

Mola plana pode ser definida como uma mola feita de material plano ou em fita. As molas planas (Fig. 15.59) são classificadas como (1) molas planas simples, moldadas de forma que a força desejada é aplicada quando a mola é comprimida em uma direção oposta à da força; (2) molas de força, feitas como uma peça reta e então enroladas dentro de um estojo; (3) molas Belleville, estampadas, de material fino e

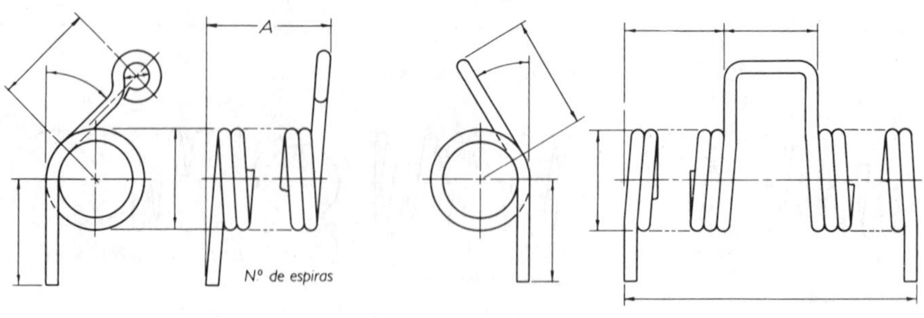

Fig. 15.58 – Representação e dimensionamento das molas de torção.

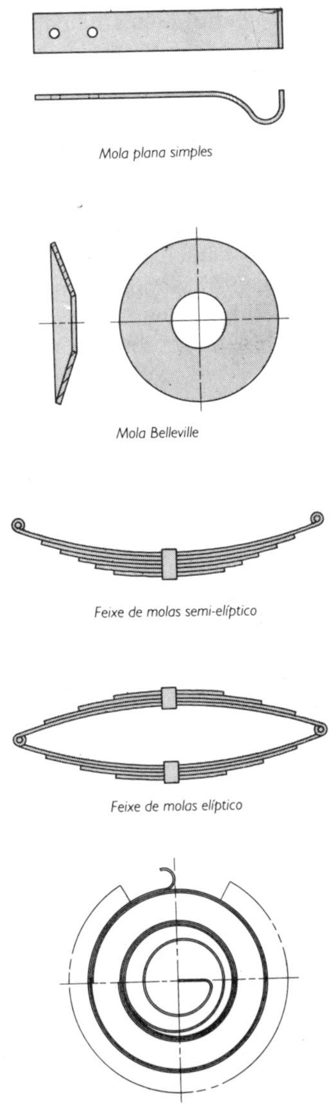

Fig. 15.59 – Tipos de molas planas. A variedade é tal que elas exigem representação e especificação individuais.

moldadas de maneira que armazenem energia quando comprimidas e (4) feixes de molas de forma elíptica ou semi-elíptica feitas de diversas peças de comprimento variável, moldadas de maneira que fiquem retas quando uma carga for aplicada. As informações que devem ser fornecidas para uma mola plana são as seguintes:

1. Forma detalhada e cotagem da mola mostrados em um desenho.
2. Material e tratamento térmico.
3. Acabamento.

50. Produtos de tipo especial dos fabricantes

Um problema comum em todas as salas de desenho comercial é o projeto e a representação de peças, tais como parafusos, chavetas, rebites, molas e rolamentos de esfera que atendam aos produtos de tipo especial dos fabricantes. É necessária também a especificação do produto especial, incluindo o nome da firma ou outras informações pertinentes tais como tamanho e número da companhia. Estas são as razões principais por que são dadas as descrições seguintes e os problemas correspondentes. Existem muitas companhias industriais que fabricam produtos especiais de fixação. Muitos deles são feitos com o objetivo específico de fornecer um produto de baixo custo. Outros são planejados para acelerar a montagem. Outros ainda são projetados para usos especiais ou para substituir parafusos, chavetas ou molas padronizados. A maioria destes produtos não são padronizados e possivelmente nunca serão, porque as companhias estão continuamente desenvolvendo as características e formas dos componentes ou porque são instrumentos patenteados.

É impossível fazer aqui uma análise completa de todos os produtos encontrados, ou mesmo relacionar todas as variedades feitas por um determinado fabricante. Entretanto, os parágrafos seguintes descrevem algumas peças muito conhecidas e amplamente usadas. Organizações norte-americanas, tais como a ASME, fornecem listas pormenorizadas dos produtos dos fabricantes e os anúncios em periódicos atualizados são uma boa fonte de informação. Pode-se obter literatura descritiva junto aos fabricantes.

Porcas auto-atarraxantes são peças baratas de aço, para molas, com tratamento térmico, facilmente montadas em parafusos prisioneiros, eixos, hastes, arames, pinos ou tubos não-roscados de material e dimensões adequados. Detalhes das PORCAS-PAL, feitas pela The Palnut Company, Mountainside, N. J., são mostradas no Apêndice.

Arruelas de trava são peças de aço de molas, semelhantes a arruelas, que são empurradas sobre um parafuso prisioneiro, um eixo, uma haste, um arame, um pino ou um tubo não-roscado e que produzem uma fixação permanente, rápida e barata por meio do aperto do furo especialmente projetado na peça. As arruelas de trava, também fabricadas pela The Palnut Company, Mountainside, N. J., são apresentadas no Apêndice.

Os pinos de pistão com rolamento são peças semelhantes aos pinos padronizados retos ou cônicos mas têm forma tubular com uma abertura longitudinal sulcada e chanfrada. Eles são feitos de aço de mola com tratamento térmico e podem ser usados para substituir um pino estriado, uma chaveta, um eixo de rebite, um contrapino, um parafuso fixador, um grampo em U, um pino de dobradiça, um pino de encaixe, um parafuso com porca, um rebite ou um pino cônico. Os pinos de pistão com rolamento fabricados pela Elastic Stop Nut Corporation of America, Union, N. J., são apresentados no Apêndice.

Os anéis de retenção são anéis de aço de mola, temperado, projetados tanto como um anel externo, para encaixar em um sulco num eixo, quanto como um interno, para encaixar em um sulco num cubo. Seu uso principal é localizar ou evitar movimento axial de um eixo dentro de um cubo. Eles são fabricados em uma grande variedade de formas e tamanhos. Os anéis de retenção *Waldes Truarc* fabricados pela Waldes Kohinoor Inc., Long Island City, New York, N. Y., são dados no Apêndice.

PROBLEMAS

Grupo 1. Hélices.

1. Desenhar três espiras completas de uma hélice de 76 mm de diâmetro; passo = 32 mm. Ver Cap. 3.

2. Desenhar três espiras completas de uma hélice cônica, vistas de perfil e de frente, com 1 1/2 pol de passo e cujo diâmetro maior é 4 pol e o menor 1 1/2 pol. Ver Cap. 3.

Grupo 2. Roscas de parafuso

3. Desenhar em corte os seguintes tipos de rosca com 1 pol de passo: Americano, Acme, Acme de ponta cortada e quadrada.

4. Desenhar duas vistas de uma rosca quadrada e separadamente um corte da rosca; diâmetro, 2 1/2 pol; passo, 3/4 pol; comprimento da parte roscada, 3 pol.

5. O mesmo do Prob. 4 mas para a rosca de perfil triangular com 1/2 pol de passo.

6. Desenhar as seguintes roscas com 2 pol de diâmetro e 3 1/2 de comprimento: rosca quadrada de uma entrada, passo 1/2 pol; rosca de perfil triangular, passo 1/4 de pol; rosca quadrada dupla esquerda, passo 1/2 pol.

7. Espaço de trabalho 7 por 10 1/2. Dividir o espaço como mostra a figura; no lado esquerdo, desenhar e rotular os perfis de roscas como segue: em *A*, perfil triangular, passo 1/2 pol; em *B*, Americano (unificado) passo 1/2 pol; em *C*, quadrada, passo 1 pol; em *D*, Acme, passo 1 pol. Mostrar 5 filetes de cada uma em *A* e *B* e 3 em *C* e *D*.

No espaço à direita, completar as vistas do objeto mostrando em *E* um furo roscado em corte, 3 1/2 – 4UNC – 2B. A rosca termina em um relevo de 3 17/32 pol de diâmetro por 1/4 pol de largura. A linha inferior do relevo da rosca é mostrada. Em *F*, mostrar uma rosca 1 3/4 – 5UNC – 3A. A rosca tem 1 pol de comprimento e termina numa ranhura que tem 1 3/8 pol de diâmetro por 1/4 pol de largura. A extremidade livre da rosca deve ser chanfrada a 45°. Em *G*, mostrar uma haste roscada 5/8 – 18UNF – 3A por 1 pol de comprimento; em *H*, mostrar em corte os furos roscados de um lado a outro 3/8 – 16UNC – 2B; são necessários quatro. Especificar completamente todas as roscas.

Prob. 7 – Roscas de parafuso.

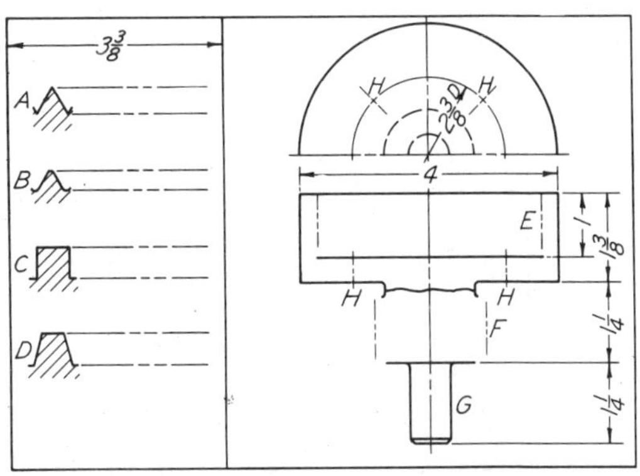

8. Espaço de trabalho 7 por 10 1/2 pol. Completar as vistas e mostrar as partes roscadas da seguinte maneira: em *A*, um furo roscado de um lado a outro, 1/2 – 20UNF – 3B; em *B*, um furo roscado 5/8 – 11UNC – 2B por 3/4 pol de profundidade com a rosca a 1 1/8 pol de profundidade; em *C*, um furo roscado 3/8 – 16UNC – 2B por 1/4 pol de profundidade com a rosca passando através do furo de 1 pol; em *D*, um furo roscado 1 1/2 – 8N – 2 que termina no furo

Prob. 8 – Alavanca intermediária.

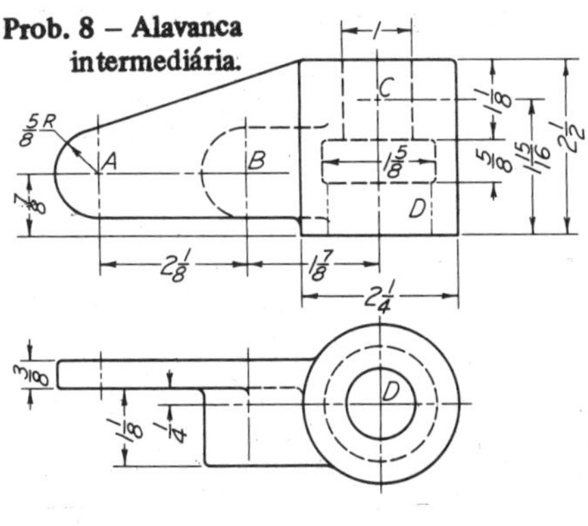

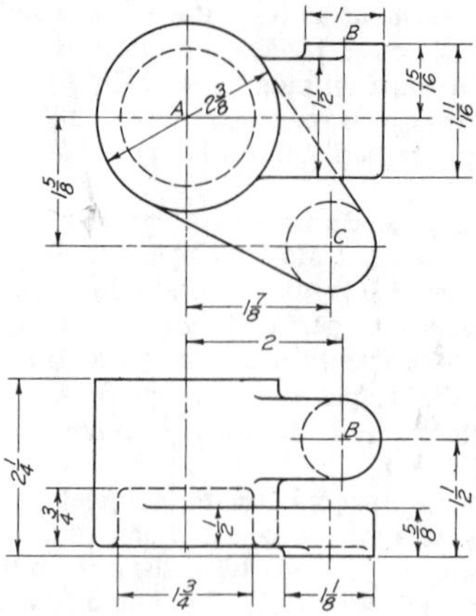

Prob. 9. Suporte deslocado.

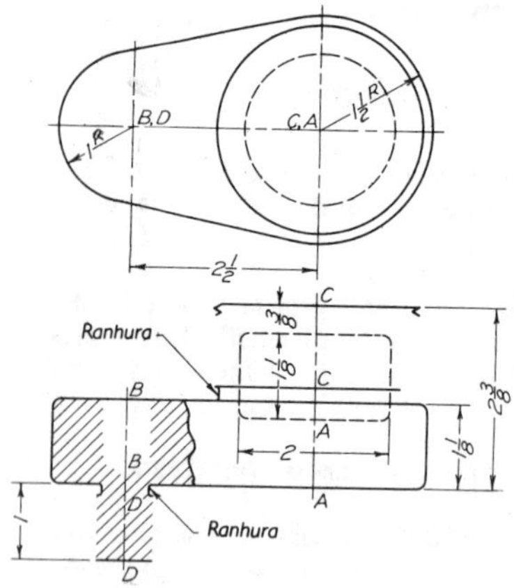

Prob. 10. Balanceiro.

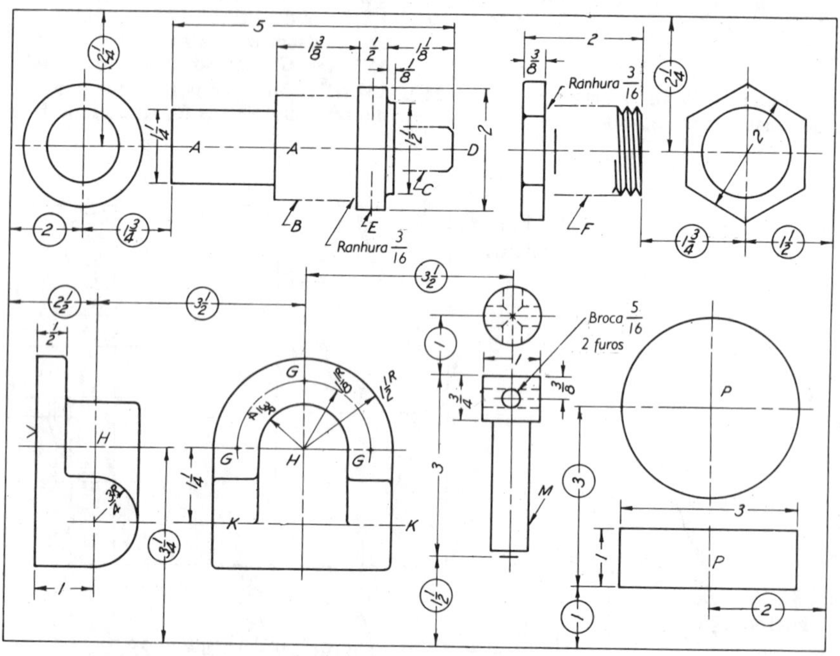

Prob. 11. Roscas de parafuso.

moldado. Especificar completamente todas as roscas.

9. Completar o desenho do suporte mostrando os furos roscados como segue: em *A*, 1 3/8 – 6UNC – 2B; em *B*, 1/2 – 13NC – 2; em *C*, 5/8 – 18 UNF – 3B. *A* e *C* são furos passantes. *B* é um furo cego para receber um parafuso prisioneiro. O material é ferro fundido. Especificar os furos roscados.

10. Completar as vistas do balanceiro de aço fundido, mostrando as roscas e os furos roscados do seguinte modo: sobre o eixo *A* – *A* o furo roscado 2 – 8N – 2; sobre o eixo *B* – *B*, o furo roscado 1/2 – 20UNF – 2B com 5/8 pol de profundidade, com rosca de 7/8 pol de profundidade; sobre o eixo *C* – *C*, uma rosca externa 2 3/4 – 12UNC – 2A; sobre o eixo *D* – *D*, uma rosca externa 7/8 – 14UNF – 3A.

11. Espaço mínimo de trabalho 10 1/12 por 15 pol. Completar as vistas das peças e mostrar as roscas e detalhes como segue: *Canto superior esquerdo* sobre o eixo A – A, mostrar um furo roscado 3/4 – 10UNC – 2B, em corte, com 1 1/2 pol de profundidade e a rosca do furo com 2 1/2 pol de profundidade. Em *B*, mostrar em corte uma rosca externa 1 3/4 – 8N – 2. Em *C*, mostrar em corte uma rosca 3/4 – 10UNC – 2A. A partir de *D*, sobre o eixo *A – A*, mostrar um furo brocado de 1/4 pol que se estende até o furo roscado. Em *E*, mostrar seis furos brocados de 1/4 pol por 1/4 pol de profundidade, espaçados igualmente para o uso da chave inglesa. *Canto superior direito*, em *F*, mostrar uma rosca 1 1/2 – 6UNC – 2A. *Canto inferior esquerdo*, em *G*, mostrar três furos passantes 3/8 – 16 – UNC – 2B. Em *H*, mostrar um furo roscado 7/8 – 9UNC – 2B com 1 1/8 pol de profundidade, com o furo roscado atravessando a peça. Sobre o eixo *K – K*, mostrar um furo roscado passante 7/8 – UNF – 3B. *Centro inferior*, em *M*, mostrar uma rosca 5/8 – 18 UNF – 3A com 1 3/4 pol de comprimento. *Canto inferior direito*, sobre o eixo *P*, mostrar em corte, um furo 2 – 4 1/2UNC – 2B. Especificar completamente todas as roscas.

Grupo 3. Parafusos.

12. Desenhar a vista de um parafuso de corpo liso e porca hexagonal, da série normal, com acabamento parcial, segundo a diagonal; o diâmetro mede 1 pol; o comprimento mede 5 pol.

13. O mesmo probl. 12, para um parafuso de corpo liso e porca pesados sem acabamento.

14. O mesmo probl. 12, para um parafuso de corpo liso e porca quadrados.

15. Desenhar quatro parafusos de cabeça, de 1/2 por 1 1/2 pol, cada um com um diferente tipo de cabeça. Especificar convenientemente cada um deles.

16. Unir as peças sobre o eixo *E – E*, com um parafuso de cabeça hexagonal de 3/4 pol e com uma arruela de pressão de série leve. Sobre o eixo *A – A*, mostrar um parafuso passador de espiga roscada de 5/8 por 1 1/2 pol.

17. Unir as peças com um parafuso de corpo liso, quadrado, de 3/4 pol e uma porca quadrada de série pesada. Colocar a porca na parte inferior.

18. Fixar as peças por meio de um parafuso prisioneiro de 3/4 pol com porca hexagonal de série normal, com acabamento parcial.

19. Fixar peças com um parafuso de cabeça cilíndrica de 3/4 pol.

20. Desenhar a vista principal de um parafuso de cabeça circular, sem fenda e pescoço quadrado (para carrocerias); diâmetro 1 pol; comprimento 5 pol com porca da série normal quadrada.

21. Desenhar a vista principal de um parafuso de cabeça circular e pescoço dentado (para carrocerias); diâmetro 3/4 pol; comprimento 4 pol com porca da série normal, quadrada.

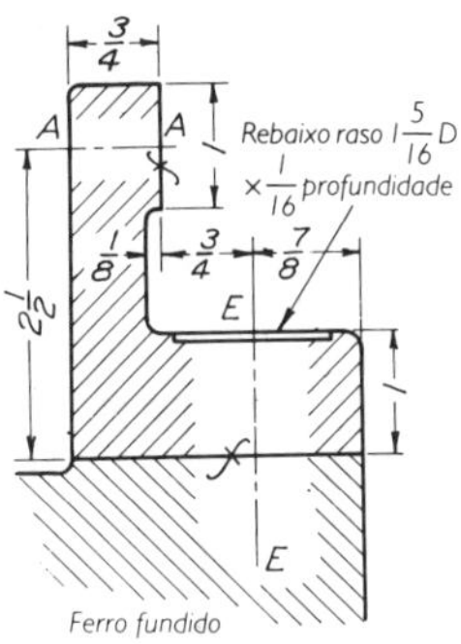

Prob. 16 – Orelha em L.

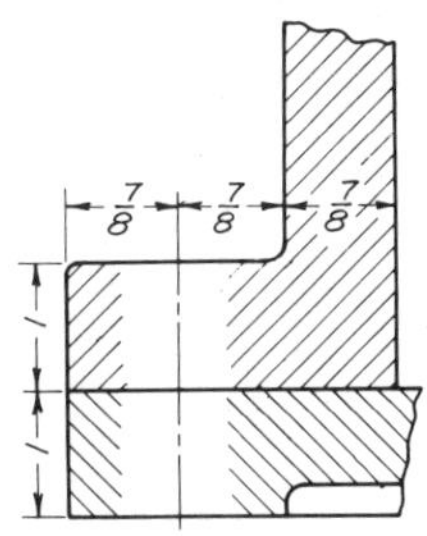

Prob. 17 – Cobertura dupla.

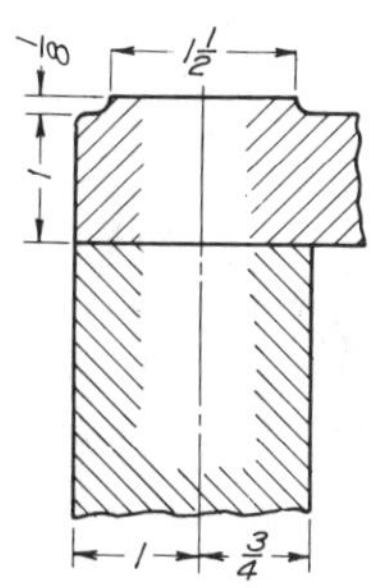

Prob. 18 – Suporte.

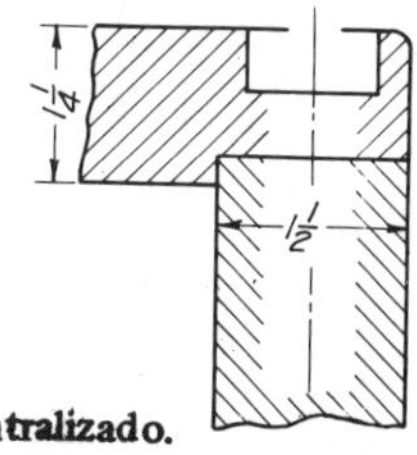

Prob. 19 – Fecho centralizado.

22. Desenhar duas vistas de um parafuso passador de espiga roscada; diâmetro 3/4 pol; comprimento do corpo não roscado, 5 pol.

23. Desenhar duas vistas de um parafuso de cabeça com encaixe; diâmetro 1 1/4 pol; comprimento 6 pol.

24. Desenhar a caixa de vedamento e a sobreposta mostrando os parafusos necessários. Sobre o eixo *A*, desenhar parafusos de cabeça hexagonal de 1/2 pol (são necessários seis). Sobre o eixo B, desenhar parafusos prisioneiros de 1/2 pol com porcas hexagonais da série normal e acabamento parcial. Especificar os parafusos.

25. Desenhar a chapa de apoio com os parafusos necessários. Sobre o eixo *C* desenhar os parafusos comuns com porcas hexagonais da série normal e acabamento parcial de 1/2 pol (são necessários quatro). Sobre o eixo *D*, desenhar parafusos de fixação de 1/2 pol. Sobre o eixo *E*, mostrar um parafuso de fixação de cabeça quadrada de 1/2 pol. Os parafusos de fixação devem ter pontas cônicas. Especificar os parafusos.

26. Desenhar a cabeça do rolamento esférico mostrando os parafusos necessários. Sobre o eixo *A*, desenhar parafusos de corpo liso e porcas hexagonais da série normal, acabamento parcial de 1/2 por 1 3/4 pol (são necessários seis) tendo as cabeças para o lado esquerdo e segundo a diagonal apresentando duas faces. Observar que este projeto evita que as cabeças girem. Sobre o eixo *B* desenhar parafusos de cabeça cilíndrica boleada de 5/16 por 3/4 pol (são necessários quatro). Sobre o eixo *C*, desenhar um parafuso de fixação sulcado com ponta cônica de 3/8 por 1/2 pol com um disco de fibra para proteger as roscas do eixo. Especificar os parafusos.

27. Desenhar a cabeça do rolamento simples mostrando os parafusos necessários. Sobre o eixo *D*, desenhar parafusos prisioneiros de 1/2 por 2 pol com porcas hexagonais da série normal, acabamento parcial (são necessários seis); o rebaixo tem 1 pol de diâmetro por 1/16 pol de profundidade. Sobre o eixo *E*, representar parafusos de cabeça hexagonal de 3/8 por 1 pol (são necessários quatro). Em *F*, desenhar um parafuso de fixação de cabeça quadrada e ponta cônica de 7/16 por 7/8 pol. Sobre o eixo *G*, desenhar um furo de broca 1/8 – 27 NPT com um bujão de 1/4 pol. Este é destinado a envolver a sobreposta. Especificar os parafusos.

Os problemas 24 e 25, 26 e 27 podem ser desenhados juntos, dois a dois, em uma folha de 11 por 17 pol ou em folhas separadas mostrando o diâmetro total dos flanges.

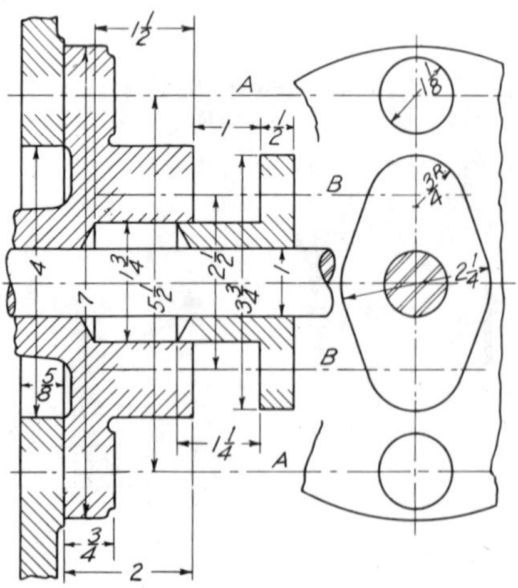

Prob. 24 – Caixa de vedamento sobreposta.

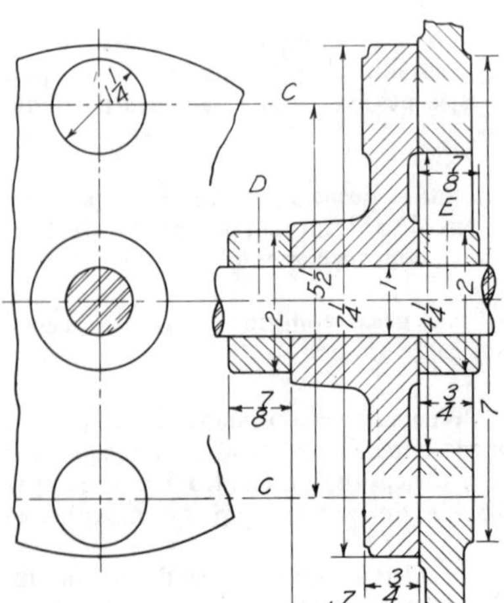

Prob. 25 – Chapa de apoio.

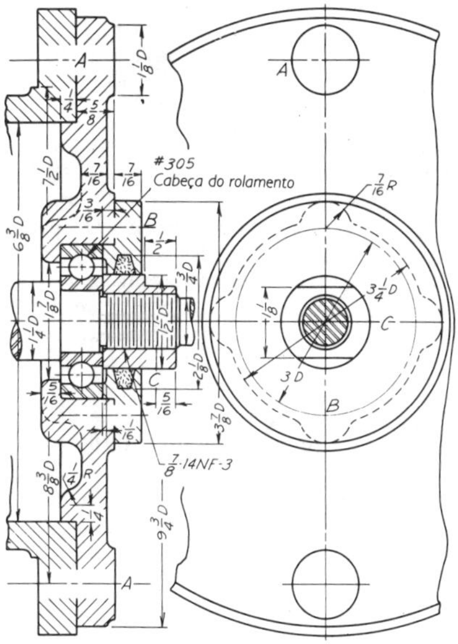

Prob. 26 – Cabeça de rolamento esférico.

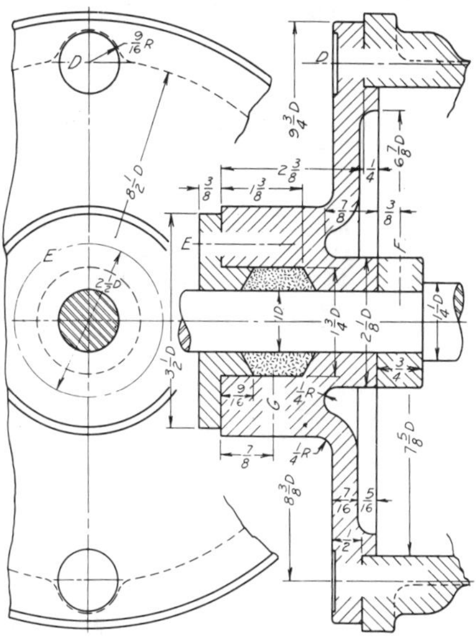

Prob. 27 – Cabeça de rolamento simples.

Grupo 4. Chavetas.

As dimensões padronizadas das chavetas encontram-se no Apêndice.

28. Desenhar o cubo e o eixo de acordo com a figura e, no lugar conveniente, uma chaveta Woodruff.

29. Desenhar o cubo e o eixo de acordo com a figura e uma chaveta quadrada de 2 pol de comprimento, no lugar conveniente.

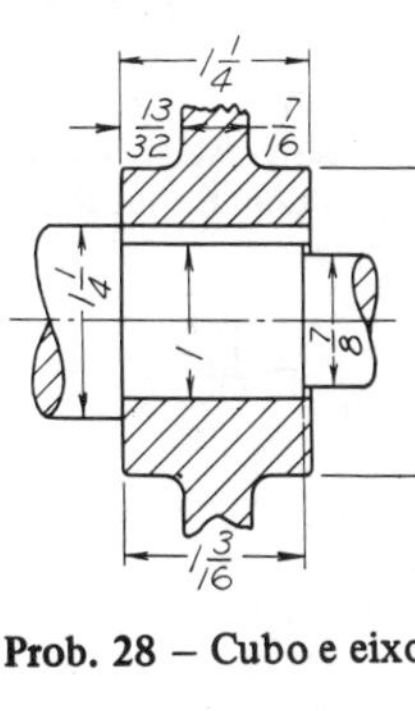

Prob. 28 – Cubo e eixo.

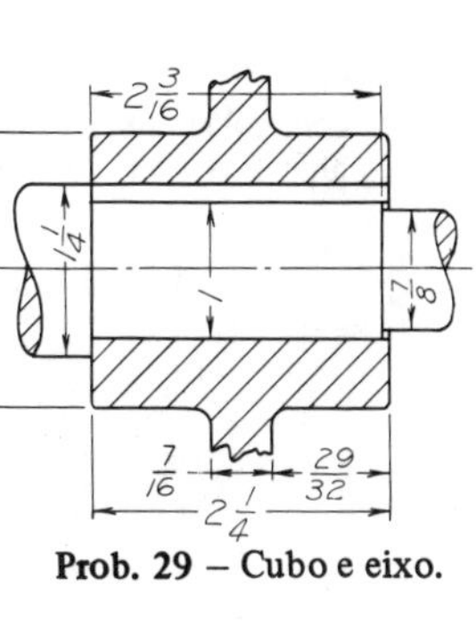

Prob. 29 – Cubo e eixo.

30. Desenhar o cubo e o eixo de acordo com a figura e uma chaveta inclinada de cabeça, no lugar conveniente.

31. Desenhar o cubo e o eixo de acordo com a figura e uma chaveta Pratt e Whitney no lugar conveniente.

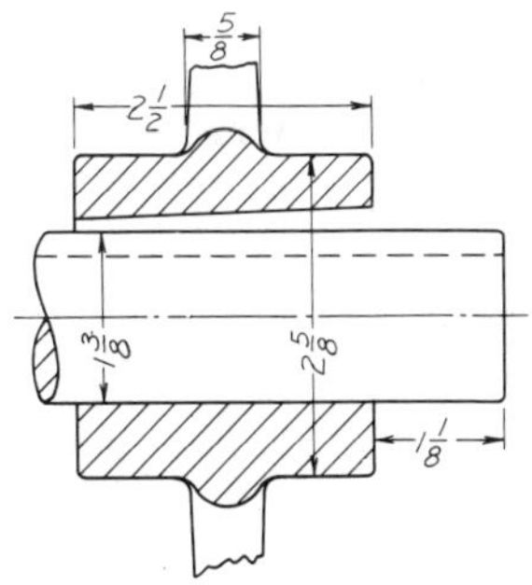

Prob. 30 – Esboço.

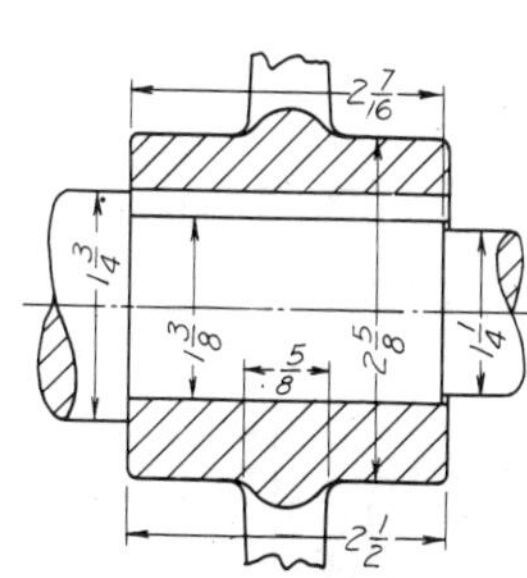

Prob. 31 – Esboço.

Grupo 5. Molas.

32. Desenhar uma mola de compressão como segue: diâmetro interno 3/4 pol; tamanho do arame 1/8 pol de diâmetro; 14 voltas para a direita; extremidades quadradas e retificadas; comprimento livre 3 1/2 pol.

33. Desenhar uma mola de compressão como segue: diâmetro externo 1 pol; tamanho do arame 3/32 pol de diâmetro; 12 voltas para a esquerda; extremidades abertas sem retificação; comprimento livre, 4 pol.

34. Desenhar uma mola de tração como segue: comprimento livre sobre as voltas: 2 pol; diâmetro externo 1 1/8 pol; tamanho do arame 1/8 pol de diâmetro; 11 voltas para a direita; extremidades paralelas com voltas fechadas.

35. Desenhar uma mola de tração como segue: comprimento livre dentro dos ganchos 2 3/4 pol; diâmetro interno 3/4 pol; tamanho do arame 1/8 pol de diâmetro; 11 voltas para a esquerda; extremidades paralelas com meia volta fechada.

36. Desenhar uma mola de torção como segue: comprimento livre sobre as voltas 3/4 pol; diâmetro interno 1 1/8 pol; tamanho do arame 1/8 pol de diâmetro; 5 voltas para a direita; extremidades retas e dobradas para seguir as linhas radiais que se dirigem para o centro da mola e prolongadas 1/2 pol a partir do diâmetro externo da mola.

37. Uma mola de compressão feita de arame de aço de bitola 26, com um diâmetro externo de 2 pol, tem 8 voltas ativas enroladas a um passo de 1/2 pol. Determinar o comprimento livre se:
(*a*) A mola tem extremidades abertas
(*b*) A mola tem extremidades fechadas
(*c*) A mola tem extremidades abertas retificadas
(*d*) A mola tem extremidades fechadas retificadas

38. Se a mola acima for comprimida ao máximo, determinar o seu diâmetro externo.

38*A*. Se a mola acima tem uma tolerância do passo de ± 0,015 pol e uma tolerância do diâmetro externo de ± 0,015 pol, determinar o diâmetro externo máximo (Nota: a tolerância na fabricação do arame é de ± 0,001 pol do seu diâmetro).

39. Reprojete as cabeças dos rolamentos de esferas do Probl. 26 usando um mancal do tipo lacrado e lubrificado, que será mantido no lugar por um anel de retenção.

Grupo 6. Produtos de tipo especial.

40. Desenhar e cotar os limites de um furo brocado no aro externo necessário para manter no lugar um pino de pistão com rolamento. Mostrar e especificar o pino de pistão com rolamento em posição sobre o eixo e desenhá-lo três vezes maior que o seu tamanho real.

41. Desenhar e cotar os limites de um furo brocado no elemento externo necessário para manter um pino de pistão com rolamento de 3/8 pol de diâmetro. O elemento interno deve ter uma folga mínima de 0,003 pol. Cotar o diâmetro máximo e mínimo do furo brocado no elemento interno. Mostrar e especificar o pino de pistão com rolamento em posição sobre o eixo. Desenhar três vezes maior do que o tamanho real.

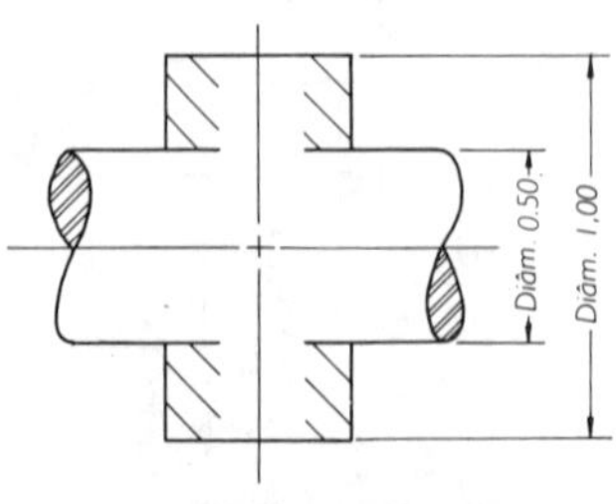

Prob. 40 – Esboço.

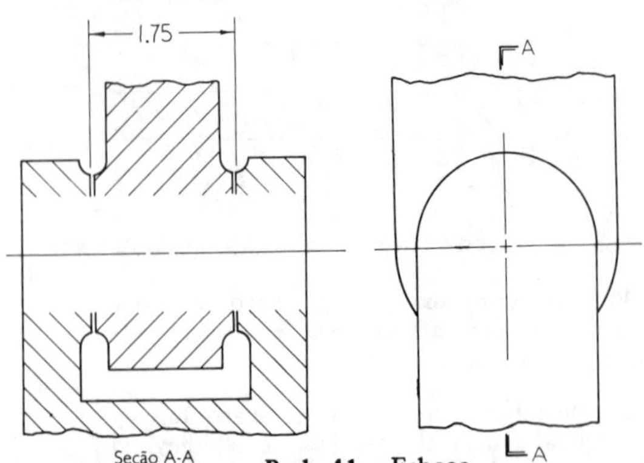

Prob. 41 – Esboço.

42. Mostrar e especificar um anel de retenção Waldes Truarc da série 5000 em posição para limitar o movimento axial do eixo até que este alcance uma distância mínima X, como está especificado no Apêndice em relação aos anéis de retenção. Determinar e mostrar a cota X e as cotas completas da ranhura, bem como a dimensão do chanfro máximo de 45°. Desenhar três vezes maior que o tamanho real.

43. Mostrar e especificar um anel de retenção Waldes Truarc da série 5100 em posição para limitar o movimento axial do eixo. Determinar e mostrar as cotas da ranhura e o chanfro máximo de 45° permitido no elemento externo. Desenhar três vezes maior que o tamanho real.

44. O mesmo Prob. 41, mas usar um anel da série 5133 E.

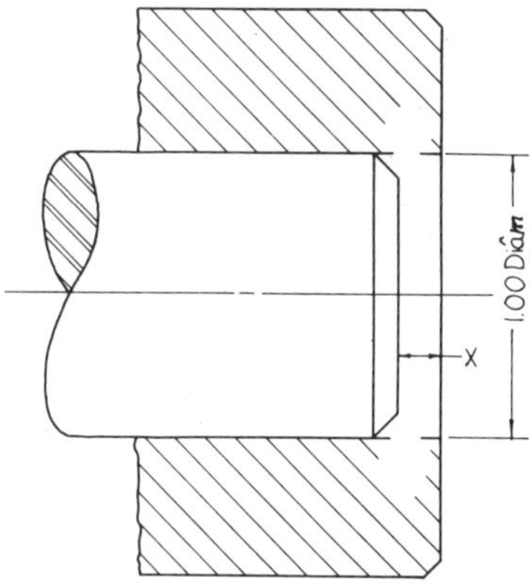

Prob. 42 – Esboço.

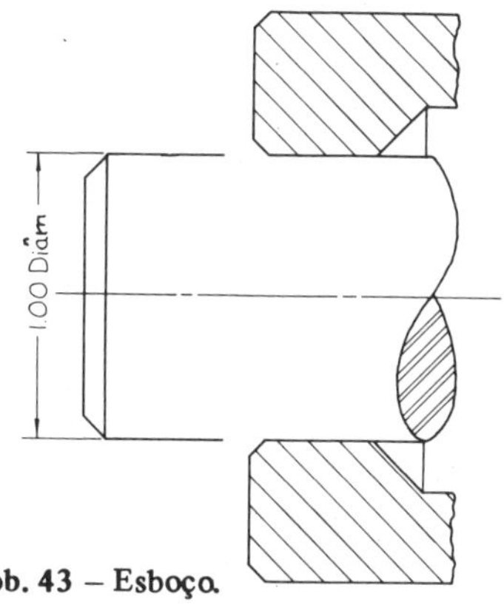

Prob. 43 – Esboço.

Grupo 7. Problemas sobre projetos.

45. O eixo e a barra mostrados devem ser ligados de maneira que uma força de torção leve possa ser transmitida de um elemento para o outro. As peças precisam ser facilmente desmontáveis. Mostrar pelo menos três maneiras de solucionar este problema. Em cada caso, fornecer instruções e cotas necessárias para completar o projeto.

46. Um eixo que atravessa um painel fixo deve ter uma maçaneta plástica presa nele. O seu movimento angular deve ser limitado a 45°. Selecionar parafusos padronizados adequados e fazer um desenho mostrando-os já instalados. Fornecer quaisquer instruções e cotas que sejam necessárias para completar o projeto. (Nota: Este é um projeto para produção em série e o tempo e custo são fatores importantes).

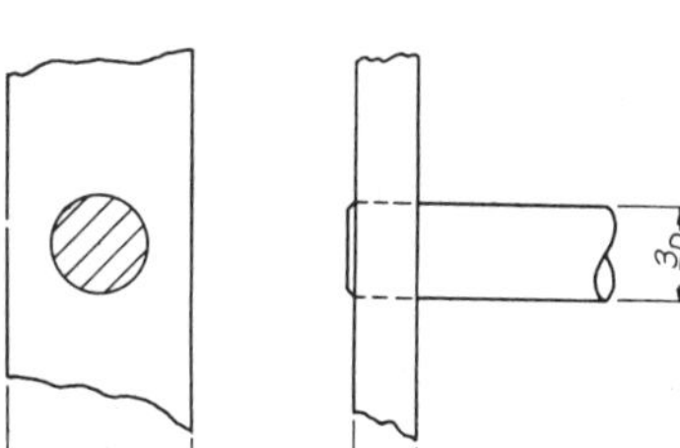

Prob. 45 – Esboço.

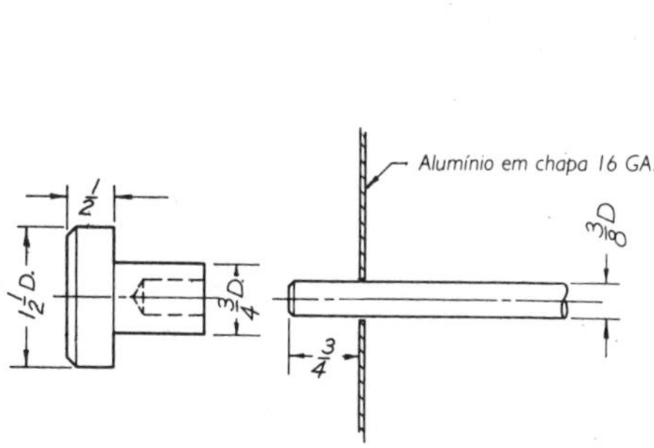

Prob. 46 – Esboço.

47. O eixo de 1/2 pol de diâmetro mostrado deve ser capaz de mover-se axialmente 3/4 de pol dentro da carcaça sem girar. O bloco deve estar ligado rigidamente a este eixo. Os dois eixos de 3/8 de pol de diâmetro devem estar livres para girar dentro do bloco com um pequeno movimento axial. Selecionar parafusos padronizados adequados para completar este projeto. Fazer os desenhos necessários para mostrar quaisquer operações mecânicas adicionais e um desenho de montagem. Fornecer instruções completas e todas as cotas necessárias para completar este projeto.

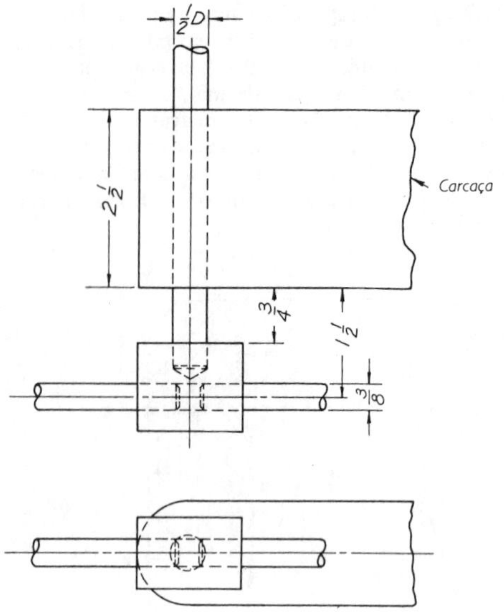

Prob. 47 – Esboço.

16

SOLDAS E REBITES

Métodos usados para fixar entre si os componentes.

Processos de soldagem • Tipos de soldas • Símbolos de soldagem • Tamanhos de soldas • Desenhos de soldas • Uso dos símbolos de soldagem • Rebites • Tipos de rebites • Especificações dos fabricantes • Problemas.

1. Classificação de soldagem

O tema soldagem tem particular interesse para o engenheiro e para o desenhista por duas razões. Primeiro, a soldagem é amplamente usada para fixar de modo permanente, os componentes das máquinas e estruturas. Segundo, porque o método de projetar e fabricar partes de uma máquina por meio de soldagem, em lugar do uso de fundição e forjamento, constitui um método que, para muitos fins, conduz a uma peça mais leve e mais forte, quase sempre a um custo mais baixo.

2. Processos de soldagem

Estes processos classificam-se de acordo com a maneira segundo a qual é executada a solda; (1) soldagem com pressão (forjamento) e (2) soldagem sem pressão (fusão e soldadura forte). Realmente, toda soldagem é um processo de fusão, mas, devido ao longo uso, compreende-se como soldagem por fusão os processos que usam arco, gás ou termite.

Na soldagem a arco, as peças metálicas a serem emendadas são levadas à temperatura de soldagem apropriada no ponto de contato pelo calor liberado nos terminais do arco, de modo que os metais se fundem completamente um no outro.

Na soldagem a gás ou oxiacetileno, é produzida uma chama de alta temperatura pela queima da mistura de dois gases, geralmente oxigênio e acetileno.

A soldagem com resistência elétrica é um processo que emprega calor e compressão. As partes a serem soldadas são comprimidas, mecanicamente, ao mesmo tempo que são levadas à temperatura de fusão pela passagem de uma intensa corrente elétrica através da junção.

3. Classificação de soldas

A Fig. 16.1 mostra os tipos básicos de juntas, que são classificadas segundo o método de montagem das peças. As soldas aplicáveis a cada tipo estão enumeradas embaixo de cada junta.

4. Tipos de soldas

A Fig. 16.2 mostra, em corte transversal, os tipos fundamentais de soldas. Para as soldas de rebordo e em ângulo, as peças não são preparadas por corte antes de se efetuar a solda; a diferença essencial entre as soldas em V, em bisel, em U e em J resi-

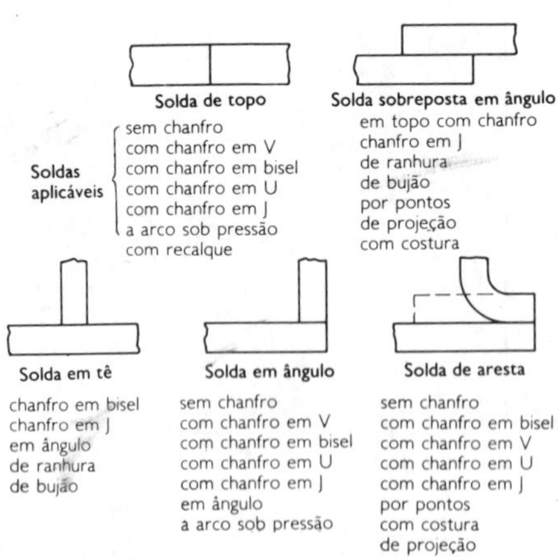

Fig. 16.1 – Tipo básicos de juntas. Estão relacionadas as soldas aplicáveis a cada tipo.

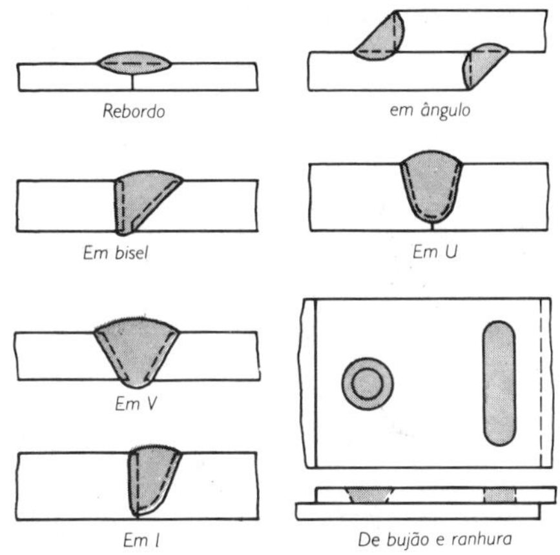

Fig. 16.2 – Soldas fundamentais. **Podem ser aplicadas em muitas juntas** diferentes. Ver Fig. 16.1.

de na preparação das partes soldadas. A reunião de duas soldas fundamentais, tais como duplo V, duplo, bisel etc., constituem uma outra variedade. Para as ligações complexas, é possível empregar quase todas as combinações de tipos de soldas.

5. Forma básica dos sinais convencionais

Estes são derivados da preparação das peças que compõem a solda, ou, quando não é necessária preparação, da forma da seção da solda. A Fig. 16.3 mostra as soldas fundamentais e os símbolos básicos usados para especificá-las.

A Fig. 16.4 mostra os símbolos da norma americana para soldas a arco, a gás e com resistência elétrica, incluindo os símbolos suplementares.

6. Dimensões de soldas

Além de se especificar o tipo de solda a ser feita, é também necessária a descri-

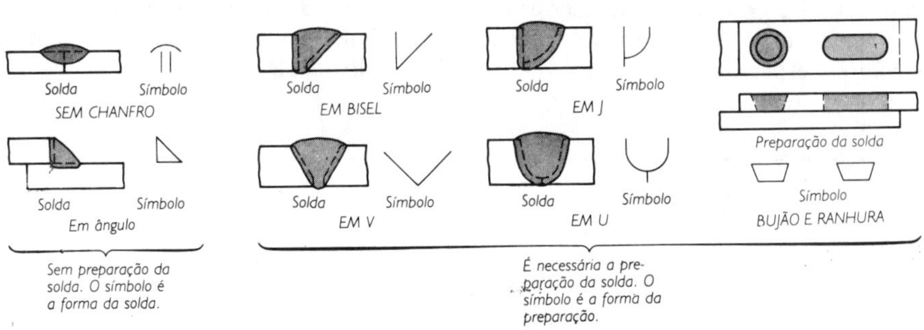

Fig. 16.3 – Soldas fundamentais e símbolos básicos individuais. **Note-se que os símbolos descrevem em perspectiva as formas das soldas.**

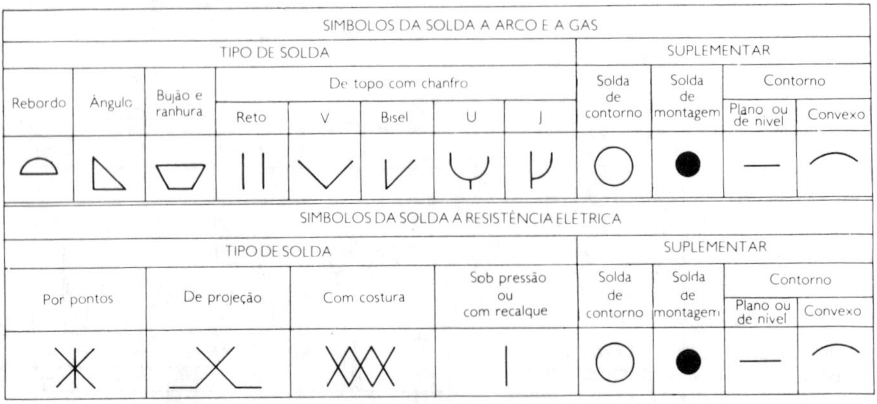

Fig. 16.4 – Símbolos de solda da norma americana.

ção de suas dimensões. Assim, o *símbolo básico de solda* mais as *especificações das dimensões* são os elementos incluídos num símbolo completo de soldagem. A Fig. 16.5 mostra as dimensões de solda. As dimensões (cotas) da abertura do fundo, a profundidade da preparação e o ângulo correspondente são as dimensões importantes a especificar para as soldas chanfradas. O tamanho de uma solda em ângulo de 45° é a dimensão (cota) apresentada. As soldas de angulos de lados desiguais são especificadas dando-se o tamanho de ambos os lados, como se descreve adiante, na Seç. 9 B-2*b*; os tamanhos de soldas de bujão e de ranhura são indicados como se especifica em E e F.

7. O símbolo completo de soldagem

A Fig. 16.6 mostra a forma básica do símbolo de soldagem e dá a posição dos vários sinais e dimensões. Existe uma distinção entre os termos *símbolo de solda* (Seç. 5) e o *símbolo de soldagem.*

O *símbolo de solda* é ideográfico (Fig. 16.4), usado para indicar o tipo desejado de solda. O *símbolo de soldagem* composto consiste dos oito elementos seguintes, ou de tantos destes elementos quantos sejam necessários: (1) linha de referência, (2) seta, (3) símbolos básicos de solda, (4) dimensões (cotas) e outros dados, (5) símbolos suplementares, (6) símbolos do

Fig. 16.5 – Tamanhos de soldas. Estas são as dimensões (cotas) fundamentais a serem dadas nos símbolos de soldagem. Ver Fig. 16.6.

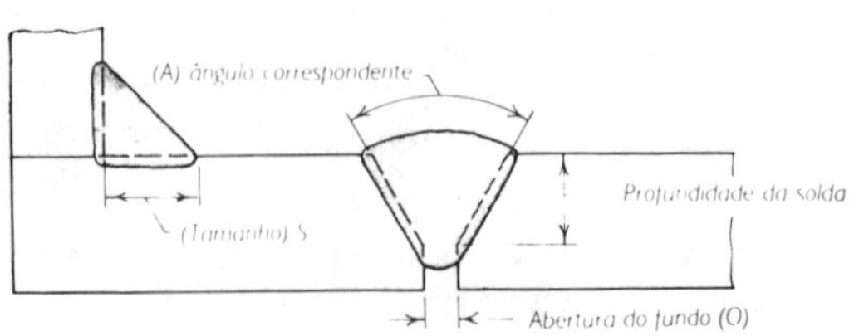

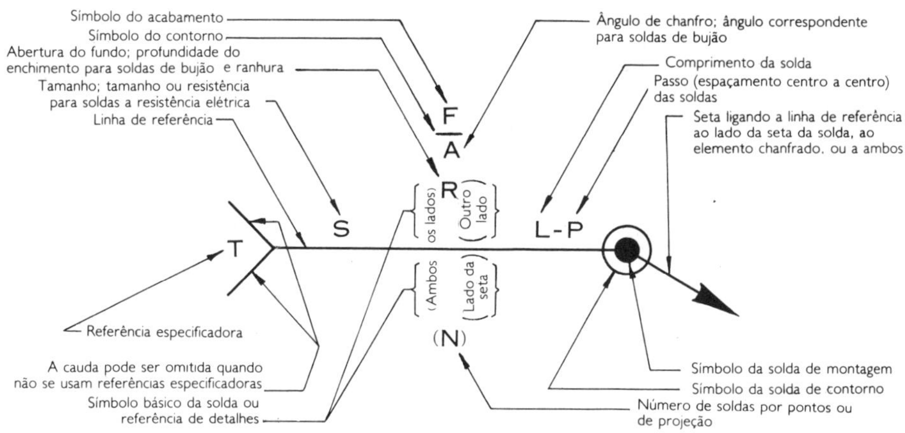

Fig. 16.6 – Colocação padronizada dos elementos de um símbolo de soldagem.

acabamento, (7) cauda, (8) referência especificadora ou outras referências.

A Fig. 16.7 resume os pontos importantes relacionados com a especificação das soldas e a localização dos símbolos. Ela também fornece algumas instruções gerais para o desenho dos símbolos e mostra-os quando completos.

A Fig. 16.8 classifica as juntas soldadas e mostra os símbolos correspondentes a cada uma. A seta aponta, na parte chanfrada, para um ponto próximo à solda. O lado da solda para o qual aponta a seta é sempre chamado de lado da seta ou próximo. Para as soldas não-simétricas (em bisel e em J), a fim de mostrar *qual* peça deve ser preparada, a parte dianteira da seta deverá ser feita com uma inflexão perfeitamente definida, apontando para essa peça, conforme mostram as soldas em bisel e em J da Fig. 16.8 e se descreve na Seç. 9 A-15. A cauda da seta é usada como suporte de uma referência apenas quando deva ser especificada a resistência, o tipo de barra, etc. Os símbolos básicos individuais são colocados na forma básica para descrever qualquer combinação possível de soldas para completar uma emenda. Cada solda simples que faça parte de uma junta completa deve ser especificada.

8. Desenhos de soldas

Um desenho de soldagem representa um todo ou uma parte, constituído de várias peças metálicas, representando cada junta soldada. A Fig. 16.9 mostra o desenho de detalhe de uma peça feita de ferro fundido e a Fig. 16.10 representa uma peça de função idêntica, mas feita de partes soldadas. A comparação dos dois desenhos mostra as diferenças essenciais tanto na construção quanto na técnica de cada um. Note-se a ausência de concordâncias e contornos no desenho de soldagem. Observe-se também que todas as partes que compõem a peça soldada são dimensionadas de modo que podem ser facilmente cortadas de um material padronizado.

Todas as emendas das partes individuais da peça soldada devem ser representadas, mesmo que a emenda não apareça como

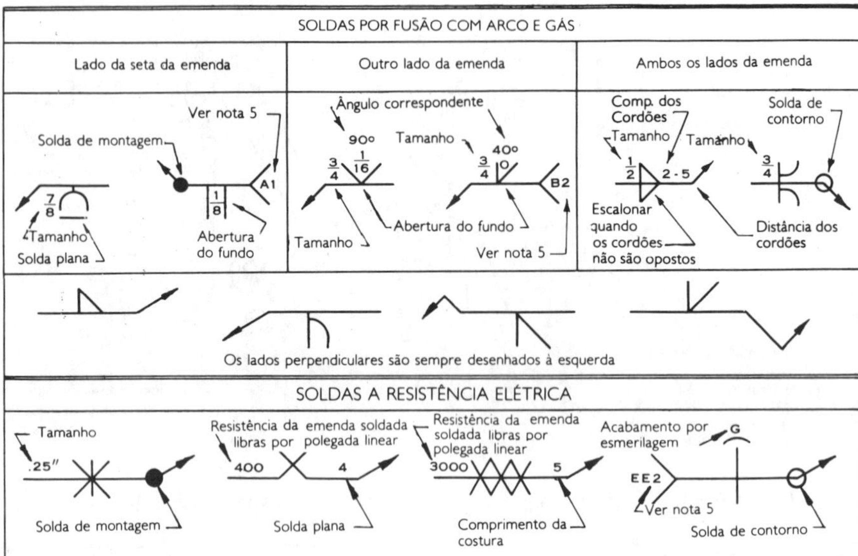

1. O lado da emenda para o qual a seta aponta é o lado da seta (lado próximo).
2. As soldas de mesmo tipo de ambos os lados terão a mesma dimensão, salvo se forem representadas de outro modo.
3. Os símbolos aplicados entre mudanças bruscas na direção das emendas ou nas linhas de cota (exceto quando for usado o símbolo da solda de contorno).
4. Todas as soldas são contínuas e com as proporções padronizadas do usuário, salvo se for especificado de outro modo.
5. A cauda da seta é usada para a referência especificadora (pode ser omitida quando não se usar a referência).
6. As dimensões da solda, dos comprimentos dos cordões e seus espaçamentos são dadas em polegadas.

Fig. 16.7 – Símbolos de solda e especificações.

uma linha na peça completa. As linhas sinalizadas, como A, na Fig. 16.11, ilustram esse princípio. Cada parte individual será identificada por um número (Fig. 10).

9. Uso dos símbolos

As instruções seguintes para a colocação e forma dos símbolos de soldagem são adaptadas do ANSI Y32.

A. Recomendações gerais

1. *Significado da localização da seta*

a. No caso de símbolos de solda de topo, de ângulo e de superposto, a seta une a linha de referência do símbolo de soldagem a um lado da emenda, e este lado é considerado como o *lado da seta,* ou lado próximo, da emenda. O lado oposto ao da seta é considerado o *lado oposto,* ou afastado, da emenda (Fig. 16.6).

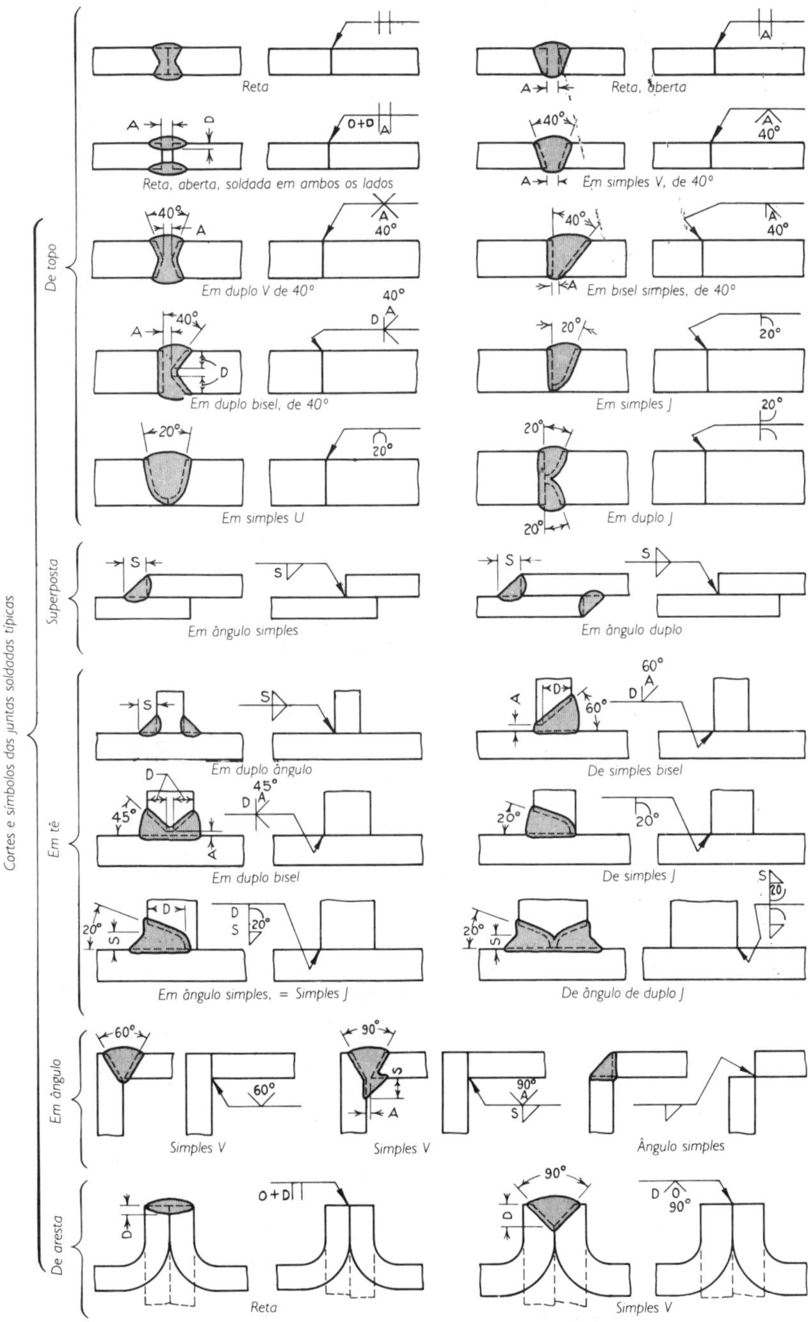

Fig. 16.8 – Classificação das juntas soldadas.

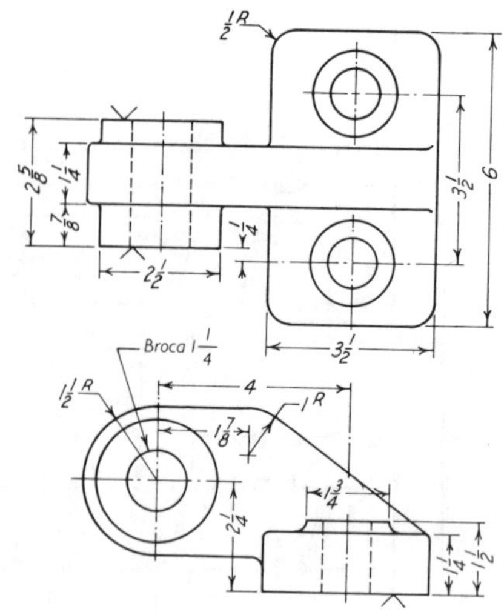

Fig. 16.9 – Desenho de detalhe de uma peça fundida. Compare com a pela soldada da Fig. 16.10.

b. No caso de símbolos de solda de bujão e ranhura, por pontos, com costura e por lances, a seta une a linha de referência do símbolo de soldagem à superfície externa de uma das partes da emenda na linha central da solda desejada. A parte para a qual a seta aponta é considerada a parte *do lado da seta;* a outra, é o *outro lado* (Seç. E-1*a*).

c. Quando a emenda é representada por uma linha simples no desenho e a seta de um símbolo de soldagem dirige-se para es-

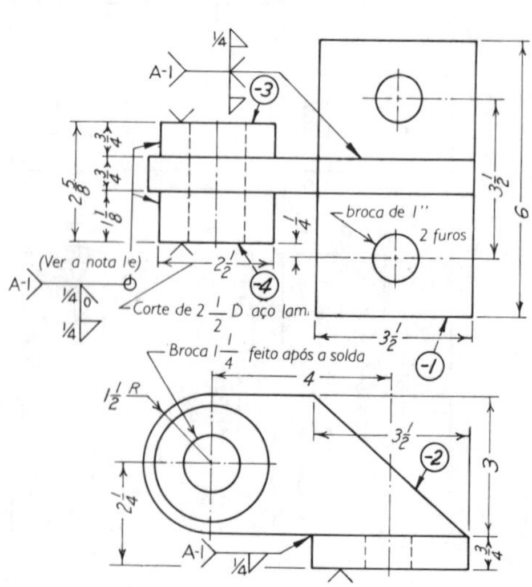

Fig. 16.10 – Desenho de detalhe de uma peça soldada. Compare com a peça fundida da Fig. 16.9.

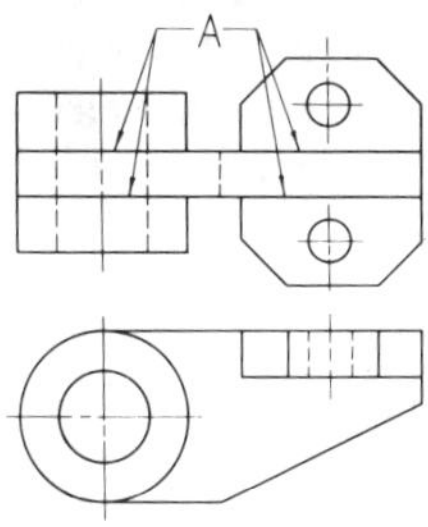

Fig. 16.11 – Linhas de juntas, são representadas nos desenhos de peças soldadas.

ta linha, o lado da seta da emenda é considerado o lado próximo de acordo com as convenções usuais do desenho (Fig. 8).

d. Quando uma emenda é representada como uma área paralela ao plano de projeção de um desenho e a seta de um símbolo de soldagem dirige-se à área próxima, a parte do *lado da seta* da emenda é considerada o lado próximo da emenda, de acordo com as convenções usuais do desenho (Fig. 8).

2. *Localização da solda em relação à emenda*

a. As soldas do lado da seta são representadas colocando-se o símbolo da solda no lado da linha de referência em direção ao leitor.

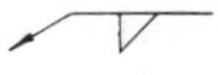

b. As soldas do lado da seta da emenda são representadas colocando-se o símbolo da solda no lado da linha de referência afastada do leitor.

c. As soldas em ambos os lados da emenda são representadas colocando-se o símbolo de solda em ambos os lados da linha de referência, com uma frente voltada para o leitor e a outra oposta.

d. Os símbolos de soldas por pontos, com costura, a arco sob pressão e superposta são centrados na linha de referência.

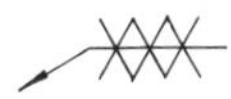

3. *Método para desenhar os símbolos*

a. Os símbolos podem ser desenhados com instrumentos ou à mão livre.

4. *Uso de sinais indicativos das unidades de comprimento, angulares ou de peso (polegadas, graus e libras).*

a. Pode-se usar ou não sinais indicativos de polegadas, graus e libras nos símbolos de soldagem, mas as indicações de polegadas devem ser usadas para indicar o diâmetro das soldas por pontos e de projeção, e a largura das soldas a arco sob pressão quando essas soldas são especificadas por uma dimensão linear.

5. *Localização das especificações, do processo ou de outras referências*

a. Quando se usam referências especificadoras, elas serão colocadas na cauda da seta.

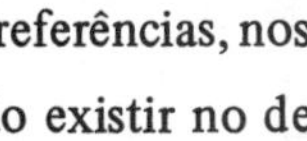

6. *Uso dos símbolos sem referências*

a. Quando conveniente, os símbolos da solda podem ser usados sem especificação ou outras referências, nos seguintes casos:

(1) Quando existir no desenho uma nota, como a seguinte: "A não ser que se indique de outro modo, todas as soldas devem ser feitas de acordo com a Especificação Nº......".

(2) Quando o processo de soldagem a ser usado estiver determinado em outro lugar.

7. *Uso de notas gerais*

a. Quando se desejar, podem ser colocadas num desenho notas gerais, como as seguintes, para fornecer uma informação detalhada pertinente às soldas predominantes, não sendo necessário repetir esta informação nos símbolos: "A não ser que se indique de outro modo, todas as soldas de filete têm o tamanho de $^{5}/_{16}$ pol"; "A não ser que se indique de outro modo, as aberturas da raiz para todas as soldas de topo com chanfro têm $^{3}/_{16}$ pol"

8. *Uso do símbolo da solda de contorno*

a. As soldas que se desenvolvem completamente em torno de uma emenda são indicadas no desenho por meio do símbolo da solda de contorno.

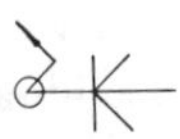

9. *Uso do símbolo da solda de montagem*

a. As soldas de montagem (soldas que não são feitas numa oficina ou no local da construção inicial) são indicadas por meio do símbolo de solda de montagem.

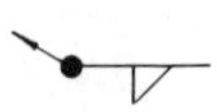

10. *Extensão de soldagem indicada pelos símbolos*

a. Os símbolos de solda são aplicados além das mudanças bruscas de direção de uma emenda ou no prolongamento das linhas do tracejado e das linhas de cota, exceto quando a indicação for feita por meio do símbolo da solda de contorno.

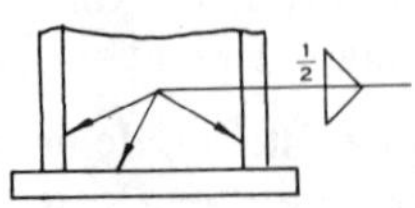

11. *Proporções de solda*

a. Todas as soldas são contínuas e de proporções padronizadas do usuário, a não ser que se indique de outro modo.

12. *Acabamento de soldagens*

a. O acabamento de soldas, que não seja a simples limpeza, é indicado por símbolos apropriados de contorno e acabamento. (Seç. B-9).

13. *Localização dos símbolos de solda*

a. Exceto no caso de solda por pontos ou com costura, os demais símbolos de solda são usados apenas sobre a linha de referência do símbolo de soldagem, e não sobre as linhas do desenho.

b. Os símbolos de solda por pontos e com costura podem ser colocados diretamente nos desenhos, nos locais desejados para as soldas.

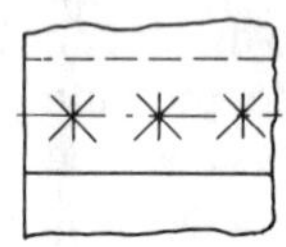

14. *Construção dos símbolos de soldagem em ângulo e de topo com chanfro em bisel e em J*

a. Os símbolos de solda em ângulo e de topo em bisel e em J são representados com o traço perpendicular *sempre* dirigido à esquerda.

15. *Uso de inflexão na seta dos símbolos de solda de topo com chanfro em bisel e em J*

a. Quando se usa um símbolo de solda de topo com chanfro em bisel e em J, a seta aponta, com uma mudança de direção definida, para o elemento que deverá ser chanfrado. Nos casos em que for óbvio qual elemento deva ser chanfrado, poderá ser omitida a inflexão na seta.

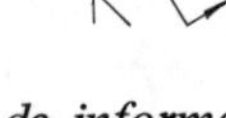

16. *Leitura de informações nos símbolos de soldagem*

a. A informação deve ser colocada nos símbolos de soldagem de modo a ser lida

da esquerda para a direita, ao longo da linha de referência, de acordo com as convenções usuais do desenho.

17. *Símbolos de soldas combinadas*

a. Havendo mais de um tipo de solda para uniões, um símbolo indica cada um.

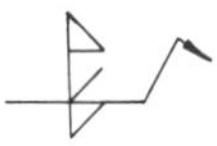

18. *Designação de tipos especiais de soldas*

a. Quando os símbolos básicos de solda são inadequados para indicar a solda desejada, esta deve ser indicada por um corte, um detalhe ou outros dados, com uma referência sobre o símbolo de soldagem, observando-se o significado usual da localização respectiva.

B. Soldas em ângulo

1. *Generalidades*

a. As dimensões das soldas em ângulo são representadas no mesmo lado da linha de referência do símbolo de soldagem.

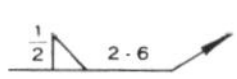

b. Quando não há no desenho uma nota geral orientando as dimensões das soldas em ângulo, estas dimensões são representadas em ambos os lados da junta.

(1) Quando ambas as soldas têm as mesmas dimensões, pode-se dimensionar uma ou ambas.

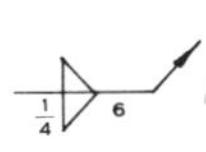 ou 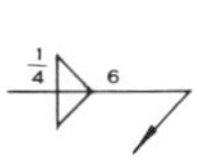 ou 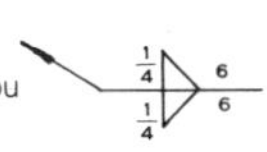

(2) Quando as soldas têm dimensões diferentes, ambas são dimensionadas.

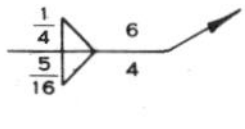

c. Quando aparece no desenho uma nota geral, orientando as dimensões das soldas em ângulo, como "Todas as soldas em ângulo têm $^5/_{16}$ pol., se não houver indicação em contrário", as dimensões destas soldas, em ambos os lados da junta, são indicadas do seguinte modo:

(1) Quando ambas as dimensões são orientadas pela nota, nenhuma precisa ser dimensionada.

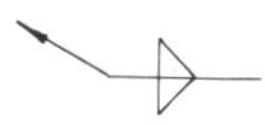

(2) Quando as dimensões de uma ou de ambas as soldas diferem daquelas indicadas na nota geral, ambas devem ser dimensionadas.

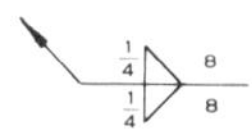

2. *Dimensões das soldas em ângulo*

a. A dimensão de uma solda em ângulo é indicada à esquerda do símbolo de solda.

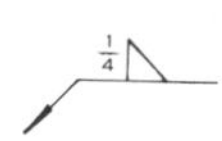

b. A dimensão de uma solda em ângulo de lados desiguais é indicada entre parênteses à esquerda do símbolo de solda, como abaixo. A orientação da solda não é indicada pelo símbolo de solda e é mostrada no desenho, quando necessário.

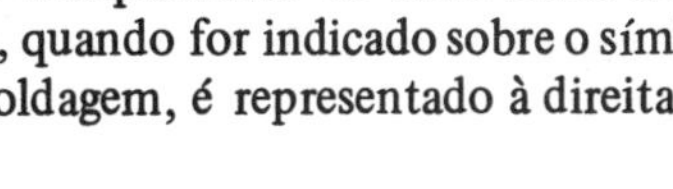

3. *Comprimento das soldas em ângulo*

a. O comprimento de uma solda em ângulo, quando for indicado sobre o símbolo de soldagem, é representado à direita deste.

b. Quando a soldagem em ângulo se prolongar por toda a distância entre mudanças bruscas na direção de soldagem, não é necessário indicar o comprimento no símbolo de soldagem.

c. Pode-se indicar por símbolos os comprimentos específicos da soldagem em ângulo, combinando aqueles com as linhas de cota.

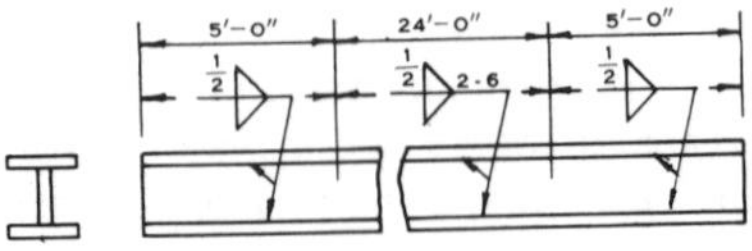

4. *Amplitude da solda em ângulo*

a. Quando se desejar mostrar graficamente a amplitude da solda em ângulo, através de tracejado, estas devem ter uma linha de conclusão definida e parelha.

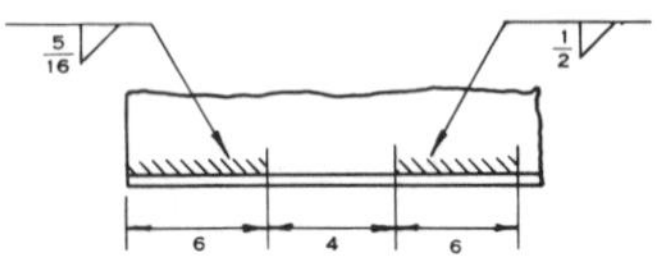

b. Representa-se a solda em ângulo, nas mudanças bruscas de direção, por meio de setas adicionais que apontem para cada seção da junta a ser soldada, conforme se mostra na Seç. *A*-10, exceto quando se indica a solda por meio do símbolo da solda de contorno.

5. *Dimensionamento da solda em ângulo descontínua*

a. A distância de centro a centro entre os cordões descontínuos de uma solda em ângulo é i dicado como sendo a distância entre os centros, a partir de um dos lados da peça a emendar.

b. A distância de centro a centro da solda em ângulo é indicado à direita da cota comprimento.

c. A soldagem em ângulo de cordões descontínuos e opostos é indicada da seguinte maneira:

d. A soldagem em ângulo de cordões descontínuos e escalonados é representada por este símbolo:

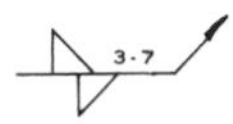

6. *Acabamento da solda em ângulo descontínua*

a. Quando a solda em ângulo descontínua é utilizada só, o símbolo indica que a distância do centro a centro dos cordões se localizam nas extremidades.

b. Quando a solda em ângulo com cordão descontínuo for usada entre a solda em ângulo com cordão contínuo, o símbolo indica que espaços iguais a distância entre centros, menos o comprimento do cordão, devem ficar à esquerda das extremidades do comprimento cotado (Seç. 3-*B*).

7. *Combinação de solda em ângulo com cordões contínuo e descontínuo*

a. Empregar símbolos separados para cada solda toda vez que se usar combinadamente a solda em ângulo com cordões contínuos e descontínuos (Seç. *B*-3*C*).

8. *Soldas em ângulos em furos e ranhuras*

a. As soldas em ângulo em furos e ranhuras são indicadas por meio de símbolos de solda em ângulo.

9. *Contorno da superfície em soldas em ângulo*

a. As soldas de ângulo cujas faces devem ser aproximadamente planas, sem recorrer a qualquer processo de acabamento, são indicadas adicionando-se o símbolo do contorno plano ao de soldagem, observando-se o significado usual da localização.

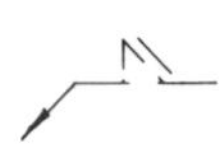

b. As soldas em ângulo, cujas superfícies devem ser retificadas por meios mecânicos, são indicadas adicionando-se o símbolo de contorno plano e o símbolo de acabamento padrão do usuário[1] ao símbolo da solda, observando-se o significado usual de localização.

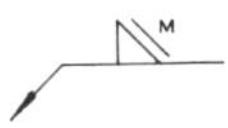

c. Soldas em ângulo que devam sofrer acabamento mecânico até obtenção de contorno convexo são indicadas adicionando-se o símbolo do contorno convexo e o símbolo do acabamento padrão ao símbolo da solda, observando-se o significado usual de localização.

C. Soldas de recorte

1. *Generalidades*

a. As dimensões das soldas de recorte são indicadas no mesmo lado da linha de referência do símbolo de solda.

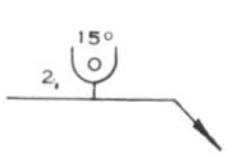

b. Quando não aparece no desenho qualquer indicação geral orientando sobre as dimensões da solda de recorte, as dimensões da solda de duplo chanfro são indicadas do seguinte modo:

(1) Quando as soldas têm as mesmas dimensões, podem ser dimensionadas ambas ou apenas uma delas.

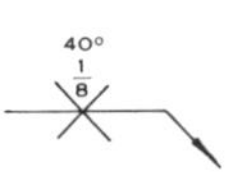

OU

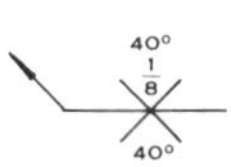

(2) Quando as soldas têm dimensões diferentes, ambas são dimensionadas.

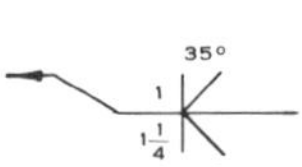

c. Quando aparece no desenho uma indicação geral orientando as dimensões das soldas de recorte, tal como: "Todas as soldas de recorte com chanfro em V terão ângulos de recorte de 60°, a não ser que se indique de outro modo", as dimensões das soldas de recorte de duplo chanfro são indicadas como segue:

(1) Quando ambas as soldas têm dimensões dadas pela indicação, não se precisa dimensionar nenhuma delas.

(2) Quando as dimensões de uma ou de ambas diferem daquelas dadas na indicação geral, deve dimensionar ambas as soldas.

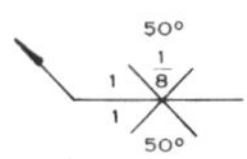

2. *Tamanho das soldas de recorte*

a. O tamanho das soldas de recorte é indicado à esquerda do símbolo de solda (profundidade do entalhe mais a profundidade de penetração)

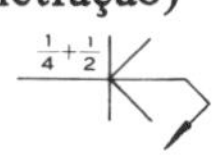

b. O tamanho das soldas de recorte, quando não é especificada a profundidade de penetração, é indicado do seguinte modo:

(1) O tamanho da solda de recorte simples ou de chanfro duplo simétrico, que se estendem completamente através do elemento ou elementos a emendar, não precisa ser indicado no símbolo de soldagem.

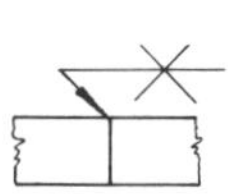

(2) O tamanho da solda de recorte, que se estende apenas parcialmente através do elemento ou elementos a emendar, é indicado no símbolo de soldagem.

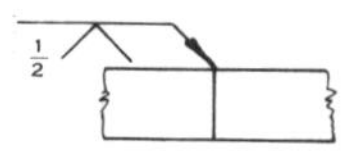

[1] Os símbolos de acabamento aqui usados indicam os processos de acabamentos: (R, raspar; E, esmerilhar; U, usinar) e não o grau de acabamento.

c. O tamanho das soldas de recorte com profundidade de penetração especificada é indicado mostrando a profundidade do chanfro e a de penetração, separadas por um sinal positivo (+) e colocadas à esquerda do símbolo de solda. A profundidade do chanfro e de penetração são lidas, nessa ordem, da esquerda para a direita, ao longo da linha de referência.

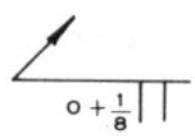

3. *Dimensões do recorte*

a. Quando a abertura do fundo das soldas é considerada como normal, sempre que não for especificado diferentemente, a especificação é mostrada dentro do símbolo de solda.

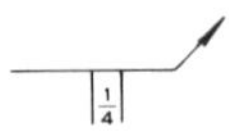

b. O ângulo dos recortes, da solda de recorte, é considerado do tamanho normal toda vez que não for especificado diferentemente. Quando não for o usual, é indicado do seguinte modo:

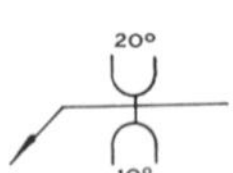

c. Quando as dimensões das soldas de recorte em U e J não forem usuais, são indicadas por meio de um corte transversal, ou de desenhos de detalhes, com símbolos de referência no símbolo de soldagem, observando-se o significado usual de localização.

4. *Designação das soldas de retorno e de revestimento*

As soldas de retorno e de revestimento do tipo rebordo em soldas de recorte simples são representadas por meio de rebordo (Seç. *D*-2).

5. *Contorno da superfície das soldas de recorte*

a. Soldas de recorte, que devem ser aproximadamente retas sem se recorrer a qualquer processo de acabamento, são indicadas adicionando-se o símbolo de contorno reto ao símbolo de soldagem, observando-se o significado usual de localização.

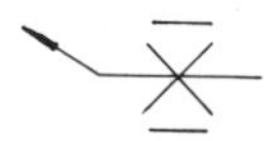

b. Soldas de recorte que devam ser retificadas por meios mecânicos são indicadas adicionando-se o símbolo de solda de nível juntamente com o de acabamento padrão ao símbolo de soldagem, observando-se o significado usual de localização.

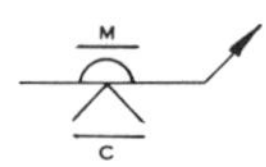

c. Soldas de recorte, que devam ter acabamento mecânico até se obter um contorno convexo, são indicadas adicionando-se os símbolos de contorno convexo e o do acabamento padrão ao símbolo de solda, observando-se o significado usual de localização.

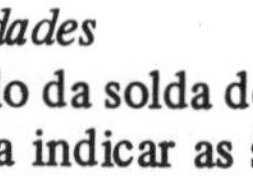

D. Soldas de rebordo

1. *Generalidades*

a. O símbolo da solda de rebordo simples é usado para indicar as soldas de retorno e de revestimento do tipo rebordo em soldas de recorte simples.

b. O símbolo da solda de rebordo duplo é usado para indicar superfícies a serem obtidas por meio de soldagem.

2. *Uso do símbolo da solda de rebordo para indicar soldas de retorno ou de revestimento*

a. Soldas de rebordo usadas como soldas de retorno ou de revestimento de soldas de recorte são indicadas colocando-se um símbolo de solda de rebordo simples ao lado da linha de referência oposto ao do símbolo de solda de recorte.

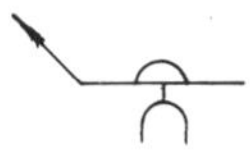

b. As dimensões das soldas de rebordo usadas como soldas de retorno ou de revestimento não são indicadas no símbolo de soldagem. Se se deseja especificar estas dimensões, elas serão indicadas no desenho.

3. *Contorno das superfícies de retorno ou de revestimento*

a. Soldas de retorno ou de revestimento que se deve fixar aproximadamente planas sem recorrer a qualquer processo de acabamento são indicadas adicionando-se o símbolo do contorno plano ao símbolo da solda de rebordo.

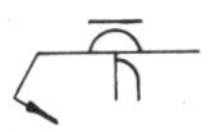

b. Soldas de retorno ou de revestimento, que devam ser retificadas por meios mecânicos, são indicadas adicionando-se os símbolos do contorno plano e o do acabamento padrão usual ao símbolo da solda de rebordo.

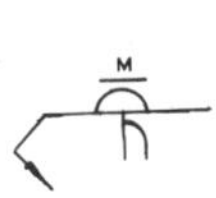

c. Soldas de rebordo ou de revestimento que devam sofrer acabamento mecânico até se obter um contorno convexo são indicadas adicionando-se os símbolos do contorno convexo e do acabamento padrão usual ao símbolo da solda de rebordo.

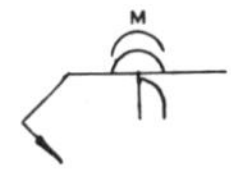

4. *Uso do símbolo da solda, de rebordo para indicar superfícies obtidas por soldagem*

a. Superfícies obtidas por soldagem, seja por solda de rebordo simples ou múltiplo, são indicadas pelo símbolo da solda de rebordo duplo.

b. Como o símbolo da solda de rebordo duplo não indica a soldagem de uma junta, não tem significado de lado próximo ao lado distante da seta. Este símbolo é traçado no lado da linha de referência próximo ao leitor e a seta deve apontar claramente para a superfície na qual deve ser depositada a solda.

c. As dimensões usadas em combinação com o símbolo da solda de rebordo duplo são indicadas do mesmo lado da linha de referência em que fica o símbolo de solda.

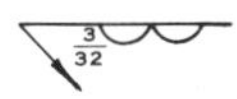

5. *Tamanho (altura) das superfícies obtidas por soldagem*

a. O tamanho de uma superfície obtida por soldagem é indicado mostrando-se a altura máxima que deve ter a solda, à esquerda do seu símbolo.

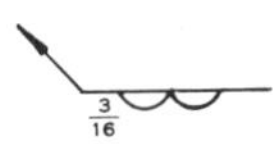

b. Quando não se deseja uma altura específica de solda, não é necessário indicar o dimensionamento no símbolo de soldagem.

6. *Extensão, localização e orientação das superfícies obtidas por soldagem*

a. Quando se deseja obter, por meio de soldagem, toda a área de uma superfície plana ou curva, não precisa ser mostrada no símbolo de soldagem qualquer outra dimensão além do tamanho (altura do depósito).

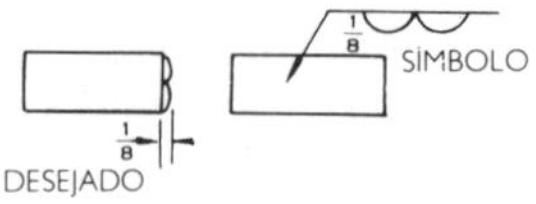

b. Quando se deseja obter, por meio de soldagem, uma parte da área de uma superfície plana ou curva, a extensão, a localização e a orientação da área a ser obtida são indicadas no desenho.

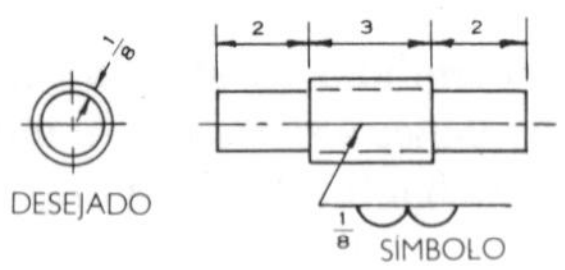

E. Soldas de bujão

1. *Generalidades*

a. Numa soldagem de bujão, os furos no elemento do lado da seta são indicados colocando-se o símbolo de solda no lado da linha de referência próximo do leitor.

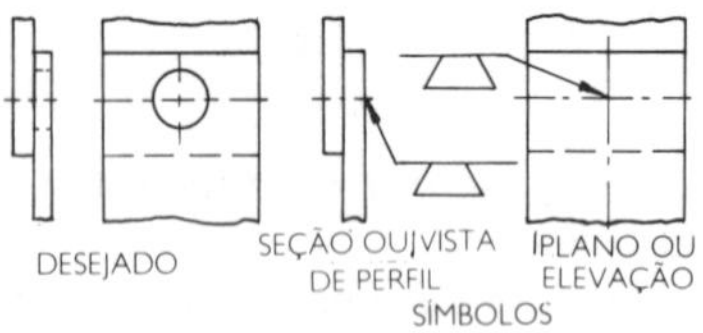

b. Numa soldagem de bujão, os furos no elemento do lado oposto da seta são indicados colocando-se o símbolo de solda no lado da linha de referência distante do leitor.

c. As dimensões e o símbolo das soldas de bujão são representados no mesmo lado da linha de referência.

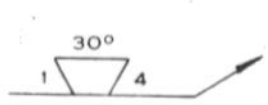

d. Não se usa o símbolo da solda de bujão para designar soldas de ângulo em furos (Seç. *B*-8).

2. *Tamanhos das soldas de bujão*

a. O tamanho de uma solda de bujão é representado à esquerda do símbolo de solda.

3. *Ângulo de chanfro*

a. Ângulo de chanfro é o ângulo padrão usual, salvo indicação em contrário. Quando o ângulo não for o padrão usual, indica-se o ângulo de chanfro da seguinte maneira:

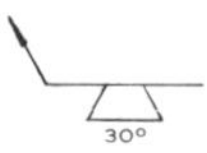

4. *Profundidade do enchimento*

a. A profundidade do enchimento nas soldas de bujão é completa, salvo indicação em contrário. Quando a profundidade de enchimento não for total, será representada, em polegadas, dentro do símbolo de solda.

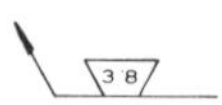

5. *Espaçamento das soldas de bujão*

a. O passo (espaçamento de centro a centro) das soldas de bujão é representado à direita do símbolo de solda.

6. *Contorno da superfície das soldas de bujão*

a. As soldas de bujão a serem soldadas aproximadamente planas, sem recorrer a qualquer método de acabamento, são indicadas adicionando-se o símbolo de contorno plano ao símbolo de solda.

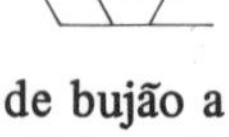

b. As soldas de bujão a serem retificadas por meios mecânicos são indicadas adicionando-se os símbolos do contorno plano e o do acabamento padrão do usuário ao símbolo de solda (Seç. *A*-1).

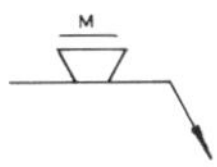

F. Soldas de ranhura

1. *Generalidades*

a. Na solda de ranhura, as ranhuras no elemento do lado da seta são indicadas colocando-se o símbolo de solda no lado da linha de referência próximo do leitor.

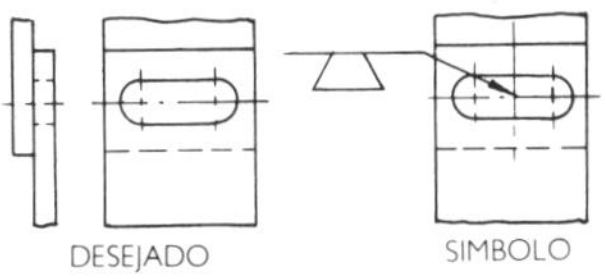

b. Na solda de ranhura, as ranhuras no elemento do lado oposto da seta são indicadas colocando-se o símbolo de solda no lado da linha de referência distante do leitor.

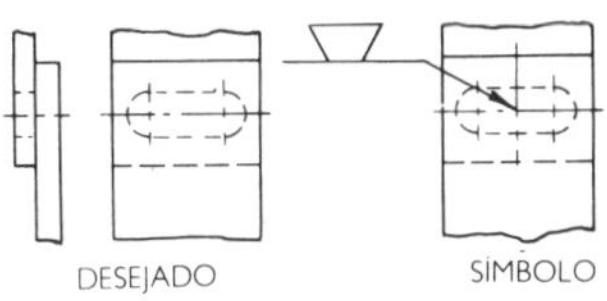

c. As dimensões das soldas de ranhura e o símbolo de solda são apresentados no mesmo lado da linha de referência.

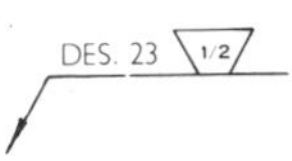

d. Não se usa o símbolo da solda de ranhura para designar soldas de ângulo em ranhuras (Seç. *B*-8).

2. *Profundidade de enchimento*

a. A profundidade do enchimento nas soldas da ranhura é completa, salvo se indicado de outro modo. Quando a profundidade do enchimento não for completa, ela é indicada em polegadas, dentro do símbolo de solda.

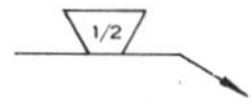

3. *Detalhes em soldas de ranhura*

a. O comprimento, a largura, o espaçamento, o ângulo de chanfro, a orientação e a localização das soldas de ranhura podem ser indicadas no símbolo de solda. Estes dados são indicados no desenho por um detalhe, com uma referência respectiva no símbolo de solda, observando-se o significado usual de localização.

4. *Contorno da superfície das soldas de ranhura*

a. As soldas de ranhura a serem obtidas aproximadamente planas, sem recorrer a qualquer método de acabamento, são indicadas adicionando-se o símbolo de contorno plano ao símbolo de solda.

b. As soldas de ranhura a serem retificadas por meios mecânicos são indicadas adicionando-se os símbolos de contorno plano e o do acabamento padrão usual ao símbolo de solda (Seç. *A*-1).

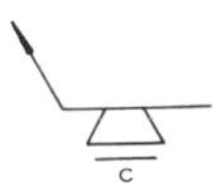

G. Solda por pontos

1. *Generalidades*

a. Os símbolos da solda por pontos não têm, por si só, significação de lado próximo ou afastado da seta, embora os símbolos suplementares usados em conjunto com eles possam ter tal significado (Seç. G-6). Os símbolos da solda por pontos são centrados na linha de referência (Seç. G-4).

b. As dimensões das soldas por pontos podem ser indicadas em qualquer dos lados da linha de referência.

2. *Tamanho das soldas por pontos*
a. As soldas por pontos são dimensionadas, pelo seu tamanho ou pela resistência, do seguinte modo:
(1) O tamanho da solda por pontos é designado como o diâmetro da solda expresso em décimos ou centésimos de polegada e é indicado com o sinal de polegadas à esquerda do símbolo de solda.

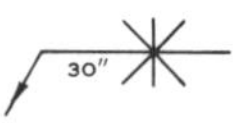

(2) A resistência das soldas por pontos é designada como sendo a resistência ao cisalhamento simples aceitável, em libras, por cada ponto e é indicada à esquerda do símbolo de solda.

3. *Espaçamento das soldas por pontos*
a. O passo (espaçamento de centro a centro) das soldas por pontos é indicado à direita do símbolo de solda.
b. Quando os símbolos da solda por pontos são representados diretamente no desenho, o espaçamento é indicado por cotas.

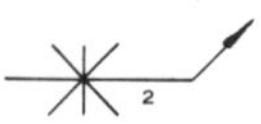

4. *Comprimento das soldas por pontos*
Nas soldas de comprimento inferior à distância existente entre as mudanças bruscas na direção da emenda de soldagem, ou inferior ao comprimento total da emenda (Seç. A-10), a extensão é indicada do seguinte modo:

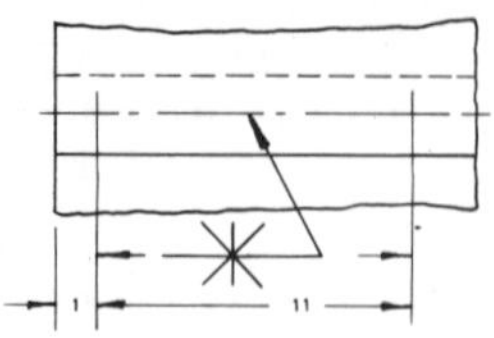

5. *Número das soldas por pontos*
a. Quando se deseja um número definido das soldas por pontos numa determinada junta, este número é indicado entre parênteses, acima ou abaixo do símbolo de solda.

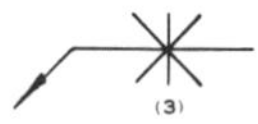

6. *Emendas planas soldadas por pontos*
a. Quando a superfície de um elemento de uma emenda soldada por pontos deve ser plana, esta superfície é indicada adicionando-se o símbolo do contorno plano ao símbolo de solda, observando-se o significado usual de localização.

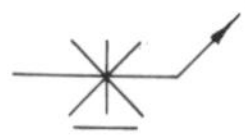

H. Soldas com costura

1. *Generalidades*
a. Os símbolos da solda com costura não têm, por si só, o significado próximo ou lado oposto da seta, embora os símbolos suplementares usados em conjunto com eles possam ter tal significado (Seç. H-7). Os símbolos de solda com costura são centrados na linha de referência.
b. As dimensões das soldas com costura podem ser representadas em qualquer dos lados da linha de referência.

2. *Tamanhos das soldas com costura*
a. As soldas com costura são dimensionadas, pelo tamanho ou pela resistência, do seguinte modo:
(1) O tamanho das soldas com costura é designado como sendo a largura da solda expressa em polegadas e é indicado, com o sinal de polegadas, à esquerda do símbolo de solda.

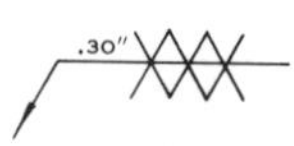

(2) A resistência das soldas com costura é designada como a resistência ao cisalhamento mínimo aceitável em libra por polegada linear e é indicada à esquerda do símbolo de solda.

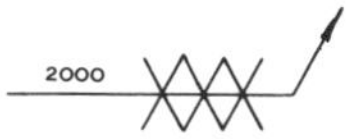

3. *Comprimento das soldas com costura*

a. O comprimento de uma solda com costura, quando indicado no símbolo de soldagem, é representado à direita do símbolo de solda.

b. Quando a soldagem com costura se estende por toda a dimensão entre mudanças bruscas na direção da soldagem (Seç. A-10) não é preciso indicar o comprimento no símbolo de soldagem.

c. Quando a soldagem com costura não se estende por toda a dimensão entre mudanças bruscas na direção da soldagem, ou não se estende por todo o comprimento da emenda (Seç. A-10) o comprimento é dimensionado da mesma maneira como no caso das soldas por pontos (Seç. G-4).

4. *Dimensionamento da soldagem intermitente com costura*

a. O passo (espaçamento de centro a centro) da soldagem intermitente com costura é representado como a distância entre os centros das variações de solda.

b. O passo (espaçamento de centro a centro) da soldagem intermitente com costura é representado à direita do comprimento.

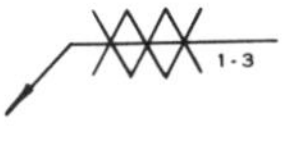

5. *Limite da soldagem intermitente com costura*

a. Quando a soldagem intermitente com costura é usada, o símbolo indica que os comprimentos dos cordões estão localizados nas extremidades do comprimento dimensionado.

b. Quando a soldagem intermitente com costura é utilizada entre solda contínua com costura, o símbolo indica que espaços iguais para o intervalo, menos o comprimento do incremento, estão à esquerda da extremidade do comprimento dimensionado.

6. *Combinação de soldagem com costura e contínua*

a. Usam-se símbolos distintos para a soldagem intermitente e a contínua, quando se usa a combinação das duas.

7. *Juntas planas e solda com costura*

a. Quando a superfície de um elemento de uma junta soldada com costura deve ser plana, esta superfície é indicada adicionando-se o símbolo de contorno plano ao símbolo de solda, observando-se o significado usual de localização.

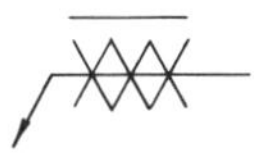

I. Soldas por lances

1. *Generalidades*

a. Numa emenda soldada por lances, indica-se o lado da seta em que fica o relevo, colocando-se o símbolo da solda por lances na linha de referência próxima ao leitor.

b. Numa emenda soldada por lances, indica-se o lado afastado da seta em que está o relevo colocando-se o símbolo da solda por lances na linha de referência distante do leitor.

c. As proporções das soldas por lances são indicadas por um detalhe ou outro meio apropriado.
d. As dimensões das soldas por lances são indicadas no mesmo lado da linha de referência do símbolo de solda.

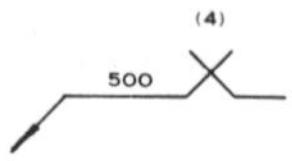

2. *Tamanho das soldas por lances*
a. As soldas por lances podem ser dimensionadas pelo tamanho ou pela resistência, do seguinte modo:

(1) O tamanho das soldas por lances é designado como o diâmetro da solda expresso em décimos ou centésimos de polegada, e é representado com o sinal de polegada, à esquerda do símbolo de solda.

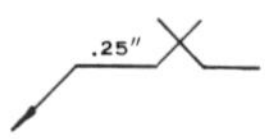

(2) A resistência da solda por lances é designada como a resistência ao cisalhamento simples aceitável, em libras, e é indicada à esquerda do símbolo de solda.

3. *Espaçamento das soldas por lances*
a. O passo (espaçamento de centro a centro) das soldas por lances é indicado à direita do símbolo de solda.

4. *Comprimento das soldas por lances*
a. Nas soldas de comprimento inferior à distância existente entre as mudanças bruscas na direção da emenda da soldagem, ou inferior ao comprimento total da emenda, a extensão é indicada da mesma maneira que as soldas por pontos (Seç. G-4).

5. *Número das soldas por lances*
a. Quando se deseja um número definido das soldas por lances numa determinada emenda, esses número é indicado entre parênteses.

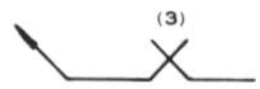

6. *Emendas planas obtidas através de soldas por lances*
a. Quando a superfície de um elemento de uma emenda soldada por lances deve ser plana, esta superfície é indicada adicionando-se o símbolo de contorno plano ao símbolo de solda, observando-se o significado usual de localização.

J. Soldas a arco sob pressão e por encalque

1. *Generalidades*
a. Os símbolos da solda a arco sob pressão e por encalque não têm, por si só, a significação de lado próximo e lado distante, embora os símbolos suplementares usados em combinação com eles possam ter tal significado (Seç. J-2). Os símbolos da solda a arco sob pressão e por encalque são centrados na linha de referência.
b. As dimensões das soldas a arco sob pressão e por encalque não são indicadas no símbolo de soldagem.

2. *Contorno da superfície das soldas a arco sob pressão e por encalque*
a. As soldas a arco sob pressão e por encalque que devem ser retificadas por meios mecânicos são representadas adicionando-se os símbolos do contorno plano e do acabamento padrão usual ao símbolo da solda, observando-se o significado comum de localização.

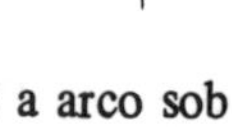

b. As soldas a arco sob pressão e por encalque que devam sofrer acabamento mecânico para obtenção de um contorno convexo são indicadas adicionando-se os símbolos do contorno convexo e do acabamento padrão usual ao símbolo da solda, observando-se o significado comum de localização.

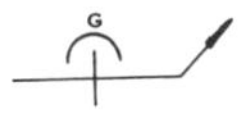

10. Rebites

Os rebites em geral são usados na execução de uniões de caráter permanente, feitas com chapas ou perfis laminados. São hastes cilíndricas de aço ou ferro forjado, com cabeça em uma das extremidades; muitas vezes são colocados nos furos com o metal aquecido ao rubro, de modo que a outra extremidade possa ser executada por pressão ou por martelamento. Os furos dos rebites são puncionados, com ou sem escareado (alargados), ou broqueados, tendo um diâmetro maior do que o do rebite, e a espiga (haste) do rebite deve ter comprimento suficiente para proporcionar o enchimento completo do furo com o metal e a execução da cabeça.

Rebites grandes são usados na construção de estruturas de aço e no trabalho com caldeiras e tanques. No trabalho com estruturas são normalmente necessários poucos tipos de cabeças: boleada, boleada larga e cabeça chata escareada (Fig. 16.12).

Para a construção de caldeiras e tanques, usam-se as cabeças boleadas, cônicas, achatadas escareadas e elípticas. As chapas são ligadas por juntas superpostas ou de topo. A Fig. 16.13 (*a*) é uma junta superposta com uma fila de rebites; (b) é uma junta superposta com dupla fila de rebites; (c) e uma junta de topo com uma fila de cobrejuntas; e (d) é uma junta de topo com dupla fila de cobrejuntas.

Rebites grandes encontram-se disponíveis nos diâmetros de $^1/_2$ a 1 $^3/_4$ pol, com incrementos de $^1/_8$ pol. O comprimento necessário é determinado pela garra, como se vê na Fig. 16.13 *d*, mais o comprimento necessário para formar a cabeça. O comprimento de rebites para várias distâncias de garra pode ser encontrado no manual *Steel Construction*, publicado

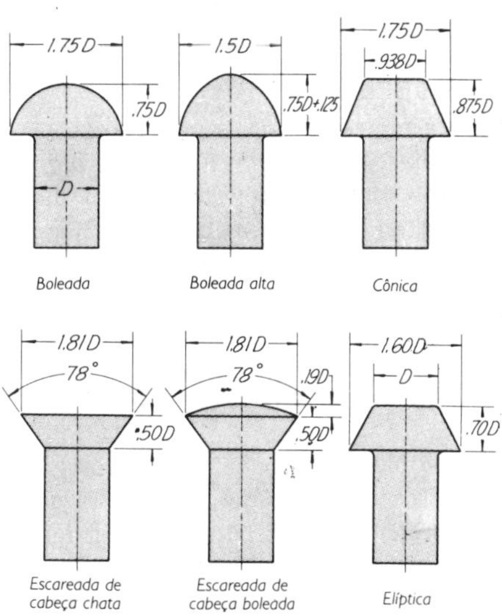

Fig. 16.12 – Cabeças de rebites grandes. São usadas em estruturas de aço.

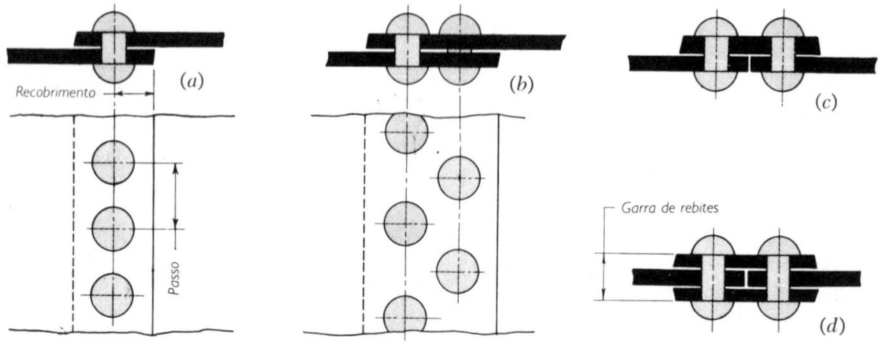

Fig. 16.13 – Juntas sobrepostas e de topo. Ver Seç. 10.

pelo *American Institute of Steel Construction.*

Os rebites pequenos são usados para a fabricação de formas estruturais e chapas metálicas. As cabeças de rebites pequenos segundo o ANSI são mostradas na Fig. 16.14. Os rebites pequenos encontram-se nos diâmetros de $^3/_{32}$ a $^7/_{16}$ pol, com incrementos de $^1/_{32}$ a $^3/_8$ pol de diâmetro. Rebites de funileiros, de tanoeiros e rebites para correias são usados para fixar chapas metálicas finas, madeira, couro, borracha, etc. As cabeças e as proporções padronizadas são dadas no Apêndice.

Para a representação de grandes estruturas usam-se os *símbolos de rebites,* porque é impossível mostrar os detalhes da forma da cabeça num desenho em pequena escala. Os símbolos do ANSI que indicam os vários tipos de cabeças são dados na Fig. 16.15.

11. Produtos especiais dos fabricantes

Um problema corrente em todos os escritórios comerciais de desenho é o traçado e representação de peças para ajustar produtos especiais dos vários fabricantes. A especificação do produto também é necessária, incluindo a marca e outras informações pertinentes, como o tamanho e o número dado pela companhia fabricante. Estas são as principais razões pelas quais são apresentados as descrições e os problemas seguintes. Há muitas indústrias que fabricam rebites de tipo especial.

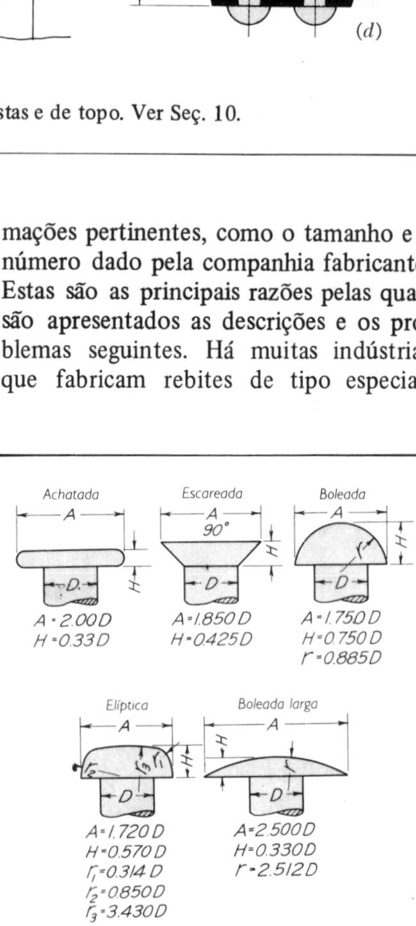

Fig. 16.14 – Cabeças de rebites pequenos segundo a norma americana. São usados principalmente para material delgado.

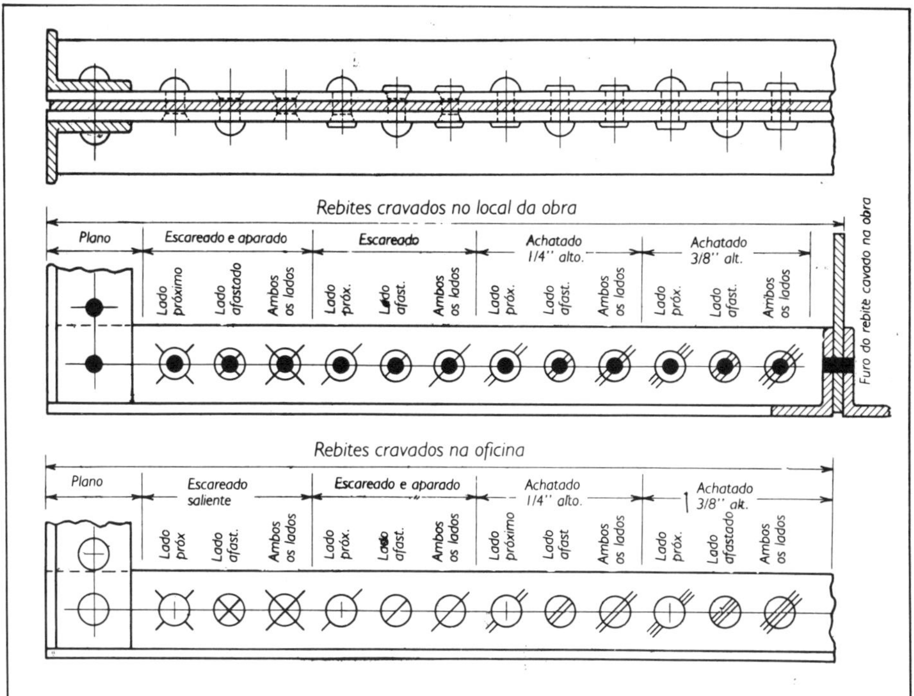

Fig. 16.15 – Símbolos de rebites de norma americana.

Muitos destes são feitos especificamente com a finalidade de fornecer um produto barato. Outros destinam-se a uma montagem rápida; outros ainda são projetados para usos especiais.

É impossível fazer aqui uma cobertura completa de todos os produtos disponíveis, ou mesmo relacionar todas as variedades produzidas por um certo fabricante. Contudo, nos parágrafos seguintes se descrevem algumas peças bem conhecidas e de largo emprego. Associações americanas, tais como a ASME, fornecem listas pormenorizadas dos produtos dos fabricantes e os anúncios em revistas constituem também uma boa fonte de informação, além de que, com os fabricantes, se obtém publicações de cunho descritivo.

Rebites-porcas, como diz o nome, são uma combinação de rebite e porca. São rebites tubulares, com roscas internas, e têm um corpo desenhado de modo que uma ferramenta de montagem, manual ou elétrica, que engata a rosca, provoque a expansão da haste (corpo) e encha o furo preparado na peça a ser unida. *Rivnuts,* feitos pela B.F. Goodrich Company, de Akron, Ohio, são mostrados no Apêndice.

Rebites de impulsão são rebites do tipo "cego", consistindo de um corpo ranhurado e macheado e de um pino de aço chanfrado. Na instalação, o corpo é inserido em furos preparados nos elementos a serem fixados e o pino é impelido para dentro do corpo. Existem de vários tamanhos e comprimentos. Rebites de impulsão *Southco,* em alumínio e aço, são mostrados no Apêndice. Estes rebites são fabricados pela Southco Division da South Chester Corporation, de Lester, Pensilvânia.

PROBLEMAS

Grupo 1. Soldas

Estude os símbolos de soldagem, de modo que possa lê-los e escrevê-los sem hesitação. Os problemas 1 e 2 proporcionam prática de leitura; os problemas 3 e 4, de escrita. Os problemas 5 a 9 fornecem a prática do uso dos símbolos nos desenhos para execução.

1 e 2. Faça esquemas de corte transversal, em tamanho natural, das juntas indicadas. Dimensione cada esquema.

3 e 4. Esquematize os elementos e represente o símbolo de soldagem para cada junta completa. Calcule o tamanho da solda a partir da espessura da chapa.

Grupo 2. Elementos soldados

5 e 6. Faça um desenho completo de soldagem para cada objeto. Estes problemas foram impressos para um quarto do tamanho. Desenhe em tamanho natural, usando a régua ou transportando a figura com compasso de pontas secas.

7. Desenhe as vistas apresentadas, adicione os símbolos de soldagem, os números traçados para a identificação das peças individuais e complete a lista de materiais.

8. Desenhe as vistas apresentadas e adicione os símbolos e os números correspondentes. Faça uma lista de materiais semelhante àquela usada no probl. 7.

9. Desenhe as vistas apresentadas e adicione os símbolos de soldagem e os números escritos.

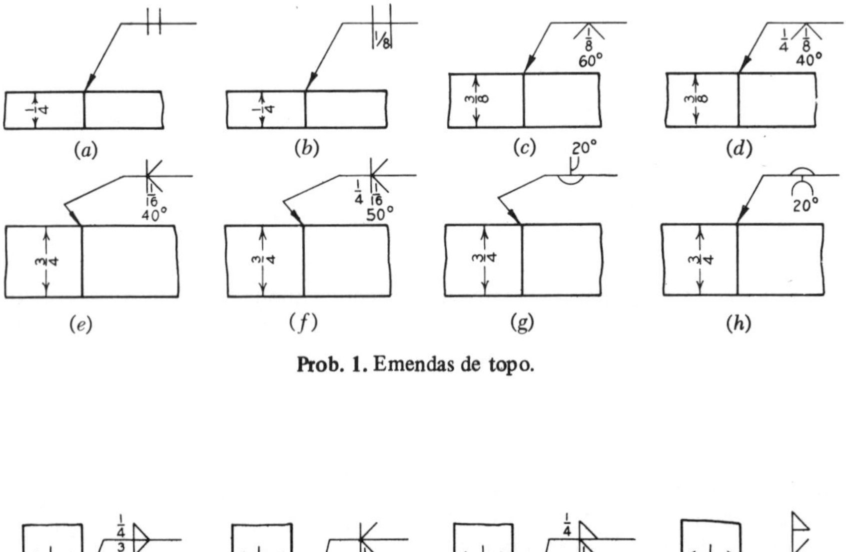

Prob. 1. Emendas de topo.

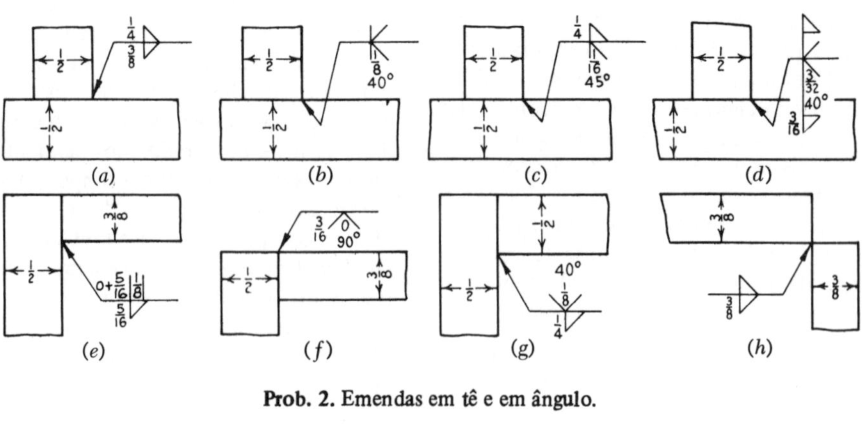

Prob. 2. Emendas em tê e em ângulo.

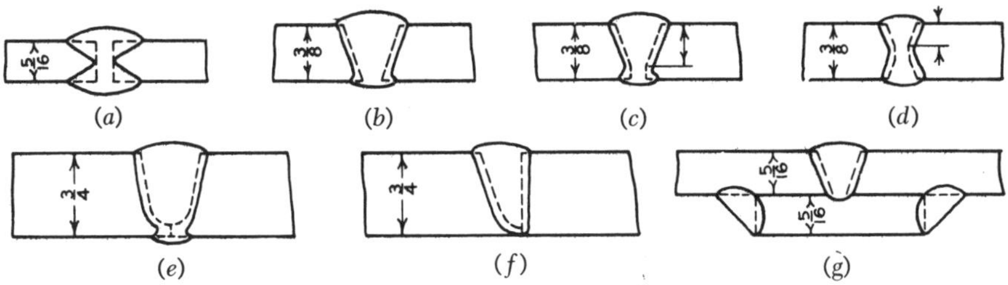

Prob. 3. Emendas de topo.

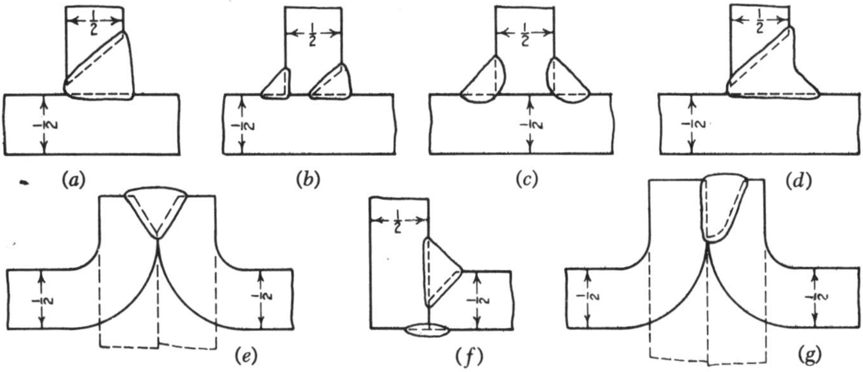

Prob. 4. Emendas em tê, em ângulo e em aresta.

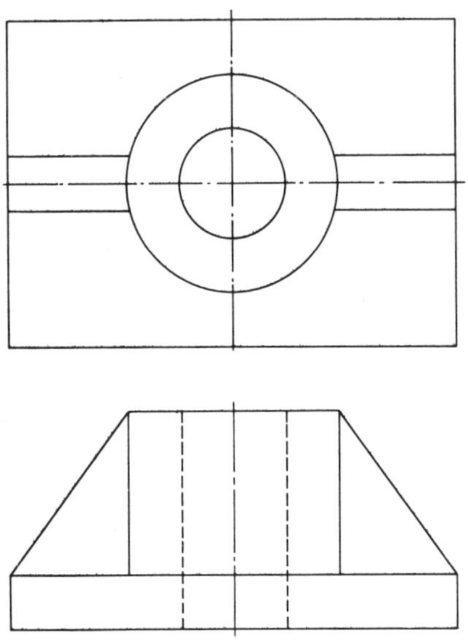

Prob. 5. Base.

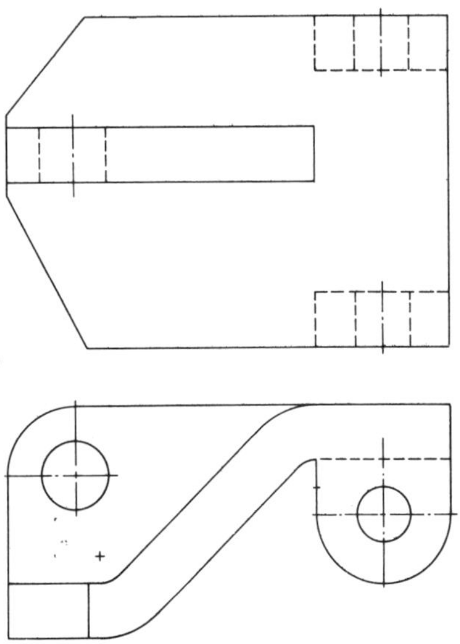

Prob. 6. Grampo (braçadeira) de dobradiça.

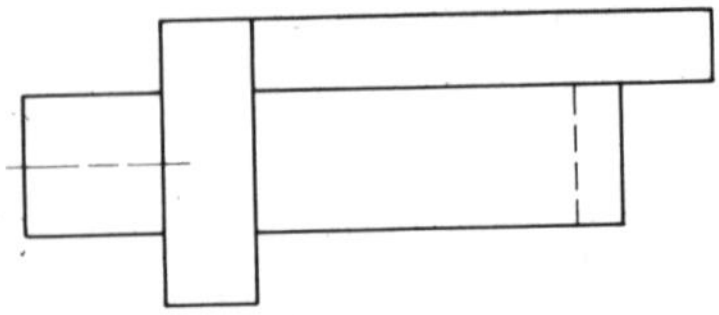

Nº	Material	Tamanho da carga

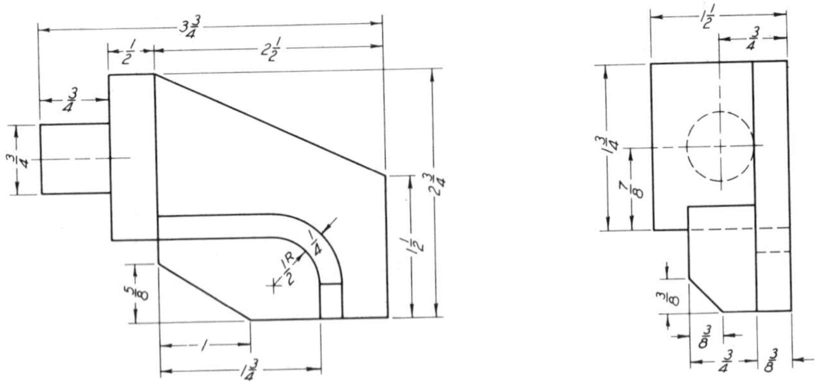

Prob. 7. Espaçador articulado.

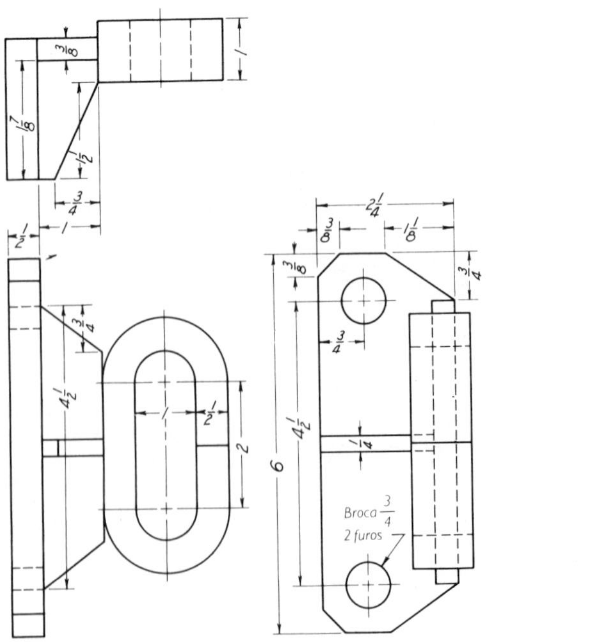

Prob. 8. Braçadeira de apertador de correia.

Faça uma lista de materiais. Determine o comprimento do material do aro.

Grupo 3. Rebites

10. Desenhe a vista superior e um corte de uma junta de topo com uma fila de rebites de 10 5/8 pol de comprimento. O espaçamento dos rebites é 1 3/4 pol. Use os rebites de cabeça cônica.

11. Desenhe o perfil de uma coluna de ferro U, de 15 pol por 33.9 1b com chapas de união como está representado na figura, usando rebites de 7/8 pol (dimensões tiradas do manual do *American Institute of Steel Construction*). Use rebites de cabeça boleada no lado esquerdo e rebites de cabeça chata escareada no lado direito, de modo que a superfície externa seja plana.

Grupo 4. Produtos especiais dos fabricantes

12. Duas chapas de aço 16 devem ser fixadas com um *Rivnut* [rebite-porca], que deve ter um diâmetro de 1/4 pol, cabeça chata, extremidade aberta, sem chaveta, de alumínio. Especifique o *Rivnut* e desenhe o mesmo inserido na linha central, mas não recalcado. Desenhe nove vezes o tamanho natural.

13. Idêntico ao probl. 12. Duas chapas de aço 16 devem ser fixadas com um *Rivnut* que deve ter 0,221 pol de diâmetro, cabeça plana, extremidade fechada, chavetado, de aço. Especifique o *Rivnut* e desenhe o mesmo inserido na linha central, porém não recalcado. Desenhe nove vezes o tamanho natural.

14. Uma chapa de aço de 1/4 pol deve ser fixada a uma folha de aço 16 por meio de um *Rivnut*. Este deverá ter a cabeça escareada, com 1/4 pol de diâmetro, extremidade fechada e sem chaveta, de aço.
(*a*) Desenhe e especifique o *Rivnut* com o parafuso inserido na linha central, mas não recalcado. Desenhe nove vezes o tamanho natural.
(*b*) Especifique por completo o parafuso de máquina de cabeça plana, de comprimento máximo, que fixará uma chapa de 1/8 pol à chapa acima, após o recalque.

15. Idêntico ao probl. 14. Um chapa de aço de 1/4 pol deve ser fixada a uma chapa metálica de aço 16 por meio de um *Rivnut*. Este deverá ter cabeça escareada, 0,490 pol de diâmetro, extremidade aberta, sem chaveta, de aço resistente à corrosão. Especifique o *Rivnut* e desenhe o mesmo inserido na linha central, mas não recalcado. Desenhe três vezes o tamanho natural.

16. Duas chapas metálicas de aço 16 devem ser fixadas com um rebite de alumínio de 1/8 pol, feito pela Southco Division, da South Chester

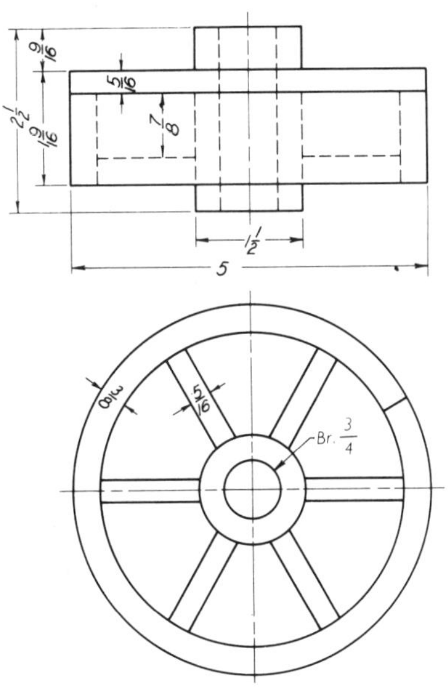

Prob. 9. Roda de disco estriado.

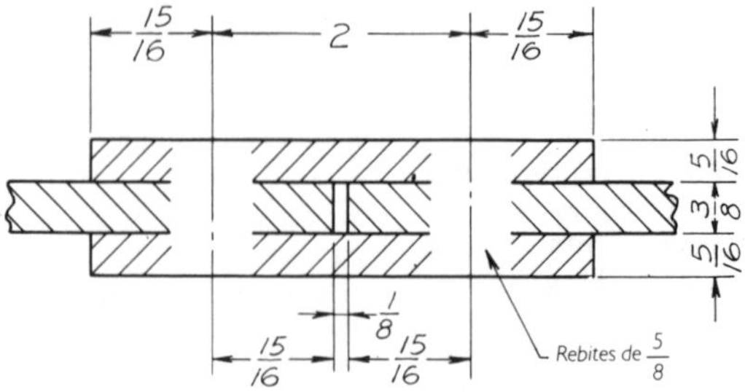

Prob. 10. Emenda de topo.

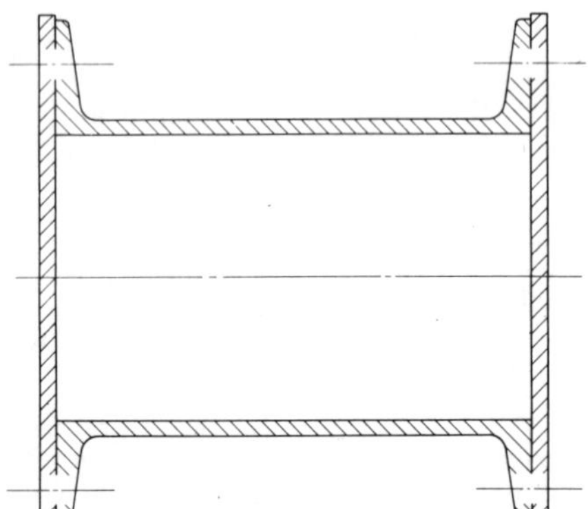

Prob. 11. Coluna.

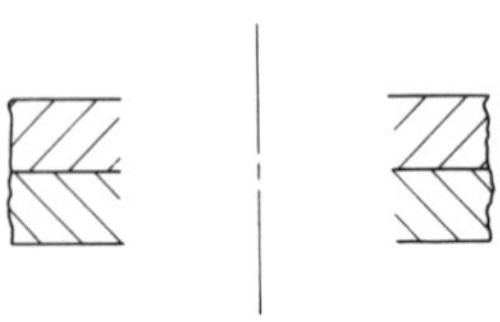

Prob. 12. Esboço.

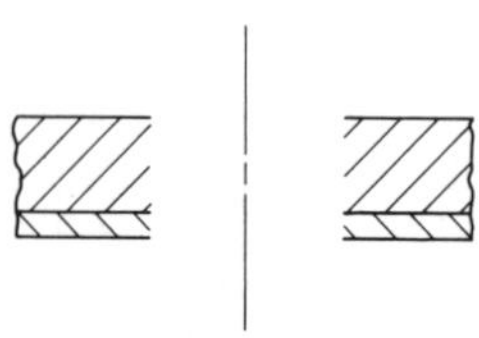

Prob. 14. Esboço.

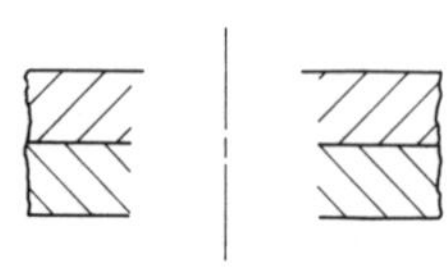

Prob. 16. Esboço.

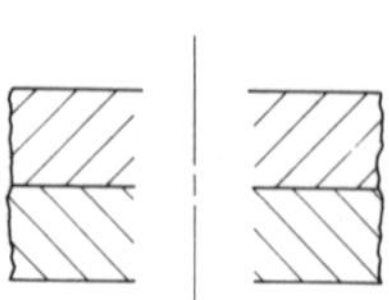

Prob. 18. Esboço.

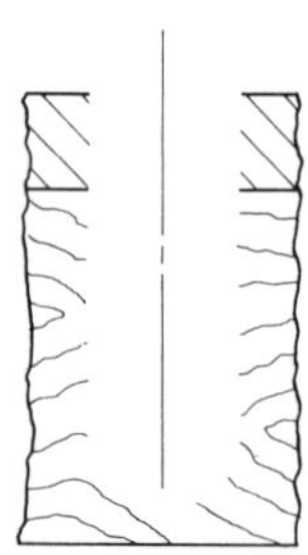

Prob. 24. Esboço.

Corporation. Mostre um rebite de cabeça universal, em posição na linha central, porém não recalcado. Especifique o rebite e desenhe nove vezes o tamanho natural.

17. Idêntico ao Probl. 16, mas com cabeça de cogumelo em vez de cabeça universal.

18. Duas placas de 1/4 pol devem ser mantidas juntas por um rebite de alumínio Southco de 3/16 pol de diâmetro. Mostrar um rebite de cabeça plana em posição sobre a linha central, porém não encalcado. Especificar o rebite e fazer o desenho três vezes o tamanho natural.

19. O mesmo probl. 18, mas para um rebite de cabeça escareada a 100°.

20. O mesmo probl. 18, mas para um rebite de cabeça de cogumelo.

21. O mesmo probl. 18, mas para um rebite de cabeça universal.

22. O mesmo probl. 18, mas para um rebite de cabeça redonda.

23. O mesmo probl. 18, mas para um rebite de cabeça chata.

24. Uma chapa de 1/4 pol deve ser fixada a uma peça de madeira bolsa de 1 pol de espessura. O dispositivo de fixação deve ser um rebite de alumínio Southco de 1/4 pol de diâmetro. Na madeira bolsa deve ser feito um furo com 3/4 pol de profundidade. Mostrar um rebite de cabeça escareada a 100°, na linha de centro, porém não recalcado. Especificar o rebite e desenhar três vezes o tamanho natural.

25. O mesmo probl. 24, mas para rebite com cabeça universal.

26. O mesmo probl. 24, mas para rebite com cabeça de cogumelo.

17 GABARITOS E MONTAGENS

Na produção em massa, usam-se gabaritos e/ou guias na fabricação, a fim de assegurar peças uniformemente exatas e precisas.

Gabaritos • Princípios de projeto • Localização da peça em produção • Grampos e fixadores • Boquilhas, partes centrais • Sumário do projeto de gabaritos • Desenhos • Guias • Problemas.

1. Produção em massa: a necessidade de uniformidade

Os métodos de manufaturação para produzir unidades simples ou poucas unidades exigem medições individuais para as localizações, calibração cuidadosa e acurada durante a usinagem e um cuidado meticuloso para levar as peças às especificações exigidas. Tudo isso deve ser feito por operários treinados e experientes, tornando-se um processo dispendioso porque as peças são virtualmente feitas à mão.

Muitos produtos – por exemplo, automóveis, eletrodomésticos e componentes, como válvulas, motores – são fabricados aos milhares, ou mesmo aos milhões. Fabricar peças em tais quantidades pelos métodos individuais comuns seria impraticável, não só pelo tempo e cuidado necessários, mas, o que é mais importante, as peças assim produzidas seriam caras e não poderiam ser permutadas de maneira homogênea.

Mesmo ao produzir umas poucas peças, digamos até 100, o uso de dispositivos conhecidos como gabaritos e montagens permite essencialmente a obtenção de peças uniformes a um custo reduzido.

2. Desenhos de gabaritos e montagens

Os desenhos de gabaritos e montagens são essencialmente iguais ao desenho para execução de tipo médio, exceto pela decorrente complexidade, num desenho de *conjunto*, da necessidade de mostrar, ao mesmo tempo, o gabarito ou montagem e a peça em produção que é feita por seu intermédio. Assim, torna-se necessário algum meio de identificação especialmente sobre e para o desenho apropriado, e também para uma reprodução deste último. O gabarito ou montagem é desenhado em preto (a lápis ou tinta) e a peça em elaboração é desenhada em cor. Esta prática proporciona uma identificação fácil no desenho original e, como os lápis de cor e as tintas de cor fornecem, numa reprodução, linhas mais claras do que as pretas, a peça em produção também fica identificável na reprodução do desenho. É tradicional desenhar a peça em vermelho. Entretanto, desde o desenvolvimento de novos métodos de reprodução gráfica, mais sensíveis no espectro do que as cópias heliográficas (que reproduzem as linhas vermelhas quase no mesmo tom das pretas), são preferíveis outras cores, tais como o azul e o verde, que são as cores finais do espectro opostas ao vermelho. É preciso lembrar que a finalidade real do uso de cores para a peça é apenas de identificá-la. Para mostrá-la num desenho de conjunto, deve-se escolher o lápis de cor com a grafite *mais dura* possível. Alguns lápis coloridos marcam praticamente qualquer material – papel, vidro, plástico e metal – borrando facilmente e são muito difíceis de apagar do papel ou de algumas folhas plásticas que são "granuladas" a fim de possibilitar o traçado a lápis.

Além disso, constitui prática universal desenhar o gabarito ou montagem como apareceria se a peça não estivesse no lugar. Assim, um desenho de conjunto de um gabarito ou montagem é realmente constituído de *dois desenhos* superpostos.

Os desenhos de detalhe dos componentes individuais de um gabarito ou montagem são desenhados do mesmo modo que qualquer desenho de detalhe, em preto, porque a superposição da peça a ser produzida não é considerada ou mostrada.

3. Gabaritos

Gabarito é um dispositivo que prende ou é preso a uma peça que está sendo produzida e ao mesmo tempo guia as várias ferramentas para a posição adequada. Assim, um gabarito é usado para furar, broquear, alargar, escarear, rosquear ou para realizar combinações dessas operações.

A peça que está sendo submetida ao processo é quase sempre chamada de "a peça" ou "o objeto". A Fig. 17.1 é uma ilustração de um pequeno gabarito para executar em uma peça, diversas operações de furação com broca. O gabarito é colocado sobre a mesa de uma máquina de furar onde a broca é passada através de uma "boquilha para brocas" no gabarito. A broca é assim localizada precisamente na posição e guiada pela boquilha para brocar um furo na peça. Esta é colocada na posição exata e firmemente fixada no gabarito, de modo que as peças produzidas serão essencialmente idênticas. A precisão obtida no gabarito controla a precisão do produto acabado e elimina a necessidade de medir cada peça individualmente para localizar os furos.

4. Princípios em que se baseia o projeto

Para ilustrar alguns princípios do projeto de um gabarito, a Fig. 17.2 mostra um gabarito simples para broquear dois

Fig. 17.1 – Gabarito. A peça a ser trabalhada (*A*) é colocada no gabarito (*B*) o qual está localizado contra as superfícies acabadas e é mantido em posição por meio dos grampos. (*C*). A broca passa então através de uma boquilha (*D*) para fazer o furo na peça (*A*).

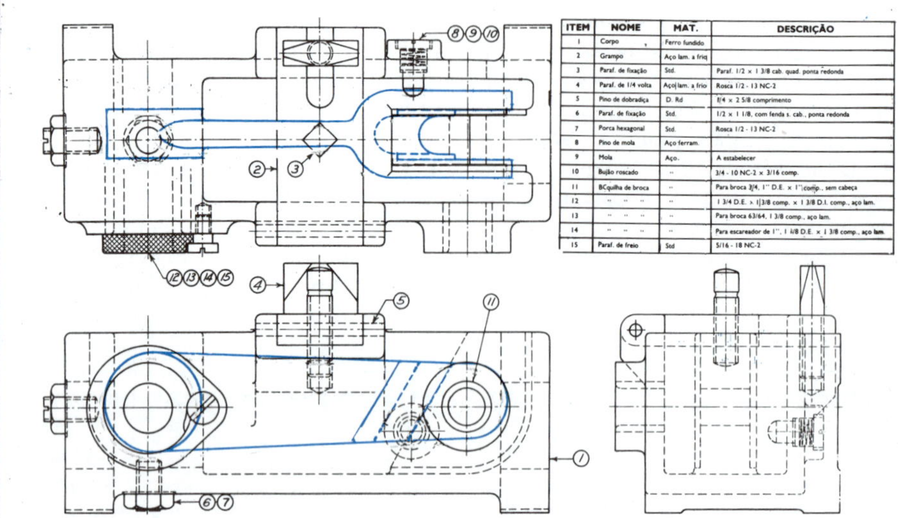

ITEM	NOME	MAT.	DESCRIÇÃO
1	Corpo	Ferro fundido	
2	Grampo	Aço lam. a friq	
3	Paraf. de fixação	Std.	Paraf. 1/2 × 1 3/8 cab. quad. ponta redonda
4	Paraf. de 1/4 volta	Aço lam. a frio	Rosca 1/2 - 13 NC-2
5	Pino de dobradiça	D. Rd	1/4 × 2 5/8 comprimento
6	Paraf. de fixação	Std.	1/2 × 1 1/8, com fenda s. cab., ponta redonda
7	Porca hexagonal	Std.	Rosca 1/2 - 13 NC-2
8	Pino de mola	Aço ferram.	
9	Mola	Aço.	A estabelecer
10	Bujão roscado	"	3/4 - 10 NC-2 × 3/16 comp.
11	BCquilha de broca	"	Para broca 3/4, 1" D.E. × 1" comp., sem cabeça
12	" " "	"	1 3/4 D.E. × 1 3/8 comp. × 1 3/8 D.I. comp., aço lam.
13	" " "	"	Para broca 63/64, 1 3/8 comp., aço lam.
14	" " "	"	Para escareador de 1", 1 1/8 D.E. × 1 3/8 comp., aço lam.
15	Paraf. de freio	Std	5/16 - 18 NC-2

Fig. 17.2 – Gabarito para um porta-lingüeta. A peça é localizada contra superfícies acabada e parafusos de fixação (peças 6 e 7). A sujeição da peça é feita pela peça 2 e parafuso de fixação (3). O trabalho é feito através de boquilhas (peças 11 a 15). A peça a trabalhar, a cores no desenho, é reproduzida na cópia em linhas cinza.

furos de $^3/_4$" e alargar um furo de 1 pol num condutor de lingüeta.

Os princípios que devem ser observados tanto quanto possível ao se projetar um gabarito são:

1. A peça a trabalhar deve ser posta no gabarito com rapidez e facilidade.
2. A peça deve ser localizada com precisão.
3. As boquilhas devem ser acessíveis ao operador.
4. A peça deve ser fixada firmemente no gabarito.
5. A peça deve ser fácil e rapidamente removível.

Constitui prática universal no desenho de gabaritos representar a peça *em cor*[1] enquanto o gabarito é desenhado *em preto*. Os aspectos visíveis são desenhados como apareceriam se a peça não estivesse no lugar. Nas cópias heliográficas e processo de impressão direta, as linhas coloridas que mostram a peça são reproduzidas em *tons mais claros* do que as linhas pretas. Assim, também na cópia a peça se distingue do gabarito ou montagem.

Em todos os projetos de gabaritos devem ser considerados quatro pontos principais relacionados com os princípios acima:

1. Localização precisa da peça.
2. Fixação firme da peça.
3. Seleção das boquilhas de estilo e tamanho corretos.
4. Desenho do corpo do gabarito de maneira a acomodar a peça obedecendo aos princípios.

---

[1] Vermelho ou outra cor conveniente que, na cópia, seja reproduzida em tom mais claro.

Observando-se esses quatro pontos principais, pode-se projetar um gabarito para broquear que satisfaça as exigências da produção comercial. Cada um dos quatro pontos deve ser estudado cuidadosamente para se determinar a melhor solução. Como há muitos métodos diferentes para realizar cada ponto, deverá ser escolhido o que seja mais apropriado à combinação com os outros três. Serão aqui discutidos diversos métodos de atender cada uma das quatro exigências, mas a escolha não deverá ficar restrita a eles, ao se projetar uma dada peça de trabalho.

5. Localização da peça

A forma da peça previamente usinada e acabada antes do broqueamento, bem como outros pontos do projeto, influirão no tipo de localizador mais apropriado à peça. A localização deve ser considerada exaustivamente, porque é, talvez, o mais importante dos quatro pontos para a precisão do gabarito.

As *superfícies acabadas* são muitas vezes aproveitadas para a localização da peça. A superfície acabada da peça é colocada em contato com a superfície acabada do gabarito ou, quando necessário, uma superfície mesmo sem acabamento da peça pode ser apoiada sobre a superfície acabada do gabarito. As superfícies de localização podem tomar a forma de saliências, de furos rebaixados ou de duas superfícies acabadas em ângulo reto.

Os *pinos* fornecem um método de localização fácil e relativamente barato, ao mesmo tempo muito preciso. Uma superfície acabada ou bruta da peça é mantida contra um pino e uma superfície acabada, ou contra dois ou três pinos, por meio de um grampo ou de parafusos (Fig. 17.3).

No gabarito da Fig. 17.6 são usados dois pinos para a localização, um circular e o outro achatado. Ambos os pinos são precisos quanto ao tamanho necessário para se ajustarem em dois furos da peça previa-

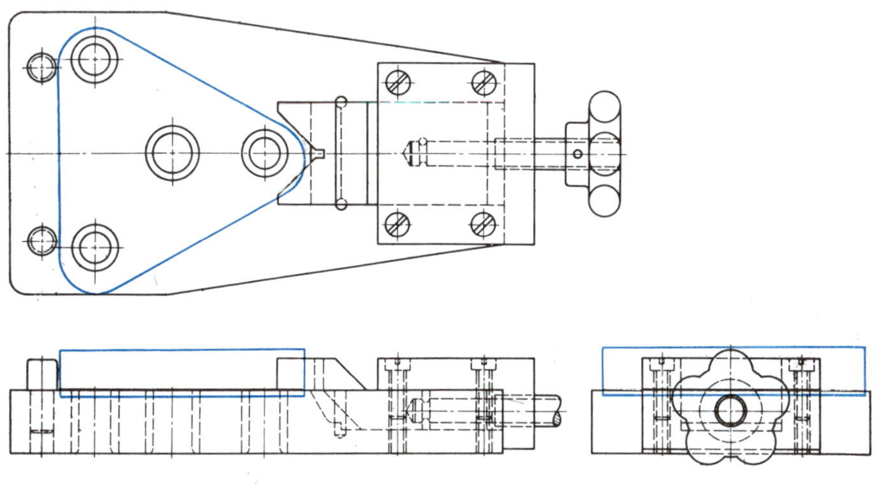

Fig. 17.3 – Gabarito para chapa de coberta. Este desenho ilustra o uso de pinos e de um cursor em V para a localização. A peça, a cores no desenho, aparece na cópia em linhas cinza.

mente broqueados ou alargados. (Um dos pinos deve ser achatado porque as distâncias entre os centros dos furos podem variar bastante, a ponto de tornar impossível o ajuste com dois pinos redondos.) O pino redondo localiza-se na linha que une os centros, e ambos são colocados em ângulo reto com essa linha, uma vez que as faces planas do pino achatado sejam sempre perpendiculares a ela. Observe-se que os pinos são feitos de modo que possam ser introduzidos nas montagens somente até o ressalto. As extremidades são chanfradas, de preferência a 30°, para permitir a fácil penetração na peça.

Os pinos pequenos são geralmente feitos de aço-ferramenta, temperados e retificados. Os grandes são feitos de aço laminado a frio, temperados em feixes e retificados. O ressalto do pino é comprimido contra uma superfície acabada ou introduzido no pequeno rebaixo circular no alargamento até uma profundidade conveniente.

As boquilhas servem de localizadores em certos projetos, como ilustra a Fig. 17.4. Este gabarito é utilizado na perfuração e alargamento de furos numa caixa de engrenagens, na qual a distância de ponta a ponta entre as saliências cilíndricas é uma dimensão precisa dada com

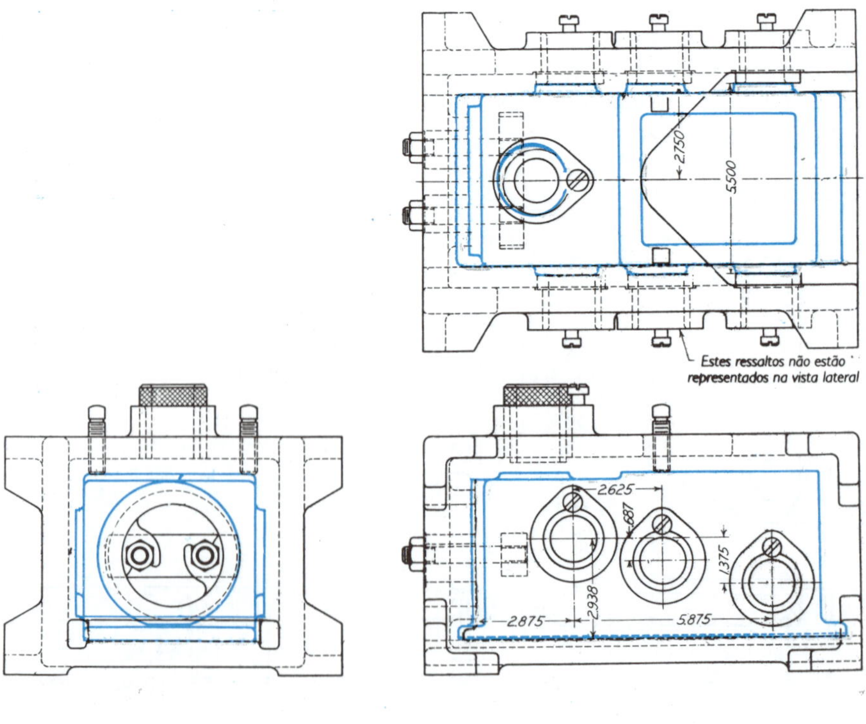

Fig. 17.4 – Gabarito para brocar e alargar uma caixa de engrenagens. As seis boquilhas (três na frente e três atrás) localizam a peça na direção frente-para-trás. A peça, a cores no desenho, aparece na cópia em linhas cinza.

limites; assim, pois, as superfícies dessas saliências proporcionam bons pontos de localização e os ressaltos das boquilhas, precisamente localizados são projetados para entrarem em contato com elas. A localização do objeto nas outras direções é feita usando-se as superfícies acabadas contra as quais ele é apertado por meio de parafusos e da barra de um torno.

Os *blocos em V* são usados muitas vezes em projetos de gabaritos com a função tanto de localizar como de fixar a peça. Um exemplo foi visto na Fig. 17.3. O gabarito da Fig. 17.5 emprega um V cuja finalidade principal é a localização, embora também sirva como esbarro traseiro na fixação, enquanto os parafusos de sujeição são os grampos apropriados. Um bloco em V é feito mais facilmente como uma peça separada, presa ao corpo do gabarito por meio de parafusos e de pinos de encaixe. A fixação do bloco em V sem pinos de encaixe, usando para parafusos de cabeça, pode ser necessária no caso em que o diâmetro da saliência circular da peça varie consideravelmente com as diferentes fundições.

Furos precisos para os pinos. Um pequeno gabarito de placa é usado, muitas vezes, na perfuração de uma série de furos repetidos na fabricação de um gabarito grande, conforme mostra a Fig. 17.6, ou na própria peça. O pequeno gabarito na figura leva dois pinos localizadores, um redondo e o outro achatado (pelas razões já mencionadas acima). No gabarito grande, os furos marcados *A* foram previamente broqueados e alargados, em uma broqueadeira vertical ou radial, para adaptar os pinos do pequeno gabarito; usando o pequeno gabarito, a série de furos *B* podem ser broqueados com muito mais precisão e rapidez do que se cada furo tivesse de ser localizado individualmente.

Centradores. O gabarito da Fig. 17.7 utiliza um centrador. Se o furo na peça tiver um tamanho tal que possa ser torneado internamente ao mesmo tempo em que a peça é faceada, é indicado este método de localização. A haste de localização tem um diâmetro tal que o furo tem um ajustamento folgado sobre ela.

Os rasgos de chaveta servem como localizadores nos casos em que for necessário broquear furos que devam ocupar uma posição particular. Num gabarito projetado para uma união em que os furos devem estar situados no centro das saliências e, ao mesmo tempo, localizados em relação ao rasgo da chaveta, o centrador possuirá uma chaveta para deslizar dentro do rasgo respectivo do objeto.

6. Grampos e prendedores

Alguns dos grampos mais comuns usados para manter o objeto firmemente seguro no gabarito são os seguintes:

1. Grampo de barra
2. Grampo ranhurado (de fenda)
3. Parafusos de fixação e prisioneiros
4. Arruela em C
5. Deslizador em V
6. Came com espiral de elevação
7. Maçaneta de estrela (manípulo) e prisioneiro
8. Pinos ajustáveis
9. Pistão hidráulico

Os gabaritos ilustrados neste capítulo mostram vários desses métodos de fixação. A condição importante a observar é que *o grampo não deve torcer a peça pois esta distorção acarreta a imprecisão nos furos broqueados em virtude do afrouxamento da pressão do grampo. Este deve ser aplicado num ponto da peça que suporte a tensão introduzida* e tão próximo quanto possível do ponto de perfuração. Nem sempre é possível atender esta última condição, mas ela deve ser bem considerada.

Os grampos são as partes do gabarito que sofrem maior desgaste e é aconselhável fabricá-los de aço duro. Quando houver a possibilidade de danificar a superfície acabada, deverá ser empregado um grampo de garra macia.

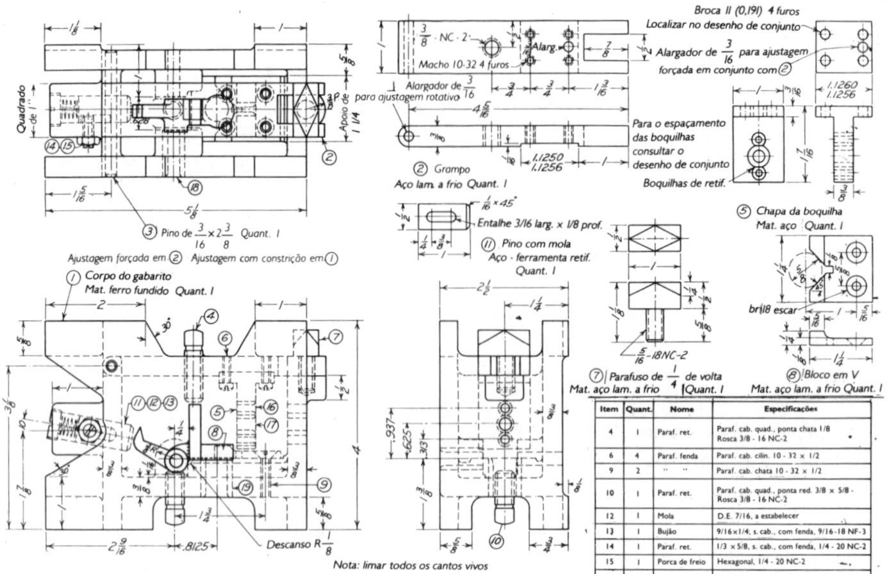

Item	Quant.	Nome	Especificações
4	1	Paraf. ret.	Paraf. cab. quad., ponta chata 1/8 Rosca 3/8 - 16 NC-2
6	4	Paraf. fenda	Paraf. cab. cilin. 10 - 32 × 1/2
9	2	" "	Paraf. cab. chata 10 - 32 × 1/2
10	1	Paraf. ret.	Paraf. cab. quad., ponta red. 3/8 × 5/8 - Rosca 3/8 - 16 NC-2
12	1	Mola	D.E. 7/16, a estabelecer
13	1	Bujão	9/16×1/4; s. cab., com fenda, 9/16-18 NF-3
14	1	Paraf. ret.	1/3 × 5/8, s. cab., com fenda, 1/4 - 20 NC-2
15	1	Porca de freio	Hexagonal, 1/4 - 20 NC-2
16	2	Boquilha	Para broca de 1/8, 1/4 D.E. × 3/8 com., sem cabeça
17	1	"	Para broca de 15/64, 27/64 D.E. × 3/8 comp., sem cabeça
18	1	"	Para broca de 1/4, 7/16 D.E. × 7/8 comp. sem cabeça
19	1	"	Para broca de 7/16, 5/8 D.E. × 3/4 comp. sem cabeça

Fig. 17.5 – Gabarito para a alavanca do engate. A peça é localizada contra um bloco em V e uma superfície acabada. A sujeição é feita pelas peças 4, 10, 11, 12 e 13. A peça a trabalhar, a cores no desenho, aparece na cópia como linhas cinza.

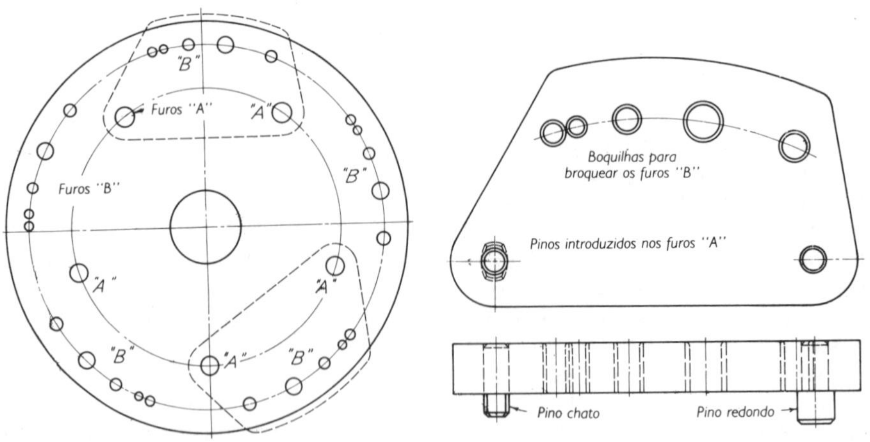

Fig. 17.6 – Gabarito para execução de outro gabarito, do tipo freqüentemente usado para obter precisão em séries idênticas de furos.

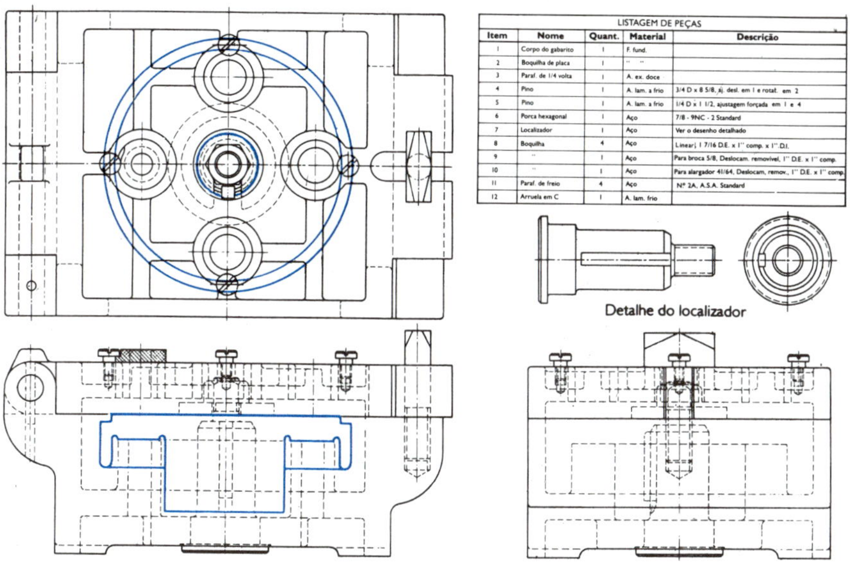

LISTAGEM DE PEÇAS				
Item	**Nome**	**Quant.**	**Material**	**Descrição**
1	Corpo do gabarito	1	F. fund.	
2	Boquilha de placa	1	" "	
3	Paraf. de 1/4 volta	1	A. ex. doce	
4	Pino	1	A. lam. a frio	3/4 D x 8 5/8, aj. desl. em 1 e rotat. em 2
5	Pino	1	A. lam. a frio	1/4 D x 1 1/2, ajustagem forçada em 1 e 4
6	Porca hexagonal	1	Aço	7/8 - 9NC - 2 Standard
7	Localizador	1	Aço	Ver o desenho detalhado
8	Boquilha	4	Aço	Linear], 1 7/16 D.E. x 1" comp. x 1".D.I.
9	"	1	Aço	Para broca 5/8, Deslocam. removível, 1" D.E. x 1" comp.
10	"	1	Aço	Para alargador 41/64, Deslocam, remov., 1" D.E. x 1" comp.
11	Paraf. de freio	4	Aço	Nº 2A, A.S.A. Standard
12	Arruela em C	1	A. lam. frio	

Fig. 17.7 – Gabarito para brocar e alargar. O centrador (mostrado em detalhe) localiza a peça através de um furo central preciso da peça. Esta, que aparece em cores no desenho, na cópia é reproduzida em linhas cinza.

Os *grampos ranhurados* são de largo emprego. Para se obter a ação apropriada, eles deverão ter o prisioneiro no centro ou mais perto da peça do que da sua própria cauda. Os prisioneiros com porcas são preferíveis aos parafusos de cabeça, porque não desgastam o corpo do gabarito e são de substituição econômica.

Os *parafusos de fixação* são baratos e muito eficientes como meio de manter bem segura a peça (Fig. 17.5). Ao prender um objeto pelos seus quatro lados, os parafusos de fixaçãc situados em dois lados deverão ter porcas de fixação, e os outros dois serão usados para prender e soltar a peça.

Pode-se usar um prisioneiro e uma porca em combinação com uma arruela em C, nos casos em que a peça desliza sobre o prisioneiro ou sobre o pino de localização (Fig. 17.7).

Ao se usar um *deslizador em V*, é preciso ter cuidado para que seu comprimento seja ao menos igual à sua largura, para evitar que tenha uma ação instável. Sua espessura depende da peça e de ser o V fixo ou móvel. Neste último caso, o parafuso de controle será acrescido de um mancal.

Os grampos com came de elevação são úteis na produção em grande escala, onde os requisitos principais são a fixação e a soltura da peça com pequena atenção do operador. É preciso ser conhecida a variação máxima do ponto de fixação na produção de peças, a partir do qual a elevação do came é calculada, a fim de que a sua face fixe a peça com giro de 90º do cabo. A Fig. 17.8 mostra dois tipos de cames de fixação que desenvolvem ação retentora nos dois sentidos do eixo.

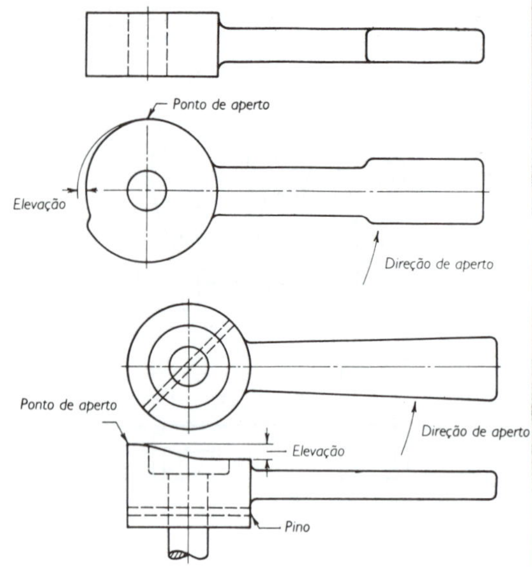

Fig. 17.8 – Grampos com came de elevação em espiral. Estes são de operação rápida e fixação segura.

Os manípulos e os prisioneiros são uma adaptação de princípios dos parafusos de fixação para operação manual.

Os *pinos ajustáveis* são usados para suportar seções frágeis da peça. Desenhos corretos são mostrados na Fig. 17.9. Eles devem ser retidos (travados) na posição por um parafuso de fixação.

Os *pistões hidráulicos* servem para trabalhos pesados e para os que exigem fixação especial. Seu projeto é de natureza por demais especializada para ser incluído aqui.

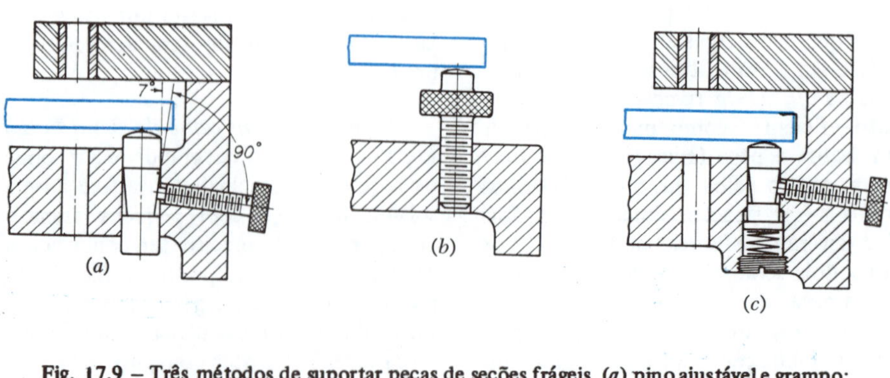

Fig. 17.9 – Três métodos de suportar peças de seções frágeis. (*a*) pino ajustável e grampo; (*b*) parafuso ajustável; (*c*) pino com mola e grampo. A peça, a cores no desenho, aparece na cópia como linhas cinza.

7. Boquilhas padronizadas

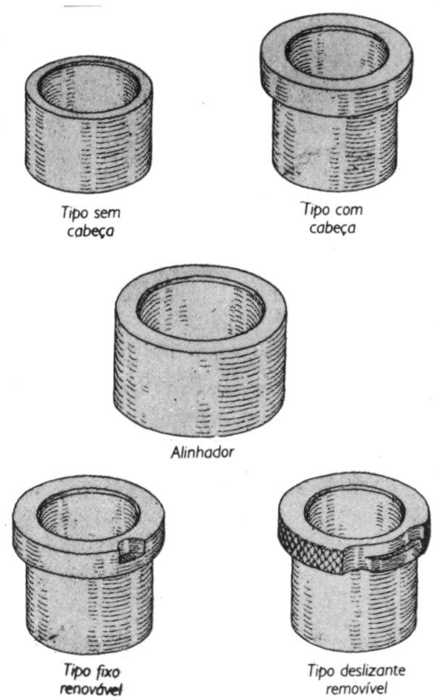

Fig. 17.10 – Boquilhas para gabarito normalizadas pela ANSI. Ver o Apêndice.

As boquilhas guias de broca são padronizadas em itens, feitas em cinco tipos diferentes (Fig. 17.10), cada uma com seis a oito comprimentos, para serem usadas com todas as brocas, designadas por números e letras, sendo fabricadas em tamanhos fracionários até a grossura de 2 polegadas.

As *boquilhas lisas estacionárias, de ajustamento pela prensa,* são usadas quando se espera que durem tanto quanto o gabarito e são feitas em dois tipos: *sem cabeça* e *com cabeça.* O tipo sem cabeça é usado quando a distância entre os centros dos furos é muito pequena e também quando se deseja ter a cabeça da boquilha em nível com a cabeça da chapa do gabarito. Ambos os tipos são usados sem alinhadores.

As *boquilhas renováveis,* com alinhadores, são usadas quando a boquilha sofre desgaste o bastante para ser substituída, ou quando for necessário permutá-la num furo. Elas são de dois tipos: o *fixo* e o *deslizável.*[2] As boquilhas renováveis fixas são usadas numa só operação. As deslizáveis são usadas quando se realizam duas ou mais operações, que exigem diâmetros internos diferentes, num único gabarito, sem dele remover a peça, por exemplo, quando a furação é seguida de alargamento, faceamento, escareamento, rosqueamento, etc. Devem ser usadas em combinação com alinhador e parafuso de fixação, a menos que o projeto não permita o espaço adicional exigido pelo alinhador.

As boquilhas são especificadas, em ordem, pelo: (1) tipo, (2) diâmetro externo, (3) comprimento, (4) tamanho do furo.

Para permitir uma instalação correta, os projetos deverão mostrar claramente a boca em forma de sino da extremidade da boquilha, bem como a extremidade de entrada da broca. Para tornar precisa a perfuração, a outra extremidade não deverá distar mais do que um diâmetro de broca da peça. A sua espessura, o tipo de material que está sendo broqueado, e o tipo de gabarito influirão sobre a distância mínima entre a extremidade da boquiha e a peça. É preciso que existam aberturas para a saída das limalhas, para evitar o emperramento da broca e a formação de pressões anormais. Algumas vezes a boquilha é projetada para entrar em contato com a peça e as limalhas são retiradas pela parte superior.

Algumas oficinas preferem usar o tipo de boquilhas que têm uma camada de substância esmerilhável no diâmetro externo, para ajustar a boquilha ao furo.

As boquilhas para trabalho especial deverão ser indicadas seguindo as tabelas

---

2 Também chamado de tipo *removível.*

normalizadas referentes à espessura da parede, diâmetro da cabeça, etc., e especificando o acabamento e o tratamento técnico apropriados.

As boquilhas de brocas padrões estão relacionadas no Apêndice.

8. Corpo do gabarito

O corpo dos gabaritos pertence a duas classes: corpo aberto e corpo fechado, tipo caixa. Em geral, os gabaritos de corpo aberto têm as boquilhas de broca no mesmo plano, paralelas entre si. Os gabaritos fechados, em forma de caixa, destinam-se ao broqueamento do furo em vários planos e direções. Ocasionalmente pode haver uma superposição na nomenclatura dos dois tipos gerais.

Em vista da rigidez exigida, o corpo dos gabaritos é construído de ferro fundido, mas, atualmente, está sendo usado, com sucesso, o aço soldado.

O peso do corpo deverá ser considerado. Para facilitar o manuseio, não deverá haver excesso de peso, mas sua redução não deverá ocorrer à custa da rigidez e solidez necessárias à precisão. Algumas vezes, entretanto, é possível retirar metal de vários lugares sem diminuir a resistência. Para comodidade e segurança do operador, os cantos deverão ser arredondados e todas as rebarbas e arestas agudas removidas com lima. Para a movimentação adequada, os pequenos gabaritos podem ser equipados com cabos e os grandes com ganchos, para a manipulação por meio de um guindaste.

Nos lados opostos às boquilhas de broca, os gabaritos deverão ser dotados de pés com acabamento. Para uma usinagem adequada, muitas vezes são colocadas pequenas orelhas nos outros lados, que agem como batentes. Os pés do gabarito são, em geral, parte integrante da peça fundida do gabarito, mas, em alguns casos, são nela inseridos. São usados sempre quatro pés, de preferência, e não três, porque assim qualquer irregularidade que se apresente na fixação, tal como um fragmento de limalha sob um dos pés, chamará a atenção do operador pela falta de estabilidade.

Tanto no interior do gabarito como nos outros locais a serem submetidos à operação de usinagem, é preciso um cuidado todo especial a fim de deixar uma abertura apropriada para a passagem das ferramentas. Os pontos de localização, se possível, deverão ser visíveis ao operador.

Os gabaritos pequenos não precisam ser fixados à mesa, mas os grandes e todas as montagens (ver Seç. 11) deverão ser dotados de dispositivos que os prendam firmemente à máquina em que forem usados.

9. Resumo – pontos do projeto do gabarito

Os pontos do projeto de um gabarito são:

1. Proporcionar o melhor método de localização.
2. Proporcionar o melhor método de fixação.
3. Escolher os tipos corretos de boquilhas.
4. Ter boquilhas em lugares acessíveis ao operador.
5. Projetar de modo a permitir um carregamento e um descarregamento rápidos.
6. Projetar com capacidade para que suporte uso intensivo sem afetar a precisão.
7. Ter sempre em mente a segurança do operador.
8. Providenciar espaço para as brocas após sua passagem através da peça.
9. Providenciar espaço para a limalha e sua fácil remoção.

10. Projetar de modo que as peças mais baratas se desgastem primeiro.

11. Tomar medidas a fim de que as superfícies acabadas não sejam danificadas pelos dispositivos de fixação.

12. Providenciar os meios para elevar os gabaritos pesados.

13. Se forem inevitáveis partes destacáveis, estas devem ser acorrentadas ao corpo do gabarito.

14. Levar em consideração o custo dos materiais e da mão-de-obra, mas nunca tentar reduzir o custo do gabarito às expensas de sua eficiência.

10. Execução do desenho de um gabarito

O procedimento, ao se projetar um gabarito ou montagem, deverá seguir aproximadamente esta ordem:

1. Esboçar o projeto à mão livre a fim de fazer uma escolha adequada das vistas e ter uma idéia do espaço exigido. Este esboço original levará em consideração as superfícies previamente acabadas da peça.

2. Deixar amplo espaço entre as vistas e desenhar cuidadosamente a peça em *vermelho*, em suas diferentes vistas. Quando o desenho do gabarito é reproduzido, as linhas vermelhas aparecem na cópia em cor cinza, de modo que a peça permaneça distinguível do gabarito.

3. Construir o gabarito em volta da peça, seguindo os princípios corretos de localização, fixação e traçado das boquilhas e do corpo do gabarito.

4. Cotar o desenho do gabarito, usando divisões decimais para todos os localizadores e boquilhas, seguindo o sistema de dimensionamento da linha-base, a partir dos eixos de coordenadas zero.

5. Dar a cada parte um número de referência.

6. Preparar uma lista de materiais de todas as partes em seqüência.

7. Verificar o desenho.

11. Montagens

Uma montagem é um dispositivo que prende e mantém em posição uma peça, de modo que possa ser executada determinada operação de usinagem. As montagens são usadas em máquinas-ferramenta que têm seu próprio mecanismo de guia e controle da ferramenta. Assim, num torno, a montagem pode servir para facear, tornear ou perfurar; numa fresadora, para fresar uma ou mais superfícies; numa esmerilhadeira, para esmerilhar superfícies cilíndricas ou chatas.

A Fig. 17.11 é uma fotografia de uma montagem para tornear; a Fig. 17.12, de uma montagem para fresar.

Nas Figs. 17.13 e 17.14 são dados dois exemplos para ilustrar os princípios da construção da montagem. A Fig. 17.13 é uma montagem para torno, para auxiliar o torneado interno do furo e o faceamento da parte saliente e do fundo do flange do probl. 18, Cap. 7. O flange localiza-se sobre os pinos. O grampo central é removido e são usados grampos ranhurados enquanto estão sendo usinados o furo e a parte saliente. Para completar o acabamento do fundo, os grampos são deslocados para trás e o grampo central é reposto no lugar.

A Fig. 17.14 é uma montagem para prender o suporte de árvore do probl. 117, Cap. 5, durante o torneado interno do furo e o faceamento da extremidade. O suporte localiza-se sobre dois pinos e é fixado pelo grampo.

Ambas as montagens fixam ao prato do torno o conjunto girante da montagem da peça. Estando em desequilíbrio, a montagem do suporte do eixo do engate exige um contrapeso para reduzir a vibração e aumentar a precisão da operação. Para calcular o tamanho do contrapeso, deve-se determinar o centro de gravidade e o momento do conjunto da peça e da montagem em relação ao ponto de apoio. Com estes dados, podem ser calculadas a área e a espessura do contrapeso, bem co-

Fig. 17.11 – Montagem giratória. A peça (*A*) é localizada sobre pinos na guia (*B*) e é mantida no lugar pelo grampo (*C*). A ferramenta (*D*) executa então o corte requerido.

mo sua distância ao centro, a fim de encontrar um momento equivalente que equilibre aquele ao lado oposto do centro. Habitualmente se deixa na espessura no contrapeso um ligeiro excesso, que permite à oficina completar o equilíbrio pela remoção de metal. Isto economiza tempo e permite pequenas modificações que possam ocorrer em algumas peças usadas na montagem.

Ao se projetar montagens para fresamento, abertura de fendas, corte de serra e operações similares, seguem-se os mesmos princípios de localização e fixação dados para o projeto de montagens. Para obter uma fixação firme, as bases acabadas devem ser dotadas de duas chavetas quadradas para alinhar a montagem com as fendas em T da mesa da fresa, assim como de fendas em cada extremidade para os parafusos em T.

Se uma operação anterior já foi executada na peça, torna-se necessária, se for possível, a existência de uma superfície de calibração à qual pode ser fixado o cortador, obtendo-se assim exatamente a distância exigida entre as duas superfícies acabadas.

Fig. 17.12 – Montagem para fresamento. A peça (*A*) é localizada na guia (*B*) contra as superfícies acabadas e sobre um pino. O grampo (*C*) mantém a peça em posição à medida que a cortadora de fresamento (*D*) realiza o corte solicitado.

12. Gabaritos e montagens

Algumas vezes é necessário executar certa operação de usinagem, por ocasião da montagem das peças. Assim, um gabarito de montagem posiciona duas (ou mais) peças e provê boquilhas para o broqueamento, etc., ou uma montagem pode posicionar duas (ou mais) peças para uma operação de fresamento. Em alguns casos, usa-se um dispositivo *apenas* para *posicionar* uma peça em relação a outra, no conjunto. Isso se designa por (1) guia de montagem, (2) guia de localização, ou (3) guia de ajuste.

13. Normas

O objetivo deste livro permite apenas uma introdução ao campo realmente vasto da usinagem com ferramentas e fabricação das mesmas. Para maiores informações, convém consultar as normas ANSI e SAE. Os manuais estão indicados na bibliografia. Especialmente pertinentes são as normas sobre pequenas ferramentas e elementos de máquinas-ferramenta.

Nº PEÇA	NOME	MATERIAL
1	Placa de face	Ferro fundido
2	Pino de localização	Aço de ferramenta
3	" " "	" " "
4	Grampo	Aço lam. a frio
5	Prisioneiro	" " "
6	Porca hexagonal	Std.
7	Sede do grampo	A. extradoce
8	Paraf. cab. cilíndrica	Std.
9	Prisioneiro centralizador	A. lam. a frio
10	Porca hexagonal	Std.
11	Arruela em C	Aço lam. a frio "
12	Mola	Aço

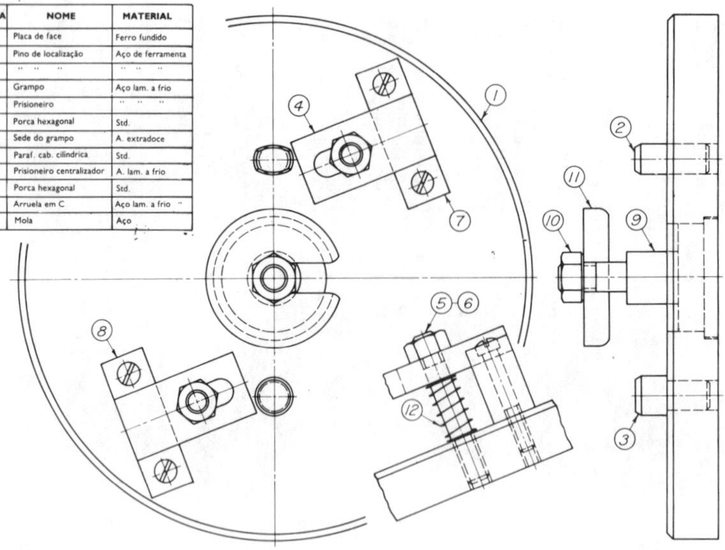

Fig. 17.13 – Montagem para o torneamento interno e o faceamento. Esta montagem refere-se ao Prob. 18, Cap. 7.

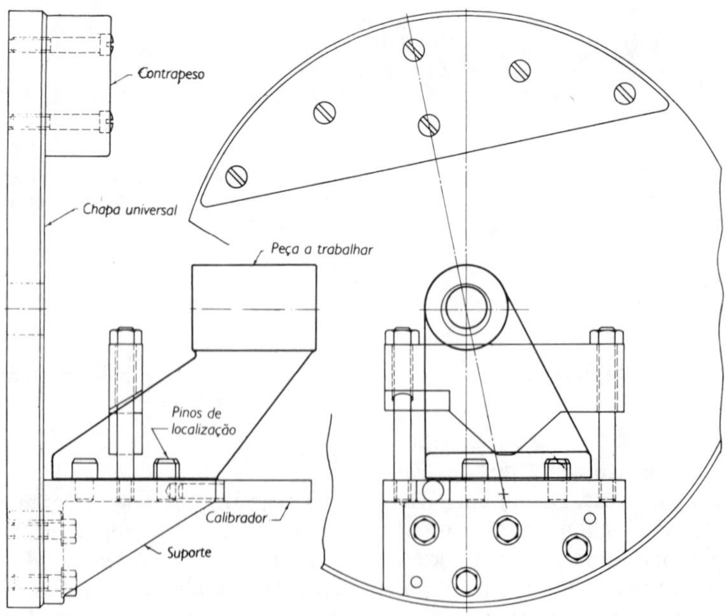

Fig. 17.14 – Montagem com contrapeso para o torneamento interno e faceamento, a qual se relaciona com o Prob. 117, Cap. 5. A peça, a cores no desenho, aparece na cópia como linhas cinza.

PROBLEMAS

1. Projetar um gabarito para broquear e escarear a peça da Fig. 10.23. Localizar, sobre um encosto acabado, a orelha situada numa fenda de acabamento, e a extremidade acabada do cilindro, com 4 pol de comprimento, contra uma saliência cilíndrica acabada do gabarito. A fixação é feita pela frente e por trás, com um parafuso de fixação em cada local. Dotar de boquilhas sem ressalto os furos da base do encosto e de duas camisas com boquilhas removíveis para broquear e alargar as peças maiores. Serão necessárias boquilhas removíveis de dois comprimentos, as maiores para, através delas, se poder atingir com a broca o diâmetro do cilindro com 2 3/4 pol de comprimento. Projetar um corpo do tipo caixa, tendo os pés do lado oposto ao que são colocadas as boquilhas. O lado direito do corpo é aberto para permitir o carregamento. Facear os furos externos do gabarito.

2. Projetar um gabarito para broquear uma porca especial (Fig. 10.85*a*). Localizar acima do centrador do encosto acabado, através de um furo de 1 1/8 pol, o localizador, reduzindo suficientemente o tamanho para se poder usar uma porca e arruela C para fixá-lo na extremidade do diâmetro de 1 3/4 pol. A porca deve ser pequena o bastante para desobstruir o furo por ocasião do carregamento e descarregamento. Utilizar boquilhas num corpo de tipo aberto.

Processo alternativo. Usar o mesmo processo de localização, mas usar apenas uma boquilha guia de broca e um pino indicador que faça um ângulo de 90° com a boquilha. Broquear um furo, indicá-lo para o pino, e broquear depois o furo seguinte, etc.

3. Projetar um gabarito para broquear um furo de lubrificação de 1/4 pol, no encosto do probl. 41, Cap. 24. Localizá-lo num localizador horizontal através do grande furo central da peça, usando uma porca e arruela C para a remoção. Indicar a peça com um pino através de um dos furos do parafuso de cabeça, de modo que a broca penetre no reservatório do óleo no local apropriado da peça fundida.

4. Projetar uma montagem para tornear internamente e facear a flange do probl. 18, Cap. 7. Reportar-se ao projeto mostrado na Fig. 17.13, admitindo que nessa montagem a superfície plana superior já esteja acabada e escareados os furos de 3/4 pol antes das operações de torneamento e faceamento. Para tornear os furos de 2 5/8 pol e 2 pol de diâmetro usar dois grampos, removendo do centro o prisioneiro e a arruela. Para facear, removem-se ou deslizam-se os grampos do lugar e usa-se o prisioneiro centralizador com arruela e porca. Na produção em série podiam ser feitas duas montagens, usando as peças necessárias para as operações sucessivas em cada montagem.

5. Projetar uma montagem para tornear internamente e facear o suporte do eixo do probl. 115, Cap. 5. Reportar-se ao projeto mostrado na Fig. 17.14. Admitir que a base seja acabada e que os furos da base tenham sido escareados até as dimensões definitivas. Usar estes furos para localizar a peça sobre dois pinos, um chato e um redondo, e fixá-la com um grampo, comprimindo-a para baixo, à prateleira saliente, como está no desenho, ou equivalente. Esta montagem deverá ter um contrapeso, para reduzir a vibração e obter maior precisão.

18

ENGRENAGENS E CAMES

Muitas máquinas necessitam de determinado tipo de mecanismo para modificar a velocidade, alterar o movimento rotativo, produzir uma característica de projeto necessário, ou proporcionar uma vantagem mecânica.

Engrenagens, dentes de engrenagens • Símbolos, fórmulas e cálculos • Como traçar engrenagens • Cames, tipos de cames, movimentos • Diagramas de cames • Como desenhar cames • Dimensionamento de desenhos de cames • Problemas.

1. Engrenagens: classificação

A representação e a especificação das engrenagens ocorrem com muita freqüência, por isso é muito importante familiarizar-se com a nomenclatura, as proporções básicas e as fórmulas de cálculo.

As engrenagens são substituições de cilindros e cones rotativos projetadas para produzir movimentos. Há numerosas variantes, mas as formas mais comuns (Fig. 18.1) são as *engrenagens cilíndricas* (de dentes retos) destinadas a transmitir movimento de um eixo para outro que lhe é paralelo; *roda de engrenagem cilíndrica para mecanismo de cremalheira* para transformar movimento rotativo em circular; *engrenagens cônicas*, que se destinam a transmitir movimento entre dois eixos geralmente perpendiculares; e *engrenagens [de parafuso] sem-fim*, para eixos que se cruzem em planos distintos e façam ângulo reto entre si.

2. Dentes de engrenagens

Os dentes de engrenagens são projeções desenhadas para se ajustar nos espaços entre os dentes da roda de engrenagem combinada, fazendo o contato dos dentes ao longo de uma linha conhecida como "linha de pressão" (Fig. 18.2). A forma mais comum para o flanco dos dentes é a de *evolvente* e, quando tomam esta forma, as engrenagens são conhecidas como engrenagens de evolventes. O ângulo da linha de pressão determina a evolvente particular que terá o flanco. As normas ANSI padronizaram dois ângulos de pressão, 14 $^1/_2$° e 20°. Também se usa uma engrenagem mista, com dentes de 14 $^1/_2$° e dentes *stub* de 20° (ver ANSI B6.1).

3. Letras-símbolos e fórmulas para a engrenagem cilíndrica

Os nomes das várias partes de uma engrenagem cilíndrica e dos dentes são dados na Fig. 18.3. As letras-símbolos padronizadas pelo ANSI e as fórmulas para o cálculo são as seguintes:

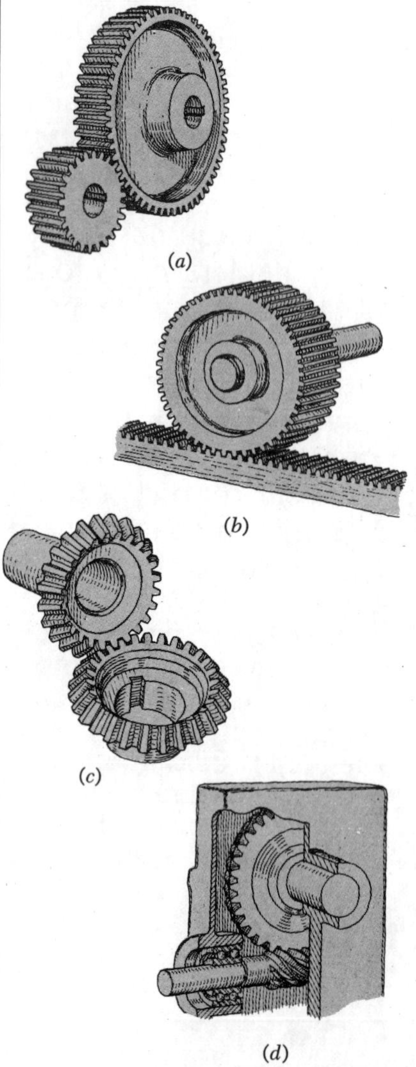

(*a*) (*b*) (*c*) (*d*)

Fig. 18.1 – Formas básicas de engrenagens. (*a*) Engrenagens cilíndricas; (*b*) engrenagem cilíndrica e cremalheira; (*c*) engrenagens cônicas; (*d*) rosca e roda de engrenagem sem-fim.

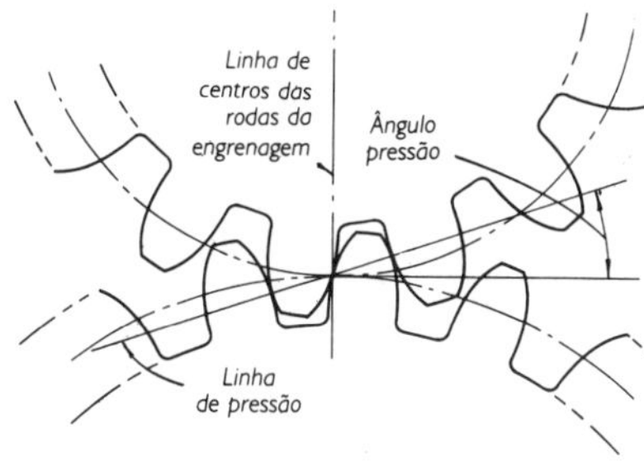

Fig. 18.2 – Engate dos dentes da engrenagem. As faces do dente são superfícies de evolvente, que "rolam" umas sobre as outras.

N = número de dentes = $P_d \times D$

P_d = passo diametral = número de dentes na engrenagem para cada polegada da circunferência primitiva = N/D

D = diâmetro da circunferência primitiva = N/P_d

p = passo circunferencial = comprimento do arco da circunferência primitiva subtendido entre dois pontos correspondentes a dentes adjacentes = $\pi D/N = \pi/P_d$

e_c = espessura circunferencial = espessura do dente medido sobre a circunferência primitiva =

$$\frac{p}{2} = \frac{\pi D}{2N} = \frac{\pi}{2P_d}$$

e_d = espessura do dente = comprimento da corda subtendida pelo arco correspondente à espessura circunferencial = D sen $(90°/N)$

a = *addendum* (altura da face) = distância radial entre o diâmetro da circunferência primitiva e o topo de um dente = constante/P_d = para dentes de evolvente padrão de $14^1/_2$° ou de 20°, $1/P_d$

d = *dedendum* (altura do flanco) = distância entre o diâmetro da circunferência primitiva e a circunferência de raiz de um espaço entre dentes = constante/P_d = para dentes de evolvente padrão de $14^1/_2$° ou de 20°, $1{,}157/P_d$

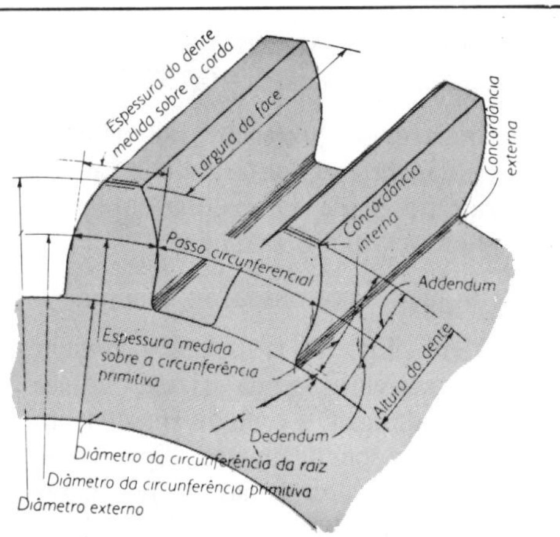

Fig. 18.3 – Nomenclatura da engrenagem.

f = folga = distância radial medida sobre a linha de centros de uma circunferência de cabeça de uma engrenagem e a circunferência da raiz de outra = constante/P_d = para dentes de evolvente padrão de $14^1/_2{}^o$ ou de 20°, $0{,}157/P_d$

h_t = altura do dente = distância radial entre o topo e a base de um dente = a + b = para dentes de evolvente padrão de $14½^o$ ou de 20°, $2{,}157/P_d$

h_k = profundidade do engatamento = profundidade máxima de penetração de um dente de engrenagem no intervalo dos dentes de outra = 2ª = para dentes de evolvente padrão de $14^1/_2{}^o$ ou de 20, $2/P_d$

D_E = diâmetro externo = diâmetro da circunferência máxima contendo as superfícies dos topos dos dentes = $D + 2a = (N + 2)/P_d$

D_R = diâmetro da raiz = diâmetro da circunferência contendo as superfícies das bases dos dentes = $D - 2b$ = $(N - 2{,}314)/P_d$

L = largura da face = largura do dente na altura da circunferência primitiva

C = concordância interna = raio de concordância do flanco com a base do espaço entre dentes = $0{,}157/P_d$ max

C_E = concordância externa = raio de concordância de extremidade superior do dente da engrenagem (para quebrar o canto vivo)

n = revoluções por unidade de tempo

Além das letras-símbolos básicas acima, são usados ainda os sub-índices E e P para designar a roda da engrenagem e o pinhão, respectivamente. (Quando as rodas dentadas da engrenagem de um par são de tamanhos diferentes, a menor é conhecida como *pinhão*.)

m = relação de engrenagens = m_E para a roda da engrenagem = N_E/N_P = $n_P/n_E = D_E/D_P$

m = relação de engrenagens = m_P para o pinhão = $N_P/N_E = n_E/n_P = D_P/D_E$

(O diâmetro da circunferência primitiva e o número de dentes são inversamente proporcionais à velocidade).

4. Cálculo de engrenagens cilíndricas

Existem diferentes tipos de combinações, de problemas, mas o apresentado abaixo é característico e ilustra bem a maneira de proceder:

Vamos supor que sejam conhecidas as velocidades e a distância entre os centros.

Distância entre os centros = 7 pol.

Velocidade da engrenagem = 500 rpm; velocidade do pinhão = 1.500 rpm

Então $m_E = n_P/n_E = 1.500/500 = 3/1 = D_E/D_P$

Portanto, $3D_P = D_E$

Da distância entre os centros, $D_P + D_E = 14$ pol.

Substituindo D_E em função de D_P, $D_P + 3D_P = 14$, temos que $D_P = 3\,^1/_2$ pol.

Resolvendo em relação a $D_E = 3D_P = 3 \times 3\,^1/_2 = 10\,^1/_2$ pol.

Neste ponto, terá de arbitrar-se o passo diametral. Supondo que $P_d = 5$, então $N_P = P_d \times D_P = 5 \times 3\,^1/_2 = 7^1/_2$, que é obviamente impossível, uma vez que a engrenagem não poderá ter meio dente.

Supondo que $P_d = 6$, então $N_p = 6 \times 3^1/_2 = 21$

$N_E = 6 \times 10\,^1/_2 = 63$

Agora, todos os valores como o *addendum*, *dedendum* e diâmetro externo podem ser calculados pelas relações da Seç. 3. Note-se que se num dado problema são conhecidos os dois diâmetros primitivos, a distância entre os centros deve ser encontrada; se for conhecido um diâmetro da circunferência primitiva e for dada a distância entre os centros, deverá ser encontrado o segundo diâmetro, etc.

5. Modo de desenhar uma engrenagem cilíndrica (Fig. 18.4)

Para desenhar a evolvente do perfil dos dentes de uma engrenagem cilíndrica pelo método aproximado do arco de circunferência, traça-se a circunferência primitiva, a circunferência de raiz e a circunferência externa. Parte-se do ponto de tangência e divide-se a circunferência primitiva em segmentos iguais à espesssura circunferencial do dente. Pelo ponto de tangência, traça-se uma linha que faça um ângulo de 75 $^1/_2$$^{\circ}$ com a linha de centro para um dente de evolvente de 14 $^1/_2$$^{\circ}$ (por conveniência, os desenhistas usam 75°), ou um ângulo de 70° para dentes de 20°. Desenha-se a circunferência básica tangente à linha de pressão. Com a abertura do compasso igual a um quarto de raio da circunferência de bases, traçam-se arcos através dos pontos de divisão na circunferência primitiva. Escurecer os arcos correspondentes aos topos dos dentes e nas bases dos intervalos e acrescentar as concordâncias. Nas engrenagens com um número de dentes igual ou inferior a 16, o valor do raio será de quarta parte do raio da circunferência primitiva, *que deverá ser ajustado,* a fim de evitar um perfil excessivamente recurvado. Para um número pequeno de dentes, o raio deverá ser maior ou igual ao raio da circunferência primitiva.

Este método de desenhar dentes de engrenagens é útil nos desenhos de propaganda, mas nos desenhos para execução não aparecerá o esboço dos dentes. A Fig. 18.5 ilustra o método de indicar os dentes e de dimensionamento de uma engrenagem cilíndrica num desenho para execução.

As engrenagens devem ser dimensionadas para que funcionem com precisão, para evitar características de funcionamento barulhento e defeituoso. Assim, o dimensionamento quase sempre inclui especificações sobre a aspereza da superfície e tolerância da forma, como mostra a Fig. 18.5. A informação tabular é dada para

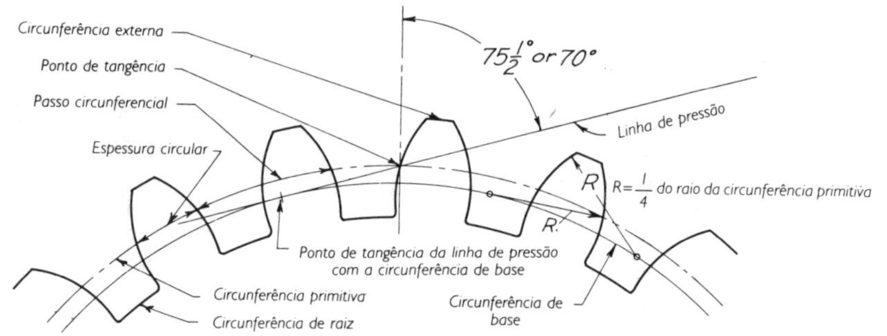

Fig. 18.4 – Método de desenhar os dentes de uma engrenagem cilíndrica. As evolventes aproximam-se de arcos de circunferência. Este método é usado apenas em desenhos de conjunto.

DADOS DA ENGRENAGEM CILÍNDRICA	
Número de dentes	56
Passo diametral	8
Diâm. da circunf. primitiva (teór.)	7.000
Ângulo de pressão	20°
Addendum	.125
Profundidade integral	.294
Addendum da corda	1.26
Espessura do dente	.1915/.1905
Diâmetro da circunf. de base	6.5779
Retorno com o correspondente	0.12/.010
Diâmetro do pino	.216
Diâmetro sobre os pinos	7.291 7.289
Distância entre centros	6.875
Número de dentes na combinada	.54
Número da parte da engrenagem combinada	6134 D 282
Razão	1.037:1
Método	HOB & SHAVE

NOTAS

O material deverá estar conforme MIL-890 classe B, aplicável a Aço AISI 4140

Todos os acabamentos não mencionados deverão ser 125√

Tratar termicamente até 30-36 Rockwell "C" antes de cortar os dentes da engrenagem

Balancear dinamicamente a parte acabada até estar dentro das especificações do material esmerilado 0,3 pol-libras a partir dos orifícios

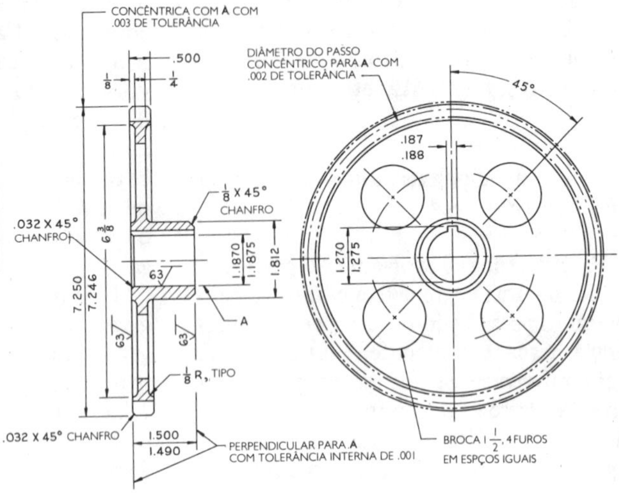

Fig. 18.5 – Desenho para execução de uma engrenagem cilíndrica. Note-se que as especificações completas incluem detalhes (tabulares) dos dentes, aspereza da superfície, tolerâncias quanto à forma e notas especiais.

uso da oficina, para o corte e controle dos dentes e também para registrar as dimensões dos mesmos, a fim de que haja coincidência dos dentes da roda de engrenagem combinada.

6. Como desenhar uma cremalheira (Fig. 18.6)

Teoricamente, uma cremalheira é uma engrenagem cilíndrica, tendo um diâmetro de circunferência primitiva infinito. Portanto, em comparação com a roda dentada de acoplamento, todas as cotas circulares se tornam lineares. Para desenhar os dentes de uma cremalheira de evolvente, por um processo aproximado, traça-se a linha primitiva e marcam-se as distâncias correspondentes ao *addendum* e *dedendum*. Divide-se a linha primitiva em segmentos iguais à espessura circunferencial do dente da roda que deve engatar com a cremalheira. Por estes pontos de divisão traçam-se as faces dos dentes inclinados a 14 $^1/_2$° (os desenhistas usam 15°). Desenham-se os topos e as bases dos den-

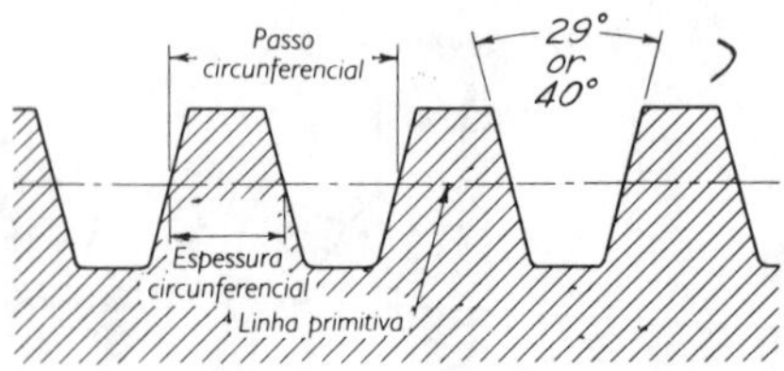

Fig. 18.6 – Método de desenhar uma cremalheira de evolvente. O passo circunferencial e a espessura são lineares porque o diâmetro da circunferência primitiva é infinito.

tes e acrescentam-se as concordâncias. Para dentes reforçados "stub", deve-se usar 20° em lugar de $14\,^1/_2\,^o$. As especificações dos dentes da cremalheira (a serem dadas num desenho de detalhe) são: o passo axial (linear) (igual ao passo circunferencial da roda da engrenagem que nela se ajusta), o número de dentes, o passo diametral e a altura do dente.

7. Engrenagens cônicas

Nas engrenagens cônicas, as superfícies de rolamento teóricas são cones. O diâmetro D da circunferência primitiva da engrenagem, conforme mostra a Fig. 18.7*a*, é o diâmetro da base do cone. O *addendum* e o *dedendum* são calculados da mesma maneira que para uma engrenagem

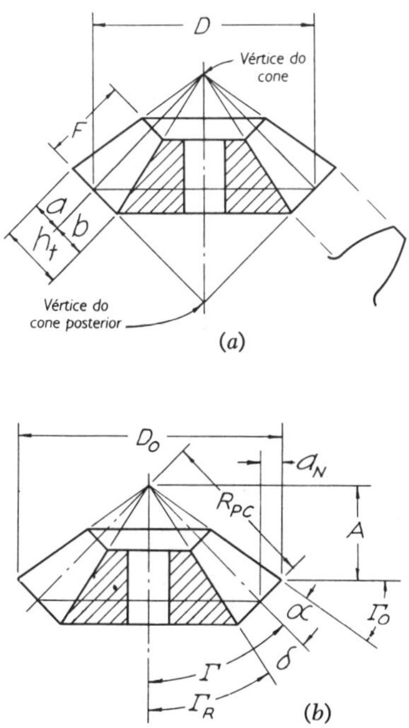

Fig. 18.7 – Dados fundamentais e letras-símbolos para os cálculos de engrenagens cônicas.

cilíndrica, e são medidos num cone chamado "cone complementar", cujas geratrizes são perpendiculares às geratrizes do cone (Fig. 18.7*a*). O passo diametral, o passo circunferencial, etc. são os mesmos que para uma engrenagem cilíndrica.

Além das letras-símbolos e dos cálculos para as engrenagens cilíndricas, são necessárias as cotas mostradas na Fig. 18.7*b*, com as fórmulas para o cálculo:

Γ = ângulo de inclinação do cone primitivo = ângulo entre uma geratriz do cone primitivo e do eixo do cone, tg = $D_E/D_P = N_E/N_P$ (engrenagem) $= D_P/D_E = N_p/N_E$ (pinhão)

R_{CP} = raio do cone primitivo = comprimento de uma geratriz do cone primitivo. R_{CP} = D/2 sen

α = ângulo do *addendum* = ângulo formado entre o cone primitivo e o exterior de um dente. tg $\alpha = a/R_{CP}$

δ = ângulo do *dedendum* = ângulo formado entre o cone primitivo e a base de um espaço entre os dentes. tg$\delta = b/R_{CP}$

Γ_o = ângulo da face = ângulo entre uma linha perpendicular ao eixo da engrenagem e o exterior (face) do dente. $\Gamma_o = 90^o - (\Gamma + \alpha)$. (Note-se que este ângulo é o complemento daquele que uma geratriz do cone exterior faz com o eixo).

Γ_R = ângulo do cone da raiz = ângulo de corte = ângulo entre o eixo e uma geratriz do cone da raiz $\Gamma_R = \Gamma - \delta$

a_N = *addendum* angular = distância do *addendum* medida *perpendicularmente* ao eixo da engrenagem. $a_N = a \cos \Gamma$

D_e = diâmetro externo = diâmetro externo na base dos dentes. $D_e = D + 2a_N$

A = distância do vértice = altura do cone de diâmetro externo. $A = (D_e/2)\text{tg}\Gamma$

8. Como desenhar uma engrenagem cônica (Fig. 18.8)

Para desenhar a evolvente dos dentes de uma engrenagem cônica por um processo aproximado (método Tredgold), traçam-se as linhas dos centros interceptando-se em *O*. Nelas são marcados os diâmetros das circunferências primitivas, projetando-os então, paralelamente às linhas de centros até se cruzarem no ponto de tangência *P*. Deste ponto, traçam-se os diâmetros da circunferência primitiva para cada roda dentada, ligando-se os extremos destes diâmetros até o vértice ou "centro do cone" *O*. Marcam-se as distâncias de *addendum* e *dedendum* de cada roda de engrenagem através dos pontos de tangência, perpendiculares às geratrizes dos cones. Prolongam-se essas perpendiculares em cada roda de engrenagem de modo a interceptar o eixo, como em *B* e *C*, determinando os "cones complementares". Tendo *B* como centro, descrevem-se os arcos 1, 2 e 3 correspondentes ao topo, ao ponto de tangência e à base, respectivamente, de um dente desenvolvido. Sobre uma linha de centro radial *AB*, desenha-se um dente, pelo processo da Fig. 18.4. Inicia-se o traçado da vista de frente da engrenagem projetando-se os pontos 1, 2 e 3 perpendicularmente a sua linha de centro vertical e traçam-se circunferências atra-

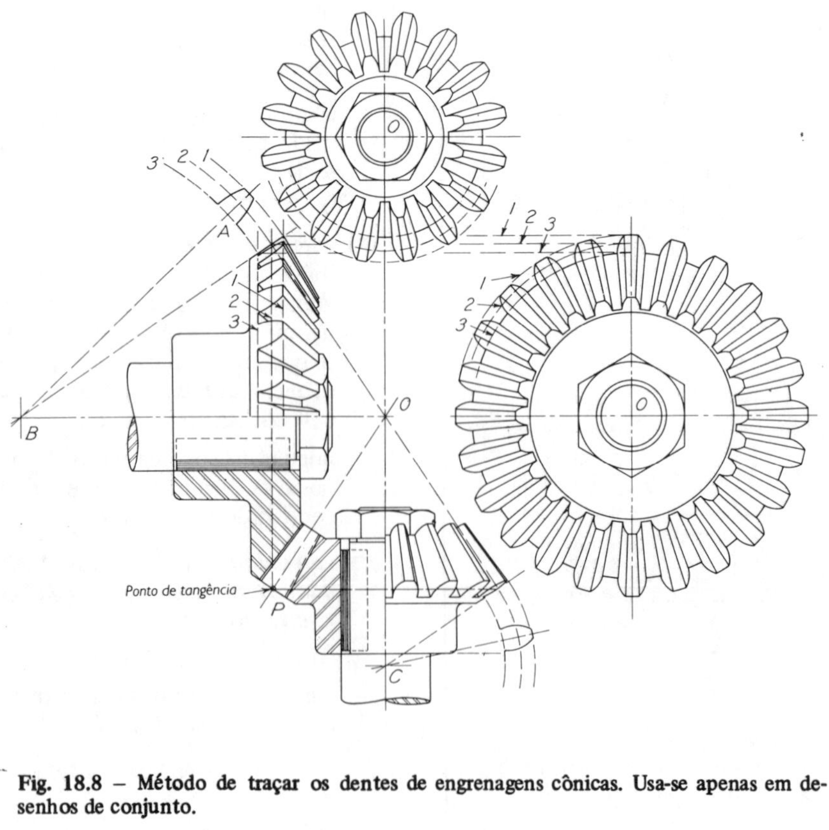

Fig. 18.8 – Método de traçar os dentes de engrenagens cônicas. Usa-se apenas em desenhos de conjunto.

vés desses pontos. Marcam-se as linhas de centro [médias] radiais de cada dente. Com o compasso de pontas-secas, tomam-se as distâncias da espessura circunferencial do dente a partir de A e transportam-se para cada dente. Este traçado dará três pontos para cada lado de um dente, permitindo que se descreva por eles arcos de circunferência, encontrados por tentativas, dando o contorno em perspectiva da extremidade maior dos dentes nesta vista. A partir deste ponto o desenho se transforma num simples processo de aplicação de desenho projetivo. Em cada vista as linhas convergem para o vértice O do cone e, encontrando-se esses três pontos no contorno de cada dente, podem-se determinar arcos de circunferência que se aproximarão da forma do dente.

Este método é usado para desenhos de propaganda. Os desenhos para execução, de engrenagens cônicas feitas na fresa, são traçados sem os contornos dos dentes e cotados, como na Fig. 18.9, a partir dos cálculos apresentados na Seç. 7. As informações no desenho dão detalhes para o corte e o controle dos dentes. O desenho é cotado com limites, quando necessário. Algumas vezes, são necessárias especificações quanto à tolerância na forma e à aspereza da superfície.

9. Engrenagens sem-fim

Estas engrenagens são usadas principalmente para obter grandes reduções na velocidade relativa e um grande aumento na potência efetiva. O sem-fim é similar à rosca de um parafuso e o cál-

DADOS DA ENGRENAGEM CÔNICA	
Número de dentes	81
Passo diametral	10.4516
Diâm. da circunf. primitiva (teór.)	7.750
Ângulo da circunf primitiva	82° 58'
Ângulo da raiz (básico)	80° 56'
Ângulo de pressão	20°
Addendum (teór.)	.42
Espessura do dente (aprox.)	.181
Centro do cone à coroa	.437
Distância do cone	3.9044
Número de dentes na combinada	10
Número da parte da engrenagem combinada	1620D10
Membro de acionamento	Pinhão
Retorno com o correspondente	.00/.014

NOTAS

(B) Carbonar e endurecer — Zona Rockwell "C" 58 min — Camada cementada, profundidade 0,20 — 0,25 P.D. — núcleo e áreas não carbonadas para Rockwell "C" — 27 min.

Acabamento exceto os conhecidos 100 $\sqrt{\text{para}}$ todos

Coroa e pinhão devem ser postos juntos e embalados como um conjunto — gravando em cada engrenagem o n.º do conjunto, montagem e inspeção, magnética 1-6868 por mil. Balanceado estaticamente dentro do limite 0,06 por/onça.

Diâm. do passo da engrenagem centrada, na tolerância 0,02 F.R.

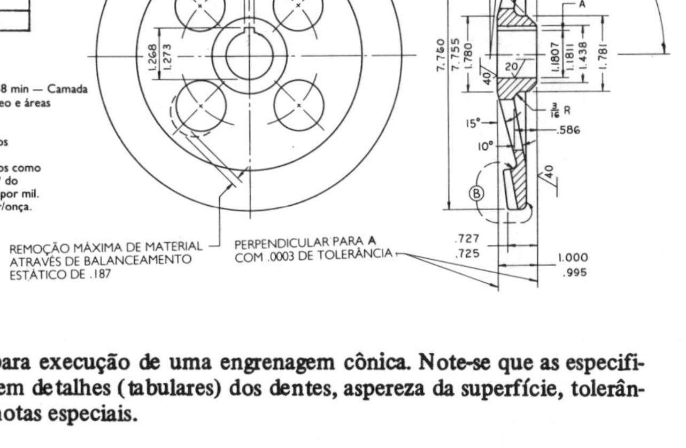

Fig. 18.9 – Desenho para execução de uma engrenagem cônica. Note-se que as especificações completas incluem detalhes (tabulares) dos dentes, aspereza da superfície, tolerâncias quanto à forma e notas especiais.

culo do diâmetro primitivo, etc., também é semelhante. Numa seção tomada através do eixo do sem-fim, a roda da engrenagem e a rosca guardam a mesma relação que a roda da engrenagem cilíndrica com a cremalheira. Portanto, a forma do dente, o *addendum,* o *dedendum,* etc., serão iguais aqui e naquele tipo de engrenagem.

Além dos cálculos que se precisa para uma engrenagem de roda cilíndrica e cremalheira (*addendum, dedendum,* etc.) são necessários os seguintes:

Sem-fim

ℓ = filete da rosca sem-fim

N_W = multiplicidade da rosca sem-fim

P_{XW} = passo axial = ℓ/N_W

D_W = diâmetro primitivo da rosca

λ = ângulo de orientação. $\text{tg}\lambda = \ell/\pi D$

Engrenagem sem-fim

C = distância entre os centros da rosca e da roda

D_G = diâmetro primitivo da engrenagem sem-fim

D_{tp} = diâmetro primitivo da garganta = diâmetro primitivo da roda = D_G

D_{to} = diâmetro externo da garganta = diâmetro primitivo mais duas vezes o *addendum* = $D_G + 2a$

D_{ti} = diâmetro interno da garganta = diâmetro interno menos duas vezes o *addendum* = $D_G - 2b$

R_{tp} = raio primitivo da garganta = raio primitivo da rosca = $D_W/2$

R_{to} = raio externo da garganta = $(D_W/2) - a$

R_{ti} = raio interno da garganta = $(D_W/2) + b$

C_{Rt} = centro do raio da garganta = $C = (D_G/2) + (D_W/2)$

10. Como desenhar engrenagens sem-fim

No conjunto, a rosca e a roda da engrenagem sem-fim são apresentadas por uma seção da rosca e uma vista final convencional da roda dentada, tal como na Fig. 18.11. Os desenhos de detalhe são constituídos como se vê nas Figs. 18.10 e 18.11. As dimensões, calculadas, descritas na Seç. 9, são dadas como se vê na figura. Quando as informações sobre os dentes são tabuladas e apresentadas nos desenhos, tal como nas Figs. 18.5 e 18.9, elas deverão incluir:

Para a roda dentada

1. Número de dentes
2. *Addendum*
3. Profundidade integral
4. Diâmetro primitivo
5. Distância entre os centros da rosca e da roda
6. Ângulo da hélice
7. Raio da garganta
8. Ângulo da face

Para a rosca helicoidal

1. Passo linear
2. *Addendum*
3. Profundidade integral
4. Diâmetro primitivo
5. Diâmetro externo
6. Diâmetro da raiz
7. Ângulo da hélice
8. Comprimento mínimo da rosca para a ação completa
9. Distância entre os centros da rosca e da roda dentada

11. Cames

Came é um mecanismo com superfície ou entalhe formado para produzir um movimento especial ou irregular num segundo elemento chamado de "seguidor". A forma do came depende do movimento que se deseja e do tipo de seguidor empregado. O tipo de came é determinado pela relação exigida entre as partes e pelos movimentos de ambas.

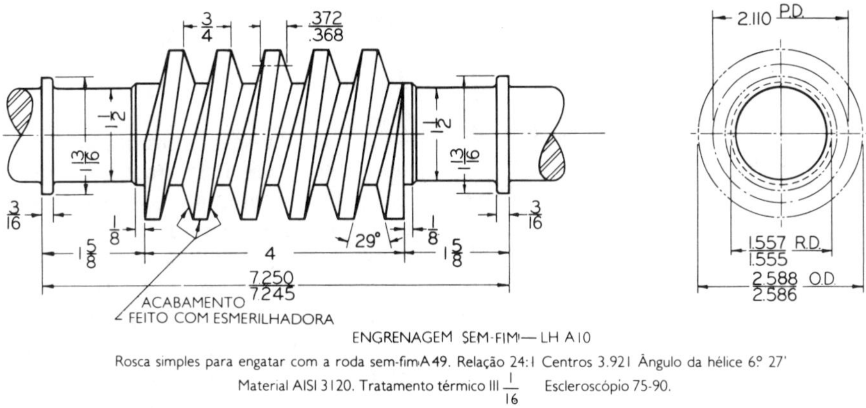

Fig. 18.10 – Desenho para execução de uma rosca. Esta engata com a engrenagem sem-fim da Fig. 18.11.

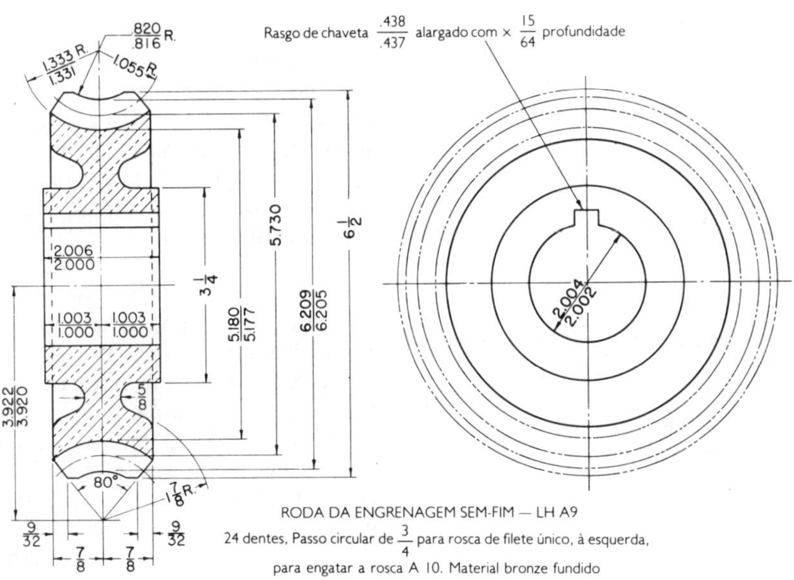

Fig. 18.11 – Desenho para execução de uma roda de engrenagem sem-fim. Ela engata a rosca da Fig. 18.10.

12. Tipos de cames

A direção do movimento do seguidor em relação ao eixo do came determina dois tipos gerais de cames: (1) radiais ou de placas, nos quais o seguidor se move numa direção perpendicular ao eixo do came; e (2) cilíndricos ou terminais, em que o seguidor se move numa direção paralela ao eixo do came.

A Fig. 18.12 mostra em (*a*) um *came de flanco*, com o rolete de seguidor mantido contra o came por gravidade ou por meio de uma mola. À medida que o came gira, o seguidor é abaixado e levantado. Os seguidores também são feitos com extremidades agudas e chatas. Em (*b*) é apresentado um *came de face,* estando o pino de contato na extremidade de uma haste ou alavanca, que executa o movimento oscilante quando o came gira. Quando o próprio came oscila, usam-se os dispositivos desenhados em (*c*), *ressalto* e *sapata.* O seguidor também pode se apresentar sob a forma de haste de uma alavanca oscilante. Um *came de movimento positivo* ou *came de gaveta* é mostrado em (*d*), o seguidor fechado torna possível a aplicação de uma força em qualquer direção. A soma das duas distâncias do centro do came aos pontos de contato devem ser sempre iguais às distâncias entre as superfícies contato do seguidor. No *came cilíndrico de ranhura* em (*e*) e no *came cilíndrico de extremidade* em (*f*), o movimento do seguidor é paralelo ao eixo do came, sendo a força transmitida ao seguidor em ambas as direções no came de ranhura e apenas numa, no came de extremidade.

13. Tipos de movimento

Os cames podem ser projetados para imprimir ao seguidor um movimento uniforme, variado ou harmônico. Em muitos casos, a combinação desses movimentos, junto com superfícies dispostas de modo a provocar uma elevação ou queda bruscas, ou para manter o seguidor estacionário, determinam a superfície completa do came.

14. Diagramas de cames

Ao estudar-se o movimento do seguidor, emprega-se com freqüência um diagrama que represente a sua altura para sucessivas posições do came. Estas posições são representadas pelas abscissas, sendo a rotação completa de 360° dividida, em geral, de 30° em 30° (se necessário, podem ser usados pontos intermediários). As posições do seguidor são expressas em ordenadas, dividindo-se o eixo destas no mesmo número de partes que o das abscissas. Em geral, esses diagramas são traçados com as dimensões reais.

A velocidade constante produz um movimento uniforme de elevação e abaixamento que pode ser representado como em (*a*) na Fig. 18.13, marcando-se no eixo das abscissas, as diferentes posições do came e no das ordenadas o movimento completo do seguidor, dividindo seu eixo no mesmo número de partes que o das abscissas. À medida que o came se move de uma unidade em sua rotação, o seguidor igualmente se move de uma unidade, produzindo a linha reta do movimento vista em (*a*).

Quando a aceleração é constante, a distância percorrida é proporcional ao quadrado do tempo, ou a distância total percorrida é proporcional a 1, 4, 9, 16, 25, etc.; e se os aumentos da distância percorrida pelo seguidor forem proporcionais a 1, 3, 5, 7, etc, a curva pode ser representada conforme se vê em (*b*). Usando uma escala, divide-se o eixo das ordenadas correspondendo a elevação do seguidor no mesmo número de partes em que se dividiu o eixo das abscissas, fazendo a primeira parte igual a unidade, a segunda igual a três, e assim por diante. Ligam-se os pontos de interseção das coordenadas, como se vê na figura. A curva (*b*) mostra aceleração e depois desacele-

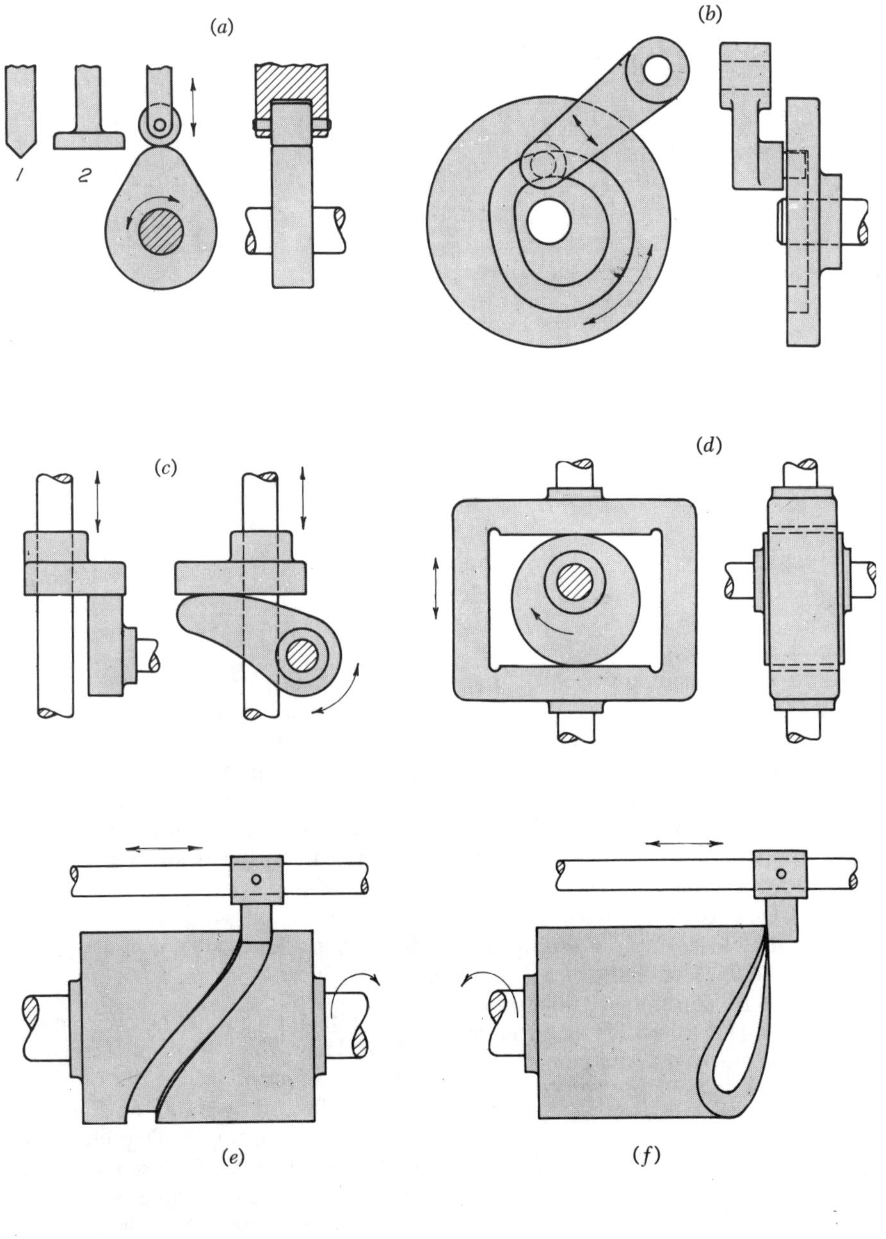

Fig. 18.12 – Tipos de cames. (*a*) came de flanco; (*b*) came de face; (*c*) ressalto e sapata; (*d*) came de gaveta; (*e*) came cilíndrico de ranhura; (*f*) came cilíndrico de extremidade.

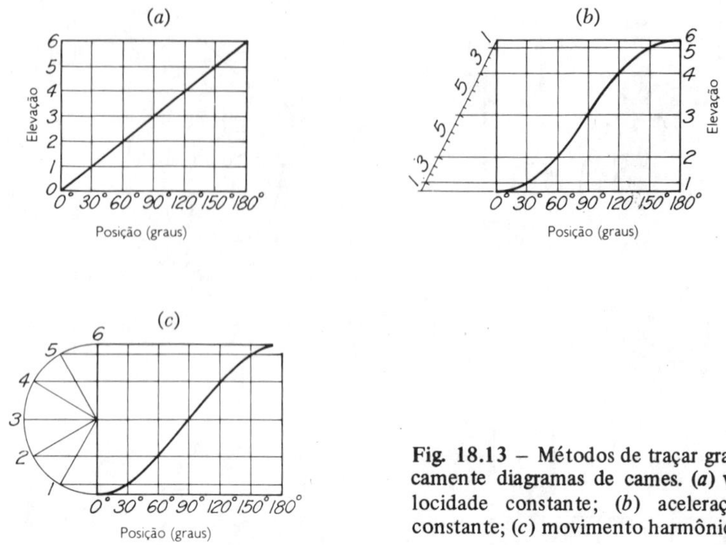

Fig. 18.13 – Métodos de traçar graficamente diagramas de cames. (*a*) velocidade constante; (*b*) aceleração constante; (*c*) movimento harmônico.

ração, até extinguir-se no topo de sua elevação.

O movimento harmônico (curva senoidal) pode ser traçado como em (*c*), medindo-se a elevação total e desenhando um semicírculo, dividindo-o no mesmo número de partes como se dividiu o eixo das abscissas, e projetando-se os pontos no semicírculo como ordenadas. Traçam-se os pontos na interseção das coordenadas, como se vê na figura.

A Fig. 18.14 corresponde ao diagrama do came da Fig. 18.16. O seguidor eleva-se com movimento harmônico durante a rotação do came correspondente a 180°, depois, cai a metade do percurso instantaneamente, e então retorna com movimento uniforme ao ponto de partida.

15. Diagramas sincrônicos

Quando dois ou mais cames são usados em uma mesma máquina e suas funções dependem umas das outras, o "sincronismo" e os movimentos relativos de cada um podem ser estudados por meio de um diagrama, mostrando a curva de movimentos de cada seguidor. As curvas podem ser superpostas, mas é melhor colocar uma sobre a outra, como na Fig. 18.15.

16. Como desenhar um came de placa

O princípio que se baseia o traçado de qualquer tipo de came é sempre o mesmo. No came da Fig. 18.16, para o qual foi feito o diagrama da Fig. 18.14, servirá como exemplo. O ponto *C* é o centro do eixo, *A* corresponde à posição mais baixa e *B* à mais elevada do centro do seguidor de rolete. Divide-se a elevação em seis partes harmonicamente proporcionais. Divide-se o semicírculo *ADE* em tantas partes iguais quantos forem os espaços em que foi dividida a

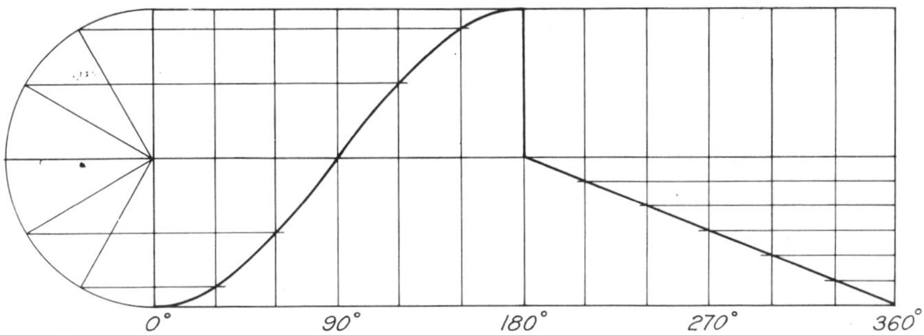

Fig. 18.14 – Diagrama de um came. Refere-se ao came da Fig. 18.16.

elevação, e traçam-se linhas radiais. Tendo C como centro e raio $C1$, descreve-se um arco que intercepte a primeira linha radial em 1'. Do mesmo modo, determinam-se os pontos 2', 3', etc., e por eles traça-se uma curva suave. Se o came girar na direção da seta, elevará o seguidor imprimindo-lhe o desejado movimento harmônico. Traça-se $B'F$ igual a metade de AB. Divide-se $A3$ e o arco EGA, cada um em seis partes iguais. Nestas condições, para ângulos iguais o seguidor deverá cair distâncias iguais. Os arcos de circunferência, traçados como se vê na figura, determinarão os pontos desejados no contorno do came. Este contorno corresponde à linha descrita pelo centro do rolete; deve-se fazer um desconto quanto ao tamanho do rolete, desenhando-o em suas posi-

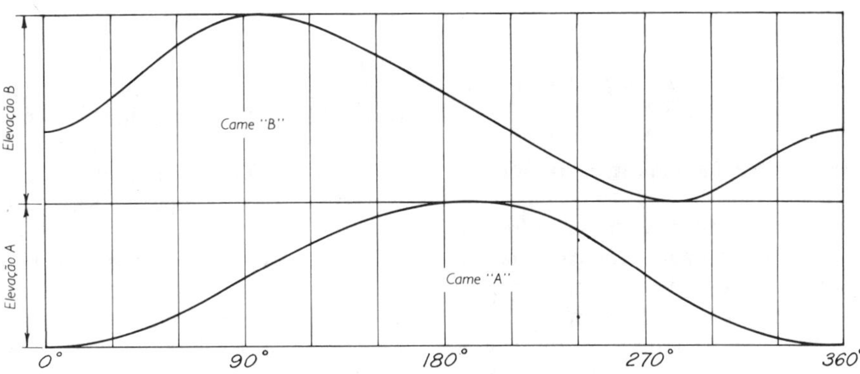

Fig. 18.15 – Diagrama sincrônico. Ele é feito para estudar as características de dois movimentos separados, mas correlatos.

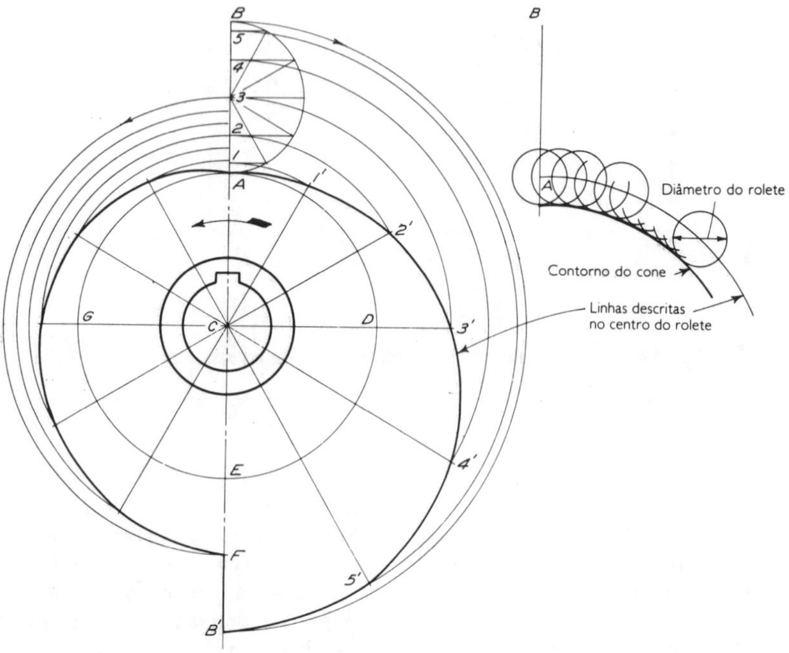

Fig. 18.16 – Método de desenhar um came de placa. São ilustrados o *layout* do movimento harmônico e a velocidade constante.

ções sucessivas e, então, traçar uma curva tangente, como se vê na figura auxiliar.

17. Como desenhar um came cilíndrico

O desenho de um came cilíndrico difere um pouco daquele do came de placa, pois, além das vistas comuns, ele inclui em geral uma vista desenvolvida, da qual se faz um gabarito-copiador. Imaginemos que se queira que o movimento do seguidor se eleve 1 $^{1}/_{2}$ polegadas, com movimento harmônico durante uma rotação correspondente a um ângulo de 180°, e então retorne com aceleração uniforme ao ponto de partida. São desenhadas a vista superior e a de frente do cilindro (Fig. 18.17), e é esquematizado o desenvolvimento da superfície cilíndrica. Divide-se a superfície como indicado na figura e também a vista superior, para mostrar as posições dos pontos determinados. Divide-se a elevação com o fim de produzir o movimento harmônico, desenhando-se o semicírculo e projetando os pontos (ver a Fig. 18.13*c*). Divide-se o retorno para uma aceleração, como mostra a Fig. 18.13*b*. A curva assim obtida corresponde ao centro do pino do seguidor. Curvas traçadas tangentes às circunferências que representam as posições sucessi-

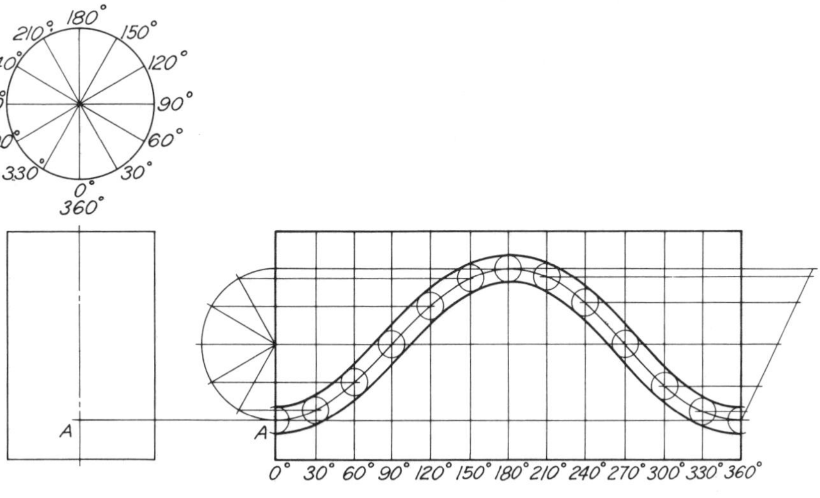

Fig. 18.17 – Método de desenhar um came cilíndrico. Emprega-se o desenvolvimento do cilindro.

vas do seguidor locarão as superfícies de trabalho do came. O desenvolvimento feito como foi descrito é o desenho empregado na execução do came.

18. Dimensionamento de um desenho

Segue-se, em geral, a dois processos, dependendo da função do came: 1) Para os cames em que a posição do seguidor não é crítica, são suficientes *layouts* em tamanho real, tal como na Fig. 18.16, com as cotas necessárias fracionárias ou decimais. Esses cames podem ser feitos perfilando a superfície por meio de serra, cisalhamento e acabamento, e corte a maçarico, etc. 2) Para os cames em que a posição do seguidor e o movimento retilíneo são críticos, é preciso limitar-se a cotagem a partir dos dados. A cotagem relativa ao probl. 28, Cap. 3, é um exemplo. Quando o grau de precisão o exigir, são necessárias as tolerâncias quanto à forma e à aspereza da superfície.

PROBLEMAS

Grupo 1. Engrenagens cilíndricas

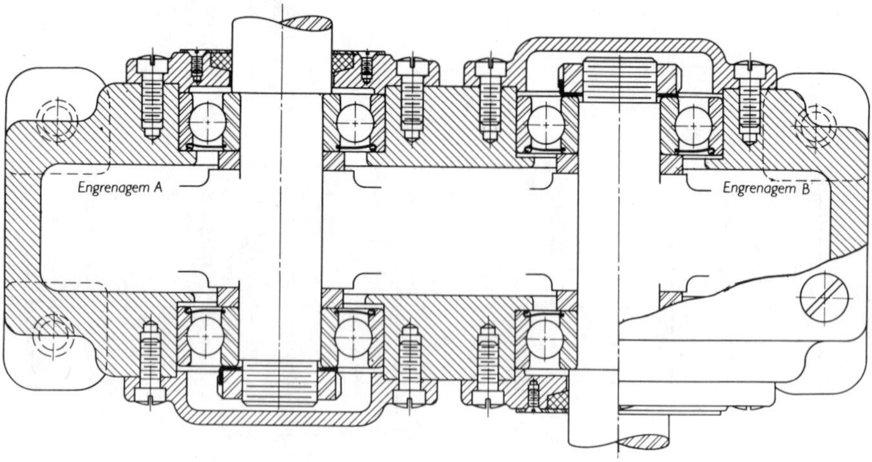

Engren	Velocid	D	P_d	N	a	b	p	t_c	F
A									
B									

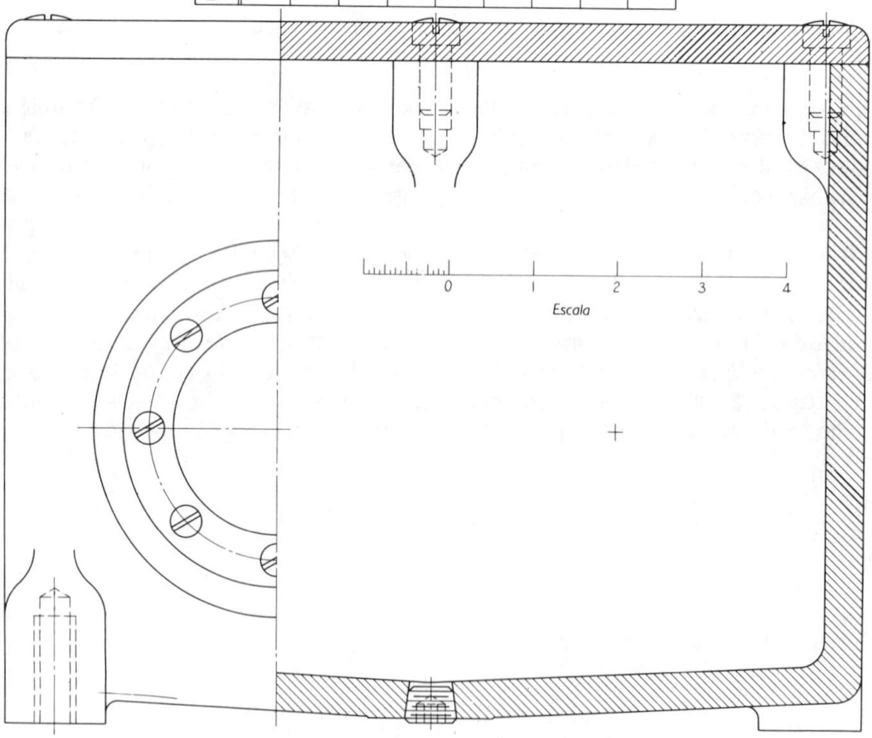

Prob. 2 – Redutor de velocidade que emprega engrenagem cilíndrica.

1. Fazer um desenho de conjunto de um par de rodas de engrenagem cilíndrica, a partir das seguintes informações: numa folha de 297 mm x 420 mm, determinar os centros da vista de frente da roda da engrenagem *B* a 100 mm da borda direita e a 88 mm da borda da base. A roda da engrenagem *A* está à esquerda de *B*. A distância entre os centros das duas rodas é de 5,250 pol. A roda da engrenagem *A* gira a 300 rpm e tem quatro raios de corte transversal elítico, o eixo maior com 1 pol e o menor com 1/2 pol; diâmetro interno do flange, 4 3/8 pol; diâmetro do furo, 2 pol; comprimento do furo, 1 1/2 pol. A engrenagem *B* gira a 400 rpm e é em forma de disco, com espessura de 1/2 pol; diâmetro interno do flange, 3 1/4 pol; diâmetro do furo, 2 pol; comprimento do furo, 1 1/2 pol. O material usado é o aço fundido; largura da face, 1 pol; passo diametral, 4; diâmetros dos eixos, 1 pol e 1/4 pol, respectivamente. Chavetas Woodruff. Traçar a vista de frente e a vista superior, esta em corte.

2. A figura mostra uma caixa de engrenagens para um mecanismo redutor que usa rodas de engrenagem cilíndrica. Usando a escala mostrada no desenho, transportar as distâncias necessárias para obter o espaço líquido disponível para as rodas e projetá-las, como segue: distância entre centros, 4 pol; a roda *A* gira a 900 rpm, a *B* a 1.500 rpm; passo diametral, 4; largura da face, 1 pol. Usar os dentes de evolvente padrão de 14 1/2°. Calcular os valores necessários (mostrados na tabela da figura correspondente ao prob. 2). Traçar a vista superior em corte. Mostrar quatro dentes em cada roda na vista de frente e completá-la com linhas convencionais.

3. Idêntico ao probl. 2, mas sendo *A* = 525 rpm e *B* = 675 rpm. Usar dentes de evolvente de 20°.

4. Fazer desenhos para execução das rodas de engrenagem do probl. 2.

5. Fazer desenhos para execução das rodas de engrenagem do probl. 3.

6. Uma engrenagem cilíndrica quebrada foi medida e obtiveram-se os seguintes dados: número de dentes, 33; diâmetro externo, 4 3/8 pol; largura da face, 1 pol; diâmetro do eixo, 7/8 pol; comprimento do furo, 1 1/4 pol. Desenhar um modelo para as rodas, com todas as cotas e informações necessárias para fazer uma nova engrenagem. As cotas que não foram aqui especificadas podem ser estipuladas à medida que o desenho for sendo desenvolvido.

7. Desenhar uma engrenagem cilíndrica. As únicas informações disponíveis são as seguintes: diâmetro da raiz, 7,3372 pol; diâmetro externo, 8,200 pol; largura da face, 1 7/8 pol; diâmetro do eixo, 1 3/8 pol; comprimento do furo, 2 pol.

Grupo 2. Cremalheiras

8. Desenhar uma roda de engrenagem cilíndrica com cremalheira, com as seguintes características: roda, com diâmetro da circunferência primitiva de 4 pol; 20 dentes, com largura da face de 1 pol; dentes de evolvente padrão de 14 $^1/_2$°. A cremalheira deverá mover-se 5 pol lateralmente. Computar o passo axial, o *addendum* e o *dedendum* para a rosca de cremalheira e traçar o conjunto desta e da roda, mostrando todos os dentes na primeira e quatro dentes na roda.

9. Idêntico ao probl. 8, tendo a roda um diâmetro da circunferência primitiva de 5 pol., com 25 dentes e largura da face de 7/8 pol; os dentes de evolvente padrão de 20°.

Grupo 3. Engrenagens cônicas

10. A figura mostra uma caixa de engrenagens para um mecanismo redutor que usa engrenagens cônicas. Usando a escala mostrada no desenho, transportar as distâncias necessárias para obter o espaço líquido disponível para as engrenagens e projetá-las como segue: a roda da engrenagem *A* tem um diâmetro da circunferência primitiva de 6 pol; passo diametral, 4; velocidade, 350 rpm; largura da face, 1 pol. A roda da engrenagem *B* tem uma velocidade de 600 rpm. Usar os dentes de evolvente padrão de 14 $^1/_2$°. Computar os valores necessários (mostrados na tabela da figura referente ao probl. 10). Traçar a vista superior em corte e a de frente como uma vista externa, que mostre todos os dentes.

11. Idêntico ao probl. 10, mas a roda de engrenagem *A* tem um diâmetro da circunferência primitiva de 5 1/2 pol e 22 dentes; velocidade, 750 rpm. A roda da engrenagem *B* tem uma velocidade de 1.100 rpm. Usar dentes de evolvente padrão de 20°. A largura da face é 1 pol.

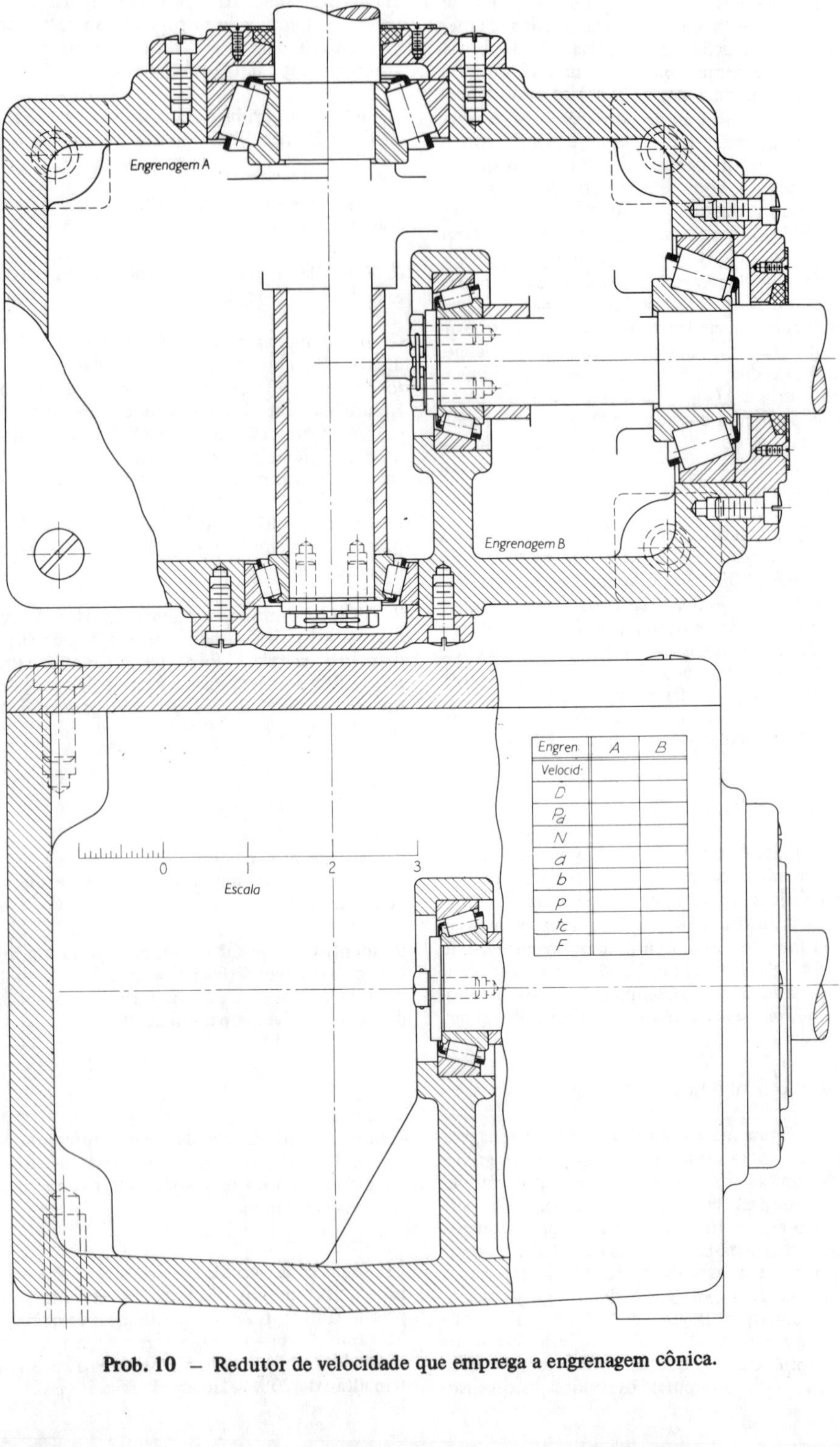

Prob. 10 – Redutor de velocidade que emprega a engrenagem cônica.

12. Fazer desenhos para execução das engrenagens cônicas do probl. 10; para computar os valores necessários, reportar-se à Seç. 7.

13. Fazer desenhos para execução das engrenagens cônicas do probl. 11; para computar os valores necessários, reportar-se à Seç. 7.

Grupo 4. Trens de engrenagens cilíndricas e cônicas

14. Fazer um desenho de conjunto de um trem de engrenagens, com as seguintes características: *A* e *B* são rodas de engrenagem cônica, com largura da face de 7/8 pol e passo diametral igual a 6. *A* tem diâmetro da circunferência primitiva de 3 pol, gira a 150 rpm. *B* gira a 100 rpm. *C* e *D* são engrenagens cilíndricas com passo diametral igual a 8, largura da face de 1 pol. *C* engrena com *D*, que gira a 40 rpm. Todos os eixos são de 1 pol. Desenhar *A* em corte pleno; *B* em corte na metade inferior; *C* e *D* em corte pleno; traçar a quarta parte da vista posterior da roda de engrenagem *B* no espaço indicado, e vistas posteriores de *C* e *D*.

15. Uma roda *R* de engrenagem cônica, com 3 pol de diâmetro e passo diametral 3, no eixo *AB* que gira a 1.120 rpm, aciona outra roda de engrenagem cônica *S* no eixo *AC* a 840 rpm. No eixo *AC* centrado em *P*, a roda de engrenagem cilíndrica *T*, com 8 pol de diâmetro e passo diametral 4, impulsiona um pinhão *U* a 1.680 rpm. Todos os diâmetros dos eixos são de 1 pol; larguras da face, 1 pol. Os diâmetros dos furos *R* e *S* são de 1 3/4 pol. A engrenagem *C* tem quatro eixos elíticos de 5/8 pol x 1 pol; diâmetro do furo, 1 7/8 pol; espessura do flange, 1/2 pol. Desenhar a roda de engrenagem *R* em corte na metade superior; *S*, *T* e *U* em corte pleno. Pôr a quarta parte da vista posterior de *R* no espaço indicado e vistas posteriores de *T* e *U* sobre a linha de cota.

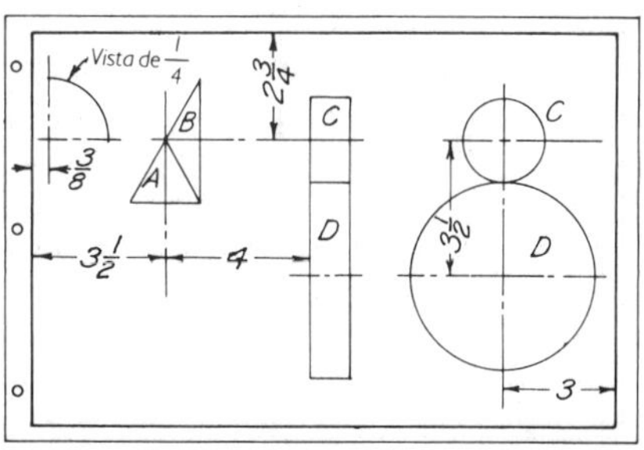

Prob. 14 – Trem de engrenagens cilíndrica e cônica.

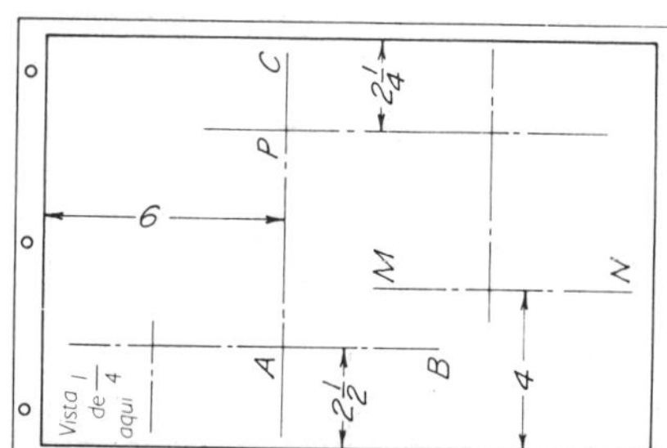

Prob. 15 – Trem de engrenagens cônica e cilíndrica.

Grupo 5. Engrenagens sem-fim

16. Fazer um desenho de conjunto de um par de engrenagens sem-fim, como segue: distância entre os centros, 6 pol; diâmetro da circunferência primitiva da roda da engrenagem, 8 1/2 pol; largura da face da roda, 1 7/8 pol; diâmetro primitivo da rosca, 3 1/2 pol; dentes da rosca de evolvente padrão de 14 1/2°. Rosca de filete simples de 4 pol de comprimento à esquerda; orientação, 1 pol. Mostrar as extremidades do eixo (haste) próprias para a rosca e o furo apropriado para a roda da engrenagem. Fazer um desenho de conjunto com um meio corte através do eixo da rosca.

17. Fazer desenhos de detalhe da roda e da rosca da engrenagem sem-fim do probl. 16. Para calcular as cotas necessárias, reportar-se à Sec. 9 e Figs. 18.10 e 18.11.

Grupo 6. Cames

18. Desenhar um came de placa que satisfaça as seguintes condições: sobre uma linha de centro vertical, marcar um ponto *A*, 7/8 pol acima do ponto *O*, e o ponto *B* a 1 3/4 pol acima de *A*. Com o centro em *O*, girando no sentido dos ponteiros do relógio, o seguidor parte de *A* e eleva-se até *B* com movimento uniforme durante um terço da revolução. Permanece em repouso um terço da revolução, e cai com movimento uniforme, no terceiro terço, até o ponto de partida. Diâmetro do eixo, 3/4 pol; diâmetro do furo, 1 1/4 pol; espessura da placa, 1/2 pol; comprimento do furo, 1 1/4 pol; diâmetro do rolete, 1/2 pol.

19. Desenhar um came de face, usando os dados do probl. 18.

20. Desenhar um came de ressalto e sapata. O eixo da sapata é vertical, com diâmetro de 3/4 pol. Partindo de um ponto situado 1 pol diretamente acima do centro do eixo do came, a sapata deve elevar-se 2 pol com movimento harmônico simples, para uma rotação de 135° do eixo. O furo do ressalto tem um diâmetro de 1 1/4 pol e comprimento de 1 1/4 pol. O eixo tem um diâmetro de 3/4 pol. Projetar a sapata de modo que se ajuste aos dados.

21. Desenhar um came de movimento positivo. Partindo de um ponto situado 1 pol acima do centro do eixo do came, a superfície superior do seguidor deve elevar-se de 1 pol com movimento harmônico simples, durante uma rotação de 180° do came. O retorno é condicionado pela forma requerida pelo came. O seguidor tem 1/2 pol de espessura, montado num eixo vertical de 1/2 pol. O came tem 1/2 pol de espessura, montado num eixo de 3/4 pol de diâmetro; o diâmetro do furo é de 1 1/4 pol, e o comprimento, 1 1/4 pol.

22. Fazer um desenho, com desenvolvimento, de um came cilíndrico. O pino do seguidor, com 1/2 pol de diâmetro, deve-se mover 2 pol para a esquerda, com uma velocidade constante, durante a rotação do cilindro de 180° e retorna ao ponto de partida com movimento harmônico simples. O eixo do came é horizontal; o cilindro tem 4 pol de diâmetro e 4 pol de comprimento, montado num eixo de 1 pol. O seguidor é fixado por um pino a um eixo de 5/8 pol, cujo centro dista 3 pol do centro do cilindro.

19

CANALIZAÇÕES

Existe uma grande variedade de canos e tubos para o transporte de gases e líquidos para os componentes das máquinas, ou de uma fonte alimentadora para uma máquina.

Canos metálicos, tubulações, canos plásticos • Juntas para canos e tubos • Conexões, válvulas • Especificações • Roscas e sua especificação • Desenhos de canos • Pendurais e suportes • Problemas.

1. Considerações gerais sobre canalizações

O conhecimento sobre canos e suas conexões é necessário não apenas para fazer os desenhos correspondentes, mas porque, muitas vezes, os canos são usados como materiais de construção. Também é essencial o conhecimento sobre as roscas feitas em canos, porque, para se executar os desenhos de máquinas, freqüentemente torna-se necessário representar e especificar furos roscados, destinados a receber canos para linhas de alimentação de líquidos ou gases.

2. Canos metálicos

Canos padronizados de aço ou de ferro forjado até 12 pol (300 mm) de diâmetro são designados por seus diâmetros internos nominais, que diferem um tanto dos diâmetros internos reais. Os antigos fabricantes de canos fabricavam os tamanhos menores com paredes muito grossas, corrigindo este erro do projeto pela remoção do excesso da parte interna, para evitar a modificação do tamanho das conexões. São de uso corrente três pesos de canos: o padrão, o extrapesado e o extrapesado duplo. Com a mesma bitola nominal, todos os três possuem o mesmo diâmetro externo, aquele do cano de peso padrão; o acréscimo de espessura para os tipos extrapesado e extrapesado duplo é feito no interior. Assim, o diâmetro externo de um cano de 1 pol em todos os três pesos é 1,315 pol. O diâmetro interno de um cano padrão de 1 pol é 1,05 pol; o de um cano extrapesado é 0,951 pol; o do duplo (XX) é 0,587 pol. A norma ANSI em B36.10 – 1959 dá um meio de especificar a espessura, por meio de uma série de números tabelados que indicam os valores aproximados da expressão 1.000 X (P/S), em que P é a pressão e S a tensão permissível. Valores recomendados para S podem ser obtidos em *ASME Boiler Code*, *American Standard Code for Pressure Piping* (ANSI, B31.1), etc. O projetista calcula o valor exato requerido para a espessura da parede, para dadas condições, e escolhe entre os valores tabelados aquele que mais se aproxima dos valores calculados. No sistema ANSI, o cano é identificado pelo seu diâmetro nominal e espessura da parede, ou pelo diâmetro nominal e peso por unidade de comprimento.

Todos os canos de diâmetro superior a 12 pol são designados pelo diâmetro externo e especificados por este diâmetro e pela espessura do metal. Tubos de caldeiras de todos os tamanhos são conhecidos por seus diâmetros externos.

Os canos de latão, cobre, aço inoxidável e alumínio têm os mesmos diâmetros nominais dos canos de ferro, mas alguns têm as paredes mais delgadas. Há dois pesos padrões: regular e extraforte. Os maiores comprimentos encontrados no comércio são de 5 metros; mais longos são feitos sob encomenda.

Os canos de chumbo ou com partes compostas de chumbo são usados nos trabalhos químicos. Canos de ferro fundido são usados para transporte de água e de gás nos condutos principais subterrâneos e nos esgotos de edifícios.

Muitos outros tipos de canos são de uso mais ou menos geral e conhecidos por suas marcas comerciais, como cano hidráulico, tubos para revestimento de poços, canos API (*American Petroleum Institute*), etc. Os detalhes encontram-se nos catálogos dos fabricantes.

A maioria das instalações sanitárias de pequenas linhas domésticas, em edifícios e indústrias, para transporte de água fria e quente, empregam canos de cobre com conexões ligadas por solda.

3. Tubulações

Tubulações de metal flexível sem costura são usadas para o transporte de vapor, gases e líquidos em todos os tipos de equipamento, tais como locomotivas, motores diesel, prensas hidráulicas, etc., onde existe vibração, ou as saídas não estão alinhadas, ou quando existem partes móveis.

A tubulação de cobre se encontra em diâmetros nominais de $^1/_8$ a 12 pol, e em quatro pesos conhecidos como classes K, L, M e O. A classe K é o tipo duro e extrapesado; a classe L é o tipo duro e pesado; a classe M é o tipo duro padrão (médio); e a classe O é o tipo duro e leve. Todos os tubos de caldeira, de qualquer diâmetro, são designados por seus diâmetros externos.

Os tubos são feitos de uma grande variedade de materiais – vidro, aço, alumínio, cobre, latão, bronze de alumínio, asbesto, fibras, chumbo e outros mais. O catálogo mecânico da *American Society of Mechanical Engineers*, de Nova Iorque, relaciona os fabricantes.

4. Canos plásticos

Uma vez que os canos plásticos não sofrem corrosão e têm uma elevada resistência a um grande grupo de produtos químicos industriais, são usados extensivamente em lugar dos canos metálicos. Os materiais plásticos básicos são cloreto polivinílico, polietileno e estireno. Destes, o cloreto polivinílico (PVC) é o mais largamente empregado. Ele não suporta combustão, é antimagnético e antiignição, não comunica cheiro nem gosto ao material contido, é leve (50% do peso do alumínio), tem baixa resistência ao fluxo, resiste à intempérie e pode ser dobrado com facilidade, além de ser montado por cimentação com solvente ou, nos mais pesados, por roscamento. Suas principais limitações são o custo mais elevado (compensado pelo custo mais baixo de instalação), baixo limite térmico (65°C) em serviço contínuo) e baixos limites de pressão. Também, não resiste a todos os solventes e exige mais suportes que o aço, contraindo-se e expandindo-se mais do que este (cerca de 5 vezes).

Os canos metálicos revestidos com plástico têm a vantagem de combinar a resistência do metal com a resistência química do plástico. A Borracha *seran* também é usada para revestir canos metálicos.

O catálogo da *American Society of Mechanical Engineers,* em sua seção mecânica, relaciona os fabricantes que mantêm à disposição catálogos e informações especiais.

5. Juntas para canos

Os canos podem ser unidos por métodos que dependem do material e das exigências do serviço. Canos de aço, ferro forjado, latão ou bronze são normalmente roscados e aparafusados numa luva (ou numa conexão-união) como mostra a Fig. 19.1 em (*a*). Em (*b*) está ilustrado um flange roscado; esta junta é facilmente desmontada para limpeza ou conserto. Em (*c*) é mostrada uma junta soldada permanente. Quando um cano soldado deve ser desmontado periodicamente, usam-se juntas flangeadas (*d*), quando necessário; estas juntas são parafusadas no conjunto. Os canos de ferro fundido não podem ser soldados ou roscados de maneira satisfatória; assim, usa-se uma junta de ponta e bolsa, calafetada e chumbada, como em (*e*).

6. Juntas para tubos

Os tubos são empregados para ligar pequenos componentes nos serviços de líquidos e gases. A Fig. 19.2 ilustra três métodos comuns de ligação. Tanto o de *alargamento* como o de *alargamento invertido* podem ser desmontados sem sério dano à junta, e podem ser usados com pressões relativamente altas. A junta para compressão é usada para pressões mais baixas e quando não se espera desmontá-la e montá-la novamente.

7. Conexões para canos

As conexões para canos são os componentes usados para ligar e compor os siste-

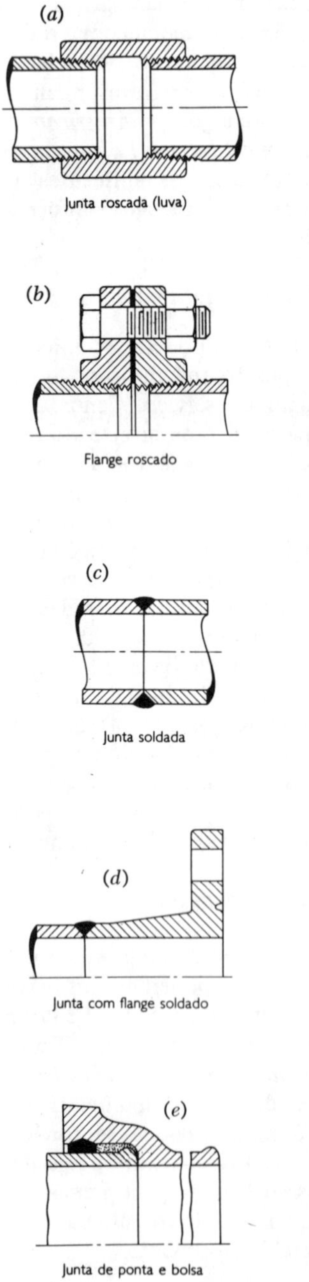

Fig. 19.1 – Juntas para canos. Estas são usadas para canos metálicos.

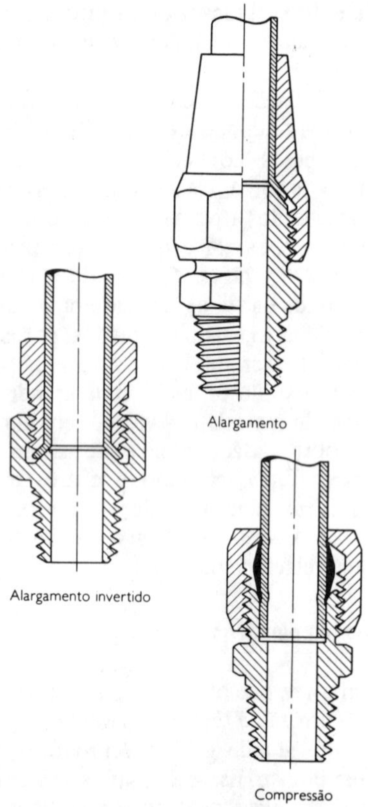

Fig. 19.2 – Juntas para tubos. Estas são usadas para tubulação metálica.

mas de canos. As conexões de ferro fundido ou ferro maleável (Fig. 19.3) são geralmente usadas para canos de ferro forjado roscados. Para fins especiais, usa-se latão e outras ligas. Com os canos de aço usam-se conexões de aço, que são unidas com solda de topo (Fig. 19.4). Com canos de cobre usam-se conexões que serão ligadas por solda fraca (Fig. 19.5). Com canos de ferro fundido usam-se conexões do mesmo material do tipo ponta e bolsa.

Os *cotovelos* (joelhos) são usados para modificar a direção de um encanamento, tanto de 90° como de 45°. O *joelho roscado macho-fêmea* tem rosca macho nu-

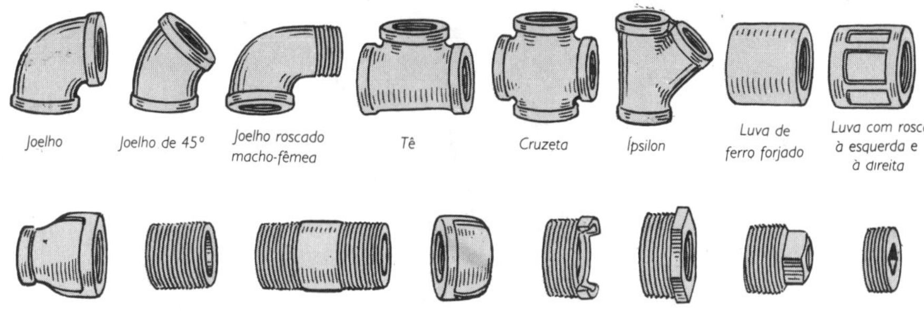

Fig. 19.3 – Conexões roscadas. Ver o Apêndice para dimensões detalhadas das conexões maleáveis e em ferro fundido.

ma extremidade, eliminando assim uma junta se for usado numa conexão. Os *tês* ligam três canos e as *cruzetas*, quatro. Os *ípsilons* são feitos tendo uma terceira abertura em ângulo de 45° ou 60° com a parte reta.

As seções retas dos canos têm até 6m de comprimento e são conectadas por *luvas*, que são cilindros curtos, roscados na parte interna. Uma luva à direita tem roscas direitas em ambas as extremidades. Para fechar um sistema de canalização, embora seja preferível uma união, algumas vezes se usa uma luva com *roscas à esquerda e à direita.* A *redução* é semelhante à luva, mas as duas extremidades têm roscas para canos de diferentes diâmetros. Os canos também são conectados por aparafusamento a flanges de ferro fundido e prendendo os flanges entre si por parafusos. A menos que as pressões sejam muito baixas, as conexões flangeadas são recomendadas para todos os sistemas que exijam canos com mais de 4 polegadas (100 mm) de diâmetro.

Os *niples* são peças curtas de cano roscadas em ambas as pontas. Se as partes roscadas se encontram, diz-se que a conexão é um *niple simples;* se houver uma curta porção não roscada, tem-se um *niple duplo (ou curto).* Os comprimentos dos niples longos extralongos alcançam até 24 pol (600 mm).

O *tampão* é usado para fechar a extremidade de um cano. Um *bujão* é usado para fechar uma abertura numa conexão. Uma *bucha* é utilizada para reduzir o tamanho de uma abertura. As *uniões* são usadas para reunir sistemas de canalização e para conectar canos que precisem

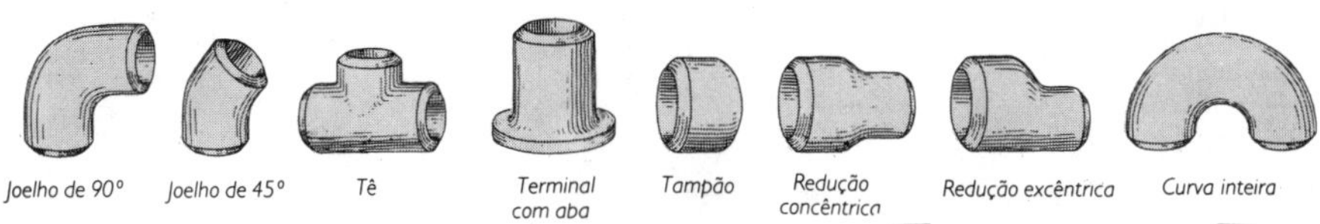

Fig. 19.4 – Conexões de topo a serem ligadas com solda autógena. Ver o Apêndice para dimensões detalhadas.

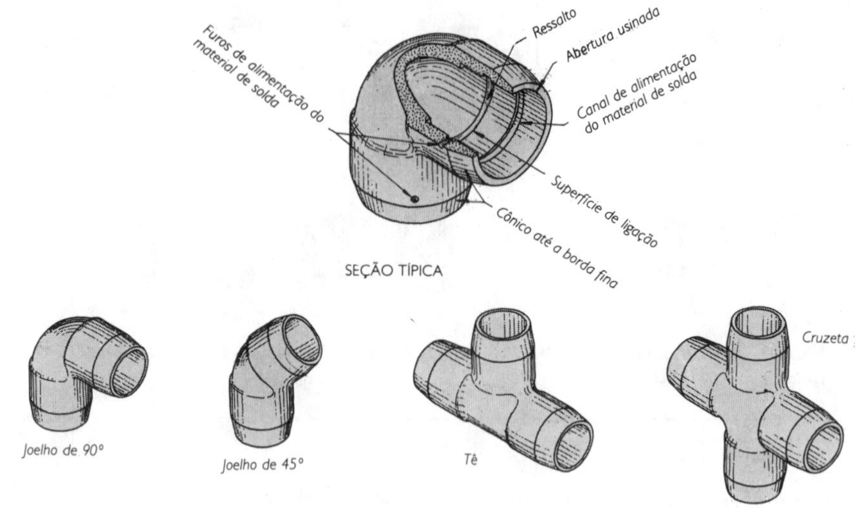

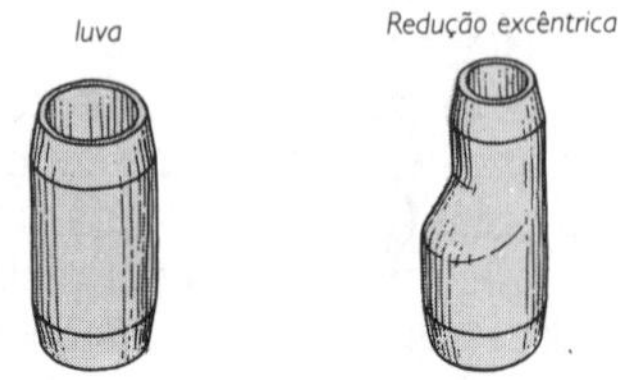

Fig. 19.5 – Conexões para serem ligadas com solda fraca. Usam-se principalmente para ligação de linhas pequenas. Ver o Apêndice para os tamanhos detalhados.

ser desmontados de vez em quando. A união roscada (Fig. 19.6) compõe-se de três peças, duas das quais, *A* e *B*, são roscadas firmemente nas extremidades dos canos a serem conectados. A terceira peça, *C*, obriga-as a se manterem juntas, en-

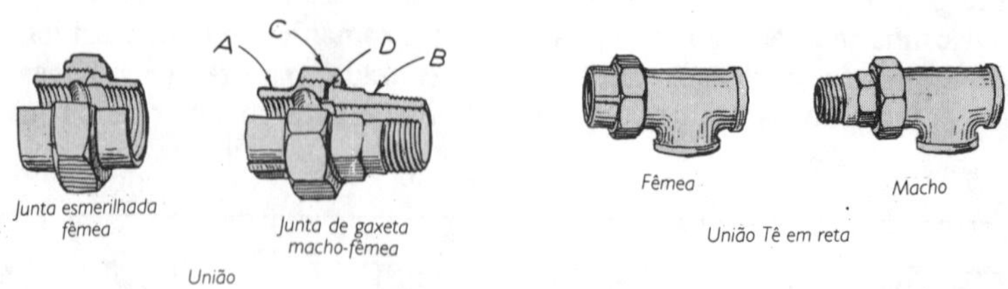

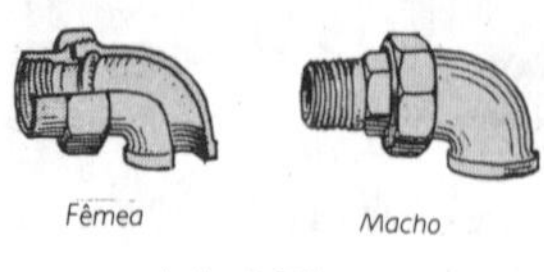

Fig. 19.6 – Uniões roscadas e conexões com uniões. Usam-se para "fechar" um sistema de canos.

quanto que a gaxeta *D* garante a vedação da junta. As uniões também são feitas com juntas esmerilhadas ou com juntas metálicas especiais, em lugar das gaxetas. Na Fig. 19.6 são mostradas várias formas de uniões roscadas e de conexões com uniões, usadas para os canos de grandes diâmetros.

8. Válvulas e registros

A Fig. 19.7 mostra alguns tipos de válvulas usadas em canalizações: (*a*) é um registro de gaveta para água e outros líquidos, pois permite um fluxo reto; (*b*) é um registro macho, que pode ser aberto e fechado com um quarto de volta; (*c*) é uma válvula de retenção com esfera; e (*e*) é uma válvula de retenção com portinhola, que permite o fluxo num sentido. Para líquidos pesados é preferível a válvula de retenção com esfera. (*d*) é uma válvula globo, usada para estrangular uma corrente de fluido; (*f*) é um registro borboleta, que é aberto e fechado com um quarto de volta, mas que não veda o vapor, usado, nesse caso, apenas como elemento de regulagem ou retenção do fluxo.

9. Especificação das conexões

As conexões são especificadas pelo diâmetro nominal do cano, material e nome, por exemplo: joelho de ferro maleável de 2 pol; tê de latão de 1 $^1/_2$ pol.

Quando uma conexão une canos de mais de um diâmetro, a dimensão da abertura maior é dada em primeiro lugar, seguida do tamanho da extremidade oposta da parte reta. A Fig. 19.8 mostra a ordem de especificação de reduções. O termo "macho" deve seguir ao diâmetro da aber-

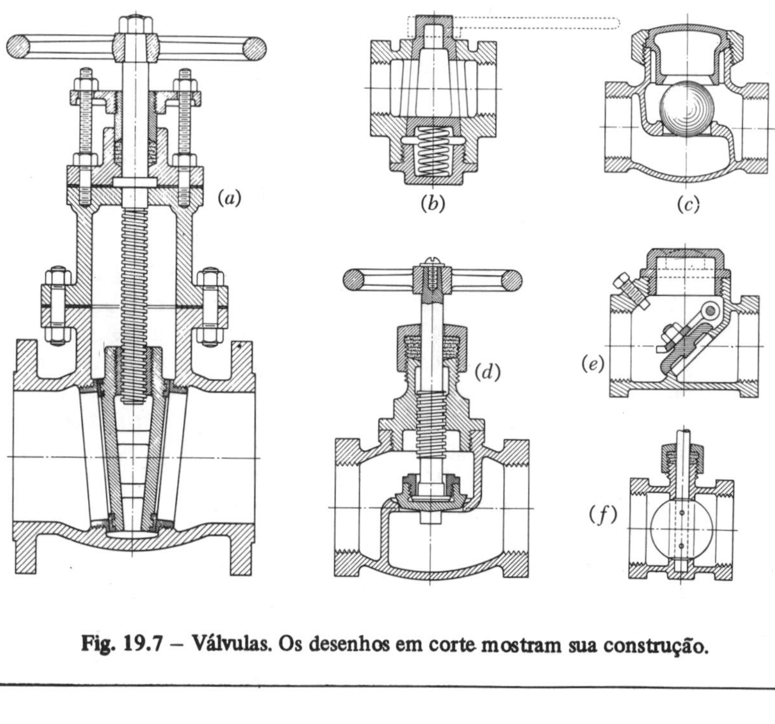

Fig. 19.7 – Válvulas. Os desenhos em corte mostram sua construção.

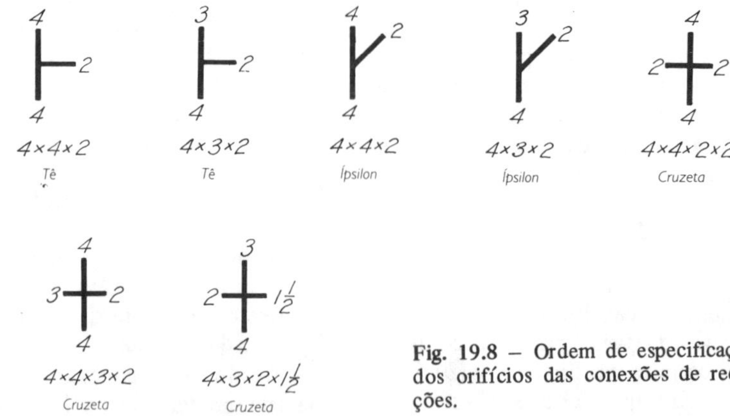

Fig. 19.8 – Ordem de especificação dos orifícios das conexões de reduções.

tura, se se desejar uma rosca externa, por exemplo: tê de ferro maleável de 2 X 1 (macho) X $^3/_4$.

As válvulas são designadas por seu diâmetro nominal, material e tipo, por exemplo: válvula globo de corpo de ferro montagem em latão, de 1 pol. Se for necessário um tipo particular de válvula, é aconselhável fornecer também a especificação "Nº do Fabricante... ou similar".

10. Roscas de canos

Quando se usam conexões roscadas, ou quando uma conexão deve ajustar-se a um furo cônico, o cano é roscado nas duas extremidades para tal fim. A norma ANSI fornece dois tipos de roscas de canos; cônica e cilíndrica. O tipo normal emprega uma rosca interna e outra externa cônicas. Esta rosca (originada em 1882, como Padrão Briggs) está ilustrada na Fig. 19.9. As roscas são abertas com uma conicidade de $^1/_{16}$ pol, por polegada, medida no diâmetro, fixando assim a distância que um cano penetra na conexão e assegurando uma junta estanque. As roscas cônicas são recomendadas pelo ANSI para todos os usos, com exceção dos seguintes cinco tipos de juntas: tipo 1, juntas estanques à pressão para uniões de encanamentos; tipo 2, juntas estanques à pressão para graxeiras, conexões para canalizações de combustível e para óleo; tipo 3, juntas mecânicas de conexão livre para montagem; tipo 4, juntas mecânicas de conexão frouxa, com porcas de fixação; tipo 5, juntas mecânicas de conexão frouxa para união de mangueiras e tubos flexíveis. Para estas juntas podem ser usadas roscas cilíndricas dos canos. Tanto nas roscas cilíndricas quanto nas cônicas, o número de filetes por polegada é o mesmo. Os diâmetros reais variam para os diferentes tipos de juntas. Quando for necessário, eles poderão ser obtidos nos boletins do ANSI. Na prática diária, usa-se uma rosca cônica externa com uma cilíndrica, desde que os materiais sejam suficientemente dúcteis para permitir que as roscas se ajustem entre si. Presume-se que todas as roscas sejam cônicas, a não ser que se especifique diferentemente.

As roscas dos canos são representadas pelos mesmos símbolos convencionais usados para as roscas de parafusos. A conicidade é tão pequena que só é percebida quando exagerada. Não precisa ser indicada, a menos que se deseje chamar atenção

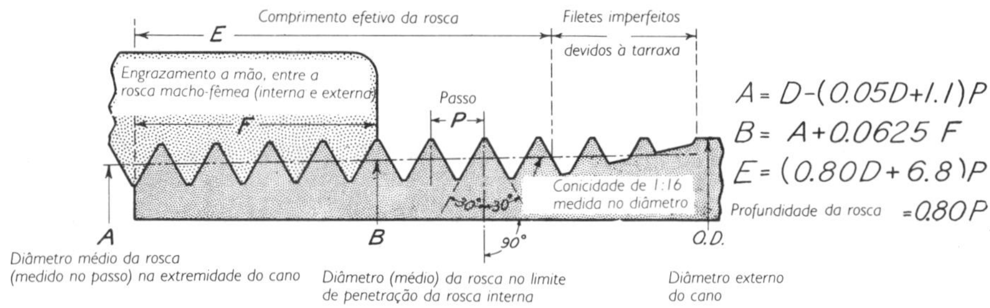

Fig. 19.9 – **Rosca cônica (gás) segundo a norma americana. A ação de "cunha" da conicidade produz um vedamento estanque.**

para ela, como na Fig. 19.10. Na vista em planta (*c*), o círculo interrompido deverá ser o diâmetro externo real do cano especificado. O comprimento real da rosca é $E = (0{,}80D + 6{,}8)P$ (Fig. 19.9).

11. Especificação das roscas

As roscas dos canos são especificadas dando-se o diâmetro nominal do cano, número de filetes de rosca por polegada e a letra-símbolo padrão para designar o tipo de rosca. São usados os seguintes símbolos ANSI:

NPT = rosca cônica (gás)
NPTF = rosca cônica (vedamento a seco)
NPS = rosca cilíndrica (reta)
NPSC = rosca cilíndrica em uniões
NPSI = rosca cilíndrica interna intermediária (vedamento a seco)
NPSF = rosca cilíndrica interna (vedamento a seco)
NPSM = rosca cilíndrica para juntas mecânicas
NPSL = rosca cilíndrica para contraporcas
NPSH = rosca cilíndrica para uniões de tubos flexíveis e bocais
NPTR = rosca cônica para conexões de peitoris

Exemplos: $^1/_2$-14NPT $2\,^1/_2$-8NPTR

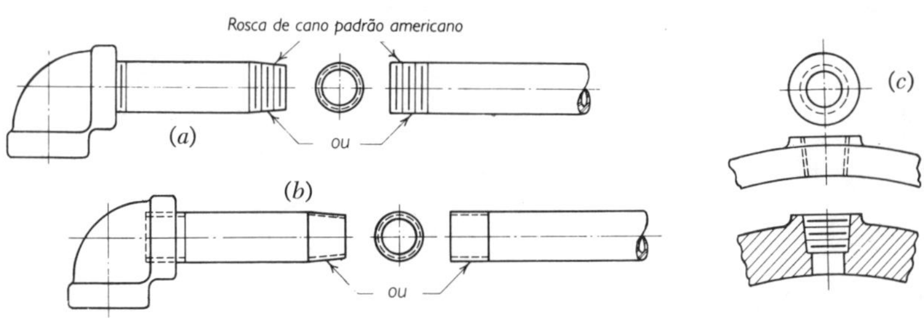

Fig. 19.10 – **Métodos convencionais de desenhar rosca de canos. (*a*) método regular; (*b*) método simplificado; (*c*) furo cônico para cano.**

A especificação para um furo cônico (rosca de cano) deve incluir o diâmetro da broca da tarraxa, por exemplo, $^{59}/_{64}$ Broca, $^{3}/_{4}$-14NPT

As cotas das roscas cônicas (NPT) dadas pelo ANSI encontram-se no Apêndice. As cotas de outras roscas são dadas no ANSI B2.1 e nos catálogos dos fabricantes.

12. Desenhos das canalizações

São usados dois sistemas gerais: (1) *esquema em escala* e (2) *diagramático*. Os esquemas em escala são usados principalmente para canos grandes (em geral flangeados), como nos trabalhos com caldeiras e em usinas geradoras, em que os comprimentos são críticos e especialmente quando a canalização não é cortada e montada na própria obra. Canos menores também podem ser detalhados desse modo, quando as peças são cortadas e roscadas, para então serem enviadas ao local de montagem. A Fig. 19.11 é um exemplo de esquema em escala. As conexões podem ser especificadas no desenho, como na Fig. 19.11, ou numa lista de materiais. Nos desenhos em escala reduzida, tais como as plantas arquitetônicas, esquemas de fábricas, etc., ou em esboços, usa-se o sistema diagramático. De acordo com este sistema, as conexões são representadas por símbolos (ver Apêndice) e as linhas de canalizações são representadas por uma linha única, qualquer que seja o diâmetro do cano, conforme mostra a Fig. 19.12. Quando as canalizações transportam diferentes líquidos ou diferentes estados de um líquido, são identificadas por símbolos codificados das linhas. O código padrão para água quente, vapor, água fria, etc., é dado no Apêndice. A linha única deverá ser desenhada mais grossa do que as outras linhas do desenho.

A disposição das vistas, em geral, é em projeção ortográfica (Fig. 19.13 *a*). Certas

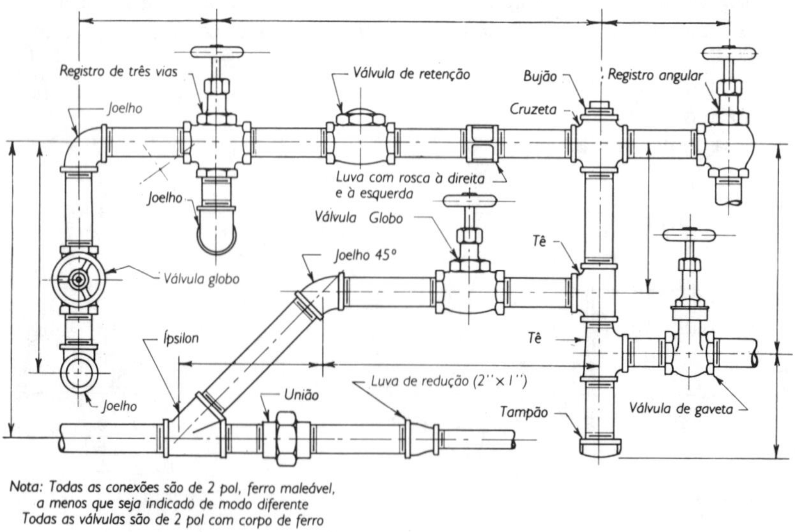

Fig. 19.11 – Desenho em escala de uma canalização. Os canos e conexões são desenhados a partir de especificações dimensionais (ver Apêndice).

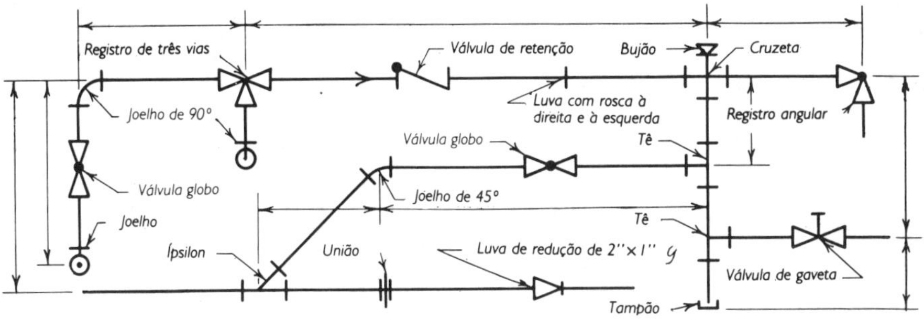

Nota: Todas as conexões são de ferro maleável, de 2 pol, a menos que seja indicado de modo diferente. Todas as válvulas são de 2 pol com corpo de ferro

Fig. 19.12 – Desenho diagramático de uma canalização. As conexões são indicadas por símbolos padronizados (ver Apêndice).

vezes, entretanto, fica mais claro representar toda a canalização em um único plano e fazer apenas uma "vista desenvolvida", como em (*b*). Para representar as canalizações, usam-se com freqüência perspectivas isométricas e cavaleiras, isoladas ou em combinação com desenhos ortográficos ou desenvolvidos. A representação

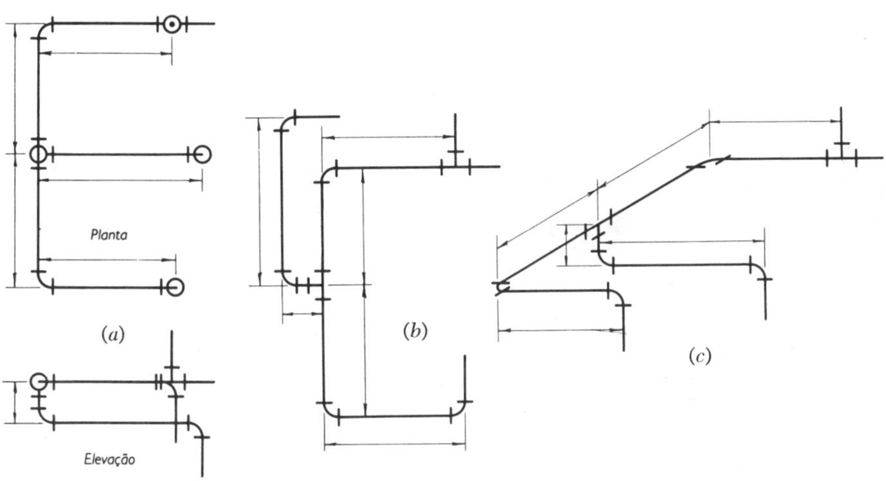

Fig. 19.13 – Métodos diagramáticos: (*a*) ortográfico; (*b*) desenvolvido; (*c*) perspectiva paralela.

em (*c*) é traçada em perspectiva cavaleira. O probl. 14 é um exemplo de perspectiva isométrica.

13. Cotagem de um desenho de canalizações

As cotas sobre um desenho de canalizações são principalmente de *locação,* sendo todas feitas em relação às linhas centrais, tanto nos diagramas de uma linha como nos desenhos em escala com linha dupla, conforme mostram as Figs. 19.11 e 19.12. As válvulas e conexões são locadas por medidas até seus centros e são deixadas folgas para as uniões dos canos.

Ao se fazer um desenho de uma canalização, é preciso tomar cuidado para localizar as válvulas em pontos onde sejam facilmente acessíveis e tenham espaço amplo para movimento das manoplas de acionamento. Os *diâmetros* dos canos deverão ser especificados por notas, dando os diâmetros nominais, e nunca por linhas de cotas no desenho. As conexões são especificadas por notas, como descrito na Seç. 9. Notas bem completas fazem parte essencial de todos os desenhos e esboços de canalizações.

Quando for necessário dimensionar o comprimento real de um pedaço de cano, a distância deve ser calculada usando-se as

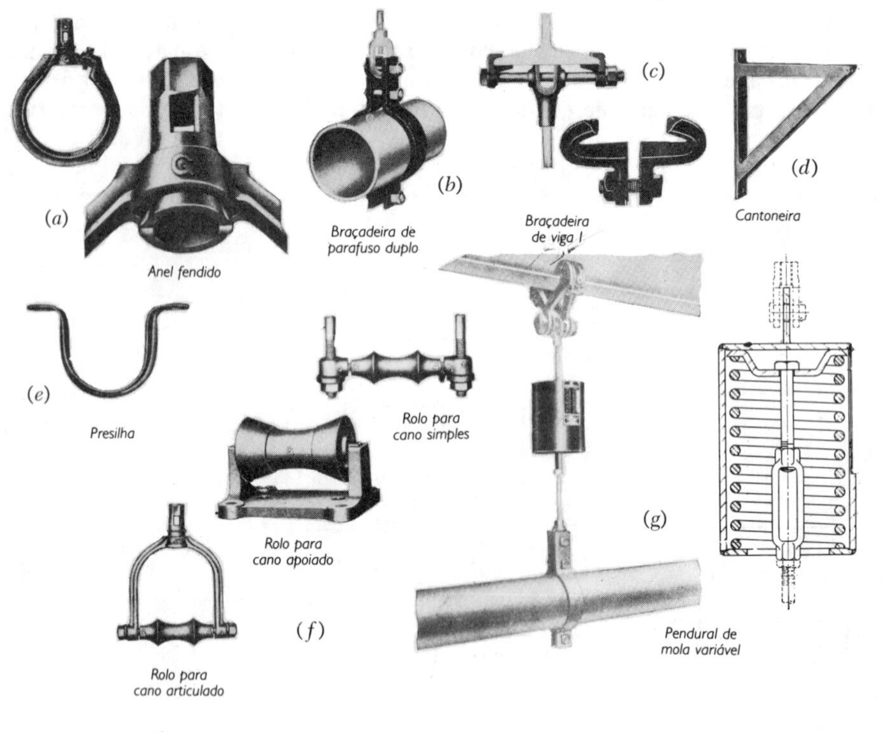

Fig. 19.14 – Pendurais e suportes de canos.

dimensões totais das conexões e levando em conta o desconto no comprimento da penetração das roscas dos canos.

As cotas para os canos padronizados e para várias conexões encontram-se no Apêndice.

14. Pendurais e suportes para canos

Canos pequenos e tubulação leve em pedaços curtos podem ser apoiados por meio de ligações a várias máquinas ou a conexões. Usam-se braçadeiras de vários tipos para fixar os canos a postes, colunas, paredes, tetos, etc. Os pendurais e suportes para canos encontram-se à disposição em quase todos os tamanhos e para todo tipo de instalação, de acordo com o ANSI B31.1. O código para Canalização sob Pressão, em todos os sistemas de canalização, exige contraventos transversais, guias e suportes. Na Fig. 19.14 são apresentados alguns pendurais e suportes usados correntemente. Um anel fendido (*a*) é usado junto com uma haste roscada ligada à própria construção. O dispositivo de travamento assegura a modificação no ajuste devido à vibração e assegura a devida passagem da linha. Uma braçadeira de parafuso duplo, mostrada em (*b*), destina-se ao serviço em que se torne desejável o dispositivo de fixação por fora da cobertura da canalização. A braçadeira de viga I, cujos dois tipos são mostrados em (*c*), é apropriada para fixar flanges cuja largura varie de 2 a 6 $^1/_2$ pol. A cantoneira de aço ou "mão francesa" (*d*) pode ser aparafusada a uma parede e os canos apoiados sobre ela, bem como pendurados nela, em sua parte horizontal. O arco de segurança ou presilha (*e*) pode ser usado para canos pequenos; este tipo é usado quando o cano deve ficar rente ao teto ou à parede. Os rolos para canos (*f*) são projetados para suportar a canalização de modo que possa ter lugar o movimento longitudinal resultante de expansão e contração. São mostrados três tipos para condições de apoio variáveis. O pendural de mola variável (*g*) pode ser obtido em diferentes tamanhos e disposições.

PROBLEMAS

Grupo 1. Conexões para canos

1. No canto superior esquerdo de uma folha de desenho traçar um tê de 2 pol (tamanho real). Tampar uma saída. Na segunda saída, colocar uma bucha de 2 por 1 1/2 pol; na saída restante, usar um niple de 2 pol e roscar nele uma luva de redução de 2 por 1 1/2 pol. Deixar o restante da folha de modo a incluir as seguintes conexões de 1 1/2 pol: luva, válvula, globo, luva de rosca à direita e à esquerda, válvula de ângulo, joelho de 45°, joelho de 90°, Y de 45°, cruzeta, tampão, união tripartida, junta flangeada. Juntar canos adicionais, niples e conexões de modo que o sistema feche na redução desenhada em primeiro lugar.

2. Fazer um desenho em uma vista de uma válvula globo de 1 1/2 pol. Usar uma folha de desenho de 210 por 297mm (A4). Ver o Apêndice quanto às proporções.

3. Idêntico ao probl. 2, para uma válvula globo em ângulo, de 1 1/2 pol.

4. Idêntico ao probl. 2, para uma válvula de gaveta de 1 1/4 pol.

Grupo 2. Esquemas de canalizações em escala

5. (*a*) Fazer um esquema em escala das linhas de hidróxido de sódio, de $NaOH + H_2O$, do gerador de hidrogênio. Mostrar um corte dos barriletes, um cilindro da bomba, uma parte do tanque de hidróxido de sódio e uma parte do topo de um gerador. (*b*) Fazer um esquema em escala da linha de canalização do hidrogênio (H_2) do gerador de hidrogênio. Mostrar uma parte de cada gerador com as linhas no lugar. Usar um papel de 297 por 420mm (A3). Escala, 1:4. Usar canos padronizados, conexões maleáveis e válvulas de bronze. Fazer uma lista do material, relacionando todos os canos, válvulas e conexões necessários.

A operação da unidade é a seguinte: depois dos geradores terem sido carregados com ferro-silício (Fe + Si), é bombeada para eles uma mistura de hidróxido de sódio (NaOH) e água (H_2O). Quando o ferro-silício, o hidróxido de sódio e a água se encontram no gerador, reagem para formar hidrogênio (H_2) e uma lama (Fe, Na_2SiO_2 e H_2O). À medida que se forma hidrogênio gasoso, a pressão interna do gerador se eleva. Para manter a reação ativa, devem ser bombeados mais água e solução de hidróxido de sódio para o interior dos geradores, contra esta pressão. À medida que se forma, o hidrogênio gasoso é levado ao tanque de armazenamento. A lama é sifonada periodicamente, para evitar o acúmulo excessivo que pudesse retardar a reação.

Uma bomba de quatro cilindros é usada para proporcionar um fluxo mais uniforme de fluido do que o que seria obtido se fosse usada uma bomba grande de um só cilindro. Os quatro cilindros da bomba estão ligados a uma linha de admissão e a uma linha de exaustão através dos barriletes (canos de distribuição). Em vez de colocar uma válvula de admissão e outra de exaustão nos cilindros da bomba, usam-se válvulas de retenção com esfera padronizadas e ligam-se o mais próximo possível aos cilindros da bomba por meio de canos e conexões padronizados.

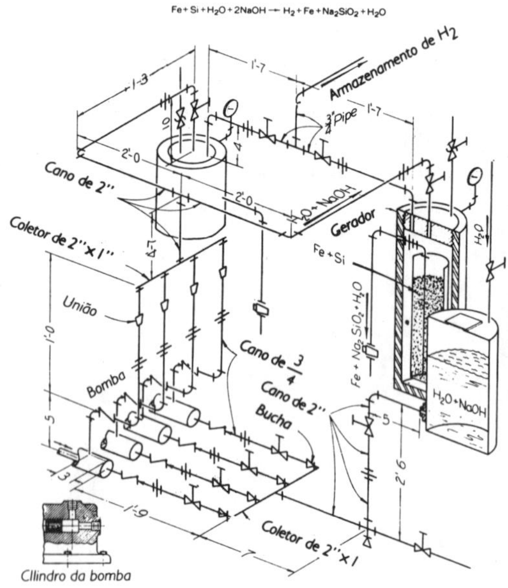

Prob. 5 – Gerador de hidrogênio.

6 Fazer um esquema em escala de uma instalação de bico de gás. Especificar as conexões e dar as dimensões da linha central. Usar papel de 297 por 420mm. Escala, 1:4.

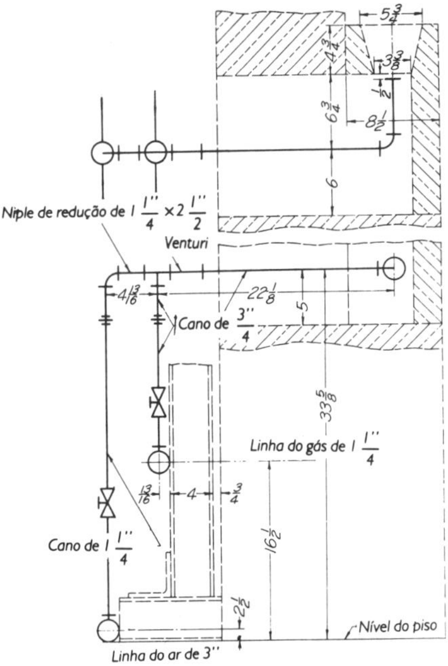

Prob. 6 – Instalação de queimador de gás.

7. Fazer um esquema em escala de uma unidade de aquecimento industrial Grinnell, sistema por gravidade, circuito fechado. Usar distâncias à linha central e colocar as conexões conforme mostra o diagrama. Usar 3 pol para a alimentação principal; 2 pol para os canos e conexões que vão à unidade; 3/4 pol para as conexões e canos que saem da unidade; e 2 pol para o retorno principal. Acrescentar todas as cotas e notas necessárias. Usar uma folha de desenho de 297 por 420mm. Escala, 1:4.

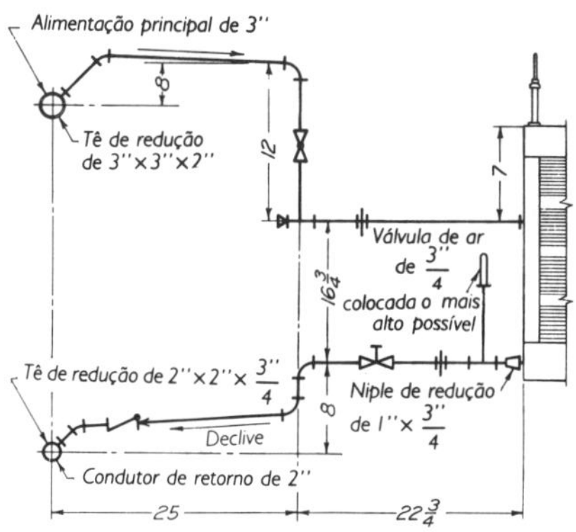

Prob. 7 – Unidade "Grinell" de aquecimento industrial.

Grupo 3. Esquemas de canalização diagramáticos

8. *A* é um tanque de armazenamento para abastecer os tanques misturadores *B, C* e *D* e está localizado diretamente acima deles. As capacidades dos misturadores estão nas razões de 1, 2 e 3. Projetar (em uma vista) um sistema de canalização com tamanhos tais que, desprezando as perdas por atrito, os três tanques se encham aproximadamente no mesmo tempo. Assim, disponha as canalizações de modo que cada um possa ser fechado ou removido para reparos sem prejudicar os demais. Usar a representação convencional de uma linha única. Cotar em relação aos eixos das canalizações e especificar as conexões.

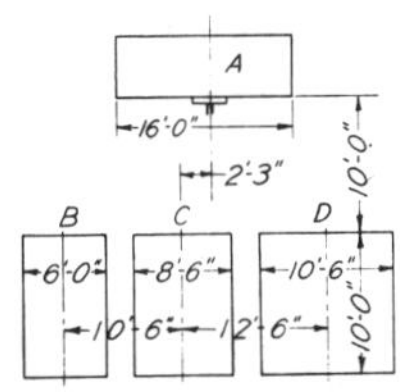

Prob. 8 – Tanques de armazenamento e mistura.

9. A figura representa a disposição de um conjunto de tanques misturadores. Fazer uma perspectiva isométrica de um sistema de canalizações aéreas para abastecer de água cada tanque. O abastecimento d'água entra no edifício através de um cano principal de 2 1/2 pol, no ponto *A*, 0,90m abaixo do nível do chão. Colocar todos os canos 3,00m acima do nível do chão, exceto o cano de elevação, que sai do conduto principal, e os canos de descida para os tanques, que devem ser fechados com válvulas globo a 1,50m acima do nível do chão. Disponha o sistema de modo a usar o menor número possível de canos e conexões. Desprezando as perdas de carga por atrito, os diâmetros dos canos deverão ser tais que forneçam aproximadamente um volume igual de água, para cada tanque, se todos fossem enchidos simultaneamente. O diâmetro do cano nos tanques não deve ser inferior a 3/4 pol. Cotar e especificar todos os canos e conexões.

10. Desenhar o sistema do probl. 9. Mostrar o esquema numa vista desenvolvida. Cotar

Diâmetro	Comprimentos dos canos	Válvulas		Conexões		Material	Observações (marca, tipo de roscas, etc.)
		Número	Tipo	Número	Tipo		

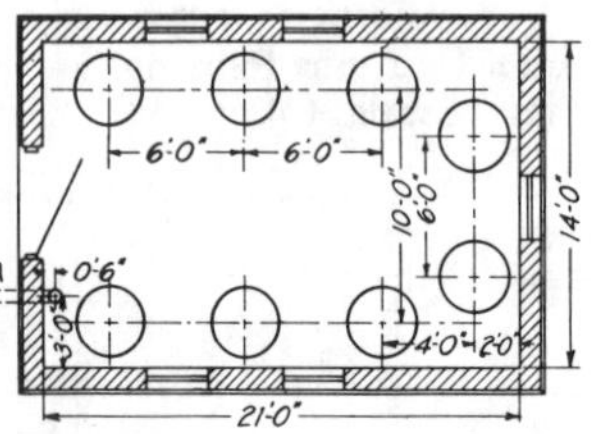

Prob. 9 – Tanques de mistura.

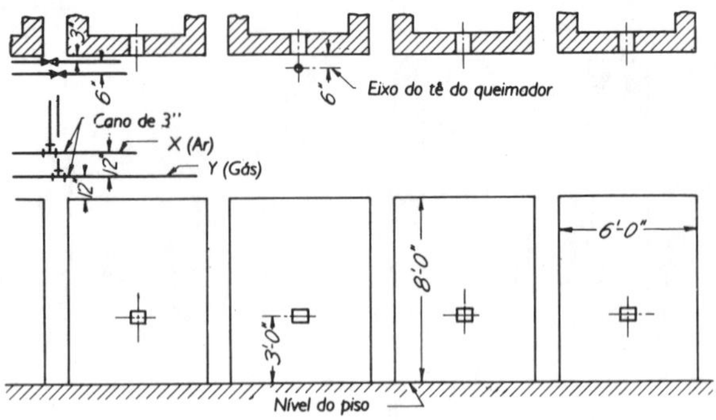

Prob. 13 – Fornos para tratamento térmico.

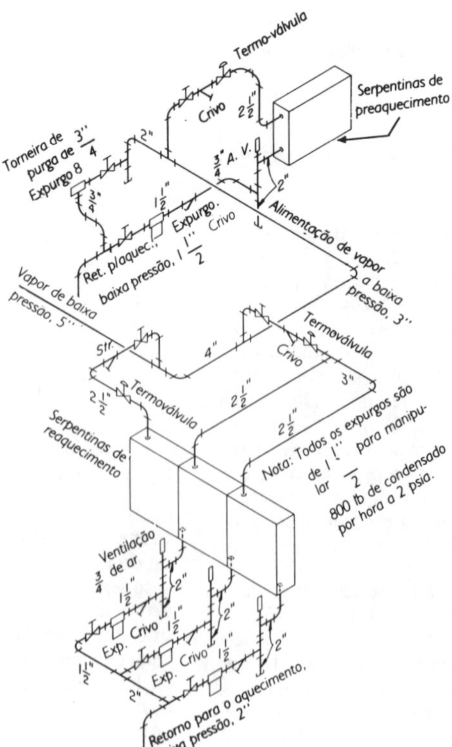

Prob. 14 – Sistema de aquecedor industrial.

de eixo a eixo e especificar todos os canos e conexões.

11. Fazer uma lista dos canos e conexões a serem encomendados para o sistema do probl. 9. Dispor a lista em tabela, intitulando as colunas como aparece adiante.

12. Fazer uma perspectiva cavaleira de um sistema de canalizações para abastecer os tanques do probl. 9. Todos os canos, exceto os de elevação, deverão ser instalados numa valeta situada 0,30m abaixo do nível do solo. Os canos de elevação não deverão ir além de 1,80m acima desse nível. As demais condições são as do probl. 9.

13. A figura mostra o delineamento da metade direita de um conjunto de oito fornos de tratamento térmico. *X* e *Y* são os condutos principais para o ar comprimido e o combustível. Desenhar o esquema da canalização, usando a representação de linha única, para distribuir o ar e o combustível para os fornos. Os diâmetros dos canos deverão ser reduzidos proporcionalmente à medida que se forem tomando as ramificações para os fornos. Cada tubo de aspiração da bomba deverá ser removível sem prejuízo das demais ramificações ou da alimentação dos outros fornos. Dimensionar o esquema das canalizações e fazer uma lista de material dos canos e conexões.

14. A figura é um esquema isométrico diagramático de um sistema de aquecedor industrial. Usando o esquema básico conforme a figura, admitir posições para as serpentinas de preaquecimento e reaquecimento e fazer um esquema diagramático completo e cotado.

15. Fazer um esquema diagramático ortográfico para o probl. 14.

16. Fazer um esquema diagramático desenvolvido para o probl. 14.

17. Está representado na figura um esquema em escala de uma carcaça para um medidor e válvula de uma instalação industrial. Fazer um desenho em escala da carcaça e mostrar em diagrama toda a canalização.

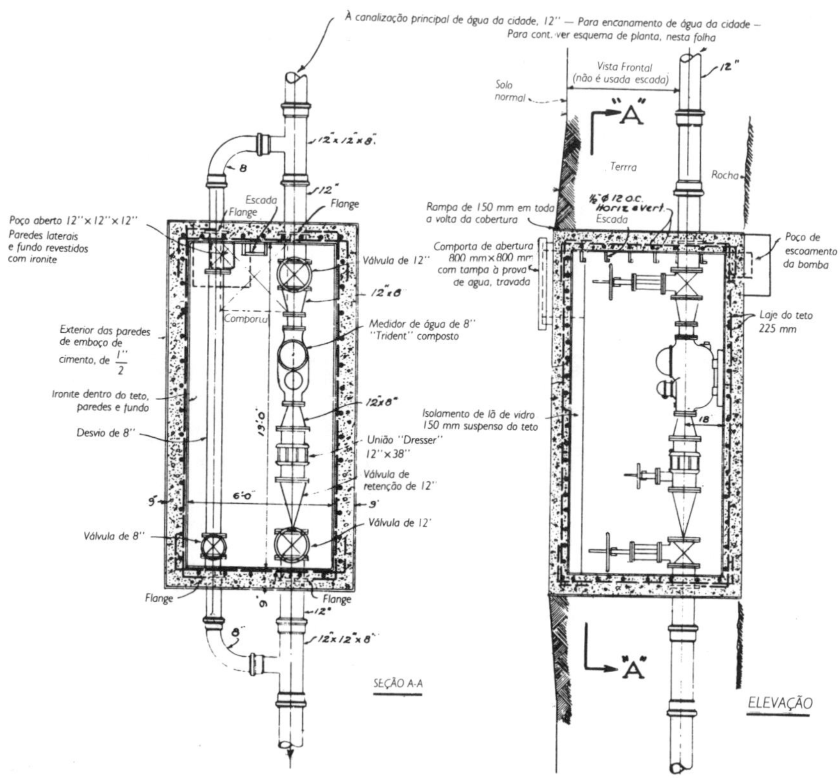

Prob. 17 – Caixa para medidor e válvula.

20 EXPRESSÃO GRÁFICA EM COMPUTADORES E CONTROLE NUMÉRICO

Uma apreciação do computador e sua importância na expressão gráfica.

Expressão gráfica em computador e máquinas de controle numérico • Traçadores gráficos de tambor, de base plana e analógicos • Impressoras de matrizes • Animação • Terminal de vídeo (tubos de raios catódicos) • Terminais de vídeo com memória • Terminais de vídeo com repetição • Mostrador de painel de plasma • Aparelhos de cópias impressas • Programação de computadores para terminais • Modelos matemáticos • Gráficos de computador de listas, esquemas, mapas e figuras • Figuras tipo "armação de arame" • Gráficos e terminais interativos • Canetas-magnéticas • Instrução com assistência do computador • Ferramentas de máquinas controladas numericamente.

1. Introdução

Os computadores digitais e analógicos foram desenvolvidos na década de 1940. Hoje eles são capazes de realizar diversos milhões de cálculos por segundo e podem ser programados para executar tarefas altamente sofisticadas, como guiar foguetes à lua. O desenvolvimento dos computadores atingiu a engenharia e a ciência de um modo assustador. Como veremos, o computador aumentou as capacidades técnicas da linguagem gráfica.

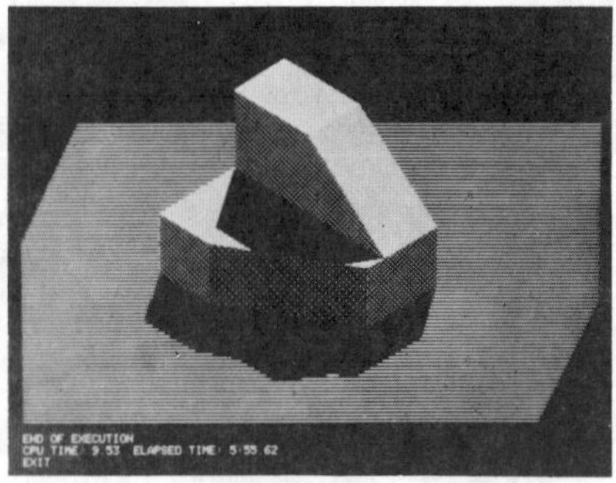

Fig. 20.1 – Figura gerada por computador, de um objeto que não existe, exceto como um conjunto de números de um programa de computador. Esta figura foi desenhada num mostrador tipo matriz.

2. Expressão gráfica em computador

A expressão gráfica em computador combina os métodos da arte gráfica com as capacidades técnicas do computador para converter dados científicos em figuras descritivas. A forma mais comum e barata de representação gráfica de um computador é o conhecido desenho de linhas. Todos os desenhos de engenharia inseridos neste texto são, basicamente, desenhos de linhas. O desenho propriamente dito pode ser apresentado sobre papel ou em tubos de raios catódicos. A segunda e mais complicada forma de representação gráfica é uma figura de aparência real desenhada de acordo com o modelo matemático de um objeto, tal como mostram as Figs. 20.1 e 20.2. Neste processo, uma câmara produz um gabarito em preto e branco na tela de um televisor de acordo com cálculos matemáticos. Esta forma de expressão gráfica em computador é a mais interessante, porque é possível produzir a figura de um objeto inexistente com nada além de um modelo matemático.

Os gráficos de computadores seguem seis passos básicos: (1) um desenho é concebido ou planejado; (2) o desenho é traduzido em dados aceitáveis pelo computador; (3) os dados descritivos do desenho concebido são fornecidos ao computador juntamente com a programação que irá dirigir o equipamento gráfico (esta é a etapa de *entrada*, na qual os dados e o programa constituem o *software* do processo gráfico); (4) o computador opera o equipamento gráfico e produz uma imagem de acordo com os dados que descrevem o conceito do desenho (esta é a etapa de *saída*, na qual o computador e o equi-

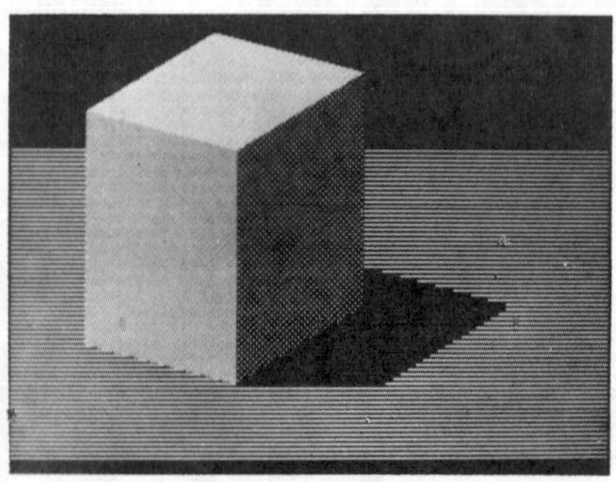

Fig. 20.2 – Outro objeto, igualmente desenhado por computador, e que também não existe, exceto como um conjunto de números de um programa de computador.

pamento gráfico produzem o *hardware* do processo de computação); (5) o desenhista do gráfico faz alterações e refina o desenho; e (6) a reprodução do desenho final e implementada por qualquer um dos métodos padrões, tais como o processamento fotográfico.

3. Máquinas-ferramenta (máquinas operatrizes controladas numericamente

As máquinas-ferramenta controladas numericamente são postas em funcionamento mais por um programa de controle numérico do que por um operador humano (ver Fig. 20.14). Um computador produz o programa de controle numérico.

Expressão gráfica em computador e mecanismos controlados numericamente têm muitos pontos em comum, tanto assim que os caminhos a serem tomados pelas máquinas-ferramenta com controle numérico são, muitas vezes, desenhados usando os gráficos de computador para verificar se a ferramenta irá ou não cortar os contornos corretos.

4. Gráficos de computador e máquinas controladas numericamente

Os gráficos de computador e as máquinas controladas numericamente, basicamente, desempenham a mesma tarefa de produzir uma linha com uma certa função num lugar específico num desenho ou numa peça de máquina, de acordo com um programa gerado por computador. Ambos são formas de automação em que a enorme capacidade de cálculo do computador é usada para dirigir um estilete que irá desenhar figuras ou produzir peças de máquinas mais rapidamente do que poderia ser feito pelos convencionais métodos manuais. Uma grande vantagem de ambos os processos é que eles podem rápida e precisamente produzir uma curva ou contorno correspondente a uma função matemática. Este último processo, conhecido como delinear uma curva, requer um grande número de cálculos de coordenadas x e y.

5. Traçadores de gráficos de linhas ou máquinas de desenho

Os aparelhos gráficos que traçam linhas sobre o papel são chamados traçadores de gráficos, traçadores de gráficos de linhas ou máquinas de desenhar automáticas.

6. Traçador de gráficos de base plana

Como mostrado na Fig. 20.3, o traçador de gráfico de base plana suporta o desenho com uma superfície plana. Bases com dimensões de 1,20 m ou 1,50 m são bastante comuns. A caneta do traçador de gráficos está montada sobre uma ponte que se move como um todo em ambas as direções x e y, que correspondem às coordenadas x e y do desenho. O módulo da caneta pode se erguer ou baixar de maneira que linhas podem ou deixam de ser desenhadas enquanto a caneta se move sobre o papel.

Os movimentos da pena podem ser controlados por dois tipos diferentes de motores: motores de escalonamento ou motores com velocidades variáveis.

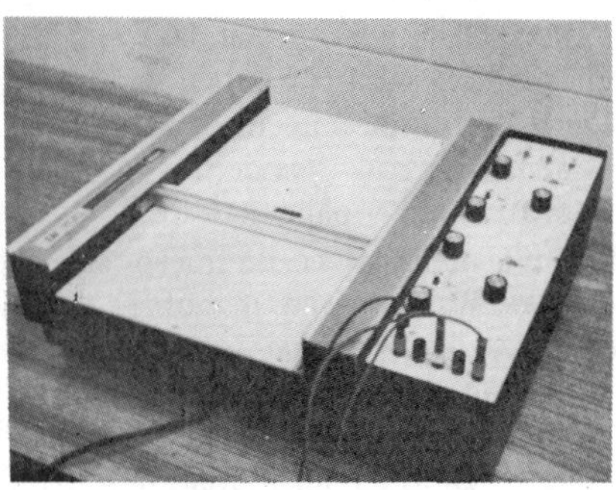

Fig. 20.3 – Pequeno traçador de gráficos de base plana.

Traçadores de gráficos controlados por motores de escalonamento são chamados de traçadores de gráficos com incremento ou digitais. A maioria deles é deste tipo. A vantagem destes traçadores de gráfico é que as variações da voltagem não afetam o movimento da pena. Este tipo de traçador tem oito movimentos básicos: x positivo e negativo, y positivo e negativo e as quatro combinações dos movimentos x e y simultâneas.

Alternativas para os motores com escalonamento são os traçadores de gráfico de velocidades variáveis, controlados por dois motores, um para a função x e outro para a função y. Assim, uma linha com uma declividade de uma unidade na direção y e de três unidades na direção x deverá ser traçada com o motor x girando a três vezes a velocidade do motor y.

O traçador de gráficos com pena sobre ponte móvel e de base plana é construído de tal maneira que o módulo da pena permanece estacionário, enquanto um motor linear, semelhante ao motor de velocidade variável, move a base plana nas direções x e y.

Fig. 20.4 – Traçador de gráficos cilíndrico.

7. Traçadores de gráfico de tambor

Como visto na Fig. 20.4, o traçador de gráfico de tambor também tem uma ponte estacionária para a pena. O papel é movido por baixo dela, num cilindro rotativo. O cilindro funciona como uma roda dentada para correntes. A borda do papel é perfurada com furos para encaixe dos dentes da roda. Os dentes da roda do cilindro puxam o papel na direção desejada. Um sistema típico de traçador de gráfico de tambor pode manobrar 3m de desenhos. São geralmente movidos por motores de escalonamento e portanto do tipo com incremento. Pelo fato de os passos em volta do cilindro serem produzidos por um movimento angular do mesmo, manter precisão num desenho comprido se torna um problema maior com um traçador de gráfico de tambor do que com um de base plana. Todavia, a maior parte dos traçadores de gráfico de tambor tem um ajuste para permitir o traçado de uma linha de comprimento correto pela manipulação do deslocamento do cilindro por tentativa e erro. Traçadores de gráfico de tambor não requerem programação diferente da usada para os de base plana. Uma vantagem para o seu operador é que o papel pode ser avançado a fim de permitir um novo ponto de início sem a necessidade de remover o desenho fluente e recolocar o papel.

8. Traçadores de gráfico analógicos

Os traçadores de gráficos descritos até aqui são normalmente controlados por computadores digitais. A voltagem de entrada do traçador de gráfico analógico é, geralmente, controlada por um computador analógico. Ele é um traçador de gráfico de vetor ou de linha contínua que se assemelha ao de base plana. A entrada a um destes traçadores de gráfico é dependente do tempo. As voltagens de x e y têm que mudar uma com respeito à outra de maneira tal que a pena trace a linha desejada, seja ela uma linha reta ou uma curva.

9. As impressoras de matrizes ou traçadores de matrizes

O tipo seguinte de traçador pode ser referido como um traçador de matrizes ou uma impressora de matrizes. Por conveniência, nós nos referimos a ele como uma impressora de matrizes. A impressora de matrizes coloca pontos em determinadas posições numa matriz, aproximando-se bastante das linhas de um desenho. Os dispositivos de impressão usados em muitas perfuradoras de cartões para computador são impressoras de matrizes. Este tipo de impressora tem uma ponte com estilete que permanece estacionária enquanto o papel se move. O impressor opera ou fazendo com que um pequeno fio pressione uma fita impressora contra um papel no lugar correto ou aquecendo um fio que fará com que um papel sensibilizado se torne escuro no ponto aquecido. O *hardware* de um destes traçadores deve transformar um programa num gabarito correto de pontos a ser colocado em cada linha de impressão. Como alfabetos de matrizes típicos possuem letras e números que tem de 6 a 10 pontos de altura, uma linha simples de letras ou números corresponde, na realidade, de 6 a 10 linhas de impressão. Impressoras de matrizes são silenciosas, baratas e rápidas comparadas com os traçadores de gráficos de tambor. Duas desvantagens de maior importância são notadas pelo operador de um aparelho destes. A primeira é que o desenho inteiro tem que ser desenvolvido dentro do computador antes que qualquer parte seja impressa. A segunda é que as linhas não são contínuas e sim uma fieira de pontos. Conseqüentemente, um traçador como este não produzirá gabaritos precisos, tais como os usados para construir um painel de circuito impresso.

10. Animação

Os traçadores descritos até aqui são todos de linha. Existem duas desvantagens distintas no uso de traçadores lineares: não conseguem produzir sombreados e o movimento somente pode ser produzido desenhando-se cada disposição da figura, fotografando-a e repetindo o processo até que seja produzido um filme. Este é o método que foi usado para animar os desenhos que Disney tornou famosos. Como movimento realista só pode ser dado a uma figura de gráfico de computador por esta técnica, este processo é lento e dispendioso. A animação de movimentos mecânicos é de grande valor para os desenhistas e há métodos alternativos para produzir gráficos de computador animados.

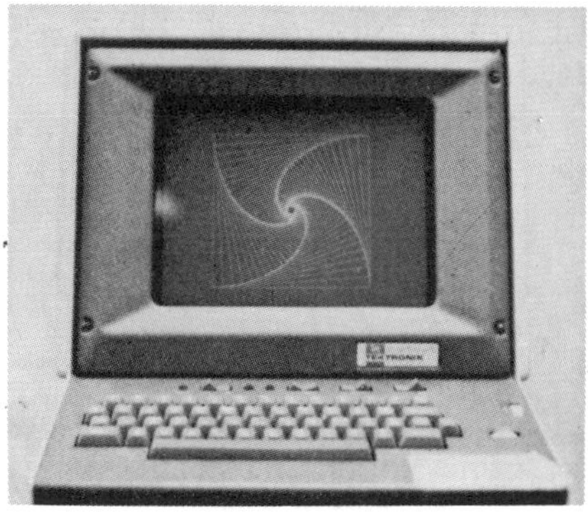

Fig. 20.5 – Mostrador de tubo de raios catódicos do tipo com memória.

11. Terminais de tubo de raios catódicos

O tubo de raios catódicos, como aquele usado em aparelhos de televisão preto e branco, pode ser empregado como um aparelho exibidor de gráficos de computador (ver Fig. 20.5). O tubo de raios catódicos pode expor desenhos dos tipos de linha contínua, matriz ou com incremento. Estes tubos oferecem uma vantagem sobre os traçadores de gráficos de pena por serem os números e letras formados por conjuntos de circuitos eletrônicos e não por um programa num computador. Isto permite maior velocidade e flexibilidade.

Existem dois tipos principais de tubos de raios catódicos: de repetição e com memória.

12. Tubos de raios catódicos com memória

É um tubo em cuja face existe fósforo, que é continuamente bombardeado por uma "nuvem" de elétrons. Para produzir uma figura, o fósforo é iluminado por elétrons adicionais de acordo com as especificações do programa. A figura é, então, armazenada na face do tubo pela nuvem de elétrons. Infelizmente, uma vez traçada uma linha, esta não pode ser apagada individualmente. A única maneira de remover uma parte da figura é apagá-la por inteiro e redesenhá-la corretamente.

13. Tubos de raios catódicos de repetição

Como o tubo da televisão, a figura do tubo de raios catódicos do tipo de repetição tem que ser redesenhada continuamente, ou "revigorada", pelo feixe de elétrons que produz a imagem. Isto significa que, para apagar uma linha num tubo de repetição, simplesmente não se torna a retraçar. Ou o equipamento exibidor deverá ter uma memória interna onde o programa gráfico pode ser armazenado para revigorar a figura, ou a memória do computador deverá ser usada para este fim. A impermanência do tubo de raios catódicos de repetição permite a criação da animação. Mudando a posição de uma determinada linha no exibidor toda vez que a figura é revigorada, tem-se a ilusão de movimento no estilo do desenho animado. Quando um sistema de gráficos de computador permite que se simule movimento sobre uma tela, se diz que está operando "em tempo real". Esta técnica de desenho animado de produzir movimento num tubo de raios catódicos é a mais complexa, difícil e dispendiosa das técnicas de gráficos de computadores discutidas até aqui. Contudo, o resultado é fantástico e fornece informações a respeito de objetos moventes que não podem ser obtidos de outra maneira qualquer. Por exemplo, a observação da simulação do computador da asa de um avião a jato que ondula sob a tensão do vôo pode fornecer inestimáveis informações ao desenhista de aviões.

14. Tubo de raios catódicos tipo chapa de concentração

O tubo de repetição tipo chapa de concentração é, na realidade, um aparelho de televisão dirigido por computador. A figura na tela é produzida como resultado de informações fornecidas pelo computador que são interpretadas pelo tubo de televisão como uma figura. As figuras ou imagens de televisão são formações de linhas concentradas ou chapa de concentração. A chapa de concentração são linhas horizontais sucessivas. A qualidade da imagem depende do número de linhas por polegada. Cada linha da chapa de concentração também tem um certo brilho cujo nível deve ser programado. Uma imagem de televisão preto e branco poderia facilmente requerer um milhão de partículas de informação da imagem. Para produzir uma série de imagens realísticas, a informação das imagens tem que ser mudada tantas vezes que dê a ilusão de movimento. Obviamente, o tubo de raios catódicos tipo chapa de concentração requer um computador fantasticamente rápido. O computador apropriado é correspondentemente caro e requer programação igualmente sofisticada.

15. Mostrador de painel de plasma

A tela do mostrador de painel de plasma consiste de pontos de gás neon incandescente espaçados da maneira das matrizes. Os pontos são espaçados cerca de 60 por polegada (ver Fig. 20.6). Um conjunto de circuitos eletrônicos engenhoso permite que se ilumine ou não qualquer ponto. Painéis de plasma são painéis do tipo expositor com memória. A exposição é estável enquanto houver eletricidade ligada ao painel. Uma vez que pontos popodem ser apagados individualmente, a exposição pode ser atualizada seletivamente, sem a necessidade de se apagar toda a imagem, a fim de serem redesenhadas as partes não desejadas. Assim, o painel de plasma tem algumas das vantagens do tubo de repetição. Todavia, uma linha não desejada num painel de plasma tem que ser apagada abruptamente. Isto causa uma perceptível oscilação da imagem quando se quer obter movimento. Apesar deste efeito poder ser incômodo, o painel de plasma continua produzindo a ilusão de movimento e isto a um custo consideravelmente abaixo do dos típicos tubos de repetição. O gabarito de pontos na tela se assemelha aos pontos de uma ilustração de meio-tom e, como resultado, diversos padrões de sombreado podem ser usados para produzir imagens realísticas. Padrões de sombreado podem ser formados por diversas combinações de pontos iluminados e não-iluminados, proporcionando algumas possibilidades de sombreado do tubo de raios catódicos de repetição tipo chapa de concentração.

O painel de plasma tem a espessura de duas lâminas de vidro e é essencialmente transparente. Uma tela de projeção traseira pode ser colocada atrás do aparelho, permitindo que diapositivos ou filmes sejam projetados sobre ela, enquanto que o expositor de painel de plasma mostra figuras desenhadas por computador na parte frontal da tela. Várias combinações de figuras reais e exposições desenhadas por computador são possíveis. O painel de plasma opera do mesmo modo que a matriz e é programado de maneira bem diferente do que os tipos de vetor ou de incremento.

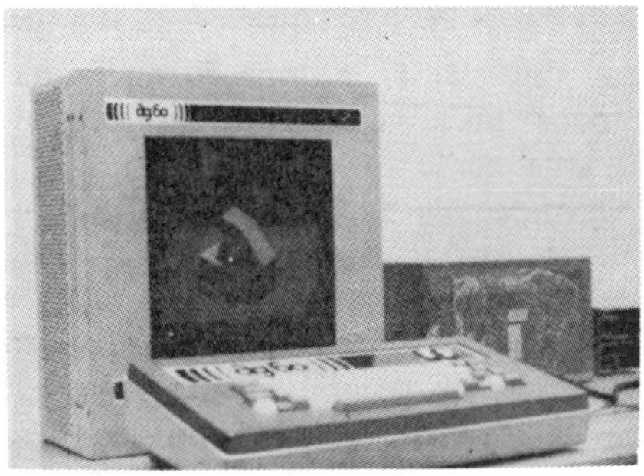

Fig. 20.6 – Mostrador de matriz ou de pontos de gás ionizado conhecido por painel de plasma.

16. Aparelhos de cópias impressas

Os aparelhos de cópias impressas parecem intrigar inventores e a variedade de aparelhos que têm sido desenvolvidos é tremenda. Qualquer tentativa em fazer algo além de descrever alguns tipos populares é um exercício de futilidade.

As vantagens óbvias dos tubos de raios catódicos é que eles podem produzir figuras com muito maior rapidez do que os aparelhos de cópias impressas, podem produzir a ilusão de movimento e um grande número de soluções por ensaio e erro podem ser testadas a um baixo custo para o usuário. Contudo, quando ele desejar reter a figura, algum método que produza uma cópia permanente do conteúdo do terminal de tubo de raios catódicos deverá ser usado. Um dos processos mais primitivos e ainda em uso é o de converter a informação do terminal em dados para uso num traçador de gráficos de cópias impressas. Infelizmente, estes traçadores são lentos, somado ao tempo necessário para converter a informação da figura. Métodos mais versáteis estão disponíveis, atualmente.

O processo xerográfico é freqüentemente usado para copiar figuras da face do tubo de raios catódicos. Este é o processo pioneiro e tornado famoso pela *Xerox Corporation.* Dois processos mais novos tornaram-se populares. Um deles coloca uma imagem eletrostática sobre o papel através de um estilete carregado. Em seguida o papel é tratado com um *toner*, que reage com a carga elétrica no papel, produzindo uma figura permanente. Várias companhias produzem copiadores deste tipo, cada uma usando uma variação do processo a fim de torná-lo único. Outro processo novo é a chamada impressão térmica, que usa papel especialmente tratado que se torna escuro quando aquecido. O papel é puxado sobre um cabeçote impressor, que consiste de uma linha de fios, cujas pontas estão viradas para o papel. Estes fios, às vezes em número de 100 por polegada, podem ser aquecidos muito rapidamente e esfriados da mesma forma. A figura no tubo de raios catódicos é desenhada no estilo matriz à medida que o papel é passado pelo cabeçote impressor térmico. As informações do tipo com incremento e de vetor têm que ser convertidas em informações tipo matriz. Uma figura pode ser desenhada muito mais rapidamente por uma impressora térmica do que por um traçador de gráficos linear comum. Além do mais, impressoras térmicas são silenciosas.

17. Programação de computador para terminais

O usuário do sistema de gráficos de computador geralmente é poupado de muitas das dificuldades lógicas associadas com programação de computador. Por sorte, o *software* e o *hardware* necessários para produzir um desenho de acordo com entrada de números é usualmente fornecido pelos fabricantes de computadores, até porque só eles estão familiarizados o bastante com o sistema para fornecer eficientes processos de cálculos para estas ações. As operações mais básicas de programação de gráficos de computador podem, às vezes, ser ligadas aos conjuntos de circuitos eletrônicos. Exemplos de operações básicas são: desenhar uma linha e formar um alfabeto.

18. Programas gráficos padrão

Os fabricantes de sistemas gráficos de computadores muitas vezes fornecem programas chamados pacotes de sub-rotinas gráficas para realizar operações de desenho padronizadas. Por exemplo, normalmente um círculo tem que ser programado através de uma série de linhas retas formando um polígono de no mínimo 180 lados. No entanto, o usuário de sub-rotinas gráficas pode programar um círculo chamando um raio R e um centro em X e Y. Estes programas podem ser somados para fornecer operações adicionais. Todavia, por ser cada operação de engenharia única, muitos engenheiros escrevem suas próprias sub-rotinas que se adaptam às suas necessidades individuais.

19. Programas gráficos para o usuário

Vamos supor que recebemos um sistema de gráficos para computador do tipo traçador de linhas para um traçador de gráficos linear ou um terminal de tubo de raios catódicos. O fabricante programou três operações básicas: TRAÇAR, MOVER e APAGAR. Por enquanto vamos ignorar a necessidade de caracteres no desenho. Poderemos decidir que seria bom sermos capazes de traçar retângulos sem ter que mover as operações de traçar para um ponto específico para esquematizar quatro linhas retas deste ponto. Assim, poderíamos escolher produzir uma operação chamada RECT (*X, Y, L, W*), que iria produzir um retângulo com o comprimento *L* e largura *W*, com o canto inferior esquerdo no ponto *X, Y*. O programa para fazer isto terá a seguinte aparência:

MOVER (*X, Y*) – mover a operação de traçar até o ponto *X, Y*

TRAÇAR (*X* + *L, Y*) – traçar a aresta inferior do retângulo de comprimento *L*

TRAÇAR (*X* + *L, Y* + *W*) – traçar a aresta da direita de comprimento *W*

TRAÇAR (*X, Y* + *W*) – traçar a aresta horizontal superior

TRAÇAR (*X, Y*) – retornar ao ponto de partida, traçando a aresta vertical esquerda.

Para traçar um retângulo com o comprimento 7,5 e largura 3,75, com o canto de partida em *X* = 2,75 e *Y* = 1,35, requereria apenas este comando no programa RECT:

RECT (2,75, 1,35, 7,5, 3,75)

Este programa iria realmente executar as instruções prévias, mas o usuário seria poupado de efetivamente escrever cinco comandos. Pode ser notado que o usuário tem amplas oportunidades de praticar erros ao colocar os números na lista de comandos. Por isto, é proveitoso reduzir o número de lugares onde o usuário deverá dar entrada de números ou realizar operações matemáticas.

Na tentativa de reduzir a quantidade de trabalho necessário para produzir desenhos em sistemas gráficos de computador, linguagens especiais estão sendo desenvolvidas especialmente para estes trabalhos gráficos. Elas serão orientadas para facilitar o uso e tentarão fornecer a capacidade do computador sem a necessidade do conhecimento do mesmo. A meta final é produzir figuras geradas por computador pela descrição da figura em termos estritamente de leigo, sem as limitações impostas pelo computador. O fato disto ainda não ser tecnologia presente é explicado pelas qualificações necessárias para ser um profissional de gráficos de computador.

20. Modelos matemáticos

Os desenhos de objetos práticos por um sistema gráfico de computador raras vezes são tão simples quanto as ilustrações de retângulo precedentes. Mesmo um objeto elementar como um E em letra de forma requereria o desenho de quatro retângulos de vários tamanhos e orientações e a eliminação das três linhas que ficam nas junções dos retângulos. Desenhar objetos práticos se torna um problema maior pelo grande volume de dados que devem ser manuseados. Um enorme obstáculo ao desenvolvimento de programas gráficos de computador baratos e de fácil uso é a necessidade de descrever os desenhos com equações matemáticas. Este modelo matemático de um objeto é tão difícil de criar, que produzir uma nova figura com gráficos de computador pode ser comparado ao processo para produzir um novo modelo de automóvel. Não é processo casual, da noite para o dia.

21. As complexidades de programas de gráficos

As primeiras tentativas para desenhar figuras de objetos sólidos, geralmente consistiam na produção de um desenho feito como se o objeto fosse construído de fios que representavam suas bordas (ver Fig. 20.7). Mesmo hoje, os desenhos de objetos sólidos são, em grande parte, do tipo "armação de arame".

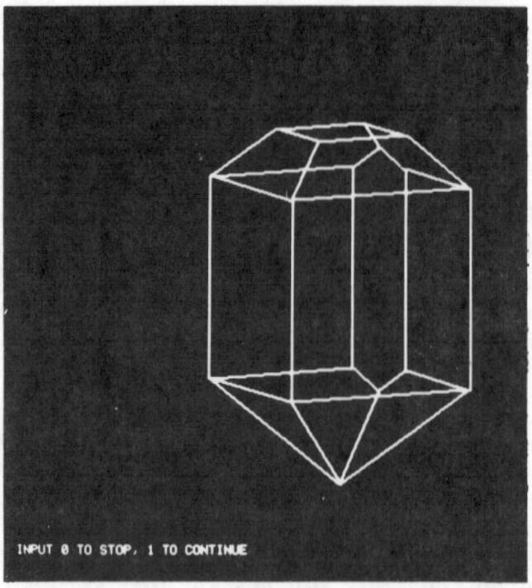

Fig. 20.7 – Figura tipo "armação de arame" de um poliedro gerada por computador. Note que as arestas do lado de trás ou "escondidas" estão desenhadas como se fossem visíveis.

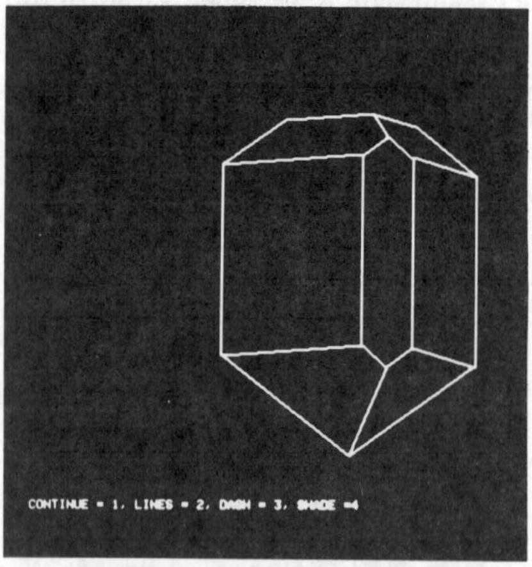

Fig. 20.8 – Uma vista ligeiramente diferente do objeto da Fig. 20.7 na qual as arestas "escondidas" estão realmente escondidas.

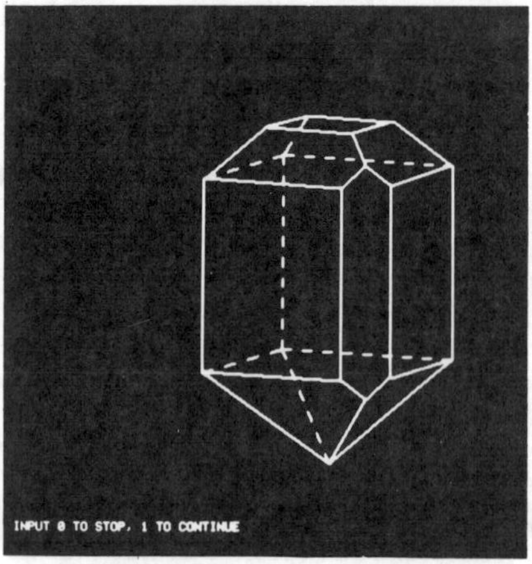

Fig. 20.9 – O objeto das Figs. 20.7 e 20.8 reorientado e desenhado com as arestas "escondidas" representadas por linhas tracejadas.

Desenhar objetos de um modelo de "armação de arame" em vistas ortográficas, perspectivas ou axonométricas, é relativamente simples. Pelo fato de um desenho em perspectiva de um modelo de "armação de arame" de um objeto poder ser processado rapidamente pelo computador, é possível de se dar uma movimentação tipo desenho animado a estes desenhos em tubos de raios catódicos. Todavia, modelos "armação de arame" produzem figuras medíocres porque as partes do objeto que deveriam estar escondidas são tão visíveis quanto as partes principais, na frente do objeto. Infelizmente, um objeto "armação de arame" que pode ser desenhado por um programa de computador com 200 ou 300 comandos, repentinamente necessita de 1.200 a 2.000 comandos se desenhado com a adição de um programa de eliminação de linhas invisíveis (ver Figs. 20.7 a 20.11). Além da complexidade adicional da parte das linhas invisíveis do programa, a descrição do objeto em si se torna muito mais complexa. Qualquer tentativa para fazer um desenho "armação de arame" de um objeto em que as faces ou superfícies sejam

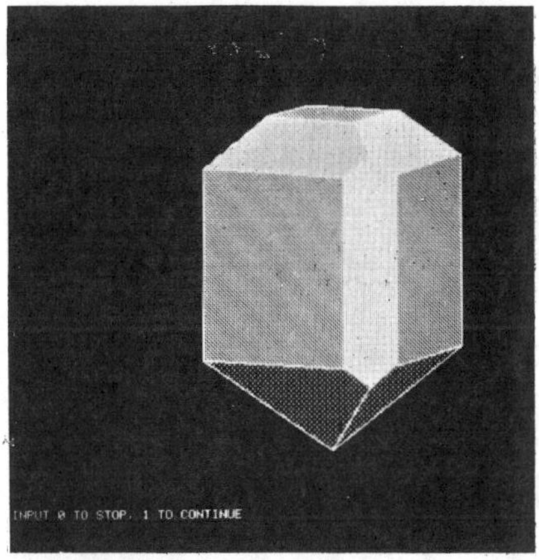

Fig. 20.10 – O objeto da Fig. 20.9 com as faces "iluminadas" por uma luz do canto superior direito.

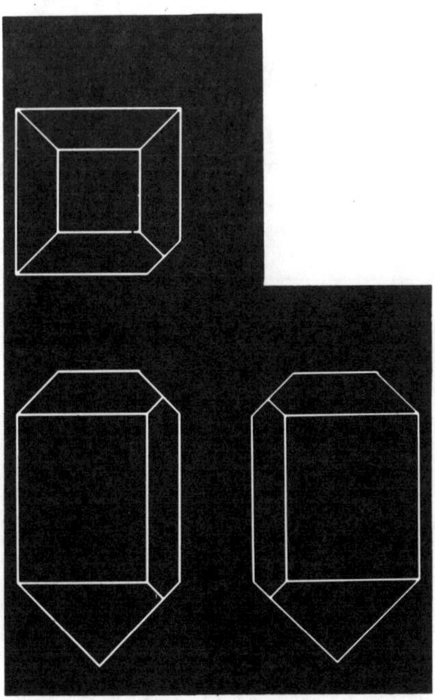

Fig. 20.11 – Vistas ortográficas produzidas pelo mesmo programa que desenhou os objetos das Figs. 20.7 e 20.10.

opacas, aumenta a complexidade ao desenho. Além disto, esconder uma borda de um objeto por uma superfície plana é uma coisa, mas escondê-la por uma superfície cilíndrica é outra enormemente mais difícil. É tão difícil, que um programa de desenho de figuras para fins gerais não está disponível para expressão gráfica no computador.

22. Usos da expressão gráfica no computador

Não se deve concluir do acima dito que não se podem desenhar figuras aproveitáveis de objetos sólidos por sistemas gráficos de computador, porque isto não é verdade. Figuras muito úteis e interessantes podem ser desenhadas, mas cada uma torna-se um caso especial. Isto nos leva à pergunta: "Para que servem os gráficos de computador?" A resposta é: "Qualquer desenho para o qual se queira gastar o tempo no desenvolvimento de um programa especial". Uma simplificação é que os sistemas de expressão gráfica no computador são usados para desenhar curvas de equações. Técnicas de gráficos de computador são as que mais se prestam para cálculos complexos e que tomam muito tempo. Uma boa norma prática é que, se o desenvolvimento de um desenho requer um grande número de cálculos repetitivos, é vantajoso usar-se um sistema de gráficos de computador; se o seu desenvolvimento requer uma porção de análises de desenhos existentes, então não é vantajoso.

23. Listas geradas por gráficos de computador

Um dos maiores usos de aparelhos exibidores de gráficos é na exibição de listas que necessitam grandes quantidades de letras ou material alfa-numérico, tais como tabelas de conversão do sistema métrico em inglês. Os aparelhos exibidores que mais se prestam para isto são os tubos de raios catódicos, por causa de sua velocidade de desenhar e porque muitos têm uma variedade de alfabetos introduzidos nos seus sistemas operacionais. Logicamente que, a não ser que o tubo de raios catódicos tenha a capacidade de fornecer cópias impressas, a tabela terá que ser lida da tela do terminal, enquanto estiver ligado. Traçador de graficos eletrostáticos e impressoras térmicas são também apropriados pois produzem córto estiver ligado. Traçador de gráficos mecânico não se presta para produção de listas. Ele é incapaz de alcançar altas velocidades para desenhar porque necessita parar, recomeçar ou mudar de direção constantemente ao desenhar letras, números e outros caracteres. Um feixe de elétrons é mais fácil de manejar aos trancos do que um aparelho mecânico que possui um peso maior. Contudo, todos os aparelhos exibidores são superiores à escrita manual; assim, a verdadeira escolha consiste em se é ou não econômico desenvolver um programa de computador para um trabalho tabular específico.

24. Esquemas gráficos de computador

Obter a grafia de uma função é apropriado para qualquer aparelho de exibição (ver Fig. 20.12). A maior parte dos sistemas gráficos comerciais inclui um programa de desenho de esquemas desenvolvido para utilizar as melhores características deste sistema particular. Usualmente, os programas de expressão gráfica incluem desenhos de curvas e o sistema de grade ou de coordenadas e a introdução de escalas, legendas ou outros letreiros no gráfico. Tipos especializados de diagramas, tais como os gráficos de barras (ver Fig. 20.13) e gráficos circulares ("fatia de torta") também se prestam muito para aparelhos de exibição de gráficos de computador. Exceto pelas considerações de velocidade ou de cópias impressas, há poucas razões em escolher um ou outro aparelho de exibição.

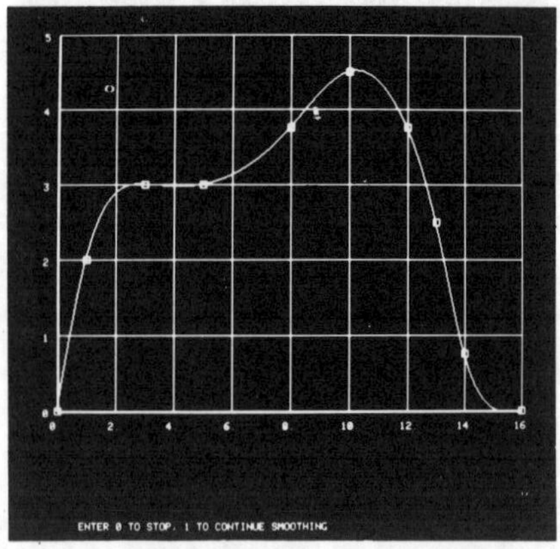

Fig. 20.12 – Um gráfico linear desenhado de pontos de dados sem que se conheça a equação dos dados.

25. Mapas de gráficos de computadores

Cartógrafos talvez discordem, mas o desenvolvimento dos mapas de todas as variedades apresenta casos especiais do

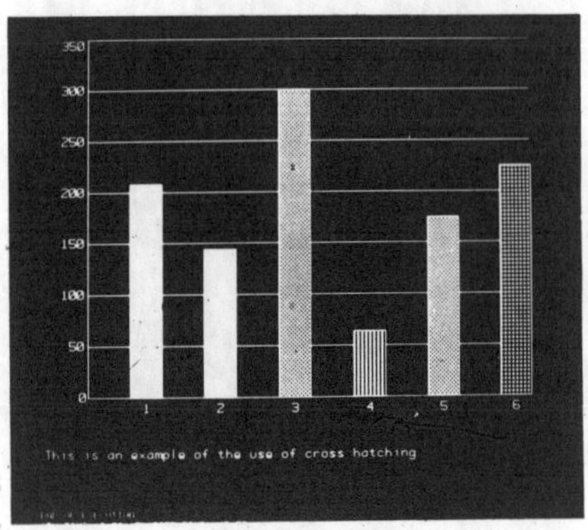

Fig. 20.13 – Um gráfico de barras com as barras desenhadas com texturas diferentes num mostrador do tipo matriz.

processo de traçado de pontos e de desenho de curvas numa grade ou sistema de coordenadas. Para o computador, a escolha de um sistema de coordenadas não faz muita diferença, já que todos os sistemas de coordenadas têm que ser descritos em termos matemáticos. Sistemas de coordenadas complexos requerem equações complexas de descrição, o que, por seu turno, requer mais cálculos para localizar os itens nestes sistemas de coordenadas. Mas, para um computador capaz de fazer centenas de milhares ou mesmo milhões de cálculos por segundo, a complexidade adicional parece não ter um efeito prático sério. Mapas que requerem linhas de contorno são facilmente produzidas por sistemas gráficos de computador, apesar de os programas que devem calcular as linhas de contorno serem complexos. Traçadores de gráficos de base plana são usualmente os únicos capazes de produzir uma figura de tamanho físico suficientemente grande que sirva para a maioria dos mapas. Desenvolver um programa para desenhar mapas não é uma tarefa fácil; assim, a escolha de um sistema de gráficos de computador adequado muitas vezes depende se o fabricante do sistema tem ou não programas disponíveis para produzir o tipo de desenho desejado. Engenheiros civis usam amplamente sistemas gráficos de computador para produzir mapas de rodovias.

26. Figuras gráficas de computador

Objetos sólidos são os mais difíceis de serem produzidos para representação como gráficos de computador. Nesta argumentação iremos redefinir desenhos de projeção ortográfica como "orientações especiais de projeções ilustradas de um objeto"; o propósito é mostrar que o problema de desenhar ilustrações de um objeto sólido é, também, o problema da projeção ortográfica e que não existem problemas de projeção ortográfica que não tenham réplicas em projeções ilustradas gerais. Em outras palavras, um desenho ortográfico de um objeto e a visão ilustrada de um objeto se tornam muito aproximadamente o mesmo projeto. O desenhista de gráficos de computador poderá tentar sombrear ou, de outro lado, dar qualidades tridimensionais a uma figura, mas a figura básica é desenhada ou como uma representação ortográfica ou como uma representação ilustrada.

27. Figuras "armação de arame"

Um dos maiores problemas no desenvolvimento de uma figura de um objeto é descrevê-lo em linguagem de computador. Uma maneira comum é imaginar o objeto como se composto de arames que representam cada borda do objeto. Isto é conhecido como o modelo de "armação de arame" do objeto (ver Figs. 20.7 a 20.11). A descrição de um modelo "armação de arame" deve consistir das coordenadas x, y, z de cada ponto de junção e uma explicação da maneira com que os cantos, nodos e vértices estão ligados. Qualquer tipo de objeto composto de faces planas é facilmente descrito por este método e desenhos ilustrados de objetos "armação de arame" são fáceis de produzir. A Fig. 20.7 mostra um sólido geométrico simples desenhado no estilo "armação de arame". Entender este objeto não é uma tarefa fácil. Mesmo assim, modelos "armação de arame" são desenhados freqüentemente por causa da simplicidade do programa de computador que os desenha.

28. Remoção das linhas escondidas

Para transformar um modelo "armação de arame" de um objeto em uma figura de um objeto sólido, temos que remover aquelas linhas, ou porções de linhas, que estão no lado detrás do objeto e que estariam escondidas da visão. Isto é uma tarefa muito difícil. A Fig. 20.8 representa o objeto da Fig. 20.7 com as linhas escondidas apagadas. A figura é muito mais fácil de interpretar e compreender. Contudo, o objeto parece plano e a ilusão de profundidade ainda não é pronunciada.

29. Objetos sombreados ou iluminados

O passo seguinte é sombrear ou colorir a superfície do objeto para dar a ilusão de profundidade. Uma técnica é admitir que o objeto está sendo iluminado de um certo ângulo. Com um tubo de raios catódicos com chapa de concentração é possível duplicar a iluminação, tornando algumas porções do objeto mais claras que outras. Todos os traçadores de gráficos mecânicos têm que duplicar a ilusão por hachurar, o que é uma ilusão não muito desejada. Impressoras térmicas, painéis de plasma, tubos de raios catódicos com memória e tubos de raios catódicos sem chapa de concentração têm que usar uma densidade de pontos para produzir sombreado. Aparelhos gráficos eletrostáticos também conseguem produzir áreas sombreadas com algum realismo. A Fig. 20.10 mostra o objeto das Figs. 20.7 a 20.9 com sombreado que produz o efeito de uma luz brilhando sobre ele, de uma certa direção. A ilusão criada dá ao objeto uma aparência mais sólida e, obviamente, aumenta a facilidade de interpretá-lo e compreendê-lo.

Quanto mais realística é a representação ilustrada de um objeto, tanto maior a complexidade do programa de computador. Além do mais, superfícies curvas incrementam o grau bastante real de complexidade que não é fácil de resolver.

30. Aspectos ortográficos

Para ilustrar que desenhos de projeção ortográfica nada são além de casos especiais de programas de desenhos ilustrados gerais, o objeto das Figs. 20.7 a 20.10 é mostrado na Fig. 20.11, vista do topo, de frente e do lado direito, vistas ortográficas produzidas com um programa idêntico ao que desenhou a Fig. 20.7, mudando apenas os ângulos usados para ver o objeto. Uma vez que o caso geral de ilustração foi resolvido, o programa é capaz de desenhar todas as perspectivas de um único objeto.

31. Aspectos ortográficos sumários

O uso eficiente de gráficos em computador requer um profundo conhecimento dos princípios de expressão e projeção gráficas. A rotina dos gráficos de computador não nos tira a responsabilidade do conhecimento. Eles nos fornecem um robô incansável que fará nossos desenhos por nós uma vez que saibamos o que o desenho deverá ser. Nós é que temos que comandar o robô; ele não pode comandar-nos. Um velho princípio de computador nos lembra que erros de entrada criam erros de saída. A figura será apenas tão boa quanto as nossas idéias.

32. Gráficos interativos

Um desenhista poderá querer desenhar uma figura, examiná-la e ter algumas partes da figura mudadas. Isto pode ser feito de diversas maneiras. Uma, é mudar o programa do computador em uso e processá-lo novamente. Este tipo de operação é comumente conhecido como *batch mode* "modo em lotes". Um outro método é escrever o programa gráfico de computador de tal maneira que ele possa aceitar mudanças enquanto está sendo executado. Isto é comumente chamado de "gráficos interativos" e é o melhor meio de fazer o que poderia ser chamado de desenho de tentativa e erro.

33. Terminais interativos

A forma mais comum de gráficos interativos usa um visor de tubo de raios catódicos ligado a um teclado semelhante ao de uma máquina de escrever para datilografar informações no programa de computador. Esta forma de interação é tão comum e popular, que a própria palavra "terminal" veio a significar o tipo de aparelho que inclui uma tela de tubo de raios catódicos para imprimir as respostas do computador. Terminais deste tipo podem ser operados como se fossem uma máquina de escrever; a datilografia aparece na tela ao invés de no papel. Uma vez que um terminal é um aparelho de dois sentidos, o programa de computador pode escrever perguntas e reagir às ações do usuário na tela. Se o equipamento de exposição é capaz de produzir gráficos ilustrados, o usuário pode datilografar parâmetros para produzir um desenho, obtê-lo produzido na tela, examiná-lo e datilografar mudanças nos parâmetros para produzir outro desenho. Uma vantagem em usar tubos de raios catódicos nesta operação é que não se obtém uma cópia impressa até o desenho estar correto. Quando se usa traçadores de gráficos mecânicos, por exemplo, um desenho incorreto leva tanto tempo para ser desenhado como um correto. Além disto, os terminais de tubo de raios catódicos são muito mais rápidos que os traçadores de gráficos mecânicos e os erros são achados mais rapidamente. Qualquer aparelho traçador de gráfico poderia ser usado para gráficos interativos.

34. Canetas magnéticas

Um aparelho singular, conhecido como caneta magnética, é usado para identificar informação num painel de vídeo. A caneta magnética parece uma caneta desproporcional, ligada a um cabo. É usada para apontar para um determinado ponto na figura da tela. Quando um feixe de elétrons que está desenhando uma figura no tubo de raios catódicos passa pela extremidade da caneta magnética, um sensor na caneta dispara circuitos especiais no terminal, que então identifica as coordenadas, na tela, da posição do feixe de elétrons nesse instante. Assim, a posição da caneta é conhecida. Programas gráficos especiais têm testes embutidos que são capazes de interpretar esta caneta magnética como um sinal para produzir ações específicas. Por exemplo, se o tubo de raios catódicos tem uma lista de itens impressos na tela, a caneta magnética pode ser usada para apontar para uma das linhas impressas. Se a tela tem um desenho, a caneta magnética pode ser usada para arrastar uma parte do desenho de um ponto a outro na tela. Se a figura no visor é composta de representações separadas de componentes eletrônicos, tais como transistores, capacitores (condensadores) ou resistores, a caneta magnética pode ser usada para indicar como as conexões de fios devem ser feitas com estes componentes. O usuário adquire a impressão que se pode tirar uma linha no visor do tubo de raios catódicos com a caneta. Obviamente, considerável *hardware* está envolvido neste tipo de operação, de maneira que canetas magnéticas com tubos de raios catódicos são caras.

35. Instrução assistida por computador

O programa de instruções assistidas por computador utiliza as capacidades interativas de um tubo de raios catódicos ou de um exibidor de painel de plasma por fazer perguntas a estudantes e responder as suas respostas. Pelo fato de figuras serem úteis nos estudos, terminais de instrução assistidos por computador usualmente utilizam amplamente as capacidades de gráficos de figura. Aqui, a figura não é um resultado final, mas uma ajuda para entender um tópico.

36. Controle numérico de máquinas-ferramenta

Máquinas-ferramenta controladas numericamente são, em geral, usadas para produzir objetos complexos. Os programas que manipulam as ferramentas são comumente produzidos com a ajuda de um computador. Na maioria dos casos, um computador não manipula a máquina-ferramenta diretamente. Note que estamos nos referindo a maquinaria controlada numericamente, não a maquinaria controlada por computador. Máquinas-ferramenta controladas numericamente são manipuladas por programas semelhantes aos do computador. O programa descreve cada movimento que a máquina deve fazer através de um código do mesmo. O programa de controle numérico é, usualmente, perfurado em fita. A fita é, então, lida pela máquina ao produzir o objeto desejado. Muitas das ferramentas controladas por números somente substituem motores elétricos ou hidráulicos pelo operador da máquina.

37. Tipos de máquinas controladas numericamente

Quase todas as máquinas-ferramenta são capazes de serem desenhadas para operações de controle numérico. Algumas máquinas comuns que foram construídas como modelos de controle numérico são tornos mecânicos, máquinas de furar de mesa e fresas de broquear. Ferramentas de máquinas especializadas também foram desenvolvidas estritamente para funcionarem com controle numérico. Máquinas com dois eixos são capazes de se mover para frente, para trás, para a esquerda e para a direita. Uma máquina de três eixos tem, também, a capacidade de movimento para cima e para baixo. A máquina com dois e meio eixos possui o movimento para cima e para baixo que tem que ser regulado manualmente (ver Fig. 20.14). Note que a rotação da broca ou da fresa não é considerada um eixo, de maneira que um torno mecânico pode ser descrito como uma máquina de dois eixos. Ferramentas com capacidades muitos especiais requerem mais eixos de controle. Por exemplo, se a máquina de furar básica de três eixos fosse desenhada de modo a permitir que o cabeçote de broquear pudesse ser inclinado para frente ou para trás, ou para a esquerda ou para a direita, teríamos uma máquina de cinco eixos. Diferente da máquina de furar usual, que move a broca para dentro e para fora do cabeçote, esta máquina de cinco eixos iria mover o cabeçote ao longo do eixo de perfuração para produzir este eixo de movimento. Assim, qualquer furo poderia ser bloqueado em qualquer ângulo, de vertical a horizontal, e em qualquer ponto da superfície superior de um objeto. Substituindo a broca por uma fresa, formas muito complexas poderiam ser produzidas usando os cinco eixos de movimento. É claro que os custos acompanham as funções e que máquinas com cinco eixos são muito dispendiosas.

38. Máquinas de dois eixos controladas numericamente

A máquina de dois eixos controlada numericamente mais conhecida é o torno mecânico. O torno, que foi chamado o "rei das máquinas-ferramentas", basicamente produz superfícies de revolução. Todavia, alguns itens, tais como roscas de parafuso, são produzidos em tornos e não obedecem à definição comum de uma superfície de revolução. Tornos destinados a produção comercial são, geralmente, do tipo revólver, onde uma série de ferramentas cortantes é mantida num conjunto rotativo do carro. As ferramentas de corte mais apropriadas para diversas operações de usinagem, tais como torneamento cilíndrico, aplainamento e rosqueamento, podem facilmente ser giradas para a posição de corte, girando-se o revólver.

As funções de um torno que estão sob o controle de um operador humano inclui a velocidade de rotação da peça a ser trabalhada, a posição da ferramenta do revólver, a direção do fluido refrigerante sobre a peça, alimentação longitudinal, alimentação transversal e a engrenagem conjunta da peça e da alimentação longitudinal para produzir roscas. Um programa de usinagem de controle numérico pode controlar todos estes itens automaticamente. Por causa do grande número de informações e a sincronização precisa, necessária para produzir corretamente as ações das ferramentas, um computador seria útil na produção de fitas mestras que dirigem a ferramenta.

Fig. 20.14 – Uma furadeira de dois e meio eixos, controladas numericamente.

39. Máquinas de dois e meio e três eixos

Uma outra máquina comum é a furadeira, também chamada máquina de furar. Consiste de uma mesa, sobre a qual é montada a peça a ser trabalhada, um cabeçote de perfuração, que pode girar a ferramenta perfurante ou broca, um mecanismo para mover a broca para cima e para baixo e uma estrutura suficientemente forte para conectar todos estes itens. A mesa de perfurar pode ser desenhada para se mover, para a esquerda ou a direita, e de frente para trás, permitindo movimentos nas direções das coordenadas x e y. Isto responde por dois eixos de movimento. Movendo a broca para baixo para fazer um furo nos dá um terceiro eixo de movimento. Contudo, se o movimento para cima e para baixo é operado por paradas mecânicas ao invés de um programa de controle numérico, a máquina é chamada de dois e meio eixos. A máquina mostrada nas Figs. 20.14 e 20.15 tem as esperas do terceiro eixo embutidas numa espécie de revólver, de maneira que uma variedade de esperas pode ser escolhida girando-se o revólver. A escolha das esperas está sob o controle do programa controlado numericamente. Movendo-se a mesa com a peça a ser trabalhada afixada, pode-se broquear furos nesta peça em lugares selecionados. As funções sob controle numérico numa máquina deste tipo incluem posições x da peça; posição y da peça; velocidade de rotação da broca; escolha de pares de esperas de subida e descida; uso de fluido refrigerante (ligar ou desligar) e de subida, descida ou substituição da broca; e parada

Fig. 20.15 – Brocas e perfuratrizes para furos de diversos diâmetros e profundidades para serem usadas na máquina da Fig. 20.14.

da máquina. O uso de um computador para preparar o programa para o controle numérico de uma máquina de dois e meio eixos é útil, mas não obrigatório.

As máquinas de três eixos têm controle total sobre os eixos de movimento *x*, *y* e *z*. A máquina da Fig. 20.14 poderia ser convertida numa máquina de três eixos, substituindo-se as esperas mecânicas por controle numérico das posições exatas de subida e descida da broca. Outros tipos de máquinas que poderiam ser classificadas como sendo máquinas de três eixos incluem fresas, limadoras e plainas. Máquinas de três eixos requerem controle numérico complexo que tem que ser preparado por um computador.

40. Máquinas de cinco eixos

As máquinas de cinco eixos são as mais versáteis das máquinas controladas numericamente. A máquina de cinco eixos fornece o mesmo tipo de flexibilidade que o punho dá à nossa mão e ao braço. A máquina de cinco eixos tem todas as capacidades da máquina de três eixos. Além disto, o cabeçote desta máquina é modificado de tal maneira que ela pode operar com qualquer ferramenta de corte rotativa. A mesa sobre a qual a peça a ser trabalhada é montada pode ser movida nas direções das coordenadas *x* e *y*, bem como nas direções da coordenada *z*. O cabeçote pode, também, ser movido para cima e para baixo, enquanto a mesa permanece estacionária no eixo *Z*. Um eixo adicional de movimento é obtido dobrando-se o cabeçote broqueador ou fresador para a frente ou para trás. O outro eixo adicional de movimento é a rotação em torno do eixo *Y*, fazendo com que o cabeçote se incline para os lados. Com um cabeçote de usinagem e uma ferramenta apropriados, praticamente pode-se usinar qualquer forma. Por exemplo, seções de asas de aviões supersônicos são freqüentemente usinados de fatias de material cru usando-se uma máquina de cinco eixos. O uso de um computador para preparar um programa de controle numérico de cinco eixos é obrigatório, se algum trabalho útil deverá ser feito pela máquina. Uma máquina de cinco eixos deveria ser chamada de máquina de esculpir, já que é capaz de produzir superfícies que não são nem planas nem de revolução. Máquinas-ferramenta controladas numericamente podem produzir objetos que até agora pertenciam ao campo dos métodos de fundição. A principal razão por que as máquinas de cinco eixos não substituem todos os métodos esculturais de fabricação é que elas custam centenas de milhares de dólares e necessitam de um computador para mantê-las funcionando.

41. Monitoração de máquinas controladas numericamente

As máquinas controladas numericamente devem ter os movimentos axiais de usinagem sob rígido controle, a fim de que os objetos que estão sendo usinados sejam exatamente do esquema desejado. Motores elétricos dirigindo articulações mecânicas ou movimentos hidráulicos são muitas vezes usados para produzir os movimentos necessários. São dois os métodos usados para monitorar a grandeza dos movimentos. Um é usar um aumento básico de movimento que pode ser contado para produzir o movimento total desejado. Assim, um aumento de 0,1 mm no movimento de usinagem iria requerer 283 aumentos para produzir um movimento total de usinagem de 28,3 mm. Existem problemas com este método, porque pequenos aumentos de movimento requerem um grande número de aumentos para produzir um movimento extenso e grandes aumentos de movimento produzem objetos de menor precisão da que poderia ser desejada.

Um segundo método de monitorar movimento é por meio de realimentação. Em essência, a posição do corte controlado numericamente é detectada por um mecanismo, geralmente um circuito eletrônico de leitura, de maneira que a ferramenta controlada numericamente pode ter sua posição verificada e modificada em frações de segundo. Nenhum destes métodos é um projeto de desenho trivial. Mesmo que movimentos precisos possam ser monitorados pela ferramenta controlada numericamente, é necessário que estes movimentos sejam produzidos de pontos de referência localizados precisamente. Isto significa que a máquina controlada numericamente tem que ser capaz de colocar a ferramenta na posição correta, com exatidão, de maneira a permitir que o programador possa designar uma posição desejada com facilidade e precisão. Para conseguir isto, é usada uma combinação de aparelhos de leitura elétricos, mecânicos, hidráulicos e eletrônicos.

Apesar dos métodos de leitura e localização precisos, as ferramentas de corte não são agarradas pelos suportes com a precisão desejada, ficam cegas e necessitam ser afiadas. Por estas razões, é difícil a colocação correta da borda cortante da ferramenta de corte com respeito às coordenadas de suporte da ferramenta. Para resolver este problema, máquinas controladas numericamente são normalmente equipadas com aparelhos que permitem ao operador girar num movimento compensatório, se for descoberto que a ferramenta de corte não está iniciando o corte da usinagem no lugar certo. Compensação adicional pode ser acrescida, quando se descobre que o uso da ferramenta não produziu as peças de acordo com as especificações.

42. Programação de máquinas controladas numericamente

O problema básico em monitorar máquinas controladas numericamente é o de produzir os movimentos certos ao longo dos eixos de movimento a fim de produzir um objeto com a configuração desejada. Some-se a estes requisitos a necessidade de controlar as velocidades de corte, fluidos refrigerantes e geometria do objeto e se verá que computador é um aparelho útil para realizar todos os cálculos necessários. Um aspecto da geometria do objeto irá ilustrar a necessidade de assistência de alto nível. Suponhamos que uma fresa terminou um corte no ponto *A* e deverá ser movido para um ponto *B* do objeto. Diferentemente do traçador de gráficos de estilete mecânico, a fresa não executará este movimento de maneira simples. Em primeiro lugar, deve ser determinado se existe alguma parte do objeto que esteja no caminho de *A* até *B*. Se a fresa colidir com uma parte do objeto durante o movimento, poderá avariar a máquina controlada numericamente ou o objeto a ser usinado. Um programa útil para máquinas controladas numericamente inclui a habilidade em detectar colisões como estas e evitá-las, movendo a ferramenta de corte num rumo alternativo. Os movimentos de uma máquina de cinco eixos são tão complexos, que somente um programa de computador de enorme capacidade poderá manipular os cálculos necessários. Um certo número de linguagens especiais para máquinas controladas numericamente foi desenvolvido, tais como APT, SPLIT, UNIAPT e COMPACT. Em cada uma delas, o programador tem que descrever a máquina a ser usada e a geometria do objeto a ser usinado. O programador e o programa de computador interagem para produzir uma fita final dos movimentos que se deseja que a ferramenta execute.

43. Usos de máquinas controladas numericamente

As máquinas controladas numericamente preenchem um vazio nas máquinas-ferramenta entre a produção controlada à mão e os métodos de produção em massa. Operando com a versatilidade da máquina operada à mão e as qualidades operacionais de precisão da máquina especial, a máquina controlada numericamente é capaz de produzir um moderado número de objetos essencialmente idênticos. A máquina controlada numericamente de cinco eixos é capaz de produzir objetos que antes eram impossíveis de fabricar. Máquinas controladas numericamente constituem uma parte importante no mundo industrial.

44. O impacto na expressão gráfica de engenharia

O maior impacto que tanto a expressão gráfica no computador quanto a usinagem controlada numericamente exercem sobre os desenhos de engenharia, são os métodos pelos quais a geometria de um objeto é descrita. O método de cotagem será diferente em indústrias específicas que usam máquinas-ferramenta controladas numericamente, porque cada indústria irá querer prover seus usuários com informações de maneira mais conveniente para suas circunstâncias especiais. Todavia, de momento, não existem padrões de cotagem para usinagem controlada numericamente. Espera-se que brevemente o ANSI irá desenvolver normas e recomendar métodos.

21 DESENHO ELÉTRICO E ELETRÔNICO

A representação de sistemas elétricos ou eletrônicos é executada predominantemente pelo uso de descrições ortográficas combinadas a diagramas simbólicos.

Padrões de desenhos • Símbolos gráficos • Esquemas de diagramas • Representação de contatos e terminais • Identificação de peças • Valores numéricos • Diagramas • Circuitos impressos • Problemas.

1. Sistemas elétricos: considerações importantes

Quase todos os projetos de engenharia incluem componentes mecânicos e elétricos. Os componentes elétricos consistem de itens tais como fontes de alimentação, motores, geradores, controles, equipamentos de aquecimento e resfriamento e iluminação para indústrias; conversão de energia, aparelhagem de controle, sistemas de orientação e outros aparelhos para transporte no ar, na terra e na água; sistemas de comunicação com e sem fio; e utensílios domésticos elétricos e eletrônicos para o conforto e a conveniência do dia-a-dia. Assim, o conhecimento de sistemas elétricos é importante para cada engenheiro. Nosso propósito, aqui, é mostrar os tipos de desenhos necessários para representação dos sistemas elétricos, fornecer orientação para esboços em engenharia elétrica e apontar a importância da expressão gráfica neste campo.

Desenhos de equipamento elétrico, tais como maquinaria, engrenagens de câmbio e circuitos componentes, são baseados nos mesmos princípios daqueles usados para equipamentos mecânicos. Devido à complexidade dos dispositivos usados em circuitos elétricos, símbolos gráficos são necessários para simplificar sua representação. Os símbolos gráficos para diagramas elétricos foram padronizados no boletim ANSI Y32.2. O *American Drafting Standards Manual*, ANSI Y14.15, fornece detalhes para desenhos de diagramas elétricos.

2. Diagramas

Muitos tipos diferentes de diagramas são utilizados para mostrar disposições dos componentes e conexões de fiação elétrica. A Fig. 21.1 é um exemplo.

As definições para diagramas elétricos, a seguir adotadas como padrões pelo ANSI, são transcritas do Y14.15.

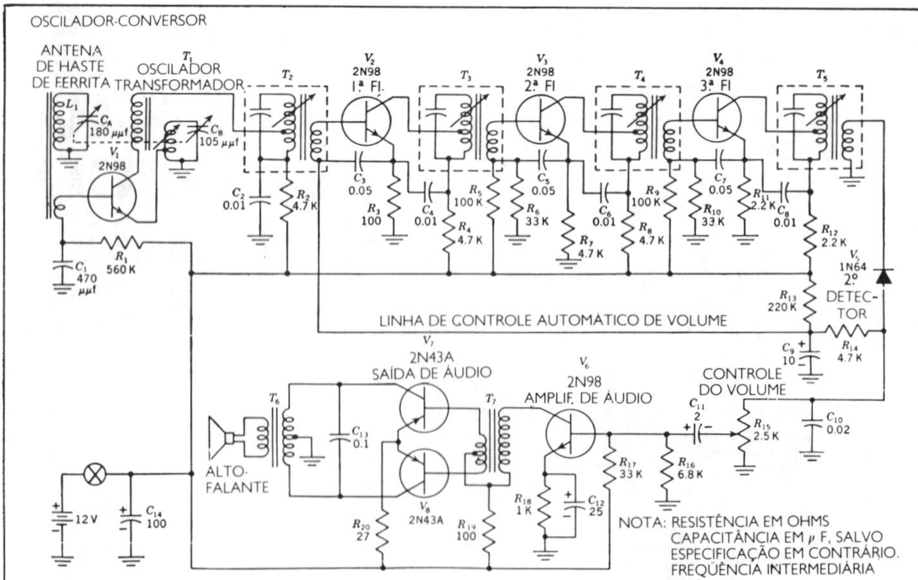

Fig. 21.1. Um diagrama esquemático. É usado num pequeno rádio transistorizado. Os símbolos mostram os componentes; as notas dão os valores e as identificações.

Diagrama de linha simples ou linha única. "Um diagrama que mostra, por meio de linhas simples e símbolos gráficos, o curso de um circuito elétrico ou sistema de circuitos e os dispositivos ou partes componentes usadas nos mesmos." Ver Seç. 21 e Fig. 21.20.

Diagrama esquemático ou elementar. "Um diagrama que mostra, por meio de símbolos gráficos, as conexões elétricas e as funções de um arranjo de circuito específico. O diagrama esquemático facilita o acompanhamento do circuito e suas funções sem consideração ao tamanho físico, forma ou localização reais dos dispositivos, ou partes componentes." (Ver Seç. 22 e Fig. 21.1 e 21.2).

Diagrama de conexões ou de fiação elétrica. "Um diagrama que mostra as conexões de uma instalação ou seus dispositivos ou partes componentes. Pode cobrir conexões internas ou externas, ou ambas, e contém tantos detalhes quantos necessários para fazer ou acompanhar as conexões envolvidas. O diagrama de conexões usualmente mostra os arranjos físicos gerais dos dispositivos e partes componentes."

Diagrama de interconexão. "Uma forma de diagrama de conexão ou de fiação elétrica que mostra apenas as conexões externas entre as unidades montadas ou equipamento. As conexões internas das unidades montadas ou equipamento são, geralmente, omitidas."

O material aqui apresentado se destina a fins puramente educacionais. Para uso comercial, deve-se seguir a última edição do ANSI ou outros padrões de nível nacional.

3. Os títulos dos diagramas

O título de um diagrama é dado para definir o seu tipo e o sistema ou componente para o qual é feito. Alguns exemplos são: diagrama de linha simples-circuito de áudio; diagrama esquemático-oscilador vertical.

4. Diagramas combinados

Diagramas que combinam características de mais de um tipo, freqüentemente são mais úteis do que aqueles em suas formas puras, definidos na Seç. 2. Por exemplo, um diagrama esquemático pode incluir informação de fiação elétrica ou detalhes de interconexão, especialmente quando é feito para somente uma porção de um circuito completo. Note que na Fig. 21 as conexões a outras partes do circuito são mostradas e identificadas. O título para um diagrama combinado obedece ao propósito "principal" do diagrama.

5. Tamanho do desenho e formato

Os tamanhos e formatos para desenhos elétricos obedecem aos padrões do ANSI.

6. Convenções de linhas e letreiros

Uma linha de espessura média, como mostrada na Fig. 21.2, é recomendada para uso geral em diagramas elétricos. Linhas finas são usadas para suportes e linhas condutoras. Uma linha grossa é usada para enfatizar uma característica especial. Todavia, a espessura de uma linha não tem significação – ela é escolhida somente para facilitar a leitura de um diagrama. Quando um desenho para reprodução é reduzido no seu tamanho, como, por exemplo, para um manual, a ponderação das linhas são aumentadas para dar boa legibilidade.

Os letreiros em desenhos e diagramas elétricos deverão ser feitos em letras maiúsculas. Nos desenhos feitos para reprodução direta (do mesmo tamanho), as letras menores não deverão ter menos de $^1/_8$ pol de altura. Desenhos reduzidos para manuais deverão ter seus letreiros num tamanho não inferior a $^1/_{16}$ pol de altura, após reduzidos.

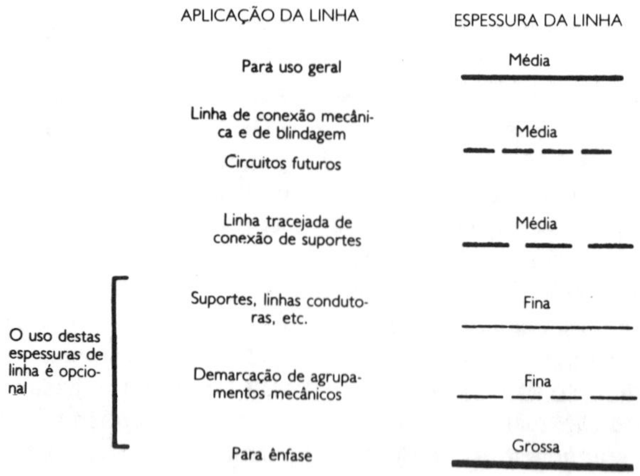

Fig. 21.2 – Convenções de linhas para diagramas elétricos. Linhas médias e finas são usadas para todas as normalmente necessárias em diagramas elétricos. Linhas grossas são usadas somente para dar ênfase.

7. Símbolos gráficos

Os símbolos gráficos em diagramas elétricos obedecem ao *American Standard Graphical Symbols for Electrical Diagrams*, ANSI Y32.2, ou outros padrões de nível nacional se o símbolo não está previsto pelo *American Standard*. Uma seleção de símbolos, adaptados do ANSI Y32.2, é dada no Apêndice. Para componentes especiais, se não há nenhum símbolo adequado, um apropriado pode ser criado, mas deve ser explicado numa nota. Símbolos que possam sofrer rotação ou inversão sem afetar seu significado podem ser desenhados de maneira a simplificar o esquema do circuito. Os símbolos podem ser desenhados em qualquer tamanho conveniente que sirva para o diagrama e produza boa leitura.

8. Esquemas de diagramas elétricos

A melhor maneira para começar um diagrama elétrico é fazer um esboço à mão livre do arranjo proposto. Enquanto fizer isto, coloque os símbolos – lembrados ou obtidos do *Standard* (Apêndice) – na melhor posição, eliminando longas linhas de conexão e que exige o mínimo de cruzamentos. Ao fazer o desenho propriamente dito, use o esboço como guia. O esquema deverá mostrar proeminentemente as características principais. Deve-se espacejar os símbolos e as linhas de modo que se tenha área suficiente para anotações e informações de referência. Todavia, evite grandes espaços vazios a não ser que uma área seja necessária para circuitos ou informações a serem acrescentados posteriormente. Em geral, os diagramas elétricos são desenhados para seguir o circuito, sinal ou a trajetória das transmissão, da entrada à saída, da fonte à carga, ou na ordem da seqüência funcional.

Linhas de conexão são desenhadas horizontalmente ou verticalmente e com o mínimo de curvas e cruzamentos. Não mais do que três linhas deverão ser mostradas conectadas num ponto quando um arranjo alternativo é possível. Linhas paralelas são dispostas em grupos, de preferência três por grupo, com espaço duplo entre eles. Ao agrupar linhas paralelas, as linhas que representam funções afins são reunidas em grupo. Linhas paralelas não deverão estar mais próximas do que $^{1}/_{16}$ pol no tamanho reduzido final.

Trajetórias interrompidas são usadas quando necessárias num diagrama, porém cada uma deverá ser identificada e seu destino mostrado. Letras, números ou abreviaturas usadas para identificações deverão ser colocadas o mais próximo possível do ponto da interrupção. A Fig. 21.3 mostra dois exemplos de trajetórias interrompidas: trajetórias múltiplas à esquerda e trajetórias simples à direita.

Linhas agrupadas interrompidas são usadas em diagramas quando necessário. O destino do grupo é mostrado por colchetes e identificando como na Fig. 21.4, ou usando uma linha tracejada conectando os colchetes como na Fig. 21.5. A linha tracejada é desenhada de maneira a não formar uma continuação de qualquer uma das linhas do grupo interrompido.

Abreviaturas usadas em diagramas elétricos deveriam estar em conformidade com o *American Standard Abbreviations for Use on Drawings*, Y1.1 ou outro padrão de nível americano se a abreviatura não consta no *American Standard*. Se não existe nenhuma abreviatura adequada, uma especial pode ser usada, mas deverá ser explicada por uma anotação no diagrama.

9. Representação de contatos elétricos

Os símbolos de interruptores (ver o Apêndice e o ANSI Y32.2) deverão ser mostrados em posições de força operacional não aplicada. Para interruptores que possam estar em qualquer uma de duas ou mais posições com nenhuma força operacional aplicada, ou para interruptores ativados por meios mecânicos ou elétricos, uma anotação do desenho deverá identificar a fase funcional mostrada no diagrama. Contatos de relé deverão ser mostrados em posições desprovidas de energia.

10. Identificação de terminais

Identificações de terminais são adicionadas aos símbolos gráficos para mostrar

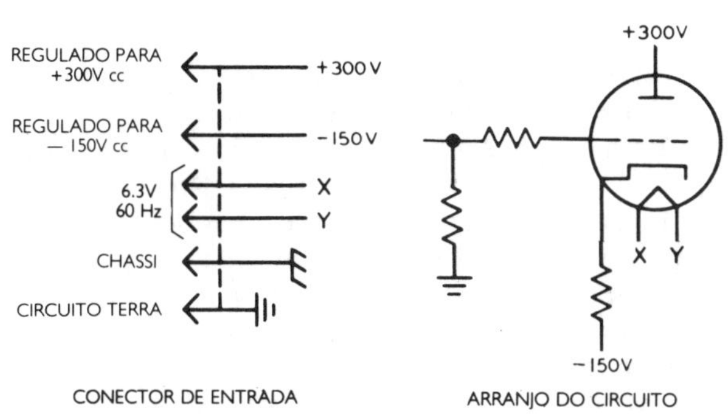

Fig. 21.3 – Identificação de linhas interrompidas. Do lado esquerdo da figura: grupo de linhas interrompidas no diagrama. Do lado direito da figura: linhas simples interrompidas no diagrama.

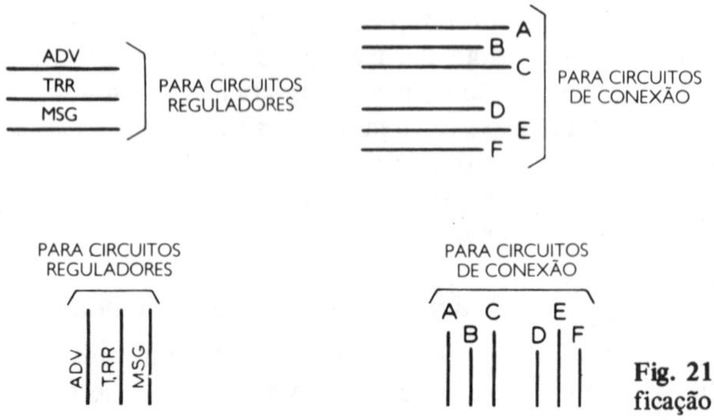

Fig. 21.4 – Arranjo típico de identificação e destinação de linhas.

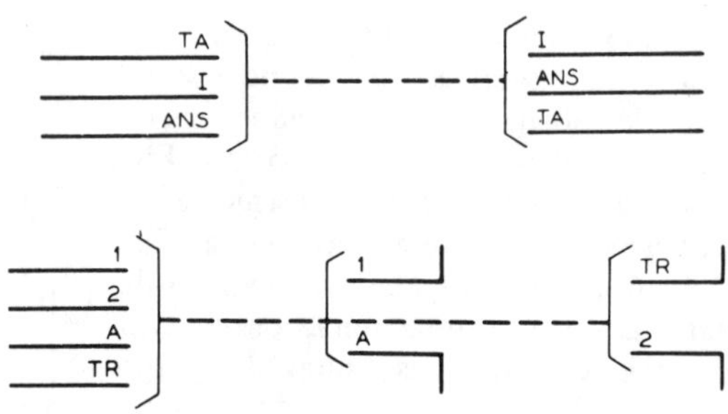

Fig. 21.5 – Linhas interrompidas típicas, interligadas por linhas tracejadas. A linha tracejada mostra os trajetos interrompidos que deverão ser ligados. As identificações individuais das linhas indicam as conexões que combinam.

as marcações físicas reais sobre ou próximas de partes terminais; também, podem ser atribuídos, quando não existem marcações numa peça, núeros ou letras arbitrárias de designação. As Figs. 21.6 e 21.7 mostram identificações de terminais nos símbolos de diagramas esquemáticos e de diagramas de orientação para a peça real. Quando as designações de terminais são atribuídas arbitrariamente, o diagrama de orientação *deve* ser incluído a fim de relacionar a designação da localização física real da peça. Desenhos perspectivos de uma peça, como na Fig. 21.8, são usados quando a identificação de um símbolo e uma simples anotação de orientação do terminal são insuficientes. Os desenhos perspectivos são muito usados em manuais de serviços.

Quando terminais ou condutores de uma peça são identificados por um código de cores, letras, números ou símbolos geométricos, esta identificação é mostrada sobre ou próxima à linha de conexão adjacente ao símbolo.

11. Identificação dos terminais de resistores ajustáveis

Se é necessário indicar a direção da rotação, é hábito referir-se ao movimento giratório como horário ou anti-horário,

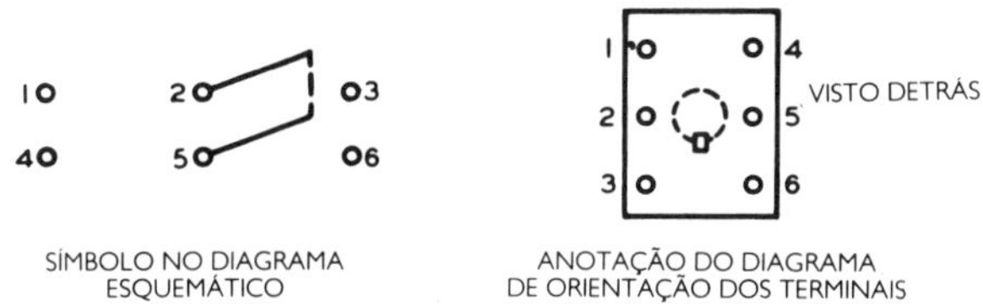

Fig. 21.6 – Identificação dos bornes de uma chave com ação de cotovelo.

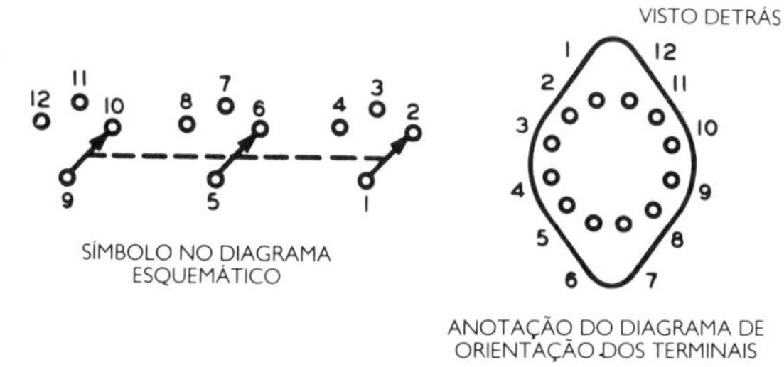

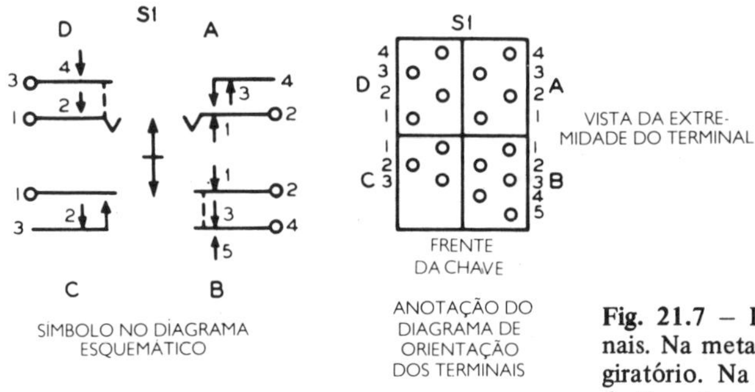

Fig. 21.7 – Identificação dos terminais. Na metade superior: interruptor giratório. Na metade inferior: chave do tipo alavanca multicontato.

quando a rotação é vista do botão ou terminal atuador do controle. O método preferido para identificação do terminal é o de designar com as letras CW o terminal adjacente ao contato móvel, quando está na posição extrema da posição horária, como mostra a Fig. 21.9*a*. Números também podem ser usados com o símbolo do resistor como mostra a Fig. 21.9*b*, no qual o nº 2 é atribuído ao contato ajustável. Derivações fixas adicionais são numeradas seqüencialmente, 4, 5, como em 21.9*c*.

12. Terminais de interruptor e funções de circuitos

A relação da posição do interruptor para a função do circuito é mostrada num diagrama esquemático por anotação próxima dos terminais, como à esquerda, na Fig. 21.10, ou em forma tabular, como

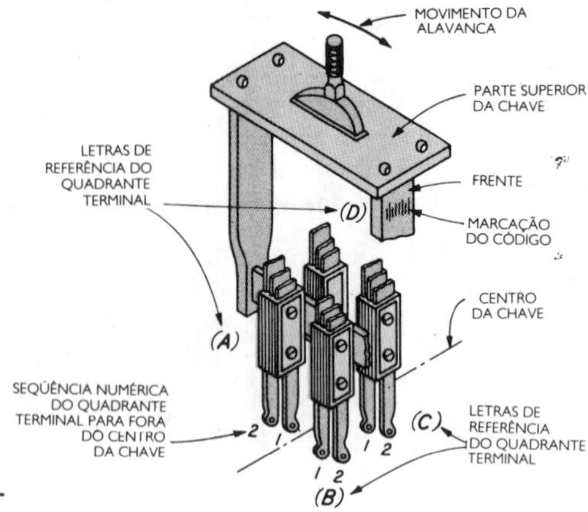

Fig. 21.8 – Desenho pictórico explicativo de uma peça elétrica. Mostra a relação e orientação dos elementos e dá a seqüência identificatória a ser usada num diagrama.

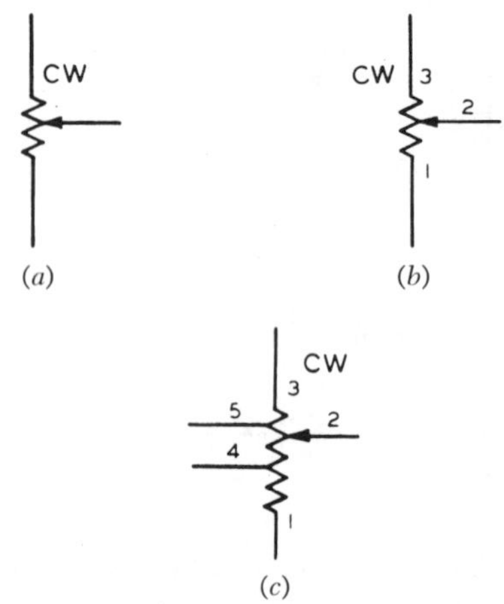

Fig. 21.9 – Identificação dos terminais. Este exemplo mostra identificações de um resistor variável para (*a*) derivação (ondas contínuas) contato variável mais próximo na posição extrema dos ponteiros de um relógio; (*b*) todas as derivações (nº 2 associadas ao contato variável); (*c*) derivações adicionais fixas (4 e 5).

à direita. Para chaves reversoras simples, as anotações ON (ligado) e OFF (desligado) são usualmente suficientes.

Chaves rotativas que executam funções envolvidas, como ilustrado na Fig. 21.11, podem ser explicadas usando-se a forma tabular mostrada. Nas listagens tabulares, hifens ligam os terminais que estão conectados.

13. Identificação dos pinos de válvulas eletrônicas

Os números dos pinos das válvulas são mostrados na parte externa do envoltó-

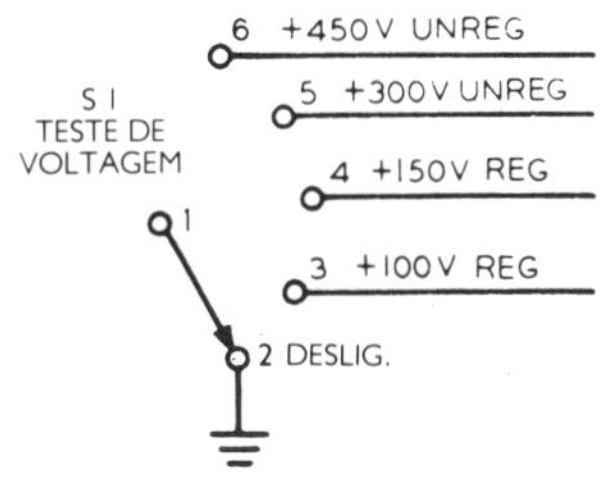

FUNÇÕES MOSTRADAS
JUNTO AO SÍMBOLO

Teste de voltagem SI	
Função	Limite
desligado	I - 2
+ I00V REG	I - 3
+ I50V REG	I - 4
+300V UNREG	I - 5
+450V UNREG	I - 6

FUNÇÕES MOSTRADAS
EM FORMA DE TABELA

Fig. 21.10 – Identificação da posição de função de uma chave rotativa. A escolha do método – por diagrama (à esquerda) ou por tabela (à direita) – é opcional. Estes métodos são recomendados para interruptores simples.

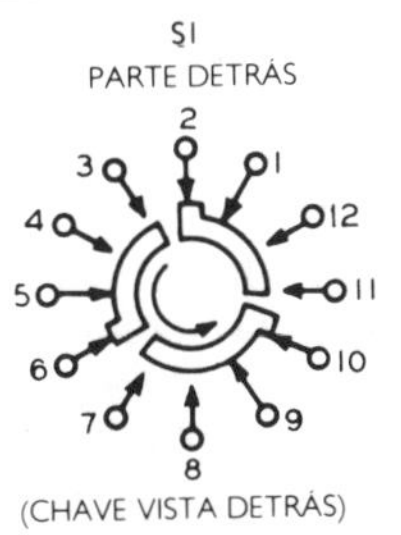

SÍMBOLO EM
DIAGRAMA ESQUEMÁTICO

S1		
Posiç.	Função	Terminais
I	Deslig (mostrada)	I-2,5-6,9-I0
2	prontidão	I-3,5-7,9-II
3	funcionar	I-4,5-8,9-I2

FUNÇÕES MOSTRADAS
DE FORMA TABULAR

Fig. 21.11 – Identificação de posição e função para uma chave rotativa. Identificação de posição e contato (apenas) são mostradas no próprio diagrama. A informação tubular então suplementa as informações funcionais. Este método é recomendado para interruptores ou chaves complexas.

rio das mesmas e diretamente acima ou de um lado da linha de conexão, como na Fig. 21.12*a*. Um método alternativo é mostrado em 21.12*b*, onde os círculos correspondem às localizações físicas aproximadas dos pinos quando a válvula é vista de baixo. Começando com o pino adjacente ao guia da base da válvula ou outro ponto similar de referência, os círculos são numerados consecutivamente no sentido dos ponteiros do relógio.

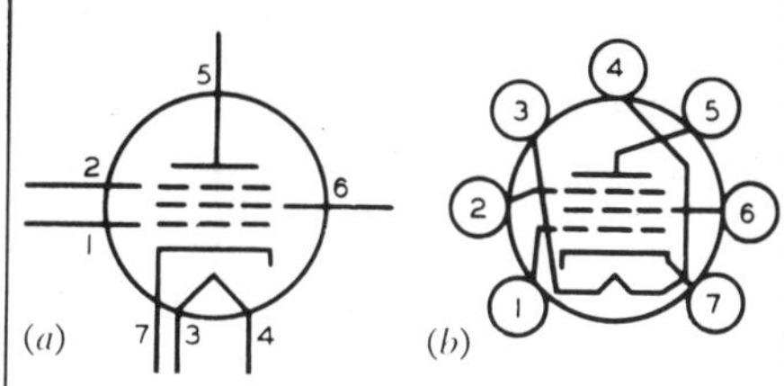

Fig. 21.12 – Identificação dos terminais de pinos de válvulas eletrônicas (*a*) Números arbitrários foram designados; (*b*) a localização física é mostrada quando a válvula é vista pela parte de baixo.

14. Identificação de peças por números e letras de sufixo

Subdivisões de peças são indicadas pela adição de letras – sufixo à designação de referência. Por exemplo, C1A e C1B designarão seções eletricamente separadas de um capacitor duplo C1.

Letras-sufixo são igualmente usadas para identificar subdivisões de uma peça completa quando as peças individuais são mostradas incluídas ou associadas numa unidade, como mostra a Fig. 21.13.

15. Identificação das partes de uma chave rotativa

Quando as partes de uma chave rotativa são designadas por S1A, S1B, S1C, etc., as letras-sufixo começam com A no botão ou terminal atuador e são atribuídas subseqüentemente se afastando desta posição. Cada seção da chave é mostrada vista do mesmo ponto, como na Fig. 21.14*a*. Quando ambos os lados de uma chave rotativa são usados para funções diferentes, o terminal da frente (atuador) e o de trás deveriam ter símbolos diferenciados, modificando-se a designação de referência; por exemplo, S1A FRENTE e S1A FUNDO, como em 21.14*b*.

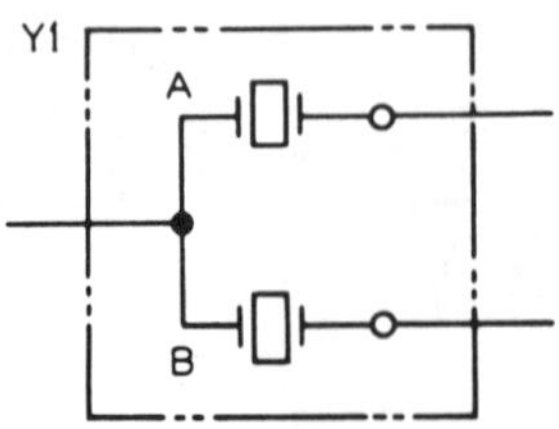

Fig. 21.13 – Identificação de peças por letras – sufixo. A e B são subdivisões da peça Y1. As identificações são Y1A e Y1B.

16. Identificação de peças pelo prefixo "parte de"

Quando partes de conectores, quadros de terminais ou seções de chaves rotativas são separadas funcionalmente no diagrama, as palavras PARTE DE são usadas precedendo a designação de referência, como na Fig. 21.15.

17. Identificação de peças como terminais individuais

Quando a separação de partes de conectores ou quadros de terminais no mesmo desenho fica muito extensa, as peças separadas podem ser identificadas como terminais individuais, como mostra a Fig. 21.16.

18. Designações de referência

Existem combinações de letras e números que identificam peças mostradas em diagramas de linhas simples e esquemáticos bem como em desenhos afins, tais como os desenhos de montagem e diagramas de conexão.

A porção numérica da designação segue a letra ou letras sem um espaço ou hífen e tem o mesmo tamanho da(s) letra(s); por exemplo, S4, MG5, T6A, etc.

A designação de números deve começar com os mais baixos no canto superior esquerdo do diagrama e prosseguir, consecutivamente, da esquerda para a direita, através do desenho. Quando algumas partes são eliminadas como resultado de uma revisão do desenho, as partes remanescentes não deverão ser renumeradas. Como uma ajuda para prestar conta de todas as designações de referência, uma tabela, como na Fig. 21.17, pode ser incluída, mostrando as designações de referência mais altas e as designações de referência não usadas.

Válvulas eletrônicas são identificadas por números do tipo de válvula, adicionados à designação de referência. A função

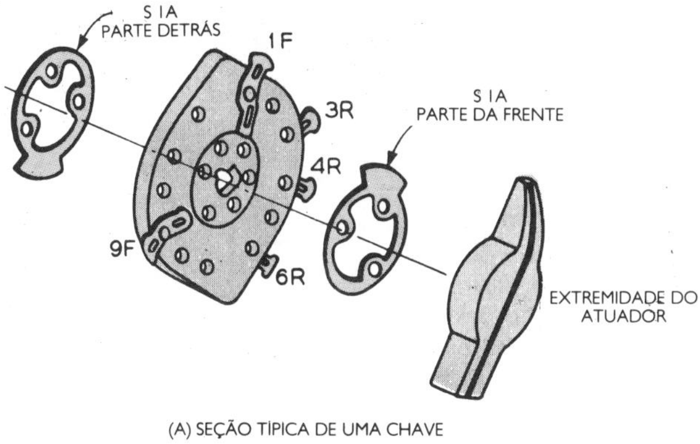

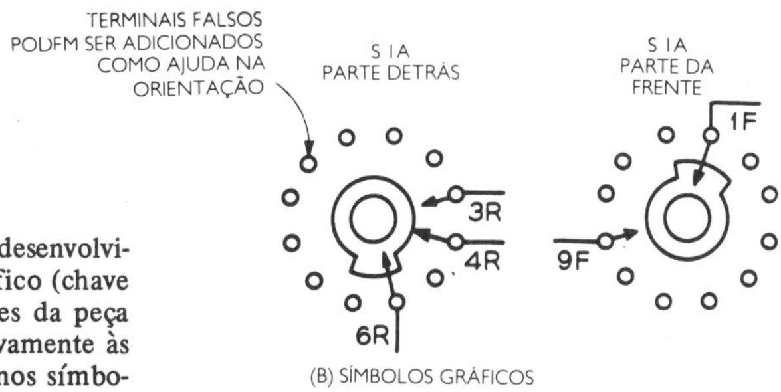

Fig. 21.14 – Um típico desenvolvimento de um símbolo gráfico (chave rotativa complexa). Porções da peça são orientadas umas relativamente às outras para identificação nos símbolos gráficos.

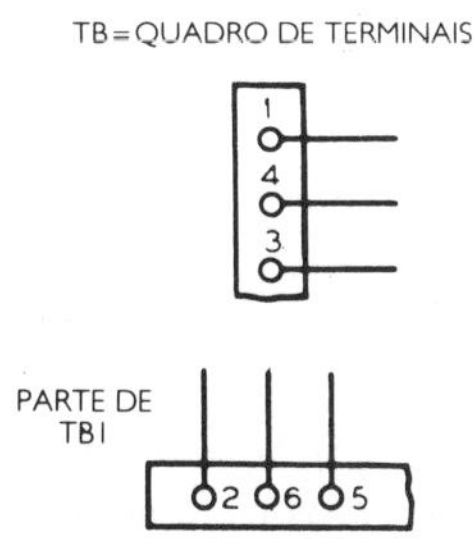

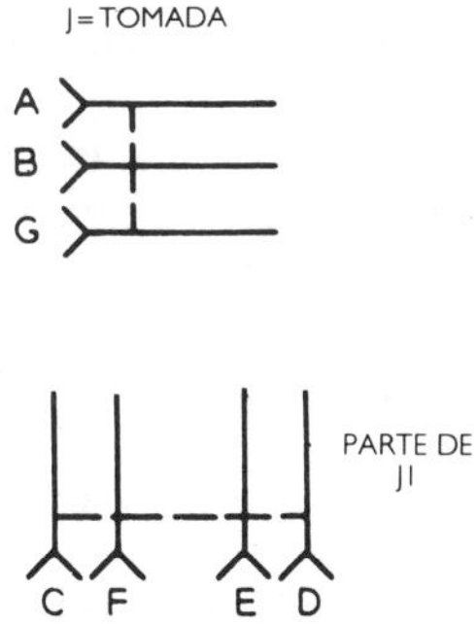

Fig. 21.15 – Identificação de peças por "parte de" como prefixo. Todas as porções "parte de" (separadas no diagrama) formam uma única unidade no painel de conectores ou terminais.

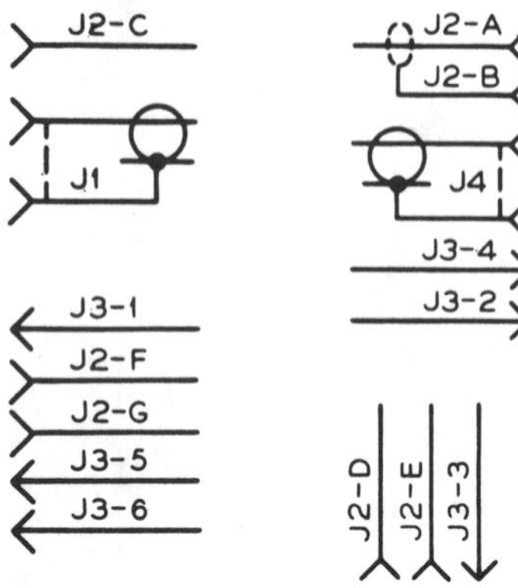

Fig. 21.16 – Identificação das peças como terminais individuais.

DESIGNAÇÕES DE REFERÊNCIAS MAIS ALTAS	
R65	C35
DESIGNAÇÕES DE REFERÊNCIAS NÃO USADAS	
R 7, R 9 R60, R62	C11, C14 C19, C23

Fig. 21.17 – Uma tabela típica com indicação das designações de referências numéricas mais altas e as omitidas.

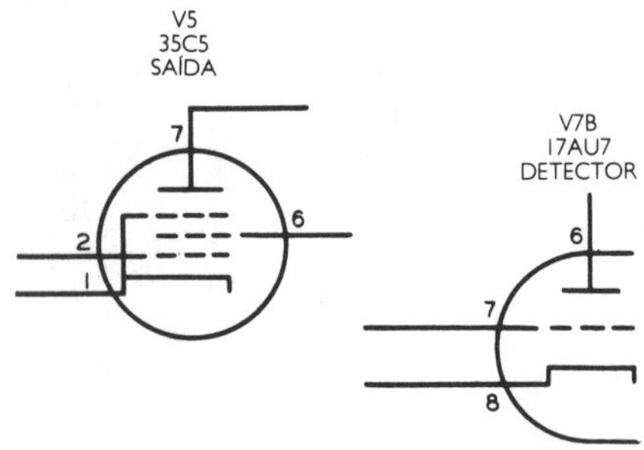

Fig. 21.18 – Designação de referência para válvulas eletrônicas. A designação de referência é dada no topo, a seguir, o número do tipo da válvula e, por fim, a função.

do circuito também pode ser dada abaixo do número do tipo de válvula, como na Fig. 21.18.

19. Valores numéricos para resistência, capacitância e indutância

O princípio modelo é o de usar expressões que requeiram o mínimo de cifras.

Resistência. Ao expressar resistências, métodos alternativos de expressão podem ser usados, dependendo do alcance dos valores expressos.

(*a*) Para a faixa de valores de 1 a 99.999 inclusive, *ohms* pode ser usado. Por exemplo, 15.000Ω. Para a faixa de 100.000 ohms e acima, a expressão *megohm* (equivalente a 1.000.000 ohms) pode ser usada. Por exemplo, 200.000 ohms podem ser expressos por 0,2 MΩ (megohms).

(*b*) Para a faixa de valores de 1.000 a 999.000, a abreviatura K (*quilohm*) pode ser usada, ao invés de ohms. Por exemplo, 56K em vez de 56.000 ohms. Este método de expressão é preferível ao método descrito em (*a*), quando os últimos três algarismos são zeros.

(*c*) Para valores de resistência inferiores a 1 ohm, o valor da resistência é expressa por um decimal. Por exemplo, 0,031Ω.

Capacitância. A capacitância até 9.999 *micromicrofarads* inclusive, deverão ser expressos em micromicrofarads. Capacitâncias de 10.000 micromicrofarads e acima deverão ser expressas como microfarads (equivalente a 1.000.000 micromicrofarads). Por exemplo, 92.000$\mu\mu$ F (micromicrofarads) deverão ser expressos como 0,092μ F (microfarads).

Indutância. A indutância pode ser expressa em *henries* (H), *milihenries* (mH) ou *microhenries* (μH). Por exemplo, 2μH em vez de 0,002mH e 5 mH ao invés de 0,005H ou 5000μH.

Pontos. Nos valores numéricos de quatro dígitos, o ponto é omitido.

Colocações de valores. Os valores numéricos dos componentes são colocados tão perto dos símbolos quanto mais prático for. Alguns arranjos preferidos são mostrados na Fig. 21.19.

20. Anotações

Para eliminar a apresentação das unidades de medidas que são aplicáveis através do diagrama, uma anotação geral pode ser dada e somente o valor numérico será dado no diagrama. Uma forma recomendada é: "Exceto quando especificado de maneira diferente: os valores de resistência são expressos em ohms. Os valores de capacitância são expressos em microfarads".

21. Diagramas de linhas simples

Um diagrama de linhas simples transmite informações básicas a respeito da operação de um circuito ou sistema de circuitos. Muitas das informações detalhadas, tais como as designações de referência, números de válvulas e valores de peças são omitidos. Igualmente, um diagrama de linhas simples é uma simplificação de circuitos multicondutores, tais como sistemas de comunicação e de potência, onde uma linha simples representa um grupo multicondutor. A Fig. 21.20 é um exemplo de diagrama de linhas simples.

22. Diagramas esquemáticos

Um diagrama esquemático mostra as funções elétricas e as conexões de um circuito. Os componentes elétricos são mostrados por símbolos (Apêndice e ANSI Y32.2). Os componentes são identificados por designações de referência (Seç. 18). Os valores dos componentes são dados por valores numéricos de resistência, capacitância e indutância (Seç. 19). Os parágrafos de 3 a 20 dão detalhes para a preparação de diagramas esquemáticos. A Fig. 21.21 é um exemplo.

23. Práticas especiais de desenho

A maior parte das práticas comerciais e economias descritas no Cap. 24 são aplicáveis ao se fazer diagramas e desenhos elétricos. De particular valia em desenhos elétricos são os gabaritos ou superposições, usos especiais de reprodução, fotodesenhos e o uso de desenhos ilustrados. Um exemplo de uma superposição gomada é mostrado na Fig. 21.22. Muitos circuitos padrão, porções de circuitos e símbolos gráficos estão disponíveis. A *Stanpat Co.* fabrica uma variedade, impressa em ma-

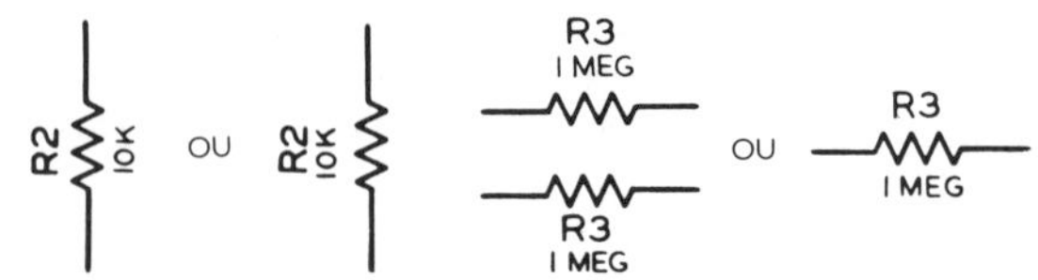

Fig. 21.19 – Colocação recomendada para os valores numéricos.

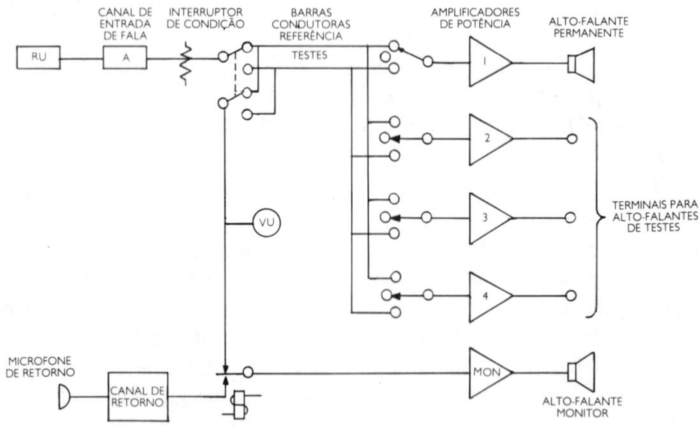

Fig. 21.20 – Um típico diagrama de linha simples. Este tipo de diagrama transmite informações funcionais básicas mas não fornece informações detalhadas. O ilustrado é para um complexo sistema de áudio.

terial transparente. A camada de trás é retirada e o esquema adesivo (*stanpat*) colado no seu lugar no desenho ou esboço. Gabaritos como os mostrados no Cap. 24 poupam muito tempo ao se desenhar símbolos. Estes são disponíveis de fabricantes de instrumentos para desenho (Ver bibliografia).

Quando não é necessária a precisão de um instrumento de desenho, algum tempo para desenhar pode ser poupado fazendo-se os diagramas elétricos à mão livre. Papel milimetrado com divisões impressas no fundo (ver Seç. 33, Cap. 5) promove economia. As linhas coordenadas ajudam a manter as linhas retas – particularmente as longas linhas paralelas de conexão. Os tamanhos dos símbolos não são importantes, porém deveriam ser mantidos em proporções que dêem uma boa aparência e facilitem a leitura no diagrama.

24. Modelos

Quando são usados modelos de plantas, o conduto é incluído com outros detalhes numa representação plena, em escala, de todos os condutores. Estes são adicionados ao modelo, depois que as máquinas, a tubulação de processamento, o encanamento, o equipamento especial, etc. já foram representadas. A rotulagem de potência e das linhas de controle em modelos é, às vezes, suplementada ou substituída por uma tabela de condutos.

A fim de apressar as conexões e a etiquetagem da fiação, ou para uso em serviço, são, às vezes, preparados fotodesenhos, tais como o da Fig. 21.23. É feita uma fotografia do equipamento propriamente dito e as conexões, instruções e identificações são adicionadas ao positivo da foto.

25. Desenhos de circuitos impressos

Circuitos impressos podem ser obtidos de esquemas desenhados com muita precisão. O método utiliza fiação laminada eficiente numa ampla variedade de plásticos isolantes permanentemente liga-

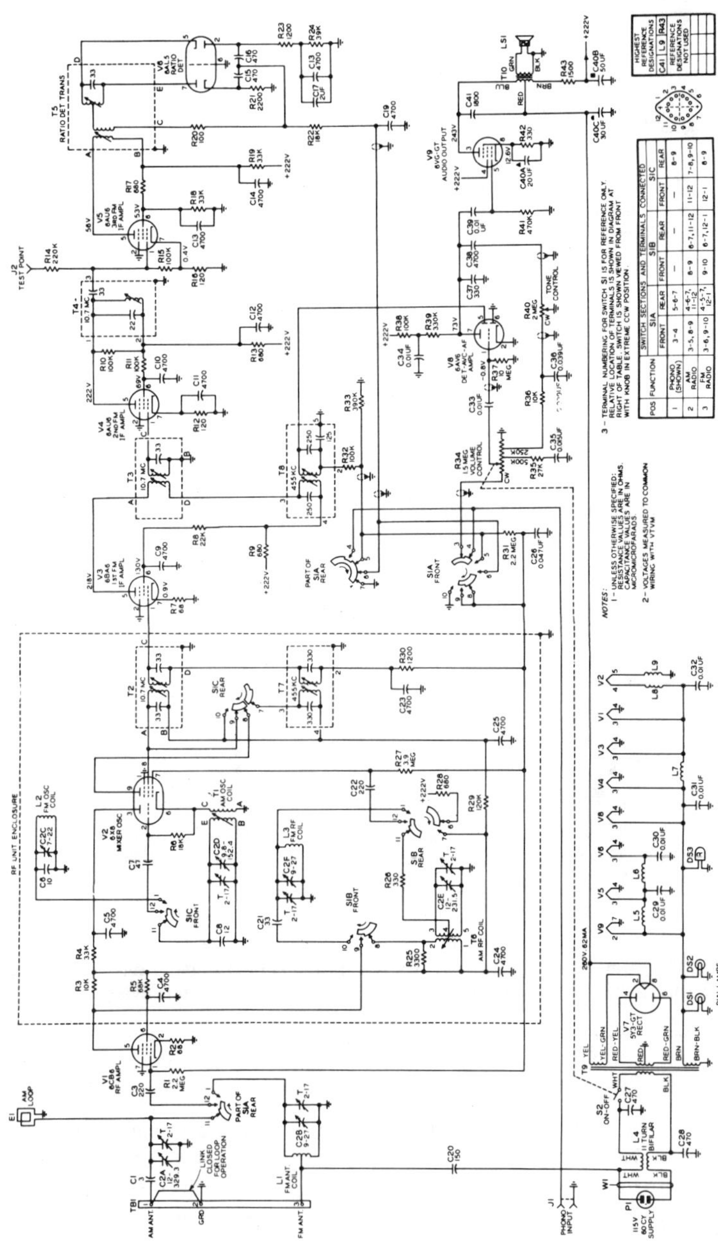

Fig. 21.21 – Um diagrama esquemático típico. Este tipo de diagrama mostra todos os componentes por símbolos gráficos e fornece detalhes de todas as conexões elétricas.

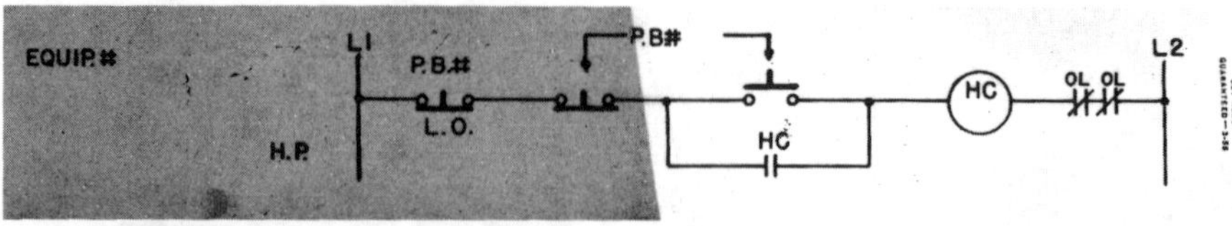

Fig. 21.22 – **Uma superposição gomada. As superposições são despojadas da camada de papel traseira e aplicada ao desenho. Muitas porções padrão de circuitos são disponíveis.** *(Cortesia da Stanpat Co.)*

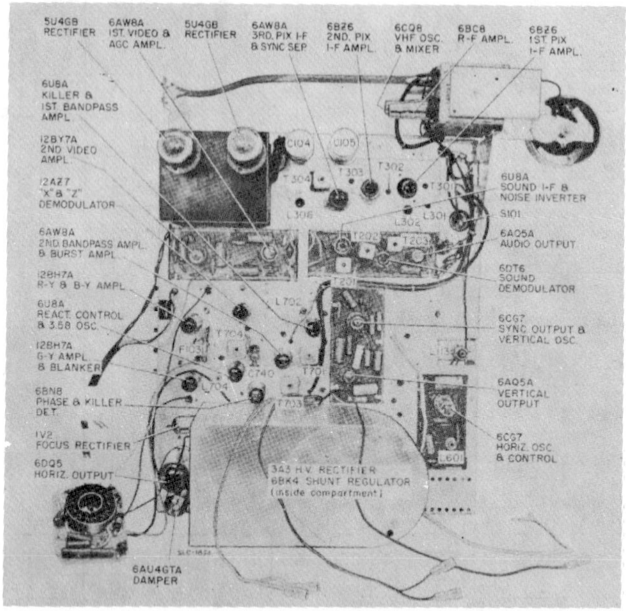

Fig. 21.23 – Um fotodesenho. São usados principalmente para serviços manuais. Este mostra a localização de componentes e das válvulas num chassi de televisão a cores.

dos, de vinil e polietilenos de baixo custo a fluorocarbonos. Circuitos impressos permitem miniaturização e a eliminação de erros do circuito – vantagens que não podem ser obtidas por outro método. Uma vez que um modelo ou desenho apropriado é estabelecido, pode-se iniciar a preparação de um desenho em preto e branco. São usadas escalas para redução, na proporção de, por exemplo, 4 para 1, 3 para 1 ou 2 para 1. Para assegurar suficiente área de ligação do metal laminado durante as operações de soldagem, as linhas não deverão ter menos do que $^1/_{32}$ pol de espessura, quando reduzidas. A separação das linhas nunca deverá ser inferior a $^1/_{32}$ pol no circuito final. A Fig. 21.24 ilustra o desenho de circuitos impressos.

Fig. 21.24 – Desenhando um circuito impresso. O desenho é cuidadosamente planejado e executado para reprodução fotográfica na placa do circuito.

Para produzir um circuito, uma lâmina de cobre é ligada a uma chapa de plástico. A laminação do cobre é processada por impressão fotográfica do esquema, por tratamento com ácido corrosivo a fim de deixar os circuitos como originalmente desenhados. Orifícios são perfurados (ou broqueados) na placa (Fig. 21.25) e vários

Fig. 21.25 – Perfurando orifícios numa placa de um circuito. Os furos irão receber os fios dos componentes.

componentes inseridos através deles. Os terminais dos vários componentes são cortados e dobrados sobre a fiação da lâmina de cobre. O lado da fiação da placa é então imerso em solda derretida a fim de fazer todas as conexões de solda de uma vez e toda a fiação da lâmina de cobre fica coberta, aumentando assim sua capacidade de conduzir corrente. Uma camada de verniz de resina de silicone é aplicada do lado da fiação da placa; isto evita curtos-circuitos causados por pó ou umidade. O método é conhecido como método de fiação tratada a ácido e resulta em uniformidade de fiação, compactação e isenção de erros de fiação. É usado mais amplamente que outros métodos tais como fiação em relevo, fiação estampada e fiação de malha compactada, por causa de sua confiabilidade, sua grande flexibilidade e baixo custo de montagem. A Fig. 21.26 é uma reprodução fotográfica de uma placa de circuito impresso; a legenda explica diversos detalhes destes circuitos.

26. Desenhos e diagramas de instalação

Os desenhos elétricos necessários para uma planta industrial são: (1) desenhos do empreiteiro, (2) desenhos dos projetos do sistema, (3) desenhos dos componentes e equipamentos especiais. Estes variam consideravelmente, dependendo da indústria, por causa da diversidade de processos e equipamentos.

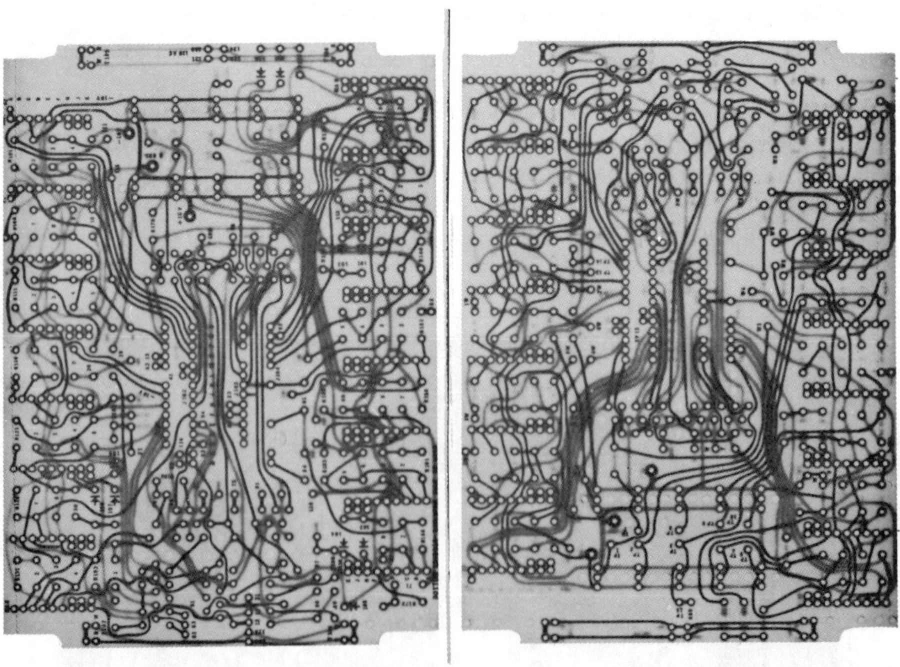

Fig. 21.26 – Uma placa de circuitos de impressão "dupla". Este tipo de placa tem o circuito integrado e impresso em ambos os lados. A ilustração da esquerda mostra o lado dos resistores da placa; a ilustração da direita mostra o lado usado para outros componentes. O lado oposto pode ser visto em ambas as ilustrações (as linhas mais fracas, difusas). Ao imprimir ambos os lados da placa, fica fácil manejar as sobreposições do circuito. Note que este complicado circuito pode ser produzido em quantidade, sem erros de circuitos.

PROBLEMAS

Grupo 1. Circuitos

1. O desenho mostra o arranjo de um circuito imaginado por um engenheiro eletricista para testar as características de díodo de uma válvula eletrônica do tipo 80. Desenhe o diagrama esquemático deste circuito. Inclua um voltímetro em paralelo para medir a voltagem através da válvula. Deverá ser notado que o osciloscópio é uma aparelho de testes que irá seguir a curva proporcionalmente às voltagens aplicadas aos eixos vertical e horizontal e que o circuito elétrico irá operar sem esta peça do equipamento.

2. Este desenho é um diagrama em blocos do circuito para um simples rádio regenerativo. Desenhe o diagrama esquemático deste circuito numa folha de papel de desenho de 210mm x 297mm.

3. É mostrado um diagrama em blocos de um simples servossistema elétrico. Neste sistema, a voltagem através da carga é mantida quase constante quando a carga ou a fonte de tensão é mudada. Por exemplo, se R_L ou E diminuísse, a queda de voltagem através de R_1 iria diminuir. Esta diminuição iria, por sua vez, tornar a grade mais positiva e a corrente i_L iria ser aumentada de volta (ou próxima) ao seu valor original. Desenhe um diagrama esquemático deste circuito, assegurando que a polaridade está correta.

4. O gráfico superior descreve o fluxo de matérias-primas líquidas necessárias para um determinado processo químico. Estas matérias são forçadas a fluir através de uma única válvula auto-

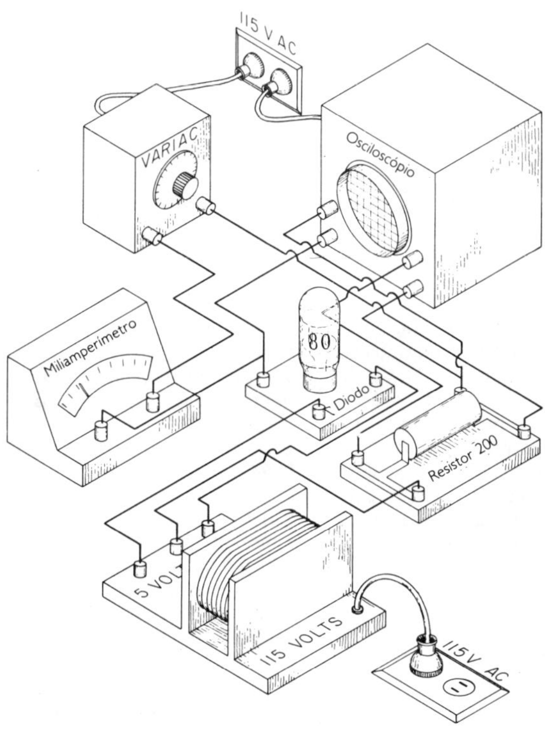

Prob. 1 – Um diagrama pictórico esquemático.

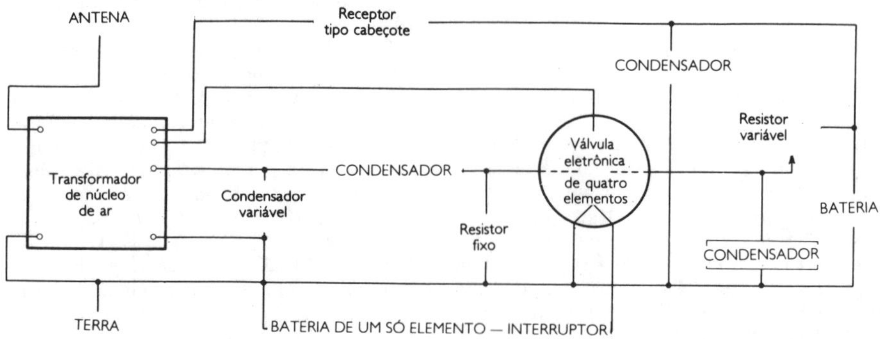

Prob. 2 – Diagrama de blocos de um circuito de rádio.

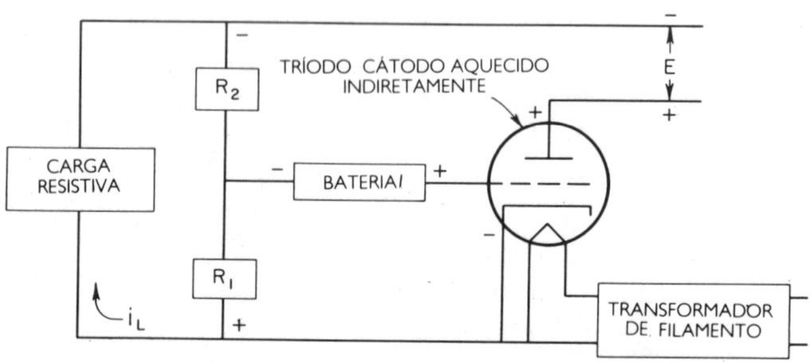

Prob. 3 – Diagrama de blocos de um servossistema.

mática acionada a solenóide. A fim de obter o mecanismo atuante correto, é necessário obter os requisitos dinâmicos máximos da válvula, isto é, mudança máxima na abertura da válvula por unidade de tempo. Um fabricante de válvulas automáticas forneceu a curva de capacidade de escoamento nominal da válvula por abertura da mesma para o tamanho de válvula necessário Desenhe a curva da abertura da válvula pelo tempo e ache o ponto na curva onde ocorre a maior mudança na abertura (o ponto onde a declividade da curva é máxima).

4*A*. Calcule a maior mudança na abertura da válvula por unidade de tempo para o probl. 4. (Desenhe a declividade da curva e obtenha $\frac{dy}{dx(\text{máx.})} = \frac{pol.}{seg.}$). Mostre graficamente como a solução foi obtida.

4*B*. Desenhe um diagrama em blocos mostrando o sistema combinado mecânico e elétrico para o probl. 4. Uma chave reguladora operada por pressão aciona um relé que, por sua vez, aciona o solenóide da válvula.

4*C*. Desenhe um diagrama de fiação para o sistema elétrico do probl. 4*B*.

5. Este problema ilustra componentes elétricos e mecânicos combinados. Um forno industrial deve ser mantido por um ciclo predeterminado de temperaturas. Isto deve ser feito ajustando-se a válvula de gás que fornece o combustível ao forno. Foi determinado por cálculos e testes que uma válvula síncrona, controlada eletricamente e acionada a came pode ser projetada para fornecer a desejada relação tempo-temperatura. O came gira a uma velocidade constante e é engrenado de tal maneira que leva 90 minutos

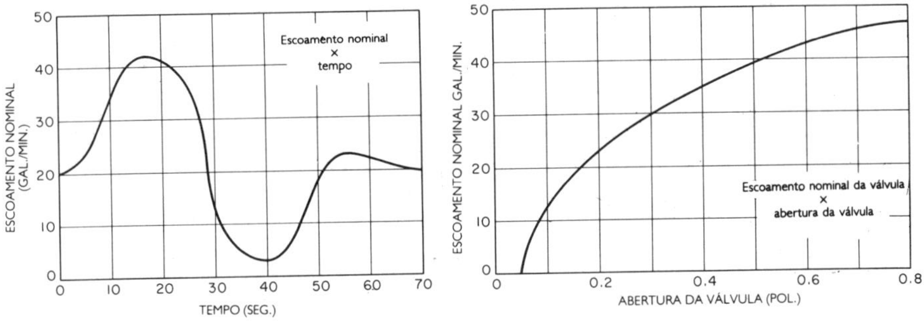

Prob. 4 – Dados para a determinação das características dos valores.

para um giro completo. Este tempo é igual ao comprimento do ciclo de tratamento térmico. A partir das curvas mostradas, projete o formato de um came que irá dar a desejada abertura da válvula e, assim, a temperatura do forno que se quer. Ver Cap. 18 para desenhar o came.

5A. Desenhe um diagrama em blocos para o sistema do probl. 5. Inclua um registrador de temperatura, luzes automáticas de aviso "fechado" e "aberto" na entrada do forno e uma fechadura operada por solenóide para a porta, a fim de evitar que esta se abra durante o ciclo térmico.

5B. Desenhe um diagrama de fiação mostrando as operações do probl. 5. Relacione os componentes necessários.

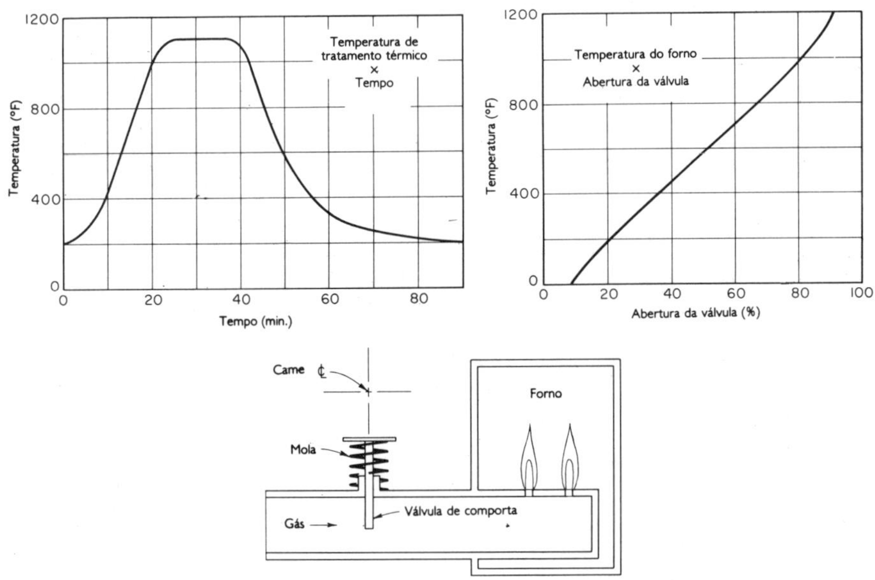

Prob. 5 – Dados para o desenho de um controle de forno de tratamento térmico.

22
ESTRUTURAS

O capítulo apresenta o conhecimento gráfico necessário para o trabalho em estrutura.

Desenhos de estruturas • Classificação, formas, desenhos • A prática de detalhar • Estruturas de madeira, alvenaria e concreto armado • Problemas.

1. Introdução

O termo "desenhos de estruturas" significa os desenhos representando aço, alvenaria, madeira, concreto, etc. para estruturas como edifícios, pontes, diques etc. Os desenhos de estruturas diferem de outros desenhos apenas em certos detalhes e práticas que foram desenvolvidas por causa dos materiais usados e dos métodos de sua fabricação. As diferenças estão tão bem estabelecidas que se torna essencial para todo engenheiro saber algo a respeito dos processos de representação usados nos trabalhos com estruturas.

2. Classificação dos desenhos de estruturas

Os desenhos de estruturas são classificados como segue:

(1) *Planta geral.* Esta incluirá um perfil do terreno; a localização da estrutura; as cotas (alturas) dos pontos dominantes da estrutura; os espaços livres; declividades; a direção do escoamento, as alturas máxima e mínima das águas (para uma ponte) e todos os demais dados necessários para desenhar os alicerces e as superestruturas.

(2) *Diagrama dos esforços.* Este fornecerá as principais dimensões da estrutura, as cargas, os esforços em todos os componentes para as cargas fixas, as cargas móveis, as pressões dos ventos, etc., relacionados separadamente; o total dos esforços máximos e mínimos; os tamanhos dos componentes; as seções típicas de todos os componentes construídos, mostrando a disposição do material e todas as informações necessárias para o detalhamento das várias partes da estrutura.

(3) *Desenhos de oficina.* Desenhos detalhados para execução em oficina deveriam ser feitos de todos os elementos de aço ou ferro e também de todas as peças de madeira, alvenaria e concreto.

(4) *Planta das fundações e da alvenaria.* As plantas das fundações e da alvenaria deverão conter desenhos detalhados de todas as fundações, paredes, pilares, etc., que suportam a estrutura. As plantas deverão mostrar as cargas sobre as fundações, a profundidade das sapatas dos alicerces, o afastamento das estacas (quando usadas), as proporções da mistura para o concreto, a qualidade da alvenaria e da argamassa, a carga admissível sobre o solo e todos os demais dados necessários para a precisa localização e construção das fundações.

(5) *Diagrama de edificação.* O diagrama de edificação (desenho de conjunto da estrutura) deverá mostrar a localização relativa de cada parte da estrutura, as marcas de transporte para os diversos componentes, todas as principais dimensões, o número de peças de cada componente, a quantidade e dimensão dos pregos e qualquer aspecto ou informação que possa ser útil ao construtor na obra. O conhecimento dos pesos aproximados das peças pesadas ajudarão o construtor nos projetos de seus andaimes e guinchos.

(6) *Plantas de andaimes.* Para estruturas comuns não é usual fazerem-se plantas para os andaimes no escritório, ficando por conta do construtor, na obra, este importante detalhe. Para trabalhos mais complexos, as plantas de edificação, preparadas no escritório, deverão mostrar detalhadamente todos os componentes e conexões dos andaimes, bem como fornecer instruções para as sucessivas etapas na execução da obra. Plantas de andaimes são especialmente importantes para arcos de concreto e alvenaria e outras estruturas em concreto e nas formas para todas as paredes, pilares, etc. Plantas detalhadas de plataformas móveis, guinchos, etc. também deverão ser fornecidas ao construtor.

(7) *Relações de materiais.* Deverão ser preparadas listas completas dos materiais, mostrando as diversas partes da estrutura com suas marcas e pesos de embarque. Isto é necessário para permitir a conferência dos pesos embarcados, bem como a expedição e a chegada dos materiais.

(8) *Relação dos rebites.* Esta relação deverá mostrar as dimensões e o número de todos os rebites, parafusos, grampos, etc. usados na construção da estrutura.

(9) *Relação de desenhos.* Deverá ser feita uma relação explicando o conteúdo de todos os desenhos referentes à estrutura.

3. Os formatos das peças de aço da estrutura

As estruturas de aço são feitas de "peças laminadas" fixadas umas às outras com rebites, parafusos ou soldas. A função dos desenhos da estrutura de aço é mostrar como estes formatos deverão ser fabricados na oficina e depois erguidos para formar os vários componentes de pontes, edifícios, etc. Seções dos formatos mais comuns são mostradas na Fig. 22.1. As dimensões para detalhá-los e outros formatos menos comuns são mostrados no manual do *American Institute of Steel Construction.* As dimensões detalhando os tamanhos comuns de perfis U, I, duplo T e cantoneiras são dadas no Apêndice.

Ao designar os formatos de aço laminados, são usadas as abreviaturas padronizadas AISC bem como sua ordem de especificações, como segue:

Chapas. C 18 X $^{1}/_{2}$" X 4' – 2 (largura X espessura X comprimento)

Cantoneiras de lados iguais. L3 X 3 X $^{1}/_{4}$" X 7' – 6 (largura dos lados X espessura X comprimento)

Cantoneiras de lados desiguais. L6 X 4 X $^{5}/_{16}$" X 10' – 0 (largura do lado mais largo X largura do lado mais estreito X espessura X comprimento)

Ferro U normal. 9 U 13.4 X 12' – 4 (altura da seção X peso por pé X comprimento)

Viga I normal. 12 I 31.8 X 14' – 6 (altura da seção X peso por pé X comprimento)

Ferro duplo T. 14 duplo T 48 X 16' – 3 (altura da seção X peso por pé X comprimento)

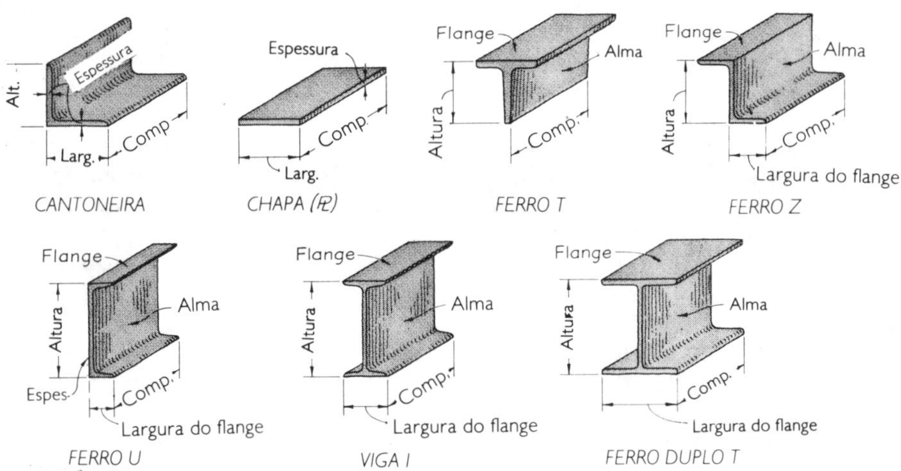

Fig. 22.1 – Formatos de perfis de estruturas.

Ferro T. T5 X 3 X 11.5 X 8' – 0 (largura do flange X altura X peso por pé X comprimento)

Ferro T estrutural. Cortado do ferro duplo T: TE 5 10.5 X 4' – 7 (altura X peso do pé X comprimento). Cortado do ferro I: TE 5 I 12.5 X 5' – 4 (altura X peso por pé X comprimento)

Ferro Z. Z6 X $3^1/_2$ X 15.7 X 9' – 10 (altura X largura do flange X peso por pé X comprimento).

4. Desenhos de estruturas de aço

Os desenhos gerais incluem a planta geral, o diagrama dos esforços e o desenho de conjunto da estrutura e correspondem, em muitos aspectos, aos desenhos de conjunto do engenheiro mecânico. Em alguns casos, o projeto é totalmente executado pelo engenheiro, que fornece os tamanhos e pesos dos componentes e o número e o espaçamento de todos os rebites; contudo, na maioria dos casos, são mostrados as dimensões, posições e tamanhos dos componentes gerais e o número dos rebites, deixando os detalhes para serem executados na oficina ou serem fornecidos em desenhos completos e separados.

A fim de mostrar claramente os detalhes, o desenhista de estruturas muitas vezes usa duas escalas da mesma vista: uma para as linhas centrais ou esqueleto da estrutura, mostrando o formato, e outra, maior, para as partes componentes. A escala usada para o esqueleto é determinada pelo tamanho da estrutura comparado com o da folha; 1:50, 1:25 e 1:20 são comumente usados. A Fig. 22.2 é um típico desenho de oficina de uma pequena tesoura de telhado, dando detalhes completos. Estes desenhos são feitos segundo as linhas do diagrama de esforços (usadas nos cálculos dos esforços e seções dos componentes), que são, então, utilizados como as linhas baricêntricas dos componentes e formam o esqueleto, como ilustrado separadamente em escala pequena no ângulo da figura. As interseções destas linhas são chamadas "nós" e são os pontos de onde são medidas todas as distâncias. O comprimento de cada segmento é calculado com precisão e dele as dimensões intermediárias são obtidas.

O desenho do projeto é, muitas vezes, colocado na mesma folha que o desenho de detalhe, como no da tesoura.

5. Prática de detalhamento para as estruturas de aço

Desenhos separados, feitos numa escala suficientemente grande a fim de conter informações completas, são chamados "desenhos de detalhes para a oficina" (Fig. 22.3). Quando possível, os desenhos de todos os componentes são mostrados na mesma posição relativa que irão ocupar na estrutura concluída: vertical, horizontal ou inclinada. As peças compridas, verticais ou inclinadas, podem ser desenhadas na posição horizontal; a peça vertical sempre tendo sua extremidade inferior à esquerda e a inclinada sendo desenhada na direção na qual iria tombar. Exceto nos trabalhos de construção simples, um diagrama em escala pequena (mostrando em traço grosso a posição relativa da peça na estrutura) deveria ser desenhado em cada folha de detalhe.

Em construções de aço, um componente é composto de um ou de uma combinação de dois ou mais perfis laminados. A Fig. 22.3 é um desenho de detalhe para oficina de um componente feito de um único perfil laminado; as Figs. 22.2, 22.4 e 22.5 são de componentes constituídos de diversos perfis laminados.

As figuras ilustram a prática do detalhamento. Note que na Fig. 22.2 é mostrada apenas metade da tesoura. Quando o desenho é executado desta maneira, será sempre a parte esquerda, olhando para o lado no qual as principais conexões são feitas.

As escalas dos desenhos de detalhe variam de 1:20, 1:15, 1:10 e 1:5, normal-

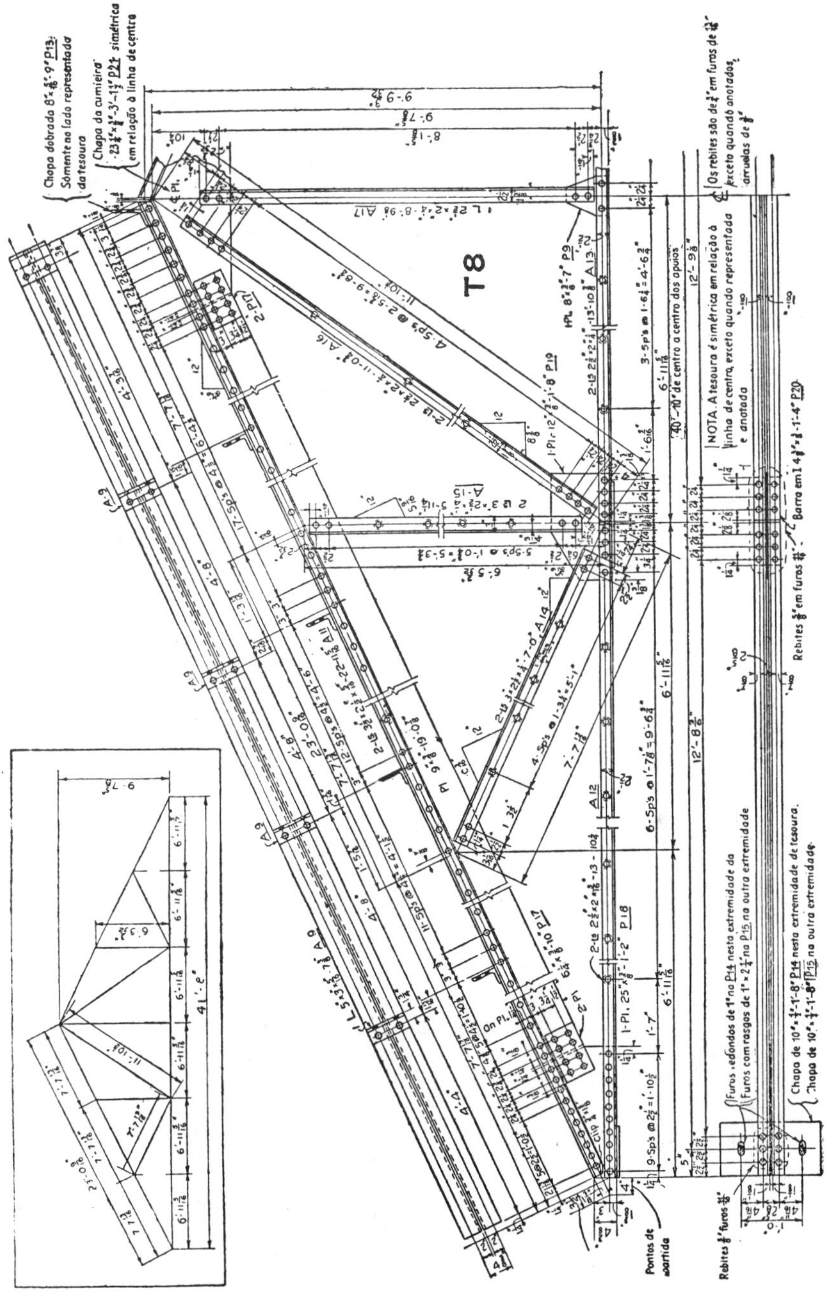

Fig. 22.2 – Desenho de detalhe de uma estrutura metálica. É uma tesoura de telhado. O desenho do projeto está incluído no canto superior esquerdo.

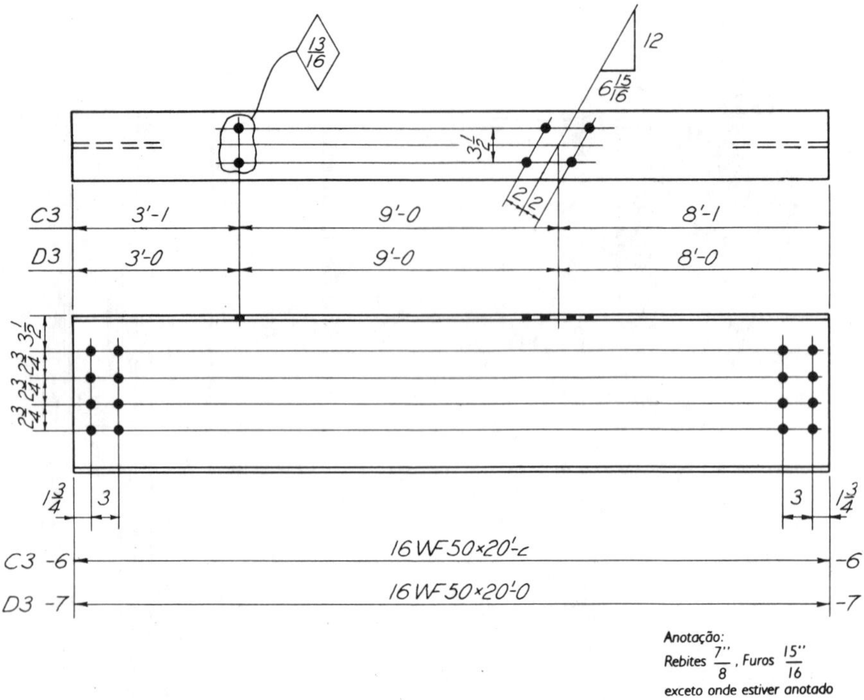

Fig. 22.3 – Desenho de detalhe de uma estrutura. É um detalhe de duas vigas I, $C3$ e $D3$, que diferem apenas em comprimento.

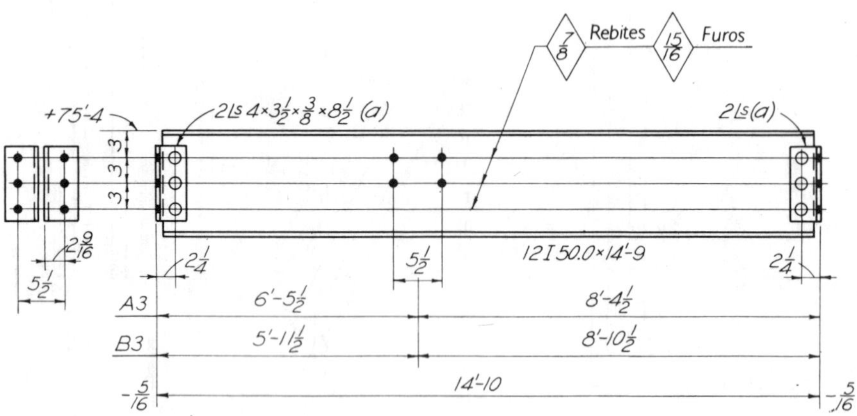

Fig. 22.4 – Desenho de detalhe de uma estrutura. E um detalhe de duas vigas I, $A3$ e $B3$, que diferem apenas no espaçamento dos furos da alma.

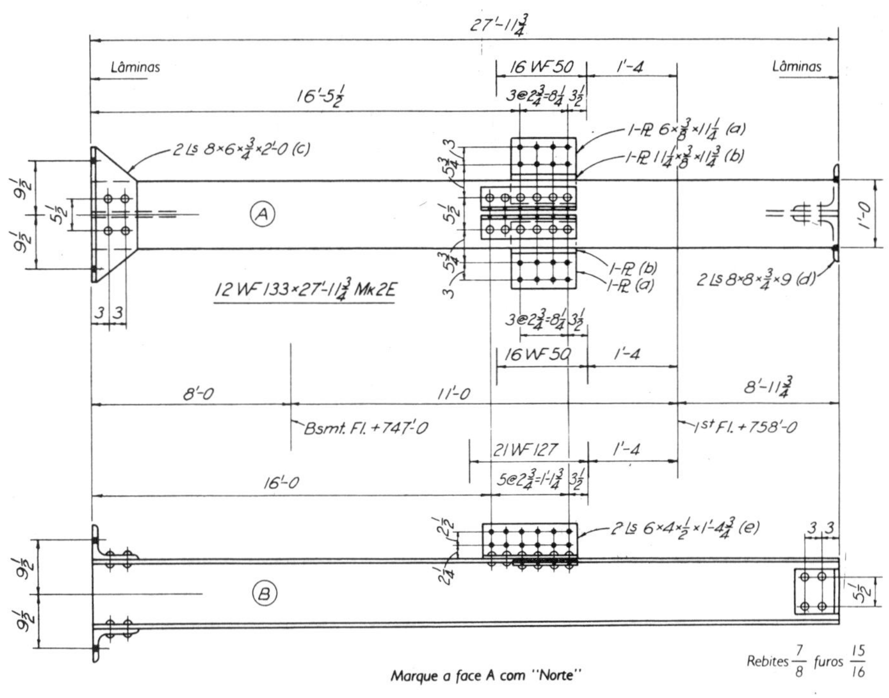

Fig. 22.5 – Desenho de detalhe de uma estrutura. É um detalhe de uma coluna.

mente. Com freqüência, nos casos de peças compridas, a seção é desenhada em escala maior do que a do comprimento. Às vezes chega a ser vantajoso desprezar a escala do comprimento e desenhar o componente como se nele houvesse cortes (que não são mostrados no desenho, como na Fig. 22.5), a fim de permitir que o espaçamento dos rebites nas extremidades (e nas partes intermediárias) possa ser desenhado na mesma escala que a do corte (seção) transversal.

As cotas são sempre colocadas sobre as linhas de cota e estas são contínuas, não interrompidas. As cotas dos comprimentos são expressas em pés e polegadas (nos Estados Unidos). Todos os símbolos de polegadas são omitidos, a não ser em casos onde possa haver um mal-entendido; assim, 1 parafuso deverá ser designado por parafuso de 1" para distinguir tamanho de quantidade. Os símbolos de polegadas são omitidos mesmo que as cotas sejam em pés e polegadas e estas deveriam ser providas de hífens, assim: 7'-0, 7'-0½, 7'-4. As larguras das chapas e as profundidades dos cortes de perfis laminados são dados em polegadas (nos Estados Unidos). As cotas devem ser fornecidas de acordo com os tamanhos comerciais dos materiais.

Os perfis laminados são especificados por anotações abreviadas, como descrito na Seç. 3. A especificação é fornecida ou com a dimensão de comprimento, como na Fig. 22.3, ou próximo e paralelamente ao formato, como na Fig. 22.4.

As marcações de construção são necessárias para identificar o componente. Estas são indicadas no desenho por letras e números no subtítulo. O desenho de construção (ou de conjunto) recebe então estas marcações e identifica a posição do componente. O probl. 5 mostra um exemplo de desenho de construção com as marcações numéricas.

A marcação de construção também identifica o componente na oficina e serve como marcação de embarque. Ela é composta de uma letra e um número. São usadas letras maiúsculas, *C* para coluna, *T* para tesoura, etc. O número fornece o componente específico na montagem.

As marcações de montagem são usadas quando o mesmo formato é usado em mais de um lugar, num mesmo componente. O componente é especificado completamente "uma vez" seguido pela marcação de montagem (letras minúsculas, para distingui-las das marcações de construção). Então a especificação completa não é repetida; somente a marcação de montagem é fornecida. Como exemplo, veja os ângulos "2 /s 4 x $3^1/_2$ x $^3/_8$ x $8^1/_2$(a)" na Fig. 22.4.

Componentes diferentes podem ser detalhados juntos no mesmo desenho, se diferirem apenas no comprimento ou espaçamento de rebites ou furos, ou quando um componente tem furos especiais ou uma peça extra, adicionada. As Figs. 22.3 e 22.4 mostram dois ferros I detalhados no mesmo desenho. Note que os comprimentos diferentes são fornecidos com as marcações de construção, no fim da linha de cota.

Quando apenas um de dois componentes semelhantes tem um furo ou uma outra característica, esta é indicada, desenhando-se um círculo à mão livre ao redor do detalhe com uma anotação como "somente em A-3".

As distâncias às linhas centrais de um outro componente de ligação são fornecidas, como nas Figs. 22.3 e 22.4, colocando-se a distância precedida do sinal menos (–) ao final da cota de comprimento. Estas distâncias do centro são de grande ajuda no controle dos detalhes com um desenho de montagem ou na distribuição.

As inclinações dos componentes e as linhas centrais inclinadas, cortes inclinados, etc. são indicados pelas suas tangentes. Como nas Figs. 22.2 e 22.3, um pequeno triângulo retângulo é desenhado, com sua hipotenusa paralela ou sobre a linha cuja inclinação está sendo especificada. O cateto maior é sempre especificado como 12.

Rebites e furos são cotados do ponto de vista em que aparecem como círculos. As cotas concernentes a uma fileira de rebites são dadas numa única linha, como na Fig. 22.2. As dimensões da bitola, mesmo que seja padrão, são sempre fornecidas. O tamanho dos rebites e dos furos é fornecido numa nota geral, como na Fig. 22.3.

O comprimento dos rebites geralmente não é fornecido no desenho; o operário utiliza um rebite de comprimento apropriado para atravessar os componentes e deixar uma protuberância suficientemente grande para que possa ser formada uma cabeça.

Uma prática comum é fazer os furos para os rebites $^1/_{16}$" maiores no diâmetro do que os rebites (ver Figs. 22.3 a 22.5).

Se alguns dos rebites ou furos para um componente são de tamanhos diferentes, estes são indicados por um losango contendo o tamanho, como nas Figs. 22.3 e 22.4.

Os símbolos dos rebites são usados porque é impossível mostrar os detalhes do formato da cabeça num desenho de escala reduzida. Os símbolos ANSI indicativos dos vários tipos de cabeças são dados na Fig. 22.6.

O tamanho da maior parte das estruturas não permite que sejam totalmente fabricadas na oficina. Por isto, partes

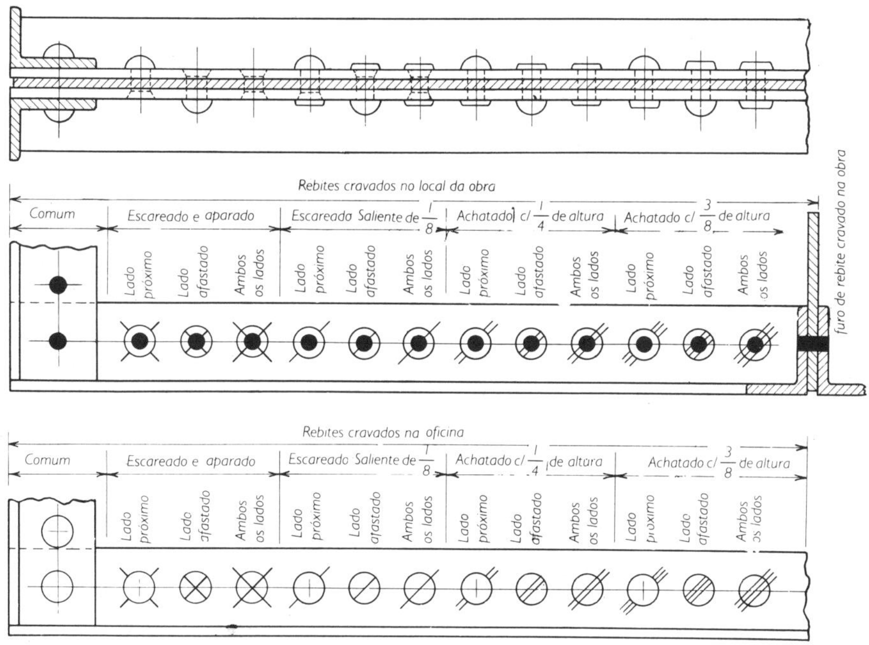

Fig. 22.6 – Símbolos de rebites pelo *American-Standard.*

suficientemente grandes para que possam ser transportadas e manuseadas com facilidade são montadas e conectadas a outras partes na obra. Rebites de oficina são indicados por um círculo aberto, do tamanho da cabeça do rebite. Os furos para os rebites da obra são indicados por círculos "enegrecidos" do diâmetro do furo (ver Figs. 22.3 a 22.6). Os rebites são desenhados em escala. A Fig. 22.7 mostra as proporções das cabeças dos rebites com respeito ao diâmetro.

O espaçamento dos rebites é um item importante no detalhamento, existindo um certo número de condições que controla a localização. Rebites colocados muito próximos uns dos outros ou de uma parte saliente, não podem ser cravados corretamente. Rebites colocados muito próximos da borda ou da extremidade de um componente poderão enfraquecê-lo.

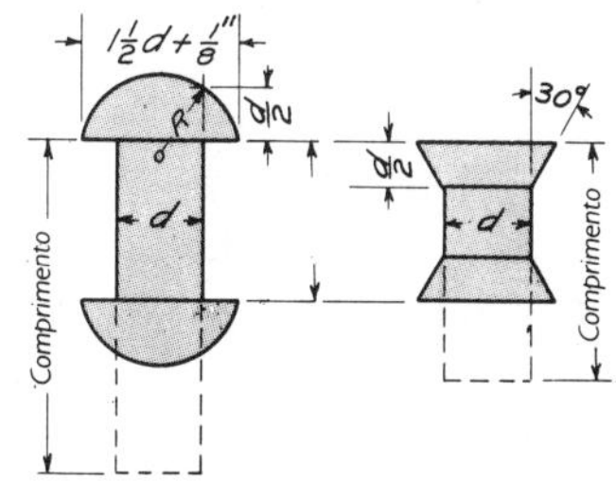

Fig. 22.7 – **Proporções de rebites de estrutura.**

Os rebites são colocados ao longo de "linhas-guia", paralelas ao eixo do componente e a certas distâncias ou "passos" ao longo desta linha (Fig. 22.8). A menor distância entre rebites em qualquer direção é de três vezes o seu diâmetro. A menor distância da borda (*C*, Fig. 22.9), das bordas cortadas de um componente, é 1,5 vezes o diâmetro do rebite. A distância para uma borda laminada poderá ser ligeiramente menor do que 1,5 diâmetros e é, geralmente, controlada pela localização da linha-guia. Sempre que possível, a mesma distância da borda é usada em todos os componentes e esta distância é fornecida numa anotação geral, tais como "distância da borda = 32 mm, exceto onde estiver anotado".

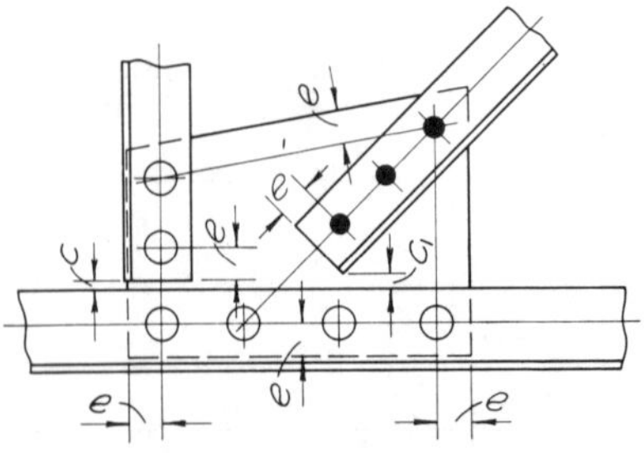

Fig. 22.9 – Espaçamentos de componentes pré-fabricados. Estes são: a distância das bordas (*e*) e a folga (*c*).

As distâncias das linhas-guia e as folgas mínimas para rebitar perfis laminados comuns são fornecidos no Apêndice.

Conexões padrão para vigas também são fornecidas pelo Apêndice.

Folgas entre os diversos componentes da estrutura são necessárias para que não haja interferências, por causa de imprecisões de fabricação. Folgas maiores deverão ser permitidas nas construções efetuadas na obra do que nas de fabricação de oficina. A folga de obra (C_1 Fig. 22.9) deverá ser de aproximadamente 12 mm, enquanto que a folga de oficina (*C*) deverá ter cerca de 6 mm. Note as folgas mostradas entre os ângulos (presas com uma chapa de união) na Fig. 22.9.

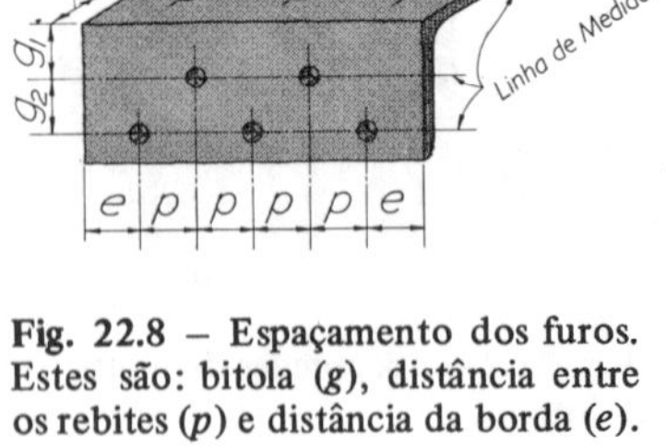

Fig. 22.8 – Espaçamento dos furos. Estes são: bitola (*g*), distância entre os rebites (*p*) e distância da borda (*e*).

Elevações, cortes e outros pontos de vista são colocados em relação de um para outro por meio de regras de projeção de terceiro ângulo, exceto quando visto de frente, como na Fig. 22.3, quando é feito como um corte executado acima do flange inferior, olhando para baixo, ao invés de uma vista regular de fundo, olhando para cima (sistema ortográfico usado nos Estados Unidos). Seções grandes de materiais são mostradas hachuradas uniformemente. Seções em escala menor são enegrecidas, maciças, com espaços em branco entre as partes adjacentes (ver Seç. 11, Cap. 8)

Chapas dobradas deverão ser desenvolvidas e fornecidos os comprimentos "esticados" de barras forjadas curvas. O comprimento de uma chapa dobrada pode ser tomado como o comprimento interno da dobra mais a metade da espessura da chapa para cada dobra.

Uma *lista de material* sempre acompanha um desenho de estrutura. Esta pode ser colocada no próprio desenho, mas a melhor prática é anexá-la como uma "lista" separada, geralmente numa folha 210 mm x 297 mm (A4).

Os *letreiros* são feitos em traços simples e rápidos, inclinados ou verticais.

A *verificação* é indicada por uma marca em V, com lápis vermelho, colocada sob a cota, anotação ou especificação.

Anotações gerais: ou acompanham o desenho geral ou aparecem no título do desenho de oficina. Entre itens incluídos estão a pintura, instruções de embarque, etc.

6. Estruturas de madeira

A representação de estruturas de madeira não envolve princípios novos, mas exige maior atenção para os detalhes. Os componentes de madeira são, geralmente, de corte transversal retangular e são especificados em tamanhos nominais e polegadas exatas, como 8" x 12" (nos Estados Unidos) ou em centímetros (no Brasil). O desenho geral deverá fornecer as medidas de centro e outras com precisão. Detalhes desenhados em escala maior deverão fornecer informações específicas para as partes separadas. As particularidades de juntas, entrançamentos, métodos de fixação, etc., deverão ser detalhadas.

Às vezes é vantajoso usar-se duas escalas num desenho geral, como foi feito na Fig. 22.10. Anotações completas são uma parte essencial para estes desenhos, principalmente quando a tentativa de cotar os detalhes menores resultam em confusão.

As juntas das estruturas de madeira são firmadas com pregos ou grampos, parafusos de madeira, parafusos ou "conec-

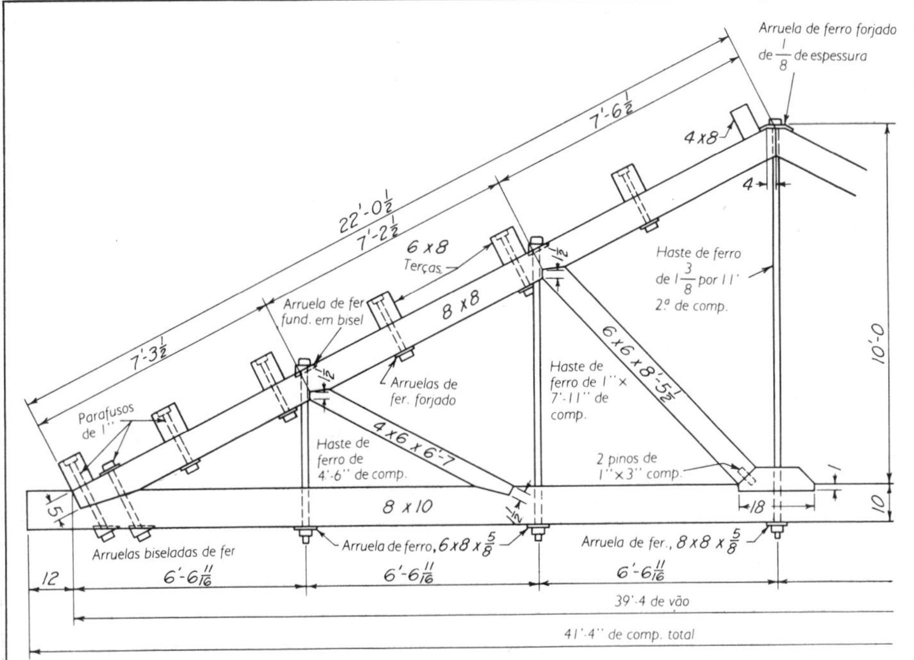

Fig. 22.10 – Desenho de detalhe de uma estrutura. É um detalhe de uma tesoura de madeira.

tores" em forma de anel ou chatos, de ação semelhante a tarugos ou chavetas. Alguns tipos comuns são mostrados na Fig. 22.11. Um anel fendido, mostrado em (*a*), é montado nos entalhes de cada peça e fixado com um parafuso, como indicado em (*b*). As projeções pontudas do conector tipo "jacaré" (*c*) são forçadas nos componentes da peça por pressão. A "chapa conectora de garras" (*d*) é usada aos pares, justapostas, para unir duas peças de madeira, ou, isoladamente, para unir madeira com metal. Uma montagem típica é mostrada em (*e*). O espigão de madeira "Kubler" (*f*) cabe em um furo feito em cada lado da madeira e um parafuso mantém juntas as partes.

A publicação da *Forest Products Laboratory, Wood Handbook*, fornece informações básicas a respeito da madeira como um material de construção, inclusive sobre os conectores e pode ser obtida do *Superintendent of Documents,* Washington, D.C.

7. Estruturas de alvenaria

Nos desenhos de alvenaria, os símbolos usados têm alguma semelhança com o material representado. A Fig. 22.12 fornece alguns de uso comum e mostra as fases seguidas a fim de assegurar uniformidade de efeito na representação de terra e concreto. Desenhos de pilares, fundações para máquinas e outras estruturas de alvenaria ocorrem em todos os tipos de trabalho de engenharia. Os níveis de rampas, de pisos e outras alturas fixas são sempre fornecidos juntamente com dimensões precisas de localização dos parafusos de fundação. Todos os materiais são claramente assinalados com nomes ou notas.

8. Concreto armado

Esta é uma divisão importante da construção em alvenaria e requer muito cuidado na representação e especificação. É quase impossível mostrar a forma

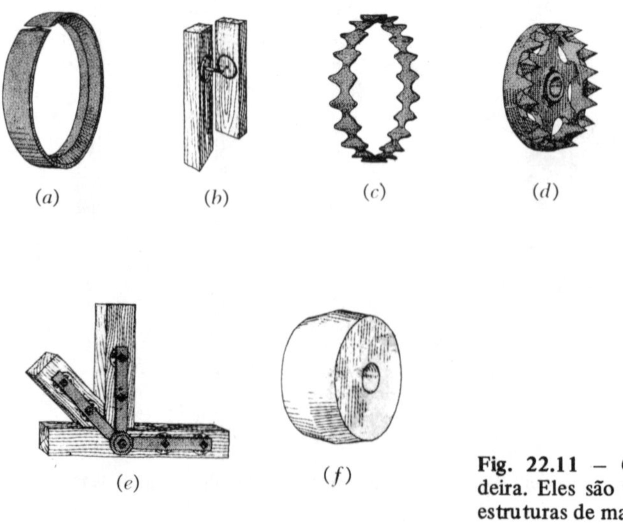

Fig. 22.11 – Conectores para madeira. Eles são usados nas juntas em estruturas de madeira.

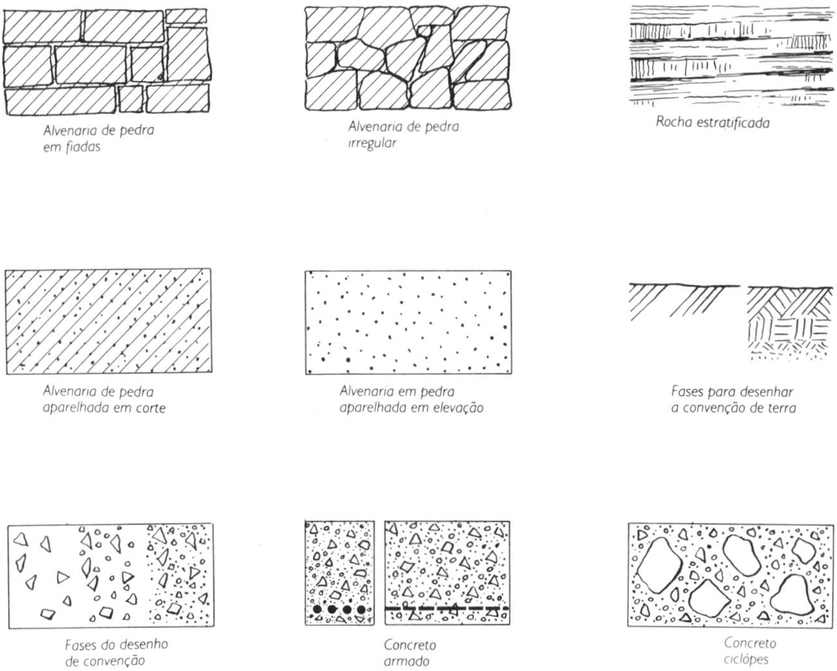

Fig. 22.12 – Símbolos para alvenaria.

e a localização dos ferros de armação no concreto, pelos métodos ortográficos usuais, sem o uso de esquemas sistemáticos de símbolos e marcações convencionais.

A Fig. 22.13 mostra parte de uma planta da estrutura geral para o primeiro piso de um edifício. Por meio desta planta, dos dados tabulares, das anotações gerais e das especificações, o engenheiro especificou totalmente o concreto armado para o piso do edifício. A localização das vigas armadas é fornecida na planta; o seu tamanho e o reforço a ser usado na armação são indicados na relação de vigas e os seus cortes típicos fornecem as informações básicas para as dobras dos ferros de armação. O tipo de laje do piso é mostrado na planta e na relação das lajes pelas letras *A*, *B*, etc. A relação de lajes, em conjunto com a planta das suas características, indica a direção e os espaçamentos dos ferros de armação.

Anotações gerais no desenho ou nas especificações cobrem itens tais como a resistência máxima do concreto, bitola do ferro e cobertura mínima.

O desenho geral na Fig. 22.13, apesar de especificar completamente a construção de concreto armado, não fornece detalhes exatos de como os ferros deverão ser dobrados e colocados. O fornecedor do ferro fornece um outro desenho (Fig. 12.14), mostrando em detalhes as curvas, o espaçamento, etc. para todo o ferro.

Paredes, colunas e outras partes da estrutura armada são representadas de maneira semelhante à das vigas e lajes de piso ilustradas.

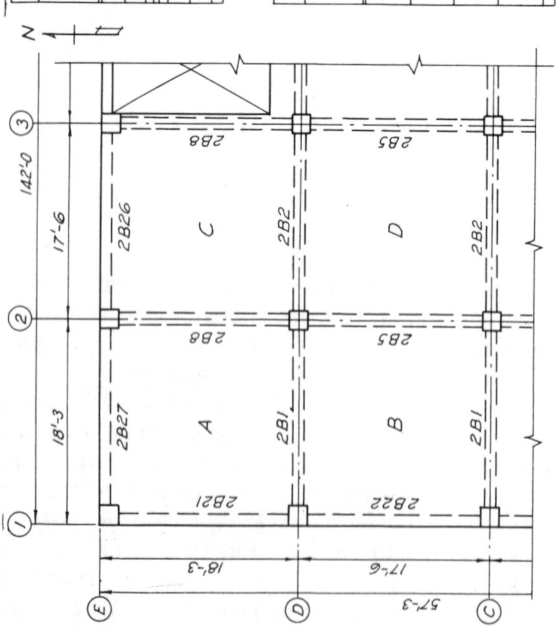

PLANTA DE VIGAMENTO DO 2º ANDAR

Marcação da Viga	Tamanho W	Tamanho D	Parte reta nº	Parte reta Tam.	Tesoura nº	Tesoura Tam.	Estribos nº	Estribos Tam.	Estribos Espaço	Observações
2B1	14	20	2	7/8	2	1	18	3/8	2@3,3@6,4@9	1-3/4 topo da extr. E
2B2	14	20	2	3/4	2	1	18	3/8	2@3,3@6,4@9	
2B21	11	27	2	5/8	2	7/8	6	1/4	1@9, 2@12	
2B22	11	27	2	5/8	2	3/4	6	1/4	1@9, 2@12	

RELAÇÃO DE VIGAS

Marcação de Laje	Altura	Direção	Tam. da Barra	Dobras das barras: Cinta "a"	Cinta "b"	Cinta "c"	Observações
A	6	N-S	1/2	8 1/2 W	8 1/2	11	W = largura
		E-W	1/2	11	8 1/2	8 1/2 W	
B	6	N-S	1/2	10W	10	13	
		E-W	1/2	11	8 1/2	11	
C	6	N-S	1/2	11	8 1/2	8 1/2 W	
		E-W	1/2	11	8 1/2	8 1/2 W	
D	6	N-S	1/2	13	10	13	
		E-W	1/2	13	10	13	

RELAÇÃO DE LAJES

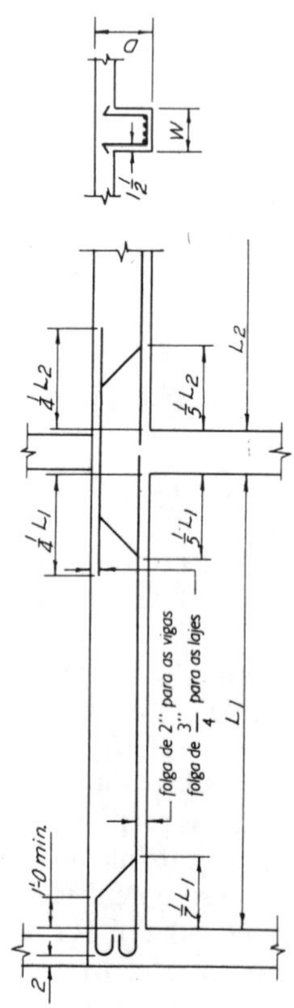

DOBRAMENTO TÍPICO PARA VIGAS E LAJES

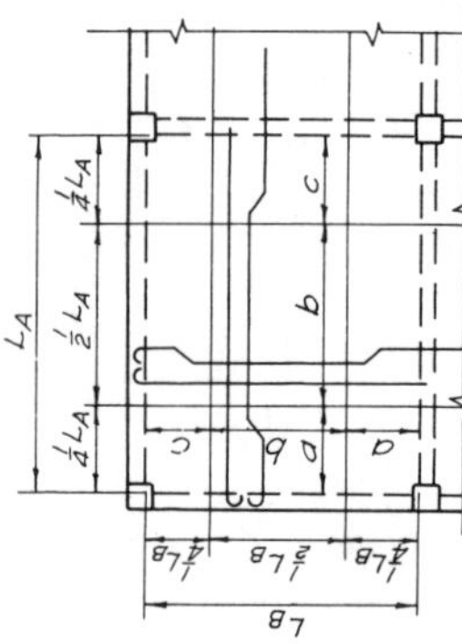

TÍPICA PLANTA DE LAJE

Fig. 22.13 – Planta geral de concreto armado. A planta de vigamento identifica todas as vigas e lajes por letras e números. As relações das vigas e lajes mostram o número, o tamanho e o espaçamento do ferro de reforço. Os detalhes mostram a dobra e a localização típica do reforço.

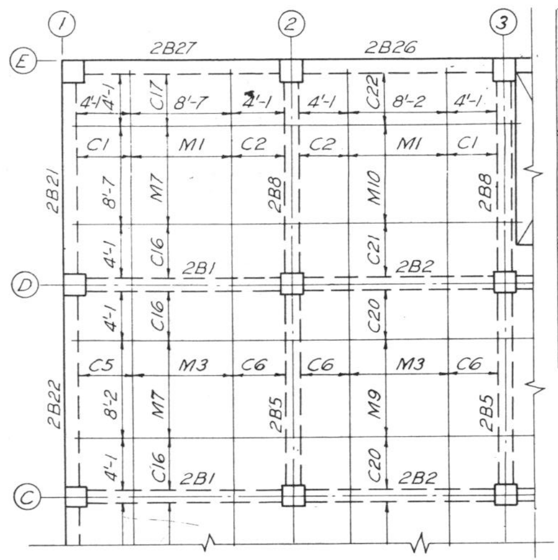

PLANTA DE VIGAMENTO DO 2º ANDAR
TODAS AS LAJES COM ESPESSURA DE 6"

RELAÇÃO DAS LAJES

	Nº de cintas	Marcação da cinta	Espaçamento das barras	Barras inferiores Nº	Barras inferiores Compr	Barras inferiores Marca	Barras inferiores Esboço	Barras das tesouras Nº	Barras das tesouras Compr.	Barras das tesouras Marca	Barras das tesouras Croqui	Sapata de laje de 3/4 Nº	Sapata de laje de 3/4 Compr	"continous high chairs" Nº	"continous high chairs" Compr	"continous high chairs" Altura
Cam superior	2	C1	8½	2	18'-7	S400		3	23'-7	S401						
	2	C2	11	2	18'-7	S400		2	23'-7	S401						
	2	M1	8½	5	18'-7	S400		8	23'-7	S401		4	16'-0	4	18'-3	4¼
Cam inferior	3	C16	11	2	18'-7	S400		2	23'-6	S411						
	1	C17	8½	2	18'-7	S400		3	23'-6	S411						
	2	M7	8½	5	18'-7	S400		8	23'-6	S411				2	12'-0	4¾

RELAÇÃO DAS VIGAS

Taman.	Hk		Compr	marca	Hk		S1		S2		H	J	Compr.
S400	6	18'-1	18'-7	S401	6	2'-9	6½	11'-0	6½	8'-3	4½		23'-7
S403	6	20'-3	20'-9	S402		8'-2	6½	9'-10	6½	8'-2	4½		23'-3

Anotação: Todas as barras das lajes têm $\phi \frac{1}{2}$

Todas as dimensões dos detalhes das curvas são fora a fora.
Acessórios programados com cinta "M" também se estendem transversalmente a cinta. "C".

DOBRAS DAS BARRAS

N.º de Vigas	Marcação das vigas	Tam. Altura	Tam. Largura	Barras retas Nº	Barras retas Tamanho	Barras retas Comprimento	Barras retas Observações	Barras curvas Nº	Barras curvas Tamanho	Barras curvas Comprimento	Barras curvas Gancho	Barras curvas	Barras curvas Gancho	Barras da tesoura Nº	Barras da tesoura Tamanho	Barras da tesoura Comprimento	Barras da tesoura Gancho		S1		S2		Gancho	H	Localização (Linha Cent. do Suporte)	Estribos Nº de Vigas	Estribos Largura	Estribos Altura	Estribos Comp	Estribos Tipo (S1, S2, S3)	Estribos Espaçamento cada extrem.	Sapatas das vigas de 2"
2	2B1	14	20	1	¾	19'-6	Top int col	2	⅞	18'-11	10	18'-1		2	1□	25'-1	1'-1	2'-4	1'-10½	10'-6	1'-10½	7'-7		1'-4		18	⅜	4'-7	11×17	S1	2@3,3@6,4@9	4@1'-1
2	2B2	14	20	2	¾	17'-6								2	1φ	28'-1		7'-5	1'-10½	9'-6	1'-10½	7'-5		1'-4		18	⅜	4'-7	11×17	S1	do.	4@1'-1

Fig. 22.14 – Uma planta detalhada de concreto armado. A planta de vigamento identifica todas as vigas e lajes por letras e números. As relações das lajes, vigas e curvas fornecem todos os detalhes de preparação e colocação do ferro de reforço.

PROBLEMAS

1. Faça um desenho de oficina do item mostrado. Suponha completa fabricação em oficina. Use rebites de 5/8".

1*A*. Faça um desenho de oficina do item mostrado. Suponha a fabricação em oficina de todas as partes exceto os ferros U longos e as braçadeiras das cantoneiras 3- x 3- x 1/4"; use rebites de oficina de 5/8" e parafusos de obra de 5/8"

1*B*. Torne a esboçar o probl. 1*A* para construção soldada.

2. Faça um desenho de oficina para a base da coluna. Suponha total montagem na oficina. Use rebites de 3/4". Os furos abertos são para parafusos de fixação de 1".

2*A*. Faça uma relação do material das peças usadas no probl. 2.

3. Faça um desenho de oficina para o carrinho do guindaste. Suponha a fabricação como indicado na figura. Uma extremidade é mostrada; a outra é semelhante. Use rebites de 5/8" sempre que possível.

3*A*. Faça uma relação do material das peças usadas no probl. 3.

3*B*. Torne a desenhar a Fig. 22.7, usando (sempre que possível) os parafusos apresentados na Fig. 22.8.

4. Faça um desenho de detalhe para o suporte do motor. Suponha a fabricação em oficina, como segue: (*a*) ferros U de 8", cantoneiras 4- x 4- x 1/2", chapas de 1/2" e conectores de vigas (cantoneiras) 6-x 4- x 3/8", sendo necessários dois componentes, um direito e um esquerdo; (*b*) chapa 21 x 3/4" x 2'-4; (*c*) uma viga I de 12", sendo necessárias duas com conectores de vigas de 4- x 4- x 3/8" temporariamente parafusados no lugar. Considere as colunas como fazendo parte da estrutura existente. Use rebites e parafusos de 3/4".

A. Faça um desenho de conjunto para o suporte do motor. Considere as colunas como partes da estrutura existente.

5. Faça um desenho de oficina da tesoura do telhado *T*1 para o edifício da usina siderúrgica. Este desenho deverá ser semelhante ao mostrado na Fig. 22.2. Para a tesoura *T*1, use os componentes do mesmo tamanho e o mesmo afastamento de telhado como o usado para a tesoura *T*8, na Fig. 22.2. Detalhe somente a metade esquerda da tesoura, numa escala apropriada para uma folha 297 mm x 420 mm (*A* 3).

5*A*. Prepare desenhos de oficina para os seguintes componentes de ferro usados na construção do edifício da usina siderúrgica: (*a*) suporte *M*1; (*b*) vigas *B*1 e *B*3 (um detalhe para ambas);

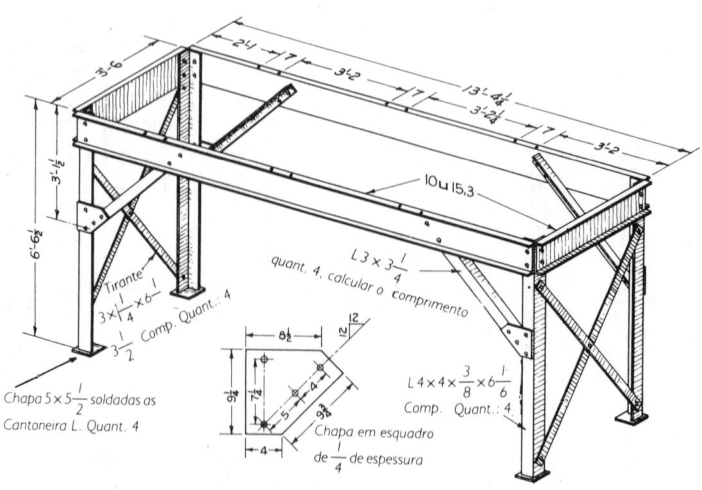

Prob. 1. Suporte de evaporador de triplo efeito.

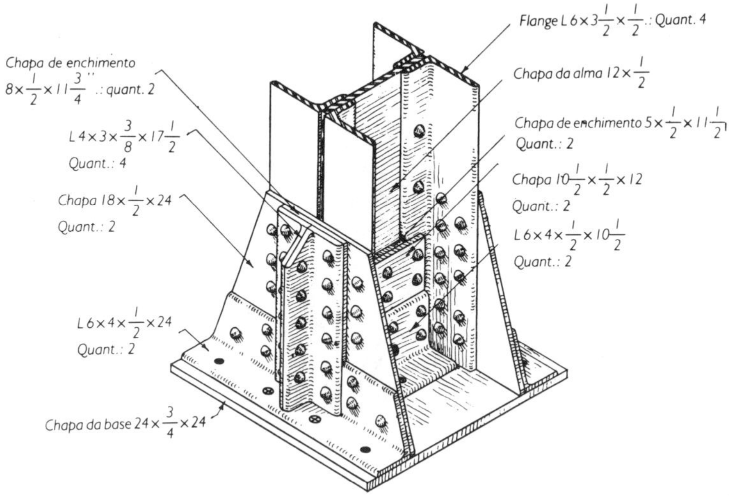

Prob. 2. Base de coluna.

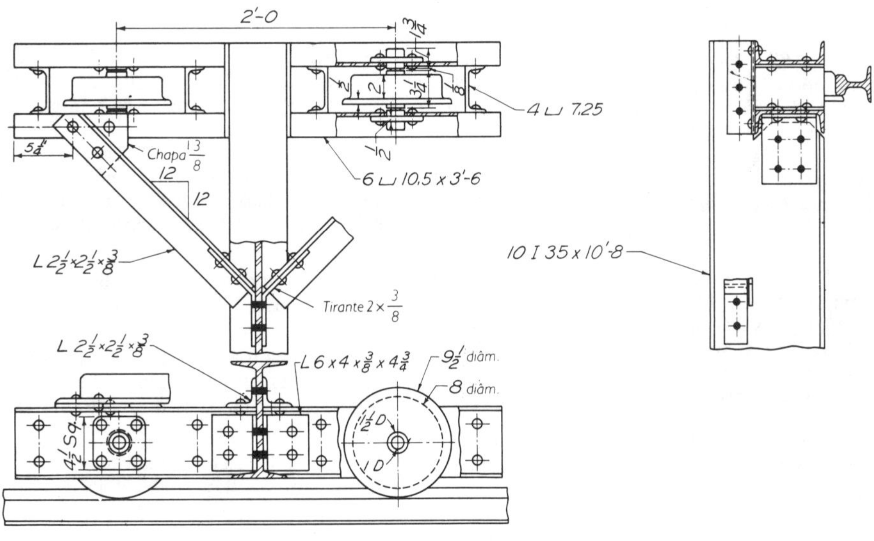

Prob. 3. Carrinho de guindaste.

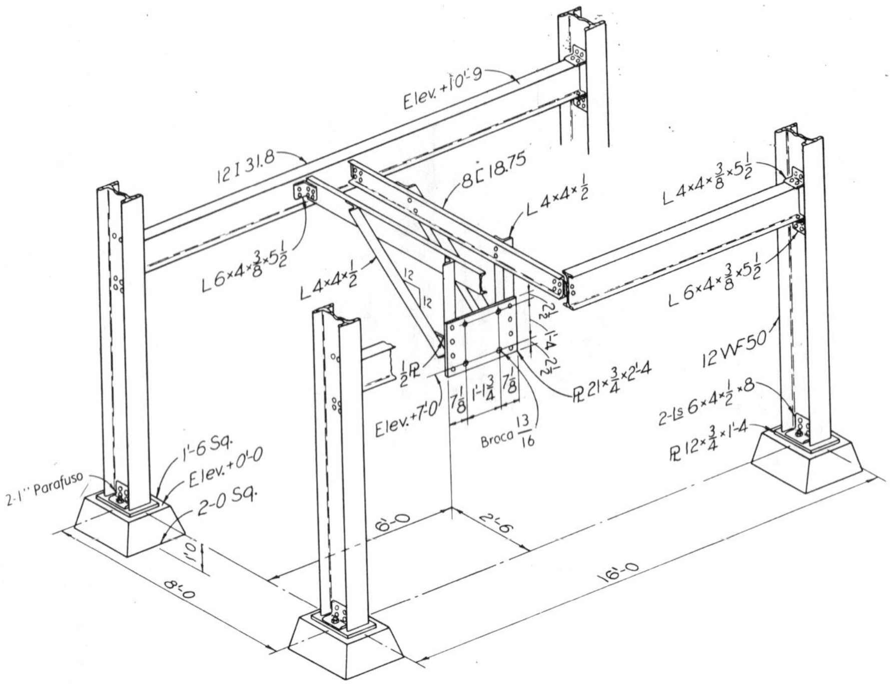

Prob. 4. Suporte de motor.

(*c*) viga *B*5 (considere a chapa de 3/8" como fabricada à coluna na oficina); e (*d*) viga *B*6. Suponha as fabricações em oficina e na obra indicadas. Use rebites de 3/4". Estes detalhes, juntamente com a lista de embarque e anotações gerais, poderão ser desenhados em papel de 297 mm x 420 mm (*A* 3) na escala 1:10.

5*B*. Faça desenhos de oficina para os seguintes componentes de ferro usados na construção do edifício da usina siderúrgica: (*a*) suporte *M*1 e (*b*) coluna *C*4. Suponha a fabricação em oficina na obra indicadas. Use rebites de 3/4". Deverão aparecer três faces da coluna.

5*C*. Faça um desenho de oficina da coluna *D*4. Suponha a fabricação em oficina e na obra indicadas. Use rebites de 3/4"

5*D*. Faça um desenho de oficina da viga *B*7.

5*E*. Faça um desenho de oficina do barrote *R*1.

5*F*. Faça uma planta da estrutura geral, semelhante à da Fig. 22.13, do piso de concreto à altura de 266'-0. Use barras de reforço redondas de 1/2" com espaçamento de 9" dos centros, barras alternadas são dobradas para o piso. Na parede de 6", use barras redondas de 3 1/2" no fundo e barras redondas verticais de 3/8" a 18" recurvadas 18" para dentro da laje do piso.

5*G*. Faça um desenho de detalhe e reforço, semelhante ao da Fig. 22.13, para o probl. 5F

6. Faça um desenho de oficina para os componentes estruturais num corte da ponte de tubos. Não inclua as estruturas trapezoidais.

6*A*. Faça um desenho detalhado do corte da base da estrutura trapezoidal *A* incluindo as duas braçadeiras diagonais de baixo.

6*B*. Faça um desenho de oficina detalhado de toda a estrutura *A*.

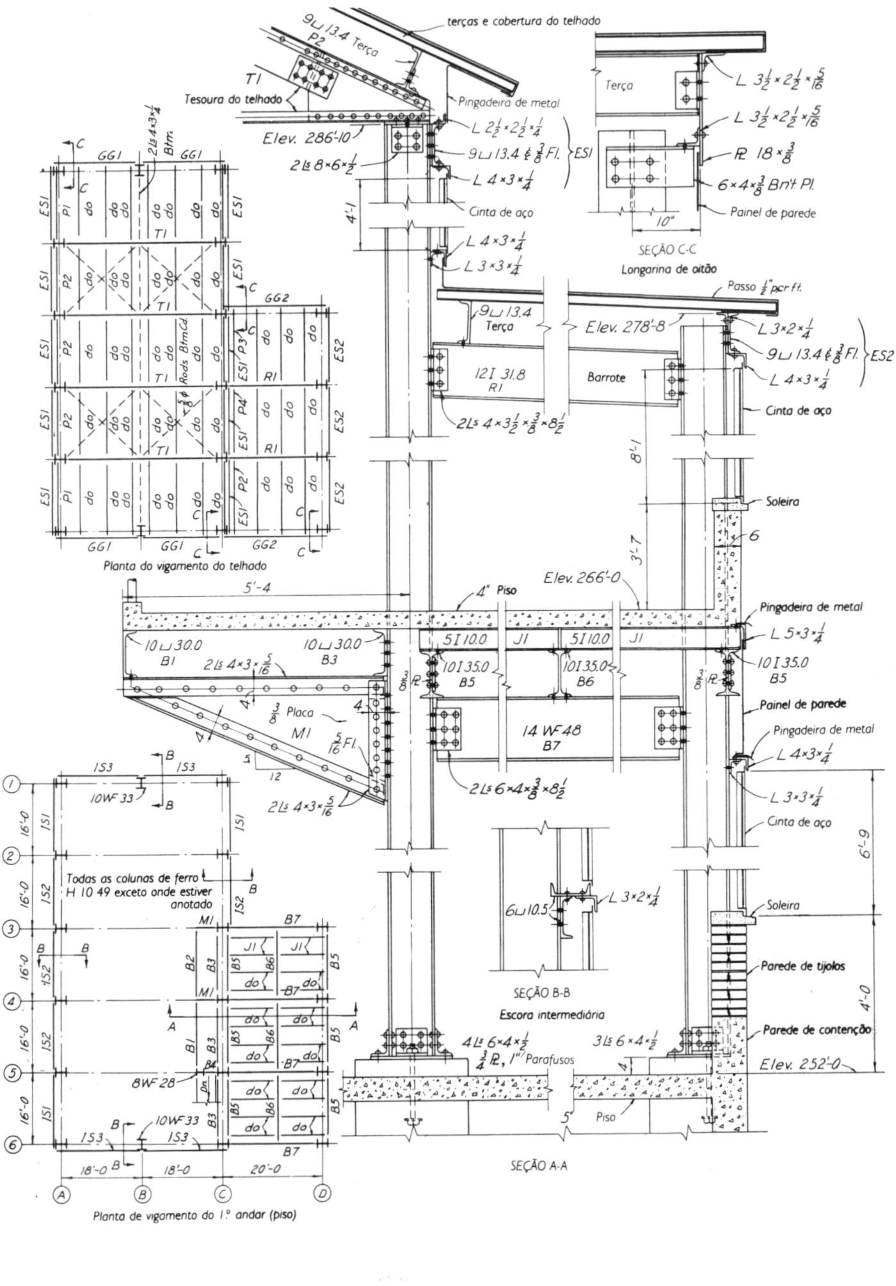

Prob. 5. Estrutura de aço de uma usina siderúrgica.

6*C*. Faça um desenho detalhado do suporte de pilar da ponte para a estrutura *A*.

6*D*. Faça um detalhe de uma conexão típica com o ferro de 10", usando os componentes horizontais como 1 /s 3 x 2 1/2 x 1/4 e cada um dos dois componentes diagonais chegando a esta conexão como cantoneiras 3 x 3 x 1/4.

6*E*. A ponte de tubos suporta tubulações isoladas de 10", 7", 4" e 3", suspensas das vigas I de 8" 23 lb em cada estrutura trapezoidal. Mantenha as tubulações na ordem indicada da esquerda para a direita e mostre um detalhe dos suportes dos tirantes e suas conexões com a estrutura.

7. São mostradas as linhas centrais de uma tesoura de madeira. Deverão ser feitas as juntas usando conectores de anel fendido – um em cada junta – exceto na junção do curto componente de compressão e do barrote onde uma

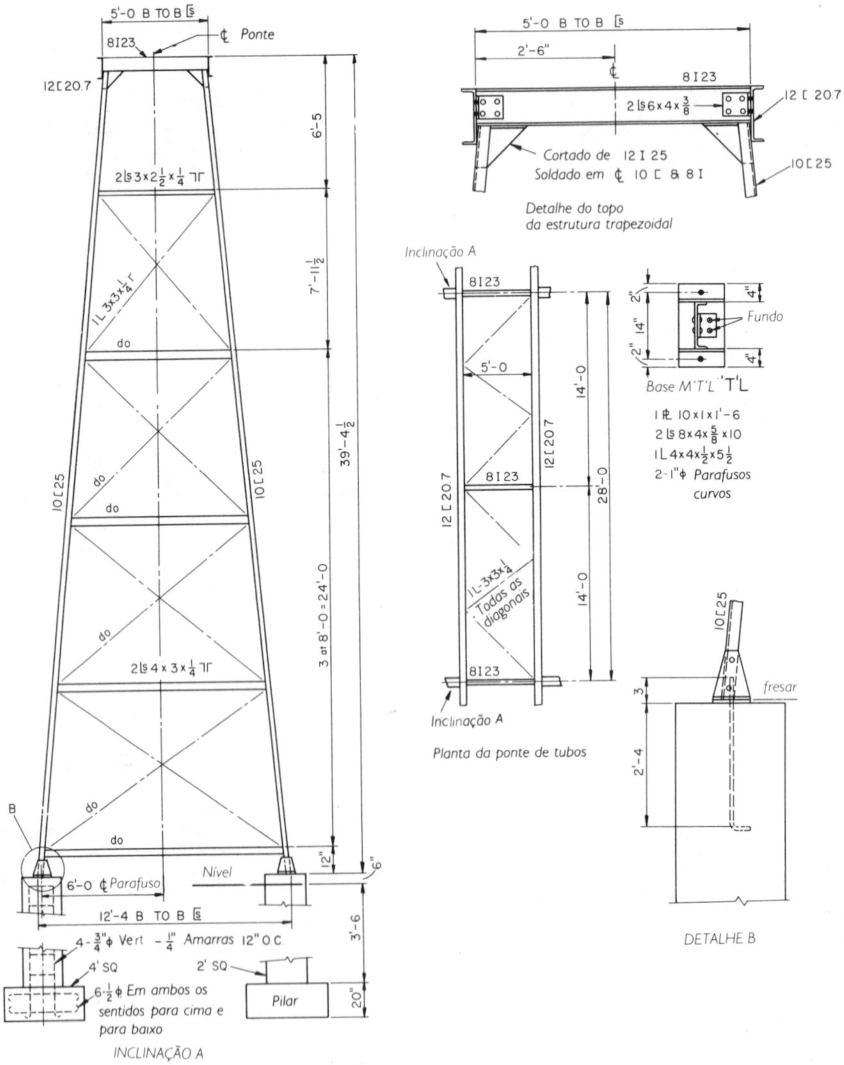

Prob. 6. Ponte de tubos.

placa de madeira de 1- x 4", pregado sobre a junta, é tudo o que é necessário.

Complete o projeto para as tesouras necessárias para o telhado sobre a estrutura indicada. Considere uma aba de 60 cm em toda a volta. As tesouras das extremidades deverão ser emparelhadas com a parede e projetadas de tal maneira que algum tipo de cobertura para os oitões extremos possa ser pregada no lugar. As tesouras deverão ser colocadas sobre *centers* de 2' (aproximadamente), com uma cobertura de lâmina de madeira compensada de 1/2 pol. Pleneje para que as tesouras de transição entre as duas alas se apóiem no revestimento da ala de 50'. O projeto destas tesouras pode ser modificado a fim de se ajustar aos seus comprimentos decrescentes. Estas tesouras, usadas como especificado, irão suportar aproximadamente 170 kg por metro quadrado de cargas distribuídas permanentes e variáveis no telhado e 50 kg por metro quadrado de cargas distribuídas no teto.

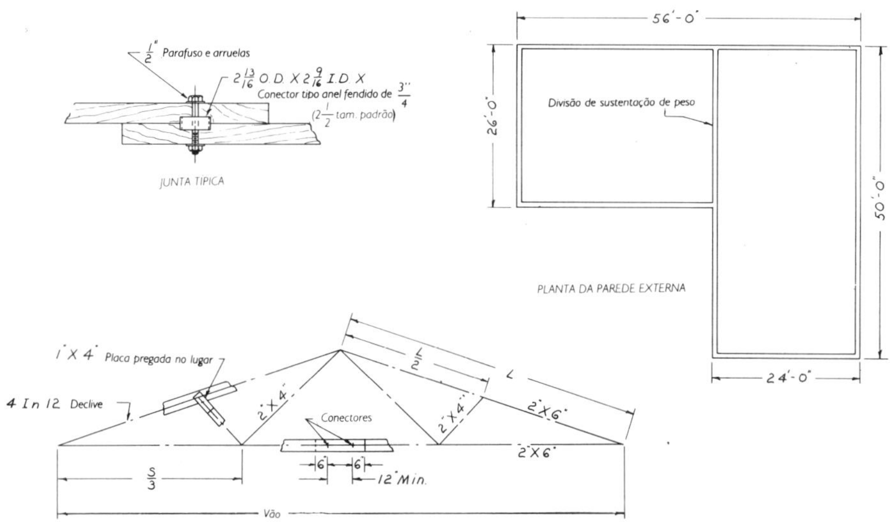

Prob. 7. Tesoura de madeira.

23

MAPAS E TOPOGRAFIA

Os profissionais em campos como a Geologia, a Navegação, a Exploração geográfica e a Arqueologia, bem como todos os engenheiros, devem ter um conhecimento de mapas e topografia.

Classificação • Plantas • Planta de um levantamento topográfico • Plantas industriais, de zoneamento e de cidades • Desenho topográfico • Curvas de nível sombreadas, linhas de águas • Símbolos topográficos • Mapas de paisagens, cores, letreiros, títulos • Perfis • Problemas.

1. Mapas: desenhos planimétricos

Até aqui, considerando o desenho como uma linguagem gráfica, tivemos que representar as três dimensões de um objeto ao ilustrá-lo ou, nos casos comuns, desenhar duas ou mais vistas dele. Nos desenhos de mapas, isto é, ao representar as características de partes da superfície terrestre, existe a distinta diferença pelo fato do desenho estar completo, com a representação em uma única vista; a terceira dimensão, as altitudes, é representada nesta mesma vista ou omitida, quando não necessária ao propósito para o qual o determinado mapa foi feito.

O levantamento e o mapeamento de uma área é a primeira tarefa nos projetos de engenharia e todos os engenheiros deveriam familiarizar-se com os métodos e símbolos empregados nos mapas e nos desenhos topográficos. Sem considerar a prática do levantamento e da locação dos pontos ou os diversos métodos usados pelos cartógrafos ao projetar a superfície curva da terra em um plano, estamos interessados pelo uso e detalhes de execução das plantas e mapas topográficos.

2. Classificação

O conteúdo ou informações contidos nos mapas é, geralmente, classificado em três grupos:

1. A representação de limites, acidentes e distâncias, tais como divisões entre áreas sujeitas a diferentes jurisdições ou propriedades, públicas ou privadas; ou linhas indicando medições geométricas sobre a terra, mar ou ar. Este grupo inclui plantas ou mapas de lotes de terrenos, e fazendas, subdivisões de cidades, plantas de concessões minerais e cartas de navegação marítima ou aérea.

2. A representação de acidentes naturais ou materiais e objetos dentro dos limites da área levantada, mostrando sua localização relativa, tamanho e localização, de acordo com o fim a que se destina o mapa. Quando apenas a localização relativa é exigida, a escala utilizada pode ser pequena e poderão ser usados símbolos para representar os objetos, tais como casas, pontes ou mesmo cidades. Quando o tamanho dos objetos deve ser levado em consideração, a escala tem que ser grande e o mapa se torna uma verdadeira vista ortográfica de cima.

3. A representação das elevações relativas à superfície do terreno. Mapas com estas características são chamados de mapas orográficos, ou, quando são usadas curvas de nível para representação do relevo, de "mapas de contornos" (mapas altimétricos). Mapas hidrográficos apresentam as linhas de sondagem ou curvas de profundidade.

Várias combinações destes três grupos são usados para diferentes finalidades. Os mapas são classificados, de acordo com a finalidade, como segue:

1. *Mapas geográficos* incluem grandes áreas e, conseqüentemente, são feitos em escala pequena. Mostram capitais e cidades importantes, rios e volumes de água, limites políticos e relevo.

2. *Mapas topográficos* são descrições completas de certas áreas e mostram em escala maior as posições geográficas dos acidentes naturais e as obras realizadas pelo homem. O relevo é, geralmente, representado por curvas de nível.

3. *Mapas hidrográficos* tratam de informações concernentes a volumes de água, tais como as margens, as profundidades, as curvas de nível das regiões submersas, os sinais de navegação e os regimes das águas.

4. *Mapas náuticos* ou cartas náuticas mostram os sinais de navegação, tais como bóias, balizas, faróis, rotas de tráfego, profundidades, bancos de areia e estações radiogoniométricas.

5. *Mapas aeronáuticos* ou cartas aeronáuticas fornecem os pontos predominantes do terreno, eqüidistantes, acentuando o relevo por zonas coloridas, hachuras e curvas de nível de 500 ou 1000 pés, para auxiliar a navegação aérea.

6. *Mapas cadastrais* são mapas de controle muito precisos de cidades e vilas, executados em escala grande, com todos os acidentes desenhados proporcionalmente. São usados no controle do desenvolvimento urbano e de operações fiscais, particularmente dos impostos.

7. *Mapas de engenharia* são mapas destinados a servir de base a projetos de engenharia e são desenhados especificamente para ajudar sua construção. Fornecem dados de controle planimétrico e altimétrico precisos e mostram as construções no local da obra ou ao longo das vias de acesso.

8. *Mapas fotogramétricos* representam os acidentes na superfície da terra tirados de fotografias terrestres e aéreas. Estas fotografias são perspectivas das quais são obtidas vistas ortográficas por meio de instrumentos estereoscópicos. Estações terrestres de controle são necessárias a fim de conseguir das fotografias o detalhe desejado.

9. *Mapas militares* destinam-se a fornecer informações de importância militar existentes na área representada.

3. Plantas

Um mapa obtido de um levantamento planimétrico e que omite a terceira dimensão é chamado de "planta" ou "mapa planimétrico". É usado na descrição de qualquer área, quando não é necessário mostrar o relevo, como no caso de um levantamento de uma fazenda ou numa planta de cidade.

A demarcação é feita baseado nas anotações de campo, através de (1) latitude e longitude, (2) rumos e distâncias, (3) azimutes e distâncias, (4) deflexões e distâncias ou (5) coordenadas retangulares. A demarcação também pode ser feita pela determinação das latitudes e longitudes totais para todos os pontos separados, em relação a uma origem fixa; este método faz com que os erros de demarcação sejam distribuídos por todo o levantamento. Os ângulos são traçados, partindo de linhas de marcação ou azimute, demarcando a tangente do ângulo ou o seno da metade do ângulo, pelo método seno-coseno ou por um transferidor de precisão.

A "simplicidade" é de suma importância na execução deste tipo de desenho. As informações deverão ser claras, concisas e diretas. O letreiro deverá ser feito em traço simples e a seta indicadora do Norte, bem como as linhas de margens, também deverão ser as mais simples possíveis. A época das molduras de margens complicadas, do ponto Norte elaborado e da legenda ornamental, felizmente, passou e todos estes adornos são hoje, corretamente, considerados perda de tempo e de mau gosto.

4. Plantas de um levantamento

A planta de um levantamento deverá fornecer, claramente, todas as informações necessárias para a descrição legal de uma parcela de terra. Deverá conter:

1. Direção e comprimento de cada linha.
2. Área.
3. Localização e descrição de marcos achados e colocados.
4. Localização de estradas, cursos de água, caminhos vicinais e quaisquer outros dados requeridos.
5. Linhas divisórias oficiais existentes dentro da área.
6. Nomes dos lindeiros.
7. Legenda, escala, data.
8. Indicação do ponto Norte e certificado planimétrico.
9. Certificado de que a planta foi executada corretamente.

10. Referência ao sistema estatal de coordenadas planas.

A Fig. 23.1 mostra a maneira geral de execução deste tipo de desenho. É quase sempre traçado e heliografado e não é necessário figurar nenhuma linha de curso de água ou outra minúcia. O tamanho do letreiro utilizado para as diversas características tem que ser proporcional à sua importância.

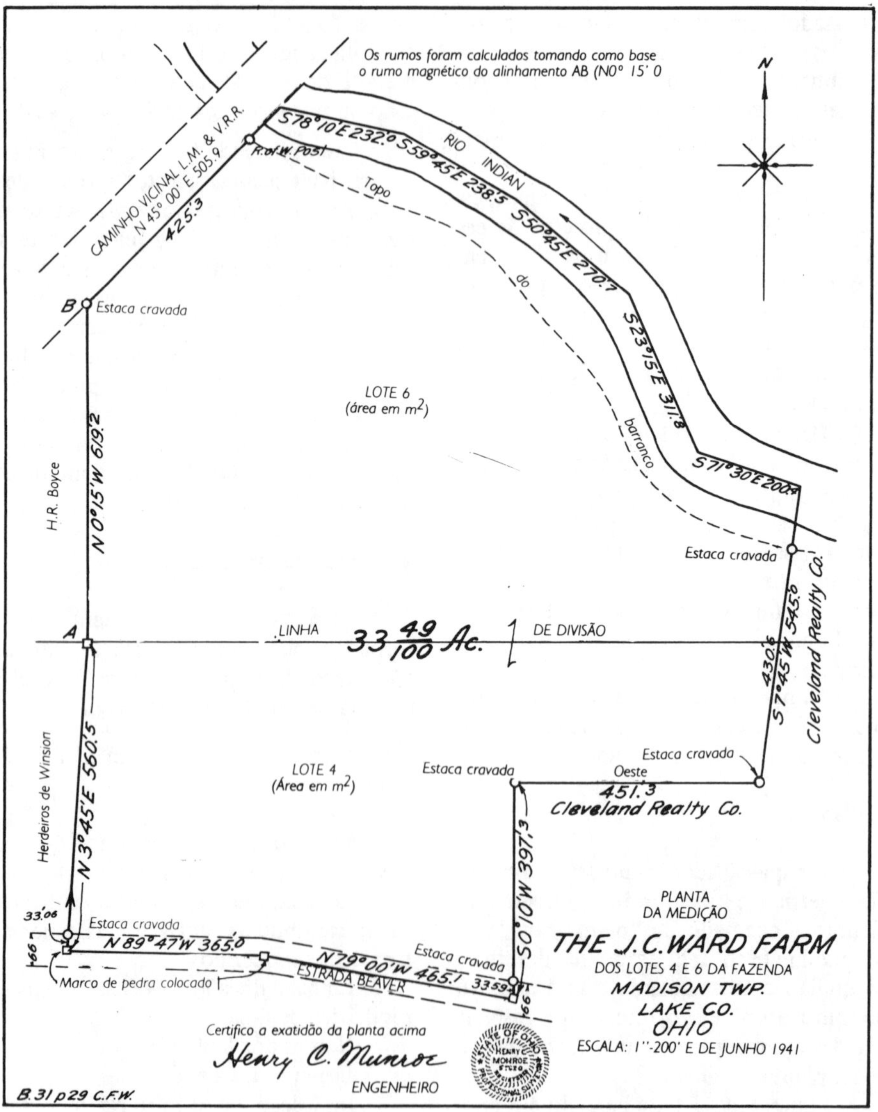

Fig. 23.1 – **Planta de um levantamento. Este tipo de mapa inclui a informação relacionada na Seç. 4.**

5. Plantas industriais

Dos diversos tipos de plantas usados no trabalho industrial, apenas um é ilustrado aqui: parte de uma estrada de ferro e uma de suas estações (Fig. 23.2). Isto poderá, também, representar uma planta de avaliação, que é um tipo de planta freqüentemente exigido. As informações desta espécie de mapas variam a fim de atender às exigências de casos especiais. Além dos itens da lista precedente, o mapa poderá incluir tubulações, hidrantes, localização e descrição de edificações, estradas de ferro e desvios, pistas externas de guindastes, etc.

6. Plantas de zoneamentos

As plantas de zoneamentos e loteamentos de cidades são arquivadas no registro municipal de imóveis e têm que ser completas nas informações referentes a localização e tamanho dos diversos lotes e parcelas que compõem o zoneamento (Fig. 23.3). Todos os marcos construídos deverão ser representados e todas as direções e distâncias registradas, a fim de possibilitar a localização de qualquer lote com exatidão.

Às vezes, proprietários de terras usam estes mapas em folhetos de propaganda para eventuais compradores e, freqüentemente, incluem uma cópia heliográfica ou um impresso à escritura. Algum embelezamento é permitido. Porém, deve-se cuidar para não exagerá-lo. A Fig. 23.4 é um exemplo que mostra um estilo aceitável de execução e acabamento.

7. Plantas de cidades

Sob este título são incluídos principalmente mapas ou plantas desenhados de plantas de zoneamento ou de outras fontes, para registrar o desenvolvimento de cidades. Estas plantas são usadas para registrar uma variedade de informações, tais como a localização de esgotos, adutoras de água e de gás, redes

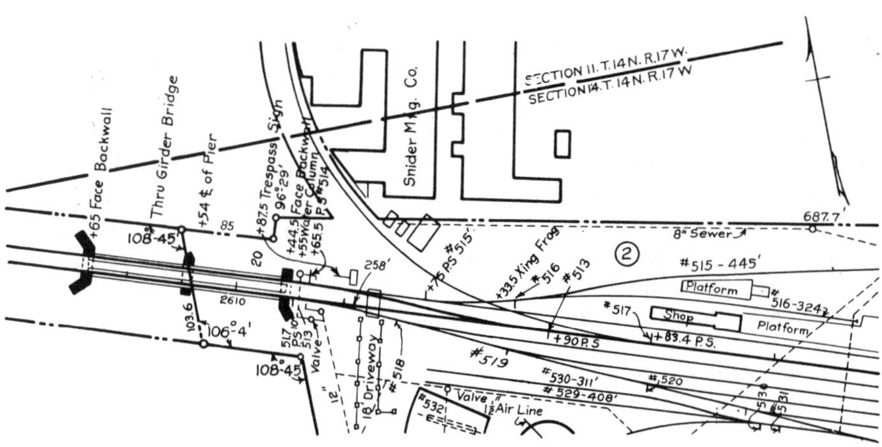

Fig. 23.2 – Parte de um mapa industrial. Este mapa é de propriedade de uma ferrovia.

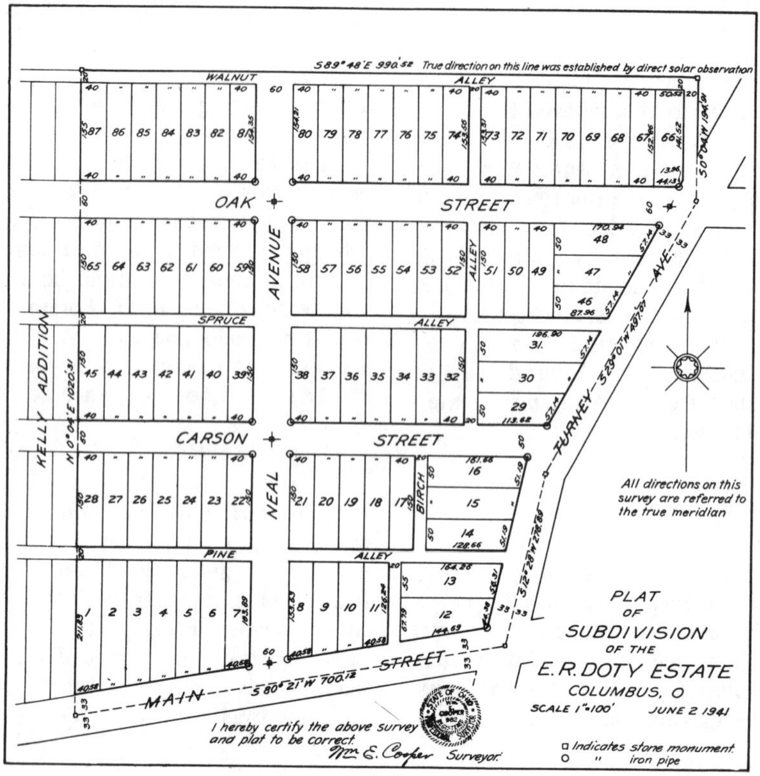

Fig. 23.3 – Planta de um zoneamento urbano. Este tipo de mapa mostra o tamanho e a localização de lotes e ruas.

elétricas e de vapor, instalações de telefones e melhoramentos viários.

Os registros contidos nestes mapas fornecem valiosos dados para tributação e servem de relatórios sobre o progresso da cidade. Como estes mapas são para um fim especial, devem conter apenas as informações necessárias para este fim; portanto, não incluirão todos os detalhes, como dimensões de lotes, que são fornecidos em plantas de zoneamento, mas deverão incluir pontos de referências planimétrica e altimétrica, para a localização correta das empresas de serviços públicos. São feitos, geralmente, em papel reforçado e numa escala que permita a leitura fácil das características necessárias; 100 e 200' por polegada são escalas comuns, sendo, às vezes usada a escala de 50'. Para cidades pequenas, a área inteira pode ser coberta por um só mapa; para cidades grandes, os mapas são feitos em seções que podem ser arquivadas convenientemente.

Um estudo da Fig. 23.5, que é um mapa de esgotos, mostra a maneira geral de execução de plantas de cidades. A apresentação do desenho é melhorada pela adição de linhas de sombra nos lados inferiores e direitos dos quarteirões, isto é, considerando as ruas e cursos de água como sendo depressões.

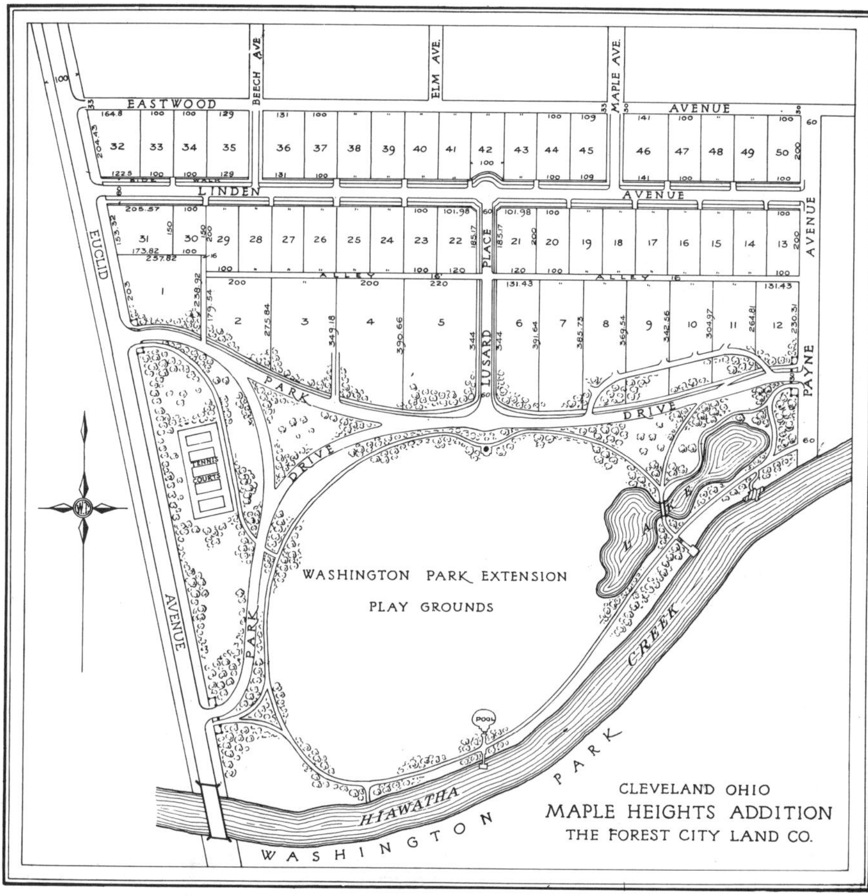

Fig. 23.4 – Mapa de propaganda de uma área loteada. Este tipo de mapa apresenta os tamanhos dos lotes e ruas, mas não inclui os detalhes de um levantamento.

Alguns dos edifícios públicos mais importantes são mostrados, a fim de facilitar a leitura. Os diversos bairros, zonas ou distritos podem ser indicados por letras ou números de contorno grandes, como ilustrado na figura. Curvas de nível são freqüentemente postas nestes mapas em tinha vermelha ou marrom, no original ou numa cópia positiva. A Fig. 23.6 mostra um moderno sistema de controle planimétrico usado pela cidade de Cleveland (EUA) para um levantamento geodésico e subterrâneo.

8. Desenho topográfico

Um mapa topográfico completo conterá:

1. As linhas que estabelecem as divisões políticas ou propriedades.

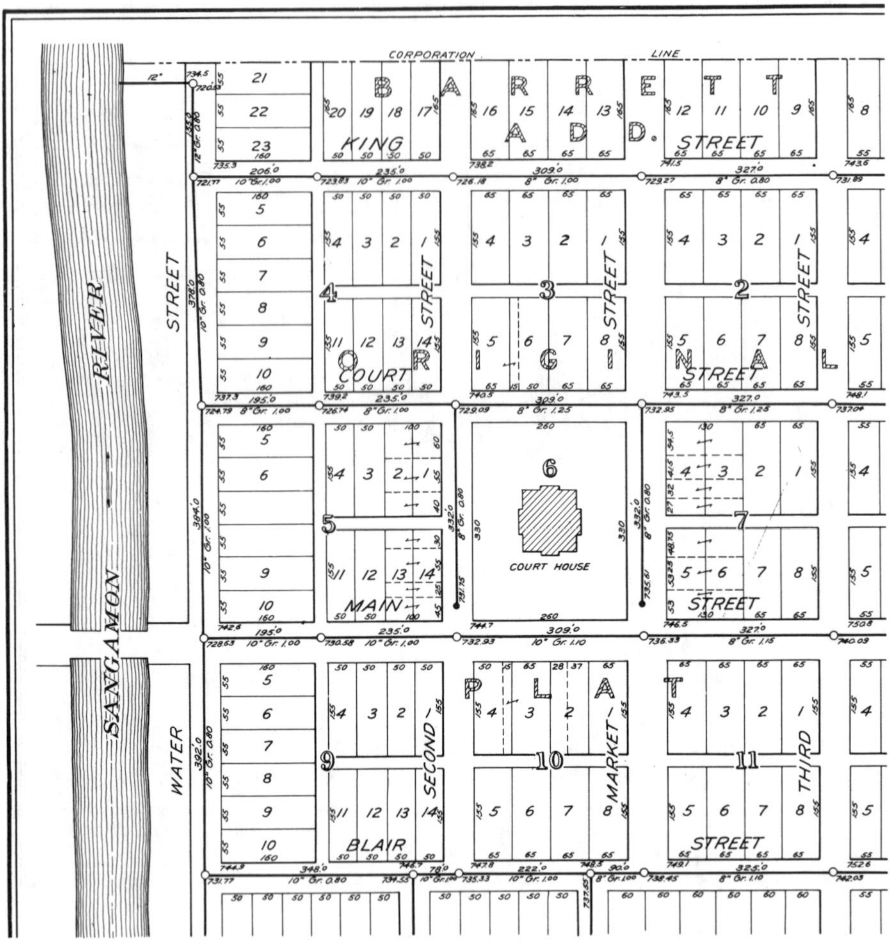

Fig. 23.5 – Planta de cidade. Mapa de esgotos.

2. A posição geográfica tanto dos acidentes naturais como das obras executadas pelo homem. Podem, também, incluir informações sobre a vegetação.

3. O relevo, ou a indicação das elevações e depressões relativas do terreno. O relevo, que é a terceira dimensão, é representado, geralmente, por curvas de nível ou por sombreados.

Estes são representados no desenho por linhas, símbolos e informações escritas, como é explicado nos parágrafos seguintes.

9. Curvas de nível

A curva de nível é uma linha imaginária na superfície do solo, que tem

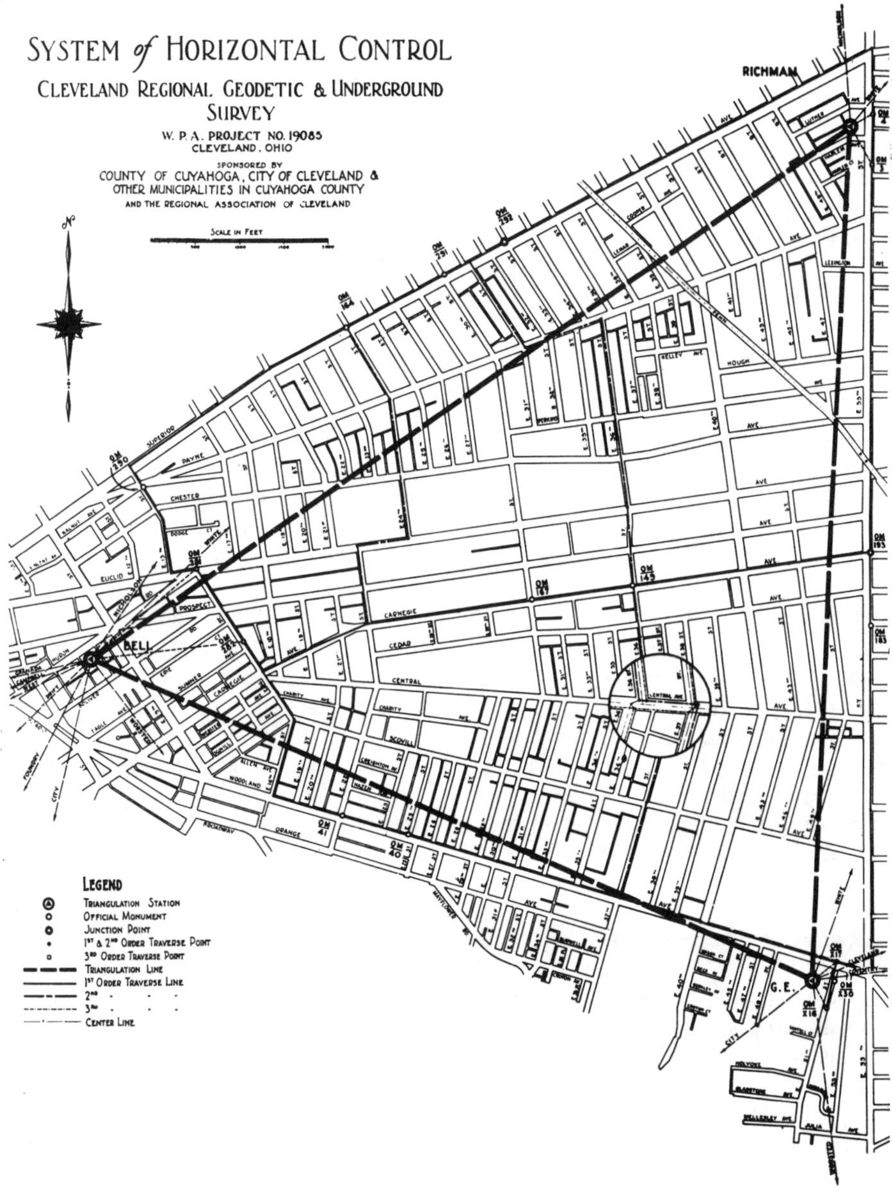

Fig. 23.6 – Controle horizontal (planimétrico). Este mapa apresenta pontos de referência exatos para um levantamento.

todos os seus pontos numa mesma altura; desta maneira, a linha de margem de um volume de água representa uma curva de nível. Se o nível da água subisse 1', a nova linha de margem seria uma nova curva de nível com o "intervalo de curvas de nível" de 1'. Uma série de curvas de nível poderá ser ilustrada aproximadamente como na Fig. 23.7.

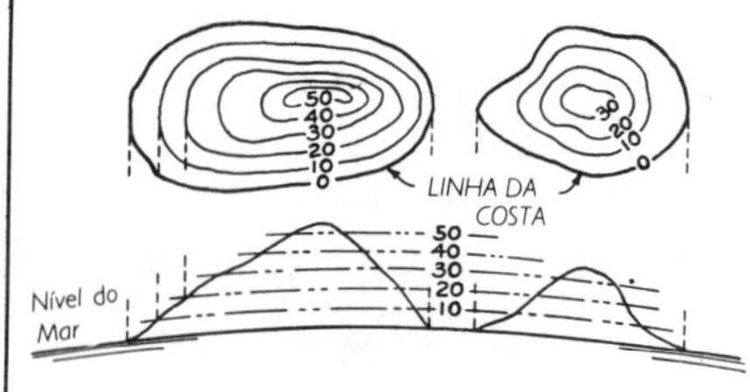

Fig. 23.7 – Curvas de nível. São linhas teóricas de elevações constantes.

A Fig. 23.8 é a vista em perspectiva de uma área de terra. A Fig. 23.9 é um mapa de curvas de nível da mesma área e a Fig. 23.10 mostra a mesma superfície, apresentando o sombreado das elevações por hachuras. As curvas de nível são desenhadas em linhas cheias finas, fazendo-se, de cinco em cinco, uma linha mais forte e com as altitudes em metros marcadas sobre elas, a intervalos, geralmente tendo o nível do mar como ponto básico. Elas podem ser traçadas com um tira-linhas para curvas ou penas finas, tais como a *Gillott* nº 170 ou a *Esterbrook* nº 356. Nos desenhos sobre papel, são, usualmente, executadas em marrom.

A Fig. 23.11 é um mapa topográfico do local onde está projetada uma instalação de tratamento de água e ilustra o uso do mapa com curvas de nível como desenho preliminar necessário para projetos de engenharia. Muitas vezes, o mesmo desenho mostra, por linhas de traço diferente, tanto as curvas de nível existentes como as do nível definitivo exigido.

10. Representação do relevo

A representação do relevo por meio de tracejado proporciona um efeito agradável, mas é de difícil execução, não fornecendo as altitudes exatas, não sendo, portanto, aplicado em mapas a serem usados para fins de engenharia. Às vezes é usado com vantagem em mapas de reconhecimento ou em mapas de escala pequena, para ilustração. Existem diversos sistemas, dos quais o hachurado, como mostra a Fig. 23.10, é o mais comum. É feito esboçando-se as curvas de nível levemente a lápis e desenhando as hachuras perpendicularmente a elas, começando-se no topo e graduando a espessura do traço de acordo com o grau de declive. Uma escala de hachuras, graduadas do preto, para os declives de 45°, ao branco, para a superfície horizontal, é utilizada, muitas vezes, para referência. As carreiras de traços deverão tocar as linhas a lápis, a fim de evitar faixas brancas ao longo das curvas de nível. Dois outros sistemas utilizados são o horizontal, ou inglês, sistema que usa hachuras graduadas paralelas às curvas de nível, e o de iluminação oblíqua, ou francês, que usa hachuras graduadas para dar o efeito da iluminação solar, bem como o grau de declive.

11. Representação das águas

Nos mapas topográficos para fins de exposição ou reprodução, os acidentes hídricos são usualmente representados por "linhas de água", isto é, traçando uma série de linhas finas paralelas às margens desenhadas, em preto ou azul (deve-se levar em conta que o azul não se presta para reprodução por fotocópias ou imprimir bem um decalque). Estas linhas malfeitas destruirão a aparência de um mapa bem executado e é preferível que sejam omitidas a serem feitas às pressas. A linha da margem é desenhada em primeiro lugar e as linhas representativas da

Fig. 23.8 – Vista em perspectiva. É um mapa pictórico, no qual o relevo é indicado por sombreados. Mapas deste tipo são usados apenas para fins ilustrativos.

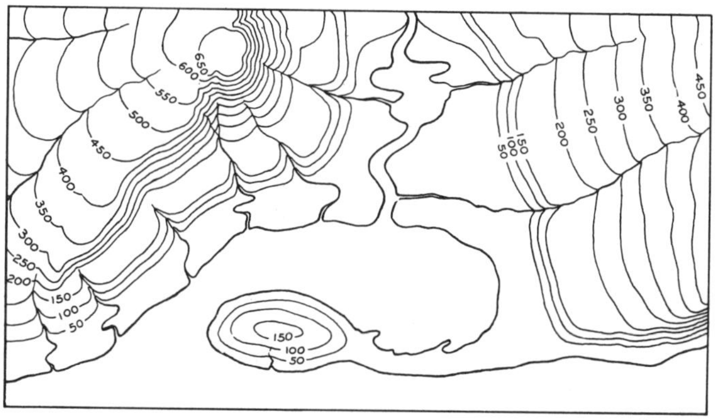

Fig. 23.9 – Mapa de curvas de nível. É um mapa da área mostrada na Fig. 23.8. O relevo é dado por anotações da elevação, posição e espaçamento das curvas de nível.

Fig. 23.10 – Mapa de relevo. Neste mapa da área da Fig. 23.8, o relevo é mostrado por hachuras. Áreas altas são claras, áreas baixas são escuras. Este tipo de mapa mostra apenas relevo relativo e aproximado e, por isto, não é usado para fins científicos.

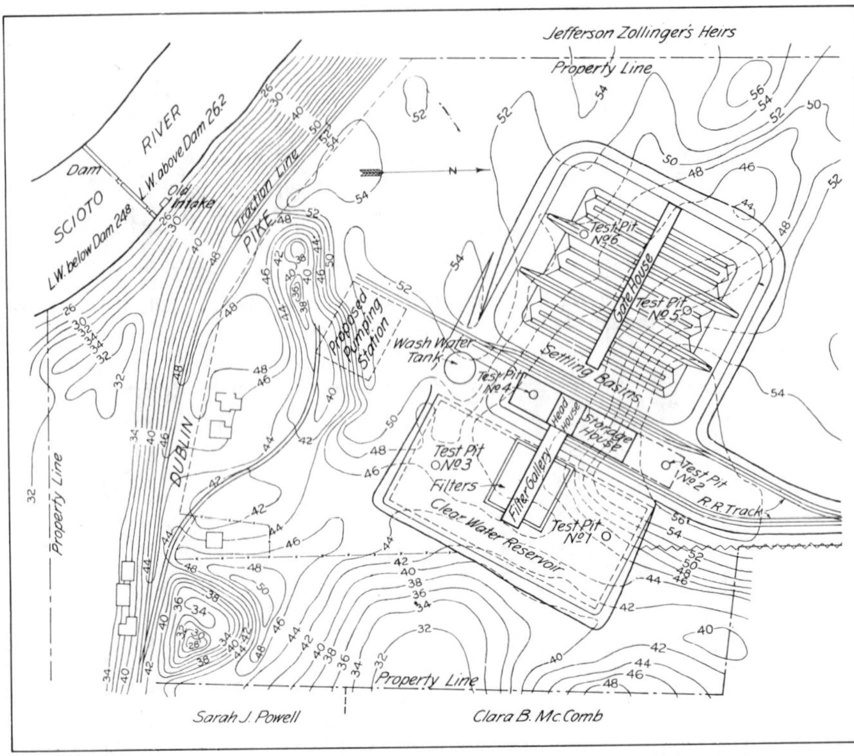

Fig. 23.11 – Mapa de curvas de nível de um projeto de engenharia. Este tipo de mapa mostra o relevo por curvas de nível e inclui outras características físicas, tais como edificações, estradas e cursos de água.

água são feitas com uma pena fina, própria para mapeamento, devendo o desenhista traçar em direção do seu corpo, deixando sempre para a esquerda a linha precedente. A primeira linha deve seguir a linha da margem a uma distância muito pequena; as distâncias entre as linhas seguintes deverão aumentar gradualmente, diminuindo ao mesmo tempo a sinuosidade destas. Às vezes, também a espessura e os intervalos das linhas são graduados, mas isto é uma operação difícil e desnecessária para o efeito. Um erro comum é fazer as linhas excessivamente onduladas ou enrugadas.

Ao desenhar um curso de água de largura variável, as linhas não devem ser aglomeradas nas partes mais estreitas; as linhas correspondentes são unidas no meio do curso, como ilustra a Fig. 23.10. Deve-se evitar zonas de aumento ou diminuição súbitos no espaçamento.

12. Símbolos topográficos

Os vários símbolos usados em desenhos topográficos podem ser agrupados sob quatro títulos:

1. Culturais ou as obras executadas pelo homem.

2. Relevo – elevações e depressões relativas.
3. Representação das águas.
4. Vegetação.

Quando forem utilizadas cores, as obras executadas pelo homem são desenhadas em preto, o relevo em marrom, os acidentes hídricos em azul e a vegetação em preto ou verde.

Os símbolos topográficos, usados para representar características na superfície da terra, são feitos, quando possível, de maneira a se assemelhar aos acidentes ou objetos representados como apareceriam em planta ou em elevação. Não se está tentando, aqui, dar símbolos para todos os acidentes que podem ocorrer em um mapa; realmente, pode surgir a necessidade de se criar símbolos para alguma condição particular.

A Fig. 23.12 ilustra alguns dos símbolos convencionais usados para as culturas ou obras feitas pelo homem. Quando a escala usada é grande, casas, pontes, estradas, até mesmo troncos de árvores podem ser representados, de modo que suas dimensões principais estejam em escala. O arquiteto paisagista não se interessa apenas pelo tamanho do tronco de uma árvore, mas também pela extensão de seus galhos. Um mapa em escala pequena pode, através dos seus símbolos, fornecer apenas a localização relativa dos acidentes representados.

Alguns símbolos militares são mostrados na Fig. 23.13, símbolos para navegação aérea na Fig. 23.14 e sinais de navegação na Fig. 23.15 – todos como adotados pelo *U.S. Board of Surveys and Maps.* A Fig. 23.16 fornece os símbolos padrão usados na exploração de campos de petróleo e de gás, a Fig. 23.17, os símbolos usados para mostrar o relevo, a Fig. 23.18, os acidentes hídricos e a Fig. 23.19, alguns dos símbolos mais comuns para vegetação e terras cultivadas.

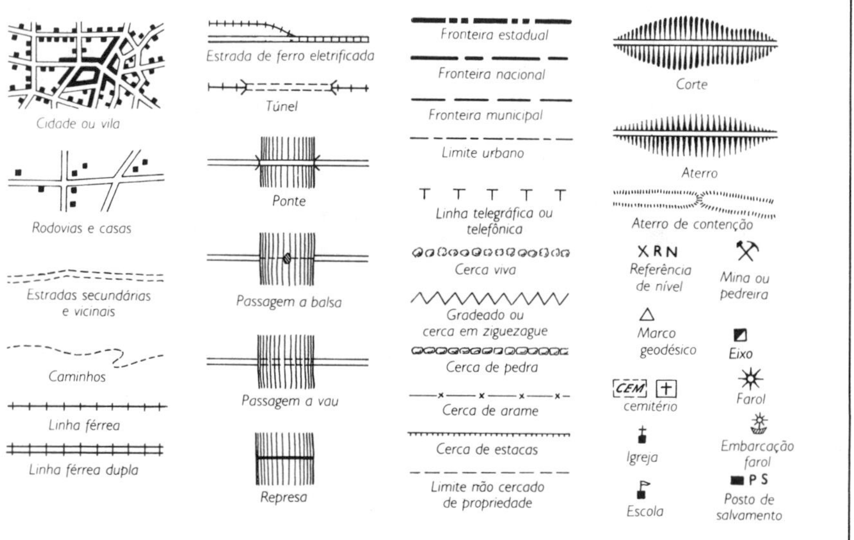

Fig. 23.12 – Símbolos de cultura. São usados para indicar as obras executadas pelo homem.

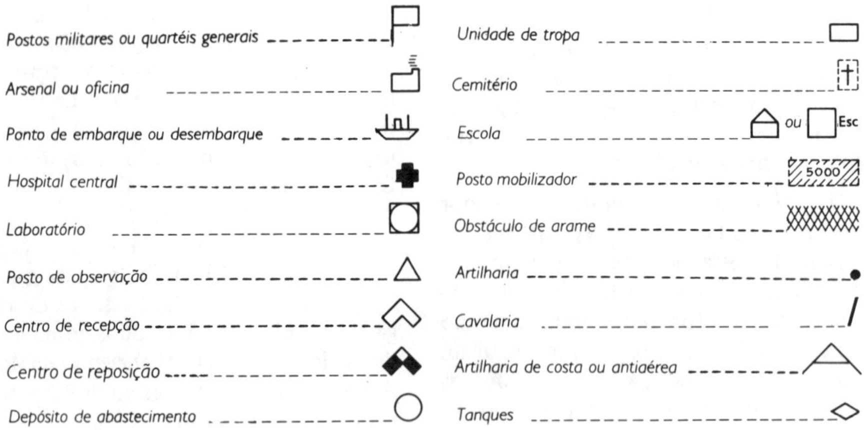

Fig. 23.13 – Símbolos militares. São usados em mapas militares.

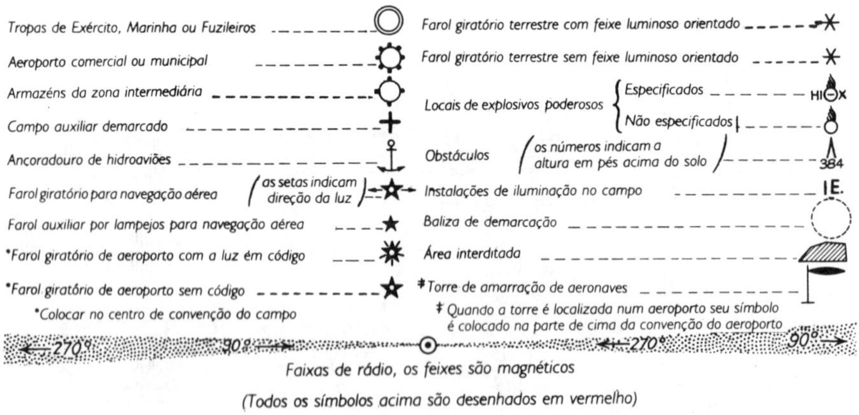

Fig. 23.14 – Símbolos de aviação. São usados em mapas de navegação aérea.

O desenhista deve ter em mente o fim a que se destina o mapa e, de alguma forma, indicar a importância relativa dos acidentes, variando sua proeminência pela espessura das linhas usadas ou pela alteração da escala do símbolo. Por exemplo, um mapa é feito para manobras militares, onde uma plantação de milho pode ser um detalhe importante; ou, em mapas feitos para mostrar a localização de

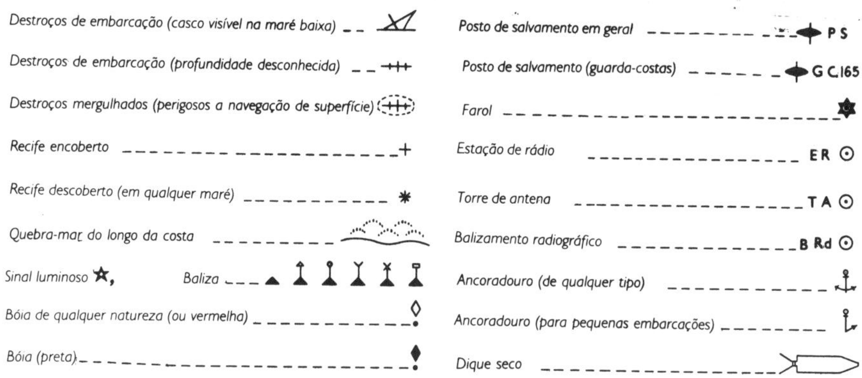

Fig. 23.15 – Símbolos náuticos. São usados em mapas de navegação.

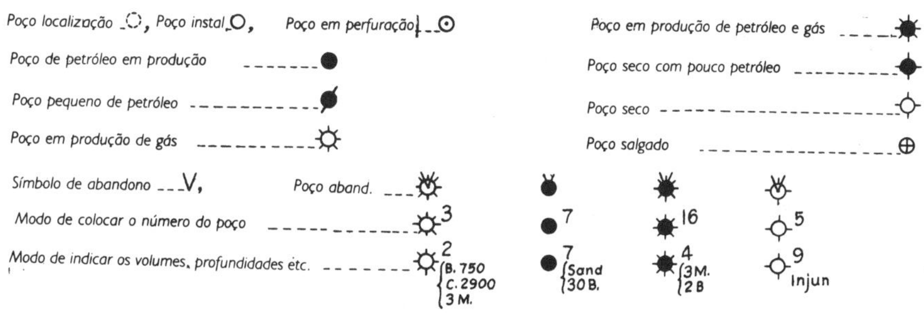

Fig. 23.16 – Símbolos para gás e petróleo. São usados em mapas de curvas de nível e de relevo.

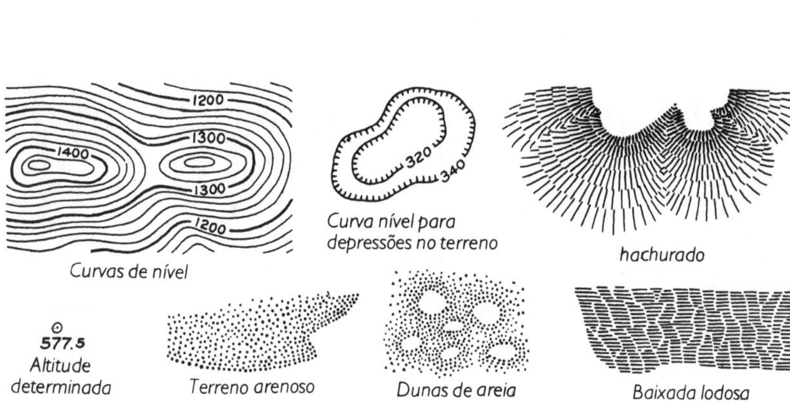

Fig. 23.17 – Símbolos de relevo. São usados em mapas de curvas de nível e de relevo.

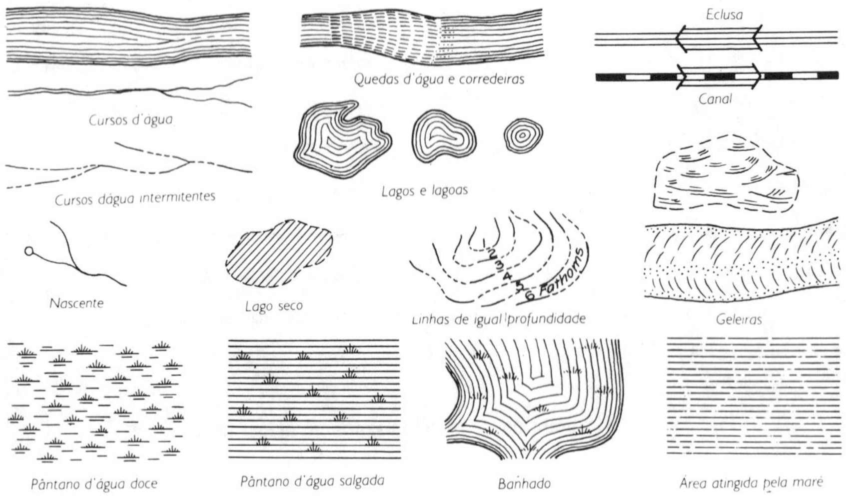

Fig. 23.18 – Símbolos para acidentes de água. São usados quando necessários em qualquer mapa.

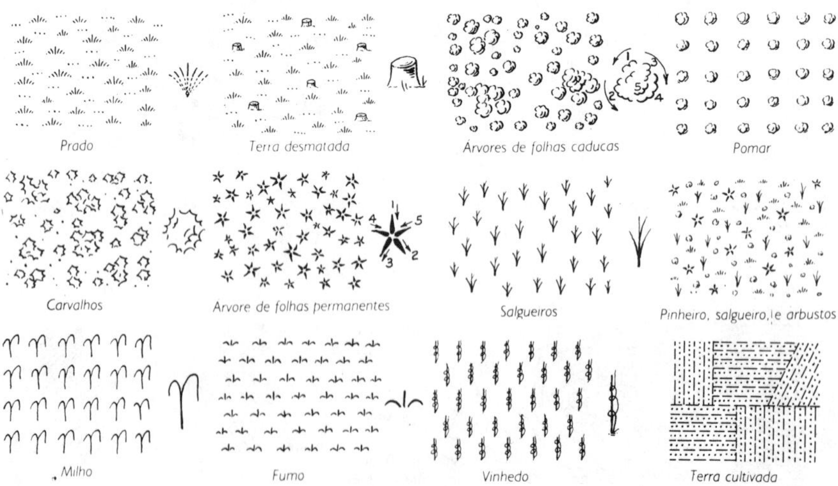

Fig. 23.19 – Símbolos para vegetação. São usados quando necessários em qualquer mapa.

acidentes especiais, tais como hidrantes, estes objetos deverão ser indicados claramente. O mapa de um aeroporto ou um campo de golfe enfatizariam acidentes significativos que lhes interessassem. Este procedimento exige certa originalidade do desenhista em atender aos vários casos que possam ocorrer.

É comum um principiante fazer, freqüentemente, os símbolos grandes demais. Os símbolos para a grama, mostrados sob o título "prado" (Fig. 23.19), devem ser feitos e espaçados corretamente ou irão estragar todo o mapa. Estes se compõem de cinco a sete traços curtos, irradiados de um centro comum e começando de uma linha horizontal, como apresentado no exemplo ampliado, onde cada tufo inicia e termina com um simples ponto. Os tufos são colocados com a parte inferior paralela à margem e distribuídos uniformemente pelo espaço, não em carreiras. Alguns tufos incompletos ou carreiras de pontos melhoram o aspecto geral. Os tufos de grama nunca devem ser tão fortes como os símbolos para árvores. Ao desenhar o símbolo de árvores caducas, deve-se obedecer à seqüência de traços indicada na figura.

A Fig. 23.20 é um mapa topográfico, feito para ilustrar a execução e localização geral dos símbolos.

Os bem conhecidos mapas do *U.S. Coast and Geodetic Survey* e o *Geological Survey* ilustram a aplicação de desenho topográfico. As folhas quadrangulares publicadas pelo departamento topográfico do *U.S. Geological Survey* são excelentes exemplos e de tão fácil aquisição, que todo engenheiro deveria se familiarizar

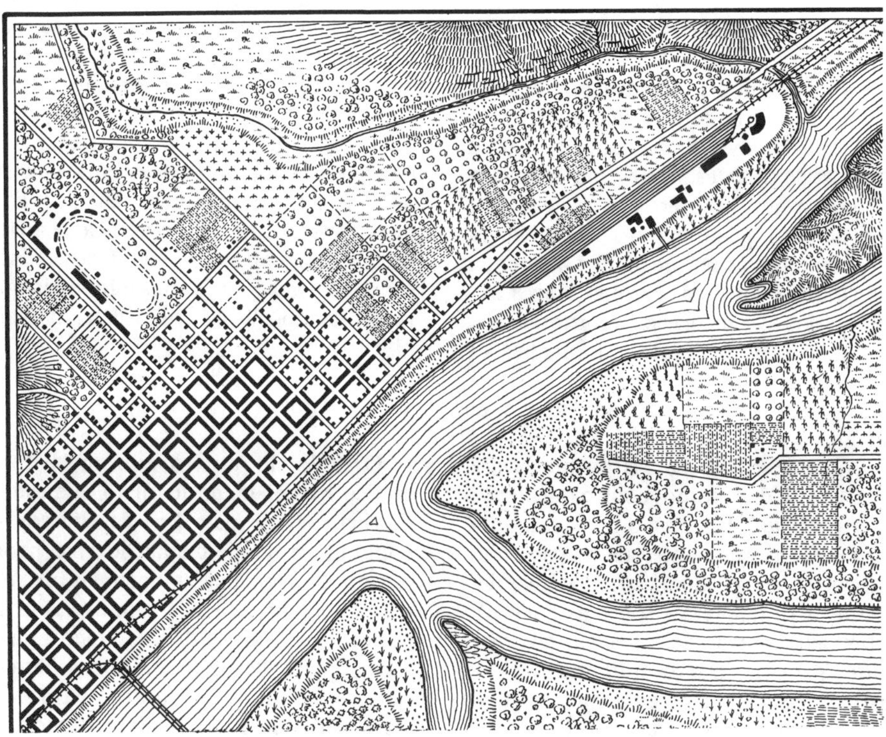

Fig. 23.20 – Parte de um mapa topográfico. Mostra a aplicação de símbolos para relevo, água e vegetação.

com elas. Estas folhas representam 15 minutos de latitude e 15 minutos de longitude na escala de 1:62.500 ou, aproximadamente, 1" por milha. Todo o território dos Estados Unidos foi mapeado pelo departamento, em cooperação com os diferentes Estados. Este trabalho foi grandemente facilitado pelo uso de fotografias aéreas. Grandes extensões de território no Oeste e no Sul foi mapeado a 1/2" por milha; anteriormente, parte do Oeste foi mapeado a 1/4" por milha. Estes mapas podem ser obtidos de *The Director, U.S. Geological Survey*, Washington, D.C., que fornecerá, também, informações a respeito do aspecto particular de qualquer localidade ou do desenvolvimento em qualquer Estado.

13. Mapas paisagísticos

Um mapa topográfico executado numa escala relativamente grande e mostrando todos os detalhes é chamado de "mapa paisagístico". Estes mapas são requisitados por arquitetos e projetistas de jardins para uso no planejamento de edifícios, adaptando-os à natureza dos acidentes topográficos ou em parques paisagísticos, pátios de recreação e propriedades particulares. Geralmente, são mapas de áreas pequenas e nas escalas de 1" = 20' a 1" = 50', dependendo do volume de detalhes.

O intervalo das curvas de nível varia de 6' a 2' de acordo com os acidentes da superfície. O intervalo mais comum é de 1'. Freqüentemente, os mapas paisagísticos são reproduzidos em cópias impressas a tinta preta, sobre as quais são desenhadas curvas de nível em cor diferente, para mostrar o tratamento paisagístico proposto. Os acidentes naturais e as culturas são acrescentadas com maiores detalhes do que nos mapas topográficos normais. As árvores são representadas quanto ao tamanho, espécie e, às vezes, extensão dos galhos e condição. Muitas vezes é necessário criar símbolos apropriados para um levantamento particular sendo preciso incluir no mapa uma legenda explicativa ou convenção. Estradas, caminhos, cursos de água, canteiros de flores, casas, etc. deveriam ser representados rigorosamente em escala, a fim de que se possam tirar medições deles diretamente dos mapas.

14. Cores

Ao invés de usar tintas coloridas, que são transparentes, de difícil aplicação com pena e não se prestam para fotografias ou cópias heliográficas, é melhor usar aquarelas para o desenho das curvas de nível, cursos de água e outros acidentes no mapeamento topográfico. Para curvas de nível, usa-se siena queimada (marrom-avermelhado), pura ou escurecida pelo acréscimo de uma gota de preto e formando uma mescla preferentemente espessa; para cursos de água usa-se azul-da-prússia e para acidentes, as linhas vermelhas, que são feitas com a tinta carmesim de alizarina. Todas funcionam bem tanto em pena de escrever como em tira-linhas e fornecem boas cópias heliográficas. Tintas acondicionadas em tubos são mais convenientes do que as em tabletes ou cadinhos.

15. Letreiros

O estilo do letreiro num mapa topográfico irá depender do fim a que este se destina. Se for para fins de construção, como um mapa de curvas de nível para o estudo de problemas municipais, declives de ruas, fábricas ou ferrovias, as letras góticas ou "Reinhardt" de traço simples são as preferidas. Para um mapa, letreiro de acabamento cuidadoso, usam-se as letras verticais, em romano moderno, sendo maiúsculas para os acidentes topográficos importantes e minúsculas para os de menos importância, tais como pequenas cidades e vilas. Para acidentes hídricos, usam-se o romano inclinado e letras itálicas (ver o Apêndice). A escala deveria sempre ser desenhada gráfica e numericamente.

16. Legendas

O romano moderno é a letra padrão para as legendas de mapas bem-acabados. O desenho deverá ser simétrico, com a altura das letras proporcional à importância relativa da linha. Uma legenda de mapa deverá conter, sempre que for necessário, os itens abaixo relacionados.

1. Tipo – "Mapa de...", etc.
2. Nome.
3. Localização do terreno.
4. Fim a que se destina, caso estejam representados acidentes especiais.
5. Para quem é feito.
6. Engenheiro responsável.
7. Data do levantamento.
8. Escala – númerica e gráfica, intervalos de curvas de nível e referência de nível.
9. Jurisdição.
10. Convenções ou chave dos símbolos.
11. Seta indicadora do Norte, com amarração a pontos geodésicos de precisão.
12. Certificado de responsabilidade de execução.
13. Referência ao sistema de coordenadas planas do Estado.

17. Perfis

Talvez nenhum tipo de desenho seja mais usado por engenheiros do que o perfil comum, que é simplesmente um corte vertical feito segundo uma linha reta ou curva. Estes desenhos são indispensáveis em problemas de construção de ferrovias, melhoramentos de estradas de rodagem e ruas, construção de esgotos e muitos outros problemas, onde o estudo da superfície do terreno é necessário. Freqüentemente outros engenheiros que não sejam engenheiros civis são solicitados para fazer desenhos tipo perfil. Usam-se diversos tipos de papéis apropriados para perfis e corte transversal; suas especificações são descritas nos catálogos das várias firmas que trabalham com material de desenho. Um tipo de papel de uso comum para o desenho de perfis é conhecido como "Plate A"; tem 4 divisões por polegada horizontalmente e 20 verticalmente. Outras divisões usadas são 4 X 30 e 5 X 25. A intervalos, tanto horizontal como verticalmente, são feitas linhas mais grossas para facilitar a leitura.

As distâncias horizontais são demarcadas como abscissas e as alturas como ordenadas. Como as distâncias verticais, que representam alturas, são marcadas numa escala maior, um perfil exagerado é obtido, o que é útil no estudo de perfis que irão ser usados no estabelecimento de graus. Este exagero vertical é, às vezes, desconcertante para o leigo ou engenheiro inexperiente, porém, normalmente, um perfil não será representativo se as escalas horizontal e vertical forem as mesmas. Além disto, se o perfil não fosse deformado desta maneira, seria uma operação longa e exaustiva, talvez até impossível de ser executada. A diferença entre um perfil com e sem exagero vertical é mostrado nas Figs. 23.21 e 23.22.

A Fig. 23.23 é parte de um típico traçado e perfil de uma rodovia estadual representados numa escala horizontal de 1" = 100' e vertical de 1" = 10'. Para este tipo de desenho, existe tela de decalcar com as coordenadas impressas em vermelho no verso, de maneira que qualquer alteração ou rasura no perfil não irá danificar as linhas das coordenadas. Letreiros e outras características são, às vezes, ressaltados, apagando-se as linhas no verso. A folha de alinhamento e de perfil faz parte de um conjunto de desenhos usados na construção de uma estrada, para estimativa de custos pelo empreiteiro, durante a

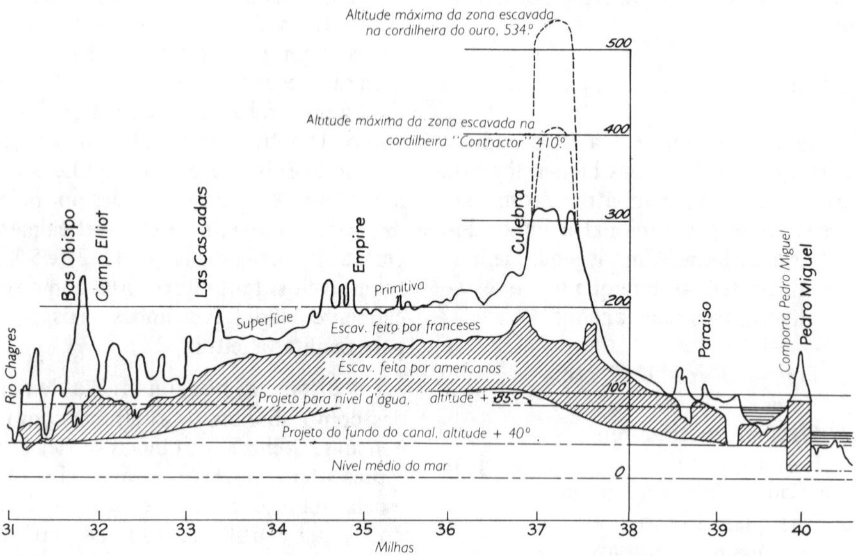

Fig. 23.21 – Um perfil. É usado para estudar as variações de superfície. Neste perfil, a escala vertical é 50 vezes maior que a horizontal.

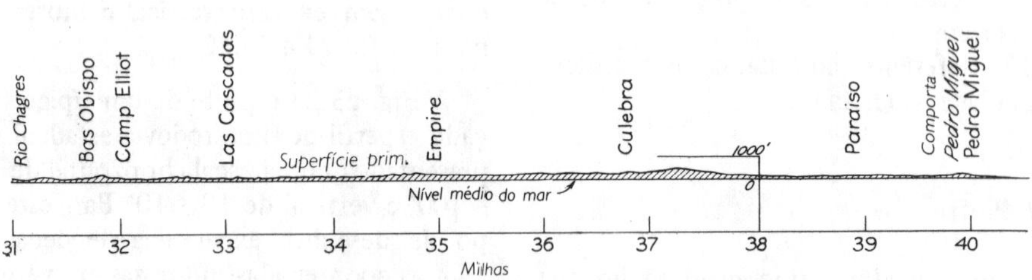

Fig. 23.22 – Um perfil. É a mesma superfície que a da Fig. 23.21, porém demarcada em escalas horizontal e vertical iguais. Note a superioridade da Fig. 23.21 para análise.

construção. Outros desenhos do conjunto consistiriam de uma folha de legendas, apresentando a planta de localização com os desvios estudados, uma folha indicativa de sinais convencionais, uma folha fornecendo um índice de dobramento e uma

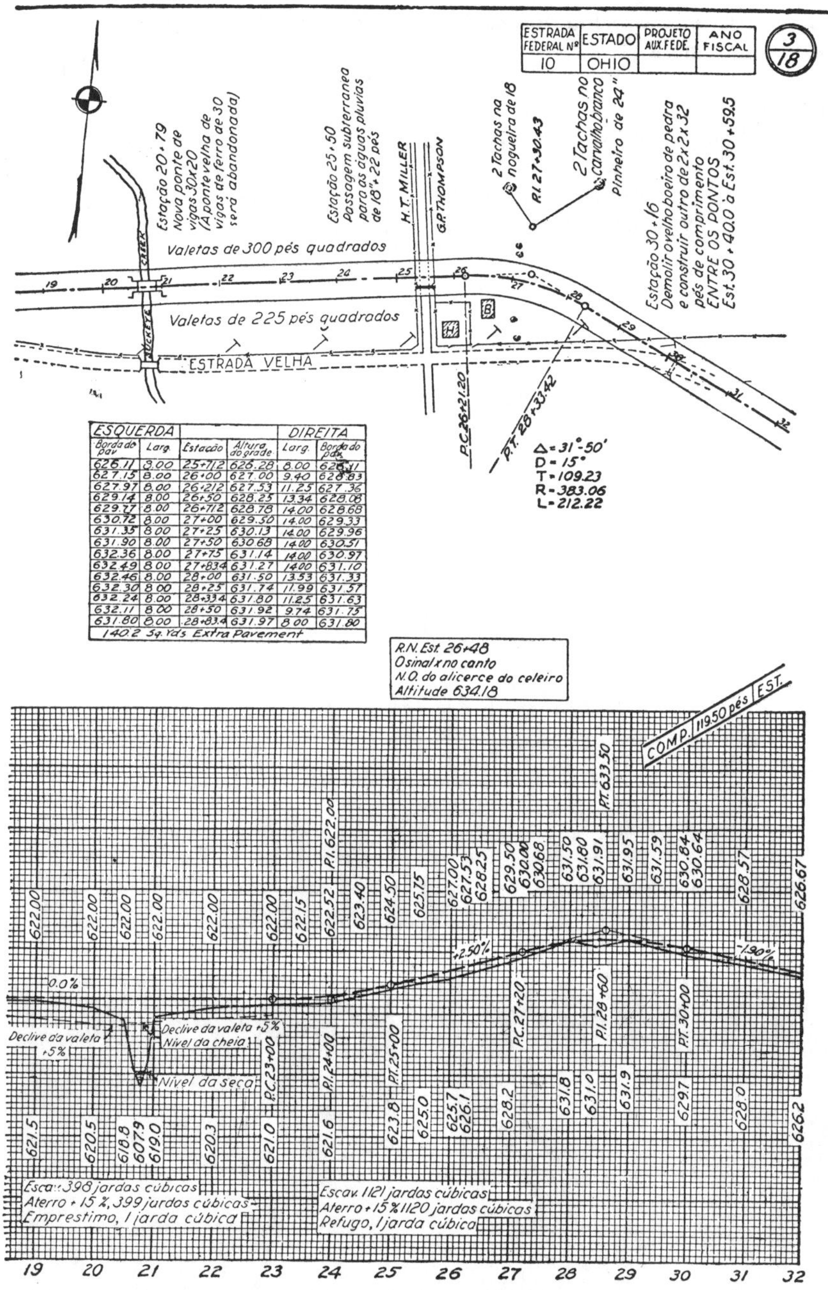

ESQUERDA				DIREITA	
Borda do pav	Larg.	Estacão	Altura do grade	Larg.	Borda do pav
626.11	8.00	25+71.2	626.28	8.00	626.11
627.15	8.00	26+00	627.00	9.40	626.83
627.97	8.00	26+21.2	627.53	11.25	627.36
629.14	8.00	26+50	628.25	13.34	628.08
629.77	8.00	26+71.2	628.78	14.00	628.68
630.72	8.00	27+00	629.50	14.00	629.33
631.35	8.00	27+25	630.13	14.00	629.96
631.90	8.00	27+50	630.68	14.00	630.51
632.36	8.00	27+75	631.14	14.00	630.97
632.49	8.00	27+83.4	631.27	14.00	631.10
632.46	8.00	28+00	631.50	13.53	631.33
632.30	8.00	28+25	631.74	11.99	631.57
632.24	8.00	28+33.4	631.80	11.25	631.63
632.11	8.00	28+50	631.92	9.74	631.75
631.80	8.00	28+83.4	631.97	8.00	631.80
140.2 Sq. Yds Extra Pavement					

Fig. 23.23 – Parte de uma estrada estadual em folhas de alinhamento e de perfil. Fornece informações fundamentais, necessárias à construção de uma estrada.

folha com espaço reservado para despachos de aprovação e as assinaturas das autoridades responsáveis.

Existem, também, folhas de cortes transversais tomadas em cada estação de 100' e em todas as estações intermediárias necessárias, para estimar o movimento de terra e o nivelamento; desenhos para execução das obras de drenagem das águas; plantas do terreno para as pontes; especificações para contratrilhos e outros dispositivos de segurança; seções padrão para cortes e aterros e várias outras condições; finalmente, folhas de resumo para relacionar as quantidades dos materiais para a pista de rolamento, a pavimentação e para as obras-de-arte.

PROBLEMAS

Nos probls. 1 e 2 são necessários mapas de curvas de nível, que podem ser obtidos junto às autoridades locais, municipais, estaduais ou federais.

Grupo 1. Problemas de curvas de nível

1. Obtenha um mapa de curvas de nível mostrando um rio. Represente a linha divisória das águas do rio. Isto é feito localizando-se a série de pontos mais altos de cada lado do rio e desenhando uma linha divisória das bacias hidrográficas, unindo-se os pontos. Indique a área da bacia hidrográfica por hachuramento.

2. Obtenha um mapa de curvas de nível mostrando um rio. Em um ponto dele, onde as margens forem íngremes ou onde exista uma elevação máxima acima do rio, localize uma represa. Demarque um lago formado pela represa. Represente o lago por hachuramento.

Grupo 2. Plantas de zoneamento

3. Da Fig. 23.1, desenhe todo o terreno coberto pelo levantamento. Divida este terreno em lotes com (aproximadamente) 70' de frente. Localize estradas apropriadas de 30'.

4. Desenhe o terreno da Fig. 23.3 e planeje ruas e lotes como segue: providencie uma estrada tipo parque na rua principal; use duas estradas curvas que se estendam de volta à antiga *Walnut Alley;* planeje ruas mais curtas, de acordo com a planta; use lotes com aproximadamente 100' de frente.

5. Faça um mapa de esgotos para o probl. 3.

6. Faça um mapa de fornecimento de gás para o probl. 4. A escala deverá caber numa folha 17 X 22".

Grupo 3. Plantas industriais

7. Desenhe todo o terreno da Fig. 23.1 numa folha 17- X 22". Neste terreno localize um edifício industrial de 175' X 100'. Localize também um ramal de estrada de ferro LM e V até um lado do edifício. Providencie uma área para estacionamento e uma estrada de acesso da *Beaver Road.*

8. Converta o zoneamento da cidade da Fig. 23.3 numa área industrial. As especificações para edificações são as mesmas do probl. 7. Providencie um grande estacionamento, com estrada de acesso da rua principal.

Grupo 4. Perfis

9. Demarque o perfil da Fig. 23.21 em escala adaptável a uma folha 17- X 22".

10. Demarque o perfil de uma estrada semelhante à Fig. 23.23, porém com as seguintes elevações:

Ponto da estação e elevação

Est. 19 20 21 22 23 24 25 26 27 28 29 30
Elev. 511.0 511.0 511.0 511.0 511.2 511.5 513.5 516.0 518.5 520.5 520.9 519.8

Acrescente um perfil das elevações de fossos que se desviem da estrada como se segue:

Ponto da estação e elevação

Est. 19 20 21 22 23 24 25 26 27 28 29 30
Elev. -1.0 -1.5 -1.5 -1.6 -1.4 -1.0 -0.5 +1.0 + 1.5 +2.5 +3.5 +4.5

24 DESENHOS PARA PROJETOS DE ENGENHARIA E PARA CONSTRUÇÃO

Métodos empregados na elaboração de desenhos de projeto, de detalhes, de conjunto, produção, construção, e outros.

Definições • Procedimento quanto ao projeto de engenharia • Desenhos de conjunto e de detalhe • Desenhos com tabelas e desenhos comuns • Relações de materiais e listas de peças • Desenhos • Ordem do traçado, do uso do lápis e da tinta • Legendas, verificação, zoneamento • Esboço • Medição e dimensionamento • Cópias • Arquivo e depósito • Métodos simplificados • Gabaritos • Recortes • Usos da reprodução (cópias) • Problemas.

1. Desenhos: conceitos fundamentais

Uma "produção", "construção", ou "desenho para execução" é o desenho que fornece todas as informações necessárias para a fabricação ou construção completa de uma máquina ou de uma estrutura. A descrição técnica para a produção de uma máquina ou estrutura é dada por um *conjunto* de desenhos onde estão especificados todos os fatos de modo completo e explícito, de maneira que não sejam necessárias instruções adicionais.

A descrição fornecida pelo conjunto de desenhos deverá incluir:

1. A representação gráfica completa da forma de cada peça (descrição da forma).
2. As dimensões de cada peça (descrição do tamanho).
3. Notas explicativas gerais e específicas sobre os desenhos individuais, fornecendo as especificações de material, tratamento térmico, tipo de acabamento, etc. Muitas vezes, especialmente no desenho arquitetônico e de estruturas, as notas explicativas e as informações concernentes aos materiais e mão-de-obra são muito extensas para que possam ser incluídas nos desenhos; por isso, são datilografadas ou impressas separadamente, denominando-se "especificações" – daí o termo "desenhos e especificações".
4. Uma legenda descritiva em cada desenho.
5. Uma descrição das relações de cada parte ou peça com as demais (montagem).
6. Uma relação ou lista de materiais.

O conjunto deverá incluir, em geral, duas classes de desenhos: *desenhos de detalhe,* que dão as informações citadas nos itens 1 a 4 e um *desenho de conjunto de montagem*, dando a localização e a relação de cada parte ou peça, conforme o item 5.

2. Procedimento técnico

Quando uma nova máquina ou estrutura é projetada, os primeiros desenhos, usualmente, tomam a forma de esboço à mão livre, nos quais são traçadas as idéias originais, esquemas e criações. Estes desenhos são acompanhados ou seguidos de cálculos para verificar se o projeto é adequado. Trabalhando sobre os esboços e cálculos, o departamento de projetos elabora um *conjunto de desenhos* (também chamado de "esboço do projeto" ou "desenho do projeto" (Fig. 24.1), que é um desenho preliminar feito a lápis, no qual são traçados mais detalhes do projeto. É feito com exatidão, com instrumentos e, se for possível, em tamanho natural, mostrando a forma e a posição das várias peças. Não se procura mostrar todos os detalhes complexos; são fornecidas apenas as cotas essenciais, tais como os tamanhos básicos calculados. No desenho, ou num conjunto à parte de anotações escritas, encontram-se as especificações gerais do projetista com relação aos materiais, tratamentos térmicos, tipos de acabamento, folgas ou interferências, etc. e todos os dados necessários ao desenhista para compor os desenhos individuais das partes em separado.

Trabalhando no desenho do projeto e com as anotações, os desenhistas (detalhadores) traçam então os desenhos individuais de detalhe. A Fig. 24.2 mostra um desenho de detalhe feito a partir do projeto da Fig. 24.1. Num desenho de detalhe, são fornecidas todas as vistas necessárias à descrição completa da forma de uma peça ou parte, e são dadas todas as cotas e instruções de fabricação necessárias. Os valores das cotas para superfícies não conjugadas são obtidos pondo-se em escala o desenho do projeto, e os valores significativos são determinados a partir das notas do desenho e dos padrões do escritório de desenho. O desenhista de detalhes correlaciona as dimensões das partes conjugadas e dá todas as informações necessárias à fabricação.

O conjunto de desenhos é completado com a adição de um desenho de conjunto

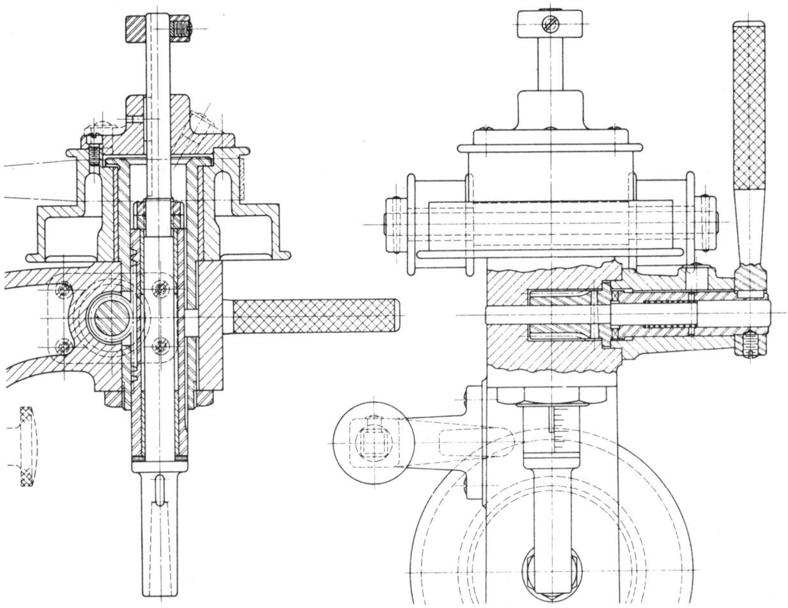

Fig. 24.1 – Parte do desenho de um projeto, acompanhando notas e especificações.

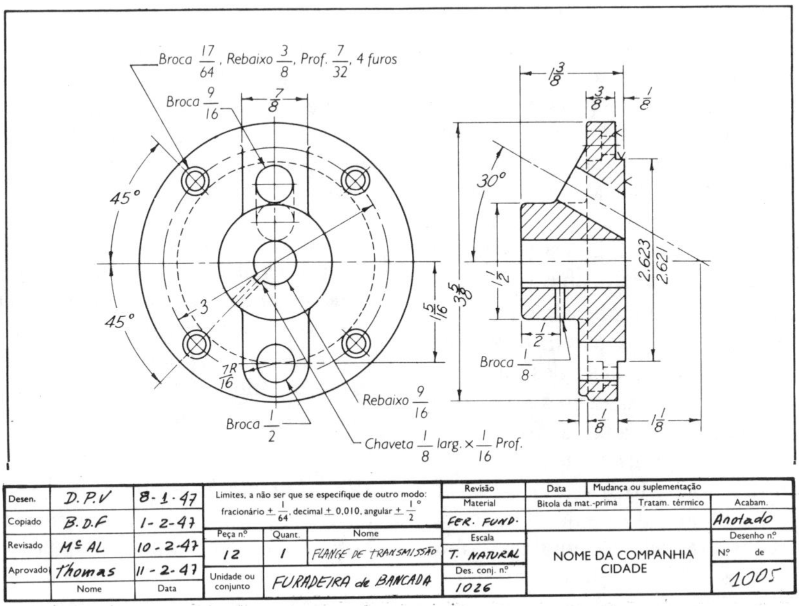

Fig. 24.2 – Desenho de detalhe que fornece informações completas para a produção de uma única peça.

e uma lista das peças ou relação de materiais.

Se uma máquina for produzida em série, serão preparadas folhas de "operação" ou "trabalho", que dão as fases de fabricação separadas e indicam o uso e tipo de ferramentas especiais, gabaritos, montagens, etc. O grupo do desenho de ferramentas, trabalhando a partir de desenhos de detalhe e das folhas de operação, projeta e realiza os desenhos necessários para as ferramentas especiais.

3. Desenhos de conjunto

O *desenho de conjunto,* como seu nome diz, é o da máquina ou estrutura com suas partes montadas, mostrando a posição relativa dos diferentes elementos.

O termo "desenhos de conjunto" inclui os desenhos de conjunto e esboços preliminares, os planos de canalizações, os desenhos de conjunto parciais, os diagramas de instalações e os desenhos completos e definitivos usados para montar ou instalar a máquina ou estrutura.

O projeto é o esboço preliminar, no qual são trabalhados com exatidão os esquemas, as criações e os projetos. O desenho de conjunto, em alguns casos, é traçado a partir do desenho de projeto. Mais freqüentemente, é traçado a partir das cotas dadas nos desenhos de detalhe; isto fornece uma comprovação valiosa da exatidão dos desenhos de detalhe.

O desenho de conjunto, algumas vezes, dá as dimensões globais e as distâncias entre os eixos ou as distâncias das diferentes peças entre si, fixando assim a posição relativa de cada parte e auxiliando a montagem da máquina. Entretanto, em muitos desenhos de conjunto não são utilizadas cotas. O desenho de conjunto não deve ser sobrecarregado de detalhes, sobretudo os invisíveis. Não devem ser usadas linhas tracejadas desnecessárias em qualquer desenho, principalmente em desenhos de conjunto.

Usualmente, os desenhos de conjunto têm letras ou números de referência para designar as diferentes partes. Esses "números de peças", algumas vezes encerrados em circunferências (chamadas *balloons* pelos desenhistas), com uma linha de chamada que aponta para a peça (Fig. 24.3), relacionam-se com os desenhos de detalhe e com a lista de peças.

O *desenho de conjunto parcial* ou de subconjunto (Fig. 24.3) é o desenho de um grupo de peças inter-relacionadas, usado para mostrar a montagem de maquinaria complicada, em que seria praticamente impossível mostrar todos os aspectos em um só desenho. Assim, no desenho de um torno serão incluídos conjuntos parciais de grupos de partes, tais como o cabeçote, o contracabeçote, a caixa de câmbio, etc.

O *desenho de contorno simplificado* é o desenho de conjunto usado para dar uma idéia geral da forma externa de uma máquina ou estrutura e contém apenas as cotas principais (Fig. 24.4). Quando é feito para catálogos ou outros fins ilustrativos, muitas vezes as dimensões são omitidas. Os desenhos de contorno são usados freqüentemente para fornecer os dados necessários à instalação ou montagem de um equipamento e então se chamam de *desenhos de instalação.*

O *desenho de conjunto para execução* fornece os dados completos para produzir uma máquina ou estrutura num só desenho. Isto se consegue por meio de vistas ortográficas completas, junto com as dimensões, anotações e uma legenda descritiva. A figura do probl. 45 é um exemplo dele.

O *desenho de diagrama* é um desenho de conjunto mostrando, por meio de símbolos, a construção ou instalação do equipamento. Os diagramas de construção, canalização e instalação elétrica são exemplos. Estes desenhos, muitas vezes, são feitos em perspectiva.

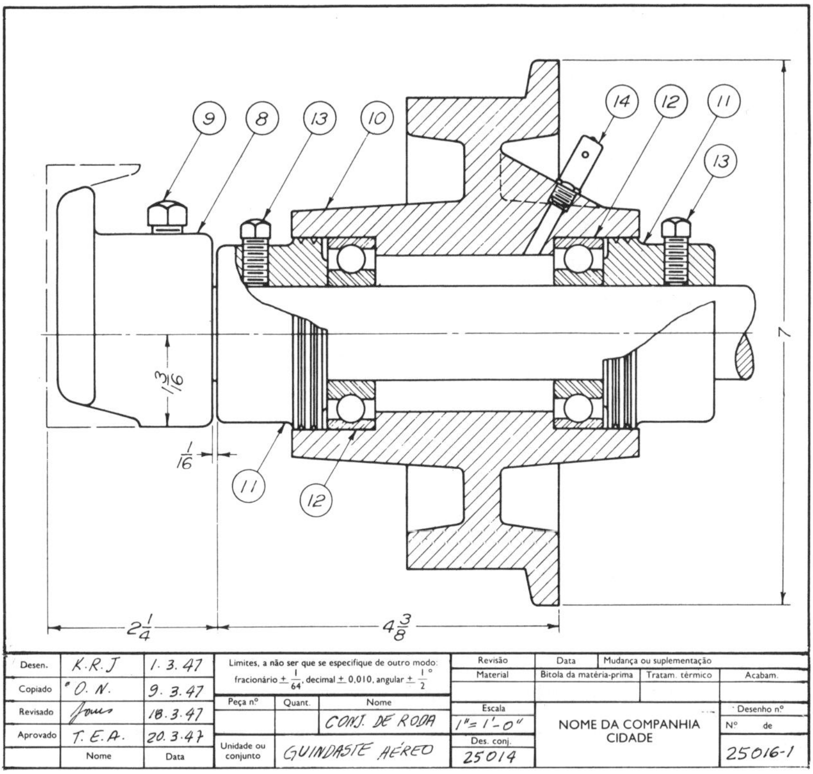

Fig. 24.3 – Desenho de um conjunto parcial. Para máquinas complexas, pode-se usar um certo número de desenhos, em lugar de um só, completo.

4. Desenhos de detalhe

O desenho de *detalhe* é o desenho de peças isoladas, que dá uma descrição completa e exata de sua forma, dimensões e execução. Um bom desenho de detalhe dará ao operário, *simples* e *diretamente*, a forma, o tamanho, o material e o acabamento de cada parte; dirá, também, quais operações de oficina serão necessárias; que limites de precisão deverão ser observados; o número de partes desejado, etc. Deve dar uma descrição tão exata que, seguindo-se o desenho, se obtenha uma peça satisfatória. A Fig. 24.5 ilustra o desenho de detalhe.

A execução do desenho de detalhe varia um pouco de acordo com a indústria e as exigências do sistema usado na oficina. Por exemplo, no trabalho com estruturas, os detalhes são freqüentemente agrupados numa folha, enquanto que na produção em série é usada uma folha separada para cada parte.

Se as diversas partes forem agrupadas numa só folha, as peças detalhadas deverão ficar, se possível, na mesma posição relativa que ocupam no conjunto e, para

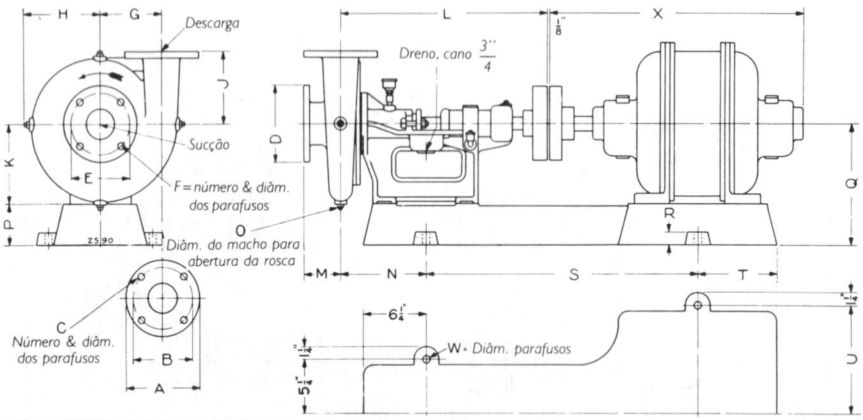

Palavra de código	Tam dos canos		Dimensões em polegadas																						
			A	B	C	D	E	F	G	H	J	K	L	M	N	O	P	Q	R	S	T	U	W	X
JAY	$1\frac{1}{2}$"	2"	Aberturas cônicas						$5\frac{13}{16}$	$6\frac{7}{8}$	$6\frac{1}{2}$	$7\frac{3}{4}$	$20\frac{3}{8}$	$3\frac{1}{4}$	$8\frac{3}{16}$	$\frac{3}{8}$								
JABBER	2"	$2\frac{1}{2}$"	6	$4\frac{3}{4}$	$4-\frac{5}{8}$	7	$5\frac{1}{2}$	$4-\frac{5}{8}$	$5\frac{29}{32}$	$7\frac{1}{4}$	$6\frac{1}{2}$	$7\frac{3}{4}$	$20\frac{7}{16}$	3	$8\frac{1}{4}$	$\frac{3}{8}$								
JACKET	3"	3"	$7\frac{1}{2}$	6	$4-\frac{5}{8}$	$7\frac{1}{2}$	6	$4-\frac{5}{8}$	$6\frac{1}{4}$	$7\frac{11}{16}$	7	$7\frac{3}{4}$	$20\frac{11}{16}$	$3\frac{3}{4}$	$8\frac{1}{2}$	$\frac{3}{8}$	As dimensões acima são determinadas pelo tamanho do motor e da base usados							
JACK	4"	4"	9	$7\frac{1}{2}$	$8-\frac{5}{8}$	9	$7\frac{1}{2}$	$8-\frac{5}{8}$	$7\frac{11}{16}$	$8\frac{3}{4}$	$7\frac{3}{4}$	$8\frac{13}{16}$	$22\frac{11}{16}$	$4\frac{1}{2}$	10	$\frac{1}{2}$								
JACOBUS	5"	5"	10	$8\frac{1}{2}$	$8-\frac{3}{4}$	10	$8\frac{1}{2}$	$8-\frac{3}{4}$	$8\frac{1}{8}$	$9\frac{1}{8}$	$8\frac{1}{4}$	$8\frac{13}{16}$	$22\frac{15}{16}$	5	$10\frac{1}{4}$	$\frac{1}{2}$								

Fig. 24.4 – Desenho simplificado de conjunto (Tabular). A tabulação fornece as dimensões para as unidades de diferentes tamanhos.

facilitar a leitura, guardar a mesma disposição relativa natural. Peças do mesmo material ou tipo são usualmente desenhadas juntas, como, por exemplo, as peças forjadas em uma folha, as fundidas em outra, as usinadas em outra ainda. Para cada parte deve ser providenciada uma sublegenda, dando o número, o material e a quantidade necessária para constituir o todo.

O sistema que melhor se adapta e o mais aceito, usado no desenho mecânico, é o de desenhar cada peça ou parte em folha separada, por pequena que seja. Como foi descrito na Seç. 3, Cap. 11, se for seguido o sistema de desenho único, será usado um desenho por todas as oficinas. Se for usado o sistema múltiplo, deve ser feito um desenho separado para cada uma delas; assim, pode haver um *desenho do modelo,* um *desenho de fundição,* e um *desenho de usinagem,* todos para uma única peça fundida. Um desenho de detalhe deve ser uma unidade completa para o fim pretendido e não deve depender, de modo algum, de qualquer um outro desenho de detalhe.

5. Desenhos com tabelas

O desenho contendo tabelas, seja de conjunto ou de detalhe, é aquele em que as cotas são substituídas por letras de referência; uma tabela acompanha o desenho, dando a lista das cotas correspondentes aos diferentes tamanhos da máquina ou peça, permitindo assim que um só desenho sirva para todos os tamanhos do mesmo elemento. Algumas companhias que fabricam peças de vários tamanhos usam este sistema tabular de descrição do tamanho, mas um sério perigo reside na

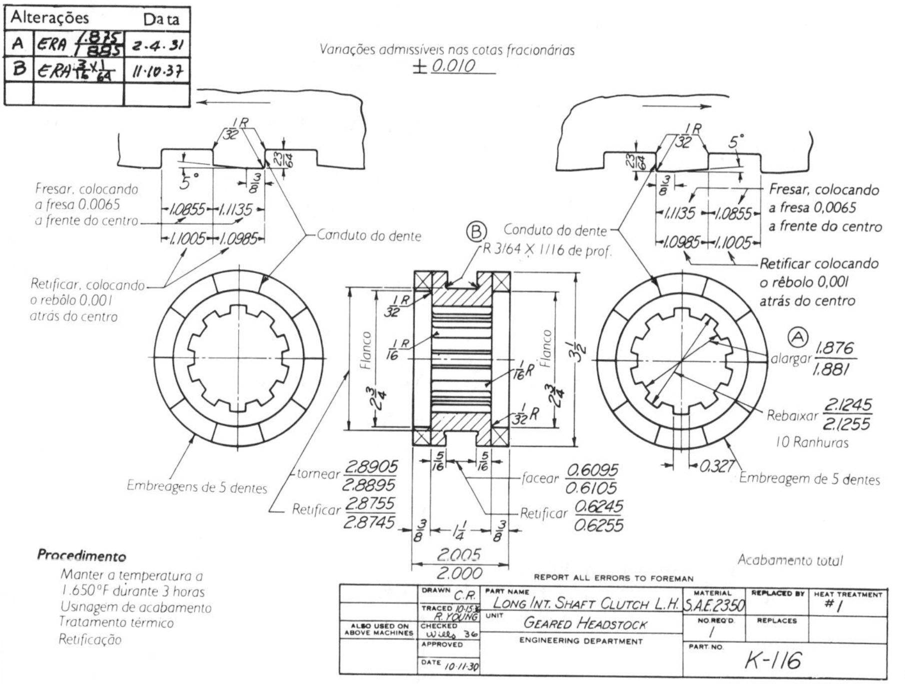

Fig. 24.5 – Desenho de detalhe. Observe a totalidade das informações para a fabricação, dadas no desenho.

possibilidade de enganos na leitura da tabela. A Fig. 24.4 ilustra um desenho de conjunto com uso de tabela.

6. Desenhos padrões

Para evitar as dificuldades encontradas nos desenhos com tabelas, algumas companhias fazem um "desenho padrão", completo, deixando em branco os lugares reservados às cotas. Estes desenhos são reproduzidos por impressão *offset* ou em preto e branco sobre papel ozalid, e as cópias são cotadas separadamente para vários tamanhos de peças. Este processo fornece um desenho separado e completo para cada tamanho de peça; e quando se torna necessário um novo tamanho, o desenho é fácil e rapidamente feito. A Fig. 24.6 mostra um desenho padrão e a Fig. 24.7 um preenchido, constituindo um desenho para execução completa.

7. Peças padronizadas

As peças padronizadas compradas de um fabricante são especificadas pelo nome e tamanho ou pelo número e, conseqüentemente, não precisam ser detalhadas. Todas as peças padronizadas, tais como pinos, parafusos, rolamentos antifricção, etc., são representadas no desenho de conjunto e recebem um número. As especificações completas para sua aquisição são dadas na relação de peças.

Algumas vezes, no entanto, uma peça é feita *alterando-se* a padronizada ou previamente produzida. Neste caso, faz-se

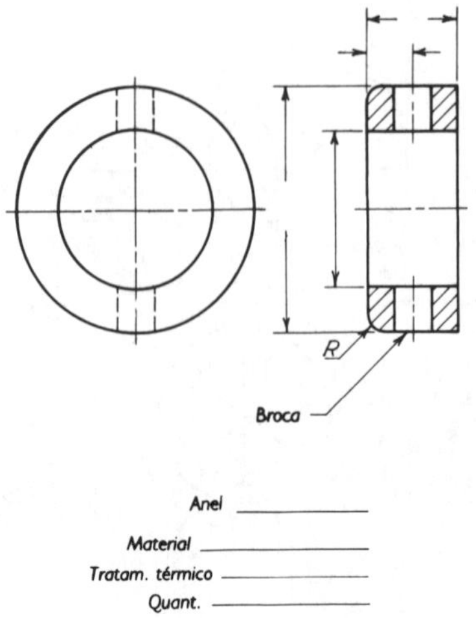

Fig. 24.6 – Desenho padrão. Este é reproduzido em papel-tela, para fornecer a descrição da forma necessária ao desenho.

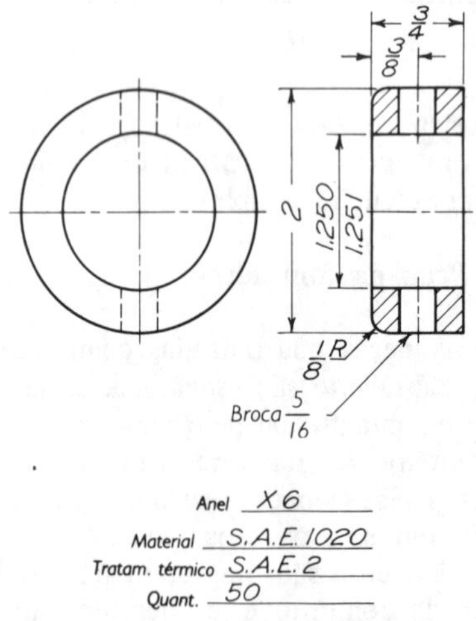

Fig. 24.7 – Desenho padrão preenchido. Com o preenchimento das dimensões, um desenho padrão se transforma num desenho completo, que será usado para fins de fabricação.

um desenho de detalhe, mostrando e especificando a peça original, com as modificações e as novas cotas.

8. Relação de material ou lista de peças

Esta é uma relação tabulada, colocada usualmente numa folha separada, no caso de produção contínua (como no probl. 37), ou no desenho de conjunto (como no probl. 50). Esta tabela fornece o número, nome, quantidade e material de cada elemento, algumas vezes as quantidades da matéria-prima, os números dos desenhos de detalhe, o peso de cada peça, etc. Uma coluna final é quase sempre deixada para as observações. O termo "relação de material" é usado ordinariamente no desenho de estruturas e arquitetônico. O termo "lista de peças" se aplica mais ao desenho de máquinas. Em geral, as peças são relacionadas conforme a ordem de importância, as maiores em primeiro lugar e as padronizadas, tais como parafusos, pinos, etc., ao final.

A pautação da folha para preenchimento com a relação de material não deve ser aglomerada. A altura das pautas não deverá ser inferior a 6,5 mm sendo que o espaçamento de 8 ou 9,5 mm é o melhor. A altura das letras devem ocupar a metade do espaço disponível e centradas entre as linhas. Em lugar de desenhar as letras, as relações de material são freqüentemente datilografadas em papéis finos que já trazem os títulos. Intensificar-se a cor da impressão datilografando com papel-carbono no verso, aumentando assim a opacidade das letras, resultando uma cópia heliográfica mais viva.

9. Conjunto de desenhos

Um conjunto completo de desenhos para execução consiste de desenhos de detalhe e de conjunto, os primeiros dando todas as informações necessárias para a fabricação de cada peça individual que não pode ser adquirida, e os últimos mostrando as posições relativas de certos grupos de peças e da totalidade dos elementos de uma máquina. O conjunto inclui a relação de material ou lista de peças e também pode conter desenhos especiais para o comprador, tais como plantas de fundações e esquema de lubrificação.

10. Confecção de um desenho para execução: conceitos básicos

Embora, em casos especiais, se usem com freqüência os desenhos em perspectiva, a base de todos os desenhos para execução é a projeção ortográfica. Assim, para representar de maneira completa um objeto, são necessárias pelo menos duas vistas e, às vezes, mais. A única regra de caráter geral é *fazer tantas vistas quantas forem necessárias para descrever com clareza o objeto – e somente estas.* Em certos casos, pode acontecer que a terceira dimensão seja tão evidente que uma só vista seja suficiente, como, por exemplo, no desenho de um eixo ou parafuso. Em outros casos, talvez seja preciso uma meia dúzia de vistas para descrever completamente a peça. Algumas vezes, é vantajoso usar-se meias vistas, vistas parciais ou vistas secionadas.

Para a vista de frente escolhe-se a face que mostre a maior dimensão de preferência a frente óbvia do objeto na posição de funcionamento, decidindo então quais as outras vistas necessárias. Uma peça cilíndrica vertical, por exemplo, exigirá apenas a vista de frente e a superior; uma peça cilíndrica horizontal, apenas a vista de frente e a lateral. Determina-se qual vista lateral deverá ser usada, ou verifica-se se ambas são necessárias. Deverá preferir-se aquela que apresente menor número de linhas tracejadas. Em certos casos, obter-se-á melhor representação usando *ambas* as vistas laterais e omitindo-se todas as linhas tracejadas desnecessárias. Verifica-se se uma vista auxiliar ou uma nota pode substituir uma ou mais vistas e se um corte pode ser melhor do que uma vista externa. Pode fazer-se uma afirmação que tem força de regra: toda vez que a clareza de um desenho for obtida com a violação de um princípio de projeção, viole-se este princípio.

As Seções 12 a 26 do Cap. 7 fornecem um certo número de exemplos de convenções que transgridem as regras teóricas de representação em benefício da clareza. O desenhista deve recordar que sua responsabilidade é para com quem lê seu desenho, e que não se justifica qualquer economia de tempo ou de trabalho às custas do desenho, tornando-o menos completo ou difícil de compreender. O tempo assim economizado pelo desenhista pode resultar em perda bem maior pela companhia, pois, na oficina, o projeto não é usado apenas uma vez, mas repetidamente.

Tal como existe na literatura, há um *estilo* no desenho, que se caracteriza, de certo modo, pela facilidade de leitura. Alguns desenhos são claros e expressivos, enquanto outros, mesmo contendo todas as informações, são difíceis de decifrar. Embora se tratando de operações de caráter mecânico, há lugar para um certo senso artístico no desenho técnico. O número, seleção e disposição das vistas; a omissão de elementos desnecessários, ambíguos ou enganadores; o tamanho e a colocação de cotas e letreiros bem como o contraste das linhas entre si são elementos que caracterizam um estilo.

No desenho comercial, a *exatidão* e a *rapidez* são as duas exigências principais. O escritório de desenho é um departamento dispendioso, e o tempo é um elemento importante. O desenhista, portanto, deve ter um conhecimento completo não só dos princípios do desenho em si, mas também dos métodos convencionais e abreviaturas, e de qualquer dispositivo ou sistema que possa economizar tempo sem sacrifício da clareza.

A principal crítica feita pelo empregador ao principiante é resultante da falta deste em apreciar a necessidade de rapidez.

11. Materiais usados em desenhos para execução

Os desenhos para execução são enviados à oficina na forma de cópias heliográficas, cópias de traço preto sobre fundo branco, ou em outras formas similares de reprodução. Os desenhos devem, portanto, ser feitos em material transparente, seja diretamente ou como decalques. Os desenhos a lápis podem ser traçados sobre papel ou sobre tela, e do mesmo modo os desenhos à tinta.

O *papel para decalque para vegetal* é um material fino e transparente, comumente chamado de papel velino. Pode-se economizar tempo e gasto consideráveis, fazendo o desenho original a lápis sobre este material. Podem-se obter excelentes cópias se as linhas de traço negro tiverem intensidade suficiente.

O *papel-tela para lápis* é um tecido tornado transparente, com uma ou ambas as faces preparadas para receber o traço feito a lápis, de modo que o desenho original pode ser feito a lápis, sobre ele, obtendo-se cópias diretamente, ou então desenhado à tinta.

Alguns tipos de papel-tela são resistentes à umidade, e outros são realmente à prova d'água. O papel-tela para lápis é feito especialmente para o desenho a lápis e dele se podem obter boas cópias heliográficas se os desenhos forem feitos com lápis duros e bem apontados. As linhas à tinta, entretanto, não aderem bem e apresentam a tendência de partir-se ou destacar-se quando da limpeza.

O *papel-tela é* constituído por um tecido de algodão finíssimo e tornado transparente com um preparado à base de amido. O lado liso é considerado pelos fabricantes como o mais adequado ao trabalho, mas a maioria dos desenhistas prefere trabalhar no lado áspero, que retém melhor o traço do lápis. A tela deve ser fixada suavemente sobre o desenho a lápis por meio de percevejos. Para remover as manchas de gordura que algumas vezes impedem o fluxo da tinta, passa-se pó de giz ou de pedra-pomes preparado (pode-se usar um apagador de quadro-negro), esfregando-se o mesmo com um pano. O tetracloreto de carbono é um eficiente agente de limpeza, esfregado com um pano levemente umedecido sobre a superfície — qualquer excesso se evaporará num instante.

Encontra-se agora no comércio um *material plástico* conhecido como *Mylar*[1], utilizado tanto para desenhos a lápis como à tinta. Ele é transparente, homogêneo e tem uma fina superfície mate, boa durabilidade e não exige precauções especiais de armazenamento.

12. Tamanhos dos desenhos

O papel e a tela de desenho encontram-se em rolos de várias larguras e em dimensões padronizadas. A maior parte dos escritórios de desenho usa folhas padronizadas, com margens e bloco para colocação da legenda já impressos. Os tamanhos recomendados apresentados na tabela 1, baseados em múltiplos de 8 $^1/_2$ X 11 pol e 9 X 12 pol permitem o preenchimento das cópias num letreiro padrão.

A Fig. 24.8 mostra os tamanhos mais comuns. Os desenhos maiores podem ser feitos no papel do rolo de largura padronizado, com o comprimento múltiplo de 11 ou 12 pol, não excedendo a 144 pol.

13. Ordem a seguir no traçado a lápis

Depois de terem sido feitos os esquemas, esboços e cálculos e de ter sido completado o desenho do projeto, para se fazer o desenho de detalhe procede-se na seguinte ordem:

1. Escolhe-se uma folha padrão apropriada ou marca-se numa folha de papel o tamanho normalizado, deixando-se a sobra para o lado direito, constituindo um

---

[1] DuPont Manufacturing Co.

Tabela 1. Dimensões finais da folha

Designação	Largura	Comprimento	Designação	Largura	Comprimento
A	8 ½	11	*A*	9	12
B	11	17	*B*	12	18
C	17	22	*C*	18	24
D	22	34	*D*	24	36
E	34	44	*E*	36	48
F *	28	40	*F* *	28	40

* **Não é múltiplo da dimensão básica. É utilizado quando a largura da dimensão *E* não é adaptável.**

espaço conveniente para fazer esboços e cálculos, e delimita-se o espaço para a legenda.

2. Decide-se qual a escala a usar, escolhendo uma que permita a indicação de todas as cotas sem aglomeração, e planeja-se a correta disposição dos desenhos na folha, fazendo um pequeno esboço preliminar à mão livre, estimando o espaço ocupado pelas diferentes projeções e colocando as vistas na melhor disposição para manter, se possível, uma aparência bem equilibrada na folha. É preciso assegurar-se de que fique espaço suficiente *entre* as vistas para as cotas.

3. Traçam-se as linhas de centro para cada vista e sobre elas delineiam-se as vistas, marcando-se as cotas e contornos principais, usando linhas *leves, finas* e *precisas.* Traçam-se os eixos de simetria de

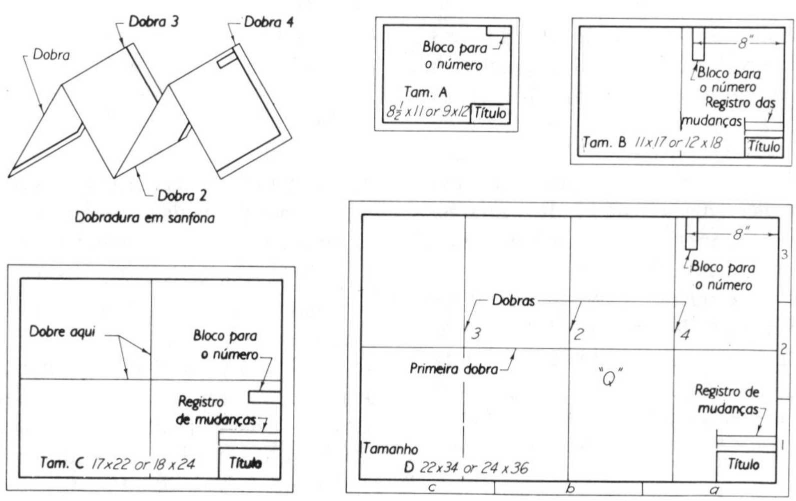

Fig. 24.8 – Tamanhos cortados ANSI de papel e papel-tela. Os tamanhos ANSI baseiam-se em múltiplos de 8 1/2 pol X 11 pol e 9 pol X 12 pol (Ver tabela 1).

todas as vistas simétricas ou de suas partes. Assim, cada elemento cilíndrico terá uma linha de centro – a projeção do eixo da peça. Todo círculo terá duas linhas de centro que se cortam em seu centro.

4. Traçam-se as vistas começando com os aspectos dominantes e prosseguindo com os secundários. Executam-se as vistas simultaneamente, projetando nas outras as formas características mostradas numa delas, *nunca* acabando uma projeção antes de iniciar outra. Traçam-se as linhas com a espessura final (sempre que possível), usando um mínimo de construções. *Nunca* se deve fazer um desenho mais leve e depois reforçá-lo.

5. Concluem-se as projeções, colocando por último os detalhes menores. Verificam-se as projeções e se todas as vistas estão completas e corretas.

6. Traçam-se todas as linhas de cota necessárias; só então são colocados os algarismos.

7. Só se executam os dizeres das notas depois de traçadas as pautas para os mesmos.

8. Faz-se a legenda.

9. Verifica-se cuidadosamente o desenho.

As linhas excedentes do estágio construtivo não devem ser apagadas antes do decalque em papel transparente ou do traçado a nanquim. Estes excessos são muitas vezes convenientes para indicar os pontos terminais de cada linha. Evite-se o uso desnecessário da borracha, porque ela desgasta a superfície do papel, que se suja com mais facilidade.

Para uma melhor execução do traçado a nanquim dos pontos de tangência dos diferentes arcos, é conveniente marcar este ponto, no desenho a lápis, com um pequeno segmento da normal à curva.

A Fig. 24.9 ilustra as fases do traçado a lápis.

14. Ordem a seguir no traçado à tinta

Para garantir uma boa reprodução, a tinta deve ser perfeitamente negra e o tira-linhas deve estar em boas condições. Não se deve usar tinta vermelha, a menos que se queira ter algumas linhas menos visíveis na cópia. A tinta azul não se reproduz bem. Algumas vezes, em mapas, diagramas, etc., se deseja usar tintas coloridas no traçado, para evitar confusão de linhas; nesses casos, adiciona-se um pouco de tinta nanquim branca às tintas coloridas, que as tornará suficientemente opacas para a reprodução.

As linhas à tinta podem ser removidas do papel-tela esfregando-o com uma borracha dura de lápis, colocando por baixo um esquadro para dar-lhe uma superfície dura. A superfície atritada deverá ser depois alisada com brunidor ou com a unha do polegar. Ao copiar-se a parte de um desenho que tenha tracejado representando cortes, coloca-se sob o papel-tela um pedaço de papel branco e executam-se os tracejados, sem levar em conta os existentes no original.

O papel-tela é muito sensível às variações atmosféricas, estando sujeito a modificações durante a noite, a ponto de exigir um novo esticamento. Se uma cópia grande não puder ser acabada num dia só, algumas vistas deverão ser completadas e não deve-se deixar ficar nenhuma figura parcialmente traçada.

Ao executar-se uma cópia de grandes dimensões é aconselhável cortar do rolo de papel o pedaço necessário e deixá-lo estendido sobre uma superfície plana, durante algum tempo, antes de afixá-lo.

Sendo a água prejudicial a uma cópia feita sobre tela, que é revestida com amido, não se deve tocá-la com as mãos ou braços úmidos. É preciso que o desenhista forme o hábito de manter as mãos fora dos desenhos. Tanto ao desenhar como ao copiar em folhas grandes, uma boa medida é cortar uma máscara do papel de desenho para cobrir toda a área, deixando livre somente a parte que está sendo trabalhada.

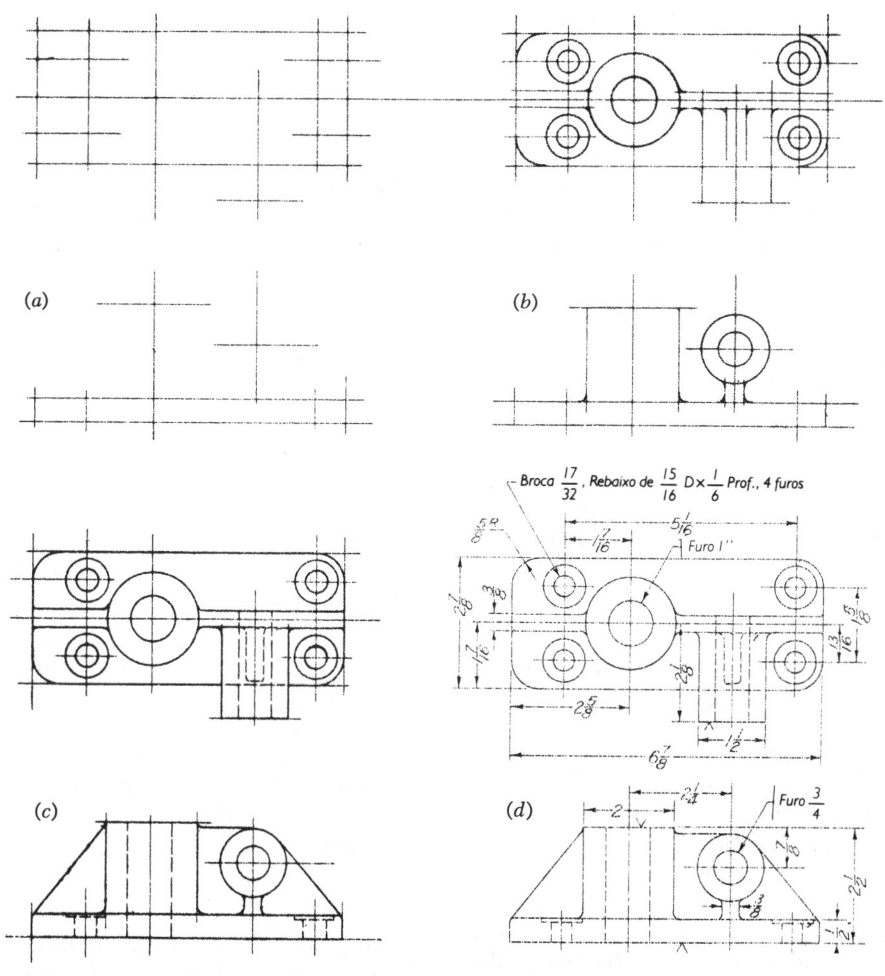

Fig. 24.9 – Fases do traçado a lápis: (*a*) Esboço; (*b*) detalhes progridem até (*c*); completados em (*d*). Ver Seç.13.

Os desenhos copiados em papel ou tela transparentes podem ser limpos das marcas de lápis e poeira esfregando-os com um pano umedecido com benzina ou tetracloreto de carbono. Para evitar que o desenho fique manchado ao usar este processo de limpeza, as molduras e legendas deverão ser impressas com tinta que não seja afetada pela benzina.

Ordem do traçado à tinta

1. Traçam-se todas as circunferências de linhas cheias, começando com as me-

nores e terminando com os arcos de circunferência.

2. Traçam-se as circunferências e arcos tracejados, na mesma ordem indicada acima.

3. Traçam-se todas as linhas curvas irregulares.

4. Traçam-se as linhas retas cheias, nesta ordem: horizontais, verticais e inclinadas.

5. Traçam-se as linhas retas tracejadas, na mesma ordem.

6. Traçam-se os eixos de simetria.

7. Traçam-se as linhas de cota e suas auxiliares.

8. Traçam-se as setas e os algarismos.

9. Tracejam-se todas as áreas que representem superfícies cortadas.

10. Executam-se os letreiros de notas e legendas. (Nas cópias em papel ou tela transparentes, traçam-se primeiro as pautas a lápis.)

11. Traça-se a margem ou cercadura.

12. Verifica-se o traçado à tinta.

A Fig. 24.10 mostra as fases do traçado à tinta.

15. Legendas

A legenda de um desenho para execução usualmente é colocada no canto inferior da folha, e o seu tamanho depende das proporções do desenho. O espaçamento e a disposição destinam-se a fornecer as informações úteis numa determinada linha de trabalho.

Em geral, a legenda do desenho de uma máquina deverá conter os seguintes dados:

1. Nome do fabricante e sua localização.

2. Denominação da máquina ou unidade.

3. Denominação das diferentes partes (se for um desenho de detalhe).

4. Número do desenho.

5. Número da parte (se for um desenho de detalhe).

6. Número de partes necessárias (para cada conjunto).

7. Escala.

8. Número do desenho de conjunto (dado num desenho de detalhe para identificar a parte no conjunto).

9. Anotações do escritório de desenho: nomes ou iniciais do desenhista, do copista, do revisor, e o visto do chefe ou de outra autoridade que aprovou os desenhos; cada um com a data respectiva.

10. Material.

A esses dados, dependendo da necessidade de informações, podem juntar-se:

11. Tamanho ou bitola da matéria-prima.

12. Tratamento térmico.

13. Acabamento.

14. Nome do comprador, se for uma máquina especial.

15. A anotação de que o desenho "substitui" ou é "substituído por".

Forma da legenda. Cada escritório de desenho tem sua própria forma padronizada de legenda. Nos grandes escritórios, o espaço da legenda e lista de peças a ser preenchida encontra-se impresso no papel, plástico, película ou tecido (ver as Figs. 24.11 e 24.12 para exemplos característicos).

Uma forma de legenda bastante usada é a de faixa, a *faixa de registro*, situada na parte debaixo ou no canto direito da folha, contendo os elementos exigidos na legenda e um espaço para registro de ordens, revisões, substituições, etc., que deverão ser anotadas, com a data em que ocorreram. A Fig. 24.13 ilustra um exemplo deste tipo de legenda.

Algumas vezes se deseja conservar os registros das ordens e outros dados de caráter privado sobre o papel mas sem que apareçam nas cópias. Em tais casos, uma legenda em forma de faixa de registro é colocada por fora da margem e é destacada das cópias antes de serem remetidas ao destino.

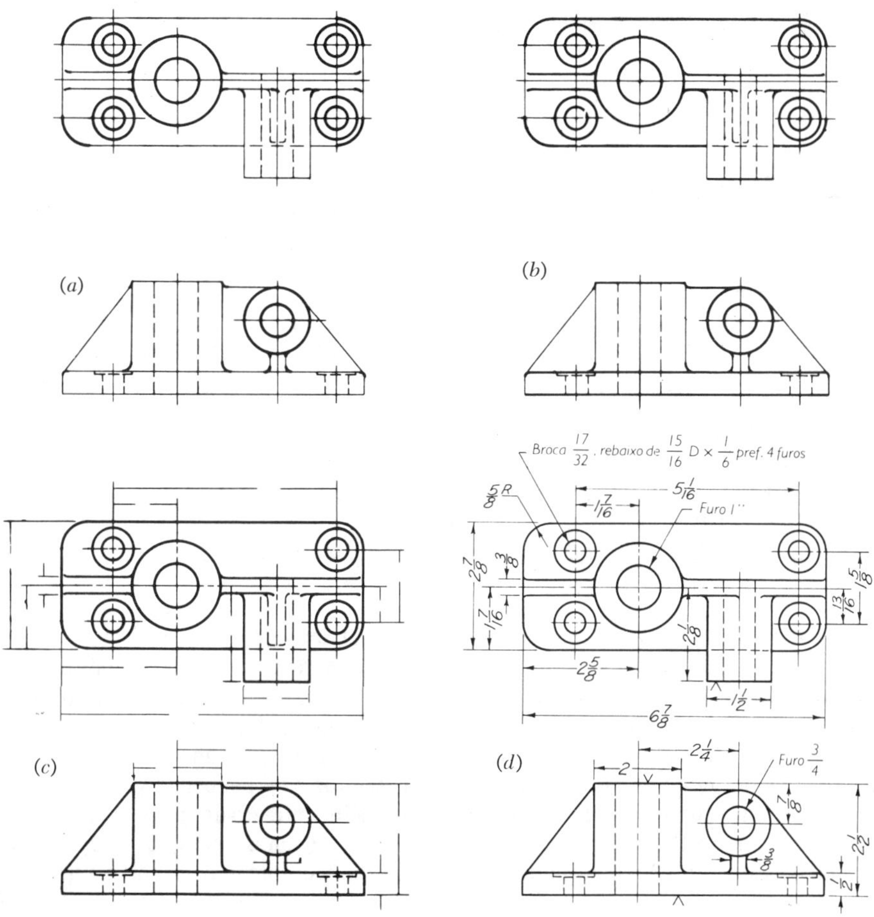

Fig. 24.10 – Fases do traçado à tinta. (*a*) Esboço; (*b*) detalhes progridem até (*c*); completados em (*d*). Ver Seç. 14.

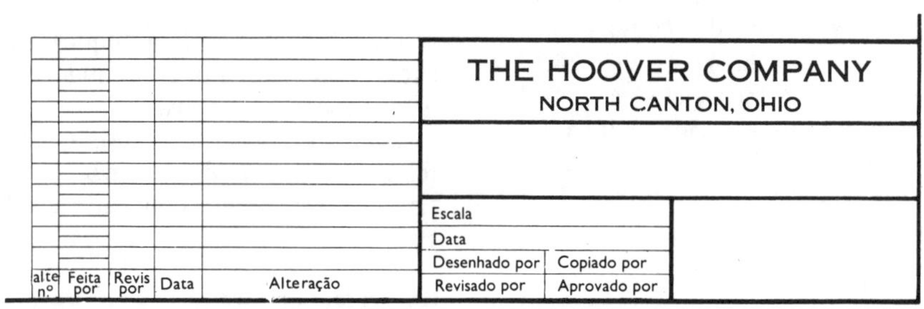

Fig. 24.11 – Tipo de legenda impressa. Contém um bloco para "registro de mudanças".

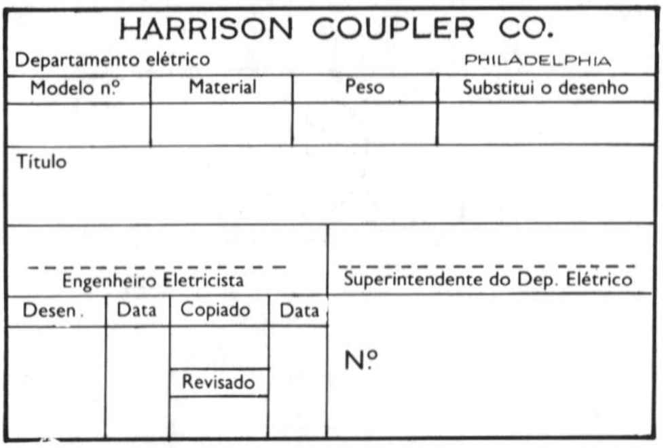

Fig. 24.12 – Tipo de legenda impressa que se destina a um departamento elétrico.

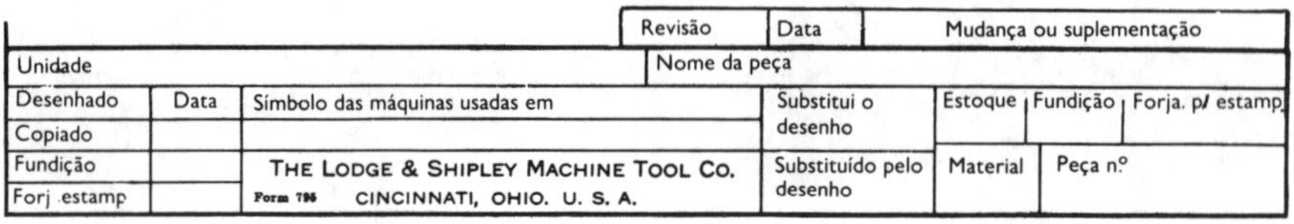

Fig. 24.13 – Legenda em forma de faixa. Este tipo estende-se de lado a lado numa face do desenho.

Execução do letreiro de uma legenda. Os letreiros de uma legenda devem ser traçados à mão livre, com letras maiúsculas de traços simples, verticais ou inclinadas – mas sem misturar os dois estilos numa mesma legenda. O conteúdo deve ser escrito num pedaço separado de papel; deve-se consultar a Seç. 15, Cap. 4, onde foram dadas as instruções completas.

16. Zoneamento

Para auxiliar a localização de um elemento num desenho de maiores dimensões, as margens inferior e direita podem ser pautadas e marcadas como se vê no desenho do tamanho *D* na Fig. 24.8. O elemento *Q* está localizado na zona *b2*. Muitas vezes, usa-se uma coluna separada no bloco de registro das modificações para indicar a posição de cada mudança no desenho.

17. Revisão (conferência)

Quando um desenho para execução é finalizado, deve ser conferido por um revisor experiente, o qual, ao rubricá-lo, torna-se responsável por quaisquer erros existentes. Esta é a "leitura de prova" final e é aconselhável ser feita por pessoa que não tenha trabalhado na execução do desenho. Nos pequenos escritórios, todo trabalho é revisado pelo desenhista chefe ou, algumas vezes, os próprios desenhistas conferem o trabalho uns dos outros; os grandes escritórios possuem um ou mais revisores que empregam todo o seu tempo a este tipo de trabalho. Todas as notas, cálculos e esboços de verificação deverão ser guardados para futuro controle.

Os estudantes podem adquirir experiência neste trabalho, conferindo os desenhos dos companheiros.

Para ser eficiente, a revisão deve ser feita de maneira absolutamente sistemática e sob completa concentração do revisor.

18. Ordem de revisão

Para se revisar um desenho, cada um dos itens seguintes deverá ser verificado separadamente. À medida que cada cota ou forma for examinada, faz-se uma marca no item ou acima dele, assinalando as correções a fazer, indicando-as com lápis preto mole ou de uma outra cor.

1. Colocar-se no lugar daqueles que vão ler o desenho e verificar se ele está fácil de ser lido e se pode ser explicado em breves palavras. Fazer isto antes de verificar quaisquer aspectos individuais, ou melhor, antes de ter tido tempo de acostumar-se ao conteúdo do desenho.

2. Certificar-se de que cada peça está projetada e representada corretamente, e de que todas as vistas necessárias são apresentadas, não havendo nenhuma desnecessária.

3. Conferir todas as cotas pela escala e, quando for aconselhável, também pelo cálculo. Guardar os cálculos.

4. Certificar-se de que tenham sido dadas as cotas exigidas pela oficina e que esta não tenha de efetuar adições ou subtrações, a fim de chegar à cota necessária.

5. Verificar as tolerâncias. Constatar para que não sejam nem muito "apertadas" nem muito "folgadas" para as condições particulares da máquina, de modo que, por um lado, não aumentem desnecessariamente o custo de produção e, de outro, não prejudiquem a precisão das operações ou da reprodução das peças.

6. Examinar peça por peça e ver se os tipos de acabamento estão devidamente especificados.

7. Certificar-se de que todas as especificações dos materiais estão corretas e de que foram indicados todos os elementos necessários.

8. Procurar "interferências". Isto significa que cada detalhe deve ser verificado com relação às partes que lhe são adjacentes na máquina montada, a fim de comprovar se foram deixadas as folgas apropriadas.

9. Ao verificar as folgas com relação a um movimento mecânico, representar este movimento em escala, escolher os principais ângulos do movimento, e ver se as folgas apropriadas são mantidas em todas as posições, desenhando os pequenos mecanismos em tamanho duplo ou ainda maior.

10. Verificar se todos os pequenos elementos, tais como parafusos, pinos, chavetas e rebites, são normalizados e que, quando possível, tenham sido empregados os tamanhos existentes em depósito.

11. Verificar os diferentes elementos da legenda ou faixa de registro e da lista de peças.

12. Finalmente verificar se o desenho está completo, juntando notas explicativas que aumentem sua eficiência.

19. Alterações

Uma vez que o desenho foi copiado e as cópias enviadas à oficina, quaisquer alterações ou modificações deverão ser registradas no desenho e tiradas novas cópias. Se as mudanças forem muitas, o desenho pode ser considerado *obsoleto* e um novo deverá ser feito, que *substituirá* o anterior. Muitos escritórios de desenhos têm blocos de "registro de modificações" impressos em combinação com a legenda, onde são registradas pequenas modificações (Fig. 24.11). A modificação é identificada no registro e na face do desenho, por meio de uma letra.

Novos desenhos podem sofrer modificações tão freqüentemente que as alterações não conseguem chegar à oficina com a rapidez necessária. Neste caso, são feitos esboços rapidamente com as modificações, copiados e enviados à oficina, onde são afixados a cada cópia do desenho. Esses esboços, comumente conhecidos como "ordens técnicas", são depois incorporados ao desenho.

Podem cancelar-se partes de um desenho, traçando linhas paralelas muito próximas, em geral a 45° de inclinação, sobre a área a ser invalidada.

20. Esboços para execução

A habilidade em executar desenhos ortográficos à mão livre é uma parte essencial da habilitação de todo engenheiro. Os homens encarregados do trabalho de rotina, como os copistas e detalhistas, podem, com o tempo, adquirir habilidade e rapidez na execução mecânica dos desenhos, mas o projetista deve ser capaz de esboçar suas idéias à mão livre. Em todo campo criativo da mecânica, em todo projeto preliminar, em todas as explicações e instruções aos desenhistas, o esboço à mão livre é o meio natural de expressão. Dominá-lo significa conhecer sua linguagem só se consegue depois de ter sido adquirida eficiência completa no desenho com instrumentos. Esse é o tipo de desenho que o engenheiro, o inventor, o projetista, o desenhista chefe e o contratante, devem conhecer porque o tempo é por demais valioso para ser gasto na execução mecânica.

Os esboços para execução podem ser feitos de forma ortográfica ou em perspectiva. O Cap. 5 fornece os fundamentos para desenhos ortográficos à mão livre e o Cap. 6 discute os esboços em perspectiva.

21. Tipos de esboços para execução

Os esboços para execução podem ser divididos em dois grupos gerais: (1) aqueles feitos antes da construção do elemento desejado (máquina ou estrutura), e (2) aqueles feitos depois de executada a construção.

No primeiro grupo incluem-se os esboços feitos em conexão com o projeto da estrutura. Podem classificar-se como (a) *esquemas ou esboços preliminares*, usados no estudo e desenvolvimento da idéia original e da disposição e proporção das partes; (b) *esboços de cálculo*, feitos em conexão com os cálculos relativos ao movimento e resistência mecânica; (c) *esboços executivos*, feitos pelo engenheiro chefe, inventor ou engenheiro consultor, para dar instruções quanto a idéia ou disposições especiais que possam ser englobadas no projeto; (d) *esboços de projeto*, usados para a transformação dos esquemas e idéias numa forma conveniente, de modo que o desenhista possa iniciar o traçado definitivo do projeto; (e) *esboços de detalhe* feitos como sucedâneos dos desenhos de detalhe.

O segundo grupo inclui (a) *esboços de detalhe*, feitos a partir dos modelos ou partes existentes, com anotações e dimensoes completas, pelas quais podem ser construídas duplicatas diretamente, ou das quais podem ser feitos desenhos de execução (Fig. 24.14); (b) *esboços de conjunto*, representando uma máquina montada, para mostrar a posição relativa das várias partes, com as cotas principais e as de locação, ou, algumas vezes, representando uma máquina simples, com dimensões e especificações completas; e (c) *esboços esquemáticos* ou *de contorno*, feitos geralmente com fins de localização: algumas vezes, por exemplo, para dar o tamanho e localização de polias e eixos, encanamentos, ou fiação elétrica, isto é, informações a serem usadas por ocasião da montagem da máquina; outras vezes, para localizar uma única máquina, dando as dimensões totais, tamanhos e distâncias de centro a centro para os parafusos de fundação e outros dados necessários.

22. Modo de fazer um esboço para execução

Ao se fazer um esboço para execução, devem ser lembrados e aplicados os princípios da projeção e as regras da prática sobre os desenhos para execução. Deverá ser seguida uma ordenação sistemática tanto para os esboços inventivos, como para os esboços que se baseiam em objetos existentes, como a descrita abaixo:

1. Visualizar o objeto.
2. Decidir quanto a maneira de representar, ortográfica ou em perspectiva.

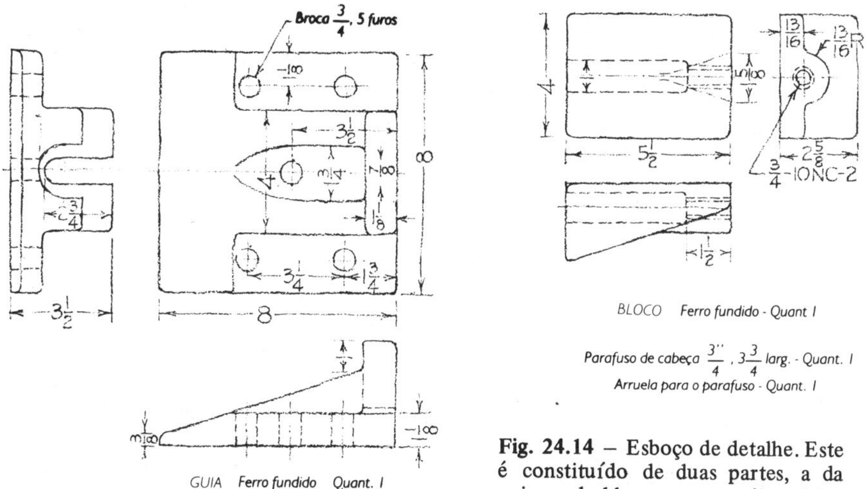

Fig. 24.14 – Esboço de detalhe. Este é constituído de duas partes, a da guia e a do bloco, para um dispositivo de nivelamento.

3. Escolher a vista ou vistas.
4. Determinar o tamanho do esboço.
5. Localizar os eixos de simetria.
6. Traçar as linhas principais que enquadram cada projeção.
7. Completar os detalhes.
8. Acrescentar as linhas de cota e as setas respectivas.
9. Colocar os valores das cotas.
10. Executar os letreiros das notas e legendas, datando-as.
11. Verificar o desenho.

Antes de desenvolver-se uma boa representação gráfica de um objeto ou de uma idéia, é essencial que se tenha uma concepção bem definida e clara daquilo que se quer representar. A clareza do esboço é função direta de sua imagem mental. Portanto, a primeira fase consiste em concentrar-se na visualização, que leva diretamente à segunda fase: a determinação do melhor meio de representação.

O método de representação provavelmente não será exatamente o mesmo que seria usado num desenho em escala. Por exemplo, é freqüente usar-se uma nota sobre a espessura ou a forma de um corte num desenho para execução, para substituir uma vista (Fig. 24.15); assim, uma vista de uma peça de seção circular será suficiente. Em outros casos, podem ser

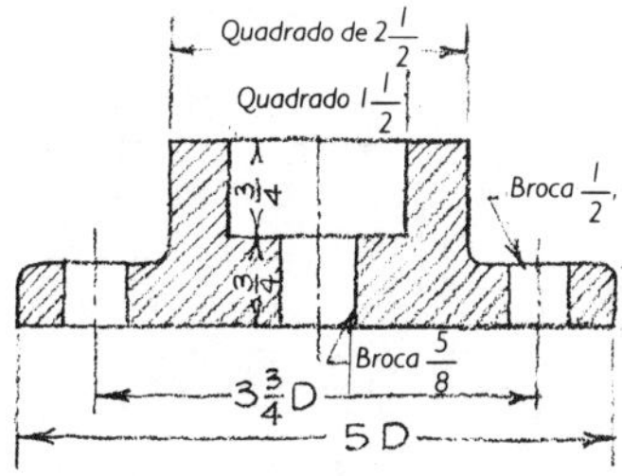

Fig. 24.15 – Esboço com uma única vista. As notas e os detalhes das cotas tornam desnecessária qualquer outra vista.

esboçadas vistas adicionais da parte e seções complementares, em lugar de complicar as vistas regulares com linhas excessivas que possam confundir o esboço, embora as mesmas linhas possam ficar perfeitamente claras num desenho feito com medidas.

A terceira fase consiste em determinar a vista (perspectiva) ou vistas (ortográficas). Desenhar o objeto em sua posição de funcionamento, se possível, mas usar outra posição se ela mostrar melhor os aspectos a observar. Uma máquina, naturalmente, deverá ser representada em pé, em sua posição de trabalho. Se for simétrica em redor de um eixo, quase sempre basta esboçar apenas a metade. Se numa folha não puder ser feita uma vista inteira, pode-se fazê-la em duas, cada parte sendo desenhada até uma linha de ruptura usada como linha de detalhe.

A quarta fase consiste em proporcionar o tamanho do esboço ao tamanho da folha de papel. Esta deve ser suficientemente espaçosa para mostrar claramente todos os detalhes, deixando ainda espaço para as cotas, notas e memorandos. As peças pequenas podem ser esboçadas em tamanho maior do que o natural. Não se deve tentar aglomerar todas as vistas numa só folha de papel; usem-se tantas folhas quantas forem necessárias, denominando cada uma e indicando o sentido em que foi tomada. Às vezes, uma só vista requer toda uma folha de papel.

No desenho feito em papel não quadriculado, deve-se procurar localizar os pontos principais, centros, etc. de tal modo que os esboços se ajustem ao tamanho da folha, e que o conjunto dos desenhos, com tantas vistas principais, cortes e vistas auxiliares quantas forem as necessárias para bem representar a peça, seja desenhado em proporções tão corretas quanto o permita a vista, *sem necessidade de fazer quaisquer medidas.*

Papel para cortes ou perfis. Muitas vezes, os esboços são feitos em papel quadriculado de riscos leves, dividido em $^1/_{16}$, $^1/_8$ ou $^1/_4$ pol, usado simplesmente como auxiliar no traçado das linhas retas e na avaliação das proporções, ou para esboçar-se numa escala aproximada, atribuindo valores adequados aos espaços unitários. Este último uso aplica-se mais no caso de esboços inventivos do que naqueles tirados de um objeto (Fig. 24.16).

A fim de adquirir habilidade através da prática, devem-se fazer os esboços inteiramente à mão livre. Entretanto, no desenho comercial, muitas vezes o engenheiro economiza tempo fazendo um esboço híbrido desenhando círculos com compasso, ou mesmo com uma moeda tirada do bolso, traçando algumas linhas com uma régua ou esquadro, e fazendo outras à mão livre, mas sempre

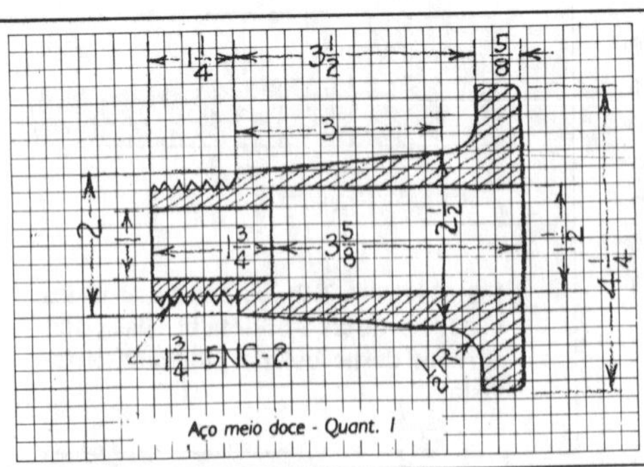

Fig. 24.16 – Esboço em papel quadriculado.

mantendo uma boa proporção e a qualidade do trabalho.

23. Cotagem e acabamento

Após completar as vistas de uma peça, segue-se adiante, adicionando as *linhas de cotas* para todas as dimensões necessárias à sua construção, desenhando cuidadosamente as linhas de extensão e setas e certificando-se de que nenhuma foi omitida.

Acrescentam-se então os valores das cotas. Se o esboço tiver sido feito a partir de desenhos de referência e de especificações, estas fontes fornecem os valores. Se ele corresponder a uma peça ou modelo existente, devem-se fazer medições para determinar os valores das cotas, como será explicado na Seç. 24.

Escrevem-se todas as notas e observações que pareçam ser de possível utilidade. No esboço, o título deverá ser escrito ou desenhado com normógrafo.

Datar sempre o esboço. Invenções de valor têm sido perdidas pela impossibilidade de provar a prioridade, porque os primeiros esboços não foram datados. No trabalho comercial, o bloco de rascunhos do desenhista, contendo os esboços e cálculos, deve ser conservado como um registro permanente, e seus desenhos deverão ser feitos de modo a resistirem à ação do tempo e se conservarem legíveis mesmo depois de terem sido esquecidos os detalhes de sua confecção.

24. Medição e cotagem

Se o esboço for de um modelo ou peça existente, antes de acrescentar os valores numéricos o objeto ainda não deverá ter sido manuseado e, assim, o desenho foi conservado limpo. As medidas para as cotas indicadas no desenho, agora são necessárias. Uma régua flexível ou escala de aço servirá para se obter a maioria das cotas. Nunca se deve usar a escala do desenhista para medir as peças fundidas, porque estas a sujaria e estragaria suas arestas. O diâmetro de elementos cilíndricos ou a distância entre superfícies externas podem ser medidos usando-se compassos de espessuras e régua graduada (Fig. 24.17) e o diâmetro de furos ou, a distância interna entre superfícies, por meio de compassos para medidas internas. A Fig. 24.18 ilustra um compasso para medidas internas, que é usado quando uma parte saliente impede a remoção do compasso comum curvo. O compasso de espessuras com dispositivo semelhante ao compasso

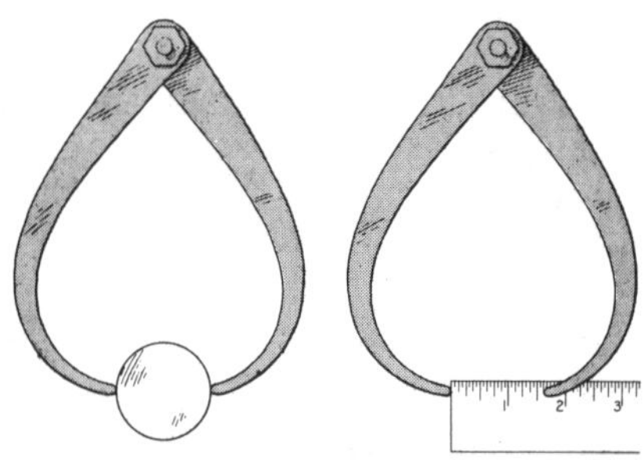

Fig. 24.17 – Compasso de espessuras para medir diâmetros ou espessuras.

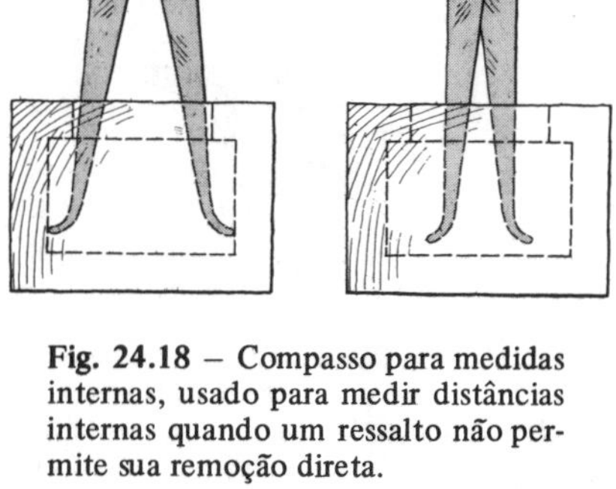

Fig. 24.18 – Compasso para medidas internas, usado para medir distâncias internas quando um ressalto não permite sua remoção direta.

anterior é empregado em condições idênticas para uma medida externa. A profundidade de um furo é medida com facilidade com o calibre de profundidade (Fig. 24.19*a*). As roscas de parafusos são medidas tomando-se o diâmetro do corpo do parafuso e contando-se o número de filetes de rosca por polegada, ou medindo-se as mesmas com o calibre para roscas (Fig. 24.19*b*). O calibre para concordâncias dá os respectivos raios, pelo seu ajuste ao contorno circular (Fig. 24.19*c*). É necessário, certas vezes, ajustar uma régua sobre uma superfície, como na Fig. 24.20. Este tipo de medição poderá ser feito convenientemente com um esquadro regulável ou com um graminho. O esquadro regulável pode ter dois tipos de cabeça, a comum de 90 a 45° (Fig. 24.21*a*), para uma variedade de medições, e a do goniômetro (Fig. 24.21*b*), para medir ou traçar ângulos. Para medidas de precisão são necessários os calibres micrométricos internos ou externos. O micrômetro externo está ilustrado na Fig. 24.22,

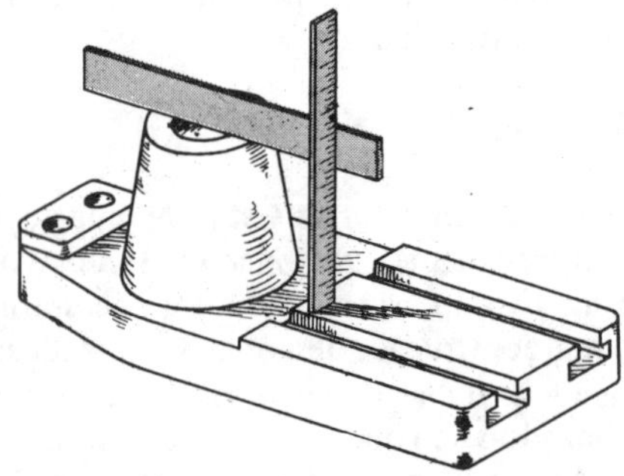

Fig. 24.20 – Execução de uma medição.

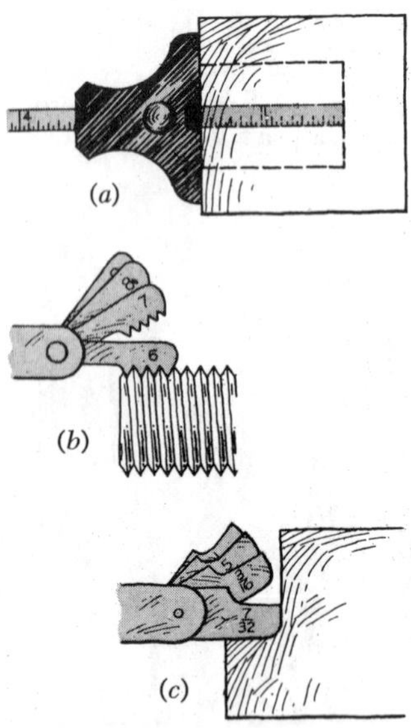

Fig. 24.19 – Calibres (*a*) de profundidade; (*b*) para passo de rosca; (*c*) para raios de concordância.

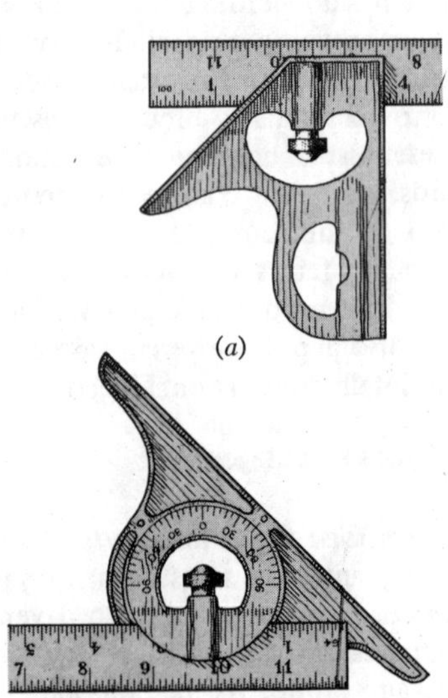

Fig. 24.21 – Esquadro regulável. (*a*) de cabeça comum; (*b*) de cabeça ajustável.

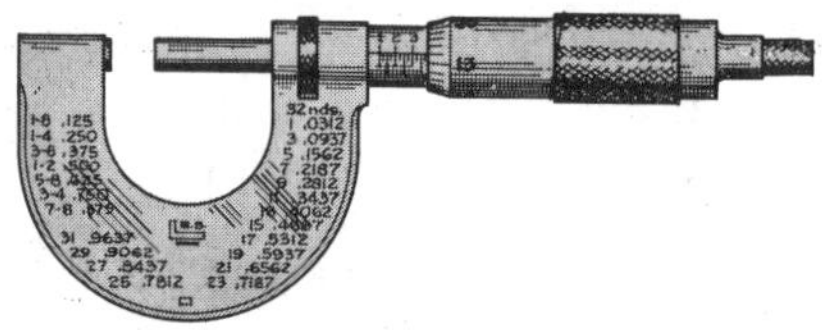

Fig. 24.22 – Micrômetro para medidas externas.

no qual leituras até 0,001 pol são obtidas com facilidade. Os furos podem ser medidos com precisão por meio de um calibre interior em combinação com um micrômetro externo.

Pode-se usar uma grande variedade de calibres para fins especiais, como o calibre para fios, o calibre para chapas metálicas, dependendo da exigência da ocasião. Com alguma habilidade, quando não se dispuser de instrumentos especiais, podem fazer-se medições com os instrumentos mais simples.

Sempre que possível, as medidas serão tomadas sobre as superfícies acabadas. Ao medir peças fundidas brutas, deve-se ter bastante discernimento na medição, para que não sejam computadas suas irregularidades como medidas da peça.

Ao se procurar a distância entre os centros de dois furos do mesmo diâmetro, mede-se o comprimento que vai da borda de um até a borda correspondente do outro. As curvas são medidas por meio de coordenadas polares ou ortogonais, como foi apresentado nas Figs. 10.51 e 10.52, Um contorno curvo pode ser registrado colocando sobre o mesmo uma folha de papel e exercendo certa pressão sobre ela, para marcar o contorno.

25. Verificação do esboço

A etapa final é verificar o esboço. Um fato curioso que acontece é que, quando um principiante omite uma cota, usualmente se trata de um dado básico, vital, tal como a altura central de uma máquina ou o comprimento total.

Os esboços nem sempre são feitos sobre papel com título impresso, mas as mesmas informações existentes no desenho feito com instrumentos deverão ser registradas em algum lugar conveniente da folha de esboço. Todas as notas e instruções especiais deverão ser verificadas quanto à precisão, examinando o desenho correto. Em geral, segue-se a ordem de verificação dada na Seç. 18.

26. Reprodução dos desenhos

Os desenhos para execução são enviados à oficina sob a forma de cópias feitas a partir dos desenhos originais. Há em uso vários processos diferentes de reprodução, dentre os quais os melhores, pelos resultados alcançados, são os traçados a nanquim sobre papel ou em tela transparente. Entretanto, obtêm-se cópias bastante satisfatórias de desenhos a lápis sobre papel translúcido quando o traço for feito cuidadosamente com linhas opacas e uniformes. De fato, a maior parte dos desenhos usados na indústria não tem cobertura à tinta; apenas os de natureza permanente, como mapas, gráficos, etc., e os desenhos a serem copiados recebem o traçado a nanquim.

Cópias heliográficas. O processo de cópia mais simples e o de maior uso é o heliográfico, em que as cópias são obtidas pela exposição de um pedaço de papel sensibilizado, posto em contato íntimo com o desenho, a uma fonte de luz solar ou elétrica, num caixilho ou em máquina de reprodução própria para este fim. Pela exposição à luz, tem lugar uma ação química que, ao ser fixada por lavagem com água, desenvolve uma forte coloração azul. As partes negras do traçado à tinta saem com a água, deixando branco o papel.

Papel Vandyke. É um papel fino, sensível que se torna marrom-escuro quando exposto à luz e convenientemente "fixado". Pode ser feito um negativo invertido do traçado pela exposição à luz, com o lado da tinta no desenho virado para o lado sensibilizado do papel; este negativo, então, pode ser impresso sobre papel heliográfico, dando uma cópia em positivo, com linhas azuis sobre fundo branco.

Cópias BW (Black and White) e cópias directo. Estas cópias têm linhas negras sobre fundo branco e são feitas diretamente do desenho original numa máquina de cópia heliográfica (e revelada à mão) ou numa máquina especial feita para este fim. Usam-se extensivamente quando se desejam cópias positivas.

Cópias em papel Ozalid. Este processo baseia-se na ação química de nitrogenados (diazo) compostos sensíveis à luz. É um método de reprodução por contato, no qual a exposição é feita numa máquina heliográfica comum ou numa máquina de "fotocópia branca" para ozalid, e a cópia exposta é revelada com vapores de amônia numa máquina de revelação. Encontram-se à venda papéis padronizados que dão linhas copiadas em cor preta, azul e marrom sobre fundo branco. A revelação a seco apresenta a vantagem acentuada de fornecer cópias sem distorção, e também torna possível o uso de papéis-tela e lâminas transparentes que as tornam econômicas, pois estas reproduções em material transparente podem ser rasuradas ou sofrer acréscimos e se prestam à execução de novas cópias, sem alteração do desenho original.

Cópias fotostáticas. São muito usadas pelas grandes empresas. Obtém-se por este método uma cópia de linhas brancas sobre um fundo negro, diretamente de qualquer desenho, em tamanho reduzido ou ampliado, usando-se grandes câmaras especialmente projetadas para este fim. Esta cópia pode ser novamente reproduzida fotostaticamente, fornecendo um desenho de linhas castanho-negras sobre fundo branco. Este processo é extremamente útil aos engenheiros para desenhos a serem inseridos em relatórios ou para comparar desenhos de escalas diferentes que tenham de ser combinados num só.

Duplicação de decalques. Pode-se obter por decalque, todas as qualidades daqueles feitos à tinta, fotograficamente, a partir de desenhos a lápis, usando um papel-tela de decalque sensibilizado.

Cópias litográficas. Quando é necessário um grande número de cópias de um desenho (50 ou mais), elas podem ser reproduzidas litograficamente, que se constitui numa forma simplificada e relativamente barata de reprodução.

Processos de reprodução. Para pequenos desenhos, muitas vezes usam-se métodos copiadores, tais como o mimeógrafo, e outras formas do hectógrafo, como a gelatina.

Métodos fotocopiadores. Cópias negativas sobre filme de alto contraste são reproduzidas sobre papel ou tela, no mesmo tamanho do original ou em dimensões reduzidas ou ampliadas. São bem conhecidas as cópias micromaster (Keuffel & Esser Co.). As reproduções são muito boas e, quando o processo é empregado para reproduzir um desenho antigo, as rugas e outros defeitos podem ser eliminados usando papel opaco sobre a película negativa.

27. Arquivamento e depósito de desenhos

Os desenhos são arquivados em armários de aço ou de madeira, próprios para este fim. Muitos escritórios de engenharia guardam seus desenhos em recintos à prova de fogo, removendo-os daí apenas para fazer alterações ou cópias. Algumas vezes são feitas cópias fotográficas para registro separado permanente. Os desenhos são sempre arquivados desdobrados ou em forma de rolos. As cópias, entretanto, são dobradas para serem guardadas ou remetidas, sendo o processo usual da "sanfona", dobradura ilustrada na Fig. 24.8. Para auxiliar o arquivamento de uma cópia dobrada como sanfona, pode ser acrescentada uma legenda suplementar, como mostra a mesma figura.

28. Práticas simplificadas

A grande maioria dos projetos e representações comerciais é feita de modo convencional, ou seja, pelo traçado de vistas ortográficas ou perspectivas e pela cotagem das mesmas como se descreveu nos capítulos precedentes. Contudo, há muitas modificações da prática habitual que acarretam economia tanto na confecção quanto na utilização dos desenhos. Estas práticas podem ser classificadas como (1) práticas simplificadas, (2) eliminação do trabalho de esboço com o uso de gabaritos e recortes, (3) usos especiais de reprodução, (4) fotodesenho, (5) confecção de modelos[2], (6) desenhos ilustrados, e (7) uso de métodos e equipamentos especiais. Neste capítulo, a finalidade é descrever e ilustrar as modificações da prática habitual e sugerir os meios de aplicá-las.

29. Desenho "simplificado": práticas econômicas de esboço

Geralmente, o esboço de qualquer criação técnica é considerado pela gerência como parte dispendiosa da operação completa na produção de algo vendável e acabado. A percentagem do custo total atribuída aos gastos com pesquisa, desenvolvimento, desenho, montagem, fabricação, mão-de-obra, e outros quesitos pode ser avaliada apenas pela economia individual de cada departamento. O departamento de desenho sofre a mesma análise crítica que qualquer outra divisão operacional. Assim, qualquer redução de tempo e dinheiro que possa ser feita sem prejuízo da eficiência do departamento é uma real economia. Os princípios nos quais o esboço econômico é baseado são discutidos nos parágrafos que seguem.

---

[2] O material em fotodesenho e na confecção de modelos, neste capítulo, é uma adaptação do artigo original e uma seleção de ilustrações de G. P. Hammond, de Procter & Gamble.

30. Vistas desnecessárias

Qualquer vista que não seja necessária a uma descrição clara do objeto é um desperdício do tempo do desenhista, de papel, de reprodução (espaço e custo) e espaço de arquivamento. A Fig. 24.23 é um desenho convencional de uma polia, em que a vista superior é usada para descrever os elementos cilíndricos. Esta polia *pode* ser representada economicamente, como na Fig. 24.24, eliminando-se a vista superior e usando a letra *D* nas cotas da vista de frente, para mostrar que os elementos representados são cilindros. Alguns projetistas argumentam que mesmo a letra *D* é desnecessária, porque a legenda dirá que o objeto é uma polia e, portanto, uma combinação de cilindros. Cada desenhista deve avaliar em que extensão as vistas adicionais, letreiros, etc. podem ser eliminados sem tornar obscura ou en-

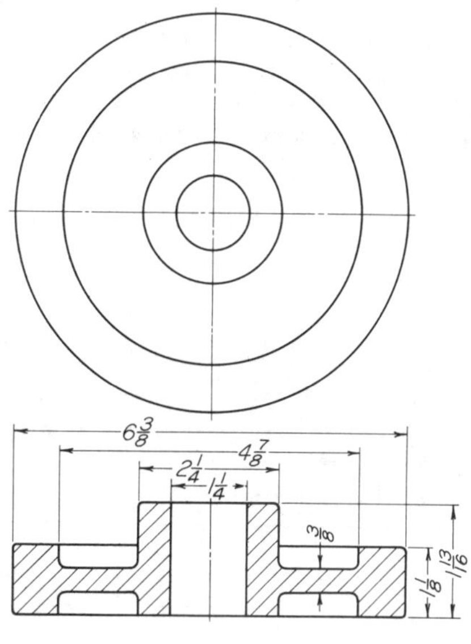

Fig. 24.23 – Desenho convencional de uma polia. As duas vistas representam a forma; as cotas dão a descrição do tamanho (magnitudes).

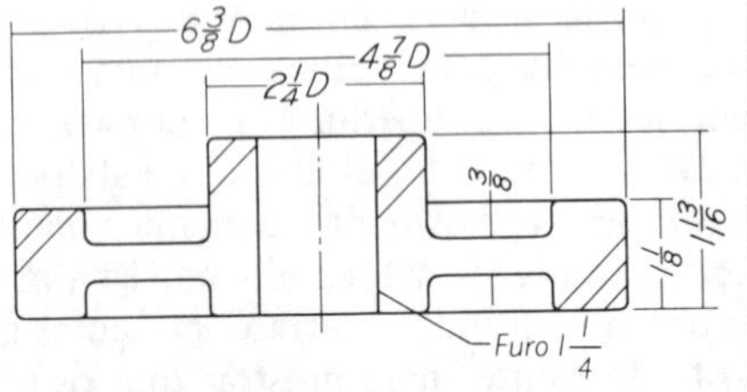

Fig. 24.24 – Desenho simplificado de uma polia. A vista única descreve a forma da seção transversal e a letra **D**, nas cotas, especifica que a forma é cilíndrica. As cotas representadas dão a descrição do tamanho (magnitudes).

ganadora a interpretação do desenho. Não obstante, deverão ser observados os seguintes princípios: (1) nunca desenhar mais vistas do que as necessárias à descrição com clareza; (2) examinar o objeto para ver se uma vista pode ser eliminada pelo uso de um título descritivo, notas, símbolos, letras ou números; (3) examinar o objeto para determinar se as palavras de uma especificação podem eliminar *todas* as vistas (isto é possível somente para peças muito simples).

31. Escala desnecessária

As distâncias em um desenho não são estabelecidas pelo uso de uma escala e a maioria dos desenhos comerciais trazem uma nota informando que ele não foi feito em escala. *Quando não for necessário*, não se deve desperdiçar tempo fazendo o desenho em escala. Na Fig. 24.25 é dado um exemplo onde um detalhe estrutural é representado *sem escala*, mas está tão legível e claro como se tivesse sido feito cuidadosa e meticulosamente em escala. Os pontos fundamentais são: (1) não desenhar em escala, a não ser que seja necessário para adequar o esboço e torná-lo legível; (2) não desenhar cuidadosamente em escala, quando uma aproximação é suficiente.

Na execução de esboços, não precisam ser mantidas meticulosamente *as proporções*. Note-se, na Fig. 24.26, que os dois

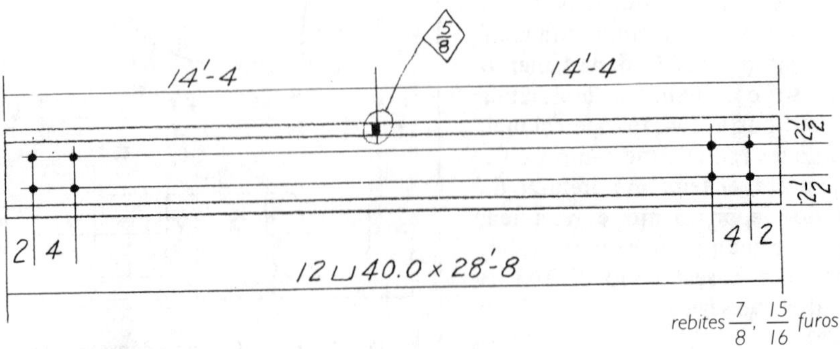

Fig. 24.25 – Desenho de uma estrutura "simplificada", porque não está desenhada em escala; assim foi eliminado o trabalho no traçado do desenho.

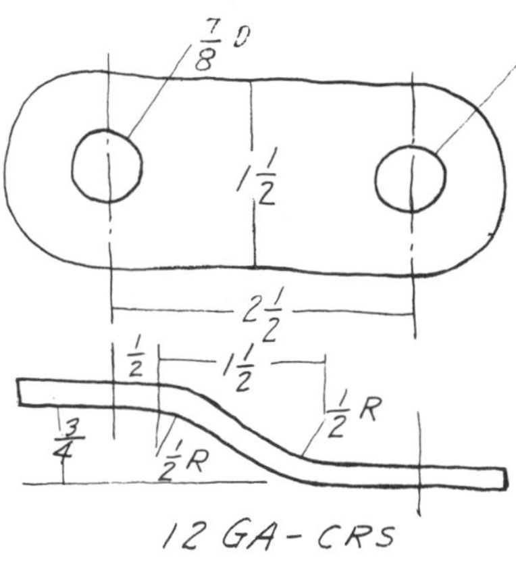

Fig. 24.26 – Esboço simplificado. Neste exemplo, as proporções foram cuidadosamente mantidas, economizando-se tempo. O objeto é construído segundo a forma geral apresentada e atendo-se às cotas; não é necessário, portanto, a proporcionalidade cuidadosa.

furos ($^7/_8$ e $^3/_8$ de pol de diâmetro) *não* mantêm boa proporção, e que os dois raios de $^1/_2$ pol para as curvaturas não estão apresentados centrados de acordo com a cotagem. Não obstante, o desenho é compreensível e se as cotas forem seguidas – e naturalmente *devem* ser – o objeto será fabricado corretamente. A Fig. 24.26 não apresenta um caso extremo sendo que as proporções poderão ser *muito* piores do que as apresentadas e mesmo assim o desenho ainda será perfeitamente usável.

32. Linhas de elaboração desnecessárias

Qualquer linha executada num desenho acarreta gasto de tempo e de dinheiro da empresa. Assim sendo, qualquer linha que não seja útil deverá ser eliminada. Estas linhas incluem aquelas (em qualquer vista) que não sejam necessárias para descrever o objeto. Um tracejado meticuloso e especialmente o embelezamento podem ser omitidos sem afetar seriamente a compreensão. Compare-se os dois elementos nas Figs. 24.27 e 24.28. O desenho da Fig. 24.28 dá realmente mais informações sobre a estrutura do que a representação detalhada da Fig. 24.27.

33. Cotagem sem setas

Pode-se economizar tempo eliminando-se as setas desnecessárias em linhas de cotas e pontilhadas, como foi feito nas Figs. 24.24, 24.25, 24.26, 24.28 e 24.30. Para os que não são especialistas, tais desenhos podem parecer inacabados, mas o exame cuidadoso mostrará que as setas realmente são desnecessárias.

34. Sistema simplificado de cotagem das linhas básicas

No sistema de cotagem das linhas básicas, mesmo as *linhas* de cota podem ser eliminadas. Conforme mostra a Fig. 24.29, duas linhas básicas, uma horizontal e outra vertical, são estabelecidas. A localização das linhas básicas pode ser na aresta da peça, no centro de simetria, ou através de algum aspecto importante. As distâncias, então, conforme mostra a figura, são dadas *a partir* das linhas básicas (correspondentes a qualquer sistema de coordenadas) e incluem todas as informações necessárias à construção.

35. Desenho à mão livre

Uma grande economia de tempo na confecção de um desenho pode ser freqüentemente conseguida usando os métodos recém-descritos e fazendo o desenho à mão livre. Compare-se o esboço simplificado da Fig. 24.30 com o esboço convencional da Fig. 24.15. Veja-se também a Seç. 31 e a Fig. 24.26, onde é discutida e ilustrada a proporcionalidade.

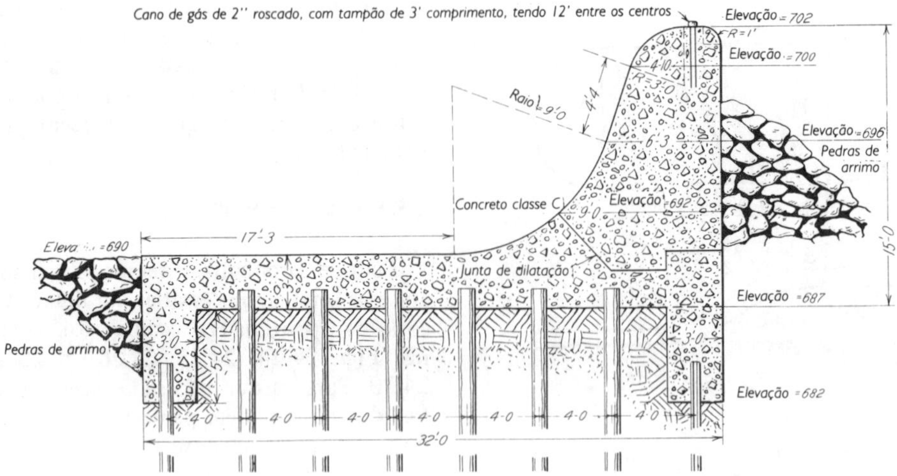

Fig. 24.27 – Desenho convencional. Devido ao trabalho exigido para produzir os detalhes e o embelezamento do desenho, este tipo se torna dispendioso.

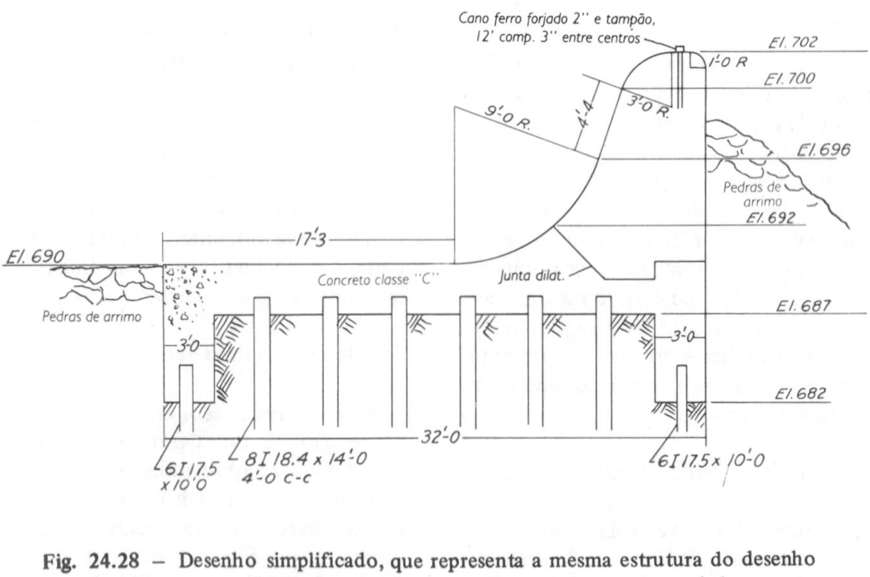

Fig. 24.28 – Desenho simplificado, que representa a mesma estrutura do desenho anterior. Note-se a ausência de detalhes complementares e de embelezamento, o que reduz o custo do desenho.

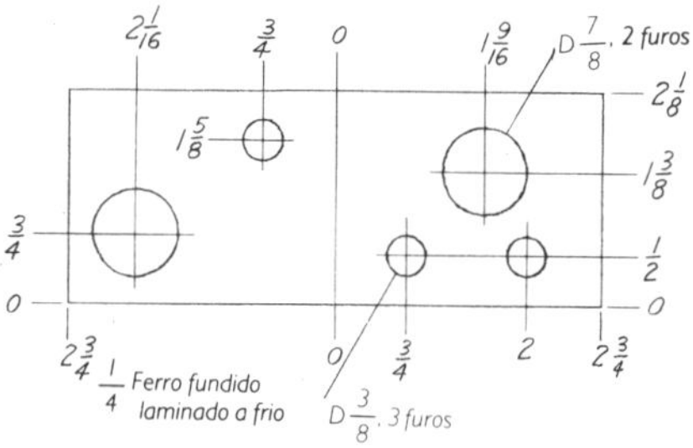

Fig. 24.29 – Dimensionamento simplificado das linhas básicas. Este sistema tem a mesma finalidade do dimensionamento comum a partir dos dados, mas elimina todas as linhas e setas desnecessárias, reduzindo assim o tempo gasto no desenho.

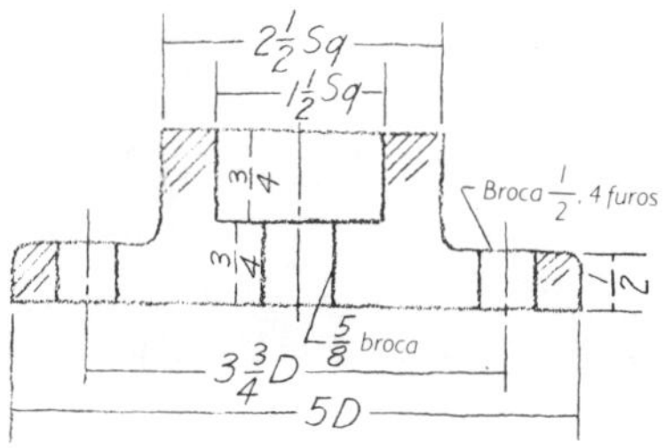

Fig. 24.30 – Esboço simplificado. Este desenho feito à mão livre é econômico, mas a economia é ainda maior se forem eliminadas as vistas complementares, o embelezamento e a setas nas cotas.

36. Precauções no uso das práticas simplificadas

As práticas simplificadas de desenho são comparativamente novas e, portanto, podem não ser compreendidas por alguns engenheiros e fabricantes. Por exemplo, para alguém não familiarizado com as práticas simplificadas, *pode* ser mais difícil ler o desenho da Fig. 24.29 do que um desenho convencional. Se ocorrer um engano na fabricação devido à má interpretação de um desenho simplificado, a economia feita no tempo de desenho compensará muitas vezes o custo das peças rejeitadas. O uso mais comum e seguro dos processos simplificados *ocorre dentro de uma organização* em que cada pessoa envolvida tem um treinamento completo de todas as técnicas da companhia. Potencialmente, é perigoso enviar um desenho simplificado a um subempreiteiro ou fornecedor, *a menos que se saiba* que *todas* as técnicas especiais de desenho serão compreendidas.

37. Abreviaturas

Outra economia resulta com o uso de abreviaturas, quando isto não prejudicar a legibilidade do desenho. As abreviaturas da norma americana são apresentadas no Apêndice. Note-se o uso de abreviaturas nas Figs. 24.24 a 24.30.

GABARITOS E RECORTES

38. Gabaritos

O uso de modernos equipamentos de desenho, como o apontador de lápis, ou de instrumentos especiais, como o elipsógrafo (Fig. 24.62), são grandes auxiliares do desenho. Para determinados elementos, tais como circunferências, elipses, cabeçotes de pinos, porcas e outros símbolos que devam ser desenhados repetidamente, um gabarito economiza de modo significativo o tempo necessário para a execução do esboço. A Fig. 24.31 mostra vários gabaritos típicos: (*a*) e (*b*), gabaritos *Rapidesign* para elipses e circunferências; (*c*), gabarito *Tilt-hex* para parafusos; (*d*), gabarito *Du-all* para uma variedade de operações; (*e*), um *Holometer* para parafusos e porcas; (*f*) gabarito

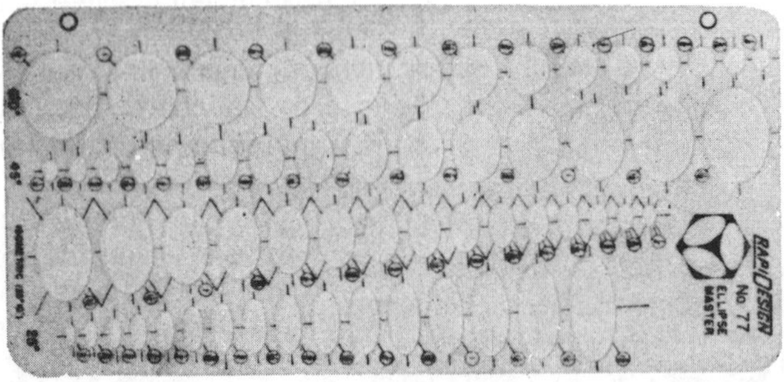

(a)

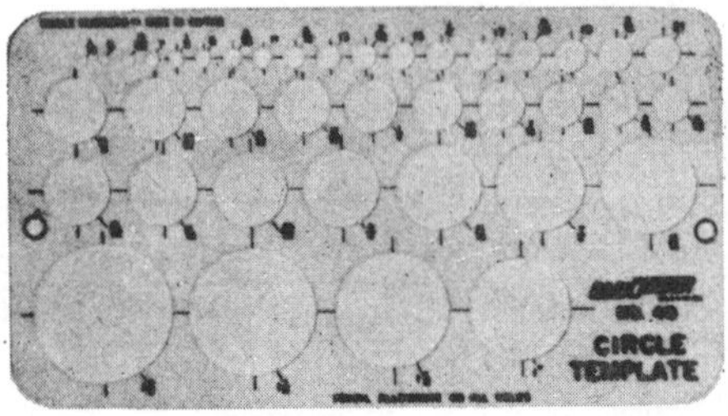

(b)

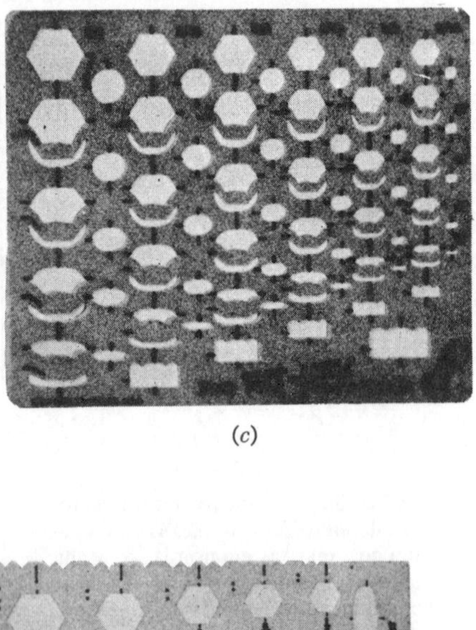

(c)

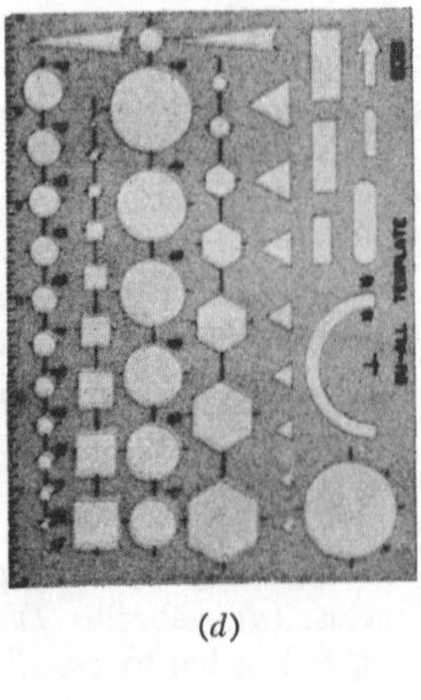

(d)

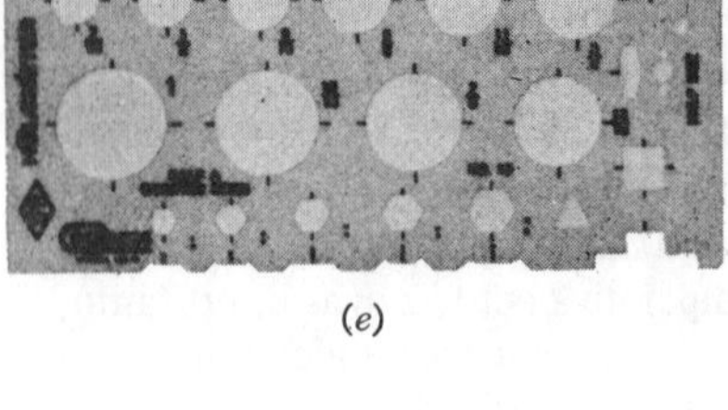

(e)

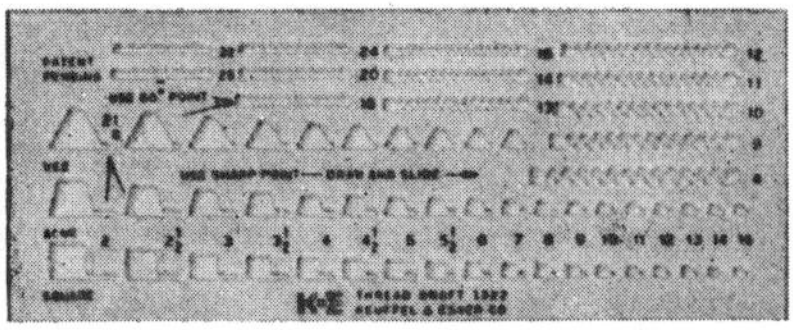

(*f*)

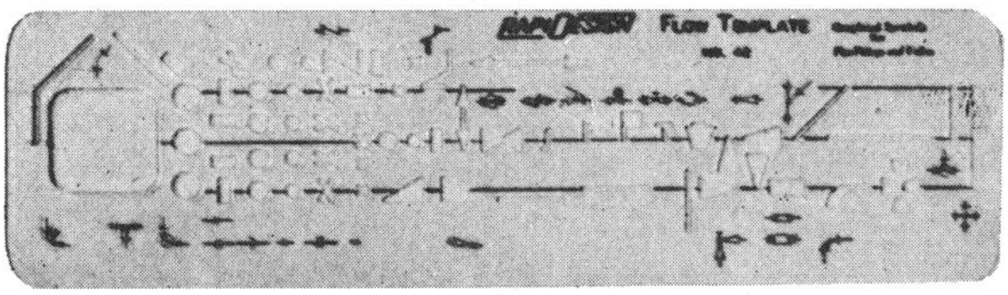

(*g*)

Fig. 24.31 – Gabaritos. Existe uma grande variedade de tipos para inúmeros fins. Seu uso significa economia de tempo ao desenhar.

para roscas K&E; e (*g*), gabarito *Rapidesign* para símbolos de canalizações.

Também são utilizados vários gabaritos para símbolos, que são usados como equipamento das letras Leroy, mostrados na Fig. 24.32. A Fig. 24.33 é um exemplo de desenho simbólico.

39. Recortes

Recorte é um detalhe datilografado ou impresso reproduzido sobre papel de decalque, Mylar ou algum outro material translúcido ou transparente. Os recortes são afixados no desenho por meio de fita adesiva transparente ou de adesivo no verso do recorte.

A maior parte das companhias tem itens padronizados que devem ser repetidos nos desenhos. O uso de recortes elimina a necessidade de redesenhar esses itens cada vez que aparecem. Uma importante companhia de processamento químico, por exemplo, que continuamente está elaborando novas fábricas e aumentando as existentes, e deve fazer esboços das instalações, mostrando a localização do equipamento. As representações em planta de tanques, bombas, filtros e outros equipamentos são desenhados e identificados pelas dimensões e pela escala, para depois serem reproduzidos em um material apropriado. A Fig. 24.34 mostra a folha de recortes padronizada. Os itens necessários são recortados desta folha e aplicados no desenho com fita adesiva. A Fig. 24.35 mostra o resultado obtido. O contorno dos recortes e a fita adesiva aparecerão levemente no desenho reproduzido, mas não prejudicarão sua compreensão. Informações adicionais são escritas nos recortes, conforme mostra a Fig. 24.35.

Muitos itens padronizados encontram-se à disposição dos consumidores, feitos por companhias que produzem uma linha geral de recortes. Para os detalhes que consomem tempo considerável no desenho e que estejam sempre ocorrendo, o uso de um recorte, tal como o do "ponto norte", ilustrado na Fig. 24.36, constitui uma grande economia de tempo. Este ponto é fabricado pela Stanpat Co., que produz uma grande variedade de re-

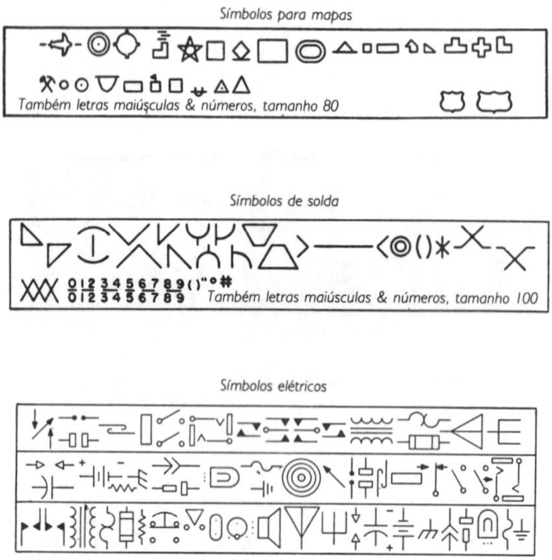

Fig. 24.32 – Gabaritos de símbolos Leroy (Keuffel & Esser Co.). Existe uma grande variedade destes gabaritos para serem usados com o equipamento comum Leroy. Também podem ser obtidos gabaritos especiais, com a simbologia do usuário.

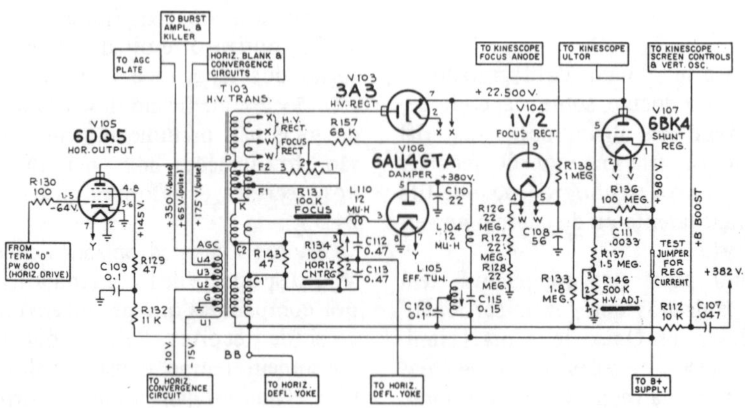

Fig. 24.33 – Desenho simbólico. Os componentes são representados por símbolos. As grandezas numéricas e outros detalhes são dados através de informações com letras. (*Cortesia de Radio Corporation of America*).

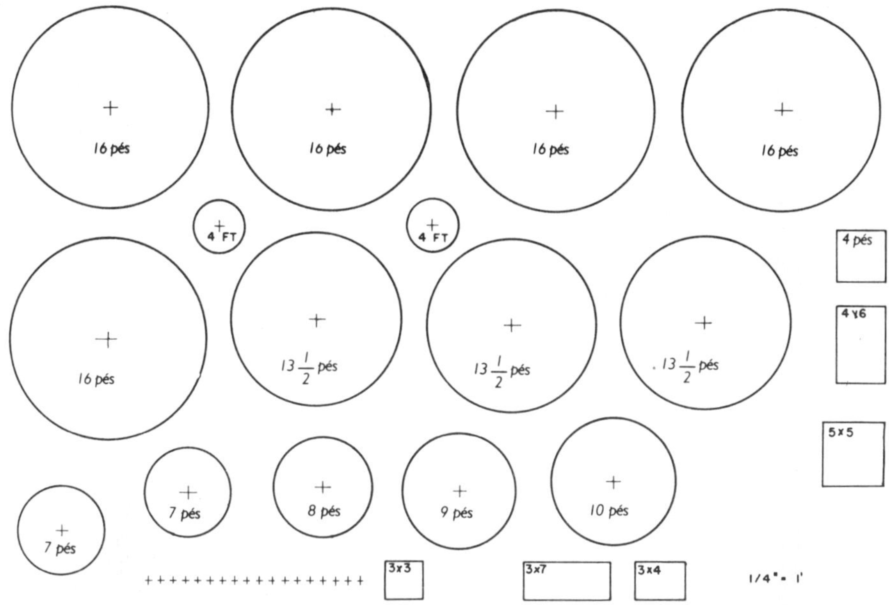

Fig. 24.34 – Folha de recortes. Esta é feita para uso específico de cliente. As porções necessárias são destacadas da folha e fixadas ao desenho com fita transparente.

cortes, todos impressos num material transparente com o verso gomado.

Listas de peças, tabelas, referências e especificações aparecem muitas vezes nos desenhos e consomem muito tempo para serem escritas. Um letreiro trabalhoso pode ser eliminado empregando-se um recorte padrão, tal como o representado na Fig. 24.37. Se não puder ser usado um recorte padrão, as informações podem ser datilografadas numa etiqueta em branco ou sobre algum outro material de recorte e aplicado ao desenho.

O uso de recortes não se restringe aos detalhes e letreiros. Uma fita negra é usada para bloquear áreas indesejadas ou no lugar de material desenhado. Ela é especialmente útil para grandes detalhes, tais como o contorno do edifício da Fig. 24.35. A fita pode ser cortada com uma lâmina afiada em qualquer largura desejada. Fitas com larguras de $^1/_{32}$ pol até 1 pol, para linhas sólidas, pontilhadas e especiais, e para áreas, bem como uma "pena" para a aplicação, são fabricadas por Chart-Pac., Inc., Leeds, Massachusetts.

USOS ESPECIAIS DE REPRODUÇÃO

40. Métodos de reprodução

Existem vários métodos de reprodução com os quais se pode economizar tempo no desenho. Partes do desenho ou todo ele podem ser reproduzidos ou ser feitas alterações, pintando-se o detalhe

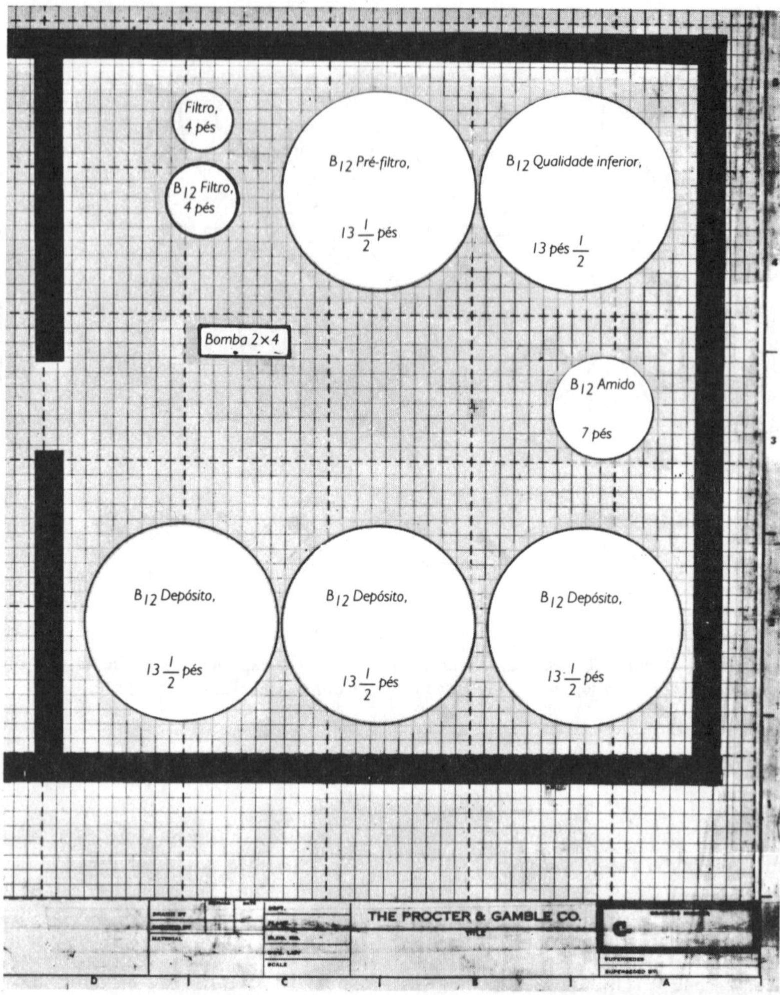

Fig. 24.35 – Recortes aplicados num desenho. Além de economizar tempo ao desenhar, os recortes podem ser movimentados conforme vai sendo planejada a disposição dos elementos.

previamente com uma solução apagadora e desenhando a seguir o novo aspecto. Diversas firmas fabricam materiais e máquinas de reprodução. São típicos os materiais da Eastman Kodak Company. As informações que seguem foram adaptadas do suplemento do catálogo da Kodak sobre materiais de reprodução Kodagraph.

Uma impressão em papel positivo Kodagraph impede o desgaste e o dilaceramento dos desenhos originais. As cópias são feitas a partir do autopositivo, eliminando assim o manuseio do original.

Fig. 24.36 – Recorte gomado. Esta representação do "ponto norte" é típico de detalhes que se repetem com freqüência. Estes detalhes são de execução onerosa e o recorte praticamente elimina todo o tempo gasto no desenho de detalhe *(Cortesia de Stanpat Co.)*

Um desenho que não permita cópias devido ao uso constante ou à idade pode ser impresso em papel positivo Kodagraph e depois copiado a partir de seu intermediário, sendo sua utilidade restaurada por este meio, sem despesas na confecção de um novo desenho.

Freqüentemente, o único registro disponível são as cópias obtidas pelo processo direto ou cópias brancas. Mas outra alternativa é uma cópia deste registro em papel positivo Kodagraph.

Quando uma cópia heliográfica é o único registro de que se dispõe, pode-se obter cópias adicionais fazendo-se uma

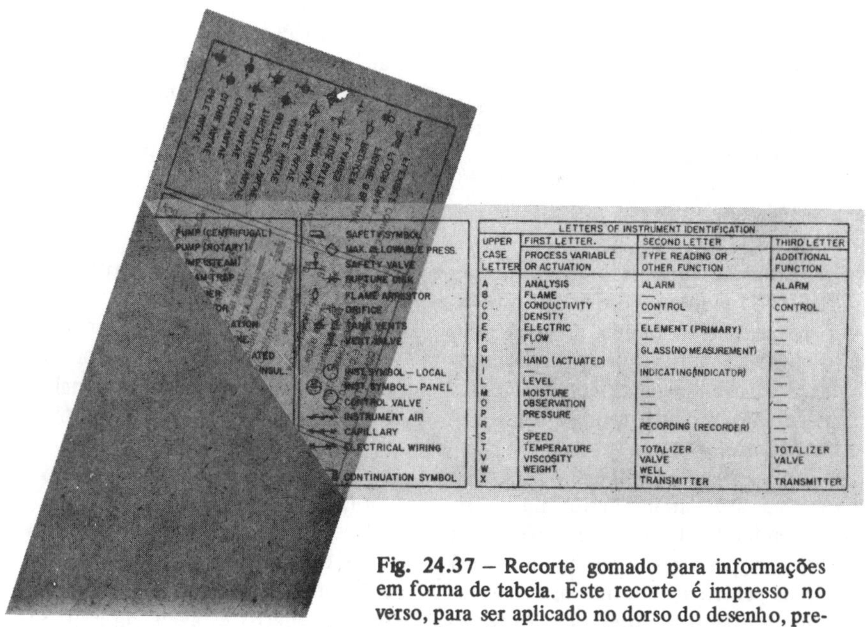

Fig. 24.37 – Recorte gomado para informações em forma de tabela. Este recorte é impresso no verso, para ser aplicado no dorso do desenho, preservando assim a parte da frente para quaisquer outras informações que devam ser acrescentadas. A ilustração mostra o recorte parcialmente aplicado, para indicar como ele é colocado. *(Cortesia de Stanpat Co.)*

matriz intermediária sobre papel positivo Kodagraph ou repronegativo Kodak.

Partes de dois ou mais desenhos podem ser reunidas num novo desenho, imprimindo-as numa matriz intermediária sobre papel positivo Kodagraph e combinando-as depois para fazer cópias.

Materiais de contato Kodagraph, que devem ser manuseados num cômodo escuro, à prova de luz, são usados para se obter cópias reproduzíveis de velhos desenhos, heliográficas, cópias em castanho ou cópias de processo direto.

O filme Kodalith é muito usado para reproduzir detalhes, para a inserção em outros desenhos ou meios reproduzíveis. Um meio reproduzível é todo aquele pelo qual se podem obter cópias.

Os materiais de projeção Kodagraph e de projeção rápida proporcionam cópias em escala reduzida ou ampliações a partir de negativos feitos numa câmara.

Os meios de reprodução economizam tempo de desenho. O fundo da Fig. 24.35 é uma cópia intermediária feita sobre material transparente. Assim, pode-se dispor do desenho reticulado padrão em quantidade.

41. Fotodesenho

Um progresso recente no campo da representação técnica é o uso de fotografias para reduzir o tempo gasto no desenho ou para substituir desenhos convencionais. Registrando os aspectos técnicos, a câmara fotográfica tornou-se um auxiliar importante.

As aplicações individuais da técnica de fotodesenho variam muito na indústria, dependendo do tipo de negócio em que está empenhada a companhia. Há duas áreas principais em que os fotodesenhos são muito importantes: (1) na revisão e acréscimo ao equipamento existente, (2) no registro e suplementação dos projetos de modelos. Muitas indústrias modificam constantemente suas instalações, para fazer um novo produto, ou melhorar e expandir os existentes; a fotografia pode representar um papel importante nessas modificações técnicas. Algumas companhias possuem processos de fabricação que exigem a adição completa de novas unidades. Usam-se os fotodesenhos de modelos para registrar o projeto e auxiliar a obtenção do melhor trabalho na construção das novas unidades a um custo mais baixo.

Independentemente do modo como são usados, os fotodesenhos têm duas vantagens principais:

1. Os custos técnicos mais baixos. A câmara registra as informações que teriam de ser desenhadas se os fotodesenhos não fossem utilizados.

2. Proporcionam melhor visualização da finalidade do projeto do que a que se obtém com um desenho. A câmara registra imagem aproximada à que o olho percebe – em três dimensões. Ao contrário, quando são feitos desenhos em planta e em elevação, o leitor tem de combinar mentalmente as várias vistas para poder visualizar o sentido do projeto.

42. Fotodesenhos para reformas de áreas existentes

O custo das reformas, no campo da engenharia das instalações existentes pode ser reduzido de um terço à metade com o uso de fotodesenhos. A principal utilidade dos fotodesenhos encontra-se no campo da reelaboração das canalizações, mas estão sendo encontradas novas aplicações nos campos mecânico, estrutural, elétrico e espaços ociosos no local de montagem.

Não importando qual fase de reelaboração esteja sendo trabalhada, a preparação de um fotodesenho é similar e envolve quatro estágios básicos: (1) tomada das fotografias, (2) elaboração dos meios de reprodução[3] (a base transpa-

---

[3] Vide Seç. 40.

rente para o trabalho de desenho), (3) o desenho sobre o meio reproduzível para mostrar a finalidade do projeto da reforma, e (4) a preparação de cópias a partir do fotodesenho, para distribuição às equipes de construção.

As medidas para tomar as fotografias dependem das disponibilidades da equipe de engenharia. As reproduções de melhor qualidade, ou seja, os melhores fotodesenhos são obtidos quando a foto é feita por um fotógrafo experiente, trabalhando em contato perfeito com o engenheiro ou projetista responsável pelo projeto. O fotógrafo conhece a posição correta da máquina fotográfica, a iluminação, etc., que produzirá um negativo que forneça um bom meio de reprodução; o engenheiro ou projetista sabe quais as mudanças que deverão ser feitas e pode orientar o fotógrafo de modo que os fotodesenhos mostrem claramente o trabalho a ser feito.

O processo de reprodução é feito de várias maneiras, dependendo das disponibilidades da companhia. O processo esquematizado na Fig. 24.38 fornece reprodução da melhor qualidade, porque tem um menor número de etapas fotográficas do que os outros métodos. O meio de reprodução é uma imagem reticulada, onde os claros e escuros foram obtidos variando-se a concentração de pontos brancos e pretos (ver Fig. 24.39). As imagens reticuladas, com sua graduação de tons, dão cópias muito superiores e mais reais do que as que se obtêm com os processos copiadores que registram apenas o negro sólido e o branco puro.

Foram preparados vários materiais e são agora usados como bases para reprodução. Os melhores são feitos de material plástico à base de uma resina de poliéster, mas também são usados alguns materiais à base de acetato. A técnica do desenho é a mesma, não importando o material usado para preparar a reprodução. Não existem problemas mecânicos para desenhar sobre fotodesenhos.

Fig. 24.38 – Método para fazer um material para reprodução. Um negativo no amplificador é projetado através de uma tela de contato, sobre uma folha de material plástico sensibilizada, mantida num caixilho a vácuo. A folha exposta é então revelada em bandejas convencionais usadas na técnica fotográfica. *(Cortesia de Procter & Gamble).*

Usando um lápis macio, que produza linhas negras fortes, e controlando a velocidade de impressão, é possível fazer acréscimos que contrastem com o fundo fotográfico existente, como mostra a Fig. 24.40.

Com freqüência, é necessário limpar um local antes de poder ser instalado o novo equipamento. As instruções para desimpedimento deste local podem ser transmitidas com facilidade fazendo uma cruz, no fotodesenho, dos itens a serem removidos, como está indicado na Fig. 24.41. Um segundo fotodesenho da mesma área é feito, então, no qual o equipamento existente foi removido da fotografia, de modo que não interferirá com o desenho do novo equipamento.

Fig. 24.39 – **Ilustração do uso de filtro num material para reprodução. O desenho embaixo mostra a imagem positiva. A porção mostrada em cima é a seção aumentada 10 vezes, onde mostra a retícula de padrão de pontos.**

Qualquer parte da imagem fotográfica pode ser removida do fotodesenho reproduzido com um apagador úmido ou com produtos químicos. Observar as porções removidas e desenhadas na Fig. 24.42.

A perspectiva pode causar certa dificuldade quando se adiciona um material desenhado a uma fotografia. Cada fotodesenho tem um ponto de vista ligeiramente diferente; é importante que o desenhista determine este ponto e trace as novas informações segundo uma perspectiva semelhante; de outra maneira, o desenho terá uma aparência particular e poderá levar o pessoal da construção a uma compreensão errônea.

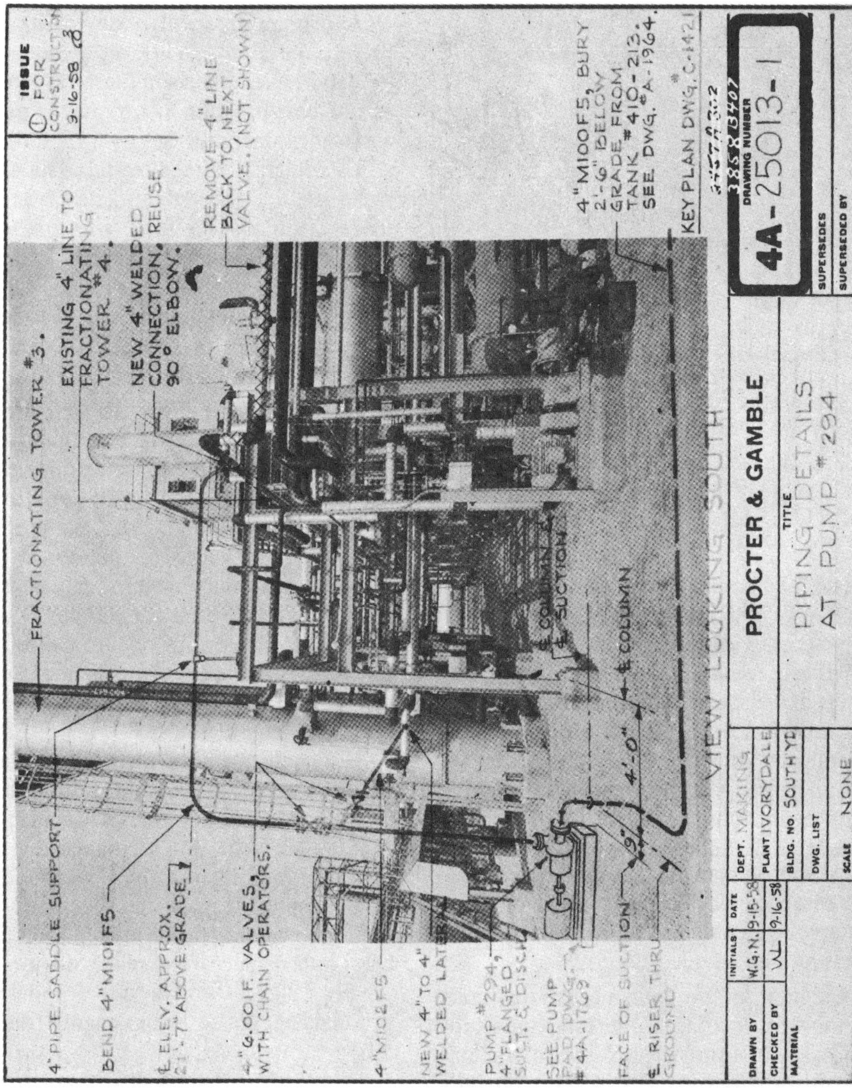

Fig. 24.40 – Fotodesenho típico de tubulações utilizado para a revisão da aparelhagem existente. Observem-se as numerosas observações e instruções acrescentadas a lápis na reprodução. *(Cortesia de Procter & Gamble).*

Fig. 24.41 – Cena típica num escritório de desenho, quando o trabalho está sendo feito sobre um fotodesenho.

Habitualmente, os fotodesenhos suprem as exigências do projeto apenas com as dimensões importantes de controle. Seria difícil, senão impossível, incluir todas as dimensões detalhadas normalmente incluídas nos desenhos convencionais. Os desenhistas estão acostumados ao trabalho de revisão e à "verificação de campo" dos desenhos que recebem, de modo que a ausência de dimensionamento completo a ausência de cotagem completa não é crítica se a intenção do projeto estiver clara. Observe-se a cotagem e o uso extensivo de notas na Fig. 24.43.

Quando se tornarem necessárias mais de uma fotografia para retratar uma modificação, os fotodesenhos são referenciados uns aos outros. Isto é feito quando existem imagens múltiplas num fotodesenho, bem como quando há diversos fotodesenhos de imagem única. Quando há vários fotodesenhos para um projeto, faz-se uma planta-chave. Ela é um esboço simples da área em questão, no qual se vêem os números dos vários fotodesenhos, com uma seta indicando o sentido em que foi tomada cada foto.

43. Fotodesenhos de modelos

A câmara também pode registrar um projeto representado através de um modelo, dando assim ao engenheiro ou projetista um desenho básico no qual se podem acrescentar informações.

Os estágios básicos seguidos na preparação de um fotodesenho de áreas existentes (tomada da foto, preparação do meio de reprodução, desenho dos esclarecimentos técnicos, confecção das cópias) também se aplicam na preparação de fotodesenhos de modelos. A principal diferença entre os dois reside na tomada das fotos.

Os fotodesenhos de modelos são usados para (1) esboços de equipamentos, (2) desenhos de localização, (3) informações para pessoas não familiarizadas com o modelo, e (4) registros permanentes do trabalho uma vez que o modelo seja destruído. Todas estas aplicações exigem que os fotodesenhos sejam claros, sem sombras, para que o equipamento e a canalização no modelo ressaltem claramente.

Uma solução para o problema da iluminação sem sombras é mostrada na Fig. 24.44, onde foi empregada uma luz cintilante. Existem outras maneiras de solucionar o problema, que variam desde uma simples técnica de "lavagem com luz" até a construção de uma "tenda" completa de luzes em redor do modelo. A Fig. 24.45 mostra um fotodesenho produzido com o equipamento da Fig. 24.44.

Os problemas de perspectiva são mais difíceis de resolver. O aspecto fundamental a ser observado nos fotodesenhos de modelos é uma ausência completa de perspectiva, quer dizer, fotodesenhos puramente ortográficos, representando todas as cotas em escala verdadeira. A maior parte das companhias usam uma

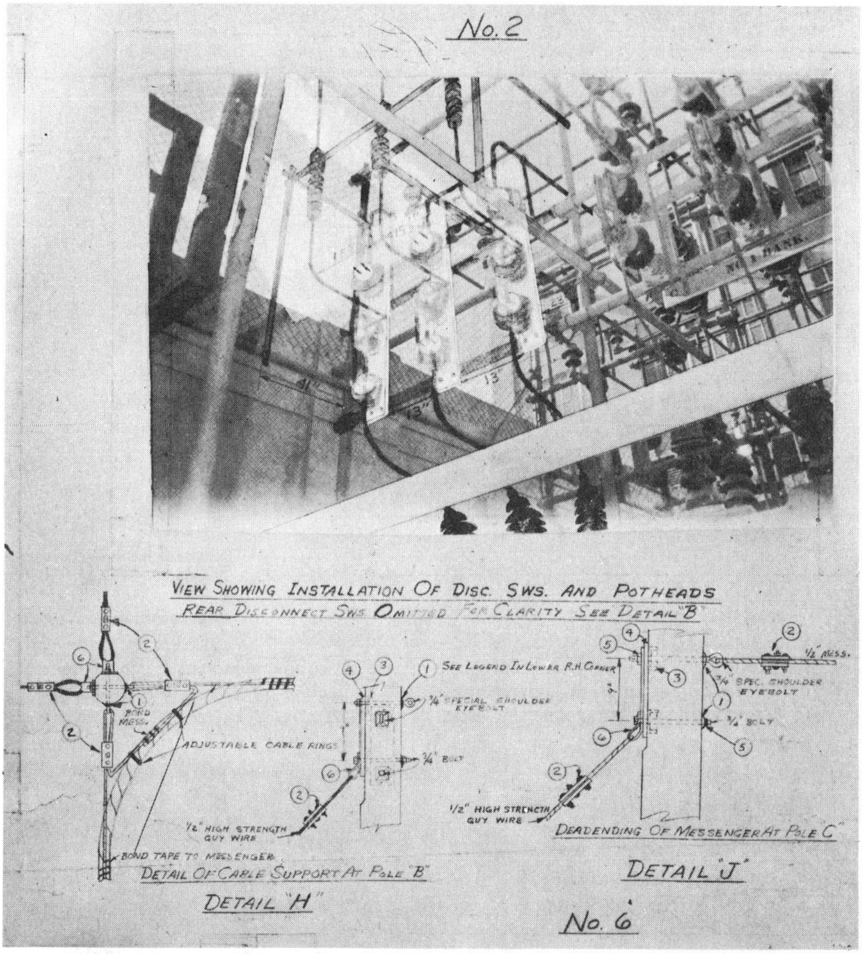

Fig. 24.42 – Fotodesenho completo para a revisão das tubulações numa instalação já existente. (Compare com a Fig. 24.40). Neste caso, a parte fotográfica mostra o objetivo do projeto e os detalhes necessários são dados abaixo, em vistas ortográficas convencionais. *(Cortesia de Procter & Gamble)*.

perspectiva mínima que se obtém com o uso de lentes fotográficas de longa distância focal. Os fotodesenhos nesta perspectiva não são difíceis de dimensionar e compreender, mas mesmo assim não são feitos em escala. Foi desenvolvido um equipamento que tomará fotografias ortográficas através de dispositivos que utilizam segmentos de espelhos parabólicos combinados para formar um sistema óp-

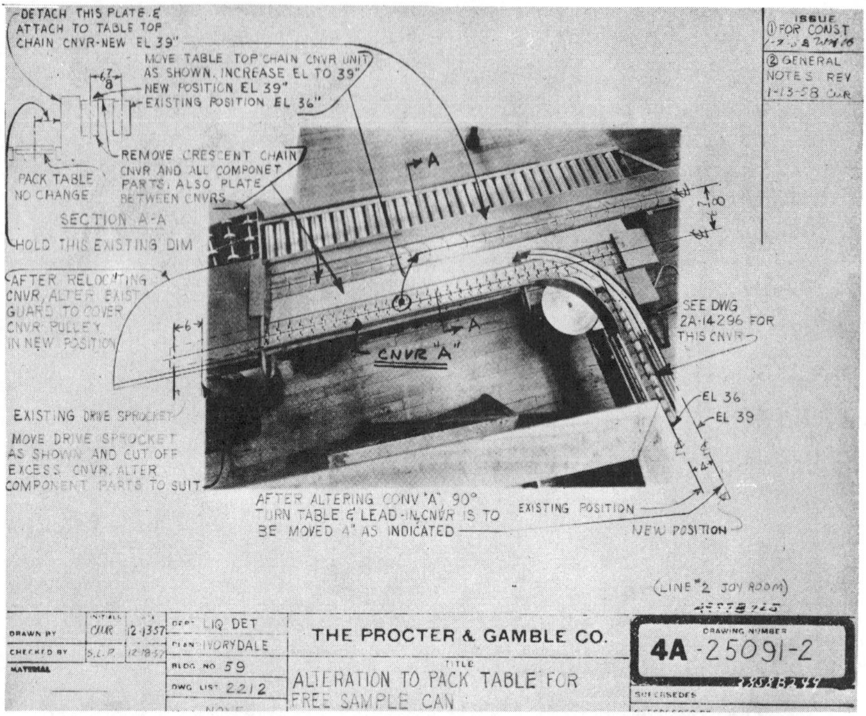

Fig. 24.43 – Fotodesenho típico para a revisão de equipamento mecânico. Note-se que este desenho emprega dimensionamento e anotações aplicados à porção fotográfica, usando também pequenas vistas com explicações. *(Cortesia de Procter & Gamble).*

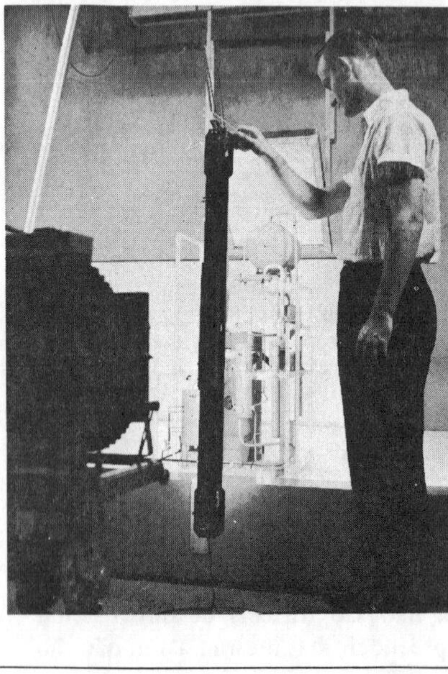

Fig. 24.44 – Método de iluminação sem sombras. O modelo é colocado em frente a uma caixa de luz, que elimina as sombras negras. A iluminação frontal sem sombras é produzida por uma luz fluorescente. *(Cortesia de Procter & Gamble).*

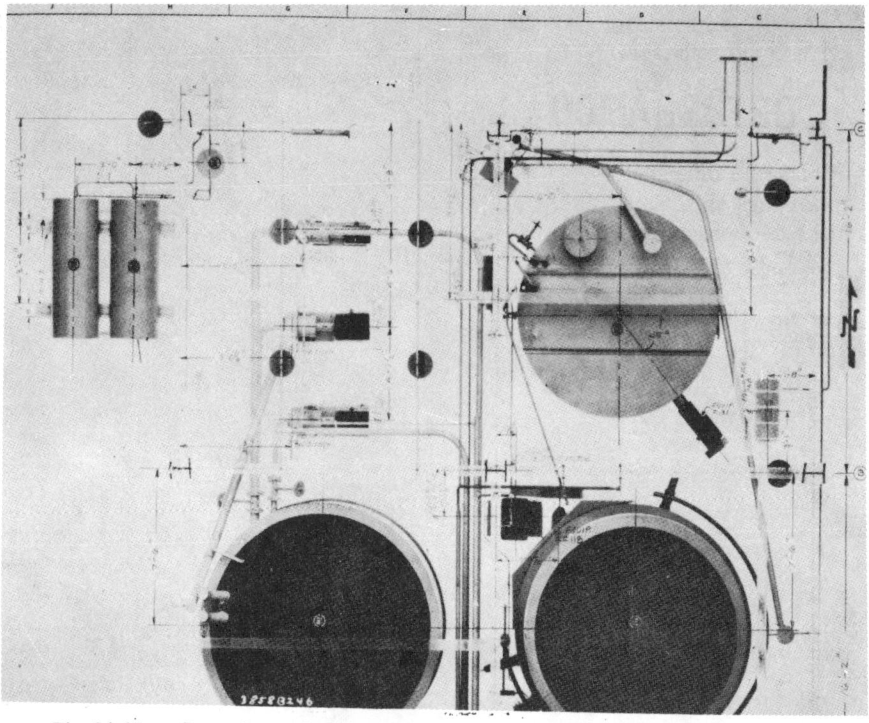

Fig. 24.45 – Parte de um fotodesenho modelo sem sombras. As partes fotográficas foram produzidas pelo método de iluminação mostrado na Fig. 24.44. *(Cortesia de Procter & Gamble).*

tico telecêntrico. Estes dispositivos podem tirar fotografias em escala de um modelo ou outro material tridimensional, como mostra a Fig. 24.46.

Uma vez tirada a foto, em condições que produzirão perspectiva mínima ou ortográfica, faz-se o meio de reprodução, que é a base para o fotodesenho do modelo, da mesma maneira como foi esboçado previamente com relação aos fotodesenhos das áreas.

DESENHOS COM ILUSTRAÇÃO

44. Ilustração

Os desenhos com ilustração são utilizados no comércio para as mesmas finalidades em que são usados os modelos. Aplicada à linguagem gráfica, a ilustração serve para facilitar a legibilidade de um desenho, pelo uso de sombreado e de métodos especiais de projeções e de representação. Muitas vezes, um desenho pode ser tornado tão claro que uma pessoa não familiarizada com os métodos gráficos pode lê-lo com a mesma facilidade como se fosse um especialista. Qualquer desenho ortográfico, esquemático ou em perspectiva feito à mão livre ou com instrumentos, a lápis ou à tinta, pode ser ilustrado. A Fig. 24.47 é um exemplo de desenho ilustrado.

45. Tipos de desenhos ilustrados

Os desenhos ilustrados são usados para os mais diversos fins e em variados campos. São típicos os seguintes exemplos:

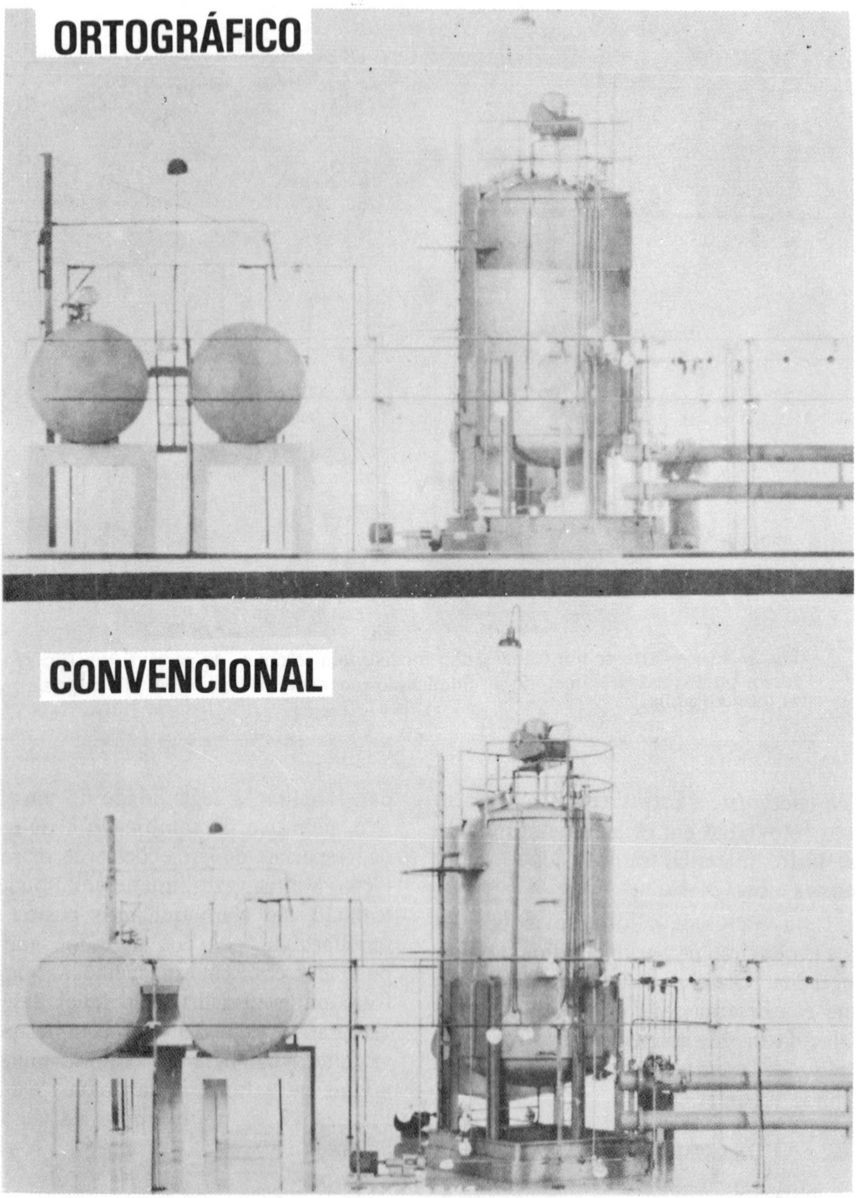

Fig. 24.46 – Comparação entre os processos de obtenção de fotografias de um modelo. A foto inferior foi obtida com uma câmara convencional; a superior, com um dispositivo que emprega um sistema telecêntrico para produzir uma vista ortográfica (não-perspectiva). *(Cortesia de Procter & Gamble).*

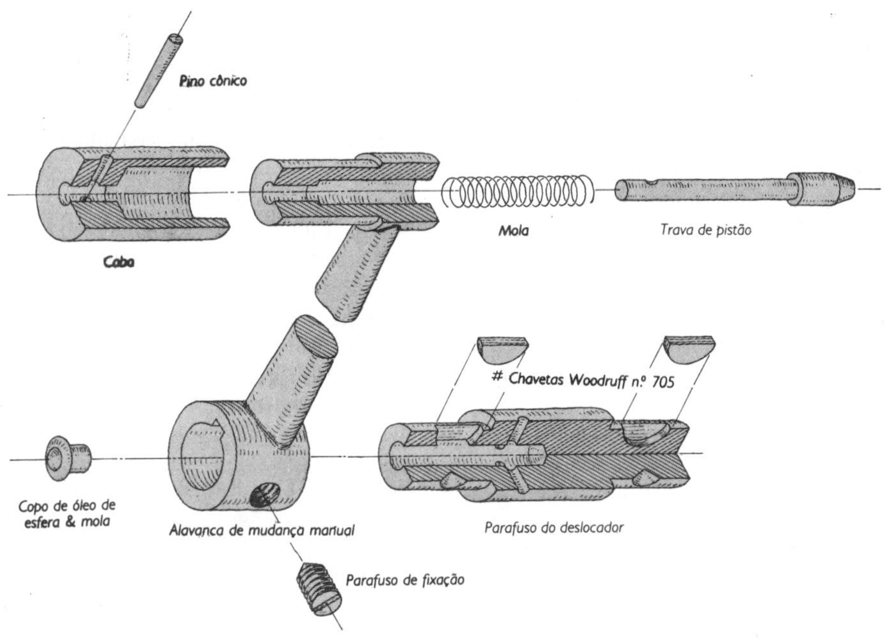

Fig. 24.47 – Desenho ilustrado. Trata-se de um desenho em perspectiva "explodido" usado para ilustrar o método de montar determinado número de peças.

Ilustrações de propaganda são habitualmente desenhos em perspectiva, sombreados, muitas vezes coloridos, para tornar a apresentação tão convincente quanto possível.

Ilustrações para catálogos, ortográficas ou em perspectiva, são muitas vezes coloridas ou sombreadas a lápis ou à tinta, pela técnica de pontos, pistola para pintura, etc.

Gráficos de operação, serviço e reparos são desenhos mostrando as partes de trabalho de uma máquina com instruções apropriadas ao fim pretendido. Estes desenhos são eficientes em perspectiva com sombra ou colorida.

Diagramas de canalizações, fiação elétrica e instalações são fáceis de ler quando feitos em perspectiva sombreada ou colorida.

Desenhos arquitetônicos e de apresentação técnica, algumas vezes sombreados a lápis ou à tinta, muitas vezes feitos à aquarela, mostram o edifício ou estrutura com a aparência que terão quando prontos.

Ilustrações de manuais em perspectiva, habitualmente em preto e branco, mas algumas vezes em duas cores ou em policromia, acrescentam uma clareza visual e dão a ênfase que não é possível obter apenas com palavras.

Desenhos para patentes de invenção são normalmente sombreados para tornar visíveis e esclarecer todos os aspectos da invenção.

Desenhos para produção, desde os esboços originais até os detalhes finais, subconjuntos e conjuntos, são freqüentemente feitos em perspectiva, às vezes sombreados. Esses desenhos são particulamente úteis quando pessoas não treinadas na leitura de desenhos ortográficos trabalham na fabricação.

46. Desenhos ilustrados para execução

Os modernos métodos de produção em massa exigem a simplificação e a eliminação de um grande número de operações de fabricação. Os desenhos ilustrados facilitam a leitura dos trabalhos complexos e difíceis aos trabalhadores não treinados em desenhos ortográficos. Eles são usados em cada fase da produção, desde o desenho original até as instruções finais de operação.

Há uma grande variação de processamento dentro de uma indústria e a variação é muito maior de indústria para indústria, mas, em geral, os desenhos ilustrados podem ser classificados como (1) *desenhos de projeto,* (2) *ilustrações de fabricação,* e (3) *ilustrações de operação e manutenção.*

Os *desenhos de projeto* incluem várias ilustrações em perspectiva que mostram as máquinas ou estruturas desdobradas em pequenas unidades trabalháveis, com detalhes de construção, localização e função do equipamento, aspectos estruturais, processos ferramenteiros, etc. Estes desenhos são usados para o estudo do trabalho da produção completa e para planejar e correlacionar este trabalho. À medida que o projeto progride, eles são alterados, corrigidos ou redesenhados. O desdobramento preliminar da produção mostrado na Fig. 24.48 é um exemplo do tipo de ilustração usada no estágio de projeto do trabalho.

As *ilustrações de fabricação* dão informações detalhadas em relação ao desdobramento da estrutura ou máquina, dos quais são feitas numerosas ilustrações separadas para mostrar a localização de sub-

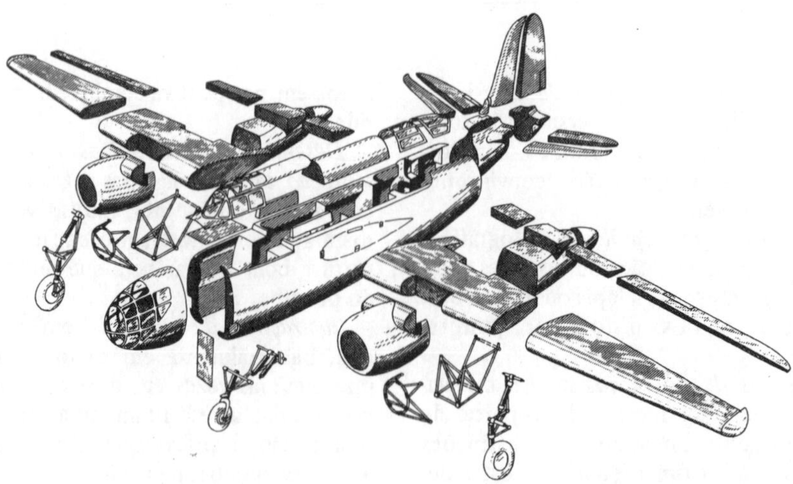

Fig. 24.48 – Ilustração de projeto, que mostra o desdobramento de um avião em seus componentes básicos.

conjuntos, peças e equipamentos; fornecem informações detalhadas quanto à fabricação de peças; dão instruções para realizar operações; e fornecem instruções para a montagem. A Fig. 24.49 é um exemplo de ilustração para fabricação tomado do conjunto de detalhes dados no probl. 35.

As *ilustrações de operação e manutenção* fornecem instruções para desmontar, reparar e substituir peças, lubrificar, inspecionar e cuidar do equipamento, etc. Em muitos casos, os desenhos feitos originalmente para a fabricação podem ser usados num serviço manual. A Fig. 24.50 é um exemplo deste tipo de ilustração.

47. Desenho para reprodução em clichês

Os desenhos para ilustração de livros, revistas, catálogos ou outros impressos devem ser feitos tendo em vista os processos de reprodução.

Preparação dos desenhos. Os desenhos habitualmente são feitos em tamanho maior do que o final da ilustração e reduzidos fotograficamente durante o processo de reprodução. Em conseqüência, o trabalho deve ser feito tendo o cuidado com a espessura dos traços, com o contraste, o tamanho das letras e o efeito geral no tamanho reduzido. Para conservar o caráter manual do desenho original, a redução deverá ser pequena. Mas, para um efeito de uniformidade, o desenho deve ter três ou quatro vezes o tamanho do clichê. O melhor tamanho para o original, em geral, é de uma e meia (para uma redução de um terço) a duas vezes (para redução à metade) do clichê.

Normalmente, a redução é feita numa proporção constante, como a de um quar-

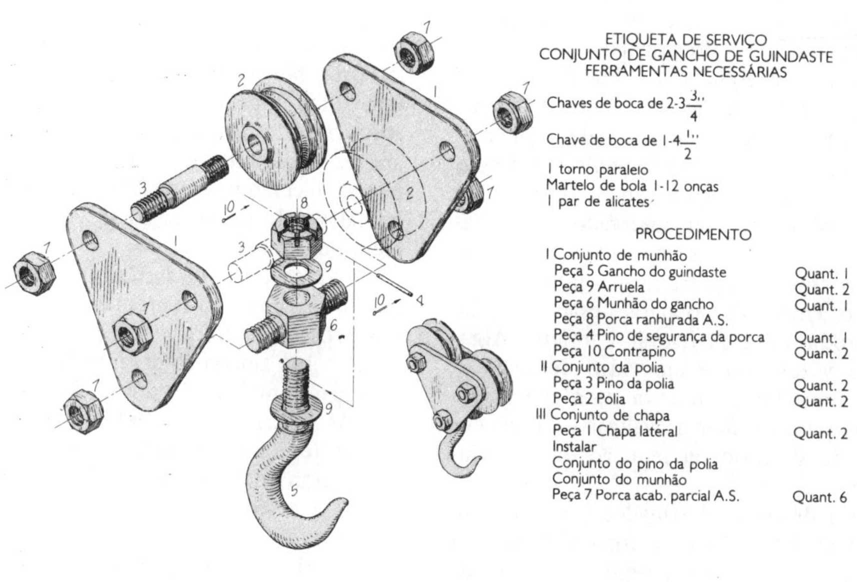

Fig. 24.49 – **Ilustração de fabricação, que especifica as peças e ferramentas necessárias para um conjunto. Desenhos deste tipo são usados para a fabricação original e em manuais de serviço. Compare-se esta ilustração com o desenho ortográfico do Probl. 36.**

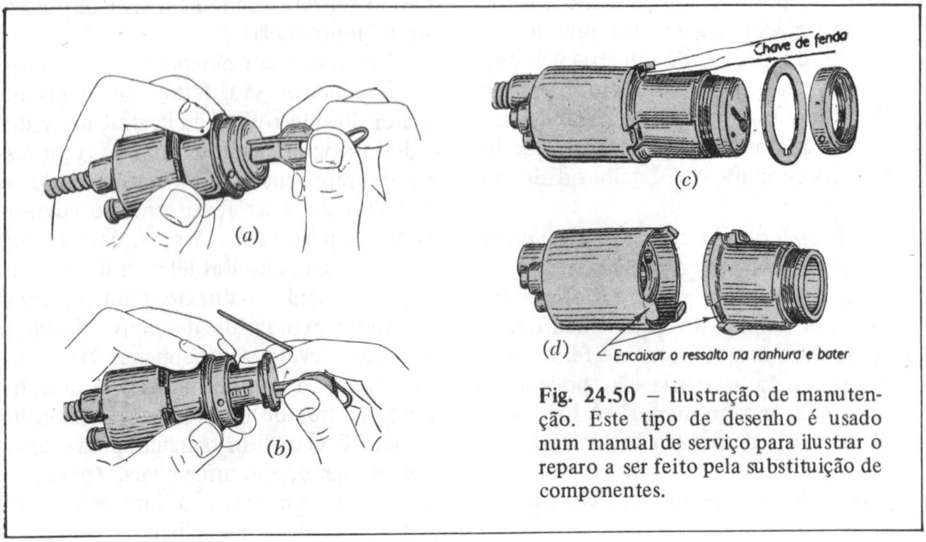

Fig. 24.50 – Ilustração de manutenção. Este tipo de desenho é usado num manual de serviço para ilustrar o reparo a ser feito pela substituição de componentes.

to, a de um terço, à metade, etc., embora outras reduções não usuais possam ser usadas. Para um desenho marcado com "reduzir $^{1}/_{3}$", a reprodução terá dois terços do tamanho linear do original. A Fig. 24.51 ilustra a aparência do desenho original enquanto que a Fig. 24.52 mostra o mesmo desenho reduzido à metade. A aparência grosseira e o afastamento das linhas de sombra e o tamanho do letreiro do original deverão ser observados. As linhas devem ser traçadas espaçadas, porque se estas forem traçadas muito juntas, o espaço entre elas poderá desaparecer na reprodução e desfigurar o efeito. Algumas vezes, usa-se um vidro de redução ou uma lente côncava montada como lupa para auxiliar a avaliação da aparência do desenho na redução da reprodução.

Os desenhos destinados à reprodução podem ser alterados e corrigidos de uma maneira que não é permitida em outros trabalhos. As irregularidades podem ser pintadas com têmpera branca. Uma lâmina aguçada ou "raspador" pode ser usado para limpar pequenos erros. Se a posição de uma figura desenhada a tinta quiser ser mudada, ela poderá ser cortada e deslocada para a posição desejada. Um pedaço de papel pode ser pregado sobre um detalhe do desenho, para esconder ou permitir novo desenho. Letras e números de referência, anotações e outros letreiros são, certas vezes, recortados de uma folha impressa num tipo de tamanho apropriado e pregados no desenho. As arestas resultantes dos pedaços colados não aparecerão na cópia final, pois são eliminadas pelo gravador ao fazer o acabamento da chapa.

Métodos de reprodução. Os desenhos para ilustrações são reproduzidos por um dos processos fotomecânicos, isto é, gravação sobre zinco ou cobre, meio-tom em cobre, ou um dos métodos de fotolitografia. As linhas do desenho são habitualmente reproduzidas pela ação de ácido sobre uma chapa de zinco. Por este processo, o desenho é fotografado sendo o negativo invertido e fixado de modo a dar positivo numa chapa sensível de zinco (quando se deseja um resultado particularmente de alta qualidade, usa-se uma chapa de cobre); a chapa é então submetida à ação causticante de ácido, deixando as linhas em relevo e proporcionando, quando montada, um bloco que

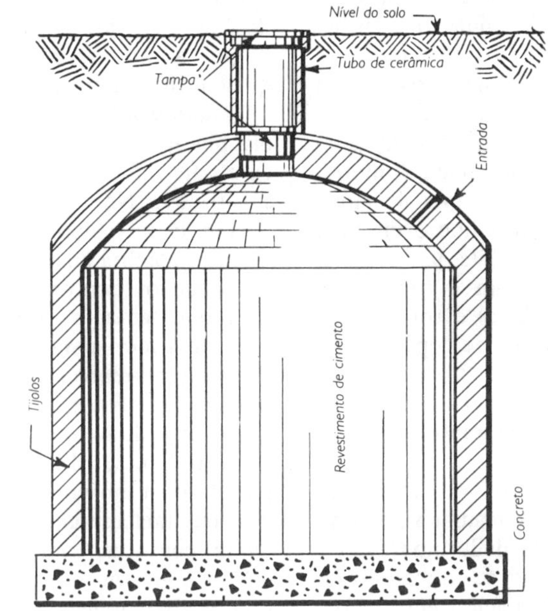

Fig. 24.51 – Desenho para reprodução, feito para ser reduzido à metade. Na Fig. 24.52 é mostrada a reprodução reduzida.

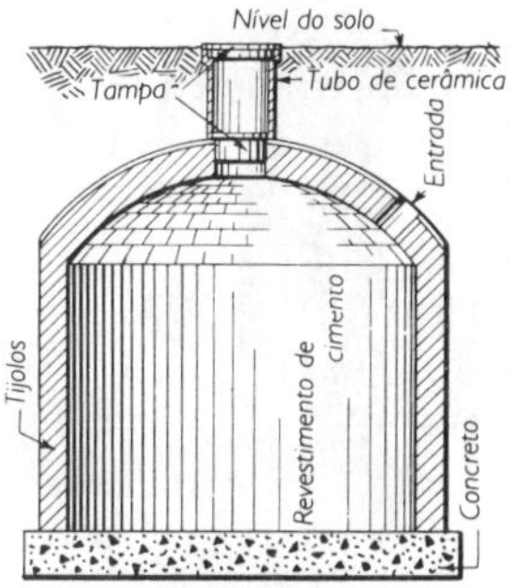

Fig. 24.52 – Desenho reduzido à metade e reproduzido, mostrando em tamanho natural na Fig. 24.51.

serve de clichê e que pode ser impresso por um processo de impressão comum. Os desenhos para reprodução por meio de clichês devem ser feitos em nanquim preto sobre papel branco liso ou em papel-tela. As linhas mais finas deverão ser pretas e bem definidas – linhas finas e fracas não são bem reproduzidas.

As aquarelas e fotografias são reproduzidas de modo semelhante sobre cobre, pelo processo dos meios-tons. Coloca-se na frente da lente da câmara uma grade reticulada (conta-fios) que subdivide a tinta numa série de pontos de tamanhos variáveis. A espessura da grade varia com o tipo de papel usado. Grades de 65 a 100 linhas por polegada quadrada são usadas para clichês de jornais; de 110 a 133 linhas por polegada quadrada, para clichês em revistas e impressos comerciais comuns; e de 133 a 175 linhas para clichês em papel de revestimento muito fino.

Os processos fotolitográficos podem ser usados para reproduzir desenhos a traço, aquarelas ou fotografias. O desenho é fotografado sobre zinco e impresso de modo que a folha fina de zinco transportada sobre um cilindro imprima um painel de borracha que, por sua vez, imprime no papel. Usam-se papel, chapas de zinco, bimetálicas e trimetálicas, dependendo do número de cópias necessárias.

48. Métodos especiais de sombreamento

Há diversos métodos de apresentar as texturas, além dos regulares de sombreado a lápis e à tinta, dados no Cap. 8.

Sombreado esbatido é um método rápido e usado com freqüência em superfícies lisas (Fig. 24.53). Esfrega-se, num pedaço de papel, grafite de um lápis mole, ou grafite em pó, ou carvão vegetal, ou raspas de *crayon*; depois, com um pedaço de algodão ou esfuminho, pegam-se estes resíduos do papel e aplicam-se ao desenho. Os relevos são destacados com um apagador aguçado. Deve-se ter o cuidado com o sombreado nesta porção apagada pois a parte raspada do papel fará com que o meio-sombreado fique mais pesado.

O sombreado a pontos com pena, lápis, pincel ou esponja é um método eficiente para indicar uma textura áspera nas superfícies. No sombreado com pena e com lápis, obtém-se um bom efeito de luz e sombra com uma multiplicidade de pequenos pontos, espaçados entre si para representar as superfícies claras e mais próximos, para as superfícies escuras. No sombreado com pincel e esponja, trabalha-se suavemente, colocando primeiro tinta de impressão ou a óleo, numa palheta; o material, então, é retirado da palheta com um pincel ou escova de cerdas, ou uma esponja, e aplicado ao desenho com um movimento de pancadinhas leves. As bordas agudas de áreas sombreadas podem ser mantidas com o uso de máscaras.

As pequenas áreas são facilmente clareadas com uma lâmina de barbear ou "raspador". Os relevos são destacados com um apagador depois de ter secado a tinta. A Fig. 24.54 é um exemplo de som-

Fig. 24.53 – Sombreado esbatido. Este método proporciona uma aparência similar ao trabalho com escova pneumática e fotografia.

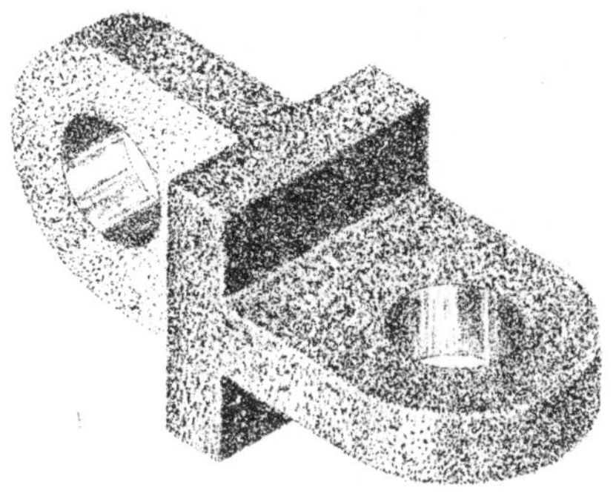

Fig. 24.54 – Sombreado com pincel. Este tipo de sombreado também pode ser feito com uma caneta, lápis ou esponja.

breado a pontos com pincel, as superfícies lisas sendo representadas por pancadinhas leves com o pincel.

Os *papéis preparados* são muito usados para uma grande variedade de desenhos comerciais. Os papéis Craftint[4] têm um modelo sombreado no papel que é destacado por um revelador especial. Há dois tipos: o de tom único e o de tom duplo. Quando estes papéis são usados o desenho é traçado a lápis e os traços pretos sólidos são cobertos com tinta para desenho à prova d'água. As nuanças são então salientadas com o uso de revelador e pincel nas áreas onde se deseja o sombreado. Estes papéis existem à disposição em vários modelos diferentes de sombreado. A Fig. 24.48 é desenhada em papel Craftint.

As *telas de sombreado*, de celulose transparente ou com linhas padrões de pontos impressos, proporcionam um método de sombreado simples e eficiente. A película Craftint de sombreado é uma folha de recortes contendo um modelo impresso em branco e preto. O sombreado é facilmente raspado com um bastão de madeira macio, sempre que não for desejado. Qualquer parte branca do molde pode ser convertida em preta com um revelador especial.

Telas Zip-a-tone[5] são feitas de celulose transparente impressa com sombreado e com o verso revestido com um adesivo especial. A tela é aplicada ao desenho e raspada levemente toda vez que se deseja o sombreado. As seções sombreadas são então esboçadas com uma agulha cortante e as porções indesejadas são recortadas. As partes deixadas no desenho são atritadas firmemente com um brunidor. Os relevos podem ser destacados com pintura usando branco opaco se as áreas forem muito pequenas para serem raspadas de maneira regular. Existe uma grande variedade de modelos de sombreados. A Fig. 2.60, é sombreada com uma tela Zip-a-tone.

Scratchboard.[6] Papel de desenho com uma superfície semelhante a giz. É muito usado para ilustrações comerciais devido à facilidade com que se podem obter linhas brancas sobre um fundo negro, bem como linhas pretas sobre um fundo branco. Popular entre os ilustradores é o Rossboard,[7] que apresentados em diversas texturas na superfície bom para desenhos a lápis ou à tinta.

Para o trabalho à tinta, o desenho é traçado a lápis sobre o papelão, da maneira usual, e então passa-se a tinta, sombreando por meio de linhas as áreas mais claras, trabalhando gradualmente até as mais escuras. Estas são pintadas com pincel e, quando secas, são produzidas linhas, pontos, etc. brancos, raspando-se a tinta com uma faca de ponta afiada, estilete fino, ou com a ponta de uma agulha. As correções são feitas com facilidade raspando a tinta indesejada. As áreas raspadas podem ser

4 Craftint Manufacturing Co., Cleveland, Ohio.

5 Papelão revestido com argila branca impermeável e coberto por uma camada de tinta, a qual é raspada segundo certos modelos, revelando a superfície branca.

6 Para-tone Company, Chicago, III.

7 Charles J. Ross Co., Philadelphia, Pa.

retocadas novamente com tinta, se for necessário. A Fig. 24.55 é um exemplo da técnica de uso do *scratchboard.*

49. Desenhos para o Departamento de Patentes

Num pedido de carta patente de invenção ou descoberta, é exigida uma descrição escrita, chamada "especificação" e, no caso de uma máquina ou dispositivo, também deverá ser fornecido um desenho mostrando todos os aspectos da invenção. Deve ser observado um alto padrão de execução em conformidade com as regras do Departamento de Patentes. Um folheto denominado "Regras Práticas", que fornece todas as informações e regulamentos que governam o procedimento a ser seguido com relação aos pedidos encaminhados, pode ser obtido nesse Departamento.

Fig. 24.55 – Desenho feito sobre *scratchboard*. O efeito é similar à xilogravura.

O regulamento exige desenhos feitos em papel branco, liso, de 250 mm x 375 mm, com uma linha de contorno distantes 25 mm das bordas. Deve ser deixado um espaço em branco mínimo de 32 mm para dentro da borda superior, para o título impresso a ser adicionado pelo Departamento. Os desenhos devem ser feitos com nanquim e traçados de maneira a serem reproduzidos em tamanho reduzido. Podem ser usadas tantas folhas quantas forem necessárias.

Os desenhos para o Departamento de Patentes não são desenhos para execução; antes descritivos e em perspectiva que estruturais. Portanto, não têm linhas de centro, cotas, notas ou nomes de vistas. As vistas são marcadas pelos números das figuras, e as peças são designadas por números de referência pelos quais a invenção é descrita na especificação.

Os desenhos podem ser feitos em projeção ortográfica, axonométrica, oblíqua ou em perspectiva. O sistema em perspectiva é usado em grande escala, para todas ou para parte das vistas. O sombreado da superfície é usado toda vez que auxilia a compreensão.

A Fig. 24.56 é um exemplo de desenho para pedido de patente de invenção.

EQUIPAMENTO E MÉTODOS ESPECIAIS

50. Esticamento do papel

Se o desenho tiver de ser colorido, o papel deverá ser colado na prancheta. Primeiro umedecem-se ambos os lados, com uma esponja ou debaixo da torneira, até que esteja flexível; coloca-se, então, com a face a ser desenhada virada para baixo, na prancheta, e remove-se o excesso de água das extremidades com mata-borrão; pincela-se com grude a base de amido ou com cola uma faixa de cerca de 15 mm em toda a borda, vira-se o

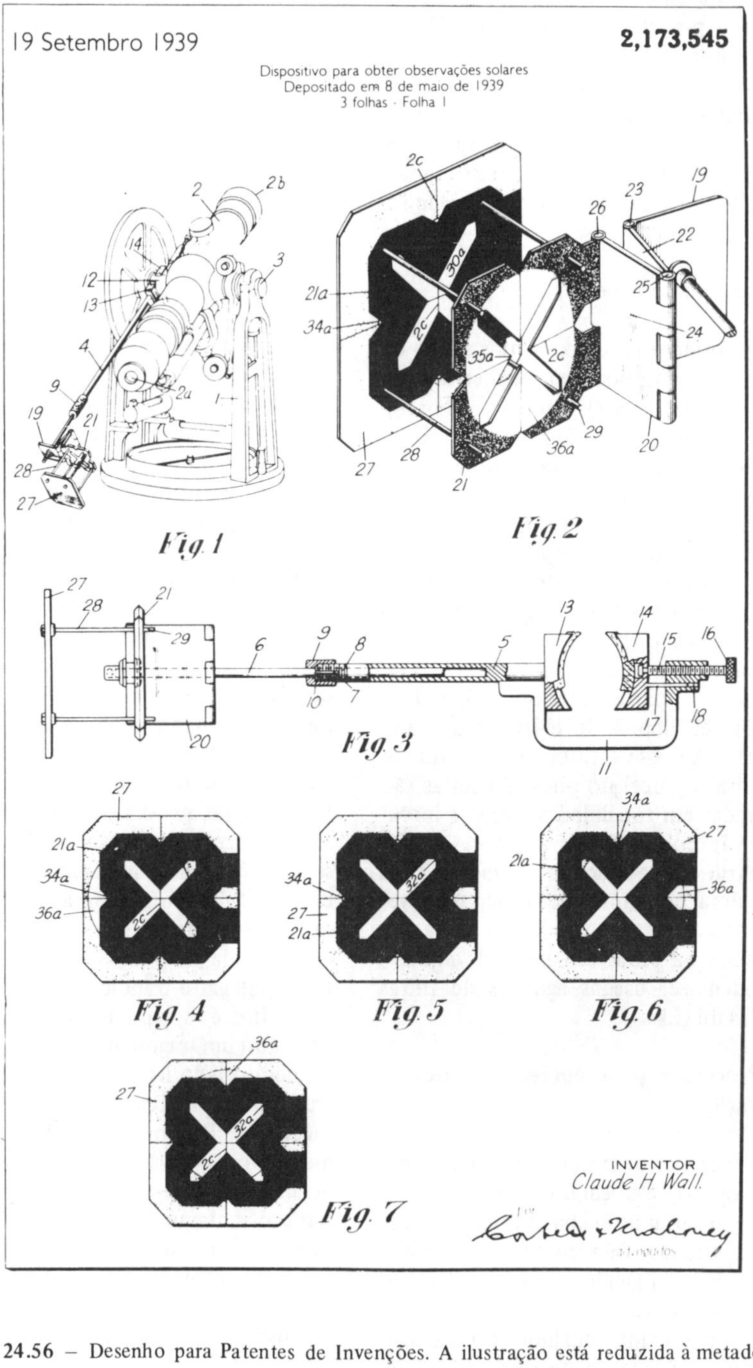

Fig. 24.56 – Desenho para Patentes de Invenções. A ilustração está reduzida à metade.

papel para cima e esfregam-se as bordas contra a prancheta até colarem. Deixa-se secar horizontalmente.

Desenhos ou mapas que exigem muito trabalho, mesmo que não sejam pintados, podem ser feitos em melhores condições sobre papel colado, entretanto, papel Bristol ou papel feito em calandra não devem ser colados.

51. Colorido do papel

O colorido é feito com tintas a base de água. O desenho pode ser recoberto (com tinta à prova d'água) antes ou, de preferência, depois de colorido. O desenho sofrerá uma limpeza prévia removendo as marcas de lápis desnecessárias com uma borracha muito macia. As tintas são misturadas num pires e aplicadas com um pincel de pêlo de camelo ou de marta. Inclina-se a prancheta e aplica-se a tinta em camadas horizontais, espalhando para baixo o seu acúmulo cujo excesso é retirado na parte inferior, colhendo-o com pincel, depois de tê-lo secado rapidamente. Agita-se a tinta cada vez que se mergulha o pincel no pires. As tintas são preparadas em tonalidades fracas; a intensidade de coloração se consegue, se for necessário, repetindo as aguadas. Para obter uma cor uniforme, é aconselhável passar na superfície, primeiro, uma demão de água pura. Em lugar de aquarela, podem ser usadas aguadas de tintas líquidas diluídas.

52. Processos para copiar desenhos – perfuração

Às vezes, os desenhos são copiados em papel opaco, esboçando o desenho em papel e perfurando-o com a ponta de uma agulha, virando freqüentemente a folha do desenho e ligando os pontos. Os perfuradores podem ser comprados ou feitos facilmente introduzindo-se uma agulha fina em um cabo de madeira macia. Também podem ser usados nos desenhos de precisão, para transferir as medidas da escala para o desenho no papel.

53. Cópia por meio de decalque

Este método, conhecido como *frotté*, é particularmente útil no desenho arquitetônico, ao transferir qualquer tipo de esboço ou traçado para o papel onde ele deve ser executado.

O original é feito em qualquer tipo de papel e pode ser aperfeiçoado, modificado e elaborado até que esteja satisfatório. Para transmitir o desenho, coloca-se um pedaço de papel transparente ou vegetal sobre o original e copia-se o desenho cuidadosamente. Vira-se a face do papel cópia de baixo para cima e copia-se outra vez o original tão cuidadosamente quanto foi feito no outro lado, usando um lápis macio médio, com ponta *aguda*. Inverte-se novamente o papel transparente colocando-o sobre o papel em que se fará a reprodução do desenho, fixando-o com percevejos, e verificando se o papel transparente se encontra na posição adequada, pela coincidência das linhas de centro ou das linhas de referência traçadas no papel transparente e no novo desenho. Transfere-se, agora, o desenho, friccionando-se o papel transparente com a parte redonda do cabo de uma faca ou com outro instrumento (usa-se, normalmente, uma moeda de bordas macias, segura entre o polegar e o indicador, esfregando-se para diante e para trás), depois de ter colocado um fragmento de tela transparente, com o lado liso para cima, entre o instrumento de fricção e o papel, para proteger este último. Não se deve friccionar muito forte, para evitar o deslizamento do papel-tela ou do papel de desenho durante o atritamento. Por este processo podem ser feitos os decalques diretamente à tinta em lugar do lápis, o que é útil nos desenhos coloridos, usando-se tinta *à poncer*, que é feita para decalques.

Se o desenho é simétrico em relação a um eixo qualquer, não é necessário fazer a cópia nas duas metades no papel transparente pois o decalque por atritamento pode ser feito invertendo o desenho em torno do eixo de simetria.

Com uma só cópia podem ser feitos diversos decalques por fricção e, quando se deve repetir a mesma figura ou detalhe várias vezes num desenho, pode-se economizar muito tempo traçando-os num papel transparente e decalcando-o nas diversas posições.

54. Prancheta de vidro para desenho

As mesas de desenho com tampos de vidro e luzes em caixas refletoras com lâmpadas colocadas sob os mesmos (mesas de luz) são dispositivos excelentes para copiar desenhos em papel opaco. Mesmo os desenhos a lápis podem ser copiados prontamente em papel mais grosso ou em cartolina Bristol, pelo uso de uma prancheta transparente de desenho.

55. Transporte de desenhos – o pantógrafo

O princípio básico do pantógrafo, usado para reduzir ou ampliar desenhos em qualquer proporção, já é bem conhecido. O instrumento consiste essencialmente de quatro barras que, em qualquer posição, devem formar um paralelogramo e ter o pino fixo, o lápis e a ponta de aço em linha reta. Qualquer disposição dos quatro braços, de conformidade com esta exigência, fará o instrumento trabalhar numa proporção definida. Desejando-se uma redução, trocam-se de posição o lápis e a ponta de aço. Na Fig. 24.57 é mostrado um pantógrafo suspenso, com braços metálicos, para um trabalho preciso de engenharia.

Usando os compassos de redução, ilustrados na Fig. 24.58, os desenhos podem ser copiados em escala reduzida ou ampliada. As divisões com as marcações "linhas" correspondem a proporções lineares; aquelas marcadas com a palavra "circunferências" são as diferentes aberturas do compasso correspondentes à divisão da circunferência num número desejado de partes iguais quando as pontas mais afastadas tiverem a abertura igual ao diâmetro da circunferência.

Muitas vezes é usado o bem conhecido processo dos *quadrados proporcionais* para reduzir ou ampliar. O desenho a ser copiado é dividido em quadrados de tamanho conveniente, ou, quando não se deseja riscar o desenho, coloca-se sobre ele

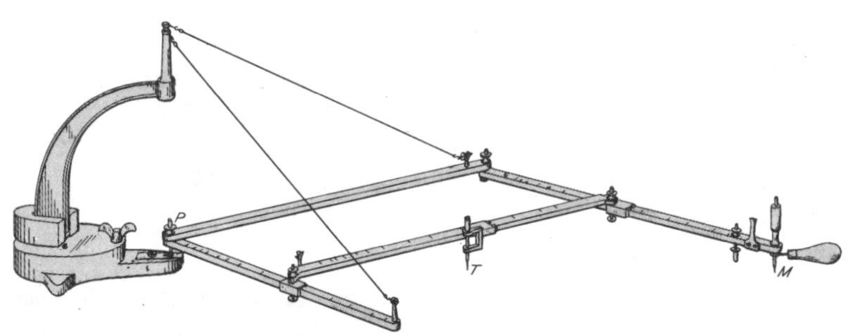

Fig. 24.57 – Pantógrafo de braços suspensos. A ilustração mostra o instrumento em disposição para uma ampliação: a ponta traçadora (*I*) seguindo os pontos e linhas de um desenho proporciona a ampliação no ponto marcado (*M*). Para a redação (*T*) e (*M*) têm suas posições invertidas.

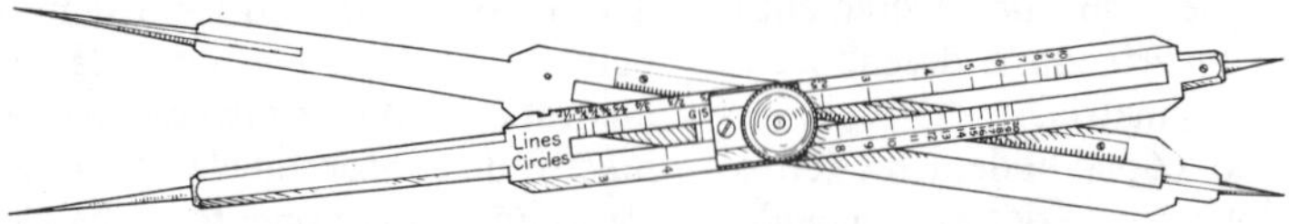

Fig. 24.58 – Divisores proporcionais. O pino fixo é ajustável para diferentes valores de redução ou ampliação.

uma folha de papel-tela ou de celulóide quadriculado e copia-se à mão livre, no papel de desenho, que foi quadriculado de acordo com a redução ou ampliação desejada (Fig. 24.59).

A redução ou ampliação de um desenho, naturalmente, pode ser feita fotograficamente. A reprodução fotográfica elimina muito tempo de desenho, especialmente no caso de desenhos complexos.

56. Instrumentos especiais

Há certos aparelhos que, apesar de não fazerem parte do equipamento usual, são ocasionalmente necessários. Os compassos cintéis são usados para descrever circunferências maiores do que as traçadas por compassos comuns dotados de ampliador. Uma das formas está ilustrada na Fig. 24.60. A Fig. 2.18 mostra um compasso cintel com vara tubular.

Com o compasso bomba (Fig. 24.61) podem ser feitas circunferências menores do que com o compasso de mola e também mais rapidamente. A figura mostra a posição correta de segurá-lo; a ponta seca é mantida fixa e o tira-linhas gira em torno dela. Este compasso é de grande utilidade no desenho de pontes e estruturas e no desenho topográfico.

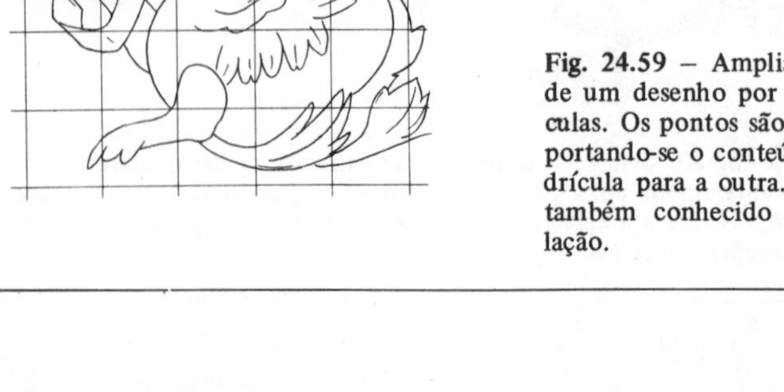

Fig. 24.59 – Ampliação ou redução de um desenho por meio de quadrículas. Os pontos são marcados transportando-se o conteúdo de uma quadrícula para a outra. Este processo é também conhecido como quadriculação.

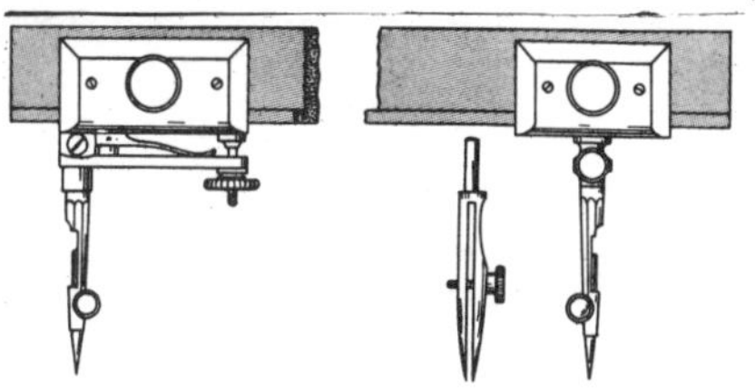

Fig. 24.60 – Cintel ou compasso de vara, que emprega uma haste de madeira em vários comprimentos, até 6 pés.

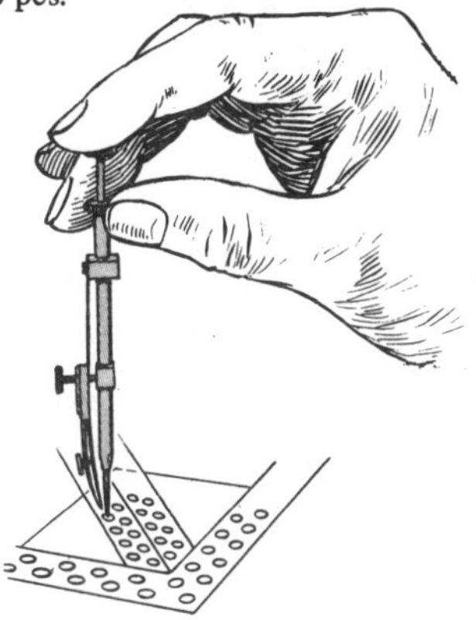

Fig. 24.61 – Compasso bomba. Este tipo de compasso é particularmente eficiente para desenhar pequenas circunferências do mesmo diâmetro. São muito usados em desenho estrutural.

Têm sido fabricados vários instrumentos para o traçado das elipses. O elipsógrafo (Fig. 24.62) é muito satisfatório.

A Fig. 24.63 mostra três tira-linhas especiais. O *tira-linhas duplo* (a) destina-se ao traçado de linhas duplas. Mas, superior para o traçado de linhas duplas afastadas entre si até 6 mm é o *tira-linhas marginador* (b), que pode ser mantido sobre o papel em melhores condições. Pode ser usado no traçado de linhas cheias muito grossas, carregando-se de tinta o espaço central, bem como os dois tira-linhas. O *tira-linhas de contorno* ou *curvo* (c), montado sobre um cabo giratório, é usado no traçado de mapas para desenhar curvas de nível à mão livre.

O *transferidor* é empregado nos trabalhos cartográficos e topográficos. Um transferidor semicircular de latão ou de uma liga de níquel-prata, de 15 cm de diâmetro, permite a leitura de meios graus. Existem transferidores dotados de um braço e nônio que lêem até os minutos. Os desenhistas de mapas usam e preferem os transferidores grandes, circulares, de 20 a 35 cm de diâmetro graduados em meios-graus e em quartos de grau. Outros preferem transferidores tipo Brown & Sharpe (Fig. 24.64), que dão a leitura até 5 minutos.

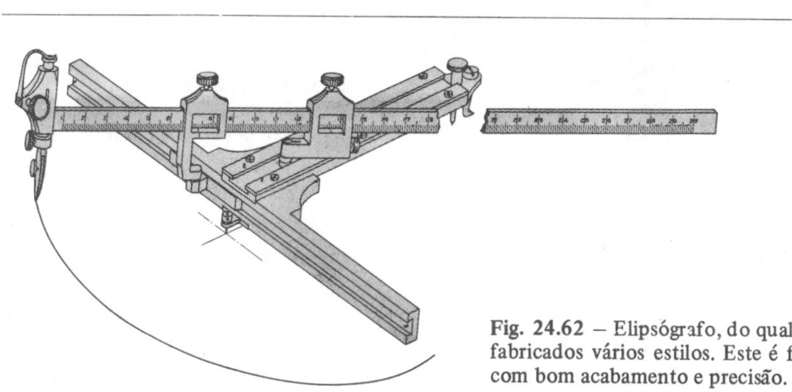

Fig. 24.62 – Elipsógrafo, do qual são fabricados vários estilos. Este é feito com bom acabamento e precisão.

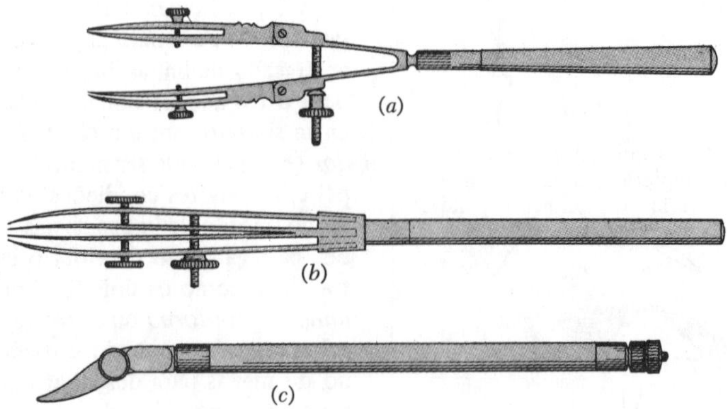

Fig. 24.63 – Tira-linhas especiais. (*a*) **tira-linhas duplo para desenhar linhas duplas; (*b*) tira-linhas marginador para linhas largas; (*c*) tira-linhas curvo, usado no desenho de mapas.**

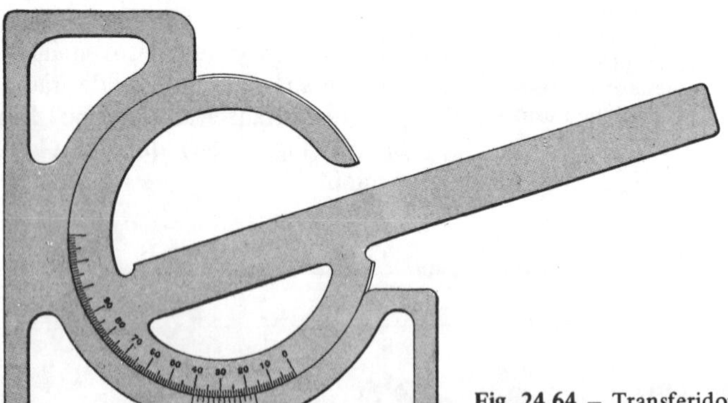

Fig. 24.64 – Transferidor circular de precisão. Neste (Brown & Sharpe) um ângulo de até 5 minutos é legível.

Uma combinação de esquadro e transferidor muito popular entre os arquitetos e desenhistas é vista na Fig. 24.65. Numerosas combinações diferentes de "esquadros" têm sido imaginadas; vários tipos são normalmente encontrados no comércio.

Alguns desenhistas acham que as *pranchetas de desenho verticais,* com bordas retas paralelas, são muito convenientes para trabalhos grandes.

A Fig. 24.66 mostra um porta-tinteiro especial, feito pela Alteneder Company.

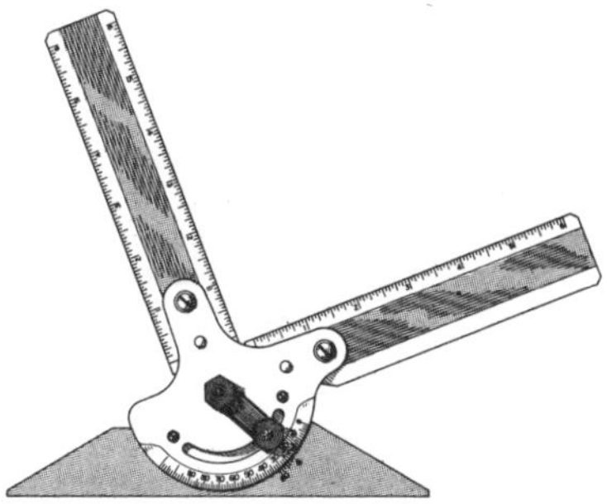

Fig. 24.65 – Esquadro, regra e transferidor combinados. São feitos vários tipos diferentes. Este é um *Tri-pro-scale.*

Fig. 24.66 – Porta-tinteiro Alteneder. O desenhista pode encher o tira-linhas com apenas uma das mãos.

O tira-linhas pode ser enchido apenas com uma das mãos, economizando tempo.

Algumas *curvas francesas* já foram ilustradas na Fig. 2.10, mas existem ainda muitas outras no comércio. Algumas vezes, para curvas especiais de uso freqüente é aconselhável que o próprio desenhista construa seu gabarito. Os gabaritos podem ser cortados em finas placas de azevinho ou tília, chapa de chumbo, celulóide ou mesmo cartolina ou papelão. Para fazer uma curva de papel, esboça-se sobre o mesmo a forma desejada, corta-se com tesoura e lixam-se as bordas. Para desenhar à tinta, coloca-se a curva sobre um esquadro ou pedaço de papelão. São vendidas curvas flexíveis de diferentes tipos. Entretanto, pode usar-se um fio de cobre ou de solda preparado em casa, como um substituto para o material vendido no comércio.

A curva mostrada na Fig. 24.67 é particularmente útil para diagramas técnicos, curvas de potência, de máquinas a vapor, etc.

Retirando-se o polimento de uma curva de celulóide irregular, esfregando-a com lixa fina, é possível fazer marcas a lápis que facilitam o desenho de curvas simétricas.

Lâminas curvilíneas universais são réguas curvas flexíveis, que são ajustadas aos pontos da curva a ser desenhada e mantidas em posição por meio de pesos de chumbo, chamados de "patos" pelos desenhistas americanos. Elas existem em vários comprimentos e fazem parte do equipamento regular de todos os escritórios, principalmente de desenho aeronáutico (Fig. 24.68).

57. Vários dispositivos

Se um desenho ou mapa for demasiado grande de modo que sobrepasse a borda

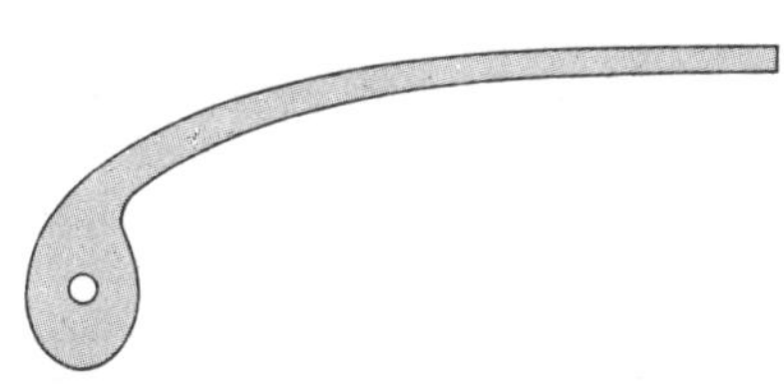

Fig. 24.67 – Curva francesa para diagramas. Muitas dessas curvas especiais são oferecidas pelos fabricantes.

Fig. 24.68 – Lâmina curvilínea universal. Esta régua curva flexível é usada principalmente para desenhar grandes curvas, especialmente no trabalho com modelagem.

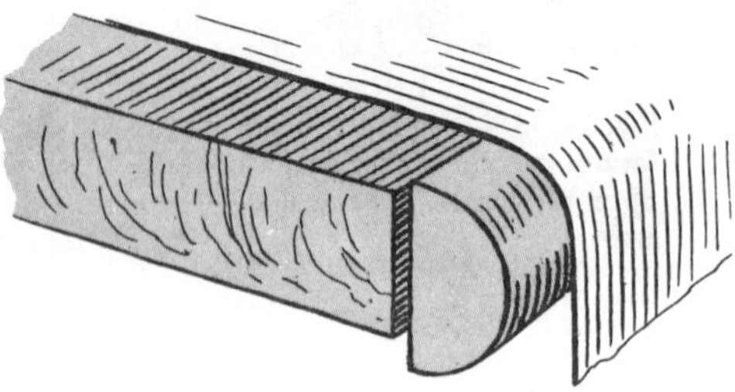

Fig. 24.69 – Cantos arredondados da mesa de desenho. Estes impedem que os grandes desenhos fiquem enrugados.

inferior da prancheta, fixa-se a esta uma peça semicilíndrica, como mostra a Fig. 24.69, para evitar o quebramento do papel.

Pode-se fazer uma borda de aço para a prancheta de desenho, presa por meio de cantoneiras, aplainada e nivelada com a borda. A Fig. 24.70 apresenta uma borda metálica bem ajustável fabricada por L.S. Starret & Company. Trabalhando com uma régua sobre uma prancheta, ambas de aço, podem ser feitos traçados muito precisos. Estas pranchetas são usadas nos escritórios de desenhos de pontes.

O sombreado ou tracejado é uma operação difícil para um principiante, mas é realizada quase automaticamente por um desenhista experimentado. Um certo número de instrumentos foi inventado para fazer o espaçamento mecânico. Os *tracejadores* são espaçadores mecânicos para serem usados em tracejados ou em outros trabalhos que usem linhas com igual espaçamento. Um tipo está apresentado na Fig. 24.71.

Há muitos outros dispositivos destinados a reduzir e facilitar o trabalho e que são muito úteis nos escritórios de desenho. O percevejo Bostich é usado em lugar dos comuns. Muitos desenhistas preferem fixar o papel na prancheta com fita adesiva. Para isto, a *fita de desenho* deverá ser empregada em lugar da faixa gomada ou outras variedades de fitas adesivas. O apontador especial da Dexter para lápis

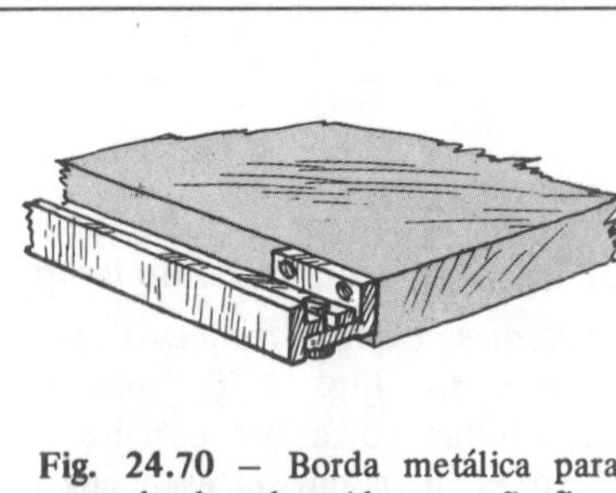

Fig. 24.70 – Borda metálica para mesa de desenho. Algumas são fixadas permanentemente à mesa. Esta é particularmente rugosa *(L. S. Starret & Company)*.

Fig. 24.71 – Tracejador. Existem em vários modelos. O espaçamento e o ângulo da lâmina são ajustáveis.

de desenho é um aparelho que remove apenas a madeira, deixando exposto um longo pedaço da grafite. Os apagadores elétricos são também muito usados.

58. Dispositivos para o traçado de letreiros

O esquadro Braddock-Rowe e o instrumento para o traçado de letreiros Ames (Fig. 4.2*a* e 4.2*b*) são dispositivos convenientes usados para traçar as pautas para os letreiros.

Os escritórios de desenho comerciais consideram os normógrafos instrumentos necessários para o traçado de letreiros e símbolos uniformes e regulares nos desenhos à tinta. O conjunto Leroy (Figs. 24.72 e 24.73) é um dos mais usados. Encontra-se à venda numa variedade grande de estilos de letras e contendo muitos símbolos elétricos, de soldagem, cartográficos, geológicos e matemáticos.

59. Tecnígrafos

Desde que expirou a patente do tecnígrafo universal, vários fabricantes entraram em concorrência oferecendo diferentes

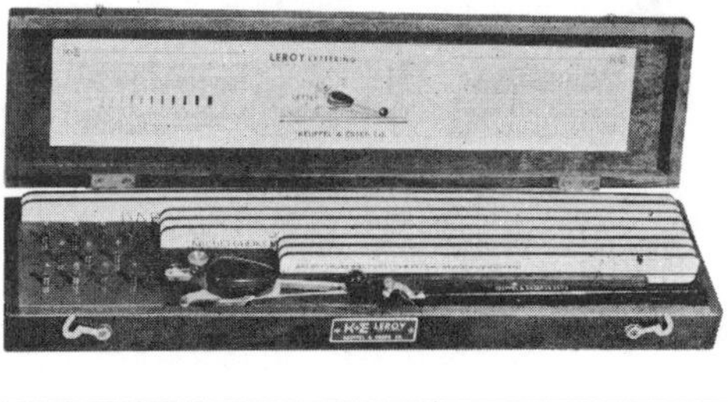

Fig. 24.72 – Normógrafo Leroy (Keuffel & Esser Co.). Existem muitos gabaritos diferentes para executar símbolos e letreiros, comuns e especiais.

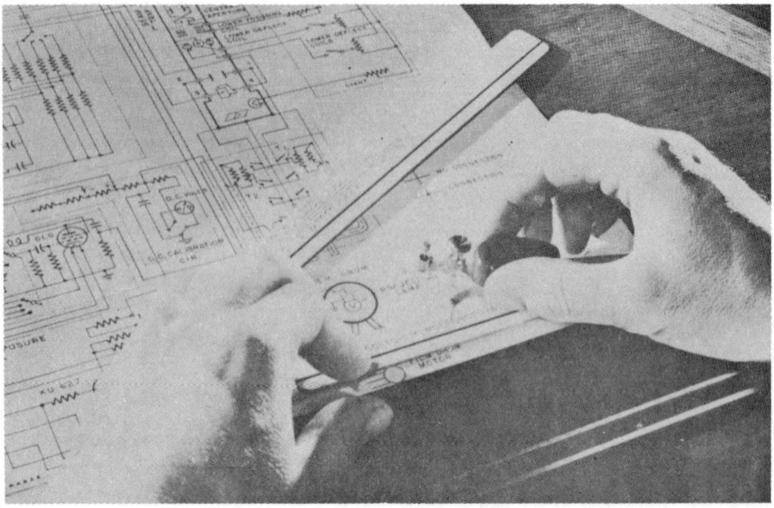

Fig. 24.73 – Uso do normógrafo Leroy. A aranha é guiada nos sulcos gravados no gabarito. Tamanhos diferentes de penas podem ser inseridos na aranha.

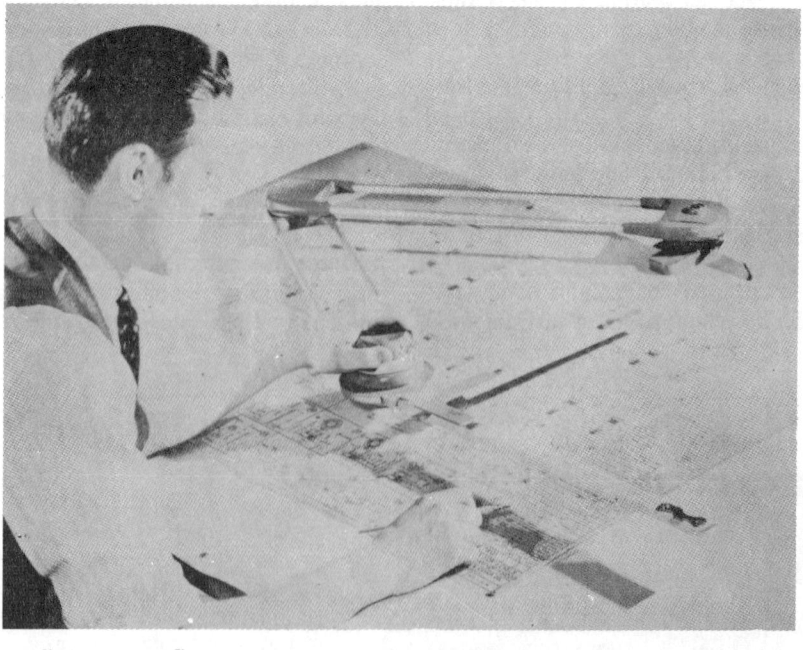

Fig. 24.74 – Tecnígrafo. Este combina régua T, esquadros, réguas e transferidor em um só instrumento.

desenhos deste importante aparelho, que combina as funções da régua T, esquadros, réguas medidoras e transferidor e que é usado amplamente nos escritórios comerciais de desenho. Calcula-se que o seu uso economize 35% do tempo nos desenhos de máquinas e 50% no desenho estrutural.

60. Régua de cálculo

Embora não seja um instrumento de desenho, a régua de cálculo (ver Apêndice B) é um dispositivo de uso do engenheiro e nos modernos escritórios de engenharia e desenho é imprescindível o conhecimento perfeito de seu uso. Uma boa maneira de um principiante aprender a usar a régua de cálculo tem ligação com o curso de desenho. Seu uso facilita o cálculo rápido de volumes e pesos, como auxiliar na leitura de desenhos ou, mais tarde, como parte essencial do trabalho técnico. Entre as diversas espécies de réguas de cálculo, as recomendadas para os futuros engenheiros são: Polyphase Duplex Trig, Polyphase Duplex Decitrig, Log Log Duplex Trig, Log Log Duplex Decitrig ou Versilog, todas marcas registradas, no tamanho de 10 polegadas.

61. Calculadora manual

Está substituindo rapidamente a régua de cálculo. Veja-se a lista e descrição no Apêndice.

PROBLEMAS

Grupo 1. Desenhos de detalhe

Este grupo de problemas proporciona prática na execução de desenhos com vistas secionais, vistas auxiliares e vistas de representação convencional. São aqui incluídos diversos métodos de produção de peças: fundição, forjadura, estampagem de folhas metálicas e moldagem de plásticos.

1. Fazer o desenho completo para execução, com as necessárias vistas secionais. Ferro fundido.

2. Desenho para execução do mancal de fricção. Ferro fundido.

3. Desenho para execução do corpo de válvula do misturador. Bronze fundido.

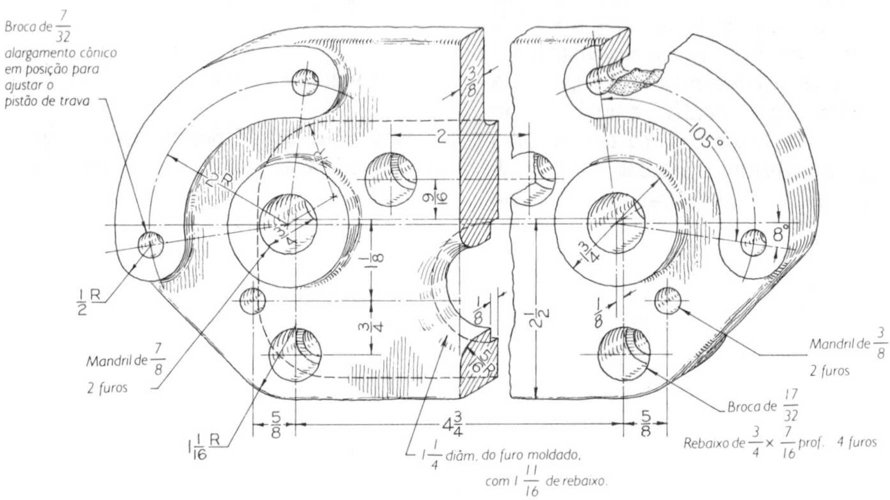

Prob. 1. Suporte dos eixos da caixa de velocidade.

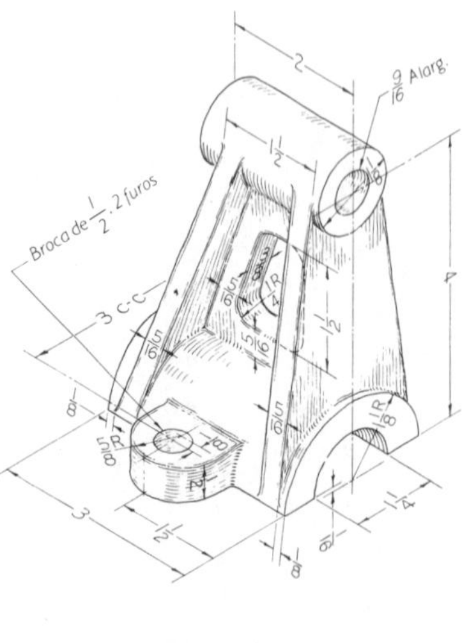

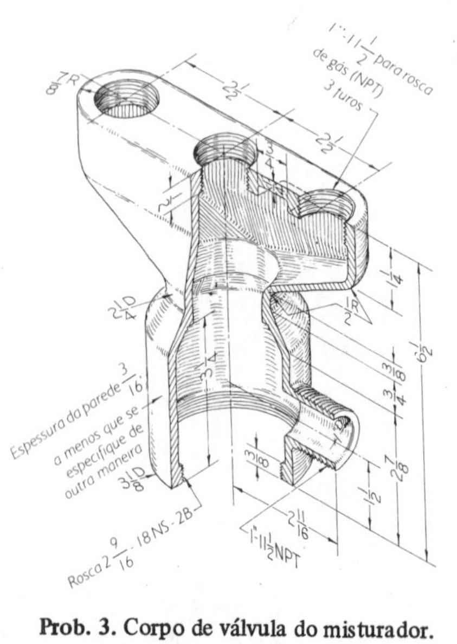

Prob. 2. Mancal de fricção.

Prob. 3. Corpo de válvula do misturador.

4. Desenho para execução do suporte do transportador. Determinar quais as vistas que melhor descreverão a peça. Aço fundido.

5. Desenho para execução da base do suporte. Determinar que vistas e vistas de partes, melhor descreverão a peça. Alumínio fundido.

6. Desenhar a vista de frente dada. Acrescentar as vistas de partes e vistas auxiliares para melhor descrever a peça. Alumínio fundido.

7. Desenho para execução de carcaça de válvula. Bronze fundido.

8. Determinar quais vistas e vistas de partes descreverão mais adequadamente a peça. Ferro maleável.

9. Desenho para execução de tampa para bomba hidráulica. Fundição, em matriz, de liga de alumínio.

10. Desenho para execução de estrela com guias para ferramenta. Ferro maleável.

11. Fazer o desenho para execução de corpo de válvula em relevo. Bronze fundido.

12. Desenho para execução de um interruptor em aço.

13. Desenho para execução de caixa de medidor. Baquelite moldada.

14. (*a*) Fazer desenhos para execução de detalhe na mesma folha, um para forjadura *bruta* e um para *usinagem;* ou (*b*) fazer um desenho de detalhe para forjadura e usinagem. Aço-liga.

15. Desenho para execução da barra de conexão automotriz. Forjadura em molde, aço-liga. Fazer os mesmos desenhos como os do probl. 14.

16. Desenho para execução de corpo de extrator. Forjadura sob pressão, aço. Os desenhos são os mesmos do probl. 14.

17. Fazer o desenho para execução do suporte de amortecedor. Forjadura sob pressão, de aço. Mesmos desenhos do probl. 14.

18. Desenho para execução do suporte para tubo de torção. Forjadura sob pressão, liga de alumínio. Mesmos desenhos do probl. 14.

19. Desenho para execução de cabeçote de alimentação. Ferro fundido.

20. Desenho para execução do bloco do mancal, ferro fundido.

21. Desenho para execução de suporte do controle do elevador. Liga de alumínio, soldada.

22. Desenho para execução da articulação da aba. Liga de alumínio de alta resistência.

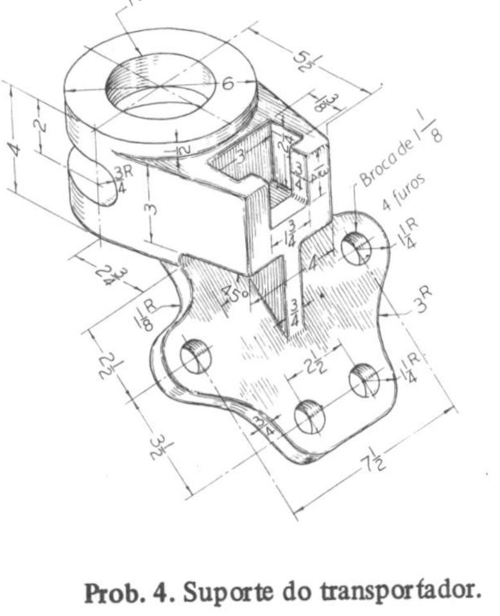

Prob. 4. Suporte do transportador.

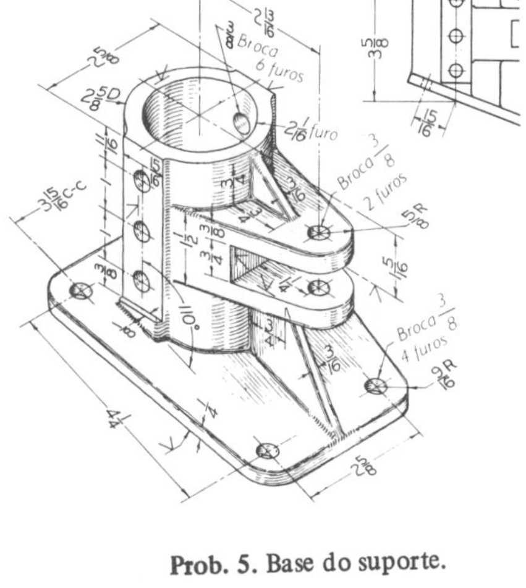

Prob. 5. Base do suporte.

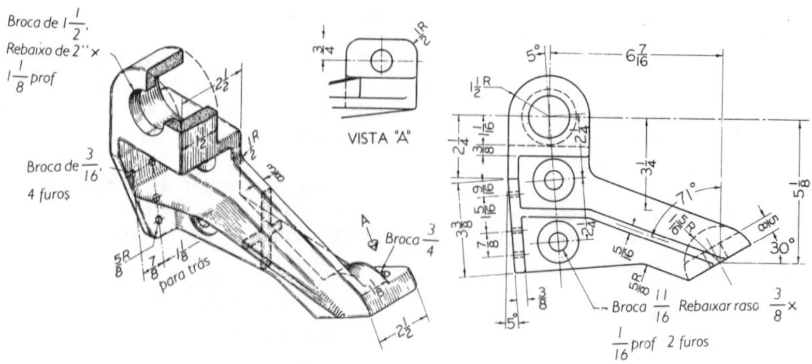

Prob. 6. Suporte de charneira.

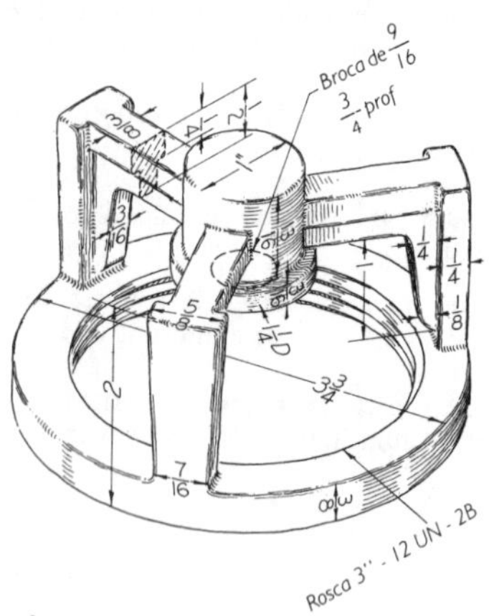

Prob. 7. Carcaça de válvula.

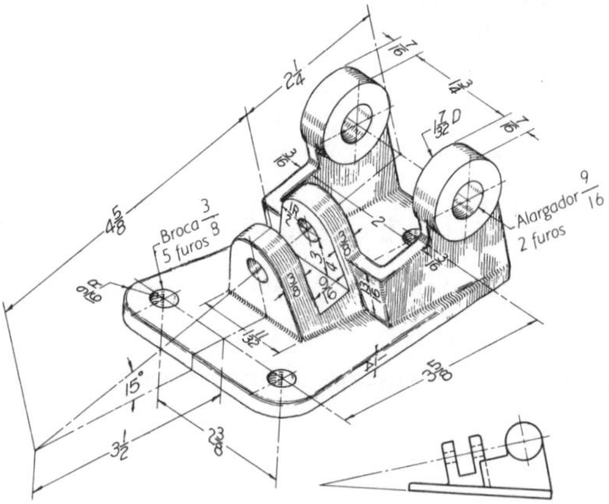

Prob. 8. Placa de braçadeira.

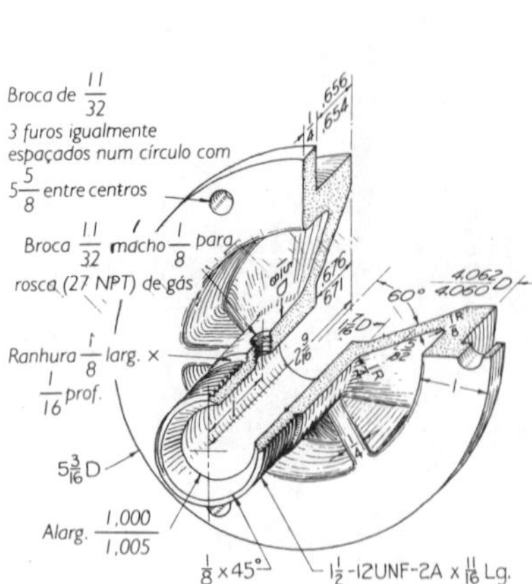

Prob. 9. Tampa de bomba hidráulica.

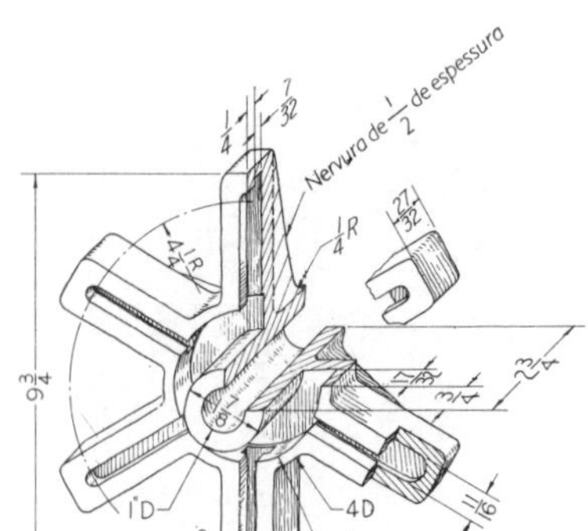

Prob. 10. Estrela com guia para ferramenta.

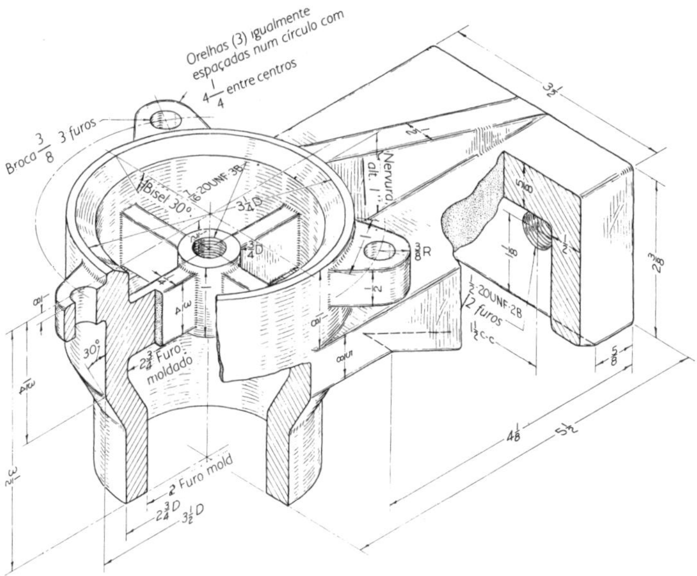

Prob. 11. Corpo da válvula.

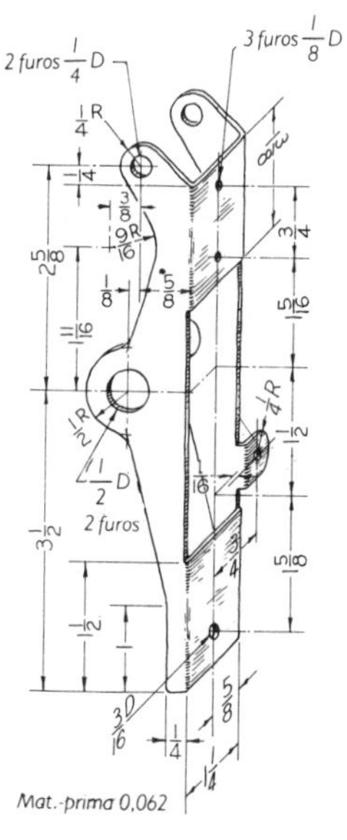

Prob. 12. Interruptor.

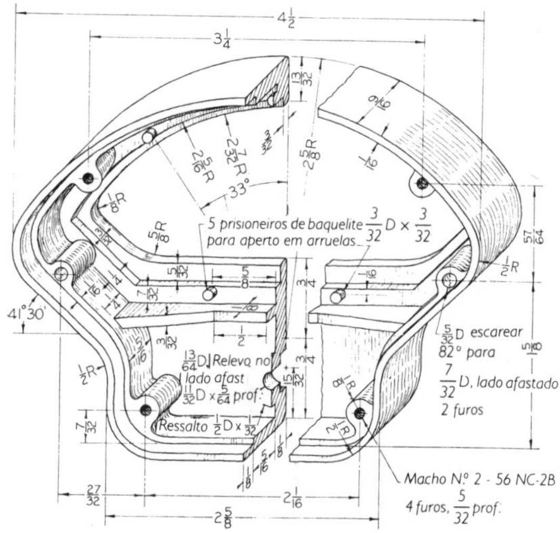

Prob. 13. Caixa de medida.

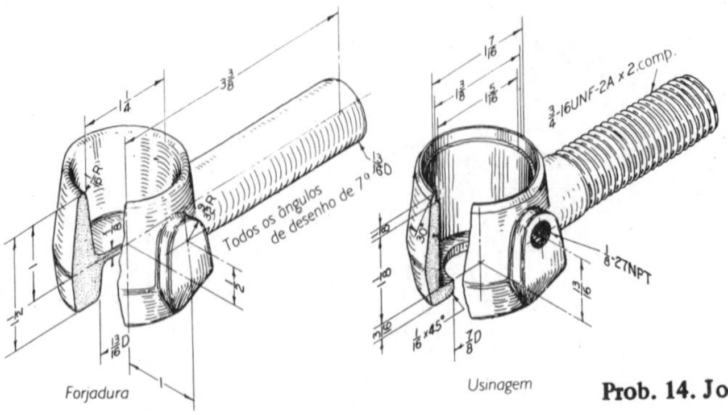

Prob. 14. Joelho de direção.

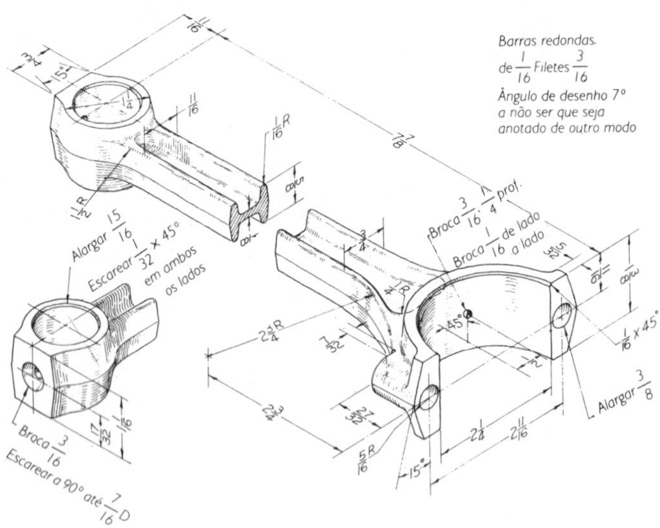

Prob. 15. Barra de conexão automotriz.

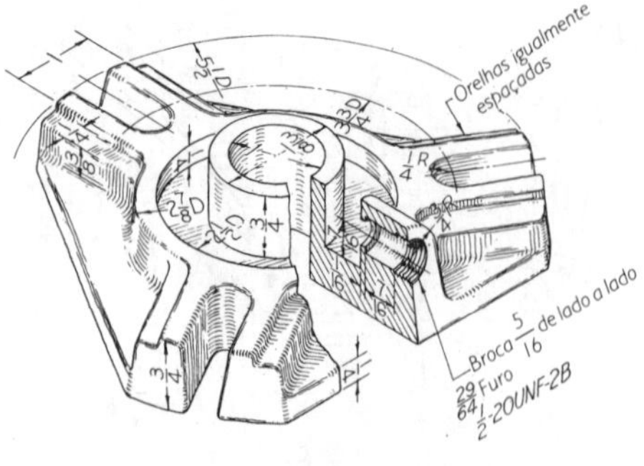

Prob. 16. Corpo do extrator.

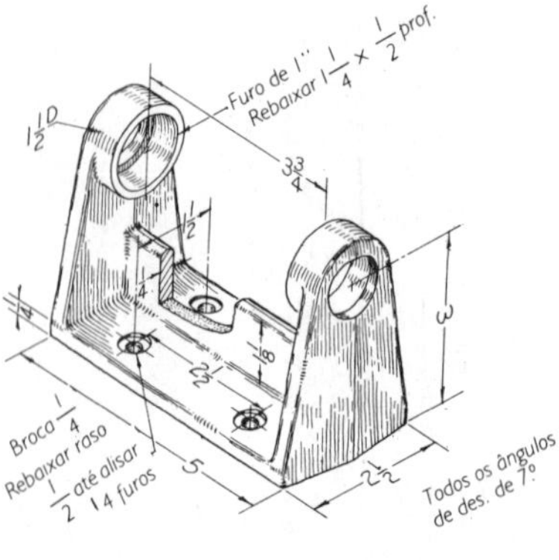

Prob. 17. Suporte de amortecedor.

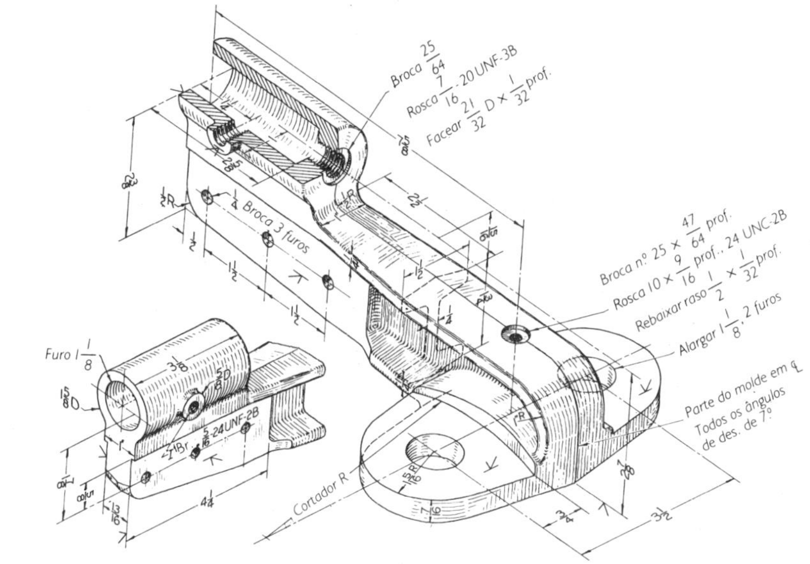

Prob. 18. Suporte para tubo.

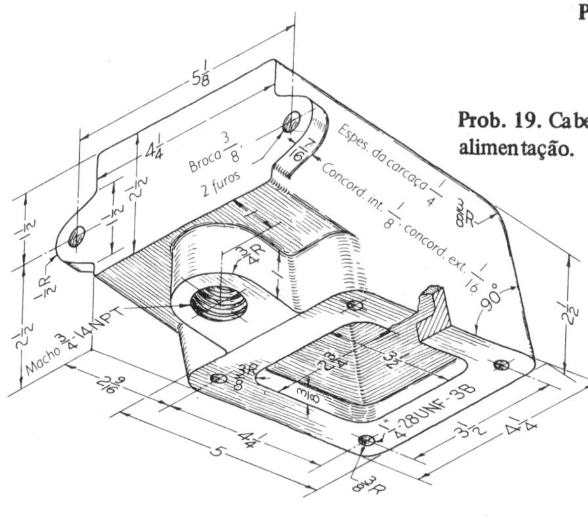

Prob. 19. Cabeçote de alimentação.

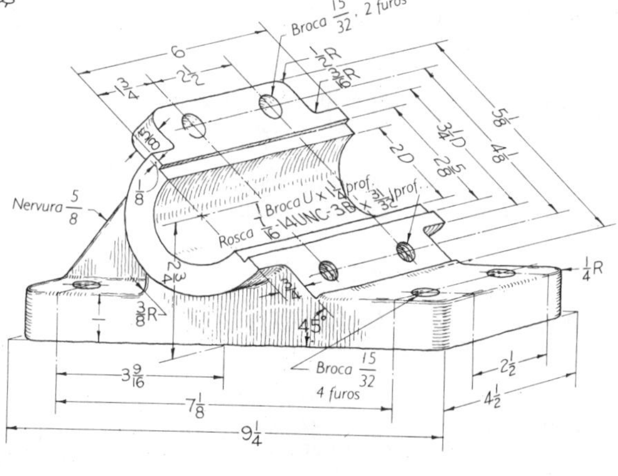

Prob. 20. Bloco de mancal.

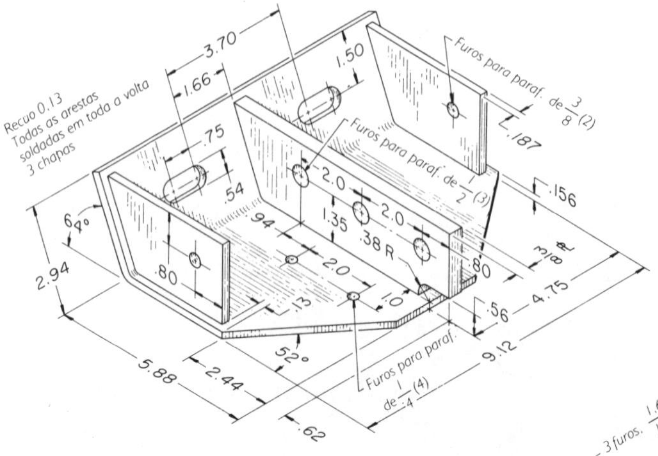

Prob. 21. Suporte do controle do elevador.

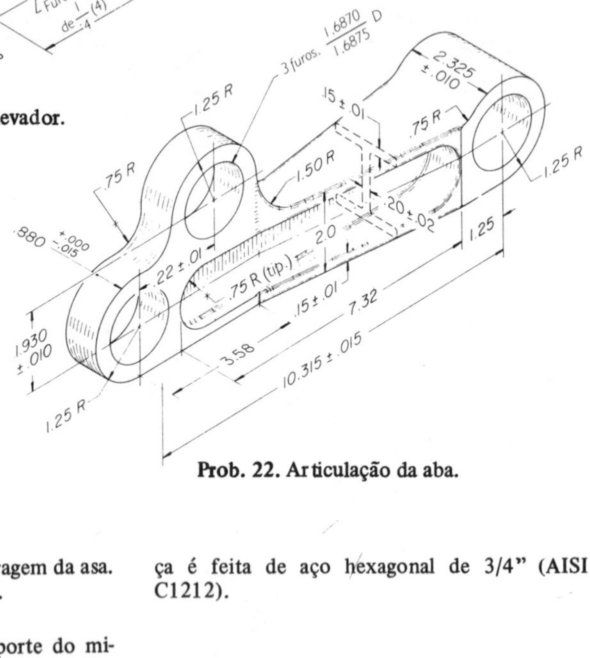

Prob. 22. Articulação da aba.

23. Desenho para execução de ferrragem da asa. Liga de alumínio de alta resistência.

24. Desenho para execução de suporte do microcomutador. Folha de alumínio, com espessura de 0,15.

25 Desenho para execução de articulação da lingüeta. Liga de alumínio de alta resistência.

26. Desenho para execução de montante de atrito. Liga de alumínio de alta resistência.

27. Fazer um desenho completo para execução do cabeçote da camisa do eliminador de variação brusca de fluxo nº 2.000, 1 1/2", do probl. 12, Cap. 12. O material é ferro dúctil.

28. Fazer um desenho completo para execução do conector do medidor de válvula de carga do eliminador de variação brusca de fluxo. Esta peça é feita de aço hexagonal de 3/4" (AISI C1212).

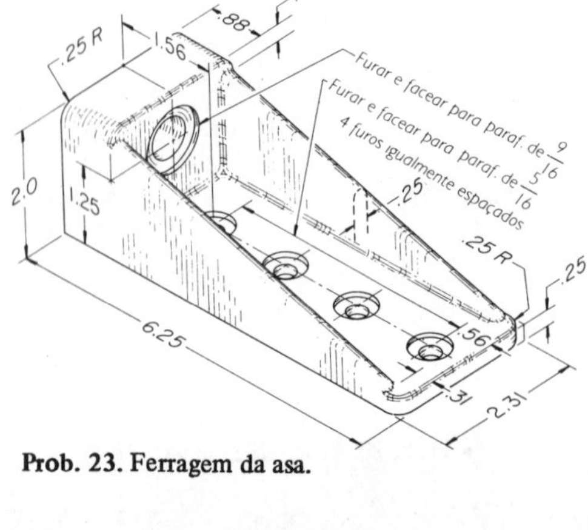

Prob. 23. Ferragem da asa.

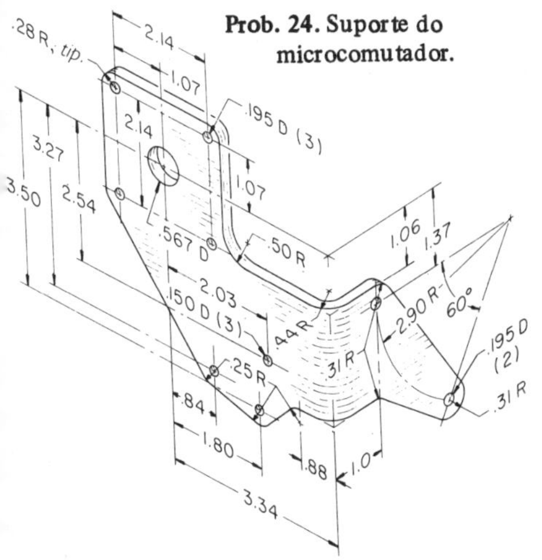

Prob. 24. Suporte do microcomutador.

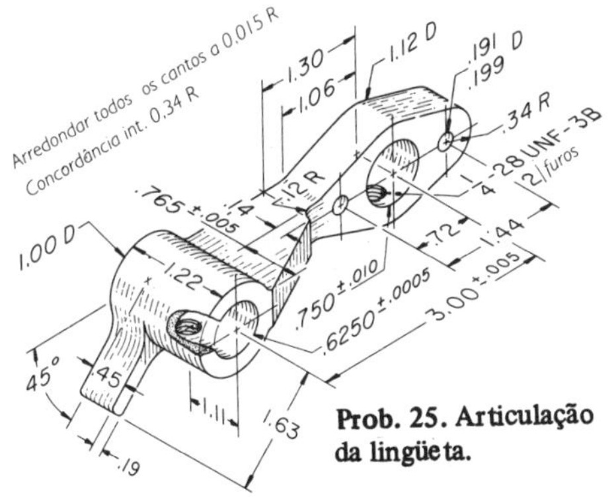

Prob. 25. Articulação da lingüeta.

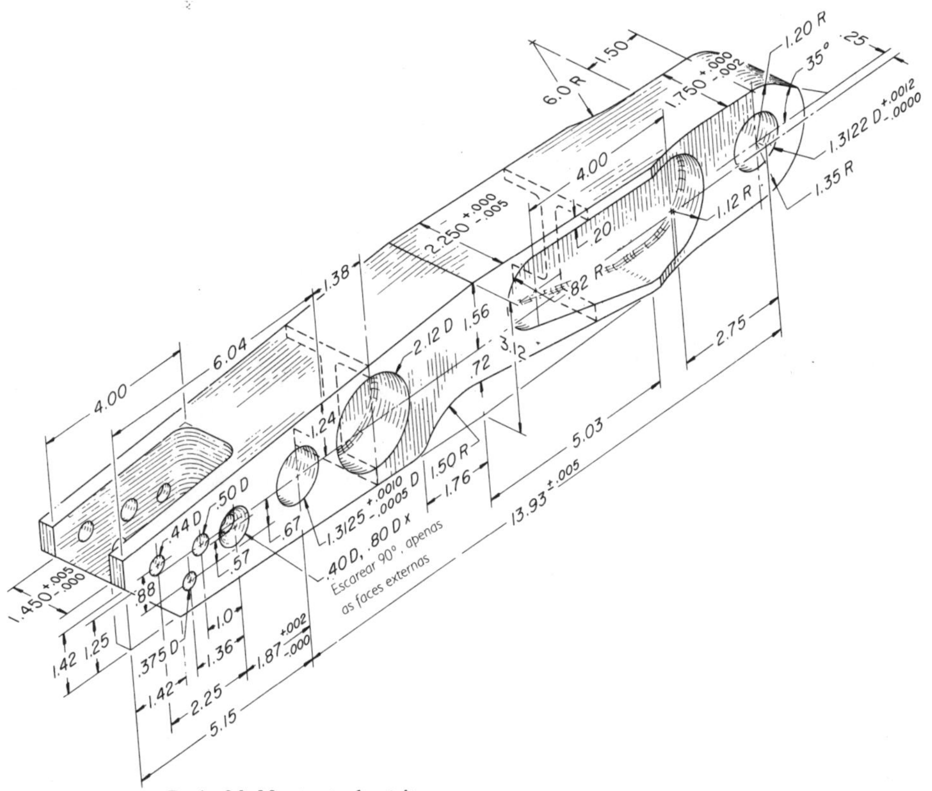

Prob. 26. Montante de atrito.

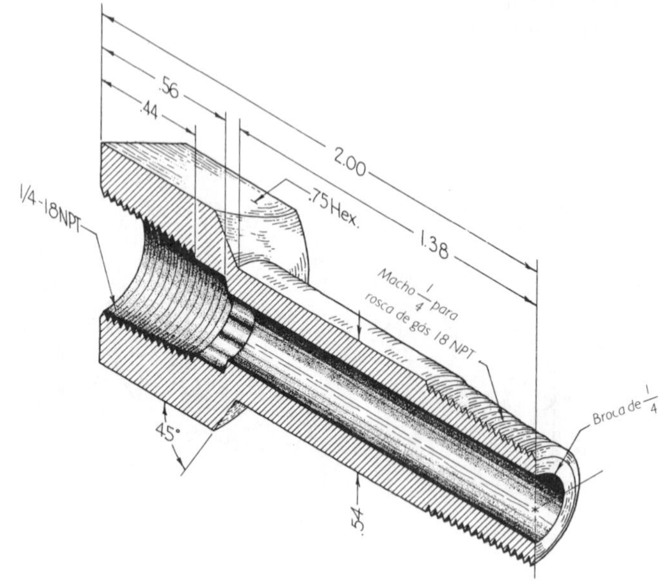

Prob. 28. Conector da medida da válvula de carga do eliminador de variação brusca do fluxo (cortesia de Westinghouse Air Brake Co.).

29. Fazer um desenho completo para execução da agulha da válvula de agulha. O material é aço inoxidável.

30. Fazer um desenho completo para execução da base e êmbolo do cilindro de roda.

31. Fazer um desenho completo para execução do êmbolo do cilindro de roda, do probl. 30.

32. Fazer um desenho completo para execução do corpo da válvula de carga do eliminador de variação brusca de fluxo. O material é latão.

33. Fazer um desenho completo para execução do copo do cilindro de roda.

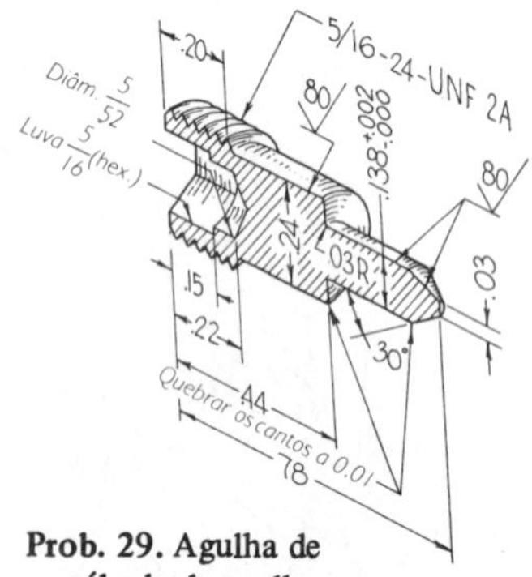

Prob. 29. Agulha de válvula de agulha.

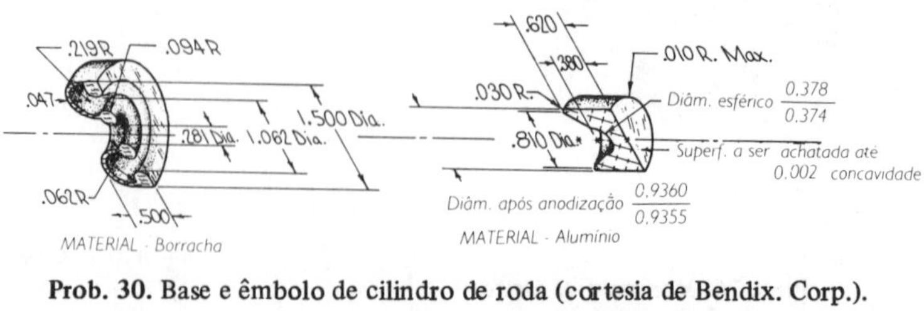

Prob. 30. Base e êmbolo de cilindro de roda (cortesia de Bendix. Corp.).

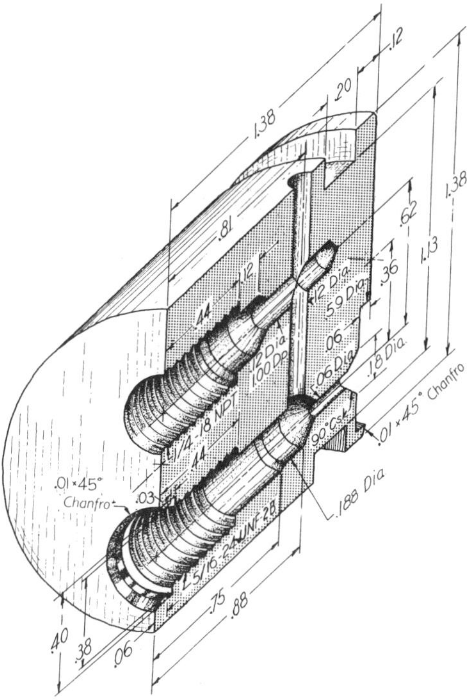

Prob. 32. Corpo da válvula de carga do eliminador de variação brusca de fluxo (cortesia Westinghouse Air Brake Co.).

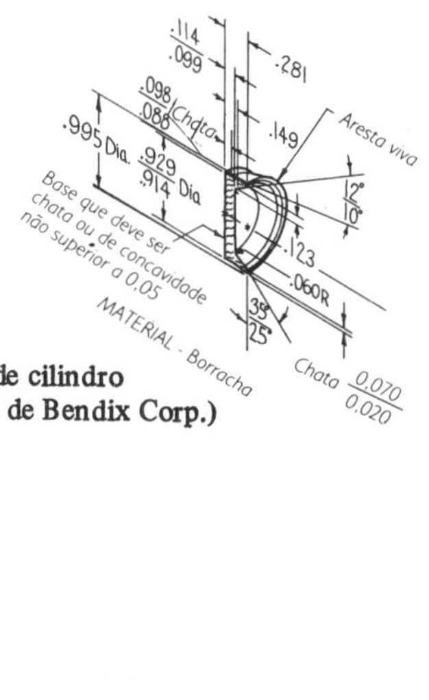

Prob. 33. Copo de cilindro da roda (cortesia de Bendix Corp.)

Grupo 2. Um desenho de conjunto feito a partir de detalhes

34. Desenho de conjunto de unidade de eixo lacrado. O suporte e a gaxeta de vedação são de ferro fundido. O eixo, o anel e os prisioneiros são de aço. A bucha é de bronze. Brocar a bucha no conjunto com o suporte.

35. Fazer um desenho de conjunto do gancho de guindaste a partir dos detalhes dados. As peças padronizadas 7 a 10 não estão detalhadas; ver o Apêndice ou manual quanto aos tamanhos.

36. Fazer um desenho de conjunto, vista secional, do rodízio.

36*A*. Tornar a projetar o rodízio para instalação de rolamentos de esferas.

37. Fazer um desenho de conjunto da bomba de engrenagens rotativa, com vista superior, corte longitudinal e vista lateral. Mostrar o sentido da rotação dos eixos e da direção da corrente líquida por meio de setas. Dar as dimensões dos furos da base usados para o assentamento; dar também a distância da base ao centro do eixo motor, assim como o tamanho do eixo e da chaveta. Quanto às peças que não foram detalhadas, verificar a lista de peças. Modelo: *Brown & Sharpe*.

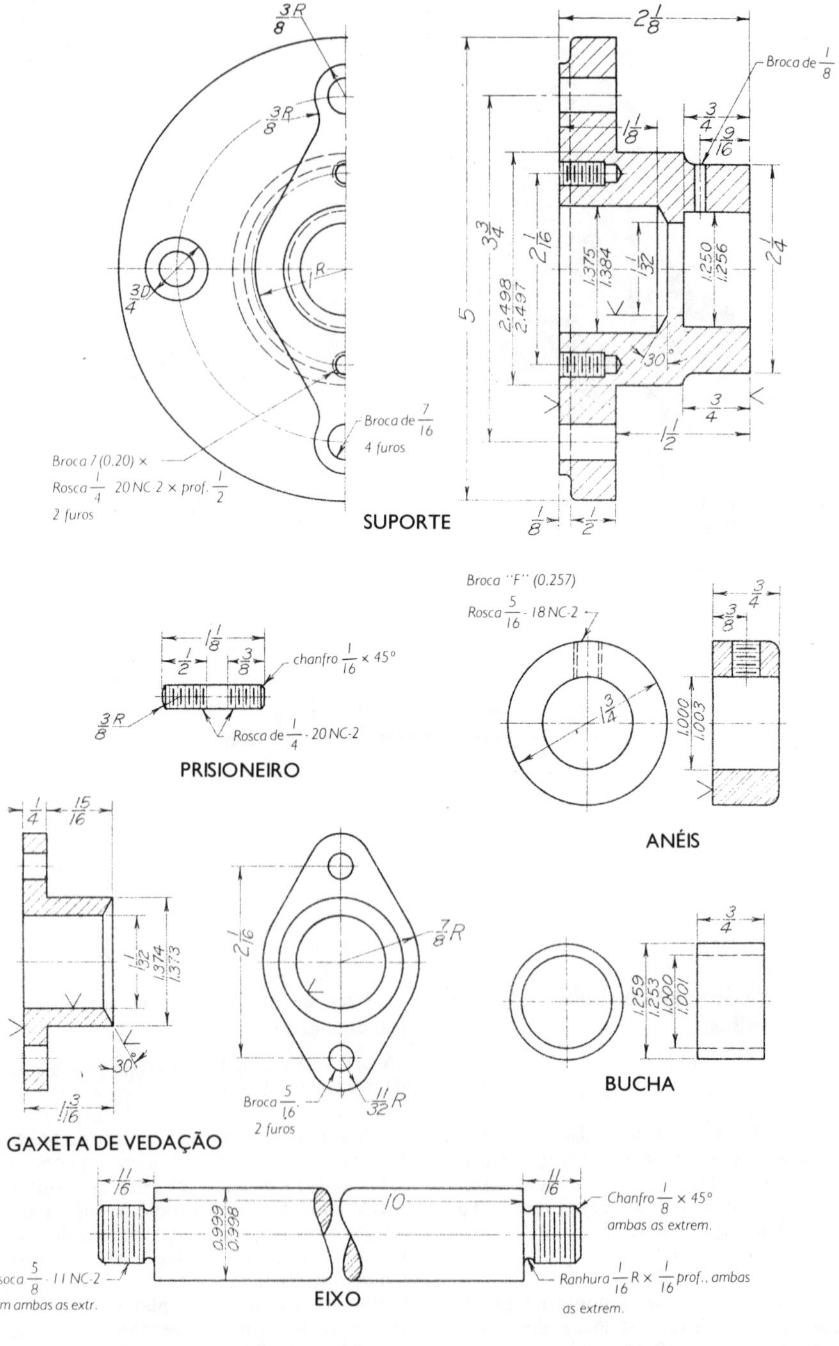

Prob. 34. Conjunto de eixo hermético.

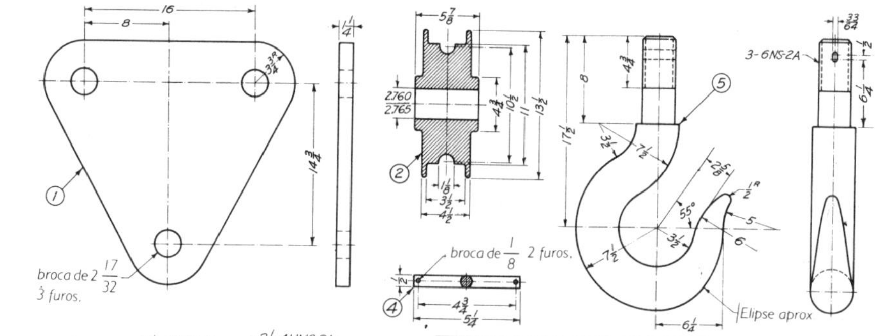

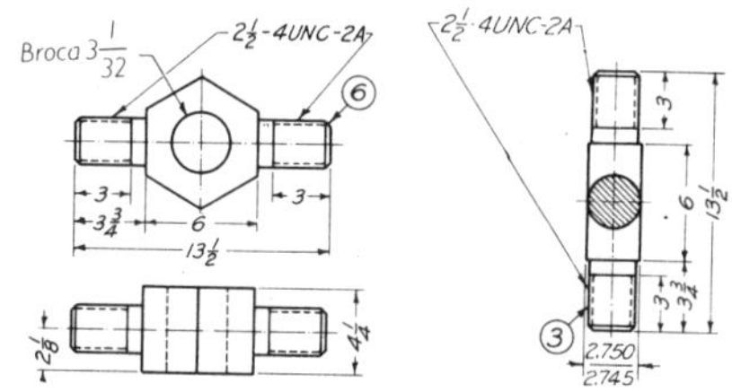

Nº.	NOME	QNT.	NOTAS
1	Chapa lateral	2	Chapa SAE 1030
2	Polia	2	Peça fundida SAE 1020
3	Pino da polia	2	Peça forjada SAE 1045
4	Pino de trava da porca	1	Lamin a frio SAE 1030
5	Gancho de guindaste	1	Peça forjada SAE 3140
6	Munhão do gancho	1	Peça forjada SAE 1045
7	Porca hex. acab. total	6	2 1/2 UNC-2B
8	Porca entalhada hex.	1	3-6NS-2B
9	Arruela	2	3'' pesado
10	Contrapino	2	nº 11 x 1'' comp.

Prob. 35. Gancho de guindaste.

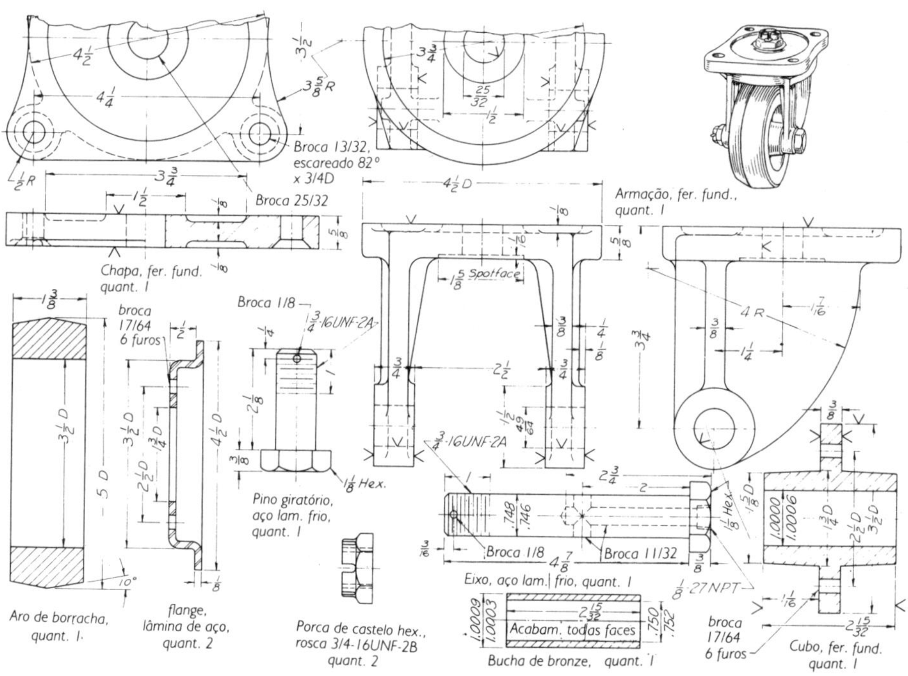

Prob. 36. Rodízio.

LISTAGEM DE PEÇAS									
Peça Nº	Dim. Des.	Nome	Quan	Mat.	Estoque		Usado em		Observações
					Diâm.	Comp.	Nome	Nº	
101		Base	1	Fer. fun					
102		Corpo	1	Fer. fun					
103		Tampa	1	Fer. fun					
104		Polia	1	Fer. fun					
105		Gaxeta	1	Fer. fun					
106		Bucha de Gaxeta	1	Bronzé					
107		Bucha do Engren.	4	Bronze					
108		Propulsor da Engren.	1	S.A.E. nº 1045	1 9/16	5 7/8			
109		Acionador da Engren.	1	S.A.E. nº 1045	1 9/16	2 9/10			
110		Vedação	2	Cobre lamin.			Corpo	102	Bitola nº 26 B & S (0.0159)
111		Paraf. e Porca Hexagon escatelado nº 10 - 32 x 15/8	4				Tampa	103	
112		Paraf. cab. hex. escatelado nº 10 - 32 x 15/8	2				Tampa	103	
113		Paraf. cab. hex escatelado nº 10 - 32 x 7/8	2				Gaxeta	105	
114		Chave Woodruff 405	1				Propul. Engren	108	
115		Paraf. reten. s/cab. 3/8 x 3/8 - rosca 3/8 - 16NC-2	1				Roldana	104	
116		Pino de encaixe 3/16 x 17/16	2	C.R.S.			Tampa	103	
		Junta	especif.						

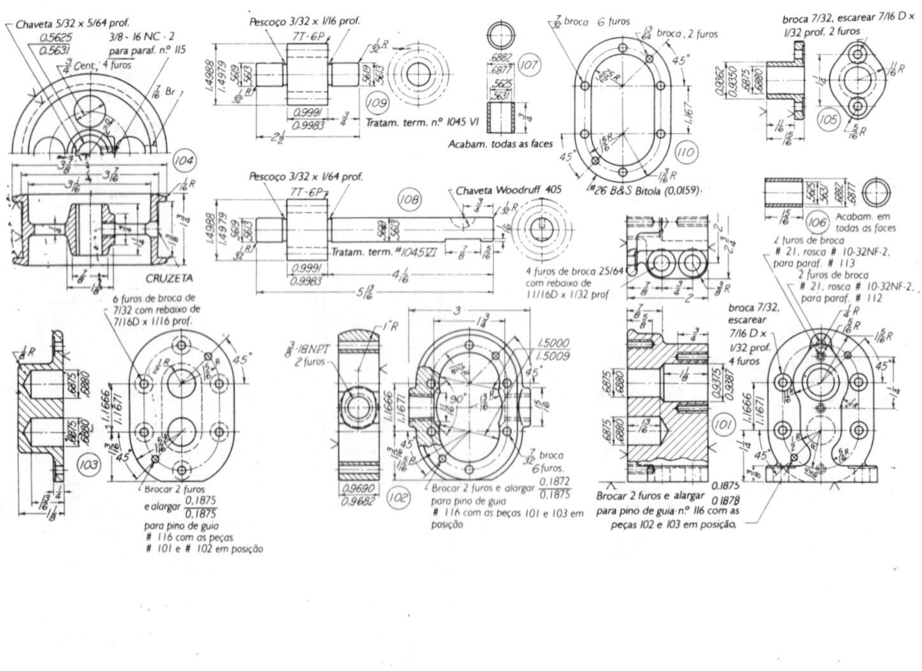

Prob. 37. Bomba de engrenagens rotativa e lista de peças.

Grupo 3. Desenhos de detalhe feitos a partir do conjunto.

38. Fazer um desenho de conjunto da transmissão de indicador paralelo.

39 Fazer desenhos de detalhe da mesa de gabarito. As peças são em ferro fundido.

40. Fazer desenhos de detalhe da lingüeta da porta.

41. Fazer desenhos de detalhe do dispositivo para correia de transmissão. A polia e o suporte são de ferro fundido; a roda dentada e o eixo, de aço. A bucha é de bronze.

42. Fazer desenhos de detalhe da mesa giratória.

43. Fazer desenhos de detalhe da junta esférica de vedação.

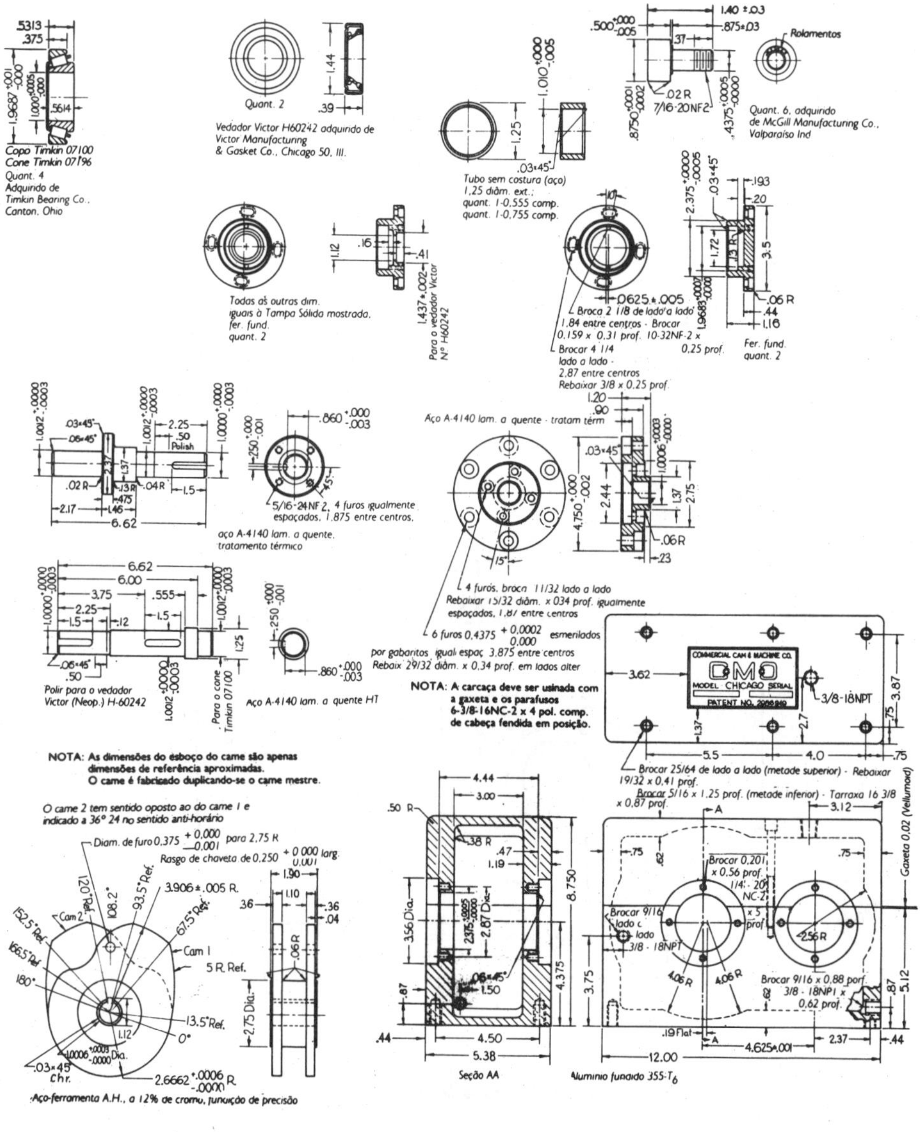

Prob. 38. Transmissão de indicador paralelo (Cortesia de Comercial Cam & Machine Co.).

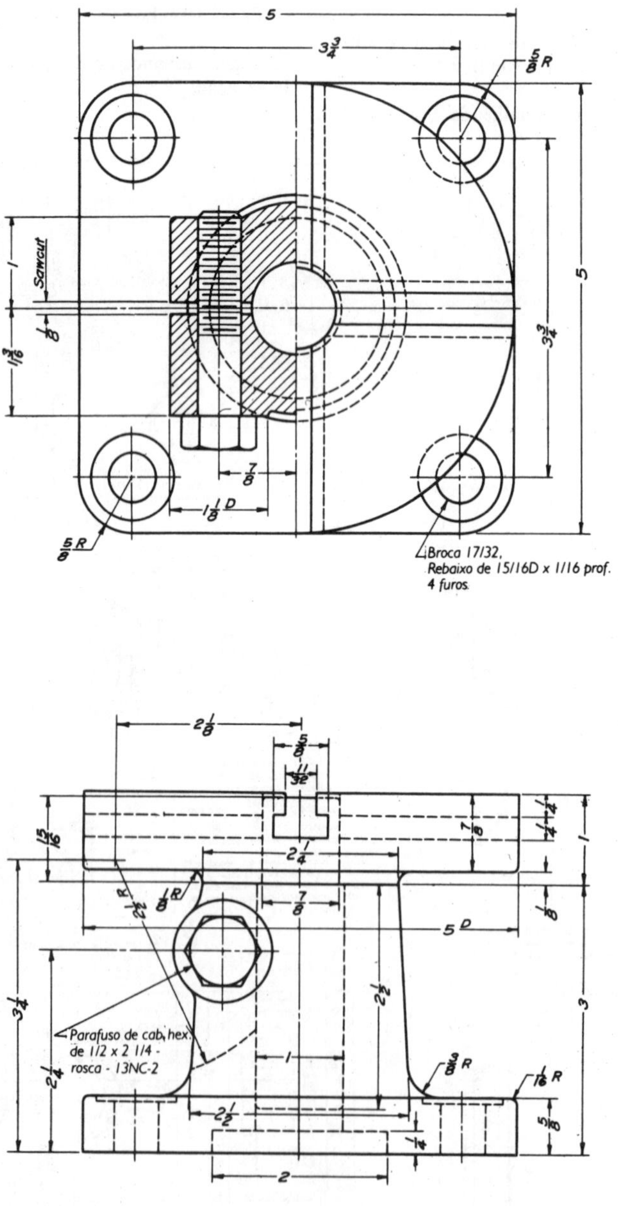

Prob. 39. Mesa de gabarito.

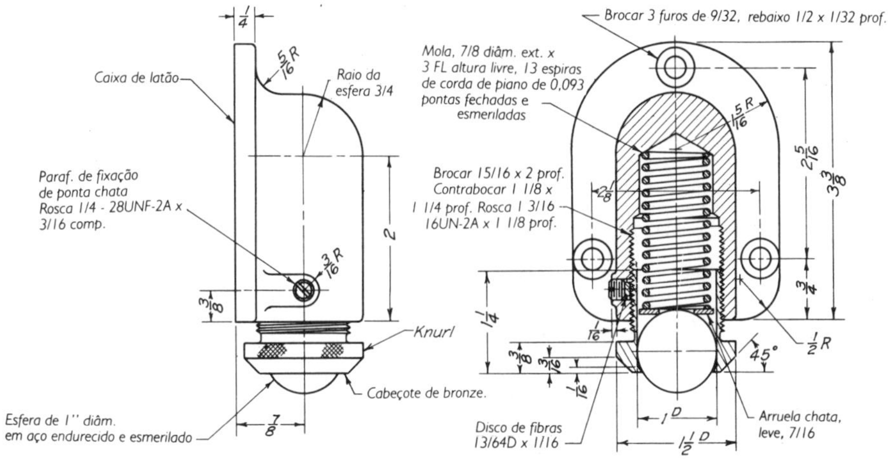

Prob. 40. Lingueta de porta.

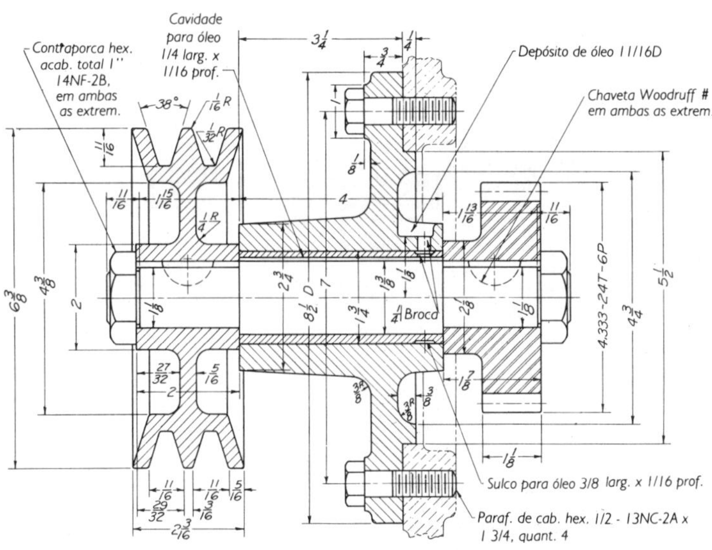

Prob. 41. Dispositivo para correia de transmissão.

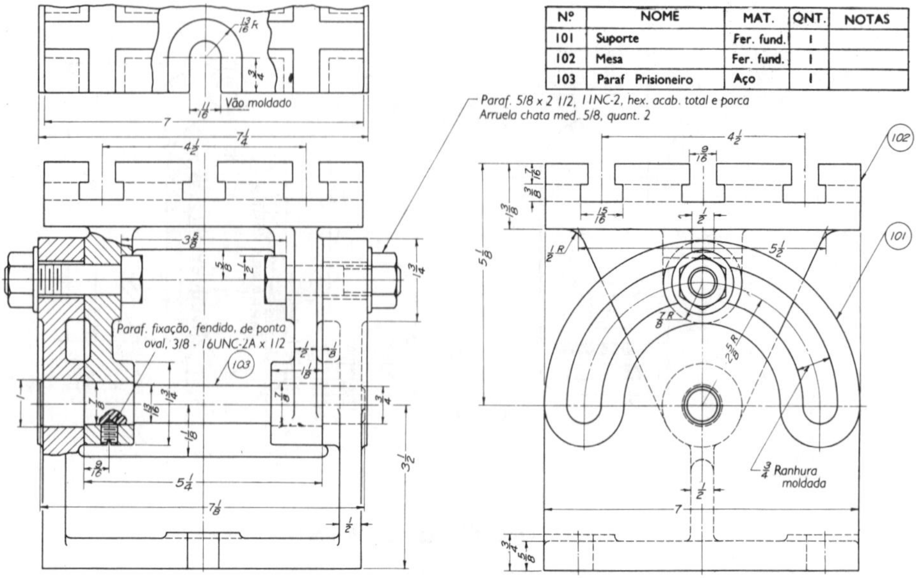

Nº	NOME	MAT.	QNT.	NOTAS
101	Suporte	Fer. fund.	1	
102	Mesa	Fer. fund.	1	
103	Paraf Prisioneiro	Aço	1	

Prob. 42. Mesa giratória.

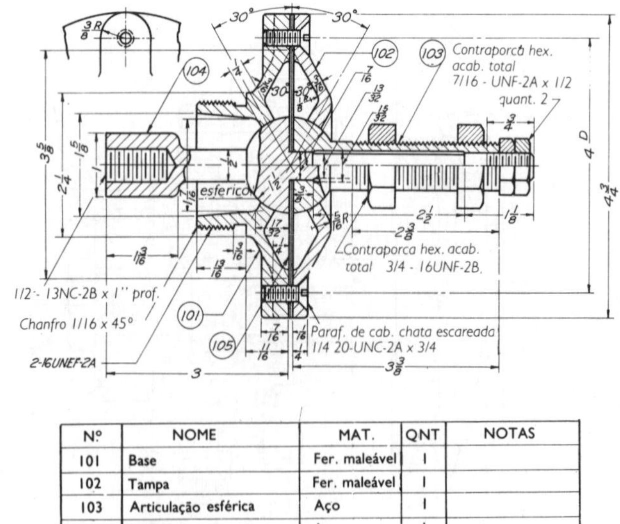

Nº	NOME	MAT.	QNT	NOTAS
101	Base	Fer. maleável	1	
102	Tampa	Fer. maleável	1	
103	Articulação esférica	Aço	1	
104	Arti. esfer. roscada	Aço	1	
105	Diafragma	Tecido	1	Comprado

Prob. 43. Junta esférica de vedação.

44. Fazer os desenhos de detalhe do tensor da correia. O suporte, a polia e o anel são de ferro fundido. A bucha é de bronze; o eixo, de aço.

45. Fazer desenhos de detalhe da junta de pressão rotativa.

46. Fazer desenhos de detalhe da polia intermediária com rolamento de esferas.

47. Fazer desenhos de detalhe de registro borboleta.

48. Fazer desenhos de detalhe para polia motora de correia em V.

49. Fazer desenhos de detalhe de punção hidráulico. Quando em ação, o conjunto do punção avança até que a sua porca, peça 109, entra em contato com a peça a furar. O conjunto (peça 106 e anexas) fica, assim, estacionário e a tensão da mola do punção (peça 114) entra então em ação durante a penetração e recuo deste no interior da peça.

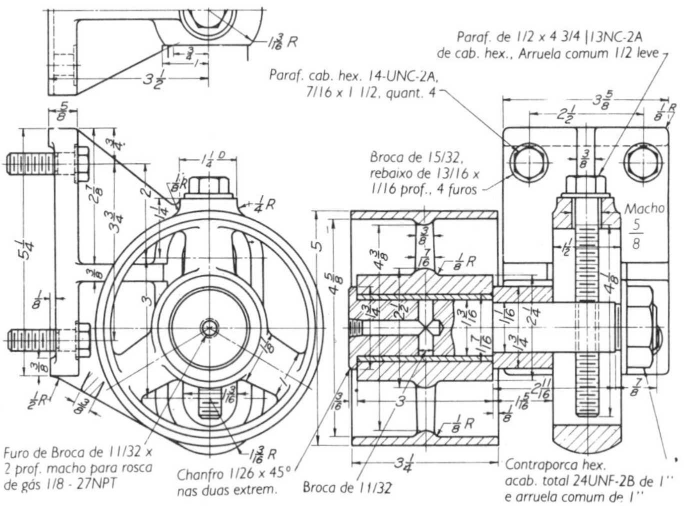

Prob. 44. Tensor de correia.

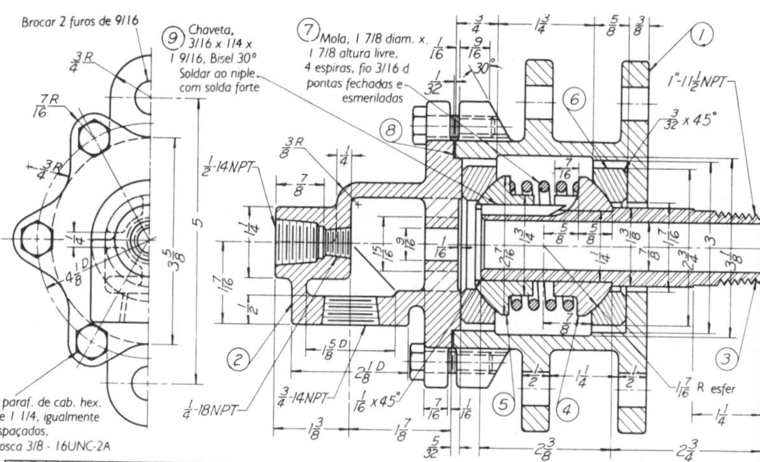

Nº	NOME	MAT.	QNT
1	Corpo	Fer. fund.	1
2	Cabeçote	Fer. fund.	1
3	Tubo do niple	Aço	1
4	Corpo do niple	Fer. fund.	1
5	Anel de encosto	Fer. fund.	1
6	Anel de vedamento	Graphitar Nº 61	2
7	Mola	Aço inoxid.	1
8	Gaxeta	Fibra	1
9	Chaveta	Aço	1

Prob. 45. Junta de pressão rotativa.

Nº	NOME	MAT.	QNT.	NOTAS
101	Suporte	Fer. fund.	1	
102	Polia	Fer. fund.	1	
103	Tampa	Fer. fund.	2	
104	Eixo	Aço	1	
105	Manga	Aço	1	
106	Porca	Aço	1	

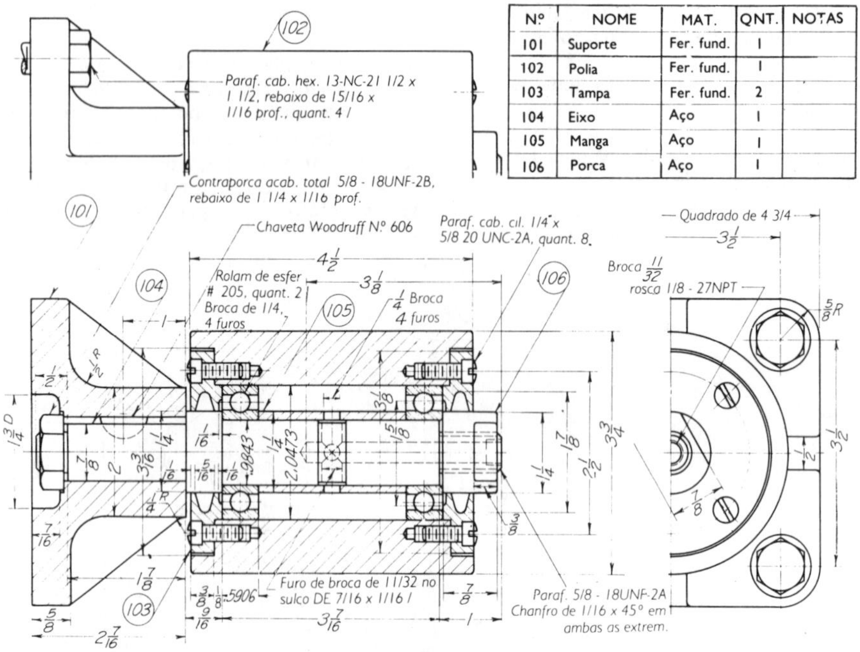

Prob. 46. Polia intermediária com rolamento de esferas.

Nº	NOME	MAT.	QNT.	NOTAS
101	Alojam. borboleta	Ferro maleável	1	
102	Alojam. da cremalheira	Ferro maleável	1	
103	Borboleta (esp 0,0525 pol.)	Aço	1	Bitola #16USS
104	Eixo da borboleta	Aço	1	
105	Roda dentada	Aço	1	
106	Cremalheira	Aço	1	Passo 16
107	Paraf. fix. chaveta	Aço	1	
108	Tampa (0,0625")	Aço	1	Bitola #16USS

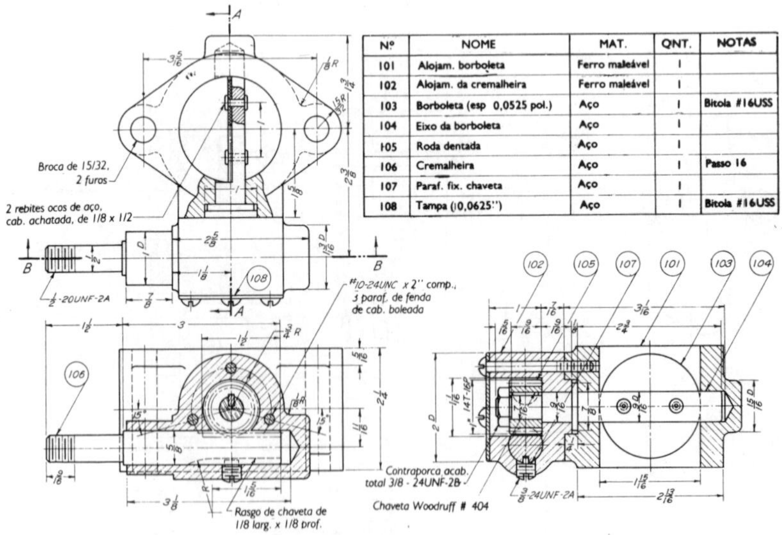

Prob. 47. Registro de borboleta.

Nº	NOME	MAT.	QNT	NOTAS
101	Suporte	Fer. fund.	1	
102	Engrenagem	Fer. fund.	1	
103	Eixo	Aço	1	
104	Sobreposta	Fer. fund.	1	
105	Polia	Alum.	1	Peça fundida em matriz
106	Bucha	Bronze	1	

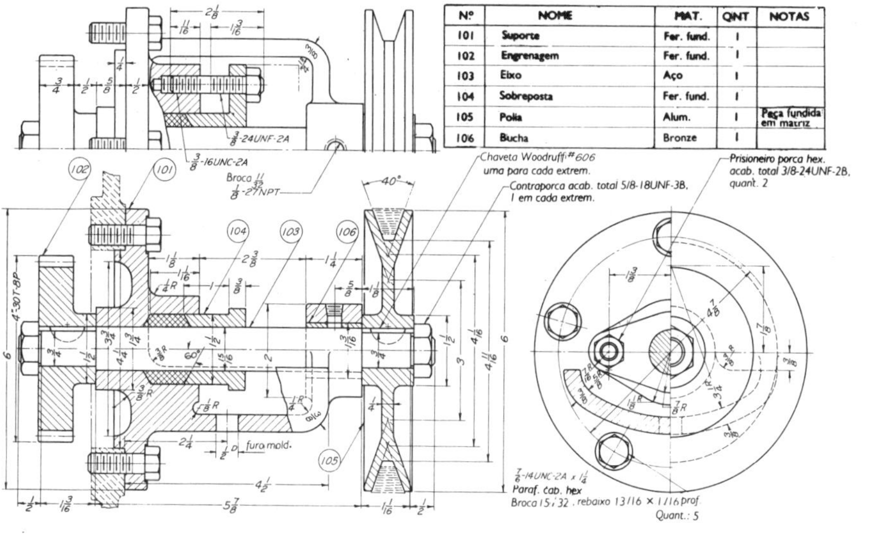

Prob. 48. Polia motora de correia – V.

Nº	NOME	MAT.	QT.	NOTAS
101	Suporte	Fer. fund.	1	
102	Cilindro	Fer. fund.	1	
103	Pistão (êmbolo)	Fer. fund.	1	
104	Cabeça do cil.	Fer. fund.	1	
105	Descanso da porca	Fer. fund.	1	
106	Manga	Aço	1	
107	Porca da manga	Aço	1	
108	Punção	Aço	1	
109	Guia do punção	Aço	1	
110	Disco da guarnição	Aço	1	
111	Guarnição do êmbolo	Couro	1	Comprado
112	Haste do êmbolo	Aço	1	
113	Mola da manga	Aço	1	Comprado
114	Mola do punção	Aço	1	Comprado

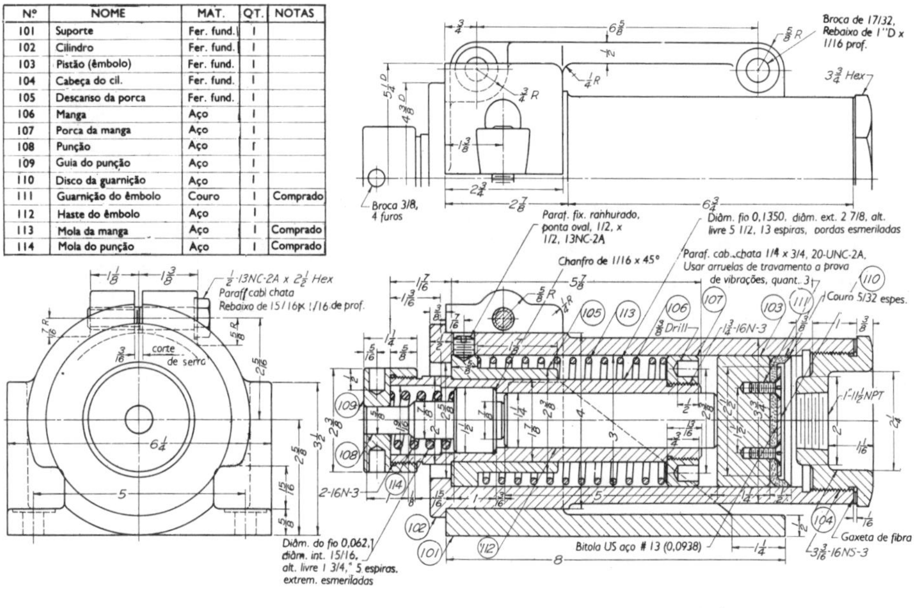

Prob. 49. Punção hidráulico.

50. Fazer desenhos de detalhe do cilindro pneumático de dupla ação, cujo comprimento do curso do êmbolo deve ser estabelecido. Fixar o comprimento do cilindro para permitir um espaço de 1 pol em cada extremo do curso do êmbolo. Note-se que as peças 101 e 102 são idênticas, exceto quanto à usinagem adicional do furo central na peça 101 para receber o eixo, a junta e a gaxeta de vedação. Fazer desenhos separados para esta peça, um para a oficina de modelos e dois para a oficina mecânica.

51. Executar os desenhos de detalhe do gancho de transporte para trilho aéreo.

52. Fazer desenhos de detalhe da bomba de laboratório. Os materiais são apresentados no desenho de conjunto.

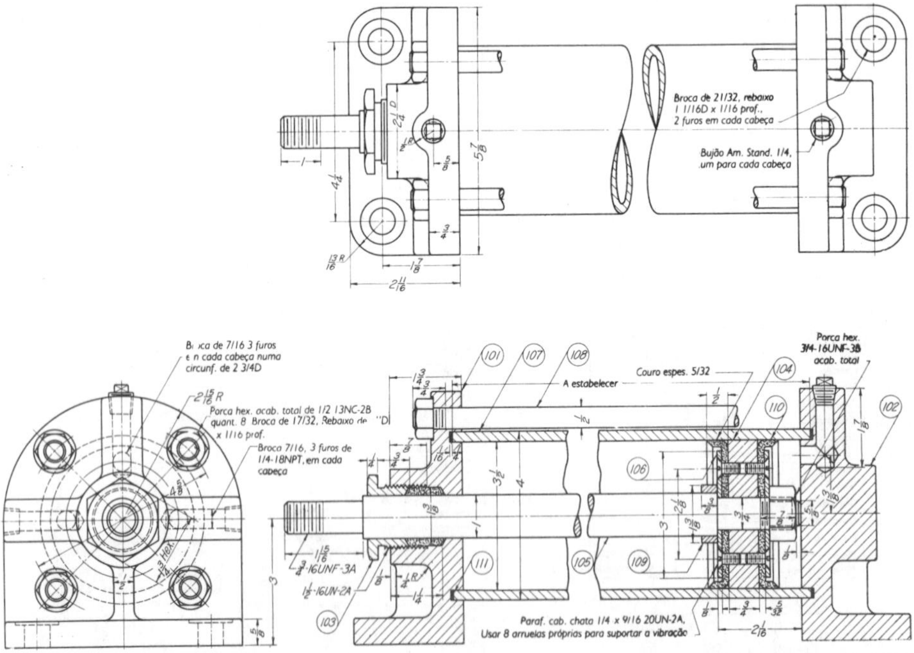

Nº	NOME	MAT.	QNT.	NOTAS
101	Cabeça do cilin. anter.	Fer. fund.	1	
102	Cab. do cilin. poster.	Fer. fund.	1	peça 101 fund
103	Gaxeta de vedação	Fer. fund.	1	
104	Êmbolo	Fer. fund.	1	
105	Haste do êmbolo	Aço	1	
106	Disco do êmbolo	Aço	2	
107	Cilindro	Aço	1	Tubo Shelby
108	Tirante	Aço	4	
109	Anel de parada	Aço	1	
110	Guarnição do êmbolo	Couro	2	Comprado
111	Gaxeta	Fibra	2	Comprada

Prob. 50. Cilindro Pneumático de duplo efeito.

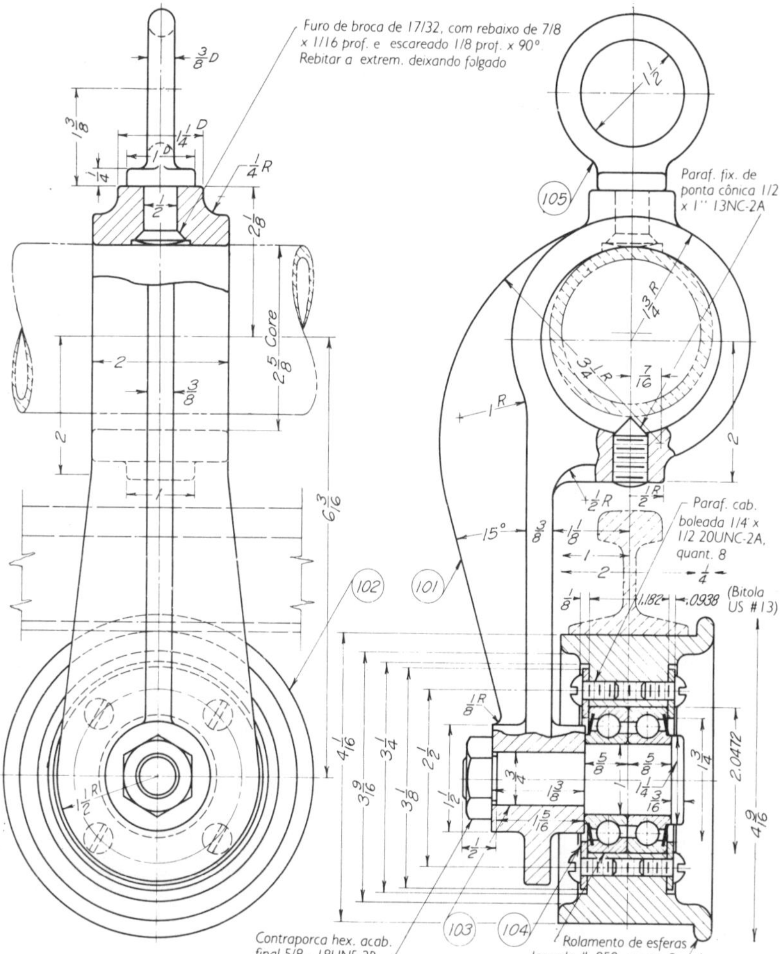

Nº	NOME	MAT.	QNT.	NOTAS
101	Pendural	Aço fund.	1	
102	Roda	Fer. fund.	1	
103	Eixo da roda	Aço	1	
104	Disco	Aço	2	Bit. US# 13 (0,0938)
105	Cavilha com olhal	D.F.	1	Comprado

Prob. 51. Gancho de transporte para trilho aéreo.

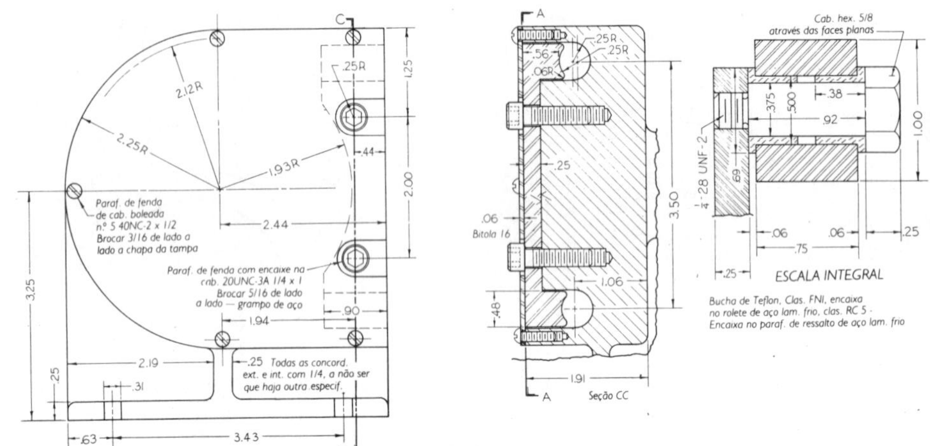

MEIA ESCALA

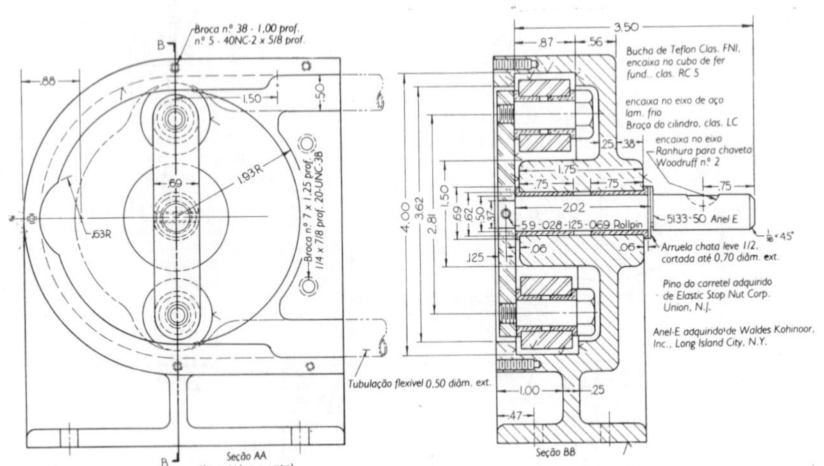

Prob. 52. Bomba de laboratório.

Grupo 4. Conjunto de desenhos a partir de esboço em perspectiva desmontado

Os problemas apresentados neste grupo foram dispostos à maneira de exercícios completos, constituindo um conjunto de desenhos para execução. Vale lembrar que as cotas dadas nas vistas em perspectiva devem ser usadas apenas para a obtenção das distâncias ou informações necessárias. Em alguns casos, os dados necessários para uma peça determinada podem ser obtidos da peça conjugada.

Os desenhos de detalhe deverão ser feitos para cada parte numa folha separada. Os desenhos das peças fundidas ou forjadas podem ser feitos no sistema de desenho único ou de desenho múltiplo, descrito no Cap. 10.

O desenho de conjunto deverá incluir as cotas necessárias, tais como o número, dimensões e espaçamento dos furos de montagem, que podem ser requeridos por um comprador ou necessários para verificar a máquina na qual vai ser usado o subconjunto.

Quanto ao estilo e aos itens a serem incluídos na lista de peças, veja-se o probl. 37.

53. Fazer um conjunto completo de desenhos para execução para a montagem antivibração.

54. Fazer um conjunto completo de desenhos para um suporte articulado incluindo os desenhos de detalhe, o desenho de conjunto e a lista de peças. Todas as peças são de aço. Este conjunto consiste de balanceiro, base, anel e peças padronizadas.

55. Fazer um conjunto completo de desenhos para a válvula de uma bomba. O assento, a haste e a mola da válvula são de latão; o disco é de uma composição de borracha endurecida. Quando em funcionamento, a pressão do líquido ascendente contra o disco eleva-o e permite a passagem do fluxo. A pressão para baixo força o disco a ficar mais firme junto ao assento e impede o escoamento.

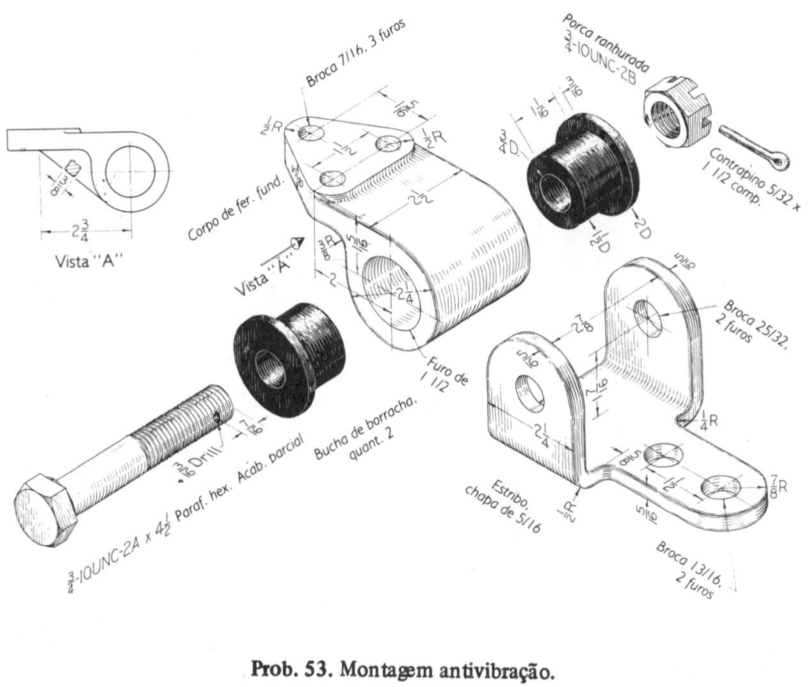

Prob. 53. Montagem antivibração.

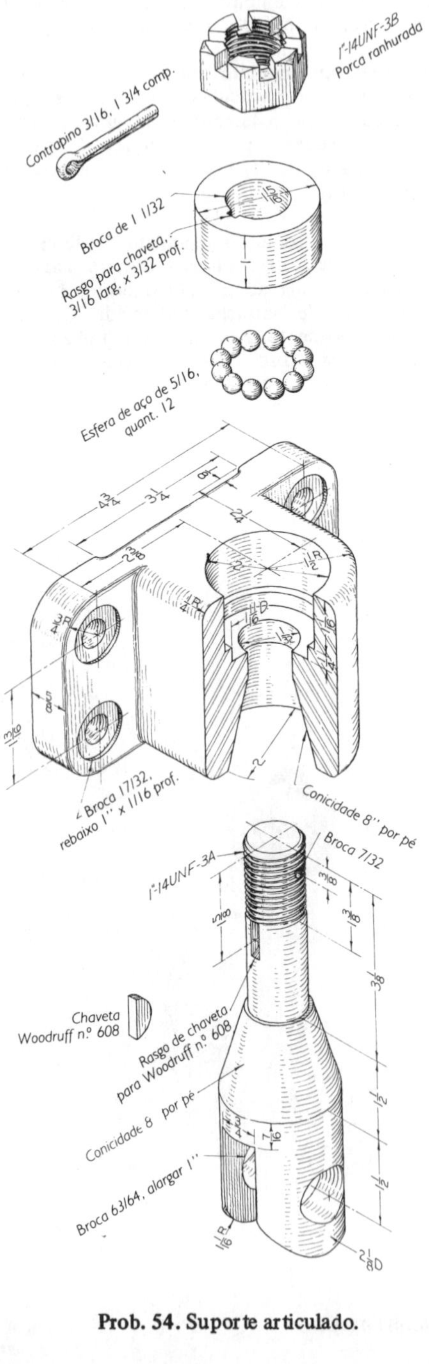

Prob. 54. Suporte articulado.

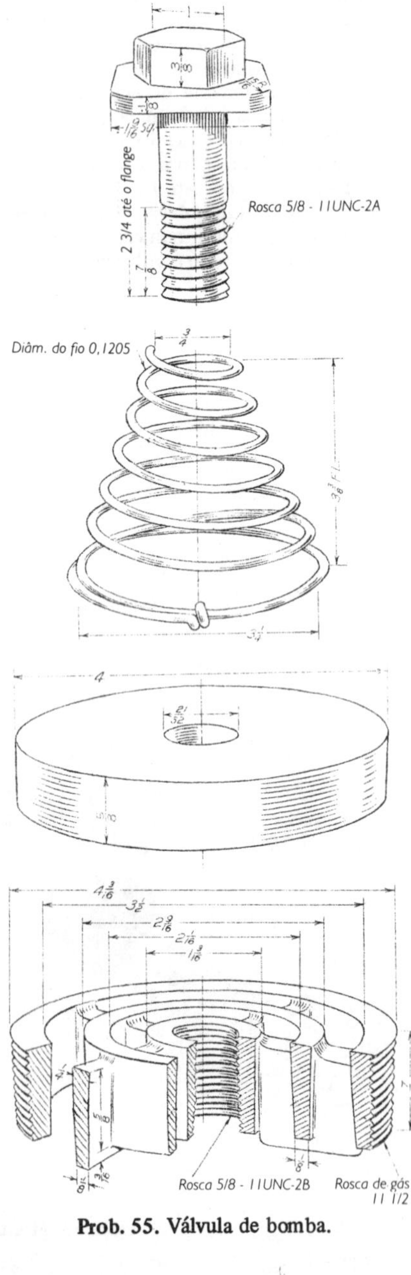

Prob. 55. Válvula de bomba.

56. Fazer um conjunto completo de desenhos para execução da cápsula do cartucho retificador. Observar que algumas das cotas terão de ser obtidas a partir da peça associada. Pode ser feito um desenho em forma de tabela da braçadeira da cápsula, das braçadeiras para as várias cápsulas do retificador. As cotas a serem tabeladas são (a) o comprimento da braçadeira, (b) o diâmetro e (c) a conicidade do furo.

57. Fazer um conjunto completo de desenhos para execução da válvula de retenção hidráulica. A mola é de aço inoxidável; a gaxeta é de alumínimo doce; todas as outras peças são de aço.

58. Fazer um conjunto completo de desenhos para execução do suporte da barra de broquear. Todas as peças são de aço. Note-se que o *corpo* é feito numa só peça, e depois dividido com um corte de 1/8 pol de largura (exagerado na figura). O suporte pode ser visto em uso na Fig. 9.13.

58A. Desenhar três barras de broquear (ver Fig. 9.13) para ligar ao suporte da barra de broquear, e fazer um desenho em forma tabular.

59. Fazer um conjunto completo de desenhos para execução da chave de catraca.

60. Fazer desenhos de detalhe e de conjunto da articulação da portinhola do trem de pouso. Liga de alumínio de alta resistência.

61. Fazer um conjunto completo de desenhos para execução do suporte da porta de acesso.

62. Fazer desenhos de detalhe e de conjunto do êmbolo da célula de pressão. As peças do corpo são feitas de liga de alumínio de alta resistência. Os anéis em O são de Teflon.

63. Fazer um conjunto completo de desenhos para execução da porca e parafuso regulador.

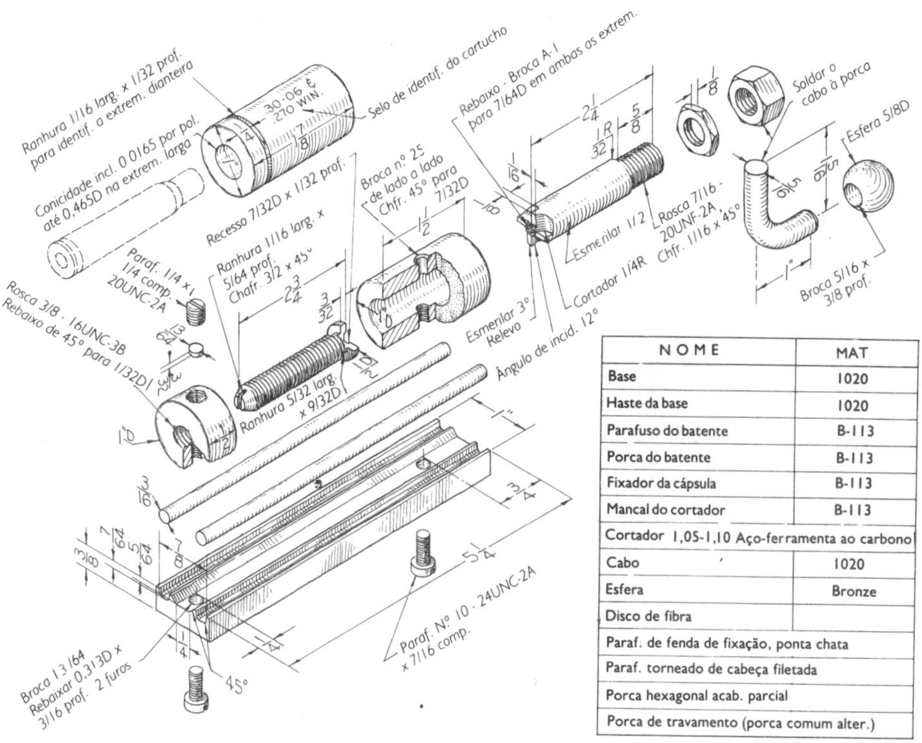

NOME	MAT
Base	1020
Haste da base	1020
Parafuso do batente	B-113
Porca do batente	B-113
Fixador da cápsula	B-113
Mancal do cortador	B-113
Cortador 1,05-1,10 Aço-ferramenta ao carbono	
Cabo	1020
Esfera	Bronze
Disco de fibra	
Paraf. de fenda de fixação, ponta chata	
Paraf. torneado de cabeça filetada	
Porca hexagonal acab. parcial	
Porca de travamento (porca comum alter.)	

Prob. 56. Cápsula do cartucho retificador.

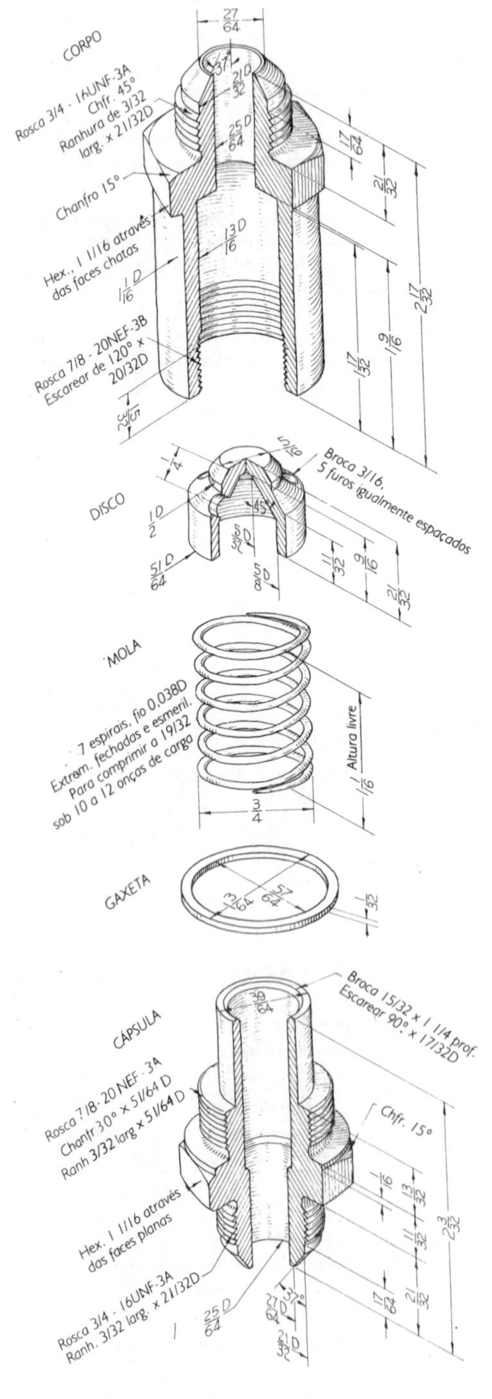

Prob. 57. Válvula de retenção hidráulica.

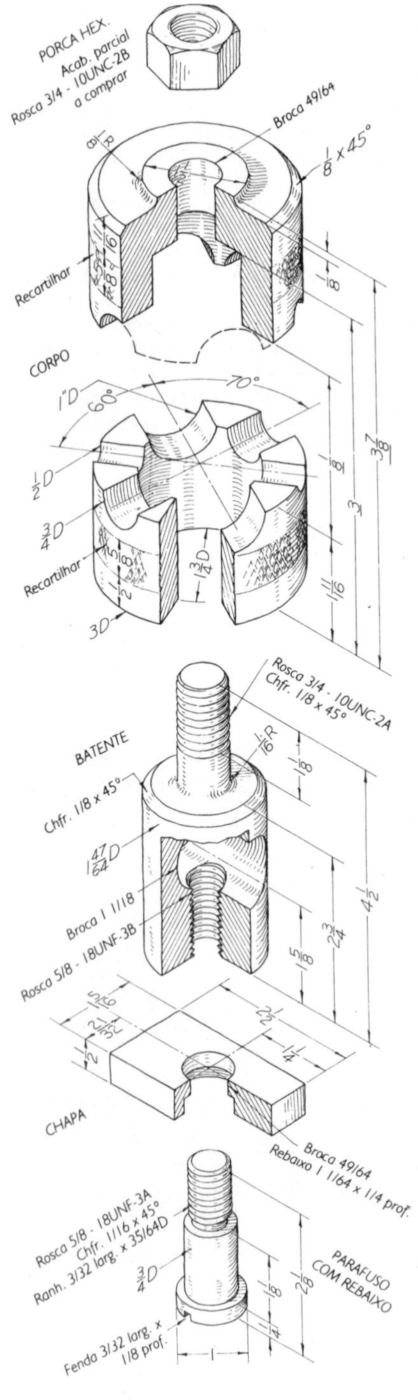

Prob. 58. Suporte da barra de broquear.

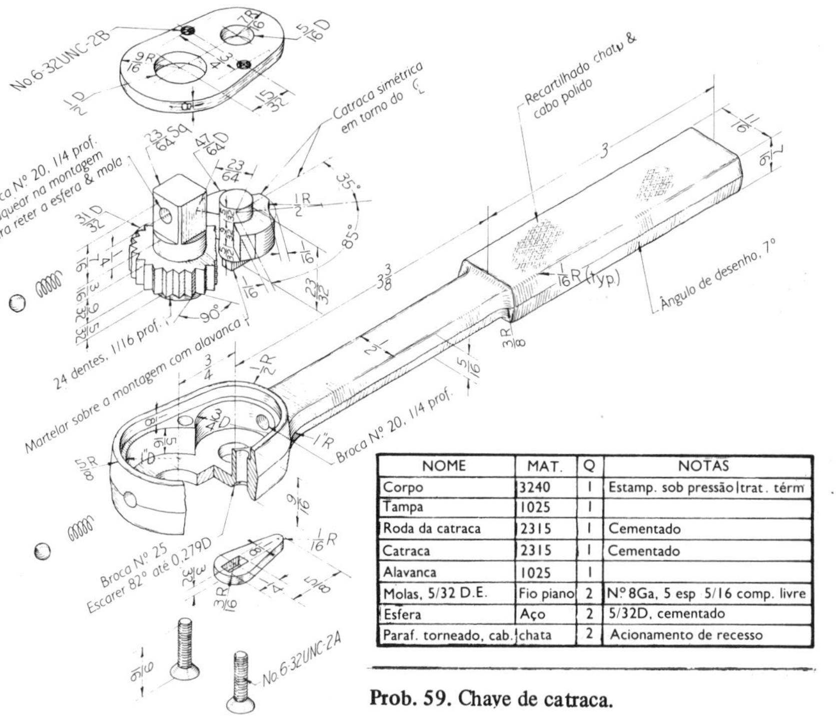

NOME	MAT.	Q	NOTAS
Corpo	3240	1	Estamp. sob pressão | trat. térm
Tampa	1025	1	
Roda da catraca	2315	1	Cementado
Catraca	2315	1	Cementado
Alavanca	1025	1	
Molas, 5/32 D.E.	Fio piano	2	Nº 8Ga, 5 esp 5/16 comp. livre
Esfera	Aço	2	5/32D, cementado
Paraf. torneado, cab. chata		2	Acionamento de recesso

Prob. 59. Chave de catraca.

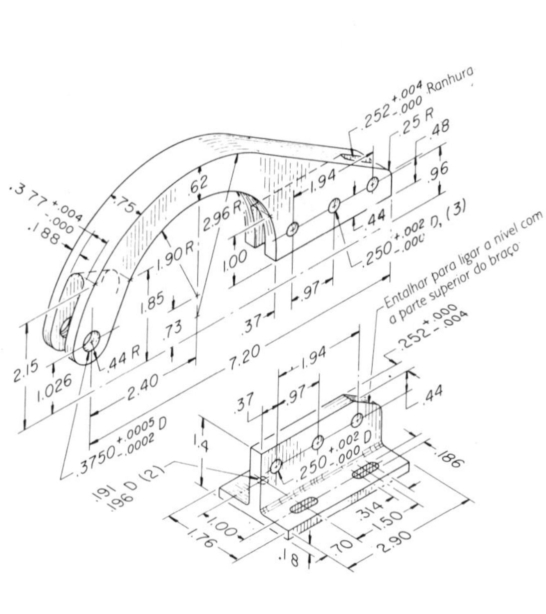

Prob. 60. Articulação da portinhola do trem de pouso.

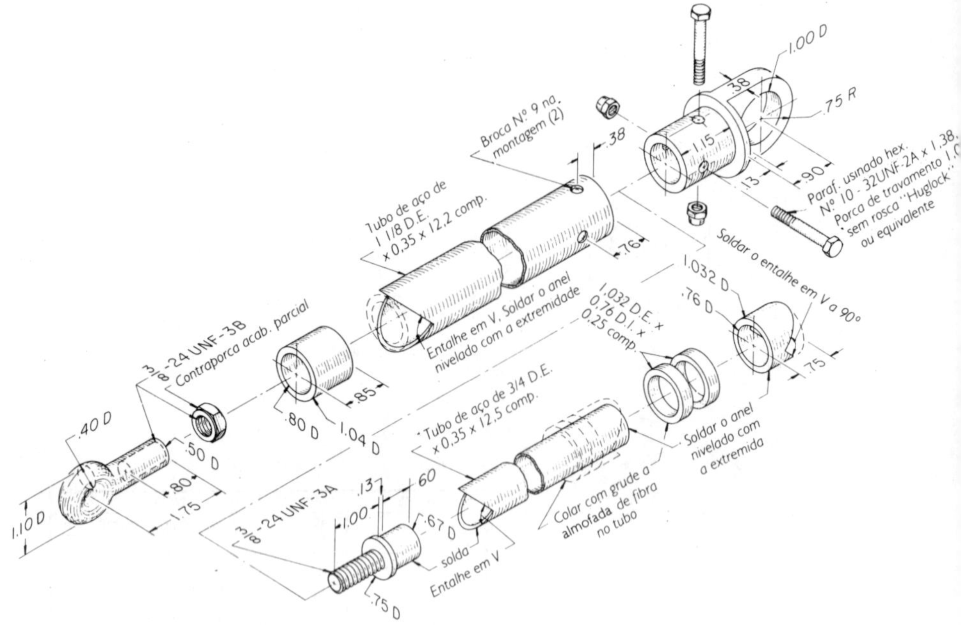

Prob. 61. Suporte da porta de acesso.

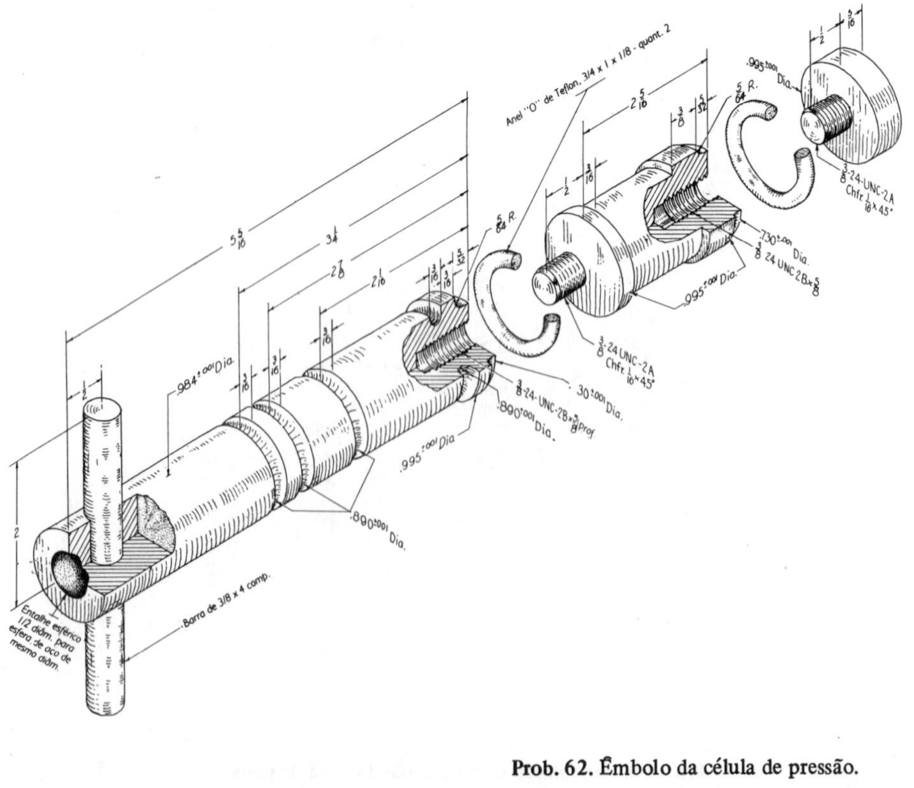

Prob. 62. Êmbolo da célula de pressão.

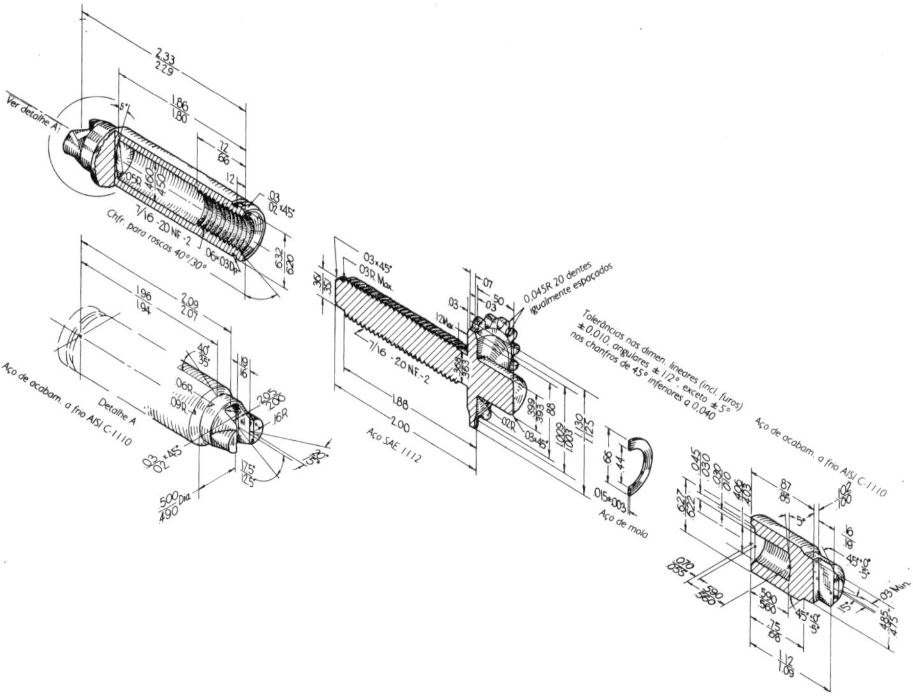

Prob. 63. Porca e parafuso ajustável (*Cortesia da Bendix Corp. Products Division.*).

Grupo 5. Conjunto de desenhos a partir de uma representação em perspectiva

64. Fazer um conjunto completo de desenhos para execução do engaste da bobina de alta tensão.

65. Fazer um conjunto completo de desenhos da braçadeira para canos. O flange é de aço fundido.

66. Fazer um conjunto completo de desenhos para execução da articulação do tirante. As peças são em ferro maleável.

67. Fazer um conjunto completo de desenhos para execução da articulação do tirante de apoio. As peças são de ferro maleável.

68. Fazer um desenho para execução de conjunto parcial da nervura da ponta da asa.

69. Fazer um conjunto completo de desenhos para execução do conjunto do acionador da válvula. A arruela flexível é feita de Koroseal 67-77 Durometer (B. F. Goodrich tipo 116). Ampliar dez vezes o tamanho real.

70. Fazer um conjunto completo de desenhos para execução do conjunto de diafragma. Ampliar quatro vezes o tamanho real.

71. Fazer um desenho de detalhe do elo do transportador. Aço SAE 1040.

72. Fazer um desenho de detalhe do suporte do hidrocilindro. Folha de alumínio.

Grupo 6. Desenhos para execução a partir de fotodesenhos

O uso de fotodesenhos estão sendo introduzidos comercialmente, especialmente nas indústrias de beneficiamento (manipulação). Os problemas apresentados fornecem prática na elaboração de desenhos de conjunto e de detalhe, e ilustram as possibilidades dos desenhos produzidos a partir de fotografias dos modelos ou peças em teste.

73. Fazer um desenho de detalhe do pino da escora de sustentação. Alumínio forjado.

74. Fazer um desenho de detalhe do tubo de ajuste do comprimento. Aço SAE 1220.

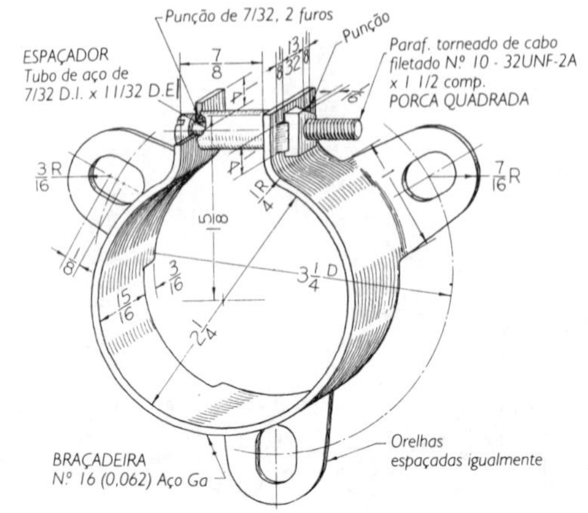

Prob. 64. Engaste da bobina de alta tensão.

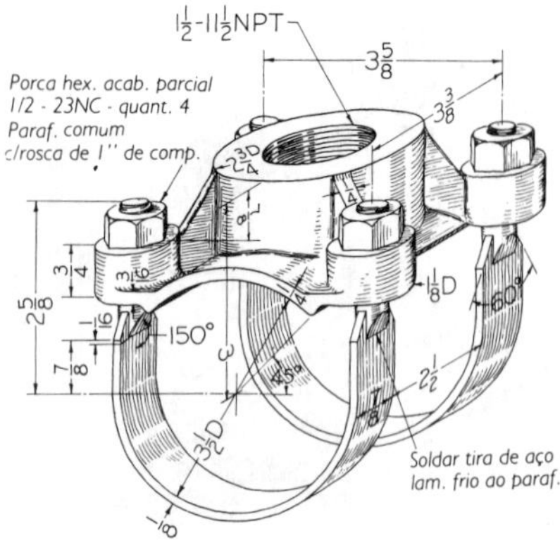

Prob. 65. Braçadeira para canos.

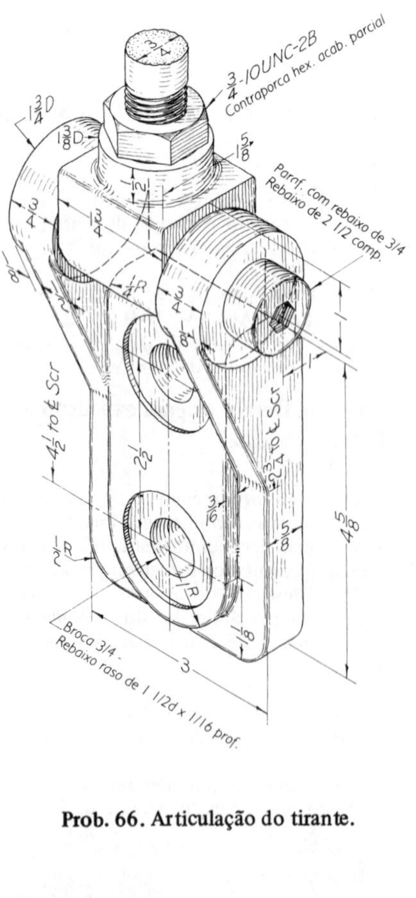

Prob. 66. Articulação do tirante.

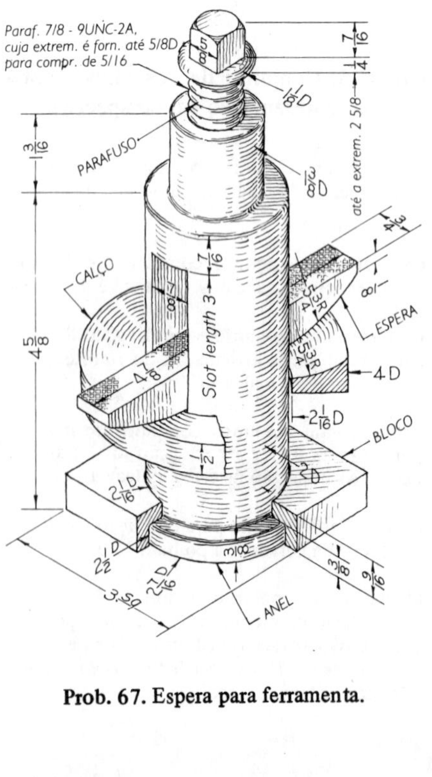

Prob. 67. Espera para ferramenta.

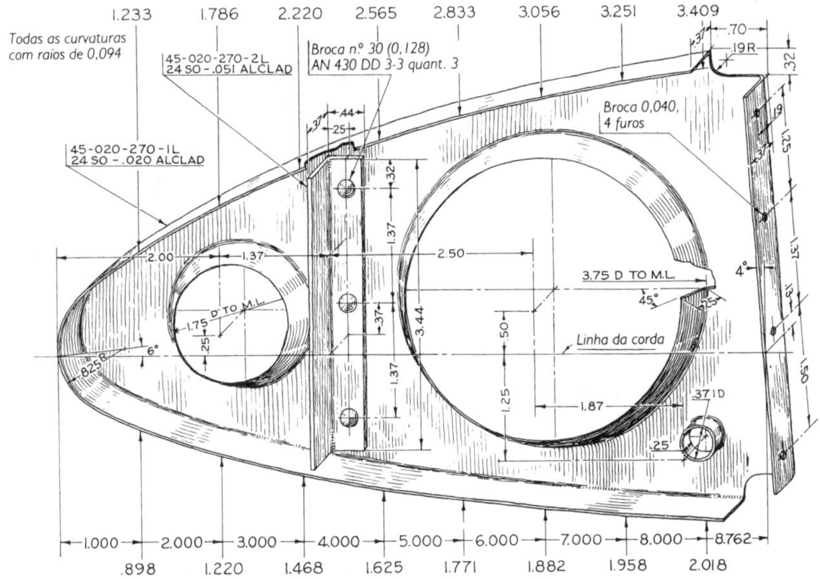

Prob. 68. Nervura da parte da asa.

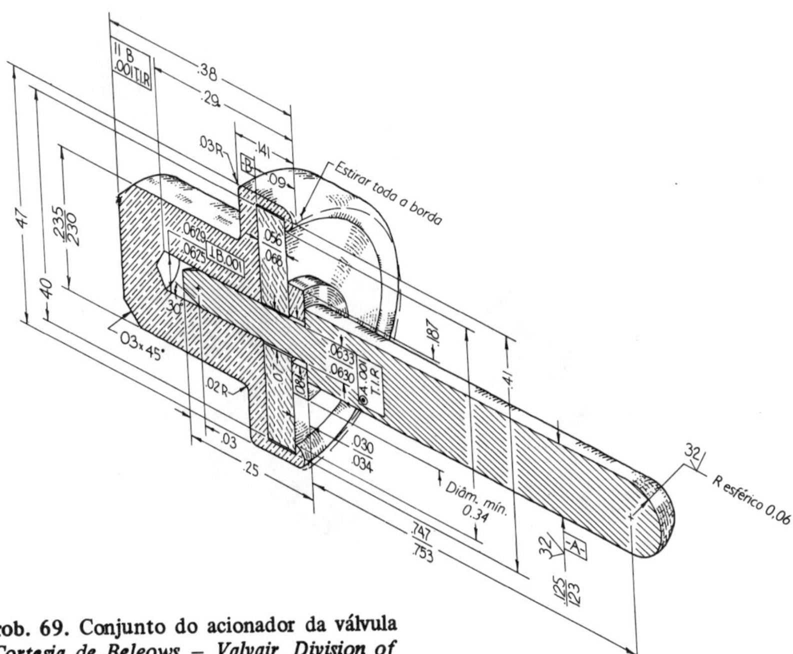

Prob. 69. Conjunto do acionador da válvula (*Cortesia de Beleows – Valvair, Division of International Basic Economy Corporation.*).

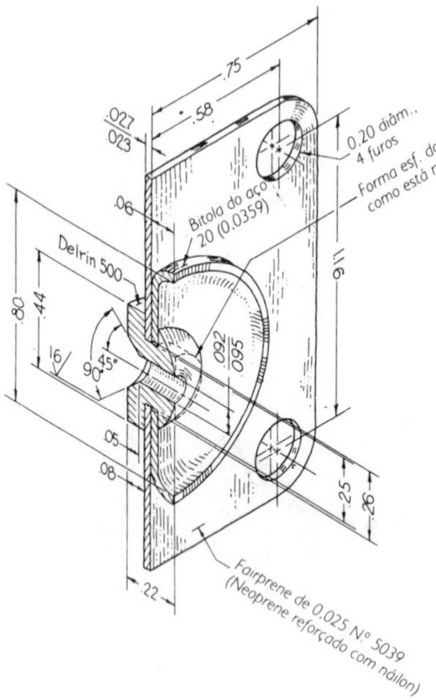

Prob. 70. Conjunto de diafragma

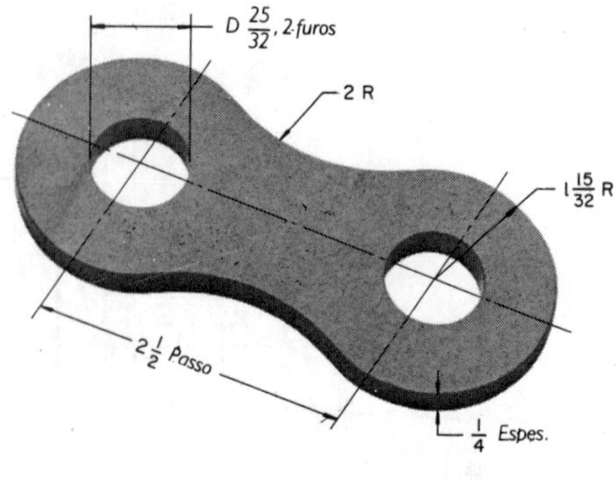

Prob. 71. Elo do transportador.

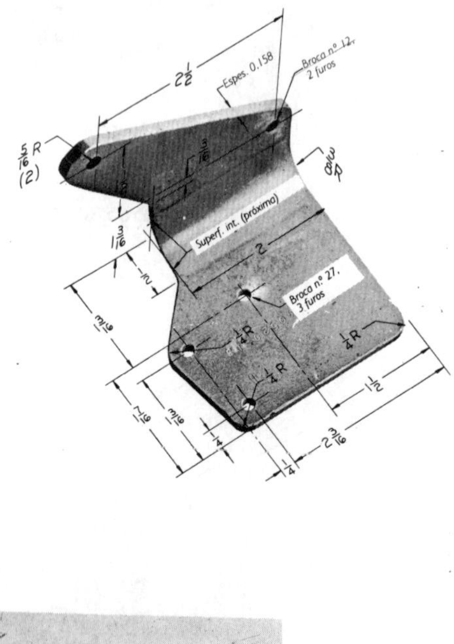

Prob. 72. Suporte do cilindro hidráulico.

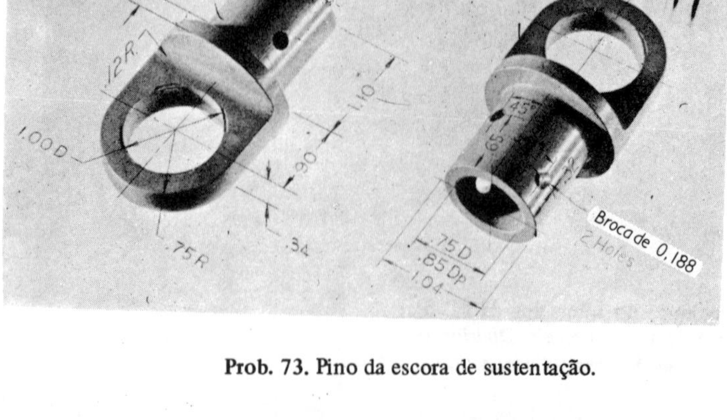

Prob. 73. Pino da escora de sustentação.

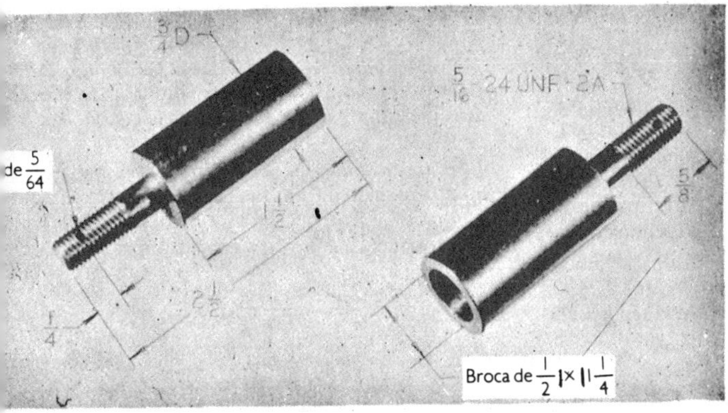

Prob. 74. Tubo de ajuste.

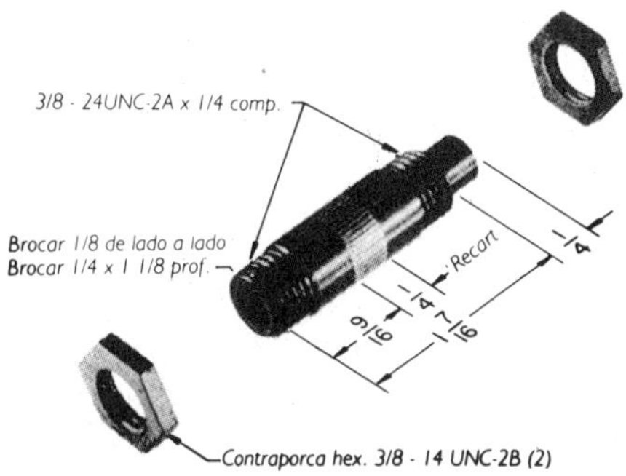

Prob. 75. Eixo de articulação.

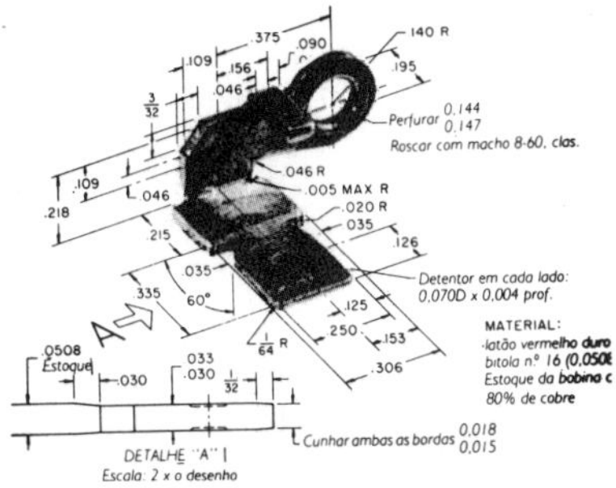

Prob. 76. Terceiro terminal.

75. Fazer um desenho de detalhe e um desenho de conjunto parcial de eixo de articulação. O eixo é de bronze e as porcas são de aço.

76. Fazer desenho de detalhe do terceiro terminal (controle da temperatura). O material é latão vermelho (85% de cobre).

77. Fazer o conjunto de desenhos para execução da unidade do elo do transportador. Todas as peças são de aço.

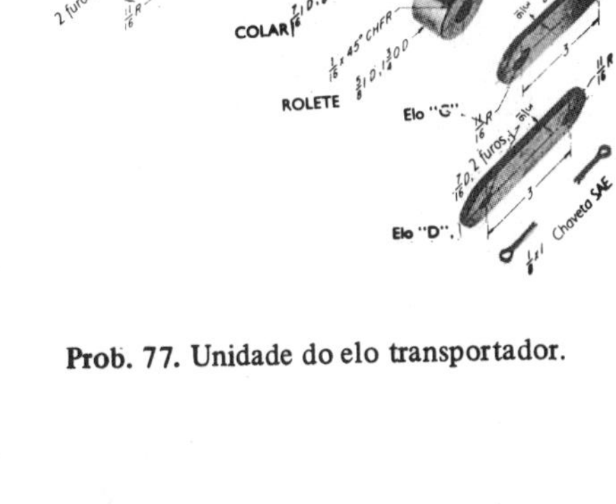

Prob. 77. Unidade do elo transportador.

Grupo 7. Conjunto de desenhos a partir do desenho de projeto

78. Máquina de marcar. A partir do desenho do projeto, reduzido a metade do tamanho, fazer um conjunto completo de desenhos. A base, peça 1, é fundida em ferro maleável. A guarnição, peça 2, é de ferro fundido. O aríete, peça 3, é de aço laminado a quente 1020; a bucha, peça 4, é um tubo estirado a frio 1020; o tratamento térmico para ambos é cementação a 1650-1700°F, esfriar diretamente, temperar a 250-325°F. A mola, peça 5, é de corda de piano, bitola Nº 20 (0,045), seis espiras, comprimento livre 2 pol, o tratamento térmico é "como se recebe". Os moldes e suportes da máquina são feitos para admitir objetos a serem estampados.

79. Prensa automática. A partir do desenho do projeto, reduzido a um quarto do tamanho, fazer um conjunto completo de desenhos. Todas as informações necessárias encontram-se no desenho do projeto.

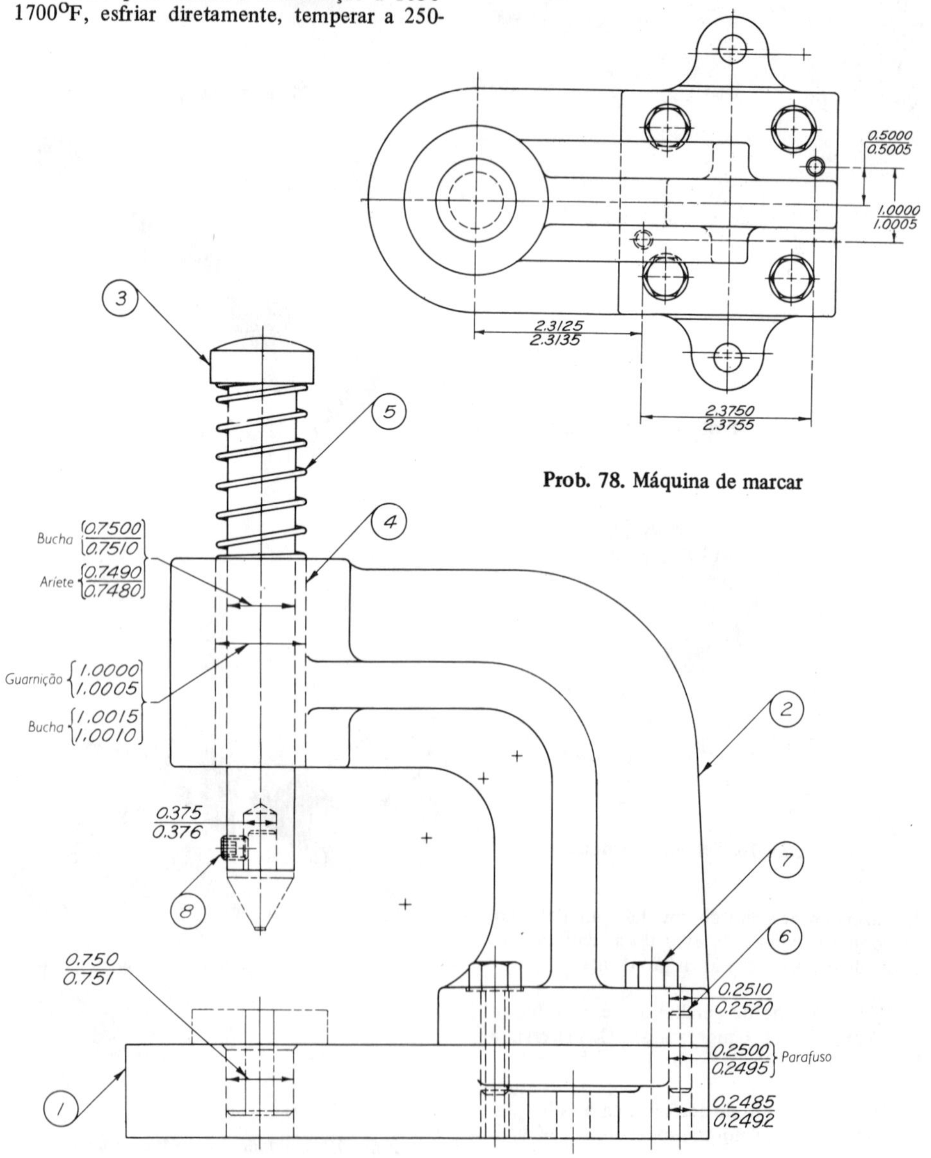

Prob. 78. Máquina de marcar

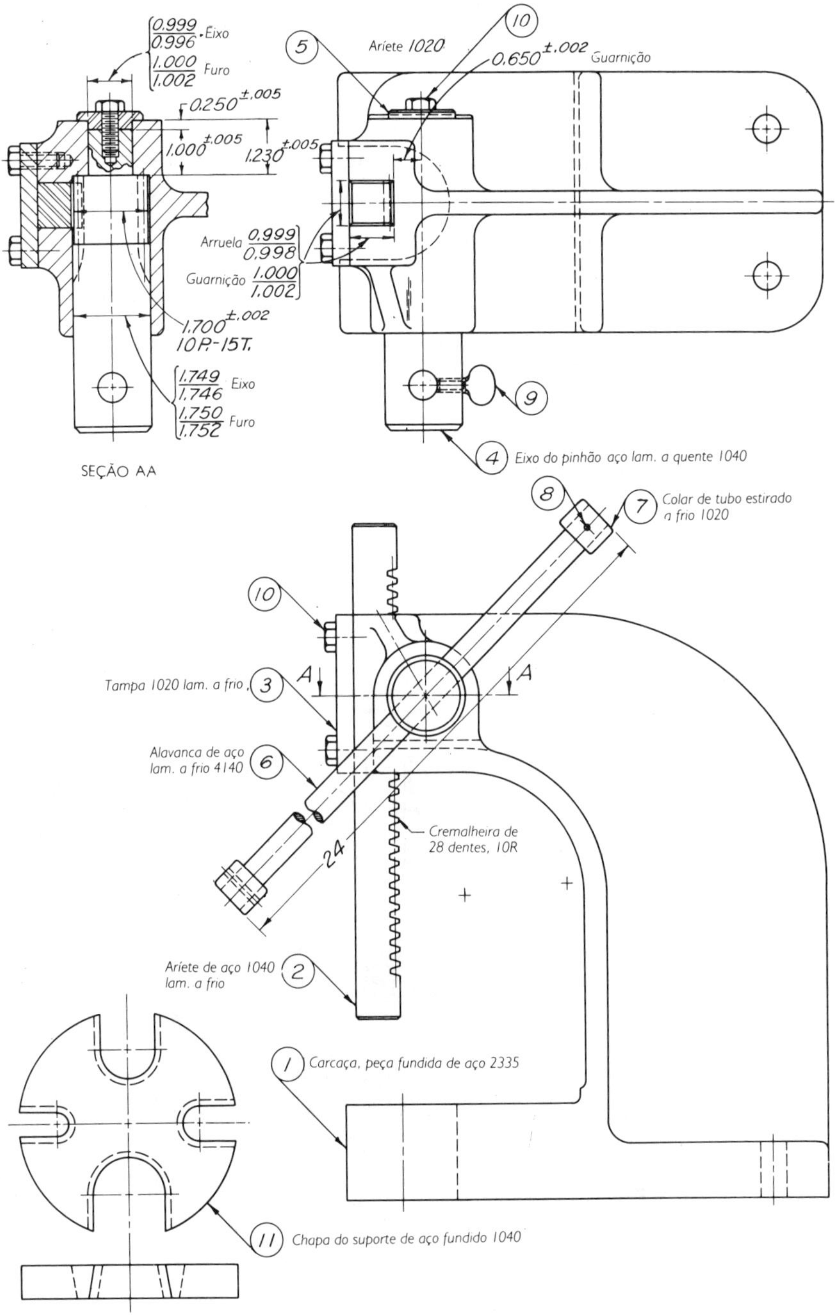

Prob. 79. Prensa automática (um quarto do tamanho).

80. Torno de bancada provido de flange nº 2. A partir do desenho do projeto, fazer um conjunto completo de desenhos, incluindo os detalhes, lista de peças e desenho de conjunto. O desenho do projeto é reduzido a um terço do tamanho real. Todas as informações necessárias estão no desenho do projeto.

81. Tesourões de bancada. O desenho de projeto tem a metade do tamanho. Fazer um conjunto completo de desenhos. Para as cotas em que estão envolvidos ajustes estreitos, os limites decimais ou a tolerância a serem aplicados ao tamanho básico da escala são dados no desenho do projeto. Os tratamentos térmicos deverão ser especificados como segue: para base e castanha, "normalizar a 1550ºF"; para o excêntrico, "como se recebe"; para a lâmina, "Rockwell C57-60", para o cabo, "nenhum". Acabamento para as lâminas, "esmerilar". As arruelas são especiais, mas podem ser especificadas na lista de peças, dando-se o diâmetro interno, o diâmetro externo e a espessura. A chaveta pode ser especificada na lista de peças, dando-se a largura, espessura e comprimento. A seguir são dadas algumas especificações quanto aos limites e tolerâncias:

Diâmetro do parafuso de ressalto e do furo na base e na castanha:

Parafusos (como fabricados):

$\dfrac{0{,}623}{0{,}621}$ Furo: $\dfrac{0{,}624}{0{,}626}$

Diâmetro do excêntrico e do furo no cabo:

Excêntrico: $\dfrac{0{,}999}{0{,}997}$ Cabo: $\dfrac{0{,}999}{1{,}001}$

Diâmetro do excêntrico e do furo na base:

Excêntrico: $\dfrac{1{,}3745}{1{,}3740}$ Base: $\dfrac{1{,}3750}{1{,}3755}$

Diâmetro de excêntrico e largura da ranhura na castanha:

Excêntrico: $\dfrac{0{,}874}{0{,}872}$ Castanha: $\dfrac{0{,}875}{0{,}877}$

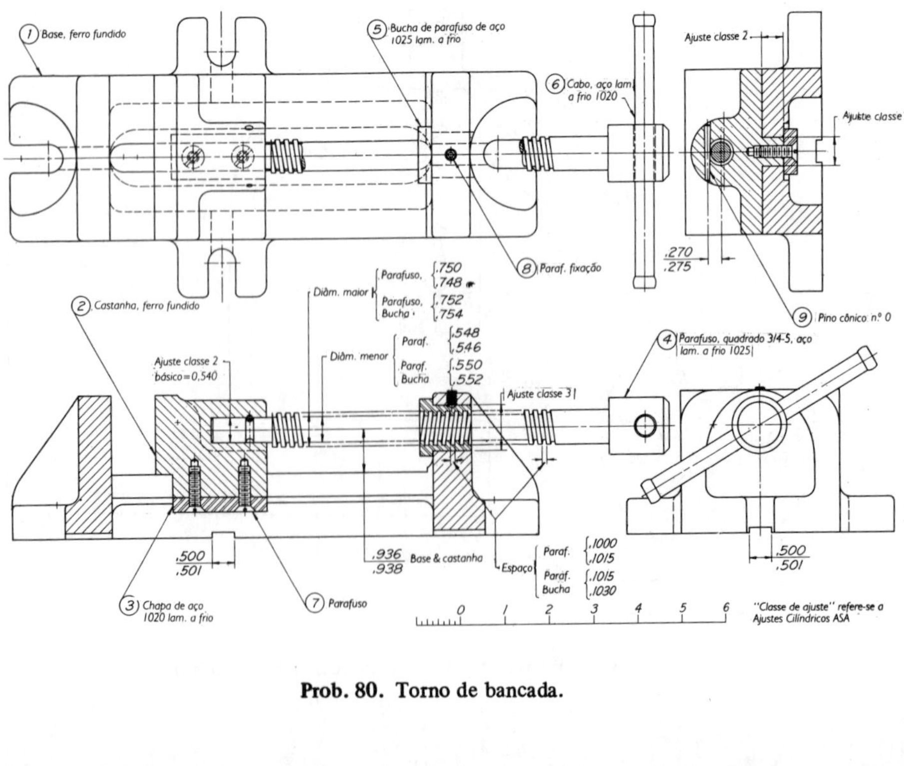

Prob. 80. Torno de bancada.

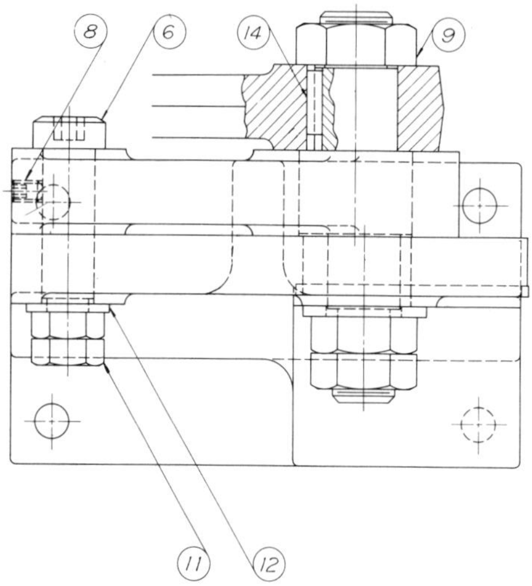

Nº	NOME	MAT	QNT	NOTAS
1	Base	2335	1	Peça fund. aço
2	Castanha	2335	1	Peça fund. aço
3	Excêntrico	2340 lam. quen.	1	Forja sob pres
4	Lâmina	1095 lam. quen	2	
5	Cabo	1040	1	Ponta chata
6	Paraf. com ressalto		1	
7	Paraf. cabeça chata		4	
8	Paraf. ajustador do encaixe		1	
9	Contraporca hex. acab. parcial		1	
10	Contraporca hex. acab. parcial		2	
11	Contraporca hex. acab. parcial		2	
12	Arruela cortada	1112 lam. frio	1	
13	Arruela cortada	1112 lam. frio	1	
14	Chaveta	Estoque	1	

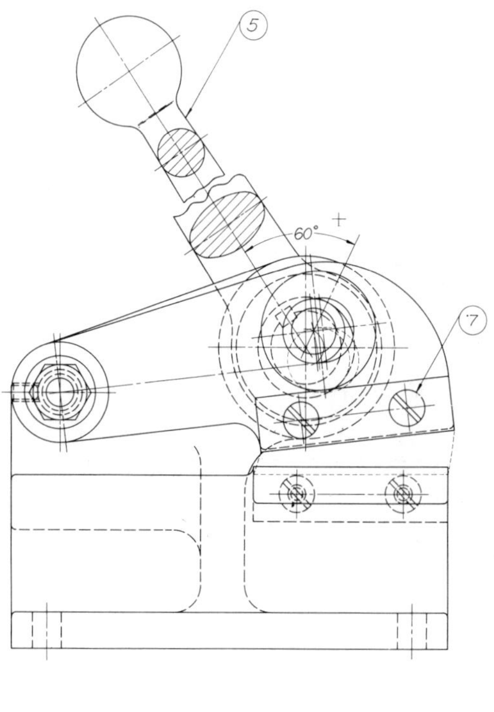

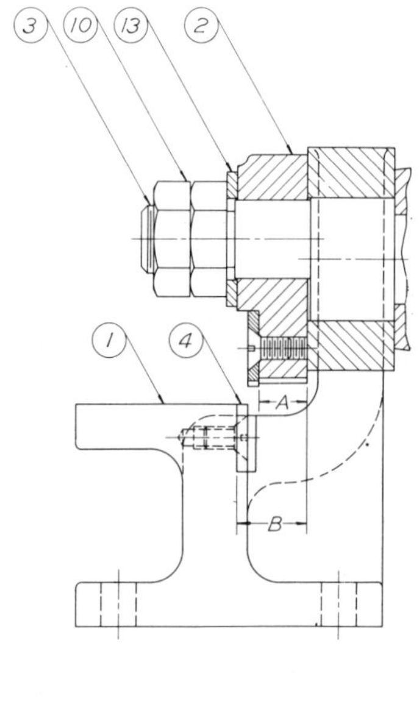

Prob. 81. Tesourões de bancada.

Largura da chaveta no cabo e também no excêntrico:

chaveta (como adquirida): $\frac{0,250}{0}$

Assento e rasgo da chaveta: $\frac{0,250}{0,251}$

profundidade do rasgo da chaveta e o asento da chaveta tanto no cabo quanto no excêntrico:

$^{3}/_{32}'' + {}^{1}/_{64} - 0$

controle da folga entre as lâminas:

Espessura da lâmina: $\frac{0,1250}{0,1245}$

Dimensão A: $\frac{0,562}{0,561}$

Dimensão B: $\frac{0,812}{0,813}$

Tolerância no parafuso de ressalto e no furo do excêntrico:

Para abase e a castanha (duas dimensões em cada parte

$\pm$ 0,002

Limites para deslocamento do excêntrico:

Centro a centro: $\frac{0,248}{0,252}$

Comprimento do cabo:

Centro do cubo ao centro da esfera: 12 pol

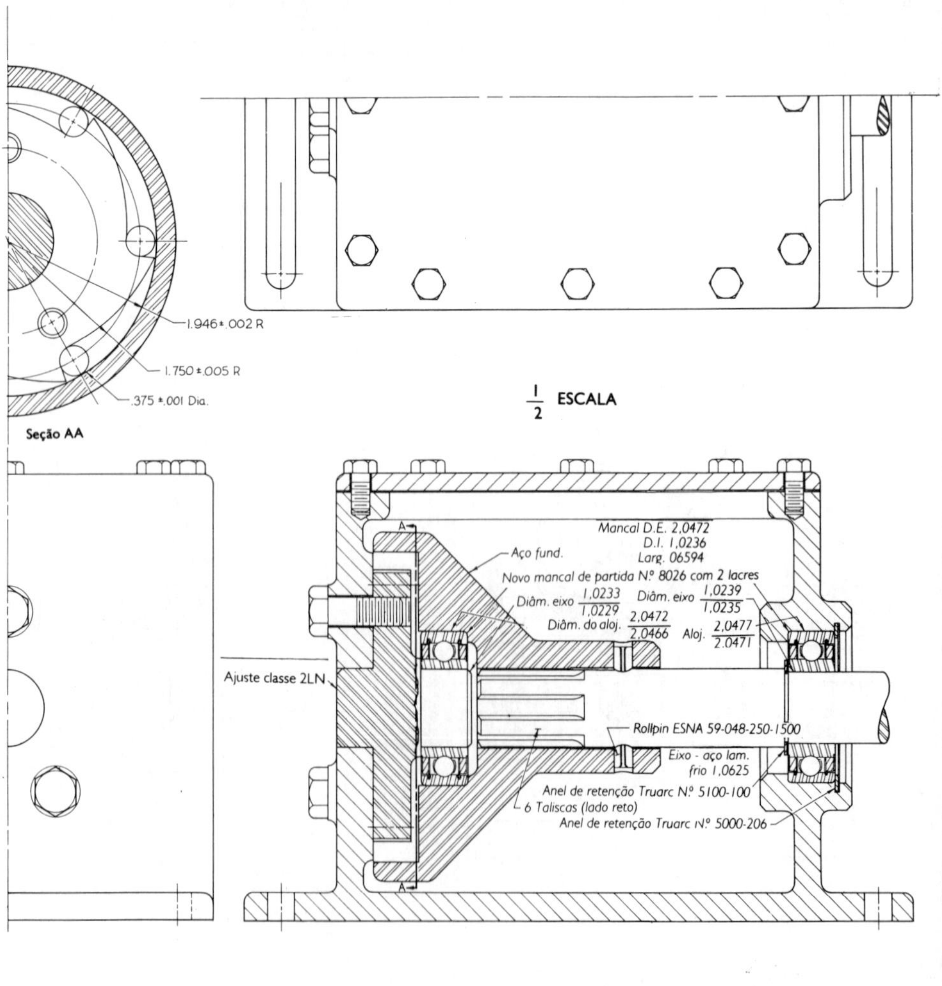

Prob. 82. Embreagem.

82. A embreagem é representada na metade do tamanho. A partir deste desenho do projeto, fazer um conjunto completo de desenhos para execução. A armação é feita de ferro fundido e o eixo é de aço laminado a frio. As outras peças estão indicadas.

83. A ilustração para este problema é um desenho de projeto em perspectiva feito para apresentação a um grupo de pesquisas médicas. O dispositivo, um triturador de ossos, está sendo proposto para ser usado pelos médicos veterinários na análise de laboratório de moléstias ósseas. Fundamentalmente, a máquina consiste de peças soldadas entre si como o desenho mostra e a relação de materiais indica. Fazer um conjunto completo de desenhos, incluindo os de detalhe, para execução, de conjuntos parciais e, se necessário, o desenho de conjunto.

Nº	QUANT.	DESCRIÇÃO	TAMANHO	MATERIAL
1	1	Eixo	1 diâm. x 13	Aço inox.
2	1	Base	0,375 x 1 x 16,5	Aço inox.
3	3	Orelha	0,375 x 1 x 1	Aço inox.
4	2	Anel de aperto	1,375 diâm. x 2	Aço inox.
5	4	Orelha	0,188 x 0,375 x 2	Aço inox.
6	1	Armação	0,188 x 2 x 9	Aço inox.
7	2	Paraf. aperto	0,375 diâm. x 3,5	Aço inox.
8	1	Engrn. cilín.	20 dentes - Ângulo de pressão 20° Passo 10 - larg. do dente 0,75	Aço inox.
9	2	Pino cônico	Nº 1	Aço inox.
10	2	Bucha	1 diâm. x 0.312	náilon
11	1	Eixo	50 diâm. x 2,125	Aço inox.
12	1	Bloco do mancal	0,75 x 1 x 2	náilon
13	1	Cremalheira	0,75 x 1 x 7,5	Aço inox.
14	1	Cabo	50 diâm. x 8	Aço inox.
15	1	Cubo	1 diâm. x 0,75	Aço inox.
16	4	Paraf. cab. red. de auto-atar.	Nº 8 x 0,50 comp.	Aço inox.
17	1	Chapa de pressão	0,75 x 3 x 4	Aço inox.
18	1	Dreno do líquido dos ossos	0,875 diâm. x 3	Aço inox.
19	1	Chapa do líquido dos ossos	0,75 x 5 x 6	Aço inox.
20	1	Alma	0,50 x 1,50 x 5	Aço inox.

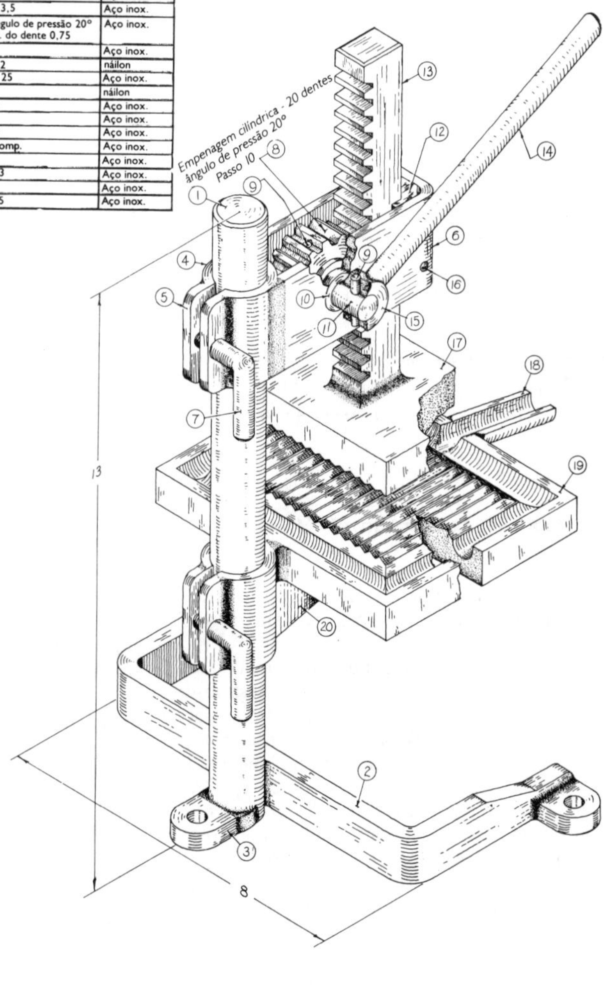

Prob. 83. Triturador de ossos.

84. Um problema comum em todos os projetos de fabricação é o planejamento e execução de métodos para promover a rapidez, a qualidade homogênea de peças e a economia na produção. Seguidamente, as peças podem ser feitas como uma porção ou segmento de uma forma básica. Por exemplo, os anéis podem ser cortados em segmentos e formas perfiladas podem ser cortadas até o comprimento desejado rapidamente e de modo econômico para produzir braçadeiras, clipes, etc. Barras, tubos e formas cilíndricas também podem ser cortadas até o comprimento desejado para produzir peças de forma determinada.

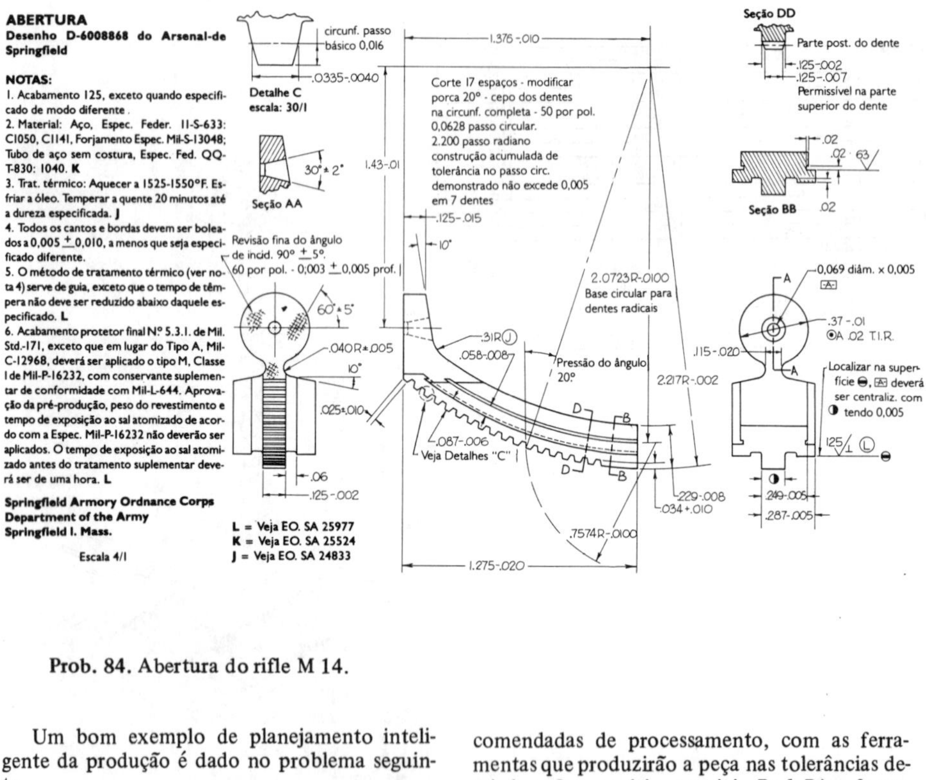

Prob. 84. Abertura do rifle M 14.

Um bom exemplo de planejamento inteligente da produção é dado no problema seguinte.

O rifle M-14 tem uma abertura curva no seu mecanismo do visor que propõe um desafio de produzir simples e economicamente a peça mostrada na ilustração. Essencialmente, a peça é um setor serrado de uma circunferência tendo um furo cônico. A abertura é feita de aço SAE 1041 tratado termicamente até dureza Rockwell C40-45 após usinagem, sendo então fosfatado para proteger contra a corrosão. Um processo único de mandrilagem externa e interna é uma fase importante do processamento para obter a economia necessária.

Uma vez que o corpo é uma parte de uma circunferência verdadeira, decidiu-se produzir a peça a partir de uma tubulação de aço, mandrilando onde fosse possível. Os engenheiros da National Broach & Machine Co. auxiliaram na preparação de um estudo para as seqüências recomendadas de processamento, com as ferramentas que produzirão a peça nas tolerâncias desejadas. Os mandris especiais *Red Ring* foram escolhidos para três operações.

Operação 1. Primeiro é torneado um anel, furado, cortado e faceado numa máquina de barras Conomatic de 4 3/4 pol, 4 brocas. A largura de 1/8 pol da seção do dente serrado é mantida a 0,001 pol.

Operação 2. A seguir, o anel é faceado e rebaixado em ambos os lados numa perfuratriz Ex-Cell-O de duas brocas.

Operação 3. O anel é então mandrilado numa mandriladora horizontal colonial de 40 toneladas. O mandril interno modela o diâmetro interno do anel, que depois será cortado para formar oito peças da alça de mira da arma. A operação de mandrilagem dura 30 segundos.

Operação 4. A operação seguinte usa dois mandris numa máquina vertical Oilgear de 20 toneladas, que entalha e serra o diâmetro externo e forma oito segmentos.

A ferramenta para esta seqüência é um mandril interior modelo pote que se desloca transversalmente sobre o anel montado numa guia comprida. Primeiro, os anéis são acabados no diâmetro externo entalhado e serrados com um conjunto de ferramentas. O diâmetro externo de 2,217 pol é mantido a uma tolerância de 0,002 pol, enquanto são mandrilados 16 dentes evolventes de 0,0628 pol, de passo circular de 20°, em cada uma das oito seções. Tempo: 30 segundos.

Operação 5. Após terem sido acabados vários anéis, são removidos os mandris intercalados e substituídos por outro conjunto que cortam o anel em oito partes da abertura e mandrilam cada parte até o comprimento desejado. Tempo: outros 30 segundos.

Operação 6. A seguir, os mandris de superfície externa *Red Ring* formam a parte circular de 3/8 pol de diâmetro de alça de mira numa mandriladora vertical Cincinnati de 5 toneladas. Isto leva 20 segundos.

Operação 7. A usinagem final é da alça de mira de 0,069 pol, que tem uma seção cônica com ângulo de incidência de 30°. Ela é brocada numa máquina de brocar Hamilton equipada com uma guia indicadora de quatro estágios e com uma ferramenta especial de brocar. O furo deve ser posicionado com precisão dentro de 0,002 pol da linha central da seção da engrenagem.

Esta peça é um excelente exemplo de como, com quatro operações de mandrilagem realizadas com ferramentas apropriadas, podem reduzir os custos da produção e fazer um componente preciso, num tempo total de produção de apenas 110 segundos/peça.

A partir do desenho da peça final do probl. 84, fazer desenhos separados para mostrar a peça ao completar cada estágio da fabricação, conforme mostram os desenhos que acompanham o

Operação 1: Usinar e cortar.

Operação 2: Facear e rebaixar.

Operação 3: Escarear o diâmetro interno.

Operação 4: Escarear o diâmetro externo.

Operação 5: Escarear para separar partes.

Operação 6: Escarear o raio.
Operação 7: Perfurar a alça de mira.

probl. 84 e são designados como Operações 1 a 7.

Este problema e a respectiva explicação são fornecidos por cortesia da National Broach & Machine Co. e de Dale O. Miller Jr., de Rochester Gear, Inc., um amigo pessoal do autor desta obra.

Grupo 8. Esboços para execução

85. Escolher um dos problemas do Grupo 1 e fazer um esboço para execução de detalhe.

86. Escolher um dos problemas do Grupo 2 e fazer um esboço de conjunto.

87. Escolher uma peça simples de um dos conjuntos dos Grupos 3 e 5, e fazer um esboço para execução.

88. Escolher uma peça simples de um dos probls. de 1 a 59 e fazer um esboço para execução em perspectiva.

89. Escolher um dos problemas dados no Grupo 3 e fazer esboços para execução de detalhe.

90. Escolher um dos problemas no Grupo 4 ou 5 e fazer um conjunto completo de esboços para execução.

DESENHOS DE PROBLEMAS EM DIMENSÕES MÉTRICAS

Os problemas a seguir estão reunidos em uma coleção da qual o estudante, o professor ou o diretor gráfico pode escolher, a fim de obter alguma experiência no sistema métrico de medidas. Todas as dimensões, em todos os desenhos, são dadas no sistema métrico, com exceção de parafusos e roscas.

Uma das mais importantes utilidades na solução de problemas gráficos é a passagem de uma representação em perspectiva para uma representação ortográfica e vice-versa. O grupo de problemas seguinte proporciona ao estudante uma oportunidade de fazer esta passagem dentro do sistema métrico.

Para experiência adicional no sistema métrico, use uma calculadora manual para determinar qualquer valor métrico que tenha que ser inserido no desenho durante a passagem de uma apresentação para outra. Use, igualmente, a calculadora para converter polegadas em seus equivalentes métricos nos desenhos.

As especificações gerais para o estudante resolver estes problemas são: produzir uma completa representação gráfica (ortográfica ou em perspectiva) da peça, grupo de peças ou máquina; descrever a peça, grupo de peças ou máquina totalmente no sistema métrico; ser tão completo e minucioso em sua descrição gráfica que a peça, grupo de peças ou máquina possa ser seguramente fabricada a partir dos seus desenhos e especificações.

Os estudantes poderão conferir com o professor a escolha do método de fabricação, porém deverão produzir os desenhos totalmente por conta própria.

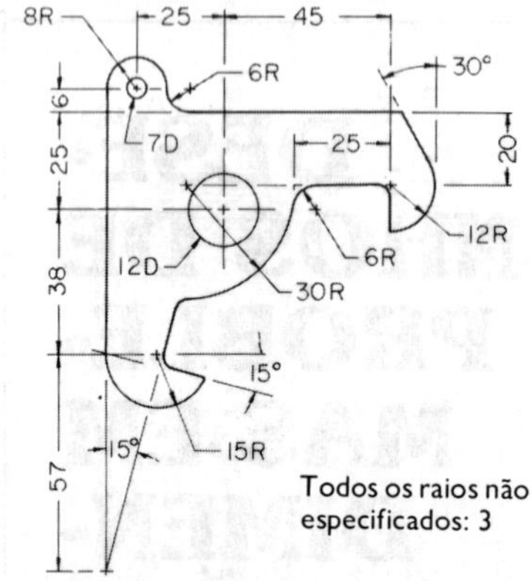

Prob. 1. Garra de guincho náutico

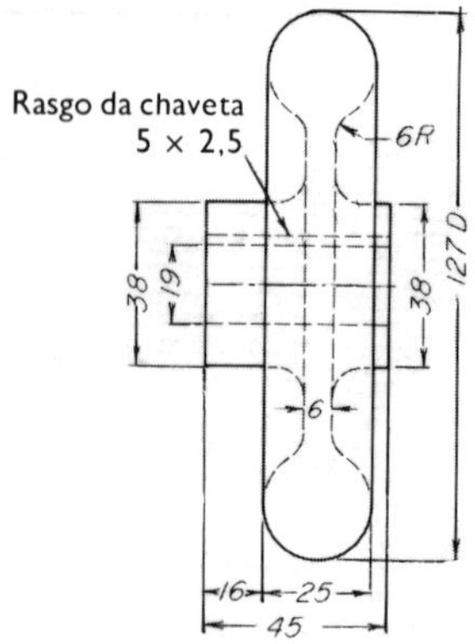

Prob. 2. Volante manual

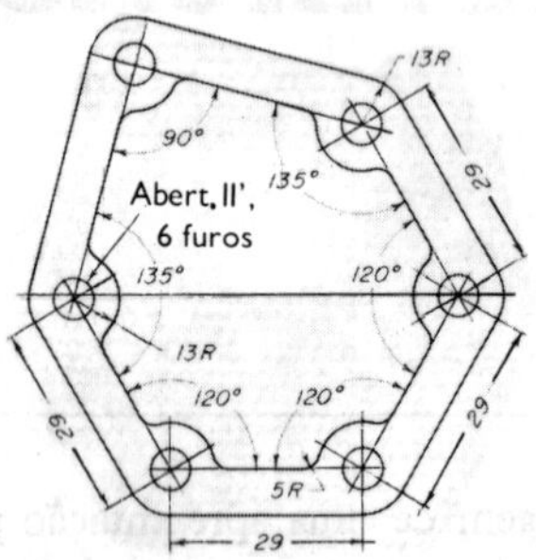

Prob. 3. Gaxeta

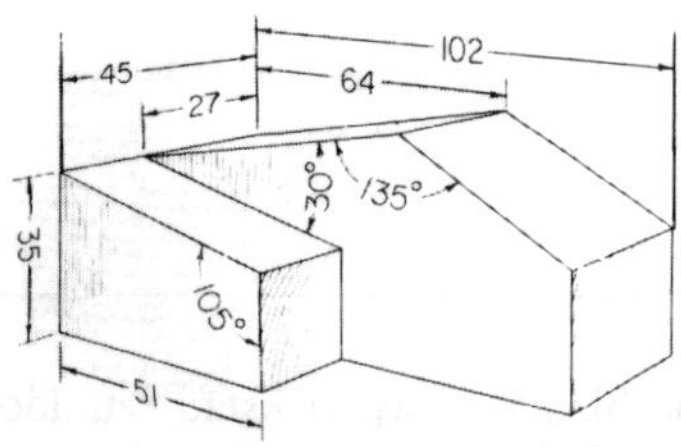

Prob. 4. Apoio inclinado

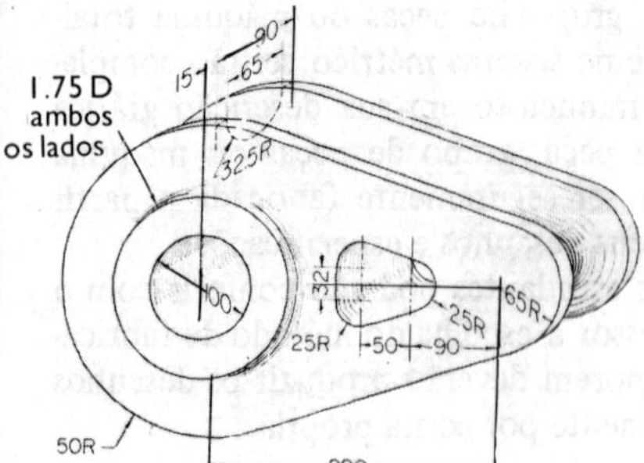

Prob. 5. Virola para arame

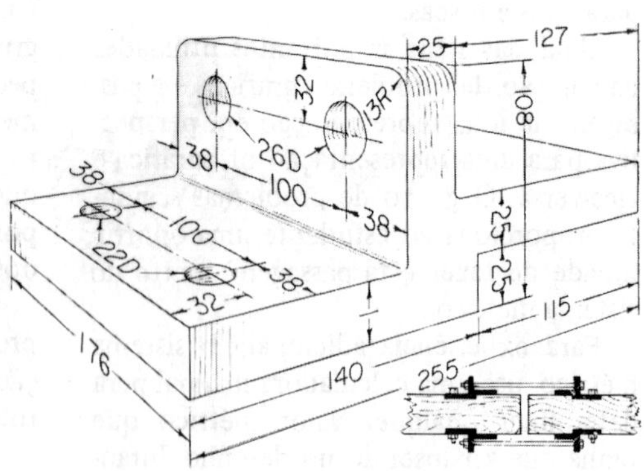

Prob. 6. Chapa de união

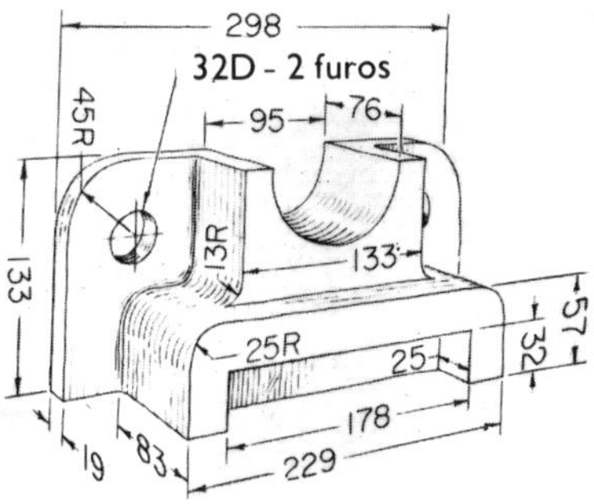

Prob. 7. Mancal

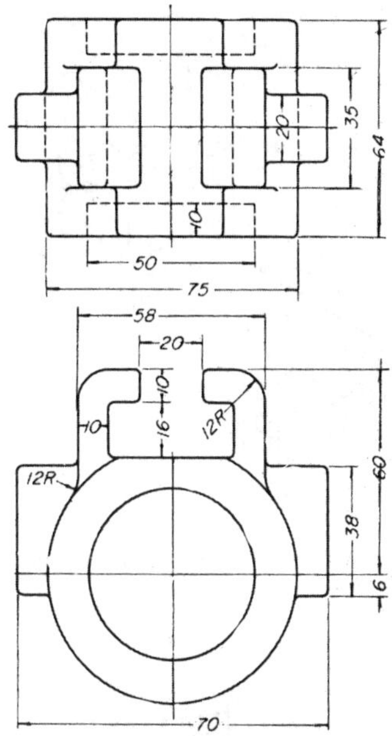

Prob. 8. Suporte com coxim de borracha

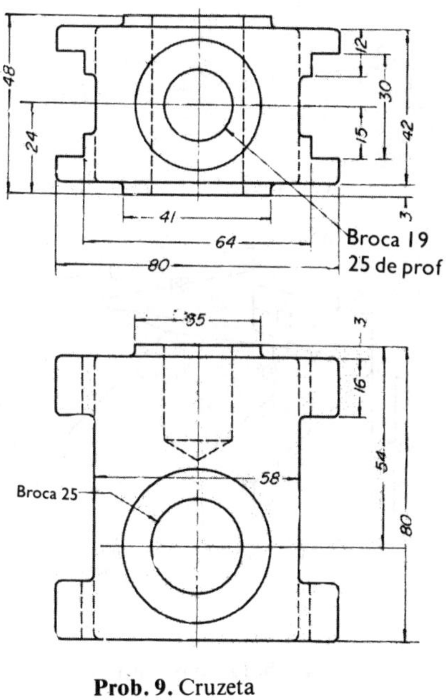

Prob. 9. Cruzeta

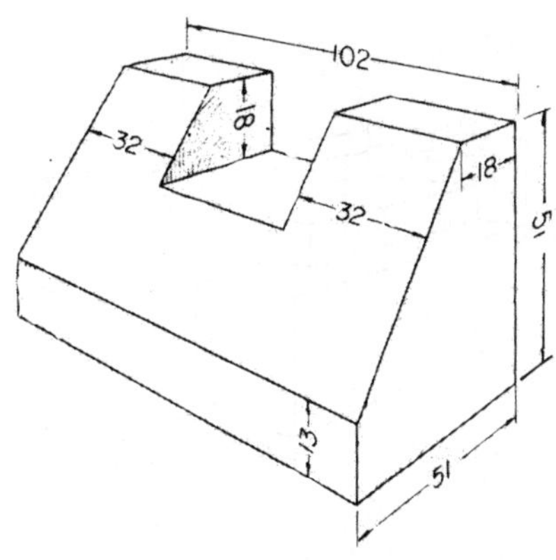

Prob. 10. Cunha com fenda

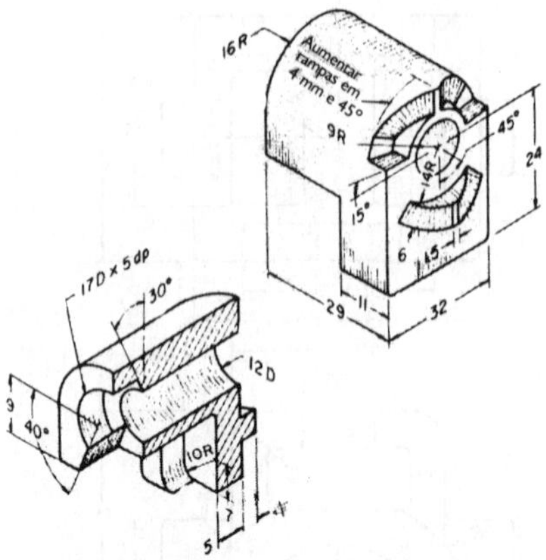

Prob. 11. Came de freio de estacionamento

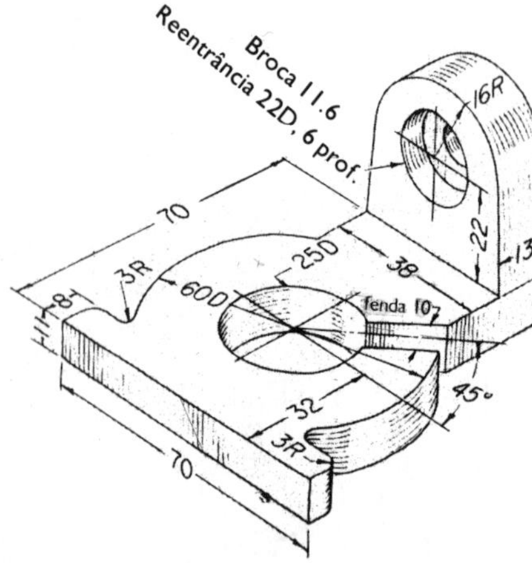

Prob. 12. Base de agulha

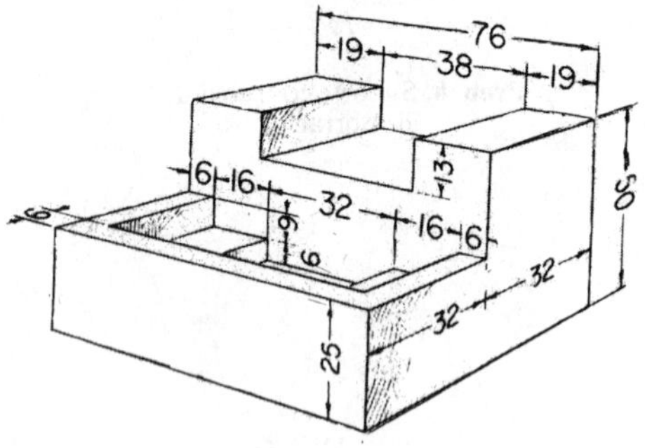

Prob. 13. Encaixe de trinco

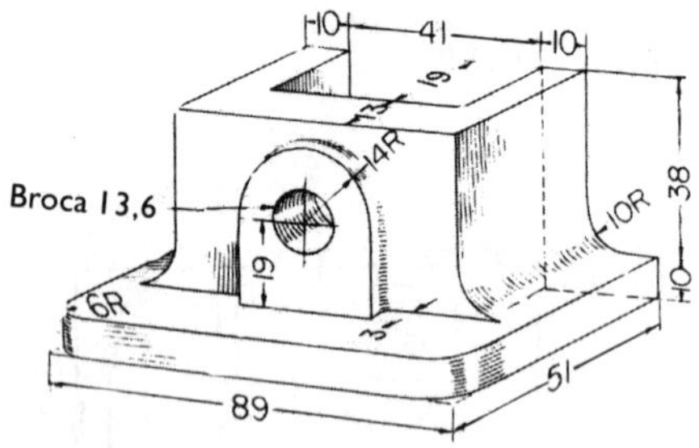

Prob. 14. Base-guia

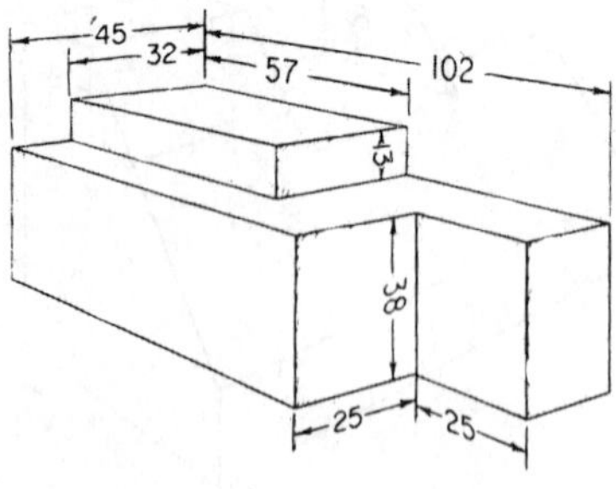

Prob. 15. Bloco em ângulo

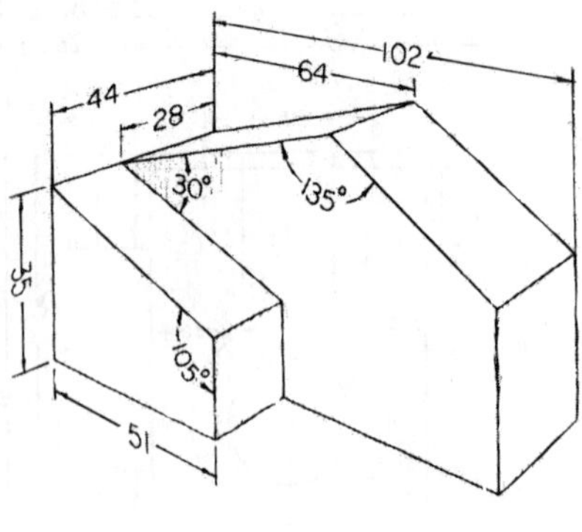

Prob. 16. Apoio inclinado

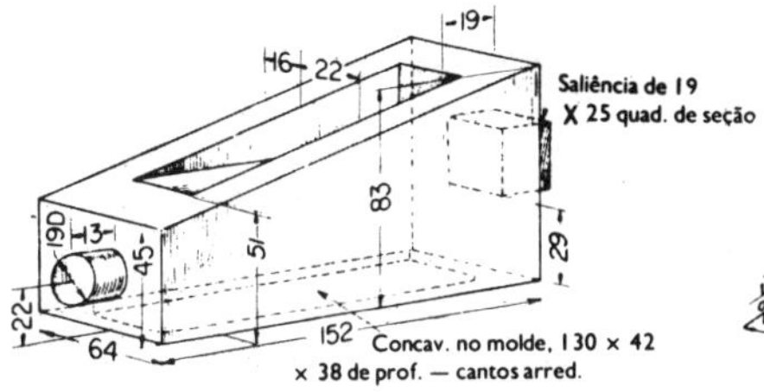

Prob. 17. Cunha de nivelamento

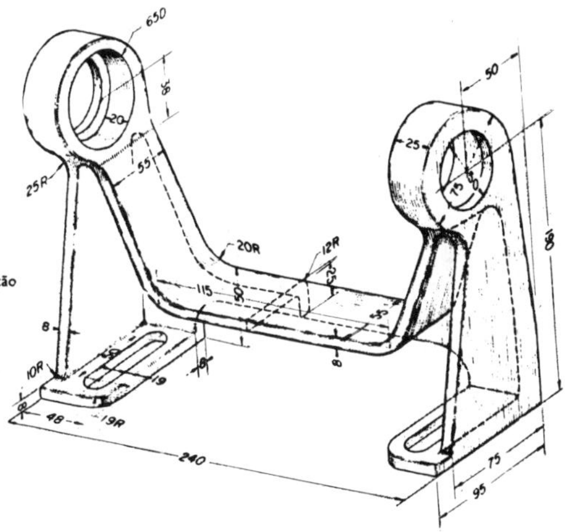

Prob. 18. Encaixe deslizante

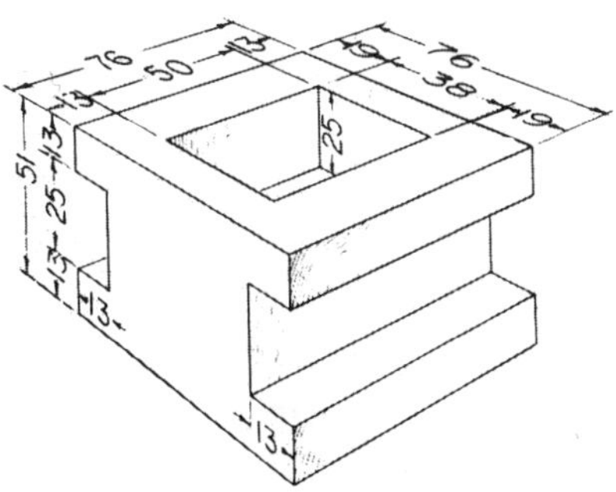

Prob. 19. Armação de polia escalonada

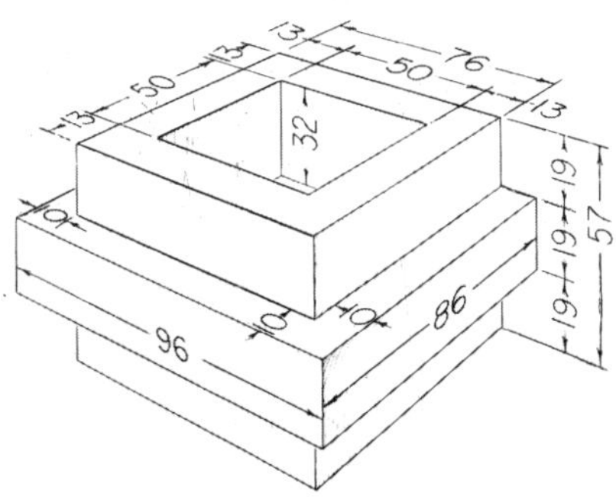

Prob. 20. Encaixe com flange

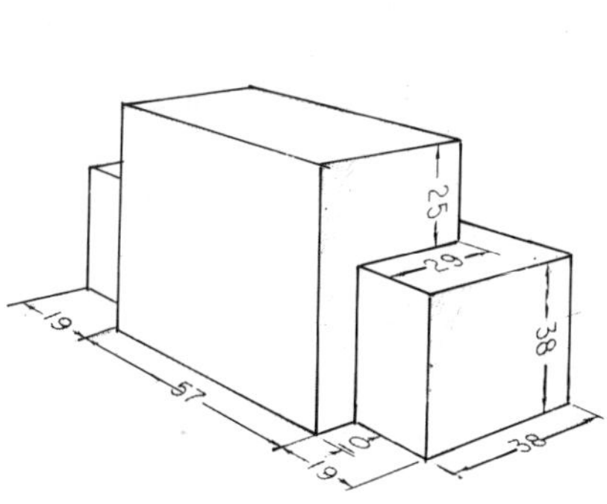

Prob. 21. Calço

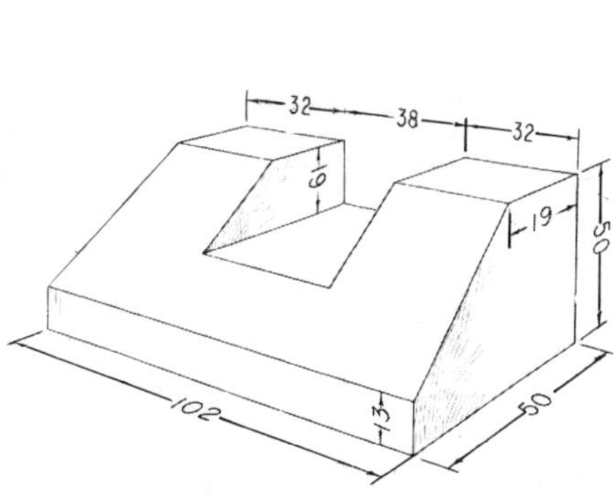

Prob. 22. Cunha com fenda

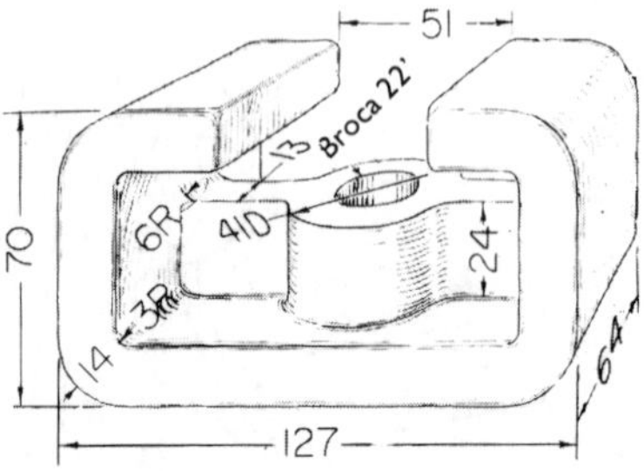

Prob. 23. Caixilho de fixação

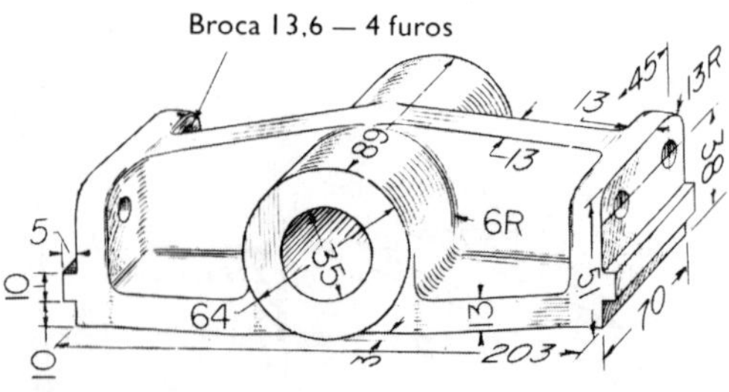

Prob. 24. Suporte reforçado

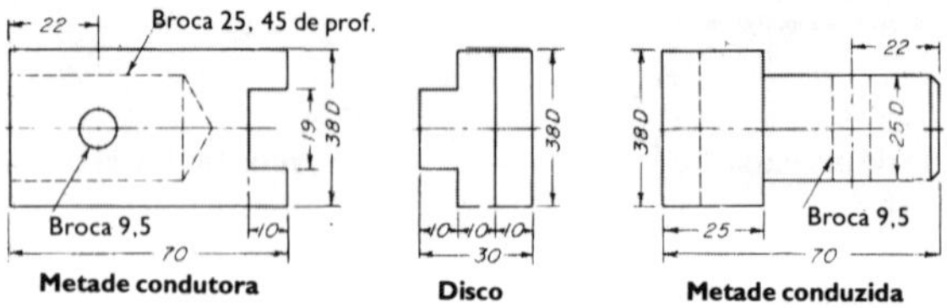

Prob. 25. Junção

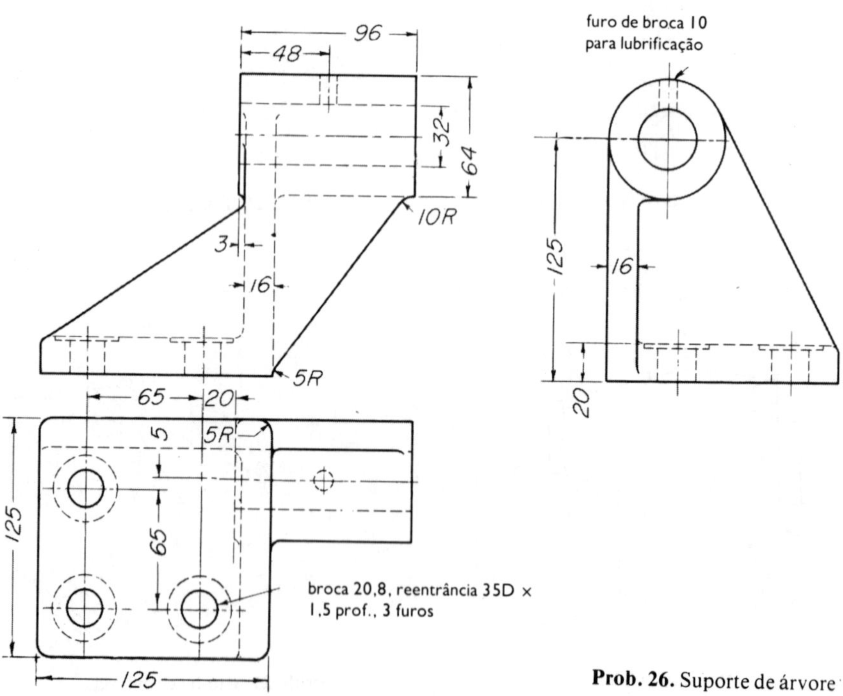

Prob. 26. Suporte de árvore

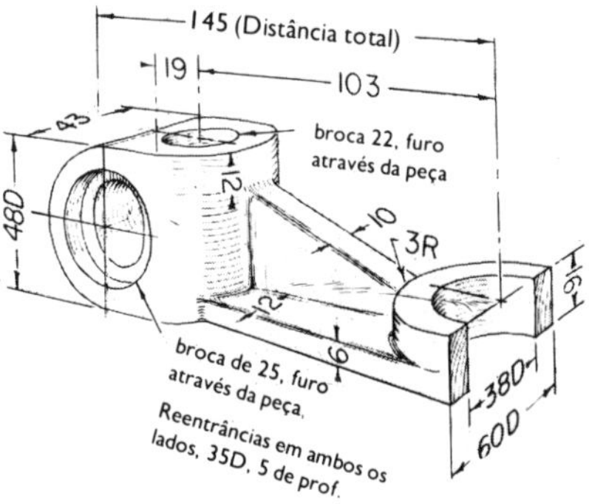

Prob. 27. Forquilha de mudança

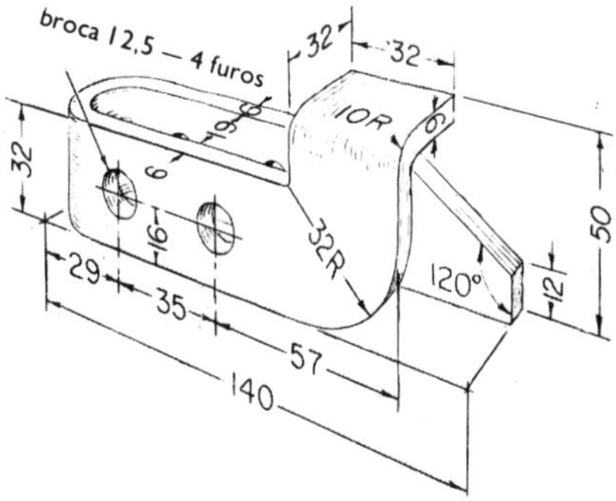

Prob. 28. Braçadeira

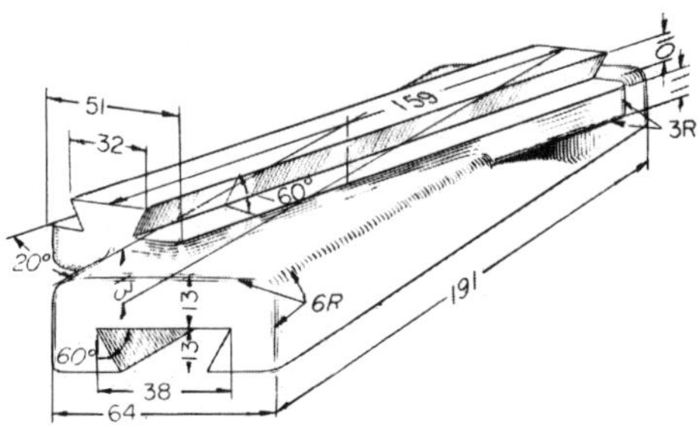

Prob. 29. Cursor biselado

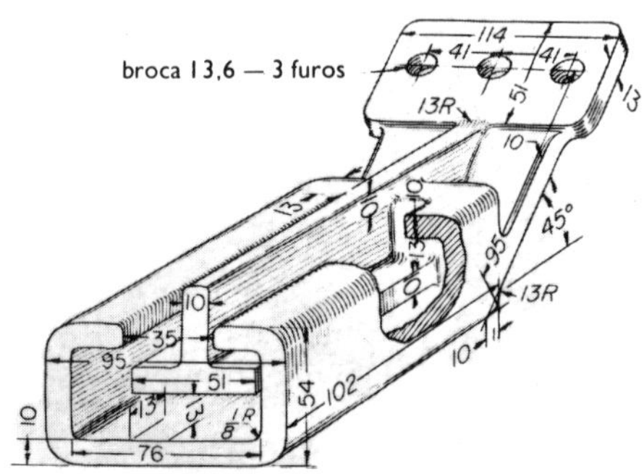

Prob. 30. Escora de suporte de borracha

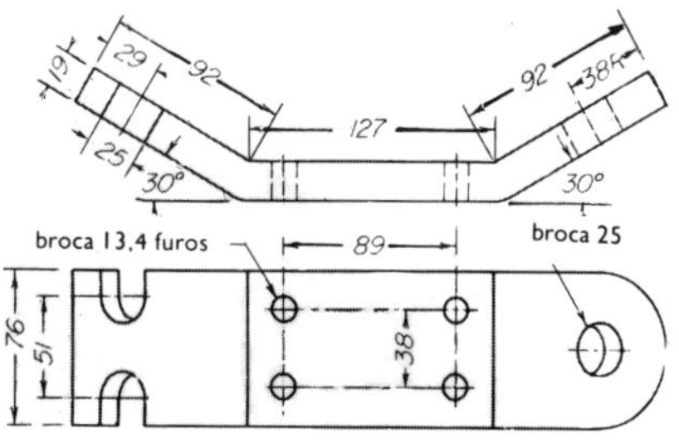

Prob. 31. Peça de convexão

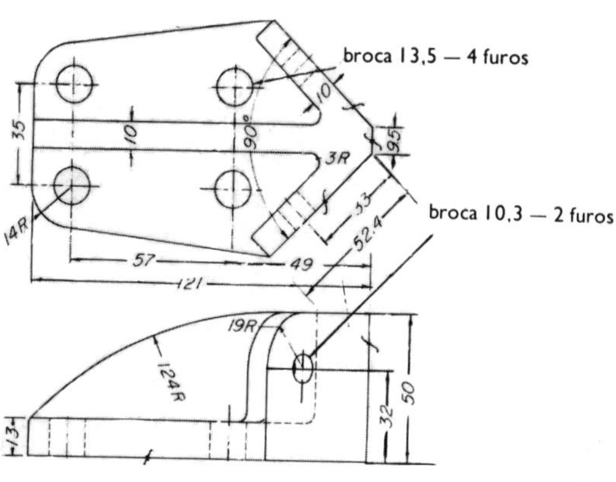

Prob. 32. Placa de impulsão

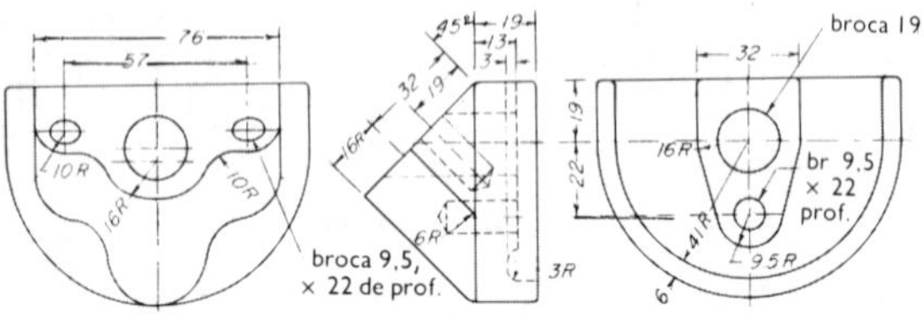

Prob. 33. Batente de disjuntor

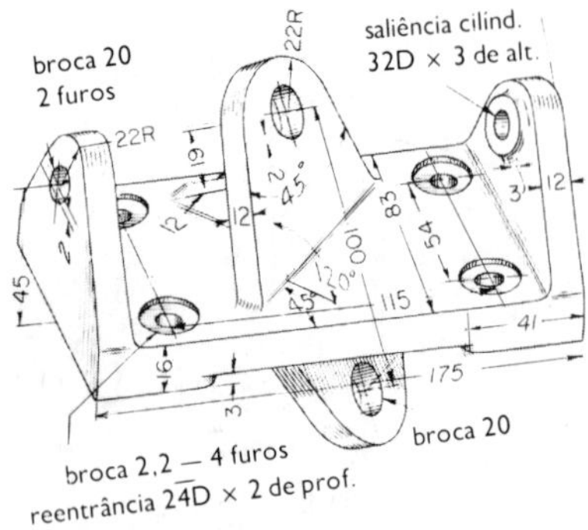

Prob. 34. Junção transversal

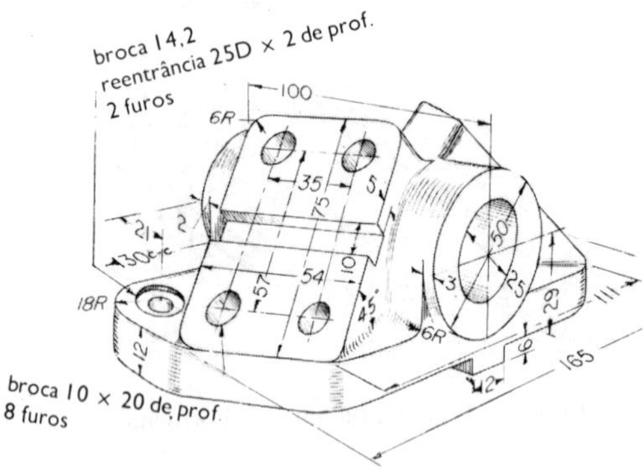

Prob. 35. Base de ferramenta com chanfro

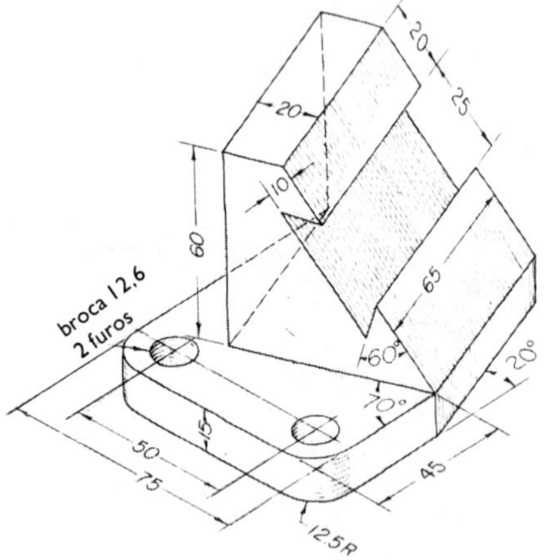

Prob. 36. Clipe em rabo de andorinha

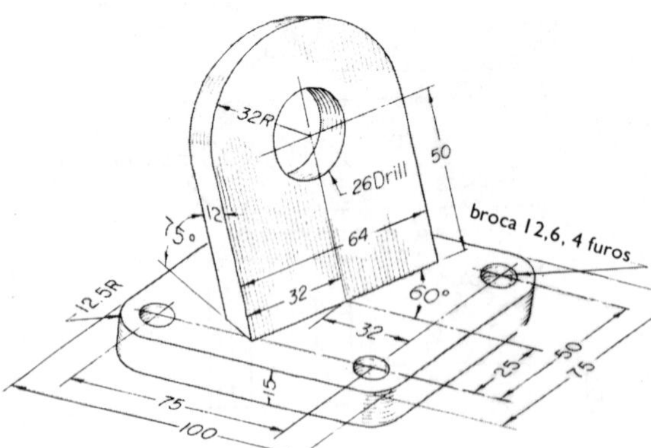

Prob. 37. Base de escora

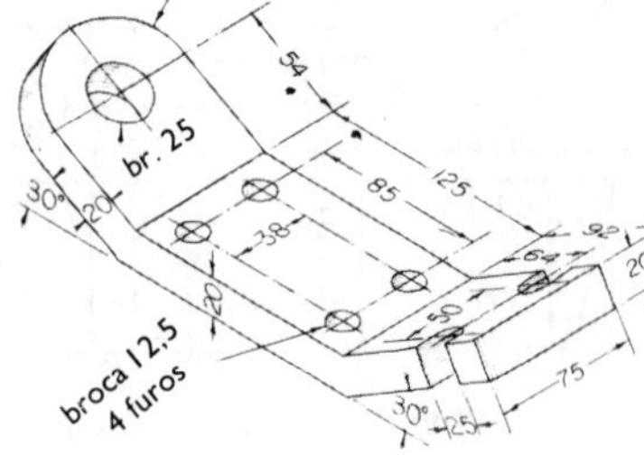

Prob. 38. Peça de convexão

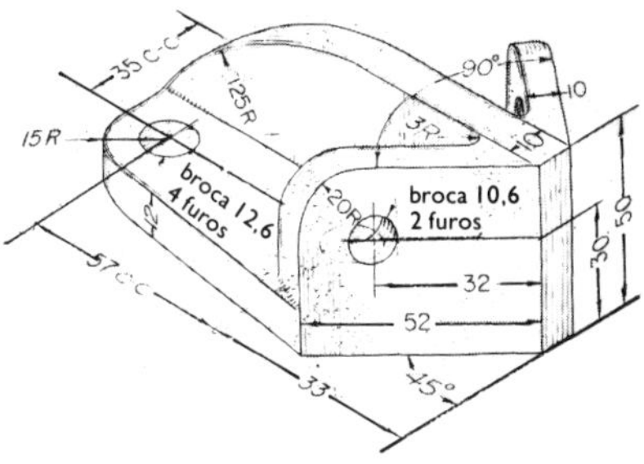

Prob. 39. Placa de impulsão

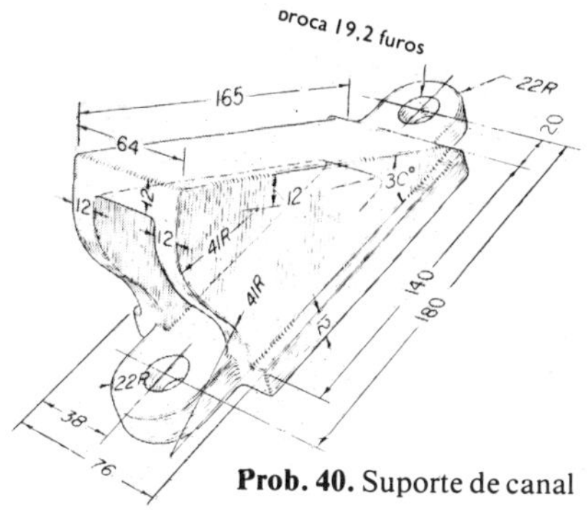

Prob. 40. Suporte de canal

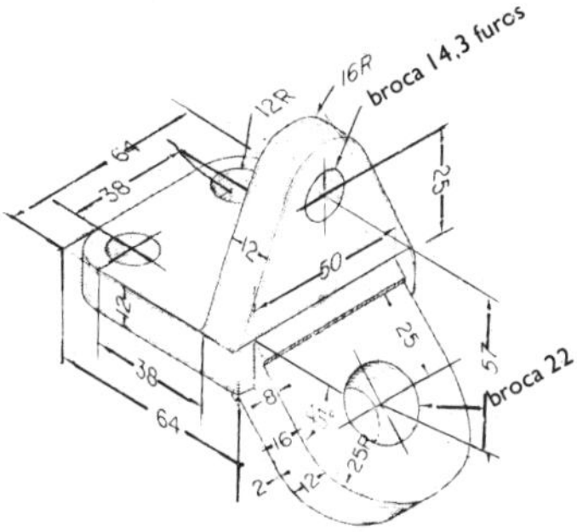

Prob. 41. União angular

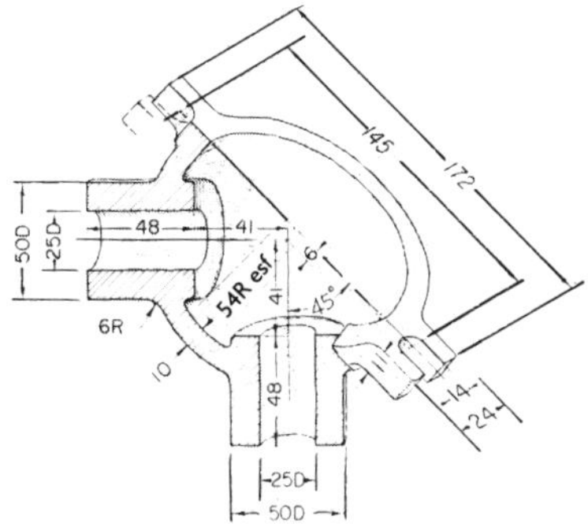

Prob. 42. Câmara de engrenagem em bisel

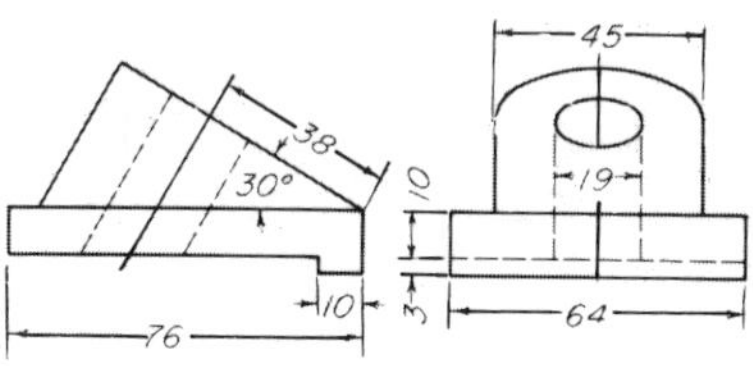

Prob. 43. Arruela de seção trapezoidal

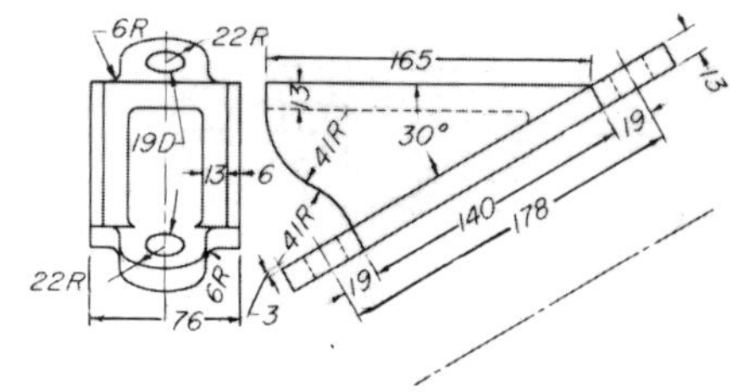

Prob. 44. Braçadeira angular

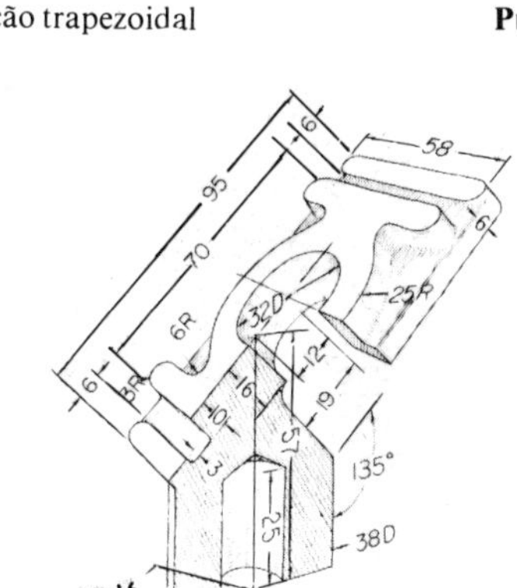

Prob. 45. Clipe de catenária

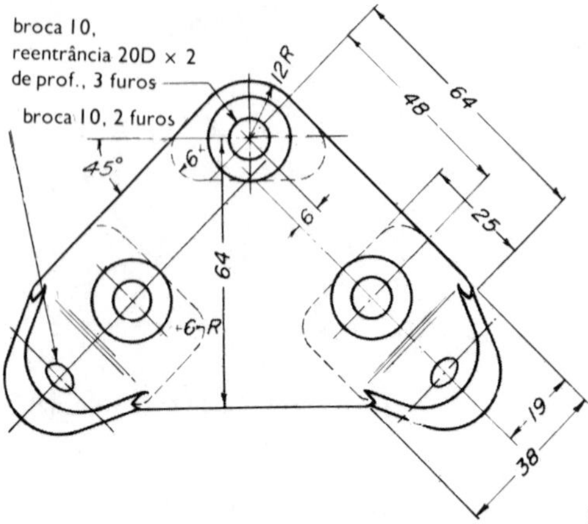

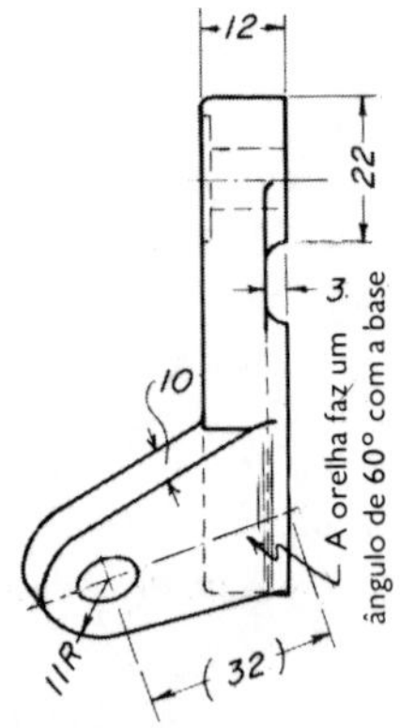

Prob. 46. Fixador de cabo

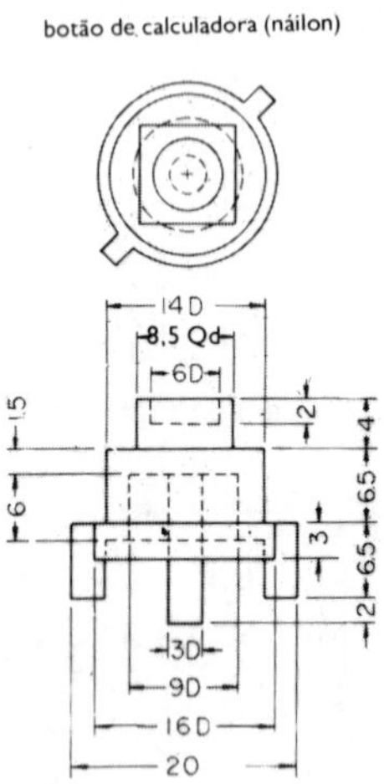

Prob. 47. Botão de calculadora (náilon)

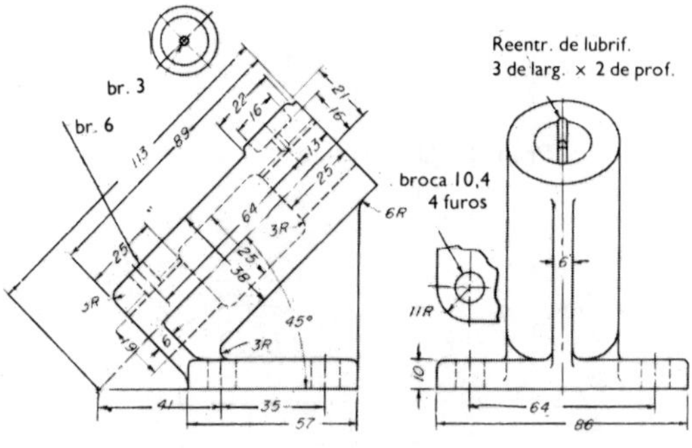

Prob. 48. Base de suporte

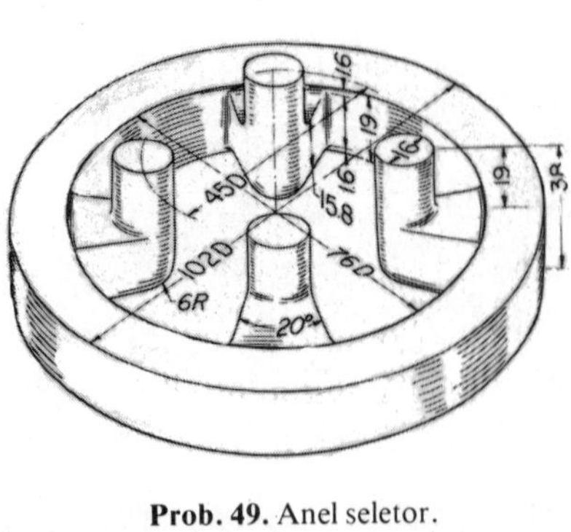

Prob. 49. Anel seletor.

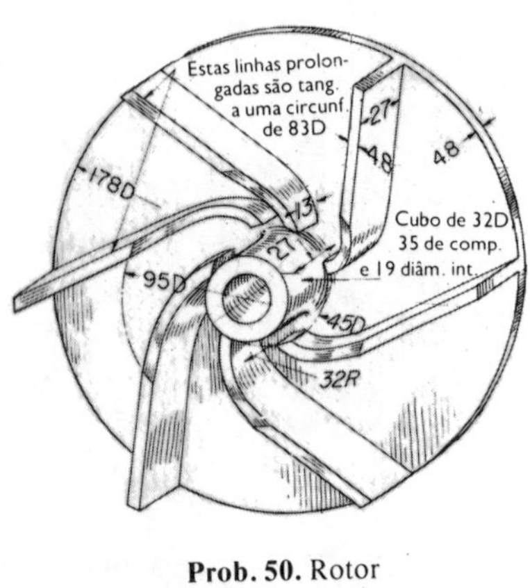

Prob. 50. Rotor

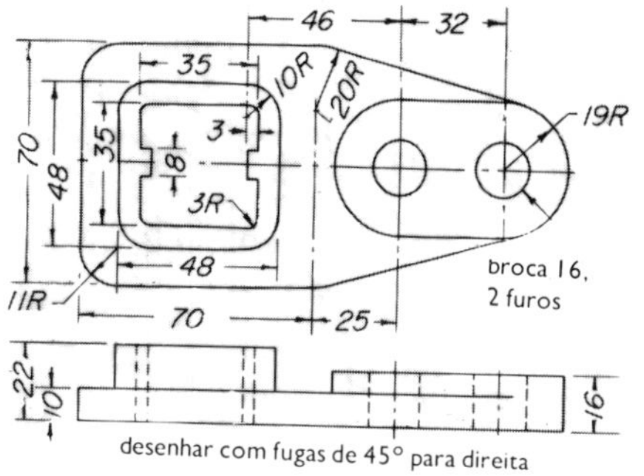

Prob. 51. Suporte deslizante

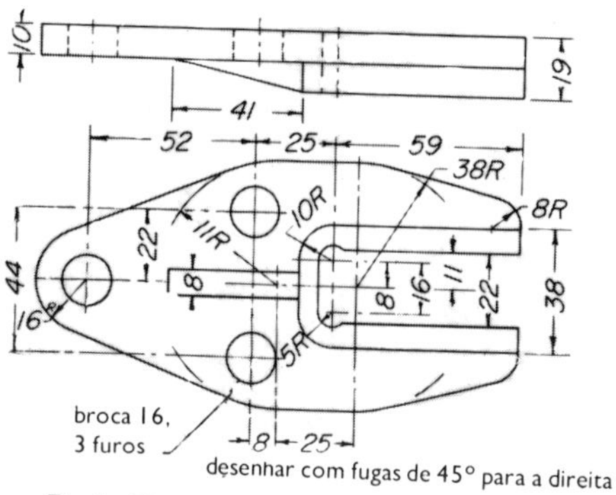

Prob. 52. Suporte de mandíbula

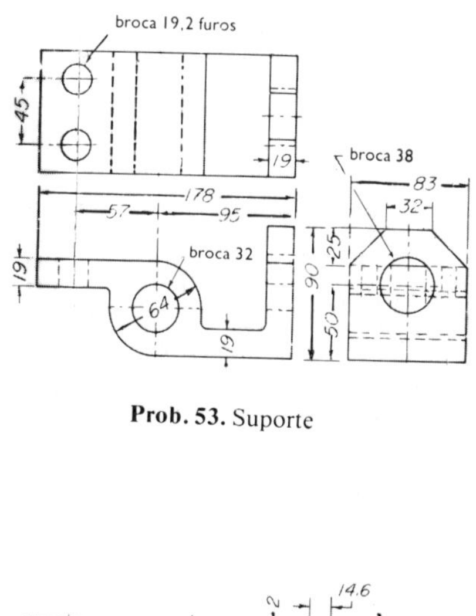

Prob. 53. Suporte

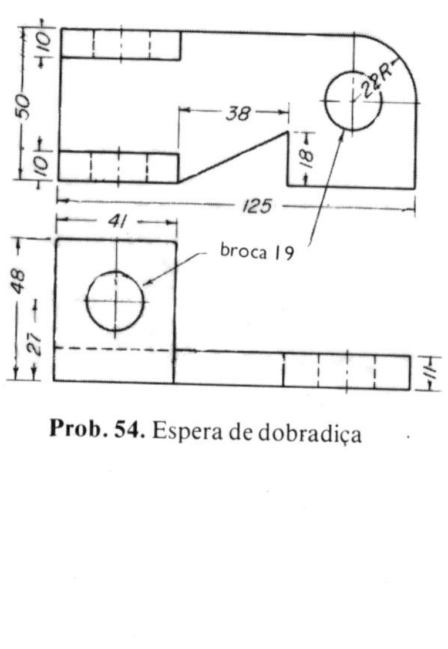

Prob. 54. Espera de dobradiça

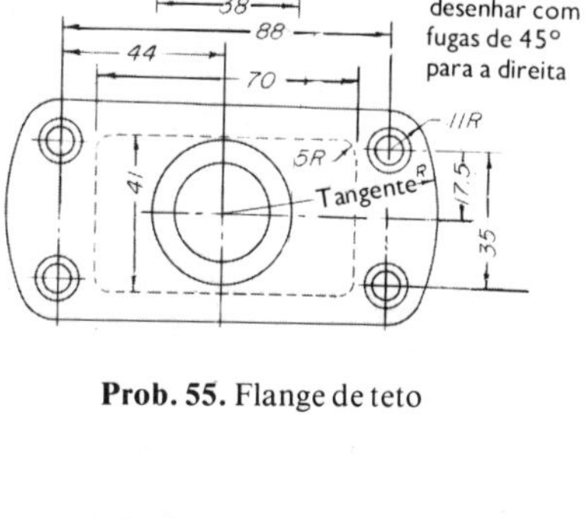

Prob. 55. Flange de teto

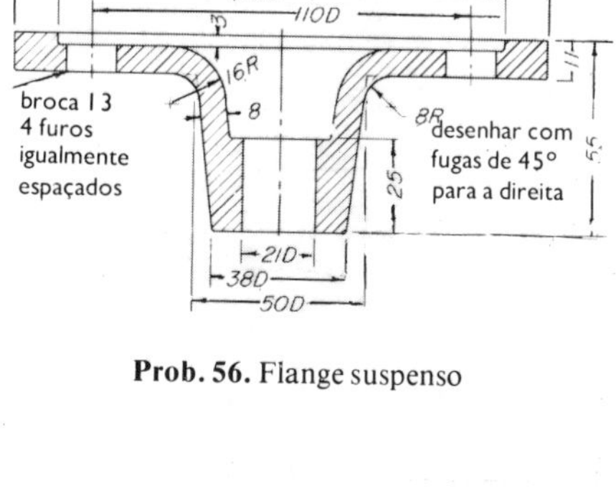

Prob. 56. Flange suspenso

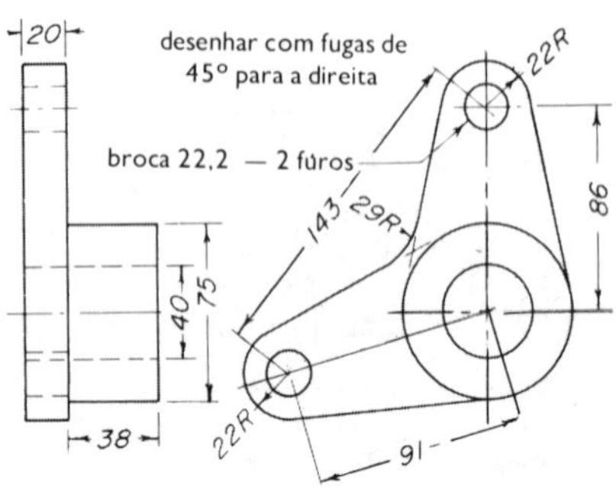

Prob. 57. Manivela de cotovelo

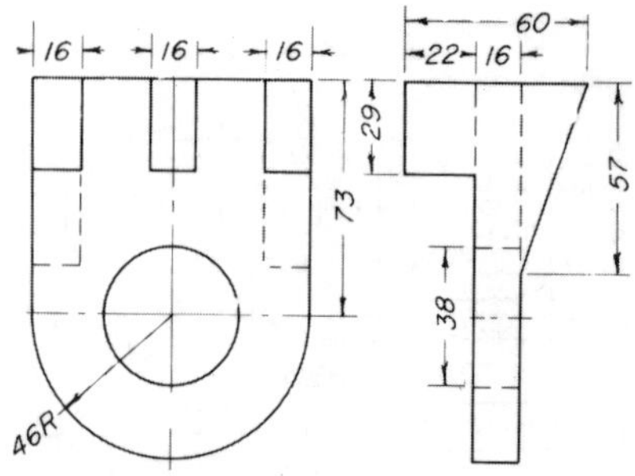

desenhar com fugas de 30° para a direita

Prob. 58. Placa de espera

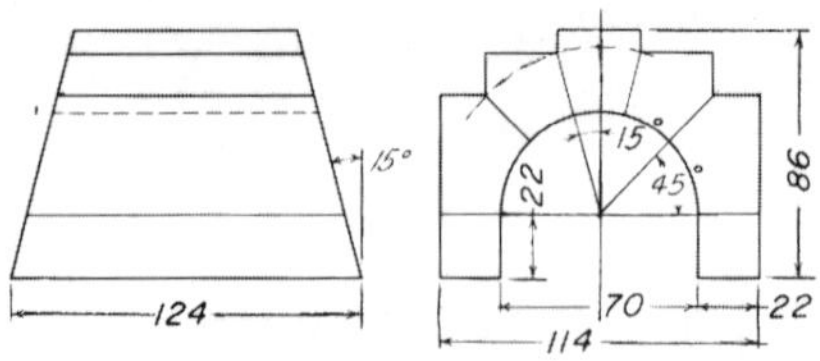

Referir as coordenadas à seção reta,
fugas de 30° para a direita

Prob. 59. Modelo de galeria

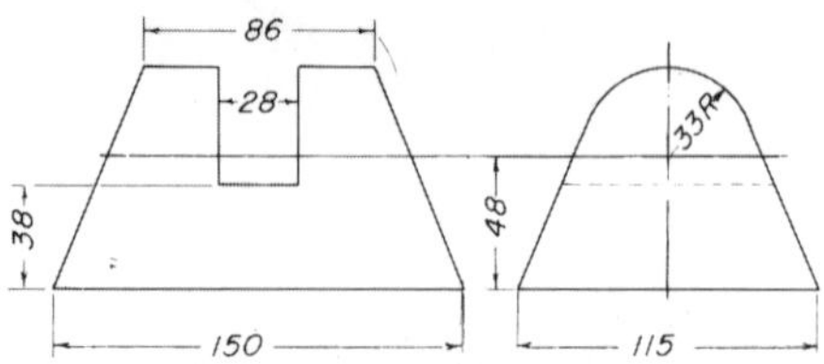

Referir as coordenadas à seção reta,
fugas de 30° para a direita

Prob. 60. Guia com fenda

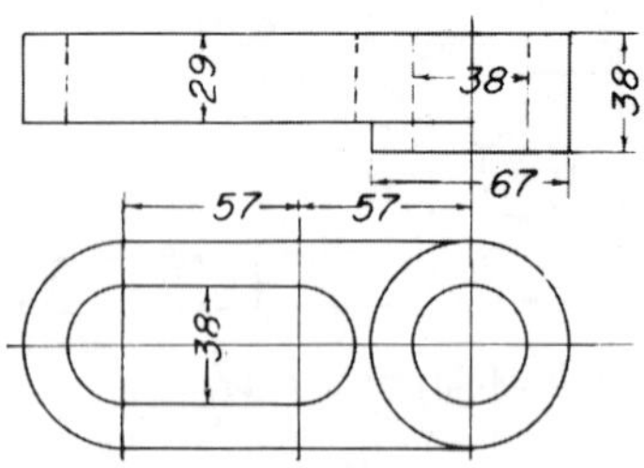

Desenhar com fugas de 30° para a esquerda

Prob. 61. Corrediça de Stephenson

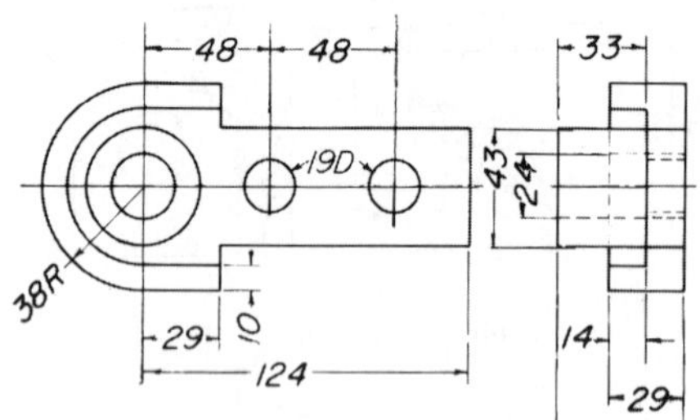

Desenhar com fugas de 45° para a direita

Prob. 62. Placa oscilante

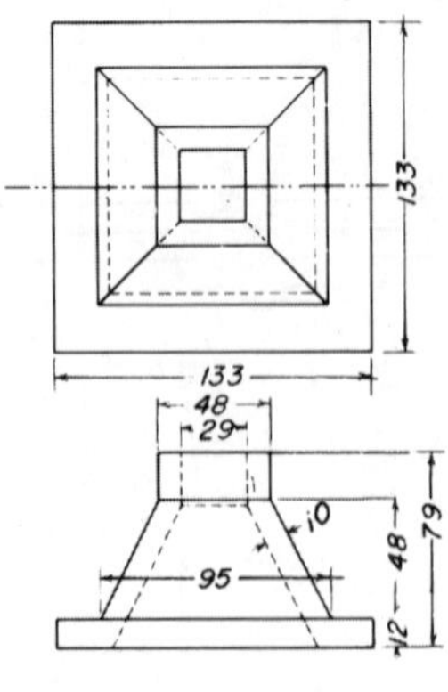

Prob. 63. Base de coluna

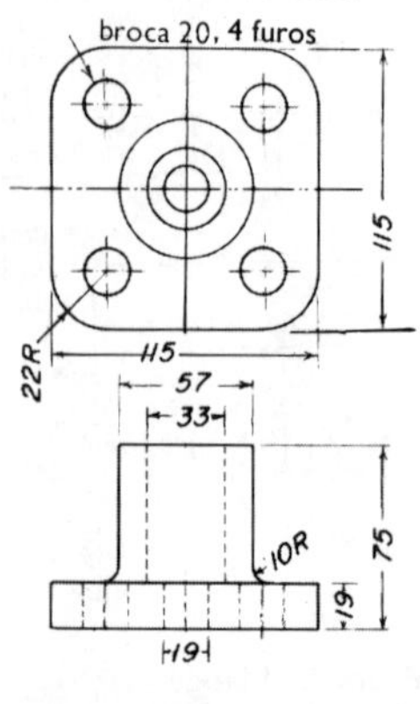

Prob. 64. Placa de base

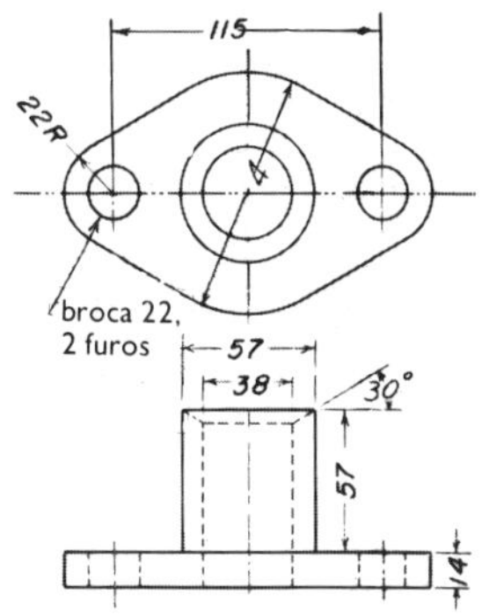

Prob. 65. Gaxeta de vedação

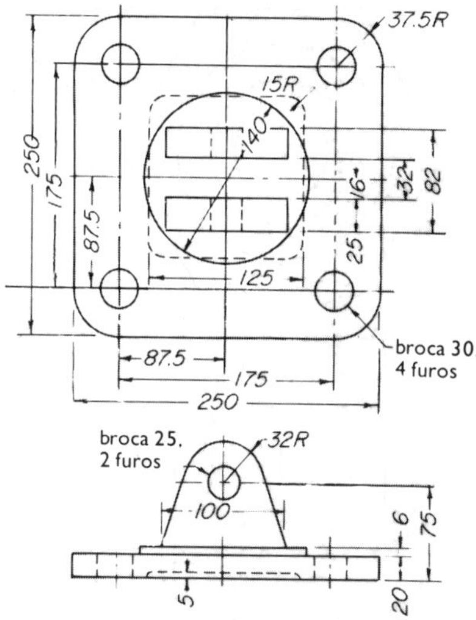

Prob. 66. Estribo mestre

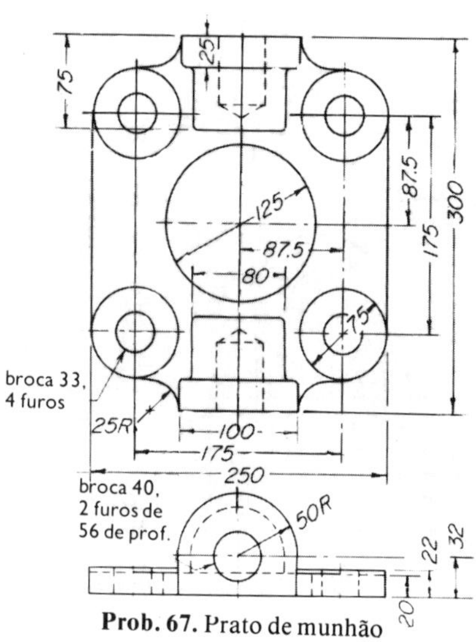

Prob. 67. Prato de munhão

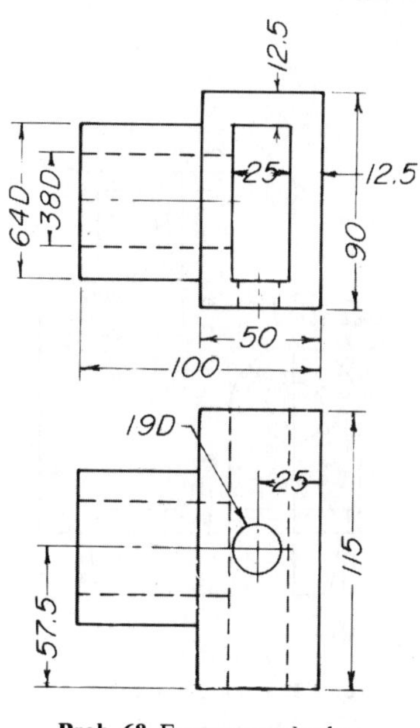

Prob. 68. Encaixe quadrado

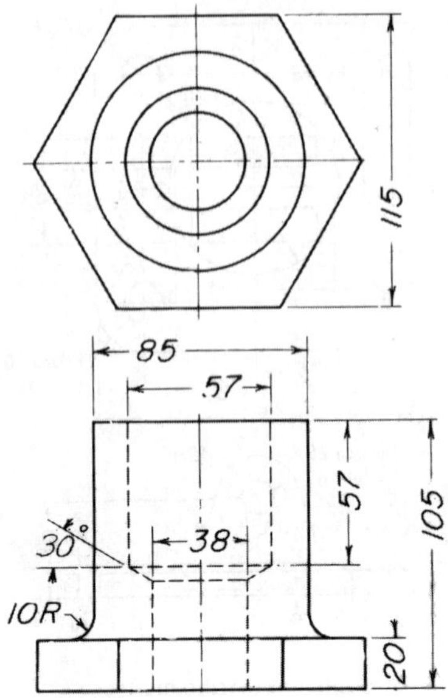

Prob. 69. Molde para sobreposta

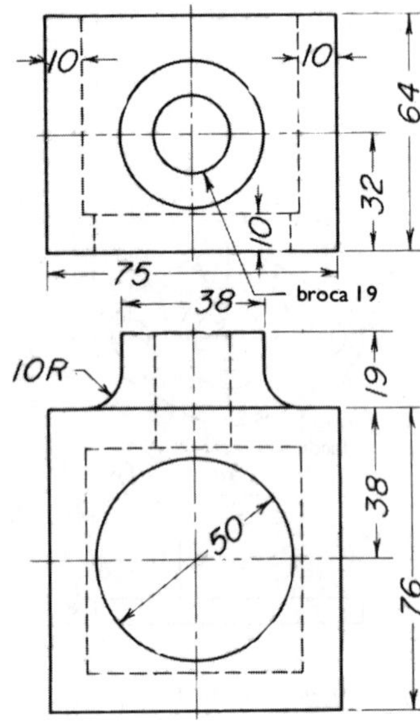

Prob. 70. Tampa deslizante

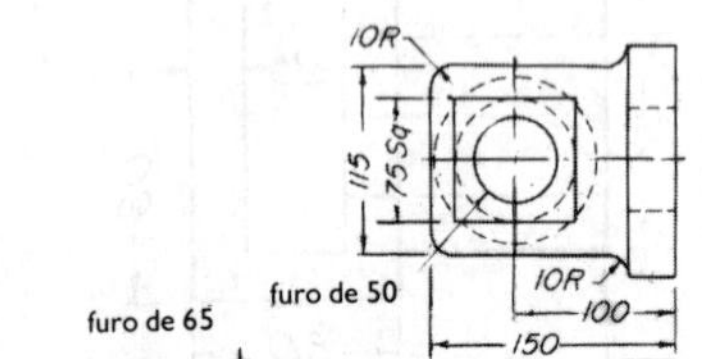

Prob. 71. Suporte de viga lateral

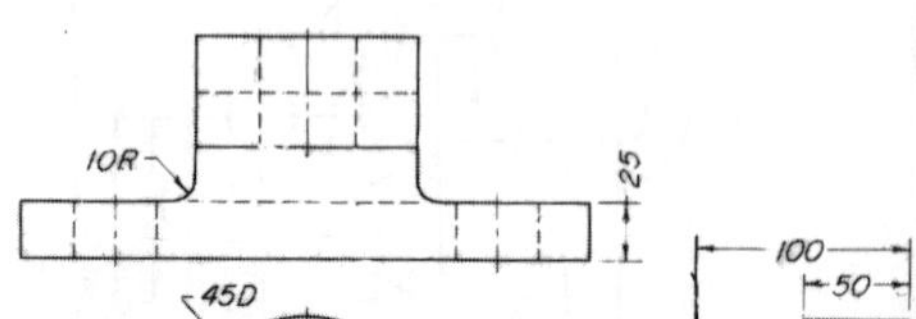

Prob. 72. Apoio de tirante

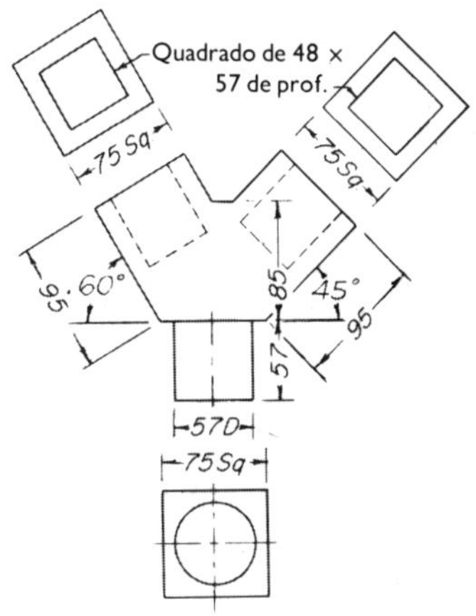

Prob. 73. Apoio rotativo de coluna

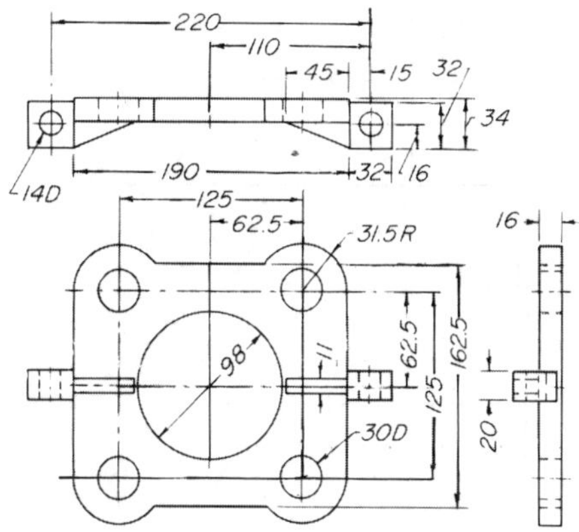

Prob. 74. Chapa de união

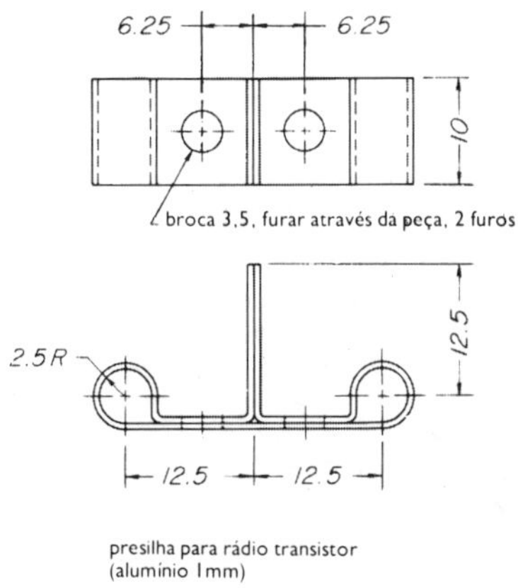

Prob. 75. Presilha para rádio transistor (alumínio, 1mm)

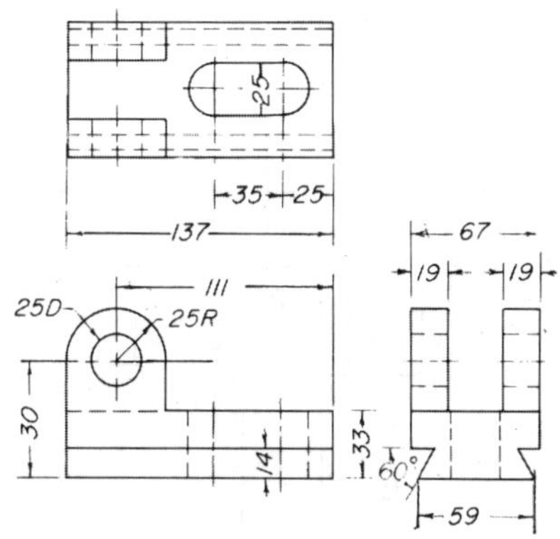

Prob. 76. Suporte com ressalto em rabo de andorinha

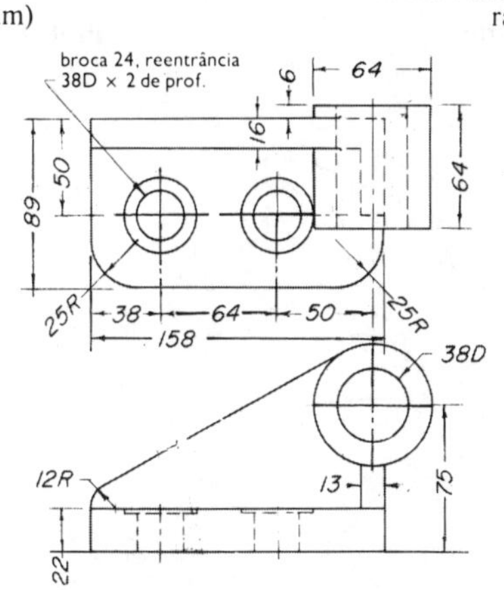

Prob. 77. Suporte angular

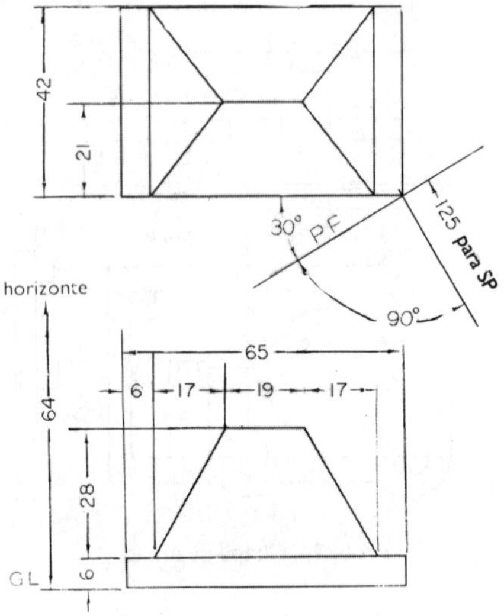

Prob. 78. Apoio com fenda

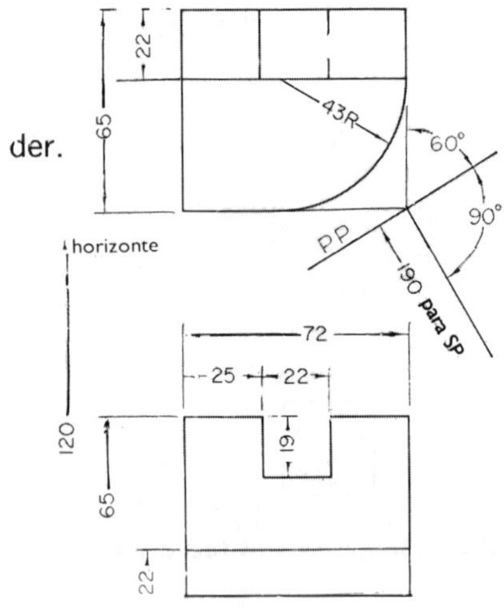

Prob. 79. Cunha dupla

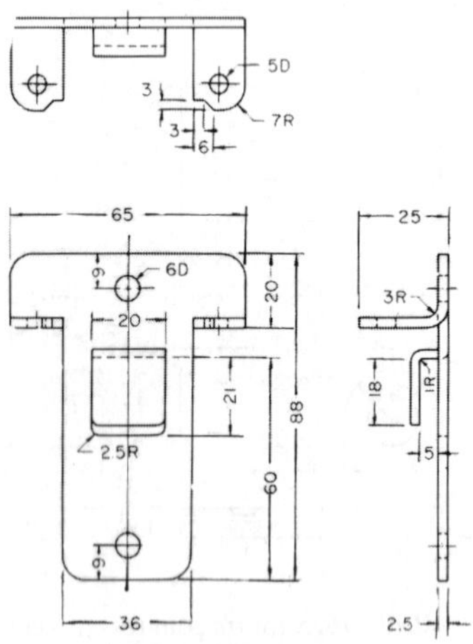

Prob. 80. Suporte

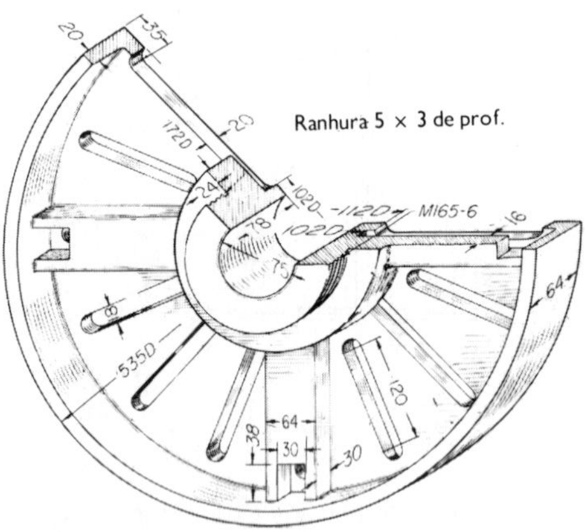

Prob. 81. Placa lisa de torno

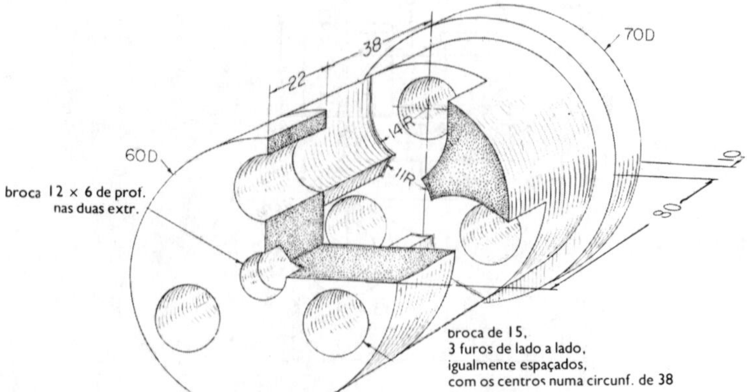

Prob. 82. Porta-fuso

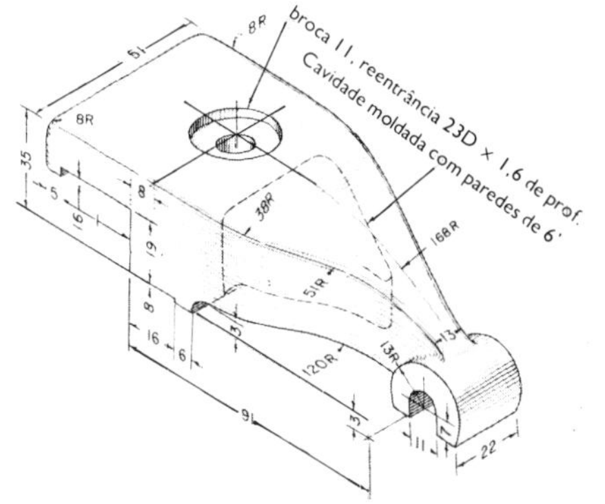

Prob. 83. Suporte

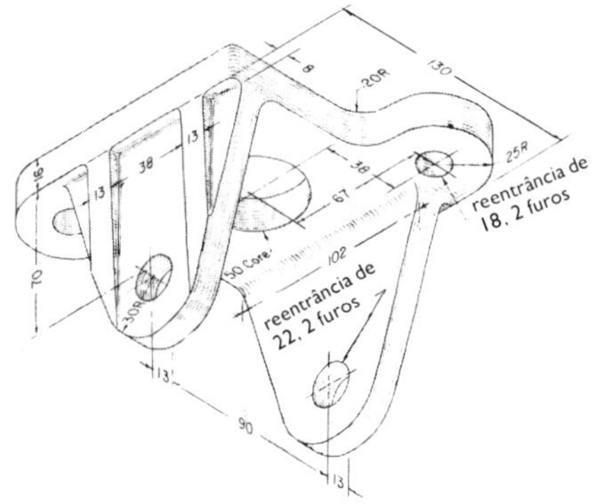

Prob. 84. Articulação da base de tração

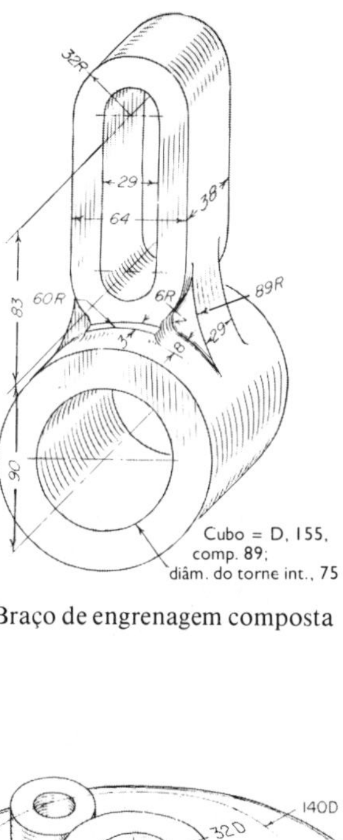

Prob. 85. Braço de engrenagem composta

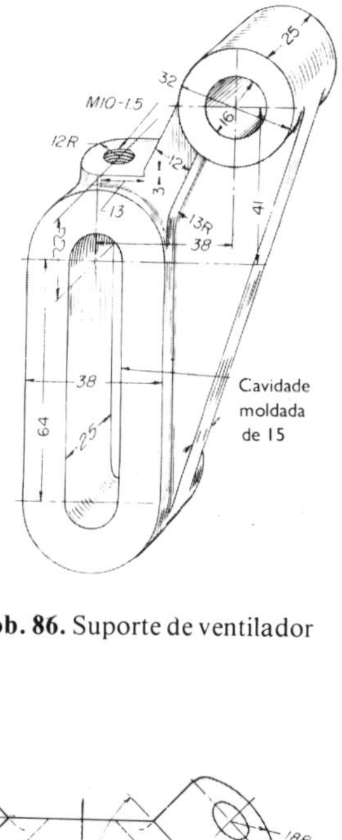

Prob. 86. Suporte de ventilador

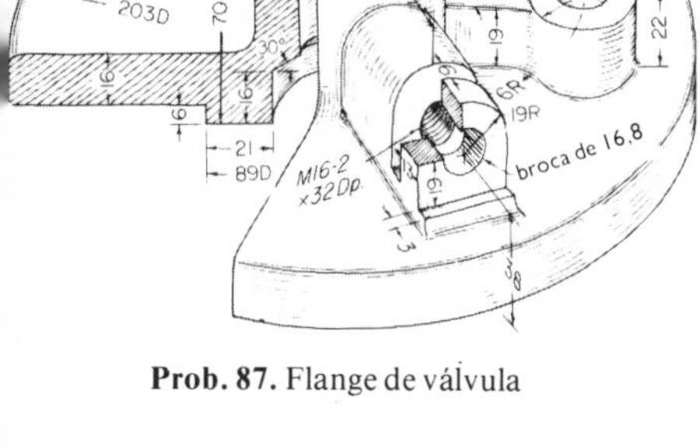

Prob. 87. Flange de válvula

Prob. 88. Tampa de caixa de derivação

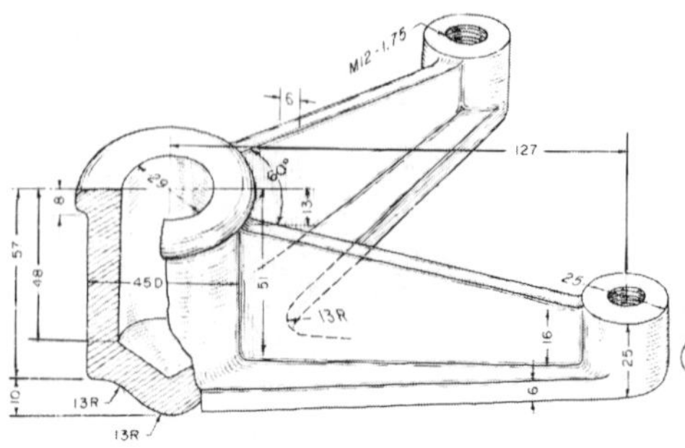

Prob. 89. Base ajustável

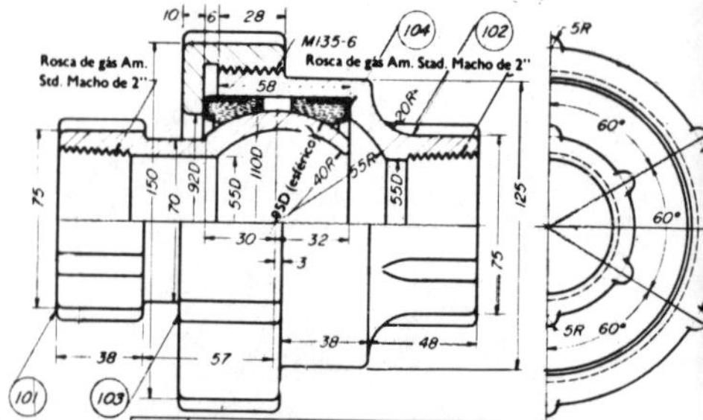

Nº	Nome	Mat.	Quan	Notas
101	Elemento esférico	A.d	1	
102	Elem. com rosca ext.	"	1	
103	Porca de fixação	"	1	
104	Engaxetamento	—	2	Comprado

Prob. 90. Junta esférica com extremidade rosqueada

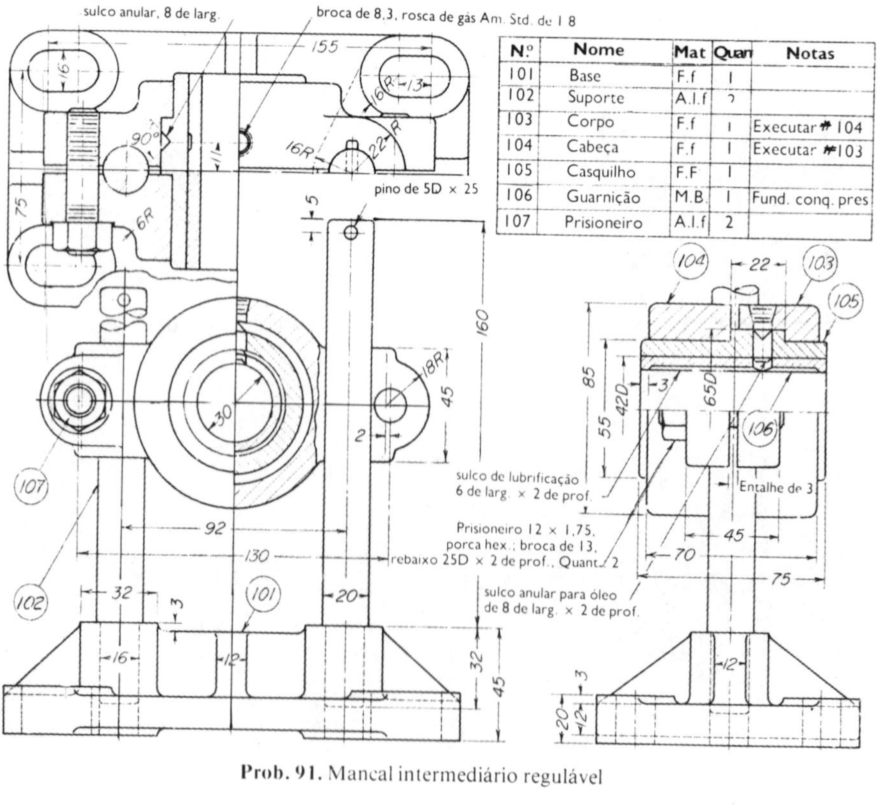

N.º	Nome	Mat	Quan	Notas
101	Base	F.f	1	
102	Suporte	A.l.f	2	
103	Corpo	F.f	1	Executar # 104
104	Cabeça	F.f	1	Executar #103
105	Casquilho	F.F	1	
106	Guarnição	M.B.	1	Fund. conq. pres
107	Prisioneiro	A.l.f	2	

Prob. 91. Mancal intermediário regulável

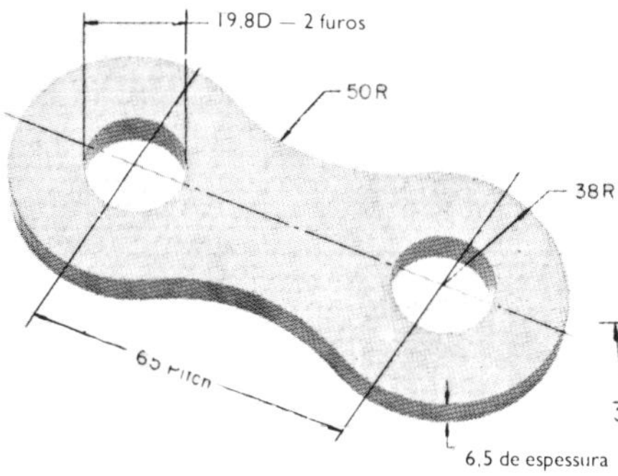

Prob. 92. Elo de correia transportadora

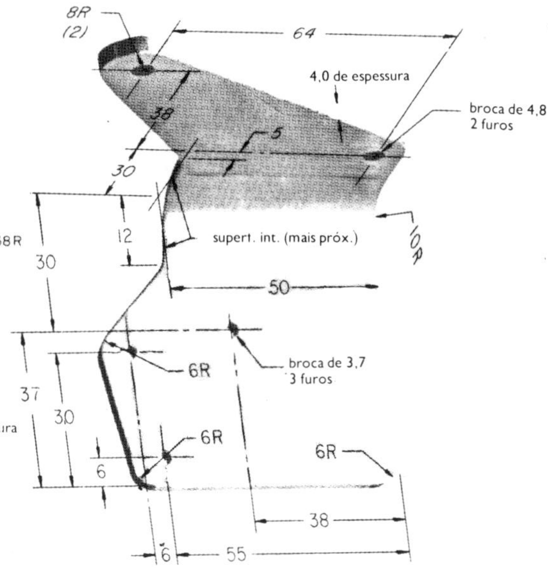

Prob. 93. Suporte de hidrocilindro

N.º	Nome	Mat.	Notas
1	Base	F.f	
2	Castanha	Aço	Temperado
3	Parafuso	A.l.f.	
4	Anel	A.l.f.	
5	Pico cônico 4	Aço	Comprado

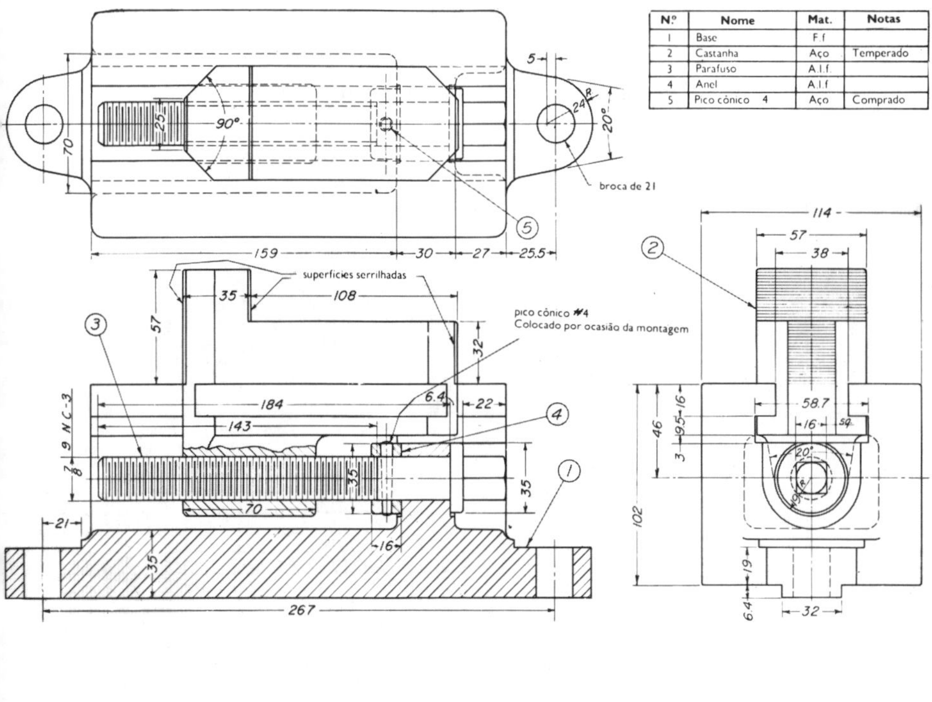

Prob. 94. Placa de castanhas independentes

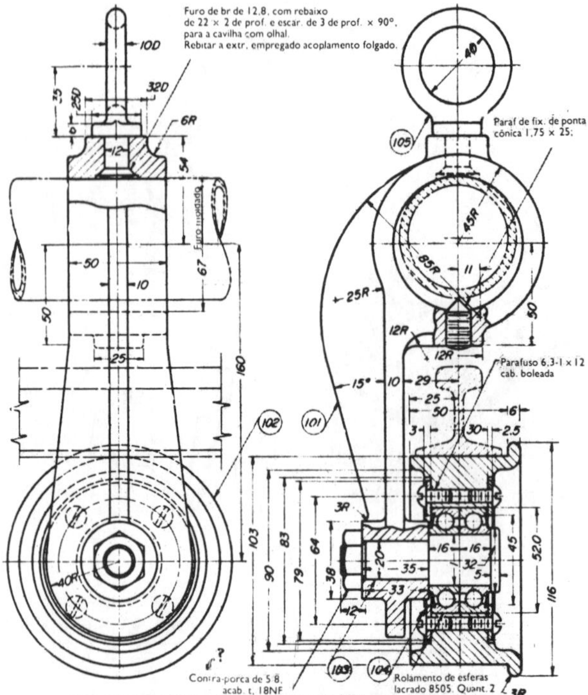

Peça Nº	Nome	Mat.	Qnt.	Notas
101	Pendural	F.f.	1	
102	Roda	F.f.	1	
103	Eixo da roda	Aço	1	
104	Disco	Aço	2	
105	Cavilha com olhal	D.F	1	Comprado

Prob. 95. Pendural de transporte para trilho aéreo

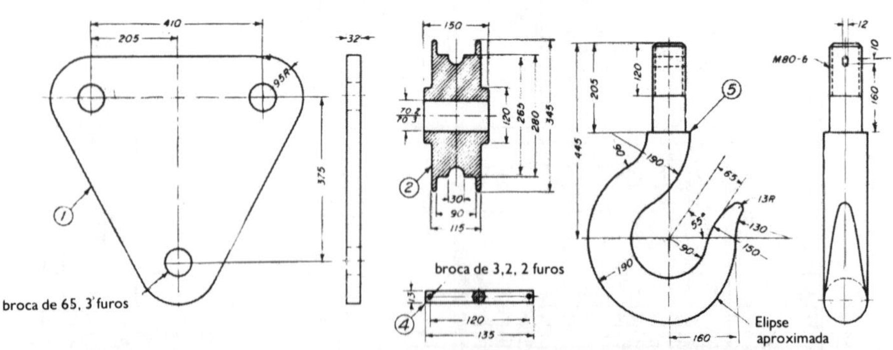

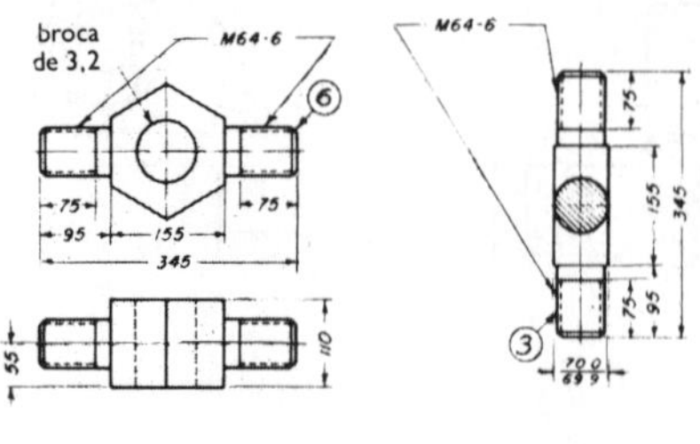

Nº	Nome	Qnt.	Notas
1	Chapa lateral	2	SAE 1030 - Chapa
2	Polia	2	" 1020
3	Pino da polia	2	" 1045
4	Pino para freno de porca	1	" 1030
5	Gancho	1	" 3140
6	Munhão do gancho	1	" 1045
7	Porca hexág. semi-acab.	6	M64-6
8	Porca hexág. com fenda	1	M80-6
9	Arruela	2	M80 — Pesado
10	Contrapino	2	3 × 25

Prob. 96. Gancho de guindaste

N.º	Nome	Mat.	Ont.	Notas
101	Cab. cilind. frente	ter. f.	1	
102	Cab. cilind. fundos	"	1	fundição 101
103	Gaxeta de vedação	"	1	
104	Pistão	"	1	
105	Haste de Pistão	Aço	1	
106	Chapa de pistão	"	2	
107	Cilindro	"	1	Cob. tubular
108	Haste de tirante	"	4	
109	Anel de parada	"	1	
110	Junta de Pistão	Argila	2	comprado
111	Vedação	Fibra	2	comprado

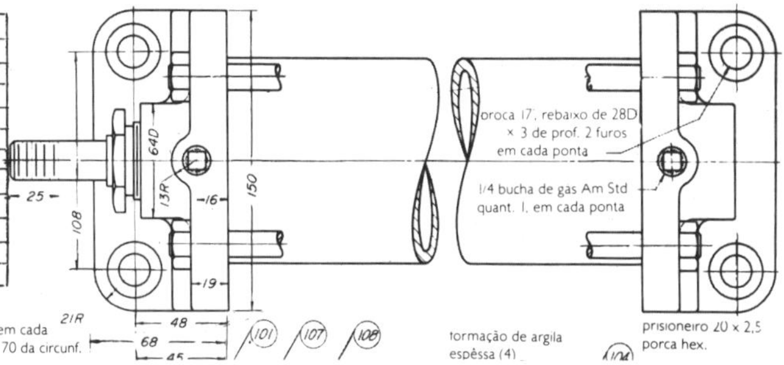

N.º	Nome	Mat.	Qnt.	Notas
01	Suporte	fer. fund.	1	
02	Cilindro	"	1	
03	Pistão	"	1	
04	Cabeça de cilindro	"	1	
05	Luva de vedação	"	1	
06	Luva	Aço	1	
07	Luva roscada	"	1	
08	Punção	"	1	
09	Tampo de punção	"	1	
0	Chapa de junta	"	1	
1	Junta	Argila	1	Comprado
2	Haste de pistão	Aço	1	
3	Mola de luva	"	1	Comprado
4	Mola de punção	"	1	Comprado

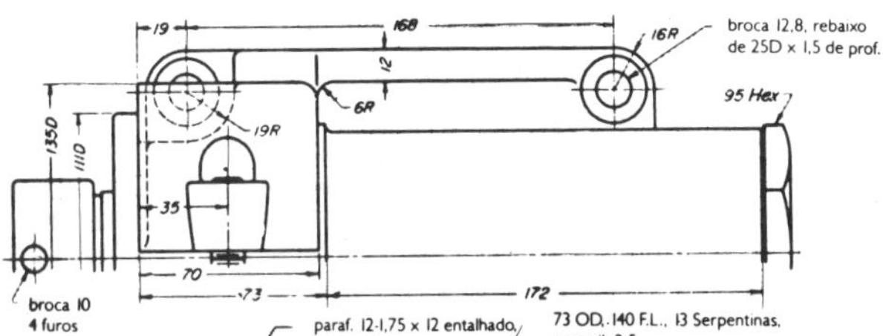

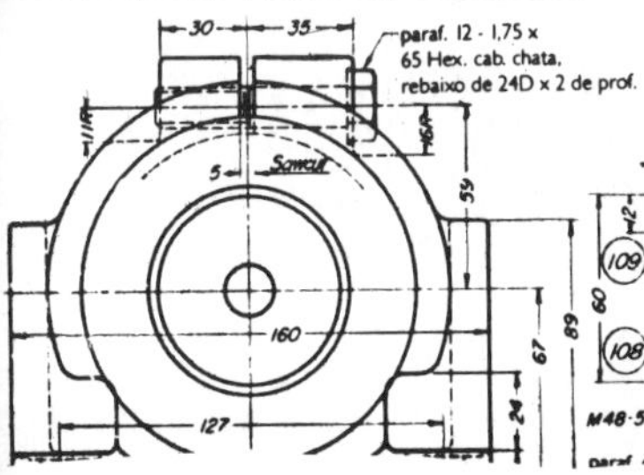

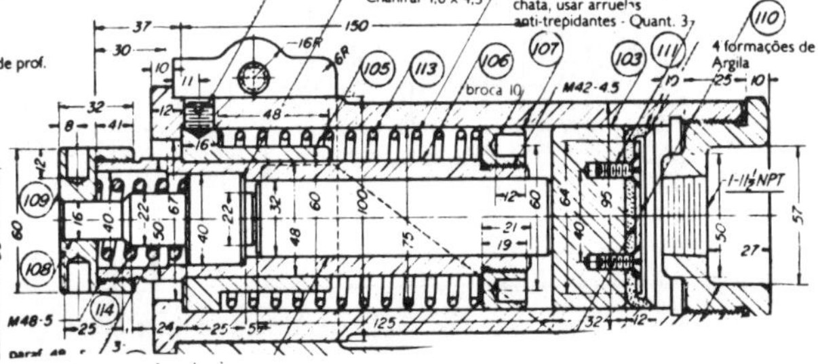

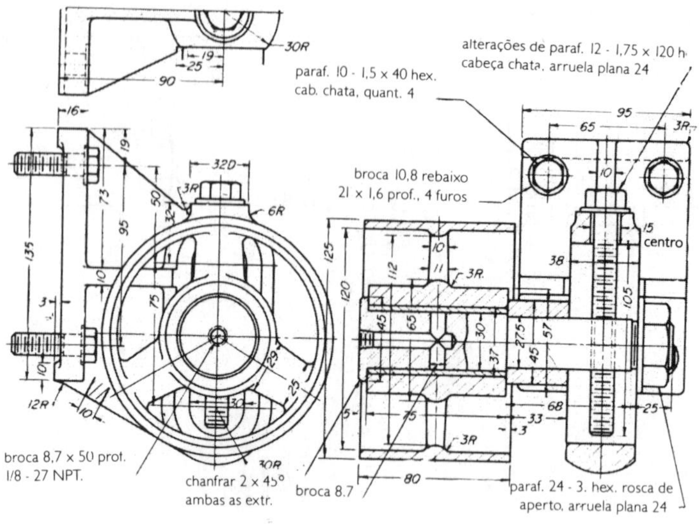

Prob. 99. Tensor de correia

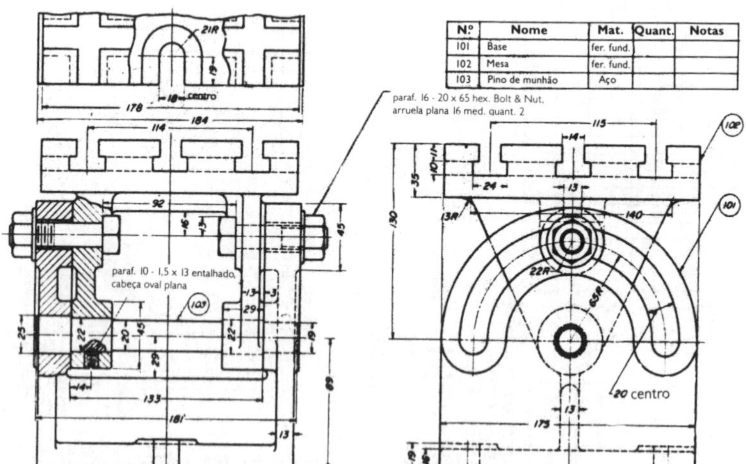

Nº	Nome	Mat.	Quant.	Notas
101	Base	fer. fund.		
102	Mesa	fer. fund.		
103	Pino de munhão	Aço		

Prob. 100. Mesa de oscilação

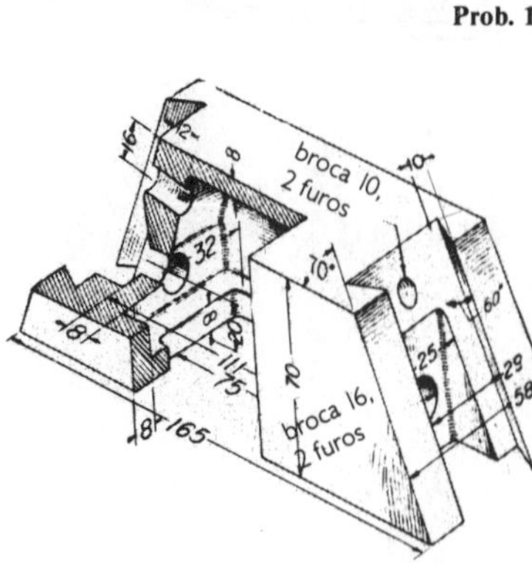

Prob. 101. Base de cursor

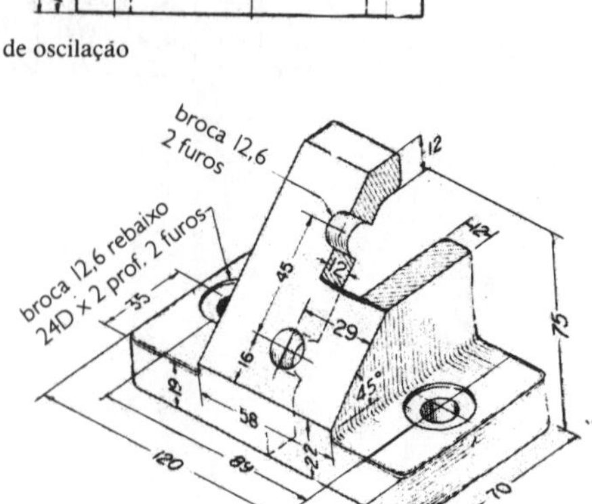

Prob. 102. Suporte de polia

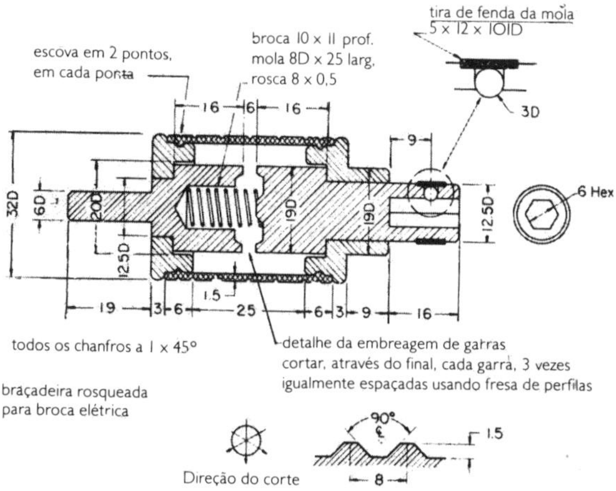

Prob. 103. Braçadeira rosqueada para broca elétrica

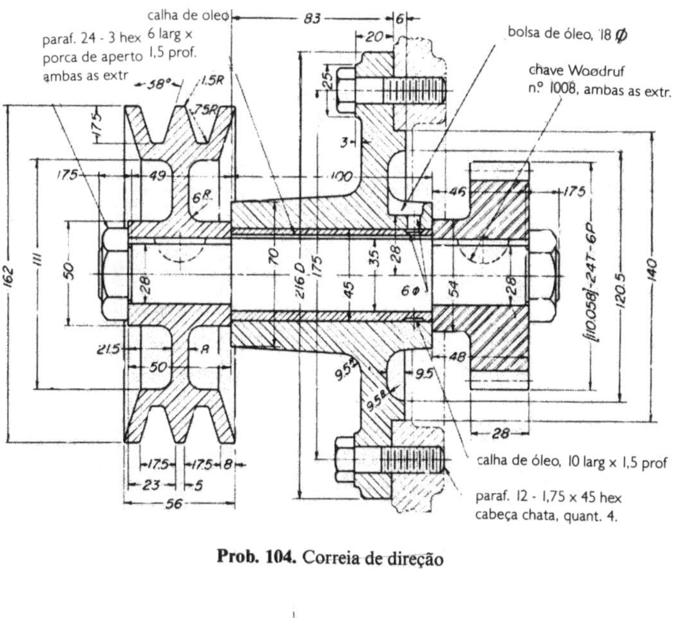

Prob. 104. Correia de direção

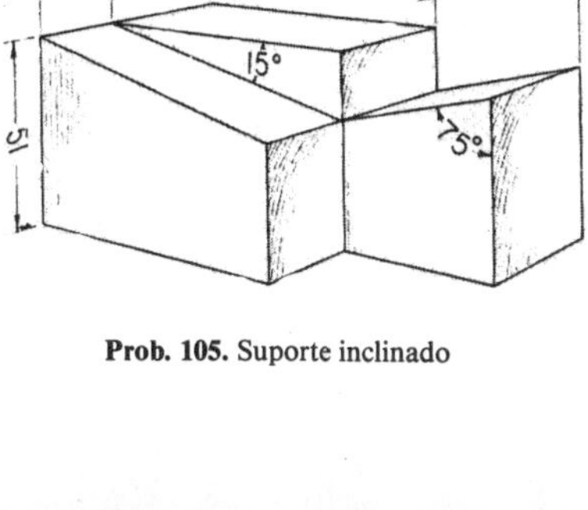

Prob. 105. Suporte inclinado

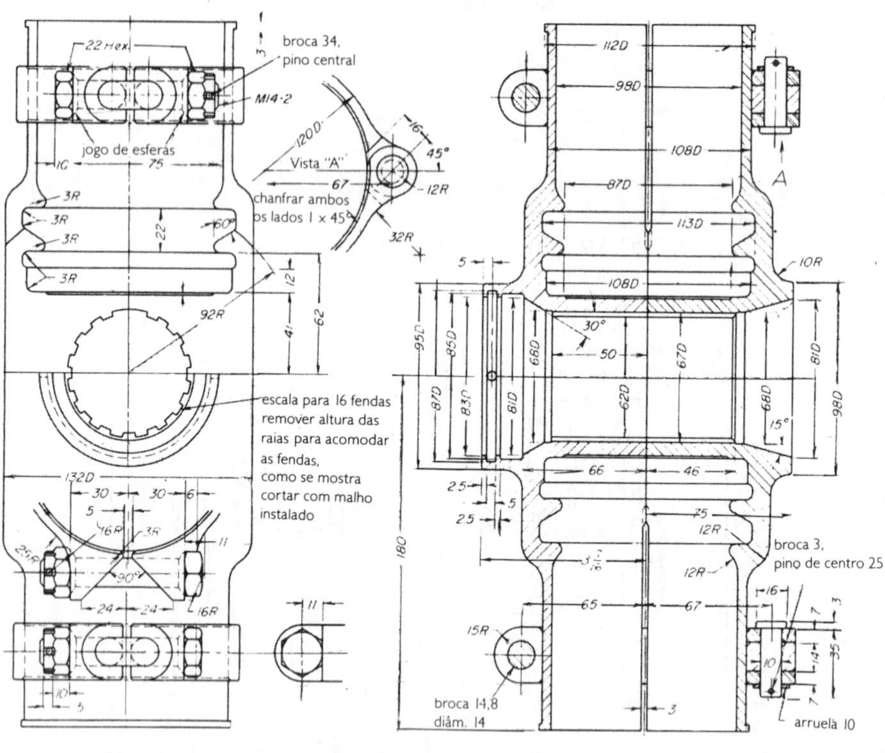

Prob. 106. Cubo da hélice

GLOSSÁRIO

Parte A. Termos de oficina

abrir ranhura Abrir um sulco ao redor de um eixo, em geral perto da extremidade ou onde muda o diâmetro.

abrir um rasgo interno Abrir um rasgo, deixando uma aba saliente.

acastelar Dar a uma peça forma semelhante à de um castelo, como no caso da porca de castelo [acastelada]. Muitas vezes aplicada a um eixo com múltiplas chavetas integrais fresadas nele.

ajustagem mecânica Modalidade de fixação de duas partes, uma em relação à outra, conforme indicação abaixo: 1. *Ajustagem com montagem forçada,* quando o eixo é ligeiramente maior do que o furo, devendo ser, então, introduzido a martelo ou na prensa. 2. *Ajustagem em constrição,* quando o eixo é ligeiramente maior do que o furo. A peça furada é aquecida, o que provoca o aumento de diâmetro do furo e possibilita a introdução do eixo. Se o aperto foi bem calculado, o eixo ficará solidamente preso, quando a peça esfriar. 3. *Ajustagem rotativa* ou *deslizante,* quando se dá ao conjunto jogo suficiente, de modo a possibilitar a montagem pelo simples giro ou deslizamento das partes. 4. *Ajustagem rotativa dura,* quando o jogo é menor do que o da ajustagem rotativa; o eixo entra, então, no furo, torcendo-se com a mão.

alargar Operação de acabamento de certa precisão, executada em um furo broqueado ou puncionado, mediante o emprego de uma ferramenta rotativa de diâmetro adequado [alargador].

alongar Operação em que o material é estirado, sofrendo redução de seção.

aplainar Operação mecânica executada na máquina de aplainar, por uma ferramenta fixa, ficando a obra presa à mesa móvel.

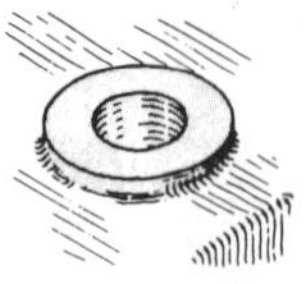

Boquilha

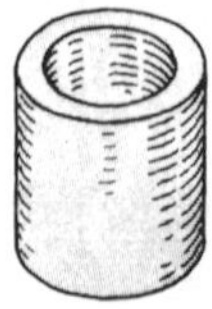

Bucha

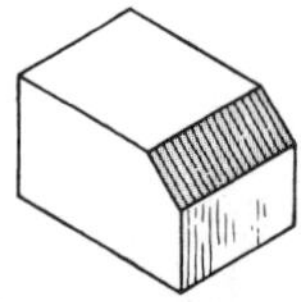

Chanfro

aplainar em torno-limador Operação de usinagem, executada em torno-limador. Esta máquina difere da plaina, por ficar a obra fixa, movimentando-se a ferramenta.

boleado Perfil curvo ou angular, correspondente ao sulco de uma palia.

boquilha Ver segunda acepção de *bucha.*

broca Ferramenta de aço, de forma cilíndrica, própria para a execução de furos, devendo girar premida contra a obra.

brocar O mesmo que *broquear* (v.).

broquear Furar com broca, geralmente helicoidal.

brunir Alisar ou polir uma superfície por meio de rolamento ou deslizamento, sob pressão.

bucha Peça cilíndrica vazada, removível, que se adapta ao furo de um mancal, para evitar o desgaste do mesmo; também guia de uma ferramenta num gabarito.

calço Folha fina de metal empregada na ajustagem de juntas.

cementar Endurecer superficialmente um aço, com baixo teor de carbono (0,15 – 0,30%), colocando-o em uma caixa onde fica envolvido por pó de carvão vegetal e conservando-o, por muitas horas, sob uma temperatura de 2000°F, devendo, depois, esfriar lentamente.

cementar e temperar 1. Cementar, empregando um meio sólido não muito rico em carbono e executar depois o tratamento térmico, para aumentar a dureza do material em questão. 2. Endurecer um aço, após cementação, aquecendo-o até sua temperatura crítica e mergulhando-o num banho de óleo ou chumbo.

cementar e temperar superficialmente Executar uma cementação e têmpera muito superficial, tendo em vista, principalmente, a aparência da obra.

chanfrar Cortar as arestas vivas de uma peça.

chanfro Bisel de uma aresta.

chapear Processo eletroquímico que consiste em revestir uma peça de metal com fina camada de outro material.

chaveta Pequena cunha ou peça semicilíndrica, colocada entre o eixo e o cubo de uma roda, para tornar as duas peças solitárias.

chaveta cavalante Chaveta deslizante de faces paralelas, geralmente presa ao eixo.

chaveta cavalete Chaveta longa. Em alguns casos, uma chaveta chata.

concordância externa Arredondado exterior de uma aresta, concordando duas superfícies. Comparar com *concordância interna.*

concordância interna Parte arredondada de um ângulo interno formado por duas superfícies.

copiar Executar uma forma determinada com fresa, geralmente guiada por um copiador ou matriz.

cortar com tesoura mecânica Cortar folhas ou barras mecânicas com dispositivo constituído por duas lâminas.

desempenar Operação de alisar folhas metálicas com o martelo de desempenar.

encalcar Forjar uma barra, aumentando-lhe o diâmetro ou acrescentando-lhe uma aba.

entalhe 1. Corte feito por serra ou por outra ferramenta. 2. Um rasgo ou ranhura.

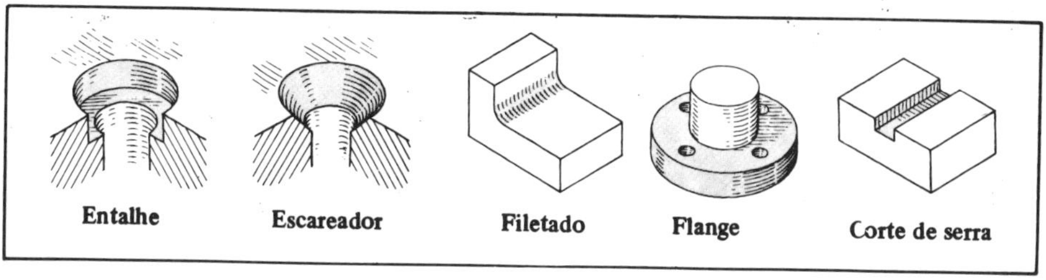

escareador Ferramenta cônica para escarear.

escarear Dar forma cônica à extremidade de um furo, para que paí se possa alojar a cabeça de um parafuso ou rebite, de um furo, para que aí se possa aloao conjunto uma superfície lisa.

esmerilhar Executar o acabamento de uma superfície com a ferramenta de esmerilhar.

estampagem Obra, geralmente de folha metálica, formada ou recortada por uma matriz.

estampar Executar uma peça metálica em uma única operação. Em geral, peças de forma plana.

executar a decapagem em tambor rotativo Limpar, alisar ou polir peças fundidas ou forjadas, em tambor rotativo, pelo atrito de umas contra as outras e com o auxílio de outros corpos, tais como: pedaços de sucata, esferas de aço, etc.

execútar a decapagem química Limpar peças fundidas ou forjadas por meio de um banho em uma solução aquecida e fraca de ácido sulfúrico.

executar o revenido 1. Modificar as características físicas de um aço temperado, reaquecendo-o abaixo da temperatura crítica e deixando-o esfriar. 2. Executar a operação final de têmpora do aço, mediante imersão gradual ou intermitente.

facear Executar uma superfície plana perpendicular ao eixo de rotação de um torno. Operação diferente da de tornear.

ferramenta de esmerilhar Ferramenta que possibilita o perfeito acabamento de uma superfície. Pode ser feita de metal mole, madeira ou chumbo, aos quais se acrescenta um abrasivo.

ferro acerado Material usado na construção de máquinas. É, em geral, constituído por ferro fundido, ao qual se acrescentou diferentes pedaços de aço, de procedência diversa.

flange Parte saliente ou virola de uma peça, por onde se pode aparafusar a peça.

forjadura estampada Obra de ferro maleável executada a quente, sobre matrizes, com martelo mecânico ou mediante o emprego de prensa.

forjar Dar forma a um metal, quando quente e em estado plástico, por meio de golpes ou de outro processo adequado. O forjamento pode ser manual ou mecânico.

forjar com estampos ou a martelo Operação de conformar um metal a frio, por meio de golpes, utilizando matrizes ou um par de martelos.

fresar Operação executada com a fresadora, que faz girar as ferramentas de corte (fresas).

fundir em conquilha Endurecer uma peça de ferro fundido pelo contato súbito com o metal do molde empregado.

gabarito copiador Modelo plano que permite a reprodução de perfis, localização de furos, etc.

galvanizar Tratar uma liga com um banho de chumbo e zinco, para evitar a ferrugem.

galvanizar com zinco Galvanização com zinco por um processo de aquecimento a seco.

limar Executar o acabamento de uma superfície com lima.

limpar com jato de areia Executar a lim-

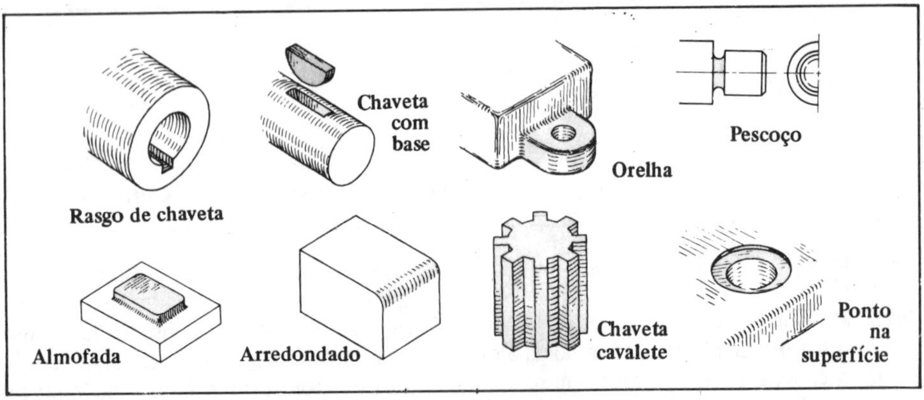

peza de peças fundidas ou forjadas, por meio de areia lançada por bico, com ar comprimido.

mandril Ferramenta possuindo uma série de dentes e que pode ser empurrada ou puxada através de um furo, para lhe dar a forma desejada.

mandrilar Executar o acabamento interno de um furo cuja forma é, geralmente, diferente da cilíndrica.

matriz Peça inferior do par de peças de metal temperado empregado nas operações de conformar, prensar ou cortar uma desejada forma.

moldar com macho Executar a moldagem do furo ou cavidade de uma peça fundida, mediante o emprego de um macho, que será adaptado ao molde. Os machos são feitos de areia, na caixa de machos.

normalizar Eliminar as tensões internas de uma peça de metal, aquecendo-o até atingir sua temperatura crítica e deixando-a esfriar muito lentamente. É um processo especial de recozimento.

obra de ferro fundido maleável Obra fundida, submetida ao recozimento. Aplicável no caso de pequenas peças com paredes de espessura uniforme.

obra fundida em conquilha Obra fundida, muito bem acabada, que se obtém derramando a liga derretida (ou composição especial, como a baquelite) em molde metálico ou conquilha, geralmente sob pressão. Distingue-se da fundição executada em molde de areia.

orelha Saliência de uma peça, em geral de seção retangular. Não confundir com o ressalto.

pena extremidade do martelo oposto à face. Exemplo: o martelo de pena esférica.

polir Alisar uma superfície com rebolos macios de feltro ou de outro material semelhante, depois do emprego de abrasivos.

puncionar Furar com a punção (ferramenta que trabalha sob pressão, sem girar)

ranhura Parte reduzida em diâmetro entre as extremidades de um eixo.

rasgo de chaveta Sulco para receber uma chaveta. Ela encaixa perfeitamente no caso do *Key seat* e pode deslizar no caso do *Keyway*.

rasgo interno Rasgo aberto por baixo de uma aresta ou aba saliente.

rebaixador Ferramenta usada para rebai-

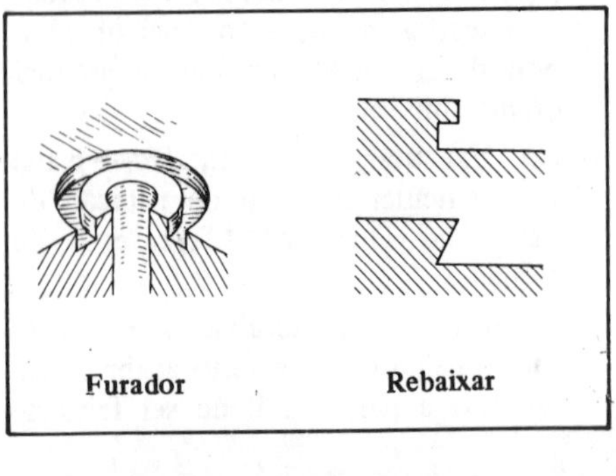

xar um furo, tendo na extremidade uma parte para guiá-la, de diâmetro igual ao do furo.

rebaixar Alargar um furo em uma determinada extensão.

rebaixar raso Execução de uma superfície lisa de forma circular, geralmente em torno de furos, com o fim de proporcionar um bom assentamento às porças ou cabeças de parafuso. Estes rebaixos são feitos com uma fresa em geral com 16mm (1/16") de profundidade.

rebaixo 1. Parte cilíndrica alargada de um furo broqueado ou torneado. 2. Superfície plana em um eixo, normal ao eixo geométrico, formado por uma diferença no diâmetro.

rebarba Excesso de metal que se projeta entre duas matrizes. Existe, também, em peças fundidas.

rebitar 1. Ligar com rebites. 2. Encalcar a extremidade cilíndrica de um pino, com o fim de produzir uma ligação permanente.

recartilhar Tornar áspera a superfície de uma peça torneada, por meio de um serrilhado, constituído por uma série de pequenos filetes, como no caso de uma maçaneta, manípulo, etc.

recozer Anular as tensões internas e alterar a dureza de um material aquecendo-o até a temperatura crítica, e deixando-o resfriar muito lentamente.

relevo Porção de uma superfície plana de uma peça, colocada acima ou abaixo de outro plano, usualmente para ajuste ou para economia, na usinagem.

repuxar Conformar uma folha de metal, forçando-a contra um modelo que gira.

ressalto Saliência de forma circular, existente em obras fundidas ou forjadas.

retificar Executar o acabamento de uma superfície por meio de rebolos de material abrasivo.

retocar Remover as rebarbas e alisar os cantos dos produtos cerâmicos, antes de irem para o forno.

roscar com machos Abrir roscas com uma ferramenta roscada de forma cônica, denominada macho. Ao longo da mesma existem ranhuras que têm por fim formar as arestas de corte.

roscar no torno Abrir roscas no torno. Operação diferente da abertura de roscas com a tarraxa.

saliência Saliência rasa. Distingue-se do ressalto pela forma e tamanho.

soldar com arco elétrico Solda autógena executada com arco elétrico.

soldar com a solda autógena Ligar duas peças, aquecendo-as até a temperatura de fusão e aplicando-lhes, então, golpes de martelo ou pressão mecânica.

soldar com solda elétrica com cordões espaçados Executar a solda autógena de arestas, formadas por duas chapas, por meio de cordões curtos e espaçados.

soldar com solda elétrica por pontos Soldar com solda autógena, por meio de pontos, duas chapas superpostas, utilizando o calor obtido pela passagem de uma corrente elétrica entre as partes de contato a serem soldadas.

soldar com solda forte A solda é feita pelo uso de uma solda forte.

soldar com solda fraca Ligar duas peças metálicas por meio de um material especial, o **solder**, com aplicação de calor.

talhar Cortar ou desbastar com talhadeira e bedame.

temperar Aquecer um aço acima de sua temperatura crítica e mergulhá-lo em um banho, o que provoca o seu resfriamento brusco.

tornear Operação de usinagem executada no torno. Não confundir com facear.

tornear internamente Alargar um furo no torno, com o ferro de perfurar. Não confundir com broquear.

trabalhar a frio Modificar a forma de uma peça na temperatura ambiente, seja por meio de forjamento, estampagem, alongamento, etc.

trabalhar com o martelo de pena Estirar, rebitar, etc., empregando a pena do martelo.

trabalho à quente Modificação na forma

de uma peça, seja por meio de forjamento, estampagem, alargamento, etc., enquanto o metal encontra-se em estado plástico, através de aquecimento.

trepanar Executar uma ranhura de forma circular em torno de um furo.

Parte B. Termos de estrutura

abaulamento Arredondamento para cima, utilizado em treliças e longarinas, para evitar o efeito de arqueamento.

alargador Instrumento de aço, cônico, usado para alargar furos rebitados em trabalhos de montagem em aço.

alma Ver *viga de alma alheia.*

apoio rotulado Chapa plana com depressão côncava exercendo pressão interna para transmitir uma força transversa.

barra Peça de seção quadrada ou redonda; também peça plana de aço, até 6 polegadas de largura.

braçadeira de ângulo Um pequeno perfil utilizado para fixação de vários elementos juntos.

braço articulado Braço em ângulo, usado para evitar movimentos angulares.

calço Pedaço de madeira ou metal usado em uma estrutura para firmá-la localmente e evitar qualquer movimento entre duas ou mais barras que fazem junção em ângulo.

cavalete Armação quadrada ou retangular com os cantos rigidamente ligados de modo que possam transmitir os movimentos fletores.

chapa de apoio Placa de aço, usualmente base de uma coluna, usada para distribuir uma carga sobre uma área muito grande.

chapa de cobertura Chapa utilizada na construção de flanges, em elementos armados, para dar uma maior resistência a área ou então para proteção.

chapa de metal Chapa de aço de até 6 polegadas de largura e menos que 1/4 de polegada de espessura.

chapa de reforço Pequeno reforço, geralmente de forma triangular, usado para reforçar os cantos de uma estrutura.

cimalha Moldura oblíqua de madeira para concordância do teto com as paredes.

coluna Elemento de compressão vertical.

corda Principal elemento de uma treliça ou de uma cumeeira.

cumeeira É a parte mais alta do telhado. É o encontro de duas superfícies inclinadas, seguindo uma reta de topo.

diagonais Barras diagonais usadas para reforço em treliças curvas.

distância de aresta Distância do centro de um rebite ao centro da placa ou borda.

distanciador Pequena placa usada para ligar duas partes paralelas em sua devida posição, quando caracterizadas como um só elemento.

enchimento Chapa ou cinto de enchimento usado na rebitagem, para erguer dois elemenos quando chapas de reforço não são utilizadas.

enrijecedor Barra usada para reforçar chapas finas e evitar encurvamento.

envergadura É a dimensão do comprimento de uma viga ou distância entre suportes.

escora Qualquer barra ou haste destinada a receber esforço de compressão na direção do seu comprimento.

espigão Interseção de duas superfícies inclinadas formando ângulo externo.

esticador Cano com rosca direita numa extremidade e esquerda na outra e parafusos com argolas, os quais são rosqueados nas extremidades. Os cabos são presos aos parafusos de argola e apertados ou são soltos pelo giro do cano esticador.

estrutura principal Vigas retas ou curvas que suportam as terças.

flange Peça de reforço de uma alma de viga, de seções em I, seções de cano ou tiras de coberturas sobre nervuras.

folga Folga de transmissão de um rebite é a distância do centro do rebite até a obstrução. Folga de montagem é o valor do espaço deixado entre elementos para facilitar a montagem.

grampo em U Peça em forma de U, com

furos nas duas pontas, pelos quais é inserido um pino, empregado para acoplar peças, ferramentas, máquinas, etc.
hastes Barras diagonais em uma treliça, para permitir transmissão do esforço cortante devido a cargas acidentais.
ípsilons Ver *mão francesa.*
lanternim de ventilação Telhado sobreposto nas cumeeiras permitindo a ventilação de grandes salas, oficinas, etc.
linha calibradora É a linha de centro para furos de rebite.
longarina Elemento horizontal, simples ou armado, atuando como viga principal.
luva roscada Peça com rosca esquerda e direita utilizada para conectar duas hastes de modo a tornar uma peça ajustável.
mão francesa Barras usadas para evitar deslocamentos laterais.
mastro de carga Mastro amarrado com bloco no topo, com a finalidade de içamento.
montagem Cortar, perfurar e montar elementos em uma oficina.
passo Distância de centros entre rebites, paralelos ao eixo do elemento. Também, em telhados, o raio de elevação do vão.
perfis conjugados Uma barra constituída de perfis padrão, unidos para formar uma barra única mais forte.
pino-guia Haste de metal de madeira empregada para segurar dois ou mais elementos em forte união.
placa metálica Aço delgado, de até 6 polegadas de largura e 1/4 de polegada a mais de espessura.
reforço Corte na extremidade de um enrijecedor para adaptá-lo sobre o lado de um perfil.
rincão Interseção entre duas superfícies inclinadas formando um ângulo de reentrância.
separador Arruela de aço fundido ou cano de ferro forjado usado nos parafusos com a finalidade de servir de elemento de retenção.
tabuado Espaço entre os suportes de pisos ou de terças em um telhado.
tensor Elemento diagonal usado para sustar uma estrutura.
terça Elementos horizontais colocados entre tesouras usadas como vigas, para transferir as cargas do telhado para a estrutura principal.
tesoura Ver *treliça* (cf. em inglês "truss")
tirantes Tirantes de união entre terças, no plano do telhado, para transferir a carga do componente do telhado paralela a ela.
treliça Estrutura rígida para suportar cargas, formada por uma série de tesouras.
união Conexão longitudinal entre partes de um elemento contínuo.
vão Distância entre duas treliças ou cintado.
venezianas Palhetas paralelas em posições inclinadas, móveis ou fixas, e que permitem a ventilação mesmo quando fechadas.
verga Barra horizontal utilizada para suportar uma parede nas aberturas.
viga Barra horizontal fazendo parte da armação de uma construção ou estrutura.
viga cantilever Viga com uma extremidade fixa e outra em balanço, de um ponto ou suporte, e livre para se mover verticalmente sob a influência de cargas verticais que são aplicadas entre a extremidade livre e a extremidade fixa.
vigo de alma cheia Parte de qualquer seção, longarina, viga ou nervura, que é a unidade de profundidade principal e que fornece a resistência necessária às cargas cortantes verticais impostas sobre ela.
viga longitudinal Barra longitudinal usada para suportar cargas diretamente.
viga treliçada Barras utilizadas diagonalmente para espaçar e enrijecer dois elementos paralelos, como uma coluna armada.
vigota Peça de madeira de seção reta de maiores dimensões que o barrote.

Usualmente aparafusada em colunas para suportar a cobertura lateral ou então funcionando como carga em uma janela.

Parte C. Termos de arquitetura

aglomerante Conjunto de materiais de construção para assegurar solidez.

alçapão Porta ou tampa horizontal dando entrada para o porão ou para o desvão do telhado.

algerosa Metal laminado, aplicado no interior de uma parede, ou no revestimento de calhas, cumeeiras e telhados de várias águas, com o objetivo de evitar o vazamento.

alvenaria de enchimento A primeira camada de revestimento de argamassa nas paredes e que serve de base ao reboco.

caixilho Elementos estreitos que separam os vidros em uma armação de janela.

caixotão Painel ornamentado que serve de decoração dos tetos ou do intradorso das abóbadas.

cantaria Pedra lavrada fina, em ângulo reto, que entra na constituição de alvenaria.

cimbre Forma provisória destinada a construção de arcos e abóbadas de alvenaria, durante a execução de obras de concreto armado.

consolo Elemento arquitetônico destinado a servir de suporte a escadas, na qual predomina o balanço em relação à altura.

dormente Madeiramento armazenado numa fundação firme, para carregar e proteger superestruturas.

emboço Primeiro revestimento no reboco, áspero por arranhão ou riscado, de modo que o próximo revestimento adira firmemente a ele.

envidraçamento Guarnecer com vidros ou colocar vidros numa superfície, por meio de caixilhos.

escoramento Apoios, podendo ser combinação de madeiras, que servem de sustentação para paredes que ameaçem ruir, evitar desabamentos ou afundamentos ou facilitar serviços de construção.

espelho A parte vertical do degrau de uma escada.

espigão Interseção de duas superfícies de telhado, as quais formam um ângulo externo com o plano.

fachada Face principal, externa, de uma construção onde se encontram as aberturas, tais como janelas e portas.

fenestragem Classificação e proporcionamento de portas e janelas.

forro Aplicação de madeira de pequena espessura, metal ou outro material de construção em uma parede, viga ou teto, com a finalidade de nivelar uma superfície ou para criar espaço de arejamento dentro de uma parede.

frechal Componente horizontal que sustenta outros componentes estruturais; também é usualmente empregado para denominar o vigamento superior da parede que sustenta diretamente a tesoura ou vigas.

guarnecer Utilização de uma argamassa fina, para preencher espaços onde a argamassa mais pesada não penetra.

guarnição Borda acabada localizada entre a superfície da parede e a janela imediatamente abaixo da base da janela.

guias Tiras de madeira, niveladas com reboco, nos quais os moldes são aderidos. As guias usualmente são instaladas primeiramente e o reboco é derramado sobre elas.

guias de marcação Tábuas construídas nos ângulos de uma futura construção, nas quais as linhas de marcação das paredes são estendidas.

meia esquadria É a concordância de duas peças de moldagem, segundo uma bissetriz, um ângulo de junção.

meia parede Parede divisória, comum a duas peças adjacentes, numa construção.

mestra de reboco Uma tira de reboco de

espessura proposta para o trabalho, aplicada na parede a intervalos de 4 a 5 pés, para servir de guia.

montante Elemento vertical de uma estrutura, ou num apainelamento.

ombreira Peças verticais, suportes laterais da verga.

pano de peito Estreita plataforma ajustada, no lado de dentro de uma janela, contra o peitoril.

parede cortina Parede que nas construções não sustentam outra carga além do seu próprio peso.

parede de sustentação Parede que suporta outras cargas além do seu próprio peso.

peitoril Peça inferior nos marcos de madeira das janelas.

perna Escoras ou sistema de treliça usados entre vigas ou outros elementos estruturais para enrijecê-los e distribuir cargas.

pinázio Cada uma das peças que sustentam os vidros das portas envidraçadas ou dos caixilhos.

piso É a parte horizontal superior de um degrau em uma escada.

retorno Perfil ou contorno de um entablamento ou de qualquer outro elemento arquitetônico em balanço.

rincão Interseção de duas superfícies de um telhado que forma com o plano um ângulo de reentrância.

ripa Pedaço de madeira utilizada em gradeamentos ou para encobrir aberturas.

sapata de alicerce É a parte mais larga do alicerce apoiada sobre a fundação.

sofito Parte de baixo da arquitrave ou goteira, ornamentada com florões e caixotões.

soleira Peça de pedra, madeira ou metal colocada no mesmo plano do soalho e servindo de soleira às portas.

telhado em forma de sela Pequeno telhado com dupla inclinação, com a finalidade de transportar água para fora, por meio de chaminés, etc.

trabalho de fresa É o trabalho acabado, usinado e, em alguns casos, parcialmente montado em uma fresadora.

trilho Peça horizontal numa estrutura ou apainelamento.

umbral O lado de uma abertura em uma parede; a espessura total da parede; a ombreira.

verga Elemento estrutural horizontal, destinado a suportar as paredes nas aberturas.

Parte D. Termos de soldagem

abertura do fundo Separação entre as peças a serem soldadas, no fundo da junta.

arco de corte Grupo de processos de corte nos quais o corte de metais é efetuado por fusão do calor entre um eletrodo e o metal base.

bisel Um tipo de preparação do chanfro.

brasagem Uma solda na qual a coalescência é produzida em temperaturas adequadas acima de 800° F e pelo uso de um material de deposição não ferroso, tendo um ponto de fusão abaixo do metal base. O material de deposição é distribuído entre as superfícies hermeticamente ajustadas da emenda por atração capilar. [Em inglês, "brazing" significa soldadura forte].

coalescer Junção de peças que se encontravam separadas em um único corpo ou massa. Fusão.

emenda de aresta Emenda entre arestas de duas ou mais peças paralelas ou aproximadamente paralelas.

emenda de topo Emenda entre duas peças situadas aproximadamente no mesmo plano.

entalhe Espaço no qual o metal foi removido através de um processo de corte.

fusão Fusão do material de deposição com o metal base ou somente do metal base, o que resulta em coalescência.

junta de penetração Profundidade mínima da solda de entalhe, estendendo-se da sua face até o interior da junta, sem necessidade de reforço.

junta sobreposta Emenda entre dois elementos sobrepostos.

junta T Emenda entre dois elementos localizados aproximadamente em ângulo reto, na forma da letra tê.

linha de solda Linha através do comprimento de solda, perpendicular à seção transversal no seu centro de gravidade.

martelagem Trabalho mecânico em metais por meio de pancadas de martelo.

material de deposição (vareta) Metal a ser adicionado ao se fazer uma solda.

reforço Material (metal, metal solda, asbesto, carvão, pasta, etc.) que reforça a junta durante a soldagem para facilitar a obtenção de uma solda profunda até a raiz.

solda a ar acetileno Processo de soldagem a gás no qual o calor necessário é obtido da chama produzida pela combustão do acetileno e ar sem aplicação de pressão e com ou sem o uso do material de deposição.

solda a hidrogênio atômico Processo de solda elétrica no qual a coalescência é produzida por aquecimento com um arco elétrico, mantido entre dois eletrodos metálicos, numa atmosfera de hidrogênio. A blindagem é obtida do hidrogênio. A pressão e o material da deposição podem ou não ser usados.

solda automática Solda por meio de equipamento automaticamente controlado e sem a constante observação e ajuste de controles por um operador. O equipamento pode ou não executar o trabalho de carga e descarga.

solda de bujão Solda circular feita por soldagem a arco ou a gás através de uma junta sobreposta ou em T, unindo duas peças. A solda pode ou não ser feita através de um furo da peça.

solda de cordões espaçados Pequenos depósitos de material de solda que são usados para assegurar temporariamente as peças unidas ou no lugar.

solda de encalque Processo de solda por resistência no qual a coalescência é produzida simultaneamente sobre uma área total de superfícies em contato ou progressivamente ao longo da junta, pelo aquecimento obtido da resistência do fluxo de corrente elétrica através da área de contato destas superfícies. A pressão é aplicada antes do aquecimento começar e é mantida durante todo este período.

solda de ranhura Solda feita em um furo alongado em um elemento de uma emenda sobreposta ou em T, unindo este a uma parte da superfície de outro elemento, o qual é exposto através do furo.

solda de recorte Solda efetuada no recorte entre duas peças a serem unidas. Os tipos padrões da solda de recorte são: solda de recorte reto; solda de recorte em V; solda de recorte em bisel simples; solda de recorte em U simples; solda de recorte em J simples; solda de recorte em duplo V; solda de recorte em bisel duplo; solda de recorte em duplo U; solda de recorte em duplo J.

soldadura forte Ver **brasagem.**

solda elétrica Grupo de processos de soldagem no qual o calor necessário é gerado por meio de um arco elétrico ou arco voltaico, com ou sem aplicação de pressão e com ou sem o uso do material de deposição.

solda em ângulo Solda com seção transversal aproximadamente triangular, unindo duas superfícies em ângulo reto em uma emenda sobreposta, emenda tê ou emenda em ângulo.

solda intermitente Solda que não é contínua desde o início da emenda até o seu final, mas onde há espaços alternados com solda e sem ela.

solda oxiacetileno Processo de solda no qual a fusão é produzida pelo aquecimento com uma chama que é o resultado da combustão do acetileno com o oxigênio, com ou sem aplicação de pressão e com ou sem o metal de deposição.

solda por costura Solda consistindo de uma série de soldas por pontos sobrepostos, efetuados através de solda por costura ou solda por pontos.

solda por lances Processo de soldagem

por resistência na qual a coalescência é produzida por aquecimento, obtido por resistência, pelo fluxo da corrente elétrica através de partes trabalhadas, mantidas juntas sob pressão pelos eletrodos.

solda por pontos Processo de soldagem por resistência nas quais a coalescência é produzida pelo calor obtido por resistência pelo fluxo da corrente elétrica através de partes trabalhadas, as quais são mantidas juntas sob pressão através dos eletrodos.

solda por pressão Qualquer método ou processo de soldagem no qual a pressão é utilizada para completar a solda.

soldabilidade Condição do metal base, juntas soldadas, e soldaduras depois de prévia soldagem para qualquer subseqüente tratamento térmico ou mecânico.

soldagem a gás Um grupo de processos de solda nos quais a coalescência é produzida por aquecimento com uma ou várias chamas de gás, com ou sem aplicação de pressão e com ou sem uso de material de deposição.

soldagem a martelo Processo de soldagem no qual as peças são aquecidas em fogo de forja ou numa fornalha, até atingirem o estado pastoso, sendo, então, ligados pela ação de martelos ou de prensas.

soldagem por forja Grupo de processos de solda nos quais a fusão é produzida por aquecimento numa forja ou outro tipo de forno e por aplicação de pressão ou pancadas.

soldagem por matrizes Processo de soldagem por forja no qual a coalescência é produzida por aquecimento em um forno e por aplicação de pressão através de matrizes.

calculadora de mão

APÊNDICE A

1. Introdução

Os primeiros engenheiros eram obrigados a fazer extensos cálculos manualmente, em parte auxiliados pela régua de cálculo. O fato de a maioria das réguas de cálculo não poderem calcular valores de mais de três ou quatro dígitos não favorecia a situação. Proezas como a alunissagem de uma nave espacial não teriam sido possíveis se as réguas de cálculo ainda fossem nosso instrumento básico para calcular.

2. Calculadoras mecânicas

Desde há muitos anos existem calculadoras mecânicas para efetuar a adição, subtração, multiplicação e divisão de números de doze ou mais dígitos. Estas máquinas eram relativamente lentas, muito dispendiosas e de tamanho aproximado ao de uma máquina comum de datilografar. Entidades matemáticas complexas podiam ser manipuladas somente pela introdução dos valores da equação adequada fornecidos por um manual. Associados a essas máquinas estão nomes como Friden, Marchant e Monroe.

3. Computadores digitais

Qualquer tipo de cálculo de engenharia pode ser facilmente resolvido pelo emprego de um computador digital. Por exemplo, hoje é possível realizar com facilidade os cálculos exigidos para a definição da órbita de uma nave espacial, porque o computador pode efetuar milhões de cálculos por segundo.

4. Calculadoras científicas ou para engenharia

O desenvolvimento de circuitos integrados tornou possível introduzir pequenos computadores conhecidos como minicomputadores, microcomputadores, microprocessadores ou calculadoras de mão. Descrever como essas máquinas de fato executam suas operações ultrapassa os limites deste Apêndice. Entretanto, as calculadoras são, basicamente, pequenos computadores pré-programados ou programáveis.

As máquinas de calcular que mais se prestam para cálculos de engenharia são geralmente descritas como calculadoras científicas. (Ver Figs. 1 a 3.) Essas máquinas costumam incluir funções trigonométricas, logaritmos, raízes, constantes internas, como pi, e outras operações apropriadas para cálculos de engenharia. Não obstante, até mesmo a simples calculadora de quatro operações é tão útil que pode ser considerada um instrumento adequado para estudantes.

5. Precisão das calculadoras

Cada fabricante projeta os circuitos de operação visando a resolução das funções desejadas com um certo grau de exatidão e num espaço de tempo razoável. As calculadoras mais dispendiosas costumam ter maior número de dígitos exatos e resolvem funções em menos tempo. Por terem menor número de dígitos na resposta, as calculadoras menos caras com freqüência parecem ser mais rápidas do que as de preço mais elevado. Os cálculos repetidos acumularão erros mais rapidamente numa

Fig. 1. Calculadora científica Hewlett-Packard HP-45 operada com bateria.

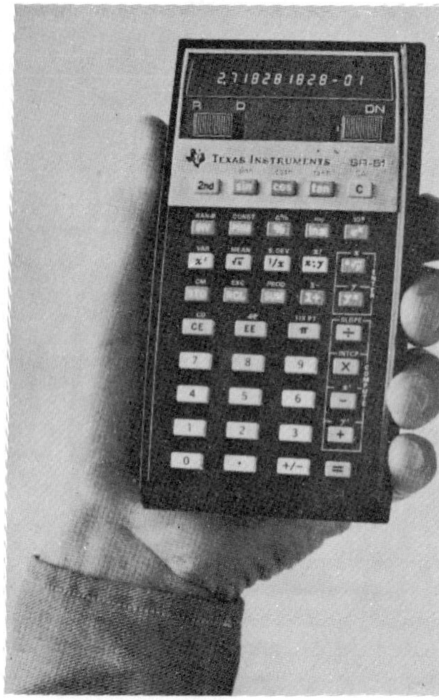

Fig. 2. Calculadora científica SR-51 da Texas Instruments.

Fig. 3. Modelo de teclado para funções científicas. Observar as teclas duais para funções trigonométricas. Aciona-se a função secundária gravada acima de cada tecla, pressionando primeiro a tecla ARC e depois a tecla da função desejada. Observar também a chave seletora DEG-RAD para graus e radianos.

calculadora com menor número de dígitos exatos que num modelo de maior número dos mesmos dígitos. Uma calculadora com menos de cinco dígitos exatos é inadequada para cálculos científicos ou de engenharia.

6. A representação dos números

A forma interna dos números utilizados por uma calculadora difere muito da forma realmente apresentada pelo visor. Isto afeta o usuário somente se ele tentar usar a máquina para fins a que os projetistas não a destinaram. A maioria das calculadoras científicas utilizam a notação de ponto decimal flutuante, o que significa não haver um número fixo de dígitos fracionários numa resposta, salvo se esta for representada em forma exponencial. O número 131,1 não aparecerá no visor como 131,10 ou 131,100, embora a máquina possa estar catalogada como uma calculadora de cinco ou mais dígitos. Para o usuário que faz cálculos científicos, isto é extremamente satisfatório. Todavia, para aquele que trabalha com problemas bancários, a incapacidade de representar cruzeiros e centavos é um fator incômodo.

O visor das calculadoras pode mostrar tantos números quantos sua capacidade comportar. Por exemplo, um modelo de oito dígitos mostrará, num número, o total de dígitos de todo número, sempre que aquele não exceder oito dígitos. No caso de todos os números inteiros de menos de oito dígitos, quaisquer dígitos fracionários existentes aparecerão no visor até um máximo de oito dígitos. Quando o número a ser apresentado ou introduzido exceder oito dígitos de número inteiro, a calculadora utilizará a forma exponencial. Por exemplo, um visor de oito dígitos mostraria agora cinco dígitos do número mais os dois dígitos do valor da potência de dez, necessários para dar ao número a magnitude correta. O número 1.575.671.283.916 possui demasiados dígitos para poder ser representado num visor de oito dígitos. Apareceria como:

1.5757 12

Este é o modo da calculadora apresentar um sistema científico de notação, o qual diz que o número é:

$$1{,}5757 \times 10^{12}$$

Esta notação geralmente permite realizar cálculos com números até 10^{99}. A Fig. 4 mostra uma calculadora de oito dígitos representando um número de oito e um de nove dígitos. É visível o salto para a forma exponencial.

O mecanismo dos cálculos internos de inúmeras calculadoras comporta um número de dígitos superior aos que podem ser introduzidos ou vistos no visor, de modo que o valor apresentado por este é, em geral, bastante exato. Uma calculadora de oito dígitos pode realizar seus cálculos sob a forma de dez ou onze dígitos. Isto é especialmente verdadeiro no caso daquelas mais dispendiosas, das quais se pode dizer que exibem respostas quase cem por cento exatas. Jamais aparecem dígitos inexatos no final de um número.

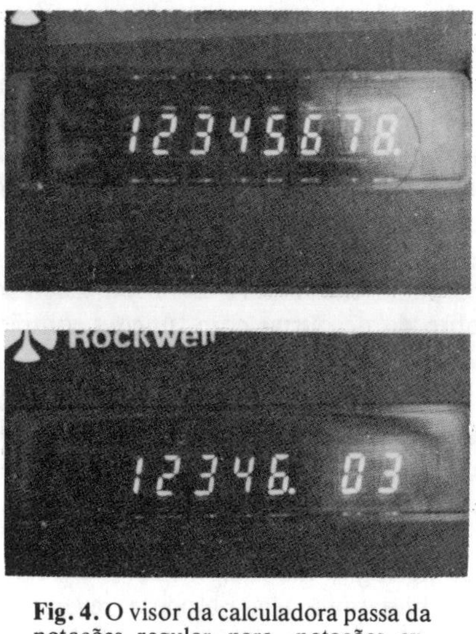

Fig. 4. O visor da calculadora passa da notações regular para notações exponencial à medida que são introduzidos mais dígitos do que os que podem ser mostrados. Este é um visor de oito dígitos que muda para a notação exponencial ao ser introduzido um nono dígito.

7. Como escolher uma calculadora

Há diversos aspectos que o comprador de uma calculadora científica deve examinar:

1. *Visor.*

a. O visor possui número suficiente de dígitos para satisfazer suas necessidades? Menos de cinco não é recomendável.

b. Os visores são em vermelho ou azul-esverdeado. A construção em vermelho geralmente produz dígitos menores que a do visor em verde. O visor vermelho coloca os dígitos numa espécie de nicho e por isso eles são legíveis somente quando olhados de frente.

2. *Funções da calculadora.* A calculadora desempenhará as funções que interessam ao comprador? Ver Seç. 9, relativa a essas funções, para determinar algumas delas que as calculadoras podem oferecer. Deve-se dar especial atenção ao Y^x. Em muitas calculadoras, a raiz x de Y pode ser encontrada somente calculando-se primeiro $P = 1/x$ e depois, Y^P. Isso implica passos adicionais e o risco de se calcular, inadvertidamente, a potência x de Y em vez da raiz x de Y. As calculadoras menos dispendiosas raramente possuem as funções de seno e co-seno hiperbólicos. Essas funções (sen e cos) podem ser calculadas usando-se a função e^x, quando necessária, apenas em alguns casos. Via de regra, a inclusão das funções sen e cos numa calculadora eleva seu preço ao dobro do de outras com funções completas.

3. *Lógica da calculadora.* A lógica da calculadora define, para o usuário, a seqüência em que os números e operações devem ser introduzidos, a fim de se obter a resposta correta. As três formas principais de lógica são a algébrica, a algébrica com hierarquia e a polonesa reversa. A Seç. 8 descreve os vários tipos de lógica e apresenta alguns exemplos de como as diferenças entre elas afetam o usuário.

Em termos gerais, as calculadoras de lógica algébrica e controle de parênteses resolvem problemas na ordem em que os números e operações aparecem. Ao se utilizar a notação da lógica polonesa reversa, deve-se alterar a ordem dos números e operações antes de serem introduzidas na calculadora. Em virtude de poucas calculadoras poderem lidar com um número de parênteses suficiente para resolver todos os problemas, a lógica algébrica com controle de parênteses não é razão bastante para se escolher este tipo de calculadora. Todavia, as calculadoras de lógica polonesa reversa raramente dispõem, em sua pilha, memória suficiente para resolver muitos problemas sem recorrer a algum malabarismo de números e operações; por conseguinte, este tipo de lógica também tem suas falhas. Jamais se deve escolher uma calculadora sem antes experimentá-la em problemas práticos. Evitem-se os problemas amiúde utilizados na publicidade de calculadoras, porquanto são escolhidos especificamente para provar a superioridade do tipo de lógica da máquina.

4. *Teclado.* Os diferentes fabricantes de calculadoras têm idéias distintas quanto às teclas de entrada do teclado. Com referência a estas devem-se notar dois aspectos principais e o comprador deve determinar qual dentre eles pode acarretar incômodos.

Muitas calculadoras possuem teclas de função dupla ou até tripla. A função principal é executada por pressão direta da tetecla de função. A função secundária é obtida acionando-se primeiro uma tecla mudança de função e, após, a tecla da função devida. A função principal quase sempre está marcada sobre a tecla e a secundária sobre a placa frontal, colocada diretamente acima da tecla. A única dificuldade com esse tipo de operação deriva de a pessoa, com facilidade para esquecer detalhes, poder esquecer de ativar a tecla de mudança de função, o que ativará a execução das operações primárias em lugar da secundária desejada. As teclas de função tripla são raras mas aumentam de forma notável a complexidade de operação.

Algumas calculadoras possuem teclas

de operação providas de uma mola com movimento de recuo, a qual produz um estalido peculiar que pode ser sentido na ponta do dedo, ao ser acionada a tecla. Este tipo de tecla não pode ser acionada uma segunda vez, a menos que esteja completamente liberada; após uma segunda pressão é ouvido um segundo estalido. No entanto, muitas calculadoras não apresentam esta característica e a única maneira de o operador certificar-se de que um dígito chegou a ser introduzido é observando o visor. Isto pode implicar demora. Mais ainda, como uma pressão insuficiente da tecla não irá efetivar a entrada, é possível deixar de introduzir um número e não percebê-lo. Outra singularidade desse tipo de máquina reside no fato de uma pressão poder facilmente introduzir dois ou mais números ou itens. Uma pessoa nervosa ou momentaneamente aturdida pode pressionar a tecla numa espécie de ação titubeante. Cada "titubeio" introduz o dígito uma vez.

8. Lógica da calculadora

A lógica específica da calculadora afeta o operador apenas por exigir que, para produzir as respostas corretas, os números e operações sejam introduzidos segundo uma ordem específica. Cada esquema lógico tem seus defensores, tanto entre fabricantes quanto usuários. Não há um método perfeito, pois cada tipo de lógica apresenta respostas corretas, quando corretamente usado. A maioria das calculadoras utiliza uma lógica algébrica linear. Nesse esquema lógico, os números e operações são ordenados na forma em que seriam escritos em cálculos por extenso. Uma vez introduzidos na calculadora, os números e operações não precisam e não podem ser acumulados em pilhas ou suspensos.

Para ilustrar este ponto observe-se o exemplo:

$$X = 1{,}45 + 7{,}28 \div 2{,}961$$

A introdução dos termos deste problema na ordem em que aparecem, a saber, da esquerda para a direita, daria os seguintes resultados para cada operação:

Operação	*Visor*	*Ação*
1. Introduzir 1.45	1.45	
2. Pressionar +	1.45	
3. Introduzir 7.28	7.28	
4. Pressionar ÷	8.73	1,45 e 7,28 foram agora adicionados.
5. Introduzir 2.961	2.961	
6. Pressionar =	2.9483282	8,73 foi dividido por 2,961

Conquanto esta resposta seja correta, o é para um problema que normalmente teria sido escrito assim:

$$X = (1{,}45 + 7{,}28) \div 2{,}961$$

Mas o problema que resolvemos poderia, com igual facilidade, ser interpretado assim:

$$X = 1{,}45 + (7{,}28 \div 2{,}961)$$

Dependendo de qual dessas interpretações for utilizada no problema, a introdução linear de seus termos da esquerda para a direita dá ou não a resposta devida mediante a lógica algébrica linear. Se quisermos interpretar o problema de acordo com a segunda interpretação, a ordem de entrada deve ser semelhante a esta:

Operação	*Visor*	*Ação*
1. Introduzir 7.28	7.28	
2. Pressionar ÷	7.28	
3. Introduzir 2.961	2.961	
4. Pressionar +	2.4586288	7,28 dividido por 2,961.
5. Introduzir 1.45	1.45	
6. Pressionar =	3.9086288	2,4586288 adicionado a 1,45

Na lógica algébrica, a operação introduzida será efetuada tão logo se acionar a tecla de função *seguinte.* Das calculadoras que funcionam dessa forma diz-se também que efetuam *cálculos em cadeia,* porque não é necessário bater a tecla do sinal (=) para dar origem a operações, salvo quando se tratar da última operação do problema. Em algumas das calculadoras antigas era preciso acionar a tecla (=) de execução a cada operação introduzida. É claro, se a calculadora usa a lógica algébrica linear, pode ser necessária uma considerável redistribuição dos termos do problema. A dificuldade foi solucionada em máquinas mais modernas e dispendiosas, pelo acréscimo do controle de parênteses à lógica algébrica linear. Discutir-se-á este aspecto em parágrafos posteriores.

Algumas calculadoras, em especial a maioria dos modelos da Texas Instruments, utilizam a lógica algébrica com hierarquia. Nesse sistema, se a próxima entrada tiver maior prioridade, a operação ou função recém-introduzida pode ser suspensa ou empilhada. Os modelos da Texas Instruments atribuem tanto a ÷ como a X maior prioridade do que a + e a –. Efetuemos agora novamente o problema do exemplo acima:

$$X = 1{,}45 + 7{,}28 \div 2{,}961$$

Operação	*Visor*	*Ação*
1. Introduzir 1.45	1.45	
2. Pressionar +	1.45	
3. Introduzir 7.28	7.28	
4. Pressionar ÷	7.28	empilha 1,45 +
5. Introduzir 2.961	2.961	
6. Pressionar =	3.9086288	Executa 7,28 ÷ 2,961, a seguir desempilha e adiciona 1,45 àquela resposta.

Esta calculadora tentou calcular a resposta como se desejássemos a segunda interpretação do problema.

Se o problema tivesse sido escrito assim:

$$7{,}28 \div 2{,}961 + 1{,}45$$

ambos os tipos de calculadora teriam produzido a mesma resposta, 3,9086288.

Escrever o problema como (1,45 + + 7,28) ÷ 2,961 e executar o parênteses daria origem à resposta 2,9483282. Desse modo, o uso do controle de parênteses permite ao operador controlar a ordem em que as operações são executadas sem modificar a ordem de entrada das funções aritméticas. As calculadoras diferem quanto ao número de parênteses abertos à esquerda que podem ser colocados num problema antes que um parênteses à direita ou o sinal = deva ser usado. Portanto, uma calculadora provida de apenas dois níveis de parênteses pode resolver o problema:

$$1{,}25 + (6{,}34 \times (9{,}38 + 0{,}87))$$

não, porém, o problema:

$$1{,}25 + (6{,}34 \times (9{,}38 + (5{,}41 \div 2{,}87)))$$

Este último exigiria que a primeira (+), a segunda (x) e a terceira (+) operações fossem empilhadas, até ser efetuada a operação de ÷. Uma vez que apenas duas operações podem ser empilhadas numa calculadora com dois níveis de controle de parênteses, o pressionamento do terceiro parênteses à esquerda acarretaria o aparecimento de um erro no visor ou, em algumas calculadoras, um truncamento da primeira operação e do parênteses à esquerda.

As calculadoras variam quanto ao número de níveis de parênteses que podem ser usados. Dois a dez níveis parece ser a quantidade comum nas calculadoras de custo médio, mais procuradas.

Muitas calculadoras da Texas Instruments incluem lógica algébrica com hierarquia e controle de parênteses, de modo que as operações podem ser acumuladas, seja por hierarquia ou por controle de parênteses. Entretanto, empregue-se o critério de hierarquia ou o de parênteses para realizar a acumulação, o número total de operações acumuladas será o mesmo. Essa capacidade de acumular operações é uma característica importante das calculadoras científicas, em contraste com calculadoras de régua de cálculo, menos versáteis.

O terceiro método principal utiliza um tipo de lógica desenvolvida para auxiliar os matemáticos a determinar a ordem de operações numa equação longa. A lógica também é usada por computadores para determinar a ordem de execução de operações numa equação de programa para computador. O nome do sistema é notação polonesa reversa. Os modelos da Hewlett-Packard representam uma marca importante que usa este tipo de lógica. Nesse caso, primeiro se introduzem os números a serem usados no problema e em seguida as operações, na ordem em que devem ser usadas. No exemplo que estivemos examinando, 1,45 + 7,28 ÷ 2,961, uma calculadora que utilize a notação polonesa reversa acumulará os três números introduzidos na pilha na seguinte ordem:

Introduzir 1.45
Introduzir 7.28
Introduzir 2.961

Se olhássemos para os números guardados na pilha, verificaríamos que o primeiro número introduzido está agora na base da pilha ao passo que o último está no seu topo:

2.961
7.28
1.45

Uma vez que desejamos ter a operação de ÷ efetuada antes da operação +, introduziríamos a operação ÷. A calculadora toma os dois números superiores pilha, 2.961 e 7.28 e divide o inferior, 7.28, pelo superior, 2.961. A resposta a esta operação, 2.4586288, será agora colocada de volta na pilha, substituindo ambos os números usados nesta operação.

2.4586288
1.45

Se agora introduzimos a operação +, os dois números superiores da pilha são adicionados um ao outro e a resposta, 3.9086288, tomará o lugar de ambos.

Pode-se constatar que a possibilidade de empregar esta lógica sem estabelecer algumas respostas intermediárias, está diretamente relacionada à quantidade de informações que podem ser empilhadas. A maioria das calculadoras Hewlett-Packard pode empilhar até quatro níveis de operações.

Este tipo de lógica é totalmente satisfatório para aqueles que são capazes de transformar a equação algébrica normal, na forma de notação polonesa reversa mas muitos indivíduos têm dificuldades em fazê-lo. Jamais se deveria comprar uma máquina com notação polonesa reversa sem antes usá-la por um período de experiência, para verificar se a respectiva lógica é a que convém. O problema

$$1{,}45 + 2{,}76$$

de acordo com a lógica algébrica e a notação polonesa reversa, seria resolvido da seguinte maneira:

Lógica algébrica	*NPR*
1. Introduzir 1.45	1. Introduzir 1.45
2. Pressionar +	2. Pressionar Enter
3. Introduzir 2.76	3. Introduzir 2.76
4. Pressionar =	4. Pressionar +

A resposta 4.21 aparecerá no visor de ambas as máquinas.

9. Operações e funções

As operações e funções das calculadoras parecem ser acrescentadas às máquinas segundo uma seqüência aproximada à que apresentaremos aqui. As máquinas menos caras e versáteis oferecem as operações indicadas somente na primeira parte da lista, ao passo que as mais caras e versáteis podem realizar operações descritas numa porção muito maior da mesma linha. As calculadoras totalmente científicas, em geral, apresentarão todos os itens listados, além de alguns outros especiais, peculiares a cada fabricante.

a. Todas as calculadoras de uso corrente possuem um teclado de onze teclas para a entrada de números, consistindo dos dígitos 0 a 9 e de uma tecla de ponto decimal. Os dígitos são introduzidos da esquerda para a direita, como aparecem no problema.

b. Todas as calculadoras incluem as quatro funções aritméticas comuns. Na grande maioria dos casos, cinco teclas operam estas funções: adição (+), subtração (–), multiplicação (X), divisão (÷) e execução (=).

c. A tecla de mudança de sinal inverte o sinal algébrico do número introduzido sem dar origem a quaisquer outras operações. É com freqüência indicada pelos símbolos (+/–). Normalmente, a tecla de subtração não colocará um sinal negativo diante de um número introduzido, mas tentará subtraí-lo de algum outro valor.

d. A tecla de percentagem (%) aparece em muitas calculadoras. Em geral realiza uma entre duas funções. Em alguns casos a pressão sobre a tecla desloca o ponto decimal do número exibido no visor para uma posição dois espaços à esquerda. Assim, a introdução de 10.82, que representa 10,82 por cento, será alterada para 0.1082, se a tecla de percentagem for pressionada segundo este sistema. Isto permite a introdução de números sob a forma de valores percentuais, ao mesmo tempo em que, para fins de cálculo, transformam-se os mesmos em valores fracionários efetivos.

Em alguns casos, a tecla de % é um multiplicador especial que permite introduzir o multiplicador como valor percentual em lugar de valor decimal. A multiplicação de 34,5 por 15,86 % será feita da seguinte maneira nos dois sistemas:

Primeiro caso	*Segundo caso*
1. Introduzir 34.5	1. Introduzir 34.5
2. Pressionar X	2. Pressionar %
3. Introduzir 15.86	3. Introduzir 15.86
4. Pressionar =	4. Pressionar =
5. Pressionar %	

A mesma resposta, 5.4717, aparecerá em ambos os visores.

e. A fim de se obter o valor recíproco de um número que estiver no visor da máquina, usa-se uma tecla para valores recíprocos ($1/X$). A seqüência normal a empregar é:

1. Introduzir o número
2. Pressionar $1/X$.

f. Para abreviar o processo de elevação de um número ao quadrado, usa-se a tecla (X^2). Em algumas calculadoras pode-se encontrar o quadrado de um número mediante a seqüência:

1. Introduzir o número
2. Pressionar X
3. Pressionar =

Numa calculadora provida da tecla X^2, a seqüência para elevar um número ao quadrado será:

1. Introduzir o número
2. Pressionar X^2

g. Para extrair a raiz quadrada de um número introduzido utiliza-se a tecla para raiz quadrada ($\sqrt{\ }$). A seqüência a empregar é:

1. Introduzir o número
2. Pressionar $\sqrt{\ }$

h. A maioria das máquinas científicas possui uma tecla para a introdução do exponencial (EE). Será necessária, caso precisemos lidar com números maiores que o máximo comportado pelo visor. Basicamente, a operação é a seguinte: se o visor é de oito dígitos, números com mais de oito dígitos não podem ser introduzidos na calculadora, a menos que se recorra à notação EE. O visor de oito dígitos torna-se agora um visor de cinco dígitos (algumas vezes chamado de mantissa) *mais* um visor de dois dígitos da potência de 10, o que corresponde à magnitude total do número. O número 3.145.678.912 não poderia ser introduzido num visor de oito dígitos. Sua introdução dar-se-ia como segue:

1. Introduzir 31456 ou 31457, dependendo de se desejar arredondar ou não
2. Pressionar EE
3. Introduzir 5.

O número introduzido aparece no visor como 31457 05, indicação de que o número correto que está na calculadora é, na verdade, 31457 X 10^5.

A entrada de números muito pequenos pode ser feita usando-se potências negativas de 10. O número 0,0000005673 também poderia ser expresso como 5,673 X X 10^{-7}. O que seria introduzido na calculadora como segue:

1. Introduzir 5.673
2. Pressionar EE
3. Pressionar 7
4. Pressionar +/–.

O número agora exibido pelo visor é: 5.673-07. A maioria das teclas EE também executam outras operações menos importantes, mas como diferem de uma calculadora para outra, não é possível enunciar regras gerais.

i. Obtêm-se os logaritmos de base 10 e base *e* mediante o emprego das teclas LOG e LN. Em virtude do cálculo de logaritmos exigir cálculos consideráveis, geralmente decorre um tempo apreciável até a resposta aparecer. Visto não se definirem logaritmos para números negativos, a tentativa de obter o logaritmo de um número negativo fará surgir no visor algum tipo de notação de erro.

j. Obtêm-se antilogaritmos pela avaliação de 10^x ou e^x onde x é o logaritmo de base 10 ou de base *e*. Muitas calculadoras possuem teclas exclusivas para estas funções. Todavia, algumas – os modelos da Texas Instruments, por exemplo – dispõem de uma tecla que inverte a ação das teclas LOG ou LN. Trata-se da tecla INV. Para se obter o antilogaritmo na base 10 do número 0,30103, o procedimento seria o seguinte nos dois tipos de operação:

Ação regular	*Ação inversa*
1. Introduzir .30103	1. Introduzir .30103
2. Pressionar 10^x	2. Pressionar INV
	3. Pressionar LOG

Em ambas as operações a resposta no visor é 2.

k. Os números podem ser elevados a qualquer potência pelo emprego de logaritmos, mas a grande maioria das calculadoras com logaritmos também possuem uma tecla Y^x para elevar Y à potência x. A seqüência de operações geralmente é:

1. Introduzir o número Y
2. Pressionar Y^x
3. Introduzir a potência x (pode ser um valor fracionário)
4. Pressionar =.

Algumas calculadoras podem efetuar a operação inversa da extração da raiz x de Y por intermédio de tecla INV. Outras, desprovidas da tecla INV mas dispondo de controle de parênteses, podem efetuar a operação de maneira muito diferente. As calculadoras sem ação inversora ou sem controle de parênteses, mas providas de memória, podem empregar um terceiro método. O contraste entre os três métodos pode ser visto agora, no problema de se encontrar a raiz 2,7 do número 45,67:

Ação inversa	*Controle de parênteses*	*Somente memória*
1. Introduzir 45.67	1. Introduzir 45.67	1. Introduzir 2.7
2. Pressionar INV	2. Pressionar Y^x	2. Pressionar $1/X$
3. Pressionar Y^x	3. Pressionar (	3. Guardar na memória
4. Pressionar 2.7	4. Introduzir 2.7	4. Introduzir 45.67
5. Pressionar =	5. Pressionar $1/X$	5. Pressionar Y^x
	6. Pressionar) ou =	6. Chamar da memória
		7. Pressionar =

O método é o mais eficiente e bastante óbvio, como também o fato de que qualquer calculadora provida com um dos três esquemas de funções irá computar satisfatoriamente a raiz x de Y sem registrar quaisquer respostas intermediárias.

l. As funções trigonométricas são geralmente o seno, co-seno e a tangente de um ângulo. O mecanismo interno de cálculos da máquina exige que o ângulo seja medido em radianos (2 radianos = 360 graus), mas a maioria das calculadoras permite entradas quer em radianos ou em graus. Quase todas elas possuem chaves que indicam o modo de entrada. Se a chave estiver acionada para graus, a entrada deve ser feita em graus; quando acionada para radianos, a entrada far-se-á em radianos. Às vezes, as calculadoras possuem uma tecla de função especial que permite inverter o modo de entrada sem mudar a chave deste modo.

Para encontrar o seno, co-seno ou a tangente de um ângulo:

1. Determinar o modo de entrada em radianos ou em graus.
2. Regular a chave do modo de entrada de acordo.
3. Introduzir o valor do ângulo.
4. Pressionar a tecla de função (SIN, COS ou TAN).

As funções de arco trigonométrico dão o ângulo cujo seno, co-seno ou tangente é introduzido. As respostas aparecem no visor nas unidades estabelecidas pela chave do modo de entrada, discutidas no parágrafo referente a funções trigonométricas. Para efetuar as funções de arco, quase todas as calculadoras utilizam uma tecla INV ou uma tecla de segunda função. Às vezes assinalada como tecla ARC, a tecla INV meramente inverte a ação das teclas SIN, COS e TAN. Usa-se uma tecla de segunda função para escolher uma segunda função para a qual se possa usar uma tecla. Por exemplo, se estiver gravado SIN sobre uma tecla, sua função primeira ou principal é a do seno. Diretamente acima ou abaixo da tecla, na placa frontal da calculadora, pode trazer a indicação SIN^{-1}. A segunda função desta tecla é, então, a de seno de arco. A tecla que seleciona a segunda função aparece amiúde marcada com os símbolos 2ND,F ou FUNC. O processo de obtenção do ângulo cujo seno, co-seno ou tangente é conhecido seria:

1. Escolher a forma de medida angular desejada para as respostas (radianos ou graus).
2. Regular a chave do modo de entrada de acordo.
3. Introduzir o valor da função (seno, co-seno ou tangente).
4. Pressionar a tecla INV ou 2ND.
5. Pressionar a tecla de função trigonométrica.

m. As constantes ou funções especiais freqüentemente são operadas por teclas especiais. Uma constante muito comum é o pi. A calculadora que possui uma tecla π calcularia a área de uma circunferência de 1,55 de raio como segue:

1. Introduzir 1.55	3. Pressionar X
2. Pressionar X^2	4. Pressionar π
	5. Pressionar =.

Após o que, aparecerá no visor a resposta 7.5476763.

Uma função menos comum encontrada em algumas calculadoras é o N!, a função fatorial.

Em pequeno número de calculadoras também se encontram as funções de seno e co-seno hiperbólicos.

n. Em alguns modelos existe o controle de parênteses. As teclas que executam estas funções estão geralmente assinaladas por (e). As funções de parênteses à esquerda e à direita permitem empilhar ou por à parte alguma operação recém-introduzida até a introdução e execução de uma operação posterior. O controle de parênteses permite a entrada de números e operações na ordem exata em que estes aparecem no problema escrito. O problema:

$$1{,}45 \times (7{,}12 + (3{,}12 \div 1{,}71))$$

em muitas calculadoras seria efetuado como segue:

1. Introduzir 1.45
2. Pressionar X
3. Pressionar (
4. Introduzir 7.12
5. Pressionar +
6. Pressionar (
7. Introduzir 3.12
8. Pressionar ÷
9. Introduzir 1.71

Dois tipos de execução são freqüentemente encontrados nas calculadoras. Em um tipo, exemplificado pelos modelos da Texas Instruments, a pressão sobre a tecla = ativará a execução de todas as operações. O outro tipo de execução comum requer a resolução de um parênteses à direita para cada parênteses que houver sido introduzido à esquerda. Felizmente, esta forma de operação também utiliza o parênteses à direita,), como tecla de execução, de modo que, enquanto nenhuma outra alteração ocorrer no visor, a simples pressão da tecla) irá geralmente garantir que todas as operações pendentes foram executadas. A resposta 12.969614 aparecerá então no visor.

Um problema fundamental ligado ao controle de parênteses advém do número limitado de operações e números que podem ser empilhados ou colocados à parte. A quantidade usual de operações pendentes vai de dois a dez nas calculadoras mais populares. Na maioria dos problemas, o aspecto importante não é o número de parênteses, mas o número de operações pendentes que podem ser manipuladas. O problema

$$((1{,}45) \times ((7{,}12) + (((3{,}12) \div (1{,}71)))))$$

tem cinco níveis de parênteses, em sua maioria redundantes e fonte de confusões, porém apenas três operações pendentes. São necessários apenas dois níveis de parênteses neste problema, conforme se viu no exemplo anterior, que é a sua versão correta, mas não se podem reduzir três níveis de operações pendentes sem reformular o problema. Para obter a mesma resposta, as calculadoras que não têm controle de parênteses realizariam as operações na ordem seguinte:

1. Introduzir 3.12
2. Pressionar ÷
3. Introduzir 1.71
4. Pressionar + para executar 3,12 ÷ 1,71 = 1,8245614
5. Introduzir 7.12
6. Pressionar X para executar 1,8245614 + 7,12 = 8,9445614
7. Introduzir 1.45
8. Pressionar = para executar 8,9445614 X 1,45 = 12,969614.

o. Muitas calculadoras possuem uma ou mais memórias para armazenamento. Em máquinas muito elementares podem-se encontrar memórias simples, somente para armazenamento. Entretanto, somente as máquinas mais dispendiosas costumam ser providas de memórias mais versáteis. As memórias podem ser usadas para armazenar diferentes valores provisórios que serão utilizados várias vezes, num determinado problema. Uma das utilidades especiais da memória única está na acumulação da soma de uma série. Algumas calculadoras dispõem de uma tecla especial que permite adicionar o valor do visor ao conteúdo da memória. Um problema característico ligado à memória é o da avaliação da equação $1{,}23x^3 + 0{,}79x^2 - 2{,}51x + 0{,}56$. Se a calculadora possui controle de parênteses, o valor de x pode ser guardado na memória e a soma dos termos individuais acumulada no registro do visor. Se não houver controle de parênteses, a soma dos termos individuais pode ser acumulada na memória. Nos dois tipos de operações os procedimentos podem ser os seguintes:

Controle de parênteses	*Sem controle de parênteses*
1. Introduzir 1.3 (o valor de x)	1. Introduzir 0 ou limpar o visor
2. Pressionar STO (armazenar na memória)	2. Pressionar STO (zerar memória)
3. Pressionar Y^x	3. Introduzir 1.3 (o valor de x)
4. Introduzir 3	4. Pressionar Y^x
5. Pressionar X	5. Introduzir 3
6. Introduzir 1.23	6. Pressionar X para executar x^3
7. Pressionar + para executar $1{,}23x^3$	7. Introduzir 1.23
8. Pressionar (	8. Pressionar = para executar $1{,}23x^3$
9. Pressionar RCL para chamar x da memória	9. Pressionar M+ para adicionar o visor à memória
10. Pressionar X^2	10. Introduzir 1.3
11. Pressionar X	11. Pressionar X^2
12. Introduzir .79	12. Pressionar X
13. Pressionar) para executar X	13. Introduzir .79
14. Pressionar = para executar +	14. Pressionar = para executar $0{,}79x^2$
15. Pressionar –	15. Pressionar M+ para adicionar visor à memória
16. Pressionar (	16. Introduzir 1.3
17. Pressionar RCL para chamar x da memória	17. Pressionar X
18. Pressionar X	18. Introduzir 2.51
19. Introduzir 2.51	19. Pressionar = para executar $2{,}51x$
20. Pressionar) para executar X	20. Pressionar +/– para mudar visor para –
21. Pressionar = para executar –	21. Pressionar M+ para adicionar visor à memória
22. Pressionar +	22. Introduzir .56
23. Introduzir .56	23. Pressionar M+ para adicionar visor à memória
24. Pressionar = para executar +	24. Pressionar RCL para chamar resposta da memória

A resposta é 1,33441.

A tecla para somar à memória, usada na segunda versão do problema, é, às vezes, marcada com os símbolos M+, SUM, ACC ou Σ (sigma, letra grega indicativa de soma). Se não houvesse memória, qualquer um desses problemas teria exigido alguns passos adicionais. A primeira versão do problema é especialmente útil quando x é um número de oito a dez dígitos, pois evitar a introdução repetida e com risco de erro, daquele grande valor. Se a segunda versão do problema fosse efetuada numa calculadora com duas ou mais memórias, não seria necessário introduzir o valor de x cada vez que este fosse utilizado, pois o mesmo poderia ser chamado da segunda memória, evitando-se a possibilidade de um erro na introdução.

Algumas calculadoras também incluem funções que possibilitam subtrair o valor do visor do conteúdo da memória, multiplicar o valor da memória pelo do visor e dividir aquele por este último. Isto permite a realização de alguns cálculos paralelos, tanto na memória quanto no visor.

Em algumas calculadoras também é possível encontrar uma tecla de permuta para trocar ou permutar os valores da memória e do visor. Esta característica é especialmente útil se o conteúdo da memória tiver que ser dividido pelo valor do visor e não houver uma função de divisão na memória. Somente é possível dividir o valor que está no visor pelo valor da memória se se realizarem os passos seguintes:

1. Pressionar ÷
2. Pressionar RCL para chamar valor da memória
3. Pressionar = para executar divisão do visor pela memória.

Com a permuta dos valores da memória e do visor, o divisor é deslocado para a memória, onde é introduzido em segundo lugar na operação.

A resposta pode ser obtida pela seqüência seguinte, sem que se troquem os valores da memória e do visor:

1. Pressionar $1/X$ para obter o recíproco do divisor no visor
2. Pressionar X
3. Pressionar RCL para chamar da memória o número a ser dividido
4. Pressionar = para executar N X $1/X$, o que é, evidentemente, divisão.

p. Todas as calculadoras possuem registros operadores para efetuar as várias operações aritméticas que requerem dois números ou operadores. O primeiro registro é aquele que vimos designando por visor. O segundo está oculto e é utilizado em qualquer operação que compreenda dois números. Em tal situação, a seqüência a seguir é:

1. Introduzir o primeiro número.	O valor aparece no registro do visor.
2. Introduzir operação.	O valor do registro é transportado para o registro oculto.
3. Introduzir o segundo número.	O segundo valor agora substitui o primeiro no registro do visor.
4. Pressionar =.	O primeiro valor (no registro oculto) é operado pelo segundo valor (no registro do visor).

Esta seqüência de operações explica por que certas calculadoras podem realizar determinadas operações quando apenas um número foi introduzido. Nessas calculadoras as operações de +, –, X e ÷ podem ser usadas como segue:

1. Introduzir valor.	Valor no registro do visor.
2. Pressionar tecla da operação.	Valor vai para o registro oculto.
3. Pressionar =.	Operação efetuada sobre o valor do registro oculto usando o valor do registro do visor.

Isto significa que as operações seguintes fornecem as seguintes respostas:

Operação	*Resposta*
Adicionar.	Valor duplo no visor.
Subtrair.	Zero no visor.
Multiplicar.	Valor ao quadrado no visor.
Dividir.	Um no visor.

Algumas calculadoras não possibilitam este tipo de operação; um segundo valor deve ser introduzido no visor ou a operação não se efetuará. É necessário ler cuidadosamente as instruções para determinar as operações especiais de registro oferecidas pela calculadora.

q. Todas as calculadoras possuem teclas para limpar os registros. A maneira de usá-las é muito semelhante, embora seus nomes não o sejam. Eis as duas principais operações de limpeza:

1. Limpar a entrada no registro do visor.
2. Limpar tanto o registro oculto como o registro do visor.

As teclas para limpar o visor são com freqüência marcadas com CD, CK, CE ou alguma abreviação semelhante, equivalente a "limpa visor", "limpa teclado" ou "limpa entrada". A tecla para limpar ambos os registros é geralmente indicada por

C ou CLR. Algumas calculadoras dispõem de uma tecla com finalidade dupla, para a função de limpeza. A primeira pressão da tecla limpa o registro do visor enquanto que a segunda limpa o registro oculto.

A operação que foi introduzida é sempre anulada pela limpeza de ambos os registros. Em alguns casos, o uso da tecla de limpeza do visor *também* anulará a operação; em outros, a limpeza prévia do visor permitirá a introdução de uma operação diferente, se desejável. Se tal não ocorrer, a operação anteriormente introduzida ainda será executada. É necessária uma leitura cuidadosa do manual de instruções da calculadora para determinar o modo exato de operação dessas teclas.

10. Exemplos de problemas

A resolução de um problema numa calculadora de mão depende do tipo de lógica da máquina e das operações que ela comporta. Consideraremos três tipos principais de calculadoras, cada uma delas dispondo de uma única memória.

1. Calculadora comum de lógica algébrica sem controle de parênteses.
2. Calculadora comum de lógica algébrica com quatro níveis de controle de parênteses.
3. Notação polonesa reversa com quatro níveis de empilhamento.

Em cada uma dessas calculadoras, a resolução do problema abaixo pode se desenvolver segundo o demonstrado a seguir:

$$\frac{3{,}5 \text{ X } (2{,}7 - (\text{sen } 57^0 \div 1{,}65))}{5{,}61 \text{ X} \log (9{,}6 \div (4{,}7 + \cos 35^0))}$$

Tratando-se de uma calculadora comum de lógica algébrica, com memória mas sem controle de parênteses, o procedimento geral é calcular primeiro o divisor e guardá-lo na memória.

A etapa final do problema consiste em dividir o número que está no registro do visor pelo número que está na memória. A melhor maneira de lidar com os problemas que envolvem parênteses é iniciar o cálculo pelo par de parênteses mais interno.

1. Introduzir 4.7
2. Pressionar +
3. Introduzir 35
4. Pressionar SIN
5. Pressionar = para executar 4,7 + sen 35^0
6. Pressionar STO
7. Introduzir 9.6
8. Pressionar ÷
9. Pressionar RCL para chamar valor da memória
10. Pressionar = para executar 9,6 ÷ (4,7 cos 35^0)
11. Pressionar LOG para tomar logaritmo de base 10 do valor acima
12. Pressionar X
13. Introduzir 5.61
14. Pressionar = para executar 5,61 X log (9,6 ÷ (4,7 + cos 35∴))
15. Pressionar STO para armazenar divisor na memória
16. Introduzir 57
17. Pressionar SIN
18. Pressionar ÷
19. Introduzir 1.65
20. Pressionar = para executar sen 57^0 ÷ 1,65
21. Pressionar +/–
22. Pressionar +
23. Introduzir 2.7
24. Pressionar X para executar 2,7 + (– (sen 57^0 ÷ 1,65))
25. Introduzir 3.5
26. Pressionar = para executar 3,5 X (2,7 – (sen 57^0 ÷ 1,65))
27. Pressionar ÷
28. Pressionar RCL para chamar divisor da memória
29. Pressionar = para executar divisão final

A resposta é 5,6879634.

Observar as etapas 21, 22 e 23, onde os números para subtração estão na ordem errada, de modo que o número que está efetuando a subtração deve ser transformado num valor negativo e o outro valor adicionado a este.

Ao se utilizar uma calculadora padrão de lógica algébrica, com quatro níveis de controle de parênteses e com memória, deve-se reformular o problema, caso se deseje usar o controle de parênteses. Contudo, não há necessidade de utilização total deste controle. Isto abreviaria parcialmente a execução do problema. Reescreva-se o mesmo assim:

$$3{,}5 \times (2{,}7 - (\text{sen } 57^0 \div 1{,}65)) - [5{,}61 \times \log (9{,}6 \div (4{,}7 + \cos 35^0))]$$

Observem-se os colchetes suplementares neste problema. Sua execução é feita da esquerda para a direita, introduzindo-se os números e as operações na ordem exata em que aparecem por escrito.

1. Introduzir 3.5
2. Pressionar X
3. Pressionar (
4. Introduzir 2.7
5. Pressionar –
6. Pressionar (
7. Introduzir 57
8. Pressionar SIN
9. Pressionar ÷
10. Introduzir 1.65
11. Pressionar) p/executar sen $57^0 \div 1{,}65$
12. Pressionar) p/executar 2,7 – valor da etapa 11
13. Pressionar = p/executar 3,5 X valor da etapa 12
14. Pressionar ÷
15. Pressionar (
16. Introduzir 5.61
17. Pressionar X
18. Pressionar (
19. Introduzir 9.6
20. Pressionar ÷
21. Pressionar (
22. Introduzir 4.7
23. Pressionar +
24. Introduzir 35
25. Pressionar COS
26. Pressionar) para executar 4,7 + cos 35^0
27. Pressionar) para executar 9,6 ÷ valor da etapa 26
28. Pressionar LOG para obter o logaritmo de base 10 do valor da etapa 27
29. Pressionar) para executar 5,61 X valor da etapa 28
30. Pressionar = para executar valor da etapa 13 ÷ valor da etapa 29

A resolução deste problema poderia ser abreviada pelo emprego parcial dos esquemas lógicos sem parênteses e com parênteses.

Ao se usar uma máquina de notação polonesa reversa com quatro níveis de empilhamento, a regra principal é iniciar os cálculos pelo par de parênteses mais interno. Em virtude de os itens pendentes poderem ser invertidos na maioria das máquinas, é comum iniciar quer pelo dividendo, quer pelo divisor.

1. Introduzir 57
2. Pressionar SIN.
3. Pressionar ENTER para levar o valor a um nível abaixo na pilha
4. Introduzir 1.65
5. Pressionar ÷ para executar sen $57^0 \div 1{,}65$
6. Introduzir 2.7
7. Pressionar EXC para permutar valores dos dois níveis superiores da pilha
8. Pressionar – p/executar 2,7 – valor da etapa 5
9. Introduzir 3.5
10. Pressionar X p/executar 3,6 X valor da etapa 8
11. Introduzir 4.7
12. Pressionar ENTER para colocar valor da etapa 10 no terceiro nível da pilha e 4,7 no segundo nível
13. Introduzir 35
14. Pressionar COS para colocar cos 35^0 no primeiro nível da pilha
15. Pressionar + para executar 4,7 + cos 35^0
16. Introduzir 9.6
17. Pressionar EXC para permutar os dois

valores superiores da pilha colocando 9,6 no segundo nível e o valor da etapa 15 no primeiro.

18. Pressionar ÷ para executar 9,6 ÷ (4,7 + cos 35°)
19. Pressionar LOG para obter logaritmo de base 10 do valor da etapa 18
20. Introduzir 5.61
21. Pressionar X para executar 5,61 X valor da etapa 19
22. Pressionar ÷ para executar dividendo ÷ divisor que agora estão nos dois níveis superiores da pilha.

Observe-se que a máquina de notação polonesa reversa requer um número menor de toques de tecla que os outros dois tipos de calculadoras. Deve-se ter presente que os fabricantes de cada tipo sempre selecionam um problema tendo em vista demonstrar que suas máquinas funcionam bem com sua respectiva lógica e precariamente com a lógica das máquinas de seus concorrentes.

tabelas matemáticas

APÊNDICE B

Valores matemáticos selecionados

$\pi =$	3.141593	$\sqrt{\pi} =$	1.772454	$\sqrt{2} =$	1.414214
$2\pi =$	6.283185	$\sqrt[3]{\pi} =$	1.464592	$\sqrt{3} =$	1.732055
$3\pi =$	9.424778	$\log_e \pi^* =$	1.144730	$\frac{\pi}{\sqrt{g}} =$	0.55399
$4\pi =$	12.566371	$\frac{1}{\pi} =$	0.318310	$\frac{1}{\sqrt{g}} =$	0.17634
$\frac{\pi}{2} =$	1.570796	$\frac{1}{\pi^2} =$	0.101321	$\sqrt{2g} =$	8.01998
$\frac{\pi}{3} =$	1.047198	$\frac{1}{\sqrt{\pi}} =$	0.564190	$\frac{1}{2g} =$	0.01555
$\frac{\pi}{4} =$	0.785398	$\log_{10} \pi =$	0.497150	$g^2 =$	1034.266
$\pi^2 =$	9.869604	$\frac{1}{e} =$	0.367879	$2g =$	64.32
$\pi^3 =$	31.006277			$g =$	32.16

$^*e = 2.718282$

Comprimento de cordas para arcos de círculos com raio de 1"

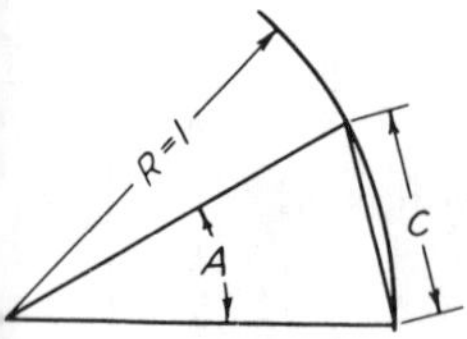

°	0′	10′	20′	30′	40′	50′
0	0.0000	0.0029	0.0058	0.0087	0.0116	0.0145
1	0.0175	0.0204	0.0233	0.0262	0.0291	0.0320
2	0.0349	0.0378	0.0407	0.0436	0.0465	0.0494
3	0.0524	0.0553	0.0582	0.0611	0.0640	0.0669
4	0.0698	0.0727	0.0756	0.0785	0.0814	0.0843
5	0.0872	0.0901	0.0931	0.0960	0.0989	0.1018
6	0.1047	0.1076	0.1105	0.1134	0.1163	0.1192
7	0.1221	0.1250	0.1279	0.1308	0.1337	0.1366
8	0.1395	0.1424	0.1453	0.1482	0.1511	0.1540
9	0.1569	0.1598	0.1627	0.1656	0.1685	0.1714
10	0.1743	0.1772	0.1801	0.1830	0.1859	0.1888
11	0.1917	0.1946	0.1975	0.2004	0.2033	0.2062
12	0.2091	0.2119	0.2148	0.2177	0.2206	0.2235
13	0.2264	0.2293	0.2322	0.2351	0.2380	0.2409
14	0.2437	0.2466	0.2495	0.2524	0.2553	0.2582
15	0.2611	0.2639	0.2668	0.2697	0.2726	0.2755
16	0.2783	0.2812	0.2841	0.2870	0.2899	0.2927
17	0.2956	0.2985	0.3014	0.3042	0.3071	0.3100
18	0.3129	0.3157	0.3186	0.3215	0.3244	0.3272
19	0.3301	0.3330	0.3358	0.3387	0.3416	0.3444
20	0.3473	0.3502	0.3530	0.3559	0.3587	0.3616
21	0.3645	0.3673	0.3702	0.3730	0.3759	0.3788
22	0.3816	0.3845	0.3873	0.3902	0.3930	0.3959
23	0.3987	0.4016	0.4044	0.4073	0.4101	0.4130
24	0.4158	0.4187	0.4215	0.4244	0.4272	0.4300
25	0.4329	0.4357	0.4386	0.4414	0.4442	0.4471
26	0.4499	0.4527	0.4556	0.4584	0.4612	0.4641
27	0.4669	0.4697	0.4725	0.4754	0.4782	0.4810
28	0.4838	0.4867	0.4895	0.4923	0.4951	0.4979
29	0.5008	0.5036	0.5064	0.5092	0.5120	0.5148
30	0.5176	0.5204	0.5233	0.5261	0.5289	0.5317
31	0.5345	0.5373	0.5401	0.5429	0.5457	0.5485
32	0.5513	0.5541	0.5569	0.5597	0.5625	0.5652
33	0.5680	0.5708	0.5736	0.5764	0.5792	0.5820
34	0.5847	0.5875	0.5903	0.5931	0.5959	0.5986
35	0.6014	0.6042	0.6070	0.6097	0.6125	0.6153
36	0.6180	0.6208	0.6236	0.6263	0.6291	0.6319
37	0.6346	0.6374	0.6401	0.6429	0.6456	0.6484
38	0.6511	0.6539	0.6566	0.6594	0.6621	0.6649
39	0.6676	0.6704	0.6731	0.6758	0.6786	0.6813
40	0.6840	0.6868	0.6895	0.6922	0.6950	0.6977
41	0.7004	0.7031	0.7059	0.7086	0.7113	0.7140
42	0.7167	0.7195	0.7222	0.7249	0.7276	0.7303
43	0.7330	0.7357	0.7384	0.7411	0.7438	0.7465
44	0.7492	0.7519	0.7546	0.7573	0.7600	0.7627
45*	0.7654	0.7681	0.7707	0.7734	0.7761	0.7788

* Para ângulos entre 45° e 90°, trace um ângulo de 90° e desconte o complemento a partir da linha de 90°.

Equivalentes decimais para frações de polegada

Fração	Equiv.	Fração	Equiv.	Fração	Equiv.	Fração	Equiv.
1/64	0.015625	17/64	0.265625	33/64	0.515625	49/64	0.765625
1/32	0.03125	9/32	0.28125	17/32	0.53125	25/32	0.78125
3/64	0.046875	19/64	0.296875	35/64	0.546875	51/64	0.796875
1/16	0.0625	5/16	0.3125	9/16	0.5625	13/16	0.8125
5/64	0.078125	21/64	0.328125	37/64	0.578125	53/64	0.828125
3/32	0.09375	11/32	0.34375	19/32	0.59375	27/32	0.84375
7/64	0.109375	23/64	0.359375	39/64	0.609375	55/64	0.859375
1/8	0.1250	3/8	0.3750	5/8	0.6250	7/8	0.8750
9/64	0.140625	25/64	0.390625	41/64	0.640625	57/64	0.890625
5/32	0.15625	13/32	0.40625	21/32	0.65625	29/32	0.90625
11/64	0.171875	27/64	0.421875	43/64	0.671875	59/64	0.921875
3/16	0.1875	7/16	0.4375	11/16	0.6875	15/16	0.9375
13/64	0.203125	29/64	0.453125	45/64	0.703125	61/64	0.953125
7/32	0.21875	15/32	0.46875	23/32	0.71875	31/32	0.96875
15/64	0.234375	31/64	0.484375	47/64	0.734375	63/64	0.984375
1/4	0.2500	1/2	0.5000	3/4	0.7500	1	1.0000

Equivalentes métricos

mm	pol.[1]	mm	pol.	pol.	mm[2]	pol.	mm
1 =	0.0394	17 =	0.6693	1/32 =	0.794	17/32 =	13.493
2 =	0.0787	18 =	0.7087	1/16 =	1.587	9/16 =	14.287
3 =	0.1181	19 =	0.7480	3/32 =	2.381	19/32 =	15.081
4 =	0.1575	20 =	0.7874	1/8 =	3.175	5/8 =	15.875
5 =	0.1969	21 =	0.8268	5/32 =	3.968	21/32 =	16.668
6 =	0.2362	22 =	0.8662	3/16 =	4.762	11/16 =	17.462
7 =	0.2756	23 =	0.9055	7/32 =	5.556	23/32 =	18.256
8 =	0.3150	24 =	0.9449	1/4 =	6.349	3/4 =	19.050
9 =	0.3543	25 =	0.9843	9/32 =	7.144	25/32 =	19.843
10 =	0.3937	26 =	1.0236	5/16 =	7.937	13/16 =	20.637
11 =	0.4331	27 =	1.0630	11/32 =	8.731	27/32 =	21.431
12 =	0.4724	28 =	1.1024	3/8 =	9.525	7/8 =	22.225
13 =	0.5118	29 =	1.1418	13/32 =	10.319	29/32 =	23.018
14 =	0.5512	30 =	1.1811	7/16 =	11.112	15/16 =	23.812
15 =	0.5906	31 =	1.2205	15/32 =	11.906	31/32 =	24.606
16 =	0.6299	32 =	1.2599	1/2 =	12.699	1 =	25.400

[1] Calculado até a quarta casa decimal mais próxima.
[2] Calculado até a terceira casa decimal mais próxima.

Tabela de conversão: frações, decimais e milímetros*

polegadas		mm	polegadas		mm	polegadas		mm	polegadas		mm
frações	decimais		frações	decimais		frações	decimais		frações	decimais	
–	.0004	.01	25/32	.781	19.844	–	2.165	55.	3-11/16	3.6875	93.663
–	.004	.10	–	.7874	20.	2-3/16	2.1875	55.563	–	3.7008	94.
–	.01	.25	51/64	.797	20.241	–	2.2047	56.	3-23/32	3.719	94.456
1/64	.0156	.397	13/16	.8125	20.638	2-7/32	2.219	56.356	–	3.7401	95.
–	.0197	.50	–	.8268	21.	–	2.244	57.	3-3/4	3.750	95.250
–	.0295	.75	53/64	.828	21.034	2-1/4	2.250	57.150	–	3.7795	96.
1/32	.03125	.794	27/32	.844	21.431	2-9/32	2.281	57.944	3-25/32	3.781	96.044
–	.0394	1.	55/64	.859	21.828	–	2.2835	58.	3-13/16	3.8125	96.838
3/64	.0469	1.191	–	.8661	22.	2-5/16	2.312	58.738	–	3.8189	97.
–	.059	1.5	7/8	.875	22.225	–	2.3228	59.	3-27/32	3.844	97.631
1/16	.062	1.588	57/64	.8906	22.622	2-11/32	2.344	59.531	–	3.8583	98.
5/64	.0781	1.984	–	.9055	23.	–	2.3622	60.	3-7/8	3.875	98.425
–	.0787	2.	29/32	.9062	23.019	2-3/8	2.375	60.325	–	3.8976	99.
3/32	.094	2.381	59/64	.922	23.416	–	2.4016	61.	3-29/32	3.9062	99.219
–	.0984	2.5	15/16	.9375	23.813	2-13/32	2.406	61.119	–	3.9370	100.
7/64	.109	2.778	–	.9449	24.	2-7/16	2.438	61.913	3-15/16	3.9375	100.013
–	.1181	3.	61/64	.953	24.209	–	2.4409	62.	3-31/32	3.969	100.806
1/8	.125	3.175	31/32	.969	24.606	2-15/32	2.469	62.706	–	3.9764	101.
–	.1378	3.5	–	.9843	25.	–	2.4803	63.	4	4.000	101.600
9/64	.141	3.572	63/64	.9844	25.003	2-1/2	2.500	63.500	4-1/16	4.062	103.188
5/32	.156	3.969	1	1.000	25.400	–	2.5197	64.	4-1/8	4.125	104.775
–	.1575	4.	–	1.0236	26.	2-17/32	2.531	64.294	–	4.1338	105.
11/64	.172	4.366	1-1/32	1.0312	26.194	–	2.559	65.	4-3/16	4.1875	106.363
–	.177	4.5	1-1/16	1.062	26.988	2-9/16	2.562	65.088	4-1/4	4.250	107.950
3/16	.1875	4.763	–	1.063	27.	2-19/32	2.594	65.881	4-5/16	4.312	109.538
–	.1969	5.	1-3/32	1.094	27.781	–	2.5984	66.	–	4.3307	110.
13/64	.203	5.159	–	1.1024	28.	2-5/8	2.625	66.675	4-3/8	4.375	111.125
–	.2165	5.5	1-1/8	1.125	28.575	–	2.638	67.	4-7/16	4.438	112.713
7/32	.219	5.556	–	1.1417	29.	2-21/32	2.656	67.469	4-1/2	4.500	114.300
15/64	.234	5.953	1-5/32	1.156	29.369	–	2.6772	68.	–	4.5275	115.
–	.2362	6.	–	1.1811	30.	2-11/16	2.6875	68.263	4-9/16	4.562	115.888
1/4	.250	6.350	1-3/16	1.1875	30.163	–	2.7165	69.	4-5/8	4.625	117.475
–	.2559	6.5	1-7/32	1.219	30.956	2-23/32	2.719	69.056	4-11/16	4.6875	119.063
17/64	.2656	6.747	–	1.2205	31.	2-3/4	2.750	69.850	–	4.7244	120.
–	.2756	7.	1-1/4	1.250	31.750	–	2.7559	70.	4-3/4	4.750	120.650
9/32	.281	7.144	–	1.2598	32.	2-25/32	2.781	70.6439	4-13/16	4.8125	122.238
–	.2953	7.5	1-9/32	1.281	32.544	–	2.7953	71.	4-7/8	4.875	123.825
19/64	.297	7.541	–	1.2992	33.	2-13/16	2.8125	71.4376	–	4.9212	125.
5/16	.312	7.938	1-5/16	1.312	33.338	–	2.8346	72.	4-15/16	4.9375	125.413
–	.315	8.	–	1.3386	34.	2-27/32	2.844	72.2314	5	5.000	127.000
21/64	.328	8.334	1-11/32	1.344	34.131	–	2.8740	73.	–	5.1181	130.
–	.335	8.5	1-3/8	1.375	34.925	2-7/8	2.875	73.025	5-1/4	5.250	133.350
11/32	.344	8.731	–	1.3779	35.	2-29/32	2.9062	73.819	5-1/2	5.500	139.700
–	.3543	9.	1-13/32	1.406	35.719	–	2.9134	74.	–	5.5118	140.
23/64	.359	9.128	–	1.4173	36.	2-15/16	2.9375	74.613	5-3/4	5.750	146.050
–	.374	9.5	1-7/16	1.438	36.513	–	2.9527	75.	–	5.9055	150.
3/8	.375	9.525	–	1.4567	37.	2-31/32	2.969	75.406	6	6.000	152.400
25/64	.391	9.922	1-15/32	1.469	37.306	–	2.9921	76.	6-1/4	6.250	158.750
–	.3937	10.	–	1.4961	38.	3	3.000	76.200	–	6.2992	160.
13/32	.406	10.319	1-1/2	1.500	38.100	3-1/32	3.0312	76.994	6-1/2	6.500	165.100
–	.413	10.5	1-17/32	1.531	38.894	–	3.0315	77.	–	6.6929	170.
27/64	.422	10.716	–	1.5354	39.	3-1/16	3.062	77.788	6-3/4	6.750	171.450
–	.4331	11.	1-9/16	1.562	39.688	–	3.0709	78.	7	7.000	177.800
7/16	.438	11.113	–	1.5748	40.	3-3/32	3.094	78.581	–	7.0866	180.
29/64	.453	11.509	1-19/32	1.594	40.481	–	3.1102	79.	–	7.4803	190.
15/32	.469	11.906	–	1.6142	41.	3-1/8	3.125	79.375	7-1/2	7.500	190.500
–	.4724	12.	1-5/8	1.625	41.275	–	3.1496	80.	–	7.8740	200.
31/64	.484	12.303	–	1.6535	42.	3-5/32	3.156	80.169	8	8.000	203.200
–	.492	12.5	1-21/32	1.6562	42.069	3-3/16	3.1875	80.963	–	8.2677	210.
1/2	.500	12.700	1-11/16	1.6875	42.863	–	3.1890	81.	8-1/2	8.500	215.900
–	.5118	13.	–	1.6929	43.	3-7/32	3.219	81.756	–	8.6614	220.
33/64	.5156	13.097	1-23/32	1.719	43.656	–	3.2283	82.	9	9.000	228.600
17/32	.531	13.494	–	1.7323	44.	3-1/4	3.250	82.550	–	9.0551	230.
35/64	.547	13.891	1-3/4	1.750	44.450	–	3.2677	83.	–	9.4488	240.
–	.5512	14.	–	1.7717	45.	3-9/32	3.281	83.344	9-1/2	9.500	241.300
9/16	.563	14.288	1-25/32	1.781	45.244	–	3.3071	84.	–	9.8425	250.
–	.571	14.5	–	1.8110	46.	3-5/16	3.312	84.1377	10	10.000	254.001
37/64	.578	14.684	1-13/16	1.8125	46.038	3-11/32	3.344	84.9314	–	10.2362	260.
–	.5906	15.	1-27/32	1.844	46.831	–	3.3464	85.	–	10.6299	270.
19/32	.594	15.081	–	1.8504	47.	3-3/8	3.375	85.725	11	11.000	279.401
39/64	.609	15.478	1-7/8	1.875	47.625	–	3.3858	86.	–	11.0236	280.
5/8	.625	15.875	–	1.8898	48.	3-13/32	3.406	86.519	–	11.4173	290.
–	.6299	16.	1-29/32	1.9062	48.419	–	3.4252	87.	–	11.8110	300.
41/64	.6406	16.272	–	1.9291	49.	3-7/16	3.438	87.313	12	12.000	304.801
–	.6496	16.5	1-15/16	1.9375	49.213	–	3.4646	88.	13	13.000	330.201
21/32	.656	16.669	–	1.9685	50.	3-15/32	3.469	88.106	–	13.7795	350.
–	.6693	17.	1-31/32	1.969	50.006	3-1/2	3.500	88.900	14	14.000	355.601
43/64	.672	17.066	2	2.000	50.800	–	3.5039	89.	15	15.000	381.001
11/16	.6875	17.463	–	2.0079	51.	3-17/32	3.531	89.694	–	15.7480	400.
45/64	.703	17.859	2-1/32	2.03125	51.594	–	3.5433	90.	16	16.000	406.401
–	.7087	18.	–	2.0472	52.	3-9/16	3.562	90.4877	17	17.000	431.801
23/32	.719	18.256	2-1/16	2.062	52.388	–	3.5827	91.	–	17.7165	450.
–	.7283	18.5	–	2.0866	53.	3-19/32	3.594	91.281	18	18.000	457.201
47/64	.734	18.653	2-3/32	2.094	53.181	–	3.622	92.	19	19.000	482.601
–	.7480	19.	2-1/8	2.125	53.975	3-5/8	3.625	92.075	–	19.6850	500.
3/4	.750	19.050	–	2.126	54.	3-21/32	3.656	92.869	20	20.000	508.001
49/64	.7656	19.447	2-5/32	2.156	54.769	–	3.6614	93.			

* Adaptado do "TRUARC Technical Manual of Retaining Rings and Assembly Tools".

Fatores de conversão como múltiplos numéricos exatos de unidades SI

As tabelas a seguir expressam as definições de várias unidades de medidas como múltiplos numéricos exatos de unidades SI coerentes e fornece fatores de multiplicação para converter vários números e unidades em novos números e unidades SI correspondentes.

Os primeiros dois dígitos de cada assentamento numérico representa uma potência de 10. Um asterisco segue cada número que expressa uma definição exata. Por exemplo, o assentamento "–02 2,54*" expressa o fato de que 1 pol = 2,54 x 10^{-2} metros, exatamente, por definição. A maior parte das definições foi extraída de documentos do *National Bureau of Standards.* Os números, que não são seguidos de um asterisco são apenas representações ou definições aproximadas ou o resultado de medidas físicas. Os fatores de conversão são relacionados em ordem alfabética e pela quantidade física.

A relação por quantidade física inclui apenas relacionamentos que são encontrados amiúde e deliberadamente omite a grande multiplicidade de combinações de unidades que são usadas para fins mais específicos. Fatores de conversão para combinações de unidades são facilmente obtidos de números fornecidos na relação alfabética pela técnica da substituição direta ou por outras regras conhecidas para manuseio de unidades. Estas regras são discutidas de modo apropriado em muitos manuais científicos e de engenharia e não são repetidos aqui.

Relação alfabética

Para converter de	para	multiplique por
Abampère	ampère	+01 1,00*
Abcoulomb	coulomb	+01 1,00*
Abfarad	farad	+09 1,00*
Abhenry	henry	–09 1,00*
Abmho	mho	+09 1,00*
Abohm	ohm	–09 1,00*
Abvolt	volt	–08 1,00*
Acre	m^2	+03 4,046 856 422 4*
Alqueire (E.U.A.)	m^3	–02 3,523 907 016 688*
Ampère	ampère	–01 9,998 35
Angström	m	–10 1,00*
Ano (de calendário)	seg (médio solar)	+07 3,1536*
Ano (sideral)	seg (médio solar)	+07 3,155 815
Ano (tropical)	seg (médio solar)	+07 3,155 692 6
Ano 1900, tropical, jan., dia 0, hora 12	seg	+07 3,155 692 597 47
Ano 1900, tropical, jan., dia 0, hora 12	seg (efêmero)	+07 3,155 692 597 47*
Ano-luz	m	+15 9,460 55
Are	m^2	+02 1,00*
Atmosfera	newton/m^2	+05 1,013 25*
Bar	newton/m^2	+05 1,00*
Bária	newton/m^2	–01 1,00*
Barne	m^2	–28 1,00*
Barril (de petróleo, 42 gal.)	m^3	–01 1,589 873

Para converter de	para	multiplique por
Braça	m	+00 1,828 8*
Cabo (unidade de distância equivalente ao cabo de âncora de um navio)	m	+02 2,194 56*
Cadeia (de agrimensor)	m	+01 2,011 68*
Cadeia (de engenheiro)	m	+01 3,048*
Calibre	m	–04 2,54*
Caloria (média)	joule	+00 4,190 02
Caloria (tabela intern. vapor)	joule	+00 4,1868
Caloria (termoquímica)	joule	+00 4,184*
Caloria (15°C)	joule	+00 4,185 80
Caloria (20°C)	joule	+00 4,181 90
Cavalo-força (76 mkp/s)	watt	–02 7,456 998 7
Cavalo-força (água)	watt	+02 7,460 43
Cavalo-força (elétrico)	watt	+02 7,46*
Cavalo-força (inglês)	watt	+02 7,457
Cavalo-força (métrico)	watt	+02 7,354 99
Cavalo-vapor (de caldeira)	watt	+03 9,809 5
Celamin	m^3	–03 8,809 767 541 72*
Centímetros de água (4°C)	newton/m^2	+01 9,806 38
Centímetros de mercúrio (0°C)	newton/m^2	+03 1,333 22
Colher de chá	m^3	–06 4,928 921 593 75*
Colher de sopa	m^3	–05 1,478 676 478 125*
Corda	m^3	+00 3,624 556 3
Coulomb	coulomb	–01 9,998 35
Côvado (antiga medida linear = 66 cm)	m	–01 4,572*
Curie	desintegrações/seg	+10 3,70*
Denier (sistema internacional)	kg/m	–07 1,00*
Dia (médio solar)	seg (médio solar)	+4 8,64*
Dia (sideral)	seg (médio solar)	+4 8,616 409
Dina	newton	–05 1,00*
Dracma (sistema *avoirdupois*)	kg	–03 1,771 845 195 312 5*
Dracma (troi ou farmacêutico)	kg	–03 3,887 934 6
Dracma fluida (E.U.A.)	m^3	–06 3,696 691 195 312 5*
Elétron-volt	joule	–19 1,602 1
Erg	joule	–07 1,00*
Escrópulo (de farmacêutico)	kg	–03 1,295 978 2*
Estere	m^3	+00 1,00*
Farad	farad	–01 9,995 95
Faraday (baseado no C 12)	coulomb	+04 9,648 7
Faraday (físico)	coulomb	+04 9,652 19
Faraday (químico)	coulomb	+04 9,649 57
Fermi (femtômetro)	m	–15 1,00*
Fóton	lúmen/m^2	+04 1,00
Furlong (medida linear inglesa)	m	+02 2,011 68*
Gal (de Galileo)	m/seg^2	–02 1,00*
Galão (líquido, americano)	m^3	–03 3,785 411 784

Para converter de	para	multiplique por
Galão (líquido, inglês)	m^3	–03 4,536 087
Galão (seco, americano)	m^3	–03 4,404 883 770 86*
Gama	tesla	–09 1,00*
Gauss	tesla	–04 1,00*
Gilbert	ampère-volta	–01 7,957 747 2
Gill (americano)	m^3	–04 1,182 941 2
Gill (inglês)	m^3	–04 1,420 652
Grado	grau (angular)	–01 9,00*
Grado	radiano	–02 1,570 796 3
Grama	kg	–03 1,00*
Grão	kg	–05 6,479 891*
Grau (ângulo geométrico)	radiano	–02 1,745 329 251 994 3
Graus centígrados (temperatura)	kelvin	$t_k = t_c + 273,15$
Graus Fahrenheit (temperatura)	graus centígrados	$t_c = (5/9)(t_f - 32)$
Graus Fahrenheit (temperatura)	kelvin	$t_k = (5/9)(t_f + 459,67)$
Hectare	m^2	+04 1,00*
Henry	henry	+00 1,000 495
Hora (média solar)	seg (médio solar)	+03 3,60*
Hora (sideral)	seg (médio solar)	+03 3,590 170 4
Jarda	m	–01 9,144*
Joule	joule	+00 1,000 165
Kayser	1/m	+02 1,00*
Kip	newton	+03 4,448 221 615 260 5*
Lambert	candela/m^2	+04 $1/\pi$*
Lambert	candela/m^2	+03 3,183 098 8
Langley	joule/m^2	+04 $4,184^2$
Légua (marítima, inglesa)	m	+03 5,559 552*
Légua (marítima, internacional)	m	+03 5,556*
Légua terrestre	m	+03 4,828 032*
Libra força (lbf) (*avoirdupois*)	newton	+00 4,448 221 615 260 5*
Libra-massa	kg	+01 1,459 390 29
Libra massa (lbm) (*avoirdupois*)	kg	–01 4,535 923 7*
Libra massa (troi ou de farmacêutico)	kg	–01 3,732 417 216*
Link (de agrimensor ou de Gunter)	m	–01 2,011 68*
Link (de engenheiro ou arbitrário)	m	–01 3,048*
Litro	m^3	–03 1,00*
Lux	lúmen/m^2	+00 1,00*
Mão	m	–01 1,016*
Maxwell	weber	–08 1,00*
Meada	m	+02 1,097 28*
Meia pipa	m^3	–01 2,384 809 423 92*
Mês (médio de calendário)	seg (médio solar)	+06 2,628*
Metro	comprimento de onda do kr 86	+06 1,650 763 73*

Para converter de	para	multiplique por
Mícron	m	–06 1,00*
Mil	m	–05 2,54*
Mil circular	m^2	–10 5,067 074 8
Milha (marítima, americana)	m	+03 1,852*
Milha (marítima, inglesa)	m	+03 1,853 184*
Milha (marítima, internacional)	m	+03 1,852*
Milha (terrestre, americana)	m	+03 1,609 344*
Milibar	newton/m^2	+02 1,00*
Milímetro de mercúrio (0°C)	newton/m^2	+02 1,333 224
Minuto (angular)	radiano	–04 2,908 882 086 66
Minuto (médio solar)	seg (médio solar)	+01 6,00*
Minuto (sideral)	seg (médio solar)	+01 5,983 617 4
Nó (internacional)	m/seg	–01 5,144 444 444
Oersted	ampère/m	+01 7,957 747 2
Ohm	ohm	+00 1,000 495
Onça fluida (E.U.A.)	m^3	–05 2,957 352 956 25*
Onça força (*avoirdupois*)	newton	–01 2,780 138 5
Onça massa (*avoirdupois*)	kg	-02 2,834 952 312 5*
Onça massa (troi ou farmacêutica)	kg	–02 3,110 347 68*
Paica (de impressão)	m	–03 4,217 517 6*
Palmo	m	–01 2,286*
Parsec	m	+16 3,083 74*
Pascal	newton/m^2	+00 1,00*
Passo	m	–01 7,62*
Pé	m	–01 3,048*
Pé (agrimensura – E.U.A.)	m	+00 1200/3937*
Pé (agrimensura E.U.A.)	m	–01 3,048 006 096
Pé de água (4°C)	newton/m^2	+03 2,988 98
Pé-lambert	candela/m^2	+00 3,426 259
Pé-vela	lúmen/m^2	+01 1,076 391
Pennyweight	kg	–03 1,555 173 84*
Percha	m	+00 5,02 92*
Percha	weber	–07 1,256 637
Pinta (líquida americana)	m^3	–04 4,731 764 73*
Pinta (seca, americana)	m^3	–04 5,506 104 713 575*
Poise	newton seg/m^2	–01 1,00*
Polegada	m	–02 2,54*
Polegada de água (4°C)	newton/m^2	+02 2,490 82
Polegada de água (15,6°C)	newton/m^2	+02 2,4884
Polegada de mercúrio (0°C)	newton/m^2	+03 3,386 389
Polegada de mercúrio (15,6°C)	newton/m^2	+03 3,376 85
Ponto (de impressão)	m	–04 3,514 598*
Poundal	newton	–01 1,382 549 543 76*
Quarto (líquido, americano)	m^3	–04 9,463 529 5
Quarto (seco, americano)	m^3	–03 1,101 220 942 715*
Quilate (métrico)	quilograma (kg)	–04 2,00*
Quilocaloria (média)	joule	+03 4,190 02
Quilocaloria (tab. intern. vapor)	joule	+03 4,186 74

Para converter de	para	multiplique por
Quilocaloria (termoquímica)	joule	+03 4,184*
Quilograma força (kgf)	newton	+00 9,806 65*
Quilograma massa	kg	+00 1,00*
Quilopond força (kpf)	newton	+00 9,806 65*
Quintal (americano)	kg	+01 4,535 923 7*
Quintal (inglês)	kg	+01 5,080 234 544*
Rad (dose de radiação absorvida)	joule/kg	–02 1,00*
Rankine (temperatura)	kelvin	$t_K = (5/9)\, t_R$
Rayleigh (índice de emissão de fótons)	1/seg m²	+10 1,00*
Rhe	m²/newton seg	+01 1,00*
Rod (= Perch = Pole)	m	+00 5,0292*
Roentgen	coulomb/kg	–04 2,579 76*
Rutherford	desintegrações/seg	+06 1,00*
Seção	m²	+06 2,589 988 110 336*
Segundo (angular)	radiano	–06 4,848 136 811
Segundo (efêmero)	seg	+00 1,00
Segundo (médio solar)	seg (efêmero)	Consulte o *American Ephemeris and Nautical Almanac*
Segundo (sideral)	seg (médio solar)	–01 9,972 695 7
Shake	seg	–08 1,00
Statampère	ampère	–10 3,335 64
Statcoulomb	coulomb	–10 3,335 64
Statfarad	farad	–12 1,112 65
Stathenry	henry	+11 8,987 554
Statmho	mho	–12 1,112 65
Statohm	ohm	+11 8,987 554
Statvolt	volt	+02 2,997 925
Stilb	candela/m²	+04 1,00
Stoke	m²/seg	–04 1,00*
Tonelada (curta, 2000 lb)	kg	+02 9,071 847 4*
Tonelada (de ensaio)	kg	–02 2,916 666 6
Tonelada (de registro)	m³	+00 2,831 684 659 2*
Tonelada (equivalente nuclear de TNT)	joule	+09 4,20
Tonelada (longa)	kg	+03 1,016 046 908 8*
Tonelada (métrica)	kg	+03 1,00*
Tonne (inglês = tonelada)	kg	+03 1,00*
Torr (0°C)	newton/m²	+02 1,333 22
Tonnship	m²	+07 9,323 957 2
Unidade astronômica	m	+11 1,495 978 9
Unidade térmica inglesa (ISO/TC 12)	joule	+03 1,055 06
Unidade térmica inglesa (média)	joule	+03 1,055 87
Unidade térmica inglesa (Tabela internacional de vapor)	joule	+03 1,055 04

Para converter de	para	multiplique por
Unidade térmica inglesa (termoquímica)	joule	+03 1,054 350 264 488
Unidade térmica inglesa (3,9°C)	joule	+03 1,059 67
Unidade térmica inglesa (15,6°C)	joule	+03 1,054 68
Volt	volt	+00 1,000 330
Watt	watt	+00 1,000 165
Xícara	m^3	–04 2,365 882 365*

Relação por grandeza física

Aceleração

Gal (galileo)	m/seg^2	–02 1,00*
$Pé/seg^2$	m/seg^2	–01 3,048*
$Polegada/seg^2$	m/seg^2	–02 2,54*
Queda livre, padrão	m/seg^2	+00 9,806 65*

Área

Acre	m^2	+03 4,046 856 422 4*
Are	m^2	+02 1,00*
Barne	m^2	–28 1,00*
Hectare	m^2	+04 1,00*
$Jarda^2$	m^2	–01 8,361 273 6*
Mil circular	m^2	–10 5,067 074 8
$Milha^2$ (terrestre americana)	m^2	+06 2,589 988 110 336*
$Pé^2$	m^2	–02 9,290 304*
$Polegada^2$	m^2	–04 6,4516*
Seção	m^2	+06 2,589 988 110 336*
Township	m^2	+07 9,323 957 2

Comprimento

Amarra	m	–02 2,194 56*
Angstrom	m	–10 1,00*
Ano-luz	m	+15 9,460 55
Braça	m	+00 1,8288*
Cadeia (de agrimensor)	m	+01 2,011 68*
Cadeia (de engenheiro)	m	+01 3,048*
Calibre	m	–04 2,54*
Côvado	m	–01 4,572*
Fermi (femtômetro)	m	–15 1,00*
Furlong	m	+02 2,011 68*
Jarda	m	–01 9,144*
Légua (marítima, inglesa)	m	+03 5,559 552*
Légua (marítima, internacional)	m	+03 5,556*
Légua terrestre	m	+03 4,828 032*
Link (de agrimensor ou de gunter)	m	–01 2,011 68*

Para converter de	para	multiplique por
Link (de engenheiro ou arbitrário)	m	–01 3,048*
Comprimento de onda Kr 86	m	+06 1,650 763 73*
Mão	m	–01 1,016*
Meada	m	+02 1,097 28*
Mícron	m	–06 1,00*
Mil	m	–05 2,54*
Milha (terrestre, americana)	m	+03 1,609 344*
Milha (marítima, inglesa)	m	+03 1,853 184*
Milha (marítima internacional)	m	+03 1,852*
Milha (marítima, americana)	m	+03 1,852*
Palmo	m	–01 2,286*
Parsec	m	+16 3,083 74
Passo	m	–01 7,62*
Pé	m	–01 3,048*
Pé (agrimensura – E.U.A.)	m	+00 1200/3937*
Pé (agrimensura – E.U.A.)	m	–01 3,048 006 096
Perche	m	+00 5,02 92*
Pica [paica] (de impressão)	m	+03 4,217 517 6*
Polegada	m	–02 2,54*
Ponto (de impressão)	m	–04 3,514 598*
Unidade astronômica	m	+11 1,495 978 9
Densidade		
Grama/cm^3	kg/m^3	+03 1,00*
lbm/polegada^3	kg/m^3	+04 2,767 990 5
lbm/pé^3	kg/m^3	+01 1,601 846 3
Libra-massa/pé^3	kg/m^3	+02 5,153 79
Energia		
Caloria (média)	joule	+00 4,190 02
Caloria (tab. intern. vapor)	joule	+00 4,1868
Caloria (termoquímica)	joule	+00 4,184*
Caloria (15°C)	joule	+00 4,185 8
Caloria (20°C)	joule	+00 4,181 9
Elétron-volt	joule	–19 1,602 1
Erg	joule	–07 1,00*
Joule (internacional de 1948)	joule	+00 1.000 165
Pé lbf	joule	+00 1,355 817 9
Pé poundal	joule	–02 4,214 011
Quilocaloria (média)	joule	+03 4,190 02
Quilocaria (tab. intern. vapor)	joule	+03 4,1868
Quilocaloria (termoquímica)	joule	+03 4,184*
Quilowatt hora	joule	+06 3,60*
Quilowatt hora	joule	+06 3,600 59
Tonelada (equivalente nuclear de TNT)	joule	+09 4,20

Para converter de	para	multiplique por
Unidade térmica inglesa (ISO TC 12)	joule	+03 1,055 06
Unidade térmica inglesa (tab. intern. vapor)	joule	+03 1,055 04
Unidade térmica inglesa (média)	joule	+03 1,055 87
Unidade térmica inglesa (termoquímica)	joule	+03 1,054 350 264 488
Unidade térmica inglesa (3,9°C)	joule	+03 1,059 67
Unidade térmica inglesa (15,6°C)	joule	+03 1,054 68
Watt hora	joule	+03 3,60*
Energia/área tempo		
Btu (termoquímica)pé^2 seg	watt/m^2	+04 1,134 893 1
Btu (termoquímica)/pé^2 min	watt/m^2	+02 1,891 488 5
Btu (termoquímica)/pé^2 hora	watt/m^2	+00 3,152 480 8
Btu (termoquímica)/pol^2 seg	watt/m^2	+06 1,634 246 2
Caloria (termoquímica)/cm^2 min	watt/m^2	+02 6,973 333 3
Erg/cm^2 seg	watt/m^2	–03 1,00*
Watt/cm^2	watt/m^2	+04 1,00*
Força		
Dina	newton	–05 1,00*
Kip	newton	+03 4,448 221 615 260 5*
lbf (*avoirdupois*)	newton	+00 4,448 221 615 260 5*
Onça força (*avoirdupois*)	newton	–01 2,780 138 5
Poundal	newton	–01 1,382 549 543 76*
Quilopond força (kjf)	newton	+00 9,806 65*
Quilograma força (kgf)	newton	+00 9,806 65*
Massa		
Dracma (*avoirdupois*)	kg	–03 1,771 845 195 312 5*
Dracma (troi ou farmacêutico)	kg	–03 3,887 934 6*
Escrópulo (de farmacêutico)	kg	–03 1,295 978 2*
Grama	kg	–03 1,00*
Grão	kg	–05 6,479 891*
kgf seg^2 m (massa)	kg	+00 9,806 65*
Libra massa	kg	+01 1,459 390 29
Libra massa, lbm (*avoirdupois*)	kg	–01 4,535 923 7*
Libra massa (troi ou farmacêutica)	kg	–01 3,732 417 216*
Onça massa (*avoirdupois*)	kg	–02 2,834 952 312 5*
Onça massa (troi ou farmacêutico)	kg	–02 3,110 347 68*
Pennyweight	kg	–03 1,555 173 84*
Quilate (métrico)	kg	–04 2,00*
Quintal (americano)	kg	+01 4,535 923 7*
Quintal (inglês)	kg	+01 5,080 234 544*

Para converter de	para	multiplique por
Tonelada (curta, 2000 lb)	kg	+02 9,071 847 4*
Tonelada (de ensaio)	kg	–02 2,916 666 6
Tonelada (longa)	kg	+03 1,016 046 908 8*
Tonelada (métrica)	kg	+03 1,00*
Tonne (inglês = tonelada)	kg	+03 1,00*
Potência		
Btu (termoquímica/seg	watt	+03 1,054 350 264 488
Btu (termoquímica)/min	watt	+01 1,757 250 4
Caloria (termoquímica)/seg	watt	+00 4,184*
Caloria (termoquímica)/min	watt	–02 6,973 333 3
Cavalo-força (76 mkp/s)	watt	+02 7,456 998 7
Cavalo-força (água)	watt	+02 7,460 43
Cavalo-força (elétrico)	watt	+02 7,46*
Cavalo-força (inglês)	watt	+02 7,457
Cavalo-força (métrico)	watt	+02 7,354 99
Cavalo-vapor (caldeira)	watt	+03 9,809 5
Pé lbf/hora	watt	–04 3,766 161
Pé lbf/min	watt	–02 2,259 696 6
Pé lbf/seg	watt	+00 1,355 817 9
Quilocaloria (termoquímica)/min	watt	+01 6,973 333 3
Quilocaloria (termoquímica)/seg	watt	+03 4,184*
Watt	watt	+00 1,000 165
Pressão		
Atmosfera	newton/m^2	+05 1,013 25*
Bar	newton/m^2	+05 1,00*
Bária	newton/m^2	–01 1,00*
Cm de água (4°C)	newton/m^2	+01 9,806 38
Cm de mercúrio (0°C)	newton/m^2	+03 1,333 22
Dina/cm^2	newton/m^2	–01 1,00*
kgf/cm^2	newton/m^2	+04 9,806 65*
kgf/m^2	newton/m^2	+00 9,806 65*
lbf/pé^2	newton/m^2	+01 4,788 025 8
lbf/pol^2 (psi)	newton/m^2	+03 6,894 757 2
Milibar	newton/m^2	+02 1,00*
mm de mercúrio (0°C)	newton/m^2	+02 1,333 224
Pascal	newton/m^2	+00 1,00*
Pé de água (4°C)	newton/m^2	+03 2,988 98
Pol de água (4°C)	newton/m^2	+02 2,490 82
Pol de água (15,6°C)	newton/m^2	+02 2,488 4
Pol de mercúrio (0°C)	newton/m^2	+03 3,386 389
Pol de mercúrio (15,6°C)	newton/m^2	+03 3,376 85
psi (lbf/pol^2)	newton/m^2	+03 6,894 757 2
Torr (0°C)	newton/m^2	+02 1,333 22

Para converter de	para	multiplique por
Temperatura		
Centígrado	kelvin	$t_k = t_c + 273{,}15$
Fahrenheit	kelvin	$t_k = (5/9)(t_f + 459{,}67)$
Fahrenheit	centígrado	$t_c = (5/9)(t_f - 32)$
Rankine	kelvin	$t_k = (5/9)\,t_r$
Tempo		
Ano (de calendário)	seg (médio solar)	+07 3,1536
Ano (sideral)	seg (médio solar)	+07 3,155 815
Ano (tropical)	seg (médio solar)	+07 3,155 692 6
Ano 1900, tropical, jan., dia 0, hora 12	seg (efêmero)	+07 3,155 692 597 47*
Ano 1900, tropical, jan., dia 0, hora 12	seg	+07 3,155 692 597 47
Dia (médio solar)	seg (médio solar)	+04 8,64*
Dia (sideral)	seg (médio solar)	+04 8,616 409
Hora (média solar)	seg (médio solar)	+03 3,60*
Hora (sideral)	seg (médio solar)	+03 3,590 170 4
Mês (médio de calendário)	seg (médio solar)	+06 2,628*
Min (médio solar)	seg (médio solar)	+01 6,00*
Min (sideral)	seg (médio solar)	+01 5,983 617 4
seg (efêmero)	seg	+00 1,00
seg (médio solar)	seg (efêmero)	Consulte o *American Ephemeris and Nautical Almanac*
seg (sideral)	seg (médio solar)	–01 9,972 695 7
Velocidade		
km/hora	m/seg	–01 2,777 777 8
Milha/hora (terrestre, amerc.)	m/seg	–01 4,4704*
Milha/min (terrestre, americ.)	m/seg	+01 2,682 24*
Milha/seg (terrestre, americ.)	m/seg	+03 1,609 344*
Nó (internacional)	m/seg	–01 5,144 444 444
Pé/hora	m/seg	–05 8,466 666 6
Pé/min	m/seg	–03 5,08*
Pé/seg	m/seg	–01 3,048*
Pol/seg	m/seg	–02 2,54*
Viscosidade		
Centipoise	newton seg/m^2	–03 1,00*
Centistoke	m^2/seg	–06 1,00*
lbf seg/pé^2	newton seg/m^2	+01 4,788 025 8
lbf/pé seg	newton seg/m^2	+00 1,488 163 9

Para converter de	para	multiplique por
Libra-massa/pé seg	newton seg/m^2	+01 4,788 025 8
$Pé^2$/seg	m^2/seg	–02 9,290 304*
Poise	newton seg/m^2	–01 1,00*
Poundal seg/$pé^2$	newton seg/m^2	+00 1,488 163 9
Rhe	m^2/newton seg	+01 1,00*
Stoke	m^2/seg	–04 1,00*
Volume		
Acre pé	m^3	+03 1,233 481 9
Alqueire (E.U.A.)	m^3	–02 3,523 907 016 688*
Barril (petróleo, 42 gal)	m^3	–01 1,589 873
Board foot ($pé^2$/pol)	m^3	–03 2,359 737 216*
Celamim (americano)	m^3	–03 8,809 767 541 72*
Colher de chá	m^3	–06 4,928 921 593 75*
Colher de sopa	m^3	–05 1,478 676 478 125*
Corda	m^3	+00 3,624 556 3
Dracma fluida (E.U.A.)	m^3	–06 3,696 691 195 312 5*
Estere	m^3	+00 1,00*
Galão (líquido, americano)	m^3	–03 3,785 411 784*
Galão (líquido inglês)	m^3	–03 4,546 087
Galão (seco, americano)	m^3	–03 4,404 883 770 86*
Gill (americano)	m^3	–04 1,182 941 2
Gill (inglês)	m^3	–04 1,420 652
$Jarda^3$	m^3	–01 7,645 548 579 84*
Litro	m^3	–03 1,00*
Meia pipa (americana)	m^3	–01 2,384 809 423 92*
Onça líquida (fluida) (E.U.A.)	m^3	–05 2,957 352 956 25*
$Pé^3$	m^3	–02 2,831 684 659 2*
Pinta (líquida, americana)	m^3	–04 4,731 764 73*
Pinta (seca americana)	m^3	–04 5,506 104 713 575*
Pol^3	m^3	–05 1,638 706 4*
Quart (líquido, americano)	m^3	–04 9,463 529 5
Quart (seco, americano)	m^3	–03 1,101 220 942 715*
Tonelada (de registro)	m^3	+00 2,831 684 659 2*
Xícara	m^3	–04 2,365 882 365*

Roscas de parafuso métricas ISO

Tamanho nominal	Passo P	Diâmetro maior básico d e D, mm	Diâmetro básico do passo d_2 e D_2, mm	Diâmetro menor básico d_1 e D_1, mm	Menor diâmetro da rosca externa d_{3max}, mm	Diâmetro maior básico d e D pol.	Diâmetro básico do passo d_2 e D_2 pol.	Diâmetro menor básico d_1 e D_1 pol.	Menor diâmetro da rosca externa d_{3max}, pol.
0.25	0.075	0.250000	0.201286	0.168810	0.157985	0.009842	0.007925	0.006646	0.00622
0.3	0.08	0.300000	0.248038	0.213397	0.201850	0.011811	0.009765	0.008401	0.00794
0.35	0.09	0.350000	0.291543	0.252572	0.239582	0.013779	0.011478	0.009944	0.00943
0.4	0.1	0.400000	0.335048	0.291747	0.277313	0.015748	0.013191	0.011486	0.01091
0.45	0.1	0.450000	0.385048	0.341747	0.327313	0.017716	0.015159	0.013454	0.01288
0.5	0.125	0.500000	0.418810	0.364684	0.346641	0.019685	0.016488	0.014358	0.01364
0.55	0.125	0.550000	0.468810	0.414684	0.396641	0.021653	0.018457	0.016326	0.01561
0.6	0.15	0.600000	0.502572	0.437620	0.415970	0.023622	0.019786	0.017229	0.01637
0.7	0.175	0.700000	0.586334	0.510557	0.485298	0.027559	0.023084	0.020101	0.01910
0.8	0.2	0.800000	0.670096	0.583494	0.554626	0.031496	0.026382	0.022972	0.02183
0.9	0.225	0.900000	0.753858	0.656430	0.623954	0.035433	0.029679	0.025844	0.02456
1	0.25	1.000000	0.837620	0.729367	0.693283	0.039370	0.032977	0.028715	0.02729
	0.2	1.000000	0.870096	0.783494	0.754626	0.039370	0.034256	0.030846	0.02971
1.1	0.25	1.100000	0.937620	0.829367	0.793283	0.043307	0.036914	0.032652	0.03123
	0.2	1.100000	0.970096	0.883494	0.854626	0.043307	0.038193	0.034783	0.03364
1.2	0.25	1.200000	1.037620	0.929367	0.893283	0.047244	0.040851	0.036589	0.03516
	0.2	1.200000	1.070096	0.983494	0.954626	0.047244	0.042130	0.038720	0.03758
1.4	0.3	1.400000	1.205144	1.075240	1.031939	0.055118	0.047446	0.042332	0.04062
	0.2	1.400000	1.270096	1.183494	1.154626	0.055118	0.050004	0.046594	0.04545
1.6	0.35	1.600000	1.372668	1.221114	1.170596	0.062992	0.054042	0.048075	0.04608
	0.2	1.600000	1.470096	1.383494	1.354626	0.062992	0.057878	0.054468	0.05333
1.8	0.35	1.800000	1.572668	1.421114	1.370596	0.070866	0.061916	0.055949	0.05396
	0.2	1.800000	1.670096	1.583494	1.554626	0.070866	0.065752	0.062342	0.06120
2	0.4	2.000000	1.740192	1.566987	1.509252	0.078740	0.068511	0.061692	0.05941
	0.25	2.000000	1.837620	1.729367	1.693283	0.078740	0.072347	0.068085	0.06666
2.2	0.45	2.200000	1.907716	1.712861	1.647909	0.086614	0.075107	0.067435	0.06487
	0.25	2.200000	2.037620	1.929367	1.893283	0.086614	0.080221	0.075955	0.07453
2.5	0.45	2.500000	2.207716	2.012861	1.947909	0.098425	0.086918	0.079246	0.07668
	0.35	2.500000	2.272668	1.121114	2.070596	0.098425	0.089475	0.083508	0.08151
3	0.5	3.000000	2.675240	2.458734	2.386565	0.118110	0.105324	0.096800	0.09395
	0.35	3.000000	2.772668	2.621114	2.570596	0.118110	0.109160	0.103193	0.10120
3.5	0.6	3.500000	3.110289	2.850481	2.763878	0.137795	0.122452	0.112223	0.10881
	0.35	3.500000	3.272668	3.121114	3.070596	0.137795	0.128845	0.122878	0.12088
4	0.7	4.000000	3.545337	3.242228	3.141191	0.157480	0.139580	0.127646	0.12366
	0.5	4.000000	3.675240	3.458734	3.386565	0.157480	0.144694	0.136170	0.13332
4.5	0.75	4.500000	4.012861	3.688101	3.579848	0.177165	0.157986	0.145200	0.14093
	0.5	4.500000	4.175240	3.958734	3.886565	0.177165	0.164379	0.155855	0.15301
5	0.8	5.000000	4.480385	4.133975	4.018505	0.196850	0.176393	0.162755	0.15820
	0.5	5.000000	4.675240	4.458734	4.386565	0.196850	0.184064	0.175540	0.17269
5.5	0.5	5.500000	5.175240	4.958734	4.886565	0.216535	0.203749	0.195225	0.19238
6	1	6.000000	5.350481	4.917468	4.773131	0.236220	0.210648	0.193601	0.18791
	0.75	6.000000	5.512861	5.188101	5.079848	0.236220	0.217041	0.204255	0.19999
7	1	7.000000	6.350481	5.917468	5.773131	0.275590	0.250018	0.232971	0.22728
	0.75	7.000000	6.512361	6.188101	6.079848	0.275590	0.256411	0.243625	0.23936
8	1.25	8.000000	7.188101	6.646835	6.466413	0.314960	0.282995	0.261686	0.25458
	1	8.000000	7.350481	6.917468	6.773131	0.314960	0.289388	0.272341	0.26665
	0.75	8.000000	7.512861	7.188101	7.079848	0.314960	0.295781	0.282995	0.27873
9	1.25	9.000000	8.188101	7.646835	7.466413	0.354330	0.322365	0.301056	0.29395
	1	9.000000	8.350481	7.917468	7.773131	0.354330	0.328758	0.311711	0.30602
	0.75	9.000000	8.512861	8.188101	8.079848	0.354330	0.335151	0.322365	0.31810
10	1.5	10.000000	9.025721	8.376202	8.159696	0.393700	0.355343	0.329771	0.32124
	1.25	10.000000	9.188101	8.646835	8.466413	0.393700	0.361735	0.340426	0.33332
	1	10.000000	9.350481	8.917468	8.773131	0.393700	0.368128	0.351081	0.34539
	0.75	10.000000	9.512861	9.188101	9.079848	0.393700	0.374521	0.361735	0.35747
11	1.5	11.000000	10.025721	9.376202	9.159696	0.423070	0.394713	0.369141	0.36061
	1	11.000000	10.350481	9.917468	9.773131	0.433070	0.407498	0.390451	9.38476
	0.75	11.000000	10.512861	10.188101	10.079848	0.433070	0.413891	0.401105	0.39684
12	1.75	12.000000	10.863342	10.105569	9.852979	0.472440	0.427690	0.397856	0.38791
	1.5	12.000000	11.025721	10.376202	10.159696	0.472440	0.434083	0.408511	0.39998
	1.25	12.000000	11.188101	10.646835	10.466413	0.472440	0.440475	0.419166	0.41206
	1	12.000000	11.350481	10.917468	10.773131	0.472440	0.446868	0.429821	0.42413

Tamanho nominal	Passo P	Diâmetro maior básico d e D, mm	Diâmetro básico do passo d_2 e D_2, mm	Diâmetro menor básico d_1 e D_1, mm	Menor diâmetro da rosca externa d_{3max}, mm	Diâmetro maior básico d e D, pol.	Diâmetro básico do passo d_2 e D_2, pol.	Diâmetro menor básico d_1 e D_1, pol.	Menor diâmetro da rosca externa d_{3max}, pol.
14	2	14.000000	12.700962	11.834936	11.546261	0.551180	0.500037	0.465941	0.454576
	1.5	14.000000	13.025721	12.376202	12.159696	0.551180	0.512823	0.487251	0.478727
	1.25	14.000000	13.188101	12.646835	12.466413	0.551180	0.519215	0.497906	0.490803
	1	14.000000	13.350481	12.917468	12.773131	0.551180	0.525608	0.508561	0.502878
15	1.5	15.000000	14.025721	13.376202	13.159696	0.590550	0.552193	0.526621	0.518097
	1	15.000000	14.350481	13.917468	13.773131	0.590550	0.564978	0.547931	0.542248
16	2	16.000000	14.700962	13.834936	13.546261	0.629920	0.578777	0.544681	0.533316
	1.5	16.000000	15.025721	14.376202	14.159696	0.629920	0.591563	0.565991	0.557467
	1	16.000000	15.350481	14.917468	14.773131	0.629920	0.604348	0.587301	0.581618
17	1.5	17.000000	16.025721	15.376202	15.159696	0.669290	0.630933	0.605361	0.596837
	1	17.000000	16.350481	15.917468	15.773131	0.669290	0.643718	0.626671	0.620988
18	2.5	18.000000	16.376202	15.293671	14.932827	0.708660	0.644731	0.602112	0.587905
	2	18.000000	16.700962	15.834936	15.546261	0.708660	0.657517	0.623421	0.612056
	1.5	18.000000	17.025721	16.376202	16.159696	0.708660	0.670303	0.644731	0.596837
	1	18.000000	17.350481	16.917468	16.773131	0.708660	0.683088	0.666041	0.660358
20	2.5	20.000000	18.376202	17.293671	16.932827	0.787400	0.723471	0.680852	0.666645
	2	20.000000	18.700962	17.834936	17.546261	0.787400	0.736257	0.702163	0.690796
	1.5	20.000000	19.925721	18.376202	18.159696	0.787400	0.749043	0.723471	0.714947
	1	20.000000	19.350481	18.917468	18.773131	0.787400	0.761828	0.744781	0.739098
22	2.5	22.000000	20.376202	19.293671	18.932827	0.866140	0.802211	0.759592	0.745385
	2	22.000000	20.700962	19.834936	19.546261	0.866140	0.814997	0.780901	0.769536
	1.5	22.000000	21.025721	20.376202	20.159696	0.866140	0.827783	0.802211	0.793687
	1	22.000000	21.350481	20.917468	20.773131	0.866140	0.840568	0.823521	0.817838
24	3	24.000000	22.051443	20.752405	20.319392	0.944880	0.868165	0.817022	0.799974
	2	24.000000	22.700962	21.834936	21.546261	0.944880	0.893737	0.859641	0.848276
	1.5	24.000000	23.025721	22.376202	22.159696	0.944880	0.906523	0.880951	0.872427
	1	24.000000	23.350481	22.917468	22.773131	0.944880	0.919308	0.902261	0.896578
25	2	25.000000	23.700962	22.834936	22.546261	0.984250	0.933107	0.899011	0.887646
	1.5	25.000000	24.025721	23.376202	23.159696	0.984250	0.945893	0.920321	0.911797
	1	25.000000	24.350481	23.917468	23.773131	0.984250	0.958678	0.941631	0.935948
26	1.5	26.000000	25.025721	24.376202	24.159696	1.023620	0.985263	0.959691	0.951167
27	3	27.000000	25.051443	23.752405	23.319392	1.062990	0.986275	0.935132	0.918084
	2	27.000000	25.700962	24.834936	24.546261	1.062990	1.011847	0.977751	0.966386
	1.5	27.000000	26.025721	25.376202	25.159696	1.062990	1.024633	0.999061	0.990537
	1	27.000000	26.350481	25.917468	25.773131	1.062990	1.037418	1.020371	1.014688
28	2	28.000000	26.700962	25.834936	25.546261	1.102360	1.051217	1.017121	1.005756
	1.5	28.000000	27.025721	26.376202	26.159696	1.102360	1.064003	1.038431	1.029907
	1	28.000000	27.350481	26.917468	26.773131	1.102360	1.076788	1.059741	1.054058
30	3.5	30.000000	27.726683	26.211139	25.705957	1.181100	1.091599	1.031932	1.012043
	3	30.000000	28.051443	26.752405	26.319392	1.181100	1.104385	1.053242	1.036194
	2	30.000000	28.700962	27.834936	27.546261	1.181100	1.129957	1.095861	1.084496
	1.5	30.000000	29.025721	28.376202	28.159696	1.181100	1.142743	1.117171	1.108647
	1	30.000000	29.350481	28.917468	28.773131	1.181100	1.155528	1.138481	1.132798
32	2	32.000000	30.700962	29.834936	29.546261	1.259840	1.208697	1.174601	1.163236
	1.5	32.000000	31.025721	30.376202	30.259696	1.259840	1.221483	1.195911	1.191324
33	3.5	33.000000	30.726683	29.211139	28.705957	1.299210	1.209709	1.150047	1.130153
	3	33.000000	31.051443	29.752405	29.319392	1.299210	1.222495	1.171357	1.154304
	2	33.000000	31.700962	30.834936	30.546261	1.299210	1.248067	1.213971	1.202606
	1.5	33.000000	32.025721	31.376202	31.159696	1.299210	1.260852	1.235281	1.226757
35	1.5	35.000000	34.025721	33.376202	33.159696	1.377950	1.339593	1.314021	1.305497
36	4	36.000000	33.401924	31.669873	31.092523	1.417320	1.315034	1.246843	1.224113
	3	36.000000	34.051443	32.752405	32.319392	1.417320	1.340605	1.289462	1.272414
	2	36.000000	34.700962	33.834936	33.546261	1.417320	1.366177	1.332081	1.320716
	1.5	36.000000	35.025721	34.376202	34.159696	1.417320	1.378963	1.353391	1.344867
38	1.5	38.000000	37.025721	36.376202	36.159696	1.496060	1.457703	1.432131	1.423607
39	4	39.000000	36.401924	34.669873	34.092523	1.535430	1.433144	1.364953	1.342223
	3	39.000000	37.051443	35.752405	35.319392	1.535430	1.458715	1.407572	1.390524
	2	39.000000	37.700962	36.834936	36.546261	1.535430	1.484287	1.450191	1.438826
	1.5	39.000000	38.025721	37.376202	37.159696	1.535430	1.497073	1.719501	1.462977
40	3	40.000000	38.051443	36.752405	36.319392	1.574800	1.498085	1.446942	1.429894
	2	40.000000	38.700962	37.834936	37.546261	1.574800	1.523657	1.489561	1.478196
	1.5	40.000000	39.025821	38.376202	38.159696	1.574800	1.536443	1.510871	1.502347

Tamanho nominal	Passo P	Diâmetro maior básico d e D, mm	Diâmetro básico do passo d_2 e D_2, mm	Diâmetro menor básico d_1 e D_1, mm	Menor diâmetro da rosca externa d_{3max}, mm	Diâmetro maior básico d e D pol.	Diâmetro básico do passo d_2 e D_2, pol.	Diâmetro menor básico d_1 e D_1, pol.	Menor diâmetro da rosca externa d_{3max}, pol.
	4.5	42.000000	39.077164	37.128607	36.479088	1.653540	1.538468	1.461753	1.436182
	4	42.000000	39.401924	37.669873	37.092523	1.653540	1.551254	1.483063	1.460333
42	3	42.000000	40.051443	38.752405	38.319392	1.653540	1.576825	1.525682	1.508634
	2	42.000000	40.700962	39.834936	39.546261	1.653540	1.602397	1.568301	1.556936
	1.5	42.000000	41.025721	40.376202	40.159696	1.653540	1.615183	1.589611	1.581087
	4.5	45.000000	42.077164	40.128607	39.479088	1.771650	1.656578	1.579863	1.554292
	4	45.000000	42.401924	40.669873	40.092523	1.771650	1.669364	1.601173	1.578443
45	3	45.000000	43.051443	41.752405	41.319392	1.771650	1.694935	1.643792	1.626744
	2	45.000000	43.700962	42.834936	42.546261	1.771650	1.720507	1.686411	1.675046
	1.5	45.000000	44.025821	43.376202	43.159696	1.771650	1.733293	1.707721	1.699197
	5	48.000000	44.752405	42.587341	41.865653	1.889760	1.761902	1.676663	1.648251
	4	48.000000	45.401924	43.669873	43.092523	1.889760	1.787474	1.719283	1.696553
48	3	48.000000	46.051443	44.752405	44.319392	1.889760	1.813045	1.761902	1.744854
	2	48.000000	46.700962	45.546261	45.834936	1.889760	1.838617	1.793156	1.804521
	1.5	48.000000	47.025721	46.376202	46.159696	1.889760	1.851403	1.825831	1.821244
	3	50.000000	48.051443	46.752405	46.319392	1.968500	1.891785	1.840642	1.823594
50	2	50.000000	48.700962	47.834936	47.546261	1.968500	1.917357	1.883261	1.871896
	1.5	50.000000	49.025721	48.376202	48.259696	1.968500	1.930143	1.904571	1.899984
	5	52.000000	48.752405	46.587341	45.865653	2.047240	1.919382	1.834144	1.805731
	4	52.000000	49.401924	47.669873	47.092523	2.047240	1.944954	1.876763	1.854033
52	3	52.000000	50.051443	48.752405	48.319392	2.047240	1.970525	1.919382	1.902334
	2	52.000000	50.700962	49.834936	49.546261	2.047240	1.996097	1.962001	1.950636
	1.5	52.000000	51.025721	50.376202	50.159696	2.047240	2.008883	1.983311	1.974787
	4	55.000000	52.401924	50.669873	50.092523	2.165350	2.063064	1.994873	1.972143
55	3	55.000000	53.051443	51.752405	51.319392	2.165350	2.088635	2.037492	2.020444
	2	55.000000	53.700962	52.834936	52.546261	2.165350	2.114207	2.080111	2.068746
	1.5	55.000000	54.025721	53.376202	53.159696	2.165350	2.126993	2.101421	2.092897
	5.5	56.000000	52.427645	50.046075	49.252219	2.204720	2.064076	1.970314	1.939060
	4	56.000000	53.401924	51.669873	51.092523	2.204720	2.102434	2.034243	2.011513
56	3	56.000000	54.051443	52.752405	52.319392	2.204720	2.128005	2.076862	2.059814
	2	56.000000	54.700962	53.834936	53.546261	2.204720	2.153577	2.119481	2.108116
	1.5	56.000000	55.025721	54.376202	54.159696	2.204720	2.166363	2.140791	2.132267
	4	58.000000	55.401924	53.669873	53.092523	2.283460	2.181174	2.112983	2.090253
58	3	58.000000	56.051443	54.752405	54.319392	2.283460	2.206745	2.155607	2.168993
	2	58.000000	56.700962	55.834936	55.546261	2.283460	2.232317	2.198221	2.217294
	1.5	58.000000	57.025721	56.376202	56.159696	2.283460	2.245103	2.219531	2.265596
	5.5	60.000000	56.427645	54.046075	53.252219	2.362200	2.221556	2.127794	2.096540
	4	60.000000	57.401924	55.669873	55.092523	2.362200	2.259914	2.191723	2.168993
60	3	60.000000	58.051443	56.752405	56.319392	2.362200	2.285485	2.234342	2.217294
	2	60.000000	58.700962	57.834936	57.546261	2.362200	2.311057	2.276961	2.265596
	1.5	60.000000	59.025721	58.376202	58.159696	2.362200	2.323843	2.298271	2.289747
	4	62.000000	59.401924	57.669873	57.092523	2.440940	2.338654	2.270463	2.247733
62	3	62.000000	60.051443	58.752405	58.319392	2.440940	2.364225	2.313082	2.296034
	2	62.000000	60.700962	59.834936	59.546261	2.440940	2.389797	2.355701	2.344336
	1.5	62.000000	61.025721	60.376202	60.159696	2.440940	2.402583	2.377011	2.368487
	6	64.000000	60.102886	57.504809	56.638784	2.519680	2.366251	2.263964	2.229869
	4	64.000000	61.401924	59.669873	59.092523	2.519680	2.417394	2.349203	2.326473
64	3	64.000000	62.051443	60.752405	60.319392	2.519680	2.442965	2.391822	2.374774
	2	64.000000	62.700962	61.834936	61.546261	2.519680	2.468537	2.434441	2.423076
	1.5	64.000000	63.025721	62.376202	62.159696	2.519680	2.481323	2.455751	2.447227
	4	65.000000	62.401924	60.669873	60.092523	2.559050	2.456764	2.388573	2.365843
65	3	65.000000	63.051443	61.752405	61.319392	2.559050	2.482335	2.431197	2.414144
	2	65.000000	63.700962	62.834936	62.546261	2.559050	2.507907	2.473811	2.462446
	1.5	65.000000	64.025721	63.376202	63.159696	2.559050	2.520693	2.495121	2.486597
	6	68.000000	64.102886	61.504809	60.638784	2.677160	2.523731	2.424594	2.387349
	4	68.000000	65.401924	63.669873	63.092523	2.677160	2.574874	2.506683	2.483953
68	3	68.000000	66.051443	64.752405	64.319392	2.677160	2.600445	2.549307	2.532254
	2	68.000000	66.700962	65.834936	65.546261	2.677160	2.626016	2.560425	2.580556
	1.5	68.000000	67.025721	66.376202	66.159696	2.677160	2.638803	2.613231	2.604707
	6	70.000000	66.102886	63.504809	62.638784	2.755900	2.602471	2.500184	2.544829
	4	70.000000	67.401924	65.669873	65.092523	2.755900	2.653614	2.585423	2.641433
70	3	70.000000	68.051443	66.752405	66.319392	2.755900	2.679185	2.628042	2.689734

Tamanho nominal	Passo P	Diâmetro maior básico d e D, mm	Diâmetro básico do passo d_2 e D_2, mm	Diâmetro menor básico d_1 e D_1, mm	Menor diâmetro da rosca externa d_{3max}, mm	Diâmetro maior básico d e D pol.	Diâmetro básico do passo d_2 e D_2 pol.	Diâmetro menor básico d_1 e D_1 pol.	Menor diâmetro da rosca externa d_{3max}, pol.
	2	70.000000	68.700962	67.834936	67.546261	2.755900	2.704757	2.670661	2.738036
	1.5	70.000000	69.025721	68.376202	68.159696	2.755900	2.717543	2.691971	2.762187
	6	72.000000	68.102886	65.504809	64.638784	2.834640	2.681211	2.578924	2.662939
	4	72.000000	69.401924	67.669873	67.092523	2.834640	2.732354	2.664163	2.759543
72	3	72.000000	70.051443	68.752405	68.319392	2.834640	2.689734	2.706782	2.807844
	2	72.000000	70.700962	69.834936	69.546261	2.834640	2.901607	2.749401	2.856146
	1.5	72.000000	71.025721	70.376202	70.159696	2.834640	2.914393	2.770711	2.880297
	6	75.000000	71.102886	68.504809	67.638784	2.952750	2.799321	2.697034	2.662939
	4	75.000000	72.401924	70.669873	70.092523	2.952750	2.850464	2.782273	2.759543
75	3	75.000000	73.051443	71.752405	71.319392	2.952750	2.876035	2.824892	2.807844
	2	75.000000	73.700962	72.834936	72.546261	2.952750	2.901607	2.867511	2.856146
	1.5	75.000000	74.025721	73.376202	73.159696	2.952750	2.914393	2.888821	2.880297
	6	76.000000	72.102886	69.504809	68.638784	2.992120	2.838691	2.736404	2.702309
	4	76.000000	73.401924	71.669873	71.092523	2.992120	2.889834	2.821643	2.798913
76	3	76.000000	74.051443	72.752405	72.319392	2.992120	2.915405	2.864262	2.847214
	2	76.000000	74.700962	73.834936	73.546261	2.992120	2.940977	2.906881	2.895516
	1.5	76.000000	75.035721	74.376202	74.159696	2.992120	2.953763	2.928191	2.919667
78	2	78.000000	76.700962	75.834936	75.546261	3.070860	3.019717	2.985621	2.974256
	6	80.000000	76.102886	73.504809	72.638784	3.149600	2.996171	2.893884	2.859789
	4	80.000000	77.401924	75.669873	75.092523	3.149600	3.047314	2.979123	2.956392
80	3	80.000000	78.051443	76.752405	76.319392	3.149600	3.072885	3.021742	3.004694
	2	80.000000	78.700962	77.834936	77.546261	3.149600	3.098457	3.064361	3.052996
	1.5	80.000000	79.025721	78.376202	78.159696	3.149600	3.111243	3.085671	3.077147
82	2	82.000000	80.700962	79.834936	79.546261	3.228340	3.177197	3.143101	3.131736
	6	85.000000	81.102886	78.504809	77.638784	3.346450	3.193021	4.090734	3.056639
85	4	85.000000	82.401924	80.669873	80.092523	3.346450	3.244164	3.175973	3.153243
	3	85.000000	83.051443	81.752405	81.319392	3.346450	3.269735	3.218592	3.201544
	2	85.000000	83.700962	82.834936	82.546261	3.346450	3.295307	3.261211	3.249846
	6	90.000000	86.102886	83.504809	82.638784	3.543300	3.389871	3.287584	3.253489
90	4	90.000000	87.401924	85.669873	85.092523	3.543300	3.441014	3.372823	3.350093
	3	90.000000	88.051443	86.752405	86.319392	3.543300	3.466585	3.415442	3.398394
	2	90.000000	88.700962	87.834936	87.546261	3.543300	3.492157	3.458061	3.446696
	6	95.000000	91.102886	88.504809	87.638784	3.740150	3.586721	3.484434	3.450339
95	4	95.000000	92.401924	90.669873	90.092523	3.740150	3.637864	3.569673	3.546943
	3	95.000000	93.051443	91.752405	91.319392	3.740150	3.663435	3.612292	3.595244
	2	95.000000	93.700962	92.834936	92.546261	3.740150	3.689007	3.654911	3.643546
	6	100.000000	96.102886	93.504809	92.638784	3.937000	3.783571	3.681284	3.647189
100	4	100.000000	97.401924	95.669873	95.092523	3.937000	3.834714	3.766523	3.743793
	3	100.000000	98.051443	96.752405	96.319392	3.937000	3.860285	3.809142	3.792094
	2	100.000000	98.700962	97.834936	97.546261	3.937000	3.885857	3.851761	3.840396
	6	105.000000	101.102886	98.504809	97.638784	4.133850	3.980421	3.878134	3.844039
105	4	105.000000	102.401924	100.669873	100.092523	4.133850	4.031564	3.963373	3.940643
	3	105.000000	103.051443	101.752405	101.319392	4.133850	4.057135	4.005992	3.988944
	2	105.000000	103.700962	102.834936	102.546261	4.133850	4.082707	4.048611	4.037246
	6	110.000000	106.102886	103.504809	102.638784	4.330700	4.177271	4.074984	4.040889
110	4	110.000000	107.401924	105.669873	105.092523	4.330700	4.228414	4.160223	4.137493
	3	110.000000	108.051443	106.752405	106.319392	4.330700	4.253985	4.202842	4.185794
	2	110.000000	108.700962	107.834936	107.546261	4.330700	4.279557	4.245461	4.234096
	6	115.000000	111.102886	108.504809	107.638784	4.527550	4.374121	4.271834	4.237739
115	4	115.000000	112.401924	110.669873	110.092523	4.527550	4.425264	4.357073	4.334343
	3	115.000000	113.051443	111.752405	111.319392	4.527550	4.450835	4.399692	4.382644
	2	115.000000	113.700962	112.834936	112.546261	4.527550	4.476407	4.442311	4.430946
	6	120.000000	116.102886	113.504809	112.638784	4.724400	4.570971	4.468684	4.434589
120	4	120.000000	117.401924	115.669873	115.092523	4.724400	4.818964	4.553923	4.531193
	3	120.000000	118.051443	116.752405	116.319392	4.724400	4.844535	4.596542	4.579494
	2	120.000000	118.700962	117.834936	117.546261	4.724400	4.870107	4.639161	4.627796
	6	125.000000	121.102886	118.504809	117.638784	4.921250	4.767821	4.665534	4.631439
125	4	125.000000	122.401924	120.669873	120.092523	4.921250	4.818964	4.750773	4.728043
	3	125.000000	123.051443	121.752405	121.319392	4.921250	4.844535	4.793392	4.776344
	2	125.000000	123.700962	122.834936	122.546261	4.921250	4.870107	4.836011	4.824646
	6	130.000000	126.102886	122.638784	122.638784	5.118100	4.964671	4.862384	4.828289
130	4	130.000000	127.401924	125.669873	125.092523	5.118100	5.015814	4.947623	4.924893

Tamanho nominal	Passo P	Diâmetro maior básico d e D, mm	Diâmetro básico do passo d_2 e D_2, mm	Diâmetro menor básico d_1 e D_1, mm	Menor diâmetro da rosca externa d_{3max}, mm	Diâmetro maior básico d e D pol.	Diâmetro básico do passo d_2 e D_2 pol.	Diâmetro menor básico d_1 e D_1 pol.	Menor diâmetro da rosca externa d_{3max}, pol.
	3	130.000000	128.051443	126.752405	126.319392	5.118100	5.041385	4.990247	4.973194
	2	130.000000	128.700962	127.834936	127.546261	5.118100	5.066957	5.032861	5.021496
	6	135.000000	131.102886	128.504809	127.638784	5.314950	5.161521	5.059234	5.025139
135	4	135.000000	132.401924	130.669873	130.092523	5.314950	5.212664	5.144473	5.121743
	3	135.000000	133.051443	131.752405	131.319392	5.314950	5.238235	5.187082	5.170044
	2	135.000000	133.700962	132.834936	132.546261	5.314950	5.263807	5.229711	5.218346
	6	140.000000	136.102886	133.504809	132.638784	5.511800	5.358371	5.256084	5.221989
140	4	140.000000	137.401924	135.669873	135.092523	5.511800	5.409514	5.341323	5.318593
	3	140.000000	138.051443	136.752405	136.319392	5.511800	5.435085	5.383942	5.366894
	2	140.000000	138.700962	137.834936	137.546261	5.511800	5.460657	5.426561	5.415196
	6	145.000000	141.102886	138.504809	137.638784	5.708650	5.555220	5.452934	5.418839
145	4	145.000000	142.401924	140.669873	140.092523	5.708650	5.606364	5.538173	5.515443
	3	145.000000	143.051443	141.752405	141.319392	5.708650	5.631935	5.580792	5.563744
	2	145.000000	143.700962	142.834936	142.546261	5.708650	5.657507	5.623411	5.612046
	6	150.000000	146.102886	143.504809	142.638784	5.905500	5.752071	5.649784	5.615689
150	4	150.000000	147.401924	145.669873	145.092523	5.905500	5.803214	5.735023	5.712293
	3	150.000000	148.051443	146.752405	146.319392	5.905500	5.828785	5.777642	5.760594
	2	150.000000	148.700962	147.834936	147.546261	5.905500	5.854357	5.820261	5.808896
	6	155.000000	151.102886	148.504809	147.638784	6.102350	5.948921	5.846634	5.812539
155	4	155.000000	152.401924	150.669873	150.092523	6.102350	6.000064	5.931873	5.909143
	3	155.000000	153.051443	151.752405	151.319392	6.102350	6.025636	5.974492	5.957444
	6	160.000000	156.102886	153.504809	152.638784	6.299200	6.145771	6.043484	6.009389
160	4	160.000000	157.401924	155.669873	155.092523	6.299200	6.196914	6.128723	6.105993
	3	160.000000	158.051443	156.752405	156.319392	6.299200	6.222485	6.171354	6.154294
	6.	165.000000	161.102886	158.504809	157.638784	6.496050	6.342621	6.240334	6.206239
165	4	165.000000	162.401924	160.669873	160.092523	6.496050	6.393752	6.325573	6.302843
	3	165.000000	163.051443	161.752405	161.319392	6.496050	6.379965	6.368192	6.351144
	6	170.000000	166.102886	163.504809	162.638784	6.692900	6.539471	6.437184	6.403089
170	4	170.000000	167.401924	165.669873	165.092523	6.692900	6.590614	6.522423	6.499693
	3	170.000000	168.051443	166.752405	166.319392	6.692900	6.616185	6.565042	6.547994
	6	175.000000	171.102886	168.504809	167.638784	6.889750	6.736321	6.634034	6.599939
175	4	175.000000	172.401924	170.669873	170.092523	6.889750	6.787464	6.719273	6.696543
	3	175.000000	173.051443	171.752405	171.319392	6.889750	6.813035	6.761892	6.744844
	6	180.000000	176.102886	173.504809	172.638784	7.086600	6.933171	6.830884	6.796789
180	4	180.000000	177.401924	175.669873	175.092523	7.086600	6.984314	6.916123	6.893393
	3	180.000000	178.051443	176.752405	176.319392	7.086600	7.009885	6.958742	6.941694
	6	185.000000	181.102886	178.504809	177.638784	7.283450	7.130021	7.027734	6.993639
185	4	185.000000	182.401924	180.669873	180.092523	7.283450	7.181164	7.112973	7.090243
	3	185.000000	183.051443	181.752405	181.319392	7.283450	7.206735	7.155592	7.138544
	6	190.000000	186.102886	183.504809	182.638784	7.480300	7.326871	7.224584	7.190489
190	4	190.000000	187.401924	185.669873	185.092523	7.480300	7.378014	7.309823	7.287093
	3	190.000000	188.051443	186.752405	186.319392	7.480300	7.403585	7.352442	7.335394
	6	195.000000	191.102886	188.504809	187.638784	7.677150	7.523721	7.421434	7.387339
195	4	195.000000	192.401924	190.669873	190.092523	7.677150	7.574864	7.506673	7.483943
	3	195.000000	193.051443	191.752495	191.319392	7.677150	7.600435	7.549296	7.532244
	6	200.000000	196.102886	193.504809	192.638784	7.874000	7.720571	7.618284	7.584189
200	4	200.000000	197.401924	195.669873	195.092523	7.874000	7.771714	7.703523	7.680793
	3	200.000000	198.051443	196.752405	196.319392	7.874000	7.797285	7.746142	7.729094
	6	205.000000	201.102886	198.504809	197.638784	8.070850	7.917421	7.815134	7.781039
205	4	205.000000	202.401924	200.669873	200.092523	8.070850	7.968564	7.900373	7.877643
	3	205.000000	203.051443	201.752405	201.319392	8.070850	7.994135	7.942992	7.925944
	6	210.000000	206.102886	203.504809	202.638784	8.267700	8.114271	8.011984	7.977889
210	4	210.000000	207.401924	205.669873	205.092523	8.267700	8.165414	8.097223	8.074493
	3	210.000000	208.051443	206.752405	206.319392	8.267700	8.190985	8.139842	8.122794
	6	215.000000	211.102886	208.504809	207.638784	8.464550	8.311121	8.208834	8.174739
215	4	215.000000	212.401924	210.669873	210.092523	8.464550	8.362264	8.294073	8.271343
	3	215.000000	213.051443	211.752405	211.319392	8.464550	8.387875	8.336692	8.319644
	6	220.000000	216.102886	213.504809	212.638784	8.661400	8.507971	8.405684	8.371589
220	4	220.000000	217.401924	215.669873	215.092523	8.661400	8.559114	8.490923	8.468193
	3	220.000000	218.051443	216.752405	216.319392	8.661400	8.584685	8.533542	8.516494
	6	225.000000	221.102886	218.504809	217.638784	8.858250	8.704821	8.602534	8.568439
225	4	225.000000	222.401924	220.669873	220.092523	8.858250	8.755964	8.687773	8.665043

Dimensionamento* duplo (polegada-sistema métrico)

Conversão de tolerâncias				
Emprego em desenho		Dados de referência		
		Erro de conversão		
Polegadas	Milímetros (arredondado)	Erros de mm, polegadas	Erro percentual	Equivalente mm
0.00004	0.0010	−0.00000062	−1.57	0.001016
0.00005	0.0013	+0.00000118	+2.36	0.00127
0.0001	0.0025	−0.00000157	−1.57	0.00254
0.0002	0.0051	+0.00000079	+0.39	0.00508
0.0003	0.0076	−0.00000079	−0.26	0.00762
0.0004	0.010	−0.00000629	−1.57	0.01016
0.0005	0.013	+0.00001181	+2.36	0.01270
0.0006	0.015	−0.00000945	−1.57	0.01524
0.0007	0.018	+0.00000866	+1.24	0.01778
0.0008	0.020	−0.00001260	−1.57	0.02032
0.0009	0.023	+0.00000551	+0.62	0.02286
0.0010	0.025	−0.00001575	−1.57	0.0254
0.0015	0.038	−0.00000394	−0.26	0.0381
0.0020	0.051	+0.00000787	+0.39	0.0508
0.0025	0.064	+0.00001968	+0.79	0.0635
0.0030	0.076	−0.00000787	−0.26	0.0762
0.004	0.10	−0.00006299	−1.57	0.1016
0.005	0.13	+0.00011811	+2.36	0.1270
0.006	0.15	−0.00009449	−1.57	0.1524
0.007	0.18	+0.00008661	+1.24	0.1778
0.008	0.20	−0.00012598	−1.57	0.2032
0.009	0.23	+0.00005511	+0.62	0.2286
0.010	0.25	−0.00015748	−1.57	0.254
0.015	0.38	−0.00003937	−0.26	0.381
0.020	0.51	+0.00007874	+0.39	0.508
0.030	0.76	−0.00007874	−0.26	0.762
0.04	1.0	−0.00062993	−1.57	1.016
0.05	1.3	+0.00118110	+2.36	1.270
0.06	1.5	−0.00094488	−1.57	1.524
0.07	1.8	+0.00086614	+1.24	1.778
0.08	2.0	−0.00125984	−1.57	2.032
0.09	2.3	+0.00055118	+0.62	2.286
0.10	2.5	−0.00157480	−1.57	2.54
0.20	5.1	+0.00078740	+0.39	5.08
0.30	7.6	−0.00078740	−0.26	7.62
0.40	10.0	−0.00629922	−1.57	10.16

* Adaptado do "S.A.E. Aero-Space Standards".

APÊNDICE C

peças, dimensões, símbolos e abreviaturas padrão

Norma americana para conjunto de roscas

Roscas grossas, finas e extrafinas, rosca 8, rosca 12 e rosca 16 (b) (tamanhos de machos para aproximadamente 75% de profundidade da rosca (não ANSI)

Tamanho nominal (diâmetro básico maior)	Rosca grossa, conjuntos UNC e NC[c] nas classes 1A, 1B, 2A, 2B, 3A, 3B, 2, 3		Rosca fina, conjuntos UNF e NF[c] nas classes 1A, 1B, 2A, 2B, 3A, 3B, 2, 3		Rosca extrafina conjuntos UNEF e NEF[d] nas classes 2A, 2B, 2, 3		Rosca 8, conjunto 8N[c] nas classes 2A, 2B, 2, 3		Rosca 12 conjuntos 12UN e 12 N[d] nas classes 2A, 2B, 2, 3		Rosca 16, conjuntos 16UN e 16N[d] nas classes 2A, 2B, 2, 3	
	roscas pol.	macho	roscas pol.	macho	roscas pol.	macho	roscas pol.	macho	roscas pol.	macho	roscas pol.	macho
0(0.060)	....	.....	80	3/64								
1(0.073)	64	No. 53	72	No. 53								
2(0.086)	56	No. 50	64	No. 50								
3(0.099)	48	No. 47	56	No. 45								
4(0.112)	**40**	No. 43	48	No. 42								
5(0.125)	40	No. 38	44	No. 37								
6(0.138)	**32**	No. 36	40	No. 33								
8(0.164)	**32**	No. 29	36	No. 29								
10(0.190)	**24**	No. 25	**32**	No. 21								
12(0.216)	24	No. 16	28	No. 14	32	No. 13						
1/4	**20**	No. 7	**28**	No. 3	32	7/32						
5/16	**18**	Let. F	**24**	Let. I	32	9/32						
3/8	**16**	5/16	**24**	Let. Q	32	11/32						
7/16	**14**	Let. U	**20**	25/64	**28**	13/32						
1/2	**13**	27/64	**20**	29/64	**28**	15/32	..	...	**12**	27/64		
9/16	**12**	31/64	**18**	33/64	24	33/64	..	...	**12**	31/64		
5/8	**11**	17/32	**18**	37/64	24	37/64	..	...	12	35/64		
11/16	....	.....	..	.....	24	41/64	..	...	12	39/64		
3/4	**10**	21/32	**16**	11/16	**20**	45/64	..	...	12	43/64	**16**	11/16
13/16	....	.....	..	.....	**20**	49/64	..	...	12	47/64	**16**	3/4
7/8	**9**	49/64	**14**	13/16	**20**	53/64	..	...	12	51/64	**16**	13/16
15/16	....	.....	..	.....	**20**	57/64	..	...	**12**	55/64	**16**	7/8
1	....	.....	14	15/16	..	.....	8	7/8				
1	**8**	7/8	**12**	59/64	**20**	61/64	..	...	**12**	59/64	**16**	15/16
1 1/16	....	.....	..	.....	18	1	..	...	**12**	63/64	**16**	1
1 1/8	**7**	63/64	**12**	1 3/64	18	1 5/64	8	1	**12**	1 3/64	**16**	1 1/16
1 3/16	....	.....	..	.....	18	1 9/64	..	...	**12**	1 7/64	**16**	1 1/8
1 1/4	**7**	1 7/64	**12**	1 11/64	18	1 3/16	8	1 1/8	**12**	1 11/64	**16**	1 3/16
1 5/16	....	.....	..	.....	18	1 17/64	..	...	**12**	1 15/64	**16**	1 1/4
1 3/8	**6**	1 7/32	**12**	1 19/64	18	1 5/16	8	1 1/4	**12**	1 19/64	**16**	1 5/16
1 7/16	....	.....	..	.....	18	1 3/8	..	...	**12**	1 23/64	**16**	1 3/8
1 1/2	**6**	1 11/32	**12**	1 27/64	18	1 7/16	8	1 3/8	**12**	1 27/64	**16**	1 7/16
1 9/16	....	.....	..	.....	18	1 1/2	..	...	..	.....	16	1 1/2
1 5/8	....	.....	..	.....	18	1 9/16	8	1 1/2	12	1 35/64	16	1 9/16
1 11/16	....	.....	..	.....	18	1 5/8	..	...	..	.....	16	1 5/8

Norma americana para conjunto de roscas

Tamanho nominal (diâmetro básico maior)	Rosca grossa, conjuntos UNC e NC[c] nas classes 1A, 1B, 2A, 2B, 3A, 3B, 2, 3		Rosca fina, conjuntos UNF e NF[c] nas classes 1A, 1B, 2A, 2B, 3A, 3B, 2, 3		Rosca extrafina conjuntos UNEF e NEF[d] nas classes 2A, 2B, 2, 3		Rosca 8, conjunto 8N[c] nas classes 2A, 2B, 2, 3		Rosca 12 conjuntos 12UN e 12 N[d] nas classes 2A, 2B, 2, 3		Rosca 16, conjuntos 16UN e 16N[d] nas classes 2A, 2B, 2, 3	
	roscas pol.	macho	roscas pol.	macho	roscas pol.	macho	roscas pol.	macho	roscas pol.	macho	roscas pol.	macho
1 3/4	**5**	1 9/16	..	.....	**16**	1 11/16	8[e]	1 5/8	**12**	1 43/64	**16**	1 11/16
1 13/16	....	.....	..	.....	..	.....	..	...	..	.....	16	1 3/4
1 7/8	....	.....	..	.....	..	.....	8	1 3/4	12	1 51/64	16	1 13/16
1 15/16	....	.....	..	.....	..	.....	..	...	..	.....	16	1 7/8
2	**4 1/2**	1 25/32	..	.....	**16**	1 15/16	8[e]	1 7/8	**12**	1 59/64	**16**	1 15/16
2 1/16	....	.....	..	.....	..	.....	..	...	..	.....	16	2
2 1/8	....	.....	..	.....	..	.....	8	2	12	2 3/64	16	2 1/16
2 3/16	....	.....	..	.....	..	.....	..	...	..	.....	16	2 1/8
2 1/4	**4 1/2**	2 1/32	..	.....	..	.....	8[e]	2 1/8	**12**	2 11/64	**16**	2 3/16
2 5/16	....	.....	..	.....	..	.....	..	...	..	.....	16	2 1/4
2 3/8	....	.....	..	.....	..	.....	..	...	12	2 19/64	16	2 5/16
2 7/16	....	.....	..	.....	..	.....	..	...	..	.....	16	2 3/8
2 1/2	**4**	2 1/4	..	.....	..	.....	8[e]	2 3/8	**12**	2 27/64	**16**	2 7/16
2 5/8	....	.....	..	.....	..	.....	..	...	12	2 35/64	16	2 9/16
2 3/4	**4**	2 1/2	..	.....	..	.....	8[e]	2 5/8	**12**	2 43/64	**16**	2 11/16
2 7/8	....	.....	..	.....	..	.....	..	...	12	2 51/64	16	2 13/16
3	**4**	2 3/4	..	.....	..	.....	8[e]	2 7/8	**12**	2 59/64	**16**	2 15/16
3 1/8	....	.....	..	.....	..	.....	..	...	12	3 3/64	16	3 1/16
3 1/4	**4**	3	..	.....	..	.....	8[e]	3 1/8	**12**	3 11/64	**16**	3 3/16
3 3/8	....	.....	..	.....	..	.....	..	...	12	3 19/64	16	3 5/16
3 1/2	**4**	3 1/4	..	.....	..	.....	8[e]	3 3/8	**12**	3 27/64	**16**	3 7/16
3 5/8	....	.....	..	.....	..	.....	..	...	12	3 35/64	16	3 9/16
3 3/4	**4**	3 1/2	..	.....	..	.....	8[e]	3 5/8	**12**	3 43/64	**16**	3 11/16
3 7/8	....	.....	..	.....	..	.....	..	...	12	3 51/64	16	3 13/16
4	**4**	3 3/4	..	.....	..	.....	8[e]	3 7/8	**12**	3 59/64	**16**	3 15/16
4 1/4	....	.....	..	.....	..	.....	8[e]	4 1/8	**12**	4 11/64	**16**	4 3/16
4 1/2	....	.....	..	.....	..	.....	8[e]	4 3/8	**12**	4 27/64	**16**	4 7/16
4 3/4	....	.....	..	.....	..	.....	8[e]	4 5/8	**12**	4 43/64	**16**	4 11/16
5	....	.....	..	.....	..	.....	8[e]	4 7/8	**12**	4 59/64	**16**	4 15/16
5 1/4	....	.....	..	.....	..	.....	8[e]	5 1/8	**12**	5 11/64	**16**	5 3/16
5 1/2	....	.....	..	.....	..	.....	8[e]	5 3/8	**12**	5 27/64	**16**	5 7/16
5 3/4	....	.....	..	.....	..	.....	8[e]	5 5/8	**12**	5 43/64	**16**	5 11/16
6	....	.....	..	.....	..	.....	8[e]	5 7/8	**12**	5 59/64	**16**	5 15/16

[a] As dimensões ANSI B1.1 são em pol.
[b] Negrito indica combinações unificadas.
[c] Os limites de tamanho para as classes são baseados num comprimento de engrenamento igual ao diâmetro nominal.
[d] Os limites de tamanho para as classes são baseados num comprimento de engrenamento igual a nove vezes o passo.
[e] Estes tamanhos, com limites específicos, baseados num comprimento de engrenamento de 9 roscas nas classes 2A e 2B, são designados por UN.

Nota. Se uma rosca está tanto nos conjuntos de rosca 8, 12 ou 16 e nos conjuntos grosso, fino ou extrafino, são aplicáveis os símbolos e tolerâncias dos últimos conjuntos.

Norma Americana ANSI para parafusos* quadrados e sextavados e parafusos** de cabeça sextavados

Tamanho nominal (diâmetro básico maior)	Parafusos normais			Parafusos pesados		
	Largura através das superfícies planas *W*, quadradas*** e hexagonais	Altura *H*: Não faceado, quadrado e hexagonal	Altura *H*: Hex. acab. parc. hex. acab. final paraf. hex.	Largura através das superfícies planas *W*	Altura *H*: Não faceado hexagonal	Altura *H*: Hexagonais – acab. total e parcial
1/4	3/8 (sq.), 7/16 (hex.)	11/64	5/32			
5/16	1/2	7/32	13/64			
3/8	9/16	1/4	15/64			
7/16	5/8	19/64	9/32			
1/2	3/4	11/32	5/16	7/8	7/16	13/32
9/16	13/16	25/64	23/64	15/16	15/32	7/16
5/8	15/16	27/64	25/64	1 1/16	17/32	1/2
3/4	1 1/8	1/2	15/32	1 1/4	5/8	19/32
7/8	1 5/16	37/64	35/64	1 7/16	23/32	11/16
1	1 1/2	43/64	39/64	1 5/8	13/16	3/4
1 1/8	1 11/16	3/4	11/16	1 13/16	29/32	27/32
1 1/4	1 7/8	27/32	25/32	2	1	15/16
1 3/8	2 1/16	29/32	27/32	2 3/16	1 3/32	1 1/32
1 1/2	2 1/4	1	15/16	2 3/8	1 3/16	1 1/8
1 5/8	2 7/16	1 1/16	1	2 9/16	1 9/32	1 7/32
1 3/4	2 5/8	1 5/32	1 3/32	2 3/4	1 3/8	1 5/16
1 7/8	2 13/16	1 7/32	1 5/32	2 15/16	1 15/32	1 13/32
2	3	1 11/32	1 7/32	3 1/8	1 9/16	1 7/16
2 1/4	3 3/8	1 1/2	1 3/8	3 1/2	1 3/4	1 5/8
2 1/2	3 3/4	1 21/32	1 17/32	3 7/8	1 15/16	1 13/16
2 3/4	4 1/8	1 13/16	1 11/16	4 1/4	2 1/8	2
3	4 1/2	2	1 7/8	4 5/8	2 5/16	2 3/16
3 1/4	4 7/8	2 3/16	2			
3 1/2	5 1/4	2 5/16	2 1/8			
3 3/4	5 5/8	2 1/2	2 5/16			
4	6	2 11/16	2 1/2			

* ANSI B18.2 — todas as dimensões são em pol.
** ANSI B18.6.2. — parafusos de cabeça hexagonal somente nos tamanhos de 1/4 até 1 1/2.
*** Parafusos quadrados somente nos tamanhos (nominais) de 1/4 a 1 1/2.
Para variações de comprimento de parafusos, veja a tabela na pág. 720. As roscas são do conjunto grosso, classe 2A, exceto para parafusos de cabeça hexagonais acabados, que são grossos, finos, ou de passo 8, classe 2A. Comprimento de rosca mínimo: 2D + 1/4 pol para parafusos de 6" ou menos de comprimento; 2D + 1/2 pol para parafusos com mais de 6" de comprimento; parafusos muito curtos para a fórmula serão rosqueados por todo o comprimento.

Norma americana ANSI para porcas* quadradas e sextavadas

Tamanho nominal (diâmetro básico maior)	Porcas comuns						Porcas grandes							Porcas quadradas normais	
		Espessura *T*						Espessura *T*				Fenda			
	Largura através das superfícies planas *W*	Hexagonais normais hex.	Contraporcas hexagonais normais	Hexagonais com acab. parcial e acab. total e hexagonais com fenda	Contraporcas hexagonais com acab. parcial e total	Hex. gran. com acab. parcial gran. com fendida** e acastelada	Largura através das superfícies planas *W*	Quadradas e hexagonais normais	Contraporcas hexagonais normais	Hexagonais com acab. parcial e hexagonais com fenda	Contraporcas hexagonais com acab. parcial	Largura	Profundidade	Largura através das superfícies planas *W*	Espessura *T*
1/4	7/16	.....	....	7/32	5/32	9/32	1/2	1/4	3/16	15/64	11/64	5/64	3/32	7/16	7/32
5/16	1/2	.....	....	17/64	3/16	21/64	9/16	5/16	7/32	19/64	13/64	3/32	3/32	9/16	17/64
3/8	9/16	.....	....	21/64	7/32	13/32	11/16	3/8	1/4	23/64	15/64	1/8	1/8	5/8	21/64
7/16	11/16	.....	....	3/8	1/4	29/64	3/4	7/16	9/32	27/64	17/64	1/8	5/32	3/4	3/8
1/2	3/4	.....	....	7/16	5/16	9/16	7/8	1/2	5/16	31/64	19/64	5/32	5/32	13/16	7/16
9/16	7/8	.....	....	31/64	5/16	39/64	15/16			35/64	21/64	5/32	3/16		
5/8	15/16	.....	....	35/64	3/8	23/32	1 1/16	5/8	3/8	39/64	23/64	3/16	7/32	1	35/64
3/4	1 1/8	21/32	7/16	41/64	27/64	13/16	1 1/4	3/4	7/16	47/64	27/64	3/16	1/4	1 1/8	21/32
7/8	1 5/16	49/64	1/2	3/4	31/64	29/32	1 7/16	7/8	1/2	55/64	31/64	3/16	1/4	1 5/16	49/64
1	1 1/2	7/8	9/16	55/64	35/64	1	1 5/8	1	9/16	63/64	35/64	1/4	9/32	1 1/2	7/8
1 1/8	1 11/16	1	5/8	31/32	39/64	1 5/32	1 13/16	1 1/8	5/8	1 7/64	39/64	1/4	11/32	1 11/16	1
1 1/4	1 7/8	1 3/32	3/4	1 1/16	23/32	1 1/4	2	1 1/4	3/4	1 7/32	23/32	5/16	3/8	1 7/8	1 3/32
1 3/8	2 1/16	1 13/64	13/16	1 11/64	25/32	1 3/8	2 3/16	1 3/8	13/16	1 11/32	25/32	5/16	3/8	2 1/16	1 13/64
1 1/2	2 1/4	1 5/16	7/8	1 9/32	27/32	1 1/2	2 3/8	1 1/2	7/8	1 15/32	27/32	3/8	7/16	2 1/4	1 5/16
1 5/8	2 7/16	.....	....	1 25/64	29/32	.....	2 9/16	....	.....	1 19/32	29/32	3/8	7/16		
1 3/4	2 5/8	.....	....	1 1/2	31/32	.....	2 3/4	1 3/4	1	1 23/32	31/32	7/16	1/2		
1 7/8	2 13/16	.....	....	1 39/64	1 1/32	.....	2 15/16	....	.....	1 27/32	1 1/32	7/16	9/16		
2	3	.....	....	1 23/32	1 3/32	.....	3 1/8	2	1 1/8	1 31/32	1 3/32	7/16	9/16		
2 1/4	3 3/8	.....	....	1 59/64	1 13/64	.....	3 1/2	2 1/4	1 1/4	2 13/64	1 13/64	7/16	9/16		
2 1/2	3 3/4	.....	....	2 9/64	1 29/64	.....	3 7/8	2 1/2	1 1/2	2 29/64	1 29/64	9/16	11/16		
2 3/4	4 1/8	.....	....	2 23/64	1 37/64	.....	4 1/4	2 3/4	1 5/8	2 45/64	1 37/64	9/16	11/16		
3	4 1/2	.....	....	2 37/64	1 45/64	.....	4 5/8	3	1 3/4	2 61/64	1 45/64	5/8	3/4		
3 1/4	.....	.....	....	.....	.....	.....	5	3 1/4	1 7/8	3 3/16	1 13/16	5/8	3/4		
3 1/2	.....	.....	....	.....	.....	.....	5 3/8	3 1/2	2	3 7/16	1 15/16	5/8	3/4		
3 3/4	.....	.....	....	.....	.....	.....	5 3/4	3 3/4	2 1/8	3 11/16	2 1/16	5/8	3/4		
4	.....	.....	....	.....	.....	.....	6 1/8	4	2 1/4	3 15/16	2 3/16	5/8	3/4		

* ANSI B18.2 — 1960.
** As dimensões das fendas para porcas fendidas normais são as mesmas que para porcas com fenda pesadas.
Rosca. Porcas normais e pesadas: conjunto grosso, classe 2B; porcas acabadas e acab. parcial, normais e grandes (todas): conjuntos grosso, fixo ou de passo 8, classe 2B; porcas grossas: conjuntos grossos e fino classe 2B.

Tamanhos de brocas numeradas e indicadas por letras

Número	Tamanho	Número	Tamanho	Número	Tamanho	Letra	Tamanho
80	0.0135	53	0.0595	26	0.1470	*A*	0.2340
79	0.0145	52	0.0635	25	0.1495	*B*	0.2380
78	0.0160	51	0.0670	24	0.1520	*C*	0.2420
77	0.0180	50	0.0700	23	0.1540	*D*	0.2460
76	0.0200	49	0.0730	22	0.1570	*E*	0.2500
75	0.0210	48	0.0760	21	0.1590	*F*	0.2570
74	0.0225	47	0.0785	20	0.1610	*G*	0.2610
73	0.0240	46	0.0810	19	0.1660	*H*	0.2660
72	0.0250	45	0.0820	18	0.1695	*I*	0.2720
71	0.0260	44	0.0860	17	0.1730	*J*	0.2770
70	0.0280	43	0.0890	16	0.1770	*K*	0.2810
69	0.0292	42	0.0935	15	0.1800	*L*	0.2900
68	0.0310	41	0.0960	14	0.1820	*M*	0.2950
67	0.0320	40	0.0980	13	0.1850	*N*	0.3020
66	0.0330	39	0.0995	12	0.1890	*O*	0.3160
65	0.0350	38	0.1015	11	0.1910	*P*	0.3230
64	0.0360	37	0.1040	10	0.1935	*Q*	0.3320
63	0.0370	36	0.1065	9	0.1960	*R*	0.3390
62	0.0380	35	0.1100	8	0.1990	*S*	0.3480
61	0.0390	34	0.1110	7	0.2010	*T*	0.3580
60	0.0400	33	0.1130	6	0.2040	*U*	0.3680
59	0.0410	32	0.1160	5	0.2055	*V*	0.3770
58	0.0420	31	0.1200	4	0.2090	*W*	0.3860
57	0.0430	30	0.1285	3	0.2130	*X*	0.3970
56	0.0465	29	0.1360	2	0.2210	*Y*	0.4040
55	0.0520	28	0.1405	1	0.2280	*Z*	0.4130
54	0.0550	27	0.1440				

Roscas Acme e "Stub" Acme*

Combinações diâmetro-passo preferidas ANSI

Nominal (diâmetro maior)	Roscas/pol	Nominal (diâmetro maior)	Roscas/pol	Nominal (diâmetro maior)	Roscas/pol	Nominal (diâmetro maior)	Roscas/pol
1/4	16	3/4	6	1 1/2	4	3	2
5/16	14	7/8	6	1 3/4	4	3 1/2	2
3/8	12	1	5	2	4	4	2
7/16	12	1 1/8	5	2 1/4	3	4 1/2	2
1/2	10	1 1/4	5	2 1/2	3	5	2
5/8	8	1 3/8	4	2 3/4	3		

Roscas trapezoidais*

Diâmetros recomendados, pol	Roscas/pol associadas
1/2, 9/16, 5/8, 11/16	20, 16, 12
3/4, 7/8, 1	16, 12, 10
1 1/8, 1 1/4, 1 3/8, 1 1/2	16, 12, 10, 8, 6
1 3/4, 2, 2 1/4, 2 1/2, 2 3/4, 3, 3 1/2, 4	16, 12, 10, 8, 6, 5, 4
4 1/2, 5, 5 1/2, 6	12, 10, 8, 6, 5, 4, 3
7, 8, 9, 10	10, 8, 6, 5, 4, 3, 2 1/2, 2
11, 12, 14, 16	10, 8, 6, 5, 4, 3, 2 1/2, 2, 1 1/2, 1 1/4
18, 20, 22, 24	8, 6, 5, 4, 3, 2 1/2, 2, 1 1/2, 1 1/4, 1

*** ANSI B1.5 – 1.9 – Diâmetros em pol.**

Norma americana ANSI para parafusos de cabeça circular[a]

Proporções para fins de desenho

Parafuso	Diâmetro nominal[b] (diâm. básico maior)	A	H	P ou M	B	
Parafusos para carrocerias: cabeça boleada e pescoço quadrado[c]	N.º 10, 1/4" a 1/2" por (1/16"), 5/8" a 1" por (1/8")	$2D + 1/16$	$\frac{D}{2}$	$\frac{D}{2}$	D	
Parafusos para carrocerias: cabeça boleada e pescoço dentilhado[d]	N.º 10, 1/4" a 1/2" por (1/16"), 5/8" e 3/4"	$2D + 1/16$	$\frac{D}{2}$	$1/16$	$D + 1/16$	Q { 3/16" para L = 7/8" ou menos; 5/16" para L = 1" e 1 1/8; 1/2" para L = 1 1/4" ou mais
Parafusos para carrocerias: cabeça boleada pescoço acab.[c]	N.º 10, 1/4" a 1/2" por (1/16")	$2D + 1/16$	$\frac{D}{2}$	$3/8 D$	$1\frac{1}{2}D + 1/16$	
Parafusos para carrocerias: cabeça chata escar. pescoço quad. 114° [c]	N.º 10, 1/4" a 1/2" por (1/16"), 5/8" e 3/4"	$2D + 1/8$	$1/32$	$D + 1/32$	D	
cabeça boleada e pescoço curto[e]	1/4" a 1/2" por (1/16"), 5/8" e 3/4"	$2D + 1/16$	$\frac{D}{2}$	$\frac{D}{4} + \frac{1}{32}$	D	
cabeça em T[d]	1/4" a 1/2" por (1/16"), 5/8" a 1" por (1/8")	$2D$	$7/8 D$	$1\frac{5}{8}D$	D	
cabeça boleada[c] (cabeça hemisférica)	N.º 10, 1/4" a 1/2" por (1/16"), 5/8" a 1" por (1/8")	$2D + 1/16$	$\frac{D}{2}$			
escalonado[c]	N.º 10, 1/4" a 1/2" por (1/16")	$3D + 1/16$	$\frac{D}{2}$	$\frac{D}{2}$	D	
cabeça chata escar.[c] (pode ser fendida se assim especif)	1/4" a 1/2" por (1/16"), 5/8" a 1 1/2" por (1/8")	1.8D	Obter por projeção			
Parafuso de elevador, cabeça chata, escareada[c]	N.º 10, 1/4" a 1/2" por (1/16")	$2\frac{1}{2}D + 5/16$	$\frac{D}{3}$	$\frac{D}{2} + \frac{1}{16}$	D	Ângulo C = 16D + 5° (aproximadamente)
Parafuso de elevador, cabeça estriada[d] (fendida ou não, como especif.)	1/4", 5/16", 3/8"	$2D + 1/16$	$\frac{D}{2} - \frac{1}{32}$	$\frac{D}{2} + \frac{3}{64}$	$\frac{D}{8} + \frac{1}{16}$	

[a] As medidas indicadas nesta tabela são, em alguns casos, aproximadas e se destinam apenas para fins de desenho. Para dimensões exatas, consultar ANSI B18.5 —, da qual esta tabela foi compilada. As dimensões são em pol.

[b] As frações entre parênteses indicam variação de diâmetro, isto é, 1/4" para 1/2" por (1/16"(inclui os diâmetros de 1/4", 5/16", 3/8", 7/16" e 1/2".

As roscas são da série grande, classe 2A.

O comprimento de rosca mínimo 1: 2D + 1/4" para parafusos de 6" ou menos de comprimento; 2D + 1/2" para parafusos com mais de 6" de comprimento.

Para variações de comprimento de parafusos veja a pág. 720.

[c] Fornecidos parafusos de tamanho normal salvo se especificado tamanho menor que o normal.

[d] Fornecidos somente parafusos de tamanho normal.

[e] Fornecidos parafusos de tamanho menor que o normal salvo se especificado tamanho normal.

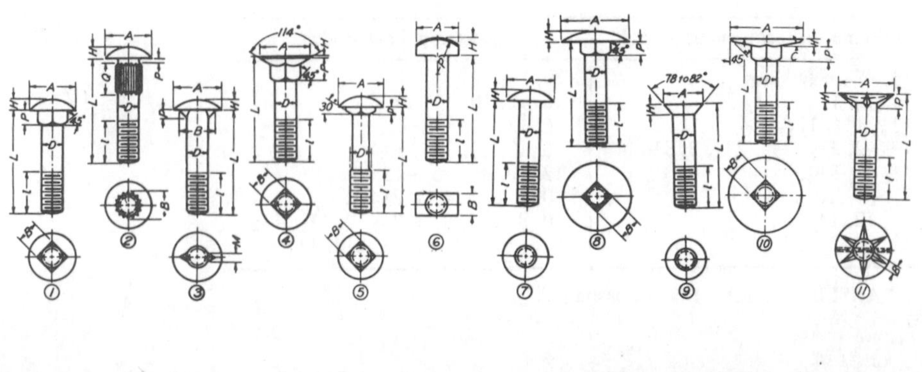

Variações de comprimento dos parafusos*

Diâmetro do parafuso		1/4	5/16	3/8	7/16	1/2	5/8	3/4	7/8	1
Variações de compr.	1/4	3/4–3	3/4–4	3/4–6	1–3	1–6	1–6	1–6	1–4 1/2	
	1/2	3–4	4–5	6–9	3–6	6–13	6–10	6–15	4 1/2–6	3–6
	1	4–5	....	9–12	6–8	13–24	10–22	15–24	6–20	6–12
	2	....	....	.....	...	.....	22–30	24–30	20–30	12–30

* Compilado de catálogos de fabricantes.

Exemplo. Os comprimentos de parafusos de 1/4" aumentam por variações de 1/4", os comprimentos de 3/4" a 3". Os comprimentos de parafusos de 1/2" aumentam, por variações de 1/2", os comprimentos de 6" a 13". Os comprimentos de parafusos de 1" aumentam, por variações de 2", os comprimentos de 12" a 30".

Norma ANSI para parafusos de cabeça[a], de encaixe[b] e encastelados[c]

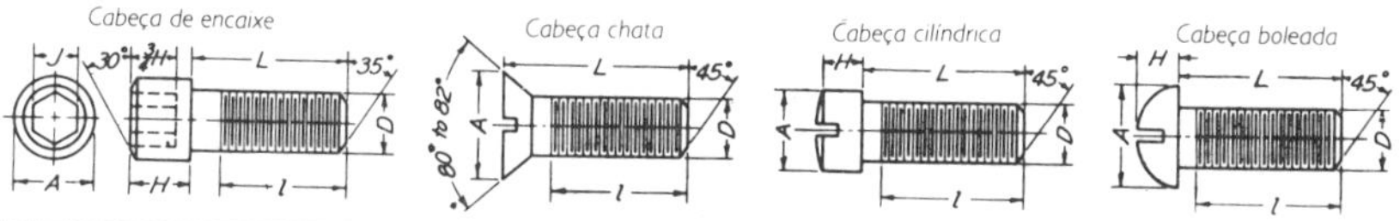

Diâm. nominal	Cab. de encaixe[d]			Cab. chata[e]	Cab. cilíndrica[e]		Cab. boleada[e]	
	A	*H*	*J*	*A*	*A*	*H*	*A*	*H*
0	0.096	0.060	0.050					
1	0.118	0.073	0.050					
2	0.140	0.086	1/16					
3	0.161	0.099	5/64					
4	0.183	0.112	5/64					
5	0.205	0.125	3/32					
6	0.226	0.138	3/32					
8	0.270	0.164	1/8					
10	5/16	0.190	5/32					
12	11/32	0.216	5/32					
1/4	3/8	1/4	3/16	1/2	3/8	11/64	7/16	3/16
5/16	7/16	5/16	7/32	5/8	7/16	13/64	9/16	15/64
3/8	9/16	3/8	5/16	3/4	9/16	1/4	5/8	17/64
7/16	5/8	7/16	5/16	13/16	5/8	19/64	3/4	5/16
1/2	3/4	1/2	3/8	7/8	3/4	21/64	13/16	11/32
9/16	13/16	9/16	3/8	1	13/16	3/8	15/16	13/32
5/8	7/8	5/8	1/2	1 1/8	7/8	27/64	1	7/16
3/4	1	3/4	9/16	1 3/8	1	1/2	1 1/4	17/32
7/8	1 1/8	7/8	9/16	1 5/8	1 1/8	19/32		
1	1 5/16	1	5/8	1 7/8	1 5/16	21/32		
1 1/8	1 1/2	1 1/8	3/4					
1 1/4	1 3/4	1 1/4	3/4					
1 3/8	1 7/8	1 3/8	3/4					
1 1/2	2	1 1/2	1					

[a] Dimensão em pol.
[b] ANSI B18.3
[c] ANSI B18.6.2
[d] As roscas são grossas, finas ou de passo 8, classe 2A. O comprimento da rosca 1 : 2D + 1/4".

As proporções das fendas com os tamanhos dos parafusos; dimensionar proporcionalmente. Todas as variações de comprimento para parafusos de comprimentos de 1/4" a 1" = 1/8", para parafusos de comprimentos de 1" a 4" = 1/4", para parafusos de comprimento de 4" a 6" = 1/2".

Norma americana ANSI para parafusos de máquina*

As cabeças podem ser com fendas ou rebaixadas

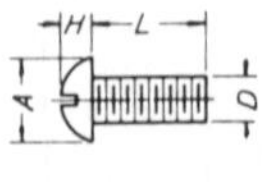

Cabeça boleada

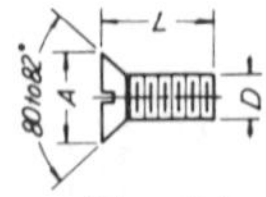

Cabeça chata

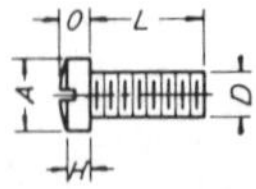

Cabeça cilíndrica

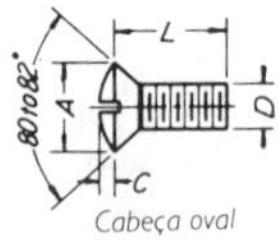

Cabeça oval

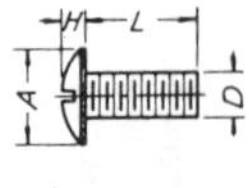

Cabeça abaulada

Diâm. nominal	Cabeça boleada		Cab. chata	Cabeça cilíndrica			Cabeça oval		Cab. abaulada	
	A	*H*	*A*	*A*	*H*	*O*	*A*	*C*	*A*	*H*
0	0.113	0.053	0.119	0.096	0.045	0.059	0.119	0.021		
1	0.138	0.061	0.146	0.118	0.053	0.071	0.146	0.025	0.194	0.053
2	0.162	0.069	0.172	0.140	0.062	0.083	0.172	0.029	0.226	0.061
3	0.187	0.078	0.199	0.161	0.070	0.095	0.199	0.033	0.257	0.069
4	0.211	0.086	0.225	0.183	0.079	0.107	0.225	0.037	0.289	0.078
5	0.236	0.095	0.252	0.205	0.088	0.120	0.252	0.041	0.321	0.086
6	0.260	0.103	0.279	0.226	0.096	0.132	0.279	0.045	0.352	0.094
8	0.309	0.120	0.332	0.270	0.113	0.156	0.332	0.052	0.384	0.102
10	0.359	0.137	0.385	0.313	0.130	0.180	0.385	0.060	0.448	0.118
12	0.408	0.153	0.438	0.357	0.148	0.205	0.438	0.068	0.511	0.134
1/4	0.472	0.175	0.507	0.414	0.170	0.237	0.507	0.079	0.573	0.150
5/16	0.590	0.216	0.635	0.518	0.211	0.295	0.635	0.099	0.698	0.183
3/8	0.708	0.256	0.762	0.622	0.253	0.355	0.762	0.117	0.823	0.215
7/16	0.750	0.328	0.812	0.625	0.265	0.368	0.812	0.122	0.948	0.248
1/2	0.813	0.355	0.875	0.750	0.297	0.412	0.875	0.131	1.073	0.280
9/16	0.938	0.410	1.000	0.812	0.336	0.466	1.000	0.150	1.198	0.312
5/8	1.000	0.438	1.125	0.875	0.375	0.521	1.125	0.169	1.323	0.345
3/4	1.250	0.547	1.375	1.000	0.441	0.612	1.375	0.206	1.573	0.410

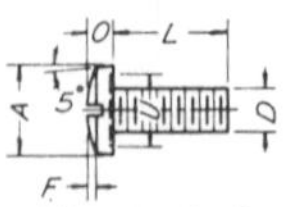

Cabeça de retenção

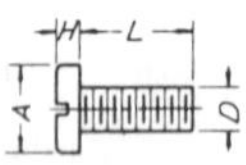

Cabeça cilíndrica

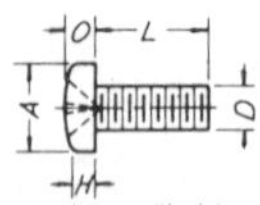

Cabeça cilíndrica rebaixada

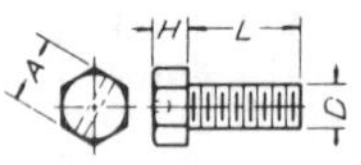

Cabeça sextavada

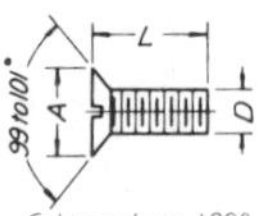

Cabeça chata 100°

Diâm. nominal	Cabeça de retenção				Cabeça cilíndrica rebaixada			Cab. sextavada		Cab. chata 100°
	A	*O*	*F*	*U*	*A*	*H*	*O*	*A*	*H*	*A*
2	0.181	0.046	0.018	0.141	0.167	0.053	0.062	0.125	0.050	
3	0.208	0.054	0.022	0.162	0.193	0.060	0.071	0.187	0.055	
4	0.235	0.063	0.025	0.184	0.219	0.068	0.080	0.187	0.060	0.225
5	0.263	0.071	0.029	0.205	0.245	0.075	0.089	0.187	0.070	
6	0.290	0.080	0.032	0.226	0.270	0.082	0.097	0.250	0.080	0.279
8	0.344	0.097	0.039	0.269	0.322	0.096	0.115	0.250	0.110	0.332
10	0.399	0.114	0.045	0.312	0.373	0.110	0.133	0.312	0.120	0.385
12	0.454	0.130	0.052	0.354	0.425	0.125	0.151	0.312	0.155	
1/4	0.513	0.153	0.061	0.410	0.492	0.144	0.175	0.375	0.190	0.507
5/16	0.641	0.193	0.077	0.513	0.615	0.178	0.218	0.500	0.230	0.635
3/8	0.769	0.234	0.094	0.615	0.740	0.212	0.261	0.562	0.295	0.762

* ANSI B18.6.3 — 1962. As dimensões fornecidas são valores máximos, todos em pol.

Comprimentos de rosca: para parafusos de 2" ou menos, rosca em todo o comprimento; para parafusos com mais de 2", o comprimento de rosca l = 1 3/4". As roscas pertencem aos conjuntos grosso ou fino, classe 2. As cabeças podem ser chanfradas ou rebaixadas como se especificou, exceto na forma sextavada, que é plana ou poderá ser chanfrada se assim especificada. O chanfro e o rebaixo variam proporcionalmente com o tamanho do prendedor; arbitrar uma dimensão para que o desenho fique proporcional.

Norma ANSI para porcas* de parafusos de máquina** e de parafusos para fogão***

Tamanho nominal	0	1	2	3	4	5	6	8	10	12	1/4	5/16	3/8
"W"	5/32	5/32	3/16	3/16	1/4	5/16	5/16	11/32	3/8	7/16	7/16	9/16	5/8
"T"	3/64	3/64	1/16	1/16	3/32	7/64	7/64	1/8	1/8	5/32	3/16	7/32	1/4

* As porcas de parafuso para fogão são quadradas.
** As porcas de parafusos de máquina são sextavadas ou quadradas.
*** ANSI B18.6.3 — As dimensões são em pol.
As roscas pertencem ao conjunto grosso para as porcas quadradas e aos conjuntos grosso ou fino para as porcas sextavadas; classe 2B.

Parafusos de fixação com encaixe hexagonal*, encastelados sem cabeça** e de cabeça quadrada*** padrão ANSI

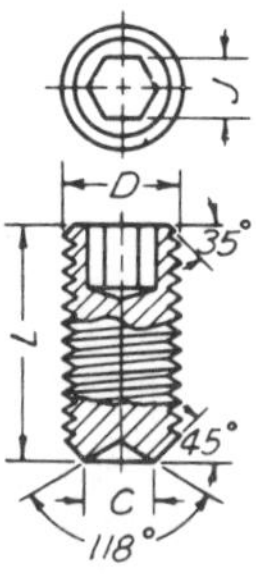

Ponta hemisférica ou boleada

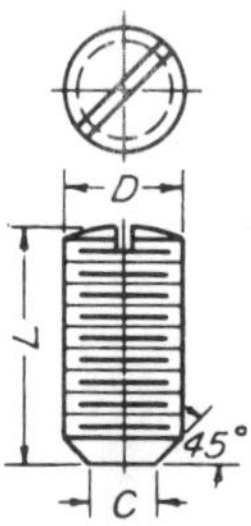

Ponta chata

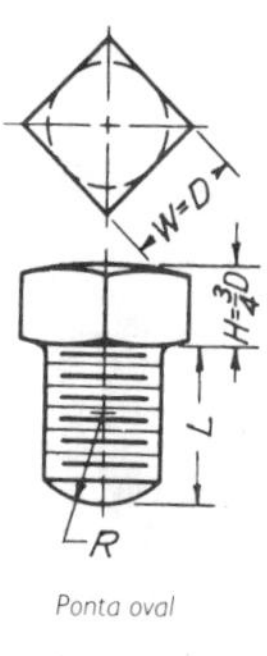

Ponta oval

Diâmetro *D*	Diâmetro das pontas hemisféricas e chatas *C*	Raio das pontas ovais *R*	Âng. das pontas cônicas *Y*: 118° para estes comprimentos e mais curtos	Âng. das pontas cônicas *Y*: 90° para estes comprimentos e mais longos	Pontas excên. e meias excên.: Diâmetros *P*	Pontas excên. e meias excên.: Comprimentos: Pontas exc. *Q*	Pontas excên. e meias excên.: Comprimentos: Meias exc. *q*	Largura do encaixe *J*
5	1/16	3/32	1/8	3/16	0.083	0.06	0.03	1/16
6	0.069	7/64	1/8	3/16	0.092	0.07	0.03	1/16
8	5/64	1/8	3/16	1/4	0.109	0.08	0.04	5/64
10	3/32	9/64	3/16	1/4	0.127	0.09	0.04	3/32
12	7/64	5/32	3/16	1/4	0.144	0.11	0.06	3/32
1/4	1/8	3/16	1/4	5/16	5/32	1/8	1/16	1/8
5/16	11/64	15/64	5/16	3/8	13/64	5/32	5/64	5/32
3/8	13/64	9/32	3/8	7/16	1/4	3/16	3/32	3/16
7/16	15/64	21/64	7/16	1/2	19/64	7/32	7/64	7/32
1/2	9/32	3/8	1/2	9/16	11/32	1/4	1/8	1/4
9/16	5/16	27/64	9/16	5/8	25/64	9/32	9/64	1/4
5/8	23/64	15/32	5/8	3/4	15/32	5/16	5/32	5/16
3/4	7/16	9/16	3/4	7/8	9/16	3/8	3/16	3/8
7/8	33/64	21/32	7/8	1	21/32	7/16	7/32	1/2
1	19/32	3/4	1	1 1/8	3/4	1/2	1/4	9/16
1 1/8	43/64	27/32	1 1/8	1 1/4	27/32	9/16	9/32	9/16
1 1/4	3/4	15/16	1 1/4	1 1/2	15/16	5/8	5/16	5/8
1 3/8	53/64	1 1/32	1 3/8	1 5/8	1 1/32	11/16	11/32	5/8
1 1/2	29/32	1 1/8	1 1/2	1 3/4	1 1/8	3/4	3/8	3/4
1 3/4	1 1/16	1 5/16	1 3/4	2	1 5/16	7/8	7/16	1
2	1 7/32	1 1/2	2	2 1/4	1 1/2	1	1/2	1

* ANSI 18.3 — As dimensões são em pol. As roscas são grossas ou finas, classe 3A. As variações dos comprimentos são: 1/4'' a 5/8'' por (1/16''); 5/8'' a 1'' por (1/8''); 1'' a 4'' por (1/4''); 4'' a 6'' por (1/2''). As frações entre parênteses mostram as variações dos comprimentos; por exemplo, 5/8'' a 1'' por (1/8'') inclui os comprimentos de 5/8'', 3/4'', 7/8'' e 1''.
** ANSI B18.6.2 — As roscas são grossas ou finas, classe 2A. Os parafusos encastelados sem cabeça são padronizados apenas nos tamanhos N.º 5 até 3/4''. As proporções das fendas variam com o diâmetro; desenhar proporcionalmente.
*** ANSI B18.6.2 — As roscas são grossas, finas ou de passo 8, classe 2A. Os parafusos fixadores de cabeça quadrada são padronizados apenas nos tamanhos N.º 10 até 1 1/2''.

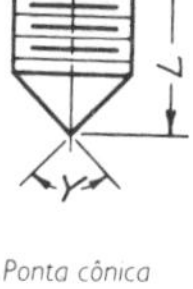

Ponta cônica

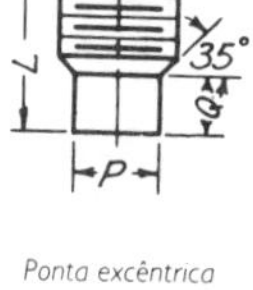

Ponta excêntrica

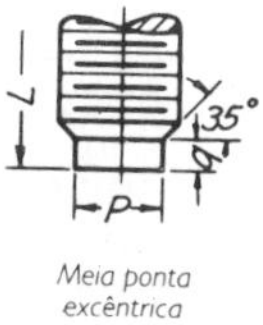

Meia ponta excêntrica

(Todos os seis tipos de ponta são disponíveis nos três tipos de cabeça)

Passadores com espiga roscada[a] padrão ANSI

Diâmetro do corpo D			Cabeça[b]			Rosca		Comprimentos do corpo[d]
Nominal	Máx.	Mín.	Diâm. A	Altura H	Hexágono J	Especificação E	Comprimento I	
1/4	0.2480	0.2460	3/8	3/16	1/8	10-24NC-3	3/8	3/4–2 1/2
5/16	0.3105	0.3085	7/16	7/32	5/32	1/4-20NC-3	7/16	1 –3
3/8	0.3730	0.3710	9/16	1/4	3/16	5/16-18NC-3	1/2	1 –4
1/2	0.4980	0.4960	3/4	5/16	1/4	3/8-16NC-3	5/8	1 1/4–5
5/8	0.6230	0.6210	7/8	3/8	5/16	1/2-13NC-3	3/4	1 1/2–6
3/4	0.7480	0.7460	1	1/2	3/8	5/8-11NC-3	7/8	1 1/2–8
1	0.9980	0.9960	1 5/16	5/8	1/2	3/4-10NC-3	1	1 1/2–8
1 1/4	1.2480	1.2460	1 3/4	3/4	5/8	7/8-9NC-3	1 1/8	1 1/2–8

[a] ANSI B18.3 — As dimensões são em pol.
[b] Chanfro da cabeça é de 30°.
[c] Profundidade do encaixe = 3/4 H (altura)
[d] Variações dos comprimentos do corpo: comprimento do corpo de 3/4" a 1", intervalos de 1/8", comprimento do corpo de 1", a 5", de 1/4"; comprimento do corpo de 5" a 7", intervalos de 1/2"; comprimento do corpo de 7" a 8", intervalos de 1". A tolerância dos comprimentos do corpo é de ± 0,005.

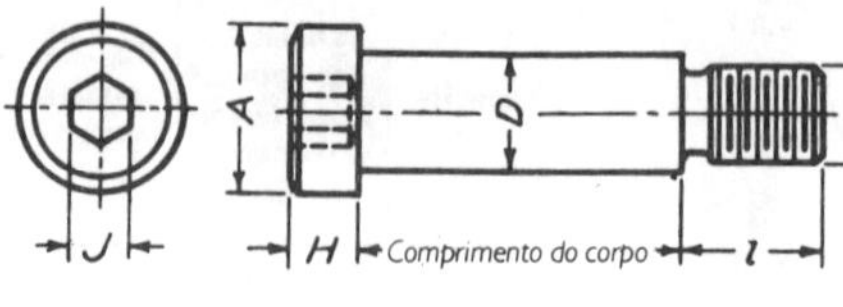

Parafusos de madeira* padrão ANSI

Tamanho nominal	Diâm. básico do parafuso D	Nº de roscas p/pol**	Largura da fenda*** (todas cab.)	Cabeça boleada A	Cabeça boleada H	Cabeça chata A	Cabeça oval A	Cabeça oval C
0	0.060	32	0.023	0.113	0.053	0.119	0.119	0.021
1	0.073	28	0.026	0.138	0.061	0.146	0.146	0.025
2	0.086	26	0.031	0.162	0.069	0.172	0.172	0.029
3	0.099	24	0.035	0.187	0.078	0.199	0.199	0.033
4	0.112	22	0.039	0.211	0.086	0.225	0.225	0.037
5	0.125	20	0.043	0.236	0.095	0.252	0.252	0.041
6	0.138	18	0.048	0.260	0.103	0.279	0.279	0.045
7	0.151	16	0.048	0.285	0.111	0.305	0.305	0.049
8	0.164	15	0.054	0.309	0.120	0.332	0.332	0.052
9	0.177	14	0.054	0.334	0.128	0.358	0.358	0.056
10	0.190	13	0.060	0.359	0.137	0.385	0.385	0.060
12	0.216	11	0.067	0.408	0.153	0.438	0.438	0.068
14	0.242	10	0.075	0.457	0.170	0.491	0.491	0.076
16	0.268	9	0.075	0.506	0.187	0.544	0.544	0.084
18	0.294	8	0.084	0.555	0.204	0.597	0.597	0.092
20	0.320	8	0.084	0.604	0.220	0.650	0.650	0.100
24	0.372	7	0.094	0.702	0.254	0.756	0.756	0.116

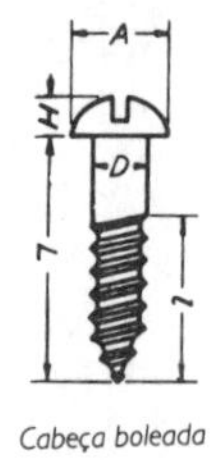

Cabeça boleada

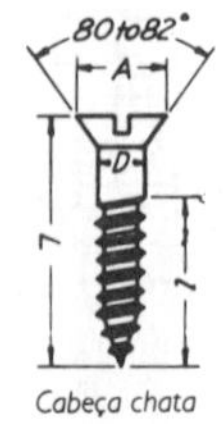

Cabeça chata

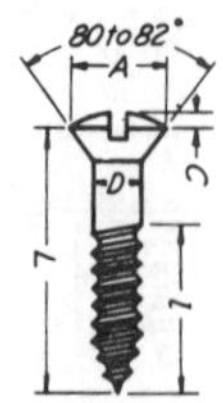

Cabeça oval

* ANSI B18.6.1 — As dimensões dadas são valores máximos, todos em polegadas. As cabeças podem ser fendidas ou rebaixadas como especificadas.
** Os comprimentos das roscas l = 2/3 L.
** A profundidade das fendas e dos rebaixos varia como tipo e o tamanho do parafuso; desenhar proporcionalmente.

Rebites pequenos*

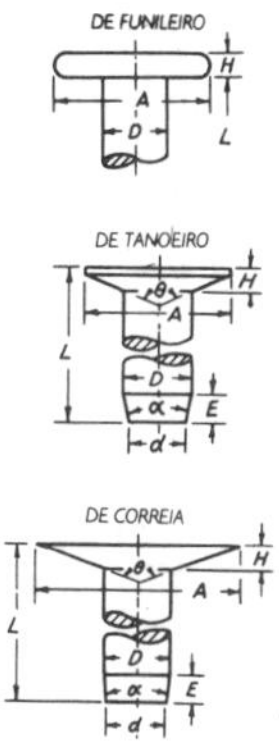

De funileiro

Tam. nº*	D Diâm. corpo	L Comp
8 oz	0.089	0.16
12	0.105	0.19
1 lb	0.111	0.20
1½	0.130	0.23
2	0.144	0.27
2½	0.148	0.28
3	0.160	0.31
4	0.176	0.34
6	0.203	0.39
8	0.224	0.44
10	0.238	0.47
12	0.259	0.50
14	0.284	0.52
16	0.300	0.53

Proporções aproximadas:
$A = 2.25 \times D$
$H = 0.30 \times D$

De tanoeiro

Tam. nº	D Diâm. corpo	L Comp.
1 lb	0.109	0.219
1½	0.127	0.256
2	0.141	0.292
2½	0.148	0.325
3	0.156	0.358
4	0.165	0.392
6	0.203	0.466
8	0.238	0.571
10	0.250	0.606
12	0.259	0.608
14	0.271	0.643
16	0.281	0.677

Prop. aprox.:
$A = 2.25 \times D,\ d = 0.90 \times D$
$E = 0.40 \times D,\ H = 0.30 \times D$
Incluídos $\angle\theta = 144°$
$\angle\alpha = 18°$

De correia

Tam. nº***	D Diâm. corpo	L Comp.
7	0.180	De 3/8" a 3/4" por variações de 1/8"
8	0.165	
9	0.148	
10	0.134	
11	0.120	
12	0.109	
13	0.095	

Prop. aproximadas:
$A = 2.8 \times D,\ d = 0.9 \times D$
$E = 0.4 \times D,\ H = 0.3 \times D$
Tolerâncias no diâmetro nominal
+0.002
−0.004
Rebites acabados deverão ser sem defeitos

* ANSI B18.1 — 1955. Todas as dimensões são dadas em pol.
** Os números das dimensões se referem ao nome comercial ou ao peso de 1000 rebites.
*** O número da dimensão se refere ao número da bitola Stubs para arames de ferro do material usado no corpo do rebite.

Dimensões das chavetas de cabeça*, quadradas e chatas

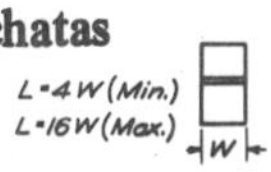

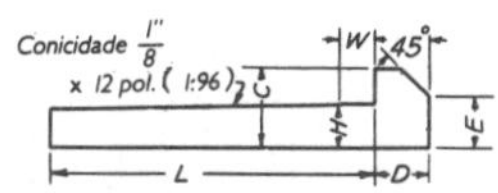

Diâmetro do eixo	Tipo quadrado					Tipo chato				
	Corpo		Cabeça			Corpo		Cabeça		
	W	H	C	D	E	W	H	C	D	E
1/2 - 9/16	1/8	1/8	1/4	7/32	5/32	1/8	3/32	3/16	1/8	1/8
5/8 - 7/8	3/16	3/16	5/16	9/32	7/32	3/16	1/8	1/4	3/16	5/32
15/16-1 1/4	1/4	1/4	7/16	11/32	11/32	1/4	3/16	5/16	1/4	3/16
1 5/16-1 3/8	5/16	5/16	9/16	13/32	13/32	5/16	1/4	3/8	5/16	1/4
1 7/16-1 3/4	3/8	3/8	11/16	15/32	15/32	3/8	1/4	7/16	3/8	5/16
1 13/16-2 1/4	1/2	1/2	7/8	19/32	5/8	1/2	3/8	5/8	1/2	7/16
2 5/16-2 3/4	5/8	5/8	1 1/16	23/32	3/4	5/8	7/16	3/4	5/8	1/2
2 7/8 -3 1/4	3/4	3/4	1 1/4	7/8	7/8	3/4	1/2	7/8	3/4	5/8
3 3/8 -3 3/4	7/8	7/8	1 1/2	1	1	7/8	5/8	1 1/16	7/8	3/4
3 7/8 -4 1/2	1	1	1 3/4	1 3/16	1 3/16	1	3/4	1 1/4	1	13/16
4 3/4 -5 1/2	1 1/4	1 1/4	2	1 7/16	1 7/16	1 1/4	7/8	1 1/2	1 1/4	1
5 3/4 -6	1 1/2	1 1/2	2 1/2	1 3/4	1 3/4	1 1/2	1	1 3/4	1 1/2	1 1/4

* ANSI B17.1 – As dimensões são em pol.

Larguras e alturas de chavetas comuns quadradas e chatas – e dos eixos correspondentes*

Diâmetro do eixo (inclusive) *d*	Chavetas quadradas *W*	Chavetas chatas *W x H*	Diâmetro do eixo (inclusive) *d*	Chavetas quadradas *W*	Chavetas chatas *W x H*
1/2 – 9/16	1/8	1/8 × 3/32	2 7/8–3 1/4	3/4	3/4 × 1/2
5/8 – 7/8	3/16	3/16 × 1/8	3 3/8–3 3/4	7/8	7/8 × 5/8
15/16–1 1/4	1/4	1/4 × 3/16	3 7/8–4 1/2	1	1 × 3/4
1 5/16–1 3/8	5/16	5/16 × 1/4			
1 7/16–1 3/4	3/8	3/8 × 1/4	4 3/4–5 1/2	1 1/4	1 1/4 × 7/8
1 13/16–2 1/4	1/2	1/2 × 3/8	5 3/4–6	1 1/2	1 1/2 × 1
2 5/16–2 3/4	5/8	5/8 × 7/16			

* Compilado de catálogos de fabricantes.

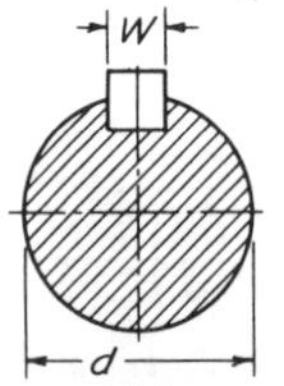

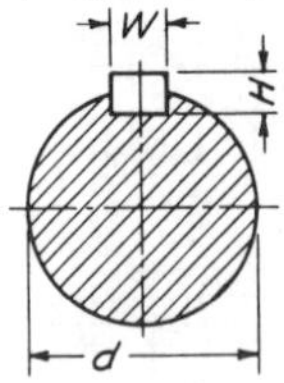

Dimensões das chavetas Woodruff

Chaveta* nº	Tamanho nominal *A x B*	Largura máxima da chaveta *A*	Diâmetro máximo da chaveta *B*	Altura máxima *C*	Altura máxima *D*	Distância entre o centro e a chaveta *E*
204	1/16 × 1/2	0.0635	0.500	0.203	0.194	3/64
304	3/32 × 1/2	0.0948	0.500	0.203	0.194	3/64
305	3/32 × 5/8	0.0948	0.625	0.250	0.240	1/16
404	1/8 × 1/2	0.1260	0.500	0.203	0.194	3/6[illegible]
405	1/8 × 5/8	0.1260	0.625	0.250	0.240	[illegible]
406	1/8 × 3/4	0.1260	0.750	0.313	0.303	1/16
505	5/32 × 5/8	0.1573	0.625	0.250	0.24[illegible]	1/16
506	5/32 × 3/4	0.1573	0.750	0.313	0.303	1/16
507	5/32 × 7/8	0.1573	0.875	0.375	0.365	1/16
606	3/16 × 3/4	0.1885	0.750	0.313	0.303	1/16
607	3/16 × 7/8	0.1885	0.875	0.375	0.365	1/16
608	3/16 × 1	0.1885	1.000	0.438	0.428	1/16
609	3/16 × 1 1/8	0.1885	1.125	0.484	0.475	5/64
807	1/4 × 7/8	0.2510	0.875	0.375	0.365	1/16
808	1/4 × 1	0.2510	1.000	0.438	0.428	1/16
809	1/4 × 1 1/8	0.2510	1.125	0.484	0.475	5/64
810	1/4 × 1 1/4	0.2510	1.250	0.547	0.537	5/64
811	1/4 × 1 3/8	0.2510	1.375	0.594	0.584	3/32
812	1/4 × 1 1/2	0.2510	1.500	0.641	0.631	7/64
1008	5/16 × 1	0.3135	1.000	0.438	0.428	1/16
1009	5/16 × 1 1/8	0.3135	1.125	0.484	0.475	5/64
1010	5/16 × 1 1/4	0.3135	1.250	0.547	0.537	5/64
1011	5/16 × 1 3/8	0.3135	1.375	0.594	0.584	3/32
1012	5/16 × 1 1/2	0.3135	1.500	0.641	0.631	7/64
1210	3/8 × 1 1/4	0.3760	1.250	0.547	0.537	5/64
1211	3/8 × 1 3/8	0.3760	1.375	0.594	0.584	3/32
1212	3/8 × 1 1/2	0.3760	1.500	0.641	0.631	7/64

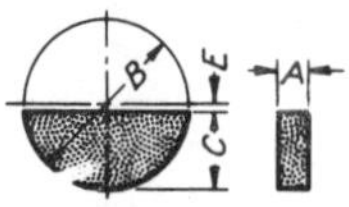

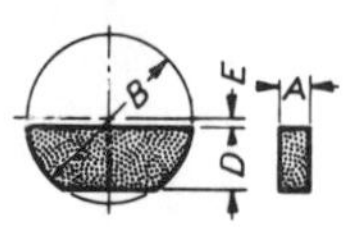

*As dimensões são em pol. Os números das chavetas indicam as suas dimensões nominais. Os dois últimos algarismos indicam o diâmetro nominal B em oitavos de polegada e os dígitos que precedem os dois últimos fornecem a largura nominal A em 32-avos de polegada. Assim, 204 corresponde uma chaveta 2/32" por 4/8" ou 1/16" por 1/2".

Dimensões das ranhuras das chavetas Woodruff

Chaveta* nº	Tamanho nominal	Ranhura da chaveta			
		Largura *W*		Profund *H*	
		Máx.	Mín.	Máx.	Mín.
204	1/16 × 1/2	0.0630	0.0615	0.1718	0.1668
304	3/32 × 1/2	0.0943	0.0928	0.1561	0.1511
305	3/32 × 5/8	0.0943	0 0928	0.2031	0.1981
404	1/8 × 1/2	0.1255	0.1240	0.1405	0.1355
405	1/8 × 5/8	0.1255	0.1240	0.1875	0.1825
406	1/8 × 3/4	0.1255	0.1240	0.2505	0.2455
505	5/32 × 5/8	0.1568	0.1553	0.1719	0.1669
506	5/32 × 3/4	0.1568	0.1553	0.2349	0.2299
507	5/32 × 7/8	0.1568	0.1553	0.2969	0.2919
606	3/16 × 3/4	0.1880	0.1863	0.2193	0.2143
607	3/16 × 7/8	0.1880	0.1863	0.2813	0.2763
608	3/16 × 1	0.1880	0.1863	0.3443	0.3393
609	3/16 × 1 1/8	0.1880	0.1863	0.3903	0.3853
807	1/4 × 7/8	0.2505	0.2487	0.2500	0.2450
808	1/4 × 1	0.2505	0.2487	0.3130	0.3080
809	1/4 × 1 1/8	0.2505	0.2487	0.3590	0.3540
810	1/4 × 1 1/4	0.2505	0.2487	0.4220	0.4170
811	1/4 × 1 3/8	0.2505	0.2487	0.4690	0.4640
812	1/4 × 1 1/2	0.2505	0.2487	0.5160	0.5110
1008	5/16 × 1	0.3130	0.3111	0.2818	0.2768
1009	5/16 × 1 1/8	0.3130	0.3111	0.3278	0.3228
1010	5/16 × 1 1/4	0.3130	0.3111	0.3908	0.3858
1011	5/16 × 1 3/8	0.3130	0.3111	0.4378	0.4328
1012	5/16 × 1 1/2	0.3130	0.3111	0.4848	0.4798
1210	3/8 × 1 1/4	0.3755	0.3735	0.3595	0.3545
1211	3/8 × 1 3/8	0.3755	0.3735	0.4060	0.4015
1212	3/8 × 1 1/2	0.3755	0.3735	0.4535	0.4485

*As dimensões são em polegadas. Os números das chavetas indicam as suas dimensões nominais. Os últimos dois algarismos indicam o diâmetro nominal B em oitavos de polegada e os dígitos que precedem os dois últimos fornecem a largura nominal A em 32-avos de polegada. Assim 204 corresponde a uma chaveta 2/32" por 4/8" ou 1/16" por 1/2".

Dimensões das chavetas Pratt e Whitney

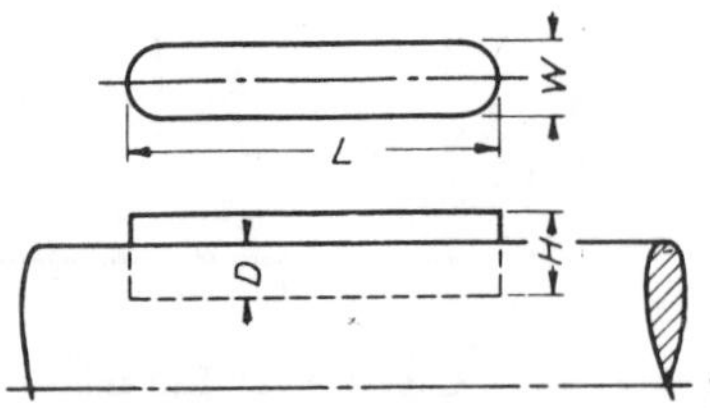

Chaveta nº	L	W	H	D	Chaveta nº	L	W	H	D
1	1/2	1/16	3/32	1/16	22	1 3/8	1/4	3/8	1/4
2	1/2	3/32	9/64	3/32	23	1 3/8	5/16	15/32	5/16
3	1/2	1/8	3/16	1/8	F	1 3/8	3/8	9/16	3/8
4	5/8	3/32	9/64	3/32	24	1 1/2	1/4	3/8	1/4
5	5/8	1/8	3/16	1/8	25	1 1/2	5/16	15/32	5/16
6	5/8	5/32	15/64	5/32	G	1 1/2	3/8	9/16	3/8
7	3/4	1/8	3/16	1/8	51	1 3/4	1/4	3/8	1/4
8	3/4	5/32	15/64	5/32	52	1 3/4	5/16	15/32	5/16
9	3/4	3/16	9/32	3/16	53	1 3/4	3/8	9/16	3/8
10	7/8	5/32	15/64	5/32	26	2	3/16	9/32	3/16
11	7/8	3/16	9/32	3/16	27	2	1/4	3/8	1/4
12	7/8	7/32	21/64	7/32	28	2	5/16	15/32	5/16
A	7/8	1/4	3/8	1/4	29	2	3/8	9/16	3/8
13	1	3/16	9/32	3/16	54	2 1/4	1/4	3/8	1/4
14	1	7/32	21/64	7/32	55	2 1/4	5/16	15/16	5/16
15	1	1/4	3/8	1/4	56	2 1/4	3/8	9/16	3/8
B	1	5/16	15/32	5/16	57	2 1/4	7/16	21/32	7/16
16	1 1/8	3/16	9/32	3/16	58	2 1/2	5/16	15/32	5/16
17	1 1/8	7/32	21/64	7/32	59	2 1/2	3/8	9/16	3/8
18	1 1/8	1/4	3/8	1/4	60	2 1/2	7/16	21/32	7/16
C	1 1/8	5/16	15/32	5/16	61	2 1/2	1/2	3/4	1/2
19	1 1/4	3/16	9/32	3/16	30	3	3/8	9/16	3/8
20	1 1/4	7/32	21/64	7/32	31	3	7/16	21/32	7/16
21	1 1/4	1/4	3/8	1/4	32	3	1/2	3/4	1/2
D	1 1/4	5/16	15/32	5/16	33	3	9/16	27/32	9/16
E	1 1/4	3/8	9/16	3/8	34	3	5/8	15/16	5/8

Dimensões são em polegadas. A chaveta penetra 2/3 no eixo, 1/3 no cubo. As chavetas terão a largura acrescida de 0,001" a fim de assegurar ajustamento apropriado no rasgo. As dimensões do rasgo da chaveta é: largura = W; profundidade = $H - D$. O comprimento L não deve ser menor do que $2W$

Norma americana para arruelas planas*

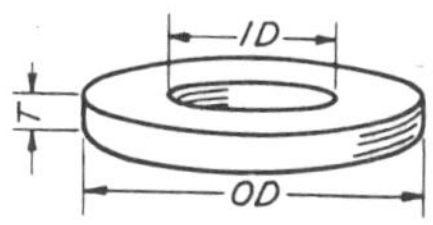

Tamanho	Leve ID	Leve OD	Leve Espessura	Média ID	Média OD	Média Espessura	Pesada ID	Pesada OD	Pesada Espessura	Extrapesada ID	Extrapesada OD	Extrapesada Espessura
0	5/64	3/16	0.020									
1	3/32	7/32	0.020									
2	3/32	1/4	0.020									
3	1/8	1/4	0.022									
4	1/8	1/4	0.022	1/8	5/16	0.032						
5	5/32	5/16	0.035	5/32	3/8	0.049						
6	5/32	5/16	0.035	5/32	3/8	0.049						
7	11/64	13/32	0.049	3/16	3/8	0.049						
8	3/16	3/8	0.049	3/16	7/16	0.049						
9	13/64	15/32	0.049	7/32	1/2	0.049						
3/16	7/32	7/16	0.049	7/32	1/2	0.049	1/4	9/16	0.049			
10	7/32	7/16	0.049	1/4	9/16	0.049	1/4	9/16	0.065			
11	15/64	17/32	0.049	1/4	9/16	0.049	1/4	9/16	0.065			
12	1/4	1/2	0.049	1/4	9/16	0.049	1/4	9/16	0.065			
14	17/64	5/8	0.049	5/16	3/4	0.065	5/16	7/8	0.065			
1/4	9/32	5/8	0.065	5/16	3/4	0.065	5/16	3/4	0.065	5/16	7/8	0.065
16	9/32	5/8	0.065	5/16	3/4	0.065	5/16	7/8	0.065	5/16	7/8	0.065
18	5/16	3/4	0.065	3/8	3/4	0.065	3/8	7/8	0.083	3/8	1 1/8	0.065
5/16	11/32	11/16	0.065	3/8	3/4	0.065	3/8	7/8	0.083	3/8	1 1/8	0.065
20	11/32	11/16	0.065	3/8	3/4	0.065	3/8	7/8	0.083	3/8	1 1/8	0.065
24	13/32	13/16	0.065	7/16	7/8	0.083	7/16	1	0.083	7/16	1 3/8	0.083
3/8	13/32	13/16	0.065	7/16	7/8	0.083	7/16	1	0.083	7/16	1 3/8	0.083
7/16	15/32	59/64	0.065	1/2	1 1/8	0.083	1/2	1 1/4	0.083	1/2	1 5/8	0.083
1/2	17/32	1 1/16	0.095	9/16	1 1/4	0.109	9/16	1 3/8	0.109	9/16	1 7/8	0.109
9/16	19/32	1 3/16	0.095	5/8	1 3/8	0.109	5/8	1 1/2	0.109	5/8	2 1/8	0.134
5/8	21/32	1 5/16	0.095	11/16	1 1/2	0.134	11/16	1 3/4	0.134	11/16	2 3/8	0.165
3/4	13/16	1 1/2	0.134	13/16	1 3/4	0.148	13/16	2	0.148	13/16	2 7/8	0.165
7/8	15/16	1 3/4	0.134	15/16	2	0.165	15/16	2 1/4	0.165	15/16	3 3/8	0.180
1	1 1/16	2	0.134	1 1/16	2 1/4	0.165	1 1/16	2 1/2	0.165	1 1/16	3 7/8	0.238
1 1/8	.....	.....	.....	1 3/16	2 1/2	0.165	1 1/4	2 3/4	0.165			
1 1/4	.....	.....	.....	1 5/16	2 3/4	0.165	1 3/8	3	0.165			
1 3/8	.....	.....	.....	1 7/16	3	0.180	1 1/2	3 1/4	0.180			
1 1/2	.....	.....	.....	1 9/16	3 1/4	0.180	1 5/8	3 1/2	0.180			
1 5/8	.....	.....	.....	1 11/16	3 1/2	0.180	1 3/4	3 3/4	0.180			
1 3/4	.....	.....	.....	1 13/16	3 3/4	0.180	1 7/8	4	0.180			
1 7/8	.....	.....	.....	1 15/16	4	0.180	2	4 1/4	0.180			
2	.....	.....	.....	2 1/16	4 1/4	0.180	2 1/8	4 1/2	0.180			
2 1/4	.....	.....	.....	.....	.....	.....	2 3/8	4 3/4	0.220			
2 1/2	.....	.....	.....	.....	.....	.....	2 5/8	5	0.238			
2 3/4	.....	.....	.....	.....	.....	.....	2 7/8	5 1/4	0.259			
3	.....	.....	.....	.....	.....	.....	3 1/8	5 1/2	0.284			

* ANSI B27.2 – Todas as dimensões são em pol.

Norma americana para arruelas de pressão*

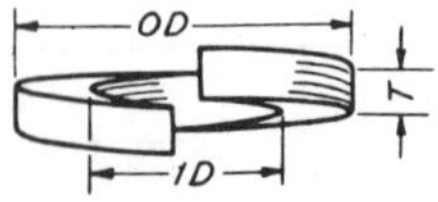

Tamanho nominal	Diâm. interno mínimo	Leve		Média		Pesada		Extrapesada	
		Espessura mínima	Diâm. externo, máximo	Espessura mínima	Diâm. externo, máximo	Espessura mínima	Diâm. externo, máximo	Espessura mínima	Diâm. externo, máximo
0.086 (No. 2)	0.088	0.015	0.165	0.020	0.175	0.025	0.185	0.027	0.211
0.099 (No. 3)	0.102	0.020	0.188	0.025	0.198	0.031	0.212	0.034	0.242
0.112 (No. 4)	0.115	0.020	0.202	0.025	0.212	0.031	0.226	0.034	0.256
0.125 (No. 5)	0.128	0.025	0.225	0.031	0.239	0.040	0.255	0.045	0.303
0.138 (No. 6)	0.141	0.025	0.239	0.031	0.253	0.040	0.269	0.045	0.317
0.164 (No. 8)	0.168	0.031	0.280	0.040	0.296	0.047	0.310	0.057	0.378
0.190 (No. 10)	0.194	0.040	0.323	0.047	0.337	0.056	0.353	0.068	0.437
0.216 (No. 12)	0.221	0.047	0.364	0.056	0.380	0.063	0.394	0.080	0.500
1/4	0.255	0.047	0.489	0.062	0.493	0.077	0.495	0.084	0.539
5/16	0.319	0.056	0.575	0.078	0.591	0.097	0.601	0.108	0.627
3/8	0.382	0.070	0.678	0.094	0.688	0.115	0.696	0.123	0.746
7/16	0.446	0.085	0.780	0.109	0.784	0.133	0.792	0.143	0.844
1/2	0.509	0.099	0.877	0.125	0.879	0.151	0.889	0.162	0.945
9/16	0.573	0.113	0.975	0.141	0.979	0.170	0.989	0.182	1.049
5/8	0.636	0.126	1.082	0.156	1.086	0.189	1.100	0.202	1.164
11/16	0.700	0.138	1.178	0.172	1.184	0.207	1.200	0.221	1.266
3/4	0.763	0.153	1.277	0.188	1.279	0.226	1.299	0.241	1.369
13/16	0.827	0.168	1.375	0.203	1.377	0.246	1.401	0.261	1.473
7/8	0.890	0.179	1.470	0.219	1.474	0.266	1.504	0.285	1.586
15/16	0.954	0.191	1.562	0.234	1.570	0.284	1.604	0.308	1.698
1	1.017	0.202	1.656	0.250	1.672	0.306	1.716	0.330	1.810
1 1/16	1.081	0.213	1.746	0.266	1.768	0.326	1.820	0.352	1.922
1 1/8	1.144	0.224	1.837	0.281	1.865	0.345	1.921	0.375	2.031
1 3/16	1.208	0.234	1.923	0.297	1.963	0.364	2.021	0.396	2.137
1 1/4	1.271	0.244	2.012	0.312	2.058	0.384	2.126	0.417	2.244
1 5/16	1.335	0.254	2.098	0.328	2.156	0.403	2.226	0.438	2.350
1 3/8	1.398	0.264	2.183	0.344	2.253	0.422	2.325	0.458	2.453
1 7/16	1.462	0.273	2.269	0.359	2.349	0.440	2.421	0.478	2.555
1 1/2	1.525	0.282	2.352	0.375	2.446	0.458	2.518	0.496	2.654

* ANSI B27.1 – 1938. Todas as dimensões são em pol.

Conicidade. Conicidade é a diferença em diâmetro ou largura correspondente a um pé de comprimento; ver a figura abaixo. Os *pinos cônicos,* muito usados para fixar elementos cilíndricos ou para facilitar a colocação de certas peças, têm uma conicidade normalizada de 1/4" por pé.

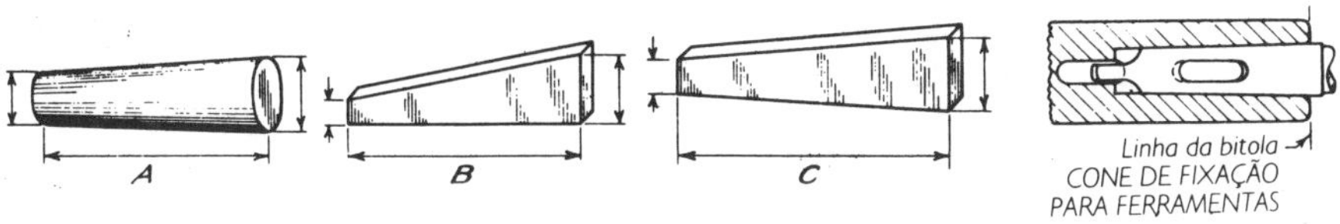

Cones para ferramentas. A norma ANSI para cones de fixação para ferramentas tem por fim substituir os vários padrões anteriores. A tabela abaixo mostra seus diferentes tipos. Dimensões e tolerâncias detalhadas dos machos e fêmeas são encontrados no ANSI B5.10 – 1963.

Dimensões dos pinos cônicos
Conicidade 1/4" por pé

Tamanho nº	Diâm. extr. maior	Tam. broca p/ furo a alargar	Comp. máx.
000000	0.072	53	5/8
00000	0.092	47	5/8
0000	0.108	42	3/4
000	0.125	37	3/4
00	0.147	31	1
0	0.156	28	1
1	0.172	25	1 1/4
2	0.193	19	1 1/2
3	0.219	12	1 3/4
4	0.250	3	2
5	0.289	1/4	2 1/4
6	0.341	9/32	3 1/4
7	0.409	11/32	3 3/4
8	0.492	13/32	4 1/2
9	0 591	31/64	5 1/4
10	0.706	19/32	6
11	0.857	23/32	7 1/4
12	1.013	55/64	8 3/4
13	1.233	1 1/64	10 3/4

Todas as dimensões em pol.

Série dos cones de fixação para ferramentas,*
segundo as normas ANSI
Dimensões básicas

Denominação da série	Nº do cone	Conicidade /pé	Diâm. na linha da bitola	Maneiras de retirar e fixar a ferramenta			
Cones Brown e Sharpe	0.239	0.500	0.239	Acionamento da lingüeta com a haste fixada por fricção			
	0.299	0.500	0.299				
	0.375	0.500	0.375				
Cones Morse	1	0.600	0.475		Acionamento da lingüeta com a haste fixada por meio de chaveta		
	2	0.600	0.700				
	3	0.602	0.938				
	4	0.623	1.231				
	4 1/2	0.623	1.500				
	5	0.630	1.748				
Cones de 3/4"/pé	200	0.750	2.000			Sacador de chaveta com a haste fixada pela chaveta	Sacador de chaveta com a haste fixada por meio de parafuso
	250	0.750	2.500				
	300	0.750	3.000				
	350	0.750	3.500				
	400	0.750	4.000				
	500	0.750	5.000				
	600	0.750	6.000				
	800	0.750	8.000				
	1,000	0.750	10.000				
	1,200	0.750	12.000				

* ANSI B5.10 – Todas as dimensões em pol.

Bitolas de arames e chapas de metal

Dimensões em décimos de pol.

Nº da bitola	Americano ou Brown e Sharpe[a]	Washburne American & Moen ou Steel & Wire Co.[b]	Birmingham ou Stubs: arame de ferro[c]	Arame p/ cordas musicais[d]	Bitola de arame Imperial[e]	Padrão americano para chapas[f]
0000000	.....	0.4900	....	.....	0.5000	0.5000
000000	0.5800	0.4615	.....	0.004	0.4640	0.4688
00000	0.5165	0.4305	0.500	0.005	0.4320	0.4375
0000	0.4600	0.3938	0.454	0.006	0.4000	0.4063
000	0.4096	0.3625	0.425	0.007	0.3720	0.3750
00	0.3648	0.3310	0.380	0.008	0.3480	0.3438
0	0.3249	0.3065	0.340	0.009	0.3240	0.3125
1	0.2893	0.2830	0.300	0.010	0.3000	0.2813
2	0.2576	0.2625	0.284	0.011	0.2760	0.2656
3	0.2294	0.2437	0.259	0.012	0.2520	0.2500
4	0.2043	0.2253	0.238	0.013	0.2320	0.2344
5	0.1819	0.2070	0.220	0.014	0.2120	0.2188
6	0.1620	0.1920	0.203	0.016	0.1920	0.2031
7	0 1443	0.1770	0.180	0.018	0.1760	0.1875
8	0.1285	0.1620	0.165	0.020	0.1600	0.1719
9	0.1144	0.1483	0.148	0.022	0.1440	0.1563
10	0.1019	0.1350	0.134	0.024	0.1280	0.1406
11	0.0907	0.1205	0.120	0.026	0.1160	0.1250
12	0.0808	0.1055	0.109	0.029	0.1040	0.1094
13	0.0720	0.0915	0.095	0.031	0.0920	0.0938
14	0.0641	0.0800	0.083	0.033	0.0800	0.0781
15	0.0571	0.0720	0.072	0.035	0.0720	0.0703
16	0.0508	0.0625	0.065	0.037	0.0640	0.0625
17	0.0453	0.0540	0.058	0.039	0.0560	0.0563
18	0.0403	0.0475	0.049	0.041	0.0480	0.0500
19	0.0359	0.0410	0.042	0.043	0.0400	0.0438
20	0.0320	0.0348	0.035	0.045	0.0360	0.0375
21	0.0285	0.0317	0.032	0.047	0.0320	0.0344
22	0.0253	0.0286	0.028	0.049	0.0280	0.0313
23	0.0226	0.0258	0.025	0.051	0.0240	0.0281
24	0.0201	0.0230	0.022	0.055	0.0220	0.0250
25	0.0179	0.0204	0.020	0.059	0.0200	0.0219
26	0.0159	0.0181	0.018	0.063	0.0180	0.0188
27	0.0142	0.0173	0.016	0.067	0.0164	0.0172
28	0.0126	0.0162	0.014	0.071	0.0148	0.0156
29	0.0113	0.0150	0.013	0.075	0.0136	0.0141
30	0.0100	0.0140	0.012	0.080	0.0124	0.0125
31	0.0089	0.0132	0.010	0.085	0.0116	0.0109
32	0.0080	0.0128	0.009	0.090	0.0108	0.0102
33	0.0071	0.0118	0.008	0.095	0.0100	0.0094
34	0.0063	0.0104	0.007	0.100	0.0092	0.0086
35	0.0056	0.0095	0.005	0.106	0.0084	0.0078
36	0.0050	0.0090	0.004	0.112	0.0076	0.0070
37	0.0045	0.0085	.....	0.118	0.0068	0.0066
38	0.0040	0.0080	.....	0.124	0.0060	0.0063
39	0.0035	0.0075	.....	0.130	0.0052	
40	0.0031	0.0070	.....	0.138	0.0048	

[a] Padrão reconhecido nos EUA para arames e laminados de cobre e outros metais, exceto aço e ferro.
[b] Padrão reconhecido para arame de aço e de ferro. Chamado a "bitola de arame de aço dos EUA". (*U.S. steel wire gage*).
[c] Muito usado antigamente, hoje obsoleto.
[d] Bitola de arame para cordas musicais da American Steel & Wire Co. Recomendado pelo U.S. Bureau of Standards.
[e] Padrão oficial inglês.
[f] Padrão americano legalizado para chapas de ferro e aço, embora as chapas sejam, atualmente, especificadas pela sua espessura em décimos de pol.

Espessuras preferidas para chapas metálicas finas sem revestimento (menos de 0,25"). ANSI B32.1 — 1959 fornece tamanhos recomendados para chapas.

Dimensões básicas para encaixes cilíndricos*

...	0.0100	...	...	...	0.80	5½	5.5000	5.5
...	0.0125	...	⅞	0.8750	...	5¾	5.7500	5.75
1/64	0.015625	...	...	...	0.90	6	6.0000	6.0
...	0.0200	...	1	1.0000	1.0	6½	6.5000	6.5
...	0.0250	...	...	...	1.1	7	7.0000	7.0
1/32	0.03125	...	1⅛	1.1250	...	7½	7.5000	7.5
...	0.0400	0.04	...	...	...	8	8.0000	8.0
...	0.0500	...	1¼	1.2500	1.25	8½	8.5000	8.5
...	...	0.06	1⅜	1.3750	...	9	9.0000	9.0
1/16	0.0625	...	...	...	1.40	9½	9.5000	9.5
...	0.0800	...	1½	1.5000	1.50	10	10.0000	10.0
3/32	0.09375	...	1⅝	1.6250	...	10½	10.5000	10.5
...	0.1000	0.10	1¾	1.7500	1.75	11	11.0000	11.0
⅛	0.1250	...	1⅞	1.8750	...	11½	11.5000	11.5
...	...	0.15	2	2.0000	2.0	12	12.0000	12.0
5/32	0.15625	...	2⅛	2.1250	...	12½	12.5000	12.5
3/16	0.1875	...	2¼	2.2500	2.25	13	13.0000	13.0
...	...	0.20	2⅜	2.3750	...	13½	13.5000	13.5
¼	0.2500	0.25	2½	2.5000	2.5	14	14.0000	14.0
...	...	0.30	2⅝	2.6250	...	14½	14.5000	14.5
5/16	0.3125	...	2¾	2.7500	2.75	15	15.0000	15.0
...	...	0.35	2⅞	2.8750	...	15½	15.5000	15.5
⅜	0.3750	...	3	3.0000	3.0	16	16.0000	16.0
...	...	0.40	3¼	3.2500	3.25	16½	16.5000	16.5
7/16	0.4375	...	3½	3.5000	3.5	17	17.0000	17.0
½	0.5000	0.50	3¾	3.7500	3.75	17½	17.5000	17.5
9/16	0.5625	...	4	4.0000	4.0	18	18.0000	18.0
...	...	0.60	4¼	4.2500	4.25	18½	18.5000	18.5
⅝	0.6250	...	4½	4.5000	4.5	19	19.0000	19.0
11/16	0.6875	...	4¾	4.7500	4.75	19½	19.5000	19.5
...	...	0.70	5	5 0000	5.0	20	20.0000	20.0
¾	0.7500	0.75	5¼	5.2500	5.25	20½	20.5000	...
						21	21.0000	...

* Adaptado do ANSI B4.1 – 1955.

TABELAS DE LIMITES PARA ENCAIXES CILÍNDRICOS*

Tabela 1. Encaixes de funcionamento e de corrediças

Tam nom. pol.	Classe RC 1			Classe RC 2			Classe RC 3			Classe RC 4		
	Folga	Limite		Folga	Limite		Folga	Limite		Folga	Limite	
		Furo	Eixo		Furo	Eixo		Furo	Eixo		Furo	Eixo
0.04–0.12	0.1	+0.2	−0.1	0.1	+0.25	−0.1	0.3	+0.25	−0.3	0.3	+0.4	−0.3
	0.45	0	−0.25	0.55	0	−0.3	0.8	0	−0.55	1.1	0	−0.7
0.12–0.24	0.15	+0.2	−0.15	0.15	+0.3	−0.15	0.4	+0.3	−0.4	0.4	+0.5	−0.4
	0.5	0	−0.3	0.65	0	−0.35	1.0	0	−0.7	1.4	0	−0.9
0.24–0.40	0.2	+0.25	−0.2	0.2	+0.4	−0.2	0.5	+0.4	−0.5	0.5	+0.6	−0.5
	0.6	0	−0.35	0.85	0	−0.45	1.3	0	−0.9	1.7	0	−1.1
0.40–0.71	0.25	+0.3	−0.25	0.25	+0.4	−0.25	0.6	+0.4	−0.6	0.6	+0.7	−0.6
	0.75	0	−0.45	0.95	0	−0.55	1.4	0	−1.0	2.0	0	−1.3
0.71–1.19	0.3	+0.4	−0.3	0.3	+0.5	−0.3	0.8	+0.5	−0.8	0.8	+0.8	−0.8
	0.95	0	−0.55	1.2	0	−0.7	1.8	0	−1.3	2.4	0	−1.6
1.19–1.97	0.4	+0.4	−0.4	0.4	+0.6	−0.4	1.0	+0.6	−1.0	1.0	+1.0	−1.0
	1.1	0	−0.7	1.4	0	−0.8	2.2	0	−1.6	3.0	0	−2.0
1.97–3.15	0.4	+0.5	−0.4	0.4	+0.7	−0.4	1.2	+0.7	−1.2	1.2	+1.2	−1.2
	1.2	0	−0.7	1.6	0	−0.9	2.6	0	−1.9	3.6	0	−2.4
3.15–4.73	0.5	+0.6	−0.5	0.5	+0.9	−0.5	1.4	+0.9	−1.4	1.4	+1.4	−1.4
	1.5	0	−0.9	2.0	0	−1.1	3.2	0	−2.3	4.2	0	−2.8
4.73–7.09	0.6	+0.7	−0.6	0.6	+1.0	−0.6	1.6	+1.0	−1.6	1.6	+1.6	−1.6
	1.8	0	−1.1	2.3	0	−1.3	3.6	0	−2.6	4.8	0	−3.2

Tam nom. pol.	Classe RC 5			Classe RC 6			Classe RC 7			Classe RC 8			Classe RC 9		
0.04–0.12	0.6	+0.4	−0.6	0.6	+0.6	−0.6	1.0	+1.0	−1.0	2.5	+1.6	−2.5	4.0	+2.5	−4.
	1.4	0	−1.0	1.8	0	−1.2	2.6	0	−1.6	5.1	0	−3.5	8.1	0	−5.
0.12–0.24	0.8	+0.5	−0.8	0.8	+0.7	−0.8	1.2	+1.2	−1.2	2.8	+1.8	−2.8	4.5	+3.0	−4.
	1.8	0	−1.3	2.2	0	−1.5	3.1	0	−1.9	5.8	0	−4.0	9.0	0	−6.
0.24–0.40	1.0	+0.6	−1.0	1.0	+0.9	−1.0	1.6	+1.4	−1.6	3.0	+2.2	−3.0	5.0	+3.5	−5.
	2.2	0	−1.6	2.8	0	−1.9	3.9	0	−2.5	6.6	0	−4.4	10.7	0	−7.
0.40–0.71	1.2	+0.7	−1.2	1.2	+1.0	−1.2	2.0	+1.6	−2.0	3.5	+2.8	−3.5	6.0	+4.0	−6.
	2.6	0	−1.9	3.2	0	−2.2	4.6	0	−3.0	7.9	0	−5.1	12.8	0	−8.
0.71–1.19	1.6	+0.8	−1.6	1.6	+1.2	−1.6	2.5	+2.0	−2.5	4.5	+3.5	−4.5	7.0	+5.0	−7.
	3.2	0	−2.4	4.0	0	−2.8	5.7	0	−3.7	10.0	0	−6.5	15.5	0	−10.
1.19–1.97	2.0	+1.0	−2.0	2.0	+1.6	−2.0	3.0	+2.5	−3.0	5.0	+4.0	−5.0	8.0	+6.0	−8.
	4.0	0	−3.0	5.2	0	−3.6	7.1	0	−4.6	11.5	0	−7.5	18.0	0	−12.
1.97–3.15	2.5	+1.2	−2.5	2.5	+1.8	−2.5	4.0	+3.0	−4.0	6.0	+4.5	−6.0	9.0	+7.0	−9.
	4.9	0	−3.7	6.1	0	−4.3	8.8	0	−5.8	13.5	0	−9.0	20.5	0	−13.
3.15–4.73	3.0	+1.4	−3.0	3.0	+2.2	−3.0	5.0	+3.5	−5.0	7.0	+5.0	−7.0	10.0	+9.0	−10.
	5.8	0	−4.4	7.4	0	−5.2	10.7	0	−7.2	15.5	0	−10.5	24.0	0	−15.
4.73–7.09	3.5	+1.6	−3.5	3.5	+2.5	−3.5	6.0	+4.0	−6.0	8.0	+6.0	−8.0	12.0	+10.0	−12.
	6.7	0	−5.1	8.5	0	−6.0	12.5	0	−8.5	18.0	0	−12.0	28.0	0	−18.

Tabela 2. Ajustamentos com folgas

Tam nom. pol.	Classe LC 1			Classe LC 2			Classe LC 3			Classe LC 4			Classe LC 5		
0.04–0.12	0	+0.25	+0	0	+0.4	+0	0	+0.6	+0	0	+1.0	+0	0.1	+0.4	−0.1
	0.45	−0	−0.2	0.65	−0	−0.25	1	−0	−0.4	2.0	−0	−1.0	0.75	−0	−0.3
0.12–0.24	0	+0.3	+0	0	+0.5	+0	0	+0.7	+0	0	+1.2	+0	0.15	+0.5	−0.1
	0.5	−0	−0.2	0.8	−0	−0.3	1.2	−0	−0.5	2.4	−0	−1.2	0.95	−0	−0.4
0.24–0.40	0	+0.4	+0	0	+0.6	+0	0	+0.9	+0	0	+1.4	+0	0.2	+0.6	−0.2
	0.65	−0	−0.25	1.0	−0	−0.4	1.5	−0	−0.6	2.8	−0	−1.4	1.2	−0	−0.6
0.40–0.71	0	+0.4	+0	0	+0.7	+0	0	+1.0	+0	0	+1.6	+0	0.25	+0.7	−0.2
	0.7	−0	−0.3	1.1	−0	−0.4	1.7	−0	−0.7	3.2	−0	−1.6	1.35	−0	−0.6
0.71–1.19	0	+0.5	+0	0	+0.8	+0	0	+1.2	+0	0	+2.0	+0	0.3	+0.8	−0.3
	0.9	−0	−0.4	1.3	−0	−0.5	2	−0	−0.8	4	−0	−2.0	1.6	−0	−0.8
1.19–1.97	0	+0.6	+0	0	+1.0	+0	0	+1.6	+0	0	+2.5	+0	0.4	+1.0	−0.4
	1.0	−0	−0.4	1.6	−0	−0.6	2.6	−0	−1	5	−0	−2.5	2.0	−0	−1.0
1.97–3.15	0	+0.7	+0	0	+1.2	+0	0	+1.8	+0	0	+3	+0	0.4	+1.2	−0.4
	1.2	−0	−0.5	1.9	−0	−0.7	3	−0	−1.2	6	−0	−3	2.3	−0	−1.1
3.15–4.73	0	+0.9	+0	0	+1.4	+0	0	+2.2	+0	0	+3.5	+0	0.5	+1.4	−0.5
	1.5	−0	−0.6	2.3	−0	−0.9	3.6	−0	−1.4	7	−0	−3.5	2.8	−0	−1.4
4.73–7.09	0	+1.0	+0	0	+1.6	+0	0	+2.5	+0	0	+4	+0	0.6	+1.6	−0.6
	1.7	−0	−0.7	2.6	−0	−1.0	4.1	−0	−1.6	8	−0	−4	3.2	−0	−1.6

Tam nom. pol.	Classe LC 6			Classe LC 7			Classe LC 8			Classe LC 9			Classe LC 10			Classe LC 1		
0.04–0.12	0.3	+0.6	−0.3	0.6	+1.0	−0.6	1.0	+1.6	−1.0	2.5	+2.5	−2.5	4	+4	−4	5	+6	−
	1.5	−0	−0.9	2.6	−0	−1.6	3.6	−0	−2.0	7.5	−0	−5.0	12	−0	−8	17	−0	−
0.12–0.24	0.4	+0.7	−0.4	0.8	+1.2	−0.8	1.2	+1.8	−1.2	2.8	+3.0	−2.8	4.5	+5	−4.5	6	+7	−
	1.8	−0	−1.1	3.2	−0	−2.0	4.2	−0	−2.4	8.8	−0	−5.8	14.5	−0	−9.5	20	−0	−
0.24–0.40	0.5	+0.9	−0.5	1.0	+1.4	−1.0	1.6	+2.2	−1.6	3.0	+3.5	−3.0	5	+6	−5	7	+9	−
	2.3	−0	−1.4	3.8	−0	−2.4	5.2	−0	−3.0	10.0	−0	−6.5	17	−0	−11	25	−0	−
0.40–0.71	0.6	+1.0	−0.6	1.2	+1.6	−1.2	2.0	+2.8	−2.0	3.5	+4.0	−3.5	6	+7	−6	8	+10	−
	2.6	−0	−1.6	4.4	−0	−2.8	6.4	−0	−3.6	11.5	−0	−7.5	20	−0	−13	28	−0	−
0.71–1.19	0.8	+1.2	−0.8	1.6	+2.0	−1.6	2.5	+3.5	−2.5	4.5	+5.0	−4.5	7	+8	−7	10	+12	−
	3.2	−0	−2.0	5.6	−0	−3.6	8.0	−0	−4.5	14.5	−0	−9.5	23	−0	−15	34	−0	−
1.19–1.97	1.0	+1.6	−1.0	2.0	+2.5	−2.0	3.0	+4.0	−3.0	5	+6	−5	8	+10	−8	12	+16	−
	4.2	−0	−2.6	7.0	−0	−4.5	9.5	−0	−5.5	17	−0	−11	28	−0	−18	44	−0	−
1.97–3.15	1.2	+1.8	−1.2	2.5	+3.0	−2.5	4.0	+4.5	−4.0	6	+7	−6	10	+12	−10	14	+18	−
	4.8	−0	−3.0	8.5	−0	−5.5	11.5	−0	−7.0	20	−0	−13	34	−0	−22	50	−0	−
3.15–4.73	1.4	+2.2	−1.4	3.0	+3.5	−3.0	5.0	+5.0	−5.0	7	+9	−7	11	+14	−11	16	+22	−
	5.8	−0	−3.6	10.0	−0	−6.5	13.5	−0	−8.5	25	−0	−16	39	−0	−25	60	−0	−
4.73–7.09	1.6	+2.5	−1.6	3.5	+4.0	−3.5	6	+6	−6	8	+10	−8	12	+16	−12	18	+25	−
	6.6	−0	−4.1	11.5	−0	−7.5	16	−0	−10	28	−0	−18	44	−0	−28	68	−0	−

* Adaptado do ANSI B4.1 — Os limites para os furos e os eixos são aplicados algebricamente ao tamanho básico para obter os limites dos tamanhos de peças. Os dados em negrito são de acordo com convênios ABC.

abela 3. Encaixes de transição

Tam nom pol.	Classe LT 1			Classe LT 2			Classe LT 3			Classe LT 4			Classe LT 6			Classe LT 7		
	En-caixe*	Limite		En-caixe	Limite		En-caixe	Limite		En-caixe	Limite		En-caixe	Limite		En-caixe	Limite	
		Fur.	Eixo		Fur.	Eixo		Fur.	Eixo		Fur.	Eixo		Fur.	Eixo		Fur.	Eixo
4-0.12	−0.15	+0.4	+0.15	−0.3	+0.6	+0.3							−0.55	+0.6	+0.55	−0.5	+0.4	+0.5
	+0.5	−0	−0.1	+0.7	−0	−0.1							+0.45	−0	+0.15	+0.15	−0	+0.25
2-0.24	−0.2	+0.5	+0.2	−0.4	+0.7	+0.4							−0.7	+0.7	+0.7	−0.6	+0.5	+0.6
	+0.6	−0	−0.1	+0.8	−0	−0.1							+0.5	−0	+0.2	+0.2	−0	+0.3
4-0.40	−0.3	+0.6	+0.3	−0.4	+0.9	+0.4	−0.5	+0.6	+0.5	−0.7	+0.9	+0.7	−0.8	+0.9	+0.8	−0.8	+0.6	+0.8
	+0.7	−0	−0.1	+1.1	−0	−0.2	+0.5	−0	+0.1	+0.8	−0	+0.1	+0.7	−0	+0.2	−0.2	−0	+0.4
0-0.71	−0.3	+0.7	+0.3	−0.5	+1.0	+0.5	−0.5	+0.7	+0.5	−0.8	+1.0	+0.8	−1.0	+1.0	+1.0	−0.9	+0.7	+0.9
	+0.8	−0	−0.1	+1.2	−0	−0.2	+0.6	−0	+0.1	+0.9	−0	+0.1	+0.7	−0	+0.3	+0.2	−0	+0.5
1-1.19	−0.3	+0.8	+0.3	−0.5	+1.2	+0.5	−0.6	+0.8	+0.6	−0.9	+1.2	+0.9	−1.1	+1.2	+1.1	−1.1	+0.8	+1.1
	+1.0	−0	−0.2	+1.5	−0	−0.3	+0.7	−0	+0.1	+1.1	−0	+0.1	+0.9	−0	+0.3	+0.2	−0	+0.6
9-1.97	−0.4	+1.0	+0.4	−0.6	+1.6	+0.6	−0.7	+1.0	+0.7	−1.1	+1.6	+1.1	−1.4	+1.6	+1.4	−1.3	+1.0	+1.3
	+1.2	−0	−0.2	+2.0	−0	−0.4	+0.9	−0	+0.1	+1.5	−0	+0.1	+1.2	−0	+0.4	+0.3	−0	+0.7
7-3.15	−0.4	+1.2	+0.4	−0.7	+1.8	+0.7	−0.8	+1.2	+0.8	−1.3	+1.8	+1.3	−1.7	+1.8	+1.7	−1.5	+1.2	+1.5
	+1.5	−0	−0.3	+2.3	−0	−0.5	+1.1	−0	+0.1	+1.7	−0	+0.1	+1.3	−0	+0.5	+0.4	−0	+0.8
5-4.73	−0.5	+1.4	+0.5	−0.8	+2.2	+0.8	−1.0	+1.4	+1.0	−1.5	+2.2	+1.5	−1.9	+2.2	+1.9	−1.9	+1.4	+1.9
	+1.8	−0	−0.4	+2.8	−0	−0.6	+1.3	−0	+0.1	+2.1	−0	+0.1	+1.7	−0	+0.5	+0.4	−0	+1.0
3-7.09	−0.6	+1.6	+0.6	−0.9	+2.5	+0.9	−1.1	+1.6	+1.1	−1.7	+2.5	+1.7	−2.2	+2.5	+2.2	−2.2	+1.6	+2.2
	+2.0	−0	−0.4	+3.2	−0	−0.7	+1.5	−0	+0.1	+2.4	−0	+0.1	+1.9	−0	+0.6	+0.4	−0	+1.2

O "encaixe" representa a interferência máxima (valores negativos) e as folgas máximas (valores positivos).

Tabela 4. Encaixes de interferência

Tam. nom. pol	Classe LN 2			Classe LN 3		
	Interf	Limite		Interf.	Limite	
		Furo	Eixo		Furo	Eixo
0.04–0.12	0	+0.4	+0.65	0.1	+0.4	+0.75
	0.65	−0	+0.4	0.75	−0	+0.5
0.12–0.24	0	+0.5	+0.8	0.1	+0.5	+0.9
	0.8	−0	+0.5	0.9	−0	+0.6
0.24–0.40	0	+0.6	+1.0	0.2	+0.6	+1.2
	1.0	−0	+0.6	1.2	−0	+0.8
0.40–0.71	0	+0.7	+1.1	0.3	+0.7	+1.4
	1.1	−0	+0.7	1.4	−0	+1.0
0.71–1.19	0	+0.8	+1.3	0.4	+0.8	+1.7
	1.3	−0	+0.8	1.7	−0	+1.2
1.19–1.97	0	+1.0	+1.6	0.4	+1.0	+2.0
	1.6	−0	+1.0	2.0	−0	+1.4
1.97–3.15	0.2	+1.2	+2.1	0.4	+1.2	+2.3
	2.1	−0	+1.4	2.3	−0	+1.6
3.15–4.73	0.2	+1.4	+2.5	0.6	+1.4	+2.9
	2.5	−0	+1.6	2.9	−0	+2.0
4.73–7.09	0.2	+1.6	+2.8	0.9	+1.6	+3.5
	2.8	−0	+1.8	3.5	−0	+2.5

abela 5. Encaixes de força e de redução

	Classe FN 1			Classe FN 2			Classe FN 3			Classe FN 4			Classe FN 5		
4-0.12	0.05	+0.25	+0.5	0.2	+0.4	+0.85				0.3	+0.4	+0.95	0.5	+0.4	+1.3
	0.5	−0	+0.3	0.85	−0	+0.6				0.95	−0	+0.7	1.3	−0	+0.9
2-0.24	0.1	+0.3	+0.6	0.2	+0.5	+1.0				0.4	+0.5	+1.2	0.7	+0.5	+1.7
	0.6	−0	+0.4	1.0	−0	+0.7				1.2	−0	+0.9	1.7	−0	+1.2
4-0.40	0.1	+0.4	+0.75	0.4	+0.6	+1.4				0.6	+0.6	+1.6	0.8	+0.6	+2.0
	0.75	−0	+0.5	1.4	−0	+1.0				1.6	−0	+1.2	2.0	−0	+1.4
0-0.56	0.1	+0.4	+0.8	0.5	+0.7	+1.6				0.7	+0.7	+1.8	0.9	+0.7	+2.3
	0.8	−0	+0.5	1.6	−0	+1.2				1.8	−0	+1.4	2.3	−0	+1.6
6-0.71	0.2	+0.4	+0.9	0.5	+0.7	+1.6				0.7	+0.7	+1.8	1.1	+0.7	+2.5
	0.9	−0	+0.6	1.6	−0	+1.2				1.8	−0	+1.4	2.5	−0	+1.8
1-0.95	0.2	+0.5	+1.1	0.6	+0.8	+1.9				0.8	+0.8	+2.1	1.4	+0.8	+3.0
	1.1	−0	+0.7	1.9	−0	+1.4				2.1	−0	+1.6	3.0	−0	+2.2
5-1.19	0.3	+0.5	+1.2	0.6	+0.8	+1.9	0.8	+0.8	+2.1	1.0	+0.8	+2.3	1.7	+0.8	+3.3
	1.2	−0	+0.8	1.9	−0	+1.4	2.1	−0	+1.6	2.3	−0	+1.8	3.3	−0	+2.5
9-1.58	0.3	+0.6	+1.3	0.8	+1.0	+2.4	1.0	+1.0	+2.6	1.5	+1.0	+3.1	2.0	+1.0	+4.0
	1.3	−0	+0.9	2.4	−0	+1.8	2.6	−0	+2.0	3.1	−0	+2.5	4.0	−0	+3.0
8-1.97	0.4	+0.6	+1.4	0.8	+1.0	+2.4	1.2	+1.0	+2.8	1.8	+1.0	+3.4	3.0	+1.0	+5.0
	1.4	−0	+1.0	2.4	−0	+1.8	2.8	−0	+2.2	3.4	−0	+2.8	5.0	−0	+4.0
7-2.56	0.6	+0.7	+1.8	0.8	+1.2	+2.7	1.3	+1.2	+3.2	2.3	+1.2	+4.2	3.8	+1.2	+6.2
	1.8	−0	+1.3	2.7	−0	+2.0	3.2	−0	+2.5	4.2	−0	+3.5	6.2	−0	+5.0
6-3.15	0.7	+0.7	+1.9	1.0	+1.2	+2.9	1.8	+1.2	+3.7	2.8	+1.2	+4.7	4.8	+1.2	+7.2
	1.9	−0	+1.4	2.9	−0	+2.2	3.7	−0	+3.0	4.7	−0	+4.0	7.2	−0	+6.0
5-3.94	0.9	+0.9	+2.4	1.4	+1.4	+3.7	2.1	+1.4	+4.4	3.6	+1.4	+5.9	5.6	+1.4	+8.4
	2.4	−0	+1.8	3.7	−0	+2.8	4.4	−0	+3.5	5.9	−0	+5.0	8.4	−0	+7.0
4-4.73	1.1	+0.9	+2.6	1.6	+1.4	+3.9	2.6	+1.4	+4.9	4.6	+1.4	+6.9	6.6	+1.4	+9.4
	2.6	−0	+2.0	3.9	−0	+3.0	4.9	−0	+4.0	6.9	−0	+6.0	9.4	−0	+8.0
3-5.52	1.2	+1.0	+2.9	1.9	+1.6	+4.5	3.4	+1.6	+6.0	5.4	+1.6	+8.0	8.4	+1.6	+11.6
	2.9	−0	+2.2	4.5	−0	+3.5	6.0	−0	+5.0	8.0	−0	+7.0	11.6	−0	+10.0
2-6.30	1.5	+1.0	+3.2	2.4	+1.6	+5.0	3.4	+1.6	+6.0	5.4	+1.6	+8.0	10.4	+1.6	+13.6
	3.2	−0	+2.5	5.0	−0	+4.0	6.0	−0	+5.0	8.0	−0	+7.0	13.6	−0	+12.0
0-7.09	1.8	+1.0	+3.5	2.9	+1.6	+5.5	4.4	+1.6	+7.0	6.4	+1.6	+9.0	10.4	+1.6	+13.6
	3.5	−0	+2.8	5.5	−0	+4.5	7.0	−0	+6.0	9.0	−0	+8.0	13.6	−0	+12.0

Norma ANSI para canos[a, b]
Aço extradoce

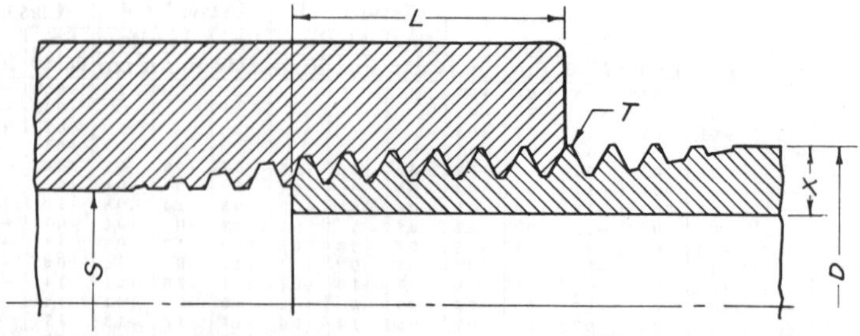

Tamanho nominal do cano	Diâm. externo *D*	Tam. da broca *S*	Filetes por pol. *F*	Comp. da parte atarraxada que o cano penetra nos aces.	Espessura da parede *X*			Peso, libras/pé[f]		
					Padrão 40[c]	Extra-forte 80[d]	Duplamente extra forte[e]	Padrão 40[c]	Extra-forte 80[d]	Duplamente extra-forte[e]
1/8	0.405	11/32	27	3/16	0.070	0.098	....	0.25	0.32	
1/4	0.540	7/16	18	9/32	0.090	0.122	....	0.43	0.54	
3/8	0.675	37/64	18	19/64	0.093	0.129	....	0.57	0.74	
1/2	0.840	23/32	14	3/8	0.111	0.151	0.307	0.86	1.09	1.714
3/4	1.050	59/64	14	13/32	0.115	0.157	0.318	1.14	1.48	2.440
1	1.315	1 5/32	11 1/2	1/2	0.136	0.183	0.369	1.68	2.18	3.659
1 1/4	1.660	1 1/2	11 1/2	35/64	0.143	0.195	0.393	2.28	3.00	5.214
1 1/2	1.900	1 47/64	11 1/2	9/16	0.148	0.204	0.411	2.72	3.64	6.408
2	2.375	2 7/32	11 1/2	37/64	0.158	0.223	0.447	3.66	5.03	9.029
2 1/2	2.875	2 5/8	8	7/8	0.208	0.282	0.565	5.80	7.67	13.695
3	3.5	3 1/4	8	15/16	0.221	0.306	0.615	7.58	10.3	18.583
3 1/2	4.0	3 3/4	8	1	0.231	0.325	....	9.11	12.5	
4	4.5	4 1/4	8	1 1/16	0.242	0.344	0.690	10.8	15.0	27.451
5	5.563	5 5/16	8	1 5/32	0.263	0.383	0.768	14.7	20.8	38.552
6	6.625	6 5/16	8	1 1/4	0.286	0.441	0.884	19.0	28.6	53.160
8	8.625	.....	8	1 15/32	0.329	0.510	0.895	28.6	43.4	72.424
10	10.75	.....	8	1 43/64	0.372	0.606	....	40.5	64.4	
12	12.75	.....	8	1 7/8	0.414	0.702	....	53.6	88.6	
14 OD	14.0	.....	8	2	0.437	0.750	....	62.2	104.	
16 OD	16.0	.....	8	2 13/64	0.500	....	....	82.2		
18 OD	18.0	.....	8	2 13/32	0.562	....	....	103.		
20 OD	20.0	.....	8	2 19/32	0.562	....	....	115.		
24 OD	24.0	.....	8	3						

[a] Para canos de aço soldados e sem costura. Ver ANSI B36.10 — As dimensões são em pol.
[b] Uma bitola de cano poderá ser designada ao se fornecer a sua bitola nominal e a espessura da parede ou ao se fornecer a sua bitola nominal e o peso por pé linear.
[c] Refere-se a números de lista de Padrões ANSI, valores aproximados para expressão 1.000 × P/S. Lista 40 — peso padrão.
[d] Lista 80 — extraforte.
[e] Não é padrão ANSI, mas disponível comercialmente tanto em ferro como em aço.
[f] Extremidades lisas.

Conexões rosqueadas de ferro maleável (68 kg) padrão ANSI[a]

Bitola nominal do cano	A	B	C	E	F	G	H	J	K	L	M
1/8	0.69	0.25	....	0.200	0.405	0.090	0.693	1.00[b]	....	0.264	
1/4	0.81	0.32	0.73	0.215	0.540	0.095	0.844	1.19	0.94	0.402	1.00
3/8	0.95	0.36	0.80	0.230	0.675	0.100	1.015	1.44	1.03	0.408	1.13
1/2	1.12	0.43	0.88	0.249	0.840	0.105	1.197	1.63	1.15	0.534	1.25
3/4	1.31	0.50	0.98	0.273	1.050	0.120	1.458	1.89	1.29	0.546	1.44
1	1.50	0.58	1.12	0.302	1.315	0.134	1.771	2.14	1.47	0.683	1.69
1 1/4	1.75	0.67	1.29	0.341	1.660	0.145	2.153	2.45	1.71	0.707	2.06
1 1/2	1.94	0.70	1.43	0.368	1.900	0.155	2.427	2.69	1.88	0.724	2.31
2	2.25	0.75	1.68	0.422	2.375	0.173	2.963	3.26	2.22	0.757	2.81
2 1/2	2.70	0.92	1.95	0.478	2.875	0.210	3.589	3.86	2.57	1.138	3.25
3	3.08	0.98	2.17	0.548	3.500	0.231	4.285	4.51	3.00	1.200	3.69
3 1/2	3.42	1.03	2.39	0.604	4.000	0.248	4.843	5.09[b]	....	1.250	4.00
4	3.79	1.08	2.61	0.661	4.500	0.265	5.401	5.69	3.70	1.300	4.38
5	4.50	1.18	3.05	0.780	5.563	0.300	6.583	6.86[b]	....	1.406	5.12
6	5.13	1.28	3.46	0.900	6.625	0.336	7.767	8.03[b]	....	1.513	5.86

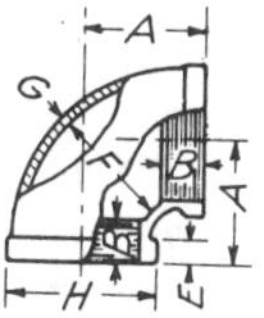
JOELHO DE 90°

Bitola nominal do cano	N	P	T	U	V	W	X	Y	Z[c]	O[d]	Espess. das Nervuras do tampão e luvas
1/8	0.20	....	....	....	....	0.96	0.37	0.24	9/32	....	0.090
1/4	0.26	....	....	....	....	1.06	0.44	0.28	3/8	....	0.095
3/8	0.37	....	0.50	1.43	1.93	1.16	0.48	0.31	7/16	....	0.100
1/2	0.51	0.87	0.61	1.71	2.32	1.34	0.56	0.38	9/16	0.16	0.105
3/4	0.69	0.97	0.72	2.05	2.77	1.52	0.63	0.44	5/8	0.18	0.120
1	0.91	1.16	0.85	2.43	3.28	1.67	0.75	0.50	13/16	0.20	0.134
1 1/4	1.19	1.28	1.02	2.92	3.94	1.93	0.80	0.56	15/16	0.22	0.145
1 1/2	1.39	1.33	1.10	3.28	4.38	2.15	0.83	0.62	1 1/8	0.24	0.155
2	1.79	1.45	1.24	3.93	5.17	2.53	0.88	0.68	1 5/16	0.26	0.173
2 1/2	2.20	1.70	1.52	4.73	6.25	2.88	1.07	0.74	1 1/2	0.29	0.210
3	2.78	1.80	1.71	5.55	7.26	3.18	1.13	0.80	1 11/16	0.31	0.231
3 1/2	3.24	1.90	....	....	....	3.43	1.18	0.86	1 7/8	0.34	0.248
4	3.70	2.08	2.01	6.97	8.98	3.69	1.22	1.00	2 1/8	0.37	0.265
5	4.69	2.32	....	....	....	....	1.31	1.00	2 5/16	0.46	0.300
6	5.67	2.55	....	....	....	....	1.40	1.25	2 1/2	0.52	0.336

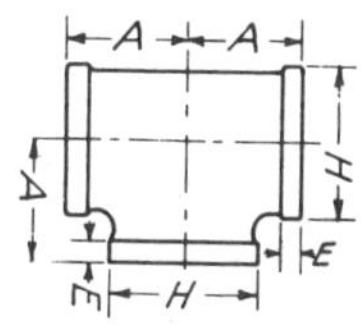
TÊ

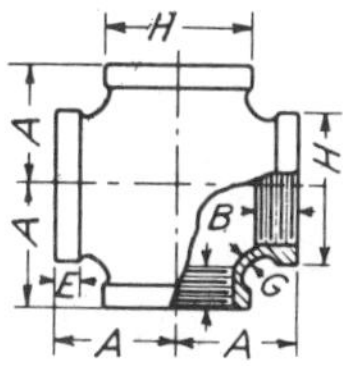
CRUZETA

[a] ANSI B16.3 — TÊ não é fabricado no tamanho 1/8''. Dimensões em pol. Acomplamentos esquerdo têm 4 ou mais nervuras. Acoplamentos direitos têm 2 nervuras.
[b] Apenas L de rua.
[c] Estas dimensões têm a bitola nominal das chaves (de boca) (ANSI B18.2-). Os tarugos de cab. quadrada são designados a se encaixar nestas chaves.
[d] Tarugos maciços são fornecidos nas bitolas de 1/8'' a 3 1/2'' inclusive; tarugos ocos de 1/2'' a 3 1/2'' inclusive. Tarugos ocos têm espes. metálica mín. em todos os pontos igual à dimensão *O* exceto na extrem. da rosca.

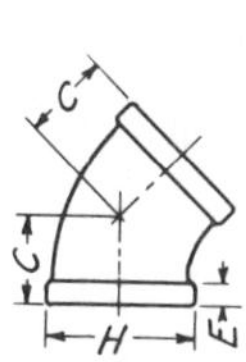
JOELHO DE 45°

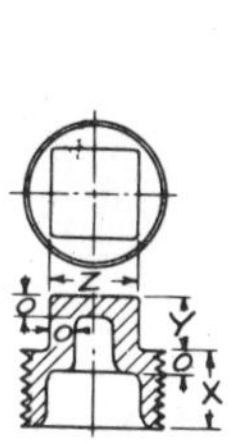
TARUGO

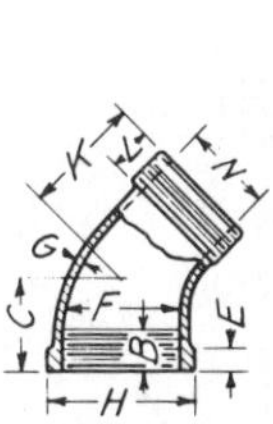
JOELHO DE 45°

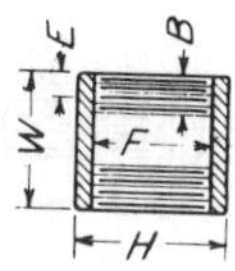
LUVA

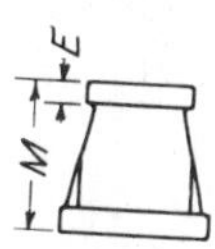
LUVA DE REDUÇÃO

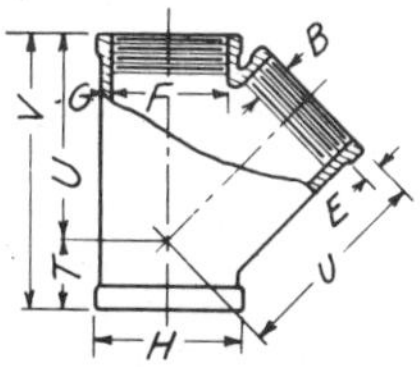
DERIVAÇÃO IPSILON

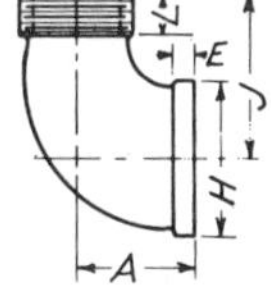
JOELHO 90°

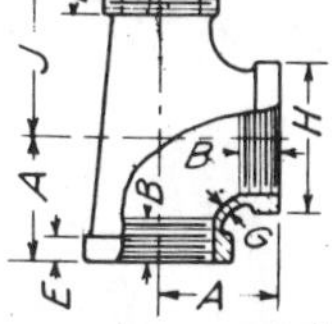
JOELHO 90° DE TÊ

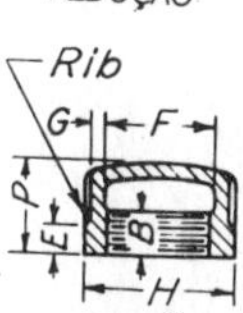

TAMPÃO

Conexões rosqueadas de ferro maleável (68 kg) padrão ANSI: dimensões de curvas de retorno fechadas, médias e abertas * +

Bitola nominal do cano	Comprimento da rosca, mínimo	Largura da cinta, mínimo	Diâmetro interno dos acessórios		Espessura** do metal	Diâmetro externo da cinta, mínimo	Centro a Centro (fechado)	Centro a Centro (médio)	Centro a Centro (aberto)
			F						
	B	*E*	Máximo	Mínimo	*G*	*H*	R_1	R_2	R_3
½	0.43	0.249	0.840	0.897	0.116	1.197	1.000	1.250	1.50
¾	0.50	0.273	1.050	1.107	0.133	1.458	1.250	1.500	2.00
1	0.58	0.302	1.315	1.385	0.150	1.771	1.500	1.875	2.50
1¼	0.67	0.341	1.660	1.730	0.165	2.153	1.750	2.250	3.00
1½	0.70	0.368	1.900	1.970	0.178	2.427	2.188	2.500	3.50
2	0.75	0.422	2.375	2.445	0.201	2.963	2.625	3.000	4.00
2½	0.92	0.478	2.875	2.975	0.244	3.589	....	....	4.50
3	0.98	0.548	3.500	3.600	0.272	4.285	....	....	5.00
4	1.08	0.661	4.500	4.600	0.315	5.401	....	....	6.00

Todas as dimensões fornecidas em pol.

*Adaptado do ANSI B16.3-.
+ É permitido fornecer curvas de retorno de molde fechado sem cinta. As curvas de retorno de molde fechado não constituem enrolamentos paralelos, já que a distância centro de duas curvas adjacentes é maior que a centro a centro das aberturas da mesma curva.
**Os moldes deverão ser desenhados a fim de produzir peças fundidas com as espessuras fornecidas na tabela. A espessura do metal nunca deverá ter menos de 90% da espessura fornecida na tabela.

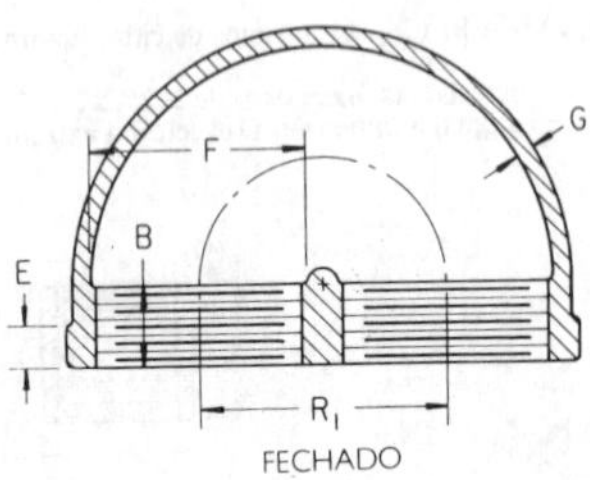

FECHADO

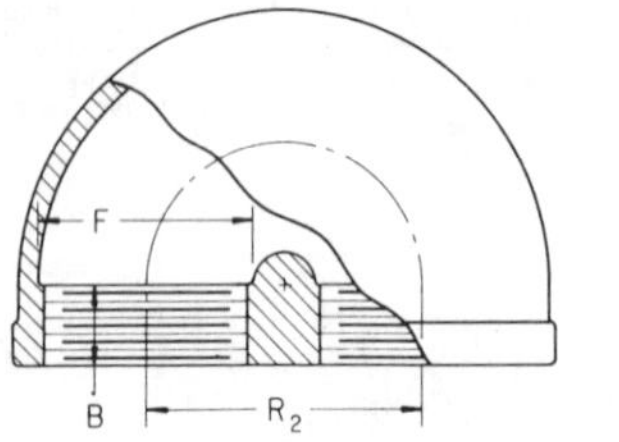

MEDIO

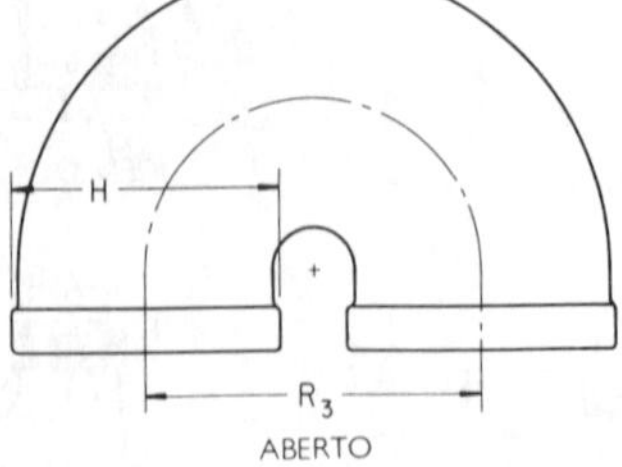

ABERTO

Conexões rosqueadas de ferro fundido* padrão ANSI

Para pressão máxima de funcionamento de vapor saturado, de 125 e 250 lb/pol²

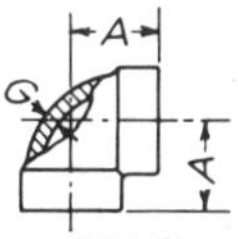

JOELHO

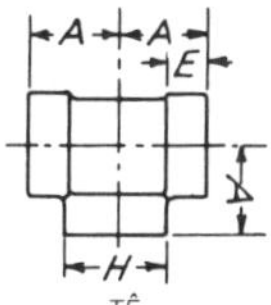

TÊ

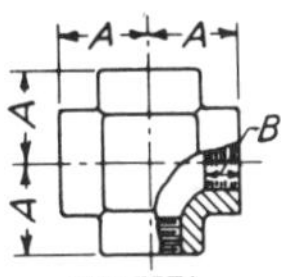

CRUZETA

JOELHO 45°

Bitola nominal do cano	*A*	*B* Mín.	*C*	*E* Mín.	*F* Mín.	*F* Máx.	*G* Mín.	*H* Mín.
¼	0.81	0.32	0.73	0.38	0.540	0.584	0.110	0.93
⅜	0.95	0.36	0.80	0.44	0.675	0.719	0.120	1.12
½	1.12	0.43	0.88	0.50	0.840	0.897	0.130	1.34
¾	1.31	0.50	0.98	0.56	1.050	1.107	0.155	1.63
1	1.50	0.58	1.12	0.62	1.315	1.385	0.170	1.95
1¼	1.75	0.67	1.29	0.69	1.660	1.730	0.185	2.39
1½	1.94	0.70	1.43	0.75	1.900	1.970	0.200	2.68
2	2.25	0.75	1.68	0.84	2.375	2.445	0.220	3.28
2½	2.70	0.92	1.95	0.94	2.875	2.975	0.240	3.86
3	3.08	0.98	2.17	1.00	3.500	3.600	0.260	4.62
3½	3.42	1.03	2.39	1.06	4.000	4.100	0.280	5.20
4	3.79	1.08	2.61	1.12	4.500	4.600	0.310	5.79
5	4.50	1.18	3.05	1.18	5.563	5.663	0.380	7.05
6	5.13	1.28	3.46	1.28	6.625	6.725	0.430	8.28
8	6.56	1.47	4.28	1.47	8.625	8.725	0.550	10.63
10	8.08	1.68	5.16	1.68	10.750	10.850	0.690	13.12
12	9.50	1.88	5.97	1.88	12.750	12.850	0.800	15.47

* ANSI B16.4 — As dimensões são em pol.

Registro globo, globo angular e registro gaveta*

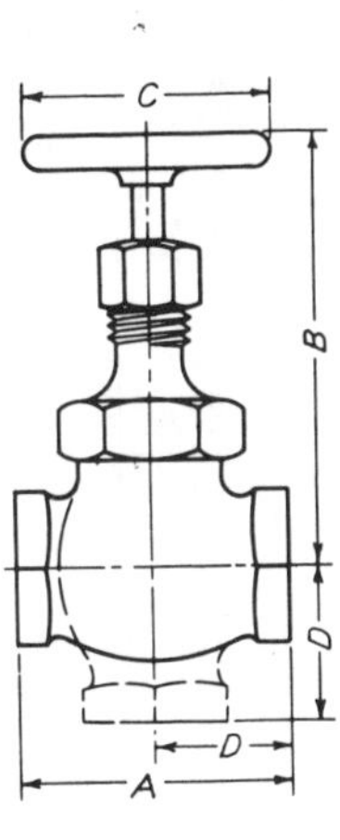

Tamanho	*A* (esfera somente)	*B* (aberto)	*C*	*D* (ângulo somente)	*E*	*F* (aberto)	*G*
⅛	2	4	1¾	1			
¼	2	4	1¾	1	1⅞	5⅛	1¾
⅜	2¼	4½	2	1⅛	2	5⅛	1¾
½	2¾	5¼	2½	1¼	2⅛	5½	2
¾	3 3/16	6	2¾	1½	2⅜	6⅝	2½
1	3¾	6¾	3	1¾	2⅞	7⅞	2¾
1¼	4¼	7¼	3⅝	2	3¼	9½	3
1½	4¾	8¼	4	2¼	3½	10⅞	3⅝
2	5¾	9½	4¾	2¾	3⅞	13⅛	4
2½	6¾	11	6	3¼	4½	15⅜	4¾
3	8	12¼	7	3¾	5	17⅞	5⅜

* As dimensões são em pol e tiradas de catálogos de fabricantes para fins de desenho.

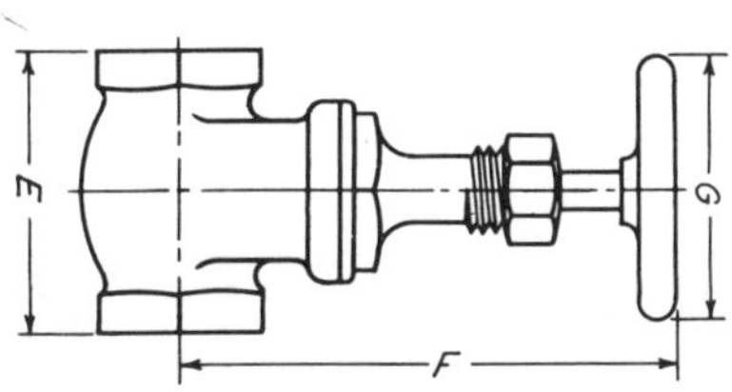

Comprimentos de niples de canos*

Tam	Comprimento		Tam	Comprimento		Tam	Comprimento		Tam	Comprimento	
	Simples	Curto		Simples	Curto		Simples	Curto		Simples	Curto
⅛	¾	1½	½	1⅛	1½	1¼	1⅝	2½	2½	2½	3
¼	⅞	1½	¾	1⅜	2	1½	1¾	2½	3	2⅝	3
⅜	1	1½	1	1½	2	2	2	2½			

* Compilado de catálogos de fabricantes. Dime pol.
Comprimentos de niples longos: de comprimentos de niples curtos a 6" com variações de 1/2"; comprimentos de niple de 6" a 12" com variações de 1"; comprimentos de niple de 12" a 24" com variações de 2"

Niples de redução*

Dimensões para niples de redução, cabeça externa, cabeça interna e sem cabeça em pol

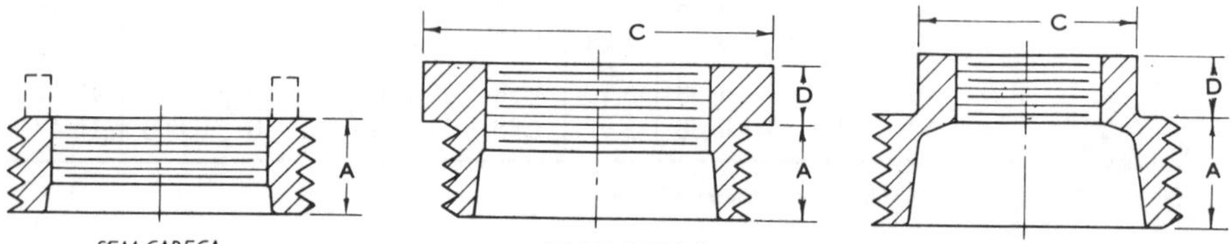

SEM CABEÇA — CABEÇA EXTERNA — CABEÇA INTERNA

Tamanho	Comprimento da rosca externa,+ mínimo A	Altura da cabeça, mínima D	Largura da cabeça,‡ mínima C	
			Externa	Interna
¼ × ⅛	0.44	0.14	0.64	
⅜ × ¼	0.48	0.16	0.68	
⅜ × ⅛	0.48	0.16	0.68	
½ × ⅜	0.56	0.19	0.87	
½ × ¼	0.56	0.19	0.87	
½ × ⅛	0.56	0.19	0.87	
¾ × ½	0.63	0.22	1.15	
¾ × ⅜	0.63	0.22	1.15	
¾ × ¼	0.63	0.22	1.15	
¾ × ⅛	0.63	0.22	1.15	
1 × ¾	0.75	0.25	1.42	
1 × ½	0.75	0.25	1.42	
1 × ⅜	0.75	0.30	....	1.12
1 × ¼	0.75	0.30	....	1.12
1 × ⅛	0.75	0.30	....	1.12
1¼ × 1	0.80	0.28	1.76	
1¼ × ¾	0.80	0.28	1.76	
1¼ × ½	0.80	0.34	....	1.34
1¼ × ⅜	0.80	0.34	....	1.12
1¼ × ¼	0.80	0.34	....	1.12
1½ × 1¼	0.83	0.31	2.00	
1½ × 1	0.83	0.31	2.00	
1½ × ¾	0.83	0.37	....	1.63
1½ × ½	0.83	0.37	....	1.34
1½ × ⅜	0.83	0.37	....	1.12

Tamanho	Comprimento da rosca externa,‡ mínimo A	Altura da cabeça, mínima D	Largura da cabeça,+ mínima C	
			Externa	Interna
1½ × ¼	0.83	0.37	....	1.12
2 × 1½	0.88	0.34	2.48	
2 × 1¼	0.88	0.34	2.48	
2 × 1	0.88	0.41	....	1.95
2 × ¾	0.88	0.41	....	1.63
2 × ½	0.88	0.41	....	1.34
2 × ⅜	0.88	0.41	....	1.12
2 × ¼	0.88	0.41	....	1.12
2½ × 2	1.07	0.37	2.98	
2½ × 1½	1.07	0.44	2.68	
2½ × 1¼	1.07	0.44	....	2.39
2½ × 1	1.07	0.44	....	1.95
2½ × ¾	1.07	0.44	....	1.63
2½ × ½	1.07	0.44	....	1.34
3 × 2½	1.13	0.40	3.86	
3 × 2	1.13	0.48	3.28	
3 × 1½	1.13	0.48	....	2.68
3 × 1¼	1.13	0.48	....	2.39
3 × 1	1.13	0.48	....	1.95
3 × ¾	1.13	0.48	....	1.63
3 × ½	1.13	0.48	....	1.34

* ANSI B16.14.
\+ No caso do niples de redução de cabeça externa, o comprimento *A* inclui previsões para roscas imperfeitas.
\+ + As cabeças dos niples de redução deverão ser hexagonais ou octogonais, exceto nos tamanhos maiores de niples de redução com cabeça externa as cabeças podem ser redondas, com orelhas, ao invés de hexagonais ou octogonais.

Conexões de ferro fundido com flanges, padrão ANSI*

Para pressão máxima de vapor de funcionamento saturado de 125 lb/pol² (manômetro)

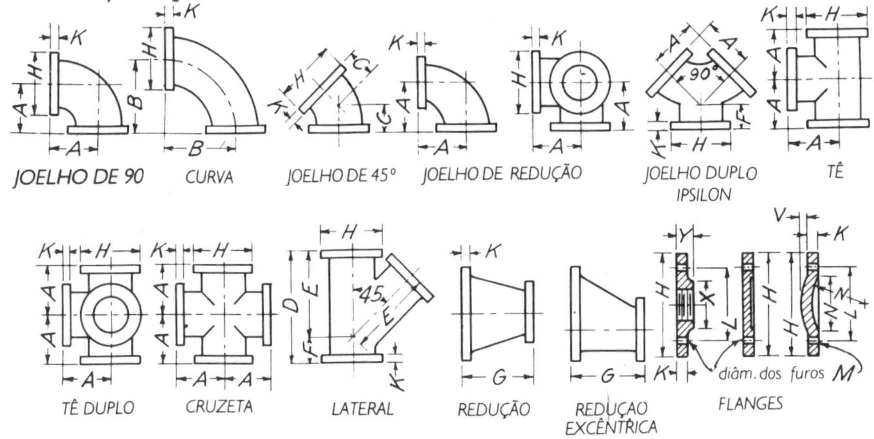

Tam. nom. do cano *N*	*A*	*B*	*C*	*D*	*E*	*F*	*G*	*H*	*K* Mín.
1	3 1/2	5	1 3/4	7 1/2	5 3/4	1 3/4	....	4 1/4	7/16
1 1/4	3 3/4	5 1/2	2	8	6 1/4	1 3/4	....	4 5/8	1/2
1 1/2	4	6	2 1/4	9	7	2	....	5	9/16
2	4 1/2	6 1/2	2 1/2	10 1/2	8	2 1/2	5	6	5/8
2 1/2	5	7	3	12	9 1/2	2 1/2	5 1/2	7	11/16
3	5 1/2	7 3/4	3	13	10	3	6	7 1/2	3/4
3 1/2	6	8 1/2	3 1/2	14 1/2	11 1/2	3	6 1/2	8 1/2	13/16
4	6 1/2	9	4	15	12	3	7	9	15/16
5	7 1/2	10 1/4	4 1/2	17	13 1/2	3 1/2	8	10	15/16
6	8	11 1/2	5	18	14 1/2	3 1/2	9	11	1
8	9	14	5 1/2	22	17 1/2	4 1/2	11	13 1/2	1 1/8
10	11	16 1/2	6 1/2	25 1/2	20 1/2	5	12	16	1 3/16
12	12	19	7 1/2	30	24 1/2	5 1/2	14	19	1 1/4

Tam. nom. do cano *N*	*L*	*M*	nº de parafusos	Diâm. dos parafusos	Com dos parafusos	*X* Mín.	*Y* Mín.	Espes. da parede	*V*
1	3 1/8	5/8	4	1/2	1 3/4	1 15/16	11/16	5/16	3/8
1 1/4	3 1/2	5/8	4	1/2	2	2 5/16	13/16	5/16	7/16
1 1/2	3 7/8	5/8	4	1/2	2	2 9/16	7/8	5/16	1/2
2	4 3/4	3/4	4	5/8	2 1/4	3 1/16	1	5/16	9/16
2 1/2	5 1/2	3/4	4	5/8	2 1/2	3 9/16	1 1/8	5/16	5/8
3	6	3/4	4	5/8	2 1/2	4 1/4	1 3/16	3/8	11/16
3 1/2	7	3/4	8	5/8	2 3/4	4 13/16	1 1/4	7/16	3/4
4	7 1/2	3/4	8	5/8	3	5 5/16	1 5/16	1/2	7/8
5	8 1/2	7/8	8	3/4	3	6 7/16	1 7/16	1/2	7/8
6	9 1/2	7/8	8	3/4	3 1/4	7 9/16	1 9/16	9/16	15/16
8	11 3/4	7/8	8	3/4	3 1/2	9 11/16	1 3/4	5/8	1 1/16
10	14 1/4	1	12	7/8	3 3/4	11 15/16	1 15/16	3/4	1 1/8
12	17	1	12	7/8	3 3/4	14 1/16	2 3/16	1 3/16	

* ANSI B16.1 — As dimensões são em pol.

Comprimentos de juntas de ferro maleável*

Junta de base

Tamanho nominal . . .	⅛	¼	⅜	½	¾	1	1¼	1½	2	2½	3
fim a fim	1½	1 9/16	1⅝	1 13/16	2 1/16	2¼	2½	2⅝	3	3 9/16	3 15/16

* Compilado de catálogos de fabricantes. Dimensões em pol.

Conexões de aço para solda autógena de topo padrão ANSI[&, +]

Tamanho nominal do cano	Diâmetro externo no chanfro	Do centro à extremidade: Joelho para solda de 90° *A*	Joelho para solda de 45° *B*	Ao comprido, solda T *C*	Solda para tampões *E*	Term c/ aba para junta sobreposta: Compr. *F*	Raio do filete *R*	Diâmetro da aba *G*
1	1.310	1½	⅞	1½	1½	4	⅛	2
1¼	1.660	1⅞	1	1⅞	1½	4	3/16	2½
1½	1.900	2¼	1⅛	2¼	1½	4	¼	2⅞
2	2.375	3	1⅜	2½	1½	6	5/16	3⅝
2½	2.875	3¾	1¾	3	1½	6	5/16	4⅛
3	3.500	4½	2	3⅜	2	6	⅜	5
3½	4.000	5¼	2¼	3¾	2½	6	⅜	5½
4	4.500	6	2½	4⅛	2½	6	7/16	6 3/16

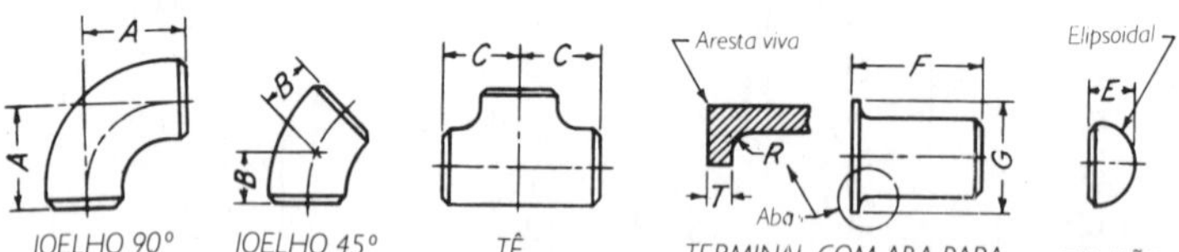

JOELHO 90° JOELHO 45° TÊ TERMINAL COM ABA PARA JUNTA SUPERPOSTA TAMPÃO

Reduções para soldas-topo

Tamanho nominal do cano	Diâmetro externo no chanfro: Extr. maior	Extr. menor	Extremidade à extremidade *H*
1 × ¾		1.050	
1 × ½	1.315	0.840	2
1 × ⅜		0.675	
1¼ × 1		1.315	
1¼ × ¾	1.660	1.050	2
1¼ × ½		0.840	
1½ × 1¼		1.660	
1½ × 1	1.900	1.315	2½
1½ × ¾		1.050	
1½ × ½		0.840	
2 × 1½		1.900	
2 × 1¼	2.375	1.660	3
2 × 1		1.315	
2 × ¾		1.050	
2½ × 2		2.375	
2½ × 1½	2.875	1.900	3½
2½ × 1¼		1.660	
2½ × 1		1.315	

Tamanho nominal do cano	Diâmetro externo no chanfro: Extr. maior	Extr. menor	Extremidade à extremidade *H*
3 × 2½		2.875	
3 × 2	3.500	2.375	3½
3 × 1½		1.900	
3 × 1¼		1.660	
3½ × 3		3.500	
3½ × 2½		2.875	
3½ × 2	4.000	2.375	4
3½ × 1½		1.900	
3½ × 1¼		1.660	
4 × 3½		4.000	
4 × 3		3.500	
4 × 2½	4.500	2.875	4
4 × 2		2.375	
4 × 1½		1.900	
5 × 4		4.500	
5 × 3½	5.563	4.000	5
5 × 3		3.500	
5 × 2½		2.875	

REDUÇÃO CONCÊNTRICA

REDUÇÃO EXCÊNTRICA

* Para tamanhos maiores, ver ANSI B16.3-.

† ANSI B16.9 — Dimensões em pol.

Canos rosqueados de ferro fundido*

Dimensões dos canos e dos cubos de drenagem

Bitola do cano	Cano			Cúbos de drenagem					Pesos nominais	
	Diâmetro nominal		Espessura da parede, mínimo	Comprimento da rosca*	Diâmetro do entalhe, máximo	Extremidade ao ressalto (rebaixo)†	Faixa mínima		Tipo *A* e parte lisa do tipo *B* por pé	Peso adicional do cubo para o tipo *B*
	Externo *D*	Interno *A*	*G*	*B*	*K*	*C*	Diâmetro *H*	Compr *E*		
1¼	1.66	1.23	0.187	0.42	1.73	0.71	2.39	0.71	3.033	0.60
1½	1.90	1.45	0.195	0.42	1.97	0.72	2.68	0.72	3.666	0.90
2	2.38	1.89	0.211	0.43	2.44	0.76	3.28	0.76	5.041	1.00
2½	2.88	2.32	0.241	0.68	2.97	1.14	3.86	1.14	7.032	1.35
3	3.50	2.90	0.263	0.76	3.60	1.20	4.62	1.20	9.410	2.80
4	4.50	3.83	0.294	0.84	4.60	1.30	5.79	1.30	13.751	3.48
5	5.56	4.81	0.328	0.93	5.66	1.41	7.05	1.41	19.069	5.00
6	6.63	5.76	0.378	0.95	6.72	1.51	8.28	1.51	26.223	6.60
8	8.63	7.63	0.438	1.06	8.72	1.71	10.63	1.71	39.820	10.00
10	10.75	9.75	0.438	1.21	10.85	1.92	13.12	1.93	50.234	
12	12.75	11.75	0.438	1.36	12.85	2.12	15.47	2.13	60.036	

* ANSI A40.5 — Todas as dimensões são fornecidas em pol, exceto onde declarado diversamente. O tipo *A* tem roscas externas em ambas as extremidades. O tipo *B* como mostrado.

+ O comprimento da rosca *B* e o final até o ressalto *C* não deverão variar das dimensões mostradas por mais ou menos o equivalente ao passo de uma volta da rosca.

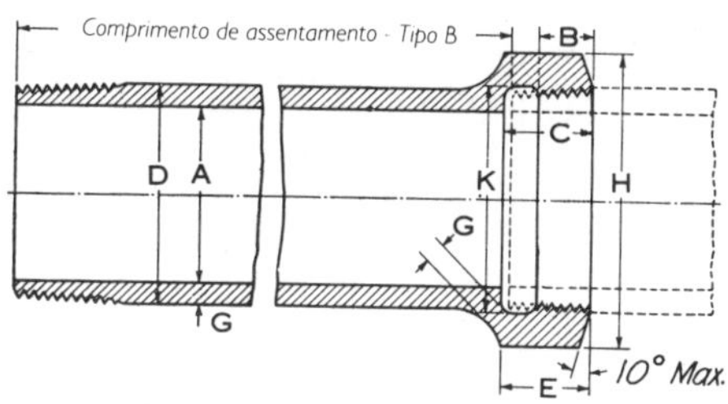

Válvulas de ferro fundido classe 125-lb e de aço 68 kg: válvulas com flanges nas extremidades classe 125 ou 150 lb, ou com extremidades soldadas – dimensões face a face e extremidade a extremidade[a]

Tamanho nominal da válvula	Ferro fundido classe 125								Aço 68 kg							
	Extremidade com flange, face lisa								Extr. com flange (face alto relevo 1/16") e extr. de soldagem							
	Comporta		Obturador			Globo retentor e de suspensão	Retentor de cursos[b]	Controle	Comporta				Obturador			Orifício redondo, abertura plena
	Cunha sólida	Disco duplo	Mod. curto	Regular	Venturi				Cunha sólida	Disco duplo	Cunha sólida	Disco duplo	Mod. curto	Regular	Venturi	
	A	*A*	*A*	*A*	*A*	*A*	*A*	*A*	*A*	*A*	*B*	*B*	*A*	*A*	*A*	*A*
¼	...	...	...	...	...	...	...	...	4	4	4	4	...	...	...	...
⅜	...	...	...	...	...	...	...	...	4	4	4	4	...	...	...	...
½	...	...	...	...	...	...	...	...	4¼	4¼	4¼	4¼	...	...	...	...
¾	...	...	...	...	...	...	...	...	4⅝	4⅝	4⅝	4⅝	...	...	...	...
1	...	...	5½	5½	...	...	...	7¼	5	5	5	5	5½	...	...	7
1¼	...	...	...	6½	...	...	...	...	5½	5½	5½	5½	...	...	...	...
1½	...	...	6½	6½	...	...	...	8¾	6½	6½	6½	6½	6½	...	...	8¾
2	7	7	7	7½	...	8	8	10	7	7	8½	8½	7	...	...	10½
2½	7½	7½	7½	8¼	...	8½	8½	10⅞	7½	7½	9½	9½	7½	...	...	11¾
3	8	8	8	9	...	9½	9½	11¾	8	8	11⅛	11⅛	8	...	...	13½
3½	8½	8½	...	...	...	...	...	...	...	...	...	...	...	...	...	...
4	9	9	9	9	...	11½	11½	13⅞	9	9	12	12	9	...	...	17
5	10	10	10	14	...	13	13	...	10	10	15	15	...	...	...	...
6	10½	10½	10½	15½	15½	14	14	17¾	10½	10½	15⅞	15⅞	10½	15½	...	21
8	11½	11½	11½	18	18	19½	19½	21⅜	11½	11½	16½	16½	11½	18	...	25

Tamanho nominal da válvula	Aço 150-lb											
	Extremidade com flange (face alto relevo 1/16") e extrem. de soldagem				Extremidade com flange (junta anelar)							
	Globo retentor e de suspensão	Retentor de cursos	Globo padrão "Y"	Controle	Comporta		Obturador			Orifício redondo, abertura plena	Globo retentor e de suspensão	Retentor de cursos
					Cunha sólida	Disco duplo	Modelo curto	Regular	Venturi			
	A & B	*A & B*	*A & B*	*A*	*C*	*C*	*C*	*C*	*C*	*C*	*C*	*C*
¼	4	4	...	...	...	...	...	...	...	...	...	...
⅜	4	4	...	...	...	...	...	...	...	...	...	...
½	4¼	4¼	5½	...	4 11/16	4 11/16	...	...	...	...	4 11/16	4 11/16
¾	4⅝	4⅝	6	...	5⅛	5⅛	...	...	...	...	5⅛	5⅛
1	5	5	6½	7¼	5½	5½	6	...	...	7½	5½	5½
1¼	5½	5½	7¼	...	6	6	...	...	...	...	6	6
1½	6½	6½	8	8¾	7	7	7	...	...	9¼	7	7
2	8	8	9	10	7½	7½	7½	...	...	11	8½	8½
2½	8½	8½	11	10⅞	8	8	8	...	...	12¼	9	9
3	9½	9½	12½	11¾	8½	8½	8½	...	...	14		10
3½	...	...	...	...	...	...	...	...	...	...	...	...
4	11½	11½	14½	13⅞	9½	9½	9½	...	...	17½	12	12
5	14	13	...	...	10½	10½	...	...	...	...	14½	13½
6	16	14	18½	17¾	11	11	11	16	...	21½	16½	14½
8	19½	19½	23½	21⅜	12	12	12	18½	...	25½	20	20

[a] Adaptado do ANSI B16.10 — API Standards 6D e 600 de conformidade com as dimensões mostradas para os tamanhos correspondentes, tipo de válvula, classe ou extremidade soldadas do flange.

[b] Estas dimensões não têm o propósito de cobrir o tipo de válvula de retenção que tem o ângulo de apoio a aproximadamente 45° ao curso da válvula ou do *Underwriter pattern* ou de outros modelos onde grandes aberturas são exigidas.

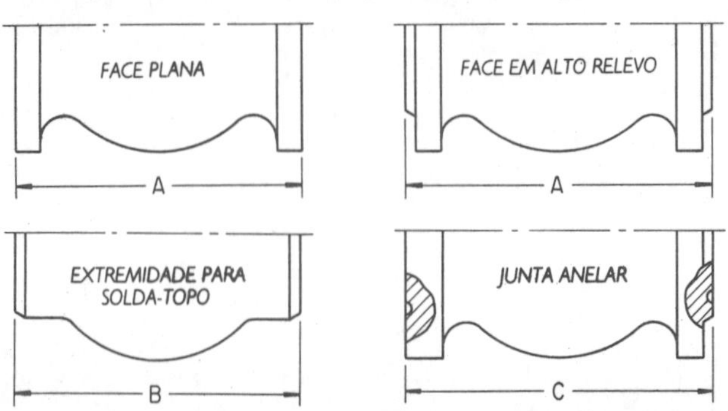

Conexões de vigas

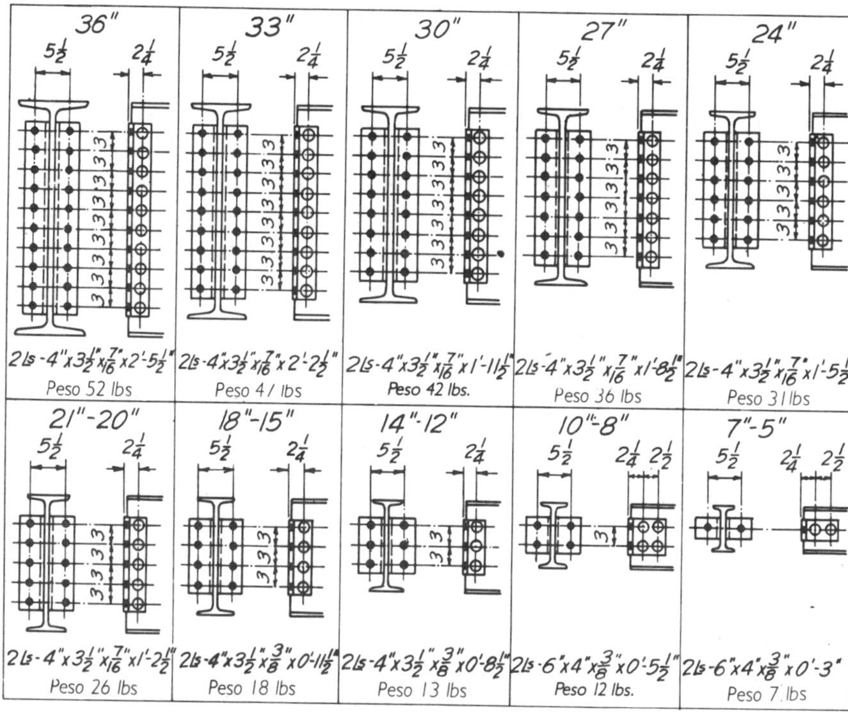

Espaçamentos para colocação de rebites

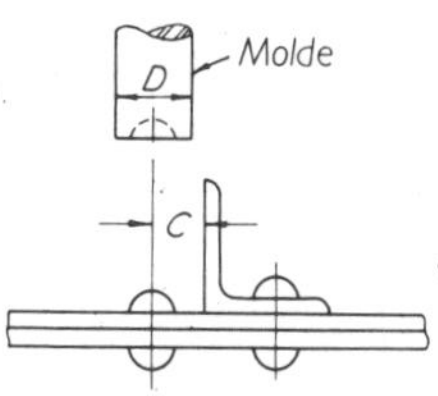

	Diâmetro do rebite								
	½	⅝	¾	⅞	1	1⅛	1¼	1⅜	1½
D	1¾	2	2¼	2½	2¾	3	3¼	3½	3¾
C	1	1⅛	1¼	1⅜	1½	1⅝	1¾	1⅞	2

Dimensões em pol.

Bitola e tamanho máximo de rebites para ângulos

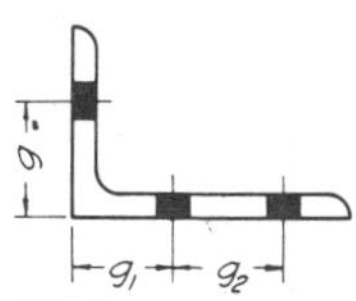

Pé	8	7	6	5	4	3½	3	2½	2	1¾	1½	1⅜	1¼	1
g	4½	4	3½	3	2½	2	1¾	1⅜	1⅛	1	⅞	⅞	¾	⅝
g_1	3	2½	2¼	2										
g_2	3	3	2½	1¾										
Rebite máximo	1⅛	1⅛	1	1	⅞	⅞	⅞	¾	⅝	½	⅜	⅜	⅜	¼

Dimensões em pol

Formas estruturais selecionadas*

Dimensões para detalhamento

Nome	Profund do perfil, pol.	Peso por pé, lb.	Flange: Largura, pol.	Flange: Espessura média, pol.	Alma: Espessura, pol.	Alma: Meia espessura, pol.	Distâncias: T, pol.	Distâncias: k, pol.	Distâncias: g_1, pol.	Distâncias: c, pol.	Garra, pol.	Rebite de flange máximo, pol.	Bitola usual folga g, pol.	Abertura m
Ferros U	18	58.0	4 1/4	5/8	11/16	3/8	15 3/8	1 5/16	2 3/4	3/4	5/8	1	2 1/2	
	15	40.0	3 1/2	5/8	9/16	1/4	12 3/8	1 5/16	2 3/4	5/8	5/8	1	2	
	12	30.0	3 1/8	1/2	1/2	1/4	9 7/8	1 1/16	2 1/2	9/16	1/2	7/8	1 3/4	
	10	15.3	2 5/8	7/16	1/4	1/8	8 1/8	15/16	2 1/2	5/16	7/16	3/4	1 1/2	
	9	13.4	2 3/8	7/16	1/4	1/8	7 1/4	7/8	2 1/2	5/16	3/8	3/4	1 3/8	
	8	18.75	2 1/2	3/8	1/2	1/4	6 3/8	13/16	2 1/4	9/16	3/8	3/4	1 1/2	
	7	12.25	2 1/4	3/8	5/16	3/16	5 3/8	13/16	2	3/8	3/8	5/8	1 1/4	
	6	10.5	2	3/8	5/16	3/16	4 1/2	3/4	2	3/8	3/8	5/8	1 1/8	
	5	9.0	1 7/8	5/16	5/16	3/16	3 5/8	11/16	2	3/8	5/16	1/2	1 1/8	
	4	7.25	1 3/4	5/16	5/16	3/16	2 3/4	5/8	2	3/8	5/16	1/2	1	
	3	6.0	1 5/8	1/4	3/8	3/16	1 3/4	5/8	...	7/16	5/16	1/2	7/8	
Ferros H	21†(21 1/4)	127	13	1	9/16	5/16	17 3/4	1 3/4	3	3/8	.....	.....	5 1/2	25
	16 (16 3/8)	96	11 1/2	7/8	9/16	5/16	13 1/8	1 5/8	2 3/4	3/8	.....	.....	5 1/2	20
	14 (14 1/8)	84	12	3/4	7/16	1/4	11 3/8	1 3/8	2 3/4	5/16	.....	.....	5 1/2	18 5/8
	14 (13 3/4)	48	8	9/16	3/8	3/16	11 3/8	1 3/16	2 1/2	1/4	.....	.....	5 1/2	16
	12 (12 1/4)	50	8 1/8	5/8	3/8	3/16	9 3/4	1 1/4	2 1/2	1/4	.....	.....	5 1/2	14 5/8
	10 (10)	49	10	9/16	3/8	3/16	7 7/8	1 1/16	2 1/2	1/4	.....	.....	5 1/2	14 1/8
	10 (9 3/4)	33	8	7/16	5/16	3/16	7 7/8	15/16	2 1/4	1/4	.....	.....	5 1/2	12 5/8
	8 (8)	28	6 1/2	7/16	5/16	1/8	6 3/8	13/16	2 1/4	3/16	.....	.....	3 1/2	10 1/2
Ferros I	24	120.0	8	1 1/8	13/16	7/16	20 1/8	1 15/16	3 1/4	1/2	1 1/8	1	4	
	20	85.0	7	15/16	11/16	5/16	16 1/2	1 3/4	3 1/4	3/8	7/8	1	4	
	18	70.0	6 1/4	11/16	3/4	3/8	15 1/4	1 3/8	2 3/4	7/16	11/16	7/8	3 1/2	
	15	50.0	5 5/8	5/8	9/16	5/16	12 1/2	1 1/4	2 3/4	3/8	9/16	3/4	3 1/2	
	12	31.8	5	9/16	3/8	3/16	9 3/4	1 1/8	2 1/2	1/4	1/2	3/4	3	
	10	35.0	5	1/2	5/8	5/16	8	1	2 1/2	3/8	1/2	3/4	2 3/4	
	8	23.0	4 1/8	7/16	7/16	1/4	6 1/4	7/8	2 1/4	5/16	7/16	3/4	2 1/4	
	7	20.0	3 7/8	3/8	7/16	1/4	5 3/8	13/16	2	5/16	3/8	5/8	2 1/4	
	6	17.25	3 5/8	3/8	1/2	1/4	4 1/2	3/4	2	5/16	3/8	5/8	2	
	5	10.0	3	5/16	1/4	1/8	3 5/8	11/16	2	3/16	5/16	1/2	1 3/4	
	4	9.5	2 3/4	5/16	5/16	3/16	2 3/4	5/8	2	1/4	5/16	1/2	1 1/2	
	3	7.5	2 1/2	1/4	3/8	3/16	1 7/8	9/16	...	1/4	1/4	3/8	1 1/2	

* Do *Steel Construction Handbook*.

† Profundidade nominal; ( ) indica a profundidade real.

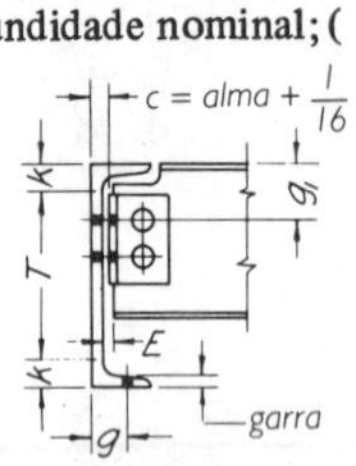

FERRO U

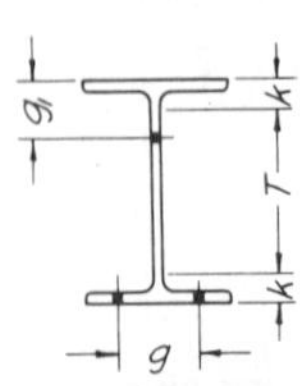

FERRO H

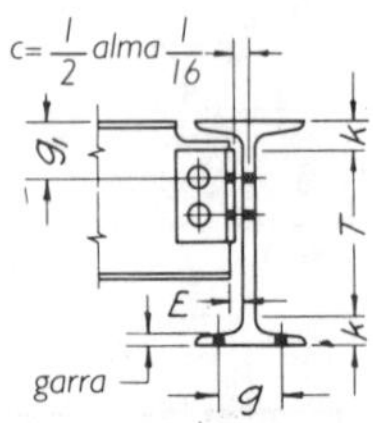

FERRO

Parafusos de retenção

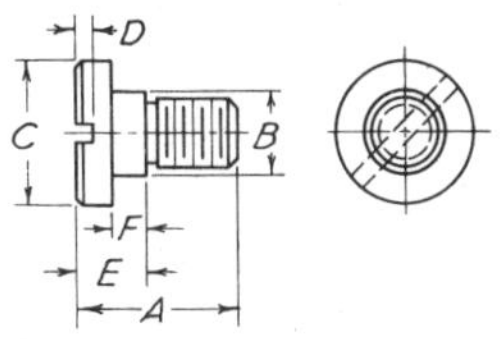

Paraf. nº	A	B	C	D	E	F	Rosca ASA
1	5/8	3/8	5/8	1/16	1/4	.138 .132	5/16-18
2	7/8	3/8	5/8	3/32	3/8	.200 .194	5/16-18
3	1	7/16	3/4	1/8	3/8	.200 .194	3/8-16

Buchas de passagem normalizadas*

Tipo renovável deslizante e Tipo renovável fixo													Camisas		
Deslizante tam. do furo *I*	Fixo tam. do furo *A*	Tolerância do furo	Limites dos diâmetros do corpo *B*	Comp. dispon. *C*	Dimensões das cabeças *F*	*G* Deslizante	*G* Fixo	*H*	*J*	*L*	*R*	Paraf. de aperto nº	Limites do furo *A*	Limites OD *B*	Comprimentos
0.052 para 0.089	0.055 para 0.089	+0.0004 +0.0001	0.3125 0.3123	5/16, 1/2 3/4, 1	3 5/64	3/8	1/4	1/8	1 1/64	65°	1/2	1	0.3126 0.3129	0:5017 0.5014	Os mesmos que das buchas.
0.0935 para 0.1562	0.0935 para 0.1562			5/16, 1/2 3/4, 1											
0.1406 para 0.3437	0.1570 para 0.3125	Incl 1/4 +0.0004 +0.0001 sobre 1/4 +0.0005 +0.0001	0.5000 0.4998	5/16, 1/2, 3/4 1, 1 3/8, 1 3/4	5 1/64	7/16	1/4	1/8	1 9/64	65°	5/8		0.5002 0.5005	0.7518 0.7515	
0.2812 para 0.5312	0.3160 para 0.5000	+0.0005 +0.0001	0.7500 0.7498	1/2, 3/8, 1 1 3/8, 1 3/4, 2 1/8	1 3/64	7/16	1/4	1/8	2 7/64	50°	3/4		0.7503 0.7506	1.0015 1.0018	
0.4687 para 0.7812	0.5156 para 0.750		1.0000 0.9998	3/4, 1, 1 3/8 1 3/4, 2 1/8, 2 1/2	1 27/64	7/16	3/8	3/16	1 9/32	35°	59/64	2	1.0004 1.0007	1.3772 1.3768	
0.7817 para 1.0312	0.7656 para 1.0000	+0.0006 +0.0002	1.3750 1.3747	3/4, 1, 1 3/8 1 3/4, 2 1/8, 2 1/2	1 51/64	7/16	3/8	3/16	25/32	30°	1 7/64		1.3756 1.3760	1.7523 1.7519	
0.9687 para 1.4062	1.0156 para 1.3750		1.7500 1.7497	1, 1 3/8, 1 3/4 2 1/8, 2 1/2, 3	2 19/64	5/8	3/8	3/16	1	30°	1 25/64	3	1.7508 1.7512	2.2521 2.2525	
1.3437 para 1.7812	1.3906 para 1.750	Incl 1 1/2 +0.0006 +0.0002 sobre 1 1/2 +0.0007 +0.0003	2.2500 2.2496	1, 1 3/8, 1 3/4 2 1/8, 2 1/2, 3	2 51/64	5/8	3/8	3/16	1 1/4	25°	1 41/64		2.2510 2.2515	2.7526 2.7522	

Dimensões em pol.
* ANSI B5.6-
O desenho da cabeça de acordo com a prática do fabricante; o tipo de deslizamento em geral serrilhado.

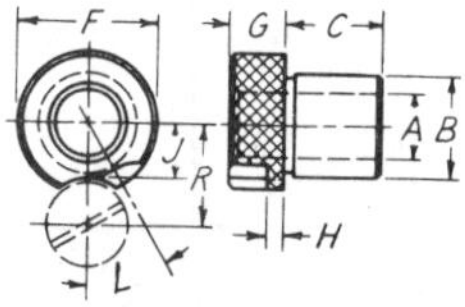

RENOVÁVEL DESLIZANTE

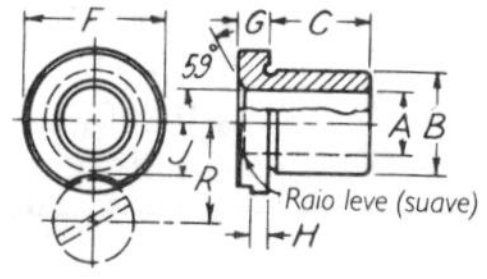

RENOVÁVEL FIXO

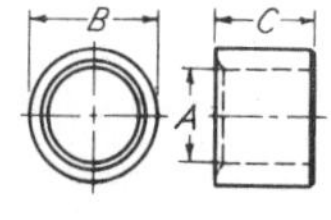

CAMISA
(usado com buchas do tipo renovável)

Buchas de passagem normalizadas (Continuação)

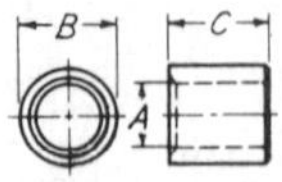

TIPO AJUSTÁVEL COM PRESSÃO SEM CABEÇA

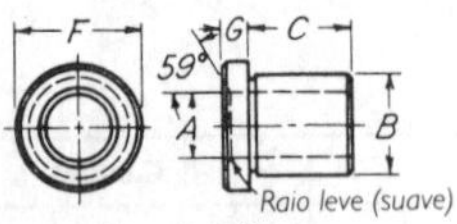

TIPO AJUSTÁVEL COM PRESSÃO COM CABEÇA

Tipos ajustáveis c/pressão s/cabeça e ajustáveis c/pressão c/cabeça

Tam. do furo *A*	Tolerância no furo	Limites OD *B*	Compr. dispon. *C*	Dim. dos tipos com cabeça *F*	*G*
0.055 para 0.0995	+0.0004 +0.0001	0.2046 / 0.2043	5/16, 1/2	19/64	3/32
0.1015 para 0.1360		0.2516 / 0.2513	5/16, 1/2	23/64	3/32
0.1405 para 0.1875		0.3141 / 0.3138	5/16, 1/2 3/4, 1	27/64	1/8
0.1890 para 0.2500		0.4078 / 0.4075	5/16, 1/2 3/4, 1 1 3/8, 1 3/4	1/2	5/32
0.2570 para 0.3125	+0.0005 +0.0001	0.5017 / 0.5014		39/64	7/32
0.316 para 0.4219		0.6267 / 0.6264	1/2, 3/4 1, 1 3/8 1 3/4, 2 1/8	51/64	7/32
0.4375 para 0.500		0.7518 / 0.7515		59/64	7/32
0.5156 para 0.625		0.8768 / 0.8765	3/4, 1	1 7/64	1/4
0.6406 para 0.7500		1.0018 / 1.0015	1 3/8, 1 3/4	1 15/64	5/16
0.7656 para 1.0000	+0.0006 +0.0002	1.3772 / 1.3768	2 1/8, 2 1/2	1 39/64	3/8
1.0156 para 1.3750		1.7523 / 1.7519	1, 1 3/8 1 3/4, 2 1/8 2 1/2, 3	1 63/64	3/8
1.3906 para 1.7500	Incl. 1 1/2 +0.0006 +0.0002 Sobre 1 1/2 +0.0007 +0.0003	2.2525 / 2.2521		2 31/64	3/8

Acessórios de latão de juntas soldadas norma ANSI*

Bitola da Tub.	*A*	*B*	*C*	*D*	Tamanho de redução	*F*	*E*	*G*
3/8	5/16	11/16	3/16	1/8	3/4 × 1/2	5/8	1	13/16
1/2	7/16	13/16	3/16	1/8	1 × 3/4	11/16	1 1/16	1
3/4	9/16	1	1/4	1/8	1 × 1/2	1/2	1 1/16	13/16
1	3/4	1 1/16	5/16	1/8	2 × 1 1/2	1 1/8	1 3/8	1 3/16
1 1/2	1	1 3/16	1/2	1/8	2 1/2 × 2	1 3/16	1 5/8	1 3/8
2	1 1/4	1 3/8	9/16	3/16	2 1/2 × 1 1/2	15/16	1 5/8	1 3/16
2 1/2	1 1/2	1 5/8	5/8	3/16	3 × 2 1/2	1 1/4	1 7/8	1 5/8
3	1 3/4	1 7/8	3/4	3/16	3 1/2 × 3	1 1/8	2 1/16	1 7/8
3 1/2	2	2 1/16	7/8	3/16	3 1/2 × 2 1/2	1 5/16	2 1/16	1 5/8
4	2 1/4	2 1/4	15/16	1/4	4 × 3 1/2	1 3/16	2 1/4	2 1/16

* Adaptado do ANSI B16.18-.

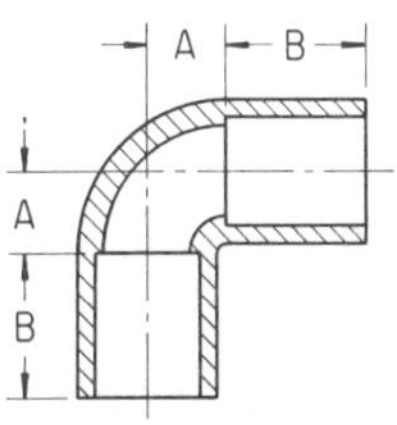

JOELHO DE 90°

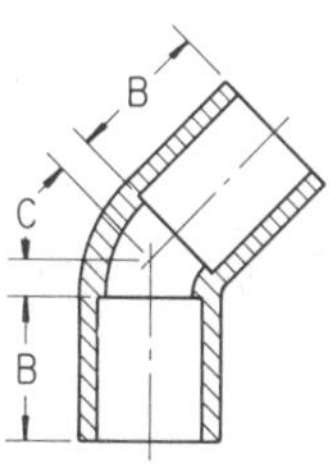

JOELHO DE 45°

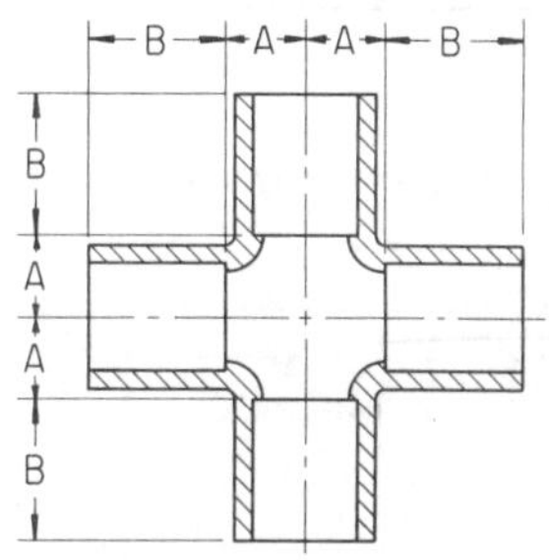

CRUZAMENTO

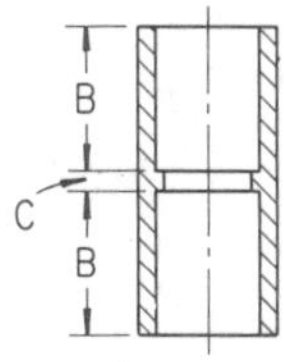

UNIÃO

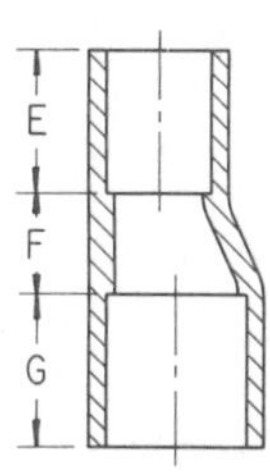

UNIÃO EXCÊNTRICA

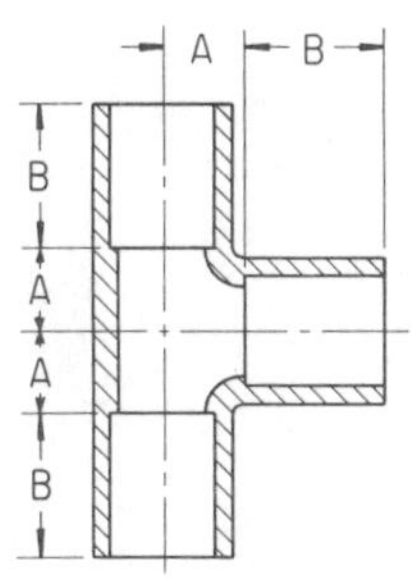

TÊ

CONTRAPINOS NORMA SAE

Diâm. do pino *A*			Diâm. do olho, mín		Diâm. recomendado do furo, tamanho da broca
Nominal	**Máx**	**Mín**	**Interno *B***	**Externo *C***	
1/32 (0.031)	0.032	0.028	1/32	1/16	3/64 (0.0469)
3/64 (0.047)	0.048	0.044	3/64	3/32	1/16 (0.0625)
1/16 (0.062)	0.060	0.056	1/16	1/8	5/64 (0.0781)
5/64 (0.078)	0.076	0.072	5/64	5/32	3/32 (0.0937)
3/32 (0.094)	0.090	0.086	3/32	3/16	7/64 (0.1094)
1/8 (0.125)	0.120	0.116	1/8	1/4	9/64 (0.1406)
5/32 (0.156)	0.150	0.146	5/32	5/16	11/64 (0.1719)
3/16 (0.188)	0.176	0.172	3/16	3/8	13/64 (0.2031)
7/32 (0.219)	0.207	0.202	7/32	7/16	15/64 (0.2344)
1/4 (0.250)	0.225	0.220	1/4	1/2	17/64 (0.2656)
5/16 (0.312)	0.280	0.275	5/16	5/8	5/16 (0.3125)
3/8 (0.375)	0.335	0.329	3/8	3/4	3/8 (0.3750)
1/2 (0.500)	0.473	0.467	1/2	1	1/2 (0.5000)

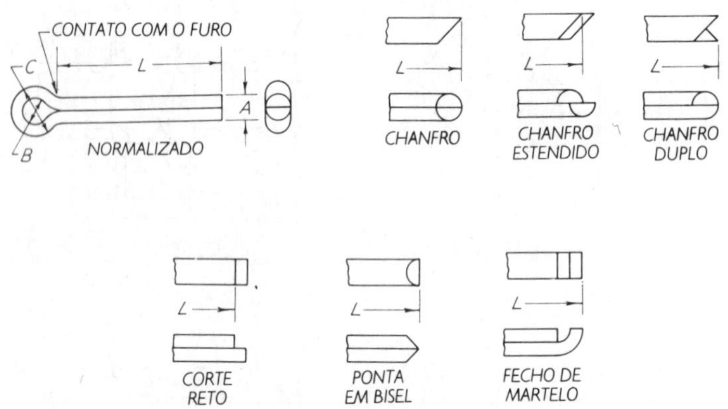

Norma ANSI para símbolos gráficos de canalizações e aquecimento*

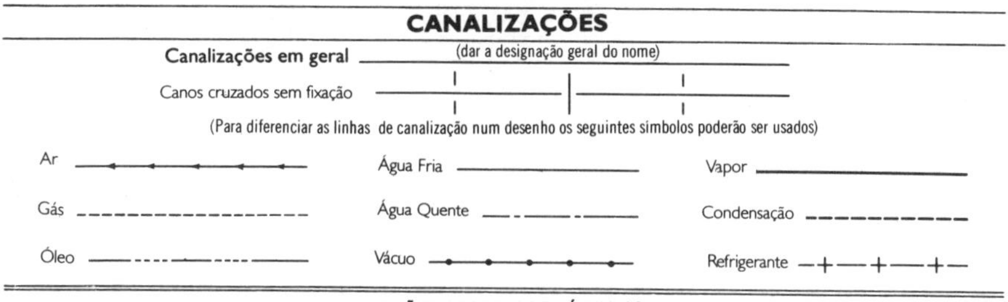

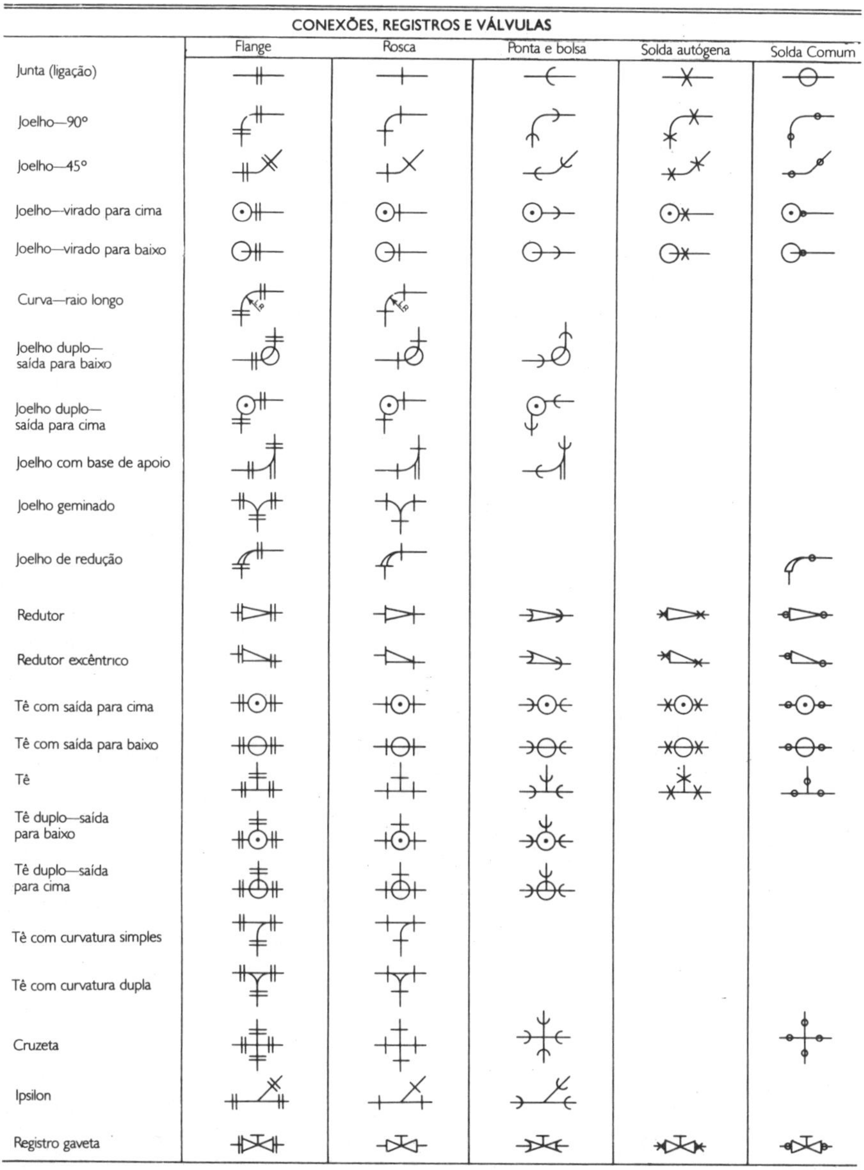

* ANSI Y32.2.3–.

Símbolos para canalizações e aquecimento (Continuação)

CANALIZAÇÕES

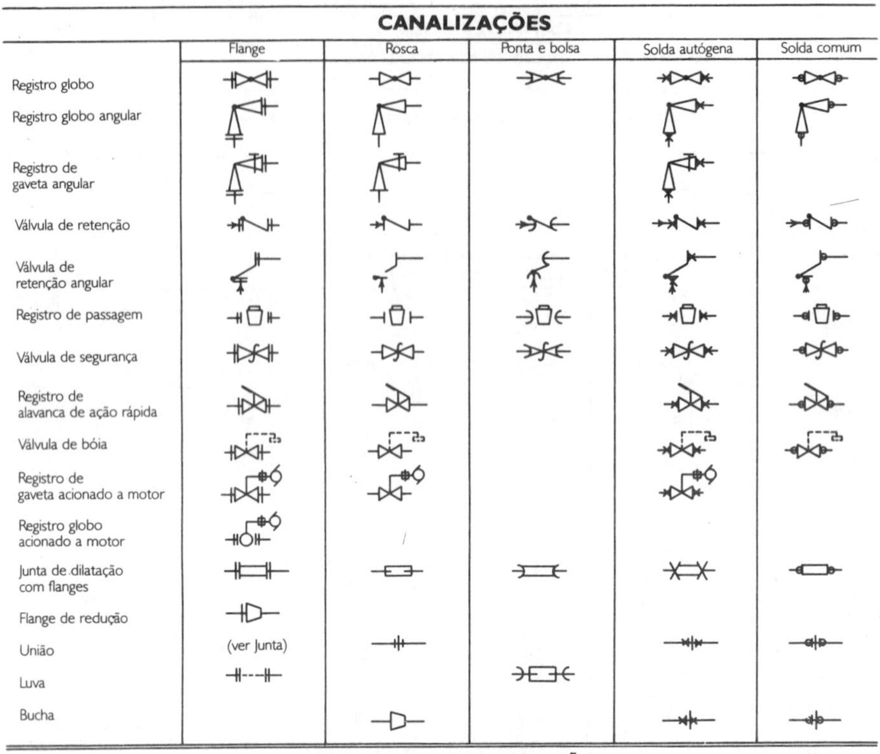

AQUECIMENTO E VENTILAÇÃO

APARELHAGEM DE ENERGIA TÉRMICA

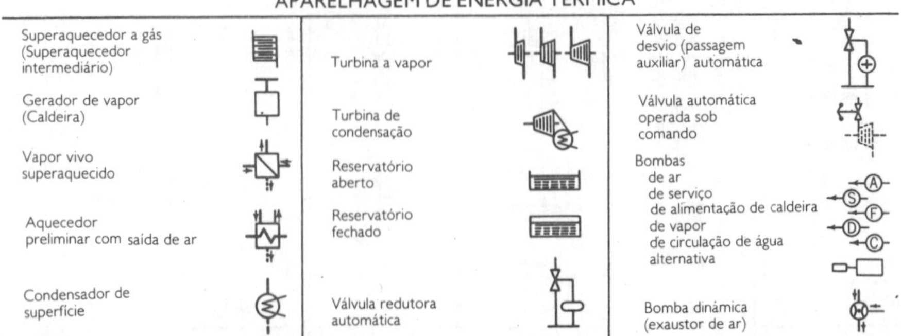

Símbolos de fixação padrão ANSI*

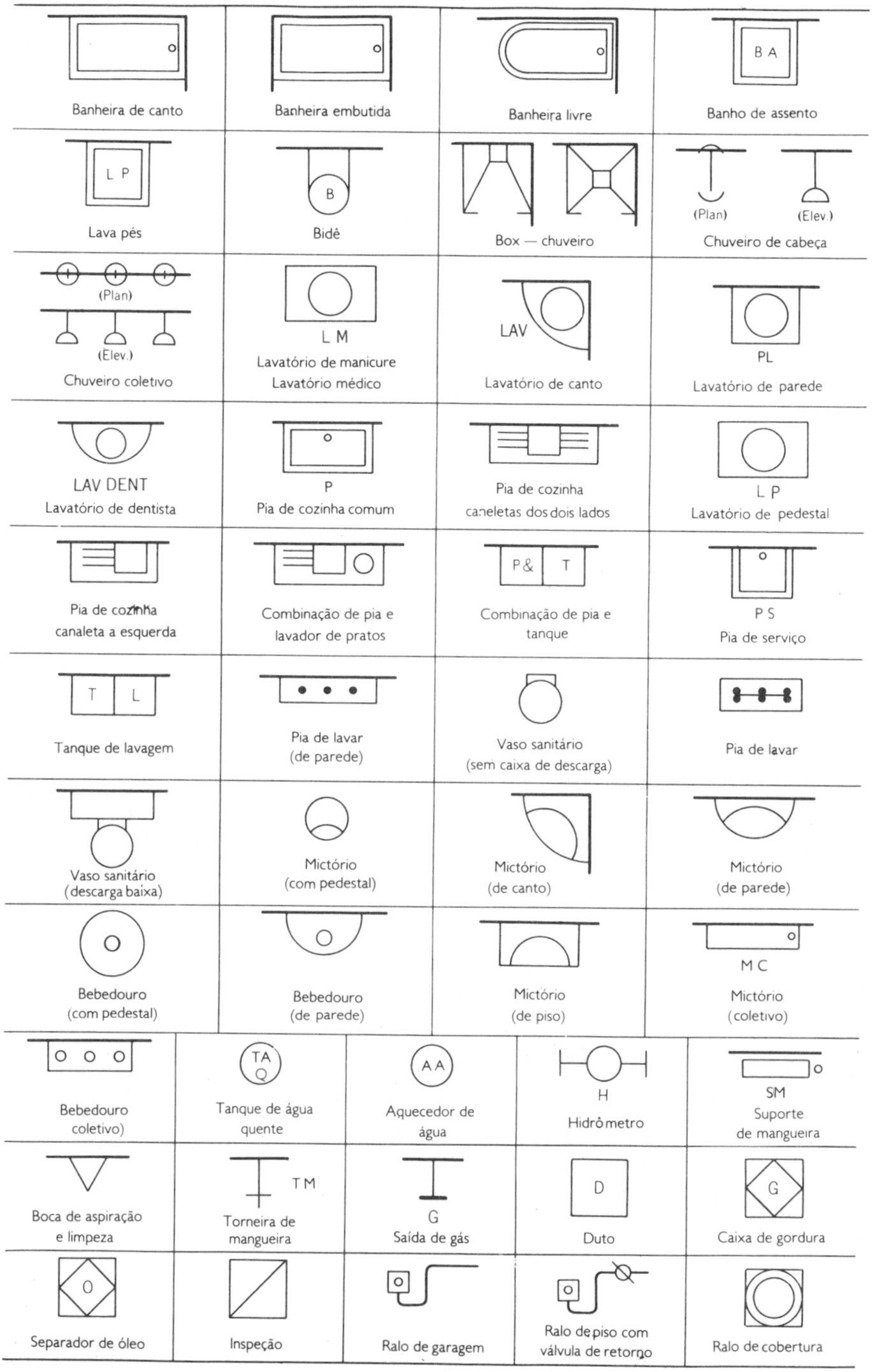

* ANSI Y32.4–.

Símbolos de instalação elétrica para arquitetura

Aparelho no teto

Tomada no teto (E)

Porta-lâmpada no teto, especif. para descrever o tipo, como com chave, sem chave ou corrente de puxar (R)

Ventilador no teto

Interruptor de puxar PS

Pendente (D)

Arandela

Saída de parede para extensões (E)

Tomada de parede, como especificado (R)

Ventilador de parede

Tomada simples

Tomada dupla 2

Caixa de derivação (J)

Tomadas para fins especiais Iluminação, aquecimento e força de acordo com o descrito nas especificações

Luz de emergência

Tomada no piso

Joelho no piso E, T de piso T

Interruptor unipolar S^1

bipolar S^2, 3-pólos S^3, 4-pólos S^4

Interruptor de porta automática S^D

Interruptor operado a chave S^K

Interruptor de lustre S^E

Interruptor de lâmpada indicadora S^P

Interruptor de controle remoto S^R

Interruptor de tanque T.S.

Motor, Controle de motor M.C.

Quadro de distribuição

Quadro de distribuição de força

Quadro de distribuição para aquecimento

Caixa de passagem

Caixa para suporte de cabos

Medidor

Transformador

Botão de pressão

Linha em postes

Cigarra, campainha

Anunciador

Circuito parcial a vista

Circuito parcial oculto sob o piso

Circuito parcial oculto, dentro do teto

Linha principal exposta

Linha principal oculta sob o piso

Linha principal dentro do teto

Telefone, interno, público

Relógio secundário, mestre

Relógio de ponto

Abridor de porta, elétrico

Campainha de alarme contra incêndio local F

Estação citadina de alarme contra incêndio

Estação local de alarme contra incêndio F

Estação central de alarme contra incêndio FA

Tubo acústico

Sinalização para enfermeira N

Sinal para empregada M

Posto de vigia

Alarme no posto central de vigia

Estação de vigia (guarda) W

Detector da estação central de vigia W

Telefone público—Mesa telefônica P.B.X. PBX

Mesa de central telefônica interna IX

Cabina de interconexão

Cabina telefônica

Cabina telegráfica

Tomada especial para sistema de alarme como especif.

Bateria

Fios de alarme em conduto sob o piso

Fios de alarme em conduto dentro do teto

Este sinal marcado em circuitos de derivação indica

- 2 fios nº 14 em conduto de 1/2" ||
- 3 fios nº 14 em conduto de 1/2" |||
- 4 fios nº 14 em conduto de 3/4" [salvo se marcado de 1/2"] ||||
- 5 fios nº 14 em conduto de 3/4" |||||
- 6 fios nº 14 em conduto de 1" [salvo se marcado de 3/4"] ||||||
- 7 fios nº 14 em conduto de 1" |||||||
- 8 fios nº 14 em conduto de 1" ||||||||

(Tomada para rádio)

(Tomada para alto-falante público)

Símbolos Gráficos Padronizados para Diagramas Elétricos ANSI*

Os símbolos para uma linha única são mostrados à esquerda, símbolos completos à direita e símbolos para ambos os fins estão centrados em cada coluna.

ACOPLADOR DIRECIONAL

Comumente usado em diagramas coaxiais e de guias de onda.

As flechas indicam a direção do fluxo de potência.

O número de trajetos de acoplamento, o tipo de acoplamento e as perdas de transmissão podem ser indicados.

Geral:

Aplicações

Acoplamento de abertura plano e perdas de transmissão de 30 decibéis.

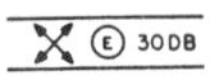

Acomplamento de laço, perdas de transmissão de 30 decibeis.

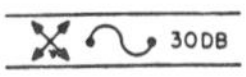

Acoplamento de prova, perdas de transmissão de 30 decibeis.

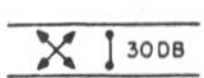

Acoplamento de resistência, perdas de transmissão de 30 decibeis.

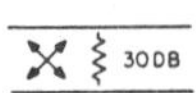

AJUSTÁVEL
CONTINUAMENTE AJUSTÁVEL
(Variável)

O corpo da flecha é desenhado cerca de 45º através do corpo do símbolo.

AMPLIFICADOR

Veja também MÁQUINA ROTATIVA.

Geral

O triângulo está apontado na direção da transmissão.

O tipo de amplificador pode ser indicado no triângulo por palavras, por abreviaturas padronizadas ou uma combinação de letras da seguinte lista:

BDQ	Ponte	LIM	Limitador
BST	Intensificador	MON	Monitor
CMP	Compressor	PGM	De Programa
DC	Corrente Contínua	PRE	Preliminar
EXP	Expansor	PWR	De Potência
		TRQ	De Torque

Aplicações

Amplificador intensificador com duas entradas.

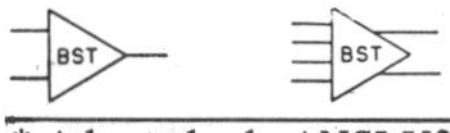

Amplificador monitor com duas saídas.

Amplificador com fonte de alimentação associada.

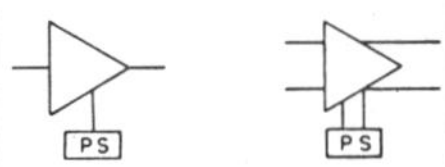

ANTENA

Geral

Tipos e funções podem ser indicadas por palavras ou abreviaturas adjacentes ao símbolo.

Dipolo

ATENUADOR

Veja também SUAVIZADOR

Geral

Equilibrado geral

Desequilibrado geral

BATERIA

A linha longa é sempre positiva, mas a polaridade pode ser indicada adicionalmente.
Exemplo:

Fonte de corrente contínua generalizada.

BOBINA, FUNCIONAMENTO

Veja também INDUTOR, ENROLAMENTO

Nota 1: O asterisco não faz parte do símbolo. Sempre substituí-lo pela designação de um dispositivo.

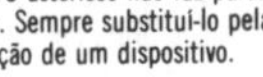

* **Veja nota** 1

BOBINA, QUEIMA

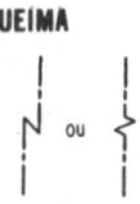

CAMINHO, TRANSMISSÃO

Caminho aéreo ou espacial

Caminho dielétrico outro que o ar.

Comumente usado para transmissão coaxial ou de guia de onda.

Cruzamento do caminho ou condutores não ligados.
O cruzamento não é, necessariamente, num ângulo de 90°.

Junção de caminhos ou condutores.

Junção (quando desejado)

Aplicação: junção de cabos de calibres diferentes.

Junção de caminhos, condutores ou fios ligados.

ou

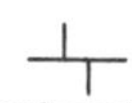

ou somente quando exigido. por limitação de espaço.

CAPACITOR

Veja também TERMINAÇÃO.

Geral
Quando é necessário identificar os elementos do capacitor, o elemento curvo deverá representar o eletrodo externo com dielétricos de papel e dielétricos de cerâmica, o eletrodo negativo em capacitores eletrolíticos, o elemento móvel em capacitores ajustáveis e variáveis e o elemento de eixo potencial em capacitores de passagem.

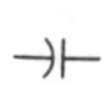

Aplicação: capacitor blindado.

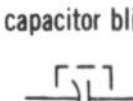

Aplicação: capacitor ajustável ou variável.

Quando é necessário identificar um capacitor de dielétrico ajustável (**Trimmer**) deverá aparecer junto ao símbolo letra T.

Aplicação: capacitores ajustáveis ou variáveis com ligação mecânica das unidades.

Capacitor de derivação.

Capacitor de passagem (com terminais mostrados no elemento de passagem). Comumente utilizado para acoplamento de correntes de alta freqüência ao chassi.

Aplicação: capacitor de passagem entre 2 indutores com um terceiro fio ligado ao chassi.

CÉLULA FOTOSSENSÍVEL
(Semicondutor)

λ indica que a característica primária do elemento no interior do circuito é destinada a variar sob a influência da luz.

Transdutor fotocondutivo assimétrico (resistivo).
Esta cabeça de flecha deverá ser cheia.

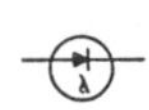

Transdutor fotocondutivo simétrico; pilha de selênio.

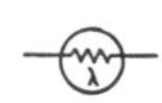

CHASSI

Carcaça

Veja também TERRA

O chassi ou carcaça não está necessariamente com potencial terra.

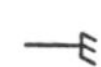

CONECTOR DISPOSITIVO DE DESLIGAMENTO

O símbolo do conector não é uma cabeça de flecha. Ela é maior e as linhas são desenhadas em um ângulo de 90º.

CONTATO FÊMEA

CONTATO MACHO

* Adaptado de ANSI Y32.2–.

Símbolos Gráficos Padronizados para Diagramas Elétricos ANSI*

Os símbolos para uma linha única são mostrados à esquerda, símbolos completos à direita e símbolos para ambos os fins estão centrados em cada coluna.

Montagem do conector, porção móvel ou estacionária; tomada, plugue ou porta-lâmpada.

Nota 2: use um número apropriado de símbolos de contato

ou

*** Veja Nota 2**

Comumente usado para uma tomada ou porta-lâmpada (geralmente estacionário)

*** Veja Nota 2** ou

Comumente usado para um plugue (geralmente móvel)

*** Veja Nota 2** ou

Conectores separados (engatados)

*** Veja Nota 2** ou

Aplicação: conectores de 4 condutores engatados; o plugue tem um contato macho e 3 fêmeas.

ou

Conector tipo mesa de ligações de comunicação.

De dois condutores (tomada)

De dois condutores (plugue)

Tomada com circuito circulando num sentido.

Tomadas com circuito circulando em ambos os sentidos.

Tomadas múltiplas, um jogo com circuito circulando em ambos os sentidos.

Conectores do tipo comumente usado para fontes de alimentação (saídas secundárias e conectores de extensão)

Contato fêmea

Contato macho

Conector de dois condutores não polarizados com contatos fêmeas.

Conector de dois condutores não polarizados com contatos machos.

Conector de dois condutores polarizados com contatos fêmeas.

Conector de dois condutores polarizados com contatos machos.

Conector de três condutores polarizados com contatos fêmeas.

Conector de 3 condutores polarizados com contatos machos.

Conector de quatro condutores polarizados com contatos fêmeas.

Conector de quadro condutores polarizados com contatos machos.

Bloco de testes

Porção fêmea com barra "curto-circuito" (com terminais à mostra).

Porção macho (com terminais à mostra).

CONTATO ELÉTRICO

Para estruturações ou formas que usam contatos elétricos, ver aplicações do CONECTOR.

Contato fixo.

Contato fixo para tomada, chave, relé, etc.

ou ou

Contato fixo para interruptor.

ou

Contato fixo para interruptor momentâneo.

Veja INTERRUPTOR

Encapsulado

ou ou

Contato móvel.

Contato ajustável ou de deslizamento para resistor, indutor, etc.

ou

De bloqueio

Sem bloqueio

Contato fechado (interruptor)

ou

Contato aberto (fechados)

ou

Transferência

ou

Fechados antes do interruptor.

Aplicação: contato aberto com fechamento de tempo (TC ou TDC)

TC ou TDC

Aplicação: contato fechado com abertura de tempo (TO ou TDO)

TO ou TDO

Fechamento seqüencial de tempo.

ou

DESCONTINUIDADE

Um componente que exibe, através da faixa de freqüência de interesse, as propriedades do tipo do elemento de circuito indicado pelo símbolo no interior do triângulo.

Comumente usado para transmissão coaxial e de guia de onda.

Elemento equivalente, série geral.

Z

Reatância capacitiva.

DIREÇÃO DE FLUXO DE POTÊNCIA,SINAL OU INFORMAÇÃO

Num só sentido.

Nota 3: O símbolo inferior é usado quando é necessário conservar espaço. A cabeça de flecha no símbolo inferior deverá ser cheia.

ou

*** Veja Nota 3.**

Em ambos os sentidos.

ou

*** Veja Nota 3.**

DISJUNTOR

Quando é desejado mostrar a condição que causa a abertura do disjuntor, os símbolos da função protetora do relé podem ser usados juntamente com o símbolo do disjuntor.

Geral

Nota 4 — Use um número apropriado de símbolos de diagrama de linha única.

*** Veja Nota 4.**

Ar ou, quando é necessária uma distinção, para um disjuntor de corrente alternada para 1.500 V ou menos e para um disjuntor de corrente contínua.

*** Veja Nota 4.**

Símbolos Gráficos Padronizados para Diagramas Elétricos ANSI*

Os símbolos para uma linha única são mostrados à esquerda, símbolos completos à direita e símbolos para ambos os fins estão centrados em cada coluna.

ELEMENTO DE CIRCUITO (GERAL)

Nota 5 – O asterisco não é parte do símbolo. Sempre indique o tipo de aparelho com palavras apropriadas no retângulo.

* **Veja Nota 5.**

Abreviaturas aceitas na última edição do AMERICAN STANDARD Z32.13 podem ser usadas no retângulo.
As seguintes combinações de letras podem ser usadas no retângulo.

CB – Disjuntor (Circuit Breaker)
NET – Rede (Network)
DIAL – Disco telefônico (Telephonie Dial)
EQ – Equalizador (Equalizer)
PAX – Receptor Fac-Símile (Fac-Simile Set)
FL – Filtro (Filter)
FL-BE – Filtro, Eliminador de faixa de sintonização (Filter band eliminator)
FL-Bp – Filtro passa-banda (Filter, Band Pass)
FL-Hp – Filtro passa-alto (Filter high pass)
FL-Lp – Filtro, passo-baixo (Filter low pass)
PS – Fonte de alimentação (Power supply)
RU – Unidade de reprodução (Reproduzing unit)
RG – Unidade de gravação (Recording unit)
TEL – Estação telefônica (Telephone Station)
TPR – Teleimpressor (Teleprinter)
TTY – Telescritor (Teletypewriter)

ELEMENTO TÉRMICO

Transdutor termomecânico

Nota 6 – Use um número apropriado de símbolos de diagrama de uma só linha.

* **Veja Nota 6.**

FUSÍVEL

* **Veja Nota 7.**

Nota 7 – Use um número apropriado de símbolos de diagrama de uma só linha.

Elemento fusível.

* **Veja Nota 7.**

INDUTOR
ENROLAMENTO

Geral.

Qualquer dos símbolos poderá ser usado nos seguintes subparágrafos.

ou

Quando é especialmente desejado distinguir indutores de núcleo magnético.

INTERRUPTOR

Símbolos fundamentais para contatos, conexões mecânicas, etc. podem ser usados como símbolos de interruptores. O método padrão para mostrar interruptores é numa posição sem aplicação de força de operação. Para interruptores que possam estar em qualquer uma de duas a mais posições, sem força de operação aplicada, e para interruptores acionados por algum dispositivo mecânico (como em interruptores de pressão pneumática, nível de líquido, velocidade de circulação, etc.) uma nota esclarecedora pode ser necessária para aplicar o ponto em que o interruptor funciona.

Chave de uma via, geral.

Chave de duas vias, geral.

Aplicação: chave de duas vias e dois pólos com os terminais à mostra.

Chave de faca, geral.

Chave sem trava: retorno instantâneo ou à mola.

Os símbolos à esquerda são comumente usados em montagens à mola em chaves interruptoras, relés e tomadas.

Os símbolos à direita são comumente usados em chaves com ação de cotovelo.

Fechamento de circuito (fechador).

ou

Abertura do circuito (disjuntor)

ou

Chave de trava

Os símbolos à esquerda são comumente usados em montagens à mola em chaves interruptoras, relés e tomadas.

Os símbolos à direita são comumente usados em chaves com ação de cotovelo.

Fechamento de circuito (fechador)

ou

Abertura do circuito (disjuntor)

ou

Contato de transferência, de duas posições.

ou

LÂMPADA

Lâmpada de lastro, tubo de lastro.

A característica primordial do elemento no interior do círculo é designada a variar não-linearmente com a temperatura do elemento.

Lâmpada fluorescente

de dois terminais

de quatro terminais.

– Lâmpada incandescente, lâmpada de cátodo frio, lâmpada neon.

Tipo de corrente alternativa

Tipo de corrente contínua.

Veja também **VÁLVULA ELETRÔNICA**

Lâmpada de iluminação de filamento incandescente.

LIGAÇÃO MECÂNICA
TRAVAMENTO MECÂNICO

A localização preferida para a ligação mecânica é mostrada nas várias aplicações, todavia outras localizações podem ser igualmente aceitas.

Ligação mecânica (traços curtos)

Ligação mecânica ou travamento com apoio (traços curtos)

Travamento mecânico, outro

Indique por uma nota.

MÁQUINA ROTATIVA

Básica

Gerador geral.

Motor geral.

Motor de diversas velocidades.

USE O SÍMBOLO DO MOTOR BÁSICO E ANOTE AS VELOCIDADES.

Armadura rotativa com comutador e escovas

Rotor enrolado

Campo, gerador ou motor

Compensação ou de comutação

Em série

Derivação, ou excitado separadamente

Imã permanente.

Símbolos de enrolamento.

Os símbolos de enrolamentos de motores e geradores podem ser mostrados dentro do círculo básico usando-se as seguintes representações.

1 FASE

2 FASES

3 FASES EM ESTRELA (não ligado à terra)

3 FASES EM ESTRELA (ligado à terra)

3 FASES EM TRIÂNGULO

6 FASES DIAMETRAL

6 FASES EM DUPLO TRIÂNGULO.

Símbolos Gráficos Padronizados para Diagramas Elétricos ANSI*

Os símbolos para uma linha única são mostrados à esquerda, símbolos completos à direita e símbolos para ambos os fins estão centrados em cada coluna.

MOVIMENTO MECÂNICO

Translação, uma direção.

Translação, ambas as direções

Rotação, uma direção.

Rotação, ambas as direções

OSCILADOR
FONTE GENERALIZADA DE CORRENTE ALTERNADA

PÁRA-RAIOS (Supertensão elétrica raio, etc.)

Entreferro.

Geral

Blocos de carvão

Os lados do retângulo são para estar aproximadamente de 1 para 2 e o espaço entre os retângulos deverá ser aproximadamente igual à largura de um retângulo.

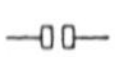

Pilha eletrolítica ou de alumínio.

Este símbolo não é composto de cabeça de flecha.

Entreferro protetor

As cabeças de flecha não deverão ser cheias.

Entreferro esférico

Entreferro múltiplo geral

RELÉ

Veja também CONTATO

Os símbolos fundamentais para contatos, conexões mecânicas, bobinas, etc. são a base dos símbolos para os relés e deveriam ser usados para representar relés em diagramas completos.

Básico.

Bobina do relé

Nota 21. O asterisco não é parte do símbolo.

Sempre substituir o asterisco pela designação de um dispositivo.

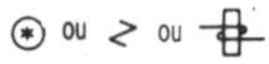

***Veja Nota 21.**

Aplicação: de duplo fechamento de 2 pólos.

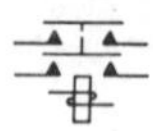

REDE

Geral.

NET

RESISTOR

Nota 22.

Asterisco não é parte do símbolo

Sempre acrescente identificação dentro ou junto do retângulo.

Geral.

*** Veja Nota 22.**

Resistor com derivação

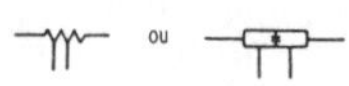

*** Veja Nota 22.**

Aplicação: Com Contato ajustável

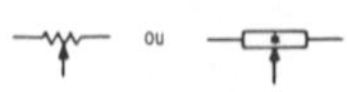

*** Veja Nota 22.**

Aplicação: resistor ajustável ou continuamente ajustável (variável).

Resistor de aquecimento.

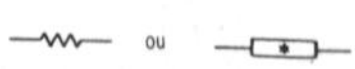

SUAVIZADOR

Veja também ATENUADOR

Geral

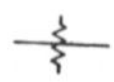

Equilibrado

geral.

Desequilibrado

geral

TERMINAL DE CIRCUITO

Painel de terminais ou tira de metal terminal com 4 terminais à mostra, grupo de 4 terminais.

Número e arranjo à conveniência.

TERRA

Veja também CHASSI, CARCAÇA.

TRANSFORMADOR

Geral

Qualquer símbolo de enrolamento pode ser usado.

Enrolamentos adicionais podem ser mostrados ou indicados por uma Nota.

Para transformadores de força, use de polaridades $H_1 - X_1$, e etc. do American Standard C6.1

Em circuitos coaxiais e de onda, este símbolo irá representar um transformador cônico ou de escaloner sem mudança.

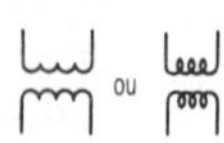

Caso se deseje distinguir um transformador com núcleo magnético.

VÁLVULA ELETRÔNICA

Símbolos de componentes de válvulas são mostrados antes. Estes são seguidos por aplicações típicas mostrando o uso destes símbolos específicos nas várias classes de disposição tais como válvulas termiônicas, de catódio frio e fotoemissivas de várias estruturas e combinações de elementos (tríodos, pentodos, tubos de raios catódicos, magnétrons, etc.)

Linhas fora do envoltório não são parte do símbolo, mas são conexões elétricas a esta.

Conexões entre o circuito externo e os símbolos de válvulas eletrônicas dentro do envoltório podem ser posicionados como necessário para simplificar o diagrama.

ELETRODO EMISSOR

Catódio aquecido diretamente (filamentar)

Nota — Os fios podem ser ligados de qualquer maneira conveniente às extremidades do contato contanto que a identidade do ^ seja conservada

Catódio aquecido indiretamente.

O fio pode ser ligado a qualquer extremidade do ⌐ ou, se necessário, a ambas as extremidades de qualquer maneira convenientemente.

Catódio frio (inclusive catódio aquecido iônicamente)

Fotocatódio

Catódio de mercúrio

Catódio aquecido ionicamente com provisão para aquecimento suplementar.

ELETRODO DE CONTROLE

Grade (inclusive eletrodos confinadores de feixe eletrônico ou formadores de feixe eletrônico.

Eletrodos desviadores (usados aos pares); eletrodo refletor ou repulsor (usado

Símbolos Gráficos Padronizados para Diagramas Elétricos ANSI*

Os símbolos para uma linha única são mostrados à esquerda, símbolos completos à direita e símbolos para ambos os fins estão centrados em cada coluna.

em válvula modulada velocidade).

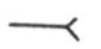

Ignitor (em válvulas de mercúrio) (pode se expandir no mercúrio).

Excitador (tipo contactor)

Eletrodo coletor.

Anódio ou placa (inclusive eletrodo coletor e anódio fluorescente de válvula indicadora de sintonia).

Anódio alvo ou de raios-X

Desenhado num ângulo de cerca de 45º

Eletrodo coletor e emissor

Dinodo

Alternador coletor e emissor

Composto anódio-fotocatódio

Composto anódio-catódio frio

Composto anódio-catódio ionicamente aquecido com provisão para aquecimento suplementar.

Aquecedor

Envoltório (concha)

Simbolo geral para envoltórios identifica o envoltório ou invólucro indiferente ao vácuo ou pressão quando usado com símbolos de componentes de válvulas eletrônicas, o símbolo geral de envoltório indica um invólucro a vácuo, salvo se especificado diferentemente. Um dispositivo eletrônico de gás pode ser indicado por um ponto no interior do símbolo do envoltório.

Geral.

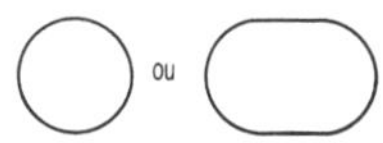

Envoltório partido (dividido)

Se necessário, o envoltório pode ser partido com enchimento de gás.

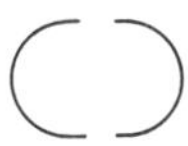

Dispositivo de partida (em válvulas a gás).

O ponto pode ser colocado à conveniência.

Blindagem

Isto se entende como blindagem contra campos elétricos a não ser que haja outra anotação.

Qualquer blindagem contra campos elétricos que está no interior do envoltório e que é ligado a um terminal independente.

Invólucro externo de válvula de Raios-X

Acoplamento por laço (tipo eletromagnético)

O laço de acoplamento pode ser mostrado por dentro ou por fora do envoltório, conforme desejado, mas se for por dentro deverá ser mostrado ligado à terra.

Ressonadores (tipo cavidade)

Envoltório de uma só cavidade e eletrodos associados tipo grade.

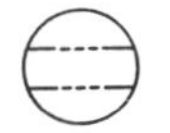

Envoltório de dupla cavidade e eletrodos associados tipo grade.

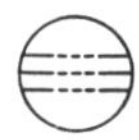

Anódio magnétron de multicavidade e envoltório.

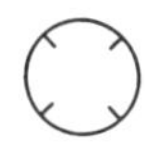

Partes associadas de um circuito, tais como bobinas de focalização, bobinas desviadoras, bobinas de campo, etc. não são partes do símbolo da válvula mas podem ser adicionados ao circuito sob a forma de símbolos padrão. Por exemplo, magnétrons tipo ressonador com magneto permanente poderão ser mostrados.

Blindagens externas e internas, partes integrantes de válvulas ou não deverão ser omitidas do diagrama do circuito salvo se este diagrama requer sua incclusão

Assim como na prática padrão de desenho, passagens em linha reta são recomendadas.

Aplicações típicas

Triodo com catódio de aquecimento filamentar direto e ligação do envoltório ao terminal de base.

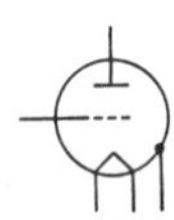

Pentodo de catódio eqüipotencial mostrando o uso de envoltório alongado.

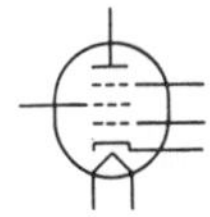

Figura típica de fixação.

A figura ilustra como os símbolos de válvulas podem ser colocados em qualquer posição conveniente num circuito

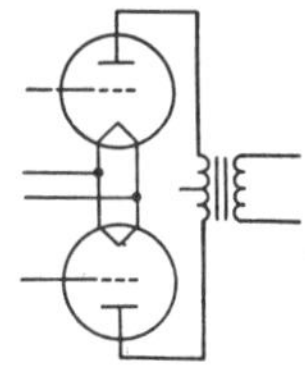

Para válvulas com bases de pinos-guia.

Palavra explanatória e seta não são parte do símbolo mostrado.

Para válvulas com baionetas, saliências e outros pontos de referência.

Terminais de base

Palavra explicativas e flechas não são parte do símbolo.

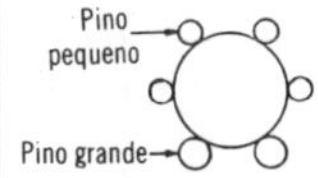

Terminais de envoltórios

Palavras explicativas com flechas não são parte do símbolo.

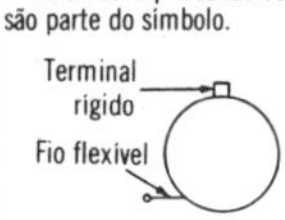

Aplicações

Triodo com catódio aquecido indiretamente e envoltório ligado ao terminal de base.

Triodo-héptodo com ligações a envoltório rígido.

Símbolos de transistores

PNP transistor 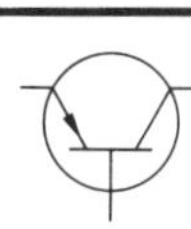	NPN transistor 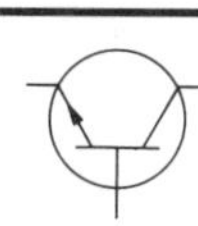	

Símbolos para Materiais (Exterior)

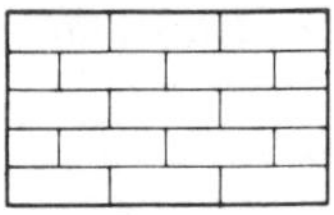
Tijolo

Pedra

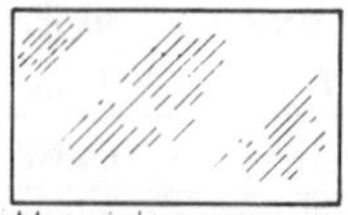
Material transparente vidro, celuloide, etc.

Madeira

Símbolos para Materiais (Seções)

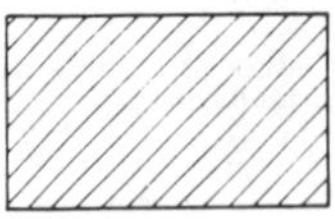
Ferro fundido

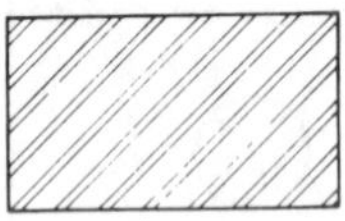
Aço

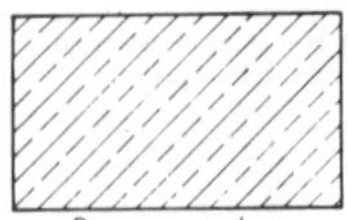
Bronze, cobre latão e ligas

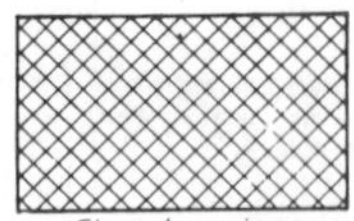
Chumbo, zinco ligas antifricção

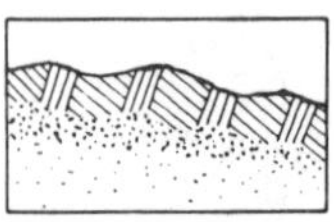
Terra

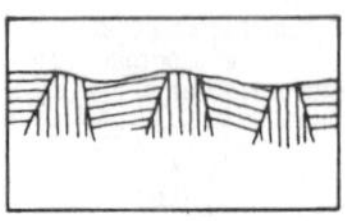
Rocha

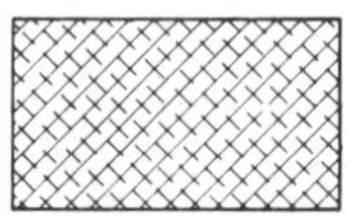
Alumínio

Sólido para seções estreitas

Isolamento elétrico mica, fibra, ebonite baquelite, etc.

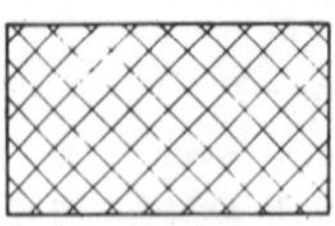
Isolamento de som ou calor, cortiça, asbestos, feltro

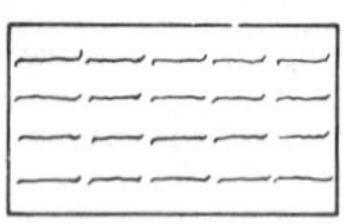
Material flexível borracha, tecido, etc

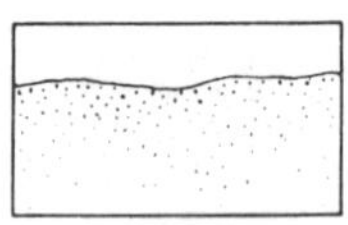
Areia

Água e outros líquidos

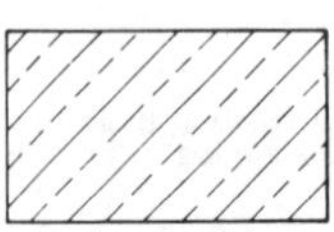
Tijolo refratário e materiais refratários

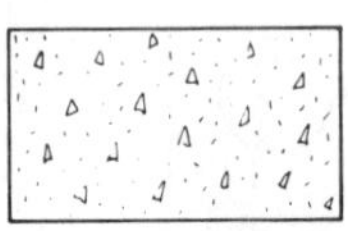
Concreto

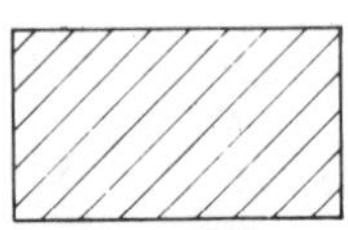
Alvenaria de tijolo ou pedra

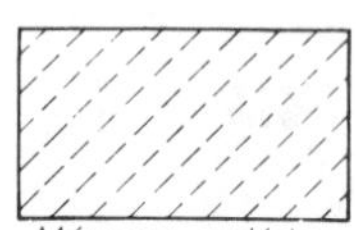
Mármore, ardósia, porcelana, vidro, etc.

Peso dos Materiais

Metais	lb/pol cúbica
Aço, ferramenta	0,272
Aço, fundido ou laminado	0,274–0,281
Alumínio, trabalhado	0,097
Alumínio, fundido	0,094
Bronze, alumínio fundido	0,277
Bronze, fosfórico	0,315–0,321
Chumbo	0,411
Cobre, fundido	0,311
Cobre, laminado, estirado ou trifilado	0,322
Cromo	0,256
Dowmetal A	0,065
Duralumínio	0,101
Estanho	0,263
Ferro fundido	0,260
Ferro trabalhado	0,283
Latão, estirado	0,323
Latão fundido ou laminado	0,303–0,313
Liga de alumínio, fundido	0,099
Magnésio	0,063
Mercúrio	0,491
Metal *Babbit* (metal branco)	0,267
Metal monel	0,323
Ouro	0,697
Prata	0,379
Zinco	0,258

Madeira	lb/pol cúbica
Bordo	0,025
Carvalho	0,028
Cedro	0,017
Choupo	0,018
Cortiça	0,09
Freixo	0,024
Hicória (nogueira amarga)	0,0295
Nogueira	0,023
Pau-de-balsa	0,0058
Pinho (amarelo)	0,025
Pinho (branco)	0,015

Materiais Diversos	lb/pé cúbico
Água	62,4
Arenito	144
Asbesto	175
Baquelite	79,5
Cascalho	109
Celulóide	100
Fibra	89,9
Pedra calcária	163
Plexiglas	74,3
Terra	100
Tijolo comum	112
Tijolo refratário	144
Vidro	163

Abreviaturas Usadas na Terminologia Inglesa de Desenho Técnico *

Abreviaturas são formas reduzidas de palavras ou expressões e seu uso nos desenhos tem a finalidade de preservar espaço e tempo de desenho.

Uma vez que elas devem ser interpretadas por comerciantes, montadores, construtores e outros, as abreviaturas não devem ser utilizadas quando o seu significado não estiver claro. Em caso de dúvida, explicar clara e detalhadamente. Somente palavras que estão abreviadas nos desenhos estão incluídas nesta lista, as quais foram selecionadas de uma lista fornecida pela SAE Aerospace – Automotive Drawing Standards (Seção Z.1).

A mesma abreviatura é usada para todas as formas de uma determinada palavra. Pontos são usados somente para impedir interpretações errônea da abreviação. Espaços entre as letras são usados somente para maior clareza. A abreviatura de combinações de palavras ou frases é algumas vezes espaçado. O uso de hífen ou travessão tem sido evitado quando possível. Para abreviaturas são utilizadas letras maiúsculas. Quando uma abreviatura especial é usada (uma que não apareça no SAE Aerospace – Automotive Standard), pode ser explicada numa tabela ou desenho. Para metais, substâncias químicas, fórmulas e equações são empregadas abreviaturas, símbolos e regras de uso geral e estabelecidas de longa data.

* Mantivemos a indicação dos termos teóricos ingleses, ao lado de sua correspondente tradução portuguesa. Desse modo, as abreviaturas adotadas na terminologia presente nos manuais e na bibliografia especializada, e mesmo em muitas ilustrações (figuras) que se encontram nesta obra (sobretudo as de desenhos simplificados, estruturais, elétricos), poderão ser mais facilmente identificadas pelo leitor. (N. da ed. bras.)

Palavra	Abreviatura
Abbreviate (Abreviatura)	ABBR
Absolute (Absoluto)	ABS
Accelerate (Aceleração)	ACCEL
Acceleration due to gravity (Aceleração de gravidade)	G
Access panel (Painel de acesso)	AP
Accessory (Acessório)	ACCESS.
Actual (Atual)	ACT.
Adapter (Adaptado)	ADPT
Addendum (Adendo)	ADD.
Adjust (Ajustar)	ADJ
Advance (Avanço)	ADV
After (Depois)	AFT.
Aggregate (Agregado)	AGGR
Aileron (Palheta)	AIL
Air-break switch (Interruptor frio)	ABS
Air-circuit breaker (Interruptor de circuitos a ar comprimido)	ACB
Aircraft (Avião)	ACFT
Airplane (Aeroplano)	APL
Airtight (Hermético)	AT
Alarm (Alarme)	ALM
Allowance (Tolerância)	ALLOW
Alloy (Liga)	ALY
Alteration (Mudança)	ALT
Alternate (Alternado)	ALT
Alternating current (Corrente alternada)	AC
Alternator (Alternador)	ALT
Altitude (Altitude)	ALT
Aluminum (Alumínio)	AL
American Standard (Padrão americano)	AMER STD
American Wire Gage (calibre americano de arame)	AWG
Ammeter (Amperímetro)	AM
Amount (Quantidade)	AMT
Ampere (Ampere)	AMP
Ampere hour (Ampere/hora)	AMP HR
Amplifier (Amplificador)	AMPL
Anneal (Recozer)	ANL
Antenna (Antena)	ANT.
Apparatus (Mecanismo)	APP
Approved (Aprovado)	APPD
Approximate (Aproximado)	APPROX
Arc weld (Solda a arco elétrico)	ARC/W
Area (Área)	A
Armature (Armadura)	ARM.
Arrange (Arranjo)	ARR.
Arrester (Pára-raios)	ARR.
Asbestos (Asbesto)	ASB
Assemble (Montar)	ASSEM
Assembly (Montagem)	ASSY
Atomic (Atômico)	AT
Attach (Ligar)	ATT
Audio-frequency (Audiofreqüência)	AF
Automatic (Automático)	AUTO
Auto-transformer (Autotransf)	AUTO TR

Palavra	Abreviatura
Auxiliary (Auxiliar)	AUX
Average (Proporcional)	AVG
Babbitt (Babbitt)	BAB
Back to back(Costas com costas)	B to B
Baffle (Abafador)	BAF
Balance (Balança)	BAL
Ball bearing (Rolamento de esferas)	BB
Base line (Linha de base)	BL
Base plate (Chapa de base)	BP
Battery (Bateria)	BAT.
Bearing (Suporte)	BRG
Bent (Curva, curvatura; cavalete)	BT
Between (Entre)	BET
Between centers (Entre centros)	BC
Between perpendiculars (Entre perpendiculares)	BP
Bevel (Chanfro)	BEV
Bill of material (Bico)	B/M
Birmingham Wire Gage (Calibre Birmingham de arame)	BWG
Blank (Pedaço de metal laminado)	BLK
Block (Bloco)	BLK
Blueprint (Diagrama)	BP
Bolt circle (Raio de círculo)	BC
Botton (Fundo)	BOT
Botton chord (Alicerce de base)	BC
Brake (Freio)	BK
Brass (Latão)	BRS
Brazing (Soldadura forte)	BRZG
Break (Abertura)	BRK
Breaker (Interruptor)	BKR
Brinnell hardness (Dureza Brinnell)	BH
British Standard (Padrão britânico)	BR STD
British thermal units (Unidade térmicas britânicas)	BTU
Broach (Mandril)	BRO
Bronze (Bronze)	BRZ
Brown & Sharp	B&S
Brush (Escova)	BR
Burnish (Polimento)	BNH
Bushing (Bucha; boquilha)	BUSH.
Bypass (Passagem lateral, desvio)	BYP
Cadmium plate (Chapa de cádmio)	CD PL
Calculate (Calcular)	CALC
Calibrate (Calibrar)	CAL
Calking (Calafetação)	CLKG
Capacitor (Capacitor)	CAP
Capacity (Capacidade)	CAP
Cap screw (Carburar; cementar; carbonar)	CAP. SCR
Carburize (Parafuso de cabeça)	CARB
Caseharden (Cementar)	CH
Casing (Armação)	CSG
Cast (used with other materials) (Fundição - usada com outro material)	C
Cast iron (Ferro fundido)	CI
Cast-iron pipe (Cano de ferro fundido)	CIP
Cast steel (Aço fundido)	CS
Casting (Fundição)	CSTG
Castle nut (Porca acastelada)	CAS NUT
Cement (Cimento)	CEM
Center (Centro)	CTR
Center line (Linha de centro)	CL
Center to center (Centro a centro)	C to C
Centering (Centragem)	CTR
Centigrade (Centígrado)	C
Centigram (Centigrama)	CG
Centiliter (Centilitro)	CL
Centimeter (Centímetro)	CM
Centrifugal (Centrífugo)	CENT.
Centrifugal force (Força centrífuga)	CF
Ceramic (Cerâmica)	CER
Chain (Corrente)	CH
Chamfer (Chanfro)	CHAM
Change (Mudança)	CHG
Change notice (Mudança de observação)	CN
Change order (Mudança de ordem)	CO
Channel (Canal)	CHAN
Check (Verificação)	CHK
Check valve (Válvula de retenção)	CV
Chemical (Química)	CHEM
Chord (Corda)	CHD
Chrome molybdenum (Cromo molibdênio)	CR MOLY
Chromium plate (Chapa de cromo)	CR PL
Chrome vanadium (Cromo vanádio)	CR VAN
Circle (Círculo)	CIR
Circuit (Circuito)	CKT
Circular (Circular)	CIR
Circular pitch (Passo circular)	CP
Circulate (Girar)	CIRC
Circumference (Circunferência)	CIRC
Clamp (Grampo)	CLP
Class (Série-classe)	CL
Clear (Claro)	CLR
Clearance (Folga)	CL
Clockwise (Sentido dos ponteiros do relógio)	CW
Closing (Fechamento)	CL
Clutch (Embreagem)	CL
Coated (Coberto, revestido)	CTD
Coaxial (Coaxial)	COAX
Coefficient (Coeficiente)	COEF

Palavra	Abreviatura
Cold drawn (Estirar, distender a frio)	CD
Cold-drawn steel (Aço estir. a frio)	CDS
Cold rolled (Laminado a frio)	CR
Cold-rolled steel (Aço laminado a frio)	CRS
Column (Coluna)	COL
Combination (Combinação)	COMB.
Combustion (Combustão)	COMB.
Communication (Comunicação)	COMM
Commutator (Comutador)	COMM
Complete (Acabado)	COMPL
Composite (Composto)	CX
Composition (Composição)	COMP
Compressor (Compressor)	COMPR
Concentric (Concêntrico)	CONC
Concrete (Concreto)	CONC
Condition (Condição)	COND
Conduct (Direção)	COND
Conductor (Condutor)	COND
Conduit (Conduto)	CND
Connect (Ligar)	CONN
Constant (Constante)	CONST
Contact (Contato)	CONT
Container (Recipiente)	CNTR
Continue (Contínuo)	CONT
Continuous wave (Onda contínua)	CW
Contract (Encurtar)	CONT
Contractor (Empreiteiro)	CONTR
Control (Controle)	CONT
Control relay (Relé de controle)	CR
Control switch (Chave de controle)	CS
Controller (Controlar)	CONT
Convert (Transformar)	CONV
Conveyor (Transportador)	CNVR
Cooled (Refrigerado)	CLD
Copper oxide (Óxido de cobre)	CUO
Copper plate (Placa de cobre)	COP. PL
Cord (Corda)	CD
Correct (Correto)	CORR
Corrosion resistant (Resistência à corrosão)	CRE
Corrosion-resistant steel (Aço inoxidável)	CRES
Corrugate (Ondular)	CORR
Cotter (Chaveta)	COT
Counter (Contador)	CTR
Counterclockwise (Sentido contrário ao do ponteiro do relógio)	CCW
Counterbalance (Contrapeso)	CBAL
Counterbore (Rebaixar)	CBORE
Counterdrill (Broca escareadora)	CDRILL
Counterpunch (Contrapunção)	CPUNCH
Countersink (Escareador)	CSK
Countersink other side (Escareador outro lado)	CSK-O
Coupling (União)	CPLG

Palavra	Abreviatura
Cover (Tampa)	COV
Crank (Joelho)	CRK
Cross connection (Ligação cruzada)	XCONN
Cross section (Corte transversal)	XSECT
Cubic (Cúbico)	CU
Current (Corrente)	CUR
Cyanide (Cianeto)	CYN
Cycle (Ciclo)	CY
Cycles per minute (Ciclos por minuto)	CPM
Cycles per second (Ciclos por segundo)	CPS
Cylinder (Cilindro)	CYL
Decibel (Decibel)	DB
Decimal (Decimal)	DEC
Dedendum (Dedendo)	DED
Deep drawn (Repuxado profundo)	DD
Deflect (Desviar)	DEFL
Degree (Grau)	(°) DEG
Density (Densidade)	D
Describe (Descrever)	DESCR
Design (Desenho, projeto)	DSGN
Designation (Designação)	DESIG
Detail (Detalhe)	DET
Detector (Detetor)	DET
Detonator (Detonador)	DET
Develop (Desenvolvimento)	DEV
Diagonal (Diagonal)	DIAG
Diagram (Diagrama)	DIAG
Diameter (Diâmetro)	DIA
Diametral pitch (Passo diametral)	DP
Diaphragm (Diafragma)	DIAPH
Differential (Diferencial)	DIFF
Dimension (Dimensão)	DIM.
Diode (Díodo)	DIO
Direct current (Corrente contínua)	DC
Directional (Direcional)	DIR
Discharge (Saída, escoamento)	DISCH
Disconnect (Interruptor)	DISC.
Distance (Distância)	DIST
Distribute (Distribuir)	DISTR
Ditto (Distribuir)	DO.
Double (Duplo)	DBL
Dovetail (Sembladura)	DVTL
Dowel (Prego)	DWL
Down (Descendente)	DN
Drafting (Desenho)	DFTG
Draftsman (Desenhista)	DFTSMN
Drain (Esgoto)	DR
Drawing (Desenho)	DWG
Drawing list (Lista de desenho)	DL
Drill (Broca)	DR
Drill rod (Haste de broca)	DR
Drive (Transmissão)	DR
Drive fit (Transmissão por ajuste)	DF
Drop (Gota)	D

Palavra	Abreviatura
Drop forge (Forjado a martelo)	DF
Duplex (Duplo)	DX
Duplicate (Duplicar)	DUP
Dynamic (Dinâmico)	DYN
Dynamo (Dínamo)	DYN
Each (Cada)	EA
Eccentric (Excêntrico)	ECC
Effective (Efetivo)	EFF
Electric (Elétrico)	ELEC
Elevation (Elevação)	EL
Enclose (Fechar, encerrar)	ENCL
End to end (De extremidade a extremidade)	E to E
Envelope (Invólucro)	ENV
Equal (Igual)	EQ
Equation (Equação)	EQ
Equipment (Equipamento)	EQUIP.
Equivalent (Equivalente)	EQUIV
Estimate (Avaliação)	EST
Evaporate (Evaporar)	EVAP
Excavate (Escavar)	EXC
Exhaust (Escapamento)	EXH
Expand (Expandir, dilatar)	EXP
Exterior (Exterior)	EXT
External (Externo)	EXT
Extra heavy (Extrapesado)	X HVY
Extra strong (Extraforte)	X STR
Extrude (calibrar por pressão; perfilar [metal])	EXTR
Fabricate (Fabricação)	FAB
Face to face (Face a face)	F to F
Fahrenheit (Fahrenheit)	F
Fairing (Carenagem)	FAIR.
Farad (Farad)	F
Far side (Lado afastado)	FS
Feed (Alimentação, avanço)	FD
Feeder (Alimentador)	FDR
Feet (Pés)	(') FT
Feet per minute (Pés por minuto)	FPM
Feet per second (Pés por segundo)	FPS
Female (Fêmea)	FEEM
Fiber (Fibra)	FBR
Field (Campo)	FLD
Figure (Figura)	FIG.
Filament (Filamento)	FIL
Fillet (Filete)	FIL
Filling (Enchimento)	FILL.
Fillister (Entalhe)	FIL
Filter (Filtro)	FLT
Finish (Pintura, acabamento)	FIN.
Finish all over (Acabamento total)	FAO
Fireproof (A prova de fogo)	FPRF
Fitting (Adaptação, encaixe)	FTG
Fixture (Gabarito)	FIX.
Flange (Flange)	FLG
Flashing (Brilhar)	FL

Palavra	Abreviatura
Flat (Desempeno)	F
Flat head (Cabeça chata)	FH
Flexible (Flexível)	FLEX.
Float (Bóia)	FLT
Floor (Pavimento)	FL
Fluid (Fluido)	FL
Fluorescent (Fluorescente)	FLUOR
Flush (Descarga)	FL
Focus (Foco)	FOC
Foot (Pé)	(') FT
Force (Força)	F
Forging (Forjadura)	FORG
Forward (Dianteiro)	FWD
Foundation (Fundação)	FDN
Foundry (Fundição)	FDRY
Fractional (Parcial)	FRAC
Frame (Chassi, carcaça, estrutura)	FR
Freezing point (Ponto de congelamento)	FP
Frequency (Freqüência)	FREQ
Frequency, high (Alta freqüência)	HF
Frequency, low (Baixa freqüência)	LF
Frequency, medium (Média freqüência)	MF
Frequency modulation (Freqüência modulada)	FM
Frequency, super high (Freqüência superalta)	SHF
Frequency, ultra high (Freqüência ultra-alta)	UHF
Frequency, very high (Freqüência muito alta)	VHF
Frequency, very low (Freqüência muito baixa)	VLF
Friction horsepower (Cavalo-força de fricção)	FHP
From below (Debaixo)	FR BEL
Front (Frente)	FR
Fuel (Combustível)	F
Furnish (Guarnecer)	FURN
Fusible (Fusível)	FSBL
Fusion point (Ponto de fusão)	FNP
Gage or Gauge (Calibre)	GA
Gallon (Galão)	GAL
Galvanize (Galvanizar)	GALV
Galvanized iron (Ferro galvanizado)	GI
Galvanized steel (Aço galvanizado)	GS
Galvanized steel wire rope (Fio de aço galvanizado)	GSWR
Gas (gás)	G
Gasket (Vedação)	GSKT
Gasoline (Gasolina)	GASO
General (Geral)	GEN
Glaze (Verniz)	GL
Government (Governo)	GOVT

Palavra	Abreviatura
Government furnished equipment (Equipamento de suprimento regulador)	GFE
Governor (Regulador)	GOV
Grade (Grau)	GR
Graduation (Graduação)	GRAD
Gram (Grama)	G
Graphic (Gráfico)	GRAPH.
Graphite (Grafita)	GPH
Grating (Grade)	GRTG
Gravity (Gravidade)	G
Grid (Grade)	G
Grind (Retificar, esmerilar)	GRD
Groove (Ranhura)	GRV
Ground (Terra)	GRD
Half hard (Meio duro)	$^1/_2$ H
Half round (Semicircular)	$^1/_2$ RD
Handle (Cabo)	HDL
Hanger (Gancho)	HGR
Hard (Sólido)	H
Hard-drawn (Estirado duro)	HD
Harden (Endurecer)	HDN
Hardware (Ferragem)	HDW
Head (Cabeça)	HD
Headless (Sem cabeça)	HDLS
Heat (Calor)	HT
Heat treat (Submeter a tratamento térmico)	HT TR
Heater (Aquecedor)	HTR
Heavy (Pesado)	HVY
Height (Altura)	HGT
Henry (Henry, unidade de indutância)	H
Hexagon (Hexágono)	HEX
High (Alto)	H
High frequency (Alta freqüência)	HF
High point (Ponto alto)	H PT
High pressure (Alta pressão)	HP
High speed (Alta velocidade)	HS
High-speed steel (Aço rápido)	HSS
High tension (Alta tensão)	HT
High voltage (Alta voltagem)	HV
Highway (Estrada de rodagem)	HWY
Holder (Grampo)	HLR
Hollow (Cavidade)	HOL
Horizontal (Horizontal)	HOR
Horsepower (Cavalo-força)	HP
Hot rolled (Laminado a quente)	HR
Hot-rolled steel (Aço laminado a quente)	HRS
Hour (Hora)	HR
Hydraulic (Hidráulico)	HYD
Identify (Identidade)	IDENT
Ignition (Ignição)	IGN
Illuminate (Iluminação)	ILLUM
Illustrate (Ilustração)	ILLUS
Impact (Impacto)	IMP
Impedance (Impedância)	IMP.
Inch (Polegada)	(") IN.
Inches per second (Polegada por segundo)	IPS
Include (Incluir)	INCL
Increase (Acréscimo)	INCR
Indicate (Indicação)	IND
Inductance or induction (Indutância ou indução)	IND
Industrial (Industrial)	IND
Information (Informação)	INFO
Injection (Injeção)	INJ
Inlet (Entrada)	IN
Inspect (Inspecionar)	INSP
Install (Instalar)	INSTL
Instantaneous (Instantâneo)	INST
Instruct (Instruir)	INST
Instrument (Instrumento)	INST
Insulate (Isolar)	INS
Interchangeable (Intercambiável)	INTCHG
Interior (Interior)	INT
Interlock (Travamento)	INTLK
Intermediate (Intermediário)	INTER
Intermitent (Intermitente)	INTMT
Internal (Interno, interior)	INT
Interrupt (Interruptor)	INTER
Interrupted continuous wave (Interruptor de onda contínua)	ICW
Interruptions per minute (Interrupção por minuto)	IPM
Interruptions per second (Interrupção por segundo)	IPS
Intersect (Interseccionar)	INT
Inverse (Inverso)	INV
Invert (Inverter)	INV
Iron (Ferro)	I
Iron-pipe size (Bitola de cano de ferro)	IPS
Irregular (Irregular)	IRREG
Issue (Saída)	ISS
Jack (Macaco)	J
Job order (Ordem de trabalho)	JO
Joint (Junta)	JT
Junction (Junção)	JCT
Kelvin (Kelvin)	K
Key (Chaveta; chave)	K
Keyseat (Ranhura do eixo)	KST
Keyway (Rasgo de chaveta)	KWY
Kilo (Quilo)	K
Kilocycle (Quilociclo)	KC
Kilocycles per second (Quilociclos por segundo)	KC
Kilogram (Quilograma)	KG
Kiloliter (Quilolitro)	KL
Kilometer (Quilômetro)	KM
Kilovolt (Quilovolt)	KV
Kilovolt-ampere (Quilovolt-ampère)	KVA

Palavra	Abreviatura
Kilovolt-ampere hour (Quilovolt-ampère-hora)	KVAH
Kilowatt (Quilowatt)	KW
Kilowatt-hour (Quilowatt-hora)	KVAH
Kilowatt (Quilowatt)	KW
Kilowatt-hour (Quilowatt-hora)	KWH
Kip (1000 lb) (Kips-mil libras)	K
Knots (Nós)	KN
Laboratory (Laboratório)	LAB
Lacquer (Verniz)	LAQ
Laminate (Laminado)	LAM
Lateral (Lateral)	LAT
Lead-coated metal (Metal revestido de chumbo)	LCM
Lead covered (Revestido de chumbo)	LC
Leading edge (Bordo de ataque)	LE
Left (Esquerdo)	L
Left hand (Lado esquerdo)	LH
Length (Comprimento)	LG
Length over all (Comprimento total)	LOA
Letter (Caráter-letra)	LTR
Light (Luz)	LT
Limit (Limite)	LIM
Line (Linha)	L
Linear (Linear)	LIN
Link (Cadeia-laço)	LK
Liquid (Líquido)	LIQ
Liter (Litro)	L
Locate (Localizar)	LOC
Long (Extenso)	LG
Longitude (Longitude)	LONG.
Low explosive (Baixo explosivo)	LE
Low frequency (Baixa freqüência)	LF
Low pressure (Baixa pressão)	LP
Low tension (Baixa tensão)	LT
Low voltage (Baixa voltagem)	LV
Low speed (Baixa velocidade)	LS
Low torque (Baixo torque)	LT
Lubricate (Lubrificar)	LUB
Lubricating oil (Óleo de lubrificação)	LO
Lumen (Lúmen)	L
Lumens per watt (Lúmens por watt)	LPW
Machine (Máquina – *como substantivo*; usinar – *como verbo*)	MACH
Magnet (Magneto)	MAG
Main (Canal)	MN
Male and female (Macho e fêmea)	M & F
Malleable (Maleável)	MALL
Malleable iron (Ferro maleável)	MI
Manual (Manual)	MAN
Manufacture (Manufatura)	MFR
Manufactured (Manufaturado)	MFD
Manufacturing (Fabrico)	MFG
Material (Material)	MATL
Material list (Lista de material)	ML
Maximum (Máximo)	MAX
Maximum working pressure (Pressão máxima de trabalho)	MWP
Mean effective pressure (Pressão média efetiva)	MEP
Mechanical (Mecânico)	MECH
Mechanism (Mecanismo)	MECH
Medium (Médio)	MED
Mega (Mega)	M
Megacycles (Megaciclo)	MC
Megawatt (Megawatt)	MW
Megohm (Megohm)	MEG
Melting point (Ponto de fusão)	MP
Metal (Metal)	MET
Meter (instrument or measure of length) (Metro-instrumento ou medida de comprimento)	M
Micro (Micro)	μ ou U
Microampera (Microampère)	μA ou UA
Microfarad (Microfarad)	μF ou UF
Microhenry (Microhenry)	μH ou UH
Micro-inch-root-mean square (Micropolegada raiz meio quadrada)	μIN-RMS ou U-IN-RMS
Micrometer (Micrômetro)	MIC
Micron (Mícron)	μ ou U
Microvolt (Microvolt)	μV ou UV
Microwatt (Microwatt)	μW ou UW
Miles (Milhas)	MI
Miles per gallon (milhas por galão)	MPG
Miles per hour (Milhas por hora)	MPH
Milli (Milésima parte)	M
Milliampere (Miliampère)	MA.
Milligram (Miligrama)	MG
Millihenry (Milihenry)	MH
Millimeter (Milímetro)	MM
Milliseconds (Milissegundos)	MS
Millivolt (Milivolt)	MV
Milliwatt (Miliwatt)	MW
Minimum (Mínimo)	MIN
Minute (Minuto)	(') MIN
Miscellaneous (Misto)	MISC
Mixture (Mistura)	MIX.
Model (Modelo)	MOD
modify (Modificar)	MOD
Modulated continuous waver (Onda contínua modulada)	MCW
Modulator (Modulador)	MOD
Molecular weight (Peso molecular)	MOL WT
Monument (Monumento)	MON
Morse taper (Lista Morse)	MOR T
Motor (Motor)	MOT

Palavra	Abreviatura
Mounted (Montado)	MTD
Mounting (Montagem)	MTG
Multiple (Múltiplo)	MULT
Multiple contact (Contato múltiplo)	MC
National (Nacional)	NATL
Natural (Natural)	NAT
Near face (Face próxima)	NF
Near side (Lado próximo)	NS
Negative (Negativo)	NEG
Network (Encanamento)	NET
Neutral (Neutro)	NEUT
Nickel-silver (Níquel-prata)	NI-SIL
Nipple (Niple; bocal)	NIP.
Nominal (Nominal)	NOM
Normal (Normal)	NOR
Normally closed (Normalmente fechado)	NC
Normally open (Normalmente aberto)	NO
Not to scale (Sem escala)	NTS
Number (Número)	NO.
Obsolete (Obsoleto)	OBS
Octagon (Octógono)	OCT
Ohm (Ohm)	Ω
Oil-circuit breaker (Disjuntor de óleo)	OCB
Oil insulated (Isolado a óleo)	OI
Oil switch (Chave de óleo)	OS
On center (No centro)	OC
One pole (Um pólo)	1 P
Opening (Abertura)	OPNG
Operate (Operar)	OPR
Opposite (Oposto)	OPP
Optical (Ótico)	OPT
Ordnance (Material bélico)	ORD
Orifice (Orifício)	ORF
Original (Primitivo)	ORIG
Oscillate (Oscilar)	OSC
Ounce (Onça)	OZ
Out to Out (De fora a fora)	O to O
Outlet (Vazão, saída)	OUT.
Output (Saída)	OUT.
Outside diameter (Diâmetro exterior)	OD
Outside face (Lado externo)	OF
Outside radius (Raio exterior)	OR
Over-all (Total)	OA
Overhead (Elevado)	OVHD
Overload (Sobrecarga)	OVLD
Overvoltage (Sobrevoltagem)	OVV
Oxidized (Oxidado)	OXD
Pack (Vedar)	PK
Packing (Gaxeta)	PKG
Painted (Pintado)	PTD
Pair (Par)	PR
Panel (Painel)	PNL

Palavra	Abreviatura
Parallel (Paralelo)	PAR.
Part (Parte)	PT
Pattern (Matriz)	PATT
Perforate (Perfurado)	PERF
Permanent (Permanente)	PERM
Permanent magnet (Motor de ímã permanente)	PM
Perpendicular (Perpendicular)	PERP
Phase (Fase)	PH
Phosphor bronze (Bronze fosforoso)	PH BRZ
Photograph (Fotógrafo)	PHOTO
Physical (Física)	PHYS
Piece (Peça)	PC
Piece mark (Peça-sinal)	PC MK
Pierce (Furar)	PRC
Pipe Tap (Macho para canos)	PT
Pitch (Passo)	P
Pitch circle (Passo circular)	PC
Pitch diameter (Diâmetro do passo)	PD
Plastic (Plástico)	PLSTC
Plate (Chapa)	PL
Plotting (Plotagem)	PLOT.
Pneumatic (Pneumático)	PNEU
Point (Ponto)	PT
Point of compound curve (Ponto de curva composta)	PCC
Point of curve (Ponto da curva)	PC
Point of intersection (Ponto de interseção)	PI
Point of reverse curve (Ponto de curva reversa)	PRC
Point of switch (Chave de agulhas)	PS
Point of tangent (Ponto de tangência)	PT
Polar (Polar)	POL
Pole (Pólo)	P
Polish (Polimento)	POL
Port (Porta)	P
Position (Posição)	POS
Positive (Positivo)	POS
Potential (Potência)	POT.
Pound (Libra)	LB
Pounds per cubic foot (Libras por pé cúbico)	PCF
Pounds per square foot (Libras por pé quadrado)	PSF
Pounds per square inch (Libras por polegada quadrada)	PSI
Pounds per square inch absolute (Libra por polegada quadrada absoluta)	PSIA
Power (Força)	PWR
Power amplifier (Amplificador de força)	PA
Power directional relay (Relé direcional de força)	PDR
Power factor (Fator de força)	PF

Palavra	Abreviatura
Preamplifier (Pré-amplificador)	PREAMP
Precast (Pré-moldado)	PRCST
Prefabricated (Pré-fabricado)	PREFAB
Preferred (Preferir)	PFD
Premolded (Pré-moldado)	PRMLD
Prepare (Preparar)	PREP
Press (Prensa)	PRS
Pressure (Pressão)	PRESS.
Pressure angle (Ângulo de pressão)	PA.
Primary (Primário)	PRI
Process (Processo)	PROC
Production (Produção)	PROD
Profile (Perfil)	PF
Project (Projeto)	PROJ
Punch (Furador)	PCH
Purchase (Multiplicação por braço de alavanca)	PUR
Push-pull (Balanceado)	P-P
Quadrant (Quadrante)	QUAD
Quality (Qualidade)	QUAL
Quantity (Quantidade)	QTY
Quart (Quarto)	QT
Quarter (Quarto)	QTR
Quarter hard (Quarto duro)	$^{1}/_{4}$ H
Quarter round (Quarto redondo)	$^{1}/_{4}$ RD
Quartz (Quartzo)	QTZ
Radial (Radial)	RAD
Radio frequency (Radiofreqüência)	RF
Radius (Raio)	R
Reactive (Reativo)	REAC
Reactive kilovolt-ampere (Quilovolt-ampère reativo)	KVAR
Reactive volt-ampere (Volt-ampère reativo)	VAR
Reactive voltmeter (Voltímetro reativo)	RVM
Reactor (Reator)	REAC
Ream (Resma)	RM
Reassemble (Juntor)	REASM
Received (Recebido)	RECD
Receiver (Reservatório)	REC
Receptacle (Receptáculo)	RECP
Reciprocate (Alternar)	RECIP
Recirculate (Recircular)	RECIRC
Reclosing (Fechar novamente)	RECL
Record (Registro)	REC
Rectangle (Retângulo)	RECT
Rectifier (Retificador)	RECT
Reduce (Reduzir)	RED.
Reference (Referência)	REF
Reference line (Linha de referência)	REF L
Regulator (Regulador)	REG
Reinforce (Reforço)	REINF
Relay (Relé)	REL
Release (Obturador)	REL
Relief (Relevo)	REL
Remove (Remoção)	REM
Repair (Conserto)	REP
Replace (Repor)	REPL
Reproduce (Reproduzir)	REPRO
Require (Pedir)	REQ
Required (Pedido)	REQD
Resistance (Resistência)	RES
Resistor (Resistor)	RES
Retainer (Retentor)	RET.
Retard (Retardar)	RET.
Return (Retorno)	RET.
Reverse (Inverso)	REV
Revise (Reviar)	REV
Revolution (Revolução, rotação)	REV
Revolutions per minute (Rotações por minuto)	RPM
Revolutions per second (Rotações por segundo)	RPS
Rheostat (Reostato)	RHEO
Right (Direito)	R
Right hand (Lado direito)	RH
Ring (Cinta)	R
Rivet (Rebite)	RIV
Rockwell hardness (Dureza rockwell)	RH
Roller bearing (Rolimã)	RB
Root diameter (Diâmetro da raiz)	RD
Root mean square (Carga eficaz)	RMS
Rotary (Rotativo)	ROT.
Rotate (Rodar, girar)	ROT.
Rough (Aspereza)	RGH
Round (Giro)	RD
Rubber (Borracha)	RUB.
Saddle (Sela)	SDL
Safe working pressure (Pressão segura de trabalho)	SWP
Safety (Segurança)	SAF
Sand blast (Jato de areia)	SD BL
Saturate (Saturado)	SAT.
Schedule (Lista)	SCH
Schematic (Esquemático)	SCHEM
Scleroscope hardness (Dureza de escleroscópio)	SH
Screen (Ralo, grade)	SCRN
Screw (Parafuso)	SCR
Second (Segundo)	SEC
Section (Seção)	SECT
Segment (Segmento)	SEG
Select (Selecionar)	SEL
Semifinished (Semi-acabado)	SF
Semifixed (Semifixo)	SFXD
Semisteel (Aço de meia têmpera)	SS
Separate (Separado)	SEP
Sequence (Seqüência)	SEQ
Serial (Serial)	SER
Series (Série)	SER

Palavra	Abreviatura
Serrate (Dentado)	SERR
Service (Serviço)	SERV
Set screw (Parafuso de fixação)	SS
Shaft (Eixo)	SFT
Shield (Blindagem)	SHLD
Shipment (Carregamento)	SHPT
Shop order (Solicitação de oficina)	SO
Short wave (Onda curta)	SW
Shunt (Desvio)	SH
Side (Lado, borda)	S
Signal (Sinal)	SIG
Sink (Pia, cloaca)	SK
Sketch (Croqui)	SK
Sleeve (Bucha)	SLV
Slide (Cursor)	SL
Slotted (Encastelado, ranhurado)	SLOT.
Small (Pequeno)	SM
Smoke (Fumaça)	SMK
Smokeless (Sem fumaça)	SMKLS
Socket (Emborcadura)	SOC
Soft (Macio)	S
Solder (Solda)	SLD
Solenoid (Solenóide)	SOL
Sound (Som)	SND
South (Sul)	S
Space (Espaço)	SP
Spare (Sobressalente)	SP
Speaker (Alto-falante)	SPKR
Special (Especial)	SPL
Specific (Específico)	SP
Specific gravity (Gravidade específica)	SP GR
Specific heat (Calor específico)	SP HT
Specification (Especificação)	SPEC
Speed (Velocidade)	SP
Spherical (Esférico)	SPHER
Spindle (Haste)	SPDL
Split phase (Fase dividida)	SP PH
Spot-faced (Face marcada)	SF
Spring (Mola)	SPG
Square (Quadrado)	SQ
Stabilize (Estabilizar)	STAB
Stainless (Inoxidável)	STN
Standard (Padrão)	STD
Static pressure (Pressão estática)	SP
Station (Estação)	STA
Stationary (Estacionário)	STA
Steel (Aço)	STL
Stiffener (Reforço)	STIFF.
Stock (Matéria-prima)	STK
Storage (Armazenamento)	STG
Straight (Reto)	STR
Strip (Lista)	STR
Structural (Estrutural)	STR
Substitute (Substituto)	SUB
Suction (Sucção)	SUCT
Summary (Sumário)	SUM.
Supervise (Supervisor)	SUPV
Supply (Provisão)	SUP
Surface (Superfície)	SUR
Survey (Nivelamento)	SURV
Switch (Desvio)	SW
Symbol (Símbolo)	SYM
Symmetrical (Simétrico)	SYM
Synchronous (Síncrono)	SYN
Synthetic (Sintético)	SYN
System (Sistema)	SYS
Tabulate (Tabular)	TAB.
Tachometer (Tacômetro)	TACH
Tandem (Tandem)	TDM
Tangent (Tangente)	TAN.
Taper (Cônico)	TPR
Technical (Técnico)	TECH
Tee (Tê)	T
Teeth per inch (Dentes por polegada)	TPI
Television (Televisão)	TV
Temperature (Temperatura)	TEMP
Template (Gabarito)	TEMP
Tensile strength (Resistência de tração)	TS
Tension (Tensão)	TENS.
Terminal (Terminal)	TERM.
Terminalboard (Quadro de terminais)	TB
That is (Isto é)	IE
Theoretical (Teórico)	THEO
Thermal (Térmico)	THRM
Thermostat (Termostato)	THERMO
Thick (Grosso)	THK
Thousand (Mil)	M
Thread (Rosca, filete de rosca)	THD
Throttle (Regulador)	THROT
Through (Entrada)	THRU
Time (Tempo)	T
Time delay (Retardamento)	TD
Time-delay closing (Retardamento de fechamento)	TDC
Time-delay opening (Retardamento de abertura)	TDO
Tinned (Estanhado)	TD
Tobin bronze (Bronze Tobin)	TOB BRZ
Toggle (Tarugo)	TGL
Tolerance (Tolerância)	TOL
Tongue and groove (Macho e fêmea)	T &G
Tool steel (Aço de ferramenta)	TS
Tooth (Dente)	T
Total (Total)	TOT
Total indicator reading (Indicador total de leitura)	TIR
Trace (Traço, risco)	TR
Tracer (Traçador)	TCR
Transfer (Transferência)	TRANS
Transformer (Transformador)	TRANS
Transmission (Transmissão)	XMSN
Transmitter (Transmissor)	XMTR
Transmiting (Transmissão)	XMTG

Palavra	Abreviatura	Palavra	Abreviatura
Transportation (Transporte)	TRANS	Voice frequency (Freqüência de som)	VF
Transverse (Eixo maior)	TRANSV	Volt (Volt)	V
Trimmer (Retificador)	TRIM.	Volt-ampere (Volt-ampère)	VA
Triode (Tríodo)	TRI	Voltmeter (Voltímetro)	VM
True air speed (Velocidade real do ar)	TAS	Volts per mil (Volts por mil)	VPM
Truss (Tesoura)	T	Volume (Volume)	VOL
Tubing (Tubulação)	TUB		
Tuned radio frequency (Radiofreqüência sintonizada)	TRF	Washer (Arruela)	WASH
Turbine (Turbina)	TURB	Water (Água)	W
Typical (Típico)	TYP	Water line (Linha d'água)	WL
		Watertight (À prova d'água)	WT
Ultimate (Extremo, último)	ULT	Watt (Watt)	W
Ultra-high frequency (Freqüência ultra-elevada)	UHF	Watt-hour (Watt-hora)	WHR
Under voltage (Subvoltagem)	UV	Watt-hour meter (Watt por hora/metro)	WHM
Unit (Unidade)	U	Wattmeter (Watímetro)	WM
United States Gage (Unidade de bitola)	USG	Weight (Peso)	WT
United States Standard (Unidade padrão americana)	USS	West (Oeste)	W
Universal (Universal)	UNIV	Wet bulb (Bulbo úmido)	WB
		Width (Largura)	W
Vacuum (Vácuo)	VAC	Wind (Vento)	WD
Vacuum tube (Tubo de vácuo)	VT	Winding (Enrolamento)	WDG
Valve (Válvula)	V	Wire (Fio)	W
Vapor proof (Verificação de vapor)	VAP PRF	With (Com)	W/
Variable (Variável)	VAR	With equipment and spare parts (Com equipamento e partes sobressalentes)	W/E & SP
Variable-frequency oscillator (Oscilador de freqüência variável)	VFO	Without (Fora de)	W/O
Velocity (Velocidade)	V	Without equipment and spare parts (Sem equipamento e partes sobressalentes)	WO/E & SP
Ventilate (Ventilar)	VENT.	Wood (Madeira)	WD
Versed sine (seno verso)	VERS	Woodruff (Woodruff)	WDF
Versus (Versus)	VS	Working point (Ponto de atuação)	WP
Vertical (Vertical)	VERT	Working pressure (Pressão de trabalho)	WP
Very-high frequency (Freqüência muito alta)	VHF	Wrought (Trabalhado)	WRT
Veru-low frequency (Freqüência muito baixa)	VLF	Wrought iron (Ferro trabalhado)	WI
Video-frequency (Vídeo freqüência)	VDF	Yard (Jarda)	YD
Vibrate (Vibrar)	VIB	Year (Ano)	YR
Viscosity (Viscosidade)	VISC	Yield point (Limite de escoamento)	YP
Vitreous (Vítreo)	VIT	Yield strength (Força de rendimento)	YS

Abreviaturas para cores

Amber (Âmbar)	AMB	Green (Verde)	GRN
Black (Preto)	BLK	Orange (Laranja)	ORN
Blue (Azul)	BLU	White (Branco)	WHT
Brown (Marrom)	BRN	Yellow (Amarelo)	YEL

Lista Parcial de Símbolos Químicos

Elemento Químico	Símbolo	Elemento Químico	Símbolo
Alumínio	Al	Magnésio	Mg
Antimônio	Sb	Manganês	Mn
Bário	Ba	Mercúrio	Hg
Berílio	Be	Molibdênio	Mo
Bismuto	Bi	Neônio	Ne
Boro	B	Níquel	Ni
Bromo	Br	Nitrogênio	N
Cádmio	Cd	Ouro	Au
Cálcio	Ca	Oxigênio	O
Carbono	C	Platina	Pt
Chumbo	Pb	Potássio	K
Cloro	Cl	Prata	Ag
Cobalto	Co	Rádio	Ra
Cobre	Cu	Rutênio	Ru
Cromo	Cr	Selênio	Se
Enxofre	S	Sílica	Si
Estanho	Sn	Sódio	Na
Estrôncio	Se	Strôncio	Sr
Ferro	Fe	Tálio	Tl
Fluor	F	Tântalo	Ta
Fósforo	P	Telúrio	Te
Hélio	He	Titânio	Ti
Hidrogênio	H	Tungstênio	W
Índio	In	Urânio	U
Iodo	I	Vanádio	V
Irídio	Ir	Zinco	Zn
Lítio	Li	Zircônio	Zr

BIBLIOGRAFIA DE ASSUNTOS AFINS

A relação de livros especializados, indicada abaixo, é fornecida como complemento desta obra que, sendo um tratado de caráter geral sobre Desenho de Engenharia, permite somente uma exposição sucinta de alguns assuntos.

Canalizações.

Babbit, H. E.: "Plumbing", McGraw-Hill, New York.

"Catalog of Valves, Fittings and Piping", Crane Co.

"Catalogue", Walworth Co., New York.

Crocker, S.: "Piping Handbook", McGraw-Hill, New York.

Day, L. J.: "Standard Plumbing Details", Wiley, New York.

"Handbook of Cast Iron Pipe", Cast Iron Pipe Research Association, Oak Brook, Ill.

Littleton, C. T.: "Industrial Piping", McGraw-Hill, New York.

NAVCO Piping Catalog", National Valve and Manufacturing Co.

Nielson, L. S.: "Standard Plumbing Engineering Design", McGraw-Hill, New York.

"Piping Design and Engineering", Grinnell Co.

Plum, S.: "Plumbing Practice and Design", Wiley, New York.

"Primer in Power Plant Piping", Grinnell Co.

Rase, H. F.: "Piping Design for Process Plants", Wiley, New York.

Thompson, C. H.: "Fundamentals of Pipe Drafting", Wiley, New York.

Carreiras dentro da Engenharia

Beakley, G. C. e H. W. Leach: "Careers in Engineering and Technology", Macmillan, New York.

Carlisle, N. D.: "Your Career in Engineering", Dutton, New York.

Grinter, L. E. e H. C. Spencer: "Engineering Preview", Macmillan, New York.

McGuire, J. G. e H. W. Barlow: "An Introduction to the Engineering Pro-

fession", Addison-Wesley, Reading, Mass.
Smith, R. V.: "Engineering as a Career", McGraw-Hill, New York.
Williams, C. C.: "Building an Engineering Career", McGraw-Hill, New York.

Catálogos de instrumentos de desenho

Theo. Alteneder and Sons, Philadelphia.
Eugene Dietzgen Co., Chicago.
Gramercy Guild Group, Inc., Denver, Colo.
Keuffel & Esser Co., Hoboken, N.J.
The Frederick Post Co., Chicago.
V and E Manufacturing Co., Pasadena, Calif.

Desenho arquitetônico

Crane, T.: "Architectural Construction", Wiley, New York.
Field, W. B.: "Architectural Drawing", McGraw-Hill, New York.
Kenney, Joseph E., e John P. McGrail: "Architectural Drawing for the Building Trades", McGraw-Hill, New York.
Martin, C. L.: "Architectural Graphics", Macmillan, New York.
Morgan, Sherley W.: "Architectural Drawing", McGraw-Hill, New York.
Ramsey, C. G. e H. R. Sleeper: "Architectural Graphic Standards", Wiley, New York.
Saylor, H. H.: "Dictionary of Architecture", Wiley, New York.
Sleeper, H. R.: "Architectural Specifications", Wiley, New York.

Desenho cartográfico e topográfico

Deetz, C. H.: "Elements of Map Projection", U.S. Government Printing Office, Washington, D.C.
Greitzer, S. L.: "Elementary Topography and Map Reading", McGraw-Hill, New York.
Hinks, A. R.: "Maps and Surveys", Macmillan, New York.
"Manual of Surveying Instructions for the Survey of the Public Lands of the United States", U.S. Government Printing Office, Washington, D.C.
Robinson, A. H.: "Elements of Calligraphy", Wiley, New York.
Sloane, R. C. e J. M. Montz: "Elements of Topographic Drawing", McGraw-Hill, New York.
Whitmore, G. D.: "Advanced Surveying and Mapping", International Textbook, Scranton, Pa.
Whitmore, G. D.: "Elements of Photogrammetry", International Textbook, Scranton, Pa.

Desenho de letras

French, T. E. e R. Meiklejohn: "Essentials of Lettering", McGraw-Hill, New York.
French, T. E. e W. D. Turnbull: "Lessons in Lettering", McGraw-Hill, New York.
George, R. F.: "Modern Lettering for Pen and Brush Poster Design", Hunt Pen Co., Camden, New Jersey.
Hornung, C. P.: "Lettering form A to Z", Ziff-Davis, New York.
Ogg, Oscar: "An Alphabet Source Book", Harper, New York.
Svenson, C. L.: "The Art of Lettering", Van Nostrand Princeton, N.J.

Desenho de patentes

Guide for Patent Draftsmen, U.S. Government Printing Office, Washington, D.C.
Radzinsky, H.: "Making Patent Drawings", Macmillan, New York.

Desenho elétrico

Baer, C. J.: "Electrical and Electronics Drawing", McGraw-Hill, New York.
Bishop, Calvin C., C. T. Gilliam e Assistentes: "Electrical Drafting and Design", McGraw-Hill, New York.
Carini, L. F. B.: "Drafting for Electronics", McGraw-Hill, New York.
Kocher, S. E.: "Electrical Drafting", International Textbook, Scranton, Pa.
Shiers, G.: "Electronic Drafting", Mc Graw-Hill, New York.
Van Gieson, D. Walter: "Electrical Drafting", McGraw-Hill, New York.

Desenho e projeto aeronáutico

Anderson, Newton H.: "Aircraft Layout and Detail Design", McGraw-Hill, New York.

Apalategui, J. J. e J. J. Adams: "Aircraft Analytic Geometry", McGraw-Hill, New York.

Davis, D. J. e C. H. Goen: "Aircraft Mechanical Drawing", McGraw-Hill, New York.

Katz, H. H.: "Aircraft Drafting", Macmillan, New York.

Leaveli, S. e S. Bungay: "Aircraft Production Standards", McGraw-Hill, New York.

LeMaster, C. A.: "Aircraft Sheet Metal Work", American Technological Society, Chicago.

Liming, Roy: "Practical Analytic Geometry with Applications of Aircraft", Macmillan, New York.

Liston, Joseph: "Powerplants for Aircraft", McGraw-Hill, New York.

Meadowcroft, Norman: "Aircraft Detailing Drafting", McGraw-Hill, New York.

"SAE Aeronautical Drafting Manual", Society of Automotive Engineers, Inc., New York.

Svensen, C. L.: "A Manual of Aircraft Drafting", Van Nostrand, Princeton, N.J.

Tharratt, George: "Aircraft Production Illustration", McGraw-Hill, New York.

Desenho e projeto de estrutura Consultar Manuais, a exemplo dos seguintes:

Bishop, C. T.: "Structural Drafting", Wiley, New York.

Shedd e Vawter: "Theory of Simple Structures", Wiley, New York.

Urquhart, L. C. e C. E. O'Rourke: "Design of Steel Structures", McGraw-Hill, New York.

Winter, George e Leonard C. Urquhart, C. E. O'Rourke e A. H. Nelson: "Design of Concrete Structures", McGraw-Hill, New York.

Desenho técnico [de engenharia]

French, Thomas E. e Charles J. Vierck: "Fundamentals of Engineering Drawing", McGraw-Hill, New York.

French, Thomas E. e Charles J. Vierck: "Graphic Science and Design", McGraw-Hill, New York.

French, Thomas E. e Charles J. Vierck: "A Manual of Engineering Drawing for Students and Draftsmen", McGraw-Hill, New York.

Giesecke, F. E., A. Mitchell e H. C. Spencer: "Technical Drawing", Macmillan, New York.

Healy, W. L. e A. H. Rau: "Simplified Drafting Practice", Wiley, New York.

Hoelscher, R. P. e C. H. Springer: "Engineering Drawing and Geometry", Wiley, New York.

Katz, H. H.: "Handbook of Layout and Dimensioning for Production", Macmillan, New York.

Lent, Deane: "Machine Drawing", Prentice-Hall, Englewood Cliffs, N. J.

Luzadder, W. J.: "Graphics for Engineers", Prentice-Hall, Englewood Cliffs, N. J., 1957.

Spencer, H. C. e J. T. Dygdon: "Basic Technical Drawing", Macmillan, New York.

Zozzora, Frank: "Engineering Drawing", McGraw-Hill, New York.

Expressão gráfica

Arnod, J. N.: "Introductory Graphics", McGraw-Hill, New York.

Earle, J. H.: "Engineering Design Graphics", Addison-Wesley, Reading, Mass.

French, T. E. e C. J. Vierck: "Graphic Science and Design", McGraw-Hill, New York.

Giesecke, F. E., A. Mitchell, H. C. Spencer, I. L. Hill e R. O. Loving: "Engineering Graphics", Macmillan, New York.

Hammand R. et alii: "Engineering Graphics for Design & Analysis", Ronald, New York.

Hoelscher, R. P. e C. H. Springer: "Engineering Design and Geometry", Wiley, New York.

Levens, A. S.: "Graphics in Engineering and Science", Wiley, New York.

Luzadder, W. J.: "Basic Graphics", Prentice-Hall, Englewood Cliffs, N.J.

Paré, E. G.: "Engineering Drawing", Holt, New York.

Rising, J. S., M. W. Almfeldt e P. S. DeJong: "Engineering Graphics", W. C. Brown, Dubuque, Iowa.

Rule, J. T. e E. F. Watts: "Engineering Graphics", McGraw-Hill, New York.

Shupe, J. T. e E. F. Watts: "Engineering Geometry and Graphics", McGraw-Hill, New York.

Svenson, C. L. e W. E. Street: "Engineering Graphics", Van Nostrand, New York.

Wellman, B. L.: "Introduction to Graphical Analysis and Design", McGraw-Hill, New York.

Geometria descritiva

Bradley, H. C. e E. H. Uhler: "Descriptive Geometry for Engineers", International Textbook, Scranton, Pa.

Grant, Hiram E.: "Practical Descriptive Geometry", McGraw-Hill, New York.

Higbee, F. G.: "Drawing-board Geometry", Wiley, New York.

Hood, George J. e Albert S. Palmerlee: "Geometry of Engineering Drawing", McGraw-Hill, New York.

Howe, H. B.: "Descriptive Geometry", Ronald, New York.

Johnson, L. O. e I. Wladaver: "Elements of Descriptive Geometry", Prentice-Hall, Englewood Cliffs, N. J.

Paré, E. G. R. O. Loving e I. L. Hill: "Descriptive Geometry", Macmillan, New York.

Rowe, C. E. e James Dorr McFarland: "Engineering Descriptive Geometry", Van Nostrand, Princeton, N.J.

Shupe, Hollie W. e Paul E. Machovina: "A Manual of Engineering Geometry and Graphics for Students and Draftsmen", McGraw-Hill, New York.

Slaby, S. M.: "Engineering Descriptive Geometry", Barnes & Noble", New York.

Street, W. E.: "Technical Descriptive Geometry", Van Nostrand, Princeton, N.J.

Gráficos em computadores

Anderson, R. H.: "Multi-access Computing Research", RAND Corporation, Santa Monica, Calif.

Anderson, R. H.: "A Selective Bibliography of Computer Graphics", RAND Corporation, Santa Monica, Calif.

Auerbach: "Digital Plotters and Image Digitizers", Princeton, N.J.

Bell, T.: "Modeling the Video Graphics System: "Procedure and Model Description", RAND Corporation, Santa Monica, Calif.

Bell, T.: "GAPPS (Graphical Analysis Procedures for System Simulation)", RAND Corporation, Santa Monica, Calif.

Boehm, Barry W.: "POGO: Programmer Oriented Graphics Operations", RAND Corporation, Santa Monica, Calif.

Browne, L. V. I. (org.): "Curved Surfaces in Engineering: Computer Methods for Design and Manufacture", Science and Technology Press.

Fariman, M. e V. Nievergelt (orgs.): "Pertinent Concepts in Computer Graphics", University of Illinois Press, Urbana.

Fetter, W. A.: "Computer Graphics in Communication", McGraw-Hill, New York.

Forrest, A.: "Curves and Surfaces for Computer Aided Design", University of Cambridge Press, New York.

Franke, H. W.: "Computer Graphics; Computer Art", Phaidon, New York.

Hyman, Anthony: "The Computer in Design", Studio Vista, London.

Lee, Theodore, M.: "Three Dimensional Curves and Surfaces for Rapid Computer Display", Management Information Series.

Newman, W. M.: "Principles of Interactive Computer Graphics", McGraw-Hill, New York.

Parslow, R. D. e R. Elliott Green: "Advanced Computer Graphics: Economics, Techniques and Applications", Plenum, New York.

Prince, M. David: "Interactive Graphics for Computer Aided Design", Addison-Wesley, Reading, Mass.

Priver, Arthur S.: "An Interactive Graphic System for Curve Fitting and Editing", RAND Corporation, Santa Monica, Calif.

Rogers, David F. e J. Alan Adams: "Mathematical Elements for Computer Graphics", McGraw-Hill, New York.

Seacrest, Don e Jing Wievergelt (orgs.). "Emerging Concepts in Computer Graphics", Benjamin, New York.

Ilustrações

Hoelscher, Randolph Philip, Clifford Harry Springer e Richard F. Pohle: "Industrial Production Illustration", McGraw-Hill, New York.

Tharratt, George: "Aircraft Production Illustration", McGraw-Hill, New York.

Treacy, John: "Production Illustration", Wiley, New York.

Manuais

Um número muito grande de manuais, contendo tabelas, fórmulas e informações sobre os diferentes ramos de Engenharia, são de grande valia para uma consulta rápida. É preciso, no entanto, não incidir no erro de usar fórmulas e dados do manual sem conhecer o princípio em que eles se baseiam. Dentre os mais conhecidos citaremos os seguintes, relacionados em ordem alfabética:

"ASHRAE Guide and Data Book". American Society of Heating, Refrigerating and Air-Conditioning, New York.

"ASME Handbook", McGraw-Hill, New York.

"American Machinists Handbook", F. H. Colvin e F. A. Stanley (orgs.), McGraw-Hill, New York.

"Architects and Builders Handbook", A. E. Knowlton (org.), McGraw-Hill, New York.

"Building Construction", W. C. Huntington (org.), Wiley, New York.

"Chambers Technical Dictionary", C. F. Tweney e L. E. C. Hughes (orgs.), Macmillan, New York.

"Chemical Engineers Handbook", R. H. Perry (org.), McGraw-Hill, New York.

"Civil Engineers Handbook", L. C. Urquhart (org.), McGraw-Hill, New York.

"Cutting of Metals", American Society of Mechanical Engineers, New York.

"Definitions of Occupational Specialties in Engineering", American Society of Mechanical Engineers, New York.

"Design Data and Methods – Applied Mechanics", American Society of Mechanical Engineers, New York.

"Dynamics of Automatic Controls", American Society of Mechanical Engineers, New York.

"Electronic Drafting Handbook", N. M. Raskhodoff (org.), Macmillan, New York.

"Engineering Tables", American Society of Mechanical Engineers, New York.

"Frequency Response", American Society of Mechanical Engineers, New York.

"Gear Handbook", D. W. Dudley (org.), McGraw-Hill, New York.

"General Engineering Handbook", E. O. O'Rourke (org.), McGraw-Hill, New York.

"Glossary of Terms in Nuclear Science and Technology", American Society of Mechanical Engineers, New York.

"Machinery's Handbook", The Industrial Press, New York.

"Manual on Cutting Metals", American Society of Mechanical Engineers, New York.

"Manual of Standard Practice for Detailing Reinforced Concrete Structures", American Concrete Institute, Detroit, Mich.

"Mechanical Engineers' Handbook", Lionel S. Marks (org.), McGraw-Hill, New York.

"Mechanical Engineers' Handbook", William Kent (org.), Wiley, New York.

"Metals Engineering – Design", American Society of Mechanical Engineers, New York.
"Metals Properties", American Society of Mechanical Engineers, New York.
"New American Machinists' Handbook", Rupert Le Grand (org.), McGraw-Hill, New York.
"Operation and Flow Process Charts", American Society of Mechanical Engineers, New York.
"Piping Handbook", Sabin Crocker, McGraw-Hill, New York.
"Plant Layout Templates and Models", American Society of Mechanical Engineers, New York.
"Riveted Joints", American Society of Mechanical Engineers, New York.
"SAE Automotive Drafting Standards", Society of Automotive Engineers, New York.
"SAE Handbook", Society of Automotive Engineers, New York.
"Shock and Vibration Instrumentation", American Society of Mechanical Engineers, New York.
"Smoley's New Combined Tables", Smoley and Sons, Pennsylvania.
"Standard Handbook of Electrical Engineers", A. E. Knowlton (org.), McGraw-Hill, New York.
"Standard Handbook for Electrical Engineers", D. G. Fink e J. M. Carroll (orgs.), McGraw-Hill, New York.
"Standard Handbook for Mechanical Engineers", T. Baumeister e L. S. Marks (orgs.), McGraw-Hill, New York.
"Steel Castings Handbook", Steel Founders Society of America, Cleveland, Ohio.
"Steel Construction", American Institute of Steel Construction, New York.
"Structural Shop Drafting", American Institute of Steel Construction, New York.
"Tool Engineers' Handbook", Frank W. Wilson (org.), McGraw-Hill, New York.

Mecanismos e sua cinemática

Albert C. D.: "Machine Design Drawing Room Problems", Wiley, New York.
Black, Paul H.: "Machine Design", McGraw-Hill, New York.
Faires, V. M.: "Design of Machine Elements", Macmillan, New York.
Guillet, G. L.: "Kinematics of Machines", Wiley, New York.
Ham, C. W. E. J. Crane e W. L. Rogers: "Mechanics of Machinery", McGraw-Hill, New York.
Hyland, P. H. e J. B. Kommers: "Machine Design", McGraw-Hill, New York.
Keown, Robert McArdle e Virgil Moring Faires: "Mechanism", McGraw-Hill, New York.
Prageman, I. H.: "Mechanism", International Textbook, Scranton, Pa.
Sahag, L. M.: "Kinematics of Machines", Ronald, New York.
Schwamb, Peter e outros: "Elements of Mechanism", Wiley, New York.
Sloane, A.: "Engineering Kinematics", Macmillan, New York.
Doughtie, Venton L. e Alex Vallance: "Design of Machine Members", McGraw-Hill, New York.

Perspectiva

Freese, E. I.: "Perspective Projection", Reinhold, New York.
Lawson, P. J.: "Practical Perspective Drawing", McGraw-Hill, New York.
Lubchez, B.: "Perspective", Van Nostrand, Princeton, N.J.
Morehead, J. C. e J. C. Morehead: "A Handbook of Perspective Drawing", Princeton, N.J.
Norling, E.: "Perspective Made Easy", Macmillan, New York.
Turner, W. W.: "Simplified Perspective", Ronald, New York.

Prática de oficina e ferramentas

Begeman, M. L.: "Manufacturing Processes", Wiley, New York.
Benedict, Otis J., Jr.: "Manual of Foundry and Pattern Shop Practice", McGraw-Hill, New York.
Boston, O. W.: "Metal Processing", Wiley, New York.

Burghardt, Henry D., Aaron Axelrod e James Anderson: "Machine Tool Operation", McGraw-Hill, New York.
Campbell, H. L.: "Metal Castings", Wiley, New York.
Campbell, James S., Jr.: "Casting and Forming Processes in Manufacturing", McGraw-Hill, New York.
Clapp, W. H.: "Metal Castings", Wiley, New York.
Colvin, Fred H. e Lucian L. Haas: "Jigs and Fixtures", McGraw-Hill, New York.
Doe, E. W.: "Foundry Work", Wiley, New York.
Dubois, J. H.: "Plastics", American Technical Society, Illinois.
Hesse, H. C.: "Engineering Tools and Processes", Van Nostrand, Princeton, N.J.
Hine, C. R.: "Machine Tools for Engineers", McGraw-Hill, New York.
Hinman, C. W.: "Die Engineering Layout and Formulas", McGraw-Hill, New York.
Johnson, C. G.: "Forging Practice", American Technical Society, Illinois.
Schaler, G. S.: "Engineering Manufacturing Methods", McGraw-Hill, New York.
Wendt, R. E.: "Foundry Work", McGraw-Hill, New York.
Young, J. F.: "Materials and Processes", Wiley, New York.

Problemas de desenho técnico [de engenharia]

Baer, C. J.: "Electrical and Electronic Drawing", McGraw-Hill, New York.
Bishop, C. C.: "Electrical Drafting and Design", McGraw-Hill, New York.
Cooper, C. D. e P. E. Machovina: "Engineering Drawing Problems", McGraw-Hill, New York.
Dygdon, J. T., R. O. Loving e J. E. Halicki: "Basic Problems in Engineering Drawing", Holt, New York.
Giesecke, F. E., a. Mitchell, H. C. Spencer e I. L. Hill: "Technical Problems", Macmillan, New York.
Higbee, F. G. e J. M. Russ: "Engineering Drawing and Problems", Wiley, New York.
Johnson, L. O. e I. Wladaver: "Engineering Drawing Problems", Prentice-Hall, Englewood Cliffs, N.J.
Levens, S. A. e A. E. Edstrom: "Problems in Engineering Drawing", McGraw-Hill, New York.
Luzadder, W. J. et alii: "Problems in Engineering Drawing", Prentice-Hall, Englewood Cliffs, N.J.
McNeary, M., E. R. Weidhas e E. A. Kelso: "Creative Problems for Basic Engineering Drawing", McGraw-Hill, New York.
Paré, E. G. e F. M. Hrachovsky: "Graphic Representation", Macmillan, New York.
Paré, E. G. e E. F. Tozer: "Engineering Drawing Problems", Van Nostrand, Princeton, N.J.
Spencer, H. C. e I. L. Hill: "Technical Drawing Problems", série 2 e 3, Macmillan, New York.
Turner, W. W., C. P. Buck e H. P. Ackert: "Basic Engineering Drawing", Ronald, New York.
Vierck, C. J., C. D. Cooper e P. E. Machovina: "Engineering Drawing Problems", McGraw-Hill, New York.
Vierck, C. J. e R. I. Hang: "Fundamental Engineering Drawing Problems", McGraw-Hill, New York.
Vierck, C. J. e R. I. Hang: "Engineering Drawing Problems", McGraw-Hill, New York.
Vierck, C. J. e R. I. Hang: "Graphic Science Problems", McGraw-Hill, New York.
Zozzora, F.: "Engineering Drawing Problems", McGraw-Hill, New York.

Programação e computadores

Arms, W. Y., J. E. Baker e R. M. Pengally: "A Practical Approach to Computing", Wiley, New York.
Banks, P. M. e P. M. Doupnik: "Introduction to Computer Science", Willey, New York
Bartee, Thomas: "Introduction to Com-

puter Science", McGraw-Hill, New York.

Crowley, T. H.: "Understanding Computers", McGraw-Hill, New York.

Gear, C. W.: "Computer Organization and Programming", McGraw-Hill, New York.

Hare, V.: "Introduction to Programming", Harcourt, Brace, New York.

Jackson, P. C.: "Introduction to Artificial Intelligence", Petrocelli-Charter, New York.

Jacquez, J. A.: "A First Course in Computing and Numerical Methods", Addison-Wesley, Reading, Mass.

Kernighan, B. W. e P. J. Plauger: "Software Tools", Addison-Wesley, Reading, Mass.

Kindred, A. R.: "Introduction to Computers", Prentice-Hall, Englewood Cliffs, N.J.

Laver, M.: "An Introduction to the Uses of Computers", Cambridge University Press, New York.

Maurer, W. D.: "Programming: An Introduction to Computer Techniques", Holden-Day, San Francisco.

Montgomery, G.: "Digital Calculating Machines and their Application to Scientific and Engineering Work", Blackie, London.

Nicholls, J. E.: "The Structure and Design of Programming Languages", Addison-Wesley, Reading, Mass.

Ralston, Anthony: "Introduction to Programming and Computer Science", McGraw-Hill, New York.

Randall, Brian: "The Origins of Digital Computers", Springer-Verlag, New York.

Tucker, A. B.: "Programming Languages", McGraw-Hill, New York.

Walker, T. M.: "Introduction to Computer Science", Allyn and Bacon, Boston.

Wilde, D. U.: "An Introduction to Computing", Prentice-Hall, Englewood Cliffs, N.J.

Wright, E. W.: "Structural Design by Computer", Van Nostrand, New York.

Projetos de engenharia

Edel, D. H.: "Introduction to Creative Design", Prentice-Hall, Englewood Cliffs, N.J.

Beakley, G. C. e H. W. Leach: "Engineering – An Introduction to a Creative Profession", Macmillan, New York.

Hill, P. H.: "The Science of Engineering Design", Holt, New York.

Krick, E. V.: "An Introduction to Engineering and Engineering Design", Wiley, New York.

Spotts, M. F.: "Design Engineering Projects", Prentice-Hall, Englewood Cliffs, N.J.

NORMA AMERICANA

Para uma lista completa das normas padrão, ver a lista de preços e o índice do ANSI.

The American National Standards Institute, 1430 Broadway, New York, N.Y. 10018.

Arruelas

Lock Washers, B27.1 – 1965
Plain Washers, B27.2 – 1965

Canalizações

Cast-Iron Pipe Centrifugally Cast in Sand-Lined Molds, A21.8 – 1962

Cast-Iron Pipe Flanges and Flanged Fittings, 25, 125, 250 and 800 lb, B16.1 – 1967

Cast-Iron Screwed Fittings, 125 and 250 lb., B16.4 – 1963

Ferrous Plugs, Bushings and Locknuts with Pipe Threads, B16.14 – 1965

Malleable-Iron Screved Fittings, 150 and 300 lb., B16.5 – 1963

Wrought-Steel and Wrought-Iron Pipe, B36.10 – 1959

Dimensionamento de superfícies acabadas

Preferred Limits and Fits for Cylindrical Parts, B4.1 – 1967

Rules for Rounding Off Numerical Values, Z25.1 – 1940 (R 1961)

Scales to Use with Decimal – Inch Di-

mensioning, Z75.1 – 1955
Surface Texture, B46.1 – 1962

Engrenagens

System for Straight Bevel Gears, B6.13 – 1965
Tooth Proportions for Coarse-Pitch Involute Spur Gears, B6.1 – 1968
Tooth Proportions for Fine-Pitch Involute Spur and Helical Gears, B6.7 – 1967

Filetes [Roscas]

Dry Seal Pipe Threads, B2.2 – 1968
Nomenclature, Definitions and Letter Symbols for Screw Threads, B1.7 – 1965
Pipe Threads, B2.1 – 1968
Unified and American National Screw Threads, B1.1 – 1960

Gráficos e diagramas

Illustrations for Publication and Projection, Y15.1 – 1959
Time-Series Charts, Y15.2 – 1960

Manuais de desenho

Sect. 1 Size and Format, Y14.1 – 1957
Sect. 2 Line Conventions and Lettering, Y14.2 – 1973
Sect. 3 Projections, Y14.3 – 1957
Sect. 4 Pictorial Drawing, Y14.4 – 1957
Sect. 5 Dimensioning and Tolerancing for Engineering Drawings, Y14.5 – 1966
Sect. 6 Screw Threads, Y14.6 – 1957
Sect. 7 Gears, Splines and Serrations, Y14.7 – 1958
Sect. 8 Castings, Y14.8 – 1976
Sect. 9 Forging Y14.9 – 1958
Sect. 10 Metal Stampings, Y14.10 – 1959
Sect. 11 Plastics, Y14.11 – 1958
Sect. 12 Die Castings, Y14.12 – 1976
Sect. 13 Springs, Helical and Flat, Y14.3 – 1976
Sect. 14 Mechanical Assemblies, Y14.14 – 1966
Sect. 15 Electrical Diagrams Y14.15 – 1966
Sect. 16 Tools, Dies and Gages, Y14.16 – 1966
Sect. 17 Fluid Power Diagrams, Y14.17 – 1966

Parafusos de corpo liso (de porca) e outros tipos

Hexagon Head Cap Screws, Slotted Head Cap Screws, Square Head Set Screws and Slotted Headless Screws, B18.6.2 – 1956
Plow Bolts, B18.9 – 1958
Round Head Bolts, B18.9 – 1952 (R 1959)
Slotted and Recessed Head Machine Screws and Machine Screw Nuts, B18.6.3 – 1962
Slotted and Recessed Head Wood Screws, B18.6.1 – 1961
Socket Cap, Shoulder and Set Screws, B18.3 – 1969
Square and Hex Bolts and Screws, B18.2.1 – 1965
Square and Hex Nuts, B19.2.2 – 1965
Track Bolts and Nuts, B18.10 – 1963

Pequenas ferramentas e elementos de máquinas – ferramenta

Jig Bushings, B5.6 – 1962
Machine Tapers, B5.10 – 1963
Milling Cutters and End Mills, B94.19 – 1958
Reamers, B94.2 – 1964
T-Slots – Their Bolts, Nuts, Tongues and Cutters, B5.1 – 1949
Taps, Cut and Ground Threads, B94.9 – 1967
Twist Drills, Straight Shank and Taper Shank, B94.11 – 1967

Pinos e chavetas

Machine Pins, B5.20 – 1969
Woodruff Keys and Keyseats, B17.2 – 1961

Rebites

Large Rivets (1/2 Inch Nominal Dia. and Larger), B18.4 – 1960
Small Solid Rivets, B18.1 – 1965

Símbolos gráficos

Graphic Electrical Wiring Symbols for Architectural and Electrical Layout Drawings, Y32.9 – 1962
Graphic Symbols for Electric and Electronics Diagrams, Y32.2 – 1970
Graphic Symbols for Heat-Power Apparatus, Z32.2.6 – 1950 (R 1956)
Graphic Symbols for Heating, Ventilating and Air-Conditioning, Z32.2.4 – 1949
Graphic Symbols for Pipe Fittings, Valves and Piping, Z.32.2.3 – 1949 (R 1953)
Graphic Symbols for Plumbing, Y32.4 – 1955
Graphic Symbols for Use on Railroad Maps and Profiles, Y32.7 – 1957
Graphic Symbols for Welding, Y32.3 – 1969
Symbols for Engineering Mathematics, Y10.17 – 1961

Diversos

Knurling, B94.6 – 1966
Preferred Thicknesses for Uncoated Thin Flat Medals, B32.1 – 1952 (R 1968)

Publicações de sociedades norte-americanas

As organizações americanas de engenharia publicam uma grande variedade de manuais, normas, compêndios e panfletos. Informações concernentes a estas publicações estão à disposição diretamente nas sociedades. Segue uma lista selecionada de organizações norte-americanas.

Aerospace Industries Assn. of America, 1725 Desales St. NW, Washington, D.C. 20036.
Air Conditioning and Refrigeration Institute, 1815 North Fort Myer Drive, Arlington, Va. 22209
American Association for the Advancement of Science (AAAS), 1515 Massachusetts Ave. NW, Washington, D.C. 20035.
American Association of Petroleum Geologists, Inc. (AAPG), 1444 S. Boulder, Tulsa, Okla. 74101
American Association of University Professors, 1 Dupont Circle, NW, Massachusetts Ave. NW, Washington, D.C. 20036
American Ceramic Society (ACerS), 65 Ceramic Drive, Columbus, Ohio 43214
American Chemical Society (ACS), ACS Bldg., 1155 16th St. NW, Washington, D.C. 20036
American Concrete Institute (ACI), 22400 W. 7 Mi. Redford Station, Detroit, Mich. 48219
American Gas Association (AGA), 1515 Wilson Blvd., Arlington, Va. 22209
American Inst. of Aeronautics and Astronautics (AIAA), 1290 Avenue of the Americas, New York, N.Y. 10019
American Institute of Chemical Engineers (AIChE), 345 East 47th St., New York, N.Y. 10017
American Institute of Mining and Metallurgical, and Petroleum Engineers, Inc. (AIME), 345 East 47th St., New York, N.Y. 10017
American Institute of Steel Construction, Inc. (AISC), 1221 Avenue of the Americas, New York, N.Y. 10020
American Mining Congress, Ring Bldg., Washington, D.C. 20036
American Petroleum Institute (API), 2101 L St. NW, Washington, D.C.
American Society for Engineering Education (ASEE), 1 Dupont Circle, Washington, D.C. 20036
American Society for Metals (ASM), Metals Park, Ohio 44073
American Society for Quality Control (ASQC), 161 West Wisçonsin Ave., Milwaukee, Wis. 53203
American Society for Testing and Materials (ASTM), 1916 Race St., Philadelphia, Pa. 19103
American Society of Agricultural Engineers (ASAE), 2950 Niles Rd. St. Joseph, Mich. 44085
American Society of Civil Engineers (ASCE), 345 East 47th St., New York, N.Y. 10017
American Society of Heating, Refrigerating, and Air-conditioning Engineers

(ASHRAE), 345 East 47th St., New York, N.Y. 10017

American Society of Lubrication Engineers, 838 Busse Highway, Park Ridge, Ill. 60068

American Society of Mechanical Engineers (ASME), 345 East 47th St., New York, N.Y. 10017

American Society of Photogrammetry, 105 N. Virginia Ave., Falls Church, Va. 22046

American Society of Safety Engineers, 850 Busse Highway, Park Ridge, Ill. 60068

Asphalt Institute, Asphalt Institute Bldg., College Park, Md. 20740

Association of Iron and Steel Engineers (AISE), 3 Gateway Ctr., Suite 2350, Pittsburgh, Pa. 15222

Federation of American Scientists (FAS), 307 Massachusetts Ave. NW, 20002

Illuminating Engineering Society, 345 East 47th St., New York, N.Y. 10017

Industrial Research Institute, Inc., 100 Park Ave., New York 17, N.Y.

Institute of Electrical and Electronics Engineers (IEEE), 345 East 47th St., New York, N.Y. 10017

Mining and Metallurgical Society of America (MMSA), 345 East 47th St., New York, N.Y. 10017

National Aeronautic Association (NAA), 8211 15th St., NW, Washington, D.C. 20036

National Society of Professional Engineers (NSPE), 2029 K St. NW, Washington, D.C. 20036

National Standards Institute, 1430 Broadway, New York, N.Y. 10018

Society of Automotive Engineers (SAE), 400 Commonwealth Drive, Warrendale, Pa. 15096

Society of Manufacturing Engineers (SME), 20501 Ford Road, Dearborn, Mich. 48128

Standards Engineers Society (SES), 6700 Pennsylvania Avenue S., Minneapolis, Minn. 55423

ÍNDICE ANALÍTICO

Na ordenação alfabética as preposições *não* são relevantes.
Referências de páginas precedidas por A indicam matéria dos Apêndices.